AF752649

Gesamtverzeichnis des deutschsprachigen Schrifttums (GV) 1700 – 1910

Bearbeitet unter der Leitung von
Hilmar Schmuck und Willi Gorzny
Bibliographische und redaktionelle Beratung:
Hans Popst und Rainer Schöller

38

Fet - Fis

K · G · Saur München · New York · London · Paris 1981

CIP-Kurztitelaufnahme der Deutschen Bibliothek

Gesamtverzeichnis des deutschsprachigen Schrifttums :
(GV). – München, New York, London, Paris : Saur.
Bd. 1 – 6 bearb. unter d. Leitung von Peter Geils
u. Willi Gorzny.
ISBN 3-598-30000-X

1700 – 1910 / bearb. unter d. Leitung von Hilmar
Schmuck u. Willi Gorzny. Bibliograph. u. red.
Beratung: Hans Popst u. Rainer Schöller

NE: Schmuck, Hilmar [Bearb.]

38. Fet - Fis. - 1981.

© 1981 by K. G. Saur Verlag KG, München
Techn. Realisierung und Druck: Norbert Gärtner, Mainz-Kastel
Binden: Karl Schaumann, Darmstadt
Printed in the Federal Republic of Germany
ISBN 3-598-30000-X (Gesamtwerk)

Fête, la, de l'amour. Divertissement allegorique en 1 A. 8. Copenh. 769. Proft. 6 ℛ

Endres, Charles Ferd.: Loge de La vraie Fraternité [in Strassburg]. Fête funéraire du quinzième jour du neuvième mois de l'année 5835, à la mémoire des frères Endres et Keller. Strassbourg 1836: Dannbach. 15 S. 8°
Enth. auch eine deutsche Rede bei der Beerdigung von Endres von Th. Stoeber. 283.

L.·. des Frères-Réunis à l'Or.·. de Strasbourg. Fête de l'ordre célébrée le 26e jour du 10e mois 5841. Strasbourg 1842: Dannbach. 33 S. 8°
Bericht. Rede von Ch. Boersch: Üb. die Tätigkeit der Loge. 138.

Fête particulière de la respectable L.·. des Amis réunis à l'O.·. de Mayence, célébrée à l'occasion de l'heureuse découverte de la conspiration tramée contre le gouvernement en général et particulièrement contre le premier magistrat de la République. Mayence: Zabern. An XII [1804]. 14 S. 8°
Bericht. 462.

Loge de la vraie Fraternité à l'Or.·. de Strasbourg. Fête du triomple de la lumière, célébrée par ladite loge à l'époque du solstice d'été 5834. Strasbourg [1834]: Dannbach. 21 S. 8°
Bericht. Reden von Th. Stoeber: Ermahnung, der mrischen Pflichten eingedenk zu sein, Ch. Schmidt: Üb. die Aufgabe der Frmrei. 142.

Fet-Elof, Prinz, od. d. Streit mit d. Mohren, kein Mährchen, sond. e. Räthsel, ausgeg. v. A. G. Eberhard. 8. Halle, Renger. 804.

Fotero oder Der goldene Faden d. vorbereitenden u. berufenden Gnade Gottes. *Barmen: Missionshaus 1901.* (49 S.) 8° [F.]
— Missionsschriften, Rheinische. No 106.

Feth, A. A., Gedichte, s.: Universal-Bibliothek.

Feth, G., die Gebote d. rationellen Viehzüchters m. Erklärgn. u. Erläutergn. Nebst e. Verzeichniß der Futtermittel m. ihrem procentalen Gehalt an Nährstoffen. 8. (24 S. m. 1 Tabelle in qu. 4.) Speyer 874. (Kleeberger.) n. — 35

Fetha Negest, Libri Aethiopici, Caput XLIV edidit Fr. A. Arnold. [Schulprogramm.] Halis Saxonum 1841.

Fetherstonhaugh, Mrs., Kilcorran, s.: Asher's collection of english authors, — Asher's continental library.

Fethke, Josef [pr. Arzt]: Ueber einen selteneren Fall von Nasenstein ... Königsberg i. Pr., Druck v. H. Jaeger, 1897; 2 Bl., 31 S., 2 Bl., 1 Taf. 8.
Königsberg, Med. Fak., Inaug.-Diss. v. 2. Juni 1897

Fethke, Jos., über e. selteneren Fall v. Nasenstein. Diss. gr. 8. (31 S. m. 1 Taf.) Königsberg 897. (W. Koch.) n. 1. 20

Fétis, F. J., Biographie universelle des Musiciens et Bibliographie générale de la Musique. Tom. I—VI. (Mit 12 Musikbeilagen.) Lex.-8. Brüssel 836—40. (Mainz, Schott Söhne.) $13^3/_4$ ℛ

Fétis, F. J., Biographie universelle des Musiciens et bibliographie générale de la Musique. Tom. VII. et T. VIII. 1. 2. (Schluss.) Lex.-8. Bruxelles 841, 44. (Mayence, Schott fils.) (Tom. VII. n. $2^1/_{12}$ ℛ Tom. VIII. 1. 2. à n. $1^2/_3$ ℛ) n. $5^5/_{12}$ ℛ — 1—8: n. $17^{11}/_{12}$ ℛ

Fétis, F. J., biographie universelle des musiciens et bibliographie générale de musique. Supplément et complément. Publiés sous la direction d. A. Pougin. Tome 1. 8. (XIII, 480 S.) Paris 878. Didot & Co. n. 8. 75

Fetis, F. J., Méthode des Méthodes de Piano, s. Moschelles.

Fetischismus, der, v. Veriphantor s.: zur Psychologie unserer Zeit. 2. Hft.

Fetsch, G., Jesus am Oelberge. Zur Betrachtung u. Erbauung, besond. in der heil. Fastenzeit. 24. (24 S.) Neuburg a. D. 848, Brechter. 1 ngr

Fetscher's, Vorlage für Skelettschrift. 1 Bl. qu. 12. Biberach (899). (Dorn.) n. — 10;
Schriften-Lineal dazu. 6 m/m-Sorte. n. — 35;
Vorlage u. Lineal zusammen n. — 40

Fetscher, Max

Fetscher, M., Arithmetisches. Auflösungen zu d. arithmetischen Aufgaben aus den Reallehrer-Prüfungen in Württemberg. Dazu e. kleiner Anhang mit Übungsaufgaben. 8. (IV, 84 S.) Geislingen 888. (Stuttgart, Metzler's Verl.) n. 2. 30

Fetscher, Max. Aufgaben f. d. Rechenunterr., s. Stockmayer, Herm.

Fetscher, Max, Aufgaben f. den Rechenunterricht in den unteren Klassen der Gymnasien, Realgymnasien u. verwandter Lehranstalten. 1. u. 2. Bdchn. 12. Stuttgart 894. A. Bonz & Co. n.n. — 95
1. Für 8—9 jährige Schüler (1. Klasse). (54 S.) n.n. — 45
2. Für 9—10 jährige Schüler (2. Klasse). (61 S.) n.n. — 50

— dasselbe. Schlüssel. 1. u. 2. Bdchn. 12. Ebd. 894. n.n. — 85
1. (13 S.) n. — 40. — 2. (21 S.) n.n. — 45.
Der Schlüssel darf nur an Lehrer abgegeben werden.

Fetscher, Max, Aufgaben für den Rechenunterricht in den unteren Klassen der Gymnasien, Realgymnasien u. verwandter Lehranstalten. 2. Bdchn.: f. 9—10 jähr. Schüler (II. Klasse). (Die 4 Spezies m. benannten Zahlen; Teilbarkeit der Zahlen, Zerlegung in Faktoren.) 2., unveränd. Aufl. (62 S.) 8. Stuttgart 903. A. Bonz & Co. n.n. — 50

Fetscher, Max, Aufgaben für den Rechenunterricht an den höheren Schulen. Lehrerausg. 1. u. 2. Bdchn. kl. 8. Stuttgart, A. Bonz & Co. Kart. 3. 10
1. Lehrstoff f. die Vorklasse. 2., gänzlich umgearb. Aufl. (75 S.) 908. Kart. 1. 60
2. Lehrstoff f. Kl. I. 3., gänzl. umgearb. Aufl. (67 S.) 908. Kart. 1. 50

— dasselbe. Schülerausg. 1. u. 2. Bdchn. kl. 8. Ebd. nn 1. —
1. Lehrstoff f. d. Vorkl. Schülerausg. 2., gänzl. umgearb. Aufl. (64 S.) 908. nn — 50.
2. Lehrstoff f. Klasse I. 3., gänzlich umgearb. Aufl. (55 S.) 908. nn — 50.

Fetscherin. Bernhard Rudolf F', von Bern. [SA.] s. L[auterburg], L[udwig].

[Fetscherin, Bernhard Rudolf.] Flüchtige Bemerkungen auf einer Turnfahrt durch mehrere Kantone der Schweiz, im Juli und August 1822. 8.
Ausg. A. St. Gallen 1823.
Ausg. B. Constanz 1823.

Fetscherin, (B. R.), die Maikäfer des Hrn. Prof. A. Henne, von Sargans. Kritisch beleuchtet in einem Vortrage gehalten vor der diesjähr. Hauptversammlung des histor. Vereins zu Burgdorf im Juni 1850. gr. 8. (34 S.) Bern 850. Zürich, Schultheß. Thlr.

Fetscherin, (B. R.), der Prozeß des am 5. März 1640 vor dem Rathhause in Bern enthaupteten Teutsch-Seckelmeisters Johs. Frischherz, neu nach den Quellen bearb. gr. 8. (195 S.) Bern 849. Zürich, Schultheß.

Fetscherin, [Bernhard] R[udolf]. Das sogenannte Zeitregister von (Bendicht) Tschachtlan gehört dem XVII., nicht aber dem XV. Jahrhundert an. ([Mit] Nachtrag: Ueber die Chronik B. Tschachtlans ‹Bern 1820›.) [SA.] 8. [Zürich 1855.]

Fetscherin, F. Bericht über die Organisation u. Administration der Krankenpflege für die Arbeiter der Baugesellschaft Fluelen-Göschenen. In-16⁰, 11 S. Altorf, Huber. 1080

Fetscherin, Luise. Heidi, ein Kinderschauspiel in drei Akten. Nach der Erzählung «Heidis Lehr- und Wanderjahre» und «Heidi kann brauchen, was es gelernt hat» von Johanna Spyri bearb. von L' F". [Mit Melodien und illustriertem Umschlag.] 48 S. 8. Bern, A. Francke, 1908. [cart. fr. —. 80]

Ueber die Cöllner-Urkunde. Ein histor. Versuch von [R.] Fetscherin. Bern 1838: Haller. 68 S. 8⁰
cf. Neueste ZfFr. 1839—1840 S. 252—258.
Kl. 2865. Versucht, die gegen die Echtheit der Urkunde erhobenen Zweifel zu entkräften. 23. 25.

Fetscherin, Br., üb. d. Cöllner-Urkunde. Ein histor. Versuch. gr. 8. (4¼ B.) Bern 838. (Leipzig, Weinedel.) *

Fetscherin, R., Versuch e. Anleit. zum Unterricht vom Eide. gr. 8. Bern 831. Jenni. (Frkf., Streng). 12 gr

Fetscherin, R.F.

Fetscherin. (Dr. med., Directeur à St. Urbain). Les asiles d'aliénés en Suisse. Tableau statistique. In-8⁰. Bern, J. Dalp. 1879 — 50

Fetscherin, Dr. R. F., Bericht an die Direction des Innern des Kts. Bern über die Zählung u. Statistik der Geisteskranken u. Idioten im Ktn. Bern v. J. 1871. XXV u. 53 Stn. 8. Bern. 1873

Fetscherin, Wilhelm. Hans Ludwig von Erlach (1595–1650), Generalmajor. Ein Lebens- und Charakterbild aus den Zeiten des dreissigjährigen Krieges von W' F'-Lichtenhahn.... [Mit Porträt-Tafel.] ‹SA.› 8. Bern 1861.

Fetscherin, Wilhelm. Geschichte der Kantonsschule von Bern. Bern 1880. Progr.

Fetscherin, W., Johann Heinrich Hummel, Dekan zu Bern. s. Hummel.

(Fetscherin, Wilhelm.) Johann Heinrich Hummel, Dekan zu Bern. ‹1611–1674.› Ein Lebens- und Charakterbild aus dem 17. Jahrhundert, nach handschriftlichen Quellen bearb. und hrg. auf Veranstaltung des historischen Vereins des Kantons Bern und unter Mitwirkung der bernischen Künstlergesellschaft. [Mit Porträt-Tafel.] Njbl. (Bern) 1856. 4. Bern.

Fetscherin, Wilh., Repertorium der Abschiede der eidgenöss. Tagsatzungen aus den J. 1814—1848, s. Sammlung, amtliche, der neuern eidgenössischen Abschiede.

Fetscherin, W., Repertorium der Abschiede der eidgenössischen Tagsatzungen aus den Jahren 1814—48. Bd. I. 1200 Seiten gr. 4. Bern, Redaction der eidgen. Abschiede. 10. — 1878.

Fetscherin, Wilhelm. Die Schätze von Aventicum. Vortrag, gehalten den 4. Oktober 1885 an der Jahresversammlung des Vereins schweiz. Gymnasiallehrer in Freiburg. 8. Aarau.

Fetscherin, W., Schuldirektor. Die Schätze v. Aventicum. (Aus dem 18. Gymnasiallehrerheft.) Gr. in-8⁰. Aarau, H. R. Sauerländer. 1886

Fetscherin, Wilhelm]. Michael Schüppach (1707–1781) und seine Zeit. Ein Beitrag zur Kulturgeschichte des vorigen Jahrhunderts. Von W. F'-Lichtenhahn. [Erweiterter] SA. 8. Bern 1882.

Fetscherin-Lichtenhahn, W. Michael Schuppach und seine Zeit. Ein Beitrag zur Culturgeschichte des vorigen Jahrhunderts. In-8⁰, 67 S. Bern, B. F. Haller. 1882
*** Separatabdruck aus den „Alpenrosen", Sonntagsblatt des „Intelligenzblattes der Stadt Bern".

[Fetscherin, Wilhelm.] 1. Verzeichniss der [eidgenössischen] Tagsatzungsgesandten von 1814–1848. (2. Verzeichniss der diplomatischen Vertreter... der fremden Staaten in der Schweiz während des Zeitraums von 1814–1848.) [A.] 4. [Bern 1876.]

Fett, Andr., Psalmus de profundis (129.) in commune omnium salutis bonum, praecipue vero in piorum manium purgatorii poenis detentorum salutare suffragium dissertationibus IV (L?) elucubratus. Wien u. Brünn, 1733. 4°, 500 S.

Fett, And., Psalmus de profundis in commune omnium salutis bonum etc. 4., Vienn. 735.

Fett, Erno, Assistenzarzt an d. Dr. H. Höftmanschen chir.-orthop. Privatklinik, Königsberg i. Pr.: Aus d. Roentgentechnischen Laboratorium von Dr. Fr. Matthias in Königsberg i. Pr. Die Aussichten der Roentgenographie der Gallenkonkremente. Königsberg i. Pr. 1906: F. Hesse. (23 S.) 8°
Königsberg, Med. Fak., Ref. Lichtheim, Diss. v. 2. Juni 1906
[Geb. 16. Juni 81 Stutthof, Kr. Danziger Niederung; Wohnort: Königsberg i. Pr.; Staatsangeh.: Preußen; Vorbildung: Kneiphöfisches Gym. Königsberg i. Pr. Reife O. 00; Studium: Königsberg 10 S.; Coll. 31. Mai 06; Approb. 27. Juli 05.]

Fett, Karl, aus Rennerod i. Westerwald: Über Wiederholung von Eklampsie bei ein und derselben Person in verschiedenen Schwangerschaften. *Marburg 1901: R. Friedrich.* (42 S.) 8°
Marburg, Med. Diss. v. 4. Juli 1901

Fett, Rudolf, a. Hamburg: Unterbricht die Erhebung der Klage gegen eine offene Handelsgesellschaft die Verjährung gegenüber den Gesellschaftern? Göttingen 1906: Dieterich. (53 S.) 8° [F.]
Göttingen, Jur. Fak., Ref. Beyerle, Diss. v. 26. Juni 1906
[Geb. 14. Mai 84 Hamburg; Wohnort: Hamburg; Staatsangeh.: Hamburg; Vorbildung: Gelehrtensch. des Johanneums Hamburg Reife M. 02; Studium: Lausanne 2, München 1, Bonn 1, Berlin 2 S.; Rig. 4. Mai 06.]

Fett, Wilhelm August

Fett, W. A., der erweiterte Amtskreis des Lehrers. Winke und Ratschläge für die neben- und außeramtl. Beschäftigung des Lehrers. Zusammengestellt unter Zugrundelegung der einschläg. gesetzl. Bestimmungen und behördl. Verordnungen. gr. 8. (VIII, 176 S.) Langensalza 884, Schulbuchh. von Greßler.

Fett, W. A., der erweiterte Amtskreis des Lehrers. Winke und Ratschläge für die neben- und außeramtl. Beschäftigung des Lehrers. Zusammengestellt unter Zugrundelegung der einschläg. gesetzl. Bestimmungen und behördl. Verordnungen. 2. sehr verm. Aufl. gr. 8. (VIII, 324 S.) Langensalza 885, Schulbuchhandlung.

Fett, W. A., d. erweiterte Amtskreis d. Lehrers. Winke u. Ratschläge f. die neben- u. außeramtl. Beschäftigg. d. Lehrers. Zusammengestellt unter Zugrundelegg. der einschlägigen gesetzl. Bestimmgn. u. behördl. Verordngn. 3., verm. Aufl. gr. 8. (XVI, 560 S.) Langensalza 888, Schulbuchhandlg. 5. —

— Blätter aus dem Präparationshefte d. Volksschullehrers. Katechesen, Entwürfe u. Thesen aus dem Unterrichtsgebiete der Volksschule. 1. u. 2. Bd. gr. 8. (VIII, 295 u. VIII, 304 S.) Ebend. 885. à 3. 75

Fett, W. A. Der Büreaukratismus auf dem Schulgebiete, s. Sammlung pädagogischer Vorträge.

Fett, W. A., deutscher Familien- u. Geschäfts-Briefsteller. Prakt. Handbuch z. Abfassg. v. Briefen u. Geschäfts-Aufsätzen aller Art. Zugl. e. Formular- u. Musterbuch. Für Haus, Beruf u. Schule. 8. (XII, 210 S.) Minden 897. W. Köhler. n. 1. 50

Volkstümlicher Flottenvortrag mit Illustrationen von W[ilh.] A[ugust] Fett-Königsberg. *Wolfenbüttel: Herkner [1901].* (28 S.) 8° [Umschlagt. F.] [Text stenogr.]
= Gabelsberger-Bibliothek. Serie E. Preis-Serie. Bd 2.

—— die deutsche Gemeindeschule als allgemeine Volksschule, s. Sammelmappe, pädagogische.

— die deutsche Gemeindeschule als allgemeine Volksschule. Ein Zukunftsbild im Spiegel der Gegenwart. gr. 8. (166 S.) Leipzig 888. Siegismund & Volkening. n. 2. —

Hamann und Dinter als Vertreter des Pietismus und Rationalismus auf pädagogischem Gebiete. (Vortrag.) Von W[illy] A[ugust] Fett, Lehrer. Bielefeld: A. Helmich [1904]. (31 S.) 8° [F.]
= Abhandlungen, Pädagogische. N. F. Bd 10, H. 6.

—— Handbuch d. deutschen Schulstrafrechts. Praktischer Ratgeber f. Deutschlands Lehrer u. Schulaufsichtsbeamte. gr. 8. (XII, 624 S.) Langensalza 889, Schulbuchh. 5 —

— illustr. Kinderbuch f. Erwachsene. Bilder aus dem Leben uns. Lieblinge. Für Kinderfreunde ges. 8. (XIV, 222 S.) Pr. Eylau 897. R. Scheffler. Geb. in Leinw. n. 4. 50

Fett, Wilhelm August: Für d. Konferenz. 2. Aufl. 1910
s. Fett: Ratgeber f. Amt u. Konferenz.

—— Konferenzarbeiten. Sammlung von Entwürfen, Dispositionen, Thesen und Themen aus den verschiedensten Gebieten der Pädagogik. Als Material für Konferenz- und Prüfungs-Arbeiten zusammengestellt. 1. und 2. Bd. gr. 8. (XVI, 320; XV, 382 S.) Langensalza 886, Schulbuchhandlung. à Bd. *ℳ 2.70.; geb. *

—— dass. — 1. Bd.: [Pädagogik]. 2. sehr erweit. Aufl. gr. 8. (XXIV, 756 S.) Ebendas. 888. ℳ 6.50.; geb.

—— Konferenzarbeiten. Sammlung v. Entwürfen, Dispositionen, Thesen u. Themen aus den verschiedensten Gebieten der Pädagogik. gr. 8. Ebd. 890. 9 20; geb. 2 Bde. 11 —
1. Pädagogik. 3. Aufl. (XXIV, 156 S.) 6 50; geb. 7 50. — 2. Religion, Deutsch, Rechnen, Raumlehre, Realien, Gesang, Zeichnen u. Turnen. 2. Aufl. (XII, (379 S.) 2 70; geb. * 3 50.

Fett, W. A., Konferenzarbeiten. Sammlung v. Entwürfen, Dispositionen, Thesen u. Themen aus den verschiedensten Gebieten der Pädagogik. Als Material f. Konferenz- u. Prüfungs-Arbeiten zusammengestellt. 1. u. 2. Bd. gr. 8. Langensalza, Schulbuchh. 9. 20; geb. in Leinw. n. 11. —
1. (Pädagogik.) 4. Aufl. (XXIV, 758 S.) 891. 6. 50; geb. n. 7. 50
2. (Religion, Deutsch, Rechnen, Raumlehre, Realien, Gesang, Zeichnen u. Turnen.) 3. Aufl. (XII, 379 S.) 893. 2. 70; geb. n. 3. 50

— Konferenzarbeiten. Sammlg. v. Entwürfen, Dispositionen, Thesen u. Themen aus d. verschied. Gebieten d. Pädagogik. Als Material f. Konferenz- u. Prüfungs-Arbeiten zusammengest. II. Bd. (Religion, Deutsch, Rechnen, Raumlehre, Realien, Gesang, Zeichnen u. Turnen.) 4. Aufl. gr. 8. (XII, 379 S.) Langensalza 899. Schulbuchh. 2. 70; geb. n. 3. —

Konferenzarbeiten. Samml. von Entwürfen, Leitsätzen u. Themen aus den verschiedensten Gebieten d. Pädagogik. Als Material f. Konferenz- u. Prüfungsarbeiten von W[ilhelm] A[ugust] Fett. 5. Aufl. Bd 1. *Langensalza: F. G. L. Gressler 1900.* 8° [F.]

— Konferenzarbeiten. Sammlung v. Entwürfen, Dispositionen, Thesen u. Themen aus den verschiedensten Gebieten der Pädagogik. Als Material f. Konferenz- u. Prüfungs-Arbeiten zusammengestellt. II.–IV. Bd. 8. Langensalza, Schulbuchh. n. 12. —; geb. n. 14. 80
II. 5. Aufl. (XII, 390 S.) 906. n. 4. —; geb. n. 4. 60
III. (VIII, 476 S.) 903. n. 4. —; geb. n. 5. —
IV. (VI, 391 S.) 906. n. 4. —; geb. n. 5. —

Fett, W. A., Konferenzarbeiten. Sammlung von Entwürfen, Leitsätzen a. Themen aus den verschiedensten Gebieten der Pädagogik. Als Material f. Konferenz- u. Prüfungsarbeiten zusammengestellt. I. Bd. (Pädagogik.) 6. Aufl. (XXIV, 812 S.) 8. Langensalza 909. Schulbuchh. 7.50; geb. 8. 50

Das Rote Kreuz in Schule, Haus und Leben. Anregungen z. Weckung u. Betätigung d. 'Allgem. Samariterpflicht'. Zum Besten d. San.-Kolonnen vom R. Kr. bearb. u. hrsg. von Lehrer Wilhelm August Fett-Königsberg i. Pr. *Königsberg i. Pr.: F. Hesse 1903.* (124, 16 S.) 8° [F.]
[Sondert.:] Wie erhält man sich gesund u. erwerbsfähig? Von Fritz Kalle u. Gustav Schellenberg. 22. Aufl. Berlin: Abegg-Stiftung 1903.

— unsere Kriegsflotte in Wort u. Bild, s.: Projektions-Vorträge. 51. Hft.

Fett, W(ilhelm) A(ugust): Die preussische Lehrerin im Examen. Verordnungen, betr. die Vorbildung u. Prüfung der Lehrerinnen u. Schulvorsteherinnen ... — Langensalza: Gressler 1884. IV, 96 S. 8°

— die Lehrprobe in der Volksschule. Bilder aus der Unterrichtspraxis sämtl. Disciplinen der Volksschule. 2 Bde. gr. 8. Ebend. 884. 6. —
1. (XII, 360 S.) 3. 30. — 2. (VIII, 312 S.) 2. 70

— dasselbe. 2 Bde. 2. Aufl. gr. 8. Ebend. 885. 6. 00
1. (XII, 402 S.) 3. 00. — 2. (VIII, 364 S.) 3. 30

— die Lehrprobe in der Volksschule. Bilder aus der Unterrichtspraxis sämtl. Disciplinen der Volksschule. 1. Bd. gr. 8. Ebd. 893. 3. 60
A. Didaktik. B. Methodik u. Praxis: I. Religion. II. Deutsch. 3. Aufl. (XII, 402 S.)

— memento mori! Mahng. zur Hinterbliebenen-Fürsorge u. Anreggn. z. Milderg. d. Witwenleid u. Waisenschmerz. F. Eltern, Vormünder, Braut- u. Eheleute, Witwen u. Waisen bearb. gr. 8. (IV, 88 S.) Pr. Eylau 897. R. Scheffler. n. 1. 50

— die Pensionierung der Lehrer u. Lehrerinnen an den öffentlichen Volksschulen Preußens. Das preuß. Lehrer-Pensionsgesetz vom 6. Juli 1885, nebst den sonst. auf das Pensionswesen der Volksschullehrer Bezug hab. Normen u. Grundsätzen. gr. 8. (VIII, 95 S.) Ebend. 886. — 90

Ratgeber für Amt und Konferenz. Bewährte Forderungen d. pädagog. Praxis. Nach d. ministeriellen 'Weisungen' v. 31. Jan. 1908 zsgest. von W[ilhelm] A[ugust] Fett. 2. verm. Aufl. (In 1. Aufl. u. d. T. 'Für d. Konferenz' erschienen.) H. 1. Langensalza: Gressler 1910. 8°

— auf der Spur des deutschen Kaisers im malerischen Norwegen, s.: Projections-Vorträge. 45. Hft.

—— Der Stellenwechsel im Lehramt. Praktischer Ratgeber f. die Stellenbewerbg., Kündigg. u. Auseinandersetzg. gr. 8. (IV, 136 S.) Ebd. 889. 1 20

— der Stellenwechsel im Lehramt. Praktischer Ratgeber f. die Stellenbewerbg., Kündigg. u. Auseinandersetzg. Auf Grund der besteh. Bestimmgn. bearb. gr. 8. (IV, 136 S.) Langensalza 890. Schulbuchhandlg. 1. 20

— der preußische Volksschullehrer im Examen. Eine Sammlg. v. 3419 Prüfungsthemen aus Prüfgn. der Seminar-Aspiranten, Seminar-Abiturienten, Schulamtsbewerber, provisor. Lehrer, Mittelschullehrer u. Rektoren, nebst den einschläg. Ministerial-Erlassen, Verordngn. u. e. Anzahl Formulare zu schriftl. Meldgn. gr. 8. (III, 124 S.) Ebend. 883. n. 1. —

—— dass. — Eine Sammlung von über 5500 Prüfungsthemen aus in jüngster Zeit stattgefundenen Prüfungen der Seminar-Aspiranten, Seminar-Abiturienten, Schulamtsbewerber, provisor. Lehrer, Mittelschullehrer und Rektoren, Turn-, Zeichen-, Musik- und Taubstummenlehrer und Vorsteher, Lehrerinnen und Schulvorsteherinnen, nebst den einschläg. Ministerial-Erlassen ꝛc. und einer Anzahl Formulare zu schriftlichen Meldungen. 2. sehr verm. und erweit. Aufl. gr. 8. (VIII, 280 S.) Ebendas. 884.

Die Waffen der Gegner. Beiträge z. Gesch. d. Systemkampfes von W[il-helm] A[ugust] Fett. *Wolfenbüttel: Heckner 1900.* (47 S.) 8° [J.] 10

—— Wem gehört die Schule? Ein Kapitel aus dem „Kampf um die Schule". Nach e. Vortrage erweitert. gr. 8. (66 S.) Lpz. 889, Siegismund u. Volkening. * 1 —

Fettâhi [aus Nisâbur], das Schlafgemach der Phantasie. 1. Kap.: Vom Glauben und Islam. Zum ersten Male aus den Leipziger und Wiener Handschriften, mit Benutzung des türkischen Commentars von Surûri übersetzt und mit Anmerkungen versehen von Herm. Ethé. [Inaugural-Dissertation.] gr. 8. (III, 136 S.) Leipzig 868, Matthes. *

Fettback, Hans [aus Ziegenrück]: Ueber einige Derivate des Chinolins. . . . Halle a. S., Hofbuchdr. v. C. A. Kaemmerer & Co., 1890; 35 S. 8°
Halle, Phil. Fak., Inaug.-Diss. v. [2. Jan.] 1891

Fettback, Heinr., Aufgaben z. Gebrauche b. d. Vorbereitg. auf d. Volksschullehrer-Prüfungen in Preußen. gr. 8. (III, 75 S.) Leipzig 897. F. Fleischer, Verl. n. 1. —

Fette, August [aus Burscheid bei Köln]: Beiträge zur Kenntniss der 1.3Diketone . . . München, Druck v. V. Höfling, 1894; 55 S. 8.
München, Phil. Fak., Inaug.-Diss. v. 1894

Fette, H., über akute Lebercirrhose, s.: Mitteilungen a. den hamburgischen Staatskrankenanstalten. X. 4.

Fette, Hugo, a. Dortmund, Westfalen: Beitrag zur Casuistik seltener Frakturen im Ellenbogengelenk. [Köln 1907] Kölner Verlags-Anstalt u. Druckerei, A.-G. (19 S.) 8°
Kiel, Med. Fak., Ref. Helferich, Diss. v. 9. Dez. 1907
[Geb. 13. Mai 82 Dortmund; Wohnort: Dortmund; Staatsangeh.: Preußen; Vorbildung: Gymn. Dortmund Reife O. 01; Studium: Bonn 2, Kiel 3, Erlangen 1, Heidelberg 1, Kiel 8 S.; Coll. 27. Aug. 06; Approb. 1. Okt. 07.]

Fetter, Frank, Versuch e. Bevölkerungslehre, ausgehend v. e. Kritik d. Malthusschen Bevölkerungsprincips, s.a. Sammlung nationalökonom. u. statist. Abhandlgn. d. staatswissenschaftl. Seminars zu Halle a/S.

Fetter, Frank [aus Indiana]: Versuch einer Bevölkerungslehre ausgehend v. e. Kritik d. Malthus'schen Bevölkerungsprincips . . . Halle a/S., *Lippert & C., Naumburg a/S.*, 1894; 3 Bl., 44 S. 8.
Halle, Phil. Fak., Inaug.-Diss. v. [13. Dez.] 1894

Fetter, Franz

Fetter, Frz., eine Donaufahrt von Passau bis Hainburg, s.a. Lichtbildervortrag.

Fetter, F., Eine Donaufahrt von Passau bis Hainburg. [Lichtbildervortrag. Nr. 17.] Gr.-8°. (20 S.) K 1.50
Wien: Pichler 1910.

— Durchs Gesäuse ins Salzkammergut, s.a. Lichtbildervortrag.

Fetter, F., Durchs Gesäuse ins Salzkammergut. [Lichtbildervortrag. Nr. 14.] Gr.-8°. (22 S.) K 1.50
Wien: Pichler 1908.

Fetter, Gottfr. Gottl. (Görlitz), De querela inofficiosi testamenti fratribus atque sororibus contra spurios haud competente. Diss. jur. civil. Präs. Josia Ludwig Ernst Püttmann. Leipzig (Langenheim) 17. XII. 1772. 24 S. (4.50) 8730

— Gottfried Michael (Sagan/Schles.), De inscriptione, crucis Christi, ex Matth. XXVII, 37. Marc. XV, 26, Luc. XXIII, 38, Joh. XIX, 17. Diss. philol.-theolog. Präs. Val. Alberti. Lpz. (Chn. Scholvin) 16. IV. 1690. 14 Bl. (5.—) 8731
Widm. v.: Präs., Gottlob Friedrich Seligmann.

— — Dasselbe. 1725. 24 S., ohne Widm. (5.—) 8732

— — Dasselbe. Germanis: Besondere historische Nachrichten von der Überschrifft des Creutzes unseres HErrn CHristi. Ed. III. Jena (J. B. Heller) 1748. 40 S., ohne Widm. (5.—) 8733

Fetter, Johann

Fetter, Joh. La troisième et la quatrième année de grammaire française. 1. edit. (V, 52 S.) 891. * — 50; 2. edit. gr. 8. (VI, 73 S.) Wien 892, Bermann u. Altmann. * — 65; cart. * — 85

Fetter, J., la troisième et la quatrième année de grammaire française. 3. éd. gr. 8. (74 S.) Wien 894. Bermann & Altmann. Kart. n. — 80

Fetter, Joh., La troisième et la quatrième année de grammaire française. 4. éd. gr. 8. (74 S.) Wien 897. [Bermann & Altmann.] A. Pichlers Wwe. & Sohn. Kart. n. — 80

Fetter, Joh., La troisième et la quatrième année de grammaire française. 6. éd. Nach der neuen deutschen Rechtschreibg. bericht., sonst unveränd. Abdr. der 5. Aufl. gr. 8 (74 S.) Wien 902. A. Pichler's Wwe. & Sohn. Kart. n. — 80

Fetter, Joh., la troisième et la quatrième année de grammaire française. 7. éd. Nach der neuen deutschen Rechtschreibg. bericht., sonst unveränd. Abdr. der 5. Aufl. (74 S.) gr. 8. Wien 904. A. Pichler's Wwe. & Sohn. Kart. n. 1. —

Fetter, Joh., Beiträge zur österreich. Mittelschulreform. (V, 42 S.) gr. 8. Wien 907. A. Pichler's Wwe. & Sohn. — 80

Fetter, J. Emploi de l'infinitif dans la syntaxe française. Graz, Landesrealsch., 1877. 28 S. Progr.

Fetter, J. Emploi de la Négation dans les chefs-d'œuvre de Corneille. Trautenau, R., 1876. 8 S. [Dazu als Anhang: Erklärung und Analyse der 3. Scene (des „Cid") des IV. Actes von „sous moi donc — faute de combattants" vom Standpunkte der Etymologie und der Syntax. 13 S.] Progr.

Fetter, J.: Zwei Jahre Erfahrungen mit der analytischen Lehrmethode beim U. in der fr. Spr. 15 S. – Wien, U.-R. II, Progr. 1889.

—— Zwei Jahre Erfahrungen m. der analytischen Lehrmethode beim Unterricht in der französ. Sprache. gr. 8. (15 S.)
Wien: Bermann & Altmann 1889. * — 30
Fortsetzung u. d. T.:
Fetter: Französ. Reformunterricht.

Fetter Joh.: Festfeier anlässlich des 50jährigen Regierungsjubiläums S. M. des Kaisers Franz Josef I. a. Wien IV. R. 99. Progr.

Fetter, Joh., u. Karl Ullrich, la France et les Français. Lehrg. d. französ. Sprache f. Mädchenlyzeen u. verw. Lehranstalten. I. Tl. Mit 9 Abb. u. 1 farb. Karte v. Frankreich. 4., umgearb. Aufl. v. Fetter u. Alscher, französ. Übungs- u. Lesebuch f. Mädchenlyzeen I. (V, 119 S.) gr. 8. Wien 910. A. Pichler's Wwe. & Sohn. Geb. 1. 40

— — dasselbe. Lehrgang der französ. Sprache f. Realschulen. I. u. II. Tl. gr. 8. Ebd. 909. Geb. 3. 20
I. 13. Aufl. d. I. Tles. d. Lehrgangs d. französ. Sprache. Mit 11 Abb. u. 1 farb. Karte v. Frankreich. (V, 120 S.) 909. 1. 40
II. 13. Aufl. d. II. Tles. d. Lehrgangs d. französ. Sprache. Mit 10 Abb. u. 1 farb. Karte v. Frankreich. (V, 170 S.) 910. 1. 80

Fetter, Johann, Inwiefern läßt sich beim Massenunterrichte individualisiren? Gr.-8. (31 S.) —.40
Wien: Bermann & Altmann 1894.

— Lehrgang der französischen Sprache. 4 Thle. gr. 8. Ebd. n. 5. 20
1. (X, 104 S.) 888. n. — 90. — 2. (VIII, 103 S.) 888. n. — 90. — 3. Uebungs- u. Lesebuch. (X, 141 S.) 889. n. 1. 20. — 4. — dasselbe. (X. 233 S. m. e. Karte.) 890. n. 2. 20.

— dasselbe. 1. u. 2. Thl. in 1 Bd. 2., unveränd. Aufl. gr. 8. (XII, 92 u. 109 S.) Ebd. 890. n. 1. 80

Fetter, Johann, Lehrgang der französischen Sprache. I. und II. Theil. 3. unveränderte Auflage. Wien 1891. Bermann u. Altmann. (Min.-Erl. 23. December 1890, Z. 25746.) Broschirt 1.—, gebunden 1.15

Fetter, Johann. Lehrgang der französischen Sprache I. und II. Theil. 4. umgearbeitete Auflage. Wien 1892. Bermann u. Altmann.

— Lehrgang der französischen Sprache. 1.—4. Tl. gr. 8. Ebd. n. 5. 30
1. u. 2. 5. Aufl. (V, 211 S.) 894. n. 1. 80; geb. n.n. 2. 10
3. Übungs- u. Lesebuch. 2. Aufl. [Unveränd. Abdr. der 1. Aufl.] (X, 141 S.) 892. n. 1. 20; geb. n.n. 1. 50
4. Übungs- u. Lesebuch. 2. Aufl. (VI, 233 S. m. 1 Karte.) 894. Geb. n. 2. 30

Fetter, Johann, Lehrgang der französischen Sprache. I. u. II. Theil. 6. Auflage. Wien 1895. (Min.-Erl. v. 25. Juli 1895, Z. 17484.) Brosch. 1.—

— dasselbe. 3. Thl. 3., umgearb. Aufl. gr. 8. (II, 126 S.) Ebd. 896. Geb. in Leinw. n. 1. 40

— Lehrgang d. französ. Sprache. I. u. II. Thl. 7., unveränd. Aufl. gr. 8. (V, 211 S.) Ebd. 897. Geb. in Leinw. n.n. 2. 10

Lehrgang der französischen Sprache von Johann Fetter I. und II. Theil. 8. unveränderte Auflage. Mit Erlass des hohen k. k. Ministeriums für Cultus und Unterricht vom 25. Juli 1899, Z. 20.141, zum Lehrgebrauche an Realschulen allgemein zugelassen. Wien. 1899. Pichlers W. & S. Gr.-8°. V, 211 S. fl. 1.—, geb. fl. 1 15

Lehrgang der französischen Sprache von Johann Fetter. IV. Theil. Uebungs- und Lesebuch mit 1 Karte. 4. unveränderte Auflage. Mit Erlass des hohen k. k. Ministeriums für Cultus und Unterricht vom 24. September 1899, Z. 26.386, zum Lehrgebrauche an Realschulen allgemein zugelassen. Wien. 1899. Pichlers W. & S Gr.-8. 202 S. fl. 1.05, geb. fl. 1.25

— Lehrgang der französischen Sprache. 4 Thle. gr. 8. Ebd. In 3 Leinw.-Bdn. n. 5. 50
I. II. 9., unveränd. Aufl. (V, 211 S.) 900. n. 2. —
III. 4., unveränd. Aufl. (II, 126 S.) 899. n. 1. 40
IV. Übungs- u. Lesebuch. 5., im wesentlichen unveränd. Aufl. (VII, 202 S. m. 1 Karte.) 902. n. 2. 10

Fetter, J., Lehrgang der französischen Sprache 3. T. 5. Aufl. Gr.-8°. (125 S.) geb.
Wien: Pichler 1903.

— Lehrgang der französischen Sprache. III. u. IV. Tl. gr. 8. Ebd. 905 Geb. n. 3. 50
III. 6. Aufl. Im wesentlichen unveränd. Abdr. der 5. Aufl. (IV, 125 S.) 905. Geb. n. 1. 40
IV. Übungs- u. Lesebuch. Mit 1 Karte. 6. Aufl. Nach der neuen Rechtschreibg. bericht., sonst im wesentlichen unveränd. Abdr. der 4. Aufl. (VII, 202 S.) 904. Geb. n. 2. 10

— Lehrgang der französischen Sprache. III. u. IV. Tl. gr. 8. Ebd. Geb. 3. 50
III. 7. Aufl. Unveränderter Abdr. der 6. Aufl. (IV, 125 S.) 907. Geb. 1. 40
IV. Übungs- u. Lesebuch. Mit 1 Karte. 8. Aufl. Unveränd. Abdr. der 6. Aufl. (VII, 202 S.) 908. Geb. 2. 10

— u. Rud. Alscher, Lehrgang der französischen Sprache f. Realschulen u. Gymnasien. (Exercices. — Grammaire. — Lectures. — Chansons.) I. u. II. Tl. 10., umgearb. Aufl. Ausg. B. gr. 8. (XII, 224 S.) Ebd. 902. Geb. in Leinw. n. 2. 20

— u. Rud. Alscher, Lehrgang der französischen Sprache f. Realschulen u. Gymnasien. (Exercices. — Grammaire. — Lectures. — Chansons.) I. u. II. Tl. 11. Aufl. Ausg. B. Im wesentlichen unveränd. Abdr. der 10. Aufl. (XII, 224 S.) gr. 8. Ebd. 903. Geb. in Leinw. n. 2. 10

— u. Rud. Alscher, Lehrgang der französischen Sprache f. Realschulen u. Gymnasien. (Exercices. — Grammaire. — Lectures. — Chansons.) I. u. II. Tl. 12. Aufl. Ausg. B. Im wesentlichen unveränd. Abdr. der 11. Aufl. (XII, 224 S.) gr. 8. Ebd. 907. Geb. 2. 10

— Der Lehrgang des französischen Unterrichts in Quinta. Ebd. 1891. 41 S. 4. Progr.

Fetter, Johann, Lehrpläne und Jugendspiele. Vortrag, gehalten in der gesammten Sitzung der Vereine „Mittelschule" und „Realschule" am 24. Januar 1891. (Separat-Abdruck aus der „Oesterreichischen Mittelschule". V. Jahrg. 1. Heft. 1891.) Gr.-8. (18 S.)
Wien: Bermann & Altmann 1891.

— u. Karl Ullrich, französisches Lesebuch f. die oberen Klassen der Realschulen, Gymnasien u. Mädchenlyzeen. 2. Tle. (X, V, 479, VIII u. Kommentar 86 S. m. 36 Abbildgn.) gr. 8. Ebd. 905. Geh. u. geb. n. 5. 60

— über die Reformbestrebungen auf dem Gebiete des neusprachl. Unterrichtes. Vortrag. gr. 8. (22 S.) Ebd. 883. n. -- 35

Fetter Joh.: Französischer Reformunterricht. (3. Schuljahr). 8. Wien II. St. U R. 90. (4. Schuljahr). 9. ibd. (jetzt XX. R.) 91. Progr.

— französischer Reform-Unterricht. (3. Schuljahr.) 8. (S. 16—23.) Ebd. 890. n. — 20
Fortsetzg. v.: Zwei Jahre Erfahrungen m. der analytischen Lehrmethode beim Unterricht in der französ. Sprache.

— französischer Reform-Unterricht. (4. Schuljahr.) 8. (S. 24—32.) Ebd. 891. n. — 20

Französische Schulgrammatik von Johann Fetter und Rudolf Alscher. Mit Erlass des hohen k. k Ministeriums für Cultus und Unterricht vom 21. Juni 1900, Z. 10751, zum Unterrichtsgebrauche an Realschulen allgemein zugelassen. Wien. 1900. Pichler's W. & S. Gr.-8° VII, 278 S. Geb. K 3.—

— — französische Schulgrammatik. 2. Aufl. Nach der neuen Rechtschreibg. bericht., sonst im wesentlichen unveränd. Abdr. der 1. Aufl. gr. 8. (VII, 285 S.) Ebd. 902. Geb. in Leinw. n. 2. 50

Fetter Johann und Alscher Rudolf, Französische Schulgrammatik. 3., im wesentlichen unveränderte, somit gemäß Min.-Erl. vom 18. September 1902, Z. 29310, allgemein zulässige Auflage. Wien 1905. A. Pichlers Witwe und Sohn. Geh. K 2.60, geb. K 3.—. (Min.-Erl. 10. September 1905, Z. 33589.)
(VII, 285 S.)

— — Französische Schulgrammatik. 4. Aufl. Im wesentlichen unveränd. Abdr. der 3. bezw. 1. Aufl. (VII, 285 S.) gr. 8. Ebd. 907. Geb. 2. 50

Fetter, Johann

— französische Sprachschule f. Bürgerschulen u. verwandte Lehranstalten. 1. Thl. gr. 8. (VIII, 76 S.) Ebd. 890. n. — 70

— französische Sprachschule f. Bürgerschulen u. verwandte Lehranstalten. 2. u. 3. Thl. gr. 8. Ebd. 891. n. 1. 40; geb. n. 1. 80 (1—3.: n. 2. 10)
2. (VI, 58 S.) n. — 50; geb. n. — 70. — 3. Übungs- u. Lesebuch. Grammatik. (IV, 108 S.) n. — 90, geb. n. 1. 10.

— französ. Sprachschule f. Bürgerschulen u. verw. Lehranst. 1. u. 2. Thl. gr. 8. Ebd. Kart. n. 1. 60
1. 2., durchges. Aufl. (IV, 80 S.) 896. n. — 90
2. 2., unveränd. Aufl. (IV, 58 S.) 897. n. — 70

Französische Sprachschule für Bürgerschulen und verwandte Lehranstalten von Johann Fetter. II. Theil. 3. Auflage. Unveränderter Abdruck der mit Erlass des hohen k. k. Ministeriums für Cultus und Unterricht vom 7. November 1891, Z. 23.310, zum Unterrichtsgebrauche an Bürgerschulen für zulässig erklärten Auflage. Wien. 1899. Pichlers W. & S. 8° 58 S. Cart. fl. —.40

Französische Sprachschule für Bürgerschulen und verwandte Lehranstalten von Johann Fetter. I. Theil. 4. Auflage. Unveränderter Abdruck der mit Erlass des hohen k. k. Ministeriums für Cultus und Unterricht vom 7. November 1891, Z. 23.310. zum Unterrichtsgebrauche an Bürgerschulen für zulässig erklärten Auflage. Wien. 1901. Pichler's W. & S. Gr.-8°. 80 S. Cart. K 1.—

Fetter, Joh., französische Sprachschule für Bürgerschulen u. verwandte Lehranstalten. Nach der neuen deutschen Rechtschreibg. bericht., sonst unveränd. Abdr. der f. zulässig erklärten Aufl. I.—III. Tl. gr. 8. Wien, A. Pichler's Wwe. & Sohn. Kart. n. 2. 65
I. 5. Aufl. (IV, 80 S.) 902. n. — 90
II. 4. Aufl. (IV, 58 S.) 902. n. — 70
III. 3. Aufl. (III, 108 S.) 902. n. 1. 05

Fetter, J., Französische Sprachschule für Bürgerschulen und verwandte Lehranstalten. 1. Teil. 6. Aufl. Gr. 8°. (80 S.)
Wien: Pichler 1903 kart. * K 1

— französische Sprachschule f. Bürgerschulen u. verwandte Lehranstalten. I. Tl. 7. Aufl. Nach der neuen Rechtschreibg. bericht., sonst unveränd. Abdr. der 1. Aufl. (IV, 80 S.) gr. 8. Ebd. 904. Kart. n. — 90

— dasselbe. Einteilige Ausg. (VIII, 233 S.) 8. Ebd. 904. Geb. in Leinw. n. 2. 20

— Französische Sprachschule f. Bürgerschulen und verwandte Lehranstalten. Einteilige Ausg. 2. Aufl. Unveränderter Abdruck der 1. Aufl. (VIII, 233 S.) 8. Ebd. 907. 2. 50

Fetter, Johann, Französisches Uebungsbuch für die oberen Classen höherer Lehranstalten. (Des Lehrganges der französischen Sprache V. Theil.) Wien 1893. Bermann und Altmann. (Min.-Erl. v. 3. Juli 1893, Z. 12203.) Geheftet 1.15
Gebunden (VI, 237 S.) 1.35

Fetter, Johann u. Rudolf Alscher
— — französisches Ubungsbuch f. die ob. Klassen höherer Lehranstalten. (Des Lehrganges der französ. Sprache V. Tl.) 3. Aufl. Nach der neuen Rechtschreibg. bericht., sonst unveränd. Abdr. der 2. Aufl. gr. 8. (V, 163 S.) Ebd. 902. Geb. in Leinw. n.n. 1. 65

Fetter, Joh., u. Rud. Alscher, französisches Uebungsbuch f. die oberen Klassen höherer Lehranstalten. (Des Lehrganges der französ. Sprache V. Tl.) 4. Aufl. Nach der neuen Rechtschreibg. bericht., sonst unveränd. Abdr. der 2. Aufl. (V, 163 S.) gr. 8. Wien 904. A. Pichler's Wwe. & Sohn. Geb. in Leinw. n. 1. 65

Fetter Johann und Alscher Rudolf, Franz. Übungsbuch für die oberen Klassen höherer Lehranstalten. Des Lehrganges der französischen Sprache V. Teil. 5., inhaltlich unveränderte, somit gemäß Min.-Erl. vom 11. Juni 1904, Z. 20641, allgemein zulässige Auflage. Wien 1906. A. Pichler's Witwe & Sohn. Geh. K 1.60, geb. K 2.—. (Min.-Erl. vom 25. Juli 1906, Z. 28806.)

— — Französisches-Ubungsbuch f. die oberen Klassen höherer Lehranstalten. (Des Lehrganges der französ. Sprache V. Tl.) 6. Aufl. Unveränd. Abdr. der 5. Aufl. (V, 163 S.) gr. 8. Ebd. 909. Geb. 1. 65

Fetter, Johann und Rudolf Alscher
— — französ. Übungs- u. Lesebuch f. Mädchenlyceen u. verwandte Lehranstalten. (Exercices. — Grammaire. — Lectures. — Chansons.) 5 Thle. gr. 8. Ebd. 902. Geb. in Leinw. n. 8. 64
1. 2. (VII, 237 S.) n. 2. 50
3. Gleichlautend m. dem Lehrgange der französ. Sprache 3. Thl. v. Joh. Fetter. (II, 126 S.) n. 1. 64
4. Mit 1 Karte. Gleichlautend mit dem Lehrgange der französ. Sprache 4. Th. v. Joh. Fetter. (VII, 202 S.) n. 2. 50
5. Gleichlautend m. dem französ. Übungsbuch f. die ob Classen höherer Lehranstalten v. Joh. Fetter u. Rud. Alscher. (V, 163 S.) n 2. —

— — französisches Uebungsbuch f. Mädchenlyzeen u. verwandte Lehranstalten. V. Tl. Gleichlautend m. dem französ. Uebungsbuch f. d. ob. Klassen höherer Lehranstalten (3. Aufl.) v. Joh. Fetter u. Rud. Alscher. Nach der neuen Rechtschreibg. bericht., sonst unveränd. Abdr. (V, 163 S.) gr. 8. Ebd. 903. Geb. in Leinw. n. 1. 65

— — französisches Uebungs- u. Lesebuch f. Mädchenlyzeen u. verwandte Lehranstalten. (Exercices. — Grammaire. — Lectures. — Chansons.) I. u. II. Tl. 2. Aufl. Im wesentlichen unveränd. Abdr. der 1. Aufl. (VII, 237 S.) gr. 8. Ebd. 905. Geb. n. 2. 10

— — Französisches Übungs- u. Lesebuch f. Mädchenlyzeen u. verwandte Lehranstalten. (Exercices. — Grammaire. — Lectures. — Chansons.) 5 Tle. gr. 8. Ebd. Geb. 7. 25
I. II. 3. Aufl. Im wesentlichen unveränd. Abdr. der 2. Aufl. (V, 237 S.) Geb. 2. 10
III. Gleichlautend m. dem Lehrgange der französ. Sprache. III. Tl. (7. Aufl.) v. Joh. Fetter. Nach der neuen Rechtschreibg. bericht., sonst im wesentlichen unveränd. Abdr. (IV, 125 S.) 907. Geb. 1. 40
IV. Mit 1 Karte. Gleichlautend m. dem Lehrgange der französ. Sprache. IV. Tl. (7. Aufl.) v. Joh. Fetter. Nach der neuen Rechtschreibg. bericht., sonst im wesentlichen unveränd. Abdr. (VII, 202 S.) 906. Geb. 2. 10
V. Gleichlautend m. dem französ. Übungsbuch f. die ob. Klassen höh. Lehranstalten (5. Aufl.) v. Joh. Fetter u. Rud. Alscher. Nach der neuen Rechtschreibg. bericht., sonst unveränd, Abdr (V, 163 S.) 906. Geb. 1. 65

Fetter, J. Ein Versuch mit der analytischen Lehrmethode beim Unterrichte in der französischen Sprache. Wien, U.-R. II. Bez., 1888. 18 S. • Progr.

Fetter, Johann, Ein Versuch mit der analytischen Lehrmethode beim Unterricht in der französischen Sprache. 8. (16 S.) —.20
Wien: Bermann & Altmann 1890.

Fetter, Mch. Gf., (†...) einige kirchl. Merkwürdigkeiten d. evangel. Kirchengemeine zu Michelsdorf, bei Gelegenheit d. Gedächtnisses d. 50 J. genossenen freien Religionsübung d. 18. Jun: 1792 rc. 8. Hirschb. 792.

-- Predigten u. Reden an d. Gedächtnißfeste d. 50jähr. genossenen evangel. Religionsfreiheit zu Michelsdorf d. 18. Juni 1790 rc. 8. Hirschb. 792.

Fettik, O., Ist der Harn der Tiere unter physiologischen Verhältnissen eiweisshaltig? S.-A. Jena 98. Fischer.

Fettinger, Friedr., Gedichte. 2., gänzlich umgearb. Aufl. 16. (XIV und 183 S.) Nürnberg 855, v. Ebner'sche Buchh., Verlags-Conto. Thlr. *

—— Leierklänge. Gedichte. 16. (X und 146 S.) Nürnberg 853, v. Ebner'sche Buchh., Verlags-Conto. *

Geschichte von Eilenburg und Umgegend. Fur d Schulgebr bearb. von Carl Fettke, Lehrer, u. C. Muller, Rektor Eilenburg. B Becker (1900). (49 S.) 8° [F.] (ue. 1931) 3

Fettmilch (Hrsg.), s. Handbuch d. Bürgerlichen Rechts in Teutschland ...

FETTSACK, Urban (ps.), Hoy abermal ein neuer Aufschneider, den verdreussts sehr, dass andere besser aufschneiden und lügen können als er etc. Durch —. Gedruckt in der Stadt Angst und Bange. O. J. (1778). Sehr rar!
Weller, fing. Dr. u. Lex. Pseud.

Fettsucht, die, s.: Miniatur-Bibliothek.

Fettweiss, Albert, aus Glehn (Rheinl.): **Bericht über 1000 Geburten der K. Universitäts-Frauenklinik zu Würzburg.** *Würzburg 1903: F. Schreiner.* (31 S.) 8°
Würzburg, Med. Diss. v. 1903

Fetz, Anton, med. pract. in Ems '(Graubünden)': Die Krankheiten und Unfälle der Arbeiter des Baulooses I der rechtsuferigen Zürichseebahn. Bern Stämpfli u. Cie Dr. 1896. 32 S. 8°.
Zürich, Med. Diss. [v. 25. Febr. 1896].

Ein Blick in die Zukunft. 2407. Dr. Wunderlichs seltsame Erlebnisse in Berlin v. 1. bis 7. Okt. 2407. Mit vielen Ill. Von A[ugust] Fetz, Bremerhaven. Leipzig: R. Hahn 1907. (136 S.) 8° [07. 1288]

— Die Elementier-Methode im Schreibunterricht. Für d. Schul- u. Selbstunterricht hrsg. im Auftrage d. Lehrervereins f. Geestemünde, Lehe u. Umgegend. (30 S.) gr. 8. Lehe (910). F. Brüning. — 80

Fetz, Johann Franz. Gedenkblätter an Carl Rudolph, aus den Grafen von Buol-Schauenstein etc. (1760–1833), letzten Fürstbischof von Chur, ersten Bischof von St. Gallen, von J. F. Fetz.... Bevorwortet vom k. k. Hofrath... Dr. Fr(iedrich) von Hurter. Mit Porträt([-Tafel und] Beilagen). 8. Lindau 1853.

Fetz, Joh. Frz., Gedenkblätter an Carl Rudolph, aus den Grafen von Buol-Schauenstein **rc., letzten Fürstbischof von Chur, ersten Bischof von St. Gallen. Bevorwortet von Fr. v. Hurter. gr. 8. (XV und 162 S. mit Portr. in Stahlst.) Lindau 853, Stettner.** *

Fetz, J[ohann] F[ranz]. Geschichte der kirchenpolitischen Wirren im Freistaat der drei Bünde (Bisthümern Chur und Como). Vom Anfang des 17. Jahrhunderts bis auf die Gegenwart. ([Mit] Beilagen.) 8. Chur 1875.

Fetz, Joh[ann] Fr[an]z. Die Schirmvogtei des Hochstiftes Chur und die Reformation. Zweite historisch-kritische Monographie, ein Beitrag zur Reformations-Geschichte Graubundens. [SA.] 8. Luzern 1866.

Fetz, Johann F[ran]z. Die Schirmvogtei des Hochstiftes Chur und die Reichsvogtei in der Stadt Chur. Eine historisch-kritische Monographie. (SA.) 8. Stans 1862.

Fetzer, s. a. Fezer

Fetzer, v. Auch e. Rückblick. D. dtsch. Sanitätsw. im Kriege 70/71, nach d. Kriegssanitätsbericht bearb. Berlin 1895.

Fetzer, d. Zeit., wird mit d. J. 1836 d. tausendjähr. Reich anfangen? Freunden u. Feinden d. Offenbar. Johannis u. Allen, welche in d. Zukunft zu blicken, u. auch d. Bedeut. d. im Jahr 1835 erschein. Cometen kennen zu lernen wünschen, gewidmet. gr. 8. (6 B.) Reutlingen 834, (Fischer.)

Fetzer, B. v., Lungentuberkulose u. Heilstättenbehandlung. Eine medicinisch-sociale Studie. gr. 8. (82 S.) Stuttgart 900. F. Enke. n.n. 2.40

Fetzer, Berthold Karl, über den Einfluss des Militärdienstes auf die Körperentwickelung, mit besond. Berücksicht. der Verhältnisse der Brust und mit Bezug auf die Beurteilung der Militärdienstfähigkeit. Eine Studie. gr. 8. (VIII, 200 S.) Stuttgart 879, Bonz und Comp. *

[F.] Aus dem Thessalischen Feldzug der Türkei Frühjahr 1897. Berichte u. Erinnergn e. Kriegskorrespondenten. Von Dr. C. A. Fetzer, Lieut. d. L. M. zahlr. Abb. u. 1 Kt. ... *Stuttgart & Leipzig: Dtsch. Verl.-Anst. 1898.* (2 Bl., 171 S., 1 Kt.) 1 Bd 4. [97. 775]

Fetzer, C. Ed., Prüfungsdiktate f. die Vorschulen höherer Lehranstalten, s.: Bauer, G.

Fetzer, C. E., und A. Fischer, 18 Vorlagen zum Schriftzeichnen, s. Fischer, A.

Fetzer, C. Ed., methodisch bearbeitete Vorlagen v. Schriftarten zur Anwendung bei Plänen & Zeichnungen, zum Gebrauche in Zeichenschulen, sowie f. Architekten, Geometer, technische Zeichner etc. (20 Bl.) qu. gr. 8. Leipzig (903). (R. Bauer) n. — 85

Fetzer, C. Ed., Vorlegeblätter für das Schriftzeichnen. Geometrische Constructionen römischer und gothischer Schriften für angehende Architekten, Lithographen, Schildmaler u. A. sowie für den Unterricht in Real-, Baugewerke- und Fortbildungsschulen bearb. 1.—5. Heft. qu. Fol. (à Heft 10 Stnt.) Stuttgart 871,72, Nitzschke. à Heft *ℳ 1,80. *

— dass. — Text-Heft. gr. 8. (16 S.) Ebendas. 871. *

Fetzer, C.H., s. Fetzer, Karl Heinrich

Fetzer, Franz: Der Häutehandel und die Häuteverarbeitung in Deutschland unter besonderer Berücksichtigung des Großherzogtums Baden. Freiburg i. B. 1910: Preßverein. 51 S. 8°
Freiburg i. B., Rechts- u. staatsw. Diss. v. 1910, Ref. Liefmann
[Geb. 18. April 87 Karlsruhe i. B.; Wohnort: Donaueschingen; Staatsangeh.: Baden; Vorbildung: Gymn. Donaueschingen Reife Juli 05; Studium: Freiburg i. B. 5, Berlin 1 S.; Rig. 14. Febr. 10.] [U 10. 931

Fetzer, H., moderne Bäder, s.: Vetter, Leo.

Fetzer, Hans, Pflichten d. deut. Unteroffiziers in u. außer Dienst. Für neubeförderte u. junge Unteroffiziere des aktiven Dienststandes. (58 S.) 8. Zweibrücken (909). F. Lehmann. — 50

Fetzer, Hermann, 29. Ärztlicher Bericht üb. d. anatomisch-physiologischen Vortr., gehalt. im Turnlehrerbildungskursus, 23. 4. — 2. 7. 1889, sow. Betrachtungen üb. d. in dies. Kursus gewonnenen Resultate in bezug a. d. körperl. Entwicklung u. Ausbildung d. einzelnen Kursisten: fußend auf den durch Messungen festgestellten Zahlenwerten, zu Anfang und zum Schluß des Kurses, 5 S., 8°.

Fetzer, J. J.

— Teutschland u. Rom seit d. Reformation Dr. Luthers. Eine Denkschr. z. dritten Sekularfeier d. Augsburg. Confess. 2 Thle. 8. (43½ u. ... B.) Frankfurt a. M. 830, Brönner.

— s. Hirtenbrief, der, des Erzbischofs v. Gnesen.

(Fetzer): Hirtenbrief, der, des Erzbischofs von Gnesen. Geschichtlich, staats- u. kirchenrechtl. u. weltbürgerlich-christlich zergliedert vom Verf. v. „Deutschland u. Rom" *Reutlingen.* **838. gr. 8. (10 Gr.)**

— Jesuiten-Schliche d. Kampfes zwischen Licht u. Finsterniß, od. Umtriebe gegen den, zur Aufhebung d. Cölibats v. kathol. Geistlichen gegründ. Ehinger Verein. (Aus d. „theol. Annalen 1832" abgedr.) 8. (4 B.) Coburg, Sinner.

Fetzer, J. J., s. Papstthum, das, im Widerspruch mit Vernunft, Moral und Christenthum.

(*Ders.*): Welche Folgen dürfte d. Fehde haben, die der Erzb. v. Cöln veranlasste? Erwogen von dem Verf. von „Deutschl. u. Rom." *Reutl.*, **J. J. Mäcken jun. 838. gr. 8. (6 Gr.)**

Fetzer, [J C(arl)]. Rede des... Amts-Bürgermeisters F. bei Eröffnung des Grossen Rathes in Aarau am 26ten November 1830. (Gedruckt in Folge Beschlusses des Grossen Rathes vom 27ten November 1830....) 8. (Aarau [1830].)

FETZER Jakob. Nuetzliche Erholungsstunden fuer Land- und Bauersleute. Ein Buch zur Belehrung und Vergnuegen von -. Moessle, Wien 1794. 2 Bl. + 158 S. + 3 Bl. Anz.

Fetzer, Johann Karl von (Ed.):

s.: Protocollum Archivi Incl(ytae) Fac(ultatis) Med(icae) quod ab anno MCCCCXIIII. ad sua usque tempora Praeside ejusdem Facult(atis) Illustriss(imo) ac Magnif(ico) D(omino) L(ibero) B(arone Gerard) van Swieten, C(aesareae) R(egiae) M(ajestatis) Consil(io) et Protomedico etc... (Wien: 1770 - 1820)

Fetzer, K., Gewerbe- und Handels-Adreßbuch für das Königr. Württemberg, s. Fischer, A.

Fetzer, C., neues Gewerbe- und Handels-Adressbuch für das Königr. Württemberg, s. Gewerbe- und Handels-Adressbuch.

Fetzer, K. A., Die neuesten sozialistischen Träumereien. Basel, 1902. 26 S.

Fetzer, Karl Adolf

Fetzer, C. Ad., Vorschläge zur Neuordnung des württembergischen Gelehrten- u. Realschulwesens. gr. 8. (31 S.) Stuttgart 901. J. B. Metzler. n. — 75

Fetzer, Carl Adolf: Voruntersuchungen zu einer Geschichte des Pontificats Alexanders II.... Strassburg, Univ.-Buchdr. v. J. H. Ed. Heitz (Heitz & Mündel), 1887; IV + 76 S. 8°.
Strassburg, Phil. Fak., Inaug.-Diss. v. 1887.

Fetzer, Carl Aug. [wirkl. Name], s.a. Antiromanus [Pseud.]

FRUSTA, Giovani (!), (d. i. *Carl Aug. Fetzer*), Der Flagellantismus und die Jesuitenbeichte. Historisch-psycholog. Geschichte der Geisselungs-Institute, Kloster-Züchtigungen (der Nonnen) und Beichtstuhl-Verirrungen aller Zeiten. Aus d. Italien. Leipzig und Stuttgart 1834. 8°. (25 Mk., schönes Expl., Adolf Weigel, 1906.)
Seltene und gesuchte Original-Ausgabe!
— — Dasselbe. Neudruck. Stuttgart, o. J. (vor 1885). 8°. 262 S. (8 Mk. Scheible; 12 Mk. Max Harrwitz.)
— — Dasselbe. Anastatischer Neudruck. Ebd., o. J. (1904). 8°. (12 Mk. Adolf Weigel, 6 Kr. Halm & Goldmann.)

—— Gedichte. 8. (VIII und 308 S.) Stuttgart 861, Göpel.

Fetzer, Carl Aug., Gedichte. 3. Sammlung. 8. (IV, 108 S.) Stuttgart 886, Bonz und Comp. *M 3.—.; geb. *

Fetzer, Carl Aug., Carl der fünfte. Tragödie. 8. (154 S.) Stuttgart 861, Göpel.

Fetzer, Carl Aug., philosophische Leitbegriffe. gr. 8. (X, 296 S.) Tübingen 884, Laupp'sche Buchh. *

—— Melusine. Episches Gedicht. 8. (273 S.) Stuttgart 882, Metzler'sche Buchh. *

Fetzer, C. A., über die Stellung und Aufgabe der National-Demokratie in Württemberg. gr. 8. (IV, 56 S.) Stuttgart 868, Metzler's Verlag. *

Fetzer, Karl Heinrich

Fetzer, Karl Hnr., vorläufige Bedenklichkeiten über die den Ständen vorgelegten Hypotheken-Ordnung 2c. gr. 8. Stuttg. 824. Sonnewald. 2 gr.

FETZER, C. Heinr.: Die Grundzüge d. erbländ. Verfass. Würtembergs. *Stuttgart.* (Weise.) 816. 8. (3 Gr.)

Fetzer, C. H., die Grundzüge der erbländischen Verfassung Würtembergs. 8. Stuttgart Sattler. 817.

Fetzer, Karl Hnr., Rede über d. Nothwendigkeit, d. Institutionen d. Reichs mit den Kräften d. Staats-Untergebenen in Uebereinstimmung zu bringen. gr. 8. Stuttg. 824. Sonnewald. 2 gr.

— Theorie d. altwürtembergischen Justiz- u. Gerichtsverfassung u. d. Gerichts-Verfahrens in bürgerl. Rechtsstreitigkeiten. 1r Bd. 8. Stuttg. 805. Metzler. 14 gr.

FETZER, C. Heinr.: D. Verfassungsstreit in Würtemberg im J. 1815—17, od. d. Wichtigste, was üb. Verfassungsgegenstände um diese Zeit in's Publikum gekommen ist. Mit Anmerkungen. *Stuttgart.* (Weise.) 818. gr. 8. (1 Thl. 21 Gr.)

— d. Verfassungsstreit in Würtemberg vom J. 1815—17. Mit Anmerkk. 1r Bd. gr. 8. Stuttg. 819. Sattler. 1 rℓ 16 gr.

FETZER, K. H.: Versuche z. Bild. d. röm. Rechts. *Heidelb.*, Weisert. (*Lpz.*, Nauck.) 802. 8. (8 Gr.)

— Versuche zur Bildung d. röm. Rechts. 8. Heilbronn 802. (W. Nauck in Leipz.) 9 gr.

— Versuch zur Bildung des römischen Rechts. 8. Heilbr, Rausche. (Leipz. Sommer.) 802.

Fetzer, Luise, die Geschwister. Erzählg. f. junge Mädchen. M. 8 Ton- u. 15 Textbild. v. R. Gutschmidt. 8. (III, 238 S.) Stuttgart 897. J. Loewe. Geb. in Leinw. 4. —

Fetzer, Max, approb. Arzt aus Stuttgart: Ueber die Widerstandsfähigkeit von Klängen, insonderheit von Vocalklängen gegenüber schädigenden Einflüssen. *(Altenburg) 1903: (Pierer).* (36 S.) 8°
Tübingen, Med. Diss. v. 1903

Fetzer, Osk., die Behandlung der Syphilis in der Tübinger Klinik. Inaugural-Dissertation. gr. 8. (54 S.) Tübingen 879, (Fues'sche Sortimentsh.) *

Über die Reliquien, Opfer und Mirakelbilder (von *Joh. Jaç. Fetzer-Fezer*). Deutschland (Hannover) 1781 (Im British Museum.)
Anon.-Lex. IV. p. 227 (nach Weller u. dem Cat. des genannten Museums); Kayser hat „Hannover 1787".

Vgl. Fezer.

Feubel, Albert [aus Wiesbaden]: Zur Kenntnis der Azimide. Wiesbaden 1900. 32 S. 8°.
Basel. Phil. Diss. 1899/1900.

Feucht, Jac., Weihbischof, s. Metzner, J.

Feucht, Ad., der Malkasten der Kleinen oder Anleitung für Kinder farbige Bilder zu fertigen und durch geordnete Behandlung den Sinn und Geschmack daran zu bilden. Zum Vergnügen der lieben Jugend, so wie als Rath für Aeltern welche nicht selbst malen zusammengestellt. qu. gr. 8. (20 S. mit 5 ill. und 8 schwarzen Stnt.) Nürnberg (861)62, Raw'sche Buchh. *

Feucht, Otto, die schwäb. Alb, s.: Vegetationsbilder.

Die Bäume u. Sträucher uns. Wälder, s.a. Wegweiser, naturw.

FEUCHT, Otto: Die Bäume und Sträucher unserer Wälder. - Stuttgart 1909. 125 S., 6 Taf., 47 Abb. - 3. erg. Aufl. ebd. 1924. 120 S. - 4. erg. Aufl. ebd. 1946. 128 S., 8 Taf., 44 Zeichn. - (Naturwiss. Wegweiser Bd. 4)

— Parkbäume u. Ziersträucher, s.a. Wegweiser, naturw.

FEUCHT, Otto: Parkbäume und Ziersträucher. - Stuttgart 1910. 100 S. - (Naturwissensch. Wegweiser Ser. A, 14)

— Der nördl. Schwarzwald, s.: Vegetationsbilder.

Feucht, Paul, Wegwarte Neues Fabel-ABC. (212 S.) 8. Leipzig (906). Modernes Verlagsbureau. n. 2.50

Feuchter

— Barometer- und Thermometer-Beobachtungen während des Januar, Februar und März-Anfangs 1831, angestellt zu Gersfeld. (Aus. Archiv f. Chemie u. Meteorol., B. 3, H. 1.)

— Der Nordschein am 7. Jan. 1831, beobacht. zu Gersfeld bei Fulda.

Feuchter, Witterungsgang zu Gersfeld a. d. h. Rohn, während des Jahres 1830. (Aus: Archiv f. Chemie u. Meteorol., B. 2, H. 3.)

[S.] (Agitations-Ausgabe) Der deutsche Pulver-Ring und das Militär-Pulvergeschäft. Von Georg Feuchter. *Göppingen: Selbstv.; zu beziehen durch Buchh. Vorwärts, Berlin; (Dr. v. M. Baling, Berlin) 1896.* (46 S.) 1 Bd 8.

Feuchter, Heinr., Propionylphenylessigester u. seine Reaktionsprodukte m. Phosphorpentabromid u. Phosphorpentachlorid. Diss. (75 S.) gr. 8. Tübingen 903. F. Pietzcker. n.n. 1.20

Feuchtersleben, Ernst Frhr. v., Aphorismen. Zusammengestellt v. C. Schroeder. (87 S.) 8. Hannover 905. O. Tobies. n. 1. —

— Aphorismen. Zusammengestellt v. C. Schroeder. 2., unveränd. Aufl. (87 S.) 8. Hannover (907). Leipzig, O. Tobies. 1.—

Ernst Frh v **Feuchtersleben**. Aphorismen. Zsgest. von C. Schroeder 2. unverand. Aufl. Hannover: O. Tobies [1908]. (87 S.) 8° [F.] 08. 143667

—— Aerzte und Publikum. Skizzen. Neue (Titel-)Ausg. der Schrift: „Gewißheit und Würde der Heilkunst." 12. (X und 170 S.) Wien 849, Gerold, Verlag.

— Beiträge zur Literatur, Kunst- u. Lebens-Theorie. gr. 12. Wien 837. v. Mösle's Wttwe u. Braumüller; jetzt Hirschfeld das. 1½ ℛ

Feuchtersleben, Ernst Frhr. v., Beiträge zur Literatur, Kunst- u. Lebens-Theorie. 1. u. 2. Bd. gr. 12. Wien, Stöckholzer v. Hirschfeld. [1. (16½ B.) 837. 1½ Thlr., neue wohlf. Aufl. 1 Thlr., 2. (11½ B.) 841. 1½ Thlr., neue wohlf. A. 1 Thlr.]
Bd. 2. a. u. d. T.: Lebensblätter.

— Meyern's Biographie, s. Meyern, W. Fr., hinterlass. kleine Schriften.

Aus Briefen von Ernst Frh. v. **Feuchtersleben**. 1826–1832. Mit e. bisher noch unveröff. Zeichn. von Moritz v. Schwind u. 15 Sepia-Zeichn. Hrsg. von A[dalbert] F[ranz] Seligmann. Wien: Heller [1909]. 73 S. 8° 11. 5730

Feuchtersleben, Ernst Freiherr von: Ueber das Hippocratische erste Buch von der Diät. 26 S., gbd.

Wien: Gerold 1835

Feuchtersleben, E. Frhr. v., zur Diätetik der Seele, s. Bibliothek der Gesamt-Litteratur des In- und Auslandes.
—— dass. — s. Meyer's Volksbücher.

— dasselbe. s.: Museum.

— dasselbe. s.: Universal-Bibliothek.

E. Frhr. v. **Feuchtersleben** zur Diätetik d. Seele. (*Wien*, Armbruster. 838. ...) 3e vb. u. vm. A. *Wien*, Gerold. 842. 4–5e vm. A. 846–48. 6e A. 850. 12° 16 gl

— zur Diätetik der Seele. 2. Aufl. 16. 841. 3. verb. und verm. Aufl. 12. Wien 843, Gerold. ⅔ ℛ — 4. verm. Aufl. 12. Ebend. 846. ⅔ ℛ

— zur Diätetik der Seele. 5. verm. Aufl. 18. (XXIV u. 185 S.) Ebd. 848. — 6. Aufl. 18. (XXIV u. 184 S.) Ebd. 850. — 7. verm. Aufl. 16. (196 S.) Ebd. 850. — 8. verm. Aufl. 18. (XXIV u. 185 S.) Ebd. 851. ⅔ ℛ — 9. Aufl. 8. (XVI u. 168 S.) Ebd. 852. 1 ℛ — 10. verm. Aufl. 16. (XXIV u. 179 S.) Ebd. 852. ⅔ ℛ

Feuchtersleben, Ernst v., zur Diätetik der Seele. 11. verm. Aufl. 853. — 13. u. 14. Aufl. 854. — 15. u. 16. Aufl. 856. — 18. Aufl. 857. — 19. Aufl. Wien 858. Gerold. 12. (XXII, 175 S.) 20 ngr

— — 12. Aufl. 853. (238 S. u. Portr. in Stahlst.) — 17. Aufl. Ebend. 857. 16. (XXII, 175 S. u. Portr. in Stahlst.) geb. n. 1 ℛ 20 ngr

Feuchtersleben, Ernst Frhr. v., zur Diätetik der Seele. 19—21. Aufl. 12. 1858—60., 22. Aufl. 16. (XXII und 175 S.) Wien 860, Gerold's Sohn. geb. *

Feuchtersleben, Ernst, *Freih. v., Med. Dr.* Zur Diätetik der Seele. XX. Aufl. *Wien* 1859. *Carl Gerold's Sohn.* XXII, u. 174 S., 1 Bl. 16°.

Feuchtersleben, Ernst Frhr. v., zur Diätetik der Seele. 23.—32. Aufl. 12. (XXII und 175 S.) Wien 862—67, Gerold's Sohn. * 12 Ngr.; cart. * 20 Ngr.; geb. mit Goldschn. *

v. **Feuchtersleben**, Ernst, zur Diätetik der Seele. 27—33. Aufl. Wien 861—69. Gerold's Sohn. 16. (XXII, 175 S.) n. 20 ngr; geb. n. 1 ℛ 20 ngr

Feuchtersleben, E. Frhr. v., zur Diätetik der Seele. 31. Auflage. Wien 1869. 8.

Feuchtersleben, Ernst Frhr. v., zur Diätetik der Seele. 33., 34., 37. und 39. Aufl. 16. (XXII, 175 S.) Wien 871—74, Gerold's Sohn. cart.

—— dass. — 35. und 38. Aufl. 16. (XXII, 175 S.) Ebendas. 871,74. geb. mit Goldschn. *

—— dass. — 36. und 40. Aufl. Wohlfeile Volksausg. 16. (XXII, 175 S.) Ebendas. 872,74. *

— dasselbe. 41. Aufl. gr. 16. (XXII, 174 S.) Ebend. 874. n. 2. —

— dasselbe. Wohlfeile Volksausg. 42. Aufl. gr. 16. (XXII, 174 S.) Ebend. 874. n. 1. 20

—— dass. — 42. Aufl. Volks-Ausg. 16. (XXII, 174 S.) Ebendas. 877.

Feuchtersleben, Ernst Frhr. v., zur Diätetik der Seele. 41. Aufl. (XXII, 174 S.) 877; 43. Aufl. 16. (XXII, 175 S.) Wien 879, Gerold's Sohn. cart.

—— dass. — gr. 16. (XVI, 189 S.) Halle 879, Gesenius. * geb. *

—— dass. — Mit Begleitstellen aus den Werken von Schopenhauer, Dav. Strauß und anderen modernen Schriftstellern. Hrsg. von Jean Dufresne. 8. (XIII, 175 S.) Hamburg 879, Berendsohn. cart. * ℳ 1,50.; geb. *

— dasselbe. Mit Begleitstellen aus den Werken v. Schopenhauer, David Strauß u. anderen modernen Schriftstellern. Hrsg. v. Jean Dufresne. 8. (XIII, 175 S.) Hamburg 880. Berendsohn. cart. n. 1. 50; geb. n. 2. 50

Feuchtersleben, Ernst Frhr. v., zur Diätetik der Seele. 44. Aufl. Volks-Ausg. 16. (XXII, 175 S.) Wien 883, Gerold's Sohn. *

— dass. — 45. Aufl. 16. (XXII, 175 S.) Ebendas. 883. cart. *

Feuchtersleben, E. Frhr. v., zur Diätetik der Seele. Neu hrsg. u. mit einer Einleitung versehen v. Ad. Kohahl. gr. 16. (X, 166 S.) Leipzig 890. Fock. geb. m. Goldschn. n. 1. 50

Feuchtersleben, Ernst Frhr. v., zur Diätetik der Seele. 2. Aufl. 12. (XV, 179 S.) Halle a/S. 893. H. Gesenius. Geb. in Leinw. m. Goldschn. n. 2. —

Feuchtersleben, Ernst Frhr. v., zur Diätetik d. Seele. Orig.-Ausg. 46. Aufl. 16. (XXII, 175 S.) Wien 896. C. Gerold's Sohn. Geb. in Leinw. n. 2. —

Zur Diätetik der Seele. Von Ernst Frh. v. **Feuchtersleben**. 3. Aufl. Halle: Gesenius 1910. XV, 160 S. 8° 10. 1814

Feuchtersleben, Ern. Lib. Bar. de, Dissert. inaug. medica, sistens Lineamenta isagoges in doctrinam de indicationibus. 8 maj. (4¾ B.) Vindobonae 834, (Beck.)

Feuchtersleben Ernst Freiherr von: Über die Frage von Humanismus und Realismus als Bildungsprinzip. S. 2. 22 . . . . vgr.
Separatabdruck

—— Gedichte. 8. (22 B.) Stuttgart u. Tübingen 836, Cotta'sche Buchh.

— ausgewählte Gedichte, s.: National-Bibliothek, deutsch-österreichische. Nr. 109.

—— Geist deutscher Klassiker, s. Geist.

—— Geist deutscher Classiker. Eine Blumenlese ihrer geistreichsten und gemüthvollsten Gedanken, Maximen und Aussprüche. 8. Aufl. 10 Thle. 16. Wien 865,66, Hartleben's Verlag à Thl. 7½ Ngr.

Inhalt:
Thl. 1. Göthe. (VIII und 172 S.)
" 2. Schiller. (131 S.)
" 3. Herder. (148 S.)
" 4. Hippel. (149 S.)
" 5. Klinger. (138 S.)
" 6. Lessing. (102 S.)
" 7. Lichtenberg. (106 S.)
" 8. Wieland. (132 S.)
" 9. Benzel-Sternau. (131 S.)
" 10. Jean Paul. (115 S.)

Feuchtersleben, Ernst Freiherr von: Die Gewißheit und Würde der Heilkunst. 170 S., gbd.

Wien: Gerold 1839

Feuchtersleben, Ernst Freiherr von (Übers.u. Comm.):

s.: Hartmann, Ph(ilipp) K(arl): Fest-Rede vom Leben des Geistes. (De mente humana, vita physica alteriore, oratio academica. Dt.) Wien: 1846

JB 4.504

Feuchtersleben, Ernst Freiherr von: Lehrbuch der ärztlichen Seelenkunde. Als Skizze zu Vorträgen bearbeitet. 430 S., gbd.

Wien: Gerold 1845

JB 4.561

Feuchtersleben, Ernst Frh. von, s. Mayrhofer, Joh., Gedichte.

—— ein Naturprincip für die Staatswissenschaft. gr. 8. (8 S.) Wien 852, (Gerold's Sohn.) *
Aus: Sitzungsberichte der k. Akademie der Wissenschaften J. 1849, besonders abgedruckt.

Feuchtersleben, Ernst Freiherr von: Rede zum Restaurations-Feste und fünfzigjährigen Aufgebots-Jubiläum der Wiener Hochschule am 20. April 1847. 22 S.(S.41 - 62), gbd., Abb.

Wien: typ.Strauß & Sommer (1847)

Feuchtersleben, Ernst Freiherr von: Überblick der Geschichte des Decanat-Jahres 1845/46. 10 S., gbd.

Wien: typ.Ueberreuter 1847

JB 5.507

Feuchtersleben's, Ernst Frhrn. v., ausgew. Werke. 5 Tle. in 1 Bde. Hrsg. v. Rich. Guttmann. Mit d. Dichters Bildnis u. e. Briefe als Handschriftprobe. (584 S.) kl.8. Leipzig 907. Hesse & Becker Verl. 1.50; geb. in Leinw. 2.—; feine Ausg., Halbfrz. 3.—; Luxusausg., Liebh.-Halbfrz. 4.—

Feuchtersleben, Ernst Frh. von: Ausgewählte Werke. Hrsg. v. Richard Guttmann. Mit d. Dichters Bildn. u.e. Briefe als Handschriftprobe. 5 Tle in 1 Bd. Leipzig: Hesse [1909]. 585 S. 8°.
(Max Hesses Neue Leipziger Klassiker-Ausgaben.)

Feuchtersleben's, Ernst v., sämmtliche Werke. Mit Ausschluß der rein medizinischen. Hrsg. von Friedr. Hebbel. 1—5. Bd. 8. (LVIII und 1024 S.) Wien 851—52, Gerold, Verlag. à Bd. * 2 Thlr. *

Feuchtesleben, Ernst, Freih. v. — Sämmtliche Werke. (Mit Ausschluß der medizinischen) Herausgegeben von Friedr. Hebbel. 6. Band. (Enthält Kritiken; Charakteristen und vermischte Aufsätze.) . . . 8. (346 S.) Wien, C. Gerold und Sohn 1853.

—— dass. — 7. Bd. (Enthält unter Anderem Feuchtersleben's Biographie und Charakteristik vom Hrsgbr.) 8. (403 S. mit Portr. in Stahlst.) Ebds. 853. *
1—5. Bd. Ebendas. 1851—52. à Bd. * 1 Thlr.

Feuchtigkeit, Die, in massiven Mauern, ihre Entstehung, Verhütung und Beseitigung. Hrsg. von O. Arendt. Berlin 1906

Feuchtinger, Eug., die Kunststimme. Ihre neueste Erklärg. durch e. exakte, auf rein wissensch. Basis beruh. Methode, m. e. Anleitg. z. Selbstunterricht z. Ausbildg. d. Kehlkopfes f. alle, die in d. Besitz e. wohlkling., vollen u. starken Stimme, sei es als Sänger od. Redner, zu kommen wünschen. (99 S. m. 14 Abb.) 8. Regensburg 910. E. Feuchtinger. 2.—; geb. 2.50

Feuchtinger, F. J., warum verdient der Obstbau die möglichste Förderung von Seiten der Lehrer und was kann namentlich schon in der Werktagsschule hierfür geschehen? Vortrag bei der allgemeinen Schulversammlung am 2. Aug. 1871 zu Ochsenhausen. 8. (IV, 27 S.) Biberach 872, Dorn'sche Buchh. *

Spreng- und Zündmittelmagazine. (Sprengmittel-Verordnungen.) Von Rudolf Feuchtinger. Mit 9 Taf. Wien: Spielhagen-Schurich 1907. (85 S.) 8° [07. 17930]

Feuchtmann, Em., Versuche in d. Zweigen d. deutschen Dichtkunst, nebst vollständ. Sylbenmaßlehre u. Versarten, mit Beispielen. Mit 1 Kpf. 12. Wien 819. Gräffer u. Schmidl. 6 fl. bei Mayer das. 8 fl.

Feuchtwang. Gemessen im Jahre 1826, gravirt 1827 vom k. Steuerkataster. 1: 2500. 1 Bl.

Feuchtwang, D., Ruth, s.: Brandeis, J.

Feuchtwang, Dav., zur Aufklärung üb. „Babel u. Bibel". (51 S.) 8. Wien 903. C. Konegen. n. —60
Sonderabdruck aus: „Monatsbl. d. wiss. Klubs in Wien".

Feuchtwang, Dav., Kanzelreden. 1. Tl. gr. 8. (V, 218 S.) Frankfurt a/M. 899. J. Kauffmann. n. 3.—

— dasselbe. 2. Tl. gr. 8. (VI, 187 S.) Leipzig 902. M. W. Kauffmann. n. 3 —

— Kanzelreden. 3. Tl. (VI, 150 S.) gr. 8. Leipzig 906. M. W. Kaufmann. n. 2.50

Feuchtwang David: Nahum vom Standpunkte der Assyriologie, historisch und sprachlich erklärt. 1887 PN 497 Diss.Wien, Univ.

Feuchtwang, M., Summa Platonicae philosophiae inprimis ethicae. Diss. philos. Götting. (Dieterich) 1838. 59 S. (5.—) 8738

v. Feuchtwangen, Konrad u. Siegfried; Großmeister des deutschen Ordens, (von B. Naubert). 2 Bde. 8. Leipz. 791. Weygand. 2 ₰

Feuchtwangen, Conrad und Siegfried von, Grossmeister des deutschen Ordens. Hohenzollern [Wien] 1792. V: *Naubert, Christiane Benedicte Eugenie geb. Hebenstreit.* (Wr) (Ky) (EE) (BrMm)

Feuchtwangen, Conrad und Siegfried von, Großmeister des deutschen Ordens, 2 Theile mit 1 Kupf. 8. Daselbst, 792. Weygand. 2 Rthl.

FEUCHTWANGER, Albert (München): Beitrag zur Lehre von der acuten Osteomyelitis.- München: Ernst 1890. 28 S., 1 Bl.
1.3.1890 - Chr 1889/90,28; Jv 1889/90,222
Diss. Ingolst.-Landsh.-Mchn.

Feuchtwanger, A., warum kommen viele Kinder in der Schule nicht vorwärts?, s.: Beiträge z. Kinderforschung u. Heilerziehung 54. Hft.

FEUCHTWANGER, August (München): Graviditäts- und Geburtsverlauf in einem Falle von geheilter Uterusruptur.- München: Ernst 1893. 16 S., 1 Bl.
15.7.1893 - Chr 1893/94,11; Jv 1893/94,196
Diss. Ingolst.-Landsh.-Mchn.

Feuchtwanger, Eduard [Pseud.], s. a. Carpin [Pseud.]

Feuchtwanger, Eduard [Pseud.], s.a. Pinn, Karl

— s.a. Sincerus.

Feuchtwanger, socialist. Gesinnung u. sociales Elend auf deutschen Hochschulen, s.a. Cyklus academ. Broschüren.

Feuchtwanger, Dr. Ed., Sozialistische Gesinnung und soziales Elend auf deutschen Hochschulen. (Cyclus academischer Broschüren, Heft 7.) gr. 8°. Leipzig 1895.

Der deutsche Student fin de siecle. Offener Brief an Herrn Professor Theobald Ziegler von Dr. Sincerus [d. i. Eduard Feuchtwanger]. *Leipzig O. Gottwald 1895.* (23 S.) 8° [F. u. Ant.] [o. 3373 II

Feuchtwanger, J., zur klinischen Bedeutung der Retroversioflexio utori mobilis, s.: Kroenig, B.

Feuchtwanger, Jakob: Ein Uterusmyom mit Knorpel- und Knochenneubildung. *Strassburg: J. Singer 1897.* (21 S.) 8°
Strassburg, Med. Diss. v. 1897

Feuchtwanger, Ignas, Medizinalpract.: Aus d. Prosectur d. Krankenh. München r. d. I. Oberndorfer. Über Compressionsmyelitis des Halsmarks durch ein Fibrosarcom der Dura mater, zugleich ein Beitrag zur Kenntnis des Schultzeschen Kommafelds. München 1909: Victor. 28 S. 8°
München, Med. Diss. v. 4. Mai 1910, Ref. v. Bollinger
[Geb. 31. Aug. 84 München; Wohnort: München; Staatsangeh.: Bayern; Vorbildung: Wilhelms-Gymn. München Reife Juli 03; Studium: München 6, Berlin 1, Freiburg i. B. 1, München 2 S.; Coll. 4. Mai 10; Approb. 31. März 10.] [U 10. 3499

Feuchtwanger, Lion, die Einsamen, s.: Taschenbibliothek, allgemeine. Nr. 4.

Feuchtwanger, Lion, der Fetisch. Ein Schauspiel in 5 Akten. (175 S.) 8. München 907. G. Müller. 2.50; geb. 3.50

— Der tönerne Gott. Roman. (271 S.) 8. München (910). E. W. Bonsels & Co. 3.—; geb. 4.—

— D'r neij Musikdirigent. Schwank in 1 Aufzug in elsäss. Mundart. 2. Aufl. (28 S.) 8. Ebd. 911. 1.—

Feuchtwanger, Lion: Heinrich Heines Fragment: „Der Rabbi von Bacherach". Eine kritische Studie. München 1907: Kastner & Callwey. (116 S.) 8°
München, Phil. Fak., Ref. Muncker, Diss. v. 11. Mai 1907
[Geb. 7. Juli 84 München; Wohnort: München; Staatsangeh.: Bayern; Vorbildung: Wilhelms-Gymn. München Reife Juli 04; Studium: München 4, Berlin 1. München 2 S.; Rig. 11 Mai 07]

— s.: Spiegel, der.

Feuchtwanger, Ludwig, a. München: Geschichte der sozialen Politik und des Armenwesens im Zeitalter der Reformation, besonders in Deutschland. T. 1: Reformen und Ideen bis 1526. (Leipzig: Duncker & Humblot 1908.) (37 S.) 8° [F.] (Erscheint vollst. im „Jahrbuch f. Gesetzgebung, Verwaltung u. Volkswirtschaft" Okt. 1908.)
Berlin, Phil. Fak., Ref. Schmoller, Diss. v. 20. Juni 1908
[Geb. 28. Nov. 85 München; Wohnort: München; Staatsangeh.: Bayern; Vorbildung: Wilhelms-Gymn. München Reife Juli 04; Studium: München 3, Berlin 4 S.; Rig. 21. Mai 08.]

Feuchtwanger, Mart., Münchener Schauspielpremièren, s.: Erlanger, Gust.

Feuchtwanger, Max, Rechtspraktikant aus München: **Das Recht der Selbstverteidigung nach dem deutschen bürgerlichen Gesetzbuch.** *München 1898: J. B. Lindl.* (35 S.) 8°
Erlangen, Jur. Diss. v. 1898

Feuchtwanger, Siegbert: Staatliche Submissionspolitik in Bayern. Stuttgart 1910: Union. VIII, 160 S. 8° (Ersch. auch als: Münchener volkswirtsch. Studien. Stück 98.)
München, Staatswirtsch. Diss. v. 29. Nov. 1909, Ref. Lotz
[Geb. 2. Dez. 86 München; Wohnort: München; Staatsangeh.: Bayern; Vorbildung: Wilhelms-Gymn. München Reife Juli 05; Studium: Jura München 4, Berlin 1, München 3 S.; Rig. 29. Nov. 09.] [U 10. 3442

Staatliche Submissionspolitik in Bayern. Von Siegbert **Feuchtwanger**, Dr. Stuttgart & Berlin Cotta 1910. x, 160 S. 8°
(Münchener Volkswirtschaftl. Studien. 98.) [10. 6815 3

Feudalismus, Constitution u. Republik, od. die Insel Khong-thing-fu-in-thang. Eine uralte Geschichte, die in unsere Zeit paßt. 8. (62 S.) Gratz 848, Damian & Sorge in Comm. n. 6 ngr

Feudel, David Gottlob (Marienberg), De usu hodierno legis XIX. digestorum de usu et usufructu et reditu etc. Präs. Johann Christian Knoetzschker. Lpz. (Klaubarth) 25. II. 1793. 12 S. mit Widm. v. Präs. (3.80) 8739

Feudivir, Gebrauch der Berg- und Wünschel-Ruthe, was, und wie vielerley sie sey, woraus sie gemacht, und was die Ursache ihres Schlags auf Erz-Gängen, Wasser, todte Körper und Schätze sey usw., den Bergleuten und Ruthengängern zur Nachricht entdeckt. Leipzig, 1784 72 S.

Drei Feuer, ausgebracht am Johannisfeste 1822 in der Loge zur Freimüthigkeit am Rhein im Orient von Frankenthal.
aus: Razen: Maurerischer Blüthenkranz II 1823. S. 243–244.
„Was führt die Bessren durch das Leben . . ."
358a.

Feuer und Wasser, himmlisches, zur Rettung und Glaubensstärkung edler Seelen bei den Bedrängnissen der Zeit. 16. (120 S.) München 865, (Franz.) *

Feuer, mehr, beim Angriff! Betrachtungen üb. die Verwendg. d. Gewehrs als Fernfeuerwaffe u. beim Schießen in der Bewegg. von K. v. K. gr. 8. (IV, 81 S.) Berlin 891. [F. Luckhardt.] Militär-Verlag R. Felix. n. 1.—

Feuer, Das, und die Mittel zur schleunigen Beschränkung u. Unterdrückung desselben. Breslau 1823. V: *Mogalla, Georg Philipp.* (Nowack, Schles. Schriftst.-Lex Bresl. 1836–43. VI, 80.)

Feuer, das, u. Mittel zur schleunigsten Beschränkung u. Unterdrückung desselben. 8. Breslau 824, Gosohorsky.

Feuer u. Wasser. Technische Zeitschrift u. Anzeiger f. Feuerschutz u. Wasserversorgg. Red.: D. W. Reutlinger. 6. u. 7. Jahrg. 1899 u. 1900. à 24 Nrn. gr. 4. (VIII, 206 u. VIII, 200 S.) Frankfurt a/M., Feuer u. Wasser. à Jahrg. n. 8. —
Nicht durch den Buchhandel zu beziehen.

Feuer, Nathaniel

Feuer, N., die Beziehungen zwischen Zahn- u. Augenaffektionen, s.: Zeit- u. Streitfragen, klinische.

Feuer, N., das Trachom in der österreich.-ungarischen Armee, s.: Zeit- u. Streitfragen, klinische. III, 9.

Feuer, N., Untersuchungen über die Ursache der Keratitis nach Trigeminusdurchschneidung. [Mit 1 (lith.) Taf.] [Aus dem Institute für experimentelle Pathologie in Wien.] [Aus: „Sitzungsber. d. k. Akad. d. Wiss."] Lex.-8. (36 S.) Wien 876. (Gerold's Sohn.) n.n. — 70

Feuer, N., d. Verbreitg. d. Trachoms in Ungarn u. d. behördl. Vorgehen gegen dasselbe. gr. 8. (69 S. m. 1 Karte.) Stuttgart 897. F. Enke. n. 2. —

Feuer-Assecuranz, kurfürstl. Pfalzbaierische, für d. obern Staaten. 4. Sulzb., v. Seidel. 2 gr.

Kurfürstlich *Mainzische* Feuer-Assecuranz-Ordnung vom 15. July 1780.

Kurfürstlich *Trierische* Feuer-Assecuranz-Ordnung vom 27 Dec 1783 8. Schaeffer

Feuer-Assecuranz-Ordnung d. Fürst-Primat. Staaten. 4. Frankf. a. M. 807. Varrentrapp. 4 gr.

Feuerbach, Ludw., s.: Starke, C. N.

Feuerbach, Ludwig, und der Ausgang der klassischen deutschen Philosophie, s. Engels, Friedr.

Feuerbach, A., Rechenbuch, s.: Hartmann, E.

Feuerbach, Anselm Ritter von, Rechtsgelehrter, 1775-1833, s. Feuerbach, Paul Johann Anselm Ritter von

v. Feuerbach, Ans., der Vaticanische Apollo. Eine Reihe archäolog.-ästhet. Betrachtungen. Mit Titelkpfr. gr. 8. Nürnberg 833. Campe. 2½ Thlr.

Feuerbach, Anselm, der Vaticanische Apollo. Eine Reihe archäologisch-aesthetischer Betrachtungen, 2. Aufl. Stuttgart 855. Cotta. gr. 8. (1 Bl., 373 S. u. 1 Kpfrtaf.) n. 2 Thlr. 4 ngr.

Feuerbach, A., Einleitung und Fragment aus einem noch ungedruckten Werke über den Apollo v. Belvedere, u. das Verhältnis der griech. Plastik zur Tragoedie. Pr. 1828. 26 S. 4°. 1.20

Feuerbach, Anselm. (In 10 Lfgn.) 1.—4. Lfg. (32 Taf m. 3 S. Text m. 1 eingeklebten Bildnis.) 40×30,5 cm München (910). F. Hanfstaengl. à Lfg. 2.50

Feuerbach, Anselm, Handzeichnungen. 33 Facs.-Drucke von Frz. Hanfstaengl. gr. Fol. (2 Bl. Text.) München 888, Hanfstaengl. In Calico-Mappe *

Katalog der Ausstellung des künstlerischen Nachlasses von Anselm Feuerbach in der Königl. National-Galerie. Berlin 1880. 8°.

—— nachgelassene Schriften. 4 Bde. gr. 8. Braunschweig 853, Vieweg und Sohn. à Bd. * 1 Thlr. 5 Ngr. *
Inhalt:
Bd. 1. Leben, Briefe und Gedichte. Hrsg. von Henriette Feuerbach. (184 S. mit Ans. v. Feuerbach's Portr. in Stahlst.)
" 2., 3. Geschichte der griechischen Plastik. Hrsg. von Herm. Hettner 2 Bde. (V und 419 S.)
" 4. Kunstgeschichtliche Abhandlungen. Hrsg. von Herm. Hettner (VI und 154 S. mit 2 lithogr. Abbild. in Fol.)

Feuerbach, Anselm, ein Vermächtniss. gr. 8. (IX, 182 S.) Wien 882. Gerold's Sohn. n. 4. 50

Feuerbach, Anselm, e. Vermächtniss. 2., m. einigen Briefen u. e. Verzeichnisse v. Feuerbach's sämmtl. Werken verm. Aufl. gr. 8. (XII, 212 S. m. 1 photogr. Portr.) Wien 885. Gerold's Sohn. n. 4. 40

Feuerbach, Anselm. Ein Vermächtniss. 3. Aufl., m. dem neu bearb. Verzeichniss seiner Werke u. e. Photograv. nach e. in der k. Pinakothek zu München befindl. Selbstbildniss. gr. 8. (IX, 232 S.) Wien 890, Gerold's Sohn. * 5 —; geb. * 7 —

Feuerbach, Anselm, ein Vermächtniss. 4. Aufl. M. Verzeichniss s. Werke u. 1 Photograv. n. e. in der k. Pinakothek zu München befindl. Selbstbildn. gr. 8. (IX, 218 S.) Wien 897. C. Gerold's Sohn. n. 5. —; geb. in Leinw. 7. —

Feuerbach, Anselm, ein Vermächtniss. 5. Aufl. Mit Verzeichniss seiner Werke u. e. Photograv. nach e. in der k. Pinakothek zu München befindl Selbstbildnisse. gr. 8. (IX, 218 S.) Wien 902. C. Gerold's Sohn. n. 5. —

— **Ein Vermächtnis.** Hrsg. v. Henriette Feuerbach (Anordnung, Initialen u. Einbd. v. Lucian Bernhard Das Bildnis Feuerbachs ist nach seinem in der k. Pinakothek in München befindl. Selbstporträt angefertigt.) (6. Aufl. u. 7. Aufl. [Unveränd. Abdr. d. 6. Aufl.]) (XXXI, 271 S.) 8. Berlin 910. Meyer & Jessen. Kart. 2.50; geb. in Leinw. 3.50; auf Bütten, geb. in Ldr. 8. —

Ein Vermächtnis von Anselm **Feuerbach.** Hrsg. von Henriette Feuerbach. 8. Aufl. Berlin. Meyer & Jessen 1910. XXIX, 265 S. 8° [10. 13134

Ein Vermächtnis von Anselm **Feuerbach.** Hrsg von Henriette Feuerbach. (10. Aufl. Unveränd. Abdr. d. 6. Aufl.) Berlin: Meyer & Jessen 1910. XXIX, 208 S. 8° [10. 16356 11

Feuerbach, Eduard August, De universali fidejussione, quam Germanice Gesammtbürgschaft vocant. Diss. histor.-jurid. Erlang. 1826. Ansbach (Bruegel) u. Nürnberg (Riegel & Wiesner). 120 Seiten. (6.—) 8740

Feuerbach, Ed. Aug., Diss. histor.-jurid. de universali fideiussione, quam Germani Gesammtbürgschaft vocant. 8maj. Nürnb. 827. (Riegel u. W.)

Feuerbach, Ed. Aug., die Lex Salica u. ihre verschied. Recensionen. Ein histor.-krit. Versuch auf d. Gebiete d. German. Rechts. gr. 4. (21½ B. u. 1 Tab. in Fol.) Erlangen 831, Palm'sche Verlsbuchh.

Feuerbach, Emilie, was die Großmutter den Kindern erzählte. Ein neues Märchenbuch. gr. 8. (125 S. mit 1 Stnt. in Tondr.) Freiburg 867, R. Mayer. geb. *

Feuerbach, Emilie, was die Großmutter den Kindern erzählte. Ein neues Märchenbuch. Freiburg 868. R. Mayer. 8. (125 S. u. 1 Lithogr.) n. 15 *ngr.*

Feuerbach, Frdr., die Cyan-Verbindungen. E. Handbuch f. Fabrikanten, Chemiker, Aerzte, Apotheker, Droguisten, Galvaniseure, Photographen &c. Umfass.: Die Darstellg. v. Cyankalium, gelbem u. rothem Blutlaugensalz, Berliner- u. Turnbullblau u. all. and. techn. wicht. Cyanverbindgn., sow. der. Anwendg. in d. Technik. N. den neuesten Erfahrgn. bearb. 8. (XVI, 400 S. m. 25 Abb.) Wien 896. A. Hartleben. n. 6. —; geb. n. 6.80

Feuerbach, Friedr. (I.), allgemeines Formularbuch f. Geschäftsmänner jeder Art, sowohl f. die öffentl. u. Gemeindebeamten als f. d. Bürger u. Landmann, enth. Anleitungen u. Muster f. alle denkbaren Arten v. schriftl. Aufsätzen. gr. 12. (26⅝ B.) Ulm 846, Ebner, Verl.

Feuerbach, Friedr., Gedanken und Thatsachen. Ein Beitrag zur Verständigung über die wichtigsten Bedingungen des Menschenwohles. gr. 8. (III und 106 S.) Hamburg 862, O. Meißner's Verlag.

Feuerbach's, Frdr., allgemeiner, deutscher Haus Advokat. Ein vollständiger Sekretär und Formularbuch für Private und Beamte um Rechts- und andere Geschäfte in allen deutschen Ländern selbst und rechtsgiltig zu besorgen, sei es mit Privatpersonen oder im Verkehr mit Staats, Amts-, Gerichts- rc. Behörden, mit einer großen Anzahl von Muster-Aufsätzen nach den gesetzlichen Vorschriften und Gerichtsverhältnissen der verschiedenen Länder. Als: Titulaturen, Eingaben, Bittschriften, Gesuche rc. 4. Aufl. Ulm 859. Ebner. 12. (VIII, 635 S.) 1 Thlr.

Feuerbach, Friedr., die Kirche der Zukunft. Eine Reihe von Aphorismen. gr. 8. (46 S.) Bern 847, Jenni, Sohn.

F. Feuerbach: d. Religion d. Zukunft. *Zür.* u. *Winterth.*, lit. Compt. 843. gr 8° 12 Ngr. 2-3s Heft. *Nürnb.*, Cramer. 844-45.

Feuerbach, Friedr. (II.), die Religion der Zukunft. gr. 8. (4¼ B.) Zürich 844, Fröbel u. Comp.

—— dass. 2. u. 3. Hft. gr. 8. Nürnberg, Cramer.
A. u. d. Titln.:
Hft. 2. Die Bestimmung des Menschen (4¾ B.), u. Reisepaß eines Christen (1 B.) 844. * 16 Ngr.
" 3. Mensch oder Christ? Sein oder Nichtsein. (1½ B.) 845. 6 Ngr.

Feuerbach, Friedrich Karl: Influxus physicus diversis disputationibus restitutus, s. Müller, Jakob Friedrich (Präs.)

Feuerbach, Henriette

GEDANKEN über die Liebenswürdigkeit der Frauen... Von einem Frauenzimmer. Nürnberg 1839.

Verfaſſer Henriette Feuerbach; vgl. Roſenbaum Nr. 248.

Feuerbach, Henriette, (geb. Heydenreich), Uz und Cronegk. Zwei fränk. Dichter aus dem vorigen Jahrh. Ein biograph. Versuch. gr. 8. (V und 196 S.) Leipzig 866, Engelmann.

Feuerbach, Joh. Anselm (Frankfurt a. M.)
Dissertatio inauguralis juridica, quaestionem explicans an et quatenus privilegia miserabilium personarum pauperibus denegari possint ? Ad L. vn. C. quando imperator inter pupillos etc.
Giessae [11.] April 1778: Joh. Jac. Braun. 24 S. 4°

Feuerbach, Joh. Peter (Giessen)
Dissertatio juridica inauguralis de cauto creditore, pecunia mutua roganti subveniente.
Giessae 11. Nov. 1717: vidua Joh. Reinh. Vulpii. 32 S. 4°
pro licentia summos in utroque jure honores atque privilegia doctoralia rite ac legitime consequendi.

— **Joh. Wilhelm Philipp** (Frankfurt/M.), De jure convenientiae, in specie quoad jus privatum et civile, et circa jus publicum. Diss. jur. Präs. Ernst Christoph Arnold. Giessen (Joh. Müller) Juli 1742. 36 S. (5.50) 8741
Gew.: Hermann Riedesel Frh. z. Eisenbach. — Widm. v.: Präs., F. R. Rays (Winneroda/Hessen; dtsch.), S. I. Hoffmann (dtsch.), F. T. Schmidt, G. W. Goetz, Joh. Ludw. Friedr. Storch (dtsch.), C. H. Otto.

Feuerbach, K. Jul., d'Karteschlaauere. Schwank in 1 Aufzug in elsäss. Mundart. (82 S.) 8. Straßburg 911. Schlesier & Schweikhardt. 1.—

Feuerbach, Karl Wilhelm

Feuerbach, (K. W.,) Eigenschaften einiger merkw. Punkte d. geradlinigten Dreiecks rc. 4. Nürnb. 822, Riegel u. W.

Feuerbach, Karl Wilh., Eigenschaften einiger merkwürdigen Punkte d. geradlinigen Dreiecks u. mehrer. durch sie bestimmten Linien u. Figuren. Eine analytisch-trigonometr. Abhandlg. Mit e. Vorrede v. Karl Buzengeiger. 2. nichtgeänd. Ausg. (XIII, 73 u. VI S. m. Fig.) gr. 8. Haarlem 908. (Berlin, Mayer & Müller). 2.25

Feuerbach, K. W., Grundriß zu analyt. Untersuchungen d. dreieckigen Pyramide. gr. 4. (7 B.) Nürnberg 827, (Riegel u. Wießner.)

Feuerbach, Leonore (Hrsg.), s. Feuerbach, Ludwig: Aussprüche aus seinen Werken.

Feuerbach, Ludwig (Andreas)

Feuerbach, Ldw. Andr., Abälard u. Heloise, oder der Schriftsteller u. der Mensch. Eine Reihe humorist.-philosoph. Aphorismen. gr. 12. Ansbach 834. Brügel. ⅔ Thlr.

Feuerbach, Ldw., Abälard u. Heloise oder der Schriftsteller u. der Mensch. 2. Ausg. 8. Leipzig 844, O. Wigand. ⅔ Thlr.

Feuerbach, Ludw., Abälard und Heloise, oder der Schriftsteller und der Mensch. Eine Reihe humoristisch-philosoph. Aphorismen. 3. Aufl. 16. (203 S.) Leipzig 877, O. Wigand. *

Feuerbach, Ludw. Abälard u. Heloise od. der Schriftsteller u. der Mensch. Eine Reihe humoristisch-philosoph. Aphorismen. 4. Aufl. 16. (203 S.) Lpz. 889, O. Wigand. 1 50

Feuerbach, Ludwig, Aussprüche aus seinen Werken gesammelt von Leonore Feuerbach. 8. (IX, 165 S.) Leipzig 879. O. Wigand. u. 2.—

— Pierre Bayle, nach seinen für die Geschichte der Philosophie u. Menschheit interess. Momenten, dargestellt und gewürdigt. gr. 8. Ansbach 838. Brügel. n. 1½ Thlr.

— Pierre Bayle nach seinen für die Geschichte d. Philosophie und Menschheit interessantesten Monumenten dargestellt rc. 2. Ausg. gr. 8. Ebend. 844. 1½ Thlr.

— s.: Briefe, ausgewählte, von u. an Ludwig Feuerbach.

Ausgewählte Briefe von und an Ludwig Feuerbach. Zum Säkulargedächtniß s. Geburt hrsg. u. biogr. eingel. von Wilhelm Bolin. Bd. 1. 2. *Leipzig: O. Wigand 1904.* 2 Bde 8° [F.]
1. Biogr. Einl. Briefe 1820–37 Mit c. Bildn. Feuerbachs.
2. Briefe 1838–71 [04. 7587]

—— Briefwechsel zwischen Ludwig Feuerbach und Christian Kapp, s. Briefwechsel.

— Darstellung, Entwicklung u. Kritik der Leibnitz'schen Philosophie. 2. Ausg. gr. 8. Ebend. 844. 1½ Thlr.

— Wider den Dualismus v. Leib u. Seele, Fleisch u. Geist. Mit e. Einleitg. v. W. Bolin. (Bibliothek d. Aufkl.) (47 S.) 8. Frankfurt a/M. 909. Neuer Frankf. Verl. —60

Feuerbach, Ludwig (Hrsg.), s. Feuerbach, Paul Johann Anselm Ritter von: Feuerbac hs Leben. Aus seinen ungedruckten Briefen und Tagebücher, ...–Biogr. Nachlaß.

L. Feuerbach's Gedanken üb. Tod u. Unsterblichk., s. a. *Eb.* sämmtl. Werke 3r Bd.

—— Gedanken über Tod und Unsterblichkeit. 3. Aufl. gr. 8. (V, 408 S.) Leipzig 876, O. Wigand.

— Geschichte der neuern Philosophie. Darstellung, Entwicklung u. Kritik der Leibnitz'schen Philosophie. gr. 8. Ansbach 837. Brügel. (Leipzig, Herbig.) 1½ Thlr.

— Geschichte der neuern Philosophie. Von Bacon von Verulam bis Benedict Spinoza. gr. 8. Ansbach 833. Brügel. 2 Thlr.

— Geschichte der neuern Philosophie von Bacon von Verulam bis Benedict Spinoza. 2. Ausg. gr. 8. Ebd. 844. 2 Thlr.

—— Grundsätze der Philosophie der Zukunft. gr. 8. (3½ Bog.) Zürich 843, Literarisches Comptoir.

— Kritik des Anti-Hegels. Zur Einleitung in das Studium d. Philosophie. 2. Ausg. 8. Ebend. 844. 12 Ngr.

— Kritiken auf dem Gebiete der Philosophie. 1s Hft. A. u. d. T.: Kritik des „Anti-Hegels." Zur Einleitung in das Studium d. Philosophie. gr. 8. Ansbach 835. (Brügel; Leipzig, Herbig.) 5/12 ℛ

— über Philosophie u. Christenthum, in Beziehung auf den der Hegel'schen Philosophie gemachten Vorwurf der Unchristlichkeit. gr. 8. Mannheim 839. (Hoff.) 1/2 ℛ

—— de ratione, una, universali, infinita. Dissert. inaug. philosoph. 4 maj. (5 1/2 B.) Erlangae 828. (Norimbergae, Stein.)

— de ratione, una, universali, infinita. Diss. inaug. philosophica. 4 maj. Erlang. 829. (Stein in Nürnb.) 16 kr

—— der Ursprung der Götter nach den Quellen des classischen, hebräischen und christlichen Alterthums. 2. (Titel-)Aufl. gr. 8. (IV und 447 S.) Leipzig (857)66, O. Wigand. *

Feuerbach, Ludw., Heidelberger Vorlesungen üb. das Wesen der Religion. [Titel-Ausg. aus: „Sämmtl. Werke, 8. Bd."] gr. 8. (VIII, 463 S.) Leipzig 892. O. Wigand. n. 4. —

— Vorlesungen üb. d. Wesen d. Religion, nebst Zusätzen u. Anmerkungen. Durchgesehen u. neu hrsg. v. Wilh. Bolin. (VIII, 459 S.) gr. 8. Stuttgart 908. F. Frommann. 2.—; geb. n 3. —

— sämmtliche Werke. 1. Bd. A. u. d. T.: Erläuterungen u. Ergänzungen zum Wesen des Christenthums. gr. 8. Ebend. 846. 2 1/4 ℛ

— dies. 2. Bd. A. u. d. T.: Philosophische Kritiken u. Grundsätze. gr. 8. Ebend. 846. 2 1/4 ℛ

Feuerbach, Ludw., sämmtliche Werke. 3. Bd. Gedanken über Tod u. Unsterblichkeit. gr. 8. (VI u. 408 S.) — 4. Bd. Geschichte d. neuern Philosophie von Bacon v. Verulam bis Benedict Spinoza. gr. 8. (392 S.) — 5. Bd. Darstellung, Entwicklung u. Kritik der Leibnitz'schen Philosophie. gr. 8. (291 S.) — 6. Bd. Pierre Bayle. Ein Beitrag zur Geschichte der Philosophie u. Menschheit. 2. umgearb. u. verm. Aufl. gr. 8. (308 S.) — 7. Bd. Das Wesen des Christenthums. 3. umgearb. u. verm. Aufl. gr. 8. (440 S.) — 8. Bd. Vorlesungen über das Wesen der Religion. Nebst Zusätzen u. Anmerkungen. gr. 8. (VIII u. 463 S.) Leipzig 847—51. O. Wigand. 3 u. 4: à 2 1/4 ℛ 5 u. 6: à 1 1/2 ℛ 7: 2 1/4 ℛ 8: n. 2 2/3 ℛ (1—8: 16 11/12 ℛ)

Feuerbach's, Ludw., sämmtliche Werke. 9. Bd.: A. u. d. T.: Theogonie nach den Quellen des class., hebräischen und christl. Alterthums. gr. 8. (III und 447 S.) Leipzig 857, O. Wigand.

Feuerbach's, Ludw., sämmtliche Werke. 10. Bd. A. u. d. T.: Gottheit, Freiheit und Unsterblichkeit vom Standpunkte der Anthropologie. gr. 8. (VIII und 293 S.) Leipzig 866, O. Wigand. *
1.—9. Bd. Ebendas. * 19 Thlr. 7 1/2 Ngr.

Feuerbach's, Ludw., sämmtliche Werke. 8. Bd. Gedanken üb. Tod u. Unsterblichkeit. 3. Aufl. gr. 8. (V, 408 S) Leipzig 876. O. Wigand. 6. 75

Feuerbach's, Ludw., sämmtliche Werke. 7. Bd. A. u. d. T.: Das Wesen d. Christenthums. 4. Aufl. gr. 8. (456 S.) Leipzig 883. O. Wigand. 6. 75

Feuerbach's, Ludw., sämmtliche Werke. 10. Bd. Gottheit, Freiheit u. Unsterblichkeit v. Standpunkte der Anthropologie. 2. Aufl. gr. 8. (264 S.) Leipzig 890. O. Wigand. n. 5. —

Feuerbach's, Ludw., sämmtliche Werke. Neu hrsg. v. Wilh. Bolin u. Frdr. Jodl. 1.—3. u. 5.—7. Bd. gr. 8. Stuttgart, F. Frommann. n. 24. —; geb. n.n. 30. —
1. Gedanken üb. Tod u. Unsterblichkeit. Durchgesehen u. neu hrsg. v. Frdr. Jodl. (XV, 375 S.) 903. n. 4. —; geb. n.n. 5. —
2. Philosophische Kritiken u. Grundsätze. Durchgesehen u. neu hrsg. v. Frdr. Jodl. (XI, 412 S.) 904. n. 4. —; geb. n.n. 5. —
3. Geschichte der neueren Philosophie von Bacon v. Verulam bis Benedikt Spinoza. Durchgesehen u. neu hrsg. v. Frdr. Jodl. (XI, 388 S.) 906. n. 4. —; geb. n.n. 5. —
5. Pierre Bayle. Ein Beitrag zur Geschichte der Philosophie u. Menschheit. Neu hrsg. u. biographisch eingeleitet v. Wilh. Bolin. (X, 486 S.) 905. n. 4. —; geb. n.n. 5. —
6. Das Wesen des Christenthums. Durchgesehen u. neu hrsg. v. Wilh. Bolin. (X, 411 S.) 903. n. 4. —; geb. n.n. 5 —
7. Erläuterungen u. Ergänzungen zum Wesen des Christenthums. Durchgesehen u. neu hrsg. v. Wilh. Bolin. (XII, 521 S.) 903. n. 4. —; geb. n.n. 5. —

Feuerbach's, Ludw., sämtl. Werke. Neu hrsg. v. Wilh. Bolin u. Frdr. Jodl. (In 10 Bdn.) 4., 8. u. 9. Bd. gr. 8. Stuttgart, F. Frommann. à 4.—; geb. à n 5. —
4. Darstellung, Entwicklung u. Kritik d. Leibniz'schen Philosophie. Zur neueren Philosophie u. ihrer Gesch. Durchges. u. neu hrsg. v. Frdr. Jodl. (XII, 448 S.) 910.
8. Vorlesgn. üb. d. Wesen d. Religion nebst Zusätzen u. Anmerkgn. Durchges. u. neu hrsg. v. Wilh. Bolin. (VIII, 459 S.) 908.
9. Theogonie nach d. Quellen d. classischen, hebräischen u. christl. Alterthums. Durchges. u. neu hrsg. v. Wilh. Bolin. (IX, 417 S.) 907.

—— das Wesen d. Christenthums. gr. 8. (29 B.) Leipzig 841, Otto Wigand. *

—— das Wesen d. Christenthums. 2., verm. Aufl. gr. 8. (34 1/2 B.) Leipzig 843, Otto Wigand. *

Eb.: d. Wesen des Christenthums. *Lpz.*, O. Wigand. (841–43.) 3e umgearb. u. vm. A. 849. gr 8° 2 ℛ 7 1/2 Ngl Auch *Eb.* sämmtl. Werke. 7r Bd.

Feuerbach, Ludw., das Wesen des Christenthums. 4. Aufl. gr. 8. (456 S.) Leipzig 883, O. Wigand.

— das Wesen des Christenthums. Durchgesehen u. neu hrsg. v. Wilh. Bolin. (Sonderausg. des 6. Bds. der „sämmtl. Werke".) (X, 411 S.) gr. 8. Stuttgart 903. F. Frommann. n. 4. —; geb. n.n. 5. —

— Das Wesen d. Christentums. Hrsg. v. Heinr. Schmidt. (Kröners Volksausg.) (XVI, 212 S.) gr. 8. Leipzig (909). A. Kröner. 1. —

— dasselbe, s.: Universal-Bibliothek.

—— das Wesen d. Glaubens im Sinne Luther's. Ein Beitr. z. „Wesen des Christenthums." gr. 8. (5 B.) Leipzig 844, Otto Wigand. *

Feuerbach, Ludw., das Wesen des Glaubens im Sinne Luther's. Ein Beitrag zum „Wesen des Christenthums". 2., zeitgemäße (Titel-)Aufl. gr. 8. (77 S.) Leipzig 855, O. Wigand. *

—— das Wesen der Religion. 2. Aufl. gr. 8. (78 S.) Leipzig 849, O. Wigand.

— Das Wesen d. Religion. 30 Vorlesgn. Volksausg. (IV, 171 S.) gr. 8. Ebd. (908). 1. —

Feuerbach, P., die Zuständigkeit der Behörden für die Rechtspflege in Württemberg. Eine Zusammenstellung. 8. (72 S.) Stuttgart 870, Koch. [Bruchmann.] *

Feuerbach, Paul Johann Anselm (Hrsg.), s. Actenstücke, einige wichtige, den unglücklichen Findling Caspar Hauser betr.

Feuerbach, Paul Joh. Ans. v., einige wicht. Actenstücke d. unglückl. Findling Caspar Häuser betreff. Zur Berichtig. des Urtheils d. Publicums üb. dens. mitgetheilt. Für „Hitzigs Annalen" ꝛc. u. daraus abgedr. gr. 8. (2 B.) Berlin 831, Dümmler.

P. J. Ans. **Feuerbach's** Anti-Hobbes, od. üb. d. Gränzen d. höchsten Gewalt u. d. Zwangsrecht d. Bürger geg. den Oberherrn. 1s Bdch. *Erf.*, Hennings. 798. 8° 1 ₰ 4 gl

— Anti-Hobbes, oder über d. Grenzen d. bürgerl. Gewalt u. das Zwangsrecht d. Unterthanen gegen ihre Oberherren. 1s Bdchn. Mit 1 Kpf. 8. Gießen 798. (Ferber). 1 ₰ 4 gl

Feuerbach, J. P. A., Anti-Hobbes od. üb. d. Gränzen der höchsten Gewalt ꝛc. 1s Bändchen. 8. Gießen, Taschè. 798.

Feuerbach, J. P. A., Anti-Hobbes, ist Verlag von Müller in Gießen.

— Betrachtt. über d. Geschwornen-Gericht. gr. 8. Landsh. 813. Krüll. 1 ₰ 6 gl

Feuerbach, Anselm Ritter v.: Betrachtungen über die Oeffentlichkeit und Mündlichkeit der Gerechtigkeitspflege. Giessen 2 Bde
Bd [1.] 1821.
„ 2. (Ueber die Gerichtsverfassung u. das gerichtliche Verfahren Frankreichs.) 1825.

— über Oeffentlichkeit u. Mündlichkeit gerichtl. Verhandlungen. gr. 8. Gießen 821. Heyer. 2 ₰ 6 gl 2r Bd. A. u. d. T.: über d. Gerichtsverfassung u. d. gerichtl. Verfahren Frankreichs ꝛc. gr. 8. Ebd. 825. 2 ₰ 16 gl

Feuerbach, Paul Johann Anselm Ritter von, s. Beweisgründe gegen d. Dasein.

P. J. Ans. **Feuerbach** üb. d. einzig mögl. Beweisgründe gegen das Daseyn u. d. Gültigkeit d. natürl. Rechte. *Lpz.* u. *Gera*, Heinsius. 795. 8° 12 gl

Feuerbach, Paul Joh. Anselm v. (Hrsg.), s. Bibliothek des peinlichen Rechts...

Feuerbach, [Paul Joh. Ans. v.]: Blick auf die Deutsche Rechtswissenschaft. E. Vorrede. München 1810.
(S.-A. a.: Unterholzner: Jurist. Abh.)

— Blick auf die deutsche Rechtswissenschaft. gr. 8. München, Fleischmann. 810.

— Darstellung, aktenmäßige, neuer merkw. Criminalrechtsfälle. 1r Bd. gr. 8. Gießen 827, Heyer sen.

—— aktenmäß. Darstellung merkwürd. Verbrechen. 1. u. 2. Bd. gr. 8. Gießen, [Heyer, Vater.] [1. (39 B.) 828. 3 Thlr. 8 Gr., 2. (44 B.) 829. 4 Thlr.]

v. Feuerbach, Paul Joh. Anselm Ritter, († d. 29. Mai 1833), aktenmäßige Darstellung merkwürdiger Verbrechen. 3. unveränd. Aufl. [Einzig vollständ. Orig.-Ausg.] Mit einer Einleitung v. C. J. A. Mittermaier. Lex. 8. (XII u. 578 S.) Frankfurt a. M. 849, Heyer (jetzt: Leipzig, Fr. Fleischer.) n. 2 ₰

— Diss. inaug. de causis mitigandi ex capite impeditae libertatis. 4. Jena 799.

v. Feuerbach, P. Jo Ans.: Entwurf eines Gesetzbuchs über Verbrechen u. Vergehen für d. Königr. Baiern. *München*, Giel, 810. 8. (12 Gr.)

— Erklärung über seine angebl. geänderte Ueberzeugung in Ansehung d. Geschwornen-Gerichte. (Aus d. ethnogr. Archiv bes. abgedr.) gr. 8. Jena 819. Bran. 3 gl Dass. 8. Erlang. 819. Palm u. Enke. 4 gl

Feuerbach, P. J. A.: Eine längst entschiedene Frage über d. obersten Episcopalrechte d. protestant. Kirche, von Neuem erörtert v. Dr. F. *Nürnb.*, Riegel u. Wiessner. 823. gr. 8. (10 Gr.)

Feuerbach, Paul Johann Anselm Ritter von: Kaspar Hauser, s. a. Bücherei, Deutsche Bd. 81

—— Kaspar Hauser. Beispiel e. Verbrechens am Seelenleben d. Menschen. (Mit K. Hauser's Bildn.) gr. 8. (10 B.) Ansbach 832, Dollfuß.

— merkwürd. Criminal-Rechtsfälle. gr. 8. Gießen 808. 2e Aufl. 821. u. 2r Bd. 811. (Ferber). 2 ₰ 16 gl

Feuerbach, J. P. Ans.: Merkwürd. Criminalrechtsfälle. *Giessen*, Tasché. (808. 811.) 2e verb. A. *Eb.* 821. (1 Thl. 8 Gr.)

— merkwürd. Criminal-Rechtsfälle. 2te Aufl. 2 Bde. gr. 8. Ebend. 815.

Feuerbach, J. P. A. von, merkwürdige Criminal-Rechtsfälle. 2te Aufl. gr. 8. Gießen, Müller. 821.

Feuerbach, Paul Joh. Anselm v., merkwürd. Criminal-Rechtsfälle. 2 Thle. 3., unveränd. Aufl. gr. 8. (16½ B.) Gießen 839, Ferber.

— Kritik d. Kleinschrodischen Entwurfs eines peinl. Gesetzbuchs f. d. baier. Staaten. 3 Thle. 8. Gießen 804. (Ferber). 2 ₰ 12 gl Hbg. Pr. 1 ₰ 10 gl

Feuerbach, P. Jo. Ans.: Kritik d. *Kleinschrod.* Entwurfs u. s. w. *Giessen*, Tasché u. Müller. 808. 3 Thle. 8. (2 Thl. 8 Gr.)

— Kritik d. natürl. Rechts. 8. Hamb. 796. (Herold jun.)

Feuerbach, J. P. A., Kritik des natürlichen Rechts. 8. Hamburg, Vollmer. 796.

Feuerbach's, Ritter v., weil. Staatsraths und App.-Ger.-Präs., Leben und Wirken aus seinen ungedruckten Briefen und Tagebüchern, Vorträgen und Denkschriften veröffentlicht von seinem Sohne Ludw. Feuerbach. 2 Bde. gr. 8. (XLII und 707 S. mit Bildn. Ans. v. Feuerbach's in Stahlst.) Leipzig 852, O. Wigand. *

— Lehrbuch d. gemeinen in Deutschland gültigen peinl. Rechts. 8 Gießen 801. 2e A. 803. 3e A. 805. 4e A. 808. 5e A. 812. 6e A 818. 7e A. 820. 8e A. 823. 9e A. 826. 10e A. 828. 11e A. 832 Heyer. 2 ₰

Feuerbach, Paul. Joh. Ans. v., Lehrbuch d. gemeinen in Deutschland gült. peinlichen Rechts. 10. u. 11., verb. Ausg. (à 28 B.) gr. 8. Giessen 828, 32, Heyer, Vater. à Thlr.

—— Lehrbuch d. gemeinen in Deutschland gült. peinl. Rechts. Mit vielen Anmerkn. u. Zusatzparagraphen u. mit e. vergleich. Darstell. d. Fortbild. d. Strafrechts durch d. neuen Gesetzgebungen hrsg. v. C. J. A. Mittermaier. 12. Origausg. (36 B.) 836. 2 Thlr., 13. Origausg. gr. 8. (52 B.) Giessen 840, [Heyer's Verl.]

—— Lehrbuch des gemeinen in Deutschland gültigen peinlichen Rechts. Mit vielen Anmerkungen und Zusatzparagraphen hrsg. von C. J. A. Mittermaier. 14. Originalausg. gr. 8. (57 Bog. und Register.) Giessen 847. [Leipzig, Fr. Fleischer.]

v. Feuerbach, (Paul Joh.) Anselm Ritter, Lehrbuch des gemeinen in Deutschland gültigen peinlichen Rechts. Mit vielen Anmerkungen u. Zusatzparagraphen hrsg. v. C. J. A. Mittermaier. 14. Originalausg. 9 Lfgn. gr. 8. (878 S.) Giessen 847, Heyer. (Wien, Gerold.) 3½ ₰

Feuerbach, Paul Joh. Anselm Ritter v. (k. b. wirkl. Staatsrath und Appellationsgerichts-Präs. in Ansbach, berühmter Criminalist, geb. 14. Novbr. 1775 in Jena, † 9. Mai 1833 zu Frankf. a. M.) — Anselm Ritter v. Feuerbach's biograph. Nachlass. Veröffentl. von s. Sohne *Ludwig Feuerbach*. Mit Portr. (nach *Lor. Kreul* von *Joh. Leonh. Raab* in Nürnb. gest.) 2., vermehrte Ausg. 2 Bde. (1 vol.). Leipzig. J. J. Weber, 1853. Gr. 8°. Eleg. grün. Hsrsb.

„Keine Biographie sondern Materialien zu einer solchen, die den berühmten Mann gründlich kennen lehren. Der grösste Theil besteht aus Briefen F's, in welchen sich die sanguinische u. geniale Natur d. Vf. in offenster Weise kundgiebt." (Klüpfel.) Für die neuere Geschichte Bayern's sehr wichtiges Werk. Enth. u. a. auch einige Briefe F's an den Kronprinzen (nachmal. König Ludwig I.) v. Bayern. — Th. II, 220–231: „Die neueste Schrift des Frhrn. Chp. v. Aretin u. eine gegen die in Bayern sogen. norddeutschen od. protestant. Gelehrten gerichtete Beschuldigung begangenen od. versuchten Hochverraths betreffend. (Interess. Beitrag z. Charakteristik des unermüdlichen, fanatischen Hetzers Aretin.) Th. II, S. 310–333: Memoiren über Kaspar Hauser etc.

Die erste Ausgabe (mit anderm Titel) erschien ebd. 1852. II. Vgl. auch die Biographie Feuerbach's in den „Zeitgenossen" neue Reihe, XI. Leipzig, Brockhaus, 1823: S. 159–174.

Feuerbach, Paul Johann Anselm Ritter von: Über Öffentlichkeit ... gerichtl. Verhandlungen, s. Feuerbach: Betrachtungen über die Öffentlichkeit ... der Gerechtigkeitspflege.

FEUERBACH, P. J. Ans.: **Ueber Philosophie u. Empirie in ihr. Verhältniss z. posit. Rechtswissenschaft; e. Antrittsrede.** *Landsh.* (Thomann.) 804. 8. (12 Gr.)

FEUERBACH, P. J. Ans.: **Revision d. Grundsätze u. Grundbegriffe d. posit. peinl. Rechts.** *Erfurt*, Hennings. 799—800. 2 Thle. gr. 8. (3 Thl. 6 Gr.) N. A. 1., 2. Th. *Giessen*, Müller. 810. 8. (2 Thl. 16 Gr.)

— Revision d. Grundſ. u. Begr. des poſit. peinl. Rechts. 2 Thle. gr. 8. Gießen, Taſché. 810.

Feuerbach, Anselm v.: Kleine Schriften vermischten Inhalts. Nürnberg 1833.

[Inhalt:]

1. Über die Unterdrückung u. Wiederbefreiung Europens. (1813.)
2. Die Weltherrschaft das Grab der Menschheit. (1814.)
3. Über teutsche Freiheit u. Vertretung teutscher Völker durch Landstände. (1814.)
4. Die hohe Wände des Richteramts. (1816.)
5. Einige Worte über histor. Reichsgelehrsamkeit und einheim. teutsche Gesetzgebung. (1816.)
6. Blick auf die teutsche Gesetzgebung. (1810.)
7. Kann die Gerichtsverfassung eines constitutionellen Staates durch bloße Verordnungen rechtsgültig geändert werden? (1830.)
8. Erklärung über meine angebl. geänderte Überzeugung in Ansehung der Geschwornen-Gerichte. (1819.)
9. Über die obersten Episkopalrechte der protestant. Kirche. (1823.)
10. Worte des Dr. Martin Luther über christl. Freiheit, sittl. Zucht u. Werkheiligkeit. (1822.)
11. Religionsbeschwerden der Protestanten in Baiern im J. 1822. (1822.)
12. Ist denn wirklich Carl der Große im J. 793 von Regensborg aus, durch den Altmühlgraben, zu Schiff nach Würzburg gefahren? (1830.)

Feuerbach, Anselm v. Kleine Schriften vermischten Inhalts. Nürnberg Otto 1833.

—— kleine Schriften vermiſchten Inhalts. 2 Abthln. gr. 8. (17⅝ B.) Nürnberg 833, Stein. 2 Thlr. 12 Gr., hrbgſ. Pr.

— über d. Strafe, als Sicherungsmittel vor künftigen Beleidigungen d. Verbrechers. 8. Chemnitz 800. Mit n. Tit. Gießen 800. (Leßke in Darmſt.) 12 gr

— über die Strafe, iſt Verlag von Müller in Gießen.

Ders.: **Ueb. d. Strafe als Sicherungsmittel vor künftigen Beleidigg. d. Verbrechers; nebst e. nähern Prüf. d. *Klein*'schen Strafrechtstheorie, als Anh. zu d. Revision d. peinl. Rechts.** *Chemnitz*, Taschć. 800. 8. (12 Gr.)

Feuerbach, Paul Johann Anselm Ritter von, s. Strafgesetzbuch f. Baiern.

(FEUERBACH, P. Jo Ans.): **Strafgesetzb. f. das Königr. Baiern.** *München*, Lindauer u. *Landshut*, Krüll. (814.) 819 — 21. 3 Bde. 8. (Register. 814.) 1 Thl. 16 Gr.)

— Themis oder Beiträge zur Geſetzgebung. gr. 8. Landsh. 812. Krüll. 1 rß 12 gr

— über d. Unterdrückung u. Wiederbefreiung Europens. gr. 8. Deutſchl. 813. (Münch., Finſterlin.) (Leipz., Rein).

Feuerbach, Anſelm v., üb. die Unterdrückung u. Wiederbefreiung Europens. gr. 8. Deutſchland. (München, Stöger.) 814.

Feuerbach, Anſelm von, über die Wiederbefreyung Europa's. gr. 8. 814. Iſt jetzt Verlag von Thienemann in München.

FEUERBACH, P. J. Ans.: **Philosoph.-jurist. Untersuch. üb. d. Verbrechen d. Hochverraths.** *Erf.*, Hennings. 798. 8. (6 Gr.)

— Unterſ. üb. d. Verbrech. d. Hochverraths. 8. Gießen, Taſché. (auch Hennings in Erfurt.) 798.

— civiliſtiſche Verſuche, 1r Thl. 8. Gießen 803. (Heyer). 1 rß

FEUERBACH, P. J. Ans.: **Civilist. Versuche. 1r Th.** *Giessen*, Tasché u. Müller. 803. 8. (1 Thl.)

— Vorträge üb. merkwürdige Criminalrechts-Fälle. 2 Bde. gr. 8. Gießen, Taſché u. Müller. 808–10.

— — Vorträge über merkwürdige Criminal-Rechtsfälle. 2 Bde. N. A. gr. 8. Ebendaſ. 819.

— was ſollen wir? Worte an d. baier. Volk. 8. Münch. 813. Fleiſchmann. 3 gr

Feuerbach, Paul Johann Anselm Ritter von, s. Weltherrschaft

— die Weltherrſchaft das Grab d. Menſchheit. gr. 8. Nürnb. Schrag. 814.

— d. hohe Würde d. Richteramts. 4. Nürnb. 817. Monath u. K. 3 gr Schrbp. 4 gr

v. FEUERBACH, P. Jo. Rede: **die hohe Würde d. Richteramtes.** *Nürnb.*, Monath. 818. 4. (3 Gr.)

Feuerbekämpfung, die, ſ.: Jung's deutſche Feuerwehrbücher. 2. Hft.

Feuerbeſtattung, die, ſ.: Miniatur-Bibliothek.

Feuerbestattung, Die. System Friedrich Siemens. Mit 6 Blatt Zeichnungen. Dresden 1878. Zu beziehen durch Siemens technisches Bureau.

Feuerbestattung. Salzburger Volksblatt Nr. 268, 1894. (Als Separatabzug.)

Die **Feuerbestattung**. Den Besuchern d. Berliner Gewerbe-Ausstellung 1896 gewidmet vom Verein f. Feuerbestattung in Berlin. *Berlin 1896: A. Gehlhaar.* (24 S.) 8° [96. 6754 1]

Die **Feuerbestattung.** Dem VIII. Verbandstage der Feuerbestattgsver. deutscher Sprache gewidmet v. Ver. f. Feuerbestattg in Berlin. *Berlin: Dr. v. A. Gehlhaar 1898.* (1 Bl., 35 S.) 1 Bd 8. [98. 10969]

Feuerbestattung, Die. Ein Wort zur Aufklärung. (Deutsche Städte-Ausstellung Dresden 1903.) Berlin. Druck von Emil Streisand.

Feuerbestattung, Die. Herausgegeben vom Verein für Feuerbestattung zu Leipzig. 1909. Druckerei Gutenberg. Alb. Paul. (Enthält die Abbildungen des Leipziger Krematoriums.) — 1. Auflage 1907.

Feuerbestattung? oder Erdbegräbnis? Wie sollen wir unsere Toten bestatten? . . . Brooklyn 1904. V: *Völkel, Titus.* (Berl)

Feuerbestattung oder Erdbegräbnis. Wie sollen wir unsere Toten bestatten? Aufruf der Feuerbestattungsvereine der Vereinigten Staaten. Brooklyn. Chas. H. Scholler, Printer 1904.

Eine moderne **Feuerbestattung** erläut. an einem dem Ver. f. Feuerbestattg in Berlin gehörigen Modell e. Krematoriums. M. 1 Abb. Hrsg. v. Ver. f. Feuerbestattg zu Berlin . . . *Berlin: Dr. v. A. Gehlhaar 1897.* (12 S., 1 Taf.) 1 Bd 8. [98. 1096]

Feuerbestattungs-Zeitung, deutsche. Organ zur Förderg. aller Bestrebgn. der deutschen Feuerbestattungs-Vereine. Hrsg. im Auftrage d. Vereins f. Feuerbestattg. e. V. in Krefeld v. Rud. Schackermann. 1. Jahrg. 1908. 12 Nrn. (à ca. 16 S. m. Abb.) Lex. 8. Krefeld (A. Fürst Nf.) 4.—

Feuerbrand, ein, zu den Feuerbränden. 8. Magdeburg, v. Schütz. 808.

Ein Feuerbrand zu den neuen Feuerbränden. Wodurch mehrere Mängel in der preußischen Staatsverwaltung aufgehellt werden. O. O. (Leipzig, Bruder in Commiss.) 1808. 8°. (1/3 Rthl.) Rar!

FEUERBRANDE für Deutschland, oder Annalen der Tugenden und der Laster, der Grösse und der Niedrigkeit, des Edelmuths und der Schurkerey unsers Zeitalters, nebst einer Gallerie grosser Tugendhelden und verwerflicher Bösewichter erster Größe. 2 Thle. à 3 Hefte (Jan.-Juni, soviel ersch.). Hrsg. von X. Y. Z. 2 Bde. Berlin, Schmidt, 1803. 8°. 290 + 288 S. (In München fehlt das 6. Heft.) (Cplt. 1½ Rthl. Graff & Müller, Brnschw., c. 1885, jetzt theurer!)
Goedeke VIII, 15, 51.

Feuerbrände eines alten Monarchisten. I. Olmütz und die stillen Coalirten. Berlin, C. Schultze, 1851. 29 S. 8°.

Feuerbrände, Neue, Marginalien zu der Schrift: vertraute Briefe über die innern Verhältnisse am preussischen Hofe . . . Leipzig 1800—1807. H: *Cölln, Gg Frdr. Wilib. Ferd. von.* (BGE) (Wr) (Ky)

— neue, Marginalien zu d. Schrift: vertraute Briefe über d. innern Verhältnisse am preuß. Hofe seit d. Tode Friedrich II. (Herausg. v. Fr. v Kölln). 6 Bde, à 3 Hefte, mit Kpf. gr. 8. Lpz. 800—807. (Wienbrack). 12 ₰ Intelligenzbl. dazu 3 Bde, mit Kpf. u. Beilagen. gr. 4. Ebd. 7 ₰ 12 ℊℊ
Forts. unt. d. T.: Friedenspräliminarien.

FEUERBRANDE, Neue. Hrsg. von dem Verf. der vertrauten Briefe über die innern Verhältnisse am Preuss. Hofe seit dem Tode Friedrichs II. Ein Journal in zwanglosen Heften (hrsg. von G F W F v Cölln, Domainen- u. Steuerrath a. D., geb. 1766 im Lippe'schen, † zu Berlin, d. 15. Jan. 1820), 18 Hfte (cplt. mit d. roth. illustr. Orig.-Umschl.). Mit Kpfrn. (Radirungen, nach Geissler), historische Scenen u. Carricaturen darstellend. Amsterdam u. Cölln, Peter Hammer (Gräff in Leipzig), 1807—8. 8°. (In Rostock, Landesbibl.) (Cplt. 26 Mk. Max Harrwitz, c 1903, 30 Mk. E. Frensdorff, 1906; 40 Mk L. Rosenthal, 1910.)

— — Intelligenzblatt zu den Neuen Feuerbranden, Marginalien zu der Schrift: Vertraute Briefe über die innern Verhältnisse am preussischen Hofe seit dem Tode Friedrichs II. Bd. I mit 13 Beilagen, II. mit 6 Beilagen, III. mit 6 Beilagen. (Alles, was erschienen.) Mit 3 color. Kpfrn. u. 6 reizenden Vignetten im Tondruck, von Geissler, auf den rothen Orig.-Umschlägen, Familien-, Lager- u. Soldatenscenen darstellend. O. O Mit K. K. Französ. Censur, 1808. 4° (1—3 ohne die 3 color Kpfrn., Edm. Meyer, Berlin, 1910; Bd. 1 apart, mit 1 color Kpfr., 8 Mk. 50 Pfg., E. Frensdorff, 1906.) Jeder Bd. an u. für sich eine Seltenheit, welche durch die Erscheinungsweise in einz. Nummern bedingt ist. Interessante Darstellungen aus der Zeitgeschichte, durch die color Kupfer auch für die Costümkunde (Civil u. Militär) von Bedeutung.

Feuerbrände, Neue, zum Brennen und Leuchten. O. O. 1808. H: *Cölln, Gg Frdr. Wilib. Ferd. von.* (BGE)

Feuerbrände v. L. Börne's Schatten. Nr. 1. 4. (4 S.) Berlin 848, Schneider & Co. 1 ngr

Feuerbüchlein, od. kurze Anleitung zum rechten Verhalten bei Feuersgefahren. 8. Ansbach, Gassert. (in Commiss.) 802.

Feuerbüchlein. 8. Königsberg, Nicolovius. 802.

Feuerbüchlein, oder Anleit. zum rechtl. Verhalten bei Feuersbrünsten. 8. Königsb. 802. (Univers.-B.) 4 ℊℊ

Feuerbüchlein, oder gesammelte Erfahrungen u. Anweis., wie man entstandene Feuersbrünste schnell u. sicher löschen kann. 8. Leipzig 827, Centr.-Compt.

Feuerbüchlein für das Landvolk . . . nebst wirksamen Löschmitteln, Vorsichtsmaassregeln, Brandabhaltenden Anstrichen und Bemerkung einiger Fehler, die hin und wieder auf dem Lande bei Löschanstalten die Wirksamkeit des Löschens hindern oder vereiteln. Von einem Landpfarrer. Köln 1817. V: *Heinen, H. J.* (StBKöln II. 149)

Feuerbüchlein für das Landvolk, oder Warnungen gegen gewöhnliche und seltenere Anlässe durch Selbstzünder, Gewitter ꝛc., wodurch Feuersbrünste entstehen können, nebst wirksamen Löschmitteln. 8. Cölln, Rommerskirchen. 817.

— schlesisches, oder Belehrungen über Feuersgefahren und deren Anwendung. Zur Beherzigung für Bürger und Landleute. 8. Breslau, Schöne. 820.

Fürstl. *Nassau-Saarbrücken-Weilburgische* Feuer-, Bau u. Brand-Concurrentz-Ordnung vom 17 April 1751 u. vom 21 April 1767

Feuereisen, Arnold, die livländische Geschichtsliteratur 1902 u. 1903. In Verbindg. m. den balt. geschichtsforsch. Gesellschaften hrsg. v. der Gesellschaft f. Geschichte u. Altertumskunde der Ostseeprovinzen Russlands. 8. Riga, N Kymmel's Sort. n. 3.—
1902. (VI. 99 S.) 904. n. 1.—. 1903. (V. 83 S.) 905. n. 2.—.
Die früh. Jahrgge. s. unter: Poelchau, A.

Feuereisen, Arnold, livländ. Geschichtsliteratur 1904—1907. In Verbindg. m. den balt. geschichtsforsch. Gesellschaften hrsg. v. d. Gesellschaft f. Geschichte u. Altertumskunde der Ostseeprovinzen Russlands in Riga. (V, 72; IV, 67; IV, 74 u. 77 S.) gr. 8. Riga 907—10. N. Kymmel. à 2.—

Feuereisen, Arnold (Hrsg.), s. Lichtenstein, Hugo: Geschichte d. Siegels d. Stadt Dorpat.

Feuereisen, Johann August (Debracens. Misn.), Theses juris controversi. Präs. Friedrich Gottlieb Zoller. Lpz. (Breitkopf) 9. I. 1762. 4 Seiten. (1.50) 8742

Feuereisen, Karl Gottlob

Feuereisen, Carl Gottl., prakt. Abhandl. üb. einige wichtige Gegenstände d. feinen Gärtnerei; nebst e. Anh. v. Gewächshäusern u. Mistbeeten. Mit Kpf. 8. Hannover, 1780. Helwing. — 15

— Pflanzen-Organologie, od. Etwas aus d. Pflanzenreiche, insonderheit d. Wirkungen d. Nahrungssaftes in d. Gewächsen. 8. Hannover. 1780.

Feuereißen, William, Amtstierarzt in Chemnitz: Aus dem Veterinärinstitute der Universität Leipzig. Beiträge zur Kenntnis der pathologischen Pigmentierungen in den Organen der Schlachttiere. Berlin: R. Schoetz 1906. (42 S., 4 Taf.) 8°

Leipzig, Phil. Fak., Ref. Eber-Kirchner, Diss. v. 28. Sept. 1906

[Geb. 19. Nov. 76 Wengelsdorf b. Corbetha (Prov. Sachsen); Wohnort: Chemnitz; Staatsangeh.: Preußen; Vorbildung: Annensch. (Realgymn.) Dresden Primareife O. 96; Studium: Tierärztl. Hochsch. Dresden 8, Univ. Leipzig 3 S.; Rig. 26. Juli 06.]

Feuerfarben. Eine Erzählung aus d. Nachlasse eines Unglücklichen. Gesammelt von J. Glans v. Hofen. 8. Augsb. 824. Wolff. 1 ß 8 gr

FEUERFLAMME, Die mitternächtliche, oder die schwarze Gestalt im Geisterthale. Eine romantische (ziemlich zahme) Geschichte. 3 Bdchn. Mit 1 Titelkpf. O. O. (Leipzig, Joachim) 1810. 8⁰. 120, 144 u. 107 Seiten.

Feuerforscher, Der. Ein Instrument, mit welchem man ein in der Nachbarschaft entstandenes Feuer, wo es sey, bestimmen kann. Angegeben von J. A. Kr. Leipzig 1805

Feuerforscher, das ist, e. Instrument zu bestimmen. Mit 2 Kpf. 4. Leipz. 805. (Fort). 8 gr

Feuerforscher, d. i. ein Instrument zu bestimmen, wo ein Feuer sey. 8. Leipzig, Tauchnitz. 805.

Feuerfunken. Illustrirte Blätter f. Humor u. Satire. Red.: P. Grasemann. 1. Jahrg. Apr. 1892 – März 1893. 26 Nrn. (Bog.) gr. 4. Berlin. (Leipzig, H. Beyer.) n. 4. —

— Illustr. antisemit. Blätter. Red.: P. Grasemann. 2. Jahrg. Apr. 1893 — März 1894. 36 Nrn. (Bog.) gr. 4. Ebd. n. 4. —

— Illustr. satyr. Wochenschrift. Red.: P. Grasemann. 3. Jahrg. 1894. 1.—3. Quartal. 9 Nrn. (Bog.) gr. 4. Ebd. Vierteljährlich n. — 60

— dasselbe. 1894. 4. Quartal. 13 Nrn. (Bog.) gr. 4. Ebd. n. 1. 50

Feuerfunken. Illustr. satir. Wochenschrift. Red.: P. Grasemann. IV. Jahrg. 1895. 52 Nrn. (Bog.) gr. 4. Berlin. Leipzig (H. Beyer). 6. —
Weiter nicht erschienen.

Feuergefecht zu Fuß in Fragen u. Antworten f. d. Cavallerie-Unteroffiziere u. Unteroffiziers-Bildungsschüler. Zusammengest. v. E. R. gr. 16. (13 S.) Budapest 896. C. Grill. n.n. — 20

Feuergefecht, das, der Kavallerie. Ansichten eines alten Kavalleristen mit Rücksicht auf die neuere Kriegführung. gr. 8. (31 S.) München 877. Th. Ackermann. — 60

FEUERGEIST, Der. Ein abentheuerliche (zahme) Geschichte aus d. 16. Jahrh., getreu nach e. alten Handschrift bearb. Mit d. Bildnisse Hermingardens. Aarau, b. Heinr. Remigius Sauerländer. 1812. 8⁰. (1 Mk. 50 Pfg. Franz Teubner, c. 1898.)

Tit., 1 Bl. Vorr. u. 231 S. — Kayser p. 38 mit d. unrichtigen Jahrz. „1813".

Feuergeist, der, eine abentheuerl. Geschichte aus d. 16. Jahrhund., (von Jh. Hnr. Zschokke). Mit 2 Kpf. 8. Aarau 813. Sauerländer. 1 ß (Aus d. Erheiterungen abgedr.)

Feuergesänge zum Aller-Deutschen-Feste am 18. Oct. 8. Jena 816. Cröker. 2 gr

Feuergruppengefecht, das, nach den Erfahrungen der Kriege, die mit den neuesten Schußwaffen geführt wurden, mit besond. Berücksicht. der techn. Arbeiten der sogenannten Pionniersectionen bei den Infanterie-Regimentern. Vom Verf. des Feldbienst der leichten Infanterie (v. Förster.) 8. (IV und 106 S. mit 1 Stnt.) Halle 858, Pfeffer. *

Feuerhake, Ernst, Medizinalprakt. am Clementinenhaus: Über Quecksilber-Exantheme. Aus d. med. Univ.-Klinik zu Göttingen. Leipzig 1910: Hoffmann. 88 S. 8°

Göttingen, Med. Diss. v. 28. Juni 1910, Ref. Hirsch

[Geb. 13. März 85 Hannover; Wohnort: Hannover; Staatsangeh.: Preußen; Vorbildung: Lyz. I Hannover Reife O. 04; Studium: Göttingen 4, München 2, Göttingen 4 S.; Coll. 26. März 10; Approb. 28. Juni 10.] [U 10. 1372

Feuerhake, G., Bilanzen der deutschen Actien-Gesellschaften und Commandit-Gesellschaften auf Actien, wie solche vom 1. April 1887 bis dahin 1888 zur Veröffentlichung gelangten. 1. Thl., das Halbjahr vom 1. April bis 1. Octbr. 1887, und 2. Thl., das Halbjahr vom 1. Octbr. 1887 bis 31. März 1888 umfassend. Fol. (VIII, 303; VIII, 262 S.) Hannover 887,88, (Schmorl und v. Seefeld.) à Thl. *M 8.—. *

Feuerhauptmann. Der helvetische F. ein besonderer Freund des schwäbischen, und ... des ehrlichen Mannes: über die Frage: Was waren die Mönche Helvetiens vor und während der Revolution: und Was soll jezt aus ihnen werden? 8. o. O. 1802.

Feuerhauptmann, der schwäbische, mit seinem Löschzeuge, d. i. mit der Frage: was von den Kirchengütern überhaupt, was von den Klostergütern insbesondere, was von der Säcularisation dieser und jener zu halten sey? 8. Augsburg, Wagner. 801.

Feuerheerd, der Kinder, eine Reihe Erzählungen f. Winterabende. Nach d. 2. Aufl. d. engl. Origin. bearb. M. 5 ill. Abbild. breit 12. (7½ B.) Leipzig 831, Rein.

Feuerherd, Frz., die Entstehung der Stile aus der politischen Ökonomie. Eine Kunstgeschichte. 1. Tl.: Die bild. Kunst der Griechen u. Römer. gr. 8. (VI, 136 S. m. 2 Taf.) Braunschweig 902. R. Sattler. n. 3. 60

Feuerherdt, der Militär-Schriftverkehr. Mit besond. Berücksicht. der Bestimmgn. der königl. General-Inspektion der Artillerie f. den Unterricht auf der Oberfeuerwerkerschule u. den Regimentsschulen der Artillerie bearb. gr. 8. (68 S.) Berlin 885. Mittler & Sohn. n. — 75

— dasselbe. Mit besond. Berücksicht. der Dienstverhältnisse der Infanterie u. Cavallerie f. die Unteroffiziere dieser Waffen zum Selbstunterricht bearb. gr. 8. (76 S.) Ebend. 885. n. — 75

Feuerhorn. Das F'. Löschblatt für die Gesamt-Interessen der zugerischen Bevölkerung. Organ des Rettungs-Corps Zug. [Illustrierte Fastnachtszeitung.] gr.-4. *je* fr. —.40

Nº 15. Zug, bei Bern 19. Februar 1901. 8 [+ 2] S. Zug, Rey & Kalt.
Nº 16 *u.* 17 *u.* 18. Zug, 11. Februar 1902 *u.* 24. Februar 1903 *u.* 16. Februar 1904. 4 [+ 2] *u.* 8 *u.* 8 [+ 2] S. (Zug, Rey & Kalt.)
Nº 19. Zug, an der Bergbahn 7. März 1904 (*d. i.* 1905). 8 [+ 2] S. (Zug, Rey & Kalt.)
No. 20. Zug, an der Bergbahn 27. Februar 1906. 8 S. [Zug, Rey & Kalt.]
Nr. 21. Zug, beim Casino 12. Februar 1907. 8 [+ 2] S. (Zug, Rey & Kalt.)

Feuerhorn. Das F'. Löschblatt für die Gesamt-Interessen der zugerischen Bevölkerung. Organ des Rettungs-Korps Zug. [Illustrierte Fastnachtszeitung.] Nr. 22. Zug, an der Aegeri-Strassenbahn. Dienstag, den 3. März 1908. 8 [+ 2] S. gr.-4. (Zug, Rey & Kalt.) fr. —.40

Feuerhorn. Das F'. Löschblatt für die Gesamt-Interessen der zugerischen Bevölkerung. Organ des Rettungs-Korps Zug. [Illustrierte Fastnachtszeitung.] Nr. 23. Zug, im Zeichen der Polizeistunde. Dienstag, den 23. Februar 1909. (2 Blätter.) 12 S. gr.-4. Zug, Rey & Kalt. fr. —. 40

Feuerhorn. Das F'. Löschblatt für die Gesamt-Interessen der zugerischen Bevölkerung. Organ des Rettungs-Korps Zug. [Illustrierte Fastnachtszeitung.] Nr. 24. Zug, im grössten Dreck. Dienstag, den 8. Februar 1910. 12 S. gr.-4. (Zug, Rey & Kalt.) fr. —. 40

Feuerlärm, der; od. Alles geht nach Wunsche. Lustsp. in 1 Aufz. 8. Wien, Wallishaußer.

Feuerlärm, der, Originalsp. in 4 Aufz. v. Theod. Hell. 8. Leipz. Hinrichs. 811.
Wellnr.

Feuerlein (Hrsg.), s. Verhandlungen in den Versammlungen d. Landstände d. Königreichs Württemberg in den Jahren 1815–1819.

Feuerlein, A. W., Versuch e. neuen Theorie d. Vermuthungen. gr. 8. Landsh. 810. Krüll. 1 ₰

Feuerlein, A. W., Versuch einer neuen Theorie d. Vermuthungen. gr. 8. Landsh. Krüll. 811.

FEUERLEIN, CARL. Ueber phenylirte Biguanide. (Jena) Halle a. S., 1880.

Feuerlein, Carl, aus Würzburg: Über die synthetische Verwendung der Alkylsulfate. Zürich 1907. 100 S. 8°. [23. IX 07]

Zürich. Phil. Diss. II S. 1907/08.

Feuerlein, Carl. Über die synthetische Verwendung der Alkylsulfate. Diss. Phil. [II.] Univ. Zürich von K' F".... 100 S. 8. Zürich, Grapentien & Zicker, 1907.

Feuerlein, Conr. Fr., Erklär. des Lebens u. Leidens der Auferstehung u. Himmelf. Christi. m. K. Fragen und Antw. 8. Nürnberg, Stein. 750.

Feuerlein, Emil, die Sittenlehre des Christenthums in ihren geschichtlichen Hauptformen. Ein Beitrag zur Geschichte der Theologie und Moral. gr. 8. (VIII und 286 S.) Tübingen 855, L. F. Fues, Vrlgsh. *

—— die philosophische Sittenlehre in ihren geschichtlichen Hauptformen. 1. Thl. A. u. d. T.: Die Sittenlehre des Alterthums. gr. 8. (XII und 244 S.) Tübingen 856(57,) L. F. Fues, Vrlgsh. *

Feuerlein, Emil, die philosophische Sittenlehre in ihren geschichtlichen Hauptformen. 2. Thl. A. u. d. T.: Die Sittenlehre der neueren Culturvolker. Tubingen 859. (Leipzig,) Fues' Verlag. gr. 8. (XXXIII, 334 S.) n. 1 ₰ 12 ngr.

Feuerlein, G. C., von d. im Kloster Heilsbronn befindlichen Heilbrunnen Euren, Gehalt ꝛc. 4. Nürnberg, Monath. 732.

Feuerlein, Gustav

— Gedichte aus d. Jahren 1811—14. 8. Nürnb. Riegel u. Wießner. 814.

Schreibr.

GYNACEUM. Eine Gallerie satyrischer (zahmer) Gemälde (von *Fürchtegott Gustav Willibald Feuerlein*, Pfarrer zu Wolfschlugen, geb. 1781, † 1848). Stuttgart, Steinkopf, 1812. 8° XII—169 S. (In Stuttgart.) (3 Kr Rudolf Heger, Wien, 1904.)

In Versen. Darstellung von 50 Frauenzimmer-Charakteren. — Vgl. Allg. Lit. Ztg. 1813. Nr. 84. Sp. 670—72.

Feuerlein, Gust., Deutschlands Palingenesie. gr. 8. Heidelb. 814. Engelmann. 4 gl

— s. Schillers Gedichte, lateinisch.

Feuerlein, Gust., Taschenbuch f. Räthselfreunde. Nebst einer Ausw. vermischter Gedichte. 16. Stuttg. 846, Köhler. 24 ngl

Feuerlein, J. C. F., Altar- und Grabreden zur Rechtfertigung wortgetreu abgedruckt, wie solche den 26. Sept. d. J. bei Beerdigung des gewes. Bürgermeisters ꝛc. zu Roth Joh. Phil. Finsterer gehalten wurde. gr. 8. Nürnberg 837. Recknagel. 1/12 ₰

Feuerlein, J. Conr., Buß- Beicht- u. Communionbuch. 12. Nürnberg, Schwarzkopf. 736.

— d. v. Jammer befreite Seele empfind. d. Vorschmack d. ewigen Seeligkeit. 8. Nürnberg, Schwarzkopf. 721.

— erschrockne Seele, betracht. d. ewige Höllenpein. 4. Nürnberg, Hauffe. 779.

Feuerlein, Jakob Wilhelm

Feuerlein, Jak. Wlh., († d. 10. Mai 1766.) Bibliotheca symbolica evangel. lutherana, quam collegit, disposuit et adjectis annotationibus descripsit 8. Gotting. 752. Ritscher. 10 gl N. Aufl. von J. B. Riederer. II Tom. 8maj. Altd. 768. (Stein in Nürnb.) 2 ₰

Feuerlin, Jacob Wilhelm (Präs.), s. Bohner, Leonhard: De prudentia errantes convincendi ex historia Socratis.

Feuerlein, Iac. G., comment. de Ant. Albisio. 4. Gött. 740.

Feuerlein, J. W., de Lutheranorum communione sub una. Gotting. 1751. 4.

— Compend. theologiae dogmat. 8. Gött. 747.

Feuerlin, J. W., de Cornelio centurione, ante concionem Petri non proselyto, sed semi-christiano. Altorf 1736. 4.

— cursus philosophiae eclecticae tab. et fig. delin. fol. Altdorf. (Stein, Nürnb.) 787.

Feuerlein, J. W., dijudicatio controversiae de Chr. extra Bethlehem nato. Gotting. 1744. 4.

— dissert. apologet. pro Nic. Taurello. 4. ibidem. 734.

Feuerlin, J. W., de Jesu resuscitato, ab hostibus etiam viso, a solis familiaribus recognito. Gotting. 1750. 4.

Jac[obus] Wilh[elmus] Feuerlinus [Feuerlein]: Montes divinitatis testes contra Lucretium et Burnetium. [Resp.:] Christophorus Mauritius Lochnerus [Lochner]. Altdorfii (1729): Kohl. 24 S. 8°

Altdorf, Phil. Diss. v. 23. Febr. 1729

— novissimorum novissimum beatissimum, oder das letzte seligste der letzten Dinge. 4. Nürnberg, Stein. 703.

— **Jacob Wilhelm**, Viro Johann Philipp Fresenius (Niederwiesa; Frankfurt) summos in theologia honores. Adjecta biographia brevi. — Praemissa observatione critica in locum vexatum epistolae Clementis Romani de Danaidibus et Dirce. Gött. (Abr. Vandenhoeck) 1749. 16 S. mit Biogr. Fr.'s. (M.: M. M. Metz) u. Schriftenverz. (4.—) 8752

Feuerlin, J. W., philosophemata potiora recognitionum, Clem. Rom. falso attributarum. Altorf 1728. 4

Feuerlein, J. W., de ratione docendi theologiam in schola Alexandrina. Gotting. 1736. 4.

Feuerlin, J. W., de studio s. scripturae per doctoratum theologicum a prima inde origine stabilito et propagato. Gotting. 1737. 4.

Q. D. B. V. Magistrum matheseos auctoritate et consensu amplissimi philosophorum ordinis Publico examini submittunt praeses M. *Jo. Georg. Christoph. Feuerlein* et respondens M. *Jo. Georg. Hornbergerus* Franci. Ad diem XXIX. Octobr. MDCCI. Vitembergae, literis Christiani

Feuerlein

— **Johann Conrad**, De Hadriani imperatoris eruditione. Diss. epistolica qua viro Jo. Andr. Michael Nagel fasces academicos capessenti purpuram academicam gratul. Altdorf (J. Gg. Meyer) 30. VI. 1743. 15 S. (2.—) 8746

Feuerlein, Joh. Conr.: Rechtliches Gutachten wegen verschiedener von einer in versamter Ehe gestandenen Ehefrauen theils vor theils wahrend der Ehe einseitig contrahirten u. nach ihrem Absterben eingeklagten Schuldposten . . . per modum relationis erstattet. Nürnberg 1782.

— — (Nürnberg), De illegitimis quibusdam pignora ac hypothecas constituendi retinendique modis. Diss. jur. Altdorf (J. Gg. Meyer) 11. VI. 1748. 52 S. (5.20) 8747

— s. Schönbartbuch, Nürnberg.

[Feuerlein, Joh. Conrad]. Nürnbergisches Schönbart-Buch und Gesellen-Stechen. Aus einem alten Manuscript IM Iahr aLs Der sCönbart VVelter sICh nIt offenbart. [Schwabach 1765]. 4° 104 S. und *10 Kupfertafeln mit insges. 76 kuriosen Figurendarstellungen aus dem Schembartmanuskript.* HLn. d. 19. Jahrh.

Originalausg. Enth. außer der Geschichte des Sch-laufens und Auszügen aus dem Manuskript auch die zahlr. poetischen Beiträge dazu. Der Verfasser, ein späterer Sproß der berühmten fränk. Theologenfamilie, war Rechtsgelehrter und Advokat in Nürnberg.

***Feuerlein,* Jh. Konr., supellex libraria, seu catalogus librorum ex omni scientiarum genere selectiorum partimque rariorum etc. 8maj. Schwabach 768. Enderes. 1 ₰ 4 ℊ Accessiones ad supellect. suam librariam etc. II Voll. 8maj. Nürnb. 779. Hauff. 2 ₰ 8 ℊ**

Feuerlein, Paul Jakob

— — De nominatis senatus Norimbergensis numerosioris (Von den Genannten des groessern Raths zu Nürnberg). Diss. jur. Altdorf (Joh. Paul Meyer) 15. XII. 1774. 62 S. (6.—) 8750
Widm. v.: Johann Conrad Feuerlein, Joh. Aug. Dietelmair, Joh. Bernh. Hoffer, Wolfg. Albert Spis, Jo. Conrad Stiglir, Joh. Andr. Mich. Nagel, Gg. Andr. Willius, Gg. Chph. Schwarz.

— Paul Jacob (Nürnberg), De privilegio dotis sponsae competente disserit simul que viro Johann Conrad Feuerlein (Nürnberg) patri suo suscept. grav. munus pro-cancell. incl. acad. Altorfinae annexam que dignit. comitis sacri Palatii Lateranensis aulae que Caesar. et imper. consist. gratul. Helmstedt (M. G. Leuckart) 30. III. 1772. 16 S. mit Biogr. J. C. F.'s. (4.50) 8748

— — De territorio Noricoe deque jure cognoscendi in subditos intra et extra illud sitos magistratui Norimbergensi competente. Präs. Johann Friedrich Eisenhart. Helmstedt (M. G. Leuckart) 30. IX. 1773. 100 S. (8.50) 8749
Widm. v.: Franz Dominicus Haeberlin, Präs., Albert Philipp Frick, Carl Friedrich Paelike, Jo. Christian Wernsdorf, Pet. Frh. v. Forstner (Mecklenbg.), Chph. Jac. Widmann (Nürnberg), Joh. Friedr. Haeberlin, Jo. Chn. Gottlieb Wernsdorf, I. C. Schnizlein.

Feuerleitung der Fuß-Artillerie. Entwurf. 12. (17 S.) Berlin 891. E. S. Mittler & Sohn. n. — 20; kart. n. — 35

Feuerleitung, die, im Gefecht. 1. und 2. Aufl. 16. (8 S.) Aarau 885,87, Sauerländer. *

Feuerleitung im Gefechte der Infanterie, abgesessenen Kavallerie u. Maschinengewehre. 1—10. Taus. (138 S. m. Fig.) gr. 8. Wien 908. (L. W. Seidel & Sohn.) nn 2.50

Feuerlied den 19ten Jenner 1792. Mit den Brüdern der Loge zur gekrönten Säule gesungen von Br. V. »Auf Brüder, auf zum Jubellied .... Braunschweig [1792]. V: *Vaders* (?), *Aug. Wilh.* (wolfstieg I, 761)

Feuerlins, Donat, Geschichte, od. der abentheuerliche Goldmacher. 8. Magdeb. 776. Creutz. 8 ℊ

Dorath [so bei Heinsius!] Feuerlin oder der glücklich gewordene Goldmacher. Magdeburg: Zapf 1777. 8°
TB. 25.

***Feuerlini* diss. de methodo mathematica. Altorf. 4. 1726**

Feuerlin, Georg Christoph (Nürnberg), De abusione abstractionis metaphysicae in doctrina morum. Dissert. philos. Präs. Christian Gottl. Schwarz. Altdorf (M. D. Meyer) 11. VI. 1717. 36 S. mit Widm. v. Präs. (5.—) 8751

Feuerlin, Jakob Wilhelm, s. F e u e r l e i n, Jakob Wilhelm

Feuer-Lösch-Ordnung für Dörfer und kleinere Städte, entworfen auf Grund pract. Erfahrungen von einem Verwaltungsbeamten. br. 8. (VIII, 38 S. mit 3 lithogr. S. Noten.) Dresden 868, Ernst am Ende. [Kauffmann.] *

Feuerlösch-Ordnung u. Gesetz üb. die Beitragsleistung zum Landes-Feuerwehrfonde. Redactionelle Beilage d. „kärntner. Gemeindeblattes". gr. 8. (10 S.) Klagenfurt 891, (v. Kleinmayr). * — 30

Feuerlösch-Ordnung f. d. Garnison München.
München 1850—1869.
— — 1852: Desgl. f. d. Festung Landau.

Feuerlösch-Ordnung f. d. Garn. München.
München 1881
— 1902. Feuer-Alarm-Vorschr. f. d. Standort München.

Feuer-Löschordnung für die Stadt Ploen Ploen 1883 8°

Feuerlösch-Polizei-Ordnung und Bau-Polizei-Ordnung für das platte Land des Regierungsbez. Magdeburg. 8. (31 S.) Stendal 872, Franzen und Große. *

Feuerlöschungsregeln, Die zweckmässigsten, nach physikalischen und chemischen Grundsätzen . . . Leipzig 1838. V: *Messerschmidt, Heinr.* (NN)

Feuerlöschungs-Regeln, die zweckmäßigsten, nach physikal. u. chemischen Grundsätzen, nebst Angabe einer vorzüglich schützenden Bekleidung u. Ausrüstung für einen Mann beim Retten aus Feuersgefahr, für Polizei-Behörden, Baugewerke, Hausbesitzer rc. Mit 2 lithogr. Abbildd. gr. 8. Leipzig 838. Reclam. 5/12 ₰

Feuerlöschwesen, das, s.: Miniatur-Bibliothek.

Feuerlösch-Wesen, das, der Stadt Heidelberg. Die allgem. Feuerlöschordnung, die Statuten und Dienstordnung der Feuerwehr. 8. (48 S.) Heidelberg 853, (Akademische Anstalt für Literatur und Kunst.) *

Das Feuerlöschwesen im Kgr. Württemberg. Denkschrift des Ministeriums des Innern aus Anlaß der Brüsseler Ausstellung für Gesundheitspflege und Rettungswesen. Stuttgart 1876.

Das Feuerlöschwesen im Kgr. Württemberg. Festschrift des Ministeriums des Innern für den 10. Deutschen Feuerwehrtag in Stuttgart. Stuttgart 1877.

FEUERMANNCHEN, D a s r o t h e, aus den Geister- und Ritterzeiten. Ratibor, Juhr, 1803. 8° 218 S. Zahm.
Kayser p. 38 mit d. u n r i c h t i g e n Jahrz. „1804"

Feuermännchen, das rothe, aus d. Geister- u. Ritterzeit. 8. Ratibor 804. Juhr. (Joachim in Leipz.) 14 ℊ

Feuerordnung, allgem., für Dörfer und Rittergüter rc. entw. von J. H. Küstner. 4. Leipzig, Bauer. Rthlr.

Feuerordnung, allgemeine, für Dörfer u. Rittergüter rc. entworfen von J. H. Küstner. 4. Leipzig, Baumgärtner.

Feuer-Ordnung, allgemeine. Nach welcher sich alle churfürstliche (sic) Land- u. Pfleggerichte, Klöster, Hofmärkte, Städte, Märkte, u. sämmtl. *Unterthanen in Baiern u. der obern Pfalz* künftig zu verhalten haben (de dato München, d. 30. März 1791). Fol. (Stellenw. ausgebess.) 36 S. Cart.

Feuerordnung, allgemeine, nach welcher sich Alle im Königr. Baiern zu verhalten haben. gr. 4. München 821, Lentner.

— allgemeine verbesserte. 4. Stendal 784. Franzen u. Gr. 2 ℊ

— im Fürstenthume Altenburg. 4. Altenb. (Academ. Buchhandl. in Jena.) 782.

— im Fürstenthum Altenburg. 4. Altenb. 782. (Hennings in Neisse). 5 gr.

Allerhöchst bestätigte Feuerordnung der Stadt Kiel, auch für Oldenburg und Neustadt, vom 17 August 1775. Kiel 1855 8°.

— der Stadt Breslau rc. Fol. Breslau. 751.

Feuer-Ordnung der Alt-Stadt Eißleben. [Dat.:] 14. 2. 1715. Eißleben 1715.

Feuerordnung, Erneuerte, der Reichsstadt Kempten im J. 1798. Kempten. H: *Abele, Joh. Martin.* (KY) (MGT)

— erneuerte, d. Stadt Kempten im J. 1798, (v. J. Mt. Abele). gr. 8. Kempten, Dannheimer. 9 gr.

Erneuerte Feuer-Ordnung E. W. E. und Hochweisen Rahts der Kayserl. Freyen und des Heil. Reichs Stadt Mühlhausen in Thüringen, wie es vor, in u. nach sich ereigender Feuers- u. Brand-Gefahr zuhalten. Mühlhausen 1708. fol.

— d. Stadt Frankfurt am M. Fol. Frankfurt, Andreä. 736.

Fürstlich schleßwig-holstein ploenische Feuer-Ordnung zum Nutzen der Alten- und Neustadt Ploen in Anno 1735 errichtet und publiciret (Ploen.) 1735. 8°

— d. Stadt Hamburg. 4. Hamburg. 751.

— Heilbronnische. 4. Heilbronn, Claß. 789.

Königliche Preußische Feuer-Ordnung in denen Städten. Anno 1719. Berlin (1719).

„Königlich preussische Feuerordnung in denen Städten; sub dato Berlin, den 28. Julii 1728", Königsberg. — Vorh.: Preußische Staatsbibliothek Berlin.

— für d. Stadt Königsberg in Preußen. 8. Königsb. 771. Hartung. 4 gr.

Feuer-Ordnung für das offene Land, vom 20. Oktober 1792. Villach, Tengg, 1830. 15 S.

— u. Löschordnung für Breslau. 4. Bresl. 777. W. G. Korn. 5 gr.

Feuer- und Lösch-Ordnung für das platte Land der Provinz Brandenburg . . . (Vom 11 Oct. 1847.)

Feuer-Ordnung, Neue, Was Gestalten Es bey: vnd in diser Haupt-Statt Clagenfurt gehalten werden solle. Clagenfurt, Khleinmayr, 1793. Quart. 8 S.

Feuer- und Pannerordnung der Stadt Zürich. 1860.

Der Stadt Perleberg Feuer-Ordnung. [Dat.:] Perleberg, den 2. April 1700. Neuen-Ruppin 1700.

— für d. Kurpfalzbaier. Provinz in Schwaben. 4. Kempt. 804. Dannheimer. 3 gr.

Eines Edlen Rahts der Stadt Luneburg revidirte Feuer-Ordnung in der Stadt und auff der Sultzen. [Dat.:] 6. Marz 1724. Luneburg 1725.

Der Königl Stadt und Vestung Rendesburg Feuer-Ordnung Glückstadt 1707 8°

„Neu revidierte Feuerordnung in der Hauptstadt und Vestung Alten Stettin, wornach sich sowol die sämmtliche Bürgerschafft, als auch Eximirte etc. zu verhalten haben", deutsch und französisch, Stettin 1729 — Vorh.: Preuß. Staatsbibliothek Berlin.

— für das Herzogthum Schlesien 8. Glogau, Günter. 776.

Feuerordnung für die Königl. Universitäts-Bibliothek zu Erlangen. Erlangen 1909: Jacob. 7 S. 8° [U 10. 657 (Nicht für den Austausch)

[*Kopft.*] [*F.*] Feuer-Ordnung für die Königl. Universitäts-Gebäude zu Bonn und Poppelsdorf. (*Am Ende:* Berlin d. 28ten Juni 1826. Ministerium d. Geistl., Unterr.- u. Med.-Angelegenheiten *etc.*) [Bonn, gedr. bei C. F. Thormann 1826.] 2 Bl. 2. ¶ Für den Wiederabdr. vergl. d. Feuer-Ordn. d. J. 1837.

[*Kopft.*] [*F.*] Feuer-Ordnung für die Königl. Universitäts-Gebäude zu Bonn und Poppelsdorf. (*Am Ende:* Berlin d. 6 Febr. 1837. Ministerium d. Geistl., Unterr.- u. Med.-Angelegenheiten *etc.*) [Bonn, gedr. bei P. Neusser 1837.] 2 Bl. 2. ¶ Rev. u. veränd. Ausg. d. Feuer-Ordnung v. 1826. — Wieder abgedr. bei Koch, Preuss. Univ. II 1840 S. 990 ff.

— d. Stadt Dresden, verbesserte. 4. Dresden 751. 16 gr.

Feuerordnung, Verbesserte, für die von Veltheimischen Gerichtsorte Harbke und Wolffsdorf. O. O. 1794. V: *Veltheim, August Ferdinand Graf v.* (MGT)

— verbesserte, für d. Veltheim. Orte: Harbke u. Wolffsdorff. 4. Helmst. 794. Fleckeisen. 6 gr.

Feuerpolizei. Monatschrift f. Polizei- u. Verwaltungsbehörden, Versicherungs-Anstalten, Bauämter, Feuerwehren, Kaminkehrer. 1.—4. Bd. 1899—1902. à 12 Nrn. gr. 8. (à ca. 16 S.) München, Ph. L. Jung. à Bd. n. 3.60

Feuerpolizei. Monatschrift f. Polizei- u. Verwaltungsbehörden, Versicherungs-Anstalten, Bauämter, Feuerwehren, Kaminkehrer etc. 5.—8. Bd. 1903—1906. à 12 Nrn. (IV, 192; IV, 192; XVI, 192 u. IV, 192 S. m. Abbildgn.) 8. München, Ph. L. Jung. à Jhrg. n. 3.60

Feuerpolizei. Monatsschrift f. Polizei- u. Verwaltungsbehörden, Versicherungs-Anstalten, Bauämter, Feuerwehren etc. Hrsg. unt. Mitwirkg. v. Bärmann, Bruhns, Fischer u. a., sowie verschied. Bankdirektionen, Feuerpolizeiämter u. Versicherungsinstitute des In- u. Auslandes. 9. u. 10. Bd. 1907 u. 1908 à 12 Nrn. (IV, 200 u. IV, 192 S. m. Abb.) gr. 8. München, Ph. L. Jung. à Bd. 4.—

— Zeitschrift f. Feuerschutzwesen. Hrsg. unter Mitwirkg. erster Autoritäten d. Feuerschutz-, Bau- u. Versicherungswesens. Organ f. Polizei-, Verwaltgs.- u. Baubehörden, Feuerwehren u. Versicherungsanstalten. 11. u. 12. Bd. 1909 u. 1910 à 12 Nrn. (IV, 196 u. IV, 204 S. m. Abbildgn.) Lex. 8. Ebd. à Bd. 6.—

Feuer-Polizei-Ordnung, allgemeine, für die Prov. Westfalen. Mit den von königl. hochlöblicher Regierung zu Minden unterm 22. Novbr. 1844 genehmigten Zusätzen der Kreis-Feuer-Polizei-Ordnung des Kreises Minden, welche letztere bei den betreffenden Paragraphen eingerückt sind. 8. (47 S.) Minden 880, Brun's Verlag. *

Feuer-Polizei- und Feuer-Löschordnung der Stadt Rummelsburg i. Pom. *Rummelsburg 1900: O. Hasert.* (16 S.) 8° [F.] [10. 9]

Feuerpolizei- u. Feuerwehr-Ordnung für die gefürstete Grafschaft Tirol vom 28. Nov. 1881. 12. (23 S.) Innsbruck 881. Wagner. n. — 16

Feuer-Polizei-Ordnung f. die Prov. Westfalen, erläutert durch Zusätze üb. einschlägige Gesetze u. Verordnungen. Nebst e. Anh., enth. Instruktion f. die Bezirks-Schornsteinfeger im Reg.-Bez. Arnsberg. 8. (44 S.) Bielefeld-Gadderbaum 885. W. Bertelsmann. — 30

— dasselbe. Nebst e. Anh, enth. Instruktion f. die Zwangs-Bezirks-Schornsteinfeger im Reg.-Bez. Minden. 8. (56 S.) Ebd. 895. — 30

— dasselbe im Reg.-Bez. Münster. 8. (56 S.) Ebd. 900. — 30

[F.] **Feuerpolizei-Ordnung** für die Provinz **Westfalen** v. 30. Nov. 1841 m. Anm. nebst d. Kreis-Feuerpolizei-Ordng u. d. Gebühren-Tarife f. d. Bezirks-Schornsteinfeger. Zsgest. z. prakt. Gebr. f. Jedermann v F[ritz] Weiberg Regiergs-Supernum. in Dortmund. *Hamm: Selbstr.; Dr. v. E. Griebsch 1898.* (40 S.) 1 Bd 8. [98. 8310

Feuer-Polizei-Ordnung für die Provinz Westfalen (v 30. Nov 1841). [Arnsberg: F W. Becker 1905.] (25 S.) 8° [Kopft. F.] [06. 3178 6

Feuerpolizei-, Feuerlösch- und Baupolizeiordnungen für das platte Land der drei Regierungsbezirke der Provinz Sachsen. Abdr. vom 30. XI. 1888. Merseburg 1888.

Feuerprobe, e. Von Amalie Crescenzia. 8. (256 S.) Wien 887. Konegen. n. 3. —

Feuer- und Wasserprobe, die wohlbestandene, des Schiffleins Petri, s. Broschüren-Cyclus.

Feuerreiter, der. Oder: Die Religion als Leitstern. Ein Charaktergemälde unserer Zeit. Der reifern Jugend gewidmet von dem Verf.: „Die Kinder der Wittwe.“ (Ed. v. Ambach.) 8. (159 S. und 1 Stahlst.) Regensburg 850, Manz.

Feuerriegel, Franz: Die Sprache des Gautier de Belleperche. *Halle a. S. 1897: C. A. Kaemmerer & C.* (47 S.) 8° Halle, Phil. Diss. v. [18. Febr.] 1898

Feuerring, Josef

Feuerring, Jos, der Antisemitenapostel! Ein Wort der Entgegng. an Rektor Hermann Ahlwardt auf seine letzte Broschüre: „Neue Enthüllgn. Judenflinten“. gr. 8. (16 S.) Berlin 892. Verlag der Splitter. n. — 30

Feuerring, Jos., Leitfaden zur Vorbereitung f. die Barmizwah, s.: Garbatti, A.

Feuersbrunst, od. Wonnen u. Thränen; e. Gemälde f. reine Seelen. 8. Lpz. Joachim.

Feuersbrunst, Die, ein Schauspiel in drei Aufzügen. Halle 1773. V: *Grossmann, Gustav Friedrich Wilhelm.* (KY) (MD) (GGr) (JL) (ML)

Feuersbrunst, die; Schspl. (von G. F. W. Großmann). 8. Halle 773. Curt. (Laue in Berl.) 3 ℛ

— die; od. gute Freunde in der Noth, das größte Glück. Schsp. f. Kinder. 8. Lpz. Crusius. (W. Vogel.) 781.

Die Feuersbrunst | zu Grendelbruch. Sammlung von darauf bezüglichen Gedichten, herausgegeben zum Besten der unglücklichen Abgebrannten dieser Gemeinde. | Preis: 30 cent. Straßburg, gedruckt bei Ph. H. Dannbach. | 1836.
8 Bl n. n., 206 × 127.
BNP Yh. 3982.

Feuersbrunst, die große, zu Hamburg am 5., 6., 7. u. 8. Mai 1842. Nach authentischen Berichten. Mit 1 Plane, auf welchem die abgebrannten Straßen u. Gebäude bezeichnet sind. gr. 8. Lubeck 842, Aschenfeldt. n. 1/6 ℛ

— die große, zu New York, am 19. Juli 1845. Vollständigste Schilderung nach den Berichten von Augenzeugen u. amerikan. Blättern. Mit 1 Abbild. d. Explosion in Broad-Street u. dem Namens-Verzeichnisse sämmtl. Abgebrannten u. ihrer Geschäfte. 8. Hamburg 845, Berendsohn. n. 1/6 ℛ

Feuersbrunst zu | Santiago in Chili | (Süd-Amerika), | welche in der Hauptkirche entstand, dieselbe in einen | Schutthaufen verwandelte, und worin eine große | Zahl von Gläubigen den Tod fanden. | Mülhausen, | gedruckt bei | P. Risler. | 1864.
8 S., 180 × 113.
BNP Pp. 34.

Feuersbrunst, die, in Weitzenau, od.: gründl. Belehrung, wie d. Landmann e. solches Unglück am sichersten verhütet, u. wie er sich bei e. ausbrech. Feuersbrunst zu verhalten hat. Ein Noth- u. Hülfsbüchlein in Katechismus-Form, nicht allein f. d. Landmann, sond. auch f. d. Bürger kleinerer Städte. M. 5 Abbild. (auf 1 B. in gr. Fol.) 8. (16 B.) Erfurt 833, Müller.

Feuersbrünste Der drei F' im Kanton Wallis um Mittefasten 1899 8. Zurich 1899.

Feuerscheine oder das Vaterland, Beiträge zu einer Geschichte der Zeit ... Berlin 1807—09. V: *Gubitz, Frdr. Wilhelm.* (MGT)

Feuerschirme, s. Vaterland, das.

FEUERSCHIRME. (Nebentitel Das Vaterland.) Beiträge zu einer Geschichte der Zeit, Versuche zur Veredlung des Nationalgeistes und zur Erhebung der Kunst u. Industrie. (Hrsg. von Friedr Wilh. Gubitz.) 6 Hfte. oder 2 Bde (soviel ersch.). Mit Holzschnitten von Gubitz selbst u. den originellen blauen Doppeltiteln. Berlin, bei Fr Maurer, 1807—9. 8°. (à Heft 2/3 Rthl.) (Heft 1—4, etwas stockfl. u. Randbemerkgn. von alter Hand, 20 Mk. Südd. Antiqu., München, 1907; 12 Mk., 1—5 in den Orig.-Umschl., E. Frensdorff, 1907.)

Cplt. sehr selten! — F W. Gubitz beschäftigt sich hauptsächlich mit den Verhältnissen Preussens während und nach den Napoleonischen Kriegen.

Feuerschutz und **Feuerrettungswesen** beim Beginn des 20. Jahrhunderts. Berichtswerk über d. Internat. Ausstellung f. Feuerschutz u. Feuerrettungswesen Berlin 1901 bearb. im Auftr d. k. Preuß. Minist. d. Innern. *Berlin. Eckstein 1902.* (483, XII S.) 4° [03. 2866

Feuerschutz u. **Feuerrettungswesen beim Beginn des XX. Jahrh. Berichtswerk üb. die internationale Ausstellg. f. Feuerschutz u. Feuerrettungswesen Berlin 1901, bearb. im Auftrage des königl. preuss. Ministeriums des Innern. (IV, 483 S. m. Abb. u 5 Bildnistaf.) gr. 4. Berlin 902. J. Guttentag. n. 10. —; geb. n. 12. —**

Feuer-Schutz u. -Trutz. Wesen u. Wirken unserer Feuerwehren. Ein Handbuch f. Berufs- u. freiwill. Feuerwehren, sowie f. Freunde unseres Feuerlösch- u. Rettungswesens. Von Mollitor. 2. Aufl. gr. 8. (XVI, 876 S. m Abbildgn. u. Titelbild.) Stuttgart (902). Union. Geb. in Leinw. n. 6. —

Die Feuersicherheit aller Stände Schlesiens Ende 1875 im Bilde der Statistik. Liegnitz 1876.

Ostpreussische **Feuersozietät** zu Königsberg i. Pr (*Königsberg i. Pr.: Ostpr. Dr. u. Verlagsanst.)[1901]* (2 Bl., 2 Beil.) 8° [Umschlagt. Ant. u. F.] [01. 784] 10

Feuer-Societät für die Ritterschaft des *Fürstenthums Halberstadt* vom Jahre 1719, bestätigt durch das Domkapitel am 22. Sept. 1738.

Feuersozietaeten, Die drei städtischen, Berlin, Breslau, Stettin (Zwangssozietäten). Spandau 1908. 8°

Feuer-Societäts-Cassenordnung vom 15. April 1751, 19. April 1762 und 10 Juni 1770.

Feuersocietätsordnung für den *Breisgau* vom 31 Juli 1764.

Feuer-Societäts-Reglement für die Freigerichte *Bodelschwing* und *Mengede* vom 19. Nov. 1773.

Feuersocietäts-Reglement für das platte Land von Schlesien und der Grafschaft Glatz vom 8. May 1791.

Feuersocietäts-Reglement für das platte Land der Aemter *Sporenberg* und *Ravensberg* vom 28. Mai 1749.

Feuersocietäts-Reglement für das *Fürstenthum Paderborn* vom 21. März 1769.

Feuer-Societäts-Reglement für die hiesigen Residenzien. Amtliche Ausgabe. Berlin 864. v. Decker. gr. 8. (15 S.) 3 ngr.

Feuersozietäts-Reglement, revidirtes, für die Städte der Kur und Neu-Mark (mit Ausnahme der Stadt Berlin), so wie für die Städte der Niederlausitz u. der Aemter Senftenberg u. Finsterwalde. D. d. den 23. Juli 1844. gr. 8. Grünberg 844, Leyysohn. 1 n/

Revidirtes **Feuer-Sozietäts-Reglement** für die Stadte der Kur- und Neumark (mit Ausnahme der Stadt Berlin) so wie fur die Stadte der Nieder-Lausitz und der Aemter Senftenberg und Finsterwalde d. d. den 23. 7. 1844 [usw.]. Berlin (1862).

Feuersocietäts-Reglement für die Städte und Flecken in *Ostfriesland* vom 1. April 1754.

Feuer-Societäts-Reglement für die Städte des *Fürstenthums Halberstadt* und der *Grafschaft Hohenstein* vom 19. Sept. 1732.

Feuer-Societäts-Reglement für die Stadt *Stralsund* vom 26. Juli 1771.

Feuer-Societäts-Reglements des platten Landes des Fürstenthums *Minden*, des Ravenbergischen Amtes *Vlotho* und der Grafschaften *Tecklenburg* und *Lingen*. Verordnung vom 28. April 1767.

Feuerspritze, die, Zeitschrift für das deutsche Feuerlöschwesen. Organ des Landesausschusses sächs. Feuerwehren. Redact.: Thdr. Kellerbauer. 1. Jahrg. 1874. 18 Nrn. (à 1/2—1 Bog. mit Stnt.) gr. 4. Chemnitz, Focke. *

— dass. — 2. und 3. Jahrg. 1875 und 1876. à Jahrg. 24 Nrn. (à 1/2—1 Bog. mit Stnt.) gr. 4. Ebendas. à Jahrg. *

— die. Organ des Landesausschusses sächs. Feuerwehren und des braunschweig. Feuerwehrverbandes. Zeitschrift für das deutsche Feuerlöschwesen. Redact.: Thdr. Kellerbauer. 4.—6. Jahrg. 1877—1879. à Jahrg. 24 Nrn. (à 1/2—1 Bog.) gr. 4. Ebendas. à Jahrg. *

Feuerspritze, die. Organ des Landesausschusses sächs. Feuerwehren und des braunschweig. Feuerwehrverbandes. Zeitschrift für das deutsche Feuerlöschwesen. Redact.: Thdr. Kellerbauer. 7.—11. Jahrg. 1880—1884. à Jahrg. 24 Nrn. (à Nr. 1/2—1 Bog.) gr. 4. Leipzig, Expedition. à Jahrg. *

Feuerspritze, die. Zeitschrift für das deutsche Feuerlöschwesen. Organ des Feuerwehrverbandes für den Reg.-Bez. Cassel, Organ des Braunschweig. Feuerwehrverbandes, Organ des Landesverbandes sächs. Feuerwehren. 15. Jahrg. 1888. 52 Nrn. (Bog.) 4. Leipzig, Expedition. *

Feuerspritze, die. Zeitschrift f. das deutsche Feuerlöschwesen. Organ d. Feuerwehrverbandes f. den Reg.-Bez. Cassel, d. braunschweig. Feuerwehrverbandes u. d. Landesverbandes sächs. Feuerwehren. Redact.: Th. Kellerbauer. 16. u. 17. Jahrg. 1889 u. 1890. à Jahrg. 52 Nrn. (Bog.) gr. 4. Lpz., Expedition (G. Nowack). à Jahrg. * 6 —

Feuerspritze, die. Zeitschrift f das deutsche Feuerlöschwesen. Organ des Landesverbandes sächs. Feuerwehren rc. Red.: Th. Kellerbauer. 18. – 20. Jahrg. 1891 — 1893. à 52 Nrn. (1 1/4 Bog.) gr. 4. Leipzig, Exped. (F. A. Körner). à Jahrg n. 6. —

Feuerspritze, die Zeitschrift f. d. deutsche Feuerlöschwesen. Organ d. Landesverb. sächs. Feuerwehren rc. Red.: Th. Kellerbauer. 22.–25. Jahrg. 1895—1898. à 52 Nrn. (à ca. 1 Bog.) gr. 4. Leipzig, Exped. F. A. Körner. à Jahrg n. 6. —

Feuerspritze, die. Zeitschrift f. das deutsche Feuerlöschwesen. Organ des Landesverbandes sächs. Feuerwehren usw. Red.: Th. Kellerbauer. 26.—29. Jahrg. 1899—1902. à 52 Nrn. gr. 4. (à ca. 8 S.) Leipzig, F. A. Körner. à Jahrg. n. 6. —

Feuerspritze, die. Gegründet 1874 vom Landesausschusse sächs. Feuerwehren. Zeitschrift f. das deutsche Feuerlöschwesen. Amtliches Organ des Landesverbandes sächs. Feuerwehren usw. Red.: Th. Kellerbauer. 30.–33. Jahrg. 1903—1906. à 52 Nrn. (416, 420, 420 u. 416 S.) 4. Leipzig, F. A. Körner. à Jhrg. n. 6. —

Feuerspritze, die. Gegründet 1874 v. Landesausschusse sächs. Feuerwehren. Zeitschrift f. d. deutsche Feuerlöschwesen. Amtliches Organ d. Landesverbandes sächs. Feuerwehren usw. Red.: Th. Kellerbauer. 34—37. Jahrg. 1907—1910 à 52 Nrn. (à ca. 8 S.) 31,5×23 cm. Leipzig, F. A. Körner. à Jahrg. 7. —

Feuerspritze. Die F'. Sechseläutenblatt gegen bewusste und unbewusste Brandstiftung. Hrg. vom städtischen Verband der Zürcher Feuerwächter und der vereinigten Spritzen- und Flöchnermannschaft. Erste Sprützeprob' [= Jahrg. 1]. 23. April 1906. [Illustriert.] [4 S.] fol. (Zürich, Jacques Bollmann.) fr. —. 30

Feuerspritze, berliner. Löschblatt für brennende Fragen. Redig. von E. Kossak und fortgesetzt von R. Löwenstein. 1—4. Jahrg. 1853—56. à Jahrg. 52 Nrn. (Bog. mit eingedr. Holzschn.) gr. Fol. Berlin, Hofmann und Comp. à Jahrg. *

Feuerstack, Franc Gust. (geb. Wernigerode 19. 5. 1842) De carbunculo contagioso hominis. Berolini (1865). (31 S.) 8°
Berlin, Med. Diss. v. 20. März 1865

Feuerstack, Wilhelm

Feuerstack, W., die Entwicklung der rothen Blutkörperchen. Gefertigt im patholog. Institute zu Göttingen. Mit 6 (eingedr.) Holzschn. [Aus: „Ztschr. f. wissensch. Zool."] gr. 8. (29 S.) Leipzig 883. (Göttingen, Vandenhoeck & Ruprecht's Verl.) n. – 80

Feuerstack, Wilhelm, Ueber das Verhalten des Epithels der Lungenalveolen bei der fibrinösen Pneumonie. Mit 1 Taf. Preisgekrönte Abhandlg. Götting. (Dieterich [W. Fr. Kaestner]) 14. VI. 1882. 28 S. (4.—) 8754

Feuerstack, Wilh., über das Verhalten des Epithels der Lungenalveolen bei der fibrösen Pneumonie. Mit 1 (lith.) Taf. Eine von der medicin. Facultät in Göttingen bei der Preisvertheilung am 14. Juni 1882 gekrönte Abhandlung. gr. 4. (29 S.) Göttingen 882. Vandenhoeck & Ruprecht's Verl. n. 2. —

Feuerstahl, Ernst [Pseudon.] s. Schumacher, Philipp.

Feuerstahl, Ernst. Satyrische Pfeile Politische Flugschrift 1 [einziges] Heft. 8 Bern 1871

Feuerstake, Th., Inhalts-Register, s. Zeitschrift des königl. preussischen statistischen Bureaus.

Feuerstein, Die Gerberei in Wiesloch. Schriften d. Vereins f. Socialpolitik, Bd. 69. gr. 8°. Leipzig 1897.

Feuerstein Arnold: Tirol im Bilde kartographischer Entwicklung von den ältesten Zeiten bis zur ersten Spezialkarte.
1910 PN 3014 Diss. Wien, Univ. 2417

Feuerstein, Eduard, einfache Buchhaltung f. kleinere Fabrikbetriebe, zum Gebrauch an Handels- u. Gewerbeschulen, zugleich Handbuch für die Praxis. (Dr Ludw. Huberti's prakt. gewerbl. Bibliothek) gr. 8. (VI, 90 S.) Leipzig 902. H. Klasing. Geb. in Leinw. n. 2.40

— das Ganze der Fabriks-Buchhaltung nach dopp. u. amerikanischem System f. höhere Gewerbeschulen, höhere Textilschulen, höh. Handelsschulen, technische u. kaufmänn. Hochschulen, verwandte Lehranstalten u f. die Praxis. (Dr. Ludw. Huberti's mod. kaufmänn. Bibliothek.) gr 8. (VIII, 223 S.) Leipzig (902). Dr. L. Huberti. Geb. in Leinw. n. 2. 75

Feuerstein, F.C., s. Feurstein, F.C.

Feuerstein, F. C., 106 Choral-Melodieen nebst einem liturg. Anhang für die evangel. Schulen der saganer Diöcese zusammengestellt. gr. 8. (81 S.) Sagan 860, [Crüsemann.] *

Feuerstein, F. E., 106 Choral-Melodieen nebst einem liturgischen Anhang für die evangelischen Schulen der Saganer Diöcese zusammengestellt. Sagan 860. Julien. gr. 8. (31 S.) n. 2½ ngr.

— Lehrbuch der Kalligraphie, oder genaue und verständliche, aus zwei methodisch geordneten Schreibgängen bestehende Anleitung zur Erlangung einer schönen gefälligen Handschrift. Zum Gebrauch für Gymnasien, Real-, Gewerbe- und Elementarschulen, sowie zum Selbstunterricht. Mit 56 Taf. lith. Uebungen u. Vorschriften. Sagan 861. Crüsemann. gr. 8. (62 S.) n. 20 ngr.

—— methodisch geordneter Schreibgang der deutschen Currentschrift in 142 Uebungen und Vorschriften. 8. (28 lithogr. S.) Sagan 861, Crüsemann.

Feuerstein, F. E., methodisch geordneter Schreibgang der deutschen Courrentschrift in 142 Uebungen und Vorschriften. 2. Aufl. 8. (28 S.) Berlin 874, Gärtner. *

Feuerstein F E, meth.geordn.Schreibgang d.dtschen Kurrentschr. 2.A. (28 S) Berlin 1875

—— methodisch-geordneter Schreibgang der lateinischen Currentschrift in 285 Uebungen und Vorschriften. 8. (28 lithogr. S.) Sagan 861, Crüsemann. *

Feuerstein, Franz [aus Aulendorf]: Zur Lehre von der absoluten Muskelkraft. . . . Tübingen, E. Riecker's Buchdr., 1889; 1 Bl + 21 S. 8°

Tübingen, Med. Fak., Inaug.-Diss. v. 1889

Feuerstein, s. G. N. v. Nissen, Mozarts Biographie.

Feuerstein, Geo., häusliche Buchführung. gr. 4. (44 S.) Nebst: Merkbuch. schmal Fol. (47 S.) Bühl (900). (Landshut, M. J. Kummer.) Kart. u. geh. n.n. 1. —; Schülerheft. (14 u. 8 S.) n.n. — 35

Feuerstein, Georg, Taschenbüchlein für die Turner des Main-Neckar-Turngaues (gegr. 18. 4. 1884), 14. 10. 1894, 4. 10. 1896, 7. 3. 1897, Abelsheim 1898, 66 S., 1 Kart., Kl.-8°.

Feuerstein, Heinrich

Feuerstein, Hnr., Grundriß d. neuesten Handelsgeographie rc., mit e. Vorrede u. Einleitung v. T. F. Ehrmann, gr. 8. Eisenb. 805. Schöne. 1 ₰

Feuerstein J.: Die Freundschaft (nach Xenophons Memorabilien und Platons Lysis. 13. Krumau 79.
Progr.

Feuerstein, J. Die trigonometrisch bestimmten Höhen an der tirolisch-baierischen Landesgrenze (Aus den Jahrbüch. der k. k. geolog. Reichsanstalt.) Wien. 1858. 8.

Feuerstein, J[ohann]. Das Engadiner Haus. Nach Aufnahmen von J. F', Schuls. [Hrg. durch die] Bündnerische Vereinigung für Heimatschutz. II + 7 S. + 48 Tafeln. 8. Basel, Alf. Ditisheim, [1907]. [fr. 4. —]

Feuerstein, Johann Heinrich

— Diss. de epilepsia. 4. Götting. 792. Dieterich. 6 gr.

Feuerstein, J. H., die sensitiven Krankheiten, od. d. Krankheiten d. Nerven u. d. Geistes. M. 3 gedr. u. 2 lith. Beil. gr. 8. (27 B. incl. d. Beil.) Leipzig 828, (Herbig.)

Feuerstein, J. H., d. Dresdner Cursus, d. i. die Behufs d. Erlaubniß zur Ausübung d. Heilkunde in Sachsen zu bestehenden Prüfungen. 8. Weimar 827. (Eupel in Sonderh.) 5 gr.

Feuerstein, Joseph, Kaplan an der St. Servatiikirche in Münster: Die Anthropologie Tatians und der übrigen griechischen Apologeten des 2. Jahrhunderts mit einleitender Gottes- und Schöpfungslehre. Münster i. W. 1906: Westf. Vereinsdr. (98 S.) 8° ¶(Teil der Arbeit, die vollst. erscheint u. d. T.: Theologie der Apologeten des zweiten Jahrhunderts.)

Münster, Theol. Fak., Ref. Mausbach, Diss. v. 14. März 1906

[Geb. 5. Sept. 80 Dülmen i. W.; Wohnort: Münster; Staatsangeh.: Preußen; Vorbildung: Gymn. Thomäum Kempen, Rhein, Reife 00; Studium: Münster 7 S.; Rig. 5. März 06.]

Feuerstein, Leo, Splitter. Anh. zu: „Briefe e. Landarztes". 8. (32 S.) Wien 891. (Leipzig, Literar.-artist. Anstalt A. Schulze.) n. — 60

— große u. kleine Tages-Götzen u. Anderes. gr. 16. (111 S.) Ebd. 894. n. 2 —

Feuerstein, Mart., der hl. Kreuzweg. Nach den Kompositionen v. F. gr. 8. (14 Taf.) Mit e. Biographie des Künstlers u. erläut. Begleittexte v. Jos. Popp. (15 S.) Einsiedeln 899. Verlagsanstalt Benziger & Co. In Leinw.-Mappe n. 20. —

Feuerstein, Mich., Jünglinge. 12. (141 S.) Leipzig (902). H. Seemann Nachf. n. 2 —

Feuerstein, Salomon [aus Podgórze bei Krakau]: Der Commentar des Karäers Salmon ben Jerucham zu den Klageliedern. Zum ersten Male nach der Pariser Handschrift edirt, mit einer Einleitung und Anmerkungen versehen. Krakau 1898. 28,XLVIII S. 8°.

Bern. Phil. Diss. 1897/98.

Feuerstein, Th., Lesebuch f. gewerbliche Fortbildungsschulen, s.: Mitzka, G.

Feuertaktik, moderne. gr. 8. (VII, 57 S.) Berlin 880, Mittler und Sohn. *

Feuertaktik, moderne, v. A. B. C. 1. u. 2. Heft. (VIII, 94 S. u. IV u. S. 97—211 m. Fig.) gr. 8. Prag 908. 10. C. Bellmann. 7.20 (1: 3.20; 2: 4. —)

Die **Feuertaufe** von Weißenburg (Dresden: Dresdner Roman-Verl. [1906].) 32 S. 8° [Umschlagt.]

(Der Krieg Bd 27) [06. 18613]

Feuerung, von d., mit Steinkohlen. 8. Prag 800. Diesbach. 6 gr.

Die wirthschaftliche *Feuerung* . Wien 1794. 76 S. 2 Tvl.
(Indb. m. Cointereaux: Praktischer Lehrbegriff). 370.

— d. wirthschaftl., oder krit. Untersuchung d. Heizung, die man von den französ. Kaminen u. deutschen Stubenofen erhält rc. Mit Kpf. gr. 8. Wien 794. Blumauer. 1 ₰ 6 gr (vergl. Lehrbegriff d. Baukunst auf d. Lande. Anhang.)

Feuerungs-Materialien-Etat f. Kasernen u. Wachen. München 1877

Feuerungsuntersuchungen des Vereins f. Feuerungsbetrieb u. Rauchbekämpfung in Hamburg, durchgeführt unter der Leitg. des Vereinsoberingenieurs u. Berichterstatters F. Haier. Mit 30 Zahlentaf., 85 Textfig. u. 14 lith. Taf. (X, 92 S.) Lex.-8. Berlin 906. J. Springer. Geb. in Leinw. n. 12. —

Feuer- u. Metallvergolder, der, od. Anweis., nach d. neuesten engl. u. franz. Methoden Metalle aller Art, insbesond. Galanteriewaaren, schön u. dauerhaft zu vergolden u. zu versilbern. Nebst Belehrn., betreff. d. Färbung d. Goldes, d. Verbindungen dess., rc. 8. (3 B.) Quedlinburg 832, Basse.

Feuer-Verhütungs-Ordnung für die Stadt Königsberg betr. d. Verkehr mit Schießpulver, über d. Lagerung von Petroleum, Spiritus, Teer ... (Publ. in No 116 d. Ostpr. Zeitung v. 28. April 1905.) Königsberg i. Pr. 1905: Ostpr. Dr. (28 S.) 8° [F.] [05. 15384] 10

Feuer-Verhütungs- und Löschordnung für die reichseigenen Post- und Telegraphendienstgebäude in Königsberg (Pr.), Poststraße 14/15 u. Gesekusplatz. *Königsberg i. Pr.: Ostpr. Dr. u. Verlagsanst. 1904.* (20 S.) 8° [Umschlagt. F.] [04. 14046] 10

Feuerversicherung, die. Unabhängige Zeitschrift f. Feuerversicherungs-Technik u. -Recht, f. Feuerschutz- u. Feuerlöschwesen. Offizielles Organ des deutschen Feuerversicherungs-Schutzverbandes. Hrsg.: Otto Prange. 1. Jahrg. 1903. 12 Nrn. (112 S.) gr. 4. Berlin (W. 15 Pariserstr. 4), Geschäftsstelle. n. 6. —
Fortsetzung u. d. T.:

— u. **Feuerschutz.** Zeitschrift f. Versicherungstechnik u. Versicherungsrecht, f. Feuerschutz, Feuerlöschwesen u. Unfallverhütg. Organ des deutschen Versicherungs-Schutzverbandes, E. V., Berlin u. des Vereins f. Feuerschutz u. Feuerlöschwesen zu Berlin. Hrsg.: Otto Prange. 2.—4. Jahrg. 1904—1906. à 12 Nrn. (248, 250 u. 240 S.) 4. Ebd. à Jhrg. n. 8. —

Feuerversicherung u. Feuerschutz. Zeitschrift. f. Versicherungstechnik u. Versicherungsrecht, f. Feuerschutz, Feuerlöschwesen u. Unfallverhütg. Organ d. deutsch. Versichergs.-Schutzverbds., E. V., Berlin u. d. Vereins f. Feuerschutz u. Feuerlöschwesen zu Berlin. Hrsg.: Otto Prange. 5. Jahrg. 1907. 12 Nrn. (238 S.) 31×23 cm. Berlin (W. 30, Viktoria-Luise-Platz 10), Geschäftsstelle d. Versicherungs-Praxis. 8. —
Fortsetzg., s.: Versicherungspraxis, die.

Feuer-Versicherungs-Anstalt, die dresdener, und die sächsische Hypotheken-Versicherungs-Anstalt. Ein Beitrag zur Beurtheilung zweier Versicherungs-Gesellschaften. gr. 8. (81 S.) München 861, Palm's Hofbuchh. *

Die Leipziger Feuer-Versicherungs-Anstalt in Leipzig. Ihre Gründung u. Entwickelung. 1819—1900. — Leipzig [1901]: Giesecke & Devrient. VIII, 87 S. 4°

Feuer- u. Brandversicherungs-Anstalten für Schwaben. gr. Fol. Ulm, Ebner. 12 ℳ

Aachener und Münchener Feuer-Versicherungs-Gesellschaft 1825—1900. Denkschrift zur Jubelfeier des 75jährigen Bestehens der Gesellschaft. Aachen.

„Aachener und Münchener Feuerversicherungs-Gesellschaft, errichtet am 17. August 1825", Aachen. — Vorh.: Com. Bibl. Hamburg.

Feuerversicherungs-Gesellschaft, die Dresdener, u. der Director Hartmann. Frankfurt a. M. 865. Baist in Comm. gr. 8. (32 S.) 3 ngr.

Hamburg-Bremer Feuerversicherungs-Gesellschaft zu Hamburg. Zur Erinnerung an die ersten 50 Jahre ihres Bestehens. Hamburg 1905.

„Kölnische Feuer-Versicherungs-Gesellschaft, concessionirt am 5. März 1839" (Köln 1839). — Vorh.: Com. Bibl. Hamburg.

Magdeburger **Feuerversicherungs - Gesellschaft.** Die aus dem Dresdener Hoftheater-Brande entstandenen Processe gegen die Magdeburger Feuerversicherungs-Gesellschaft. Magdeburg (1872).

Feuerversicherungs-Kalender für 1883. Hrsg. v. R. Herold. 16. (111 S.) Magdeburg, Rathke. geb. 3. -

Feuerversicherungs-Kalender, deutscher, f. d. J. 1910. Hrsg.: W. Schaefer. 1. Jahrg. (XII, 400 S. u. Schreibkalender.) kl. 8. Hannover, C. Brandes. Geb. in Leinw. 6. 50; in Ldr. 8. —

Feuerversicherungs-Kalender, deutscher, f. d. J. 1911. Hrsg.: Wilh. Schaefer. 2. Jahrg. (XIV, 336 S. u. Schreibkalender.) kl. 8. Hannover, C. Brandes. Geb. in Leinw. 6. 50

Bergische Feuer-Versicherungs-Sozietät vom 26. Sept. 1801.

Der Feuerversicherungs-Vertrag und seine Auslegung. Ratgeber für Versicherte, Brandbeschädigte, Hypothekengläubiger und Mieter Kronenberg 1871.

Feuerversicherungswesen, das, im Königreiche Bayern nach den neuesten gesetzlichen und verordnungsmäßigen Bestimmungen. Hierzu als Anhang: Die allgemeine Feuerordnung vom 30 März 1791, und die Vorschriften der Feuerbeschau ꝛc. mit Anmerkungen über deren Anwendung und jetzige Gestaltung. Nebst Inhaltsverzeichniß, Haupt-Uebersicht u. Sachregister. 853. (2 Bl., 248, XX S.) n. 16 ngr. — 3. Aufl. Vervollständigt bis zum Schluß der ersten Hälfte des Jahres 1854. München 854. Franz. gr. 16. (IX, XX, 324 S.) 22 ngr.
Hieraus abgedruckt:

Feuerversicherungswesen, das, im Königreich Bayern ꝛc. Supplement zum 1. und 2. Abdr. enth. die neueren, bis zum Schlusse der ersten Jahreshälfte 1854 erschienenen generalisirten Ministerial-Entschließungen und Regierungs-Ausschreiben. gr. 16. (IX und S. 249—324.) Ebds. 854.

Feuerversicherungswesen, das, im Königr. Bayern nach den neuesten gesetzlichen und verordnungsmäßigen Bestimmungen. Hiezu als Anhang: Die allgemeine Feuerordnung vom 30. März 1791, und die Vorschriften der Feuerbeschau ꝛc. mit Anmerkungen über deren Anwendung und jetzige Gestaltung. Nebst Inhaltsverzeichniß, Haupt-Uebersicht und Sachregister. 4. Aufl. Vervollständigt bis zum Schluß des J. 1858. gr. 16. (XXXVIII und 456 S.) München 859, Franz. Thlr.

— — Supplement zur 3. Aufl. enth. die neueren, vom Juni 1854 bis zum Schlusse des Jahres 1858 erschienenen generalisirten Ministerial-Entschließungen u. Regierungs-Ausschreiben. Ebend. 859. 16. (XIX, 132 S.) 18 ngr.

Feuer-Versicherungswesen, das, nach Preuß. Rechte. Zusammenstellung der hierauf bezügl. Gesetze u. administrativen Verordnungen zum prakt. Gebrauche. Hrsg. v. H. Gräff. gr. 8. (VIII u. 60 S.) Breslau 849, G. P. Aderholz. — 2. durch die seit dem Erscheinen der Schrift ergang. Verordngn. u. Entscheidgn. verm. Ausg. gr. 8. (VIII u. 68 S.) Ebd. 852. 12 ngr.

Feuerwaffen, die, nach dem J. 1866. Uebersicht der neuesten Erfindungen und Fortschritte auf diesem Gebiete, unter vorzugsweiser Berücksichtigung der gegenwärtig bei den europäischen Heeren bestehenden Geschütze und Gewehre. Vom heut. Standpunkte aus dargestellt durch H. W. Lex.-8. (IV, 40 S. mit über 40 in den Text gedr. Orig.-Holzschn.) Leipzig 870, Spamer. *
Aus: Populäre Waffenkunde, besonders abgedruckt.

Feuerwaffen, die neuesten gezogenen, der europäischen Kriegsheere in den wichtigsten Modellen gemeinfaßl. dargestellt. Nebst techn. Betrachtungen über das nationale Schützenwesen von einem Offizier des deutschen Bundesheeres. br. 8. (IV und 44 S., illustrirt durch 31 eingedr. Holzschn.) Leipzig 863, Spamer. *
Aus: Buch der Erfindungen, besonders abgedruckt.

Peabodys von hinten zu ladende Feuerwaffen, für die Infanterie u. Kavallerie, sowie für Jagdliebhaber. New-York 1866. 12 S.

— s. Schießpulver und Feuerwaffen.

Feuerwehr, Der, Stets Preis und Ehr! Lustspiel in 3 Akten von O. L. Frankenburg 1885. V: *Levin, Otto.* (Grethlein, Allgem. dtsch. Theater-Katalog. 2. A. Münster 1904) (Hdschr. Mitth. von Friedrich Müller, München.)

Feuerwehr, der, stets Preis und Ehr! Lustspiel in 3 Akten von O. L. 8. (II, 36 S.) Frankenberg 885, Roßberg. *

Feuerwehr-Bibliothek, deutsche. 1. und 2. Heft. gr. 16. Stuttgart Kitzinger.
Inhalt:
Heft 1. Die Feuerwehr in Landstädten und Dorfschaften. Organisirt und formirt nach dem Feuerwehrprincipe von Carl Röhlig. (IX, 119 S.) 869. ℳ 1,25.
2. Aus der Praxis. Taktische Manöver der Danziger Feuerwehr bei Bekämpfung größerer Brände in der Stadt und Umgegend. Von R. Schumann. 1. Bd. 1864—1868. (XII, 98 S.) 868. ℳ 1,20.

Feuerwehr-Bibliothek, deutsche. 3. und 4. Heft. gr. 16. Stuttgart, Kitzinger. *
Inhalt:
Heft 3. Fischer-Treuenfeld, R. v., Feuer-Telegraphen. Vortrag, gehalten in der Gesellschaft der Telegraphen-Ingenieure in London am 28. Febr. 1877. Aus dem Engl. übers. von G. und F. Kitzinger. (70 S. mit 6 eingedr. Holzschn. und 3 lithogr. Plänen, Tab. ꝛc.) 877. *ℳ 1,80.
Heft 4. Kapff, F. G., Illustrirte Feuerlösch-Regeln für Jedermann. Ein Noth- und Hilfsbüchlein in und gegen Feuersgefahr insbesondere für Bezirks-Beamte, Gemeinde- und Polizei-Behörden ꝛc. ꝛc. 4. gänzlich umgearb. Aufl. hrsg. von mehreren Fachmännern. (XIII, 336 S. mit 125 in den Text gedr. erläut. Holzschn.) 878. *ℳ 2,80.
1. und 2. Heft. Ebendas. 1868,69. ℳ 2,45.

Feuerwehren, die, ein Wort für vernunftgemäße Bekämpfung der Feuersbrunst. Von Isid. F.**** gr. 8. (23 S.) Braunschweig 863, (Bruhn.) *

Feuerwehren, Oesterreich's, in Graz. Zur Erinnerung an die Festtage vom 28., 29. und 30. Juni 1872. 1. und 2. Aufl. gr. 8. (31 S.) Graz 872, Verlag „Leykam-Josefsthal". *

Feuerwehr-Handbuch, hessisches, hrsg. v. Bundesaussch. hess. Feuerwehren. 2. verb. Aufl. (167 S. m. Abb.) 8. Gießen 908. Verlag d. hess. Feuerwehrzeitg. Geb. in Leinw. 1. 50

Feuerwehr-Instruktions-Buch f.: Instruktionsbuch f. d. württbg Feuerwehren.

Feuerwehr-Kalender, deutscher, 1877. Hrsg. v. Jul. Schmidt. 8. (103 S.) Löbau, (Oliva.) n. — 50

—— dass. — 1877 und 1878. (1. und 2. Jahrg.) Hrsg. von Jul. Schmidt. 8. (à Jahrg. 103 S.) Löbau, (Oliva's Buchh.) à Jahrg. *
Nicht weiter erschienen.

Feuerwehr-Kalender, deutscher, für die J. 1877—1879. 1.—3. Jahrg. 16. (66; 62; 64 S.) München, (Franz'sche Buchh.) cart. à Jahrg. ** 70 Pf.; geb. à **

Feuerwehr-Kalender, deutscher, für die J. 1880—1885. 4.—9. Jahrg. 16. (54; 54; 58; 58; 56; 58 S.) München, (Franz'sche Buchh.) geb. à Jahrg. **

—— deutscher, für die J. 1886—1889. 10.—13. Jahrg. 16. (à Jahrg. 70 S.) München, (Franz' Verlag.) geb. à Jahrg. **

Feuerwehr-Kalender, deutscher, f. d. J. 1890—1893. 14.—17. Jahrg. 16. (68; 68; 72; 80 S.) Münch., (G. Franz' Verlag.) geb. in Leinw. à Jahrg. ** 1 —

— deutscher, f. d. J. 1894. 18. Jahrg. 16. (88 S.) München, Ph. L. Jung. Geb. in Leinw. n.n. 1. 10

— deutscher, f. d. J. 1899. 23. Jahrg. gr. 16. (96 S.) München, Ph. L. Jung. Geb. in Leinw. n. 1. —

Feuerwehr-Kalender, deutscher, f. d. J. 1900. 24. Jahrg. gr. 16. (96 S.) München, Ph. L. Jung. Geb. in Leinw. 1. —

— deutscher, f. d. J. 1903. 27. Jahrg. gr. 16. (104 S.) München, Ph. L. Jung. Geb. in Leinw. n. 1. —

— deutscher, f. d. J. 1906. 30. Jahrg. (112 S.) 16. München, Ph. L. Jung. Geb. in Leinw. n. 1. —

— deutscher, f. d. J. 1911. 35. Jahrg. (128 S. m. Abbildgn.) 16. München, Ph. L. Jung. Geb. in Leinw. 1.—; in Ldr. 1. 70

Feuerwehr-Kalender, oesterreichischer, für 1874. 1. Jahrg. Redig. von Rainer Hosch. 16. (250 S.) Wien, Fromme. *

—— oesterreichischer, für die J. 1875—1879. 2.—6. Jahrg. Redig. von Rainer Hosch. 16. (VIII, 181; 106; VIII, 183; 107; VIII, 193 S.) Wien, Fromme. à Jahrg. *

—— dass. — für das Schaltj. 1880. 7. Jahrg. Redig. von Rud. M. Rohrer. 16. (VIII, 157 S.) Ebendas. *

—— österreichischer, für die J. 1881—1885. 8.—12. Jahrg. Redig. von Rud. M. Rohrer. 16. (VIII, 170; 173; VIII, 169; IV, 184; IV, 169 S.) Wien, Fromme. geb. à Jahrg.

—— Fromme's österreichischer, für 1886—1889. 13.—16. Jahrg. Redig. von Rud. M. Rohrer. 16. (IV, 176; IV, 196; IV, 205; IV, 216 S.) Wien, Fromme. geb. à Jahrg.

—— Fromme's österreichischer, f. 1890—1893. 17.—20. Jahrg. Redig. v. Rud. M. Rohrer. 16. (IV, 206; IV, 245; IV, 273; IV, 304 S.) Wien, Fromme. geb. in Leinw. à Jahrg. 2 —

— Fromme's österreich.-ungarischer, f. d. Jahr 1890. 17. Jahrg. Red. v. R. M. Rohrer. 16. (IV, 206 S.) Wien, Fromme. geb. in Leinw. n. 2. —

— Fromme's österreichischer, f. 1894. 21. Jahrg. Red. v. Rud. M. Rohrer. 16. (IV, 321 S.) Wien, C. Fromme. Geb. in Leinw. n. 2. —

Feuerwehr-Kalender, Fromme's österr., für 1895. XXII. Jahrg. Redigirt von Rudolf M. Rohrer. 16. (300 S.) In Lnwd. geb. 1.—
Wien: Fromme 1894.

Feuerwehr-Kalender, Fromme's österr., für 1896. XXIII Jahrg. Redigirt von Rudolf M. Rohrer. 16. (300 S.) In Lnwd. geb. 1.—
Wien: Fromme 1895.

Feuerwehr-Kalender, Fromme's österr, für 1897. XXIV. Jahrg. Redigirt von Rudolf M. Rohrer. 16. (288 S.) In Lnwd. geb. 1.—
Wien: Fromme 1896.

— Fromme's österreichischer, f. 1898. 25. Jahrg. Red. v. Rud. M. Rohrer. 16 (IV, 300 S.) Wien, C. Fromme. Geb. in Leinw. n. 2. —

— Fromme's österreichischer, f. 1900. 27. Jahrg. Red. v. Rud. M. Rohrer. gr. 16 (IV, 308 S.) Wien, C. Fromme. Geb. in Leinw. n. 2. —
Fortsetzung s.: Fromme.

— preußischer, 1910. 4. Jahrg. Hrsg. unter Mitarbeit v. Krameyer. Nebst Beilage: Die Regelg. d. Feuerlöschwesens in d. einz. Provinzen. (168, 29 u. 136 S. m. Abbildgn. u. 2 Bildnistaf.) 16. Leipzig, F. A. Körner. Kart. u. geh. nn 1.20: bessere Ausg. nn 1. 60

Feuerwehr-Kalender f. das Deutsche Reich, s. a. Bandau's, Geo., Feuerwehr-Kalender.

Feuerwehr-Kalender für das Deutsche Reich auf das J. 1885. Hrsg. von W. Doehring. 16. (93 S.) Leipzig, Leiner. geb. *

—— dass. — auf das J. 1886. 2. Jahrg. Hrsg. von W. Doehring. gr. 16. (V, 182 S. mit 10 Illustr.) Ebendas. geb. *

—— auf das J. 1887. 3. Jahrg. Hrsg. von W. Doehring. gr. 16. (IV, 142 S. mit 22 Illustr.) Ebendas.
Commandeur-Ausg. in Leder **
Chargirten-Ausg. in Calico **
Mannschafts-Ausg. in Leinw.-Rücken **

—— auf das J. 1888. 4. Jahrg. Hrsg. von W. Doehring. gr. 16. (VII, 192 S. mit 30 Illustr.) Ebendas. geb. **
5. Jahrg., s. Doehring's Feuerwehr-Kalender.

Feuerwehr-Kalender für das Deutsche Reich auf d. J. 1891. VII. Jahrg. Mit 11 Abbildgn. 2 Thle. 16. (72 S., Schreibkalender u. 66 S.) Leipzig, Leiner. cart. u. geh. n. — 80; in Leinw. geb. u. geh. n. 1. 20; in Ldr. geb. u. geh. n. 2. —

—— für das Deutsche Reich auf d. J. 1893. IX. Jahrg. Redig. v. Geo. Bandau. 16. (120 S. u. Schreibkalender m. 38 Abbildgn.) Lpz., Leiner. cart. * — 80; geb. in Leinw. * 1 20; in Ldr. * 2 —
Erscheint jährlich. — Vgl.: Doehring.

—— sächsischer, für 1880. (1. Jahrg.) Hrsg. von H. Ulrich. Redig. von Heinr. Bergmann. 16. (103 S.) Leisnig, Ulrich. cart. * 50 Pf.; geb. in Leinw.

—— sächsischer, für 1881. Unter Mitwirkung von Kellerbauer und Bergmann hrsg. von H. Ulrich. 2. Jahrg. 16. (IV, 99 S. mit Holzschn.-Portr.) Leisnig, Ulrich. cart. * geb. in Leinw.

—— dass. — für 1882—1885. 3.—6. Jahrg. 16. (IV, 99; IV, 105; 105; IV, 103 S.) Ebendas. cart. à Jahrg. * geb. in Leinw. à Jahrg. *

Feuerwehr-Kalender, sächsischer, für 1886—1888. 7.—9. Jahrg. 16. (IV, 103; IV, 109; 109 S. mit je 1 Bild.) Leisnig, Ulrich. cart. à Jahrg. * 50 Pf.; geb. *

—— sächsischer, für 1890—1893. Hrsg. v. Herrm. Ulrich. 11.—14. Jahrg. 16. (à Jahrg. ca. 100 S. m. 1 Portr. u. Notizkalender.) Leisnig, Ulrich. à Jahrg. cart. * — 50; geb. — 80

— sächsischer, f. 1894. Hrsg. v. Herm. Ulrich. 15. Jahrg. 16. (IV, 110 S. m. Bildnis.) Leisnig, H. Ulrich. Kart. n. — 50; geb. n. — 80

— sächsischer, f. 1899. Hrsg. v. Herm. Ulrich. 20. Jahrg. 16. (IV, 116 S. m. Fig., 1 Taf. u. 1 Bildn.) Leisnig, H. Ulrich. Kart. n. — 50; geb. in Leinw. n. — 80

— sächsischer, f. 1903. 24. Jahrg. 16. (IV, 104 S. m. 1 Bildnis.) Leisnig, H. Ulrich. Kart. n.n. — 50; geb. in Leinw. m. Goldschn. n.n. — 80

Feuerwehr-Kalender, sächsischer, f. 1906. 27. Jahrg. (140 S. 16. Leipzig, F. A. Körner. Kart. —. 60; geb. in Leinw. 1. —

— sächsischer, f. 1910. 31. Jahrg. (158 u. 19 S. m. Abbildgn. u. 1 Bildnistaf.) 16. Leipzig, F. A. Körner. Kart. nn — 80; geb. in Leinw. nn 1. 10

Feuerwehrkalender

—— württembergischer, auf das J. 1889. 4. (80 S. mit Illustr. und 1 Taf.) Stuttgart, Kohlhammer. *

—— württembergischer, auf d. J. 1890—1893. 4. (à Jahrg. ca. 75 S. m. Illustr.) Stuttg., Kohlhammer. à Jahrg. * — 25

— württembergischer, auf d. J. 1895. Mit dem monatl. u. alphabet. Marktverzeichnis u. der Zeitgleichg. nach dem amtl Kalender. 4. (77 S. m. Abbildgn.) Stuttgart, W. Kohlhammer. n. — 25

— württembergischer, auf d. J. 1899. M. d. monatl. u. alphabet. Marktverzeichn. u. d. Zeitgleichg. n. d. amtl. Kalender. 4. (77 S. m. Abb. u. 1 Taf.) Stuttgart, W. Kohlhammer. n. — 25

— württembergischer, auf d. J. 1903. Mit dem monatl. u. alphabet. Marktverzeichnis u. der Zeitgleichg. nach dem amtl. Kalender. 4. (85 S. m. Abbildgn. u. 1 Taf.) Stuttgart, W. Kohlhammer. n. — 25

— württembergischer, auf d. J. 1907. Mit dem monatl. u. alphabet. Marktverzeichnis u. der Zeitgleichg. nach dem amtl. Kalender. (91 S. m. Abbildgn. u. 1 Taf.) gr. 8. Stuttgart, W. Kohlhammer. n. — 25

— württembergischer auf d. J. 1911. Mit d. monatl. u. alphabet. Marktverzeichnis u. d. Zeitgleichg. nach dem amtl. Kalender. (81 S. m. Abb., 1 eingedr. Karte u. 1 Taf.) gr. 8. Stuttgart, W. Kohlhammer. — 25

Feuerwehr-Kamerad. Monatsschrift f. Feuerwehrkreise. Schriftleitung: Ph. L. Jung. 1. Jahrg. 1894 12 Nrn. (½ Bog. m. Bildern.) gr. 8. München, Ph. L. Jung. 1. 20

Feuerwehr-Kamerad. Monatsschrift f. Feuerwehrkreise. 2. u. 3. Jahrg. 1895—1896. à 12 Nrn. (à ca. 8 S. m. Abb.) gr. 8. München, Ph. L. Jung. à Jahrg. 1. 20
Weiter nicht erschienen.

Feuerwehr-Kamerad, Der, Kalender auf das Jahr 1897 zur Unterhaltung und Belehrung dem Wehrmanne, seiner Familie und allen Freunden der Feuerwehr. 4. (126 S.) —.45, cart. —.50
Winterberg: Steinbrener 1896.

Feuerwehr-Kamerad, Der, Kalender auf das Jahr 1898 zur Unterhaltung und Belehrung dem Wehrmanne, seiner Familie und allen Freunden der Feuerwehr. 4. (127 S.) —.45, cart. —.50
Winterberg: Steinbrener 1897.

— der. Kalender auf d. J. 1899. Zur Unterhaltg. u. Belehrg. d. Wehrmanne, s. Familie u. allen Freunden d. Feuerwehr. 4. (112 u. 16 S. m. Abb., 3 Taf. u. Wandkal.) Winterberg, J. Steinbrener. n. — 60

(F) Der Feuerwehr-Kamerad. Kalender für das Jahr 1900. Zur Unterhaltung und Belehrung dem Wehrmanne, seiner Familie und allen Freunden der Feuerwehr. Winterberg. Steinbrener. Gr.-8°. 127, IV, XVI S. mit 2 Tafeln. K —.90, geb. K 1.—

(F) Der Feuerwehrkamerad. Kalender für das Jahr 1905. Gr.-8°. (141 S.) Ebda. 1904 K —.90, geb. K 1.—

(F) Der Feuerwehrkamerad. Kalender für das Jahr 1906. Gr.-8°. (142 S.) Ebda. 1905 K —.90, kart. K 1.—

Feuerwehr-Kamerad, der. Kalender f. d. J. 1907. Zur Unterhaltg. u. Belehrg. dem Wehrmanne, seiner Familie u. allen Freunden der Feuerwehr. 12. Jahrg. (144, XVI u. XVI S. m. Abbildgn. u. 3 Taf.) gr. 8. Winterberg, J. Steinbrener. n. — 70; geb. n. — 80

(F) Der Feuerwehrkamerad. Kalender für das Jahr 1908. Ebda. 1907. K —.90, geb. K 1.—

Feuerwehr-Kamerad, der. Kalend. f. d. J. 1911. Zur Unterhaltg. u. Belehrg. dem Wehrmanne, seiner Familie u. allen Freunden der Feuerwehr. 16. Jahrg. (136, 20 u. II S. m. Abb., 3 [2 farb.] Taf. u. Wandkalender.) gr. 8. Winterberg, J. Steinbrener. — 70

Feuerwehrlieder. 16. (48 S.) Leipzig 860, Magazin für Literatur. * *

Feuerwehrliederbuch, s. Universal-Bibliothek Nr. 2995.

Feuerwehr-Liederbuch. 16. (64 S.) München 875, (Franz'sche Buchh.) cart. *

[F.] Feuerwehr-Liederbuch. E. Sammlg d. neuesten u. beliebtesten Feuerwehrlieder. *Mülheim a. d. R.: J. Bagel [1893].* (128 S.) 1 Bd 8. 94.677

— 4. Aufl. 16. (68 S.) München 893. Ph. L. Jung. In Leinw. kart. n. — 80

Feuerwehr-Liederbuch. 5. Aufl. gr. 16. (70 S.) München 898. (Ph. L. Jung.) n.n. — 30

Feuerwehr-Liederbuch. 6. Aufl. (70 S.) 16. München (908). Ph. L. Jung. Kart. p — 30

Feuerwehr-Liederbuch, Deutsch-österreichisches. Allen Feuerwehrkameraden gewidmet von Albin Matschnig. Klgft., Leon, 1870. Duodez. 131 S.

Feuerwehr-Lieder-Sammlung, s. Poppen, C.

Feuerwehr-Lieder-Sammlung, hrsg. v. C. Poppen, 1., u. 2. verm. u. verb. Ausg., Freiburg i. Breisgau, 16°.

Feuerwehr-Lieder-Sammlung. Hrsg. von C. Poppen. 32. (128 S.) Freiburg im Br. 863, (Troemer's Buchh.) *

Feuerwehrmann, der. Wochenschrift für Feuerlöschwesen. Organ des rheinisch-westfäl. Feuerwehr-Verbandes. Redact.: H. Barkow. 1. Jahrg. 1883. 52 Nrn. (à Nr. ¼ Bog.) hoch 4. Barmen, (Staats.) *

Feuerwehrmann, der. Wochenschrift f. Feuerlöschwesen. Organ d. rheinisch-westfäl. Feuerwehr-Verbandes. Red.: H. Barkow. 2—4. Jahrg. 1884—1886. à 52 Nrn. (¾ B.) hoch. 4. Barmen, (Inderau). à Jahrg. n. 4. —

Feuerwehrmann, der. Wochenschrift f. Feuerlöschwesen. Organ d. rheinisch-westfäl. Feuerwehr-Verbandes rc. Red.: H. Barkow. 5.—8. Jahrg. 1887—1890. à 52 Nrn. (B.) hoch 4. Barmen, (Inderau). à Jahrg. n. 4. —

Feuerwehrmann, der. Wochenschrift f. Feuerlöschwesen. Organ d. Feuerwehr-Verbandes der Rheinprovinz rc. Red.: H. Barkow. 9.—12. Jahrg. 1891—1894. à 52 Nrn. (Bog.) Fol. Barmen, (H. Inderau Nachf.). à Jahrg. n. 4. —

Feuerwehrmann, der fidele. 38 wirksame Vorträge, Solo- u. Duoscenen, Gesänge, Deklamationen, Toaste u. heitere theatral. Aufführungen f. Feuerwehr-Vereine. (80 S.) 8. Mühlhausen i/Th. (909). G. Danner. — 60

— der norddeutsche. Officielles Organ d. preuss. Landesfeuerwehrverbandes, d. Feuerwehr-Verbandes der Prov. Sachsen etc. Hrsg. u. red. v. Frdr. Lenz. 1. Jahrg. Mai—Decbr. 1883. 16 Nrn. (B.) Imp.-4. Danzig. (Berlin, Lenz.) n. 3. 50

— dasselbe. 2. u. 3. Jahrg. 1884 u. 1885. à 24 Nrn. (B.) Imp.-4. Ebend. à Jahrg. n. 6. —

—— der norddeutsche. Officielles Organ des preuss. Landesfeuerwehrverbandes, des Feuerwehr-Verbandes der Provinz Sachsen etc. Hrsg. und redig. von Friedr. Lenz. 3.—6. Jahrg. 1885—1888. à Jahrg. 24 Nrn. (Bog.) Imp.-4. [Landsberg a. W.] Danzig. (Berlin, Lenz.) à Jahrg. **

—— der norddeutsche. Officielles Organ d. preuss. Landesfeuerwehrverbandes etc. Hrsg. u. redig. v. Friedr. Lenz. 7.—10. Jahrg. 1889—92. à Jahrg. 24 Nrn. (Bog.) Imp.-4. Danzig, Verlagsbuchh. d. „Norddeutschen Feuerwehrmann". à Jahrg. ** 5 —

— der norddeutsche. Organ zahlreicher deutscher Landes- etc. Feuerwehrverbände. Hrsg. u. red. v. Frdr. Lenz. 9.—12. Jahrg. 1891—1894. à 24 Nrn. (Bog.) Imp.-4. Danzig, Lenz' Selbstverl. à Jahrg. n.n. 5. —

Feuerwehrmann, der norddeutsche. Organ zahlr. deutscher Landes- etc. Feuerwehrverbände. Hrsg. u. red. v. Frdr. Lenz. 13.—16. Jahrg. 1895—1898. à 24 Nrn. (Bog. m. Abb.) Imp.-4. Langfuhr b/Danzig, Lenz' Selbstverl. à Jahrg. postfrei n.n. 5. 05

Feuerwehr-Nachrichten, s.: Archiv u. Centralblatt f. Feuerschutz u. s. w.

Zivilgemeinde Feuerthalen. Feuerwehr-Ordnung. (1901 Dezember 21/1902 Mai 2.) 22 S. 8. [Schaffhausen, H. Meier & Cie.]

Feuerwehr-Portraits-Gallerie. Bildnisse berühmter und sich um das Feuerlöschwesen verdient gemacht habender Männer. 1. Lfg. Fol. (4 Holzschntaf.) Stuttgart 879, Kitzinger. *

Feuerwehr-Rechenknecht. 12. (42 S.) Ebd. 892. ** — 50

Feuerwehr-Reglement der Gemeinde Aarau, vom 18. Mai 1888. Kl. in-4°, 14 S.

Gemeinde Bremgarten. Feuerwehr-Reglement. (1902 Dezember 16/1903 Februar 14.) II + 19 S. 8. [Bremgarten,] Weissenbach, 1903.

Feuerwehr-Rundschau. Verbands-Organ des Feuerwehr-Verbandes der Prov. Sachsen usw. Red.: H. Ahrens. 1.—4. Jahrg. 1903—1906. à 24 Nrn. (à ca. 8 S.) 4. Leipzig, F. A. Körner. à Jhrg. n. 4. —

Feuerwehr-Rundschau. Verbands-Organ des Feuerwehr-Verbandes der Prov. Sachsen usw. Red.: H. Ahrens. 5—8. Jhrg. 1907—1910 à 24 Nrn. (à ca. 8 S.) 31×23 cm. Leipzig, F. A. Körner. à Jahrg. 5. —

Feuerwehr-Signale, allgemeine. gr. 8. (1 Bl.) Stuttgart 878. Kitzinger. n. — 10

Feuerwehrtag, 12. deutscher, in Salzburg am 7., 8. und 9. Septbr. 1883. gr. 4. (12 S.) Salzburg 883, (Kerber.) *

Feuerwehr-Unterhaltungen. 12. (41 S.) München 897. Ph. L. Jung. n. — 80

Im Feuerwehr- und Schützenverein. *Mühlhausen i. Th.: G. Danner [1901].* (90 S.) 8° [J.]
— Buch d. Reden. Bd 10. (ca. ...) 3

Feuerwehrwesen, das Churer, in älterer u. neuerer Zeit (Von Fritz Jecklin u. Fl. Sprecher.) gr. 8. (38 S. m. 1 Lichtdr.-Taf.) Chur 901. (Hitz Nachf.) n. — 70

Feuerwehr-Wochenblatt. Zeitung f. das gesammte Feuerlösch- u. Rettungswesen. Hrsg. unter Mitwirkg. bewährter Fachmänner. 1. u. 2. Jahrg. 1891. 1892. à 52 Nrn. (à ca. 1 Bog.) Ausg. A. gr. 4. Berlin, G. Klemm. n. 6. —; Ausg. B. auf stärkerem Pap. n. 9. —
Ausg. B. erschien nicht weiter.

— dasselbe. 3. Jahrg. 1893. 52 Nrn. (à ca. 1 Bog.) gr. 4. Berlin, G. Gradenwitz. n. 6. —

Feuerwehrzeitung, badische. Organ des bad. Landes-Feuerwehrvereins. Redact.: L. Theilmann. 1. Jahrg. 1877. 12 Nrn. (Bog.) Fol. Pforzheim, (Riecker's Buchh.) **

—— dass. — 2. und 3. Jahrg. 1878 und 1879. à Jahrg. 12 Nrn. (à 1—1½ Bog. mit Stnt.) Fol. (Ebendas.) à Jahrg. **

Feuerwehr-Zeitung, braunschweigische. Organ des braunschweig. Feuerwehr-Verbandes, unter Mitwirkg. bewährter Kräfte auf dem Gebiete des Feuerhülfswesens im Herzogthum, red. v. F. Hautsch. 4. u. 5. Jahrg. 1893. 1894 à 24 Nrn. (à ca. 2 Bog.) gr. 4. Leipzig, F. A. Körner. à Jahrg. n. 4. 80

Feuerwehr-Zeitung, braunschweigische. Organ d. braunschweig. Feuerwehr-Verbandes, unt. Mitwirkg. bew. Kräfte auf d. Gebiete d. Feuerhülfswesens i. Herzogthum, red. v. F. Hautsch. 6.—9. Jahrg. 1895—1898. à 24 Nrn. (Bog. m. Abb.) gr. 4. Leipzig, F. A. Körner. à Jahrg. n. 4. 80; einz. Nrn. n. — 25
Kann auch vierteljährlich bezogen werden.

Feuerwehr-Zeitung, deutsche. Technische Blätter für die deutschen Feuerwehren. Red.: Kapff. Jahrg. 1860. Octbr.—Decbr. 13 Nrn. (à ½—1 Bgn.) Stuttgart, Verlags-Magazin. (Kitzinger.) gr. 4. n. 16 ngr.

— — Jahrg. 1861—64. à 52 Nrn. (à ½—1 Bgn.) Ebend. gr. 4. Jeder Jahrg. n. 2 ₰ 4 ngr.

Feuerwehr-Zeitung, deutsche. Technische Blätter für die deutschen Feuerwehren. 6. Jahrg. 1865. Red.: Kapff. — 7—11. Jahrg. 1866—1870. Red.: A. Fischer. à 52 Nrn. (à ½—1 Bgn. m. Holzschn.) Stuttgart, Kitzinger. gr. 4. Jeder Jahrg. n. 2 ₰ 4 ngr.

Feuerwehr-Zeitung, deutsche. Technische Blätter f. die deutschen Feuerwehren. Red.: A. Fischer. 12—15. Jahrg. 1871—1874. à 52 Nrn. (½ B. m. eingedr. Holzschn.) gr. 4. Stuttgart, Kitzinger. à Jahrg. n. 6. 40

— dasselbe. 16 u. 17. Jahrg. 1875 u. 1876. à 52 Nrn. (½ B.) gr. 4. Ebend. à Jahrg. n. 7. 20

— deutsche. Technische Blätter für die deutschen Feuerwehren. 18—23. Jahrg. 1877—1882. à 52 Nrn. (½ B. m. eingedr. Holzschn.) gr. 4. Stuttgart, Kohlhammer. à Jahrg. n. 7. 20

Feuerwehr-Zeitung, deutsche. Technische Blätter f. die deutschen Feuerwehren. Red.: Fr. Grosmann. 24—27. Jahrg. 1883—1886. à 52 Nrn. (½ B. m. eingedr. Holzschn.) gr. 4. Stuttgart, Kohlhammer. à Jahrg. n. 7. 20

Feuerwehr-Zeitung, deutsche. Technische Blätter f. die deutschen Feuerwehren. Red.: W. Hartmann. 28.—31. Jahrg. 1887—1890. à 52 Nrn. (½ B. m. eingedr. Holzschn.) gr. 4. Stuttgart, Kohlhammer. à Jahrg. n. 7. 20

— deutsche. Technische Blätter f. die deutschen Feuerwehren. Red.: W. Hartmann. 32.—35. Jahrg. 1891—1894. à 52 Nrn. (½ Bog.) gr. 4. Stuttgart, W. Kohlhammer. à Jahrg. n. 7. 20

— deutsche. Techn. Blätter f. d. deutschen Feuerwehren, m. d. Gratisbeilage: „Illustr. Familienblatt". Red.: E. Görlach. 36. Jahrg. 1895. 52 Nrn. (à ca. ½ Bog.) gr. 4. Stuttgart, W. Kohlhammer. n. 7. 20

Feuerwehr-Zeitung, deutsche. Techn. Blätter f. d. deutschen Feuerwehren, m. d. Gratisbeilagen: „Illustr. Familienblatt" u. „Prakt. Mitteilungen". Red.: E. Görlach. 37.—39. Jahrg. 1896—1898. à 52 Nrn. (à 4 u. 8 S.) gr. 4 Stuttgart, W. Kohlhammer. à Jahrg. n. 7. 20
Kann auch halbjährlich bezogen werden.

Feuerwehr-Zeitung, deutsche. Technische Blätter f. die deutschen Feuerwehren, m. den Gratisbeilagen: „Illustriertes Familienblatt" u. „Praktische Mitteilungen". Red.: E. Görlach. 40.—43. Jahrg. 1899—1902. à 52 Nrn. gr. 4. (IV, 212; IV, 208; III, 208 u. IV, 208 S.) Stuttgart, W. Kohlhammer. à Jahrg. n. 7. 20

Feuerwehr-Zeitung, deutsche. Technische Blätter f. die deutschen Feuerwehren, m. den Gratisbeilagen: „Illustriertes Familienblatt“ u. „Praktische Mitteilungen“. Red.: E. Görlach. 44.—47. Jahrg. 1903—1906. à 52 Nrn. (à Jhrg. 208 S.) 4. Stuttgart, W. Kohlhammer. à Jhrg. n. 7. 20

Feuerwehr-Zeitung, deutsche. Techn. Blätter f. d. deutsch. Feuerwehren, m. d. Gratisbeil.: „Illustr. Familienblatt“ u. prakt. Mitteilgn.“ Red.: E. Görlach. 48—51. Jahrg. 1907—1910 à 52 Nrn. (à Jahrg. 831 S.) 33×24 cm. Stuttgart, W. Kohlhammer. à Jahrg. 7. 20

Feuerwehr-Zeitung f. d. Grossh̄zgth. Hessen u. Prov. Nassau. Verbands-Organ hess. Feuerwehren. Zeitschrift f. Feuerwehren u. Fabrikanten dieser Branche. Red.: W. Jeckel. 18. Jahrg. 1902. 24 Nrn. (Nr. 13. 8 S.) gr. 4. Giessen, v. Münchow. Halbjährlich 2. 50.

— für das **Großhzgth. Hessen** u. Prov. Nassau. Verbands-Organ hess. Feuerwehren. Zeitschrift f. Feuerwehren u. Fabrikanten dieser Branche. Red.: W. Jeckel. 18. Jahrg. 1902. 24 Nrn. gr. 4. (à ca. 8 S.) Gießen, Verlag der hess. Feuerwehrzeitg. n.n. 5. —

— für das Großhzgth. **Hessen** u. Prov. Nassau. Verbands-Organ hess. Feuerwehren. Zeitschrift f. Feuerwehren u. Fabrikanten dieser Branche. 19.—22 Jahrg. 1903—1906. à 24 Nrn. (IV, 194; IV, 194; IV, 194 u. IV, 192 S.) gr. 4. Gießen, Verlag der hess. Feuerwehrzeitg. à Jhrg. n.n. 5. —

— f. d. Großhzgth. **Hessen** u. Prov. Nassau. Verbands-Organ hess. Feuerwehren. Zeitschrift f. Feuerwehren u. Fabrikanten dieser Branche. 23. Jahrg. 1907. 24 Nrn. (IV, 192 S.) 37,5×26 cm. Gießen, Verlag der hess. Feuerwehrzeitg. nn 5. —
Fortsetzung u. d. T.:

— **hessische.** Organ des Landesverbandes hess. Feuerwehren. Hrsg.: Otto Kindt. 24—26. Jahrg. 1908—1910 à 24 Nrn. (à Jahrg. IV, 192 S.) 37,5×26,5 cm. Ebd. à Jahrg. nn 5. —

Feuerwehr-Zeitung, Illustrirte Westungarische. Gemeinnützige Blätter für das Feuerwehrwesen. Red. Jul. Groidl. II. Jahrg. 1884. 12 Nummern hoch 4. Pressburg, *Carl Stampfel. 1 fl. 50 kr.

— **mährisch-schlesische,** vormals „der Haspelwagen“. Gemeinnützige Blätter f. das Feuerwehrwesen. Organ d. Verbandes der mährisch-schles. Feuerwehren. Red.: Eug. Bubenik. 3. Jahrg. 1876. 12 Nrn. (à $^1/_2$—1 B.) gr. 4. Troppau 876. (Wien, Buchholz & Diebel.) n. 2. 50

— **sächsische.** Wochenschrift für die Interessen des gesammten sächs. Feuerlöschwesens. Organ des Meißen-Großenhainer Bezirks-Feuerwehr-Verbandes etc. Nebst einer Unterhaltungsbeilage: Feuerwehrmanns Familienblatt. 1.—3. Jahrg. 1886—1888. à Jahrg. 52 Nrn. (Bog.) gr. 4. Cölln a. Elbe, H. Simon. à Jahrg. **

— **sächsische.** Wochenschrift f. die Interessen des gesammten sächs. Feuerlöschwesens. 4.—7. Jahrg. 1889—92. à Jahrg. 52 Nrn. (à Nr. 1 $^1/_2$ Bog.) gr. 4. Cölln-Elbe, Simon. à Jahrg. * 3 —

— **sächsische.** Wochenschr. f. d. Interessen d. ges. sächs. Feuerlöschwesens. Verkündigungsblatt all. Mittheilgn. d. Landesausschusses sächs. Feuerwehren. Organ f. Veröffentlichgn. viel. Bez.-Verbände Sachsens. Organ d. reuß. Feuerwehr-Verbandes. Hierzu als Unterhaltungsbeilage: Sächsischer Hausfreund. 10. Jahrg. 1895. 52 Nrn. (à ca. 12 S.) gr. 4. Cölln-Elbe, H. Simon. n. 2. 40

— **sächsische.** Wochenschrift f. die Interessen des Feuerlösch- u. Rettungswesens. Verkündigungsblatt f. alle Mitteilgn. des Landesausschusses sächs. Feuerwehren, des reuß. Feuerwehr-Verbandes, sowie anderer Feuerwehrverbände Sachsens. Red.: F. Körner. 20. u. 21. Jahrg. 1905 u. 1906. Nebst: Illustriertes Unterhaltungsblatt. Red.: Ernst Pfeiffer. Jahrg. 1906. 52, bezw. 26 Nrn. (à ca. 8 u. 4 S.) 4. Leipzig, F. A. Körner. à Jhrg. n. 3. 20

— **sächsische.** Wochenschrift f. d. Interessen des Feuerlösch- u. Rettungswesens. Verkündigungsblatt f. alle Mitteilgn. des Landesausschusses sächs. Feuerwehren, des reuß. Feuerwehr-Verbandes, sowie anderer Feuerwehrverbände Sachsens. Red.: F. Körner. 22. Jahrg. 1907. 26 Nrn. (à ca. 8 S.) 31,5×23 cm. Leipzig, F. A. Körner.
Erscheint nicht mehr. 5. —

Feuerwehrzeitung

— **Schleswig-Holsteinische.** Organ für den Provinzial-Verband freiwilliger Feuerwehren und das gesammte Feuerlöschwesen in Schleswig-Holstein. Redact.: R. Hieronymus. 1.—5. Jahrg. 1880—1884. à Jahrg. 52 Nrn. (à Nr. $^1/_2$—$^3/_4$ Bog.) gr. 4. Neumünster, (Brumby.) à Jahrg. *

— **Schleswig-Holsteinische.** Organ f. den Provinzial-Verband freiwill. Feuerwehren u. das gesammte Feuerlöschwesen in Schleswig-Holstein. Red.: R. **Hieronymus.** 5—7. Jahrg. 1884—1886. à 52 Nrn. (à $^1/_2$—$^3/_4$ B.) gr. 4. Neumünster, (Brumby). à Jahrg. n. 6. —

— **Schleswig-Holsteinische.** Organ f. den Provinzial-Verband freiwill. Feuerwehren u. das gesammte Feuerlöschwesen in Schleswig-Holstein. Red.: R. **Hieronymus.** 8. 9. Jahrg. 1887. 1888. à 52 Nrn. (à $^1/_2$—$^3/_4$ B.) gr. 4. Neumünster, (Brumby). à Jahrg. n. 6. —

— **schweizerische.** Organ des schweizer. Feuerwehr-Vereins. Redact.: H. Langsdorf. 1.—5. Jahrg. 1875—1879. à Jahrg. 12 Nr. (à 1—1 $^1/_2$ Bog.) gr. 4. Winterthur, Westfehling. à Jahrg. *

— **schweizerische.** Organ des schweizer. Feuerwehr-Vereins. Redact.: H. Langsdorf. 6.—10. Jahrg. 1880—1884. à Jahrg. 12 Nrn. (à Nr. 1—1 $^1/_2$ Bog.) gr. 4. Winterthur, Westfehling. à Jahrg. *

— **schweizerische.** Organ d. schweizer. Feuerwehr-Vereins. Red.: H. **Langsdorf.** 9—12. Jahrg. 1883—1886. à 12 Nrn. (à 1—1 $^1/_2$ B.) gr. 4. Winterthur, Westfehling. à Jahrg. n. 2. —

— **schweizerische.** Organ d. schweiz. Feuerwehr-Vereins. Red.: H. **Langsdorf.** 13. Jahrg. 1887. 12 Nrn. (à $^3/_4$—1 $^1/_2$ B.) gr. 4. Winterthur, Westfehling. n. 2. —

— **schweizerische.** Organ d. schweizer. Feuerwehr-Vereins. 14.—17. Jahrg. 1889—1892. à Jahrg. 12 Nrn. (à Nr. $^3/_4$—1 $^1/_2$ Bog.) gr. 4. Bern, Stämpfli'sche Buchdr. à Jahrg. * 2 —

— **schweizerische.** Organ des schweizer. Feuerwehr-Vereins. Red.: H. **Scheuchzer.** 17.—20. Jahrg. 1891—1894. à 12 Nrn. (à ca. 1 Bog.) gr. 4. Bern, Stämpfli & Co. à Jahrg. n. 2. —

— **schweizerische.** Organ d. schweizer. Feuerwehr-Vereins. Red.: H. **Scheuchzer.** 21.—23. Jahrg. 1895—1897. à 12 Nrn. (à ca. 1 Bog. m. Abb.) gr. 4. Bern, Stämpfli & Co. à Jahrg. n. 2. —

— dasselbe. 24. Jahrg. 1898. 12 Nrn. (à ca. 12 S. m. Abb.) gr. 4. Ebd. n. 2. 80

— **schweizerische.** Organ des schweizer. Feuerwehr-Vereins. Red.: H. Scheuchzer. 25.—28. Jahrg. 1899—1902. à 12 Nrn. gr. 4. (à ca. 12 S.) Bern, Stämpfli & Co. à Jahrg. n.n. 2. 50

Feuerwehr-Zeitung, schweizerische. Organ des schweizer. Feuerwehr-Vereins. Red.: H. Scheuchzer. 29.—32. Jhrg. 1903—1906. à 12 Nrn. (à Jhrg. 144 S.) 4. Bern, Stämpfli & Co. Postfrei à Jhrg. n.n. 2. 50

Feuerwehr-Zeitung, schweizerische. Organ d. schweiz. Feuerwehr-Vereins. Red.: H. Schenchzer. 33—36. Jahrg. 1907—1910 à 12 Nrn. (IV, 140; IV, 144; IV, 160 u. IV, 160 S. m. Abb.) Lex. 8. Bern, Stämpfli & Co. Postfrei à Jahrg. nn 2. 50

— **Wiener.** Populäre Blätter f. Feuerlöschwesen, Wasserleitungs- u. Pumpenanlagen. Red.: Mor. Willfort. 1. u. 2. Jahrg. 1871 u. 1872. à 24 Nrn. (½ B.) gr. 4. Wien, v. Waldheim. à Jahrg. n. 3. —

— dasselbe. 3—6. Jahrg. 1873—1876. à 24 Nrn. (½ B.) gr. 4. Ebend. à Jahrg. n. 4. —

— **Wiener.** Populäre Blätter für Feuerlöschwesen, Wasserleitungs- u. Pumpenanlagen. Red.: Mor. Willfort. 7—12. Jahrg. 1877—1882. à 24 Nrn. (½ B. mit Steintaf.) gr. 4. Wien, v. Waldheim. à Jahrg. n. 4. —

— **Wiener.** Populäre Blätter f. Feuerlöschwesen, Wasserleitungs- u. Pumpenanlagen. Red.: Mor. Willfort. 13—16. Jahrg. 1883—1886. à 24 Nrn. (½ B. m. Steintaf.) gr. 4. Wien, v. Waldheim. à Jahrg. n. 4. —

— **Wiener.** Populäre Blätter f. Feuerlöschwesen, Wasserleitungs- u. Pumpenanlagen. Hrsg. u. Red.: Mor. Willfort. 17. 18. Jahrg. 1887. 1888. à 24 Nrn. (½ B.) gr. 4. Wien, (v. Waldheim). à Jahrg. n. 4. —

Feuerwehrzeitung

— **württembergische.** Besondere Ausg. d. Deutschen Feuerwehrzeitung f. Württemberg. Organ d. Landesverbandes württemberg. Feuerwehren. Mit der Gratisbeilage: „Illustr. Familienblatt". Red.: E. Görlach. 36.—39. Jahrg. 1895—1898. à 26 Nrn. gr. 4. (à 8 u. 8 S.) Stuttgart, W. Kohlhammer. à Jahrg. n. 4. —
Kann auch halbjährlich bezogen werden.

— **württembergische.** Besondere Ausg. der Deutschen Feuerwehrzeitg. f. Württemberg. Organ des Landesverbandes württemberg. Feuerwehren. Mit der Gratisbeilage: „Illustriertes Familienblatt". Red.: E. Görlach. 40.—43. Jahrg. 1899—1902. à 26 Nrn. gr. 4. (IV, 208; IV, 208; III, 208 u. IV, 208 S.) Stuttgart, W. Kohlhammer. à Jahrg. n 4. —

— **württembergische.** Besondere Ausg. der Deutschen Feuerwehrzeitg. f. Württemberg. Organ des Landesverbandes württemberg. Feuerwehren. Mit der Gratisbeilage: „Illustriertes Familienblatt". Red.: E. Görlach. 44—47. Jahrg. 1903—1906. à 26 Nrn. (à Jhrg. IV, 208 S.) 4. Stuttgart, W. Kohlhammer. à Jhrg. n. 4. —

— **württembergische.** Besondere Ausg. d. Deutschen Feuerwehrzeitg. f. Württembg. Organ d. Landesverbds. württemberg. Feuerwehren. Mit d. Gratisbeil.: „Illustr. Familienblatt". Red.: E. Görlach. 48—51. Jhrg. 1907—1910 à 26 Nrn. (à Jhrg. 416 S.) 33×24 cm. Stuttgart, W. Kohlhammer. à Jahrg. 4. —

Feuerwerkerei, die, z. Belustigg., s.: **Miniatur-Bibliothek.**

Feuerwerkerei, die, f. Dilettanten 2c. A. d. Franz. v. F. C. A. Büttner. 3., verb. Aufl. (unt. d. T.: Die Feuerwerkerkunst 2c. übers. v. Büttner.) (4 B. u. 10 Stnt.) 829. 9 Gr., 4., sehr verb. u. verm. A. (5 B. u. 11 Stnt.) 8. Ilmenau 834, [Weimar,] Voigt.

Feuerwerkerey, das Ganze der, Anleitung zur Selbstverfertigung d. Feuerwerke. gr. 8. Goslar, Lohmann.

Feuerworker-Gesellschaft. Inhalt: Erlebnisse und Thaten zürcherischer Offiziere in ausländischen Diensten. 1. Heft: Episoden aus den Feldzügen von 1807 in Kalabrien und Spanien. 18 Stn. 4. Mit Abbildung des Forts von St. Elmo bei Neapel und einer Karte von Spanien. 1871 2. —

Feuerwerkerkunst, d., für Dilettanten, oder Anleit., wie man mit wenig Kosten alle Arten von Kunst- u. Lustfeuern zur Verschönerung häusl. Feste zubereiten kann. Aus d. Französ. von F. C. A. Büttner. Mit 10 Steintaf. 8. Sondersh. 821. 2e Aufl., mit 10 Steindr. 8. Ilmenau 823. 3e A. 829. Voigt. 9 ⁄⁄

Feuerwerkerkunst, die, f. Dilettanten, übers. v. Büttner. 3. Aufl., s. Feuerwerkerei.

Feuerwerksbuch. Eine Anleitung, allerhand Raketen, Schwärmer usw. zu verfertigen. Ulm 1729. Fol.

Feuerwerksklepe, die. E. ergötzl. Begebenheit a. d. Lippeschen. 8. (12 S. m. Illustr.) Braunschweig 895. W. Sievers. — 20

Feuer-Zeug. Taschen-Liederbuch f. das Zeug- u. Feuerwerks-Personal. 2. verm. u. verb. Aufl. 16. (X, 250 S.) Berlin 883. Röthke. — 60

Feuer-Zeug. Taschen-Liederbuch für das Zeug- und Feuerwerks-Personal der deutschen Armee. 3. verb. und verm. Aufl. 16. (VIII, 260 S.) Spandau 888, [Oesterwitz' Verlag.] Neugebauer'sche Buchh. **

Feuer-Zeug. Taschen-Liederbuch f. das Zeug- u. Feuerwerks-Personal der deutschen Armee. 4. verb. u. verm. Aufl. 16. (VIII, 261 S.) Spandau 890, Neugebauer. * — 80

Feuer-Zeug. Taschen-Liederbuch f. das Zeug- u. Feuerwerks-Personal der deutschen Armee u. Marine. 5., verm. Aufl. 16. (VIII, 265 S.) Spandau 895. Neugebauer. Geb. in Leinw. n. 1. —

Feuer-Zeug. Taschenliederbuch f. das Feuerwerks- u. Zeug-Personal der deutschen Armee u. Marine. 6. verb. u. verm. Aufl. (XII, 280 u. 11 S.) gr. 16. Spandau (903). Neugebauer. Geb. in Leinw. m. Viernägeln n. 1. 25

Feuer-Zeug. Taschenliederbuch f. d. Feuerwerks- u. Zeug-Personal d. deutsch. Armee u. Marine. 7. verb. u. verm. Aufl. (XII, 284 u. 11 S.) 16. Spandau 908. Neugebauer. Geb. m. Viernägeln 1. 40

Fougère, Anatole: Lamennais avant „l'Essai sur l'indifférence" (1782—1817). Paris 1906. IV + 258 S. 8°.
Freiburg i. Schw. Phil. Diss. 1906/1907.

Feuille d' a f f i c h e s , annonces
et avis divers de Coblenz. Koblenzer Nachrichts- und Anzeigeblatt. –
1.I.1813–6.I.1814.
Fortges. u.d.T.: Koblenzer Nachrichts- und Anzeigeblatt.

Feuille d'Annonce de Bienne
v. Bieler Anzeiger.

Feuille d' a n n o n c e de Spire. – Speyerer Anzeige-Blatt. –
1811 – 16. I. 1814 ?
Fortges. u.d.T.: Wöchentliches Speierer Anzeige-Blatt.

Feuille d'annonces: La Feuille d'annonces, commerciale, industrielle et agricole
v. Helvétie (I).

Feuille d'annonces des villes et des campagnes, commerciale, industrielle et agricole
① Avis divers, enchères, vente d'immeubles, demandes et offres de services, affiches, objets à vendre ou à louer, cours des grains et marchandises, variétés, etc. ③ La Feuille d'avis ④ Le Jura ⑤ 3. 3. 1851—19. 12. 1851 ⑥ in-4° ⑦ hebdomadaire ⑧ Porrentruy: V. Michel ⑪ V. Michel ⑫ neutre en politique ⑬ BGSZ: 1 (no. 6370) 962 ⑭ Be: L.

Feuille d'Avis: La Feuille d'Avis
⑮ Titre indiqué par Amweg (BGSZ: 1, no. 6372). — v. Feuille d'Avis de Bienne.

Feuille d'avis: La Feuille d'avis
③ La Feuille d'annonces, commerciale, industrielle et agricole ④ Feuille d'annonces des villes et des campagnes, commerciale, industrielle et agricole ⑤ 30. 3. 1849—28. 12. 1849 ⑦ hebdomadaire ⑧ Porrentruy: V. Michel ⑩ V. Michel ⑬ BGSZ: 1 (no. 6371), 962, 973.

Feuille d'avis de Berne
① Organe de la population romande ④ L'Union romande et Feuille d'avis de Berne ⑤ 5. 1. 1901—28. 2. 1903 ⑥ in-2° ⑦ hebdomadaire ⑨ Berne: Imprimerie Coopérative ⑪ Jéhan Dulac, E. Bessire, Jean Grellet, R. Nussbaum; comité de rédaction: Dr. Carrière, Dr. Wagnière, L. Poinsard; coll.: Elie Ducommun, fondateur du Progrès (Be I) et de l'Helvétie (Be II) ⑫ neutre en politique ⑬ BGSZ: 973; Feuille d'avis de Berne, no. 1 du 5. 1. 1901 ⑭ Be: L., S.

Feuille d'Avis de Bienne
① Journal politique, industriel et littéraire, paraissant le mercredi et le dimanche ② Feuille d'Avis de Bienne et du district de Neuveville (nommée aussi: Feuille d'Avis de Bienne et de Neuveville) dès 1868 ④ Journal du Jura ⑤ janvier 1863 (fin 1862 ?)—1875 ⑥ in-4° ⑦ bihebdomadaire, trihebdomadaire (dès 1872) ⑧ Bienne: L. Heer-Betrix, W. Gassmann (dès 1864) ⑩ les imprimeurs ⑫ libéral ⑬ BGSZ: 1 (no. 6372), 12, 959, 962, 973 ⑭ Be: L.

Feuille d'Avis de Bienne et du district de Neuveville
v. Feuille d'Avis de Bienne.

Feuille d'avis de Bienne et environs
v. Stadtanzeiger von Biel und Umgebung — Feuille d'avis de Bienne et environs.

Feuille d'Avis de Bienne et de Neuveville
v. Feuille d'Avis de Bienne.

Feuille d'Avis des Cercles de Lucens et Granges
① Journal de nouvelles et de renseignements des cercles de Lucees et Granges et des districts limitrophes fribourgeois. Et des communes limitrophes du Canton de Fribourg ⑤ 1. 11. 1907 (cont.) ⑥ in-2° ⑦ hebdomadaire ⑧ Lucens: W. Jos. Huwiler (1. 11. 1907—1. 7. 1938), Robert Jonneret (8. 7. 1938 cont.) ⑩ Joseph Huwiler (1907—1938), Robert Jonneret (1938 cont.) ⑬ BGSZ: 250 ⑭ La: C.

Feuille d'Avis de la commune et du canton de Fribourg
① Motto: Liberté - Egalité ④ Feuille d'Avis de la ville et du canton de Fribourg ③ Feuille Hebdomadaire des Avis de la ville et canton de Fribourg ⑤ 2. 1. 1801 (?)—1802 ⑥ in-2° ⑦ hebdomadaire ⑧ Fribourg ⑫ feuille d'avis ⑬ Freiburger Geschichtsblätter 40 ⑭ Fr: A.C.

Feuille d'avis du district de Moutier
⑮ Amweg (BGSZ: 1, no. 6377) connait un journal de ce nom. — v. Feuille d'Avis du Jura (III).

Feuille d'avis du district de Moutier
⑤ 1892—24. 5. 1895 ⑥ in-4° ⑦ hebdomadaire ⑧ Moutier ⑬ BGSZ: 1 (no. 6376), 973.

Feuille d'Avis du District de Vevey
⑤ 1. 3. 1831—vers 1835 (?) ⑥ in-8° ⑦ hebdomadaire, puis irrégulier ⑧ Vevey (?) ⑩ Alexandre Monnerat ⑬ La: AC, K VII, d 16.

Feuille d'Avis de Grandson (I)
⑤ 1885 ⑦ hebdomadaire ⑧ Yverdon ⑬ BGSZ: 12, p. 92.

Feuille d'Avis du Jura (IV)
v. Feuille d'Avis de la Vallée de Delémont.

Feuille d'avis du Jura (III)
① Organe de publicité pour toutes les communes. Paraissant le mercredi et le samedi ④ Le Petit Jurassien ⑤ 1891—31. 12. 1902 ⑥ in-2° ⑦ 2× par semaine ⑧ Moutier: Adolphe Imhoff, Urbain Bilat (dès 1892), V. Tripet-Dubois ⑨ les imprimeurs ⑪ Léon Froidevaux ⑬ BGSZ: 310, 961, 973; Bessire: L. Froidevaux ⑭ Be: St ⑮ Selon Bessire le journal est fondé en 1892.

Feuille d'Avis du Jura bernois
v. Feuille d'Avis de la Vallée de Delémont.

Feuille d'Avis de Lucerne
v. Wochen-Blatt von Luzern — Feuille d'Avis de Lucerne.

Feuille d'Avis de Morat
v. Murten Anzeiger.

Feuille d'Avis d'Orbe (I)
⑤ 1866—1867 ⑦ hebdomadaire ⑧ Orbe ⑬ BGSZ: 12, p. 91.

Feuille d'avis de Porrentruy
⑮ BGSZ: 12, p. 42. Il s'agit du journal «La Feuille d'Avis». — v. ce titre!

Feuille d'avis du samedy à Fribourg en Suisse
④ Feuille Hebdomadaire des Avis de la ville et du canton de Fribourg ⑤ 1738—1789 (?) ⑥ in-8° ⑦ hebdomadaire ⑧ Fribourg: Henri Nicodème Hautt ⑫ feuille d'avis ⑬ Bosson, Les Hautt. p. 57: Freiburger Geschichtsblätter 40 ⑭ Fr: AC.

Feuille d'avis suisse
v. Schweizerischer Generalanzeiger — Feuille d'avis suisse.

Feuille d'avis de Tramelan
① Echo du Jura ⑤ 1890—1893 ⑥ in-2° ⑦ hebdomadaire ⑧ Tramelan ⑬ BGSZ. 1 (no. 6379), 973.

Feuille d'Avis de la Vallée de Delémont — Anzeiger für das Delsbergertal
① Journal d'annonces ② Feuille d'Avis du Jura bernois; Feuille d'Avis du Jura (IV) ⑤ 6. 11. 1909 (cont.) ⑥ in-2° ⑦ hebdomadaire ⑧ Delémont: Les fils de Paul Boéchat, Imprimerie Boéchat ⑨ les imprimeurs ⑪ Charles Boéchat ⑫ neutre en politique ⑬ BGSZ: 1 (no. 6375 avec la date de fondation: 1907); Feuille d'Avis du Jura, numéro spécial du 40e anniversaire (novembre 1949) ⑭ Be: St ⑮ Il y a aussi des articles en langue allemande.

Feuille d'Avis de la ville de Berne
v. Intelligenzblatt für die Stadt Bern — Feuille d'Avis de la ville de Berne.

Feuille d'Avis de la ville de Berne et de la partie française du Canton
⑤ 4. 1. 1854—4. 8. 1854 ⑥ in-4° ⑦ bihebdomadaire ⑧ Berne: B. F. Haller ⑩ B. F. Haller ⑪ B. F. Haller ⑫ neutre ⑬ BGSZ: 660, 973; Feuille d'Avis, Prospectus, no. 1 du 4. 1. 1854 ⑭ Be: L.

Feuille d'Avis de la ville et du canton de Fribourg
② Feuille officielle du Canton de Fribourg ③ Feuille d'Avis de la commune et du canton de Fribourg ⑤ 1803—16. 8. 1838 ⑥ in-8° ⑦ hebdomadaire ⑧ Fribourg ⑫ Feuille d'avis et officielle ⑬ BGSZ: 985, 986 ⑭ Fr: C.

Feuille centrale de la Société de N.-Zofingen
v. Centralblatt des Neu-Zofingervereins.

Feuille centrale de la Société de Zofingue
v. Centralblatt des Neu-Zofingervereins.

FEUILLE DE CORRESPONDANCE DE LA SECONDE CLASSE DE LA SOCIÉTÉ D'AGRICULTURE, SCIENCES ET ARTS DU DÉPARTEMENT DU BAS-RHIN, séant(e) à Strasbourg. — KORRESPONDENZ-BLATT DER ZWEYTEN KLASSE DER GESELLSCHAFT DES ACKERBAUES, DER WISSENSCHAFTEN UND KÜNSTE, zu Strassburg.
N° 2 — N° 8. s. l. & a. (Strasbourg 1803—1804. Chez J. H. Silbermann.) 8°.

FEUILLE DÉCADAIRE DU BAS-RHIN, contenant le Bulletin Officiel de la Préfecture du Département du Bas-Rhin, les mémoires et travaux de la Société d'Agriculture, et les Petites Affiches de Strasbourg. NIEDERRHEINISCHES DEKADENBLATT welches nebst den Anzeigen von allem was zu verkaufen, zu verlehnen ꝛc. ist, die Markt-Preise, die Heiraths-, Geburts- und Todten-Listen, die offizielle Mittheilung der Beschlüsse, Akten und Bekanntmachungen der Präfektur, und die Verhandlungen der Landwirthschafts-Gesellschaft enthält.
N° 1 — N° 100. Ce 1 Vendémiaire — Ce 5 Fructidor, an 9 de la République française. (Ohne bes. Titelblatt. Strassburg. Gedruckt und verlegt in der Buchdruckerey des Weltboten, bey J. H. Silbermann.) 8°.

Feuille fédérale
v. Feuille fédérale de la Confédération suisse.

Feuille fédérale de la Confédération suisse
② Feuille fédérale suisse et recueil des lois suisses (2. 1. 1915—31. 12. 1919), Feuille fédérale (dès 7. 1. 1920) ⑤ 1849 (cont.) ⑥ in-8° ⑦ bimensuel, puis hebdomadaire ⑧ Berne: Stämpfli (1849—1850), Chr. Fischer (1850—1855), Rudolf Jenni (1856—1864), K.-J. Wyss (puis: les hoirs de K.-J. Wyss; dès 1865) ⑨ Recueil des lois fédérales, parait suivant les besoins, ordinairement hebdomadaire - titre selon BGSZ 18: Recueil officiel des lois et ordonnances de la Confédération; Organe de publicité pour tous les avis en matière de transports et tarifs des chemins de fer sur territoire suisse. Annexe à la feuille fédérale suisse et à la feuille officielle suisse du commerce. Publié par le département fédéral des chemins de fer; Changé dans: Organe de publicité pour les avis en matière de transports et tarifs des chemins de fer et bateaux à vapeur. Durée de cette publication (y compris le sous-titre précédant): 1885—(1916 ?). Hebdomadaire ⑩ Chancellerie fédérale (Bureau des imprimés) ⑫ feuille officielle ⑬ BGSZ: 973 ⑭ Be: L, S ⑮ Edition française du «Bundesblatt der Schweizerischen Eidgenossenschaft».

Feuille fédérale suisse. 32e—36e année. 1880—1884. à Jahrg. 52 Nrn. (à Nr. 3—4 Bog.) gr. 8. Bern, (Huber und Comp.) à Jahrg. *

Feuille fédérale suisse. XXXIIIe année. In-8°. Berne, Impr. et expédition C. J. Wyss. 1881
Par an pour la Suisse 4 —

Feuille fédérale suisse. 35—37. année. 1883—1885. à 52 nrs. (à 3—4 B.) gr. 8. Bern, (Huber & Co.). à Jahrg. n. 5. 35

Feuille fédérale suisse. 37e—40e année. 1885—1888. à Jahrg. 52 Nrn. (à Nr. 1—2 Bog.) gr. 8. Bern, (Huber und Comp.) à Jahrg.
Deutsche Ausg., s. Bundesblatt.

Feuille fédérale suisse. 39.—42. année. 1887—1890. à 52 Nrn. (1—2 B.) gr. 8. Bern, Huber & Co. à Jahrg. 5. 35
Deutsche Ausg. s.: Bundesblatt.

Feuille fédérale suisse, rédigée par la Chancellerie fédérale suisse, paraissant chaque semaine. XLVIIe année. 1895. In-8°. Bern, K. J. Wyss.
5 —

Feuille fédérale suisse et recueil des lois suisses
v. Feuille fédérale de la Confédération suisse.

Feuille Hebdomadaire des Avis de la ville et du canton de Fribourg
③ Feuille d'avis du samedy à Fribourg en Suisse ④ Feuille d'Avis de la commune et du canton de Fribourg ⑤ 23. 1. 1789—1797 (?) ⑥ in-8° ⑦ hebdomadaire ⑧ Fribourg ⑫ feuille d'avis ⑬ Freiburger Geschichtsblätter 40 ⑭ Fr: AC.

Feuille hebdomadaire des quatre Cantons
⑮ Ce nom se trouve dans la brochure «De la Publicité des Discussions de la Diète et du Public helvétique» (Lausanne 1819). Il s'agit du «Wochenblatt der vier Waldstätte».

Feuille de la Hromoda (Journal en russe). Rédigé par M. *Dragomanov*. 1878. Nr. 1. Genève et Bâle, Georg.

Feuille militaire fédérale. 1re—3e année. 1877—1879. à Jahrg. 12 Nrn. (à 1—1½ Bog.) gr. 4. Bern, Jent und Reinert. Jahrg. 1877 und 1878 à *
Jahrg. 1879 *

— dasselbe. 5—7. année. 1880—1882. à 12 Nrs. gr. 4. (à Nr. ca. 1 B.) Ebend. à Jahrg. n. 3. —

GV38
3

— militaire fédérale. 8. et 9. année. 1883 et 1884. gr. 4. (Nr. 1. $^{3}/_{4}$ B.) Bern, Jent & Reinert. à Jahrg. n. 3. —

—— militaire fédérale. 10e—13e année. 1885—1888. à Jahrg. 10—12 Nrn. (à Nr. 1—1½ Bog.) gr. 4. (Ebendas.) à Jahrg. *

Feuille militaire fédérale. 14e—17e année. 1889—1892. à Jahrg. 10—12 Nrn. (à Nr. 1—1½ Bog.) gr. 4. Bern, (Körber). à Jahrg. * 4 —

Feuille militaire fédérale. 16.—19. année 1891—1894. à ca. 10 Nrn. (à ca. 2 Bog.) gr. 4. Bern, (H. Körber). à Jahrg. n. 4. —

— militaire fédérale. 20. année 1895. gr. 4. (51 S.) Bern (H. Körber). n. 4. —

Feuille militaire fédérale. 21.—27. année 1896—1902. gr. 4. (178; 194; 270; V, 189; VI, 177; V, 202 u. IV, 206 S.) Bern (H. Körber). à n. 4. —

Feuille militaire fédérale. 28.—31. année. 1903—1906. (à Jhrg. ca. 200 S.) Lex.-8. Bern (H. Körber). à Jhrg. n. 4. —

Feuille militaire fédérale. 32. anné 1907. (Nr. 1. 22 S.) Lex. 8. Bern (Raillard & Schiller.) 4. —

Feuille officielle du Canton de Fribourg. In-4°. Fribourg, Bureau. Par an pour Fribourg 6 50
1880 Pour la Suisse 7 70

— officielle du Canton de Fribourg, 1881. In-4°. 52 Nos par an. Fribourg, au bureau.
Par an pour Fribourg 6 50
Pour la Suisse 7 70

Feuille officielle du Canton de Fribourg, 1882. In-4°. 52 Nos par an. Fribourg, au bureau.
Par an pour Fribourg 6 50
Pour la Suisse 7 70

Feuille officielle du Canton de Fribourg. 1898. 52 Nos. Fribourg, Imprimerie catholique. par an 6 50

Feuille officielle du Canton de Fribourg. 1899. 4°. 52 Nos. (No. 1, 20 p.) Fribourg, Imprimerie catholique. Par an 6 50

Feuille officielle du Canton de Fribourg 1900. 4°. 52 Nos. (No. 1. 20 p., Fribourg, Imprimerie catholique. Par an 6 50

Feuille officielle du Jura
② Feuille officielle du Jura Bernois (aujourd'hui) ③ Leberbergisches Wochenblatt ⑤ 1833 (cont.) ⑥ in-4° ⑦ bihebdomadaire ⑧ Berne. C. Rätzer (?) (1833—3. 5. 1834): Porrentruy: Victor Michel & Cie. (3. 5. 1834—décembre 1840): Delémont: Succursale de l'imprimerie V. Michel & Cie. (1840—1853), J. Feune (plus tard: Léon Feune) (1854—1867), Helg & Boéchat (1867—1868), J. Boéchat (plus tard: E. Boéchat) (1868—1918), Boéchat & Cie. (dès 1918), Imprimerie du «Démocrate» S.A. ⑨ Messager bernois (1845): Compte-rendu des séances du Grand Conseil du Canton de Berne (nommé aussi: Compte-rendu des séances du Grand Conseil) ⑪ Walthard, M. J. Choffat ⑫ feuille officielle ⑬ BGSZ. 962. 973; Münch: Studien zur Bernischen Presse 1830—1840 ⑬ Be: L. S. St ⑫ Edition française de l'«Amtsblatt der Republik Bern». Publications des autorités administratives cantonales. Ordonnances. Avis. Publications des autorités judiaires de districts. Annonces.

Feuille officielle du Jura Bernois
v. Feuille officielle du Jura.

— officielle militaire, s.: Militär-Amtsblatt.

— officielle scolaire, s.: Schulblatt, amtliches.

Feuille officielle suisse du commerce
v. Schweizerisches Handelsamtsblatt — Feuille officielle suisse de commerce — Foglio ufficiale svizzero di commercio.

—— la, d'olivier. Rédact.: Edm. Potonié. 1re année 1877. 12 Nrn. (à ½ Bog.) gr. 8. Berlin. (Leipzig, Schulze und Comp.) *
Nicht weiter erschienen.

Feuillee, Louis, s. Feuillet, Louis

Feuillerat, Alb., s.: Documents relating to the office of the Revels in the time of Queen Elizabeth.

Feuilles: Les Feuilles d'automne
⑤ No. 1: 23. 9. 1851; no. 2: 16. 10. 1851; no. 3: 22. 10. 1851; no. 4: janvier ou février 1852 (v. sub 15) ⑥ in-4° ⑦ irrégulièrement ⑧ Berne: J. A. Weingart ⑩ Xavier Stockmar ⑪ X. Stockmar ⑫ feuille oppositionelle; radicale ⑬ BGSZ: 962. 973 (extrait du texte p. 73 s.) ⑭ Be: L. ⑮ La feuille attaque la régime fusionné, installé à Berne depuis 1850. — Sur le procès contre la feuille le «Vaterland» (Be) nous informe dans le no. 33 (8. 2. 1852): «Wie wir vernehmen, hat der Regierungsrath beschlossen, gegen den Verfasser (Stockmar) oder Herausgeber der ‚Feuilles tombantes' (Buchdrucker Weingart) wegen der in Nr. 4 derselben enthaltenen Beschimpfungen und Verläumdungen gegen die Regierung eine Untersuchung anzuheben und den Gerichten zu überweisen.» — «Berner Zeitung» (V) no. 40 (10. 2. 1852) suppose que les «Feuilles tombantes» sont identiques avec les «Feuilles d'automne».

Feuilles de leçons de fleurs et de fruits pour les dames et d'autres jeunes personnes déjà exercées dans le dessin. 4. Leips. Leo. 804.

Feuilles suisses pour collectionneurs d'Ex libris, s: Blätter, schweizerische, f. Ex Libris-Sammler.

— suisses d'hygiene scolaire et revue de la protection de l'enfance, s.: Blätter, schweizer., f. Schulgesundheitspflege u. Kinderschutz.

Feuilles du Temps actuel
⑮ Titre employé par les écrivains de la Suisse Romande pour la revue vaudoise «Blätter der Gegenwart für sociales Leben». — v. ce titre!

Feuilles tombantes
⑮ Nommé dans «Vaterland» (Be) no. 33 du 8. 2. 1852 et dans «Berner Zeitung» (V) no. 40 du 10. 2. 1852. Probablement identique avec les «Feuilles d'automne». — v. Les Feuilles d'automne.

Louis Feuillet

Des Ludwig Feuillee [Feuillet: Histoire des plantes medicinales ... Deutsch:] Beschreibung zur Arzeney dienlicher Pflanzen, welche in den Reichen des mittägigen America, in Peru u. Chily vorzüglich im Gebrauch sind ... nebst. verschiedenen andern aus eben desselben Tagereg. physischer Beobachtungen ges. ... Anm. Aus d. Franz. ins Deutsche übers. von Georg Leonhard Huth. Th. [1.] 2. Nürnberg: Seeligmann 1756-58. 4°

Feuillet, Octave

— Graf Camors, f. Frankreich, belletristisches.

Feuillet, Octave, le cas de conscience proverbe. Suivi de Le colonel Evrard par Jules Sandeau. Naumburg 866. Pätz. 16. (139 S.) 10 ngr.

Feuillet, O., le cheveu blanc, s.: Répertoire du théâtre français.

Feuillet, O., Dalila, f. Universal-Bibliothek Nr. 618.

— das Dorf, f.: Breitinger, H.

Feuillet, Octave, ein armer Edelmann, f. Universal-Bibliothek Nr. 1859.

—— ein verarmter Edelmann, f. Kühling's, A., Volks-Schaubühne.

Feuillet, Octave, ein verarmter Edelmann. Roman aus dem Weltleben. Nach dem Französ. 1. und 2. Aufl 8. (III und 252 S.) Potsdam 859. [Berlin,] Schlesier.

—— eine vornehme Ehe, f. Universal-Bibliothek.

Feuillet, Octave, Etudes de la vie mondaine. La petite comtesse. (Suivi de: Les mauvaises bonnes fortunes par Hippolyte Lucas.) 16. (155 S.) Paris 856. (Leipzig, Gerhard.)

—— Etudes de la vie mondaine. Le Roman d'un jeune homme pauvre. Suivi de „Un procès impossible par Eug. Ducom." 2 Vols. 1., 2. et 4. Edition. (Bibliothèque choisie. Vol. 264 et 265.) 16. (328 S.) Paris 858—61. [Naumburg, Paetz.]

—— Études de la vie mondaine. Le roman d'un jeune homme pauvre. 2 Vols. 3. Edit. (Bibliothèque choisie. Vol. 264 et 265.) 16. (252 S. und: Une expiation par M.-L. Gagneur. 58 S.) Paris 859. [Naumburg, Paetz.]

—— eine Fee, s. Both's, L. W., Bühnen-Repertoir.

—— die Fee des Merlinsquell, s. Theater, das, des Auslandes.

—— die kleine Gräfin nach dem Französ. und: Hier sind Baustellen zu verkaufen nach dem Französ. des Edm. About. Deutsch von Rud. Menger. gr. 12. (III und 182 S.) Stettin 856, Graßmann.

— — s. Roman- und Novellen-Zeitung.

Feuillet, Octave: Ein weißes H a a r , s. T h e a t e r , das, des Auslandes.

—— Histoire de Sibylle. 3 Vols. (Bibliothèque choisie. Vol. 513, 514 et 525.) 16. (473 S.) Naumburg 863, Pätz.

—— ein alter Junggeselle, s. Bloch's, Theater-Gartenlaube.

Feuillet, Octave: Ein alter J u n g g e s e l l e , s. T h e a t e r , das, des Auslandes.

Feuillet, Octave, am Kamin, s.: Theater-Repertoir, Wiener.

Feuillet, Oct. Künstlerehre, s. Engelhorn's allg. Romanbibl.

—— Sibyllens Lebensgeschichte. Aus dem Französ. 8. (264 S.) Berlin 863, Schlesier. –

— die Liebschaften Philipps von Boisvilliers. Roman. Einzige autoris. Uebersetzung. 8. (199 S.) Leipzig 878. Berlin, Vorstell & Reimarus. n. 3. —

—— die Liebschaften Philipps von Boisvilliers. Roman. Einzige autoris. Uebersetzung. 8. (199 S.) [Leipzig 878, C. J. Günther.] Berlin, Nicolaische Buchh. *

—— Montjoye, s. Bloch's, E., Volks-Theater. — Theater-Repertoir, Wiener.

— Montjoye, der Mann von Eisen, s.: Universal-Bibliothek.

— le P o u r et le Contre, s. R é p e r t o i r e du théâtre franç. à Berlin.

—— Rédemption. Comédie en 5 actes et un prologue. (Bibliothèque choisie. Vol. 371.) 16. (151 S.) Naumburg 861, Paetz.

—— Redensione, s. Emporeo drammatico.

Feuillet, Octave, le roman d'un jeune homme pauvre, bearb. v. Kahn, s.: Bibliothèque française. 53.

—— Le roman d'un jeune homme pauvre, s. Prosateurs français. — Théâtre français.

— — Le roman d'un jeune homme pauvre. 2 vols. Naumbourg 858. Exped. der Bibliothèque choisie. 16. (160; 92 S. und: Un procès impossible par E u g. D u c o m. S. 93—160.) 20 ngl

—— le roman d'un jeune homme pauvre. Comédie en 5 actes et 7 tableaux. 16. (III und 106 S.) Berlin 859, Lassar's Buchh. *

— le roman d'un jeune homme pauvre. Im Auszug f. den Schulgebrauch, wie zum Selbstunterricht hrsg. u. m. Anmerkgn. versehen v. Mlle. Constance C o u r v o i s i e r. 8. (178 S.) Leipzig 892. R. Gerhard. Kart. n. 1 50

Le roman d'un jeune homme pauvre par Octave Feuillet de l'Acad. franç. Im Ausz. mit Anm. z. Schulgebr. hrsg. von Albert Benecke, Prof. [Nebst] Anmerkungen [&] Wörterbuch. *Bielefeld & Leipzig: Velhagen & Klasing 1901.* 3 Bde 8°
= Sammlung, Velhagen & Klasings, franz. u. engl. Schulausgaben. Prosateurs franç. Lfg 86 B.

— der Roman e. armen jungen Mannes, s.: Collection Hartleben.

— der Roman eines armen jungen Menschen, s. Theater-Repertoir, Wiener.

— der Roman eines armen jungen Menschen, s.a. Lese-Cabinet, neuestes belletristisches.

Feuillet, Octave. Der Roman eines armen jungen Menschen. Aus dem Französ. Deutsch von Dr. Legné. *Pest, Wien u. Leipzig* 1858. *Hartleben's* Verl.-Exped. 208 S. 8°. 43 kr.
Auch unt. d. Tit.: Neuestes belletrist. Lesecabinet der besten und interessantesten Romane aller Nationen etc. Lief. 113, 114, 115, 116.

—— der Roman eines armen jungen Mannes. 2. Aufl. Als Anhang: Ein verirrtes Herz. [Julia v. Trécoeur.] 8. (285 S.) Wien 874, Hartleben's Verlag.

— Ein Schwur, s.: Reclam's Novellen-Bibliothek.

ein Schwur, s.: Universal-Bibliothek.

—— Scylla u. Charybdis, s. Universal-Bibliothek Nr. 2697.

—— Sibylle. Roman. Aus dem Französ. nach der 3. Aufl. des Orig. 8. (304 S.) Berlin 863, Hasselberg'sche Verlagsh. –

—— Das Tagebuch e. Frau. Roman. Autoris. Uebersetzg. aus dem Französ. v. Natalie Rümelin. [Engelhorn's allgemeine Romanbibliothek, Salon-Ausg.] 8. (152 S.) Stuttg. 890, Engelhorn. geb. 2 —

— dasselbe, s.: Engelhorn's Romanbibliothek.

—— le tentazione, s. Emporeo drammatico.

— die Untröstlichen, s.: Universal-Bibliothek.

— die Verstorbene, s.: Engelhorn's allgemeine Roman-Bibliothek.

— le village, s.: Repertoire du théâtre français.

— Le village, hrsg. v. A. W. Kastan, s.: Théâtre français.

—— le village. Comédie en 1 acte. Erklärt von Osc. Schmager. gr. 8. (80 S.) Berlin 879, Weidmann'sche Buchh. *

—— dass. — s. Collection d'auteurs français.

— le village, hrsg. v. Arnold Krause, s.a. Théâtre français.

Le Village par Octave Feuillet. Mit Anm. z. Schulgebr. hrsg. von Dr. Arnold Krause, Prof. zu Berlin. [Nebst] Anmerkungen. *Bielefeld & Leipzig: Velhagen & Klasing 1899.* 2 Bde 8°
= Sammlung, Velhagen u. Klasings, franz. u. engl. Schulausgaben. Théâtre franç. Lfg 63 B.

—— wer trägt die Schuld? Ehestandsstudie aus der modernen Gesellschaft. [Un mariage dans le monde.] Uebers. von Siegmey. 8. (III, 206 S.) Berlin 876, Liepmannssohn. *

— die Wittwe. Autoris. Uebersetzung v. Max Schönau. 2. Aufl. 8. (134 S.) Augsburg 884. Reichel. n. 3. —

—— die Wittwe. Autoris. Uebersetzung von Max Schönau. 3. Aufl. 8. (134 S.) Augsburg 886, Gebr. Reichel. [*M 3.—.] *

— die Wittwe. Die kleine Gräfin, s.a. Kürschner's, Jos., Bücherschatz.

Die Wittwe. Roman. Die kleine Gräfin. Von Octave Feuillet. Deutsch von Burghard Assmus. Mit Ill. von Braune. *Berlin, Eisenach, Leipzig: H. Hillger [1901].* (127 S.) 8° [F.]
= Bücherschatz, Kürschners. No 270.

Feuillet de Conches, F., s. Briefe und Urkunden von Ludwig XVI.

Feuilleton
v. Berner Volksbote (I). Der Birsthaler, La Tribune suisse.

Feuilleton für Buchhändler. Hrsg. von Ed. Wengler. 1. Jahrg. April—Decbr. 1851. 39 Nrn. (½ Bog. mit eingedr. Holzschn.) gr. 4. Leipzig, Wengler. *

—— für Damen, s. Journal für moderne Stickerei.

Feuilleton: Le Feuilleton du Samedi
v. Le Petit Jurassien.

Feuilleton oder Supplement
des Westphälischen Moniteurs. –
Kassel. – 12.X.1810 –29.X. 1813.
Vorh. u.d.T.: Intelligenzblatt.
Fortges. u.d.T.: Casselsches Wochenblatt.

Feuilleton, Wiener. Red.: M. Barach-Märzroth. 1. Jahrg. 1853. 156 Nrn. (à 1 Bgn.) Mit Lithographien u. Modelbildern. Wien. (Prandel u. Meyer.) 4. n. 7 ₰ 20 ngr.

Feuilleton der Berliner Zeitungs-Halle. No. 1 bis 31. 1847. 4.

Feuilleton der Neuen Zürcher-Zeitung
v. Neue Zürcher-Zeitung.

Feuilleton-Bibliothek, moderne, der „Lichtstrahlen". 12. (208 S.) Berlin 892. O. Harnisch n.n. — 60

Feuilleton-Redacteur, der. Anzeiger f. Angebot u. Nachfrage auf dem Gebiete d. Feuilletons. 1. 2. Jahrg. 1887. 1888. à 4 Nrn. (½ B.) gr. 4. Hamburg, Jensen & Co. à Jahrg. n.n. — 50
Erschien nicht weiter.

Feulard, Henri, s.: Musée, le, de l'Hôpital Saint-Louis.

Feull(n)er, Karl Frh. von

v. Feullner, Frhr. Karl, († d. 10. Jan. 1800.) l'Aventurier malgré lui; ou la vie bigarrée d'un Gentilhomme Saxon, dont les évènemens singuliers sont une vraie tragédie pour rire etc. 8. Leipz. 799. (Ist s. Selbstbiographie).

— Entwurf e. Anweis. zur Forsthaushaltung. gr. 8. Prag 785. Schönfeld. 3 K

FEULLER, Carl Frhr. v.: Kurzer Entwurf einer gründlich-praktischen Anweisung zu einer regelmäßigen und dahero grossen Nutzen schaffenden Forsthaushaltung. – Prag 1786. 16 S., 1 Taf.

v. Feullner, Frhr. Karl, s. Otranto; e. Lstspl.

— le triomphe du génie Allemand. 8. Dresd. 799.

Feulner, Andr., Sammlung der ortspolizeilichen Vorschriften für die Stadt Bamberg, nebst den einschläg. königl. Allerhöchsten Verordnungen und oberpolizeil. Vorschriften für Oberfranken zum Reichsstraf- und Polizeistrafgesetzbuche, der Reichsgewerbeordnung und Gemeindeordnung nebst dem Wortlaute der betr. Gesetzesstellen. Mit Sach-Register. gr. 8. (IV, 469 S.) Bamberg 886, (Schmidt.) geb. *

Feulner, Karl, cand. med.: Ueber die praeventive Behandlung der Augeneiterung der Neugeborenen mit Berücksichtigung der neuen Mittel, besonders des Sophols. München: Steinicke 1909. 26 S. 8°
München, Med. Diss. v. 13. Jan. 1910, Ref. Döderlein
[Geb. 29. April 82 Schwabhausen b. Dachau; Wohnort: Schwabhausen; Staatsangeh.: Bayern; Vorbildung: Gymn. Landshut Reife Juli 03; Studium: München 10 S.; Coll. 13. Jan. 10; Approb. 1. Jan. 10.] [U 10. 3500

Feune, J. G., essai d'un nouveau système de contributions publiques supprimant par un droit unique l'impôt foncier, l'impôt des capitaux et l'impôt du revenu dans le canton de Berne. gr. 8. (68 S.) Delémont 881. (Born, Jenni.) n. 1. —

Feune, J[oseph]. La Révolution dans l'ancien évêché de Bâle d'après un témoin oculaire. ([Extraits] de la Chronique de Claude-Joseph Verdat.) Communiqué par J. F.... [E.] 8. [Porrentruy 1883.]

Feuquières, Antoine de Pas, Marquis de

(Feuquière, Marquis de.) Mémoires sur la guerre. Amsterdam 1731. 8°. (1. Ausg. 1725.)
Dass. u. d. T.: Mémoires contenant ses maximes sur la guerre et l'application des exemples aux maximes. N. Ausg. Bd 1—4. Amsterdam 1741.
Dass. London 1750.
Dass. deutsch u. d. T.: Geheime und sonderbare Kriegs-Nachrichten. Leipzig 1738. (Verm. Jähns.)
Dass. u. d. T.: Kriegsnachrichten ... (Übers. von v. Tempelhoff.) Berlin 1786.

Feuquieres, v., Kriegsnachrichten. 2 Thle. m. K. 4. Lpz. Weidmann. 758.

Feuquière. Kriegsnachrichten des Marquis v...... (1679—1709.) Eine freie Uebersetzung der neuesten Ausgabe dieses Werkes. Mit Anmerkungen und verbesserten Plänen von einem kön. preuss. Officier. – Berlin 1786.

— — a. d. Franz. 2 Bde. m. K. gr. 8. Berlin, Unger. 786.

Feurer, E. Scherz und Ernst in Bildern aus dem Volksleben, 2. Bändchen. In-8°, 80 S. Ebnat, J. Sturzenegger. 1882

Feurer, J., Vorlegeblätter zum Zifferrechnen. 1. Abthl. 16. (26 B. nur auf einer Seite bedr.) Nebst Schlüssel. 8. (3⅓ B.) Chur 835, (Grubenmann'sche Buchh.)

Feurer, Karl Julius [aus Ober-Ehnheim (Els.)]: Ueber die Einwirkung von Natronlauge auf βγ-Isoheptylensäure ... Strassburg i. E., Buchdr. C. Goeller, 1893; 43 S. 8.
Strassburg, Math.-naturw. Fak., Inaug.-Diss. v. 1893

FEURER, Otto (Nürnberg): Über einen Fall von Gallertkrebs des Darmes.- Nürnberg: Volkhardt & Wilbert 1899. 31 S.
10.7.1899 - Chr 1899/1900,11; Jv 1899/1900,204
Diss.Ingolst.-Landsh.-Mchn.

Feuring, Carl (geb. am 12 Sept. 1855 in Finnentrop Kr. Olpe Westf.): Behandlung des Pes varus durch partielle Resection der Fusswurzelknochen ... Bonn, Hauptmann'sche Buchdr. (1879). 30 S., 1 Bl. 8.
Bonn, Med. Fak., Diss. v. 12 [nach d. Akten v. 16] Aug. 1879

Feuring, G. L.

— – Über die Behandlung der Pferde und die vernachlässigte Pferdezucht in hiesiger Gegend etc. Lippstadt 26.

Feuring, G. L., Kurzer Unterricht für Beschlagschmiede über den Hufbeschlag der Pferde. 8. Hamm 21. Wundermann. M. — .65

Feuring G. L.: Kurzer Unterricht f. Beschlagschmiede üb. den Hufbeschlag d. Pferde. Lippstadt 1821. 60 S. P.

Feuring, (G. L.,) kurzer Unterricht für Beschlagschmiede über d. Hufbeschlag d. Pferde. 8. Hamm 822. Wundermann.

Feuring-Vonderulm, Betrachtungen üb. die alttestamentliche Religionsgeschichte Israels. s.: Rundschau, rheinische. 2. Hft.

Feurstein, Carl Eduard: Erster Teil. Beiträge zur Kenntnis der aromatischen Sulfinsäuren. Zweiter Teil. Beiträge zur Kenntnis der Friedel-Crafts'schen Reaction. *Crefeld 1897: Kramer & Baum.* (38 S.) 8°
Heidelberg, Naturw.-math. Diss. v. [13. Nov.] 1897

Feurstein, F.C.

Feurstein, C., der Curort Gmunden und seine reizende Umgebung, mit Rücksicht auf dessen Clima, Soolen, Dampfbäder und Molkenanstalt. Ein Wegweiser und Rathgeber für Curgäste. 8. (IV und 48 S. mit lithogr. Situationsplan des Seestädtchens und lithogr. Karte der Umgebung in 4.) Wien 862, (Prandel.) *

Feurstein, F. C., der Curort Gmunden und seine reizende Umgebung mit Rücksicht auf dessen Clima, Sool-, Dampf-, Fichtennadel-Bäder und Molken-Anstalt. Ein Wegweiser und Rathgeber für Curgäste. Mit (lithogr.) Panorama (in Tondr.), (lithogr.) Situationsplan des Seestädtchens und lithogr. Karte der Umgebung (in qu. 4.). 3. verm. Aufl. br. 8. (XXVIII, 84 S.) Gmunden 869, (Mänhardt.) *
—— dass. — mit Rücksicht auf dessen Klima, Badeanstalten und Curmittel. Ein Wegweiser und Rathgeber für Curgäste. Mit (chromolithogr.) Situationsplan des Curortes und (chromolithogr.) Karte der Umgebung (in qu. 4.). 4. verm. und verb. Aufl. 8. (VIII, 100 S.) Wien 871, (Braumüller.) *

Feurstein, F. C., der Curort Gmunden u. seine reizende Umgebung, mit Rücksicht auf dessen Klima, Badeanstalten u. Curmittel. Ein Wegweiser u. Rathgeber für Curgäste. Mit einer (chromolith.) Karte der Umgebung. 5., verm. u. verb. Aufl. 8. (VIII, 99 S.) Gmunden 879. Mänhardt in Comm. n. 1. 40

Feurstein, F. C., der Curort Gmunden und seine reizende Umgebung, mit Rücksicht auf dessen Clima, Badeanstalten und Curmittel. Ein Wegweiser und Rathgeber für Curgäste. 6. verm. und verb. Aufl. 8. (X, 100 S. mit 1 Karte der Umgebung.) Gmunden 885, (Mänhardt.) *

Feurstein, Heinr., Lohn und Haushalt der Uhrenfabrikarbeiter des badischen Schwarzwalds. Eine socialökonomische Untersuchung. gr. 8°. Karlsruhe, G. Braunsche Hofbuchdr., 1904. (Volkswirtsch. Abhandlungen der badischen Hochschulen, Bd. 7, Ergänz.-Bd. 4.)

Lohn und Haushalt der Uhrenfabrikarbeiter des badischen Schwarzwalds. Eine sozialökon. Untersuchung von Dr. Heinrich Feurstein. *Karlsruhe: G. Braun 1905.* (VIII, 208 S.) 8°
= Abhandlungen, Volkswirtschaftliche, d. Badischen Hochschulen. Bd 7, Erg.Bd 4.

Feurstein, Johann Heinrich, s. Feuerstein, Johann Heinrich

Feuscher, W. Die Lötschbergbahn in ihrer Bedeutung für den internationalen Verkehr und für das. Zustandekommen des Simplon. In-8°. 107 S Bern, Schmid, Francke & Comp. 1893 1 80

Feuser's neuer Kalender für die österreichischen Landwirthe auf das Gemein-Jahr 1875. Hrsg. unter Mitwirkung hervorragender Fachmänner von einem Schüler Feuser's. 5. Jahrg. gr. 8. (XXXII, 168 S. mit Illustr. in eingedr. Holzschn.) Graz 874, Verlag Leykam-Josefsthal. *
Vgl.: Kalender, neuer.

Feuser's neuer Kalender für die österreichischen Landwirthe auf das Schaltj. 1876. 6. Jahrg. Hrsg. unter Mitwirkung hervorragender Fachmänner von einem Schüler Feuser's. Lex.-8. (XXXII, 141 S. mit eingedr. Holzschn.-Illustr.) Graz 876, Verlag Leykam-Josefsthal.
— dass. — 1877—1880. 7.—10. Jahrg. Hrsg. unter Mitwirkung hervorragender Fachmänner von Sigm. Lutter. gr. 8. (XXXII, 127; XXXII, 152; XXXII, 126; XXXII, 148 S. mit eingedr. Holzschn.-Illustr.) Ebendas. à Jahrg. *

Feuser's neuer Kalender für Landwirthe auf die Gemein-J. 1881 und 1882. 11. und 12. Jahrg. Hrsg. unter Mitwirkung hervorragender Fachmänner von Sigm. Lutter. Mit (eingedr. Holzschn.-)Illustr. gr. 8. (XXXII, 124; XXXII, 125 S.) Graz, Verlagsh. „Leykam". à Jahrg. *
Die Fortsetzung bildet: Neuer landwirthschaftlicher Kalender.

Feuser, Paul, Referendar: Die Rechte des stillen Gesellschafters während des Bestehens der Gesellschaft. (HGB. §§ 335ff.) Borna-Leipzig 1909: Noske. VIII, 59 S. 8°
Leipzig, Jur. Diss. v. 5. Febr. 1909
[Geb. 15. Juni 83 Cöln; Wohnort: Cöln; Staatsangeh.: Preußen; Vorbildung: Gymn. i. d. Kreuzgasse Cöln Reife O. 02; Studium: Heidelberg 2, Freiburg i. B. 1, München 1, Bonn 2 S.; Rig. 19. Juni 05.] [U 09. 2499

Feuser, Peter Nicol., Lehrbuch der Landwirthschaft für das Volk. 2., im Auftrage der k. k. Landwirths-Gesellschaft in Wien für die niederösterreich. Fortbildungsschulen umgearb. Aufl. des „Grundrisses". gr. 16. (VII, 512 S.) Wien 870, (Faesy und Frick.) *
— dass. — 3. im Auftrage der k. k. Landwirthschafts-Gesellschaft in Wien für die niederösterreich. Fortbildungsschulen umgearb., neuerdings verm. und verb. Aufl. gr. 8. (VI, 341 S.) Ebendas. 871.

Feuser, Peter Nicol., die nationalökonomischen Seiten der Landwirthschaft. Eine nationalökonom. Studie. gr. 8. (44 S.) Wien 873, Hölder. *

Feussner, Ueber zwei neue Methoden zur Höhenmessung der Wolken. (Sitzungsberichte der Gesellschaft zur Beförderung der gesammten Naturwissenschaften zu Marburg.) Marburg 1871.

Feussner, B., Ueber Messung der Wärme durch Veränderungen des elektr. Widerstandes. Mit Abb. 8°. Marburg 1867.

Feußner, D., Erna u. Ilse. Roman. (220 S.) 8. Dresden 904. E. Pierson. n. 3. —; geb. n. 4. —

Feußner, Heinrich (Hrsg.), s. Aristoxenus: Grundzüge der Rhythmik.

Feussner, Heinrich. Aristoxenus Grundzüge der Rhythmik. Hanau 1840.

Feussner, Henr., de antiquorum metrorum et melorum discrimine. Dissertat. inaug. 4. Hanau 836. (Edler.) 7 Sgr

Feussner, H.: Textesberichtigungen zur Antigone des Sophokles. 37 S. – Rinteln, Progr. 1870.

Feußner, K: Bericht über einige Instrumente auf der Pariser Weltausstellung. Vortrag. Berlin 1901

Feußner: Neue Formen elektrischer Widerstandssätze. Berlin und München 1899

Feußner: Hochspannungsbatterien. Berlin und München 1899

— — Ein Kompensations-Apparat für Spannungsmessung. (Sonder-Abdr. aus der Zeitschr. für Instrumentenkunde, 1890.)

Feussner, K., Dr., Die Konstruktion der elektrischen Normalwiderstände der Physikalisch-Technischen Reichsanstalt. (Sonder-Abdr. aus der Zeitschr. für Instrumentenkunde, Januar, Dezember 1890.)

Feussner, K., Dr., und Lindeck, St., Dr., Metallegirungen für elektrische Widerstände. (Sep.-Abdr. a. d. Z. f. Instrum.-Kunde, Juli 1889.) Berlin.

Feussner, K. und Lindeck, St., Die elektrischen Normal-Drahtwiderstände der Physikalisch-Technischen Reichsanstalt. (Sonder-Abdruck aus der Zeitschrift für Instrumentenkunde, 1895, November.)

Feußner, K: Das Prüfungsverfahren für Gleichstrom-Elektrizitätszähler in der Physikalisch-Technischen Reichsanstalt. Berlin (1900)

Feußner, K: Wirbelstrombremsen. Vortrag. Berlin und München 1901

Feussner, K., d. Ziele d. neueren elektrotechn. Arbeiten d. physikal.-techn. Reichsanstalt, s. a. Sammlung elektrotechn. Vorträge.

Feussner K, die Ziele der neueren elektrotechnischen Arbeiten der Physikal.-technischen Reichsanstalt. (Sammlung elektrotechn. Vorträge I, 3) Stuttgart 1897

Feust, G., s. Barros, J. de, Asia.

Feust, Philipp (Hrsg.), s. Zeitschrift d. Anwaltvereins f. Bayern.

Feustel, Carl, Referendar: Der Anspruch aus § 1007 des Bürgerlichen Gesetzbuches verglichen mit den Klaggebilden des früheren Rechts. *Rudolstadt 1900: Mänicke & Jahn.* (56 S.) 8°
Jena, Jur. Diss. v. (20. Febr.) 1900

Feustel, Christian Jakob

— evangel. Milchspeise, a. d. Evangel. 8. Sorau, Hebold. 745.

— miscellanea sacra et erudita etc. 8. Lipsiae, Hirscher. 715.

— ausländischer Staats- u. Handelsspiegel. 8. Leipz. Gleditsch. 720.

Feustel, Christian Jacob (Herausgeber): „Ausländischer Staats- und Handlungs-Spiegel, worinnen von denen vornehmsten Merckwürdigkeiten der ausser Europa gelegenen Staaten, wie auch von allen Commercien Umständlicher Bericht erstattet wird", Leipzig 1720 (Frdr. Lanksche Erben). — Vorh.: Bayerische Staatsbibliothek München.

— würdig. Tischgast od. Communionbuch. 12. Leipzig. 724.

— de ulceribus. 4. Helmst. Fleckeisen. 790.

— gottgefäll. Wechselliebe zw. Mose und Aaron rc. 4. Grimma. 731.

FEUSTEL, M. Chrn. („Cygn. Misn. P. L. C. u. z. Z. Stadt-Pred. in Plauen"), Christ-Frieds erbauliche Welt u. lehrende Natur, od. zufällige Andachten, bey christlicher Betrachtung allerhand Begebenheiten, bißweilen auch sündlicher Verrichtungen der Welt, wie auch göttlicher Geschöpfe in der Natur, u. andern Veranlassungen .... 2 Thle. Plauen, gedr. bey Paul Friedr. Hallern, im Jahr 1700. 8°.

Feustel, Christian Johann

Feustel, Christ. Joh. De jure monetandi, deque novissimis circa ejus exercitium consultationibus in Comitiis. 4°. Lipsiae 1740.

— — (Saxo elect.), De jure reformandi et inde dependente jure emigrandi. Dissert. jur. publ. Präs. Johann Lorenz Fleischer. Halle (Hendel) Febr. 1733. 76 S. mit Widm. v. Präs. (5.50) 8756

Feustel, Christian Johann (Grimma), De statu servorum secundum jus naturae licito. Diss. moralis. Präs. Joh. Michael Teutscher (Leipzig). Lpz. (I. Titius) 19. VIII. 1722. 28 S. (5.—) 8755

Denkschrift über die Verhandlungen der Grossloge zur Sonne bezüglich der Ritualfrage. [Unterz.: Friedr. v.] Feustel. [Bayreuth 1872: Burger.] 8 S. 2° [Kopftit.]
Tt. 1315. Im Anh.: Gutachten der Bundeslogen üb. die Ritualfrage, zsgest. von A. Redlich. 439.

Feustel I, Rede, geh. am Verbands-Feste der Oberlausitzer Logen am 23. IX. 1900. gr. 8. (15 S.) Görlitz (900). (H. Tzschaschel). n.n. —25

Rede gehalten am Verbands-Feste der Oberlausitzer Logen am 23. Sept. 1900 vom Br. [Friedr. v.] Feustel. (Als Ms. f. Frmr. gedr.) Görlitz [1901]: Vierling. 15 S. 8° [Umschlagtit.]
Worauf beruht die ewige Schönheit der Frmrei? KB.

Feustel, Friedr., die österreichische Valuta. Eine Stimme aus Bayern. gr. 8. (16 S.) Bayreuth 861, Giessel.

[F.] **Feustel,** Hugo: Robert Burns. E. Bild seines Lebens u. Wirkens. Görlitz, Druck v. Hoffmann & Reiber, 1897; 62 S. 4.
Görlitz, st. R, OP 1897 (231)

FEUSTEL, J. C.: Die bisher. Friedenspräliminarien nach d. Interesse d. Staaten v. Europa beurth. *Leipz.* 736. 8.

Feustel, Robert, a. Lengenfeld i. V.: Über Kapillaritätskonstanten und ihre Bestimmung nach der Methode des Maximaldruckes kleiner Blasen. Leipzig: J. A. Barth 1903. (38 S.) 8°
Straßburg, Math.-naturwiss. Fak., Ref. Braun, Diss. v. 1903
[Geb. 29. Okt. 75 Lengenfeld i. V.; Wohnort: Straßburg i. E.; Staatsangeh.: Sachsen; Vorbildung: Gymn. Zwickau Reife O. 95; Studium: Leipzig 4, Straßburg 12 S.; Rig. 14. Dez. 03.]

Feustell, Carl [aus Braunschweig]: Beiträge zur Pathologie und Therapie der Puerperalen Eklampsie .... Berlin, Buchdr. v. Gustav Schade (Otto Francke) (1888): 29 + 1 S. + 1 Bl. 8°
Berlin, Med. Fak., Inaug. Diss. v. 1. Mai 1888

Feustell, Henricus [Brunsvicensis]: De comparationibus Lucretianis . . . Halis Sax., form. Kaemmererianis, 1893; 51 S. 8.
Halle, Phil. Fak., Inaug.-Diss. v. [5. Mai] 1893

Feustell, Wilhelm: Beiträge zur Textkritik des „Gui de Bourgogne." *Greifswald 1898: C. Sell.* (123 S.) 8°
Greifswald, Phil. Diss. v. 20. Juli 1898

Feustking, Johann Heinrich

D. Io. Henrici Feustkingii, Arnoldus ΕΛΕΓΧΟΜΕΝΟΣ, *Oder Kurtze doch gründliche Wiederlegung, Der vornehmsten Einwürffe, Worinnen Gottfried Arnold ... Seinen Adeptis, Und begeisterten Weibes-Personen Das Wort hat reden wollen.*
17 cm. 86 pages.

— funeralia. fol. Vitteb. 715.

FEUSTKING, J. H., Gynaeceum haeretico-fanaticum, oder Historie und Beschreibung der falschen Prophetinnen, Quäckerinnen, Schwärmerinnen, und anderen sectirischen und begeisterten Weibes-Personen, durch welche die Kirche Gottes verunruhigt worden, sambt einem Vorbericht und Anhang, entgegen gesetzet denen Adeptis G. Arnoldi. Franckfurt und Leipzig, G. Zimmermann, 1704. 8°. 11 Bll., 672 S., Reg. u. 86 S.
Enth. auch Scandalosa.

— hodegeticum concordantiale. 4. Berlin, Nicolai. 705.

— Miscellanpredigten. 2 Thle. 4. Wittenberg, Zimmermann. 726.

— heil. Sterbenslust in Ueb. d. Christenth. 8. Ebend. 719.

Die Glocke von Hueska. Drama in 3 Akten von Ludwig **Feuth**. Berlin: Bermühler [1910]. 76 S. 8° 11. 8989

Humanität und Strafverfolgung im XX. Jahrhundert von Ludwig **Feuth**. Berlin: H. Bermühler (1908). (149 S.) 8° [F.] 08. 7818

Feuvre, Amyle, Betty od.: Kein Einspännerchen mehr. Frei n. d. Engl. von E. v. Feilitzsch. (167 S.) 8. Kassel (910). J. G. Oncken Nachf. Geb. 1. —

Féval, Paul

— Abenteuer eines Edelmannes, siehe: Bibliothek, Europäische, 718 u. 719. Bd.

Féval, Paul, Aimée. 2 Vols. gr. 16. (898 S.) Leipzig 858, A. Dürr.

— dass. — 2 Vols. (Bibliothèque choisie. Vol. 319 et 320.) 16. (299 S.) Naumburg 860, Paetz.

Féval, Paul, die lieben Anverwandten, s. Lese-Cabinet, neuestes belletristisches.

Féval, Paul, die Banditen. Aus dem Französ. 2 Bdchn. 16. (307 S.) Quedlinburg 853, Basse. à Bdchn. 10 Ngr.

Féval, Paul, Bekenntnisse eines Zigeuners. Aus dem Französ. 4 Bdchn. 16. (655 S.) Quedlinburg 850 — 51, Basse. à Bdchn. 10 Ngr. Thlr.

— der schwarze Bettler, siehe: Bibliothek, Europäische, 173. Bd. — Lese-Cabinet, belletristisches, 14. Bd., Neue Folge, 97. Lfg.

Féval. Paul, der schwarze Bettler, s.: Braun's Novellen- u. Roman-Sammlung. 12. Bd.

Féval, Paul, der schwarze Vetter, s.: Collection Hartleben.

— Unterhaltungs-Bibliothek, illustrirte.

— der schwarze Bettler. Uebersetzt v. Herm. Meynert. 8. (158 S.) Leipzig 847, Hartleben. 9 ngr.

— der schwarze Bettler. Aus dem Französ. gr. 16. (199 S.) Leipzig 847, Weller.

— Graf Blaubart, siehe: Lese-Cabinet, belletristisches, 616 – 618. Lfg.

— le bossu. Aventures de cape et d'épée. 6 Vols. 16. (1426 S.) Leipzig 857, A. Dürr.

—— dass. — Roman. Suivi de „Les fonds perdus" par Henry de la Madelène. 8 Vols. (Bibliothèque choisie. Vol. 184—189, 199 et 200.) 16. (1263 S.) Paris 857. [Naumburg, Paetz.]

—— Bouche de fer. 5 Vols. (Bibliothèque choisie. Vol. 480—484.) 16. (789 S.) Naumburg 862, Pätz.

— das Buch der Geheimnisse, siehe: Lese-Cabinet, belletristisches, 640—643. Lfg.

der Bucklige, s. Ausland, das belletristische.

– – les compagnons du silence. 8 Vols. 16. (1619 S.) Leipzig 857, A. Dürr.

—— dass. — 8 Vols. (Bibliothèque choisie. Vol. 195—227.) 16. (1260 S.) Paris 857. [Naumburg, Paetz.] à Vol. 10 Ngr.

— Schloß Croyat, s.: Novellen-Sammlung, 15. Bdchn.

Féval, Paul, Schloß Croïat. Aus dem Französ. 16. (127 S., Quedlinburg 852, Basse. Thlr.

—— Bel Demonio. Aus dem Französ. 16. (221 S.) Quedlinburg 851, Basse.

—— Jean Diable. 8 Vols. (Bibliothèque choisie. Vol. 542—549.) 16. (1289 S.) Naumburg 863, Pätz.

— die Dünensee, siehe: Bibliothek, Europäische, 504 u. 505. Bd.

—— Rollan Eisenfuß. Aus dem Französ. 16. (158 S.) Quedlinburg 854, Basse.

— die Engel des Hauses, siehe: Bibliothek, Europäische, 385—389. Bd.

Féval, Paul, d. Erbin v. Nevers, s.: Welt, die, d. Fahrten u. Abenteuer.

—— les errants de nuit. 8 Vols. 16. (688 S.) Leipzig 857, A. Dürr.

— la fabrique de mariages. 6 vols. Edit. autorisée. Leipzig 857. A. Dürr. 32. (223; 201; 213; 189; 189; 179 S.) 3 Thlr.

—— la fabrique de mariages. 6 Vols. 16. (1194 S.) Leipzig 858, A. Dürr.

—— quatre femmes et un homme. 2 Vols. (Bibliothèque choisie. Vol. 460 et 461.) 16. (318 S.) Naumburg 862, Pätz.

Féval, Paul, le fils du Diable. VIII Tom. 8. Leipzig 846, Brockhaus et Avenarius. (à 1/2 Thlr.) 4 Thlr.

—— der Forst von Rennes, s. Lese-Cabinet, belletristisches.

—— die Freischaar in den Apenninen. Historischer Roman. Aus dem Französ. von P. Uttech. 8. (352 S.) Berlin 853, L. Fernbach jun.

—— la garde noire, soirée chez la marquise. (Bibliothèque choisie. Vol. 454.) 16. (176 S.) Naumburg 862, Pätz.

Féval, Paul, der Gaukler. [L'Avaleur de Sabres.] Roman. Einzig berechtigte deutsche Uebersetzung. 3 Bde. 8. (IX, 513 S.) Wien 868, Tendler und Comp. [Leipzig, Zander.] (*ℳ 7,50.) *

—— dass. — 2. Abthl.: Mademoiselle Saphir. Deutsch von Aug. Kretzschmar. gr. 16. (365 S.) Leipzig 872, Kollmann. *

```
Féval, Paul

Die Geheimnisse von London. Von Francis Trolopp [d.i.
Paul Féval]. Uebers. von Ludwig Eichler. Th. 2-4.
   Leipzig: Fleischer 1844. 8°
```

— — Dasselbe (andre Uebers.), titulo: Londoner Mysterien. Ein Sittengemälde. Deutsch bearb. von E. v. Moosthal und L. Tafel. Complet in 19 Bändchen. Stuttgart 1844—45. 12° Zusammen üb. 1564 S. Vergriffen! (2 Mk. W. H Kühl, Berlin, 1884, jetzt theurer!)

—— Madame Gil-Blas, s. Lese-Kabinet.

—— Madame Gil Blas. Souvenirs et aventures d'une femme de notre temps. Rédigés d'après ses notes et manuscrits. Tome 1—9. 16. (603 S.) Berlin 856, [Schneider.] à Tome * 10 Ngr. *

—— le même. 9 Vols. (Bibliothèque choisie. Tome 131—139.) 16. (640 S.) Halle 856, Expedition der Bibliothèque choisie. à Vol. * 10 Ngr. *

— — 19 vols. Halle 857. Exped. d. Bibliotheque choisie. 16. (1—8.: à 160 S.; 9.: 178 S.; 10—13.: à 160 S.; 14.: 186 S.; 15—18.: à 160 S.; 19.: 107 S. und: La recherche du bonheur par Arsène Houssaye. S. 109—149.) 6 Thlr. 10 Ngr.

— Madame Gil Blas. Souvenirs et aventures d'une femme de notre temps. Édit. autorisée. 15 vols. Leipzig 857. A. Dürr. 32 (221; 225; 228; 228; 218; 221; 235; 227; 217; 218; 213; 226; 193; 194; 174 S.) 7 Thlr. 15 Ngr.

—— die Glückskinder. Aus dem Französ. 3 Bdchn. 16. (429 S.) Quedlinburg 853, Basse. à Bdchn. 10 Ngr.

—— les habits noirs. 8 Vols. (Bibliothèque choisie. Vol. 608—615.) 16. (1261 S.) Naumburg 863, Pätz.

Féval, Paul, Jesuiten! Aus dem Franz. von F. L. W. B. 8. (388 S.) Mainz 880. Kirchheim. 4. —

—— Isabella degli Armagnacchi. 4 Voll. gr. 16. (754 S. mit 4 Holzschnt.) Triest 860, Coen.

—— ein närrischer Kerl. Aus dem Französ. 2 Bde. 16. (320 S.) Quedlinburg 852, Basse. à Bd. 10 Ngr.

—— die Königinn von Saba, oder: Die Zigeuner unter der Regentschaft. Aus dem Französ. 4 Bdchn. 16. (617 S.) Quedlinburg 853, Basse. à Bdchn. 10 Ngr.

—— die Kreolin. Aus dem Französ. 2 Bdchn. 16. (312 S.) Quedlinburg 854, Basse. à Bdchn. 10 Ngr.

—— Annette Laïs, récit d'amour. 4 Vols. (Bibliothèque choisie. Vol. 643—646.) 16. (623 S.) Naumburg 864, Pätz.

— die Liebe in Paris. Nach d. französ. Original. (10 Bdchn.) in 3 Bdn. 8. Stuttgart 846, Hallberger. 3 Thlr. — s. auch Aula d. schönen Literatur, 49.—58. Bdchn.

— Pariser Liebschaften, s. Ausland, das belletristische, von Spindler, 489.—499. Bdchn.

```
Féval, Paul

Pariser Liebschaften. Deutsch von Dr. Scherr.
Bd.chen 1 - 3. 4 - 6. 7 - 11.
   Stuttgart: Franckh 1846. 8°
```

— la louve. 4 vols. Edit. autorisée. Leipzig 857. A. Dürr. 32. (200; 204; 204; 188 S.) 2 Thlr.

— der eiserne Mann, s. Lese-Cabinet, neues belletristisches.

der Marquis von Rio-Santo oder die Weltstadt London ohne Larve und Schleier. Nach dem Original bearb. 2 Thle. Berlin 861. Nelte, Böltje & Co. gr. 8. (346; 222 S.) 1 Thlr. 6 Ngr.

—— der Marquis v. Rio-Santo oder die Weltstadt London ohne Larve und Schleier. Nach dem Orig. bearb. 1—12. Heft. gr. 8. (1. Thl. 346 S. und 2. Thl. 222 S.) Köln 861, Nelte, Böltje und Comp. à Heft 8 Ngr.

—— il mendico nero. Romanzo. gr. 16. (184 S. mit 1 Holzschntaf.) Triest 864, Coen. *

— die Mitternachtsquittung, siehe: Bibliothek, Europäische, 127—130. Bd.

Féval, Paul: Londoner Mysterien, s. Féval, Paul: Die Geheimnisse von London.

— die Nachtschonen, siehe: Novellen-Sammlung, 54—68. Bdchn.

—— die Nachtschönchen, oder: Die Schutzengel der Familie. Aus dem Französ. 7 Bdchn. 16. (1164 S.) Quedlinburg 850, Basse. à Bdchn. 10 Ngr.

—— die Herzogin von Nemours. Historischer Roman. Aus dem Französ. 3 Bde. 8. (206; 176; 171 S.) Wien 869, Müller.

— — Dasselbe; s.: Lesezirkel.

— das Paradies der Frauen, s. Lese-Cabinet, neues belletristisches.

—— le paradis des femmes. 6 Vols. 16. (1084 S.) Paris 855. (Leipzig, Gerhard.) à Vol. 10 Ngr.

TROLLOPE, Francis (d. i. *Paul Féval*), Paris und die Pariser im Jahre 1835. 3 Bde. Aachen und Leipzig 1836. 8⁰. (6 Mk. G. Priewe, Heringsdorf, 1909.)
Ueber Mademoiselle Mars. Verfall des Lustspiels. Geschmack am Theater ist im Abnehmen. Verstümmelung des Grabes von Abälard und Heloise. Mad. Dorval etc.

— Alizia Pauli, siehe: Bibliothek, Europäische, 466 u. 467. Bd.

Féval, Paul, Alizia Pauli. Aus dem Französ. 2 Bdchn. 16. (470 S.) Quedlinburg 850, Basse. à Bdchn.

—— der Perlenbrunnen. Uebers. von G. F. W. Rödiger. 2 Bde. 8. (303 S.) Leipzig 847, Hartleben's Verlags-Expedition.

—— dass. — s. Lese-Cabinet, belletristisches.

—— Pfingstrose. Aus dem Französ. 4 Bdchn. 16. (722 S.) Quedlinburg 852, Basse. à Bdchn. 10 Ngr.

— Capitain Phantome, s. Salon, belletristischer.

—— Capitain Phantome. Aus der Zeit des spanischen Unabhängigkeitskrieges. Aus dem Französ. übers. von A. Scarneo. 3 Thle. 8. (343, 283 und 326 S.) Wien 863, Markgraf und Müller.

—— Madame Pistache. 16. (160 S.) Paris 856. (Leipzig Gerhard.)

—— le poisson d'or. 2 Vols. (Bibliothèque choisie. Vol. 562 et 563.) 16. (308 S.) Naumburg 863, Pätz.

—— Fräulein von Presmes. Aus dem Französ. 16. (140 S.) Quedlinburg 851, Basse.

—— die Ritter vom Firmament. Aus dem Französ. 3 Bdchn. 16. (459 S.) Quedlinburg 853, Basse. à Bdchn. 10 Ngr.

—— le roi des gueux. 12 Vols. 16. (2289 S.) Leipzig 859, 60, A. Dürr. à Vol. 15 Ngr.

—— le roman de minuit. 2 Vols. 16. (404 S.) Leipzig 859, A. Dürr.

Féval, Paul, Sagen der Bretagne. Frei nach dem Franz. v. F. N. Moes. 8. (205 S.) Luxemburg 886. Brück. n. 1. —

— der Sansculotte, siehe: Bibliothek, Europäische, 739—741. Bd.

— zum Schlachtfeld, s. Lese-Cabinet, neues belletristisches.

Féval, Paul, das geheimnißvolle Schloß, s. Novellenkranz.

— das geheimnißvolle Schloß. Roman. Autorisirte Uebersetzung von J. E. B. 8. (205 S.) Trier 882. Paulinus-Druckerei. n. 2. —

— der Schwarzwald, siehe: Lese-Cabinet, belletristisches, 601—605. Lfg.

—— die Schwester der Geister. Aus dem Französ. 4 Bdchn. 16. (633 S.) Quedlinburg 854, Basse. à Bdchn. 10 Ngr.

— der Kapitain Simon, siehe: Bibliothek, Europäische, 619 u. 620. Bd. — Lese-Cabinet, belletristisches, 521—523 Lfg.

—— Hauptmann Simon. Aus dem Französ. 16. (228 S.) Quedlinburg 852, Basse.

—— der Sohn des Teufels. Deutsch v. G. Fink. 1—11. Bdchn. br. 8. (78½ B.) Baden 846, 47, Zehnder. à

—— der Sohn des Teufels. Deutsch von G. Fink. 15—22. (letztes) Bdchn. (oder 6—8. Bd.) gr. 16. (548 S.) Baden 847—48, Zehnder. à Bdchn. 4 Ngr.
1—14. Bdchn. Ebendas. 1846—47. 1 Thlr. 26 Ngr.

—— dass. — Deutsch von A. Diezmann. 2. (Titel-)Ausg. 3 Bde. 8. (1681 S.) Leipzig 851, [Costenoble.] *

—— das Spiel des Todes. Aus dem Französ. 6 Bdchn. 16. (1253 S.) Quedlinburg 851, Basse. à Bdchn. 10 Ngr.

—— die Strand-Fee. Aus dem Französ. 2 Bde. 16. (375 S.) Quedlinburg 851, Basse. à Bd. 10 Ngr.

— die Stufen einer Bekehrung, s.: Unterhaltungsbibliothek, katholische.

—— die Sünderin. Aus dem Französ. 2 Bde. 16. (389 S.) Quedlinburg 851, Basse. à Bd. 10 Ngr.

—— der Tigertödter. Aus dem Französ. 2 Bdchn. 16. (287 S.) Quedlinburg 851, Basse. à Bdchn. 10 Ngr.

—— Vicomte v. Torcy. Aus dem Französ. 16. (155 S.) Quedlinburg 852, Basse.
Vgl.: Bibliothek, europäische. — Lese-Cabinet, belletristisches.

—— Towah, die Rache des Indianers, s. Novellen-Bibliothek.

— die Grafen v. Vasconcellos, siehe: Aula der schönen Literatur, 114—118. Bd.

Féval, Paul

Der Wald von Rennes. Roman. Deutsch von Louis Fort. Bd. 1 - 3.
Leipzig: Berger 1846. 8⁰

Paul Feval's Werke. Deutsch von A. Diezmann. Bd. 1-4. 5.6. 7.8. 9 - 11.
Leipzig: Wigand 1846 - 1847. 8⁰
1-9. Der Sohn des Teufels. 1846.
10.11. Der Sohn des Teufels. 1847.

Féval, Paul, Werke. Deutsch v. A. Diezmann. 7—11. Bd. Der Sohn des Teufels. 7—11. Bd. 8. (751 S.) Leipzig 847. (Costenoble.) à ⅓ ℛ

TROLLOPE (d. i. *Paul Féval*), Wien u. die Oesterreicher sammt Reisebildern aus Schwaben, Baiern, Tyrol u. Salzburg. A. d. Engl. von Sporschil. 3 Bde. Leipzig 1838. 8⁰. (3 Rthl.)

Fever, der Myß Kytty le, Geschichte in Briefen, aus dem Engl. 8. London, (Leipzig) 771. (Hilscher) 15 sgl.

Feville, L., Beschreib. der zur Arznei dienlichen Pflanzen, welche im mittäg. Amerika, in Peru u. Chili vorzügl. im Gebrauche sind. Aus d. Französ. v. G. L. Huth. 2 Thle, mit 102 Kpf. gr. 4 Nürnb. 756. (Campe). 2 ℛ 16 gl

Fevillet, L., Beschr. z. Arzney dienlichen Pflanzen in Peru u. Chili, a. d. Franz. v. Huth. 2 Thle. m. K. r. 4. Nürnberg, Campe. 756.

Fevre, s. Lefevre.

— s. a. Febre, le.

Fevre, le, d. Miß Killy, Gesch. in Briefen. 8. Lond. (Compt. f. Lit. in Lpz.) 771.

Fevre, Mr. le,
— Les vies des poetes grecs en abrégé. Avec les remarques de Mr. Adr. Reland. Edit. 3. Basle 766. 8.

Fevre, le, les Vies des poëtes grecs, en abrégé avec les remarques de A. Reland. 8. Basle, Schweighaeuser. 766.

(Fèvre, Justin.) Le chanoine (Victor-Joseph) Thiébaud ([né en] 1799). Biographie. E. 8. Berne 1881.

Fevret, Traité de l'Abus et du vrai sujet des Appellations II Tom. gr. fol. Lyon. (Wolf in Augsb.) 736.

Fevrier, K. A., († ...) Anleit. zur französ. Bücherkenntniß f. Diejen., welche d. französ. Sprache lehren oder lernen wollen, (herausg. v. K. A. Grebitz). 8. Leipz. 802. Weigel. 8 gr.

— Anweisung zur franz. Sprachlehre. 8. Leipzig, Steinacker. 808.

Fevrier, C. A. Anweisung zur Erlernung der französischen Sprache . . . Leipzig 1809. Ü: *Grebitz, Carl Aug.* (KY)

— Anweis. zur Erlernung d. französ. Sprache, mit Beihülfe solcher Wörter, welche in d. deutschen Sprache einerlei Bedeutung u. Aussprache haben, (übers. u. herausg. v. K. A. Grebitz). 8. Lpz. 809. Steinacker. 5 gr.

— Grammatik d. französ. Sprache, (herausg. v. K. A. Grebitz). gr. 8. Leipz. ... 2e A. 803. Barth. 1 Rthl 6 gr.

— Lese- u. Unterhaltungsbuch für Diejen., welche d. französ. Sprache gut sprechen u. richtig schreiben lehren wollen. 8. Lpz., (Joachim). 8 gr.

— Lese- u. Unterhaltungsbuch für Diejen., welche d. französ. Sprache gut sprechen u. richtig schreiben lehren u. lernen wollen, (übersetzt u. herausg. v. K. A. Grebitz). 2 Thle. 8. Leipz. 801 u. 7. Weigel. (Arnold in Dresd.) 2 Rthl 21 gr.

Fevrier, Sauv. v., Reisen durch d. Türkey, Pers. und Arab. a. d. Franz. 2 Thle. 8. Leipzig, Vögel. 790.

Fewson, die elektro-homöopathische Heilmethode. Ein Beitrag zur Kennzeichng. d. neuesten Fortschrittes auf dem Gebiete der Heilkunde. gr. 8. (15 S.) Danzig 886. Th. Bertling. n — 20

Fewson, Joan. Georg. (geb. Danzig 13. 8. 1825): De ventriculi scirrho. Berolini (1855). (20 S.) 8°
Berlin, Med. Diss. v. 23. März 1855

v. Fewson, Nicolaus [cand. med. aus Zoppot]: Zur Aetiologie der Myome des Uterus ... Erlangen, Druck d. Univ.-Buchdr. v. E. Th. Jacob, 1895; 25 S. 8.
Erlangen, Med. Fak., Inaug.-Diss. v. [11. März] 1895

Fey, Behandlg. der Wasserleitg. u. Feuerlöschgeräte. Auf Grund langjähr. prakt. Erfahrg. zusammengestellt. gr. 8. (14 S.) Neuwied 899. F. Gütkow. n. — 60

Behandlung der Wasserleitung und Feuerlöschgeräte. Auf Grund langjähr. prakt. Erfahrung zsgest. von Kreisbaumeister **Fey**. *Neuwied: J. H. Heuser 1899.* (14 S.) 8° [F. u. Ant.]

Fey, Adph., Geschichte d. Burg Hanstein. [Aus: „Hessenland".] gr. 8. (38 S. m. 1 Abb.) Cassel 897. F. Scheel. n. — 50

Fey, Adph., Geschichte d. Burg Hanstein. 2. Aufl. Fest-Ausg. zum 600jähr. Jubiläum. Mit Abb. u. Grundriß d. Burg. (IV, 39 S.) 8. Kassel 908. F. Scheel. — 80

Fey, Carl, s. Fey, Karl

Fey, F., die Ausführungsvorschriften zum Reichsgesetz üb. die Invaliditäts- u. Altersversicherung im Großherzogth. Hessen, s.: Zeller, W.

Fey, F., die wichtigsten Fragen aus dem Invaliditäts- u. Alters-Versicherungsgesetz unter besond. Berücksicht. der im Großherzogth. Hessen erlassenen Ausführungsvorschriften. Zusammengestellt u. durch prakt. Beispiele erläutert. 8. (39 S.) Mainz 890. Diemer. n. — 50

— Die wichtigsten Fragen aus dem Invaliditäts- u. Alters-Versicherungsgesetz, unter besond. Berücksicht. der im Großherzogth. Hessen erlassenen Ausführungsvorschriften zusammengestellt u. durch prakt. Beispiele erläutert. 1.—3. Aufl. (39 S.) 4. unter Berücksicht. der neuesten Bestimmgn. veränd. Aufl. 8. (40 S.) Mainz 891, Diemer's Verlag. * — 50

— Die Sonn- u. Festtagsruhe nach dem Arbeiterschutzgesetze. 1. u. 2. Aufl. 8. (93; 96 S.) Ebd. 892. * 1 50

Fey, Herm., Volkskinderlieder a. Schleswig-Holstein. Für die Pflege des Gesanges in den ersten Schuljahren gesammelt u. hrsg. (19 S.) 8. Flensburg 910. A. Westphalen. — 40

Zur Geschichte Aachens im 16. Jahrhundert. Mit Benutzung ungedr. Archivalien. Von J[ohannes] **Fey**. Aachen: I. Schweitzer 1905. (78 S.) 8°

Fey, Julius, appr. Arzt a. Grünstadt (Pfalz): Ein Beitrag zur Multiplicität verschiedenartiger Tumoren. München 1905: Kastner & Callwey. (31 S.) 8°
München, Med. Fak., Ref. v. Bollinger, Diss. v. 20. Febr. 1906
[Geb. 3. März 82 Grünstadt; Wohnort: Grünstadt; Staatsangeh.: Bayern; Vorbildung: Gymn. Heidelberg Reife Juli 00; Studium: München 2, Heidelberg 1, München 2, Berlin 1, München 3 S.; Coll. 20. Febr. 06; Approb. 28. Jan. 06.]

Fey, Julius, Albrecht von Eyb als Uebersetzer. Diss. Halle 1888, Lippertsche Buchh. 8°. 40 S.

Fey, Julius [aus Koblenz]: **Albrecht von Eyb als Übersetzer....** Halle a. S., Plötz'sche Buchdr., R. Nietschmann, 1888; 40 S. + 1 Bl. 8°
Halle, Phil. Fak., Inaug.-Diss. v. [20. März] 1888

Fey, Carl, die sittlichen Anschauungen des salomonischen Spruchbuchs. Diss. Halle 1886, Lippertsche Buchh. 8°. 51 S.

Fey, Carl [aus Coblenz]: **Die sittlichen Anschauungen des salomonischen Spruchbuchs....** Halle a. S., Plötz'sche Buchdr. (R. Nietschmann), 1886; 51 + 1 S. 8°.
Halle, Phil. Fak., Inaug.-Diss. v. [31. Aug.] 1886.

Fey, Carl. Der Anteil der Jesuiten an der preußischen Königskrone v. 1701. Im Lichte der Geschichte betrachtet. gr. 8. (46 S.) Lpz. 892, Buchh. d. Evangel. Bundes v. C. Braun. * — 75
Dass. s.: Flugschriften des Evangelischen Bundes.

Zur Ausbreitung der römischen Kirche im protestantischen Deutschland, besonders in der preußischen Provinz Sachsen von Dr. Carl **Fey**. Leipzig: C. Braun in Komm. 1907. (48 S.) 8° [Umschlagt. F.]
— **Flugschriften** d. Evang. Bundes. 249/50.

Fey, Karl, die evangelische Bewegung in Oesterreich, s.: Wartburghefte. 6. Hft.

— Gustav Adolf im Lichte der Geschichte, } s.: Flugschriften des Evangelischen Bundes.

Luthers Käthe. Von Dr. Carl **Fey**. *Leipzig: Buchh. d. Ev. Bundes 1902.* (20 S.) 8° [F.]
— Wartburghefte. H. 19.

Fey, Karl, s.: Clemens' XIV., Papst, Aufhebungsbreve des Jesuitenordens.

Unsere Lage und unsere Aufgaben nach dem Fall von § 2 des Jesuitengesetzes. Von Dr. Carl **Fey**. *Leipzig: C. Braun 1904.* (17 S.) 8° [F.]
— **Flugschriften** d. Evangelischen **Bundes**. 223.

— Trierer Lutherstudien. Eine Beleuchtg. der neuesten röm. Angriffe gegen Luther. gr. 8. (62 S.) Leipzig 894. Buchh. des Evang. Bundes v. C. Braun. n. — 60

— John Milton als protestant. Charakter, s. a. Flugschriften des Evangel. Bundes.

John Milton als protestantischer Charakter. Von Carl **Fey**. Leipzig: C. Braun in Komm. 1908. 45 S. 8° [Umschlagt.]
(Flugschriften d. Evang. Bundes. 261/262.)

— Rom u. die Toleranz. Ein Wort f. den Evangel. Bund an Sebastian Brunner. 8. (III, 112 S.) Barm. 890, Klein. * 1 50

— Ultramontanismus u. Patriotismus, s.: Flugschriften d. Evangelischen Bundes.

— Urteile Martin Luthers üb. das Papsttum. Aus seinen Schriften zusammengetragen. 1. u. 2. (Titel-)Aufl. gr. 8. (III, 80 S.) Leipzig 891. 894. Buchh. d. Evang. Bundes v. C. Braun. n. — 60

Die Wiederaufrichtung des römischen Kirchenwesens in der preußischen Provinz Sachsen von Dr. Carl Fey. Halle (Saale): Ev. Bund 1910. 64 S. 8° (10. 10095 3

—— Vatikanische Wissenschaft. Protestantischen Lesern zur Aufklärg. u. Belehrg. 8. (IV, 160 S.) Barm. 889, Klein. * 2 40

Fey, Carl, die antike und moderne Civil-Justiz. Eine histor.-dogmatisch-legislative Abhandlung mit besond. Beziehung auf die Gesetzgebungen Oestreichs, Preußens und Frankreichs. (Civil-Recht und Prozeß.) gr. 8. (VIII und 172 S.) Würzburg 859, (Stahel'sche Buchh.) *

Loasa Vöigeli. Unterfränk. Gedichte meinen lieben Landsleuten gewidmet von Nikolaus Fey. Würzburg: Kellner 1900. IV, 119 S. 8° (09. 11196

Fey, Sebastian: Gemeinnützige Anleitung zur richtigen Kenntniss und sicheren Heilung des ansteckenden Lungenbrandes beym Rindvieh... Konstanz 1818. VIII, 64 S.

Fey, S., Anleit. zur richtigen Kenntniß u. sichern Heilung d. ansteckenden Lungenbrandes beim Rindvieh. 8. Constanz u. Aarau 818. Sauerländer. 6 gl.

Fey, S., Gemeinnützige Anleitung zur richtigen Kenntnis und sicheren Heilart des ansteckenden Lungenbrandes beim Rindvieh, auch Lungensucht und Lungenfäule genannt. 8. Aarau 19. Sauerländer. M. —.05

Fey, S., d. künstl. Zerstückelung u. Ausziehung d. schwersten regelwidrigen Geburten bei landwirthschaftl. größern Haussäugethieren. Mit 1 Steindr. gr. 8. Constanz 823. Wallis. 6 gl.

— Die künstliche Zerstückelung und Ausziehung der schwersten regelwidrigen Geburten bei landwirtschaftlichen grösseren Haussäugetieren. Ein prakt. Beitrag zur rationellen Geburtshilfe. Mit 1 Steindr. gr. 8. Constanz 24. Glükher. M. —.65

Fey, (S.,) die künstliche Zerstückelung u. Ausziehung d. schwersten regelwidrigen Geburten bei landwirthschaftl. größern Haussäugethieren. Mit 1 Steindr. gr. 8. Constanz 824, Wallis.

Feydeau, Fernand's Ehekontrakt, Fortsetzg., s.: Felix, Paul, Fernand's Flitterwochen.

Feydeau, Ernst, ein erstes Auftreten in der großen Oper. Pariser Sittenroman. Aus dem Französ. von Ernst Berg. 8. (247 S.) Wien 864, Markgraf und Müller.

Feydeau, Ernst, die Gräfin Chalis. Sittenroman. Einzige autoris. deutsche Ausg. 8. (VIII, 203 S.) Berlin 868, Hausfreund-Expedition. *

— Daniel. Roman in 6 Büchern. Aus dem Französ. Berlin 859. Hasselberg. 8. (345 S.) n. 1 ℛ 10 ngr.

— — Berlin 859. Bieler & Co. (Seehagen.) 16. (256 S. u. 1 Lithogr.) 10 ngr.

Feydeau, E., Daniel. Berlin 859. Wagner. 8. (384 S.) n. 1 ℛ

Feydeau, Ernest, Daniel. Étude. 4 Vols. (Bibliothèque choisie. Vol. 297—300.) 16. (626 S.) Paris 859. [Naumburg, Paets.]

—— un début à l'opéra. Étude. 3 Vols. (Bibliothèque choisie. Vol. 596—598.) 16. (470 S.) Naumburg 863, Pätz.

—— Fanny. Nach der 17. Aufl. des französ. Orig. bearb. 1. Aufl. 32. (159 S. mit 1 Stnt.), 2. Aufl. 16. (143 S. mit 1 Stnt.) (Mignon-Bibliothek. Nr. 5.) und 3., neu übers. Aufl. 16. (128 S. mit 1 Stnt.) Berlin 859, [Seehagen.]

— Fanny. Die Verirrungen des menschlichen Herzens. Nach der 10. Aufl. des französ. Originals bearb. 1. u. 2. Aufl. Berlin 859. Bieler & Co. (Seehagen.) 16. (143 S. u. 1 Lithogr.) 7½ ngr.

Feydeau, E., Fanny. Die Verirrungen des menschlichen Herzens. Nach der 17. Aufl. des französ. Originals bearb. 3. neu übers. Aufl. Berlin 859. Bieler & Co. (Seehagen.) 16. (123 S. u. 1 Lithogr.) 7½ ngr.

— Fanny. Episode aus dem Leben einer jungen Frau. Nach der 14. Aufl. des Französ. 1—4. Aufl. Berlin 859, 60. Hasselberg. 16. (234 S.) 1 ℛ

—— Fanny. Étude. Avec préface de Jules Janin. 2 Vols. (Bibliothèque choisie. Vol. 285 et 286.) 12. Édit. 16. (282 S.) Paris. 2. Abdruck. Halle 859. [Naumburg, Paets.]

— Fanny. Étude. Avec préface de Jules Janin. 2 vols. 859. — 2. édit. Ebend. 861. 16. (282 S.) 20 ngr.

—— Fanny. Der Roman einer schönen Frau. Nach der 10. Aufl. des Französ. 6. Aufl. gr. 16. (128 S.) Leipzig 875, Fest. *

—— Katharina. Roman in vier Büchern. Aus dem Französ. 8. (246 S.) Berlin 860, Hasselberg'sche Verlagsh.

—— dass. — s. Lese-Cabinet, neuestes belletristisches.

—— Katharina v. Overmeire. Roman. Aus dem Französ. von Frau v. ***. 2 Bde. gr. 8. (283 S.) Berlin 860, (A. Jonas.)

—— Katharina v. Overmeire. Studie. 2 Thle. 1. und 2. Aufl. (Mignon-Bibliothek. Nr. 7.) 16. (342 S. mit 1 Holzschn.) Berlin 860, [Seehagen.]

Feydeau, Ernst, der Mann einer Tänzerin, s. Salon, belletristischer.

—— der Mann einer Tänzerin. Pariser Sittenroman in 3 Abtheilungen. Aus dem Französ. von Ernst Berg. 3 Bde. 8. (247, 264 und 328 S.) Wien 864, Markgraf und Müller.

—— le mari de la danseuse. Étude. 3 Vols. (Bibliothèque choisie. Vol. 605—607.) 16. (476 S.) Naumburg 863, Pätz.

—— der Roman einer jungen Frau. Roman. Aus dem Französ. übers. von Edm. Zoller. 2 Thle. Einzig berecht. deutsche Uebersetzung. 8. (323 S.) Wien 868, Tendler und Comp. [Leipzig, Zander.] (*M. 6.) *

—— Monsieur de Saint-Bertrand. Étude. 3 Vols. (Bibliothèque choisie. Vol. 599—601.) 16. (466 S.) Naumburg 863, Pätz.

—— die Schrecken der Liebe. Sittenroman. Einzige autoris. deutsche Ausg. 8. (147 S.) Berlin 868, Hausfreund-Exped. *

—— le secret du bonheur. 4 Vols. (Bibliothèque choisie. Vol. 709—712.) 16. (600 S.) Naumburg 864, Pätz.

—— Sylvia. Episode aus dem pariser Leben. Aus dem Französ. 8. (123 S.) Berlin 861, Hasselberg'sche Verlagsh.

—— Sylvie. Étude. (Bibliothèque choisie. Vol. 399.) 16. (142 S.) Naumburg 861, Paets.

—— die Tänzerin als Gattin. Pariser Sittenroman. Aus dem Französ. von Ernst Berg. 8. (328 S.) Wien 864, Markgraf und Müller.

—— dass. — s. Salon, belletristischer.

Feydel, Gabriel

Feydel, G., Das Corsische Kleeblatt Bonaparte, Theodor u. Paoli. Nebst einer Schilderung der Sitten u. Gebräuche der Corsen, vom Bürger —. 1803.
Joh. Friedr. Schmidt's in Dresden ehemal. Leihbibl. Nr. 2782. — Selten!

Feydel, ..., d. Corsen Sitten u. Gebräuche, s. Kleebad, d. cors.

Feydel, Gabriel. Der Corsen Sitten und Gebräuche, a. d. Franz. . . . Zeitz 1800. Ü: *Bernewitz, Friedrich Wilhelm v.* (MGT)

Feydel, der Corsen Sitten u. Gebräuche. 8. Zeitz, Webel. 801.

Feydt, Wilhelm: Der Einfluß der ostpreußischen Eisenbahnen auf die städtischen und einige andere Siedelungen. Königsberg i. Pr. 1904: R. Leupold. (108 S.) 8° ¶(Aus: Altpreuß. Monatsschr. Bd 41. 1904.)

Königsberg, Phil. Fak., Ref. Hahn, Diss. v. 26. Nov. 1904

[Geb. 19. Dez. 80 Königsberg i. Pr.; Wohnort: Königsberg; Staatsangeh.: Preußen; Vorbildung: Friedrichskollegium Königsberg i. Pr. Reife O. 99; Studium: Königsberg 11 S.; Rig. 13. Juli 04.]

Feye, Carl, 58 Choräle. Für 4 Männerstimmen bearb. (2. Heft.) gr. 8. (88 S.) Wiesbaden 862, Limbarth. *

Feye, H. J., recensio dissertationis Binterimi, s.: Binterim, A. J.

Feyer rc., s. Feier rc.

Feyer, die, des letzten Abends 1772, ein Gedicht. 8. Leipzig, 773.

Feyer, die, des heil. Abendmahls f. junge Christen. 8. Berl. Dieterici. 812. Rthlr.

Feyer, der 50jährigen Amtsführung des Herrn J. H. B. Natorp, Pred. zu Gahlen, an dess. 79sten Geburtstage, herausgeg. von der Kreissynode Duisburg. gr. 8. Essen, Bädeker. 819.

— die, des ersten Bibelfestes, der preuß. Bibelgesellschaft. gr. 8. Königsberg, Unzer. 819.

Grünberg: **Feyer des 22. Dec. 1783 in der Loge zum glänzenden Siebengestirn in [Grünberg?]. Beschrieben auf Befehl der Obern vom Br. S. und den sämtlichen Brüdern als Ms. mitgeth. o. O. 1784. 44 S. 8°**

cf. Frmr.-Bibliothek. 3. (1793) S. 220 bis 223; [dasselbe] 2. Aufl. 1793.

Kl. 1050. Sehr selten. Beschreibung der Aufnahme eines 18jährigen Jünglings, Trauerrede für einen M. v. St., v. St—sch. Installationsrede des neuen M. v. St. Gr. v. S. v. P. u. Gegenrede desselben. 23. 281.

— häusl. Feyer, s. Khünl, J. R.

— die, des Friedensfestes in den Frankischen Stiftungen. Von G. C. Knapp und A. H. Niemeyer. 8. Halle, Waisenhausbuchhdl. 816.

Feyer, die, des zarten Fronleichnams uns. Herrn Jesu Christi. Ein Triumph-Fest der heil. kathol. Kirche. gr. 12. (2⅓ B. u. Titvign.) Paßau 812, Ambrosi's Buchh. Thlr.
Vgl. Feier.

— die, des heiligen Frohnleichnamsfestes nach der Vorschrift und dem Geiste der katholischen Kirche bearbeitet. 2te Auflage. 8. Augsburg, Wolff. 820.

Karl II., Herzog von Braunschweig-Lüneburg: **Feyer des Geburtstags des Durchlauchtigsten Beschützers Carl [II.], Herzog von Braunschweig. Gesungen in der Loge Carl zur gekrönten Säule. Braunschweig, den 2. Nov. 1826. 2 Bl. 8° [Umschlagtit.]**

Lied mit Chor, ohne Noten. „Bei des Fürsten erster Sendung . . .". Üb. Karl II. s. Allgem. Deutsche Biographie Bd 15 1882 S. 281—285 (P. Zimmmermann). 65.

— — 1771 und 1773 an den Genius der Jahre rc. 8. Leipzig, Weidmann. 774.

Zur hohen Feyer der beglückenden Ankunft Ihrer königlichen Majestäten von Bayern den 16. Octob. 1830 in allertiefster Ehrfurcht dargebracht von den Schülern des Gymnasiums, der lat. Schule u. der höhern Bürgerschule. — Ebend. — a) Deutsche Ode in 9 Str. — b) 33 lat. Hexam. auf 4 S.
Progr. Regensburg.

— die, des Jahrestages d. Völkerschlacht bei Leipzig, in denen d. Stadt Frankfurt angehör. Ortschaften. gr. 8. Frankf. am M. Boselli. 814.

— die, des 19. Jahrhunderts in Eisleben. m. K. 8. Eisleben, Verdion. 801.

— des dritten evangelischen Jubelfestes in Worms. gr. 8. (Heidelberg, Mohr und W. in Comm.) 818.

— des dritten Jubelfestes der Reformation, welche den 2ten November 1817 in Zöllsdorf, einem Vorwerke, das einst D. M. Luther gehörte, Statt fand, nebst den dabey gehaltenen Reden. (v. Ritter). gr. 8. Leipzig, W. Vogel. 818.

Feyer, die, der ersten heil. Communion, ein Gedenkbüchlein zugleich als Versuch e. Darstell., wie (besond.) in Pfarrgemeinden auf d. Lande die Ausspendung d. ersten heil. Communion f. Kinder feyerl. gemacht werden kann. Von A. B. 12. (1½ B. u. Titkpfr.) Wien 835, Wimmer. Thlr.
Vgl. Feier.

— die, d. Laupenschlacht, gehalten am 28sten Juni 1813. Beschrieben von einem Theilnehmer als Andenken f. viele. Mit 1 Kupf. 8. Bern, Jenny. (Erlangen, Palm und E. in Com.) 819.

— d., der Liebe, s. Gynäologie 7r 8r.

— der Liebe s. Gynäologie. 9s 10s Bdchn.

Dass. s.a.: Flittner, Christ.Gottfr.

— die, der Liebe, des Oberpriester zu Paphos. 2r Bd. m. K. 8. Berl. Neue Societätsbuchh. 795.

— des dritten Säcularfestes der Reformation auf der Universität Tübingen. Herausgeg. von Dr. Bahnmaier. gr. 4. Tübingen, Laupp. 819.

Die Feyer des dritten Sept. 1825 in der Loge Amalia zu Weimar. [Weimar 1825: Hofbuchdr.] 60 S. 8° (Freymaurer-Analecten. 3.)

Tt. 2001. Bericht üb. die Logenfeier zum 50jährigen Regierungs-Jubiläum Karl Augusts von Sachsen-Weimar, zu der Goethe 3 Gesänge dichtete (von Hummel in Musik gesetzt); S. 9—34: Rede von K. W. Frh. v. Fritsch, der den Jubilar als Fürsten u. Regenten, S. 35—54: Vortrag von F. v. Müller, der ihn als Menschen u. Beschützer der Künste u. Wissenschaften feierte. 25.

—— (Feyer,) die, d. Sonntags; in d. tiefsten Bedeutung dargest., u. d. christl. Volke zu e. bleibenden Unterr. vorgelegt: v. e. Pfarrer d. Kantons Luzern. 8. (3 B.) Altdorf 828, Z'graggen. (Leipzig, Schmidt.)

— die, des weißen Sonntags, für Erstcommunicirende. 8. Freiburg, Herder. 818.

ZUR FEYER DES HUNDERTJÄHRIGEN STIFTUNGSTAGES DER LAUSITZER PREDIGERGESELLSCHAFT IN LEIPZIG. Einladungsschriften:
I. Ueber homiletische Verwöhnung, von JOHANN DAVID GOLDHORN.
II. Ueber den Gebrauch der Psychologie bey der Bibelerklärung, von AMADEUS WENDT.
III. Kurzgefasste Geschichte der Gesellschaft, von FRIEDRICH ADOLF KLIEN. Leipzig 1816. In der Kummerschen Buchhandlung. 8°.

— d., des Todes, 2 Thle. 8. Marburg, Krieger. 799.

— d. Verlobten od. d. Abend v. d. Hochzeit, ein Taschenb. 12. Berlin, W. Oehmigke. 801.

Die Feyer der Wiederherstellung hanseatischer Freyheit zu Lübeck am 19. März, und der Einzug russischer Truppen am 21. März 1813. Abth. 1—2. o. O. (1813.) 4°.

, Feyer, die, d. 35sten Central-Landwirthschafts- od. October-Festes im Königreiche Bayern, vorgenommen auf der Theresien-Wiese nächst München, am 5. Octob. 1845. Als II. Aufl. der bereits im J. 1833 erschien. derlei (!) Festschrift. München. Gedr. in d. Dr. Frz. Wild'schen Buchdr. Gr. 4°. Hlzsch.-Frontisp. u. 39 S. Cart.

Feyer, G., institutiones theologicae Tom. I—VII editio IIIia emwj. Viennae. (Lips., W. Vogel.) 819 et 820. à 1 Rthlr.

Feyer, Waldemar, ständiger wiss. Lehrer am Realgymn.: Über die Höldersche Funktion $Fu = e^{u} \cdot \prod_{n=-\infty}^{+\infty}{}' \left\{\left(1-\frac{u}{n}\right)^{n} \cdot e^{u+\frac{1u^{2}}{2n}}\right\}$ und einige verwandte Transcendente. Chemnitz 1910: Pickenhahn. 41 S. 4° ¶ (Ersch. auch als: Progr. d. Realgymn. Chemnitz 1910.)
Leipzig, Phil. Diss. v. 8. März 1910, Ref. Hölder, Rohn
[Geb. 3. Febr. 83 Freiburg i. Schl.; Wohnort: Chemnitz i. S.; Staatsangeh.: Preußen; Vorbildung: Gymn. Bautzen Reife O. 02; Studium: Dresden Techn. Hochsch. 4, Leipzig 5 S.; Rig. 9. Nov. 09.] [U 10. 3124

Der Feyerabend für Berg- und Hüttenmänner, Forst-, Jagd- und Landwirthe. Sammlung von Studien und Lesungen des Neueren, Interessanteren ... aus der Berg- und Hüttenkunde, dem Forst- und Jagdwesen. Hrsg. V. J. Pantz. - Grätz. Jg. 1. 1819. - (M. n. ersch.)

Feyerabend, Sigm., s.: Ballmann, H.,

Feyerabend, Diss. de asthmate. Regiom. 4°. 1764

Feyerabend, das Fortbestehen der Civilschuld bei Ausstellung eines Wechsels behufs Haftung eines Dritten. gr. 8. (8 S.) Tübingen 884, Fues. *
Aus: Württembergisches Archiv für Recht und Rechtsverwaltung, besonders abgedruckt.

Feyerabend, Alexander, Referendar in Iutroschin: Die Gütertrennung des B. G. B. Borna-Leipzig 1905: R. Noske. (VIII, 83 S.) 8° [F.]
Rostock, Jur. Fak., Ref. Matthiaß, Diss. v. 17. Nov. 1905
[Geb. 5. Jan. 83 Bromberg; Wohnort: Bromberg; Staatsangeh.: Preußen; Vorbildung: Gymn. Bromberg Reife O. 01; Studium: Berlin 1, München 1, Freiburg i. B. 2, Kiel 2 S.; Rig. 21. Juli 05.]

Feyerabend, C. B., s. Feyerabend, Karl B.

Feyerabend, David Wilhelm (Heilbronn), De emptione uxorum dote et Morgengaba ex jure Germanico. Disp. jur. Präs. Nicolaus Hieronymus Gundling. Halle (Chn. Henckel) 10. IV. 1722. 152 S. (8.—) 8758

Feyerabend, E., neueste Methode das Stotterübel gründl. und nachhaltig zu heilen, mit besond. Rücksicht auf die Erlernung des Lesens durch Lautiren, für Aeltern, Lehrer und Erzieher. gr. 8. (X und 36 S. mit 1 Stnt. in 4.) Marienwerder 847, (Baumann'sche Buchh.) *

Feyerabend, Eduardus: De verbis Plautinis personarum motum in scaena exprimentibus. Marpurgi Cattorum 1910: Koch. 105 S. 8°
Marburg, Phil. Diss. v. 8. Mai 1910, Ref. Birt
[Geb. 18. Aug. 84 Hersfeld; Wohnort: Hersfeld; Staatsangeh.: Preußen; Vorbildung: Gymn. Hersfeld Reife O. 03; Studium: Marburg 3, München 2, Marburg 7 S.; Rig. 28. Juli 09.] [U 10. 3353

Feyerabend, Eugen [pr. Arzt]: Über das Vorkommen der Rachitis bei Neugeborenen nach Beobachtungen in der K. gynaekologischen Klinik zu Königsberg. . . Königsberg i. Pr., Druck v. M. Liedtke, 1890: 30 S. + 1 Bl. 8°
Königsberg, Med. Fak., Inaug.-Diss. v. 17. Mai 1890

Feyerabend, Eug. Über das Vorkommen der Rachitis bei Neugeborenen, nach Beobachtgn. in der königl. gynäkolog. Klinik zu Königsberg. gr. 8. (29 S.) Königsb. i. Pr. 890, (Koch). * — 80

Feyerabend, Ferd., neueste Française und Quadrille à la cour [Les Lanciers]. 13. verm. und verb. Aufl. 16. (4 S. auf Carton.) Dortmund 877, (Crüwell'sche Buchh.)

— **Gottfried Benjamin** (Gr.-Glogau/Schles.), De morbis acutis malignis quatenus venaesectionem indicantibus. Diss. med. Präs. Andr. Elias Büchner. Halle (J. Ch. Hendel) 18. IV. 1750. 39 S. (5.—) 8766a
Widm. v.: Joh. Heinr. v. Tschudi, J. L. Rochau (Glogau), J. D. Jachnick, Carl Heinrich Großmann.

Ostseebad Brösen. Ein Führer durch d. idyllischen Badeort am Ostseestrande. Hrsg. von Gustav Feyerabend. *Danzig: E. Pietzcker (1900).* (40, 16 S.) 8° [00. 6360 10

Feyerabend, Johann David

—. — **De privilegiis mulierum. Von den weiblichen Frey= und Gerechtigkeiten. Dissert. jur. Präs. Joh. Volk. Bechmann. Jena (Joh. Nis) März 1667. 124 S. (7.—)** 8762
Gew.: Jacob Friedrich Rühle. — Widm. v.: Präs., Statz Harbord v. Wintheim, Friedrich Gottschaldt (dtsch.).

— — **Dasselbe.** Jena (Paul Ehrich) 1720. (6.50) 8764

— — **Dasselbe.** Wittbg. (Hake) 1745. 118 S. ohne Widm. (6.50) 8765

— Harnacks Angriff auf die Geltung des Apostolikums in der evangelischen Kirche, geprüft v. K. W. F. gr. 8. (43 S.) Gütersloh 893. C. Bertelsmann. n. — 60

Feyerabend, K. W., die Bedeutung der Theologie v. Alb. Ritschl f. die Gegenwart. [Aus: „Mittheilgn. u. Nachrichten der evangel. Kirche in Rußland".] gr. 8. (24 S.) Riga 894. L. Hoerschelmann. n. — 60

Feyerabend, K. W., Glaube an die Bibel od. Glaube an Christus? Betrachtungen e. Pastors. gr. 8. (72 S.) Riga 899. (L. Hoerschelmann.) 1.50
Sonderabdr. a.: „Mittheilgn. u. Nachr. f. d. ev. Kirche in Rußland".

Feyerabend, K. W., evangel. Heilsglaube, nicht „Glaube u. Glaube". gr. 8. (82 S.) Riga 895. L. Hoerschelmann. n. 1.—

Ausgewählte Dichtungen des Catullus, Tibullus und Propertius. Für d. Schulgebr. bearb. u. erl. von Dr. Karl Feyerabend, Prof., Zerbst. Text [&] Kommentar. *Bielefeld & Leipzig: Velhagen & Klasing 1902.* 2 Bde 8°
(Sammlung lat. u. griech. Schulausgaben.) [illegible]

In the far east. Tales and adventures by R. Kipling, G. Boothby and F. A. Steel. Hrsg. von Dr. Karl Feyerabend, Prof. in Zerbst. [Nebst] Wörterbuch. *Berlin: R. Gaertner 1902.* 2 Bde. 8°
= Schulbibliothek franz. u. engl. Prosaschriften aus d. neueren Zeit Abt. 2, Bdch. 40.

Feyerabend, Karl, a history of English literature, s. a. Authors, English.

A history of English literature. F. d. Schulgebr. bearb. v. Dr. Karl Feyerabend, Oberl. ... in Zerbst. [Nebst] Wörterb. u. Anh. *Bielefeld & Leipzig: Velhagen & Klasing 1899.* 3 Bde 8.
History. M. 29 Abb. (VI, 187 S.)
Wörterb. (50 S.) Anh. ... Anmerkgn. (60 S., 1 Bl.)
— Sammlung, Velhagen & Klasings, französ. u. engl. Schulausgaben. Engl. Authors. Lfg 72 B. [99. 1657

— **History of the United States from the discovery of America to the year 1900. Für den Schulgebrauch nach amerikan. Quellen hrsg. (VI, 100 S. m. 2 Karten.) gr. 8. Berlin 904. Weidmann.**
Geb. in Leinw. n. 1. 40

F.] Katholizismus und Protestantismus als Fortschrittsmächte. Von Dr. Karl Feyerabend. *Stuttgart: Ch. Belser 1898.* (76 S.) 8.
= Zeitfragen d. christlichen Volkslebens. Bd 23. H. 4. [98. 3330

— **A complete Hebrew-English pocket-dictionary to the Old testament. (Toussaint-Langenscheidt method.) (X, 892 S.) kl. 8. Berlin-Schöneberg (908). Langenscheidt's Verl. Geb. in Leinw. 2. —**

South Africa. Sketches by A. Trollope, J. A. Froude and Lady Barker. Mit Anm. f. d. Schulgebr. hrsg. von Dr. Karl Feyerabend, Oberl. in Zerbst. Rechtmäss. Ausg. [Nebst] Wörterbuch. *Berlin: R. Gaertner 1897–1900.* 2 Bde 8°
= Schulbibliothek französ. u. engl. Prosaschriften aus d. neueren Zeit. Abt. 2, Bdch. 25. [00. 1066]

Methode Toussaint-Langenscheidt. Taschenwörterbuch der hebräischen und deutschen Sprache zu den gelesensten Teilen des Alten Testaments. Zsgest. von Dr. Karl Feyerabend, Prof. in Cöthen. Berlin-Schöneberg: G. Langenscheidt [1905]. (VI, 300 S.) 8°
(Langenscheidts Taschenwörterbücher f. Reise, Lektüre ...) [08. 8090

Feyerabend, K., der Weltspracheschwindel, s. Zeitfragen des christlichen Volkslebens.

— **Zenobia. Kulturgeschichtliche Erzählg. aus den letzten Tagen Palmyras. Vollständige Umarbeitg. e. älteren engl. Werkes. (292 S.) 8. Konstanz (904). C. Hirsch.**
Geb. in Leinw. n. 3. —

Feyerabend, Karl B., s. B r i e f e z. Gesch. d. russ. Reichs.

COSMOPOLITA, Johannes (d. i. *C. Feyerabend*), R o m a n t i s c h e E r z ä h l u n g e n w a h r e r B e g e b e n h e i t e n. Pennsylvanien (Danzig, Troschel) 1802. 8°. 729 S. (9 Kr. Halm & Goldmann, 1907.)
Weller, fing. Dr. — I. Geschichte m. Freundes. II. Josefa. III. Rudolf von d. Wart oder Die Ermordung Kaiser Albrechts.
„Enth. mehrere Geschichten gefallener Mädchen, weiblicher Scheusale aller Stände („Comödiantinnen" etc.)." R. Zinke's Dresdener Novbr.-Auction 190*, Nr. 285.)

Feyerabend, Karl, († ...) Geschichte d. polnischen Staats von seiner Entstehung bis zu seiner Wiederherstellung. 1r Bd. 8. Danzig 809. Krause. 1 ℛ 8 𝔤𝔤

— **Handbuch d. Gewerbskunde f. Schulen. 8. Danzig 808. Krause. 18 𝔤𝔤 2e Aufl., mit e. Vorrede v. J. C. Gotthard. 8. Erfurt 813. (Kummer in Leipz.) 18 𝔤𝔤 (Ewert in Danzig). Hbg. Pr. 12 𝔤𝔤**

Feyerabend, C. B., Handb. f. die G e w e r b k u n d e, aus d. Produkten d. 3 Naturreiche. Für Bürgerschulen m. Vorrede von J. C. Gotthard. 2te Aufl. Erfurt, Knick. 813.

MISCELLEN a u s d e r W e l t - u n d M e n s c h e n k u n d e, ein Lesebuch vom Verfasser der Wanderungen durch die historische Welt (d. i. *Carl B. Feyerabend*). 2 Bdchn. Danzig, Goldstamm, 1805. 8°. (2 Rthl.)

Feyerabend, Karl B., s. W a n d e r u n g e n, kosmopolit.

Feyerabend, K. B.: Kosmopolitische Wanderungen durch Preußen, ... Podolien, Gallizien und Schlesien, in den Jahren 1795 bis 1798. In Briefen an einen Freund. 4 Bde. Danzig: Germanien 1798/1801.

WANDERUNGEN, K o s m o p o l i t i s c h e, d u r c h P r e u s s e n. Kurland, Liefland etc. in den Jahren 1795—98. In Briefen an einen Freund (von *Carl B. Feyerabend*). 4 Bde. Germanien (Danzig, Troschel) 1798—1803. 8°. (Im British Museum.)
Sehr interessant und cplt. höchst selten! — Anon.-Lex. IV. p. 372 (nach Goedeke, Kayser, Weller, Nentwig).

— **kleine Weltgeschichte für Kinder, zum Selbstunterricht. 3 Thle, mit 3 Kpf. gr. 8. Erfurt 815 u. 16. Hennings. 2 ℛ 22 𝔤𝔤 Hbg. Pr. geb. 2 ℛ**

Feyerabend, Ludw., s.: J a h r e s h e f t e der Gesellschaft f. Anthropologie u. Urgeschichte d. Oberlausitz.

Tafel vorgeschichtlicher Altertümer der Oberlausitz, hrsg. von den Kommunalständen d. Preuss. Markgraftums Oberlausitz, bearb. von L[udwig] Feyerabend, gezeichnet von J. Schurig. (2. Aufl.) *Görlitz [1900]: C. A. Starke.* 1 Bl. quer-gr. 2° [00. 1193

Feyerabend, Ludwig Wilhelm: Diss. jur. differentiis juris Rom. et statutarii Heilbronn. in tutelis, s. K o r t h o l t, Franz Justus (Präs.)

Feyerabend, Maurus

— **s. 1) C y p r i a n, sämmtl. Werke. 2) G r e g o r d. Gr. Briefe u. Homilien. 3) S c h m i e r. 40 Ursachen.**

— **ars poetica ad mentem Horat. Flacci. 8. Ottobeuern 798.**

***Feyerabend*, Maurus, († d. 8. März 1818.) cultus Deo T. O. M. a literaria juventute Ottobeurana exhibendis. 12. Ottobeuren 791.**

— **gewöhnl. Gebete für d. kl. Zöglinge d. Ottobeurischen Jugend. Deutsch u. Latein. 8. Ottobeuren 798.**

— **des ehemal. Reichsstifts Ottobeuren, Benediktiner-Ordens in Schwaben, sämmtl. Jahrbücher, in Verbindung mit d. allgem. Reichs- u. d. besond. Geschichte Schwabens, diplomat., kritisch u. chronol. bearb. 3 Bde, v. J. 764 bis 1740. 8. Ottobeuern 813 — 15.**

Feyerabend, Otto: De Servii doctrina rhetorica et de Terentiano commento Donati. Marpurgi Cattorum 1910: (Baechstaedt, Hersfeld). 63 S. 8°
Marburg, Phil. Diss. v. 8. Juni 1910, Ref. Birt
[Geb. 31. Aug. 86 Jestädt; Wohnort: Hersfeld; Staatsangeh.: Preußen; Vorbildung: Gymn. Hersfeld Reife O. 05; Studium: München 3, Leipzig 1, Marburg 6 S.; Rig. 23. Febr. 10.] [U 10. 3354

Feyerabend, Reinhard, a. Cöthen i. Anhalt: Über einige Synthesen unter Anwendung von Natriumamid. Cöthen 1906: P. Dünnhaupt. (51 S.) 8°
Kiel, Phil. Fak., Ref. Harries, Diss. v. 6. April 1906
[Geb. 23. Okt. 77 Hamburg; Wohnort: Cöthen; Staatsangeh.: Anhalt; Vorbildung: Gymn. Zerbst Reife O. 98; Studium: München 9, Berlin 1, Kiel 2, Marburg 2 S.; Rig. 5. Aug. 05.]

Feyerabend, W. In what manner did the French influence the formation of the English language? Elberfeld, G. S., 1881. 11 S. 4. Progr.

Feyerabend, Wilhelm: Schopenhauers Verhältnis zu Spinoza. Bonn 1910. 105 S. 8°
Bonn, Phil. Diss. v. 10. Aug. 1910, Ref. Külpe
[Geb. 21. Mai 84 Elberfeld; Wohnort: Bonn; Staatsangeh.: Preußen: Vorbildung: Gymn. Elberfeld Reife M. 02: Studium: Theol. Tübingen 4, Berlin 1, Bonn 3, Phil. Bonn 6 S.; Rig. 13. Juli 10.] [U 10. 361

Feyerabende v. C. v. B., 8. Coburg, Sinner. 806.

Feyerabende, oder Erzählungen in Poesie und Prosa, v. L. Hynek. 2 Bdchn. 8. Schmalkalden, Varnhagen. 821 à 1 Rthlr.

— **f. Kinder, od. Erzählungen üb. Gegenstände des Lebens. Leipzig, Leo. (1r 1 Rthlr. 12 gr., 2r 1 Rthlr. 16 gr.)**

Feyerabende in Meinau, s. Jacobs, Fr.

Feyereisen, Erdmann Benjamin (Gr.-Glogau), De periculo obligationis alienae sine fidejussione. Diss. jur. Präs. Christoph Ludwig Crell. Wittenbg. (Scheffler) Aug. 1754. 40 S. (5.—) 8766

Feyerer, Jos., Predigten zum Besten d. Armen. 8. Grätz 788.

Feyerfeil, F., und J. Wiener, Album enth.: Zeichnungen über Möbel, Vorhänge etc., s. Wiener.

Feyerfeil, Karl M. —. Predigt am zweiten Sonntage nach Ostern bei Gelegenheit der fünf und zwanzigjährigen Priesterfeier des hochwürdigsten Herrn Anton Krotenthaller, Piaristenordenspriesters, Rektors und Pfarrers zu Maria Treu in der Josefstadt ꝛc. gehalten von — —. Wien. 1855. Aus J. B. Wallishausser's k. k. Hoftheater-Buch-

Feyergesänge zum Aller-Deutschen-Feste am 18ten October. 8. Jena, Cröker. 816.

Feyerherm, Paul, Reg.-Bauführer: Beitrag zur Theorie der Eisenbahnkurven. 1908. 47 S. 8⁰
Braunschweig, Dr.-Ing.-Diss. v. 23. 5. 1908

Feyerkleid, das deutsche, eingeführt von deutschen Frauen, m. K. gr. 8. Gotha, Becker. 814.

v. Feyerlein, Fr. Frhr. v. Brohmer, theoret.-prakt. Erfahrung d. Flachsbaues. 8. Rudolst. 805. (Hildebrandt in L.) 4 gl

Feyerlein, von, üb. Freyh. v. Brohmers theoretisch-praktische Erfahrung des Flachsbaues. 8. Rudolstadt, Klinger. 805.

Feyerlein, Fr. Sigismund

— s. Ansichten, Nachtr. u. Bericht. zu A. Kirchners Geschichte.

— Ansichten, Nachträge u. Berichtungen zu A. Kirchners Geschichte. 2 Thle. gr. 8. Ebend. 809–10.

Feyerlein. Nachträge u. Berichtigungen zu Kirchner's Geschichte der Stadt Frankfurt a./M. 2 Bde. 8. Frankfurt a./M. 1809 7,50

Feyerlein, Fr. Sigm., († d. 25. Dec. 1813.) Beitr. zu einer künftigen wissenschaftl. Bearbeitung des Kriegs-Einquartierungs-Wesens. gr. 8. Frankf. 807. Gebhardt u. K. 1 ₰ 4 gl

Feyerlein, Fr. Sigism.: Findet die anderweite Ehe eines geschiedenen Protestanten mit e. ledigen Katholikin bei Lebzeiten des abgeschiedenen protestant. Theiles Statt? *Frkf.*, Gebhard u. Körber. 814. 8. (9 Gr.)

Feyerlicher Einzug, s. Einzug.

Feyerlied zum 2ten Jan. 1815. [Altenburg 1815.] 1 Bl. 12×33 cm [Kopftit.]
Ohne Noten: „In der Tugend stillgeweihten Hallen . . .“ 193. 358 a.

Feyerlin, Friedr., das Schwarzwaldbad Rippoldsau, seine Heilquellen, Kurmittel und Umgebungen. 3. Aufl. 8. (VII, 157 S.) Stuttgart 881, Enke. *
1. und 2. Aufl. erschienen im Selbstverlage des Verfassers.

Feyerstunden, s. Feierstunden, auch Ebersberg.

— ein Geschenk f. Kinder, zur angenehmen u. nützl. Unterhalt. 8. Altenburg. (Academ. Buchhandl. in Jena.) 796.

Feyerstunden, e. Bildungsbuch für Kinder ꝛc. m. Mus. u. illum. u. schwarz. K. 12. Leipzig, Bruder u. H. 810.
Holländisch P. Belkup.

— kleine Romane, Schwänke und Erzählungen, von J. M. Armbruster. 3te Aufl. 8. St. Gallen, Huber u. Comp. 815.

— Erzählungen, Geschichten und kleine Romane, von C. Th. Becker. 2r Th. 8. Nürnberg, Zeh. 816.

Feyerstunden, ein Bildungsbuch für Kinder, mit 16 Kpfrn. 8. Elberfeld, Büschler. 817.

Feyerstunden zur Aufklärung d. Verstandes u. Bildung d. Herzens d. Jugend. 4 Hefte, m. K. u. Melodien. 8 München, Lentner. 812.

— d. Geschäftsmannes, 3 Bde. 8. Bern, Typogr. Soc. 802.

FEYERSTUNDEN der Grazien, Die, ein Lesebuch. (Anthologie, hrsg. von Joh. Geo. Heinzmann.) 3 Bde. Mit zahlr. hübschen Vignetten in Holzschnitt u. Kupfer v. Dunker. Bern 1780—88. 8⁰. (12 Mk., schönes Expl., Max Harrwitz, Berlin, 1909.)

— —, Die, der Grazien. Ein Lesebuch. (Hrsg. von Joh. Geo. Heinzmann, Buchhändler in Ulm, von wo er vertrieben wurde.) 5 Bde. (cplt.). Mit zahlr. hübschen Holzschnitt- u. Kupfervignetten (von Dunker). Bern, in der Haller-schen Buchhandlung, 1780—89. 8⁰. (16 Mk., Leo Liepmannssohn, Berlin, 1907; 1—2 (1 in 2 Aufl., 1782]: 12 Mk. Bernh. Liebisch, Lpz., 1908.)

— — Dasselbe. Zweyte vermehrte Ausgabe. Ebd. 1784. 8⁰. 4 Bll. u. 476 S.
Max Perl's Berliner Octob.-Auction 1910, no. 598.

— — Dasselbe. 2. veränderte u. vermehrte Auflage. 6 Thle. (Th. 6 auch tit.: „Historisches Bilderbuch des Edlen und Schönen“.) Ebd. 1784. 8⁰. (In Warmbrunn: 6 voll.) (4 Mk. 50 Pfg. Gust. Fock, Lpz., 1907.)

— die d. Grazien. 5 Thle. gr. 8. Bern, Haller. 784–92.

— — ders. 6r Thl. (od. N. Tit. d. B. hist. Bilderb. d. Edlen ꝛc.) 794.

—— (Feyerstunden) der edleren Jugend. Eine Samml. d. besten Erzählungen, Novellen u. Skizzen f. d. vaterländ. Jugend. Hrsg. v. J. S. Ebersberg. 3. Jahrg. 12 Bdchn. Mit Kpfrn. gr. 12. Wien 828, Grund. (Leipzig, Fr. Fleischer.) à 9 Gr.
1. u. 2. Jahrg. Ebendas. 1826, 27. 9 Thlr.

Feyerstunden von Marie von ***. 16 Bdchn. (Auch unter dem Titel: Erzählungen.) 26 Bdchn. (Auch unter dem Titel: Lustspiele.) 8. Pesth, Hartleben. 820 à 1 Rthlr. 20 Gr.)

— zur Veredelung des Geistes und Herzens, und zur Beförderung eines frohen Lebensgenusses. 2 Bde. 8. Hamburg, Schulbuchhdl. 817. u. 818. à 1 Rthlr. 8 Gr.

Feyertag, Frdr., das Wissenswerteste üb. die Tonkunst v. den Tondichtern u. Tonkünstlern. Den Spielern der Zither gewidmet. 2. Aufl. 8. (16 S.) Tölz 890. Verlag des „Echo vom Gebirge“. n. — 50

Feyertag, Johann —. Oesterreichs schönster Frühlingstag. Zur Allerhöchsten Vermählung Sr. k. k. Apost. Majestät Franz Joseph I. mit Elisabeth, Herzogin in Baiern, am 24. April 1854. Verfaßt und Ihrer Durchlaucht der Frau Fürstin Wilhelmine Auersperg, geb. Gräfin Colloredo-Mannsfeld in tiefster Ehrfurcht gewidmet von — —. 8. (4 Bl.) Wien. Mechitharisten-Buchdruckerei.

Feyertag, Jul., Myrrhenberg. Episches Gedicht üb. den Ursprung v. Maria-Taferl. (V, 61 S.) 8. Wien 905. Buchh. „Reichspost“. n. — 40; geb. in Leinw. n. 1. —

— Wulfram, der Markomannenheld. Episches Gedicht aus der Zeit Marc Aurel's. (IV, 187 S. m. Bildnis.) 8. Ebd. 905. Geb. in Leinw. n. 2. —

Feyertage, üb. die, Fasten u. Priesterehe. 8. Wien, Hörling. 782.

Feyertagspredigtbuch. 4. Nürnberg, Ammermüller. 770.

Feyfar, Dr. Mathias Maria, Residenzial-Canonicus in Nikolsburg etc. Die erlauchten Herrn auf Nikolsburg. (Fürsten Dietrichstein.) Eine geschichtliche Studie auf Original-Urkunden begründet. (Mit 2 Ansichten.) 8. Wien 1879.

Feyfar, Math. Maria, die erlauchten Herrn auf Nickolsburg. Eine geschichtl. Studie, auf Orig.-Urkunden begründet. gr. 8. (IV, 358 S. m. 1 Photogr.) Wien 879. Mayer & Co. in Comm. n. 8. —

Feysar, Mathias Maria, aus dem Pantheon der Geschichte des hohen souveränen Johanniter-Ritter-Ordens. Die Retter der Landes-Hauptstadt „Prag": Rudolf Reichsgraf Colloredo-Wallsee und Franz Xav. Reichsgraf Khevenhüller-Metsch ꝛc. ꝛc. ꝛc. Ein Beitrag zur Geschichte Böhmens und Österreichs. gr. 8. (193 S.) Nikolsburg 882. (Prag, Kytka.) *

Feyhl, Johs., leichte religiöse Gesänge für Kirchenchöre in Stadt und Land auf die Festzeiten, sowie für besondere Verhältnisse in der evangel. Kirche [mit Textworten aus der heil. Schrift] für gemischten Chor componirt und dem evangel. Kirchengesangvereine in Württemberg zugeeignet. Op. 67. 1. Heft. 1. und 2. Aufl.; 2. Heft. 1. Aufl. Lex.-8. (à 16 S.) Göttingen 879. (Stuttgart, Metzler'sche Sortimentsh.) à Heft * 60 Pf. *

Feyjoo, Ben. Geron., Diätetik, vorzügl. f. Studirende, nebst J. Fothergill's Gesundheitsregeln u. dess. Bemerkk. über Kopfschmerzen; aus d. Span. v. C. F. Michaelis II. gr. 8. Zittau 790. Schöps. 20 ℳ

— Kritik meiner Irrthümer; aus d. Span. v. L. Harscher v. Almendingen. 1r Bd, 8. Gotha 791. Ettinger. 1 ℳ

Feyjoo, Ben. Geron., Kritik meiner ꝛc., lies gemeine Irrthümer ꝛc.

Feyler, Anna. Die Beziehungen des Hauses Württemberg zur schweizerischen Eidgenossenschaft in der ersten Hälfte des XVI. Jahrhunderts. 8. Zürich, Müller, Werder & Cie., 1905.
Ausg. A: Diss. Phil. I. Univ. Zürich. XII + 415 S.
Ausg. B, sep.: II + VIII + 415 S. [fr. 5.—]

v. Feylisch, Mor. Genealogisch-historische Beschreibung des altadelichen Geschlechtes derer von Feylisch. fol. s. l. 1795.

Feyrer, A. v., der Locomotivbau in den Vereinigten Staaten v. Nordamerika, s.: Bericht üb. die Weltausstellung in Philadelphia 1876.

Feyrer, Alois v., d. Wiener Stadtbahn als Schnellbahn, ihr Ausbau u. ihre Rentabilität. Beitrag zur Lösg. d. Stadtbahnfrage. (28 S. m. 2 Taf. u. 1 farb. Karte.) gr. 8. Wien 910. Lehmann & Wentzel. 1.20

FEYRER, Balduinus Jos(ephus), SOCist.: Illustretur idea perfectionis christianae secundum s. Bernardum et s. Thomam Aquinatem. — (1896) 102 S. 4° (Handschr.) Diss. 584
Diss. Wien, Univ.

Feyrer, Bald. Jos. Vergiß nicht der Schmerzen deiner Mutter! Sir. VII. 29. Gebet- u. Andachtsbuch zu Ehren der sieben Schmerzen Mariens f. kathol. Christen jeden Standes. 16. (VII, 604 S. m. 1 Farbendr.) Wien 890, „St. Norbertus". geb. * 2 40

Feyrer, Joh. v., s.: Blätter f. d. Armenwesen.

Fezer, s. a. Fetzer.

Fezer, Erholungsstunden für Menschen, siehe Erholungsstunden.

Fezer, Johann Friedrich (Ebingen), De malo morali ejusque gravitate. Diss. philos. Präs. Gottfried Ploucquet. Tübing. (Bauhof & Francke) Okt. 1758. 24 S. (4.80) 8767

Fezer, Johann Jakob

— s. 1) Bemerkk., daß Szekely. 2) Brandschadenversicherungsanstalt. 3) Damenkalender, Wiener. 4) Prüfung d. Wahrscheinlichkeiten. 5) Reliquien, über. 6) Toleranzbote. 7) Verhandlungen d. Ausschusses. 8) Wahrheiten. 9) Wahrscheinlichkeiten.

(FEZER Johann Jakob). Freymuthige Bemerkungen über das Verbrechen und die Strafe des Garde-Obristlieutenant Szekely . . . (von -). o. V. o. O. 1786. 1 vol. 10 S.

- Beweis, dass Zahlheim als ein Opfer der Unwissenheit seiner Richter und durch Gewalt des Stärkern hingerichtet worden. Von einem Menschen (-). Gedr. in Otahaiti 1786. 1 vol. 80 S. + 2 Bl.

Fezer, Ueber Brandschadens-Versicherungsanstalten, ein patriotischer Vorschlag eines Reichsstädters. Reutlingen 1783.

Fezer, Jh. Jak., kleiner immerwährender Kalender f. vergangene u. zukünftige Jahre christl. Zeitrechnung alten u. neuen Styls. Mit 1 Kpf. 4. Wien 816.

[FEZER Johann Jakob]. Das Lotto im wahren Gesichtspunkt betrachtet. o. V. Stralsund [Wien] 1786.

Wucherers Vertheidigung gegen Rautenstrauch (von *Johann Jacob Fezer*). O. O. 1786.
Anon.-Lex. IV. p. 316 (nach Meusel); Gradmann, Gelehrtes Schwaben p. 145.

— s. auch Fezer.

Fezer, Karl Heinrich, s. Fetzer, Karl Heinrich.

Fezer, Otto, aus Giengen a. Br. (Württemb.): Ueber Imidazole. *Erlangen 1901: E. Th. Jacob.* (19 S.) 8°
Erlangen, Phil. Diss. v. 2. Nov. 1900

Feztory, Ludw., Graf Stephan Széchenyi. Vortrag, gehalten am 10. Decbr. 1881. Uebers. von Frz. Balázs. gr. 8. (24 S.) Hermannstadt 882, (Schmiedicke.) *

FIACK, Albert (St. Ingbert): Die Entwicklung der Mobiliarbrand-, Lebens- und Leibrenten-Versicherung in Bayern 1887–1897.- München: Krämer 1901. 95 S.
28.5.1900 - Chr 1899/1900,11; Jv 1901/02,266 (Prom.-Datum: 1901)
Diss. Ingolst.-Landsh.-Mchn.

Zählung der leerstehenden Wohnungen in München am 7. Nov. 1909. Vorbereitet u. bearb. von Dr. A[lbert] Fiack. München: Lindauer 1909. 16 S. 4°
Aus: Mitteilungen d. Statist. Amts d. Stadt München. Bd 22, H. 1. [10. 2039

— Die Münchener Zählungen am 1. XII. 1910. (4 S.) Lex. 8. Ebd. 910. —05
Sonderabdr. a. „Mittlgn. d. stat. Amtes d. Stadt München".

Fiaker, Der, im Verhör. Komische Szene. Wien [1909]. V: *Neidl, Jul.* (EB)

Fiaker- und Droschken-Fahrtaxe, Prager, nebst dem Fahrtarif der Tramway. Giltig vom 1. Juli 1881. 8. 6 kr.
Prag: F. Kytka 1881.

Fiaker-Gstanzerln, Wiener, gesungen von den bekannten Wiener Fiakern Hungerl und Schuster Franz. Wien [1890]. V: *Herzog, Engelbert.* (EB)

Fiakerin, die schöne, s. Theater-Repertoir, wiener.

FIAKERLIED, Neues. O. O. u. J.
Verboten vom L.-G. Wien, 26. März 1888. § 516.

Fiaker- u. Droschken-Ordnung m. sämmtl. Tarifen f. die Haupt- u. Residenzstadt München. 16. (19 S.) München 876. Franz. — 30

Fiala. Sa Grandeur Mgr. Frédéric F., Evêque de Bâle (né ... le 21 juillet 1817). Août 1885. [Avec portrait.] (Souvenir de confirmation.) 8. Porrentruy.
Auteur présumé: Joseph Xavier Hornstein.

Fiala, Albine, Rahel u. ihre Freunde. Ein Buch der Erinnerg. (VII, 159 S. m. 1 Bildnis.) 8. Wien 907. W. Braumüller. 2.50

Fiala, Alois, Gesangschule u. das Wissenswerteste aus der Musik- u. Harmonielehre f. Lehrer- u. Lehrerinnen-Bildungsanstalten, Mittelschulen u. Musikschulen. Lex.-8. (61 S.) Wien 899. C. Graeser & Co. n. 2.40

— Lob Gottes, s.: Hauer, Jos.

Fiala, Alois (Hrsg.), s. Lotterie-Kalender, Neuer österreich.-ungarischer.

Fiala, Alois, die geheimen Lottospiel-Methoden oder der Lotterie-Rathgeber. 8. (52 S.) Wien 881. Steckler in Comm. n. 1. 60

— dasselbe. 18. Jahrg. 8. (54 S.) Ebend. 882. n. 2. —

Fiala, Alois, die geheimen Lottospiel-Methoden oder der Lotterie-Rathgeber, enthaltend die einzig und allein Gewinn bringenden Lottospiel-Methoden 2c. 17.—20. Jahrg. 1881—1884. 8. (52; 54; 82; 82 S.) Wien 880—83, (Schmid.) à Jahrg. *

Fiala, Alois (Hrsg.), s. S t a d t k a l e n d e r. - Österreich. ungar. Stadt-u. Landkalender.

Fiala, Eduard

Fiala, Ed., Beschreibung böhmischer Münzen u. Medaillen. I. Bd., enth. die Münzen v. der Urzeit bis zur Einführg. der Bracteatenprägg., u. zwar alle jene, die in der „Beschreibung böhm. Münzen u. Medaillen Sammlung Max Donebauer“ nicht vorkommen. Lex.-8. (VII, 117 S. m. 10 Taf.) Prag 891. (F. Haerpfer.) n. 10.—

Fiala, Ed., Beschreibung der Sammlung böhmischer Münzen u. Medaillen d. Max Donebauer. In numismatisch-geschichtl. Bearbeitg. Lex.-8. (VIII, 714 S. m. genealog. Tab. u. 83 Taf. Abbildgn.) Prag 888—890. (Dominicus.) n.n. 80.—

Fiala, Ed., s.: Collection Ernst Prinz zu Windisch-Grätz.

Fiala, Ed., Collection Ernst Prinz zu Windisch-Grätz. Beschrieben u. bearb. v. F. I. Bd.: Münzen u. Medaillen d. österr. Kaiserhauses. 2 Abthlgn. gr. 8. (V, 411 S. m. 8 Taf.) [Prag 895. (H. Dominicus.)] Wien, Gerold & Co. n.n. 14.—

— dasselbe. II. Bd.: Münzen u. Medaillen v. Italien, Spanien, Portugal, Frankreich, Belgien u. Niederlanden. gr. 8. (IV u. S. 413 - 819 m. 2 Taf) Ebd. 897. n. 12.—

Fiala, E., Kollektion Ernst Prinz zu Windisch-Grätz. II. Bd. Münzen und Medaillen von Deutschland und von der Schweiz. Gr.-8°. (Pag. 822—1372) Wien: Gerold 1906 K 24.–

Fiala, Eduard, Münzen u. Medaillen der welfischen Lande. Teil: Das alte Haus Braunschweig, Linie zu Grubenhagen. Mittelbraunschweig. — Mittellüneburg. (Sammlungen Sr. kgl. Hoh. des Herzogs v. Cumberland, Herzogs zu Braunschweig u. Lüneburg.) (VII, 112 S. m. 5 Taf. u. 2 Stammtaf.) 33,5×26 cm. Wien 906.07. F. Deuticke. 15.—

— Münzen u. Medaillen der welfischen Lande. Teil: Das mittlere Haus Braunschweig, Linie zu Calenberg. (Sammlungen Sr. kgl. Hoh. des Herzogs v. Cumberland, Herzogs zu Braunschweig u. Lüneburg.) (V, 54 S. m. 4 Taf.) 4. Wien 904. F. Deuticke. n. 10.—

Fiala, Eduard, Münzen u. Medaillen der welfischen Lande. Teil: Das mittlere Haus Braunschweig, Linie zu Wolfenbüttel. (Sammlungen Sr. kgl. Hoh. des Herzogs v. Cumberland, Herzogs zu Braunschweig u. Lüneburg.) (VII, 268 S. m. 19 Taf.) 33×25,5 cm. Wien 906. F. Deuticke. 30.—

Fiala, E., Münzen und Medaillen der welfischen Lande. VI. Bd, I. Teil. Fol. (292 S. und 18 Tafeln) K 36.-- Wien: Deuticke 1909.

— dasselbe. Teil: Das neue Haus Braunschweig zu Wolfenbüttel. (Sammlungen Sr. kgl. Hoh. des Herzogs v. Cumberland, Herzogs zu Braunschweig u. Lüneburg.) (VII, 292 S. m. 18 Taf. u. 1 Stammtaf.) 33×26 cm. Ebd. 907. 908. 30.—

Fiala, E., Münzen und Medaillen der welfischen Lande. VI. Bd. 2. Teil. Das neue Haus Braunschweig zu Wolfenbüttel. [Bevern.] 4°. (Pag. 295—466 mit 9 Tafeln) K 18.– Wien: Deuticke 1910.

— dasselbe. Teil: Das neue Haus Braunschweig zu Wolfenbüttel. II. (Bevern.) (Sammlungen Sr. kgl. Hoh. des Herzogs v. Cumberland, Herzogs zu Braunschweig u. Lüneburg.) (S. 295—466 m. Abbildgn. u. 10 Taf.) 33×26 cm. Ebd. 909. 15.—

Sammlungen Sr. Kgl. Hoheit d. Herzogs von Cumberland, Herzogs zu Braunschweig u. Lüneburg. Münzen und Medaillen der Welfischen Lande. Beschrieben von Eduard **Fiala.** T. (5.) Leipzig & Wien: F. Deuticke 1904. 4° [65. 3697

Fiala, F., siehe: *Goffine.*

Fiala, Ferd., Karte des Voitsberg-Köflacher Kohlen-Reviers. 1:14,400. Chromolithogr. Imp.-Fol. Graz 878, (Ferstl'sche Buchh.) *

Fiala, Ferdinand (Hrsg.), s. V e t e r i n ä r, Österreich. - ungarischer.

Fiala, Franz

Fiala, Frz., adnotationes ad floram Bosniae et Hercegovinae. [Aus: „Wissenschaftl. Mittheilgn. aus Bosnien u. der Hercegovina“, 3. Bd.] Lex.-8. (4 S.) Wien 895. (C. Gerold's Sohn.) n. —30

— d. praehistor. Ansiedelg. auf d. Debelo Brdo b. Sarajevo, s.: Mitteilungen, wissenschaftl., aus Bosnien u. d. Hercegovina.

Fiala Franz: Über einige gemischte Äther des Hydrochinons. 1. Abhandlung. S. 89. II. 770 vgr.
— — 2. Abhandlung. S. 92. II. 1317 . . . . vgr.
Separatabdruck

Fiala, Frz., e. botanischer Ausflug in die Klek planina. [Aus: „Wissenschaftl. Mittheilgn. aus Bosnien u. d. Hercegovina“ 1. Bd.] Lex.-8. (2 S.) Wien 893. (C. Gerold's Sohn.) n. —40

Fiala, Frz., A u s g r a b g n. auf d. Debelo Brdo b. Sarajevo, s. M i t t e i l u n g e n, Wissenschaftliche, aus Bosnien u. der Hercegovina.

Fiala, Frz., B e i t r ä g e z. röm. Archäologie d. Hercegovina, s. M i t t e i l u n g e n, Wissenschaftliche, aus Bosnien u. der Hercegovina.

Beiträge zur Flora Bosniens und der Hercegovina. Von Franz **Fiala.** Mit 1 Tafel und 1 Abbildung im Texte. (Separat-Abdruck aus Wissenschaftliche Mittheilungen aus Bosnien und der Hercegovina. VI. Bd. 1899.) **Wien.** 1899. In Comm. Gerold's Sohn. Lex.-8°. 25 S. fl. —.30

- Beiträge zur Pflanzengeographie Bosniens u. der Hercegovina. [Aus: „Wissenschaftl. Mittheilgn. aus Bosnien u. d. Hercegovina“ 1. Bd.] Lex.-8. (21 S. m. 1 Farbentaf.) Ebd. 893. n. 2.—

Bericht über die Ausgrabungen am Debelo Brdo bei Sarajevo im Jahre 1895. Von Franz **Fiala.** Mit 47 Abbildungen im Texte. (Separat-Abdruck aus Wissenschaftliche Mittheilungen aus Bosnien und der Hercegovina. VI. Bd. 1899.) **Wien.** 1899. In Comm. Gerold's Sohn. Lex.-8°. 10 S. fl. —.60

Fiala, Frz., Röm. B r a n d g r ä b e r b. Rogatica, s. M i t t e i l u n g e n, Wissenschaftliche, aus Bosnien u. der Hercegovina.

Griechische Bronzehelme aus Bosnien und der Hercegovina. Von Franz **Fiala.** Mit 3 Tafeln und 11 Abbildungen im Texte. (Separat-Abdruck aus Wissenschaftliche Mittheilungen aus Bosnien und der Hercegovina. VI. Bd. 1899.) **Wien.** 1899. In Comm. Gerold's Sohn. Lex.-8°. 7 S. fl. —.40

Prähistorische Bronzen aus Bosnien und der Hercegovina. Von Franz **Fiala.** Mit 1 Tafel und 24 Abbildungen im Texte. (Separat-Abdruck aus Wissenschaftliche Mittheilungen aus Bosnien und der Hercegovina. VI. Bd. 1899.) **Wien.** 1899. In Comm. Gerold's Sohn. Lex.-8°. 9 S. fl. —.40

— Über einige Derivate des Methyläthylhydrochinon. S. 92. II. 1320 . . . . vgr.
Separatabdruck

— die Ergebnisse der Untersuchung prähistorischer Grabhügel auf dem Glasinac im J. 1892. [Aus. „Wissenschaftl. Mittheilgn. aus Bosnien u. der Hercegovina“ 1. Bd.] Lex.-8. (44 S. m. 77 Abbildgn.) Ebd. 893. n. 4.-

— d. Ergebnisse d. Untersuchung prähistor. Grabhügel auf d. Glasinac i. J. 1893. [Aus: „Wissenschaftl. Mittheilgn. aus Bosnien u. d. Hercegovina", 3. Bd.] Lex.-8. (38 S. m. 81 Abb. u. 1 Taf.) Wien 894. (C. Gerold's Sohn.) n. 3. —

— — Die Ergebnisse der Untersuchung prähistorischer Grabhügel auf dem Glasinac im Jahre 1894. Mit 69 Abbildungen im Texte. Lex.-8. (32 S.) 1.—
Wien: Gerold 1896.

— — Die Ergebnisse der Untersuchung prähistorischer Grabhügel auf dem Glasinae im Jahre 1895. Mit 52 Abbildungen im Text. Lex.-8. (26 S.) (S..parat-.. druck, * —.60
ien: Gerold 1898.

Die Ergebnisse der Untersuchung prähistorischer Grabhügel auf dem Glasinac im Jahre 1896 Von Franz Fiala. Mit 59 Abbildungen im Texte. (Separat-Abdruck aus Wissenschaftliche Mittheilungen aus Bosnien und der Hercegovina. VI. Bd. 1899.) Wien. 1899. In Comm. Gerold's Sohn Lex.-8°. 26 S. fl. —.80

Die Ergebnisse der Untersuchung prähistorischer Grabhügel in Südostbosnien (anschliessend an den Glasinac) im Jahre 1897. Von Franz Fiala. Mit 1 Tafel und 75 Abbildungen im Texte. (Separat-Abdruck aus Wissenschaftliche Mittheilungen aus Bosnien und der Hercegovina. VI. Bd. 1899.) Wien. 1899. In Comm. Gerold's Sohn. Lex.- 8°. 29 S. fl. 1.—

Das Flachgräberfeld und die prähistorische Ansiedlung in Sanskimost. Von Franz Fiala. Mit 4 Tafeln und 202 Abbildungen im Texte. (Separat-Abdruck aus Wissenschaftliche Mittheilungen aus Bosnien und der Hercegovina. VI. Bd. 1899.) Wien. 1899. In Comm. Gerold's Sohn. Lex.-8°. 68 S. fl. 2.60

Höhlenforschungen in Bosnien. [Aus: „Wissenschaftl. Mittheilgn aus Bosnien u. d. Hercegovina" 1. Bd.] Lex.-8. (6 S. m. 2 Abbildgn.) Ebd. 893. n. 40

Archäologische Miscellen. Von Franz Fiala. Mit 20 Abbildungen im Texte. (Separat-Abdruck aus Wissenschaftliche Mittheilungen aus Bosnien und der Hercegovina. VI. Bd. 1899.) Wien. 1899. In Comm. Gerold's Sohn. Lex.-8°. 11 S. fl. —.20

— kleine Mittheilungen, s.: Mitteilungen, wissenschaftl. aus Bosnien u. d. Hercegovina.

Fiala, Franz: Aus dem botanischen Nachlaß.
s. Degen, Arpad von

— zwei interessante Nadelhölzer des bosnischen Waldes. Eine florist. Schilderg. [Aus: „Wissenschaftl. Mittheilgn. aus Bosnien u. d. Hercegovina" 1. Bd.] Lex.-8. (12 S. m. 2 Abbildgn. u. 2 Farbentaf.) Ebd. 893. n. 3. —

— die Osječenica u. Klekovača planina bei Petrovac. [Aus: „Wissenschaftl. Mittheilgn. aus Bosnien u. d. Hercegovina" 1. Bd.] Lex.-8. (6 S.) Ebd. 893. n. — 40

— eine neue Pflanzenart Bosniens. [Aus: „Wissenschaftl. Mittheilgn. aus Bosnien u. d. Hercegovina", 3. Bd.] Lex.-8. (2 S. m. 1 farb. Taf.) Wien 895. (C. Gerold's Sohn.) n. — 50

— d. neolithische Station v. Butmir b. Sarajevo in Bosnien. Hrsg. v. bosnisch-hercegovin. Landesmuseum. II. Thl. (Schlussbd.) Ausgrabgn. in d. J. 1894—1896. Bericht v. F. Vorwort v. M. Hoernes. M. 1 Plane, 19 Taf. u. 47 Abb. i. Texte. gr. Fol. (III, 47 S.) Wien 898. A. Holzhausen. Kart. n. 50. —

— u. Carl Patsch, Untersuchgn. römischer Fundorte in d. Hercegovina. [Aus: „Wissenschaftl. Mittheilgn. aus Bosnien u. der Hercegovina", 3. Bd.] Lex.-8. (27 S. m. 114 Abb. u. 4 Taf.) Wien 895. (C. Gerold's Sohn.) n. 4. —

— Viola Beckiana n. sp. e sectione Melanium D. C., s.: Mitteilungen, wissenschaftliche, aus Bosnien u. der Hercegovina.
— Ueb. einige Wallbauten im nordwestl. Bosnien, s.: Mitteilungen, wissenschaftliche, aus Bosnien u. der Hercegovina.

— prähistorische Wohnstätten in Sobunar bei Sarajevo. [Aus: „Wissenschaftl. Mittheilgn. aus Bosnien u. d. Hercegovina" 1. Bd.] Lex.-8. (16 S. m. 51 Abbildgn.) Ebd. 893. n. 1. 50

Fiala, Friedrich. Chronologicum der Urkunden und Regesten des Solothurnischen Wochenblattes 1810–34 und 1845–47. Gesammelt und geordnet von F. F.... (Urkundio. Band 1, Heft 1.) 8. (Solothurn 1851.)

Fiala, Friedrich. Das Franciscanerkloster und der letzte Franciscaner in Solothurn (P. Franz Ludwig Studer. 1804–1873). Ein Nekrolog. [Mit Anmerkungen. SA.] 8. Solothurn 1873.

Fiala, F., Geschichtliches über die Schulen von Solothurn, I., II., III., IV., V. Solothurn 1875, 1876, 1879, 1880, 1881.
Progr.

Fiala, F. Geschichtliches über die Schule in Solothurn, III. Das Jesuiten-Collegium im XVII. und XVIII. Jahrh. In-8°, 34 S. Solothurn, Druck von J. Gassmann.
⁎ Beilage zum Programm der Kantonsschule zu Solothurn, 1878—79.

Fiala, F[riedrich]. Der selige Nikolaus von Flüe, der Friedensstifter. Predigt, gehalten ... [zu Solothurn] zum Andenken des Seligen, bei der kirchlichen Jubelfeier zur Aufnahme Solothurns in den Schweizerbund. 8. Solothurn 1881.

Fiala, F[riedrich]. Das St. Ursus-Panner, ein Andenken an die Belagerung von Solothurn 1318. Mit zwei artistischen Beigaben [Tafeln]. 4. Solothurn 1869.

(Fiala, F[riedrich, und] Bernoulli, A[ugust].) Zur Schlacht bei Sempach. ⟨Aus Jahrzeitbüchern.⟩ ([Von] F. F. — Eine Todtenliste zur Schlacht bei Sempach. [Von] A. B.) [SA.] 8. [Solothurn 1882.]

Fiala, F[riedrich]. P. Urban Winistörfer (1789[–1859]). Ein Gedenkblatt für seine Freunde und Verehrer. [Mit Porträt-Tafel.] 4. Solothurn 1860.

Fiala, Joh., Vorlagen f. das Fachzeichnen der Schneider zum Gebrauche an gewerblichen Fortbildungsschulen, sowie zum Selbstunterrichte. Unter Mitwirkg. v. Wilh. Spička bearb. (38 lith. Taf.) gr. Fol. Wien 905. A. Pichler's Wwe. & Sohn. n. 17. —

Fiala, Josef, diplom. Thierarzt und Lehrer der Veterinär-Gegenstände im k. k. Artillerie-Equitationsinstitute. Hypologische-Vortragsbehelfe in 2 Bänden für die k. k. Artillerie-Equitazion aus den besten und neuesten Veterinärwerken extrahirt. 1. Band. Theorie und Praxis der Hufbeschlags-Kunst. Die Beurtheilung des Zahnalters bei Pferden. Kurzer Begriff der Pferde-Anatomie. — 2. Band. Aeussere Pferde-Kenntniss (Exterieure). Lehre über die sporadischen und am häufigsten vorkommenden Pferdekrankheiten und deren Behandlung in Ermanglung eines Thier-Arztes. (Lithographiert.) (2 Bde.) (Donation Liechtenstein.) 8. Wien 1853.

Fiala, Louise, Die moderne Wiener Küche. Praktisches Kochbuch. 3. verbesserte, in Alt- u. Neu versetzte Auflage. gr. 8. (182 S.) geh. 1 fl. 60 kr.
Wien: Kravani 1882.

Fiala, Louise, die moderne Wiener Küche. Prakt. Kochbuch m. 1150 Kochregeln u. 20 Speisen-Zetteln. 4., verm. Aufl. gr. 8. (211 S.) Wien 888. Kravani. geb. n. 3. 20

Fiala, Louise, die moderne Wiener Küche. Praktisches Kochbuch m. 1380 Kochregeln u. 20 Speisenzetteln. 5. Aufl., verb. u. durch neue Recepte verm. gr. 8. (303 S.) Wien 892. (C. Kravani.) In Leinw. geb. n. 4. —

Fiala, Louise, d. moderne Wiener Küche. Prakt. Kochbuch m. 1380 Kochregeln u. 20 Speisen-Zetteln. 5. Aufl. Verb. u. durch neue Recepte verm. gr. 8. (III, 303 S.) Wien 895. (Linz, E. Mareis.) Geb. in Leinw. n. 4. —

Fiala, Louise, Die moderne Wiener Küche. Praktisches Kochbuch mit 1400 Kochregeln und 20 Speisezetteln. 6. Auflage. Gr.-8. (311 S.) In Lnwd. geb. Wien: Kravani 1896 2.—

Fiala, Louise, die moderne Wiener Küche. Praktisches Kochbuch m. 1647 Kochregeln u. 19 Speisenzetteln. 8. Aufl. Verbessert u. durch neue Rezepte vermehrt. (375 S.) 8. Wien (904). C. Kravani. Geb. in Leinw. n. 5. —

Fialka, Zdzisław von Über einige mit der Schraubenlinie in Zusammenhang stehende krumme Linien. 8 (42 S.).
Progr. K. k. R.- u. Ober-G. Brody 1888.

Fialka, Zdzisław v., über einige mit der Schraubenlinie in Zusammenhang stehende krumme Linien. gr. 8. (42 S.) Brody 888. West. n. 1. 20

Fialkowski, Nikolaus

Fialkowski, Nicol., Analyse des Zeichnens nach der Anschauung, nebst Angabe einiger neuerdachter Modelle und des Gebrauches der Modelle bei dem Zeichnungsunterrichte nach der Anschauung. Mit 8 lith. Taf. (in 4.). Wien 856. Sallmayer u. Co. 8. (VIII, 64 S.) n. 15 ngr.

Fialkowski, Nik., Anleitung zur Zusammenstellung geometrischer Formen in der Ebene. 144 Muster mit einleitenden Constructionen (auf 24 chromolithogr. Taf.). Für Real-Gymnasien, Real-, Bürger- und Gewerbeschulen, sowie für höhere Mädchenschulen entworfen und gezeichnet. 2. verb. und verm. Aufl. gr. 8. (16 S. und 24 Farbendrucktaf.) Wien 876, Hölder. *

Fialkowski, Nicol., Bestimmung der Axen bei den Ellipsen. Mit 2 (lith.) Taf. (Aus d. Sitzungsberichten d. k. Akad. d. W.) (Wien 856. Gerold.) gr. 8. (24 S.) n. 8 ngr.

Fialkowski: Das Dezimalrechnen mit Rangziffern. 49 S. 8°–Wien R.Gp., Progr. 1862

Fialkowski, Nikol., das Dezimalrechnen mit Rangziffern. gr. 8. (III und 48 S.) Wien 863, (Gorischek's Universitäts-Buchh.) *

Fialkowsky, Nik., Elemente d. Situations-Zeichnens, nebst Anleitung zum Koloriren. Verf. im Auftrage d. h. k. k. Ackerbau-Ministeriums. gr. 8. (6 S. m. 9 Steintaf.) Wien 880. Pichler's Wwe. & Sohn. n. 1. 20

Fialkowski, N., Elemente des Situations-Zeichnens nebst Anleitung zum Coloriren. Verf. im Auftrage des hohen k. k. Ackerbau-Ministeriums. 2. Aufl. gr. 8. (6 S. m. 9 Taf.) Wien 893. A. Pichler's Wwe. & Sohn. n. 1. 20

Fialkowski, Nik., geometrische Flächenornamente mit Grundeintheilung. 2 Abthlgn. à 2 Hefte. gr. 8. (à Heft 8 Stnt.) Wien 881, Klinkhardt. à Heft * 60 Pf. *
Inhalt:
Abthl. 1. Geradlinige Formen. 2 Hefte.
» 2. Krummlinige Figuren. 2 Hefte.

—— geometrische Formenlehre, in Verbindung mit dem Auffassen und Zeichnen geometr. und ornamentaler Formen in der Ebene, oder das Zeichenbuch für die oberen Klassen der Volksschulen, wie auch für höhere Töchterschulen. 4. verb. Aufl. gr. 8. (V, 17 S. mit 16 in den Text eingereihten Taf. und 200 geometr. Fig. und Verzierungen.) Wien 881, (Sallmayer'sche Buchh.) *

Fialkowsky, Nik., kurz gefasste praktische Geometrie. Leichtfassliche Anleitung zum Vermessen, Höhenmessen u. Nivelliren für Ackerbauschulen u. andere niedere Lehranstalten. Verf. im Auftrage d. h. k. k. Ackerbau-Ministeriums. Mit 180 Holzschn. im Text. gr. 8. (VIII, 125 S.) Wien 880. Pichler's Wwe. & Sohn. n. 2. 40

Fialkowski, N. Kurzgefasste praktische Geometrie. Leichtfassliche Anleitg. zum Vermessen, Höhenmessen u. Nivelliren f. Ackerbauschulen u. andere verwandte Lehranstalten. Verf. im Auftrage d. k. k. Ackerbau-Ministeriums. 2. verb. u. verm. Aufl. gr. 8. (VIII, 134 S. m. 183 Holzschn.) Wien 892, Pichler's Wwe. u. Sohn. * 2 40

—— die zeichnende Geometrie oder Anleitung zum Zirkelzeichnen für Ackerbauschulen. Verfasst im Auftrage des h. k. k. Ackerbau-Ministeriums. gr. 8. (33 S. mit 20 lithogr. Taf. im Text.) Wien 879, Pichler's Wwe. und Sohn. *

— die zeichnende Geometrie od. Anleitung zum Zirkelzeichnen f. Ackerbauschulen. Verf. im Auftrage d. h. k. k. Ackerbau-Ministeriums. Mit 20 (lith.) Taf. im Text. gr. 8. (33 S.) Ebend. 880. n. 1. 20

– die zeichnende Geometrie od. Anleitung zum Zirkelzeichnen f. Ackerbauschulen. Verf. im Auftrage d. k. k. Ackerbau-Ministeriums. 2., verb. Aufl. gr. 8. (33 S. m. 20 Taf.) Ebd. 893. n. 1. 20

Fialkowski, Nikol., die zeichnende Geometrie (Konstrukzions-Lehre) mit entsprechenden Beispielen der Anwendung auf das Projekzions-, dann Bau-, Maschinen-, Situazions- und auf das figural. Zeichnen. Elementar-Unterricht für alle Zeichner und Nachschlagebuch für jeden Techniker und Mathematikbeflissenen. Auf 127 Taf. 1800 Fig. (darunter 60 neue Konstrukzionen vom Verf.) 2., bedeutend erweiterte Aufl. Lex.-8. (XVI und 127 S. mit 127 Stnt.) Wien 860, Wallishausser's Buchh. geb. *

— zeichnende Geometrie [Konstruktions-Lehre], m. entsprechenden Beispielen der Anwendung auf das Projekzions-, dann Bau-, Maschinen-, Situazions- u. auf das figural. Zeichnen. Elementar-Unterricht f. alle Zeichner u. Nachschlagebuch für jeden Techniker u. Mathematikbeflissenen. Auf 138 (lith.) Taf. 1800 Fig. [darunter üb. 100 neue Konstrukzionen vom Verf.]. 3., durchaus verb. u. erweiterte Aufl. Lex.-8. (XIV, 138 S.) Wien 882. Klinkhardt. n. 9. 60

Fialkowski, N.: Die Kegelschnittslinien aus dem Schatten eines Kreises. 80 S. – Wien, R. VI., Progr. 1879.

— die Kegelschnittslinien aus dem Schatten eines Kreises. 3. einheitl. Construction der Kegelschnittslinien. gr. 8. (80 S. m. eingedr. Fig.) Ebend. 880. n. 1. 50

— über die einheitliche Konstrukzion der drei Kegelschnittslinien mittelst der Kreistransversalen [als Beitrag zur alten u. neueren Geometrie]. gr. 8. (29 S. m. eingedr. Holzschn.) Wien 871. Graeser in Comm. n.n. — 80

Fialkowski, Nikol., über die einheitliche Konstrukzion der drei Kegelschnittslinien mittelst der Kreistransversalen [als Beitrag zur alten und neueren Geometrie]. gr. 8. (29 S. mit eingedr. Holzschn.) Wien 871, (Sallmayer und Comp.) **

—— dass. — mittelst der durch 2 Parallelen begrenzten Transversalen. gr. 8. (42 S.) Ebendas. 874. *
Aus: Jahresbericht der Wiener Kommunal-Realschule, besonders abgedruckt.

—— Construction des Kreises und der Ellipse. Lex.-8. (107 S. mit 12 Stnt.) Wien 855, (Gerold's Sohn.) *

— Construction des Kreises und der Ellipse. Mit 12 (lith.) Taf. (Aus d. Sitzungsberichten d. k. Akad. d. W.) (Ebend. 856.) gr. 8. (107 S.) n. 1 ₰ 20 ngr.

—— Körperformen-Netze mit entsprechenden Ansätzen und Einschnitten zum leichten und bequemen Anfertigen von Körpermodellen ohne zu pappen oder zusammenzukleben. Für Schüler der unteren Klassen an Realgymnasien und Realschulen, dann für die oberen Klassen an Volks- und Bürgerschulen, sowie zum Gebrauche für Lehrer bei den Vorträgen. 2. verm. Aufl. gr. 8. (8 S. mit 12 Stnt.) Wien 872, (Sallmayer und Comp.) **

— Lehrbuch der Geometrie und des Zeichnens, oder: die geometrische Formenlehre, mit steter Rücksicht auf die Auffassung und Darstellung verschiedener Formen in der Ebene aus freier Hand. Für die 1. Unterrealklasse, so wie für Gewerbe- und höhere Mädchenschulen. Mit 703 Fig. auf 32 (lith.) Taf. u. 8 Holzschn. (im Text), darunter 300 geometr. Verzierungen als Anwendungen. Wien 864. Gorischek in Komm. gr. 8. (VIII, 80 S.) n. 24 ngr.

—— Lehrbuch der Geometrie und des Zeichnens oder die geometr. Formenlehre mit steter Rücksicht auf die Auffassung und Darstellung verschiedener Formen in der Ebene aus freier Hand. Für Schüler der ersten Klasse an Realschulen, sowie für jene an Real-Gymnasien, Gewerbe- und Bürgerschulen. 4. verb. Aufl. gr. 8. (68 S. mit 708 Fig. auf 32 in den Text eingereihten lithogr. Taf. und 8 Holzschn., darunter 300 geometr. Verzierungen als Anwendung.) Wien 875, Sallmayer und Comp. *

— Lehrbuch der Geometrie u. d. Zeichnens geometrischer Ornamente od. die geometr. Formenlehre, m. steter Rücksicht auf die Auffassung u. Darstellung verschiedener Formen in der Ebene aus freier Hand. 1. Curs. Für Schüler an Realschulen, sowie für jene an Realgymnasien, Gewerbe- u. Bürgerschulen. Mit 425 auf 28 in den Text eingereihten (lith.) Taf. u. 38 (eingedr.) Holzschn. 5., durchaus verb. u. erweit. Aufl. Lex.-8. (61 S.) Ebend. 880. n. 1. 50

—— Lehrbuch der Geometrie und des Zeichnens geometrischer Ornamente oder die geometr. Formenlehre, mit steter Rücksicht auf die Auffassung und Darstellung verschiedener Formen in der Ebene aus freier Hand. 1. Cursus: Für Schüler an Realschulen, sowie für jene an Realgymnasien, Gewerbe- und Bürgerschulen. 5. durchaus verb. und erweit. Aufl. Lex.-8. (61 S. mit 425 Fig. auf 28 in den Text eingereihten lithogr. Taf. und 38 eingedr. Holzschn.) Ebendas. 882.

Fialkowski, Nicolaus, I. Cursus: Lehrbuch der Geometrie und des Zeichnens geometrischer Ornamente. 5. Auflage. Wien und Leipzig 1882. Julius Klinkhardt. Preis, 80 kr.
II. Cursus: Lehrbuch der Planimetrie für Unterrealschulen. I. Theil. 5. Auflage. Wien und Leipzig 1882. Julius Klinkhardt. Preis, 30 kr.
III. Cursus: Lehrbuch der Planimetrie für Unterrealschulen. II. Theil. Wien und Leipzig 1882. Julius Klinkhardt. Preis, 30 kr.

— Lehrbuch der Planimetrie f. Unterrealschulen. 1. Thl. Enth.: Die wichtigsten Lehrsätze der Planimetrie bis zur Gleichheit u. Berechnung der Flächeninhalte der Figuren. 2. Cursus der Geometrie für Schüler der II. Klasse an Realschulen, sowie f. jene an Realgymnasien u. Gewerbeschulen. 5., erweit. Aufl. Mit 100 (eingedr.) Holzschn. Lex.-8. (VI, 41 S.) Ebend. 881. n. — 60

—— Lehrbuch der Planimetrie für Unterrealschulen. 5. erweit. Aufl. 2 Thle. Ebendas. 882. à Thl. 64 Pf.
Inhalt:
Thl. 1. Die wichtigsten Lehrsätze der Planimetrie bis zur Gleichheit und Berechnung der Flächeninhalte der Figuren. Zweiter Cursus der Geometrie für Schüler der zweiten Klasse an Realschulen, sowie für jene an Realgymnasien und Gewerbeschulen. (VI, 41 S. mit 105 eingedr. Holzschn.)
2. Gleichheit, Verwandlung, Theilung der Figuren und den pythagoräischen Lehrsatz, ferner die Berechnung des Umfanges und den Flächeninhalt der Figuren, schließlich die Aehnlichkeit der Figuren und die Anwendung der Algebra auf die Geometrie mit entsprechenden Beispielen und Aufgaben. Dritter Cursus der Geometrie für Schüler der dritten Klasse an Realschulen, sowie für jene an Realgymnasien und Gewerbeschulen. (53 S. mit 152 eingedr. Holzschn.)

— Lehrbuch der Stereometrie f. Unter-Realschulen. 4. Curs. der Geometrie. Für Schüler der 4. Classe an Realschulen, sowie f. jene an Realgymnasien u. Gewerbeschulen. Mit 154 (eingedr.) Holzschn. Lex.-8. (72 S.) Ebend. 881. n. 1. 20

—— Der Messtisch u. die Auflösung der wichtigsten Grundaufgaben m. demselben, nebst Zollmann'scher Scheibe u. Astrolabium. Für Anfänger. Ergänzungsheft zur prakt. Geometrie. gr. 8. (24 S. m. 32 Holzschn.) Ebd. 892. — 60

—— über den geometrischen Ort der Theilungspunkte der Kreistransversalen. Als Beitrag zur Geometrie. gr. 8. (25 S. mit eingedr. Holzschn.) Wien 869, (Sallmayer und Comp.) *

Fialkowski, Nic., die Projectionslehre m. Inbegriff der Schattenconstruction u. der orthographischen Parallelperspective, nebst e. Anh. üb. die reine Perspective u. zahlreichen Beispielen der Anwendg. f. Gewerbe- u. Ackerbauschulen, wie auch f. die letzte Classe an Volks- u. Bürgerschulen gemeinverständlich verf. Mit 266 Fig. auf 26 Taf. im Text. gr. 8. (VIII, 28 S.) Wien 883. Sallmayer. n. 1. 20

— Rotation ohne Grundriss. Mit 3 (lith.) Taf. (in 4.). (Aus d. Sitzungsberichten d. k. Akad. d. W.) (Ebend. 856.) gr. 8. (40 S.) n. 17 ngl

Fialkowski, Nikolaus — Taschen-Modelle zum Behufe des leichteren Studiums der darstellenden Geometrie mit Inbegriff der Schatten-Construktion und Perspektive von — —. (Mit 10 T. feln.) Wien, 1856. Gedruckt bei A. Pichlers Witwe und Sohn. (62 S. 8.)

— Taschen-Modelle zum Behufe des leichteren Studiums der darstellenden Geometrie mit Inbegriff der Schatten-Construktion und Perspektive. Mit 12 (lith.) Taf. (in 4.). Wien 856. (Wendelin.) 8. (VIII, 64 S.) n. 16 ngl

Fialkowski, Nikol., Taschen-Modelle zum Behufe des leichtern Studiums der darstellenden Geometrie mit Inbegriff der Schatten-Construktion und Perspektive. gr. 8. (64 S. mit 10 Stnt. in qu. 4.) Wien 856(57), [Mayer und Comp.] Thlr. * *

—— Theilung des Winkels und des Kreises, oder Bi-, Tri-, Quadri- und Polysection jedes beliebigen Winkels in 72 neuen Methoden, nebst mehreren neuen Lehrsätzen und Sections-Curven, mit geschichtl. Einleitung der historisch-merkwürd. Aufgabe über die Trisection des Winkels und einem Anhang über die Construction der Winkel in Graden, als Beitrag zur elementaren und höheren Geometrie. gr. 8. (XII und 260 S. mit 178 in den Text gedr. Holzschn.) Wien 860, Gerold's Sohn. *

Fialkowski, N., die vollständige Trisection d. Winkels. Die Lösg. d. 2000jähr. Problems auf elementar-geometr. Wege im Sinne der Alten, d. h. blos m. Lineal u. Zirkel. Erfunden, construirt u. bewiesen v. N. F. gr. 8. (27 S. m. 30 Fig.) Wien 893. (Halm & Goldmann.) n. 3. —

Fialkowski: Das geometrische Zeichnen und der Gebrauch der Modelle bei dem Zeichnungsunterrichte nach der Anschauung in der Unterrealschule. 15 S. 8° – Wien UR.G., Progr. 1855

—— der Zeichner und Kolorist nebst den dazu gehörigen Zeichenrequisiten und Materialien. Praktische Anleitung zur Kenntniß der Zeichnungsmaterialien und Requisiten, wie auch zum Zeichnen, Schattiren, Tuschen, Sepiren ꝛc. für Real- und Gewerbeschulen, wie auch zum Selbstgebrauche für jeden Zeichner, insbesond. für techn. Zeichner. 8. (XV und 168 S. mit 8 Stnt. in 4. und qu. Fol.) Wien 857, [Mayer und Comp.] *

Fialkowski, Nikolaus — Der Zeichner und Kolorist nebst den dazu gehörigen Zeichenrequisiten und Materialien. Praktische Anleitung zur Kenntniß der Zeichnungsmaterialien und Requisiten ꝛc. für Real- und Gewerbschulen, wie auch zum Selbstgebrauche für jeden Zeichner, insbesondere für technische Zeichner. Von — — Mit 3 Tafeln. Wien 1857. Gedruckt bei A. Pichlers Witwe und Sohn. Verlag von A. Wendelin. (XV. 168 S. 8.)

Fialla, Hieron., Nachrufe im Tempel an der Bahre des Herrn Julius Ritter v. Gomperz. s.: Levy, Ludw.

Nachruf dem Andenken des Br.·. Gust. Adolf Rietz geweiht. Trauerrede gehalten am 30/13. Dez. 1903 im Frmr.·. Kr.·. „Zur Brüderlichkeit“ Or.·. Bukarest von [Jul.] **Fialla.** Bukarest: Weiss [1903]. 7 S. 1 Bild. 8° 4. 358.

Fialowski, L., s.: Weltuhr, die.

Fiammina oder Vater und Sohn. Schauspiel in 4 Aufzügen. Frei nach dem Französ. von Wollheim. (Den Bühnen gegenüber Mscr.) 8. (79 S.) Hamburg 858, Verlags-Comptoir.

Fiancée, Une, de la capitale. Comédie en prose et en deux actes . . . Leipzig et Paris 1838. V: ***Marie Amalie Friederike Auguste Herzogin zu Sachsen.*** **(BrVV)**

Fiancée

—une, de la Capitale. Comédie en prose et en 3 actes. Imitée de l'Allemand par Hnr. Jouffroy. gr. in-8. Leipzig et Paris 838. Brockhaus et Avenarius. n. 1/3 ß

Fiancée, la, du prince. Coméd. en 5 act. et en prose, imitée de l'Allemand p. Henry Jouffroy. gr. in-8. (5 1/4 B.) Leipzig et Paris 839, Brockhaus et Avenarius. *

„Fiancées de l'âme" de Dixon et le procès religieux de Koenigsberg. Basel 869. Riehm. 8. (8 S.) 1 ngr.

Flasko, das neue, d. internat. Doppelwährg., s. a. Währungs-Bibliothek.

Flasko, das neue, der internat. Doppelwährung. Englischer Parlamentsbericht vom 22./10. 1897. Stuttgart 898.

Fiat lux! Vertheidigung der wahren Freimaurerei gegen innere und äussere Feinde . . . Leipzig 1866. V: ***Henne Am Rhyn, Otto.*** **(Tt)**

Fiat lux! Vertheidigung der wahren Freimaurerei gegen innere u. äußere Feinde, nebst Gedanken zur Reform des Bundes. Vom Verf. der Schrift „Adhuc stat". Leipzig 866. O. Wigand. gr. 8. (XI, 147 S.) n. 20 ngr.

Fiat Lux! Auf zum Licht! Zeitschrift f. prakt. Okkultismus u. verwandte Gebiete. Organ f. angewandte Geheimlehre, Hypnotismus, Magnetismus, Spiritismus u. Spiritualismus, Mediumismus, Somnambulismus, Mystizismus, Mantik, Philosophie, Theosophie, Religion, Heilkunde, Sozialismus u. verwandte Gebiete in volkstüml. Darstellg. Schriftleitung: Ernst C. Marré. Oktbr. 1907 —Septbr. 1908. 12 Nrn. (à ca. 16 S.) gr. 8. Leipzig, E. Marré. • 6. —

Fiat, L[udwig]. Was ist «Christian Science» ⟨Christliche Wissenschaft⟩? Eine Entgegnung. Hrg. von der «Vereinigung der Christlichen Wissenschafter in Zürich». 96 S. 8. Zürich-Oberstrass, Komm. E. Speidel, 1910. fr. 1. —

Fiaux, Jules

— Auf, zur Gesundheit, zum vollen Leben! (Neosophie. — Theorie u. Anwendg.) Ins Deutsche übertr. v. H. Keller. (344 S.) kl. 8. Leipzig 911. M. Spohr. 2. —

Fiaux, Jules. Wie man Erfolg im Leben hat. ⟨Deutsche Uebersetzung von A[lbert] Gempeler, Pfr., Lausanne.⟩ 1—10ten Tausend. VI + 84 S. 8. Zürich, Rascher & Cie., 1910. [fr. 1. —]

Fibel [Sachliches Ordnungswort]

Fibel; hrsg v d Ev Luth Synode v Iowa u and Staaten. N. p., n. d.

Fiebel. 8. Kiel 816. Hesse. . . .

— Zum Gebrauch der Herzogl. Anhalt-Deßauischen Schulen. (Von Hnr. de Marées.) 1e Hälfte. 8. Deßau 834. Hofbuchdruckerei. Heybruch. 1 1/2 ℛ — 2e Hälfte. 4e verb. Aufl. 8. Ebd. 831. 1/8 ß

—— Zum Gebr. d. hrzgl. anhalt-dessau. Schulen. (Von Heinr. de Marées.) 2 Hälften. 8. Dessau, Hofbuchdruckerei. [1. (4 B.) 834. 1 1/2 Gr., 2. 4., verb. Aufl. (6 B.) 831. 3 Gr.]
Vgl. Wandfibel.

Fibel. Herausg. von e. Lehrer-Vereine. 2e Aufl. 8. Cölleda 834. (Erfurt, Otto.) 1 1/2 ℛ — 9te verb. Aufl. 8. Ebd. 840. (Sondershausen, Eupel.) 1 2/3 ℛ

Fibel. Hrsg. von e. Lehrer-Vereine. 3—11., verb. Aufl. 8. (à 2 1/4 B. u. Ttlvign.) Langensalza 841, (Schulbuchh. d. Thüringer Lehrervereins.) à

Fibel. Herausgeg. von einem Lehrer-Vereine. 11. verb. Aufl. (Mit Titelvign.: Hahn.) 8. Cölleda 841. (Sondershausen, Eupel.) n. 2 ngr

Fibel. Hrsg. v. einem Lehrer-Vereine. 27. unveränd. Aufl. 8. (36 S.) Langensalza 852, Schulbuchh. des Thüring. Lehrervereins. 1 1/2 ngr — 28. unveränd. Aufl. 8. (36 S.) Ebd. 852. 1 1/2 ngr — 29. verm. Aufl. 8. (48 S.) Ebd. 852. 2 ngr

Fibel. Hrsg. von einem Lehrer-Vereine. 30., unveränd. Aufl. 8. (36 S.) Langensalza 854, Schulbuchhandlung des Thüringer Lehrer-Vereins.

—— dass. — 30., verm. Aufl. 8. (48 S.) Ebds. 854.

—— dass. — 31—33., verm. Aufl. 8. (48 S.) Ebendas. 856, 57 und 59.

Fibel. Hrsg. von einem Lehrer-Vereine. 31., 32. und 34. unveränd. Aufl. 8. (36 S.) Langensalza 856, 57, und 60, [Schulbuchhandlung von Greßler.]

Fibel. Herausg. von einem Lehrer-Verein. 34. u. 35., unveränd. Aufl. Langensalza 860, 63. Greßler. 8. (36 S.) 1 1/2 ngr.

Fibel. Hrsg. von einem Lehrer-Verein. 34.—37. Ausg. 8. (36 S.) Langensalza 862—67, Schulbuchh. von Greßler.

—— dass. — 34.—37., verm. Ausg. 8. (48 S.) Ebendas. 862—67.

— — 36., verm. Ausg. Ebend. 864. 8. (48 S.) 2 ngr.

Fibel. Hrsg. von einem Lehrer-Verein. 38.—40. verm. Ausg. 8. (48 S.) Langensalza 869—77, Schulbuchh. von Greßler. geb.

— Buchstabir- u. Lesebuch nach der im Seminar zu Büren eingeführten Lehrart. 2e Aufl. .. Paderborn 840. Winkler. n. 1 1/2 ℛ

— dies. mit ill. Bildern. Ebd. n. 1/6 ß

—— Buchstabir- u. Lesebuch, nach d. im Seminar zu Büren eingeführt. Lehrart. 2. Aufl. 8. (2 1/2 B.) Paderborn 841, Winkler.

—— Buchstabir- u. Lesebuch. 3., verb. u. verm. Aufl. 8. (3 B.) Paderborn 843, Winkler.

— dies. mit 7 lith. u. illum. Bildern und 1 Blatt Vorschriften u. Einmaleins u. d. Titel: Bilder-ABC-Buch für Kinder. Ebend. geb. n. 1/6 ß

Fibel. Buchstabir- und Lesebuch. 6. Aufl. 8. (48 und 4 lithogr. S.) Paderborn 850, Winkler. *

—— Buchstabir- und Lesebuch. 10. Aufl. 8. (52 S.) Paderborn 855, Winkler. *

— Buchstabir- und Lesebuch. 10—12. Aufl. Paderborn 856—58. Winkler. 8. (48 S. u. 2 lith. Bl.) n. 2 ngr

—— Buchstabir- und Lesebuch. 12—15. Aufl. 8. (48 und 4 lithogr. S.) Paderborn 859—61. Winkler. *

— Buchstabir- und Lesebuch. 13—16. Aufl. Paderborn 859—63. Winkler. 8. (52 S.) n. 2 ngr.

— nach der Lautir-Methode bearbeitet, nebst passenden Lesestücken. 18—22. Aufl. Paderborn 865—68. Winkler. 8. (48 S. u. 1 lith. Taf. in 4.) n. 2 ngr.

Fibel. Uebungen für Anfänger im Lesen. 8. (95 S.) Plauen 847, Neupert. Thlr. *

—— Hülfsbüchlein beim Unterricht im Schreiblesen. 2 Thle. 8. Gütersloh 877, Bertelsmann. [1. Thl. (68 S.) geb. * 40 Pf.; 2. Thl. (IV, 172 S.) geb. * 70 Pf.] geb. *

Fibel. Hülfsbüchlein beim Unterricht im Schreiblesen. 2 Thle. 2. Aufl. 8. Gütersloh, Bertelsmann. [1. Thl. (112 S.) 881. geb. * 50 Pf.; 2. Thl. (168 S.) 882. geb. * 70 Pf.] *

—— dass. — 1. Tl. mit einem Anhang von Lesestücken für diejenigen Schulen, welche vom 1. Tl. der Fibel mit Übergehung des zweiten in das Lesebuch für die Oberstufe übergehen. 3. Aufl. 8. (144 S.) Ebendas. 882. geb. **

Fibel. Hülfsbüchlein beim Unterricht im Schreib-Lesen. 2 Tle. 4. Aufl. 8. Gütersloh 884, Bertelsmann [1. Tl. (112 S.) geb. ** 50 Pf.; 2. Tl. (168 S.) geb. ** 70 Pf.] **

— erste u. zweite. Hilfsbüchl. b. Unterr. im Schreib-Lesen. 7. Aufl. gr. 8. (62 u. 56 S.) Gütersloh 898. C. Bertelsmann. Geb. à n.n. — 35; in 1 Bd. geb. n.n. — 50

— zweite. Hilfsbüchlein beim Unterricht im Schreib-Lesen. Ausg. m. e. Anh. 8. (96 S.) Gütersloh 900. C. Bertelsmann. n.n. — 50

— Hrsg. vom pädagog. Vereine zu Chemnitz. 5. unveränd. Aufl. 8. (IV, 140 S.) Chemnitz 892. J. C. F. Pickenhahn & Sohn. — 80

Fibel. Hrsg. v. pädagog. Vereine zu Chemnitz. 6., umgearb. Aufl. gr. 8. (VIII, 140 S.) Chemnitz 897. J. C. F. Pickenhahn & Sohn. n. — 40

Fibel. Hrsg. vom pädagog. Vereine zu Chemnitz. 7., unveränd. Aufl. gr. 8. (VIII, 140 u. Begleitwort 7 S.) Chemnitz 900. J. C. F. Pickenhahn & Sohn. n. — 55

— Hrsg. vom pädagog. Vereine zu Chemnitz. 9., unveränd. Aufl. (VIII, 140 S.) 8. Chemnitz 906. J. C. F. Pickenhahn & Sohn. n. — 60; geb. n. — 80

Fibel. Hrsg. im Auftrag des allgemeinen Lehrervereins im Reg.-Bez. Wiesbaden. (66 S.) 8. Wiesbaden (908). (A. Benn). Geb. nn — 70

— Hrsg. v. der Lesebuch-Kommission zu Frankfurt a. M. (Zum Tl. farb.) Bilder v. Jos. Correggio. (112 S.) 8. Frankfurt a/M. 910. F. B. Auffarth. Geb. nn 1. —

— oder ABC-Buch für Landschulen. 8. Leipz., (W. Nauck). 2 ℊℊ

Fibel, od. neues A.B.C.Buch, herausgeg. v. G. C. Claudius. m. K. gr. 8. Leipzig, Schiegg. 802. illum.

Fibel, od. method. Anleit. z. Lesen der Laute, Silben u. Wörter. Für Schulen, in denen ein Lesebuch, namentlich der preuß. Kinderfreund v. Preuß u. Vetter eingeführt ist. Von e. pommerschen Geistlichen. 8. (3 B.) Potsdam 843, Horvath'sche Bh.*

Fibel, Berlenburger, oder literarische Leiden und Freuden des Schulmeisters Mägerl. München 1830. V: *Aurbacher, Ludwig.* (Lindner)

— Berlenburger, oder literar. Leiden u. Freuden d. Schulmeisters Mägerl. Von dessen Dutzbruder ans Licht gestellt. 12. Münch. 830. Giel. (Leipz., Barth). 4 ℊℊ

—— mit Berücksichtigung auf Sprech-, Rede-, Schreib-, Lese- u. Sprachlehr-Unterricht. 1. Hft. 12. (1¾ B. u. 1 lith. Buchstaben-Täfelchen.) Düsseldorf u. Aachen 841. [Cöln, Roschütz u. Comp.]

— bewegliche, in Futteral. 4. Lobenst. Illgen. 805.

Fibel, Bremerhavener. 4. unveränd. Aufl. 8. (96 S.) Bremerhaven 892. L. v. Vangerow. Geb. n.n. — 75

—— od. Büchlein z. Lesen u. Denken, f. Schule, Haus u. Spielplatz v. Naumann, Tiepke, Cuno. 2—5. Aufl. 8. (à 5 B.) Magdeburg 842—44, Baensch. à *

— bunte, für fleißige Kinder. Frankfurt a. M. 856. Krebs-Schmitt. 8. (16 S. u. 8 lith. u. color. Bl.) n. 3½ ℊℊ

— Chemnitzer. Hrsg. vom pädagog. Verein zu Chemnitz. (Farbige) Bilder v. Karl Mühlmeister. 10., neubearb. Aufl. (186 S.) gr. 8. Chemnitz 910. J. C. F. Pickenhahn & Sohn. Geb. in Leinw. nn 1. 10

— deutsche, nach einer deutschen Methode bearb. von J. M. Gl...na. 12. Warschau 844, Orgelbrand. ⅛ ℊℊ

— deutsche. Bearb. v. e. Verein bad. Volksschullehrer. Mit 97 Orig.-Bildern v. berühmten Meistern. 8. (104 S.) Lahr 880. Schauenburg. geb. n.n. — 50

—— deutsche. Bearb. v. e. Verein bad. Volksschullehrer. Mit 97 Orig. Bildern v. berühmten Meistern. 9. Aufl. gr. 8. (II, 102 S.) Lahr 892, Schauenburg. geb. ** — 50

— deutsche. Bearb. v. e. Verein bad. Volksschullehrer. M. 97 Orig.-Bild. v. berühmten Meistern. 10. Aufl. gr. 8. (II, 102 S.) Lahr (893). M. Schauenburg. Geb. n.n. — 50

—— deutsche. Bearb. von hess. Schulmännern aus Stadt und Land. 2. verb. Aufl. gr. 8. (94 S.) Darmstadt 885, Bergsträßer. geb. **

—— dass. — 2. Tl.: Erstes Lesebuch. Bearb. von hess. Schulmännern aus Stadt und Land. 2. Aufl. gr. 8. (94 S.) Ebendas. 888. * 40 Pf.; geb. **

— deutsche. 2. Tl. Erstes Lesebuch. Bearb. von hess. Schulmännern aus Stadt u. Land. 3. Aufl. gr. 8. (94 S.) Darmstadt 889. Bergstraeßer Verl. n. — 40; geb. n.n. — 50

s.: Lesebuch für Volksschulen.

— deutsche. 2. Tl. Erstes Lesebuch. Bearb. v. hess. Schulmännern aus Stadt u. Land. 3. Aufl. gr. 8. (94 S.) Darmstadt 894. A. Bergsträßer. Geb. n.n. — 50

— deutsche. Bearb. v. hess. Schulmännern a. Stadt u. Land. 5. Aufl. gr. 8. (94 S. m. Abb.) Darmstadt 895. Stuttgart, A. Bergsträßer. Geb. n.n. — 50

— deutsche. Nach der gemischten Schreiblesemethode bearb. (78 S. m. farb. Abbildgn.) gr. 8. Sondershausen 903. F. A. Eupel. n.n. — 60; geb. n.n. — 75

Deutsche Fibel für politische Kinder. Druck von C. Litfaß. 1 Bl. Fol. Flugblatt. Berlin, 1848/49.

—— deutsche, und Lesebuch für die Unterstufe der Elementarschulen in Elsaß-Lothringen. 2 Thle. gr. 8. (63; 64 S.) Straßburg 876, Schmidt's Universitäts-Buchh. à Thl. ** 40 Pf. ** geb. in 1 Bd. **

—— dass. — 2 Thle. 2. Aufl. 8. (à 64 S.) Ebendas. 877. à Thl. * 30 Pf. *

Fibel, deutsche, und Lesebuch für die Unterstufe der Elementarschulen in Elsaß-Lothringen. 2 Thle. 3.—8. Aufl. 8. (à Thl. 64 S.) Straßburg 879—82, Schmidt's Universitäts-Buchh. à Thl. * 30 Pf.; geb. ** 40 Pf. ** geb. in 1 Bd. **

—— deutsche, und Lesebuch für die Unterstufe der Elementarschulen in Elsaß-Lothringen. 2 Tle. 8. Straßburg 886, Schmidt. [1. Tl. 12. Aufl.; 2. Tl. 11. Aufl. (à Tl. 64 S.)] à Tl. * 30 Pf.; geb. **

— deutsche, u. Lesebuch f. die Unterstufe der Elementarschulen in Elsaß-Lothringen. 2 Tle. 8. (à 64 S.) Straßburg 889. Schmidt. à n. — 30; geb. à n.n. — 40

1. 16. Aufl. — 2. 15. Aufl.

— deutsche, u. Lesebuch f. die Unterstufe der Elementarschulen in Elsaß-Lothringen. 2 Tle. 8. (à 64 S.) Straßburg i/E. 891. F. Bull. à n. — 30; geb. à n.n. — 40

1. 18. Aufl. — 2. 17. Aufl.

— deutsche, u. Leseb. f. die Unterstufe d. Elementarschulen in Elsaß Lothr. 2 Tle. 1. Tl. 18. Aufl.; 2. Tl. 17. Aufl. 8. (à Tl. 64 S.) Straßb. i. E. 891, Schmidt. à Tl. ** — 30; geb. ** — 40

— — dasselbe. 1. Tl. Steilschrift-Ausg. 8. (64 S.) Ebd. 894. Geb. n.n. — 40

— deutsche, u. Lesebuch f. d. Unterstufe der Elementarschulen in Elsaß-Lothringen. 2 Tle. 23. bez. 22. Aufl. 8. (à 64 S.) Straßburg 898. F. Bull. à n.n. — 40

— dasselbe. 2. Tl. 23. Aufl. 8. (64 S.) Ebd. 900. Geb. in Halbleinw. nn. — 40

— deutsche, u. Lesebuch f. die Unterstufe der Elementarschulen in Elsaß-Lothringen. 2 Tle. 8. Straßburg, F. Bull. Geb. à n.n. — 40
I. 29. Aufl. (III, 61 S. m. Titelbild.) 905.
II. 24. umgearb. Aufl. (IV, 64 S.) 904.

— deutsche, u. Lesebuch f. die Unterstufe der Elementarschulen in Elsaß-Lothringen. 2 Tle. 8. Straßburg, F. Bull. Geb. à nn — 40
I. 32. Aufl. (III, 61 S. m. 1 Abbildg.) 908.
II. 30. Aufl. (IV. 64 S.) 900.

—— dass. — Ausg. für kathol. Schulen. 2 Tle. 6. Aufl. 8. (à Tl. 64 S.) Ebendas. 886. à Tl. * 30 Pf.; geb. **

— dasselbe. Ausg. f. katholische Schulen. 2 Tle. 8. (à 64 S.) Ebd. 889. à n. — 30; geb. à n.n. — 40
1. 9. Aufl. — 2. 10. Aufl.

— dasselbe. Ausg. f. katholische Schulen. 2 Tle. 8. (à 64 S.) Ebd. à n. — 30; geb. à n.n. — 40
1. 16. Aufl. 894. — 2. 13. Aufl. 891.

— deutsche, u. Lesebuch f. d. Unterstufe d. Elementarschulen in Elsaß-Lothringen. 2 Tle. Ausg. f. kathol. Schulen. 19. bez. 17. Aufl. 8. (à 64 S.) Straßburg 896. F. Bull. Geb. à n.n. — 40

— — dasselbe. Ausg. f. kathol. Schulen. 22. bezw. 20. Aufl. 8. (à 64 S.) Ebd. 898. 899. Geb. à nn. — 40

— deutsche, u. Lesebuch f. die Unterstufe der Elementarschulen in Elsaß-Lothringen. 1. Tl. Ausg. f. kathol. Schulen. 24. Aufl. 8. (64 S.) Straßburg 900. F. Bull. Geb. in Halbleinw. n.n. — 40

— dasselbe. Ausg. f. kathol. Schulen. 2 Tle. 8. Ebd. Geb. à n.n. — 40
I. 29. Aufl. (III, 61 S. m. Titelbild.) 905.
II. 25. Aufl. (IV, 68 S.) 905.

— dasselbe. Ausg. f. kathol. Schulen. 2 Tle. 8. Ebd. Geb. à nn — 40
I. 31. Aufl. (III, 61 S. 1 m. Abbildg.) 909.
II. 29. Aufl. (IV, 68 S.) 909.

Fibel, deutsche, u. Lesebuch f. d. Unterstufe d. einklass. kathol. Schulen in Elsaß-Lothringen. 4 Aufl 8. (64 S.) Straßburg 896. F. Bull Geb n.n. — 40

— — dasselbe f. die Unterstufe der einklassigen katholischen Schulen in Elsaß-Lothringen. 5. Aufl. 8. (64 S.) Ebd. 899. Geb. n.n. — 40

— dasselbe, f. die Unterstufe der einklassigen katholischen Schulen in Elsaß-Lothringen. 7. Aufl. (71 S.) 8. Ebd. 904. Geb. n.n. — 40

— dasselbe f. die Unterstufe der einklassigen katholischen Schulen in Elsaß-Lothringen. 9. Aufl. (71 S.) 8. Ebd. 909. Geb. nn — 40

— die, mit rothem Druck. 8. Prenzlau, jetzt Kalbersberg, das Ries 6 ₰

—— einfache, für die Anfänger im Lesen, Schreiben und Zeichnen. 5. Aufl. 8. (16 und 4 lithogr. S.) Schweim 851, Scherz.

—— einfache, für die Anfänger im Lesen, Schreiben und Zeichnen. 7. Aufl. 8. (16 und 4 lithogr. S.) Schwelm 855, Scherz.

—— oder Elementarbuch zum Lesenlernen. Von einem prakt. Schulmanne. 2. Abthl. 12. (36 S.) Bonn 851, Habicht.
1. Abthl. (2. Aufl.) Ebendas. 1837. 1¼ Ngr.

— oder Elementarbuch für den ersten Unterricht in deutschen Schulen. 8. Potsd. 814. Horvath. 3 gGr.

— oder Elementarbuch f. den ersten Unterricht in deutschen Schulen. 30. Aufl. 8. (Mit 1 Tab. u. 7 Figurentaf.) Potsdam 844, Horvath'sche Buchh. geb. n. 1/6 ₰

—— oder Elementarbuch für den ersten Unterricht in deutschen Schulen. 32., verb. Aufl. gr. 8. (60 S. mit 1 Tab. in qu. 4. und eingedr. Holzschn.) Potsdam 848. [Berlin,] Janke.

— oder Elementarbuch für den ersten Unterricht in deutschen Schulen. 34. verb. Aufl. Potsdam 855. Horvath. 8. (46 S. u. 13 S. in Holzschn.) 3¾ ngr

— erste, f. den Lese- u. Anschauungs-Unterricht, sowie ein Schreib-, Zeichen- u. Colorir-Bilderbuch. gr. 8. (24 zum Thl. color. Steintaf.) Wesel 879. Düms. cart. — 60

Fibel, Essener, f. den Schreib-Lese-Unterricht. Hrsg. vom Essen-Werden-Mühlheimer Lehrer-Verein. 1. u. 2. Abth. 8. Essen 875. Bädeker. geb. n.n. — 70
1. 31. Aufl. (32 S.) n.n. — 30. 2. 19. Aufl. (64 S.) n.n. — 40

Fibel, Essener, für den Schreib-Lese-Unterricht. Hrsg. vom Essen-Werden-Mülheimer Lehrer-Verein. 1. Abthl. 27.—42. Aufl. 8. Essen 875—79, Bädeker. * 20 Pf.; geb. **
—— dass. — 2. Abthl. 17.—26. Aufl. 8. (64 S.) Ebendas. 875—79. * 30 Pf.; geb. **

— Essener. 2 Abtlgn. Bearb. nach der analytisch-synthet. Methode. gr. 8. Essen 881. Bädeker in Comm. geb. à n.n. — 45
1. Der Schreib-Lese-Unterricht f. die Unterklasse der Volksschule. 46. Aufl. (60 S. m. eingedr. Fig.)
2. Lesebüchlein f. die Unterklasse der Volksschule. 28. Aufl. (76 S.)

—— Essener. 2 Abtlgn. Bearb. nach der analytisch-synthet. Methode. gr. 8. Essen 881—84, (Bädeker.) geb. à Abtl. ** 45 Pf. **
Inhalt:
Abtl. 1. Der Schreib-Lese-Unterricht für die Unterklasse der Volksschule. 43.—49. Aufl. (60 S. mit eingedr. Fig.)
„ 2. Lesebüchlein für die Unterklasse der Volksschule. 27.—32. Aufl. (76 S.)

—— Essener, hrsg. zum Besten der Essen-Werden-Mülheimer Lehrer-Unterstützungs-Kasse. Bearb. nach der analytisch-synthet. Methode. 2 Abtlgn. 8. Essen 885, (Bädeker.) à Abtl. * geb. à Abtl. **
Inhalt:
Abtl. 1. Der Schreib-Lese-Unterricht für die Unterklasse der Volksschule. 50. Aufl. (60 S. mit Illustr.)
„ 2. Lesebüchlein für die Unterklasse der Volksschule. 33. Aufl. (76 S.)

—— Essener, hrsg. zum Besten der Essen-Werden-Mühlheimer Lehrer-Unterstützungs-Kasse. 2 Abtlgn. gr. 8. Essen, Baedeker. à Abtl. * — 30, * — 60; geb. à Abtl. * — 45; * — 90
1. Der Schreib-Lese-Unterricht f. die Unterklasse der Volksschule. 52. Aufl., bearb. nach der analytisch-synthet. Methode. (60 S. m. Illustr.) 888.
2. Lesebüchlein f. die Unterklasse der Volksschule. 31. Aufl., bearb. nach der analytisch-synthet. Methode. (76 S.) 887.

— Essener. 1. Abtlg.: Der Schreib-Lese-Unterricht f. die Unterklasse der Volksschulen. 62. Aufl., bearb. nach der analytisch-synthet. Methode. gr. 8. (64 S. m. Abbildgn.) Essen 901. G. D. Baedeker. Geb. n.n. — 45

— Essener. Bearb. nach der analytisch-synthet. Methode. 2 Abtlgn. 8. Essen, G. D. Baedeker. Geb. à n.n. — 45
1. Der Schreib-Lese-Unterricht f. die Unterklasse der Volksschule. 67. Aufl. (64 S. m. Abbildgn.) 906.
2. Lesebüchlein f. die Unterklasse der Volksschule. 44. Aufl. (74 S.) 905.

— Essener. Bearb. nach der analytisch-synthet. Methode. 2 Abtlgn. 8. Essen, G. D. Baedeker. Geb. nn 1.05
1. 71. verb. Aufl. (64 S. m. z. Tl. farb. Abb.) 910. Geb. nn — 60
2. Lesebüchlein f. die Unterklasse der Volksschule. 46. Aufl. (74 S.) 908. Geb. nn — 45

Fibel, Essen-Werdensche, für den Schreib-Lese-Unterricht. Hrsg. vom Essen-Werden-Mülheimer Lehrer-Verein. 1. Abthl. 26. Aufl. 8. Essen 873, (Baedeker.) ** 15 Pf.; geb. **
—— dass. — 2. Abthl. 16. Aufl. 8. Ebendas. 874. ** geb. **

Fibel, Französische, mit Übungen im Schreiben und Lesen der Lateinschrift. Nürnberg 1847. V: *Krumbacher, Friedrich A.* (Ky)

Fibel und zum Gebrauch der Fibel. Leipzig 1793. V: *Neuendorf, Carl Gottlieb.* (Ky)

— u. zum Gebrauch d. Fibel, (v. K. G. Neuendorf). 8. Lpz. 793. Köhler. 6 gr

— vorzüglich zum Gebrauch in öffentl. Schulen. 8. Berl. 788. Nauck. 2 gr

Fibel zum Gebrauch bey dem ersten Unterricht der Kinder. Halle 1787. V: *Neuendorf, Carl Glieb.* (Ky) (MGT) (ML)

— z. Gebrauch beim ersten Unterr. d. Kinder. 7te verbess. Aufl. 1ste Hälfte. 8. Halle, Waisenhausbuchh. (in Comm., 814.

— zum Gebrauch beym ersten Unterricht der Kinder. 1ste Hälfte. 8te verb. Aufl. 8. Halle, Waisenhaus-Buchhandlung. 821.

— z. Gebrauch beim ersten Unterricht d. Kinder, (v. K. G. Neuendorf). 1e Hälfte. 9te verb. Aufl. 8. Halle 827. Waisenh.-B. 1 gr 2e Hälfte 3e Aufl. 8. Ebd. 822. 1½ gr

— der Geographie von Baiern. 12. Nürnberg, Stein in Comm.) 820.

— goldene. gr. 16. (30 S. m. eingedr. Holzschn. u. 16 Chromolith.) Wesel 874. Dümmlr. 1. —

Fibel, Grosse, oder Handbuch für Lehrer, und Eltern . . . Stuttg. 1814. V: *Daniel, Wilh. Frdr.* (Ky) (MGT)

— große, oder Handbuch f. Lehrer u. Eltern, welche lesen u. aussprechen lehren wollen, (v. W. F. Daniel). 8. Stuttg. 814. Steinkopf. 6 gr (A. u. d. T.: Handbuch für den Unterr. in d. deutschen Schule. 1r Thl.)

—— größere, zu den ersten Sprech- u. Lese-Uebungen, s. u. Lehrbuch f. d. Anfangs-Unterricht.

— größere, zu den ersten Schul- u. Leseübungen. 8. Münch. 830. (Landsh., Krüll). 1 gr

—— größere, zu d. ersten Sprech- u. Lese-Uebungen. 8. (2½ B.) München 850. (Regensburg, Manz.)

— hannoversche. Neubearbeitung der Schreiblesefibel, hrsg. vom Lehrerverein Hannover-Linden, e. V. 34. Aufl. (Zum Tl. farb.) Bilder v. Otto Soltau. (II, 78 S.) 8. Hannover 909. Hahn. Geb. — 75

Fibel, hebräische, für israelitische Volksschulen. Wien 1870

Hessische Fibel. Nach phonet. Grundsätzen u. mit bes. Berücks. d. Anschauungs- u. Sprachunterr. bearb. Hrsg. v. Hess. Volksschullehrer-Ver. Ausg. f. 1 Schuljahr. *Cassel: R. Röttger in Komm. 1904.* (96 S.) 8° [F.] [04. 9911 4

— hessische. Nach phonet. Grundsätzen u. m. besond. Berücksicht. des Anschauungs- u. Sprachunterrichts bearb. Hrsg. vom hessischen Volksschullehrer-Verein. Ausg. für 1 Schulj. (96 S. m. Abbildgn.) gr. 8. Cassel 904. (Hess. Schulbuchh.) Geb. n.n. — 60

Hessische Fibel. Nach phonet. Grundsätzen u. mit bes. Berücks. d. Anschauungs- u. Sprachunterr. bearb. Hrsg. v. Hess. Volksschullehrer-Ver. Ausg. f. 2 Schuljahre. *Cassel: R. Röttger in Komm. 1904.* (176 S.) 8° [F.] [04. 9911 4

Hohenzollerische Fibel oder erstes Lesebuch. Sonder-Ausg. d. 'Kölner Handfibel'. 1.–3. Taus. *Köln: M. DuMont-Schauberg 1900.* (48 S.) 8° [F.] [04. 3344 5

— hohenzollerische, od. erstes Lesebuch. Sonder-Ausg. der „Kölner Handfibel". 2. Aufl. gr. 8. (48 S. m. Abbildgn.) Köln 901. M. Du Mont-Schauberg. Geb. in Halbldr. n.n. — 40

— hohenzollerische, oder 1. Lesebuch. Sonder-Ausg. der „Kölner Handfibel". 4. Aufl. (48 S. m. Abbildgn.) 8. Köln 905. M. Du Mont-Schauberg. Geb. n.n. — 40

— hohenzollerische, od. erstes Lesebuch. Sonderausg. der „Kölner Handfibel". 6. Aufl. (65 S. m. Abbildgn.) 8. Cöln 909. M. Du Mont-Schauberg. Geb. nn — 45

— dasselbe, f. katholische Volksschulen. II. Tl. Hrsg. von prakt. Schulmännern in Hohenzollern. (VII, 88 S.) 8. Stuttgart (903). K. Daser. n. — 60

—— iserlohner. 2 Abthlgn. 8. (16 und 3 lithogr. S. und 40 S.) Iserlohn 852, Bädeker. [1. Abthl. * 1½ Ngr.; 2. Abthl. * 2½ Ngr.]

Fibel und kleiner Katechismus für die katholischen Volksschulen im Kaiserthume Oesterreich. 8. (92 32 S.) Wien. Gedruckt bei Leopold Grund 1854. Gebunden in Leinwandrücken 12 kr. C. M.
Vlg.d.Schulbücher-Verschleiß-Administr.

—— für fleißige Kinder. 8. (1¼ B. u. 1 ill. Stndr.) Berlin 834, Gropius.

— kleine, oder erstes ABC u. Lesebuch f. Bürger- u. Landschulen, mit 24 ill. Abbildd. 8. Leipzig ... (W. A. Künzel.) ⅙ gr

—— kleine, od. erstes A. B. C u. Lese-Buch f. Bürger- u. Landschulen. M. 24 (ill.) Abbild. 8. (1 B.) Schmalkalden 832, Lithogr. Institut.

Fibel, Kleine, oder Handbüchlein für Kinder, welche lesen und aussprechen lernen wollen. Stuttg. 1814. V: *Daniel, Wilh. Frdr.* (Ky) (MGT)

— kleine, oder Handbüchlein f. Kinder, welche lesen u. aussprechen lernen wollen, (v. W. F. Daniel). 8. Stuttg. 814. 2e Aufl. 822. Steinkopf. 2 gr

— kleine, für den ersten Unterricht bei jeder Leselehrmethode brauchbar, zunächst aber für den nach d. Lautmethode bearbeitet. Mit 69 lithogr. Abbildd. 8. Magdeb. 826. Rubach. 2 gr ill. 4 gr

—— kleine, f. d. ersten Unterricht bei jeder Leselehrmethode brauchbar, zunächst aber f. den nach d. Lautmethode bearb. M. 69 (lith. u.) ill. Abbild. 8. (1 B. Schreibp.) Magdeburg 832, Rubach.

— kleine, oder Vorbereitung z. Lesenlernen für lesenbegierige Kinder vom Anfange bis zum Ende ihres 6ten Jahres. 12. Berl., Maurers B. 1¼ gr

Fibel, Kleine, oder Vorbereitung zum Lesenlernen für lernbegierige Kinder ... Leipzig u. Berl. 1820. V: *Wolke, Christian Hinrich.* (MGT) (NN)

— die, d. Länderkunde in Versen. 12. Erlangen, Palm'sche Verlagshandl. 813.

— die, der Länderkunde, in Versen. 2te Aufl. 12. Erlangen, Palmsche Verlagsbuchhdl. 818.

—— für d. Lautmethode d. Lesenlernens. 8. ... Köln 831, Matthieux.

— zu Brunnerts Lesebuch. Neu bearb. u. hrsg. v. der Lesebuchkommission zu Rudolstadt. Mit Bildern v. Arpad Schmidhammer. (76 S.) 8. Rudolstadt 908. Fürstl. priv. Hofbuchdr. Geb. nn — 70

—— oder erstes Lesebuch, hrsg. von dem Lehrervereine des Kreises Cleve. 1. Abthl. 7. und 8. verb. Aufl.; 2. Abthl. 6. und 7. Aufl. 8. (à Abthl. 48 S., wovon 16 lithogr.) Cleve 877,79, Knipping. à Abthl. ** 30 Pf. **
Die früheren Auflagen erschienen im Selbstverlag.

— oder erstes Lesebuch für Elementar-Schulen vom Lehrer-Verein zu Düsseldorf. 1. Abth. Düsseldorf 860. Kampmann. 8. (32 S.) n. 1⅓ ngr.

— oder erstes Lesebuch für Elementar-Schulen vom Lehrer-Verein zu Düsseldorf. 1. Abth. 14. Aufl. Düsseldorf 866. Mischel. 8. (36 S.) 2 ngr.

—— und erstes Lesebuch für die wendischen katholischen Schulen der Oberlausitz. 8. (128 und 4 lithogr. S.) Bautzen 866, (Schmaler und Pech.) geb.

— und erstes Lesebuch für Volksschulen. Wien 1873,74. 76

— und Lesebuch nach den Grundsätzen der Lautirmethode mit möglichst gleichzeitiger Berücksichtigung des Schreibens u. Lesens und zur Uebung im richtigen Betonen stufenmäßig geordnet. Herausg. von mehreren prakt. Schulmännern. Colberg 852. Howe. 8. (142 S.) nn. 5 ngr

— od. Lesebuch f. die Unterklassen katholischer Volksschulen. 1. Tl.: Für das 1. Schuljahr. Ausg. A. Nach der reinen Schreiblesemethode bearb. 8. (56 S.) Dortmund 883. W. Crüwell. geb. n. — 35

Fibel oder Lesebuch f. die Unterklassen katholischer Volksschulen. Hrsg. im Auftrage d. königl. Provinzial-Schulkollegiums in Münster. 1. Tl. Nach der Normalwörter-Methode ausgelegt. Mit 28 Orig.-Bildern von Wilh. Claudius. 2. Aufl. gr. 8. (64 S.) Dortmund 886. W. Crüwell's Verl. geb. n. — 40

—— dass. — 1. und 2. Tl. Ausg. für den Reg.-Bez. Trier. 1. und 2. Aufl. gr. 8. Ebendas. 887,88. geb. à Tl. *
Inhalt:
Tl. 1. Für das erste Schuljahr. Nach der Normalwörter-Methode angelegt. (64 S. mit 28 Orig.-Bildern.)
„ 2. Für das zweite Schuljahr. (80 S.)

Fibel od. Lesebuch f. die Unterklassen kathol. Volksschulen. Hrsg. im Auftrage d. königl. Provinzial-Schulkollegiums zu Münster. 1. u. 2. Tl. 8. Dortmund 891, Crüwell. geb. à Tl. ** — 30; ** — 60
1. Ausgabe nach der Schreiblesemethode. 13. verb. Aufl. (48 S.) — 2 Für das 2. Schulj. 15. Aufl. (56 S.)

Fibel od. Lesebuch f. die Unterklassen katholischer Volksschulen. Hrsg. im Auftrage des königl. Prov.-Schulkollegiums zu Münster. 1. Tl. Für das 1. Schulj. Ausg. nach der Schreiblese-Methode. 22. Aufl. (48 S.) gr. 8. Dortmund 903. W. Crüwell. Geb. n.n. — 30

Fibel oder Lesebuch für die Unterklassen katholischer Volksschulen. Hrsg. im Auftr. d. Kgl. Prov.-Schulkoll. zu Münster. Ausg. nach d. Schreiblese-Methode. 23. Aufl. T. 1. *Dortmund: W. Crüwell 1903.* 8° [F.] 04. 1793 6

— dasselbe. 2. Tl. Für das 2. Schulj. 23. Aufl. (64 S.) gr. 8. Ebd. 903. Geb. n.n. — 40

Fibel od. Lesebuch f. die Unterklassen katholischer Volksschulen. Hrsg. im Auftrage des königl. Prov.-Schulkollegiums zu Münster. 1. Tl. Für das 1. Schulj. Ausg. nach der Normalwörter-Methode. Mit Bildern v. Wilh. Claudius. 10. Aufl. (64 S.) 8. Dortmund 903. W. Crüwell. Geb. n.n. — 40

Fibel oder Lesebuch für die Unterklassen katholischer Volksschulen. Hrsg. im Auftr. d. Kgl. Prov.-Schulkoll. zu Münster. Mit Orig.-Bildern. 14. Aufl. T. 2. *Dortmund: W. Crüwell 1903.* 8° [F.] 04. 1794 6

— dasselbe. Mit Orig.-Bildern v. Wilh. Claudius u. anderen Künstlern. 16. Aufl. (96 S.) gr. 8. Ebd. 903. Geb. n.n. — 45

— od. Lesebuch f. die Unterklassen katholischer Volksschulen. Hrsg. im Auftrage des königl. Prov.-Schulkollegiums zu Münster. I. Tl.: Für das 1. Schulj. Nach der Normalwörter-Methode unter Berücksicht. der phonet. Grundsätze. (72 S. m. Abb.) 8. Dortmund 910. W. Crüwell. Geb. — 50

— — dasselbe. Nach der Schreiblese-Methode unter Berücksicht. der phonet. Grundsätze. (72 S. m. Abbildgn.) 8. Ebd. 910. Geb. — 50

— zu dem Lesebuch f. evangelische Volksschulen. 2. Tl. 4. Aufl. 8. (168 S.) Ebend. 884. geb. n.n. — 70

—— zu den Eckernförder Lesetabellen. Von d. Verf. dieser Tabn. 8. (4 B.) Altona 828, Hammerich.

Fibel zu den Eckernförder Lesetabellen. Von den Verfassern dieser Tabellen. Altona. 1830. — 2. Aufl. Sm. St. 1831.

— zu den Eckernförder Lesetabellen (von Eggers u. Hansen). 10e Aufl. 8. Altona 838. Hammerich. 1/12 ₰

—— zu den Eckernförder Lesetabellen. Von d. Verf. dies. Tabellen. 21—26., verb. Aufl. 8. (à 4 B.) Altona 843—45, Hammerich. à *

—— zu den eckernförder Lesetabellen. Von den Verfassern dieser Tabellen. 57., verb. und verm. Aufl. 8. (80 S., wovon 16 lithogr.) Altona 855, Hammerich. *

— zu den Eckernförder Lesetabellen. Von den Verfassern dieser Tabellen. 53—70. verb. ꝛc. Aufl. Altona 854—58. Hammerich. 8. (80 S.) n. 2½ ngr

Fibel oder erste Les-Übungen. Dorpat 1821. V: *Vogel, Joh. Theod.* H: *Ewers, Joh. Philipp Gustav von.* (Ky) (R-N)

Fibel oder erste Leseübungen für die kleinen Zöglinge ... zu Dessau, Schnepfenthal und Gotha. Leipzig 1785. V: *Vogel, Joh. Theod.* (MGT) (Ky)

— zu den ersten Leseübungen. N. Aufl. 8. Münch. 827. (Thomann; a. Krüll in Landsh.) 1¼ fl

— zum ersten Leseunterricht. 8. (102 S. wovon 24 lith.) Basel 852, Bahnmaier in Comm. n. 7 ngr

—— für den französischen Lese- und Schreibunterricht zum Gebrauche für Anfänger. 2 Hefte. 12. Luxemburg 864, Heintze. [1. Heft. (24 S.) 1 Ngr., 2. Heft. (48 S.) 2 Ngr.]

— Lübeckische. 5. Aufl. Lübeck 862. (Dittmer.) 8. (56 S.) n. 7½ ngr

— lustige. Mit Bildern v. Thdr. Hosemann. 4. (14 S. m. eingedr. color. Holzschn.) Hamburg 850, Verlags-Comptoir. n. 1/3 ₰

—— lustige. 10. Aufl. 4. (16 S. mit eingedr. kolor. Bildern von Thdr. Hosemann.) Frankfurt a. M. 885, Litterar. Anstalt, Rütten und Loening. cart.

— des kölnischen Maskenfestes. Ein Geschenk f. den Käufer v. Verfasser. gr. 8. Cöln 846, Nitzefeld. (Renard.) 1/2 ₰

—— nach der analytisch-synthetischen Methode, bearb. von Armstroff, Protzen, Arndt, Einicke und Schug. Neue Ausg. der Duisburger Fibel. 8. (IV, 60 S.) Duisburg 875. (Ruhrort, Andreae und Comp.) geb. **

—— dass. — 2. verm. und verb. Aufl. 8. (IV, 60 S.) Duisburg 877, (Naske.) geb. **

—— Mülheimer. Hrsg. vom Mülheimer Lehrerverein. 10. Aufl. 8. (56 S.) Köln 879, DuMont-Schauberg'sche Buchh. geb. *

Die 1.—9. Aufl. erschienen im Selbstverlag.

— Münchener. Erstes Lesebuch für die Volksschulen Münchens. Hrsg. im Auftrage der k. Lokalschulkommission. Bilder (in Farbdr.) v. Adf. Hengeler. (76 S.) gr. 8. München (906). C. A. Seyfried & Co. Geb. n.n. — 65

Fibel, Münchener. Erstes Lesebuch f. d. Volksschulen Münchens. Hrsg. im Auftrage der k. Lokalschulkommission. 2. Aufl. (Geschenkausg.) Bilder (in Farbdr.) v. Adf. Hengeler. (80 S.) gr. 8. München (908). C. A. Seyfried & Co. Geb. 1.20

— dasselbe. 2. Tl. (32 S.) gr. 8. Ebd. (907). nn — 15

— neue. 8. Götting. 798. Dieterich. 2 gr.

— neue, bearb. nach d. Schreiblese-Methode d. ehemal. Sem.-Dir. Ph. J. M. Nabholz. 12. (74 S.) Villingen 850, Förderer. n. 2 ngr

— neue, bearbeitet nach der Schreiblese-Methode des ehemal. Seminardirektors Ph. J. M. Nabholz. 12., unveränd. Aufl. Villingen 855. Förderer. 16. (108 S.) 3 ngr

—— neue. Zunächst für die deutschen Schulen in den Francke'schen Stiftungen zu Halle. 2. Aufl. 8. (107 S. mit eingedr. Holzschn.) Halle 873, Buchh. des Waisenhauses. cart. *

—— neue. Zunächst für die deutschen Schulen der Francke'schen Stiftungen zu Halle. 3. Aufl. 1875. cart. * 75 Pf.; 4. Aufl. 8. (IV, 107 S.) Halle 877, Buchh. des Waisenhauses. cart. *

Fibel, neue, oder erstes ABC- und Lesebuch für Kinder. Zweyte ganz umgearbeitete Aufl. Mit illum. Kupfern. 8. Berlin, Hasselberg. 817. Rthlr. -

— neue, oder erstes ABC- u. Lesebuch f. Kinder. 4e Aufl. Mit ill. Kupf. u. 1 Vign. 8 Berlin 824. Hasselberg.

—— neue, od. erstes ABC- u. Lesebuch f. Kinder. 4., verb. u. verm. Aufl. M. 7 ill. Kpfrt. u. Ttlvign. 8. (2 B.) Berlin 830, Hasselberg.

—— neue, od. erstes ABC- u. Lesebuch f. Kinder. M. (7) ill. Kpfrn. 5., verb. u. verm. Aufl. 8. (1 1/2 B.) Berlin 841, Hasselberg.

— neue, od. ABCBuch für Kinder mit Figuren. 8. Brünn, Gastl. 803.

Fibel, neue, od. ABC-, Lese- u. Bilderbuch für Kinder, v. H. Oswald. 8. Meißen, Gödsche. 815. illum.

— neue, oder ABC- u. Lesebuch aus d. Naturgeschichte. 8. Berl. 799. Nauck. 4 gr. mit Kpf. 4 gr. mit ill. Kpf. 10 gr.

— neue, oder ABC-, Buchstabir- u. Lesebüchlein. Erstes Elementarbuch f. Stadt- u. Landschulen. A. u. d. T.: Kleines Schulbüchlein zur ersten Uebung im Lesen u. Denken. 8. Königsb. 836. (Leipzig, Fort.) 1/12 ₰

—— neue, od. ABC-, Buchstabir- u. Lesebüchlein. — A. u. d. T.: Kleines Schulbüchlein zur ersten Uebung im Lesen u. Denken. 8. (5 B.) Königsberg 836, Hartung. *

— neue, mit neuen Figuren. 8. Berl. 788. Unger. 3 gr.

— neue, zum Gebr. beim ersten Unterr. d. Kinder. 12. Prag, G. Haase Söhne. 4 gr.

— neue, zum Gebrauch beim ersten Unterr. für Kinder. 8. Hannov. 799. Hahn. 2 gr.

— neue, zum Gebrauch bei dem ersten Unterricht der Kinder. Zunächst f. die Seminarschule zu Hannover (v. Joh. Ph. Trefurt). 61. Aufl. 8. (40 S.) Hannover 851, Hahn. 1 1/2 ngr

— neue, zum Gebrauch bei dem ersten Unterricht der Kinder. Zunächst für die Seminarschule zu Hannover. (Von Joh. Ph. Trefurt.) 64—66. Aufl. Hannover 854—56. Hahn. 8. (40 S.) 1 1/2 ngr

—— neue, zum Gebrauch bei dem ersten Unterricht der Kinder. Zunächst für die Seminarschule zu Hannover. (Von Joh. Ph. Trefurt.) 75. Aufl. 8. (40 S.) Hannover 867, Hahn'sche Hofbuchh.

Neue Fibel | zum Gebrauch | beym ersten Unterricht der Kinder | in | Deutschen Schulen. | *(Vignette)* | Jever, | bey J. D. Große, Buchbinder.
o. J., 40 S., 160 × 95.
BNP X. 19676.

— neue, f. Kinder, von Ernst Hold, s. Hold.

— neue, f. Kinder zum Unterricht im Lesen u. Denken mit illum. K. 8. Altona, Comt. f. Literatur. 811.

— neue, nach Milow, mit Zusätzen von... 8. Leipz. 784. Schwickert. 2 gr.

Fibel, neue, f. die Hamburg. Sonntagsschulen. 2. Aufl. 12. (46 S. m. 1 color. Holzschn.) Hamburg 849, Agentur des Rauhen Hauses. n. 3 ngr

Neue verbesserte Fiebel. Altona. U. A. (J. D. A. Eckhardt). P. (M. Traesnit).

— neueste, oder Oliviers Methode vereinfacht dargestellt. gr. 8. Leipz., Leo. 8 gr.

— niederdeutsche. Verf. u. bearb. v. Schulmännern des Reg.-Bez. Stade unter Mitwirkg. v. Hans am Ende, Fritz Mackensen, Heinr. Vogeler u. Bernh. Winter. 1. Schulj. (Zum Tl. farb.) Bilder v. Bernh. Winter. 21—50. Taus. Ausg. A. (76 S.) gr. 8. Berlin (910). J. G. Cotta Nachf., Zweigniederlassg. Geb. — 75

— dasselbe. Ausg. B. Für die Provv. Brandenburg, Pommern, Ostpreußen, Westpreußen, Posen, u. Schlesien. (76 S.) gr. 8. Ebd. (910). Geb. — 75

— dasselbe. Ausg. C. Für das Großherzogt. Oldenburg. (76 S.) gr. 8. Ebd. (910). Geb. — 75

— dasselbe. 2. Schulj. Bilder v. Hans am Ende, Fritz Mackensen, Heinr. Vogeler u. Bernh. Winter. (107 S.) gr. 8. Ebd. (910). Geb. — 70

—— niederrheinische, nach der analytisch-synthet. Methode. 2 Tle. 8. Ruhrort, Andreae und Comp. [1. Tl. (54 S.) 882. geb.** 40 Pf.; 2. Tl. (85 S.) 883. geb. ** 45 Pf.] **

— niederrheinische, nach der analytisch-synthet. Methode. 1. u. 2. Tl. 8. Ruhrort, Andreae & Co. geb. n.n. — 75

1. 2. verb. Aufl. (56 S. m. Illustr.) 885. geb. n.n. — 35. — 2. (86 S.) 884. n. — 35; cart. n. — 40

—— niederrheinische, nach der analytisch-synthet. Methode. 2 Tle. 2. verb. Aufl. 8. Ruhrort, Andreae und Comp. [1. Tl. (56 S. mit Illustr.) 885; 2. Tl. (88 S.) 887.] geb. à Tl. ** 40 Pf. **

— für Niedersachsen, bearb. v. Lehrern des Reg.-Bez. Lüneburg. Mit (z. Tl. farb.) Bildschmuck versehen v. H. F. Hartmann-Bardowiek. 69. neubearb. Aufl. Ausg. A ohne Anh. (72 S.) gr. 8. Harburg (910). G. Elkan. Geb. — 75

— dasselbe. 69. neubearb. Aufl. Ausg. B m. Anh. (88 S.) gr. 8. Ebd. (910). Geb. — 85

Fibel nach der Normalwörter-Methode.

—— dass. — Hrsg. vom Vorstande der Lehrer-Witwen- und Waisenkasse für den Bezirk der Landdrostei Lüneburg. [Hamburger Ausg.] gr. 8. (IV, 76 S. mit eingedr. Holzschn.) Harburg 881. Elkan. * 40 Pf.; geb. *

—— dass. — [Hannov. Ausg.] gr. 8. (IV, 76 S. mit eingedr. Holzschn.) Ebendas. 881. * 40 Pf.; geb. *
Begleitwort dazu (51 S.) *

—— nach der Normalwörter-Methode. Hrsg. vom Vorstande der Lehrer-Witwen- u. Waisenkasse f. den Bezirk der Landdrostei Lüneburg. 2. Aufl. [Hannov. Ausg.] gr. 8. (IV, 76 S. m. Abbildgn.) Harb. 890, Elkan. ** — 40; geb. ** — 50

Dass. 3.Aufl. Ebda.1894.

— n. d. Normalwörter-Methode. Hrsg. v. Vorstande d. Lehrer-Witwen- u. Waisenkasse f. d. Bezirk d. vormal. Landdrostei Lüneburg. 4. Aufl. (Hannov. Ausg.) gr. 8. (IV, 76 S. m. Abb.) Harburg 896. G. Elkan. n. — 40; geb. n.n. — 50

— nach der Normalwörter-Methode. Hrsg. v. dem Vorstande der Schürenstiftung. gr. 8. (60 S. m. Abbildgn.) Osnabrück 887. Rackhorst. n.n. — 35

—— nach der Normalwörtermethode vom Lehrer-Verein zu Düsseldorf. 8. (54 S. mit eingedr. Fig.) Düsseldorf 882, Mischel. geb. *

— d. Rechenkunst, od. was muß d. Jugend zuerst wissen, um richtige Begriffe d. Arithmetik zu erlangen. 8. Celle 817. Schulze. 1/4

Ruthenische Fibel. Wien. K. k. Schulbücher-Verlag. 1892.

Ruthenische Fibel. Zweiter Theil des ersten Lesebuches für die zweite Jahresstufe. Wien. K. k. Schulbücher-Verlag. (Min.-Erl. v. 24. April 1894, Z. 813.) Ein broschirtes Exemplar 1894

Fibel, oder Sammlung erster Leseübungen. **Dessau 1783. H:** *Vogel, Joh. Theod.* **(KY) (MGT)**

—— nach der reinen Schreib-Lese-Methode. Bearb. und für das Fürstenth. Hildesheim und die angrenzenden Landestheile hrsg. von Lehrern der Stadt Hildesheim. gr. 8. (VIII, 60 S. mit eingedr. Holzschn.) Schleswig 870, Schulbuchh. [Bergas.] *
Lesebüchlein zu der Fibel. (IV, 91 S. mit eingedr. Holzschn.) *
In 1 Bde. cart. *

— f. den Schreib-Lese-Unterricht. Hrsg. v. den Lehrern des Stadt- u. Landkreises Bielefeld. Nach dem Normal-Alphabete f. die Prov. Westfalen. gr. 8. (70 S. m. 4 Taf. Abbildgn.) Bielefeld 893. (A. Bloemker.) Geb. n. — 45; m. Begleitwort f. den Lehrer (70 u. 8 S.) n. — 50

— f. d. Schreib-Lese-Unterricht. Hrsg. v. d. Lehrern d. Stadt- u. Landkreises Bielefeld. N. d. Normal-Alphabete. 2. Aufl. 8. (80 S. m. 4 Taf.) Bielefeld 896. C. Weber. Geb. n. — 45

—— für den Schreib-Leseunterricht des ersten Schuljahres. Bearb. von pfälz. Lehrern. 6. Aufl. gr. 8. (92 S. mit eingedr. Holzschn.) München 881, Expedition des k. Zentral-Schulbücherverlags. ** 50 Pf.; geb. **

—— dass. — Ausg. für israelit. Schulen. gr. 8. (92, hebr. Schreib-Lesefibel 32 S.) Ebendas. 882. ** ℳ 1.; geb. **

—— für den Schreib-Leseunterricht in der 1. Klasse der Volksschule. Bearb. v. pfälz. Lehrern. 45. Aufl. gr. 8. (92 S. m. Bildern.) Münch. 892, Oldenbourg. ** — 50
geb. in Halbleinw. ** — 70; in Halbldr. ** — 84

— dasselbe in der 1. Klasse der Volksschule. Bearb. v. pfälz. Lehrern. 50. Aufl. gr. 8. (92 S. m. Abbildgn.) München 894. R. Oldenbourg, Abteilg. f. Schulbücher. n.n. — 50; geb. in Halbleinw. n.n. — 70

— f. d. Schreib-Leseunterricht i. d. 1. Klasse d. Volksschule. Bearb. v. pfälz. Lehrern. Ster.-Dr. der 42. Aufl. 61. Aufl. gr. 8. (92 S. m. Abb.) München 898. R. Oldenbourg. n. — 50; kart. n. — 70; geb. in Leinw. n.n. — 78; in Halbldr. n.n. — 84

— f. den Schreib-Leseunterricht in der 1. Klasse der Volksschule. Bearb. v. pfälz. Lehrern. Ster.-Dr. der 42. Aufl. 77. Aufl. gr. 8. (92 S. m. Abbildgn.) München (902). R. Oldenbourg. n.n. — 50; kart. n.n. — 70; geb. in Leinw. n.n. — 78; in Halbdr. n.n. — 84

— für den Schreib-Leseunterricht in der 1. Klasse der Volksschule. Bearb. von pfälz. Lehrern. 90. Aufl. (92 S. m. Abbildgn.) 8. München (906). R. Oldenbourg. n.n. — 50; kart. n.n. — 70

— für den Schreib-Leseunterricht in der 1. Klasse der Volksschule. Bearb. v. pfälz. Lehrern. 111. unveränd. Aufl. (82 S. m. Abbildgn.) 8. München 910. R. Oldenbourg. nn — 45; geb. nn — 65

— für den Schreib-Lese-Unterricht im 1. Schuljahre. Hrsg. v. dem hess. Landeslehrerverein. 3. verb. Aufl. gr. 8. (48 S.) Darmstadt 872. (Leipzig, Siegesmund & Volkening.) geb. n. — 35

— für den Schreib-Lese-Unterricht in der Unterklasse der Volksschule. Hrsg. vom kathol. Lehrerverein d. Kreises Mühlheim. 7. Aufl. 8. (30 S.) Köln 874. Warnitz & Co. geb. n.n. — 30

—— für den Schreib-Lese-Unterricht in der Unterstufe der Volksschule. Hrsg. vom Lehrerverein des Kreises Mülheim am Rhein. 8.—10. verb., den Uebergang ins „Deutsche Lesebuch“ [1. Thl.] vermittelnde Aufl. 8. (56 S.) Köln 877—79, DuMont-Schauberg'sche Buchh. geb. *

Fibel od. Schulbüchlein f. das erste Schuljahr. [Nach Scherr's Tabellenwerk.] Mit Lesestücken verm. v. R. Kilchsperger. 8. (48 S.) Zürich 873. Orell, Füßli & Co. n. — 60

— für deutsche Schulen in Brasilien. 8. (64 S. m. eingedr. Holzschn.) St. Leopoldo 878. Evangel. Buchh. geb n. — 50

— für deutsche Schulen in Brasilien. Nebst a Orthoepia da lingua portuguezza. 2. Aufl. gr. 8. (80 S. m. eingedr. Holzschn.) St. Leopoldo 883. Evangel. Buchh. n. — 50; geb. n. — 60

—— nach der Sprech-, Schreib- und Lesemethode, bearb. von den Lehrern der Parochie Czarnikau. 3. Aufl. gr. 8. (36 S. mit eingedr. Holzschn.) Czarnikau 876, (Deuß.) cart. *
Die 1. und 2. Aufl. waren nicht im Handel.

—— für Stadt- und Landschulen. Hrsg. vom Vorstande der Lehrer-Wittwen- und Waisencasse für die Provinz Lüneburg. 8. (52 S., wovon 4 lithogr.) Harburg 867, Elkan. geb. **

—— für Stadt- und Landschulen. Hrsg. vom Vorstande der Lehrer-Wittwen- und Waisencasse für die Prov. Lüneburg. 2. Aufl. 8. (52 S. mit eingedr. Holzschn.) Harburg 870, Elkan. **
geb. **

— für Stadt- u. Landschulen. Hrsg. vom Vorstande der Lehrer-Witwen- u. Waisenkasse für den Bezirk der Landdrostei Lüneburg. 5., verm. u. verb. Aufl. [Hamburger Ausg.] 8. (71 S. m. Fig.) Harburg 880. Elkan. n.n. — 20; geb. n.n. — 35
Hannov. Ausg. zu gleichem Preise.

—— für Stadt- und Landschulen. Hrsg. vom Vorstande der Lehrer-Witwen- und Waisenkasse für den Bezirk der Landdrostei Lüneburg. 3.—5. verm. und verb. Aufl. [Hamburger Ausg.] 8. (71 S. mit Fig.) Harburg 879—81, Elkan. **
geb. **
Hannoversche Ausg. erschien zu gleichem Preise.

—— für Stadt- und Landschulen, hrsg. vom Vorstande der Lehrer-Wittwen- und Waisenkasse für den Bezirk der Landdrostei Lüneburg. 11. Aufl., bearb. nach dem Normalductus. 8. (71 S.) Harburg 888, Elkan. *

— für Stadt- u. Landschulen. Hrsg. vom Vorstande der Lehrer-Witwen- u. Waisenkasse für den Bezirk der Landdrostei Lüneburg. 17. Aufl. [Hannov. Ausg.] gr. 8. (71 S. m. Abbildgn.) Ebd. 890. n.n. — 25; geb. n.n. — 35

—— für Stadt- u. Landschulen. Hrsg. vom Vorstande der Lehrer-Witwen- u. Waisenkasse f. den Bezirk der Landdrostei Lüneburg. 23. Aufl. [Hannov. Ausg.] 8. (71 S. m. Abbildgn.) Harb. 891, Elkan. ** — 25; geb. ** — 35

— für Stadt- u. Landschulen. Hrsg. vom Vorstande der Lehrer-Witwen- u. Waisenkasse f. den Bezirk der Landdrostei Lüneburg. 30. Aufl. (Hannov. Ausg.) 8. (71 S. m. Abbildgn.) Harburg 894. G. Elkan. n.n. — 25; geb. nn. — 35

— f. Stadt- u. Landschulen. Hrsg. v. Vorstande d. Lehrer-Witwen- u. Waisenkasse f. d. Bezirk d. Landdrostei Lüneburg. 38. Aufl. (Hannov. Ausg.) 8. (71 S. m. Abb.) Harburg 898. G. Elkan. n.n. — 25; geb. n.n. — 35

— dasselbe. Hrsg. vom Vorstande der Lehrer-Witwen u. Waisenkasse f. den Bezirk der Landdrostei Lüneburg. 50. Aufl. (Hannov. Ausg.) 8. (71 S. m. Abbildgn.) Ebd. (902). n.n. — 25; geb. n.n. — 35

— f. Stadt- u. Landschulen. Nach den Grundsätzen der reinen Schreiblesemethode u. der Phonetik bearb. v. Harburger Lehrern. (Neue Rechtschreibg.) 52. Aufl. (Ausg. f. Niedersachsen.) gr. 8. (III, 83 S. m. Abb.) Harburg (902). G. Elkan. n. — 45; geb. n.n. — 55

— f. Stadt- u. Landschulen. Nach den Grundsätzen der reinen Schreiblesemethode u. der Phonetik bearb. v. Harburger Lehrern. (Neue Rechtschreibg.) 58. u. 59. Aufl. Ausg. für Niedersachsen. (III, 83 S. m. Abbildgn.) 8. Harburg (905). G. Elkan. n.n. — 45; geb. n.n. — 55

— für Stadt- u. Landschulen. Nach den Grundsätzen der reinen Schreiblesemethode u. der Phonetik bearb. v. Harburger Lehrern. (Neue Rechtschreibg.) 67. Aufl. (Ausg. f. Niedersachsen.) (III, 83 S. m. Abbildgn.) 8. Harburg (910). G. Elkan. —45; geb. n — 55

— oder neues Syllabirbüchlein nach Salzmanns Manier, mit Kpf. 8. Nürnb. 786. Schneider u. W. 6 ℳ

— oder neues Syllabirbüchlein nach Salzmanns Manier. m. K. 8. Nürnberg, Weigel. 786.

— od. erste Uebungen im Lesen, zugleich auch berechnet f. d. Gebrauch d. Lesemaschine, v. W. G. E. Richter. 8 Leipz. Franz. 815.

—— od. erstes Uebungsbuch f. Kinder, s.a. (Graßmann, F. H. G.)

— oder erstes Uebungsbuch für Kinder, (v. F. H. G. Graßmann). Mit Holzschnitten u. 1 Kpf. 8. Berl. 816. 2e A. 823. N. Aufl. 830. Reimer. 2 ℳ

— oder erstes Uebungsbuch für Kinder. N. Aufl. 8. Berlin 840. Reimer. 1/12 ℛß

Fibel, zum ersten Unterricht der Kinder. 8. Halle, Waisenh. 810. Rthlr.

—— für d. ersten Unterricht im Lesen, mit steter Hinsicht auf d. Gewöhnung d. kindl. Verstandes z. Nachdenken bearb. (Von Jacobi.) 8. (1 B.) Greiz 829, Henning.

—— für d. ersten Unterricht im Lesen v. d. Lehrern der höhern Bürgerschule in Potsdam. 2. u. 3. Aufl. gr. 8. (à 3 B.) Potsdam 843, 46, Riegel's Vrlgsh. à
Vgl. Lesebuch, preußisches.

— f. den ersten Unterricht im Lesen u. Schreiben nach d. Schreiblese-Methode. gr. 8. Mainz 840. Kupferberg. 1/6 ℛß

—— für evangelische Volkschulen. 1. Thl. 2 Abthlgn. (Der Schreibleseschüler. — Der Leseschreibschüler.) und 2. Thl. (Lesestücke.) gr. 12. (74 und VIII und 88 S.) Stuttgart 854, Ed. Hallberger. à Thl. 3 Ngr.

— für evangelische Volksschulen. Neue Ausg. 8. (126 S.) Stuttgart 884. Deutsche Verlags-Anstalt. — 48; Einbd. n.n. — 20

— f. evang. Volksschulen. (2. Schulj.) Hrsg. i. Auftr. d. kgl. Regierg. zu Arnsberg. gr. 8. (110 S. m. Abb.) Bielefeld 898. Velhagen & Klasing. n.n. — 35; geb. n.n. — 45

Fibel f. evangelische Volksschulen. (2. Schulj.) Hrsg. im Auftrage der königl. Regierg. zu Arnsberg. (Ausg. 1901.) gr. 8. (110 S. m. Abbildgn.) Bielefeld, Velhagen & Klasing. Geb. n.n. — 45

— für evangelische Volksschulen. (2. Schulj.) Hrsg. im Auftrage der königl. Regierung zu Arnsberg. (Neudr.) (110 S. m. Abbildgn.) 8. Bielefeld 904. Velhagen & Klasing. Geb. n.n. — 45

Fibel für die evangelischen Volksschulen im Kaiserthume Oesterreich. 8. (88 S) Wien. Gedruckt bei Leopold Grund. 1854. Gebunden 9 kr. Ungebunden 6 kr. C. M.
Vlg.d.Schulbücher-Verschleiß-Administr.

Fibel für die evangelischen Volksschulen Württembergs. I. Teil. Neue Ausgabe. (105 S) Stuttgart 1877

Fibel für die evangelischen Volksschulen Württembergs. N. Ausg. von 1884. 24. Abdr. Stuttgart: D. Verlagsanstalt 1908.

— für die evangelischen Volksschulen Württembergs. (Zum Tl. farb.) Bilder v. Frz. H. Gref u. Alfr. H. Pellegrini. (144 S.) 8. Stuttgart (910). Union. Geb. nn — 60

Fibel für die israelitischen Volksschulen im Kaiserthume Oesterreich. 8. (92 S.) Wien. Gedruckt bei Leopold Grund. 1854. Gebunden in Leinwandrücken 9 kr. C. M.
Vlg.d.Schulbücher-Verschleiß-Administr.

— für katholische Volksschulen. Ausg. A. Nach der Schreiblese-Methode unter Berücksicht. der phonet. Grundsätze. Mit Orig.-Bildern v. Wilh. Claudius u. anderen Künstlern. (72 S.) 8. Dortmund 909. W. Crüwell. Geb. nn — 50

— f. die katholischen Volksschulen der Prov. Hannover. Nach der Schreiblese-Methode unter Berücksicht. der phonet. Grundsätze. Mit Orig.-Bildern v. Wilh. Claudius u. andern Künstlern. (72 S. m. Abbildgn.) 8. Dortmund 910. W. Crüwell. Geb. — 50

Fibel für die katholischen Volksschulen im österreichischen Kaiserstaate. 8. (92 S.) Wien. Gedruckt bei Leopold Grund. 1851. Broschirt 12 kr. C. M. Vlg.d.Schulbücher-Verschleiß-Administr.

Fibel für die katholischen Volksschulen im Kaiserthume Oesterreich. 8° (86 S.) Prag: Verlag der Schulbücher - Verschluß - Administration 1854.

— f. die katholischen Volksschulen Württembergs. Zeichnungen v. Thdr. Schnitzer. (128 S.) gr. 8. Stuttgart 910. Muth. Geb. nn — 60

— als Vorbereitung zum ersten Lehr- u. Lesebuche. 2e verm. Aufl. 8. Mainz 835. Kupferberg. 1 ℛ

— die, d. Weltgeschichte in Versen. 1s Heft. 8. Erlang Palm u. Enke. 814.

Schreibp.

— wieder eine neue. 8. Basel, Haas d. Sohn.

Fibel [Verfasser]

Fibel, Ernst, Elementar-, Lese- u. Sprachbüchlein, nach pädagog. Grundsätzen f. d. vereinten Sprech-, Schreib-, Lese- u. Sprachlehr-Unterr. gearb. (2 Hfte.) I. Das Laut- u. Silbenbüchlein. (2 Gr.) II. Das Wörterbüchlein. (4 Gr.) gr. 12. (2⅔ B.) Breslau 831, Pelz.

Fibel, Ernst, Elementar-, Lese- u. Sprachbüchlein, nach pädagog. Grundsätzen ꝛc. III. Das Sätzebüchlein. 1. Abthl. (Der einfache Satz.) 8. (9 B.) Breslau 833, Pelz. Thlr.

Fibel, Ernst, Elementar-, Lese- u. Sprachbüchlein, nach pädagog. Grundsätzen f. d. vereinten Sprech-, Schreib-, Lese- u. Sprachlehr-Unterr. gearb. I. u II. 2., verb. Aufl. 8. Breslau 836, Pelz. (Leipzig, Hunger.)

I. Das Laut- u. Silbenbüchlein. (1 B.) 1 Gr.
II. Das Wörterbüchlein. (3 B.) 3 Gr.
III. Ebendas. 1633. 8 Gr.

Fibel, Gr., erstes Lesebüchlein für Kinder, welche man nach der analytisch-jacotot'schen Lehrmethode das Lesen lehren will. 8. Breslau 841, G. P. Aderholz. 1/12 ℛ

— kurze Anleitung hierzu, verbunden mit Sprech-, Denk-, Schreib-, Gedächtniß- u. Sprachübungen nach d. analytisch-jacotot'schen Lehrmethode. 8. Ebend. 841. 4 ngl

— drei Tabellen hierzu. Fol. Ebend. 841. 4 ngl

— Wandfibel dazu. (14 Taf.) Ebd. 841. n. 7/12 ℛ

Fibelchen. Erstes Lese- u. Bilderbüchlein. Nr. I. 1—4. 8. (à 8 S. m. 4 Chromolith.) Wesel 872. Düms. pro Dutzend n. 1. —

Fibelfrage. Zur st. gallischen F'-F'. Bearb. von Jean Frei ..., Adolf Schöbi ..., Ulrich Hilber ..., Karl Schöbi ... [und] Gottlieb Merki .... [Mit Illustrationen und 9 Tafeln.] II + 109 S. 8. St. Gallen, Zollikofer & Cie., 1910. [fr. 2.—]

Fibelkorn, Ern. (geb. Creppeln in Westpr. 27. 8. 1836): De ventriculi ulcere chronico perforante. Berolini (1861). (32 S.) 8°

Berlin, Med. Diss. v. 7. März 1861

Fibeln. Mit Bildern. Brandenburg, Müller. 1/6 ℛ Ohne Bilder, mit rothgedr. Hahn. 1/12 ℛ

Fibelphantasien eines Dorfschulmeisters. Vom Verf. der „Scenen u. Bilder aus dem Leben eines Schulmeisters." 8. Plauen 845. (Leipzig, C. L. Fritzsche.) n. 1/6 ℛ

Fibel's Biographie, von J. Paul Fr. Richter, s. Richter, J P. F., Leben Fibels.

Fibelverschen für erwachsene ABCschützen. gr. 8. (8 S. m. lith. Titel.) Leipzig 848, Naumburg. n. 4 ngl

Fibich, St.: Beobachtungen über die Temperatur bei Fischen. München u. Berlin 1905. A. F. Z. 30 und Z. f. F. 12 (Inaug. - Diss.).

Fibig, Gottfried

FIBIG, Gfr.: Processus tum summarii tum ordinarii delineatio brevissima. *Lips.*, 659. 4. — auct. a. Leonh. Dan. SCHWENDENDÖRFFER. *Lips.*, 691. 4. — c. praef. Tob. Dan. REINHARTH. *Lips.* et *Gött.*, 740. 4.

Fibig, Johann

Jo. Fibig u. Bernh. Sebast. Nau Bibliothek der gesammten Naturgeschichte. 2 Bde. Frankf. a. M. 1789. 1791. 8.

— u. B. Nau, Bibliothek d. gesammten Naturgeschichte. 8 Stcke in 2 Bden. 8. Frankf. 789—90. Varrentrapp. 4 ℛ

Fibig und Nau, Bibliothek der gesammten Naturgeschichte. Band 1. 2. Frankfurt 1790—91. 8.

FIBIG, Joh.: Einleitung in die Naturgeschichte des Pflanzenreichs nach den neuerlichen Entdeckungen. - Mainz 1791. 446 S.

— Einleitung in der Naturgeschichte des Pflanzenreichs. gr. 8. Mainz. (Andreä in Frankf.) 791.

Fibig, Jh., († d. 21. Oct. 1792.) Handbuch d. Mineralogie. 8. Frankf. 787. Varrentrapp. 20 ℛ

— s. Marquart, Beschreib. e. Reise.

— Progr. Ueber d. Studium d. Naturgeschichte. gr. 8. Mainz 786.

Fibiger J. u. Jensen C. O.: Ueber die Bedeutung d. Milchinfektion f. die Entstehung d. primären Intestinaltuberkulose im Kindesalter. Berl. 1907. 18 S. (Særtr.). P.

— — Uebertragung d. Tuberkulose d. Menschen auf das Rind. (1—2, 4). Berl. 1902, 04, 08. (112) S. (Særtr.).
(4 m. Tit.: Untersuchungen üb. die Beziehungen zwischen der Tuberkulose ... d. Menschen u. ... d. Rindes).

Bemærkninger til enkelte Steder in Sophokles's Oidipus Tyrannos af Otto Fibiger. Flensburg. 1854. 8°. Gymn.-Progr.

Fibing, Jo. Heinr. (Frisius), Praenotiones sacrae contra atheos custodiendae. Präs. Valentin Ernst Loescher. Wittbg. (Chn. Gerdes) 25. XI. u. 2. XII. 1707. 24 S. (5.—) 8773
Widm. v.: Präs., David Bernard, Jo. Bernhard Laue (Zahnens. Saxo.), Jac. Etzard Hannken (Jever).

Fibre, de, Reime. Reime u. keine. 16. (12 B.) Hamburg 828, (Hoffmann u. Campe.)

—— Zauber-Quadrate u. -Würfel. Beitr. z. Zalenlehre. gr. 4. (5 B.) Hamburg 834, (Perthes u. Besser.)

Fibus, Bartholomaeus, Demonstratio tripartita Dei adversus atheos et gentiles, Christi adversus Judaeos et paganos, ecclesiae adversus haereticos et schismaticos suffragante per omnia Augustino. Coloniae Agrippinae 1700, in folio.

Fiby H. F.: Die Flüsse Indiens. 42. 41. Znaim R. 97. 99.
Progr.

Fiby, H. F. Zur Laut- und Flexionslehre in Barbour's schottischen Legenden. Brünn, Landes-O.R., 1889. 25 S.
Progr.

Fiby H. F.: Die meteorologischen Verhältnisse Vorderindiens. 26. Znaim R. 94.
Progr.

Fiby, Heinr. Fr., Chorliederbuch für österreichische Bürgerschulen. Wien 1901. Alfred Hölder. Preis, geheftet 1 K 20 h.

Fiby, Heinr. Fr., Chorliederbuch f. die österreichischen Mittelschulen, m. Orig.-Beiträgen der Herren Frdr. Arnleitner, Max Jos. Beer, Rud. Bibl u. f. w. u. e. Einleitung (Gesanglehre) hrsg. 2 Thle. gr. 8. Wien 899. A. Hölder. Geb. in Leinw. n. 4. 60
1. Einleitung u. Knabenchöre. (VI, 155 S.) n. 1. 60
2. Gemischte Chöre u. Männerchöre. (IX, 208 u. 165 S.) n. 3. —

Fiby, Heinr. Fr., Chorliederbuch für die österreichischen Mittelschulen, m. e. Einleitung (Gesanglehre). I. Tl.: Einleitung u. Knabenchöre. 2., verm. u. verb. Aufl. (VIII, 186 S.) 8. Wien 904. A. Hölder. Geb. in Leinw. n. 1. 40

Fiby, Heinr. Fr., Chorliederbuch f. die österreichischen Mittelschulen, m. e. Einleitg. (Gesanglehre) hrsg. II. u. III. Tl. gr. 8. Wien, A. Hölder. Geb. 3. 64
II. Gemischte Chöre. 2., verm. u. verb. Aufl. (VIII, 274 S.) 908. Geb. 1. 84
III. Männerchöre. Im Anh.: Die Gattgn. u. Formen der Musik u. Abriß der Musikgeschichte. 2. Aufl. der 2. Hälfte des II. Tls. (IX, 248 S.) 908. Geb. 1. 80

Fiby, Heinr. Fr., s.: Gebet- u. Gesangbuch f. d. kathol. Schüler österr. Lehranst.

(F) Viribus unitis. Chorliederbuch zum Gebrauche an den k. u. k. und k. k. Militär-Lehranstalten mit Originalbeiträgen der Herren Max Josef Beer, Franz Blümel etc. und einer Einleitung (Gesanglehre) herausgegeben von Heinrich Fr. Fiby. I. Theil: Einleitung und Knabenchöre. Wien. 1899. Hölder. Gr.-8°. 165 S. Geb. fl. —.80

(F) Viribus unitis. Chorliederbuch zum Gebrauche an den k. u. k. und k. k. Militär-Lehranstalten mit Originalbeiträgen der Herren Max Josef Beer, Franz Blümel etc. herausgegeben von Heinrich Fr. Fiby. II. Theil: Männerchöre. Wien. 1899. Hölder. Gr.-8°. 157 S. Geb. fl. —.80

Ficarius, diss. de larvis scenicis et figuris comicis antiquor. romanor. 4. Lips.

— de plumbeis antiquor. numismatibus etc. 4. Lipsiae. 754.

Fich, Alfred Harald Emil

Fich, A. H. E., Umriß der politischen Geschichte des dänisch-deutschen Streits. Nach der dänischen Umarbeitung des schwedischen Originals durch den Verf. Berlin 865. Mittler & S. gr. 8. (111 S.) n. 16 ngr.

Fichard, Johann

Fichardus, Joh.: Consilia, duobus tomis olim distincta, nunc tertii, hactenus in schedis delitescentis, accessione locupletata. Cum praef. Joh. Strauchii. Francofurti ad M. 1722. fol.

Fichard, Johann Karl von, gen. Bau(e)r von Eyseneck

Fichard, J. C. von, Frankfurtisches Archiv f. ältere deutsche Literatur u. Geschichte, mit K. 1r, 2r u. 3r Bd. gr. 8 Frankf. am M. Gebhardt u. Körber. 811—15.

— d. Entstehung d. Reichsstadt Frankfurt a. M., u. d. Verhältnisse ihrer Bewohner. gr. 8. Frkf. a. M. 819. Andreä. 1 4/8 3 1/2

Fichard, J. C., † (gen. Bauer v. Eysenecк,) Wetteravia, s. Wetteravia.

Fichard, Max Frhr. v., Bilder aus Baden-Baden nach der Natur gezeichnet. 4. (16 Taf.) Baden-Baden 887. (Marx.) In Mappe. n. 10. —

Fichard, Robert Frh. von

Fichard, R. v: Die Änderungen der Spielregeln von Lawn-Tennis. Baden-Baden 1903

Fichard, Rob. Frhr. v., s.: Gesetze, die, d. Lawn-Tennis-Spieles.

Fichard, Frhr. Rob. v., Handbuch d. Lawn Tennis Spieles. gr. 8. (XV, 165 S. m. eingedr. Illustr.) Baden-Baden 887. Sommermeyer. n. 3. —

Fichard, Rob. Frhr. v., Handbuch des Lawn Tennis Spieles. Suppl. gr. 8. (48 S. m. Abbildgn.) Baden-Baden 890. Sommermeyer. n. — 50 (Hauptwerk u. Suppl.: n. 3. 50)

Fichard, Frhr. Rob. v., Handbuch d. Lawn Tennis Spieles. 2., umgearb. Aufl. gr. 8. (134 S. m. Abbildgn.) Baden-Baden 892. E. Sommermeyer. n. 2. 50

— Handbuch d. Lawn-Tennis-Spieles. 3., umgearb. Aufl. gr. 8. (190 S.) Baden-Baden 895. E. Sommermeyer. n. 3. —

Fichard, Frhr. Rob. v., Handbuch des Lawn-Tennis-Spieles. 4. umgearb. Aufl. gr. 8. (XV, 229 S. m. Abb.) Baden-Baden 902. E. Sommermeyer. n. 3.—; geb. n. 4. 50

— Lawn-Tennis, s.a. Bibliothek f. Sport u. Spiel II.

Fichard, R. v.: Lawn-Tennis. Leipzig 1900. 138 S. m. Abb.

Fichard, Frhr. Rob. v., s.: Lawn-Tennis-Jahrbuch, deutsches.

Fichard, Frhr. R. v., s.: Lawn-Tennis-Jahrbuch, illustr.

— Lawn Tennis Match Notizblätter. gr. 8. (23 Bl. m. 2 S. Text.) Ebend. 886. n. 1. 20

— vervollkommn. deutsche Lawn-Tennis-Match-Notizblätter n. d. Entwurf v. F. 4. Aufl. Fol. (24 Bl.) Baden-Baden 898. E. Sommermeyer, Verl. Kart. n.n. 1. 50

Fichard (R. v.) Vervollkommnete deutsche Lawn-Tennis-Notizblätter. 5 Aufl. Fol. (24 Bl.) B.-Baden. 1909. kart. M. 1.50

— vervollkommnete deutsche Lawn-Tennis-Notizblätter nach dem Entwurf des Freiherrn R. v. F. 8. Aufl. Fol. (24 Bl.) Baden-Baden (902). E. Sommermeyer. Kart. n. 1. 50

— origine, histoire et règles du jeu de Lawn Tennis. gr. 8. (78 S.) Ebd. 893. n. 1. 60

Fichard, R. de. Origine, histoire et règles du jeu de lawn tennis. In-8°. 86 p. Bâle, Georg & Co. 1893 2 —

— Unser Tennis (Lawn-Tennis), s.a. Miniatur-Bibliothek f. Sport u. Spiel.

Fichard, R. v.: Unser Tennis (Lawn-Tennis). Leipzig 1908. 88 S. m. Abb. (Min.-Bibl. f. Sport u. Spiel. 2.)

— Das Tennisspiel (Lawn-Tennis). 11—16. Tauf. (101 S. m. Abbildgn. u. 2 eingedr. Plänen.) 8. Reutlingen (910). Enßlin & Laiblin. — 75

Fichert, Luigi, pel sesto centenario di Dante la Slavia. Canto. Lex.-8. (12 S.) Triest 865, (Coen.) *

Fichert, Luigi, la stella di Varsavia. Nuovi canti. gr. 8. (32 S.) Triest 863, (Dase.) *

— Veneti e Schiavoni. Racconto storico. gr. 16. (VIII und 214 S. mit 1 Stnt.) Triest 864, Coen. *

Fichet, Guillaume. Guillermi Ficheti Parisiensis theologi quam ad Robertum Gaguinum de Johanne Gutenberg et de artis impressoriae in Gallia primordiis nec non de orthographiae utilitate conscripsit epistola. Ad exemplar, ut videtur, unicum in aedibus Sorbonae Anno 1472 impressum, nunc in bibliotheca Basiliensi asservatum, denuo edidit Ludovicus Sieber.... ([Adjiciuntur] Epilogus editoris [et tabula].) 8. Basileae 1887.

Fichna, A. Bemerkungen zum Streite für und wider „Realgymnasien". Pettau, Rg., 1873. 25 S. Progr.

Fichna, A. Sophocles religiöse u. sittliche Gedanken. Pr. 1867. 23 S. 4°. 4.—

Fichsel, Georg Andreas (Naumburg), De solenni fractionis baculi ritu in exeqenda supplicii extremi sententia quam occasione artic. 82, 96 et 97 constitutionis Carolinae criminalis. Dissert. jur. Präs. Caspar Achaz Beck. Jena (Fickelscher) 17. VI. 1732. 40 S. (5.—) 8774

— — Dasselbe. — Adnexo cel. praesidis programmate de curiarum provincialium Saxon. jurisdictione, qua ratione in caussis etiam criminalibus fundata sit. Jena (Heller) 1751. 68 S. mit Biogr. F.'s. (M.: M. M. Holst.) (6.—) 8775

Fichte. –

— an Hrn. Prof., in e. philosoph. Einsamkeit. 8. 795. (Cnobloch in Leipz.) 16 Gr

Fichte u. Forberg; neuer Beitrag zur Gesch. d. Atheismus. 8. Marb., Krieger. 6 Gr

Fichte's, Joh. Gtlieb., Lebensbild, s.: Pfleiderer, O.

Fichte, Johann Gottlieb. Vortrag zu Fichte's 100jährigem Geburtstage, gehalten in vertrautem Freundeskreise von einem Pfälzischen protestant. Pfarrer. Kaiserslautern 862. Tascher. gr. 8. (19 S.) n. 4 ngr.

Fichte's, Johanna, Lebensbild, s. Richter, Arth.

Fichte. Z. Verbesserg d. Eisenbahntransports Verwundeter i. Kriege. 1868.

Fichte, C., der Wirt u. seine Leute. Aus der Praxis f. die Praxis. 8. (IV, 90 S.) Backnang (900). J. Rath. Geb. n. 1.50

(B) Fichte, C., der Wirt u. seine Leute. 900. Jetzt: Gotha, P. Hartung.

Fichte, Ed., Johann Gottlieb Fichte. Lichtstrahlen aus seinen Werken und Briefen nebst einem Lebensabriß. Mit Beiträgen von Imman. Herm. Fichte. Leipzig 863. Brockhaus. 8. (XI, 328 S.) n. 1 Thlr; geb. n. 1 Thlr 10 ngr.

Fichte, Aemilius: Die Flexion im Cambridger Psalter. Halis Saxonum 1879: Karras. 32 S. 8°
Halle-Wittenberg, Phil. Diss. v. [18. Febr.] 1879
Geb. Mühlberg a. d. Elbe (Kr. Liebenwerda) 20. 3. 1855. V.
Ersch. vollst. im Buchhandel Halle: Niemeyer 1879. III, 98 S.

Fichte, Emil [Dr.]: Über politische Karikaturen. E. Beitr. z. Ästhetik. Berlin, R. Gaertner, 1892; 18 S. 4.
Berlin, Berlinisches G z. grauen Kloster, OP 1892 (52)

Fichte, H., widerstreitende Elemente. Poetische Erzählung. 16. (103 S.) Dresden 881. Burdach in Comm. n. 1. 50; geb. n. 2. 50

Fichte, Hedw., moderne Tauben u. deren Kongreß. Entwicklungsgedicht. (263 S.) kl. 8. Dresden (909). E. Pierson. 3. —, geb. n 4. —

Fichte, Immanuel Hermann

Fichte, Imm. Herm., Anthropologie. Die Lehre von der menschlichen Seele. Neubegründet auf naturwissenschaftlichem Wege für Naturforscher, Seelenärzte und wissenschaftlich Gebildete überhaupt. Leipzig 856. Brockhaus. gr. 8. (XXVIII, 610 S.) n. 3 Thlr

Fichte, Imman. Herm., Anthropologie. Die Lehre von der menschl. Seele. Neubegründet auf naturwissenschaftl. Wege für Naturforscher, Seelenärzte und wissenschaftlich Gebildete überhaupt. 2., verm. und verb. Aufl. gr. 8. (XXXIX und 623 S.) Leipzig 860, Brockhaus. *

Fichte, Imman. Herm., Anthropologie. Die Lehre v. der menschl. Seele. Begründet auf naturwissenschaftl. Wege f. Naturforscher, Seelenärzte u. wissenschaftlich Gebildete überhaupt. 3. verm. u. verb. Aufl. gr. 8. (XLIII, 623 S.) Leipzig 876. Brockhaus. n. 9. —

Fichte, J. H. v., die nächsten Aufgaben für die Nationalerziehung der Gegenwart, mit Bezug auf Friedr. Fröbel's Erziehungssystem. Eine kritisch-pädagog. Studie. gr. 8. (VI, 62 S.) Berlin 870, Habel. *

v. Fichte, J. H., die nächsten Aufgaben für die Nationalerziehung der Gegenwart, mit Bezug auf Fröbels Erziehungssystem. Eine kritisch-pädagog. Studie. Berlin 870. Lüderitz. gr. 8. (VI, 62 S.) n. 8 ngr.

Fichte, J. H., über die Bedingungen eines speculat. Theismus; in einer Beurtheilung der Vorrede Schellings zu dem Werke von Cousin: über franz. u. deutsche Philosophie. (Aus d. Hall. allgem. Literaturzeitung abgedruckt.) 8. Elberfeld 835. Büschler. (Leipzig, Crayen.) 1/3 Thlr

Fichte, Imm. Herm., über d. Bedingungen e. spekulat. Theismus; in e. Beurtheilung d. Vorr. Schellings zu d. Werke v. Cousin: über französ. u. deutsche Philosophie. 8. (3 B.) Elberfeld 835. [Leipzig, Friedlein u. Hirsch.]
Aus der: Hall. Allgem. Lit. Zeitung, abgedruckt.

Fichte, Imm. Herm., Beiträge zur Charakteristik d. neueren Philosophie, zu Vermittlung ihrer Gegensätze. 8. (28 B.) Sulzbach 829, v. Seidel.

—— Beiträge zur Charakteristik d. neueren Philosophie, od. krit. Gesch. derz. v. Des Cartes u. Locke bis auf Hegel. 2., sehr verm. u. verb. Ausg. gr. 8. (67 B.) Sulzbach 841, v. Seidel'sche Buchh.

Fichte, Immanuel Hermann, Beiträge zur Staatslehre. Die Republik im Monarchismus. (Aus dem zwanzigsten Bande der Zeitschrift für Philosophie etc. besonders abgedruckt.) Halle, Ed. Heynemann, 1848. II, 34 S. 8°.

Im. Hm. Fichte de principiorum contradictionis, identitatis, exclusi tertii in logicis dignitate et ordine commentatio. *Bonn*, (Marcus in C.) 840. gr 8° 5 Gr

— s. J. G. Fichte, Leben.

— s. J. G. Fichte, nachgelass. Werke.

— Fragen u. Bedenken üb. die nächste Fortbildung deutscher Speculation. Sendschreiben an Hern. Prof. Dr. E. Zeller m. Bezug auf dessen „Geschichte der deutschen Philosophie seit Leibniz". gr. 8. (XIII, 149 S.) Ebend. 876. n. 2. 50

—— über Gegensatz, Wendepunkt u. Ziel heutiger Philosophie. 1., kritischer Theil. gr. 8. (20¾ B.) Heidelberg 832, Mohr.

—— dass. 2., spekulativer Thl. — A. u. d. T.: Grundzüge z. Systeme d. Philosophie. 1. Abthl.: Das Erkennen als Selbsterkennen. gr. 8. (21¼ B.) Ebds. 833.

—— über Gegensatz, Wendepunkt u. Ziel heutiger Philosophie. 3. speculat. Thl. — A. u. d. T.: Grundzüge zum Systeme d. Philosophie. 2. Abthl.: Die Ontologie. gr. 8. (34 B.) Heidelberg 836, J. Ch. B. Mohr.
1. u. 2. Thl. Ebendas. 1832, 33. 3 Thlr.

— Grundsätze für die Philosophie der Zukunft. Ein Vortrag zur Eröffnung der 1. Philosophen-Versammlung in Gotha am 23. Septbr. 1847 gehalten. Im Anh. die Statuten der Philosophen-Versammlung. gr. 8. (28 S.) Stuttgart 847, Metzler. 1/6 ℛ

—— Grundsätze für die Philosophie der Zukunft. Ein Vortrag zur Eröffnung der 1. Philosophen-Versammlung in Gotha am 23. Septbr. 1847 gehalten. Im Anhange die Statuten der Philosophen-Versammlung. gr. 8. (28 S.) Stuttgart 848, Metzler'sche Buchh.

Fichte, J. H., Professor der Philosophie in Tübingen, Einige Grundzüge zum Entwurfe der künftigen Deutschen Reichsverfassung. Ansprache an die erste deutsche Nationalversammlung in Frankfurt. Tübingen, Zu Guttenberg, 1848. 15 S. 8°.

Fichte, Imm. Herm., Grundzüge zum Systeme der Philosophie. 3. Abthl.: Die speculative Theologie, od. allgemeine Religionslehre. 3 Thle. gr. 8. (15¾ B.) Heidelberg 846, 47, J. C. B. Mohr.

Fichte, Immanuel Hermann (Hrsg.), s. Janet, Paul: Der Materialismus unserer Zeit in Deutschland.

Im. Hm. Fichte: d. Idee d. Persönlichkeit u. der individuellen Fortdauer. *Elberf.*, Büschler. Verlagsh. 834. 8° 18 gl

— die Idee der Persönlichkeit und der individuellen Fortdauer. 8. Elberfeld 834. (Leipzig, Crayen.) 3/4 ℛ

—— die Idee der Persönlichkeit und der individuellen Fortdauer. 2., verm. und verb. Aufl. gr. 8. (216 S.) Leipzig 855, Dyk'sche Buchh.

——, Joh. Gtli. Fichte's Leben 2c., s. Fichte, J. G.

Fichte, Imman. Herm., Johann Gottlieb Fichte's Leben und literarischer Briefwechsel. 2 Bde. 2., sehr verm. und verb. Aufl. gr. 8. Leipzig 862, Brockhaus. *
Inhalt:
Bd. 1. Das Leben. (XIV und 463 S. mit dem Bildn. Joh. Gtlieb. Fichte's in Stahlst.) * 2 Thlr. 10 Ngr.
„ 2. Actenstücke und literar. Briefwechsel. (VIII und 582 S.) * 2 Thlr. 20 Ngr.

Fichte, Imm. Herm., Die philosophischen Lehren von Recht, Staat und Sitte in Deutschland, Frankreich und England, von der Mitte des 18. Jahrhunderts bis zur Gegenwart dargestellt. Leipzig 1850. 8.
A. u. d T.: System der Ethik. Th. I. . . . . (HC)

Im. Hm. Fichte de philosophiae novae Platonicae origine. *Berl.*, Maurer. 818. gr 8° 8 gl

—— Psychologie. Die Lehre vom bewussten Geiste des Menschen oder Entwickelungsgeschichte des Bewusstseins, begründet auf Anthropologie und innerer Erfahrung. 1. Thl. Die allgemeine Theorie vom Bewusstsein, und die Lehre vom sinnl. Erkennen, vom Gedächtniss und von der Phantasie. gr. 8. (XLVIII und 744 S.) Leipzig 864, Brockhaus. *

Fichte, Imman. Herm., Psychologie. Die Lehre vom bewussten Geiste des Menschen oder Entwickelungsgeschichte des Bewusstseins begründet auf Anthropologie und innere Erfahrung. 2. Thl.: Die Lehre vom Denken und vom Willen. gr. 8. (XXXV, 257 S.) Leipzig 873, Brockhaus. *
1. Thl. Ebendas. 1864. * ℳ 12.

—— Religion u. Philosophie in ihrem gegenwärt. Verhältnisse. (A. d. „Heidelb. Jahrb. d. Literatur" abgedr.) gr. 8. (4 B.) Heidelberg 834, Winter.

Fichte, (J. H.,) Sätze zur Vorschule der Theologie. gr. 8. Stuttgart 826, v. Cotta.

—— vermischte Schriften zur Philosophie, Theologie und Ethik. 2 Bde. gr. 8. Leipzig 869, Brockhaus. *
Inhalt:
Bd. 1. Bericht über meine philosophische Selbstbildung. — Ueber den gegenwärtigen Standpunkt der Philosophie. 1842. — Der Begriff des negativ Absoluten und der negativen Philosophie. 1843. — Vorschläge zu einer Philosophenversammlung. 1846. — Grundsätze für die Philosophie der Zukunft. 1847. — Ueber den Unterschied zwischen ethischem und naturalistischem Theismus. 1856. — J. G. Fichte und Schleiermacher. 1846. — Ueber Herbart's Stellung zur Philosophie der Gegenwart. 1854. (XXIII. 390 S.)
„ 2. „Auferstehung", Geisterreich, allgemeine und individuelle Vorsehung in ihrem wechselseitigen Zusammenhange. — M. Carriere, Strauss, Weisse über das „Charakterbild" Jesu. 1868. — Die Unsterblichkeitsfrage im Geiste gegenwärtiger Wissenschaft. 1864—67. — Ueber die religiöse und antireligiöse Speculation der Gegenwart. 1842. — Die Religion und Kirche als wiederherstellende Macht der Gegenwart. 1852. (III, 395 S.)

—— die Seelenfortdauer und die Weltstellung des Menschen. Eine anthropolog. Untersuchung und ein Beitrag zur Religionsphilosophie wie zu einer Philosophie der Geschichte. gr. 8. (L und 466 S.) Leipzig 867, Brockhaus. *

—— zur Seelenfrage. Eine philosophische Confession. 8. (XXVIII und 286 S.) Leipzig 859, Brockhaus. *

— über die christliche u. antichristliche Spekulation der Gegenwart. Ein philosoph. Gutachten. Aus dem 1. Hefte des 9. Bds. der Zeitschr. f. Philosophie u. speculative Theologie besonders abgedruckt. gr. 8. Bonn 842, Marcus. 1/3 ℛ

Fichte, Imm. Herm. v., der neuere Spiritualismus, sein Werth u. seine Täuschungen. Eine anthropolog. Studie. gr. 8. (105 S.) Leipzig 878. Brockhaus. n. 2. —

—— üb. d. gegenwärt. Standpunkt der Philosophie. Akadem. Antrittsrede geh. in d. Universität zu Tübingen am 4. Nov. 1842. gr. 8. (3 B.) Tübingen 843, Fues, Verl.

— System der Ethik. 1. kritischer Thl. A. u. d. T.: Die philosoph. Lehren von Recht, Staat u. Sitte in Deutschland, Frankreich u. England, v. der Mitte des 18. Jahrh. bis zur Gegenwart, dargestellt. gr. 8. (XX u. 820 S.) — 2. darstellender Thl. 1. Abthl. A. u. d. T.: Die allgemeinen ethischen Begriffe u. die Tugend- u. Pflichtenlehre. gr. 8. (XLIV u. 301 S.) Leipzig 850. 51, Dyk. (I: n. 4 ℛ II. 1: n. 1 ℛ 18 ngl) n. 5 ℛ 18 ngl

— System der Ethik. 2. darstellender Theil. A. u. d. T.: System der Ethik. 2. Bds. 2. Abth.: Die Lehre von der rechtssittlichen und religioesen Gemeinschaft oder die Gesellschaftswissenschaft. Leipzig 853. Dyk. gr. 8. (XXII, 495 S.) n. 2 ℛ 12 ngl

—— über den Unterschied zwischen ethischem und naturalistischem Theismus; mit Bezug auf „Fr. W. J. v. Schelling's sämmtliche Werke" II., 1. Stuttgart 1856. gr. 8. (IV und 64 S.) Halle 857, Pfeffer. *
Aus: Zeitschrift für Philosophie und philosoph. Kritik, Bd. 29 und 30, besonders abgedruckt.

—— die theistische Weltansicht und ihre Berechtigung. Ein krit. Manifest an ihre Gegner und Bericht über die Hauptaufgaben gegenwärt. Speculation. gr. 8. (XX, 283 S.) Leipzig 873, Brockhaus. *

—— Zeitschrift f. Philos. u. spekulat. Theol., s. Zeitschrift.

Fichte, Johann Gottlieb: Anthologie aus den Werken, s. Arndt, Ernst Moritz

— Antwortschreiben an K. L. Reinhold, auf dessen Beitrr. z. leichtern Uebersicht d. Zustandes d. Philosophie beim Anfange d. 19ten Jahrh. 8. Tübing. 801. v. Cotta. 9 gl

— Anweisung zum seligen Leben, oder Religionslehre, in Vorlesungen gehalten im Winter 1805–6. 8. Berlin, Realschulbuchh. 806.

Fichte, Joh. Gtli., die Anweisung z. seeligen Leben, od. auch d. Religionslehre. In Vorlesn. gehalten zu Berlin, im J. 1806. 2., unveränd. Aufl. 8. (16 B.) Berlin 828, Reimer.

Fichte, Joh. Gllieb., Anweisg. z. seeligen Leben. Gedanken a. d. gleichnam. Werke v. F. gr. 8. (29 S.) München 895. Ph. L. Jung. n. — 50

— Die Anweisung zum sel. Leben. Nach der 1. Ausg. m. Nachwort neu hrsg. v. Erich Frank. (X, 268 S.) 8. Jena 910. E. Diederichs. 4.—; geb. 5. —

— dasselbe. Neu hrsg. u. eingeleitet v. Fritz Medicus. (XIII, 205 S.) gr. 8. Leipzig 910. F. Eckardt. 2.50; geb. in Leinw. 3. 50

— Appellation an das Publikum über die durch ein Kurf. Sächs. Confiscationsrescript ihm beigemessenen atheistischen Aeußerungen. Eine Schrift, die man erst zu lesen bittet, ehe man sie confiscirt. Jena u. Leipzig, Chr. E. Gabler. Tübingen, J. G. Cotta 1799. 118 S. 8.

— Appellation an d. Publikum, über d. ihm beigemessenen atheistischen Aeußerungen. 8. Tübing. 799. v. Cotta. 6 gr 2e A. 8. Jena 799. (Gnobloch in Leipz.) 8 gr Schrbp. 9 gr

— — dasselbe 2te Auflage. 8. Jena, Gabler. 799. Schreibp.

J. Gli. Fichte üb. d. Begriff d. wahrhaften Krieges in Bezug a. d. Kr. im J. 1813. *Stuttg.* u. *Tüb.*, Cotta. B. 815. 8° 10 gr

— über den Begriff d. Wissenschaftslehre, oder d. sogenannte Philosophie. gr. 8. Weimar 794. 2e A. Jena 798. (Gnobloch in Leipz.) 9 gr Schrbp. 12 gr

J. Gli. Fichte üb. d. Begriff d. Wissenschaftslehre od. der sogen. Philos. *Weim.*, Industrie-C. (794.) 2e vm. u. vb. A. 798. 8° 9 gr

Fichte, Johann Gottlieb, s. Beitrag zur Berichtigung d. Urtheile etc.

Beitrag zur Berichtigung der Urtheile des Publikums über die französische Revolution. [Von Johann Gottlieb Fichte.] 8°.
Th. 1. Zur Beurtheilung ihrer Rechtmässigkeit. Heft 1. 2. Aufl. [Berlin.] 1795. Heft 2. 1793.

Fichte, J[ohann] G[ottlieb]. Beitrag zur Berichtigung der Urtheile des Publikums über die französische Revolution. Wörtlicher Abdruck der 1793 anonym und ohne Drukort erschienenen Ausgabe. 1. [einziger] Theil: Zur Beurtheilung ihrer Rechtmässigkeit. 8. Bern 1844.

—— dass. Wörtlicher Abdruck der 1793 anonym u. ohne Druckort erschien. Ausg. 1. Thl. Zur Beurtheilung ihrer Rechtmäßigkeit. gr. 12. (14 B.) Bern 844, Jenni, Sohn.

Fichte's, J. G., Beitrag zur Berichtigung der Urtheile des Publikums über die französ. Revolution. Zur Beurtheilung ihrer Rechtmäßigkeit. Neuer Abdruck der 1793 ohne Namen u. Druckort erschienenen Ausg. gr. 8. Zürich u. Winterthur 844, literarisches Comptoir. 1⅓ rf

—— Beitrag zur Berichtigung der Urtheile des Publikums üb. die französ. Revolution. Zur Beurtheilung ihrer Rechtmäßigkeit. Neuer Abdruck der 1793 ohne Namen u. Druckort erschien. Ausgabe. gr. 8. (20⅓ B.) Zürich u. Winterthur 844. [Leipzig, Verlags-Bureau.]

— sonnenklarer Bericht an das größere Publikum üb. d. eigentliche Wesen der neuesten Philosophie, ein Versuch die Leser zum Verstehen zu zwingen. 8. Berl. Realschulb. 801.

— sonnenklarer Bericht an d. größere Publikum, über d. eigentl. Wesen d. neuesten Philosophie, ein Versuch, d. Leser zum Verstehen zu zwingen. 8. Berl. 801. Reimer. 1 rf

— Sonnenklarer Bericht üb. das eigentliche Wesen der neuesten Philosophie. Neu hrsg. v. F. Medicus. (II, 100 S.) gr. 8. Ebd. 910. 1. 20

Fichte, Joh. Gllieb., über die Bestimmung des Gelehrten, s. Universal-Bibliothek.

— die Bestimmung des Menschen. 8. Berlin. Voß. 800.

Fichte, (J. G.,) die Bestimmung des Menschen. Neue Aufl. 8. Berlin 825. Voß.

Fichte, Joh. Gtli., die Bestimmung des Menschen. Neue Aufl. 8. (14 B.) Berlin 838, Voss'sche Buchh.

Fichte, Joh. Gllieb., die Bestimmung des Menschen, s. Universal-Bibliothek Nr. 1201 und 1202.

Fichte, J. G.: Die Bestimmung des Menschen. Hrsg. v. K. Kehrbach. Leipzig 1879. 156 S. (Reclams Univ.-Bibl. 1201—02.)

— Die Bestimmung des Menschen. Neu hrsg. v. Fritz Medicus. (II, 155 S.) gr. 8. Ebd. 910. 1. 80

—— s. Briefe, 48.

Fichte's, (Joh. Gtlieb.), und Schelling's philosophischer Briefwechsel aus dem Nachlasse Beider hrsg. von J. H. Fichte und C. Fr. A. Schelling. gr. 8. (IV und 131 S.) Stuttgart 856, Cotta'sche Buchh. *

Fichte, Johann Gottlieb, s. Constitution d. literar. Gesellschaft.

— Darstellung der Wissenschaftslehre. Aus dem J. 1801. Zum ersten Male gedruckt in Bd. II der v. Immanuel Hermann Fichte hrsg. sämtl. Werke Fichtes (1845). — Die Wissenschaftslehre. Vorgetragen im J. 1804. Zum ersten Male gedruckt in Bd. II der v. Immanuel Hermann Fichte hrsg. nachgelass. Werke Fichtes (= Bd. X der sämtl. Werke) (1834). Neu hrsg. v. Fritz Medicus. (393 S.) 8. Ebd. 908. 4.—; geb. in Leinw. 5. —

— Erste u. zweite Einleitung in die Wissenschaftslehre u. Versuch e. neuen Darstellung der Wissenschaftslehre. Neu hrsg. v. Fritz Medicus. (II, 118 S.) gr. 8. Ebd. 910. 1. 50

Fichte, Joh. Gllieb., ein Evangelium der Freiheit, s.: Erzieher zu deutscher Bildung. 3. Bd.

(Johann Gottlieb) Fichte. Mit Einl. u. Erl. von Albin Frh. v. Reitzenstein. Berlin: F. Wunder [1907]. (131 S.) 8° [F.]
= Klassiker, Maurerische. 1.
— Bücherei f. Freimaurer. 7/8. (08. 1110

Fichte, Joh. Gllieb. Mit Erläutergn. v. Albin Frhr. v. Reitzenstein, s.a. Klassiker, maurerische.

Fichte, Joh. Gllieb., s.: Klassiker, die, der Pädagogik.

J. Gli. Fichte's Grundlage d. Naturrechts, nach Principien d. Wissenschaftslehre. *Jena* u. *Lpz.*, Gabler. 796-97. 2 Thle. gr8° 1 rf 21 gr

— Grundlage d. Naturrechts nach den Principien d. Wissenschaftslehre. 2 Thle. gr. 8. Jena 796 u. 97. (Gnobloch in Leipz.) 2 rf Holl. P. 4 rf in 4. auf Schrbp. 3 rf Dass. im Auszuge, als Handb. zu Vorles. v. J. L. G. Hübner. 8. Hildburgh. 802. Gerstenberg. 12 gr

— Grundlage des Naturrechts nach Prinzipien der Wissenschaftslehre. Jena u. Leipzig 1796. Neu hrsg. v. Fritz Medicus. (389 S.) 8. Ebd. 908. 4.—; geb. in Leinw. 5. —

— Grundlage d. gesammten Wissenschaftslehre. 8. Jena 794. 2e Aufl. gr. 8. Tübing. 802. v. Cotta. 1 rf 12 gr Dass. in e. systemat. Auszuge v. Chr. Fr. Michaelis III. 8. Leipz. 798.

— Grundlage d. gesammten Wissenschaftslehre, als Handschrift f. seine Zuhörer; nebst Grundr. d. Eigenthüml. d. Wissenschaftslehre auf d. theoret. Vermögen. 2 Thle. gr. 8. Jena 2e A. 802. Gabler. (Leipz., Cnobloch). 1 ℛ 8 gr (Einzeln: d. Grundlage d. Wissenschaftslehre. 794. 2e A. 802. 1 ℛ 4 gr Grundriß d. Eigenthümlichen ꝛc. 794. 2e A. 802. 9 gr)

Eb. Grundriss d. Eigenthüml. d. Wissenschaftslehre in Rücks. auf das theoret. Vermögen. *Eb.* (795.) 802. 8° 9 gr

— Grundzüge des gegenwärtigen Zeitalters, in Vorlesungen gehalten im Winter 1804–5. 8. Berlin, Realschulbuchhandl. 806.

Fichte, Johann Gl.: „Grundzüge des gegenwärtigen Zeitalters; in Vorlesungen, gehalten im Winter 1804 und 1805", Berlin 1806 (Reimer).

— Die Grundzüge des gegenwärt. Zeitalters. Dargestellt in Vorlesgn., geh. zu Berlin, im J. 1804—1805. Berlin 1806. Neu hrsg. v. Fritz Medicus. (264 S.) 3. Ebd. 908. geb. in Leinw. 4.—

Fichte, Joh. Glieb., der geschlossene Handelsstaat, s. Universal-Bibliothek Nr. 1324.

J. Gli. Fichte: d. geschlossene Handelsstaat; e. philosoph. Entwurf, als Anh. z. Rechtslehre u. Probe e. künftig zu liefernden Politik. *Tüb.*, Cotta. 800. 8° 1 ℛ 6 gr

Fichte, d. geschlossene Handelsstaat. Leipz. 880.

— Der geschlossne Handelsstaat. Neu hrsg. u. eingeleitet v. Fritz Medicus. (VIII, 127 S.) gr. 8. Ebd. 910. 1.50

Fichte, Johann Gottlieb, s. Journal, Philosophisches.

— u. F. I. Niethammer, philosophisches Journal, s.a. F. I. Niethammer.

—— Leben u. litterar. Briefwechsel, hrsg. v. seinem Sohne I. H. Fichte. 1. Thl., die Lebensgeschichte enthalt. Mit Fichte's Bildn. (Büste.) 8. (37½ B.) Sulzbach 830, v. Seidel.

—— dass. 2. Thl., die erläut. Aktenstücke z. Biographie u. dem litterar. Briefwechsel enthalt. 8. (30½ B.) Ebds. 831.

— Johann Gottlieb Fichte's Leben und literarischer Briefwechsel. 2 Bde. 2. sehr verm. u. verb. Aufl. Leipzig 862. Brockhaus. gr. 8. n. 5 ℛ
Inhalt: 1. Bd. Das Leben. Mit dem Bildnisse Joh. Glieb. Fichte's (in Stahlst.). (XIV, 463 S.) n. 2 ℛ 10 ngr. — 2. Bd. Actenstücke und literarischer Briefwechsel. (VIII, 582 S.) n. 2 ℛ 20 ngr.

J. Gli. Fichte: F. Nicolai's Leben u. sonderbare Meinungen; e. Beitr. z. Literargesch. d. vergang. u. z. Pädagogik d. angeh. Jahrhunderts; h. v. A. W. Schlegel. *Tüb.*, Cotta. B. 801. 8° 14 gr

— Friedrich Nicolais Leben u. sonderbare Meingn. Neu hrsg. v. Fritz Medicus. (II, 95 S.) gr. 8. Ebd. 910. 1.—

— — deducirter Plan einer zu Berlin zu errichtenden höhern Lehranstalt. Geschrieben im Jahre 1807. gr. 8. Stuttgart und Tübingen, Cotta. 817.

— über das gegenseitige Rechtsverhältniß beider Geschlechter im Staate, s. Emancipation, über die, der Frauen.

Fichte's, Joh. Glieb., Reden, s. Bibliothek der Gesamt-Litteratur.
Vgl.: Fischer, Kuno. Philosoph. Schriften. — Klassiker, die, d. Pädagogik.

Fichte's, J. G., Reden an die deutsche Nation, s. Bibliothek pädagogischer Klassiker. — Meyer's Volksbücher.

—— dass. — s. Bibliothek, historisch-politische. — Bibliothek der deutschen Nationalliteratur des 18. und 19. Jahrh. — Universal-Bibliothek.

— dasselbe, s.: Taschenbibliothek, deutsche.

Fichte, Johann Gottlieb, Reden an die deutsche Nation, Berlin 1808, 490 S., 8°.

— Reden an d. deutsche Nation. 8. Berl. 808. Reimer. 1 ℛ 20 gr

Reden an die deutsche Nation durch Johann Gottlieb Fichte. Neue wohlfeilere Aufl. Leipzig. 1824. 8°.

Fichte's, Joh. Glieb., Reden an die deutsche Nation. Von Neuem hrsg. und eingeleitet durch Imm. Herm. Fichte. gr. 8. (XXX und 234 S.) Tübingen 859, Laupp'sche Buchh.

Fichte's, Joh. Glieb., Reden an die deutsche Nation. Von Neuem hrsg. u. eingeleitet durch Imm. Herm. Fichte. Wohlf. Ausg. Tübingen 869. Laupp. 16. (XX, 204 S.) n. 10 ngr.

Fichte, Joh. Glieb., Reden an die deutsche Nation; gr. 16. Tübingen 869. Freiburg i. Br., Mohr. *

—, —— Mit e. Einleitung versehen von E. Kuhn. Berlin, Heimann, o. J. [1869—74]. 8.
Ist: Historisch-politische Bibliothek. Lfg. 12. 14. 19.

—, —— Mit Einleitung herausg. von I. H. Fichte. Leipzig o. J. [ca. 1870.] 8.
Ist: Bibliothek d. deut. National-Lit. d. 18. u. 19. Jahrh. Bd. 31.

—, —— Leipzig o. J. [ca. 1870.] 16.
Ist: [Reclam's] Universal-Bibliothek. Bd. 392. 393.

Fichte, Joh. Gottl., Reden an die deutsche Nation. Mit Einleitung herausgegeben von J. H. Fichte. (Bibliothek der deutschen Nationalliteratur des 18. und 19. Jahrh.) Leipzig 1871. 8°.

Fichte, J. G.: Reden an die deutsche Nation. Leipzig 1871. 228 S. (Reclams Univ.-Bibl. 392—93.)

—— Reden an die deutsche Nation. Mit einer Einleitung von Imman. Herm. Fichte. Wohlfeile (Titel-)Ausg. 12. (XX, 204 S.) Freiburg i. Br. 881, Mohr. *

J(oh.) G(ottlieb) Fichtes Reden an die deutsche Nation. M. Fichtes Biogr., sowie m. erläut. Anm. vers. v. Dr. Theodor Vogt, Prof. an d. Wiener Univ. 2. Aufl. *Langensalza: H. Beyer & Söhne 1896.* (4 Bl., 288 S.) 1 Bd 8.
— Bibliothek pädagogischer Klassiker. Bd 20. [97. 4747]

Fichte, J. G., Reden an die deutsche Nation. (Neue Aufl.) (255 S.) 16. Leipzig, Ph. Reclam. 1907. Geb. in Leinw. —. 80.
„Universal-Bibliothek". Nr. 392. 393.

Fichte, Johann Gottlieb: Reden an die deutsche Nation. Hrsg. von Dr. Hermann Leser. München & Leipzig: Einhorn-Verl. 1908. LXXI, 314 S. 8° (Deutsche Taschenbibliothek.)

— Reden an die deutsche Nation. Eingeleitet v. Rud. Eucken. (Der Text dieser Ausg. wurde nach dem ersten Druck [Berlin, 1808] wiedergegeben u. auf Grund der preuß. Zensurakten revidiert.) (XVI, 269 S.) 8. Leipzig 909. Insel-Verlag. In Pappbd. 2.—

— dasselbe durch F. Berlin 1808. In der Realschulbuchhandlg. Neu hrsg. v. Fritz Medicus. (246 S.) gr. 8. Leipzig 910. F. Eckardt. 2.—; geb. in Leinw. 2.80

Fichte's, J. G., pädagogische Schriften u. Ideen, s.a. Klassiker, pädagogische.

Fichte, J. G., Pädagogische Schriften und Ideen m. biograph. Einleitung u. gedrängter Darstellung von Fichte's Pädagogik. V. H. Keferstein. »Klassiker, Pädagog.« (303 S.) Wien 1883. Pichler's Wwe. u. S. Geb.

Fichte's J. G., pädagog. Schriften und Ideen mit biographischer Einleitung und gedrängter Darstellung von Fichte's Pädagogik. Herausgeg. v. Dr. H. Keferstein. (Pädagog. Klassiker XII. Bd. Neue Serie III. Bd.) 8. (XCIV u. 238 S.) Wien, A. Pichler's Ww. & Sohn. 1 fl. 75 kr., in Leinwd. geb. 2 fl. 1883

Fichte, Joh. Glieb., die philos. Schriften z. Atheismusstreit. Mit Forbergs Aufsatze: Entwickelung des Begriffs der Religion. (Fichte u. Forberg.) Neu hrsg. u. eingeleitet v. Fritz Medicus. (XXXIV, 142 S.) gr. 8. Leipzig 910. F. Eckardt. 2.—

Fichte, Joh. Gottlieb, populär-philosophische Schriften. Hrsg. von J. H. Fichte. 3 Bde. gr. 8. (1634 S.) Berlin 847, Veit und Comp. *

—— religionsphilosophische Schriften. Hrsg. von J. H. Fichte. gr. 8. (XXXVII und 580 S.) Berlin 847, Veit und Comp. *

— d. Staatslehre, oder über das Verhältniß des Urstaates zum Vernunftreiche, in Vorträgen gehalten im Sommer 1813 auf der Universität zu Berlin. (Aus seinem Nachlasse herausgegeb.) gr. 8. Berlin. Reimer. 820.

Fichte, J. G.: „Ueber die einzig mögliche Störung der academischen Freiheit. Eine Rede, gehalten den 19. October 1811 in Berlin", Berlin 1812. — Vorh.: Preuß. Staatsbibl. Berlin.

— über d. einzig mögl. Störung d. academ. Freiheit. 8. Berl. 812. (Wittich). 4 gℓ

Über die einzig mögliche Störung der Akademischen Freiheit von J[ohann] G[ottlieb] Fichte. Als e. Beitrag zu d. Zeitfragen mit e. Einl. hrsg. von Arnold Ruge. Heidelberg: C. Winter 1905. (51 S.) 8°

— d. System d. Sittenlehre nach d. Principien d. Wissenschaftslehre. gr. 8. Jena 798. (Gnobloch in Leipz.) 2 rℓ Schrbp. 2 rℓ 12 gℓ Velinp. 4 rℓ

J. Gli. Fichte's System d. Sittenlehre nach d. Principien d. Wissenschaftslehre. *Jena*, Gabler. 798. 8° 1 rℓ 21 gℓ

— Das System der Sittenlehre nach den Prinzipien der Wissenschaftslehre. Jena u. Leipzig 1798. Neu hrsg. v. Fritz Medicus. (371 S.) 8. Ebd. 908. 3.50; geb. in Leinw. n 4.50

— d. Thatsachen d. Bewußtseins. Vorlesungen, gehalten an d. Universität zu Berlin im Winterhalbjahre 1810—11. gr. 8. Stutta. u. Tüb. 817. v. Cotta. 1 rℓ

— Urtheil über Napoleon. s. Ldw. Bonaparte. Gesch. Napol.

— u. F. J. Niethammer, gerichtl. Verantwortungsschreiben gegen d. Anklage d. Atheismus, nebst Beilagen. 8. Jena 799. Gabler. (Leipz., Gnobloch). 15 gℓ

—— Versuch einer Kritik aller Offenbarung, s. Bibliothek, philosophische.

(J. Gli. Fichte's) Vers. e. Kritik aller Offenbarung. *Königsb.*, Hartung. (792.) 793. 8° 20 gℓ

— Versuch einer Kritik aller Offenbarung. gr. 8. Königsb. Hartung. (Unzer.) 793.

— Versuch e. Kritik aller Offenbarung. 2e Aufl. gr. 8. Königsb. 793. Unzer. 1 rℓ (vergl. Versuch e. Kritik.)

— einige Vorlesungen über d. Bestimmung d. Gelehrten. 8. Jena 794. Gabler. (Leipz., Gnobloch). 12 gℓ Schrbp. 16 gℓ Velinpap. 1 rℓ

— Werke. Auswahl in 6 Bdn. Mit mehreren Bildnissen Fichtes, hrsg. u. eingeleitet v. Fritz Medicus. 2.—5. Bd. 8. Leipzig, F. Eckardt. à Bd., Einzelpr. 7.—; geb. in Halbfrz. 9.—; Subskr.-Pr. 6.—; geb. 7.50

2. Grundlage des Naturrechts. Das System der Sittenlehre (1798). (V, 759 S.) 908.
3. Erste u. zweite Einleitung in die Wissenschaftslehre u. Versuch e. neuen Darstellung der Wissenschaftslehre. — Grund unsers Glaubens. — Forbergs Abhandlg. — Appellation. — Rückerinnergn. — Privatschreiben. Bestimmg. des Menschen. — Geschlossener Handelsstaat. — Sonnenklarer Bericht. — Nicolai. Mit 1 Bildnis Fichtes (Kupferstich v. Albr. Schultheis nach der im J. 1800 angefertigten Zeichng. v. Fritz Büry). (V, 739 S.) 910.
4. Darstellung der Wissenschaftslehre. Aus dem J. 1801. Die Wissenschaftslehre. Vorgetragen im J. 1804. Die Grundzüge des gegenwärt. Zeitalters. (V, 648 S.) 908.
5. Über das Wesen des Gelehrten u. seine Erscheingn. im Gebiete der Freiheit. — Die Anweisg. zum sel. Leben. Bericht üb. den Begriff der Wissenschaftslehre u. die bisher. Schicksale derselben. — Zu „Jacobi an Fichte". — Reden an die deutsche Nation. — Die Wissenschaftslehre v. 1810. — Die Bestimmung des Gelehrten. Mit 1 Bildnis Fichtes (Medaillon, modelliert v. L. Wichmann, an dem auf dem Dorotheenstädt. Friedhofe in Berlin befindl. Grabdenkmal). (V, 692 S.) 910.

Bd. 1 ist noch nicht erschienen.

Fichte, J. G., Werke. 2.—5. Bd. Jetzt: Leipzig, Fel. Meiner. Erh. Pr. geb. à 9.50.

Fichte, Jh. Gtl., nachgelassene Werke, herausg. v. J. H. Fichte. 1r Bd. A. u. d. T.: Einleitungsvorlesungen in die Wissenschaftslehre, die transcendentale Logik u. die Thatsachen des Bewußtseins; vorgetragen an der Universität zu Berlin in den Jahren 1812 u. 1813. n. $2^1/_4$ rℓ — 2r Bd. A. u. d. T.: Wissenschaftslehre u. das System der Rechtslehre; vorgetragen an der Universität zu Berlin in den Jahren 1804, 1812 u. 1813. n. $2^1/_2$ rℓ — 3r Bd. A. u. d. T.: System d. Sittenlehre, Vorlesungen üb. Bestimmung des Gelehrten u. vermischte Aufsätze. n. $1^{11}/_{12}$ rℓ gr. 8. Bonn 834—36. Marcus. Alle 3 Bde. n. $6^2/_3$ rℓ

—— nachgelass. Werke, hrsg. v. J. H. Fichte. 3. Bd. — A. u. d. T.: Fichte's System d. Sittenlehre, Vorlesn. üb. d. Bestimm. d. Gelehrten u. vermischte Aufsätze. gr. 8. (29 B.) Bonn 835, Marcus. *

1. u. 2. Bd. Ebendas. 1834. * 4 Thlr. 18 Gr.

Fichte's, Jh. Gtl., sämmtliche Werke. Herausgeg. von J. H. Fichte. (In 8 Bdn.) 1. Bd. (oder) 1. Abthl. Zur theoret. Philosophie. 1. Bd. gr. 8. Berlin 845, Veit und Comp. n. 1 rℓ 24 ngℓ

— dies. 2. Bd. (oder) 1. Abtheil. Zur theoret. Philosophie. 2. Bd. gr. 8. Ebend. 845. n. 2 rℓ 6 ngℓ

— dies. 3. Bd. (oder) 2. Abtheil. A. Zur Rechts- und Sittenlehre. 1. Bd. gr. 8. Ebend. 845. n. 1 rℓ 24 ngℓ

— dies. 4. Bd. (oder) 2. Abtheil. A. Zur Rechts- und Sittenlehre. 2. Bd. gr. 8. Ebend. 845. n. 2 rℓ 4 ngℓ

— dies. 5. Bd. (oder) 2. Abthl. B. Zur Religionsphilosophie. 3. Bd. gr. 8. Ebend. 845. n. 1 rℓ 27 ngℓ

— dies. 6. Bd. (oder) 3. Abthl. Populärphilosoph. Schriften. 1. Bd.: Zur Politik u. Moral. gr. 8. Ebend. 845. n. $1^1/_2$ rℓ

— dies. 7. Bd. (oder) 3. Abthl. Populärphilosoph. Schriften. 2. Bd.: Zur Politik, Moral u. Philosophie der Geschichte. gr. 8. Ebend. 846. n. 2 rℓ

— dies. 8. Bd. (oder) 3. Abthl. Populärphilosoph. Schriften. 3. Bd. Verm. Schriften u. Auff. gr. 8. Ebd. 846. n. $1^2/_3$ rℓ

—— dies. 9—11. Bd. A. u. d. Ttl.: Nachgelassene Werke. Neue Ausg. 3 Bde. gr. 8. ($106^1/_4$ B.) Bonn (834.) 846, Marcus.

— über das Wesen des Gelehrten, und seine Erscheinungen im Gebiete der Freiheit, in öffentlichen Vorlesungen. 8. Berlin, Himburg. 806.

— — über das Wesen des Gelehrten. 8. 806. Ist jetzt Verlag von Liebeskind in Leipzig und Reimer in Berlin

— Schleiermacher, Steffens üb. das Wesen der Universität, hrsg. v. Eduard Spranger, s.: Bibliothek, philosophische.

— b. Wissenschaftslehre in ihrem ganzen Umrisse dargestellt. 8. Berl. 810. Dümmler. 8 gl

Eb.: die Wissenschaftslehre in ihrem allgem. Umrisse dargest. *Berl.*, Hitzig. 810. 8° 8 gl

— — dieselbe. 8. Straubing, Heigl. 807.

Worte (Johann Gottlieb) Fichtes. (Hrsg.: J. Hilß.) Minden i. W.: Bruns [1910]. XVI, 295 S. 8°

Fichte-Feier, die, der Berliner Mitglieder des National-Vereins. 19. Mai 1862. Ein Erinnerungsblatt. gr. 8. (48 S. mit 1 Photogr. nach Heidel's Kolossalbüste Fichte's.) Berlin 862, F. Duncker. *–

— die, zu Rammenau in der Lausitz am 19. Mai 1862. Dresden 862. Meinhold & Söhne in Comm. 8. (30 S. m. Fichte's Portr. in Holzschn.) n. 4 ngr

Fichtel, Jens, aus d. patholog. Institut zu Kiel. Die Befunde bei plötzlichen Todesfällen im pathologischen Institut zu Kiel. Diss. Kiel 1888, Haeslersche Sort.-Buchh. 8°. 15 S.

Fichtel, Jens [approb. Arzt aus Schweinfurt a/M]: Aus d. patholog. Institut zu Kiel. Die Befunde bei plötzlichen Todesfällen im pathologischen Institut zu Kiel .... Kiel, Druck v. A. F. Jensen, 1888; 15 + 1 S. 8°
Kiel, Med. Fak., Inaug.-Diss. v. 20. Jul. 1888

Fichtel, Johann Ehrenreich von

v. Fichtel, Jh. Ehrenr., († d. 4. Febr. 1795.) mineralog. Aufsätze. gr. 8. Wien 794. Schaumburg. 1 ℳ 4 gl

Fichtel (J. E. v.). Beitrag zur Mineralgeschichte von Siebenbürgen. Theil 1: Nachrichten von den Versteinerungen des Grossfürstenthums Siebenbürgen. Nürnberg 1780. Theil 2: Geschichte des Steinsalzes und der Steinsalzgruben im Grossfürstenthum Siebenbürgen. Ebendas. 1780. 4. Bauer u. Raspe.

— Beitr. zur Mineralgeschichte von Siebenbürgen. 2 Thle. (1r Thl. A. u. d. T.: Nachricht von d. Versteinerungen d. Großfürstenth. Siebenbürgen etc. 2r Thl. A. u. d. T.: Geschichte d. Steinsalzes u. d. Steinsalzgruben in Siebenbürgen.) Mit Kpf. u. Kart. gr. 4. Nürnb. 780. Bauer u. R. 6 ℳ

— mineral. Bemerk. v. d. Karpaten. 2 Thle. gr. 8. Wien, Camesina. 791–94.

Fichtel, Johann Ehrenreich v.: Mineralogische Bemerkungen von den Karpaten. 2 Bde. Wien: Heubner 1791/94

Fichtel, J. E. von, mineral. Bemerkungen von den Karpathen. 2 Thle. 2te Ausg. gr. 8. Wien, Heubner. 816.

— Beschreib. d. in Großfürstenthum Siebenbürgen entdeckten Versteinerungen u. s. w. m. K. gr. 4. Nürnberg, Raspe. 780.

Fichtel, J. E. von. Nachricht von den Versteinerungen des Grossfürstenthums Siebenbürgen. Nürnberg. 1780. 4. Auch unter dem Titel: Beitrag zur Mineralgeschichte von Siebenbürgen. Erster Theil, welcher die Nachricht von den Versteinerungen enthält.

— Nachricht von einem in Ungarn entdeckten ausgebrannten Vulkan. gr. 8. Berlin, Rottmann.

Fichtel, Johann Friedrich (Danzig), De extensiva poenarum interpretatione. Diss. jur. Präs. Georg Friedrich Kraus. Danzig (Thom. Joh. Schreiber) 13. VI. 1752. 40 S. (4.80) 8776
Widm. v.: Präs., Michael Groddeck (Danzig), Christian Wilhelm Fichtel (Danzig; dtsch.), Joh. Theoph. Senff (Conitz).

Fichtel, Leopold von, s. Giorni, J.: Versuch . . .

Fichtel, L. et P. C. Moll, Testacea microscop. aliaque minut. ex generib. argonaut. c. Tab. 4. maj. Viennae, Camesina. 803.
cum fig. color.
in magna chart. holland.

v. *Fichtel*, Leop. et J. P. C. Moll, Testacea microscopia aliaque minuta ex generibus argonauta et nautilus ad naturam picta et descript. C. XXIV tabb. 4maj. Wien 803. (Heubner). 2 ℳ 8 gl Cum fig. color. 4 ℳ Holl. P. 10 ℳ

Fichtel & Sachs: Prospekte über Patent-Naben-Innenbremsen mit Freilauf. Schweinfurt a. M. (1901—1903)

Fichtel & Sachs: »Torpedo«. Roue libre et frein par contre-pédalage, modèle 1904. Schweinfurt a. M. (1905?)

Fichtelberg, s.: Annaberg.

Liederbuch für die unter der Grossloge zur Sonne [in Bayreuth] vereinigten Bundeslogen. [Zusammengestellt von H. Fr. Fichtelberger.] Ms. f. Brr. Bayreuth 1872: Burger. 96 S. 8°.
W. 40228 nennt den Autor nicht. 21.

Fichtelberger, Lor., 12 Quartetten für Männerstimmen. Op. 1. qu. 4. (15 S.) Nördlingen 847, Beck in Comm. 12 ngr

Fichtelgebirge [Sachliches Ordnungswort]

Fichtelgebirge, das, s. Grieben's Reise-Bibliothek.

Das Fichtelgebirge. Prakt. Reiseführer. 14. Aufl., neu bearb. von K. Drechsel. Mit 3 Karten. Berlin: A. Goldschmidt 1907–08. (IV, 101 S.) 8°
— Reiseführer, Griebens. Bd 35.

— s.: Woerl's Reisehandbücher.

Fichtelgebirge, das, in Bildern. Neue Orig.-Aufnahmen v. E. Mertens & Co. in Berlin. gr. 4. (13 Lichtdr. auf Karton.) Wunsiedel 894. G. Kohler. In Leinw.-Mappe. n. 15 —; einzelne Blätter n. 1. 25; roh n. 1. —; Cabinet n. — 40

— das, die Fränkische u. Nürnberger Schweiz, s. a. Grieben's Reisebibliothek.

Das Fichtelgebirge, die Fränkische u. Nürnberger Schweiz, Bamberg und Bayreuth. 11. Aufl., bearb. v. Prof. Dr. [Ernst] Linhardt. M. Kt.-Beil. *Berlin: A. Goldschmidt 1896.* (VII, 192 S., 3 Kt.) 1 Bd 8.
— Reisebücher, Griebens. Bd 35.

Das Fichtelgebirge, die Fränkische und Nürnberger Schweiz, Bamberg und Bayreuth. 12. Aufl. neu bearb. von A[rthur] Schuster. Mit 3 Kartenbeil. *Berlin: A. Goldschmidt 1900.* (IV, 151 S.) 8°
— Reisebücher, Griebens. Bd 35.

Das Fichtelgebirge und die Fränkische Schweiz mit Bamberg u. Bayreuth. 13., neu bearb. Aufl. Mit 4 Karten. Berlin: A. Goldschmidt 1904–05. (IV, 149 S.) 8°
— Reiseführer, Griebens. Bd 35.

Fichtelgebirge [Schlagwort]

— s.: Hand- u. Reisekarten. 24.

— s. a.: Hof.

Fichtel-Gebirge — Neueste Reise- und Uebersichts-Karte vom — entn. aus den topogr. Blättern u. gez. von A. Fischer in Hof. Verl. v. Grau. 100,000. 1 Bl.

Fichtelgebirge. Panorama des Fichtelgebirges, vom Gipfel der Kösseine gesehen. Hrsg. vom Fichtelgebirgsverein. Lichtdr. 13,5×82 cm. Wunsiedel 893. (H. Nehring Nachf.) 1. 20

— Pfeiffer, J. B., Special-Karte d. Fichtelgebirgs, auf Grund der kgl. bayr. Steuercataster-Karten bearb. u. hrsg. 1 : 50,000. (6. Aufl.) Farbendr. 55,5×65,5 cm. Wunsiedel 891. (H. Nehring Nachf.) n. 2. —

Fichtelgebirge. Reineck, R., Special-Karte vom Fichtelgebirge. 1 : 150,000. 4. Aufl. 20,5 × 26,5 cm. Kpfrst. u. kolor. m. 1 Ansicht v. Bayreuth. Hof 898. R. Lion. n. — 60

— Situationskarte vom Fichtelgebirge u. dem Steinwalde. 1 : 250,000. 32,5×32,5 cm. Lith. Wunsiedel 894. G. Kohler. — 75

Fichtelgebirge. Specialkarte vom Fichtel- u. Keilbergs-Gebiete m. weiterer Umgebung. 1 : 75,000. Hrsg. vom Erzgebirgsverein Oberwiesenthal. Photolith. u. Farbendr. Imp.-4. Oberwiesenthal 890. (Leipzig, A. Lorentz. — Schneeberg, Goedsche.) n. — 60

— Spezialkarte des Fichtelgebirges, ausgeführt vom topograph. Bureau des k. b. Generalstabes nach Angabe des Fichtelgebirgsvereins. 1 : 50,000. Stand Juni 1898. 72,5 × 89,5 cm. Farbdr. Wunsiedel 898. (G. Kohler.) n. 2. —; auf Leinw. n. 3. 50

— — vom Fichtelgebirge u. Frankenwald (durchgesehen u. ergänzt vom topogr. Bureau d. k. bayer. Generalstabs München). 1 : 100,000. Farbdr. 57,5> 69 cm. Hof (910). R. Lion. 1.25; auf Leinw. in Tasche 1. 80

— — vom Fichtelgebirge u. dem Steinwald. Bearb. u. ergänzt nach dem neuesten u. zuverlässigsten Material v. der geograph. Anstalt J. J. Arnd in Leipzig. 1 : 100,000. 38 × 46,5 cm. Farbdr. Ebd. 898. n. 1. 20; auf Leinw. in Etui n. 1. 50

Fichtelgebirge. Spezialkarte vom Fichtelgebirge u. dem Steinwald. Nach dem neuesten amtl. Material bearb. u. ergänzt. Bearb. von C. Opitz. 1 : 100,000. 2. Aufl. 38,5×48 cm. Farbdr. Wunsiedel 902. G. Kohler. n. 1. 20; auf Leinw. in Tasche n. 1. 50

Fichtelgebirge. Spezialkarte vom Fichtelgebirge u. dem Steinwald. Nach dem neuesten amtl. Material bearb. u. ergänzt. 1 : 100,000. 3. Aufl. 38,5×48,5 cm. Farbdr. Wunsiedel (904). G. Kohler. Auf Leinw. in Futteral n. 1. 50

Fichtelgebirge. Spezialkarte vom Fichtelgebirge, dem Steinwald u. Elstergebirge. Auf Grund umfass. Erhebgn. neu bearb. 1907. 1 : 100,000. 4. Aufl. 53×57 cm. Farbdr. Wunsiedel, G. Kohler. 1.20; auf Leinw. n 1. 60

Fichtenbauer, Franz: Die L a n d e s v e r z e h r u n g s s t e u e r . Praktisches Handbuch über die tarifmässige Einhebung der allgem. Verzehrungssteuer vom Wein- und Fleischverbrauche. Ausserhalb der geschlossenen Städte der im Reichsrathe vertretenen Königreiche und Länder, mit Ausnahme von Dalmatien.
Wien: Rubinstein 1886. 120 S. 8°

Rheinische Provinzial - Fürsorgeerziehungs - Anstalt 'Fichtenhain'. Düsseldorf [1908]: L. Schwann. (15 S., 24 Bl. Taf.) 4° [illegible]

Fichtenhain, A., Epheukranz. Gedichte. 8. (III, 199 S.) Graz 872. Moser. n. 2. 40

— dasselbe. 2. Aufl. 8. (199 S.) Graz 875. Vereinsbuchdr. n. 2. —

Fichtenholz, Albert [aus Odessa]: Beiträge zur Kenntniss des Isochinolins ... Freiburg i. B., Buchdr. v. H. Epstein, 1896; 40 S. 8.
Freiburg i. B., Phil. Fak., Inaug.-Diss. v. 1896

Fichtenmayer, Georg, a. Schifferstadt: Über künstliche Ernährung mit Kohlehydraten. Würzburg 1908: Fränkische Gesellschaftsdruckerei. (23 S.) 8°
Würzburg, Med. Fak., Ref. v. Leube, Diss. v. 20. Febr. 1908
[Geb. 25. Nov. 80 Schifferstadt; Wohnort: Würzburg; Staatsangeh.: Bayern; Vorbildung: Gymn. Speyer Reife Juli 01; Studium: Erlangen 1, Würzburg 10 S.; Coll. 31. Jan. 08; Approb. 16. Jan. 07.]

Fichtennadel-Bad Steinerhof, das, in der oberen Steiermark in Bezug auf seine Lage, Bäder und Umgebung geschildert von F. C. 16. (31 S. mit 1 Uebersichtskarte.) Wien 864, Manz und Comp. *

Fichtenreis, L., der Sohn des Pfarrers. Eine Erzählg. (114 S.) 8. Leipzig 909. Modern. Verlagsbureau. 2. —

Fichter, Fr[iedrich]. Moderne Alchemisten. Vortrag gehalten in der Aula des Museums zu Basel am 4. Dezember 1906. 36 S. 8. Basel, C. F. Lendorff, 1907. [fr. 1. —]

Fichter, Fr[iedrich]. Anleitung zum Studium der chemischen Reaktionen und der qualitativen Analyse. Zusammengestellt von Fr. F". 118 S. 8. Basel, C. F. Lendorff, 1907. [fr. 2. —]
Durchschossen.

Fichter, *Carl* Fritz *Rudolf* [aus Basel '(Schweiz)']: Ueber Propyl-Itaconsäure, -Citraconsäure und -Mesaconsäure ... Strassburg, Buchdr. M. DuMont-Schauberg, 1894; 52 S., 1 Bl. 8.
Strassburg, Math.-naturw. Fak., Inaug.-Diss. v. 1894

Fichter, Fr[iedrich]. Übungen in quantitativer chemischer Analyse. Zusammengestellt von Fr. F". 138 S. 8. Basel, Friedrich Reinhardt, 1909. [fr. 3. —]

Fichter, H[ans]. Kinderschutz und Anstaltserziehung. ⟨Referat.⟩ Separatabdruck aus den Verhandlungen des Schweiz. Armenerziehervereins 1909. [Heft 28.] 27 S. 8. [Zürich, Gebr. Leemann & Co., 1909.]

Fichter, Hans. Weder arm noch reich. Predigt über Sprüche 30, Vers 8–9. Gehalten in der Waisenhaus-Kirche zu Basel am 6. Mai 1906. 16 S. 8. Basel, Gasser & Cie, 1906. [fr. —. 20]

Fichter, K. H., der Zusammenbruch der griechischen Gesellschaft im 4. Jahrh. (Progr.) (S. 3—20.) gr. 8. Klagenfurt (908). (F. v. Kleinmayr.) 1. —

Fichte's, J. G., Appellation an d. Publikum, über. Eine Anmerk., aus St. Lamberts Tugendkunst besond. abgedr. gr. 8. Leipz., Dyck. 1 gr.

— wahrer Gott, v. R. (Karl Nehrlich). 8. Coburg 799.

Fichtl, Fr. Xav., Versuch e. historisch-topographisch-statistischen Beschreibung d. kl. b. Landgerichts Pfaffenhofen im Regierungsbezirke Oberbayern, mit besonderer Rücksicht auf das Kloster Scheyern. 12. (76 S.) Neuburg 851, Prechter. 1/4 ℔

Fichtl's, Frz., Zeichenheft f. die 2. u. 3. Klasse, 4/5. u. 6/7. Schulj. der Volksschule. 4. (18 u. 20 S.) München 891. R. Oldenbourg, Abteilg. f. Schulbücher. à n.n. — 10

Fichtl, Jos., s. D. Frz. v. P. Reithofer.

Fichtl, Jos. B., Entw. all. berufsmäßig. Pflichten e. Seelsorgers. 8. Augsburg, Rieger. 789.

— Gebetbuch für d. Jugend. 12. Augsb. 789. Bolling. 3 gr.

Fichtner, Carl. Eine Skizze seines Lebens u. künstlerischen Wirkens. Von G. C. Mit dem photogr. Portr. des Künstlers. Wien 865. Exermak. Lex.-8. (56 S.) n. 27 ngr.

Fichtner, Karl. Eine Skizze seines Lebens und künstlerischen Wirkens. Wien 1875. V: *Czartoryski, Constantin Prinz.* (ADB 6, 774)

Fichtner (Red.), s. Bundesbote, Schlesischer.

Fichtner, Alb., der deutsche Michel. Symbol. Zeitbild, gewidmet d. Deutschen in Oesterreich. gr. 16. (8 S.) Graz 898. H. Wagner. n. — 20

(F) Der Deutsche Michel. Symbolisches Zeitbild gewidmet den Deutschen in Oesterreich von Albert Fichtner. 2. Auflage. Der Reinertrag kommt zu gleichen Theilen der „Südmark" und der „Nordmark" zugute. Eger. 1899. Kobrtsch & Gschihay. 16°. 8 S. fl. —.10

Fichtner, Alfred, a. Naundorf bei Eilenburg: Studien über die Prise d'Orange und Prüfung von Weeks' „Origin of the Covenant Vivien." Halle a. S. 1905: E. Karras. (58 S.) 8°
Halle, Phil. Fak., Ref. Suchier, Diss. v. 20. Juni 1905
[Geb. 26. Nov. 79 Naundorf b. Eilenburg; Wohnort: Halle; Staatsangeh.: Preußen; Vorbildung: Realgymn. Magdeburg Reife O. 00; Studium: Marburg 4. Halle 5 S.; Rig. 2. März 05.]

Fichtner, Ernst, der Brand von Hamburg. Eine Erzählung für Jung und Alt. 8. (68 S.) Langensalza 865, Schulbuchh. von Greßler.

Fichtner, H., 12 liturgische Andachten in einfachster Form f. Advent, Christnacht, Jahresschluß, Passion, Reformations- u. Totenfest. Im Anschluß an die Agende der evang. Landeskirche zusammengestellt. Ausg. A f. Geistliche u. Kantoren. (59 S.) 8. Hamburg (908). Agentur des Rauhen Hauses. 1. 20

— dasselbe. Ausg. B f. Gemeindeglieder. (32 S.) 8. Ebd. (908). p — 15

Fichtner, J., Festspiele u. Prologe. Sechs kleine u. größere Aufführgn. zu Familien- u. Vereins-Feierlichkeiten m. den dazu paff. Prologen. 8. (III, 73 S.) Schweidnitz 891. G. Brieger. n. — 50

Fichtner, J., die Feuersicherheit aller Städte Schlesiens ult. 1875 im Bilde der Statistik. Ein Wegweiser f. Communal-Behörden, Feuer-Assecuranzen u. Feuerwehren. gr. 8. (127 S.) Liegnitz 876. Kaulfuß in Comm n. 4. —

Fichtner, J., die Feuersicherheit aller Städte Schlesiens ult. 1875 im Bilde der Statistik. Ein Wegweiser für Communal-Behörden, Feuer-Assecuranzen u. Feuerwehren. 2., billige (Titel-)Ausg. gr. 8. (127 S.) Liegnitz (1876) 879. Kaulfuß. n. 1. —

— die Feuersicherheit im Theater, oder: Was muß geschehen, um das Publikum im Theater vor Feuersgefahr zu schützen? Nach Fölsch. 8. (28 S.) Striegau 882. (Leipzig, Schneider.) — 30

Fichtner, J., erste Fortsetzung der gemeinfaßlichen Mittheilungen aus dem Gebiete der Feldwirthschaft. Geschrieben für die Atzgersdorfer Schuljugend. Mit e. Mittheilung über das landwirthschaftl. Casino in Atzgersdorf u. 9 Holzschn. Wien 865. Gerold's Sohn in Comm. gr. 8. (32 S.) n. 8 ngr.

Fichtner, J., erste Fortsetzung der gemeinfaßlichen Mittheilungen aus dem Gebiete der Feldwirthschaft. Geschrieben für die Atzgersdorfer Schuljugend. Mit einer Mittheilung über das landwirthschaftl. Casino in Atzgersdorf. gr. 8. (32 S. mit 9 Holzschntaf.) Wien 868, (Gerold's Sohn.) *

Fichtner, J., ein edles Frauenherz, s.: Aus Vergangenheit u. Gegenwart. 44. Bdchn.

Fichtner, J., gefunden!, s.: Für Herz u. Haus.

— Der kleine Geiger, s.: Für Herz u. Haus.

— Heimatglück. Der Erbstreit, s.: Für Herz u. Haus. 32. Bd.

Fichtner, J., Helene, s.: Jüngst's Reise-Bibliothek.

— Humoresken, s.: Für Herz u. Haus.

— Küsse mich im Riesengebirge. Humoreske. 8. (172 S.) Schweidnitz 891, Brieger. * 1 —

[F.] Neue Polter-Abendscherze. Hochzeits-Gedichte u. Tafel-Lieder. Hrsg. v. J. **Fichtner** u. F. Fröhlich. *Schweidnitz: G. Brieger [1894].* (2 Bl., 92 S.) 1 Bd 8. [96. 8148

Neue Polter-Abendscherze, Hochzeits-Gedichte und Tafel-Lieder. Hrsg. von J. **Fichtner** u. F. Fröhlich. 2. verm. Aufl. *Schweidnitz: G. Brieger [1899].* (123 S.) 8° [F.] [00. 590

Fichtner, J., u. F. Fröhlich, neue Polter-Abendscherze, Hochzeits-Gedichte u. Tafel-Lieder. 3. Aufl. gr. 8. (IV, 119 S.) Schweidnitz (901). G. Brieger. n. — 50

— u. F. Fröhlich, neue Polter-Abendscherze, Hochzeits-Gedichte u. Tafel-Lieder. 3. verm. Aufl. (IV, 119 S.) 8. Schweidnitz (909). G. Brieger. — 50

— die gnädige Frau Tante, s.: Theater, kleines, 370. Heft.

— Täuschungen, s. Jüngst's Haus- u. Reisebibliothek.

— vaterlos!, s.: Aus Vergangenheit u. Gegenwart. 57.

Fichtner, J. W., Zusammenstellung der auf das Brandversicherungswesen der allgemeinen Immobiliar-Feuerversicherungs-Anstalt für Gebäude in den Gebietstheilen diesseits des Rheins bezügl. Vorschriften, zur Erleichterung der Geschäftskenntniß und Geschäftsführung verfaßt. gr. 4. (91 S.) Landshut 853, Rietsch. *

Fichtner, Joh. Georg [Praes.], s. Carstens, Joh. Friedrich: De Jure peregrinorum.

Fichtner, Joh. Georg (Altdorf), De compensatione fisci. Disp. jur. Altdorf (Jod. Wilh. Kohles) April 1702. 40 S. (5.—) 8777

— — u. Joh. Wilhelm Pertsch (Bayreuth), De fractione insignium, vulgo: Zerbrechung Schild und Helm. Comment. jur. Sept. 1708. Altdorf (Stephan Grebner) 1751. 24 S. (4.80) 8778

Fichtner, Johann Georg (Präs.): De pactis usurarum legitimis, s. Binder, Johann (Resp.)

— Johann Moritz (Altdorf), Quaestionem an patri liceat in testamento minus solenni seu privilegiato peraeque ut in alio solenni filio cuidam relicta legitima de caeteris bonis inter liberos pro lubitu testari. Diss. jur. Altdorf (J. W. Kohles) Jan. 1730. 32 S. (5.—) 8779
Widm. v.: Eucharius Gottlieb Rink, Gg. Heinr. Linck, Joh. Jodocus Beck.

Fichtner, Jos., Versuch einer ausführl. Lehre d. Gleichungen des ersten u. zweiten Grades, nebst 200 neuen Aufgaben, welche auf solche Gleichungen führen. gr. 8. Prag 817. G. Haase Söhne. (Enobloch in Leipz.) 1 ℳ

Fichtner, Jos., Versuch einer ausführlichen Lehre der Gleichungen des ersten und zweyten Grades, nebst 200 neuen Aufgaben, welche auf solche Gleichungen führen. gr. 8. (Prag Krauß in Comm.) 817.

[F.] Die dramatische Dichtkunst Deutschlands am Ende des 19. Jhs. E. Beitr. z. Hebg derselben. Von Max Grabbow [d. i. Max **Fichtner**]. *Berlin: E. Cumme & C. Hinstorff [1897].* (1 Bl., 46 S., 1 Bl.) 1 Bd 8. [97. 6333

[F.] Geknickt. Drama in 1 Akte v. Max Grabbow [d. i. Max **Fichtner**]. *Berlin: E. Cumme & C. Hinstorff 1898.* (37 S.) 1 Bd 8. [98. 11778

[F.] Das Leben ein Kampf. Schausp. in 5 Akten v. Max Grabbow [d. i. Max **Fichtner**]. M. e. Nachw. üb. d. moderne dramat. Dichtkunst. *Berlin: E. Cumme & C. Hinstorff [1897].* (85 S.) 1 Bd 8. [97. 6334

Fichtner, Otto

Fichtner, O., Gesangunterricht f. deutsche Volksschulen. Auch zur Einführg. an Seminarien geeignet. 8. (VI, 90 S.) Leipzig 889. Wunderlich. n. 1. 20

Fichtner, Otto, Liederbuch, s.: Coldiß, H.

Fichtner, Otto, Notenschreibheft. I.—IV. Stufe. qu. gr. 8. Leipzig 893. A. Berger. Kart. n.n. — 45
I. II. (20 S.) n.n. — 20. — III. IV. (40 S.) n.n. — 25.

— **Reform d. Schulgesang-Unterrichts.** Für alle Schulbehörden, Lehrer u. Freunde deutschen Volksgesanges. gr. 8. (III, 87 S.) Ebd. 893. n.n. 1. 25

— **Reform des Schulgesang-Unterrichts.** Für alle Schulbehörden, Lehrer u. Freunde des deutschen Volksgesanges. 2. verb. u. verm. Aufl. gr. 8. (109 S.) Leipzig 900. Dürr'sche Buchh. n. 1. 50

Fichtner, Otto, methodische Uebungen f. den Gesangunterricht. (37 S.) 8. Leipzig 903. Dürr'sche Buchh. n. — 20

Fichtner, Otto, methodische Uebungen d. Leipziger Schulliederbücher. Erläutert v. F. gr. 8. (48 S.) Leipzig 897. Dürr'sche Buchh. — 75

— **Ubungs- u. Liederheft** f. das 1.—6. Schuljahr im Anschluß an die Reform d. Gesangunterrichts f. die Hand d. Lehrers. 8. (VI, 90 S.) Ebd. 893. n.n. 1. 25

— **Übungs- u. Liederheft** f. d. 1.—6. Schuljahr, im Anschluß an d. Reform d. Gesangunterr. f. d. Hand d. Lehrers. 2. Aufl. 8. (VII, 90 S.) Ebd. 897. n. 1. 25

— **Übungs- u. Liederheft** f. das 1.—6. Schuljahr, im Anschluß an die Reform des Gesangunterrichts f. die Hand des Lehrers. 3. verm. u. verb. Aufl. 8. (VII, 104 S.) Ebd. 900 n. 1. 50

Fichtner

— **Stephan Ferdinand** (Aldorfinus), De expositione vasium aeneorum ad fores templi. Diss. jur. Präs. Conrad Wilhelm Strecker. Erfurt (Hering) 26. VIII. 1737. 23 S. (4.80) 8780

Ficinus (Hrsg.), s. Zeitschrift, Neue, für Natur- und Heilkunde.

Ficinus (Hrsg.), s. Zeitschrift des Oberschlesischen Berg- u. Hüttenmännischen Vereins.

Ficinus, Dav. Frz. Andr., Untersuchung d. Meißner Bades. 8 Meißen 798.

— **Untersuchung des Schandauer Bades.** 8. Pirna 799

Ficinus, F. T., das Ganze d. Branntweinbrennens, nicht nur wie es d. Theorie lehrt, sondern wie es auch d. Praxis bewährt fand. Zum tägl. Gebrauche f. Branntweinbrenner. — Nebst e. erläut. Wörterbuche d. gewöhnl. Kunstausdrücke, e. vergleich. Tabelle d. bekanntesten deutschen Maaße u. Gewichte, u. e. deutl. Anweis. z. Bereiten aller Liköre, Essenzen rc. (Branntweinrecepte v. L. Fohl.) 2 Thle. 8. (10½ B.) Pirna 831, [Leipzig,] Friese.
Die Branntweinrecepte apart 6 Gr.

Ficinus, Franc. Bruno (geb. Altseidenberg bei Görlitz 24. 2. 1822): Nonnulla de cicatrisatione. Berolini (1846). (39 S.) 8°
Berlin, Med. Diss. v. 25. März 1846

Ficinus, Heinrich, s. Ficinus, Heinrich David August

FICINUS, HEINRICH DAVID AUGUST
Anfangsgründe der medicinischen Chemie. Zum Gebrauch bei seinen Vorlesungen. Leipzig. 1815.

— Anfangsgründe d. Naturlehre. 1r Thl. (Physik). 1 ℛ 12 ℊ 2r Thl. (Chemie). 1 ℛ 4 ℊ Mit 1 Kpf. 8. Dresd. 815. (Lpz., Weygand). 2 ℛ 16 ℊ

— **Beschreib. d. Augustusbades, s. Chr. G. Pienitz.**

Chemie allgemeinfasslich dargestellt. Dresden, 1829–30. 8vo, 2 vols. in 4 parts.
Neue Ausgabe. Quedlinburg, 1843.
Allgemeine Taschenbibliothek der Naturwissenschaft.

Ficinus, Heinr. Dav. Aug., Chemie, allgemein faßl. dargestellt. 4 Bdchn. gr. 12. (30 B., Stnt. u. Tabn.) Dresden 829—31. [Zittau, Birr u. Nauwerck.] 1 Thlr. 12 Gr., hrbaf. Pr.

Ficinus, Hnr. Dav. Aug., Chemie, allgem. faßl. dargestellt. 4 Bdchen, mit Kpf. 8. Dresd. 829—31. Hilscher. 1 ℛ 12 ℊ (Auch in d. Taschenbibl. d. Naturwissenschaften.)

— **die Chemie, allgemein faßlich dargestellt. 4 Bdchen. 8.** Dresden 831. (Quedlinburg, Ernst.) 1 ℛ

Ficinus, Heinr., Chemie allgem. faßlich dargestellt, od. Anfangsgründe d. Chemie in ihrem ganzen Umfange, nebst Uebers. der wichtigsten chemischen Erfahrungen. 4 Bdchn. Neue Ausg. 12. (22⅔ B.) Quedlinburg 843, Ernst'sche Bh. à 7½ Ngr. Thlr.

— **Cinchoninum, medicamen efficacissimum adversus cachexiam e febre intermittente obortum tutissime adhibendum. 8. Dresd. 814.**

— Flora d. Gegend um Dresden. 1e u. 2e Abtheil., mit 2 Kpf. 8. Dresd. 807—809. Arnold. 4 ℛ 12 ℊ 2e Aufl., mit L. Schubert 1e u. 2e Abtheil., mit 3 Kpft. 8. Ebd. 821. 23. 4 ℛ 12 ℊ
Vgl. Ficinus: Botan. Taschenbuch...

Ficinus, H., Flora der Gegend um Dresden. 1ste Abth. Phanerogamen. 2te Aufl. 8. Dresden, Arnold. 821.

Ficinus, (H. u. L.) Schubert, Flora d. Gegend um Dresden. 2e Abthlg. Kryptogamie. Mit 3 Kupfertaf. 8. Dresden 823, Arnold. 2 Rthlr. 12 gr. 1e u. 2e Abthlg. Rthlr.

—— und Gust. Heynhold, Flora d. Gegend um Dresden. 1. Thl.: Phanerogamie, enthalt. die Pflanzen, deren Frucht auf eine vorausgegangene deutliche Blume folgt. M. 1 geognost. Karte d. Umgegend v. Dresden (gr. Fol.) 3. verb. Aufl. gr. 8. (21 B.) Dresden u. Leipzig 838, Arnoldische Buchh.

— u. Gust. **Heynhold**, Flora der Gegend um Dresden. 1. Thl.: Phanerogamie, enth. die Pflanzen, deren Frucht auf eine vorausgegangene deutliche Blume folgt. Mit einer geognost. (in Kpfr. gest. u. color.) Karte der Umgegend v Dresden (in Fol.). 3. verb. Aufl. 2. (Titel-)Ausg. 8. (XXXIV u. 302 S.) Ebd. (838) 850. ½ ℛ

— u. C. **Schubert**, Flora der Gegend um Dresden. 2. Thl.: Kryptogamie. 2 (Titel-)Ausg. Mit 3 Kpfrtaf. (in qu. Fol.) 8. (XXVIII u. 466 S.) Ebd. (823) 850. ½ ℛ

Ficinus, Heinrich David August, s. Heinhold, G.: Das natürl. Pflanzensystem.

Ficinus, Heinrich David August (Dresden), De hydrope. Specim. nosolog. Präs. Traugott Carl August Vogt. Wittbg. (Friedr. Imman. Seibt) 13. IX. 1806. 20 S. (4.50) 8781
Gew.: David Ficinus, Joh. Friedr. Erdmann.

Ficinus, Heinr., allgem. Naturkunde. Zunächst f. Thierärzte u. Landwirthe u. als Leitfaden zu Vorlesn. entworfen. gr. 8. (15 B.) Dresden u. Leipzig 839, Arnoldische Buchh.

Ficinus, Heinr., allgemeine Naturkunde Zunächst f. Thierärzte u. Landwirthe u. als Leitfaden zu Vorlesan. entworfen. 2. (Titel-)Ausg. gr. 8. (VIII u. 228 S.) Leipzig (839) 850, Arnold. 6 ℊ

— Optik, oder die Lehre v. Licht. **Mit 3 Kpfr. 8. Dresden 828.** (Quedlinburg, Ernst.) ½ ℛ

—— Optik, od. Versuch e. folgerechten Umrisses d. gesammten Lehre v. Licht, wie sie d. gegenwärt. Stande uns. physiolog. u. phisikal. Kenntnisse angemessen ist. M. 3 Kpfrt. gr. 12. (6 B.) Dresden 828. [Zittau, Birr u. Nauwerck.] 12 Gr., hrbgs. Pr.

Ficinus, Heinr., Optik, od. Umriß d. sogen. folgenrechten Lehre vom Licht. M. 38 Abbildn. Neue Ausg. gr. 12. (5⅝ B.) Quedlinburg 841, Ernst'sche Buchh. Thlr.
Aus d.: Allgem. Taschenbibliothek d. Naturwissensch., besond. abgedruckt.

—— Physik, allgemein faßl. dargestellt. 2 Bdchn. M. 4 Kpfrt. gr. 12. (13½ B.) Dresden 828. [Zittau, Birr u. Nauwerck.] 18 Gr., hrbgs. Pr.
aus d. „Allgem. Taschenbibl. d. Naturwissensch." besond. abgedruckt.

— Physik, allgem. faßl. dargestellt. 2 Bdchen, mit 4 Kpft. gr. 12. Dresd. 828. Hilscher. 18 gℓ

— Physik, allgemein faßlich dargestellt. 2 Bdchn. Mit 4 Kpfr. 8. Dresden 828. (Quedlinburg, Ernst.) ⅔ ℛ

—— Physik, allgem. faßl. dargest. 2 Bdchn. M. 4 Kpfrt. od. 107 Abbild. Neue Ausg. gr. 12. (13½ B.) Quedlinburg 841, Ernst'sche Buchh.
Aus d.: Allgem. Taschenbibliothek d. Naturwissensch., besond. abgedruckt.

Ficinus, Heinrich David August, s. Reichel, K.G.W.: Handbuch der medicin. Chemie.

Die Schwefelquelle bey Schmeckwitz, zwischen Camenz und Bautzen in der Oberlausitz, nach ihren physischen und chemischen Eigenschaften geprüft...von Heinrich Ficinus([u. Johann Gottfried] Bönisch). Dresden: Arnold 1818. VIII,64 S. 8°

— — die Schwefelquelle bei Schmeckwitz, zwischen Camenz und Bautzen, nach ihren phys. und chem. Eigenschaften. 2 e Aufl. 12. Ebend. 819.

—— und J. G. Bönisch, die Schwefelquellen bei Schmeckwitz ꝛc. gen. Marienborn, nach ihr. phys. u. chem. Eigenschaften geprüft u. ihr. arzneil. Kräften gewürdigt. 2., verm. Aufl. 8. ... Dresden 829, Arnold.

FICINUS, Heinrich David August: Botanisches Taschenbuch oder Flora der Gegend um Dresden. 1. Tl.: Phänogamie. - Dresden 1807 u. 1808. XXXVIII, 430 S. - 2. Aufl. ebd. 1821 u. 1823. 2 Abtl. - Abt. 1: Phanerogamie. XII, 542 S. - Abt. 2: Kryptogamie v. H. Ficinus u. C. Schubert. XXVIII, 466 S. - 3. Aufl. Dresden, Leipzig 1838. 1. Tl.: Phanerogamie v. H. Ficinus u. Gustav Heynhold. XXIV, 300 S., 1 Kt.
Vgl. Ficinus: Flora d. Gegend um Dresden.

— Uebersicht des gesammten Thierreichs, nach den neuesten Beobachtt. Lamarks, Dümenils, Illigers, Okens ꝛc. In 1 Tabelle in Royalfol. Dresd. 820. 2e Aufl., mit Carus, Darstell. d. Ideen d. Animalität ꝛc. in 2 Tabb. Ebd. 827. Arnold. 12 gℓ

— und Carus, Uebersicht d. gesammten Thierreichs. — Vollkommenste Darstellung d. Idee d. Animalität durch Entwickelung höherer innerer Einheit (Selbstanschauung, Vernunft, Freiheit) im reinsten Gegensatze zur Idee d. Vegetabils. 2 Tab. in gr. Roy. Fol. 2e Aufl. Dresden u. Leipz. 826, Arnold.

—. Heinrich Robert (Dresden), De fibrae muscularis forma et structura. Diss. med. Lpz. (Staritz) 23. VIII. 1836. 40 S. u. 1 Taf. Abb. (lith. v. Renner). (4.50) 8782
Gew.: Burkhard Wilhelm Seiler.

Ficinus, Rob., die Hamospasie, Geschichte, Beschreibung, Anwendung u. Wirkungen der grossen Ventousen Junod's od. des Schröpfstiefels, vom physiolog. u. therapeut. Standpunkte aus, nach eigenen u. fremden Erfahrungen dargestellt. Nebst 1 (lith.) Taf. gr. 8. (XIV u. 186 S.) Leipzig 848, Voss. n. 1 ℛ

Ein schleswig-holsteinischer Dialektdichter (Johann Meyer) v. Dr. phil. Fick. (Itzehoe. 1885.) 8°, geb. in 4° [Kopft.] Sonderabdruck aus: Itzehoer Nachrichten vom 6. Okt. 1885.

Fick, zur Lehre von den horizontalen Dimensionen d. Festen. Göttingen 865. (Vandenhoeck & Ruprecht.) 4. (16 S.) n. 5 ngr.

Fick, Wörter-Verzeichniß. (8 S.) kl. 8. Stuttgart (906). Ch. Belser. — 04

Fick A, Betrachtungen über Gymnasialbildung. Berlin 1878

Fick, A., ist die Welt vergeben?, s. a. Vorträge zur Förderung der Bestrebungen d. deutschen Kolonialvereins.

Fick, A.: Ist die Welt vergeben? Vortrag. (Vorträge zur Förderung der Bestrebungen des Deutschen Kolonialvereins. Heft 1.) Frankfurt a. M. 1884. 14 S. 8°.

Fick, Adolf

Fick, Adf. Die Alkoholfrage. Vortrag. gr. 8. (16 S.) [Würzburg 892.] Dresd., Hertz. * — 20

Fick, Prof. Ad. Die Alkoholfrage. 2 Aufl. Dresden 1895. 29 S. 8°.

Fick, Adf., mechanische Arbeit u. Wärmeentwickelung bei der Muskelthätigkeit, s.: Bibliothek, internationale wissenschaftliche.

—— s. Arbeiten aus dem physiolog. Laboratorium der Würzburger Hochschule.

Arbeitleistung des Muskels durch seine Verdickung. Von Adolf Fick. Prof. Mit 2 Textabb. Würzburg: Stahel 1895. (10 S.) 8°
— Verhandlungen d. physikal.-medic. Gesellschaft zu Würzburg. N. F. Bd. 29, No 7.

—— Ueber die Bedeutung des Fettes in der Nahrung. gr. 8. (5 S.) Würzb. 892, Stahel. * — 50
Aus: Sitzungsber. d. Würzb. phys.-med. Gesellsch., besonders abgedruckt.

—— experimenteller Beitrag zur Lehre vom Blutdrucke, s. Festschrift zur dritten Saecularfeier der Alma Julia Maximiliana.

Fick, Adolf, s. Beiträge zur Physiologie. Festschrift f. Adolf Fick zum 70. Geb. 1899.

Fick, Adf., Beiträge zur vergleichenden Physiologie der irritabelen Substanzen. gr. 4. (V und 68 S. mit in den Text eingedr. Holzst.) Braunschweig 863, Vieweg und Sohn. •

Fick, Ad., Statische Betrachtung der Muskulatur des Oberschenkels. (S. 5751)

Fick, Adf., Betrachtungen üb. den Mechanismus d. Paukenfelles. Mit 2 Xylogr. gr. 8. (11 S.) Würzburg 886. Stahel. n. — 80

— specielle Bewegungslehre, s.: Handbuch der Physiologie.

— „Unser Bier!" Bemerkungen zu Prof. Rosenthal's Schrift über Bier und Branntwein. (Flugschriften-Sammlung d. Internat. Monatsschr. zur Bekämpfung der Trinksitten, Nr. 4.) gr. 8°. Bremerhaven 1893.

— unser Bier, — Brief an Hrn. Wilh. Martius in Dommitzsch bei Torgau, } s.: Flugschriften-Sammlung der internationalen Monatsschrift zur Bekämpfung der Trinksitten.

Fick, Demonstration eines Hundes nach Exstirpation der Schilddrüsen. gr. 8. (1 S.) Würzburg 887, Stahel'sche Universitäts-Buchh.
Aus: Sitzungsberichte der Würzburger physikalisch-medicinischen Gesellschaft, besonders abgedruckt.

— Dioptrik, Nebenapparate des Auges, Lehre v. der Lichtempfindung, s.: Handbuch der Physiologie.

—— die Druckcurve und die Geschwindigkeitscurve in der Arteria radialis des Menschen. gr. 8. (20 S. mit 1 lithogr. Taf.) Ebendas. 886. *
aus: Verhandlungen der physikalisch-medicinischen Gesellschaft zu Würzburg, besonders abgedruckt.

Fick Adolf: Fernere Ergebnisse einer Untersuchung über elektrische Nervenreizung. S. 47. II. 79 . . . . vgr.
Separatabdruck

Fick, Adolf, Dr., Erörterung eines physiologisch-optischen Phänomens. (S. 5631)

—— myothermische Fragen und Versuche. gr. 8. (23 S. mit 1 lithogr. Taf.) Würzburg 884, Stahel'sche Universitäts-Buchh. *
Aus: Verhandlungen der physikalisch-medicinischen Gesellschaft in Würzburg, besonders abgedruckt.

— das Grössengebiet der vier Rechnungsarten. Erkenntnisstheoretischer Versuch. gr. 8. (40 S.) Leipzig 880. F. C. W. Vogel. n. 1. —

Fick, Adf.,
—— Handbuch der Physiologie der Sinnesorgane, } s. Handbuch der Physiologie.

Fick, Adf., Compendium der Physiologie des Menschen mit Einschluss der Entwickelungsgeschichte. Lex.-8. (VIII und 527 S. mit zahlreichen in den Text gedr. Holzschn.) Wien 860, Braumüller's Verlags-Conto. *

Fick, Adf., Compendium der Physiologie d. Menschen m. Einschluss der Entwickelungsgeschichte. 2. gänzlich neu bearb. Aufl. Mit 57 (eingedr.) Holzschn. gr. 8. (VIII, 374 S.) Wien 874. Braumüller. n. 8. —

Fick, Adf., Compendium der Physiologie des Menschen. Nebst einer Darstellung der Entwickelungsgeschichte von Phpp. Stöhr. 3. umgearb. Aufl. gr. 8. (IX, 422 S. mit 71 eingedr. Holzschn.) Wien 882, Braumüller. *

—— Compendium der Physiologie d. Menschen. Nebst e. Darstellg. der Entwicklungsgeschichte v. Osk. Schultze. 4. umgearb. Aufl. gr. 8. (VII, 499 S. m. 76 Holzschn.) Wien 891, Braumüller. * 10 —

Fick, Adf., der Konkurs der Kollektiv-Gesellschaft. Eine jurist. Abhandlg. gr. 8. (VIII, 81 S.) Zürich 885. Schulthess. n. 1. 40

— der Kreislauf d. Blutes, s. a. Sammlung gemeinverständl. wissenschaftl. Vorträge.

Fick A, der Kreislauf des Blutes. (Slg wiss. Vortr. 149) Berlin 1872

—— Lehrbuch der Anatomie und Physiologie der Sinnesorgane, s. Cyclus organisch verbundener Lehrbücher sämmtlicher medicinischen Wissenschaften.

Fick, Adf., die Naturkräfte in ihrer Wechselbeziehung. Populaere Vorträge. Würzburg 869. Stahel. gr. 8. (2 Bll., 71 S.) n. 18 ngr.

Fick, A., die medizinische Physik. (Supplementbd. zu Müller-Pouillet's Lehrbuch der Physik. Für Mediziner.) Mit in den Text eingedr. Holzschn. 1—4. Lfg. gr. 8. (XIII und S. 1—384.) Braunschweig 856, Vieweg und Sohn. à Lfg. * 15 Ngr. *

—— die medizinische Physik. (Supplementbd. zu Müller-Pouillet's Lehrbuch der Physik. Für Mediziner.) 5. und 6. Lfg. (Schluß.) gr. 8. (XIII—XVI und S. 385—539 mit in den Text gedr. Holzschn.) Braunschweig 857, Vieweg und Sohn. à Lfg. * 15 Ngr. *
1—4. Lfg. Ebendas. 1856. * 2 Thlr.

—— die medicinische Physik. 2., gänzlich umgearb. Aufl. gr. 8. (XIV und 452 S. mit 153 in den Text eingedr. Holzst.) Braunschweig 866, Vieweg und Sohn. *

— die medicinische Physik. Mit 135 Holzst. 3. umgearb. Aufl. gr. 8. (XIV, 438 S.) Braunschweig 885. Vieweg & Sohn. n. 8. —

—— Die stetige Raumerfüllung durch Masse. gr. 8. (14 S.) Würzb. 891, Stahel. * 1 —
Aus: Verhandlgn. d. phys.-med. Gesellsch. zu Würzburg, besonders abgedruckt.

Fick, Adf., gesammelte Schriften. (4 Bde.) gr. 8. Würzburg, Stahel's Verl. à n. 8. 50; geb. in Leinw. à n. 10. —
1. Philosophische, physikalische u. anatomische Schriften. Mit dem Bildnis Fick's u. e. Biographie, 4 Taf. u. 9 Abbildgn. im Text. (VIII, 479 S.) 903.
2. Physiologische Schriften. Mit 8 Taf. u. 24 Abbildgn. im Text. (IV, 440 S.) 903.
3. Dasselbe. (Schluss.) Mit 11 Taf. u. 102 Abbildgn. im Text. (VIII, 779 S.) 904.
4. Vermischte Schriften einschliesslich des Nachlasses. (VII, 669 S. m. 34 Abbildgn.) 906.

— vermischte Schriften, einschliesslich des Nachlasses. Sonderdr. des IV. Bds. der „Gesammelten Schriften A. Fick's." Mit 34 Text-Abbildgn. u. 1 Bildnis Adolf Fick's in Farbendr. nach e. Pastell v. A. Klamroth. (VII, XLII, 669 S.) Lex.-8. Ebd. 906. n. 10. —; geb. n. 12. —

— mechanische Untersuchung der Wärmestarre d. Muskels. Mit 1 lith. Taf. [Aus: „Verhandlgn. d. phys.-med. Gesellsch. zu Würzburg".] gr. 8. (12 S.) Würzburg 885. Stahel. n. 1. 20

— Dritte Fortsetzung einer Untersuchung über elektrische Nervenreizung. S. 48. II. 80 . . . . vgr.
Separatabdruck

— Untersuchungen aus dem physiologischen Laboratorium der Züricher Hochschule. 1. Heft. Mit 19 Holzschn. (im Text) u. 5 lith. Taff. (in 8. u. 4.) Wien 869. Braumüller. gr. 8. (2 Bll., 137 S.) n. 1 ₰ 10 ngr.

—— Untersuchungen über Muskel-Arbeit. gr. 4. (68 S. mit 2 Stnt.) Basel 867, Georg. cart. *

—— s. Untersuchungen, myothermische.

— myothermische Untersuchungen aus den physiologischen Laboratorien zu Zürich u. Würzburg, v. Billroth, Blix, Böhm, Danilewsky, Dybkowsky, Fick, Harteneck, Wislicenus, gesammelt u. hrsg. v. A. F. gr. 8. (VII, 293 S. m. 2 Taf.) Ebd. 889. n. 9. —

— Untersuchungen über elektrische Nervenreizung. gr. 4. (V und 51 S. mit 26 in den Text eingedr. Holzschn.) Braunschweig 864, Vieweg und Sohn. *

—— Ursache und Wirkung. Ein erkenntniss-theoret. Versuch. 2. verm. Ausg. gr. 8. (VII, 54 S.) Kassel 882, Wigand. *
1. Aufl. erschien 1867 ohne Angabe des Verfassers.

—— philosophischer Versuch über die Wahrscheinlichkeiten. gr. 8. (46 S.) Würzburg 883, Stahel'sche Universitäts-Buchh. *

— Versuche üb. Wärmeentwicklung im Muskel bei verschiedenen Temperaturen. [Aus: „Verhandlgn. d. phys.-med. Gesellsch. zu Würzburg".] gr. 8. (12 S.) Ebend. 885. n. — 80

—— über die Vorbildung zum Studium der Medicin. Vortrag, geh. in der Delegirten-Versammlung des deutschen Realschulmännervereins zu Berlin am 29. März 1883. gr. 8. (21 S.) Berlin 883, Weidmann'sche Buchh. *

— ein neuer Wellenzeichner, s.: Festschrift zu dem 40jährigen Professoren-Jubiläum des Hrn. Frz. v. Rinecker.

— die Welt als Vorstellung. Academischer Vortrag. gr. 8. (16 S.) Würzburg 870. Stahel. n. — 60

Fick, Adf., über das Wesen der Muskelarbeit, s. a. Sammlung gemeinverständl. wissenschaftl. Vorträge.

— Über das Wesen der Muskelarbeit. (Sammlung wiss. Vortr. 273) Berlin 1877

Fick, Adolf Eugen

Fick, A. Eug., s.: Archiv f. Augenheilkunde.

Fick, A. Eug. Die Bestimmung des Brechzustandes eines Auges durch Schattenprobe [Skiaskopie]. gr. 8. (VII, 67 S. m. 3 farb. Taf.) Wiesbaden 891, Bergmann. geb. in Leinw. * 4 —

Fick, A. Eug., die Blindheit, s.: Graefe, Alfr., u. Thdr. Saemisch, Handbuch der Augenheilkunde.

Die Entwickelung des Auges. Von Dr. A. Eugen Fick, Privatdoc. an d. Hochschule Zürich. (9 farb. Taf. m. Text.) *Breslau: J. U. Kern 1897.* (22 S., 1 Bl., 9 Taf.) 1 Bd 4.(8.)
= Unterrichtstafeln, Augenärztliche. H. 13. [98. 1786

Fick, Adf. Eug., über Erkältung. Habilitationsrede, vorgetragen an der Universität Zürich am 19. Juli 1887. gr. 8. (28 S.) Zürich 887, Albert Müller. *

— Gesundheitspflege des Auges, s.: Graefe, Alfr. u. Thdr. Saemisch, Handbuch der Augenheilkunde.

— Lehrbuch der Augenheilkunde (einschliesslich der Lehre vom Augenspiegel) f. Studierende u. Ärzte. gr. 8. (X, 486 S. m. 157 z. Tl. farb. Fig.) Leipzig 894. Veit & Co. n. 10. —; geb. n. 11. —

Fick, A[dolf] Eugen. Privatdocent an der Universität in Zürich: Über Microorganismen im Conjunctivalsack. Mit einer Tafel. Wiesbaden J. F. Bergmann 1887. 2 Bl., 73 S., 1 Bl., 1 Taf. 8°.
[Zürich, Med. Fac., Habilitationsschrift].

— Pathologie d. Auges, s.: Axenfeld, Th.

— Studententum und Abstinenz. Eine Ansprache an die Züricher Studentenschaft. Basel 1894. 14 S. 8°.

Fick, A[dolf Eugen]. Studententum und Abstinenz. Eine Ansprache an die Zürcher Studentenschaft. 6.—7. Tausend. 16 S. 8. Basel, Schriftstelle des Alkoholgegnerbunds, [1901]. fr. —. 10
Alkoholgegnerbund. ⟨Internationaler Verein zur Bekämpfung des Alkoholgenusses.⟩ [Flugschriften.] Nr. 19.

Fick, A., Studententum u. Abstinenz. Eine Ansprache an die Zürcher Studentenschaft. 6.—7. Taus. 8. (14 S.) Basel (902). Schriftstelle des Alkoholgegnerbundes (durch F. Reinhardt). n. — 08

Fick, Alexander Heinrich, Doktor beider Rechte und akademischer Lehrer in Marburg, Einige Bemerkungen zur Rechtfertigung des 17er Entwurfs, sowie über Verantwortlichkeit des Kaisers, Abschaffung der Unebenbürtigkeit, Kodifikation, Lösung der socialen Frage von Reichswegen. Marburg, Elwert, 1848. 63 S. 8°.

Fick, Alexander Heinrich, Doktor beider Rechte in Marburg. Denkschrift an die souveräne constituirende deutsche Nationalversammlung. Marburg (Elwert) 1848. 15 S. 8°.

Fick, Dr. jur. Alexander Heinrich, Das deutsche Parlament. (Abgedruckt aus dem neuen kurhessischen Verfassungsfreund.) Marburg, Bayrhoffer, 1848. 20 S. 8°.

— quid intersit, quoad vim tempore in jus exercitam, inter exceptionem temporis actionibus perpetuis opponendam et alias quas dicunt temporis praescriptiones. Diss. gr. 8. (61 S.) Cassels 847. Luckhardt. n. 1/3 ℔

Fick, Alex. Heinr. (Friedr.), der trassirt-eigene Wechsel. gr. 8. (IV und 128 S.) Berlin 853, Trautwein'sche Buchh.

Fick, August

Fick, A., Die namenartigen Bildungen d. griech. Sprache. — Beitrag z. griech. Namenssystematik. S.-A. 1876. 34, 8 S. 1.-

Fick, A., Die Entstehung des homerischen Dialektes. S.-A. o. J 24 S.

Fick, Aug., die Entstehung der Odyssee u. die Versabzählung in den griech. Epen. (XII, 214 S.) gr. 8. Göttingen 910. Vandenhoeck & Ruprecht. 7. —

Fick, Aug., die Göttinger Familiennamen. gr. 4. (IV, 31 S.) Göttingen 875. (Vandenhoeck & Ruprecht's Verl.) n. 1. 20

Hattiden und Danubier in Griechenland. Weitere Forschungen zu d. 'Vorgriechischen Ortsnamen' von August Fick. Göttingen: Vandenhoeck & Ruprecht 1909. (V, 53 S.) 8° [08. 17098

—— s. Hesiod's Gedichte.

Fick, Aug., die homerische Ilias, nach ihrer entstehg. betrachtet u. in der ursprüngl. sprachform wiederhergestellt. gr. 8. (XXXVI, 593 S.) Göttingen 885. 86. Vandenhoeck & Ruprecht's Verl. n. 20. —

— die thessalischen Inschriften, s.: Sammlung der griechischen Dialekt-Inschriften.

Fick, Aug., das alte Lied vom Zorne Achills (Urmenis) aus der Ilias ausgeschieden u. metrisch übers. gr. 8. (VIII, 130 S.) Göttingen 902. Vandenhoeck & Ruprecht. In Leinw. kart. n. 3. —

— die homerische Odyssee in ihrer Sprachform wiederhergestellt, s.: Beiträge zur Kunde der indogermanischen Sprache.

Fick, Aug., vorgriechische Ortsnamen als Quelle f. die Vorgeschichte Griechenlands verwertet. (VIII, 173 S.) gr. 8. Göttingen 905. Vandenhoeck & Ruprecht. n. 5. —

— die griechischen Personennamen nach ihrer Bildung erklärt, m. den Namensystemen verwandter Sprachen verglichen u. systematisch geordnet. gr. 8. (CCXIX, 230 S.) Göttingen 874. (Vandenhoeck & Ruprecht's Verl.) n. 8. - -

Fick, Aug., die griechischen Personennamen, nach ihrer Bildg. erklärt u. systematisch geordnet. 2. Aufl., bearb. v. Fritz Bechtel u. Aug. Fick. gr. 8. (XVIII, 474 S.) Göttingen 894. Vandenhoeck & Ruprecht. n. 12. —; geb. n. 13. 60

—— s. Sammlung der griechischen Dialekt-Inschriften.

—— die ehemalige Spracheinheit der Indogermanen Europas. Eine sprachwissenschaftl. Untersuchung. gr. 8. (VI, 432 S.) Göttingen 873, Vandenhoeck und Ruprecht's Verlag. *

—— vergleichendes Wörterbuch der indogermanischen Sprachen. Ein sprachgeschichtl. Versuch. 2 Abthlgn. [2. umgearb. Aufl. des „Wörterbuchs der indogerman. Grundsprache". Göttingen 1868.] gr. 8. Göttingen 870,71, Vandenhoeck und Ruprecht's Verlag. [Leipzig, Köhler's Antiquarium.] [1. Abthl. (V, S. 1—418.) (*ℳ 6.); 2. Abthl. 1. Hälfte. (S. 419—684.) (*ℳ 4.); 2. Hälfte. (S. 685—1085.) *ℳ 6.] (*ℳ 16.) *

—— dass. — der indogermanischen Sprachen, sprachgeschichtl. angeordnet. 3 Bde. 3. umgearb. Aufl. gr. 8. Göttingen, Vandenhoeck und Ruprecht's Verlag. *

Inhalt:

Bd. 1. Wortschatz der indogermanischen Grundsprache, der arischen und europäischen Spracheinheit. (843 S.) 874. *ℳ 14.
» 2. Wortschatz der graeco-ital., der slavo-deutschen, der letto-slav. Spracheinheit und ein Anh.: Zum pruso-lettischen Wortschatz. (802 S.) 875. *ℳ 14.
» 3. Wortschatz der germanischen Spracheinheit, mit einem Begleitwort von A. Bezzenberger. (372 S.) 874. *ℳ 7.

Fick, Aug., vergleichendes Wörterbuch der indogermanischen Sprachen, sprachgeschichtlich angeordnet. 4. Bd., enth. Nachwort und die Indices von A. Führer. 3. umgearb. Aufl. gr. 8. (503 S.) Göttingen 876, Vandenhoeck und Ruprecht's Verlag. *
1.—3. Bd. Ebendas. 1874,75. *ℳ 35.

Fick, A., vergleichendes Wörterbuch der indogermanischen Sprachen. 4. Aufl., bearb. v. A. Bezzenberger, A. Fick u. W. Stokes. 1. Thl. Wortschatz der Grundsprache, der arischen u. der westeuropäischen Spracheinheit v. A. Fick. 8. (XXXVIII, 580 S.) Göttingen 890. Vandenhoeck & Ruprecht's Verl. n. 14. —; geb. n. 15. 80

Fick, Aug. Vergleichendes Wörterbuch der indogermanischen Sprachen. 4. Aufl., bearb. v. Adb. Bezzenberger, Aug. Fick u. Whitley Stokes. 1. Thl.: Wortschatz der Grundsprache, der arischen u. der westeuropäischen Spracheinheit v. Aug. Fick. gr. 8. (XXXVIII, 580 S.) Gött. 891, Vandenhoeck u. Ruprecht's Verlag. * 14 —

— vergleichendes Wörterbuch der indogermanischen Sprachen. 4. Aufl., bearb. v. Adb. Bezzenberger, Aug. Fick u. Whitley Stokes. 2. Thl. gr. 8. Ebd. 894. n. 8. 60; geb. n. 10. — (1 u. 2.: n. 22. 60; geb. n. 25. 80)

Urkeltischer Sprachschatz v. Whitley Stokes. Übersetzt, überarb. u. hrsg. v. Adb. Bezzenberger. (VIII, 337 S.)

— Vergleichendes Wörterbuch der indogermanischen Sprachen. 4. Aufl., bearb. v. Adalb. Bezzenberger, Hj. Falk, Aug. Fick, Whitley Stokes u. Alf Torp. 3. Tl. Wortschatz d. german. Spracheinheit unter Mitwirkg. v. Hjalmar Falk gänzl umgearb. v. Alf Torp. (573 S.) gr. 8. Ebd. 909. 14.—; geb. 16. — (1—3: 86.60; geb. 41.80)

Fick, C., s. Anleitung f. Naturaliensammler.

Fick, C. F., s. Fick, Konrad Friedrich

Fick, C. J. Hermann, s. Fick, Hermann

Fick, Eduard, Ein Beitrag zur Lehre von der Probabilität der Heilung Geisteskranker, zunächst nach den statistischen Ergebnissen der Irren-Heil- und Pflege-Anstalt Preobraschensk zu Moskau. Diss. Dorpat. 8°. 52 pp. mit 5 Tabellen. 1860

Fick, E[mil]: Anfangsgründe der analytischen Geometrie des 4fach ausgedehnten Raumes. Neuburg a. D. 1907: Grießmayer. (36 S.) 8°
Neuburg a. D., k. G P 1907*

Fick, E[mil]: Anfangsgründe der analytischen Geometrie des 4fach ausgedehnten Raumes. T. 2. Neuburg a. D. 1909: Grießmayer. 31 S. 8° ¶ [Forts. d. P-Beil. 1907.]
Neuburg a. D., k. G P 1909* [S 09. 102

Fick, F.: Rechtswidrige Entziehung elektrischer Arbeit u. der neue Gesetzentwurf. Vortrag. (Berlin 1900.)

Fick, F. A., Gedanken üb. militärische Gegenstände. 8. Berl. Unger. 788.

Fick, F. C., Wörterbuch der indogermanischen Grundsprache in ihrem Bestande vor der Völkertrennung. Ein sprachgeschichtlicher Versuch. Mit e. Vorw. von Theod. Benfey. Göttingen 868. Vandenhoeck & Ruprecht. gr. 8. (X, 246 S.) n. 1 ₰ 20 ngr.

Fick, Friedr., zweiter Beitrag zur Constructions-Verbesserung d. Eisenbahnen. M. 2 Taf. gr. 8. (1 ½ B.) Cassel 838, (Fischer.) *
Besond. abgedruckt aus den: Gewerbeblättern f. Kurhessen.

Fick, Fr., zweiter Beitrag zur Constructions-Verbesserung der Eisenbahnen. Besonders abgedruckt aus den Gewerbeblättern für Kurhessen. Mit 2 Tafeln. gr. 8. Kassel 838. Kriegersche Buchh. n. ½ ₰

— dritter Beitrag zur Constructions-Verbesserung der Eisenbahnen, als Fortsetzung des Vortrags vom 31. Jan. 1838. Mit 2 Beilagen, wobei 1 Karte. gr. 8. Kassel 838. (Fischer.) n. ½ ₰ (1—3. n. 1 ₰) 1r Beitrag, s. C. A. Henschel.

Fick, Fr., s. Casparson, wie kann der Landmann seine rc. Wege rc. verbessern.

Fick, Friedrich, aus Würzburg: Der juristische Charakter des Lebensversicherungsvertrages. (Mit zwei Curventafeln). Zür. J. Schabelitz Dr. [Meyer & Zeller Verl.] 1884. 68 S., 1 Taf., 1 Bl. Thesen. 8°.
Zürich. Jur. Diss. [v. 12. Juli 1884].

Fick, Fr., die Kurhessische Eisenbahn. Cassel. 1838. 8.

Fick, Friedrich, s. Lips, Al.: Der Kanal in Franken.

Fick, Friedrich, s. Sejig, F. W.

Fick Fr., mein letzter Versuch für die Flöß- und Schiffbarmachung des Rednitzflusses in Franken. gr. 8. Nürnberg, Stein. 816.

Fick, Fr., die Verwaltung d. Straßen- u. Brückenbaues, mit Rücksicht auf möglichste Kosten-Ersparniß, Wohlthätigkeit f. d. ärmern Volksklassen, u. Aufhebung d. Frohndienste. gr. 8. (14 B.) Cassel 831, Krieger.

Die Frage der Checkgesetzgebung auf dem europäischen Kontinent. M. bes. Berücks. der schweizer., deutschen, österreich. u. französ. Verhältnisse, unter vergleichsweiser Herbeiziehg d. engl. Gesetzes u. d. übrigen ausländ. Gesetze u. Usancen dargest. v. Dr. jur. Fritz Fick. *Zürich: Orell Füssli 1897.* (XVI S., 1 Bl., 448 S.) 1 Bd 8. [97. 3323

Fick, Fritz. Gibt es eine schweizerische Nation und Kultur? Ein Versuch der Lösung dieser Frage durch Dr. F' F'.... IV + 75 S. 8. Zürich und Leipzig, Rascher & Cie, 1910. [fr. 1.60]
(Erschien zuerst in der Zeitschrift «Wissen und Leben», Jahrg. 3, Heft 14—17, *unter dem* Pseudonym «Dr. Heinz Ollnhusen».)

Fick, (G. K.) vergleichende Darstellung d. philosophischen Systeme von Kant, Fichte u. Schelling, nebst e. Einleitung, welche Bemerkungen üb. d. Entwickelung d. philosoph. Systeme überhaupt enthält. 8. Heilbronn 825, Claß.

Fick, G. K., vergleich. Darstell. d. philosoph. Systeme von Kant, Fichte u. Schelling, nebst e. Einleit., welche Bemerkk. üb. d. Entwickelung d. philosoph. Systeme überhaupt enthält. 8. Heilbr. 825. Deubold in Wertheim. 8 ₰

Beiträge zur Vervollständigung der deutsch-lateinischen Wörterbücher. Von Georg Carl Fick, 1tbl. — 1857. Ebend. — 2. 3—20.
Progr. Rothenburg o.d.T.

Fick, G. C. Der Unterricht in den romanischen Sprachen ist auf vorherige Kenntniss der lateinischen zu gründen. Rothenburg ob d. Tauber, Latein. Schule, 1854. 24 S. 4. Progr.

Fick, H., Alterthümer des Landes Hadeln. gr. 8. (23 S.) Stade 877. Schaumburg in Comm. n.n. — 50

Fick, H., Walter Munzinger. Sein Leben und Wirken. Rectoratsrede gehalten in Zürich. gr. 8. (14 S.) Aarau 885, Sauerländer's Verlag. *

Fick, H., Ueber utopische Rechts- und Staatstheorien. (Jahrb. f. Nat.-Oekon. u. Statist., Bd. 8, 1867.) Sep.-Abdr. Jena 1867.

Fick, H. H. Bibliographie der deutschamerikanischen Schönliteratur. (Manuscript). UC

Fick, H. H.: Die Dialectdichtung in der deutsch-amerikanischen Literatur. *[s. l.; s. d.]* . S. 5—30.

--Die deutsch-amerikanische Dichtung. Cincinnati, n. d.

--Gedenkenperlen. Milwaukee, 1890.

--Die deutsche Muse in Amerika. N. p., n. d.

--Die Pädagogik unserer Dichtergrößen. Vortrag. Milw, 1885.

--Die Pflege d Schönheitssinnes in d Erziehung. Cinci, 1880.

Fick, H. H. Die Poesie in der deutschamerikanischen Schule. Cincinnati, 1883. UC

Fick, H. H. Meine deutschamerikanischen Poetenbekanntschaften. UC

--Der deutsche Unterricht; ein Förderer der idealen Entwicklung unserer Jugend. Milwaukee, 1892.

Der deutsche Unterricht in amerikanischen Schulen, e. Förderer d. idealen Entwicklg. Von Dr. H. H. Fick, Leiter d. 6. Distriktschule zu Cincinnati, Ohio. Der deutsche Unterricht in d. öffentl. Schulen v. Cincinnati. Von dems. *Bielefeld: A. Helmich [1896].* (18 S.) 8.
— Sammlung pädagogischer Vorträge. Bd VIII. H. 8. [97. 1422

Fick, H. H., d. deutsche Unterricht in amerikan. Schulen, e. Förderer d idealen Entwicklg., — der deutsche Unterricht in d. öffentl. Schulen v. Cincinnati, } s.: Sammlung pädagog. Vorträge.

--Was soll die Jugend lesen? Chicago, 1886.

Fick, Heinrich

Fick, H., s. 1) J. Crawfurd, Ansicht. 2) J.(G.)Chr. Fick, Dictionnary

Fick, Hnr., s. Jh. Chr. Fick, engl. Sprachlehre u. dess. engl. Lesebuch.

Fick, Heinrich: Allgemein faßlicher Kommentar zum Schweizer. Obligationenrecht, s. Schneider, A.

Fick, Heinr., über börsenmäßige Lieferungs-Verträge in der Gestalt des Kommissions-Geschäftes. Retentionsrecht. Voraussetzungen und Wirkungen der mora des Lieferungspflichtigen. Ein Rechtsgutachten. gr. 8. (58 S.) Zürich 872, Schmidt. *

Fick, H., das schweizerische Obligationenrecht, sammt den Bestimmungen des Bundesgesetzes, betr. die persönliche Handlungsfähigkeit, s.: Schneider, A.

— die schweizerischen Rechts-Einheitsbestrebungen, insbesondere auf dem Gebiete d. Eisenbahnrechts, s.: Zeitschrift f. das gesammte Handelsrecht.

Fick H. die schweizerischen Rechtseinheits-Bestrebungen. Erlangen 1874

Fick, Heinr.: Rechtsgutachten in Sachen der Handlung Gebrüder Baß zu Frankfurt a. M., Klägerin, gegen Frau Christine Rexroth, geb. Creutz, in Michelstadt, Beklagte, betr. Forderung und Faustpfand. Zürich 1871.

Fick, H., kritische Uebersicht der schweizerischen Handels- und Wechselgesetzgebung, s.: Zeitschrift für das gesammte Handelsrecht.

Fick H. kritische Übersicht der schweizerischen Handels- und Wechselgesetzgebung. Erlangen 1862

—— über internationales Wechselrecht in Beziehung auf Fristbestimmungen insbesondere die französ. Wechsel-Moratoriums-Gesetze und Dekrete. Mit einem Anh. enth.: 1. den französ. Orig.-Text der Moratoriums-Gesetze und Dekrete. 2. Das Urtheil des B.-Ob.-H.-Ger. zu Leipzig vom 21. Febr. 1871. 3. Den Text des Handelsgerichts-Urtheils zu Zürich vom 22. Mai 1871. gr. 8. (VII, 123 S.) Elberfeld 872, Friderichs. *
Aus: Central-Organ, besonders abgedruckt.

Heinrich Fick. Ein Lebensbild nach s. eigenen Aufzeichnungen dargest. u. erg. Von Helene Fick geb. Ihlee. T. [1.] 2. Zürich 1897–1908: Leemann. 8°

Fick, (C. J.) Hermann

Fick, C. J. H., der Chiliasmus ist falsch. Dresden 868. (Naumann.) gr. 8. (109 S.) n. 8 ngr.

Fick, Herm., es ist ein Gott. Zur Verantwortung bezeugt. 2. Aufl. 8. (240 S.) New-York 877. (Dresden, H. J. Naumann.) geb. *

—— Es ist ein Gott. Zur Verantwortung bezeugt. 3. Aufl. 8. (240 S.) New-York 881. (Dresden, H. J. Naumann.) geb. *

Fick, Herm., es ist e. Gott. Zur Verantwortung bezeugt. 4. Aufl. (VII, 231 S.) 8. Zwickau 906. J. Herrmann. n. 2.25; geb. n. 2.75

Fick, (C. J.) H., das Geheimniß der Bosheit im römischen Pabstthum, aus seinen Lehren und Werken dargethan. Nach den zuverlässigsten Quellen. 8. (XXXII und 168 S.) St. Louis, Mo., 866. (Dresden, Naumann.) *

—— Gesang und Saitenspiel der Kirche im Mississippithale. 8. (X und 116 S.) Hildesheim 854, Gerstenberg'sche Buchh. *

Fick, Herm., Geschichten aus Kirche und Welt zu Dr. M. Luthers Kleinem Katechismus. Für Kirche, Schule und Haus gesammelt. 8. (XVIII, 361 S.) St. Louis, Mo. 881. (Dresden, H. J. Naumann.) *

Fick, Herm., Geschichten aus Kirche u. Welt zu M. Luthers kleinem Katechismus. Für Kirche, Schule u. Haus gesammelt. 8. (XVIII, 361 S.) St. Louis, Mo. 891. (Zwickau, Schriftenverein.) Geb. in Leinw. n. 2.75

Fick, Herm., Hebet eure Häupter auf! Trost- u. Erweckungslieder für die Christen in dieser letzten betrübten Zeit. St. Louis, Mo. 864. (Philadelphia, Schäfer & Koradi.) 16. (64 S.) n. 20 ngr.

Fick, Herm., das Lutherbuch, oder Leben und Thaten des theuren Mannes Gottes, Dr. Mart. Luthers. 8. (VIII und 152 S.) St. Louis 855(57). (Philadelphia, Schäfer und Koradi.) geb. *

Fick, Herm., das Lutherbuch oder Leben und Thaten des theuren Mannes Gottes, Doctor Martin Luthers. 3. Aufl. 8. (VIII, 152 S.) St. Louis, Mo. 865. (Dresden, Naumann.) *

—— das Lutherbuch, oder Leben und Thaten des theuren Mannes Gottes, Dr. Martin Luthers. 16. Aufl. 8. (VIII, 152 S.) (Ebendas.) 877. geb. *

—— das Lutherbuch, oder Leben und Thaten des theuren Mannes Gottes Dr. Martin Luthers. 17.—19. Aufl. 8. (VIII, 152 S.) (Ebendas.) 880—82. geb. *

Fick, Herm., das Lutherlied. Ein Epos. 8. (63 S.) St. Louis, Mo. 858(60). (Philadelphia, Schäfer und Koradi.) Thlr. *

Fick, (C. J.) Herm., die Märtyrer der evangelisch-lutherischen Kirche. 1. Bd. 5 Hefte und 2. Bd. 1. Heft. gr. 12. (1. Bd. VIII und 232 S. und 2. Bd. S. 1—48.) St. Louis 854. (Philadelphia, Schäfer und Koradi.) à Heft * 5 Ngr. *

Fick, Herm., der Heiden Weihnachten. Eine Erzählg. aus dem Leben im fernen Westen. 12. (84 S.) St. Louis, Mo. 882. (Dresden, H. J. Naumann.) cart. n. 1.25

Fick, Hermann Amandus

Fick, H. A., Antrittspredigt am 25. Sonntage nach Trinit. den 13. Novbr. 1864 in der St. Nicolai-Kirche zu Billwärder a. d. B. gehalten. gr. 8. (16 S.) Hamburg 864, Nolte. *

Fick, H. A., Festpredigt, gehalten bei der Jahresfeier der Gustav-Adolf-Stiftung am 5. Novbr. 1875. 8. Hamburg 875, Nolte. *

Fick, H. A., Nikolaus Hermann u. Johann Mathesius, s.: Kirchenliederdichter, unsere.

[F. u. Ant.] Herr, lehre uns beten! Unterweisg über d. Gebet, aus Gottes Wort entnommen. Von Dr. phil. H[ermann] A[mandus] Fick, Pastor am Hamburg. Centralgefängnis. *Berlin: Buchh. d. Ostdeutschen Jünglingsbundes 1896.* (1 Bl., 78 S., 1 Bl.) 1 Bd 8.

Fick, H. A., Herr, lehre uns beten! Unterweisg. üb. d. Gebet, a. Gottes Wort entnommen. 8. (79 S.) Berlin 896, Hamburg, G. Schloeßmann. n. —80; geb. n. 1.40

— Erdmann Neumeister, s.: Kirchenliederdichter, unsere. 16.

— Johann Jakob Rambach, s.: Kirchenliederdichter, unsere.

— Johann Rist, der Pfarrer v. Wedel, s.: Kirchenliederdichter, unsere. 14.

—— Wahlpredigt am 21. Sonntage nach Trinitatis den 16. Octbr. 1864 und Ordinationspredigt am Dienstag, den 1. Novbr. 1864 in der St. Petri-Kirche gehalten. gr. 8. (27 S.) Hamburg 864, Nolte. *

Fick, J., Aphorismen, s. Aphorismen.

Fick, J. Über die künftige Gestaltung des evangelischen Choralgesangs mit besonderer Berücksichtigung des quantitierend-rhythmischen Chorals. 18 S. u. 8 S. Notendruck. *Buxtehude* 1884. Progr.

Ficklus, J. J., De balbutio. Jen. 4°. 1725

Fick, Johann

Fick, Joh., Einführung in das mikroskopische Studium der normalen u. kranken Haut, s.: Ehrmann, S.

Fick, Joh., Elementarbuch für den Unterricht aus der Geschichte. In biograph. Form bearb. (120 S.) 1880; 2. Aufl. gr. 8. (II, 127 S.) München 882, [Kellerer's Verlag.] de Ereignis. geb. *

Fick, Joh., Geschichten aus der Geschichte. Für die Jugend zusammengestellt u. bearb. 1. u. 2. Tl. gr. 8. Nürnberg, F. Korn. Geb. in Leinw. n.n. 6. —
1. Die alte Zeit. (IV, 216 S.) 891. n. 2.50. — 2. Die mittlere Zeit. (348 S.) 893. n. 3.50.

— Grundriß der deutschen u. bayrischen Geschichte m. Hervorhebung des biogr. Materials u. Berücksichtigung der wichtigsten Begebenheiten der Weltgeschichte. gr. 8. (VIII, 214 S.) Würzburg 878. Stahel. n. 2. 25

— Kompendium der speziellen Histopathologie der Haut, s.: Ehrmann, J.

Fick, Joh., Leitfaden f. den Geschichtsunterricht an Mittelschulen. gr. 8. (XLV, 266 S.) Würzburg 877. Stahel. n. 3. 20; geb. n. 3. 70

Fick, Johs., Synonymik der Dermatologie. (VI, 68 S.) 8. Wien 908. A. Hölder. 1.40

Kritische und sprachliche Untersuchungen zu Lucan. — Von Johann Fick, St.-L. — 1890, Straubing, Cl. Attenkofer. — S. 3—55.
Progr. Straubing, K. Gymn.

Vgl. Fick, Joseph.

Fick, Johannes, Ueber die physiologischen Wirkungen des aus dem Spartium scoparium dargestellten Spartein. Diss. Dorpat. 8°. 34 pp. 1873

Fick, Johann Christian, s. Abhandl. über d. Geschichte, u. Alterthümer Asiens.

Fick, Johann Christian s. Aikin, John: Leben Howard's.

— theoret.-prakt. Anweis. zur Erlernung d. engl. Sprache. 3 Thle. 1r Thl., sdessen engl. Sprachlehre. 2r Thl., sdess. Lesebuch. 3r Thl., sdess. elegant extracts.

Fick, J. Chr., theoret.-prakt. Anweisung z. leichtern Erlern. d. Engl. Sprache 1. Thl. — A. u. d. T.: Practische Engl. Sprachlehre f. Deutsche beiderlei Geschlechts. Nach d. in Meidingers französischer Grammatik befolgten Methode u. nach Sheridan's u. Walker's Grundsätzen d. rein. Aussprache bearb. 16. Ausg., umgearb. v. Heinr. Fick. (20½ B.) 829., 17. A., besorgt u. mit der neuen Accentuation nach Walker's Grundsätzen verseh. v. E. Fick. (21 B.) gr. 8. Erlangen 832, Palm u. Enke. à Thlr.

Fick, J. Chr., theoret.-prakt. Anweisung z. leichtern Erlern. d. Engl. Sprache. 2. Thl. — A. u. d. T.: Englisches Lesebuch od. auserles. Samml. von Aufsätzen aus d. besten engl. Schriftstellern, mit richtiger Accentuation jed. Worts u. darunter gesetzt. Aussprache u. Bedeutung. 6., verb. Aufl. v. Heinr. Fick. gr. 8. (... B.) Erlangen 828, Palm u. Enke.
3. Thl. Elegant Extracts etc. Ebendas. 1804. 1 Thlr. 16 Gr.

Fick, Jh. Chr., theoret.-prakt. Anweisung zur leichtern Erlernung der Engl. Sprache. 1r Thl. A. u. d. T.: Prakt. Engl. Sprachlehre für Deutsche beiderlei Geschlechts. Nach der in Meidingers franz. Grammatik befolgten Methode u. nach Sheridan's u. Walker's Grundsätzen der reinern Aussprache bearbeitet. 18e Ausg. besorgt u. mit der neuen Accentuation nach Walker's Grundsätzen versehen von Hnr. Fick. Mit 1 Tabelle. gr. 8. Erlangen 835. Palm u. Enke. 2/3 Rthlr — 19e Aufl. gr. 8. Ebd. 837. 20e Aufl. 840. 2/3 Rthlr

— dass. 2r Thl. A. u. d. T.: Englisches Lesebuch, oder auserles. Samml. von Aufsätzen aus den besten engl. Schriftstellern etc. 7e durchges. u. verb. Aufl. v. Heinr. Fick. gr. 8. Ebd. 837. 8e Aufl. 840. 1 Rthlr

Fick, Joh. Chrst., theoret.-prakt. Anweisung zur leichtern Erlernung d. englischen Sprache. 2 Thle. gr. 8. Erlangen, Palm u. Enke.
Thl. 1. Prakt. engl. Sprachlehre f. Deutsche beiderlei Geschlechts. 18—21. Ausg., besorgt u. mit d. neuen Accentuation nach Walker's Grundsätzen vers. v. Heinr. Fick. (à 21 B. u. 1 Tab., Schrbp.) 835—43. à 16 Gr.
„ 2. Engl. Lesebuch etc. 8., ganz umgearb., verm. u. verb. Aufl. v. Heinr. Fick. (20 B. u. 1 Tab., Schrbp.) 840. 1 Thlr.

Fick, Joh. Chrn., theoretisch prakt. Anweisung zur leichtern Erlernung der Engl. Sprache. 1. Thl. A. u. d. T.: Prakt Engl. Sprachlehre für Deutsche beiderlei Geschlechts. 22. Ausg., besorgt von Heinr. Fick. gr. 8. (XII u. 320 S. m. e. Tab. in qu. Fol.) Erlangen 846, Palm & Enke. — A. u. d. T.: Prakt. Engl. Sprachlehre f. Deutsche beiderlei Geschlechts. Nach der in Meidinger's französ. Grammatik befolgten Methode u. nach Sheridan's und Walker's Grundsätzen der reinern Aussprache bearb. 23. Aufl., besorgt u. mit der neuen Accentuation nach Walker's Grundsätzen versehen v. Heinr. Fick. gr. 8. (XII u. 320 S. m. 1 Tab. in qu. Fol.) Ebd. 852. — 2. Thl. A. u. d. T.: Engl. Lesebuch, od. auserlesene Sammlung von Aufsätzen aus den besten Engl. Schriftstellern mit richtiger Accentuation jedes Wortes und darunter gesetzter Aussprache nach Walker u. A. Eine brauchbare Zugabe f. jede Engl. Sprachlehre. 9. ganz umgearb., verm. u. verb. Aufl. v. Heinr. Fick. gr. 8. (XVI u. 304 S. mit 1 Tab. in qu. Fol.) Erlangen 846. Palm & Enke. — 10. ganz umgearb., verm. u. verb. Aufl. v. Heinr. Fick. gr. 8. (XVI u. 304 S. mit 1 Tab. in qu. Fol.) Ebd. 852. (1: 2/3 Rthlr 2: 1 Rthlr) 1 2/3 Rthlr

Fick, Jh. (Geo.) Chr., († d. 26. Juni 1821.) Beitr. zur Gesch. d. französ. Revolution. gr. 8. Erlang. 800. (Heyder). 20 gGr (Ist Playfair, Gesch. d. Jacobinismus.)

Fick, Johann Christian s. Bekfort: Gesch. v. Frankreich.

Fick, J. C., geographisch-statistische Beschreibung aller Staaten und Nationen der Erde. Ein Handbuch für Jeden, nach den besten Hülfsquellen und den neuesten politischen Veränderungen. 2 Thle. gr. 8. Nürnberg, Campe 817. Rthlr.

Fick, Joh. Chr., histor.-topograph.-statistische Beschreibung v. Erlangen u. dessen Gegend, mit Anweisungen u. Regeln f. Studirende, mit 2 Kupf. Nebst e. Anhange, die neueste Organisation d. Universität u. d. Schilderung ihres Zustandes enthaltend. 8. Erlangen, Palm u. Enke. 812.

Fick, Johann Christian s. Bisset: Leben Burke's.

— vollkomm. englischer Briefsteller zum leichten Selbstunterr. für Liebhaber d. engl. Sprache. gr. 8. Nürnb. 805. u. 2 Thle. 8. Grätz 807. Ferstl. 8 gGr

Fick, Johann Christian s. Bruce: Reisen.

— Charactere interess. Menschen unserer Zeit. 1r u. 2r Thl. A. u. d. T.: Characterschilderungen der jetzt lebenden wichtigsten u. berümtesten Männer in Großbrittannien. 2 Bde. gr. 8. Gießen 801, 805. (Leipzig, Fr. Fleischer.) 2 1/3 Rthlr

— Charakterschilderung, s. Darstellung denkwürd. Männer.

Fick, Johann Christian s, Charakterschilderungen jetzt lebender ber. Männer.

Fick, Johann Christian s. C o l a u h o u n : Über den Wohlstand.

— english Dialogues, with an Vocabulary. gr. 8. Erlangen, Heyder. 813.

— english Dialogues upon the most common subjects of the life; with an english Vocabulary for schools. (Engl. deutsche Gespräche ꝛc.) gr. 8. Erlang. 815. Heyder. 8 gr.

— a compleat english-germ., and germ. engl. Dictionary. II Tom. gr. 8. Erlang. Palm. 802.

Fick, (J. C.,) a compleat Dictionary, English-German and German-English. — Vollständ. Englisch-deutsches u. Deutsch-englisches Lexicon. 2te Aufl. Herausgeg. von H. Fick. gr. 8. Erlangen 823, Palm. 5 Rthlr. Schreibpap.

— elegants Extracts, instructive and improving, from classical english Authors. Vol. I., with 3 Portr. gr. 8. Erlang. 804. Palm u. E. 1 ꝛß 16 ꝛß

— d. treue Führer auf d. academ. Laufbahn. 8. Erlang. 797. Palm. 16 gr.

Fick, J. C., neueste Geographie von Europa und den übrigen 4 Welttheilen. 19te verb. und verm. Aufl. 8. Erlangen. Bibel-Anstalt. 821.

Fick, Joh. Chrn, Neues Handbuch für Reisende jeder Gattung durch Deutschland und die angrenzenden Länder, oder der treue Führer auf Reisen. Mit 1 Karte. Nürnberg 1809. gr. 8. . . . . (RPA.)
—, — Neue Ausgabe. Mit einer grossen Postkarte. Nürnberg 1820. gr. 8.

— neues Handbuch für Reisende jeder Gattung, oder d. treue Führer auf Reisen. Mit 1 Postkarte. gr. 8. Nürnb. 809. 2e Aufl. 817. 3e A. 820. Campe. 2 ꝛß

— Lehrbuch der Geographie oder Beschreibung der Erde und ihrer Bewohner, ein Leitfaden zum öffentlichen und Privatunterricht. gr. 8. Nürnberg, Bauer und R. 820.

— Lehrbuch d. Geographie, od. Beschreibung d. Erde u. ihrer Bewohner; ein Leitfaden zum öffentlichen u. Privat-Unterricht. 2e mit 5 illum. Kupf. verm. Aufl. gr. 8. Nürnb. 825, Bauer u. R. 20 Gr. Mit schwarzen Kupfern

Fick, Joh. Chr., Leitfaden d. Statistik d. Königreichs Baiern, zu Vorlesungen u. Selbstunterricht. 8. Erlangen, Breuning. 811. Rthlr.

— Leitfaden d. Statistik d. Königreichs Baiern, zu Vorlesungen u. zum Selbstunterricht. 8. Erlang. 811. (Heyder). 12 gr.

— engl. Lesebuch. gr. 8. Erlang. 800. 5e A. 820. 6e v. Hnr. Fick besorgte Aufl. 828. Palm u. E. 1 ꝛß

— englisch. Lesebuch. gr. 8. Erlangen, Palm (auch Walther.) 800.

— — dasselbe. 8. Grätz, Ferstl, 807.

— engl. Lesebuch, od. auserl. Sammlung von Aufsätzen aus den besten engl. Schriftstellern. 4te Aufl. gr. 8. Erlangen, Palm u. Enke. 816.

— engl. Lesebuch, oder auserlesene Sammlung von Aufsätzen aus den besten englischen Schriftstellern ꝛc. 5te Aufl. gr. 8. Erlangen, Palm und E. 820.

Fick, Johann Christian s. M a g a z i n d. n. Reisebeschreibungen 2 Bde.

— Magazin der neuesten Reise-Beschreibungen. 2 Bde. gr. 8. Gießen, Tasché und Müller. 798.

— Manuel portatif ou Guide des Voyageurs. 3e Aufl. 8. Erlang. 802. (Heyder). 1 ꝛß

— M a n u e l portatif ou Guide des Voyageurs etc. 8. Erlang. Walther. 802.

Fick, Johann Christian s. P l a y f a i r , W.: Geschichte.

Fick, Johann Christian s. P l u t a r c h , Britt.

Fick, Joh. Chrn, Kleines Postbuch durch Deutschland und die angränzenden Länder als Zugabe zu der neuen Postkarte von Knittel aus dem Handbuch für Reisende von J. C. Fick bes. abgedr. Nürnberg 1809. 8. . . . . (P.)

— meine neueste Reise zu Wasser u. zu Lande ꝛc. m. K. 8. Erlangen, Breuning. 808.

— meine neueste Reise zu Wasser u. zu Lande, oder e. Bruchstück aus d. Geschichte meines Lebens. Mit 2 Kpf. 8. Erlang. 808. Heyder. 1 ꝛß 8 gr.

Fick, Johann Christian s. R ö p e r t , F. A.v.: Handbuch.

Fick, Johann Christian s. S c h i c k s a l e reisender Personen.

Fick, J. (G.) Chr., s. Shakspeare, Macbeth.

— engl. Sprachlehre nach Meidinger. gr. 8. Wien, Sammer. 804.

— prakt. engl. Sprachlehre, herausgeg. von C. G. Johnson, s. Johnson, C. G.

— prakt. engl. Sprachlehre für Deutsche, nach d. Meidingerschen Methode. (A. u. d. T.: theoret.-prakt. Anweis. zur leichten Erlernung d. engl. Sprache. 1r Thl.) gr. 8. Erlang. 793. 15e A. 820. Hie umgearb. Aufl. v. H. Fick, 829. 17e A. 832. Palm u. E. 16 gr.

— pract. engl. Sprachlehre. gr. 8. Erlangen, Walther. 808.

— — dieselbe. 8. Grätz, Ferstl. 810.

— prakt. engl. Sprachlehre f. Deutsche beiderlei Geschlechts. 11te Ausg. gr. 8. Ebend. 816.

— — praktische engl. Sprachlehre für Deutsche, beyderley Geschlechts. 13te Ausg. gr. 8. Erlangen, Palm und Enke. 820.

Auch unter dem Titel:
Theoretisch-praktische Anweisung zur leichtern Erlernung der engl. Sprache.

— Anhang zur Sprachlehre oder: the compl. english. Letterwriter. gr. 8. Nürnb. Campe. 806.

Fick, Joh. Chrn. Taschenbuch für Reisende jeder Gattung durch Deutschland. Erlangen 1795. 12. Mit 1 Karte.
—, — 2. Aufl. auf das J. 1796. Erlangen 1796. 12. . . . . (P.)
—, — 3. Aufl. Ebda 1802. 12.
—, — 4. Aufl. Ebda 1807.

— Taschenbuch für Reisende jeder Gattung durch Deutschland auf d. J. 1795, 96. 12. Erlang. 794, 95. 5e A. 812. Heyder. geb. 1 ꝛß

— Taschenbuch für Reisende durch Deutschland. 12. Erl. Walther. 802.

— tabellar. Uebersicht d. Königr. Baiern. Erlang., Heyder. 2 gr.

— welche Folgen hat die Unabhängigkeit America's auf Europa, und was haben wir jetzt zu thun, um die Folgen, welche daraus entstehen, besonders für Deutschland, minder schädlich zu machen? 8. Erlangen, Palm und Enke. 819.

Fick, Johann Christian s. W i n t e r b o t h a m : Darstell.

Fick, Johann Christian s. Y o u n g , Arth.: Reisen.

Fick, Johann Fr., s. B e m e r k u n g e n über d. Regierung . . . d. Venezianer.

Fick, Jh. Fr., Leitfaden zu e. festen Ueberzeugung von d. Wahrheiten d. Christusreligion auf den wesentl. Bestandtheil d. Wahrheit ihrer Wohlthätigkeit gebaut. 8. Erlang. 811. Palm. 10 gr.

Fick, Jo. Fr., d. Revolutionsgeschichte d. Venetianer im J. 1797, in Briefen bearb. Mit 1 Ansicht. gr. 8. Nürnb. 802. Campe. 1 ßf 8 ℳ

— die Revolutionsgesch. der Venetianer 1797. gr. 8. Nürnberg, Campe. (Heerbrand in Stuttg.) 802.

Fick, Johann Georg Christian, s. F i c k, Johann Christian

Fick, Johann Jakob

Fick, I. Iac., aphorismi Hippocratis notis illustr. 8. Jenae, Fickelscher. 729.

Fick, Jo. Jac., resp. Jo. Just. Fick, De irae efficacia et remediis. 32 pp. Jen. 4°. 1718

Fick, Johann Jacob.
Chymicorum in pharmacopœia Bateana et Londinensi explicatio. Francofurti, 1711.

De salium natura, genere et usu. Jenæ, 1713.

De saccharo lactis. Jenæ, 1713.

Job[an:is] Jacobi Fickii [Fick] Tractatus de calce viva in quo eius subiectum principia proprietates ususque mechanici chirurgici... explicantur. Jenae 1727: Fickelscher. 64 S. 8°

Fick, Johann Michael

FICK, J. M. Der Eheſtandsſpiegel, worin zu ſehen, wie glückliche Ehen geſchloſſen und gelebt werden. Eine Morgengabe für Braut und Bräutigam und eine Nachleſe für Gatten und Gattinnen. München 1840, Lentner. VI S. Titel und Inhalt, VIII S. Vorwort, 1 S. Titel und 200 S. Gr. 8°. Geh. Breitrandig gedruckt. [B. II, 255.]
»Nicht öbſzön. Der Autorname iſt kein Pſeudonym! Äußerſt ſelten!
Bei Hayn zitiert in Bd. II, 255—256 — (er überſieht die erſten VI S., nennt nur VIII u. 200 S. Denſelben Titel hatte eine »Erzählung« (!), die 1778 anonym in Mitau erſchien (Verfaſſer Wilhelm Julius Slevogt). Vgl. Hayn, II, 113.«
Stern-Szana S. 208.

Fick, Joh. Mich., der Eheſtandsſpiegel, worin zu ſehen, wie glückliche Ehen geſchloſſen u. gelebt werden. Eine Morgengabe f. Braut u. Bräutigam u. e. Nachleſe f. Gatten u. Gattinnen. 8. (13½ B.) München 840. (Leipzig, Volckmar.)

Fick, Joh. Mich., Bayeriſche Geſchichte f. Schulen u. Familien, z. Erweckung d. Liebe z. Könige u. Vaterlande. 1., u. 2. Aufl. (à 3 B.) 831., 3. A. (3½ B.) Augsburg 835, (Kollmann.) à

—— bayeriſche Geſchichte f. Schulen u. Familien, zur Erweckung d. Liebe zum Könige u. Vaterlande. 3., verm. u. verb. Aufl. 8. (3½ B.) Augsburg 835, Kollmann'ſche Buchh.

Fick, Joh. Mich., bayeriſche Geſchichte für Schulen und Familien, zur Erweckung der Liebe zum Könige und Vaterlande. Nebſt einer Geographie Bayerns. 5., verm. u. durchaus verb. Aufl. Augsburg 853. Kollmann. 8. (IV, 68 S.) 3 ngr

Fick, Joh. Mich., bayeriſche Geſchichte für Schulen und Familien, zur Erweckung der Liebe zum Könige und Vaterlande. Nebſt einer Geographie Bayerns. 6., durchgeſeh. und verb. Aufl. 8. (IV und 68 S.) Augsburg 860, Kollmann'ſche Buchh.

— allgemein faßliche u. vollſtänd. Globus-Lehre für den öffentl. u. Privat-Unterricht, u. f. ſolche, die ſich ſelbſt in dieſem Theile der mathemat. Geographie unterrichten wollen, verfaßt. Mit 8 Abbild. 8. Augsburg 837. Kollmann. ¼ ßf

Fick, Joh. Mich., allgemein faßliche und vollſtändige Globus-Lehre für den öffentlichen und Privat-Unterricht, und für ſolche, die ſich ſelbſt in dieſem Theile der mathemat. Geographie unterrichten wollen. 2., durchgeſeh., bericht. und verb. Aufl. 8. (68 S. mit 8 Abbild. auf 1 Stnt. in 4.) Augsburg 864, Kollmann'ſche Buchh.

— Handbuch zur verordnungsmäßigen Amtsführung in der deutſchen Schule, zunächſt für Schulvorſtände, dann f. Schullehrer. Aus den königl. Verordnungen praktiſch bearb. Schrobenhauſen 854. (München, Finſterlin.) gr. 8. (VIII, 239 S.) n. 1 ßf

— Handbuch zur verordnungsmäßigen Amtsführung in der deutſchen Schule, zunächſt für Schulvorſtände, dann für Schullehrer. Aus den königl. Verordnungen praktiſch bearb. 2. verb. u. verm. Aufl. München 859. J. A. Finſterlin. gr. 8. (XII, 239 S.) 1 ßf

Fick, Joh. Mich., Krankentroſt oder Geduld u. Muth für Leidende u. Sterbende. Ein chriſtliches Hausbuch mit Betrachtungen, Zuſprüchen u. Gebeten zum Selbſt- u. Vorleſen. Augsburg 868. Schmid in Comm. 8. (VI, 228 S. u. 1 Stahlſt.) n. 15 ngr

Fick, J. M., Lehrbuch der allgemeinen Geſchichte für Schulen u. Familien. 1. Thl. Die alte Geſchichte. gr. 8. München 842, Lentner'ſche Buchh. (W. Keck.) 7/12 ßf — 2. Thl. Die mittlere Geſchichte. gr. 8. Ebend. 843. 5/6 ßf — 3. Thl. Die neue u. neueſte Geſchichte. gr. 8. Ebend. 844. 5/6 ßf

—— die Schule u. ihre Disciplin; das Eine nothwend. Buch f. neuangeh. Lehrer u. Schulmänner. gr. 8. (12 B.) Augsburg 833, Kollmann.

Fick, Joh. Mich., Sonntags-Chriſtenlehren über die ſieben heiligen Sacramente. [Nach Deharbe's mittlerem Katechismus.] Für Kirche und Familien. gr. 8. (VIII, 196 S.) Donauwörth 876. (Buchh. des kathol. Erziehungs-Vereins.)

Fick, J. M., Waffenrüſtung des Glaubens. Philoſophiſche, hiſtor. u. krit. Lektionen über die wichtigſten Fragen des Glaubens, beantwortet v. den Gelehrten aller Zeiten. gr. 8. (II, 131 S.) Donauwörth 877. Buchh. d. kathol. Erziehungsvereins in Comm. n. 1. —

Fick, Joſeph: Kritiſche und ſprachliche Unterſuchungen zu Lukan. Straubing, C. Attenkoferſche Buchdr., 1800; 55 S. 8°
Straubing, l. StA, ℬ 1890.
Vgl. Fick, Johann.

Fick, K., Frühlicht. Gedichte. 8. (VIII, 100 S.) Dresden 901. E. Pierson. n 1.80; geb. n. 2.80

Fick, K. . ., leben . . . Dichtungen. (XI, 130 S.) 8. Dresden 905. E. Pierson. n. 2. —; geb. n. 3. —

Fick, Konrad Friedrich

Fick, Conr. Frdr., kleine Mittheilungen aus Kiel's Vergangenheit. Kiel 867. Schröder & Co. 8. (134 S.) n. 20 ngr

Fick, C. F., H. L. Ch. Haß, A. P. Sönkſen, Schulſtatiſtik für das Herzogthum Holſtein. Im Auftrage des holſteiniſchen Lehrervereins nach den von den einzelnen Lehrern gemachten Berichten bearb. 1. Thl.: Das ſpecificirte Einkommen ſämmtlicher Schulſtellen. Kiel 854. Schröder u. Co. gr. 8. (216 S.) n. 1 ßf

Fick, Ludw., Abriss d. patholog. Anatomie. gr. 8. (15 B.) Cassel 839, Fischer.

Fick, Ludw., d. bäuerl. Erbfolge i. rechtsrhein. Bayern, s.: Studien, Münchener volkswirtschaftliche.

FICK, Ludwig (Würzburg): Die bäuerliche Erbfolge im Gebiete des bayerischen Landrechts.- Stuttgart: Union Dt. Verl.-Ges. 1895. 85 S.- Vollständig erschienen u.d.Titel: Die bäuerliche Erbfolge im rechtsrheinischen Bayern. = Münchener volkswirtschaftliche Studien. 8.
15.6.1895 - Chr 1894/95,18; Jv 1894/95,197
Diss. Ingolst.-Landsh.-Mchn.

—— über Janusbildung. gr. 8. (4 B. u. 2 Stnt.) Marburg 841, Elwert's Univ.-Buchh.

Fick, Ldw., Lehrbuch d. Anatomie des Menſchen. 1. Hft. Lehre der organiſchen Formtheile. Oſteologie u. Syndesmologie. Erläutert durch 88 vom Verf. gezeichnete Holzſchn. gr. 8. Leipzig 842, Kollmann. Subſcr.-Preis 28 ngr — 2. Heft. Myologie. Erläutert durch 61 Holzſchn. gr. 8. Ebend. 843. S.-Pr. ¾ ßf — 3. Heft. Neurologie. Erläutert durch 34 vom Verf. gezeichnete Holzſchn. gr. 8. Ebend. 844. S.-Pr. 22 ngr — 4. Hft. Splanchnologie u. Angiologie. Erläutert durch 26 Holzſchn. gr. 8. Ebend. 845. 1 ßf 18 ngr

daſſ. compl. unter d. T.: Phyſiolog. Anatomie. Mit 213 Holzſchn. 845. 5 ßf

Fick, Ludw., Phantom des Menschenhirns. Geschlossen die Aussenseite, aufgeschlagen die innere Höhlenbildung des Gehirns darstellend. Als Supplement zu jedem anatomischen Atlas. Marburg 855. Elwert. 4. (1 Bl. Text u. 1 lith. u. color. Taf.) 12 ngl

Fick, Ludw., Phantom des Menschenhirns. Geschlossen die Aussenseiten, aufgeschlagen die innere Höhlenbildung des Gehirns darstellend. Als Supplem. zu jedem anatomischen Atlas. 2. Aufl. Marburg 859. Elwert. 4. (1 Bl. Text u. 1 lith. u. color. Taf.) 12 ngr.

Fick, Ludw., Phantom des Menschenhirns. Geschlossen die Aussenseite, aufgeschlagen die innere Höhlenbildung des Gehirns darstellend. Als Supplement zu jedem anatom. Atlas. 3. Aufl. Marburg 867. Elwert. qu. 8. (4 Bll. Text u. 1 lith. u. color. Taf.) 12 ngr.

Fick, Ludw., Phantom d. Menschenhirns. Als Supplement zu jedem anatom. Atlas. 4. Aufl. qu. 8. (2 S. m. 1 Chromolith.) Marburg 874. Elwert's Verl. In Enveloppe. 1. 20

Fick, Ludw., Phantom d. Menschenhirns. Als Supplement zu jedem anatom. Atlas. 5. vollständig umgearb., verm. u. m. Text verseh. Aufl. 8. (2 Chromolith. m. 16 S. Text.) Marburg 885. Elwert's Verl. n. 1. 60

Fick, Ludw., Phantom d. Menschenhirns. Als Supplement zu jedem anatom. Atlas. 6., verm. u. m. Text verseh. Aufl. 8. (2 Chromolith. m. 16 S. Text.) Marburg i/H. 891. Elwert's Verl. n. 1. 60

Phantom des Menschenhirns. Von Dr. Ludwig Fick, weil. Prof. zu Marburg. Ein Suppl. zu jedem anat. Atlas. 7. verb. Aufl. *Marburg: N. G. Elwert 1900.* (16 S., 2 Phantome.) 8° [m. 6361 4

—— neue Untersuchungen über die Ursachen der Knochenformen. I. Vom Gesichtsskelett. Experimentaluntersuchung. II. Ueber die Suturen und ihr Verhältniss zur Hirnform. Fol. (III und 29 S. mit 4 Stnt.) Marburg 858, Elwert'sche Universitäts-Buchh. *

—— über die Ursachen der Knochenformen. Experimental-Untersuchung. Imp.-4. (24 S. mit 3 ill. Stnt.) Göttingen 857, Wigand. *

Fick, Mich., Woher kommen unsere bedrängten Zeiten, u. was hilft uns in denselben? Eine Predigt am Pfingstmontage zu Bobenhausen. 8. (16 S.) Schrobenhausen 849. (Augsburg Kollmann.) 1 1/2 ngl

(Kürschners Bücherschatz. Nr. 596.)
Menschen und Geschicke. Roman v. Minna von Heide [d. i. Minna Fick]. Mit Illustrationen v. W. Roegge. Berlin. Leipzig. 1908.] 8°

Fick, Paul: Ein Beitrag zur Pathologie der Halsrippen. *Berlin (1898): G. Schade.* (30 S.) 8°
Berlin, Med. Diss. v. 31. Jan. 1898

Fick, Richard [aus Schwartau]: Eine jainistische Bearbeitung der Sagara-Sage .... Kiel, *Univ.-Buchdr. v. Carl Georgi in Bonn*, 1888; XXIII + 29 + 1 S. + 1 Bl. 8°
Kiel, Phil. Fak., Inaug.-Diss. v. 14. Aug. 1888

Fick, R., e. jainistische Bearbeitung der Sagara-Sage. gr. 8. (XXIII, 29 S.) Kiel 889. Haeseler's Verl. n. 2. —

— e. jainistische Bearbeitg. der Sagara-Sage. gr. 8. (XXIII. 29 S.) Kiel 899. Berlin. Gose & Tetzlaff. n. 2. —

Ⓑ Fick, Rich., d. sociale Gliederg. im nordöstl. Indien. 897.
— Eine jainist. Bearbeitg. d. Sagara-Sage. 889.
Jetzt: Rixdorf. M. Umlauf.

Fick, Rich., d. sociale Gliederung i. nordöstl. Indien z. Buddha's Zeit. M. bes. Berücksicht d. Kastenfrage. Vornehml. auf Grund d. Jâtaka dargest. gr. 8. (XII, 233 S.) Kiel 897. C. F. Haeseler. n. 6. 50

Fick, Rich., praktische Grammatik der Sanskrit-Sprache f. den Selbstunterricht, s. a. Kunst, die, der Polyglottie.

Fick, Dr. phil. Richard, Praktische Grammatik der Sanskrit-Sprache für den Selbst-Unterricht. Mit Uebungsbeispielen, Lesestücken und Glossaren. 8. (VIII, 184 S.) Gebunden. (Bibliothek der Sprachenkunde. Dreiunddreißigster Theil) 1.10
Wien: Hartleben 1891.

Praktische Grammatik der Sanskrit-Sprache für den Selbstunterricht. Mit Uebungsbeisp., Lesestücken u. Glossaren. Von Dr. phil. Richard Fick. 2. Aufl. *Wien, Pest, Leipzig: A. Hartleben [1902].* (XII, 183 S.) 8° [5.]
— Kunst der Polyglottie. T. 33.
(A. Hartleben's Bibliothek d. Sprachenkunde.) [m. 3776

Fick, R., auf Deutschlands hohen Schulen. Eine illustr. kulturgeschichtl. Darstellg. deutschen Hochschul- u. Studentenwesens. Bearb. u. hrsg. unter Mitwirkg. von Hanns Frhr. v. Gumppenberg, A. Langguth, Hoffmeister u. A. Mit 400 Abbildgn. u. Zierstücken. Lex.-8. (XIV, 488 S.) Berlin 900. Leipzig, H. L. Thilo. n. 10. —; geb. n. 12. —; Luxusausg., geb. in Ldr. n. 20. —; ermäß. Pr. n. 6. —; geb. n. 7. 50

Ⓑ Fick, Rich., auf Deutschlands hohen Schulen. 900. Jetzt: Berlin, R. Trenkel.

Fick, Richard, aus Estland. Untersuchungen über die Darstellung und die Eigenschaften des Inosits, sowie dessen Verbreitung im Pflanzenreiche.
Preisarbeit Dorpat 1886.

Fick, Richard. Untersuchungen über die Darstellung und Eigenschaften des Inosit, sowie dessen Verbreitung im Pflanzenreiche. Mag. Diss. S. Petersburg. 8°. 38 pp. 1887

Fick, Rudolf [Dr. Prosektor d. Anat. zu Würzburg]: Über die Arbeitsleistung der auf die Fussgelenke wirkenden Muskeln ... (Aus: Festschrift. Hrn Geheimr. Alb. v. Kölliker z. Feier s. fünfzigj. med. Doktorjub. gewidm. v. d. Anat. Inst. d. Univ. Würzburg.) Würzburg, Druck d. kgl. Universitätsdr. v. H. Stürtz, 1892; 1 Bl., 42 S. 4.
Würzburg, Med. Fak., Hab.-Schr. v. 1892

Fick, Rud. Ueber die Arbeitsleistung der auf die Fussgelenke wirkenden Muskeln. Fol. (S. 43—86 m. 2 Fig.) Lpz. 892, W. Engelmann. * 4 —
Aus: Festschr. f. A. v. Kölliker, besonders abgedruckt.

-- Eisler, Fritz Frohse, Max Fränkel, Bänder, Gelenke u. Muskeln, s.: Handbuch der Anatomie des Menschen.

Ueber die Bewegungen in den Handgelenken von Rudolf Fick, Prof. in Leipzig. Mit Fig. u. Taf. *Leipzig: B. G. Teubner 1901.* (51 S.) 4°(8°)
— Abhandlungen d. K. Sächs. Gesellschaft d. Wiss. Math.-phys. Cl. Bd 26, No 6. [m. 7844

Fick, Rud., Handbuch der Anatomie u. Mechanik der Gelenke unter Berücksicht. d. bewegenden Muskeln, s. Handbuch der Anatomie des Menschen.

Handbuch der Anatomie und Mechanik der Gelenke unter Berücks. d. bewegenden Muskeln. Von Rudolf Fick, Prof. Mit Abb. T. 1—3. Jena: Fischer 1904—11. 4°(8°)
1. Anatomie d. Gelenke. 1904.
2. Allgemeine Gelenk- u. Muskelmechanik. Mit 2 Taf. 1910.
3. Spezielle Gelenk- u. Muskelmechanik. Mit 18 Taf. 1911.
(Handbuch d. Anatomie d. Menschen. Bd 2, Abt. 1, T. 1—3.) [11. 6331

Fick, Rudolf Armin: Ein neues Ophthalmotonometer. . . . Würzburg, Druck & Verl. d. Stahel'schen Univ.-Buch- & Kunsth., 1888; 1 Bl. + 40 S. u. 1 Taf. 8°
Würzburg, Med. Fak., Inaug.-Diss. v. 1888

Fick, Rud. Armin, ein neues Ophthalmotonometer. gr. 8. (40 S. mit 1 lithogr. Taf.) Würzburg 888, Stahel'sche Universitäts-Buchh. *
Aus: Verhandlungen der physikalisch-medicinischen Gesellschaft zu Würzburg, besonders abgedruckt.

Fick, W.

— s.: Dürr's Rechenbuch.

Fick, kurzgefaßte Grammatik f. den französischen Anfangsunterricht,
— französische Grammatik f. lateinlose Schulen,
— Lesebuch f. den französischen Unterricht,
} s.: Jacobs.

Fick, W., zur Reform der Jugendlitteratur. gr.8. (15 S.) Berlin (901). F. Zillessen. n. — 20
Sonderabdruck aus: „Volks- u. Jugendschriften-Rundschau".

Fick, W., u. J. Bitzer, Uebungsstoff zum deutschen Sprach- u. Rechtschreibunterricht, f. die Unterklassen der Latein- u Realschulen bearb. Lehrerausg. gr. 8. (XVI, 152 S.) Stuttgart 891. W. Kohlhammer. n. 1. 25; geb. n. 1. 50

— u. J. Bitzer, Uebungsstoff zum deutschen Sprach- u. Rechtschreibunterricht, f. die Unterklassen der Latein- u. Realschulen bearb. 3. Aufl. Schüler-Ausg. gr. 8. (138 S.) Stuttgart 892. W. Kohlhammer. n. 1. —; geb. n. 1. 20

— u. J. Bitzer, Übungsstoff zum deutschen Sprach- u. Rechtschreibunterricht f. d. Unterklassen d. Latein- u. Realschulen, unt. Mitwirkg. v. Feßler u. Bauder bearb. 4., verb. Aufl. gr. 8. (III, 96 S.) Stuttgart 896. W. Kohlhammer. n. 1. —; geb. n. 1. 20

— u. J. Bitzer, Übungsstoff zum deutschen Sprach- u. Rechtschreibunterricht für die Unterklassen höh. Lehranstalten. 5., nach der neuen Rechtschreibg. umgearb. Aufl. 8. (IV, 84 S.) Stuttgart 902. W. Kohlhammer. Kart. n. 1.20

— u. J. Bitzer, Übungsstoff zum deutschen Sprach- u. Rechtschreibunterricht, f. die Unterklassen höherer Lehranstalten bearb. 6. Aufl. (IV, 122 S.) 8. Stuttgart 907. W. Kohlhammer. Kart. 1. 20

Fick, W., prakt. Unterrichtsgang im Rechtschreiben, s: Bauer, G.

Fick, W. L., Aufgaben für den Rechenunterricht, s. Stockmayer, H.

Fick, Wilh., Erdkunde in anschaulich-ausführlicher Darstellung. Ein Handbuch f. Lehrer u. Seminaristen. 1. Tl. gr. 8. Hilchenbach, L. Wiegand. n. 1. 60; geb. n. 2. —
Die Alpen u. Süddeutschland nebst e. Vorkursus der allgemeinen Erdkunde. (XII. 248 S.) 903.

Fick, Wilhelm. Erdkunde in anschaulich-ausführlicher Darstellung. Ein Handbuch für Lehrer und Seminaristen. Teil 1: Die Alpen und Süddeutschland, nebst einem Vorkursus der allgemeinen Erdkunde. Mit 43 Figuren und Bildern. 2., vermehrte und verbesserte Aufl. ⟨3.—5. Tausend⟩. XVI + 217 S. 8. Dresden, Bleyl & Kaemmerer, 1905. M. 2. 40, geb. 3. —

Fick, Wilh., Erdkunde in anschaulich-ausführlicher Darstellg. Ein Handbuch f. Lehrer u. Seminaristen. 2. u. 3. Tl. gr. 8. Dresden-Blasewitz, Bleyl & Kaemmerer. 7.—; geb. in Leinw. n 8. 40
2. Mittel- u. Norddeutschland. Mit 43 Fig. u. Bildern u. 1 Karte. (VIII, 298 S.) 906. 3.—; geb. in Leinw. n 3. 60
3. Europa (außer Deutschland u. der Schweiz). Mit 80 Abbildgn. (VIII, 416 S.) 909. 4.—; geb. n 4. 80

Fick, W. Zum mittelenglischen Gedicht von der Perle. Eine Lautuntersuchung. Diss. Kiel 1885. 42 S.

Fick, Wilh., zum mittelenglischen Gedicht v. der Perle. Eine Lautuntersuchg. gr. 8. (42 S.) Kiel 885. Lipsius & Tischer. n. 1. 20

Fick, Wilh., lateinische Grammatik, s. Kuhn, Wilh.

—— Materialien für den Anfangsunterricht im Englischen nach lautlicher Methode. 1. Tl.: [Zur Einübung der Laute]. 8. (VI, 50 S.) Hamburg 888, Seitz Nachf., Besthorn Gebr., Verlag. cart.

Fick, Wilhelm *Georg* Zur Methode des englischen Anfangsunterrichts. 4 (24 S.). Rsch. an d. Weidenallee-*Hamburg* 1894 (739). Progr.

Die schönsten Sagen aus Rheinland und Westfalen. Für d. Jugend ausgew. u. hrsg. von Wilhelm Fick. *Hilchenbach: L. Wiegand (1902).* (184 S.) 8° [Fr.]
= Sammlung, Wiegands, guter Jugendschriften. [8.] [04. 9807

Fick, Wilh., die schönsten Sagen aus Rheinland u. Westfalen. Für die Jugend ausgewählt u. hrsg. 10. Taus. (184 S. m. 7 Vollbildern.) kl. 8. Charlottenburg (909). Schiller-Buchh. Geb. in Leinw. 2. —

— dasselbe, s.: Sammlung guter Jugendschriften.

— Sammlung englischer Gedichte, s.: Boensel, O.

Über den Schlaf. Von W[ilh.] Fick in Elberfeld. *Langensalza: H. Beyer & Söhne 1897.* (1 Bl., 54 S.) 1 Bd 8.
= Magazin, Pädagogisches. H. 90. [97. 4733

Fick, Wilhelm [aus Boston '(Amerika)']: Zur mittelenglischen romanze Seege of Troye I—IV ... Trebnitz i. Schl., Buchdr. Maretzke & Märtin, *1893*; 42 S., 1 Bl. 8.
Breslau, Phil. Fak., Inaug.-Diss. v. 11. Apr. 1893

Fick, Wilh., zur mittelenglischen romanze Seege of Troye I—IV. Diss. gr. 8. (42 S.) Breslau 894. (L. Köhler.) n. 1. —

Fick, W., lateinisches Übungsbuch, s.: Herzog, S.

— lateinisches Vokabularium f. Sexta. Unter Mitwirkg. v. J. Bitzer hrsg. 8. (VIII, 78 S.) Stuttgart 891. W. Kohlhammer. n. — 80; geb. n. 1. —

Fick, Wold. Ueber e., bei der Einwirkung isolirter Leberzellen auf Hämoglobin od. Eiweiss, entstehenden harnstoffähnlichen Körper. Diss. gr. 8. (31 S.) Dorpat 891, (Karow). * 1 —

Fickarts, Hubert: Aus dem Friedrich-Wilhelm Hospital zu Bonn. Ueber corpora mobilia in den Gelenken. *Bonn 1897: J. Bach Wwe.* (52 S.) 8°
Bonn, Med. Diss. v. [27. Juli] 1898

Ficke, ..., Lehrbuch d. ebenen Geometrie. gr. 8. Götting., Deuerlich. 12 Ngr

Aufruf an die deutschen Freimaurerlogen. [Unterz.:] Aug. **Ficke.** [Freiburg i. B. 1872: Poppen & S.] 2 Bl. 4° [Kopftit.]
(Mitt. Frb. B. 12.)
Abgedr. in: Bh. 16 (1873) S. 25—26; FZ. 27 (1873) S. 33—34; Z. 3 (1873) S. 19—20.
Auszug in: HL. 6 (1873) S. 420—421; T. 19 (1873) S. 35—36.
cf. FZ. 27 (1873) S. 113—116 (W. Oncken); 153—158 (O. Marbach), abgedr. in: Marbach, O.: A. d. Säule d. Weisheit. 1876 S. 287—300; FZ. 27 (1873) S. 161—162 (J. K. Bluntschli), abgedr. in: Bh. 16 (1873) S. 166; Marbach, O.: An der Säule d. Weisheit. 1876 S. 273—286; Bh. 16 (1873) S. 169—171 (J. G. Findel).
Tt. 1528. Vorschlag zur einheitlichen Organisation der mrischen Werktätigkeit.

Bericht an die Brüder der Loge zur edlen Aussicht in Freiburg von dem bisherigen Schatzmeister [Aug.] **Ficke.** [Dat.:] Freiburg im Januar 1860. 1 Bl. 4°. [Kopftit.] 21.

Einiges über menschliche Bestimmung, Priesterthum und Freimaurerthum. [Von Aug. **Ficke.**] [Freiburg ca 1871: Poppen & S.] 2 Bl. 4° [Kopftit.]
(MittFrbB. 10.) 147. 193.

[Rundschreiben von Aug. Ficke. Freiburg i. Br. 1860.] 1 Bl. 4⁰
Abgedr. in: FZ. 14 (1860) S. 281—282; T. 7 (1861) S. 30—31; Ficke, H.: Gesch. d. L. Z. edlen Aussicht, Freiburg i. B. 1874 S. 66—68.
Üb. Wesen u. Zweck d. Frmrei. 193.

[Rundschreiben von Aug. Ficke. Dat.:] Freiburg i. B. 1866. 2 Bl. 8⁰
Rückblick auf die Gesch. der Loge zur edlen Aussicht seit Wiederaufnahme der Arbeiten i. J. 1817. 140.

System der Freimaurerei der Loge „Zur Edlen Aussicht" in Freiburg i. Br., umgearb. von Aug. Ficke. Erster Grad. Freiburg i. Br. 1870: Poppen & S. VI, 29 S. 4⁰
Recens: Bh. 13 (1870) S. 285—286.
cf. T. 16 (1870) S. 136 (E. Röhr).
Tt. 1316. 23. 193.
1.Ausgabe s. Trentowski, B.F.v.

Gesellenlieder: Gesellenklage. [Unterz.:] [Friedr. Otto] Ficke. [Dresden] o. J. 1 Bl. 13,9×45 cm. [Kopftit.]
Lied ohne Noten: „Von den Maurern..." 109.

Ficke, Heinr. A critical examination of Addison's Cato. 13 S. Progr. *Remscheid* 1885.

Gedanken und Erfahrungen eines Veteranen über Freimaurerei und Logenwesen. Von H[ugo] Ficke. Bayreuth 1901: Mühl. 27 S. 8⁰ [Umschlagtit.]
Aus: BayrBbl. 1 (1900—1901) S. 368—393.
Üb. Aufgabe, Notwendigkeit d. Frmrei, Konfession, Politik, Erörterung d. sozialen Fragen, mr. Arbeit i. d. □, üb. d. Logenbeamten. 155.

Geschichte der Freimaurerloge zur edlen Aussicht in Freiburg in Baden. Zsgest. von Hugo Ficke. Ms. f. Brr. Freiburg i/B.: Selbstverl. 1874. III, 150 S. 8⁰
Auszug in: Z. 7 (1877) S. 32—33, 51—52.
Recens: FZ. 29 (1875) S. 70.
Tt. 505. 23. 25.

Ort.·. Freiburg i. B., 19. Sept. 1894. An alle Mitglieder der ger.·. u. vollk.·. Johannisloge „Zur edlen Aussicht". [Unterz.:] H[ugo] Ficke. [Freiburg i. B. 1894.] 2 Bl. 8⁰ [Kopftit.] (MittFrbB. 49.)
Üb. d. Aufgabe d. Mrs.

[Rundschreiben.] [Unterz.:] [Hugo] Ficke. [Dat.:] 2. Dezember 1890. 6 S. 2⁰. [Lith.]
Gegen den Jesuitismus. 430.

Fickel (J. F.). Entw. der Samenschalen einiger Cucurbitaceen. Leipz. 1876. 4°.

[F.] Fickel, Johannes *Friedrich* [Dr.]: Die Litteratur über die Tierwelt des Königreichs Sachsen. Dresden, Rammingsche Buchdr., 1893; 3—44 S. 4.
Dresden, Wettiner G, OP 1893 (534)

Fickel, Johs., die Litteratur üb. die Tierwelt d. Königr. Sachsen. Progr. 4. (44 S.) Dresden 893. (Leipzig, G. Fock.) n. 1.—

Fickel, Johs., die Litteratur üb. die Tierwelt des Königr. Sachsen. gr.8. (IV, 71 S.) Zwickau 902. R. Zückler. n. 2.—
Sonderabdruck a.: „Jahresber. d. Ver. f. Naturkde. zu Zwickau."

Fickel, Karl Wilh., direkter Beweis von d. Nichtigkeit d. Homöopathie als Heilsystem. Für Aerzte u. Nichtärzte. gr. 8. (11 B.) Leipzig 840, Leo.

Fickel, C. Guil., Bibliotheca graeca medica, s. Bibliotheca.

Fickel, Wilh., die epidemische Cholera oder Eklyse d. Nervus vagus, ihrer Natur und Ursache nach exegetisch dargestellt. gr. 8. (IV und 65 S.) Dresden 861, Bock's Verlag. *

Fickel, Karl Wlh., s. v. Egidy, H. Ed., die Blutegelzucht.

Fickel, Wilh., Schönlein's Klinik u. Lehrmethode, seine Experimente im Abdominaltyphus u. mein Versuch zur endlichen Enthüllung d. Wesens dieser Krankheit. gr. 8. (12½ B.) Bautzen 844. [Helfer.] *

Fickel, Wlh., Schoenlein's Klinik u. Lehrmethode, seine Experimente im Abdominaltyphus u. mein Versuch zur endlichen Enthüllung des Wesens dieser Krankheit. gr. 8. Bautzen 844, Schulze'sche Buchh. n. 1⅙ ℛ

Fickel, Karl Wlh., der mineral. Magnetismus als großes Heilmittel. Zur Beherzigung für Aerzte u. Belehrung für Nichtärzte. 8. Leipzig 836, L. Schumann. ⅙ ℛ

Fickel, Karl Wilhelm, s. Noak, A.: Olla potrida.

Fickel, Carl Wilhelm (Crimmitschau), Hippocratis de aëre, aquis et locis libri novae editionis specimen. Diss. med.-philol. Lpz. (B. G. Teubner) 26. VII. 1831. XX, 26 S. mit Bibliographie. (4.50) 8783
Gew.: Joh. Aug. Chn. Clarus, Carl Aenoth Kuehn.

—— Versuch e. auf physiolog. Untersuchungen gestützten Darstell. d. Wesens d. Cholera u. e. darauf gegründ. Behandlungsweise, nebst Angabe d. Verhaltungsmaßregeln während d. Epidemie. Für Aerzte u. Nichtärzte. gr. 8. (1 B.) Zwickau 831, Richter.

Fickel, Wilhelm, s. Fickel, Karl Wilhelm

Fickelscherer, Martin

Fickelscherer, M., De Agyrrhio Atheniensi Pr. 1878. 7 S. 4°. —.60

Fickelscherer, M., De theoricis Atheniensium pecuniis comment. Diss. 1877. 86 S.

Fickelscherer, Mart., das römische Heer, s.: Tabulae, quibus antiquitates graecae et romanae illustrantur. VI. VII.

Fickelscherer, M., das Kriegswesen der Alten, s. Kulturbilder aus dem klassischen Altertume.

Fickelscherer, Martin [Dr., Oberl.]: Paolo Manutio, der venetianische Buchdrucker und Gelehrte. Chemnitz, Druck v. J. C. F. Pickenhahn & Sohn, 1892; 35 S. 4.
Chemnitz, k. G, OP 1892 (530)

Fickelscherer, Martin (Hrsg.), s. Vergilius Maro, Publius: Äneide.

— die römischen Verteidigungs- u. Angriffswaffen, s.: Tabulae, quibus antiquitates graecae et romanae illustrantur. V.

Fickelscherer, Mart., Wörterbuch zu der Auswahl aus Ovids Metamorphosen u. den elegischen Dichtungen. 2. Aufl. gr.8. (54 S.) Leipzig 901. B. G. Teubner. n. — 50

GV38
6

— Wörterbuch zu der Auswahl aus Ovids Metamorphosen u. den elegischen Dichtungen. 3. Aufl. (54 S.) 8. Leipzig 905. B. G. Teubner. n. — 50

Fickelscherer, Mart., Wörterb. zu d. Auswahl aus Ovids Metamorphosen u. d. elegischen Dichtungen. 4. Aufl. (54 S.) 8. Leipzig 908. B. G. Teubner. — 50

Ficken, Friedr. Ad., Lehrbuch d. englischen Sprache, auf e. Vereinigung d. ältern u. neuern Grundsätze gestützt. 3 Abthln. gr. 8. (25½ B.) Jena 837, Cröker'sche Buchh.

Ficken, Fr. Ad., Lehrbuch der engl. Sprache, auf eine Vereinigung der ältern u. neuern Grundsätze gestützt, in 3 Abthl. gr. 8. Jena 838. Cröker. 1½ ℛ

—— Theatre british modern, s. Theatre.

Fickendey, Ernst, a. Uthmöden: 'Beiträge zur Isomerie der Oxime'. Königsberg i. Pr. 1904: O. Kümmel. (66 S.) 8°
Leipzig, Phil. Fak., Ref. Beckmann u. Ostwald, Diss. v. 16. Dez. 1904
[Geb. 29. Jan. 78 Uthmöden, Braunschweig; Wohnort: Uthmöden; Staatsangeh.: Braunschweig; Vorbildung: Gymn. Neuhaldensleben Reife O. 96; Studium: Berlin 2, Leipzig 10 S.; Rig. 21. Okt. 04.]

Fickenscher, s. Fikenscher.

Fickenwirth sen., F. F., Chronik der königl. sächsischen Stadt Lengenfeld im Voigtlande, mit geschichtl. Nachrichten über die Nachbarorte: Mylau, Treuen, Plohn, Röthenbach, Grün und Waldkirchen. gr. 8. (VII und 278 S.) Reichenbach/859. (Leipzig, Köhling'sche Buchh.) *

Fickenwirth, M., 1884—1909, Zum 25jährigen Jubiläum unserer Unterstützungskasse, E. Gedenk- u. Dankbl., Dresden-A. 1909, 4 S., 8°.

Fickenwirth, M., s.. Ansichten, photographische, der neu restaurirten St. Marienkirche in Zwickau.

Fickenwirth, M., Bericht des 1. Kreisvertreters auf die Jahre 1908 und 1909, erst. a. d. 22. Kreisturntage in Aue am 29. 3. 1910, Dresden 1910, 8 S., 8°.

Fickenwirth, M., Mädchenturnen. E. Sammlg. v. Übungsbeispielen aus d. Gebiete d. Frei-, Ordnungs-, Hantel- u. Stabübgn. f. d. Turnen d. weibl. Jugend. Zusammengestellt f. d. Gebrauch in Turnvereinen u. Schulen. (VIII, 95 S. m. Fig.) kl. 8. Dresden (-A., Marienstr. 16.) 905. B. Protze. nn 1. —; geb. n 1. 25

Fickenwirth, M., Mädchenturnen, E. Samml. v. Übungsbeispielen a. d. Gebiete d. Frei-, Ordnungs-, Hantel- u. Stabübungen f. d. Turnen d. weibl. Jugend, m. Abb., Dresden 1905.
— — Geräteturnens, — 1908, 8°. 2 Bde.

— dasselbe. (II.) Eine Sammlg. v. Übungsbeispielen aus dem Gebiete d. Gerätturnens f. die weibl. Jugend in Schule u. Verein. 2., verb. Aufl. (VIII, 131 S. m. 56 Abb.) kl. 8. Ebd. 910. Geb. in Leinw. nn 1. 50

Fickenwirth, Otto

Fickenwirth, O., Hessen-Nassau. Das Land u. seine Geschichte. Neue Aufl. Eine Ergänzg. zu den Ferd. Hirt'schen u. anderen Lesebüchern. gr. 8. (32 S.) Breslau 890. F. Hirt. n.n. — 10

Fickenwirth, Otto, **Kopfrechenschule**. In bes. Anschl. an d. A. Braune'sche Rechenbuch. 2 Tle. Zu d. Rechenbuch f. Stadtschulen v. A. Braune. (Hft. III—VII.) gr. 8. Halle 898. H. Schroedel. à n. 1. 25
1. Zahlenraum v. 1 bis 1000, bis 10000 u. 1000000, d. Rechnen m. mehrfach benannten Zahlen. (VII, 100 S.)
2. Bruchrechng., d. bürgerl. Rechnungsarten, Aufgaben aus d. realist. Unterrichtsfächern, aus d. Haushaltg. u. d. Gewerbe, ferner zu d. Wohlfahrtsgesetzen, sowie Raumberechnungen. (VIII, 85 S.)

Fickenwirth, Otto, Methodik f. e. einheitlichen Rechenunterricht. Eine theoretisch-prakt. Anweisg. f. Lehrseminaristen u. Volksschullehrer. gr. 8. (228 S.) Breslau 892. F. Hirt. n. 2. —; geb. n. 2. 40

Fickenwirth, Paul u. Aug. Wunderlich. Turn- u. Wandersang. Sammlg. von 101 2- u. 3stimm. Liedern f. Turngänge u. Schülerwandergn., sowie z. Gebrauche in Realsch. m. e. Anh. v. 30 4stimm. Liedern. 8. (219 S.) Reichenb. i. V. 892, Müller. geb. + 1 60

Fickenwirth, P., Der Vorturner des 17. südvogtländischen Turngaues v. XIV. Turnkreis (Kgr. Sachsen), m. Abb., 1. u. 2. Aufl., Reichenbach i. V., 50 S., 12 Taf. u. 62 S., 5 Taf., 8°. 2 Bde.

Ficker, Adolf

Ficker, Ad.: A b h a n d l u n g über die Geten und Daken. 14 S. – Czernowitz, Progr. 1852.

Ficker A, Bericht über österreichisches Unterrichtswesen auf der Wiener Weltausstellung. 2 Bde mit Atlas. Wien 1873

Ficker, Adf., die Bevölkerung des Königr. Böhmen in ihren wichtigsten statistischen Verhältnissen. 8. (VII und 151 S. mit 10 Chromolithogr. in 4.) Olmütz 864, Hölzel. *

Ficker, A., Bevölkerung der österreichischen Monarchie in ihren wichtigsten Momenten statistisch dargestellt. gr. 16. (III und 56 S. mit 12 chromolithogr. Karten in qu. 4.) Gotha 860. J. Perthes. geb. *

—— Elementar-Atlas für den Gebrauch der Volksschule in den k. k. Staaten. Aus den Kartenwerken Stieler's und E. v. Sydow's zusammengestellt und mit einem Vorwort versehen. qu. gr. 4. (14 lithogr. Karten, wovon 13 in Buntdr.) Gotha 865, J. Perthes. *

Ficker, Adf., Herzog Friedrich II., der letzte Babenberger. gr. 8. (III, 177 S.) Innsbruck 884. Wagner. n. 3. 60

Ficker, Adolf Joh. Gottlieb Fichtes Gedanken über Erziehung. 38 S. Progr. *Crimmitschau* 1881.

Ficker, Adf., **Geschichte**, Organisation u. Statistik d. oesterreich. Unterrichtswesens, s.: **Bericht** üb. oesterreichisches Unterrichtswesen.

Ficker, Ad., Grundriß d. Weltgeschichte. I. Abthl. Die theoret. Einleitung in d. gesammt. histor. Studium u. die Geschichte d. Alterthums enthalt. gr. 8. (20⅜ B.) Olmütz 846, Hölzel. *

Ficker, A., Skizze einer Geschichte des k. k. statistischen Bureau's in den J. 1829—1853.
—— die Veränderungen in der Gliederung der politischen Behörden des österreich. Kaiserstaats,
} **s. Mittheilungen aus dem Gebiete der Statistik.**

—— die Veränderungen in der Gliederung der Justiz-Behörden des österreich. Kaiserstaats,
—— die 3. Versammlung des internationalen Congresses für Statistik zu Wien,
} **s. Mittheilungen aus dem Gebiete der Statistik.**

Ficker, Dr. Adolf, k. k. Regierungsrath. Die Völkerstämme der österreichisch-ungarischen Monarchie, ihre Gebiete, Grenzen und Inseln. Historisch, geographisch, statistisch dargestellt. (Siehe „Mittheilungen aus dem Gebiete der Statistik. Herausgegeben von der k. k. statistischen Central-Commission". 15. Jahrg. 4. Hft.) (Mit 4 Karten.) 8. Wien 1869.

—— Vorträge über die Vornahme der Volkszählung in Oesterreich. Gehalten in dem 4. und 6. Turnus der statistisch-administrativen Vorlesungen. Lex.-8. (142 S.) Wien 870, (Gerold's Sohn.) *
Aus: Mittheilungen aus dem Gebiete der Statistik, besonders abgedruckt.

— Vorträge über die Vornahme der Volkszählung in Oesterreich. [Aus den Mittheilgn. aus d. Gebiete der Statistik.] Wien 870. Prandel in Comm. Lex.-8. (142 S.) n. 12 ngr.

Ficker, Dr. Adolf, Sections-Chef und Präsident der k. k. statistischen Central-Commission. Wirksamkeit der k. k. statistischen Central-Commission für Oesterreich in den Jahren 1872 bis 1876. Bericht an die 9. Versammlung des internationalen statistischen Congresses in Budapest. 8. Wien 1876.

Ficker, Adolf: Die Zigeuner in der Bukowina. In: SM, 5/1879, Nr. 6, S. 249–65. Sonderdruck: Wien: Hölder 1879.

Ficker, Christian Gotthilf

Ficker, Chrst. Gthi., die Bedeutung d. Todes Jesu, aus dess. eignen u. d. Apostel Zeugnissen entwickelt u. f. denkende Verehrer Jesu dargest. gr. 8. (8½ B.) Leipzig 836, Hartknoch.

Ficker, Chrn. Ghilf., Beiträge zur Orientirung auf dem Gebiete der Verfassungsfrage f. die evangelische Kirche 1. Hft. gr. 8. (VIII u. 54 S.) Dresden 849, Naumann. n. 8 ngr

Ficker, Chrn. Ghilf., zur Erinnerung an die am 10. Novbr. 1852 stattgefundene Einweihung der Armenkinder- und Waisen-Erziehungs- und Rettungs-Anstalt bei Waldkirchen. gr. 8. (III und 26 S.) Oederan 854. (Zwickau, Richter'sche Buchh.) *

— die Feier der Grundsteinlegung zur Armenkinder- u. Waisen-Erziehungs- u. Rettungs-Anstalt bei Waldkirchen am 18. Mai 1852. gr. 8. (24 S.) Chemnitz 852, Desoy in Comm. n. 1/6 ß

Ficker, Chrn. Ghf., unser Gebet für den König. Predigt über Psalm 61, 7–9. in Waldkirchen am 18. Mai 1854 gehalten. Zwickau, Richter in Comm. gr. 8. (11 S.) 1854. 3 ngr

—— gerade in der tiefen u. aufrichtigen Demuth Luthers liegt seine vorzüglichste Befähigung zur reformatorischen Wirksamkeit. Predigt am 300jähr. Gedächtnißtage des Todes Luthers am Sonnt. Serages. gehalt. gr. 8. (1 B.) Leipzig 846, Klinkhardt.

Ficker, Christ. Gthilf., Geschichte des Rationalismus, s. Geschichte.

Ficker, Chr. Gtth., biblische Glaubensstufen. Eine Anzahl Predigten, in den Jahren 1837—1841 zur Beförderung des bibl. Glaubens an Jesum Christum gehalten. gr. 8. Leipzig 842, Bösenberg. ½ ß

—— bibl. Glaubensstufen. Eine Anzahl Predigten, in den Jahren 1837—1841 zur Beförder. d. bibl. Glaubens an Jesum Christum gehalt. gr. 8. (6½ B.) Leipzig 842. [Verlags-Magazin.]

Ficker, Chr. Gtth., Grundlinien der evangel. Homiletik. 1., 2. Hft. gr. 8. Leipzig 845, Klinkhardt. 1. 9 ngr 2. 12 ngr

— Grundlinien der evangelischen Homiletik. 3 u. 4 Hft. gr. 8. (S. 181—386.) Leipzig 847, Klinkhardt. 24 ngr (cmplt. 1⅓ ß)

—— über die von dem Hrn. Dr. Röhr vorgeschlag. Grund- u. Glaubenssätze d. evangel.-protestant. Kirche. Ein theolog. Bedenken. gr. 8. (6 B.) Leipzig 836, Lauffer.

Ficker, Chrn. Ghilf., Predigt am 2. Septbr. 1854 zur Gedächtnißfeier Sr. Maj. Friedrich August über Spr. Sal. 20, 28. gehalten. gr. 8. (12 S.) Zwickau 854, (Richter'sche Buchh.) Thlr. **

—— Predigten in den J. 1848—1851 gehalten. 8. (XVIII und 239 S.) Chemnitz 853. (Desoy.) *

— Predigten in den Jahren 1848—51 gehalten. Chemnitz (853). (Focke.) gr. 8. (XVIII, 239 S.) n. 1 ß

Ficker, Chr. Gtthlf., vier Predigten, vor den Gemeinden zu Gunsdorf u. Kühnheide gehalten im Jahre 1834. gr. 8. Leipzig 835. Wienbrack. 5 ngr

—— so lange wird unsere evangel. Kirche eine freie sein u. bleiben, so lange sie sich zum Herrn als dem Geiste bekennt. Predigt am Reformationsfeste gehalt. gr. 8. (1¼ B.) Leipzig 840, Klinkhardt.

—— wie die Reformation das Wort des Erlösers verklärt: „Es kommt die Stunde und ist schon jetzt, daß die Todten werden die Stimme des Sohnes Gottes hören" rc. Predigt am Reformationsfeste 1846. gr. 8. (1 B.) Leipzig, Klinkhardt.

—— die Zweifler im Neuen Testamente (Nathanael, Thomas, Johannes der Täufer u. Pilatus) od. Unterricht des göttl. Wortes üb. religiöse Zweifel. (5 Predigten.) gr. 8. (4⅝ B.) Leipzig 840, Gebhardt u. Reisland. *

Ficker, Christian Traugott

Ficker, Chrn. Traug., freundlicher Rathgeber für Alle, welche nach Amerika und vorzugsweise nach Wisconsin auswandern wollen. Leipzig 853. Mittler. 8. (2 Bl., 124 S.) 10 ngr

Ficker, Eugen Adelbert (Liegnitz), De variis cardialgiae speciebus. Diss. med. Bln. (Nietack) 3. I. 1835. 40 S. mit Literatur u. Biogr. (M.: H. Lehmann.) (4.—) 8785
Oppon.: W. Rost, J. Thiele, E. Caesar.

Ficker, Ewald: Experimentelle Untersuchungen über die Dielektrizitätskonstante von Gemischen. Weida i. Th. 1909: Thomas & Hubert. 51 S. 8°
Leipzig, Phil. Diss. v. 15. Juli 1909, Ref. Wiener, Des Coudres
[Geb. 17. Sept. 83 Dresden; Wohnort: Dresden; Staatsangeh.: Sachsen; Vorbildung: Dreikönigsch. Dresden Reife O. 03; Studium: Dresden Techn. Hochsch. 4, Göttingen 1, Leipzig 5 S.; Rig. 14. Mai 09.] [U 09. 2955

Ficker, Franz

Ficker, F., Anleitung zum Studium der griechischen und römischen Classiker in seinem ganzen Umfange. Wien und Triest 1821. Th. I. 8. 2 rthl.

Ficker, F., Anleitung zum Studium der griechischen und römischen Klassiker in seinem ganzen Umfange. Wien und Triest 822. Th. I. 8. 2 rthl.

-- Anleit. zum Studium d. griech. u. röm. Classiker in seinem ganzen Umfange. 3 Thle. gr. 8. Wien 823—25. (Gerold). (à 2 ß) 6 ß Hbg. Pr. 3 ß

Ficker, Frz., Anleitung z. Studium d. griech. u. röm. Classiker. Enthält nebst d. Einleit., die Sprachwissenschaft, Hermeneutik u. Kritik. Vorzüglich z. Gebr. d. akadem. Jugend u. angeh. Gymnasial-Professoren u. Privatlehrer. 2., umgearb. u. verb. Aufl. gr. 8. (23 B.) Wien 832, Heubner.

—— Aesthetik, od. Lehre v. Schönen u. d. Kunst in ihrem ganzen Umfange. gr. 8. (37¼ B. u. Titvign.) Wien 830, Heubner.

Ficker, Frz., Aesthetik od. Lehre vom Schönen u. von d. Kunst in ihrem ganzen Umfange. 2., verm. u. verb. Aufl. Lex.-8. (11¼ B.) Wien 840, Heubner.

(——) Chrestomathia latina etc., s. Chrestomathia.

—— Literaturgeschichte d. Griechen u. Römer, nebst Anh. von synchronist. Tabellen üb. d. Staaten-, Literatur- u. Kunstgeschichte beider Völker. Vorzüglich z. Gebr. d. akadem. Jugend u. angeh. Gymnasial-Professoren u. Privatlehrer. 2., verm. u. verb. Aufl. gr. 8. (37¾ B.) Wien 835, [Gerold u. Sohn.]

FICKER, Franz (Neunkirchen): Die Polypen und ihre Operations-Methoden.- München: Ernst 1866. 37 S.
27.5.1866 – Chr 1885/86,18; Jv 1885/86,164
Diss. Ingolst.-Landsh.-Münch.

Ficker, Frz., geschichtl. Ueberblick d. gesammten schönen Kunst nach ihren einzelnen Sphären. gr. 8. (23¾ B.) Wien 837, [Gerold u. Sohn.] Thlr.

— Friedrich Gottlob August (Dresden), De naphthis artificialibus. Dissert. med. Präs. Christ. Heinrich Theodor Schreger. Wittbg. (Fr. Imm. Seibt) 16. X. 1811. 34 S. (4.80) 8786
Gew.: Ludw. Christoph Althof, Heinr. August Schott, Gottlob Aug. u. Heinr. Gottlob [Ficker] (Brüder).

Ficker, G., zur Kenntniss der Entwicklung von Estheria ticinensis Bals. Criv. [Aus dem zoologisch-vergleichend-anatom. Institute der Wiener Universität.] Lex.-8. (15 S. mit 2 lithogr. Taf.) Wien 876, (Gerold's Sohn.) *
Aus: Sitzungsberichte der k. Akademie der Wissenschaften, besonders abgedruckt.

Ficker G.: Arbeiten aus dem zoologisch-vergleichend-anatomischen Institute der Universität Wien: 6. Zur Kenntnis der Entwicklung von *Estheria ticinensis* Bals. Criv. (mit 2 Taf.). S. 74. I. 407 . . . . 1.20
Sitzungsberichte.

Ficker, (Georg): Bemerkungen zu Sprache und Wortschatz in Tennysons „Idylls of the King", Leipzig 1904: J. C. Hinrichs. (S. 1—46.) 4°
Leipzig, st. RG OP 1904 (645)

Amphilochiana. Von Lic. Dr. Gerhard **Ficker**, Prof. T. 1. Leipzig: J. A. Barth 1906. 8° [06. 2431

Bonifatius, der 'Apostel der Deutschen'. Ein Gedenkblatt z. Jubiläumsjahr 1905. Von Prof. Dr. Gerhard **Ficker**. Leipzig: C. Braun 1905. (26 S.) 8° [F.]
= **Flugschriften** d. Evangel. Bundes. 230. [05. 2627

Ficker, Gerh., Eutherius v. Tyana. Ein Beitrag z. Gesch. d. Ephesinischen Konzils v. J. 431. (III, 120 S.) 8. Leipzig 908. J. A. Barth. 2.—

Ficker, (P.) G., der Mitralis d. Sicardus nach seiner Bedeutung f. die Ikonographie d. Mittelalters, s.a. Beiträge zur Kunstgeschichte.

Ficker, Gerhard. Der Mitralis des Sicardus nach seiner Bedeutung für die Ikonographie des Mittelalters. (Beiträge zur Kunstgeschichte, herausgegeben von E. A. Seemann. Neue Folge IX.) Leipzig 1889. 8°.

Ficker, (Paul) Gerhard [cand theol.]: Der Mitralis des Sicardus nach seiner Bedeutung für die Ikonographie des Mittelalters ... Leipzig, Druck v. Ramm & Seemann, 1889; 2 Bl. + 78 S. + 1 Bl. 8°
Leipzig, Phil. Fak., Inaug.-Diss. v. 27. Apr. 1889

Ficker, Gerh., das ausgehende Mittelalter u. sein Verhältnis zur Reformation. gr. 8. (III, 111 S.) Leipzig 908. J. A. Barth. n. 1.80

— die Petrusakten. Beiträge zu ihrem Verständnis. (III, 104 S.) gr. 8. Leipzig 908. J. A. Barth. n. 3.—

Die Phundagiagiten. Ein Beitrag z. Ketzergesch. d. byzant. Mittelalters von Gerhard **Ficker**. Leipzig: J. A. Barth 1908. (VI, 282 S.) 8° [08. 10193 8

Ficker, *Paul* Gerhard [Dr. phil., gew. Hilfsgeistl. in Sohland a/Spree]: Studien zur Hippolytfrage ... Leipzig, J. A. Barth, *1893;* 2 Bl., 115 S. 8.
Halle, Theol. Fak., Hab.-Schr. v. 24. Juni 1893

Studien zu Vigilius von Thapsus v. Lic. Dr. Gerhard **Ficker**, Privatd. ... an d. Univ. Halle ... *Leipzig: J. A. Barth 1897.* (2 Bl., 79 S.) 1 Bd 8.
[97. 6386

— **Gottlieb Friedrich** (Zeitz), De conditione principis qui imperio se abdicavit. Exercit. acad. Präs. Mart. Hasse. Wittbg. (Coberstein's Wwe.) 4. IX. 1734. 32 S. (5.—) 8787

Ficker, Gust., s.: Eltern-Abende.

— Grundlinien der Mineralogie u. Geologie f. die 6. Klasse der österreich. Gymnasien. (XXII, 113 S. m. 136 Abbildgn. u. 1 farb. Taf.) 8. Wien 905. F. Deuticke. Geb. n. 2.20

Ficker, Gust., Leitfaden der Mineralogie f. die 3. Classe der Gymnasien. Mit 1 farb. Taf. u. 97 Abbildgn. in Schwarzdr. gr. 8. (VIII, 66 S.) Wien 900. F. Deuticke. Geb. in Leinw. n. 1.40

— Leitfaden der Mineralogie f. die 3. Klasse der Gymnasien. Mit 3 farb. Taf. u. 99 Abbildgn. in Schwarzdr. 2. Aufl. (VIII, 67 S.) 8. Ebd. 905. Geb. n. 1.60

Ficker, Gust., Leitfaden d. Mineralogie f. d. 3. Klasse d. Gymnasien. Mit 3 farb. Taf. u. 102 Abb. in Schwarzdr. 3. Aufl. (VIII, 68 S.) 8. Wien 908. F. Deuticke. Geb. 1.80

— Leitfaden d. Mineralogie u. Chemie f. die 4. Klasse d. Gymnasien u. Realgymnasien. 4., gänzl. umgearb. Aufl. (XI, 116 S. m. 125 Abb. u. 3 farb. Taf.) 8. Ebd. 910. Geb. in Leinw. 2.40

Ficker, Heinrich

Jahresbericht, sechster — über das k. k. katholische Gymnasium zu Ofen, veröffentlicht am Schlusse des Studienjahres 1857. Ofen, 1857. Gedruckt in der k. k. Universitätsbuchdruckerei. (1 Bl. 31 S. 4,)
Enthält: Aquincum und seine Ueberreste. Von Heinrich Ficker.

Ficker, Heinz von

— Die Ausbreitung kalter Luft in Rußland und Nordasien (Fortschreiten der „Kältewellen" in Asien-Europa (mit 7 Karten). S. 119. IIa. 1769 . . . . , 3.50
Separatabdruck

Ficker, Heinz v., weitere Beiträge zur Dynamik d. Föhns, s.: Föhnstudien, Innsbrucker. IV.

Ficker, Heinz v., u. Otto Ampferer, aus Innsbrucks Bergwelt. Wanderbilder aus Innsbrucks Bergen. Mit 12 Kunstbeilagen in Gravure, 27 in Lichtdr. u. 52 Textbildern nach Orig.-Aufnahmen v. Otto Melzer. gr. 4. (V, 229 S.) Innsbruck 902. H. Schwick. Geb. in Leinw. n. 15.—

Ficker, Heinz v., Innsbrucker Föhnstudien. 1. Beiträge zur Dynamik des Föhns. (81 S. m. 28 Fig.) 4. Wien 905. (A. Hölder.) n. 6.—
Sonderabdruck aus: „Denkschr. d. k. Akad. d. Wiss."

— Innsbrucker Föhnstudien. 4. Teil. Weitere Beiträge zur Dynamik des Föhns (mit 32 Textfiguren). D 85 113 . . . . , 6.80
— — 2. Teil, siehe Defant Albert.
— — 3. Teil, siehe Trabert Wilhelm.
Separatabdruck

— dasselbe. Fortsetzg., s.: Föhnstudien, Innsbrucker.

— Föhnuntersuchungen im Ballon (mit 5 Textfiguren). S. 121. IIa. 829 . . . . . . , 1.70
Separatabdruck

— Das Fortschreiten der Erwärmungen (der „Wärmewellen") in Rußland und Nordasien (mit 20 Textfiguren). S. 120. IIa. 745 . . . . , 3.—
Separatabdruck

Ficker, Heinz v., u. A. Defant, über den täglichen Gang der elektr. Zerstreuung u. des Staubgehaltes auf dem Patscherkofel. (15 S.) gr. 8. Wien 905. (A. Hölder.) n. —40
Sonderabdruck aus: „Sitzungsber. d. k. Akad. d. Wiss."

— Klimatographie v. Tirol u. Vorarlberg. m. zoo- u. phytobiologischen Beiträgen v. Prof. K. W. v. Dalla Torre, s.: Klimatographie v. Österreich. IV.

Ficker, Heinz. v., Meisterbilder a. Tirols Bergwelt, s.: Melzer, Otto.

— Zur Meteorologie v. West-Turkestan. (35 S. m. 1 eingedr. Karte.) 31,5×25 cm. Wien 908. (A. Hölder.) 1.95
Sonderabdr. aus „Denkschr. d. k. Akad. d. Wiss."

— Temperatur und Feuchtigkeit bei Föhn in der freien Atmosphäre (mit 5 Textfiguren). S. 121. IIa. 125 . . . . , —.90
Separatabdruck

— der Transport kalter Luftmassen üb. die Zentralalpen. (70 S. m. 33 Fig.) 4. Wien 906. (A. Hölder.) n. 7.80
Sonderabdruck aus: „Denkschr. d. k. Akad. d. Wiss."

Ficker, Hugo, die Bacterienflora der reichsländischen Lymphe. Diss. gr. 8. (38 S.) Strassburg 901. J. Singer. n. 1.—

— **Joachim Friedrich**, De praecursu creditorum, von dem Vorlauff der Schuldglaubiger. Diss. jur. Präs. Jo. Theodor Scheffer. Tübing. (Wwe. B. Hiob Frank) April 1731. 44 S. (5.—) 8789

Ficker, Johs., s.: Anfänge reformator. Bibelauslegung.

Ficker, J., die Bedeutung der altchristlichen Dichtungen für die Bildwerke, s. Studien, gesammelte, zur Kunstgeschichte.

Ficker, Johs., das Konstanzer Bekenntnis f. den Reichstag zu Augsburg 1530, s.: Abhandlungen, theolog.

Ficker, Johannes. Das Konstanzer Bekenntnis für den Reichstag zu Augsburg 1530. Aus den «Theologischen Abhandlungen», Festgabe zum 17. Mai 1902 für Heinrich Julius Holtzmann. II S. + S. 243—297. 8. Tübingen und Leipzig, J. C. B. Mohr, 1902. [M. 1. 60]

Ficker, Johs., die altchristlichen Bildwerke im christlichen Museum d. Laterans, untersucht u. beschrieben. Gedruckt m. Unterstützg. d. kaiserl. deutschen archäolog. Instituts. gr. 8. (V, 211 S. m. 2 Taf. u. 3 Abbildgn. im Texte.) Leipzig 890. E. A. Seemann. n. 6.—

—— die Darstellung der Apostel in der altchristlichen Kunst, s.a. Beiträge zur Kunstgeschichte.

Ficker, Johannes. Die Darstellung der Apostel in der altchristlichen Kunst. Eine ikonographische Studie. (Beiträge zur Kunstgeschichte. herausgegeben von E. A. Seemann. Neue Folge V.) Leipzig 1887. 8°.

— Altchristl. Denkmäler u. Anfänge d. Christent. im Rheingebiet. Rede z. Feier d. Geburtstages Sr. Maj. d. Kaisers, am 27. I. 1909 in d. Aula d. Kaiser Wilhelms-Universität Strassburg geh. (36 S.) gr. 8. Strassburg 909. J. H. E. Heitz. 1.20

Ficker, Johannes (Hrsg.), s. Denkmäler d. elsässischen Altertums-Sammlung zu Straßburg.

— Denkmäler d. elsässischen Altertums-Sammlung zu Strassburg i. Els. Christl. Zeit. Hrsg. im Auftrage d. Gesellsch. f. Erhaltg. d. geschichtl. Denkmäler im Elsass. (52 [2 farb.] Taf. u. XXVII S. illustr. Text.) 39×31 cm. Strassburg 907. (L. Beust.) In Mappe 30.—

Druck u. Schmuck des neuen evangelischen Gesangbuches für Elsass-Lothringen von Dr. Johannes Ficker, Prof., Strassburg. *Leipzig: Dieterich 1903.* (53 S.) 8° [F.]

— Neuer Druck u. Schmuck d. ev. Gesangb. f. Elsaß-Lothringen. (53 S. m. z. Tl. farb. Abb. u. 11 Taf.) gr. 8. Leipzig 910. Dieterich. 2.—

— u. Otto Winckelmann, Handschriftenproben des 16. Jahrh., nach Strassburger Originalen hrsg. 102 Taf. in Lichtdr. m. Text. 1. Bd. Taf. 1—46. Zur polit. Geschichte. Fol. (V, XV, 120 S. Text.) Strassburg 902. K. J. Trübner. In Mappe n. 40.—

— u. Otto Winckelmann, Handschriftenproben des 16. Jahrh., nach Strassburger Originalen hrsg. 102 Taf. in Lichtdr. m. Text. 2. Bd. Taf. 47-102. Zur geist. Geschichte. (XIII, 186 S. Text.) gr. 4. Strassburg 905. K. J. Trübner. In Mappe n. 50.—; geb. in Halbfrz. n. 55.—

Bd. I. Ebd. 902. In Mappe n. 40.—.

Handschriftenproben des sechzehnten Jahrhunderts nach Straßburger Originalen hrsg. von Johannes Ficker, Prof., u. Otto Winckelmann, Archivar. Kleine Ausg. 35 Taf. mit Transskript. u. biogr. Skizzen. Strassburg: K. J. Trübner 1906. (IX, 35 S.) 2°

Evangelischer Kirchbau von Johannes Ficker mit Plänen ausgeführter u. f. d. Ausführung entworfener kleiner Kirchbauten von E. Fürstenau u. a. Leipzig: Dieterich 1905. (35 S.) 4°

Ficker, Johannes [Dr., Kand. d. Predigtamtes]: Die Konfutation des Augsburgischen Bekenntnisses. . . . (Ersch. vollst. in gleichem Verl.) Leipzig, Verl. v. J. A. Barth, *1890;* 2 Bl., 51 S., 1 Bl. 8°
Halle, Theol. Fak., Hab.-Schr. v. 13. Dez. 1890

Ficker, Johs., die Konfutation d. Augsburgischen Bekenntnisses, ihre erste Gestalt u. ihre Geschichte. gr. 8. (CXXXVIII, 194 S.) Leipzig 891. J. A. Barth. n. 10.—

Ficker, Johannes (Hrsg.), s. Luther, Martin: Vorlesung über den Römerbrief 1515/16.

Ficker, (Paul) Joh. [aus Leipzig]: Die Quellen für die Darstellung der Apostel in der altchristlichen Kunst . . . . Altenburg, Druck v. Pierer, 1886: 4 + 60 S. 8°.
Leipzig. Phil. Fak., Inaug.-Diss. v. 16. Apr. 1886.

Ficker, (Paul) Joh., die Quellen für die Darstellung der Apostel in der altchristlichen Kunst. Diss. Leipzig 1886. 8°. 60 S.
Sonder-Abdruck aus: Beiträge zur Kunstgeschichte. Neue Folge. V. Leipzig 1887. E. A. Seemann.

Ficker, Johs, s.: Studien, archäologische, z. christl. Altertum u. Mittelalter.

— s.: Studien üb. christliche Denkmäler.

Ficker, Johannes. Thesaurus Bauwianus. Verzeichnis der Briefe und Aktenstücke (zur Reformationsgeschichte [des] Th' B' der) Kaiserliche(n) Universitäts- und Landesbibliothek Strassburg. Hrg. von J' F'. XXX + 2 + 181 S. 4. Strassburg, Selbstverlag der Bibliothek (Dr. von M. DuMont-Schauberg), 1905. [M. 6. —]

Ficker, Johs. Bernh., Annaberg von 1843 bis 1868. Ein Beitrag zur Geschichte dieser Stadt. Annaberg 868. Graser gr. 8. (VIII, 166 S.) n. 25 *ngr.*

Ficker, Josef — Auszug aus dem Sicherheits- und Beobachtungsdienst für die k. k. Armee. Zusammengestellt aus der Instruktion für die Uebungen im Felddienste von — —. Prag, 1857. Druck und Verlag von Karl Bellmann. (79 S. 2 Bl. 8.) (Mit 2 Tafeln Abbild.)

Ficker, Julius (Hrsg.), s. Acta imperii selecta.

Ficker, Jul., Beitraege zur Urkundenlehre. 2 Thle. gr. 8. Innsbruck, Wagner'sche Universitäts-Buchh. [1. Thl. (364 S.) 877. *ℳ 9,20.; 2. Thl. (549 S.) 878. *ℳ 12,80.] *

Ficker, Jul., s. Böhmer, J. Fr., Regesta imperii.

Ficker, Dr. Julius —. Godefridi Viterbiensis carmen de gestis Friderici Primi Imperatoris in Italia. Ad fidem codicis bibliothecae regiae Monacensis edidit — —. 8. (66 pag.) Oenipunti. Typ. et sumptibus Wagnerianis 1853.

Ficker, Iulius (geb. am 30 Apr. 1826 in Paderborn): De Henrici VI imperatoris conatu electiciam regum in imperio Romano-Germanico successionem in hereditariam mutandi ... Bonnae, typ. C. & F. Krüger 1849. 2 Bl., 82 S., 2 Bl. 8. ¶ Erschien 1850 selbständig bei Heberle in Köln.
Bonn, Phil. Fak., Diss. v. 19 Dez. 1849

Ficker, Jul., über die Datirung einiger Urkunden Kaiser Friedrich's II. [Aus „Sitzungsber. d. k. Akad. d. Wiss."] Lex.-8. (44 S.) Wien 872. Gerold's Sohn in Comm. n. — 60

Ficker, Jul., über die Echtheit des kleineren österreichischen Freiheitsbriefes. Lex.-8. (80 S.) Wien 857, (Gerold's Sohn.) **
Aus: Sitzungsberichte der k. Akademie der Wissenschaften, Jahrg. 1857, besonders abgedruckt.

— über das Eigenthum d. Reichs am Reichskirchen-Gute. [Aus „Sitzungsber. d. k. Akad. d. Wiss."] Lex.-8. (163 S.) Ebend. 873. n. 2. 80

Ficker, Jul., Engelbert der Heilige, Erzbischof von Köln und Reichsverweser. gr. 12. (IX und 365 S. mit 1 Stnt. in qu. 4.) Köln 853, Heberle.

— über die Entstehungsverhältnisse der constitutio de expeditione romana. [Aus „Sitzungsber. d. k. Akad. d. Wiss."] Lex.-8. (50 S.) Ebend. 873. n.n. — 75

— über die Entstehungszeit des Sachsenspiegels und die Ableitung des Schwabenspiegels aus dem Deutschenspiegel. Ein Beitrag zur Geschichte der deutschen Rechtsquellen. gr. 8. (IV und 137 S.) Innsbruck 859, Wagner'sche Universitäts-Buchh. *

— über die Entstehungszeit des Schwabenspiegels. Lex.-8. (70 S.) Wien 874, (Gerold's Sohn.) *
aus: Sitzungsberichte der k. Akademie der Wissenschaften, besonders abgedruckt.

— Forschungen zur Reichs- und Rechtsgeschichte Italiens. 1. und 2. Bd., 3. und 4. Bd. à 2 Abthlgn. gr. 8. Innsbruck, Wagner'sche Universitäts-Buchh. [1. Bd. (LV, 382 S.) 868. *ℳ 8,50.; 2. Bd. (III, 568 S.) 869. *ℳ 11,20.; 3. Bd. 1. Abthl. (S. 1—370.) 870. *ℳ 7,20.; 2. Abthl. (S. 371—541.) 872. *ℳ 4,10.; 4. Bd. Urkunden. 1. Abthl. (S. 1—288.) 873. *ℳ 7,20.; 2. Abthl. (S. 289—603.) 874. *ℳ 8,80.] *

Ficker, Jul., zur Genealogie der Handschriften des Schwabenspiegels. Lex.-8. (84 S.) Wien 862, (Gerold's Sohn.) **
Aus: Sitzungsberichte der k. Akademie der Wissenschaften, 1862, besonders abgedruckt.

Ficker von Feldhaus Julius Ritter, Dr.: Zur Geschichte des Kurvereines zu Rense. S. 11. 873 . . . . — 60
Separatabdruck

—— zur Geschichte des Lombardenbundes. Lex.-8. (56 S.) Wien 869, (Gerold's Sohn.) **

—— vom Heerschilde. Ein Beitrag zur deutschen Reichs- und Rechtsgeschichte. Lex.-8. (III und 231 S.) Innsbruck 862, Wagner'sche Universitäts-Buchh. *

—— das deutsche Kaiserreich in seinen universalen und nationalen Beziehungen. Vorlesungen gehalten im Ferdinandeum zu Innsbruck. gr. 8. (IV und 183 S.) Innsbruck 861, Wagner'sche Universitäts-Buchh. *

—— das deutsche Kaiserreich in seinen universalen und nationalen Beziehungen. Vorlesungen gehalten im Ferdinandeum zu Innsbruck. 2., unveränd. Aufl. gr. 8. (IV und 183 S.) Innsbruck 862, Wagner'sche Universitäts-Buchh. *

—— deutsches Königthum und Kaiserthum. Zur Entgegnung auf die Abhandlung Heinrichs v. Sybel: Die deutsche Nation und das Kaiserreich. gr. 8. (III und 125 S.) Innsbruck 862, Wagner'sche Universitäts-Buchh. *

Ficker, Jul. Regesta imperii, s. Böhmer, Joh. Friedr.

—— vom Reichsfürstenstande. Forschungen zur Geschichte der Reichsverfassung zunächst im XII. und XIII. Jahrh. 1. Bd. Lex.-8. (XXVII und 396 S.) Innsbruck 861, Wagner'sche Universitäts-Buchh. *

Vom Reichsfürstenstande. Forschungen zur Geschichte der Reichsverfassung, zunächst im 12. und 13. Jahrhunderte. Von Julius Ficker. Bd. 1. 2, 1. — Innsbruck: Wagner 1861—1911. 8°
1. 1861.
2. 1. Hrsg. u. bearb. v. Paul Puntschart. 1911.

— die Reichshofbeamten der staufischen Periode. (Aus den Sitzungsber. der k. Akad. d. Wiss.) Wien 863. Gerold in Comm. gr. 8. (105 S.) n. 16 ngr

—— Reinald von Dassel, Reichskanzler und Erzbischof von Köln. 1156—1167. Nach den Quellen dargestellt. gr. 12. (VIII und 152 S.) Cöln 850, Heberle.

—— der Spiegel deutscher Leute, s. Spiegel, der.

— über einen Spiegel deutscher Leute und dessen Stellung zum Sachsen- und Schwabenspiegel. Ein Beitrag zur Geschichte der deutschen Rechtsquellen. (Aus d. Sitzungsberichten d. k. Akad. d. W.) Wien 857. (Gerold.) gr. 8. (177 S. u. 1 lith. Taf. in 4.) n. 1 ℳ 2 ngr

— über das Testament Kaiser Heinrichs VI. [Aus „Sitzungsber. d. k. Akad. d. Wiss."] Lex.-8. (42 S.) Wien 871. Gerold's Sohn in Comm. n. — 60

— die Ueberreste des deutschen Reichs-Archives zu Pisa. (Aus d. Sitzungsberichten d. k. Akad. d. W.) Wien 855. (Gerold.) gr. 8. (101 S.) n. 17 ngr

Untersuchungen zur Erbenfolge der ostgermanischen Rechte. Von Julius Ficker. Bd 1–4. 5, Abth. 1. 6, Abth. 1. [Mehr nicht ersch.] Innsbruck: Wagner 1891–1904. 8°
1. 1891. 2. 1895. 3. 1898. 4. 1899. 5, 1. 1902. 6, 1. (Aus s. Nachlasse.) (Hrsg.: Dr. H[ans] v. Voltelini.) 1904.
(Ficker: Untersuchungen z. Rechtsgeschichte. Bd 1–4. 5, 1. 6, 1.) [illegible] 6

— Untersuchungen zur Rechtsgeschichte. 1. Bd. u. 2. Bd. 1. Hälfte. gr. 8. Innsbruck, Wagner. n. 27. 20
1. Bd. Untersuchungen zur Erbfolge der ostgerman. Rechte. 1. Bd. (XXX, 540 S.) 891. n. 16. —
2. Bd. 1. Hälfte. Untersuchungen zur Erbfolge der ostgerman. Rechte. 2. Bd. 1. Hälfte. (400 S.) 893. n. 11. 20

Ficker, Jul., Untersuchungen z. Rechtsgeschichte. 2. Bd. 2. Hälfte. A. u. d. T.: Untersuchgn. z. Erbenfolge d ostgerman. Rechte. 2. Bd. 2. Hälfte. gr. 8. (XV u. S. 401—665 m. 1 Taf.) Innsbruck 895. Wagner. n. 8. —

— dasselbe. 3. Bd. (2 Abthlgn.) Untersuchungen z. Erbenfolge d. ostgerman. Rechte. 3. Bd. gr. 8. (XII, 638 u. VIII S m. 1 farb. Karte.) Ebd. 896. 898. n. 19.20

— dasselbe. 4. Bd. 1. Abth. Untersuchgn. z Erbenfolge d. ostgerman. Rechte. 4. Bd. 1. Abth. gr. 8. (VIII. 290 S.) Ebd. 898. n. 9. 20 (I—IV. 1.: n. 63. 60)

— Untersuchungen zur Rechtsgeschichte. IV. Bd. 2. Abth. Untersuchungen zur Erbenfolge d. ostgerman. Rechte. IV. Bd. 2. Abth. gr. 8. (S. 291—581.) Innsbruck 899. Wagner. n. 9. —

— dasselbe. V. Bd. 1. Abth. Untersuchungen zur Erbenfolge der ostgerman. Rechte. V. Bd. 1. Abth. gr. 8. (X, 324 S.) Ebd. 902. n. 10. 50

Ficker, Jul., Untersuchungen zur Rechtsgeschichte. VI. Bd. 1. Abth. Untersuchungen zur Erbenfolge der ostgerman. Rechte. VI. Bd. 1. Abth. (Aus seinem Nachlasse) (XI, 151 S.) gr. 8. Innsbruck 904. Wagner. n. 5. 60 (I—V, 1 u. VI, 1 n. 88. 70)

—— Urkunden zur Geschichte des Römerzuges Kaiser Ludwig des Baiern und der italienischen Verhältnisse seiner Zeit. Lex.-8. (XXIII und 177 S.) Innsbruck 865, Wagner'sche Universitäts-Buchh. *

Ficker, Jul., über die Zeit u. den Ort der Entstehung d. brachylogus juris civilis. [Aus „Sitzungsber. d. k. Akad. d. Wiss."] Lex.-8. (66 S.) Wien 871. Gerold's Sohn in Comm. n. — 90

Ficker, Ludw. v., Inbrunst des Sturms, s.: Reigen, lyrischer, 7.

FICKER, Ludwig v.
(F) Sündenkinder. Drama in zwei Aufzügen Von Ludwig v. Ficker. Linz und Leipzig. 1900. Oesterreichische Verlagsanstalt. 8°. 78 S. K 1.80

FICKER, Ludwig von
(F) Und Friede den Menschen! Eine Christnachtstragödie von Ludwig v. Ficker. Linz. Wien. Leipzig. 1901. Oesterreichische Verlagsanstalt. Gr.-8°. 98 S. K 1.80

Ficker, Ludwig Wilhelm

Ficker, Ludov. Guil. (geb. Paderborn 30. 11. 1797): De rhachitide morbisque ex eadem oriundis. Berolini (1820). (72 S.) 4°
Berlin, Med. Diss. v. 27. Nov. 1820

Ficker, L. C., de Rhachitide morbisque ex eadem oriundis. Comment. medica. Acced. tabulae 2 lithogr. 4maj. Berolini. (Leipz., Kummer in Comm.) 821.

Ficker, L. W., de Rhachitide morbisque ex eadem oriundis. Comment. medica. Acced. tabulae II lithogr. 4maj. Paderb. 821. Wesener. 1 ℳ

De Rhachitide morbisque ex eadem oriundis. Commentatio medica. Auctore Ludovico Guilelmo Ficker. Berolini [1823]. 72 S. 4°
[Erschien zuerst als Med. Diss. Berlin, 27. Nov. 1820.]

Ficker, L. W., über d. Wirkungen d. eisenhalt. Mineralquellen, insbesond. d. Driburger u. Herster, nebst Beschreib. d. dort. Gegend, Anlagen u. Anstalten. M. 1 Vign. 8. (11 B.) Münster 828, Regensberg.

Ficker, Martin

Ficker, M., Fortschritte d. Schulhygiene nach d. Vorführungen auf der deut. Unterrichtsausstellung zu Brüssel 1910. (68 S. m. Abb.) gr. 8. Charlottenburg 910. P. J. Müller. 1.50

Ficker, Martin: Einfache Hülfsmittel zur Ausführung bakteriologischer Untersuchungen, s. Abel, Rudolf.

Ficker, *Philipp* Martin [app. Arzt aus Sohland an d. Spree]: Über Wachstumsgeschwindigkeit des Bacterium coli commune auf Platten ... Leipzig, J. A. Barth, 1895; 33 S., 1 Bl. 8.
Leipzig, Med. Fak., Inaug.-Diss. v. 24. Juni 1893
(Nicht f. d. Austausch)

Ficker, Mathilde, Gott will, sein Kind soll glücklich sein, s.: Vereinsbühne.

Ficker, Mathilde, Weihnachtsboten, s.: Aufführungen, neue dramatische, f. Jungfrauen-Vereine. 4. Hft.

— Das gute Wort, s.: Vereinsbühne.

Das Heidelberger Wahrsagebuch (Ein Glück Buech). Pal. Germ. 7. Eine deutsche Bilderhs. aus d. 14. Jh. Zum ersten Male beschrieben von Otto Ficker. Mit 2 Taf. Heidelberg: (Heidelb. Verlagsanst. u. Dr.) 1907. 24 S. 4° [11. 3434

Friedrich List der größte Eisenbahnapostel und große Nationalökonom Deutschlands. Eine Gedenkschrift f. Deutsche. (Verf.: Paul Ficker, Saalfeld.) Mülheim a. d. Ruhr: E. Marks in Komm. [1905]. (48 S.) 8° [05. 10046

Ficker, Paul, religionslose Moral — e. Unding, s. u. Zeitfragen des christl. Volkslebens. 197. Hft.

Religionslose Moral – ein Unding. Ein Beitrag zu d. Frage nach d. Werden u. Wesen d. Sittlichkeit. Von Paul Ficker. *Stuttgart: Ch. Belser 1901.* (40 S.) 8° [F.]
— Zeitfragen d. christlichen Volkslebens. Bd 26, H. 5. [01. 9303

Ficker, Paul Gerhard, s. Ficker, Gerhard

Ficker, Paul Johannes, s. Ficker, Johannes

Ficker, Robert

— die Unterrichts- u. Erziehungsanstalt St. Joseph an der Höhe in Bonn. gr. 8. (III, 38 S. m. 1 Taf.) Ebd. 899. n. — 60

Weihbischof Dr. Herm. Jos. Schmitz. Das Leben u. Wirken eines sozialen Bischofs. Von R[obert] Ficker. *Bonn: P. Hanstein 1900.* (93 S.) 8° [F.] [00. 11356

Ficker, Samuel Gottlieb

Ficker S. G.: Versuch einer Vertheidigung d. Kuhpocken-Impfung gegen die v. Herz darüber erhobenen Zweifel. Liegnitz u. Leipz. 1802. 144 S.

Ficker, Sam. Gli., Vertheidigung d. Kuhpockenimpfung gegen die von Herz dagegen erhobenen Zweifel. 8. Liegnitz 802. Siegert. 8 gr.

Ficker, Wlh. Ant., († d. 8. März 1824.) Aufsätze u. Beobachtt., mit Hinsicht auf d. Erregungstheorie. 1r Thl. gr. 8. Hannov. 804. Hahn. 22 gr. (2r Thl. A. u. d. T.: medicin. Miscellen. 1r Bd.) gr. 8. Paderb. 806. Wesener. 1 rthl 12 gr.

Ficker, Wilh(elm) Ant(on): Aufsätze und Beobachtungen mit jedesmaliger Hinsicht auf die Erregungstheorie. 378 S., gbd.

Paderborn: Wesener 1806

(Ficker, W.A.: Medizinische Miszellen. Bd 2)

Ficker, Wilhelm Anton: Beiträge zur Arzneiwissenschaft, Wundarznei- und Entbindungskunst. Heft 1 - 2, gbd., Abb.

Münster: Theißing 1796 - 1802

JB 2.332

Ficker, W. Ant., Comm. de temperamentis hominum, quatenus ex fabrica corp. et structura pendent. 38 pp. Gött. 4°. Salzb. med. chir. Zt. 1793, III, 355.

1791

—Comment. de temperamentis hominum. 4 maj. Gött. 791. Vandenhöck u. R. 4 gr.

Ficker, Wilh(elm) Ant(on): Medizinische Miszellen.

Paderborn: Wesener
Bd 2: Ficker, W.A.: Aufsätze und Beobachtungen mit jedesmaliger Hinsicht auf die Erregungstheorie. 1806

JB 2.333

Ficker, Wilhelm Anton.
Über die Operation der Luftröhren und Luftröhren-Kopfschnitt . . . Hof 1793. H: *Niceus, Christian Friedrich.* (Ky)

—über d. Operation d. Luftröhren u. Luftröhren-Kopfschnitts. Deutsch herausg. (v. Chr. Fr. Niceus). 8. Hof 793. Grau. 3 gr.

Ficker, Wilhelm Anton: Preisfrage, worin besteht eigentlich das Übel, das unter dem sogenannten freywilligen Hinken der Kinder bekannt ist? Findet dagegen eine Heilung statt, wann und wo findet sie statt, und durch welche Mittel wird sie erzielet? 96 S., gbd., Abb.

Wien: Geistinger 1807
(Abhandlungen über die Coxalgie... 2)

JB 3.679/2

—Beantwort. d. Preisfrage: worin besteht eigentl. d. Uebel, das unter dem sogenannten freiwilligen Hinken d. Kinder bekannt ist? findet dagegen eine Heilung statt? wann u. wo findet sie statt u. durch welche Mittel wird sie erzielt? gr. 4. Wien 807. Geistinger. (Landsh., Krüll). 1 rthl 6 gr.

— s. Taschenbuch, Driburger.

— Wilhelm Anton (Westfalen), De tracheotomia et laryngotomia. Diss. med.-chir. Erfurt (Goerling) 19. IV. 1792. 32 S. (4.50) 8790

— Unterr. f. Hebammen, s. Unterricht.

Ficker von Feldhaus, Julius, s. Ficker, Julius

FICKERMANN, Wilhelm (Pelkum): Über das latente Carcinom an der Flexura sigmoidea.- München: München. Buchdr. u. Drucks.-Fabrik 1903. 31 S.
11.5.1903 - Chr 1902/03,25; Jv 1902/03,304
Diss.Ingolst.-Landsh.-Mchn.

Fickert, Auguste (Hrsg.), s. Dokumente der Frauen.

Fickert, Auguste, s.: Frauenleben, neues.

Fickert, Benno Robert [app. Arzt]: Ueber die Verunreinigung der animalen Lymphe durch Spaltpilze ... Leipzig, Druck v. A. Edelmann, Univ.-Buchdr., *1894*; 27 S. 8.
Leipzig, Med. Fak., Inaug.-Diss. v. 23. März 1894
(Nicht f. d. Austausch)

Fickert, C., Friderici Haasii memoria. Pr. 1868. 85 S. 4°.

Fickert, Emil [aus Dresden]: Ueber Aethyl- und Propyl-p-Xylylketon .... Freiburg i. B., Buchdr. v. Chr. Ströcker, 1887; 30 S. + 1 Bl. 8°
Freiburg i. B., Phil. Fak., Inaug.-Diss. v. 1887

Fickert, Franz (geb. am 8 Sept. 1845 in Essen a. d. Ruhr): Experimentelle Beiträge über den Einfluss des Chinin [!] bei Jauchevergiftung ... Bonn, Druck v. C. Georgi 1868. 30 S., 1 Bl. 8.
Bonn, Med. Fak., Diss. v. 31 Juli 1868

Fickert, Heinrich Ludwig (Plauen/V.), De methodo herniarum expediendarum radicali nuper a Vallette proposita. Diss. chir. Lpz. (C. W. Vollrath) 17. VII. 1852. 23 S. mit Biogr. (M.: E. Fritzsche.) (4.—) 8791
Gew.: Carl Friedrich Schreyer (Ölsnitz).

Fickert, Karl

Fickert, C., die Artbildung u. Verwandtschaft bei den Foraminiferen. s.: Eimer, G. H. Thdr.

Fickert, K., d. Artbildg. u. Verwandtschaft b. d. Schmetterlingen. s: Eimer. G. H. Thdr.

— die Artbildung u. Verwandtschaft bei d. Schwimmvögeln, s.: Eimer, G. H. Th.

Fickert, C., die Fische Süddeutschlands. 12. (58 S. m. 6 Abbildgn.) Nebst farb. Wandtafel. 83×92 cm. Stuttgart 894. J. Weise. In Karton. n. 4.—

Fickert, Carl (Rudolf Dietrich) *(geb. Breslau 3. 9. 1849)*: Myriopoden und Araneiden vom Kamme des Riesengebirges. Ein Beitrag zur Faunistik der subalpinen Region Schlesiens. Breslau (1875). (47 S.) 8° *[Im Buchhandel 1875 bei Maruschke & Berendt in Breslau.]*

Breslau, Phil. Diss. v. 11. Okt. 1875

— Orthogenesis d. Schmetterlinge, s.: **Eimer,** G. H. Thdr., d. Entstehg. d. Arten.

— u. O. **Kohlmeyer,** Tierkunde f. deutsche Lehrerbildungsanst., unt. grundsätzl. Betong. d. Beziehgn. zw. Lebensverrichtgn., Körperbau u. Aufenthaltsort d. Tiere bearb. 2., verb. u. verm. Aufl. M. 559 Abb. u. 1 farb. Taf.: „Tierregionen u. Subregionen" n. Wallace. gr. 8. (X, 402 S.) Leipzig 898. G. Freytag. Geb. in Leinw. n. 4.50

— u. O. **Kohlmeyer,** Tierkunde unter grundsätzlicher Betonung der Beziehungen zwischen Lebensverrichtungen, Körperbau u. Aufenthaltsort der Tiere. 3. verm. u. verb. Aufl. Mit 570 Abbildgn. u. 1 farb. Taf.: „Tierregionen u. Subregionen" nach Wallace. gr. 8. (VII, 436 S.) Leipzig 900. G. Freytag. Geb. in Leinw. n. 4.80

Fickert, Karl Rudolf

— Epistolae Senecae et Pauli. Pr. 1853. 25 S. 4°.

Fickert, C. Rud. Glossarii Latini fragmenta Portensia. 8 S. .

Pforta, Progr. 1843

Fickert, Car. Rud., s. **Gronovius,** Joa. Fr., notae in L. Annaei Senecae naturales.

Fickert, C.R. Jo. Fr. Gronovii Notae in L. Annaei Senecae Naturales Quaestiones. P. I. 48 S. P. II. 40 S.

Breslau, Elis., Progr. 1846, 1848

Fickert, C. R. Proleg. in novam opp. L. Ann. Senecae edit. P. I. 54 S. . . . .

Progr. Schulpforte 1839

Fickert, Karl. Rud., Proleg. in novam opp. L. Annaei Senecae philosophi edit. Partic. I. 4maj. Lipsiae 840. (Weidmann.) n. 1/2 ₰

Fickert: De accentuum Hebraicorum ratione, quatenus possit in Gymnasiis tractari. 24 S.– Breslau Elis. G., Progr. 1861.

Fickert, Karl Rudolf (Hrsg.), s. Seegebart, J. F.: Tagebuch.

Fickert, K. R. Das Tagebuch des Feldpredigers J. E. Seegebart und sein Brief an J. D. Michaelis, ein Beitrag zur Geschichte des ersten Schlesischen Krieges. 67 S. 8.

Breslau, Elis., Progr. 1849

Fickert, C. R. Seneca de natura deorum. 21 S.

Breslau, El. G., Progr. 1857

Fickert, Karl Rudolf (Hrsg.), s. Seneca, L. Ann.: Opera.

Fickert, Carl Rud. Thucydides consulto ambiguus. 19 S.

breslau, Elis., Progr. 1854

Fickewirth, Benjamin Carl (Tennstad), De febre sic dicta puerperarum. Diss. med. Präs. Christian Friedrich Ludwig. Lpz. (Klaubarth) 31. VIII. 1798. 26 S. (4.80) 8792
Gew.: Christian Erhard Kapp, Carl Christian Friedrich Menz.

Fickius, s. Fick.

Fickler. Gedenken üb. Festtage. 5 Stck. 8. Bautzen.

Fickler, Alfred, Assist. am pathol. anat. Institut: **Studien zur Pathologie und pathologischen Anatomie der Rückenmarkscompression bei Wirbelcaries.** Mit Taf. I. II. *Leipzig 1899: A. Pries.* (113 S.) 8°
Erlangen, Med. Diss. v. (4. März) 1899

Fickler, Hugo, approb. Arzt aus Strassburg i. E.: **Die Bacterienflora der Reichsländischen Lymphe.** *Strassburg i. E.: J. Singer 1901.* (33 S.) 8°
Strassburg, Med. Diss. v. 1901

Fickler, Karl Borromäus Alois

— C. B. A., Römische Alterthümer aus der Umgegend von Heidelberg und Mannheim. Gel. 1865. 14 S. —.75

C. B. A. Fickler. Anniversarienbuch des Klosters Maria-Hof bei Neidingen. Ein Beitrag zur vaterländischen Geschichte, mit Anmerkungen begleitet. I. Abt. 48 S.
Derselbe. Anniversarienbuch des Klosters Maria-Hof. II. Abt. 32 S.
Donaueschingen, P 1845. 1846

Fickler, C[arl] B[orromäus] A[loys]. Berhtold der Bärtige (1018–1077), erster Herzog von Zäringen. (Festgabe zur Feier des 20. September 1856.) [Mit 1 Stamm-Tafel.] 8. Mannheim 1856.

Fickler, C. B. A., Berhtold der Bärtige erster Herzog von Zäringen. Lex.-8. (VII und 111 S. mit 1 Tab. in qu. gr. 4.) Mannheim 856, Bensheimer.

" Die Donauquellen und das Abnobagebirge der Alten: Eine geographische Untersuchung als Excurs zu Tacitus Germania c. I. 54 S. Donaueschingen, P 1840

C. B. A. Fickler. Einiges über die griechischen Frauen nach den Forschungen von Limburg-Brower. Donaueschingen, P 1848

Fickler, C. B. A., Geschichte von Fürstenberg, siehe: Münch, Matth. Corn.

Fickler, C. B. A., kurze Geschichte der Häuser Fürstenberg, Geroldseck u. von der Leyen. 1. u. 2. Aufl. 8. (à 7 B. u. 2 Stammtaf.) Karlsruhe 844, Macklot. à –

C. B. A. Fickler. Kurze Geschichte des Gymnasiums in Donaueschingen. 27 S.
Donaueschingen, P 1836

Fickler, C. B. A., Heidelberg. Stadt, Schloß und Umgebungen. 8. (XLII und 130 S. mit eingedr. Holzschn. und 1 Holzschn.-taf. in qu. gr. 4.) Lahr 863, Geiger. cart. *

Fickler, C. B. A., Heiligenberg in Schwaben. Mit einer Geschichte seiner alten Grafen und des von ihnen beherrschten Linzgaues. Carlsruhe 853. (Donaueschingen, Schmidt.) 8. (6 Bl., 206 S.) n. 28 ngr

— Odalrich II. Graf von Dilingen-Kiburg. Bischof von Constanz 1110—1127. Ein Beitrag z. vaterländischen Geschichte. Mannheim 856. Bensheimer. gr. 8. (56 S.) n. 12 ngr

Derselbe. Phaeno und Phaena. Eine geographische Untersuchung. 24 S.
Donaueschingen, P 1841

Fickler, C[arl] B[orromäus] A[loys]. Quellen und Forschungen zur Geschichte Schwabens und der Ost-Schweiz. (2 Abtheilungen.) 4. Mannheim 1859.
(Abtheilung 1. Einleitung. — Abtheilung 2. Urkunden.)

Fickler, C. B. A., Quellen und Forschungen zur Geschichte Schwabens und der Ost-Schweiz. 4. (CXLII und 104 S.) Mannheim 859, (Löffler.) *

— In Rastatt 1849. Mit 1 (lith.) Plane von Rastatt (in 4.). Rastatt 853. Hanemann. gr. 8. (VIII, 276 S.) n. 28 ngr

Fickler, C. B. A., in Rastatt 1849. 2. Aufl. gr. 8. (XV, 277 S.) Rastatt 899. W. Hanemann. n. 2.—

Fickler, der Schwarzwald, s.: Schnars.

Fickler, Carl Al., De Theseo, popularis Atheniensium imperii quem dicunt auctorem. Comment. ad exam. publ. gymnas. Donaueschingen. Carlsruhe (Wilh. Hasper) 1839. 28 S. (4.—) 8793

Fickler, Karl Borromäus Alois: Die erste Zerstörung der Stadt Mannheim 1622. Freiburg i. Br. 1869. 8°

Fickler, Wilh., Theorie d. Grösse d. Kraft sich bewegender flüss. Massen, besond. der nichtexpansibelen flüss. Massen, u. Anwendung ders. auf d. Kraft d. auf unterschlächt. Räder geleit. Wassers, mit Beobachtn., sowohl an wirkl. Mühlen-Anlagen als mit d. Beobachtn. Bossut's, an Modellen verglichen. M. 1 Fig.-Taf. (in gr. 4.) Lex.-8. (15¼ B. incl. 1 Tab.) Jülich 832. (Köln, Du Mont-Schauberg.)

Fickler, Wilh., Theorie d. Kraft sich bewegender expansibler flüssiger Massen, od. des pneumat. Drucks, vorzügl. d. Luft, mit Anwend. d. Kraft, welche d. Luft auf Windmühlenflügel ausübt. gr. 8. (4½ B. u. 1 Taf.) Crefeld 841, Schüller.

Fickler, Wilhelm, aus Braunschweig: Unter welchen philosophischen Voraussetzungen hat sich bei Hegel die Wertschätzung des Staates entwickelt und wie ist diese zu beurteilen? *Braunschweig 1903: A. W. Zickfeldt.* (58 S.) 8°
Jena, Phil. Diss. v. (4. Aug.) 1902

Ficktuld, Hermann, s. F i c t u l d, Hermann

Fickweiler, Christoph Ernst (Greiz), De veterum Dingeswinde. Diss. jur. Präs. Heinrich Brokes. Jena (Schill) 7. III. 1753. 32 S., tlws. dtsch. (5.—) 8794

Ficquelmont, des Ministers, Einsetzung u. Abdankung. Zwei constitutionelle Schwabenstücke, a. u. d. T.: Publizist. Beiträge zur Geschichte des deutschen Michel. Beitrag I. v. einem Manne der entschiedensten Opposition. gr. 8. (8 S.) Wien 848. (Sallmayer & Co.) 2 ngr

Ficquelmont, Karl Ludwig Graf von

Ficquelmont, L. Graf, Aufklärgn. üb. die Zeit vom 20. März bis zum 4. Mai 1848. gr. 8. (130 S.) Leipzig 850, Barth. — 2. Aufl. gr. 8. (130 S.) Ebd. 850. 24 ngr

— Deutschland, Oesterreich u. Preußen. gr. 8. (95 S.) Wien 850, Braumüller. n. 18 ngr

—— Deutschland, Oesterreich und Preußen. gr. 8. (95 S.) Wien 851, Braumüller. *

Ficquelmont, C. L. Grf. — Zum künftigen Frieden. Eine Gewissensfrage von — —. Wien, 1856. Druck und Verlag von Friedrich Manz. (95 S. 8.)

— siehe: Gesetz, üb. das, der Souveränität.

— Lord Palmerston, England u. der Continent. 2 Bde. gr. 8. (1: VIII u. 374 S. 2: VIII u. 272 S.) Wien 852, Manz. (1: 2 ℛ 12 ngr 2: 1 ℛ 24 ngr) 4 ℛ 6 ngr

Ficquelmont, C. L. Graf. —. Rußlands Politik und die Donaufürstenthümer. Das Recht der Uebersetzung wird vorbehalten. gr. 8. Wien. Verlag und Druck von Friedrich Manz. 1854.

Ficquelmont, C. L. Graf —. Die religiöse Seite der orientalischen Frage. Von — —. 8. (VI, 178 S.) Wien. Druck und Verlag von F. Manz. 1854.

Fictiones recentiores Christiani Democriti ... et Joachimi Langii, adversus nonnulla Philosophiae Leibnitianae et Wolfianae capita, rece..itae ... Francof. et Lipsiae 1736. V: *Canz, Israel Gottlieb.* (ML) »1735« (Adel)

Fictions et réalités polonaises. St. Pétersbourg 864. — Berlin, Behr. gr. 8. (121 S.) n. 20 ngr

Fictuld, Hermann: A b h a n d l u n g von der Alchymie, und derselben Gewißheit. Erlang: Tetzschner 1754. 226 S. 8°

Fictuld, Hermann.
Azoth et Ignis, das ist das wahre elementarische Wasser und Feuer, oder Mercurius Philosophorum, als das einige nothwendig der Fundamental-Uranfänge und Principiorum des Steins der Weisen. Aureum Vellus, oder Goldenes Vliess, was dasselbe sey, sowohl in seinem Ursprunge, als erhabenen Zustande. Denen Filiis Artis und Liebhabern der Hermetischen Philosophie dargelegt, auch dass darunter die Prima Materia Lapidis Philosophorum samt dessen Praxi verborgen eröffnet von H. F. Leipzig, bey Michael Blochberger, 1749. pp. 379, 12mo. Frontispiece and plates.

Ficktuld, Herm., Azoth u. Ignis od. d. Mercurius philosophor. u. s. w. 8. Leipz. Gollner. 748.

Cabbala mystica naturae, darinnen die principia derer characterum eröffnet und angewiesen werden, auch gehandelt wird von dem ewigen und einigen Eins, als dem feurigen Liebes-Saltze ... Hrsg. u. zum Druck befördert durch Herman Fictuld. Petersburg [usw.] & Leipzig: bey Veraci Orientali Wahrheit & Ernst Lügenfeind 1741. 112 S. 8°

Occulta occultissima, Das ist: Gröstes und höchstes Geheimniß aller Geheimnisse von der alten Weisen prima materia und lapide philosophorum, ... zum Druck befördert durch herman Fictuld. Petersburg [usw.] & Leipzig: bey Veraci Orientali Wahrheit & Ernst Lügenfeind 1741. 103 S. 8°

— chymisch-philosoph. Probierstein. 8. Leipzig, Hilscher. 784.

Hermann Fictulds [Fictuld] Chymische Schriften, darinnen in zwölff königlichen Palästen von dem Stein der Weisen gehandelt wird. Samt e. kurtzen Vorr. ans Licht gestellet durch Friedrich Roth-Scholtzen [Roth-Scholtz]. Franckfurt & Leipzig; Nürnberg: Göpner 1734. 230 S. 8°

[Sondert.1:] Fictuld: Das edele Perlein und theurer Schatz der himmlischen Weisheit.

[Sondert.2:] Fictuld: Göttlicher Geheimnussen Anhang und Anweisung vom allgemeinen natürlichen Chaos der natur-gemässen Alchymie und Alchymisten.

[Sondert.3:] [Gespräch] Ein Gespräche zwischen dem König Mascos, seiner Schwester Agoa, und einem hermetischen Lehr-Jünger, von dem Stein der Weisen, zu fernerer Erklärung des Chaos und der Arbeit. 14

— hermetischer Triumphbogen. 8. Leipzig, Gleditsch. 741.

Turba philosophorum, das ist: Gesammlete Sprüche der Weisen, zur Erläuterung der hermetischen Schmaragd-Tafel, oder von dem Stein der Weisen.. hrsg. durch Herman Fictuld. o.O. 1763. 184 S. 8°

— turba philosophor. v. Stein d. Weisen. 8. Gotha, Muscher. 763.

— hermetica victoria. 8. Lips. 750.

Ficus, Max, Quid de Babrii poëtae vita indagari possit, quaeritur. Progr. (31 S.) Lex.-8. Posen 906. (J. Jolowicz.) n.n. 1.—

Ficus, Maximilian: Quid de Babrii poëtae vita indagari possit, quaeritur. Posen 1906: Merzbach. (31 S.) 4°
Posen, k. Auguste-Viktoria-G OP 1906 (207)

Fidalgo, Benj. Musaphia, fragment des essais du Vieillard du Mont Libanon, ou VIIme Sect. des Dialogues entre le Vieillard du Mont Libanon et le Vieillard du Mont Caucase. Extrait du reste de l'ouvrage, qui est encore en manuscrit. 8. Altona 784. 2e A. Ebd. 790.

[—] B. M. F. (Verfasser der Fragm., des essais du vieillard du Mont Libanon), Replica in Sachen des Propheten Samuels ctra Agag, König der Amalekiter, in puncto homi – et infanticidii. Hierauf folgt ein merkwürdiges und vermuthlich interessantes Gespräch. Altona. 1785.

Fidanza, F.A.: Album do Pará em 1899. s.Santa Rosa, Henrique

Fiddichow [Schlagwort]

Fiddichow. s.: Geologische Karten. Preussen. 89.

Fiddicke, Gustav [app. Arzt aus Gusow (Reg.-Bez. Frankfurt a/O.)]: Über Pseudomiliartuberkulose der Lungen bei Masern ... Würzburg, Becker's Univ.-Buchdr., 1896; 14 S., 1 Bl. 8.
Würzburg, Med. Fak., Inaug.-Diss. v. 1896

Fideikommiß, das, des hessischen Kurhauses. gr. 8. (21 S.) Leipzig 877, Hirth. *
Aus: Annalen des deutschen Reichs für Gesetzgebung, Verwaltung und Statistik, besonders abgedruckt.

Fideikommiß, das, des hessischen Kurhauses. [Aus: „Annalen des deutschen Reichs".] gr. 8. (21 S.) München 877. Hirth. n. 1. –

Fideicommisse (Ueber). Eine Bitte an unsere Landstände von einem Bürgerlichen. 8°. Berlin, Nicolai'sche Buchh., 1838.

Fideicommiß-Errichtungs-Urkunde für die dritte gräflich von Schönborn'sche Linie. Prag, 1856. Druck der k. k. Hofbuchdr. von Gottlieb Haase Söhne. (96 S. 8.)

Fideikommißgesetzgebung, die, in den deutschen Bundesstaaten. Hrsg. vom Deutschen Landwirtschaftsrat. (S. 139 bis 192.) Lex.-8. Berlin 904. P. Parey. n. 1. —
Sonderabdruck aus: „Archiv d. Deut. Landwirtschaftsr."

Fideicommissgüter. Bünning, C., Karte der grossherzogl. holstein-oldenburgischen Fideicommissgüter. Gezeichnet nach der Generalstabs-Karte auf dem Kataster-Bureau zu Eutin 1883. Berichtigt 1902. 1 : 40,000. 65,5×67,5 cm. Kpfrst. Hamburg (903). (C. Boysen.) n. 2. —

Fidelbogen, des Prinz Formosos, u. der Prinzessin Sana Clara Geige. 2 Thle. 8. Bern, Serini. 780.

Fidèle. Die Waisen v. Malvern. Zwei moral. Erzählungen von der Verfasserin mehrerer beliebter Jugendschriften. Aus dem Engl. frei übersetzt. 8. (VIII u. 127 S.) Hamburg 851, Meißner. n. 2/3 ℳ

Fidelibus! Lieder für die Naturforscher und Aerzte auf der 44. Versammlung in Rostock. Als Festgabe. 1. und 2. Aufl. 16. (VIII, 88 S.) Rostock 871, Kuhn. [Werther's Verlag.] cart. *

Fidelinus, Christian Ernst

ROBINSONIN, Die Böhmische, Oder curieuse und merkwürdige Geschichte eines Frauenzimmers, Namens Aemilia, welche geraume Zeit auf einer unbewohnten Insul gelebet, von ihr selbst aufgesetzt und ans Licht gegeben von *Christiano Ernesto Fidelino.* Mit Titelkupfer. Franckfurt und Leipzig, 1753. 8. (Besitzt Prof. Dr. Ullrich.) (4 Mk. 50 Pfg. Franz Teubner, Düsseldorf, c. 1898; 10 Mk. Alfr. Lorentz, Lpz., 1905.)
Titel (roth u. schwarz), Vorrede 2 Bll. unbeziffert, unterzeichnet: Gotha den 12. August 1752. *Chr. Ern. Fidelinus;* Text S. 9—431.

Fidelio. Oper in 2 Akten von Sonnleithner, die Musik von Bethoven. Wien, Pichler. 805.

Fidelio. Oper in zwei Aufzügen. Frei nach dem Französischen ... Neue Aufl. Wien [1863]. V: *Treitschke, Georg Friedrich.* (EB)

FIDELIO (ps.), Der Geächtete bei Morgarten, und Conrad von Felseck. Zwei Erzählungen. Eisenberg, Schöne, 1834. 8°. $16^{1}/_{4}$ Bogen. (1 Rthl.)
A. G. Schmidt, Gallerie etc.

Fidelio, der feine Gesellschafter. Anleitung sich m. feinem Tact auf Visiten u. in Gesellschaften zu bewegen, beliebt zu machen u. Herzen zu erobern. Rathgeber für alle luft. Kreise u. Gesellschaften. Hrsg. von Dr. Fidelio. 16. (256 S.) Chemnitz 880. Hager. 1. 50

— dasselbe. 3. Aufl. 12. (256 S.) Ebend. 882. n. 1. —

Fidelio, s.: Mikosch's, Baron, Erlebnisse auf d. Berliner Gewerbe-Ausstellung 1896.

[F.] Baron Mikosch's Erlebnisse auf der Berliner Gewerbe-Ausstellung 1896. Hrsg. v. **Fidelio.** M. 5 Orig.-Vollbild. u. Vign. v. H. G. Herrmann. *Berlin: O. Haebringer [1896].* (95 S.) 1 Bd 8.

Fidelio, E., fröhl. Hochzeits-Tafellieder u. heitere Rundgesänge f. grüne, silberne u. goldene Hochzeit. (75 S.) 8. Mühlhausen i/Th. (910). G. Danner. — 50

Fidelis [Sachliches Ordnungswort]

Fidelis. Der heilige F' von Sigmaringen (1577–1622). Ein Lebensbild. Für das christliche Volk bearb. von einem Weltpriester. 2 Bändchen. 8. Ingenbohl ... 1868–1869.
Bandchen 1. Die Jugendjahre des heiligen F'. Mit Stahlstich [Tafel]. Bändchen 2. Die Mannesjahre des heiligen F' und sein Martyrertod. [Mit Stahlstich.]

Fidelis von Sigmaringen. Eine merkwürdige und lehrreiche Geschichte späterer Zeiten ... Augsb. 181? 2. Aufl. 1820. V: *Waitzenegger, Franz Joseph.* (KY) (MGT) (Schmal)

Fidelis von Sigmaringen. Eine Geschichte späterer Zeiten. 2te Aufl. 8. Augsburg, Doll. 820.

Fidelis von Sigmaringen. Eine merkwürdige u. lehrreiche Geschichte späterer Zeiten; neu erzählt für alle fromme Christen vom Verf. d. Gräfin Ida v. Toggenburg. 3e Aufl., mit 1 Kpf. 8. Augsb. 826. 5e A. 831. Doll. 6 Gr.

Fidelis v. Sigmaringen. Eine merkwürd. u. lehrr. Gesch. späterer Zeiten; neu erzählt f. alle frommen Christen v. d. Verf. d. „Gräfin von Toggenburg." 4—6. Aufl. (à 9½ B. u. Titkpfr.) Augsburg 831. (Regensburg, Manz.) ħ

Fidelis von Sigmaringen. Eine merkwürdige u. lehrreiche Geschichte späterer Zeiten; neu erzählt für alle fromme Christen von d. Verf. der Gräfin Itha von Toggenburg (Frz. Jos. Waitzenegger). Mit Titelkpfr. 6e Aufl. 8. Augsb. 835. (Landshut, Manz.) 1/4 ℛ

Fidelis [Verfasser]

Fidelis a Sigmaringa, S., exercitia seraphicae devotionis. Cum appendice orationum ac benedictionum denuo ad usum sacerdotum ed. Michael Hetzenauer. 12. (XXV, 231 S.) Stuttgart 893. J. Roth. n. 1. 60

Ⓑ **Fidelis a Sigmaringa,** S., exercitia. 393.
Jetzt: Mergentheim, C. Ohlinger.

Fidelis von Sigmaringen, Gebete u. andere Andachtsübungen, nebst einem Anh. einiger Gebete zur Verehrung dieses Heiligen. Ein Andachtsbuch für kathol. Christen. Hersg. vom Verf. der Lebensgeschichte dieses Heiligen u. anderer Schriften. Brixen 865. Weger. 12. (192 S. u. 1 Stablst.) 6 ngr.

Fidelis v. Sigmaringen, des H., Geistesübungen. A. d. Latein. v. Phil. Lichter. 8. (9½ B.) Coblenz 829, [Herat.]

Fidelis, des hl., v. Sigmaringen, Erstlingsmärtyrers, des Kapuzinerordens u. der Congregatio de propaganda fide, Uebungen seraphischer Frömmigkeit. Ins Deutsche übertragen u. dem Gebrauche v. Laienbrüdern, Klosterfrauen u. frommen Weltleuten angepaßt von Ferd. v. Scala. 16. (312 S. m. Titelbild.) Lindau 900. J. Lutz. Geb. in Leinw. n. 1. 50

Fidelis, des hl., v. Sigmaringen, Erstlingsmärtyrers des Kapuzinerordens u. der Congregatio de propaganda fide, Uebungen seraphischer Frömmigkeit. Ins Deutsche übertr. u. dem Gebrauche v. Laienbrüdern, Klosterfrauen u. frommen Weltleuten angepaßt von Ferd. v. Scala. (Neue [Titel-]Ausg.) (312 S. m. Titelbild.) 16. Feldkirch [900] (904). F. Unterberger. Geb. in Leinw. n. 1. —

Fidelis, Dr. (Pseud.) Hoensbroech kontra Dasbach. Klgft., St. Josefs-Druck., 1904. 50 S.

Fidelis, Hoensbroech kontra Dasbach. Untersuchungen des Hoensbroech'schen Klage-Materials. 1. u. 2. Aufl. (à IV, 46 S.) gr. 8. Klagenfurt 904. Buch- u. Kunsth. des St. Josef-Vereines. n. 1. —

Fidelis, e. Jahr im Bergschlößchen. Erinnerungen aus e. Mädchenleben. 8. (201 S.) Leipzig 889. Böhme Nachf. n. 2. 80; geb. n. 3. 80

Fidelis, der nathanisirte Lebenswecker, ein Vergifter für Menschen und Thiere. Geschichts- und gerichtsaktliche Darlegung und Enthüllung der großen Usurpation und Verfälschung, welche Nathan der Kleine an Baunscheidt's großer Erfindung versucht hat. Ein Mahn- u. Warnungsruf für Alle. Bonn 864. (Habicht.) gr. 8. (V, 37 S.) n. 8 ngr.

Fidelis, s.: Nuntius adest!

Fidelis, Vier Wochen in Wien. Ein Taschenbuch f. Fremde, die mit d. geringsten Aufwande von Zeit u. Geld Wien u. seine Merkwürdigkeiten kennen lernen wollen. Mit 2 Charten. 16. Wien 827, Wimmer.

Fidelis, Johann [Pseud.], s.a. Lentz, Nicolaus

Fidelis, J., Privat-Katechese üb. d. Ehestand, s. Lentz, Nik.

Fidelis, Just., Glaube u. Wissenschaft, s.a. Stimmen aus Oesterreich.

Fidelis, Justus, Glaube u. Wissenschaft. Wien (VIII, Strozzigasse 41), Verlag der Reichspost, 1896, 8°, 16 S., 10 Pf.
Stimmen aus Österreich. Zur Lehr u. Wehr'. Daselbst. Nr. 4.

Fidelis, M., Gedanken e. katholischen Laien aus Anlaß des bevorstehenden ökumenischen Conzils. Wien 869. Kirsch. gr. 8. (93 S.) n. 7 ngr.

Fidelis, M., Gedanken eines katholischen Laien aus Anlaß des bevorstehenden ökumenischen Conzils. gr. 8. (93 S.) Wien 871, Kirsch.

Fidelitas. Organ für gesellige Vereine und Privatkreise, mit dem Beiblatt: Der Unterhaltungs-Abend. Redact.: G. A. Bourset. 1.—3. Jahrg. Oktbr. 1882—Septbr. 1885. à Jahrg. 24 Nrn. (à Nr. 2 Bog.) gr. 4. Hamburg, Kramer. à Jahrg. 4

Fidelitas. Organ für gesellige Vereine und Privatkreise, mit dem Beiblatt: Der Unterhaltungs-Abend. Redact.: G. A. Bourset. 4.—6. Bd. Oktbr. 1885—Septbr. 1888. à Bd. 24 Nrn. (à Nr. 2 Bog.) gr. 4. Hamburg, Kramer. à Bd.

Fidelitas. Organ f. gesell. Vereine u. Privatkreise m. dem Beiblatt: Der Unterhaltungs-Abend. Red.: G. A. Bourset. VII. Bd. Octbr. 1889—Septbr. 1890. 24 Nrn. (2 B.) Lex.-8. Hamburg 889. Expedition (G. Kramer). f. 6 Nrn. n. 1. 50

— Organ f. gesell. Vereine u. Privatkreise m. dem Beiblatt: Der Unterhaltungs-Abend. Red.: G. A. Bourset. VIII. Bd. Octbr. 1891—Septbr. 1893. 24 Nrn. (à ca. 1½ Bog.) Lex.-8. Hamburg, Expedition (G. Kramer's Verl.). f. 6 Nrn. n. 1. 50

— Organ f. gesell. Vereine u. Privatkreise m. d. Beiblatt: D. Unterhaltungs-Abend. Red: G. A. Bourset. X. u. XI. Bd. Octbr. 1895—Septbr. 1899. à 24 Nrn. (Bog.) Lex.-8. Dresden, C. A. Koch. f. 6 Nrn. n. 1. 50

Fidelitas. Organ f. gesell. Vereine u. Privatkreise. Red.: G. A. Bourset. XII. u. XIII. Bd. Octbr. 1899—Septbr. 1903. à 24 Nrn. Lex.-8. (à ca. 16 S.) Dresden, C. A. Koch. Für 6 Nrn. n. 2. —

Fidelitas. Organ f. gesell. Vereine u. Privatkreise. Red.: G. A. Bourset. 14. u. 15. Bd. Oktbr. 1903—Septbr. 1907. à 24 Nrn. (IV, 312 u. IV, 308 S.) Lex.-8. Dresden, C. A. Koch. à Bd. n. 8. —

Fidelitas. Organ f. gesell. Vereine u. Privatkreise. Red.: G. A. Bourset. 16. u. 17. Bd. Oktbr. 1907—Septbr. 1910. 24 u. 12 Nrn. (IV, 288 u. IV, 144 S.) Lex. 8. Dresden, C. A. Koch. Bd. 16: 8. —; geb. 10. —; Bd. 17: 4. —, geb. 6. —

— dasselbe. 18. Bd. Oktbr. 1910—Septbr. 1912. 24 Hfte. (1. Hft. 12 S.) Lex. 8. Hamburg (G. Kramer Verl.). f. 6 Hefte 2. —; einz. Hefte — 60

Fidelitas. Blätter f. gesell. Unterhaltg. Unter Leitg. e. erfahrenen geistl. Präses hrsg. 3. Jahrg. 1894. 24 Nrn. (Bog.) gr. 4. Duisburg, J. Hoffmann. n. 4. —

Fidelitas. Blätter f. gesell. Unterhaltg. Unt. Leitg. e. erfahr. geistl. Präses hrsg. 4. Jahrg. 1895. 24 Nrn. (Bog.) gr. 4. Duisburg, J. Hoffmann. n. 4. —
Weiter nicht erschienen.

FIDELITAS abiturientium. O. O. u. J.
Verboten vom L.-G. Graz, 14. Juli 1891. § 516.

— — erotica. Vorgetragene Lieder vom neulichen Herrenabend Saphirs des Zweiten. Privatdruck. Pressburg 1907. Pressburger Verlag, G. m. b. H. (fing.). 8°. (12 Mk., unbeschn. im Orig.-Umschl., Osk. Rauthe, Berlin, 1908; 6 Mk. Adolf Weigel, 1908.)
Nur in 400 in der Maschine numer. Expll. auf Bütten gedr. Ein Neudruck soll niemals stattfinden. — 83 S. (incl. Tit. u. 1 Bl. Vorbemerkg. in Rothdruck).

Fidelius, f.: Nationalbank, die österr., u. ihr Einfluß auf die wirthschaftl. Verhältnisse der Monarchie.

Fidelius. Die österr. Nationalbank und ihr Einfluss auf die wirthschaftlichen Verhältnisse der Monarchie. Wien 1875.

Fidelius, Fidel, Kasperl. Puppenspiele f. Jung u. Alt. 2. verm. Aufl. 4. (120 S.) Stuttgart 874. Hofmann & Hohl. geb. 2. 50

Fidelius, Fidel, Kasperl. Puppenspiele für Jung und Alt. 2. verm. Aufl. 4. (120 S.) Stuttgart 874, Risch. geb.

Fidelmann, Julia, 595 Fälle v. engem Becken m. bes. Berücksicht d. Therapie. Diss. gr. 8. (36 S.) Bern 894. (H. Körber.) n. — 60

Fideris. Bad F. Eisenhaltiger Natronsäuerling.... 8. Rapperswyl o. J. [1870/90].

Fides - Constantia - Robur. Die drei Freunde von der Rasenbank und das Denunciationsprotokoll. Leipzig 1873. V: *Zarncke, Frdr.* (Hauptkat. d. Univ.-Bibl. Tübingen. K. Nachtr. 19.)

Fides historica Librorum Tobiae et Judith breviter asserta. Trevir. 1782. V: *Gerz, Johann.* (MGT)

Fides, Invicta, Christiana sive Triumphantes in Japonia Martyres Ludovicus, Antonius, Thomas. Theatro dati ... S. l. 1724. V: *Westphalen, Anton.* (Jes)

Fides Invicta Non oboediens praecepto Regis sed praecepto Legis ... S. l. 1720. V: *Gräss, Heinr.* (Jes)

Fides salvifica infantum. 8. Berl. Haude. 765.

Fides, spes et charitas. Glaube, Hoffnung und Liebe. Reverendissimis Episcopis congregatis Viennae Austriae 1856. Den versammelten hochwürdigsten Bischöfen zu Wien in Oesterreich 1856. Mechitharisten-Buchdruckerei in Wien. (11 S. 4.) (Latein und deutsch zugleich.)

Fides, Spes, Caritas, tria haec ... S. l. 1770. V: *Fischer, Franz.* (Jes)

Fides, Una et vera, contra Libertinos ... 18 aug. 1710. S. l. V: *Pichler, Veit.* (Jes)

Fides, Fedo. Romanzo. 8. (228 S.) Lugano 900. A. Arnold. n. 1.80; geb. n. 3.—

FIDIBUS. (Wochenschrift, hrsg. von Joh. Jac. Ebert u. Karl Gfr. Küttner.) Bündel 1—4. Leipzig, b. Fr. Gotthold Jacobäern, 1768. — Bündel 5—7. Ibid. 1769. Bündel 8. Ibid. 1770. 8°. (Nur Th. 4—8 in Berlin.) (Cplt. 15 Mk. Paul Neubner, Cöln, 1892; 200 (!) Mk., Bündel 1—5, 7—8, und die folg. „Beyträge" als Supplement, Martin Breslauer's Berliner Oktob. Auct. 1910, no. 696.)

— — Dasselbe. Bündel 1—8. Zweyte Aufl. Ibid. 1769—70. 8°.
Cplt. auch in Breslau, Kgl. u. Univ.-Bibl.; Bündel 1—3 in Marburg, Univ.-Bibl.: XVI. C. 535.)

— — Beyträge zum Fidibus. Ibid. 1770. 8°.

Fidibus, eine satyr. Monatsschrift. 8 Bündel (v. Jh. Jak. Ebert). 8. Leipz. 768—70 Jacobäer. 5 ℛ (Fortsetz., s. Tapeten).

Fidibus, Ein. Riga 1823. H: *Czarnewski, Johann Georg Martin Friedrich August.* (GGr) (R-N)

Fidibus: 1859 ?
Weekly. Sub-title: Zeitung des „Deutschen Hauses." Handschriftliches Wochenblatt.
Hanover, PA

Edited & published by Joseph Ehrenfried & Co. [Ebner], Sept. 1812—Mar. 1815; by Heinrich Ebner, Apr. 1815—May 1821; by H. Ebner & Co. [Friedrich G. Rütger, or Rütze], June 1821—Dec. 1830; by Gräter & Blumer [Augustus Gräter & Alexander A. Blumer], Jan. 1, 1831—Dec. 1833; by A. & W. Blumer [Alexander A. Blumer & W. H. Blumer], Jan. 1834—May 1842; by V. & W. Blumer [Victor & W. H. Blumer], May 1842—Dec. 1843; by Victor Blumer & Charles S. Bush, Jan. 1, 1844—Dec. 1849; by Blumer, Bush & Leisenring [Victor Blumer, Charles S. Bush & E. D. Leisenring], Jan. 1, 1850—June 1857; by Blumer & Leisenring [Victor Blumer & E. D. Leisenring], July 1—Dec. 1857; by H. A. & V. Blumer & E. D. Leisenring [Henry A. Blumer], Jan. 1858—June 1860; by Saeger & Leisenring [Eli J. Saeger] [with Victor Blumer until his death, Aug. 24, 1860], July 4, 1860—Aug. 1865; by E. D. Leisenring & Co. [I. F. Walter & G. T. Colver], Sept. 6, 1865—1870; by Leisenring, Trexler & Co. [E. D. Leisenring, B. F. Trexler, & G. T. Colver], 1870—Sept. 1877; by Leisenring, Trexler & Co. [E. D. Leisenring, B. F. Trexler & W. J. Härtzel], Sept. 1877—Feb. 1882; by Trexler & Härtzel, Feb. 1882—1893; by The Welt Bote Publishing Co., 1893—1932 [Härtzel & William F. Weber, 1893—1905, then Härtzel alone].
Other editors: Henry A. Schuler, 1882—1908; Jakob Blumer; Julius Bodisch; F. J. Lamm; Jakob Maximilian Beck; F. W. Neubauer.
Hanover, PA

Fidibus: 1889?—1899?

Humorous weekly. Merged with Colorado Herold. Circulation: 1895, 1250; 1899, 1600. Edited by Bruno Grosser, 1892—93; by Rudolph Weber, 1894; by S. A. Harburg, 1895—99; published by Rudolph Weber, 1892—95; by Harburg & Weber, 1895—99.
Denver, CO

Fidibus-Schnitzel, Antediluvianische, von 1842—47. Wien 1850. V: *Schwarzenberg, Frdr. Fürst.* (Haydinger)

Fidibus-Schnitzel — Ante-diluvianische. Von 1842 bis 1847. 4. Fascikel. Als Manuscript für Freunde. 8. (180 S.) Wien. Gedruckt bei Leop. Grund. 1850.

Fidibus-Schnitzel, Postdiluvianische. 1849—54. Wien 1862. V: *Schwarzenberg, Friedrich Fürst von.* (WBL)

— —, Post-diluvianische, von 1849 bis 1860. 2 Bde. O. O. 1862. 8°. (War nicht im Handel.) Rar!
Prof. von Karajan's Bibl. I. Lpz. 1875, No. 6631; Anon.-Lex. V. p. 110 hat „1849—54". „Wien 1862" (nach Wurzbach).

Fidicin, E., histor.-diplomat. Beiträge zur Geschichte der Stadt Berlin. 3 Thle. Berlinisches Stadtbuch. — Berlinische Urkunden von 1261 bis 1550. — Berlinische Regesten von 949 bis 1550. Mit 6 Kpfrtaf. gr. 8. Berlin 837, Hayn. 6 ℛ

Fidicin, E., historisch-diplomatische Beiträge zur Geschichte der Stadt Berlin. 4. Thl. Berlinische Urkunden von 1232 bis 1700. gr. 8. Berlin 842, Duncker u. Humblot. $2^1/_3$ ℛ

— dass. 5. Thl. — A. u. d. T.: Geschichte der Stadt Berlin. 1. Abtheil. Darstellung der innern Verhältnisse der Stadt. gr. 8. Ebend. 842. $2^5/_6$ ℛ

Fidicin, E., Berlin, historisch u. topograph. dargestellt. Mit 1 Doppel-Karte: Berlin im J. 1640 u. im J. 1842. gr. 8. (13 B.) Berlin 843, C. H. Jonas. •

Fidicin, E., Berlin, histor. u. topograph. dargestellt. 2. wohlf. (Titel-)Ausg. Mit e. (lithochrom.) Doppel-Karte: Berlin im J. 1640 u. im J. 1842 (in Imp.-Fol.) gr. 8. (VI u. 202 S.) Berlin (843) 852, Schroeder. n. $^2/_3$ ℛ

Fidicin, E., s. Chronik, Berlinische.

—— die Gründung Berlins. Kritische Beleuchtung d. Schrift: Ueber d. Entstehung, d. Alter rc. d. Städte Berlin u. Cöln, v. K. F. Klöden. gr. 8. ($14^3/_4$ B.) Berlin 840, Dümmler.

Fidicin. Die Hauptmomente aus der Geschichte Berlins. Berlin 1858. 8°.

Fidicin, E., Kaiser Karl's IV. Landbuch der Mark Brandenburg nach den handschriftl. Quellen herausgegeben. Berlin 856. Guttentag. gr. 4. (XII, 355 S.) 4 ℛ 10 ngl

— die Territorien der Mark Brandenburg oder Geschichte der einzelnen Kreise, Städte, Rittergüter und Dörfer in derselben, als Fortsetzung des Landbuchs Kaiser Karl's IV. bearb. 2 Bde. Ebend. 857, 58. gr. 4. Jeder Bd. 4 ℛ 10 ngl
1. Bd.: Geschichte des Kreises Teltow und der in demselben belegenen Städte, Rittergüter, Dörfer rc. Mit 1 (lith. u. color.) Karte. (2 Bl., XVIII, 160 S.) — Geschichte des Kreises Nieder-Barnim rc. Mit 1 (lith. u. color.) Karte. (2 Bl., XVIII, 145 S.)
2. Bd.: Geschichte der Stadt und Insel Potsdam. Mit (3 lith.) Karten (theilw. in Farbendr. in 4. u. Fol.). (2 Bl., XI, 170 S.) — Geschichte des Kreises Ober-Barnim und der in demselben belegenen Städte, Rittergüter, Dörfer rc. Mit 1 (lith.) Karte (in Fol.). (XVI, 101 S.)

Fidicin, E., die Territorien der Mark Brandenburg oder Geschichte der einzelnen Kreise, Städte, Rittergüter, Stiftungen und Dörfer in derselben, als Fortsetzung des Landbuchs Kaiser Karl's IV. 3. u. 4. (letzter) Bd. Berlin 860, 61. Guttentag. gr. 4.
 3. Bd.: Der Kreis West-Havelland. — Der Kreis Ost-Havelland. — Der Kreis Zauche. Mit 2 (lith.) Karten (in Fol.). (XLII, 228 S.) n. 2 ₰ 5 ngr.
 4. Bd.: Der Kreis Prenzlau. — Der Kreis Templin. — Der Kreis Angermünde. Mit (2 lith.) Karten (in 4. u. Fol.). (XII, 270 S.) 4 ₰ 10 ngr.

Fidicinis, Geo., die unüberwindliche feste Burg. Darinnen zu finden sichere Wohngn., treffl. Wehre u. wohlbewährte Waffen wider die list. Anläufe u. Mordpfeile des Satans, des Todes u. der Welt, wie auch wider alle große Noth, die e. rechtschaffenen Christen in dieser Zeitlichkeit gemeiniglich treffen. Geschrieben im Exilio f. alle betrübte, angefochtene, zag. u. auch verfolgte Christen. Neue Ausg. 2. Bd. 3., 4. u. 5. Thl. 5. Aufl. (V u. S. 241—468 m. 1 Bildnis.) gr. 8. Hermannsburg 903. Missionshandlg. n. 1. —; geb. n. 1. 50

Fidicinis, Geo., geistliche Lockspeise. Neue Ausg. 8. (VI, 107 S.) Hermannsburg 893. Missionshandlg. n. 1. 20; geb. n. 1. 60

Fidler, s. a. Fiedler.

Fidler, Andr., (auch Marian gen.), († d. 23. Febr. 1802.), s. *Austria* sacra.

v. Fidler, D., Fabeln u. Erzählungen. 1r Thl. gr. 8. Wien 761. (Heubner). 6 ℋ

Fidler, Daniel (Hohnstein/Misn.), De Graecarum et Latinarum literarum in Misnia instauratoribus. Disp. philos. Präs. Jo. Burchard Mencken. Lpz. (Chn. Goez) 10. XII. 1701. 14 Bl. (5.—) 8795

Fidler, Franz

Fidler, F., der Amtsrichter in Preußen. Darstellung der Amtsgerichtsverfassung, der Stellung des Amtsrichters u. des Verfahrens in allen zur Zuständigkeit der Amtsgerichte gehör. Rechtsangelegenheiten. 1—4. Lfg. gr. 8. Paderborn 877—82. F. Schöningh. n. 17. —
 1. 2. [2. Thl.] Die gesetzl. u. instruktionellen Bestimmungen nach ihrer heutigen Gestalt u. Geltung in systemat. Anordnung. Mit Parallelstellen u. Erläuterungen aus den Entscheidungen d. Reichsgerichts u. d. Kammergerichts. (XIV, 477 S.) n. 8. 50

Fidler, F., der Amtsrichter in Preußen. Darstellung der Amtsgerichtsverfassung, der Stellung des Amtsrichters und des Verfahrens in allen zur Zuständigkeit der Amtsgerichte gehörigen Rechtsangelegenheiten. 5 Lfgn. oder 2 Bde. gr. 8. Paderborn, F. Schöningh. *

Inhalt:

Lfg. 1. Die die Amtsgerichtsverfassung, die Stellung des Amtsrichters und das Verfahren vor den Amtsgerichten betreffenden Bestimmungen. (Bd. 1. S. 1—268.) 881. *ℳ 4,50.
 „ 2. Die deutsche Civilproceßordnung für Amtsgerichte mit allen noch geltenden älteren Bestimmungen und allen dazu ergangenen Ausführungsgesetzen und Bestimmungen. Mit Parallelstellen und Erläuterungen aus den Entscheidungen des Reichsgerichts und des Kammergerichts. (S. 269—478.) 881. *ℳ 4.
 „ 3. Die preußische Subhastationsordnung, die deutsche Konkursordnung und die deutsche Strafproceßordnung für Amtsgerichte, mit allen noch geltenden älteren Bestimmungen und allen dazu ergangenen Ausführungs-Gesetzen und -Bestimmungen. Mit Parallelstellen und Erläuterungen aus den Entscheidungen des Reichsgerichts und des Kammergerichts. (XIII—XVII, S. 479—718.) 882. *ℳ 3,50.
 „ 4. Das Grundbuchwesen, das Vormundschaftswesen, das Verlassenschaftswesen und das sog. gerichtliche Notariat für Amtsgerichte, mit allen noch geltenden älteren Bestimmungen und allen dazu ergangenen Ausführungs-Gesetzen und -Bestimmungen. Mit Parallelstellen und Erläuterungen aus den Entscheidungen des Reichsgerichts und des Kammergerichts. (XIX—XXII, 2. Bd. S. 1—322.) 882. *ℳ 5.
 „ 5. Die das Hinterlegungswesen, die Verwaltung von Stiftungen und die Handels- rc. Registerführung betr. Bestimmungen, nebst den noch geltenden älteren Bestimmungen und allen Ausführungs-Gesetzen- und -Bestimmungen. Mit Parallelstellen und Erläuterungen aus den Entscheidungen des Reichsgerichts und des Kammergerichts. (XII, S. 323—722.) 883. *ℳ 3.

Fidler, F., der Amtsrichter in Preußen. Die Bestimmungen über die Amtsgerichtsverfassung und das Verfahren vor den Amtsgerichten, systematisch geordnet und erläut. Als Lehrbuch für Referendare, als Handbuch für Amtsrichter, Rechtsanwälte und Notare, unter besond. Berücksicht. des Geltungsgebietes des allgemeinen Landrechts bearb. 3 Bde. 2. wesentl. umgearb., sehr verm. und verb. Aufl. gr. 8. Düsseldorf 888, Schwann. [1. Bd. (XXIII, 926 S.) *ℳ 12.50.; 2. Bd. (X, 657 S.) *ℳ 12.—; 3. Bd. (XIII, 710 S.) *ℳ 12.—.] *

Fidler, F., Gesetz, betr. die ärztlichen Ehrengerichte, das Umlagerecht u. die Kassen der Aerztekammern, s.: Guttentag's Sammlung preuß. Gesetze.

Fidler, F., Leitfaden z. Einführung in d. bürgerliche Gesetzbuch u. s. Nebengesetze f. Gerichtsschreiber. 2 Thle. gr. 8. (XXXI, 884 S.) Berlin 898. J. Guttentag. n. 10. —; geb. in Halbfrz. n.n. 11. 50

— Leitfaden zur Einführung in das bürgerl. Gesetzbuch u. seine Nebengesetze. Ergänzungsheft. gr. 8. (88 S.) Berlin 899. J. Guttentag. n. 1. —
 Hauptwerk. Ebd. 898. n. 10. —.

Leitfaden durch das Bürgerliche Gesetzbuch und das Handelsgesetzbuch sowie durch d. Gesetze über d. gerichtl. Verfahren mit besond. Berücks. d. Preuss. Ausführungsbestimmungen. Ein Handbuch. Von Dr. F. Fidler, Amtsger.R. in Münster i. W. 2., vollst. umgearb. Aufl. *Berlin: J. Guttentag 1900.* (XLIII, 1006 S.) 8° [F.] (01. 183

— Leitfaden durch das bürgerl. Gesetzbuch u. d. Handelsgesetzbuch, sowie durch die Gesetze üb. das gerichtl. Verfahren, m. besond. Berücksicht. der preuß. Ausführungsbestimmgn. Ein Handbuch zum Gebrauche der gerichtl. Beamten f. Studium u. Praxis, sowie f. den Verkehr m. den Gerichten. 2., vollst. umgearb. Aufl. gr. 8. (XLIII, 1006 S.) Ebd. 901. n. 10. —; geb. in Halbfrz. n.n. 12. —

— Reichs-Gesetz üb. die Beurkundung des Personenstandes u. die Eheschließung, s. a. Guttentag's Sammlg. deutscher Reichsgesetze.

Fidler, F[ranz]: Reichs-Gesetz über die Beurkundung des Personenstandes und die Eheschließung vom 6. Febr. 1875 in der v. 1. Jan. 1900 an gelt. Fass. nebst d. preuß. Ergänzungsvorschr. Textausg. mit Einl., Anm. u. Sachreg. Berlin 1901. 8°

Fidler, F., Vormundschaftsrecht u. Fürsorgeerziehung, s.: Seelsorger-Praxis. XIII.

— die Zwangsvollstreckung in das unbewegliche Vermögen. Das Gesetz vom 13. Juli 1883, betr. die Zwangsvollstreckg. in das unbewegl. Vermögen [Zwangsvollstreckungsordng.], nebst den daneben gelt. gesetzl. u. Ausführungs-Bestimmungen. Mit Parallelstellen u. kurzen Erläutergn. aus den Gesetzesmaterialien u. der Rechtsprechg. Zugleich e. Nachtrag zu dem Werke: Der Amtsrichter in Preußen. gr. 8. (IV, 81 S.) Ebend. 884. n. 1. 80

Fidler, Franz Georg. Philosophia universa. Clagenfurti, Kleinmayr, 1705. 144 S.

FIDLER, JOANNES MICHAEL. Lob- und Ehren-Rede, von dem Geheimnuss der Allerheiligsten Dreyfaltigkeit, nach Maß des eingeschränkten Menschen Vernunfts Entworffen an den hohen Titular-Fest des Ordens Der Allerheil. Dreyfaltigkeit Von Erlösung gefangener Christen / so in bemeldten Ordens-Kirchen Der Ehrengeachtete und Tugendsame Jungling Joannes Michael Fidler vor zahlreicher Gegenwart einer Hoch-löblichen Ertz-Bruderschaft bestättiget und vollbracht zu Klein-Maria-Zell zu Alt-Ofen anno 1761. den 17. May. Ofen 1761. Gedruckt bey Leop. Frz. Landerer. 8 f. - kl. 4°

Fidler Josef: Die Elemente der Centralbewegung in Kegelschnitten. 35. Arnau 91.
 Progr.

Die wirtschaftliche Lage der eichsfeldischen Teile des Regierungsbezirkes Erfurt u. Vorschläge zu ihrer Verbesserung. (Verf.: [Karl] v. **Fidler**.) Erfurt 1909: Stenger. 27 S. 4°(2°) (10. 2632 3

Fidler, Matthias

— die Toten leben! Wirkl. Thatsachen üb. d. persönl. Fortleben n. d. Tode. A. d. Schwed. übers. v. Fritz Feilgenhauer. gr. 8. (35 S.) Ebd. 896. n. 1. —

Fidler, Matthias, die Toten leben! Wirkl. Tatsachen üb. d. persönl. Fortleben nach dem Tode. Aus d. Schwed. übers. v. Fritz Feilgenhauer. 2. Aufl. (36 S.) 8. Leipzig 909. M. Spohr. 1. —

Fidler, Matth., woher kommen u. was sind unsere Gedanken? A. d. Engl. v. F. Feilgenhauer. gr. 8. (41 S.) Leipzig 896. [M. Spohr.] E. Fiedler. n. 1.—

Fidora, Alois, k. u. k. Militär Verpflegsofficial 1. Cl. Handbuch für die k. u. k. Militär-Verpflegsbeamten im Frieden.
8 Wien und Leipzig 1901.

Fidora, U., album per francobolli. Contenente tutti i francobolli, le cartoline, le buste e le fasce con bollo ufficialmente impresso ecc., emesse a tutto oggi. Opera completa suddivisa in 2 parti (1840—1890 e 1890 a oggi). Lavoro eseguito in base alla ultima ed. del rinomato album di Schaubek. Riccamente illustrata con riproduzioni eleganti di tutti i valori postali che presentano varietá di tipo, corredata da stemmi intercalati nel testo, con aggiuntovi i ritratti dei regnanti e capi di stato, i facsimili delle filigrane e seguita da una dettagliata appendice contenente le marche da bollo, il francobolli fiscali, ecc. da non raccogliersi. gr. 4. (4 S. u. 428 Bl. u. 6 S. u. 4, 206 Bl.) Leipzig 894. C. F. Lücke. Ausg. I. In 1 Halbleinw.-Bd. 13. 50; Ausg. II. In 2 Bdn. 17. —; 1. Bd. allein 12. —; 2. Bd. allein 7. 50; Ausg. III. In 2 Leinw.-Bdn. 19. 50; 1. Bd. allein 12. 50; 2. Bd. allein 9. —; Ausg. IV. Auf Velinpap. In 2 Leinw.-Bdn. m. Goldschn. 30. —; 1. Bd. allein 20. —; 2. Bd. allein 12. —; Ausg. V. Auf Velinpap. In 2 Halbfrz.-Bdn. m. verstellbarem Schloss, Metallknöpfen u. Goldschn. n. 40. —; 1. Bd. allein n. 26. —; 2. Bd. allein n. 19. —; Ausg. VI. Auf Velinpap. In 2 Ldr.-Bdn. m. verstellbarem Schloss, Metallknöpfen u. Goldschn. n. 65. —; 1. Bd. allein n. 40. —; 2. Bd. allein n. 30. —; Ausg. VII. Auf Kartonpap. In 3 Ldr.-Bdn. m. verstellbarem Schloss, Metallknöpfen u. Goldschn. n. 100. —; 1. u. 2. Bd. allein n. 70. —; 3. Bd. allein n. 40. —

Fidora, U., album per francobolli. Contenente tutti i francobolli, le cartoline, le buste e le fasce con bollo ufficialmente impresso ecc., emesse a tutto oggi. Opera completa suddivisa in 2 parti (1840—1890 e 1890 a oggi). Lavoro eseguito in base alla ultima ed. del rinomato album di Schaubek. Riccamente illustrata con riproduzioni eleganti di tutti i valori postali che presentano varietá di tipo, corredata da stemmi intercalati nel testo, con aggiuntovi i ritratti dei regnanti e capi di stato, i facsimili delle filigrane e seguita da una dettagliata appendice contenente le marche da bollo, il francobolli fiscali, ecc. da non raccogliersi. Quart-Mittel-Ausg. gr. 4. (VII, 428 u. 201 S.) Leipzig 894. C. F. Lücke. Ausg. I a. Geb. in Halbleinw. 6. —; Ausg. II a. in Leinw. 8. —

Fido's Juliustage 1846. Humorist. Reimereien aus u. in dem Wildbade bei Burgbernheim, f. grillen- u. brillenlose Freunde. 8. Marktbreit 836. (Rothenburg, Beck.) n. 3/8 ₰

Fidus, Pastor. Feuerbestattung und neues Testament. Leipzig 1905. C. F. W. Fest.

Fidus, Feuerbestattung u. Neues Testament. Beleuchtet. (IV, 36 S.) 8. Leipzig 905. C. F. W. Fest. n. —60

Fidus, Hugo [d. i. Hugo Höppener]

Fidus u. Diefenbach, Kunst-Beilagen aus Sphinx, Monatsschrift f. Seelen- u. Geistesleben. VIII. Jahrg. Bd. XV—XVII. gr. 8. (12 Bl.) Braunschweig 894. C. A. Schwetschke & Sohn. n. 1. —; in Mappe n. 1. 50

— dasselbe. IX. Bd. Octbr. 1893—Septbr. 1895. 24 Nrn. (à ca. 1½ Bog.) Lex.-8. Ebd. f. 6 Nrn. n. 1. 50

Fidus, Lebenszeichen. 12 Federzeichngn. (12 Bl. m. 2 Bl. Text u. Titelbl.) 22,5×31 cm. Berlin (908). F. Heyder. In Umschlag 3. —

Fidus (Hugo Hoeppener), Naturkinder. (10 Taf.) 48×34 cm. Nebst Text. Fol. (4 S.) Minden (902). J. C. C. Bruns. In Leinw.-Mappe n. 18. —

— **u. Diefenbach,** Sphinx. Zeichnungen. Lex.-8. (30 Bl. m. III S. Text.) Berlin 899. C. A. Schwetschke & Sohn. In Leinw.-Mappe 6. —

— Tänze. (11 Taf.) 48×34 cm. Nebst Text. Fol. (4 S.) Ebd. (902). In Leinw.-Mappe n. 18. —

Fidus, R., Gottfried Kinkel. Historische Novelle. 2 Thle. Cottbus 864. Heine. 8. (403 S.) 1 ₰ 25 ngr

—— die Wendin. Historische Novelle. 8. (192 S.) Cottbus 865, Heine.

Fiebach, Otto

—— u. Ernst Wichert. Bei frommen Hirten, s. Universal-Bibliothek Nr. 2999.

Fiebach, Otto, Künstler-Liederbuch. Im Auftrage d. Königsberger Künstlervereins z. 50jähr. Jubiläum hrsg. gr. 16. (VIII, 152 S.) Leipzig 896. C. Merseburger. Geb. in Leinw. n. 1. —

Die neun Musen. Madrigal-Hymnus f. Chor, Soli u. Orchester. Text aus d. 'Klass. Liederbuch' (Griechen u. Römer in deutscher Nachbildung) von Emanuel Geibel. Musik von Otto **Fiebach**. [Text.] Königsberg i. Pr. 1906: Kümmel. 15 S. 8° [ro. 13417

Der Offizier der Königin. Kom. Oper in 3 Acten nach Scribe von Otto **Fiebach**. Nach d. Anordn. d. K. Sächs. Hoftheaters in Dresden eingerichtet. Berlin: Ries & Erler [1900]. 111 S. 8° A 13. 1045

Fiebach, Otto, die Physiologie der Tonkunst. gr. 8. (136 S.) Leipzig 891. C. Merseburger. n. 2. 40

Fiebach, Paul, Referendar am Landgericht Oels i. Schl.: Das gesetzliche Rücktrittsrecht nach dem Bürgerlichen Gesetzbuche. *Borna-Leipzig 1904: R. Noske.* (113 S.) 8° [F.]
Breslau, Jur. Diss. v. 30. April 1904

Fiebag, (Emanuel Augustinus) Ferdinandus *(geb. Breslau 6. 9. 1844)*: De indole ac virtute dispensiationum secundum principia juris canonici. Vratislaviae (1867). (41 S.) 8°
Breslau, Jur. Diss. v. 22. Juli 1867

Fiebag, Josef

Fiebag, J. Die wichtigsten Gesetze der Zurückwerfung und Brechung des Lichts. 20 S. . . . .
Progr. Oppeln 1838

Fiebag, J., die allgem. Größenlehre u. niedere Algebra f. die obern Gymnasialklassen u. Realschulen. Zunächst ein Wiederholungsbuch f. seine Schüler. gr. 8. (8½ B.) Breslau 843. (Leuckart.)

—— dass. 2., unveränd. Ausg. gr. 8. (8½ B.) Breslau 845, Kern.

Fiebag, J., demonstrat. Rechnenkunst f. d. unt. Gymnasial-Klassen, f. Seminarien u. höh. Bürgerschulen. Zunächst e. Wiederholungsbuch f. seine Schüler. 8. (7½ B.) Breslau 835, Leuckart.

—— demonstrative Rechnenkunst f. die untern Gymnasial-Klassen, f. Seminarien u. höhere Bürgerschulen. Zunächst ein Wiederholungsbuch f. seine Schüler. 2., verm. u. verb. Aufl. gr. 8. (7½ B.) Breslau 843, Leuckart.

Fiebarg, Jos., Reihen höherer Ordnungen. 18 S.
Oppeln, Progr. 1842

Fiebel, s. Fibel.

Formularbuch für die freiwillige Gerichtsbarkeit. Von B[runo] **Fiebelkorn,** Rechn.R. Berlin: A. Nauck 1909. 434 S. 8°
(Bureau-Blatt f. gerichtl. Beamte. Beil.) [10. 14346

Fiebelkorn, B., s.: Taschenbuch der Berliner Beamten-Vereinas.

Fiebelkorn, Max, Abschreibungen auf Ziegeleien. Vortrag, geh. in d. 41. Hauptversammlg. d. deutsch. Vereins f. Ton-, Zement- u. Kalkindustrie E. V. am 21. II. 05. (14 S.) 8. Berlin 905. Tonindustrie-Zeitg. — 50
Sonderabdr. aus Tonindustrie-Ztg.

Fiebelkorn, Max, die Arbeitervermittelung in d. Ziegelindustrie. gr. 8. (48 S.) Berlin 899. Thonind.-Ztg. — 60

Fiebelkorn, Max, geolog. Ausflüge in die Umgegend v. Berlin. M. 2 Karten u. 40 Abb. gr. 8. (130 S.) Berlin 896. F. Dümmler's Verl. n. 1. 60

Fiebelkorn, Max, der Drehrohrofen in der Cementindustrie. I u. II. hoch 4. Stuttgart. Freiburg i/B., J. Bielefeld. n. 4. 50
I. (13 S.) 901. n. 2. —. — II. (18 S.) 902. n. 2. 50.

— Der Drehrohrofen in d. Cementindustrie. (3. Tl.) [Aus: „Baumaterialienkde."] (32 S. m. 47 Fig.) 32,5 × 23,5 cm. Stuttg. 904. (Freiburg i/B., J. Bielefeld.) 4. —
Forts. s.: Kiche. Thdr. — I. u. II. Tl. Ebd. 901. 02. Erh. Pr. à 3. —

— die Entstehung unserer Thongesteine. (39 S.) gr. 8. Ebd. 900. n. 2. —
2 Sonderabdrucke aus: „Baumaterialienkunde".

Fiebelkorn, Max [aus Friedrichsfelde bei Berlin]: Die norddeutschen Geschiebe der oberen Juraformation ... (Aus: Deutsche geol. Zeitschr., 1893 Bd XLV Heft 3.) Berlin, Druck v. J. F. Starcke, 1893; 378—450 S., 1 Bl. 8.
Berlin, Phil. Fak., Inaug.-Diss. v. 11. Dez. 1893

Fiebelkorn, Max, s.: Landeskunde d. Prov. Brandenburg.

— Mitteilungen üb. die Mikrostruktur v. Bestandteilen u. Dünnschliffen d. Portlandzementes. (2 S. m. 1 Taf.) gr. 8. Berlin 903. Tonindustrie-Zeitg. — 50
Sonderabdruck aus Protokoll d. Vereins deut. Portland-Zement-Fabrikanten.

Fiebelkorn, Max, Neuerungen in Schachtöfen. (17 S. m. Abbildgn.) hoch 4. Stuttgart. Freiburg i/B. 903. J. Bielefeld. n. 2. —
Sonderabdruck aus: „Baumaterialienkunde".

Fieber, Die anhaltenden, und Untersuchung ihrer Kenn- und Unterscheidungszeichen . . . Mainz u. Coblenz 1790. V: *Jäger, Joh. Bapt.* (call)

Fieber, d. anhaltend. u. Unters. ihr. Kenn- u. Unterscheidungszeichen rc. 8. Cobl. (Andreä in Frankf.) 790. •

— d. anhaltenden, u. Untersuchung ihrer Kenn- u. Unterscheidungszeichen, ihrer Krankheitsmaterien rc. 8. Coblenz 790. (Lanz in Weilburg). 10 gr.

Fieber, das gelbe,. Lustsp. in 3 A. v. Julius v. Voß. 8. Berl. Schmidt. 805.

Fieber, über das gelbe, den Typhus u. die sogenannten pestilentiellen Krankheiten, nebst den Vorsichtsmaßregeln, die man, um sich gegen diese Uebel zu schützen, ergreifen muß. A. d. Franz. von G. Wendt. gr. 8. Leipzig 824, Glück.

Fieber, Carl, s. Fieber, Karl

Fieber, Franz Xav. Genera Hydrocoridum secundum ordinem naturalem in familias disposita. Cum tabulis quatuor. (Vorgetragen am 20. Mai 1846 in der Sektion für Naturwissenschaft der k. Böhmischen Gesellschaft der Wissenschaften.) Abth. V. 7. 4. Prag, Gottl. Haase Söhne.

Fieber, Franc. Xav., Genera Hydrocoridum secundum ordinem naturalem in familias disposita. Cum tab. 4 (lith.) [Ex actis regiae bohemicae societatis scientiarum.] gr. 4. (31 S.) Pragae 851. (Calve.) n. 2/3 ℳ

Fieber, Frz. Xav., die europäischen Hemiptera. Halbflügler. (Rhynchota heteroptera.) Nach der analyt. Methode bearb. 4 Lfgn. Lex.-8. (VI und 444 S. mit 2 Stnt.) Wien 861, Gerold's Sohn. à Lfg. * 1 Thlr. *

Fieber, F. X., Katalog der europäischen Cicadinen, nach Orig. m. Benützg. der neuesten Literatur. gr. 8. (IV, 19 S.) Wien 872. Gerold's Sohn. — 60

Fieber, Frz. Xav., entomologische Monographieen. Sieben Abhandlungen gr. 4. (17 1/2 B. u. 10 Stnt.) Prag 844. (Leipzig, Barth.) Thlr.
Aus: Abhandlungen d. kgl. böhm. Gesellsch. d. Wissensch. besond. abgedruckt.

Fieber, Frz. Xav., Patamogeta, s. v. Berchtold, Graf, Flora von Böhmen.

Fieber, Frz. Xav., s. symbol. Pflanzen, Blumen u. Früchte. (Hat auch Antheil an Sturm's deutscher Flora.)

Fieber, Frz. Xav., symbol. Pflanzen, Blumen u. Früchte; größtentheils nach d. Natur gez. Mit erklär. Text. Zu Selam, od. d. Sprache d. Blumen. 5. (letzt.) Bdchn. (M. 20 Kpfr., u. e. Anh.) 12. (2 B.) Prag 830, Bohmanns Erben. (Leipzig, Magazin f. Ind.) 8 Gr., ill.
1—4. Bdchn. Ebendas. 1826, 27. à 8 Gr., ill. 20 Gr.

Fieber, Fr. Xav. Rhynchotographien. Drei monographische Abhandlungen. (Vorträge vom 21. Jänner 1846 und 8. April 1847 der k. Böhmischen Gesellschaft der Wissenschaften.) Abth. V. 7. 4. Prag, Gottl. Haase Söhne.

—— Rhynchotographieen. Drei monograph. Abhandlungen. Vorträge gehalten 1846 und 1847 in den Sect.-Versammlungen der königl. böhm. Gesellschaft der Wissenschaften. gr. 4. (64 S.) Prag 851, (Calve'sche Vrlgsh.) *

— Species generis Corisa monographice dispositae. Cum tab. 2 (lith.) [Ex actis regiae bohemicae societatis scientiarum.] gr. 4. (48 S.) Ebd. 851. n. 5/6 ℳ

Fieber, Dr. Franz Xav —. Synopsis der europäischen Orthopteren mit besonderer Rücksicht auf die in Böhmen vorkommenden Arten. (Aus dem III. Jahrgange der Zeitschrift „Lotos" besonders abgedruckt.) 8 (80 und IV S.) Prag. Druck von Kath. Gerzabek. 1854.

Fieber, Friedrich

Fieber, Frdr., die Apparate zur Einathmung flüssiger Medikamente u. ihre Anwendung bei Krankheiten des Kehlkopfes, der Luftröhre u. der Lunge. Zum Gebrauche für Kranke erläutert. Wien 865. Braumüller. gr. 8. (16 S.) n. 6 ngr

— — Ueber die gegenwärtige und künftige Bedeutung der Electricität in Nervenkrankheiten. 2. Auflage. gr. 8. (21 S.) Ebds. 1870

Fieber, Dr. Friedrich, Die Behandlung der Krankheiten des Kehlkopfes, der Luftröhre und der Lunge mittelst eines verbesserten Einathmungs-Apparates. 4. Auflage. gr. 8. (13 S.) Wien, lit.-art. Anstalt (C. Dittmarsch.) 1870 50 kr.

Fieber, Frdr., die Behandlung der Nervenkrankheiten m. Elektricität. Eine Uebersicht d. gegenwärt. Umfanges der elektr. Behandlg. u. der Anzeigen f. dieselbe. 8. (66 S.) Wien 873. Czermak. n. 1. 50

—— ein verbesserter Einathmungs-Apparat und seine Anwendung bei Krankheiten des Kehlkopfes, der Luftröhre und der Lunge. gr. 8. (14 S. mit 1 Holzschntaf.) Wien 866, Literarisch-artistische Anstalt. *

Fieber, Frdr., die Erhaltung u. Wiederherstellung der Stimme. Für Künstler u. Kunstfreunde nach eigenen Erfahrungen dargestellt. gr. 8. (51 S.) Wien 880. Braumüller. n. 1. —

—— die Inhalation medicamentoser Flüssigkeiten und ihre Verwerthung bei Krankheiten der Athmungsorgane. Zum Gebrauche für Aerzte erläutert. gr. 8. (XII und 143 S.) Wien 865, Braumüller. *

— Compendium der Elektrotherapie. Mit 8 Holzschn. (im Text). Wien 869. Braumüller. gr. 8. (VIII, 146 S.)

—— die diplegischen Contractionen. Nach Versuchen an Menschen und Thieren erläutert. gr. 8. (V und 27 S.) Berlin 866, A. Hirschwald. *
Aus: Berliner klinische Wochenschrift, besonders abgedruckt.

—— über ein neues gefahrloses Verfahren zur Entfernung von Kehlkopfgeschwülsten. gr. 8. (20 S.) Wien 872, Czermak. *

Fieber, Carl, chirurgische Studien und Erfahrungen mit Zugrundelegung der im italien. Feldzuge des J. 1866 gemachten Beobachtungen. gr. 8. (107 S.) Wien 875, (Czermak.) Toeplitz und Deuticke. *
Aus: Allgemeine Wiener medizin. Zeitung, besonders abgedruckt.

Fieberg, E[mil]: Das Phenylpropylketon und seine Derivate. 58 S. 4° (2°) Halle-Wittenberg, Phil. Diss. v. 14. Juli 1873
Geb. [Bromberg 7. 5. 1848]
Vom Verf. u. E. Schmidt ersch: Ueber das Propylphenylketon. In: Berichte der Deutschen chemischen Gesellschaft. Bd 6. Berlin 1873. S. 498—500. — Verf. erlebte die nachträgliche Diplomerneuerung des Dr. sc. nat. 1928 als Studienrat a. D. in Berlin.

Fieberg, Emil, Prof. Dr.: Die Wasserzufuhr und die Entwässerung der Stadt Berlin in ihrer Entwickelung und ihren Einrichtungen. *Berlin: R. Gaertner 1900.* (28 S.) 4°
Berlin, Friedrichs-Werdersche OR, OP 1900 (115)

Fieberg, Emil, die Wasserzufuhr u. die Entwässerung der Stadt Berlin in ihrer Entwickelung u. ihren Einrichtungen. Progr. 4. (28 S.) Berlin 900. [R. Gaertner.] Weidmann. n. 1. —

Fieberg, Carl, Referendar: Über die Rechtsregel: nemo sibi causam possessionis ipse mutare potest. *Breslau 1898: Schles. Volkszeitungs-Buchdr.* (56 S.) 8° [F. u. Ant.]
Breslau, Jur. Diss. v. 1898

Fieberlehre, d. gesammte, oder d. Erkenntniß u. d. Kur d. Fieber. Aus d. Französ. d. Pinel, Fournier u. Vaidy, deutsch bearb. v. J. K. Renard u. J. F. Wittmann. Nebst e. Abhandl. über ärztl. Gelehrsamkeit 2c. gr. 8. Pesth 820. Hartleben. 1 ₰ 12 gr.

Fieberschiff, das. Eine wahre Begebenheit. — Soldatenkind. Von A. v. Liliencron. 8. (120 S. m. 5 Farbendr.) Berlin 897. Verlag d. christl. Zeitschriftenvereins. Kart. 1. 50

Fiebich, Ferd., Sir Charles Lyell und das Zeitalter. Ein Cyclus von Gedichten. gr. 8. (24 S.) Wien 863, (Helf.) *

Fiebich, Ferd., Sir Charles Lyell und das Zeitalter. Ein Cyclus von Gedichten. Wien 863. Selch in Comm. gr. 8. (24 S.) n. 4 ngr.

Fiebich, Ferdinand — Orient und Oesterreich. (Poesie.) 4. (4 Blätt.) Wien. Gedruckt bei J. Stöckholzer v. Hirschfeld. 1855

Fiebig, s. Bibla.

Fiebig: Behandlung der deutschen Satzlehre in d. Progymnasialkl. Schleiz 1863. Schul-/Univ.-Schrift

Fiebig, A., die Macht d. Wortes od. e. unwiderlegbarer allgemeinverständl. Beweis f. die Menschheit Christi. 2. Aufl. 8. (V, 64 S.) Berlin 891. Fußinger. n. 1. 20

— die hundertjährige Martor der Taubstummen u. ihrer Lehrer. Ein Weck- u. Mahnruf an die deutschen Regiergn. 1. u. 2. Tl. gr. 8. Breslau. 891. (Preuss & Jünger.) n. 4. —
1. (VII, 112 S.) n. 1. 50. — 2. (VI, 272 S.) n. 2. 50.

— nur durch die Muttersprache führt der Weg zum sozialen Frieden. gr. 8. (III, 40 S.) Ebd. 891. n. 1. 20

—— Das Wort als Geld u. Waare. Untersuchgn. üb. das Für und Wider der Marx'schen Theorien. gr. 8. (VIII, 28 S.) Berl. 891, Fußinger. * — 80

Fiebig, C., u. W. Hanauer, die Krankenkontrolle. Ein Leitfaden zum prakt. Gebrauch f. Kassenvorstände u. Krankenkontrolleure im Kampf gegen Simulation u. hygien. Mißstände. (VI, 85 S.) 8. Frankfurt a/M. 903. Dr. E. Schnapper. n. — 60

— — dasselbe, s.: Krankenkassen-Bibliothek.

Fiebig, C. M. O., s. Corpus dissert. theol.

Fiebig, Georg [aus Kritschen]: Zur Casuistik der Radikaloperationen der Dickdarmhernien ... Würzburg, Druck d. Etlinger'schen Buchdr., 1891; 40 S., 1 Bl. 8.
Würzburg, Med. Fak., Inaug.-Diss. v. 1891

Fiebig, Hermann. Brodneid oder Schmutzkonkurrenz? Offener Brief an die Herren Buchdruckereibesitzer von Chur (Herren J. Casanova, Manatschal Ebner & Co., Sprecher & Valer und Tit. A.-G. Bündner Tagblatt) von Hermann Fiebig, Buchdrucker. 15 S. 8. ([Chur, Hermann Fiebig,] 1901.)

Fiebig, Jul.: Einige Worte der Entgegnung auf die in den eben angeführten Programmen des G. zu Elbing enthaltenen Abhandlungen. 11 S.–Troppau, Progr. 1857

Fiebig, M., Haus- u. Reisearzt. Eine Anleitung zur ersten Hilfe in dring. u. zur Selbsthilfe in leichten Krankheitsfällen, nebst Angabe zur Zusammenstellung einer Hausapotheke u. Anleitung zur rationellen Verwendung des Wassers in Krankheitsfällen. 8. (XI, 176 S.) Gera 879. Amthor. n. 1. 50

Die Bedeutung der Alkoholfrage für unsere Kolonien. Dr. [Max] Fiebig, Oberstlt. d. Sanitätsdienstes a. D. Berlin: W. Süsserott 1908. (55 S.) 8° [F.]
= Abhandlungen, Koloniale. H. 13/14. [08. 15237

Rachitis als eine auf Alkoholisation und Produktionserschöpfung beruhende Entwicklungsanomalie der Bindesubstanzen dargest. von Dr. M[ax] Fiebig, Jena. Langensalza: H. Beyer & Söhne 1907. (34 S.) 8°
= Beiträge z. Kinderforschung u. Heilerziehung. H. 28. [07. 13318

Die Vorsorge und Fürsorge für die intellektuell schwache und sittlich gefährdete Jugend. Von Dr. M[ax] Fiebig, Jena. Langensalza: H. Beyer & Söhne 1906. (50 S.) 8°
= Beiträge z. Kinderforschung u. Heilerziehung. H. 22. [07. 5711 3

Fiebig, Oskar, Referendar am Landgericht zu Potsdam: Ist der Erbschaftsanspruch gegen einen Nachlaßpfleger oder Testamentsvollstrecker zulässig und kann er von diesen Personen erhoben werden? Borna-Leipzig 1907: R. Noske. (VIII, 39 S.) 8° [F.]
Rostock, Jur. Fak., Ref. Matthiaß, Diss. v. 25. März 1907
[Geb. 10. Dez. 82 Füleck in Ungarn; Wohnort: Bornstedt b. Potsdam; Staatsangeh.: Preußen; Vorbildung: Gymn. Kreuzburg i. O.-Schl. Reife O. 02; Studium: Berlin 2, Freiburg i. B. 1, Berlin 3 S.; Rig. 23. Febr. 07.]

— u. Max Kutnewsky, Rechenbuch f. Handwerker- u. gewerbliche Fortbildungsschulen. Nach den ministeriellen Verfüggn. vom 5. VII. 1897 hrsg. 3 Tle. gr. 8. Ebd. 904. Geb. n.n. 2. 40
1. (Lehrstoff der Stufen IV u. III.) (IV, 94 S.) n.n. — 70
2. (Lehrstoff der Stufe II.) (IV, 87 S. m. Fig.) n.n. — 70
3. (Lehrstoff der Stufe I.) (VI, 101 S. m. Fig.) 1. —

— — dasselbe. I., II. u. III. Tl. Ergebnisse. (34 S.) 8. Ebd. 904. n.n.n. 1. —
Wird nur direkt an Lehrer abgegeben.

Fiebig, Osk., u. Max Kutnewsky, Rechenb. f. Handwerker- u. gewerbl. Fortbildungsschulen. Nach d. ministeriellen Verfüggn. v. 5. VII. 1897 hrsg. 1. Tl. gr. 8. Leipzig 909. B. G. Teubner. Geb. nn — 70
1. (Lehrstoff d. Stufen IV u. III.) 2. Aufl. (IV, 96 S.)

Fiebig, Osk., Rechenbuch f. Mädchen-Fortbildungsschulen. (VI, 173 S.) gr. 8. Leipzig 905. B. G. Teubner. Kart. n. 1. 60

Fiebig, Otto

Fiebig, O., s.: Chefs-d'oeuvre des classiques français.

Fiebig, Otto, a collection of letters or choice of graduated exercises on the epistolary style arranged for translation into english and enriched with notes upon the genius and the fine and delicate differences of the two languages. 2 Parts. (For the use of boys. — For the use of girls.) gr. 8. (VI und 146; VIII und 144 S.) Leipzig and Magdeburgh 856(57,) Gebr. Baensch. à Part * 12 Ngr. *

Fiebig, Otto, a collection of letters or choice of graduated exercises on the epistolary style arranged for translation into English and enriched with notes upon the genius and the fine and delicate differences of the two languages. 1. part. For the use of boys. — 2. part. For the use of girls. Leipzig 857. Baensch. (Graebner.) gr. 8. (VI, 146; VIII, 144 S.) Jeder Thl. n. 12 ngr

— lateinisches Genusspiel. Ein neues Lehrmittel zur Einübung der Genusregeln und zur leichten Erlernung von 1000 latein. Wörtern. Leipzig 855. E. H. Mayer. 8. (IV, 15 S. u. 11 Tab. in 8. u. Fol.) 7½ ngr

— manuel de la correspondance commerciale française à l'usage des libraires ou recueil de lettres, factures et formules originales pour tous les cas qui se présentent dans les opérations de la librairie avec le Traité du 19 mai 1856 entre la Saxe et la France concernant la protection de la propriété des oeuvres de littérature ou d'art. Leipzig 858. Mierisch. 8. (VII, 143 S.) n. 16 ngr

— der Parasit, s.: Auswahl deutscher Bühnenstücke.

Fiebig, Otto *(geb. Canth in Schles. 5. 9. 1836)*: De relatione, quae fluorescentiae et phosphorescentiae intercedit cum diathermia. Vratislaviae (1861). (27 S.) 8°
Breslau, Phil. Diss. v. 18. Mai 1861

Fiebig, Otto Die meteorologischen Verhältnisse von Beuthen O.-S. 4 (16 S.). Die meteorologischen Verhältnisse von Beuthen O.-S. von 1876—1885. (Fortsetzung.) 4 (20 S., 1 Taf.). Progr Kath. G. *Beuthen O.-S.* 1887 (160). 1888 (161).

Fiebig, Paul (Hrsg.), s. Aboth, Pirque

Fiebig, Paul, die Aufgaben d. neutestamentl. Forschung in d. Gegenwart. (24 S.) 8. Leipzig 909. J. C. Hinrichs' Verl. — 50

Babel und das Neue Testament. Ein Vortrag von Lic. Paul **Fiebig**, Gymn.-Oberl., Gotha. Tübingen: J. C. B. Mohr 1905. (IV, 23 S.) 8°
— **Sammlung** gemeinverständl. Vorträge u. Schriften aus d. Geb. d. Theol. u. Religionsgeschichte. 42.

Jesu Blut, ein Geheimnis? Von Paul **Fiebig**. Tübingen: J. C. B. Mohr 1906. (78 S.) 8° [F.]
— **Lebensfragen.** 14. (07. 488

Fiebig, Paul, Friede sei mit Euch! 10 Predigten, der Friedenskirchgemeinde zumeist geh. u. gewidmet. (VII, 87 S.) 8. Dresden (905). C. L. Ungelenk. n. — 80

— altjüdische Gleichnisse u. die Gleichnisse Jesu. (VII, 167 S.) gr. 8. Tübingen 904. J. C. B. Mohr. n. 3. —

— in Jesu Namen stehet! Predigt zum Jahresfest des evang. Arbeitervereins zu Coswig üb. Colosser 3. v. 17, am 23. X. 1904 in der Kirche zu Coswig geh. (11 S.) 8. Ebd. 904. n.n. — 10

— s.: Joma, der Mischnatractat „Versöhnungstag".

Fiebig, Paul, aus Halle a. d. S.: Der Menschensohn, Jesu Selbstbezeichnung, mit besonderer Berücksichtigung des aramäischen Sprachgebrauches für 'Mensch'. *Halle a. S. 1901: H. Laupp jr. in Tübingen.* (62 S.) 8° ¶ [Erschien vollst. 1901 bei J. C. B. Mohr in Tübingen.]
Halle, Theol. Diss. v. 6. Juni 1901

Fiebig, Paul, der Menschensohn. Jesu Selbstbezeichng. m. besond. Berücksicht. des aramäischen Sprachgebrauches f. „Mensch", untersucht. gr. 8. (VII, 127 S.) Tübingen 901. J. C. B. Mohr. n. 3. —

Fiebig, Paul, s.: Mischnatractate, ausgewählte.

— Die Offenbarung d. Johannes u. d. jüdische Apokalyptik d. röm. Kaiserzeit, s.: Beiträge zur Lehrerbildung u. Lehrerfortbildung.

— s.: Pirque 'aboth.

Fiebig, Paul: Die „Sprüche der Väter" und das Neue Testament. S. 183—196. 8.
In: Festschrift Albert von Bamberg zum 1. Okt. 1905 gewidmet vom Lehrerkollegium des Gymn. Ernestinum *Gotha* 1905.
Progr.

Talmud und Theologie. Ein Vortrag von Lic. Paul **Fiebig**, Leipzig. Tübingen & Leipzig: J. C. B. Mohr 1903. (VII, 30 S.) 8°
— **Sammlung** gemeinverständl. Vorträge u. Schriften aus d. Geb. d. Theol. u. Religionsgeschichte. 36. (-4. 9600

Fiebig, Paul: Untersuchungen über den langwelligen Teil des Titanspektrums. Leipzig: Barth 1909. 33 S. 8°
Bonn, Phil. Diss. v. 14. Aug. 1909, Ref. Kayser
[Geb. 16. Jan. 85 Angermünde; Wohnort: Hamburg; Staatsangeh.: Hamburg; Vorbildung: Oberrealsch. Hamburg Reife O. 05; Studium: Göttingen 3, Bonn 5 S.; Rig. 3. März 09.] [U 09. 395

— Wandelt in ihm! (Kolosser 2,6). Leitfaden z. Konfirmandenunterr. (48 S.) kl. 8. Leipzig 910. F. Jansa. p — 25

Fiebig, Walther von. Ueber Salacetol und Aceton. Diss. Phil. (= Sc.) Lausanne. 55 S. 8. Lausanne, Buchdr. J. Couchoud (*Umschlag:* Libr. nouvelle ⟨Edwin Frankfurter⟩), 1908.

Fiebig, Wilhelm

Fiebig, Wilh., Anleitung f. Mütter, ihren Kindern d. ersten Unterricht im Lesen, Schreiben u. Rechnen zu ertheilen. Nach d. neuern zweckmäß. Methode. 8. (4½ B.) Leipzig 846, Hinrichs'sche Buchh.

Fiebig, Wilh., Anweisung zu richtigem Gebrauche der Interpunktionszeichen, auf klare Anschauung der Satzglieder und Satzarten gegründet. Zum Selbstunterrichte u. für Volksschulen. 8. Leipzig 845, Hinrichs'sche Buchh. 4 ngr

Fiebig, Wilh., leçons de lecture et de mémoire, tirées de la Sainte Bible, à l'usage de la jeunesse allemande étudiant le français. Gera (856). Kanitz. (VII, 145 S.) n. 12 ngr

Fiebig, Wilh., leçons de lecture et de mémoire, tirées de la Sainte Bible, à l'usage de la jeunesse allemande étudiant le français. 2. édit. Gera 865. Kanitz. 8. (VII, 141 S.) 12 ngr

Fiebiger, Schulze-Delitzsch bei seinem Scheiden aus der Vaterstadt Delitzsch den 23. März 1862. Ein Gedenkblatt für seine Freunde nach stenographischen Aufzeichnungen ausgeführt. Delitzsch 862. Eißner. 8. (30 S.) 4 ngr

Fiebiger, A., u. Gust. Weigel, was ist der Soldat? E. Gedenk-Album an d. Dienstzeit f. lust. u. traur. Soldaten, solche, d. es sind, solche, d. es waren, u. solche, d. es werden müssen. Leporelloalbum. 8. (31 farb. Taf.) Leipzig 898. G. Weigel. 1. 50

Fiebiger, Anton. Die Torfmoor-Bad- u. Molkenkuranstalt Marienbad in Leopoldskron bei Salzburg. *Salzburg* 1858. *Endl & Penker'sche* Buchdr. 56 S., 8°. Mit einer Ansicht des Bades in Stahl. 24 kr.

Fiebiger, Ant., die Torfmoor-Bad- und Molkenkur-Anstalt Marienbad in Leopoldskron bei Salzburg. Salzburg 858. (Glonner.) 8. (56 S. u. 1 Stahlst. in 4.) n. 8 ngr

Fiebiger, Carl August, s. Fiebiger, Karl August

— **Christian Friedrich** (Loebau/Laus.), De genuina ratione arbitrii judicis circa testimonia maxime si veritas aliter haberi nequit. Dissert. jur. Präs. Johann Gottlieb Reichel. Lpz. (Breitkopf) 1. II. 1727. 28 S. mit Widm. v. Präs. (5.—) **8797**

— **Christian Voldemar Salomo** (Görlitz), De cespite ustili, vulgo Turfa, sectio II, physica. Präs. Salomon Constantin Titius. Wittbg. (Tzschiedrich) 27. VIII. 1794. 20 S. (4.50) **8798**

GV38
7

Fiebiger, Ernst Zur Erzielung einer guten Uebersetzung aus dem Französischen. 4 (S. 3—22). Progr. Kgl. G. Brieg 1894 (180).

Fiebiger, Ernst, zur Erzielung e. guten Uebersetzung aus dem Französischen. Progr. gr. 4. (22 S.) Brieg 894. (Leipzig, G. Fock.) n. 1.—

Fiebiger, Ernst [Dr.]: Über die Selbstverleugnung bei den Hauptvertretern der deutschen Mystik des Mittelalters. I. Teil. *Brieg, Buchdr. E. Kirchner* (1889); S. 1—22; 4°
Brieg, k. G, OP 1889 (170)

Fiebiger, Ernst [Dr.]: Über die Selbstverleugnung bei den Hauptvertretern der deutschen Mystik des Mittelalters. (Umschl.-Tit.: . . . 2. Teil.) (Forts. d. P-Beil. 1889.) *Brieg, Buchdr. E. Kirchner* (1890); S. 3—46; 4°
Brieg, k. G, P 1890

Fiebiger, Ernst. Ueber die Selbstverleugnung bei den Hauptvertretern der deutschen Mystik des Mittelalters. 2 Tle. gr. 4. Brieg. Lpz., Fock. [1. Tl. (22 S.) 889. * 1 —; 2. Tl. (46 S.) 890; * 1 20.] * 2 20

Fiebiger, Ernst: Über die Sprache der Chevalerie Ogier von Raimbert von Paris. Halle a. S. 1881: Waisenhaus. 56 S. 8°
Halle-Wittenberg, Phil. Diss. v. [11. Aug.] 1881
Geb. Sächs. Haugsdorf (Lausitz) 13. 2. 1856. V.

Fiebiger, G., Prinzipal u. Angestellter, ihre Rechte u. Pflichten, s.: Wissen, eigenes. 16. Bd.

— Johann (Loebau/Laus.), Capita juris lecta de mariti successione in bona uxoris utensilia statutaria ac communi. Präs. Christian Gottlieb Hommel. Wittbg. (Tzschiedrich) 7. V. 1779. 4 Blatt. (3.50) 8799

— Johann Gottlob (Reichenb./Laus.), De quaestione an et quatenus vidua superstes defuncto marito repetere possit illata secundum statuta Laubanensia cap. II § 2. Diss. jur. Erfurt (J. Chph. Hering) 16. X. 1730. 20 S., tlws. dtsch. (4.80) 8800

Fiebiger, Carl August (Bautzen), De morbo Brighti ejusque complicationibus. Dissert. med. Präs. Bernhard Kuehn. Lpz. (Giesecke & Devrient) 18. VII. 1857. 16 S. mit Biogr. (M.: Ch. D. Domsch.) (4.—) 8796

Fiebiger, Otto

Fiebiger, O., Ein Gutachten Gottfried Hermanns über den lateinischen und griechischen Sprachunterricht. S.-A. 1897. 16 S. —.80

Fiebiger, O., Unedierte Inschriften aus dem röm. Afrika. S.-A. 1902. 12 S. m. Abb.

Fiebiger, [*Henricus*] Otto [Lipsiensis]: De classium Italicarum historia et institutis quaestiones selectae ... [Erschien vollst. in: Leipz. Studien z. class. Philol., xv.] Lipsiae, typ. I. B. Hirschfeldi, 1894; 3 Bl., 277—317 S. 8.
Leipzig, Phil. Fak., Inaug.-Diss. v. [22. März] 1894

Fiebiger-Zacke, Rosa, an denen ich vorüberging. Ein Skizzenb. (259 S.) 8. Strassburg 910. J. Singer. 4.—

Fiebinger's Müller-Kalender 1893. Bearb. von der Redact. der „Oberösterr.-Salzburg. Müller-Zeitung". 16. (VIII, 372 S. u. Schreibkal. m. Abbildgn.) Wien 892. (Lpz., Fritsch.) geb. * 2 50

— Müller-Kalender 1894. Bearb. u. hrsg. v. der Red. der „Österr. Müllerzeitg." 16. (VIII, 369 S. m. Fig.) Wien u. Linz. (Leipzig, Th. Fritsch.) Geb. in Leinw. n. 2. 50

Fiebinger, Ant., Gewichts-Tabellen zur Einführg. der Vermahlung nach Gewicht, nebst e. erklär. Einleitung. Hrsg. vom Verband der Müller u. Mühlen-Interessenten v. Oberösterreich u. Salzburg. 4. (6 S.) Linz 891. Mareis. n. — 20

Fiebrantz, Otto, Regierungsrefer.: Die Rechtsstellung des Domänenfiskus in Schulsachen bei einem Domänenerwerb in Westpreußen. Danzig 1909: Kafemann. VII, 43 S. 8°
Leipzig, Jur. Diss. v. 14. Sept. 1909
[Geb. 20. Nov. 80 Berlin; Wohnort: Danzig; Staatsangeh.: Preußen; Vorbildung: Gymn. Pyritz Reife M. 00; Studium: Freiburg i. B. 1, Leipzig 3, Berlin 3 S.: Rig. 27. Okt. 04.] [U 10. 2090

Fiebrig, Karl, Cassiden u. Cryptocephaliden Paraguays, s.: Jahrbücher, zoologische.

Fiechter, Ernst R[obert], Architekt u. Assist. an d. Techn. Hochsch. München: Der Tempel der Aphaia auf Aegina. 1904. 57 S., 6 Taf. 4° ¶ Mit erw. Einl. in: A. Furtwängler: Aegina, das Heiligtum der Aphaia. München 1906.
München, Dr.-Ing.-Diss. v. 20. 7. 1904

Fiechter, Ernst R[obert] s. Furtwängler, Adolf. Aegina....

Fiechter, Rob., üb. den Einfluss der Blausäure auf Fermentvorgänge. gr. 8. (56 S. m. 4 Steintaf. in qu. 4., qu. gr. 4., u. Fol.) Basel 875. Riehm. n. 1. 60

Fiechtl, Michael

Fiechtl, M., aus Berg u. Thal, s.a. Volks- u. Jugend-Bibliothek.

(F) **Fiechtl,** M., Aus Berg und Tal. Lehrreiche Erzählungen für die Jugend. [Pichlers Jugendbücherei. Bd. 23.] 8°. (82 S.)
Wien: Pichler 1904 geb. K 1.—

Fiechtl, M., aus Berg u. Tal, s.a. Pichler's Jugendbücherei. 23.

Fiechtl, Mich., Märchen, s.a. Ambros', Jos., Bücherei 3.

Fiechtl, Mich., Märchen, s.a. Bücherei f. d. Jugend. 3. Bdchn.

FIECHTL Michael
(F) Märchen. Von Michael Fiechtl. 2. Auflage. [Ambros' Bücherei. 3.] Wien. [1899.] Pichlers W. & S. 16°. 75 S. mit 1 Tafel. Geb. fl. —.40

(F) **Fiechtl,** M., Märchen. 3. Aufl. [Ambros' Bücherei. 3.] 8°. (73 S.) Wien: Pichler 1908 geb. K —.80

Fiechtner, Fr., Rechenhefte f. d. Volksschulen in d. deutschen Kolonien Rußlands. I—III. Heft. 8. Prischib, G. Schaad. 1. 62
I. Die Zahlenreihe 1—10 u. 1—20. 3. Aufl. (IV, 36 S. m. Fig.) (910.) — 32
II. Die Zahlenreihen 1—100 u. 1—1000. 2. Aufl. (72 S.) (909.) — 55
III. (In deutscher u. russ. Sprache.) (IV, 84 S. m. Fig.) 909. geb. — 75

Fiechtner, Friedrich, Heimat in der Steppe. Aus dem Schrifttum der Bessarabiendeutschen ausgewählt. — Verlag Steinkopf

Fieckchen, s.a. Fieckchen.

Fieckchen, Mamsell, und ihr Vielgetreuer . . . Küstrin 1785. V: *Neumann, Johann Jacob Nathanael.* (BGE) (Ky) (MGT) (Adel)

Fieckchen, Mamsel, Gesch., od. Warnungsbüchl. an empfindsame Mädchen. 8. Küstrin, Oehmigke. 785.

Fieckchen, Mamsell, Geschichte, od. Warnungsbüchlein, (v. J. J. N. Neumann). 8. Küstrin 788. Oehmigke. 14 gr

Fiedelbogen, Dinas. Heinrich Löschen und Sohn. Unser kleiner Diener. Berlin 1897. V (H. Löschen u. S.): *Rickmeyer, Marie.* Ü (U. kl. Diener): *Krakewitz, S.* (Berl)

[F.] Dinas Fiedelbogen. — Heinrich Löschen und Sohn (v. M. Rickmeyer). — Unser kleiner Diener (aus d. Engl. übs. v. S. Krakewitz). *Berlin: Christl. Zeitschriftenver. 1897.* (119 S., 4 Taf.) 1 Bd 8. [97. 686]

Fiedelbogen, Prinz Formoso's, und der Princessin Sanaclara Geige . . . Genf [Basel] 1780. V: *Klinger, Friedrich Maximilian von.* (GGr) (BGE) (Mn) (Wr) (EE) (Ky)

Fiedeldey, Steph., die Jesuitenhetze in Bremen. Bremen 863. (Gesenius.) gr. 8. (64 S.) 9 ngr.

Fiedeldy, Charles Eduard [Pr. Arzt zu Haarlem]: Ueber Blasensteinoperationen bei Kindern ... Haarlem, J. Enschedé & Zonen, 1894; 31 S. 8.
Jena, Med. Fak., Inaug.-Diss. v. [8. Okt.] 1894

Fiedeler, G., Beiträge zu den physiologischen u. pathologisch-anatomischen Unterlagen der Adenitis equorum u. ihrer Complicationen u. über die häufigste Todesursache jener Krankheit. Demonstrirt an eigenen Beobachtungen. Inaugural-Dissertation. gr. 8. (49 S.) Ohlau 878. (Göttingen, Vandenhoeck & Ruprecht.) n. 1. —

Fiedeler, G. F., und C. L. **Grotefend**, Urkundenbuch der Stadt Hannover, s. Urkundenbuch des historischen Vereins für Niedersachsen.

Fiederer, Max: 1. Ueber Verbindungen des Chroms, in denen es fünfwertig auftritt. 2. Ueber Salze einer Acetato- und einer Propionatochrombase. Würzburg 1908: Becker. 46 S. 8°
Tübingen, Naturw. Diss. v. 26. Juni 1908, Ref. Wislicenus
[Geb. 25. Jan. 83 Ehingen a. D.; Wohnort: Tübingen; Staatsangeh.: Württemberg; Vorbildung: Gymn. Ehingen Reife Juli 02; Studium: Stuttgart Techn. Hochsch. 4, Tübingen 6 S.; Coll. 26. Juni 08.] [U 09. 4000

Fiedler, Prof. Dr. Wilh. [Zürich 1907.] V: *Butzberger, Fritz.* (BBullschw 16, S. 262)

Fiedler, Bibelsprüche zu dem Religionsunterricht, nach dem Lutherischen Katechismus zusammengestellt. 8. (20 S.) Medzibor 880. Wartenberg. n. — 15

Fiedler und Fridt, systematisch geordnete Sammlung von Monogrammen, s. Fridt.

Fiedler, zoologische Tafeln, s.: Schiffel, Rud.

Fiedler, Wandtafeln zu Reinelt's Fibel. Wien. Tempsky. 1896. (Min.-Erl. v. 4. Nov. 1896, Z. 24945) 6.—

Fiedler, A. u. J. Blochwitz. Bau des menschl. Körpers, s. Meyer, Bertha. Die Gesundheitspflege des Kindes.

—— und Johs. Blochwitz, der Bau des menschlichen Körpers. Leitfaden für den Schulunterricht beim Gebrauche der vom kgl. sächs. Landes-Medicinal-Collegium hrsg. Anatom. Wandtafeln. 1. Aufl. (VI, 65 S.) 1868. 75 Pf., und 2. Aufl. gr. 8. (VI, 76 S. mit 8 eingedr. anatom. Abbild. in Holzschn.) Dresden 875, Meinhold und Söhne.

Fiedler, A., u. J. **Blochwitz**, der Bau des menschlichen Körpers. Leitfaden f. den Schulunterricht, besonders beim Gebrauche der vom K. Sächs. Landes-Medicinal-Collegium hrsg. „Anatomischen Wandtafeln". 3. Aufl. Mit 51 anatom. Abbildgn. im Text u. 4 Beilagen in Farbendr. gr. 8. (VIII, 94 S.) Dresden 883. Meinhold & Söhne. n. 1. 50

— u. J. **Blochwitz**, d. Bau d. menschl. Körpers. Leitfaden f. d. Schulunterricht, bes. b. Gebr. d. v. k. sächs. Landes-Medizinal-Kollegium hrsg. „Anatom. Wandtafeln". 6. Aufl. M. 51 anatom. Abb. im Text u. 4 Beil. in Farbendr. gr. 8. (VIII, 94 S.) Dresden 890. C. C. Meinhold & Söhne. n. 1. 50

Fiedler, A. u. Emil **Hoclemann**, der Bau des menschlichen Körpers. Kurzgef. Anatomie m. physiolog. Erläutergn. Leitfaden f. den Schulunterricht, besond. beim Gebrauche der vom k. sächs. Landes-Medizinal-Kollegium hrsg. „anatom. Wandtafeln". 7. verm. u. verb. Aufl. Mit 81 anatom. Abbildgn. im Text u. der verklein. I.—V. anatom. Wandtaf. in Farbendr. gr. 8. (VI, 150 S.) Dresden 899. C. C. Meinhold & Söhne. Kart. n. 1. 50

— u. Emil **Hoelemann**. Der Bau des menschlichen Körpers. Kurzgefaßte Anatomie m. physiolog. Erläutergn. f. den Schulunterricht. 8. verm. u. verb. Aufl. Mit 81 anatom. Abbildgn. im Text u. den verkleinerten anatom. Wandtaf. I—V. in Farbendr. Ausg. A: Für die Hand des Lehrers. (VII, 156 S.) gr. 8. Dresden 903. C. C. Meinhold & Söhne. Geb. in Leinw. n. 1. 75

Fiedler, A. Die Entwicklung der mechanischen Wärmelehre, eine populäre Darstellung. 19 S. Progr. *Rheydt* 1876.

Fiedler, A., über die Funktion der Pleurahöhle u. d. Herzbeutels, s.: Sammlung klinischer Vorträge.

Fiedler, A. Das Heilgebiet der Teplitz-Schönauer Mineralquellen, oder: Es ist nicht Einerlei, ob man in Teplitz oder in Schönau badet. Nach dem homöopat. Aehnlichkeitsgesetze beleuchtet. 8. (96 S.) Teplitz, Alex. Helm 1853.

Fiedler, A., u. J. Blochwitz

— — Leitfaden f. den Schulunterricht beim Gebrauche der vom königl. sächs. Landes-Medicinal-Collegium hrsg. anatom. Wandtafeln. gr. 8. (VI, 65 S.) Ebend. 872. — 75

Fiedler, A. Üb. Bayerns Militär-Sanitätswesen i. Vergleich m. ander. Staaten. Landau 1867.

Fiedler, A., üb. Pleuritis rheumatica. [Aus: „Beiträge z. wissenschaftl. Med., Th. Thierfelder gewidmet".] gr. 8. (17 S.) Leipzig 895. A. Langkammer. n. — 70

Fiedler, A., über die Punktion der Pleurahöhle und des Herzbeutels, s. Sammlung klinischer Vorträge.

Fiedler, A. Neueste Reisekarte vom Erzgebirge. 1:250000. Dresden 1888. 1 Bl. A. Sch.

Fiedler, A., anatomische Wandtafeln für den Schulunterricht. Auf Veranlassung des Königl. Sächs. Ministeriums des Cultus und öffentl. Unterrichts hrsg. vom Königl. Sächs. Landes-Medicinal-Collegium. Nach der Natur gez. und lithogr. von M. Krantz. 8 (chromolithogr.) Blatt nebst Index. (Gleichzeitig Suppl. zu dem „Wand-Atlas für den Unterricht in der Naturgeschichte" von H. J. Ruprecht.) gr. Fol. Dresden 867, Meinhold und Söhne. *

Fiedler, A., anatomische Wandtafeln für den Schulunterricht. Auf Veranlassung des k. S. Ministeriums des Cultus u. öffentl. Unterrichts hersg. vom k. S. Landes-Medicinal-Collegium. Nach der Natur gez. u. lith. von M. Krantz. 8 (lith.) Blatt nebst Index. [Gleichzeitig Supplement zu dem „Wand-Atlas für den Unterricht in der Naturgeschichte" von H. J. Ruprecht.] Dresden 868. Meinhold & S. gr. Fol. n. 2 ₰

Fiedler, A., anatomische Wandtafeln für den Schulunterricht. Auf Veranlassung des königl. sächs. Ministeriums des Cultus und öffentl. Unterrichts hrsg. vom königl. sächs. Landes-Medicinal-Collegium. 3. unveränd. Aufl. Nach der Natur gezeichnet und lithogr. von M. Krantz. 8 Blatt in Imp.-Fol. [Suppl. zu „Ruprecht, Wand-Atlas für den Unterricht in der Naturgeschichte".] Dresden 872, Meinhold und Söhne. *

—— dass. — 4. verb. Aufl. Nach der Natur gezeichnet und lithogr. von M. Krantz und F. Foedisch. gr. Fol. (4 Chromolithogr.) Ebendas. 874. *

Inhalt:
I. Das Knochensystem.
II. Die das Skelett überkleidenden Weichtheile.
III. Die inneren Organe des menschlichen Körpers.
IV. Das Nervensystem und die Sinnesorgane.

Fiedler, A., anatomische Wandtafeln für den Schulunterricht. Auf Veranlassung des k. sächs. Ministeriums des Cultus und öffentl. Unterrichts hrsg. vom k. sächs. Landes-Medicinal-Collegium. 5. Aufl. Nach der Natur gezeichnet und lithogr. von M. Krantz und F. Foedisch. 4 Taf. (8 chromolithogr. Bl.) gr. Fol. Mit Erklärung. gr. 8. (11 S.) Dresden 877, Meinhold und Söhne. *
Auf Leinw. gespannt und mit Stäben oder in Mappe *
Auf Leinw. gedruckt *

—— anatomische Wandtafeln für den Schulunterricht. Auf Veranlassung des k. sächs. Ministeriums des Kultus und öffentl. Unterrichts hrsg. vom k. sächs. Landes-Medicinal-Kollegium. Nach der Natur gezeichnet von M. Krantz und F. Foedisch. 6. verb. Aufl. 4 Taf. (8 Chromolithogr.) Fol. Mit Erklärung. 8. (12 S.) Dresden 882, Meinhold und Söhne. *ℳ 9.; Auf Leinw. mit Stäben *

Fiedler, A., u. Emil Hoelemann, anatom. Wandtafeln für d. Schulunterr. Auf Voranlassg. d. k. s. Ministerium d. Kultus u. öffentl. Unterrichts hrsg. v. k. s. Landes-Medizinal-Kollegium. 8., vorm. u. verb. Aufl. 4 Taf. u. 1 Doppeltaf. à 65×91 cm. Farbendr. M. Erklärg. gr. 8. (27 S.) Ebd. 895. n. 10.—; auf Leinw. m. Stäben n. 18.—

Fiedler, Albert: Synthese von Polypeptiden. Derivate der Asparaginsäure. [Berlin] (1910): [Ebering]. 31 S. 8°
Berlin, Phil. Diss. v. 20. Nov. 1910, Ref. E. Fischer, Nernst
[Geb. 29. Nov. 86 Brooklyn; Wohnort: Brooklyn; Staatsangeh.: Vereinigte Staaten; Vorbildung: High School Brooklyn, Columbia Univ. New York B. Sc. 08; Studium: New York Columbia Univ., Berlin 5 S.; Rig. 17. Nov. 10.] [U 11. 207

Fiedler, Albert, Medizinalprakt. a. Reichenau i. Sa.: Ueber die Untersuchungsmethoden, welche die Diagnose der Oesophagusdivertikel ermöglichen. Leipzig 1906: B. Georgi. (50 S.) 8°
Leipzig, Med. Fak., Ref. Sattler, Diss. v. 8. Juni 1906
[Geb. 27. Juli 80 Reichenau; Wohnort: Heilstätte' Albertsberg; Staatsangeh.: Sachsen; Vorbildung: Nikolai-Gymn. Leipzig Reife O. 01; Studium: Leipzig 9. Freiburg i. B. 1 S.; Coll. 16. Juni 06; Approb. 14. Febr. 06.]

Fiedler, Alfred, a. Strehlen ⟨Schlesien⟩: Der gewerbliche Gedanke im Schriftwerksbegriff. Spandau 1908: Hopf. (50 S.) 8°
Erlangen, Jur. Fak., Ref. Sehling, Diss. v. 6. Mai 1908
[Geb. 5. Juni 83 Strehlen; Wohnort: Berlin; Staatsangeh.: Preußen; Vorbildung: Gymn. Mühlhausen in Thüringen Reife O. 04; Studium: Berlin 6 S.; Rig. 13. Febr. 08.]

Fiedler, Alfr., zur Geschichte des kurländischen Palais (Zeughausplatz 8) u. des marcolinischen Palais (jetzt Stadtkrankenhaus zu Dresden-Friedrichstadt). (I, 74 S. m. 7 Abbildgn.) gr. 8. Dresden 904. W. Baensch. n. 1. 75

Fiedler, Alfr., Movendo. Figürliche Darstellgn. Studienmaterial f. Kunst u. Kunstgewerbe. Serie A. 50 Taf. in Lichtdr. (2 Bl. Text.) 32×41,5 cm. Berlin (902). B. Hessling. In Mappe n. 36.—

Fiedler, Alfred: Der T a p e z i e r e r als Decorateur, s. F i e d l e r, Rudolf

Fiedler, Armin. Samuel (geb. Rubland in Schles. 8. 5. 1821): De sensu videndi. Berolini (1847). (31 S.) 8°
Berlin, Med. Diss. v. 25. März 1847

Fiedler, Arminius Samuel, De sensu videndi. Berolini 1857. (S. 5658)

Fiedler, August Gottfried (Bautzen), De praerogativis ac eximiis juribus pro-marchionis illustrissimi eines Land=Voigts ejusque vicarii perpetui des Ober=Amts=Hauptmanns in marchionatu Lusatiae superioris. Diss. jur. publ. Lusatici. Präs. Georg Steph. Wiesand. Lpz. (Langenheim) 16. XI. 1762. 88 S., z. Tl. dtsch. — Widm. v. Präs. (6.50) 8801

Fiedler, Bruno [aus Halle a. S.]: Vergleich orometrischer Methoden im Anschluss an ihre Anwendung auf den Thüringerwald. ... Halle a. S., Druck d. Buchdr. d. Waisenhauses, 1890; 2 Bl., 37 S., 1 Bl., 5 Taf. 8°
Halle, Phil. Fak., Inaug.-Diss. v. [24. Sept.] 1890

Fiedler C, Schuhe u Füsse. Lehrb. f. Schuhmach. (48 S) Trier 1908

Fiedler, C. Fr. B., Beiträge zur mecklenburgischen Pilzflora. 1. Hft. Uredinei [Uredo]. hoch 4. (3 Bl. Text u. 18 Bl. mit aufgeklebten Pflanzen.) — 2. Hft. Uredinei. [Aecidium. Puccinea. Phragmidium etc.] (26 Bl.) — 3. Hft. Sphaeriacei [Sphaeria]. (16 Bl.) Schwerin 848. 51. (Hildebrand.) (à n. 2 ℳ) n. 6 ℳ

Fiedler, C. Fr. B., musci frondosi exsiccati. Fasc. I. II. (100 Moose in Couv. u. 50 Kapseln mit getrockn. Moosen.) 4. Schwerin 842, 43, 46, Kürschner. geb. à n. 2 ℳ

— musci frondosi exsiccati. Fasc. III. 4. (50 Moose in Couv.) Ebd. 846. n. 2 ℳ

Fiedler, C. Fr. B., Synopsis der Laubmoose Mecklenburgs. gr. 8. (X und 138 S.) Schwerin 847, [Hildebrand.] Thlr. *

Fiedler, C. J., der Feld- u. Grasbau mit Berücksichtig. seiner Einwirkungen auf unsere Ackerbau-Systeme auf den verschied. Bodenarten. 12. (5½ B.) Leipzig 845, Baumgärtners Buchh.

Fiedler, C. J., Tafeln zur Ermittelung des lebenden und Fleischer-Gewichts beim Rindvieh. Zum Gebrauche für Landwirthe, Viehmäster und Fleischer berechnet. gr. 12. (23 S.) Nordhausen 850, Büchting.

Fiedler, Carl s. F i e d l e r, Karl

Fiedler, Christian Anton August

Fiedler, Chr. Ant. Aug., einige Gedanken über d. Verbesserung d. Dorfschulen. 8. Dresd. 805.

—- **Christian Anton August** (Wurzen), Neminem concionatoris sacri partes recte agere posse, qui non uberiori polleat theologiae christianae cognitione. Diss. theol.-homilet. Lpz. (Carl Tauchnitz) 6./7. XII. 1809. 79 S. (5.—) 8806
Gew.: Carl Christian Tittmann, Franz Volcmar Reinhard, Joh. Gotthelf Hermann.

— s. Chr. Gf. S c h m i d t's geistl. Amtsvorträge.

Fiedler, Christian Ed.

Fiedler, Chrn. Ed., e. herrliches Vergnügungsbad f. die Seele. Eine Ausgabe f. die gebildete Welt u. insbesondere f. unsere Frauen u. deren erwachsene Söhne u. Töchter. Gesammelt, zusammengestellt u. veröffentlicht. gr. 8. (III, 172 Bl.) Zwickau 889. (Moeckel.) Geb. n. 5.—

Fiedler, Christoph

— — (Sulza/Thür.), De ideis. Tentamen introduct. in histor. doctrinae logicae. Präs. Jacob Brucker (Augsburg). Jena (Nis/Joh. Volckm. Marggraf) Dez. 1718. 36 S. (5.50) 8808

Fiedler, Conrad, s. F i e d l e r, Konrad

Fiedler, Curt, s F i e d l e r, Kurt

Fiedler, Dominikus

Fiedler, D., Die Khevenhüller'sche Majoratsgrafschaft Frankenburg in ihrer Beziehung zur vaterländischen Geschichte. 2 Thle. Wien 1860. 8.

Fiedler, Dom. Der Markt Frankenburg in Österreich ob der Enns. Histor. u. topogr. geschildert. 2 Th. (297) 8. Wien 1858.

Fiedler, Domin., Geschichte der Reichsgrafen Khevenhüller, weil. deren Majoratsgrafschaft Frankenburg und ihre nächste Umgebung. Mit Inbegriff der oberösterreich. Bauernkriege und der Pöschlianer Schwärmerei. 2 Thle. 2., verb. und verm. Aufl. gr. Lex.-8. (VIII und 426 S. mit 34 Illustr. in eingedr. Holzschn. und 3 Stnt.) Wien 862, Mechitharisten-Congregations-Buchh. *

Fiedler, E., die Seelensprache (Sprache der Symbole u. Sinnbilder), ihr Wesen u. ihre Anwendung. gr. 8. (IV, 61 S.) Leipzig (902). O. Mutze. n. 1. 50

Fiedler, Ed.

— s. C h a u c e r's Canterbury-Erzählungen.

Fiedler, Ed., Geschichte d. volksthüml. schottischen Liederdichtung. 2 Bde. gr. 8. (31½ B.) Zerbst 846, Kummer'sche Buchh.

Fiedler, Ed., Geschichte der volksthümlichen schottischen Liederdichtung. 2. (Titel-) Ausg. 2 Bde. Leipzig (846.) 858. Violet. gr. 8. (XVI, 255; VIII, 268 S.) 2 ℳ

Fiedler, Ed., wissenschaftl. Grammatik der englischen Sprache. 1. Bd. 1. Hälfte. [Geschichte der engl. Sprache, Lautlehre.] 2. Hälfte. [Wortbildung u. Formenlehre.] gr. 8. (XX u. 314 S.) Zerbst 849. 50, Kummer. (à 2/3 ß) 1 1/3 ß

Fiedler, Ed., und Carl **Sachs,** wissenschaftliche Grammatik der englischen Sprache. 2 Bde. Leipzig 861. Violet. gr. 8. n. 3 ß 10 ngr.

Inhalt: 1. Bd. Geschichte der englischen Sprache, Lautlehre, Wortbildung u. Formenlehre. (XVIII, 314 S.) n. 1 ß 10 ngr. — 2. Bd. Syntax und Verslehre. (XVI, 412 S.) n. 2 ß

Fiedler, Ed., u. Carl **Sachs,** wissenschaftliche Grammatik der englischen Sprache. 1. Bd. [Geschichte der engl. Sprache. Lautlehre. Wortbildung. Formenlehre.] 2. Aufl., nach dem Tode des Verf. besorgt v. Eug. Kölbing. gr. 8. (XXII, 338 S.) Leipzig 877. Violet. n. 6. —

—— das Verhältniß der französischen Sprache zur lateinischen. Ein Leitfaden für den Gymnasialunterricht in der französ. Sprache. gr. 8. (IV und 42 S.) Zerbst 849, Kummer'sche Buchh.

Fiedler, E., das Verhältniß der französischen Sprache zur lateinischen. Ein Leitfaden f. den Gymnasialunterricht in der französ. Sprache. 2. Aufl., rev. u. verm. durch F. Dénervaud. 8. (45 S.) Leipzig 872. Violet. — 60

Fiedler, E., das Verhältnis der französischen Sprache zur lateinischen. Ein Leitfaden f. den Gymnasialunterricht in der französ. Sprache. 3. Aufl., durchgesehen u. verm. v. F. Dénervaud. 8. (52 S.) Leipzig 892. W. Violet. n. — 75

Fiedler, Ed., s.: Volksreime u. Volkslieder.

Fiedler, Ernst: Die Darstellende Geometrie im mathematischen Unterricht. 4 (52 S.). **Progr.** Kantonssch. *Zürich* 1898.

F[iedler], E.: Julius Hemmig. Zürich, Kantonsschule, Progr. 1889.

Fiedler, Ernst, Reformen im Schiesswesen ausser Dienst. Militärische Studie über Schiessstatistik, Schiesspflicht, Schiessübungen der Vereine, Schiessdienst der Offiziere, Nachschiessübungen. gr. 8. (68 S. mit 1 Tab.) Frauenfeld 888, Huber. *

Fiedler, Ernst, kriegsmässige Schiessausbildung. Eine feuertechn. Studie üb. Einzel-, Abteilungs-, Gefechts-Schiessen u. Entfernungsschätzen der schweizer. Infanterie. gr. 8. (III, 83 S. m. 3 lith. Taf.) Frauenfeld 899. Huber & Co. n. 1. —

Sonderabdruck aus: „Schweiz. Monatschr. f. Offiziere aller Waffen".

Fiedler, Ernst, die Sicherheit unserer Gemeinde-Schiessplätze. [Erweit. Sonderabdr. aus: „Schweiz. Monatschr. f. Offiziere aller Waffen".] gr. 8. (17 S.) Frauenfeld 893. (J. Huber's Verl.) — 60

—— die taktische Verwendung des schweizerischen Repetirgewehrs. Betrachtungen über feldmässige Ausbildung unserer Infanterie. gr. 8. (52 S.) Ebendas. 887. *

Aus: Schweizerische Zeitschrift für Artillerie und Genie, besonders abgedruckt.

F[iedler], E[rnst]: † Prof. Dr. August Weilenmann. Geboren 9. Juni 1843, gestorben 10. November 1906. S. 97—99. 4. **Progr.**

— **Ernst Gottlieb** (Bautzen), De separatione bonorum sui debitoris in Lusatia superiori etiam post quinquennium competente. Diss. jur. Präs. Jo. Tobias Richter. Lpz. (Langenheim) 24. IV. 1759. 56 S., tlws. dtsch. (5.20) 8810

Fiedler, Ernst Wilh., über eine besondere Classe irrationaler Modulargleichungen der elliptischen Functionen. Diss. Leipzig 1885, Gustav Fock. 8°. IV, 104 S.

Fiedler, F., das Konnossement des österreichischen Lloyd. Bericht. Progr. (59 S.) gr. 8. Aussig 905. (A. Grohmann.) n. 1.50

Fiedler, F. G., Anleitung od. Regeln f. d. Postdienst, f. Postschreiber u. Briefträger. 8. (2 B.) Pegau 828. (Leipzig, Magazin f. Industrie.)

—— der Destillateur u. Liqueur-Fabrikant, od. gründl. Anweis. alle Sorten Branntweine u. Liqueure zu fertigen, nebst d. dazu gehör. Färbemitteln. 8. (6 B.) Leipzig 828, (Magazin f. Ind.)

— d. Destillateur u. Likörfabrikant. od. gründl. Anweis., alle Sorten Branntwein u. Liköre zu fertigen rc. Leipz. 828. (Magaz. f. Ind. ; a. Lauffer). 8 gr

Fiedler, F. G., Eilpost für d. lange Weile. 8. Leipz. 828. Mag. f. Ind. u. Litt. 1 ß

—— alphabet.-tabellar. Ortschafts-Verzeichniß aller Orte d. Königreichs Sachsen. 3—5. Hft. 4. (19 1/2 B.) Leipzig 827, (Magazin f. Ind.)

1. u. 2. Hft. Ebendas. 1827. 1 Thlr. 8 Gr.

— alphabet.-tabellar. Ortsverzeichniß aller Orte d. Königr. Sachsen. 5 Hefte. gr. 4. Leipz. 827, 28. Magaz. f. Ind. 2 ß 12 gr

Fiedler, F. Sieg., s. 1) Auswahl religiöser Gesänge. 2) Getränkeverfertiger. 3) Künste u. Geheimnisse. 4) Reise nach St. Helena. 5) Sänger, d. deutsche.

Fiedler, Ferdinand, s. Almanach d. Universität Leipzig.

Fiedler, Ferdinand, s. Anweisung, Faßl., aller nur möglich Arten schriftl. Aufsätze . . .

Fiedler, Fd., (Karl Ferd.) Frag- u. Spruchbuch zu Luthers kleinen Katechismus; f. Lehrer bei d. Schul- u. Confirmanden-Unterricht. 8. Glogau 835. Flemming. 5/12 ß

—— Frag- u. Spruchbüchlein zu Luthers kleinem Katechismus; f. Schüler u. Konfirmanden. Im Anh. d. Katechismus u. e. kleine Samml. v. Gebeten. 8. (2 1/2 B.) Glogau 836, Flemming.

— Glaube u. Glaubensleben. Summa eines übersichtl. Religionsunterrichtes zur letzten Zubereitung evangel. Konfirmanden, nebst Urkunde u. Konfirmationsschein. Ein Geschenk für Konfirmanden. 8. Leipzig 837. Dürr. n. 1 1/4 gr

Fiedler, Fd., Glaube u. Glaubensleben. Summa eines übersichtl. Religionsunterrichts zur letzten Zubereitung evangel. Konfirmanden, nebst Urkunde und Konfirmationsschein. — Blätter für Konfirmanden. 2. verb. u. verm. Aufl. II. 8. Leipzig 841, Dürr. 2 ngr

—— Handbuch f. Lehrer u. Eltern zum erklär. Durchfragen d. bibl. Historien alten u. neuen Testam. 8. (33 1/2 B.) Leipzig 838, Dürr.

Fiedler, Ferd., Handbuch für Lehrer und Eltern zum erklärenden Durchfragen der biblischen Historien Alten u. Neuen Testaments. 2. Aufl. Leipzig 853. Dürr'sche Buchhdlg. 8. (VIII, 527 S.) 1 ß

— bibl. Historienbuch für Volksschulen, worin 187 biblische Geschichten, treu mit den Worten der heil. Schrift erzählt und nach d. Kirchenjahre geordnet. 8. Leipzig 837. Dürr. n. 1/8 ß

—— biblisches Historienbuch für Volksschulen, worin 187 bibl. Geschichten, treu mit den Worten der heil. Schrift erzählt und nach dem Kirchenjahre geordnet. 3—7. Aufl. 1853—55. und 8., unveränd. Aufl. 8. (VIII und 197 S.) Leipzig 856, Dürr'sche Buchh.

Fiedler, Ferd., biblisches Historienbuch für Bürger- und Landschulen, worin 187 biblische Geschichten, treu mit den Worten der heil. Schrift erzählt und nach dem Kirchenjahre geordnet. 9—27. unveränd. Aufl. Stereot.-Ausg. Leipzig 857—62. Dürr'sche Buchhdlg. 8. (VIII, 197 S.) 4 ngr.

Fiedler, Ferd., biblisches Historienbuch für Bürger- und Landschulen, worin 187 bibl. Geschichten, treu mit den Worten der heil. Schrift erzählt und nach dem Kirchenjahre geordnet. 26.—42., unveränd. Aufl. Neue Ster.-Ausg. 8. (VIII und 197 S.) Leipzig 862—68, Dürr'sche Buchh.

Fiedler, Ferd., biblisches Historienbuch für Bürger- u. Landschulen, worin 187 biblische Geschichten treu mit den Worten der heil. Schrift erzählt u. nach dem Kirchenjahre geordnet. 45. Aufl. Stereot.-Ausg. Leipzig 869. Dürr'sche Buchhdlg. 8. (VIII, 197 S.) 4 ngr.

Fiedler's [Ferd.] biblisches Historienbuch für Bürger- und Landschulen, worin 187 biblische Geschichten erzählt und nach dem Kirchenjahre geordnet. Ausg. A. 46.—63. Aufl. 8. (VIII, 197 S.) Leipzig 870—85. Dürr'sche Buchh. * 45 Pf.; geb. **

Fiedler, Ferd., biblisches Historienbuch für Bürger- und Landschulen, worin 187 bibl. Geschichten erzählt und nach dem Kirchenjahre geordnet. Ausg. A. 64. und 65. Aufl. 8. (VIII, 197 S.) Leipzig 886. Dürr'sche Buchh. * 45 Pf.; geb. **

Fiedler, Ferd. Biblisches Historienbuch für Bürger- u. Landschulen, worin 187 bibl. Geschichten erzählt u. nach dem Kirchenjahre geordnet. Ausg. A. 68. Aufl. 8. (VIII, 197 S.) Lpz. 892. Dürr'sche Buchh. * — 45; geb. ** — 65

Fiedler, Ferd., biblisches Historienbuch f. Bürger- u. Landschulen, worin 187 bibl. Geschichten erzählt u. n. d. Kirchenjahr geordnet. Ausg. A. Nach neuerer Rechtschreibg. 70. Aufl. 8. (VIII, 197 S.) Leipzig 896. Dürr'sche Buchh. v. — 45; Einbd. n.n.n. — 20

Fiedler, Ferd., biblisches Historienbuch f. Bürger- u. Landschulen, worin 187 bibl. Geschichten erzählt u. nach dem Kirchenjahre geordnet. Ausg. A. Nach neuer Rechtschreibg. 73. Aufl. (VIII, 197 S.) 8. Leipzig 903. Dürr'sche Buchh. n. — 45; geb. n. — 70

Fiedler, Ferd., biblisches Historienbuch f. Bürger- u. Landschulen, worin 187 bibl. Geschichten erzählt u. nach dem Kirchenjahre geordnet. Ausg. A. Nach neuer Rechtschreibg. 74. Aufl. (VIII, 197 S.) 8. Leipzig 908. Dürr'sche Buchh. — 45; geb. — 70

Fiedler's biblisches Historienbuch, Ausg. A, Neubearbeitg., s.: **Busch, Rich.**, Religionsbuch.

—— dass. — Ausg. B., worin die treu nach der heil. Schrift erzählten Geschichten mit entsprechenden Liederversen, Sprüchen und Katechismusstellen begleitet und nach den Unterrichtsstufen mit Rücksicht auf das Kirchenjahr vertheilt sind von Aug. Schorn. 1869. 40 Pf., und Neue Ausg. gr. 8. (VIII, 192 S.) Ebendas. 873.

—— dass. — Ausg. B, mit Liederversen, Sprüchen und Katechismusstellen versehen von Aug. Schorn. 20.—23. Aufl., neu bearb. und mit einem kirchengeschichtl. Anhang versehen von Herm. Ruete. 8. (XII, 240 S.) Ebendas. 880—85. * 70 Pf.; geb. ** Mit kleinem Anhang (XII, 192 S.) * 50 Pf.; geb. **

— biblisches Historienbuch für Bürger- u. Landschulen. Ausg. B [kleiner Anhang], m. Liederversen, Sprüchen u. Katechismusstellen versehen v. Aug. Schorn. 20. Aufl., neu bearb. nach neuer Orthogr. v. Herm. Ruete. 8. (XII, 192 S.) Leipzig 881. Dürr'sche Buchh. n. — 50; geb. n. — 75

—— dass. — Ausg. B, [Kleiner Anhang] mit Liederversen, Sprüchen und Katechismusstellen versehen von Aug. Schorn. Neu bearb. nach neuer Orthographie von Herm. Ruete. 36.—42. Aufl. 8. (XII, 192 S.) Ebendas. 886—88. * geb. **

—— dass. — Ausg. B, mit Liederversen, Sprüchen und Katechismusstellen versehen von Aug. Schorn. Neu bearb. und mit einem kirchengeschichtl. Anhange versehen von Herm. Ruete. 24.—27. Aufl. 8. (XII, 240 S.) Ebendas. 886—88. * geb. **

—— dass. — Nachtrag allein: Anhang 3—26, Bilder aus der Geschichte der christlichen Kirche. 8. (S. 193—240.) Ebendas. 888. ** Vgl.: Schorn, A., Handbuch zur unterrichtlichen Behandlung der biblischen Geschichte.

Fiedler's biblisches Historienbuch f. Bürger- u. Landschulen. Ausg. B. mit kirchengeschichtl. Anhang versehen v. H. Ruete. 26. Aufl. 8. (XII, 240 S.) Leipzig 888. Dürr'sche Buchh. n. — 70; geb. n. — 90

Fiedler's biblisches Historienbuch f. Bürger- u. Landschulen. Ausg. B. [kleiner Anhang], m. Liederversen, Sprüchen u. Katechismusstellen versehen v. A. Schorn. Neu bearb. nach neuer Orthographie v. H. Ruete. 40. Aufl. 8. (XII, 192 S.) Leipzig 888. Dürr'sche Buchh. n. — 50; geb. n.n. — 70; Nachtrag dazu: Anhang 3—26, Bilder aus der Geschichte der christl. Kirche. (S. 193—240.) n.n. — 25

—— dass. — Ausg. B [m. erweitertem Anhange] m. Liederversen, Sprüchen u. Katechismusstellen versehen v. Aug. Schorn. Neu bearb. u. m. e. kirchengeschichtl. Anh. versehen v. Herm. Ruete. 34. Aufl. 8. (XII, 240 S.) Ebd. 892. * — 70; geb. ** — 90

—— dass. — Ausg. B (m. kleinem Anh.) 53. Aufl. 8. (XII, 192 S.) Ebd. 892. * — 50; geb. ** — 70

— dasselbe. Ausg. B (kleiner Anh.). 54. Aufl. 8. (XII, 192 S.) Ebd. 893. n. — 50; geb. n.n. — 70

— dasselbe. Ausg. B, m. Liederversen, Sprüchen u. Katechismusstellen versehen v. Aug. Schorn. Neu bearb. u. m. e. kirchengeschichtl. Anh. versehen v. Herm. Ruete. 35. Aufl. 8. (XII, 240 S.) Ebd. 893. n. — 70; geb. n.n. — 90

— dasselbe. Ausg. B (kleiner Anhang). 62. Aufl. 8. (XII, 192 S.) Ebd. n. — 50; Einbd. n.n.n. — 20

— dasselbe. **Ausg. B (großer Anh.) m. Liederversen, Sprüchen u. Katechismusstellen vers. v. Aug. Schorn.** Neu bearb. u. m. e. Anh. vers. v. Herm. Ruete. 40.–42. Aufl. 8. (à XVI, 320 S.) Ebd. 898. 99. n. — 70; Einbd. n.n.n. — 20
Auch in Ausgaben f. Brandenburg, Pommern, Sachsen u. Schlesien zu gleichen Preisen.

— dasselbe. Mit Liederversen, Sprüchen u. Katechismusstellen versehen v. Aug. Schorn, später Herm. Ruete. Ausg. B m. großem Anh. 45. Aufl, hrsg. v. Rich. Busch. Anh. f. die Prov. Schlesien, bearb. v. Ernst. gr. 8. (XII, 307 S.) Leipzig 901. Dürr'sche Buchh. n. — 70; Einbd. n.n.n. — 22
Auch in Ausgaben f. d. Prov. Brandenburg, Pommern u. Sachsen.

— **dasselbe.** Ausg. f. die Prov. Pommern. 45. genau durchgeseh. u. verb. Aufl., bearb. u. hrsg. v. Rich. Busch. (XII, 292 S.) 8. Ebd. 901. — 70; geb. n — 95

— dasselbe. Ausg. B. Kleiner Anh. 66. genau durchgeseh. u. verb. Aufl., bearb. u. hrsg. v. Rich. Busch. 8. (VII, 172 S.) Ebd. 902. n. — 50; Einbd. n.n.n. — 22

— **dasselbe. Mit Liederversen, Sprüchen u. Katechismusstellen versehen v. Aug. Schorn, später Herm. Ruete. Ausg. B. Kleiner Anh. 67. genau durchgeseh. u. verb.** Aufl., bearb. u. hrsg. v. Rich. Busch. Gedr. in neuer Rechtschreibg. (VII, 172 S.) 8. Ebd. 903. n. — 50; geb. n. — 75

— **dasselbe.** Ausg. f. die Prov. Sachsen. 47., genau durchgeseh. u. verb. Aufl., bearb. u. hrsg. v. Rich. Busch. Gedruckt in neuer Rechtschreibg. (XII, 289 S.) 8. Ebd. 905. — 70; geb. n — 95

— **dasselbe.** Mit Liederversen, Sprüchen u. Katechismusstellen versehen v. Aug. Schorn, später Herm. Ruete. Ausg. B. Kleiner Anh. 69. genau durchgeseh. u. verb. Aufl., bearb. u. hrsg. v. Rich. Busch (VII, 172 S.) 8. Ebd. 907. — 50; geb. n — 75

— **dasselbe.** Ausg. B mit großem Anh. 47. Aufl., bearb. u. hrsg. v. Rich. Busch. Ausg. f. die Prov. Brandenburg. (XII, 289 S.) 8. Ebd. 907. — 75; geb. n — 95

—— Ideenmagazin f. prakt. Geistliche, s. Ideenmagazin.

— u. Schorn, d. kleine Katechismus Martin Luthers, Anh. zu Luthers kl. Katechismus, nebst e. Spruchbuch f. d. Katechismusunterr. Abschnitte a. d. bibl. Historienbuch. Ausg. B m. großem Anh., bearb. v Herm. Ruete. 8. (S. 241—275.) Ebd. 895. Kart. n.n. — 25

Fiedler, Ferd., Lebensbilder. 213 wahre Geschichten zum Lutherschen Katechismus. Ein Schul- u. Volksbuch. 8. (9½ B.) Helmstädt 845, Fleckeisensche Buchh.

—— kleiner Liederschatz, s. Liederschatz.

—— der Meineidige. Predigt. gr. 8. (1 B.) Helmstädt 837, Fleckeisensche Buchh.

Fiedler, Ferdinand, k. k. Major im Generalstabs-Corps. Militär-Geographie. Galizien und das westliche Russland. Für den ausschliesslichen Gebrauch der k. k. Kriegsschule als Manuskript gedruckt. 8. Wien 1878.

Fiedler, Ferdinand. s. Müller, Hnr.: Himmlischer Liebeskuß.

—— Pastoralzeitung d. Geistlichkeit in d. Provinz Sachsen, s. Pastoral-Zeitung.

—— Predigtmagazin zu Vorlesn. in Kirchen, s. Predigt-Magazin.

LINDE, Dietrich von der (d. i. *Carl Ferd. Fiedler*), Die Räuberruine auf dem Geierstein oder die mitternächtliche Bluthochzeit in den Felsengewölben unter den Trümmern der Frohnburg. Eine höchst abenteuerliche Ritter-, Räuber- u. Klostergeschichte aus den Zeiten der Turniere. 2 Bde. Celle 1824—25, bei Geo. Ernst Friedr. Schulze. 8°. (2 Mk. 50 Pfg. Franz Teubner, Bonn, c. 1895.) 207+168 S.
Vgl. A. G. Schmidt, Gallerie . . ., S. 118.

Fiedler, Ferd., Regeltabelle f. d. deutsche Rechtschreibung, zunächst z. Gebr. in Elementarschulen. gr. Fol. (1 B.) Leipzig 831, Kollmann.

— neue Samml. allgem. deutscher Trinklieder, Vaterlandsgesänge rc. A. u. d. T.: Neues allgem. Leipz. Commers- u. Liederbuch. 8. Helmst. 822. Fleckeisen. 22 gr.

s. M. A. Schulz, allgem. Schulfibel — u. Dess. Wortschreibebuch.

(——) der deutsche Sprachmeister rc., s. a. Unterricht, faßlicher, jed. deutsche Wort rc.

Fiedler, Fd., (Karl Ferd.) der deutsche Sprachmeister oder Anweisung, wie man in Volksschulen u. beim Selbstunterricht, ohne eigentliche Grammatik die Regeln d. Muttersprache leicht u. sicher einüben kann. 2e mit neuen Uebungsbeispielen verm. Ausg. (A. u. d. T.: Faßlicher Unterricht jedes deutsche Wort recht zu schreiben. 8. Helmstädt 840. Fleckeisen. 1/6 Rthlr.

—— Tabula ecclesiastico-historica. Seriem XIX saeculor. synchronistice exhibens, quam exaravit, omnibusque theologiae studiosis et candidatis dicavit accommendavit. Fol. maj. (2 B.) Lipsiae 830, [Volckmar.]

— Uebungsaufgaben, durch deren Ausarbeit. man sich in d. deutschen Sprache leicht u. sicher vervollkommnen kann. 8. Helmst. ... 2e A. 825. Fleckeisen. 5 gr.

Fiedler, Ferdinand, s. Wachsmuth, F.

Fiedler, Ferdinand Ambrosius

— Abhandl. von d. repräsentirenden Kirche; aus d. Latein. übers. v. Gf. Joach. Wichmann. 8. Hamb. 773. (W. Nauck in Leipz.) 8 gr.

Fiedler, auch Fidler, Fd. Ambr., († d. 26. Juni 1780.) Gesch. u. Beschreib. aller Ceremonien u. and. Merkwürdigkeiten d. röm. Kirche. 2 Bde, mit Kpf. 8. Leipz. 785 u. 86. (W. Nauck). 2 Rthlr. 3 gr.

Fiedler, Ferd. Ambr., Gesch. u. Beschr. all. Ceremonien d. röm. Kirche. 2 Bde. m. K. Leipzig, Sommer. 785–86.

— antipapistisches Journal. 7 Bde. 8. Hamb. 770—74. (W. Nauck in Leipz.) 7 Rthlr.

— antipapistisches Journal. 7 Bde. 8. Hamburg, Sommer, 770–74.

— wichtige Pflicht e. Seelenhirten u. seiner ihm anvertrauten Schafe. 8. Rostock 774. Koppe. 4 gr.

— d. Proselyt, oder Versuche über d. wicht. Glaubenslehren d. römisch-kathol. Kirche. 4 Bde. 8. Leipz. 771—74. (W. Nauck). 2 Rthlr. 16 gr.

— Proselyt. 4 Bde. 8. Leipzig, Sommer. 771–74.

— sämmtliche Schriften 11 Bde. (enthalten 1r bis 4r dessen Proselyt 5r bis 7r antipapistisches Journal.) 8. Ebend.

Fiedler, Ferd. Ambr., Vermächtniß. 8. Leipzig, Sommer. 782. Rthlr.

— Vermächtniß an seine Freunde u. Feinde. 8. Leipz. 785.

Fiedler, Ferdinand August

Fiedler, Ferd. Aug., Musikalische Naturgeschichte der europäischen Haus-, landwirtschaftlichen und jagdbaren Tiere. Hamburg 06.

Fiedler, Fd. Aug., musikal. Naturgeschichte d. Hausthiere, mit Musik. 8. Hamb. 806. Wettach. 20 gr.

— Tabelle, nach welcher Cavalleristen, Kutscher, Reit- u. Stallknechte rc. ihre Pferde striegeln u. warten müssen rc. Fol. Hamb. 805. Wettach. (Altenb., Schnuphase). 6 gr.

Fiedler, Fr. Sam., moral. Briefe für Kinder, besonders f. Mädchen in Schulen. 8. Wittenb. (789.) Kühn. 6 gr.

Fiedler, Franz

Dem Andenken St. Johannis des Täufers gewidmet vom Br [Franz] Fiedler. Wesel, am St. Johannistage 1822. Wesel [1822]: Becker. 8 S. 8°
[Umschlagtit.]
Gedicht: „Johannes, den zum Schutzherrn ihrer Hallen . . .“ 281.

Fiedler, F. Beiträge zur Geschichte Wesels: Inschriften. 24 S.
Wesel, Progr. 1848

Fiedler. antike erotische Bildwerke, s. a. Bildwerke.

FIEDLER. Antike erotische Bilderwerke in Houbens römischem Antiquarium zu Xanten. Mit 5 kolorierten Lithographien, worauf 55 Abbild. Xanten 1839. Fol. Nicht im Handel erschienen.
Sehr seltenes Werk, dem, wenn es einmal vorkommt, fast immer die wertvollen Tafeln fehlen.

Wesel: **Blätter der Erinnerung aus dem 100jährigen Leben der ger.·. und vollk.·. Johannis-Loge zum goldenen Schwerdt im Or.·. Wesel zu deren Säcular-Feier am 13. Juni 1875 gesamm. und geordnet, von Franz Fiedler. Wesel [1875]: Kühler. 146 S. 8°**
Aus den vorhandenen Protokollen, Korrespondenzen u. mündlichen Mitteil. älterer Brr. sind die einzelnen Nachrichten zsgest. u. chronol. geordnet. S. 145—146: Verzeichn. der M. v. St. u. der zug. Mstr von 1775—1875.

Fiedler, F., Der kaufmännische Briefverkehr. Ein Lehrbuch für höhere Handelsschulen. Lehrbuch. Gr.-8°. (XIV, 367 S.; Übungsbuch (127 S.) geb. K 6.

Fiedler Franz, Der kaufmännische Briefverkehr. Ein Lehrbuch für höhere Handelsschulen. 2. Auflage. Wien 1909. Manz'sche Buchhandlung. Geb. K 6.—.

Fiedler, Frz., der kaufmännische Briefverkehr. Ein Lehrbuch für höhere Handelsschulen. Lehrbuch u. Übungsbuch. 2. Aufl. (XIV, 363 u. 112 S.) gr. 8. Wien 910. Manz. Geb. in Leinw. 5.20

Fiedler, Frz., Didaktik der kaufmännischen Correspondenz. gr. 8. (103 S.) Olmütz 899. L. Kullil. n. 2.—

— de Genio natali dissertatio. Halle 181..

Fiedler, Fr., über Eleganz, Wortstellung und Aussprache im Lateinischen. gr. 8. Halle, Waisenhaus. 819.

Fiedler, F. Elegia in obitum Thumii (Gymn.-Lehrers zu Wesel). S. Virgil. . . . .

Progr. Wesel 1830

Fiedler, Frz., (Ant. Max.) die Enthüllung des Denkmals bei Wesel am 31. März 1835, oder Beschreibung der Feierlichkeit nebst den dabei gehaltenen Reden des Prediger Verhöff und Dr. Lohmann u. einigen das Fest betreff. Dichtungen. 8. Wesel 835. Becker. 1/4 ℛ

Fiedler, F. Ex P. Virg. M. Catalectis Epigrammata septem et Copo. Deutsche Uebersetzung derselben. 24 S. . . .

Progr. Wesel 1830

Fiedler, F. De erroribus Aeneae ad Phoenicum colonias pertinentibus. 20 S. . . . .

Progr. Wesel 1827

Fiedler: Lateinische Festrede zur Vermählung des Prinzen Friedrich Wilhelm mit der Prinzessin Victoria von Großbritanien. 3 S. – Progr. Wesel 1858.

Fiedler, Frz. (Ant. Max), Geographie d. transalpin. Galliens nach C. Jul. Caesars Commentarien de bello Gallico, nebst e. Erklär. d. übrigen darin vorkomm. geograph. Namen, z. Gebr. in Gymnasien. M. 1 Charte. gr. 8. (4½ B.) Essen 828, Bädeker.

Fiedler, Frz., Geographie u. Geschichte von Altgriechenland u. seinen Kolonien. gr. 8. (10⅛ B.) Leipzig 843, Hinrichssche Bh.

Fiedler, Frz., aus der Geschichte des clevischen Landes vor und nach dem 25. März 1609. Eine Denkschrift zur Erinnerung an die vor 250 Jahren erfolgte Besitznahme des Herzogth. Cleve durch Johann Sigismund, Kurfürsten von Brandenburg, und an die am 16. Juni 1609 geleistete Huldigung. Nebst einer Abbild. der dem Kurfürsten in Cleve zu errichtenden Statue. gr. 8. (81 S. mit 1 Holzschn.) Wesel 859. (Bagel.) *

Fiedler, Frz., Geschichte d. Römer, ihrer Herrschaft u. Kultur, von d. Erbau. Roms bis zum Untergange d. weström. Reiches, f. d. mittl. Klassen d. Gymnasien, f. Real- u. höh. Bürgerschulen dargest. M. 84 eingedr. bildl. Darstelln. (in Holzschn.) u. 2 Karten d. westl. u. östl. Römerreichs. (7 Hfte.) gr. 8. (28 B.) Leipzig 830, Baumgärtners Buchh. Thlr.
Ohne Abbildn.

Fiedler, Frz., Geschichte der Römer, ihrer Herrschaft und Kultur, von der Erbauung Roms bis zum Untergange des weströmischen Reiches, zur Belehrung und Unterhaltung dargestellt. Mit 85 bildlichen Darstellungen (Holzschn. im Text) u. 2 (in Kpfr. gest.) Karten des westlichen und östlichen Römerreichs. 2, bericht. u. verm. Aufl. Leipzig 854. Baumgärtner. gr. 8. (XII, 448 S.) 1 ℛ 22½ ngr

Fiedler, Frz., Geschichte der Römer, ihre Herrschaft und Kultur, von der Erbauung Roms bis zum Untergange des weström. Reiches zur Belehrung und Unterhaltung dargestellt. 2. bericht. und verm. Aufl. gr. 8. (XII, 448 S. mit 85 bildl. Darstellungen in eingedr. Holzschn. und 2 lithogr. Karten des westl. und östl. Römerreichs in 4.) Leipzig 873, Baumgärtner's Buchh. cart.

— — Geschichte des römischen Staates und Volkes, für die obern Klassen in Gelehrten-Schulen dargestellt. gr. 8. Leipzig, Hinrichs. 821.

Fiedler, Frz. (Ant. Max.), Geschichte d. röm. Staates u. Volkes, f. d. oberen Klassen in Gelehrtenschulen dargest. 2., bericht. u. verm. Aufl. gr. 8. (24¼ B. u. 1 B. Stammt. in gr. 4.) Leipzig 832, Hinrichs. 1 Thlr. 12 Gr., Schrbp. Thlr.

—— Geschichte d. röm. Staates u. Volkes. 3., bericht. u. verm. Aufl. gr. 8. (34 B.) Leipzig 839, Hinrichssche Buchh.

Fiedler, (Frz.,) Geschichten u. Alterthümer d. untern Germaniens- oder d. Landes am Nieder-Rhein, aus d. Zeitalter d. röm. Herrschaft. 1s Bdchen. — A. u. d. T.: Römische Denkmäler d. Gegend von Xanten u. Wesel am Nieder-Rhein u. an d. Lippe. Mit 5 Steintaf. 8. Essen 824, Bädeker.

Fiedler, Frz., Handlexikon f. Zitherspieler. Biograph. Notizen üb. hervorrag. Musiker, Fabrikanten u. Verleger auf d. Gebiete d. Zither. 8. (IV, 100 S.) Tölz 895. F. Fiedler. Geb. n. 1.20

Fiedler: De Homero multiscio atque naturae conscio. Comment. I. 16 S. – Wesel, Progr. 1852.

— s. Houben, Ph., Denkmäler von Castra vetera u. Colonia Trajana. —

—— die roem. Inschriften in Xanten, erklaert. M. 1 lith. Abbild. d. Inschriften. 4. (3 B.) Wesel 839. Becker.

Fiedler, Franc. De lectione librorum Novi Testamenti Graece scripti in gymnasiis jam diu omissa eaque nunc quidem revocanda. 18 S. . . .

Wesel, Progr. 1846

Fiedler, Frz., Lehr- u. Lesebuch der Nationalökonomie mit Berücksichtig. der Volkswirtschaftspolitik u. Finanzwissenschaft. (VIII, 301 S.) gr. 8. Wien 903. Manz. n. 6.—

— Lehr- u. Übungsbuch der Gabelsberger'schen Stenographie, s.: Handbibliothek der gesamten Handelswissenschaften. 21. Bd.

Fiedler, Franz, Leitfaden der griechischen und römischen Geschichte mit geograph. Einleitungen für die obern Klassen der Gymnasien und höh. Lehranstalten. 2 Abthlgn. (1. Abthl.: Griechische Geschichte. — 2. Abthl.: Römische Geschichte.) gr. 8. (X und 186, IV und 192 S.) Leipzig 848, Hinrichssche Buchh. à Abthl. 22½ Ngr.

— s. Ludovici Regis Bavariae Augustissimi Carmina.

Fiedler, Frz., die Gripswalder Matronen- und Mercuriussteine erläutert. gr. 4. (24 S. mit 1 Stnt.) Bonn 863, Marcus. *

Fiedler, Frz., aus der Musikantenhölle. Ein Urtheil üb. Richard Wagner im Jenseits. gr. 16. (47 S.) Graz 894. (H. Wagner.) n. 1.25

— das Muster-Contor. Pädagogisch-didakt. Abhandlungen. 8. (24 S.) Olmütz 900. (Stuttgart, A. Brettinger). n. —60

— Muster-Kontor oder nicht? Grundzüge der Didaktik des Uebungs-Kontors nach kommerziell-prakt. Methode. (Handelswissenschaftliche Zeit- u. Streitfragen. Hrsg. v. Ludw. Huberti.) gr. 8. (VI, 20 S.) Leipzig 901. Dr. L. Huberti. n. —60

— Mythologie d. Griechen u. italischen Völker, für studirende Jünglinge u. Freunde d. classischen Alterthums. gr. 8. Halle 823, Kümmel.

Fiedler, Frz., Postzwang u. Postpflicht. Ein Beitrag zur Volkswirtschaftslehre. Mit e. Anh. (VII, 104 S.) gr. 8. München 907. R. Oldenbourg. 2.—

Fiedler, F. Über die Provinzialeintheilungen des römischen und byzantinischen Reichs. 24 S. . . . .
Wesel, Progr. 1842

— s. 1) Reden religiösen Inhalts. 2) Scriptores histor. Romamani minores VI.

— histor.-genealogische Tafeln der wichtigsten Regentenhäuser in dem Mittelalter u. in der neuern Zeit, besond. für den histor. Unterricht in Gymnasien u. Militärschulen. qu. gr. 4. Wesel 834. Klönne. 1 ß — 2e Aufl. qu. 4. Ebd. 840. A. Prinz. 1 ß

—— histor.-genealog. Tafeln d. wichtigsten Regentenhäuser in d. Mittelalter u. in d. neueren Zeit, besond. f. d. histor. Unterr. in Gymnasien u. Militairschulen entworfen. 2., mit Zusätzen verm. Aufl. qu. gr. 4. (11¼ B.) Wesel 841, Prinz.

—— die Verskunst d. latein. Sprache, nebst metr. Aufgaben f. d. epische, eleg. u. lyrische Versart, z. Gebr. auf Gelehrten-Schulen. 8. (17¼ B.) Wesel 829, Klönne.

—— dass. — Latein. Text zu d. metr. Aufgaben. (Manuscript f. Lehrer.) 8. (5¼ B.) Ebds. 829.

— die Verskunst der latein. Sprache, nebst metrischen Aufgaben. Zum Gebrauch auf Gelehrten-Schulen bearb. 2e verb. u. mit Aufgaben verm. Aufl. gr. 12. Wesel 838. a. 840. Klönne. (A. Prinz.) 5/6 ß

— Verskunst der lateinischen Sprache mit Aufgaben zur Versification zum Gebrauch in den mittleren und oberen Klassen der Gymnasien bearb. 3. umgearb. Aufl. Wesel 858. Hülsemann. 8. (VIII, 184 S.) n. 20 ngr

—— Verskunst der lateinischen Sprache mit Aufgaben zur Versification zum Gebrauch in den mittleren und oberen Klassen der Gymnasien bearb. 3., umgearb. Aufl. 1857. und 4. (Titel-)Aufl. 8. (VIII und 184 S.) Soest 861, Schulbuchh. *

— Verskunst der lateinischen Sprache mit Aufgaben zur Versification zum Gebrauch in den mittleren und oberen Klassen der Gymnasien bearb. 4. umgearb. Aufl. Soest 862. Schulbuchhandlung. 8. (VIII, 184 S.) n. 20 ngr

— die Verurtheilung u. Hinrichtung der elf Preuß. Offiziere vom Schill'schen Corps durch die Franzosen bei Wesel den 16. Sept. 1809. Zur Erinnerung an Schill u. seine Gefährten bei der Enthüllung des auf ihren Gräbern errichteten Denkmals am 31. März 1835. Nebst Abbildd. des Monuments (u. 1 Anhang v. J. N. Perwez). 8. Wesel 835. Becker. 1/2 ß

Fiedler F., Volkswirtschaftslehre für höhere Handelslehranstalten, Wien 1904. Manz'sche Hofbuchhandlung. Preis, broschiert 2 K 50 h, gebunden 3 K.

Fiedler, Frz., Volkswirtschaftslehre f. höh. Handelslehranstalten. 2. Aufl. (V, 176 S.) gr. 8. Wien 906. Manz. n. 2. 20; geb. n. 2. 60
1. Aufl. (VI, 206 S.) 903. n. 2. 50; geb. n. 3. —.

Fiedler Franz, Volkswirtschaftslehre für höhere Handelslehranstalten. 3., unveränderte Auflage. Wien 1910. Manz'sche Buchhandlung. Brosch. K 2.50, geb. K 3.—.

— Zeittafeln d. röm. Geschichte, nebst einigen dazu gehörigen Urkunden u. Stammtafeln, zum Gebrauch in Gelehrtenschulen. gr. 4. Wesel 827. Baaedl. 18 gl

Fiedler, Franz Kaspar

Fiedler, Frz. Ksp., Erinnerungen an Schwangere, Gebärende u. s. w. 8. Prag 804. Widtmann. 8 gl

Fiedler, Friedrich

Fiedler, Frdr., s.: Dichterinnen, russische.

Fiedler, Friedr. Der russische Parnaß. Anthologie russ. Lyriker. 8. (XVI, 261 S.) Dresd. 889, Minden. * 3 50; geb. ** 4 50

Fiedler, Frdr., der russische Parnaß. Anthologie russ. Lyriker. 2. unveränd. [Titel-]Aufl. 8. (XVI, 261 S.) Dresden [889.] (901). H. Minden. n. 2. —; geb. n. n. 3. —

-- Friedrich August (Bautzen), De laparotomia novissimoque ejus exemplo. Diss. med.-chir. Präs. Burcard Wilhelm Seiler. Wittbg. (Chn. Heinr. Grässler) 30. IX. 1811. 32 S. (4.50) 8811
Gew.: Präs., Gottlob Heinrich Ohle (Dresden).

Fiedler, Fritz, Gerichtsrefer.: Der Notstand des § 904 BGB. Borna-Leipzig 1910: Noske. VIII, 55 S. 8°
Heidelberg, Jur. Diss. v. 11. Juni 1910, Ref. Endemann
[Geb. 1. Mai 84 Kassel; Wohnort: Wiesbaden; Staatsangeh.: Preußen; Vorbildung: Kgl. Gymn. Düsseldorf Reife O. 04; Studium: Berlin 4, Bonn 2 S.; Rig. 26. April 10.] [U 10. 1862

Fiedler, Frm., Absalom. Trspl. gr. 8. Königsb. 825. Bornträger. 1 ß

Fiedler, G., über d. gelbe Fieber, nach eigenen in Westindien gemachten Beobachtt. u. Erfahrr. 8. Tübing. 806. v. Cotta. 6 gl

FIEDLER, Georg (Steinau): Ueber einen Fall von Oberschenkelnekrose.- München: Ernst 1890. 23 S. 9.7.1890 - Chr 1890/91,17; Jv 1890/91,227
Diss. Ingolst.-Landsh.-Mchn.

Fiedler, H., üb. die Anwendung der Wasserdämpfe zur Branntweinbrennerei, über den jetzigen Gallischen Dampfbrenn-Apparat, so wie über die Anwendung eines Dampfdestillir-Apparats nach meiner Erfindung. Nebst 1 Steintaf. Aus d. schles. landwirthschaftl. Zeitung abgedr. 8. Breslau 834. J. F. Korn, auch Neubourg. 1/3 ß

Fiedler, H., der Eintritt in die Welt. Winke zur Selbsterziehung f. die deutsche Jugend. Eine Konfirmationsgabe. 8. (VII, 162 S.) Dresden 891. Kühtmann. Geb. m. Goldschn. n. 4. —

Fiedler, Hans: Beiträge zur Kenntnis der Nyctaginiaceen. Mit 36 Fig. im Text. Halle a. S. (Leipzig: W. Engelmann) 1910. S. 572—605. 8° ¶(Aus: Botan. Jahrbücher f. Syst. Bd 44.)
Halle, Phil. Diss. v. 7. Nov. 1910, Ref. Karsten
[Geb. 4. Dez. 84 Gr.-Salze; Wohnort: Halle a. S.; Staatsangeh.: Preußen; Vorbildung: Reformrealgymn. Magdeburg Reife M. 05; Studium: Halle 2, Berlin 2, Halle 7 S.; Rig. 10. Aug. 09.] [U 11. 1825

Fiedler, [*Sigismund Paul Walter*] **Hans (in d. Vita: Johannes) [aus Löwenberg in Schles.]: Ein Fall von Krebs der männlichen Brustdrüse ... Greifswald, Druck v. J. Abel, 1896; 31 S. 8.**
Greifswald, Med. Fak., Inaug.-Diss. v. 21. Juli 1896

Fiedler, (Carl August) Heinrich *(geb. Neiße 10. 2. 1833)*: Beitrag zur Kenntniss der Karpolithen der Steinkohlen-Formation. Breslau (1853). (40 S.) 8° [J. u. Ant.] *[Vollst. mit Taf. unt. d. T.: „Die fossilen Früchte der Steinkohlen-Formation" in: Nova Acta Acad. Leop.-Carol. Vol. 25, P. 1. 1857.]*
Breslau, Phil. Diss. v. 19. Okt. 1853

Fiedler, Heinr., Beiträge zur Statistik der Breslauer höheren Lehranstalten vom J. 1849 bis 1867. Breslau 868. Morgenstern in Comm. gr. 4. (20 S.) n. 5 ngr

Fiedler, Heinr. Beiträge zur Statistik der höheren Schulen Breslaus. X S. Progr. OR. *Breslau* 1884.

Fiedler, Heinrich, aus Hopfau: **Ein seltener Fall von polypösem Magenkarzinom.** *Erlangen 1903: Junge & Sohn.* (25 S.) 8°
Erlangen, Med. Diss. v. 27. Juli 1903

Fiedler (H.), Die fossilen Früchte der Steinkohlen-Formation. (Sep.-Abdr. Verhdlg. d. Kais. Leopold. Carolin. Akademie der Naturforscher. Vol. 26, P. I.) Breslau 1854. Mit 8 Tafeln.

Fiedler, Heinr., die fossilen Früchte der Steinkohlen-Formation. Mit 8 Steindrucktaf. (Aus den Acta Acad. Leop.-Carol.) Breslau u. Bonn 857. (Bonn, Weber.) gr. 4. (57 S.) n. 3 ß 10 ngr

Fiedler, Heinr., die Mineralien Schlesiens mit Berücksichtigung der angrenzenden Länder. 8. (VII und 101 S.) Breslau 863, Leuckart.

Fiedler, Heinrich, Rechtsprakt.: § 383 C.-P.-O.' München 1910: Fröhlich. 70 S. 8°
Würzburg, Jur. Diss. v. 28. April 1910, Ref. Mendelssohn-Bartholdy
[Geb. 20. Okt. 85 Tölz; Wohnort: München; Staatsangeh.: Bayern; Vorbildung: Gymn. München Reife Juli 04; Studium: München 8 S.; Rig. 7. Dez. 09.] [U 10. 4291

Fiedler H, Übersicht der Gewerbevereine Schlesiens und der gewerblichen Fortbildungsschulen 1874. Breslau 1875

Fiedler, Heinrich: Zusammenstellung d. diluvial. u. alluvial. Gebilde Schlesiens. Breslau 1864. Schul-/Univ.-Schrift

Fiedler, Hermann

Fiedler, Herm., Beiträge zur Geschichte der Stadt Plauen. Gesammelte Aufsätze. gr. 8. (III, 206 S.) Plauen 876. Neupert. n. 2. 80

Fiedler, Herm., Altdeutschlands Krieg gegen den deutschen Erbfeind 1870 u. 1871. Kleine Kriegschronik in Versen f. Deutschlands Volk u. Jugend hrsg. 16. (VIII, 72 S.) Halle 871. Niemeyer. — 30

Fiedler, Herm. (II.), die Stadt Plauen im Voigtlande. Eine historische Skizze. gr. 8. (87 S.) Plauen 874, Neupert's Verlag. *

Fiedler, Herm., Regierung u. Nutzbarmachung der Samoanischen Inseln. (12 S.) gr. 8. Berlin 906. W. Süsserott. n.n. — 50

Fiedler, Hermann, städt. Tierarzt in Braunschweig: Über Säugetierreste aus Braunschweigischen Torfmooren nebst einem Beitrag zur Kenntnis der osteologischen Geschlechtscharaktere des Rindschädels. Mit 1 Taf. Berlin 1907: Gebr. Unger. (60 S.) 8°
Leipzig, Phil. Fak., Ref. Chun-Eber, Diss. v. 21. Aug. 1907
[Geb. 15. Juni 74 Schillermühle b. Wolfsburg (Prov. Sachsen); Wohnort: Braunschweig; Staatsangeh.: Preußen; Vorbildung: Neues Gymn. Braunschweig Primareife M. 92; Studium: Tierärztl. Hochsch. Hannover 1, Univ. Gießen 2, München 1, Berlin 1, Gießen 6, Leipzig 3 S.; Rig. 14. Juli 06.]

Fiedler, Herm., Zauberei und Aberglaube. Eine kulturhistor. und krit. Beleuchtung dieser Erscheinungen. 8. (37 S.) Bernburg 884, Bacmeister. *

Fiedler, Herm., Zauberei u. Aberglaube. Eine kulturhistor. u. krit. Beleuchtg. dieser Erscheingn. 8. (37 S.) Gotha 884. Behrend. n. — 50

Fiedler, Herm. Ernst, d. Arbeiterfrage auf d. Lande u. Vorschläge z. Reform d. ländl. Arbeiterwesens. Nach prakt. Erfahrgn. u. theoret. Studien bearb. gr. 8. (IV, 156 S.) Leipzig 895. R. Werther. n. 2. 50

Fiedler, Hermann Ernst [aus Gera '(Reuss)']: Der Einfluss der Fütterung auf die Milchproduktion und die Zusammensetzung der Milch an wertvollen Bestandteilen ... Gera, Druck v. Th. Hofmann, 1894; 103 S., 11 Taf. 8.
Leipzig, Phil. Fak., Inaug.-Diss. v. [9. März] 1894

Fiedler, J., Beschreibung der Stadt Mügeln. 8. Leipzig, Gleditsch. 709.

—— und Fr. Miklosich, slavische Bibliothek, s. Bibliothek, slavische.

Fiedler, J. H., Conversations-Freund, s. Conversations-Freund.

Fiedler, Johann

Fiedler: Zur geometr. Analysis der Griechen. 19 S. u. Fgt.–Leobschütz, Progr. 1862

Fiedler, Jh., Anweis., richtig deutsch zu reden u. zu schreiben. 8. Dresd. 707. 2e A. 814. Hilscher. 6 gl

— kurze Anweisung richtig deutsch zu reden, zum Gebrauch f. Volksschulen geschrieben. 2te Ausg. 8. Dresd. Hilscher. 814. — 6

Fiedler: Über die Bestimmung der Geschwindigkeit des Lichtes. 23 S. und Fgt. – Leobschütz, Progr. 1855.

Fiedler, Joannes (Alexander) *(geb. Adersbach in Böhm. 4. 1. 1807)*: De lucis effectibus chemicis in corpora anorganica. Vratislaviae (1835). (34 S.) 4°
Breslau, Phil. Diss. v. 12. Jan. 1835

Fiedler, J. Über einige merkwürdige Eigenschaften des Sehnenvierecks. 22 S. u. Figuren.
Leobschütz, Progr. 1849

Fiedler, J. Über die Geschichte der Erfindung der Fernröhre. 33 S.
Leobschütz, Progr. 1843

Fiedler, J., Lehrbuch der allgemeinen Arithmetik. Zum Gebrauch für Gymnasien und höhere Bürgerschulen. Ler.-8. Breslau 843, H. Richter. 1 ℛ

Fiedler, J., Lehrbuch der allgemeinen Arithmetik zum Gebrauch für Gymnasien und höhere Bürgerschulen. 2. verb. Aufl. Leobschütz 861. Bauer. gr. 8. (IV, 400 S.) n. 1 ℛ 5 ngr.

Fiedler: H.W.M. Olbers, Arzt und Astronom. 26 S.–Leobschütz, Progr. 1868

Fiedler, J. Das Pendel. 25 S. Figt.
Leobschütz, Progr. 1848

Fiedler, J.: Peurbach und Regiomontanus. Eine biographische Skizze. 27 S. – Leobschütz, Progr. 1870.

Fiedler, Joh.: Thermometer- und Barometer-Beobachtungen vom Jahre 1805-1851. Gemacht vom verstorbenen Professor Schramm, zusammengestellt. 2 S. und Tabellen. – Progr. Leobschütz 1852.

Fiedler, Johann August Andreas

Fiedler, Jh. Aug. Andr., († d. 2. Jan. 1807.) Aufklärung dunkler u. mißverstandener Stellen d. Alt. Testam. 6 Stücke. 8. Eisenach 787—91. Bäreke. 10 gl (Hinrichs in Leipz.) 8 gl

Fiedler, J. A. And., Aufklär. dunkler u. mißverstandener Stellen d. A. Test. 2c. 5 Stck. 8. Eisenach, Wittekind. 787-91.

— — dasselbe 5 Stck. 8. Leipzig, Hinrichs. 781-89.

Fiedler, Johann Gf.

Fiedler, Jh. Gf., († d. 11. Juni 1776.) Abbild. u. Beschreib. des vom Bischof Woisky v. Bärenstamm errichteten Monuments über d. Thore d. Domstifts (zu Budissin). Fol. Bautzen 769.

— **Beschreib. u. Abbild. des vom Kurfürsten zu Sachsen dem Domstifte zu Budissin 1770 conferirten Kapitels-Ordenzeichens. Fol. Bautzen 770.**

— **Folge d. Dekanen, Administratoren u. Bischöfe d. Domstifts zu Budissin. Fol. Bautzen 760.**

Fiedler, Jh. Gf., Collection derer, den Statum des Markgrafenthum Ober-Lausitz in Justiz-, Polizei-, Lehns-, Kammer-, Accis-, Post-, Biersteuer-, Salz-, Zoll-, Impost-, Münz-, Bergwerks-, Commercien-, Jagd-, Fisch-, Forst-, Militär-, geistl. u. and. die Landesverfass. betreff. Sachen 2c. 2 Bde. gr. 4. Bautzen 770. Fortsetz. oder 3r u. 4r Bd. Ebd. 786 u. 99.

Fiedler, Johann Nic. (geb. Frankfurt a. M. 1801): De columbarum sanguine vulnerumque sanatione. Berolini 1824. (46 S.) 8°
Berlin, Med. Diss. v. 26. Apr. 1824

Fiedler, Johann Samuel

— Pflichten gegen obrigkeitl. Standespersonen in Absicht ihrer Verklärung in d. Bild Gottes. 8. Leipz. 753.

Fiedler, J. Sam., eigner Seelsorger. 2 Thle. 8. Wittenberg, Bödner. 753-57.

Fiedler, Joseph (Hrsg.), s. Actenstücke zur Geschichte Franz Rákóczy's u. seiner Verbindungen m.d. Auslande.

Fiedler, Jos. Actenstücke zur Geschichte Franz Rákóczy's und seiner Verbindungen mit dem Auslande. Aus den Papieren Joh. Mich. Klement's seines Agenten in Preussen, England, Holland und bei dem Utrechter Congresse 1708—1715. Nebst einem Nachtrage zum ersten Bande (1703—1726). *Wien* 1858. *K. k. Hof- und Staatsdr.* II. Bd. XL, 672 S. 2 Bl. 8°.
Auch u. d. T.: Fontes rerum austriacarum etc. II. Abth Diplomataria et acta. 17. Bd.

Fiedler, Jos., Aktenstücke zur Geschichte Frz. Rákóczy's u. seiner Verbindgn. m. dem Auslande. 1706, 1709 u. 1710. II. [Aus „Archiv f. österr. Gesch."] Lex.-8. (111 S.) Wien 871. Gerold's Sohn in Comm. n. 1. 80

Fiedler, Jos., die Allianz zwischen Kaiser Maximilian I. und Vasilji Ivanovič Grossfürsten von Russland von dem Jahre 1514. (Aus d. Sitzungsber. 1863 d. k. Akad. d. Wiss.) Wien 863. Gerold in Comm. gr. 8. (109 S.) n. 20 *ngr.*

FIEDLER, JOSEPH: Beiträge zur Geschichte der Union der Ruthenen in Nord-Ungarn und der Immunität des Klerus derselben. Mit 13 Beilagen. In: Sitz. ber. d. phil. hist. Cl. d. Ak. d. Wiss. Bd. XXXIX, 1862, S. 481-524.
- Dass. SA. Wien 1862: K. Hof- u. Staatsdruckerei (C. Gerold'Söhne). 46 S. - 240 mm

FIEDLER, JOSEPH: Beiträge zur Union der Valachen (Vlachen) in Slavonien und Syrmien. In: Arch. f. östr. Gesch. quell. Bd. 37. 1867, S. 105-146.
- Dass. SA. Wien 1867: K. Hof- u. Staatsdruckerei (C. Gerold's Söhne). 41 S. - 240 mm

—— Beziehungen Österreichs zu Russland in den J. 1584—1598. Vortrag für die feierliche Sitzung der k. Akademie der Wissenschaften am 30. Mai 1866. gr. 8. (26 S.) Wien 866, (Gerold's Sohn.) *

Fiedler Jos. Zur Ungarischen Geschichte (1711—1725.) 8. (6 Blätter) Wien, C. Ueberreuter 1853.

—— zur Geschichte Wallenstein's, s. Jahrbuch für vaterländische Geschichte.

-- Böhmens Herrschaft in Polen. Ar. 14. 161 . . . . vgr.
Separatabdruck

Fiedler, Jos. Ritter v., s.: Joseph II. u. Graf Ludw. Cobenzl. Briefwechsel.

—— Correspondenz des Pfalzgrafen Friedrich V. und seiner Gemahlin Elisabeth mit Heinrich Mathias v. Thurn. gr. 8. (38 S.) Wien 864, (Gerold's Sohn.) *
Aus: Sitzungsberichte der k. Akademie der Wissenschaften, besonders abgedruckt.

Fiedler, Jos., der blutige Landtag zu Onod. Eine Episode aus der Geschichte Ungarns im 18. Jahrhundert. Lex.-8. (16 S.) Wien 853, (Gerold's Sohn.) *
Aus: Sitzungsberichte der k. Akademie der Wissenschaften J. 1852, besonders abgedruckt.

— Nikolaus Poppel, erster Gesandter Oesterreichs in Russland. Histor.-biogr. Skizze. (Aus d. Sitzungsberichten d. k. Akad. d. W.) Wien 857. Gerold in Comm. gr. 8. (36 S.) n. 6 *ngr.*

—— die Relationen der Botschafter Venedigs über Deutschland und Österreich im 17. Jahrh., s. Fontes rerum austriacarum.

Fiedler, Joseph, Relationen venetianischer Botschafter über Deutschland und Oesterreich im XVI. Jahrhundert; s.: Fontes rerum austriacarum.

— s.: Todtenbuch der Geistlichen der böhm. Brüder.

—— Todtenbuch der Geistlichkeit der Böhm. Brüder, s. Fontes rerum austriacarum.

FIEDLER, JOSEF: Die Union der in Ungarn zwischen Donau und der Drau wohnenden Bekenner des griechisch-orientalischen Glaubens. In: Sitz. ber. d. phil. hist. Cl. d. Ak. d. Wiss. Bd. XXXVIII 1861, S. 284-197.
- Dass. SA. Wien 1862: Druck d. k. k. Hof- u. Staatsdruckerei (C. Gerold's Söhne) 16 S. - 240 mm

FIEDLER, JOSEF: Die Union der Walachen in Siebenbürgen unter Kaiser Leopold I. Wien 1858 aus der k. Hof- u. Staatsdruckerei (C. Gerolds Söhne). 35 S. - 240 mm SA. In: Sitzber. d. phil. hist. Cl. d. Ak. d. Wiss. Bd. XXVII. 1858.

—— ein Versuch der Vereinigung der russischen mit der römischen Kirche im 16. Jahrhundert. Lex.-8. (99 S.) Wien 862, (Gerold's Sohn.) *
Aus: Sitzungsberichte der k. Akademie der Wissenschaften, besonders abgedruckt.

Fiedler, K., der Examinator u. der Examinand üb. die wichtigsten Gegenstände aus der Staaten- und Kirchen-Geschichte und Mythologie, in Frage und Antwort. Mit beigefügten Fragtabellen etc. 2 Thle. gr. 8. (382 S.) Grimma 848, Verlags-Comptoir. n. 1 1/3 *ß*

Fiedler, K. Die naturforschende Gesellschaft in Zürich während der letzten zwölf Jahre. Zürich 1892.

Fiedler, K., d. Materialien d. Textil-Industrie, s. Bibliothek der gesamten Technik.

Die Materialien der Textil-Industrie. Von K. Fiedler. Hannover Jänecke 1909. 240 S. 8°
(Bibliothek d. gesamten Technik. Bd 133.) (09. 1100) 7

Fiedler, K. A. Auffindung der Lagerstätte des Sonnensteines 1831 an der Selenga in Sibirien. (Aus Poggendorff's Annalen.) Leipzig. 1832. 8.

Towařšny spěwnik za serbski lud. Zestajał K. A. FIEDLEŘ. (Buch geselliger Lieder für das wendische Volk. Zusammengestellt von K. A. FIEDLER.) ib. 1878. — 8o.

Fiedler, Carl, Frauenherzen, s.: Universal-Bibliothek.

Fiedler, Carl, die Gesammt-Gastspiele in München u. ihre nationale Bedeutung f. die dramatische Kunst. München, C. Merhoff, 1880. 8°. Cart.
IV—91 S. — Vom selben Vf. erschien vorher: Das deutsche Theater, was es war, was es ist, was es werden muss. Leipzig 1875 (rep. 1877). 8°.

Fiedler, Carl, die Gesammt-Gastspiele in München u. ihre nationale Bedeutung für die dramatische Kunst. 2., verm. Aufl. gr. 8. (VII, 104 S.) München 881. Merhoff. n. 1. 20

Fiedler, Carl, das Grossgeflügel in Wort u. Bild, s.: Trieloff, Otto.

Fiedler, Dr. Karl, Zürich: Heterotrema sarasinorum, eine neue Synascidiengattung aus der Familie der Distomidae. Mit 1 lithographischen Tafel. S. A. (Zoologische Jahrbücher — Spengel; Ábtheilg f. Systematik, Bd IV, S. 859—878). (Jena G. Fischer) [1889]. 1 Bl., S. 859—878, Tafel XXV, 1 Bl. 8°.
[Zürich, Phil. Fac., Habilitationsschrift].

Fiedler, Karl: Über Staatsanleihen. Eine Kritik der sie verteidigenden Ansichten. *Heidelberg 1897: A. Emmerling & Sohn.* (150 S.) 8°
Heidelberg, Phil. Diss. v. [28. Aug.] 1897

Fiedler, Karl, entwicklungsmechanische Studien an Echinodermeneiern. [Aus: „Festschr. zur Feier d. 50jähr. Doctor-Jubiläums der Herren v. Nägeli u. v. Kölliker".] Imp.-4. (8 S.) Zürich 891. A. Müller's Verl. n. 1. —

Fiedler, Karl, a. Saalfeld i. Th.: Gekoppelte Systeme. Rostock 1905: H. Winterberg. (42 S.) 8°
Rostock, Phil. Fak., Ref. Wachsmuth, Diss. v. 20. Juni 1905
[Geb. 26. Okt. 74 Saalfeld i. Thüringen; Wohnort: Köstritz; Staatsangeh.: Sachsen-Meiningen; Vorbildung: Realgymn. Saalfeld Reife O. 95; Studium: Leipzig 3, Berlin 1, Jena 4, Rostock 4 S.; Rig. 18. Mai 05.]

— das deutsche Theater, was es war, was es ist, was es werden muß. gr. 8. (VI, 375 S.) Leipzig 875. T. O. Weigel. n. 6. —

—— dass. — 2. Aufl. gr. 8. (VI, 375 S.) Leipzig 877, [Hartknoch.] Wartig's Verlag. *

—— das deutsche Theater, was es war, was es ist, was es werden muß. 3. wohlf. (Titel-)Ausg. gr. 8. (VI, 375 S.) Ebendas. 881. *

Fiedler, Carl [app. Arzt aus Dorum]: Ueber einige Wirkungen des Salicylmethyl- und Salicylaethylanilids, sowie des Salicylphenetidids ... Stade, gedr. bei A. Pockwitz, 1891; 20 S. 8.
Erlangen, Med. Fak., Inaug.-Diss. v. 25. Juli 1891

Fiedler, Karl Alfred, von Zürich: Über Ei- und Spermabildung bei Spongilla fluviatilis. (S. A. aus: Zeitschrift für wissenschaftl. Zoologie, Bd XLVII [S. 85—128]). Leipz. W. Engelmann 1888. 1 Bl., 44 S., Taf. XI, XII. 8°.
Zürich, Phil. Diss. [v. 7. März 1888].

— **Carl Christ.** (Rochlitz), Problema IV. juris publ. an status Imperii R. G. ob nexum feudalem sint subditi atque vasalli imperatoris. Präs. Traugott Thomasius. Lpz. (Breitkopf) 6. X. 1733. 20 S. (5.—) 8802
Gew.: Joh. Gottlieb Leyser.

Fiedler, Karl Ferdinand, s, Fiedler, Ferdinand

— **Carl Gottlob** (Dittersbach), De auctoritate religionis christianae divina, disserit et viro Carl Christian Tittmann ingressum novi muneris pie gratulatur. Dresden (Carl Christian Meinhold) Sept. 1789. 11 S. (4.—) 8803

Fiedler, Karl Glo., († d. 9. Juli 1820.), s. Fürs Herz.

Fiedler, K. G., Gedanken über d. nothwend. Erfordernisse eines Lehrers in niedern Stadt- u. Landschulen; nebst Anh. üb. d. Methode d. Kopfrechnens, v. J. G. Künne. 8. (Wismar) 805.

Fiedler, K. Glo., 6 geistl. Reden. 8. Leipzig, Jacobäer. 776.

— **Carl Gottlob Immanuel** (Oederan), Verisimilium juris civilis specimen. Präs. Christian Gotthelf Hübner. Lpz. (Carl Tauchnitz) 5. I. 1798. 16 S. (4.—) 8804

Fiedler, Karl Gustav, Dr., Auffindung und Ausgrabung einer 8 Leipziger Ellen 5¾ Zoll langen Blitzröhre bei Dresden. (Aus: Ann. der Physik, B. 71, St. 3, J. 1822, St. 7.) (S. 5129)

Fiedler, Karl Gust., die beste Ausrüstung f. Freiwillige zu Fuß. gr. 8. (12 S.) Dresden 848. (Leipzig, Recca.) n. 1/12 Thlr

Fiedler (K. G.). Ueber die Blitzröhren und ihre Entstehung (Separat-Abdruck aus: Gilbert's Annalen der Physik Bd. 55, 1817).

Fiedler, Karl Gust., Reise durch alle Theile d. Königr. Griechenland in Auftrag d. k. griech. Regierung in d. J. 1834—1837. 2 Thle. M. 11 Lithogr. u. 1 ill., geognost.-bergmänn. Karte d. Königr. Griechenland (gr. Fol.). gr. 8. (91⅛ B.) Leipzig 840, 41, Fr. Fleischer.

Fiedler, Karl Johann Georg

Fiedler, Karl Jh. Geo., († d. 30. Oct. 1818.) Aufruf an edle deutsche Frauen, d. minder kostbare u. dennoch zweckmäß. Bildung betreff. 8. Rostock 814. Stiller. 8 gl

Fiedler, C. J. G., Aufruf an alle deutsche Frauen, die zweckmäßige Bildung ihrer Trachten betreffend. 8. Rostock, Stiller. 814.

— Luther's Leben u. Wirken, zur Erinnerung seiner großen Verdienste u. zur Ermunterung d. Reformationsfestes. 8. Schwerin 817.

— **Carl Ludwig Alfred** (Moritzburg), De nonnullis quibus assequimur primam intentionem conditionibus. Diss. chir. Präs. Justus Radius. Lpz. (C. E. Elberti) 10. IX. 1859. 27 S. mit Biogr. (M.: L. Koenig.) (4.—) 8805
Oppon.: Jacobi, Böttger, Wendler.

Fiedler, Karl Otto, Gesellenstück e. Schlossers, Meisterstück e. Kunstschlossers, s.: Berufsaufsatz, der, in der Fortbildungsschule.

Fiedler, Karl Wilhelm

— Anleit. zur Kenntniß d. Thierreichs; (aus dess. Wörterb. abgedr.) 2 Thle. gr. 8. Manh. 787 u. 790. Schwan u. G. 2 Thlr 12 gl

— Anleit. zur Pflanzenkenntniß nach Linné u. Jacquin. gr. 8. Manh. 804, Schwan u. G. 6 gl (Aus d. 2ten Thle seines Wörterbuchs abgedr.)

— gründl. Anweis. zur Salpetererzeugung. 8. Cassel 786. Krieger. 3 gl

Fiedler C. W.: Anweisung üb. die Kennzeichen u. den Gebrauch d. Mergels, als ein sehr nützliches Düngmittel f. Landwirthe. Cassel 1795. 80 S.

— Anweis. über d. Kennzeichen u. den Gebrauch d. Mergels, als Düngmittel. 8. Cassel 795. 2e A. 824. Luckhardt. 6 gl

Fiedler, (C. W.) Anweisung für Landwirthe üb. d. Kennzeichen, Nutzen u. Gebrauch d. einfachen Erdarten u. hauptsächlich d. Mergels. 2e verb. Aufl. 8. Cassel 824, Luckhardt.

Fiedler, Karl Wlh., prakt. Anweis. über Feuer-Anstalten. 2 Thle. 8. Cassel 795. Cramer. 6 gl

— Handbuch d. Metallurgie. 2 Thle. 8. Cassel 797—99. Luckhardt. 2 Thlr

Fiedler, Carl Wilhelm.
Handbuch der Metallurgie nach den reinsten chemischen Grundsätzen. Cassel, 1797–1800. 2 vols., 8vo.

FIEDLER, Karl Wilhelm: Systematisches Handbuch der Forstwissenschaft zum Gebrauch für junge Forstmänner. - Eisenach 1796 u. 1797. - 2 Tl. 312 u. 204 S. - Tl. 2 a. u. d. Titel: Katechismus der Forstwissenschaft

— system. Handb. d. Forstwissensch. 8. Eisen. (Kummer, Lpz.) 796.

— — dess. 2r Th. od. syst. Catechism. d. Forstwissensch. 8. Ebend. 796.

— systemat. Handbuch d. Forstwissenschaft. 2 Thle. 8. Eisenach 796 u. 97. Bärecke. 1 Thlr 6 gl (2r Thl. A. u. d. T.: Katechismus d. Forstwissenschaft. Ebd. 12 gl)

— — Ebendasselbe. 2 Thle. 8. Eisenach, Wittekind. 796—97

Lehrbegriff der grundsätzlichen Färber- und Zeugdruckerkunst. Cassel, 1826. 2 vols.

— Lehrbegriff d. grundsätzl. Färber- u. Zeugdruckerkunst. Katechet. bearb. in 2 Thlen. 8. Cassel 827. (Krieger.) 2 Thlr 2r Thl. f. Katechismus für Färber u. Zeugdrucker.

— über d. Methode, aus Kirbissen u. Kartoffeln Branntwein zu brennen, nebst Beschreib. e. Quetschmaschine. Mit 1 Kpft. 4. Erfurt 792. Keyser. 5 gl

— Vertheidigungsschrift für d. Unschädlichkeit d. Eicheln als Kaffee gebraucht, gegen d. Angriffe d. Prof. Brandau. 8. Cassel 778.

— üb. Wirk. d. versch. Luftart d. Laugensalzes. 8. Cassel, Griesbach. 795.

— Abhandl. über d. Wirkung d. verschied. Luftarten rc. d. Laugensalzes. Mit 1 Kpf. 8. Cassel 795. Luckhardt. 8 gl

— allgem. chemisch-mineralog.-pharmaceut. Wörterbuch. 2 Thle. gr. 8. Manh. 787. Schwan u. G. 3 Thlr 16 gl

FIEDLER, CARL WILHELM.
Allgemeines pharmaceutisches chymisches und mineralogisches Wörterbuch. Mannheim. 1787–90. 2 vols.

Fiedler, Conr., üb. die Beurtheilung v. Werken der bildenden Kunst. gr. 8. (74 S.) Leipzig 876. Hirzel. n. 2. —

Bilder und Zeichnungen. 50 Blatt. Text von Conrad Fiedler. München 1889. Fol.

Fiedler's, Conr., Schriften üb. Kunst. Hrsg. v. Hans Marbach. gr. 8. (IX, 462 S.) Leipzig 896. S. Hirzel. n. 6. —

Fiedler, Conr., der Ursprung der künstlerischen Thätigkeit. gr. 8. (III, 176 S.) Leipzig 887, Hirzel. *

Fiedler, Curt [aus Eibenstock in Sachsen]: Ueber Verwitterungsvorgänge bei krystallinischen und Sedimentär-Gesteinen.... München, Druck v. R. Oldenbourg, 1890; 17 S. 8°
Erlangen, Phil. Fak., Inaug.-Diss. v. 1890

— Curt Hugo Ferdinand (Niederbobritzsch). De secretione ureae per cutem, duobus aegrorum casibus demonstrata. Diss. med. Lpz. (A. Th. Engelhardt) 5. IV. 1854. 28 S. mit Biogr. (M.: A. Dreschke.) (4.—) 8809
Gew.: Heinr. Ferdin. Aenoth Fiedler (Mohorn; Vater). — Krankengeschichte d. Ludwig Poetzsch, Carolina Weisse.

Fiedler, L., das Detail in der historischen Architektur. I. Serie. Wiener Barock, Empire u. Biedermeier. 60 Taf. Fol. Wien (905). F. Wolfrum & Co. In Mappe n. 60. —; auch in 5 Lfgn. à n. 12. —

Fiedler L, das Detail in der historischen Architektur. I. Wiener Barock, Empire und Biedermeier. 160 T) fol Wien (1906)

Fiedler, L., das Detail in der modernen Architektur. 1. Serie. Einzelheiten neuer Wiener Bauten. 60 Taf., nach der Natur aufgenommen u. gezeichnet. gr. Fol. Wien (901). F. Wolfrum & Co. In Mappe n. 60. —
Erschien auch in 5 Lfgn. à n. 12. —.

— dasselbe. 2. Serie. Einzelheiten neuer Berliner Bauten 60 Taf., nach der Natur aufgenommen u. gezeichnet. gr. Fol. Ebd. (901. 902.) In Mappe n. 60. —
Erschien auch in 5 Lfgn. à n. 12. —.

— das Detail in der modernen Architektur. 3. Serie. Einzelheiten neuer Bauten Deutschlands u. Österreichs. 60 Taf., nach der Natur aufgenommen u. gezeichnet. 5 Lfgn. Fol. Ebd. (903). à n. 12. —

— dasselbe. 4. Serie. Einzelheiten neuer Bauten Deutschlands u. Österreichs. 5 Lfgn. Fol. Ebd. (904). à n. 12. —

Fiedler, L., das Detail in der modernen Architektur. V. Serie. Einzelheiten neuer Bauten Deutschlands u. Österreichs. 60 Taf. 5 Lfgn. 45,5×34 cm. Wien (907). F. Wolfrum & Co. In Mappe à Lfg. 12. —

Fiedler, Ladisl. Zeittelegraphen, s. Bibliothek, elektro-technische.

Fiedler, Ladislaus, Die Zeittelegraphen und die elektrischen Uhren vom praktischen Standpunkte. Wien, Pest, Leipzig. (13928)

Fiedler, Lorenz, appr. Arzt a. Silberhausen i. Th.: Über die rektale Resorbierbarkeit wässriger Natriumsalicylicumlösung. Halle a. S. 1905: C. A. Kaemmerer & Co. (20 S.) 8°
Halle, Med. Fak., Ref. v. Mering, Diss. v. 28. Juni 1905
[Geb. 29. Dez. 79 Silberhausen, Kr. Mühlhausen i. Th.; Wohnort: Silberhausen; Staatsangeh.: Preußen; Vorbildung: Gymn. Heiligenstadt Reife O. 00; Studium: München 1, Würzburg 1, Greifswald 2, Halle 1, Berlin 2, Halle 3 S.; Coll. 22. Febr. 05; Approb. 1. Juni 05.]

Fiedler, M., d. Geheimnisse d. Damenschneiderei. Ratgeber in Garderobenfragen. 12. (19 S.) Dresden (Christianstr. 13) 897. (E. Fiedler.) — 40

Fiedler, M., Local-Polizei-Verordnungen und ortsstatuarische Bestimmungen der Stadt Ostrowo nebst den wichtigsten Regierungs-Polizei-Verordnungen für den Regierungsbezirk Posen. 8. (140 S.) Ostrowo 887, (Priebatsch's Verlag.) cart. *

Fiedler, M., neue Skizzen f. moderne Decorationen. 3. Hft. 110 Skizzen. 4. (20 S.) Dresden 893. (Berlin, A. Frantz.) n. 2. —
Hft. 1 u. 2 sind vergriffen.

Fiedler's Skizzenbuch. Neueste Decorations-Vorlagen. 3. Hft. 3. Aufl. 4. (20 Taf.) Berlin 895. A. Frantz. 2. —

— Skizzen-Buch zu den combinirbaren Decorations-Vorlagen. 120 Skizzen. 2. Aufl. 4. (24 S.) Ebd. 893. n. 1. 50

— Skizzen-Buch für bürgerliche Möbel-Vorlagen. 70 Skizzen. 4. (24 S.) Ebd. 893. n. 1. 50

Fiedler, Martin, bacc. iur. a. Leipzig: Die Bestimmungen der §§ 74. 75 des Handelsgesetzbuchs vom 10. Mai 1897 über die Konkurrenzklausel des Handlungsgehülfen. Leipzig: O. Wigand 1907. (116 S.) 8°
Leipzig, Jur. Fak., Diss. v. 30. Juli 1907
[Geb. 11. Juni 77 Leipzig; Wohnort: Crostewitz b. Leipzig; Staatsangeh.: Sachsen; Vorbildung: Thomas-Gymn. Leipzig Reife O. 96; Studium: Leipzig 1, Heidelberg 3, Leipzig 6 S.; Rig. 11. Juli 04.]

FIEDLER Matthias Johann. Praktische Abhandlung d. Leibeigenen Robothstand oder sogenannten Frohndienste. Wien 1781.

Fiedler, Matth. Jh., ökonom. Systemalentwurf, in 11 Tabellen. 4. Wien 787. Krauß. 12 gr.

Fiedler, Max, approb. Arzt aus Berlin: Aus d. Kgl. psychiatr. u. Nervenklinik der Universität Kiel. Chorea im Puerperium. *Kiel 1903: Schmidt & Klaunig.* (18 S.) 8°
Kiel, Med. Diss. v. [8. Jan.] 1904

Fiedler, Max, Referendar: Die Geschäftsführungsmacht des offenen Handelsgesellschafters. Borna-Leipzig 1909: Noske. VIII, 65 S. 8°
Leipzig, Jur. Diss. v. 6. Dez. 1909
[Geb. 1. April 81 Ehrenfriedersdorf; Wohnort: Leipzig; Staatsangeh.: Sachsen; Vorbildung: König-Albert-Gymn. Leipzig Reife O. 01; Studium: München 1, Leipzig 5 S.; Rig. 21. Juli 05.] [U 10. 2097

Fiedler, O., biblische Geschichten aus dem alten u. neuen Testament. 3. Aufl. gr. 8. (IV, 156 S.) Hamburg 887. Boysen. n. — 80; geb. n.n. 1. —

Fiedler, O., biblische Geschichten aus dem alten u. neuen Testament. 4. Aufl. gr. 8. (VI, 154 S.) Hamburg 901. C. Boysen. Geb. n. 1. —

Fiedler, O., deutsches Lehr- u. Lesebuch m. tabellarischer Übersicht der deutschen Grammatik. 7. umgearb. u. bedeutend verm. Aufl. (162 S.) 8. Brüssel (904). Kießling & Co. Kart. n.n. 2. —

Fiedler, O., Technol. d. Handweberei, s.: Kinzer, Heinr.

Fiedler, Osc., Kultur- u. Litteraturbilder. gr. 8. (VI, 252 S.) Valparaiso 892. (Hamburg, C. Boysen.) Geb. in Leinw. n. 3. —

Fiedler, *Franz Oswald*/Oscar [app. Arzt aus Gebitzsch (Kr. Bitterfeld)]: Über die erste Zahnung.... Halle a. S., Hofbuchdr. v. C. A. Kaemmerer & Co., 1891; 36 S., 3 Bl. 8°
Halle, Med. Fak., Inaug.-Diss. v. 9. Jul. 1891

Fiedler, Otto, approb. Arzt aus Dresden: **Aus d. pathol.-anat. Abt. d. Friedrichstädter Stadtkrankenhauses zu Dresden. Beitrag zur Kenntnis der syncytialen Tumoren.** *Kiel 1900: L. Handorff.* (20 S.) 8°
Kiel, Med. Diss. v. [23. Juni] 1900

Fiedler, O., Belgien u. Holland, — **Brüssel u. Antwerpen,** — **Ostende,** } s.: Grieben's Reisebücher.

Fiedler, O., Belgien, — **Brüssel u. Antwerpen,** — **Holland,** — **Lüttich u. die Weltausstellung,** — **Ostende usw.,** } s.: Grieben's Reiseführer.

Holland. Prakt. Reisehandbuch. 9. Aufl. neu bearb. von O. Fiedler. Mit 0 Karten. Berlin: A. Goldschmidt 1904–05. (IV, 135 S.) 8°
— **Reiseführer,** Griebens. Bd 98.

Holland. Prakt. Reiseführer. 11. Aufl. neu bearb. von O[tto] Fiedler. Mit 7 Karten u. 2 Grundr. Berlin: A. Goldschmidt 1908–09. (IV, 159 S.) 8°
— **Reiseführer,** Griebens. Bd 98.

Ostende, Blankenberghe, Heyst und andere belgische Seebäder. 2. Aufl. neu bearb. von O. Fiedler. Mit 3 Karten. *Berlin: A. Goldschmidt 1902–03.* (IV, 63 S.) 8°
— Reisebücher, Griebens. Bd 34.

Fiedler, Otto, von Jahr zu Jahr, s.: Bloch's, Ed., Dilettanten-Bühne.

Fiedler, Ottomar

Fiedler, O. Preisgekrönte Abhandlung über die Frage: Wie sind in Mittel- und Kleinstädten am zweckentsprechendsten die sog. Bürger- oder Pflichtfeuerwehren neben den freiwilligen Feuerwehren zu organisieren? Herausgegeben vom Landesausschuß sächsischer Feuerwehren. Dresden 1880.

Fiedler, Ottomar, die deutsche freiwillige Feuerwehr. gr. 8. (IV, 59 S. m. 2 Tabellen in qu. 4.) Chemnitz 870. Focke. n. 1. —

— **Geschichte der deutschen Feuerlösch- u. Rettungs-Anstalten.** Ein Beitrag zur deutschen Kulturgeschichte. Mit 2 photolith. Taf. u. 12 in den Text gedr. Holzschn. gr. 8. (IX, 155 S.) Berlin 873. Springer's Verl. n. 5. —

Fiedler, Ottomar, Grundzüge der Organisation der Feuerlösch- und Rettungsanstalten. Zur Benutzung für Gemeindebehörden und Feuerlöschvorstände hrsg. 1.—3. Aufl. gr. 8. (V, 50 S.) Zwickau 877, (Gebr. Thost.) *

Fiedler, Paul, prakt. Arzt zu Ditfurt a. H.: **Ueber die anatomischen Verhältnisse des Processus vermiformis.** *Leipzig 1903: B. Georgi.* (35 S.) 8°
Leipzig, Med. Diss. v. (9. Okt.) 1903

Fiedler, Peter Josef

Fiedler, P. J. Die Antisemitenbewegung in Deutschland in ihren Ursachen u. Folgen. Vortrag. 1.—11. Aufl. gr. 8. (24 S.) Darmst. 891, [Schmitt] Saeng. * — 20

Fiedler, Peter Joseph: 4 Fragen aus dem Weinbau des Ober-Elsaß. Mülhausen 1881: Münch. 28 S. -- 17°

Fiedler, P. J., fünf Kapitel aus der Landwirthschaft des Ober-Elsass. Bearb. und hrsg. im Auftrage des landwirthschaftl. Bezirksvereins Ober-Elsass. gr. 8. (90 S. mit 1 Tab. 16 und 2 Stnt.) Gebweiler 881. Boltze. *

Fiedler, P. J., die Lösung der Reblausfrage. gr. 8. (IV, 57 S. mit 8 Taf. Zeichnungen von Herm. Federle.) Stuttgart 888, Ulmer. *

— Sind die heutigen Judenverfolgungen gerechtfertigt? Ein Appell an das Gerechtigkeits-Gefühl d. deutschen Volkes. gr. 8. (27 S.) Ebd. 891. * — 20

Fiedler, [Peter Joseph]: Wegweiser für Weinkäufer im Elsaß. Ein Verzeichnis der bedeutendsten Weinorte des Elsass, der noch daselbst lagernden Weine nebst Preisen, der Namen der Weinsticher nebst anderen Notizen. Hrsg. zur Festfeier der Colmarer Ausstellung im September 1885. Mülhausen 1885: Münch. 38 S. --

Fiedler, [R.] die Raumlehre in systematisch populärer Darstellung. In Verbindung mit dem Rechen- und Zeichen-Unterricht. [Allgem. Bestimmung vom 15. Oct. 1872.] Ein Leitfaden für Präparanden-Anstalten und Elementarschulen, so wie ein Handbuch für Lernende und zum Selbstunterricht. 8. (IV, 60 S.) Berlin 878, Herz. cart. *

Fiedler, Raimund, aus Reichenau i. Sa.: **Analyse der Nachfrage.** Ein kritischer Beitrag zur Preistheorie. *Berlin 1902: G. Schade.* (96 S.) 8°
Rostock, Phil. Diss. v. [20. Febr.] 1902

— **Reinhard Ant. Afran** (Wurzen), De ratione atque experientia, medicinae fontibus. Diss. med. Lpz., 30. VI. 1835. Altenburg (Hofdruckerei) 28 S. (4.20) 8814
Gew.: Chn. Ant. Aug. Fiedler (Plauen; Vater).

Fiedler, Richard

Fiedler, R., „eine Stunde im kaiserl. Patentamt". Auf Grund eigener Tätigkeit dargestellt. 8. Aufl. (30 S.) gr. 8. Berlin (S.W., Belle Allianz-Platz 16) 905. Ingenieur R. Fiedler. n. — 60

'Eine Stunde im Kaiserlichen Patentamt.' Auf Grund eigener Tätigkeit dargest. von R[ichard] **Fiedler**, früher Ingen. im Kaiserl. Patentamt. 3. Aufl. Berlin: Mesch & Lichtenfeld 1905. (30 S.) 8°

'Eine Stunde im Kaiserlichen Patentamt.' Auf Grund eigener Tätigkeit dargest. von R[ichard] **Fiedler**, früher Ingen. im Kaiserl. Patentamt. 12. Aufl. Berlin: Mesch & Lichtenfeld 1905. (30 S.) 8°

Fiedler, Robert

Fiedler, Rob., Bemerkungen üb. die Mundart der poln. Niederschlesier. Ein Beitr. z. Kenntniß d. polnischen Dialekte. gr. 8. (2½ B.) Breslau 844, Korn.

— Kazania na wszystkie święta roku Kościelnego. gr. 8. (9½ B.) Breslau 844, Korn.

Fiedler, Rob., Mowy przygodne z dodatkiem niektórych formuł potrzebnych przy różnych sprawach kościelnych napisał. 12. (185 S.) Syców 849. (Breslau, Grass, Barth und Comp. Sortimentsh.) *

Fiedler, R., Wegweiser f. evangelische Kandidaten, welche die polnische Sprache, Behufs Uebernahme sogenannter utraquist. Stellen, d. h. solcher, wo polnisch u. deutsch gepredigt wird, erlernen wollen. 8. (20 S.) P. Wartenburg 876. (Breslau, Kern's Sort.) n.n. — 40

Fiedler, Rudolf

Fiedler, Rud., historisches Hilfsbuch für die Maturitäts-Prüfung. Zur Wiederholg. der allgemeinen u. österreich. Geschichte mit besond. Berücksicht. der Kulturgeschichte f. Abiturienten der österreich. Mittelschulen, Lehrerbildungsanstalten u. Fachschulen. 3. verm. Aufl. (III, 110 S.) gr. 8. Wien 906. F. Deuticke. n. 1. 25

Fiedler, Rud., Lehrbuch der gewerblichen Buchführung u. Wechselkunde f. österr. Textilschulen u. verwandte Anstalten, sowie f. die Absolventen derselben. gr 8. (III, 184 S.) Wien 902. A. Pichler's Wwe. & Sohn. Kart. n. 2.—

— deutsche Poetik nebst e. kurzen Abriß der Literatur Österreichs im letzten Jahrhundert u. der neuen deutschen Dichtung als Anleitung zur Lektüre. Hilfsbüchlein f. den deutschen Unterricht an österreich. Mittelschulen, Fachschulen u. höh. Töchterschulen. 2. verm. Aufl. (46 S.) gr. 8. Reichenberg 904. [F. Augsten.] J. Müller. Kart. n. 1.—

Fiedler, Rud., u. Alfr. **Fiedler,** der Tapezierer als Decorateur. Ein Skizzenbuch. qu. Fol. (24 lith. Taf.) Leipzig 894. E. A. Seemann. In Karton-Mappe. n. 6.

Fiedler, Rud., Übersicht u. Wiederholung der allgemeinen u. österreichischen Geschichte m. besond. Berücksicht. der Culturgeschichte f. Abiturienten der österreich. Mittelschulen, Lehrerbildungsanstalten u. Fachschulen. 8. (VII, 86 S.) Reichenberg 894. J. Fritsche. n. 1. 20

FIEDLER, Rudolf
(F) Übersicht und Wiederholung der allgemeinen und österreichischen Geschichte mit besonderer Berücksichtigung der Culturgeschichte für Abiturienten der österreichischen Mittelschulen, Lehrerbildungsanstalten und Fachschulen von Rudolf Fiedler. Neue Ausgabe. Wien und Leipzig. 1900. Deuticke. 8°. 86 S. Cart. K 1.20

— Übersicht u. Wiederholung der allgemeinen u. österreichischen Geschichte m. besond. Berücksicht. der Kulturgeschichte, f. Abiturienten der österreich. Mittelschulen, Lehrerbildungsanstalten u. Fachschulen. 2. Aufl. 8. (V, 89 S.) Wien 901. F. Deuticke. Kart. n. 1. 20

Fiedler, S.O., de febribus intermittentibus. 8. Prag 784. Schönfeld. 3 ℳ

Fiedler, Sam. Chrstl., Fragmente einiger Gründe, daß Christus im Buche Hiob zu suchen u. zu finden sei. 4. Dresd. 785.

— histor. Nachrr. von d. Ephoralstadt Pirna, die Lebensbeschreibb. sämmtl. Superintendenten daselbst von 1608 bis auf unsere Zeit enthaltend. Pirna 775. 1e u. 2e fortgesetzte Nachr., d. Lebensbeschreibb. d. Archidiakonen, Diakonen u. Hospitalprediger enth. Ebd. 776—80.

Fiedler, Sam. Chrstl., († d. 10. Nov. 1818.) Dittersdorfische Pfarrhistorie von 1608—1755. 4. Dresd. 774.

— über d. Religionseid d. evangel.-luther. Kirche. 4. Dresd. 775.

— Salomo, über d. Fortdauer d. menschl. Seele nach d. Verlust ihres Körpers. 4. Dresd. 774.

Fiedler, Walth., s.: **Adressbuch,** neues, des deutschen Buchhandels.

Das Bismarck-Geheimnis. Eine Auseinandersetzung mit d. litter. Schutztruppe d. ersten Reichskanzlers über Fürst Bismarck nach seiner Entlassung. (Verf.: Walther **Fiedler.**) *Leipzig: W. Fiedler 1904.* (39 S.) 8° [F.] [03. 15906

Fiedler, Walth., s.: **Buchhändler-Kalender.**

— Kritiker-Liste. Ein Verzeichnis v. Schriftstellern, d. aus bestimmten Literaturzweigen Bücherbesprechgn. übernehmen unter Angabe ihrer Stellg. z. Haftpflicht, sowie Bezeichng. der Zeitgn., in denen die Besprechgn. Aufnahme finden. Zur Versendung v. Recensions-Exemplaren eingerichtet qu. 4. (31 S. m. 100 Bl.) Leipzig 899. W. Fiedler. In Halbleinw.-Mappe 3. 50

— illustr. Sammelbuch f. alle offiz. Ausstellungsmarken, Erinnerungs- u. Festmarken. (Deutsch u. französ.) (Grosse Ausg.) gr. 4. (VIII, 167 S.) Leipzig 898. W. Fiedler. Geb. 8. —; mittl. Ausg. (IV, 89 Bl.) geb. in Leinw. 1. 80; kleine Ausg., zweiseit. bedruckt (IV, 39 S.) kart. 1. —

Fiedler, Wilhelm, bacc. jur., Referendar: Der Annahmeverzug des Käufers beim Handelskauf. Leipzig 1909: Geidel. v, 66 S. 8°
Leipzig, Jur. Diss. v. 24. Juni 1909
[Geb. 27. Nov. 84 Dresden; Wohnort: Jöhstadt; Staatsangeh.: Sachsen; Vorbildung: Gymn. Chemnitz Reife O. 03; Studium: Leipzig 8 S.; Rig. 28. Jan. 07.] [U 09. 1500

Fiedler, Wilh., Cyklographie oder Construction der Aufgaben über Kreise und Kugeln und elementare Geometrie der Kreis- und Kugel-Systeme. gr. 8. (XVI, 263 S. mit lithogr. Taf.) Leipzig 882, Teubner. *

Fiedler, W. Über die Durchdringung gleichseitiger Rotationshyperboloide von parallelen Axen. Stockholm 1884. 4.

Fiedler, Wilh., die Elemente der neueren Geometrie und der Algebra der binären Formen. Ein Beitrag zur Einführung in die Algebra der linearen Transformationen. gr. 8. (VI und 235 S. mit 2 Tab. in qu. gr. 4. und qu. Fol.) Leipzig 862, Teubner. *

Dr. ing. Wilhelm **Fiedler.** Das Fachwerkhaus in Deutschland, Frankreich und England. Berlin: E. Wasmuth 1902 (a. d. Umschl.: 1903.) (99 S.) 4°(8°)
Von d. Techn. Hochschule zu Dresden genehmigte Doktordiss.
= **Beiträge** z. Bauwissenschaft. H. 1. [03. 2743

Fiedler, Wilh., d. erfahrene Gartenfreund, s.: **Bächtold, M.**

Fiedler, Wilh., analyt. Geometrie der Kegelschnitte, — analyt. Geometrie d. Raumes. } s. a. **Salomon,** Geo.

Fiedler, W: Analytische Geometrie der Kegelschnitte. Nach G. Salmon bearb. 5. Aufl. T. 1. 2. Leipzig 1887—1888

Fiedler, Wilh., die darstellende Geometrie. Ein Grundriss f. Vorlesgn. an techn. Hochschulen u. zum Selbststudium. Mit 228 Holzschn. u. 12 lith. Taf. gr. 8. (XXXVI, 592 S.) Leipzig 871. Teubner. n. 14. 40

Fiedler, Wilh., die darstellende Geometrie in organ. Verbindung mit der Geometrie der Lage. Für Vorlesungen an techn. Hochschulen und zum Selbststudium. 2. Aufl. gr. 8. (LIV, 761 S. mit 260 eingedr. Holzschn. und 12 lithogr. Taf.) Leipzig 875, Teubner. *

Fiedler, Wilh., die darstellende Geometrie in organischer Verbindung m. der Geometrie der Lage. 3. erweit. Aufl. 1. u. 2. Thl. gr. 8. Leipzig, Teubner. n. 22. 40

1. Die Methoden der darstellenden u. die Elemente der projectivischen Geometrie. (XXVI, 376 S. m. eingedr. Fig. u. 6 Steintaf.) 883. n. 8. 40
2. Die darstell. Geometrie der krummen Linien u. Flächen. (XXXIII, 560 S.) 885. n. 14. —

Fiedler, W., die darstellende Geometrie in organischer Verbindung m. der Geometrie der Lage. 3., erweit. Aufl. 3. Thl. gr. 8. Leipzig 888. Teubner. n. 16. —
(1—3.: n. 38. 40)
Die construirende u. analytische Geometrie der Lage. Für Vorlesgn. u. zum Selbststudium. (XXX, 660 S.)

Fiedler, Wilhelm. Die darstellende Geometrie, in organischer Verbindung mit der Geometrie der Lage. 4. Aufl. Teil 1.... — *A. u. d. T.:* Die Methoden der darstellenden und die Elemente der projektivischen Geometrie. Für Vorlesungen und zum Selbststudium. 4. Aufl. Mit zahlreichen Figuren im Text und auf 2 Tafeln. XXIV + 432 S. 8. Leipzig, Teubner, 1904. [M. 10. —, geb. 11. —]

Fiedler, W. Geometrie und Geomechanik. Zürich 1876.

Fiedler, W. Zur Geschichte und Theorie der elementaren Abbildungsmethoden. 1882.

Die Methoden der darstellenden und die Elemente der projektivischen Geometrie. Für Vorlesungen u. z. Selbststud. von Dr. Wilhelm **Fiedler.** 4. Aufl. Mit zahlr. Fig. *Leipzig: B. G. Teubner 1904.* (XXIV, 431 S.) 8°
— **Fiedler:** Die darstellende Geometrie. T. 1. [04. 1341

Fiedler, Wilh., die Methodik der darstellenden Geometrie zugleich als Einleitung in die Geometrie der Lage. Mit 3 (lith.) Taff. (in 4.) [Aus d. Sitzungsber. der k. Akad. d. Wiss.] Wien 867. Gerold's Sohn. gr. 8. (82 S.) n. 25 ngr.

Fiedler, Wilhelm *(geb. Steinau a. O. 28. 2. 1846)*: Zur Prognose und Behandlung der Oberschenkelschussfracturen. Canth (1873). (37 S.) 8°
Breslau, Med. Diss. v. 24. Febr. 1873

Fiedler, W. Über algebraische Raumcurven. Zürich 1875.

Fiedler, W. Vom Schneiden der Kreise unter bestimmten Winkeln. Zürich 1881.

Fiedler, W. Über die Symmetrie. Zürich 1876.

Fiedler, W. Über das System in der darstellenden Geometrie. Dresden 1863.

Fiedler, W. Über die Transformationen in der darstellenden Geometrie. Dresd. 1864.

Fiedler, W. Vorlesungen zur Einführung in die Algebra der linearen Transformationen. Leipzig. 1863.

Fiedler, W. Ein neuer Weg zur Theorie der Kegelschnitte. Zürich 1881.

Fiedler, W. Die Centralprojection als geometrische Wissenschaft. Chemnitz 1860. 4.

Fiedler, Wilh. Ernst, die wissenschaftliche Enthüllung üb. das Geheimnis des Tischrückens. (16 S. m. 4 Abbildgn.) 8. Leipzig (905). O. Mutze. n. —50

Fiedler, Wilh. Ernst, die Maske herunter, Monismus! Naturgesetzliche Widerlegg. der monist. Anschaug. u. Darlegg. ihrer Verbrechen an der Kultur. (31 S.) 8. Leipzig 910. O. Mutze. —50

— Das enthüllte Mysterium unseres Seelenlebens. Einblick in das Wesen u. Arbeiten unseres unsterbl. Teils. (36 S. m. 2 Abbildgn.) 8. Ebd. 909. —60

Fiedler, E., Transcendentale Naturlehre. Hilfsbuch zur Erkenntnis der übersinnl. Welt. (160 S. m. Bildnis.) gr. 8. Leipzig 902. O. Mutze. n. 3.—; geb. n. 4.—

Die Seelensprache (Sprache der Symbole und Sinnbilder), ihr Wesen und ihre Anwendung. Von [Wilh.] E[rnst] Fiedler. Leipzig o. J.: Mutze. IV, 61 S. 8°.

— Unsterblichkeitsbeweise durch den Materialismus. Jeder Materialist lernt seine Unsterblichkeit erkennen. (32 S.) gr. 8. Ebd. (903). n. —60

Fiedler, Willy, Beamter d. Deutschen Bank Filiale München: Die Ertragsbesteuerung des Bankgewerbes in Bayern. Nürnberg 1909: Hilz. VIII, 117 S. 8° ¶(Ersch. vollst. u. d. T.: Die Besteuerung d. Bankgewerbes in Bayern durch Landes- u. Reichssteuern. 238 S.)
Erlangen, Phil. Diss. v. 19. Mai 1909, Ref. v. Eheberg
[Geb. 21. Aug. 84 Tölz; Wohnort: München; Staatsangeh.: Bayern; Vorbildung: Ludwigs-Gymn. München Reife 03; Studium: München 7 S.; Rig. 9. Febr. 09.] [U 09. 813

Fiedlerin, C. A., das neue Leipziger Kochbuch. 8. Leipz. 805. Joachim. 12 gr.

Fiedlerus redivivus. 8. Lpz. Sommer. 783.

Fief la Repoplik! (Weg mit det Gold und schwarzen Doot!) Berlin 1848. 1 Bl. Fol.
Flugblatt. Berlin, 1848/49.

Fieffé, Eugène

Fieffé, Eug., Geschichte der Fremd-Truppen im Dienste Frankreichs, von ihrer Entstehung bis auf unsere Tage, sowie aller jener Regimenter, welche in den eroberten Ländern unter der ersten Republik u. dem Kaiserreiche ausgehoben wurden. Deutsch von F. Symon de Carneville. 1—9. Liefg. München 856—58. (Lindauer in Comm.) 8. (1. Bd.: XXV, 561 S. u. 2 color. Holzschnitttaf.; 2. Bd.: S. 1—160.) Jede Liefg. n. 15 ngr.

Fieffé, Eug., Geschichte der Fremd-Truppen im Dienste Frankreichs, von ihrer Entstehung bis auf unsere Tage, so wie aller jener Regimenter, welche in den eroberten Ländern unter der ersten Republik und dem Kaiserreiche ausgehoben wurden. Deutsch von F. Symon de Carneville. 10—15. Liefg. München 860. Lindauer in Comm. 8. (2. Bd. S. 161—664 u. 29 color. Holzschntaf.) Jede Liefg. n. 15 ngr.

Fieffé, Eug. Geschichte der Fremdtruppen im Dienste Frankreichs von ihrer Entstehung, bis auf unsere Tage, sowie aller jener Regimenter, welche in den eroberten Ländern unter der ersten Republik u. dem Kaiserreiche ausgehoben wurden. Dtsch. von Symon de Carneville. 2 Bde. (XXV. 1225) 8. M. 29 Tfln. München 1856. 61. 22,50

Fiege, Aloys, Methodik des erdkundlichen Unterrichts. (VI, 142 S.) gr. 8. Düsseldorf 909. L. Schwann. 1.50; geb. 2.—

Methodik des erdkundlichen Unterrichts von Aloys **Fiege**, Seminarl. 2. Aufl. Düsseldorf: Schwann 1910. VI, 147 S. 8°

Fiege, Kurt, Referendar: Der Gebietserwerb durch völkerrechtliche Okkupation. Borna-Leipzig 1908: R. Noske. (IX, 51 S.) 8°
Breslau, Jur. Fak., Ref. Gretener-Brie, Diss. v. 1. Mai 1908
[Geb. 25. Okt. 86 Düneberg (Lauenburg); Wohnort: Breslau; Staatsangeh.: Preußen; Vorbildung: Realgymn. am Zwinger Breslau Reife O. 04; Studium: Breslau 1, Jena 2, Breslau 3 S.; Rig. 16. Jan 08.]

Fiege, Rud., Afrika. Völker- und Sittenschilderungen, Abenteuer, Jagdscenen und Thierbeschreibungen aus dem Norden und Süden Afrika's. Nach den neuesten und besten Quellen bearb. u. der Jugend u. ihren Freunden erzählt. Mit 4 (lith. u. color.) Illustr. von Gust. Bartsch. Berlin (858). Friedländer'sche Buchdr. 8. (VIII, 264 S.) 1 ℛ

Fiege, Rud., Afrika. Völker- und Sittenschilderungen, Abenteuer, Jagdscenen und Thierbeschreibungen aus dem Norden und Süden Afrika's. Nach den neuesten und besten Quellen bearb. und der Jugend und ihren Freunden erzählt. Mit 4 (lith. u. color.) Illustr. von Gust. Bartsch. Berlin 859. Friedländer'sche Buchdr. 8. (VIII, 264 S.) 1 ℛ

Fiege, Willy [pr. Arzt aus Berlin]: Die Hasenscharten der Greifswalder chirurgischen Klinik von October 1885 bis April 1890. . . . Greifswald. Druck v. Julius Abel, 1890; 18 S. 8°
Greifswald. Med. Fak., Inaug.-Diss. v. 31. Jul. 1890

Fiegel, Maximil. Meyer (geb. Posen 1. 1. 1858): Historia legionis III. Augustae. Berolini 1882. (48 S.) 8°
Berlin, Phil. Diss. v. 20. Juni 1882

Fiegel, Paul: Ueber das Formaldehyd in desinfektorischer und toxischer Beziehung. *(Hannover, Berlin: Edler & Krische 1898.)* (27 S.) 8°
Berlin, Med. Diss. v. 12. Aug. 1898

Fiegen, Franz, Gerichtsref.: Der Verzicht auf die Kompensationsbefugnis. *Bonn 1896: J. Bach Wwe.* (30 S.) 8°
Erlangen, Jur. Diss. v. 1896

Fiegenheim, Johann Valentin (Gudensberga Hassus), Observationes de appellatione in caussis feudi extra provinciam siti continens. Dissert. jur. Marburg (Müller) 18. XII. 1770. 52 Seiten. (5.—) 8815
Gew.: Leonhard Heinrich Ludwig Georg v. Canngiesser.

Fieger August: Geschichtliches über die Entstehung der Anstalt. 6. Eger R. 00.
Progr.

Fieger August: Über die hypergeometrische Reihe und die Zurückführung anderer Reihen auf dieselbe. (20). Karlsbad 96.
Progr.

Fieger, Hans „Pater Don Ferdinand Sterzingers Leben und Schriften". Ein Beitrag zur Geschichte der Aufklärungsepoche in Bayern. pg. 3—49. 8°. Mit einer genealog. Tafel. Carl Gerber.
München, Progr. 1895/96

Fieger, Hans, Kgl. Reallehrer a. Nürnberg: P. Don Ferdinand Sterzinger, Lektor d. Theatiner in München, Direktor d. histor. Klasse d. kurbayer. Akad. d. Wissenschaften, Bekämpfer d. Aberglaubens u. Hexenwahns u. d. Pfarrer Gaßnerschen Wunderkuren. Ein Beitrag z. Gesch. d. Aufklärung in Bayern unter Kurfürst Maximilian III. Joseph. München 1907: R. Oldenbourg. (XI, 265 S., 2 Taf.) 8° [F.] ¶[Erschien als Buch im gleichen Verlage 1907.]
München, Phil. Fak., Ref. v. Riezler, Diss. v. 5. Juli 1907
[Geb. 24. Juli 57 Wettstetten (Reg.-Bez. Ingolstadt); Wohnort: Nürnberg; Staatsangeh.: Bayern; Vorbildung: Gymn. Eichstätt Reife Juli 77; Studium: Phil. Lyzeum Eichstätt 2, Univ. München 6, Theol. Lyzeum Eichstätt 5, Phil. Univ. München 1, Techn. Hochsch. 2 S.; Rig. 5. Juli 07.]

P. Don Ferdinand Sterzinger, Lektor d. Theatiner in München, Dir. d. hist. Klasse d. kurbayer. Akad. d. Wiss., Bekämpfer d. Aberglaubens u. Hexenwahns u. der Pfarrer Gassnerschen Wunderkuren. Ein Beitrag z. Geschichte d. Aufklärung in Bayern unter Kurfürst Maximilian III. Joseph von Dr. Hans Fieger. München & Berlin: R. Oldenbourg 1907. (XI, 275 S.) 8° [F.] [06. 1590 5

Fieger, J. B., Getreide-Preis-Rechnung f. den Getreide-Kauf nach dem metrischen Gewichte in 4 Tabellen. 16. (52 S.) Augsburg 873. v. Jenisch & Stage in Comm. n.n. — 50

Fieger, Martin, Gymnasiallehrer: Die kriegerischen Ereignisse in der Oberpfalz vom Einfalle Baners 1641 bis zum Westfälischen Frieden. T. 1. Bis zur Belagerung Freibergs. Dillingen 1910: Keller. 56 S. 8°
Erlangen, Phil. Diss. v. 16. Juli 1910, Ref. Beckmann
[Geb. 31. Okt. 71 Gralsbach; Wohnort: Dillingen a. D.; Staatsangeh.: Bayern; Vorbildung: Dillingen Reife 92; Studium: München 9 S.; Rig. 17. Juni 10.] [U 10. 850

Fieger, Martin: Die kriegerischen Ereignisse in der Oberpfalz vom Einfalle Baners 1641 bis zum Westfälischen Frieden. T. 1. Bis zur Belagerung Freibergs. Dillingen (1910): Keller. 56 S. 8°
Dillingen i. B., k. G P 1910

Fiegl A.: Bemerkungen über den Zusammenhang zwischen Religion und Sittlichkeit, wie er sich uns nach den hom. Epen darstellt. 32. Bozen 75.
Progr

Fiegl Dr. A.: Festhymne zum 24. April 1879. Bozen 79.
Progr

Fiegl, Aloys De Seneca paedagogo. 8 (S. 3—21). Staats.-G. *Bozen* 1886.
Progr.

Fiegl Anton: Die Ausbreitung der Bettelorden in Deutschland und ihre soziale Stellung und Bedeutung. II. 1904 PN 1803 Diss. Wien, Univ. 896

FIEGL, Franz Xaver (Titting): De morbis ventriculi.- Landshut: Thomann 1809. 4 Bl., 88 S., 4 Bl. 22.9.1809 - Pe 301; P 57
Diss. Ingolst.-Landsh.-Mchn.

Fiegl, J.: M. Tullius Cicero quatenus ad Asianum dicendi genus accesserit demonstravit. – Goerz OG., Progr. 1870.

Fiegl, Michael Des Gratius Faliscus „Cynegetica", seine Vorgänger und seine Nachfolger. 8 (S. 3—39).
Progr. Staats-G. Görz 1890.

Fiegler, Hubert *Franz Adolf* [aus Ratibor]: Erythrocytenzählung bei Sympathicuslähmung und Venenunterbindung ... Greifswald, Buchdr. C. Sell, 1895; 32 S., 1 Bl. 8.
Greifswald, Med. Fak., Inaug.-Diss. v. 6. Sept. 1895

Fiehe, Anton. Bern. (geb. Billerbeck in Westf. 14. 11. 1838): De intoxicatione saturnina chronica. Berolini (1864). (30 S.) 8°
Berlin, Med. Diss. v. 4. Aug. 1864

Fiehe, Jodocus, aus Rheine: Der Schleimkörper des Samens von Plantago Psyllium. Ein Beitrag zur Kenntnis d. Pflanzenschleime. *München 1904: M. Ernst.* (39 S.) 8°
München, Phil. Diss. v. 1904

Was ist Christentum? Eine zeitgemässe Frage an jeden aufrichtig denkenden Menschen. Von H. **Fiehler**, München. Kassel: J. G. Oncken Nachf. [1906]. (16 S.) 8° [F.] [06. 9753 4

[F.] **Fiehn,** *Wilhelm* [Dir. Prof.]: *Der Abschied des Direktors Dr. Albert Schuster.* Hannover, Druck v. W. Jürgens, 1895; 20—22 S. 4.
Hannover, I. RG, OP 1895 (330)

Fiehn, W., deutsches Lesebuch f. höhere Lehranstalten, s.: Kohts, Rob.

— dasselbe f. Vorschulen höh. Lehranstalten, s: **Kohts, Rob.**

Fiek, Emil

Fiek, E., Excursionsflora v. Schlesien, enth. die Phanerogamen u. Gefäss-Cryptogamen. 8. (259 S.) Breslau 889. Kern's Verl. geb. n. 3. 50

Fiek, Emil, Flora von Schlesien preussischen u. österreichischen Antheils, enth. die wildwachs., verwilderten u. angebauten Phanerogamen u. Gefäss-Cryptogamen. Unter Mitwirkung von Rud. v. Uechtritz bearb. gr. 8. (571 S.) Breslau 881. Kern's Verl. n. 14. —

Fiek, Otto, Gerichtsrefer. a. D.: Das Recht auf Wegnahme einer Einrichtung (§ 258 BGB.) unter Berücksichtigung der geschichtlichen Entwickelung. Breslau 1910: Schles. Dr.-Genoss. 77 S. 8°
Breslau, Jur. Diss. v. 15. Dez. 1910, Ref. Leonhard, H. Meyer
[Geb. 9. Sept. 78 Hirschberg i. Schl.; Wohnort: Breslau; Staatsangeh.: Preußen; Vorbildung: Gymn. Hirschberg Reife O. 98; Studium: Straßburg 2, München 1, Berlin 2, Breslau 6 S.; Rig. 24. Febr. 10.] [U 11. 595

Fiekchen, s.a. F i e c k c h e n.

Fiekchen, Mamsell, und ihr Vielgetreuer ein Erbauungsbüchlein für gefühlvolle Mädchen, 8. Berlin, 785. Mauck. 15 sgl.

Altenau im Harz und Umgebung in Poesie, Sage und Geschichte. Ein Knospenstrauß Seiner Vaterstadt Altenau in Liebe gewidmet von Karl **Fieke**. Wernigerode: Selbstverl. 1908. VIII, 455 S. 8° [09. 10879

Fieke, Karl, der Harzwald-Wilderer. Roman nach e. wahren Begebenheit aus d. Harzgebirge am Anfange d. 19. Jhrh. 30 Lfgn. (475 S.) 8. Wernigerode 909. K. Fieke. à — 15

Die Wasserwältigung der Gruben des Oberharzes und ihre Tages-Wasserwirtschaft. Ein Riesenwerk bergmänn. Fleißes u. e. Meisterwerk d. Markscheidekunst ... dargest. von Karl **Fieke**. Mit d. Anh.: 'Des Bergbaus Wert' ... von Pastor Georg Schulze. Wernigerode: Fieke 1909. 94 S. 8° [09. 14737

Fieker, Hans, aus Stettin, Referendar am Kgl. Landgerichte Aurich: Der Bundesrat als Schiedsrichter zwischen deutschen Bundesstaaten (Art. 76, 1 R.V.). Borna-Leipzig 1905: R. Noske. (IX, 49 S.) 8°
Erlangen, Jur. Fak., Diss. v. 20. Okt. 1905
[Geb. Stettin; Wohnort: Aurich; Staatsangeh.: Preußen; Rig. 20. Okt. 05.]

Fieker, Jh. Fr. Gph., Grundlage zum Unterr. d. Confirmanden auf d. Lande. 8. Nordh. 813.

Field, Louise, od.: das Werk e. jungen Leben. Aus dem Engl. 16. (32 S.) Cleveland 871. (Philadelphia, Schäfer & Koradi.) geb. n. — 80

Field, F., s.: **Thesaurus syriacus.**

Field, George, Chromatographie. Eine Abhandl. über Farben u. Pigmente, so wie deren Anwendung in der Malerkunst ꝛc. Aus d. Engl. Mit 4 Taf. Abbildd. gr. 8. Weimar 836. Landes-Industrie-Compt. 2 ₰

Field, Herb. Haviland, Conspectus methodicus numerorum „systematis decimalis" ad usum bibliographiae anatomicae, s.: Publikationen des Office international de bibliographie. Nr. 30.

Field, John, das Blockhaus, s.: Oehmigke's Jugendbibliothek.

Field, John, das Blockhaus, s.: Spiegelbilder aus dem Leben. 56. Bdchn.

Field, John, das Blockhaus. Eine Erzählung aus dem westlichen Amerika. Mit 4 (lith.) Bildern in Farbendr. nach Zeichn. von W. Schäfer. Neu-Ruppin 869. (Leipzig,) Oehmigke. 8. (2 Bll., 168 S.) 27½ ngr.

Field, M. B., und G. P. R. James, Adrian oder die Wolken des Geistes, s. James.

Field, M. B., der Ultramontanismus in Frankreich und Oesterreich. Ein kirchlich-polit. Tractat. gr. 8. (III und 84 S.) Leipzig 860, O. Wigand.

(Field, Will.) — Auszüge aus den hinterlassenen thierärztlichen Aufzeichnungen des verstorbenen John Field. Aus dem Engl. ins Deutsche übertragen von A. v. Boddien. Bautzen 866. Köhler in Comm. gr. 8. (XVI, 216 S.) n. 25 ngr.

Field, Will., Auszüge aus den hinterlassenen thierärztlichen Aufzeichnungen des verstorbenen John Field. Aus dem Engl. ins Deutsche übertragen von A. v. Boddien. gr. 8. (XVI und 216 S.) Bautzen 866, (Rühl.) *

Fielde, A., Alltagsleben in China, s.: Dukes, E. J.

Fielding, A. J. Th., (J. G. Flittner), Anleitung, d. Schachspiel gründl. zu erlernen. 8. Berl. 797. Aufs Neue herausg. von C. G. F. v. Düben. (C. G. Flittner). 5e Aufl. 8. Berl. 820. (Sander). 6 gr (vergl. v. Düben).

Fielding, A. J. L., Anleitung, das Schachspiel gründlich zu erlernen. Aufs neue herausgegeb. von C. G. F. von Duben. 5te Aufl. 8. Berlin, Flittner. 820.

Fielding, Ad. Jul. Th., das Schachspiel, die neueste Art, es gründlich zu erlernen. 8. Berl. N. Societäts-Verlagsbuchh. 812.

Fielding, das Schach-, Bret- und Toggatezlispiel ꝛc. 8. Berl. Oehmigke d. j. 805.

— d. Wiedererzähler, für Freunde d. Unterhaltung. 8. Berl. 811. (Sander). 16 gr

(Fielding, Eduard.) Der Baum der Erkäntnis des Guten und Bösen mit philosophischen Augen betrachtet von einem Weltbürger. Berlin 1760. 12 Bl. 208 S. 8.

Fielding, Henry

Fielding, Hnr., Abentheuer Jos. Andrews u. seines Freundes Abrah. Adams; aus d. Engl. 2 Thle. 8. Leipz. 784. Schwickert. 1 ₰ 12 gr

— Dass. aus d. Engl. 8. Berl. 786. Himburg. (W. Rauck in Leipz.) 1 ₰

Fielding, H. Abentheuer Joseph Andrews und seines Freundes Abraham Adams. Meissen 1802. Ü: *Oertel, Frdr. v.* (Ky)

— Dass. (übers. v. Fr. v. Oertel). 2 Thle. 8. Meiß. 802. N. A. 811. Goedsche. 1 ₰ 12 gr

Fielding, Abenteuer auf einer Reise in die andere Welt, aus dem Engl. 8. Leipz. Enobloch. (Marb. Krieger.) 812.

— Amalie, od. das Muster ehelicher Liebe; aus d. Engl. 8. Hannov. 763. Schmidt. 1 ₰ 8 gr

— Amelia, a History. II Voll. 8. Dresd. 803. Walther. 2 ₰ 16 gr

Fielding, H. Ämilie, noch ein komischer Roman; a. d. Engl. Leipzig 1781. Ü: *Wall, Anton (= Christian Lebr. Heyne).* (Ky)

— Aemilie, noch e. kom. Roman; aus d. Engl. (v. Ant. Wall). 8. Leipz. 781. Dyck. 1 ₰

— Emilie Both, ein Muster ehelicher Liebe; neu übersetzt. 4 Thle. 8. Leipz. 797 u. 98. Schwickert. 2 ₰ 8 gr

— le Chev. Kilpar Mémoires. II Vols. 8. Frankf. a. M. 769. Brönner. 16 gr

Fielding, d. Ehemann nach d. Mode; Lstspl. 8. Manh., Schwan u. G. 8 gr

— Euridice; Lstspl. 8. Manh. 790. Schwan u. G. 3 gr

Fielding, Heinr., Geschichte u. Abenteuer von Joseph Andrews ꝛc., übers. v. D. v. Czarnowski. 3 Thle., s. Bibliothek, classische, d. ält. Romandichter Engl. 20—22. Bd.

Fielding, Heinr., Joseph Andrews Geschichte, s.: Bibliothek der Romantiker, 20—22. Bd.

—— die Geschichte des Tom Jones ꝛc., übers. v. A. Diezmann. 1—5. Thl., s. Bibliothek, classische, d. ält. Romandichter Engl. 25—29. Bd.

— Geschichte Tom Jones, s. Bibliothek klass. Romane des Auslandes.

Fielding, Heinr., —— die Geschichte des Tom Jones, } s. Bibliothek der Romantiker.

Fielding, H., Geschichte Tom Jones, s. Lesekabinet, neues, für die reifere Jugend.

— Dass. aus d. Engl. 4 Thle. 8. Leipz. 771. Gleditsch. (Brockhaus). 2 ₰ 8 gr

— Dass. deutsch (v. Fr. Schmit). 4 Thle. Mit Kpf. 8. Nürnb. 780. (Lauffer in Leipz.) 4 ₰ Ohne Kpf. 2 ₰

Fielding, H. Geschichte des Thomas Jones, eines Findlings. Neu übers. Nürnberg 1780—81. Ü: *Schmit, Friedrich.* (EE) (MGT)

— Dass. aus d. Engl. (von Jh. Joach. Chph. Bode). 6 Bde. 8. Leipz. 786—88. Göschen. 5 ₰

— Dass. aus d. Engl. 8. Wien 788. Sammer. 1 ₰ 16 gr

Fielding, H. Geschichte des Ritters von Kilpar. Aus dem Engl. Leipz. 1768. V: *Montagnac, L. Laur. Jos. Gain de.* (Querard, La France littéraire. III, 239.) (Ullrich, H., Robinson und Robinsonaden. Weimar 1898. S. 168.)

Fielding, H. Geschichte des Ritters von Kilpar; a. d. Engl. Leipzig 1768. Ü: *Wiedmer, Gottfried Rudolph.* (OL) (Ky) (MGT)

— Geschichte des Ritters Kilpar; aus d. Engl. (v. G. R. Wiedmer). 8. Leipz. 768. (Brockhaus). 10 gr

— Dass., s. auch Robinson, der Wiener.

Fielding, s. Geschichte Jonathan Wild des Grossen.

Fielding, Henry, Geschichte Jonathan Wilds des Grosson, s.: Liebhaberbibliothek, kulturhistorische.

— Geschichte Jonathan Wilds; aus d. Engl. 8. Kopenh. 750. Rothe. 10 gr Hbg. Pr. 5 gr

Fielding, Heinr., Gott der Rächer der Mordthat. a. d. Engl. 8. Frft. Fleischer. 762.

— s. the Gouvernours.

— the Gouvernours. 12. Leips. Rabenhorst.

— Histoire de le grand Jonathan Wild. 12. Lausanne 782 Pott. 16 gr

Fielding, G., s. the history of Tom Jones,

Fielding, H. History of Tom Jones a Foundling. Dresden 1773. H: *Walther, Conrad Salomon.* (MGT)

— the same. III Vols. 8. Dresd. 773. Walther. 4 Rthlr

— the same. IV Vols. gr. 8. Basel 791. (Ettinger in Gotha). 4 Rthlr

— the history of Tom. Jones, with criticale and explanatory, notes and grammatical observations by Karl Fr. Chr. Wagner. V Tom. 8. Marb. 814—24. Krieger. 5 Rthlr Schrbp. 6 Rthlr 16 gr (Vol. V. A. u. d. T.: krit. Anmerkk. 1 Rthlr)

Fielding, (H.,) the history of Tom Jones, a foundling, by K. Fr. Ch. Wagner. Vol. V. — A. u. d. T.: Wagners krit.-grammat. u. erklär. Anmerkungen zu Tom Jones von Fielding. 8. Marb. 824, Krieger. 1 Rthlr. Schreibpap. Rthlr.

Fielding, Hnr., the history of Tom Jones. 2 Vol. 12. Leipzig 844, B. Tauchnitz jun. n. 1 Rthlr — s. auch Collection of British Authors. Vol. 60. 61.

Fielding, d. Hochzeittag; e. Lstspl. u. Euridice; e. Nachspl., so wie es ist ausgepfiffen worden. 8. Kopenh. 759. (Brummer). 4 gr

— Tom Jones, s. Bibliothek d. älteren Romandichter Englands, 25.—30. Bd.

Fielding, Henry, Tom Jones, s. Collection Spemann.

— Thomas Jones, s. J. H. Steffens.

Fielding, H., Tom Jones. Lebensgeschichte eines Findlings, s. Universal-Bibliothek Nr. 1191—1198.

Fielding, Hnr., journey from this world to the next. 8. Dresd. 805. Walther. 16 gr

— das verschlagene Kammermädchen; Lstspl. in 2 A. 8. Manh. Schwan u. G. 3 gr

— Liebe unter verschiedenen Larven. Schspl. 8. Ebd. ... Ebd. 8 gr

— die geraubte Einsiedlerin Ophelia; aus d. Engl. 2 Bde. 8. Berl. 772. Horvath in Potsd. 16 gr

— s. Poinsinet, Tom Jones.

Fielding, H. Reise nach Lissabon. A. d. Engl. . . . Altona 1764. Ü: *Murr, Christoph Gottlieb von.* (BB) (MGT) (will) (Adel) »Tagebuch einer Reise« (Ky)

Fielding, Heinr., Reise nach Lissabon. Von ihm selbst beschrieben. Aus dem Englischen übersetzt [von C. G. v. Murr] nebst einer Nachricht von den Lebensumständen dieses berühmten Schriftstellers. Altona. 1764.

— Reise nach d. andern Welt; aus d. Engl. 8. Kopenh. 759. Brummer. 6 gr

— Reise nach d. andern Welt. a. d. Engl. 8. Copenh. Wrost. 759.

— Reise aus dieser Welt, s. Taschenbibliothek class. Romane d. Auslandes. 5. Bd.

FIELDING. Der Wiener Robinson oder seltsame Abentheuer des Ritters von Kilpar. Aus dem Englischen des Herrn Fieldings. Neu übersetzt und frei bearbeitet. Hohenzollern, bey J. B. Wallishaußer, 1805. Kl. 8°. 287 S.

Ullrich S. 168, Nr. 70e. Vgl. Graesse II, 351, 49. Mit Frontispiz und gestochenem Titel mit Vignette.

— s. Komischer Roman.

— kom. Romane; aus d. Engl. 8. Berl. 764. Rüdiger. 1 Rthlr 4 gr

Fieldings [!] Komischer Roman in vier Theilen [in 1 Bde]. *Mit [6] Kupfern.* Berlin, J. R. Rüdiger, 1765. 8°. 472 S. 3 Bl. Etwas abgenutzter u. berieb. HLdbd. d. Z.

Dieser anonyme Roman — wahrscheinlich keine Übersetzung aus dem Englischen — legt sich wohl nur Fieldings Namen bei und behandelt das Leben des Jakob Elwes, der „für den Bruder der berühmten Pamela gehalten" wird. Die Art Fieldings wird offensichtlich etwas parodiert. Seltene einzige Ausgabe, mit 6 (mittelmäßigen) Kupfern von O. Lastbach ausgestattet.

— der academ. Stutzer. Schspl. 8. Ebd. ... Ebd. 8 gr

— Tagebuch e. Reise nach Lissabon; aus d. Engl. übers., nebst Nachr. von d. Lebensumständen dieses Schriftstellers, (v. C. G. v. Murr). 8. Altona 764. Iversen. 8 gr

(Henry) Fielding's Tom Thumb. M. Einl. hrsg. v. Felix Lindner. *Berlin: E. Felber 1899.* (VIII, 111 S.) 1 Bl 8.
— Textbibliothek, Englische. [No] 1.

— Jonathan Wild, Rinaldo's Antipode; aus d. Engl. 2 Bde. 8. Zwickau 812. Schumann. 2 Rthlr

Fields, John Charles, Theorie of the algebraic funotions of a complox variable. (III, VII, 186 S.) Lex.-8. Upsala 906. Berlin, Mayer & Müller. n. 12. —; geb. in Halbfrz. n.n. 15. 50

Fielitz, s.: Zeitschrift f. Versicherungsmedizin.

Fielitz, Alb., theoretisch-praktische Anleitung zur Bildung der Handschrift. gr. 8. (VIII, 74 S. m. 6 lith. Taf.) Neustrelitz 894. Barnewitz' Verl. n. 2. 50

Fielitz, Alb., zur Bildung der Handschrift. Uebungsheft Nr. 1—4. (24, 28, 32 u. 32 S.) 4. Neustrelitz (903). Barnewitz' Verl. à n. — 25

Fielitz, Alb., die Haltung beim Schreiben. In 9 Zeichnungen mit erläut. Text für Lehrer, Eltern und Erzieher anschaul. dargestellt. gr. 8. (6 S. mit 1 Taf.) Neustrelitz 887, Barnewitz. *

Fielitz, A., die Haltung beim Schreiben. In 9 Zeichngn. (1 Taf.) m. erläut. Text f. Lehrer u. Eltern anschaulich dargestellt. 2., verm. Aufl. gr. 8. (IV, 6 S.) Neustrelitz 890. Barnewitz. n. — 50

— Muster-Vorlagen zur Bildung der Handschrift. Nach zeitgemäßen Grundsätzen u. genet. Methode bearb. gr. 8. (6 lith. Taf. m. 4 S. Text.) Ebd. 894. n. — 60

—— ein Normal-Liniensystem für sämmtliche Schreibhefte einer Schule. gr. 8. (IV, 8 S. mit 1 Taf.) Ebendas. 887. *

— Ratschläge zur Bildung u. Pflege der Handschrift zur Beseitigung d. Ermüdung u. Schwäche beim Schreiben, Verhütung u. Heilung d. Zittern u. Schreibkrampf nach psycho-, physiol.- u. schreibtechn. Grundsätzen. Mit e. Plan, enth. 21 Zeichngn. der verschied. Haltgn. b. Schreiben. (20 S.) gr. 8. Ebd. 903. n. — 80

Fielitz, Alb., z. Reform d. Schreibunterrichts. Vortrag. Geh. in e. Versammlg. d. Schul-Direktoren u. Lehrern zu Neustrelitz, i. Lehrer-Seminar zu Mirow rc. gr. 8. (16 S. m. 1 Abb.) Neustrelitz 897. Barnewitz. n. — 20

— das Schönschreibe-Taschenbuch des Lehrers. Ein theoretisch-prakt. Hülfsbuch zum tägl. Gebrauch beim Schreibunterricht [enth.: 83 theoretisch-prakt. Grundsätze, sowie e. ausführl. Lehrplan m. vollständ. Stoffauswahl u. Verteilg. auf die einzelnen Schuljahre, Schulwochen u. Stunden]. 12. (VII, 124 S.) Ebd. 890. n. 1. —

— ein zeitgemäßer Schreibkursus zur Bildung e. schönen u. gewandten Handschrift, nebst 4 Uebungsheften m. eingedr. Vorschriften. Zum Gebrauch an Gewerbe- u. Fortbildungsschulen, Bau-, Handels-, Realschulen u. Gymnasien, in den Oberklassen d. Volks- u. Bürgerschulen, sowie zum Selbstunterricht bearb. Nebst e. Plan, enth. 21 Zeichngn. der verschiedenen Haltgn. beim Schreiben. (46 S.) gr. 8. Neustrelitz 903. Barnewitz' Verl. n. 1. 50

— prakt. Schreiblehrmethode f. deutsche Schulen. E. Anleitg. z. Erzielg. fester u. gewandter, d. Anfordergn. d. Schule u. d. Lebens entsprech. Handschriften. 2., verb. u. verm. Aufl. gr. 8. (VI, 89 S. m. 6 lith. Taf.) Ebd. 895. n. 2. 50

Fielitz, Alb., eine gesunde, zeitgemäße Schreibtechnik. Nach physiolog. Gesetzen u. prakt. Erfahrgn. auf ein neues Prinzip gegründet. gr. 8. (21 S.) Neustrelitz 899. Barnewitz. n. — 50

Vendetta. Trag. Oper in 1 Act von M. v. Fielitz. Musik von Alexander v. Fielitz. Op. 14. Klav.Ausz. vom Comp. *Magdeburg: Heinrichshofen [1900].* (112 S.) 4° [F. u. Ant.]

v. Fielitz, F., s. Ceres. Eine Zeitschrift d. Concordia rc.

Fielitz, Friedrich Gottlieb Heinrich, s. a. Fielitz, Gottfried Heinrich

Fielitz, (Fieliz), Friedrich Gottlieb Heinrich

Fieliz, Friedrich Theophil Heinrich (Luckau/Laus.), De exploranda dubia mentis alienatione in hominibus facinorosis. Diss. med.-forens. Präs. Wilhelm Seiler. Wittbg. (Friedr. Imman. Seibt) 19. X. 1805. 44 S. (5.—) 8819

Fielitz, F. G. H., Archiv d. gerichtl. Arzneiwissenschaft, f. Aerzte u. Rechtsgelehrte. 1n Bds. 1s Stück. 8. Leipz. Bruder. (in Comm.) 812.

Fielitz, Fr. Glb. Hnr., († d. 18. April 1813.) Archiv d. gerichtl. Arzneiwissenschaft, für Aerzte u. Rechtsgelehrte. 1n Bds 1s Stck. 8. Luckau 812. 18 gl

Fielitz, Friedrich Gottlieb Heinrich, s. Bemerkungen über d. Mißbrauch d. Tabaksklystire.

— gründl. u. erbaul. Entscheidung d. großen Frage: Ob d. weibl. Geschlecht wirkl. so ganz verderbt sei, als von vielen Männern behauptet werden will, u. ob daher e. ehrlichen Manne d. Heirathen an- oder abzurathen sei? rc. 8. Wittenb. 811.

— d. Hauptquelle d. Fehler unserer physischen u. moral. Kinder-Erziehung. 8. Leipz. 800. Graffé. 12 gl

— erbaul. Haustafel zum Nutzen u. Frommen angehender Eheleute entworfen. 8. Wittenb. 805.

— Leitfaden zum Unterr. in d. Anthropologie. 8. Lübben 802. Gotsch. 12 gl

— vaterländ. Monatsschrift für gebild. Deutsche. 1r Bd. Jan. — Juni. 8. Görlitz 813.

— Noth- u. Hülfsbüchlein zur Beförderung d. Pockenausrottung durch Impfung d. Schutzblattern. 8. Lübben 803. Gotsch. 6 gl

FIELITZ, F. G. H.: Ob u. in wie fern es thunlich u. rathsam sei, den Ärzten für das in gerichtl. Sectionsfällen zu beobachtende Verfahren gesetzl. Vorschriften zu geben? Nebst einigen Materialien zu dergl. Vorschriften. *Wittenberg*, Seibt. 811. 8.

— ob u. wie weit es thunlich sei, den Aerzten für das in Sectionsfällen zu beobachtende Verfahren gesetzl. Vorschriften zu geben. 8. Wittenb. 812.

— u. Gf. H. Fielitz, einiges pro u. contra über d. verfängl. Meinung, als ob e. Schulmanne d. Heirathen nicht zustehen wolle. 8. Wittenb. 811.

— Sammlung biographischer Skizzen u. Notizen aus dem Leben geborner Lausitzer u. Anderer, die sich um die Lausitz besond. Verdienste erworben haben. 1s Heft. 8. Luckau. (Leipz. Bruder in Comm.) 812.

— Versuch e. Belehrung für d. weibl. Geschlecht über d. physischen Mutterpflichten. 2 Bde. 8. Leipz. 799—801. Graffé. 3 rl. 8 gl

Fielitz, Friedrich Gottlieb Heinrich, s. Versuch einer Hebammenverbesserung.

— Wochenblatt für d. Lausitz. 1r Jahrg. 1811. 8. Luckau.

Fielitz [vielm.: **Fieliz**], F[riedrich] G[ottlieb] H[einrich]: Einige Worte über die Hauptquelle unserer sich täglich vermehrenden unglücklichen Ehen z. Beherzigung f. Mütter u. z. Belehrung üb. d. rechten Gebrauch meines ihren Töchtern gewidmeten Buches: Vollständ. Belehrung üb. d. phys. Mutterpflichten u. s. w. — Leipzig: Graffé 1798. 94 S. 8°

Fielitz, Fritz, Kommentar zur Disziplinar-Strafordnung f. die kaiserl. Marine. 12. (XI, 161 S.) Berlin 894. E. S. Mittler & Sohn. n. 1. 75

Kommentar zur Disziplinar-Strafordnung für die Kaiserliche Marine. Hrsg. von Fritz Fielitz, Marine-Oberkriegsger.R. *Berlin: E. S. Mittler & Sohn 1903.* (XI, 173 S.) 8° [F.]

Fielitz, Gottfried Heinrich, s. a. Fielitz, Friedrich Gottlieb Heinrich

Fielitz, (Fieliz), Gottfried Heinrich

Fielitz, Gf. H., († d. 4. Febr. 1820.) einiges pro u. contra rc., s. F. G. H. Fielitz.

— Erinnerungen, Vorschläge u. Wünsche, bessere Wundärzte zu bilden. 8. Leipz. 786. Linke. 3 gl

Erinnerungen, Vorschläge und Wünsche, dem Staate bessere Wundärzte zu bilden; ... Von G(ottfried) H(einrich) Fielitz. Leipzig: Schneider 1786. 77 S. 8°

— v. Hauptquelle d. Fehler unsr. physischen u. moral. Kindererziehung. 8. Lpz. Graffé. 800.

— Vers. e. Hebammenverbesser. 8. Lpz. Linke. 786.

Fielitz, Gustav: Gesundbrunnen und Bad Lauchstädt in seiner Anwendung für das weibliche Geschlecht. Halle 1873: Lipke. 30 S. 8°
Halle-Wittenberg, Med. Diss. v. 4. Aug. 1873
Geb. Lauchstädt (Kr. Merseburg) 1.4.1848 V.
Verf. erlebte die Diplomerneuerung 1923 als Kreisarzt a. D. u. Geheimer Medizinalrat in Halle a. d. S. sowie 1933 sein diamantenes Dr.-Jubiläum.

Fielitz (Fieliz), Heinrich August

Fielitz. H. A., Materialien zu einer künftigen allgemeinen Medicinal-Verfassung für Homöopathie. Nebst e. Vorwort v. G. A. B. Schweickert. gr. 8. Leipzig 835. Schumann; jetzt Künzel. 1/3 ₰

— **Heinrich August** (Luckau/Laus.), De variis methodis frenandi furibundos. Diss. med. Halle (Grunert & Sohn) 20. XI. 1819. 44 S. mit Biogr. (M.: C. W. Meusel.) (4.80) 8820
Gew.: Christ. Heinr. Theod. Schreger, Friedr. Nasse, Gottfr. Heinr. Fieliz, Gotthelf Meusel.

Fielitz, Heinr. Aug., die medicinischen Weltweisen. Eine Abwehr der HH. Dr. Carl Reclam, Prof. Dr. Aug. Förster und Dr. J. Goldschmidt. Für Aerzte und Nichtärzte. gr. 8. (52 S.) Sondershausen 857, Eupel's Verlag.

Fielitz, (Hermann), Oberarzt b. Füsilier-Reg. General-Feldmarschall Graf Blumenthal ⟨Magdeburgischen⟩ No 36 Halle a. S.: Ein kasuistischer Beitrag zu den Stichverletzungen des Rückenmarks. Halle a. S. 1906: R. P. Nietschmann. (31 S.) 8°
Freiburg i. B., Med. Fak., Ref. Kraske, Diss. v. 1907
[Geb. 27. Jan. 77 Bad Lauchstädt; Wohnort: Halle a. S.; Staatsangeh.: Preußen; Vorbildung: Gymn. Halle Reife 97; Studium: Berlin K.W.A. 9 S.; Coll. 3. Aug. 06; Approb. 29. Jan. 03.]

Fielitz, J. O. v., Pipifax. Humoristisch-diabolische Wanderung durch Leipzig. gr. 8. (IV und 140 S. mit Illustr. in eingedr. Holzschn. von W. Schröter.) Leipzig 863, [Haynel.] *

Fielitz, J. O. v., Pipifax. Humoristisch-diabolische Wanderung durch Leipzig. Mit Illustr. (Holzschn. im Text) von W. Schröter. Leipzig 863. G. J. Purfürst. 8. (IV, 110 S.) n. 20 *ngr.*

Fielitz, Johannes, approb. Arzt aus Halle a. S.: Die operative Behandlung der Gallensteinkrankheit und ihre Erfolge in der Klinik des Herrn Professor v. Bramann. *Halle a. S. 1900: C. A. Kaemmerer & Co.* (57 S.) 8°
Halle, Med. Diss. v. 27. Nov. 1900

Fielitz, Johann Caspar (Cüstrin/Neumark), De codicillis parentum inter liberos ex privilegio conditis. Disp. jur. Präs. Lüder Mencken. Lpz. (Imm. Titius) 12. IV. 1701. 40 S. (5.—) 8817

— — Dasselbe. Lpz. (Christian Emmerich). 15 Blatt. (5.—) 8818

[F.] **Fielitz,** Otto [Stadtbaurat]: Beschreibung des neuen Schulgebäudes. Flensburg, Druck v. L. P. H. Maass, 1897; 15—16 S., 2 Bl. Taf. 4.
Flensburg, Oberreal- u. Landwirtschafts-S, P 1897 (306)

Fielitz, W., De Atticorum comoedia bipartita. Diss. 1866. 71 S.

Fielitz, W.: Mittelhochdeutsche Formenlehre. S. 17–26. – Stralsund, Progr. 1871.

Fielitz, W.: Der P a r t h e n o n . Ein Vortrag. 16 S. 4° – Stralsund, Progr. 1871.

Fielitz, Wilh. Goethestudien. 15 S. Progr. *Wittenberg* 1881.

Fielitz, W[ilhelm], Prof. Dr.: Rede zur Schillerfeier. Breslau 1906: O. Gutsmann. (S. 3—11.) 4°
Breslau, k. König-Wilhelms-G P 1906 (225)

Fielitz, Wilhelm (Hrsg.), s. S c h i l l e r , Friedrich von: Briefwechsel zw. Schiller u. Lotte.

Fielitz, Wilh., Studien zu Schillers Dramen. gr. 8. (121 S.) Leipzig 876. Teubner. n. 2. 40

Fielitz, W*ilhelm* [Prof. Dr.]: Eine Untersuchung zu Goethes Gedicht „Ilmenau". Pless, Druck v. A. Krummer, 1893; 1 Bl., 1—13 S. 4.
Pless O.S., ev. Fürsten-S, OP 1893 (204)

Fieliz, s. F i e l i t z.

Fjelstrup, Aug., Ehescheidungsprozess zwischen König Christian VII. u. Königin Karoline Mathilde. Nach neuen bisher unveröffentl. Urkunden zusammengest. (170 S. m. 9 Taf.) 8. Berlin (908). O. Janke. 2. —; erm. Pr. 1. —

Fielt, Charlotte, Schloß Grünwald. Roman. 8. (III, 177 S.) Breslau 881. Schottländer. n. 3. —; geb. n. 4. —

Fielt, Charlotte, e. Märtyrer. Roman. 8. (323 S.) Breslau 884. Schottländer. n. 5. —; geb. n. 6. —

Fielt, M. Charlotte, Sommergluten. Roman. 8. (356 S.) Berlin 891. O. Janke. n. 5. —

— verscherzt. Novelle. 8. (162 S.) Stuttgart 892. A. Bonz & Co. n. 2. —; geb. in Leinw. n. 3. —

Fien, J. W., († d. 18. Juli 1822.) Rechnungsaufgaben, mit den nöthigsten Erklärungen für Knaben u. Mädchen. 8. Rostock 181.. 2e A.... 3e veränd. A. 8. Hamb. 821. (Herold). 7 ℊℊ (Rostock, Stiller). 8 ℊℊ

Fien, J. W., Rechnungsaufgaben mit d. nöthigsten Erklärn. f. Knaben u. Mädchen. Zum Gebr. in Stadt- u. Landschulen. 3., veränd. Aufl. 8. (7 B. u. 2 Tabn. in 4.) Rostock 821, (Stiller.)

Fiene, Gottlieb Christian (Hildesheim), De viscerum laesionibus rite dijudicandis et congrue tractandis. Diss. med. Präs. Johann Juncker. Halle (J. Ch. Hilliger) April 1745. 32 S. mit Widm. v. Präs. (5.—) 8821

Fienemann, F. A., Handbuch für Gefangen-Aufseher u. Gefangen-Aufseher-Aspiranten. Lüneburg 864. Herold & Wahlstab. gr. 8. (VIII, 88 S.) n. 10 *ngr.*

CALNESIUS *(N. Fiener),* Die Quarre Vor der Pfarre. Das ist, Kurtze und deutliche Erweisung Daß einem STUDIOSO, Ehe derselbe zu einem öffentlichen Amte gelanget, nicht nur zu heyrathen gar wol vergönnet, sondern auch dasselbe höchst-löblich und überall zu recommendiren sey; Aus erheblichen Ursachen gezeiget von Einem auffrichtigen Studenten-Freunde, der sich nennet — Franckfurt und Leipzig zu finden, 1715. 8°. 88 S. (incl. Titel, auf dessen Rücks. Widmung „denen Sämmtlichen HERREN STUDIOSIS", 2 Bll. Vorr. u. 3 S. „Schluß-Reyme"). (6 Mk., zus. mit d. folg., Emil Hirsch, München, 1904.)

Fient, J., Tractat von dem Flatibus oder Blähungen im menschl. Leibe. 8. Schneeberg. (Academ. Bchhdl. in Jena.) 757.

Flensch, A., kurze Geschichte der Entstehung u. der bisherigen Arbeit der Schleswig-holsteinischen evang.-luth. Missionsgesellschaft. 4., erweit. u. bis zur neuesten Zeit fortgeführte Aufl. gr. 8. (116 S. m. Holzschn.) Breklum 890. Evang.-luther. Missionsanstalt. n. — 40

(Aus allerlei Volk. Kleine Missionsschriften hrgg. v. der Missionsanstalt in Breklum.) II. Leang Afa. der Erstling Chinas, erzählt v. A. Flensch. Breklum. 1890. 8°.

Fient, G[eorg]. Das St. Antöniertal. (Mit Illustrationen nach) Photographien von Chr[istian] Meisser, Chur ([und] Routenkarte [auf dem Umschlag]). II + 24 S. 8. (Chur, Chr. Meisser, 1903.) [fr. —. 50]

Fient, G[eorg]. Ernstes und Heiteres. Gesammelte Schriften. Zweite Folge. [Mit Porträt-Tafel.] 184 S. 8. Schiers, Richter & Good, 1901. [fr. 2. —]
Ges. Schr. [1. Folge], *u. d. T.* Winter- und Frühlings-Blumen.

Fient, G[eorg]. Lustig G'schichtenä. ⟨Prätigauer Dialekt.⟩ 2. Aufl. ([Mit Illustrationen und] Glossar.) VIII + 179 S. 8. Chur, Bischofberger & Hotzenköcherle, 1910. [fr. 2. 50]

Fient. G[eorg]. Das Kreutz im Alpenglühen. Vortrag, gehalten von G. F' in der Sektion „Rhätia" des S. A. C. 8. Chur 1892.

Fient, G. Das Prättigau. Ein Beitrag zur Landes- und Volkskunde von Graubünden. Gr. in-8°. 258 u. 11 S. Davos, Hugo Richter. 1896. 3 —

Fient, G., d. Prättigau. E. Beitrag z. Landes- u. Volkskunde v. Graubünden. 2., verm. u. verb. Aufl. gr. 8. (VII, 260 S.) Davos 897. H. Richter. Verl. n. 2. 50

Fient, G., Verzeichnis der bündnerischen Gemeinden mit Angabe ihrer Höhenlage u. Einwohnerzahl. (Zählung v. 1900.) gr. 16. (23 S.) Chur 901. H. Stehli. n. — 60

Fient, G[eorg]. Wegweiser zur Einführung in Gesetzes- und Verfassungskunde. Im Auftrag des hochl. Kleinen Rates des Kantons Graubünden verfasst von G. F. 2. umgearbeitete Aufl. VIII + 176 S. 8. Chur, Jos. Casanova's Erben, 1909. [cart. fr. 3. —]

Fient, G[eorg]. Winter- und Frühlings-Blumen. Gesammelte Schriften von G. Fient. IV + 132 S. 8. Davos, E. Richter, 1901 (*Umschlag: 1900). [fr. 1. 50]

Fierabras, s.: Volksbücher, deutsche, v. K. Simrock.

Fierabras, der Roman von, Provenzalisch, hrsg. v. Imm. Bekker. gr. 4. (24½ B.) Berlin 829. Reimer.

Fierichs, X., s. *Eutropius*, breviar.

Fiering, R., kleines kathol. Gesangbuch. Eine Sammlung der gebräuchlichsten Kirchenlieder. 8. (62 S.) Nicolai 883. Mondro. n.n. — 15

Fierlinger, Anton: Verteidigungs-Schrift der künstlichen Mineralwässer gegen Herrn Franz Ambros Reuß. 82 S., gbd.

Wien: 1812

JB 2.714

Fierlinger Eugen: Shakespeare in Frankreich. 84. Olmütz R. 00. Progr.

Fierlinger, E. Voltaire als Tragiker. Olmütz, R., 1882. 28 S. Progr.

Fierlinger, Dr. Julius — Die privil. österreichische National-Bank in ihrer Wirksamkeit als Hypotheken-Bank. Von — —. Wien, 1856. Druck und Verlag von Friedrich Manz. VIII. 100 S. 8.)

Fiertz, Otto. med. pract. Zürich V: Ueber die Behandlung des Keuchhustens mit Bromoform. Zür. E. Cotti Dr. [Fäsi u. Beer Verl.] 1894. 96 S. 1 Tab. 8°.
Zürich. Med. Diss. [v. 4. Aug. 1894].

Fierz, Albert [von Zürich]: Geschichte und System der Schweiz. Jagd-Strafgesetzgebung. Zürich 1900. VI, 127 S. 1 Tab. 8°.
Zürich. Jur. Diss. 1900/1901.

Fierz, Hans Eduard. Zur Kenntnis der isomeren Campherylharnstoffe und über α-Camphylharnstoff. Diss. Phil. [II.] Univ. Zürich. 85 S. 8. Zürich, Schulthess & Co., 1905.

Fierz, Joa[nnes] Henr[icus]. Küssnachiensi-Turicensis: De hydrocele. Tur. typ. C. Koehleri 1844. 32 S., 1 Bl. 8°.
Zürich. Med. Diss. v. 29. Juni 1844.

Fierz-Landis. Carl, Des Maurers Gebet. Gedicht, für Männerchor componirt von Carl Attenhofer. Der Loge Modestia cum libertate im Or. Zürich gewidmet. Zürich, Fries. (1883.) gr. 8. 5 S. mit Melodien.

Fies, K., mancherlei Elend unter dem Evhevolk, s.: Missions-Schriften, Bremer. Nr. 6.

Fiescher, Karl, das Balderspiel. (Ein deutscher Weihgesang.) gr. 8. (100 S.) Wien 898. F. Schalk. n. 2. —

Fiescher Karl: Der Begriff der Materie. II. 1886 PN 424 Diss. Wien, Univ.

Fieschi u. seine Mitangeklagten. Eine genaue actenmäß. Schilderung der blutigen That vom 28. Juli 1835 zu Paris, des Thäters u. seiner Mitschuldigen, ihres Prozesses u. ihrer Bestrafung. Nebst e. Lebens-Abriß des Marschalls Mortier, Herzogs v. Treviso u. mit 5 Portr. gr. 8. Leipzig 836. Zirges; jetzt Melzer. 5/12 ℛ

[F. u. Ant.] Pauline Craven La Ferronnays. '(Vf. v. 'Récit d'une Soeur'.)' E. Lebensb. v. Teresa Herzogin Fieschi Ravaschieri geb. Prinzessin Filangieri. Alleinige, v. d. Vf. genehm. deutsche Uebertragg v. Marie v. Kraut. M. e. Geleitw. v. Dr. Robert Koenig u. 2 Bildn. ... in Lichtdr. *Berlin: E. S. Mittler & Sohn 1896.* (XVIII, 189 S., 1 Bl., 2 Portr.) 1 Bd 8. (96. 7916

Fieschi Ravaschieri, Teresa Herzogin, geb. Prinzessin Filangieri, Pauline Craven-La Ferronnays. (Verfasserin v. „Récits d'une soeur".) E. Lebensbild. Allein., v. d. Verf. genehmigte deutsche Uebertragg. von Marie v. Kraut. 2. Aufl. M. e. Geleitwort v. Rob. Koenig u. 2 Bildn. v. Pauline Craven in Lichtdr. gr. 8. (XVIII, 191 S.) Berlin 898. E. S. Mittler & Sohn. n. 3. —; geb. in Leinw. n.n. 4. 50

Fiesel, Herberge zur Heimat u. Arbeiterkolonie, s.: Für Feste u. Freunde der inneren Mission. 53. Hft.

Fiesel, Gust., vesperae secundae in festo ascensionis Domini nostri Jesu Christi für Sopran, Alt, Tenor u. Bass. Op. V. Partitur u. Stimmen. Imp.-4. (16 u. 32 S.) Einsiedeln 879. Benziger. 3. 20; einzelne Stimmen à — 40

Fiesel, Karl, aus 18 Jahrhunderten. Geschichten u. Bilder aus d. Papenteich. I. Thl.: Allgem. Geschichte d. Papenteichs. II. Thl.: Chronik d. Kirchspiels Ribbesbüttel i. Papenteich. 8. (IV, 84 S. m. Titelbild.) Gifhorn 897. H. Schulze. n. — 70

Fiesenig, Jul., 80 Choralmelodien der evangelisch-lutherischen Kirche in Bayern, f. drei Singstimmen bearb. 12. (VII, 148 S.) Nürnberg 891. Fr. Korn. n. 1. —

Fieser, Emil

Fieser, E., die Modernisierung der badischen Domänen- u. Gemeinde-Waldwirtschaft in ökonomischer Hinsicht. Betrachtgn. u. Vorschläge. (VIII, 186 S.) 8. Freiburg i/B. 910. J. Bielefeld. 4.—; geb. in Leinw. n 4. 50

Fieser, Otto, Lehrbuch f. die deutschen Schifferschulen am Rhein. Zum Schulunterricht u. f. den Selbstgebrauch d. Schiffer hrsg. gr. 8. (XVI, 212 S.) Karlsruhe 902. G. Braun'sche Hofbuchdr. Geb. in Leinw. n. 4. —

Fiesinger, F., die Regeln der lateinischen Syntax, für den Schulgebrauch. gr. 8. (II und 96 S.) Bern 858, Walthard'sche Buchh.

Fiesko zu Genua; eine hist. romantische Gesch. 8. Mannh. Kaufmann.

Fieskos Verschwörung wider die Doria, s. Verschwörung.

Fiesole, Fra Giov. Angelico, s. Brunner, Seb.

Fiesselmann, Georg, aus Erlangen: Ueber die Einwirkung von Formaldehyd auf Anthranilsäure. *Erlangen 1903: E. Th. Jacob.* (31 S.) 8°
Erlangen, Phil. Diss. v. 12. Nov. 1902

Fiesser, G. H., der praktische Obstbau im Feld u. Garten. 2., verm. u. neu bearb. Aufl. d. Werkchens: Der Obstbaum als Kulturpflanze. 12. (117 S.) Lahr 891. Schauenburg. Kart. n. 1. —

Fiesser, G. H., der Obstbaum als Kulturpflanze. Eine Anregg. zum Obstbau. gr. 8. (IV, 48 S. m. Illustr.) Baden-Baden 887. (Leipzig, Scholtze.) cart. n. 1. —

Fiessler, August, appr. Arzt a. Grötzingen: Aus der Medizinischen Klinik in Tübingen. Experimental-Untersuchungen über die Wirkung der Verminderung des Luftdrucks auf das Blut. Tübingen 1904: F. Pietzcker. (31 S.) 8°
Tübingen, Med. Fak., Ref. v. Krehl, Diss. v. 24. Okt. 1904
[Geb. 27. Dez. 80 Grötzingen; Wohnort: Langensteinbach; Staatsangeh.: Baden; Vorbildung: Gymn. Karlsruhe Reife M. 99; Studium: Tübingen 7, München 1, Kiel 1 S.; Coll. 29. Juli 04; Approb. 16. Aug. 04.]

Fieth, H., was kann als Gebrauchsmuster geschützt werden?, s.: Veröffentlichungen des bayer. Vereins f. gewerbl. Rechtsschutz. 2. Hft.

Fietkau, Herm., d. drei Ausgaben v. Rückerts Weisheit d. Brahmanen, s.: Festschrift, zum 70. Geburtstage Oskar Schade dargebracht.

[F.] **Fietkau,** Hermann [Dr., Prof.]: Auswahl aus Rückerts Weisheit des Brahmanen nebst e. Vorw. ([Umschlagt.:] z. Schul- u. Selbstgebr. zsgest.) Königsberg i. Pr., Hartungsche Buchdr., 1895; 56 S. 8.
Königsberg i. Pr., k. RG auf d. Burg, OP 1895 (19)

[F.] **Fietkau,** Hermann [Dr., Prof.]: Schillers Macbeth, unter Berücks. d. Originals u. seiner Quelle, erläutert. Königsberg i. Pr., Hartungsche Buchdr., 1897; 46 S. 8.
Königsberg in Pr., k. RG auf d. Burg, OP 1897 (19)

Fietkau, H., Quae Homerus et Hesiodus de sedibus deorum tradiderunt, inter se comparata. 1872. 8 S. 4°.

Fietkau, Hermann (Hrsg.), s. R ü c k e r t , Friedrich: Gedichte.

Fietkau, Herm., de carminum Hesiodeorum atque hymnorum quatuor magnorum vocabulis non Homericis. Dissertatio inauguralis philologica. gr. 8. (VII und 60 S.) Königsberg 866, (Akademische Buchh. von Schubert und Seidel.) †

Fietz, Albert Gedicht vom heiligen Kreuz von Heinrich von Freiberg. 18 S. 8. **Progr.** *Cilli* 1881.

Fietz, *Albert* Karl Riedel. Nekrolog. 8 (S. 21—22). Staats-G. *Cilli* 1889. **Progr.**

Fietz, Alois, der Himmelsrichter. Eine Komödie in 4 Aufzügen. (140 S.) 8. Prag 904. C. Bellmann. n. 2.—

— Kreuziget ihn, s. a. Naumburg's moderne Bibliothek. 3. Bd.

Kreuziget ihn! Geschichten u. Typen irrender Menschen. Von Alois **Fietz**. *Kindelbrück: K. Naumburg [1903].* (234 S.) 8°
— Bibliothek, Naumburg's moderne. Bd 3. [04. 2444 3

Fietz, *Christoph* Prinzenunterricht im 16. und 17. Jahrhundert nach Handschriften der Königl. öffentlichen Bibliothek zu Dresden. (Umschlagtitel: ... Jahrhundert.) 4 (S. 3—25).
Progr. Neustädter Rg. *Dresden* 1887 (516).

Fietz, C., Prinzenunterricht im 16. u. 17. Jahrh. nach Handschriften der königl. öffentlichen Bibliothek zu Dresden. gr. 4. (25 S.) Dresden 887. (v. Zahn & Jaensch.) n. 1. 20

Fietz, H., Strafanstalt i. Regensdorf, s. Curti.

Fietz, K., Lehrbuch der Orthographie, s. Barleben, A.

Fiévée, Joseph

— Auswahl der besten Novellen. 2 Bdchen. 8. Dresd. 797. Beger. Weygand in Leipz. 1 ₰ 12 gl

FIEVÉ, Joseph. — Auswahl der besten Novellen des Herrn *von Fiévé*.. 2 Thle. Mit TVign. Dresden. 1807. 8°. Selten.
R. Zinke's Dresdener März-Auct., no. 972. — V o r h e r: Ebd., Beger, 1797. 8°.

Fievée, **la dote di Susetta; trad. dal. Franc. di P. L. Costantini. 16. Berl. 801. Duncker u. H. 12 gl**

Fiévée, Joseph, s. E i f e r s u c h t , Die.

EIFERSUCHT. Eine wahre Geschichte. (Aus d. Französ. des Verfassers von Süsettens Aussteuer, d. i. *Joseph Fiévée).* Dresden, H. Gerlach, 1807. 8°.
Zahm. Tit. u. 106 S. — Anon.-Lex. II. p. 9 (nach Kayser u. Goedeke).

Fiévée, Stendhal u. Rotalde, üb. Frankreich, Italien u. Spanien. Mitgetheilt u. eingeleitet durch F. W. Carové. 8. (8½ B.) Leipzig 831, (Kayser.)

— Stendhal u. Rotalde, üb. Frankreich, Italien u. Spanien. Mitgetheilt u. eingeleitet durch F. W. Carové. 8. Leipz. 831. Wolbrecht. 16 gl

Die Macht der Liebe. Vom Verf. von Susettens Aussteuer [d. i. Jos. Fiévée]. Mainz und Hamburg: Vollmer 1803. 184 S. 8°
TB. 181.

MACHT, Die, der Liebe. Vom Verfasser von „Susettens Aussteuer" *(Joseph Fiévée).* Aus d. Französ. Mainz 1804. Gr. 8°. (1 Mk. 20 Pfg., unbeschn., W. H. Kühl, Berlin, 1884.) Zahm.
Goedeke VII, 679, 311, 6 hat „1803" (?). — F e h l t im Anon.-Lex.

(Fiévée, Josef)

Maria oder die Tochter des Unglücks. Etwas mehr als Roman. Aus dem Franz. von dem Verf. von Friedrich. Berlin 1802. 304 S. 8°

Fievée, über Staatsverfassung und Staatsverwaltung. Aus dem Französ. übersetzt und mit Anmerkungen begleitet von C. F. Schlosser. 1s Bdchn. gr. 8. Frankfurt a. M., Hermann. 816.

Fiévée, Joseph, s. S u s e t t e n s Aussteuer.

Fiévet, s.: Ange conducteur.

— Unter Kameraden. Militärhumorist. Vorlesgn. u. A. Neue Ausg. der 1 bis 3. Folge, gesammelt in 1 Bde. 2., neu bearb. Aufl. (233 S.) 8. Hermannstadt (907). G. A. Seraphin. 3.40; geb. in Leinw. 4. 20

Fiévet, Ed., les vacances. Livre de lecture des classes de demoiselles. 8. (IV, 76 S.) Berlin 881. Staude. cart. n. 1. —

Fieweger, C., Katalog satyrischer Medaillen u. Münzen aus seinem Nachlass. Versteigert 22. u. 28. April 1885. gr. 8. (132 S.) Berlin 885. A. Weyl. Mit Preisliste. n. 1. 50

Fieweger, Julius

Fieweger, Jul., Aladdin u. die Wunderlampe. In stenograph. Schrift hrsg. 8. (48 S.) Breslau 882. Aderholz. n. — 75

Die Bildungssilben der Suaheli-Sprache. Alphabet. geordn. u. m. erläut. Beispielen vers. v. [Julius] Fieweger. *Breslau: G. P. Aderholz [1895?]* (22 S.) 1 Bd 8. [96. 995

Fieweger, die Bildungssilben d. Suaheli-Sprache. Alphabet. geordn. u. m. erläut. Beispielen vers. 12. (22 S.) Breslau 896. G. P. Aderholz. n. — 40

Fieweger, dil o mod gutun kaipeui fra nopez ze gloz doka Gül en bagdad. del unun. 8. (9 S.) Breslau 892. G. P. Aderholz. n. — 25

— internationale Verkehrssprache Dil od. bestes Verständigungsmittel zwischen den Nationen nach dem System v. Gül in Bagdad. Grammatik. 1. u. 2. Tl. Übers. v. F. 8. (8 S.) Ebd. n. — 50
1. (16 S.) 893. n. — 30. — 2. (8 S.) 894. n. — 20.

Fieweger, J., die Gedächtniskunst im Dienste des Lehrenden und Lernenden oder die Kunst, mittelst einer besonderen Methode die Kraft des Gedächtnisses zu steigern. Leitfaden zur Erlernung dieser Kunst. 12. (31 S.) Breslau 888, (Aderholz.) *

— s. Lessing, Mina de Barn'elm.

Fieweger, J., Meister Lotar. Kleine Geschichte für Kinder zur Förderg. in der Satz-, Wort- u. Lautlehre. 3. Aufl. (51 S.) 8. Breslau (904). G. P. Aderholz. n. — 25

— Stammwörterbuch d. Dil u. stammähnliche Wörter. 8. (45 S.) Ebd. 892. — 50

— dasselbe. II. Deutsch-Dil. (1. Lfg.) 8. (16 S.) Ebd. 894. n.n. — 25

Stammwörterbuch des Dil und stammähnliche Wörter. Bearb. von [Jul.] Fieweger. 1. 2. *Breslau: G. P. Aderholz [1893-94].* 2 Bde 8°
[1.] [1893.] 2. Deutsch-Dil. [Bis z. Worte allegretto.] [1894.]

Fieweger, Jul., der Stenograph. Anleitung zur Erlernung der Stenographie nach dem System von Stolze in 12 Stunden. 3 Thle. Zum Gebrauch für Lehrer und zum Selbstunterricht bearb. 8. Breslau 878, Aderholz' Buchh. à Thl. 50 Pf.

Inhalt:
Thl. 1. [Anfängercursus.] (20 S. mit 8 stenograph. Taf.)
„ 2. [Uebungscursus.] (54 S.)
„ 3. [Schlüssel zum Uebungscursus und Lesebuch für Anfänger.] (43 S.)

—— der Stenograph. Anleitung zur Erlernung der Stenographie nach dem System von Stolze. 3. Thl. [Schlüssel zum 2. Thl. und Lesebuch für Anfänger.] Zum Gebrauch für Lehrer und zum Selbstunterricht. 2. Aufl. 8. (45 autogr. S.) Ebendas. 880.
1. und 2. Thl. Ebendas. 1878. *.ℳ 1.

Fieweger, Y., tolapükats volapükik al lenadön Jleyera volapüki. Ko dal datuvola pedesogivöls. Sušim: mak bal. 8. (32, 16 u. 4 S.) Breslau 885. (Aderholz.) n. 1. —

— Unterrichtsbriefe f. das Selbst-Studium der Verkehrssprache Dil. 1. u. 2. Brief. 8. (32 S.) Ebd. 894. à n. — 30

— Unterrichtsbriefe f. das Selbst-Studium der Schleyer'schen Weltsprache. 10 Briefe. 8. (VII, 160 S.) Breslau 884. 85. Aderholz. à n. — 50

— Volapük in 6 Lektionen. Nach den Beschlüssen d. Volapük-Kongresses in München kurz dargestellt. 2., verb. Aufl. 8. (26 S.) Ebd. 888. n.n. — 50

Fieweger, Julius: Kleines Wörterbuch des Dil. Tl. 1, Bogen 1-3. [Mehr nicht erschienen.] Breslau: G. P. Aderholz (1895?). (48 S.) 8°

— Wortkürzungen der Stenographie nach dem System von Stolze. 8. (4 autogr. S.) Ebend. 881. n. — 10

Fieweger, Rudolf, appr. Tierarzt: Aus d. Pharmakol. Inst. d. Tierärztl. Hochsch. zu Berlin. Vorstand: Regenbogen. Zur Pathologie des akuten und chronischen Alkoholismus. Cöthen 1909: Preuß. 55 S. 8°
Gießen, Veterinär-Med. Diss. v. 28. Sept. 1909, Ref. Geppert
[Geb. 8. April 87 Köthen; Wohnort: Berlin; Staatsangeh.: Anhalt; Vorbildung: Gymn. Köthen Reife O. 05; Studium: Tierärztl. Hochschulen Stuttgart 2, Berlin 2, München 1, Berlin 2 S.; Rig. 30. Juli 09.] [U 10. 1196

Fierlein, Emilie, s. Dichtungen, ausgewählte, nach d. Engl. u. Französ.

Fife jr., Robert Herndon, aus Charlottesville, Virginia, U. S. A.: Der Wortschatz des englischen Maundeville nach der Version der Cotton Handschrift (Brit. Museum, London) Titus C. XVI. *Leipzig: Seele & Co. 1902.* (292 S.) 8°
Leipzig. Phil. Diss. v. [5. Mai] 1903

ONKEL Fifi. Berliner Sittenbild. (ca. 1900.) (1 Mk. W. A. Gabriel, Berlin.)

Fifi, F. 1908 [Pseud.]
s.a. Pfeiffer v. Julienfels, Ferdinand.

Fifi, F., unter Kameraden. Militär-humorist. Vorlesgn. Neue Folge. 2. Aufl. br. 8. (114 S.) Hermannstadt 894. (G. A. Seraphin.) n 2. 40; geb. n. 3. 20
Der 1. Bd. erschien s. Z. im Selbstverl. des Verf. u. ist vergriffen.

Fifi, F., unter Kameraden. Militär-humorist. Vorlesgn. 2. Folge. 2. Aufl. gr. 8. (III, 137 S.) Hermannstadt 896. (G. A. Seraphin.) n. 2. 40; geb. in Leinw. n. 3. —

Fifi, F., unter Kameraden. Militär-humorist. Vorlesgn. 2. Folge. 3. Aufl. 8. (III, 137 S.) Hermannstadt (897). (G. A. Seraphin.) n. 2. 40

— dasselbe. III. Folge. breit 8. (VI, 100 S.) Wien 898. (C. Konegen.) n. 2. 50

Fifi, F., unter Kameraden. Militär-humorist. Vorlesgn. u. A. Neue Ausg. der 1. bis 3. Folge, gesammelt in 1 Bde. (239 S.) schmal 8. Hermannstadt (902). G A. Seraphin. n. 3. 40: geb. n. 4. 20

— dasselbe. 4. Folge. (140 S.) 8. Ebd. (902). n. 2. 50; geb. n. 3. 40

— dasselbe. Militär-humorist. Vorlesgn. u. a. sowie Scherzgedichte. 5. u. 6. Folge. (136 u. 148 S.) 8. Ebd. (907). à 2. 50; in 1 Leinw.-Bd. 3. 40

Fifi, F. Soldatengräber. Eine Wanderung über die böhmischen Schlachtfelder des Jahres 1866. 8. Prag 1891.

de **Figaniere**, ..., Bibliographia historica Portugueza. 8. Lisboa 851. (Leipzig, Brockhaus.) n. n. 4½ ℳ

Figarina. Humoristischer Almanach für die J. 1859—61. gr. 16. (à Jahrg. 80 S. mit eingedr. Holzschn.) Wien, v. Waldheim's xylographische Anstalt. à Jahrg. *

Figarina. Humoristischer Almanach für das Jahr 1862. 8. (80 S.) Ebds. 25 kr.

Figaro, s. Blätter, osterländische.

Figaro. Humoristischer Volkskalender für 1857. In vino et Figaro veritas! Wien, Selbstverlag von R. v. Waldheim. Druck von Karl Gerolds Sohn. (98 S. 8. Mit einer Tabelle: Neues Würfel-Wahrsagerspiel.)

Figaro. Humoristischer Volkskalender für 1857. Ebend. 16. (2 Bl., 94 S. m. Holzschn. im Text u. 1 Holzschn. in Fol.) 8 ngr.

Figaro. Humoristischer Volkskalender für 1857. gr. 16. (IV und 94 S. mit eingedr. Holzschn. und 1 Holzschnt. in Fol.) Wien 856, v. Waldheim's xylograph. Anstalt.

Figaro. Humoristisches Wochenblatt. Redig. von R. v. Waldheim. 1—5. Jahrg. 1857—61. à Jahrg. 52 Nrn. (Bog. mit eingedr. Holzschn.) Fol. Wien, v. Waldheim's xylographische Anstalt. à Jahrg. **
Vom 4. Jahrg. ist als „Hauptmitarbeiter" Carl Sitter, auf dem Titel genannt.

Figaro. Humoristisches Wochenblatt. II. Jahrg. Eigenthümer und verantw. Red. *R. v. Waldheim*. Druck von *J. B. Wallishausser*.
Erscheint in **Wien**, jeden Sonntag, mit einem „Anzeiger des Figaro." Pränum.-Pr. ¼-jähr. 48 kr.; pr. Post 1 fl. Einzelne Nummern 4 kr.

Figaro. Humoristisches Wochenblatt. Redact.: Carl Sitter. 6.—11. Jahrg. 1862—67. à Jahrg. 52 Nrn. (Bog. mit eingedr. Holzschn.) Fol. Wien, v. Waldheim.
Jahrg. 1862. * 2 Thlr. 4 Ngr., 1863—67. à *

Figaro. Humoristisches Wochenblatt. Redact.: Karl Sitter. 12.—18. Jahrg. 1868—1874. à Jahrg. 52 Nrn. (Bog. mit eingedr. Holzschn.) Mit Beilagen. gr. 4. Wien, v. Waldheim. à Jahrg. *

Figaro. Humoristisches Wochenblatt. Redact.: Carl Sitter. 19. Jahrg. 1875. 52 Nrn. (Bog. mit eingedr. Holzschn.) gr. 4. Wien, v. Waldheim. *

—— dass. — 20.—23. Jahrg. 1876—1879. Mit Beilage: „Wiener Luft". à Jahrg. 52 Nrn. (à 1½ Bog. mit eingedr. Holzschn.) gr. 4. Ebendas. 20. Jahrg. *
21.—23. Jahrg. à

Figaro. Humorist. Wochenblatt. Redact.: Karl Sitter. 24.—28. Jahrg. 1880—1884. Mit Beiblatt: „Wiener Luft". à Jahrg. 52 Nrn. (à Nr. 1½ Bog. mit eingedr. Holzschn. und Zinkotyp.) gr. 4. Wien, v. Waldheim. à Jahrg. *

Figaro. Humoristisches Wochenblatt. Redact.: Ludw. Anzengruber. 29.—32. Jahrg. 1885—1888. Mit Beiblatt: „Wiener Luft". à Jahrg. 52 Nrn. (à Nr. 1½ Bog. mit eingedr. Holzschn. und Zinkotyp.) gr. 4. Wien, v. Waldheim. à Jahrg. *

Figaro. Humoristisches Wochenblatt. Red.: Ludw. Anzengruber. 33. Jahrg. 1889. Mit Beibl.: „Wiener Luft". 52 Nrn. (1½ B. mit eingedr. Holzschn. und Zinkotyp.) Gr.-4. Viertelj. * 1.75
Wien: v. Waldheim 1889.

— dasselbe. Red.: V. K. Schembera. 34. Jahrg. 1890. Mit Beiblatt: „Wiener Luft". 52 Nrn. (1½ B. m. eingedr. Holzschn. u. Zinkotyp.) gr. 4. Ebd. n. 14.—

Figaro. Humoristisches Wochenblatt. Redigirt: H. Jacobsen. 34. Jahrg. 1890. Mit Beiblatt: „Wiener Luft". 52 Nrn. (1½ B. mit eingedr. Holzschn. und Zinkotyp.) Gr.-4. Viertelj. * 1.75
Wien: v. Waldheim 1890.

Figaro. Humoristisches Wochenblatt. Redacteur: V. K. Schembera. 35. Jahrg. 1891. Mit Beiblatt: „Wiener Luft". 52 Nrn. (1½ Bog. mit eingedruckten Holzschnitten u. Zinkotypien.) Gr.-4. Vierteljährig Wien: R. v. Waldheim 1891. * 1.75

— dasselbe. Red.: Th. Herdlicka [Thdr. Taube]. 36.—38. Jahrg. 1892—1894. à 52 Nrn. gr. 4. (à ca. 1 Bog. m. Abbildgn.) Ebd. à Jahrg. n. 14.—

Figaro. Humor. Wochenblatt. M. Beiblatt: „Wiener Luft". Red: Th. Herdlicka [Thdr. Taube]. 39.—42. Jahrg. 1895—1898. à 52 Nrn. (Bog. m. Abb.) gr. 4. Wien, R. v. Waldheim. à Jahrg. n. 14.—
Kann auch vierteljährlich bezogen werden.

Figaro. Humoristisches Wochenblatt. Herausgeber: Heinrich Jacobsen. Redacteur: Th. Herdlicka. 40. Jahrg. 1896. Mit Beiblatt: „Wiener Luft". 52 Nrn. (à 1½ Bogen mit eingedruckten Holzschnitten u. Zinkotypien). Gr.-4. Vierteljährig Wien: v. Waldheim 1896. * 1.75

Figaro. Humoristisches Wochenblatt. Mit Beiblatt: „Wiener Luft". Hrsg.: Thdr. Taube. Red.: Th. Herdlicka [Thdr. Taube]. 43.—46. Jahrg. 1899—1902. à 52 Nrn. gr. 4. (à ca. 8 S. m. Abbildgn.) Wien (I/1, Riemergasse 11), Administration. à Jahrg. n.n. 15. 20

Figaro. Humoristisches Wochenblatt. Mit Beiblatt: „Wiener Luft". Hrsg.: Thdr. Taube. Red.: Th. Herdlicka [Thdr. Taube]. 47.—50. Jahrg. 1903—1906. à 52 Nrn. (à ca. 8 S. m. Abbildgn.) gr. 4. Wien (I 1, Riemergasse 11), Administration. à Jhrg. n.n. 15. 20

Figaro: 1872? -1886?
Humorous weekly. Editor: G. Roesch. Issued, 1881-86, as Sunday edition of DER COLORADO HEROLD.
Denver, CO

—— Humoristisch-satyr. Wochenblatt. 1.—3. Jahrg. 1877—1879. à Jahrg. 52 Nrn. (à ¾ Bog. mit eingedr. Photozinkotyp.) München, Höpfner's Buchh. à Jahrg. *
Bildet die Fortsetzung von: Michel, der deutsche.

Figaro, als Barbier von Sevilla. Lstspl. in 4 A. 8. Passau 796. Ambrosi. (Wienbrack in Leipz.) 4 gr

Figaro, d. beiden. Lustsp. s.a. Bühnen-Repertoir, Bd. XI.

— die beiden,. Lustsp. in 5 A. von J. F. Jünger. 8. Regensb. Montag u. W. 804.

Figaro, Berliner, 1—4. Jahrg. 1831—34. Redig. v. L. W. Krause. à 312 Nrn. (½ B.) gr. 4. Berlin, Krause. à

Figaro, Berliner, Redig. v. L. W. Krause u. später v. E. M. Oettinger. 4r—10r Jahrg. 1834—1840. gr. 4. Berlin, Krause. (à J. 6 ngr)

Figaro, Berliner. Redakt.: L. W. Krause. 11.—16. Jahrg. 1841—1846. gr. 4. Berlin, Krause. 11.—15. à J. n. 6 ngr — 16. J. n. 6⅔ ngr

Figaro, Berliner. Red.: Ludw. Kossarski. 17—20. Jahrg. 1847—1850. — Red.: Wilh. Unzelmann. 21. Jahrg. 1851. à 300 Nrn. Imp. 4. (½ B.) Berlin, Litfaß. à Jahrg. n. 6⅔ ngr

—— dass. Redact.: C. O. Hoffmann. 17. Jahrg. 1847. 312 Nrn. (½ B.) Mit der Gratis-Beilage: Der musikalische Salon. 12 Nrn. (à 1—1½ B.) gr. 4. Ebds. *

Figaro, berliner. Redakt.: Ludw. Kossarski. 18—21. Jahrg. 1848—51. à Jahrg. 300 Nrn. (½ Bog.) Imp.-4. Berlin, Litfaß. à Jahrg. *

Berliner Figaro. Achtzehnter Jahrgang. Red. C. O. Hoffmann. Einige Nummern vom 25. April bis 13. Juli 1855.

— in Deutschland. Lustsp. in 5 A. v. A. W. Iffland. 8. Berl. Rottmann. 790.

— — dass. neue Aufl. 8. Lpz. Göschen.

— die Heirath des,. Lustsp. v. Beaumarchais. 8. Nürnberg, Grattenauer. 785.

— illustrirter. Hrsg.: O. Reutsch. Mit belletrist. Unterhaltungsbeilage: Das Deutsche Heim. Jahrg. 1892. 52 Nrn. (2 Bog.) gr. 4. Berlin, J. Harrwitz Nachf. à Nr. n. — 10

— Mariage de; ou la folle journée. p. Beaumarchais. 8. Dresden, Walther. 785.

— — le même. 8. Nürnb. Grattenauer. 784.

— le Nozze. Coméd. en 4 A. 8. Wien 807. Wallishausser. 6 gr

— Nozze. Commed. in 4 A. 8. Wien, Wallishäusser. 807.

– dass. s. auch Beaumarchais.

Figaro: Le Figaro suisse (Be)
① Tout pour les Suisses et par les Suisses ⑤ 16. 1. 1850—20. 1. 1851 ⑥ in-4° ⑦ hebdomadaire ⑧ Berne: Haller ⑪ A. Ludwig ⑫ journal politique; contre le radicalisme extrème ⑬ BGSZ: 973; Le Figaro suisse no. 1 du 16. 1. 1850 ⑭ Be: L.

Figaro: Le Figaro suisse (Be)
Corrigez: ⑫ extrême.

Figaro-Kalender, humoristisch-satyrischer, für die J. 1859—62. Illustrirt von F. Laufberger, C. Reinhart u. A. 8. (94 S., 104 S., 110 S., 120 S. mit eingedr. Holzschn.) Wien, v. Waldheim's xylographische Anstalt. [Jahrg. 1859—61. à * 10 Ngr., 1862. * 12 Ngr.] *
Erschien früher u. d. T.: Volks-Kalender des Figaro.

Figaro-Kalender, humoristisch-satyrischer, für die J. 1863—68. Illustrirt von O. Körner, L. Müller und K. Stauber. 8. (à Jahrg. 112—128 S. mit eingedr. Holzschn.) Wien, v. Waldheim. à Jahrg. *
ohne Kalendarium *

Figaro-Kalender, humoristisch-satyrischer, für die J. 1868—1874. Redig. von C. Sitter, illustr. von C. Juch. 8. (à 64 S. mit eingedr. Holzschn.) Wien, v. Waldheim. à Jahrg. *

Figaro's Hochzeit, oder d. tolle Tag, übers. v. Huber, s. Beaumarchais.

— — s.a. d. Tag, der tolle.

— Hochzeit, oder d. lustige Tag; aus d. Französ. (von Frke. H. Unger). 8. Berl. 785. Unger. 12 gr

— — s. auch Tag der lustige.

— 's Hochzeit; od. List über List. Singsp. a. dem Ital. 8. Passau, Ambrosi. 793.

— Hochzeit, oder List über List. Sgspl. in 4 A., aus d. Italien. 8. Passau 793. (Wienbrack in Leipz.) 12 gr

— Hochzeit. Operette; aus d. Italien. (von Vulpius). 8. Leipz. 794. (Brockhaus). 6 gr

— — Operette, a. d. Ital. v. Vulpius. 8. Lpz. Gleditsch. 794.

Figaro's Leben u. Abenteuer, von Regnauld Warin. Verf. d. Magdalenenkirchhofs rc. m. K. 2 Bde. 8. Lpz. Hinrichs. 807.

Figaro's Memoiren; hrsgg. v. F. Nork. 8. Leipz. 833. (832.) Wigand. 1 ℛ

— Reise nach Spanien, aus d. Franz. 8. Lpz. (Gratenauer in Nürnb.) 785.

— — dieselbe a. in franz. Sprache.

Figaros Reise nach und in Spanien. a. d. Franz. (auch unt. d. Tit. Langes v. Reisen in Spanien.) 2 Thle. 8. Leipz. Hinrichs.

Figaro, Reise nach u. in Spanien; aus d. Französ. v. K. H—r. (A. u. d. T.: de Langle, Reisen in Spanien.) 2 Thle. 8. Lpz. 786. Hinrichs. 1 ℛ 8 gr

Figaro

— Wandkalender pro 1885. Gezeichnet von Ernst Juch. Qu.-Fol. Ebds. 60 kr.

Das schlafende Licht. Schauspiel in 4 Akten von Karl Figdor. Wien: C. Konegen 1906. (111 S.) 8° 07. 6506

Figdor, Sigm., die parlamentarische Geschichte der Arlberg-Bahn. gr. 8. (VI, 49 S.) Wien 875. Lehmann & Wentzel. n. 1. 20

Figdor, Sigm., Miscellen über die Verkehrsmittel der Erde. Vortrag. [Aus: „Wochenschr. d. N.-Oe. Gewerbe-Vereines".] gr. 8. (18 S.) Wien 878. Spielhagen & Schurich. n. 1. —

Figdor, Sigm., Parlamentswissenschaft. I. Die parlamentar. Taktik. gr. 8. (XII, 99 S.) Berlin 885. Puttkammer & Mühlbrecht. n. 2. 40

Figdor, Sigm., Parlamentswissenschaft. II. III. gr. 8. Berlin, Puttkammer & Mühlbrecht. à n. 2. 40
II. Die Partei-Taktik. (VII, 102 S.) 891.
III. Die parlamentar. Technik. (VII, 95 S.) 892.

Figdor, Wilh., die Erscheinung der Anisophillie. Eine morphologisch-physiolog. Studie. (VIII, 175 S. m. 23 Abbildgn. u. 7 Lichtdr.-Taf.) gr. 8. Wien 909. F. Deuticke 7. —

Die Erscheinung der Anisophyllie. Eine morpholog.-physiolog. Studie von Dr. Wilhelm Figdor, Privatd. Mit 23 Abb. u. 7 Taf. Leipzig & Wien: Deuticke 1909. VIII, 174 S. 8° 09. 10. 80

Figdor, Wilh. Experimentelle u. histologische Studien üb. die Erscheinung der Verwachsung im Pflanzenreiche. Lex.-8. (24 S. m. 2 Taf.) Wien 891, (Tempsky). * — 90
Aus: Sitzungsber. d. k. Akad. d. Wiss., besonders abgedruckt.

— Übergangsbildungen von Pollen- zu Fruchtblättern bei *Humulus japonicus* Sieb. et Zucc. und deren Ursachen mit 1 Taf. und 1 Textfigur. S. 120. 1899 . . . —85
Separatabdruck

Figdor, W., Untersuchgn. üb. d. Erscheing. d. Blutungsdruckes in d. Tropen. [Aus: „Sitzungsber. d. k. Akad. d. Wiss."] gr. 8. (30 S. m. 3 Taf.) Wien 898. (C. Gerold's Sohn.) n. 1. 20

— Untersuchgn. üb. d. photochem. Klima in Wien etc., s.: Wiesner, J.

— Versuche üb. die heliotropische Empfindlichkeit der Pflanzen. [Aus: „Sitzungsber. d. k. Akad. d. Wiss."] Lex.-8. (15 S.) Ebd. 893. n. — 80

Figge, Wilhelm, Referendar: Der Begriff der Unwirksamkeit im B.G.B. *Berlin 1902: A. W. Hayn's Erben.* (64 S.) 8°
Rostock, Jur. Diss. v. [15. Apr.] 1902

Figheras, Gasp. de la, s. Figuera

Figlarski, Kar., Abecadło dla grzecznych dzieci w sylwetach i wierszach. 8. (25 Holzschnt. und 14 S. mit eingedr. Holzschn.) Berlin 850, Schletter's Verlag.

Figlarsky, Kar., abecadło dla grzecznych dzieci w sylwetach i wierszach. W Berlinie (850). Schletter. 8. (31 Bl. m. Holzschn. im Text.) 20 sgr

Figmentum jurium status politici in res ac personas status ecclesiastici. Amstelodami [Ulmae] 1764. V: *Zacherl, Anselm.* (Lindner) (wr)

Figmentum jurium status polit. in res ac person. status eccles. 4. Amsterd. 764. (Stettin in Ulm). 20 gr

FIGOL, Johann: Über die christliche Ehe auf Grund des Wortes Christi bei Matthäus Kap. V 31—32 und XIX 7—9. — (1905) VIII, 116 Bl. 4° (Handschr.) Diss. 808
Diss. Wien, Univ.

Figoueroas, des Don Marasque v., des span. Einsiedlers Begebenh. 2 Thle. 8. Hamb. 747.

Figowska, Saura, aus Warschau: Untersuchungen über den Einfluß der Ernährungsstörungen der Säuglinge auf die gesamte Säuglingssterblichkeit der Schweiz. Bern, Stämpfli & Cie., 1910. 30 S. 8°. [23. VI. 09.]
Bern. Med. Diss. 1910/11.

Figowski, Selma [aus Suwalki (Russland)]: Zur Histogenese der Leberveränderungen bei der puerperalen Eklampsie. Zürich 1900. 44 S. 8°.
Zürich. Med. Diss. 1899/1900.

Ein Sirventes von Guilhem Figueira gegen Friedrich II. Krit. hrsg. nebst verschiedenen Anh. von O[skar] Schultz-Gora. *Halle a. S.: M. Niemeyer 1902.* (60 S.) 8° 02. 114 • 3

Figueira, Luiz, grammatica da lingua do Brasil. Novamente publicado por Julio Platzmann. Fac-simile da ediçao de 1687. 16. (XVI, 168 S.) Leipzig 878. Teubner. n. 5. —

Figueiredo, Ant., s. *Pereira.*

Figuera [Figheras], Gasp. de la, S. J. Gespäch Deß Himmlischen Bräutigams Mit der Seel. Erstlich ... in Spanischer Sprach hervor gegeben. Nachmahls Von anderen auß gemelter Gesellschafft [Jesu] in die Welsche vnd Lateinische Sprach übersetzet. Nunmehro Von einem anderen Ordens Geistlichen verteutschet ... München, Maria Magd. Rauchin für Joh. Herman von Gelders Erben, 1701. 12°. 2 Bl. 113 S. 1 Bl. Etwas benutzter Pgtbd. d. Z. Rücken leicht lädiert.
De B.-S. III, 724. Erste deutsche Ausgabe. Es handelt sich um den dritten Traktat eines bekannten kontemplativen spanischen Werkes, der „Suma espiritual" Figueras von 1635/37.

Figueredi, Ant., de gestis ac scriptis Gregor. VII. P. advers. Henricum Imp. 8. maj. Vien. Kurzböck, 773.

de Figueroa, Benito Pardo, üb. die Transfiguration von Raph. von Urbino; nebst e. Bemerkk. üb. d. Malerei d. Griechen; aus d. Span. von Fr. Greuhm. gr. 8. Berl. 806. (Dümmler). 20 gr

Figuier, Mme. Louis, le gardian de la Camargue, hrsg. von B. v. d. Lage, s. Bibliothèque française.

Figuier, Louis, Les grandes inventions modernes, Wörterbuch, s.: Schulbibliothek französischer u. englischer Prosaschriften. 18.

Figuier, Louis, les grandes inventions modernes dans les sciences, l'industrie et les arts, s.: Schulbibliothek französ. u. engl. Prosaschriften aus d. neueren Zeit.

— Simples lectures scientifiques et techniques, s.: Garrigues-Monvel.

— Scènes et tableaux de la nature, hrsg. v. W. Klingelhöffer u. J. Leidolf, s.a. Schulbibliothek französischer u. englischer Prosaschriften.

— dasselbe, hrsg. v. Ludw E. Rolfs, s.a. Schulbibliothek, französische u. englische.

Scènes et tableaux de la nature p. Louis Figuier. Ausgew. u. m. Anm. z. Schulgebr. hrsg. v. Dr. W. Klingelhöffer, Prof. ..., u. Dr. J[ulius] Leidolf, Lehrer ... zu Darmstadt. [Nebst] Wörterbuch. *Berlin: R. Gaertner 1898.* 2 Bde 8.
[Text.] (3 Bl., 117 S.) Wörterbuch ... v. J. Leidolf (48 S.)
— Schulbibliothek französ. u. engl. Prosaschriften aus d. neueren Zeit. Abt. I. Bdch. 32. 97. 2019

Figuier, Louis, der Tag nach dem Tode od. das zukünft. Leben nach den Forschgn. der Wissenschaften. Mit 10 (·ingedr.) astronom. (Holzschn.-)Abbildgn. Aus dem Franz. übers. v. M. Busch. Deutsche autoris. Ausg. 8. (X, 532 S.) Leipzig 876. Weber. n. 7. 50

— Vie et moeurs des insectes (Hyménoptères), s. a. Schulbibliothek französischer u. engl. Prosaschriften. 55.

Vie et mœurs des insectes ⟨Hyménoptères⟩. Par Louis **Figuier**. Ausgewählt u. f. d. Schulgebr. erkl. von Dr. Fritz Strohmeyer. Mit 6 Abb. [Text u.] Wörterbuch. Berlin: Weidmann 1906. 2 Bde 8°
— **Schulbibliothek** franz. u. engl. Prosaschriften aus d. neueren Zeit. Abt. 1. Bdch. 55. [07. 11930

Figulus, Alexander: • De sermone Catoniano. IV, 169 S. 4° (2°)
Halle-Wittenberg, Phil. Diss. v. 15. März 1875
Geb. [Frankenstein (Schlesien) 19. 12. 1848]

Figulus, Carolus Friedericus Julius *(geb. Neustadt in Oberschles. 1792)*: De monstrorum origine. Vratislaviae (1816). (16 S.) 4°
(Praeses: Ernst Daniel August Bartels.)
Breslau, Med. Diss. v. 16. [vielmehr 18.] März 1816

Figulus, R., die Bedeutung der kirchlichen Trinitätslehre für die christliche Erkenntniss und das christliche Leben. Kreuzburg. 1867.
Schul-/Univ.-Schrift

Figulus, Theodor Alexander Robert (Neustadt / Schles.), De opio, ejusque in quibusdam morbis abusu. Diss. med. Bln. (Nietack) 20. XI. 1837. 32 S. mit Biogr. (M.: J. Hanke.) (4.50) 8822
Oppon.: J. Lappe, K. Wollenhaupt, E. Vogt. — Gew.: C. u. W. Figulus (Brüder).

— Wilhelm Gustav Otto (Neustadt/Schles.), De cicatrisatione. Dissert. pathol.-physiol. Berlin (Brüschck) 24. XII. 1830. 32 S. mit Biogr. (M.: J. Hanke.) (4.50) 8823
Oppon.: C. Zillmer, A. Leiner, H. Thienemann.

v. **Figuoeros**, des Don Berasque, Leben; hrsgg. v. e. Soldaten. 1r Thl. 8. Wien 785. Kurzböck. 14 gr

Figur der Erden, bestimmet durch die Beobachtungen der Herren von Maupertuis, Clairaut, Camus . . . A. d. Franz. Zürich 1741. Ü: *König, Samuel.* (AarK)

Figur d. Erden, auf Ordre des Königs b. Polarzirkel angest. d. Maupertuis m. K. gr. 8. Zürich. 741.

OSNABRÜCK. — „Osnabrugæ, Westphaliæ figura quædam sotadica, quæ ad angulum quendam templi Evangelico-Lutheranorum, St. Mariæ dicati, cælato & elato opere exsculpta, videnda, a quibusdam urbi pro signo vindicatur. Exhibet, sed pluvia jam admodum detrita, guttis tempestatibusque, quibus exposita, excavata, nec non seris ab annis valde obscura reddita, diabolum, alvi scybala in ollam deponentem, & vetulam, cui facies passa rugosior uva, contenta in olla agitatione permiscentem. Hoc signum elate in lapidem cæsum, in quadrangulo plus minus duos pedes altum. Me judice, est lascivum et subabsurdum ornamentum, & inventum parietarii vel stauartii cujusdam, qui hocce templum cum aliis artis fabræ magistris exstruxit, & hoc in dicto ædium angulo locavit."
Brückmann, Franc. Ernest., Epistola itineraria LV. Wolffenb. 1737. 4°. p. 3.

Figuren zu meinem ABC-Buch oder zu Anfangsgründen meiner Denkübungen . . . Basel 1797. V: *Pestalozzi, Heinrich.* (BrMm) (MGT) (Ky)

Figuren z. mein. A B C Buch od. z. Anfangsgr. m. Denk. v. Verf. d. B. Lienhard u. Gertrud. 8. Bas. S. Flick. 797.

Figuren zu meinem ABC-Buch oder zu Anfangsgründen meiner Denkübungen, v. Verf. des Buchs: Lienhard u. Gertrud (v. H. Pestalozzi). 8. Basel 797. Neukirch. 1 Rthl N. Aufl., s. H. Pestalozzi, Fabeln.

[Figuren zu englischen Contretänzen. o. O. 1783.]
60 S. Federzeichn. 8°.

— 53, w. a. d. sonntäglichen **Evangelien** gericht. &c. 4. Nrnb. Monath. 743.

Figuren, die, d. Contretänze Française u. Lance. 16. (24 S.) Passau 897. M. Waldbauer. n. — 20

Geheime **Figuren** der Rosenkreuzer, aus dem 16ten und 17ten Jahrhundert. Aus einem alten Ms. zum erstenmal ans Licht gestellt. H. 1—3. Altona: Eckhardt, [H. 1 auch:] Hamburg: Herold in Comm. 1785—1788. 2°
1. 1785 15 Bl.; 2. 1788 17 Bl; 3. D. Lehren d. Rosenkr. aus d. 16. u. 17. Jh. [1788]. 16 Bl.
Recens. f. H. 1: WJ. 3, 3 (1786) S. 187—189.
cf. Missiv a. d. Brrschaft d. Gold- u. Rosenkreuzes. 1783 Nr 142.
Kl. 2661. H. 1 ist **Madathans**, H.: Aureum Seculum 1621 vorgedr.; wieder abgedr. in: Neue metaphys. Rundschau. 12 (1905) S. 41 bis 48, 92—98; H. 2 eingel. durch: E. güldn. Tractat von Philosoph. Steine.

Figuren, geradlinige. 16 Vorlagen zur Uebung im genauen und sauberen Zeichnen mit Lineal und Winkel. 4. (16 Stnt.) Berlin 863, Kühn und Söhne. In Couvert

— und Gruppen zum Nachzeichnen u. Illuminiren für Kinder. 12 Bl. Breslau 826, Grüson u. C.

— u. Gruppen zum Nachzeichnen u. Illuminiren f. Kinder. 12 Bl. Bresl. 826. Hentze. 4 gr

— u. Köpfe f. geübtere Zeichner. 8 Bl. gr. 4. Bresl. 831. Hentze. 12 gr

Figuren zum Nachzeichnen u. Illuminiren f. Kinder. 28 Bl. Breslau 826, Grüson u. C.

— zum Nachzeichnen u. Illuminiren für Kinder, 28 Blätter. Bresl. 826. (Hentze). 4 gr

— sechs, d. **Buchdruckerkunst**. s. Tändel.

— Thiere u. Landschaften zum Nachzeichnen f. Kinder. 28 Bl. Breslau 826, Grüson u. C.

— Thiere u. Landschaften zum Nachzeichnen für Kinder. 28 Bl. Bresl. 826. Hentze. 3 gr

Figuren-Alphabet. Zum Nachzeichnen. In 24 Steindr. 4. Berlin, Recht. 1/3 Rthl

Figuren-Alphabet für d. Jugend, besteh. in 36 ill. Kupferkärtchen. 8. Wien, Müller. 16 gr

Figurenlust in 26 Bildern. gr. 16. Leipzig 846, Hunger.*

Figuren- u. **Gedankenspiel**, d. große, m. K. Kartenform. u. Futteral. Nürnb. Schneider u. W.

Figuren-Tafeln zum Abrichtungs-Reglement für die k. k. Fuss-Truppen. gr. Fol. (5 Stnt.) Wien 862, Dirnböck's Buchh. In Couvert

—— zum Exercir-Reglement für die k. k. Fuss-Truppen. gr. Fol. (5 Stnt.) Wien 862, Dirnböck's Buchh. In Couvert

Figurenzeichnen, das. Angenehme Uebungen für reifere Zeichenschüler. 6. Heft: Gewänder und Faltenwurf. Langensalza 862. Greßler. 4. (12 lith. Taf.) 12 ngr
1—5. Heft, s. Prensler, H. (in Bd. XIV.)

Figuren-Zeichner, der. (24 (lith.) Bl. leicht ausgeführte ganze Figuren. gr. 8. Chur 851, Grubenmann. 1/2 Rthl

Figuren- u. **Landschaftszeichner**, der, nach Preißler u. Adam, mit 9 Kpft. Fol. Nürnb. 823. Bauer u. R. 20 gr

Figuren-Zeichnungsschule zum Gebrauche der Militär-Bildungsanstalten; in 48 Blättern. Fol. Wien 1856.

Figuren-Zerlegbilder, neue. Ein Spiel zur angenehmen Unterhaltung. Mit deutscher u. französ. Erklärung. Wien, Müller. 1 ℔ 4 𝒦

Figures principales de la Mythologie, executées en tailles douces d'après les pierres gravées antiques, qui appartenoient autrefois au Baron de Stosch et qui sont aujourd'hui dans le Cabinet du Roi de Prusse. Livr. 1—3. gr. Fol. Nürnb. 792—95. Frauenholz. 15 ℔ Avant la lettre. 22 ℔ 12 𝒦

Figures, princip. de la Mythologie, des explicat. Livr. 1—3. gr. Fol. Nrnb. Frauenholz. 792—95. (à 5 Rthlr.)

[Figurinen für Theater u. Ballett.] o. O. u. J. [um 1790]
49 Taf. in Aquarellmalerei. 2°.

* Memoriam *Bestucheffiam* solemni oratione die 30. Junii 1791. hora 9. in auditorio philosophor. celebrandam indicunt Decani seniores ceterique Assessores quatuor facultatum in academia Lipsiensi. Inest disquisitio I. De figuris rectilineis Triangulis et Quadrangulis Isoperimetris. Lipsiae, ex officina Klaubarthia. 4. 16 Seiten. 1791.

* Memoriam *Bestucheffianam* solemni oratione die 30. Junii 1795. hora 9. in auditorio Philosoph. celebrandam indicunt Decani seniores ceterique Assessores quatuor facultatum in academia Lipsiensi. Inest disquisitio II. de figuris rectilineis quadrangulis Isoperimetris. Lipsiae ex officina Klaubarthia. 4. 11 Seiten. 795.

Figurski, J.: Die Götter des Homerischen Zeitalters und deren Cultus. 23 S.– Posen M. G., Progr. 1851.

Figyelmeztetés Korzakunkra. Angolbúl forditotta, részint irta-ché—. gr. 8. (3¼ B.) Lipcsében 844. (Wien, Gerold, Verl.) *

Fijalek, Joh., Polonia apud Italos scholastica saec. XV., s.: Munera saecularia universitatis Cracoviensis. VI.

Fik, Hermann, Finanzamtmann: Die deutsche Wehrsteuer. Mit einem Entwurf eines den jetzigen Verhältnissen entsprechenden Wehrsteuergesetzes. *Stuttgart 1899: Union.* (78 S.) 8°
Tübingen, Staatswiss. Diss. v. 1899

Fikeis, Wratislaw, Führer auf den Schneeberg u. die Raxalpe. Hrsg. von der Section „Austria" des deutschen u. österreich. Alpenvereins. 12. (43 S.) Wien 881. Lechner's Sort. cart. n. 1. 20

Fikenscher (Dekan), zum Gedächtniss weil. Sr. Maj. des Königs Ludwig II. ††† Predigt über Hosea VI, 1, gehalten bei dem Trauergottesdienste am 25. Juni 1886 in der protestant. St. Matthäus-Kirche zu München. 2. Aufl. München, G. Franz'sche Hofbuchdr., 1886. 8°. Beibd. 11 S.

Fikenscher, eine Karfreitags-Homilie, geh. in der protestantischen Kirche zu Eichstätt [1882]. gr. 8. (14 S.) Eichstätt 882. (Stillkrauth.) n. – 20

Fikenscher, „Wehrpflicht, nicht Abrüstung". Vortrag, geh. auf der 21. Generalversammlg. des Evangel. Bundes in Braunschweig am 5. X. 1908. (9 S.) 8. Leipzig (908). Halle, Verlag des Evangel. Bundes. nn — 10

— dasselbe, s.a. Aufgaben, deutsch-evangelische, in der Heimat.

Fikenscher, A., s. Fikenscher, Georg Wolfg. August

Fikenscher, Christoph

Fikenscher, Chrph., d. evang. Bund, e. Lebensband zwischen Süd u. Nord, s.a. Flugschriften d. evang. Bundes.

[F.] Aus d. Verhandlungen d. x. General-Versammlg d. Ev. Bundes zu Krefeld ... Der evangelische Bund, ein Lebensband zwischen Süd und Nord. Vortrag geh. v. Christoph Fickenscher, Pfarrer in Fürth i/B. *Leipzig: C. Braun 1897.* (14 S.) 8.
= Flugschriften d. Evangel. Bundes. [No] 143. (Reihe XII, 11.) [97.6387

Fikenscher, Christoph: Prädisposition. E. neutestamentl. Studie. *Leipzig 1897.*
in: Festschrift f. ... Prof. D. Fricke z. Feier s. 50j. Präsidiums in d. Lausitzer Prediger-Ges. zu Leipzig. [98.8034

Fikenscher, Ch., Zeichen der Zeit im Lichte des Protestantismus. Vortrag, geh. bei der XVI. Generalversammlung des evangel. Bundes in Ulm a. D. am 29. IX. 1903. (14 S.) gr. 8. Leipzig 903. C. Braun. n.n. — 10

Fikenscher, Geo. Wolfg. Aug., († d. 4. Sept. 1813.) Athenaei, quod Culmbaci Francorum est, album, sive discipulorum, quotquot dictum Athenaeum frequentarunt, index; magno cum studio collegit et publici juris fecit etc. 8 maj. Culmbach 801.

— gelehrtes Fürstenthum Bayreuth. 12 Bde. gr. 8. Augsb. u. Nürnb. 792—95. (1r—8r Bd. 2e Aufl. Erl. 801—4). (v. Ebner). 10 ℔

Fikenscher, Ge. Wolfg. Aug., gelehrt. Fürstenth. Baireuth. 1r—12r Bd. gr. 8. Nrnb. Lechner. 801—805. (à 20 gr.)

— Beytrag z. Gelehrtengesch. 8. Cob. Ahl. 793.

— Beitrag zur Gelehrtengeschichte oder Nachrr. von Zöglingen des Ernestin. Gymnasiums zu Bayreuth. 8. Coburg 793. (Riemann). 1 ℔ 4 𝒦

— Beitrag z. Geschichte d. Bildungs-Anstalten. Geschichte d. illustris Collegii Christian Ernesti zu Bayreuth. gr. 8. Hof 807. Grau. 1 ℔ 3 𝒦

Fikenscher, G. W. A.: „Beitrag zur Geschichte der Handwerke und Zünfte. Geschichte der Kaltschmiede, Kessler, jetzt Kupferschmiede, des Baiersdorf'schen Zirkelmaasses und des dem Hause Brandenburg zustehenden Schutzes. Mit diplomatischen Beweisen mitgetheilt", Weissenfels und Leipzig 1803. — Vorh.: Preuß. Staatsbibl. Berlin.

— Beitrag zur Geschichte der Handwerke u. Zünfte. gr. 8. Leipz. 803. Baumgärtner. 8 𝒦

Fikenscher, Geo. Wolfg. Aug., Beitrag zur Geschichte der Handwerker und Zünfte. gr. 8°. Leipzig, Baumgärtner, 1803.

— Beitr. zur genauern Kunde der k. Baier. Monarchie. 1r u. 2r Bd. Auch u. d. T.: Statistik d. Fürstenth. Bayreuth. 2 Abthll. 3r Bd. Auch u. d. T.: Geschichte d. Fürstenth. Bayreuth. gr. 8. München 811—13. Giel. 2 ℔

— Epistola. Culmbaci, neutiquam vero, ut falso hucusque creditum est, Curiae Regnitianae, primam in terris Brandenburgico-Culmbacensibus fuisse typographiam; artis typographicae etc. 8 maj. Culmbach 800.

Fikenscher, G. W. A., Emendatio et explicatio loci difficil. Plinii Paneg. 36, 2. Progr. Culmb. 796. 8.

— Eremitage, Fantaisie u. Sanspareil. Drei durch Natur u. Kunst geschaffene vorzügl. Lustorte im Mainkreise d. Königreichs Baiern. gr. 8. München 812.

— Erklärung des Mythus des Adonis; e. histor.-antiquar. Vers. 8. Gotha 800. Ettinger. 10 𝒦

— von Errichtung u. Zustande des Lyceums zu Culmbach. gr. 8. Hildburgh. 797. Hanisch. 6 𝒦

— freimüthige Gedanken u. Vorschläge, eine d. wichtigsten Angelegenheiten d. Staats, das Schulwesen betreffend. Eine Schrift f. das Beste der Menschheit ꝛc. gr. 8. Weißenf. 800. 2e Aufl. gr. 8. Leipz. 813. Weygand. 1 ℔

Fikenscher, G. W. A., freymüthige Gedanken u. Vorschläge, eine d. wichtigsten Angelegenheiten d. Staats, das Schulwesen betreffend. Eine Schrift f. d. Beste der Menschheit rc. 4te Aufl. gr. 8. Leipz. Weygand. 813.

— Gedanken und Vorschl. d. Schulwesen betr. gr. 8. Weißenf. Böse. 800.

— vollständ. Gelehrtengeschichte d. Universität Erlangen. 1e — 3e Abtheil. gr. 8. Nürnb. 806. (v. Ebner). 4 rß Schrbp. 5 rß

— vollst. Gelehrtengesch. der Universität Erlangen. gr. 8. Nrnb. Lechner. 806.

— Geschichte vom ehemal. Augustiner-Kloster zu Culmbach. 1r — 9r Versuch (Progr.) 8. Bayr. 798 — 800. (A. u. d. T.: Vers. e. Geschichte des ehemal. Augustinerklosters zu Culmbach. gr. 8. Bayr. 800.)

— Geschichte des Buchdruckerwesens in d. Burggrafth. Nürnberg oberhalb d. Gebirges. 8. Culmbach 802.

— Geschichte d. Universit. Erlangen. 8. Cob. Abl. 796.

— Geschichte d. Kaltschmidte, Keßler, jetzt Kupferschmidte, des Bayersdorfer Zirkel-Maaßes u. des darüber dem Hause Brandenburg zusteh. Schutzes rc. gr. 8. Weißenfels u. Leipz. 803.

* Fikenscher, Georg Wolfgang Augustin. Christian Wilhelm, Baron von Krohneman. Geschichte dieses angeblichen Goldmachers, eines der grössesten merkwürdigsten Betrügers des siebenzehnten Jahrhunderts. Aus archivalischen Quellen bearbeitet. Nürnberg, 1800. pp. 223, 8vo.

— Geschichte d. angebl. Goldmachers Chr. Wlh. Baron v. Kronemann, mit 3 Kpf. gr. 8. Nürnb. 800. Bauer u. R. 16 gl

Fikenscher, Geo. Wolfg. Aug., Geschichte d. Universität zu Erlangen von ihrem Ursprunge bis auf gegenwärtige Zeit. 1r Thl. 8. Coburg 795. (Riemann). 1 rß 8 gl

— Glückwunsch. Von den Verdiensten d. Großen um d. Arzneigelahrtheit. 1e u. 2e Abthl. gr. 8. Culmbach 800. 1. /

— Comment. üb. d. Andria d. Terenz. gr. 8. Altenburg, Schnuphase. 801.

Fikenscher, G. W. A., Ausführlicher Commentar über die Andria des Terenz. Altenb. 800. 8. 12 gr.

— s. Kritik d. Vertheidigung d. Herlesens v. Predigten.

— Lehrbuch d. Landesgeschichte d. Fürstenth. Bayreuth. 8. Nürnb. 808. Bauer u. N. 12 gl

— Leitfaden beim Vortrage d. Topographie des Fürstenth. Bayreuth. 8. Nürnb. 808. Bauer u. N. 10 gl

— Leitfaden beym Vortrage der Topographie des Fürstenth. Bayreuth. 8. Nürnb. Raspe. 808.

— s. Mitteln, Von den, in Grunden sein Glück zu machen.

Fikenscher, Georg Wolfg. August (Bayreuth), Num Marcus Attilius Regulus Romanorum dux a Carthaginiensibus adfectus sit supplicio. Diss. histor.-antiqu. I. Erlangen (Kunstmann) 26. II. 1796. 36 S. (2.50) 8824
Gew.: Friedr. Frh. v. Künsberg, Joh. Mich. Georg, Lor. Joh. Jac. Lange, Joh. Theod. Künneth, Wilh. Chn. Loew, Joh. Kapp. — Widm. v.: Gottlieb Chph. Harles a. Lor. Joh. Jac. Lange.

— — u. (Respond.) **Christian Ernst Wendt** (Erlangen), Dasselbe. II. Erlang. (Kunstmann) 17. VI. 1796. (S. 37—68.) (1.—) 8825
Gew.: Joh. Gg. Wunderlich, Joh. Gg. Kapp. Andr. Schumann, Erh. Friedr. Vogel, Respond.

— — Dasselbe. III. Erlangen (Kunstmann) 25. IX. 1797. 28 S. (2.—) 8826

— Epistola. Num verbi divini praecones scholarum doctorum inspectioni subjiciendi sint, nec ne? 8 maj. Baruthi 799.

— Opuscula varii argumenti. Collectio I — IV. 8 maj. Culmbach. (Bayreuth) 802. 3.

— de Pontificum ecclesiae christianae maximorum potestate eaque nimia. 8 maj. Nürnb. 813 a. 15. Stein. 12 gl

Fikenscher, Ge. Wolfg. Aug.: De Pontificum ecclesiae christianae Maximorum potestate eaque nimia quam imperatores praeprimis Germanici perpessi sunt. Norimbergae 1815.

— s. Reise ins Gebirg.

MEINE Reise über das Gebirg und das offene Land und mein Aufenthalt zu Grunden im Lande Dickkopf (von *Georg Wolfgang Augustin Fikenscher*). St. Domingo bei Hans Helm (Leipzig, Schiegg) 5799 (d. i. 1799). Rar!
Anon.-Lex. III. p. 362 (nach Kayser, Meusel, Fikenscher): „1797". (Weller, fing. Druckorte, sub „1799".)

— s. a. Rüge d. litt. Unfugs.

RÜGE des litterarischen Unfugs, oder gänzliche Enthüllung und Aufdeckung der wahren Gestalt des Recensirhandwerks .... (von *Georg Wolfg. Augustin Fikenscher*). Germanien (Coburg) 1801. 8°. (In Leipzig, Bibl. d. Börsenvereins d. dtsch. Buchhändler.)
Anon.-Lex. III. p. 398 (nach Kayser u. Meusel). — Rar!

— de Pontificum romanorum tyrannide. 8. Nürnb. Stein. 813.

— Vers. e. Geschichte des Alumneums zu Culmbach. 8. Bayr. 799.

— Vers. e. Geschichte d. ehemal. Cistercienser Abtei Langheim od. sogen. Mönchshofes zu Culmbach, mit 2 Kpf. gr. 8. Nürnb. 804. (v. Ebner). 10 gl

— Vers. e. Gesch. des Mönchshofes z. Culmbach in 2 Kpfrn. gr. 8. Nrb. Lechner. 804.

— Versuch e. ausführl. Commentars über d. Andria des Terenz. gr. 8. Altenb. 801. Schnuphase. 12 gl

Fikenscher, J., Untersuchung der metamorphischen Gesteine der Lunzenauer Schifferhalbinsel, s. Preisschriften.

Fikenscher, K., Einführungsrede, s.: Rüdel, Lasset euch versöhnen.

Fikenscher, Karl, Dankfestpredigt zur Feier der vor 50 Jahren erfolgten Vereinigung der Stadt Nürnberg mit dem Königr. Bayern am 15. Septbr. 1856 gehalten. Nürnberg 856. Raw. 8. (16 S.) 2 ngl; in 4. 3 ngl

Fikenscher, Karl: Geschichte des Reichstags ..., s. Fikenscher, Karl Christian Christoph

Fikenscher, Karl, Der Tod ist d. Christen eine Wohlthat. Predigt z. kirchl. Gedächtnißfeier Ihrer Majest. d. Königin Karoline von Bayern. Bei dem Haupttrauergottesdienste am 1. Dec. 1841 gehalten. gr. 8. Nürnberg 841, Raw. 1/12 rß

Fikenscher, Karl Christian Christoph

Fikenscher, Carl Chrstph. Chr., Antrittspredigt in d. Kirche zu St. Sebald am 4. Oct. 1829. Mit d. Einführungsrede d. Hrn. Dek. D. G. Em. Fr. Seidel. gr. 8. (2 B.) Nürnberg, Riegel u. Wießner.

Fikenscher, Karl Cph., bibl. prakt. Auslegung des Evangeliums Johannis. 1r u. 2r Bd. A. u. d. T.: bibl. Sonntagsblätter ꝛc. 1831 u. 32. à 4 Hfte. gr. 8. Nürnb. 831, 32. Haubenstricker. (à 1 ß 8 gGr) 2 ß 16 gGr

—— bibl.-prakt. Auslegung d. Evangel. Johannis. 3 Bde. — A. u. d. T.: Bibl. Sonntagsblätter ꝛc. 1831 u. 32. à 4 Hfte. u. 33. 2 Hfte., mit Register üb. alle 3 Bde. gr. 8. Nürnberg 831. [Berlin, Bade.] à 1 Thlr. 8 Gr.

Fikenscher, Karl Cph., biblisch-prakt. Auslegung des Evangel. Johannis. 3r u. letzter Bd. A. u. d. T.: Biblische Sonntagsblätter. 1833. 2 Hefte. (Mit e. Register über alle 3 Bde.) gr. 8. Nürnberg 833. Haubenstricker; jetzt Bade in Berlin. $1\frac{1}{3}$ ß 1r—3r Bd. jetzt Bade in Berlin. 4 ß

— schriftgemäße Beantwortung der Frage: Läßt sich die von Moses erzählte Entwendung d. ägyptischen Gefäße u. Kleider genügend erklären? Nürnberg 832. jetzt Bade in Berlin.

—— befiel d. Herrn deine Wege ꝛc. Predigt mit besond. Beziehung auf Se. Maj. d. Kön. Otto v. Griechenland. gr. 8. (2 B.) Nürnberg 833, Riegel u. Wießner.

Fikenscher, Carl (Chrstph.), Bußpredigt üb. Offenbarung Joh. III., 1—6. gr. 8. (1 B) Nürnberg 838, Raw'sche Bh.

Fikenscher, Karl Cph., Bußtagspredigt üb. Offenbarung Johannis III, 1—6. gr. 8. Nürnberg 838. Raw. $1\frac{1}{2}$ gGr

Commentatio de conjunctione quod. Scrips. Dr. Car. Christi. Christo. Fikenscher, G. P. — 1826. Noribergae, typis Bielingii. — S. 1—18.
Progr. Nürnberg.

—— dein Reich komme. Pred. am 12. Sonnt. n. Trinit. 1833, als d. hoh. Geburts- ꝛc. Feste Sr. Maj. d. Kön. Ludwig I. gr. 8. (2 B.) Nürnberg, Riegel u. Wießner.

—— Geschichte d. Reichstags zu Augsburg im J. 1830, nebst e. Untersuchung üb. d. Werth d. Augsburg. Confession. Mit Melanchthon's Bildn. gr. 8. (23½ B.) Nürnberg 830, Riegel u. Wießner.

Das Gymnasium in Nürnberg nach seinen Schicksalen und seinem gegenwärtigen Bestande, nebst kurzen Charakteristiken der berühmtesten Männer, die zu seiner Gründung beigetragen haben, beschrieben .... von Dr. Carl Christian Christoph Fikenscher, G. P. — 1826. Ebend. — S. III—IV u. 1—90 mit einem Kupfer: Melanchthons Standbild vor dem Gymnasio zu Nürnberg. — Heideloff del. Burgschmid fec. Fleischmann sc.
Progr. Nürnberg.

Fickenscher, (C. C. C.,) das Gymnasium in Nürnberg nach seinen Schicksalen u. seinem gegenwärt. Bestande, nebst kurzen Charakteristiken der berühmtesten Männer, die zu seiner Gründung beigetragen haben. Mit 1 Kupf. u. Beilagen. gr. 4. Nürnberg 826. Campe.

— die 300jähr. Jubelfeier des Nürnberg. Gymnasiums, am 23. Mai 1826. Ein Beitrag z. Geschichte Nürnbergs ꝛc. Mit 1 Kpf. gr. 8. Nürnb. 826.

—— Jacobs Kampf mit d. Herrn. Vierzehn Predigten zur Stärkung f. Leidende. gr. 8. (9¼ B.) Nürnberg 840, (Raw'sche Buchh.) *

—— Luthers kleiner Katechismus, durch e. erklärend. Spruchbüchlein, Liederverse u. Hinweisung auf d. bibl. Gesch. erläutert, nebst Denkreimen u. e. Zeittafel f. Lehrer u. Schüler. 2., verb. Aufl. 8. Nürnberg 835, (Raw'sche Buchh.)

—— die protestant. Kirche geg. Hrn. Weihbischof Wittmann in Regensburg vertheidigt. gr. 8. (3¼ B.) Nürnberg 832, Riegel u. Wießner.
Vgl. Wittmann.

—— sechs Passionspredigten. Eine Gabe f. d. Fastenzeit. gr. 8. (6 B.) Nürnberg 835, Riegel u. Wießner.

—— Pred. am Neujahrsfeste 1831, üb. d. Epistel Gal. III, 23—29. gr. 8. (1 B.) Nürnberg, Riegel u. Wießner.

—— drei Predigten, gehalten bei d. Antritte seines Amtes u. bei d. Jubelfeier d. Augsburg. Confession. gr. 8. (4½ B.) Nürnberg 830, Riegel u. Wießner.

—— Predigten üb. d. sonn- u. festtägl. Evangelien d. Kirchenjahrs. 2 Thle. (à 36 B.) gr. 8. Nürnberg 832, 33, Riegel u. Wießner. à 1 Thlr. 12 Gr.

—— zwei Predigten b. d. Jubelfeier d. Augsb. Confession gehalten. gr. 8. ... Nürnberg 830, Riegel u. Wießner.

— zwei Predigten, gehalten am zweiten Weihnachtsfeste 1821 u. am Sonnt. Judica 1822. gr. 8. Nürnb. 822. Riegel u. W. 3 gGr

— s. G. Schwab, Beleuchtung.

—— der Tod ist dem Christen e. Wohlthat. Pred. zur kirchl. Gedächtnißfeier Ihr. Maj. d. Königin Karoline v. Bayern. Bei d. Haupttrauergottesdienste am 1. Dez. 1841 gehalt. gr. 8. (1 B.) Nürnberg 841, Raw'sche Buchh.

—— das Vater unser, erläut. in zehn Predigten. gr. 8. (9 B.) Nürnberg 834, Riegel u. Wießner.

Fikenscher, Carl Chrstph. Chr., warum werden nur Wenige auserwählt? Pred. üb. Evang. Matth. 22, 1—14. gr. 8. (2 B.) Nürnberg 833, Riegel u. Wießner. Thlr.

—— wie geht in uns. Tagen d. Gleichniß vom großen Abendmahle in Erfüllung? Pred. üb. Luc. 14, 16—24. gr. 8. (1 B.) Nürnberg 835, (Raw'sche Buchh.)

—— wir sollen wie Jesus mit Gott eins sein, um unt. uns selbst eins zu werden. Pred. z. Feier d. Thronbesteigung Sr. Maj. d. Kön. Otto v. Griechenl. 8. (2 B.) Nürnberg 833, Riegel u. Wießner.

Fikenscher, Karl Christoph Chr., s. Fikenscher, Karl Christian Christoph

FIKENTSCHER, F. W. Ueber Benzyl-Aether und ihr Verhalten beim Nitriren. Tübingen, 1881.

Fikentscher, Fritz, Referendar in Leipzig: Der Wechsel und der Scheck. Eine Vergleichung mit besonderer Berücksichtigung der Erfordernisse eines Reichsscheckgesetzes. Borna-Leipzig 1907: R. Noske. (XI, 63 S.) 8° [J.]
Leipzig, Jur. Fak., Diss. v. 16. Juli 1907
[Geb. 17. Sept. 81 Leipzig; Wohnort: Leipzig; Staatsangeh.: Sachsen; Vorbildung: Nikolai-Gymn. Leipzig Reife M. 02; Studium: München 1, Lausanne 1, Leipzig 5 S.; Rig. 22. Juni 06.]

FIKENTSCHER, GEORG. Ueber die Wirkung von Adstringentien auf die Gefässe der Zungen-Schleimhaut des Frosches, mit besonderer Berücksichtigung des Tannin. Erlangen, 1877.

Fikentscher, L., die Cholera asiatica zu Augsburg 1873/74 vom sanitäts-polizeilichen Standpunkte aus. gr. 8. (IV, 43 S.) Augsburg 875. Rieger. n. 1. —

—— die richtige Deutung der Adlerschilde auf den Münzen der Markgrafen von Brandenburg altfränkischer Linie. Numismatisch-herald. Linie. gr. 8. (82 S.) Bayreuth 871, (Grau und Comp.) *
Aus: Archiv des historischen Vereins von Oberfranken, besonders abgedruckt.

Fikentscher, Max [aus Augsburg]: Über Traumatische Ablösung der Haut im Anschluss an einen in der Erlanger Klinik beobachteten Fall. . . . Erlangen, Druck v. A. Vollrath's k. b. Hofbuchdr., 1891; 30 S. 8°
Erlangen, Med. Fak., Inaug.-Diss. v. 1891

Fikentscher, O., Blumen u. Ornamente, s.: Braun, I.

— Landschaften u. Thiere (Malvorlagen), s.: Kampmann, G.

Fikentscher, O., Majolika-, Fayence-, Porzellan-Malerei, s.: Braun, Irene.

Fikentscher, Otto, Album f. die Kavallerie. qu. Fol. (25 lith. Bl.) Mülheim a/d. R. 892. H. v. Kamp. In Mappe. n. 10 —

Fikentscher, Otto, Album für die Cavallerie und ihre Freunde. 25 (lith.) militairische Darstellungen. 2 Hefte. Düsseldorf (856). Zintgraff u. Co. qu. gr. 4. (Mit 2 Bl. Text.) n. 2 ß

Fikentscher, Otto, Album für die Cavallerie und ihre Freunde. 25 militär. Darstellungen. Lithogr. von M. Pläschke. 6 Lfgn. (à 4 Stnt. in Tondr.) qu. gr. 4. Düsseldorf 868, Reymann. à Lfg. *ℳ 1. *

Fikentscher, Otto, Album für die Cavallerie u. ihre Freunde. 25 (lith.) militair. Darstellungen. Lithogr. von M. Pläschke. Düsseldorf 868. Reymann. (Mülheim, v. Kamp.) qu. 4. n. 2 ℛ

Fikentscher, Otto, aus brandenburgisch-preussischer Heeres-Geschichte. 50 Reiterbilder. Nach den Orig.-Zeichnungen in photograph. Pressendruck wiedergegeben von Roemmler & Jonas. 10 Lfgn. qu. gr. Fol. (à 5 Bl.) Berlin 877. Militaria. à n. 25. —; einzelne Blätter à n. 6. —

Fikentscher, Otto, gepr. Rechtspraktikant: Die Zurücknahme des Strafantrages. Borna-Leipzig 1907: R. Noske. (VIII, 118 S.) 8° [F.]
Heidelberg, Jur. Fak., Ref. v. Lilienthal, Diss. v. 2. Aug. 1907
[Geb. 3. Juli 78 Regensburg; Wohnort: Frankfurt a. M.; Staatsangeh.: Bayern; Vorbildung: Städt. Gymn. u. Kaiser-Friedrichs-Gymn. Frankfurt a. M. Reife O. 98; Studium: Genf 1, München 2, Freiburg i. B. 3, München 1, Heidelberg 1, Würzburg 2 S.; Rig. 31. Juni 07.]

Fikeys, Otakar, Příruční kniha ku potřebám technických kresličů. Školám technickým, středním a odborným. S 26 obrazci a 10 tabulkami v textu. Tiskem „Unie". (Handbuch für technische Zeichner. Zum Gebrauche für technische, Mittel- und Fachschulen.) 8. (91 S.) * K 1.50
Wien: Fikeys 1904.

Fiktin, S., Die Lehre von den Tugenden u. Pflichten bei Philo v. Alexandrien. Diss. 1895. 59 S. 1.25

Ein Wort für die Einführung der neugriechischen Aussprache in den deutschen Bildungsanstalten v. Dr **Alex. Filadelf**, Privatdoc. ... an d. Univ. Athen. *Athen: Buchdr. P. Leonis 1896.* (7 S.) 1 Bd 8. [gr. prolo

Filangieri's Ansichten über Familien-Fideikommisse und Lehen. gr. 8. (32 S.) Insterburg 852, Wilhelmi's Buchh. *

Filangieri, Gaetano, üb. den Anklageprozeß u. das Geschwornengericht. gr. 8. (VI u. 198 S.) Berlin 849, Heymann. 27 ngr

— über die Rechtmäßigkeit der Todesstrafe. (Aus dem Ital.) Nebst den Verhandlungen d. Preuß. verein. ständischen Ausschusses darüber. gr. 12. (VIII u. 158 S.) Frankfurt a. d. O. 848, Trowitzsch & Sohn. ½ ℛ

Filangieri, Gaetano. System der Gesetzgebung; a. d. Ital. Ansbach 1784—91. Ü: *Link, Gottlieb Christian Carl.* (ML) (will) »1782—91« (MGT)

Filangieri, Ritter Cajet., System d. Gesetzgebung. 8 Bde. Aus d. Italien. übers. von G. C. K. Link. (1r u. 3r Bd. N. Aufl. 788 u. 807.) 8. Anspach 784—93. (Gassert). 7 ℛ 18 gr (8r Bd. Auch u. d. T.: Thomassi, Gedächtnißschrift, vgl. D. Thomasi.)

Filangieri, Ritt. Cajet., Syst. d. Gesetzg. ital. VIII Vol. 8. Genova. (Turneysen in Cassel u. P.) 798. Rthlr

Filangieri, Ritt. Cajet., System d. Gesetzgebung. 8 Thle. 8. Anspach, Gassert. 808.

— Wissenschaft d. Gesetzgebung. 1r Thl. Aus d. Italien. von Frz. Gustermann. gr. 8. Wien 784. Hörling. 16 gr

Filantropie für Pferde, in e. Plan vorgetr. v. Hipposilos. 8. Marburg, Krieger. 796.

Filantropin für Pferde, s. Hippofilos.

Filarete, s. Beiträge zur Kunstgeschichte. Neue Folge VI.

Filarete, Antonio Averlino

Filarete, A. A., s. a. **Averlino, A.**

Filarete's, A. A., Tractat üb. die Baukunst, nebst seinen Büchern v. der Zeichenkunst u. den Bauten der Medici, s. a. **Quellenschriften** f. Kunstgeschichte u. Kunsttechnik.

Filarete's, Antonio Averlino, Tractat üb. d. **Baukunst**, nebst s. Büchern v. d. Zeichenkunst u. d. Bauten d. Medici. Zum 1. Male hrsg. u. bearb. v. Wolfgang v. Oettingen. gr. 8. (XII, 751 S. m. 15 Abb.) Wien (890). C. Graeser & Co. n. 14. —; erhöht Pr. n. 16. —
Sonderabdruck aus: „Eitelberger-Ilg's Quellenschriften".

Filarszky, Nándor, die Characeen (Characeae L. Cl. Richard) m. besond. Rücksicht auf die in Ungarn beobachteten Arten. (Ungarisch u. deutsch.) gr. 4. (VIII, 129 S. m. 20 Abbildgn. u. 5 Taf.) Budapest 893. (F. Kilián.) n. 6. —

Filassier Dictionnaire du Jardinier franç. II Vol. 8. Paris. (Sommer à Leipz.) 791.

Filassier, interessante Züge u. Anekdoten aus der Geschichte alter und neuer Zeit. Ein Lesebuch für die Jugend zum Vergnügen und Unterricht. Nach dem Franz. 1s bis 6s Bdchen. 8. Berl. Academ. Bchhdl. (I. II. 796. 1 Rthl. 12 gr. III—V. 789—93. 2 Rthl. 6 gr.)

Filassier, ..., interessante Züge u. Anekdoten aus der Geschichte alter u. neuer Zeit. Ein Lesebuch f. die Jugend. Nach d. Französ. (v. Fr. L. Brunn). 6 Bdchn. 8. Berl. 789—93. N. Aufl. 796—98. Nauck in Lpz. 4 ℛ (6s Bdchn. A. u. d. T.: neueste Staatsgeschichte v. Europa.)

Filassier, die interessantesten Züge u. Anecdoten aus d. Geschichte alter u. neuer Zeit. 6 Bde. 8. Berlin 796—98. (Nauck.)

Filastrii, sancti, episcopi Brixiensis diversarum hereseon liber, s.: **Corpus** scriptorum ecclesiasticorum latinorum.

Filatelisten-Correspondenz, Wiener. Unterhaltungs- u. Offertenblatt f. den Briefmarken-Sammelsport. Hrsg. u. Red.: J. Gergel. Oktbr. 1901—Septbr. 1902. 24 Nrn. 12. (à ca 16 S.) Wien (II/3, Grosse Sperlgasse 1). R. Tambour. n. 2. —

Filatow, Nil, kurzes Lehrbuch d. **Kinderkrankheiten** f. Studier. d. letzten Semester. Aus d. Russ. v. C. Beier. Autor. Übersetzg. nach d. 4. Aufl. gr. 8. (VI, 230 S. m. 15 Abb.) Wien 897. J. Šafář. n. 5. —; geb. in Leinw. n. 6. —

Filatow, Nil, **Semiotik** u. Diagnostik der Kinderkrankheiten. Nach der 2. russ. Aufl. übers. v. A. **Hippius**. Lex.-8. (XII, 439 S. m. 4 Abbildgn.) Stuttgart 892. F. Enke. n. 10. —

— **Vorlesungen** üb. acute Infections-Krankheiten im Kindesalter. Autoris., vom Verf. ergänzte deutsche Ausg. Nach der 2. russ. Aufl. übers. v. L. **Polonsky**. (In ca. 10 Lfgn.) 1. Lfg. gr. 8. (48 S.) Ebd. 895. n. 1. —

— Vorlesgn. üb. acute **Infections-Krankheiten** im Kindesalter. Autor., v. Verf. erg. deutsche Ausg. Nach d. 2. russ. Aufl. übers. v. L. Polonsky. 2.—13. Lfg. gr. 8. (VII u. S. 49—575.) Ebd. 895—897. à n. 1. —; (Kplt.: n. 12. —; geb. in Halbfrz. n. 14. —)

— klinische **Vorlesungen** üb. Diagnostik u. Therapie der Darmkatarrhe bei Kindern m. besond. Berücksicht. d. Säuglingsalters. Mit Genehmigg. d. Verf. nach der 3. russ. Aufl. übers. v. L. **Polonsky**. gr. 8. (82 S.) Wien 893. J. Šafář. n. 2. —

Filatow, Nil, klinische Vorlesungen üb. Kinderkrankheiten. Unter der Red. des Autors v. Assistenzärzten der Kinderklinik nachgeschrieben u. zusammengestellt. Deutsche autoris. Übersetzg. v. G. Türk, E. Rahr u. L. Martinson. 2 Hfte. gr. 8. Wien, F. Deuticke. n. 11. —
1. (V, 212 S.) 901. n. 5. —
2. (V, 235 S. m. eingedr. Kurven.) 902. n. 6. —

FILBAUM, SAM., Commentatio historico-apologetica, qua Davidis res gestas ante imperium atqve in imperio a recentiorum qvorundam calumniis vindicatur. Altonæ. 1766. 4. P. (Progr.).

Filbry, August: Aus der medicinischen Universitätsklinik zu Kiel. Über Complication spinaler Kinderlähmung mit progressiver Muskelatrophie. *Münster 1898: „Der Westfale“.* (32 S.) 8°
Kiel, Med. Diss. v. [15. Apr] 1898

Filbry, Fritz [aus Coblenz]: Ueber indirekte Zellteilung in pathologischen Neubildungen .... Bonn, Hauptmann'sche Buchdr., 1886; 28 S. 8°.
Bonn, Med. Fak., Inaug.-Diss. v. 13. März 1886.

Filbry, Fritz, über indirekte Zelltheilung in pathologischen Neubildungen. Diss. Bonn 1886, Emil Strauss. 8°. 28 S.

Filchner, A.: Die Constitution der Erde, s. Filchner, F. Ant.

Filchner, G., das königliche Militär-Lazareth an der Müllerstraße in München. München 1875. 8.

Filchner, F. Ant., die Constitution der Erde, in physisch geograph. Ansicht. gr. 8. München 816. (J. Lindauer). 6 gr

FILCHNER, F A.: Tabellen zur genauen Werthbestimmung gefällter und ungefällter Baumstämme, mit Anwendung des Mikrometers. - Gotha 1832. 60 S.

— Tabellen zur genauen Werthbestimmung gefällter u. ungefällter Baumstämme, mit Anwendung des Mikrometers. Mit 3 Tabb. u. 1 Kpft. gr. 8. Gotha 832. Flinzer. (Reichenbach in Leipz.) 12 gr

Filchner, Hans, a. Günzburg a. d. D.: Versuche zur Darstellung von Pyridonderivaten. Würzburg 1908: Becker. 48 S. 8°
Tübingen, Naturw. Diss. v. 22. Juli 1908, Ref. Wislicenus
[Geb. 4. Nov. 75 München; Wohnort: Tübingen; Staatsangeh.: Bayern; Vorbildung: Gymn. Dillingen bis Obersek. 94; Studium: München 3, Tübingen 13 S.; Coll. 22. Juli 08.] [U 09. 4001

Filchner, Wilh., Ergänzungsband z. Kartenwerk Han-kiang u. Ts'in-ling, s.: Ergebnisse, wissenschaftliche, der Expedition Filchner nach China u. Tibet.

Das Kloster Kumbum in Tibet. Ein Beitrag zu s. Geschichte. Von Wilhelm Filchner. Mit 39 Taf., 3 Karten u. Abb. Berlin: E. S. Mittler & Sohn 1906. (XIV, 164 S.) 4°(8°) [F.]
[Umschlagt.] Ein Beitrag z. Gesch. d. Klosters Kumbum v W Filchner. [06. 7303

— u. Heinr. Seelheim, quer durch Spitzbergen. Eine dtsch. Übungsexpedition im Zentralgebiet östlich des Eisfjords. (X, 147 S. m. 12 Taf., 1 Karte u. 1 Skizze.) Lex. 8. Ebd. 911. Geb. 3. —

Das Rätsel des Matschu. Meine Tibet-Expedition. Von Wilhelm Filchner, Lt. Mit 67 Vollbild., zahlr. Skizzen u. Abb. sowie 3 Karten. Berlin: E. S. Mittler & Sohn 1907. (XVII, 438 S.) 8° [F.] [07. 9108

Das Rätsel des Matschu. Meine Tibet-Expedition. Von Wilhelm Filchner. 2. Aufl. Mit 67 Vollbild., zahlr. Skizzen, u. Abb. sowie 3 Karten. Berlin: E. S. Mittler & Sohn 1908. (XVII, 438 S.) 8° [F.] [08. 5355

Filchner, Wilh., das Rätsel d. Matschu. Meine Tibet-Expedit. 3. Aufl. Mit 67 Vollbildern, zahlr. Skizzen u. Abb. im Text sowie 3 Karten. (XVII, 488 S.) gr. 8. Berlin 911. E. S. Mittler & Sohn. 6.50; geb. in Leinw. 8. —

Ein Ritt über den Pamir von Wilhelm Filchner, Leutn. im Kgl. bayer. 1. Inf.-Reg. Mit 96 Abb. u. 2 Karten. *Berlin: E. S. Mittler & Sohn 1903.* (VIII, 238 S.) 4°(8°) [F.] [03. 11435

Fild, Heinrich, aus Giengen a. B. Die tektonischen Verhältnisse der Ehrenbürg bei Forchheim. *Erlangen 1903: E. Th. Jacob.* (30 S.) 8°
Erlangen, Phil. Diss. v. 5. Febr. 1903

Filding, d. Wiener Robinson, od. Abenteuer d. Ritter von Kilpar. 8. Lpz. Joachim.

Filehne [Schlagwort]

Filehne, Kreis, s.a. Czarnikau.

— s. a.: Forstkarten.

Filehne. Baron, Paul, Spezial-Karte des Kreises Filehne. 1:100,000. 89,5×89 cm. Farbdr. Lissa (903). O. Eulitz. n. — 50

Filehne, Kreis. Spezialkarte des Kreises Filehne. Rev. v. den zuständ. Behörden. 1:100,000. 2. Aufl. 89,5×89 cm. Farbdr. Lissa 910. O. Eulitz. — 50; auf Leinw. in Etui 1. —

Filehne [Verfasser]

Chronik der Loge Friedrich Wilhelm zur Gerechtigkeit im Or. von Ratibor von ihrer Stiftung vom 23. April 1835 bis zum St. Johannisfeste 1868 von A[ug.] E[du.] Filehne. Als Ms. f. Br. Br. Ratibor 1868: Wichura. 80 S. 8° [Umschlagtit.]
Tt. 506. Nebst 2 statistischen Beil.

Chronik der Loge Friedrich Wilhelm zur Gerechtigkeit im Or. Ratibor von ihrer Stiftung am 23. April 1835 bis zum 26. April 1885 von A[ug.] E[du.] Filehne. Als Ms. f. Br. Br. gedr. Ratibor 1885: Schmeer & S. 109 S. 8° [Umschlagtit.]
Recens: Bh. 29 (1886) S. 94—95.
S. 3—58: Abdr. von Filehnes Chronik 1835 bis 1868 (Nr 12077). Nebst 2 statistischen Beil.

Geschichte der Loge Friedrich Wilhelm zur Gerechtigkeit in Ratibor von ihrer Stiftung am 23. April 1835 bis zum 23. April 1910. T. 1: von 1835 bis 1885 verf. von [Aug. Edu.] Filehne, T. 2: von 1885—1910 bearb. von Edu. Knape. Ratibor 1910: Lindner. 139 S. 8°

Filehne, Samuel Jacob (Posen), De acidi carbonici usu medico. Diss. med. Bln. (Brueschck) 3. XII. 1822. 28 S. mit Biogr. (4.50) 8827
Oppon.: F. A. Beissenhirtz, B. J. Abrahamson, J. Pauly. — Gew.: Ch. Wilh. Hufeland, Emil Osann.

Filehne, Wilh., üb. das Cheyne-Stokes'sche Athmungsphänomen. gr. 8. (41 S.) Erlangen 874. Besold. n. 1.20

Filehne, Wilh., s.: Cloetta's, A., Lehrbuch d. Arzneimittellehre u. Arzneiverordnungslehre.

Filehne, Wilh., Lehrbuch d. Arzneimittellehre, s.: Cloetta, A.

Filehne, Guil. (geb. Posen 12. 2. 1844) De capitis vulneribus gladio illatis. Berolini (1866). (42 S.) 8°
Berlin, Med. Diss. v. 13. Juni 1866

Filek, E.v.: Das Französische an der Realschule. 50 S. 8°
– Salzburg OR., Progr. 1873.

Filek, E. R., Aquarium, s.: Spiel u. Arbeit.

— Einrichtungen f. Schmetterlingszucht, s.: Spiel u. Arbeit.

Filek, E. K., die Elektrisiermaschine, s.: Spiel u. Arbeit.

— der Elektrophor u. seine Nebenapparate, s.: Spiel u. Arbeit.

— die elektrische Klingel, s.: Spiel u. Arbeit.

— Das Terrarium, s.: Spiel u. Arbeit.

Filek, Egid v., Diktier- u. Aufsatzbuch f. d. dtschn. Unterricht. (VI, 116 S.) gr. 8. Wien 908. F. Deuticke. 1. 80

— Die vulkanischen Erscheinungen, s.: Jugend- u. Volksbibliothek, naturwissenschaftliche.

Filek, Egid v., Fresken. 8. (VII, 72 S.) Brünn 903. C. Winiker. n. 2. —

FILEK, Egid von

(F) Mein Frühling. Kleine Geschichten. Von Egid v. Filek. Linz. Wien. Leipzig. 1900. Oesterreichische Verlagsanstalt. 8°. 151 S. K 2.40, geb. K 3.—

— Der letzte Tribun, s.: Bulwer, E. L.

Filek, Ign. v., die liberalisirenden Priester u. ihre Ausschreitungen. Ein freies Wort an den Clerus Deutschlands, insbesondere an die Geistlichkeit der Erzdiöcese Köln. gr. 8. (54 S.) Regensburg 878. Manz. — 60

Filek von Wittinghausen, Dr. Egid Austerlitz. Eine historische Studie. (Aus:) „30. Jahresbericht des k. k. II. deutschen Staats-Gymnasiums in Brünn" f. d. Schuljahr 1900 1901. 8. Brünn 1901.

Filek Edler v. Wittinghausen, E., französische Chrestomathie f. die unteren u. mittleren Klassen höherer Lehranstalten. Mit sprachl. u. sachl. Bemerkgn. u. e. vollständ. Wörterbuche. gr. 8. (XII, 372 S.) Wien 875. Hölder. n. 3. —

Filek Edler v. Wittinghausen, E., französische Chrestomathie für höhere Lehranstalten. Mit sprachl. und sachl. Bemerkungen und einem vollständ. Wörterbuche. 1. und 2. Aufl. gr. 8. (XII, 372 S.) Wien 875,77, Hölder. *

Filek Edler v. Wittinghausen, E., französische Chrestomathie für höhere Lehranstalten. Mit sachl. und sprachl. Bemerkungen und einem vollständ. Wörterbuche. 3. Aufl. gr. 8. (XI, 381 S.) Wien 881, Hölder. *

Filek v. Wittinghausen, E., französische Chrestomathie f. höhere Lehranstalten. Mit sprachl. u. sachl. Bemerkgn. u. e. vollständ. Wörterbuche. 4. Aufl. gr. 8. (XI, 376 S.) Wien 885. Hölder. n. 3. —

Filek v. Wittinghausen, E., französische Chrestomathie f. höhere Lehranstalten. Mit sprachl. u. sachl. Bemerkungen u. e. vollständigen Wörterbuche. 5., unveränd. Aufl. gr. 8. (XI, 376 S.) Wien 889. Hölder. geb. n. 3. 40

Filek v. Wittinghausen, E., französ. Chrestomathie f. höh. Lehranst. M. sprachl. u. sachl. Bemerkgn. u. e. vollst. Wörterbuche. 6., unveränd. Aufl. gr. 8. (VII, 376 S.) Wien 895. A. Hölder. Geb. n. 3. 40

—— Elementarbuch der französischen Sprache. gr. 8. (VI, 203 S.) Ebendas. 877. *

— Elementarbuch der französischen Sprache. 2., verb. Aufl. gr. 8. (219 S.) Ebend. 881. n. 1. 70

—— Elementarbuch der französischen Sprache. 3. und 4. Aufl. gr. 8. (X, 206 S.) Ebendas. 885,87. *

Filek v. Wittinghausen, E., Elementarbuch der französischen Sprache. 5., unveränd. Aufl. gr. 8. (X, 206 S.) Wien 891. A. Hölder. n. 1. 60; geb. in Leinw. n.n. 2. —

— jun.: Friaul und seine Enclaven. 12. Wien II. 2. St. R. (Franz Jos. R. XX.) 98.
Progr.

Filek v. Wittinghausen, Egid v., die österr. Geschichte, s.: Miniatur-Bibliothek.

Filek v. Wittinghausen Dr. Egid: Hydrographie des Viertels ober dem Wienerwald. 20. Iglau R. 99.
Progr.

Filek Edler v. Wittinghausen, E., Leçons de littérature française. Choix de morceaux en prose et en vers, accompagnés de préceptes sur chaque genre de composition, de notices biographiques et littéraires et de notes explicatives. (VIII, 514 S.) 882. *M 3,80.; 2e édit. revue et corrigée. gr. 8. (564 S.) Wien 883, Hölder. *M 4.; geb. *

Filek, Dr. E. v. Wittinghausen, Französisches Lehrbuch für Bürgerschulen. Mit sprachlichen Bemerkungen und einem vollständigen Wörterbuche 2. revidirte Auflage 8. (IV, 100 S.) —.48
Wien: Hölder 1892.

— Lehr- u. Übungsbuch f. den französischen Unterricht an Bürgerschulen. 1.—3. Stufe. gr. 8. Wien 887. Pichler's Wwe. & Sohn. n. 2. —
1. (IV, 47 S.) n. — 56. — 2. (IV, 57 S.) n. — 61. — 3. (IV, 78 S.) n. — 80.

Filek, Dr. E. v. Wettinghausen, französisches Lesebuch für Bürgerschulen. Mit sprachl. Bemerkungen u. ein. vollständig. Wörterbuche. 8. (VIII u. 95 S.) Wien, Alfred Hölder. 48 kr. 1885.

Filek von Wittinghausen, Dr. E., Französisches Lesebuch für Bürgerschulen mit sprachlichen Bemerkungen und einem vollständigen Wörterbuche. 2. revidirte Auflage. Alfred Hölder Wien 1892.

— französisches Lesebuch f. Bürgerschulen. Mit sprachl. Bemerkgn. u. e. vollständ. Wörterbuche. 3., rev. Aufl. gr. 8. (IV, 100 S.) Ebd. 892. n. — 96

Filek-Wittinghausen, Egid v., Maturitätsfragen aus Geschichte u. Vaterlandskunde. (VII, 127 S.) gr. 8. Wien 905. F. Deuticke. n. 1. 80

Filek Edler von **Wittinghausen** Egid: Ort und Zeit der Zamaschlacht.
1895 PN 957 Diss Wien Univ. 777

—— französische Schulgrammatik. 1. und 2. Ausg. Mit einem Anhange zur Formenlehre des Verbs. gr. 8. (IV, 232 S.) Ebendas. 880. *

— französische Schulgrammatik. 3., dem Normal-Lehrplane für Realschulen u. der dazu gehör. Instruction angepasste Aufl. gr. 8. (VIII, 266 S.) Ebend. 882. n. 2. 12

— französische Schulgrammatik. 4., dem Normal-Lehrplane f. Realschulen u. der dazu gehörigen Instruction angepasste Aufl. gr. 8. (IV, 266 S.) Ebend. 885. n. 2. 12

— französische Schulgrammatik. 5. Aufl. gr. 8. (VIII, 266 S.) Wien 890. Hölder. n. 2. 12; geb. n.n. 2. 52

— französ. Schulgrammatik. 6., unveränd. Aufl. gr. 8. (II, 266 S.) Ebd. 896. Geb. n. 2. 52

— Übungsbuch für die Mittelstufe des französischen Unterrichts. gr. 8. (IV, 210 S.) Ebend. 879. n. 1. 70

—— Übungsbuch für die Mittelstufe des französischen Unterrichts. 2. gekürzte und verb. Aufl. gr. 8. (IV, 171 S.) Ebendas. 882. *

— Übungsbuch f. die Mittelstufe d. französischen Unterrichts. 3. Aufl. gr. 8. (VI, 173 S.) Ebd. 887. n. 1. 32

— Übungsbuch f. die Mittelstufe des französischen Unterrichts. 4. unveränd. Aufl. gr. 8. (IV, 173 S.) Ebd. 894. n. 1. 32; geb. in Leinw. n. 1. 72

— Übungsbuch für die Oberstufe des französischen Unterrichts. gr. 8. (VIII, 149 S.) Ebend. 881. n. 1. 36

— Übungsbuch f. d. Oberstufe d. französ. Unterr. 2., rev. Aufl. gr. 8. (VI, 149 S.) Ebd. 898. Geb. n. 1. 76

— Übungsbuch für die Unterstufe des französischen Unterrichts. gr. 8. (IV, 140 S.) Ebend. 880. n. 1. 28

—— Übungsbuch für die Unterstufe des französischen Unterrichts. gr. 8. (IV, 40 S.) Ebendas. 880. *

— Übungsbuch f. die Unterstufe d. französischen Unterrichts. 2., der Schulgrammatik d. Verfassers angepasste Aufl. 8. (VIII, 143 S.) Ebd. 889. geb. n.n. 1. 68

Filek v. Wittinghausen, Heinrich, k. k. Major, Generalstabsofficier. Das Königreich Böhmen. Geographisch-statistisch und mit Berücksichtigung der allgemeinen militärischen Verhältnisse dargestellt. 8. Wien 1874.

Filek v. Wittinghausen, Heinrich, Major im Reg. Geschichte des k. k. 5. L.-Inft.-Reg., gegenwärtig Ludwig II., König von Bayern. Im Auftrage des Reg.-Commandos verfasst. 8. Wien 1870.

Filek v. Wittinghausen, Heinr., das Fürstenthum Romanien. Geographisch-militärisch dargestellt. gr. 8. (III, 83 S. mit 1 lithogr. Karte in Tondr. in qu. Fol.) Wien 869, Gerold's Sohn. *

Filek v. Wittinghausen, Heinr., das Fürstenthum Rumänien. Geographisch-militärisch dargestellt. Mit 1 (lith.) Karte (in Fol.). Wien 869. Gerold's Sohn. gr. 8. (2 Bll., 83 S.) n. 20 ngr.

Filek v. Wittinghausen, Major, und Szatmárvár, Oberst Heinr., das Königr. Rumänien. Geographisch-militärisch dargestellt. 2. verm. und verb. Aufl. gr. 8. (V, 97 S. mit 1 chromolithogr. Karte.) Wien 881, (Gerold's Sohn.) *

—— das Fürstenthum Serbien. Geographisch-militärisch dargestellt. gr. 8. (VII, 60 S. mit 1 lithogr. Karte in qu. gr. 4.) Wien 869, Gerold's Sohn. *

—— —— das Königr. Serbien, geographisch-militärisch dargestellt. gr. 8. (144 S. mit 1 chromolithogr. Karte.) Pressburg 883, Heckenast's Nachf. *

Files, George Taylor: The Anglo-Saxon house, its construction decoration and furniture, together with an introd. on Engl. miniature drawing of the 10th and 11th cent. ... Leipzig-R., print. by O. Schmidt, 1893; 65 S., 1 Bl., 4 Taf. 8.
Leipzig, Phil. Fak., Inaug.-Diss. v. [21. Okt.] 1893

Filhés, B., s.: Berthold, L.

Filhés, Bertha

Filhés, B. (Frau Bertha Lehmann-Filhés), nach der Arbeit, s.: Ebeling, El.

Filhés, Bertha, und E. Ebeling, Bienen. Ein Unterhaltungsbuch für die Jugend. Enth. Erzählungen, Lustspiele, Gedichte und Skizzen. br. 8. (VI, 356 S. mit 8 lithogr. und color. Bildern von Hosemann.) Berlin 870, Winckelmann und Söhne. cart.

—— und E. Ebeling, Dornröschen, s. Bloch's, E., Kinder-Schaubühne.

Filhés, Bertha, Elisabeth. Fortsetzung der petite-mère. br. 8. (408 S. mit 2 lithogr. Bildern von Louise Thalheim.) Breslau 872, Trewendt. geb.

Filhés, Bertha, Mütterchen Elisabeth. Aus dem Tagebuche e. jungen Mädchens. 2. Aufl. der Jugendschriften „Die petite mère" u. „Elisabeth". Mit Titelbild v. Hans Kaufmann. 8. (628 S.) Breslau 892. E. Trewendt. Geb. in Leinw. 7. 50

Filhés, Bertha, Erinnerungen. Erzählungen und Novellen für die reifere Jugend. 8. (III und 296 S. mit 8 lithogr. und ill. Bildern von Th. Hosemann.) Berlin 863, Winckelmann und Söhne. cart.

Filhés, Bertha, u. Louis Mittentzwey, Erzählungen, s.: Bücherei f. die Jugend. 24 Bdchn.

— Fioretta, s.: Meinhold's illustrirte Groschen-Bibliothek.

Filhés, Bertha, die Frau d. Kapitäns. 8. (157 S.) Berlin 888. Walther & Apolant, Verl. n. 3. —

—— und Elis. Ebeling, allerliebste Geschichten für brave Kinder. Geschichten, Fabeln, Märchen und Gedichte. 8. (144 S. mit 1 Chromolithogr.) Mülheim 881, Bagel's Verlag. cart. *

— Heimkehr aus dem Kriege, od. das Herz auf dem rechten Fleck, s.: Bloch's, Ludw., Militär-Festmappe.

— Schloß Isenstein. Roman. 2 Tle. in 1 Bde. 8. (254 u. 126 S.) Breslau 881. Trewendt. n. 6. —

– Katzbach, s. Meinhold's illustrierte Groschen - Bibliothek.

Filhés, Bertha, die Kinderwelt in kleinen Erzählungen für Kinder von 5—8 Jahren. 16. (III und 129 S. mit 9 ill. Stnt. in Tondr.) Berlin 858, Winckelmann und Söhne.

—— Liebesgruß in kleinen Erzählungen für Kinder von 5—8 Jahren. 16. (III und 144 S. mit 9 ill. Stnt.) Berlin 860. Winckelmann und Söhne.

– u. E. Ebeling,

—— —— die Linden-Fee, s. Ebeling, E.

—— und E. Ebeling, Maßliebchen. Kleine Erzählungen, Märchen, Fabeln, Gedichte für die liebe Jugend. 8. (188 S. mit 5 lithogr. und color. Bildern.) Mülheim 879, Bagel's Verlag. cart.

—— die petite mère. Aus dem Tagebuche eines jungen Mädchens. br. 8. (III, 393 S. mit 4 lithogr. Illustr. in Farbendr. von Louise Thalheim.) Breslau 870, Trewendt. geb.

— Schwalben, s.: Ebeling, E.

—— ein Sonnenstrahl, s. Ebeling, Elis.

— Streublümchen, s.: Ebeling, E.

—— der Wächter auf der Josephshöhe. gr. 16. (287 S. mit 1 lithogr. Titelbilde von Louise Thalheim.) Breslau 872, Trewendt. geb.

Filhés, B. (B. Lehmann-Filhés), u. a.: Was Großmutter erzählt. Schöne Erzählgn. f. d. Jugend. 8. (127 S. m. 3 Farbdr.) Mülheim a/R. 898. J. Bagel. Geb. n. — 80

— Weihnachtsblumen, s.: Ebeling, E.

– u. E. Ebeling,

—— —— Zugvögel. Erzählungen für Kinder von 8 bis 12 Jahren. gr. 16. (III, 204 S. mit 6 lithogr. und color. Bildern.) Berlin 868, Winckelmann und Söhne. cart.

Filhés, D., der neidische Spitz, } s.: Meinhold's illustrirte
— der Vetter vom Lande, } Groschen-Bibliothek.

Filhol, Cours hist et élément. voyez Cours.

Die Filialfabrik der Gasanstalt München, erbaut in den Jahren 1882—83. Mit grossem color. Plan. München 1883. Gr. 8°. 21 S. Cart.

Filial-Instruktion und Bericht über die am 20. und 21. März 1855 abgehaltene 33. allgemeine Versammlung der k. k. steiermärkischen Landwirthschafts-Gesellschaft. Gratz Aus der E. Tanzer'schen Buchdruckerei. (18 S. Fol)

Filial-Instruktion und Bericht über die am 30. und 31. März 1857 abgehaltene 35. allgemeine Versammlung der k. k. steiermärkischen Landwirthschaftsgesellschaft. Gratz, 1857. Dr. von C. Tanzer. (20 S. Halbf.)

Manuel Menendez. Lyrisches Drama in 1 Aufzug von Vittorio Bianchi u. Antonino Anile. Deutsch von Georg Droescher. Musik von Lorenzo Filiasi. Mailand: E. Sonzogno; Berlin, Köln, Leipzig: A. Ahn [1904]. (34 S.) 8°
= Operntext-Bibliothek, Ahns. No 101. (es. 1113)

Filibert und Theodosia, ein dramatisches Gedicht. Leipzig 1772. V: *Wezel, Johann Carl.* (GGr) (EE) (JL)

Filibert und Theodosia, e. dramat. Gedicht. 8. Lpz. Hilscher. 772.

Filibert u. Theodosie; ein dramat. Gedicht. 8. Leipz. 772. Hilscher. 2 gl.

Filibert [Pseud.], s. a. Kähler, August

Filibert, ..., Athanasia. Ein Denkmal der persönl. Zusammenkunft Kaiser Alexanders mit Friedrich Wilhelm III., König von Preußen. 8. Leipz. 802. Göschen. 5 gl.

Filibert, (Edw. Aug. Kähler), Bauer Martin, der Mörder. 8. Leipz. 803. Göschen. 1 ₰

— Graf Friedrich v. Werden. 2 Thle. 8. Leipz. 802. Göschen. 2 ₰

Filicius, P., die lustige Salome, s.: Universal-Bibliothek.

Filidor der Dorfferer [Pseud.], s. Stieler, Caspar

Filidor, (H. C. L. Senf,) Gedichte. gr. 8. Leipz. 788. Göschen. 14 gl.

Filidor, Gedichte. gr. 8. Lpz. Göschen. 789.

Filidors, (Jh. Cr. Fr. Wlh. Müller), kleine Romane für die Freunde vaterländ. Sagen. 8. Leipz. 792, a. 802. Beygang. 18 gl.

De familiae Ritterorum Francofurti filicitate. 1734. 4.

Filigran-Arbeit, epigrammatische, nach Haug. 2 Bdchn. Mit 2 Kupf. 16. Pesth. Müller. 818.

Filii prodigi . . . [Salisb. 1705.] V: *Hueber, Alexander von.* (Hr)

Filiolum Caesaris, ad. 4maj. Mainz, Kupferberg. 811.
Velinp.

Filip, V., Jos. Kaj. Tyl, s. Tyl, J. K., sebrané spisy.

Filipkiewicz, Stefan

Filipkiewicz, Stef., die Trencsin-Teplitzer Thermen. Ihre Wirkgn., nebst Verhaltungsregeln b. ihrem Gebrauche. gr. 8. (48 S. m. Abb.) Trencsin-Teplicz 896. (Troppau, Buchholz & Diebel.) n. 1. —

Filipović, Ivan. Kroatisch-(Serbisch-) deutsches Conversationsbuch. Prakt. Anleitg., sich im Kroatischen sowohl als im Deutschen geläufig u. richtig auszudrücken. 3. Aufl. 8. (V, 379 S.) Agram 890, Hartman. geb. * 3 60

Filipović, Ivan, Kroatisch-(serbisch-)deutsches Conversationsbuch. Praktische Anleitg., sich im Kroatischen sowohl als im Deutschen geläufig u. richtig auszudrücken. 4., verb. u. verm. Aufl. (V, 378 S.) kl. 8. Agram (903). L. Hartman. Geb. in Leinw. n. 3. 60

Filipović, Ivan, kroatisch-deutsche Konversations-Schule. Eine method. Anleitung zur prakt. Erlernung der kroat. und deutschen Umgangssprache. 2. verb. und verm. Aufl. gr. 16. (446 S.) Agram 877, Hartman's Buchh. *
1. Aufl. vgl.: Konversations-Schule, kroatisch-deutsche.

— Schul- u. Reise-Taschen-Wörterbuch der kroatischen u. deutschen Sprache. 2 Thle. gr. 16. Ebend. 878. 79. n. 5. 20
1. Deutsch-kroatischer Thl. (452 S.) n. 2. 40
2. Kroatisch-deutscher Thl. (488 S.) n. 2. 80

Filipović, Ivan, Taschenwörterbuch der kroatischen und deutschen Sprache. 2 Thle. 2. verb. Aufl. 12. Agram 887, Hartman's Verlag. à Thl. geb. *M 3.—. *
Inhalt:
I. Deutsch-kroatischer Theil. (384 S.)
II. Kroatisch-deutscher Theil. (480 S.)

Filipović, Ivan, Taschenwörterbuch d. kroat. u. deutschen Sprache. 2 Thle. 3., vervollst. u. bedeut. verb. Ausg. in neuer kroat. Rechtschreibg. gr. 16. Agram, L. Hartman. Geb. in Leinw. à n 4. —
I. Deutsch-kroat. Thl. (VII, 535 S.) 895.
II. Kroatisch-deutscher Thl. (VII, 568 S.) 896.

— Taschenwörterbuch der kroatischen u. deutschen Sprache. 4., vervollständ. u. bedeutend verb. Ausg. in neuer kroat. Rechtschreibg. 2 Tle. 16 Ebd. Geb. in Leinw. à n. 4. —
I. Deutsch-kroatischer Thl. (VII, 532 S.) 900.
II. Kroatisch-deutscher Thl. (VII, 587 S.) 903.

Taschenwörterbuch der kroatischen und deutschen Sprache von Ivan **Filipović.** 5. vervollst. u. bedeutend verb. Ausg. in neuer kroat. Rechtschreibung. 2. Zagreb: Hartmans 1910. 8°
[Nebent.:] Džepni Rječnik hrvatskoga i njemačkoga jezika od Ivana Filipovića. (10. 18302

Filipović, Ivan. Neues Wörterbuch der kroatischen und deutschen Sprache. Zum Gebrauche für Juristen, Beamte, Lehrer, Handel- und Gewerbetreibende etc., nach den neuesten Quellen zusammengestellt unter Mitwirkung von Gjuro Deželić, Ljudevit Modec und Gj. Šimončić. I. Deutsch-kroatischer Theil. II. Kroatisch-deutscher Theil. (4 Bde.) 8. Agram 1869—1875.

— neues Wörterbuch der kroatischen und deutschen Sprache. 2 Thle. oder 4 Bde. gr. 16. Ebendas. *
Inhalt:
Thl. 1. Deutsch-kroatisch. 2 Bde. (796; 718 S.) 872. *M. 12.
" 2. Kroatisch-deutsch. 2 Bde. (2132 S.) 874,75. *M. 16.

Filipowski, H.E.(Hrsg.), s. Asif, Sēfēr hā.

Filipowski, Sepher Moed Moadim. 8. (16 Bog. hebr. Text, 45 Tab. röm. Kalender, 8 S. engl. Text.) London 868. [Leipzig, Köhler's Antiquarium.] *

Filippa, Königin. Geschichtl. Roman nach d. Schwed. v. C. Eichel. 6 Bde. 8. (1: IV u. 217 S. 2: 204 S. 3: 112 S. 4: 191 S. 5: 224 S. 6: 191 S.) Leipzig 850. 51, Kollmann. (1—3. à 1 ₰ 4—6. à 3/4 ₰) 5 1/4 ₰

Filippi, Domenico Antonio

— s. a. Filippi, G.

Filippi, Dom. Ant., antologia tedesca ad uso delle scuole del regno Lombardo-Veneto. Qual parte II. della grammatica della lingua tedesca. 3. ediz. riveduta. Vienna 856. Gerold. gr. 8. (2 Bl., 248 S.) n. 20 ngl

Filippi, Dom. Ant., Antologia tedesca ad uso delle scuole del regno Lombardo-Veneto. Qual parte II. della grammatica della lingua tedesca. 4. edizione riveduta ed emendata. gr. 8. (III und 224 S.) Wien 862, Gerold's Sohn.

— il corrispondente livornese ossia scelta di lettere mercantili, seguite di varii documenti relativi al commercio, con l'aggiunta d'un vocabulario assai compiuto di termini proprii all' oggetto. Con note tedesche. 2. edizione. gr. 8. (VI u. 258 S.) Ebd. (837) 851. 27 ngl

de Filippi, P. A., Corso pratico ossia gradazione di temi per imparare in un modo facile e celere la lingua tedesca secondo il metodo rinomato del Dr. F. Ahn. gr. 8. (VI u. 121 S.) Vienna 850, Gasper. Hugel & Manz. ½ ꝶ

Filippi, P. A. de, Corso pratico ossia gradazione di temi per imparare in un modo facile e celere la lingua tedesca secondo il metodo rinomato di F. Ahn. gr. 8. (VI und 121 S.) Vienna 851, [Manz.]

Filippi, P. A. De —. Corso pratico elementare ossia gradazione di temi per imparare in un modo facile e celere la lingua tedesca secondo il metodo rinomato del Dr. F. Ahn del professore — —. Seconda edizione originale impressa esattamente come la prima. 8. (2 Blätt. 120 S.) Stamperia de Federico Manz. Vienna. Presso Federico Manz. 1854.

Filippi, P. A. de — Corso pratico elementare ossia gradazione di temi per imparare in un modo facile e celere la lingua tedesca secondo il metodo rinomato del Dr. F. Ahn del professore — —. Terza edizione originale impressa esattamente come la prima. Vienna, 1856. Presso Federico Manz. (118 S. 8.)

Filippi, P. A. de, corso pratico elementare ossia gradazione di temi per imparare in un modo facile e celere la lingua tedesca secondo il metodo rinomato del Dr. F. Ahn. 6. ediz. orig. gr. 8. (IV, 120 S.) Leipzig 871. Gebhardt. n. 1. 40

Filippi, P. A. de, — Corso pratico e teorico della lingua tedesca, ossia nuovo metodo d'imparare con facilità e celeremente il tedesco. 3. ediz. diligent. riveduta, corretta ed arricchita d' un' Antologia. 8. (252 S.) Vienna, Feder. Manz, 1853.

Filippi, P. A. de, Corso pratico et teorico della lingua tedesca, ossia nuovo metodo d'imparare con facilità e celeremente il tedesco. 3. Edizione orig., diligentemente riveduta, coretta ed arricchita d'un' antologia. gr. 8. (VIII und 251 S.) Vienna 853, Manz. Thlr.

Filippi, P. A. de, Cours pratique pour apprendre facilement et en peu de temps la langue italienne, selon la méthode renommée du Dr. F. Ahn, avec un abrégé de grammaire, tant pour la jeunesse que pour ceux qui sont parvenus à un âge mûr, et particulièrement pour les écoles. 3. Édit. gr. 8. (IV und 176 S.) Wien 857, F. Manz.

Filippi, P. A. de, cours pratique pour apprendre facilement et en peu de temps la langue italienne selon la méthode renommée de F. Ahn, avec un abrégé de grammaire, tant pour la jeunesse que pour ceux qui sont parvenus à un âge mûr, et particulièrement pour les écoles. 5. éd. gr. 8. (IV, 176 S.) Leipzig 878. Gebhardt. 1. 80

— — Dizzionario Italiano-Tedesco e Tedesco-Italiano. oder: italien.-deutsch und deutsch-italienisches Wörterbuch. 2 Thle. gr. 8. Leipzig, Cnobloch. Wien, Heubner. 817.

—— neues schnelllehrendes Elementar-Buch für den ersten Unterricht in der italienischen Sprache. Nach einer rein prakt. Methode, die in kürzester Zeit zum Sprechen führt. Zum Gebrauche an Unter-Realschulen bearb. und in zwei Semester eingetheilt. Im deutschen Theil rev. von Jos. Alois Ditscheiner. 1. und 2. Semester. gr. 8. Wien, Gerold, Verlag. [1. Sem. (VI und 122 S.) 851., 2. Sem. (IV und 140 S.) 852. à 12 Ngr.]

—— Elementar-Buch für den ersten Unterricht in der italienischen Sprache. Nach einer rein prakt. Methode zum Gebrauche an Realschulen bearb. und in zwei Semester eingetheilt. 2. (Titel-)Aufl. gr. 8. (VI und 122, IV und 140 S.) Wien (851. 52)60, Gerold's Sohn.

— s. 1) Fr. Gedicke, Lesebuch italien. u. deutsches. 2) v. Genlis, Frau, d. Reisende.

— Grammaire de la langue italienne, gr. 8. Nrnb. Grattenauer. 800.

— nouv. Grammaire pour servir à la Pratique et à la Théorie de la langue italienne. gr. 8. Nürnb. 800. (Lauffer in Leipz.) 1 ꝶ 8 gr.

— — Grammaire pour servir à la pratique et à la théorie de la langue italienne. gr. 8. 801. Hat jetzt Lauffer in Leipzig.

Filippi, Dom. Ant., Grammatica della lingua Allemanna o sia nuova metodo d'imparare con facilità, l'allemanno. 8. Wien 803. Camesina. 1 ꝶ 12 gr. Ed. II. 816. Ed. III. gr. 8. ibid. 823. (Volcke). 1 ꝶ 8 gr.

— — Gramatica della lingua alemanna. 8maj. 815. Hat jetzt Volke in Wien und der Preis

Filippi, (A.,) Grammatica della lingua tedesca o sia nuovo metodo d'imparare con facilità il Tedeco. 3e Aufl. gr. 8. Wien 823, Volcke.

Filippi, Domin. Ant., Grammatica della lingua tedesca ossia nuovo metodo d'imparare con facilità il tedesco. Settima unica legittima ediz. originale diligentemente riveduta, corretta, ed arricchita di traduz. interlineari, note, regole per riconoscere l'identità ed affinità di moltissime voci delle due lingue, e cenni sulla storia della lingua e letteratura tedesca dal G. B. Bolza. gr. 8. (27½ B. u. 1 Kpfrt., qu. ¼ gr. Fol.) Vienna 840, Volke. Thlr. *
Vgl. Philippi.

Filippi, Domin. Anton., grammatica della lingua tedesca ossia nuova metodo d'imparare con facilità il tedesco. Con esercizi interlineari, note e regole sull' affinita delle due lingue del Dr. G. B. Bolza. 9. ed. orig. in III corsi. (2 parti) gr. 8. Corso I. e II. Parte grammaticale. (VIII u. 222 S. u. lith. Vorschriftentaf. in 4.) Corso III.: Scelta di prose e poesie tedesche ad uso degli studiosi italiani. Colla dichiarazione dei vocaboli più più difficili, frasi ed idiotismi (da M. Volke). (IV u. 238 S.) Vienna 847, Volke. n. 1⅓ ꝶ

Filippi, Antonio. Grammatica della lingua tedesca ossia nuovo metodo d' imparare con facilità il Tedesco, di — —. Con regole sull' identità o affinità di moltissimi vocaboli delle due lingue del Dott. G. B. Bolza. Decima, unica legittima edizione originale arricchita nella parte pratica e rifatta nella teoria secondo i principj de' più accreditati grammatici alemanni moderni ad uso delle cattedre del regno Lombardo-Veneto 8. (236 pag.) Vienna. Stamp. di A. Dorfmeister. Presso Maurizio Volke del fu Federico 1853.

—— Grammatica della lingua tedesca ossia nuovo metodo d'imparare con facilità il tedesco. Con regole sull' identità o affinità di moltissimi vocaboli delle due lingue di G. B. Bolza. 10., unica legittima edizione orig. arrichita nella parte pratica e rifatta nella teoria secondo i principj de' più accreditati grammatici alemanni moderni ad uso delle cattedre del regno Lombardo-Veneto. gr. 8. (III und 236 S.) Vienna 853, [Manz.] *

— grammatica della lingua tedesca. Rifatta nella parte teoretica ad uso delle scuole dal G. B. Bolza. 11. ediz. 855. —

Filippi, D. A. — Grammatica della lingua tedesca di — —. Rifatta nella parte teoretica ad uso delle scuole dal Dott. G. B. Bolza. Vienna 1855. Dalla tip. di Carlo Gerold figlio. (IV. 236 S. 8.)

Filippi, P. A. de — Grammatica della lingua tedesca ossia nuovo metodo d'imparare con facilità e celeremente il tedesco di — —. Quarta edizione originale del corso pratico e teorico. Vienna, 1856. Libreria di Federico Manz. (VIII. 248 S. 8.)

Filippi, D. A. —. Grammatica della lingua tedesca di — —. Rifatta nella parte teoretica ad uso delle scuole dal Dott. G. B. Bolza. Edizione duodecima. Vienna, 1857. Tip. Carlo Gerold figlio. (IV. 236 S. 8.)

12. ediz. 857. — 13. ediz. Vienna 858. Gerold. gr. 8. (IV, 236 S.) n. 20 ngr

Filippi, P. A. de, Grammatica della lingua tedesca ossia nuovo metodo d'imparare con facilità e celeremente il tedesco. 5. ediz. orig. del corso pratico e teorico. gr. 8. (VIII und 248 S.) Leipzig 865, Gebhardt.

de Filippi, P. A., grammatica della lingua tedesca ossia nuovo metodo d'imparare con facilità e celeremente il tedesco. 5. ediz. 866. — 6. ediz. orig. Leipzig 870. Gebhardt. gr. 8. (VIII, 248 S.) 21 ngr.

Filippi, Dom. Ant., grammatica della lingua tedesca. Edizione 14. rifatta nella teoria e riveduta nella parte pratica da Carlo G. G. Flügel. Con appendice all' introduzione contenente le osservazioni del Dr. G. B. Bolza intorno ai vocaboli tedeschi ed italiani identici o affini. Wien 867. Gerold's Sohn. gr. 8. (VI, 248 S.) n. 20 ngr.

—— Grammatica della lingua tedesca ossia nuovo metodo d'imparare con facilità e celeremente il tedesco. 6a ediz. orig. 1870. M 2,10., e 7a ediz. originale. gr. 8. (VIII, 248 S.) Leipzig 875, Gebhardt's Verlag. *

Filippi, Dom. Ant., Grammatica della lingua tedesca. Ediz. 15a 1872, e ediz. 16a, rifatta nella teoria e riveduta nella parte pratica da Carlo G. G. Flügel. Con appendice all' introduzione contenente le osservazioni del Dott. G. B. Bolza intorno ai vocaboli tedeschi ed italiani identici o affini. gr. 8. (IV, 248 S.) Wien 875, Gerold's Sohn. *

— grammatica della lingua tedesca ossia nuovo metodo d'imparare con facilità e celeremente il tedesco. 7. ed. originale. gr. 8. (VIII, 248 S.) Ebend. 875. n. 2. —

Filippi, italien. Grammatik. 13. Origin.-Aufl. Nürnberg 836, Lotzbeck. 1 rf 6 ngl

— Italienisch-deutsche Handelscorrespondenz mit erklär. Noten zum Uebersetzen in beiden Sprachen. Nebst e. ausführl. kaufmänn. Terminologie. Für den Schul- u. Privatgebrauch. 2. (Titel-)Ausg. 8. (IV u. 179 S.) Ebd. (843) 851. 16 ngl

— italienische und deutsche Handelscorrespondenz mit erklärenden Notizen zum Uebersetzen in beiden Sprachen und einer ausführlichen kaufmännischen Terminologie. 3. Aufl. Neu bearb. u. m. Zusätzen verm. von Phil. Zeh. Nürnberg 860. Lotzbeck. gr. 8. (IV, 188 S.) 18 ngr

de Filippi, Dom. Ant., prakt. Lehrgang zur Erlernung der italien. Sprache. Nach Dr. F. Ahn's bekannter Lehrmethode, sowohl für die Jugend, als auch zum Selbstunterrichte für Erwachsene. Mit einer Vorrede über das Wesen u. die Vorzüge dieser naturgemäßen Lehrmethode für den ersten Unterricht in fremden Sprachen von A. Haidinger. 1. Cursus. gr. 12. Wien 845, Jasper'sche Buchh. n. 7/12 rf — 2. verb. u. verm. Aufl. gr. 12. Ebend. 846. n. 7/12 rf — II. Cursus. gr. 8. Ebend. 846. n. 7/12 rf

—— praktischer Lehrgang zur schnellen, leichten und doch gründl. Erlernung der italienischen Sprache, nach F. Ahn's bekannter Lehrmethode. Für die Jugend, als auch zum Selbstunterrichte für Erwachsene, und vorzüglich für Schulen ꝛc. 1. Cursus. 2—7. Aufl. 1847—51. und 8., verb. Aufl. gr. 8. (VIII und 180 S.) Wien 852, Manz.

—— dass. — 2. Cursus. 2., verb. und verm. Auflage. gr. 8. (196 S.) Ebds. 848.

Filippi P. A. de. Praktischer Lehrgang zur schnellen Erlernung der Italienischen Sprache nach Dr. Ahn's Lehrmethode. II. Kurs. 7. Auflage. 8. (208 S.) Wien, Fr. Manz. 1853.

Filippi, P. A. de —. Prof. der italien. Sprache und Literatur in Wien. Praktischer Lehrgang zur schnellen, leichten und doch gründlichen Erlernung der italienischen Sprache nach Dr. F. Ahn's bekannter Lehrmethode für die Jugend, als auch zum Selbstunterricht für Erwachsene und vorzüglich für Schulen und Lehrinstitute von — —. 2ter Kursus. Neunte, mit der achten gleichlautende Aufl. Wien, 1857. Druck und Verlag von Friedr. Manz. (IV. 208 S. 8.)

—— praktischer Lehrgang zur schnellen, leichten und doch gründlichen Erlernung der italienischen Sprache, nach F. Ahn's bekannter Lehrmethode. Für die Jugend, als auch zum Selbstunterrichte für Erwachsene und vorzüglich für Schulen und Lehr-Institute. 1. Cursus. 9—12. Aufl. 1852—55. und 13. mit der 12., gleichlautende Aufl. gr 8. (IV und 216 S.) Wien 856(57,) Manz.

— praktischer Lehrgang zur schnellen, leichten und doch gründlichen Erlernung der italienischen Sprache, nach Dr. F. Ahn's bekannter Lehrmethode. Für die Jugend, als auch zum Selbstunterrichte für Erwachsene und vorzüglich Schulen und Lehrinstitute. 1. Cursus. 14–16. Aufl. Leipzig 859–62. Wagner. (Gebhardt's Verlag.) gr. 8. (IV, 216 S.) 18 ngr.

— praktischer Lehrgang zur schnellen, leichten u. doch gründlichen Erlernung der italienischen Sprache, nach Dr. F. Ahns bekannter Lehrmethode. Für die Jugend, als auch zum Selbstunterrichte für Erwachsene u. vorzüglich Schulen u. Lehrinstitute. 2 Curse. Ebend. 870. 8. Jeder Cursus 18 ngr.

1. Cursus: 18. Aufl. 866. — 19. mit der 18. gleichlaut. Aufl. (IV, 216 S.) — 2. Cursus: 14. mit der 13. gleichlaut. Aufl. (208 S.)

—— praktischer Lehrgang zur schnellen, leichten und doch gründlichen Erlernung der italienischen Sprache, nach Dr. F. Ahn's bekannter Lehrmethode. Für die Jugend, als auch zum Selbstunterrichte für Erwachsene und vorzüglich Schulen und Lehrinstitute. 1. Cursus. 19. und 20. mit der 18. gleichlaut. Aufl., und 2. Cursus. 14. mit der 13. gleichlaut. Aufl. 8. (IV, 216; 208 S.) Leipzig 869—72, Gebhardt's Verlag. à Cursus M 1,80.

— praktischer Lehrgang zur schnellen, leichten u. doch gründlichen Erlernung der italienischen Sprache, nach Dr F. Ahn's bekannter Lehrmethode. Für die Jugend, als auch zum Selbstunterrichte f. Erwachsene u. vorzüglich f. Schulen u. Lehrinstitute. 1. u. 2. Curs. gr. 8. Ebend. 876. à 1. 80

1. 21. Aufl. (IV, 216 S.) — 2. 15. Aufl. (208 S.)

— praktischer Lehrgang zur schnellen, leichten u. doch gründlichen Erlernung der italienischen Sprache, nach F. Ahn's bekannter Lehrmethode. Für die Jugend, als auch zum Selbstunterrichte für Erwachsene u. vorzüglich für Schulen u. Lehrinstitute. 1. Curs. 22. Aufl. gr. 8. (IV, 216 S.) Ebend. 880. 1. 80

Filippi, P. A. de, praktischer Lehrgang zur schnellen, leichten u. doch gründlichen Erlernung der italienischen Sprache, nach Dr. F. Ahn's bekannter Lehrmethode. Für die Jugend, als auch zum Selbstunterricht f. Erwachsene u. vorzüglich f. Schulen u. Lehrinstitute. 1. Curs. 23. Aufl. gr. 8. (IV, 216 S.) Leipzig 883. Gebhardt. 1. 80

Filippi, P. A. de, praktischer Lehrgang zur schnellen, leichten u. doch gründlichen Erlernung der italienischen Sprache nach F. Ahn's Lehrmethode. 1. 2. Curs. gr. 8. Leipzig, Gebhardt. à 1. 80

1. 24. Aufl. (IV, 216 S.) 888. — 2. 16. Aufl. (208 S.) 887.

Filippi's, P. A. de, prakt. Lehrgang zur leichten u. schnellen Erlernung der italienischen Sprache. Für Schulen u. Lehrinstitute sowie z. Selbstunterrichte. I. Kurs. 25. Aufl., vollst. neu bearb. v. Alb. de Beaux. (VIII, 196 S.) 8. Leipzig 909. J. M. Gebhardt. 1.80; geb. 2.25

— italien. Lesebuch, oder zweckmäß. Uebungen, auf e. leichte Art die italien. Prosaisten u. Dichter verstehen zu lernen. gr. 8. St. Gallen 801. 5e Aufl. 824. Huber u. C. 20 gl

— Ital. Lesebuch. gr. 8. St. Gallen, Huber. 810.

— — italienisches Lesebuch. 4te Aufl. gr. 8. St. Gallen, Huber und C. 817.

— neues u. unterhaltendes italien. Lesebuch zum Schul- u. Privatgebrauch für Anfänger u. Geübtere. 1. Abthl. gr. 8. Wien 846, Jasper's Buchh. 7/12 ℛ — 2. Abthl. Für Geübtere. gr. 12. Ebend. 846. n. 14 ngl 1. 2. 1 ℛ 1½ ngl

—— neues u. unterhaltendes ital. Lesebuch z. Schul- u. Privatgebr. f. Anfänger u. Geübtere. Insbesond. auch f. Diejenigen, welche ohne Hilfe e. Lehrers ihre Sprachkenntnisse erweitern wollen. Aus d. vorzügl. Autoren planmässig zusammengestellt. 1. u. 2. Abthl. gr. 8. (13¾ u. 15¼ B.) Wien 846, 47, Jasper's Verl. à Abthl.-

—— neues und unterhaltendes italienisches Lesebuch zum Schul- und Privatgebrauch für Anfänger und Geübtere. Insbesondere auch für diejenigen, welche ohne Hilfe eines Lehrers ihre Sprachkenntnisse erweitern wollen. Aus den vorzüglichsten Autoren planmässig zusammengestellt und mit genauen Worterklärungen versehen. 1. Abthl., 2., verb. Aufl. gr. 8. (VII und 208 S.) Wien 851, [Manz.]
2. Abthl. (1. Aufl.) Ebendas. 1847. * 14 Ngr.

—— neues und unterhaltendes italienisches Lesebuch zum Schul- und Privatgebrauch für Anfänger und Geübtere. Insbesondere auch für diejenigen, welche ohne Hilfe eines Lehrers ihre Sprachkenntnisse erweitern wollen. Aus den vorzüglichsten Autoren planmässig zusammengestellt und mit genauen Worterklärungen versehen. 4., durchgesch. Aufl. gr. 8. (VIII und 208 S.) Wien 856, Manz.

— neues u. unterhaltendes italienisches Lesebuch zum Schul- u. Privatgebrauche für Anfänger u. Geübtere. Insbes. auch für diejenigen, welche ohne Hülfe eines Lehrers ihre Sprachkenntnisse erweitern wollen. 6., mit der 5. gleichlaut. Aufl. Ebend. 866. gr. 8. (IV, 208 S.) 18 ngr.

—— neues und unterhaltendes italienisches Lesebuch zum Schul- und Privatgebrauche für Anfänger und Geübtere. Insbesondere auch für diejenigen, welche ohne Hülfe eines Lehrers ihre Sprachkenntniss erweitern wollen. Aus den vorzüglichsten Autoren zusammengestellt und mit genauen Worterklärungen versehen. 6. und 7. mit der 6. gleichlaut. Aufl. 8. (VIII, 208 S.) Leipzig 868,73, Gebhardt's Verlag.

—— neues und unterhaltendes italienisches Lesebuch zum Schul- und Privatgebrauche für Anfänger und Geübtere. Insbesondere auch für diejenigen, welche ohne Hülfe eines Lehrers ihre Sprachkenntnisse erweitern wollen. Aus den vorzüglichsten Autoren zusammengestellt und mit genauen Worterklärungen versehen. 8. neu durchges. und verb. Aufl. gr. 8. (VIII, 208 S.) Ebendas. 887.

— Lesebuch der italien. Sprache od. Blüthen der vorzüglichsten alten u. neuen Literatur Italiens in ungebundener Rede. Mit erläut. Noten f. Deutsche. 2. (Titel-)Ausg. 8. (VI u. 200 S.) Ebd. (844) 851. 16 ngl

— lettere mercantili, per comodo della Gioventu. 8. Wien, Geistinger. (Leipz. Weygand.) 813

— Lettere mercantili per uso della gioventù che desidera familiarizzarsi col moderno e corretto stile epistolare de' commercianti. 8. Wien 813. N. Aufl. 819. Geistinger. (Gerold). 1 ℛ Ubg. Pr. 12 gl

— — Lettere mercantili per uso della Gioventù che desidera familiarizzarsi col moderno e corretto stile epistolare de' commercianti, nuoviss. ediz. orig. 8. (Lipsia, F. C. G. Vogel). 819.

— libro di lettura di Freder. Gedicke transport. dal francese in italiano etc. 8. maj. Vien. Camesina. 804.

— Maitre italien. gr. 8. Vien. Camesina. 805.

— le nouveau Maitre italien. gr. 8. Wien 805. Ed. IV. 812. (Volcke; a. Heubner). 2 ℛ (vergl. *Fornasari*, Cours.)

— le nouveau Maitre italien. IV edition. gr. 8. Vienne, Camesina. 812.

—— Manuale della conversazione tedesca. Rifatto secondo il bisogno de' tempi nostri ad uso della vita sociale, de' viaggiatori e degli studiosi della lingua tedesca. Coll aggiunta di esercizj grammaticali, di una scelta di maniere di dire, di viglietti, ecc. 2. Edizione. — Taschenbuch der italienischen Umgangssprache. 2. Aufl. 16. (VIII und 320 S.) Vienna 853, [Manz.] *

— Museo italiano di scelta lettura etc. Fasc. IX. 8. ibid. 805.

— Museo italiano di scelta Letteru, o sia Trattenimenti dello Spirito e del Cuore, onde fornire agli amatori della lingua italiana occasione di un utile e grato esercizio. III Tom. gr. 8. Wien 813. (Volcke). 2 ℛ 12 gl

— Novellette morali colla traduzione tedesca accanto. 12. Wien 816. Volcke. 18 gl

— Racconti morali italiani e tedeschi. Moralische Erzählungen italien. u. deutsch. 12. Wien 815. (Volcke). 21 gl Velinp. 1 ℛ

— nuova scelta di commedie, melodrammi e tragedie per comodo degli amatori etc. 4 Vol. 8. Vien. Camesina. 807.

Filippi, D. A., nuova Scelta di Commedie, Melodrammi e Tragedie per comodo degli amatore della lingua italiana. IV Tomi. 8. Wien, Camesina. 813.

Filippi, Dom. Ant., (†d. 2. Jan. 1817.) nuova scelta di commedie, melodrammi e tragedie per comodo degli amatori della lingua italiana. IV T. 8. Wien 813. (Volcke). 2 ℛ 12 gl

—— italienische Schulgrammatik nach den in Fr. Ahn's französ. Grammatik befolgten Grundsätzen. 1—3. Aufl. 1847—51. und 4., umgearb. Aufl. gr. 8. (XIX und 339 S.) Wien 852, Manz.

—— italienische Schulgrammatik nach den in Dr. Fr. Ahn's französ. Grammatik befolgten Grundsätzen. 6., verb. Aufl. gr. 8. (XII und 335 S.) Wien 857, F. Manz.

—— italienische Schulgrammatik nach den in Dr. F. Ahn's französ. Grammatik befolgten Grundsätzen. 10. verb. Aufl. gr. 8. (XII, 335 S.) Leipzig 874, Gebhardt's Verlag.

— neue italien. Schulgrammatik nach den in Fr. Ahn's franz. Grammatik befolgten Grundsätzen. gr. 12. (312 S.) Ebd. 847. — 2. verb. Aufl. gr. 8. (VI u. 304 S.) Ebd. 850. 1 ℛ

— ausführliche theoretisch-prakt. italienische Sprachlehre für den öffentlichen u. Privat-Unterricht. 12. bedeutend verm. Originalaufl., nach d. neuesten philolog. Sprachforschungen mit sachgemäßer Hinweisung auf die analytischen Erklärungen der Formenlehre. Bearbeitet von Jh. Ph. Zeh. gr. 8. Nürnberg 842, Zeh'sche Buchh. 1⅓ ℛ

Filippi's, Domin. Anton, ausführliche theoret.-prakt. italienische Sprachlehre f. d. öffentl. u. Privat-Unterr. 12. u. 13., verm. Original-Aufl., nach den neuesten philolog. Sprachforschungen m. sachgemäßer Hinweis. auf die analytischen Erklärungen der Formenlehre. Bearb. v. Joh. Ph. Zeh. gr. 8. Nürnberg. [Lotzbeck.] [12. A. (30 B.) 842. 1 Thlr. 10 Ngr., 13. (25½ B.) 846, 47.]

—— ausführliche theoretisch-praktische italienische Sprachlehre für den öffentl. und Privat-Unterricht. 14., verm. Originalaufl., mit sachgemäßer Hinweisung auf die analyt. Erklärungen der Formenlehre. Bearb. von Joh. Phil. Zeh. gr. 8. (IV und 401 S.) Nürnberg 853, Lotzbeck.

—— ausführliche theoretisch-praktische italienische Sprachlehre für den öffentlichen und Privat-Unterricht. 15., bedeutend veränd. Originalaufl., in dem Bedürfnisse der Lernenden mehr entsprechender faßl. Methode dargestellt. Bearb. von Laurenz Fornasari Edlen v. Verce. gr. 8. (IV und 408 S.) Nürnberg 860, Lotzbeck. Thlr.

— italienische Sprachlehre oder prakt. u. theoretische Anweisung z. gründl. Unterricht in der italienischen Sprache. gr. 8. Nürnb. 799. 2e Aufl. gr. 8. Wien 803. 11e A. 823. 12e Orig.-Aufl. gr. 8. Wien 829. Heubner. 1 ℛ 4 gl

— italienische Sprachlehre, od. prakt. u. theoret. Anweis. zum gründl. Unterrichte in d. ital. Sprache. 7te verbess. Ausg. gr. 8. Ebend. 813.

— dasselbe. 8te Ausg. gr. 8. Nürnb. Zeh. 814.

— — italienische Sprachlehre oder praktische und theoretische Anweisung z. gründl. Unterricht in der italienischen Sprache. 10te Original-Aufl. gr. 8. Wien, Heubner. 820.

—— italienische Sprachlehre oder pract. und theoret. Anweisung zum gründl. Unterrichte in der italien. Sprache. 13., durchgesehene und verb. Original-Aufl. gr. 8. (VIII und 512 S.) Wien 847, Heubner's Verlag.

— — italienische prakt. theoret. Sprachlehre für Deutsche. 9te Aufl. von C. Beretti. gr. 8. Nürnberg, Zeh. 819.

— ital. theoret. pract. Sprachlehre f. Deutsche. gr. 8. Nrnb. Zeh. 809.

— — dies. gr. 8. Wien, Camesina. 809.

— neueste theoret.-prakt. italien. Sprachlehre f. Deutsche. 10e Aufl. verbess. von Ph. Zeh. gr. 8. Nürnberg 826, Zeh.

—— neueste theoret.-prakt. Ital. Sprachlehre. 11., umgearb. u. verm. Orig.-Ausg. v. Ph. Zeh. gr. 8. (38½ B.) Nürnberg 829, Zeh.

— theoret.-prakt. italien. Sprachlehre f. Deutsche. gr. 8. Nürnb. 799. 9e Aufl. v. C. Beretti. 10e Aufl. v. Ph. Zeh. 826. 11e A. 829. Zeh. 1 ℛ 8 ℊℊ

— theoretisch prakt., italien. Sprachlehre nach den Anfordergn. d. Zeitgeistes entwickelt in einer ganz neuen leichtfaßl. Methode f. den Schul- u. Privat-Unterricht. 1. Thl.: Elementarlehre, Grundlage der Formenlehre, sehr viele Beispiele u. praktische Uebungen. gr. 8. (VIII u. 212 S.) Wien 849, Mechitaristen-Congreg. Buchh. 24 ngl

—— theoretisch-praktische italienische Sprachlehre nach den Anforderungen des Zeitgeistes in einer ganz neuen leichtfaßl. Methode entwickelt, und durch sehr viele Beispiele erläutert. Für den Schul-, Privat- und Selbst-Unterricht. 1. Aufl. (VIII und 212 S.) 849. und 2., ganz umgearb. und dem prakt. Bedürfnisse eines schnellen gründl. Unterrichtes entsprechend eingerichtete Aufl. Im deutschen Theile durchgesehen von Jos. Alois Ditscheiner. 1. Thl.: Elementarlehre und Grundzüge der Formenlehre. gr. 8. (VIII und 232 S.) Wien 850, Gerold, Verlag.

—— dass. — 2. Thl.: Formenlehre und Syntax. gr. 8. (VIII und 336 S.) Ebds. 851.

— theoretisch-praktische italienische Sprachlehre nach den Anforderungen des Zeitgeistes und durch sehr viele Beispiele erläutert. Zum Schul- u. Privat-Unterricht. 2 Thle. 3. Aufl. Wien 861. Gerold. gr. 8. 1 ℛ 24 ngr.

Inhalt: 1. Thl. Elementarlehre und Grundzüge der Formenlehre. (VIII, 232 S.) 24 ngr. — 2. Thl.: Formenlehre und Syntax. (VIII, 336 S.) 1 ℛ

— Taschenbuch der italienischen Umgangssprache. In einer neuen, dem Bedürfnisse unserer Zeit entsprechenden Umarbeitung zum Gebrauche für das gesellschaftliche Leben, für Reisende und beim Sprachunterrichte. Mit vorausgehenden grammatikalischen Uebungen, einer Sammlung von Redensarten und einem Anhang von Briefen u. s. w. A. u. d. T.: Manuale della conversazione tedesca. Rifatto secondo il bisogno de tempi nostri etc. 2. Aufl. 853. n. 16 ngl — 3. Aufl. Wien 856. Gerold. gr. 16. (4 Bl., 320 S.) n. 18 ngl

Filippi, Dom. Ant. Taschenbuch der italienischen Umgangssprache. In neuerer Umarbeitung. (Manuale della conversazione tedesca) 2. Aufl. 8. (320 S.) Wien, K. Ueberreuter, 1853.

— Trattenementi, s. a. F. Hermann, Vernunftkatechismus.

— Trattenimenti p. form. l'intelletto etc. 8. Lps. Hinrichs.

Filippi, D. A., Trattenimenti per formar, l'intelletto ed il cuore de fanciulli in corte e facili narrazioni. Nuova edizione. 8. Leips. Hinrichs. 813. Rthlr.

—— erster Unterricht zur schnellen und leichten Erlernung der italienischen Sprache nach F. Ahn's bekannter Lehrmethode. Für die Jugend als auch zum Selbstunterrichte für Erwachsene. Neuer Abdr. der 9. Aufl. des prakt. Lehrganges. gr. 8. (VIII und 180 S.) Wien 856, Manz.

— il Viaggiatore, opera utile alla gioventù e a' viaggiatori, che bramano rendersi famigliari le frasi etc. gr. 8. Wien 803. Volcke. 1 ℛ Schrbp. 1 ℛ 8 ℊℊ

Filippi, F. de. Allgemeine Bemerkungen zur Entwicklungsgeschichte der Thiere. 1860?

Filippi, F. de. Über die Entwicklung von Dichelaspis Darwinii. 1860?

Filippi, F. de, s.: Ludwig Amadeus v. Savoyen, Herzog der Abruzzen: Der Ruwenzori.

Filippi, Filippo de, s.a. De Filippi

Filippi, Filippo de, die Forschungsreise S. K. H. des Prinzen Ludwig Amadeus v. Savoyen, Herzogs der Abruzzen nach dem Eliasberge in Alaska im J. 1897. Aus dem Ital. übers. v. Baron G. Locella. Mit 127 in den Text gedr. u. 34 Taf. Abbildgn., 4 Panoramen u. 2 Karten. Lex.-8. (XXI, 257 S.) Leipzig 900. J. J. Weber.
Geb. in Leinw. n. 30. —

Filippi, Filippo, Richard Wagner. Eine musikal. Reise in das Reich der Zukunft. Aus dem Ital. v. F. Furchheim. Autoris. Uebersetzg. 8. (113 S.) Leipzig 876. Hartung & Sohn. n. 2. —

Filippi, G., s.a. Filippi, Domenico Antonio

Filippi, G., (Joh. Phil. Zeh), Anleitg. zur italienischen Conversations-Sprache in ihren besondern Eigenthümlichkeiten. Oder Sammlung v. mehr als 4000 Italicismen, bildl. Ausdrücken, Sprüchwörtern etc., m. deutscher Uebersetzg. 2. (Titel-) Ausg. br. 12. (IV u. 198 S.) Nürnberg (840) 851, Lotzbeck. 16 ngl

Filippi, G., il corrispondente livornese ossia scelta di lettere mercantili, seguite di varii documenti relativi al commercio, con l'aggiunta d'un vocabulario assai compiuto di termini proprii all' oggetto. Con note tedesche. 2. Edizione. gr. 8. (VI und 258 S.) Norimberga 851, Lotzbeck.

—— italienisch-deutsche Handelscorrespondenz mit erklär. Noten zum Uebersetzen in beiden Sprachen. Nebst einer ausführl. kaufmänn. Terminologie. Für den Schul- und Privatgebrauch. 2. (Titel-)Ausg. 8. (IV und 179 S.) Nürnberg 851, Lotzbeck.

—— Lesebuch der italienischen Sprache oder Blüthen der vorzüglichsten alten und neuen Literatur Italiens in ungebundener Rede. Mit erläut. Noten für Deutsche. 2. (Titel-) Ausg. 8. (VI und 200 S.) Nürnberg 851, Lotzbeck.

Filippi, G., ausführl. theoret.-prakt. italien. Sprachlehre f. d. öffentl. u. Privat-Unterricht. 13. verm. Orig.-Aufl. Bearb. v. Joh. Ph. Zeh. gr. 8. (IV u. 404 S.) Nürnberg 847, Lotzbeck. 1 ℛ 6 ngl

Filippi, G. F. de, Studio di Lingua del fanciullo italiano. 8. gr. Milano. 820. (Ibid.)

Filippi, P. A. de, s. Filippi, Domenico Antonio

Filippis, A. de, s.: Nach Paris!

Filippo, Johannes Dirk: Laurotetanin das Alkaloid der Tetranthera Citrata Nees. *Marburg 1898: (E. Ydo. Leide (Holland.)).* (111 S.) 8°
Marburg, Phil. Diss. v. [15. Juli] 1898

Filipský, Anton Das stehende Beiwort im Volksepos. 8 (S. III—XXII). Progr. Staats-G. *Villach* 1886.

Filipuzzi, Francesco

-- Analisi del carbone fossile di Cladinico in Carnia. S. 17. 40 . . . . vgr.
Separatabdruck

Filipuzzi Francesco: Della Paraffina. S. 17. 45 . . . . vgr.
Separatabdruck

Filippuzzi, Franc., Indagine chimica sopra l'aqua della fonte felsinea in Valdagno. Lex.-8. (27 S.) Wien 856, (Gerold's Sohn.)
Aus: Sitzungsberichte der k. Akademie der Wissenschaften J. 1856, besonders abgedruckt.

— Indagine chimica sopra l'acqua della fonte felsinea in Valdagno. S. 21. 561 . . vgr.
Separatabdruck

de Filistri,..., l'Ospitalia, poeme. gr.8. Riga 811. (Meinshausen). 1 ℳ 12 K

Filitz, Erwin, wie führe ich meine Prozesse beim Amtsgericht, Schöffengericht u. Gewerbegericht? Gemeinverständliche Darstellg., nebst Mustern f. Parteischriften. gr. 8. (VIII, 168 S.) Minden (901). Th. Oppermann. n. 1.—

Filitz, Frdr., vierstimmiges Choralbuch zum Kirchen- u. Hausgebrauch. Im Auftrage des rc. Dr. Bunsen zu dessen „Allgem. evangel. Gesang- u. Gebetbuch" (Hamburg 1846) bearb. qu. gr. 4. (XLIV u. 140 S.) Berlin 847, Bessers Verlag (Franz Duncker). n. 1 ⅓ ℳ

Filitz, Friedr., vierstimmige Choralsätze, s. Choralsätze. — Erk, L.

Filitz, Friedr., über einige Interessen der älteren Kirchenmusik. München 853. Kaiser. gr. 8. (138 S.) n. 20 ngr

Praktischer Leitfaden für Zinkhütten-Laboratorien. Von Friedrich Filitz Mit 5 Abb. Kattowitz: Gebr. Böhm 1907. (VI, 50 S.) 8° 108. 3065

Filitz, Fredericus: *De utilitate historiae. 19 Bl. 4°
Halle-Wittenberg. Phil. Diss. v. 5. Juli 1841
Geb. [Arnstadt 16. 3. 1804]
Verf. hatte zuerst eingereicht seine Druckschriften: Hypothese einer gentilicischen Oekonomie der Weltgeschichte. Berlin: Reimer 1838 und: Zur Litteratur über den Königsberger Verfassungsantrag. Leipzig: Köhler 1841, über deren erstere ein günstiges Referat abgegeben wurde. — Im Verz. der Primaner des Gymn. Arnstadt lautet sein Name Fielitz, aber in der Hallischen Matrikel 2. 5. 1823 auch Filitz

Filitz, Carl Aug. Ed., Liederperlen. Unterrichtlich geordnete Sammlung von Gesängen zum Gebrauche für Schulen. Nach praktisch-bewährten Grundsätzen in 4 Heften für Unter-, Mittel- und Oberstufe zusammengestellt und mit den dazu gehörigen Elementar-Uebungen bearb. und hrsg. 8. Breslau 880, Hientzsch. [1. Heft. (24 S.) 25 Pf.; 2. Heft (40 S.) 50 Pf.; 3. und 4. Heft. (48; 44 S.) à 60 Pf.]

Filius ante diem patrios inquirit in annos ... S. l. 1713. V: *Camen*, *Fr.* (Jes)

Filius prodigus in se reversus, ad patrem conversus ... Moguntiae 1752. V: *Engelmohr*, *Joseph.* (Jes)

Filius Capharnaitarum reguli a Christo sanatus ... Bambergae 1733. V: *Klüpffel*, *Aquilin.* (Jes)

Filius [Pseudon.] s. a. Schmahl, Adolf.

Filius (Adf. Schmal), eine Automobilreise durch Bosnien, die Herzegowina u. Dalmatien. Reiseschilderung f. Automobilisten, m. 63 Abbildgn. (84 S.) 8. Wien (908). F. Beck. 1. 20

Filius, Ohne Chauffeur. Ein Handbuch für Besitzer kleiner Wagen und Motorradfahrer. 8°. (VII, 381 S.) geb. K 5.50
Wien: Friedrich Beck 1907.

-- Ohne Chauffeur. Ein Handbuch f. Besitzer v. Automobilen u. Motorradfahrer. Populäre Darstellg. des Automobils u. Motorrades. Ratschläge üb. die Behandlg., Verhaltungsmassregeln u. Auskunftsmittel bei Defekten. 3. Aufl. (VII, 329 S. m. Abbildgn.) kl. 8. Ebd. 910. Geb. in Leinw. 5. 50

Filius (Adf. Schmal), s. a. Handbuch, das, des Motorzweirad-Fahrers.

Filius (A. S.) Handbuch des Motorzweiradfahrers. 1904. Wien. 8°. (199 S. m. Abb.) M. 4.—

-- Tagebuchskizzen e. Automobil-Alpenreise durch Österreich, Italien, Frankreich u. die Schweiz. Reiseschilderung m. 59 Abb. (88 S.) gr. 8. Ebd. 910. 2. 50

Filkuka, Lambert, d. metaphys. Grundlagen d. Ethik bei Aristoteles. gr. 8. (IV, 138 S.) Wien 895. C. Konegen. n. 3. —

Filkuka Dr. Lambert: Über den Zusammenhang zwischen der Intensität und dem Potential stationärer Strömungen in der Ebene. (11). Wien XV. R. 96.
Progr.

Filla, Jul., Chronik der Stadt Striegau von den ältesten Zeiten bis zum J. 1889. (VI, 897 S. m. 1 Abbildg.) gr. 8. Striegau 889. (Ph. Tschörner.) n. 5. —

§ FILLE, La, en bonne Humeur, Das Mägdlein bey guter Laune. Aus dem Frantzösischen ins Teutsche übersetzet. (Ornam.-Vign.) Mit Titelkpf. Franckfurt und Leipzig (Delitzsch, Vogelgsang), 1751. 8°. (In München: P. o. germ. 573.) (5 Mk. 50 Pfg. Taussig, c. 1902; 7 Mk. Alfr. Lorentz, 1905.)
Ziemlich zahme Liebesgeschichte. 270 S. (incl. Titelkpf. u. Titel).

Filler, Egydius, Heimat u. Vaterland, od. das Wichtigste aus der Geografie u. Geschichte Niederösterreichs u. der österreichisch-ungarischen Monarchie. Zum Gebrauche f. die Schüler an ein- u. mehrklass. Volksschulen auf dem Lande. 8. (IV, 55 S.) Wien 871. Pichler's Wwe. & Sohn. -- 50

Filler, Egydius, Heimat u. Vaterland, oder das Wichtigste aus der Geographie u. Geschichte Niederösterreichs u. der österreichisch-ungar. Monarchie. Zum Gebrauche für die Schüler an ein- u. mehrklass. Volksschulen auf dem Lande. 2., umgearb. Aufl. gr. 8. (IV, 59 S.) Wien 879. Pichler's Wwe. & Sohn. n. — 50

Filler, Ernestus, Meiningensis: Quaestiones de Leontii Armenii historia. *Lipsiae 1903: B. G. Teubner.* (47 S.) 8° ¶(Aus: Commentationes Ienenses, 7, 1. — Erscheint demnächst vollst.) Jena, Phil. Diss. v. (20. Juli) 1902

Fillette-Loraux, Lodoiska, s.: Mode's Opern-Text-Bibliothek.

Filleul, Edmond

Filleul, M. E., s. Doehler, Ed., das Zeitalter des Perikles.

Filleul, E., histoire du siècle de Périclès. 2 toms. gr. 8. (IV, 452 S. u. 374 S.) Paris 873. Didot & Co. n. 10. —

Filleul, M E Das Zeitalter des Perikles. Nach Filleul deutsch bearbeitet von Ed. Doehler. 2 Bde. (XX. 772) 8 Leipzig 1874 75 24,00.

Filli, Giov., corso pratico ossieno temi graduati per imparare in un modo facile e celere la lingua francese secondo il metodo „Ahn." 2. edizione, riveduta, corretta ed ampliata. Laibach 860. v. Kleinmayr & Bamberg. gr. 8. (136 S.) n. 12 ngr

Fillié, Herm., Feldblumen. Gedichte. Dessau 856. Gebr. Katz. 16. (VII, 136 S.) n. 18 ngr

Geschichte der St. Johannis-Loge: Drei Goldene Anker zu Liebe und Treue in Stettin. Zur Säcular-Feier derselben am 3. März 1870. Von [Jul. Aug.] Fillié. Ms. f. Brr. [Stettin 1870: Gentzensohn.] 142 S. 8°
S. 101—142: Verzeichn. der Ehrenmitgl., Beamten u. Mitgl. der Loge von 1770—1870.

Fillinger, Geo., die Landwirthschaft u. d. Bauernstand von ihren nützl., ehrwürd. u. angenehm. Seiten betrachtet. Ein Wort zu deren Empfehl., nebst einigen Andeutn. üb. ihre Veredlung. gr. 8. (1 ¾ B.) Freiburg 839, Herder'sche Vrlh.

Fillis, James, Grundsätze der Dressur (Principes de Dressage) u. (et) üb. die Reitkunst (d'équitation). Auf Wunsch des Verf. ins Deutsche übertr. von M. v. Zanson, genannt v. der Osten. gr. 8. (XVIII, 439 S. m. 35 Taf.) Berlin 894. (Militär-Verlag R. Felix.) Geb. in Leinw. n. 15. —

Fillis, James, Grundsätze d. Dressur u. Reitkunst. Ins Deutsche übertr. von M. v. Zanson, gen. v. d. Osten. 2. Aufl., neu bearb. v. Gust. Goebel. M. 1 Port. d. Verf. u. 70 Abb. auf 35 Taf. gr. 8 (XVII, 431 S.) Berlin 896. Militär-Verlag R. Felix. Geb. n. 15. —

Fillis, James, Grundsätze der Dressur u. Reitkunst. Aus dem Franz. 3. verb. Aufl v. Gust. Goebel. Mit dem Portr. des Verf. u. 70 Abbild. auf 36 Taf. (XV, 427 S.) Lex.-8. Stuttgart 905. Schickhardt & Ebner. n. 12. —; geb. in Halbfrz. n. 15. —

— Tagebuch der Dressur. Aus dem Franz. übers. v. Jos. Halperson unter Mitwirkg. v. Gust. Goebel. Mit dem Portr. des Verf. u. 32 Abbildgn. auf 28 Taf. (XXIII, 436 S.) Lex.-8. Ebd. 906. n. 12. —; geb. in Halbfrz. n. 15. —

Fillunger, A., Über die Ausgestaltung des Rettungswesens im Ostrau-Karwiner Reviere im allgemeinen und insbesondere über die diesbezüglichen Einrichtungen bei den Witkowitzer Steinkohlengruben in Mährisch-Ostrau. Berlin, 1906. 10 S.

Fillunger, Bericht üb. d. f. d. J. 1903 durchgeführten Erhebungen betr. die Betriebseinrichtungen d. Ostrau-Karwiner u. des Rossitzer Steinkohlenrevieres unter besond. Rücksichtnahme auf die Schlagwetter- u. Kohlenstaub-Gefahr. (12 u. 7 S. m. 8 Taf.) 4. Mähr. Ostrau 905. (J. Kittl.) In Mappe n. 9. —

Fillunger, A., Das Relief des Steinkohlengebirges von Mährisch-Ostrau. Mähr.-Ostrau, 1903. 7 S. mit 1 Karte.

Fillunger, A., H. Berger und F. E. Sueß, Die geologischen Verhältnisse des Steinkohlenbeckens von Ostrau-Karwin. Wien, 1903. 14 S. mit 1 Taf.

Fillunger, Em., k. k. Inspector der Staats-Eisenb., Civil-Ingenieur etc. Vergleichende Statistik über die Real- und Productionswerthe der Landwirthschaft, der Montan-Industrie, der Verkehrs- und Communications-Anstalten, dann Erörterung des Staatshaushaltes im österreichischen Kaiserstaate. gr. 4. Wien 1868.

— dass. s.a. Fillunger, J.

Fillunger, J. Die erste Kettenbrücke über den Donaukanal zu Wien für den Eisenbahn-Lokomotivverkehr nach F. Schnirch's System. 8. (16 S.) Mit 1 Photographie in gr. Fol. Wien, Lechner in Comm. 4 fl. 20 kr.
— dasselbe mit 1 Photographie in 4. 1861. 2 fl. 20 kr.

Fillunger, J., Der Kohlen- und Frachten-Verkehr der österreichischen Eisenbahnen im Jahre 1864. Hoch 4. (26 S. u. 1 Tafel.) Wien, Tendler & Comp. (Carl Fromme.) in Comm. 1866. 2 fl. 50 kr.

Fillunger, J., vergleichende Statistik über die Real- und Productionswerthe der Landwirthschaft, der Montan-Industrie, der Verkehrs- und Communications-Anstalten, dann Erörterung des Staatshaushaltes im österreichischen Kaiserstaate. gr. 4. (X, 309 S.) Wien 868, (Calve'sche Universitäts-Buchh.) (* ℳ 16.) +

— vergleichende Statistik über die Real- und Productionswerte der Landwirthschaft, der Montan-Industrie, der Verkehrs- und Communications-Anstalten, dann Erörterung des Staatshaushaltes im österreichischen Kaiserstaate. Imp.-4. (X und 309 S. mit 2 Tab. in qu. gr. Fol.) Wien 868. (Leipzig, Denicke.) * *

— vergleichende Statistik über die Real- u. Productionswerthe der Landwirthschaft, der Montan-Industrie, der Verkehrs- u. Communications-Anstalten, dann Erörterung des Staatshaushaltes im österreichischen Kaiserstaate. Wien 868. k. Hof- u. Staatsdruckerei. gr. 4. (X, 309 S. u. 2 Tabb. in Fol.) n. 8 ℛ 20 ngr

— dass. s.a. Fillunger, Em.

— vergleichende statistische Zusammenstellung der Verkehrs- und Betriebs-Ergebnisse der österreichischen Eisenbahnen, dann der Bauherstellungs- und Betriebseinrichtungs-Kosten. gr. 4. (VII und 95 S. mit 8 Tab. in Imp.-Fol.) Wien 863, (Braumüller's Sortiment.) cart. * *

Fillunger, Josefine, Lehrbuch der Haushaltungskunde f. Koch- u. Haushaltungsschulen, Frauengewerbeschulen u. ähnliche Anstalten. (III, 84 S.) 8. Wien 910. F. Deuticke. Geb. 1. 25

Filly, C., die Verhandlungen d. königl. preußischen Landes-Oekonomie-Kollegiums seit seiner Reorganisation im J. 1859. In der Reihenfolge der Sitzgn. u. nach dem behandelten Material zusammengestellt. gr. 8. (39 S.) Berlin 873. Wiegandt, Hempel & Parey. n. 1. —

— die Verhandlungen des königl. preußischen Landes-Oekonomie-Kollegiums seit seiner Reorganisation im J. 1859. In der Reihenfolge der Sitzungen und nach dem behandelten Material zusammengestellt. gr. 8. (39 S.) Berlin 874, Wiegandt, Hempel und Parey. *

Filly, Karl

Filly, C., Bericht über die internationale Mähe-Maschinen-Konkurrenz, s.a. Bericht.

Filly, Dr. C., Amtlicher Bericht über die internationale Mähemaschinen-Concurrenz, welche vom landwirthschaftlichen Provinzial-Verein für die Mark Brandenburg u. Niederlausitz vom 8. bis 11. Juli 1868 bei Berlin veranstaltet worden ist. Mit 9 lith. Tfln. u. 9 Holzschn. im Text. Berlin 1869. 8°.

Filly, Karl, amtlicher Bericht über die 3. allgemeine Versammlung deutscher Pomologen, Obst- und Gemüsezüchter nebst der damit verbundenen Ausstellung zu Berlin während der Tage vom 2—9. Oktbr. 1860 mit Unterstützung des Präsidenten derselben, K. Koch bearb. Berlin, Riegel's Verlag. Lex. 8. (156 S.) n. 1 ℛ

Filly, Carl, amtlicher Bericht über die 3. allgemeine Versammlung deutscher Pomologen, Obst- und Gemüsezüchter nebst der damit verbundenen Ausstellung zu Berlin während der Tage vom 2—9. Oktbr. 1860 mit Unterstützung des Präsidenten derselben, Carl Koch bearb. Lex.-8. (156 S.) Berlin 861. [Leipzig, Willferodt.] *

— die Ernährungsverhältnisse in der Pflanzenwelt. Mit Rücksicht auf die Landwirthschaft populär dargestellt. gr. 8. (X und 228 S. mit 2 Stnt.) Weimar 860, Voigt.

Film
v. National-Zeitung.

Filme d. dtsch. Lichtbildgesellschaft e. V., Berlin, 30 S., 8°.

Internationale Film- und Kinematographen-Industrie. III. Fachzeitschrift f. alle Gebiete d. Projektionskunst u. deren Schaustellungen. Mit d. Beilage 'Mechanische Musikwerke'. Hrsg.: Friedrich v. Schack. Jg. 1. Berlin-Schöneberg: Internat. Film- u. Kinematogr.-Industrie 1907. 4° [09. 11600]

Filnkößl, Alois, Ehrenkränze. Der fleißigen Jugend gewunden. Mit 1 Bilde (Holzschn.). Wien 855. Pichler. (Leipzig, Liebeskind.) gr. 12. (VIII, 148 S.) 10 ngr

Filnkößl, Alois, Erzählungen und Sagen der reiferen kathol. Jugend und auch erwachsenen Katholiken geweiht. 8. (V und 106 S.) Linz 850, Ebenhöch.

Filnkößl, Alois, sollen auch die Kirchenväter an den Gymnasien gelesen werden? gr. 8. (63 S.) Linz 850, (Haslinger.) Thlr.

Filo, Jh., Introductio novelli operarii ad exponendam variis ex radicibus Doct. verae ac salvificae Religionis. II Tom. 4. Ofen 773. Universit.-B. 16 gr

— Jus naturae pro novello in vinea Domini operario. 4. Ofen 781. Universit.-B. 1 ℛ 4 gr

Filodem, s. Ludwig I. von Bayern. Eine Charakterstudie.

Filodim, jetzt oder nie mehr! Oder die große Emancipation der Juden. Den erleucht. u. großmächt. Herrschern Europas u. ihren weisesten Räthen ehrfurchtsvollst vorgestellt; besond. auch d. zerstreuten Volke Israel selbst ans Herz gelegt. gr. 8. (2⅛ B.) Dinkelsbühl 842, Walthr'sche Buchh. Thlr.

Filolog, der europäische, od. das doppelte Alfabet. Eine Anatomie der Wahrheit u. der Lüge zur Belehrg. f. wahre Lichtfreunde v. e. alten Bürger d. 19. Jahrh. 2 Thle. 8. (385 u. 448 S.) Wien 873. Kirsch. 3. 60

Filomena, die heil. Jungfrau u. Martirin, die Wunderthätige d. 19. Jahrh. Nebst Andachts-Uebungen z. Verehr. dies. Heiligen. M. 1 Abbild. d. Heiligen. 16. (8 B.) Maria-Einsiedeln 837. (Grätz, Ferstl'sche Buchh.)

Filon, Augustin, Violette Merian, s.: Engelhorn's allgemeine Romanbibliothek.

Filosofo, il, serioso o il Flemmatico. Istoria comica. 16. Lpz. Sommer. 809.

Filou, Jean, 200 Jux-Verse f. Ansichtspostkarten. 12. (44 S.) Leipzig (899). R. Scholtze. n. — 50

Filow, Bogdan, a. Stara-Zagora ⟨Bulgar.⟩: Die Legionen der Provinz Moesia von Augustus bis auf Diokletian. M. e. Karte. Leipzig 1906: G. Kreysing. (VIII, 96 S.) 4° ¶(Zugleich erschienen in: Beiträge z. alten Geschichte Beiheft 6.)

Freiburg i. B., Phil. Fak., Ref. Fabricius, Diss. v. 30. Apr. 1906

[Geb. 28. März 83 Stara-Zagora; Wohnort: Sofia; Staatsangeh.: Bulgarien; Vorbildung: Gymn. Sofia Juni 00; Studium: Sofia 2, Würzburg 2, Leipzig 4, Freiburg i. B. 2 S.; Rig. 20. Jan. 06.]

Filow, Bogdan, die Legionen der Prov. Moesia von Augustus bis auf Diokletian. s.a. Klio. 6. Beiheft.

Die Legionen der Provinz Moesia von Augustus bis auf Diokletian von Bogdan Filow. Mit 1 Karte. Leipzig: Dieterich 1906. (X, 96 S.) 4°(8°) — Klio. Beiträge z. alten Geschichte. Beih. 6.

Fils, le bon, s. Sohn, d. gute.

Fils d'Ethelwolf, v. Ethelwolf.

— reconnoissant, le,. Comédie d'Engel; trad. 8. Halle, Hendel. 797

Fils, A., Vorlegeblätter zum militair. Terrainzeichnen, in der von d. v. Müfflingschen eingeführten Beziehungs-Manier. qu. Fol. Berl. 828. Schropp u. C. 2 Thlr 12 Gr

Fils, A. W., Barometer-Höhenmessungen vom Amte Ilmenau im Grossherzogth. Weimar. gr. 8. (43 S.) Jena 876. Dufft. n. 1. —

Fils, A. W., Barometer-Höhenmessungen vom Amte Ilmenau im Herzogth. Weimar. gr. 8. (43 S.) Jena 876, [Dufft.] Fischer. *

Fils, A. W., Barometer-Höhenmessungen von dem Herzogth. S. Meiningen, ausgeführt in den J. 1855 bis 1859. gr. 8. (VIII und 178 S. mit 1 Karten-Skizze in Stahlst. und ill. in qu. 4.) Meiningen 861, (Brückner und Renner.) *

Fils, A. W., Barometer-Höhenmessungen von dem Herzogth. Sachsen-Gotha. 2., verb. und verm. Aufl. Mit einer graph. Darstellung der Höhenlagen aller bewohnten Orte und mit einigen Begleitworten. gr. 8. (IV, 84 S. mit 1 Tab. in qu. Fol.) Weissensee 868, Grossmann'sche Buchh. *

— — Barometer-Höhen-Messungen von dem Kreise Schleusingen im k. Regierungsbezirk Erfurt ausgeführt in den Jahren 1859 bis 1862. Mit einer Höhenschichtenkarte im Massstabe von 1:80.000. 8. Meiningen 1862.

Fils, A. W., Barometer-Höhen-Messungen von dem Kreise Schleusingen im königl. Regierungsbezirk Erfurt, ausgeführt in den J. 1859—1862. gr. 8. (VI und 141 S. mit 1 chromolithogr. Höhen-Schichtenkarte in Imp.-Fol.) Suhl 862, (Hiersche.) *

Fils, A. W.: Barometer-Höhenmessungen von dem Kreise Ziegenrück im Königl. Regierungsbezirk Erfurt und vom nahen Auslande. Mit einer graphischen Darstellung der Höhenlagen aller bewohnten Orte in den Kreisen Ziegenrück und Schleusingen, begleitet mit einigen Notizen mancher Orte. Pössneck 1868. 50 S. 8°.

Fils, A. W. Die absoluten Höhen aus den Übersichtskarten der Forste im Amtsbezirk Gehren. Erfurt 1871. 8°. (Aus: Jahrb. d. Kgl. Akad. gemeinnützig. Wiss. zu Erfurt.)

Fils, A. W., Höhen-Messungen im Herzogthum Coburg barometrisch bestimmt. Mit 3 (lith.) Karten-Skizzen. Gotha 855. J. Perthes. 8. (VII, 56 S. u. 2 lith. Taf. in 8. u. 4.) n. 15 Ngr

—— Höhen-Messungen von dem Kreise Erfurt im königl. Regierungsbezirk Erfurt. Mit einer graph. Darstellung der Höhenlagen aller bewohnten Orte in den Kreisen Erfurt und Schleusingen, und begleitet mit statist., industriellen und andern Notizen, insbesond. über die Entwickelung und den gegenwärt. Stand des Erfurter Gartenbaues. br. 8. (VIII und 73 S. mit 1 Tab. in qu. Fol.) Ilmenau 865, Banse. *

— Höhen-Messungen im Herzogthum Gotha; barometrisch bestimmt. Weissensee 850. Grossmann. br. 8. (VIII, 60 S.) n. 8 Ngr

—— Höhen-Messungen im Herzogthum Gotha; barometrisch bestimmt. 8. (VIII und 60 S.) Weissensee 854, Grossmann. *

— Höhen-Messungen in der Grafschaft Henneberg, Preussischen Antheils; barometrisch bestimmt. Mit einem Anhange: Das Nivellement der Thüringischen Eisenbahn. Ebend. 849. br. 8. (20 S.) n. 5 Ngr

—— Höhen-Messungen in der Grafschaft Henneberg, preussischen Antheils; barometrisch bestimmt. Mit einem Anhange: Das Nivellement der thüring. Eisenbahn. 8. (20 S.) Weissensee 854, Grossmann. *

—— Höhen-Messungen in den schwarzburgischen Oberherrschaften Rudolstadt und Arnstadt und in dem weimarischen Amte Ilmenau. Barometrisch bestimmt. 8. (XV und 150 S.) Sondershausen 854, Eupel's Verlag.

—— Höhen-Messungen von dem Kreise Weissensee im königl. Regierungsbezirk Erfurt. Mit 1 Tab. (in qu. Fol.) enth.: die vergleichende Zusammenstellung der Höhenlagen aller bewohnten Orte in den Kreisen Weissensee und Schleusingen, und mit einer hypsometr. Rundschau von ganz Thüringen. br. 8. (28 S.) Ilmenau 864, Banse. *

Fils, A. W., Höhenschichten-Karte vom Thüringerwalde und Umgebung. Nördl. Theil. Nach eigenen Messungen entworfen und gezeichnet. 1:200,000. Fol. Gotha 869, J. Perthes. *

—— dass. — Südl. Theil. Fol. Ebendas. 870. *

—— Bad Ilmenau und seine Umgegend, am Thüringerwald. Ein Führer und Gedenkbuch für Einheimische und Fremde. gr. 16. (VII, 135 S.) Ilmenau 869, Tromsdorf.

—— dass. — 2. umgearb. Aufl. 8. (VIII, 120 S. mit 1 lithogr. Karte in 4.) Hildburghausen 873, Kesselring'sche Hofbuchh. *

Fils, A. W., Bad Ilmenau u. seine Umgegend am Thüringer Walde. Ein Führer u. Gedenkbuch f. Einheimische u. Fremde. 4. Aufl. v. Preller. 12. (VIII, 120 S. m. 1 chromolith. Spezialkarte.) Hildburghausen 886. Kesselring. geb. n. 2. —

Fils, A. W., Special-Karte der Schwarzburgschen Ober-Herrschaften Rudolstadt und Arnstadt, des Weimarschen Amtes Ilmenau u. der angrenz. Landestheile. Masst. 1.: 180,000. Gest. v. Heinr. Brose. gr. Fol. Color. Berlin 848, Schropp & Co. 1 Thlr

Fils, A. W. Special-Karte der Schwarzburgischen Ober-Herrschaften Rudolstadt und Arnstadt, des Weimarschen Amtes Ilmenau und der angrenzenden Landestheile. 1:180 000. Berlin 1848 und 1883. Je 1 Bl. c. L. Ff.

Fils, A. W., Special-Karte der Umgegend von Ilmenau. 1:40,000. Kpfrst. gr. Fol. Hildburghausen 875, Kesselring'sche Hofbuchh. *

Fils, A. W.: Der Thüringer W a l d, s. V o g e l, C.

Fils, Willy [aus Saalfeld a./S.]: Über einige Derivate der Isonicotinsäure. Leipzig-Reudnitz 1897. 57 S. 8°.
Basel. Phil. Diss. 1896/97.

Filser, Hermann, Medizinalpraktikant a. Würzburg: Aus d. dermatolog. Klinik d. Kgl. Universität zu Würzburg. Ein Beitrag zur Kasuistik der Acanthosis nigricans. Berlin: R. Trenkel 1908. (45 S.) 8°
Würzburg, Med. Fak., Ref. v. Leube, Diss. v. 5. April 1908
[Geb. 9. Febr. 81 Heidingsfeld; Wohnort: Hörde; Staatsangeh.: Bayern; Vorbildung: Gymn. Würzburg Reife Juli 01; Studium: Würzburg 10 S.; Coll. 30. Okt. 07; Approb. 5. April 07.]

Filser, J., Feld- u. Waldblumen in natürlicher Größe, zum Behuf d. Unterrichts im Blumenzeichnen. Lithogr. qu. gr. 4. (24 Bl.) München 840. (Mey u. Widmayer.) n. 5/6 ℛ — 2. mit e. kurzen erläut. Text verm. Aufl. qu. Fol. München 843. Franz. n. 2/3 ℛ

Filser, J., 24 (lith.) Vorlagen zum Blumenzeichnen. Die Feld- Waldblumen in natürl. Größe. 2., m. ein. kurz. erläut. Text verm. Aufl. qu. Fol. (1 B. Text.) München 843, Franz. *

—— 24 (lith.) Vorlagen zum Landschaftszeichnen. Erinnerungsblätter an München u. dessen Umgebungen. 2., mit ein. kurz. erläut. Text verm. Aufl. qu. Fol. (1 B. Text.) München 843, Franz. *

— 24 (lithogr.) Vorlagen zum Landschafts-Zeichnen. Erinnerungsblätter an München u. dessen Umgebungen. 2. mit e. kurzen erläut. Text verm. Aufl. qu. Fol. Ebd. 844. n. 2/3 ℛ

Filser, J., 32 Wandtafeln zum Unterricht im Elementar-Zeichnen. 1. u. 2. Abth. München 866. Central-Schulbücher-Verlag. gr. Fol. nn. 2 ℛ 10 ngr.

Filser, Karl, appr. Arzt a. Straubing: Aus d. kgl. chirurg. Univ.-Kinderklinik in München. Beiträge zur Casuistik der acuten, infektiösen Osteomyelitis costae. München 1904: Kastner & Callwey. (30 S.) 8°
München, Med. Fak., Ref. v. Angerer, Diss. v. 18. Aug. 1904
[Geb. 2. Juli 80 Straubing; Wohnort: Straubing; Staatsangeb.: Bayern; Vorbildung: Gymn. Straubing Reife Juli 99; Studium: München 6, Berlin 1, München 3 S.; Coll. 30. Juli 04; Approb. 27. Juni 04.]

Filser, Th. Maur., üb. den Ausspender des Ehesakramentes. Eine von der theolog. Fakultät zu München im Jahre 1840 gekrönte Preisschrift. 2., verb. u. verm. Aufl. gr. 8. (13 B.) Regensburg 843, Manz.

Filser, (Th.) M., die Diöcesansynode. gr. 8. (IV und 115 S.) Augsburg 849, Rieger'sche Buchh.

—— katholische Moral. Allgemeiner Theil. gr. 8. (XII und 316 S.) Augsburg 847, Rieger'sche Buchh. *

FILSER, Th. Moritz (Wörishofen): Dogmatisch-canonistische Untersuchung über den Ausspender des Ehesakramentes.- Augsburg: Rieger 1842. VIII,128 S.
20.6.1841 - Urk (Titel: Quare nova de matrimonii ministro opinio orta est? Quare tot asseclas invenit? Utra est praeferenda et quibus de causis?); F 76 (Diss.Phil.Fak.)
Diss. Ingolst.-Landsh.-Mchn.

Filser, Th. Maur., dogmatisch-canonistische Untersuchung über den Ausspender des Ehesakramentes. Eine gekrönte Preisschrift. 8. Augsburg 842, Matth. Rieger'sche Buchh. 1/2 ℛ — 2. verb. u. verm. Aufl. gr. 8. Regensburg 844, Manz. 5/6 ℛ

Filsinger, F.: Turnen und Spiel an der Ober-Realschule Heidelberg 1835—1905. Heidelberg 1905. 13 S. 4° Heidelberg, Ober-Realschule P 1905.

Filskow, J. P., s.a. F i l s k o w, P. J.

Filskow, J. P., der Gut-Templer-Orden. 8. (28 S.) Flensburg 888. Westphalen. n. — 50

Filskow, J. P., der Präparant im Examen. 3200 Fragen aus allen Unterrichtsfächern. Zugleich e. Wiederholungsbuch f. Seminaristen u. andere Schüler. 5. Aufl. 8. (XII, 140 S.) Flensburg 901. A. Westphalen. 1.25

Filskow, J. W., d. Guttempler. Ein Kämpfer f. Ordng. u. Sitte. gr. 8. (28 S.) Dresden 897. O. V. Böhmert. n. — 40

Filskow, P. J., s. a. F i l s k o w, J. P.

Der Präparand im Examen. 3200 Fragen aus allen Unterrichtsfächern. Zugleich ein Wiederholungsbuch für Seminaristen und andere Schüler v. P. J. Filskow. 2. Aufl. Flensburg. 1890. 8°

Filskow, P. J., der Präparand im Examen. 3200 Fragen aus allen Unterrichtsfächern. Zugleich e. Wiederholungsbuch f. Seminaristen u. andere Schüler. 3., verm. Aufl. 12. (XII, 140 S.) Flensburg 893. A. Westphalen. n. 1.25

Filson's, Jh., Reise nach Kentucki in Nordamerika s.a. Bibliothek d. neuesten Reisebeschreibb., 12 Bd. Nürnberg.

FILSON, John 1747? - 1788
Reise nach Kentucke und Nachrichten von dieser neu angebauten Landschaft in Nordamerika von John Filson.
Aus dem Englischen übersetzt.
Leipzig: Weigel und Schneider. 1790. 124 S. 8°.
Sächsische Landesbibliothek Dresden
Übers. v. The Discovery, Settlement and Present State of Kentucky.
Weitere Ausg., s. nachfolgende Nr.
Ausg. Frankfurt-Leipzig: Ludwig Heinrich Brönner, 1785 [Palmer] konnte nicht gefunden werden.
Frankfurt-Leipziger Meßkatalog, Michaelismesse 1789, S. 222.
Sabin 24339.

Filson, W., Reise nach Kentuke, e. Landsch. in Nordamerika rc. a. d. Engl. gr. 8. Nürnb. Schneider u. W. 789.

Filter, Franc. Ern. Frid. (geb. Neustadt-Eberswalde 19. 6. 1835): De capitis perforatione et cephalotripsia. Berolini (1860). (32 S.) 8°
Berlin, Med. Diss. v. 21. Jan. 1860

Filter, Max [aus Pommern]: Über solitäre Lipome des Kniegelenkes und ihre Ursachen. . . . Greifswald, Druck v. Julius Abel, 1890; 31 S. 8°
Greifswald, Med. Fak., Inaug.-Diss. v. 24. Mai [illegible]

Filteranlagen für städtische W a s s e r l e i t u n g e n. Braunschweig 1891.

Filter- & Brautechnische Maschinen-Fabrik, Akt.-Ges., vorm. L. A. Enzinger: Prospekte und Preislisten. 1890 ff. Worms und Berlin

Filtsch, Eug., Bilder aus dem Leben Jesu. 1. Heft. Frühlingswehn u. Sämannsarbeit in Galiläa. (VIII, 119 S.) 8. Hermannstadt 909. W. Krafft. — 75
Sonderabdruck aus „Kirchl. Blätter".

Filtsch, Eug., Goethes religiöse Entwickelung. Ein Beitrag zu seiner inneren Lebensgeschichte. gr. 8. (VII, 366 S.) Gotha 894. F. A. Perthes. n. 5. —

Filtsch, Eug., Goethe's Stellung zur Religion. Inaugural-Dissertation. gr. 8. (98 S.) Langensalza 879, Beyer und Söhne. *
Aus: Jahrbuch des Vereins für wissenschaftliche Pädagogik, besonders abgedruckt.

Filtsch, Jos. W., die Stadt Kronstadt u. deren Umgebung. Ein Führer f. Einheimische u. Fremde. Mit 1 Plan u. 1 Umgebungskarte von Kronstadt. 12. (VIII, 148 S.) Wien 886. Graeser. geb. n. 2. 80

Filtz, Anton ⟨1735–1760⟩. Trio (Sonata a Tre) in Es dur für 2 Violinen und Violoncell ⟨B. c.⟩. Op. 3, No 5. (Bearb. von Hugo Riemann.) (Pianof., Viol. I., II., Baß ⟨Vc.⟩.) Leipzig: Breitkopf & Härtel [1905]. (21, 5, 5, 5 S.) 4°
— **Collegium** musicum. No 17.
(Breitkopf & Härtel's Kammermusik-Bibliothek. No 1831/32.) [07. 9736

Filucius, Pater [Pseud.], s. Lippert, Paul

Filz, der gefühllose, als Hochzeiter am Begräbnißtage seines Weibes. Ein Schauspiel in 5 Aufz. von J. E. Lindlau. 8. Augsburg, Bäumer. (Leipzig, Herbig in Comm.) 818.

Filz u. Stroh, v. L. v. S., s. Album für Liebhaber-Bühnen 255.

FILZ, FRANZ: Christkatholische Kirchengesänge zum Gebrauche an Sonn- und Festtagen des ganzen Jahres. Gesammelt von Franz Filz. Steinamanger 1857. Gedr. bei Emerich v. Bertalanffy. 32 S. - 12°

Filz, Mich., histor.-krit. Abhandlung üb. d. wahre Zeitalter d. apostol. Wirksamkeit d. heil. Rupert in Baiern, u. d. Gründung seiner bischöfl. Kirche zu Salzburg. 8. (11 B. u. 1 B. Tab. in Fol.) Salzburg 831, Duyle.

Filz, Mich., O. S. B., histor.-krit. Abhandlg. üb. d. wahre Zeitalter d. apost. Wirksamkeit d. hl. Rupert in Baiern, u. d. Gründg. s. bischöfl. Kirche zu Salzburg. Letzte gänzl. Umarbeitg. gr. 8. (97 S. m. 1 Taf.) Linz 843. (V. Fink.) n. — 40

Filz, Mich., historisch-kritische Abhandlung über das wahre Zeitalter der apostol. Wirksamkeit des heil. Rupert in Bayern und der Gründung seiner bischöfl. Kirche zu Salzburg. 2. (Titel-) Ausg. 8. (XII und 164 S. mit 1 Tab. in Fol.) Salzburg 848, Duyle'sche Buchh.

Filz, P. Michael —, Prior des Benediktiner-Stiftes Michaelbeuern in der Erzdiöcese Salzburg. Autobiographie. (Aus dem Almanach der kais. Akademie der Wissenschaften. 1855.) Salzburg. 1855. Oberer'sche (Endl und Penker) Buchdruckerei. Verlag der Duyle'schen Buchhandlung. (22 S. 8.) (Geb. zu Passau 12. Apr. 1777.)

—— Geschichte d. salzburg. Benedictiner-Stiftes Michaelbeuern. 2 Thle. gr. 8. (56 B.) Salzburg 833, Duyle.

Filzer, Johann M., Anschauungen über die Entwickelung der menschlichen Gesellschaft von ihrem Urzustande bis zur Gegenwart mit besonderer Berücksichtigung des Bauernstandes. 8⁰. Kitzbühel, Selbstverl. d. Verf., 1895.

Filzhausen, R., Leben u. Meinungen; e. Geschichte, die sich in d. Niederlanden zugetragen hat. 8. Magdeb. 785. Creutz. 7 gr

Filzhofer, J. Friedrich (Nürnberg), De renunciatione praescriptionis. Diss. jur. Altdorf (Heinr. Meyer) 28. IV. 1702. 32 S. (5.—) 8832

Filzhut, der alte, s.: Volks-Erzählungen, kleine.

Filzi, Johann B. Über moralisch-praktische Erziehung und über den Wert der Homerlectüre für dieselbe. 8 (S. 3—29).
Progr. Staats-Oberg. *Mitterburg* 1890.

Filzi Mario: Die toskanischen Personennamen im 11. und 12. Jahrhundert.
II. 1906 PN 2020 **Diss.** Wien, Univ. 2266

Filzmoritz, Briefe v. geheim. Staatssach. &c. 8. Halle, Kümmel. 746.

Filztuch, das. Darstellung der bisher gebräuchl. Tuchfabrikation u. Anleitung zur Anfertigung des Filztuches. Von ein. Sachverständigen. 8. (2⅙ B.) Leipzig 842. [Gera, Heinsius'sche Brlsh.] *

Filztuch, das, Darstellung der bisher gebräuchl. Tuchfabrikation u. Anleitung z. Anfertigung des Filztuches. Von einem Sachverständigen. 8. Leipzig 842, Schreck. n. 1/6 ℛ

Fimberger, Joh.

Fimberger, J., Predigt zur Primiz-Feier d. hochwürd. P. Raymund M. Durstberger, geh. in der St. Josephs-Pfarrkirche zu Linz am 10. Aug. 1886. 8. (14 S.) Linz 886. Webering. n. — 10

Fimmen u. Tenge, Sammlung der im Herzogl. Oldenburg geltenden Gesetze, Verordngn. u. Bekanntmachngn. aus den J. 1813 bis 1903 (Gesetzblatt Bd. I bis XXXIV), m. Nachträgen bis zum 19. X. 1904 einschl. (Bd. XXXV, Stück 26). Auf Grundlage der Sammlgn. v. Jansen (Gesetzblatt Bd. I bis XII) u. v. Willich (Gesetzblatt Bd. XIII bis XXVI) neu bearb., m. Hinweisen auf die Reichsgesetzgebg., auf das oldenb. Magazin u. die Zeitschrift f. Verwaltg. u. Rechtspflege versehen u. bis zur Gegenwart fortgeführt. 2 Bde. (V, 1541 u. 68 S. u. Verbessergn. VI Bl.) Lex.-8. Oldenburg 905. Schulze. n. 30. —; geb. in Halbfrz. n. 36. —

Zeit und Dauer der kretisch-mykenischen Kultur von Diedrich **Fimmen.** Mit e. synchronist. Tab. Leipzig & Berlin: Teubner 1909. 104 S. 8°
Erschien auch als Inaug.-Diss. Freiburg i. Br. 1909. [09. 11429

Fimmen, J. H., Bericht über die Untersuchung der Gegend zwischen Ems und Jade, s. Bericht.

Fimmen, Wilhelm, appr. Arzt: Beitrag zur Operation des otogenen Kleinhirnabscesses sowie zur Lehre der bei ihm vorkommenden Bewegungs- und Sprachstörungen an der Hand eines Falles. Leipzig 1905: B. Georgi. (38 S.) 8°
Leipzig, Med. Fak., Ref. Curschmann, Diss. v. 12. Juli 1905
[Geb. 8. Febr. 77 Dornum, Ostfriesland; Wohnort: Dornum; Staatsangeh.: Preußen u. Sachsen; Vorbildung: Gymn. Aurich Reife O. 97; Studium: Freiburg i. B. 1, Halle 1, Kiel 3, Leipzig 6 S.; Coll. 15. Juli 05; Approb. 22. Juli 02.]

Fimmler, Johann Christoph (Liegnitz), De tabis et phthiseos convenientia ac differentia. Präs. Christian Gottfried Stentzel. Wittenberg (E. G. Eichsfeld) 23. I. 1744. 40 S. (5.50) 8834

Fimmler, Js. C., praes. J. G. de **Berger,** De vi opii rarefaciente, a qua ostenditur, omnia illius effecta in homine proficisci. 44 pp. Vitemb. 4°. *Haller*, Bibl. med. pr. III, 642. (§ 4 Amaurosis causa opium. Ab ea vi omnes in homine effectus putat proficisci, experimento facto in canibus.) 1703

Fimpel, Joh. Philipp (Strassburg), De verbo Christi, contemtorum suorum judice supremo oder von Christo / als dem obersten Richter über die Verächter seines Göttlichen Worts. Disput. theol. posterior ad locum Johan. XII. 48. Präs. Bernhard Wagner. [Strassbg.] Mai 1701. (Andr. Heber) 1713. 30 S. (5.—) 8835

de la Fin de la revolution française. gr. 8. Leipz. 800. Grieshammer. 10 gr

Fin de siècle und seine Propheten. Zeitgemässe Betrachtungen eines alten Herrn. Frankfurt a. M. 1894. V: ***May, Eduard Gustav.*** (Stadtbibl. Frankf. a. M. Kat. der Neueren Bestände.)

Fináły, Heinr., der altrömische Kalender. Eine Studie. gr. 8. (48 S.) Budapest 882, Kilian's Universitäts-Buchh. *
Aus: Ungarische Revue, besonders abgedruckt.

Finály, Sigism., Studien über Wechselfieber-Recidiven. Vorgetragen in den Sitzungen der königl. Gesellschaft der Aerzte von Budapest in den Monaten April, Mai und Juni 1864. 8. (35 S.) Pest 864, (Kugler.) *

Finaly, Dr. Sigismund, Studien über Wechselfieber-Recidiven. Vorgetragen in den Sitzungen der k. Gesellschaft der Aerzte von Buda-Pest in den Monaten April, Mai u. Juni 1864. (1864.) 8. (35 S.) Pest, Lampel in Comm. 50 kr.

Finance: La Finance
v. Schweizerische Handels-Zeitung — La Finance.

Finances, les, et les ressources de l'Espagne. Par un financier. gr. 8. (45 S.) Wien 871. Gerold's Sohn. n. — 80

Financier, le; Comed. en 1 Acte. 8. Leipz. 762. (Brockhaus). 3 gK

Financier, Der. Ein Lustspiel in einem Aufzug, aus dem Französischen übersetzt. 1780. Ü: *Friedrich Georg August Prinz von Hessen.* (Hessische Biographien, hgbn. von Herman Haupt. Darmstadt 1918. I, 492.)

Finanz-Archiv. Zeitschrift für das gesammte Finanzwesen. Hrsg. von Geo. Schanz. 1. Jahrg. 1884. 2 Hefte. gr. 8. (VIII, 429; IV, 517 S.) Stuttgart Cotta'sche Buchh. à Heft *M 12. *

Finanz-Archiv. Zeitschrift für das gesamte Finanzwesen. Hrsg. von Geo. Schanz. 2. Jahrg. 2 Hefte. gr. 8. (IV, 588; IV, 600 S.) Stuttgart 885, Cotta'sche Buchh. à Heft M* 12.—. *

—— dass. — 3. Jahrg. 2 Bde. gr. 8. (454; IV, 529 S.) Ebendas. 886. à Bd. *M 12.—. *

Finanz-Archiv. Zeitschrift f. das gesamte Finanzwesen. Hrsg. v. G. Schanz. 4. Jahrg. 2 Bde. gr. 8. (IV, 568; IV, 619 S.) Stuttgart 887. Cotta Nachf. à Bd. n. 12. —

—— dass. — 5. Jahrg. 2 Bde. gr. 8. (IV, 533; V, IV, 616 S.) Ebendas. 888. à Bd. *M 12.—. *

— dasselbe. 6. Jahrg. 2 Bde. gr. 8. (IV, 464; IV, 378 S.) Ebd. 889. à Bd. n. 12. —

— dasselbe. 7. Jahrg. 1. Bd. gr. 8. (IV, 398 S.) Ebd. 890. n. 12. —

Finanz-Archiv. Zeitschrift f. das gesamte Finanzwesen Hrsg. v. Geo Schanz. 7. Jahrg. 2. Bd. gr. 8. (IV, 480 S.) Stuttgart 890. J. G. Cotta Nachf n. 12. —

— dasselbe. 8.—11. Jahrg. à 2 Bde. gr. 8. Ebd. à Bd. n. 12. —
8. (III, 479; IV, 573 S.) 891. 892. — 9. (IV, 364; IV, 439 S.) 892. — 10. (III, 498; IV, 442 S.) 893. — 11. (III, 417; IV, 600 S.) 894.

Finanz-Archiv. Zeitschrift f. d. ges. Finanzwesen. Hrsg. v. Geo. Schanz. 12.—15. Jahrg. à 2 Bde. gr. 8. Stuttgart 895—898. J. G. Cotta Nachf. à Bd. n. 12. —
12. (IV, 470 u. IV, 467 S.)
13. (III, 437 u. IV, IV, 524 S.)
14. (IV, 467 u. IV, IV, 482 S.)
15. (III, 484 u. IV, 522 S.)

Finanz-Archiv. Zeitschrift f. das gesamte Finanzwesen. Hrsg. v. Geo. Schanz. 16.—19. Jahrg. à 2 Bde. gr. 8. Stuttgart, J. G. Cotta Nachf. à Bd. n. 12. —
16. (IV, 476 u. IV, IV, 480 S.) 899. — 17. (III, 526 u. III, 512 S.) 900. — 18. (IV, 500 u. IV, 442 S.) 901. — 19. (IV, 490 u. IV, 489 S.) 902.

Finanz-Archiv. Zeitschrift f. das gesamte Finanzwesen. Hrsg. v. Geo. Schanz. 20.—23. Jahrg. à 2 Bde. gr. 8. Stuttgart, J. G. Cotta Nachf. à Bd. n. 12. —
20. (IV, 553 u. IV, 514 S.) 903. — 21. (III, 474 u. IV, IV, 433 S.) 904. — 22. (IV, 440 u. VI, 447 S.) 905. — 23. (IV, 449 u. IV. IV. 460 S.) 906.

Finanz-Archiv. Zeitschrift f. das gesamte Finanzwesen. Hrsg. v. Geo. Schanz. 24—27. Jahrg. à 2 Bde. (IV, 448; VI, IV, 488; VI, 458; VI, IV, 452; VI, 461; IV, IV, 462; IV, 488 u. IV, IV, 484 S.) gr. 8. Stuttgart 907—10. J. G. Cotta Nachf. à Bd. 12. —

„Finanzbarone". Plaudereien eines Ungenannten. 8. (75 S.) Berlin 886, Freund und Jeckel. *

New York Männerchor. Finanz-Ber u Mitglieder-Liste. NY, 1895-96, 1897-98.

Finanz-Blatt, Berliner. Organ f. die Interessen deutscher Kapitalisten. Information üb. Bank- u. Börsenwesen, Kapital-Anlage — An- u. Verkauf v. Werthpapieren — Spekulation, Staats-Anleihen — Fonds — Renten — Industrie-Papiere, Emissionen — Aktien u. Aktien-Gesellschaften — Gründgn., Rechtsfragen ꝛc. ꝛc. 1. Jahrg. Oktbr.—Dezbr. 1890. 13 Nrn. (B.) gr. 4. Berlin, W. T. Bruer. n. 1. 50

Finanz-Blatt, Berliner. Organ für die Interessen deutscher Kapitalisten. Information üb. Bank- u. Börsenwesen, Kapital-Anlage ꝛc. 1. Jahrg. Octbr.—Dezbr. 1890 u. 2. Jahrg. I. Quartal. Jan. —März 1891. à Quartal 13 Nrn. (Bog.) gr. 4. Berl. 890, Bruer. à Quartal * 1 50
Fortsetzung u. d. T.: Berliner Finanz-u.Handels-Zeitung.

Finanz- u. Handelsblatt, Berliner. Red.: B. Stall. 14. u. 15. Jahrg. 1893. 1894. à ca. 52 Nrn. (à ca. 1 Bog.) Fol. Berlin W., Mohrenstr. 50, Verlag der Deutschen volkswirthschaftl. Korrespondenz. à Jahrg. n. 10. —

Finanz- u. Handelsblatt, Berliner. Red.: Arth. Strecker. 16.—19. Jahrg. 1895—1898. à ca. 52 Nrn. (Bog.) Fol. Berlin W., Mohrenstr. 50, Geschäftsstelle.
à Jahrg. n.n. 10. —; einz. Nrn. n.n. — 25
Redakteur des 16. Jahrg. war B. Stall, d. 17. Jahrg. A. Dieckmann. — Kann nur direkt od. durch die Post auch vierteljährlich bezogen werden.

Finanz(-Blatt): Finanz- und Handelsblatt der Basler Nachrichten
v. Basler Nachrichten aus der Schweiz und für die Schweiz.

Finanz- und Verloosungsblatt, neues, aller europäischen Börsenpapiere. Hrsg. von A. Dann. 9.—13. Jahrg. 1875—1879. à Jahrg. 52 Nrn. (à 1—4 Bog.) Fol. Stuttgart, Dann.
Jahrg. 1875—1877 à *
Jahrg. 1878 und 1879 à *
Erschien früher u. d. T.: Verloosungsblatt, neues.

Finanz- und Verloosungsblatt, neues, aller europäischen Börsenpapiere. Hrsgbr.: A. Dann. 14. und 15. Jahrg. 1880 und 1881. à Jahrg. 52 Nrn. (à Nr. 1—4 Bog.) Fol. Stuttgart, Dann. à Jahrg. *

—— neues. Hrsgbr.: A. Dann. 16.—18. Jahrg. 1882—1884. à Jahrg. 52 Nrn. (à Nr. 1—4 Bog.) Fol. Ebendas. à Jahrg. *

Finanz- und Verloosungsblatt, neues. Hrsgbr.: A. Dann. 19.—22. Jahrg. 1885—1888. à Jahrg. 52 Nrn. (à Nr. 1—4 Bog.) Fol. Stuttgart, Dann. à Jahrg. *

Finanz- u. Verloosungsblatt, neues. Hrsg.: A. Dann. 23. —26. Jahrg. 1889—1892. à Jahrg. 52 Nrn. (à Nr. 1—4 Bog.) Fol. Stuttg., Dann. à Jahrg. * 8 —

Finanz- u. Verloosungsblatt, neues. Hrsg.: A. Dann. 25.—28. Jahrg. 1891—1894. à 52 Nrn. (à 1—4 Bog.) Fol. Stuttgart, A. Dann. à Jahrg. n. 8. —

Finanz- u. Verloosungsblatt, neues. Hrsg.: A. Dann. Red.: Jul. Dann. 29.—32. Jahrg. 1895—1898. à 52 Nrn. (à ca. 3—5 Bog.) Fol. Stuttgart, A. Dann à Jahrg. n. 8. —
Kann auch vierteljährlich bezogen werden.

Finanz- & Verloosungsblatt, neues. Nebst: Serien-Liste üb. alle bis 30. XII. 1901 gezogenen Serien-Loose. Red.: Jul. Dann. 33.—36. Jahrg. 1899—1902. à 52 Nrn. Fol. (742, 740, 752 u. 788 S.) Stuttgart, A. Dann. à Jahrg. 8. —; f. d. Ausland 9. —

Finanz- u. Verloosungsblatt, neues. Red.: Jul. Dann. 37.—40. Jahrg. 1903—1906. à 52 Nrn. (à Jahrg. ca. 700 S.) Fol. Stuttgart, A. Dann. à Jhrg. n. 8. —

Finanz- & Verlosungsblatt, neues. Red.: Jul. Dann. 41—44. Jahrg. 1907—1910. à 52 Nrn. (790, 812, 862 u. 858 S.) 39×25,5 cm. Stuttgart, A. Dann. à Jahrg. nn 8. —

Finanz-Chronik s.a. Graf.

Finanz-Chronik, die. Wochenschrift f. finanzielle u. wirthschaftl. Interessen. 4.—7. Jahrg. 1899—1902. à 52 Nrn. schmal Fol. (à ca. 36 S.) London. Berlin, Die Finanz-Chronik. à Jahrg. n. 20. —

Finanz-Chronik, die. Wochenschrift f. finanzielle u. wirtschaftl. Interessen. Begründet 1895. 8.—11. Jhrg. 1903—1906. à 52 Nrn. (à ca. 28 S.) 4. London. (Berlin, Die Finanz-Chronik.) à Jhrg. n. 20. —

— die. Wochenschrift f. finanzielle u. wirtschaftl. Interessen. Begründet 1895. 12—15. Jahrg. 1907—1910. à 52 Nrn. (à ca. 24 S.) 32×21 cm. London. (Berlin, Die Finanz-Chronik.) à Jahrg. 20. —

Rosler's Finanz-Chronik (seit 1899: Die Finanz-Chronik). Wochenschrift für finanzielle und wirthschaftliche Interessen. London. Jahrgang 1 (1896) ff.

Finanzen in Böhmen, siehe Mitteilungen des statist. Landesamtes Böhmen Heft 8.

Finanzen, Die, und Hilfsquellen Spaniens, s.a. Finances, Les, et les ressources de l'Espagnie.

Finanzen, die, u. Hilfsquellen Spaniens. Von e. Financier. gr. 8. (36 S.) Wien 871. Gerold's Sohn. n. — 80

Finanzen, die, der preuß. Monarchie unter Friedrich Wilhelm IV. gr. 8. (VII und 79 S.) Leipzig 848, O. Wigand. *

Finanzen, die, der preußischen Monarchie unter Friedrich Wilhelm IV. gr. 8. (VIII u. 79 S.) Leipzig 849, O. Wigand. n. ⅔ ß

Finanzen, Die österreichischen, beleuchtet. 2. Aufl. Wien 1851. V: *Pillersdorf, Franz Xav. Frhr. v.* (CBH)

Finanzen, die rumänischen. Zahlen u. Thatsachen f. die Besitzer rumän. Papiere. Von ***. 2. Aufl. Mit e. Vertheidigg. der rumän. Finanzen, nebst Nachwort. gr. 8. (37 S.) Berlin 902. H. S. Hermann. — 50

Finanzen, russische, 1864. Antwort-Versuch auf die Frage: Was kann, was soll aus unserer Geldwirthschaft werden? Ein Wort aus Liefland. Berlin 864. Behr. gr. 8. (59 S.) n. 12 ngr.

Finanzen, russische, 1864. Antwort-Versuch auf die Frage: Was kann, was soll aus unserer Geldwirthschaft werden? Ein Wort aus Liefland. gr. 8. (59 S.) Berlin 865, Behr's Buchh. *

Finanzen (Die ungar.) der Jahre 1848—1849. Sep.-Abdr. aus L. Schönberger's „Börsen- u. Handelsbericht". 8°. Wien 1872.

Finanzen, die, der autonomen Verwaltung vornemlich in den J. 1883—1887, s.: Statistik, österreichische.

Finanz-Frage (Zur). gr. 8°. Wien, Gerold's Sohn, 1868.

Finanzfrage (Zur) Oesterreichs. gr. 8°. Leipzig, O. Wigand, 1860.

Finanz- und Bankfrage (Zur österreichischen). 8°. Wien 1861.

Finanz- u. Steuergeschichte, deutsche, s.a. Volksbibliothek, soziale.

[Finanzgeschichte.] Deutsche Finanz- und Steuergeschichte. M.-Gladbach 1908. 8°. (Soziale Volksbibliothek. Nr 9.)

Finanzgeschichte, Westphälische, ... Göttingen 1814. V: *Berlepsch, Friedrich Ludwig Freiherr von.* (Ky)

Finanzgesetz für das Jahr 1902 vom 31. Mai 1902. (Reichsgesetzblatt Nr. 109.) 8. Wien 1902.

Darmstadt: **Finanz-Gesetz** der ger.·. und vollk.·. Joh.·. Loge Johannes der Evangelist zur Eintracht im Or.·. zu Darmstadt. [Darmstadt] 1876: Herbert. 7 S. 8° [Umschlagtit.]

Finanzhandbuch für Oesterreich-Ungarn von A. Vetter. 7. Aufl. 8°. Fünfkirchen, Schön, 1873.

Finanzherold. Wochenblatt f. Börse u. Handel. Frankfurter Herold — Kleine Chronik u. Verloosungsliste. Red. i. V.: S. v. Halle. 4.—6. Jahrg. 1891—1893. à ca. 60 Nrn. (à ca. 3 Bog.) Fol. Frankfurt a/M., Expedition. à Jahrg. n. 5. —; ohne Verloosungsliste n. 4. —

Vgl.: Handbuch des Finanzherold.

Finanz-Jahrbuch s.: Sterneck's Jahrbuch f. die k. k. Finanzbeamten.

Finanzjahrbuch (Schweizerisches). 1. Jahrg. 1899. 3. Jahrg. 1901. Red. v. J. Steiger u. A. 8°. Berlin, Polytechn. Anstalt, 1901.

Finanzjahrbuch. Schweizerisches Finanzjahrbuch 1901. Jahrg. 3. Redigiert durch Dr. jur. J[acob] Steiger in Bern; Dr. Traugott Geering... in Basel; Dr. (G[eorg Gottfried]) Schärtlin... in Zürich; Dr. A[lbert] Meyer... in Zürich; A(lfr[ed]) Aellig... in Bern. [Mit 1 Tabelle.] IV + 360 S. 8. Bern, Polytechnische Verlagsanstalt, 1901. [geb. fr. 10.—]

Vergl.: Jahrbuch, schweiz., f. Finanz-, Bank-, Transport- u. Versicherungswesen.

Finanzjahrbuch. Schweizerisches Finanz-Jahrbuch 1902. Jahrg. 4. Redigiert von Dr. jur. J[acob] Steiger in Bern unter gefl. Mitwirkung der Herren Dr. Traugott Geering ... in Basel; Dr. A[lbert] Meyer ... in Zürich; Dr. G[eorg Gottfried] Schärtlin ... in Zürich und A(lfr[ed]) Aellig und E[mil] Ott ... in Bern. [Mit 2 Tabellen.] VIII + 448 S. 8. Bern, Polytechnische Verlagsanstalt A.-G., 1902. [geb. fr. 10. —]

Finanzjahrbuch. Schweizerisches Finanz-Jahrbuch 1903. Jahrg. 5. Redigiert von Dr. jur. J[acob] Steiger in Bern unter Mitwirkung der HH. Dr. Traugott Geering ... in Basel, Dr. A[lbert] Meyer ... in Zürich; Dr. [Ernst Julius] Amberg ... in Zürich; A[lfred] Aellig und E[mil] Ott ... in Bern. [Mit 1 Tabelle.] XVI + 392 S. 8. Bern, Polytechnische Verlagsanstalt A.-G., 1903. [geb. fr. 10. —]

Finanzjahrbuch. Schweizerisches F'-J' 1904. Jahrg. 6. Redigiert von Dr. jur. J[acob] Steiger in Bern, unter Mitwirkung der HH. Dr. Traugott Geering ... in Basel; Dr. A[lbert] Meyer ... in Zürich; Dr. G[eorg Gottfried] Schärtlin ... in Zürich; A[lfred] Aellig und E[mil] Ott ... in Bern. [Mit 1 Tabelle.] XVI + 372 S. 8. Bern, Neukomm & Zimmermann, 1904. [geb. Subscr. fr. 10. —, im Buchh. 12. —]

Finanzjahrbuch. Schweizerisches F'-J' 1905. Jahrg. 7. Redigiert von Dr. jur. J[acob] Steiger in Bern, unter Mitwirkung der Herren Dr. Traugott Geering...; Dr. A[lbert] Meyer...; Dr. G[eorg Gottfried] Schaertlin...; A[lfred] Aellig und E[mil] Ott.... [Mit 1 Tabelle.] XVIII + 411 S. 8. Bern, Neukomm & Zimmermann, 1905. [geb. Subscr. fr. 10. —, im Buchh. 12. —]

Finanzjahrbuch. Schweizerisches F'-J' 1906. Jahrg. 8. Redigiert von Dr. jur. J[acob] Steiger in Bern, unter Mitwirkung der Herren Dr. Traugott Geering ...; Dr. A[lbert] Meyer...; Dr. G[eorg Gottfried] Schaertlin...; A[lfred] Aellig und E[mil] Ott.... [Mit 1 Tabelle.] XVI + 472 S. 8. Bern, Neukomm & Zimmermann, 1906. [geb. Subscr. fr. 10.—, im Buchh. 12.—]

Finanzjahrbuch. Schweizerisches F'-J' 1907. Jahrg. 9. Redigiert von Dr. jur. J[acob] Steiger ... in Bern, unter Mitwirkung der Herren Dr. Traugott Geering ...; Dr. A[lbert] Meyer ...; Dr. G[eorg Gottfried] Schaertlin ...; A[lfred] Aellig ...; E[mil] Ott.... [Mit 1 Tabelle.] XVIII + 480 S. 8. Bern, Neukomm & Zimmermann, 1907. [geb. Subscr. fr. 10. —, im Buchh. 12. —]

Finanzjahrbuch. Schweizerisches F'-J' 1908. Jahrg. 10. Redigiert von Dr. jur. J[acob] Steiger ... in Bern, unter Mitwirkung der Herren Dr. Traugott Geering...; Dr. A[lbert] Meyer...; Dr. G[eorg Gottfried] Schaertlin...; A[lfred] Aellig...; H[ans] Bützer...; E[rnst] Scherz.... XX + 518 S. 8. Bern, Neukomm & Zimmermann, 1908. [geb. Subscr. fr. 10.—, im Buchh. 12.—]

Finanzjahrbuch. Schweizerisches F'-J' 1909. Jahrg. 11. Redigiert von Dr. jur. J[acob] Steiger ..., unter Mitwirkung der Herren Dr. Traugott Geering ...; Dr. A[lbert] Meyer ...; Dr. G[eorg Gottfried] Schaertlin ...; E[rnst] Scherz ...; H[ans] Bützer.... [Mit 2 Tabellen.] XX + 518 S. 8. Bern, Neukomm & Zimmermann, 1909. [geb. Subscr. fr. 10. —, im Buchh. 12. —]

Finanzjahrbuch. Schweizerisches F'-J' 1910. Jahrg. 12. Redigiert von Dr. jur. J[acob] Steiger..., unter Mitwirkung der Herren Dr. Traugott Geering ...; Dr. A[lbert] Meyer ...; Dr. G[eorg Gottfried] Schaertlin ...; E[rnst] Scherz ...; H[ans] Bützer .... [Mit 2 Tabellen.] XXIV + 534 S. 8. Bern, Neukomm & Zimmermann, 1910. [geb. Subscr. fr. 10. —, im Buchh. 12. —]

Finanzkalender f. das J. 1884. kl. 8. (213 S. u. Tageb.) Wien, Moritz Perles. Geb. 1 fl. 50 kr. 1883.

Finanz-, Assecuranz- und Sparcassen-Kalender, Allgemeiner, auf das Schaltjahr 1892. Zugleich Comptoir-Handbuch und Vormerk-Kalender für alle Tage des Jahres. Herausgegeben von F. Menk-Dittmarsch. 5. Jahrg. Gr.-8. (96 S.) In Lwd. geb. Wien: Dittmarsch' Selbstverlag 1891. 1.-

Finanz-Kalender, österreichischer, für das J. 1863. Hrsg. von A. Th. Vetter. 1 Tab. in Imp.-Fol. Wien, (Beck'sche Universitäts-Buchh.) *

Finanzkräfte des Kaiserthums Oesterreich im Jahre 1811 und jetzt. 2. Aufl. Wien 1855. V: *Hornstein, Anton.* (EB)

Finanzkräfte des Kaiserthums Oesterreich im Jahre 1811 und jetzt. Zweite verbesserte mit den Geld- und Finanzverhältnissen Oesterreichs ausgestattete Auflage. Entworfen von A. Hornstein. Wien, 1855. In Kommission bei L. W. Seidl. Druck von M. Auer. (1 Bog.)

Finanzlage, die, Oesterreichs im J. 1863. Frankfurt a. M. 863. Keller. 8. (19 S.) 4 ngr.

Finanzlage, die, der Stadt Znaim. gr. 8. (16 S.) Olmütz 878. (Znaim, Fournier & Haberler.) n. — 50

Finanzmaterialien, 4 Stck. gr. 8. Berlin, Beliz. 786—89.

Finanzmaterialien nach allgemein verbesserten und praktischen Grundsätzen. Berlin 1786—89. H: *Richter, Johann Daniel.* (KY) (MS) (ML)

Finanzminister, der, u. der Reichsrat üb. die finanzielle Lage Russlands. (Von P. v. Struve.) (In russ. Sprache.) (15 S.) gr. 8. Stuttgart 903. [J. H. W. Dietz Nachf.] Paris, A. Schulz. n. — 80

Finanz-Ministerialblatt f. das Königr. Bayern. Haupt-Register zu den Jahrg. 1865—1884 v. Ludw. Braun. gr. 8. (131 S.) München, Franz' Verl. n. 3. —

Finanz-Ministerialblatt f. das Königr. Bayern. Haupt-Register zu den Jahrg. 1865—1900 v. Ludw. Braun u. Sigm. Rabe, seit 1893 fortgesetzt v. Max Oberle. gr. 8. (228 S.) München 901. G. Franz' Verl. n.n. 3. 50

—— dass. — Haupt-Register zu den Jahrg. 1865—1884 von Ludw. Braun. gr. 8. (131 S.) München 885, Franz' Verlag. *

Finanz-Ministerialblatt f. das Königr. Bayern. Amtlich hrsg. vom k. Staatsministerium der Finanzen. Jahrg. 1887—1890. gr. 8. (Erscheint unregelmäßig in Nrn. à 1 B.) München, (Kaiser). à Jahrg. n.n. 5. —

Finanz-Ministerialblatt f. d. Königr. Bayern. Amtlich hrsg. vom k. Staatsministerium der Finanzen. Jahrg. 1891—1894. gr. 8. München, (Kaiser). à Jahrg. n.n. 5. —
Erscheint in zwanglosen Nrn.

— dasselbe. Haupt-Register zu den Jahrgängen 1865—1892 v. Ludw. Braun, fortgesetzt v. Sigm. Rabe. gr. 8. (210 S.) München 893. G. Franz' Verl. n.n. 3. --

Finanznoth, die, und die Kirchengüter. gr. 8. (15 S.) Wien, Mayer & Comp. 1861. 10 kr.

Finanznoth, die östreichische. gr. 8. (58 S.) Leipzig 851. (Keil & Co.) 1/3 ₰

[Finanz-Ordnung] Preußische Eisenbahnverwaltung. Finanz-Ordnung. Gült. v. 1. April 1911. (Ausg. 1910.) [Tl 1]—11. o. O. (1910). 4°
1. (Wirtschafts-Ordnung.)
2. Buchungs-Ordnung.
3. Rechnungs-Ordnung.
4. Werkstätten-Ordnung.
5. Materialien-Ordnung.
6. Drucksachen-Ordnung.
7. Geräte-Ordnung.
8. Hauptkassen-Ordnung.
9. Stationskassen-Ordnung.
10. Baukassen-Ordnung.
11. Anweisung z. Rechnungslegung.

Finanz-Ordnung der Preußischen Staats-Eisenbahnverwaltung. Bd 1–5. (Berlin 1894: J. Sittenfeld.) 5 Bde 4° [J.]
Bd 1. Einl. Th. 1. Wirthschafts-Ordnung. Th. 2. Buchungs-Ordnung.
Bd 2. Th. 3. Rechnungs-Ordnung.
Bd 3. Th. 4. Werkstätten-Ordnung. Th. 5. Materialien-Ordnung. Th. 6. Drucksachen-Ordnung. Th. 7. Inventarien-Ordnung.
Bd 4. Th. 8. Hauptkassen-Ordnung. Th. 9. Stationskassen-Ordnung.
Bd 5. Th. 10. Baukassen-Ordnung. Th. 11. Anweisung z. Rechnungslegung. Th. 12. Samml. älterer Rechnungsvorschriften materiellen Inhalts. [od. 1896]

Preussische Staatseisenbahnverwaltung. Finanz-Ordnung. T. 1. Berlin 1910: Möser. 4° A 12. 4532

Finanzpachter, der; 3 Lstspl. 8. Leipz. 762. (Brockhaus). 2 gr

Finanzplan! (Noch ein) Oesterreich ist trotz seiner bisherigen Verwaltung noch immer reich und wird die gegenwärtige Finanzcalamität überwinden. Ansichten und Vorschläge von J. E. H. gr. 8°. Prag, Steinhauser, 1866.

Finanz-Plan, Ein, für Oesterreich. Wien 1862. V: *Adler, Leo.* (EB)

Finanz-Plan, ein, für Oesterreich. 8. (50 S.) Wien 862, Typographisch-literarisch-artistische Anstalt. *

Finanzpolitik, südwestafrikanische, s.: Zeitfragen, kolonialpolitische.

Finanzpresse f. Oesterreich-Ungarn. Zeitschrift f. Finanzen, Volkswirthschaft u. Assecuranz. Hrsg.: Alex. Singer. Red.: M. Lichtig. 1. Jahrg. 1893. 36 Nrn. (à ca. 3 Bog.) Fol. Wien. (Leipzig, Literar. Anstalt A. Schulze.)

Finanzprobleme, Die oesterreichischen, bezüglich Bank, Valuta und Deficit ... Wien 1862. V: *Höfken, Gustav Ritter von.* (WFM)

Finanzprobleme, die österreichischen, bezüglich Bank, Valuta und Deficit. Von Gust. H....n. gr. 8. (VII und 156 S.) Leipzig 862, Brockhaus. *

Finanz-Project. [Graz 1861.] V: *Lažansky, Joseph Graf.* (WFM)

Unser Finanzrecht. Berlin, Paul u. Co. 1866. Vgl. die Rec. in der Schles. Ztg. 1866, Nr. 393.

Finanz-Reform, die deutsche, der Zukunft, s. a. Staatsstreich od. Reformen.

Finanz-Reform, Die deutsche, der Zukunft. Von einem Ausland-Deutschen. Zürich 1906. V: *Walz, Fritz.* (Berl)

Die deutsche **Finanz-Reform** der Zukunft. Zürich: Zürcher & Furrer 1906. (IX, 508 S.) 8° [F.]
= Staatsstreich oder Reformen. T. 3. [o. 14334

Finanzreform, die, v. 1909 u. die Parteien des Reichstags. Hrsg. vom sozialdemokrat. Parteivorstand. (411 S.) 8. Berlin 910. Buchh. Vorwärts. Geb. in Leinw. 5. —

Finanzreform, Die schwarzblaue, von 1909. (Berlin-Schöneberg 1909.) 8°.
5 in. (Flugblätter d. Wahlver. d. Liberalen. 1903—1909.)

Finanz- u. Handels-Revue. Zeitschrift f. Finanz-, Handels-, Industrie-, Assekuranz- u. Transportwesen. Hrsg.: Louis Schwarz. 5. u. 6. Jahrg. 1905 u. 1906. à 52 Nrn. (1906: 520 S.) gr. 4. Berlin (J. Harrwitz Nachf.) à Jhrg. n. 20. —; halbjährlich n. 12. —

Finanz- u. Handels-Revue. Wochenschrift f. Finanz, Handel u. Assekuranz. Hrsg.: Louis Schwarz. 7—9. Jahrg. 1907—1909. à 52 Nrn. (à ca. 8 S.) 36×26,5 cm. Berlin, (J. Harrwitz Nachf.) à Jahrg. nn 20.—; halbjährl. nn 12. —

Mexikanische Finanzrevue: no 1, Jan. 10, 1890 ? Mexico City
Subtitle Eine viersprachige Zeitschrift

Finanzsätze, theoret.-praktische. 8. Leipz. 781. Barth. 3 gl

FINANZSAETZE. – theoretisch-praktische. Gerold, Wien 1781.
1 vol. 40 S.

Finanzstaat, Französischer, aus dem königlichen Steuer-Edict vom November 1771 ... Göttingen 1774. V: *Achenwall, Gottfr.* H: *Spamer, Joh. Conr.* (EB)

Finanzstatistik der Kreise u. Provinzialverbände d. preuss. Staats für d. J. 1869. Hrsg. v. Kön. Preuss. Statist. Bureau. Berlin 872.

Finanzstatistik der Kreise und Provinzialverbände des preussischen Staates für das Jahr 1869. Berlin. 1875. = Preussische Statistik. H. 35. 4°.

Finanzstatistik der preussischen Landkreise f. d. Rechnungsj. 1903. Tl 1—3. Im amtl. Auftr. bearb. von Osk. *Tetzlaff.* Berlin 1908. 4°.
(Preuss. Statistik. 205.)

Finanzstatistik der preussischen Provinzial- (Bezirk- usw.) Verbände f. d. Rechnungsj. 1903. Im amtl. Auftr. bearb. von Osk. *Tetzlaff.* Berlin 1909. 4°.
(Preuss. Statistik. 215.)

Essen: **Finanz-Statut** der Loge Alfred zur Linde in Essen. Essen [1860]: Krum 8 S. 8° [Umschlagtit.]

Die Johannis-Loge „Augusta" in Augsburg errichtet im Hinblick auf § 53 ihrer Hausgesetze folgendes **Finanz-Statut.** [Dat.:] Augsburg 1897. 3 S. 8° [Kopftit.]

Finanzsystem, Friedrichs II. ökonomisch-politisches, ... gerechtfertigt. Berlin, Bourdeaux 1789. V: *de La Haye de Launay.* Vgl. ERSCH II (25), 2. Abschn., Nr. 564. (DARP)

Finanzsystem (Ueber das neue) in Oesterreich nach dem Patente vom 20. Hornung, publicirt den 15. März 1811. Eine Darstellung nach den staatsbürgerlichen Verhältnissen und nach der rechtlichen Absicht. 8°. Prag, Enders, im April 1811.

Finanzsystem, über das neue, in Oestreich nach dem Patente von 20. Hornung, publicirt d. 15. März 1811. Eine Darstell. nach d. staatsbürgerl. Verhältnissen u. nach d. rechtl. Absicht. 8. Prag 812. Enders. 4 gl

Finanz-Telegraph. Unabhängiges finanzielles Informationsblatt f. die Kapitalisten u. Wertpapierbesitzer Oesterreich-Ungarns u. Deutschlands. Red.: Wilh. Geiger. Hrsg.: Bank-Kommandit-Gesellschaft Adf. Weiss & Comp. Jhrg. 1907. 36 Nrn. (à ca. 12 S.) Lex. 8. Budap. (Maleria-Valerse-Gasse 17), Finanz-Telegraph. nn 5. —
Nicht durch den Buchhandel zu beziehen.

Finanzverhältnisse. Die F' der Einwohnergemeinde Solothurn. Bericht des Ammannamtes ... s. (Vigier, W[ilhelm]).

Finanzverwaltung, die kurhessische, u. der Antrag des Abgeordneten Hildebrand. 8. (38 S.) Kassel 850, Luckhardt. n. 1/6 ℛ

Finanzverwaltung Preussens in den Jahren 1870—73. Bericht des Finanzministers. 2 Bde. 4°. Berlin 1873—76.

Die **Finanzverwaltung Preussens** in den Jahren 1870, 1871 und 1872. Bericht des Finanzministers an Seine Majestät den Kaiser und König. Berlin 1873.
Derselbe für die Jahre 1873, 1874 und 1875. Berlin 1876.
" für die Zeit vom 1. April 1897 bis 1. April 1899. Berlin 1900.

Die **Finanzverwaltung Preussens** vom 1. Juli 1890 bis 1. April 1897. Bericht d. Finanzministers an S. Maj. d. Kaiser u. König. *Berlin 1897: Reichsdr.* (279 S.) 4° [F.] [ou. 6.3..

Die **Finanzverwaltung Preussens** in der Zeit vom 1. April 1897 bis 1. April 1899. Bericht d. Finanzministers an S. Maj. d. Kaiser u. König. *Berlin 1900: Reichsdr.* (107 S.) 4° [F.] [ou. 6031

Finanzvorschlag [für Österreich]. [Wien] 1780. V: *Herberstein, Phil. Graf v.* (WFM)

Finanz-Vorschlag über Staatsvoten und Realkredit ... 2. Aufl. Wien 1866. 3. Aufl. 1866. V: *Tschudy von Glarus, Franz Freiherr.* (WFM)

Finanzwache-Notizen- u. Hilfstaschenbuch zum Gebrauche im ausübenden Dienste in allen indirecten Gefällszweigen u. bei Leitung der k. k. Finanzwache-Abtheilungen u. Expositurен. 12. (404 S.) Wien 890, (Arming). geb. * 6 50

Finanzwachvorschrift s.a. Handausgabe der österreichischen Gesetze u. Verordnungen. 15. Hft.

Finanzwachvorschrift. Wien: K.k. Hof- u. Staatsdr. 1907. (IX, 203 S.) 8° [F.]
— **Handausgabe** d. österr. Gesetze u. Verordnungen. II. 15. [07. 107]

Finanzwesen (Das bernische) von 1803—1848. Rückblicke und Aussichten. 4°. Bern 1849.

Finanzwesen. Eidgenössisches Finanzwesen s.a. P[lanta], P[eter] C[onradin].

Finanzwesen, Eidgenössisches ... Chur 1902. V: *Planta, Peter Conradin.* (BBullschw 3, 1903)

Finanz- u. Steuerwesen. 1.—3. Hft. 8. Darmstadt 905. G. Jonghaus. n. 2.10
1. Erlaß, das Verdingungswesen betr. vom 16. VI. 1893 u. die damit im Zusammenhang stehend. Vorschriften. Amtl. Handausg. m. Erläutergn. u. e. Sachregister. (Bearb. im Auftr. großherzogl. Ministeriums d. Innern v. Wagner.) (89 S.) n. —90
2. Gesetz, betr. die allgemeine Einkommensteuer vom 12. VIII. 1899 nebst zugehöriger Verordnung vom 28. III. 1900. Amtliche Handausg. (31 S.) n. —60
3. Gesetz, die Vermögenssteuer betr., vom 12. VIII. 1899, nebst den zugehör. Verordngn. vom 18. III. 1900 u. 21. XI. 1900. Amtliche Handausg. (27 S.) n. —60

Finanz- u. Steuerwesen. 4. u. 5. Heft. 8. Darmstadt, Buchh. großherz. Staatsverlags. 2.20
4. Gesetz üb. den Urkundenstempel in der Fassung der Bekanntmachung vom 28. III. 1907. Amtliche Handausg. (III, 100 S.) 907. 1.—
5. Wandergewerbsteuergesetz, das, vom 22. XII. 1900. Amtliche Handausg. (III, 38 S.) 908 1.20

Finanzwesen, über das, eines hinterlassenen Werks des Pet. Andreas ***. Aus d. Französ. (v. Jh. Lor. Benzler). Mit 2 Kpf. 8. Leipz. 780. Weidmann. 1 ℛ 4 gℓ

Finanz-Wirthschaft, Die Preussische, und die hundert Millionen der Preussischen Politik. [Erfurt 1850.] H: *Fritzsch, Ernst.* (EB)

Finanzwirtschaft, d., Russlands. Aus d. Russ. v. E. Davidson. gr. 8. (III, 85 S.) Leipzig 902. O. Wigand. 1.50
Sonderabdr. aus: „Efron u. Brockhaus, encyklopäd. Wörterb."

Finanzwissenschaft. Volksthümliche Darstellungen vom Staats- und Gemeindehaushalt. Voneinem Staats manne a. D. Leipzig. 1863.

Finanzwissenschaft, Die, Russlands. A. d. Russ. v. Davidson. Leipzig 1902. V: *Kovalevskij, Vladimir Ivanović* [?]. (EB)

Finanz- u. Handelszeitung, Berl., s.a. Finanz-Blatt, Berliner.

Finanz- u. Handels-Zeitung, Berliner. [Früher Berliner Finanzblatt.] Unabhängiges u. unparteiisches Organ f. die Interessen deutscher Kapitalisten 2c. Redact.: Rich. Fischer. 2. Jahrg. 2.—4. Quartal. April—Dezbr. 1891. 90 Nrn. (à Nr. 2 Bog.) Fol. Berl., Bruer. * 9 —
—— dass. — Zeitschrift f. Bank- u. Börsenwesen zur Information üb. alle finanziellen Angelegenheiten. Offizielles Organ d. Schutzvereins f. Besitzer v. Werthpapieren. 3. Jahrg. 1892. 104 Nrn. (à Nr. 2 Bog.) Fol. Berl., [Bruer.] Spamer. * 12 —

— dasselbe. Offizielles Organ des Schutzvereins f. Besitzer von Werthpapieren. 3.—5. Jahrg. 1892—1894. à 104 Nrn. (à ca. 2 Bog.) Fol. Ebd. à Jahrg. n. 12.—

Finanz- u. Handelszeitung, Berliner. (Früher „Berliner Finanz-Blatt".) Fachschrift f. Bank- u. Börsenwesen z. Wahrg. d. Interessen deutscher Kapitalisten, sow. z. Information üb. Kapital-Anlage u Spekulation, An- u. Verkauf v. Werthpapieren, Staatspapiere, Renten, Pfandbriefe, Prämienloose, Industrie-Papiere, Gründgn., Aktien u. Aktien-Gesellschaften, Emissionen. Rechtsverhältnisse zwischen Bankier u. Geschäftskunden etc. Offizielles Organ des Schutzvereins f. Besitzer v. Werthpapieren. 6. u. 7. Jahrg. 1895—1896. à 104 Nrn. (à ca. 2 Bog.) Fol. Berlin, W. T. Bruer. à Jahrg. n. 12. —

— dasselbe. Versicherungswesen u. volkswirthschaftl. Angelegenheiten. Beilagen: Kurszettel d. Berliner Börse. Verlosungsliste. Kurs u. Berichte üb. süd-afrikan. Goldminen- u. Land-Aktien, Shares. Red.: Paul Kaupisch. 8. u. 9. Jahrg. 1897—1898. à ca. 104 Nrn. (à 2—3 Bog.) Fol. Ebd. à Jahrg. n. 12. —; einz. Nrn. n. — 20
Kann auch vierteljährlich bezogen werden. — Redakteur d. 8. Jahrg. war Gust. Ebert.

Finanz- u. Handelszeitung, Berliner. Fachschrift f. Bank- u. Börsenwesen zur Wahrung der Interessen deutscher Kapitalisten, sowie zur Information über Kapital-Anlage u. Spekulation, An- u. Verkauf von Werthpapieren, Staatspapiere, Renten, Pfandbriefe, Prämienloose, Industrie-Papiere, Gründgn., Aktien u. Aktion-Gesellschaften, Emissionen. Versicherungswesen u. volkswirtschaftl. Angelegenheiten. Beilagen: Kurszettel der Berliner Börse. Verlosungsliste. Kurs u. Berichte üb. süd-afrikan. Goldminen- u. Land-Aktien, Shares. Red.: Paul Kaupisch. 10.—13. Jahrg. 1899—1902. à ca. 104 Nrn. Fol. (à 10—12 S.) Berlin, A. Bruer's Verl. à Jahrg. n. 20.—

Finanz-Zeitung, deutsche. Fachblatt f. Beteiliggn., Kapital- u. Hypothekenbeschaffg., An- u. Verkäufe v. Immobilien aller Art, industrieller u. gewerbl. Unternehmgn., Fabriken, Geschäften, Gasthöfen, Hôtels, Landgütern etc. Red.: W. Ritter. 4. Jahrg. 1906. 48 Nrn. (à ca. 8 S.) 4. Leipzig, C. A. Fischer. n. 4.—

Finanz-Zeitung, deutsche. Fachblatt f. Beteiliggn., Kapital- u. Hypothekenbeschaffg., An- u. Verkäufe v. Immobilien aller Art, industrieller u. gewerbl. Unternehmgn., Fabriken, Geschäften, Gasthöfen, Hôtels, Landgütern etc. 5. Jahrg. 1907. 48 Nrn. (à 4 S.) 35×25 cm. Leipzig, C. A. Fischer. 4.—

Finanzzustand des französ. Staats, mit Bemerkk. über Neckers u. andere dieser Art Schriften. gr. 8. Hamb. 783. (Campe). 7 gℓ

Finanzzustand d. franz. Staats 2c. gr. 8. Hamb. Hoffmann. 783.

FINÄTZY, IGNATZ: Rede auf das Freudenfest, da die feyerliche Einweihung der ... glücklich so wohl als prächtig vollendeten Dom- und Kapitularkirche begangen und ein Hochwürdiges Domkapitel in ihrem neuerrichteten Wohnsitz nach 230 Jahren eingeführet wurde, am Tage der unbefleckten Empfängniss Mariä in Großwardein anno 1779 vorgetragen. Preßburg 1779. Gedr. bey Franz Augustin Patzko. 14 S. - 4°

Finauer, s.a. **Finnauer.**

Finauer, Peter Paul

— Bibliothek zum Gebrauch der baier. Staats-, Kirchen- u. Gelehrten-Geschichte. 3 Thle. (Mit derselben TVign. auf jedem Titelbl.) Frankfurt u. Leipzig 1772, 72. (Th. 3: München, 1775. zu finden in der Fritzischen Buchhdlg.) 8°. Ppbde.
I: 10 Bll., 212 S. Enth. 7 Nrn., u. a.: Freiberger, Jos., vita S. Corbiniani c. chronico Episcopor. Frisingens. (S. 19—138.) — Nachrichten von d. Leben u. Schriften Herrn Wiguleus Hund, fürstl. baier. geh. Raths u. Hofraths-Präsidenten. (S. 195—212.)
II: 8 Bll., 240 S. Enth. 6 Nrn., dabei: Hrn. Wiguleus v. Hund Anmerkgn. zur Erklärung deutscher u. lat. Urkunden u. anderer baier. Historien u. Alterthümer. (S. 133—170.) — Ordnung der Frohnleichnams-Procession, wie selbe zu Ende des XVI. Jahrhunderts in München ist gehalten worden (S. 205—220.)
III: 8 Bll., 256 S. Enth. 7 Nrn., u. a.: Nachrichten von d. Begeb. u. Schriften Joh. Geo. Stiglers öffentl. Lehrers d. Mathematik in München, † 1761). (S. 241—256.)

Finauer, Pet. Paul, († d. 22. Nov. 1788.) Bibliothek zum Gebr. der baier. Staats-, Kirchen- u. Gelehrtengeschichte. 3 Thle. 8. Augsb. 772—77. v. Jenisch u. St. 1 ℛ 8 gℓ

Finauer, Pet. Paul., Bibliothek z. Gebr. d. bayersch. Staats- Kirch.- u. Gel. Gesch. 3 Thle. 8. Augsb. Stage. 772—77.

Finauer, Pet. Paul, Gedanken über d. Werte des Liebhabers der Wahrheit von der Hexerei. 4. München 767.

— histor.-literar. Magazin f. Pfalz-Baiern u. angrenz. Gegenden. 1r Bd., 1s—3s Hft. gr. 8. Münch. 782. (o. fn. Namen).

Magazin für d. neueste Litteratur, Kenntniss baier. Schriftsteller, Diplomatik, Genealogie etc., (hrsg. v. Finauer). 1. Bd. München 1771. 4.

Magazin für die neueste Litteratur, Kenntniss baierischer Schriftsteller, Diplomatik, Genealogie u. Heraldik, Topographie, dann überhaupts (!) für die alte u. neuere Geschichte in Baiern. Hrsg. von einem Mitgliede der churbaier. Akad. d. Wissenschaften (*Pet. Paul Finauer*). Bd. I, Stück 1—6 (1 vol.). (Alles, was erschienen.) Mit 6 Kpftaf. (incl. 1 Portr.) u. 1 TVign. München, gedr. mit akademischen Schriften, 1775—76. 4°. Cart.
4 Bll. u. 136 fortl. S. (à 2 Col.).

— Miscellaneen f. d. Schul- und Erziehungswesen in Bayern 1c. 2 Thle. gr. 8. Augsb. Stage. 776.

— Miscellaneen für das Schul- u. Unterrichtswesen in Baiern. 2 Thle. gr. 8. Augsb. 776. v. Jenisch u. St. 20 gr

— Münzbelustigung m. K. 1s Fach. 4. Augsb. Grattenauer. 768.

Finauer, Peter Paul, *Bajerische Münzbelustigung*, darinnen *Schaustücke*, *Ducaten*, *Thaler* u. andere merkwürdige Gold- u. Silbermünzen zu finden, die richtig in Kupfer abgebildet, u. aus der Geschichte beschrieb. u. erläut. worden. (Vign.) *Erstes* (u. einz.) Fach. München u. Nürnberg, bey Joh. Adam Lochner. 1768. 4°. Unbeschn. in eleg. Hpgmtb., schönes Expl.
Tit., 1 Bll. Zuschr. (an Kurfürst Maximilian III. Joseph), 4 Bll. Vorber., 190 S., 1 Bl. Err. Mit 9 (unsign.) Kpftaf. — S. 173 ff.: Gesetze der churbaier. Akademie d. Wissenschaften.

— baierische Münzbelustigungen 1c., 1s Fach. 4. Augsb. 768. (Lauffer in Leipz.) 1 ℛ

—, *Münzreihe der Durchleuchtigsten Herzoge u. Churfürsten in Baiern.* Mit Anmerkgn. u. (3) Kpfrn. (*Weissenhahn* sc.). (Allegor. TVign. (von Demselb.). München 1777. — *A. E.*: Gedr. u. zu finden bey Joh. P. Jac. Vötter, Hof-, Akad.- u. Landschaftsbuchdr. auf dem Färbergraben, u. bey Frdr. Boos, Buchbinder beym schönen Thurme. 4°. Farbiger Ppb. mit Pergamentecken, schönes Expl.
Tit., 1 Bl. Widmung (an denselben Fürsten) u. S. V—XL Text.
Beides nicht häufig!

— academ. Rede vom wahren Gebrauch der Geschichte, als dem eigentlichen Mittel, die allgemeinen u. bürgerl. Tugenden in einem Lande zu verbreiten. gr. 4. München 777. (Franz). 5 gr

Finauer, Pet. Paul, d. Jüng., einige Rückblicke auf die Geschichtschreibung von Bayern. Aus Anlass der Urtheile über Heinr. Zschokke's 6 Bücher bayerischer Geschichten. München, Jos. Lindauer, 1818. 8°. Unbeschn. in Ppb.
Tit., 1 Bl. Zuschr. („An den Herrn P**A***L*R** in A***"), 138 S., 1 Bl. Err.

— s. Taschenbuch f. Eltern 1c.

— Versuch e. Abhandl. von d. Ursprung u. den vormal. Umständen der Stadt München, mit 1 Kpf. 4. Münch. 769. (Franz). 5 gr

Finauer, Peter Paul (1732—88), Versuch einer bajerischen gelehrten Geschichte. Mit Portr. (Eman. Com. de *Törring-Jettenbach et Gronsfeld*, acad. scientiar. boicæ praes.), gest. v. *J. A. Zimmermann*. München, gedr. bey Frz. Jos. Thuille. 1767. 8°. Ppb.
9 Bll. u. 151 S. Enth. u. a. die Biogr. von Joh. Adelzreitter v Tettenweis (1590—1662), Albertus Magnus († 1280), Jac. Locher (Philomusus, 1470—1528), Ortolff v. Bayrland (um 1477), Geo. Rüxner (um 1530), Willeramus († 1085 als Abt d. Bened.-Klosters Ebersberg in Oberbayern).

— Versuch e. baierischen Gelehrtengeschichte. gr. 8. Nürnb. 767. (Lindauer in München). 9 gr

— allgem. histor. Verzeichniß gelehrter Frauenzimmer, 1r Thl. 4. München 761.

— s. Wichtiges, Etwas.

Fincati, Luigi, Manovra pratica navale. gr. 8. (88 S.) Trieste 847, Favarger. 18 ngr

Fincati, Luigi, Manovra pratica navale. Nuova Edizione. gr. 8. (88 S.) Trieste 856, Direzione del Lloyd austriaco. *

Fincati, Luigi, manovra pratica navale. Nuova edizione. Trieste 857. Literar.-artist. Abth. d. Oesterr. Lloyd. 8. (88 S.) n. 16 ngr

Finck, Fincke s. a. Fink, Finke.

General-Karte des Königr. Württemberg nebst Theilen d. angrenzenden Länder in 6 Bl. im Massst. 1:200.000. Hrsg. von d. k. w. statist. Landesamt. (Bearb. von Oberstlt a. D. v. **Finck**. 2. Ausg. in 2 Farben 1906.) Bl. 1. ([Stuttgart] 1906: [H. Lindemann].) [07. 3903

Finck, Frhr. v. Übersicht der Geschichte d. souveränen ritterlichen Ordens St. Johannis vom Spital zu Jerusalem u. der Balley Brandenburg. gr. 8. (VIII, 158 S.) Lpz. 890, Duncker u. Humblot. * 3 60; geb. * 4 60

Das Königreich **Württemberg** hrsg. von d. K. Statist. Landesamt 1905. (Bearb. von Oberstlt. v. **Finck**. Erg. auf d. Stand von 1905. Maßst. — 1:400,000. [Stuttgart]: K. Statist. Landesamt 1905.) (1 Kartenbl. 49× 67 cm.) [Kopft. gestochen] [kol.] [05. 10647

Finck, Albert Freiherr von, aus Sachsen: Ueber die Extrauterin-Schwangerschaft. Zür. F. Schulthess Dr. 1853. 1 Bl., 35 S. 8°.
Zürich, Med. Diss. v. 12. März 1853.

Finck, Albert, aus Dunkirk ⟨Amerika⟩: **Die Jodometrie des Phosphors und seiner Säuren.** *Freiburg i. B.: Speyer & Kaerner 1902.* (52 S.) 8°
Freiburg i. B., Phil. Diss. v. 1902

Finck, C. [cand. med.]: Die künstliche Frühgeburt und ihr Erfolg bei Beckenenge auf Grund von 22 an der Universitäts-Frauenklinik zu Strassburg seit 1879/80 beobachteten Fällen. . . . Strassburg i. E. Buchdr. C. Goeller, 1890; 72 S. + 1 Bl. u. 1 Tab. 8°
Strassburg. Med. Fak., Inaug.-Diss. v. 1890

Finck, C., Vademecum, oder geistliches Handbüchlein. gr. 12. Cob. Ahl. 756.

Finck, C. W. E., meiner Lyra erste Klänge. 8. Berlin ... Crantz. 1/4 ℛ

Finck, Claussen v., 3 zeitgemäße Erfordernisse zunächst f. den Landbesitz u. seine Bewohner, s. „das Land." gr. 8. (31 S. m. e. Steintaf.) Berlin 871. Scheller. n. — 60

Finck, Emil, Führer durch das Erzgebirgs-Museum nebst Altertums-Museum zu Annaberg, Grosse Kirchgasse Nr. 16. (34 S. m. Abbildgn.) 8. Annaberg 909. (Graser's Verl.) nn — 30

Finck, Emil, Barbara Uttmann, die Begründerin der Spitzenindustrie im Erzgebirge. Ein Beitrag zur Geschichte ihres Lebens und Wirkens und zur Würdigung ihrer Verdienste. 8. (IV, 39 S. mit 3 Abbild.) Annaberg 886, Rudolph und Dieterici. *

Finck, Franz Nikolaus

Finck, Frz. Nik., die Aufgabe u. Gliederung der Sprachwissenschaft. (VIII, 55 S.) gr. 8. Halle 905. Leipzig, R. Haupt. n. 2. —

— s.: Epiphanios v. Cypern, des, Ἔκθεσις πρωτοκλησιῶν πατριαρχῶν τε καὶ μητροπολιτῶν.

Finck, Frz. Nikol., Geschichte der armenischen Litteratur, s.: **Literaturen. die. des Ostens.** VII. 2.

Finck, Frz. Nik., die Grundbedeutung des grönländischen Subjektivs. (8 S.) Lex.-8. Berlin 905. (G. Reimer.) n. — 50
Sonderabdruck aus: „Sitzungsber. d. preuss. Akad. d. Wiss."

Finck, Frz. Nik., die Grundlage f. e. neue Rangordnung der Werte. Ein Beitrag zur wissenschaftl. Begründg. e. erneuten u. neuen Moral. gr. 8. (51 S.) München 891. Staegmeyr. n. 1. —

— Die Haupttypen des Sprachbaus, s. a. Aus Natur u. Geisteswelt.

Die Haupttypen des Sprachbaus. Von Dr. Franz Nikolaus **Finck**, Prof. Leipzig: Teubner 1910. V, 156 S. 8°
(Aus Natur u. Geisteswelt. Bdch. 268.) [10. 2034

[Armen. u. Ant.] Çouçak Tphḫiseçi Abgar Jowhanniseani Hajerēn dzeṙagreri erkasireç Phranç Nikolaous Phink. Katalog der armenischen Handschriften des Herrn Abgar Joannissiany zu Tiflis von Franz Nikolaus **Finck**. *Marburg: N. G. Elwert in Komm. 1902.* (XXIII, 260 S.) 8° [03. 10409

— **Katalog** der armenischen Handschriften des Herrn Abgar Joannissiany zu Tiflis. (XXIII, 260 S.) gr. 8. Leipzig 903. (Marburg, N. G. Elwert's Verl.) n.n. 20. —

— die **Klassifikation** der Sprachen. gr. 8. (26 S. m. 1 Tab.) Marburg 901. N. G. Elwert's Verl. n. — 60

— **Lehrbuch** des Dialekts der deutschen Zigeuner. (XVI, 96 S.) gr. 8. Marburg 903. N. G. Elwert's Verl. n. 2. 80

Lehrbuch der neuostarmenischen Litteratursprache. Unter Mitw. von Stephan Kanajeanz bearb. von Franz Nikolaus **Finck**. *Marburg: N. G. Elwert 1902.* (x, 141 S.) 8° [02. 11414

— **Lehrbuch** der neuostarmenischen Litteratursprache. Unter Mitwirkg. v. Steph. Kanajeanz bearb. gr. 8. (X, 141 S.) Vagarschapat 902. Ebd. n. 4. 50

— zwei **Lieder** der deutschen Zigeuner. (5 S.) Lex.-8. Berlin. 906. (G. Reimer.) n. — 50
Sonderabdruck aus: „Sitzungsber. d. preuss. Akad. d. Wiss."

— s.: **Literaturen**, die orientalischen.

Finck, Frz. Nik., die **araner** mundart. Ein beitrag z. erforschg. des westirischen. 2 Bde. Grammatik u. Wörterbuch. gr. 8. (X, 224 u. II, 349 S.) Marburg 899. N. G. Elwert's Verl. n.n. 18. —

— s.: **Nilos Doxapatres**, des, τάξις τῶν πατριαρχικῶν θρόνων.

— die **samoanische** Partikel 'o. (6 S.) Lex.-8 Berlin 904. (G. Reimer.) n. — 50
Sonderabdruck aus: „Sitzungsber. d. preuss. Akad. d. Wiss."

— Die samoanischen **Personal- u. Possessivpronomina**. (22 S.) Lex. 8. Berlin 907. (G. Reimer.) 1. —
Sonderabdr. a. „Sitzungsber. d. preuss. Akad. d. Wiss.".

— von der **Riviera**. Gedichte. 12. (III, 34 S.) Ebd. 891. In Leinw. kart. n. — 80

— der deutsche **Sprachbau** als Ausdruck deutscher Weltanschauung. 8 Vorträge. gr. 8. (VII, 123 S) Ebd. 899. n. 2. —

Die Sprache der armenischen Zigeuner. Von Franz Nikolaus **Finck**. St.-Pétersbourg: (Acad. Imp. d. Sciences) 1907. (131 S.) 4°
— **Mémoires** de l'Académie Imp. d. sciences de St. Pétersbourg. Sér. 8. Cl. hist.-phil. Vol. 8, No 5. [08. 7781

— Die **Sprache** der armenischen Zigeuner. (181 S.) 30,5×21 cm. St.-Pétersbourg 907. (Leipzig, Voss' Sort. 2. —
Sonderabdr. aus „Mémoires de l'acad. imp. des sciences de St.-Pétersbourg".

— Die Sprachstämme des Erdkreises, s.a. **Aus Natur u. Geisteswelt.**

Die Sprachstämme des Erdkreises. Von Prof. Dr. Franz Nikolaus Finck, Berlin. Leipzig: Teubner 1909. VIII, 143 S. 8°
(Aus Natur u. Geisteswelt. Bdch. 267.) [09. 11813

Finck, Franz Nikolaus [aus Krefeld]: Über das verhältnis des baltisch-slavischen nominalaccents zum urindogermanischen ... Marburg, *Druck v. M. Schmersow, Kirchhain N.-L.*, 1895; 1 Bl., 60 S., 1 Bl. 8.
Marburg, Phil. Fak., Inaug.-Diss. v. [12. März] 1895

Finck, Frz. Nik., üb. d. verhältnis d. **baltisch-slavischen nominalaccents** z. urindogerman. gr. 8. (VI, 60 S.) Marburg 895. N. G. Elwert's Verl. n. 1. 80

— Die **Verwandtschaftsverhältnisse** der Bantusprachen. (X, 138 S.) 8. Göttingen 908. Vandenhoeck & Ruprecht. 6. —

Verzeichnis der armenischen Handschriften der Königlichen Universitätsbibliothek (Tübingen) von Franz Nikolaus **Finck** u. Levon Gjandschezian [Łeuon Geandżeçean]. (Vorr.: Oberbibliothekar Karl Geiger.) Tübingen 1907: (M. Schmersow, Kirchhain N.-L.). (VI, 276 S.) 4°(8°)
— **Hauptkatalog**, Systemat.-alphab., d. Kgl. Univ.-Bibl. zu Tübingen. M. a. 13. [07. 11271

— **weltfremd—weltfreund**. 8. (94 S.) Leipzig 893. C. G. Naumann. n. 2. —

Finck, Franz Nikolaus [Dr. phil. aus Crefeld]: Wörterbuch der auf den Araninseln gesprochenen westirischen mundart ... Marburg, Univ.-Buchdr. '(R. Friedrich)', 1896; VIII, 249 S. 8.
Marburg, Phil. Fak., Hab.-Schr. v. 6. Juni 1896

— s.: **Zeitschrift** f. armenische Philologie.

Finck, Frieder., alphabet. Real-Repertorium d. Großhrzgl. Badischen Gesetzgeb. u. Verfassung v. 1811 u. soweit sie d. Landrecht berühren, v. dess. Einführung an bis z. neuesten Zeit. 2 Abthln. 2. Aufl., bericht. u. verm. durch sämmtl. seit 1823 erschien. Gesetze u. Verordn. gr. 8. ... Heidelberg 834, A. Oswald.

Finck's, Fr., Real-Repertorium der Großherzogl. Badischen Gesetzgebung u. Verfassung von 1811 u. soweit sie das Landrecht berühren, von dessen Einführung an bis 1844. Bearb. von Ad. Bauer. 2. Bd. 1. u. 2. Abthl. Die Jahre 1834—1844. gr. 8. Mannheim 844, 45, Bensheimer. n. 3 ₰ —
1.—3. Bd. jetzt Ebend.

Finck, Georg: Ueber Homologe des 2-Cumaranons und indigoide Verbindungen aus denselben. Marburg 1908: Köster & Schell. 66 S. 8°
Marburg, Phil. Diss. v. 28. Jan. 1909, Ref. Zincke
[Geb. 2. Nov. 82 Lichtenau b. Kassel; Wohnort: Aachen; Staatsangeh.: Preußen; Vorbildung: Oberrealsch. Marburg Reife O. 03; Studium: Marburg 11 S.; Rig. 4. Aug. 08.] [U 09. 3176

Finck, Georg, prakt. Arzt in Krakow i. M.: Was versteht das Invalidenversicherungsgesetz unter 'andere Gebrechen' (§ 5 Abs. 4)? *Rostock 1904: H. Winterberg.* (29 S.) 8°
Rostock, Med. Diss. v. [20. Febr.] 1904

Finck, H. J., deutsches **Sprachbuch** nebst Stilübungen. In 3 konzentr. Kursen f. Volksschulen bearb. 1. Kurs. 8. (IV, 64 S.) Rostock 886. Werther. n. — 40

Finck, Heinrich [approb. Arzt]: Ueber die Aenderung der Stellung des Chirurgen in gerichtsärztlicher Beziehung durch Einführung der antiseptischen Wundbehandlung .... Heidelberg, Druck v. J. Hörning, 1886; 24 S. 8°.
Heidelberg, Med. Fak., Inaug.-Diss. v. 1886.

Finck, Heinrich, über die Aenderung der Stellung des Chirurgen in gerichtsärztlicher Beziehung durch Einführung der antiseptischen Wundbehandlung. Diss. Heidelberg 1886, Theodor Groos. 8°. 24 S.

Heinrich **Finck** ⟨15. Jh.⟩ Eine Sammlung ausgewählter Kompositionen zu 4 u. 5 Stimmen, bestehend in deutschen geistl. u. weltl. Liedern, Hymnen u. Motetten. Nebst 6 Tonsätzen von s. Großneffen Hermann Finck ⟨1527 bis 1558⟩. In Partitur gesetzt u. mit e. Klavierausz. vers. von Robert Eitner. Berlin: T. Trautwein 1879. (XV, 110 S.) 2° [F.]
— **Publikation** älterer prakt. u. theor. Musikwerke. Jg. 7. (Bd 8.) [07. 8876

Finck, Henry Theophilius

Finck, Henry T., **Edvard Grieg**. In deutscher Übertragg. hrsg., m. e. Vorwort, vielen Zusätzen u. e. Nachtrag versehen v. Arth. Laser. (XV, 204 S. m. 17 Taf.) 8. Stuttgart 908. C. Grüninger. 3.—: geb. 4. —

Finck, H. T. Romantische Liebe u. persönliche Schönheit. Entwickelg., ursächl. Zusammenhänge, geschichtl. u. nationale Eigenheiten. Deutsch v. Udo Brachvogel. 2 Bde. 8. (XVIII, 540; 566 S.) Bresl. 890,91, [Schottländer] Schles. Buchdruckerei. à Bd. * 7 50; * 15 —
à Bd. geb. ** 8 50; ** 17 —

— dasselbe. 2 Bde. 2. (Titel-)Aufl. (Billige Volksausg.) 8. (XVIII, 540 u. VIII, 566 S.) Ebd. 894. n. 10. —; geb. n. 12. —

[F.] Wagner und seine Werke. Die Gesch. s. Lebens m. krit. Erläut. v. Heinrich T[heophilus] **Finck**. Deutsch v. Georg v. Skal. Bd I. II. *Breslau: S. Schottlaender 1896.* 2 Bde 8.
1. M. 1 Portr. v. R. Wagner. (XXIV, 434 S., 1 Portr.) 2. (VII, 488 S.) [96. 6898

Finck, Henry T[heophilus]. (Richard) Wagner und seine Werke. Die Geschichte seines Lebens mit kritischen Erläuterungen von Heinrich T. F. Deutsch von Georg v[on] Skal. 2. Aufl. 2 Bände. 8. Breslau, S. Schottlaender; Leipzig, E. F. Steinacker; New York, G. E. Stechert & Co., 1906. [zus. M. 6. —]

Band 1. Mit einem Portrait von Richard Wagner ([Tafel, und] Mit einem Vorwort des Verfassers). XXVIII + 434 S. — Band 2. VIII + 488 S.

Wagner und seine Werke [Wagner and his works]. Die Geschichte s. Lebens mit krit. Erl. von Heinrich T. [Henry Theophilus] **Finck**. Deutsch von Georg v. Skal. 2. Aufl. Bd 1. 2. Breslau: Schles. Buchdr., Kunst- u. Verl.-Anst. 1906. 2 Bde 8° [F.]
1. Mit 1 Portr. (Mit e. Vorw. d. Verf.) 07. 4122

Finck, Hermann, approb. Arzt aus Frankfurt a. M.: Ueber Chronische tuberkulöse **Peritonitis** bei Kindern. *München 1900: Kastner & Lossen.* (38 S.) 8°
München, Med. Diss. v. 1900

Finck, J., Auswahl englischer Gedichte u. Prosastücke für Schulen u. Privatgebrauch. In 4 Stufen geordnet u. mit erklär. Anmerkungen, Praeparationen u. kurzen Biographieen der Dichter versehen. 8. (VIII, 192 S.) Weinheim 878. Ackermann. cart. n. 1. 40; geb. n. 1. 80

Finck J. H.: Verschiedene Schriften u. Beantwortungen, betreffend die Schaafzucht in Deutschland u. Verbesserungen d. groben Wolle... Halle 1799. 196 S.

Finck, Johann

Finck, J. Gertrude of Wyoming oder die pennsylvanische Hütte von Thomas Campbell im Versmafs des Originals übersetzt. 56 S. Progr. *Baden* 1882.

Dr. Johann Finck. Übersetzung von Thomas Campbells Gertrud von Wyoming, *im* Versmass des Originals. 56 S. Baden, P 1882

Finck, Johs. Fernando, Gottes Ebenbild in 1200 Reimsprüchen. (VIII, 231 S.) 8. Ulm (902). (Leipzig, Theosoph. Central-Buchh.) geb. in Leinw. n. 3. 30

Finck, Johs. Fernando, das Gott-Selbst. (314 S.) gr. 8. Lorch 907. K. Rohm. 4.—; geb. 5. —

— Morgen- u. Abend-Stimmungen. (IV, 130 S.) 16. Schweidnitz 905. P. Frömsdorf. n. 1. 20; geb. n. 1. 80

— **Der Schlüssel zu Gottes Ebenbild. Wissenschaftliche Religion. Religiöse Wissenschaft.** (VII, 216 S.) 8. Ebd. 909. 2.50; geb. 3. —

Des Priesters Johannes J(os.) W(ilh.) **Finck** Chronica Drolshagensis. Chronik von Drolshagen hrsg. mit Einl. über Stadt, Kirche u. Kloster von Joseph Börsch. *Drolshagen: A. Willeke 1902.* (83 S.) 8°

Finck, Jul., zur Klumpfussbehandlung, s. a. Sammlung klin. Vorträge.

Zur Klumpfussbehandlung von Julius **Finck**, (Charkow). *Leipzig: Breitkopf & Härtel 1900.* (18 S.) 8°
= Sammlung Klinischer Vorträge. N. F. No 285.

Finck, Karl, Fabeln. 12. (VIII, 116 S.) Kassel 883. Keßler. 2. —

Finck, Karl, Fabeln. 12. (VIII, 166 S.) Kassel 883, Keßler.

Finck, Karl, s. Tombleson's Rheinansichten.

Finck, Max: Zum vierhundertjährigen Jubiläum der Entdeckung Amerikas. Eupen, Druck v. C. J. Mayer, 1892; 3—24 S. 4. Eupen, PG m. Realparallelkl., P 1892 (441)

Auch Etwas über Banken, Banknoten und Handlung. Zur Beantwortung eines Sendschreibens aus Kopenhagen. (Von Otto Jacob **Finck**.) Altona. 1788. 8°.

Erwiederung gegen des Herrn Professors [Martin] Ehlers in Kiel Anmerkungen über mein Etwas über Anleihen aus der Staatsindustriekasse (v. Otto Jacob **Finck**). Altona. 1788. 8°.

Etwas über das richtige Adjustiren der Münze. Mehr über die Vortheile der Wipper. Vieles über die Verwechselung der alten Dänischen gegen die Neue Schleswig-Holsteinische Münze (v. Otto Jacob **Finck**). Altona. 1788. 8°.

Unvorgreifliche Prüfung dessen, wodurch Herr Etatsrath [Johann] Zoega dasjenige, was er von dem Plan der projektirten Neuen Münz-Veränderung in den Herzogthümern Schleswig und Holstein in seinen Schriften bekannt gemacht, hat rechtfertigen wollen (v. Otto Jacob **Finck**). Altona. 1787. 8°.

FINCK, P.: Praktische, leichtfaßliche Anleitung zum Planzeichnen und Aufnehmen à la vue. Zum Selbststudium, sowie zum Unterricht für Militärs, forst- und landwirthschaftliche, Gewerbe- und Realschulen, Geometer etc. - Stuttgart 1861. 54 S., 12 Taf.

Finck, P., praktische leichtfassliche Belehrung im Planzeichnen u. Aufnehmen à la vue zum Selbststudium sowie zum Unterricht für Militär-, Forst-, landwirthschaftliche, Gewerbe- u. Real-Schulen, Geometer etc. Mit 12 (lith.) Taf. (in Fol.) u. erläuterndem Vorwort von E. v. Heinzmann. Stuttgart 861. Aue. gr. 4. (VI, 54 S. m. Holzschn. im Text.) n. 2 ₰ 4 ngr

Finck, P., das militärische Krokiren im Felde nach den einfachsten Principien bearb. gr. 8. (VI und 70 S. mit vielen eingedr. Holzschn.) Stuttgart 863, Becher's Verlag. [Kröner.]

Finck, P., das militärische Krokiren im Felde, nach den einfachsten Principien bearb. Mit vielen (eingedr.) Holzschnitten. Neue Ausg. gr. 8. (VI, 70 S.) Stuttgart 884. A. Koch. n. 1. 60

—— das Plan- oder Kartenlesen. Ein Leitfaden zur leichten und bequemen Erlernung desselben. gr. 8. (30 S. mit 1 Stnt. in qu. Fol.) Stuttgart 861, Aue. *

—— die Situations- und Terraindarstellung auf dem Standpunkt des neuesten Fortschrittes. gr. 8. (IV und 100 S. mit eingedr. Holzschn., 2 Stnt. in gr. Fol. und einem Anh. „das Lithographiren rc. von Planen" betr.) Stuttgart 863, Becher's Verlag. [Kröner.] *

—— die Situations- und Terraindarstellung auf dem Standpunkt des neuesten Fortschrittes. Mit 2 Taf. und einem Anhang: „das Lithographiren rc. von Plänen" betr. Neue (Titel-) Ausg. gr. 8. (IV, 100 S. mit eingedr. Holzschn.) Ebendas. 884. *

Finck, P. J. E., System d. niedern u. höh. Algebra, z. Gebr. f. höh. polytechn. Lehranstalten. gr. 8. (31 B.) Leipzig 841, Barth.

Finck, Ph(ilipp): Ueber radicale Heilung reponibler Brüche. 51 S., gbd., 2 Taf.

Freiburg: Herder 1837

— de encephali pseudomorphosibus. Diss. patholog.-anatom. Cum II. Fig. 4. Freiburg 830. Herdersche Buchh. 1/2 ₰
Vgl. Fink.

Finck, Richard

Finck, Rich., das Schulze-Delitzsch'sche Genossenschaftswesen u. die modernen genossenschaftlichen Entwickelungstendenzen. (VIII, 372 S.) gr. 8. Jena 909. G. Fischer. 7. —

Gedichte beym Wächtler- und Stemmannischen Hochzeit-Feste .... 1719 celebriret (verfasst von *Samuel Finck*). Hamburg.

Anon.-Lex. II. p. 159 (nach: Bruun, Bibl. Danica. III, 1582).

Finck, Thdr., de Themistoclis Neoclis filii Atheniensis aetate vita ingenio rebusque gestis. Commentatio inaug. historico-philologica. gr. 8. (IV u. 115 S.) Gottingae 849, Vandenhoeck & Ruprecht in Comm. n. 2/3 ₰

Finck, Wlh., (Psdn. Gust. Edinhard), s. 1) Gemälde von d. alten Rom. 2) Heinrich der Löwe. 3) Otto v. Schwarzburg.

OTTO von Schwarzburg; eine Geistergeschichte (von *Wilh. Finck*). Leipzig 1793.
Anon.-Lex. III. p. 246 (nach Meusel u. Kayser). — Selten!

— s. Scenen aus Roms gold. Zeitalter.

Finck-Stettin, Richard: Das Schulze-Delitzsch'sche Genossenschaftswesen und die modernen genossenschaftlichen Entwickelungstendenzen. Jena: Fischer 1909. VIII, 372 S. 8° ¶(Ersch. auch als Buch ebd.)
Tübingen, Staatsw. Diss. v. 21. Mai 1909, Ref. Fuchs
(Nicht für den Austausch)
[Geb. 24. Juni 83 Wyschin, Posen; Wohnort: Stettin; Staatsangeh.: Preußen; Studium: Leipzig 4, Heidelberg 1, Tübingen 4 S.; Coll. 19. Dez. 09.]
[U 09. 3972

Finckbohner, Jean, der vollkommne und wohlerfahrne Gummi-Schuhmacher. Ein gemeinnützl. und aus vielen Erfahrungen zusammengefaßtes Hülfsbüchlein rc. 12. (X und 64 S.) Hanau 852, Edler'sche Buchh. *

Fincke, s.a. Finke

Fincke, ..., (Cantor,) Lieder mit Gesangweisen, s. Turnbüchlein, Voigtländisches.

Lieder m. mehrstimmigen Gesangsweisen, bearb. v. Fincke, hrsg. v. Turnrat zu Plauen, Plauen 1846, 541 S., 16°.

Fincke, Turnerlieder, s. Turnbüchlein.

Fincke, Alfr., de appellationibus Caesarum honorificis et adulatoriis usque ad Hadriani aetatem apud scriptores romanos obviis. Dissertatio inauguralis philologica. gr. 8. (51 S.) Königsberg 867, (Akademische Buchh. von Schubert und Seidel.) *

An die Ehrw. Grosse Loge zu Hamburg. Reclamation und Appellation des Br. B[ernh.] Fincke, die Angelegenheit der Loge Franklin II. i. O. von New York betreffend. [Als Ms. gedr. New York 1856: Teubner.] XXXII S. 4° [Kopftit.]
Betr. Hrsg. des Archivs der Loge Franklin.

[Schreiben.] An die Ehrw. Grosse Loge zu Hamburg. [Von Bernh. Fincke. Brooklyn 1856.] 3 Bl. 4° [Kopftit.]
Betr. die Auslieferung des Archivs der Loge Franklin.

Fincke, Bernh[ardus] Arn[oldus] Ludovicus: De lactis immutationibus et in specie de lacte cruento. Halis Saxonum (1849): Schmidt. 30 S. 8°
Halle-Wittenberg, Med. Diss. v. 10. März 1849
Geb. Burgsteinfurt (Westf.) 8. 10. 1826. V.
Verf. erlebte die Diplomerneuerung 1899 als Geheimer Sanitätsrat in Halberstadt

Fincke, C. W. L., die Provinz Posen. 8. (1½ B.) Lissa 832, Günter.

Fincke, Daniel (lyc. Neobrand rector), **Magna felicitatis patriae incrementa, orta a temporibus electorum sereniss. annuenteque dei clementia. Ad actum solemn. in lyceo Neo-Brandenburgico quo novus conrector ac subrector. Brandenburg (Chn. Hall) 6. VII. 1751. 16 Bl. (4.50) 8840**

Fincke, Ewalt, Ecclesia triumphans od. Auf dem Todespfade. Eine Geschichte aus der Zeit des West-Gotenreiches. (559 S.) 8. Leipzig 908. (E. Pfeiffer.) 6.—; geb. 7.—

Fincke, F., s. Analecta medica.

Fincke, Franciscus Julius: De enchondromate. Accedit tabula. Halis Saxonum (1854): Heynemann. 14 S., 1 Taf. 8° (4°)
Halle-Wittenberg, Med. Diss. v. 16. Aug. 1854
Geb. Schmölln bei Altenburg 19. 11. 1829. V

Antraege, welche die Br.˙. [Friedr. Jul. Rob.] Fincke und [Karl Aug. Ludw.] Bergstein der Ehrw.˙. Ger.˙. u.˙. Vollk.˙. Loge Franklin No. 2 im Osten von New York, am 14. Nov. 1855 in regelmässiger Logen-Versammlung überreicht haben. [Dat.:] New York u. Brooklyn 1855. 2 Bl. 4° [Kopftit.]

Fincke, G., s.a. Abbildung u. Beschreibung von alten Waffen u. Rüstungen.

Fincke, G. Abbildung und Beschreibung von alten Waffen und Rüstungen, welche in der Sammlung von Hewelyn Meyrick zu Goodrich-Court in Herefordshire aufgestellt sind. A. d. Engl. Mit 150 Bl. Berlin 1836. 42 S. 4°

Fincke, G. Über die Behandlung der französischen Konjugation auf Realgymnasien und Gymnasien. 20 S. Rg. Joh. Danzig 1883.
Progr.

Fincke, G. „Le Menteur“ de Corneille et „La Verdad sospechosa“ de Alarcon. Danzig, R., 1872. 30 S. 4.
Progr.

Fincke, Heinrich: Beitrag zur Kenntnis der Stereomerie bei Derivaten des gem-Diphenyläthylens und Diphenylpropylens. Eine neue Synthese von Cinnolinderivaten. Rostock 1910: Hinstorff. 136 S. 8°
Rostock, Phil. Diss. v. 18. Dez. 1909, Ref. Stoermer
[Geb. 30. Juli 09 Neuß; Wohnort: Rostock; Staatsangeh.: Preußen; Vorbildung: Paulin. Gymn. Münster bis O. 95, pharm. Staatspr. 02; Studium: Münster 10, Rostock 4 S.; Rig. 14. Dez. 09.]
[U 10. 3947

Fincke J. H.: Schreiben üb. ungekünstelte u. sichere Verfeinerung aller groben Wolle ... Neue Aufl. Hann. 1794. 64 S. P.

— Jacob (Halle), De substantiali paterni consensus ad nuptias filiorumfam. requisito. Disp. jur. Präs. Andreas Götsche. Halle (Chn. Henckel) Aug. 1700. 28 S. (5.—) 8841

Fincke, Johann Paul

— — Conspectum bibliothecae chronologico-diplomaticae. Diss. epistol. ad virum Johann Jacob Mascov. Hamburg (Conr. König) Sept. 1739. 24 S. (4.20) 8844

— — Index in collectiones scriptorum rerum Germanicarum adornatus. Lpz. (Friedr. Matth. Frisius) 1737. 64 S. (5.50) 8843
Gew.: Michael Richey (Hamburg).

— Johann Paul, Laudes Hamburgi exponit et viro Johann Diederich Winckler prof. eloquent. et philos. pract. in gymnasio Hamburgensi gratul. Lpz. (Langenheim) Dez. 1736. 16 S. (4.50) 8842
Mit genealog.-biogr. Widm. a. J. D. Winckler.

Fincke, K., auch e. Ehe, s.: Enßlins Roman- u. Novellenschatz.

Fincke, Clara, edles Blut. Unser Schneeglöckchen, Hauptmann Eggebrecht, } s.: Enßlin's Roman- u. Novellenschatz.

Fincke, C s. Familienbibliothek, Schweizer. Nr. 62.

Fincke, Clara s. Familienbibliothek, Schweizer. Nr. 118.

Fincke, C[lara] s. Familienbibliothek, Schweizer. Nr. 128.

Jettchen Pedereit aus Danzig in Paris. Von Clara Fincke. *Eberswalde Berlin & Leipzig: S. Dyck [1901].* (86 S.) 8° [F.] lot. 9910 11

Fincke, Clara, Jettchen Pedereit aus Danzig in Paris. 8. (86 S.) Eberswalde (901). Verl. Jung-Deutschland. n. 1 —

– die T ö c h t e r der Ceres, s. E n ß l i n 's Roman- u. Novellenschatz.

Verkannt. Taubstumm. Erzählungen einer Danzigerin. [Verf.: Klara Fincke geb. Lotzin.] Danzig: F. Brüning 1898. (132 S.) 8° [F.] ies. 9808 10

Fincke, Leonh. L., V. d. Gallenkrankheiten. Nürnb. 1787. 8°. 1787

— **Paul Martin** (Coburg), **De moralitate, actionum injuriarum, aliorumque remediorum eo pertinentium. Diss. jur. Rector Philipp Wilhelm Grf. v. Boineburg. Präs. Jo. Heinrich Meier. Erfurt (J. H. Grosch) 24. IV. 1715. 40 S. u. Biogr. F.'s. (M.: C. S. Endter.) (5.50)** 8845

— — Dasselbe. Ohne Biogr. (5.—) 8846

Gepflückte Fincken, oder Studenten-Confect Auffgetragen in Vier Trachten, Jede von 100. Gerichten. Gedruckt zu Franckenau, in diesem jetzigen Jahr. 12°. (20 frcs. H. Bukowski, Stockholm, 1885.)
Tit., 416 S., 7 Bll.
— — Dasselbe. Franckfurt 1700. 12°.
— — Dasselbe. Ibid. 1701. 12°. 18 Bog.
Bibl. Ludov. Vitemb. 1705; Weller.
— — Dasselbe. Leipzig, b. Joh. Herb. Kloss. (O. M. V. 1717. H 2b.)
— — Dasselbe. Franckfurt 1720. 12°.

Finckenau, Jac., De phantasiae efficacia in corp. humanum. Regiom. 4°.
1705

Finckenau, Jac., resp. Chr. L. **Charisius,** De paralysi. 16 pp. Regiom. 4°. 1713

Finckenau, Jac., resp. Matth. Ern. **Boretius,** De temperamentis. 20 pp. Regiom. 1717. 4°.

Finckenau, Jac., resp. M. E. **Boretius,** De temperamentis. 20 pp. Regiom. 4°. 1718

Finckenau, Jac., Diss. de tinnitu aurium. Regiom. 4°. 1706

v. Finckenstein, Graf Fr. Ldw. Karl, († d. 18. April 1818.) s. 1) Arethusa. 2) Ew. Chr. v. Kleist, d. Frühling.

Finckenstein, Raph., **Dichter u. Aerzte. Ein Beitrag zur Geschichte der Literatur u. zur Geschichte der Medicin.** Mit poetischen Proben u. gelehrten Anmerkungen ausgestattet. Breslau 864. Maruschke & Berendt. 8. (IV, 208 S.) n. 25 *ngr.*

Finckenstein, Raphael: De furoribus epidemicis. Vratislaviae (1858). (56 S.) 8° *[Verf. schrieb sich bei d. Promotion: Finkenstein, vgl. Nr 1124.]*
Breslau, Med. Fak., Hab.-Schr. v. 8. Juli 1858

Finckenstein, Raph., zur Geschichte der Syphilis. Die ältesten spanischen Nachrichten über diese Krankheit u. das Gedicht des Francesco Lopez de Villalobos vom J. 1498 zum ersten Male in deutsche Verse übertragen. Breslau 870. Morgenstern. gr. 8. (104 S.) n. 20 *ngr.*

Finckenstein, Raphael, die Volkskrankheiten nebst einer Anleitung, wie man sich bei ihnen zu verhalten hat. Für die Gebildeten aller Stände bearb. Oppeln 857. Clar. gr. 8. (3 Bl., 178 S.) n. 1 ℛ𝔭

Finckh, s.a. F i n k

v. Finckh. Geschichte des grossherzogl. oldenburgischen Infanterie-Regiments No. 91 [vorm. grossherz. oldenburg. Infanterie.Regim.] von 1812 1880. (VIII. 436) 8. M. 9 Krtn. u. Plän., 7 Bild. Berlin 1880. 10,00.

Finckh, v., Major im 3. hessischen Inft.-Reg. Nr. 83. G e s c h i c h t e des oldenburgischen Inft.-Reg. Nr. 91, vormals grossherzoglich oldenburgischen Inft.-Reg. von seiner Errichtung bis zur Gegenwart. (1813—1880.) Im Auftrage des Reg. und unter Mitwirkung mehrerer Kameraden verfasst. Mit 1 Titelbild, 6 Uniformirungsbildern und 9 Karten und Plänen. gr. 8. Berlin 1881.

Finckh, v., Geschichte des Oldenburgischen Infanterie-Regiments Nr. 91, vormals großherzogl. Oldenburgischen Infanterie-Regiments, von seiner Errichtung bis zur Gegenwart [1813—1880]. Im Auftrage des Regiments u. unter Mitwirkung mehrerer Kameraden verf. Mit 1 Titelbild (in Lichtdr.), 6 (lith. u. color.) Uniformirungsbildern u. 9 (lith.) Karten u. Plänen. gr. 8. (VIII, 436 S.) Berlin 881. Mittler & Sohn. n. 10. —

v. Finckh, A., die Verfassung u. Verwaltung des Großherzogl. Oldenburgischen Fürstenthums Birkenfeld am Schlusse einer 25jähr. Regierungs-Periode dargestellt. gr. 8. Oldenburg 842, Schulze'sche Buchh. (W. Berndt.) ¼ ℛ𝔭

Finckh, Alexander [approb. Arzt aus Stuttgart]: **Ueber die Endresultate der Castration bei Hodentuberkulose .... Tübingen, Druck v. H. Laupp jr., 1886; 21 S. 8°.**
Tübingen, Med. Fak., Inaug.-Diss. v. 1886.

F i n c k h, A l e x a n d e r, über die Endresultate der Castration bei Hodentuberkulose. Diss. Tübingen 1886, Fues' Sort. 8°. 24 S.

Finckh, Carl, s. F i n c k h, Karl

Finckh, Christoph Eberhard

Finckh, C. E., In Zenobii proverbia annotationes. Pr. 1848. 21 S. 4°.

F i n c k h, Christoph. Eberh., de a u c t o r e rhetoricae, quae dicitur ad Alexandrum et de locis nonnullis ejus libri vel emendandis vel illustrandis. 4. (20 S.) Heilbronnae 849. (Tübingen, Fues'sche Sortimentsh.)

—— B e i t r ä g e zur Geschichte des Gymnasiums und der Realschule zu Heilbronn. 4. (27 S.) Heilbronn 863. (Tübingen, Fues'sche Sortimentsh.)

—— de incerti a u c t o r i s artis rhetoricae post Seguerium a Leonardo Spengelio editae locis aliquot emendandis. 4. (18 S.) Heilbronnae 854. (Tübingen, Fues'sche Sortimentsh.)

Finckh, Cph. Eberh., s. **Theonis Sophistae Progymnasmata.**

Finckh, Chr. Eb., s. X e n o p h o n ' s Werke.

Finckh, Eberhard, approb. Arzt aus Ulm a. D.: **Aufhebung der sogenannten bactericiden Wirkung des Blutserums durch Zusatz von Nährstoffen.** *Rudolstadt (1902): F. Mitzlaff.* (24 S.) 8°
Tübingen, Med. Diss. v. 1902

Finckh, Friedr. Ludw., der Blumengärtner ꝛc., s. B l u m e n g ä r t n e r ꝛc.

—— **über Gewerbschulen, u. ihre Einrichtung in Württemberg.** 8. (3½ B.) Stuttgart 829, Metzler.

Finkh, Friedr. Ludw., d. C a c t u s, ihre Beschreib., Cultur u. Vermehrung. Ein Handb. f. Cactusfreunde, nach d. neuesten Werken, Beobacht. u. eigenen Erfahr. Mit 7. Abb. gr. 8. Stuttgart, 1832. (Beck.)

—— **die Cactus, ihre Beschreibung, Cultur u. Vermehrung.** Ein Handb. f. Cactus-Freunde, nach d. neuesten Werken, Beobachtn. u. eig. Erfahrn. M. 7 Abbild. gr. 8. (7¾ B.) Stuttgart 832, (Löflund.)

– s. v. S t a e l, Frau, Betrachtt.

Finckh, Georg Klem. von, s.a. F i n k

v. Finckh, Geo. Klem., († ...) der sanftmüthige u. hastige Kopf u. s. w. 8. Leipz. 756. Hilscher. 12 gl.

— beschäftigte Muse in der Stille, welche über Leben u. Meinungen, Tugenden u. Laster, Sorgen 2c. mittheilet. Mit 3 Kpf. 8. Hamb. 750. (Hilscher in Leipz.) 1 ℔

FINCKH, M. Geo. Clem., Beschäftigte Muse in der Stille, welche über Lehren und Meinungen, Tugenden u. Laster, Sorgen u. Begebenheiten ihre Betrachtungen, mittheilet Hamburg 1751. Gr. 8°. S. 240—266.)
W. Solbrig, Rudolst., cat. univ. suppl. XI. 1752; Cat. Meissner I. p. 943.

— ein Stiller im Lande u. ein unruhiger Kopf u. s. w. 8. Lpz. 752. Hilscher. 12 gl.

— was ein Priester des Herrn für ein Mann sey. 8. Leipz. 751. Hilscher. 8 gl.

Finckh, J., die Geisteskrankheiten. Eine gemeinverständl. Darstellg. gr. 8. (88 S.) München 902. Verlag der ärztl. Rundschau. n. 2.—

Finckh, J., latente Geistesstörung bei Prozessbeteiligten, s.: Hegler.

Finckh, J., das heutige Irrenwesen. Leitfaden f. Angehörige u. Pfleger v. Geisteskranken. (72 S. m. 7 Abbildgn.) gr. 8. München 907. Verlag der ärztl. Rundschau. 2.50

— die Nervenkrankheiten, s.a. Arzt, der, als Erzieher. 3. Hft.

— die Nervenkrankheiten. Eine gemeinverständl. Darstellg. gr. 8. (47 S.) Ebd. 901. n. 1.20

Finckh, J[ohannes], Dr., I. Assistenzarzt der psychiatr. Klinik zu Tübingen: Beiträge zur Lehre von der Epilepsie. Berlin 1905: L. Schumacher. (107 S.) 8° ¶(Aus: Archiv für Psychiatrie und Nervenkrankheiten. Bd 39, H. 2.)
Tübingen, Med. Hab.-Schr. v. 1905
(Nicht für den Austausch)

Finckh, Johannes [app. Arzt]: Ueber die Reponibilität der veralteten Luxationen des Schultergelenks ... (Aus: Beitr. z. klin. Chir., Bd XVII Heft III.) Tübingen, H. Laupp'sche Buchh., 1896; 3 Bl., 24 S. 8.
Tübingen, Med. Fak., Inaug.-Diss. v. 1896

Finckh, Julius, aus Stuttgart: Über Abkömmlinge des Auramins. ([Beigegeben] S. 89—92: Über Geruchsverhältnisse der Alkylsulfide). [Vergl.: Journal für prakt. Chemie, Bd 50, S. 401—445. J. Finckh u. M. Schwimmer]. Stuttg. A. Müller Cie Dr. 1893. 3 Bl., 92 S. 8°.
Zürich, Phil. Diss. [v. 27. Nov. 1893].

Finckh, Julius [app. Arzt aus Stuttgart]: Über Einleitung der künstlichen Frühgeburt bei engem Becken ... Tübingen, Druck v. W. Armbruster & O. Riecker, 1893; 44 S., 1 Tab. 8.
Tübingen, Med. Fak., Inaug.-Diss. v. 1893

Finckh, Jul., üb. Einleitung der künstlichen Frühgeburt bei engem Becken. Diss. gr. 8. (44 S. m. 1 Tab.) Tübingen 893. (F. Pietzcker.) n.n. —90

Finckh, K., Realienbuch f. einfache Schulverhältnisse, bezw. f. Taubstummen-Anstalten, s.: Debus, G.

Finckh, K., s.: Realienbuch f. Taubstummen-Anst. (einf. Schulverhältnisse).

Finckh, K., Hofrat Carl Renz, der geniale Erzieher zweier taubstummer Grafenkinder. Ein Lebens- u. Charaktorbild, f. Taubstummenlehrer u. Taubstumme gezeichnet. [Aus: „Organ d. Taubstummenanstalten".] gr. 8. (42 S. m. Bildnis.) Friedberg 894. C. Bindernagel. n. 1.—

Finckh, Carl, aus München: Über das Murexid und einige ihm nahestehende Harnsäurederivate. *München 1903: 'Allgem. Zeitung'.* (58 S.) 8°
München, Phil. Diss. v. 1903

Finckh, Kurt v., Handlexikon der sozialen Gesetzgebung. Die Rechte u. Pflichten der Arbeitgeber u. Arbeitnehmer. Für Fabrikanten, Kaufleute, Handwerker, Arbeiter u. deren Vertretgn., sowie f. Behörden zusammengestellt u. erläutert. (398 S.) 8. Berlin 906. A. Unger. Geb. in Leinw. n. 7.—

Finckh, Curt v., aus Hannover: Über die Polymeren des Cumarons und seiner Homologen. *Rostock 1899: C. Boldt.* (80 S.) 8°
Rostock, Phil. Diss. v. [25. Apr.] 1899

Finckh, Ludwig: Beiträge zur Kenntniss der Gabbro- und Serpentingesteine von Nord-Syrien. M. 1 Taf. *Berlin 1898: J. F. Starcke.* (79—146 S. mit Taf.) 8° ¶(Aus: Zeitschrift der Deutschen geologischen Gesellschaft, Jg. 1898.)
Erlangen, Phil. Diss. v. 24. Nov. 1897

Finckh, Ludwig. Biskra. [Reiseskizzen.] Mit 8 Bildern [Tafeln]. (Umschlag und Initialen zeichnete Max Bucherer, Basel.) 83 S. 8. Stuttgart und Leipzig, Deutsche Verlags-Anstalt, 1906. [M. 2.50]

Finckh, Ludw., Biskra. 2. Aufl. (89 S. m. 5 aufgeklebten Bildern auf Taf.) 8. Stuttgart 910. Deutsche Verlags-Anstalt. 2.50

— Exlibris, s.: Bucherer, Max.

Finckh, Ludw., Fraue du, du Süße. Lieder. 8. (IX, 134 S.) Dresden 900. E. Pierson. n. 2.50; geb. n. 3.50

Finckh, Ludwig, appr. Arzt a. Reutlingen (Württemb.): Über die Palliativ-Operation, besonders die Trepanation bei Stauungspapille. Freiburg i. B. 1904: U. Hochreuther. (48 S.) 8°
Freiburg i. B., Med. Fak., Ref. Axenfeld, Diss. v. 1904
[Geb. 21. März 76 Reutlingen; Wohnort: Freiburg; Staatsangeh.: Württemberg; Vorbildung: Gymn. Reutlingen; Studium: Freiburg 6, Berlin 1, Freiburg 2 S.; Coll. 14. Juni 04.]

Finckh, Ludw., Rapunzel. 1—7. Taus. (162 S.) 8. Stuttgart 909. 10. Dtsche. Verlags-Anst. 2.50; geb. 3.50

— dasselbe, s.a. Hausbücherei der deutschen Dichter-Gedächtnis-Stiftung.

— Rosen. Mit e. Einführg. v. Otto Jul. Bierbaum. (Buchschmuck u. Einbd. nach Entwürfen v. Max Bucherer. Titelbild: Martin Schongauer: Madonna im Rosenhag.) 2., verm. Aufl. (154 S.) 8. Stuttgart 906. Deutsche Verlags-Anstalt. n. 2.50; geb. n. 3.50
1. Aufl. (XXIV, 107 S.) 906. n. 2.50; geb. n. 3.50.

— Rosen. Mit e. Einführung v. Otto Jul. Bierbaum. (Buchschmuck u. Einbd. nach Entwürfen v. Max Bucherer. Titelbild: Martin Schongauer: Madonna im Rosenhag.) 8. Aufl. (154 S.) 8. Stuttgart 906. Deutsche Verlags-Anstalt. 2.50; geb. 3.50

— der Rosendoktor. 1.—7. Aufl. (Je 172 S.) 8. Ebd. 906. n. 2.50; geb. n. 3.50

— Der Rosendoktor. 8—16. Aufl. (172 S.) 8. Ebd. 907—10. 2.50; geb. 3.50

— s.: Schwaben, sieben.

Finckh, Martin

Finckh, Mart., Kritik u. Christentum. 2. [Titel-]Aufl. gr. 8. (VI, 234 S.) Stuttgart (893) 898. F. Frommann. n. 1.20

FINCKH, Peter Christ. v.: Ein bewährtes Mittel wider die Holzdieberey. Oder Beweis, daß in den Herzogthümern Bremen und Verden ganze Dorfschaften, wenn aus den ihnen benachbarten Hölzungen Holz entwandt werden, entweder den Thäter ausmachen, oder für die Strafe haften müssen. - Stade 1765. 72 S.

Finckh, Rob.

— s. J. L. Brachet, über Convulsionen.

Finckh, Rob., über den sporadischen Starrkrampf der Neugeborenen. Mit e. Vorrede von Dr. Elsässer. gr. 8. Stuttgart 835. Brodhag. 5/12 ℔

Finckh, Rob., über d. sporad. Starrkrampf d. Neugeborenen. Mit e. Vorr. v. Elsässer. gr. 8. (4 B.) Stuttgart 835. [Scheible, Rieger u. Sattler.]

Finckh, Thdr., Lehrbuch der philosophischen Propädeutik. (182 S.) 8. Heidelberg 909. C. Winter, Verl.
Geb. in Leinw. 1. 80

Finckh, Theodor: Der Lehrstoff der philosophischen Propädeutik. Reutlingen 1908: Bardtenschlager. 80 S. 8°
Reutlingen, k. OR P 1908 (789) [S 08. 102

Finckh, Wilh., Guide to the town and neighbourhood of Stuttgart Published by the Society for giving information to visitors. From the German of Gust. Ströhmfeld. 8. (80 S. m. Abbildgn., Plan u. Karte.) Stuttgart (899). J. B. Metzler's Verl. n. 1. —

Goldschmidt, Karl: Worte am Grabe des Br.·. Carl Goldschmidt, geb. zu Durlach am 2. Juli 1832, † zu Karlsruhe am 10. Aug. 1878, gesprochen am Begräbnisstag, 12. Aug. 1878, von Wilh. **Finckh.** Karlsruhe 1878: Malsch & Vogel. 2 Bl. 8⁰ [Umschlagtit.]

Finckler, Georg Ernst

— — De persecutione juris sui extra judicium propria auctoritate facta. Diss jur. Altdorf (J. W. Kohles) Mai 1726. 44 S. (5.20) 8856

— Georg Ernst (Nürnberg), Sacra et illustris sodalitas B. Mariae virginis in monte ad Vetus Brandenburgum. H. e. Die Gesellschafft unser Lieben Frauen auf den Berg bey Alt-Brandenburg. Präs. Jo. David Koeler. Altdorf (J. W. Kohles) Juni 1723. 30 S., tlws. dtsch. (6.—) 8855
Mit Abbild.: torques et clenodia sodalitatis .. ex monumento Annae Oelhafiae natae Pfintzingiae A. 1505.

Findeis, A. R., über die Gesellschaft der protestant Freunde u. ihre Grundsätze. Offenes Sendschreiben an Uhlich. gr. 8. (3½ B.) Magdeburg 844, Falckenberg u. Comp. *

Findeis, Guido, das Aquarium und seine Bewohner. Eine Anleitung zur Herstellung und Pflege desselben. gr. 8. (IV, 72 S. mit eingedr. Holzschn.) Wien 883, Frank. *
geb. mit Goldschn. *

Findeis, G., der Goldfisch, s.: Bibliothek f. Naturfreunde.

– der Macropode, s.a. Bibliothek f. Naturfreunde.

Findeis, Guido. Der Macropode, seine Pflege und Zucht. (Bibliothek für Naturfreunde Nr. 6.) 8⁰. (30 S.) Wien, Frank. fl. —.40.
1887.

Findeis, Guido (Hrsg,), s. Vogel- u. Aquarienkunde.

Findeis, Richard: Über das Alter und die Entstehung der indogermanischen Farbennamen. S. 3—27. 8. K. k. Staats-Gymn. *Triest* 1908
I. Der Streit um die geschichtliche Entwicklung des Farbensinnes. II. Drei Gruppen von Farbenbezeichnungen. III. Tiernamen und Farbenadjektiva. Exkurs. Zur Lehre von den ältesten Wortbedeutungen. IV. Metallnamen und Farbenadjektiva. V. Ergebnisse.
Progr.

Findeis Richard: Der Dialog in den Dramen Friedrich Hebbels.
1904 PN 1791 **Diss.** Wien. Univ. 148

Findeis, Richard (Hrsg.), s. Kleist, H.v.: Michael Kohlhaas.

Findeis, R[ichard]: Wie lernt man lesen? Ein Mahnwort an die Schüler der Unterstufe. (Umschlagtitel: ... lesen?) S. 3–9. 8.
Progr. K. k. Staatsgymn. im VI. Bezirke *Wien* 1910.

Findeisen, der Galvaniseur u. Metallschleifer, s.: Levett.

Findeisen, Gelegenheitspredigt, nach einer verübten Mordthat, nebst Gesch. derselben. Neust. Wagner.

Findeisen, A., Forderungen der Gegenwart an den Rechenunterricht der Volksschule, s.a. Abhandlungen, pädagogische. XI. 8.

Forderungen der Gegenwart an den Rechenunterricht der Volksschule. Von A. **Findeisen.** Bieleseld: A. Helmich [1905]. (14 S.) 8° [Umschlagt. F.]
— **Abhandlungen,** Pädagogische. N. F. Bd 11, H. 8. [07. 3558 a

Findeisen, W. E., Predigt am Sonntage Sexagesimä, nach e. in d. Gegend von Orlamünde verübten Mordthat. Nebst e. Anh., die Geschichte dieser Mordthat betreff. 8. Neust. a. d. O. 806. Wagner. 3 gl.

Findeisen, C. F., Beispiele und Aufgaben für den Unterricht im kaufmännischen Rechnen zum Gebrauche an Handels-, Industrie-, Gewerbe-, Real- und höheren Bürgerschulen. 2 Thle. und Auflösungen. gr. 8. Leipzig, Hirt und Sohn. *
Inhalt:
Thl. 1. Die Elemente des kaufmännischen Rechnens. (IV, 110 S.) 877. *ℳ 1,35.
» 2. Das höhere kaufmännische Rechnen. (IV, 180 S.) 878. *ℳ 2,65.
Auflösungen. 2 Thle. (à 16 S.) 876. à 75 Pf.

Findeisen, C. F., Beispiele u. Aufgaben f. den Unterricht im kaufmännischen Rechnen zum Gebrauch an Handels-, Industrie-, Gewerbe-, Real- u. höheren Bürgerschulen. I. u. II. gr. 8. Leipzig 877. 78. Hirt & Sohn. n. 4. —
1. Die Elemente d. kaufmännischen Rechnens. (IV, 110 S.) n. 1. 35
2. Das höhere kaufmännische Rechnen. (IV, 180 S.) n. 2. 65

— dasselbe. Auflösungen. I. u. II. gr. 8. (à 16 S.) Ebend. 878. à n. — 75

Findeisen, C. F., Beispiele und Aufgaben für den Unterricht im kaufmännischen Rechnen zum Gebrauch an Handels-, Industrie-, Gewerbe-, Real- und höheren Bürgerschulen. 2 Thle. und Auflösungen. 2. Aufl. gr. 8. Leipzig, Hirt und Sohn. *
Inhalt:
Thl. 1. Die Elemente des kaufmännischen Rechnens. (IV, 115 S.) 880. *ℳ 1,35.
» 2. Das höhere kaufmännische Rechnen. (IV, 203 S.) 883. *ℳ 2,65.
Auflösungen. 2 Hefte. (16; 14 S.) 880,83. à * 75 Pf.

Findeisen, C. F., Beispiele u. Aufgaben f. den Unterricht im kaufmänn. Rechnen. I. II. gr. 8. Leipzig, Hirt & Sohn. geb. n. 4. 35
I. Die Elemente d. kaufmänn. Rechnens. 3. [Ster.-] Aufl. (IV, 115 S.) 887. n. 1. 35
II. Das höhere kaufmänn. Rechnen. 3., umgearb. Aufl. v. W. Treuber. (205 S.) 889. n. 3. —

Findeisen, C. F. Beispiele u. Aufgaben für den Unterricht im kaufmännischen Rechnen zum Gebrauche an Handels-, Industrie-, Gewerbe-, Real- u. höheren Bürgerschulen. I u. II. gr. 8. Lpz. Hirt u. Sohn. geb. in Leinw. ** 4 65
I. Die Elemente d. kaufmänn. Rechnens. 4. [Ster.-]Aufl. (IV, 115 S.) 891. * 1 65; II. Das höhere kaufmänn. Rechnen. 3. vollständ. umgearb. Aufl. v. Wilh. Treuber. (205 S.) 889. ** 3 —.
—— dass. — II. Das höhere kaufmänn. Rechnen. 3. Aufl. Antworten. gr. 8. (16 S.) Ebd. 890. — 75

Findeisen, C. F., Beispiele u. Aufgaben f. d. Unterricht im kaufmännischen Rechnen zum Gebrauch an Handels-, Industrie-, Gewerbe-, Real- u. höheren Bürgerschulen. I. II. gr. 8. Leipzig, F. Hirt & Sohn. Geb. in Leinw. n.n. 4. 65
I. Die Elemente d. kaufmänn. Rechnens. 4. Aufl. (IV, 115 S.) 891. n. 1. 65
II. Das höhere kaufmänn. Rechnen. 4., verb. Aufl. v. Wilh. Treuber. (208 S.) 894. n. 3. —

Findeisen, C. F., Beispiele u. Aufgaben f. d. Unterr. im kaufmänn. Rechnen z. Gebr. an Handels-, Industrie-, Gewerbe-, Real- u. höh. Bürgerschulen. I. D. Elemente d. kaufmänn. Rechnens. (Ster.-) Aufl. gr. 8. (III, (115 S.) Leipzig 896. F. Hirt & Sohn.
Geb. in Leinw. n. 1. 65

Findeisen, C. F., Beispiele u. Aufgaben f. d. Unterricht i kaufmännischen Rechnen. 2 Bde. gr. 8. Leipzig 900. F. Hirt & Sohn. Geb. in Leinw. à n. 3. —
1. Das niedere kaufm. Rechnen. 6. Aufl., neu bearb. u. m. erläut. Text versehen v. F. Claussen. (240 S.)
2. Das höhere kaufm. Rechnen. 5. Aufl., neu bearb. u. durch erläut. Text zu e. Lehrbuch des kaufmänn. Rechnens erweitert v. F. Claussen. (175 S.)

— dasselbe. Antworten. II Tle. gr. 8. (24 u. 23 S.) Ebd. (900). à n. — 75

Findeisen, C. F., Beispiele u. Aufgaben f. den Unterricht im kaufmännischen Rechnen. Neu bearb. v. F. Claussen. 1.—3. Tl. gr. 8. Leipzig, F. Hirt & Sohn. Geb. n. 6. 10
1. Das bürgerliche Rechnen in kaufmännischer Art behandelt. 8. Aufl. (184 S.) 906. Geb. n. 2. 25; Auflösungen (20 S.) 904. n. — 50
2. Das niedere kaufmänn. Rechnen. 8. Aufl. (161 S.) 906. Geb. n. 2. 25; Auflösungen (16 S.) 901. n. — 50
3. Das höhere kaufmänn. Rechnen. 6. Aufl. (104 S.) 905. Geb. n. 1. 60; Auflösungen. (15 S.) n. — 50

— u. **Claussen, Beispiele u. Aufgaben f. den Unterricht im kaufmännischen Rechnen.** Durchgesehen u. verb. v. L. V. Fischer. 1. Tl. Das bürgerl. Rechnen in kaufmänn. Art behandelt. 9. Aufl. (192 S. m. Fig.) 8. Ebd. 909. Kart. 2. 25

— Correspondance commerciale, s.: **Forest, J.**

— and J. **Forest**, Commercial correspondence, s.: Sandbach, F. E.

—— Grundriss der Handelswissenschaft oder übersichtl. Darstellung der allgemeinen Handelslehre. Zur Selbstbelehrung für Kaufleute und Nichtkaufleute und als Grundlage bei Vorträgen an Handelslehranstalten. Mit einem ausführl. Sachregister. gr. 16. (VIII, 313 S.) Graz 875, Leuschner und Lubensky. geb. *

— Grundriss der Handelswissenschaft oder übersichtl. Darstellung der allgemeinen Handelslehre. Zur Selbstbelehrung f. Kaufleute u. Nichtkaufleute u. als Grundlage bei Vorträgen an Handelslehranstalten. Mit e. ausführlichen Sachregister. 2., verb. Aufl. 8. (VIII, 326 S.) Graz 878. Leuschner & Lubensky. n. 3. —

—— Grundriss der Handelswissenschaft oder übersichtliche Darstellung der allgemeinen Handelslehre. Zur Selbstbelehrung für Kaufleute und Nichtkaufleute, sowie als Grundlage beim Unterricht an Handelslehranstalten. Mit einem ausführl. Sachregister. 4. verb. Aufl. gr. 8. (VIII, 290 S.) Ebendas. 887. *M 3.60.; geb. *

Findeisen, C. F., Grundriss d. Handelswissenschaft. Für Handelsschulen u. z. Selbstbelehrg. hrsg. 6. Aufl. 2. Neubearbeitg., auf Grund d. Handelsgesetzbuches v. 10. V. 1897 v. E. Gleisberg M. e. ausführl. Inhaltsverzeichn. gr. 8. (335 S.) Ebd. 898. Geb. in Leinw. n. 4. 20

— Grundriss der Handelswissenschaft. Handelsbetriebslehre. Für Handelsschulen u. zur Selbstbelehrg. hrsg. Neu bearb. v. Rich. Just. 8. Aufl. (416 S.) gr. 8. Leipzig 906. F. Hirt & Sohn. Geb. in Leinw. n. 4. 20

Findeisen, C. F., Grundriss der Handelswissenschaft. Handelsbetriebslehre. Für Handelsschulen u. zur Selbstbelehrg. hrsg. Neu bearb. v. Rich. Just. 9. Aufl. (416 S.) gr. 8. Leipzig 910. F. Hirt & Sohn. Geb. in Leinw. 4. 25

— Handelskorrespondenz, s.: **Forest, J.**, correspondance commerciale.

—— Katechismus der kaufmännischen Korrespondenz, s. Weber's, J. J., illustrierte Katechismen.

— u. Rob. **Spalteholz**, kaufmännische Korrespondenz, s. a. Weber's illustrierte Handbücher. 115. Bd.

— kaufmännische Korrespondenz in deutscher Sprache. 8 (VIII, 192 S.) Leipzig 882. Weber. geb. n. 2. —

— kaufmännische Korrespondenz in deutscher Sprache. 2., verb. Aufl. 8. (VIII, 192 S.) Leipzig 887. J. J. Weber. geb. n. 2. —

Findeisen C F, kaufmänn. Korrespondenz. 2. A. (Weber's Katech. 115) Leipzig 1887

— kaufmännische Korrespondenz in deutscher Sprache. 3., verm. Aufl., bearb. v. Frz. Hahn. 12. (VIII, 203 S.) Leipzig 893. J. J. Weber. Geb. in Leinw. n. 2. —

— **kaufmänn. Korrespondenz in deutscher Sprache.** 4., verm. Aufl., bearb v. Frz. Hahn. 12. (VIII, 218 S.) Leipzig 896. J. J. Weber. Geb. in Leinw n. 2. 50

— kaufmännische Korrespondenz. 6. Aufl. v. Frz. Hahn, s.: Weber's illustr. Katechismen.

—— Leitfaden der Handelswissenschaft oder kurzgefasste Darstellung der allgemeinen Handelslehre. Ein Auszug aus des Verf. Grundriss der Handelswissenschaft, bearb. für Handels- und Gewerbeschulen. gr. 8. (96 S.) Leipzig 884, Hirt und Sohn. *M 1.; geb. *

— **Leitfaden d. Handelswissenschaft od. kurzgefasste Darstellg. der allgemeinen Handelslehre.** Ein Auszug aus des Verf.'s Grundriss der Handelswissenschaft. 2., rev. Aufl., hrsg. v. P. Bihn. gr. 8. (96 S.) Leipzig 888. Hirt & Sohn. n. 1. —; geb. n.n. 1. 30

— Leitfaden der Handelswissenschaft od. kurzgefasste Darstellung der allgemeinen Handelslehre. Ein Auszug aus d. Verf. Grundriss der Handelswissenschaft, bearb. f. Handels- u. Gewerbeschulen. 3., durchgeseh. Aufl., hrsg. v. P. Bihn. gr. 8. (96 S.) Leipzig 893. F. Hirt & Sohn. n. 1. —; geb. in Leinw. n.n. 1. 30

— **Leitfaden d. Handelswissenschaft od. kurzgef. Darstellg. d. allgem. Handelslehre.** Auszug aus des Verfass. Grundriss d. Handelswissenschaft. 4. Aufl., durchges. v. P. Bihn. gr. 8. (96 S.) Leipzig 896. F. Hirt & Sohn. Geb. in Leinw. n.n. 1. 30

— Leitfaden der Handelswissenschaft od. kurzgefasste Darstellg. der allgemeinen Handelslehre. Neu bearb. v. H. Messien. 6. Aufl. gr. 8. (128 S.) Leipzig 901. F. Hirt & Sohn. Geb. in Leinw. n. 1. 50
5. Aufl. (124 S.) Ebd. 900. Geb. n. 1. 50.

— Leitfaden der Handelswissenschaft od. kurzgefasste Darstellung der allgem. Handelslehre. Neu bearb. v. H. Messien. 10. Aufl. (128 S.) gr. 8. Ebd. 906. Geb n. 1 50

— Leitfaden der Handelswissenschaft. Neu bearb. v. H. Messien. 12. Aufl. (30—40. Taus.) (F. Hirt's handelswissenschaftl. Lehrbücher.) (128 S.) gr. 8. Ebd. 908. Kart. 1. 50

Findeisen, C. F., das Rechnen mit Dezimalbrüchen und die neue Maß- und Gewichtsordnung. Gründliche Anweisung wie man mit Dezimalbrüchen rechnet und dieselben bei den neuen Maßen und Gewichten des norddeutschen Bundes anwendet. Ein unentbehrl. Rathgeber und Gehilfe für Jedermann, leicht faßl. dargestellt und mit einer großen Anzahl von Uebungsaufgaben versehen. 1.—3. verm. und verb. Aufl. gr. 8. (VIII, 62 S.) Gera 869—72, Griesbach.

Findeisen, C. Herrm., die Erzeugnisse des gesammten Maschinenbaues von Chemnitz und Umgegend nebst einem Anhang mit Angabe der Gewerbe, welche fabrikmässig betrieben werden. Lex.-8. (VI und 42 S.) Chemnitz 858. (Leipzig, C. F. Fleischer.) *

Findeisen, Christian Gottfried

— — Fuhrmanno viro reverendo clariss. doct. munus professoris theologiae extraordinarii in academia Kiloniensi ineunti gratul. amicorum quorundam societas. Lpz. (Loeper) 1778. 20 S. (3.50) 8859

Findeisen, Chr. Gf., († d. 13. Juli 1796.) s. *Isocratis* Evagorae.

Findeisen, Christian Gottfried, Viro Christian Aug. Krigel, art. lib. mag. scholae Thomanae . . nuptias cum virgine Regina Elisabeth Rudorf, viri Theophil Rudorf (Leipzig) relicta filia . . celebr. societas philobiblica gratul. Lpz. (Langenheim) 8. IV. 1777. 12 S. (4.—) 8858

– s. P l a t o : Gorgias.

Findeisen, Fr. Gtthrd., (✝ d. 22. Jan. 1796.) Abhandl. über den Einfluß der Sitten auf die Sprache u. den guten Geschmack. 8. Berl. 768. Voß. 5 gGr.

— Commentatio philologico - crit. ad explicandum locum Jes. 53, 9. 4 maj. Leipz. 764.

— s. 1) J u v e n a l, Satyren. 2) Fr. D. L e n z, liefländ. Lesebiblioth. 3) L e s e b u c h f. Esth- u. Liefland.

— Raisonnement über einige Maximen d. alten Welt u. ihren Einfluß auf die Denkungsart d. Menschen. 8. Riga 777. Hartknoch in Leipz. 8 gGr.

– s.a. W o c h e n b l a t t , Dörpat.

F i n d e i s e n , F. G.: „Dorpatisches politisch-gelehrtes Wochenblatt", Dorpat 1789 ff.

Praktische Anleitung zur Herstellung einfacher Gebäude-Blitzableiter von F[riedrich] **Findeisen**, Oberbaurat in Stuttgart. Mit e. Einl. von Dr. Leonhard W e b e r, Prof., Kiel. Mit 202 Textfig. u. 5 Figurentaf. Berlin: J. Springer 1906. (V, 126 S.) 8° [F.]

[F.] Rathschläge über den Blitzschutz der Gebäude unt. bes. Berücks. d. landwirthschaftl. Gebäude v. F. **Findeisen**, Baurath . . . in Stuttgart. M. 142 in d. Text gedr. Abb. *Berlin: J. Springer 1899.* (x S., 1 Bl., 240 S.) 1 Bd 8.

Findeisen, F., Rathschläge üb. den Blitzschutz der Gebäude unter besond. Berücksicht. der landwirthschaftl. Gebäude. 2. unveränd. Abdr. gr. 8. (VII, 240 S. m. 142 Abb.) Berlin 899. J. Springer. n. 4.—

— Rathschläge üb. den Blitzschutz der Gebäude. 3. unveränd. Abdr. (VII, 240 S. m. 142 Abbildgn.) gr. 8. Ebd. 905. n. 4.—

Findeisen, Georg, prakt. Arzt aus Ronneburg (Sachs.-A.): **Beobachtungen und Beitraege aus der Praxis zur Kenntnis der Influenza.** *Würzburg 1902: C. J. Becker.* (38 S.) 8°
Würzburg, Med. Diss. v. 1902

Findeisen, Gerhard: Aus d. Kgl. Path. Instit. zu Kiel. Zur Lehre von der krebsigen Phlebitis. Kiel 1909: Schmidt & Klaunig. 49 S. 8°
Kiel, Med. Diss. v. 20. Juli 1909, Ref. Heller
[Geb. 15. Juli 82 Ronneburg S.-A.; Wohnort: Berlin; Staatsangeh.: Sachsen; Vorbildung: Gymn. Altenburg Reife O. 02; Studium: Jena 5, Erlangen 1, München 1, Leipzig 1, Berlin 3 S.; Coll. 29. April 09; Approb. 1. Mai 09.] [U 09. 2259

Findeisen, Gottlieb: De stato die veterum christianorum ..., s. B a r t e l s , Johann Heinrich [Praes.]

— Gottlieb (Griesbach/Misnicus), Quaestio ex theologia naturali an et quantum de lapsu generis humani ex lumine naturae constet. Präs. Jo. Paul Ram (Freiberg). Wittbg. (Wwe. Gerdes) Aug. 1727. 32 S. mit Widm. v. Präs. (5.—) 8860

Findeisen, H., s.a. E r i n n e r u n g e n, alte.

[F.] Alte Erinnerungen v. P. H. **F(indeisen).** *Altenburg: O. Bonde 1897.* (IV S., 1 Bl., 167 S.) 1 Bd 8.

Findeisen, H., das Reichsgesetz betr. Kinderarbeit in gewerblichen Betrieben vom 30. III. 1903 systematisch dargestellt, nebst Ausführungsbestimmgn. aus dem Reich, den Königreichen Preußen, Bayern u. Sachsen, sowie den thüring. Staaten. (VIII, 104 S.) gr. 8. Leipzig 904. Duncker & Humblot. Kart. n. 2. 40

Findeisen, Hermann, a. Bürg: Die philosophischen Grundgedanken der Pädagogik J. J. Rousseaus. Borna-Leipzig 1906: R. Noske. (VI, 85 S.) 8° [F.]
Tübingen, Phil. Fak., Ref. Maier, Diss. v. 8. Jan. 1907
[Geb. 11. Sept. 79 Bürg, O.-A. Neckarsulm; Wohnort: Schwäb.-Hall; Staatsangeh.: Württemberg; Vorbildung: Seminare Maulbronn u. Blaubeuren Reife M. 97; Studium: Tübingen 8 S.; Coll. 22. Nov 06.]

Findeisen, Johannes, appr. Arzt: Ein Beitrag zur pathologischen Anatomie der Merkfähigkeitsstörungen. Leipzig 1909: Lehmann. 55 S. 8°
Leipzig, Med. Diss. v. 17. Sept. 1909, Ref. Flechsig
[Geb. 5. Nov. 79 Rohr i. Th.; Wohnort: Karlsfeld b. Brehna; Staatsangeh.: Preußen; Vorbildung: Gymn. Schleusingen Reife O. 00; Studium: München 1, Halle 8 S.; Coll. 28. Sept. 09; Approb. 1. Aug. 05.] [U 10. 2966

Findeisen, [Johannes], Rechtsanwalt in Altenburg, S.-A.: Für welche Veränderungen der Betriebsstätte oder in dem Betrieb gewerblicher Anlagen im Sinn des § 16 der Gewerbeordnung wird nach § 25 derselben eine neue Genehmigung erforderlich? Altenburg, S.-A. 1904: St. Geibel & Co. (51 S.) 8° [F.]
Leipzig, Jur. Fak., Diss. v. 27. Sept. 1904
[Geb. 10. Juni 67 Göllnitz; Wohnort: Altenburg, S.A.; Staatsangeh.: S.-Altenburg; Vorbildung: Stiftsgymn. Zeitz Reife O. 88; Studium: Jena 6 S.; Rig. 30. Juli 04.]

Findeisen, Julius

Findeisen, Jul., Friedrich Beckmann. Lebensbild. Allen Freunden des Verblichenen gewidmet. gr. 8. (36 S. mit 1 Portr. in Holzschn.) Wien 866, v. Waldheim. *

Findeisen, Jul., die Bräutigamsschau, s. T h e a t e r - A l m a n a c h, Berliner, 1842.

Findeisen, Jul., e. Jugendsünde. Schwank in 3 Aufzügen. Den Bühnen gegenüber Mscr. gr. 16. (104 S.) Wien 876. Wallishausser. n. 2. 40

Findeisen, Julius: De πολιτικής notione quam habuerit Aristoteles. Berolini 1863 (64 S.)

Findeisen, Karl

Findeisen, C., der Contre-Tanz in Gedichtform, nebst Cotillon-Reimen. 16. (51 S.) Borna 884. Harschan. cart. — 60

Findeisen, Karl [pr. Arzt in Berga a/Elster]: **Ein Fall von periodisch - exacerbierender Oculomotorius - Lähmung. . . . Jena, Frommannsche Buchdr. (Hermann Pohle), 1889; 15 S. u. 1 Tab. 8°**
Jena, Med. Fak., Inaug.-Diss. v. [11. Jul.] 1890

Findeisen, Karl, aus dem Regen unter die Traufe oder unsichtbar geführt. Eine Münchhauseniade. Historische Zeit 1720 bis 1740. Orig.-Gedicht. 2. Aufl. gr. 8. (128 S.) Borna 877. (Harschan.) n. 1. 50

Findeisen, Karl, aus dem Regen in die Traufe od. unsichtbar geführt. Eine Münchhauseniade. Historische Zeit 1720—1740. Orig.-Gedicht. 3. Aufl. gr. 8. (128 S.) Borna 886. Harschan. n. 2. —

Findeisen, Carl Herm., die Erzeugnisse des gesammten Maschinenbaues von Chemnitz und Umgegend nebst einem Anhang mit Angabe der Gewerbe, welche fabrikmässig betrieben werden. Chemnitz (858). (Leipzig, C. F. Fleischer.) Lex.-8. (3 Bl., 42 S.) n. 10 ngr

Findeisen, Ludov. Car. (geb. Strelno in Posen 13. 2. 1831): De syphilidis constitutionalis contagiositate. Berolini (1855). (29 S.) 8°
Berlin, Med. Diss. v. 21. Aug. 1855

Findeisen, Otto, Sommerfrischen in der Umgebung v. Eibenstock. Schilderungen in Wort u. Bild f. Natur- u. Gebirgsfreunde, Ratgeber f. Sommerfrischler u. Wanderer. Im Auftrage d. Erzgebirgsver. Eibenstock hrsg. 12. (83 S.) Eibenstock 899. (Schneeberg, B. F. Goedsche.) n.n. — 25

Findeisen - Claussen: B e i s p i e l e und Aufgaben . . ., s. F i n d e i s e n , C. F.

Findeklee, ..., prakt. Beiträge zu Styl-Uebungen. 8. Liegnitz ..., Gerschel. 2/3 ₰

Findeklee, Ch. W., prakt. Beiträge zu stylistischen Uebungen. Zum Gebr. beim Unterr. der gereifteren weibl. Jugend in Töchterschulen u. Familien. gr. 8. (13 B.) Liegnitz 846, Gerschel.*

Findeklee, Ch. W., prakt. Beiträge zu stylistischen Uebungen. Zum Gebrauche beim Unterr. d. gereifteren weibl. Jugend in Töchterschulen u. Familien. gr. 8. (VIII u. 197 S.) Liegnitz 847, Gerschel. n. 2/3 ₰

Findeklee, Ch. W., Mythologie d. Griechen u. Römer. Zur belehr. Unterhalt. f. Töchter aus d. gebild. Ständen. 1. Aufl. (8 B.) 828., 2., verm. u. verb. A. (8½ B.) 8. Züllichau 834, Darnmann. à

Findeklee, Chr. W., Mythologie der Griechen u. Römer. Zur belehrenden Unterhaltung für Töchter aus den gebild. Ständen. 2e verm. u. verb. Aufl. 8. Züllichau 834. Darnmann. (jetzt Eyssenhardt.) 1/2 ₰

—— Mythologie der Griechen u. Römer, der Aegypter u. Nordländer. Zur belehrenden Unterhalt. f. Töchter aus d. gebildeten Ständen. 3., verm. u. verb. Aufl. 8. (8½ B.) Halle 845. [Knapp.]

Findeklee, Ch. W., Mythologie der Griechen u. Römer, der Aegypter u. Nordländer. Zur belehrenden Unterhaltung für Töchter aus den gebildeten Ständen. 3. verm. u. verb. Aufl. 8. Halle 845, Kümmel's Sort.-Buchh. 1/2 ₰

Findeklee, Ch. W., Mythologie der Griechen und Römer, der Aegypter und Nordländer. Zur belehrenden Unterhaltung für Töchter aus den gebildeten Ständen. 4., verm. und verb. Aufl. 8. (VI und 135 S.) Halle 854, Knapp.

Findeklee, Ch. W., Mythologie der Griechen u. Römer, der Aegypter u. Nordländer. Für Töchter aus den gebildeten Ständen. Neue Aufl. Halle 869. Schwabe. 8. (VI, 135 S.) 15 ngr

Findeklee, Ch. W., Mythologie der Griechen u. Römer, der Aegypter u. Nordländer. Für Töchter aus den gebildeten Ständen. 9. Aufl. 8. (138 S.) Halle 873. Schwabe. n. 1. 50

Findeklee, Ch. W., Mythologie der Griechen u. Römer, der Ägypter, Nordländer u. Slaven. Für Töchterschulen bearb. Mit 28 in den Text gedr. Abbildg. 5. Aufl. 8. (VIII, 172 S.) Halle 883. Hendel. cart. n. 1. —

Findeklee, Ch. W., Mythologie der Griechen u. Römer, der Ägypter, Nordländer u. Slaven. Für Schulen bearb. 6., umgearb. Aufl. 8. (VI, 163 S. m. 30 Abbildgn.) Halle 894. O. Hendel. Geb. in Leinw. n. 1. —

Findeklee, Ch. W., Mythologie d. Griechen u. Römer, d. Ägypter, Nordländer u. Slaven. Für Schulen bearb. 6., umgearb. Aufl. (Verm. u. verb. Neudr.) 8. (VIII, 180 S. m. 30 Abb.) Halle 896. O. Hendel. Geb. in Leinw. n. 1. —

Findeklee, Ch. W., Mythologie der Griechen u. Römer, der Ägypter, Nordländer u. Slaven. Für Schulen bearb. 7. Aufl. (VIII, 180 S. m. 30 Abbildgn.) kl. 8. Halle 907. O. Hendel. Geb. 1. —

— Naturgeschichte f. die weibl. Jugend aus den gebildeten Ständen. Zum Gebrauch f. Schule u. Haus. gr. 12. Breslau 838. Aderholz. 2/3 ₰

—— Weltgeschichte f. d. höheren weibl. Schul- u. Privatunterr. 3 Abthln. 8. Liegnitz, Kuhlmey.
1. Abthl. Alte Geschichte. (11½ B.) 834. 12 Gr. — 2. Mittlere Geschichte. (15¼ B.) 834. 16 Gr. — 3. Neue Gesch. (15 B.) 836. 16 Gr.

Findeklee, Marie, Führer durch Münster i. W., s.: Miniatur-Bibliothek.

Findeklee, Waldemar, a. Herbsleben (Thüringen): Isochinolinderivate aus 1-3-4-Methylphtalsäure. (Berlin 1905: E. Ebering.) (49 S.) 8°
Berlin, Phil. Fak., Ref. Fischer, Nernst, Diss. v. 12. Aug. 1905
[Geb. 8. Aug. 77 Herbsleben in Thüringen; Heimatsort: Wiseck (Bez. Bromberg); Staatsangeh.: Preußen; Vorbildung: Gymn. Rawitsch Reife M. 03 als Extraneus; Studium: Berlin 10 S.; Rig. 17. Juli 05.]

Findel, A., das Additionstheorem in der Fassung v. Moivre u. v. Fermat. (IV, 27 S.) gr. 8. Rosenheim (909). R. Bensegger. 1. —

Findel, Hugo: Die puerperalen Todesfälle der Münchener Frauenklinik 1891—1897. ⟨Statistisch-kasuistische Beiträge.⟩ *Leipzig 1897: J. G. Findel.* (94 S.) 8°
München, Med. Diss. v. 1897

Findel, J. G., der Angelpunkt der Reichstagswahl. Ein deutsches Wahlvotum. 1.—3. Aufl. gr. 8. (32 S.) Leipzig 887. Findel. n. — 50

Findel, J. G., Aussichten u. Aufgaben der deutschen Fortschrittspartei. Rede, geh. zu Dresden am 2. Apr. Nebst 2 Nachträgen: Der Nationalliberalismus in Sachsen u. die Socialdemokratie u. ihre Tactik. 1. u. 2. Aufl. gr. 8. (36 S.) Leipzig 878. Findel. — 50

Findel, J. G., Autorität oder Selbstbestimmung? Zur Beleuchtg. der Kaiserrede. 8. (35 S.) Leipzig 892. J. G. Findel. n. — 50

— zur politisch-sozialen Harmonielehre. Ziel u. Programm d. demokratischen Vereins f. Sachsen. 8. (34 S.) Ebend. 881. — 50

— der Kampf wider die Socialdemokratie u. die deutsche Fortschrittspartei. Ein ketzerisches Votum. gr. 8. (23 S.) Ebend. 877. n. — 50

Findel, J. G., die classische Periode der deutschen Nationalliteratur im 18. Jahrhundert, in einer Reihe von Vorlesungen dargestellt. Leipzig 857. Graul. (Luppe.) gr. 8. (371 S.) n. 1 ₰ 20 ngr

—— die classische Periode der deutschen Nationalliteratur im 18. Jahrh., in einer Reihe von Vorlesungen dargestellt. 5 Lfgn. gr. 8. (371 S.) Leipzig 857. 58, (Luppe): à Lfg. * 10 Ngr. *

—— die classische Periode der deutschen Nationalliteratur im 18. Jahrh. Ein Handbuch für Schule und Haus. 2. Aufl. mit einer Einleitung [die ältere Literatur] und einem Anh. [die Literatur der Neuzeit]. A. u. d. T.: Geschichte der deutschen Literatur. gr. 8. (VIII, 320 S.) Leipzig 873, Findel. *

—— Quickborn der Lebensweisheit. Bausteine zur Diätetik der Seele. 2., verm. und neubearb. Aufl. gr. 16. (IX und 146 S.) Leipzig 860, Luppe. * 18 Ngr.; geb. *
Vgl.: Barthel, C., die klassische Periode der deutschen Nationalliteratur im Mittelalter.

Findel, J. G., s.: Rathgeber f. Steuerpflichtige im Königr. Sachsen zum Schutz gegen Steuerüberschätzung.

— Die Sozialdemokratie und die Wahlen. 8°. Berlin 1877.

— s.: Spir u. die Bedeutung seiner Philosophie f. die Gegenwart.

Findel, J. G. Die Steuerschraube und das sächsische Steuergesetz. 8°. Leipzig, J. G. Findel, 1892. 24 S.

— des Reichskanzlers Wohlfahrtspolitik u. die Demokratie. 1. u. 2., vorb. Aufl. gr. 8. (30 S.) Ebend. 881. — 60

— das Zeitalter der Natur-Erkenntniß. Ein Beitrag zur Widerlegg. der materialist. Weltanschaug. 2., verb. Aufl. 8. (IV, 61 S.) Ebd. 892. n. 1. —

— der innere Zerfall der Socialdemokratie. 1. u. 2. Aufl. 8. (39 S.) Leipzig 880. Findel. n. — 20

— der innere Zerfall der Sozialdemokratie. 3. Aufl. gr. 8. (40 S.) Leipzig 895. J. G. Findel. n. — 60

Findel, Josef Gabriel

Die Aftermaurerei und das Winkel-Logentum der Gr. Landesloge v. D. in Berlin. Von J[osef] G[abriel] Findel. 2. Aufl. Leipzig: Findel 1903. VI, 47 S. 8° [10. 1131]

Findel, J. G., Lessing's Ansichten über Freimaurerei. Eine Studie über Ernst und Falk. Leipzig, Findel. 1881. 8. 2 Bl. 34 S.
Erklärung der Lessing'schen Frmrgespräche. Besonderer Abdruck aus der Bauhütte 1880. S. 337. 361. 372 u. 385.

Findel, J. G., Anti-Schiffmann oder FrMr-Bund u. Ritter-Orden. 1. u. 2. Aufl. [Mscr. für Brüder.] Leipzig 870. Findel. gr. 8. (24 S.) n. 1 [illegible]

Findel, J. G., Anti-Schiffmann oder Fr. Mr.-Bund und Ritter-Orden. Leipzig, Findel. 1870. 8. 24 S.
1871 in zweiter Aufl. erschienen

Auch ein freimaurerischer Geschichtsschreiber. Eine Antikritik von J[os.] G[abr.] Findel. Leipzig: Findel 1894. VI, 38 S. 8⁰ Recens: BrL. 12 (1894—1895) S. 44—45. 23. 25
cf. L. 17 (1894) S. 89—91 (B. Cramer); DrL. 24 (1894—1895) S. 2086—2088 (R. Spalteholz).
Stellt die kulturgeschichtl. Bedeutung der Frmrei, ihren Einfluss auf das Geistesleben der Menschheit u. auf die sittliche Volkswohlfahrt im Bilde der Geschichte ihrer Entstehung u. Entwicklung dar.

[2. Aufl. u. d. Tit.:]

Boos, Heinrich: Neue Beiträge zur Bibliographie der Freimaurerei.

Findel, J. G., Aufruf an alle Katholiken Deutschlands. E. zeitgem. Mahng. gr. 8. (24 S.) Leipzig 897. J. G. Findel n. — 50

— die Berechtigung u. Weiterbildung d. Deutschkatholizismus. Stiftungs-Festrede. [12. Febr. 1888.] gr. 8. (9 S.) Ebd. 888. n. — 10

Meine Maurerische Büchersammlung. Ein Wegweiser durch die neuere und ältere Literatur der Fr. Mrei und zugleich ein Nachtr. zu G[eorg] Kloss', Bibliographie von J[os.] G[abr.] Findel. Leipzig: Förster & Findel 1866. IV, 58 S. 8⁰
Auszüge in: Bh. 9 (1866) S. 264—272, 295—296, 303—304, 311—312.
Recens: FZ. 20 (1866) S. 414—415 (M. Zille); °Blätter f. lit. Unterh. 1868 No 47, abgedr. in: Bh. 12 (1869) S. 6.

Findel, J. G., meine maurerische Büchersammlung. Ein Wegweiser durch die neuere und ältere Literatur der FrMrei und zugleich ein Nachtrag zu G. Kloss, Bibliographie. gr. 8. (V und 58 S.) Leipzig 867, Förster und Findel.

— d. Deutschkatholicismus in Sachsen. E. Menetekel f. d. deutsche Bürgerthum. gr. 8. (30 S.) Ebd. 895. n. — 60

Erklärung. [Von der „Vereinigung vertrauter Brüder".] [Unterz.:] J[os.] G[abr.] Findel. o. O. u. J. 2 Bl. 8⁰. [Kopftit.]

Freemasonry and Roman catholicism. By a freemason [d. i. Jos. Gabr. Findel]. London: Kenning, Leipzig: Findel [1874]. 21 S. 8⁰ [Umschlagtit.]
Tt. 1535. Übers. von M. A. Mackie.
Dt. Ausg. u. d. T.: Ein Johannispfennig für die Freimaurer.

Freimaurerei und Jesuitismus. Eine Zeitbetrachtung. [Von Jos. Gabr. Findel.] Leipzig: Findel 1891. 16 S. 8⁰ [Umschlagtit.]

[Dasselbe.] 2. verm. Aufl. Ebendas. 1891. IV, 22 S. 8⁰
Abgedr. in: Bh. 34 (1891) S. 13—16, 19—21.

Funkhänel, Otto Edu.: Br. O. E. Funkhänel als Förderer der maurerischen Presse. Eine Jubelfestgabe von J[os.] G[abr.] Findel. Am Tage aller Maurer 1864. [Leipzig 1864: Bär & Hermann.] 8 S. 8⁰ [Umschlagtit.]
Aus: Bh. 7 (1864) S. 212—213.
Zum 25jährigen Mrjubil. Funkhänels.

Der freimaurerische Gedanke und seine Berechtigung. Von J[os.]G[abr.] Findel. *Leipzig: J. G. Findel 1898.* (178 S.) 8°
— Findel: Schriften über Freimaurerei. Bd 0. [00. 1136]

Das freimaurerische Geheimnis als Norm maurerischer Werktätigkeit. Eine Johannisfestgabe von J[os.] G[abr.] Findel. Leipzig: Findel 1905. 48 S. 8⁰
[Dasselbe.] 2. verm. Aufl. Ebendas. 1905. 48 S. 8⁰
Holländ. Übers. von Br F. C. K. Haalebos in: MW. 55 (1906) S. 177—183 [unvollst.]
Recens: H. 16 (1905) Nr 24 (K. Pistorius).
cf. f. 1. Aufl.: Brh. 1 (1904) S. 67 (W. Kunis); f. 2. Aufl. Z. 35 (1904—1905) S. 506—507 (H. Glücksmann); Bbl. 19 (1905) S. 530 bis 531 (G. Diercks), abgedr. in: S. 12 (1905) S. 90, L. 28 (1905) S. 112 (P. Fischer).

Geist und Form der Freimaurerei. Instructionen für Brr Maurer. Von J[os.] G[abr.] F[indel]. Leipzig: Findel 1874. VIII, 295 S. 8⁰

[Dasselbe.] 2. verm. u. verb. Aufl. Ebendas. 1874. VIII, 308 S. 8⁰

[Dasselbe.] 3. verm. u. verb. Aufl. Ebendas. 1880. VIII, 311 S. 8⁰

[Dasselbe.] 4. verb. Aufl. Ebendas. 1883. X, 319 S. 8⁰
(Findel, J. G.: Schriften üb. Frmrei. Leipzig 1882—1890, 2.)

[Dasselbe.] 5. Aufl. Ebendas. 1893. VIII, 232 S. 8⁰
(Findel, J. G.: Schriften üb. Frmrei. Leipzig 1892—1902, 4.)

[Dasselbe.] 6. Aufl. Ebendas. 1898. VIII, 231 S. 8⁰

[Dasselbe.] 7. Aufl. Ebendas. 1905. VIII, 232 S. 8⁰
Recens f. 1. Aufl.: FZ. 28 (1874) S. 133.
f. 3. Aufl.: FZ. 34 (1880) S. 67 (K. Pilz).
f. 4. Aufl.: M. 1 (1882—1883) S. 84 (K. v. Dalen).
f. 5. Aufl.: Bh. 36 (1893) S. 336 (C. Gotthold).
f. 6. Aufl.: Bh. 42 (1899) S. 24 (C. Gotthold); Bbl. 13 (1899) S. 24 (G. Diercks); L. 22 (1899) S. 8.
f. 7. Aufl. in: Al. 31 (1905) S. 127; Bk. 24 (1905) No 84 (M. Corens).

Die „Germania" und der Gockelhahn des Teufels Bitru. Eine Studie zu Nutz und Frommen des katholischen Volkes. Von [Jos.] G[abr.] Findel. Leipzig: Findel 1896. 51 S. 8⁰

[Dasselbe.] 2. Aufl. Ebendas. 1897. 60 S. 8⁰
FZ. 50 (1896) S. 367—368; L. 19 (1896) S. 200
cf. Bbl. 10 (1896) S. 595—596; Freie Glocken 33 (1907) S. 686—687.
Betr. die Vaughan-Taxil-Bewegung.

Geschichte der Freimaurerei. T. I. Das Zeitalter der Verirrungen [im Maurerbunde] von J[os.] G[abr.] Findel. 7. Aufl. Leipzig: Findel 1907. 4 Bl., 175 S. 8⁰.
[Findels Schriften über Frmrei. II.)

Geschichte der Freimaurerei von der Zeit ihres Entstehens bis auf die Gegenwart. Von J[os.] G[abr.] Findel. Bd 1. 2. Leipzig: Luppe 1861—1862. 8⁰
1. VIII, 426 S. 1861; 2. VIII, 360 S. 1862.

[Dasselbe.] [Neudr.] 2. Ausg. Leipzig: Förster & Findel 1863. 8⁰
1. VIII, 426 S.; 2. VIII, 360 S.

[Dasselbe.] 2. Aufl. Leipzig: Förster & Findel 1866. XII, 866 S. 8⁰

[Dasselbe.] 3. Aufl. Leipzig: Findel 1870. XVI, 861 S. 8⁰

[Dasselbe.] 4. Aufl. Ebendas. 1878. XVI, 846 S. 8⁰

[Dasselbe.] 5. Aufl. Bd 1. 2. Ebendas. 1883. 8⁰
1. VIII, 343 S.; 2. VI, 345 S.
(Findel, J. G.: Schriften üb. Frmrei. Leipzig 1882—1890, Bd 3, 4.)

[Dasselbe.] 6. Aufl. Ebendas. 1893. VIII, 326 S. 8⁰
(Findel, J. G.: Schriften üb. Frmrei. Leipzig 1892—1902, Bd 3.)

[Dasselbe.] 7. Aufl. Ebendas. 1900. 348 S. 8⁰
(Findel, J. G.: Schriften üb. Frmrei. Leipzig 1892—1902, Bd 3.)
Auszüge in: Bh. 3 (1860) S. 102—103, 163 bis 165; 4 (1861) S. 88—91, 99—101, 115—117, 125—127, 155—157, 348—349, 355—357, 379 bis 380; 5 (1862) S. 94—95, 99—101, 109—110; 195—196, 203—205, 221—222; T. 7 (1861) S. 90—92, 109—111, 116—117, 125—126, 132 bis 133, 143—144, 148—149, 156—157, 166—167, 173—174, 181—182; 8 (1862) S. 67—68, 77—78, 82—83, 93—94, 100—101, 108—109, 117—118, 122—123; 9 (1863) S. 91—93.
Recens f. 1. Aufl.: FZ. 15 (1861) S. 86—87, 166—168, 170; 16 (1862) S. 296; FMaM. (NS.) 5 (1861) S. 61; ⁰Die Glocke. 1861 No 133, abgedr. in: Bh. 4 (1861) S. 247; Berliner Revue. 26 (1861) S. 187—188; T. 7 (1861) S. 167—168; 8 (1862) S. 88, 135; ⁰Elberfelder Ztg. 1861 No 189, abgedr. in: Bh. 4 (1861) S. 254; A. 23 (1862) S. 315—316; 24 (1863) S. 293—296; KfF. 2 (1862) S. 268; 3 (1863) S. 184—185; L. 21 (1862) S. 337—339;
2. Aufl.: FZ. 19 (1865) S. 373 (M. Zille);
3. Aufl.: FZ. 24 (1870) S. 406 (M. Zille); Jahrbuch d. Bauhütten d. Eintrachtbundes. 1870 S. 67—80 (H. Künzel); Reform. 5 (1870) S. 112;
4. Aufl.: Z. 8 (1878) S. 176 (M. Amster), abgedr. in: Al. 4 (1878) S. 376: KfF. 19 (1879) S. II;
6. Aufl.: Bh. 36 (1893) S. 168 (C. Gotthold);
7. Aufl.: Bh. 43 (1900) S. 367 (C. Gotthold); L. 23 (1900) S. 200; Z. 31 (1900—1901) S. 27 (H. Glücksmann).
cf. f. 1. Aufl.: FZ. 15 (1861) S. 123—124 (J. Winzer), 198—199; L. 20 (1861) S. 335 bis 339; MW. 10 (1861) No 47 (T. W. v. Marle); Monde maç. 4 (1862) S. 714—715 (F. Favre); 5 (1863) S. 406 (M. Hirsch); ⁰Gartenlaube. 1868 Nr 41, abgedr. in: Reform. 3 (1868) S. 15.
2. Aufl.: MW. Ser. 2 Jg. 2 (1865) No 47; Histor.-polit. Blätter f. d. kathol. Deutschland. 57 (1866) S. 801—812; ⁰Rhein. Herold. (Worms) 1865 No 129;
3. Aufl.: T. 17 (1871) S. 181—182; Hn. 1 (1871 bis 1872) S. 8—12; M. 1 (1882—1883) S. 84 (H. Künzel);
4. Aufl.: D. Bund. 1 (1878) S. 104; Bpr. 2 (1879—1880) No 16 (Ch. Brauer); Fr. 11 (1878) S. 541 (A. F. A. Woodford);
7. Aufl.: S. 7 (1900) S. 120—121 (V. G. Scarpa); Bayr. Bbl. 1 (1900—1901) S. 189 bis 190 (G. Niehrenheim); Die Grenzboten. 61, 1 (1902) S. 165—166.
Tt. 278—282.

— Geschichte d. Grossloge zur Sonne in Bayreuth. Im Auftr. d. Bundesrates vorf. gr. 8. (VIII, 199 S.) [Leipzig 897. J G. Findel.] Bayreuth, Niehrenheim & Bayerlein. n. 4. 80
Aus dem Handel gezogen.

Das apostolische Glaubensbekenntnis und die Evangelien im Lichte der Wissenschaft. Von J[osef] G[abriel] Findel. Leipzig. 3. verm. u. verb. Aufl. *Bamberg: Handelsdr. (1897).* (46 S.) 8⁰ [ ]

— die fünf Grundirrthümer der Kirche u. die wahre Lehre Jesu. 1. u. 2. Aufl. gr. 8. (IV, 31 S.) Ebd. 891. n. — 50

— die Grundlage d. Deutschkatholizismus. Nebst e. Anh.: Die Berechtigung u. Weiterbildung d. Deutschkatholizismus. Stiftungs-Festreden, geh. am 12. Febr. 1888 u. 10. Febr. 1889. gr. 8. (10 u. 9 S.) Ebd. 889. n.n. — 25

Grundlinien der Geschichte und Wirksamkeit der Freimaurerei. Eine Handreichung für Freimaurer und Nicht-Maurer von J[os.] G[abr.] Findel. Leipzig: Findel 1902. VIII, 86 S. 8⁰

Auszug in: Al. 29 (1903) S. 164—165, 171, 179. Auszug in franz. Übers. in: Acacia. (Paris) 2 (1903) S. 968—980.
Recens: Bh. 46 (1903) S. 7 (C. Gotthold); FZ. 57 (1903) S. 7 (M. H.); BayrBbl. 3 (1902 bis 1903) S. 181—182; Z. 33 (1902—1903) S. 243; Bbl. 17 (1903) S. 27 (G. Diercks); °Bibliographia Xenologica. 1904 Nr 2.
cf. DrL. 33 (1902—1903) S. 3072 (R. Spalteholz).

Die Grundsätze der Freimaurerei im Völkerleben. Ein geschichtsphilosophisches Erbauungsbuch von J[os.] G[abr.] Findel. Leipzig: Findel 1881. 202 S. 8⁰

[Dasselbe.] 2. verb. Aufl. Ebendas. 1882. 204 S. 8⁰
(Findel, J. G.: Schriften über Frmrei. Leipzig 1882—1890. 1.)

Findel, J. G.. Die Grundsatze der Freimaurerei im Volkerleben. Ein geschichtsphilosophisches Erbauungsbuch. 2. verb. Aufl. (Band 1 v. Findels Schriften üb. Freimaurerei) Leipzig, Findel. 1885. 8. 5 Bl. 204 S. 1 Bl.

[Dasselbe.] 3. Aufl. Ebendas. 1892. 182 S. 8⁰
(Findel, J. G.: Schriften über Frmrei. Leipzig 1892—1902. 1.)

[Dasselbe.] 4. verb. Aufl. Ebendas. 1909. 176 S. 8⁰
(Findel, J. G.: Schriften über Frmrei. Leipzig 1909. 1.)

Auszug in: Bh. 24 (1881) S. 273—276.
Recens. f. 1. Aufl.: O. 7 (1881) S. 94—95 (M. G. Conrad); Bh. 25 (1882) S. 4—5 (H. Wanner); FZ. 36 (1882) S. 166 (K. Pilz); Blätter f. litter. Unterhaltung. 1882 S. 520, abgedr. in: Bh. 25 (1882) S. 313—314; vgl. ferner: Literar. Merkur. 1882 No 13 S. 8.
f. 2. Aufl.: Al. 8 (1883) S. 191—196; BrL. 1 (1882—1883) S. 71—72 (R. Brandt).
f. 3. Aufl.: Bh. 35 (1892) S. 352 (C. Gotthold); 36 (1893) S. 16 (C. Gotthold); FZ. 46 (1892) S. 357.
cf. f. 1. Aufl.: Conrad, M. G.: Flammen! 1882 S. 105—110; WvV. 1 (1882) S. 40—43 (M. A. C.); BN. 8 (1883) S. 159—161 (J. P. Vaillant); Fr. 14 (1881) S. 550—551 (A. F. A. Woodford).
f. 2. Aufl.: OF. 6 (1882) S. 286—287 (Edgar Bauer).
f. 4. Aufl.: DrL. 30 (1908—1909) S. 331 (G. v. Gersdorff); Al. 35 (1909) S. 124 (H. Keller); Bbl. 23 (1909) S. 464 (G. Diercks); Brh. 6 (1909) S. 153, 155; H. 20 (1909) Nr 37 (L. Fenger); L. 32 (1909) S. 190 (P. Fischer); S. 16 (1909) S. 112 (F. Rackhorst); Z. 40 (1909—1910) S. 182 (H. Glücksmann); Bh. 53 (1910) S. 63.
Tt. 1542—1543. 9 Abhandlungen. Die Grundsätze der Frmrei sind die treibende Kraft in der Entwicklung der Menschheit.

—— History of freemasonry from its rise down to the present day. Translated from the second German edit. under the author's personal superintendence. With a preface by C. van Dalen. gr. 8. (XI und 732 S.) Leipzig 866, Förster und Findel. geb. *

—— History of Freemasonry from its origin down to the present day. 2d edit. Revised and preface written by D. Murray Lyon. gr. 8. (XIV, 704 S.) London 869. Leipzig, Findel. geb. *

Die Frankfurter Index-Congregation [Von Jos. Gabriel Findel.] [Leipzig 1899?]. 3 Bl. 8⁰. [Kopftit.]
Polemisiert gegen den „Wort- und Vertragsbruch der Redaktionskommission der Bauhütte", die die Aufnahme einer Annonce Findels verweigert hatte.
Sehr selten.

Der maurerische Indifferentismus und seine Bekämpfung. Vortrag in der Loge „Zu den drei Rosenknospen" in Bochum von J[os.] G[abr.] Findel. Leipzig: Findel 1884. 19 S. 8⁰
Abgedr. in: Bh. 27 (1884) S. 57—59, 69—71.
Gründe für Entstehung der Teilnahmlosigkeit an mrischen Bestrebungen u. Mittel zu ihrer Austreibung.
[Erw. Ausg. u. d. Tit.:]

Der maurerische Indifferentismus eine Folge zweier Weltanschauungen im Bunde. [Von Jos. Gabr. Findel.]
in: Findel, J. G.: Die moderne Weltanschauung u. d. Frmrei. 1885 S. 71—94; Findel, J. G.: Vermischte Schriften. 2. Aufl. 1 1893 S. 102—120.

Ein Johannispfennig für die Freimaurer. Von Martin Bischof [d. i. Jos. Gabr. Findel]. Leipzig: Findel 1874. 27 S. 8⁰ [Umschlagtit.]

[Dasselbe.] 2. verb. Aufl. Ebendas. 1874. 28 S. 8⁰

[Dasselbe.] 3. verb. Aufl. Ebendas. 1874. 28 S. 8⁰

[Dasselbe.] 4. verm. u. verb. Aufl. Ebendas. 1875. 29 S. 8⁰
Abgedr. in: Findel, J. G.: Vermischte Schriften. 1883 S. 164—174.
Tt. 1531. 1533—1534. Verteidigung des Frmrtums gegen den Jesuitismus u. kurze Schilderung des Wesens u. der Entstehung der Frmrei.

Die Juden als Freimaurer. Zur Beleuchtung der gegenwärtigen Krisis innerhalb des deutschen Maurerthums von J[os.] G[abr.] Findel. Leipzig: Findel 1893. 38 S. 8⁰

[Dasselbe.] 2. verb. Aufl. Ebendas. 1893. 39 S. 8⁰

[Dasselbe.] Zur Belehrung über die gegenwärtige Krisis des deutschen Maurerthums. 3. verb. Aufl. Ebendas. 1901. 48 S. 8⁰

[Dasselbe.] 4. verb. Aufl. Ebendas. 1901. 48 S. 8⁰

Recens: FZ. 47 (1893) S. 239—240 (K. Pilz); OF. 17 (1893) S. 159 (G. Schuster); BrL. 11 (1893—1894) S. 16; O. 19 (1894) S. 91—93 (R. Mautner).
f. 3. Aufl. in: Al. 27 (1901) S. 111 (W. Unseld); FZ. 55 (1901) S. 288 (K. Pilz); BayrBbl. 2 (1901—1902) S. 85—87 (G. Niehrenheim).
cf. Bh. 36 (1893) S. 221—222 (G. Maier); °Evang. Kirchen-Ztg. 1901 Nr 41 (Penschke), abgedr. in: S. 8 (1901) S. 103; Bbl. 15 (1901) S. 447 (G. Diercks); Der alte Glaube (Leipzig) 1901 Nr 45; BayrBbl. 2 (1901—1902) S. 263—264.
Die Zukunftsziele der Gegenwart. Lessing als Erzieher. Der Prophetismus u. die Frmrei.

Der freimaurerische Kampf für die Juden und die Settegast'sche Grossloge. Von J[os.] G[abr.] Findel. Leipzig: Findel 1894. 24 S. 8⁰

Recens: BZC. 23 (1894) S. 220 (K. J. E. Gartz).
cf. L. 17 (1894) S. 69—70 (G. Kullmann).
Der Kampf für die Juden ist kein Aufbau der Loge, sondern lediglich Zerstörung.

Der Kampf um das Prinzip und die Winkel-Maurerei der Gr. Landesloge v. D. in Berlin. Von J[os.] G[abr.] Findel. Leipzig: Findel 1899. VI, 47 S. 8⁰

Recens: Al. 25 (1899) S. 164; L. 22 (1899) S. 184; R. 26 (1899) S. 88.
cf. S. 6 (1899) S. 119—121 (F. Rackhorst), 122 (J. G. Findel); 7 (1900) S. 6—7 (J. G. Findel).

— eine freie deutsche Kirche. Für v. Egidy. 12. (14 S.) Ebd. 891. n. — 20

Kirchenglaube und Vernunftreligion oder Christentum Christi. Von J[osef] G[abriel] Findel. 2. verm. Aufl. *Leipzig: J. G. Findel 1899.* (VI, 56 S.) 8⁰ [illegible]

— Kirchenglaube u. Vernunftreligion od. Christentum Christi. 3. verm. Aufl. 8. (VII, 78 S.) Ebd. 899. n. 1. 20
2. Aufl. (VII, 56 S.) Ebd. 899. n. 1. 20.

Die katholische Klerisei auf der Leimruthe oder Die Notlage des Papsttums von J[os.] G[abr.] Findel. Leipzig: Findel 1897. 38 S. 8⁰

Recens: L. 20 (1897) S. 24; Bh. 40 (1897) S. 72 (W. Unseld).
cf. Bh. 40 (1897) S. 203—205; Württemberger Volks-Ztg. 1897 Nr 14.
Betr. die Vaughan-Taxil-Bewegung.

Die alten Landmarken und der Verein deutscher Freimaurer. [Von Jos. Gabr. Findel.] Leipzig: Förster & Findel 1869. 17 S. 8⁰ [Umschlagtit.]

Aus: Bh. 12 (1869) S. 81—84.
Engl. Übers. in: The Kingston Mas. Annual. 1871 S. 15—22.

— Lehrbuch der Religion. Ein Leitfaden f. den Religionsunterricht der deutschkathol. Gemeinden. 2., verb. Aufl. gr. 8. (VIII, 55 S.) Ebd. 891. n. 1. —

— Lehrbuch der christlichen Religion. Ein Leitfaden f. den Religionsunterricht. 8. (VII, 48 S.) Ebd. 887. n. 1. —

Leitsterne zur Erneuerung des Maurerthums. Eine Reformstudie. [Von Jos. Gabr. Findel.] Leipzig: Findel 1888. 30 S. 8⁰

cf. BN. 12 (1888) S. 200—204 (T. Valette); G. 1 (1899) Nr 6.

— G. E. Lessing üb. Freimaurerei. Eine Studie üb. „Ernst u. Falk". 2., bedeutend verm. Aufl. gr. 8. (III, 88 S.) Ebend. 881. n. 1. —

— die Mission d. deutschen Volkes. Festrede zum 90. Geburtstage Sr. Maj. d. Kaisers Wilhelm. 8. (14 S.) Ebd. 887. n. — 25

Mittheilungen über den maurerischen Clubb Maçonia im Or. zu Leipzig zur Feier seines zehnjährigen Bestehens verf. von J[os.] G[abr.] Findel. Nebst einem Anh. die gesetzlichen Bestimmungen enth. [Ms. f. Brr.] Or. Leipzig am 16. Mai 5858. [Leipzig 1858: Bär.] 32 S. 8⁰

cf. L. 17 (1859) S. 62—63.
Tt. 507. Gesch. des Vereins.

Findel, J. G., Der Orden der närrischen Käuze (Oddfellows) vor dem Leipziger Schöffengericht. Beantwortung der Privatklage des Herrn Dr. med. Degener in Bremen, hannövr. Distrikts-Grossmstr. des Ordens. Leipzig, Findel. 1880. 8. 16 S.

Die Papstkirche und die Freimaurerei. Eine freimaurerische Antwort auf die päpstliche Encyklika. [Von Jos. Gabr. Findel.] Leipzig: Findel 1884. 30 S. 8⁰

[Dasselbe.] 2. verm. u. verb. Aufl. Ebendas. 1884. 31 S. 8⁰

[Dasselbe.] 3. Aufl. Ebendas. 1884. 31 S. 8⁰

Abgedr. in: Steger, C.: Für u. wider d. Frmrei. Grosse Ausg. 1896 S. 158—180.
Recens. f. 1. Aufl.: Bh. 27 (1884) S. 373.
f. 3. Aufl.: FZ. 38 (1884) S. 370—371 (L. Erdmann); Al. 11 (1885) S. 47—48.
cf. FZ. 38 (1884) S. 390—391 (J. G. Findel); 39 (1885) S. 65—67, 84—85; Al. 27 (1901) S. 126, 133—134; FZ. 56 (1902) S. 175.
Tt. 1544 a. Widerlegung der päpstlichen Anschuldigungen.

— les principes de la franc-maçonnerie dans la vie des peuples. Ouvrage historico-philosophique et édifiant. Traduction autorisée par l'auteur. gr. 8. (III, 195 S.) Berne 884. (Leipzig, Findel.) * *

°Les Principes de la franc-maçonnerie dans la vie des peuples par J[os.] G[abr.] Findel. Ouvrage historico-philosophique et édifiant. Trad. autor. par l'auteur. Berne: Haller 1884. III, 195 S. 8°
[Lorenz: Catalogue général. 9 (1886) S. 582; Kayser: Bücherlexikon. Bd 23 S. 309.]
Dt. Ausg. u. d. T.: Die Grundsätze der Freimaurerei im Völkerleben.

Dunkle Punkte im Maurerleben. Ein Beitrag zur Geschichte des Vereins deutscher Frmr, der maur. Presse und der Gr.-L. Royal York z. Fr[eundschaft] in Berlin von J[os.] G[abr.] **Findel.** Hs. f. Brr. Leipzig: Findel 1886. 116 S. 8°

[Dasselbe.] Ebendas. 1892. 116 S. 8°
Abgedr. in: Bh. 29 (1886) S. 287—288; Findel, J. G.: Vermischte Schriften. 2 (1902) S. 162 bis 221.
Recens: Z. 16 (1886) S. 68.
cf. Bh. 29 (1886) S. 270—272, 345—347, 357 bis 359.
Enthält 7 Abhandl. aus der neuesten Geschichte der Mrei. Persönliches.

Grosslogenbund: Regulativ für die Verwaltung der Centralhilfskasse des deutschen Grosslogenbundes und für die Uebung mr. Werkthätigkeit. [Von Jos. Gabr. **Findel.**] Leipzig: Findel 1880. 15 S. 8° [Umschlagtit.]
cf. Bh. 28 (1880) S. 97—98 (J. G. Findel), abgedr. in: HL. 13 (1880) S. 999—1000; Bh. 24 (1881) S. 236—239 (R. Barthelmess).
Tt. 1231.

— über Religionsunterricht, wie er ist u. nicht sein soll. 8. (17 S.) Leipzig 891. J. G. Findel. n. — 20

Ritual für den Gesellengrad. [Von Jos. Gabr. **Findel.**] [Leipzig 1869: Naumann.] 19 S. 4° [Umschlagtit.] (Findel, J. G.: Rituale. [2.])

[Dasselbe.] [2. Aufl. Leipzig 1875: Bär & Hermann.] 19 S. 4°
Tt. 1317.

Ritual für den Lehrlingsgrad. [Von Jos. Gabr. **Findel.** Leipzig 1869: Naumann.] 25 S. 4° [Umschlagtit.] (Findel J. G.: Rituale. [1.])

[Dasselbe.] [2. Aufl. Leipzig 1875: Bär & Hermann.] 24 S. 8°

[Dasselbe.] [2. u. 3. Aufl. Ebendas. 1897.] 24 S. 8°

Findel, J. G.: Ritual für den Lehrlingsgrad. — Gesellengrad. — Meistergrad. Rituale der Grundsteinlegung, Logenweihe, Tafel-, Schwesternfest-, Trauerloge und der Beamteneinsetzung. (2. theilweise verb. Aufl.) 4 Hefte in Mappe. (Leipzig, Druck v. Bär & Hermann 1875.) gr. 4. I. Heft. 2 Bl. 24 S. II. Heft. 1 Bl. 19 S. III. Heft. 1 Bl. 18 S. IV. Heft. 1 Bl. 32 S.

Ritual für den Meistergrad. [Von Jos. Gabr. **Findel.** Leipzig 1869: Naumann.] 20 S. 4° [Umschlagtit.] (Findel, J. G.: Rituale. [3.])

[Dasselbe.] [2. Aufl. Leipzig 1875: Bär & Hermann.] 18 S. 4°
Tt. 1317.

[Rituale von Jos. Gabr. **Findel.** H. 1—4. Leipzig 1869: Naumann.] 4°
[1.] Ritual f. d. Lehrlingsgrad. 25 S.
[2.] Ritual f. d. Gesellengrad. 19 S.
[3.] Ritual f. d. Meistergrad. 20 S.
[4.] Rituale f. Einsetzung neuer Beamten, Grundsteinlegung eines neu zu erb. Logenhauses, Logenweihe, Tafel-Loge, Schwestern-Logen, eine Schwestern-Tafel-Loge, Trauer-Loge. 28 S.

[Dasselbe.] [2. verb. Aufl. H. 1—4. Leipzig 1875: Bär & Hermann.] 4°
[1.] Ritual f. d. Lehrlingsgrad. 24 S.
[2.] Ritual f. d. Gesellengrad. 19 S.
[3.] Ritual f. d. Meistergrad. 18 S.
[4.] Rituale d. Grundsteinlegung, Logenweihe, Tafel-Schwesternfest, Trauerloge u. d. Beamteneinsetzung. 32 S.
Recens: FZ. 23 (1869) S. 95—96; Reform. 4 (1869) S. 126—127.
cf. MW. Ser. 2, Jg. 6 (1869) No 14 (J. P. Vaillant); Bh. 12 (1869) S. 130—132 (J. G. Findel).
Tt. 1317.

Rituale für Einsetzung neuer Beamten (nach [Ottokar] Dörffel und [Osw.] Marbach). Grundsteinlegung eines neu zu erbauenden Logenhauses (nach O[ttokar] Dörffel. Logenweihe (nach der Bh. 69 No 2 und den Weimarer Analecten) Tafel-Loge. Schwestern-Logen I, II. Eine Schwestern-Tafel-Loge I. II. Trauerloge. [Von Jos. Gabr. Findel. Leipzig 1869: Naumann.] 28 S. 4° [Umschlagtit.]
(Findel, J. G.: Rituale. [4.])
Tt. 1317.
[2. Aufl. u. d. Tit.]:
Rituale der Grundsteinlegung, Logenweihe, Tafel-, Schwesternfest-, Trauerloge und der Beamteneinsetzung von J[os.] G[abr.] Findel. [2. verb. Aufl. Leipzig 1875: Bär & Hermann.] 32 S. 4° [Umschlagtit.]
(Findel, J. G.: Rituale. [4.])

[Rundschreiben.] [Unterz.:] J[os.] G[abr.] **Findel.** [Dat.:] Januar 1884.
Betrifft die Gründung des „Vereins vertrauter Brüder“.

Schach-Bismarck! Zeitgeschichtlicher Roman von J[os.] G[abr.] **Findel.** Leipzig: Findel 1884. V, 220 S. 8°

[Dasselbe.] Zeitgeschichtlicher Roman oder Jesuiten und Freimaurer. 2. Aufl. Ebendas. 1894. 212 S. 8⁰

Recens: Bh. 27 (1884) S. 247—248; FZ. 47 (1893) S. 416; Bbl. 8 (1894) S. 535.
cf. Z. 14 (1884) S. 88.
Tt. 2645, TB. 403. Behandelt die Zeitereignisse von 1866 bis 1870, zu denen sich Jesuiten und Frmr von ihrem Standpunkte aus stellen.

Br. Schiffmann und die Gr. Landesloge von Deutschland. Von J[os.] G[abr.] **Findel.** Leipzig: Findel 1877. 143 S. 8⁰
[Dasselbe.] Neue Ausg. Ebendas. 1880. 143 S. 8⁰

Recens: HL. 10 (1877) S. 727.
cf. PO. 68 (1877) S. 128—133 (F. J. Werner); Z. 7 (1877) S. 47 (A. Janotta); BN. 6 (1879) S. 186—189 (J. P. Vaillant).
Tt. 436. Sammlung von Aktenstücken, das Vorgehen der GrLL. gegen Schiffmann betr. Nebst Abhandlung üb. die Entstehung des Zinnendorfschen Systems u. Charakteristik des Rituals des schott. Meisters, sowie der Kapitelgrade.

J[os.] G[abr.] **Findel's** Schriften über Freimaurerei. Bd 1—7. Leipzig: Findel 1882—1890. 8⁰

1. D. Grundsätze d. Frmrei i. Völkerleben. 2. verb. Aufl. 204 S. 1882.
2. Geist u. Form d. Frmrei. 4. verb. Aufl. X, 319 S. 1883.
3. 4. Geschichte d. Frmrei. 5. Aufl. Bd 1. 2 1883. 1. VIII, 343 S.; 2. VI, 345 S.
5. Vermischte Schriften. [Bd 1.] IX, 226 S. 1883.
6. D. moderne Weltanschauung u. d. Frmrei. VIII, 192 S. 1885.
7. Studie über G. E. Lessing als Frmr. VII, 120 S. 1890.

Recens f. Bd 1: FZ. 37 (1882) S. 22, 373 (K. Pilz); BrL. 1 (1882—1883) S. 7; f. Bd 1. 2: Bh. 26 (1883) S. 350 (Blätt. f. litt. Unterh. 1883 Nr 37 entn.); f. Bd 1—5: M. 1 (1882 bis 1883) S. 84 (aus O.); f. Bd 1—6: Z. 16 (1886) S. 44 (J. Goldenberg), abgedr. in: Bh. 29 (1886) S. 325—326; Z. 17 (1887) S. 66, 83—84 (M. G. Conrad).
Tt. 1544.

[N. Ausg. u. d. Tit.:]

J[os.] G[abr.] Findel. Schriften über Freimaurerei. Bd 1—7. Leipzig: Findel 1892—1902. 8⁰

1. D. Grundsätze d. Frmrei i. Völkerleben. 3. Aufl. 182 S. 1892; [Dasselbe] 4. verb. Aufl. 176 S. 1909.
2. D. Zeitalter d. Verirrungen i. Mrbunde. IV, 196 S. 1892.
3. Geschichte d. Frmrei v. d. Zeit ihres Entstehens bis auf d. Gegenwart. 6. Aufl. VIII, 326 S. 1893; [Dasselbe] 7. Aufl. 348 S. 1900.
4. Geist u. Form d. Frmrei. 5. Aufl. VIII, 232 S. 1893; [Dasselbe] 6. Aufl. VIII, 231 S. 1898; [Dasselbe] 7. Aufl. VIII, 232 S. 1905.
5. Vermischte Schriften. [Bd 1.] 2. Aufl. 202, VIII S. 1893.
6. D. frmrische Gedanke u. seine Berechtigung. 178 S. 1898.
7. Vermischte Schriften. Bd 2. 221 S. 1902.

Recens f. Bd 1—5: FZ. 47 (1893) S. 47; Bbl. 8 (1894) S. 365—366; OF. 18 (1894) S. 60.

— Schriften üb. Freimaurerei. 15 Hfte. 8. Ebd. à n. 1. — (kplt.: Subskr.-Pr. n. 15.—; Einzelpr. n. 20.—; Einbde. à n.n. — 80)
1—2. = 1. Bd. Die Grundsätze der Freimaurerei im Völkerleben. (VII, 182 S.) 892. Einzelpr. n. 3. —; geb. n.n. 3. 80
3—5. = 2. Bd. Das Zeitalter der Verirrungen im Maurerbunde. (VII, III, 196 S.) 893. Einzelpr. n. 4. —; geb. n.n. 4. 80
6—9. = 3. Bd. Die Geschichte der Freimaurerei. 4 Hfte. (VIII, 326 S.) 893. Einzelpr. n. 5. —; geb. n.n. 5. 80
10—12. = 4. Bd. Geist u. Form der Freimaurerei. 3 Hfte. (VIII, 232 S.) 893. Einzelpr. n. 4. —; geb. n.n. 4. 80
13—15. = 5. Bd. Vermischte Schriften. 2. Aufl. (VII, 202 u. VIII S.) 893. Einzelpr. n. 4. —; geb. n.n. 4. 80

Vermischte Schriften von J[os.] G[abr.] **Findel.** [Bd 1.] 2. Leipzig: Findel 1883—1902. 8⁰

1. Histor. u. polem. Arbeiten a. d. Jahren 1863—1881. IX, 236 S. 1883.
(Findel, J. G.: Schriften üb. Frmrei. Leipzig 1882—1890, Bd. 5.)
[Dasselbe.] 2. Aufl. Ebendas. 1893. 202, VIII S. 8⁰
(Findel, J. G.: Schriften üb. Frmrei. Leipzig 1892—1902, Bd. 5.)
2. 221 S. 1902.
(Findel, J. G.: Schriften üb. Frmrei. Leipzig 1892—1902, Bd. 7.)

Recens f. Bd 1, 2. Aufl.: Bh. 36 (1893) S. 352 (C. Gotthold); f. Bd 2: Bh. 45 (1902) S. 296 (C. Gotthold), 337—340 (F. Staudinger); L. 25 (1902) S. 152 (R. Fischer); R. 29 (1902) S. 80.
cf. f. Bd 2.: Bbl. 16 (1902) S. 626—627 (G. Diercks).
Tt. 290.

Findel, J. G., Die Schule der Hierarchie und des Absolutismus in Preussen. Eine Vertheidigung des Freimaurer-Bundes wider die Angriffe der „höchstleuchtenden" Grossen Landesloge der Freimaurer von Deutschland. Inhalt: Einleitung. I. Das urchristliche Mysterium. II. Das Alter und der sittlich-religiöse Character der Freimrei. III. Der Bruder in Christo Hengstenberg. IV. Der Hochgradwahn und seine Früchte. V. Zeugnisse wider die Grosse Landesloge der Frmr. von D. VI. Schlussbetrachtungen. Leipzig, Findel. 1870. 8. IV, 66 S.

Die Schule der Hierarchie und des Absolutismus in Preussen. Eine Vertheidigung des Freimaurer-Bundes wider die Angriffe der „Höchstleuchtenden" Gr. Landesloge der Freimaurer von Deutschland. Von J[os.] G[abr.] **Findel.** Leipzig: Findel 1870. 66 S. 8⁰
[Dasselbe.] 2. Aufl.

in: Findel, J. G.: Vermischte Schriften. [1] 1883 S. 68—136..
Auszug in: T. 16 (1870) S. 74—76.
Recens: FZ. 24 (1870) S. 142—143; Jahrbuch d. Bauhütten d. Eintrachtbundes. 1870 S. 47—48; Reform 5 (1870) S. 79—80, abgedr. in: Bh. 13 (1870) S. 252—253; L. 28 (1872) S. 128—132 (Th. Merzdorf).
cf. T. 16 (1870) S. 71—72.
Tt. 1529. Greift die GrLL. und ihre histor. Unterlagen an und richtet sich insbes. gegen die Schrift des Misipporus (G. M. Redslob): „Ueber Alter und sittlich religiösen Charakter d. älteren u. eigentl. Mrei." 1855. 23. 25.

GV38
11

Katholischer Schwindel. Eine Verteidigung des Freimaurerbundes wider Margiotta's „Enthüllungen". Von J[os.] G[abr.] **Findel.** Leipzig: Findel 1896. 47 S. 8°

[Dasselbe.] 2. verm. Aufl. Ebendas. 1896. 56 S. 8°

[Dasselbe.] 3. verm. Aufl. Ebendas. 1896. 56 S. 8°
Recens: FZ. 50 (1896) S. 255—256. L. 19 (1896) S. 104.

Findel, J. G., s.: Signale f. die deutsche Maurerwelt.

— der Streit unter den Theologen. Eine Lehre für's Christenvolk. 8. (15 S.) Ebd. 891. n. — 20

—— Die Todtengräber des Freimaurerthums in Deutschland. Für Geweihte u. Ungeweihte. 1. u. 2. Aufl. (34 S.) Ebd. 892.
3. verb. Aufl. gr. 8. (42 S.) * — 75
Nicht mehr im Handel. Vgl.: Kullmann, G. Wir haben keinen Todtengräber nöthig.

Findel, J. G., Vernunftreligion u. Kirchenglaube. Festrede beim Stiftungsfeste der deutsch kathol. Gemeinde zu Leipzig. 8. (VI, 24 S.) Leipzig 886. Findel. n. — 50

Zarathustras Versöhnung. [Verf.: Josef Gabriel Findel.] Leipzig: Findel 1901. 62 S. 8° A 12. 5906

Verzeichnis der Büchersammlung des Vereins deutscher Freimaurer. [Zsgest. von Jos. Gabr. **Findel.**] Leipzig: Findel 1870. 20 S. 8° [Umschlagtit.]
Tt. 79a. D. Bibliothek wurde 1885 d. Bamberger ☐ geschenkt.

—— Wegweiser zur Kirchen-Reform. 3 Vorträge. [1. Eine freie deutsche Kirche. 2. Der Streit unter den Theologen — eine Lehre für's Christenvolk. 3. Der kirchl. Religionsunterricht.] 2. Aufl. 8. (40 S.) Ebd. 891. * — 50
1—3 auch einzeln à * — 20.

Kaiserslautern: Weibe und Eröffnung der Loge „Barbarossa zur Deutschen Treue" in Kaiserslautern am 2. Oct. 1864. Den geliebten Brüdern obiger Loge gewidmet vom „Hrsg. der Bauhütte" [d. i. Jos. Gabr. **Findel**]. [Leipzig 1864: Bär & Hermann.] 16 S. 8° [Kopftit.]
Anderer Bericht von J. Ph. Glökler in: Bh. 7 (1864) S. 330—332.
Tt. 592. Bericht, abgedr. aus: Bh. 7 (1864) S. 362—364; Festrede von J. Frank: Fluch u. Segen; Gedicht von J. Ph. Glökler: Weisheit, Stärke, Schönheit.

Die moderne Weltanschauung und die Freimaurerei. Vortrag, gehalten in der Loge „Zukunft" in Pressburg von J[os.] G[abr.] **Findel.** Leipzig: Findel 1883. 17 S. 8° [Umschlagtit.]
Aus: Bh. 26 (1883) S. 369—373.

[Dasselbe.] 2. verm. Aufl. Ebendas. 1884. 28 S. 8°
Abgedr. in: Al. 10 (1884) S. 101—106, 113—117, 129—133.
[N. Überarb. u. d. Tit.]:
Die moderne Weltanschauung und die Freimaurerei von J[os.] G[abr.] **Findel.** Leipzig: Findel 1885. VIII, 192 S. 8°
(Findel, J. G.: Schriften üb. Frmrei. Leipzig 1882—1890. 6.)
cf. f. 1883: MW. Ser. 4 Jg. 4 (1884) No 27, 28, 30, 31; WvV. 4 (1885) S. 389—390 (J. Stam); D. Gesellschaft. 1887 S. 485 (M. G. Conrad); Z. 17 (1887) S. 66 (M. G. Conrad); BB. 33 (1889—1890) S. 62—63.
Tt. 1544 b.

Das Zeitalter der Verirrungen im Maurerbunde. Von J[os.] G[abr.] **Findel.** *Leipzig: J. G. Findel 1892.* (IV, 190 S.) 8°
— **Findel**: Schriften über Freimaurerei. Bd. 2.

Von einer Findelanstalt zu Trier im siebenten Jahrhundert. S. *Meusel's* Geschichtforscher. 4ter Th. Art. 12. *Halle.* 1777

Findelhäuser, Die, und die Waisenhäuser. Stuttg. 1838. V: *Mohl, Robert von.* (BGE I³, 261)

Findelkind, Das, das ist: Eine aufgeräumte Widerlegung des Sendschreibens von fünf Schwestern aus der vertrauten Gesellschaft . . . O. O. 1733. V: *Philippi, Johann Ernst.* (ML)

Findelkind, das; e. Lstspl. in 5 A. 8. Leipz. 775. Barth. 5 gr

Findelkind, Das, Lustspiel in fünf Aufz. . . . O. O. 1781. V: *Brühl, Alois Frdr. Graf von.* (GGr)

Findelkind, das, Lustsp. v. Brühl. 8. Dresden, Walther. 785.

— das, Schausp. in 3 A. v. J. v. Walre, a. dem Holländ. 8. Duisburg, Helwing. (Bädecker.) 800.

Findelkind, das, v. Schönheim, s.: Für Schule u. Haus.

Das Findelwesen in Steiermark. [Statistische Mitteilungen über Steiermark. XVII. Heft.] Lex.-8°. (118 S. mit 1 Tafel) K 3.— Graz: Leuschner & Lubensky 1907.

Finden's

— Royal Gallery of British Art, to be published in Parts; of which there will be three issued in the course of the year; each to contain three Engravings. The size of the Engravings will be about 12 inches by 9, sufficiently large for framing, and they will be delivered in a portfolio, accompanied by such explanatory letterpress as may be considered necessary. London, Black et Armstrong. per Heft 8¾ ß Chines. Papier 14¾ ß Chines. Pap. avant la lettre 22½ ß

Finden's Portraits of the Female Aristocracy of the Court of Queen Victoria, parts 1—15. London, Black et Armstrong. à 4 ß 5 gl

Finder, Ernst, aus Hamburg: **Der Anteil des Grafen Anton I. von Oldenburg am Schmalkaldischen Kriege und die Eroberung von Delmenhorst 1547.** *Kiel 1898: A. F. Jensen.* (40 S.) 8°
Rostock, Phil. Diss. v. [4. Aug.] 1898

Finder, Ernst, Dr.: Die Vierlande um die Wende des 16. und 17. Jahrhunderts. Ein Beitrag zur Kulturgeschichte Niedersachsens. Hamburg 1907: Lütcke & Wulff. (41 S.) 8°
Hamburg, R in Eilbeck P 1907 (919)

Finder, Ernst, die Vierlande um die Wende des 16. u. 17. Jahrh. Ein Beitrag zur Kulturgeschichte Niedersachsens. (Progr.) (41 S. m. 1 Taf.) gr. 8. Hamburg 907. (Herold). 1.60

Finder, Felix [pr. Arzt]: Mal perforant du pied. . . . Erlangen, Druck d. Univ.-Buchdr. v. Junge & Sohn, 1888: 28 S. 8°
Erlangen, Med. Fak., Inaug.-Diss. v. 1888

Finder, Georg [aus Berlin]: **Psychosen bei Diabetes mellitus ... Berlin, Druck v. H. Itzkowski,** *1891;* 30 S., 1 Bl. 8.
Berlin, Med. Fak., Inaug.-Diss. v. 7. Nov. 1891

Finder, Geo., s.: Semon's internationales Centralblatt f. Laryngologie, Rhinologie.

Finder, Jacob: De climate. (Inaugural-Dissertation. Berlin.) Berolini 1854. 30 S. 8°.

Finder, R., Wiesneck. Kulturgeschichtliche Erzählg. nach mündl. u. schriftl. Ueberlieferg n. (IX, 224 S.) 8. Frankfurt a/M. 905. C. Jügel. n. 3.60; geb. n. 4.80

Findeis, Markus, mein Schulroman. Hrsg. vom „Lehrerverein Austria f. Deutsch-Böhmen". gr. 8. (XI, 188 S.) Leitmeritz 901. (München, F. C. Mickl.) n. 2.—

Findet der Karfreitag thatsächlich keine genügende Würdigung in der kath. Kirche? Dai. 1900, kl. 8°, 10 Pf. (Jahrg. 30, Heft 1.)

Findl, Jos., das Kapuziner-Kloster zu Innsbruck, s.: Hetzenauer, Mich.

Findlater, James Earl, (†d. 5. Oct. 1811.) s. 1) **Baukunst,** die schöne, u. setze hinzu: Mit 28 Kpfpl. Englisch (v. J. E. Findlater, deutsch v. C. L. Gröning). 2) Beschreib. d. k. Wirthschaft zu Windsor, (von J. E. Findlater). 3) **Mannichfaltigkeiten,** landwirthschaftl., u. Ackerbaues-Erfahrr., (v. J. E. Findlater). 4) *Mélanges* agronomiques etc., (par J. E. Findlater).

Findlater, Mary

— **and Jane Findlater,** the affair at the inn, s: Wiggin, Kate Douglas.

Findlater, Mary, Susan Crawford. Roman. Einzig autoris. Uebersetzg. aus dem Engl. (the rose of joy) von E. v. Kraatz. (315 S.) 8. Berlin 907. A. Goldschmidt. n. 4.—; geb. in Leinw. n. 5.—

Findlater Mary, u. Jane **Findlater,** was sich in dem Gasthaus begab, s.: Wiggin, Kate Douglas.

Findlay, Alex., Einführung in die Phasenlehre u. ihre Anwendungen, s.a. Handbuch der angewandten physikal. Chemie. 6. Bd.

Einführung in die Phasenlehre und ihre Anwendungen [Phase Rule and its Applications] von Dr. Alex[ander] **Findlay,** Birmingham. Mit 134 Abb. u. 1 Taf. ⟨Deutsch von Prof. G[eorg] Siebert-Wiesbaden.⟩ Leipzig: J. A. Barth 1907. (VII, 224 S.) 8°
— **Handbuch** d. angewandten physikal. Chemie. Bd 6. [07. 1801

Findlay, Alexander, M. A., B. Sc. ⟨Aberdeen⟩ aus Johnshaven, Schottl.: **Theorie der fraktionierten Fällung von Neutralsalzen und ihre Anwendung in der analytischen Chemie.** Mit 2 Fig. im Text. *Leipzig: W. Engelmann 1900.* (30 S.) 8° ¶ (Aus: Zeitschrift f. physikal. Chemie, Bd 34, H. 4.)
Leipzig, Phil. Diss. v. [30. Juli] 1900

Findlay, J. J., preparations for instruction in English on a direct method. 8. (VIII, 37 S.) Marburg i/H. 893. N. G. Elwert's Verl. n. — 75

Findlay, Joseph John: Zur Entwickelung des höheren Schulwesens Englands. E. Kritik d. Vorzüge engl. Erziehg ... [Erweit. Abdr. aus: N. Jahrb. f. Phil. u. Paed., Bd 150.] Leipzig, Druck v. B. G. Teubner, 1894; 35 S. 8.
Leipzig, Phil. Fak., Inaug.-Diss. v. [29. Mai] 1894

* **Ars videndi nova eaque perspicua methodo tradita a** ***Jo. Jac. Findlero.*** **Regiomontani. 4. 2½ Bog. 1755.**

Findling, s.a. **Fündling.**

Findling, der, s. a. Gabelsberger-Bibliothek. 24. Bd.

(U.-Titel:) Der Findling | oder | der Treue Lohn. | Eine lehrreiche Erzählung. | (Fig.: *Zwei Männer mit einer Geldkiste,* 50 × 66) | Reutlingen. | Druck und Verlag von Enßlin und Laiblin. (= *Reutlinger Volksbücher,* t).
o. J., 16 S., 164 × 105.
LBS d. D. oct K 3290.

Findling, Der, ein Roman. **Braunschweig 1801. V:** ***Bannmüller.*** (Ky)

Findling, der, oder: Die treuen Pflegeeltern. Original-Erzählung. 4. Aufl. 16. (62 S.) Neuhaus 863, Landfraß und Sohn. *

Findling, der böse, oder der Schauerthurm. 8. Wien, K. Haas. 12 gr

FINDLING, Der böse, oder der Schauerthurm. Mit Titelkpf., TVign. u. gestoch. Titel. Wien und Prag 1790. 8°. (1 Mk. 50 Pfg. Frz. Teubner, c. 1898; 2 Mk. 50 Pfg., geles. Expl., Südd. Antiqu., 1907.)

Findling, Der, von Granada, **oder die Vorsehung wacht . . . Augsburg 1840. V:** ***Nebel, W. M.*** **(Mitth. A. Rosenbaum.)**

Findling, der, von Granada, od. die Vorsehung wacht. Eine Erzähl. aus d. Zeiten d. Mauren in Spanien. Für d. reif. Jugend. Von d. Verf. d. „Glocke d. Andacht." M. 1 Stahlst. 8. (11½ B.) Augsburg 840, v. Jenisch u. Stage'sche Buchh.

Findling, d. v. Granada, od.: Die Vorsehung wacht. Eine Erzählg. aus d. Zeiten d. Mauren in Spanien. Für d. reifere Jugend v. d. Verf. d. Glocke d. Andacht. 2., verb. Aufl. 8. (11½ B. u. 1 Stahlst.) Augsburg 848, v. Jenisch u. Stage'sche Buchh.

Findling, der, von Granada, oder: die Vorsehung wacht. Eine Erzählung aus den Zeiten der Mauren in Spanien. Für die reifere Jugend. Von dem Verf. der Glocke der Andacht. 3., unveränd. Aufl. 8. (IV und 131 S. mit 1 Stahlst.) Augsburg 861, v. Jenisch und Stage'sche Buchh.

Findling, der, v. Granada, od. die Vorsehung wacht. Eine Erzählg. aus den Zeiten der Mauren in Spanien. Für die reifere Jugend. Von dem Verf.: Die Glocke der Andacht. 4. verb. Aufl. Mit 1 Stahlst. 8. (144 S.) Regensburg 876. Volks- u. Jugendschriften-Verl. 1.20

Findling, Mor., a. d. Archive d. Lebens. Feuilletons u. Skizzen. 8. (V, 146 S.) Dresden 895. E. Pierson. n. 2.—; geb. n. 3.—

Findlinge

— vergl. Fündlinge.

Findlinge. Schneeberg 1793—97. V: *Seyfried, Carl Heinrich.* (MGT) (Ky)

Findlinge, Die. Familiengeschichte des Marquis von Barras. Wien 1802. V: *Gleich, Jos. Alois.* (Ky) (MGT) (GGr) (NN)

— die, Familiengeschichte des Marquis v. Barras rc., (v. J. A. Gleich). 8. Wien 802. Al. Doll. 16 gr

Findlinge, histor., Rittergeschichten u. Erzählungen. 8. Quedl. 822, Basse.

Findlinge, histor., Rittergeschichten u. Erzählungen. 8. Quedlinb. 826. Basse. 1 ℛ

Findlinge, Jüngere. Vom Verf. der älteren. Dresden 1819. H: *Seyfried, Carl Heinrich.* (MGT) »1821« (Ky)

Fine, Eberh., erbaul. Reden üb. d. Passionsgesch. rc. 3 Thle. 8. Braunschw. Meyer. 725—28.

Fine, Henry B. [aus Chambersburg, Pennsylv. U. St. N. Amer.]: On the singularities of curves of double curvature. (Sep.-Abdruck aus d. American Journal of Mathematics Vol. VIII No. 2)... Baltimore, Press of Isaac Friedenwald, 1886: S. 156—177 + 1 S. 4°.
Leipzig, Phil. Fak., Inaug.-Diss. v. 12. Apr. 1886.

Finecke Blixen, s. Blixen Finecke

Fineisen, August J.: Die Akzise in der Kurpfalz. Ein Beitrag zur deutschen Finanzgeschichte des 17. und 18. Jahrhunderts. Karlsruhe 1906: G. Braun. (70 S.) 8°
Heidelberg, Phil. Fak., Ref. Rathgen, Diss. v. 26. Nov. 1906
[Geb. 8. Apr. 81 Reilingen; Wohnort: Heidelberg; Staatsangeh.: Baden; Vorbildung: Gymn. Heidelberg Reife M. 02; Studium: Heidelberg 8 S.; Rig. 30. Mai 06.]

Fineisen, Aug. J., die Akzise in der Kurpfalz, s. a. Abhandlungen, volkswirtschaftliche, der bad. Hochschulen. IX. 1.

Die Akzise in der Kurpfalz. Ein Beitrag z. deutschen Finanzgeschichte d. 17. u. 18. Jhs. Auf Grund d. vorhandenen Aktenmaterials dargest. von Dr. August J. **Fineisen**. Karlsruhe: G. Braun 1906. (71 S.) 8°
— **Abhandlungen**, Volkswirtschaftl., d. Badischen Hochschulen. Bd 9, H. 1. [07. 106

Finelius, Herm., Gedichte. gr. 8. (X u. 285 S.) Greifswald 852, Koch's Verl. in Comm. n. 1⅓ ℛ

Finelius, J. Chr. Fr., von d. fortwähr. Gebrauch d. Bibel in Familien, Kirchen u. Schulen, z. Beförderung u. Erhaltung d. Religion u. Sittlichkeit. gr. 8. Götting. 811. Deuerlich. 3 gr

— s. Journal, homiletisches.

Finelius, J. Chr. Fr., der Kanzelberuf. Reden im theolog.-pract. Institute auf d. Kgl. Universität Greifswald gehalten. 8. (11 B.) Greifswald 829, Mauritius.

Finelius, J. Ch. F., s.: Lebensskizze.

Finelius, (J. C. F.,) Probestücke aus dem theologisch-prakt. Institute auf d. Universität Greifswalde, nebst e. Nachricht von dessen Einrichtung u. einer Abhandlung über die Kritik homilet. Seminar-Arbeiten. gr. 8. Greifsw. 822. Mauritius.

Finessen-Mann, Der aufrichtige. 2. Ausg. München 1818. V: *Huber, Joseph.* (Bücher-Samml. d. hist. Ver. v. u. f. Oberbayern. Münch. 1867.)

Finessen-Mann, der aufrichtige und wohlerfahrne, wie er leibt und lebt, oder Leben, Thaten und Schicksale des Jos. Huber, Finessen-Seppverls aus München, eine vollständige Sammlung seiner Spruchwörter rc. 8. Landshut, Storno. 820. Rthlr.

Jos. FINESTRES et de MONSALVO: Comm. in Hermogeniani ICti jur. epitomatorum libb. VI. T. I. II. *Cervariae.* 757. 4.

FINET, Joh.: Auserles. Anmerkk., betreff. d. Reception, Präcedenz, Tractirung, Audienz, wie auch vorgefallene Kleinigkk. u. Streitigkk. zw. answärt. Gesandten in Engelland, mit e. Vorr. TREUER's v. d. Historie d. polit. Ceremoniels versehen, a. d. Engl. ins Teutsche übers. durch Chr. Heinr. NEUBAUER. *Braunschw.* 728. 8.

Finetti, die Börse, s.: Künstlerhefte der Lust. Blätter III.

— Grunewald, s.: Künstlerhefte der Lustigen Blätter V.

Finetti, Frz., Predigten über die heilige Schrift des alten und neuen Testaments. Aus dem Italien. (In 2 Bdn.) 2. Bd. A. u. d. T.: Predigten über das neue Testament. gr. 8. (XI und 629 S.) Freiburg im Br. 858, Herder'sche Verlagsh.
Der 1. Bd. erscheint später.

Finetti, Frz., Predigten über das neue Testament. Aus dem Italienischen. 2. (Titel-)Ausg. gr. 8. (XI und 629 S.) Freiburg im Br. (858)62, Herder'sche Verlagsbuchh.

Finewood's Novellen: Die Hochzeit in den Pyrenäen. — Die Blume der Steppen. 8. Stralsund 835 Hausschildt. 1 ℛ

Finewood, Novellen. 1. Die Hochzeit in den Pyrenäen. 2. Die Blume der Steppen. 8. Stralsund (835) 845. (Löffler'sche B.) n. ⅔ ℛ

Fing, Ludwig: Die mesozoische Formationsgruppe mit Beziehung auf das Entwicklungsgesetz der organischen Welt. Straubing 1874: Mauter. S. 3-31.
Straubing, K. Gymn., P 1874

Fingado's B., poetische Versuche. 8. Freyburg, Herder. 818.

Fingado, G., Einfluß d. Christenthums auf Krieg u. Kriegführung. s.: Sammlung v. Vorträgen.

Fingado, Joh., Forschungen im Weltgebäude. 8. (VIII und 105 S.) Allentown 857. (Philadelphia, Schäfer und Koradi.) geb. *

Fingal, e. Heldenged. v. Barden Ossian, n. and. Gedicht. 8. Hamb. Holle. 764.

— an epick poem in six books taken from Ossians Works. 8. Götting. Brose. 798.

Fingal. Tragédie. 8. Brschw. Pluchart. 809.

Fingal in Lochlin; ein Schauspiel nach Ossian. Dessau 1782. V: *Wachsmuth, Carl Heinrich.* (Ky) (MGT)

Fingal in Lochlin. Schspl. nach Ossian (v. Karl H. Wachsmuth). 8. Dessau 787. Barth in Leipz. 6 gr

Finger, des Herrn, auch in kleinen Dingen. 6. Aufl. Nonnenweier 870. (Barmen, Klein.) 32. (16 S.) 1½ ngr

Finger, v.: Physikalische Abhandlung. Forts. von Progr. Elbogen OR. 1867 u. 68 – Laibach, OR. Progr. 1871 u. 1872.

Finger, pädagogische Aufsätze Frankf. a.M. 1863.
Schul-/Univ.-Schrift

— üb. d. Benutzung d. Freizeit z. Anlegung u. Pflege v. Sammlungen. Frankf. a|M. 39 p. 1864.
Schul-/Univ.-Schrift

Finger Über die Stellung der Mathematik unter den übrigen Unterrichtsgegenständen des Gymnasiums. 12 S.
Glatz, Progr. 1847

Finger, die Wasserversorgung in den Marschen des Reg.-Bez. Stade. (54 S. m. 2 Abbild. u. 1 Karte.) gr. 8. Jena 908. G. Fischer. 2. —
Sonderabdruck aus „Klin. Jahrb."

Finger, August

Finger, Aug., s.: Bankerutt, Untreue usw.

Finger, Aug. Der Begriff der Gefahr u. seine Anwendung im Strafrecht. gr. 8. (III, 85 S.) Prag 889, (Calve). * 2 —
Aus: Jurist. Vierteljahresschrift, besonders abgedruckt.

Dr. August Finger. Bericht über den naturgeschichtlichen Unterricht. S. 21—44. Weinheim, P 1844

Finger, Aug., die strafrechtlichen Bestimmungen des Gesetzes vom 25. Juli 1867, Nr. 101 R. G. Bl., betr. d. Verantwortlichkeit der Minister. [Aus: „Jurist. Vierteljahrsschr."] gr. 8. (28 S.) Wien 893. Manz. Nicht im Handel.

Dr. August Finger. Über die Elementarklasse der Benderschen Erziehungsanstalt für Knaben. 12 S. Weinheim, P 1837

—— Zur Frage der Umgestaltung des heutigen Strafsystems. gr. 8. (31 S.) Wien 890, Manz. * 1 —
Aus der Allgemeinen Oesterreichischen Gerichts-Zeitung, besonders abgedruckt.

Finger, Aug., s.: Gerichtssaal, der.

— s.: Grenzfragen, juristisch-psychiatrische.

— s.: Grundriß des österreichischen Rechts.

— Compendium des österreichischen Strafrechts. Systematisch dargestellt. 2 Bde. gr. 8. Berlin, C. Heymanns Verl. Geb. in Leinw. n. 16. —
1. (XIV, 333 S.) 894. n. 7. —. — 2. (XII, 452 S.) 895. n. 9. —

Finger, Aug., Compendium des österreichischen Strafrechtes. Systematisch dargestellt. 1. Bd. 2. umgearb. Aufl. gr. 8. (XIV, 448 S.) Berlin 902. C. Heymann. Geb. in Leinw. n. 8. —

— Lehrbuch des deutschen Strafrechts. 1. Bd. (XIV, 616 S.) gr. 8. Berlin 904. C. Heymann. n. 9. —; geb. in Leinw. n. 10. —

Finger, A. (Hrsg.), s. Lelewer, Georg: Grundriß des Militärstrafrechts.

— Das Strafrecht, s.: Kompendien des österreich. Rechtes.

— das österreichische Strafrecht m. Berücksicht. d. Entwurfes u. d. deutschen R. St. G. Systematisch dargestellt. Der besond. Theil d. Systemes. 1. Bd. 1. Abth. gr. 8. (XVI, 260 S.) Prag 891. (J. G. Calve.) n. 5. —

Das (oesterreichische) Strafrecht systematisch dargest. von Dr. August Finger, Prof. 2. umgearb. Aufl. Bd 1. 2. Berlin: Heymann 1902–10. 8°
(Compendien d. österreichischen Rechtes. Bd S. 9.) [10. 4610

Finger, Aug., der „objective Thatbestand" als Strafzumessungsgrund. gr. 8. (41 S.) Wien 888, Manz'sche Hof-Verlags- und Universitäts-Buchh. *
Aus: Allgemeine österreichische Gerichtszeitung, besonders abgedruckt.

—— Die Veruntreuung von Baarcautionen. gr. 8. (46 S.) Ebd. 890. * 1 20
Aus: Jurist. Vierteljahrsschrift, besonders abgedruckt.

Finger, Aug., s.: Vierteljahrsschrift, juristische.

Finger, [Bruno]: [Ansprache bei der Feier des Reformationsfestes.] S. 23–25. 4.
Progr. Herz. Friedrichsgymn. *Dessau* 1905 (822).

Finger, Bruno, Tolstoi'sches Christentum, s.a. **Zeitfragen des christlichen Volkslebens. 207.**

Tolstoi'sches Christentum. Von Bruno Finger. *Stuttgart: Ch. Belser 1902.* (51 S.) 8° [F.]
— Zeitfragen d. christlichen Volkslebens. Bd 27, H. 7. [10. 10630

Finger, Chr., Reichsgesetz z. Bekämpfg. d. unlauteren Wettbewerbes v. 27. Mai 1896. Auf Gr. d. amtl. Materialien unt. Berücksicht. d. Literatur u. Rechtsprechg. erläut. 8. (VII, 358 S.) Berlin 897. F. Vahlen. n. 6. —; geb. n.n. 7. —

Finger, Chr., Reichsgesetz zur Bekämpfung des unlauteren Wettbewerbes vom 27. V. 1896, nebst dem Rechte an Namen (§ 12 BGB.) u. § 826 BGB. Erläutert v. F. 2. Aufl. (VI, 402 S.) Lex. 8. Berlin 907. F. Vahlen. 9.—; geb. n 11. —

Finger, Ch. Das Reichsgesetz betr. den Markenschutz vom 30. Novbr. 1874, erläutert unter Berücksicht. der Praxis d. Reichs-Oberhandelsgerichts und des Reichsgerichts. 12. (144 S.) Straßb. i. E. 891, Straßburger Druckerei u. Verlagsanstalt. cart. * 1 50

— das Reichsgesetz zum Schutz der Waarenbezeichnungen vom 12. Mai 1894. Nebst Ausführungsbestimmgn. Erläutert v. F. 8. (VII, 152 S.) Berlin 895. F. Vahlen. n. 2. 40; geb. n. 3. —

Finger, Chr., das Reichsgesetz zum Schutz der Warenbezeichnungen vom 12. V. 1894 nebst den Ausführungsbestimmungen u. dem internationalen Warenbezeichnungsrecht. Erläutert v. F. 2., vollständig umgearb. Aufl. (VIII, 606 S.) Lex.-8. Berlin 906. F. Vahlen. n. 13. —; geb. n. 15. —

— Reichsgesetz gegen den unlauteren Wettbewerb. Vom 7. VI. 1909. Textausg. m. Einleitg., Anmerkgn. u. Sachregister 2—4. Abdr. (Je III, 100 S.) 16. Ebd. 909. Geb. in Leinw. 1. 20

— dasselbe nebst dem Rechte an Namen (§ 12 BGB.) u. § 826 BGB. Erläutert v. F. (Die ersten beiden Aufl. behandeln das Gesetz vom 27. V. 1896.) (VIII, 472 S.) gr. 8. Ebd. 910. 11.—; geb. n 13. —

Finger Ch, Reichsgesetz gegen den unlauteren Wettbewerb vom 7.6.09. Erläutert. 3. Auflage. (472 S) Berlin 1910

Finger, Chr. Fr., De singulari memoriae imbecillitate ex febr. maligna. Jen. 4°.
1731

Finger, Ernest

Finger, E., Beitrag zur Anatomie d. männlichen Genitale. [Mit 4 (chromolith.) Taf.] [Aus dem anatom. Institute d. Hrn. Hofr. C. Ritter v. Langer.] [Aus: „Sitzungsber. d. k. Akad. d. Wiss."] Lex.-8. (8 S.) Wien 885. (Gerold's Sohn.) n. 1. 20

Finger, Ernest, Beitrag zur Anatomie der männlichen Genitale. [Aus dem anatom. Institute des Hrn. Hofr. C. Ritter v. Langer.] Lex.-8. (8 S. mit 4 chromolithogr. Taf.) Wien 885, (Tempsky.) *
Aus: Sitzungsberichte der k. Akademie der Wissenschaften, besonders abgedruckt.

Finger, Ernest, Beiträge zur pathologischen Anatomie der Blennorrhoe der männlichen Sexualorgane. I. Die chronische Urethralblennorrhoe, s.: Beiträge zur Dermatologie u. Syphilis.

Finger, Ernest, s.: Beiträge d. Dermatologie u. Syphilis.

—— die Blenorrhöe der Sexualorgane und ihre Complicationen. Nach dem neuesten wissenschaftl. Standpuncte und zahlreichen eigenen Studien und Untersuchungen dargestellt. gr. 8. (VIII, 319 S. mit 32 Holzschn. im Text und 5 lithogr. Taf.) Wien 888, Deuticke. *

— die Blennorrhoe der Sexualorgane u. ihre Complicationen. Nach dem neuesten wissenschaftl. Standpunkte u. zahlreichen eigenen Studien u. Untersuchgn. dargestellt. Mit 36 Holzschn. im Text u. 5 lith. Taf. 2., wesentlich verm. u. verb. Aufl. gr. 8. (VIII, 325 S.) Wien 891. F. Deuticke. n. 9. —

— dasselbe. 3., wesentlich verm. u. verb. Aufl. gr. 8. (XI, 359 S. m. 36 Holzschn. u. 7 Taf.) Ebd. 893.

Finger, Ernest, d. Blennorhöe d. Sexualorgane u. ihre Complicationen. Nach d. neuesten wissenschaftl. Standpunkte u. zahlr. eig. Studien u. Untersuchgn. dargest. 4., wesentl. verm. u. verb. Aufl. gr. 8 (IX, 403 S. m. 30 Holzschn. u. 9 lith. Taf.) Wien 896. F. Deuticke. n. 11. —

FINGER, Ernest

Die Blennorrhöe der Sexualorgane und ihre Complicationen. Nach dem neuesten wissenschaftlichen Standpunkte und zahlreichen eigenen Studien und Untersuchungen dargestellt von Dr. Ernest Finger. Mit 36 Holzschnitten im Text und 10 lithographischen Tafeln. 5., wesentlich vermehrte Auflage. Leipzig und Wien. 1901. Deuticke. Gr.-8°. XI, 434 S. K 14.40

Finger, Ernest, die Blennorrhöe der Sexualorgane u. ihre Complicationen. Nach dem neuesten wissenschaftl. Standpunkte u. zahlreichen eigenen Studien u. Untersuchgn. dargestellt. 6. wesentlich verm. u. verb. Aufl. (XII, 464 S. m. 36 Holzschn. u. 10 lith. Taf.) Lex.-8. Wien 905. F. Deuticke. n. 12. —

Finger, E., Die Geschlechtskrankheiten. 6. Aufl. [Lehrbuch der Haut- und Geschlechtskrankheiten. 2. Teil.] Gr.-8°. (X, 382 S. mit 8 Tafeln) Wien: Deutikke 1908. K 12.—

Finger, Ernst, s.: Handbuch der Geschlechtskrankheiten.

— **u. M. Oppenheim,** die Hautatrophien. Atrophia cutis idiopathica, Dermatitis u. Acrodermatitis atrophicans chronica progressiva, Atrophia maculosa cutis, Dermatitis atrophicans maculosa. (IV, 194 S. m. 6 Abb. u. 3 farb. Taf.) Lex. 8. Wien 910. F. Deuticke. 8. —

Finger, E., Die Hautkrankheiten. [Lehrbuch der Haut- und Geschlechtskrankheiten. I. Teil.] Gr.-8°. (VII, 396 S. mit 5 Tafeln) Wien: Franz Deuticke 1907. K 12.—

— Lehrbuch der Haut- u. Geschlechtskrankheiten f. Studierende u. praktische Ärzte. 2 Tle. Lex. 8. Wien, F. Deuticke. 20. —
1. Die Hautkrankheiten. (VII, 396 S. m. 5 farb. Taf.) 907. 10. —
2. Die Geschlechtskrankheiten. 6., wesentlich verm. u. verb. Aufl. der „Syphilis u. vener. Krankheiten". (X, 382 S. m. 8 farb. Taf.) 908. 10. —

Finger, Ernst, die Lupusbehandlung u. d. Lupusheilstätten. (Eine Abwehr der Angriffe in dem Berichte des Kurator. der Stiftg. „Heilstätte f. Lupuskranke", Jahrg. 1909.) (17 S.) 8. Wien 910. F. Deuticke. — 50

— **u. M. Saenger, die Pathologie u. Therapie d. Sterilität beider Geschlechter. 1. Tl. D. Pathologie u. Therapie d. Sterilität beim Manne v. E. Finger. M. 8 Holzschn. gr. 8. (V, 96 S.) Leipzig 898. A. Georgi. n. 3. —**

— die Syphilis u. die venerischen Krankheiten. Ein kurzgefasstes Lehrbuch zum Gebrauche f. Studirende u. prakt. Ärzte. Mit 1 Farbentaf., gezeichnet v. C. Henning. gr. 8. (XII, 272 S.) Wien 886. Toeplitz & Deuticke. n. 7. —

— die Syphilis u. die venerischen Krankheiten. Ein kurzgef. Lehrbuch z. Gebr. f. Studierende u. prakt. Ärzte. Mit 4 lith. Taf. 2., verb. Aufl. gr. 8. (XII, 252 S.) Ebd. 888. n. 6. —

Finger, Ernest, die Syphilis u. die venerischen Krankheiten. Ein kurzgefasstes Lehrbuch zum Gebrauche f. Studirende u. prakt. Ärzte. Mit 5 lith. Taf. 3., wesentlich verm. u. verb. Aufl. gr. 8. (XII, 312 S.) Wien 892. F. Deuticke. n. 7. —

Finger, Ernest, d. Syphilis u. d. vener. Krankheiten. E. kurzgef. Lehrbuch z. Gebrauche f. Studir. u. prakt. Ärzte. 4., wesentl. verm. u. verb. Aufl. gr. 8. (XII, 324 S. m. 6 Taf.) Wien 896. F. Deuticke. n. 7. —

Die Syphilis und die venerischen Krankheiten. Ein kurzgefasstes Lehrbuch z. Gebr. f. Studirende u. Ärzte von **Ernest Finger**, Prof. in Wien. Mit 7 Taf. 5. wesentl. verm. u. verb. Aufl. *Leipzig & Wien: F. Deuticke 1901.* (XII, 355 S.) 8°. [91. 6. 11

Die moderne Therapie der Gonorrhoe. Von Prof. **Ernest Finger** in Wien. Nach dessen Vorlesungen stenogr. aufgenommen. *Berlin, Wien: Urban & Schwarzenberg 1900.* (38 S.) 8°
Aus: Wiener Klinik. 1900, H. 1. [00. 9. 11

— dasselbe. s.a. Klinik, Wiener. 26. Jahrg. 1. Hft.

— u. K. Landsteiner, Untersuchungen üb. Syphilis an Affen. (1. Mitteilg.) Mit Subvention aus der Treitl-stiftg. ausgeführt. (42 S. m. Fig. u. 3 [1 farb.] Taf.) gr. 8. Wien 905. (A. Hölder.) n. 1. 60

— dasselbe. (2. Mitteilg.) (21 S.) gr. 8. Ebd. 906. n. — 70
2 Sonderabdrucke aus: „Sitzungsber. d. k. Akad. d. Wiss."

— d. Vererbung d. Syphilis. [Aus: „Wiener Klinik".] gr. 8. (84 S.) Wien 898. Urban & Schwarzenberg. n. 2. 50

Die Vererbung der Syphilis. Von Prof. **E[rnst] Finger** in Wien. *Wien: Urban & Schwarzenberg 1898.* (105—188 S.) 8.
— **Klinik, Wiener.** 1898. Jg 24. H. 4. 5. [98. 4004

— dasselbe, s.a. Klinik, Wiener.

— Über Wesen u. Verhütung der Geschlechtskrankheiten, s.a. Volksschriften der österreich. Gesellschaft f. Gesundheitspflege. Nr. 19.

Finger, E., Über Wesen und Verhütung der Geschlechtskrankheiten. [Volksschriften der österr. Gesellschaft für Gesundheitspflege. Nr. 19.] 8°. (34 S.) Wien: Perles 1908. K —.20

Finger, F. [Dr., Oberl.]: Die Erklärung der Isomerie chemischer Verbindungen nach den heutigen Ansichten. Leipzig, Druck v. B. G. Teubner, 1891; S. 1- 44: 4°
Rappoltsweiler, R, MP 1891 (523)

Finger, Ferdinand (geb. am 18 März 1851 in Viersen): Anatomie und Entwicklungsgeschichte von Mirabilis Jalapa. '(Familie der Nyctagineen.)' ... Bonn, Druck v. C. Georgi 1873. 25 S., 1 Bl. 8.
Bonn, Phil. Fak., Diss. v. 14 Aug. 1873

Finger, Ferdinand, aus Wallerfangen (Regbez. Trier): **Über disseminierte Lymphknötchenbildung in innern Organen** (unter dem grobanatomischen Bild der Miliartuberkulose). *Würzburg 1901: P. Scheiner.* (30 S.) 8°
Würzburg, Med. Diss. v. 1901

Finger, Friedrich August

— Anweisung zum Unterrichte in der Heimathskunde, gegeben an dem Beispiele der Gegend von Weinheim an der Bergstraße. Mit Zeichnungen. gr. 8. Leipzig 844, Weidmann'sche Buchh. 3/4 ℛ

Finger, Friedr. Aug., Anweisung zum Unterrichte in der Heimatskunde, gegeben an dem Beispiele der Gegend von Weinheim an der Bergstraße. 2., verb. Aufl. gr. 8. (184 S. mit Zeichnungen in eingedr. Holzschn.) Berlin 866, Weidmann'sche Buchh. *

Finger, Friedr. Aug., Anweisung zum Unterrichte in der Heimatskunde, gegeben an dem Beispiele der Gegend von Weinheim an der Bergstraße. 3. verb. Aufl. 8. (XII, 183 S. mit 13 eingedr. Holzschn.) Berlin 873, Weidmann'sche Buchh. *

Finger, Frdr. Aug., Anweisung zum Unterrichte in der Heimatskunde, gegeben an dem Beispiele der Gegend v. Weinheim an der Bergstraße. Mit 13 (eingedr.) Holzschn. 4. verb. Aufl. gr. 8. (XVI, 168 S.) Berlin 876. Weidmann. n. 3. —

Finger, Frdr. Aug., Anweisung zum Unterrichte in der Heimatskunde, gegeben an dem Beispiele der Gegend v. Weinheim an der Bergstraße. Mit 13 in den Text eingedr. Holzschn. 5., verb. Aufl. gr. 8. (XXVIII, 168 S.) Berlin 880. Weidmann. n. 3. —

Finger, Frdr. Aug., Anweisung zum Unterrichte in der Heimatskunde, gegeben an dem Beispiele der Gegend v. Weinheim an der Bergstraße. Mit 13 Holzschn. 6. verb. Aufl. gr. 8. (XXVI, 172 S.) Berlin 886. Weidmann. n. 3. —

Finger, Frdr. Aug., Anweisung zum Unterricht in der Heimatkunde, gegeben an dem Beispiele der Gegend v. Weinheim an der Bergstraße. 7. Aufl., hrsg. v. Heinr. Matzat. gr. 8. (XII, 176 S. m. 13 Holzschn.) Berlin 893. Weidmann. n. 3. —

Anweisung zum Unterricht in der Heimatskunde, gegeben an d. Beispiele d. Gegend von Weinheim an d. Bergstr., von Dr. Friedrich August Finger. Mit 13 Holzschn. 8. Aufl. hrsg. von Heinrich Matzat. *Berlin: Weidmann 1900.* (XVI, 176 S.) 8° [F.] [00. 966]

Anweisung zum Unterricht in der Heimatskunde, gegeben an d. Beispiele d. Gegend von Weinheim an d. Bergstraße, von Dr. Friedrich August Finger. Mit 13 Holzschn. 9. Aufl., hrsg. von Heinrich Matzat. Berlin: Weidmann 1908. (XVI, 176 S.) 8° [F.] [08. 9164]

—— s. Baumann's, J., Naturgeschichte für den Schulgebrauch.

Finger, F. A., Bericht über unsere Betrachtung der Sonnenfinsterniss vom 6. März 1867. Frankfurt a. M. 22 p.
Schul-/Univ.-Schrift

— Briefe üb. Konfessionsschulen u. konfessionellen Religionsunterricht, s.: Fragen, pädagogische.

Finger, Fr. Aug., Formenlehre der englischen Sprache, für Anfänger bearbeitet. gr. 8. Heidelberg 841, K. Winter, Univers.-Buchh. 1/8 Thlr.

— Friedrich Karl Fresenius. Züge zu dem Lebensbilde e. Schulmannes. gr. 8. (38 S.) Frankfurt a/M. 877. (Dreischer.) n. — 50

Finger, Friedr. Aug., Friedrich Karl Fresenius. Züge zu dem Lebensbilde eines Schulmannes. gr. 8. (36 S.) Frankfurt a. M. 877. (Leipzig, Wilh. Weber.) *

— gegen Irrthum u. Pedantismus auf sprachlichem Gebiete. hoch 4. (39 S.) Frankfurt a. M. 874. Völcker. 1. 50

Finger, F. A., Natur u. Dichtung in der Schule. Frankfurt a/M. 42 S.
Schul-/Univ.-Schrift 1865.

Finger, Fr. A., de primordiis geometriae apud Graecos. Dissertatio. 8 mai. Heidelb. 831. Mohr. 5 gGr.

—— die Sage von d. Nibelungen, f. d. Jugend erzählt. M. (2) Bild. 8. (11 B.) Heidelberg 839, K. Winter.

Finger, F. A., die Sage von den Nibelungen, für die Jugend erzählt. Mit (3) Bildern in Holzschn. 2., verm. u. verb. Aufl. Frankfurt a. M. 859. Brönner. 12. (XII, 118 S.) n. 15 ngr.

—— die Sage von den Nibelungen für die Jugend erzählt. 3. Aufl. 8. (XVI, 127 S. mit 3 Bildern in Holzschn.) Frankfurt a. M. 875, Winter. cart. *

—— die Sage von den Nibelungen, für die Jugend erzählt. 4. im Anhang erneuerte Ausg. 8. (XVI, 130 S. mit Bildern in Holzschn.) [Frankfurt a. M. 881, Winter.] Basel, Schwabe. cart. *

— ausgewählte pädagog. Schriften, s. a. Bibliothek pädagogischer Klassiker. Bd. 34/35.

Finger, F. A., ausgewählte pädagogische Schriften. 2 Bde. gr. 8. (V, 355 u. IV, 387 S.) Frankfurt a/M. 887. Diesterweg. n. 7. —

F[riedrich] A[ugust] Fingers Ausgewählte Pädagogische Schriften. Bd 1. 2. *Langensalza: H. Beyer & Söhne 1899.* 2 Bde 8° [F.]
1. A. Allgemein Pädagogisches.
2. B. Aufsätze mit Bezugnahme auf einzelne Unterrichtsfächer. C. Beiträge z. Schulgeschichte von Frankfurt a. M.
Bibliothek Pädagogischer Klassiker. Bd 34. 35. [99. 668]

—— die Schule und die Tagesfragen. gr. 4. (21 S.) Frankfurt a. M. 872, (Völcker.)

Finger, F. A., zwölf Schulreden gehalten in der Mittelschule zu Frankfurt a. M. Frankfurt a. M. 857. Hermann. 8. (3 Bl., 56 S.) 12 ngr.

— 12 Schulreden geh. in der Mittelschule zu Frankfurt a. M. 2. Ausg. 8. (V, 56 S.) Prag 870. Tempsky. n. — 60

Finger, F. A., Waren die ersten Christen Communisten? 4°. Frankfurt a. M. 1875. (Jahresbericht der mittleren Bürgerschule zu Frankfurt a. M.)

—— waren die ersten Christen Kommunisten? gr. 4. (15 S.) Frankfurt a. M. 875, (Völcker.)

Finger, G., vollständ. alphabet. geordn. Auszug aus dem mit 1. Novbr. 1840 in Wirksamkeit getretenen Stempel-Gesetze vom 27. Jan. 1840, mit Berücksichtigung sämmtl. Declaratorien u. Nachtrags-Verordnungen. gr. 8. Wien 841, Gerold. 1/2 Thlr.

Finger, Gli. Imm. Lebr.

— Leitfaden beim christl. Religionsunterricht, besonders f. Katechumenen. 8. Bunzlau 808.

Finger, Gli. Imm. Lebr., die neue Welt in Sinngedichten, Erzähll., Schnellgedanken. 8. Bresl. 810. Barth. (Holläufer). 1 Thlr.

Finger, Heinrich: Ein Beitrag zur Kenntnis des Einflusses des Mediums auf die Linien in Funkenspektren. Leipzig: Barth 1909. 55 S. 8° ¶(Aus: Zeitschr. f. wissensch. Photogr., Photophysik u. Photochemie. Bd 7, H. 10. 11.)
Münster, Phil. Diss. v. 31. Juli 1909, Ref. Konen
[Geb. 23. Jan. 82 Dreensteinfurt; Wohnort: Münster i. W.; Staatsangeh.: Preußen; Vorbildung: Realgymn. Hagen i. W. Reife M. 05; Studium: Hannover Techn. Hochsch. 1, Münster 8 S.; Rig. 15. Mai 09.] [U 09. 3580

Finger, Henricus Hermanus *(geb. Schweidnitz 19.9.1821)*: De principiis, quibus calculus imaginarius nititur. Vratislaviae (1844). (32 S.) 8°
Breslau, Phil. Diss. v. 13. Juli 1844

Altes und Neues aus der dreihundertj. Geschichte des Zweibrücker Gymnasiums. Ein Beitrag zur Cultur und Leidensgeschichte des linksrheinischen Deutschlands. Von Hermann Finger, Lic. der Theol. u. G. P. — 1859. Ebend. — S. III—V u. 1—135 in 8.
Progr. Zweibrücken.

Finger, Herm., Altes u. Neues aus der dreihundertjährigen Geschichte des Zweibrücker Gymnasiums. Ein Beitrag zur Cultur- u. Leidensgeschichte des linksrheinischen Deutschlands. Landau 859. Kaußler. gr. 8. (V, 135 S.) n. 15 ngr.

Finger, Hermann: Ueber Benzazimid . . . . Leipzig, Johann Ambrosius Barth, 1888; 17 + 1 S. 8°
Leipzig, Phil. Fak., Inaug.-Diss. v. 26. Jun. 1888

Finger, Hermann [Dr.]: Über Derivate des o-Amidobenzamids und o-Amidobenzhydrazids ... Giessen, grossh. Hess. Hof- u. Univ.-Dr. C. v. Münchow, 1894; 45 S. 8.
Giessen, Phil. Fak., Hab.-Schr. v. 1894

Finger, Herm., der christl. Glaube keine todte Theorie, sondern eine lebensvolle Wirklichkeit. gr. 8. (VI u. 38 S.) Frankfurt a. M. 848, (Heyder &) Zimmer in Comm. n. 1/6 ℛ

Finger, J., Studien aus der Physik. Prag. 4. 27 p. 1867.
Schul-/Univ.-Schrift

Finger, Jo. Carl (Herrnstad/Schles.), Dissertatio de Hubertino Clerico Crescentinate elegantiorum litterarum saeculi XV. in Italia instauratore. Präs. Jo. Christian Fischer. Jena (Ritter) 21. I. 1739. 24 S. (4.80) 8867

Finger, Josef

Finger, Jos., üb. e. Analogon d. Kater'schen Pendels u. dessen Anwendung zu Gravitationsmessungen. [Aus: „Sitzungsber. d. k. Akad. d. Wiss."] Lex.-8. (26 S.) Wien 881. (Gerold's Sohn.) n. — 40

Finger, Jos., Betrachtung der allgemeinen Bewegungsform starrer Körper vom Gesichtspunkte einer Gyralbewegung. Lex.-8. (40 S. mit 2 eingedr. Holzschn.) Wien 874, (Gerold's Sohn.) *
Aus: Sitzungsberichte der k. Akademie der Wissenschaften, besonders abgedruckt.

Finger, Jos., die Beurtheilung der Körperverletzungen bei dem öffentl. und mündl. Strafverfahren. Zum Gebrauche für Aerzte und Richter. gr. 8. (XII und 280 S.) Wien 851(52,) Braumüller. *

— über die Beziehung der homogenen Deformationen fester Körper zur Reactionsfläche. [Ein Beitrag zur graph. Statik elast. Körper.] [Aus: „Sitzungsber. d. k. Akad. d. Wiss."] Lex.-8. (28 S.) Ebend. 881. n.n. — 50

Finger, J., Ueber d. allgemeinsten Beziehungen zwischen endlichen Deformationen und den zugehörigen Spannungen in aeolotropen und isotropen Substanzen. Gr.-8. (28 S.) —.25
Wien: Tempsky

Finger, Jos., üb. d. allgemeinsten Beziehungen zwischen endl. Deformationen u. d. zugehör. Spanngn. in aeolotropen u. isotropen Substanzen. [Aus: „Sitzungsber. d. k. Akad. d. Wiss."] Lex.-8. (28 S.) Wien 894. C. Gerold's Sohn. n. — 50

Finger, Jos. Über die Beziehungen der homogenen Deformationen fester Körper zur Reactionsfläche. Wien 1881.

Finger, Jos., üb. die gegenseitigen Beziehungen gewisser in der Mechanik m. Vortheil anwendbaren Flächen 2. Ordnung, nebst Anwendgn. auf Probleme der Astatik. [Aus: „Sitzungsber. d. k. Akad. d. Wiss."] Lex.-8. (38 S.) Wien 892. (F. Tempsky.) n. — 80

—— die Cholera epidemica nach Beobachtungen auf der Abtheilung des k. k. Prof. Dr. Jaksch, Primärarztes im prager allgem. Krankenhause, mit Bemerkungen über Prof. Hamernjk's Werk: „Cholera epidemica." gr. 8. (III und 76 S.) Leipzig 851, Herm. Fritzsche. *

Finger, J.: Direkte Deduction der Begriffe der algebraischen und arithmetischen Grundoperationen aus dem Grössen- und Zahlenbegriffe. 22 S. 8° – Laibach, OR., Progr. 1871, 1873.

— directe Deduction der Begriffe der algebraischen u. arithmetischen Grundoperationen aus dem Grössen- u. Zahlenbegriffe. gr. 8. (26 S.) Laibach 873. v. Kleinmayr & Bamberg. n. 1. —

Finger, Jos., über den Einfluss der Erdrotation auf die parallel zur sphäroidalen Erdoberfläche in beliebigen Bahnen vor sich gehenden Bewegungen, insbesondere auf die Strömungen der Flüsse und Winde. Lex.-8. (37 S.) Wien 877, (Gerold's Sohn.) *

—— über den Einfluss der Rotation des Erdsphäroids auf terrestrische Bewegungen, insbesondere auf Meeres- und Windströmungen. 2. Thl. Lex.-8. (30 S.) (Ebendas.) 880. **
Den 1. Thl. bildet: Finger, Jos., über den Einfluss der Erdrotation.

Vorstehende drei Schriften sind aus: Sitzungsberichte der k. Akademie der Wissenschaften, besonders abgedruckt.

—— Elemente der reinen Mechanik, als Vorstudien für die analyt. und angewandte Mechanik und für die mathemat. Physik an Universitäten und techn. Hochschulen, sowie zum Selbstunterricht. (In 5—6 Lfgn.) 1.—3. Lfg. gr. 8. (VIII, S. 1—368 mit eingedr. Fig.) Wien 884, Hölder. à Lfg. *ℳ 3,20. *

Finger, Jos., Elemente der reinen Mechanik, als Vorstudien f. die analyt. u. angewandte Mechanik u. f. die mathemat. Physik an Universitäten u. techn. Hochschulen, sowie zum Selbstunterricht. gr. 8. (XVI, 792 S. m. Fig.) Wien 884—86. Hölder. n. 18. —

Finger, Jos., Elemente der reinen Mechanik, als Vorstudium für die analyt. und angewandte Mechanik und für die mathemat. Physik an Universitäten und techn. Hochschulen, sowie zum Selbstunterricht. 4.—6. (Schluss-)Lfg. gr. 8. (XVI, S. 369—792 mit eingedr. Fig.) Wien 885,86, Hölder.
4. und 6. Lfg. à *ℳ 3.60.; 5. Lfg. *ℳ 3.20. *
compl. [*ℳ 20.—.] *
1.—3. Lfg. Ebendas. 1884. à Lfg. *ℳ 3.20.

Finger, Jos., Elemente der reinen Mechanik. Als Vorstudium f. die analyt. u. angewandte Mechanik u. f. die mathemat. Physik an Universitäten u. techn. Hochschulen sowie zum Selbstunterricht. 2. verb. u. verm. Aufl. gr. 8. (XIII, 797 S. m. 210 Fig.) Wien 901. A. Hölder. n. 20. —

Finger, Josef: Endothelioma fibrosum der weichen Hirnhaut und Bemerkungen über Endothel und Endotheliome überhaupt. *Würzburg 1897: A. Boegler.* (46 S.) 8°
Würzburg, Med. Diss. v. 1897

— üb. den Hauptpunkt e. beliebigen Axe e. materiellen Punktsystems. [Aus: „Sitzungsber. d. k. Akad. d. Wiss."] Lex.-8. (25 S. m. 1 Fig.) Ebd. 893. n. — 50

— üb. d. Kriterion d. Coaxialität zweier Mittelpunktflächen 2. Ordnung. [Aus: „Sitzungsber. d. k. Akad. d. Wiss.] Lex.-8. (5 S.) Ebd. (894). n. — 20

— über jenes Massenmoment e. materiellen Punktsystems, welches aus dem Trägheitsmomente u. dem Deviationsmomente in Bezug auf irgend e. Axe resultirt. [Aus: „Sitzungsber. d. k. Akad. d. Wiss."] Lex.-8. (26 S.) Ebd. 892. n. — 50

— zur elastischen Nachwirkung d. tordirten Stahldrahtes. [Aus: „Sitzungsber. d. k. Akad. d. Wiss."] Lex.-8. (9 S.) Wien 875. (Gerold's Sohn.) n. — 20

— das Potential der inneren Kräfte u. die Beziehungen zwischen den Deformationen u. den Spannungen in elastisch isotropen Körpern bei Berücksicht. v. Gliedern, die bezüglich der Deformationselemente v. 3., beziehungsweise 2. Ordnung sind. I. u. II. Thl. [Aus: „Sitzungsber. d. k. Akad. d. Wiss."] Lex.-8. Ebd. 894. n. 1. 30
I. (38 S.) n. — 80. — II. (20 S.) n. — 50.

— üb. d. innere Virial e. elastischen Körpers. [Aus: „Sitzungsber. d. k. Akad. d. Wiss."] gr. 8. (17 S.) Ebd. 897. n. — 40

Finger, Curt: Zur Kenntnis stereoisomerer Aethylenderivate und deren Umlagerungen. (Stereoisomere Anisyltolylacrylsäuren und -methacrylsäuren). Rostock 1910: Hinstorff. 84 S. 8°
Rostock, Phil. Diss. v. 8. Febr. 1910, Ref. Stoermer
[Geb. 3. Febr. 81 Neudamm i. Nm.; Wohnort: Rostock; Staatsangeh.: Preußen; Vorbildung: Gymn. Küstrin bis M. 98, pharm. Staatspr. 06; Studium: Braunschweig Techn. Hochsch. 6, Rostock 4 S.; Rig. 3. Febr. 10.] [U 10. 3948

Finger, L., Reductionstabellen enthaltend Vergleichungen des Mikrometerpunktes mit der par. Duodecimallinie und dem Millimeter und umgekehrt. Zur Benutzung bei mikrometr. Untersuchungen berechnet. gr. 8. (XI und 132 S.) Sorau. Berlin 857, (C. Heymann.) *

Finger, Ladislaus, Holzertrags-Tafeln zur Schätzung der Nadelholz-Hochwälder, auf Grundlage der Vorerhebung mittelst e. Rechnungsformel zusammengestellt. gr. 8. (32 S.) Prag 850. (Calve.) n. 1/3 ℛ

Finger, Ladislaus, Holzertrags-Tafeln zur Schätzung der Nadelholz-Hochwälder, auf Grundlage der Vorerhebung mittelst einer Rechnungsformel zusammengestellt. gr. 8. (32 S.) Prag 851, (Calve'sche Vrlgsh.) *

Finger, Mich., der fremdsprachl. Unterricht in den Lehrerbildungsanstalten. (68 S.) gr. 8. Leipzig 907. Dürr'sche Buchh. 1.—

Finger, Otto: Ueber den Abdominaltyphus in der Schwangerschaft .... Halle a. S., Hof-Buchdr. v. C. A. Kaemmerer & Co., 1886; 28 S. 8°.
Halle, Med. Fak., Inaug.-Diss. v. 14. Aug. 1886.

Finger, Otto, über den Abdominaltyphus in der Schwangerschaft. Diss. Halle 1886, Lippertsche Buchh. 8°. 28 S.

Das Bremer Grundstücksrecht ⟨Erbe-, Handfesten-, Distraktions- u. Adjudikationsrecht⟩ von Dr. Richard Finger, Rechtsanw. Bremen: Schünemann 1910. 174 S. 8° [ic. 9233

— Jurisprudenz der Liebe. Ein scherzhaftes Referendarlustspiel. (64 S.) 8. Bremen 907. G. Winter. 1.—

Die Kunst des Rechtsanwalts. Ausgewählte Kapitel von Dr. Richard Finger, Rechtsanw. Berlin: Struppe & Winckler 1908. (144 S.) 8° [F.] [08.7289

Finger, Richard, Referendar aus Bremen: Die Neuerungen des neuen Handelsgesetzbuchs bezüglich konstitutiver Firmeneinträge. Ein Beitrag zur Lehre vom Handelsregister. *Berlin 1900: W. Pilz.* (VIII, 73 S.) 8°
Freiburg i. B., Rechts- u. staatswiss. Diss. v. 1900

Finger, R., die Rechtsverhältnisse zwischen Herrschaft u. Dienstboten nach dem im Bremer Staat geltenden Recht. (VI, 57 S.) gr. 8. Bremen 903. F. Leuwer. n. 1.—

FINGER, Wilhelm: Fünfte praktische Abhandlung aus dem Forstwesen über Hochwald. - Leipzig 1800. 52 S.

FINGER, Wilhelm: Praktische Abhandlung über die Anlegung neuer Eichelgärten, die Besaamung und Pflanzung der Eichen, in zwey Abschnitten. - Cassel 1796. IV, 54 S.

Finger, Wlh., († d. 14. Jan. 1806.) prakt. Abhandl. über die Anlegung neuer Eichelgärten rc. 8. Cassel 796. Luckhardt. 5 gr

FINGER, Wilhelm: Praktische Abhandlung über Besaamung und Bepflanzung von Laub- und Nadelhölzern in drey Abschnitten. - Leipzig 1798. 72 S.

— prakt. Abhandl. über Besaamung u. Bepflanzung von Laub- u. Nadelhölzern. 8. Leipz. 798. Ch. Fleischer. 6 gr

— prakt. Abhandl. von Schnadeln u. Köpfen d. Bäume, so wie vom Nutzen u. Anpflanzen d. Pappeln u. Kopfweiden rc., mit 2 Kpf. 8. Cassel 794. Luckhardt. 5 gr N. A. 8. Nürnb. 803. Felssecker. 10 gr

Finger, W., Abhl. v. Schnadeln u. Köpfen der Bäume rc. 8. Nrnb. Felsecker. 803.

— — dass. m. K. 8. Cassel, Griesbach. 794.

FINGER, Wilhelm: Vierte practische Abhandlung aus dem Forstwesen über Stock- und Stammreis-Schläge mit Gedanken über Holzersparnis und Waldhude. - Leipzig 1799. 45 S.

— über die Anlegung neuer Eichelgärten. 8. Ebend. 796.

— üb. Besam. und Bepflanz. von Laub- und Nadelhölzern. 8. Lpz. G. Fleischer. 798.

— üb. Stock- und Stamm-Reisschläge. 8. Ebend. 799.

— über Stock- oder Stamm-Reisschläge; vierte prakt. Abhandl. 8. Leipz. 800.

Fingerhuth, Antonius ⟨geb. am 7 Okt. 1803 im Dorfe Esch Rheinprov.⟩: De vulnerum in intestinis sutura ... Bonnae, ex off. Bueschleriana (1827). 1 Bl., 32 S. 4.
Bonn, Med. Fak., Diss. v. 15 Sept. 1827

Fingerhuth, J. (Red.), s. Schneider-Zeitung, Berliner.

Fingerhuth, Karl Ant., Compendium florae Germanicae, s. M. J. Bluff.

Fingerhuth, Karl Ant., Monographia generis Capsici. Cum tabulis X coloratis. 4 maj. Düsseld. 832. Arnz u. Comp. 2 ℛ

—— Tentamen Florulae Lichenum Eiffliacae, sive Enumeratio Lichenum in Eifflia provenientium. 8 maj. (6 B.) Norimbergae 829, Schrag.

Fingerhuth, Max [med. prakt. von Zürich]: Zwei Fälle von Transposition der grossen Herzarterienstämme. Zürich 1901. 28 S. 6 Taf. 8°.
Zürich. Med. Diss. 1900/1901.

Fingerhuth, Max. Zwei Fälle von Transposition der grossen Herzarterienstämme. Diss. Med. Zürich. Mit sechs Tafeln. *Kopftitel:* Aus der medizinischen Universitäts-Poliklinik Zürich. 28 S. 8. Zürich, W. Steffen & Cociffi, 1901.

Fingerle, C., praktische Rechtschreibschule für Elementarklassen. Ein Handbüchlein für den Schüler. Stuttgart 861. Belser. 8. (63 S.) 3 ngr.

Fingerling, Adolf, aus Sachsenberg ⟨Waldeck⟩: Untersuchungen über Benzimidazolderivate. *Marburg 1903: J. A. Koch.* (41 S.) 8°
Marburg, Phil. Diss. v. [17. März] 1903

Fingerling, Gustav, Chemiker an d. Kgl. Württemb. Landw. Versuchsstation Hohenheim, a. Sachsenberg ⟨Waldeck⟩: Untersuchungen über den Einfluß von Reizstoffen auf die Milchsekretion. Marburg-Lahn 1904: J. Hamel. (88 S.) 8° ¶ (Ersch. vollst. in: Die landwirtschaftlichen Versuchs-Stationen, Bd 62.)
Göttingen, Phil. Fak., Ref. Tollens, Diss. v. 26. Jan. 1905
[Geb. 27. Sept. 76 Sachsenberg, Waldeck; Wohnort: Hohenheim; Staatsangeh.: Württemberg; Vorbildung: Wöhlerschule Frankfurt a. M. Reife O. 02; Studium: Marburg 8 S.; Rig. 2. Juni 04.]

Fingerling, Max, die Gross-Schmetterlinge des Leipziger Gebietes, s.: Reichert, Alex.

Fingerlos, Matthaeus: Über das Bedürfniß einer Reformation des Priesterstandes. Salzburg: Mayr 1811. 8°

— Versuch e. Pastorallehre, d. i. Standespflicht der Geistlichen. 2 Thle. 8. München 805. Lentner. 2 ℛ 9 gr

Fingerlos, M., Wozu sind Geistliche da? 2 Thle. 8. Landsh. Krüll. 805.

Fingerlos, Matth., († d. 14. Dec. 1817.) wozu sind Geistliche da? 2 Thle. 8. Landsh. ... 2e Aufl. 805. Krüll. 2 ℛ 16 gr

Fingersprache, die, eine kurze u. deutliche Anweisung zur Erlernung derselben. Mit 51 Abbildd. (auf 1 Bl.) gr. 12. Crefeld 834. Schüller. 1/6 ℛ

Fingerzeig f. die Franzosen, um sich den Deutschen verständlich zu machen. 12. Berl. 809. Maurer. 6 gr

FINGERZEIG. - eines patriotischen Herzens an ein Mitglied d. Wiener Polizey Collegiums. Hartl, Wien 1781/82.

Fingerzeig, Ein, zum Kopfrechnen; nebst Zahlen-Anschauungs-Tabellen ... 2. verb. Ausgabe. Amberg 1805. V: *Müller, Franz Xaver.* (MGT)

Fingerzeig für Lehrer und Lehrerinnen der französischen Sprache ... Erlang. 1815. V: *Pöhlmann, Joh. Paul.* (MGT) (NN)

Fingerzeig f. Lehrer d. franz. Sprache zum Gebrauch d. ABC Buchs. gr. 8. Erlang. Breuning. 815.

— für Lehrer d. französ. Sprache zum Gebrauch d. ABC-Buchs. gr. 8. Erlang. 815. (Heyder). 4 gr

Fingerzeig zur Negation der Negation u. dadurch z. Wiedererkennung u. Theilhaftwerdung des wahren statt des falschen geistigen Lebens u. Lichtes; in Briefen, nebst e. kurzen Wort üb. v. Schelling's philosophischen Standpunkt u. e. alten üb. d. Dreieinigkeit, zum Vergleich m. d. neuern u. neuesten Lehre hierüber. Zum 13. Febr. 1846. gr. 8. (6⅝ B.) Magdeburg, Falckenberg u. Comp.

Fingerzeig zum Verstand des Königreichs Gottes und Christi. Winterthur 1778. V: *Hahn*, *J. N.* (Cat. d. Stadtbibl. Zürich. Zürich 1864—97.)

Fingerzeige zur Abschätzung von Buchhandlungen, Sortiments-, Antiquariats-, Leihbibliotheks- und Verlagsgeschäften. 3. gänzl. umgearb. Aufl. gr. 8. (VIII, 56 S.) Leipzig 868, Seemann. *

Fingerzeige zur Abschätzung von Sortiments- [Antiquariats-] u. Verlagsgeschäften. 1. u. 2. Aufl. Leipzig 863. Seemann. gr. 8. (40 S.) 15 ngr.

Fingerzeige zur Abschätzung von Sortiments- (Antiquariats-) und Verlagsgeschäften. 1. Aufl. 1863. und 2. Aufl. gr. 8. (40 S.) Leipzig 864, Seemann.

— zur fruchtbaren Aneignung u. Anwendung der Psalmen aus u. nach Vilmars praktischer Erklärung des Alten Testaments. (165 S.) 8. Gütersloh 908. C. Bertelsmann. 1.50; geb. 2. —

Fingerzeige f. Bibelleser. Hrsg.: Ackermann. Dezbr. 1902—April 1903. 6 Nrn. (à 4 S.) gr. 8. Rothenburg o/T., J. P. Peter. à — 05
Fortsetzung, s.: Bibelwegzeiger.

Fingerzeige f. Buchhändler zur Abschätzung v. Sortimentshandlungen, Leihbibliotheken, Antiquariats- u. Verlagsgeschäften. 4. durchgeseh. u. verm. Aufl. gr. 8. (VIII, 58 S.) Leipzig 876. Seemann. n. 2. —

Fingerzeige für Choralsänger gesammelt von einem Gesangfreunde. O. O. 1888. H: *Pinth*, *Joh. Bapt.* (Keiter, Kath. Litteraturkalender III, 20.)

Fingerzeige Gottes, in göttl. Offenbarungen f. einer Somnambule himmlisches u. irdisches Heil. Von L. v. S. 8. Weimar 838. (Leipzig, Brockhaus.) ⅓ rℬ

Fingerzeige, f. d. Jugend d. k. u. k. Kriegs-Marine. Zusammengetragen v. e. ält. See-Officiere. 8. (56 S.) Laibach 897. I. v. Kleinmayr & F. Bamberg. n. 1. —

Fingerzeige für die evangelische Missionspredigt. Im Auftr. d. Missionskonf. in d. Prov. Brandenburg hrsg. von D. R[einhold] Grundemann. H. 1. Berlin: Berliner ev. Missionsgesellsch. in Komm. 1906. 8° [J.] 07. 3870

— f. die evangelische Missionspredigt. Im Auftrage der Missionskonferenz in der Prov. Brandenburg hrsg. v. R. Grundemann. 1. Heft m. e. Predigt des Hrsgs. üb. Luk. 13, 18—21. (16 S.) 8. Berlin 906. (Buchh. der Berliner ev. Missionsgesellschaft. n. — 16
Sonderabdruck aus: „Jahrb. d. verein. nordostdeut. Missionskonferenz.

Fingerzeige f. die evangelische Missionspredigt. Im Auftrage der Missionskonferenz in der Prov. Brandenburg hrsg. v. R. Grundemann. 2. u. 3. Heft. 8. Berlin, (Buchh. der Berliner ev. Missionsgesellschaft. à — 15
2. Mit e. Predigt des Hrsgs. üb. Joh. 12, 21 u. 25. (16 S.) 907.
3. Mit e. kurzen Pastoren Missionspredigt des Hrsgs. üb. Röm. 1, 11—16. (16 S.) 908.

Fingerzeige, politische, zur Beherzig. d. Publikums. 8. Hannov. Hahn. 797.

Fingerzeige, praktische, für die Anlage kleinerer Manöver, s. a. Beiheft zum Militär-Wochenblatt.

Fingerzeige, Praktische, für die Anlage kleinerer Manöver. Beihft. z. „Milit.-Wochenblatt". — Berlin 1890.

Fingerzeige für den Rekruten-Offizier der Feld-Artillerie. gr. 8. (III, 30 S.) Berlin 887, Mittler und Sohn. *
Aus: Archiv für die Artillerie- und Ingenieur-Offiziere des deutschen Reichsheeres, besonders abgedruckt.

Fingerzeige zu dem prophet. Schriftworte bei den Zeichen der Zeit. gr. 8. (IV und 76 S.) Bremen 848, Heyse.

— f. d. Studium d. Socialwissenschaften. Ein Vortrag, geh. in d. social. Conferenz d. Geistlichk. z. Aschaffenburg. 12. (14 S.) Aschaffenburg 898. C. Krebs. — 30

Finglasch und Marie Stormont. Leipzig 1821. N. A. 1824. V: *Gleich*, *Frdr.* (Ky) (GGr)

Finglasch und Marie Stormont, oder die Flüchtlinge, eine Geschichte aus den Zeiten des Prätendenten und d. Unruhen in Schottland. 8. Leipzig, Wienbrack. 821.

FINGREFF, JOHANN: Gebetbuch für Kristen, welche Mittelst Erhebung ihres Geistes zu Gott das bedenken, erwögen, prüfen und auch fühlen, was sie bethen. Bistritz 1799: Petrus Eckhardt. 5, 221, 1 S. - 180 mm

Finiels, G. Félicien (Aumessas/Gard), Essai sur la doctrine du saint-esprit selon le nouveau-testament. Strassburg (Berger-Levrault) 25. VII. 1850. 26 S. (4.—) 8871

Finigan, Daniel O'Connell, aus London: Über Albumosurie im Fieber. *Berlin (1902): G. Schade.* (33 S.) 8°
Berlin, Med. Diss. v. 20. Juni 1902

Finis Poloniae. Beweis, dass Polens Selbstständigkeit weder ihm selbst noch Deutschland Heil bringen würde . . . Weimar 1848. V: *Korn*, *Friedrich.* (Ky)

Finis Poloniae! Beweis, daß Polens Selbstständigkeit weder ihm selbst noch Deutschland Heil bringen würde. Mit Berücksicht. der Hauptargumente vieler für und gegen die Einverleibung Posens am deutschen Reichstag zu Frankfurt gehalt. Reden. gr. 8. (94 S.) Weimar 848, Voigt.

Finis Poloniae, von einem Preußen. Zu Ende des Jahres 1849. Berlin, F. Schneider und Comp. (1849). 15 S. 8.

Finis Poloniae von einem Preußen. Zu Ende des J. 1849. gr. 8. (15 S.) Berlin 850. Schneider & Co. ¹⁄₁₂ rℬ

Finis Poloniae. Leipzig 855. Geibel. gr. 8. (58 S.) n. 12 ngr.

Finis Poloniae? Von F . . . . . München 1885. V: *Fränkl*, *D.* (Russell XVI, III, 1, 889)

Finis Poloniae? Von F..... Verantw.: [D. Fränkl, München.] gr. 8. (11 S.) München 885. (Schweitzer.) n. — 60

Finis ultimus hominis argumentum quatuor meditationum . . . S. l. 1751. V: *Gachet*, *Franz Xav.* (Jes) (So)

Fink, der. Eine Erzählung (von Ludw. Gfried. Neumann.) 16. (VI und 83 S.) Wien 861, Pichler's Wwe. und Sohn. (Leipzig, Liebeskind.)

Fink, der lustige. Eine Auswahl kom. Gedichte zum Vortragen in gesell. Kreisen. 1. Bdchn. 8. (112 S.) Bern 884. Jenni. n. — 80

Fink, der lustige. Eine Auswahl kom. Gedichte zum Vortragen in gesell. Kreisen. 1. Bdchn. 2. Aufl. 8. (116 S.) Bern 891. W. Goepper. n. 1. —

Fink, der lustige. Eine Auswahl komischer Gedichte zum Vortragen in geselligen Kreisen. I. In-12°, 110 S. Bern, Jenni. *1893.* 1 —

Fink v. Mattsee, s.: **Radnitzky, Aug.**

Fink, s.a. F i n c k

– s.a. F i n c k e

– s.a. F i n c k h

Brief-Musterbeispiele für Werktags-, Sonntags- u. Fortbildungsschulen. Aus d. Praxis zsgetragen von Hauptl. **Fink** in Haigerloch. 2. verm. u. verb. Aufl. *Horb a. N.: H. Christian 1899.* (IV, 128 S.) 8° [F.] [∞. 1984

Fink, Die Handwerkerschulen, die Landesgewerkschule und die Kunstgewerbeschulen im Grossherzogthum Hessen. 8°. Darmstadt 1887.

Fink, Hilfsbuch f. d. Elektrotechnik, s.: **Grawinkel, C.**

Fink, s.: **Jahresbericht** üb. d. chirurg. Thätigkeit im allgem. Krankenhause in Karlsbad.

Fink, **Musterbeispiele**, an welchen gezeigt werden soll, wie alle Fächer d. Volksschule dienstbar gemacht werden können, um d. Kinder z. Sicherheit u. Gewandtheit im Briefschreiben zu bringen. 52 Briefe f. Werktagsschulen. Nebst 52 Briefen f. Sonntags- u. Fortbildungsschulen. Letztere gegr. auf deutsche Sprichwörter u. illustr. a. Beispielen aus d. alltägl. Leben. Aus d. Praxis zusammengetragen. 8. (III, 111 S.) Horb 897. H Christian. n. — 40

Fink, d. rechtl. Natur des cheque. Wien 878.

Fink, neues vollständ. Ortslexikon der Schweiz. Zür. 1862. Hlblwdbd. gr. 8. 2. —

Fink, Plan von Lübeck und Umgebung. Hand-Ausg. des grossen Plans von Lübeck und Umgebung in 9 Bl., auf Anordnung des Finanzdepartements nach den neuesten Ausmessungen und älteren Quellen entworfen und gezeichnet. Fol. Lübeck 873, (Dittmer'sche Buchh.) *

— d. Questionnaire üb. ein österr. Cheque-Gesetz. Wien 880.

Fink, Tabellen zur Verwandlung der bisherigen Lübeckischen Maaße u. Gewichte in die neuen Maaße u. Gewichte d. deutschen Reiches u. umgekehrt. Nach den officiellen Verhältnißzahlen bearb. 16. (45 S.) Lübeck 872. Bolhoevener. n. — 60

Fink & Comp. s. (Weber, Henry.) Neues Vollständiges Ortslexikon der Schweiz. Zürich 1862.

Fink, Wegweiser im Beurlaubtenstande. (15 S) 16. Darmstadt (909). L. C. Wittich. nn — 15

Fink, A., Palingenesie d. Kirche Jesu, durch eine mögliche u. unvergängliche Reform. 8. Berl. 813. Rücker. 10 gl

Übersichtskarte vom Ölrevier Wietze-Steinförde. Maßst. 1:4,000. Hannover, Nov. 1904. A. D. **Fink**, Bergingen. (Hannover: Schmorl & v. Seefeld Nachf. 1904; vervielfältigt von Troske & Co.) (1 Kartenbl. 190×78 cm.) [lith.] [kol.] [05. 4078

Fink, **Anna**. Die Küche des Mittelstandes. Ein österreich. Universal-Muster-Kochbuch. Mit erprobten Orig.-Recepten. (In ca. 10 Heften.) 1.—4. Heft. gr. 8. (S. I—XXIV, S. 1—96, S. 1—56, S. 1—16.) Wien 892, Mor. Stern. à Heft * — 50; * 2 —

Fink, Anna, die Küche des Mittelstandes. Neues illustr. Kochbuch f. jeden Haushalt. Eine Schule der Kochkunst, die bürgerl. u. feinere Küche nach ihrem ganzen Umfange enth., m. Berücksicht. der böhm., ungar., italien., französ. u. engl. National-Speisen. Mit 74 erläut. Illustr. 15 Hfte. gr. 8. (XXIV, IV, 782 S.) Wien 892—894. Mor. Stern. à n. — 50

F i n k, Ant., Elementar-Lehrbuch der Mechanik fester Körper. Nach d. neuesten Quellen f. die k. k. Artillerieschulen bearb. gr. 8. (26⅞ B. u. 11 Kpfrt.) Wien 845. [Tendler u. Comp.] *

ATTILA, E p p o (d. i. *Anton Wilh. Chrn. Fink*, geb. zu Halle 11. Jan. 1770, † zu Cöthen 15. Juni 1794), **E k t o v o n A r d e l k u n d E i l i k a v o n B o l l e r h a u s e n**. Ritterroman aller Ritterromane von *Eppo Attila*, Geschichts- u. Geschwindschreiber auf Burg Weisenfels (sic!). Köthen 1794. 8°.

Lasciver dramatisirter Roman voll satyr. Anspielungen. 268 S. (incl. 6 Bll. Vorst.) Interessantes, aber sehr derbes Opus des im 25. Lebensj. † talentirten Verfassers, der auch unter dem Pseud. G u s t a v E d i n h a r d schrieb. — Cplte. Expll. von grosser Seltenheit, da oft spoliirt. (Kayser's B.-Lex. hat die u n r i c h t i g e Jahrz. „1795".) Ausführliches bei M ü l l e r - F r a u r e u t h p. 98—101, mit Probe in Versen (Prolog).

EPPO A t t i l a (d. i. *A. W. Chr. Fink*). **E k t o v o n A r d e l k u n d E i l i k a v o n B o l l e r h a u s e n** .... Köthen, Aue, 1794. 8°. Rar!

Fink, Arthur, Referendar, aus Bromberg: Die rechtliche Natur der Aufgabe des Eigentums nach heutigem bürgerlichen Recht. *Bromberg 1904: Gruenauer.* (53 S.) 8° [F.]
Breslau, Jur. Diss. v. [9. Mai] 1904

Fink, Arth., die rechtliche Natur der Aufgabe des Eigentums nach heutigem bürgerlichen Recht. Diss. (53 S.) 8. Bromberg 904. (Berlin, C. Skopnik.) n. 1. 20

Bericht über den Neubau des Gymnasiums (zu Ploen) und die Einweihungsfeierlichkeit v. August **Fink.** Ploen. 1900. 4°. Gymn.-Progr.

Fink, *August Friedrich: Bericht über den geplanten Neubau der Anstalt.* 4 (S. 17—19) **Progr.** Kgl. G. *Ploen* 1898

Die Idee des Gymnasiums und ihre Verwirklichung v. August **Fink.** Tl. 1—2. Meldorf. 1887—88. 4°. Gymn.-Progr.
—— Tl. 3. Ploen. 1891. 4°. Gymn.-Progr.

[F.] **Fink,** *August* [Dir.]: Die Idee des Gymnasiums und ihre Verwirklichung. (Umschl.-Tit.: . . . III. Tl.) (Forts. d. P-Beil. Meldorf 1887. 88.) Ploen, S. W. Hirt's Buchdr., *1891:* S. 1—24; 4°
Ploen, k. G, OP 1891 (277)

[F.] **Fink,** *August* [Dir.]: Logisches und Grammatisches. Ploen, S. W. Hirt's Buchdr., 1897; 1—18 S. 4.
Ploen, k. G, OP 1897 (292)

Fink, A[ugust]: [Mittheilungen über den Bau des neuen Schulgebäudes.] *Ploen 1898: S. W. Hirt.* (17—19 S.) 4° [F.]
Ploen, k. G, OP 1898 (290)

Fink, Aug. Die Phantasie im Dienste der Ethik und Pädagogik. 22 S. **Progr.** *Meldorf* 1880.

Fink, Aug. Die deutsche Prosalektüre in den oberen Klassen des Gymnasiums. 46 S. **Progr.** *Ratzeburg* 1878.

[F.] **Fink,** *August* [Dir.]: 1. Stiftung der Herzogin Dorothe Christine. II. Das Schnack'sche Legat. Ploen, S. W. Hirt's Buchdr., 1894; 24—27 S. 4.
Ploen, k. G, OP 1894 (285)

Das Subject in seiner logischen Bedeutung v. [August] **Fink.** Ratzeburg. 1873. 4°. Gymn.-Progr.

Fink, C. Bericht über die Pariser Weltausstellung. Berlin 1878. Kl. F 4. [Manuscript.]

Fink, C., s.: **Osten, der ferne.**

Fink, C., Theorie und Konstruktion der Brunnen-Anlagen, Kolben- und Centrifugalpumpen, der Turbinen, Ventilatoren und Exhaustoren, für techn. Lehranstalten, sowie für den prakt. Gebrauch bearb. 2. sehr verm. und verb. Aufl. gr. 8. (VIII, 293 S. mit 53 eingedr. Holzschn. und 8 lithogr. Taf.) Berlin 878, Gärtner. *
Die 1. Aufl. erschien u. d. T.: **Construction der Kolben- und Centrifugalpumpen.** Ebendas. 1872. *ℳ 5,60.

Fink, Charl. v., poet. Verf. od. Empfind. ꝛc. m. K. Bresl. Buchhelster. 803.

Fink, Colin G(arfield), a. New Jersey: Die Kinetik der Kontaktschwefelsäure. Leipzig: W. Engelmann 1907. (87 S.) 8°
Leipzig, Phil. Fak., Ref. Le Blanc-Hantzsch, Diss. v. 30. April 1907
[Geb. 31. Dez. 81 Hoboken, Verein. St.; Wohnort: New-York; Staatsangeh.: Vereinigte Staaten; Vorbildung: Bachelor of Arts Columbia Univ. Juni 03; Studium: Columbia Univ. 8, Leipzig 7 S.; Rig. 25. Febr. 07.]

Fink, Daniel

Fink, Dan., Glaube u. Kritik. Ein offen. Wort z. Verständigg. a. alle Bibelleser. 8. (III, V, 121 S.) Leipzig 896. [H. Haacke.] M. W. Kaufmann. n. 2.50

Fink, Dan., Glaube u. Kritik. Ein off. Wort z. Verständigg. an alle Bibelverehrer u. zugl. e. solches d. Entgegng. auf d. Schrift: „Jesus u. d. Alte Testament" v. J. Meinhold, Professor d. Theologie zu Bonn. 8. (III, V, 121 S.) Leipzig 896. H. Haacke. n. 2.50

Ueberliefertes und Liberales Judentum. Von Rabbiner Dr. D[aniel] Fink. Hrsg. von d. 'Verein z. Erhaltung d. überlieferten Judentums in Berlin'. Berlin: Verein 1908. (39 S.) 8° [F.] [08. 11410

Fink, Daniel: Miggo als Rechtsbeweis im babylonischen Talmud, ein Beitrag zur Kenntnis der talmudischen Methodologie. ... Leipzig, *Druck v. G. Zahn & H. Baendel, Kirchhain N.-L.*, 1891; 2 Bl., 63 S. 8°
Leipzig, Phil. Fak., Inaug.-Diss. v. [6. Apr.] 1891

Fink, Daniel, Miggo als Rechtsbeweis im babylonischen Talmud, e. Beitrag zur Kenntnis der talmud. Methodologie. Diss. gr. 8. (63 S.) Leipzig 891. (G. Fock.) n. 1.50

— wider d. Schulautoritätsglauben. E. off. Wort d. Entgegng. auf d. Schrift: „Wid. d. Kleinglauben" v. J. Meinhold, Professor d. Theologie zu Bonn. gr. 8. (43 S.) Hannover 895. C. Meyer. n. 1.—

Fink, E. F., Nachlaß, s. Biographien, christliche.

Fink, Ed., die Banditen. Drama, s. in Dessen Versuchen ꝛc. in 2n Thle.

Fink, E., Touristen-Vademecum. Kurze Anleitg. f. angeh. Touristen bei Unternehmg. v. Bergtouren. 16. (31 S.) Wien 887. (Hölder.) n. —40

Fink, E, Touristen-Vademekum. Kurze Anleitg. f. angeh. Touristen bei Unternehmg. v. Bergtouren. 2. Aufl. (62 S. m. 4 Abbildgn.) kl. 8. Wien (904). G. Szelinski. —80
Ladenpreis aufgehoben.

Fink, Ed., Versuche in dem poet., prosa. u. dramat. Gebiete. 12. (6½ B.) Carlsruhe 828; Marx. Thlr.

Fink, Ed., Versuche in dem poetischen, prosaischen u. dramatischen Gebiete. 12. Karlsr. 829. Marx. 15 gr

Fink, Eduard, pflanzet Bäume u. pfleget sie! Immerwährende Mahng. u. prakt. Anleitg. zur Anpflanzg. einzelner Bäume in Stadt u. Land, im Interesse der Gesundheit, Verschönerg. u. Bereicherg., eingedenk des goldenen Spruches: „Auf ödem Raum — pflanzt e. Baum, u. pfleget sein, — er bringt es ein!" Auf Grund 40jähr. Erfahrgn. (1 Bl. m. Abbildgn.) 59×85,5 cm. Korneuburg (904). R. Kühkopf. n. 2.—

FINK, EDWARD. Ueber Kondensationsproducte aus o-Aldehydo-Säureamiden. Anhang: Ueber die Ester einiger substituierter o-Aldehydosäuren. Bern (Berlin), 1895.

Fink, Elias: Kant als Mathematiker. ... Frankfurt a. M., Buchdr. v. M. Slobotzky, 1883; 2 Bl. + 51 S. 8°
Erlangen, Phil. Fak., Inaug.-Diss. v. 1883

Fink, Elias. Kant als Mathematiker. Diss. gr. 8. (51 S.) Frankf. a. M. 889. (Lpz., Fock.) * 1 —

*Fink, Elias: Eliah Wilna und sein elementar-geometrisches Compendium. 29 S. 8.
In: Festschrift zur Jubiläums-Feier des 50 jährigen Bestehens der Unterrichtsanstalten der Israelitischen Religionsgesellschaft
Progr. *Frankfurt a. M.* 1903 (478).

Fink, Elias, Dr.: Eliah Wilna und sein elementar-geometrisches Compendium. *(Frankfurt a. M. 1903: L. Golde.)* (29 S.) 8°
Frankfurt a. M., R der Isr. Religions-Gesellschaft, Festschr. 1903 (478)

Fink, Eman., Anatomie u. Physiologie der Stimmorgane, s.: Wolff, C. A. Herm., die Elemente des deutschen Kunstgesanges.

Fink, Eman., die Bedeutung d. Schnupfens d. Kinder, s.: Sammlung zwangloser Abhandlgn. a. d. Gebiete d. Nasen-, Ohren-, Mund- u. Hals-Krankheiten.

Die Behandlung der Ohreiterungen durch den praktischen Arzt. Von Dr. Emanuel Fink, Hals- u. Ohrenarzt in Hamburg. *Berlin-Südende & Leipzig: Vogel & Kreienbrink 1901.* (22 S.) 8° [01. 5642 11

— d. Fremdkörper i. Nase u. Ohr, s.: Vorträge, klin., aus d. Gebiete d. Otologie etc.

— das Heufieber und andere Formen des nervösen Schnupfens, s.: Vorträge, klinische, aus dem Gebiete der Otologie usw. V. 6.

— d. chron. Rachenkatarrh, s. Ursachen u. s Behandlung, s.: Vorträge, klinische, aus d. Gebiete d. Otologie u. Pharyngo-Rhinologie.

— d. Wirkgn. d. Syphilis in d. ob. Luftwegen u. ihre örtl. Erscheinungen, s.a. Sammlung zwangloser Abhandlgn. aus d. Gebiete d. Nasen- etc. Krankheiten.

Die Wirkungen der Syphilis in den oberen Luftwegen und ihre örtlichen Erscheinungen v. Dr. Emanuel Fink in Hamburg ... *Halle a. S.: K. Marhold 1896.* (68 S.) 8.
— Sammlung zwangl. Abhandlungen a. d. Gebiete d. Nasen-, Ohren-, Mund- u. Hals-Krankhtn. Bd II. H. 2 u. 3. [97. 8139

Fink, Erich, Geschichte d. landesherrl. Besuche in Breslau, s.a. Mitteilungen aus d. Stadtarchiv u. d. Stadtbibliothek z. Breslau.

Geschichte der landesherrlichen Besuche in Breslau. Von Dr. phil. Erich Fink, Wiss. Hülfsarb. an d. Stadtbibl. *Breslau: E. Morgenstern 1897.* (236 S.) 8° [F.]
= Mittheilungen aus d. Stadtarchiv u. d. Stadtbibliothek zu Breslau. H. 3. [97.

Fink, Erich, s.: Kunstdenkmäler, die, der Prov. Hannover.

Fink, Erich [aus Berlin]: Sigfrid III. von Eppenstein Erzbischof von Mainz 1230—1249 ... Berlin, Buchdr. v. F. Bannenberg, 1892; 121 S., 1 Bl. 8.
Rostock, Phil. Fak., Inaug.-Diss. v. [28. Juli] 1892

Fink, Erich, s.: Urkundenbuch des Stiftes u. der Stadt Hameln.

Fink, Ernst

— s.: Hauskirche.

Fink Ernst, die Heilanstalten v. ihrer kirchlichen Seite. gr. 8. (VI u. 36 S.) Heidelberg 852, K. Winter. n. ⅓ ℛ

Fink, (F. A. K.,) aus d. Volksleben; ein Beitrag f. Volks- u. Volksbildungskunde. 1s Heft. gr. 8. Prenzl. 822, Ragoczy.

Fink, F. A. K., aus d. Volksleben. 1s Hft. .. Prenzlau 830. jetzt Kalbersberg. ¼ ℛ

v. **Fink**, Fr. Aug., Gedanken über militair. Gegenstände; mit Anmerkk. herausg. von M. A. v. Winterfeld. 8. Berl. 788. Unzer. 10 gr

Fink, F. A. v. Gedanken über militärische Gegenstände. Hrsg. v. M. A. v. Winterfeld. Berlin 1788. 131 S.

Fink, Frz., die Arbeiten des Spenglers in genauen Abbildungen und beschreibendem Texte. Für Spengler, Klempner, Lampenfabrikanten rc., sowie auch für polytechnische, Gewerb- und Handwerkerschulen. Mit Genehmigung des großherzogl. hess. Gewerbvereins hrsg. gr. 4. (17 S. mit 50 Stnt. Abbild. in gr. Fol. und qu. gr. Fol.) Darmstadt 859, Beyerle. *

—— Baupläne für bürgerliche Wohngebäude, in genauen Abbildungen mit beschreibendem Texte für Bauhandwerker, Bauunternehmer, Architekten, sowie auch für polytechnische, Gewerbe- und Handwerker-Schulen. 2. Abthl. der neuen Aufl. der von dem großherzogl. hess. Gewerbverein bearb. Sammlung übergedruckter Musterzeichnungen für Techniker rc. Mit Genehmigung des großherzogl. hess. Gewerbvereins hrsg. gr. 8. (16 S. Text mit 25 Stnt. Abbild. in qu. Imp.-Fol.) Darmstadt 858, Beyerle. *

Fink, F., der Bauschlosser, s.a. Schule, die, der Baukunst.

Fink, F. Der Bauschlosser. Leipzig 1859. 8. — 2. Aufl. 1868-71.

Fink, F., der Bauschlosser. Prakt. Hand- und Hülfsbuch für Architekten und Bauhandwerker, sowie für Bau- und Gewerbschulen. 2 Thle. 3. verm. und verb. Aufl. 8. (VIII, 266; VIII, 256 S. mit 965 eingedr. Holzschn.) [Leipzig 880, Spamer.] Berlin, Toeche. à Thl. *M 3,50. *
geb. in 1 Bd. *

—— der Bauschreiner, s. Schule, die, der Baukunst.

Fink, Frz., der Bautischler od. Bauschreiner u. der Fein-Zimmermann. s.a. Schule, die, der Baukunst.

FINK, F.: Der Bautischler oder Bauschreiner und Fein-Zimmermann. Hand- und Hülfsbuch für genannte Gewerbe und Bauhandwerker, sowie für Architekten... I. Tl.: Materialien, Handwerkszeuge, Holzverbände, Treppen, Holzdecken, Fussböden... - Leipzig 1867. VIII, 248 S., 310 Abb. 2. Aufl. - 3. verm. Aufl. ebd. 1877. VIII, 254 S., m. Abb. II. Tl.: Werkzeugmaschinen für die Holzbearbeitung. ebd. 1869. VIII, 244 S., 270 Abb.

Erfolge einer einmaligen Kur in Karlsbad beim Gallensteinleiden. Eine Studie aus d. J. 1903 von Dr. Franz Fink in Karlsbad. *Leipzig: F. C. W. Vogel 1904.* (160 S.) 8°

Erfolge der Karlsbader Kur und der Chirurgischen Behandlung des Gallensteinleidens. Von Dr. Franz Fink, Primararzt in Karlsbad. *Wien & Leipzig: W. Braumüller 1903.* (VI, 186 S.) 8°

Fink, Frz., zur Frage: Wann sind Gallenstein-Kranke zu operiren? gr. 8. (40 S.) Berlin 899. A. Hirschwald. n. 1.—

— Getreide-Mahlmühlen, in detaillirten Abbildungen rc. Mit 33 (lith.) Taf. Abbildgn. (in gr. Fol.) Ebend. 854. gr. 8. (2 Bl., 40 S.) n. 3 ℛ 20 ngr

Separatabdr. aus: Fink: Mühlen ...

— Gyps-, Schwerspath-, Schneid-, Knochen- u. Loh-Mühlen, in detaillirten Abbildgn. rc. Mit 10 (lith.) Taf. Abbildgn. (in gr. Fol.) Ebend. 854. gr. 8. (1 Bl., 18 S.) n. 1 ℛ

Separatabdr. aus: Fink: Mühlen ...

Fink, F., die Handwerkerschulen, die Landesbaugewerkschule und die Kunstgewerbeschulen im Grossherzogthum Hessen. Geschichtl. Entwickelung dieser Anstalten seit dem J. 1837 und deren Bestand im J. 1886. Dargestellt von dem Präsidenten der grossherzogl. Centralstelle für die Gewerbe und den Landesgewerbverein F. F. Ausg. bei der Feier des 50jähr. Bestehens des Gewerbvereins für das Grossherzogthum Hessen. gr. 8. (IV, 177 S.) Darmstadt 887, (Bergsträsser.) *

— Mühlen, Getreidemahl-, Oel-, Gyps-, Schwerspath-, Schneid-, Knochen- und Lohmühlen, in detaillirten Abbildungen mit beschreib. Texte für Mühlenbesitzer, Mühlenbauer, Mechaniker, Architekten rc. 1. Abth. der neuen Aufl. der von dem Gr. Hess. Gewerbeverein bearb. Sammlung übergedruckter Musterzeichnungen für Techniker und die verschiedenen Zweige des Gewerbebetriebs. Herausg. von rc. Mit 50 (lith.) Taf. Abbildgn. (in gr. Fol.) Darmstadt 854. Leske. gr. 8. (2 Bl., 76 S.) n. 4 ℛ 20 ngr

Fink, Frz., Musterzeichnungen für Damast- u. Teppichweber, Posamentier u. Dekorationsmaler. Auf Veranlassung des Gr. Hess. Gewerbvereins herausgeg. qu. Imp.-4. (20 lith. Taf. u. Text.) Darmstadt 844, Frommann. n. 5/6 ℛ

Fink F, Musterzeichnungen für Mechaniker: Mühlen, Ölmühlen, Wasserräder, Schleusen etc. (84 T) fol Darmstadt

Fink Fr, Musterzeichnungen für Metallarbeiter. (85 T) fol Darmstadt (1857)

– Musterzeichnungen für Techniker, s.a. Möser, H.

—— und H. Möser, Musterzeichnungen für Techniker etc., s.a. Musterzeichnungen.

Fink Fr, Musterzeichnungen für Techniker, Handwerker etc. Patronen für Weissbinder, Ornamente usw. (42 T) qufol Darmstadt

Fink Fr, Musterzeichnungen f. Techniker: Landw. Maschinen. (24 T) fol Darmstadt (1850)

— Musterzeichnungen für Techniker etc. Möbel. (84 T) fol Darmstadt (1850)

— — Details für Baukonstruktionen. (24 T) fol Darmstadt (1850)

Fink Fr, Musterzeichnungen für Techniker. VI. Abteilung: Arbeiten des Glasers und Bauschreiners. (35 T) fol Darmstadt 1853

— Musterzeichnungen für Techniker und Handwerkerschulen. VII. Abteilung: Mühlen. 1. und 2. Auflage. (50 T) fol Darmstadt 1854

Fink F, Musterzeichnungen für Techniker etc.: Baupläne für bürgerliche Wohngebäude. (25 T) fol Darmstadt 1858

— Oel-Mühlen, in detaillirten Abbildungen rc. Mit 7 (lith.) Taf. Abbildgn. (in gr. Fol.) Ebend. 854. gr. 8. (1 Bl., 18 S.) n. 18 ngr

Separatabdr. aus: Fink: Mühlen ...

Fink, Franz, *k. k. Staatsbuchhalt.-Rechnungs-Offizial.* Rechnungs-Scalen, enthaltend eine gegenseitige 30-fache Reduction der neuen auf die früheren Währungen nebst drei Nachschlagstafeln zum Gebrauche beim Kleinverkehr mit Berücksichtigung des Bedürfnisses im Kronlande Tirol und Vorarlberg. *Innsbruck* 1858. Druck u. Verl. der Vereinsbuchdr. des *Joh. Aufschlager.* 54 S. 8°. 18 kr.

Fink, Franz, Sammlung prakt. Rechnungsaufgaben für Handwerker. Ein Hülfsbuch für Lehrer an Handwerkerschulen und Uebungsbuch für den Selbstunterricht. Auf Veranlassung des gr. hess. Gewerbevereins hrsg. gr. 8. (150 S.) Darmstadt 848, Jonghaus'sche Hofbuchh. *

— Sammlung praktischer Rechnungsaufgaben für Handwerker. Nebst einem Anh. enthltd.: Notizen über Materialienbedarf zu verschiedenen Bauarbeiten, Preiße derselben, Arbeitslöhne. Ferner: Notizen über das Gewicht u. den Brennwerth verschiedener Baumaterialien, über Maaß- und Gewichts-Verhältnisse verschiedener Staaten rc. Ein Hilfsbuch für Lehrer an Handwerker-, Gewerb- u. Volksschulen, sowie ein Uebungsbuch für den Selbstunterricht für Handwerker. Auf Veranlassung des Großherzogl. Hess. Gewerbvereins herausg. 2. neu durchgesehene Aufl. Darmstadt 857. Jonghaus. gr. 8. (VIII, 152 S. m. Holzschn. im Text.) n. 10 ngr

Fink, Frz., Sammlung praktischer Rechnungsaufgaben für Handwerker. Nebst einem Anh. enth.: Notizen über Materialienbedarf zu verschiedenen Bauarten, Preise derselben, Arbeitslöhne rc. Ein Hülfsbuch für Lehrer an Handwerker-, Gewerb- und Volksschulen, sowie ein Uebungsbuch für den Selbstunterricht für Handwerker. 4., neu durchgeseh. Aufl. gr. 8. (VIII und 152 S. mit eingedr. Holzschn.) Darmstadt 868, Jonghaus'sche Hofbuchh. *

— Sammlung praktischer Rechnungsaufgaben f. Handwerker. Nebst e. Anh., enth. Notizen üb. Materialienbedarf zu verschiedenen Bauarbeiten, Preise derselben, Arbeitslöhne. Ferner: Notizen üb. das Gewicht u. den Brennwerth verschiedener Brennmaterialien, üb. Maß- u. Gewichtsverhältnisse verschiedener Staaten 2c. 2c. Ein Hülfsbuch f. Lehrer an Handwerker-, Gewerb- u. Volksschulen. Ein Uebungsbuch zum Selbstunterricht f. Handwerker. Auf Veranlassg. d. großherzogl. hess. Gewerbvereins hrsg. 6., m. Zugrundelegg. d. neuen deutschen Maßes umgearb. Aufl. gr. 8. (VIII, 148 S.) Darmstadt 872. Jonghaus. n. 1. 20

Fink F, Samml. prakt. Rechnungsaufgab. f. Handwerker. 1. u 7. A. Darmstadt 1847. 79

—— die Schule des Bauschlossers, s.a. Schule, die, der Baukunst.

Fink, F., Die Schule des Bauschlossers. Leipzig 1859—61. 8°. Thl. 1 mit 300 Holzschn. i. Text. Thl. 2 mit 252 Holzschn. i. Text.

– die Schule des Bautischlers, s.a. Schule, Die, der Baukunst.

Fink, F. Die Schule des Bautischlers. Leipzig. 1858.

—— der Tüncher, Stubenmaler, Stukkator und Gypser, s.a. Schule, die, der Baukunst.

Fink F, der Tüncher, Stubenmaler, Stukkateur und Gipser. Leipzig 1866

Fink F, Übersicht über die Wirksamkeit des Gewerbevereins für Hessen von 1836-61. Darmstadt 1861

—— Vorlegeblätter für Handwerkszeichenschulen und zum Privatgebrauch. Im Auftrage des großherzogl. hess. Gewerbevereins hrsg. Holzverbindungen für Tischlerarbeit. Imp.-4. (7 S. Text mit 10 Stnt. in qu. gr. Fol.) Darmstadt 859, Beyerle. *

—— dass. — s.a. Rößler, H., Vorlegeblätter.

Fink Fr, Zeichnungen für verschied. gewerbl. Zwecke. (49 T) qufol Darmstadt (1848)

Fink, Frz. Friedr., Endymion an d. Damen-Toilette. Eine Samml. d. Schönen u. Nützlichen in unterhalt. Orig.-Erzähln. u. Gesch. 2 Bde. gr. 12. (14 B. u. 2 Stndr.) Znaim 833, 34. (Wien, Beck.)

Fink, Frz. Fr., Endymion an der Damen-Toilette. Eine Samml. des Schönen u. Nützlichen in unterhalt. Original-Erzählungen u. Geschichten. 1r u. 2r Bd. Mit 1 Steindr. 12. Znaim 833, 34. Hofmann. 2/3 ℛ

—— ausgewählte Erzählungen u. Geschichten. 8. (7½ B. u. Ttlbild.) Znaim 834. (Wien, Beck.)

— ausgew. Erzähll. u. Geschichten. 8. Znaim 834. Hofmann. ½ ℛ

Fink, Frz. Fr., Harmonien u. Kontraste der Natur. 4 Bde. 8. Linz 817. Haslinger. 4 ℛ 16 ℊ 8. Prag 819. Enders. 6 ℛ

Fink, Fr., Fridr. Harmonien und Kontraste im Tempel der Natur. 4 Bde. gr. 8. Prag. Enders. 819.

— — Dasselbe. 4 Bde. 8. Linz, Haslinger. 817.

Zuruf in der Wüste. Ein Blick in die Vor- und Folgezeit. Hrsg. von Franz Friedr. **Fink.** Th. 1. 2. Znaim 1830: Hofmann. 8°
1. Geschichtlicher Th. IX, 176 S.
2. Pragmatischer Th. 166 S. KB.

— Zuruf in der Wüste. Ein Blick in die Vor- u. Folgezeit. 2 Thle. 8. Znaim 830. (Wien, Beck; Leipz., Central-Cpt.) 1 ℛ 4 ℊ

Fink, Frz. Nik. Die Grundlage für eine neue Rangordnung d. Werte. Ein Beitrag zu wissenschaftl. Begründung einer erneuten und neuen Moral. gr. 8. (51 S.) Münch. 891, Stägmeyr. 1 —

—— Von der Riviera. Gedichte. gr. 12. (III, 34 S.) Ebd. 891. cart. — 80

Fink, Frederick William: Über den Dativ im althochdeutschen Tatian. *Berlin 1898: Gebr. Unger.* (51 S.) 8° ¶(Enthält nur einen Theil der eingereichten Arbeit.)
Berlin, Phil. Diss. v. 16. Juli 1898

Fink, Friedrich, Referendar: Der Anspruch des gutgläubigen Erbschaftsbesitzers auf Ersatz von Verwendungen. Dramburg 1904: W. Schade & Co. (40 S.) 8° [J.]
Greifswald, Jur. Fak., Ref. Pescatore, Diss. v. 20. Febr. 1906
[Geb. 18. April 82 Köslin; Wohnort: Elbing; Staatsangeh.: Preußen; Vorbildung: Gymn. Dramburg Reife O. 00; Studium: Heidelberg 1, Berlin 3, Greifswald 3 S.; Rig. 30. Juli 04.]

Fink, Friedrich [aus Elberfeld]: Beiträge zur Kenntnis des Eiters und des Sputums. . . . Elberfeld, Druck v. A. Martini & Grüttefien, 1890; 31 S. 8°
Bonn, Med. Fak., Inaug.-Diss. v. [28. Jul.] 1890

Fink, Frdr., Beiträge zur Kenntnis d. Eiters u. d. Sputums. Diss. gr. 8. (29 S.) Elberfeld 890. (Fassbender.) n. 1. —

FINK, Friedrich: Geschichtliches über die Buchonia und die Stadt Hünfeld. Nebst einem Anhang. - Hünfeld 1905. 65 S.

Fink, Frdr., die elektrische Orgeltraktur. Ein freies Wort üb. moderne Orgelbaufragen an Orgelbaumeister, Organisten u. Freunde des Orgelspiels. (III, 108 S.) 8. Stuttgart 909. A. Auer's Verl. 1. 80

Fink, Fritz, bäh, Schäfchen, bäh!, s: Kidd, Will.

Fink, Fritz, großes Fremdwörterbuch. Enth.: Verdeutschung u. Erklärg. der Fremdwörter, fremdsprachl. Denk- u. Wahlsprüche u. Redensarten. Unter besond. Berücksicht. der in der Umgangssprache, der Litteratur u. Tagespresse, ferner im Handel u. Bankfach, im amtl. Verkehr, im gewerbl. Leben, auf dem Gebiet der bild. Künste, der Heilkunde u. des Rechtswesens, im Hotel- u. Restaurationswesen gebräuchl. fremdsprachl. u. Fach-Ausdrücke. Mit Angabe der Aussprache u. Betong. u. e. Anh. enth.: Orthographisches u. grammatikal. Wörterbuch. 10. Aufl. 8. (362 S.) Berlin 900. Aug. Schultze's Verl. 3. —; kart. n. 3. 50

Fink, Fritz, großes Fremdwörterbuch. Enth.: Verdeutschung u. Erklärg. der Fremdwörter, fremdsprachl. Denk- u. Wahlsprüche u. Redensarten. Unter besond. Berücksicht. der in der Umgangssprache, der Literatur u. Tagespresse usw. gebräuchl. fremdsprachl. u. Fach-Ausdrücke. Mit Angabe der Aussprache u. Betong. u. e. Anh. enth.: Orthographisches u. grammatikal. Wörterbuch. 10. Aufl. (Neue Ausg.) (463 S.) 8. Berlin 907. Aug. Schultze, Verl. 3. —; kart. 3. 50

Fink, Fritz, neues Fremdwörterbuch. Enth.: Verdeutschung u. Erklärg. d. Fremdwörter, fremdsprachl. Denk- u. Wahlsprüche u. Redensarten, ferner Erklärg. der übl. Abkürzgn. Unter besond. Berücksicht. der in der Umgangssprache, der Litteratur u. Tagespresse, ferner im Handel u. Bankfach, im amtl. Verkehr, im gewerbl. Leben, auf dem Gebiet der bild. Künste, der Heilkunde u. des Rechtswesens, im Hotel- u. Restaurationswesen gebräuchl. fremdsprachl. u. Fachausdrücke. Mit genauer Angabe der Aussprache u. Betong. 8. (313 S.) Braunschweig (899). F. Euler. n. 1. —; kart. 1. 50

— Neues Fremdwörterbuch. Enth.: Erklärg. u. Verdeutsch. der Fremdwörter, fremdsprachl. Denk- u. Wahlsprüche u. Redensarten, ferner Erklärg. der übl. Abkürzgn. Unter besond. Berücksicht. der in der Umgangssprache, der Literatur u. Tagespresse usw. gebräuchl. fremdsprachl. u. Fach-Ausdrücke. Mit genauer Angabe der Aussprache u. Betong. 12. Aufl. (313 S.) 8. Berlin 910. F. Euler. 1. —; geb. 1. 50

Fink, Fritz, appr. Arzt: Über einen ⟨wahrscheinlich⟩ ausschliesslich aus Chorionepitheliomgewebe bestehenden Tumor des Hodens. Leipzig: Hirzel 1909. 19 S. 8° ¶(Aus: Arbeiten auf d. Gebiete d. pathol. Anatomie u. Bakteriol. aus d. pathol.-anatom. Inst. zu Tübingen. Bd 7.)
Tübingen, Med. Diss. v. 5. Mai 1909. Ref. v. Baumgarten
[Geb. 4. Aug. 81 Sontheim a. d. Brenz; Wohnort: Heilbronn; Staatsangeh.: Württemberg; Vorbildung: Gymn. Tübingen Reife Juni 01; Studium: Tübingen 6, Berlin 1, Kiel 1, Tübingen 2 S.; Coll. 22. Juli 08; Approb. 30. Dez. 08.] [U 09. 3923

Fink, G., der Bauprofessionist, od. Unterr. in d. allgem., jedem Professionisten nöth. Hülfskenntnissen. M. 7 erläut. Taf. gr. 8. ... Hanau 834, (König.)

Fink, G., der Bauprofessionist. Zum Selbstunterr. f. junge Bauhandwerker auf die Meisterprüfung, zum Handb. f. Meister u. z. Gebr. f. Lehrer an Gewerkschulen. Mit 7 Stnt., prakt. Bau- u. Detailrisse. 2., umgearb. u. verm. Aufl. gr. 8. (9¾ B. u. 5 Tab.) Hanau 843, König. Thlr.

Fink, G., der Bauprofessionist. Zum Selbstunterricht für junge Bauhandwerker auf die Meisterprüfung, zum Handbuch für Meister u. zum Gebrauch für Lehrer an Gewerkschulen. Mit 7 lithogr. Tafeln, prakt. Bau- u. Detailrisse. 2. umgearb. u. verm. Aufl. gr. 8. (Mit 5 Tab.) Hanau 844, König. 1 ß

Fink, G., s. Fenelon, Abenteuer Telemachs.

Fink, G., gemeinfaßl. Unterricht für jeden Bauhandwerker, auch prakt. Leitfaden für Lehrer an Gewerbschulen. Mit 1 lithogr. Taf. gr. 8. Hanau 837. König. 1/3 ß

v. Fink, G. F. W., († d. 9. Jan. 1820.) dramatische Probeschüsse ins Blaue d. Kritik. 2 Bde. 8. Glogau 798. N. Günthersche B. 2 ß 8 gr

v. Fink, G. W. C., dramat. Probeschüsse ins Blaue d. Kritik. 2 Bde. 8. Glogau 798. N. Günthersche B. 2 ß 8 gr 1r Bd. enthält: 1) Isabella Monetti, oder d. Einspruch zur Unzeit. Ein Singspl. in 4 Handlungen. 2) Der Rübenzähler; e. schlesisches Vaterlands-Schspl. mit Gesängen. 3) Das Eiland d. Ruhe; e. Sgspl. in 2 Aufz. 2r Bd.: 1) Der Sommernachts-Traum, nach Shakespeare; Lstspl. 2) Der Thurm von Tosana; Trspl. 3) Das war nicht meine Absicht; Drama. 4) Die Weihe der Dichterin.

— der Volkswohlthäter. Dramat. Gemälde in 1 A. Glogau 798. N. Günthersche B. 4 gr

Fink, Georg, a. Zwingenberg in Hessen: Standesverhältnisse in Frauenklöstern und Stiftern der Diözese Münster und Stift Herford. Münster 1907: Regensberg. (82 S.) 8° [F.] ¶(Erscheint auch in: Zeitschrift f. vaterl. Geschichte u. Altertumskunde Bd 65 Abt. 1.)
Bonn, Phil. Fak., Ref. Schulte, Diss. v. 18. Dez. 1907
[Geb. 30. März 84 Gambach (Oberhessen); Wohnort: Darmstadt; Staatsangeh.: Hessen; Vorbildung: Gymn. Darmstadt, Nesbeim Reife O. 03; Studium: Halle 1, Bonn 7 S.; Rig. 3. Juli 07.]

Fink, Georg Klem. von, s.a. Finckh

Fink, Georg Clem. v., d. sanftmüthige u. d. hastige Kopf u. s. w. 8. Lpz. Hilscher. 756.

— beschäft. Muse in d. Stille ꝛc. 8. Hamb. Hilscher. 752.

— ein Stiller im Lande und ein unruh. Kopf. u. s. w. 8. Ebend. 752.

— was e. Priester des Herrn f. e. Mann sey. 8. Ebend. 751.

Fink, Gottfried Wilhelm

Fink, Gf. Wlh., häusl. Andachten. 8. Leipz. 814. Göschen. 18 gr Dass. in christl. mehrstimm. Liedern. 3 Hefte. Fol. Leipz. 811. Peters. (à 12 gr) 1 ß 12 gr

— s. A. v. Domenn, Anweisung Pianoforte ꝛc.

(Fink, Gottfried Wilhelm

Familienunterhaltungen in kurzen Erzählungen. Leipzig: Köhler 1835. 340 S. 8°)

Inhalt: Die Wittwe und ihre beiden Töchter.- Das Dörflein Gressol, oder Brunhilde die Zweite.- Der wandernde Knabe.- Das schwarze Fräulein, oder Carl und das Ilsethal.- Müllertrudchen und das graue Männchen.-

Titelbl. fehlt.

— Gedichte. 8. Leipz. Hartknoch. 813.

Fink, Gtfr. Wilh., Geschichte u. Wesenheit der Religionen. 5 Hfte. gr. 8. (32½ B.) Leipzig 843, Goetz. (Schrey.) à Hft. 15 Ngr.

— Geschichte und Wesenheit der Religionen. 1.—5. Heft. gr. 8. Leipzig 843, 44, Goetz. à ½ ß

—— musikal. Grammatik, od. theoret.-prakt. Unterricht in d. Tonkunst. Für Musik-Lehrer u. Musik-Lernende, so wie f. Jeden, der üb. d. Grundbegriffe d. Tonkunst Belehr. sucht. 1. u. 2., unveränd. Aufl. 16. (à 18½ B.) Leipzig 836, 39. [Berlin, Klemann.] à

— musikalische Grammatik, oder theoret.-prakt. Unterricht in der Tonkunst. Für Musiklehrer u. Musik-Lernende, so wie für Jeden, der über die Grundbegriffe der Tonkunst Belehrung sucht. 16. Leipzig 836. G. Wigand. 1 ß — 2e unveränd. Aufl. 16. Ebd. 839. 1 ß

Fink, G. W., musikalische Grammatik oder theoretisch-pract. Unterricht in der Tonkunst. Für Musik-Lehrer und Musik-Lernende so wie für Jeden, der über die Grundbegriffe der Tonkunst Belehrung sucht. 2., unveränd. Aufl. gr. 16. (XII und 234 S.) Langensalza 862, Schulbuchh. von Gressler.

—— der musikalische Hauslehrer, od. theoret.-praktische Anleitung f. Alle, die sich selbst in der Tonkunst, namentl. im Pianofortespiele, im Gesange u. in der Harmonielehre ausbilden wollen. Mit viel. Notenbeispielen. gr. Lex.-8. (17¼ B.) Pesth 846. [Leipzig, Händel.]

— der musikalische Hauslehrer, oder theoretisch-praktische Anleitung für Alle, die sich selbst in der Tonkunst, namentlich im Pianofortespiele, im Gesange u. in der Harmonielehre ausbilden wollen. Mit vielen Notenbeispielen. gr. Lex.-8. Pesth 846, Verlags-Magazin. 2 ß

Fink, Gottfr. Wilh., der musikalische Hauslehrer od. theoretisch-prakt. Anleitg. f. Alle, die sich selbst in der Tonkunst, namentlich im Pianofortespiele, im Gesange u. in der Harmonielehre ausbilden wollen. Mit vielen Notenbeispielen. 2. (Titel-) Ausg. 4 Lfgn. hoch 4. (XII u. 261 S.) Leipzig (847) 850, Haendel. (à ⅓ ß) 1⅓ ß

Fink, (G(tfr.) W(ilh.), der musikalische Hauslehrer oder theoretisch-prakt. Anleitung für Alle, die sich selbst in der Tonkunst, namentlich im Pianofortespiele, im Gesange und in der Harmonielehre ausbilden wollen. 2. (Titel-)Ausg. hoch 4. (XII und 261 S.) Leipzig 851, Haendel.

— s.a. Haus-Schatz, musikal.

— musikalischer Hausschatz der Deutschen. Eine Sammlung von 1000 Liedern u. Gesängen mit Singweisen u. Klavierbegleitung. 2. unveränd. Ausg. In 20 Liefg. hoch 4. Leipzig 845, G. Mayer. 4 ß — geb. 5 ß (1. Ausg. in 10 Lfg. Ebend. 843, 44. à ⅓ ß)

Musikalischer Hausschatz der Deutschen. Eine Sammlung von 1000 Liedern u. Gesängen mit Singweisen u. Klavierbegleitung. Gesamm. u. hrsg. von Gottfr. Wilh. **Fink.** Leipzig: G. Mayer 1843. 4°

°[Dasselbe.] Ebendas. 1845. 4°

— musikalischer Hausschatz der Deutschen. Eine Sammlung v. 1000 Liedern u. Gesängen mit Singweisen u. Klavierbegleitung. 3. unveränd. Ster.-Ausg. 10 Lfgn. hoch 4. (707 S.) Leipzig 850, G. Mayer. (à 1/3 ℛ) 3 1/3 ℛ

Fink, G. W., musikalischer Hausschatz der Deutschen. Eine Sammlung von 1000 Liedern und Gesängen mit Singweisen und Klavierbegleitung. Gesammelt und herausg. von ꝛc. 4. unveränd. Stereotypabdruck. Mit den Bildnissen in Stahlst. von E. M. Arndt, M. Claudius, Th. Körner, W. Müller, L. Uhland, J. A. Hiller, C. Kreutzer, J. F. Reichardt, J. A. P. Schulz, C. M. v. Weber. Leipzig 854. G. Mayer. 4. (IV, 700 S.) n. 4 ℛ

Fink, G. W., musikalischer Hausschatz der Deutschen. Eine Sammlung von 1000 Liedern und Gesängen mit Singweisen und Klavierbegleitung. 6., umgeänd. und verb. Ster.-Ausg. 10 Lfgn. hoch 4. (VIII und 786 S. mit 10 Stahlst.) Leipzig 860. 61. [Altona, G. Mayer's Verlag.] *

ohne Stahlst. *

—— dass. — Neue umgeänd. und verb. Ster.-Ausg. 8. Abdr. 10 Lfgn. hoch 4. (VI und 786 S.) Ebendas. 861(62). à Lfg. * 10 Ngr. *

Mit 1 Portr. in Stahlst. à Lfg. * 12 Ngr. *

— musikalischer Hausschatz der Deutschen. Eine Sammlung von 1000 Liedern u. Gesängen m. Singweisen u. Klavierbegleitung. 6. umgeänd. u. verb. Stereot. Ausg. 861. (VIII. 736 S.) — Neue umgeänd. u. verb. Ster. Ausg. 3. Abdr. Leipzig 862. G. Mayer. (Altona, Haendcke & Lehmkuhl.) 4. (VI, 720 S.) n. 3 ℛ 10 ngr.;

mit 10 Stahlst. n. 4 ℛ

—— musikalischer Hausschatz der Deutschen. Eine Sammlung von 1000 Liedern und Gesängen mit Singweisen und leichter Klavierbegleitung gesammelt und hrsg. 8. Ster.-Aufl. Wohlf. Ausg. 10 Lfgn. 4. (VIII und 736 S.) Altona 866, Haendcke und Lehmkuhl. à Lfg. * 6 Ngr. *

Fink, G. W., musikalischer Hausschatz der Deutschen. Eine Sammlung von 1000 Liedern und Gesängen mit Singweisen und Klavierbegleitung. Neue von A. Dörffel durchges. und verb. Ster.-Aufl. Ausg. mit 10 Bildnissen: Claudius, C. M. v. Weber, J. A. P. Schulz, J. A. Hiller, Th. Körner, C. Kreutzer, W. Müller, L. Uhland, C. F. Reichardt und E. M. Arndt. 8. Ster.-Aufl. hoch 4. (VIII, 786 S.) Gotha 870, Haendcke und Lehmkuhl. *

In Halbfrz. geb. *

Die 10 Bildnisse à Blatt * 60 Pf. *

—— dass. — Ausg. mit 1 Titelkpfr. 9. Ster.-Aufl. hoch 4. (VIII, 736 S.) Ebendas. 870. * ℳ 6.; geb. *

STUDENTENLIEDER. — Fink, G. W., Musikalischer Hausschatz. Sammlung von über 1000 Liedern und Gesängen mit Singweisen und Klavierbegleitung. Neue Auflage von Dr. H. Langer. 9. Aufl. 1878. Gr. 8°. (Mk. 12—.) (6 Mk., eleg. Lwdbd., Wilh. Jacobsohn & Co., Breslau, 1897, ohne Ortsangabe.)
Darin auch 79 Studentenlieder.

Fink, G. W., musikalischer Hausschatz der Deutschen. Eine Sammlung von über 1000 Liedern u. Gesängen mit Singweisen u. Klavierbegleitg. 9., durch Herm. Langer verb. u. verm. Ster.-Aufl. 4 Lfgn. hoch 4. (IV, 744 S.) Hamburg 879. Haendcke & Lehmkuhl. à n. 3. —
(cplt. cart.: n. 13. —)

Fink, G. W. Musikalischer Hausschatz der Deutschen. Eine Sammlg. v. über 1100 Liedern u. Gesängen m. Singweisen u. Klavierbegleitg. Neue, durch Wilh. Tschirch verb. u. verm. Ster.-Ausg. 10. Aufl. 14 Lfgn. Lex.-8. (VIII, 941 S.) Gera 892, Griesbach.
à Lfg. — 75; 10 50; geb. in 1 Bd. 12 —; in 2 Bde. 13 50

Fink, G. W., musikalischer Hausschatz der Deutschen. Eine Sammlg. v. üb. 1100 Liedern u. Gesängen m. Singweisen u. Klavierbegleitg. Neue durch Wilh. Tschirch verb. u. verm. Ster.-Ausg. 12. Aufl. (VIII, 941 S.) Lex.-8. Berlin 902. Leipzig, Deutsche Verlagsactiengesellschaft.
Geb. in Leinw. n. 5. —; Prachtausg. n. 10. —

— das Jahr der Erde u. der Mensch. Ein allegorisch erzählendes Gedicht. gr. 8. Leipzig 835. (Köhler.) 1 ℛ

— Kindergesangbuch v. ihm selbst gedichtet. 2 Hefte. qu. Fol. Lpz. 815. Peters. 1 ℛ 8 𝒩

— musikalische Kompositionslehre mit Rücksicht auf prakt. Anwendbarkeit für Vorlesungen auf Universitäten, Gymnasien etc. sowie z. Selbstunterricht. Nachgelassenes Werk. gr. 8. (VI u. 130 S.) Leipzig 847, Peters. 1 ℛ
s.: Liedertafel, die teutsche.

—— der neumusikalische Lehrjammer, od. Beleucht. der Schrift: Die alte Musiklehre im Streit mit unser. Zeit. Zur Wegräumung „rumpeliger Vorurtheile" u. aus Achtung gegen die „heilige Anlage der Jugend". Allen Kennern u. Freunden der Tonkunst gewidmet. gr. 8. (8 3/4 B.) Leipzig 842. [Mayer.]

[Lied.] Dem Meister. [Unterz.:] G[ottfried] W[ilh.] Fink. [Leipzig] o. J. 1 Bl. 8° [Kopftit.]
Lied mit Chor ohne Noten: „Zuerst erschalle Dank und Ruhm . . ."

—— die teutsche Liedertafel, s. a. Liedertafel.

— deutsche Liedertafel. Eine Sammlung von 122 vierstimmigen Männergesängen in Partitur u. zwar so gesetzt, daß jede Stimme bequem aus derselben gesungen werden kann. Imp.-8. Ebend. 845. 1 1/3 ℛ

—— die deutsche Liedertafel. Eine Sammlung von 122 vierstimm. Männergesängen in Partitur und zwar so gesetzt, daß jede Stimme bequem aus derselben gesungen werden kann. Neue Ster.-Ausg. 8 Lfgn. hoch 4. (IV und 188 S.) Altona 863, Haendcke und Lehmkuhl. à Lfg. * 10 Ngr. *

— Predigten. gr. 8. Leipz. Voß. 815.

—— System der musikal. Harmonielehre, mit Rücks. auf prakt. Anwendbarkeit für Vorlesungen auf Universitäten, Gymnasien, Seminarien u. allen höheren Schulen; so wie zum Selbstunterr. f. Gebildete. gr. 8. (14 B. u. 2 Stnt.) Leipzig 842. [Mayer.]

— Volkslieder mit u. ohne Clavierbegleitung, von ihm gedichtet u. komponirt. 5 Hefte. Fol. Leipz. Peters. 812—815. (à 12 gr.)

Fink, Gtfr. Wilh., erste Wanderung d. ältesten Tonkunst, als Vorgeschichte d. Musik, od. als erste Periode ders. M. 8 Kpfr. 8. (17 1/2 B.) Essen 831, Bädeker.

—— Wesen u. Geschichte d. Oper. Ein Handb. f. alle Freunde d. Tonkunst. gr. 8. (21 1/2 B.) Leipzig 838. [Berlin, Klemann.]

— Wesen u. Geschichte der Oper. Ein Handbuch für alle Freunde d. Tonkunst. gr. 8. Leipzig 838. G. Wigand. 2 1/2 ℛ

—— allgem. musikal. Zeitung, s. Zeitung.

—— musikal. Zeitung, s. Zeitung, musikal.

Fink, Glo., s. Ausland, das belletristische, von K. Spindler, 1.—19., 22.—28., 527.—529., 561.—578., 581.—599., 649.—658., 671.—679., 689.—694. Bdchen. —

– s. Baulabelle, Achill v.: Gesch. der beiden Restaurationen.

– s. Bibliothek ausgewählter Memoiren des XVIII. u. XIX. Jahrh.

Fink, Gottlob [Übers.]
s. Bremer, F.: Die Familie H. 1843.

Fink, Gottlob [Übers.]
s. Bremer, F.: Das Haus. 1843.

Fink, Gottlob [Übers.]
s. Bremer, F.: Die Heimat in der neuen Welt. 1854.

Fink, Gottlob [Übers.]
s. Bremer, F.: Hertha. 1857.

Fink, Gottlob [Übers.]
s. Bremer, F.: Die Nachbarn. 1843.

Fink, Gottlob [Übers.]
s. Bremer, F.: Nina. 1845.

Fink, Gottlob [Übers.]
s. Bremer, F.: Streit und Friede. 1843.

Fink, Gottlob [Übers.]
s. Bremer, F.: Die Töchter des Präsidenten. 1854.

Fink, Gottlob [Übers.]
s. Bremer, F.: Vater und Tochter. 1859.

Fink, Gottlob [Übers.]
s. Bremer, F.: Sämmtliche Werke. 1845.

Fink, Gottlob [Übers.]
s. Bremer, F.: Sämmtliche Werke. 1849.

Fink, Gottlob [Übers.]
s. Bremer, F.: Sämmtliche Werke. 185o.

Fink, Gottlob [Übers.]
s. Bulwer, E.G.: Sämmtliche Romane. 1847-1859.

– s. C a n t u , Cäs.: Margherita Pusterla.

Fink, Gottlob [Übers.]
s. Carlén, E.: Binnen sechs Wochen. 1854.

Fink, Gottlob [Übers.]
s. Carlén, E.: Ein Handelshaus in den Scheeren. [um 186o].

Fink, Gottlob [Übers.]
s. Carlén, E.: Der Vormund. 1851 - 1852.

Fink, Gottlob [Übers.]
s. Carlén, E.: Sämmtliche Werke. 1847.

– s. D e n k w ü r d i g k e i t e n eines Priesters.

Fink, Gottlob [Übers.]
s. Dumas, A.: Black. 1859.

Fink, Gottlob [Übers.]
s. Dumas, A.: Heinrich IV. 1858.

Fink, Gottlob [Übers.]
s. Dumas, A.: Das Horoscop. 1859.

Fink, Gottlob [Übers.]
s. Dumas, A.: Karl der Kühne. 1857.

Fink, Gottlob [Übers.]
s. Dumas, A.: Memoiren des Generals Garibaldi. 186o - 1861.

Fink, Gottlob [Übers.]
s. Dumas, A.: Memoiren des Dichters Quintus Horatius Flaccus. 186o.

– s. D u m a s , A.: Napoleon.

Fink, Gottlob [Übers.]
s. Dumas, A.: Der Pechvogel. 186o.

Fink, Gottlob [Übers.]
s. Dumas, A.: Der Wolfsführer. 1856.

Fink, Gottlob [Übers.]
s. Eliot, G.: Adam Bede. 1861.

Fink, Gottlob [Übers.]
s. Eliot, G.: Silas Marner. 1861.

Fink, Gottlob [Übers.]
s. Fullerton, G.Ch.: Schloß Grantley. 1851.

– s. G e n i n , F.: Die Jesuiten.

– s. H o o k , Th.: Ausgewählte Romane.

Fink, Gottlob [Übers.]
s. Knorring, Sophie Margareta: Skizzen. 1847.

Fink, Gottlob [Übers.]
s. Lever, Ch.J.: Arthur O'Leary; seine Fahrten und Erfahrungen. 1846.

Fink, Gottlob [Übers.]
s. Lever, Ch.J.: Charles O'Malley. 1846.

Fink, Gottlob [Übers.]
s. Lever, Ch.J.: Unsere Tischgenossenschaft. 1845.

Fink, Gottlob [Übers.]
s. Lever, Ch.J.: Sämmtliche Werke. 1845-1846.

Fink, Gottlob [Übers.]
s. Manzoni, C.A.: Die Verlobten. 1851.

Fink, Gottlob [Übers.]
s. Maquet, A.: Herzensschulden. 1857.

Fink, Gottlob [Übers.]
s. Mellin, G.H.: Der Fremdling von Alsen. 185o.

Fink, Gottlob [Übers.]
s. Munter, Gottlob: Ein Funke. 1852

Fink, Gottlob [Übers.]
s. Pfarrhaus, Ein, auf dem Lande. 1846

Fink, Gottlob [Übers.]
s. Ridderstad, Karl Fredrik: Der Fürst. 1852-53.

Fink, Gottlob [Übers.]
s. Ridderstad, Karl Fredrik: Das Gewissen ... 1852.

Fink, Gottlob [Übers.]
s. Ridderstad, Karl Fredrik: Königin Luise Ulrike und ihr Hof. 1856-57.

Fink, Gottlob [Übers.]
s. Ridderstad, Karl Fredrik: Der Trabant. 1852.

Fink, Gottlob [Übers.]
s. Ridderstad, Karl Fredrik: Vater und Sohn. 1854.

Fink, Gottlob [Übers.]
s. Schwartz, Marie Sophie: Eines eiteln Mannes Frau. 1862.

Fink, Gottlob [Übers.]
s. Schwartz, Marie Sophie: Schuld und Unschuld. 1862.

Fink, Gottlob [Übers.]
s. Smollet, Tobias George: Humoristische Romane. 1839-41.

– s. S u e , E.: Martin der Findling.

Fink, Gottlob [Übers.]
s. Sue, Marie-Joseph-Eugène: Die Geheimnisse des Kopfkissens. 1858.

Fink, Gottlob [Übers.]
s. Sue, Marie-Joseph-Eugène: Der Teufel als Arzt. 1857-58.

– s. V o r s c h l ä g e u. Anweis., Zweckmäß. u. dauerhafte Plockhäuser etc. zu bauen.

– s. W e l t p a n o r a m a . 78. - 86. Bd.

Fink, Gottlob [Übers.]
s. Wetterbergh, Karl Anton: Daheim! 1859.

Fink, Gottlob [Übers.]
s. Wetterbergh, Karl Anton: Das Fideicommiß von Waldemarsburg. 1855.

Fink, Gottlob [Übers.]
s. Wetterbergh, Karl Anton: Drei Genrebilder. 1855.

Fink, Gottlob [Übers.]
s. Wetterbergh, Karl Anton: Liebe und Handel ... 1854.

Fink, Gottlob [Übers.]
s. Wetterbergh, Karl Anton: Der hölzerne Löffel. 1852.

Fink, Gottlob [Übers.]
s. Wetterbergh, Karl Anton: Olga. 1852.

Fink, Gustav [cand. med. aus Hirschau]: Eine Schussverletzung des Schädels und des Gehirns ... Erlangen, Druck d. Univ.-Buchdr. v. E. Th. Jacob, 1893; 21 S. 8.
Erlangen, Med. Fak., Inaug.-Diss. v. Juli 1893

Fink, H. J., methodisches Rechenbuch für Knaben und Mädchen, besonders in mecklenburg. Volksschulen. 1. Thl.: Das Rechnen mit zweizifferigen Zahlen. 8. (35 S.) Rostock 852, (Leopold's Universitäts-Buchh.) *

—— dass. — 2. Thl.: Die Species und Regeldetrie in ganzen Zahlen. 8. (122 S.) Ebds. 852. *-

Fink, H. J., Begleitbuch zum 1 u. 2. Thl. des Obigen. 8. (16 u. 55 S.) Ebd. 852. (1: n. 1/24 ℛ 2: n. 1/6 ℛ) n. 5/24 ℛ

FINK, H. T. Geſchlecht und Liebe. Entwicklung urſächlicher Zuſammenhänge, geſchichtliche und nationale Eigenheiten. Deutſch von Brachvogel. 2 Bde. Berlin ca. 1900. 8°. 2 Hlblwbd.

Fink, Heinrich Die Bestimmung der Krümmung doppelt gekrümmter Linien oder Flächen. 4 (44 S.).
Progr. Ev. G. A. B. u. verb. Lehranstalt. *Kronstadt* 1890.

Fink, Henriette, Damen-Kleidermachen, s. Schlehuber, Anna.

Fink, Hermann [approb. Arzt aus Nohfelden]: Beitrag zur Lehre von der diabetischen Lungenerkrankung. Aus der med. Klinik des Herrn Prof. Riegel in Giessen .... Giessen, C. v. Münchow, Univ.-Buch- & Steindr., 1887; 19 S. 8°.
Giessen, Med. Fak., Inaug.-Diss. v. 1887.

Fink, Hermann, Beitrag zur Lehre von der diabetischen Lungenerkrankung: Aus der med. Klinik des Herrn Prof. Riegel in Giessen. Diss. Giessen 1887, J. Rickertsche Buchh. 8°. 19 S.

Fink, *Hermann*: Professor Dr. Anton Friedl †. (Nekrolog.) 8 (S. 61—63).
Progr.

Fink Hermann: Nachruf an den † Prof. Dr. Anton Friedl. (S). Wien II. 2. St. G. (Erzh. Rainer G). 96.
Progr.

Fink, Herm. (geb. Schubin 4. 10. 1833): De ulcere ventriculi perforante. Berolini (1857). (30 S.) 8°
Berlin, Med. Diss. v. 17. Aug. 1857

Fink, J.

—— und Fr. Will, Aufgabensammlung für das gewerbliche Rechnen. Für Fortbildungs- und Feiertagsschulen, Institute ꝛc. gr. 8. (96 S.) München 887, Kellerer. **
—— —— dass. — Ergebnisse. gr. 8. (23 S.) Ebendas. 888. **

Fink, J., u. Fr. Will, Aufgabensammlung f. das gewerbliche Rechnen. Für Fortbildungs- u. Feiertagsschulen, Institute ꝛc. 3. verb. Aufl. gr. 8. (96 S. m. 24 Fig.) München (900). Dr. F. P. Datterer & Co. n. — 60

Fink J. Auswahl englischer Gedichte und Prosastücke für Schulen und zum Privatgebrauch. Weinheim 1878

Fink, J., Dichterworte. Gesammelt v. F. 12. (167 S.) München 899. J. Lindauer. n.n. 1. 30

— Formen u. Stempel römischer Thonlampen. gr. 8. (S. 686—703 m. 1 Taf.) München 901 (G. Franz' Verl.) n. — 60
Sonderabdruck aus: „Sitzungsber. d. bayer. Akad. d. Wiss."

Fink, J., Gedanken üb. die Offenbarung Johannis. 2. Aufl. 8. (80 S.) Basel 879. Kober. n. — 40

Fink, J., und G. Gebhard, Geschichtsbilder in drei konzentrischen Kreisen. Für die Hand der Schüler bearb. 3 Kurse. 8. München, Expedition des k. Zentral-Schulbücherverlags. **
Inhalt:
Kurs 1. [Fünftes Schuljahr.] 1. und 2. Aufl. (31 S.) 881,84. ** 20 Pf.
2. [Sechstes Schuljahr.] (72 S. mit 4 chromolithogr. Karten.) 881. ** 50 Pf.
3. [Siebentes Schuljahr.] (100 S. mit 5 chromolithogr. Karten.) 883. ** 50 Pf.

Fink, J., und G. Gebhard, Geschichtsbilder in 3 konzentrischen Kreisen. Für die Hand der Schüler bearb. 3. Kurs. [7. Schulj.] 3. durchges. Aufl. 8. (102 S. mit 5 Karten in Farbendr.) München 887, Oldenbourg, Abteilung für Schulbücher. cart. **

Fink, J., Römische Inschriften aus Pfünz. S. A. 1891. 11 S. m. Abb.

— das Kastell Pföring. gr. 4. (24 S. m. 4 Taf.) Heidelberg 902. O. Petters. n. 4. 80
Sonderabdruck aus: „Der obergerm.-raet. Limes des Römerreiches".

Fink, J., d. 1000jährige Reich, e. Hoffnung d. Jünger Jesu. 8. (19 S.) Basel 898. P. Kober. n. — 20

Fink, J. v., Versuch einer Geschichte des Vicedomamtes Nabburg. 8. (München, Fleischmann in Comm.) 819.

Fink, J. B., die Lilie vom Randen, d. i.: das Leben der heil. Ottilia, Kirchenpatronin zu Randegg im Hegau; in Versen erzählt. 12. Schaffhausen 841, Brodtmann. 1/4 ℛ

Fink, J. M., und L. Claus, Beiträge zur Volks-Schulkunde von Württemberg. (1. Abthl.) 4. (IV und 24 S.) Ulm 859, [Frey.] *

Fink, J. P. C., Erinnerung. e. Worte d. Bld. e. Erbauungsb. 8. Lingen, Jülicher, 791.

Fink, I. P. L., Ludi pueriles. 8. Lemgo, Meyer. 780.

Fink, J. Paul, d. Auferweckung Lazari. in Betr. 8. Hamburg. Rostock. 787. Rthlr.

Fink, J. W., kann das Christentum das soziale Elend beseitigen? (40 S.) kl. 8. Tübingen 906. J. W. Fink. — 30

Fink, J. W., Kann das Christentum das sociale Elend beseitigen? 8°. Tübingen, J. W. Fink, 1907.

Fink, Jd. L.

— Abhdlg. v. d. anomal. Gallenkrankheit. in Tecklenburg. 776—80. a. d. Lat. 8. Frft. Fleischer. 791.

— Exercitationes physico-medicae de admiranda naturae simplicitate etc. 8. Rint. (Helwing in Hann.) 785.

Fink, Jd. L., v. Gallenkrankheiten ꝛc. a. d. Lat. gr. 8. Nrnbg. Stein. 787.

— de morbis biliosis. 8. Frft. Coppenrath in Münster. 780.

— Specimen med. hist. insitionis in comit. Teklenb. et Lingen, etc. 4. Lingen, Iulicher. 793.

— v. d. verschied. Verfahren der Völker bey Krankheiten. 8. Ebend. 789.

— Vers. e. allgem. medic. praktisch. Geographie u. s. w. 3 Bde. gr. 8. Lpz. Weidmann. 792—95. (1r. 2r. 5 Rthlr. 3r. 2 Rthlr. 12 gr.)
Schreibp. (1r. 2r. 6 Rthlr. 3r. 3 Rthlr.)

Fink, Jh. Hnr., Beantwortung der v. Sinclair aufgeworf. Frage üb. die verschied. Schafarten in Deutschland. 8. Halle 798. Gebauer. 6 ℛ 64 S.

Fink J. H.: Beantwortung d. v. J. Sinclair aufgeworfenen Fragen, betreffend die verschiedenen Schaafarten in Deutschland. Halle 1798. 64 S. P.

Fink, Joh. Heinr., Beschreibung der Pocken der Schafe und der Wirkung der angew. Inoculation der Pocken. 8. Halle 797. Gebauer. M. —.40

— Beschreib. d. Pockenkrankheit der Schaafe. 8. Halle, Gebauer. 798.

— Fortsetz. der Nachr. vom Erfolg d. Stallfütterung d. Schafe rc. in Gröbzig. 8. Leipz. 786. (Brockhaus). 4 gr.

Fink, Joh. H., Fortsetz. d. Nachricht. v. Erfolg der Stallfütterung in Gröbzig. 8. Lpz. Gleditsch. 786.

— s. Nachr. über den Erfolg rc.

— Schreiben über ungekünstelte Verfeinerung aller groben Wolle. 8. Zelle 790, auch mit d. Jahrz. 794. (Hahn in Hannov.) 4 gr.

— verschied. Schriften u. Beantwortt., betreff. die Schafzucht in Deutschland. 8. Halle 799. Gebauer. 12 gr.

v. Fink, (Jos.,) üb. d. Einfluß jener Conföderationen in Deutschland, an welchen d. Durchl. Haus Baiern seit d. ewigen Landfrieden bis z. d. westph. Frieden Theil genommen hatte. gr. 4. 822. (München, Lindauer.)

– dass., s.a. F i n k , Jos. Alo. v.

Fink, Joseph: Pomponius Mela und seine Chorographia. Rosenheim 1880: Niedermayr. 23 S. 8°.
2. Jahresbericht über die königl. bayer. Lateinschule Rosenheim für das Studienjahr 1879/80, Beil.

Fink, J., Regensburg in seiner Vorzeit und Gegenwart. Beschreibung der Stadt und Umgebung. 8. (72 S. mit 19 Illustr., 1 Kärtchen und Stadtplan.) Regensburg 886, Bauhof. *

Fink, J., Regensburg in seiner Vorzeit u. Gegenwart. Beschreibung der Stadt u. Umgebg. Mit 22 Abbildgn., e. Kärtchen u. Stadtplan. 2., verm. Aufl. 8. (82 S.) Regensburg 890. Bauhof. n. 1. —

Fink, J., Regensburg in seiner Vorzeit u. Gegenwart. Beschreibung der Stadt u. Umgebg. 3., verm. Aufl. 8. (IV, 100 S. m. 22 Abbildgn., 1 Kärtchen u. Stadtplan.) Regensburg 894. H. Bauhof. n. 1. —

Fink, J., Regensburg in s. Vorzeit u. Gegenwart. Beschreibg. d. Stadt u. Umgebg. M. 22 Abb., 1 Kärtchen u. Stadtplan. 5., verm. Aufl. 8. (IV, 100 S.) Regensburg 898. H. Bauhof. n. 1. —

— Regensburg in seiner Vorzeit u. Gegenwart. Beschreibung der Stadt u. Umgebg. Mit 22 Abbildgn., 1 Kärtchen u. Stadtplan. Neue [Titel-]Ausg. der 5. verm. Aufl. 8. (IV, 100 S.) Regensburg [898]. 900. H. Bauhof. n. 1. —

Fink, J., Regensburg in seiner Vorzeit u. Gegenwart. Beschreibung der Stadt u. Umgebg. Mit 30 Abbildgn. 1 Kärtchen u. Stadtplan. 6. verm. Aufl. (116 S.) 8. Regensburg 903. H. Bauhof. n. 1. —

Fink, J., Regensburg in seiner Vorzeit u. Gegenwart. Beschreibung der Stadt u. Umgebg. 8. Aufl. Durchgesehen u. ergänzt v. H. Ortner. (123 S. m. Abbild., Taf., 1 Kärtchen [auf dem Umschlag] u. 1 Stadtplan.) 8. Regensburg 910. H. Bauhof. 1. —

Fink, Jos. (k. Studienlehrer), *Rosenheims Umgebung in römischer Zeit.* (Progr.) Rosenheim 1882. Druck von M. Niedermayr. 8°. Cart.
50 S., 1 Bl. Err., 2 Bll. Pläne. Lat. Lett.

Fink, Jos. v. (k. b. Ministerialrath etc.), ueber die politischen Unterhandlungen des Churfürsten Johann Wilhelm von der Pfalz zur Befreyung der Christenheit in Armenien vom Joche der Ungläubigen, von 1698 bis 1705. München, Akad., 1829. 4°. 30 S., 1 Bl. Err. Beibd.

– dass. , s.a. F i n k , Jos. Alo. v.

—— Der Verschluss bei den Griechen u. Römern. gr. 8. (58 S. m. 2 Taf.) Ebd. 890. [* 2 —] * 1 60

Fink, Jos. Alo. v.

— s. Archive, d. geöffneten.

v. Fink, Jos. Alo., über den Einfluß jener Conföderationen in Deutschland, an welchen d. Durchl. Haus Baiern seit d. ewigen Landfrieden bis zu d. westph. Frieden Theil genommen hatte. gr. 4. München 822. (Lindauer; a. Franz). 9 gr.

– dass., s.a. F i n k, Jos v.

— über die polit. Unterhandlungen des Kurfürsten Johann Wilhelm von der Pfalz zur Befreiung von der Christenheit in Armenien vom Joche der Ungläubigen, v. 1698 bis 1705. 4. Münch. 829. (G. Franz). 9 gr.

– dass. , s.a. F i n k , Jos. v.

v. Fink, Jos. Alo., Vers. einer Geschichte des Vicedomamtes Nabburg. 8. München 819. (Fleischmann). 16 gr.

Fink, Isidor [aus Nachod]: Uber die Einwirkung von Brom auf Allylalkohol ... Giessen, C. v. Münchow, Univ.-Dr., 1890; 32 S., 1 Bl. 8.
Giessen, Phil. Fak., Inaug.-Diss. v. 1897

Fink Isidor: Über die Einwirkung von Brom auf Allylalkohol. Vorläufige Mitteilung.
S. 96. II. 732 . . . . vgr.
Separatabdruck

Fink, J[ulius], Prof. Dr.: Die elektrische Starkstromanlage für den physikalischen Unterricht am Ostergymnasium zu Mainz. *Mainz 1902: H. Prickarts.* (S. 3—10.) 4°
Mainz, großh. Oster-G, OP 1902 (710)

Fink K.: Der Abtheilungsunterricht. 18. Bozen L.-B.-A. 79. Progr.

Fink, Carl, Abhandlungen über Kolben- und Centrifugalpumpen. gr. 8. (83 S. mit eingedr. Holzschn. und 1 Kpfrt. in qu. 4.) Berlin 867, (Gaertner.) *
Aus: Zeitschrift des Vereins deutscher Ingenieure, besonders abgedruckt.

Fink, K., kurzer Abriss e. Geschichte der Elementar-Mathematik, m. Hinweisen auf die sich anschliessenden höheren Gebiete. gr. 8. (X, 269 S. m. Fig.) Tübingen 890. Laupp. n. 4. —

Fink, [*Max Ludwig*] Carl [aus Berlin]: Beiträge zur Statik des Landbaues ... Merseburg, Buchdr. v. F. Stollberg, *1893*; 109 S., 1 Bl. 8.
Breslau, Phil. Fak., Inaug.-Diss. v. 16. Jan. 1893

Fink, Carl, Beiträge zur Statik des Landbaues. Diss. gr. 8. (109 S.) Merseburg 893. (Breslau, L. Köhler.) n. 1. —

Fink, K., Lazare Nicolas-Marguerite Carnot, sein Leben u. seine Werke. Nach den Quellen dargestellt. gr. 8. (VII, 128 S.) Tübingen 894. H. Laupp. n. 2. 60

— Dupin. [Aus: „Korrespondenzbl. f. d. württ. Gelehrten- u. Realschulen".] gr. 8. (27 S.) Tübingen 893. F. Fues. n. — 80

—— Ueber die Einführung gewisser Grundbegriffe der projektiven Geometrie im Schulunterr. gr. 8. (26 S.) Tüb. 891, Fues. * — 80
Aus: Korrespondenz-Blatt für die Gelehrten- u. Realschulen Württembergs, besonders abgedruckt.

Fink, Karl, Appr. Arzt, II. Assist. an d. inn. Abt. d. städt. Krankenanst.: Aus d. Kgl. chir. Klinik in Königsberg. Über die Entstehung traumatischer Epithelzysten. Königsberg i. P. 1910: Leupold. 31 S. 8°
Königsberg, Med. Diss. v. 22. Juni 1910, Ref. Lexer
[Geb. 8. Febr. 83 Königsberg i. P.; Wohnort: Königsberg; Staatsangeh.: Preußen; Vorbildung: Friedrichs-Koll. Königsberg Reife O. 04; Studium: Königsberg 10 S.; Coll. 6. Juli 09; Approb. 13. Mai 10.] [U 10. 2568

— u Auer, 10 Figurentafeln und 84 Ubungsblätter zur elementaren systematischen und darstellenden Geometrie der Ebene. 1. u 2. Kurs. (84 Blatt) Tübingen 1896

Fink, Karl: Über windschiefe Flächen im allgemeinen und insbesondere über solche des sechsten Grades .... (Sep.-Abdr. aus d. Korrespondenzbl. für d. Gelehrten- u. Realschulen Württembergs.) Tübingen, L. Fr. Fues'sche Buchdr. (Fues & Kostenbader), 1887; 1 Bl. + 30 S. 8°.
Tübingen, Naturw. Fak., Inaug.-Diss. v. 1887.

Fink, Karl, Gedichte. Mit einem Prolog v. J. B. Rousseau. 2. Aufl. 8. (11½ B.) Köln 842. [Bädeker.] *

Fink, Karl, Gedichte. Mit einem Prolog v. Dr. J. B. Rousseau. 2. Aufl. kl. 8. Köln 842, Welter. n. 2/3 ßf

Fink, Carl, Gedichte. Hannover 860. C. Rümpler in Comm. 8. (VIII, 296 S.) n. 1 ßf

Fink, Karl, die Gehörübungen im k. k. Taubstummen-Institute in Wien, nebst method. Anleitg. gr. 8. (17 S. m. 2 Tab.) Wien 894. (Sallmayer'sche Buchh.) n. 1. —

Fink, Karl (Hrsg.), s. Genossenschafts-Korrespondenz.

Fink, K., d. elementare systemat. u. darstell. Geometrie d. Ebene i. d. Mittelschule. 1. u. 2. Kurs, f. d. Hand d. Lehrers bearb. gr. 8. (XVII, 151 S.) Tübingen 896. H. Laupp. n. 2. —; m. 10 Fig.-Taf. u. 84 Bl. f. d. darstell. geometr. Übgn., gezeichn. v. Auer, in Futteral n. 2. 80

[F.] Der Kampf um die Ostmark. E. Beitrag z. Beurtheilg d. Polenfrage v. C[arl] **Fink.** *Berlin: H. Walther 1897.* (VII, 343 S.) 1 Bd 8. [97. 7751

Fink, K., die geometrische Construction und Farbengebung des Flach-Ornamentes zum Gebrauch für Töchterschulen, gewerbliche Schulen, Decorationsmaler etc. 6 Hefte. Fol. (à Heft 8 Bl., wovon 4 in Farbendr.) Karlsruhe 875,76, Veith. à Heft *ℳ 5. *

—— Construction der Kolben- und Centrifugalpumpen, Ventilatoren und Exhaustoren für techn. Lehranstalten, sowie für den prakt. Gebrauch. gr. 8. (VII, 158 S. mit 24 in den Text gedr. Holzschn. und 4 lithogr. Taf. in qu. gr. 4.) Berlin 872, Gärtner. (*ℳ 5,50.) *

Fink, C., über die Construction der Centrifugalpumpen, Ventilatoren und Exhaustoren. gr. 8. (32 S. mit eingedr. Holzschn.) Berlin 870, (Gärtner.) *
Aus: Zeitschrift des Vereins deutscher Ingenieure, besonders abgedruckt.

—— Lehrbuch der ebenen Geometrie. 2. Thl. Im Anschluß an „Dr. Ferd. Kommerell's Lehrbuch der ebenen Geometrie, 3. Aufl.". gr. 8. (IX, 163 S. mit 60 in den Text eingedr. Holzschn. und vielen Uebungen.) Tübingen 884, Laupp'sche Buchh. *
1. Thl. s. Kommerell, Ferd.

— **Monge.** [Aus: „Korrespondenzbl. f. d. württ. Gelehrten- u. Realschulen".] gr. 8. (27 u. 21 S.) Ebd. 892. n. 1. —

FINK, Carl (Pottenstein): Ueber Pyaemie und Septikaemie.- München: Straub 1873. 8 S.- S.-Abdr. aus: Ärztl. Intelligenzblatt. 1873,5.6.
16.5.1872 - Urk (Titel: De pyaemia.); F 73; Chr 1871/72,20
Diss.Ingolst.-Landsh.-Mchn.

— Sammlung v. Sätzen u. Aufgaben z. systemat. u. darstell. Geometrie d. Ebene in d. Mittelschule. 1. u. 2. Kurs, f. d. Hand d. Schülers bearb. gr. 8. (IV, 108 S.) Ebd. 896. n. 1. 60; m. 10 Fig.-Taf. u. 84 Bl. f. d. darstell.-geometr. Übgn., gezeichn. v. Auer, in Futteral n. 2. 80

— **dasselbe. 3. Kurs: Üb. d. Abbildg. geometr. Systeme. 4. Kurs: Einführg. i. d. Grundlehren d. projekt. Geometrie. Als Hilfsbuch f. d. Schule bearb. gr. 8. (XXIV, 268 S. m. 120 Fig.) Ebd. 897. n. 4. —; geb. n. 4. 60**

Fink, Carl, Sammlung von Zeichnungen ausgeführter Maschinen, als Vorlegeblätter für Bau-, Kunst- u. Gewerbe-Schulen, sowie zum Gebrauche für Ingenieure u. Architekten. (In 6 Liefgn.) 1—4. Liefg. Berlin 860—62. A. Jonas. gr. Fol. Jede Liefg. von 6 lith. Bl. Subscr.-Pr. n. 2 ßf 10 ngr.; einzelne Liefgn. à n. 2 ßf 15 ngr.; einz. Bl. à n. 15 ngr.

— **Tübingen, s.: Städtebilder u. Landschaften aus aller Welt.**

Fink, u. Auer, 84 Uebungsblätter f. das geometrische Zeichnen. 2. Ausg. qu. gr. 8. Mit Begleitwort. gr. 8. (7 S.) Tübingen 902. H. Laupp. In Futteral n. 2. —

Fink, K., welche Fragen d. öffentlichen u. Schullebens umfasst die Interessensphäre e. Turnlehrer-Vereins? Vortrag, geh. am 31. Aug. 1892 in Stuttgart. gr. 8. (31 S.) Tübingen 892. (A. Moser.) n. — 80

Fink, Karl Wilh., aus dem Reiche der Mentalwelt. Eine theosoph. Betrachtg. der Wahrheit. (23 S.) 8. Leipzig 904. E. Fiedler. n. — 50

Fink, L. Karte von Hohenzollern und Theile der benachbarten Staaten. 1 : 125 000. Sigmaringen 1874. 1 Bl. c. L.

Fink, Leo: **Chlorierung** der Sulfanilsäure und Phenolparasulfosäure. *Königsberg i. Pr. 1904: H. Jaeger.* (35 S.) 8°
Königsberg, Phil. Diss. v. 28. Juni 1904

Fink, Leo, a. Ering am Inn: Das Verhältnis der Aniobrücken zur mulvischen Brücke in Prokops Gotenkrieg. ⟨Mit 3 Kartenskizzen.⟩ Berlin: R. Trenkel 1907. (58 S.) 8°
Jena, Phil. Fak., Ref. Judeich, Diss. v. 20. Sept. 1907
[Geb. 22. Jan. 82 Gumpersdorf; Wohnort: Jena; Staatsangeh.: Bayern; Vorbildung: Gymn. Passau Reife Juli 00; Studium: München 8, Jena 2 S.; Rig. 13. Juli 07.]

Fink, Leonh., Schneegestöber, s: Schumann's stenographische Lesestoffsammlung. 7. Hft.

v. Fink, Louise, (nachher. verehl. Krause,) poet. Versuche. gr. 8. Bresl. (802). 2e Aufl. (810). Buchbeister. 8 gr.

Fink, Ludwig, s.a. Fing, Ludwig

Fink, Ludw. (H.), 24 verjüngte Massstäbe in Metermass dargestellt von 1/10000 bis auf die natürliche Länge. Unentbehrlich für jeden Baubeamten, Ingenieur, Forstmann etc. qu. 4. (4 Stnt.) Sigmaringen 872, Liehner. *

Fink, Ludw. M.

Fink, Ludw., türkischer Dragoman. Grammatik, Phrasensammlg. u. Wörterbuch der türk. Sprache. Ein Vademecum f. Reisende im Orient, sowie zum Gebrauch f. den Unterricht. gr. 8. (VI, 162 S.) Leipzig 872. Brockhaus. n. 2. 80

Fink, Ludw. M., türkischer Dragoman. Grammatik, Phrasensammlung u. Wörterbuch der türk. Sprache. Ein Vademecum f. Reisende im Orient, sowie zum Gebrauch für den Unterricht. 2., verb. u. verm. Aufl. 8. (VII, 200 S.) Leipzig 879. Brockhaus. n. 3. 50; geb. n. 4. 50

Fink, M., und E. **Vorbrodt,** das Kirchenjahr in der Schule, behandelt nach dem Lutherischen Katechismus in Wochenaufgaben, zufolge des Regulativs vom 3. Octbr. 1854. Seehausen 855. (Schönebeck, Berger.) 12. (XII, 57 S.) n. 5 ngr.

Fink, Max, Referendar: Der Kaufmannsbegriff nach dem Handelsgesetzbuch vom 10. Mai 1897. Posen 1910: Rosenthal. VIII, 74 S. 8°
Breslau, Jur. Diss. v. 30. Dez. 1910, Ref. H. Meyer, Schott
[Geb. 25. Juni 82 Pleschen; Wohnort: Posen; Staatsangeh.: Preußen; Vorbildung: Gymn. Rawitsch Reife M. 03; Studium: Berlin 1, München 1, Berlin 2, Breslau 2 S.; Rig. 8. Juni 09.] [U 11. 596

Fink, Max Ludwig Carl, s. Fink, Karl

Fink, O.

— der standhafte Prinz, s.: Calderon de la Barca.

Fink, Osk., Hilfsbüchlein beim Religionsunterrichte, enth. Merkworte aus den bibl. Geschichten, zusammengestellt u. nach dem Gange d. luth. Katechismus geordnet. 2. Aufl. gr. 8. (60 S.) Zittau 892. E. Oliva. n. — 25

Bündlerkniffe beleuchtet von Curatus Dr. [Otto] **Fink.** *Breslau: Selbstverl.* (aufgekl.: *Müller & Seiffert in Komm.) 1898.* (IV, 139 S.) 8° [F.] [99. 7872

Die Christus-Darstellung in der bildenden Kunst. Eine kunstgeschichtl. Studie. Von Dr. [Otto] **Fink,** Pfarrer. Breslau: G. P. Aderholz 1907. (48 S.) 8° [F.] [08. 8717

Fallstricke der Seele. 6 Fastenvorträge von Curatus Dr. [Otto] **Fink**. *Breslau: G. P. Aderholz 1900.* (98 S.) 8° [F.]

Der falsche Glockenschlag oder Recht und List. Histor. Schauspiel in 5 Aufz. von Dr. O[tto] **Fink**, Präses d. kath. Jugendver. in Breslau. *Breslau: Goerlich & Coch in Komm. [1901].* (63 S.) 8° [F.]

Irrpfade und Gotteswege. Bilder aus d. Jugendleben d. heil. Augustinus nach s. Bekenntnissen von Dr. [Otto] Fink, Pfarrer. Breslau: Aderholz 1908. 82 S. 8°

[F.] Unsere Mutter. Sechs Vorträge über d. wahre Kirche Christi, d. Andenken d. seligen Canisius gewidmet v. Curatus Dr. [Otto] **Fink**. . . . *Breslau: G. P. Aderholz 1898.* (2 Bl., 121 S.) 1 Bd 8.

Fink, Otto Jak., s. 1) Bemerkk. üb. d. Finanzwesen. 2) Etwas über Banken.

Fink, P. Das Plan- oder Kartenlesen. Stuttgart 1861.

Fink, P.: Die Situations- und Terraindarstellung... s. Finck, P.

Fink, Paul [aus Posen]: Aus d. Kgl. Chirurg. Klinik zu Greifswald. Multiple Adenome im Mastdarm als Ursache für Carcinom ... Greifswald, Druck v. J. Abel, 1894; 31 S., 1 Taf. 8.
Greifswald, Med. Fak., Inaug.-Diss. v. 2. Aug. 1894

Fink, Paul, Kinder- u. Volkslieder usw. aus Stadt u. Kanton Schaffhausen, s.: **Stoll,** Elise.

Fink, Paul s. Stoll, (Frl.) Elise, [und] Fink, Paul. Kinder- und Volkslieder ... aus ... Schaffhausen... .

Fink, Paul. Das Weib im französischen Volksliede. 8.
Ausg. A: Diss. Phil. [I.] Univ. Zürich. .. von P' F' aus Schaffhausen. [Mit Widmung und Vita.] IV + X + 120 S. Weimar, Druck R. Wagner Sohn, 1903.
Ausg. B: Von P' F'. II + X + 119 S. Berlin, Mayer & Müller. 1904. [M. 2. 80]

Fink, Ph., die Arbeiter-Orden. Ein Vorschlag zur raschen u. endgült. Lösg. der sozialen Frage auf friedl. Wege. gr. 8. (51 S.) Stuttgart 888. (Fink.) n. — 60

— Der Organismus der Arbeiter-Orden. 8°. Mainz 1889.

Fink, Pius, Construction der Maschinentheile. gr. 4. (VIII und 177 S. mit 25 Taf. und vielen in den Text gedr. Holzschn.) Wien 859, Gerold's Sohn. *

Fink, R., Das Klima von Giengen a. d. Brenz nach 25jährigen Beobachtungen. Heilbronn 1893.

Fink, Richard [aus Wolfenbüttel in Braunschweig]: Über die Affinität der Vitriolmetalle zur Schwefelsäure .... Freiburg i. B., Univ.-Buchdr. v. Chr. Lehmann, 1888; 40 S. 8°
Freiburg i. B., Phil. Fak., Inaug.-Diss. v. 1888

Ein kleines Abenteuer. Gesangscherz von Rudolf **Fink**. Mülheim-Ruhr: J. Bagel [1905]. (2 Bl.) 4° [F.]
— **Sammlung** neuer Kouplets. No 924.

Das ist interessant. Kouplet von Rudolf **Fink**. Mülheim-Ruhr: J. Bagel [1905]. (2 Bl.) 4°
— **Sammlung** neuer Kouplets. No 922.

Das kommt sehr selten vor! Orig.-Kouplet ⟨Musik u. Text⟩ von Rudolf **Fink**. Mülheim-Ruhr: J. Bagel [1905]. (2 Bl.) 4° [F.]
— **Sammlung** neuer Kouplets. No 3.

Das weiss ich nicht genau. Orig.-Kouplet ⟨Text u. Musik⟩ von Rudolf **Fink**. Mülheim-Ruhr: J. Bagel [1905]. (2 Bl.) 4° [F.]
— **Sammlung** neuer Kouplets. No 9.

Der schönste Edelstein. Lied von Rudolf **Fink**. Mülheim-Ruhr: J. Bagel [1905]. (2 Bl.) 4°
— **Sammlung** neuer Kouplets. No 927.

Die deutsche Höflichkeit. Orig.-Soloscene mit Gesang ⟨Text u. Musik⟩ von Rudolf **Fink**. Mülheim-Ruhr: J. Bagel [1905]. (2 Bl.) 4° [F.]
— **Sammlung** neuer Kouplets. No 5.

Auf der Höhe der Zeit. Soloszene von Rudolf **Fink**. Mülheim-Ruhr: J. Bagel [1905]. (2 Bl.) 4° [F.]
— **Sammlung** neuer Kouplets. No 923.

Ein echt Berliner Kind. Orig.-Kouplet ⟨Text u. Musik⟩ von Rudolf **Fink**. Mülheim-Ruhr: J. Bagel [1905]. (2 Bl.) 4° [F.]
— **Sammlung** neuer Kouplets. No 10.

Verschiedene Küsse. Kouplet f. Damen von Rudolf **Fink**. Mülheim-Ruhr: J. Bagel [1905]. (2 Bl.) 4°
— **Sammlung** neuer Kouplets. No 926.

Pech-August. Soloszene von Rudolf **Fink**. Mülheim-Ruhr: J. Bagel [1905]. (2 Bl.) 4° [F.]
— **Sammlung** neuer Kouplets. No 925.

Bei Tag und bei Nacht! Orig.-Kouplet von Rudolf **Fink**. Mülheim-Ruhr: J. Bagel [1905]. (2 Bl.) 4° [F.]
— **Sammlung** neuer Kouplets. No 6.

Warum denn nur so eilig? Orig.-Kouplet ⟨Text u. Musik⟩ von Rudolf **Fink**. Mülheim-Ruhr: J. Bagel [1905]. (2 Bl.) 4° [F.]
— **Sammlung** neuer Kouplets. No 11.

Der Zigarrenkenner. Orig.-Kouplet ⟨Text u. Musik⟩ von Rudolf **Fink**. Mülheim-Ruhr: J. Bagel [1905]. (2 Bl.) 4° [F.]
— **Sammlung** neuer Kouplets. No 8.

Fink, S., Lehr- u. Übungsbuch der französischen Sprache f. Kellner- u. Küchenlehrlinge. (75 S.) 8. München 907. Buchdruckerei u. Verlagsanstalt C. Gerber. Kart. nn 1.25

Fink, Theobald(us) Frider(icus): De amphibiorum systemate uropoetico. [Praeses:] Ioannes Fridericus Meckel. Halae (1817): Grunert. 36 S. 8°
Halle-Wittenberg, Med. Diss. v. 5. Nov. 1817
Geb. Abbenrode (Nordharz; Kr. Halberstadt) [18. 3. 1792]. V.

Catalogue des livres français, anglais et italiens, qui se trouvent dans la Bibliothèque d'Abonnement de Vincent Fink. Libraire à Linz, au grand marché, Nr. 140. Linz, 1855. (IV. 42 S. 8.)

Fink, W., s. Dürr's Rechenbuch.

Fink, W., Gemälde a. Rom, s. Gemälde

Fink, Wilhelm von, s. Renthe, Wilhelm von

Fink, Wilhelm

Fink, W., de concordatis. Dissertatio canonica. gr. 8. (IX, 250 S.) Lovanii 879. (Aachen, Barth.) n. 3. —

Fink, Wilh., kleine Handfibel. Enth.: Vorübungen zu der Otto Schulz'schen Handfibel. 8. (20 S.) Berlin 871. Oehmigke's Verl. n.n. — 15

Fink, Wilh., systematisch geordneter Leitfaden für den Zeichenunterricht in Volksschulen. 1—5. Heft (à 12 lith. Bll.). Langensalza 867—69. Verlags-Comptoir. qu. 4. Jedes Heft 7½ *ngr.*

Fink, Wilhelm (Mainz)
Thesen aus der gesammten Heilkunde, welche den 20.4.1827 zur Erlangung der Doctorwürde in der Medicin, Chirurgie und Geburtshülfe öffentlich vertheidigen wird: Wilhelm Fink, aus Mainz.
Giessen: Schröder 1827. 7 S. vorh. 7.
Dr. med. 20.4.1827.

— 1288 gleich und ähnlichlautende Wörter nebst ihrer Anwendung in 1263 Sätzen. Ein Hülfsbuch für den orthograph. Unterricht. gr. 8. (72 S.) Leipzig 874, Siegismund und Volkening. *

Fink, Wilh., plastische Zeichenvorlagen für die Oberklassen der Volksschulen, sowie für Handwerkerschulen, Fortbildungsschulen, Präparandenanstalten, Seminare, Realschulen und Gymnasien. 1. und 2. Serie. gr. Fol. (à Serie 4 Bl.) Neustadt-Leipzig 888, Henze. In Mappe à Serie **M 1.50. **

Fink, Wolfram: Der Flysch im Tegernseer Gebiet mit spezieller Berücksichtigung des Erdölvorkommens. 1904. 30 S., 1 Kt. 4° ¶ Aus: Geognost. Jahreshefte. Jg. 16. 1903.
München, Dr.-Ing.-Diss. v. 22. 3. 1904

Die durch den Westphälischen Frieden glücklich hergestellete Religions- und Gewissensfreyheit, wurde an dem Gedächtnisstage des vor hundert Jahren unterzeichneten Westphälischen Friedens bey einer feyerlichen Versammlung in der Königlichen deutschen Gesellschaft vorgestellet von ... JOHANN WILHELM FINK von FINKENSTEIN ... Königsberg 1748. den 24. October. — fol.

Finkam, Aug., die an Braunschweiger u. Hannoveraner verliehenen Ehrenzeichen f. Krieg, Verdienst u. Dienstalter. Gesammelt u. beschrieben. gr. 8. (39 S. m. 20 Abbildgn.) Hannover 901. (F. Lafaire.) n. 1.60

Finkbeiner, Ernst [prakt. Arzt aus Basel]: Die ersten 1010 Fälle der Basler Heilstätte für Brustkranke in Davos-Dorf. Statistisch bearbeitet. Basel 1904. 69 S. 8°.

Basel. Med. Diss. 1903/1904.

Finkbeiner, W., wie pflege u. erhalte ich meine Zähne? gr. 8. (10 S.) Reval (901). F. Wassermann. n. — 75

Finke, s.a. F i n c k e

Finke, Annomarthe an Greten ein Thüringsches Bauerlied. Lpz. Hofmeister. 810.

Finke. Ueber die Einrichtung des Waisenhauses zu Barntrupp. *Lemgo.* 1 7 8 7

Finke, heutige Lineartaktik u. ihre pragmatische Entwicklung. gr. 8. (46 S.) Wien 888. (Seidel & Sohn.) n. 1.20

Finke, C. L., naturhistor. Bemerkungen, betreffend eine auf meteorolog. Beobachtung sich stützende Beschreibung des Moordampfs in Westphalen, und seine nachtheiligen Einflüsse auf die hiesige Witterung rc. gr. 8. Hannover, Hahn. 820.

Geschichte des K. u. k. ungarischen Infanterie-Regiments Nr 37 Erzherzog Joseph. Auf Veranlassung d. Regimentes verf. von Edmund **Finke**, Oberst. In 2 Bden. Mit 3 Portr. Bd 1. 2. Wien: (Selbstverl. d. Reg.) 1896. 8° [II. 1847

Finke, F.: Darstellung eines Plans z. Gebrauche b. Vorlesungen über d. gem. deutsch. Process. *Göttingen*, Vandenhoeck und Ruprecht. 1806. 8. (8 Gr.)

– dass., s.a. F i n k e , Jh. K.

Die goldene Kürzung, welche wohl für jedes deutsche System der Stenographie anwendbar ist ... u. welche zsgest. ist aus s. Allgem. System d. Stenogr. f. Deutsch, Engl., Franz. u.s.w. von F. A[nton] **Finke**. Abt. 1. [Mehr nicht erschienen.] Minden: Selbstverl. 1896. (2 Bl.) 8° [F.] [4-1491

Finke, F. A., d. goldene Kürzung, welche wohl f. jedes deutsche System d. Stenographie anwendbar ist u. außerordentl. Schnelligkeit gewährt u. welche zusammengestellt ist aus s. allgem. System d. Stenographie f. Deutsch, Englisch, Französisch u. s. w. 1. u. 2. Abtlg. 12. (4 u. 3 S.) Minden 896. (C. Marowsky.) n. 1.25

— dasselbe. 4. Abtlg. 12. (4 S.) Ebd. 896. n. — 60 (1, 2 u. 4: n. 1.85)

— Sistema generale di stenografia per la lingua italiana ecc. 1. grado. I. parte, 1. divisione. 12. (2 S.) Ebd. 896. n. — 20

— dasselbe. II. grado. III. parte, I. divisione. 12. (2 S.) Ebd. 896. n. — 20

Ein allgemeines System der Stenographie in fortschreitenden Stufen f. Deutsch, Engl., Franz. u. s. w. mit Berücks. d. russ. u. griech. Alphabetes in 6 Lfgen von F. A[nton] **Finke**. Lfg 1; 2, Abt. 1; 3; 4, 1; 5, 1. 2. [Mehr nicht erschienen.] *Minden: Selbstverl. 1894–96.* 6 Bde 8° [F. u. Ant.] [4-1491

— e. allgem. System d. Stenographie in fortschreit. Stufen f. Deutsch, Englisch, Französisch u. s. w. m. Berücksicht. d. russ. u. griech. Alphabetes in 6 Lfgn. 1. u. 3. Lfg. 12. Ebd. 894. à n. — 75

1. I. Stufe (die 1. u. 2. Lfg. umfassend). 1. Lfg. Das Alphabet, nebst einigen Beispielen. (13 S.)
3. II. Stufe (die 3. u. 4. Lfg. umfassend). 3. Lfg. Die symbolischen Vokal-Bezeichnungen. (8 S.)

— dasselbe. 2, 4. u. 5. Lfg. (1. Abtlg.) 12. (à 4 S.) Ebd. 896. à n. — 60

— a general system of shorthand in progressing steps for English, German, French etc. with some regard to the Russian and Greek alphabets in 4 parts. I step (consisting of I and II part.) I part, I division. 12. (1 Bl.) Ebd. 896. n. — 20

— dasselbe. II step (consisting of III and IV part), III part, I division. 12. (1 Bl.) Ebd. 896. n. — 20

— système général de sténographie en degrés progressifs pour le Français, l'Allemand, l'Anglais etc. avec quelqu' égard aux alphabets russe et grec en 6 livraisons. I degré (contenant la I et la II livr.). I livr., I division. 12. (1 Bl.) Ebd. 896. n. — 20

— dasselbe. II degré (contenant la III et la IV livr.). III livr., I division. 12. (1 Bl.) Ebd. 896. n. — 20
Die Finke'schen Schriften können vom Verleger nicht mehr geliefert werden, da dieselben nach F.'s Tode an dessen Verwandte übergingen, deren Aufenthalt unbekannt ist.

Finke, Fidelio, Heimatskunde des politischen Bez. Gablonz. Ein Volksbuch, im Auftrage des Gablonz-Tannwalder Lehrervereins u. unter Mitwirkg. der Lehrerschaft des Bezirkes verf. Mit e. Karte des Bezirkes (gezeichnet v. Jos. Adam). (IV, 248 S.) 8. Gablonz 902. (H. Rößler.) Geb. in Leinw. n.n. 1.60

Finke, G., das Schreien der Steine od. Hieroglyphen, Keilinschrift u. Bibelwort, s.: Veröffentlichungen des Bibelbundes. Nr. 8.

— der Stern aus Jakob, s.: Veröffentlichungen des Bibelbundes. Nr. 9.

— wer hat die fünf Bücher Moses verfaßt? Eine historisch-krit. Studie. gr. 8. (V, 164 S.) Leipzig 900. A. Deichert Nachf. n. 1.80

Finke, Geo. Geschichte des Penny-Porto-Systems u. der Briefmarken. Mit e. Anh. üb. die Erfndg. der Postkarte. Zum 50jähr. Jubiläum der Briefmarke. Mit e. Portr. J. Chalmers, dessen Briefmarken-Entwürfen u. e. Postwertzeichen-Entwurfe Charles Whitings. gr. 8. (49 S.) Lpz. 890, Heitmann. [* 2 —] 1 50

Finke, Geo., heut u. morgen. Gedichte. (108 S.) kl. 8. Stuttgart 907. Strecker & Schröder. 1.50

Finke, Geo., Katechismus d. Briefmarkensammlers. 2. Aufl. 8. (63 S.) Bremen 891. Marbes. n. 1. —

Finke, Geo., Katechismus des Briefmarkensammlers. 3. verb. Aufl. 8. (62 S.) Bremen 901. A. Marbes. n. 1. —

—— Vademecum d. Philatelisten. 8. (65 S.) Quakenbrück 889, Meyer's Buchdr. * 1 50; cart. * 1 75

Finke, H., Ammianus Marcellinus u. seine Quellen zur Geschichte der röm. Reput Diss. 1904. 91 S.

Finke, Heinrich (Hrsg.), s. A b h a n d l u n g e n zur mittleren u. neueren Geschichte.

— s.: A c t a Aragonensia.

Finke, Heinr. (Hrsg.), s. A c t a concilii Constanciensis.

Finke, H., i.: Aus Westfalens Vergangenheit.

Finke, Heinr., Bilder vom Konstanzer Konzil, s.a. N e u j a h r s b l ä t t e r der badischen historischen Kommission. N. F. 6.

Bilder vom Konstanzer Konzil. Von **Heinrich Finke**. *Heidelberg: C. Winter 1903.* (98 S.) 8° [F.]
= Neujahrsblätter d. Badischen Hist. Kommission. N. F. H. 6. [-3-933

— Fürst Bismarck. Rede, bei der Gedächtnisfeier der kgl. Akademie zu Münster i. W. am 23. II. 1899 geh. (16 S.) gr. 8. Münster (899). (Aschendorff.) — 20

Finke, Heinrich. Die Freiburger Dominikaner und der Münsterbau. (Sonderabdruck aus « Alemannia », Neue Folge Band 2.) II + 51 S. 8. Freiburg i. Br., Friedrich Ernst Fehsenfeld, 1901. [M. —. 50]

— ungedruckte Dominikanerbriefe d. 13. Jahrh. gr. 8. (IV, 176 S.) Paderborn 891. F. Schöningh. n. 5. —

—— Der Strassburger Electenprozess vor dem Konstanzer Konzil, s. Studien, Strassburger, 2. Bd.

[F.] Zur Erinnerung an Kardinal Melchior von Diepenbrock. 1798—1898. Nach ungedr. Briefen u. s. w. Von Prof. Dr. Heinrich **Finke**. *Münster i. W.: Regensberg 1898.* (SA. aus d. Zeitschr. f. vaterl. Gesch. u. Alterthumskunde Westfalens, 55. Bd bes. abgedr.) (43 S.) 1 Bd 8. [98. 1545

Finke, H., Forschungen u. Quellen zur Geschichte d. Konstanzer Konzils. gr. 8. (VI, 347 S.) Paderborn 889. F. Schöningh. n. 10. —

[F.] Genetische und klerikale Geschichtsauffassung. E. Antw. an Prof. Dr. Karl Lamprecht v. Prof. Dr. Heinrich **Finke**. *Münster i. W.: Regensberg 1897.* (38 S.) 1 Bd 8. [97. 776

[F.] Der Madonnenmaler Franz Ittenbach (1813—1879). Von Prof. Dr. Heinrich **Finke**. M. d. Bildn. d. Künstlers u. Abb. v. 11 s. Werke. *Köln: Comm.-V. u. Dr. r. J. P. Bachem 1898.* (70 S., 1 Portr., 5 Taf.) 1 Bd 8.
— Görres-Gesellschaft z. Pflege d. Wissensch. im kath. Deutschland. Vereinsschrift f. 1898. No 2. [98. 7313

— Konzilienstudien zur Geschichte d. 13. Jahrh. Ergänzungen u. Berichtiggn. zu Hefele-Knöpfler „Conciliengeschichte" Bd. V. u. VI. gr. 8. (VII, 123 S.) Münster i/W. 891. Regensberg. n. 2. 40

[F.] Carl Müller. Sein Leben u. Künstlerisches Schaffen. Von Dr. Heinrich **Finke**, a. o. Prof. … in Münster. *Köln: Comm.-V. u. Dr. r. J. P. Bachem 1896.* (117 S., 1 Bl., 1 Portr., 5 Bl. Taf.) 1 Bd 8.
— Görres-Gesellschaft z. Pflege d. Wissensch. im kath. Deutschland. Vereinsschrift f. 1896. [No] 1. [96. 4? v

— Papsttum u. Untergang des Templerordens, s. a. Forschungen, vorreformationsgeschichtliche. IV.

Papsttum und Untergang des Templerordens. Von Dr. Heinrich **Finke**, Prof., Freiburg i. B. Bd 1. 2. Münster i. W.: Aschendorff 1907. 2 Bde 8°
1. Darstellung. 2. Quellen.
— **Forschungen**, Vorreformationsgeschichtliche. Bd 4. 5. [07. 16497 S

Finke (H.), die Papsturkunden Westfalens bis zum J. 1378, s. Urkundenbuch, westfälisches.

— s.: Quartalschrift, röm., f. christl. Alterthumskunde.

Finke, Heinr., aus den Tagen Bonifaz VIII., s. a. Forschungen, vorreformationsgeschichtliche. II.

Aus den Tagen Bonifaz VIII. Funde u. Forschungen. Von Heinrich **Finke**. *Münster i. W.: Aschendorff 1902.* (XIV, 296, CCXXIII S.) 8°
— Forschungen, Vorreformationsgeschichtliche 2. [02. 9?? 3

— Domkapitular Adolf Tibus. Gedächtnißrede, geh. i. Münsterschen Alterthumsverein am 19. Decbr. 1895. [Aus: „Zeitschr. f. vaterländ. Geschichte u. Alterthumskde. Westfalens".] gr. 8. (18 S. m. Bildn.) Münster 895. Regensberg. n. — 50

— die Urkunden d. Bisth. Paderborn, s.: Urkunden-Buch, westfälisches.

Finke, Heinr., d. kirchenpolit. u. kirchl. Verhältnisse zu Ende d. Mittelalters n. d. Darstellg. K. Lamprechts, s. a. Quartalschrift, röm., f. christl. Alterthumskunde u. f. Kirchengeschichte.

Die kirchenpolitischen und kirchlichen Verhältnisse zu Ende des Mittelalters nach der Darstellung K. Lamprechts. E. Kritik seiner 'Deutschen Geschichte' v. Prof. Dr H(einrich) **Finke**. *Rom: In Comm. d. Herder'schen Verlagsbuchh. zu Freiburg i. B. u. d. Buchh. Spithöver zu Rom 1896.* (VI S., 1 Bl., 136 S.) 1 Bd 8.
— Quartalschrift, Römische, f. christl. Alterthumskunde Supplh. 4. [96. 2039

Finke, f.: Zeitschrift f. vaterländ. Geschichte u. Alterthumskunde (Westfalen.)

Finke, Heinr. J., zwei Erzählungen für Stadt und Land. 8. (107 S.) Zwickau 860, Buchhandlung des Volksschriften-Vereins.

Finke, Heinr. Jonathan, über den Unterricht im freien Handzeichnen wie er auf Gelehrten- und Volksschulen häufig noch betrieben wird und wie er betrieben werden sollte. Eine Skizze. (Aus dem Deutschen Kunstblatt abgedr.) Ronneburg 855. Hofmeister. gr. 8. (15 S.) 3 ngl

Finke, Hermann, aus Karlsruhe: Ammianus Marcellinus und seine Quellen zur Geschichte der Römischen Republik. *Heidelberg 1904: E. Geisendörfer.* (91 S.) 8°
Heidelberg, Phil. Diss. v. 1904

Finke, Jh. K.

— Diss. inaug. de unius testis confessione. 8. Gött. 798.

Finke, J. C., Darstellung eines Plans z. Gebr. bey Vorl. 8. Göttingen, Dankwert. 806.

Finke, Jh. K., († 1816.) Darstell. eines Plans zum Gebrauch bei Vorlesungen über d. gemeinen deutschen Processe. 8. Gotting. 806. Vandenhöck u. R. 8 gl

– dass., s. a. Finke, F.

— Plan. z. Vorlesungen üb. d. Prozeß. 8. Göttingen. Vandenhök. 806.

– s. Tacitus, Lebensbeschreibb.

— s. Theophilus, Paraphrase.

Johann Paul **Finke**, Beytrag zu dem Allgemeinen Gelehrten-Lexicon. in Ansehung der gelehrten Hamburger. Hamburg. 1753. 1 ° k.

Jo. Paul. **Finke** disquis. cur ordo medicorum gratipsus dicatur. Lubec. 1741. 4.

v. Finke, Jh. Ph. Edw., die Auferweckung Lazari, in Betrachtt. 8. Hamb. 787. Rostock. 6 gl

— Erinnerungen an die Worte d. Bibel; ein Erbauungsbuch. 8. Lingen 791. Jülicher. 10 gl

— s. Ludi uverilos.

Finke, Joseph: Zur Histologie der Eclampsieplacenta. *Freiburg i. B. 1897: E. Kuttruff.* (28 [vielm. 26] S.) 8°
Freiburg i. B., Med. Diss. v. 1897

Finke, Leonhard Ludwig

— Abhandl. von der anomal. Gallenkrankheit, s. a. J. Pt. Frank, von den gallicht. Larven.

Finke, Leonhard Ludwig: Abhandlung von den anomalischen Gallenkrankheiten, die … in d. J. 1776—1780 … beobachtet worden sind. Und Johann Peter Frank: Einladungsschrift von d. gallichten Larven einiger Krankheiten. Aus d. Lat. übers. Frankfurt a. M. 1791. 320 S.

Finke, Leonhard Ludwig: Abhandlung von Gallenkrankheiten, die von ihrer gewöhnlichen Gestalt abzuweichen pflegen … Aus d. Lat. übers. mit Anm. u. Beobacht. von Christian Heinrich Schreyer. Nürnberg 1787. 285 S.

— Abhandl. v. Gallenkrankheiten rc.; aus d. Latein. (v. Chr. H. Schreyer l.) gr. 8. Nürnb. 787. Stein. 14 gl

— disquisitio phys.-med., an in canibus per castrationem possit praecaveri rabies? 4. Lingen 784. Jülicher.

Finke, Lhrd. Ldw., naturhistor. Bemerkk., betreff. eine auf vieljähr. meteorolog. Beobachtt. sich stützende Beschreibung d. Moordampfes in Westphalen, u. seine nachtheiligen Einflüsse auf d. dortige Witterung rc. gr. 8. Hannov. 820. Hahn. 8 gl

— Exercitationes physico-medicae de admiranda naturae simplicitate etc. 8. Rinteln 785. (Helwing in Hannov.) 15 ℊ

Finke, Leonh. Ludw., Der Moorrauch in Westphalen. Ein Beitrag zur Meteorologie, nach Anleitung von mehr als 100 Beobachtern geschrieben, und nach dem Wunsche der Königl. Akad. der Wissensch. zu Berlin zum Druck befördert. Nebst einer Charte. Lingen 1825.

Finke, (L.L.,) der Moorrauch in Westphalen. Ein Beitrag z. Meteorologie. Mit 1 Charte. 8. Lingen 825, Jülicher.

— de morbis biliosis. 8. Münster 780. Coppenrath. 9 ℊ

De Morbis biliosis anomalis, occasione epidemiae, cuius historia (Historica Cognitio epidemiae Tecklenburgensis annor. 1776–1780) praemissa est, ab anno 1776–1780 in Comitatu Tecklenburgensi observatis. Acc. Duorum infantum mortis causa per anatomen detecta. Auctore Leon[ardo] Ludov[ico] Finke. Monasterii Westphal.: Perrenon 1780. 178 S. 8°

— specimen med. hist. insitionis in comit. Teklenburg. atque Lingensi exercitae. 4. Lingen 793. Jülicher. 5 ℊ

Von dem verschiedenen Verfahren der Völker bei Kranken, Sterbenden und Gestorbenen. 2 Beiträge zur Geschichte der Menschheit und der Medicin. Nebst Plan eines herrauszugebenden Werkes über die einheimische Arzeneikunde der verschiedenen Völker auf der Erde. Von L[eonhard] L[udwig] Finke. Lingen: Jülicher 1789. 110 S. 8°

Finke, Leonhard Ludwig: Versuch einer allgemeinen medicinisch-praktischen Geographie, worin der historische Theil der einheimischen Völker- und Staaten-Arzeneykunde vorgetragen wird. Bd 1 – 3, gbd.

Leipzig: Weidmann 1792 – 1795

JB 5.626

— s. G. J. Wolff, Abhandl.

Finke, Otto Frdr., „unfreiwillige" Statistik der Berliner Herbstmesse. 12. (23 S.) Berlin N.-W. 893. Spener-Str. 4, Selbstverl. d. Verfassers. n. — 40

Finke, Paul: Über Scharen von ∞^3 Kurven im gewöhnlichen Raume. Berlin: Trenkel 1909. 36 S. 8°
Greifswald, Phil. Diss. v. 18. Febr. 1909, Ref. Engel
[Geb. 21. Sept. 85 Hammerstein Wpr.; Wohnort: Hammerstein; Staatsangeh.: Preußen; Vorbildung: Gymn. Konitz Reife O. 05; Studium: Berlin 4, Greifswald 3 S.; Rig. 28. Nov. 08.] [U 09. 1521

Finke, R., Quaestiones Dinarcheae. Diss. 1878. 71 S.

Finke, Wilhelm: Magnetische Messungen an Platinmetallen und monoklinen Kristallen, insbesondere der Eisen-, Kobalt- und Nickelsalze. Mit 2 Taf. Leipzig: J. A. Barth 1909. 43 S. 8° (Aus: Annalen d. Physik. F. 4, Bd 31, H. 1. 1910.)
Göttingen, Phil. Diss. v. 15. Nov. 1909, Ref. Voigt
[Geb. 20. Juni 84 Bremen; Wohnort: Bremen; Staatsangeh.: Bremen; Vorbildung: Oberrealsch. Bremen Reife O. 03; Studium: Heidelberg 5, Göttingen 6 S.; Rig. 10. M[illegible]] U 10. 1409

Finkei: Ungarische Uebersetzung der Elektra im Versmasse des Originales. 30 S.–Sárospatak, Progr. 1859

Finkel, J., die rotierende Maschine System Egersdörfer. (8 S. m. 8 Abb.) 8. Potsdam 909. Geschäftsstelle der Zeitschr. f. Elektrotechnik u. Maschinenbau. — 50
Sonderabdr. a. „Ztschr. f. Elektrotechn. u. Maschinenbau".

Finkel, Jos., die Achsenregulatoren, deren Theorie, Berechnung u. Konstruktion. (96 S. m. 79 Abbildgn.) gr. 8. Leipzig 905. C. Scholtze. n. 4. 50

Finkel, Ludov., Galli Anonymi chronicon, s.: Gallus.

Finkel, Paula (Pelagëja): Die Prognose der Beckenendlagen nach dem Material der Strassburger Frauenklinik und Poliklinik. Strassburg i. E. 1910: Müh. 20 S. 8°
Straßburg, Med. Diss. v. 18. Juni 1910, Ref. Fehling
[Geb. 1. Mai 86 Taschkent; Wohnort: Taschkent; Staatsangeh.: Rußland; Vorbildung: Minist.-Gymn. Taschkent Reife O. 04; Studium: Bern 4, Straßburg 7 S.; Rig. 6. Juni 10.] [U 10. 4042

Finkelnburg & Märklin: Einfluß der heutigen Unterrichtsgrundsätze in den Schulen auf die Gesundheit des heranwachsenden Geschlechts. Braunschweig 1878. 67 S. Sonderdr. aus: Deutsche Vierteljahrsschr. f. öffentl. Gesundheitspfl. Bd. 10. H 1.

Ueber den Einfluss der Volks-Erziehung auf die Volks-Gesundheit. Vortrag von FINKELNBURG, gehalten zu Düsseldorf in der General-Versammlung des Niederrh. Vereins für öffentliche Gesundheitspflege, am 8. November 1873. 2. Auflage. Separat-Abdruck aus Bd. II, Nr. 22—24 des Corresp.-Blattes des Niederrh. Ver. f. öffentl. Gesundheitspflege. Köln, 1875. M. DuMont-Schauberg'sche Buchhandlung. 8°.

Finkelnburg, über den Einfluss der Volks-Erziehung auf die Volks-Gesundheit. gr. 8. (20 S.) Cöln 874, Du Mont-Schauberg'sche Buchh. *
Aus: Correspondenz-Blatt des Niederrheinischen Vereins für öffentl. Gesundheitspflege, besonders abgedruckt.

Finkelnburg u. Märklin, Referat üb. d. Einfluss d. heut. Unterrichtsgrundsätze in den Schulen auf d. Gesundheit. Braunschweig 878.

Finkelnburg (Hrsg.), s. Vierteljahresschr., Deutsche, für öffentl. Gesundheitspflege.

Finkelnburg, die verminderte Zurechnungsfähigkeit, s.: Pelman, Karl

Finkelnburg, C., über die Aufgaben d. Staates zur Bekämpfung der Trunksucht. Vortrag geh. am 28. Januar 1881 im Verein f. öffentl. Gesundheitspflege zu Magdeburg. gr. 8. (26 S.) Magdeburg 881. (Faber.) — 75

Finkelnburg, C., geschichtliche Entwickelung u. Organisation der öffentlichen Gesundheitspflege in den Kulturstaaten, s.: Handbuch der Hygiene.

Finkelnburg, C., Gesetz betr. den Verkehr mit Nahrungsmitteln, Genußmitteln und Gebrauchsgegenständen, s. Meyer, F.

— die öffentliche Gesundheitspflege Englands. Nach ihrer geschichtl. Entwickelg. u. gegenwärt. Organisation nebst e. vergleich. Uebersicht der sanitar Institutionen in anderen Culturstaaten. gr. 8. (VII, 221 S.) Bonn 874. A. Marcus. n. 4. —

— s.: Pettenkofer. Festschrift des niederrheinischen Vereins f. öffentliche Gesundheitspflege etc.

— über Ziele u. Wege der internationalen Gesundheitspflege, s.: Vorträge u. Abhandlungen, gemeinnützige.

Ausgewählte Abhandlungen und Vorträge aus den Gebieten der Hygiene und Psychiatrie v. Dr. Karl Finkelnburg, weil. ... Prof. ... in Bonn. M. 2 Kt. im Text. (Hrsg.: R. Finkelnburg.) *Berlin: A. Hirschwald 1898.* (VII S., 1 Bl., 289 S., 1 Portr.) 1 Bd 8. 98. 1918

— s.: Centralblatt f. allgem. Gesundheitspflege.

Graphische Darstellung der Kriminalität und ihrer Verteilung auf die einzelnen Altersklassen auf Grund der Zahlen der Reichs-Kriminalstatistik für das Jahr 1905 von Strafanst.-Dir. Dr. [Karl] Finkelnburg. Berlin 1908: Strafanstaltsverwaltung. 1 Bl., 1 Taf. quer-2° [Umschlagt.]
(Statistik der z. Ressort d. Kgl. Preuß. Minist. d. Innern gehörenden Strafanstalten. 1907, Beil. B.) 09. 7723

Finkelnburg, Carl. Ueber die Errichtung v. Volks-Sanatorien f. Lungenschwindsüchtige. Vortrag in der Generalversammlung des niederrhein. Vereins f. öffentl. Gesundheitspflege am 2. Decbr. 1889 zu Düsseldorf. Nebst e. anschliess. Referate v. Jac. Zimmermann. 1.—3. Aufl. gr. 8. (19 S.) Bonn 890, Strauss. * — 80

⑧ Finkelnburg, C., Errichtg. v. Volks-Sanatorien f. Lungenschwindsüchtige, 890. (KBL 25.) Jetzt: Bonn, M. Hager.

Finkelnburg, Car. Maria (geb. Marialinden im Rheinl. 16. 7. 1832): De encephalomalacia ex arteriarum obstructione orta. Berolini (1853). (28 S.) 8°
Berlin, Med. Diss. v. 16. Aug. 1853

Finkelnburg, Rudolf [aus Godesberg]: Untersuchung über die Ausbreitung und Frequenz der Krebserkrankungen im preussischen Staate ... *Altenburg, Pierer'sche Hofbuchdr.*, 1894; 21 S. 8.
Bonn, Med. Fak., Inaug.-Diss. v. [26. Mai] 1894

Finkelscherer, Israel [aus Brody]: Mose Maimunis Stellung zum Aberglauben und zur Mystik ... Breslau, Druck d. Schles. Buchdr., Kunst- u. Verl.-Anst. v. S. Schottlaender, 1894; 96 S. 8.
Jena, Phil. Fak., Inaug.-Diss. v. 1894

Finkelstein, Alexis, aus Leipzig: Über passives Eisen. Mit 4 Fig. im Text. *Leipzig: W. Engelmann 1901.* (31 S.) 8°
¶(Aus: Zeitschrift f. physikal. Chemie, Bd 39, H. 1.)
Göttingen, Phil. Diss. v. [20. Dez.] 1901

Finkelstein, Alfons: Prüfung der Arbeitsgenauigkeit von Werkzeugmaschinen. Berlin: Springer [1911]. 35 S. 4° ¶ Auch als Buch; aus: Werkstattstechnik. Jg. 4. 5. 1910. 11.
Berlin, Dr.-Ing.-Diss. v. 13. 5. 1910

Finkelstein, Anton, Referendar: Der Besoldungsanspruch des Reichsbeamten nach seiner rechtlichen Natur. Leipzig: Wigand 1908. 76 S. 8°
Leipzig, Jur. Diss. v. 2. Nov. 1908
[Geb. 9. Nov. 83 Leipzig; Wohnort: Leipzig; Staatsangeh.: Sachsen; Vorbildung: Thomasch. Leipzig Reife O. 03; Studium: Heidelberg 1, Berlin 1, Leipzig 5 S.; Rig. 1. Juli 07.] [U 09.2501

Finkelstein, B., über Malonsäure. Marburg. 27 S. 1865.
Schul-/Univ.-Schrift

Finkelstein, H.

— u. L. F. Meyer, über „Eiweissmilch". Ein Beitrag zum Problem der künstl. Ernährg. (Aus dem städt. Waisenhaus u. Kinderasyl der Stadt Berlin.) (115 S. m. 63 Kurven im Text u. auf 3 Taf.) Lex. 8. Berlin 910. S. Karger. 4. —
Sonderabdruck aus „Jahrb. f. Kinderheilkde."

Finkelstein, H., über alimentäre Intoxikation im Säuglingsalter. (IV, 135 S. m. 122 Abbild. im Text u. auf 10 Taf.) Lex. 8. Berlin 910. S. Karger. 6. —
Sonderabdruck aus „Jahrb. f. Kinderheilkde."

Finkelstein, Hans: I. Über ein Derivat des Benzocyklobutans. II. Die Einwirkung einer Lösung von Jodnatrium in Aceton auf organische Halogenverbindungen. III. Über das Dichlorid des Tetraphenyläthylens. Strassburg i. E. 1910: Müh. 51 S. 8°
Straßburg, Math.-naturwiss. Diss. v. 21. Juni 1909, Ref. Thiele
[Geb. 17. Mai 85 Leipzig Lindenau; Wohnort: Leipzig; Staatsangeh.: Österreich-Ungarn; Vorbildung: Gymn. Bernburg Reife O. 04; Studium: Dresden Techn. Hochsch. 1, Leipzig 4, Straßburg 6 S.] [U 10.4110

Finkelstein, Heinr., die Bekämpfung der Säuglingssterblichkeit, s: Brugger.

— Fürsorge f. Säuglinge, s.: **Handbuch d. Hygiene.** IV. Suppl.-Bd.

Finkelstein, H., die durch Geburtstraumen hervorgeruf. Krankheiten d. Säuglings, s. a. **Klinik,** Berliner.

Die durch Geburtstraumen hervorgerufenen Krankheiten des Säuglings. Von Privatd. Dr. H[einr.] **Finkelstein** in Berlin. *Berlin: Fischer 1902.* (22 S.) 8°
= Klinik, Berliner. H. 108. [.. 6407

Finkelstein, Heinrich: Der Laubenstein bei Hohen-Aschau. Ein Beitrag zur Kenntniss der Brachiopodenfacies des untern alpinen Doggers. ... (Aus: N. Jahrb. f. Mineral. etc. Beilagebd. VI.) Stuttgart, E. Schweizerbart'sche Verlagsh. (E. Koch), 1888; 1 Bl. + S. 37 104. 8°
München, Phil. Fak., Inaug.-Diss. v. 1888

Lehrbuch der Säuglingskrankheiten von Dr. med. et phil. Heinrich **Finkelstein,** Privatd., Berlin. Hälfte 1. 2. Berlin: Fischer's Med. Buchh. 1905—12. 8°
1 (= T. 1/2). 1905. 2 (= T. 3). 1912. A 12.2048

Die Waisensäuglinge Berlins und ihre Verpflegung im städtischen Kinderasyl. Ein Beitrag z. Frage d. Anstaltsbehandlung von Säuglingen von Privatd. Dr. H[einrich] **Finkelstein** u. Dr. L[ouis] Ballin, Ärzten d. Anst. Mit 6 Abb., 2 Grundr. u. 1 Kurve. *Berlin. Wien: Urban & Schwarzenberg 1904.* (81 S.) 8° [03. 14064

— s.: Zeitschrift f. Kinderheilkunde.

Finkelstein, M., armirter Beton u. armirte Beton-Bauten (System Hennebique.) gr. 8. (48 S. m. Abbildgn.) Paris 901. (Czernowitz, H. Pardini.) n. 2. —

Finkelstein, Schifra, aus Poltava (Russland): Untersuchungen über die Resorptionsarbeit des Darmes. ⟨Aus dem physiologischen Institut Zürich.⟩ Zürich 1910. 22 S. 8°. [18. II. 10.]
Zürich. Univ. Med. Diss. 1909/10.

Finkelstein, Schifra. Untersuchungen über die Resorptionsarbeit des Darmes. Aus dem physiologischen Institut Zürich. Diss. Med. Univ. Zürich. 22 S. 8. Zürich, Schereschewsky, 1910.

Finkelstein, Simon [aus Lipsk, Gouv. Suwalki in Russland]: Ein Fall von Exstirpation des Schultergürtels nach einer neuen Methode. ... Berlin, Buchdr. v. Gustav Schade (Otto Francke) (1889); 30 S. + 1 Bl. 8°
Berlin, Med. Fak., Inaug.-Diss. v. 18. Mai 1889

Finkelstein, Wilh. (geb. Folticeni in Rumänien [1. 12.] 1847): Ueber Schusswunden des Schädels im Allgemeinen und Beschreibung eines Falles von Schusswunde des Os frontis. Berlin (1870). (31 S.) 8°
Berlin, Med. Diss. v. 20. Juni 1870

Geschichte der ehemaligen Herrlichkeit Lobberich. Ein Beitrag z. Lokalgeschichte d. Niederrhein's ... Nach gedr. u. ungedr. Quellen zsgest. von Johann **Finken.** Mit 6 Lichtdrucktaf. u. 1 Kt. Lobberich: Peters 1902. IV, 212 S. 4° [01. 14934 5

[J.] Die Stadt Kaldenkirchen. Beiträge zu ihrer Geschichte, besonders d. kathol. Pfarre. Gesammelt v. Joh(ann) **Finken** in Leuth. Festschrift z. Erinnerg an die i. J. 1897 stattfindende feierliche Einweihg der dort. neuerbauten kath. Pfarrkirche. Th. 1. *Straelen: H. Schmitz 1897.* 8. [97. 1334

Finken, Joseph: Die Reichsstadt Aachen auf dem westfälischen Friedenskongress. Ein Beitrag z. Aachener Religionsgeschichte. Aachen 1910: Kaatzer. XV, 77 S. 8°
¶(Aus: Zeitschrift d. Aachener Geschichtsver. Bd 32.)
Bonn, Phil. Diss. v. 10. Aug. 1910, Ref. Schulte
[Geb. 27. Juni 83 Hauset; Wohnort: Hauset; Staatsangeh.: Preußen; Vorbildung: Kaiser-Wilhelms-Gymn. Cöln Reife O. 04; Studium: Bonn 2, Freiburg i. B. 1, Bonn 9 S; Rig. 10. Febr. 10.] [U 10.362

Finkenau, Alfonsine Weiß-
s. Weiß-Finkenau. A 18. 5309 II

Finkenau, Jac., De memoria. Regiom. 4°. 1709

Finkenbrinck. G., De Hesiodeae, qualis ab antiquis censebatur, poesis natura et origine. Pr. 1874. 15 S. 4°.

Finkenbrink, Gerhard An essay on the date, plot and sources of Shakespeare's „a Midsummer Night's Dream". Part. I. On the date. 20 S. Progr. *Mülheim a. d. R.* 1884.

Finkenbrink, Josef: Unechte Hermaphroditen. Eine naturwissenschaftliche Studie mit neuen Beiträgen. *Münster 1897: J. Bredt.* (60 S. mit Taf.) 8°
Münster, Phil. Diss. v. [16. Nov.] 1897

Finkener: Bericht über die Untersuchungen des Tegeler Wassers. Berlin 1881

Finkener: Gutachten über das Ergebniß der vier Versuchsstationen an den Müggelbergen bei Köpenick zur Gewinnung eines als Leitungswasser brauchbaren Grundwassers. Berlin 1886

Finkener, Henr. Rud. (geb. Steinfurt in Westf. 26. 3. 1834): De nonnullis fluoris cum hydrargyro conjunctionibus. Berolini (1860). (34 S.) 8°
Berlin, Phil. Diss. v. 30. Juni 1860

Finkener, R., s. **Rose, Heinr., Handbuch der analyt. Chemie.**

Finkenkrug [Schlagwort]

Finkenkrug, s.: **Mark.**

Finkenkrug, s.: **Spandau.** Straubo, J.

Finkennest, O., die Elemente der Musiklehre in ausgeführten Lektionen. Eine Ergänzg. zu jeder Gesangschule. gr. 8. (40 S.) Hildburghausen (899). F. W. Gadow & Sohn. n. — 80

Finkennest, O., Fibel. Erstes Sprach- u. Lesebuch. gr. 8. (84 S.) Freiberg 888. Schultz. n. — 40; geb. n. — 50

Finkenest, Otto, Hör- u. Treffübungen f. den Singunterricht in der Volksschule, auf 8 Schuljahre verteilt u. f. den Lehrer hrsg. Lex.-8. (VI, 47 S.) Leipzig-Neustadt 894. A. Henze. Geb. in Leinw. n. 1. 25

Der Finkenritter.
Goed. II, 557.
Die History vnd Legend von dem trefflichen vnd weit erfarnen Ritter, Herrn Policarpen von Kirrlarissa, genandt der Fincken Ritter, wie der drithalb hundert jar, ehe vnd er geboren ward, vil land durchwandert, vnd seltzam ding geseh̃e, vnd zů letst von seiner Mutter für todt ligen gefunden, auffgehaben, vn erst von newem geboren worden.

1731,* o. O., 8°.
Bolte S. 13, Graesse, Trésor II, 581 u. Weller, Annalen II, 385.

1789,* Riga, Johann Friedrich Hartknoch, 8°.
Reichhardts Bibl. der Romane, Bd. XVI, S. 63–82.

o. J.* (1847), Leipzig, O. Wiegand.
Bolte S. 19, Marbachs Volksbücher Nr. 37, S. 41–48.

1850,* Frankfurt a. M., Brönner, 8°.
Bolte S. 19. Simrocks Volksbücher 7, S. 459–477.

1852,* Reutlingen, Fleischauer u. Spohn, 8°. 24 S. hrsg. von O. Schönhuth.
Bolte S. 19.

1913,* Zwickau, F. Ullmann, 8°. hrsg. von Johannes Bolte, Zwickauer Facsimiledrucke Nr. 24. Mit 5 Holzschnitten, nach dem Straßburger Druck von 1560. Mit literarischer Einleitung von 21 Seiten.

Müller-Fraureuth, Die deutschen Lügendichtungen, 1881, S. 15–26, 99–109.

Finkenschaft, die Leipziger, in Fehde m. den Korporationen. Hrsg. vom Präsidium der Leipziger Finkenschaft. 2. Aufl. gr. 8. (54 S.) Leipzig 899. (Bernh. Meyer.) n. — 60

Die Leipziger Finkenschaft in Fehde mit den Korporationen. Hrsg. vom Präsidium d. Leipz. Finkenschaft. 3. Aufl. *Leipzig: Gräbel & Sommerlatte in Komm. (1899.)* (54 S.) 8° [illegible] 11

v. Finkenstein, Emma, oder Gott macht Alles gut. Eine Erzählung für die liebe Jugend. Nach Chr. Schmid. 12. Reutlingen 838. Fleischhauer u. Spohn. 1/8 rf

Finkenstein, Emma v., oder Gott macht Alles gut. Eine Erzählung für die liebe Jugend. Nach Chr. Schmid. 4. Aufl. 8. (96 S.) Reutlingen 850, Fleischhauer und Spohn.

Finkenstein, Emma v., oder Gott macht Alles gut. Eine Erzählung für die liebe Jugend. Nach Chr. Schmid. 7. Aufl. 16. (96 S.) Reutlingen 862, Fleischhauer und Spohn.

FINKENSTEIN, F. K. L. Graf v. Arethusa, oder die bukolischen Dichter des Alterthums. Theil I. Mit 2 Vignetten. Berlin 1806. Kl. 8°.

Finkenstein, Louis [pr. Arzt aus Bollainen, Opr.]: Über psychische Störungen bei Chorea ... Berlin, C. Vogt's Buchdr., 1893; 30 S., 1 Bl. 8.
Berlin, Med. Fak., Inaug.-Diss. v. 5. Sept. 1893

Finkenstein, Neum(ann) *(geb. Breslau 13. 1. 1813)*: De principiis ex quibus materia medica systematice sit ordinanda. Vratislaviae (1841). (30 S.) 8°
Breslau, Med. Diss. v. 13. Nov. 1841

Finkenstein, R. D. Volkskrankhn, nebst e. Anleitg, wie man sich b. ihnen z. verhalten hat. Oppeln 1857.

Finkenstein, Raphael *(geb. Breslau 3. 11. 1828)*: De hydroceles spontanea sanatione. Vratislaviae (1850). (32 S.) 8°
[Verf. schrieb sich später: Finckenstein, vgl. Nr 2714.]
Breslau, Med. Diss. v. 15. [vielmehr 16.] Nov. 1850

Finkenwirth, Kurt: Urkundliche Geschichte der Gera-Greizer Wollwarenindustrie von 1572 bis zur Neuzeit. Weida 1910: Aderhold. 138 S. 8° ¶(Aus: Jahresbericht d. Vogtländ. altertumsforsch. Vereins. 78–80.)
Leipzig, Phil. Diss. v. 2. März 1910, Ref. Bücher, Stieda
[Geb. 4. Mai 85 Greiz; Wohnort: Greiz; Staatsangeh.: Reuß ä. L.; Vorbildung: Gymn. Greiz Reife O. 03; Studium: Leipzig 7 S.; Rig. 17. Juli 09.] [U 10. 3125

Finkes, Dominik, Kirchengesänge u. geistliche Lieder für österreichische Realschüler. (1. Abth.) Wien 860. Grund. (Gorischek.) 8. (42 S.) n. 4 ngr

Finkes, Dominik — Liederbuch für österreichische Realschulen. Erstes Lehrjahr. Vierzig zweistimmige Lieder für Sopran und Alt, oder Tenor und Baß. Bearbeitet von — —. Wien, 1856. Druck und Verlag von Leopold Grund. (34 S. 8.)

Finkes, Dominik — Liederbuch für österreichische Realschulen. Zweites Lehrjahr. Dreißig dreistimmige Lieder für Sopran, Alt und Baß. Bearbeitet von — —. Wien, 1856. Druck und Verlag von Leopold Grund. (35 S. 8.)

Finkes Dominik — Liederbuch für österreichische Realschulen. 3tes Lehrjahr. Dreißig vierstimmige Lieder für Sopran, Alt, Tenor und Baß. Bearbeitet von — —. Wien, 1856. Druck und Verlag von Leopold Grund. (53 S. 8.)

Finkes, Dominik, Liederbuch für österreichische Realschulen. 1. Lehrjahr. 4. Aufl. und 2. Lehrjahr. 3. Aufl. (38, 39 S.) Wien 864, Gorischek's Universitäts-Buchh. à Lehrjahr * 8⅔ Ngr. *

Finkes, Franz — Lieder mit sehr einfachen Melodien zum Gebrauche für die Gesangs-Uebungen in katholischen Volksschulen in zwei Abtheilungen. Gesammelt von — —. Wien, 1855. Zu haben bei Josef Dom. Schlechter. (59 S. 8.)

Finkes, Frz., Lieder mit sehr einfachen Melodien zum Gebrauche für die Gesangs-Uebungen in katholischen Volksschulen in 2 Abthlgn. Wien 860. Grund. (Gorischek.) 8. (64 S.) n. 5 ngr

—— erster Unterricht in der Geographie in Verbindung mit passenden Notizen aus der Welt- und Naturgeschichte. Ein Lesebuch für Schule und Haus. 10., verm. Aufl. 8. Wien 860. [Gorischek's Universitäts-Buchh.]

— erster Unterricht in der Geografie, in Verbindung mit passenden Notizen aus der Welt- u. Naturgeschichte. Ein Hülfsbuch zum Selbstunterrichte. 11. neu bearb. u. verb. Aufl. Wien 864. Gorischek. gr. 8. (IV, 60 S. mit Holzschn.) n. 5 ngr

Finkes, Frz., erster Unterricht in der Geografie, in Verbindung mit passenden Notizen aus der Welt- und Naturgeschichte. Ein Hilfsbuch zum Selbstunterrichte. 11. Aufl. 1864. und 12., neu bearb. und verb. Aufl. gr. 8. (II und 60 S.) Wien 866, Gorischek's Universitäts-Buchh.

Finkh, Friedr. Ludw., s. Finckh

Finkler, über den Einfluss der Ernährung auf die Milchsekretion. (42 S. m. 1 Taf.) gr. 8. Bonn 907. M. Hager. 2. —

Finkler, D., u. J. Prior, Forschungen üb. Cholerabacterien, s.: Centralblatt f. allgemeine Gesundheitspflege.

Die volkswirthschaftliche Bedeutung der Hygiene v. Dittmar Finkler. Siehe in: Drei Vorträge aus dem Gebiete der Hygiene. Leipzig 1895. 8°.

Finkler, Dittmar (geb. am 25 Juli 1852 in Wiesbaden): Ueber den Einfluss der Strömungsgeschwindigkeit des Blutes auf die thierische Verbrennung ... Bonn, Druck v. C. Georgi 1875. 21 S., 1 Taf. 8.
¶ Ergänzungen unter dems. Titel in Pflügers Arch. f. d. ges. Physiol. X 1875 S. 368 ff.
Bonn, Med. Fak., Diss. v. 12 März 1875

Das Eiweiss in Hygiene und Wirthschaft der Ernährung. Von Prof. Dr. [Dittmar] Finkler u. Dr. H[ans] Lichtenfelt. (Aus d. hygien. Inst. d. Univ. Bonn.) *Bonn: E. Strauss 1902.* (IV, 186 S.) 8°
= Centralblatt f. allg. Gesundheitspflege. Jg. 21. Beil.H. [illegible] 6

Finkler, Dittmar, Infektionen d. Lunge durch Streptococcen u. Influenzabacillen. gr. 8. (102 S.) Bonn 895. F. Cohen. n. 2. —

Finkler, D., die acuten Lungenentzündungen als Infectionskrankheiten. Nach eigenen Untersuchgn. bearb. gr. 8. (XI, 574 S.) Wiesbaden 891. J. F. Bergmann. n. 13. 60

Finkler, Dittmar, o. ö. Prof. d. med. Fak.: Über die 'Unterernährung'. (Enthält zugleich: Bericht über die akad. Preisverteilung.) *Bonn (1903): C. Georgi.* (S. 1—35.) 4°
Bonn, Progr. zur Gedächtnisfeier Friedrich Wilhelms III. 1903

Die Verwertung des ganzen Korns zur Ernährung. Von Prof. Dr. [Dittmar] Finkler. ⟨Mit Taf. 1⟩ Bonn: Hager 1910. 43 S. 8° [Umschlagt.]
Aus: Centralblatt f. allgem. Gesundheitspflege. Jg. 29.

— Vortrag a. d. Gebiete d. Hygiene, s.: Rubner, Max.

Finkler, Heinr., die Abenteuer e. Junggesellen. (IV, 70 S.) 8. Braunschweig 906. (E. Appelhans & Co.) n. — 50

Finkler, W., die Kanarien-Hecke oder die Zucht der Kanarienvögel und deren Bastarde. Nach eigenen Beobachtungen und Erfahrungen bearb. 1. Aufl. 1848. und 2. Aufl. gr. 8. (VI und 40 S.) Leipzig 851, (Krappe.) *

Finkstohn, d. aufrichtige Taschenschmidt, a. d. Engl. 8. Thal Ehrenbreitenstein, Gehra. 797.

Finland framstäldt i Teckningar. Texten af Z. Topelius. Plancherna från Adler & Dietze. qu. Fol. Helsingfors 845—52. (Leipzig, Brockhaus.) 15 ℛ Chines. Papier n. 18 ℛ

Finland, kurze Notizen über das Land und Verzeichniss der zur Weltausstellung Wien 1873 eingesandten Artikel. Helsingfors 1873.

Finland im 19. Jahrh., in Wort u. Bild dargestellt v. finländ. Schriftstellern u. Künstlern. gr. 4. (405 u. VIII S.) Helsingfors 894. (Leipzig, K. F. Koehler's Sort.) Geb. in Leinw. n. 36. —

Finland im 19. Jahrh. In Wort u. Bild dargestellt v. finländ. Schriftstellern u. Künstlern. 2. rev. Aufl. gr. 4. (404 u. VIII S.) Helsingfors 899. G. W. Edlund's Verl. Geb. in Leinw. n. 50. —; französ. Ausg. n. 50. —

Pro Finlandia 1899. (Les adresses internationales à S. M. l'Empereur-Grand-Duc Nicolas II.) (Stockholm 1899; Berlin: Mertz in Komm.) v, 130 Bl. 2°

Finlay, s.: Psychiatrie etc.

Finlay's, G., histor.-topograph. Abhandlungen über Attika, s. Geographen, die alten, 2. Hft.

Finlay, George, die Geschichte Griechenlands von seiner Eroberung durch die Kreuzfahrer bis zur Besitznahme durch die Türken, und des Kaiserth. Trapezunt. 1204 — 1461. Aus dem Engl. übers. von Carl B. Reiching. gr. 8. (XII und 474 S.) Tübingen 853, Laupp'sche Buchh.

Finlay, Geo., Griechenland unter den Römern, Historische Uebersicht des Zustandes der griechischen Nation seit ihrer Unterjochung durch die Römer bis zum Erlöschen der römischen Macht im Orient, 146 vor Chr. bis 716 n. Chr. Autorisirte Ausg. Leipzig 861. O. Wigand. gr. 8. (XXXI, 486 S.) n. 2 ℛ 20 ngr.

Finlay, Geo., Remarks on the Topography of Oropia and Diacria, with a map. gr. 8. Athens 838. (München, Franz.) n. 7/8 ℛ

Finlay, R. F., S. J., Der Hypnotismus. Seine Erscheinungen, ihr Erklärungsversuch ihre Gefahren. Aus „The Lyceum" ins Deutsche übersetzt von einem Priester derselben Gesellschaft. Aachen, Barth, 1892, 8°, 60 S., 80 Pf.
Recens. v. C. L. Fischer, Katholik 1892, Bd. 2 S. 379—81. Stimmen a. M.-Laach Bd. 12 (1892), S. 577. Gutberlet, Natur u. Offbrg Bd. 39 (1893), S. 187—8. Nik. Kaufmann, Kath. Schweizerblätt. 1892, S. 272—7.

Finlay, W. Ein Wort ü Agenturen zur Beförderung deutscher Auswanderer nach Nordamerika. Paris, 1847.

Finlayson, George

Finlayson, G., Gesandtschaftsreise nach Siam u. Cochin-China. Herausgeg. von Thom. Stamford Raffles. Aus d. Engl. gr. 8. Jena 827. Bran. 1 ℛ 6 gr.

— Dass., s. auch n. Bibliothek d. Reisebeschreibb., 44r Bd.

(Finlayson, George): Die Gesandtschafts-Reise nach Siam und Hue, der Hauptstadt von Cochinchina in den Jahren 1821—1822. Aus dem Tagebuch des verstorbenen George Finlayson. Mit einem Vorwort über den Verfasser, herausgegeben von Thomas Stamford Raffles. Aus dem Englischen. Weimar 1827. XXIV, 394 S. 8°.

Finn, Bertha, aus Bialystock: Aus dem Physiologischen Institut der Universität Bern. Über die Wirkung von Nährflüssigkeiten auf das Herz. München 1887. 14 S. 8°. [19. 1. 87.]
Bern, Med. Diss. 1905/1906.

Finn, Bertha. Über die Wirkung von Nährflüssigkeiten auf das Herz. Diss. Med. Univ. Bern. (...genehmigt... 19. Januar 1887.) 14 S. 8. München, R. Oldenbourg, 1887 [*d. i.* 1905].
[Sep.-Abdr. aus: Zeitschrift für Biologie.... Band 47. Neue Folge Band 29. Heft 3. München und Berlin, R. Oldenbourg, 1905. S. 323—334.]

Finn, Francis J.

— His first and last appearance, hrsg. v. F. Mersmann, s.: Schülerbibliothek, englische.

Finn, Frz., S. J., Harry Archer od. Ein Fußballspiel u. seine Folgen. Nach dem Amerikan. Autoris. Uebersetzg. v. Frz. Wasserburg. (223 S. m. 1 Farbdr.) 8. Mainz 904. Kirchheim & Co. Geb. in Leinw. n. 3. —

Finn, Frz., S. J., Harry Dee od. Enthüllung e. Geheimnisses. Nach dem Amerikan. Autoris. Übersetzg. v. Maria Louise Stilling. (VI, 315 S. m. 9 Abb. u. farb. Titelbild.) 8. Mainz 909. Kirchheim & Co. Geb. in Leinw. 3. —

Finn, Frz., S. J., kleinere Erzählungen. Deutsch bearb. v. H. Korte, S. J. 8. (III, 147 S. m. 1 Farbdr.) Mainz 900. F. Kirchheim. Geb. in Leinw. n. 2. 40

— Kleinere Erzählungen. Deutsch bearb. v. H. Korte, S. J. 2. Aufl. (III, 141 S. m. 1 Farbdr.) 8. Ebd. 907. Geb. in Leinw. 2. 40

Finn, Francis J., S. J., new face and old. Short stories. 12. (187 S.) St. Louis, Mo. Freiburg i/B. 896. Herder. Geb. in Leinw. n. 2. —

— Ada Merton. 12. (178 S.) Ebd. 896. Geb. in Leinw. n. 2. 80

— Ada Merton od. Mein Himmel auf Erden. Für d. deutsche Jugend bearb. v. Frz. Betten, S. J. 8. (IV, 128 S.) Mainz 898. F. Kirchheim. Geb. in Leinw. n. 2. —

— Ada Merton od. Mein Himmel auf Erden. Für die deutsche Jugend bearb. v. Frz. Betten, S. J. 2. durchgeseh. Aufl. (IV, 128 S.) 8. Ebd. 903. Geb. in Leinw. n. 2. —

Philipp, der kleine Sänger. Sein erstes u. letztes Auftreten. Weihnachtserzählung von P. Franz J. Finn, S. J. Autor. Übers. von P. Carl Kälin, S. J. *Einsiedeln, Waldshut, Köln: Benziger & Co. 1902.* (19 S.) 8° [F.]

Finn, Francis J. . Philipp, der kleine Sänger. Sein erstes und letztes Auftreten. Weihnachtserzählung von P. Franz J. Finn S. J. Autorisierte Übersetzung [aus dem Engl.] von P. Carl Kälin S. J. [Illustriert.] 198 S. 8. Einsiedeln *etc.*, Benziger & Co. A. G., 1902. [geb. fr. 4. 50]

— Tom Playfair. Erzählg. a. d. Leben e. kleinen Amerikaners F. d. deutsche Jugend bearb. u. m. e. Erklärg. d. amerikan. Ziellauf-Spieles (Base Ball) versehen v. Frz. Betten, S. J. 2., durchges. Aufl. 8. (VIII, 288 S. m. 1 Farbdr.) Ebd. 899. Geb. in Leinw. n. 3.

— Tom Playfair. Erzählung aus dem Leben e. kleinen Amerikaners. Für die deutsche Jugend bearb. u. m. e. Erklärg. des amerikan. Ziellauf-Spieles (base-ball) versehen v. Frz. Betten, S. J. 3. durchgeseh. Aufl. (VIII, 288 S. m. 1 Farbdr. u. 1 Plan.) 8. Ebd. 903. Geb. in Leinw. n. 3. —

— Tom Playfair. Erzählung aus dem Leben e. kleinen Amerikaners. Für die deutsche Jugend bearb. u. m. e. Erklärg. des amerikan. Ziellauf-Spieles (Base Ball) versehen v. Frz. Betten, S. J. 4. Aufl. (VIII, 304 S. m. farb. Titelbild.) 8. Mainz 906. Kirchheim & Co. Geb. in Leinw. 3. —

— Paul Springer, e. kleiner amerikan. Gymnasiast. Für die deutsche Jugend bearb. u. m. e. Erklärg. des amerikan. Ziellaufspieles (base-ball) versehen v. Frz. Betten, S. J. 8. (VII, 246 S. m. 1 Farbdr. u. 1 Plan.) Mainz 900. F. Kirchheim. Geb. in Leinw. n. 3. —

— Paul Springer, e. kleiner amerikan. Gymnasiast. Für die deutsche Jugend bearb. u. m. e. Erklärg. des amerikan. Ziellaufspieles (base-ball) versehen v. Frz. Betten, S. J. 2. verb. Aufl. (VII, 246 S. m. 1 Farbdr. u. 1 Plan.) 8. Ebd. 903. Geb. in Leinw. n. 3. —

— Paul Springer, e. kleiner amerikanischer Gymnasiast. Für die deutsche Jugend bearb. u. m. e. Erklärg. des amerikan. Ziellaufspiels (base ball) versehen v. Frz. Bettner, S. J. 3. Aufl. (VIII, 246 S. m. 1 Farbdr.) 8. Ebd. 908. Geb. in Leinw. 3. —

— Percy Wynn od. e. seltsames Kind d. neuen Welt. Für d. deutsche Jugend bearb. v. Frz. Betten, S. J. 2., durchgeseh. Aufl. 8. (VIII, 264 S. m. 1 Farbdr.) Ebd. 899. Geb. in Leinw. n. 3. —

— Percy Wynn od. e. seltsames Kind der neuen Welt. Für die deutsche Jugend bearb. v. Frz. Betten, S. J. 3. durchgeseh. Aufl. (VIII, 264 S. m 1 Farbdr.) 8. Ebd. 904. Geb. in Leinw. n. 3. —

Finnauer s.a. Finauer.

Finnauer, P. P., Baierische Münzbelustigungen. 16 Fach. 4. 768. Hat jetzt Lauffer in Leipzig.

Finnboga Saga Hins Ramma, hrsg. von Hugo Gering. gr. 8. XL, 115 S.) Halle 876, Buchh. des Waisenhauses. *

Die Eule [Uglen]. Schauspiel in 1 Akt von Gabriel Finne. Einzig autor., v. Verf. durchges. Uebertr. aus d. Norweg. von Ernst Brausewetter. München: E. Albert & Co. [1893]. (64 S.) 8° [J.] [o6. 10036

— die Kinder des Doktor Wang. Roman. 8. (212 S.) Berlin 894. S. Fischer Verl. n. 3. —; geb. n. 4. —

Finnen und Trichinen. Leichtfasslich für Alle, die sich darüber gründlich unterrichten wollen. 16. (38 S.) Berlin 864, Peiser.

Finney, Charles G., üb. geistliche Erweckungen. Aus seinen Reden, nebst e. kurzen Abriß seines Lebens. Von F. Hahn. 8. (VIII, 159 S.) Basel 885. Spittler. n. 1. 20

Finney, Charles G., über geistliche Erweckungen. Aus F.'s Schriften. Uebersetzung aus dem Engl. (27 S.) kl. 8. Neumünster (905). Vereinsbuchh. G. Ihloff & Co. n. — 20

Finney, Charles G., das Gebet des Gerechten. Uebers. v. Vogel. Hrsg. v. J. Vetter. 12. (94 S.) Gotha (902). Missionsbuchh. P. Ott. n. — 45

Finney, Charles G., das Gebet des Gerechten als Mittel zur Förderung e. Erweckung. Uebers. v. Vogel. Hrsg. v. J. Vetter. 2. Aufl. (76 S.) 8. Gotha 903. Missionsbuchh. P. Ott. n. — 40

Lebenserinnerungen [Autobiography] von C(harles) G. Finney. Mit Vorw. von Jakob Vetter. Übers. von E[mmy] v. Feilitzsch. *Düsseldorf: C. Schaffnit 1902.* (V, 351 S.) 8° [J.]

— Reden üb. Erweckungen, s.: Hahn, F.

— XXII Reden über religiöse Erweckungen. Übers. von E. v. Feilitzsch. 2 Hälften. (XV, 291 u. III, 336 S) gr. 8. Düsseldorf 903. C. Schaffnit. à n. 1. 60; kart. à n. 2. —

Finnische Meerbusen [Schlagwort]

Finnische Meerbusen, der, s.: Seekarten.

Finnland [Sachliches OW]

— s.a. Finland

Finnland u. die evangelisch-lutherische Kirche. Ein Hülferuf von e. deutschen Lutheraner. Berlin 868. Heinicke in Comm. 8. (12 S.) 3 ngr.

Finnland und die evangelisch-lutherische Kirche. Ein Hülferuf von einem deutschen Lutheraner. 8. (12 S.) Berlin 870, (Heinicke.)

Finnland [Schlagwort]

Finnland. s.a. Generalkarten.

— s. a.: Hand- u. Reisekarten. 47.

Finland. Atlas de Finlande, édité par la société de géographie de Finlande. gr. Fol. (64 z. Tl. farb. Kartens. m. 12 S. Text.) Helsingfors (899). (G. W. Edlund's Verl.) Geb. in Halbfrz. n. 30. —

Finnlands Gegenwart u. Zukunft. Eine Samml. polit. Streitschriften v. J. Hwasser, Pekka Kuoharinen, E. G. Geijer u. Olli Kekäläinen. Aus d. Schwed. v. R. gr. 8. (25 B.) Stockholm 842, Bonnier.

Finnlands Gegenwart und Zukunft. Eine Sammlung polit. Streitschriften von J. Hwasser, Pekka Kuoharinen, E. G. Geijer und Olli Kekäläinen. Aus dem Schwed. von R. 2. (Titel-)Ausg. gr. 8. (VIII und 383 S.) Stockholm 854, Bonnier.

Finlands historie och geografi. 2. upplagan. 8. Helsingfors 852. (Leipzig, Brockhaus.) n. 1/4 ₰

Finlandiae — Magni Principatus, seu Provinciae Regni Succiae — Mappa generalis geographica ex Hasianis aliisque etc. Edentibus Homannianis Heredibus. Emendat. 1808. Norimbergae. 1 : 1,800,000. 1 Bl.

Finot, Jean, die Lehre vom Glück. (Berechtigte Übertragg. v. Walth. Lohmeyer.) (291 S.) 8. Stuttgart (909). J. Hoffmann. 3. —; geb. 4. —

Die Philosophie der Langlebigkeit. Von Jean Finot. Autor. deutsche Uebers. nach d. 10. Aufl. d. franz. Orig. von Alfred H[ermann] Fried. *Berlin: H. Walther 1901.* (XII, 300 S.) 8° [J.]

Finot, Jean, die Philosophie der Langlebigkeit. Autoris. deutsche Uebersetzg nach der 10. Aufl. des französ. Originals v. Alfr. H. Fried. 2. Aufl. gr. 8. (XII, 300 S.) Berlin 901. Herm. Walther. n. 4. —; geb. n. 5. —

— die Photographie des Uebersinnlichen. Autoris. Uebersetzg. aus dem Franz. v. Jul. Utsch. 8. (56 S. m. 25 Abb.) Dresden 899. Verl. des „Apollo". n. 1. 20

Das Rassenvorurteil [Le préjugé des races]. Von Jean Finot. Autor. Übers. aus d. Franz. von E[mma] Müller-Röder. Berlin: Hüpeden & Merzyn 1906. (VIII, 428 S.) 8° [J.] [o6. 8/48

Finot, L., Rāstrapālapariprccha, s.: Bibliotheca buddhica. II.

Finsch, H., Geschichte der Magnetnadel und die säkularen Aenderungen des Erdmagnetismus. Programm No. 196 der lateinischen Hauptschule in Halle. Halle 1879.

Finsch, H. Geschichte der Magnetnadel und die säkularen Änderungen des Erdmagnetismus. 28 S. u. 2 Taf. Lat. *Halle* 1879. Progr.

Finsch, Hermann Max, approb. Arzt aus Hohenmölsen: Über den Knochenabscess. *Leipzig 1899: Metzger & Wittig.* (19 S.) 8°
Leipzig, Med. Diss. v. [8. Mai] 1899
(Nur in beschränkter Zahl für den Austausch)

Finsch, Ludovicus Alexander: De hysteria nonnulla praecipue de vomitu urinoso. Halis Saxonum (1855): Ploetz. 33 S. 8°
Halle-Wittenberg, Med. Diss. v. 10. Dez. 1855
Geb. Radefeld (Kr. Delitzsch) 22. 1. 1831. V.
Verf. erlebte die Diplomerneuerung 1903 als Sanitätsrat und Ehrenbürger in Hohenmölsen (Kr. Weissenfels a. d. S.)

Finsch, Otto

— u. G. **Hartlaub,** Beitrag zur Fauna Centralpolynesiens. Ornithologie der Viti-, Samoa- u. Tonga-Inseln. Mit 14 nach der Natur lith. u. color. Kpfrtaff. Halle 867. Schmidt. Lex.-8. (XL, 290 S.) n. 8 ꝛb

Finsch, Otto, üb. **Bekleidung,** Schmuck u. Tätowirung der Papuas der Südostküste v. Neu-Guinea. gr. 4. (23 S. m. 39 eingedr. Fig.) Wien 886. (Hölder.) n. 2. —

(Finsch, Otto): Berichte über die von dem Verein für die deutsche Nordpolarfahrt veranlasste Forschungsreise nach Westsibirien 1876. 1–9.
in: Verein für die deutsche Nordpolarfahrt. Berichte über die Sitzungen nebst Anlagen. S. 422–698. Bremen 1876. 277 S. 8°.

Finsch, O., Carolinen u. Marianen, s.a. **Sammlung gemeinverst. wissensch. Vorträge.**

Finsch O. Carolinen und Marianen. (60 S) (Sammlung gemeinverständlicher wissenschaftlicher Vorträge NF 331-32) Hamburg 1900

– der Dujong, s.a. Sammlung gemeinverst. wissensch. Vorträge.

Finsch O, der Dujong. Zoologisch-ethnologische Skizze einer untergehenden Sirene. (32 S) (Sammlg. wissensch. Vortr. NF 359) Hamburg 1901

Finsch, O., abnorme Eberhauer, Pretiosen i. Schmuck der Südsee-Völker. [Aus: „Mittheilgn. d. Anthropolog. Gesellsch. in Wien".] gr. 4. (8 S. m. 1 color. zinkogr. Taf.) Wien 887. (Hölder.) n. 2. —

— ethnologische **Erfahrungen** u. Belegestücke aus d. Südsee. Beschreibender Katalog e. Sammlg. im k. k. naturhistor. Hofmuseum in Wien. Mit e. Vorwort v. F. Heger. 1. u. 2. Abth. [Aus: „Annalen d. k. k. naturhistorischen Hofmuseums."] Lex.-8. Wien 888. Hölder. n. 24. —
1. Bismarck-Archipel. Mit 5 Taf., davon 2 in Farbendr. (76 S.) n. 10. —
2. Neu-Guinea. Mit 12 Taf., davon 2 in Farbendr. (S. 79—150.) n. 14. —

Finsch, O. Ethnologische Erfahrungen u. Belegstücke aus der Südsee. Beschreibender Katalog e. Sammlg. im k. k. naturhistor. Hofmuseum in Wien. 1. Abthl.: Neu-Guinea. [Schluss.] Lex.-8. (S. 151—268.) Wien 891, Hölder. * 6 —
Aus: Annalen d. k. k. naturhistor. Hofmuseums, besonders abgedruckt.
1. u. 2. Abthl. [1. Heft.] Ebd. 888. * 24 —.

Finsch, O. ethnologische Erfahrungen u. Belegstücke aus der Südsee. Beschreibender Katalog e. Sammlg. im k. k. naturhistor. Hofmuseum in Wien. [Aus: „Annalen d. k. k. naturhistor. Hofmuseums".] 2. Abth. [Schluss] u. 3. Abth. Lex.-8. Wien, A. Hölder. n. 34. — (kplt.: n. 50. —; einzeln bezogen n. 58. —)
2. Abth.: Neu-Guinea [Schluss]. (S. 151—268.) 891. n. 6. —
3. Abth.: Mikronesien. I. Gilberts-Inseln. (106 S. m. 65 Abbildgn. u. 8 Taf., wovon 2 in Farbendr.) 893. n. 14. —
3. Abth.: Mikronesien. II. Marshall-Archipel; III. Carolinen [1. Kuschai, 2. Ponapé]. (S. 375—531 m. 37 Abbildgn.) 893. n. 5. —
3. Abth.: Mikronesien (Schluss). 3. Ruk u. Mortlock. (S. 533—675 m. 13 Abbildgn.) 893. n. 6. —

— anthropologische **Ergebnisse** e. Reise in der Südsee u. dem malayischen Archipel in den J. 1879—1882, s.: **Zeitschrift** f. Ethnologie, 1883, Suppl.

Finsch, Otto: Eine Ferienreise unter Mitternachtsonne. ([S.-A.] Westermann's Illustrirte Deutsche Monatshefte. 1876.) Braunschweig 1876. 50 S. 8°.

(Finsch, Otto): Westsibirische Forschungsreise 1876 unter Führung von Otto Finsch. Catalog der Ausstellung ethnographischer und naturwissenschaftlicher Sammlungen. Mit erläuternden Bemerkungen von Otto Finsch. Bremen 1877. 8°.

—— **Hausbau,** Häuser und Siedelungen an der Südostküste von Neu-Guinea. gr. 4. (15 S. mit 16 Textabbild.) (Ebendas.) 887. *
Aus: Mittheilungen der Anthropologischen Gesellschaft in Wien, besonders abgedruckt.

Finsch, O., index ad Caroli Luciani Bonaparte conspectum generum avium. Leyden 865. Brill. gr. 8. (23 S.) n. 17 ngr.

— üb. **Naturprodukte** der westlichen Südsee, besonders d. deutschen Schutzgebiete, s.: **Beiträge** zur Förderung der Bestrebungen d. deutschen Kolonialvereins.

Finsch, Otto, Neu-Guinea u. seine Bewohner. Mit 1 (lith.) Karte (in Fol.). Bremen 865. Muller. gr. 8. (VIII, 135 S.) 1 ꝛb 15 ngr.

—— **Neu-Guinea** und seine Bewohner. gr. 8. (VIII und 185 S. mit 1 chromolithogr. Karte in Fol.) Bremen 865, Müller.

Finsch, O., s.: **Nordpolarfahrt,** die zweite deutsche.

– Die zweite deutsche Nordpolarfahrt..., s. Lindeman, M.

Finsch, Otto, die **Papageien,** monographisch bearb. 2 Bde. gr. 8. Leyden 867,68. Rotterdam, van Hengel und Eeltjes. *

—— die **Papageien,** monographisch bearb. 1. Bd. gr. 8. (XII und 563 S. mit 1 autogr. und ill. Karte und 1 Stmt. in Fol. und gr. Fol.) Leiden 867, Brill. **

Finsch, Otto, die **Papageien,** monographisch bearb. 2. Bd. gr. 8. (XXIX, 999 S. mit 5 lithogr. und color. Taf.) Leyden 869, Brill. **
1. Bd. Ebendas. 1864. ** ℳ 13.

— **Reise** nach West-Sibirien im J. 1876. Auf Veranstaltung des Vereins für deutsche Nordpolarfahrt in Bremen unternommen m. A. E. Brehm u. Karl Graf v. Waldburg-Zeil-Trauchburg. Mit 56 Illustr. (eingedr. u. in Tondr.) meist nach Orig.-Zeichnungen v. Finsch, ausgeführt v. M. Hoffmann, e. (lith.) Uebersichtskarte u. 3 (lith. u. color.) Kartenscizzen v. Graf Waldburg-Zeil. 2 Abthlgn. gr. 8. (XXIII, 663 S.) Berlin 879. P. Lohmann. n. 6. —

Finsch, O., **Reise** nach West-Sibirien im J. 1876. Auf Veranstaltung des Vereins für die deutsche Nordpolarfahrt in Bremen unternommen mit Dr. A. E. Brehm und Karl Graf v. Waldburg-Zeil-Trauchburg. Mit 56 Illustr. (eingedr. und in Tondr.) meist nach Orig.-Zeichnungen von Finsch, ausgeführt von M. Hoffmann, 1 (lithogr.) Uebersichtskarte und 3 (lithogr. und color.) Kartenscizzen von Graf Waldburg-Zeil. 2 Abthlgn. gr. 8. (XXIII, 663 S.) Berlin 879, Wallroth. *

—— **Reise** nach West-Sibirien im J. 1876. Auf Veranstaltung des Vereins für die deutsche Nordpolarfahrt zu Bremen unternommen von O. Finsch, A. Brehm und Karl Graf v. Waldburg-Zeil-Trauchburg. Wissenschaftliche Ergebnisse. Wirbelthiere. gr. 8. (180 S.) Wien 879. (Leipzig, Brockhaus' Sortiment und Antiq.) *
Aus: Verhandlungen der k. k. zoologisch-botanischen Gesellschaft in Wien, besonders abgedruckt.

—— **Samoafahrten.** Reisen im Kaiser Wilhelms-Land und Englisch-Neu-Guinea in den J. 1884 und 1885 an Bord des deutschen Dampfers „Samoa". gr. 8. (390 S. mit 85 Abbild. nach Orig.-Skizzen von Finsch, gezeichnet von M. Hoffmann und A. v. Roessler, und 6 Kartenskizzen.) Leipzig 888, Hirt und Sohn. * ℳ 12.—; geb. *
—— dass. — Ethnolog. Atlas. Typen aus der Steinzeit Neu-Guineas, in 154 Abbild. auf 24 lithogr. Taf., nach Originalen gezeichnet von O. und E. Finsch. Mit erklärendem (deutschem, engl. und französ.) Text. gr. 4. (56 S.) Ebendas. 888. geb. *

— systematische **Uebersicht** der Ergebnisse seiner Reisen u. schriftstellerischen Thätigkeit (1859—1899.) Mit Anmerkgn. u. Anh.: Auszeichnungen. gr. 8. (153 S.) Berlin 899. R. Friedländer & Sohn. n. 3. —

—— die Vögel Ost-Afrika's, s. **Decken's,** C. C. v. der, Reisen.

— Zosteropidae, s.a. **Tierreich,** das. 16. Lfg.

Zosteropidae bearb. von Dr. Otto Finsch in Leiden. Mit 32 Abb. *Berlin: R. Friedländer & Sohn 1901.* (XIV, 54 S.) 8°
— Tierreich, Das. Lfg 15. [04. 2046

Finscher, L., Reform der evangelischen Kirche. gr. 8. (VIII, 644 S.) Braunschweig 887. Schwetschke & Sohn. n. 6. —

Finscher, Ludw., Union und Confession. 2 Bde. gr. 8. Cassel 873, Kay. *

Inhalt:
Bd. 1. Die evangel. Union auf dem Grunde der Glaubenseinheit in ihrem bibl. Rechte gegen die Irrthümer der luther. und reform. Kirche. (XII, 355 S.) *M 5.
" 2. Kritik des lutherischen und des Heidelberger Katechismus. (186 S.) *M 3.

Ueber die deutsche Vielherrschaft. Von Ludwig Finscher, ev. Pfarrer a. D. zu Kreuznach. *Duisburg: H. Hausmann 1899.* (140 S.) 8° [F.] [00. 1170

Finscher, Ludw., über die Volksschule in Preußen. Anträge, hauptsächlich in Betreff ihrer innern Einrichtung und ihrer rechtl. Stellung. gr. 8. (VII und 116 S.) Elberfeld 867, Lucas.

Finsch-Hafen [Schlagwort]

Finsch-Hafen, s.: Seekarten.

Finsen, Niels Ryberg

Finsen, Niels R., über die Anwendung v. concentrirten chemischen Lichtstrahlen in der Medicin. gr. 8. (VIII, 52 S. m. 4 Abbildgn. u. 2 Taf.) Leipzig 899. F. C. W. Vogel. n. 1.20

Ueber die Bedeutung der chemischen Strahlen des Lichtes für Medicin und Biologie. 3 Abhandl. von Prof. Dr. Niels R[yberg] Finsen in Kopenhagen. Mit 6 Abb. u. 6 Taf. *Leipzig: F. C. W. Vogel 1899.* (84 S.) 8° [00. 1301 10

— die Bekämpfung des Lupus vulgaris. Vortrag bei der Herbstkonferenz im „Internationalen Central-Bureau zur Bekämpfg. der Tuberkulose" Berlin 1902. Mit 24 Taf. u. e. Statistik über 800 m. der Lichtmethode behandelte Fälle. gr. 8. (6 S.) Jena 903. G. Fischer. n. 2. —

— s.: Mitteilungen aus Finsens medicinske Lysinstitut.

Finsen, Niels R., s.: Neisser, A., stereoscop.-medicin. Atlas.

Finsler, Dieth. Georg, von Zürich, Antistes. O. O. [1899]. V: *Meyer, Frdr.* (Zuwachsverz. d. Bibl. inZürich 1898 ff.)

(Finsler. Dekan Georg F', 1793–1838.) Njbl. s. a. [Fries, Heinrich].

Finsler, Georg. [Zürich 1841.] V: *Fries, Hnr.* (Cat. d. Stadtbibl. Zürich. Zürich 1864—97.)

Finsler, Antistes Dr., das Kirchenwesen. A. Die reformirte Kirche. Sep.-Abdr. a. d. Allgemein. Beschreibung u. Statistik der Schweiz. 32 Stn. 8. Zürich, Orell Füssli & Co. 1874. 1. —

Finsler, G.A.: Zürich in der 2.Hälfte des 18. Jahrh., s. Finsler, Georg

Finsler, Georg

Finsler, G., Abschiedsworte an die Gemeinde Neumünster. Predigt üb. 1. Kor. III, 21—23, gehalt. am 30. Dezbr. 1849. 8. (20 S.) Zürich 850, Meyer & Zeller. 3 ngr.

(Finsler, [Georg *II*: 1819–1899].) Zum Andenken an die sel. verstorbene Frau Anna Barbara Landolt, geb. Rahn, gestorben den 2. August 1884. 8. Zürich 1884.

Finsler. Kritische Bemerkungen zu Prof. Haag's „Lehrmittel zur Einführung in die latein. Sprache." Im Auftrage der Lehrer der alten Sprachen am städtischen Gymnasium Bern, hrsg. von Rektor *F.* Gr. in-8°. 34 S. Bern, Buchdr. K. Stämpfli & Cie. (Schmid, Francke & Co.) 1891.
Vgl.: Haag, Antwort darauf.

— Lavaters Beziehgn. z. Paris in d. Revolutionsjahren 1789—1795, s. a. Neujahrsblatt z. Besten d. Waisenhauses in Zürich.

Finsler, G[eorg] *III* [geb. 1852]. (Johann Caspar) Lavaters Beziehungen zu Paris in den Revolutionsjahren 1789–1795. [Mit 1 Porträt-Tafel.] Njbl. Waisenh. Zürich 1898. 4. Zürich 1898.

Finsler, G., Bibliographie d. evang.-reform. Kirche in d. Schweiz, s. a. Bibliographie d. schweiz. Landeskunde.

Bibliographie der Evangelisch-reformirten Kirche in der Schweiz. Zsgest. v. Dr. G[eorg] Finsler, Antistes in Zürich. Heft 1. *Bern: K. J. Wyss 1896.* (VIII S., 1 Bl., 77 S.) 8.
— Bibliographie d. Schweizer. Landeskunde. Fasc. V 10 e α. [96. 1806

Finsler, G., Antistes, Christus der Grund unsers Heils. Predigt. 8. Zürich, Druck v. J. J. Ulrich. —. 45
1871.

Finsler, G[eorg] *II.* Zur Erinnerung an Karl Rudolf Hagenbach [1801–1874], ... Professor der Theologie in Basel. ⟨SA.⟩ 8. Zürich 1874.

Finsler, Dr. G., Antistes, zur Erinnerung an K. R. Hagenbach, Prof. d. Theol. in Basel. Zürich. Druck v. Zürcher & Furrer. 16 Stn. 8. 1875.
*** Sep.-Abdr. a. d. Volksbl. f. d. reform. Schweiz.

Finsler, G[eorg] *II.* Eine Erinnerung an Karl Immanuel Nitzsch [1787–1868]. SA. 8. (Zürich [1868].)

[Finsler, Georg *III.*] Erinnerung an Joseph Viktor (von) Scheffel. [SA.] 8. [Zürich 1886.]

— das Berner Festspiel u. die attische Komödie, s.: Neujahrs-Blatt der litterarischen Gesellschaft Bern.

Finsler, G., Johann Jakob Füßli, Pfarrer in Neumünster und alt Antistes. Erinnerungen aus seinem Leben und Wirken. 8. (52 S.) Zürich 860, Meyer und Zeller's Verlag. *

Finsler, Georg *IV* [geb. 1860]. Genealogie der Familie Finsler. Dem ehrwürdigen Senior derselben, Herrn Antistes Dr. [Georg] Finsler, in Hochachtung gewidmet von Georges F', V. D. M. [Mit 1 Tabelle.] 4. Basel 1891.

Finsler, G., Geschichte der theologisch-kirchlichen Entwicklung in der deutsch-reformirten Schweiz seit den dreissiger Jahren. 1. und 2. Aufl. gr. 8. (VI, 130 S.) Zürich 881, Meyer und Zeller.

Finsler, Geo., Geschichte der zürcher. Hülfsgesellschaft 1799 — 1899, s. a. Neujahrsblatt der Hülfsgesellschaft in Zürich 1899.

Finsler, G[eorg] *II.* Geschichte der Zürcherischen Hülfsgesellschaft 1799–1899. Zu Ehren ihres hundertjährigen Bestehens geschildert von Dr. G. F'.... [Mit 1 Porträt-Tafel.] Njbl. Hülfsges. Zürich 1899. 4. [Zürich.]

Finsler, Georg: Zur Geschichte der zürcherischen Kantonsschule, s. Hug, Theodor

Finsler, G., Georg Geßner weil. Pfarrer am Großmünster und Antistes in Zürich. Ein Lebensbild aus der zürcherischen Kirche. gr. 8. (VII und 212 S. mit lithogr. Portr.) Basel 862, Bahnmaier's Verlag. *

Finsler, G., (Antistes), die Güte Gottes will uns zur Busse leiten. Predigt. 8. Zürich, Druck v. Ulrich. 1871. —. 45

Finsler, Georg. Homer, bearb. von G' F" [Bern]. XVIII + 618 S. 8. Leipzig und Berlin, B. G. Teubner ⟨Theodor Hofmann⟩, 1908. [M. 6. —, geb. 7. —]
Aus deutschen Lesebüchern. Epische, lyrische und dramatische Dichtungen erläutert für die Oberklassen der höheren Schulen und für das deutsche Haus. Band 6, Abteilung 2.

— dasselbe. s.a. Aus deutschen Lesebüchern. VI,2.

Finsler, Georg s. (Homer.) Das erste Buch der Ilias... .

— s. Homer: Odysee

[Finsler, Georg *II*.] Lebensbild des Professor Melchior Ulrich, 1802–1893. [Mit 1 Porträt-Tafel.] Njbl. Hülfsges. Zürich 1895. 4. [Zürich.]

— die Lehrpläne u. Maturitätsprüfungen der Gymnasien der Schweiz. Materialien u. Vorschläge. [Aus: „Zeitschr. f. schweiz. Statistik".) gr. 8. (390 S.) Bern 893. A. Siebert. n. 2. 50

Finsler, Geo., aus der Mappe e. Fahrenden. Bilder aus Italien u. Griechenland. 8. (VIII, 337 S.) Frauenfeld 881. Huber. n. 4. —; geb. n. 7. —

Finsler, Georg *II* s. Meyer von Knonau. Gerold *II*, und Finsler, Georg *II*

— Motion betreffend Herstellung einer gemischten Synode. Der zürcher. Kirchensynode vorgelegt. Zürich 864. Meyer & Zeller. 8. (24 S.) n. 4 ngr.

— Mykena. Vortrag gehalten an der 25. Jahresversammlung schweizerischer Gymnasiallehrer. Gr. in-8°, 30 S. Aarau, Sauerländer. *1885.*

Finsler, G., siehe: *Neujahrsblatt der Hülfsgesellschaft in Zürich.*

— Nüscheler, Arnold, und Finsler, Georg *II*.

Finsler, G., die Orestie d. Aischylos. 4. (54 S.) Bern 890. (Schmid, Francke & Co.) n. 2. —

— d. Organisation d. höh. Unterrichts in d. Schweiz. [Aus: „Baumeister's Handb. d. Erziehungs- u. Unterrichtslehre f. höhere Schulen".] gr. 8. (16 S.) München 897. C. H. Beck. n. — 50

Platon und die Aristotelische Poetik. Von Georg Finsler. *Leipzig: M. Spirgatis 1900.* (XI, 252 S.) 8° [os. 1160

(6) — Platon. 900. (KBL 31.) Jetzt: Leipzig, B. G. Teubner.

Finsler, Georg *III*. Ravenna in der römischen Kaiserzeit. ⟨Progr.⟩ 4. Zürich 1883.

Finsler, Dr. G., der Orgel gutes Recht und guter Dienst. Predigt, gehalten bei der Einweihung der neuen Orgel im Grossmünster in Zürich am 27. Aug. 1876. Zürich, J. J. Ulrich —. 40

— Schweizerische Reformationsgeschichte, s.: Egli, Emil.

—— der rechte Schriftgelehrte. Synodalpredigt über Matth. XIII. 52, gehalten zu Zürich am 29. Oktbr. 1850. gr. 8. (16 S.) Zürich 850, Meyer und Zeller.

Finsler, G., kirchliche Statistik der reformirten Schweiz. (2 Abthlgn.) gr. 8. (VIII und 732 S.) Zürich 854–56, Meyer und Zeller's Verlag. [Abthl. I. * 1 Thlr. 2½ Ngr., 2. * 1 Thlr. 15 Ngr.] *:

— Die olympischen Szenen der Ilias. Ein Beitrag zur homer. Frage. Progr. (56 S.) gr. 8. Bern 906. (Zürich, Beer & Cie.) 1. 20

Finsler, Georg. Die olympischen Szenen der Ilias. Ein Beitrag zur homerischen Frage. Beilage zum Jahresbericht des städtischen Gymnasiums in Bern, 1906. 56 S. 8. Bern, Stämpfli & Cie., 1906.

Finsler, G. (Dr. Antistes). Die Trunksucht als soziales Uebel u. die Mittel zur Abhülfe derselben. In-16°, 10 S. Zürich. *1880.*

Finsler. Georg, aus Zürich: Kritische Untersuchungen zur Geschichte der Griechischen Anthologie. Zür. Zürcher u. Furrer Dr. 1876. 163 S., 1 Bl. 8°.
Zürich, Phil. Diss. I. S. [v. 13. Jan. 1877].

Finsler, Geo., kritische Untersuchungen zur Geschichte der griechischen Anthologie. (Inaugural-Dissertation.) gr. 8. (164 S.) Zürich 876, (Meyer und Zeller.) *

Finsler, Georg *III*. Wanderungen und Feiertage. 8. Bern [1895].

Finsler, Georg *I* [1793–1838]. Worte des Andenkens an den sel. Herrn Joh[ann] Rudolf Spöndli (1804–1834), gewesenen Pfarrer in Dübendorf, gesprochen am Tage seiner Beerdigung und am Sonntage nach derselben. 8. Zürich 1834.

Finsler, G[eorg] *II*. Worte der Erinnerung an den sel. Herrn Prof. Dr. Eduard Escher-Bänziger, gesprochen bei seiner Leichenfeier... [in Zürich] den 2. Mai 1886. 8. [Zürich 1886.]

Finsler, G[eorg] *II*. Worte der Erinnerung an den sel. Herrn Professor Dr. Heinrich Grob, gesprochen bei der Beerdigung desselben am 29. Juli 1889. 8. Zürich 1889.

— s.: Wyss, des Bernh., Chronik 1519–1530.

[Finsler, Georg *II*.] Zürich in der zweiten Hälfte des achtzehnten Jahrhunderts. 3 Abtheilungen. [Mit 3 Tafeln.] Njbl. Waisenh. Zürich 1876–1880. 4. Zürich 1878–1880.

Finsler, G. A. (Dr.) Zürich in der zweiten Hälfte des 18. Jahrhunderts. 2. Abth. In-4°, 44 S. Mit 1 Lithographie. Zürich, Druck von J. J. Ulrich. *1879.*
*** Züricher Neujahrsblatt d. Waisenhauses, Nr. 42, zugleich Fortsetzung d. Neujahrsblattes d. Chorherrenstube, Nr 101.

Finsler, G[eorg] *II*. Zürich in der zweiten Hälfte des achtzehnten Jahrhunderts. Ein Geschichts- und Kulturbild. ([2., verbesserte Ausg. von:] Njbl. Waisenh. Zürich 1876–1880.) 8. Zürich 1884.

— Zürich in der zweiten Hälfte d. 18. Jahrh. Ein Geschichts- u. Kulturbild. gr. 8. (VIII, 264 S.) Zürich 884. Orell Füßli & Co. Verl. n. 3. 80

Finsler, G. Antistes, Ulrich Zwingli. 3 Vorträge geh. u. hrsg. zu Gunsten d. Zwingli-Denkmals. gr. 8. (VIII, 98 S.) Zürich 873. Meyer & Zeller. n. 2. —

Finsler, G[eorg] *II*. Ulrich Zwingli. Festschrift zur Feier seines 400jährigen Geburtstages dem reformirten Schweizervolke gewidmet von Dr. G. F.... [Mit Illustrationen, 1 Porträt und 1 Tafel.] 8. Zürich 1883.

Finsler, G[eorg] *II*. Huldrich Zwingli. Biografia in onur da seis 400^{vel} anniversari al pövel reformà della Schwizera (**Umschlag:* Schvizera) dedichada da Dr. G. F...; vertida in Ladin.... (*Umschlag:* augmentada con ün' aggiunta, overo survista supra l'istoria della reformaziun nellas III lias della Rezia) tras Andr[eas] P[eter] Mohr.... [Cun portret ed illustraziuns.] 8. Samaden 1884.

—— Ulrich Zwingli. Festpredigt, bei der Feier seines 400jähr. Geburtstages am 6. Jan. 1884 im Großmünster zu Zürich gehalten. gr. 8. (14 S.) Zürich 884, Schultheß. *

—— dass. — Festschrift, zur Feier seines 400jähr. Geburtstages dem reformierten Schweizervolke gewidmet. 1.—3. Aufl. gr. 8. (119 S. mit eingedr. Holzschn.) Zürich 884, (Meyer und Zeller.)

—— dass. — Gudischet festiv a memoria de siu 400 avel gi natal dedicans al pievel svizzer reforman. Versiun romonscha da J. M. Darms. 8. (94 S.) Chur 884, Kellenberger'sche Buchh.

— Zwingli-Bibliographie. Verzeichnis d. gedruckten Schriften von u. üb. Ulrich Zwingli. Hrsg. durch d. Stiftg. Schnyder v. Wartensee. gr. 8. (X, 187 S.) Zürich 897. Art. Institut Orell Füßli. n. 4. —; auf beff. Pap. n. 5. —

Finsler, [Hans] J[acob]. Bemerkungen aus dem Leben des Johannes v(on) Muralt..., Stadtarzt, Chorherr und Prof. Physices in Zürich..., geb. 1645, gest. 1733. Nebst einem vollständigen Verzeichnisse der von ihm herausgegebenen Schriften u. s. f. Mit dem Portrait des Joh. v. M' [Tafel. Sep.-Ausg. von: Njbl. Chorh. Zürich 1833]. 4. Zürich [1832].

Finsler, J., Bemerkk. aus d. Leben des Johannes von Muralt, Stadtarzt, Chorherr u. Prof. Physices in Zürich, S.R. Imperii Collegii Naturae Curiosorum Socius Aretaeus I. dictus. Nebst e. vollständ. Verzeichnisse der von ihm herausg. Schriften etc. Mit Muralts Bildniß. gr. 4. Zürich 833. Orell. 1/2 ...

[Finsler. Hans Jacob.] (Johannes von Muralt Med. Doct., 1645–1733. [Mit 1 Porträt-Tafel und einem] Verzeichniss [seiner] Schriften.) Njbl. Chorh. Zürich 1833. 4. (Zürich.)

[Finsler, Hans Jacob.] Seewen im Kanton Schwyz in Hinsicht auf dessen Lage und Umgebungen und Mineral-Wasser. Mit besonderer Berücksichtigung des Bad- und Gasthauses zum weissen Kreuz... daselbst. 8. Schwyz 1833.

Finsler, J.: Bemerkungen aus d. Leben d. Johannes v. Muralt, s. Finsler, Hans Jacob

Finsler, J. G., De obligatione uxoris circa solvenda mariti debita secundum jus germanicum medii aevi. Diss. inaug. jur. Gottingae 1822. 8. . . . . (...)

Finsler, Jacob, s. Mayor, M.: Anleitung wie man sich bei Verwundungen . . .

— f. M. Mayor, Heilung d. Brüche.

Finsler, J., s. M. Mayor, üb. d. Populärverband.

Finsler, J(akob) (Übers.):

s.: Mayor, Mathieu: Neues System des chirurgischen Verbandes, oder Darstellung einfacher und leichter Mittel, mit Vortheil die Binden und die Charpie zu ersetzen. (Nouveau Système de déligation chirurgicale... Dt.) Zürich: 1833

JB 3.493

(Jac. Finsler) Alphabetisches Verzeichniss der Schriften über Bäder und Mineralwasser, welche sich in der Bibliothek der medic. chirurg. Lesegesellschaft in Zürich befinden. Zürich 1832. 8

Finsler, R., siehe: *Kirchenblatt.*

Finsler, Rudolf

Finsler, R., f: aus den Tagebüchern v. Georg Geßner.

(Finsler. Rud[olf].) Blätter der Erinnerung an die Feier des 50jährigen Amtsjubiläums des Herrn Antistes Dr. Georg Finsler, am 23. Juni 1896. SA. 8. Bern 1896.

Finsler, Rud., s.: Calvin-Feier, die Zürcher, im Grossmünst.

Finsler, Rud., Darstellung und Kritik der Ansicht Wellhausens von Geschichte und Religion des Alten Testamentes. gr. 8. (91 S.) Zürich 887, Schulthess. *
Aus: Verhandlungen der asket. Gesellschaft in Zürich, besonders abgedruckt.

Finsler, R[udolf]. Eins ist Noth. Konfirmationspredigt über Lucas X, 42, gehalten am Palmsonntag 1901. 15 S. 8. Zürich, Berichthaus, 1901.

Finsler, R[udolf]. Die Liebe rettet! Synodalpredigt über 1 Cor. 13, 1–8, gehalten am Vorabend der Zürcherischen Kirchensynode ... 20. November 1906... in Zürich. Anhang: Übersicht der zürcherischen Synodalpredigten seit 1834. 26 S. 8. Zürich, Schulthess & Co., 1906. [fr. —. 50]
Synodalpredigten. Neue Reihe. Nro 10.

Finsler, R[udolf]. Die Pflege der Religion im Hause. Vortrag gehalten am zürcherischen Instruktionskurs für kirchliche Liebestätigkeit den 15. Oktober 1903 und sodann auf Beschluss der Teilnehmer dem Druck übergeben. 24 S. 8. Zürich, Berichthaus, 1903. fr. —. 20

Finsler, R[udolf.] Aus den Tagebüchern von Georg Gessner (weiland Pfarrer und nachmaliger Antistes in Zürich). Im Auftrage der zürcherischen Hülfsgesellschaft verfasst von R. F', Pfarrer. [Mit 1 Porträt-Tafel.] 71 S. 4. Zürich, Schulthess & Co. (Komm. Fäsi & Beer, 1905). [fr. 2. 50]
105. Neujahrsblatt der Zürcherischen Hülfsgesellschaft auf das Jahr 1905.

Finsler, R[udolf]. Worte des Andenkens an den selig verstorbenen Jakob Honegger. Geboren 12. Nov. 1844 in Stäfa. Gestorben 26. Jan. 1910 in Zürich. Gehalten an seinem Beerdigungstage von ... R. F.... [Mit 1 Porträt-Tafel.] II + 12 S. 8. Zürich, Gebr. Fretz, (1910).

— f.: Worte der Erinnerung an Ludwig Heinrich Pestalozzi.

Finster, Jos., S. J., das eucharistische Triduum, f.: Lintelo, J.

Finster, Curt, Postinspektor: Die Deutsche Reichspost im Dienste der Arbeiterversicherung. Berlin 1905: Denter & Nicolas. (70 S.) 8°
Heidelberg, Phil. Fak., Ref. Gothein, Diss. v. 17. Juni 1905
[Geb. 30. Okt. 64 Görlitz; Wohnort: Berlin; Staatsangeh.: Preußen; Vorbildung: Realgymn. Grünberg Reife O. 86; Studium: Berlin 6.; Rig. 9. Dez. 04.]

Finster, Kurt, Die deutsche Reichspost im Dienste der Arbeiterversicherung. 8°. Berlin, Selbstverlag, 1905.

Leonhard Finster, Festpredigt und Festrede, gehalten beim 100jährigen Gründungsjubiläum der Kolonie Großkarolinenfeld am 13. Juli 1902.

Rosenheim 1902

Finster, Max, Stammbaum der Familie Finster, zusammengestellt im J. 1900. 72×208 cm. Farbdr. Görlitz (901). (M. Finster.) n. 5. —

Stammbaum der Familie Finster zsgest. im Jahre 1900 von Max Finster in Görlitz. *Görlitz: C. Ernst (1903).* (1 Bl.) quer-gr. 2° (...)

Finsterbeck, C., österreichischer Mercantil- u. Firmen-Almanach, f. Mercantil- u. Firmen-Almanach.

Finsterbergen [Schlagwort]

Finsterbergen, s.: Thüringen.

Finsterbusch, Johann. Vollständiger Katalog, derenjenigen Büchern, welche in dem K. K. neu privilegirten Lesekabinet zu Klgft. eröffnet werden wird. Klgft., Kleinmayer, 1782. Quart. 34 S.

Finsterbusch, Johannes [Oberl.]: Beitrag zur synthetischen Geometrie ebener Kreissysteme und damit im Zusammenhange stehender höherer Kurven. (Fortsetzung des Programms No. 548 vom J. 1888.) I. Abschnitt. Die Kreisverwandtschaft in perspektivischer Lage. II. Inversion (Fortsetzung) mit besonderer Berücksichtigung der selbstinversen Kurven und Enveloppen der Kreisbüschel. *Werdau, Druck v. J. Booch & Comp.* (1890); 2 Bl., S. 41–83; 8°
Werdau, R, P 1890 (570)

Finsterbusch, Johannes: Beitrag zur synthetischen Geometrie ebener Kreissysteme und damit im Zusammenhange stehender höherer Kurven: '(Forts. d. Programme No. 548 v. J. 1888 u. No. 570 v. J. 1890.)' III. Die Cartesischen Ovale und ihre konfokalen Büschel m. bes. Berücks. d. dabei auftretenden Konfigurationen u. involutorischen Gebilde. Werdau, J. Booch, *1892:* 1 Bl., 77–122 S. 8.
Werdau, R, P 1892 (578)

Finsterbusch, Rhold., geistliche u. weltliche Gesänge, f. Realschulen, Mittelschulen, Lehrerinnenseminare, höhere Töchterschulen, sowie f. Oberklassen der Bürgerschulen u. dgl. dreistimmig bearb. u. hrsg. 8. (VI, 171 S.) Wittenberg 885. Herrosé Verl. n. 1 —

Finsterbusch, Rhold., 100 Volksmelodien und 80 Choräle für Volksschulen 2stimmig bearb. 2. Aufl. 8. (VIII und 123 S.) Leipzig 862, Kahnt. **

Finsterbusch, Rhld., einhundert Volksmelodien u. 80 Choräle f. Volksschulen zweistimmig bearb. 4. Aufl. gr. 8. (123 S.) Leipzig 871. Kahnt. n.n. — 50

Finsterbusch, Rob. Die mechan. Weberei u. d. Fabrikation d. Kunst- u. Figurendreher. 11 Lfgn. gr. 8. (184 S. m. eingedr. Fig. u. Taf.) Altona 889, Send. à Lfg. * 1 —; * 11 —; geb. ** 12 80

Finsterbusch R, d. mechan. Webereiu d. Fabrikat. d. Kunst- u Figurendreher. Altona 1890

Finsterlin, Altona [pr. Arzt]: Ueber Resektion des Fussgelenkes. . . . München, *k. Hof-Buchdr. v. E. Mühlthaler*, 1880; 27 S. 8°
Würzburg, Med. Fak., Inaug.-Diss. v. Jul. 1880

FINSTERLIN, August (München): De diabete.- Landishuti: Palm 1839. 23 S.
10.5.1857 - Urk; F 63
Diss. Ingolst.-Landsh.-Mchn.

Finsterlin, Aug., de Diabete. Dissertatio inaug. 8maj. Landshuti 839. Palm; München, Finsterlin. n. 1/6 ₰

Finsterlin, Aug., de Diabete. Dissert. inaug. 8maj. (1½ B.) Landshuti 839. [v. Vogel'sche Vrlsb.] *

Finsterlin, Karl, des Gemüse-, Obst- u. Blumengärtners neuer illustrirter Gartenkalender auf das Jahr 1847. Nach dem Muster der engl. u. französ. Gartenkalender. 4. Ulm 846, Seitz. n. 1/6 ₰

Finsterlin, Carl, des Gemüse-, Obst- und Blumengärtners neuer illustrirter Gartenkalender auf das J. 1847. Nach dem Muster der engl. und französ. Gartenkalender. 4. (71 S.) Ulm 847. [Adorf, Müller.] *

Finsterling, Emil (Red.), s. Buchbinder-Zeitung, Berliner.

Finsterniß, die, des Heidenthums. gr. 16. (112 S. mit eingedr. Holzschn. und 4 Holzschnt.) Cincinnati 859. (Philadelphia, Schäfer und Koradi.) geb. *

Finsternis in dem vermeynten Lichte der Römisch-Catholischen Lehre . . . O. O. 1721. V: *Walther, Hnr. Andreas.* (stri)

Finsterniß, die Oberschlesische, od. Vertheidigung d. Verf. d. freimüth. Aeußerungen über d. sittl. und kirchl. Zustand Oberschlesiens geg. die auf ihn gericht. öffentl. Angriffe. gr. 8. Breslau 827, Grüson u. C.

Finsterniß, die Oberschlesische, oder Vertheidigung d. Verf. d. freimüth. Aeußerungen üb. d. sittl. u. kirchl. Zustand Oberschlesiens gegen die auf ihn gericht. öffentl. Angriffe. gr. 8. Bresl. 827. Henge. 4 ℊ

Finsternisse. D. Lehre Jesu im Lichte d. Kritik. V. e. Zeitgenossen. 8. (206 S.) Zürich 896. Verlags-Magazin. n. 2. 40

Finsternisse. Die Lehre Jesu i. Lichte d. Kritik. 8. (206 S.) Zürich 896. Wien, Wiener Volksbuchh. n. 2. 40; ermäß. Pr. n. 1. —

Finsterwald, C., nuovo trattato di pirotecnica ovvero l'arte dei fuochi d'artificio. Opera orig. cont. tutti i più recenti ritrovati dell'arte pirotecnica. gr. 8. (86 S. m. 10 Taf.) Triest 889. (Dase.) n. 2. —

Finsterwalde [Schlagwort]

Finsterwalde, s.: Deutschland. Grundkarte. Karte (Abt. Preussen).

Finsterwalde, s.: Preussen. Messtischblätter.

Finsterwalde [Verfasser]

Finsterwalde, Karl, s. Finsterwalder

Finsterwalder, Bened., observat. pract. ad consuetud. Archiduc. Austriae. III Tomi. 4. Salzburg, Mayr. 719. — 752.

Finsterwalder, Georg, appr. Arzt aus Freising: Kasuistischer Beitrag zur Lehre von der Tuberkulose im Säuglings- und frühesten Kindesalter. *München 1904: C. Wolf & Sohn.* (37 S.) 8°
München, Med. Diss. v. 1904

Finsterwalder, *Karl* Auswahl der Lektüre für Untersekunda nach den Grundsätzen der Konzentration. 4 (S. 103—162).
In: Festschrift d. 43. Versammlung d. Phil. u. Schulmänner dargeboten von d. höh. Lehranstalten Kölns. *Bonn* 1895. (Kgl. kath. G. an Marzellen.)
Progr.

Finsterwalder, Karl Die Rose, eines der drei Wahrzeichen deutscher Dichtung. S. 51—73. 8. Progr. G. *Coblenz 1882.

Finsterwalder, Karl

Finsterwalde, Carl, de conjunctivi et optativi in enuntiatis secundariis usu Aeschineo. Dissertatio inauguralis. gr. 8. (39 S.) Jena 878. (Neuenhahn.) n. 1. —

Finsterwalder, Sebastian

Finsterwalder, Seb., zeitliche Aenderungen in der Geschwindigkeit der Gletscherbewegung, s.: Blümcke, A.

— eine neue Art die Photogrammetrie bei flüchtigen Aufnahmen zu verwenden. (S. 103—111 m. 2 Fig.) gr. 8. München 904. (G. Franz' Verl.) n. — 40

— Bemerkungen zur Analogie zwischen Aufgaben der Ausgleichungsrechnung u. solchen der Statik. (S. 683—689.) gr. 8. Ebd. 904. n. — 20

Finsterwalder, Sebastian, und Hans Hess: Beobachtungen am Vernagt-Guslarferner im Jahre 1897. Wien 1897. 8 S.
= Berichte über die wissenschaftlichen Unternehmungen des D. und Oe. Alpenvereins. 11. 8°.

Finsterwalder, S., Mechan. Beziehgn. bei d. Flächen-Deformation. s.: Jahresbericht d. deutsch. Mathematiker-Vereinigung. VI. 2.

Finsterwalder, S., die v. optischen Systemen grösserer Oeffnung u. grösseren Gesichtsfeldes erzeugten Bilder. Auf Grund der Seidelschen Formeln untersucht. [Aus: „Abhandlgn. d. k. bayer. Akad. d. Wiss."] gr. 4. (71 S. m. 3 Taf.) München 891. (G. Franz' Verl.) n.n. 3. —

Finsterwalder, Sebastian: Über Brennflächen und die räumliche Verteilung der Helligkeit bei Reflexion eines Lichtbündels an einer spiegelnden Fläche . . . . München, Akad. Buchdr. v. F. Straub, 1886: 33 S. u. 3 Taf. 8°.
Tübingen. Naturw. Fak., Inaug.-Diss. v. 1886.

Finsterwalder, Sebastian, über Brennflächen und die räumliche Verteilung der Helligkeit bei Reflexion eines Lichtbündels an einer spiegelnden Fläche. Diss. Tübingen 1886, Fues' Sort. 8°. 33 S. mit 3 Taf.

Finsterwalder, Sebastian: Ueber Gletscherschwankungen im Adamello- und Ortlergebiet. Wien 1896. 12 S.
= Berichte über die wissenschaftlichen Unternehmungen des D. u. Oe. Alpenvereins. 1. 8°.

Finsterwalder, Sebastian: Erich von Drygalskis Grönlandwerk. (S.-A.) Petermanns Geographische Mitteilungen. 1859. Heft VII.) Gotha-München 1899. 7 S. 4°.

— eine Grundaufgabe d. Photogrammetrie u. ihre Anwendung auf Ballonaufnahmen. (S. 223—260 m. 2 Taf.) gr. 4. Ebd. 903. n. 1. 20

Eine Grundaufgabe der Photogrammetrie und ihre Anwendung auf Ballonaufnahmen. Von S[eb.] Finsterwalder. (Mit 2 Taf.) (München: K. Akad. 1904.) (S. 226–260.) 4°
= Abhandlungen d. math.-phys. Klasse d. Kgl. bayer. Akad. d. Wiss. Bd 22, Abt. 2, [1.]
[05. 3900

– Die geometr. Grundlagen d. Photogrammetrie, s. Jahresbericht d. deutsch. Mathematiker-Vereinigung. VI. 2.

— über die Konstruktion v. Höhenkarten aus Ballonaufnahmen. gr. 8. (S. 149—164 m. 1 Taf.) München 900. (G. Franz' Verl.) n. — 40
Sonderabdruck aus: „Sitzungsber. d bayer. Akad. d. Wiss."

— der gefährliche Ort beim Rückwärtseinschneiden auf der Kugel. (S 3—11.) gr. 8. Ebd. 905. n. — 20

— u. W. Scheufele, das Rückwärtseinschneiden im Raum. (S. 591—614.) gr. 8. Ebd. 903 n. — 40
5 Sonderabdr. aus: „Sitzungsber. d. bayer. Akad. d. Wiss."

— über die innere Struktur der Mittelmoränen. gr. 8. (S. 533—540 m. 2 Abbildgn) Ebd. 901. n. —20
Sonderabdruck aus: „Sitzungsber. d. bayer. Akad. d. Wiss."

Finsterwalder, S., die Terrainaufnahme mittelst Photogrammetrie. [Aus: „Bayer. Industrie- u. Gewerbeblatt".] Lex.-8. (19 S. m. Abbildgn.) München 891. Literarisch-artist. Anstalt. n. -- 60

Finsterwalder, S., d. Vernagtferner, s.a. Zeitschrift d. deutschen u. österr. Alpenvereins.

Der Vernagtferner. Seine Geschichte u. s. Vermessung in d. J. 1888 u. 1889 von Dr. S[ebastian] Finsterwalder, Prof. Mit 1 Karte, 2 Taf. u. vielen Textfig. Dazu ein Anh.: Die Nachmessungen am Vernagtferner in d. Jahren 1891, 1893 u. 1895 von Dr. A[dolf] Blümcke u. Dr. H[ans] Heß, Reallehrern. (Vorr.: Prof. Dr. Eduard Richter.) Mit 1 Karte u. Textfig. Graz: Deutscher u. Österr. Alpenver. 1897. (112 S.) 4°(8°)
— Zeitschrift d. D. u. Ö. Alpenvereins. Wissenschaftl. Erg. H. Bd 1, H. 1.

Fintelmann, die wilden Kaninchen u. deren Vertilgung in der königl. Oberförsterei Durowo. (8 S.) 16. Neudamm 909. J. Neumann. —10

Fintelmann, Axel, Gartenfreund, s.: Wredow.

Fintelmann, A., gärtner. Veredelungskunst, s.: Teichert, Osk.

Fintelmann, C. J., s.a. Fintelmann, G. A.

Fintelmann, C. J., prakt. Anleitung zur Fruchttreiberei. Nach 20jähr. Erfahr. f. Lehrer u. Zöglinge d. Gärtnerei u. Gartenfreunde bearb. M. 2 Kpfrt. 8. (11½ B.) Potsdam 837, Riegel.

—— die Obstbaumzucht rc. s.a. Handbibliothek f. Gärtner, III. Abthl.

— d. Obstbaumzucht. Eine prakt. Anleit. z. Erziehung u. Wartung d. Obstbäume, im freien Lande wie in Töpfen, nebst e. Beschreib. d. vorzügl. Tafel-, Wirthschafts- u. Handelsfrüchte etc. (Abth. d. Handbibliothek f. Gärtner etc.) 2 Thle. gr. 12. Berlin, 1839. Herbig. 3. 22½

Fintelmann, C. J., die Obstbaumzucht. Nach den neuesten Ansichten u. eigener vieljähr. Erfahrung bearbeit. (Aus d. Handbibliothek für Gärtner rc. abgedruckt.) 1r u. 2r Thl. Nebst 4 Kpfrtaf. gr. 12. Berlin 839. Herbig 3¾ ₰

— die Wildbaumzucht. Die Zucht u. Pflege der in Deutschland im Freien zu erziehenden u. zu überwinternden Holzpflanzen, sowohl d. harten als d. zarten. 8. Berlin 840. Herbig. n. 1 1/3 ₰

Fintelmann, F. W. L., kurzgefasste Anleit. z. zweckmässigen Erziehung aller Küchengewächse. 8. Berlin, 1802. Quien. — 5

Fintelmann, F. W. L., über d. Verbindung d. Landwirthschaft mit d. Forstwirthschaft u. d. Mittel, wodurch diese herzustellen ist. Andeutungen f. Staats-, Land- u. Forstwirthe. gr. 8. (8¼ B.) Berlin 834, Duncker u. Humblot.

Fintelmann, G. A., s.a. Fintelmann, C. J.

Fintelmann, G. A., der Dorfgarten, } s. Bauernschatz, der.
—— die Feldrüben und der Viehkohl, }

— s. Handbibliothek für Gärtner.

—— über Nutzbaumpflanzungen. gr. 8. (IV und 44 S.) Potsdam 855(56,) Horvath'sche Buchh. *

Fintelmann, G. A., die Vertiefung der Ackerkrume, s. Bauernschatz, der.

Fintelmann, G. A., die Wildbaumzucht rc., s.a. Handbibliothek f. Gärtner, V. Abthl.

FINTELMANN, G. A.: Die Wildbaumzucht. Die Zucht und Pflege der in Deutschland im freien Lande zu erziehenden und zu überwinternden Holzpflanzen, sowohl der harten als auch der zarten. - Berlin 1841. VIII, 694 S., 1 Taf. - (Handbibliothek f. Gärtner Abt. 5)

Fintelmann, (Hofgärtner) G. A., die Wildbaumzucht. Die Zucht u. Pflege der in Deutschland im freien Lande zu erziehenden und zu überwinternden Holzpflanzen, sowohl der harten als auch der zarten. Mit 1 Kupfertaf. gr. 12. Berlin 841, Herbig. 2 ₰

Fintelmann, L., Beiträge zur näheren Bestimmung u. Naturgeschichte einiger auf der Kiefer (Pinus sylvestris L.) lebender Porphyrien, s. Acta nova phys.-med. Acad. Caes. Leopold. Carol. XIX.

Fintelmann, Ludwig

Fintelmann, L., über Baumpflanzungen in den Städten, deren Bedeutung, Gedeihen, Pflege u. Schutz. Vier Vorträge. gr. 8. (100 S.) Breslau 877. Kern's Verl. n. 2. —

Fintelmann, W., s. Fintelmann, F. W. L.

Finter, C. G., der Baumeister auf dem Lande u. in kleinen Städten, s.: Issel, Hans.

— s.: Taschenbuch deutscher Baupreise.

Finter, Karl, Geschäftsgänge f. einfache Buchführung. Für die Hand des Schülers hrsg. (15 S.) kl. 8. Metz 910. G. Scriba. —30

Finweg, Carl [Assistenzarzt I. Kl. im k. 2. Inf.-Reg. „Kronprinz" in München]: Ueber die Behandlung der Harnröhrenstrikturen. . . . München, Druck v. J. Schreiber, 1889; 51 S. 8°
Würzburg, Med. Fak., Inaug.-Diss. v. 1889

Finweg, Karl August

Finweg, C., Geschichte d. Herzogth. Neuburg, s.a. Gremmel, Carl

Finweg, C. A., Geschichte des Herzogthums Neuburg. Neuburg a/D. 1871. 8.

Finx, Erasmus [Wirkl. Name], s. Francisci, Erasmus [Pseud.]

Finx, Friedrich Anton, De herede fiduciario absente. Diss. jur. Präs. Johann Bernhard Friesen (Pösen). Jena J. A. Müller) März 1708. 30 S. (5.—) 5874

Finzelberg, Johann Heinrich Julius (Sernovio / Brandenburg.), De putrescentia uteri. Diss. pathol. Bln. (Nietack) 5. XI. 1835. 31 S. mit Liter u. Biogr. (M.: S. W. Hermann.) (4.50) 8876
Oppon.: C. Nagel, C. Breithaupt, F. Hammer. Gew.: Dit. Wilh. Heinr. Busch, Fried. Heinr. Finzelberg (Kaltenborn).

Finzelberg, Wilhelm, approb. Arzt aus Bagemühl: Aus d. Kgl. chirurg. Klinik zu Kiel. Operation eines nasopharyngealen Schädelbasisfibroms nach einer der Partschschen ähnlichen Methode. *Voorde b. Kiel 1901: O. Krohn.* (16 S.) 8°
Kiel, Med. Diss. v. [18. Apr.] 1904

Finzl Friedrich: Studien über die Dioxydesoxybenzoine. S. 114. IIb. 653 . . . . vgr.
Separatabdruck

Finzi, Jacopo, die normalen Schwankungen d. Seelenthätigkeiten, s.a. Grenzfragen d. Nerven- u. Seelenlebens. 4. Hft.

Die normalen Schwankungen der Seelenthätigkeiten von Prof. Jacopo Finzi in Florenz. Deutsch von Dr. med. E[rnst] Jentsch in Homburg v. d. H. *Wiesbaden: J. F. Bergmann 1900.* (S. 127—158.) 8°
— Grenzfragen d. Nerven- u. Seelenlebens. H. 4.

Fiodoroff [Russe]
s. Fedorov. 2

Fionnay und seine Umgebung. [Illustrierter Führer.] [IV + 16 S.] quer-8. (Vevey, Säuberlin & Pfeiffer, [1910].)

Fior, piccolo, di memoria in cui si contengono complimenti pel capo d'anno e per giorni nomastici e natalizi precetti e sentenze, favolette e poesie di vario genere per fanciulli ed adolescenti. 8. (66 S.) Triest 864, Coen. *

—— dass. — Coll' agiunta di complimenti pel capo d'anno e per giorni nomastici e natalizi in lingua tedesca. 8. (80 S.) Ebendas. 864. *

—— scelto, di memoria pei fanciulli. 2. ediz. 1862. und 3. ediz. 8. (208 S. mit 1 Holzschntaf.) Triest 865, Coen. *

Fioraventi [Pseud.], s.a.K ü h n, Friederike Henriette

Curiose und seltzame Lebens-Geschichte des beruffenen Signor FIORAVENTI welcher bißhero unter den Nahmen als MARQUIS DAMIS bekannt ist von Ihm selbst beschrieben. Aus dem Italiänischen und Frantzösischen in das Teutsche übersetzet. Von J. D. H. S. Z. P.[1. Teil]. Frankfurt & Leipzig 1740. *Frontispiz (Boot auf e. Strom, das vom Ufer aus beschossen wird)*, 165 S.

Fioraventa, (Frdrike Henriette Kühne), Gustav Moraldino, der edle Bandit. 3 Thle. 8. Posen 806. Kühn. 2 ⁄$ 20 g⁄

Fioraventi, ..., Gustav Moraldino, der edle Banditensohn. 3 Bde. mit 3 Kupf. 3. Aufl. 8. Breslau 845, Kühn. 1½ ⁄$

Fioraventi, Gustav Moraldino d. edle Banditensohn. 3 Bde. 8. (24 B. u. 3 Kpfr.) Breslau 845, Kühn'sche Brhh.

Fjord, U. J., Bericht über Versuche auf dem Gebiete der Eismeierei, ausgeführt auf der Landbau-Hochschule zu Kopenhagen u. auf den Gütern Ourupgaard u. Gjedsergaard. [Aus dem Dän. von C. Boysen-Hildesheim.] gr. 8. (70 S.) Bremen 877. Heinsius. n. 1. 25

Fjord, U. J: Bericht über Versuche auf dem Gebiete der Eismeierei. Deutsch von C. Boysen-Hildesheim. Danzig 1877

— Mittheilungen aus dem landwirtschaftlichen Versuchs-Laboratorium d. kgl. Veterinär- u. Landbau-Hochschule zu Kopenhagen. Eine Arbeitsprüfung mit Centrifugen. (M. Anh. v. C. B o r c h). (Berl. 1884. (50) S. (Særtr.). P.

Fiore, il, della letteratura greca. Vol. I. I Poeti greci nelle loro piu celebri traduzioni ital. preceduti da un discorso stor. sulla letteratura greca di Silvestro Centofanti. Vol. unico. Lex.-8. (70¾ B.) Firenze 840. (München, Franz.) *

—— dass. Vol. II. Gli oratori greci tradotti ed illustrati da Melch. Cesarotti. Vol. unico. Lex.-8. (59¾ B.) Ebds. 842. *

Fiorelli, G., d. Vampyr, s.: Roman-Schatz.

Fiorelli, Giuseppe

—— Pompejanarum antiquitatum historia, quam ex cod. mss. et a schedis diarnisque R. Alcubierre, C. Weber, M. Cixia, J. Corcoles etc., quae in publicis aut privatis bibliothecis servantur, nunc primum collegit indicibusque instruxit. Vol. I. complectens annos effossionum 1748—1818. Lex.-8. (IV und 783 S. mit 6 Stnt. in Lex.-8. und qu. 4.) Neapel 860(62), (Detken.) Thlr. *

Fiorelli, Jos., monumenta epigraphica Pompeiana ad fidem archetyporum expressa. Pars I.: Inscriptionum Oscarum apographa. Editio II. Neapoli 856. (München, Franz.) 4. (1 Bl., 38 S.) n. 2 ⁄$

Fiorelli, Gius., gli scavi di Pompei dal 1861 al 1872. Relazione al ministro della istruzione publica. gr. 4. (XX, 192 S. m. 20 lith. u. chromolith. Taf.) Napoli 873. Detken & Rocholl. n. 30. —

Fiorentino, E., u. G. E. Ducati, das Modell, s.: Mode's, G., Opern-Text-Bibliothek.

Fiorentino, Sal., Saggio di poesie. 8. Triest, Galstinger. 790.

Fiorenza, Gianetta San. Schauspl. in 5 A. 8. Schleswig. 798. Christiani. 8 g⁄

Fiorenzo oder die geheimen Verbündeten der Nacht. Hamburg 1810. V: *Müller, Heinrich (August).* (Ky) (MGT)

Fiorenzo, od. die geheimen Verbündeten der Nacht, (von H. Müller VI.) 2 Bde 8. Hamb. 810. (Herold jun.) 2 ⁄$ 12 g⁄

Fiorenzo, od. d. geheimen Verbündeten der Nacht. 2 Bde. 8. Hamb. Vollmer. 810.

Fiori esotici. Poesie tedesche, russe, inglesi, francese o greche, tradotte da D o m e n i c o C i à m p o l i. 64. (159 S.) Leipzig 880. Lenz. — 75; geb. n. 1. 25

Fiori della poesia italiana antica e moderna, s. Biblioteca d'autori italiani.

Fiori, Annibale

Fiori A, Handbuch der italien. u deutschen Konversationssprache. 2. A. Stuttgart 1853

Fiori, Annibale, Handbuch der italienischen und deutschen Conversationssprache, oder vollständ. Anleitung für Deutsche, welche sich im Italienischen, und für Italiener, welche sich im Deutschen richtig und geläufig ausdrücken wollen; auch ein Vademecum für Reisende. 8. vollständ. umgearb. und mit einer kurzen italienischen Grammatik verseh. Aufl. von Bernh. Lehmann. A. u. d. T.: Manuale della conversazione italiana e tedesca, ossia completa guida per chiunque voglia esprimersi con precisione e chiarezza in ambe queste lingue. Operetta che può altresì servire di vademecum a' viaggiatori. (XV, 488 S.) 1869, und 4. verb. und verm. mit einer kurzen italienischen Grammatik verseh. Aufl. gr. 16. (XXII, 484 S.) Stuttgart 874, Neff. ℳ 2,25.; geb. *

Fiori, Annibale, Handbuch der italienischen u. deutschen Conversationssprache oder vollständige Anleitung für Deutsche, welche sich im Italienischen, u. f. Italiener, welche sich im Deutschen richtig u. geläufig ausdrücken wollen. Auch e. Vademecum für Reisende. 6., verb. u. verm. u. m. einer kurzen Grammatik verseh. Aufl. 8. (XXIII, 488 S.) Stuttgart 880. Neff. 2. 25; geb. n. 2. 75

Fiori, Annibale, Handbuch der italienischen und deutschen Conversationssprache, oder vollständ. Anleitung für Deutsche, welche sich im Italienischen, und für Italiener, welche sich im Deutschen richtig und geläufig ausdrücken wollen. Auch ein Vademecum für Reisende. 6. verb. und verm. und mit einer kurzen ital. Grammatik verseh. Aufl. 12. (XXIII, 488 S.) Stuttgart 887, Neff. ℳ 2.25.; geb. *

Fiori, Annibale, Handbuch der italienischen u. deutschen Conversationssprache. 6., verb. u. verm. u. m. e. kurzen italien. Grammatik verseh. Aufl. 12. (XXIII, 488 S.) Stuttgart 893. P. Neff. 2. 25; geb. in Leinw. n. 2. 75

Fiori, Annibale, Handbuch d. italienischen u. deutschen Konversationssprache, od. vollst. Anleitg. f. Deutsche, welche sich im Italien. richtig u. geläufig ausdrücken wollen. Auch e. Vademecum f. Reisende. 8. Aufl. Neu bearb. u. m. e. kurzen italien. Grammatik vers. v. G. Cattaneo. 12. (XIV, 484 S.) Stuttgart 898. P. Neff, Verl.
Geb. in Leinw. n. 2. 75

Fiori, Annibale, Handbuch der italienischen u. deutschen Konversationssprache, od. vollständige Anleitg. f. Deutsche, welche sich im Italien. richtig u. geläufig ausdrücken wollen. Auch e. Vademecum f. Reisende. 9. Aufl. Neu bearb. u. m. e. kurzen italien. Grammatik versehen v. G. Cattaneo. (XIV, 484 S.) 12. Stuttgart (904). [P. Neff Verl.] Berlin-Schöneberg, Langenscheidt's Verl.
Geb. in Leinw. n. 2. 75
Auch dess. Verlag Italien. Taschenwörterbuch ist in Langenscheidt's Verl. übergegangen.

Fiori, Annibale, Handbuch der italienischen u. deutschen Konversationssprache, od. vollständ. Anleitg. f. Deutsche, welche sich im Italien. richtig u. geläufig ausdrücken wollen. Auch e. Vademecum f. Reisende. 9. Aufl. Neu bearb. u. m. e. kurzen italien. Grammatik versehen v. G. Cattaneo. (Neue [Titel-]Ausg.) (XIV, 484 S.) kl. 8. Berlin-Schöneberg [904] 907. Langenscheidt's Verl.
Geb. in Leinw. 2. 75

Fiori, Annibale, Manuale della conversazione italiana e tedesca. Introdotta di F. — Handbuch der italien. u. deutschen Conversationssprache. 8. (30¾ B.) Stuttgart 845, Neff. — Für Oesterreich: Tendler u. Comp. in Wien.

Fiori, Annibale, neues praktisches Taschen-Wörterbuch Deutsch-Italienisch und Italienisch-Deutsch. Nach den besten Vokabularien bearb. und mit sorgfält. Accentuirung des Italienischen versehen, sowie mit reichhalt. Verzeichnissen von Abkürzungen, und dem Gebrauche sowohl, als der Geographie, Geschichte und Mythologie angehör. Eigennamen. 2 Thle. gr. 16. Stuttgart 876, Neff. à Thl. ℳ 2,50.
geb. à Thl. * ℳ 3. *

Inhalt:
Thl. 1. Italienisch-Deutsch. (VIII, 510 S.)
" 2. Deutsch-Italienisch. (X, 423 S.)

Fiori A.: Neues praktisches Taschen-Wörterbuch. Italienisch-Deutsch u. Deutsch-Italienisch ... 2 Th. Stuttg. 1876-77.
(O. m. ital. Tit.).

— neues prakt. Taschen-Wörterbuch italienisch-deutsch u. deutsch-italienisch, n. d. besten mod. Wörterbüchern bearb., u. m. sorgfält. Accentuierg. d. Italien. vers. 2. Aufl., gänzl. umgearb. v. G. Cattaneo. gr. 16. (VIII, 408 u. VI, 333 S.) Ebd. 897.
Geb. in Leinw. 3. —

— Neues prakt. Taschen-Wörterbuch italienisch-deutsch u. deutsch-italienisch, nach den besten modern. Wörterbüchern bearb., u. m. sorgfält. Akzentuierg. des Italienischen versehen. Gänzlich umgearb. v. G. Cattaneo. 3. [Titel-]Aufl. (VIII, 408 u. VI, 333 S.) 16. Berlin-Schöneberg [897] 907. Mentor-Verlag.
Geb. in Leinw. 3. —

Fiori, Silvio, lic. jur. aus Locarno: Die Gläubigerversammlung im schweizerischen Konkursrecht. Zürich 1904. 111 S. 8°.
Bern Jur. Diss. 1904/1905.

Fiori, Silvio, die Gläubigerversammlung im schweizerischen Konkursrecht. (111 S) gr. 8. Zürich 905. Schulthess & Co. n. 2. 40

Fiorillo, Etude de Violon, form. 36 Capriccs. Leipzig, Kühnel.

— — dasselbe, deutsch. Ebendaselbst

Fiorillo, Johann Dominicus (auch Johannes Dominicus)

Fiorillo, Jh. Dom., († d. 10. Sept. 1821.) Beschreib. d. Gemäldesamml. der Universität Göttingen. 8. Götting. 805. Dieterich. 7 gGr

Fiorillo, Johannes Dominicus. Über einige Italiänische Gelehrte und Künstler, welche Matthias Corvinus, König von Ungarn, beschäftigte. Göttingen 1812. 8°.

Fiorillo, J. D., Geschichte d. zeichnenden Künste in Deutschland rc. 1r u. 2r Bd. gr. 8. Hannover, Gebr. Hahn. 815.

Fiorillo, J. D., Geschichte der zeichnenden Künste in Deutschland und den vereinigten Niederlanden. 2r — 4r Bd. gr. 8. Hannover, Gebrüder Hahn. 816 — 20. à 2 Rthlr.

— Geschichte d. zeichnenden Künste von ihrer Wiederauflebung bis auf die neuesten Zeiten. 5 Bde. gr. 8. Götting. 798 — 808. Röwer. 13 Thlr 12 gGr (Auch als 2e Abthl. d. Geschichte d. Künste u. Wissenschaften.)

— das vermeinte Grabmal Homers, nach Lechevalier gezeichnet, erläutert v. Chr. G. Heyne, mit 6 Kpft. gr. 8. Leipz. 794. Weidmann. 16 gGr Holl. P. 20 gGr

— über das Groteske. gr. 8. Götting. 791. Dieterich. 4 gGr

Fiorillo, Giov. Dom., la Pittura satir, di salvator Rosa con le note. 8. Göttingen, Dieterich. 785.

— s. Rosa, Salv., la pittura.

— kleine Schriften artistischen Inhalts. 2 Bde., mit Kpf. gr. 8. Leipz. 803 — 6. (Götting., Dieterich). 3 Thlr

Fiorillo, Jh. Wlh. Raph., (†...) Anticritica in locos quosdam commentarii ad Herodem Atticum a censore in ephemerid. univ. literar. Jenae prodeuntibus sollicitatos. 8. Götting. 807.

— s. Herodis Attici quae supersunt.

— Diss. de inscript. graeca vasculi picti ex Museo Equitis de Hamilton. 4. Götting. 803.

Fiorillo, R., Observationes criticae in Athenaeum. Götting. 802. P. I. 8. 16 gr.

Fiorillo, Jh. Wlh. Raph., Observationes criticae in Athenaeum. P. I. 8 maj. Götting. 803. Dieterich. 12 gGr

Fiorini, Matteo, Erd- u. Himmelsgloben, ihre Geschichte u. Konstruktion. N. d. Ital. frei bearb. v. Siegm. Günther. gr. 8. (VI, 187 S. m. 9 Fig.) Leipzig 895. B. G. Teubner. n. 4. —

Fiormona oder Briefe aus Italien. Berl. 1794. V: *Heinse, Glob Hnr.* (GGr IV. 418)

Fiormona oder Briefe aus Italien, mit 1 Kupf. 8. Berlin, 794. Nauck. 25 sgl.

* Fiormona, od. Briefe aus Italien. Neue Aufl. 8. Kreuznach. (Leipz. Schmidt.) 803.

Fiormona, oder Briefe a. d. Ital. 8. Berl. Nauck. 805.

Fiormona, od. Briefe aus Italien. 3. Aufl. 8. (15 B. u. 1 Ttl.-Vign.) Berlin 829, Nauck.

Fiormona od. Briefe aus Italien. 4. Ausg. 8. (15 B. u. Ttlvign.) Berlin 838, Nauck'sche Buchh.

Fipper, C., das Beispruchsrecht nach altsächsischem Recht, s. a. Untersuchungen zur deutschen Staats- u. Rechtsgeschichte.

Fipper, C., Das Beispruchsrecht nach altsächsischem Recht. Ein rechtsgeschichtlicher Versuch. Breslau 1879. 8.
A. a. d. T.: Untersuch. z. Deut. Staats.- u. Rechtsgesch. H. 3. . . . . (D.; BKU.)

Fipps. Müller u. Zwerge. Der Berggeist. Drei Märchen für Kinder. 8. (28 S. m. 8 lith. u. col. Taf.) Erfurt 852, Bartholomäus. 1/4 Thlr

Fips, der kluge Hund. gr. 4. (14 S. m. farb. Bildern.) Stuttgart 894. F. Loewe. 1. 20

Firbas Oskar: Anthropogeographische Probleme im Viertel unter dem Mannhartsberg.
1906 PN 2045 Diss. Wien, Univ. 2390

Firbas, Osk., anthropogeograph. Probleme aus dem Viertel unterm Manhartsberge in Niederösterreich, s. a. Forschungen zur deutschen Landes- u. Volkskunde. XVI, 5.

Anthropogeographische Probleme aus dem Viertel unterm Manhartsberge in Niederösterreich. Von Dr. Oskar Firbas, Klagenfurt. Mit 8 Karten u. 23 Textabb. Stuttgart: J. Engelhorn 1907. (96 S.) 8°
— Forschungen z. deutschen Landes- u. Volkskunde. Bd 16, H. 5. [07. 6116]

Firbas, R., üb. die in den Trieben v. Solanum tuberosum enthaltenen Basen. [Aus: „Sitzungsber. d. k. Akad. d. Wiss."] Lex.-8. (20 S.) Wien 889. (Tempsky.) n. — 40

Firchau, über den pädagogischen Wert der Dichtungen Uhlands, s. a. Lehrer-Prüfungs- u. Informations-Arbeiten. 23. Hft.

Über den pädagogischen Wert der Dichtungen Uhlands. Von Firchau, Rektor in Plaue a./H. 2. Aufl. *Minden: A. Hufeland 1904.* (S. 19–25.) 8° [F.]
— Lehrer-Prüfungs- u. Informations-Arbeiten. H. 23, 2. [04. 8452]

Firchau, Otto Bernhard Waldemar, prakt. Arzt: Ueber traumatische Epidermiscysten. Leipzig 1907: B. Georgi. (22 S.) 8°
Leipzig, Med. Fak., Ref. Marchand, Diss. v. 14. März 1907
[Geb. 23. Juni 79 Motylewo, Kolmar; Wohnort: Altwasser; Staatsangeh.: Preußen; Vorbildung: Gymn. Ratibor Reife O. 99; Studium: Breslau 5, Leipzig 1, München 1, Breslau 3 S.: Coll. 19. März 07; Approb. 4. Okt. 05.]

Firchau, Richard: Aus der Breslauer chirurgischen Klinik. ⟨Geheimer Medizinalrat Prof. Dr. Mikulicz.⟩ Über die tuberculöse Bauchfellentzündung und ihre Behandlung. *Breslau 1898: Bresl. Gen.-Buchdr.* (57 S.) 8°
Breslau, Med. Diss. v. 13. Juni 1898

Fircks, Karl Freiherr von. Berlin 1894. V: *Schwartz, Johann Chr.* (stadtBibl Berlin IX, S. 73)

Fircks, v. Ueber Herabsetzung des Militair-budgets und Abschaffung von Sinecuren und Missbräuchen im Preuss. Heere. Den Preuss. Volksvertretern gewidmet. gr. 8°. Coblenz (Hergt) 1848.

– dass., s.a. Firks von

Fircks, A. Frhr. v.

Firks, A. Frhr. v., Beiträge zur Statistik des Reichsheeres, s.a. **Zeitschrift d. königl. preuss. statistischen Bureaus.**

Fircks, A. Frhr. von, Beiträge zur Statistik des Reichsheeres. Berlin 1881. Imp.-4.
Lt: Zeitschr. d. k. preuss. statist. Bureaus. Erg.-II.

Fircks, A. Frhr v. Bemerkungen über die Kriegsstärke des franz. Heeres im 1. Halbjahr 1878. (Berlin 1877.) 8°. (Bh. z. M. W. B.)

Fircks, A. Frhr. v., die militärische Leistungsfähigkeit der europäischen Staaten. gr. 8. (228 S.) Berlin und Leipzig 878. Luckhardt'sche Verlagsb. *

— — Marsch-Lied für bayrische Jäger-Bataillone. o. O. 1907. 2 Bl. 4°

Fircks, Freifr. A. v., u. E. v. Prittwitz u. Gaffron. Marsch-Lied d. Ulanen. o. O. 1907. 2 Bl. 4°

— Feldmarschall Graf Moltke u. der preußische Generalstab. [Biographische Blätter. 1. Bd. 2. Hft.] gr. 8. (92 S. m. Portr. in Lichtdr.) Berlin 879. Militaria. n. — 80

Fircks, Frhr. v., General-Feldmarschall Helmuth Karl Bernh. Graf v. Moltke u. der preußische Generalstab. 2., verm. Aufl. gr. 8. (VIII, 122 S. m. Lichtdr.-Bild.) Cottbus 887. Berlin, Kittel. n. 2. —

(Fircks, A. Frhr v.) Statistische Nachrichten über das schwed. Heer. (Berlin 1876.) 8°. (Bh. z. M. W. B.)

—— Rückblicke auf die Bewegung der Bevölkerung im preuss. Staate, s. **Statistik**, preussische.

—— s. **Schédo-Ferroti.**

Fircks, A. Frhr v. Dänemarks Streitkräfte zu Land und zur See. (Berlin 1878.) 8°. (Bh. z. M. W. B.)

Fircks, A. Frhr. v., s.: Taschen-Kalender f. Verwaltungsbeamte.

Fircks, Freiherr v. Die Vertheidigung von Metz im Jahre 1870 nebst einer Uebersicht der Operationen der französischen Rhein-Armee. (2 Hefte.) 8. Berlin 1872.

— die Vertheidigung v. Metz im J. 1870 nebst e. Uebersicht der Operationen der französ. Rhein-Armee. 1. Hft. gr. 8. (III, 168 S.) Berlin 872. Bath. n. 2. 80

— die Vertheidigung v. Metz im J. 1870, nebst e. Übersicht der Operationen der französ. Rheinarmee. 2., verm. u. verb. Aufl. 3 Hfte. gr. 8. (IV, 477 S.) Leipzig 893. G. Lang. à n. 2. — (kplt. geb.: n. 8. —)

Fircks. Die Vertheidigung von Metz im Jahre 1870 etc. 2. vermehrte und verbesserte Auflage. 8. Metz 1897.

— die Volkskraft Deutschlands u. Frankreichs. Statistische Skizze. gr. 8. (64 S.) Berlin 875. Militaria. n. 1. 60

Fircks, Alice Freifrau v., geb. Freiin v. Rahden, sonnige Kindertage. Ihren Kindern erzählt. (84 S. m. Abbildgn.) gr. 8. Riga (905). F. Deutsch. Geb. in Leinw. n.n. 2. 20

Aegypten 1894. Staatsrechtl. Verhältnisse, wirthschaftl. Zustand, Verwaltg. Nach amtl. u. anderen Quellen sowie eigenen Wahrnehmgn dargest. v. A[rthur] Frh. v. **Fircks**, Geh. Regiergsr. Th. 1. 2. *Berlin: D. Reimer 1895. 96.* 2 Bde 8.
1. M. 1 Kt. ... in 1:5000000, sowie 1 Nebenkt. des Nildeltas in 1:500000. 1895. (VII, 300 S., 1 Kt.) 2. 1896. (IV, 290 S.) [96. 6034

— Bevölkerungslehre u. Bevölkerungspolitik, s.a. **Hand- u. Lehrbuch d. Staatswissenschaften.**

Bevölkerungslehre und Bevölkerungspolitik v. Arthur Frh v. **Fircks**, Geh. Regiergsr. ... zu Berlin ... *Leipzig: C. L. Hirschfeld 1898.* (X, 492 S.) 1 Bd 8.
= **Hand-** u. Lehrbuch d. Staatswissenschaften. Abt. 1. Bd VI. [98. 4106

Fircks, Friedrich Frhr von: Ueber den Ursprung des Adels in den Ostsee-Provinzen Rußlands und das den alten Rittergeschlechtern daselbst gebührende Prädicat Freiherr. Historisch entwickelt. — Mitau und Lpg: Reyher 1843. VIII. 178 S.

Fircks, Geo. Fr. v., Ueber Hülfs-Leihbanken in Kurland. 8°. Mitau 1820.

Fircks, G. F. v., die Letten in Kurl. od. Vertheid. m. Vaterl. gegen Merkel. 8. Lpz. Hirschfeld. 803.

v. Fircks, Geo. Fr., die Letten in Kurland, od. Vertheidigung meines Vaterlandes gegen Garlieb Merkel. 8. Leipz. 804. Hirschfeld. 1 ℛ︀

Fircks, Karl Frh. v., Dichtungen, s.: **Bücher der Weisheit u. Schönheit.**

Fircks, Carl v., zwei Dramen. (Masaniello, dramat. Gedicht in 5 Aufzügen. Eine Bildhauer-Werkstatt in Florenz, Drama in 3 Aufzügen.) (Den Bühnen gegenüber als Mscr. gedr.) 8. (155 S.) Leipzig 856, Matthes. *

Fircks, Frhr. Carl v. Gedichte. 8. (VI und 194 S.) Leipzig 864, Klinkhardt.

Gedichte von Carl Frh. v. **Fircks**, in Ausw. hrsg. von F[riedrich] Loofs u. J[ohann] C[hristoph] Schwartz. *Halle a. S.: M. Niemeyer 1904.* (IX, 121 S.) 8° [F.] [04. 6494 3

Fircks, Frhr. Karl v., poetischer Nachlaß. 8. (VI, 201 S.) Leipzig 871. Wagner. n. 2. 50

Aus meinem afrikanischen Tagebuch. Von Carl Reinhold Frh. v. **Fircks**. Berlin: Deutscher Kolonial-Verl. [1909]. 62 S. 8° [10. 1879

Fircks, W. Frhr. v., s.: **Taschenkalender f. das Heer.**

Firdausi

(FIRDUSI. Das Buch vom Fechter. Herausgegeben auf Kosten der Deutschen Morgenländischen Gesellschaft von OTTOKAR von SCHLECHTA-WSSEHRD. In türkischer Sprache. 1862.) 8°.

Firdusi. Epische Dichtungen aus dem Persischen von Adolph. Friedr. v. Schack. 2 Bde. Berlin 853. Hertz. 8. (XXV, 1 Bl., 363; 2 Bl., 448 S.) n. 3 ℛ︀ 20 ngr

— Das Heldenbuch von Iran aus dem Schah Nameh des Firdussi von I. Görres. I. II. Mit zwei Kupfern und einer Charte. Berlin 1820.

Firdusi, Heldensagen, s.a. **Bibliothek**, Cotta'sche, der Weltlitteratur.

Firdusi, Heldensagen. Zum ersten Male metrisch aus dem Persischen übers. nebst einer Einleitung über das Iranische Epos von Adph. Friedr. v. Schack. gr. 8. (VII und 537 S.) Berlin 851, Hertz. *

Firdusi, Heldensagen. In deutscher Nachbildung nebst e. Einleitung über das Iranische Epos von Adf. Frdr. v. Schack. 2. verm. Aufl. der „Heldensagen" u. der „epischen Dichtungen." Berlin 865. Hertz. Lex.-8. (VII, 439 S.) 2 ℛ 15 ngr.

Firdusi, Heldensagen. In 3 Bdn. In deutscher Nachbildung nebst einer Einleitung von Adf. Frdr. von Schack. 3. Aufl. gr. 8. (X, 371; 412 u. 418 S.) Stuttgart 877. Cotta. n. 15. —

FIRDUSI. *Persische Heldensagen* des Firdusi, Für die Jugend bearbeitet von Dr. LAUCKHARD. Mit sechs Bildern in Farbendruck [von W. SCHÄFER] nach Zeichnungen von L. LÖFFLER. Leipzig, A. Oehmigke. [c. 1865.] 333 S. 1 Bl. 8°. Orhlwd. mit Rv. und chromolithogr. Deckeln. 18.—
Gute Bearbeitung. Die Farben der Bilder von Hand gehöht. Innen und außen etw. fleckig.

FIRDUSI. — Jussuf und Suleicha / Heldengedicht von *Firdussi* / Aus dem Persischen zum ersten Male übertragen von Ottokar Schlechta-Wssehrd. Wien, Gerold, 1889. Gr. 8°.

Firdussi. Jussuf u. Suleicha. Romantisches Heldengedicht. Aus dem Pers. zum ersten Male übertragen von Ottokar Frhr. v. Schlechta-Wssehrd. gr. 8. (XIII, 267 S.) Wien 889, Gerold's Sohn. * 5 —

Firdosi's Königsbuch [Schahname], übers. v. F. Rückert. Aus dem Nachlaß hrsg. v. E. A. Bayer. Sage I—XIII. gr. 8. (LII, 439 S.) Berlin 890. G. Reimer. n. 8. —

Firdosi's Königsbuch (Schahname), übers. v. Frdr. Rückert. Aus dem Nachlaß hrsg. v. E. A. Bayer. (II.) Sage XV—XIX. Gedruckt m. Unterstützg. der deutschen morgenländ. Gesellschaft. gr. 8. (X, 590 S.) Berlin 894. G. Reimer. n. 8. —

Firdosi's Königsbuch (Schahname), übers. von Frdr. Rückert. A. d. Nachlaß hrsg. v. E. A. Bayer. III. Bd. Sage XX—XXVI. (Nebst e. Anh.: I. „Rostem u. Suhrab" i. Nibelungenmaß. II. Alexander u. d. Philosoph.) Gedruckt m. Unterstützg. d. deutschen morgenländ. Gesellschaft. gr. 8. (XI, 367 S.) Berlin 895. G. Reimer. n. 8. —

Firdusii liber regum, qui inscribitur Schahname. Editionem Parisiensem diligenter recognitam et emendatam, lectionibus variis et additamentis editionis Calcuttensis auxit, notis maximam partem criticis illustravit Joa. Aug. Vullers. Tomi I. fasc. 1 et 2. gr. 8. (288 S.) Leiden 876. Brill. n.n. 9. —

— liber regum, qui inscribitur Schahname. Editionem Parisiensem diligenter recognitam et emendatam, lectionibus variis et additamentis editionis Calcuttensis auxit, notis maximam partem criticis illustravit Joa. Aug. Vullers. Tomi I. fasc. 3 et 4. gr. 8. (XXXV u. S. 289—520.) Leiden 877. Brill. n.n. 8. 50
(Vol. I. cplt.: n.n. 17. 50)

—— dass. — Tom. II. 4 fasc. gr. 8. Ebendas. [Fasc. 1. (S. 521—680.) 878. ** ℳ 5.; Fasc. 2. (S. 681—872.) 878. ** ℳ 6,15.; Fasc. 3 et 4. (XIII, S. 873—1062.) 879. ** ℳ 6,70.] **

— dasselbe. Tom. III. fasc. 1. gr. 8. (S. 1063—1222.) Ebend. 879. n.n. 5. —

Firdusii liber regum, qui inscribitur Schahname. Editionem Parisiensem diligenter recognitam et emendatam, lectionibus variis et additamentis editionis Calcuttensis auxit, notis maximam partem criticis illustravit Joa. Aug. Vullers. Opus morte editoris interruptum ad finem perduxit Sam. Landauer. Tomi III fasc. 2 et 3. gr. 8. (S. 1023—1542.) Leiden 881,83, Brill. à Fasc. * ℳ 5. [illegible]
Tom. I 4 fasc.; Tom. II 4 fasc.; Tom. III fasc. 1. Ebendas. 1876—79. ** ℳ 40,35.

— eine persische Liebesgeschichte. gr. 16. (IV u. 130 S.) Berlin 851, Hertz. 21 ngr; in Engl. Einb. m. Goldschn. n. 28 ngr

Firdussi, Schah Nameh, Heldenbuch von Iran, s.a. Heldenbuch.

Firdusi, Schah Nameh, Heldenbuch v. Iran, übers. von J. Görres. 2 Thle., mit 2 Kpf. u. 1 Karte. gr. 8. Berl. 820. Reimer. 5 ℛ 12 gr Mit ill. Kpf. 6 ℛ

Firebrace, Dorothea, oder die Tochter des Waffenschmieds von Birmingham. Von der Verf. von „Whitefriars." 4 Bde. Berlin 866. Janke. 8. (8 Bll., 899 S.) 2 ℛ 20 ngr.

FIREMANN, PETER. Zur Kenntniss einiger α-β-Diphenylindole. (Bern) Zürich, 1893.

Firemd, F. J., Stammb. d. Erbfolge auß. Testament. Fol. Grätz, Feritl. 787.

Firenzuola, Agnolo, Gespräche üb. die Schönheit der Frauen, s.a. Liebhaber-Bibliothek, kulturhistorische. 2. Bd.

FIRENZUOLA, Agnolo (Freund des Pietro Aretino, 1493 bis 1548), Gespräche über die Schönheit der Frauen. („Kulturhistor. Liebhaberbibliothek Bd. II" steht auf dem Vortitel.) Aus d. Italien. von Paul Seliger. Leipzig-Reudnitz, Magazin-Verlag Jacques Hegner [darüber Signet], o. J. (c. 1902). Breit-12°. Grüner Orig.-Umschl. m. Bordüren u. Verlags-Anzeigen. (Mk. 2—.) (1 Mk. 50 Pfg. Taussig, 1904.)
— — Dasselbe. 3. Aufl. . . . . (2 Kr. 40 H., gebd. Kr. 3,60. F. Lang, Wien, 1906.)

Gespräche über die Schönheit der Frauen (Della bellezza delle donne u. Della perfetta bellezza d'una donna) von Agnolo **Firenzuola**. Aus d. Ital. von Paul Seliger. Leipzig-Reudnitz: J. Hegner [1903]. (XI, 110 S.) 8° [illegible]
— **Liebhaberbibliothek**, Kulturhistorische. Bd 2. [illegible]

— **Novellen u. Gespräche**, s.a. Perlen älterer roman. Prosa.

— — Novellen und Gespräche. Uebersetzt, eingeleitet und erläutert von Albert Wesselski. 2 Bde. Mit 5 Zeichnungen von Paul Renner u. 11 Portraits. München 1910. 8°. 336 S.. (Geheft. Mk. 15—; gebd. Mk. 20—, Adolf Ackermann, München, 1909; 18 Mk., Orig.-Hfrzbd., Wilh. Heims, Lpz., 1911.)
Firenzuola, A., Opere. C. ritratto. 5 vols. Milano, Tipografia de' Classici. 1802. Gr. 8°. (10 Mk. Adolf Weigel. c. 1910.)

Fireside, the english, upon the banks of the Rhine. An Almanack for the year 1829. Exhib. a choise of English and German tales poems a. historical anecdot.; select. b. J. Hedmann. Embellish. with 7 superb engravings. 16. Heidelb. 828. Engelmann. 2 ℛ 8 gr

Firgau, Fritz [pr. Arzt aus Berlin]: Ein Fall von Hemichorea postparalytica mit eigenthümlichen Mitbewegungen ... Berlin, Buchdr. v. G. Schade, *1892:* 29 S., 1 Bl. 8.
Berlin, Med. Fak., Inaug.-Diss. v. 13. Febr. 1892

Gifte und stark wirkende Arzneimittel in gerichtl., hygien., gewerbl. Beziehung von Dr. med. Fritz **Firgau**, pract. Arzt in Berlin. *Berlin: O. Haering 1901.* (VII, 305 S.) 8° [illegible]

Firkowicz, Marek, die drei Helfer. Culturbilder aus Galizien. 8. (129 S.) Wien 894. M. Perles. n. 1. 80

Firkowitsch, Abraham

— — Altjüdische Denkmäler aus der Krim, mitgetheilt von Abraham Firkowitsch (1839—1872) und geprüft von Albert Harkavy. [= MAP. VIIe Série. Tome XXIV No. 1.] St.-Pétersbourg 1876.

Firkowitsch, Abraham. Achtzehn hebräische Grabschriften aus der Krim. Ein Beitrag zur biblischen Chronologie, semitischen Paläographie und alten Ethnographie. Von D. Chwolson. (Mit 9 Tafeln.) [= MAP. VIIe Série. Tome IX. N° 7 et dernier.] St. Petersburg 1865. 4°.

v. Firks, üb. Herabsetzung d. Militairbudgets u. Abschaffg. v. Sinecuren und Mißbräuchen im Preuß. Heer. Den Preuß. Volksvertretern gewidmet. gr. 8. (8 S.) Coblenz 848. (Hergt.) 1 ngr

– dass., s.a. Fircks von

Firks, W. v. (Hrsg.), s. Taschenkalender für das Heer.

Firle, Ernst (geb. am 14 Juli 1853 in Breslau): Ueber Gangraen eingeklemmter Brüche ... Bonn, Univ.-Buchdr. v. C. Georgi 1876. 31 S. 8.
Bonn, Med. Fak., Diss. v. 1 Aug. 1876

Firle, Luise

Firle, L., aus alten Tagen, s.a. **Jugend-Bibliothek.**

— dasselbe, s.a. **Schmidt's, F.,** deutsche Jugendbibliothek.

Firle, Luise, aus alten Tagen. Kinderbriefe u. Märchen. 2. Aufl. Mit 8 Farbendr.-Bildern. 2 Thle. in 1 Bd. 12. (à 146 S.) Kreuznach 884. Voigtländer's Verl. geb. 2. 50

Firlej, Raphael [aus Scharne]: Die Gerichtsverfassung Polens von Kasimir dem Grossen bis Sigismund August. '(1333—1572)'. 1. Tl ... Berlin, Druck d. Germania, 1892; 2 Bl., 47 S. 8.
Berlin, Phil. Fak., Inaug.-Diss. v. 20. Apr. 1892

Firleiewitsch, M[arie]. Über die Beziehungen zwischen Bau und Funktion der Lymphdrüsen. Diss. Med. Bern. (Hierzu 4 Tafeln....) [Sep.-Abdr. aus: Zeitschrift für Biologie.... Band 47. Neue Folge Band 29. Heft 1.] *Kopftitel:* Aus dem physiologischen Institut der Universität Bern. 32 S. 8. München, R. Oldenbourg, 1905.

Firlifimini. Dessau 1784. V: *Schulz, Joachim Christoph Friedrich.* (R-N)

Firlifimini, des Dichters, Leben u. Tod, (von Fr. Schulz). 8. (Leipz.) 784. Göschen. 12 gr

Firm, Ph. G., die Jesuiten. Keine Kampfschrift. 8. (43 S.) Straßburg i/E. 893. F. Engelhardt. n. — 50

Firma manuductio ad veram fidem arabic. Fol. Wien 792 (Heubner). 8 ß

Firmaprotocollirung, die, in Ungarn durch Handels- und Gewerbsleute, sowie durch Gesellschaften. Enthält das Decret der hohen königl. ungar. Hofkanzlei vom 21. Jänner 1840, Zahl 10736, so wie die bezügl. Gesetzartikel vom J. 1840 und einen Anh. (In deutscher und ungar. Sprache.) 8. (51 S.) Groß-Kanizsa 864. (Pest, Gebr. Lauffer.) * *

Firmas Périès, Comte, Examen du projet de Constitution pour le royaume de Wurtemberg. 8maj. Stuttgart, Cotta. 817.

Firmaschilder, Ladenaufschriften, Wien 1899—1900. 83 Aufnahmen nach der Natur auf 30 Blättern Lichtdr. gr. Fol. Wien (899). A. Schroll & Co. In Mappe n. 20. —

Firmen, neue. Zusammenstellung aller in die Handels-Register Deutschlands zur Eintragg. gelang. Firmen, sowie sonst. neu begründeter Geschäfte u. industrieller bezw. grösserer gewerbl. Unternehmgn. m. Angabe ihrer Branche Jahrg. 1901. 24 Nrn. 4. (à ca. 24 S.) Berlin, R. Tessmer. n.n. 20. —
Fortsetzung s.: Tessmer's Nachrichten.

Firmen, die gerichtlich protokollirten, des Krakauer Handelskammerbezirks vom Juli 1863 bis März 1867 alfabetisch geordnet u. mit e. Anh. über Vermögens-Konkurse u. Ausgleichs-Verfahren versehen. [Aus dem Jahrb. d. Handels- u. Gewerbe-Kammer.] Krakau 867. (Breslau, Priebatsch.) 4. (65 S.) n. 20 ngr

Firmen, die protokollirten, v. Oesterreich-Ungarn, Bosnien u. Hercegovina, nach Fachgruppen u. Orten geordnet. Hrsg. m. Benützg. der Publicationen der österreichisch-ungar. Bank, betr. die handelsgerichtl. Eintraggn., u. unter Mitwirkg. d. kaufmänn. Informationsvereins „Vindobona" v. Alex. Dorn. In 9 Fachgruppen-Bdn. gr. 8. Wien 892. Volkswirtschaftl. Verlag A. Dorn. Kart. n. 54. —
1. Textil- u. Bekleidungs-Industrie u. zugehöriger Handel. (10, LV, 509 S.) n. 9.
2. Erzeugung v. Nahrungs- u. Genussmitteln, Naturproducte u. zugehöriger Handel. (10, XI, 631 S.) n. 10.
3. Chemische Industrie, Erzeugung v. Glas-, Thon- u. Steinwaaren u. zugehöriger Handel. (10, IV, 217 S.) n. 4. —
4. Erzeugung v. Galanterie-, Kurz- u. Nürnbergerwaaren u. zugehöriger Handel. (10, XVI, 156 S.) n. 4. —
5. Bergbau- u. Hüttenproducte, Maschinen- u. Metall-Industrie, Erzeugung v. Werkzeugen, Instrumenten u. Transportmitteln u. zugehöriger Handel. (11, XXII, 253 S.) n. 6. —
6. Baugewerbe, Holzindustrie u. Wohnungseinrichtung u. zugehöriger Handel. (11, IX, 230 S.) n. 5. —
7. Papier-Industrie u. zugehöriger Handel, Vervielfältigungswesen, Buch-, Kunst- u. Musikalienhandel. (10, V, 105 S.)
8. Erzeugung v. Leder, Lederwaaren, Kürschner- u. Rauchwaaren, Kautschuk- u. Guttaperchawaaren u. zugehöriger Handel. (10, III, 95 S.) n. 3. —
9. Grosshandlungsfirmen, Bank-, Wechsler- u. Börsengeschäfte, Export-, Commissions- u. Agenturgeschäfte, Kaufleute u. Gemischtwaarenhändler, Transport- u. Speditionsgeschäfte, Lagerhäuser, Pfandleihanstalten, Annoncen-, Reise-, Auskunfts- u. Patentbureaux, Geschäfte f. persönl. Dienste. (10, 608 S.) n. 10. —

Firmen-Adressbuch der gesammten Bau-, Möbel- und Maschinen-Branchen der Prov. Schleswig-Holstein, der Grossherzogthümer Mecklenburg-Schwerin und -Strelitz und Oldenburg, der freien Städte Bremen, Hamburg und Lübeck 1887—1888. 4 Abthlgn. gr. 8. (VIII, 53; V, 26; IV, 29; IV, 55 S.) Hamburg 888, Temps. *M 6.—.; geb. *

Firmen-Adreßbuch von Ost- und Westpreußen. Ein nach Städten und Namen alphabetisch geordnetes Verzeichniß der gerichtlich protokollirten Handels-Firmen mit Angabe der Inhaber, Theilnehmer, Procuristen rc. 4 Abthlgn. Lex.-8. Danzig 863,64, Bertling. *

Inhalt:
Abthl. 1. Regierungs-Bezirk Danzig. (III und 94 S.) * 10 Ngr.
" 2. Regierungs-Bezirk Königsberg. (IV und 153 S.) * 20 Ngr.
" 3. Regierungs-Bezirk Marienwerder. (IV und 76 S.) * 10 Ngr.
" 4. Regierungs-Bezirk Gumbinnen. (IV und 60 S.) * 10 Ngr.
Alle 4 Abthlgn. zusammen * 1 Thlr.

Firmen-Almanach, österreichischer, s. **Mercantil- und Firmen-Almanach.**

Firmen-, Verlags- u. Preisänderungen aus den J. 1901—1906 sowie Neuigkeiten, die noch nicht festgestellt werden konnten. (55 S.) Lex.-8. Leipzig 906. J. C. Hinrichs' Verl. Geb. in Leinw. n. 4. —
Sonderabdruck aus: „Hinrichs' Fünfjahrskatalog 11. Bd."

Firmenbuch. Enthaltend nach alphabetischer Ordnung alle bei dem hohen k. k. Handelsgerichte in Wien protokollirten Handels-, Fabriks- und Gewerbs-Firmen mit Angabe ihrer Domicile. Redigirt und herausgegeben von Eman. Pernold. Wien, 1857. Dr. und Papier von Leop. Sommer. (XVI. 356 S. 8.)

Firmenbuch. Enth. die bei den k. k. Handelsgerichten in Wien und in den Kronländern in neuester Zeit protokollirten Firmen wie auch andere Geschäftsfirmen. 8.—18. Jahrg. gr. 8. (459 S.) Wien 862—67, Selbstverlag. à Jahrg. * *

—— der Kreishauptstadt **Ansbach,** s. **Adreß- und Firmenbuch.**

—— für den Regierungsbezirk **Düsseldorf,** s. **Drewen, F. C.,** Firmenbuch rc.

Firmenbuch aller Handels- und Gewerbetreibenden des Königr. Ungarn. Sämmtliche protocollirte Firmen von Ungarn, Siebenbürgen, Kroatien, Slavonien und der Militärgrenze. Hrsg. von Gebr. Légrády. Lex.-8. (XVIII, 322 S.) Budapest 877, [Grimm und Horovicz.] Grimm. **

Firmenbuch aller Handels- u. Gewerbetreibenden des Königreichs Ungarn. Sämmtliche protocollirte Firmen von Ungarn, Siebenbürgen, Kroatien, Slavonien u. der Militärgrenze. 2 Thle. in 1 Bd. Lex.-8. (XVIII, 322 u. XXVIII, 227 S.) Budapest 880. Légrády. n. 7. 20

Firmen-Buch für das Königr. Hannover. Nach den amtlichen Bekanntmachungen zusammengestellt. Hannover 865. Schmorl & v. Seefeld. 8. (246 S.) n. 10 ngr

Firmen- u. Adreßbuch, oberschlesisches. Hrsg. v. Stegemann. gr. 8. (VI, 302 S.) Oppeln 892. G. Maske. Geb. n. 6. —

Firmenich, J. M., Clotilda Montalvi. Romant. Tragödie in 5 Aufzügen. kl. 8. Berlin 840. Klemann. 3/4 ₰

Firmenich, Johannes Matthias, s.a. Firmenich-Richartz

Firmenich, Jh. Matth., s. Germaniens Völkerstimmen.

—— Τραγούδια Ρωμαικά. — Neugriech. Volksgesänge. Original u. Uebersetz. In Zusammenstell. mit den uns aufbewahrten altgriech. Volksliedern. 8. (10½ B.) Berlin 840, Heymann.

Firmenich, Wilhelm, approb. Arzt aus Frechen: **Beitrag zur Behandlung der Kniegelenkankylose.** *Bonn 1903: J. Trapp.* (36 S.) 8°
Bonn, Med. Diss. v. 11. Febr. 1903

Firmenich-Richartz, Ed., Bartholomaeus Bruyn u. seine Schule, s.a. Beiträge zur Kunstgeschichte.

Firmenich-Richartz, Eduard: Bartholomaeus Bruyn und seine Schule. (Eine kunsthistorische Studie.) . . . Leipzig, Druck v. A. Pries, 1891; 3 Bl., 147 S. 8°
Strassburg, Phil. Fak., Inaug.-Diss. v. 1891

Firmenich-Richartz, Eduard. Bartholomaeus Bruyn und seine Schule. Eine kunsthistorische Studie. Mit 7 Abbildungen im Text und 5 Lichtdrucktafeln. (Seemann's Beiträge zur Kunstgeschichte. Neue Folge XIV.) Leipzig 1891. 8°.

Firmenich-Richartz, Ed., Wilhelm v. Herle u. Hermann Wynrich v. Wesel. Eine Studie z. Geschichte d. altköln. Malerschule. [Aus: „Zeitschr. f. christl. Kunst".] hoch 4. (84 Sp. m. 4 Abb. u. 4 Lichtdr.) Düsseldorf 896. (L. Schwann.) n. 4. —

— kölnische Künstler in alter u. neuer Zeit, s.: Merlo, Joh. Jac.

Firmenich-Richartz, Eduard, Meisterwerke westdeutscher Malerei, s.: Clemen, Paul.

Firmenich-Richartz, Johannes Matthias, s.a. Firmenich

Firmenich-Richartz, J. M., Germaniens Völkerstimmen, s.a. Germaniens Völkerstimmen.

Germaniens Völkerstimmen. Sammlung der deutschen Mundarten in Dichtungen, Sagen, Märchen, Volksliedern u. s. w. Hrsg. von Johannes Matthias **Firmenich-Richartz.** (Bd. 1.) Berlin. [1843—46.] Bd. 2. ebd. [1846—52.] Bd. 3. ebd. [1854—66.] Nachtrag. ebd. [1867.] 4°.

—— Τραγούδια ῥωμαϊκά. — Neugriechische Volksgesänge. 2. Thl. Urtext und Uebersetzung. Lex.-8. (VIII und 194 S.) Berlin 867, Hertz. *
(1. Thl.) Berlin 1840, Heymann. 25 Ngr.

Firmen-Kalender, Schleswig-Holsteinscher, 1883/84. Adressbuch der Gewerbtreibenden u. Industriellen v. Schleswig-Holstein u. Hamburg. Hrsg. v. der Expedition der „Bezugsquellen" [F. W. Holdorf, Kiel]. gr. 8. (155 S.) Leipzig 883. Blüher. 3. —

Firmen-Register, enth. sämmtliche auf Grund des neuen Handelsgesetzbuches in die Handelsregister der Gerichtshöfe in Mähren und Schlesien bis 15. October 1864 eingetragenen Einzeln- und Gesellschaftsfirmen in alphabetischer Ordnung sammt einem Ortsverzeichnisse. Zusammengestellt von Josef Wilhelm Koželschnik. gr. 8. (XI und 104 S.) Brünn 864, Rohrer. cart. *

Firmen-Register, Hamburger. Ein alphabet. Verzeichnis der in das Handels- u. Genossenschafts-Register der Stadt Hamburg eingetragenen Firmen, der Rechtsanwälte, Notare, Behörden u. öffentl. Anstalten, m. e. Branchen- u. Waaren-Register, hrsg. v. Alph. Marquard. gr. 8. (VIII, 217 S.) Leipzig 892. (Th. Weber.) Geb. in Leinw. n. 6. —

— (v. Königsberg i/Pr.) m. Angabe der Geschäfte, Inhaber, Procuristen u. Geschäftslocale. 8. (56 S.) Königsberg i/Pr. 891. Hartung. n. — 60

Firmen-Register, österreichisches. Authent. Verzeichnis d. protokoll. Firmen Oesterreichs. N. amtl. Quellen. Red.: Jos. Neugröschl. gr. 8. (VIII, 752 u. 1.—5. Suppl.-Hft. IV, 46, LIII; II, 18, LIV; III, 32, LIV; II, 13, LIV u. II, 15, LIV S.) Wien 897. 98. Prag (O. Neugebauer). Kart. u. geh. n. 12. —

— dasselbe. Schematismus d. Actien-Gesellschaften u. d. Erwerbs- u. Wirtschafts-Genossenschaften Oesterreichs. (Hauptbd. II. Thl.) März 1898. gr. 8. (VII, 558 u. XLIII S.) Ebd. Kart. n. 12. —

Firmen-Register, Oesterreichisches. Authentisches Verzeichniss der protokollirten Firmen Oesterreichs. Nach amtlichen Quellen. Nr. 10—11. (Februar—März.) Gr.-8. Als Rest Prag: Neugebauer 1898.

Firmen-Register, Oesterreichisches. Schematismus der Actien-Gesellschaften und der Erwerbs- und Wirthschafts-Genossenschaften Oesterreichs. Nach amtlichen Quellen. Nr. 12. (Hauptband, II. Theil.) März 1898. Gr.-8. (55 S. u. Register, VI, XLIII S.) Geb. 6.—
— — Nr. 15. Juni 1898. VI. Supplementheft: Stand vom 31. Mai 1898. Gr.-8. (12 S. und Register LIV S.) als Rest. Ebd.
— — Nr. 16. Juli 1898. VII. Supplementheft: Stand vom 30. Juni 1898. Gr.-8. (12 S. und Register LIV S.) als Rest. Ebd.

— — Nr. 17. Juli 1898. I. Supplementheft: Stand vom 31. Mai 1898. Gr. 8. (VI, 66 und XL S.) als Rest. Ebd.

Firmen-Register, Oesterreichisches. Schematismus der Actiengesellschaften und der Erwerbs- und Wirthschafts-Genossenschaften Oesterreichs. Nach amtlichen Quellen. II. Supplement-Heft: Stand vom 31. Juli 1898. Gr.-8. (VI, 62 S. u. Register XLI S.) Als Rest. Prag: Neugebauer 1898.

— III. Supplement-Heft: Stand vom 31. August 1898. Gr.-8. (III, 28 u. Register XLII S.) Als Rest. Ebd.

Firmen-Register, Oesterreichisches. Gr.-8. Supplementhefte IV u. V. Als Rest. Ebd.

Oesterreichisches Firmen-Register. Redigiert von Moriz Frisch. Nach amtlichen Quellen. I. Theil. Authentisches Verzeichnis der protokollierten Firmen Oesterreichs. II. Theil: Schematismus der Actiengesellschaften und der Erwerbs- und Wirtschaftsgenossenschaften in Oesterreich. Wien. 1899. Frisch. Gr.-8°. compl. * fl. 8.—
Zu diesen Hauptbänden erscheinen monatlich Supplementhefte, deren Bezug in obigem Preis inbegriffen ist.

Firmen-Register, österreichisches. Authentisches Verzeichnis der protokollierten Firmen (incl. Action-Gesellschaften) Oesterreichs. Nach amtl. Quellen. 5. Jahrg. 1902. gr. 8. (VI, 928 u. XXXIX S.) Wien (I, Bauernmarkt 3), M. Frisch. Kart. n. 6. —

Firmenschilder in neuen Formen. Photographische Aufnahmen ausgeführter Firmen- u. Reklameschilder sowie Entwürfe f. solche. 3 Lfgn. (30 Taf.) Fol. Berlin (903. 904) M. Spielmeyer. In Mappe n. 27. —

Firmenverzeichnis, kaufmännisches. 1. Jahrg. gr. 8. (V, 123 S.) Dresden 901. R. Serbe. Kart. — 50

Firmen-Verzeichnis, kaufmännisches. V. Jahrg. (192 S.) 8. Dresden 905. R. Serbe. n. — 50

Firmen-Verzeichnis, kaufmännisches. VI. Jahrg. (96 S.) 8. Dresden 906. R. Serbe. — 50

Firmenverzeichnis. Firmen-Verzeichnis [des] Kanton Zürich. Abgeschlossen per 31. Dezember 1900. Redaktion: Handelsregisterbureau des Kantons Zürich. ([Mit Anhang:] Löschungen vom 1. Oktober bis 31. Dezember 1900.) 146 u. 6 S. 8. Zürich, Art. Institut Orell Füssli, 1901. [fr. 3. —]
Zu diesem Verzeichnisse werden Nachführungsbulletins ausgegeben: in den Monaten April, Juli und Oktober 1901.

Firmen-Verzeichnis [des] Kanton Zürich. Abgeschlossen per 31. Dezember 1901. Redaktion: Handelsregisterbureau des Kantons Zürich. ([Mit Anhang:] Löschungen vom 1. Oktober bis und mit 31. Dezember 1901.) 151 u. 6 S. 8. Zürich, Art. Institut Orell Füssli, 1902. [fr. 3. —]
Zu diesem Verzeichnisse werden Nachführungsbulletins ausgegeben: in den Monaten April, Juli und Oktober 1902.

Firmen-Verzeichnis 1903 [des] Kanton Zürich. Abgeschlossen per 31. Dezember 1902. Redaktion: Handelsregisterbureau des Kantons Zürich. 156 S. 8. Zürich, Art. Institut Orell Füssli, 1903. [fr. 3. —]
Zu diesem Verzeichnisse werden Nachführungsbulletins ausgegeben: in den Monaten April, Juli und Oktober 1903.

Firmen-Verzeichnis 1904 [des] Kanton Zürich. Abgeschlossen per 31. Dezember 1903. Redaktion: Handelsregisterbureau des Kantons Zürich. 163 S. 8. Zürich, Orell Füssli, 1904. [fr. 3. —]
Zu diesem Verzeichnisse werden Nachführungsbulletins ausgegeben: in den Monaten April, Juli und Oktober 1904.

Firmen-Verzeichnis 1905 [des] Kanton Zürich. Abgeschlossen per 31. Dezember 1904. Redaktion: Handelsregisterbureau des Kantons Z'. 168 S. 8. Zürich, Orell Füssli, 1905. [fr. 3. —]
Zu diesem Verzeichnisse werden Nachführungsbulletins ausgegeben: in den Monaten April, Juli und Oktober 1905.

Firmen-Verzeichnis 1906 [des] Kanton Zürich. Abgeschlossen per 31. Dezember 1905. Redaktion: Handelsregisterbureau des Kantons Z'. 177 S. 8. Zürich, Orell Füssli, 1906. [fr. 3. —]
Dazu ... Nachführungsbulletins ...: April, Juli und Oktober 1906 und Januar 1907.

Firmen-Verzeichnis 1907 [des] Kanton Zürich. Abgeschlossen per 31. Dezember 1906. Redaktion: Handelsregisterbureau des Kantons Zürich. 185 S. 8. Zürich, Orell Füssli, 1907. [fr. 3. —]
Dazu: ... Nachführungsbulletins ...: April, Juli und Oktober 1907 und Januar 1908

Firmen-Verzeichnis 1908 [des] Kanton Zürich. Abgeschlossen per 31. Dezember 1907. Redaktion: Handelsregisterbureau des Kantons Zürich. 196 S. 8. Zürich, Orell Füssli, 1908. [fr. 3.—]
Dazu: ... Nachführungsbulletins ...: April, Juli und Oktober 1908 und Januar 1909.

Firmen-Verzeichnis 1909 [des] Kanton Zürich. Abgeschlossen per 31. Dezember 1908. Redaktion: Handelsregisterbureau des Kantons Zürich. 133 S. gr.-8. Zürich, Orell Füssli, 1909. [fr. 3. —]
Dazu: ... Nachführungsbulletins ...: April, Juli und Oktober 1909 und Januar 1910.

Firmen-Verzeichnis 1910 [des] Kanton Zürich. Abgeschlossen per 31. Dezember 1909. Redaktion: Handelsregisterbureau des Kantons Zürich. 140 S. gr.-8. Zürich. Orell Füssli, 1910. [fr. 3.—]
Dazu: ... Nachführungsbulletins...: April, Juli und Oktober 1910 und Januar 1911.

Firmen-Zeitung, deutsche. Aus amtlichen Quellen zusammengestellt von C. Sandler. Organ für Firmen-Registratur u. Concurs-Angelegenheiten für das gesammte Deutschland incl. Deutsch-Oesterreichs. Jahrg. 1867. 156 Nrn. (à ½ Bgn.) Berlin. (Grieben.) Fol. n. 5 ℳ

Firmian, Leopold Maximilian Graf. Pastoral-Schreiben an die Geistlichkeit. Klgft., Leon, 1810. Quart. 21 S.

Firmicus Maternus, Julius

Firmici Materni, Jul., liber de errore profanarum religionum, s.a. Corpus scriptorum ecclesiasticorum latinorum.

Firmici, (Jul. Materni,) de errore profanarum religionum, ad Constantium et Constantem Augustos liber. Edit. Episc. Fr. Münter. gr. 8. Copenh. 826, Reitzel.

Firmici Materni, Julii, de errore profanarum religionum libellus. Ex recens. Conr. Bursian. Accod. capita quaedam libri X. recognitionum Pseudoclementinarum. Lipsiae 856. Breitkopf u. Haertel. gr. 8. (XII, 61 S.) 10 ngl.

Iuli **Firmici** Materni v.c. de errore profanarum religionum ed. Konrat Ziegler. Adiectae sunt 2 tab. Lipsiae: B. G. Teubner 1907 (1908). (XLVI, 120 S.) 8°
(Bibliotheca script. graec. et rom. Teubneriana.) [06. 10196

Julii **Firmici** Materni Matheseos libri VIII. Primum recensuit Carolus Sittl. P. I. [Erscheint nicht weiter.] *Lipsiae: B. G. Teubner 1894.* (XV, 246 S.) 1 Bd 8.
(Bibliotheca script. Graec. et Rom. Teubneriana.) [94. 1391

Firmici Materni, Iulii, matheseos libri VIII. Primum recensuit Carolus Sittl. Pars I. Libri I—IV. 8. (XVI, 246 S.) Leipzig 894. B. G. Teubner. n. 2. 40

Julii **Firmici** Materni matheseos libri VIII ed. W[ilhelm] Kroll et F[ranz] Skutsch. Fasc. 1. *Lipsiae: B. G. Teubner 1897.* 8. [97. 7443

Firmici Materni, Iulii, matheseos libri VIII, edd. W. Kroll et F. Skutsch. Fasc. I, libros IV priores et V. prooemium continens. 8. (XII, 280 S.) Leipzig 897. B. G. Teubner. n. 4. —

Firmin, od. d. Milchbruder, aus d. Tagebuche e. jung. Kriegers, m. K. 8. Breslau, W. G. Korn. 803.

Firmung, die heil., eine kleine Festgabe für Firmlinge u. Firmpathen. 8. Augsburg 837. (Kollmann.) $^{1}/_{12}$ ℳ

Firmung, die heilige. Unterrichts- u. Andachts-Büchlein f. Firmlinge v. e. Priester der Diözese Fulda. 2., unveränd. Aufl. 16. (38 S.) Fulda 888. Fuldaer Actien-Druckerei. n. — 20

Firmung, die hl. gr. 16. (32 S. m. Abbildgn.) Straßburg (902). F. X. Le Roux & Co. n. — 10

Firmungs-Andenken. Ein Angebinde für Firmlinge als Pathengeschenk. Von einem Pfarrer in St. Gallen. 8. (32 S.) St. Gallen 847, Scheitlin und Zollikofer.

Firmungs-Büchlein, oder Gebethe für Kinder, vor dem Empfange der heil. Firmung, am Vorabende nach der heil. Beicht und Kommunion, und sonst öfters zu bethen. 12. (24 S. mit 1 Holzschn.) Landshut 853, Krüll'sche Universitäts-Buchh.

Firmungs-Büchlein enthltd. Unterricht u. Gebete für Firmlinge. Breslau 867. Aderholz. 8. (22 S.) 1½ ngr

Firmungs-Büchlein. Unterricht u. Gebete f. Firmlinge. Hrsg. v. e. Seelsorgsgeistlichen. 16. (48 S.) Dülmen 885. Laumann. n. — 15

— dasselbe. Hrsg. v. e. Seelsorgsgeistlichen. gr. 16. (48 S.) Dülmen (893). A. Laumann. — 10

Firmungsbüchlein. Unterricht üb. das Sakrament der hl. Firmg., nebst Andachtsübgn. beim Empfange desselben. gr. 16. (32 S.) Paderborn 894. Bonifacius-Druckerei. n. — 10

[F.] **Firmungs-Büchlein.** Unterr. u. Gebete f. Firmlinge. Hrsg. v. e. Seelsorgsgeistl. ... *Dülmen: A. Laumann 1895.* (48 S.) 1 Bd 8. [96. ...

Firmungs-Büchlein. Unterricht u. Gebete f. Firmlinge. Hrsg. v. e. Seelsorgsgeistlichen. 16. (48 S. m. 1 Abb.) Dülmen 896. A. Laumann. — 15

Firmungs-Büchlein, enth. Unterricht u. Gebete f. Firmlinge. *Breslau: G. P. Aderholz [1902].* (20 S.) 8° [F.] [02. 6066

Firmungsbüchlein mit Gebeten vor, bei u. nach Empfang des heil. Sacraments der Firmung und einem vollständ. Unterrichte in diesem heil. Sacramente. Mit 1 Titelkpfr. 12. Salzburg 835. Mayr'sche Buchh. $^{1}/_{6}$ ℳ

Firmungs-Büchlein nach M. A. Nickel's römisch. Pontifikale m. liturg. Bemerkungen u. archäolog. Einleitungen. Aus d. Latein. übers. 12. (2 B.) Salzburg 846. (Mayr'sche Buchh.)

—— für das Bisthum Rottenburg. Einzige von Sr. bischöfl. Gnaden Hr. Dr. Jos. v. Lipp gutgeheißene rc. Ausg. Neue Aufl. 16. (48 S.) Rottenburg 848, Sack'sche Buchh. (Leipzig, Schmidt.)

Firmungsbüchlein für das Bisthum Rottenburg. 4. Aufl. Rottenburg 862. (Tübingen, Osiander.) 16. (48 S.) 1¾ ngr.

Firmungsbüchlein f. das Bisthum Rottenburg. 6. Aufl. 16. (48 S.) Gmünd 871. Schmid. n. — 20

Firmungsbüchlein, mit vollständ. Unterrichte und den Erklärungen der Ceremonien nebst den Gebethen vor, bey, und nach Empfang des heil. Sakraments der Firmung. Ein Geschenk für Firmlinge. 16. (32 S. mit 1 Holzschn.) Aibling 847. (Passau, Pustet'sche Buchh.)

Firmungs-Geschenk, das, ein Lehr- u. Gebetbüchlein zur würdigen Empfangung des heil. Sacraments der Firmung. Von dem Verf. des christl. Familientempels. Mit 1 Kpfr. (auf dem Umschlage) u. 1 Vign. gr. 12. Mergentheim 839. Neue Buch- u. Kunsth. ⅛ ℛ

Firmungs-Geschenk, das, ein Lehr- u. Gebetbüchlein zur würd. Empfangung d. heil. Sakraments d. Firmung. Von d. Verf. „des christl. Familientempels." gr. 12. (1 B.) Mergentheim 839. [Augsburg, Schlosser.]

Firmungsunterricht, katholischer — Dritte Auflage. Wien, 1856. Druck von Anton Schweiger. Verlag von Mayer und Komp. (24 S. 8.)

Firmungszettel, 25, (in Holzschn. mit Text). Freiburg im Br. 869. Herder. 16. n. 2 ngr.

Firn, Willibald [Pseudon.] s. Gygax, Paul.

Unterm Firnelicht. Ein Schweizer Novellenbuch von Carl Albrecht Bernoulli [u. a.]. Mit e. Einl. von Anna Fierz u. d. Dichterbildn. Heilbronn: Salzer 1910. XVI, 347 S. 8°
(Der Süden. Bd 2.) [10. 18335

Firnhaber, Alb., ich bin zu geringe aller Barmherzigkeit! Predigt üb. 1. Mos. 32,10 im Festgottesdienste zum Gedächtnis des 200jähr. Bestehens des Königr. Preußen, am 18. I. 1901 in der Neustädter Kirche zu Einbeck geh. gr. 8. (10 S.) Einbeck 901. H. Ehlers. — 30

Firnhaber, C. G.

— s. Euripides Iphigenia in Aulis.

Firnhaber, C. G., das gemeinsame Liebeswerk auf den Hauptversammlungen d. Gustav-Adolf-Vereins nach seiner Entstehung u. Entwickelung. Studie u. Kritik, sämmtl. Vereinen der Gustav-Adolf-Stiftung zur Prüfung vorgelegt. gr. 8. (82 S.) Wiesbaden 879. Wickel. n. — 80

Firnhaber, C. G., Materialien zum Uebersetzen aus dem Deutschen in's Lateinische auf den Grund vorausgegangener Lectüre latein. Prosaiker f. die entsprechenden Bildungsstufen der Gymnasien bearb. 2 Hfte. 8. 1. Hft.: Die Reden des Cicero f. Dejotarus u. Milo bilden die Grundlage. (XX u. 80 S.) 2. Hft.: Die Samnitenkriege nach der Darstellung des Livius Buch VII—X bilden die Grundlage. (XX u. 128 S.) Mainz 852, Kunze. (1: n. 9 ngr. 2: 13½ ngr.) n. ¾ ℛ

— die Nassauische Simultanvolksschule. Ihre Entstehung, gesetzliche Grundlage u. Bewährung, nebst einer Geschichte der alten Nassauischen Volksschule. 1. Bd. gr. 8. (VIII, 368 S.) Wiesbaden 881. Kunze's Nachf. n. 4. 80

— die Nassauische Simultanvolksschule. Ihre Entstehg., gesetzl. Grundlage u. Bewährg., nebst e. Geschichte der alten Nassauischen Volksschule. 2. (Schluß-)Bd. gr. 8. (IV, 484 S.) Ebend. 883. n. 5. 20 (cplt.: n. 10. —)

Firnhaber. C. G., Das dritte Stasimon aus Oedipus tyrannos. S.-A. 1849. 12 S.

— Commentatio de tempore, quo Heraclidas et composuisse et docuisse Euripides videatur et de nova eam tragoediam interpretandi ratione inde repetenda. Pr. 1846. 76 S. 4°. 2.—

Firnhaber, C. G., Commentatio de tempore, quo Heraclidas et composuisse et docuisse Euripides videatur et de nova eam tragoediam interpretandi ratione inde repetenda. Nebst Schulnachrichten u. Schulfeierlichkeit des herzogl. nassauisch. Gymnasiums zu Wiesbaden am 19. u. 20. März. 4. (12½ B.) Wiesbaden 846. (Kreidel.) *

Firnhaber, C. G., die evangel.-kirchl. Union in Nassau, ihre Entsteh. u. ihr Wesen, n. d. Akten dargest. Nach d. hinterlass. Manuskripte im Auftr. d. Erben hrsg. v. A. Schroeder. gr. 8. (XX, 294 S.) Wiesbaden 895. Ch. Limbarth. n. 5. —

Firnhaber, C. G., die Verdächtigungen Euripideischer Verse beleuchtet u. in d. Phoenissen u. d. Medea zurückgewiesen. gr. 8. (13¼ B.) Leipzig 840. Hahn'sche Vrls-Bh.

Firnhaber, C. G., der Nassauische Centralstudienfonds nach seiner Entstehung, Zusammensetzung und Verpflichtung aktenmäßig dargestellt. Ein Nachtrag zu des Verf. Schrift: Die Nassauische Simultanvolksschule. gr. 8. (83 S.) Wiesbaden 885, Kunze's Nachf. *
Hauptwerk: 2 Bde. Ebendas. 1881,83. [*ℳ 10.—.] *ℳ 6.—.

Firnhaber, Fr. Jac., gerett. Ehre d. heil. Schrift. wid. d. Wertheim. Uebers. 8. Frft. Brönner. 737.

Dr. Fr. Firnhaber. Katalog der Anstaltsbibliothek der höheren Bürgerschule in Karlsruhe. 9 S. Karlsruhe, P 1879

Derselbe. Der Unterricht in der praktischen Chemie in Realschulen. 14 S. Karlsruhe, P 1880

Firnhaber, Friedrich

Firnhaber, F., Actenstücke zur Aufhellung der ungrischen Geschichte des 17. u. 18. Jahrhunderts. Aus Privatarchiven. (Aus dem Archiv für Kunde österreich. Geschichtsquellen abgedr.) (Wien 854. Braumüller.) gr. 8. (75 S.) n. 12 ngr.

Firnhaber, Friedr., Actenstücke zur Aufhellung der ungrischen Geschichte des 17. und 18. Jahrhunderts. Aus Privatarchiven. Lex.-8. (75 S.) Wien 854, (Gerold's Sohn.) *
Aus: Archiv für Kunde österreich. Geschichtsquellen 8. Bd., besonders abgedruckt.

Firnhaber, F., Actenstücke zur Aufhellung der ungrischen Geschichte des XVII. und XVIII. Jahrh. I. und II. Lex.-8. Wien, (Gerold's Sohn.) [1. (114 S.) 859. * 20 Ngr., 2. (79 S.) 860. ** 9 Ngr.] *
Aus: Sitzungsberichte der k. Akademie der Wissenschaften, Jahrg. 1858 und 1860, besonders abgedruckt.

Firnhaber, *Johannes* Friedrich [aus Pommern]: Beitrag zur Pathogenese der Hodenteratome. . . . Greifswald, Druck v. J. Abel, 1891; 38 S. 8°
Greifswald, Med. Fak., Inaug.-Diss. v. 25. März 1891

— Beiträge zur Geschichte Ungarns unter der Regierung der Könige Wladislaus II. und Ludwig II. 1490—1526. Ar. 3 . . . . ngr.
Separatabdruck

Firnhaber, *Friedrich* [Dir. Dr.]: Berechtigungen, welche der Besuch der Anstalt verleiht. Karlsruhe, Buchdr. v. Malsch & Vogel, 1893; 3—4 S. 4.
Karlsruhe, OR m. Fachkl. f. Kaufleute, MP 1893 (618)

Firnhaber, *Friedrich*: Zur Berechtigungsfrage. 4 (S. 3). 4 (S. 3). 4 (S. 3). 4 (S. 6). 4 (S. 3—13).
Oberrsch. (Friedrichssch.) Großh. Oberrsch. mit kaufm. Fachkl. *Karlsruhe* 1896 (635). 1897 (647). 1898 (653). 1899 (662). 1900 (668).
Progr.

— Die Beschreibung der Krönung Maximilians II. zum Könige von Ungern zu Presburg am 8. September 1563. Ar. 22. 56 . . . . — 30
Separatabdruck

— Diarium, was sich vom 7. Juni 1683 bis zu Ende der türkischen Belagerung Wiens bey der türkischen Armee zugetragen. Ar. 4. 48. . . . . ngr.
Separatabdruck

Dr. Friedrich Firnhaber. Einweihung und Beschreibung der höheren Bürgerschule in Karlsruhe. 19 S. Karlsruhe, P 1874

Firnhaber, Friedr., zur Geschichte des österreichischen Militärwesens. Skizze der Entstehung des Hofkriegsrathes. Lex.-8. (88 S.) Wien 863, (Gerold's Sohn.)
Aus: Archiv für Kunde österreichischer Geschichtsquellen, besonders abgedruckt.

Firnhaber. Zur Geschichte der Serben in der Woiwodina. (Aus:) „Notizblatt des Archivs für Kunde österr. Geschichte."
Wien 1855.

Firnhaber Friedrich. Heinrich Graf von Hardeck, Burggraf von Duino, † 1270. Ar. 2. 173 vgr.
Separatabdruck

— Der Hofstaat König Ferdinands I. im Jahre 1554. Ar. 26. 1 . . . . vgr.
Separatabdruck

—— die Mission des Freiherrn v. Sassinet, österreich. Agenten in Rom im J. 1701. Lex.-8. (30 S.) Wien 856, (Gerold's Sohn.) *
Aus: Sitzungsberichte der k. Akademie der Wissenschaften 1856, besonders abgedruckt.

— Petrus de Pulka. Abgesandter der Wiener Universität am Konzilium zu Konstanz. Ar. 15. 1 . . . . vgr.
Separatabdruck

— Reorganisationsplan der Schule. 18 S. Progr. OR. *Kiel* 1881.

— Schulordnung des Kön. Wilhelms-Gymnasiums zu Königsberg i. Pr. 6 S. Progr. Wi. G. *Königsberg Pr.* 1881.

Dr. Friedrich Firnhaber. Statut für die Realschule in Karlsruhe. Lehrplan und Ordnung der Reifeprüfung. 19 S. Karlsruhe, P 1885

-- Urkunden zur Geschichte des Anrechtes des Hauses Habsburg auf Ungern. Ar. 24. 1 . . . . vgr.
Separatabdruck

—— Urkundenbuch zur Geschichte Siebenbürgens, s. Fontes rerum austriacarum.

Firnhaber, Friedrich Jacob (Wertheim/Frk.), De absolutismo morali eoque theologico. Präs. Gottlieb Wernsdorf. Wittenbg. (Wwe. Gerdes) Sept. 1715. 68 S. mit Widm. v. Präs. (6.—) 8878

Firnhaber, Jh. Hnr., histor.-polit. Betrachtt. der Innungen, s.a. Betrachtungen.

Firnhaber, J. H., Historisch-politische Betrachtung der Innungen u. deren zweckmässigste Einrichtung. 8°. Hannover 1780.

Firnhaber, J. H., hist. polit. Betrachtungen der Innungen u. s. w. gr. 8. Hannov. Helwing. 782.

— s. J. C. Henke, Geheimniß.

— Recueil de pieces choisies pour l'usage de ceux qui se veulent perfectionner dans la langue allemande. Sammt. auserles. Stücke z. Gebr. derer, die sich in der deutschen Sprache vervollkommnen wollen. 1r Thl. 8. Hannov. 795. Hahn. 16 gr.

— Johann Conrad (Hamburg), Dominum a rei vindicatione exclusum secundum statuta Hamburgensia. Diss. jur. Präs. Christian Wildvogel. Jena (Müller) Juni 1715. 40 S. (5.—) 8879
Gew.: Johann Anderson, Joh. Anton Winckler, Joh. von Summ. — Widm. v.: Präs., Lor. Andr. Hamberger.

Firnhaber, Johannes Friedrich, s. F i r n h a b e r , Friedrich

Firnhaber, Rud. (Cornel.) (geb. Hanau 2. 8. 1845): De pupillari substitutione quaestiones duae. Berolini (1867). (69 S.) 8°
Berlin, Jur. Diss. v. 21. Dez. 1867

Bericht über das 15jährige Stiftungsfest der deutschen Studentenverbindung Germania zu Lausanne (Schweiz) vom 5. bis 9. Juni 1902. Für d. Mitglieder d. Germania u. die Teilnehmer an d. Feste als Ms. gedr. (Verf.: W a l t e r R u d o l f Firnhaber.) *Marburg 1902: H. Bauer.* (15 S.) 8° [o3. 4

Firnig, G(ottfried) (geb. am 7 Nov. 1857 in Köln): Aus d. physiol Institut zu Bonn. — Die Anwendbarkeit der Habel-Fernholz'schen Methode zur Bestimmung der Chloride auf pathologische Harne ... Bonn, Univ.-Buchdr. v. C. Georgi 1882. 2 Bl., 26 S., 1 Bl. 8.
¶ Sonderabdr. aus Pflügers Arch. f. d. ges. Physiol. XXVI 1881 S. 263 ff.
Bonn, Med. Fak., Diss. v. 4 März 1882

Firnstein, J., s.: Geist d. ehrwürd. Johann Baptist Maria Vianney rc.

Firnstein, J., Reorganisation der bayerischen Gymnasien. Aphorismen. Regensburg 866. Coppenrath. gr. 8. (50 S.) 5 ngr.

Firnstein, J., vier neue Sterne am Himmel der Heiligen: Die heilige Klara vom Kreuze, der heil. Johann Baptist v. Rossi, der heilige Lorenz v. Brindisi, d. heil. Benedikt Joseph Labre. 8. (180 S.) Regensburg 882. Manz. 1. 50

Firnstein, J., Sankt Wolfgang, Bischof v. Regensburg. Festschriftchen z. Jubelfeier 1894. 16. (IV, 80 S. m. Titelbild.) Regensburg 894. Nationale Verlagsanstalt. n. — 20

Firnstein, Jos.

—— Preußens Schicksale nach der Lehninschen Weissagung. Regensburg, Coppenrath, 1873, 8°, 2. Aufl.

Des (Mönchs) Hermann von (Kloster) *Lehnin* Weissagung üb. Preussen's Schicksale. Von *J. Firnstein.* 3., umgearb. u. vermehrte Aufl. Regensburg, Manz, 1876. Kl. 8°. Eleg. Hfrzb.
IV—90 S.

Firnstein, J., d. heiligen Malachias Weissagung üb. die römischen Päpste bis zum Ende der Welt. 8. (81 S.) Regensburg 874. Manz. — 75

Firsbach, Eduard. (geb. Essen 1821): De chlorosi. Berolini (1846). (27 S.) 8°
Berlin, Med. Diss. v. 12. Febr. 1847

First in the field, s.: Asher's collection of english authors.

Firstenberg, Blima: Ueber Nierenexstirpation in der chirurgischen Klinik der königlichen Charité seit Jan. 1896 bis Dez. 1908. Berlin 1909: Ebering. 65 S. 8°
Berlin, Med. Diss. v. 17. Juli 1909, Ref. Hildebrand
[Geb. 10. Nov. 84 Plotzk; Wohnort: Plotzk; Staatsangeh.: Rußland; Vorbildung: Mädchengymn. Plotzk Reife O. 00, Ergänzungszeugnis Lat. O. 06; Studium: Naturw. Genf 2, Med. Berlin 3, Bonn 1, Zürich 2, Berlin 1, Bonn 1, Berlin 2 S.: Rig. 12. Juli 09.] [U 09. 47

Firtsch, Georg

Firtsch, Geo. „Rumpfit", ein neues Mineral. Lex.-8. (5 S.) Wien 890, (Tempsky). * — 20
Aus: Sitzungsberichte d. k. Akad. der Wissenschaften, besonders abgedruckt.

Firtsch, Geo., anatomisch-physiologische Untersuchungen üb. die Keimpflanze der Dattelpalme. [Aus dem botan. Laboratorium der techn. Hochschule in Graz.] [Mit 1 Taf.] Lex.-8. (13 S.) Wien 886. (Gerold's Sohn.) n.n. — 90

Firtsch, Geo., anatomisch-physiologische Untersuchungen über die Keimpflanze der Dattelpalme. [Aus dem botan. Laboratorium der techn. Hochschule in Graz.] Lex.-8. (13 S. mit 1 Taf.) Wien 886, (Tempsky.) **
Aus: Sitzungsberichte der k. Akademie der Wissenschaften, besonders abgedruckt.

Firškowa, Elisaweta [aus Perm (Russland)]: Über Lebercysten. Zürich 1899. 26 S. 8°.
Zürich. Med. Diss. 1898/99.

Fisahn, J., Paul Lindau als Kritiker und das Theater. Ein Beitrag zur Kritik der Kritik. 1. und 2. (Titel-)Aufl. 8. (IV, 46 S.) Liegnitz 876,79, Kaulfuß'sche Buchh. *

Fiscali, Ferd., die schädlichen Forstinsekten. Nebst 2 (lith. u.) kolor. Taf. in Imp.-Fol., enth.: Nadelholzverderber. — Laubholzverderber. Olmütz 857. Hölzel. Lex.-8. (70 S.) n. 2 ₰ 20 ngr.

FISCALI, Ferdinand: Deutschlands Forstcultur-Pflanzen. - Wien, Olmütz 1856. - 2. verb. Aufl. ebd. 1858. 207 S., 18 Taf.

Fiscali, Ferd., Deutschlands Forstcultur-Pflanzen. Nebst einer Einleitung von L e o p. G r a b n e r. Mit 18 (lith.) Taf. naturgetreuer Abbildgn. in Farbendr. (in gr. Fol.) 2. verb. Aufl. Olmüz 858. Hölzel. gr. 8. (2 Bl., 207 S.) n. 8 ₰ ; ohne Taf. 1 ₰ 6 ngr.

Fisch, Der, eine Erzählung von V***. O. O. 1768, 1769, 1779. V: *Vierordt, Friedr. Matthaeus.* (BGE I[a], 265)

Fisch, Der; eine Erzählung. Nürnberg. O. O. [ca. 1770]. V: *Vierordt, Friedrich Matthäus*. (MGT)

Fisch. Dr. (Albrecht) Hermann F' (Arzt in Kölliken, 1822–1876. Personalien. Rede am Grabe [etc.]). 8. *o. O.* [1876].

Fisch, Dr. Em., der Begründer unserer Bezirkskrankenhäuser. Trogau 1905. V: *Kürsteiner, Joh. Ulrich*. (Zuwachsverz. d. Bibliotheken in Zürich 1898 ff.)

Fisch, Der grosse. Bremen 1738. V: *Renner, Caspar Fr.* (Mn)

Fisch, Adolf [aus Aarau]: Beiträge zur Kenntnis der losen Kontakte. (Mit einer Tafel.) Zürich 1904. 40 S. 8°. [17. VI. 04.]
Zürich. Phil. Diss. II. 8. 1903/1904.

Fisch, Adolf. Beiträge zur Kenntnis der losen Kontakte. Diss. Phil. [II.] Univ. Zürich. [Mit Figuren und 1 Tafel.] IV + 40 S. 8. Zürich, F. Lohbauer, 1904.

(Fisch, Adolf.) Der Kohärer. Ein physikalisches Problem. [Mit Figuren.] 38 S. 8.
Jahresbericht über das Aargauische Lehrerseminar Wettingen, Schuljahr 1906/07.... Beilage.... Baden, O. Wanner, 1907.

Fisch, Adolf. Reformen im Mathematikunterricht der Mittelschulen. 34 S. 8.
Jahresbericht über das Aargauische Lehrerseminar Wettingen, Schuljahr 1907/08.... Beilage.... Baden, O. Wanner, 1908.

Fisch, C., Untersuchungen über Bau und Lebensgeschichte der Hirschtrüffel, s. Reess, M.

Fisch, Emil, von Herisau [Kt. Appenzell]: Über den Mechanismus der Vorderarmluxation nach hinten. Zür. E. Kiesling Dr. 1853. 21 S., 1 Bl. 8°.
Zürich, Med. Diss. v. 20. Aug. 1853.

Fisch, Ernst [von Zihlschlacht (Kt. Thurgau)]: Beiträge zur Blütenbiologie. Stuttgart 1899. VI, 61 S. (ohne Taf.), 4°. (Sep.-Abdr. aus Bibliotheca Botanica, Heft 48.)
Zürich. Phil. Diss. II. 8. 1898/99.

Fisch, Ernst, Beiträge zur Blütenbiologie, s.a. Bibliotheca botanica. 48. Hft.

Beiträge zur Blütenbiologie. Von Dr. Ernst Fisch. M. 6 Taf. *Stuttgart: E. Nägele 1899.* (VI, 61 S., 6 Taf.) 4.
— Bibliotheca botanica. H. 48.

Fisch, Fritz (geb. am 10 Aug. 1863 in Düren): Aus d. gynaekol. Klinik zu Bonn. — Über Elephantiasis vulvae ... Dazu 1 Abbildung. Bonn, Univ.-Buchdr. v. C. Georgi 1885. 47 S., 1 Taf. 8.
Bonn, Med. Fak., Diss v. 28 Febr. 1885

Fisch, G. G., Reise durch das Delphinat. 2 Bde. gr. 8. Zürich, Geßner. 790.

Fisch, Hans Ulrich. Abryss der Statt Arouw ... s. Merz, Walther. Abr' der Statt Ar'.... Arau 1910.

Fisch, J. Goniometrische Behandlung der Gleichungen vom vermischt-kubischen Grade. 48 S.
Progr. Arnsberg 1836

Fisch, J. Deductio analytica de functionum trigonometricarum in aequationibus solvendis usu. 34 S.
Progr. Arnsberg 1829

Fisch, J., zur Construction der Conjunctionen quum, postquam, antequam (priusquam.). Passau. 4. *19 S.* 1865.
Schul-/Univ.-Schrift

Fisch, J. Über die regelmäßigen Körper. 23 S. Figt.
Arnsberg, Progr. 1845

Fisch, J. Der Unterricht in der Mathematik am hiesigen Gymnasium vom Jahre 1800 bis auf unsere Zeit.
Arnsberg, Progr. 1843.

Fisch, Jak. Strassburg nach der Beschiessung. 2. Octob. 1870—30. Sept. 1872. Dtsch. von Fr. Walther. Strassburg 1873.

Fisch, Ign., s. Echo der ungarischen Umgangssprache.

Fisch, Joh.: De quibusdam l o c i s grammaticae latinae accuratius definiendis. 19 S. – Münstereifel, Progr. 1870.

Fisch, J., De quibusdam locis grammaticae Latinae accuratius definiendis. 2 Tle. Pr. 1870 u. 1882. 28, 22 S. 4°. à —.90

Fisch, Johann Georg

—Auswahl etlicher Predigten. 8. Aarau 796. (Ziegler in Zürich). 14 K

— Ausw. etl. P r e d i g t e n. 8. Aarau. (Ziegler in Zürich.) 797.

Fisch, Jh. Geo., († d. 18. März 1799.) Briefe über die südl. Provinz. Frankreichs auf e. Reise durch das Delphinat, Languedoc etc., in den J. 1786, 87, 88 geschrieben. 2 Bde. gr. 8. Zürich 790. Geßner. 1 ℛ 6 K 2e Ausg. (nur neuer Titel) u. d. T.: Reise durch d. südl. Provinzen v. Frankreich kurz vor d. Ausbruche d. Revolution; in Briefen. Ebd. 795.

(Fisch, Joh[ann] Georg.) Denkschrift über die letzten Begebenheiten in der Bernerischen Munizipalstadt Arau im Aergau. 8. Basel 1798.

—zwei Predigten, in Gegenwart d. hohen Gesandten d. Schweizer. Eidgenossenschaft zu Aarau (im Jan. 1798) gehalten. 8. Aarau 798.

[Fisch, Johann Heinrich.] Alt-Helvetiens Bevölkerung durch Deutsche Stämme. [Mit 1 Ansicht und 1 Tafel.] (Njbl. Brugger Bezirksges. für vaterl. Cultur. 1822.) kl.-4. *o. O.*

[Fisch, Johann Heinrich.] Helvetiens Urgeschichte. [Mit 1 Ansicht und 1 Tafel.] (Njbl. Brugger Bezirksges. für vaterl. Cultur. 1820.) kl.-4. *o. O.*

[Fisch, Johann Heinrich.] Vindonissa, oder Helvetien unter den Römern. [Mit 1 Ansicht und 1 Tafel.] (Njbl. Brugger Bezirks-ges. für vaterl. Cultur. 1821.) kl.-4. *o. O.*

Fisch, Johannes: Lateinische G r a m m a t i k , s. M e i r i n g , Matthias

Fisch, J., lateinische G r a m m a t i k, s.: S i b e r t i, M.

Fisch, J., latein. Lese- u. Übungsbuch f. d. unteren Klassen d. Gymnasien, Progymnasien, Real-Gymnasien u. Real-Progymnasien. 2. u. 3. Abtlg. 2. Aufl. gr. 8. Bonn 895. F. Cohen. 2. 20
2. Quinta. (IV, 125 S.) n. 1. 20. — 3. Quarta. (IV, 87 S.) n. 1. —.

— latein. Schulgrammatik, s.: Siberti, M.

[J.] Lateinisches Übungsbuch für die mittleren Klassen der Gymnasien, Progymnasien, Real-Gymnasien und Real-Progymnasien bearb. v. Prof. Dr. J[ohann] Fisch, Oberl. am Kgl. Gymn. zu Bonn. Abt. 1. 2. Unter- u. Obertertia. *Bonn: F. Cohen 1895.* (IV, 139 S.) 1 Bd 8.

— lateinisches U b u n g s b u c h f. die mittleren Klassen der Gymnasien, Progymnasien, Real-Gymnasien u. Real-Progymnasien. 1. u. 2. Abtlg. Unter- u. Obertertia. 3. Aufl. gr. 8. (IV, 146 S.) Bonn 902. F. Cohen. n. 1.60

— lateinisches U b u n g s- u. Lesebuch f. die unteren Klassen der Gymnasien, Progymnasien, Real-Gymnasien u. Real-Progymnasien. 1.—3. Abtlg. gr. 8. Bonn 894. F. Cohen. n. 3. 20
1. Sexta. 2. Aufl. (IV, 109 S.) n. 1. —. — 2. Quinta. (IV, 125 S.) n. 1. 20. — 3. Quarta. (IV, 87 S.) n. 1.
Tritt an die Stelle v. Meiring's Übungsbüchern.

— lateinisches U b u n g s- u. Lesebuch f. die unteren Klassen der Gymnasien, Progymnasien, Real-Gymnasien u. Real-Progymnasien. 1. Abtlg. Sexta. 5. Aufl. gr. 8. (IV, 101 S.) Ebd. 899. n 1

Fisch, K. (Prof.) Zu Horaz Carmina. II, 2. Beigabe zum Programm der aarg. Kantonsschule 1882/83. In-4°, 16 S. Aarau, Sauerländer. 1883.

Fisch, K., die preuss. 11. Infanterie-Brigade bei Vionville am 16. Aug. 1870. Nach unsern gegenwärt. Vorschriften. gr. 8. (III, 35 S. m. 2 Karten.) Aarau 894. H. R. Sauerländer & Co. n. — 80; geb. n. 1. 40

– das schweizerische Kriegswesen bis zum Untergang der alten Eidgenossenschaft. 12. (VII, 62 S.) Ebd. 893. Kart. n. — 80

Fisch, K. (Hrsg.), s. Monatsschrift, Schweiz., für Offiziere aller Waffen.

Fisch, K., s.: **Taktik**, die, unseres Exerzier-Reglementes f. die Infanterie v. 1892.

Fisch, Carl, Aufzählung u. Kritik der verschiedenen Ansichten über das pflanzliche Individuum. Eine v. der philosoph. Facultät der Universität Rostock mit dem vollen Preise gekrönte Preisschrift. gr. 8. (III, 107 S.) Rostock 880. Meyer. n. 2. 40

—— Beiträge zur Kenntniss der Chytridiaceen. gr. 8. (48 S. mit 1 lithogr. Taf.) Erlangen 880. Deichert. *

Fisch, Carl, Beiträge zur Kenntniss der Chytridiaceen. Mit 1 (lith.) Taf. gr. 8. (48 S.) Erlangen 884. Deichert. n. 1. 50

(Fisch, C[arl. und] Fröhlich, Franz.) Zur Erinnerung an Prof. Friedrich Rauchenstein (1812–1889. [Von] K. F' [und] F' F'. [A.] Progr.). 4. (Aarau 1890.)

— u. Ernst H. L. **Krause**, Flora v. Rostock u. Umgegend. 8. (VI, 208 S.) Rostock 879. Werther. n. 2. —

Fisch, Karl, die sociale Frage im alten Rom bis zum Untergang der Republik. Oeffentlicher Vortrag. gr. 8. (36 S.) Aarau 882. Sauerländer. n. — 60

Fisch, Max, aus Guten-Paaren: **Begriff und Ding. Eine log. Untersuchung. Einleitung: Die Aufgabe der Logik.** *Halle a. S. 1899: C. A. Kaemmerer & Co.* (64 S.) 8°
Halle, Phil. Diss. v. 18. Mai 1899

Fisch, R., De Catulli in vocabulis collocandis arte quaest. sel. Diss. 1875. 54 S. 5.—

Fisch, Richard: **Das Berliner Andreas-Realgymnasium und seine Vorgeschichte. Festschr. z. 7. Okt. 1908. Berlin: Weidmann 1909.** 68 S. 4°
Berlin, Andreas-RG OP 1909 (110) [S 09. 103

Deutsche Aufsätze in vollständiger Ausführung für die oberen Klassen höherer Lehranstalten von Dr. phil. Richard **Fisch**, Prof. zu Berlin. *Berlin: Weidmann 1903.* (VIII, 164 S.) 8° [F.] [03. 6447

Fisch, [Richard], Prof. Dr.: **An das 19. Jahrhundert.** (Dichtung zur Feier d. Jahrhundertwende am 19. Dez. 1899.) *Berlin 1900: Nauck.* (S. 21—23.) 4°
Berlin, Andreas-RG, P 1900 (97)

Fisch, Rich. Die lateinischen nomina personalia auf „o, onis". Ein Beitrag zur Kenntniss d. Vulgärlateins. gr. 8. (VII, 198 S.) Berl. 890, Gaertner. * 5 —

Fisch, Rich., **Numismatisches** aus dem V. Bde. von Mommsen's röm. Geschichte. gr. 8. (19 S.) Berlin 886, Weyl. *
Aus: Berliner Münz-Blätter, besonders abgedruckt.
Nicht mehr im Handel.

Fisch, Rich., Generalmajor v. Stille u. Friedrich der Große contra Lessing. gr. 8. (IV, 96 S.) Berlin 885. Weidmann. n. 2. —

Fisch, Richard Lateinische substantiva personalia auf *o* (*io*), *onis* (*ionis*). (Mit Benutzung der Zettel zu Frage 11 und 12 in Wölfflins Archiv für lateinische Lexicographie und Grammatik.) 4 (30 S.). Progr. Andreas-Rg. *Berlin* 1888 (96).

—— lateinische **substantiva** personalia auf o (io), onis (ionis). [Mit Benutzung der Zettel zu Frage 11 und 12 in Wölfflin's Archiv für latein. Lexicographie und Grammatik.] gr. 4. (30 S.) Berlin 888, Gaertner's Verlag. *

Tarracina-Anxur und Kaiser Galba im Romane des Petronius Arbiter v. Dr. phil. Richard **Fisch**, Prof. . . . zu Berlin. *Berlin: R. Gaertner 1898.* (43 S.) 1 Bd 8. [98. 4495

Fisch, Rich., die Walker od. Leben u. Treiben in altrömischen Wäschereien. Mit e. Exkurs: Über lautl. Vorgänge auf dem Gebiete d. Vulgärlateins. gr. 8. (IV, 39 S.) Berlin 891. R. Gaertner. n. 1. 20

Fisch, Richard: **Eine Wanderung nach den Trümmern von Ostia.** *Berlin: R. Gaertner 1898.* (37 S.) 4°
Berlin, Andreas-RG, OP 1898 (93)

Fisch, Rudolf

Fisch, R. Tropische Krankheiten. Anleitung zu ihrer Verhütung u. Behandlg., speziell f. die Westküste v. Afrika. Für Missionare, Kaufleute u. Beamte. 8. (XVI, 252 S. m. Abbildgn.) Basel 891, Missionsbuchh. * 4 —; geb. * 4 80

— dasselbe. 2., teilweise umgearb. Aufl. 8. (VIII, 262 S.) Ebd. 894. n. 4. —; geb. n. 4. 80

Fisch, R[udolf]. Tropische Krankheiten. Anleitung zu ihrer Verhütung und Behandlung. Von R. Fisch, Dr. med., Missionsarzt auf der Goldküste. Für Missionare, Kaufleute und Beamte. 3., gänzlich umgearbeitete Aufl. [Mit Figuren.] 239 S. 8. Basel, Missionsbuchh., 1903. [fr. 5.—]

Fischard d. Jüng., Tebo der Heide, eine Sage aus d. Zeit Karls des Großen. Siegen 840. Friedrich's Buchh. 1½ ℛ

Fischart der Jüngere, Tabo der Heide. Eine Sage aus der Zeit Carls des Großen. gr. 12. Siegen u. Wiesbaden 841, Friedrich's Buchh. ⅓ ℛ

Fischart der Jüngere, Tabo der Heide. Eine Sage aus der Zeit Carls des Großen. 2. (Titel-)Ausg. 12. (207 S.) Wiesbaden 855, Friedrich's Vrlgsb.

Fischart, ewiger untrügl. Wetterkalender u. Wetterprophet f. Landleute u. Bürger. 16. (2½ B.) Ulm 845. [Adorf, Müller's Buchh.]

Fischart, ..., (Pater,) ewiger untrügl. Wetterkalender u. Wetterprophet für Landleute u. Bürger. 16. Ulm 845, Seitz. ⅛ ℛ

Fischart jun., J., Anweisung f. socialdemokratische Redner. 1.—17. Stück. gr. 8. Berlin, Verlag Volkswohl. à n. — 10
1—12. (à 16 S.) 901. 902. — 13. Parteischnüffler. — Klassenjustizwucher. (16 S.) (902.) — 14. Geheimnisse des Militarismus. (16 S.) (900.) — 15. Schmockerei. Duellarien. Boxer-Bebellade. (16 S.) (902.) — 16. Der Bebellade kläglicher Schluß. Boxerverehrung. (16 S.) (902.) — 17. Bourgeoise Damen üb. der Sphäre der Gedankenlosigkeit. Moralisch-chines. Parteisiege. Heldentum. (16 S.) (902.)

Fischart, Johann

- - , Bienenkorb // Deß Heil. Röm. // Imenschwarms / seiner Humm //zelszellen (oder Himelszellen) Hur- //naußnäster / Brämengeschwürm und // Wespengetöß: // Sampt läuterung der H. Rö. Kirchen // Honigwaben: Einweyhung und beräuchung // oder Fegfewrung der Immenstöck: unnd Erlesung der // Bullenblumen / der Decretenkräuter / deß Heydnischen // Klosterhysops / der Suiter Säwdisteln / der Saurboni- //schen Säwbonen / deß Magisnostrischen Liripipefenchells / und deß Immen- //plats der Platimmen/ auch deß Meßthawes und H. Saffts von Wun- //derbäwmen / etc. Alles nach dem rechten Himmelsthaw // oder Manna iustiert / unnd mit Men- //tzerkletten durchziert: // Durch Jesuwald Pickhart / deß Canonischen // Rechtens Canonisierten oder Gewürdigten / etc.
Am Schluß:
Getruckt zu Christlingen bey Ursino // Gottgwinn.
Auf dem Titelblatt ein Holzschnitt. - 8 Blatt (nicht paginiert) Titelblatt, Vorstoß, Widmung und Eintheilung. 272 Blatt und noch 18 Blatt (nicht paginiert) Register.
B. S. T. 8°.130/2.

Fischart, Joh., genannt Mentzer, Bienenkorb des h. roem. immenschwarms, seiner hummelszellen oder himmelszellen, hurnaussnester etc. etc. Alles nach dem rechten himmelstau oder manna justiert u. mit mènzerkletten durchziert durch Jèsuwalt Pickhart. Wortgetreu neu herausg. v. J ö s. E i s e l e i n. gr. 8. (492 S.) St. Gallen 847, Huber & Comp. n. 2½ ₰

Fischart, Joh., Dichtungen, s.a. Dichter, deutsche, des 16. Jahrh.

Johann Fischart's Dichtungen, herausgegeben von Karl Goedeke. Leipzig 1880. 8⁰.

Fischart's, J., sämmtliche Dichtungen, s.a. Bibliothek, deutsche.

—— Ehzuchtbüchlein, s.a. Bibliothek d. Gesamt-Litteratur.

— Ehzuchtbüchlein, nebst dem Ehestandskapitel aus dem Gargantua, für Volk u. Familie bearb. von Rich. Weitbrecht. 12. (XV, 112 S.) Stuttgart 881. Metzler's Verl. geb. n. 2. 40

— das philosophisch Ehzuchtbüchlein, s.a. Bibliothek der Gesamt-Litteratur d. In- u. Auslandes.

— — Das philosophisch Ehzuchtbüchlein. Erneuert und bearbeitet von G. Holtey-Weber. Halle, o. J. 8⁰. (80 Pfg., Origlwd. m. G., H. Hugendubel, c. 1905.)

Fischart, Joh., in Auswahl hrsg. v. Ludw. Voigt, s.: Brant, Sebast.

— der Flöhhaz, s.a. Fischhart, J.

Fischart, J., der Flöh-haz, s.a. Neudrucke deutscher Litteraturwerke des 16. u. 17. Jahrh.

— Flöhhatz 2c. s.a. Scheible, J., d. Kloster.

—— die Flohhatz, s.a. Universal-Bibliothek Nr. 1656.

FISCHART, Joh. Flöhhatz, Weibertratz. Ehezuchtbüchlein. Podagrammisch Trostbüchlein samt zehn kleineren Schriften. Thomas Murners vom Lutherischen Narren, Kirchendieb- u. Ketzerkalender. Vollst. u. wortgetreu herausgegeben von J. Scheible. Mit 4 Lithographien u. 98 Holzschnitten. Stuttgart 1848. 8⁰. VI S., 1 Bl., 1184 S. Kart. (Das Kloster, Bd. X.)

— — Dasselbe, in: *Johann Fischart's* Werke. (Auswahl.) Hrsg. von A. Hauffen. Stuttgart, o. J. 8⁰. Bd. I, Nr. 1.

— — Dasselbe, in: Sämmtliche Dichtungen. Hrsg. und mit Erläuterungen versehen von Heinrich Kurz. Leipzig, J. J. Weber, 1866—67. III. 8⁰.

* — — Floeh Haz, Weiber Traz, Der wunder vnrichtige vn' spotwichtige Rechtshandel der Flöh mit den Weibern. Ein New geläs auff das vberkurtzweiligest zubelachen, wa anders die Flöh mit stechen einem die kurtzweil nicht lang machen. Getruckt zu Straßburg, durch Bernhard Jobin. Anno M.D.LXXIII. (1573.) 8⁰.
Diese erste Ausgabe eine Rarität ersten Ranges. 44 Bll. Vgl. J. Feifalik im Serapeum, 1858, p. 284ff.; Blätter f. literar. Unterhalt. 1856, 761.

§ * — — Dasselbe. (hrsg. von Camillus Wendeler), tit.: Der Flohhaz von *Johann Fischart.* Abdruck der ersten Ausgabe (1573). Halle a. S., Max Niemeyer, 1877. 8⁰.

— Geschichtklitterung [Gargantua], s.a. Neudrucke deutscher Litteraturwerke d. XVI. u. XVII. Jahrh.

– Geschichtsklitterung..., s.a. Scheible, J.: D. Kloster.

Fischart, Johann
Geschichtklitterung und Aller Praktik Großmutter. Thomas Murner's Gäuchmatt, nebst mehreren Satyren wider ihn ... Vollständig und wortgetreu herausgegeben von J. SCHEIBLE. *Mit 59 Holzschnitten.* Stuttgart, Scheible, 1847. Kl.8⁰. 2 Bl. 1122 S. 6 Bl. Etwas benutzter OHLnbd. mit gedrucktem Rsch.
Scheibles „Das Kloster weltlich und geistlich". Bd. VIII (29.—32. Zelle). Die alte Orthographie ist beibehalten, die alten Holzschnitte in etwas groben Nachbildungen.

Johann Fischarts Geschichtsklitterung ((Gargantua), hrsg. v. A. Alsleben, synoptischer Abdr. d. Bearb. v. 1575, 1582 u. 1590, Halle a. S. 1891, XXVIII u. 480 S., 8⁰.

Fischart, J., aller Praktik Grossmutter, s.: Neudrucke deutscher Litteraturwerke d. 16. u. 17. Jahrh.

— das Jesuitenhütlein, s.: Meyer's Volksbücher.

—— das Jesuiterhütlein, s. Universal-Bibliothek Nr. 1165.

Der Jesu-Wider oder Die unerhoerte Legende von dem Ursprung des vierhörnigen Jesuitenhütleins von Johann Fischart († 1589). Abrutir pour dominer! Auf's Neue zum Druck befördert durch Christian Schad. Leipzig, 1845. Wilhelm Engelmann. 8⁰.
Abdruck der letzten sehr fehlerhaften Ausg. von (1580) 1603. S. Vilmar a. a. O. S. 187 u. G. S. 363 Nr. 40. Die erste Ausg. erschien 1580, die zweite 1591; abgedr. in Scheible, Kloster in S. 808-938.

Fischart, J. Geistliche Lieder und Psalmen aus dem Strassburger Gesangbüchlin von 1576 auch dessen Anmahnung zu christlicher Kinderzucht und Ein Artliches Lob der Lauten besonders herausgegeben. Berlin 1849. H: *Below, Georg von & Julius Zacher.* (KY) (ZU) (MN) (BRMM)

— geistliche Lieder u. Psalmen aus dem Straßburger Gesangbüchlein v. 1576, auch dessen Anmahnung zu christlicher Kinderzucht u. ein artliches Lob der Lauten besonders hrsg. (von G. v. Below u. J. Zacher.) gr. 16. (IV u. 136 S.) Berlin 849, A. Duncker in Comm. n. 1½ ₰

Fischart, Joh., neue Original-Poesieen. Herausg. und mit einer literarhistorischen Einleitung u. neuen Aufschlüssen über J. Fischart versehen von Em. Weller. Halle 854. Schmidt. gr. 8. (2 Bl., 83 S.) n. 15 ₰

— s.: Sammlung Göschen.

Fischart, Joh., „das glückhafft Schiff". 4. (23 S. m. fcsm. Titel.) Straßburg 884. Schmidt. n. 1. —

—— dass. — Prima versione metrica [la nave avventurosa di Zurigo] di Aristide Baragiola. 4. (57 S.) Ebendas. 884. *

Fischart, Joh., das glückhafte Schiff v. Zürich, s.a. Neudrucke deutscher Litteraturwerke des XVI. u. XVII. Jahrh. Nr. 182.

—— das glückhafte Schiff von Zürich, s.a. Universal-Bibliothek Nr. 1951.

Fischart, J.: Das glückhafte Schiff von Zürich, nebst dem Schmachspruch und Kehrab u. einigen verwandten Gedichten. Erneut u. erl. v. K. Pannier. Leipzig 1884. 117 S. (Reclams Univ.-Bibl. 1951.)

Johann Fischart, Das Glückhafte Schiff von Zürich. ⟨1577.⟩ Hrsg. von Georg Baesecke. *Halle a. S.: M. Niemeyer 1901.* (XXV, 60 S.) 8⁰
— Neudrucke deutscher Litteraturwerke. 182. [illegible] 8

Johann Fischart's, genannt Mentzer, Glückhaftes Schiff von Zürich. In einem treuen Abdruck herausgegeben und erläutert durch Karl Halling, und mit einem einleitenden Beitrage zur Geschichte der Freischießen begleitet von Dr. Ludwig Uhland. Tübingen, 1828. 8⁰.
Abdruck eines gleichzeit. Nachdrucks (in Stuttgart) der bisher bekannt gewordenen äußerst seltenen ersten Ausg. (1576. 4⁰. 14 Bl.). G. v. Meusebach, Allgem. Literaturzeit. Halle 1829 Nr. 55 u. 56; Vilmar, J. Fischart a. a. O. S. 183 u. G. S. 301.

Fischart, Joh., gen. Mentzer, glückhaftes Schiff v. Zürich. In e. treuen Abdruck hrsg. u. erläut. durch K. Halling, u. mit e. einleit. Beitrage z. Geschichte d. Freischießen begl. v. L. Uhland. 8. (20½ B.) Tübingen 828, Osiander.

— Schriften, s.: Sachs, Hans.

— ausgewählte Schriften, s.: Sammlung altdeutscher Werke in neuen Bearbeitungen.

—— s. Stiehler, H.

—— s. Velhagen u. Klasing's Sammlung deutscher Schulausgaben.

Fischart's, Joh., Werke, s.a. National-Litteratur, deutsche.

— — *Johann Fischart's* Werke. (Auswahl.) Hrsg. von A. Hauffen. 3 Bde. Mit Abbildgn. u. Facsim. Stuttgart, o. J. 8⁰. (Mk. 7,50.) (5 Mk. der Vorige.)
In Bd. III, No. 2: Das Philosophisch Ehzuchtbüchlin.

Fischart, Johannes. Der warme Hirsbrei von Zürich. Zürich 1797. H: *Maurer, Hans Rudolph.* (Ebert) (GGr) dagegen: Halling's Ausg. Tüb. 1828. S. 46.

Fischarts, Joh., s. Fischart

Frh. v. Fischbach, Über den Kleeanbau; von einem oberpfälzischen Edelmann. München 1784

Fischbach, v., Waldarbeiterversicherung. Bericht über die 16. Versamml. deutsch. Forstmänner zu Aachen v. 4.—8. Sept. 1887. 8⁰. Berlin, J. Springer, 1888.

Fischbach, Eugen [approb. Arzt aus Sigmaringen]: Ueber unglückliche Ausgänge subkutaner Frakturen .... Sigmaringen, Hofbuchdr. v. M. Liehner (1888): 2 Bl. + 26 S. + 1 Bl. 8⁰
München, Med. Fak., Inaug.-Diss. v. 1888

Fischbach, Friedr., Album für Stickerei. 5 Lfgn. (130 Muster.) 1.—4. Aufl. gr. 4. Hanau 870—72, (Alberti.) à Lfg. *M 5. *
compl. in Mappe

Fischbach, Friedrich. Album für Stickerei ... Selbstverlag in Hanau a/M. Comissionär Rud. Weigel in Leipzig. 3. Auflage 1872. [Umschlagtit.].
20 farb. Taf. 4⁰.

— — (40 T ohne Text) gr 4⁰ Budapest 1879

Fischbach, Frdr., Album für Stickerei. Kreuzstich-Album. (12 farb. Taf.) 4. Wiesbaden (904). (Leipzig, Teutonia-Verlag.) In Mappe n. 5.—

— Album f. Wohnungsdecoration, m. Angabe der Bezugsquellen der ausgeführten Muster der ersten Kunstindustriellen, f. Teppiche, Möbelstoffe, Tapeten, Spitzengewebe [Vorhänge], buntes u. weisses Tischzeug, Glas- u. Porzellanservice etc. 1. Lfg. Spitzengewebe. Fol. (10 Photolith. u. 1 Holzschntaf. m. 3 S. Text.) Ebend. (872) 880. n. 9.—

—— **Album für Wohnungsdecoration, mit Angabe der Bezugsquellen der ausgeführten Muster der ersten Kunstindustriellen, für Teppiche, Tapeten, Vorhänge, buntes und weisses Tischzeug etc. 1. und 2. Lfg. gr. Fol. Hanau 874, (Alberti.) à Lfg. *M 9. ***
Inhalt:
Lfg. 1. Spitzengewebe (Vorhänge etc.) 11 Taf. in Photolithogr.
" 2. Teppiche. 12 Taf. in Albertotypie.

Asgart und Mittgart, das Goldene Hausbuch der Germanen, enth. d. schönsten Lieder d. Edda u. d. Nachweis, dass am Niederrhein zwischen d. Sieg u. Wupper d. ältesten Mythen d. Arier (auch die d. Griechen entstanden sind. Nebst Flurkarte. Hrsg. von Friedrich Fischbach. *Köln: K. A. Stauff & Co. (1902).* (VI, 191 S.) 8⁰
[illegible]

Fischbach, Friedr., die künstliche Ausstattung der bürgerlichen Wohnung, s.a. Vorträge, populäre kunstgewerbl.

Fischbach, F. Die künstler. Ausstattung der bürgerlichen Wohnung. In-8⁰. Basel, B. Schwabe. 1 25
1884.

Fischbach, F., Beitrag zur Geschichte der Tapeten-Industrie. 16. (45 S.) Darmstadt 889. Expedition der Tapeten-Zeitung. n. 1.20

Fischbach, Friedr. Beitrag zur Geschichte der Tapeten-Industrie. 16. (45 S.) Darmstadt 889, Koch. * 1 20

— **Beiträge zur Mythologie.** (IV, 108 S.) gr. 8. Leipzig (906). Teutonia-Verlag. n. 2.—

— **Bunt-Stickerei-Vorlagen.** 2 Serien. (Je 48 farb. Taf.) 12,5×7,5 cm. Wiesbaden 897. (Leipzig, Teutonia-Verlag.) In Mappe n. 5.—

— orientalische **Bunt-Stickerei-Vorlagen.** (24 farb. Taf.) 12,5×7,5 cm. Ebd. (896). In Mappe n. 2.50

Fischbach's, Frdr., Bunt-Stickerei-Vorlagen u. Sprüche. 1. u. 2. Hft. 16. (à 24 Bl.) Wiesbaden 894. F. Fischbach's Selbstverl. 6.—

—— **die Einführung neuer und Verbesserung bestehender Industrien in der Schweiz. Gekrönte Preisschrift, hrsg. auf Veranlassung des Centralcomités der schweizer. Landesausstellung in Zürich 1883. gr. 8. (32 S.) Frauenfeld 884, Huber. ***

—— **Stylistische Flachornamente. (12 chromolithogr. Taf.) Muster nach Glasfenstern, Geweben etc. Hanau 873, (Alberti.) ***

—— **stilistische Flach-Ornamente. Entlehnt den Sammlungen des k. k. österreich. Museums für Kunst und Industrie, mit vorwiegender Benützung der im Besitze desselben sich befindl. Orig.-Stoffe vom VI. bis XVII. Jahrh., gesammelt von Fr. Bock, ferner die reichgemusterten Gewänder auf Bildern der altdeutschen und italien. Schule. Anleitende Studienblätter für Gewerbe- und Webeschulen, zur Benützung für Architekten, Dekorateure, Glasmaler, Vergolder etc. Mit besond. Berücksicht. der Bedürfnisse der modernen Industrie als Vorbilder für Tapeten, Teppiche, Damast, Leinen, Spitzen etc. Nach den Orig. in Naturgrösse gezeichnet und autograph. auf den Stein übertragen. 3 Lfgn. Fol. (à Lfg. 4 Bl.) Wien 880. (Hanau, Alberti.)**
à Lfg. *M 6. *

Fischbach, Friedrich. Die Geschichte der Textilkunst nebst Text zu den 160 Tafeln des Werkes Ornamente der Gewebe von Friedrich Fischbach ... Commissions-Verlag von G. M. Alberti in Hanau, 1883.
XXIV + 208 S. m. 11 Abb. 4⁰.

— **Goldkörner der Weisheit.** (240 S.) kl. 8. Ebd. 895. n. 3.—

— Gögginger neue **Häkel- u. Knüpfmuster.** 70 Taf. m. Text u. techn. Anleitgn. gr. 8. Ebd. (904). In Mappe n. 3.—

Fischbach, Friedr., Haekel-Vorlagen. 2 Serien. gr. 4. (à Serie 12 Chromolithogr.) Wiesbaden 888, Fischbachs Selbstverlag. à Serie M 3. *

— **Haekel-Vorlagen.** 2 Serien. gr. 4. (à 12 Chromolith.) Wiesbaden 888. Lützenkirchen. à 3.—

— **Häkel-Vorlagen.** 2 Serien. (à 12 z. Tl. farb. Taf.) 4. Ebd. 900. n. 3.—; einzelne Serien n. 2.—

— Neue Häkel-Vorlagen. 1.—3. Serie. qu. gr. 8. (à Serie 10 Farbdr.-Taf.) Wiesb. 890, Lützenkirchen. à Serie * — 80; * 2 40

— **Jugendlieder.** (Lieder e. Ketzers.) (XII, 241 S.) kl. 8. Ebd. 877. n. 2.50

Fischbach, Frdr., Lieder eines Ketzers. Ornamente in Versen. gr. 16. (XII, 241 S.) Hanau 878. Alberti. geb. m. Goldschn. 7.50

— s.: **Lieder, die schönsten, der Edda.**

— Lieder u. Sprüche. Als Anh.: Helgi u. Sigrun. 16. (VIII, 128 S.) Wiesbaden 892. (R. Bechtold & Co.) n. 2.-

— Ludwig **Lindenschmit**, der Förderer d. Deutschtums, üb. die Urheimat der Indogermanen. Nachruf, geh. am 8. März 1893. 8. (16 S.) Wiesbaden 893. H. Lützenkirchen. n.n. — 25

— neue **Muster für Stickerei u. Häkel-Arbeiten.** (In 60 Taf.) 1. u. 2. Serie. 16. (80 Chromolith.) Ebend. 880. 81. In Mappe. à n. 3.—

Fischbach, Friedrich. Stilistische Muster für Stickerei und Häkelei. Gratisbeilage der Zwirnerei ... Göggingen bei Augsburg. Gesammelt und componirt von Friedrich Fischbach. o. O. um 1875.
Tit., 27 farb Taf. 8⁰.

— Ornament-Album. Umrahmungen für Phot.-Albums. (54 T) 4⁰ Wiesbaden (1892)

—— Ornament-Album. gr. 4. (27 farb. Blatt m. eingedr. und 2 S. Text.) Wiesbaden 892, Selbstverlag. In Mappe * 30 —

Fischbach, Friedrich. Ornamente und Gewebe. 160 Tafeln in Farbendruck. Hanau. Fol.

—— Ornamente der Gewebe mit besond. Benutzung der ehemal. Bock'schen Stoffsammlung des k. k. österreich. Museums für Kunst und Industrie in Wien. 1. und 2. Lfg. gr. Fol. (II S. mit 40 Chromolithogr.) Hanau 874,75, Alberti. à Lfg. *M 48. *
Auf starkem Carton à Lfg. *M 54. *

Fischbach, Frdr., Ornamente der Gewebe m. besond. Benutzg. der ehemal. Bock'schen Stoffsammlg. d. k. k. öst. Museums f. Kunst u. Industrie in Wien. 1. Lfg. gr. Fol. (II S. m. 40 Chromolith.) Hanau 874. Prior in Comm. n. 48. —

— Ornamente der Gewebe m. besond. Benutzung der ehemal. Bock'schen Stoffsammlung d. k. k. österr. Museums für Kunst-Industrie in Wien hrsg. u. gezeichnet. 3. u. 4. Lfg. gr. Fol. (à 40 Chromolith.) Ebend. 877.80. à n. 48.—; auf starkem Carton à n. 54. —

— Ornamente der Gewebe mit besond. Benutzung der ehemaligen Bock'schen Stoffsammlung des K. K. österr. Museums für Kunst u. Industrie in Wien. Hanau a. M. 1881. Fol.

—— Ornamente der Hausindustrie Ungarns. Text von Carl v. Pulszky. Fol. (40 chromolithogr. und Lichtdr.-Taf. mit 8 S. und 24 Bl. ungar., deutscher und französ. Text.) Budapest 878. (Hanau, Alberti.) In Mappe *

Fischbach, Friedrich & Carl v. Pulszky. Ornamente der Hausindustrie Ungarn's. Text von ... Carl v. Pulszky. Gezeichnet von Friedrich Fischbach. Budapest, Gedruckt in der kön. ung. Universitäts-Buchdruckerei 1878.
8 S., 34 Bl.; 40 farb. Taf. 2°.

Fischbach, Friedr., südslavische Ornamente, s. a. Lay, Felix.

— Südslavische Ornamente, gesammelt u. gewidmet allen Ländern u. Völkern zur Förderung der Kunstindustrie u. nebst einer Abhandlung über die Verbreitung u. Cultur der Südslaven, von Felix Hay. Hanau. (1871.) 4.

—— südslavische Ornamente. Hrsg. von Felix Lay und ausgeführt von Fr. Fischbach. (20 chromolithogr. Taf.) 1. und 2. Aufl. Nebst Text: Die Verbreitung, Cultur und Hausindustrie der Südslaven. Ihre Poesie, Hausindustrie, Ornamentik etc., nebst 1 Costümbilde. gr. 4. (27 S.) Hanau 874, (Alberti.) In Mappe *
Text apart *

—— die Pflege der deutschen Kunst-Industrie. Vortrag. 12. (40 S.) Hanau 874, (Alberti.) *

—— Plafond-Verzierungen für Decorateure und Tapezierer. 1. Lfg. Fol. (3 Bog.) Leipzig 872, H. Vogel. (Hanau, Alberti.) *
Bog. 1. ½ Rosette nebst 2 Eckstücken. (In 3 verschiedenen Colorits.) Farbig in Gold *M 3.; in Holzimitation *M 1,50.
» 2. 12 Ansatzstücke zur Vergrösserung. Farbig und Gold *M 1,50.; in Holzimitation *M 1.
» 3. 1 Rosette, 4 Ecken und 4 Agraffen. Farbig und Gold *M 3.; in Holzimitation *M 1,50.

— Rafael u. Cornelius. Vortrag, zur Feier d. Centennariums geh. gr. 8. (40 S.) Ebend. 885. n. 1. —

Fischbach, Fr. Rafael u. Cornelius. Vortrag. In-8°. Basel, Schwabe. 1893. 1 25

Fischbach, Frdr., d. Rolandsknappen. Heit. Märchen-Oper (od. Melodrama) f. Groß u. Klein. 12. (VIII, 55 S.) Wiesbaden 897. (Lützenkirchen & Bröcking.) n. 1.50

— Rosen aus Schiras. Hafis, der größte Lyriker des Orientes. (IV, 136 S.) 12. Wiesbaden (898). (Leipzig, Teutonia-Verlag.) 3. —

—— Rosetten für Plafonddecoration. 4. Hanau 873, (Alberti.) Rosetten I. *
Rosetten II. *
Rosetten III. *
Rosetten IV. *

Fischbach, Friedrich: Seid fröhlich! Weinsprüche. Leipzig: Teutonia-Verl. 1904. 32 S. -- [Zit. nach Kayser]
--- Dass. Privat-Aufl. Wiesbaden: Selbstverl.; Köln: Stauff in Comm. o.J. [um 1905]. 32 S. -- 38°

— Siegfrieda. (Christentum u. Heidentum.) Nationale Tragödie in 3 Akten. (62 S.) 12. Ebd. (903). n. 1. 20; erh. Pr. n. 1. 50

Fischbach, Friedr., Siegfrieda. Tragödie in 3 Akten, nebst Vorspiel: Altgermanische Walpurgisfeier u. Einführg. der Inquisition. (Neue [Titel-]Ausg.) (20 u. 66 S.) kl. 8. Wiesbaden [903] (907). Leipzig, Teutonia-Verlag. 1. 50

Siegfrieda. ⟨Christentum und Heidentum.⟩ Nationale Tragödie in 3 Akten von Friedrich **Fischbach**. Wiesbaden: Selbstverl.; Leipzig: Kittler in Komm. [1910]. 62 S. 8° [u. 7976

Fischbach F, Spitzengewebe. (Album f. Wohnungsdekorat. 1) (11 T) fol Hanau (1880)

— Spitzen-Ornamente. Taf. 1.—12. Brüsseler Spitzen, Taf. 13—16 St. Galler Spitzen. 4. Ebd. (905). n. 5. —

Fischbach, Fr[iedrich]. Stickerei-Album des Bazar. 1. Sammlung. Redigirt von Fr. Fischbach ... Verlag der Bazar-Actien-Gesellschaft, Berlin 1879. [Umschlagtit.]
9 farb. Taf. 8°.

—— Stickerei-Muster. 4 Hefte. 16. (à Heft 20 Chromolithogr.) Wiesbaden 888, Fischbach's Selbstverlag. à Heft M 1.—. *

— Stickerei-Muster. 4 Hefte. (Je 20 farb. Taf.) 16. Ebd. 896. In Mappe à n. 1. —

—— die Tapeten-Decoration. Text mit Zeichnungen von Wand- und Plafond-Decorationen, nebst Gebrauchsanweisung der Plafond-Verzierungen. 4. Hanau 872, (Alberti.) *

— die Tapeten-Decoration. Album m. Text für Tapezierer u. Decorateure. gr. 4. (18 Bl. in Gold u. Farbendr.) Ebend. (873) 880. In Mappe. n. 9. —

— alte u. neue Textilkunst. (48 S.) 8. Ebd. (890). n. 1.—

— Ursprung der Buchstaben Gutenbergs. Beitrag zur Runenkunde. Gutenbergfeier 1900. (Nebst 16 Taf. m. Ornamenten des Feuer-Cultus.) Fol. (24 S.) Mainz 900. [Mainzer Verlagsanstalt & Druckerei.] Wiesbaden, H. Heuss. n. 4. —; erhöht. Pr. 5. —

— neue Vorlagen f. Stickerei u. Häkelei. 3. Serie. 1—4. Heft. qu. 12. (à 12 Chromolith.) Hanau 883. (Alberti.) à n. 1. —

Fischbach F, Vorlagen für Stickerei und Häkelei. (24 T) in Mappe. 4° Gögginger

Fischbach F, die wichtigsten Webe-Ornamente bis zum 19. Jahrhundert. (162 T mit Text) in 2 Bänden fol Wiesbaden (1901)

— die wichtigsten Webe-Ornamente bis zum 19. Jahrh. 635 Muster auf 162 Cartons u. im Textheft. Gesammelt, gezeichnet u. erläutert. Fol. (20 S. Text.) Wiesbaden (902). (H. Heuß.) In 3 Mappen 175. —

Die wichtigsten Webe-Ornamente bis zum 19. Jahrhundert. 635 Muster auf 162 Cartons u. im Textheft. Gesammelt, gezeichnet u. erl. von Friedrich **Fischbach**. Ser. 1–5 [nebst] Texth. ⟨Wiesbaden⟩: Selbst-Verl. [1902]. 2° A 13. 11604 8

— Weiss-Stickerei-Vorlagen. 2 Serien. 2. Aufl. (Je 48 Taf.) 12,5×7,5 cm. Ebd. 897. In Mappe 5. —

—— wie ist das Kunstgewerbe der Schweiz zu heben und zu pflegen. Vortrag, gehalten in der Jahresversammlung der schweizer. gemeinnütz. Gesellschaft in Aarau. gr. 8. (43 S.) Basel 885, Schwabe. *

— wie wurden die Deutschen zum Christentum bekehrt? Geschichtliche Erläuterungen der Tragödie Siegfrieda (Christentum u. Heidentum). (16 S.) 12. Ebd. (903). n. — 20

Fischbach, Friedr. Ludw. Joseph

— s.a. Beitr. d. Preuß. Staaten betr.

Fischbach, F. L. J.: „Historische, politische, geographische, statistische und militärische Beiträge die Königlich Preussischen Staaten betreffend", 3 Bände, Berlin 1781 bis 1785 (Pauli).

– s.a. Einsamkeit, Nächtl.

EINSAMKEITEN, Nächtliche, zum Gebrauch für jeden Menschen, der Verstand hat (von *Friedr. Ludw. Joseph Fischbach*). Stettin, b. Joh. Sigism. Kaffke. 1781. 8°. 184 S. Zahm. (1/3 Rthl.) (3 Mk. 50 Pfg. Oskar Rauthe, Berlin, 1909.)
Anon.-Lex. II. p. 13 (nach Kayser u. Meusel). Eine Anzeige des Verlegers hat „Einsamkeit".

Fischbach, (F. L. J. von): „Wider die Freiheit des Getraidehandels, nebst angehängtem Beweise, daß die Churmark Brandenburg hinlänglich und wohlfeil mit Getraide und Lebensmitteln fortdauernd versorgt, zugleich aber auch der Flor des Ackerbaues, der Gewerbe, Fabriken und Handlung befördert werden kann", Berlin 1805. — Vorh.: Preuß. Staatsbibl. Berlin und Com. Bibl. Hamburg.

— wider die Freiheit des Getreidehandels ꝛc. gr. 8. Berl. 805. Unger. 1 ℛ

Fischbach, Prüfung der Ursach des Murrens wider das Tabacks-Monopol. Berlin, 1797.

— Prüfung d. Ursache des Murrens wider das Tabaksmonopol d. General-Administration. 8. Berl. 798. Maodorf. 4 gl.

Fischbach, Fr. Ldw. Jos., (†...) statistisch-topograph. Städtebeschreibung d. Mark Brandenburg. 1r Thl., 1r Bd. gr. 8. Potsd. 786. Horvath. 2 ℛ

— über den Werth der Taxe für mein Vaterland. 8. Ebend. 809.

Fischbach, Gust., Guerre de 1870. Le siége et le bombardement de Strasbourg. 1re—4e édit. 8. (IV, 177 S.) Strasbourg [Lahr] 871, Schauenburg. *

—— Krieg von 1870. Die Belagerung und das Bombardement von Straßburg. 1. und 2. Aufl. 8. (IV, 185 S.) Straßburg 870, (Treuttel und Würtz.) *
—— dass. — 3. Aufl. 8. (IV, 185 S. mit lithogr. Portr. und Unterschrift des Generals Uhrich.) Straßburg [Lahr] 871, Schauenburg. *

Fischbach, Gustave, de Strasbourg à Bayreuth. Notes de voyage et notes de musique. gr. 8. (V, 93 S.) Strassburg 882. (Trouttel & Würtz.) 3. —

Fischbach, H., u. R. Beck, Forstbotanik, s. a. Weber's illustr. Katechismen. 6. Bd.

Fischbach H, Forstbotanik. 3. Auflage. (Weber's Katechismen 6) Leipzig 1874

Fischbach, H., s.: Kalender f. Post- u. Telegraphenbeamte.

Fischbach, H., Katechismus der Forstbotanik, s. a. Weber's, J. J., illustrirte Katechismen.

Fischbach. H. Katechismus der Forstbotanik. Leipzig 1862.

Fischbach, H., Katechismus der Forstbotanik. 4., verm. u. verb. Aufl. Mit 79 in den Text gedr. Abbildgn. 8. (X, 280 S.) Leipzig 884. Weber. geb. n. 2. 50

Fischbach, H., Katechismus der Forstbotanik. 5., verm. Aufl. 12. (X, 275 S. m. 79 Abbildgn.) Leipzig 894. J. J. Weber. Geb. in Leinw. n. 2. 50

Fischbach, Heinrich

Fischbach, H., über die Lockerung des Waldbodens. Stuttgart 858. Lindemann. 8. (IV, 51 S.) n. 8 ngl.

Fischbach, Heinr., d. Wald u. dessen Bewirtschaftg., s. a. Laudmanns, d., Winterabende.

FISCHBACH, Heinrich: Der Wald und seine Bewirthschaftung. Ein Leitfaden für Privatwaldbesitzer. - Stuttgart 1884. 187 S., 27 Holzschn. - 2. Aufl. ebd. 1898. VIII, 199 S. - 3. Aufl. ebd. 1908. VIII, 245 S. - 4. Aufl. ebd. 1923. VII, 225 S., 43 Abb.

Fischbach, Joh., malerische Ansichten von Salzburg und Oberösterreich. Nach der Natur gez. und von mehreren Künstlern in Stahl gest. (8 Lfgn.) qu. Fol. (à Lfg. 5 Stahlst. und 10 S. Text.) Stuttgart 852, Scheitlin's Vrlgsh. (à Lfg. * 1 Thlr. 18 Ngr.)
chines. Pap. à Lfg. * 2 Thlr. 4 Ngr. *

Fischbach J, die Bäume Deutschlands. Photographien nach Handzeichnungen. (28 Bl) fol in Mappe. München

Fischbach, J., u. H. Masius, deutscher Wald u. Hain in Bild u. Wort. qu. 4. (VII, 67 S, m. 28 Photogr.) München 871. Bruckmann. geb. m. Goldschn. In Carton. 42. —

Fischbach, J., Deutscher Wald und Hain in Bild und Wort. 28 Photographien nach Cartons v. J. Fischbach, m. erläut. Texte v. H. Masius. München 1879. qu.-4.

Fischbach, Carl, die Beseitigung der Waldstreunutzung für Land- und Forstwirthe, insbesond. auch für die Gesetzgeber. gr. 8. (56 S.) Frankfurt a. M. 864, Sauerländer's Verlag.

Fischbach, Carl v., praktische Forstwirthschaft. gr. 8. (X, 448 S.) Berlin 880. Springer. n. 8. —

Fischbach, Carl, Lehrbuch der Forstwissenschaft. Zum Gebrauch für Anfänger und Nichttechniker. gr. 8. (XVIII und 541 S. mit 1 Tab. in Fol.) Stuttgart 856, Cotta'sche Buchh.

—— Lehrbuch der Forstwissenschaft. Zum Gebrauch für Anfänger und Nichttechniker. 2., verm. Aufl. gr. 8. (XVIII und 620 S.) Stuttgart 865, Cotta'sche Buchh.

Fischbach, Carl, Lehrbuch der Forstwissenschaft. Für Forstmänner und Waldbesitzer. 3. verm. und verb. Aufl. 10 Lfgn. gr. 8. (XIX, 613 S.) Berlin 877, Springer. à Lfg. * M 1. *

Fischbach, Carl v., Lehrbuch der Forstwissenschaft. Für Forstmänner u. Waldbesitzer. 4. Aufl. gr. 8. (XX, 647 S.) Berlin 886. Springer. n. 10.—; Einbd. n.n. 2.—

Fischbach, C. v. Welche Wege sind bei der Beweisführung in Betreff der Wohlfahrtswirkungen des Waldes einzuschlagen? gr. 8. (17 S.) Wien 890, (Frick). * 1 20
Aus: Centralblatt für das gesammte Forstwesen, besonders abgedruckt.

Fischbach, L., s. Fischbach, Friedr. Ludw. Joseph

Fischbach, O., Die Benutzung d. Thucydideischen Geschichtswerks durch den Periegeten Pausanias. Gel. 1893. 81 S.

Fischbach, Oskar, Referendar in Straßburg (Elsaß): Das Sammelvermögen. Straßburg: K. J. Trübner 1907. (XI, 100 S.) 8°
Straßburg, Rechts- u. staatsw. Fak., Ref. Kisch, Diss. v. 18. Febr. 1907
[Geb. 14. Dez. 80 Straßburg i. Els.; Wohnort: Straßburg; Staatsangeh.: Elsaß-Lothringen; Vorbildung: Gymn. Straßburg; Studium: Straßburg 10 S.]

Fischbach, Osk., das Sammelvermögen s. a. Abhandlungen, zivilrechtliche u. prozessrechtliche. 1.

Das Sammelvermögen. Von Dr. jur. Oskar **Fischbach**. Strassburg: K. J. Trübner 1907. (XII, 171 S.) 8°
— **Abhandlungen**, Zivilrechtliche u. prozessualische. H. 1. [07, 7794

Fischbach, Otto, Silbermünzen d. röm. Republik aus Steiermark, s. a. Festschrift d. deutschen akadem. Philologen-Vereins in Graz.

Fischbach, Otto: Silbermünzen d. röm. Republik aus Steiermark. *Graz 1896.*
in: **Festschrift** d. dtsch. akad. Philologen-Vereins in Graz ... z. 20. Stiftsfeier. [98. 5010

Fischbach, P., Mariawald. Nach geschichtl. Quellen dargestellt. 16. (79 S. m. 1 Bild.) M.-Gladbach 892. (Düren, W. Solinus.) n. — 25

Fischbach, P. J., und J. van der Giese, Dürener Volksthum. Eine Sammlung von Redensarten, Sprichwörtern, Räthseln, Spielen ꝛc., nebst einem Wörterbuche der merkwürdigsten in der Dürener Volkssprache vorkommenden Ausdrücke. Hrsg. von H. J. Werners. Mit Holzschn.-Portr. Fischbach's. 8. (204 S.) Düren 880. (Aachen, M. Jacobi.) *

Fischbach, Paul, & Co.: Preisliste über transportable Akkumulatoren nebst zugehörigen Materialien. Berlin 1910

[F.] Was eine gute Frau vermag. Kleines Ehestands-Drama nach Kolping's Erzählg f. Gesellen- u. Arbeiter-Vereins-Bühnen bearb. v. P[aul] Fischbach, kath. Pfarrer ... *Düren: W. Solinus 1896.* (23 S.) 1 Bd 8. [97. 2383

Fischbach, Peter, heilige Geschichten u. Sagen; Dichtungen, mit mehreren bildl. Darstellungen v. Cath. Fischbach geb. Severin; nebst anderen Gedichten religiös. u. ethischen Inhalts v. demselben. 8. (8 1/4 B. u. 6 Kpfr.) Düsseldorf 843. [Leipzig, Fr. Fleischer.] *

Fischbach, Pet., heilige Geschichten u. Sagen; Dichtungen, mit mehreren bildl. Darstellungen von Cath. Fischbach geb. Severin; nebst andern Gedichten religiösen u. ethischen Inhalts von Demselben. Mit 6 Kupf. 8. Düsseldorf 843, Schreiner. n. 5/6 ℞

Fischbach, Peter Joseph, Friedensrichter zu Bensberg, Mitglied d. preuß. Abgeordnetenhauses, d. histor. Vereins f. den Niederrhein etc. Sein Lebensbild nebst e. Auswahl seiner polit. u. religiösen Gedichte. gr. 16. (IV, 107 S. m. e. Holzschntaf.) M. Gladbach 871. Hoster in Comm. n. 1. —

Fischbach, Petr. Conr. v.

Der verführerische und betrügerische Mönchen-Spiegel, worinnen deren Betrug sowohl in Mönch- als Nonnen-Klöstern entdecket. Hamburg u. Leipzig 1743. 12°. 5 Bogen.
(In Stralsund, Rathsbibl.) Der Cat. Meissner II. p. 669 hat d. Jahrzahl „1744".

Fischbach, Wilh., bewahre die Lilie der Keuschheit! Ein Wort an die Jugend. 7.—10. Tausend. 16. (40 S. m. Titelbild.) Frankfurt a/M. (900). P. Kreuer. n. — 20

Fischbach, Wilh., bewahre, was du hast! (Off. 3, 11.) Zur Erinnerg. an die erste hl. Kommunion. (54 S.) 16. Saarlouis 906. F. Stein Nachf. n. — 20

— Gebet zu Joseph. Betrachtungs- u. Gebetbüchlein. 120. Taus. 16. (40 S. m. Titelbild.) Ebd. (900). n. — 20

Fischbacher, Frz., das Erntefeld, s. Erntefeld.

Fischbäck, Joh. Ev., kurze und gründliche Anleitung zur Stenographie nach dem Taylor'schen Systeme, mit 5 lith. Taf. (in 8. u. 4.) Linz 857. Haslinger in Comm. gr. 8. (16 S.) 7 1/2 ℞

Fischbeck, s.: Bericht der XXI. Kommission (des Reichstags) üb. d. Entwurf e. Gesetzes betr. die Abänderung d. Unfallversicherungsgesetze.

Fischbeck, Chr. Mich., der studierenden Jugend Ergötzlichk. in der Redekunst u. Poesie. 2 Thle. 8. Gotha. 724.

— Explan. Epist. P. ad Rom. 8. ibid. 720.

Fischbeck, Christ. Michael

— — Memoriam Martini Lutheri doctrinae vitaeque Christianae reformatoris in schola Salz. — De fide, tanquam bona arbore bonos fructus ferente pauca praefatus. Langensalza (Jo. Chph. Hoergart) 1715. 4 Bl. (2.—) 8881

Fischbeck, Joh. Hinr., Nathurgeschichte od. kurtzgefaßte Lebensabrisse der hauptsächlichsten wilden Thiere im Hertzogth. Bremen. Zusammengestellet u. m. vielen Kupffern verzieret f. den Gebrauch in Schulen u. Familien. (Verf. u. allen Freunden der Natur gewidmet v. Carl Binnen.) 2. verstärckte u. m. e. Anh. versch Aufl. gr. 8. (IV, 60 S.) Leipzig 799. (899.) E. Diederichs. n. 2. —

Fischbeck, Joh. Hinr., Nathurgeschichte od. kurtzgef. Lebensabrisse d. hauptsächlichsten wilden Thiere i. Hertzogthum Bremen. 1. Thl. Zusammengest. u. m. viel. Kupffern verzieret f. d. Gebrauch i. Schulen u. Familien. 1817. (Fksm.-Druck.) 4. (VII, 47 S.) Bremen 898. (J. Storm.) 1. 50

Fischbeck, Ludw., aus Heide u. Moor. Orig.-Radiergn. (10 Bl. m. IV S. Text.) 31,5×33,5 cm. Berlin (908). Grauert & Zink. Geb. 50. —

Fischböck, Hanns, Beispiele v. Schriftsätzen im Civilprocess- u. Executions-Verfahren,
— Zusammenstellung der anweisenden Behörden u. auszahlenden Cassen,
} s.: Vittorelli, Paul v.

Fischbuch v. Schwaben u. Neuburg. Hrsg. v. Kreisfischereiverein f. Schwaben u. Neuburg. (M. e. ichthyolog. Karte u. e. Fischtaf.) gr. 8. (156 S.) Augsburg 895. (Lampart & Co.) n. 1. 50

Fischbuch, vollständiges, enthalt. gründliche Anweisung, Fische zu behandeln, über Fischteiche u. Fischhaltungen, über Kunst- u. Lustfischerei u. wichtige Mittheilungen üb. Karpfen u. Krebse. 8. Quedlinburg 824, Basse.

Fischbüchlein oder die Kunst: Forellen, Hechte, Asche etc. zu fangen. Aus pract. Erfahrung zusammengestellt von einem Fisch-Freund. Mit 8 Abbild. 2., verb. Aufl. 8. (16 S. mit 1 Stnt. in 4.) Augsburg 852, Jaquet's Vrlgsh.

Fische, die, s. Naturgeschichte des Thierreichs.

Faule Fische! Geangelt in Stralow. Lied nach von Goethe. (Kennst Du das Dorf, wo die Kartoffeln blühn?) Zu haben bei M. Jähns. 1 Bl. Fol. Flugblatt. Berlin, 1848/49.

Fische. Die F' unserer Gewässer. Njbl. s.a. [Schinz, Heinrich Rudolf].

Fische, Die, unserer Gewässer. [Zürich 1848.] V: *Schinz, Heinrich Rudolph*. (Cat. d. Stadtbibl. Zürich. Zürich 1864—97.)

Fische. Ueber die F' unserer Seen und Flüsse. Njbl. s. [Schinz, Heinrich Rudolf].

Fischel, A. Staatssäckel und Volkswohl. Betrachtungen über das Lotto und die Einkommensteuer. gr. 8°. Böhm. Leipa, J. Küstner, 1892.

Fischel, Alex., zur Kritik der Steuerreform-Vorlage. gr. 8. (VI, 58 S.) Wien 893. J. Eisenstein & Co. n. 1. 20

— die Tertiärbahnen, e. Mittel zur Hebung der Landwirtschaft u. Industrie. Vortrag, geh. am 17. Apr. 1893. gr. 8. (26 S.) Ebd. 893. n. — 60

Fischel, Alfr., die Olmützer Gerichtsordnung. Ein Beitrag zur Geschichte des österreich. Prozessrechtes. Hrsg. vom deutschen Verein f. die Geschichte Mährens u. Schlesiens. (XXXIX, 90 S.) Lex.-8. Brünn 903. (C. Winiker.) n.n. 4. —

Fischel, Alfr., König u. Kanzler. Ein histor. Zeitbild in e. Aufzuge. gr. 8. (83 S.) Leipzig (899). W. Friedrich. n. 1. —

Fischel, Alfr., die Concurse u. das geltende Concursrecht. Vortrag, geh. in der Wochenversammlg. d. mähr. Gewerbevereines am 19. Novbr. 1885. [Aus: „Mähr. Gewerbebl."] gr. 8. (14 S.) Brünn 886. (Knauthe.) n. — 40

Fischel, Alfr., nationale Curien. Erweit. Sonderabdr. aus: „Die Zeit". gr. 8. (32 S.) Wien 898. Verlag „Die Zeit". — 70

— d. Liebeshof. Novellen. gr. 8. (III, 187 S.) Wien 895. C. Konegen. 1. 20

Fischel, Alfred (Hrsg.), s.a. Materialien zur Sprachenfrage in Österreich.

— Materialien zur Sprachenfrage in Österreich. gr. 8. (VIII, 344 S.) Brünn 902. F. Irrgang. n. 5. —

Fischel, Alfred: Die Minoritätenschulen. — Brünn: Verl. des Dt. Vereins 1900. 38. S.

— die Minoritätsschulen. gr. 8. (38 S.) Brünn 900. (C. Winkler.) n.n. — 50

— das österreichische Sprachenrecht. Eine Quellensammlg., eingeleitet u. hrsg. gr. 8. (LXXVIII, 259 S.) Brünn 901. F. Irrgang. n. 4. 50

Fischel, Alfr., das österreich. Sprachenrecht. Eine Quellensammlg., eingeleitet u. hrsg. 2. verm., bis zur Gegenwart ergänzte Aufl. (CXIII, 399 S.) gr. 8. Brünn 910. F. Irrgang. 6. —

— Studien zur österreich. Reichsgeschichte. (Mährens staatsrechtl. Verhältnis zum Deutschen Reiche u. zu Böhmen im Mittelalter. — Christian Julius v. Schierendorff, e. Vorläufer des liberalen Zentralismus im Zeitalter Josefs I. u. Karls VI. — Die Kodifikationsgeschichte des § 13 a. G. O. u. die Gerichtssprache in Böhmen u. Mähren.) (V, 342 S.) gr. 8. Wien 906. A. Hölder. n. 5. 20

Fischel, Alfr., Untersuchgn. üb. vitale Färbung an Süsswassertieren, insbes. bei Cladoceren. Mit 8 Textfig. u. 24 Fig. auf 2 Taf. (III, 69 S.) gr. 8. Leipzig 908. Dr. W. Klinkhardt. 5. —

— die Verbesserung unserer Spar-Einrichtungen. Vortrag, geh. im mähr. Gewerbeverein am 29. Jänner 1885. 8. (20 S.) Ebend. 885. n. — 40

Fischel, David (Prag), De hydrothorace. Dissert. med. Rector Milon Joh. Nepom. Grün. Direct. Ignaz Matuschka. Decan Joh. Nepom. Lipawsky. Prag (Franz Gerzabeck) 22. X. 1812. 16 Bl. mit Literatur. (4.50) 8882

Fischel, Eduard

— Preußens Aufgabe in Deutschland. Rechtsstaat wider Revolution. Vom Verfasser der „Despoten als Revolutionäre". Berlin, Haude und Spener (F. Weidling) 1859. 114 S. 8

Fischel, Eduardus: De conjugum jure Germanico debitis. Berolini [1853]: Sacco. 45 S. 8°

Halle-Wittenberg, Jur. Diss. v. [28. Apr. 1853]

Geb. [Danzig 5. 11. 1826]

Fischel, Assessor. s.a. Despoten (Die) als Revolutionäre.

(Fischel, Eduard.) Die Despoten als Revolutionäre. An das deutsche Volk. Berlin, F. Schneider 1859. 40 S. 8.

Fischel, Ed., Männer und Maaßregeln. Eine polit. Skizze. gr. 8. (VIII und 118 S.) Berlin 861, Springer's Verlag. *

— die Verfassung Englands. 861. (XXI, 566 S.) — 2. verb. Aufl. Berlin 864. F. Schneider. (Stilke & v. Muyden.) gr. 8. (XXIV, 570 S.) n. 2 $\mathscr{P}$ 10 ngr.

Fischel, Ed., die Verfassung Englands. 1. Aufl. 1862. und 2., verb. Aufl. gr. 8. (XXIV und 570 S.) Berlin 864. [W. Weber.] *

Fischel, Ernst, Erbrechtscollision u. Gebührenbemessung. Nach österreich. Gebührenrechte dargestellt. gr. 8. (31 S.) Wien 902. Manz. n. — 80
Sonderabdruck aus: „Allg. österr. Gerichts-Zeitg."

Fischel, Frdr., Untersuchungen üb. die Morphologie u. Biologie d. Tuberculose-Erregers. Ausgeführt im hygien. Instituto der deutschen Universität in Prag 1891—92. gr. 8. (28 S. m. 2 chromolith. u. 1 Lichtdr.-Taf.) Wien 893. W. Braumüller. n. 2. —

Fischel, Geo., der Lehrer v. Seespitz. Oberbayerisches Orig.-Volksstück m. Gesang u. Tanz in 4 Aufzügen. (90 S.) 8. München (905). A. Seyboldt. n. 1. —

Fischel, Hartwig, die Frau der Biedermeierzeit u. ihre Kunst im Hause. (85 S. m. 8 Vollbildern.) kl. 8. Leipzig (908). F. Rothbarth. Kart. 1.50; geb. in Ldr. 2.50

Fischel, Hartwig, Jacob Emil Schindler. Mit Radirgn. v. William Unger, W. Hecht, J. Klaus, F. Krostewitz. Mit 5 Taf. u. 20 Abbildgn. im Text. [Aus: „Die graph. Künste".] Fol. (24 S.) Wien 893. Gesellschaft f. vervielfältigende Kunst. n. 12. —

FISCHEL, HERMANN. Alter und neuer Monismus. Vortrag . . . Beilage zu Nr. 8 der Blätter des Deutschen Monistenbundes. Februar 1907. Brackwede i. W. 1907. W. Breitenbach. 8°.

Fischel, Hugo (geb. am 13 Mai 1844 in Kempenich Kr. Adenau): Die Carbolsäure in ihrer klinischen Verwerthung . . . Bonn, gedr. bei J. F. Carthaus (1870). 32 S., 1 Bl. 8.

Bonn, Med. Fak., Diss. v. 19 [nach d. Akten v. 18] Juli 1870

Fischel, J., Prag's k. k. Irrenanstalt und ihr Wirken seit ihrem Entstehen bis incl. 1850. Lex.-8. (VIII und 136 S. mit 4 lithogr. Plänen und 9 Tab. in qu. Fol. und 1 Stnt. in Tondr.) Erlangen 853, Enke's Vrlgsh. *

Fischel, Ludwig [pr. Arzt aus Berlin]: Ein Beitrag zur Casuistik der Radialislähmungen nach Ätherinjection . . . Berlin, Buchdr. v. G. Schade, 1893; 30 S., 1 Bl. 8.

Berlin, Med. Fak., Inaug.-Diss. v. 11. Aug. 1893

Fischel, Osk., Ludwig v. Hofmann, s.a. Künstler-Monographien.

Ludwig von Hofmann. Von Oskar Fischel. Mit 8 Kunstbeilagen u. 104 Abb. *Bielefeld & Leipzig: Velhagen & Klasing 1903.* (95 S.) 4°(8°) [F]
— Künstler-Monographien. 63.

Fischel, Osk., s.a. Mode, die.

Fischel, Oskar, Die Mode. Menschen und Moden im 19. Jh. nach Bildern u. Kupfern d. Zeit. Ausgew. Text von Max von *Boehn* [Bd 1—3]. München 1907—1908. 8°.
1: 1790—1817, 1908
2: 1818—1842, 1907.
3: 1843—1878, 1908.

Fischel, Oskar, u. Max v. *Boehn:* Die Mode. Menschen u. Moden im 18. Jh. Nach Bild. u. Stichen d. Zeit. . . München 1909. 8°

Fischel, Oskar: Die Mode. Menschen u. Moden im 19. Jh. nach Bild. u. Kupfern d. Zeit. Ausgew. Text von Max v. *Boehn.* [Bd 1—3.] München 1910—1914. 8°

— s.: Tizian, des Meisters Gemälde.

Fischel, Oskar: Raphaels Zeichnungen. Versuch e. krit. Sichtg d. bisher veröffentl. Blätter. 1. Tl . . . Strassburg, K. J. Trübner, 1896; 1 Bl., XXII, 32 S., 1 Bl. 8.
Strassburg, Phil. Fak., Inaug.-Diss. v. 1896

Raphaels Zeichnungen. Versuch e. Kritik d. bisher veröffentl. Blätter v. Oskar Fischel. M. e. Vorw. v. G[eorg] Dehio. *Strassburg: K. J. Trübner 1898.* (14 S., 1 Bl., XLIV, 272 S.) 1 Bd 8.

Fischel, S., über Versuche zur Deduktion der stöchiometrischen Grundgesetze, s.: Bericht, 58., der Lese u. Redehalle der deutschen Studenten in Prag.

Fischel, Süskind (geb. 1815 in Vallendar): De oculi neonati morbis . . . Bonnae, typ. C. & F. Krüger 1841. 3 Bl., 31 S., 1 Bl. 8.
Bonn, Med. Fak., Diss. v. 27 Febr. 1841

Fischel, Viktor

Fischel, V., üb. Uransäure u. deren Salze. Inaug.-Diss. gr. 8. (28 S.) Heilbronn 889. (Bern, Huber & Co.) n. — 50

Fischel, Vict. Ueber Uransäure und deren Salze. Diss. gr. 8. (28 S.) Heilbronn 889. (Bern, Körber.) * — 50

Fischelis, Philipp (geb. Odessa 1. 11. 1857): Beiträge zur Kenntniss der Entwickelungsgeschichte der Lunge. Berlin (1885). (29 S.) 8°
Berlin, Med. Diss. v. 5. Aug. 1885

FISCHENICH, Friedrich (Aachen): Ein Beitrag zur Symptomatologie und Diagnose der Fraktur des Processus coronoideus ulnae.- München: Ernst 1884. 19 S.
25.7.1884 - Urk (Titel: De symptomatologie et diagnosi fracturae processus coronoidei ulnae.); Chr 1884/85,19
Diss. Ingolst.-Landsh.-Mchn.

Fischenthal, Die Sekundarschule, 1838—1888; Denkschrift. Wald 1889. V: *Hegi, Gust.* (Zuwachsverz. d. Bibliotheken in Zürich 1898 ff. 7.)

Fischer [Sachliches OW]

Fischer, die; Sgspl nach Ewald, verdeutscht (von Chr. Fr. Sander). Mit Kpf. 8. Kopenh. 768. Brummer. 20 kr N. A. 8. Ebd. 817. (Wienbrack in Leipz.) 12 kr

Fischer, die,. Singsp. nach Ewald, m. K. 8. Copenhagen. Proft. 786.

Fischer, die, Roman von S. Schier. 8. Erfurt, H. Knick. 813.

Fischer, die, ein Singspiel in 3 Aufzügen nach Ewald von Sander. Neue Aufl. 8. Copenh. Bonnier. 817.

Fischer, der. Wochenblatt f. das Volk, zur Belehrung u. Erbauung. (1. Jahrg.) 1845. Redact.: Heinr. Löffel. 52 Nrn. (Bog.) 4. Berlin. (Grobe.) *

—— dass. Redact.: Heinr. Löffel. (2. Jahrg.) 1846. 52 Nrn. (½ B.) Lex.-8. Berlin. (Wolff u. Münster.) *

Fischer, Die, oder die Hinabfahrt in das Meer. Ein nordländisches Seebild . . . Augsburg 1850. V: *Ambach, Eduard von.* (Ky)

Fischer, die, oder die Hinabfahrt in das Meer. Ein nordländ. Seebild von dem Verf.: „Die Kinder der Wittwe" (Ed. v. Ambach). Der reifern Jugend gewidmet. 8. (XIV und 184 S. mit 1 Stahlst.) Augsburg 850, v. Jenisch und Stage'sche Buchh.

—— die, oder die Hinabfahrt in das Meer. Ein nordländisches Seebild. Der reiferen Jugend und dem Volke gewidmet. 2. verb. Aufl. 8. (172 S. mit 1 Stahlst.) Regensburg 878, Volks- und Jugendschriften-Verlag. cart.

Fischer, Dr. Antonius, erwählter Erzbischof v. Köln. Ein Lebensbild. 8. (32 S. m. Bildnis.) Köln 902. J. P Bachem. n. — 25

Fischer, Dr. Antonius, Erzbischof v. Köln. Ein Lebensbild. Zur Feier der Inthronisation am 19. III. 1903. (32 S. m. Bildnis.) kl. 8. Köln 903. J. P. Bachem. n. — 25

Fischer, Herr, als Deputierter zur preussischen National-Versammlung 1848. Berlin o. J. V: *Hosemann, Theodor.* (EB)

Fischer, die, v. Derby-Hafen. Von der Verf. v. „Allein in London." Frei nach dem Engl. Autoris. Uebersetzg. 8. (208 S.) Barmen 874. Klein. n. 2. 25

Fischer, die, v. Derby-Hafen. V. d. Verf. v. „Allein in London" (Hesba Stretton). Frei n. d. Engl. Autoris. Uebersetz. 8. (167 S.) Konstanz u. Emmishofen (894). C. Hirsch. Geb. 1. —

Fischer, die, v. Derby-Hafen. Von der Verf. v. „Allein in London" (Hesba Stretton). Frei nach dem Engl. Autoris. Uebersetzg. 8. (187 S.) Konstanz (900). C. Hirsch. Geb. in Leinw. 1. 50

Die Fischer von Erlach. Mit Förderung des k. k. Ministeriums für Cultus und Unterricht herausgegeben von Albert Ilg. I. Leben und Werke Johann Bernhard Fischer's v. Erlach des Vaters. Wien. Verlag von Carl Konegen. (Min.-Erl. v. 3. Febr. 1895, Z. 28851) 1895. 10.—

Fischer, von einem, u. seiner Frau, eine moral. Erzählung. 8. Berl. 814. Nicolai. 3 gr.

Fischer, von dem, un syne Fru. (Eine plattdeutsche Erzählung.) 8. Hamb. 814. A. Campe. 2 gr.

Fischer, Der, der Geist und der König der schwarzen Inseln. Wien [1900]. V: *Neidl, Julius.* (EB)

Fischer, Der, von Helgoland. Trauerspiel in 5 Aufzügen. Wien [1885]. V: *Herzog, Jacob.* (EB)

Fischer, ihr, habt Acht! Ein Mahnruf an die evangelische Geistlichkeit aller Länder. Eine Reformationsfestgabe von B. D. M. Plauen 870. Hohmann. gr. 8. (48 S.) n. 5 ngr

Der Korbmacher Fischer im Lichte der Wahrheit. *Berlin: Vorwärts 1903.* (8 S.) 8° [F.] [03. 1068]

Fischer, Herr, auf dem vereinigten Landtage. Von ihm selbst. 1—3. Heft. 2. Aufl. (24 Bl. Stnt.) Berlin 847, [Ernst und Korn.] à Heft 7⅓ Ngr. Thlr. -

—— dass. — 4. Heft. Nachlass. 2. Aufl. 8. (8 Bl. Stnt.) Ebds. 847.

Fischer, die, von Schier. 2te Aufl. 8. Erfurt und Gotha, Hennings. 817.

Fischer, der, u. die Seejungfrau. Volkssage, nach Louise Brachmann aufs Neue dem Volke erzählt v. G. u. V. Ovm. Nebst einem Anhang des neuesten Fischerliedes, nach der allbekannten Melodie zu singen. 8. (48 S.) Urfahr-Linz 878. Kraußlich. — 20

Fischer, [Verfasser]

Fischer's Berliner ABC. Alphabet. Eisenbahn-Kursbuch. Mit 1 Karte. 1889—1892. à Jahrg. 2 Hefte. 8. (à Heft 225 250 S.) Berl., S. Fischer Verlag. Heft I. à — 50; Heft II. à — 75
Erscheint nicht mehr.

Fischer, pract. Abhandlung vom Weinbau. m. K. 8. Nürnb. Weigel. 787.

— s. Abhandlungen a. d. Staatsrecht.

Fischer (II.), psychologische Analyse der stroboskopischen Erscheinungen, s. Studien, philosophische.

Fischer, Andenken an 1888. Drei Predigten aus trüber Zeit. 8. (19 S.) Mohrungen 889. (Harich.) n.n. — 50

Fischer: Über Art-Bestimmung in d. Naturgeschichte überhaupt und in der Botanik insbesondere. 14 S. 8°.– Teschen kath., Progr. 1852.

Fischer, Diss. Asthmathicis ex podagra retrocedente. Erf. 4°. 1721

Fischer, das gesunde u. kranke Auge. Gemeinverständliche Belehrgn. u. Ratschläge. 8. (68 S. m. 1 farb. Taf.) Zittau 893. Pahl. n. 1. —

Fischer, d. gesunde u. kranke Auge. Gemeinverständl. Belehrgn. u. Ratschläge. 8. (68 S.) Zittau 893. Strausberg, M. Köhler. (Nur direkt.) n. 1. —

Fischer (I.), zur Ausführung des Reichsgesetzes betr. die Krankenversicherung der Arbeiter vom 15. Juni 1883. Stenograph. Niederschrift eines in einer Versammlung von Gemeindevertretern und sonst. Interessenten des Bezirks am 3. Novbr. 1883 im Saale des Burgkellers zu Freiberg gehaltenen Vortrags. 1. und 2. Aufl. 8. (47 S.) Freiberg 883, Engelhardt'sche Buchh. *

Fischer, Barmherzigkeit — Friede — Liebe. Predigt, geh. am 27. I. 1909 im Dom zu Braunschweig. (8 S.) kl. 8. Braunschweig 909. J. Neumeyer. — 20

Fischer, der spröde Bauersmann od. Glück u. Frieden. E. Szene aus d. Leben in 2 Tln. — Die Alten u. d. Jungen. E. deutsches Wirtshausgespräch in 2 Bild. 8. (18 S.) Karlsruhe 897. J. J. Reiff. n. — 50

Fischer. Ueber die goniometrische Behandlung der quadratischen und cubischen Gleichungen. 17 S.
Elberfeld, Progr. 1856

Fischer (II.). Die seelsorgerliche Behandlung der Prostituirten nach der Haft. gr. 8. (12 S.) Halle a. S. 892, (Fricke's Sort.). * — 20
Aus: Jahrb. d. Gefängnis-Gesellsch. f. d. Prov. Sachsen, bes. abgedruckt.

Fischer, Bemerkungen über die Münsner'sche Fangvorrichtung. Freiberg, 1891. 5 S. mit 1 Abb.

Fischer (II.), herpetologische Bemerkungen, s. Abhandlungen, hrsg. vom naturwissenschaftl. Verein zu Bremen.

Fischer: Bemerkungen über das Uebersetzen in die Muttersprache. 1865. II. Der tropische Ausdruck (Forsetz. 4). Meiningen.4. 23 S.
Schul-/Univ.-Schrift

Fischer, ...: „Bemerkungen und Vorschläge, betreffend die preussische Staatsverwaltung und deren Personal, aber auch anwendbar auf viele andere europäische Staatsverwaltungen", Bunzlau (1808). — Vorh.: Preuß. Staatsbibliothek Berlin.

— Bemerkungen u. Vorschläge betreffend die preuß. Staats-Verwaltung. gr. 8. Ebend. 809.

—— Bericht über eine Anzahl Steinsculpturen aus Costarica, s. Abhandlungen, hrsg. vom naturwissenschaftl. Verein zu Bremen.

Fischer. Bestimmung der Sterblichkeitsverhältnisse.

Fischer's Bibliothek zeitgenössischer Romane. I. u. II. Jhrg. à 12 Bde. u. III. Jahrg. (In 12 Bdn.) 1—3. Bd. 8. Berlin, S. Fischer. à Bd. 1.—; geb. in Leinw. 1. 25
d'Annunzio, Gabriele, Lust. Roman. 2 Bde. (231 u. 175 S.) (909.) (I, 10. 11)
Bang, Herm., hoffnungslose Geschlechter. Roman. (207 S.) (909.) (I, 8)
— Am Wege. Roman. (183 S.) (910.) (II, 4)
Björnson, Björnstjerne, Mary. Roman. (184 S.) (910.) (III, 2)
Bojer, Joh., unser Reich. Roman. (205 S.) (910.) (II, 12)
Bruun, Laurids, van Zantens glückliche Zeit. Ein Liebesroman v. der Insel Pelli. (168 S.) (910.) (II, 6)
Demling, Anny, Oriol Heinrichs Frau. Roman. (158 S.) (909.) (II, 2)
Fontane, Thdr., l'Adultera. Roman. (168 S.) (908.) (I, 1)
— Cécile. Roman. (208 S.) (909.) (II, 3)
— Irrungen Wirrungen. Berliner Roman. (183 S.) (910.) (III, 1)
Geijerstam, Gust. af, Thora. Roman. (163 S.) (909.) (I, 5)
Hesse, Herm., unterm Rad. Roman. (180 S.) (909.) (II, 1)
Jacques, Rob., der Hafen. Roman. (175 S.) (910.) (II, 5)
Kahlenberg, Hans v., Eva Sehring. Roman. (152 S.) (910.) (II, 11)
Keyserling, E. v., Beate u. Mareile. Eine Schloßgeschichte (Umschlag: Roman). (144 S.) (909.) (I, 9)
Knoeckel, Charlotte, Maria Baumann. Roman. (151 S.) (909.) (I, 12)
Land, Hans, Stürme. Ein Liebesroman. (169 S.) (909.) (I, 7)
Lie, Jonas, eine Ehe. Roman. (182 S.) (908.) (I, 3)
Mann, Thom., der kleine Herr Friedemann u. andere Novellen. (171 S.) (909.) (I, 6)
Nansen, Pet., Julies Tagebuch. Roman. (175 S.) (910.) (II, 8)
Reuter, Gabriele, Frauenseelen. Novellen. (185 S.) (910.) (III, 3)
— Liselotte v. Reckling. Roman in 2 Tln. (in 1 Bde.) (218 S.) (909.) (I, 4)
Salten, Fel., Olga Frohgemut. Erzählung. (144 S.) (910.) (II, 9)
Schaffner, Jak., die Erlhöferin. Roman. (182 S.) (908.) (I, 2)
Strauß, Emil, der Engelwirt. Eine Schwabengeschichte. (146 S.) (910.) (II, 7)
Waldstetter, Ruth, die Wahl. Roman. (139 S.) (910.) (II, 10)

Fischer: Denkmale der Baukunst und Bildnerei des Mittelalters im östreichischen Kaiserthum. Wien. 1817. 2 Bde. Fol.

Eisenbahn-Frachtentabelle für den Uebersee-Verkehr über die Häfen Antwerpen, Rotterdam, Amsterdam, nach u. von den größeren Plätzen in Rheinland u. Westfalen. August 1906.... Düsseldorf: Fischer & Schmidt, Tarifbureau (1906). (49 S.) 8° [F.] [07, 7586

Fischer & Schmidt, Eisenbahn-Frachtentarif f. den Verkehr m. den Stationen Aachen, Altenessen, Barmen, Bielefeld Hbhf., Bochum Süd, Cassel O. u. U., Cöln-Gereon, Cöln Hafen, Crefeld, Dortmund B. M. u. K. M., Dortmund Hafen, Dortmund Süd, Düsseldorf-Bilk, Düsseldorf-Derendorf, Düsseldorf Hafen, Düsseldorf-Reisholz, Duisburg Hafen, Elberfeld, Essen Hauptbahnhof, Essen Nord, Gelsenkirchen, Hagen i. W., Hamm i. W., Hannover Nord u. -Möhringsberg, Hattingen (Ruhr), Herford, Hörde, Kalk Nord, Meiderich, Mülheim a. Rh., Mülheim (Ruhr), M.-Gladbach, Münster i. W., Neumühl, Neuß, Oberhausen, Osnabrück Hann. Bhf., Rath, Remscheid, Rheydt, Ruhrort Rh., Ruhrort Hafen, Schalke, Siegen, Solingen, Uerdingen, Wald u. Witten West. Aufgestellt nach den amtl. Gütertarifen. (564 S.) Lex.-8. Düsseldorf 905. (C. Schaffnit.) Geb. in Leinw. n. 14. —

Eisenbahn-Frachtentarif für den Verkehr mit den Stationen Aachen, Altenessen... Aufgest. nach d. amtl. Gütertarifen. Bearb. u. hrsg. von Fischer & Schmidt, Tarifbureau, Düsseldorf. Düsseldorf: Selbstverl. d. Hrsg. 1905. (564 S.) 4° [F.] [07, 7857

Fischer: Die Entwickelung algebraischer transcendenter Funktionen von x in unendliche Reihen und die kubischen Gleichungen. 25 S.–Insterburg, Progr. 1863

Fischer, Entwurf eines kurzen Geschäfts-Reglements, verf. nach der Preuß. neuen Städte-Ordnung. 8. Breslau, G. Korn. 808.

Deutsche Sektion, Gesellschaft für Soziale Reform. — Der Entwurf einer Liste der gewerblichen Gifte. Bericht an die Internationale Vereinigung für gesetzlichen Arbeiterschutz, erstattet vom Königl. Preuss. Gewerbeinspektor Dr. FISCHER. Frankfurt a. M. 1910. Druck von Aug. Weisbrod. Als Manuskript gedruckt. 8°.

Fischer: Die Erforschung des australischen Continents. I.II. 45 S.–Tilsit, Progr. 1867, 1868

Fischer: Zur Erinnerung an Dr. Georg v. Jäger. Speier. 4. 10 p. 1864.
Schul-/Univ.-Schrift

Fischer (I.), neue pathologische Erklärung der Cholera, s. Erklärung.

Fischer, ..., s. Eunomia.

Fischer & Co., Fabrik von Apparaten und Utensilien zur Gesundheits- und Krankenpflege: Jll. Preis-Courant. Heidelberg 1882

Fest-Gesang zur Johannis-Feier der Loge Horus im Orient zu Breslau. [Unterz.:] Fischer. Haynau 1862: Raugbach. 2 Bl. 8°.
„Stimmt ein in die heilige Feier ..." 358a.

Festgesang zur Stiftungs-Feier der Loge Horus im Oriente Breslau am 23. Februar 1857. [Unterz.:] Fischer. [Breslau 1857.] 2 Bl. 8°.
„Zum Stiftungsfest ertön' bei Tafelrunde ..." 358a.

Fischer, ..., Festschrift, s. v. Herder's, J. G., hundertjähr. Geburts-Feier.

Fischer-Landsberg, s. Fortschritt-Bibliothek.

Fischer, d. Gebrechen u. krankhaften Unarten uns. Kinder. (Stottern, Stammeln, Lispeln, Näseln, Sprachlosigkeit, Bettnässen, Speicheln, nächtl. Aufschreien, Hysterie, schiefe Haltg.) Deren Wesen u. naturgem. Heilg., allgem. verständl. dargest. gr. 8. (64 S.) Berlin 896. W. Möller. Kart. n. 1. 50

Fischer, zum Gedächtniß D. Büchsel's, s.: Braun.

Fischer, Von Geist, Herz, Charakter u. dessen Ausdruck. Ein Versuch für d. Gemüthskenntniß u. den Geschmack. 1. Th. Königsb. 8°. Unzer
1794

Fischer. Geschichte Friedrichs II., Königs in Preussen. 2 Bde. 8. Halle 1789.

Fischer, Geschichte von Sibirien. 2 Thle. 8. Petersburg. (Hartknoch, Leipz.). 768.

Fischer, die Geschlechts-Krankheiten, s. a. Hausbücher f. Gesundheitspflege. 41. Bd.

[F.] Die Geschlechts-Krankheiten. Ihre Ursachen, ihr Wesen u. ihre naturgemässe Behandlg. Anh.: Die Lichtbehandlg d. Geschlechts-Krankh. Gemeinverständl. dargest. v. Dr. med. Fischer ... *Berlin: W. Möller [1897].* (106 S.) 1 Bd 8.
= Hausbücher, Gesundheitliche. Bd 41. [97, 7173

Die Geschlechts-Krankheiten. Ihre Ursachen, ihr Wesen u. ihre naturgemäße Behandlung. Gemeinverständlich dargest. von Dr. med. Fischer. 2. verm. Aufl. *Berlin: W. Möller [1903].* (122 S.) 8° [F.]
= Hausbücher f. Gesundheitspflege. Bd 41. [03, 5640

Geschlechtsregister der uralten deutschen Reichsständigen Häuser Isenburg, Wied und Runkel (von Fischer). Mit. Kpfrtfln. Mannheim 1775. fol.

Fischer, Geschlechtsreihe der uralten Häuser Isenburg, Wild u. Runkel. m. Landk., K. u. geneal. Tabellen. Fol. Mannh. Löffler. 778.

— „Getreu bis in den Tod!“ Ansprache, geh. bei der Rekrutenvereidigg. im Dom zu Braunschweig am 6. XI. 1908. (Zur Erinnerg. an meinen Fahneneid.) (8 S.) 11. 8. Ebd. 908. —20

Fischer. Gilbert, ein vergessener Dichter. Berlin, Victoriaschule, 1870. 21 S. 4. Progr.

Fischer, Grundriss einer neuen systemat. Darstellung der Statistik als Wissenschaft. Elberfeld 825.

Fischer, Grundzüge e. Sozialpädagogik u. Sozialpolitik. Eisenach 892.

Fischer, Grundzüge d. auf Sterblichkeit gegründ. Versich.-Wesens. I. Oppenheim a/Rh. 860.

— nuevo guia de la conversacion moderna en Español y Aleman,
— nuevo guia de la conversacion moderna en Español, Frances, Ingles y Aleman,
} s. Palacios, S. de

Fischer, nuova guida di conversazioni moderne, accresciuta di dialoghi in italiano e tedesco, s.: Fabbrucci, F.

Fischer, s.: Guido, new, to modern conversation.

— new guide to modern conversation in english and german, s.: Witcomb.

Fischer: Nouveaux guides de conversations modernes . . ., s. Bellenger.

Fischer: Nouveaux guides de conversations modernes . . ., s. Boltz.

Fischer: Nouveaux guides de conversations modernes . . ., s. Calisch.

Fischer: Nouveaux guides de conversations modernes . . ., s. Forster.

Fischer: Nouveaux guides de conversations modernes . . ., s. Guide.

Fischer: Nouveaux guides de conversations modernes . . ., s. Przewodnik.

Fischer: Nouveaux guides de conversations modernes . . ., s. Witcomb.

Fischer, Handwerk u. Kunst. (Vortrag, am Eröffnungsabend des gesamtliberalen Kongresses in München am 4. VII. geh.) (16 S.) 8. München 909. Buchh. Nationalverein. —30

— neuester Hausarzt. Handbuch der Krankenpflege u. Anleitg zur schnellen Hilfe bei Erkrankgn. u. Unglücksfällen, nebst wertvollen Ratschlägen üb. die erste Kinderpflege. 8. (159 S. m. Abbildgn.) Stuttgart (901). Franckh. Geb. in Leinw. n. 1.20

Fischer, die Salzunger Heilmittel u. deren Anwendungsweise. (IV, 67 S.) 8. Salzungen (909). L. Scheermesser. 1.—

Fischer (H.), über den Heizeffect des Torfes, s. Uhlenhuth, H., Handbuch der Photogen-Fabrikation.

— Der Herr hat Großes an uns getan! Ansprache, geh. bei der Hundertjahrfeier der Braunschweiger Regimenter am 1. IV. 1909. (6 S.) 8. Ebd. 909. —15

Fischer (H.), Homöopathie und ideale Heilkunst. Vortrag, gehalten im Bürgersaale des Rathhauses zu Berlin am 8. März 1882. gr. 8. (24 S.) Leipzig 882, Schwabe's Homöopath. Buchh.

— Organo-gymnastologische Ideen bey d. europäischen Kriegswesen auf den heutigen Fuß rc. 8. Leipz. Rein. 809.

Fischer, Major, die 17. Infanterie-Division im Feldzuge 1870—1871. Nach officiellen Quellen. 1. und 2. Aufl. gr. 8. (VI, 166 S. mit 11 lithogr. Karten und Plänen in 4. und Fol.) Berlin 872, Schneider und Comp.
Aus: Jahrbücher für die deutsche Armee und Marine, besonders abgedruckt.

— die Influenza, s.a. Hausbücher, gesundheitl.

Die Influenza. Ihr Wesen, ihre Ursachen und naturgemässe Behandlung. Allgemein verständl. dargest. v. Dr. med. Fischer (prakt. Arzt). *Berlin: W. Möller [1897].* (64 S.) 8°
— Hausbücher f. Gesundheits-Pflege. Bd 2. [illegible]

Fischer, De jure pauperum: Vom Armen Recht. 4°, Frankfurt 1702.

Fischer, v. Die Kriegs-Übungen der k. württ. Truppen im Oktober 1853. Mit 1 Krtbd. Ludwigsburg 1854. 90 S.

Fischer, . . ., s. Karl Langbein.

Fischer, Lehrbuch d. preuss. Privatrechts. Berlin 887.

Fischer, Leitfaden der böhmischen u. deutschen Conversations-Sprache, s.: Staudek, A.

— Leitfaden der dänischen und deutschen Conversations-Sprache, s. Hjelm.

Fischer und C. Forster, Leitfaden der deutschen und polnischen Conversations-Sprache, enthaltend: Gespräche über Reisen, Eisenbahnen, Dampfschifffahrt rc. Zum Gebrauch für Reisende und diejenigen, welche diese Sprachen erlernen wollen. A. u. d. T.: Nowy przewodnik w rozmowach nowoczesnych w języku niemieckim i polskim etc. Berlin 854. Behr. 12. (V, 236 S.) 15 ngr.

Fischer (I.), Leitfaden der englischen und deutschen Conversations-Sprache, s. Witcomb.

— Leitfaden der französischen und deutschen Conversations-Sprache, s. Bellenger.

Fischer, Leitfaden der portugiesischen u. deutschen Conversations-Sprache, s.: Mayer, v.

— Leitfaden der serbischen u. deutschen Conversations-Sprache, s.: Krauss, Frdr. S.

Berendt: [Lied] Dem neu aufgenommenen Bruder [Berendt] von mehreren Brüdern. Gedichtet u. komponiert v. Fischer. [Breslau 1833.] 2 Bl. 8°.
„Auf den Lebensfluthen ziehen“ . . . 358.

[Lied.] Dem Br. Marot zu seinem 94 [93?]sten Geburtstage am 11. Dec. 1863. [Am Ende:] Comp. von Fischer. Gedicht von [Edu.] Schüller. Berlin [1863]: Büxenstein. 2 Bl. 8° [Umschlagtit.]
Ohne Noten: „Vor 93 Jahren . . .“

Fischer, gesellschaftl. Lieder. 8. Bern, Alb. Haller. 804.

Fischer: De locc. qbsdd. Propert. Bonn. 1863.
Schul-/Univ.-Schrift

Fischer, Luther u. die Bibel, s.: Vorträge, 5, geh. zur Vorbereitung der Lutherfeier in Görlitz.

Fischer, Malthus u. seine Gegner. Leipzig 896.

Fischer, Mama, Gustav u. d. Schiff. Eine wahre Geschichte. gr. 4. (11 farb. Taf. m. Text.) Dresden 895. C. C. Meinhold & Söhne. 1.50

Fischer, Manteuffel in Elsass Lothringen u. s. Verdeutschgspolitik. Basel 886.

Fischer, de, Mém. du Cardin. Bentivoglio. 8. Siena. 752. -

Fischer: Molière, ein Beitrag zur Förderung des Studiums dieses Dichters. 27 S.–Duisburg, Progr. 1864

— s. Möller's Bibliothek f. Gesundheitspflege usw.

— für junge Mütter, s.a. Frauen-Buch, das prakt. I.

[F.] Für junge Mütter. Belehrgn üb. Schwangersch., Wochenbett u. Kinderpflege. Anh.: Wie erzielt man e. leichte Entbindg? Von Dr. med. Fischer. 2. Aufl. *Berlin: W. Möller [1896].* (2 Bl., 119 S.) 1 Bd 8. (96.8739

Für junge Mütter. Belehrungen über Schwangerschaft, Wochenbett u. Kindespflege. Anh.: Wie erzielt man e. leichte Entbindung? Von Dr med. Fischer. 3. Aufl. *Berlin: W. Möller [1897].* (135 S.) 8° [F.]
— [Buch d. Hausfrau. Bd 1.]

2 s. 99. 9782. 3 s. 99. 10919. 4. 5 s. 00. 11236/7. 6 s. 01. 1279. 8 s. 01. 5205.

Für junge Mütter. Belehrungen über Schwangerschaft, Wochenbett u. Kinderpflege. Anh.: Wie erzielt man e. leichte Entbindung. Von Dr. med. Fischer, Arzt. 5. Aufl. Mit 1 Modell, 3 Taf. u. 20 Abb. Berlin: W. Möller [1901]. (VIII, 128 S.) 8° [F.]
= Frauen-Buch, Das praktische. Bd 1.

— „In Jesu Namen". Ansprache, geh. bei der Rekrutenvereidigg. am 18. XI. 1909. (8 S.) kl. 8. Ebd. 909. — 20

Fischer, d. Nation u. d. Bundestag. Leipz. 880.

Fischer, ..., (Consistorialrath,) Neujahrsgruß bei dem Eintritt in d. J. 1816, zunächst an die Lehrer der evangel. Elementar-Schulen Breslau's. gr. 8. Breslau 816, Max u. C. 1¾ ngl

(Fischer.) Notizen zum Vortrag über Generalstabsgeschäfte auf der Allgemeinen Kriegsschule. o. O. (c. 1830). 8°. (Lithogr.)

— Ordnung für sämmtliche Städte der Preuß. Monarchie. gr. 8. Breslau, G. Korn.

Fischer: Die Ostsee, eine Strasse der Geschichte. 20 S. –Colberg, Progr. 1866

Fischer: Über die Parabel. 16 S. und Fgt. – Kempen, Progr.1868.

Fischer: Neuer Plan der Stadt Kiel ..., s. Lipsius.

Fischer, Polymnie ou choix des poésies franç. 8. Gies. Fasché. 800.

Fischer, Predigt, s.: Luther-Tage, die, in Herborn.

Fischer, Pastor, letzte Predigt in d. alten u. erste Predigt in d. neuen Kirche zu Sandewalde gehalten. 8. Brecl., Schöne. 6 gl

Fischer: Probe eines concentrirten weltkundlichen Unterrichts auf der Oberstufe in Bürgerschulen. Königreich Schweden. Jüterbog. 4. 1867.
Schul-/Univ.-Schrift

Fischer, Rechts- u. Staatsphilosophie. 2. Aufl. Leipz. 882.

Fischer, (I.), die Reform der Medizinal-Verfassung Preußens von dem geh. Med.-R. Schmidt aus dem prakt. Gesichtspunkte beurtheilt. gr. 8. (55 S.) Nordhausen 847, Förstemann. *

Fischer, Reise-Eindrücke aus Schantung, s.: Verhandlungen d. deutsch. Kolonial-Gesellschaft. VII. 1.

Fischer: Die Rectionslehre bei Caesar. Zs. 93 S.–Halle W. Progr. 1853, 1854

Fischer's Roman-Bibliothek. 1.—15. Bd. 8. Dresden, M. Fischer. à 1. —
1. Bis zum Abgrund. Roman. Von René de Pont Jest. Autoris. Uebersetzg. v. Arth. Roehl. (190 S.) (899.)
2. 3. Das leere Haus. Pariser Roman in 2 Bdn. Von Jules Claretie. Autoris. Uebersetzg. v. Arth. Roehl. (à 176 S.) (899.)
4. Das Vermächtnis. Novelle. Von Luise Voigt. (158 S.) (899.)
5. Eine Doppelehe. Novelle. Von Otto Freitag. (141 S.) (899.)
6. Biegen od. Brechen. Roman. Von Vict. Schwartz. (176 S.) (899.)
7. Ein amerikanischer Detektiv. Roman. Von Julie Dungern. (165 S.) (899.)
8. 9. Satan Gold. Roman in 2 Bdn. Von E. Corony. (140 u. 117 S.) (899.)
10. Die Tochter des Meeres. Eine Geschichte vom Strande der Nordsee. Von Johanne Schjörring. Aus dem Dän. übers. v. Hedw. Albrecht. (174 S.) (899.)
11. Schloß Werdenberg. Feigheit. Novellen. Von Luise Voigt. (141 S.) (899.)
12. Im Familienkreise. Von Guy de Maupassant. Deutsch von Curt v. Wildenfeld. (157 S.) (900.)
13. Yvette. Von Guy de Maupassant. Frei ins Deutsche übertr. v. Curt v. Wildenfeld. (160 S.) (900.)
14. Die Schwestern Rondoli u. andere Novellen. Von Guy de Maupassant. Verdeutscht u. frei bearb. von H. v. Carlowitz. (159 S.) (900.)
15. Dekoriert u. andere Novellen. Von Guy de Maupassant. Verdeutscht u. frei bearb. v. H. v. Carlowitz. (160 S.) (900.)

– Sammlung

— v. Landesgesetzen f. das Fürstenth. Reuss. jüngere Linie. Hrsg. v. Fischer. Lobenstein. No. 1—4.
No. 1. Gesindeordnung. Erbfolge. Erbsteuergesetz. 892.
2. Enteignung. Grund- u. Hypothekenwesen. 896.
3. Jagd. Fischerei. Wasserrecht. Flösserei. 897.
4. Handels- u. Gewerberecht. I. 898.

Fischer: Ueber Sammlungen von böhmischen geistlichen Liedern im Herzogthume Teschen. 11 S. 8°–Teschen kth., Progr. 1865

[F.] Die Schlaflosigkeit. Ihre Ursachen, Verhütg u. naturärztl. Behandlg. Von Dr. med. Fischer, (prakt. Arzt) ... *Berlin: W. Möller [1896].* (38 S.) 1 Bd 8. (97. 3009

Fischer, die Schmutzwasser-Kanalisation u. Kläranlage der Gemeinden Rheydt, Odenkirchen, Wickrath. Denkschrift. Mit 1 Karte des Kanalisationsgebiets u. 2 Plänen der Kläranlage im Anhang sowie mehreren Abbildgn. im Text. (III, 31 S.) 8. Rheydt 908. (W. R. Langewiesche). 1.20

Die Schmutzwasser-Kanalisation und Kläranlage der Gemeinden Rheydt, Odenkirchen, Wickrath. Denkschrift bearb. von Stadtbaumeister Fischer. Mit 1 Kt. u. 2 Pl. sowie mehr. Abb. Rheydt 1908: (Leuchtenrath). 30 S. 8° (09. 16601 5

Fischer: Über Schulturnen und die Notwendigkeit der Umgestaltung desselben. Kolberg 1858. 19 S. Kolberg, Realschule P 1858.

— die Schwindsucht. (Tuberkulose) Praktische Winke f. Gesunde u. Kranke. Geeignet zur Verteilg. an Behörden, in Kurorten, Krankenhäusern, Familien, Schulen 2c. 8. (52 S.) Würzburg 901. A. Stuber's Verl. n. — 75

So schützt man sich vor ansteckenden Geschlechtskrankheiten! Aerztl. Winke u. Ratschläge von Dr. Fischer, prakt. Arzt. *Berlin: W. Möller [1903].* (22 S.) 8° [F.]
— Bibliothek, Möller's, f. Gesundheitspflege, Erziehung u. Volksaufklärung. H. 4.

— s.: Sprachenführer, neuer.

— neuer Sprachenführer, s. Bellenger.

— neuer Sprachenführer. Leitfaden der holländischen und deutschen Conversations-Sprache, s. Calisch.

— neuer Sprachenführer (ungarisch u. deutsch), s.: Niort, J.

Fischer, der Stand der evangelischen Bewegung in Österreich, s.: Aufgaben, deutsch-evangelische, im Auslande u. in Österreich.

Sylvester-Feier. 31. Dez. 1854. [Gedichtet von Fischer.] [Berlin 1854: Sittenfeld.] 7 S. 8° [Kopftit.] 25.

Fischer's therapeutische Taschenbücher. 4—9. Bd. kl. 8. Berlin. Fischer's medicin. Buchh. Geb. in Leinw. 21. 80

Alexander, W., u. K. Kroner, therapeut. Taschenbuch der Nervenkrankheiten. Mit e. Vorwort v. Goldscheider. Mit 6 Abbildgn. im Text. (III, 164 S.) 910. (IV) Geb. in Leinw. u. durchsch. 3. 50

Mosse, M., therapeutisches Taschenbuch der Blut- u. Stoffwechselkrankheiten. (VII, 114 S.) 910. (V) Geb. in Leinw. u. durchsch. 3. —

Portner, Ernst, therapeutisches Taschenbuch der Harnkrankheiten, einschliesslich der Erkrankungen beim Weibe u. Kinde. (VII, 234 S. m. 32 Abbild.) 910. (VIII) Geb. in Leinw. 5. —

Rosenberg, Alb., therapeutisches Taschenbuch der Nasen-, Rachen- u. Kehlkopfkrankheiten. (VII, 102 S.) 910. (IX) Geb. in Leinw. 3. 50

Siegel, Wolfg., therapeutisches Taschenbuch der Herzkrankheiten. Mit e. Vorwort v. F. Kraus. (VII, 80 S.) 910. (VII) Geb. in Leinw. u. durchsch. 2. 80

— dasselbe der Lungenkrankheiten. Mit e. Vorwort v. Fr. Kraus. (VII, 198 S.) 910. (VI) Geb. in Leinw. u. durchsch. 4. —

Fischer, d. Telegraphie u. d. Völkerrecht. Leipz. 876.

Fischer, Theorie der Nebenbilder, welche ebene Glasspiegel zeigen, ihre Flächen mögen vollkommen parallel sein oder nicht. (Vorgelesen den 16. Juli 1812.) (Mathem. Klasse 1812—13.)

Fischer, Diss. Therapia convulsionum generalis ratione et experientia suffulta. Erf. 4°.

1716

Fischer: Der Tod Hermanfrits. Culm. 1863. Schul-/Univ.-Schrift

Fischer: Über das Übersetzen in d. Muttersprache. II. 3. Mein. 1863. Schul-/Univ.-Schrift

Fischer, ..., das Umsuchen; Weihnachtsgeschenk f. Eltern u. Kinder. 4. Halberst. 800. Boaler in Potsd. 4 gl.

Fischer's Universal-Brieftaschenkalender (Fub) 1910 m. praktischem Wegweiser, allgemein Wissenswertem u. Metermass. (G. M. Nr. 388880.) (In Leporelloform.) (32 S.) 16. Leipzig, Th. G. Fisher & Co. — 50

Fischer: Über den Unterricht in weiblichen Handarbeiten. Bromberg. 16 p. 1867. Schul-/Univ.-Schrift

Fischer: Untersuchungen über die Conchoide. 24 S. u. Fgt.— Kempen, Progr. 1861.

Fischer, v., Urteil üb. den Jesuitenorden, s.: Aktenstücke, kirchliche.

Die Verhandlungen des 5. Congresses deutscher Volkswirthe über die Stellung der gelehrten Berufsarten zur Gewerbefreiheit. Separatabdruck des stenographischen Berichtes. Herausgegeben und mit Anmerkungen versehen vom Berichterstatter für die ärztlichen Berufsarten (FISCHER). Altdorf-Weingarten. 1863. Fr. Mollenkopf. 8°.

Fischer, Vorträge gehalten bei der Generalversammlung der „Hahnemannia", s. Rapp.

Fischer, Waffenleistung, Schiessausbildung u. Schiesstaktik. (IV, 57 S. m. 22 Abbildgn. u. 1 Taf.) Lex. 8. Berlin 910. A. Bath. 1.50

Fischer: Die Warthe, nicht die Weichsel, der Grenzfluss des alten Germaniens. Culm. 4. 9 p. 1867. Schul-/Univ.-Schrift

Fischer, d. Marx'sche Werththeorie. Z. Einführg. in d. Studium v. Marx. Berlin 890.

Fischer, über D. de Wette, s. Hagenbach, K. R.

Wie man Nieren- und Blasen-Krankheiten verhütet und behandelt. Aerztl. Ratschläge von Dr. med. Fischer. *Berlin: W. Möller [1903].* (16 S.) 8° [F.]
— Bibliothek, Möller's, f. Gesundheitspflege, Erziehung u. Volksaufklärung. H. 12. [03. 9608

Wie verhütet man Lungen- und Herz-Krankheiten? Von Dr. med. Fischer, prakt. Arzt. *Berlin: W. Möller [1903].* (18 S.) 8° [F.]
— Bibliothek, Möller's, f. Gesundheitspflege, Erziehung u. Volksaufklärung. H. 9. [03. 9607

Wie verhütet man Magen-, Leber- und Darmkrankheiten? Von Dr. Fischer, prakt. Arzt. *Berlin: W. Möller [1903].* (22 S.) 8° [F.]
— Bibliothek, Möller's, f. Gesundheitspflege, Erziehung u. Volksaufklärung. H. 5. [03. 9603

Fischer, (I.,) Bildungen u. seine Umgebungen, mit besond. Hinsicht auf seine Mineralquellen. 16. (7 B. u. Titlvign.) Oldenburg 838, (Schulze'sche Buchh.) *

Fischer (III.), Bildungen und seine Umgebungen mit besond. Hinsicht auf seine Mineralquellen und deren Wirkung an der Quelle und zu Hause. 2. Aufl. 8. (VI und 92 S.) Oldenburg 854, Stalling. *

Fischer's allgem. Wohnungs-Anzeiger, nebst vollst. Behörden-, Handels- u. Gewerbe-Adressbuch für die Landeshauptstadt Laibach m. ihren Vororten. 1. Jahrg. 1898. gr. 8. (IX, XII, 283 S.) Laibach, O. Fischer. Kart. n.n. 4. —

Fischer's allgemeiner Wohnungs-Anzeiger nebst vollständigem Behörden-, Handels- u. Gewerbe-Adressbuch f. die Landeshauptstadt Laibach m. ihren Vororten nebst Unter- u. Oberšiška. III. Jahrg. 1902. gr. 8. (XII, 265 S. m. Theaterplan.) Laibach, O. Fischer. Kart. n.n. 5. —

Fischer's allgemeiner Wohnungsanzeiger nebst vollständigem Behörden-, Handels- u. Gewerbe-Adressbuch f. die Landeshauptstadt Laibach mit ihren Vororten nebst Unter- u. Oberšiška. IV. Jahrg. 1904. (XII, 262 S.) gr. 8. Laibach, O. Fischer. Kart. n.n. 6. —

Fischer, ..., (Dr., Prof.,) Worte der Erinnerung an Herder, am Vorabende seiner hundertjähr. Geburtsfeier gesprochen. gr. 8. Erlangen 844, Bläsing. 1/8 rß

Fischer, Ein socialistischer Zukunftstraum mit Licht- und Schattenseiten. 8°. Karlsruhe 1892.

Fischer: Zweck d. höheren Knabenschule. Berlin. 6 p. 1864. Schul-/Univ.-Schrift

Fischer, A., die Appretur der glatten Tuche aus Streichgarn, s.: Iwand, M.

Fischer, A., Beleuchtung aller Vortheile beim Schreiben. Ein Noth- u. Hülfsbüchl. f. Bureau-Arbeiter u. Comptoiristen, so wie f. alle Diejenigen, denen es am Herzen liegt, sich eine gute u. rasche Hand anzueignen. 8. (4½ B. u. 4 Taf. Vorschriften.) Erfurt 843. Neuer Ttl. 1846. [Leipzig, C. F. Schmidt.]

Fischer, A., (Brigadeschreiber,) Beleuchtung aller Vortheile beim Schreiben. Ein Noth- u. Hülfsbüchlein für Bureau-Arbeiter u. Comptoiristen 2c. 8. (Mit 4 lithogr. Tafeln.) Erfurt 844, Expeb. der Thür. Chronik. Leipzig 846, C. F. Schmidt. 1/3 rß u. verkl. n. 1/3 rß

Fischer, A. Bestimmung des Längenunterschiedes durch optische Signale. 4.

Fischer, A., die Bildung des Christen in seinen Verhältnissen, in Predigten. 8. Erfurt, Beyer. 802.

Fischer, A., Bürgerkunde f. höh. Schulen. (95 S.) 8. Leipzig 910. [Dürr'sche Buchh.] O. R. Reisland. Geb. 1.20

Fischer, A. Darstell. d. Mediz.-Verfass. Sachsens. Leipzig 1814.

Fischer, A., der Einfluss der Lateralrefraktion auf das Messen v. Horizontwinkeln, s.a. Publication des königl. preuss. geodät. Instituts.

Fischer, A. Der Einfluss der Lateralrefraction auf das Messen von Horizontalwinkeln. Berlin 1882. 4.

Fischer Dr. A.: Die Elemente der Chemie. 18. Smichow 77. Progr.

Fischer, A.: Forschungen über Bakterien. Jena. 1897.

—— die schädlichen Forstinsekten. Nebst 2 ill. Taf. in Imp.-Fol., enthaltend: Nadelholzverderber. — Laubholzverderber. Lex.-8. (70 S. und 2 ill. Stnt.) Olmütz 857(59), Hölzel. *

Fischer, A., Fremdwörterbuch, s.: Taschen-Heyse, der.

Fischer, A., die Gefahr der Tuberkulose-Uebertragung durch Molkerei-Produkte, s.: Kampf, der, gegen die Infectionskrankheiten. III.

Fischer, A. (II.), und C. Büchele, Geschäftsbriefe, s. Büchele, C.

Fischer, A., Hieb- und Stichwaffen und Messer im heutigen Marokko. Aus: Mittheilungen des Seminars für orientalische Sprachen. 1899. Westasiatische Studien. Berlin 1899.

Fischer, A., der Infinitiv im Provenzalischen nach den Reimen der Trobadors, s.a. Ausgaben u. Abhandlungen aus dem Gebiete der romanischen Philologie.

Fischer, A. Der Infinitiv im Provenzalischen nach den Reimen der Trobadors. Diss. Marburg 1882. 39 S.

Fischer A. Ueber die Invarianten der linearen, homogenen Diffgl. 6. Ordnung. 1891. 8. Diss. Halle

Fischer, A. Illustrirter Catalog über Maschinen etc. für den Dampf- und Wassermühlen-Betrieb. Budapest 1885. 4.

Fischer, A. und Lambert, E. L., Neues Konversations-Taschenbuch der englisch-deutschen Umgangssprache zum Gebrauche für Schüler und Reisende jeden Alters als praktische Anleitung und Erleichterung zum Sprechen beider Sprachen. 8°. (VII, 459 S.) geb. K 3.—
Wien: Lechner 1909.

Fischer, A.: Zur Kritik und Erklärung des Sophokles. 14 S. 8°. – Eger OG., Progr. 1871.

Fischer, A.: 50 Jahre Landwirtschaft im Herzogtum Coburg.
In: Festschrift zur Feier des 50jähr. Bestehens des I. Vereins für das Herzogtum Coburg. Coburg 1907.

Fischer, A., innerliches Leben mit Gott u. äußerl. mit dem Nächsten. 2 Thle. 8. Augsb. 763. (Rieger). 22 K

Fischer, A., die rechte Lehre von der Taufe nebst Warnung vor den Irrlehren u. Vorspiegelungen der Baptisten oder Wiedertäufer. Neuhaldensleben 867. Eyraud. 8. (29 S.) 1½ ngr.

— das Hohe Lied d. Brun v. Schonebeck, s.: Abhandlungen, germanistische.

Fischer, A., De mythis Platonicis. Diss. 1865. 68 S.

Fischer, A. (L), die sogenannte Oenanthsäure und das oenanthsaure Aethyloxid. Inaugural-Dissertation. gr. 8. (32 S.) Göttingen 860, (Vandenhoeck und Ruprecht's Verlagsh.) **

Fischer, A., Programm für die achtwöchentliche Ausbildung der Rekruten und Ersatzreservisten. 4. Aufl. 8°. (19 S.) † K 1.25
Wien: Seidel 1909.

Fischer, A., Auszug aus dem Programm für die achtwöchentliche Ausbildung der Rekruten und Ersatzreservisten. 4. Aufl. 8°. (56 S.) † K 1.25
Wien: Seidel 1909.

Fischer, A., die Reflexion u. Brechung d. Schalles, s.: Mach, E.

* Fischer, A., christl. Religionsgesänge. 8. Ulm, Jakob Ebner. 802.

Fischer, A., Repetitorien zu den österreichischen Staatsprüfungen u. Rigorosen. 1—III. u. VI. Hft. 8. Leipzig, Dieterich. n. 6. 10
I. Römisches Recht. (Institutionen u. Pandekten.) Allgemeiner Tl. u. Sachenrecht. (VIII, 108 S.) 905 n. 1. 60
II. Dasselbe. Obligationenrecht u. Zivilprozeß. (IV, 132 S.) 905. n. 1. 50
III. Dasselbe. Familien- u. Erbrecht. (IV, 148 S.) 905. n. 1. 50
VI. Deutsche Rechtsgeschichte. I. Öffentliches Recht. (IV, 122 S.) 906. n. 1. 50
Die Hefte 4 u. 5 sind noch nicht erschienen.

Fischer, A., Repetitorien zu den österreichischen Staatsprüfungen u. Rigorosen. 4.5 u. 7—13. Heft. 8. Leipzig, Dieterich. à Heft 1. 50
4. Kirchenrecht. I. Quellen u. Verfassg. (VIII, 121 S.) 907.
5. Kirchenrecht. (II.) Verwaltung, Eherecht. (IV, 184 S.) 907.
7. Deutsche Rechtsgeschichte. (II.) Privatrecht. (IV, 129 S.) 908.
8. Österreichische Reichsgeschichte. (IV, 158 S.) 909.
9. Strafrecht. (I.) Allgemeiner Tl. (VIII, 105 S.) 908.
10. Dasselbe. (II.) Spezieller Tl. (V, 73 S. m. 1 Tab.) 908.
11. Strafprozeß. I. (IV, 97 S.) 909.
12. Dasselbe. II. Register zu Heft 9—12. (IV, 77 S.) 910.
13. Österreichisches Zivilrecht I. Allgemeiner Tl. Suppl. zu Heft 10: Das Gesetz vom 9. IV. 1910, betr. die Höhe der f. die strafrechtl. Beurteilg. e. Tat maßgeb. Beträge. (IV, 102 S.) 910.

Fischer, A., [Recension von] Giuseppe Fumagalli, Bibliografia Etiopica. Leipzig [1894]. [SA. aus dem Centralblatt für Bibliothekswesen XI, 229 ff.]

Fischer, A., u. C. Büchele, Sammlung von geschäftlichen Aufsätzen ꝛc., s. Büchele, C.

Fischer, A., Sammlung alter deutscher Romanzen, s. Eichenblätter.

Fischer, A. von: Die Schlösser des Kantons Bern, s. Eden, E. L. C.

Fischer, A., Schul-Karte des Herzogth. Anhalt. 2. revid., in Farbendr. ausgeführte Aufl. qu. gr. Fol. Dessau 878, Reissner. *

Fischer, A., die Stärkefabrikation oder praktische Anleitung, Stärke aus Getreide, Gräsern, Früchten ꝛc. zu gewinnen, sowie Anweisungen zur Herstellung von Kraftmehl oder Puder, Gries, Sago ꝛc. Berlin 869. Mode. 8. (VIII, 142 S.) 20 ngr.

FISCHER, A.: Studienreise der Königl. Preuss. Forst-Akademien in das norddeutsche Heidegebiet ausgeführt im Herbst 1881 unter Leitung des Akademie-Direktors, Herrn Oberforstmeister Prof. Dr. Borggreve. Nach Berichten der Studirenden zusammengestellt und ergänzt. - Leipzig 1882. 66 S.

Fischer, A. (III.), das System des preußischen Landrechts in humoristischen Versen als mnemotechn. Hilfsmittel dargestellt. gr. 8. (16 S.) Breslau 874, Max und Comp. *
—— dass. — in unterhaltenden Versen als mnemotechn. Hilfsmittel dargestellt. 2. verm. und verb. Aufl. gr. 16. (24 S.) Ebendas. 875. *

Fischer, A., s.a. Taschen-Heyse, der.

Der Taschen-Heyse. Fremdwörterbuch. Ein Wörterbuch z. Verdeutschung u. Erklärung der im Deutschen gebräuchl. Fremdwörter ... 8., verm. u. verb. Aufl. Bearb. von Dr. A. Fischer. Neue Rechtschreibung. Berlin: Neufeld & Henius [1905]. (340 S.) 8° [F.] (06. 10359

Fischer, A.: Die bedeutendsten Theorien der Chemie. 13 S. – Smichow, Progr.

Fischer, A., über das Thierquälen, s. Thierquälen, über das.

Fischer, A., über das Thierquälen, s. Ueber.

Fischer Dr. A.: Das Verhältnis der Außenwelt zu unseren Vorstellungen in der vorsokratischen griechischen Philosophie. 46. Smichow 75. Progr

Fischer, A., Das Verhältnis der Fabeln des Phädrus zur äsopischen Fabelsammlung. Pr. 1905. 20 S.

Fischer, A. Versuche den Gang der Temperaturen des Platin-Iridiums und des Messingstabes am Brunner'schen Basisapparate zu bestimmen. Kiel 1882. 4.

Fischer A. über Volksernährung. (11 S) (Kultur u Fortschritt 257) Gautzsch 1909

—— und O. E. Fetzer, 18 Vorlagen zum Schriftzeichnen. Für angehende Bautechniker, Geometer und Schildmaler sowie zum Gebrauch beim Unterricht in Baugewerke- und Fortbildungsschulen bearb. qu. Fol. (18 Stnt. und 4 S. Text.) Stuttgart 865, Nitzschke.

Fischer, A. Waffenleistung. Schießausbildung und Schießtaktik. Mit Abb. u. 1 Taf. Berlin 1910. 57 S.

Fischer, A. Die Waisenpflege der Stadt Berlin. Aus amtl. Quellen dargest. gr. 8. (VI, X, 310 S.) Berl. 892, Oehmigke's Sort. * 6 —

—— Wandkarte vom Herzogth. Anhalt. 2. bericht. Aufl. 6 Bl. Lithogr. und color. gr. Fol. Dessau 875, Reissner. *

Wörterbuch der neuen deutschen Rechtschreibung nebst Regeln dazu u. kurzer Anleitung z. Zeichensetzung. Von Dr. A. Fischer. 2. verb. Aufl. *Berlin: Neufeld & Henius (1903).* (199 S.) 8° [F.]
[Auf d. Umschl.:] Neue deutsche Rechtschreibung ... von Dr. A. Fischer.
= Volksbibliothek, Neufelds. Bd 21.

— Wörterbuch der neuen deutschen Rechtschreibung, nebst Regeln dazu u. kurzer Anleitg. zur Zeichensetzg. 3. verb. Aufl. (IV, 199 S.) 8. Berlin (907). Neufeld & Henius. 1.—; geb. 1.50

Fischer, A. C. G., Adreß-Buch über Gewerbe und Handel von Stuttgart, s. Adreß-Buch.

Fischer, A. F.: Die Lehre v. d. Streitsverkünd. überh., n. von d. Aufrufe eines Dritten zur gerichtl. Vertretung insbes. *Wien*, Sollinger. 832. gr. 8. (20 Gr.)

Fischer, A. F., kleiner Wörterschatz der englischen Umgangssprache für die Reise, Schule u. zum Selbstunterricht. [Mit Aussprache.] 12. (III, 76 S.) Leipzig 880. C. A. Koch. n. — 60; cart. n. — 75

— kleiner Wörterschatz der französischen Umgangssprache für die Reise, Schule u. zum Selbstunterricht. [Mit Aussprache.] 12. (IV, 75 S.) Ebend. 880. n. — 60; cart. n. — 75

Fischer, A. H., Bellerophon. Diss. 1848. 84 S.

Fischer, A. H. M., Gesellenstück e. Stellmachers. Meisterstück e. Stellmachers. s.: Berufsaufsatz, der, in der Fortbildungsschule.

Fischer, A. Heinr., Festgedichte u. Gesänge z. Geburtstagsfeier uns. Königs Albert v. Sachsen, f. Schulen zusammengest. u. hrsg. gr. 8. (16 S.) Dresden 898. A. Huhle. n. — 20

Fischer, A. L., s. Fischer, Albert

Fischer, A. Rom.

Fischer, A. R., vollständ., nach den Jahreszeiten wohleingerichtetes Gebetbuch, welches besond. Morgen-, Abend-, Meß-, Beicht- u. Communiongebete 2c. enthält. 8. Bamb. ... (Wesché in Frankf.) 8 gr

Fischer, A. Rom., vollständiges Gebetbuch. 8. Bamberg, Göbhard. 774.

Fischer, A. S., Anregung zur Errichtung eines Bildungskursus für Gehilfinnen an Bewahranstalten, Bonnen und Kindermädchen. gr. 8. (15 S.) Wien 868, (Herzfeld und Bauer.) [Brüder Winter.]

— u. Ph. Brunner, Erzählbuch f. den Kindergarten, das Haus u. die Schule. gr. 8. (X, 158 S.) Ebend. 886. n. 1.60; geb. n. 1.92

Fischer, A. S., Friedrich Fröbel, s.a. Erziehung, Unterricht, Schulwesen.

— Friedrich Fröbel, sein Leben, sein Wirken u. seine pädagog. Bedeutung. (53 S.) Ebd. 1882. Graeser.

— Julian, Die tolle Hanne. Novelle. kl. 8. (147 S.) Wien, L. Rosner. 1 fl. 20 kr. 1884.

—— der Kindergarten. Theoretisch-prakt. Handbuch. gr. 8. (VIII, 180 S. mit 2 eingedr. Holzschn. und 19 lithogr. Taf.) Wien 873, Hölder.

— der Kindergarten. Theoretisch-prakt. Handbuch. Mit 2 (eingedr.) Holzschn. u. 25 lith. Taf. 2., vollständig umgearb. Aufl. gr. 8. (IV, 193 S.) Wien 883. Hölder. n. 3. 20

Fischer, A. S., der Kindergarten. Theoretisch-prakt. Handbuch. 3. verb. Aufl. gr. 8. (VI, 171 S. mit 2 Holzschn. und 25 lithogr. Taf.) Wien 888, Hölder. *

Fischer, A. S., der Kindergarten. Theoret.-prakt. Handbuch. 4., verm. u. verb. Aufl. gr. 8. (IV, 178 S. m. 2 Holzschn. u. 27 lith. Taf.) Wien 895. A. Hölder. n. 3. —

Fischer, A. S., der Kindergarten. Theoretisch-prakt. Handbuch. Mit 2 Holzschn. u. 28 lith. Taf. 5. verb. Aufl. gr. 8. (IV, 182 S.) Wien 900. A. Hölder. n. 3. —; geb. in Leinw. n. 3. 60

Fischer, A. S., d. Kindergarten. Theoret.-prakt. Handbuch. Mit 2 Holzschn. u. 28 lith. Taf. 6., im wesentl. unveränd. Aufl., besorgt v. Max Fischer. (IV, 179 S.) 8. Wien 907. A. Hölder. 3.—; geb. 3. 60

— u. Jos. Kraft, deutsches Lesebuch zum Gebrauche an Bildungsanstalten für Kindergärtnerinnen. gr. 8. (IV, 244 S.) Wien 882. Graeser. geb. n. 2. 64

— u. J. Kraft, deutsches Lesebuch zum Gebrauche an Bildungsanstalten f. Kindergärtnerinnen. 2., verb. Aufl. gr. 8. (III, 240 S.) Wien 887. Graeser. geb. n. 2. 60

— u. Jos. Kraft, deutsches Lesebuch z. Gebr. an Bildungsanst. f. Kindergärtnerinnen. 3., verb. Aufl. gr. 8. (III, 227 S.) Wien 895. Manz. Geb. in Halbleinw. n. 2. 40

Fischer, A. S. und Kraft, J., Deutsches Lesebuch zum Gebrauche
1.60 an Bildungsanstalten für Kindergärtnerinnen. 4., verbesserte Auflage. Wien 1902. Manz. Preis 2 K 44 h, gebunden 2 K 80 h.

— u. Jos. Kraft, deutsches Lesebuch zum Gebrauche an Bildungsanstalten f. Kindergärtnerinnen. 5., verb. Aufl. (248 S.) 8. Wien 907. Manz. Geb. 2. 40

—— Palästina. Nach seinen natürl. und geschichtl. Verhältnissen geschildert für Schule und Haus. 8. (XI, 240 S. mit 1 Karte des heil. Landes in Kpfrst. und color. in hoch 4.) Wien 868, Herzfeld und Bauer. (Brüder Winter.) cart. *

Fischer, A. S., Palmen und Zedern. Die Hauptmomente aus der bibl. Geschichte des alten Testaments in poet. Darstellung. Ein Lesebuch für Schule und Haus, hrsg. und mit Anmerkungen begleitet. br. 8. (X und 223 S.) Raab 862, Hennicke. *

— poetisches Schatzkästlein. Sammlung v. Gedichten f. das zarteste Kindesalter zum Gebrauch in Haus, Kindergarten u. Schule. gr. 8. (X, 161 S.) Ebend. 876. n. 2. —

Fischer, A. S., poetisches Schatzkästlein. Gedichte u. Lieder f. Haus, Kindergarten u. Schule. Nebst e. Einleitg. v. S. Heller. 2. verm. Aufl. gr. 8. (XVIII, 230 S.) Wien 884. Hölder. geb. n. 3. —

Fischer, A. S., poetisches Schatzkästlein. Gedichte u. Lieder f. Haus, Kindergarten u. Schule. Nebst e. Einleitg. v. S. Heller. 3., verm. Aufl. gr. 8. (XXII, 229 S.) Wien 894. A. Hölder. Geb n. 3. —

Fischer, Adolf

Fischer, Adf., Bilder aus Japan. Ill. v. F. Hohenberger u. J. Bahr. Mit 1 Karte v. Japan. gr. 8. (VIII, 412 S.) Berlin 897. G. Bondi. n. 6. —; geb. n. 7. 50

Fischer, A[dolf]: Fachbildung gegen Allgemeinbildung. Vorschläge zu e. rechtzeitig prakt. Ausbildung von studierten Lehrern u. anderen akad. Berufen. Hamburg 1909: Lütcke & Wulff. 19 S. 8°
Hamburg, R vor d. Lübeckertore P 1909 (984) [S 09. 104

Fischer, Adf. (I.), praktischer Führer durch Metz und seine Umgebungen mit besond. Berücksicht. der Schlachtfelder. 12. (VIII, 106 S. mit 1 Plane der Stadt und der Schlachtfelder, sowie mehreren Holzschn.) Metz 885, [Müller.] Lang. cart. in Leinw.

Fischer, Adolf, appr. Arzt a. Hardegsen (Hannover): Zur Kenntnis des Oolemmas der Säugetiereizellen. Wiesbaden: J. F. Bergmann 1905. (42 S.) 4°(8°)
Greifswald, Med. Fak., Ref. Bonnet, Diss. v. 10. Apr. 1905
[Geb. 13. Febr. 70 Hardegsen, Hannover; Wohnort: Hardegsen; Staatsangeh.: Preußen; Vorbildung: Gymn. Göttingen Reife O. 89; Studium: Kiel 4, Greifswald 5 S.; Coll. 15. Febr. 05; Approb. 9. März 05.]

Fischer, Adf. (II.), kurzer Leitfaden für den Unterricht in der Compositionslehre, enth. die Lehre vom Generalbaß und Contrapunkt, Melodienlehre und Periodenbau, Kirchentonarten, Choralsatz, Formenlehre und Instrumentationslehre. 8. (40 S.) Breslau 888, Morgenstern's Verlag. *

Fischer, Adf., Ludwig IV., der Baier, in den Jahren 1314—38. gr. 8. (83 S.) Nordhausen 882. (Göttingen, Vandenhoeck & Ruprecht.) n. 2.—

Fischer, Adolf [Dr.]: Aus der Praxis des geographischen Unterrichts. Heimatkunde bei d. Erzieherin. Anschauung in d. Erdkunde d. Realschule. Hamburg, gedr. bei Lütcke & Wulff, 1896; 1 Bl., 25 S. 4.
Hamburg, R vor d. Lübeckerthore. P 1896 (752)

Fischer, Adf., aus d. Praxis d. geograph. Unterrichts. Heimatkunde b. d. Erzieherin. Anschauung i. d. Erdkunde d. Realschule. Progr. gr. 4. (25 S.) Hamburg 896. (Herold's Verl.) n. 1.60

Adolf Fischer. Streifzüge durch Formosa. Mit 1 Karte u. über 100 Abb. nach Naturaufnahm. d. Verf. Buchschmuck von d. japan. Künstler Eisaku Wada. *Berlin: B. Behr 1900.* (382 S.) 4°(8°) [illegible]

Fischer Adolf: Das Verhältnis der Fabeln des Phaedrus zur aesopischen Fabelsammlung 17. Klosterneuburg 05.
Progr.

— Wandlungen im Kunstleben Japans. Mit vielen Voll- u. Text-Bildern. Buchschmuck v. dem japan. Künstler Eisaku Wada. gr. 8. (106 S.) Ebd. 900. n. 5.—

Fischer, Adolph Lebrecht

Fischer, Adph. Lebr., die Farbe unserer Wohnräume. 8. (18 S.) Erfurt 887, (Villaret.) *

—— Neues von der Sonne. 8. (28 S.) Ebendas. 887. *

Fischer, Adph. Lebrecht, die Sonnenflecke und das Wetter. 1.—3. Heft. gr. 8. Erfurt, (Villaret.) *
Inhalt:
I. Heft 1. (45 S. mit 31 Ttnt.) 882. *M 2.
„ 2. Umfassend den Zeitraum vom 4. Juni bis einschließlich 30. Septbr. 1882. (19 S. mit 16 autogr. Taf.) 882. *M 1.
„ 3. Umfassend den Zeitraum vom 1. Oktbr. 1882 bis 3. Aug. 1883. (67 S. mit 36 autogr. Taf.) 883. *M 2.

—— die Sonnenflecken und das Wetter. 4. Heft: Beobachtungen seit 1. Juli 1883. gr. 8. (53 S. mit 11 autogr. Taf.) (Ebendas.) 885. *
1.—3. Heft. Ebendas. 1882,83. *M 5.—.

—— Weltkörper-Wirkungen. 1. Die wahrscheinl. Ursache der Ufersenkungen am Zuger See. 2. Sichtbare Einwirkung des Erdmondes auf die Sonne. 3. Ein interessanter Mondhof. 4. Vorherberechnete aber ausgebliebene Stürme und Erdbeben. gr. 8. (21 S. mit 4 lithogr. Taf.) Erfurt 888, Körner'sche Buchh. *

Fischer, Agabius, Vorteile, welche die Religion Jesu Christi der Menschheit verschafft hat. Augsburg, Rieger, 1797. gr. 8°.
Dazu Schwarz, a. a. O. Bd. 1 S. 266—7.

FISCHER, Aegid (München): Ein schräg-verengtes rachitisches Becken. Mit 1 Taf.- München: Wolf 1877. 5? S.,Taf.
5.5.1877 - Urk (Titel: De pelvi rachitica oblique coarctata.); Chr 1876/77,10
Diss. Ingolst.-Landsh.-Mchn

— s. 1) Beschreib. d. Rittererdenscommenden. 2) J. F. Schlez, Gregorius Schlaghart.

Fischer, Aegid., (+ ...) der Stand u. die Leiden des Seelsorgers. 8. Linz... 2e Aufl. 806. Academ. B. 16 K

Fischer, Alb., s.a. F i s c h e r , Albert Friedrich Wilhelm

Fischer, Alb. (?), die Erscheinung des Halley'schen Kometen im Jahre 1835. Nach den besten astronom. Schriften, mit e. Einleitung in das Weltall zu Jedermanns Belehrung herausg. gr. 8. Stuttgart 835. Brodhag. 1/12 ₰

Fischer, Alb., die Erscheinung d. Halley'schen Kometen im J. 1835. N. d. besten astronom. Schriften, mit e. Einleit. in d. Weltall zu Jedermanns Belehr. hrsg. gr. 8. (1½ B.) Stuttgart 835, [Scheible, Rieger u. Sattler.]

Fischer, Alb., Lessings Fabelabhandlungen. Kritische Darstellg. gr. 8. (47 S.) Berlin 892. H. L. v. Trautvetter. n. 1.50

— die jungen Maler, oder Anleitung zum Illuminiren u. Malen mit Wasserfarben. Der Jugend u. ihren Freunden gewidmet. Mit 1 Farbentaf. u. 2 Bildern. gr. 12. Stuttgart 836. Brodhag. 1/2 ₰

—— die jungen Maler, od. Anleit. zum Illuminiren u. Malen mit Wasserfarben. Der Jugend u. ihren Freunden gewid. M. 1 Farbentaf. u. 2 ill. (u. 2 schw.) Bild. gr. 12. (1½ B.) Stuttgart 836, [Scheible, Rieger u. Sattler.]

Fischer, Alb., v. Zickwolff, s.: Kupferstichkabinet, das.

Fischer, Alb. Max. (geb. am 12 März 1818 in Berlin): De Ethicis Nicomacheis et Eudemiis quae Aristotelis nomine tradita sunt ... Bonnae, typ. C. et F. Krüger (1847). 2 Bl., 70 S., 2 Bl. 8. ¶ In Komm. bei Habicht in Bonn.
Bonn, Phil. Fak., Diss. v. 20 Febr. 1847

Fischer, Albert, s.a. F i s c h e r , Albert Friedrich Wilhelm

Fischer, Albert. Die ästhetischen Anschauungen Gottfried Sempers und die moderne psychologische Ästhetik. Diss. Phil. [I.] Univ. Zürich. [Sep.-Abdr. aus: Archiv für die gesamte Psychologie, Bd. 2.] 68 S. 8. Leipzig, Wilhelm Engelmann, 1904.

Fischer, [Albert], Dir. Dr.: [Bericht über die Grundsteinlegung des neuen Gymnasialgebäudes.] *Zehlendorf 1903: (A. Fischer).* (S. 20—26.) 4°
Zehlendorf, G i. E., OP 1903 (102)

Fischer, Albert *Ludwig* [aus Althaldensleben]: Kritische Darstellung der Lessingschen Lehre von der Fabel ... Halle, *Druck v. A. Haack, Berlin,* 1891; 47 S. 8.
Halle, Phil. Fak., Inaug.-Diss. v. 18. Dez. 1891

Fischer, Albert, Dr.: Einiges über das häusliche Leben der Schüler. *Zehlendorf 1900: (A. Fischer).* (14 S.) 4°
Zehlendorf, PG i. E., OP 1900 (94)

Fischer, Albert, Direktor Dr.: Die Einweihung des neuen Gymnasialgebäudes. Zehlendorf 1905: (A. Fischer.) 4° (S. 8—14.) 4°
Zehlendorf, G OP 1905 (100)

Fischer, (Albert): Entwicklung der Schule. *Zehlendorf 1898: A. Fischer.* (3—5 S.) 4°
Zehlendorf, h. Knaben-S, OP 1898**

Fischer, Albert: Der syntaktische Gebrauch der Partikeln of und from in Aelfric's Heiligenleben und in den Blickling-Homilien. Leipzig: Seele 1908. X, 103 S. 8°
Leipzig, Phil. Diss. v. 17. Sept. 1908, Ref. Wülker, Sievers
[Geb. 13 Mai 83 Langenstriegis; Wohnort: Freiberg i. S.; Staatsangeh.: Sachsen; Vorbildung: Realgymn. Freiberg Reife O. 02; Studium: Erlangen 2, Leipzig 8 S.; Rig. 23. Juni 08.] [U 09. 2956

Fischer, Alb., und Carl Fetzer, Gewerbe- und Handels-Adreßbuch für das Königr. Württemberg. Nach dem Stand vom Januar 1872 aus den zuverlässigsten Quellen bearb. 3. Aufl. 2 Hälften. Mit einem Waaren-Inder und Ortsregister. gr. 8. Stuttgart 872, Koch. [1. Hälfte (S. 1—160) *M 1,80.; 2. Hälfte (IV, S. 161—464.) *M 3.] *

Fischer, A., neues Gewerbe- u. Handels-Adressbuch für das Königr. Württemberg, s. Gewerbe- u. Handels-Adressbuch.

Fischer, Albert, Charte v. Württemberg, Baden u. Hohenzollern. (Neue Aufl.) gr. Fol. Kpfrst. u. color. Stuttgart 849, Sonnewald. n. ½ ℛ︎; in gr. 16. Carton n. 17 ngr; auf Leinw. u. in gr. 16. Carton n. 24 ngr

Das alte Gymnasium und die neue Zeit. Gedanken über Vergangenheit, Gegenwart u. Zukunft unseres höh. Schulwesens. Von Dr. Albert Fischer. *Gr.-Lichterfelde: B. Gebel 1900.* (IV, 431 S.) 8° [F.] [00. 10786

Über das häusliche Leben der Schüler. Von Dir. Dr. Albert Fischer. *Groß-Lichterfelde: B. Gebel (1902.)* (28 S.) 8° [F.] [04. 1798

Fischer, (Albert): Personalia des Lehrerkollegiums. *Zehlendorf 1898: A. Fischer.* (8—9 S.) 4°
Zehlendorf, h. Knaben-S, OP 1898**

Fischer, Albert, Dirigent Dr.: Über das künstlerische Prinzip im Unterricht. *Zehlendorf 1899: A. Fischer.* (22 S.) 4°
Zehlendorf PG. OP 1899 (93)

Über das künstlerische Prinzip im Unterricht. Von Dr. Albert Fischer. *Gr.-Lichterfelde: B. Gebel 1900.* (41 S.) 8° [00. 4100

— neueste Reise- u. Uebersichtskarte vom Fichtel-Gebirge entnommen aus den topograph. Blättern. gr. Fol. 2 lith. u. color. Bl. Hof, Grau. n. 1⅙ ℛ︎

Zur Schulbankfrage. Prakt. Erfahrungen bei Einrichtung e. Schule. Von Dr. phil. Albert Fischer, Dir. d. Gymn. zu Zehlendorf. Groß-Lichterfelde: B. W. Gebel [1905]. (26 S.) 8° [F.] [05. 10649

Fischer, Alb., die höh. Schulen. Ratgeber f. Eltern. (V, 121 S.) kl. 8. Groß-Lichterfelde (909). B. W. Gebel. 1.75; geb. in Leinw. 2. —

— s.: Schüler-Jahrbuch, deutsches.

— Wandkarte der Erd-Oberfläche m. e. erläut. Texte. (8 S.) 6 lithochr. Bl. in Imp. Fol. Stuttgart 848, Schweizerbart. n. 1 ℛ︎ 14 ngr Auf Leinw. u. in Mappe n. n. 2 ℛ︎ 12 ngr

—— Wegweiser auf Reisen durch Württemberg. M. 1 ill. Karte v. Württemberg (Fol.) 8. (16½ B.) Stuttgart 840, Sonnewald'sche Buchh. *

—— Württemberg u. seine Bewohner, od. Geographie, Statistik u. Topographie d. Königr. Württemberg u. d. Fürstenthümer Hohenzollern-Hechingen u. Sigmaringen. N. d. neuesten Quellen im Vereine mit Andern bearb. 1—4. Hft. gr. 8. Stuttgart, Beck u. Fränkel. [1. (7½ B. u. 1 Karte d. Neckarkreises.) 836., 2. (9½ B.) u. 1 Karte d. Schwarzwaldkr. u. d. Fürstenth. Hohenzollern-Hechingen u. Sigmaringen.) 837., 3. (8 B. u. 1 ill. Karte d. Jaxt-Kreises.) 838., 4. (20½ B. u. 1 Karte.) 838. à * ⅓ Thlr.] *

Fischer, A[lbert] F[erdinand] Carl von s. Fischer-Ooster, Carl von.

Fischer, Albert Friedrich Wilhelm

Fischer, Alb. Friedr. Wilh. Die kirchliche Dichtung, hauptsächlich in Deutschland, s. Zimmer's Handbibliothek der praktischen Theologie.

Fischer, Alb., das deutsche evangelische Kirchenlied des 17. Jahrh. Nach dessen Tode vollendet u. hrsg. v. W. Tümpel. (In 30 Hftn.) 1. Hft. gr. 8. (S. 1—96.) Gütersloh 902. C. Bertelsmann. n. 2. —

Fischer, Alb., das deutsche evangelische Kirchenlied des 17. Jahrh. Nach dessen Tode vollendet u. hrsg. v. W. Tümpel. (Gedruckt m. Unterstützg. der königl. preuß. Akademie der Wissenschaften in Berlin.) 2—18. Heft. (1. Bd. VII u. S. 97—517; 2. Bd. VII, 528 u. 3. Bd. IV, 507 S.) gr. 8. Gütersloh 903—906. C. Bertelsmann. à n. 2. — (1—3. Bd. à n. 12. —; geb. à n. 15. —)

Fischer, Alb., d. deutsche evangel. Kirchenlied d. 17. Jahrh. Nach dessen Tode vollendet u. hrsg. v. W. Tümpel. (Gedruckt m. Unterstützg. der kgl. preuß. Akad. d. Wissensch. in Berlin.) 19—30. Heft. (IV. Bd. IV, 556 S. u. V. Bd. IV, 588 S.) gr. 8. Gütersloh (907—11). C. Bertelsmann. à 2.— (4. u. 5. Bd. vollst. à 12.—; geb. à 15.

Fischer, Alb. Friedr. Wilh., Kirchenlieder-Lexicon. Hymnologisch-literar. Nachweisungen über ca. 4500 der wichtigsten und verbreitetsten Kirchenlieder aller Zeiten in alphabet. Folge nebst einer Uebersicht der Liederdichter. 2 Hälften. gr. 8. (XXXI, 418; XX, 487 S.) Gotha 878, 79, F. A. Perthes. à Hälfte * M. 12. *

Fischer, A. F. W., Kirchenlieder-Lexicon. Hymnologisch-literar. Nachweisungen über ca. 4500 der wichtigsten und verbreitetsten Kirchenlieder aller Zeiten in alphabet. Folge, nebst einer Uebersicht der Liederdichter. Suppl. 1. Hälfte, die Lieder aus den Buchstaben A—J umfassend. gr. 8. (98 S.) Gotha 886, F. A. Perthes. *
Hauptwerk: 2 Bde. Ebendas. 1878,79. * M 24.—.

Fischer, Alb., die sonn- u. festtägliche Liturgie. Ein Beitrag zur Revision der preuß. Agende, insonderheit den Mitgliedern der diesjähr. Provinzialsynoden dargeboten. 8. (V, 49 S.) Gotha 881. F. A. Perthes. n. — 80

Fischer, Albert Ludwig, s. Fischer, Albert

Fischer, Albrecht [aus Berlin]: „Über die Invarianten der linearen, homogenen Differentialgleichungen sechster Ordnung". ... Halle a. S., *gedr. bei F. Müller Söhne in Elberfeld,* 1891; 32 S. 8.
Halle, Phil. Fak., Inaug.-Diss. v. [8. Dez.] 1891

Fischer, Alexander

—— Mas' Aniello. Geschichtl. Tragödie in 5 Aufz. gr. 8. (15⅓ B.) Leipzig 839, Hartknoch.

— s.a. Bibliothek engl. Lustspieldichter.

Fischer, Alex., Florens Blumenkörbchen. Oder der vollkommene Fenster- u. Glashaus-Gärtner. Eine Anweisung, alle in uns. Klima fortkomm. Blumen u. Ziergewächse mit dem besten Erfolge im Zimmer u. Glashause cultiviren, zur Blüte bringen u. vermehren zu können. 8. Jena 845, Luden. 18 ngr

Fischer, Alex., Jahrbuch f. Drama rc., s. Jahrbuch rc.

— s. Jugendgarten.

Fischer, Alex., Petöfi's Leben und Werke. Eingeführt von Maurus Jókai. Mit den Portr. von Alex. und Julia Petöfi, 3 Handzeichnungen von Petöfi, 1 autobiograph. Bl. in Facs.-Dr. und 1 Copie der „Zwölf Punkte", des ersten censurfreien Preßerzeugnisses in Ungarn. gr. 8. (XVI, 628 S.) Leipzig 888, Friedrich. *

Fischer, Alex., merk's Hamburg. Neues üb. die Cholera u. ihre Bekämpfungsart, sowie üb. ihre Beziehgn. zu den materiellen u. idealen Gütern der Menschheit. Für Aerzte u. Laien. I. Thl. gr. 8. (71 S.) Hamburg 893. Pontt & v. Döhren. n. 1. 50

Fischer, Alex., Nausikaa. Tragödie in 5 Aufzügen. Herausg. von Adf. Stern. Leipzig 851. Hinze. (Matthes.) gr. 16. (161 S.) n. 15 ngr

—— Sammlung alter deutscher Romanzen, s. Eichenblätter.

— s. Shakespeare. der Kaufmann von Venedig.

—- s.a. Shakspeare's dramat. Werke.

Fischer. Alexander (geb. Ziesar 3. 9. 1844): Ueber centrale Sprachstörungen mit besonderer Berücksichtigung der Aphasie. Berlin (1867). (34 S.) 8°
Berlin, Med. Diss. v. 7. Aug. 1867

Fischer, Alexander [geb. Lippspringe 14. 2. 1845]: Thesen. Berlin (1870). (2 Bl.) 8°
Berlin, Med. Thes. v. 2. Aug. 1870

Fischer, Alexander, approb. Arzt aus Giessen: Aus d. Grossh. Universitäts-Frauenklinik zu Giessen. Über den Wert der Symphyseotomie in der geburtshilflichen Praxis. *Königsbrück i. S. 1900: E. Goldammer.* (26 S.) 8°
Giessen, Med. Diss. v. 1900

Fischer, Alex., über den Wert der Symphyseotomie in der geburtshilflichen Praxis. gr. 8. (26 S.) Leipzig 900. B. Konegen. n. 1. —
Sonderabdruck aus: „Der Frauen-Arzt".

Fischer, *Carl Ludwig* Alexander Emmanuel de Broglie: „Fénelon à Cambrai" d'après sa correspondance 1699—1715. 4 (19 S.). **Progr.** Städt. Rprg. *Stargard i. Po.* 1891.
Nicht im Tauschverkehr.

Fischer, Alfons, d. Karlsruher Arbeiterdiskussionsklub, s.a. Kultur u. Fortschritt.

Fischer, Alfons, Der Karlsruher Arbeiterdiskussionsklub, neutrale Vereinig. zur Aussprache zwischen Arbeitern u. Höhergebildeten. Gautzsch b. Leipzig 1908. 8°. (Kultur u. Fortschritt. Nr 287—9.)

— **Gartenstadt u. Gesundheit,** s.a. **Vorort-Bibliothek. 1. Bd.**

Gartenstadt und Gesundheit. Von Dr. Alfons **Fischer,** Arzt in Karlsruhe. Mit 4 Einschalttaf. u. 1 Lageplan. Berlin: Baedeker & Moeller 1908. (45 S.) 8° [F.]
= **Vorortbibliothek.** Bd 1. [08. 14798

— **Die hygien. Mindestanfordergn. an die Beschaffenheit v. Arbeiterwohnungen,** s.a. **Kultur u. Fortschritt.**

Fischer, Alfons, Die hygienischen Mindestanforderungen an die Beschaffenheit von Arbeiterwohnungen. Nach einem im Arbeiterdiskussionsklub geh. Vortrag. 8⁰. Gautzsch bei Leipzig, Fel. Dietrich, 1908. (Kultur u. Fortschritt, Nr. 191.)

— **Die Mutterschaftsversicherung in den europäischen Ländern,** s.a. **Kultur u. Fortschritt.**

— Die Mutterschaftsversicherung in den europäischen Ländern. 8⁰. Leipzig, Fel. Dietrich, 1907. (Kultur u. Fortschritt, Nr. 101.) 2. völlig umgearb. u. erheblich erweiterte Aufl. Hrsg. in Verbindung mit dem Institut f. internat. Austausch fortschrittl. Erfahrungen. 8⁰. Leipzig, Fel. Dietrich, 1911. (Kultur u. Fortschritt, Nr. 286—290.)

Fischer, Alfons [aus Posen]: Zur Prognose der Pyaemie Berlin, Druck v. E. Ebering, *1897;* 26 S., 3 Bl. 8.
Berlin, Med. Fak., Inaug.-Diss. v. 11. Mai 1897

— Ueber Volksernährg., s.: **Kultur u. Fortschritt.**

Fischer, Alfred

Fischer, Alfr., Fixirung, Färbung u. Bau des Protoplasmas. Kritische Untersuchgn. üb. Technik u. Theorie in der neueren Zellforschg. Mit e. color. Taf. u. 21 Abbildgn. gr. 8. (X, 362 S.) Jena 899. G. Fischer. n. 11.—

Fischer, Alfr., s.: **Freiheit, protestantische.**

Fischer, Alfr., die Hurricanes od. Drehstürme Westindiens, s.a. **Petermann's,** A., Mitteilgn. aus Justus Perthes' geograph. Anstalt. 159. Erg.-Heft.

Fischer, Alfred, a. Greiz: Die Hurricanes oder Drehstürme Westindiens in ihrem Wesen und Charakter. Gotha 1907: J. Perthes. (25 S.) 4°(8°) ¶(Erscheint vollst. als Erg.-H. zu Petermanns Mitteilungen.)
Bonn, Phil. Fak., Ref. Rein, Diss. v. 13. Nov. 1907
[Geb. 3. Nov. 82 Greiz; Wohnort: Aachen; Staatsangeh.: Preußen; Vorbildung: Gymn. Greiz Reife O. 01; Studium: Bonn 1, Leipzig 2, Bonn 6 S.; Rig. 16. Jan. 07.]

Die Hurricanes oder Drehstürme Westindiens. Von Dr. Alfred **Fischer.** Mit Karte u. 7 Fig. Gotha: J. Perthes 1908. (70 S.) 4°
= **Mitteilungen,** Petermanns, aus J. Perthes' Geogr. Anstalt. Erg.H. No 159. [08. 3009

Fischer, Alfr., zur Kenntniss der Embryosackentwicklung einiger Angiospermen. Inaugural-Dissertation. gr. 8. (44 S. mit 4 lithogr. Taf.) Jena 880, (Deistung's Buchh.) *
Aus: Jenaische Zeitschrift für Naturwissenschaft, besonders abgedruckt.

Fischer, Alfred, gepr. Rechtskand.: Das gesetzliche **Pfandrecht** des Vermieters und Verpächters nach gemeinem Recht und Bürgerlichem Gesetzbuch. *Jena 1903: G. Neuenhahn.* (83 S.) 8° [F.]
Jena, Jur. Diss. v. (10. Dez.) 1902

Fischer, Alfr., Phycomycetes, s.: Rabenhorst's, L., Kryptogamen-Flora v. Deutschland.

Fischer, Alfr. (geb. Berlin 30. 5. 1859): Tremor senilis. Berlin (1883). (20 S.) 8°
Berlin, Med. Diss. v. 11. Okt. 1883

Fischer, Alfred (Hrsg.), s. Turnergesangbuch, Deutsches.

Untersuchungen über den Bau der Cyanophyceen und Bakterien v. Dr. Alfred **Fischer,** a. o. Prof. ... in Leipzig. M. 3 lith. Taf. *Jena: G. Fischer 1897.* (IX, 130 S., 3 Taf.) 1 Bd 8. [97. 1403

—— Untersuchungen über das Siebröhren-System der Cucurbitaceen. Ein Beitrag zur vergleichenden Anatomie der Pflanzen. gr. 4. (X, 109 S. mit 6 lithogr. Taf.) Berlin 884, Gebr. Bornträger. *

Vorlesungen über Bakterien. Von Dr. Alfred **Fischer,** a. o. Prof. ... in Leipzig. M. 29 Abb. *Jena: G. Fischer 1897.* (VIII, 186 S.) 1 Bd 4.(8.) [97. 3760 Go

Fischer, Alfred. Vorlesungen ueber Bakterien. Von Dr. Alfred Fischer, o. Professor der Botanik in Basel. 2. vermehrte Aufl. Mit 69 Abbildungen. X + 374 S. 8. Jena, Gustav Fischer, 1903. [M. 8. —]

Alfred Fischer. Die Zelle der Cyanophyceen. Mit 2 Taf. Leipzig: A. Felix 1905. (S. 51—129.) 4°
= **Zeitung,** Botanische. Jg. 63, Abt. 1, H. 4/6. [05. 1000

Fischer, Alois, aus meinem Amtsleben. 1. und 2., unveränd. Aufl. gr. 8. (VIII und 224 S.) Innsbruck 860, Wagner'sche Universitäts-Buchh. *

Fischer, Aloys, Dr.: Zur Bestimmung des ästhetischen Gegenstandes. ⟨Ein Kapitel aus: „Untersuchungen über den ästhetischen Wert".⟩ (München 1907: F. Stein.) (52 S.) 8°
München, Phil. Fak., Hab.-Schr. v. 1907
(Nicht für den Austausch)

Fischer Alois und Winter Bertold: Über die Einwirkung von Schwefelsäure auf Dimethylpropandiol. S. 109. IIb. 108 . . . . vgr.
Separatabdruck

Fischer, Aloys, Lebens- und Charakterbilder, s. **Helfert,** Frhr. v.

Fischer, Alois, Predigt gehalten bei der feierlichen Einweihung der Filial-Kirche zu Schrom bei Camenz am 25. Sonntage nach Pfingsten, den 6. Nov. 1853. Neisse 854. Hennings in Comm. gr. 8. (14 S.) n. 2 ngr.

Fischer, Alois, a. Furth i. Wald: Ueber symbolische Relationen. München 1905: Kastner & Callwey. (IV, 136 S.) 8° ¶(Gekr. Preisschr.)
München, Phil. Fak., Ref. Lipps, Diss. v. 10. März 1905
[Geb. 10. Apr. 80 Furth i. W.; Wohnort: Furth; Staatsangeh.: Bayern; Vorbildung: Gymn. Metten Reife Juli 99; Studium: München 8 S.; Rig. 27. Febr. 04.]

Fischer, Amand, Bemerkungen zum Unterricht in der landwirtschaftlichen Betriebslehre. gr. 8. (31 S.) Osterwieck 892. A. W. Zickfeldt. n. —50

Fischer, Amandus (Josephus) *(geb. Deutsch-Leippe in Schles. 10.12.1836)*: De cometa tertio anni 1860. Vratislaviae (1866.) (20 S.) 4°
Breslau, Phil. Diss. v. 2. Juni 1866

Zenitdistanzen zur Bestimmung der Höhenlage der Nordsee-Inseln Helgoland, Neuwerk und Wangeroog sowie d. Leuchtturmes auf Roter Sand über d. Festlandspunkten Cuxhaven u. Schillig. (Von Prof. Dr. Amand **Fischer,** hrsg. v. [Friedrich Robert] Helmert.) *Berlin: P. Stankiewicz 1895.* (XIII S., 1 Bl., 280 S., 3 Taf.) 1 Bd 4.
(Veröffentlichung d. Kgl. preuss. geodät. Institutes.) [98. 298

Fischer, Andreas [aus Zeiskam (Rheinpfalz)]: Zur Aetiologie des Aneurysma dissecans aortae ... Würzburg, P. Scheiner's Buchdr., 1895; 20 S. 8.
Würzburg, Med. Fak., Inaug.-Diss. v. 1895

Fischer, Andr., s.: **Aufzeichnungen zweier Hospitaler.**

Fischer, Andreas. Aufzeichnungen zweier Haslitaler. Bern 1910 s. Weissenfluh, Johann *I* v(on), [und] Weissenfluh, Johann *II* v(on).

Fischer, Andreas: Gœthe und Napoleon. Frauenfeld 1899. 160 S. 8°.
Bern. Phil. Diss. 1898/99.

Goethe und Napoleon. Eine Studie von Andreas Fischer. 2., erw. Aufl. mit e. Anh.: Weimar u. Napoleon, u. 1 Facs. d. Dankschreibens Goethes an Lacépède. *Frauenfeld: J. Huber 1900.* (VI, 220 S.) 8° [F.] [00. 10041]

Fischer. Andr., 2 Kaukasus-Expeditionen. Mit 7 Illustr. u. 1 Karte. 8. (150 S.) Bern 891. Schmid, Francke & Co. n. 2. 50

Fischer, Angelikus Gottfr., Lehre der kath. Kirche von dem römischen Bischofe als dem sichtbaren höchsten Oberhaupte dieser Kirche. München, Lindauer, 1819, 8°.
Recens. Katholik 1821, Bd. 2; 1822, 1. Supplementband S. 90—152. —

Fischer, Anna, s. Fischer-Dückelmann.

Fischer, Ansel. de tribus votis religiosis. 8. Augsb. Wolf. 726.

— — dasselbe deutsch. 8. Ebend. 749.

Fischer, Ant., Auszug aus d. Terrainlehre d. 2c. Mor. v. Gomez. 16. (16½ B. u. 3 Stnt.) Leitmeritz 839, Medau.

Fischer, Ant., Auszüge aus den Beiträgen zum prakt. Unterrichte im Felde für die Offiziere der österreich. Armee. 16. Leitmeritz 839. Medau. ⅓ ₰

—— Auszüge aus d. Befestigungs-Kunst u. d. Anleitungen z. Angriffe u. zur Vertheidigung d. Schanzen u. Barricaden, nach d. Werke d. Frhrn. v. Hauser, mit theilw. Benütz. einiger and. Schriftsteller. Für Officiere d. Infanterie u. Cavallerie systemat. zusammengef. M. 6 Figurentaf. u. Planen. gr. 8. (6¾ B.) Leitmeritz 836, Medau.

Fischer, Ant., das Brustbild, e. Gemälde der französ. Revolution. R. A. Prag 804. G. Haase. 4 ℛ

Fischer, Anton Zur Charakteristik des sophokleischen Oedipus. 14 S. 8. Progr. *Eger* 1876.

Fischer, Antonius, üb. d. häufigen u. tägl. Empfang d. hl. Kommunion. Hirtenbrief v. 10. V. 1908. Nebst e. Auszug a. d. Dekret d. hl. Kongregation d. Konzils v. 20. XII. 1905 u. d. Ablaßgebet. (24 S. m. 2 Abb.) 12,5×8 cm. M. Gladbach (908). B. Kühlen. — 10

Antonius [Fischer], ... Erzbischof von Cöln, ... Der Hochwürdigen Geistlichkeit und allen Gläubigen der Erzdiöcese Gruß und Segen. (Köln 1903: J. P. Bachem.) (10 S.) 4° [Kopft. F.] [07. 3371]

Fischer, Anton (Öhringen/Hohenl.), De juribus vicariorum Sacri Romani Imperii in aurea bulla expressis. Präs. Joh. Balthas. Werner. Wittbg. (Gerdes) 20. VII. 1711. 40 S., z. Tl. dtsch. (5.—) 8883

— — Dasselbe. Ed. II. 1717. (5.—) 8884

— — Dasselbe. Ed. III. Lpz. (Trog). 1711. (5.—) 8885

Fischer, Anton, Maria Kamilsky. Schspl. in 5 A. 8. Prag 817. (Krauß). 10 ℛ bei G. Haase. 4 ℛ

Fischer, Anton, die Likör-Fabrikation in ihrem ganzen Umfange. Vollständiges Hand- und Hülfsbuch für Branntweinbrenner, Conditoren, Destillateure 2c. Bestehend in 1170 Recepten zur Bereitung aller Sorten einfacher und Doppel-Branntweine, der Usquebaugh, der Magentropfen 2c. Nebst einer Anleitung zur Darstellung derselben auf warmem und kaltem Wege. gr. 8. (XX und 314 S. mit 7 in den Text gedr. Abbild. in Holzschn.) Leipzig 863, Spamer. *

Fischer, A., Likörfabrikation, Usquebaugh, Magentropfen 2c. 2. Aufl. gr. 8. Leipzig 870. Halle, Knapp. *

Fischer, Ant., die Likör-Fabrikation in ihrem ganzen Umfange. Vollständiges Hand- und Hülfsbuch enth. 1200 Rezepte zur Bereitung aller Sorten einfacher und Doppel-Branntweine, von Usquebaugh, Magentropfen 2c. Für Branntweinbrenner, Conditoren, Destillateure 2c. Nebst einer Anleitung zur Darstellung der Liköre auf warmem und kaltem Wege. In 2. verm. und verb. Aufl. hrsg. von Frz. Schneider. gr. 8. (XVI, 254 S. mit 7 in den Text gedr. Abbild. in Holzschn.) Leipzig 870, Spamer. (*M 3.) *

Fischer's, Ant., Likör-Fabrikation in ihrem ganzen Umfange. Vollständiges Hand- und Hülfsbuch, enth. 1200 Recepte zur Bereitung aller Sorten einfacher und Doppel-Branntweine, von Usquebaugh, Magentropfen, Essenzen und Tinkturen, Extrakt, Rum, Punsch, Arak, Cognak, Franzbranntwein, Alkoholaten und Wässern, sowie von Huiles. Für Branntweinbrenner, Conditoren, Destillateure 2c. Nebst einer Anleitung zur Darstellung der Liköre auf warmem und kaltem Wege. In 3. verm. und verb. Aufl. hrsg. von Fritz Elsner. gr. 8. (XVI, 227 S. mit in den Text gedr. Holzschn.-Abbild.) Halle 881, Knapp.

Fischer, Ant. H., († d. 25. Jun. 1801.) Predigt über die Pflichten e. Bürgers gegen seine gesetzmäßige Obrigkeit z. Zeit der Unruhe z gehalten d. 16. Nov. 1794 zu Ulm. 8. Ulm 794. Wohler. 2 ℛ (Eine merkwürd. Predigt.)

— Predigten über die Evangelien der Sonn- u. höheren Festtage des Herrn. 1r Jahrg. u. 2r Jahrg. 1r Bd. 8. Augsb. 790, 91.

Fischer, Ant. I., Predigten über die Evangelien in wahrer Volkssprache. 2 Bde. 8. Augsb. 788—89. Styx. (Löffler in Manh.) 1 ₰ 12 ℛ

— die Religion Jesu in Gesängen; gesammelt u. mit e. Vorrede u. d. Biographie d. Sammlers, von A. G. Schmidt. 8. Ulm 802. Ebner. 14 ℛ

Fischer, Ant., de salute infidelium. Commentatio ad theologiam apologeticam pertinens. gr. 8. (VI, 76 S.) Essen 886. Fredebeul & Koenen. 1. 50

Fischer Anton: S. Aurelii Augustini sermones centum priores, quo fere tempore habiti sint.
1902 PN 1549 Diss. Wien, Univ. 1583

Fischer, Ant., der Spender der sakramentalen Gnade bei den unter Christen geschlossenen Ehebündnissen. Eine histor., dogm.-kirchenrechtl. Untersuchung. gr. 8. (12 B.) München 845, Palm's Hofbuchh. –

Fischer, Anton, a. Friedberg: Die Stellung der Demonstrativpronomina bei Lateinischen Prosaikern. Tübingen: J. J. Heckenhauer in Komm. 1908. (X, 144 S.) 8°
Tübingen, Phil. Fak., Ref. Gundermann, Diss. v. 28. Juli 1908
[Geb. 7. April 83 Friedberg, O.-A. Saulgau; Wohnort: Friedberg; Staatsangeh.: Württemberg; Vorbildung: Gymn. Rottweil Reife M. 03; Studium: Tübingen 8 S.; Coll. 16. Dez. 07.]

Fischer, A. Die Theologie der Divina Commedia des Dante Alighieri aus ihr selbst systematisch zusammengestellt und beleuchtet. München, Maximilians-G., 1857. 177 S. Progr.

FISCHER, Anton (Grafenkirchen): De thesauro ecclesiae principio indulgentiarum.- Monachii 1846.
26 S., 1 Bl.
15.11.1845 - Urk; F 44
Diss. Ingolst.-Landsh.-Mchn.

Fischer, Anton Friedrich

Fischer, Ant. Fr., das Alter u. dessen Gebrechen u. Krankheiten, oder gründl. Darstell. derjenigen Krankheiten, welche Männer u. Frauen im Alter zu befallen pflegen; nebst dem dagegen einzuschlagenden Heilverfahren. Zur Belehrung für Gebildete aus allen Ständen. 8. Leipzig 834. Hartleben. ¾ ₰
— N. Ausg. 8. Ebd. 840. Frohberger. ½ ₰

Fischer, Ant. Friedr., das Alter u. dess. Gebrechen u. Krankheiten, od. gründl. Darstell. derjen. Krankheiten, welche Männer u. Frauen im Alter zu befallen pflegen; nebst dem dagegen einzuschlag. Heilverfahren. Zur Belehr. f. Gebildete aus allen Ständen. Neue Ausg. 8. (12 B.) Leipzig 840. Pesth, Hartleben.

— auf welche Weise vermögen sich Schwangere vor Mißfällen u. Wöchnerinnen vor dem sich leider nur zu häufig ereignenden traurigen Ausgang d. Wochenbettes sicher zu stellen? Zur Belehr. f. gebild. Frauen, besond. f. Neuvermählte. gr. 12. (9½ B.) Leipzig 838. [Bautzen, Weller.] ⅔ Thlr., hrbgf. Pr.

— Bekanntmachung e. überaus mächt. Heilmittels geg. Gicht, geg. d. hartnäckigsten Drüsenverhärtungen u. chron. Unterleibsübel, welche d. weibl. Brüste, d. Bauchspeicheldrüse, d. Gekröse, d. Leber, d. Milz, d. Ovarien, d. Gebärmutter zc. betreffen. gr. 12. (10 B.) Meißen 835, Klinkicht u. Sohn.

Fischer, Ant. Friedr., gründl. Belehrung üb. Ursache, Wesen u. Heilart d. Nervenschwäche u. d. wichtigsten Nervenkrankheiten. gr. 12. (12½ B.) Meißen 837, Klinkicht u. Sohn. Thlr.

— gerechte Besorgnisse wegen e. wahrnehmbaren Rückschreitens d. innern Heilkunde in Teutschland. 8. (3½ B.) Leipzig 828, Voß.

— prüfende Blicke auf das Embonpoint der Männer u. Frauen, oder über Ursache, Wesen u. Heilart der krankhaften Dickleibigkeit u. Körperfülle. Ein Belehrungsbuch für Gebildete aus allen Ständen. 8. Nürnb. 832. Campe. 16 gr

— das Blut u. die aus d. Blute entspring. Krankheiten. Ein Noth- u. Hülfsb. f. Personen beiderlei Geschlechts, d. am Blute leiden. 8. (11¼ B.) Leipzig 832, Göschen.

— gründl. Darstellung d. Gicht u. d. Podagra, deren Ursache, Wesen, Erkenntniß u. Heilung. Zur Belehr. f. Gebildete aller Stände. 8. (21 B.) Nürnberg 830, Campe.

— gründl. Darstell. d. Krankheiten d. Leber, deren Ursachen, Kennzeichen u. Heilart. Zur Belehr. f. Gebildete aus allen Ständen. 8. (20¼ B.) Nürnberg 831, Campe.

— gründl. Darstell. d. Scharlach-Fiebers u. d. bewährt. Heilart d. bösartigsten Formen dieser Krankheit. 8. (14 B.) Prag 832, Haase Söhne.

— gründl. Darstell. d. Schlagflusses, dess. Ursächlichen, Wesen u. Heilart. Zur Belehr. f. Gebildete aus allen Ständen. 8. (17½ B.) Nürnberg 831, Campe.

Fischer, Ant. Friedr., gründl. Darstellung d. Schleimkrankheiten hitziger u. chronischer Art. Mit besond. Berücksichtigung d. Brust- u. Unterleibs-Verschleimung. Ein Hülfsb. f. alle, die daran leiden. gr. 12. (8½ B.) Leipzig 833, Hartleben's Verl.-Exped. Thlr.

— gründl. Darstellung d. Schleimkrankheiten hitziger u. chron. Art. Mit besond. Berücksichtig. d. Brust- u. Unterleibs-Verschleimung. Ein Hülfsb. f. alle, die daran leiden. Neue Ausg. gr. 12. (8½ B.) Leipzig 840. Pesth, Hartleben.

Fischer, Ant. Fr., Darstellung d. Medizinal-Verfassung Sachsens. 8. Leipz. Benj. Fleischer. 814.

— Darstell. der Medicinal-Verfassung Sachsens. 8. Leipz. 815. Fr. Fleischer. 8 gr

— das Eisen in seiner feinsten Auflösung, ein zuverlässiges Heilmittel in allen Krankheiten, welche auf Erschöpfung der geist. und körperl. Kräfte beruhen. Zur Belehrung für Gebildete. gr. 12. Leipzig 838. Fort. ¾ ℛ

— über die Erkenntniß u. Heilung d. Brustwassersucht, ein Belehrungsbuch f. Kranke. 8. Dresden 829. Hilscher. (Heymann in Glogau). 1 ℛ Hbg. Pr. 18 gr

— über Erkenntniß u. Heilung d. Brustwassersucht, e. Belehrungsbuch f. Kranke. 1. Aufl. Dresden 829. 1 Thlr., 2., wohlf. Ausg. (Neuer T.) (à 13 B.) 8. Glogau 833, Heymann.

Fischer, Ant. Friedr., über Erkenntniß und Heilung der Brustwassersucht, ein Belehrungsbuch für Kranke. 3. Aufl. 8. (196 S.) Berlin 847, L. Schlesinger.

— die Erkenntniß u. Heilung d. Croups oder d. häutige Bräune, eine der gefahrvollsten Kinderkrankheiten. gr. 12. Dresd. 829. Hilscher. 16 gr

— die Erkenntniß u. Heilung d. Croups od. d. häutigen Bräune, e. d. gefahrvollsten Kinderkrankheiten. Ein Belehrungsb. f. Eltern u. Erzieher. (7 B.) Dresden 829. Neue Ausg. (7½ B.) gr. 12. Heidelberg 834, Groos. à

— über Erkenntniß u. Heilung d. Krankheiten d. Magens, mit besond. Berücksichtigung d. Magenkrampfes, zur Belehr. f. Alle, die daran leiden. 8. (18¼ B.) Nürnberg 830, Campe.

— über Erkenntniß u. Heilung derjenigen Krankheiten, welche in Folge einer sitzenden Lebensweise bei Männern u. Frauen entstehen. Zur Belehrung für Gebildete aus allen Ständen. 8. Leipzig 833. Volckmar. ⅞ ℛ

— die Ersthülfe bei allen sich ereignenden äußern u. innern Krankheiten, wie sich selbige in jedem Alter u. Lebensverhältnisse darstellen. Ein Noth- u. Hülfsb. f. Familienväter. 3 Bde. gr. 8. Meißen, Klinkicht u. Sohn.

A. u. d. Titln.:

Bd. 1. Die Ersthülfe bei allen Krankheiten, die in Folge äußerer Verletzungen u. auf Einwirkung mechan. u. and. Schädlichkeiten an allen Theilen d. menschl. Körpers zu entstehen pflegen u. die im gemeinen Leben mit d. Namen äußere od. chirurg. Uebel belegt werden. Ferner d. Ersthülfe zc. bei Vergiftungen zc. (13¼ B.) 836. 1 Thlr.

" 2. Die Ersthülfe bei hitzigen u. fieberhaften Krankheiten, od. d. Lehre von d. Fiebern, Entzündungen u. entzündl. Hautkrankheiten. (14¼ B.) 836. 1 Thlr.

" 3. Die Ersthülfe bei chron. od. langwierigen Krankheiten. (16 B.) 837. 1 Thlr.

— es wird Tag! — Deutschland darf d. herrsch. Brechruhr (Cholera) nicht als Pest u. Contagion betrachten. Ein Wort an d. hohen Staatsbeamten Deutschlands u. z. Beruhigung d. Publikums. gr. 8. (2 B.) Gotha 832, Hennings.

— Anton Friedrich (Dresden), De febre puerperarum. Diss. med. Präs. Georg Rudolph Boehmer. Wittbg. (A. Ch. Charisius) 25. VI. 1802. 16 S. (3.50) 8886

Gew.: Joh. Gottfried Leonhardi, Joh. Leonhard Dober.

— Handbuch z. Behandl. d. Scheintodten, s. Mannl, P.

— Heil- u. Verhaltungsregeln f. Brustkranke, od.: Gründl. Darstellung d. wichtigsten Krankheiten d. Athmungswerkzeuge. Zur Belehr. f. alle diejen., welche an Krankheiten d. Luftröhre u. d. Lungen leiden. gr. 12. (13 B.) Meißen 835, Klinkicht u. Sohn.

— Heil- u. Verhaltungsregeln bei jenen Krankheiten, die sich Jünglinge u. Männer durch geheime Vergehungen u. durch Ausschweifungen in d. phys. Liebe zugezogen haben. Zur Belehr. f. gebild. Kranke. 2. Ausg. gr. 12. (11 B.) Leipzig 836, [Melzer.]

— Heil- u. Verhaltungsregeln bei jenen Krankheiten, welche Mädchen u. Frauen in Folge geh. Vergehungen u. Ausschweifungen in d. phys. Liebe zu befallen pflegen. Zur Belehr. zc. gr. 12. (11 B.) Leipzig 834, Reimann.

— dass. — f. Mädchen u. Frauen. 2. Ausg. gr. 12. (11 B.) Leipzig 836, [Melzer.]

— die Homöopathie vor d. Richterstuhle d. Vernunft. Ein Belehrungsb. f. Gebildete. 8. (6½ B.) Dresden 829, [Grimmer.]

Fischer, A(nton) Fr(iedrich): Die Homöopathie vor dem Richterstuhle der Vernunft. Ein Belehrungsbuch für Gebildete. 98 S., gbd.

Dresden: Hilscher 1829

JB 2.604

— der Catarrh in seiner nied. u. höhern Bedeutung, od. üb. Husten, Schnupfen u. Verschleimung d. Luftwege. Zur Belehr. f. Gebildete. 8. (13½ B.) Nürnberg 832, Campe.

— die auf naturgesetzl. Wege zu erzweckende Kräftigung des entnervten männl. Organismus. Ein Noth- u. Hülfsbuch f. junge Männer, die zu geschwind gelebt haben. gr. 12. Leipz. 832. Volckmar. 16 gr

—— die auf naturgesetzl. Wege zu erzweck. Kräftigung d. entnervten männl. Organismus. Ein Noth- u. Hülfsb. f. junge Männer, die zu geschwind gelebt haben. 2. Aufl., verbess. v. U. Kastor. gr. 12. (9½ B.) Leipzig 839, Volckmar.

—— die Krankheiten d. schönen Geschlechtes, od. Verhaltungsregeln bei jenen Krankheiten, die vorzugsweise Jungfrauen u. Frauen in jed. Alter u. Verhältnisse zu befallen pflegen, nebst d. dagegen anzuwend. Heilmitteln. Ein Belehrungsbuch f. Gebildete. gr. 8. 3 Abthln. Dresden 830. [Wien, Gerold.]
Abthl. 1. Verhaltungsregeln bei Krankheiten d. Jungfrauen. (7 B.) 16 Gr.
" 2. Verhaltungsregeln bei d. Krankheiten d. Frauen. (14½ B.) 1 Thlr. 4 Gr.
" 3. Verhaltungsregeln bei d. Krankheiten d. Matronen. (5½ B.) 12 Gr.

Fischer, Anton Friedrich: Die Krankheiten des schönen Geschlechtes oder Verhaltungsregeln bei jenen Krankheiten, die vorzugsweise Jungfrauen und Frauen in jedem Alter und Verhältnisse zu befallen pflegen, nebst den dagegen anzuwendenden Heilmitteln. Ein Belehrungsbuch für Gebildete. Abth.1-3, gbd.

Dresden: Hilscher 1830

JB 4.003

— die Kunst, eine von der Geburt aus schwächl. Körperbeschaffenheit zu verbessern u. hierdurch die Anlagen zu forterbenden Krankheiten zu tilgen. Zur Belehrung für Gebildete aus allen Ständen. gr. 12. Leipzig 833. Geibel. (Hartleben.) ¾ Thlr — N. Ausg. gr. 12. Ebd. 840. Frohberger. ½ Thlr

—— die Kunst e. von d. Geburt aus schwächl. Körperbeschaffenheit zu verbessern, u. hierdurch d. Anlage zu forterbenden Krankheiten zu tilgen. Zur Belehr. f. Gebildete aus allen Ständen. Neue Ausg. gr. 12. (8 B.) Leipzig 840. Pesth, Hartleben.

— der bewährte Milcharzt. Eine Darstellung der ausgezeichn. Heilwirkungen der Milch, Buttermilch u. d. Molken gegen die hartnäckigsten u. gefährlichsten Krankheiten. 16. Ebend. 843. ⅓ Thlr

—— der Nachtheil, den d. Verfälschung d. Biere u. Branntweine auf Geist u. Körper äußert! Ein Beitr. z. medicin. Polizei. 8. (4½ B.) Dresden 829. [Zittau, Birr u. Nauwerck.] 8 Gr., brbgs. Pr.

—— von der Schlaflosigkeit, deren Ursachen u. Heilart. Zur Belehr. f. Leidende aus gebild. Ständen. 8. (11½ B.) Nürnberg 831, Campe.

Fischer, Ant. Friedr., Universal-Heilmittel gegen alle Krankheiten der Menschen, welche auf Erschöpfung der geistigen u. körperl. Kräfte beruhen. Nebst viel. Beispielen wichtiger Krankheitsfälle, wo völlige Heilung erfolgte. (Neue Ausg.) gr. 12. (9 B.) Bautzen 842, Reichel.

—— gründl. Unterricht üb. sämmtl. Krankheiten d. Harnwerkzeuge bei Männern jed. Alters, mit besond. Berücksichtig. d. Ursachen, d. Wesens u. d. Heilart bei Harnverhaltung, beschwerl. Urinlassen u. bei d. Steinkrankheit, z. Belehr. f. Gebildete aus allen Ständen. 8. (17½ B.) Leipzig 834, Volckmar.

—— über Ursache, Wesen u. Heilart d. Skropheln od. Drüsenkrankheit, z. Belehr. f. Gebildete aus allen Ständen. 8. (10½ B.) Prag 832, Haase Söhne.

—— über Ursache, Wesen u. Heilart d. Unfruchtbarkeit d. Frauen; z. Belehr. f. Gebildete. gr. 12. (6⅔ B.) Leipzig 832, Volckmar.

— Verhaltungsregeln bei Luftröhren-Entzündung u. Luftröhren Schwindsucht. Nebst den dagegen anzuwendenden Heilmitteln 8. Dresden 829. Hilscher. (Heymann in Glogau). 1 Thlr 4 Gr Hbg. Pr. 18 Gr

— Verhaltungsregeln bei der Luftröhren-Entzündung u. Luftröhren-Schwindsucht, nebst d. dagegen anzuwendenden Heilmitteln. Ein Belehrungsbuch für Kranke. 2e wohlf. Ausg. 8. Glogau 833. (Berlin, Heymann.) ¾ Thlr

—— Verhaltungsregeln bei der Luftröhren-Entzündung und Luftröhren-Schwindsucht nebst den dagegen anzuwend. Heilmitteln. Ein Belehrungsbuch für Kranke. 3. Aufl. 8. (224 S.) Berlin 847, L. Schlesinger.

—— über d. Vortheil u. Nachtheil, welchen Blutentziehungen in Krankheiten gewähren; ein Wort an angeh. Praktiker. 8. (4 B.) Leipzig 828, Voß.

Fischer, Ant. Karl, d. Hunnen im schweizer. Eifischthale u. ihre Nachkommen bis auf d. heut. Zeit. Mit vielen in d. Text gedr. Illustr. gr. 8. (VI, 433 S.) Zürich 896. Art. Institut Orell Füssli, Verl. n. 7.50

Fischer, Armin: Ueber die isomeren Carvylamine. *Heidelberg 1897: J. Hörning.* (34 S.) 8°
Heidelberg, Naturw.-math. Diss. v. [29. Dez.] 1897

Fischer, Armin. Eberhard. (geb. Ziesar 14. 10. 1830): De iritide syphilitica. Berolini (1855). (31 S.) 8°
Berlin, Med. Diss. v. 6. März 1855

Fischer, Armin. (Alexand.) (geb. Neu-Ruppin 18. 5. 1823): De singularum scholarum circa venaesectionem sententiis. Berolini (1852). (30 S.) 8°
Berlin, Med. Diss. v. 5. Aug. 1852

Fischer, Arno, Mikosch u. Bliemchen in Dresdens „Alter Stadt". Humorist. Erzählg. 8. (84 S.) Dresden 896. E. Pierson. 1.--

Ⓑ Fischer, Arno, Mikosch u. Bliemchen. 896. (KBL 29.) Jetzt: Berlin, Verlag Berlin-Wien.

Fischer, Arnold: Christlich-social als Zeitproblem, s.a. Tagesfragen, Brennende.

— Christlich-social als Zeitproblem. (Brennende Zeitfragen, II.) gr. 8°. Rostock, C. J. E. Volckmann, 1896.

— Für od. wider d. Duell?, s.: Tagesfragen, brennende.

Die Entstehung des Socialen Problems. Von Arnold Fischer ... (Hälfte 1.) *Rostock i. M.: C. J. E. Volckmann 1897.* 8. [96. 8130

Fischer, Arn., Die Entstehung des socialen Problems. (Neue unveränd. Ausg. 8°. Rostock, C. J. E. Volckmann, 1902.

Fischer, Arnold, die Entstehung des socialen Problems. Wohlfeile, unveränd. Ausg. gr. 8. (XVI, 781 S.) Rostock 908, C. J. E. Volckmann. n. 7.50

Fischer, Arthur: Über die elektrolytische Bestimmung und Trennung von Antimon und Zinn aus ihren Sulfosalzlösungen nebst einem Anhange über die Trisulfidmethode des Antimons. 1904. 59 S. 8⁰ ¶ Aus: Zeitschrift f. anorgan. Chemie. Bd 42.
Aachen, Dr.-Ing.-Diss. v. 17. 10. 1904

Fischer, Arthur, Oberveterinär in Leipzig: Über Scheiden- und Wurftuberkulose bei der Kuh. Borna-Leipzig 1908: R. Noske. (54 S.) 8°
Leipzig, Phil. Fak., Ref. Eber-Kirchner, Diss. v. 2. April 1908
[Geb. 16. Nov. 74 Voitersreuth; Wohnort: Leipzig-Gohlis; Staatsangeh.: Sachsen; Vorbildung: Gymn. Leipzig Reife f. Prima 93; Studium: Leipzig 4, Tierärztl. Hochsch. Dresden 7 S.]

Fischer, A., elektroanalytische Schnellmethoden, s.a. Analyse, die chemische. Bd. 4. 5.

Elektroanalytische Schnellmethoden. Elektroanalyse unter Bewegen von Elektrolyt oder Elektrode. Von Dr.-Ing. A[rthur] Fischer, Aachen. Mit 41 Abb. u. 136 Tab. Stuttgart: F. Enke 1908. (304 S.) 8°
— Analyse. Die chemische. Bd 4. 5. [08. 10195

Fischer, Arthur: Untersuchungen über die Beschälseuche, s. Zwick, F. W.

Fischer, Arth., Vademecum f. den Arzt bei Beurtheilung v. Unfallversicherungssachen u. Erstattung v. Gutachten an die Berufsgenossenschaften. Ein systematisch geordneter Auszug aus Rekursentscheidgn. des Reichsversicherungsamts u. dergl. an der Hand der Bestimmgn. der deutschen Unfallversicherungsgesetze. 12. (X, 73 S.) Berlin 894. Siemenroth & Worms. n. 1. —

Fischer, Arwed, das Hohe Lied des Brun von Schonebeck, s.a. Abhandlungen, germanistische.

Fischer, Arwed *(geb. Groß-Wartenberg in Schles. 3. 1. 1860)*: Über das Hohe Lied des Brun von Schonebeck. T. 1. Breslau: W. Koebner 1885. (35 S.) 8° *(Vollst. ebenda 1886 unt. d. T.: „Brun's von Schonebeck Hohes Lied nach Sprache und Composition untersucht und in Proben mitgeteilt" als H. 6 der Germanist. Abhandlungen hrsg. v. K. Weinhold.)*

Breslau, Phil. Diss. v. 23. Juli 1885

Fischer, Athanasius

Creszentia-Büchlein. Lebensgeschichte der sel. M. Creszentia von Kaufbeuren aus d. 3. Orden d. hl. Franziskus nebst Gebeten zu Ehren d. Seligen u. d. gewöhnl. Andachtsübungen. Neubearb. von P. Athanasius Fischer, aus d. Orden d. Mindern Brüder. *Einsiedeln, Köln: Benziger & Co. [1900].* (208 S.) 8° [F.] [03. 4437]

— Missions-Blumen. Gedenkbuch an die hl. Mission f. das kathol. Volk. Gedrängter Inhalt der vorzüglichsten Missionsvorträge, nebst e. Sammlg. v. Gebets- u. Andachtsübgn. gr. 16. (832 S. m. 1 Stahlst.) Ebd. 899. Geb. in Leinw. n. 1. 30

Fischer, Athanasius. Missions-Blumen. Gedenkbuch an die heilige Mission für das katholische Volk. Bearb. von P. A' F", Priester des Franziskanerordens.... Ausg. 2 [in grossem Druck. Mit Illustrationen und 1 Tafel]. 816 S. 8. Einsiedeln *etc.*, Benziger & Co. A. G., 1901. [geb. fr. 2. 50]

Missions-Blumen. Gedenkbuch an d. heilige Mission f. d. kath. Volk. Gedrängter Inhalt d. vorzüglichsten Missionsvorträge nebst e. Sammlung von Gebets- u. Andachtsübungen. Bearb. von P. Athanasius Fischer, Priester. 2. Aufl. *Einsiedeln, Köln: Benziger & Co. [um 1902].* (832 S.) 8° [F.] [03. 14058]

Fischer, *August:* Aberglaube unter den Angel-Sachsen. Meiningen, Druck d. Keyssnerschen Hofbuchdr., 1891; S. 3—42; 4°

Meiningen, herz. RG, OP 1891 (698)

— Auflösung d. Akkusativrektion d. transitiven Verbs durch die Präposition li im klass. Arabisch, s.a. Berichte üb. Verhandlgn. d. kgl. sächs. Gesellschaft d. Wissenschaften zu Leipzig

Fischer, Aug., s.: Abhandlungen f. die Kunde des Morgenlandes.

A[ugust] Fischer. Auflösung der Akkusativrektion des transitiven Verbs durch die Präposition li im klassischen Arabisch. Leipzig: Teubner 1910. S. 161–188. 8° [Umschlagt.]
(Berichte über d. Verhandlungen d. Kgl. Sächs. Gesellsch. d. Wiss. Philol.-hist. Kl. Bd 62, H. 6.) [11. 11019]

Fischer, August [prakt Arzt von St. Gallen]: Ein Beitrag zu den Missbildungen des Ureters und der Niere. Zürich 1899. 30 S. 8°.

Zürich. Med. Diss. 1899/1900

— Das marokkan. Berggesetz u. die Mannesmann'sche Konzessionsurkde. Nachweis ihrer Unanfechtbarkeit. (154 S.) gr. 8. Berlin 910. Reuther & Reichardt. 1.50

Fischer, Aug., († im Dec. 1816.) das Bild des Christen in seinen Verhältnissen, in sechs Predigten. 8. Erf. 801. (Otto). 8 gr

Fischer, August [aus Halle a. S.]: Biographien von Gewährsmännern des Ibn Isḥâq, hauptsächlich aus Ad-Dahabi.... Halle a. S., 1889; 1 Bl. + XVIII + 16 S. + 1 Bl. 8°

Halle, Phil. Fak., Inaug.-Diss. v. 18. Dez. 1889

Fischer, Aug. (I.). Biographien v. Gewährsmännern d. Ibn Isḥâq, hauptsächlich aus aḏ-Dahabî. Aus Berliner u. Gothaer Handschr. hrsg. gr. 8. (XVIII, 116 S. arab. Text.) Leiden 890, (Brill). * * 4 —

— and Harry Bromley Lowe, English commercial correspondence. (204 S.) gr. 8. Wien 909. Mor. Stern. Geb. in Leinw. 3. —

Fischer, August [pract. Arzt aus Schwerin]: Congenitale Defektbildung an der Unterextremität eines siebenjährigen Knaben.... Rostock, Univ.-Buchdr. v. Adler's Erben, 1886; 32 S. u. 2 Taf. 8°.

Rostock. Med. Fak., Inaug.-Diss. v. 18. Dez. 1885.

Fischer, August: Zur Diätetik der Leibesübungen.
Wien, Med. F., Diss. 1645

Fischer (A.). Zur Diätetik der Leibesübungen. 1895. Wien.

Fischer, August [app. Arzt aus Beuern]: Aus d. patholog. Institut zu Giessen. Ein Fall von Umwandlung der Samenblase in den Ureter ... M. e. Abbild. im Text. Giessen, C. v. Münchow, Univ.-Dr., 1892; 24 S. 8.

Giessen, Med. Fak., Inaug.-Diss. v. 1892

— Fastenpredigten über den Einfluß einer religiösen Denkungsart auf das Wohl d. Menschen ꝛc. 8. Erf. 806. Keyser. 12 gr

– und Harry Bromley Lowe

— — Forms used in English commercial life. (22 Formulare.) 8. Ebd. (909). In Umschlag b — 85

Fischer, August, [Anzeige von] Geyer, Rudolf, Gedichte und Fragmente des 'Aus ibn Ḥajar. Gesammelt, herausgegeben und übersetzt. Wien 1892. [Aus GGA. 1893. Nr. 5.]

Fischer, August: Aus der Universitäts-Frauenklinik zu Giessen. Über das Haematom der Vulva. *Giessen 1898: v. Münchow.* (28 S.) 8°
Giessen, Med. Diss. v. 1898

Fischer, Aug., s.: Handelsschul-Zeitung, österreich.

Fischer, A., s.: Katalog der Bibliothek der deutschen morgenländ. Gesellschaft.

— u. E. L. de Lambert, neues Konversations-Taschenbuch der englisch-deutschen Umgangssprache zum Gebrauche f. Schüler u. Reisende jeden Alters als prakt. Anleitg. u. Erleichterg. zum Sprechen beider Sprachen. Nach den besten Werken ähnl. Art bearb., m. neuen Gesprächen, Anglicismen u. Briefmustern verseh. (VII, VII, 459 S.) 16. Wien 909. R. Lechner & Sohn. Geb. in Leinw. 3. —

— Lehrbuch der christl. Religion, zunächst zum Unterricht f. kathol. Schulen ꝛc. 8. Erfurt 802. 2e Aufl. 807. 3e Aufl. 818. 4e A. 821. 5e Aufl. 822. 16 gr Keyser. 6e Aufl. 8. Ebd. 826. 14 gr

— Leitfaden der Volkswirtschaftslehre f. kommerzielle Lehranstalten. (IV, 156 S.) gr. 8. Wien 908. Mor. Stern. Geb. in Leinw. 2. 50

— u. Heinr. Schmidt, englisches Lesebuch f. höhere Handels- u. Realschulen, s.a. Ziehen's kaufmännische Reallesebücher. II.

Fischer A und H Schmidt, englisches Lesebuch für höhere Handels- und Realschulen. (344 S) Frankfurt a. M. 1899

Fischer, Aug., russische Lese- u. Schreibschule f. Militärs u. Studierende. qu. 12. (20 S.) Berlin 894. A. Bath. n. — 50

Fischer, A., russische Lese- u. Schreibschule. 2., verm. Aufl. qu. 8. (28 S.) Berlin 898. A. Bath. n. — 50

Leichte Russische Lesestücke ... zsgest. v. A[ugust] Fischer, Prof. an d. Kriegsacad. Berlin. [Heft] 1. *Berlin: A. Bath 1897.* 8. [97. 3679]

Fischer, Aug., di Ortografireform. Eine flugschrift. gr. 8. (11 S.) Prag 879. (André.) n. — 30

— eine Qorān-Interpolation, s.: Studien, orientalische.

GV38
15

– und Harry Bromley Lowe

— -- **The English reading book** A Selection for the use of schools and private study. (IV, 162 S.) 8. Wien 910. A. Hölder. Geb. 1.80

Fischer, August, aus Berlin: Die indirekte Rede im Altfranzösischen. *Berlin (1900): E. Ebering.* (VIII, 77 S.) 8°
Jena, Phil. Diss. v. (15. Dez.) 1899

[F.] Russische Sprachlehre in übersichtlicher Darstellung. In Verbindg m. e. Übgsb. hrsg. v. A. **Fischer,** Prof. an d. Kriegsakad. Berlin. *Berlin: E. S. Mittler & Sohn 1898.* (VIII, 184 S.) 1 Bd quer-8.

— s.: **Studien, Leipziger semitistische.**

Fischer, Aug., „Tag u. Nacht" im Arabischen u. d. semitische Tagesberechnung, s.: **Abhandlungen d. kgl. sächs. Gesellsch. d. Wissenschaften. Philol.-histor. Klasse. 27. XXI.**

Russisches Übungsbuch. Im Anschluss an s. 'Russische Sprachlehre' zsgest. von A. **Fischer,** Prof. an d. Kriegsakad. Berlin. H. 1. 2. (In 1 Bde.) Berlin: E. S. Mittler & Sohn 1898. (60, 12 S.) 8° [F.]

Fischer, Aug. (II.). Zur Vorgeschichte der Stadt Pößneck, s. **Schriften des Vereins für Meiningische Geschichte u. Landeskunde.**

Fischer, Aug., Wechsel- u. Scheckkunde nebst Wechselkorresp. Erläut. durch 48 Formulare. Zum Gebrauch an Handels-, Gewerbe- u. Fortbildungsschulen, sowie z. Selbstbelehrg. allgem. verständl. dargestellt. 2. verb. Aufl. (VI, 178 S.) gr. 8. Berlin (909). H. Spamer. Geb. in Leinw. 2.50

Wechselkunde. T. 1. Wechsellehre u. Wechselrecht ... T. 2. Wechselkorrespondenz. Für Handels-, Gewerbe- u. Fortbildungsschulen, sowie f. Bankbeamte ... allgemein verständl. dargest. von **August Fischer,** Lehrer d. Handelswiss. *Berlin: H. Spamer [1901].* (127 S.) 8° [F.]

— s.: **Zeitschrift d. deutsch. morgenländ. Gesellschaft.**

— **August Franz** (Klein-Petschau), De gastromalacia gelatinosa infantum. Dissert. med. Lpz. (C. G. Naumann) 4. VII. 1837. 32 S. mit umfangr. Liter.-Angabe. (4.20) 8887
Gew.: Christian David Sachsse, Carl Christian Steyer.

Fischer, Aug. Frz., s. P. **Manni,** Handbuch zur Behandlung der Scheintodten.

Fischer, Augustus Otto (geb. Magdeburg 20. 1. 1817): De herniis diaphragmatis. Berolini (1840). (23 S.) 4°
Berlin, Med. Diss. v. 16. Juli 1840

Fischer, Aug. Walth., über die volkstümlichen Elemente in den Gedichten Heines, s. a. **Beiträge,** Berliner, zur germanischen u. romanischen Philologie. XXVIII.

Fischer, August Walther: Ueber die volkstümlichen Elemente in den Gedichten Heines. Berlin 1904: E. Ebering. (41 S.) 8°
¶ (Erschien vollst. 1905 als: Berliner Beiträge z. german. u. roman. Philol. 28.
München, Phil. Fak., Ref. Muncker, Diss. v. 15. Dez. 1904
[Geb. 25. März 78 Augsburg; Wohnort: Augsburg; Staatsangeh.: Bayern; Vorbildung: St. Anna-Gymn. Augsburg Reife Juli 97; Studium: Erlangen 1, München 11 S.; Rig. 26. Juli 04.]

Ueber die volkstümlichen Elemente in den Gedichten Heines. Von Dr. August Walter **Fischer.** Berlin: E. Ebering 1905. (150 S.) 8°
= Beiträge, Berliner, z. germanischen u. roman. Philologie. 28. Germ. Abt. No. 15.

Fischer, August Wilhelm

Fischer, Aug. Wlh., das neu erfundene allgem. Befruchtungsmittel der Erde. 8. Magdeb. 795. (Hinrichs in Leipz.) 4 gr. Bei v. Mösle in Wien 796. 8 gr.

FISCHER Augustin. Rechtsbelehrter Phoenix aller Advocaten und Rechtsgelehrten ... glorreicher Heiliger Ivo ... von –. . . . Schilgen, Wienn 1724. 1 vol. 18 Bl.

Fischer, Auriophilus, (...) Bilderdienst, Wallfahrten u. Wunder. 8. Lissabon 788.

Fischer, B., Oststeirisches Bauernleben. Mit einer Vorrede von Peter Rosegger. 8°. (ill. 280 S.) K 4. –, geb. K 5. –
Wien: Österreichische Verlagsanstalt 1903.

— **Kratzenstein, Mühe,** Blicke in die Zukunft d. Menschengeschlechts nach dem prophetischen Wort der Heiligen Schrift. Vorträge. 8. (VI, 122 S.) Ebd. 887. n. 1. —

Fischer, B., 48 vierstimmige Choräle mit Text zum Gebrauch in Gymnasien und Realschulen. Berlin 853. Trautwein'sche Buchhdlg. qu. gr. 8. (32 S.) n. 6 ngl

Fischer, B., s. Freuet euch mit Zittern!

Fischer, B., und B. Ph. **Gumposch,** das Geschwornengericht, s. **Gumposch.**

Fischer, B., die **Krankenküche.** Durchaus erprobte Recepte f. Kranke u. Genesende. Nach vieljähr. Erfahrg. zusammengestellt. 8. (127 S.) Regensburg 897. G. Stahl. n. 2. —

Fischer, B., Wie erziehen wir unsere Kinder zu besseren und glücklicheren Menschen? (104 S.) Leipzig 1889. Heitmann.

Fischer, B. F. Gold und Silber. Eine Antwort auf die vom eidg. Finanzdepartement aufgestellten Fragen Zürich 1860.

Fischer, (B. G.,) Anna et pulli etc., s. A. G. **Eberhard,** Hannchen rc.

Fischer, B. G., Göthii Arminius et Theodora. Latine vertit B. G. F. Mit deutschem Texte. Stuttg. 822. 12.

— poetarum aliquot germanicorum carmina nonnulla. M. gegenüberstehd. deutschem Texte. gr. 8. Stuttg. 826, Metzler.

— poëtarum aliquot germanicorum carmina nonnulla, mit gegenüberstehd. deutschem Text. 8. Stuttg. 827. Metzler. 1 fl

— s. v. **Göthe,** Hermann u. Dorothea.

— s. J. H. **Voß,** Luise.

Fischer, Balduin. Jesus allein. Ein Jahrgang Predigten über freie Texte. 1. Thl.: Die festl. Hälfte des Kirchenjahres. gr. 8. (VII, 403 S.) Halle 889, Fricke's Sort. • 3 60

Fischer, Balduin, die Liebe die Sonne im Reich der Gnade. Predigt üb. 1. Corinther 13. gr. 8. (18 S.) Liegnitz 886. Reisner. 30

Fischer, Beat Rudolf *s.* Escher, Johann Caspar, und **Fischer,** Beat Rudolf.

Fischer Benedikt: Das Gute als metaethischer Grenzbegriff. Prolegomena zu einer Kritik von Kants Ethik.
II. 1878 PN 113 Diss. Wien, Univ. 8

Fischer, Benno, Daniel u. seine drei Gefährten in Talmud u. Midrasch. Ein Beitrag zur Erforschg. d. Legenden üb. die Personen des Alten Testaments in der haggad. Literatur. (106 S.) 8. Temesvár 906. (Frankfurt a/M., J. Kauffmann.) 2. —

Fischer, Benno. Daniel und seine drei Gefährten in Talmud und Midrasch. Diss. Phil. Bern. II + 106 S. 8. Temesvár, Buchdr. Brüder Moravets, 1906.

Fischer, Bernard
Pseud.: Baccalaureus Bernardus Piscator

Fischer, Bernard: Anleitung zum Studium des Midrasch und Talmund, s. Winer: Grammatik, Chaldäische für Bibel und Targumin.

Fischer, Bernard, Bibel und Talmud in ihrer Bedeutung für Philosophie und Kultur. Text, Uebersetzung und Erklärung auserlesener Stücke. Zweite Ausgabe der bibl. talmud. rabbin. Blumenlese. Leipzig 1881.

Fischer, Bernard, biblisch-talmudisch-rabbinische Blumenlese m. Uebersetzung u. Erklärung, systematisch u. chronologisch geordnet als allgemeine Culturgeschichte f. gebildete Leser u. höhere Lehranstalten. 1. Lfg. gr. 8. (64 S.) Leipzig 874. M. Schäfer. 1. 50

Fischer, Bernard, biblisch-talmudisch-rabbinische Blumenlese m. Uebersetzung u. Erklärung systematisch u. chronologisch geordnet als allgemeine Culturgeschichte f. gebildete Leser und höhere Lehranstalten. gr. 8. (VIII, 300 S.) Leipzig 878. M. Schäfer in Comm. n. 7. 50

Fischer, Bernard, talmudische Chrestomathie, mit Anmerkungen, Scholien und Glossar unter besond. Berücksicht. der talmud. Discussion als Lesebuch zu der von ihm edirten Winer'schen Grammatik bearb. gr. 8. (VII, 268 S.) Leipzig 884, Barth. *

Grundzüge der Philosophie und der Theosophie. Populär u. f. gebildete Leser leicht fasslich dargest. von Dr. Bernard Fischer. Leipzig: Schäfer in Komm. 1899. VII, 220 S. 8° [10. 10887

Fischer, Bernard, Kochbuch der Kalliope. Handbuch f. Kunst- u. Theaterfreunde. 8. (112 S.) Leipzig 893. Slav. Buchh. n. 1. —

Die Rundreise des menschlichen Geistes um die Erde. Von Baccalaureus Bernardus Piscator [d. i. Dr. Bernard Fischer, Rabbiner a. D., Leipzig]. Leipzig: Teutonia-Verl. (1906). (123 S.) 8° [J.] [06. 9418

Psychologische Studien in Briefen aus der Hölle von Baccalaureus Bernardus Piscator [d. i. Dr. Bernhard Fischer, Rabbiner a. D., Leipzig]. 1.–3. Aufl. Leipzig: Teutonia-Verl. 1906. (59 S.) 8° [07. 17131 7

— Talmud u. Schulchan-Aruch. Ein Vortrag f. den Leipziger Antisemiten-Verein. 8. (110 S.) Ebd. 893. n. 1. 50

Fischer, Bernard, hebräische Unterrichtsbriefe. Nach bewährter Methode für den Selbstunterricht in Alt- und Neuhebräisch bearb. 10 Lfgn. gr. 8. (212 S.) Leipzig 888, C. A. Koch. à Lfg. * 75 Pf. *

— Untersuchungen üb. den Unterleibstyphus in Schleswig-Holstein. (90 S.) gr. 8. Jena 905. G. Fischer. 2. 50
Sonderabdruck aus: „Klin. Jahrb."

—— ein Zeit- und Mahnwort! Wie erziehen wir unsere Kinder zu besseren und glücklicheren Menschen? 1. und 2. Aufl. 8. (V, 104 S.) Leipzig 887, Kußß. *

—— dass. — 3. (Titel-)Aufl. 8. (V, 104 S.) Leipzig 888, Heitmann. *

Fischer, Bernh., kurzgefasste Anleitung zu d. wichtigeren hygien. Untersuchungen, zugleich Übungsprogramm m. Vorschriften f. d. hygien. Kurse in Kiel. Für Studierende u. Ärzte, besond. an Untersuchungsämtern tätige, auch Kreisarztkandidaten u. Kreisärzte. 2 Tle. kl. 8. Berlin, A. Hirschwald. 4. 20
1. Physikalische u. chem. Untersuchgn. (III S. u. 82 Bl.) 910. 1. 20
2. Mikroskop. u. bakteriolog., auch mykologische, protozoolog. u. serodiagnost. Untersuchungen. Mit 8 Übersichten als Einleitg. (VI S., 168 Bl. u. 10 S. m. 2 Beilag.) 910. 3. —

Fischer, Bernh., die neueren Arzneimittel. Für Apotheker, Aerzte und Drogisten bearb. Mit in den Text gedr. Holzschn. 1. Aufl. (VIII, 188 S.) 887; 2. verm. Aufl. gr. 8. (VIII, 230 S.) Berlin 888, Springer. geb. *

Fischer, Bernh., die neueren Arzneimittel. Für Apotheker, Aerzte und Drogisten bearb. Mit in den Text gedr. Holzschn. 3. verm. Aufl. gr. 8. (VIII, 262 S.) Berlin 889, Springer. geb. *

Fischer, Bernh. Die neueren Arzneimittel f. Apotheker, Aerzte u. Drogisten. 4. verm. Aufl. 8. (VIII, 312 S. m. in den Text gedr. Holzschn.) Berl. 889, Springer. geb. * 6 —

Fischer, Bernh., die neueren Arzneimittel. Für Apotheker, Aerzte u. Drogisten bearb. 5., stark verm. Aufl. gr. 8. (VIII, 341 S. m. Holzschn.) Berlin 893. J. Springer. Geb. in Leinw. n. 7. —

— dasselbe. 6., verm. Aufl. gr. 8. (VIII, 367 S.) Ebd. 894. Geb. in Leinw. n. 7. —

Fischer, Bernh., die Bakterien des Meeres, s.: Ergebnisse der etc. Plankton-Expedition der Humboldt-Stiftung.

Über einen neuen lichtentwickelnden Bacillus. Von Bernhard Fischer. Separat-Abdruck aus dem Central-Blatt für Bakteriologie und Parasitenkunde. Jg. 2. Bd. 3. Cassel. 1888. 8°.

— Bericht des chemischen Untersuchungsamtes der Stadt Breslau f. die Zeit vom 1. IV.—31. XII. 1902. Im Auftrage des Kuratoriums erstattet unter Mitwirkg. v. S. Samelson u. E. Springer. (56 S.) Lex.-8. Ebd. 904. 1. —

Fischer, Bernh., üb. Disazo-Verbindungen. gr. 8. (71 S.) Deutz 883. (Köln, Neubner.) n. 2. —

Fischer, Bernhard, aus Stolberg (Rheinl.): Aus d. pathol. Institut zu Bonn. Ueber Entzündung, Sklerose und Erweiterung der Venen mit besonderer Berücksichtigung des elastischen Gewebes der Gefässwand. Mit 1 Doppel-Taf. in Farbendr. *Jena: G. Fischer 1900.* (65 S.) 8°
Bonn, Med. Diss. v. [21. Apr.] 1900

Fischer, Bernh., zur Epidemiologie des Paratyphus, s.: Festschrift zum 60. Geburtstage v. Robert Koch.

Ueber einen neuen bei Kahmhautpilzen beobachteten Fortpflanzungsmodus v. Bernhard Fischer. Abdruck aus dem Centralblatt für Bakteriologie etc. Bd. 14. Nr. 20. Cassel. 1893. 8°.

Fischer, Bernh., Handbuch der pharmaceutischen Praxis, s.: Hager, Herm.

— Hypophysis, Akromegalie u. Fettsucht. (154 S. m. 6 Abb. u. 2 [1 farb.] Taf.) Lex. 8. Wiesbaden 909. J. F. Bergmann. 6. 60
Erweitert. Abdr. aus „Frankf. Ztschr. f. Pathol."

Hypophysis, Akromegalie und Fettsucht. Von Prof. Dr. Bernh. Fischer. Mit 2 Taf. u. 6 Abb. Wiesbaden: Bergmann 1910. 154 S. 8°
Erw. aus: Frankfurter Zeitschrift f. Pathologie. Bd 5, H. 2/3. [10. 17310

FISCHER, B.
s. a. Jahresbericht der chemischen Untersuchungsamtes der Stadt Breslau.

—— Jahres-Bericht d. chemischen Untersuchungsamtes der Stadt Breslau f. die Zeit vom 1. April 1890 bis 31. März 1891, zugleich e. Rückblick auf das 10jähr. Bestehen d. Amtes. Im Auftrage d. Curatoriums erstattet unter Mitwirkg. v. Assistenten A. Sartori u. G. Runschke. Lex.-8. (II, 58 S. m. 6 Taf.) Bresl. 891, (Morgenstern's Verlag). * 1 60
Aus: Breslauer Statistik, besonders abgedruckt.
—— dass. — für die Zeit vom 1. April 1891 bis 31. März 1892. Im Auftrage des Curatoriums erstattet, unter Mitwirkg. v. A. Sartori, G. Runschke, F. Butter. gr. 8. (II, 46 S.) Ebd. 892. * 1 —

— dasselbe f. die Zeit vom 1. Apr. 1892 bis 31. März 1893. Erstattet unter Mitwirkg. v. A. Sartori, G. Runschke, F. Butter, M. Scholtz. gr. 8. (II, 62 S. m. 5 Taf.) Ebd. 893. n. 1. 20

Fischer, Bernh., Jahres-Bericht d. chem. Untersuchungsamtes d. Stadt Breslau f. d. Zeit v. 1. Apr. 1893—31. März 1894. Im Auftr. d. Curatoriums erstatt. [Aus: „Breslauer Statistik".] gr. 8. (II, 50 S.) Breslau 894. E. Morgenstern's Verl. n. 1. —

— dasselbe, f. d. Zeit v. 1. Apr. 1894—31. März 1895. Im Auftr. d. Curatoriums erstatt. unt. Mitwirkg. v. A. Beythien. [Aus: „Breslauer Statistik".] gr. 8. (65 S.) Ebd. 896. n. 1. —

— dasselbe, f. d. Zeit v. 1. IV. 1895—31. III. 1896. Im Auftr. d. Curatoriums erstatt. [Aus: „Bresl. Statistik".] gr. 8. (63 S.) Ebd. 897. n. 1. —

— dasselbe, f. d. Zeit v. 1. IV. 1896—31. III. 1897. Im Auftr. d. Curatoriums erstatt. [Aus: „Bresl. Statistik".] gr. 8. (66 S.) Ebd. 898. n. 1. —

— Jahres-Bericht des chemischen Untersuchungsamtes der Stadt Breslau f. die Zeit vom 1. IV. 1897 bis 31. III. 1898. Im Auftrage des Curatoriums erstattet. gr. 8. (70 S.) Berlin 899. J. Springer. n. 1. —

— dasselbe f. die Zeit vom 1. IV. 1898 bis 31. III. 1899. Im Auftrage des Curatoriums erstattet unter Mitwirkg. v. W. Schimpff. gr. 8. (60 S.) Ebd. 900. n. 1. —

— dasselbe f. die Zeit vom 1. IV. 1899 bis 31. III. 1900. Im Auftrage des Curatoriums erstattet unter Mitwirkg. v. C. Grünhagen. gr. 8. (68 S.) Ebd. 901. n. 1. —
Sonderabdrucke aus: „Bresl. Statistik".

Fischer, Bernh., Jahresbericht d. chemischen Untersuchungsamtes der Stadt Breslau f. die Zeit vom 1. IV. 1901 bis 31. III. 1902. Im Auftrage des Curatoriums erstattet. (68 S.) Lex.-8. Berlin 903. J. Springer. n. 1. —
Fortsetzung u. d. T.:

Fischer's Kalender f. Apotheker, s.: Kalender.

— dasselbe, für Mediciner. Hrsg. v. A. Seidel. 1895. gr. 16. (V S., Schreibkalender u. 94 S.) Berlin, Fischer's medicin. Buchh. Geb. in Leinw. n. 1. 50
Bisher u. d. T.: Kalender f. Mediciner.

— Kalender f. Mediciner. Hrsg. v. A. Seidel. 1899. 11. Jahrg. gr. 16. (V S., Notiz-Kalender u. 192 S.) Berlin, Fischer's medicin. Buchh. Geb. in Leinw. n. 1. 50

Fischer's Kalender f. Mediciner. Hrsg. v. A. Seidel. 1903. 15. Jahrg. 12. (IX S., Notiz-Kalender u. 158 S.) Berlin, Fischer's medicin. Buchh. Geb. in Leinw. n. 2. —

Fischer's Kalender f. Mediciner. Hrsg. v. A. Seidel. 1906. 18. Jahrg. (IX S., Notizkalender u. 209 S.) kl. 8. Berlin, Fischer's medicin. Buchh. Geb. in Leinw. n. 2. —

Fischer's Kalender f. Mediziner. Hrsg. v. J. Bierbach. 1911. 23. Jahrg. (IX S., Schreibkalender u. 297 S.) kl. 8. Berlin, Fischer's medicin. Buchh. Geb. in Leinw. 2. —

— s.: Kalender, pharmaceutischer.

— u. C. Hartwich, Kommentar zum Arzneibuch f. das Deutsche Reich. 4. Ausg. (Pharmacopoea germanica, ed. IV.) Ergänzungsbd. zum Kommentar f. die III. Ausg. des Arzneibuchs, enth. Nachträge u. Verändergn. der IV. Ausg. des Arzneibuchs. gr. 8. (XII, 348 S.) Berlin 901. J. Springer. Geb. in Leinw. n. 7. —
Hauptwerk, s.: H. Hager, B. Fischer u. C. Hartwich.

—— Lehrbuch der Chemie f. Mediciner. Unter Zugrundelegg. d. „Arzneibuches f. das Deutsche Reich". gr. 8. (XVI, 646 S. m. 46 Abbildgn.) Stuttg. 892, Enke. * 14 —

FISCHER, BERNHARD.
Lehrbuch der Chemie für Pharmaceuten. Mit besonderer Berücksichtigung der Vorbereitung zum Gehülfen-Examen. Stuttgart, 1885. 8vo. Ill.

—— Lehrbuch der Chemie für Pharmaceuten. Mit besond. Berücksicht. der Vorbereitung zum Gehülfen-Examen. gr. 8. (XIV, 710 S. mit 94 in den Text gedr. Holzschn.) Stuttgart 886, Enke. *

—— Lehrbuch der Chemie f. Pharmaceuten. Unter Zugrundelegg. d. „Arzneibuches f. das Deutsche Reich" m. besond. Berücksicht. der Vorbereitung zum Gehilfen-Examen bearb. 2. Aufl. gr. 8. (XVIII, 718 S. m. 97 Holzschn.) Ebd. 891. * 15 —

— Lehrbuch der Chemie f. Pharmaceuten. Unter Zugrundelegg. d. „Arzneibuches f. das Deutsche Reich" m. besond. Berücksicht. der Vorbereitg. zum Gehilfen-Examen bearb. 2. Aufl. gr. 8. (XVIII, 718 S. m. 97 Holzschn.) Ebd. 892. n. 15. —

— dasselbe. 3., verm. Aufl. gr. 8. (XII, 654 S. m. 103 Holzschn.) Ebd. 895. n. 15. —

FISCHER, B.
Lehrbuch der Chemie für Pharmaceuten. Vierte vermehrte Auflage. Stuttgart, 1899. 8vo. Ill.

— Lehrbuch der Chemie f. Pharmaceuten. Mit besond. Berücksicht. der Vorbereitg. zum Gehilfen-Examen. 4., verm. Aufl. gr. 8. (XIV, 649 S. m. 105 Holzschn.) Stuttgart 900. F. Enke. n. 15. —; geb. in Leinw. n. 16. 20

— Lehrbuch der Chemie f. Pharmazeuten. Mit besond. Berücksicht. der Vorbereitg. zum Gehilfen-Examen. 5., verm. Aufl. (XVI, 658 S. m. 115 Abb.) gr. 8. Stuttgart 904. F. Enke n. 15. —; geb. in Leinw. n. 16. 40

— Lehrbuch der Chemie f. Pharmazeuten. Mit besond. Berücksicht. der Vorbereitg. zur pharmazeut. Vorprüfg. 6. Aufl. Neu bearb. v. Geo. Frerichs. (XII, 694 S. m. 125 Abb.) Lex. 8. Stuttgart 909. F. Enke. 15.40; geb. in Leinw. n 17. —

— u. Carl Brebeck, zur Morphologie, Biologie u. Systematik der Kahmpilze, der Monilia candida Hansen u. des Soorerregers. gr. 8. (52 S. m. 2 Taf.) Jena 894. G. Fischer. n. 4. —

Fischer, Bhrd., ein Obelisk! Napoleon d. Großen zu errichten gewagt. 4. München 811. Fleischmann. 2 ℛ

Fischer, Bernh. (geb. Coburg 19. 2. 1852): Ueber Purpura. Berlin (1875). (39 S.) 8°
Berlin, Med. Diss. v. 19. Juni 1875

Fischer, Bernhard [Dr. med., Marinestabsarzt]: Ueber einen lichtentwickelnden, im Meerwasser gefundenen Spaltpilz.... (Sep.-Abdr. a. d. Zeitschr. für Hygiene, Bd. II, 1887.) Leipzig, Veit & Comp. (1887); 44 S. 8°.
Kiel, Med. Fak., Hab.-Schr. v. 14. März 1887.

Untersuchungen über den Unterleibstyphus in Schleswig-Holstein ⟨Aus dem Hygienischen Institut der Universität Kiel⟩ v. Bernhard Fischer. Abdruck aus dem Klinischen Jahrbuch, Bd. 15. Jena 1905. 8°.

— s.: Zeitschrift, Frankfurter, f. Pathologie.

Fischer, Bernh. Theod. Christ.

Jubel-Cantate zur Feier des Geburtsfestes Sr. Majestät des Kaisers und Königs unseres Hochw. Protectors am 22. März 1871. Gedichtet von [Karl Friedr.?] Bornemann. Comp. von [Bernh. Theod. Christ.] Fischer. Berlin [1871]: Ihring & Haberlandt. 2 Bl. 8° [Umschlagtit.]
Ohne Noten. 23.

Fischer, Bruno (geb. Pyritz 30. 7. 1857): Die Diazo-Reaction bei Pneumonie, Morbillen und Typhus exanthematicus. Berlin (1883). (31 S.) 8°
Berlin, Med. Diss. v. 26. Febr. 1883

Fischer, Bruno, Arzt: Aus d. anat. Institut d. Universität Königsberg i. Pr. No 36. Ueber die Gaumengrübchen ⟨Foveae palatinae⟩. Mit 1 Taf. *Königsberg i. Pr. 1902: H. Jaeger.* (29 S.) 8°
Königsberg, Med. Diss. v. 31. Juli 1902

Fischer, B[urkhard]. Einmal nach Amerika. Reiseschilderungen. [Mit Illustrationen und 16 Tafeln.] 208 S. 8. Münsingen, Fischer, 1910. (fr. 2. —)

Fischer, C., s.a. Fischer, Karl

Fischer, C.: Über die Dichterstellen bei Platon 35. Lemberg II. 77. Progr.

—— einfache Erklärung des alten und neuen deutschen Münzverhältnisses nebst Umrechnungs-Tabellen. 1.—3. verb. Aufl. 8. (16 S) Königsberg 873, (Braun und Weber.) *

Fischer, Lehrer C., kurze und einfache Erklärung des neuen metrischen Maßes und Gewichtes. 1.—4. verb. Aufl. 8. (16 S.) Königsberg 872, (Braun und Weber.) *
—— dass. — 5. verm. und verb. Aufl. gr. 8. (20 S.) Ebendas. 872. *

Fischer, C. Die moderne staatliche Ertrags- und Einkommenbesteuerung in Preussen, Oesterreich und Baden. 8°. Berlin, Buchdr. von G. Schade, 1892.

Fischer, C.: Brevis entozoorum seu verminum intestinalium expositio et methodus eosdem investigandi et conservandi. 60 S., gbd., 1 Taf.

Viennae: Gerold 1822

JB 4.736

Fischer, C., gewerbl. Freihandzeichnen, s.: Huberich, C.

F[ischer], C. Führer durch Bad Serneus. Aerzten und Kurgästen gewidmet von K. F. 8. Chur 1893.

Fischer, C.: „Vollständiger Haushalter oder fleißiges Herrenauge", Nürnberg 1696. Dasselbe 1750 zugleich als „An- und abgeführter Haushalter".

Fischer, C., s. Karte, topogr. d. Königr. Hannover.

Fischer, C., verbessertes Maß- u. Zuschneide-System [Anthropo-Trigonometrie] f. Herren-Bekleidung. Für den Selbstunterricht bearb. gr. 8. (43 S. m. 5 Steintaf.) Rochlitz 882. Pretzsch. n. 3. —

-- C., Ueber die Person des Logographen in Platos Euthydem. Pr. 1880. 28 S.

Fischer, C. Üb. d. Quarantäne-Anstalten i. Marseille. Leipzig 1805.

Fischer C, die Rheinbrücke zwischen Mannheim und Ludwigshafen. (120 S 4°, 37 T grfol) Mannheim 1869

Fischer, C., Tabellen zur Vergleichung d. hannoverschen u. metrischen Maass-Systemes, sowie zur Umsetzg. der Preise f. hannoversches Maass in solche f. Meter-Maass. Zum Gebrauche f. Techniker u. Bauhandwerker. 8. (23 S.) Hannover 871. Hahn. n. — 40

Fischer, C., dramat. Versuche. 8. (32¼ B.) Liegnitz 829, Kuhlmey.
Enth.: Jakob Thau, der Sänger v. Riesengebirge. (Trauersp. nach e. Erzähl. von v. Houwald.) — Das graue Kreuz im Teufels-Thale. (Romant. Gemälde d. Vorzeit.) — Peter Wlast. (Vaterländ. Trauersp.)

Fischer, C.: „Kluger Wirthschaftsbeamter; oder Unterricht zur Bestellung und Führung einer nützlichen Landwirthschaft", Nürnberg 1769.

Fischer, C., sichere u. leichtfaßliche Zuschneide-Methode für Herrenbekleidung, zum Selbstunterricht bearb. 2., verb. Aufl. gr. 8. (34 S. m. 3 Taf.) Rochlitz 887. (Pretzsch.) n. 3. —

Fischer, C. A.

Mehrere Briefe d. C. Plinius Cäcilius Secundus. Uebers. u. m. Anmerk. v. C. A Fischer. Pr. 1854. 28 S. 4°. 1.—

— Vergl. M. F. Esselen.

Fischer, C. A.: „Handbuch zum Amtsblatte der königlichen Regierung zu Arnsberg, enthaltend alle Kabinetts-Ordres der Jahre 1816 bis 1839", Paderborn 1840. — Vorh.: Preuß. Oberbergamt Dortmund

Fischer, C. A., Handbuch zum Amtsblatt der K. Regierung zu Arnsberg, enth.: alle in der Zeit vom J. 1816—1839 darin erschien., ein bleibendes Interesse habenden allerh. Kabinets-Ordre's, Ministerial- u. Provinzial-Verf., nebst deren Erläuterungen u. Abänderungen, in 73 Kapiteln u. deren Unterabtheilungen. System. bearb. u. mit den nöthigen Registern versehen. gr. 8. Arnsberg 841, Ritter. 1⅚ ℛ

—— Handbuch zum Amtsblatte d. kgl. Regierung zu Erfurt, enthalt. alle in d. Zeitraume v. J. 1816 bis mit 1835 in dies. Amtsblatte erschien., die Justiz- u. gesammte Verwaltung betreff. allerh. Kabinets-Ordres, Ministerial- u. Provinzial-Verfügungen, nebst deren resp. Erläutern. u. Abändern., nach ihrem materiellen Inhalte, in 74 alphabet. geordn. Kapiteln systemat. u. chronolog. bearb. 1. u. 2. Thl. gr. 8. Leipzig, Pönicke u. Sohn. *
Thl. 1. Das J. 1816—32. (32½ B. u. 1 Tab.) 833. * 1 Thlr. 8 Gr.
= 2. Das J. 1833—35. (12⅙ B.) 837. * 16 Gr.

—— Handbuch zum Amtsblatte d. kgl. Regierung zu Merseburg, enth. alle in d. Zeitraume v. J. 1816—1836 in dies. Amtsblatte erschien., die Justiz- u. gesammte Verwalt. betreff. allerh. Kabinets-Ordres rc., systemat. u. chronolog. bearb. gr. 8. 1—3. Thl. Leipzig, Pönicke u. Sohn. [1. u. 2. d. J. 1816—33. enth., 3., m. ein. Sachregist. verm. Ausg. (39½ B.) 831. * 1 Thlr., 3. d. J. 1833—36. enth. (15½ B.) 838. * ⅓ Thlr.] *

—— Handbuch zum Amtsblatte d. Regierung zu Minden, enth. alle in d. 22 Jahren, v. 1814 bis incl. 1838 durch dasselbe bekannt gemachten, die Gerichtspflegen u. gesammte Verwaltung betreff. allerh. Kabinets-Ordres rc., nebst deren Abändern. u. Erläutern. nach ihrem materiellen Inhalte in 73 alphabet. geord. Kapit., systemat. u. chronolog. bearb. gr. 8. (33 B.) Minden 839, Eßmann.

—— Leitfaden zur theoret. u. pract. Kenntniß d. Gemeinheitstheilungen u. Ablösungen, gegründet auf die deshalb in d. Königrn. Preußen u. Sachsen unt. d. 7. Juni 1821. u. 17. März 1832. ergang. allerh. Gesetze, u. seither gemachten Erfahrn., mit mehr. Mustern z. Berechn. d. Realwerths d. Grundstücke rc. gr. 8. (12 B.) Meißen 839, Goedsche.

—— Sammlung der d. Verpflegungswesen d. preuß. Militairs betreff. Anordnn., u. Anleit. zur kürzern, bequemen u. sichern Berechn. der zur Armee-Verpflegung in u. außer d. Garnisonen, rc. vorschriftsmäßig erforderl. Gegenstände, u. Anfertigung d. darüber zu ertheil. Quittungen. 4. (9½ B.) Magdeburg 839, Bühler'sche Buchh.

Fischer, C. C. G., collectio proverb. et sentent. notab. 8. maj. Halae, Hendel, 792.

Fischer, C. C. G., Collectio proverb. et sentent. notabilium. Sprüchwörter u. sittl. Denksprüche. 8 maj. Halle 793. Hendel. 14 ℊ

Fischer, C. E.

— Denkmal des Postm. J. C. Fischer. gr. 8. Ebend. 797.

Fischer, C. E., Jesus Christus, e. Erzählung f. verständ. Kinder. 8. Leipz. 794. (W. Vogel). 6 ℊ

Fischer, C. F., s.a. Fischer, Christian Friedrich Emanuel

Fischer, C. F., Promptuarium juris feudalis. III Tomi. 8. maj. Lips. Martini, 801—3. (I. 1 Thlr. 8 gr. II. et III. à 20 gr.).

Fischer, C. F., und C. F. Wittig, die Schnellpresse, s. Wittig, C. F.

Fischer, C. H.

Katalog der ... Sammlung Alt-Meissner Porzellan aller Stilrichtungen d. 18. Jahrh. nebst e. Anh., Porzellan anderer Manufakturen d. Rentners C. H. Fischer in Dresden. Versteigerung zu Cöln Okt. 1906 bei J. M. Heberle (H. Lempertz' Söhne). (Vorr.: Prof. [Otto] v. Falke.) Cöln 1906: M. Du Mont Schauberg. (164 S., 49 Taf.) 4°(8°) [o. 13937 8

Fischer, C. J., Rechen-Tabelle üb. die Einheitssätze von 15—30 Pfennige d. Markmünzfußes nebst Umwandlungs-Tabelle von Gulden u. Kreuzer in Mark u. Pfennige. Schmal.-Fol. (66 autograph. S.) Saarbrücken 874. Moellinger. n. 2 —

Fischer, C. L., 15 Predigten, mit einem Vorbericht enth. die Rechnung über die Liebesgaben zur Erwerbung eines Kirchenbauplatzes und zur Erbauung einer evangel. Kirche in Schirotzken. gr. 8. (XVIII und 177 S.) Berlin 867, Beck. *

Fischer, C. M. Anleitung für die Zither. Op. 1. 4. Auflage. Nürnberg. [quer 8°.]

— C. Ph., De Platonica de animi immortalitate doctrina. Gel. 1845. 14 S.

— C. P., De principiis Aristotelicae de anima doctrinae. Gel. 1845. 14 S. 1.—

Fischer, C. R., de θεοδρομοις vet. eccl. legatis. Cob. 1718. 8.

Fischer, C. W. Mnemosyne u. Caissa. Die Kunst, das Merken im Schachspiel zu erleichtern. Praktische Anleitg. zur Mnemotechnik, zur Versinnlichg. d. Schachbrettes u. Vorausberechng. der Züge, zum Merken v. Schachpositionen, Spieleröffngn. u. Partien, zur Erlerng. d. Blindschachspiels u. Ausführg. v. Rösselsprüngen ohne Brettansicht u. s. w. Mit 135 Diagrammen. gr. 8. (IV, 132 S.) Hagen i. W. 890. (Lpz., Gracklauer.) ** 5 —

Fischer, C. W. L., Göthe's Denkmal, nebst e. Plane zu einem ächtkünstler. National-Denkmale. 8. Leipz. 821. Kollmann. 8 gr.

Fischer, C. W. Th., Erzählungen aus Rom, s. a. Kennst du das Land? 18. u. 19. Bd.

Erzählungen aus Rom. Von C. W. Th. Fischer. *Leipzig: C. G. Naumann [1900].* (122 S.) 8° [F.]
— Kennst du das Land? Bd 18. [o. 10787

Fischer, Carl s. Fischer, Karl

Fischer, Caroline Auguste, s. Fischer, Karoline Auguste

Fischer, Caspar s. Fischer, Kaspar

Fischeri, Ch., de insignibus bonarum literarum in Italia instauratoribus. Jen. 711. 4.

Fischer, Ch., Lehr- u. Trostschule oder Hauspostille. 8. Altdorf. 762.

— — dasselbe. Nürnberg, Endter.

Fischer, Ch., s. Hnr. Masterton.

— Wirthschaftsbeamter. s. Schweser.

Fischer, Charles

— D'Alembert an Friedrich II. über die Theilung Polens. Amsterdam u. Cologne 1808. 8.

Fischer, Charles S. [Brooklyn, U. S. A.]: Über die quantitative Bestimmung des Glycocolls in den Zersetzungsproducten der Gelatine ... Strassburg, K. J. Trübner, 1894; 1 Bl., 15 S. 8.
Strassburg, Math.-naturw. Fak., Inaug.-Diss. v. 1894

Fischer, Charlotte, neue Original-Polterabend-Gedichte. 8. (3 B.) Hamburg 844, Berendsohn. *

—— dass. Redact.: Heinr. Löffel. (2. Jahrg.) 1846. 52 Nrn. (½ B.) Lex.-8. Berlin. (Wolff u. Münster.) *

Fischer, Chr. v., die Feld-Kochkunst. gr. 12. (5⅔ B.) Berlin 833, Reimer.

—— (?) Forschungen im Militair-Gebiete. 1. Hft. A. u. d. T.: Infanterie geg. feindl. Kavallerie. gr. 8. (5½ B.) Danzig 833, Gerhard.

Fischer, Chr., s. *Polymnie*, ou choix etc.

Fischer, Chr. A.

Fischer, C. A., Berechnung d. Branntwein- u. Spiritus-Preise von 40 bis mit 100 Grad Alkohol, nach Tralles, v. 1 Quart bis mit 10 u. mehr Eimer, zu dem wahrscheinl. niedrigsten bis höchsten Betrage, nebst Anweis. z. richt. Gebr. d. Branntweinwagen, Vergleichung d. Cortierschen, Richterschen u. Trallesschen Alkoholometer, d. preuß. u. sächs. Quart-, Kannen- u. Eimer-Gemäßes, u. d. preuß. Silber-Scheidemünze mit Courant etc. qu. 4. (16 B.) Quedlinburg 836, Basse.

Fischer, C. A.: „Berechnung der Verhältnisse zwischen dem im Herzogthum Sachsen zeither üblich gewesenen Dresdner und Leipziger Maass und Gewicht und dem preussischen", Annaberg 1818. — Vorh.: Preuß. Staatsb. Berlin (Sammlg. preuß. statistisches Landesamt).

Fischer, Ch. A., tabellar. Berechnung der Verhältnisse zwischen dem in Sachsen üblichen Dresdner und Leipziger Maaße und Gewichte, nach dem in Gemäßheit der Verordnung vom 16. Mai 1816 in den gesammten Königl. Preuß. Staaten gültigen Maaße und Gewichte. gr. 4. Leipzig, Sühring. 820.

Fischer, Chr. A., tabellar. Berechnung der Verhältnisse zwischen dem in Sachsen üblichen Dresdner u. Leipziger Maaße u. Gewichte, nach dem in Gemäßheit der Verordnung vom 16. Mai 1816 in d. gesammten Königl. Preuß. Staaten gültigen Maaße u. Gewichte. gr. 4. Leipz. 820. N. Aufl. 821. (Klinkhardt). 18 gr.

—der geübte Chausseegeld-Einnehmer u. sein Revisor, oder die schnellste u. richtigste Berechnung A. der empfangenen Chaussee-Zettel, B. des Geldbetrags der verbrauchten Zettel nach ihren 20 verschied. Sätzen und C. der davon zu beziehenden Tantième oder Hegegebühren, nach 5 bis mit 25 Prozent. ... Minden 840. Eßmann. ½ ₰

Fischer, C. A., der geübte Chausseegeld-Einnehmer u. sein Revisor, od. d. schnellste u. richtigste Berechn. A. der empfang. Chaussee-Zettel, B. des Geldbetrags d. verbrauchten Zettel nach ihren 20 verschied. Sätzen, u. C. u. D. der davon zu beziehenden Tantieme, od. Hebegebühren, nach 5 bis mit 25 Prozent. gr. 8. (3¼ B.) Minden 841, Eßmann. *

Fischer, Chr. Fr., Anleitung zur Schön- u. Schnell-Schreibekunst. qu. gr. 4. Bern 833. (Fischer u. Comp.) 11/12 ₰

Fischer, Chr. Fr., ein Versuch der Beantwortung der Frage: „Wie ist der Sprachstreit in Posen für beide Partheien vortheilhaft u. radical zu schlichten?" Wittenberg 862. Herrosé in Comm. gr. 8. (44 S.) n. 6 ngr.

Fischer, Chr. G., der geschwinde Grieche. 8. Alteub. (Acad. Buchhandl. in Jena). 757.

v. Fischer, Chr. Hiek. Hnr., († d. 9. Dec. 1796.) s. a. Anmerkk. üb. die Fruchtsperre.

(Fischer, C. H. H. von): „Patriotische Anmerkungen über die dermalige Fruchtsperre", Frankfurt a. M. 1771. — Vorh.: Com. Bibl. Hamburg.

— s. Beschaffenheit d. Fränk. Collegii.

— s. a. Gedanken über Getreidesperre.

Fischer, C. H. H., Gedanken üb. Getraidesperre. Fol. Frankf. Varrentrapp u. W. 772. Rthlr.

— s. Geschlechtsreihe, d. H. Ysenburg.

Fischer, v., Vorschl. zur Erricht. eines Getraidehandlungs-Comtoirs. 8. Th. Ehrenbreitstein, Gebra. 790. Rthlr.

Fischer, Chr. Ph., († d. 23. März 1819.) s. 1) Baumé, Lungensucht. 2) Latour, Rheumatismus. 3) A. Leroi, Heilkunde. 4) Nachr. u. Ausz. aus d. Handschriften. 5) Thiery, Beobachtt.

Fischer, Ch. Ph., Diss. sistens historiam hemicraniae. 41 pp. Jen. 4°.
Blumenbach, II, 481.

Fischer, Chrstn., Dialoge. Eine Sammlung von Declamationen in Gesprächform, ernsten und heitern Inhalts, in Poesie und Prosa, zur Belehrung und Unterhaltung für Jünglings-Vereine, literar. Gesellschaften und den Familienkreis. 8. (120 S.) Philadelphia 876, (Schäfer und Koradi.) geb.

Fischer, Christian [Marine-Assistenzarzt aus Coburg]: Aus d. patholog. Institute zu Kiel. Einige Fälle von heteroplastischen Osteomen. . . . Coburg, Druck d. Dietz'schen Hofbuchdr., 1888; 28 S. 8°
Kiel, Med. Fak., Inaug.-Diss. v. 7. Febr. 1889

Fischer, Christian, Ref. in Chemnitz: Die Haftung der Gastwirte bei Einbringung von Sachen nach deutschem bürgerlichem Recht. Borna-Leipzig 1906: R. Noske. (IX, 82 S.) 8° [F.]
Leipzig, Jur. Fak., Diss. v. 3. März 1906
[Geb. 16. Febr. 78 Hohenheida; Wohnort: Chemnitz; Staatsangeh.: Sachsen; Vorbildung: Gymn. Schneeberg Reife O. 98; Studium: Freiburg i. B. 1, Leipzig 1, Freiburg i. B. 1, Leipzig 4 S; Rig. 6. Febr. 02.]

Fischer, Christian. Zwei Prozesse im preußischen Polen (gegen Isabella v. Kurnatowska und Komplicen u. Joh. von Rembowski) aktenmäßig dargestellt. Berlin, F. Schneider und Comp. 1848. 36 S. 8.

Fischer, Christian August
Pseud.: Althing
Althing, Christian
Fröhlichsheim, Felix
Pruzum, Adam Theobald
Schwamm, Gottvertraut

ALTHING, Christian *[Chrn. Aug. Fischer]*, geb. 20. Aug. 1771 zu Leipzig, stud. das. 1788—92, machte Reisen durch die Schweiz, Italien, Frankreich, Spanien, Holland und Rußland, lebte seit 1798 für sich in Dresden, 1804 mit d. Titel eines meiningen'schen Legationsraths, Prof. d. Culturgeschichte u. schönen Litt. in Würzburg, 1817 entlassen. Wegen Beleidigung des bayer. Ministers v. Lerchenfeld zu 4 jähr. Festungsarrest verurtheilt, den er 1820—24 verbüßte. Lebte dann in Frankfurt, Bonn und Mainz, † das. 14. Apr. 1829: (Goedeke II. 1140.) *

– s. Barthélemy, Anacharsis Reise

§ **UEBER** die falschen Bäuche. Eine histor.-moral. Abhandlung von einem Liebhaber physischer Untersuchungen (von *Chrn. Aug. Fischer*). Königsberg u. Riga 1796. 8°. Sehr selten!

-- die falschen Bäuche. von einem Liebhaber physischer Untersuchungen *(Chrn. Aug. Fischer)*. Königsberg und Riga 1796.

— Bergreisen. 2 Thle., mit 2 Karten. 8. Leipz. 803 u. 5. Hartknoch. 2 ₰ 6 gl Schrbp. 3 ₰ 20 gl

– s. a. Beitr. z. Kenntniß d. Span. Besitzungen in Amerika.

— Beyträge zur genauen Kenntniß der Span. Besitzungen in Amerika. a. d. Span. übers. 8. Dresd. Beger. 802.

Fischer, Christian August. Bergreisen. 1. Th. Die Pyrenäen. 2. Th. Die savoyischen Alpen. Mit Karten. (2 Bde.)
8. Leipzig 1804—1805.

— Biographie unglückl. Könige, s. a. Könige, die wahnsinnigen.

Fischer, Chri. Aug. Biographie unglücklicher Könige. [Erich XIV. und Karl VI. von Frankreich.] 8. Königsberg 1797.

— Biographien unglücklicher Könige. Ebd. 1800. 8°.
Goedeke V, 520, 9.

— Biographie unglückl. (wahnsinniger) Könige. 8. Königsb. . . . 2e Aufl. 810. (Gebhardt in Grimma). 16 gl

– s. Bourgoing, Reise.

— Briefe eines Südländers. 8. Leipz. 804. (Wienbrack). 1 ₰

– s. J. Clark, über Süd-Europa.

Fischer, Chr. Aug., Coleccion nueva y selecta de Cartas Mercantiles-Originales-Españolas. Va seguida de una lista alfabét. de las abréviaturas las mas usitadas en cartes-mercant., y de un vocabulario español-frances de las voces princip. que se suelen usar en el comercio. — A. u. d. T.: Collection choisie de Lettres de commerce espagnoles etc. gr. in-12. (12½ B.) Moguncia 831, Kupferberg.

— Collection complète de lettres, Proclamations, Discours, Messages etc. de Napoléon le grand etc. Rédigée d'après le Moniteur etc. gr. 8. Leips. Graeff.

Fischer, C. A.: Collection générale des pièces officielles qui servent à l'histoire diplomatique de la France, depuis 1792 jusqu'à 1812. à *Tubingue*. 815. 8.

Fischer, (Chr. A.,) über Collegien u. Collegienhefte, od. erprobte Anleitung zum zweckmäß. Hören u. Nachschreiben, sowohl d. academischen, als d. höheren Gymnasial-Vorlesungen. gr. 8. Bonn 826, Habicht.

SCHWAMM, Gottvertraut (d. i. *Chrn. Aug. Fischer*), Conrad, ein komischer Roman. Mit Titelkpfr. Glückstadt, 1797, bei Traugott Pilz in der neuen Verlagsbuchhandlung (Riga, Hartknoch). 8°. (6 Mk., Leihbiblexpl., Koebner, Breslau, vor 1885; 3 Rthl. Scheible, vor 1875.)
Titel u. 262 SS. Sehr selten! Ebeling III. p. 626.

– s. Constitutionen.

– s. Coopers sämmtl. Werke. 16–66 Bdchen.

— Curiositäten-Almanach, s. Curiositäten-Almanach.

ALTHING, Sechs Dienstnächte einer jungen Dame. Erzählt in Briefen und als Seitenstück zu mehreren anderen Schriften aon (statt von!) Ch. Althing. Mit einem amusanten Anhang. Rom und Paris, 1868. 12°. 64 SS.
[E. I, 58.]
(Der Anhang umfaßt hiervon nicht weniger als fast die Hälfte, nämlich die SS 38 bis 64. Seinen Inhalt bilden folgende Gedichte: Heinrich IV. zu Canossa; Lot und seine Töchter; Das Pützchen; Die Entbindung zu Abdera.)

– s. J. Erichson.

– s. Etholinde

— polit. Fabeln. 8. Königsb. 796. (Kummer in Leipz.) 16 gl

— die savoyardische Familie. 8. Riga 797. Hartknoch in Lpz. 12 gl

– s. Fel. v. Fröhlichsheim.

— Gemälde von Madrid. 8. Berl. 802. (Reimer). 2 ₰

Fischer, Chrn. Aug., Gemälde von Madrid. Berlin, bei Johann Friedrich Unger, 1802. 8°. (6 Mk. F. Waldau, 1908:)

— neuestes Gemälde von Brasilien. 2 Bde. Mit Kupf. (auch unter dem Titel: Miniaturgemälde aus der Länder- und Völkerkunde. Neue Folge. 16 Bdchn.) 12. Pesth. Hartleben. 816.

— neuestes Gemälde v. Brasilien. 2 Bde., mit 10 Kpf. 16. Pesth u. Leipz. 819. Hartleben. 1 ₰ (vgl. Miniatur-Gemälde.)

Fischer, Chrn. Aug. (nachher *Chrn. Althing* [s. d.] ps.), Neueste Gemälde von Spanien. Wien 1800. (Rep. ibid. 1801.)

Nachdrucke von: Reise von Amsterdam über Madrid und Catiz (!) nach Genua in den Jahren 1797 und 1798. Berlin 1799; 2. vermehrte Aufl. Ebd. 1801. 8°. 534 S. (9 Mk. H. Streisand, Berlin, 1908.)

— neuestes Gemälde v. Spanien im J. 1808, nach Alex. Laborde. 2 Thle. 8. Leipz. 809, 10. (Wienbrack). 3 ß 8 g (Auch u. d. T.: Wegweiser durch Spanien 2c.)

—— neuestes Gemälde v. Wiesbaden u. Schwalbach, z. Gebr. d. Kurgäste bestimmt. 16. (10 B.) Frankfurt a. M. 828, [Fr. Wilmans Brlsh.]

—— dass. m. 16 ill. Kpfr. 2 Thlr. 12 Gr., ill.

— Gemälde v. Valencia. 2 Thle. 8. Lpz. 803. (Wienbrack). 3 ß 8 g Dass. französ., s. unten: *Tableau.*

— über Genf u. den Genfer See. gr. 8. Berl. 796. Vieweg in Braunschw. 1 ß 8 g Belinp. 2 ß

— Geschichte seiner Amtsführung und Entlassung. Von ihm selbst geschrieben, herausgegeb. von Dr. Fr. Eckard. 8. Dresden, Hartknoch. 818.
Auf Velinpap.

Geschichte der Amtsführung und Entlassung des Professors C. A. Fischer in Würzburg, von ihm selbst geschrieben. Herausg. v. Dr. Herrman Eckard. Leipzig 1818, bei Joh. Friedr. Hartknoch. 8°.

Titel, 1 Bl. (An die Leser) u. 188 S. Steht auch in Kotzebue's Literar. Wochenblatt. Bd. 1. (3. Aufl.) Weimar 1818, in der Hof-Buchhandlung der Gebrüder Hoffmann. 4°. S. 50 ff.

Fischer, Chn Aug., über die Geschichte seiner Amtsführung und Entlassung in Würzburg. Stuttgart 1819. V: *Roth, Carl Johann Frdr.* (Ky)

Fischer, Chr. Aug.; üb. die Geschichte seiner Amtsführung u. Entlassung in Würzburg. 8. Stuttg. 819. Steinkopf. 2 g

– s. a. Gespräche, Span.-deutsche.

— span. deutsche Gespräche über Gegenstände des gemeinen Lebens, der Politik u. Handlung. 8. Dresd. Gerlach. 799.

— spanisch-deutsche Gespräche über Gegenstände d. gemei..en Lebens, der Politik u. der Handlung. 8. Leipz. 806. (W. Nauck). 10 g

Fischer, spanisch deutsche Gespräche üb. Gegenstände d. gemeinen Lebens, der Politik u. des Handels. 8. Leipz. Sommer. 806.

— Grundriß einer neuen systematischen Darstellung der Statistik als Wissenschaft. 8. Elberf. 825. Weise. 12 g

— Guide le plus recent pour le Voyage du Rhin depuis Mayence jusqu'à Cologne, trad. par J. Lendroy. 12. Frankf. 827, Fr. Wilmanns. 1 Rthlr. 8 gr. mit 80 Kupf. 9 Rthlr. illum.

– s. Harriot's Reiseabentheuer.

— die merkwürdige Heilungsgeschichte der Fürstin Mathilde von Schwarzenberg, unpartheiisch dargestellt u. beleuchtet. 2 Hefte. 8. Berl. 821.

– s. Hume's Geist, u. dess. polit. Zweifel u. Republik.

Fischer, Chr. Aug., Hyacinthen. Taschenbuch auf das J. 1825. A. u. d. T.: Hyacinthen in meinem Kerker gezogen. 16. Frkf. a. M. 824. Sauerländer. 1 ß

– s. W. Irving, sämmtl. Werke.

— Kabinetsstücke eines Gefangenen. 2 Bdchn. A. u. d. Titeln: 1s Bdchen. Die Liebe im Kerker, 5 Erzählungen. 2s Bdchen. Arabesken. 8. Frankf. 825. (Gebhardt in Grimma). 2 ß 12 g Hbg. Pr. 1 ß 18 g

§ **FRÖHLICHSHEIM,** Felix v. (d. i. *Chrn. Aug. Fischer = Althing* ps., 1771—1829), Katzensprünge in und um Frankfurt am Main herum im Herbste 1820. Gedruckt an der Gränze von Darmstadt 1821. 8°. 2 Bll. u. 43 S. (2 Mk. 50 Pfg. Jos. Baer & Co., c. 1886.) (In München: It. sing. 351 a.)

— Katzensprung von Frankfurt am Main nach München im Herbste 1820. Leipzig, Hartknoch, 1821. 8°. (3 Mk. d. Vorige.) (In Dresden: Geogr. Germ., 8°, 329 m.)

Dieses Buch bildete den Grund zu Fischer's Verurtheilung zu 4 jähr. Festungshaft in Würzburg, weil es Beleidigungen des bayerischen Ministers v. Lerchenfeld enthielt.

KÖNIGE, Die wahnsinnigen (von *Chrn. Aug. Fischer*). Königsberg 1796. 8°.

— Kriegs- u. Reisefahrten. 2 Bde. 8. Leipz. 821 u. 22. Hartknoch. 3 ß

— neue Kriegs- u. Reisefahrten. 1r u. 2r Thl. A. u. d. T.: Romant. Kriegs- u. Lebensabentheuer. 8. Frankf. 825—27. Sauerländer. (à 1 ß 18 g) 3 ß 12 g

— über die Küsse. gr. 8. u. 8. Dresd. u. Mitau 796. Gerlach. 3 g

— Dasselbe, wörtlich nachgedr. in: Taschenkalender der Englischen und Teutschen Moden. Frankfurt 1798. S. 20—35.

– s. Leopold II., e. Rhapsodie.

— neues französ. diplomat. Lesebuch. gr. 8. Leipz. 808. Wienbrack. 2 ß 4 g (Vgl. *Collection* générale et complète de tout. les pièces etc.)

Fischer, Ch. A.: „Neues französisches diplomatisches Lesebuch oder Sammlung französischer Originalaufsätze über diplomatisch-politische Gegenstände der neuesten Zeit", Leipzig 1808 (Gräff); 2. Auflage, 2 Teile, ebenda 1812. (Auch mit französ. Titel).

— neues span. Lesebuch über polit. u. merkantil. Gegenstände. 1r Thl. 8. Leipz. 799. Kühn. 21 g

Manuscript aus Süd-Deutschland. Hrgg. v. George Erichson [d. i.: Christian August Fischer]. London [d. i.: Stuttgart]. 1820. 8°.

– s. A. T. M. Mendoza y Rios.

— spanische Miscellen, 1s Stück. 8. Berl. 803. (Reimer). 1 ß

— Spanische Novellen. 8. Berl. 801. (Reimer). 1 ß

— span. Novellen; ist jetzt Verlag d. Realschulbuchhandl. in Berlin.

— die drei Ostindienfahrer, abentheuerl. Geschichte. 8. Pesth 817. Hartleben. 1 ß 18 g

— Phantasus, e. Erzählung. 8. Zwickau 809. Schumann. 21 g

Ueber die Posteriora. Eine physiologisch- historisch- philosophisch- litterärische Abhandlung vom Adam Theobald Pruzum [d.i. Christian August Fischer]. Buslar 1794: Gedr. auf Kosten e. Hypochondristen. 48 S. 8°

Beigeb.: Fischer, Christian August: Ueber die Priora als Nachbaren der Posteriora. Buslar 1795.

Ueber die Priora als Nachbarn der Posteriora. Eine physiologisch- historisch- philosophisch- litterärische Abhandlung. ...von Pruzum, dem Jüngern [d. i. Christian August Fischer]. Buslar 1795: Gedr. auf Kosten e. Menschenfreundes. 62 S. 8°

Angeb. an: Fischer, Christian August: Ueber die Posteriora. Buslar 1794.

– s.a. Pruzum.

Fischer, Christian August: Ueber die Quarantäne-Anstalten zu Marseille. 156 S., gbd.

Leipzig: Hartknoch 1805

JB 5.169

— Reise von Amsterdam über Madrid u. Cadix nach Genua, in d. J. 1797 u. 98. 8. Berl. 799. 2e Aufl. 801. (Herbig). 2 ℛ

— Reise nach Hyeres, s.a. oben Reise nach Frankreich.

— Reise nach Hyeres 1804. 8. Leipz. Hartknoch. 805.

— Reise v. Leipzig nach Heidelberg 1805. 8. Görlitz 805. (Anton in Halle). 12 ℊ

— Reise von Leipzig nach Heidelberg, 1805. 8. Görlitz, Anton. 808.

- Reise von Livorno nach London, im Sommer u. Herbst 1818. 8. Leipz. 819. Hartknoch. 2 ℛ Velinp. 3 ℛ

— Reise nach Montpellier, s.a. oben Reisen d. Frankreich.

Fischer, Chrn. Aug. (sonst *Chrn. Althing* ps.), Reise nach Montpellier. Leipzig 1905.
Goedeke V, 521, 33 (ohne Formatsangabe).

— Reiseabentheuer. 2 Bde. 12. Leipz.... 2e Aufl. 803. (Wienbrack). 1 ℛ 16 ℊ Schweizer P. 2 ℛ 8 ℊ

— Reiseabentheuer. 2 Bde. 8. Leipz. Gräff. 805.
Schw. Pap.

— neue Reiseabentheuer. 4 Bde. 8. Dresd., Posen u. Lpz. 801—3. Kühn. 4 ℛ

— neue Reiseabentheuer. 4 Bdchn. 8. Augsb. Dalfenberg. (a. Pichler in Wien.) 803.

— allgemeine unterhaltende Reisebibliothek, nach ausländischen Originalen ästhetisch bearbeitet. 4 Thle. 8. Berlin, Schade. (a. Unger). 806–809. (1r 2r 3r, à 1 Thlr. 8 gr. 4r 1 Thlr.).
Engl. Pap. (1r 2r 3r à 2 Thlr. 4r 1 Thlr. 12 gr.).

— allgem. unterhaltende Reisebibliothek nach ausländischen Originalien ästhetisch bearbeitet. 4 Thle. 8. Berl. 806—9. Unger. (Herbig). 5 ℛ Hbg. Pr. 4 ℛ

— Reisen in das südliche Frankreich, in d. J. 1803 u. 4. 2 Bde. (1r Bd. Reisen nach Montpellier. 1 ℛ 12 ℊ 2r Bd. Auch u. dem T.: Reise nach Hyeres im Winter 1803 u. 4. 1 ℛ 12 ℊ) 8. Leipz. 805. Hartknoch. 3 ℛ Holl. P. 4 ℛ Velinp. 5 ℛ 8 ℊ

– s. Reisen d. einen Theil d. westl. Frankreichs.

— komische Romane der Spanier. 2 Bde. (1r Bd. A. u. d. T.: Abentheuer u. Streiche e. span. Kniff- u. Pfiffgenies. 1 ℛ 4 ℊ 2r Bd. A. u. d. T.: Geständnisse e. Weltkindes. 1 ℛ 4 ℊ) 8. Leipz. 801 u. 2. Hartknoch. 2 ℛ 8 ℊ

– s. St. Sauveur Reisen.

– s. G. Schwann.

– s.a. Skizzen aus d. Feen- u. Geisterwelt.

SKIZZEN aus der Feen- und Geisterwelt (von *Chrn. August Fischer*, später *Althing* ps.). Leipzig, bey Johann Gottlob Beygang, 1791. 8°. VIII—168 S. (1/2 Rthl.) (2 Mk. 50 Pfg., nicht saub. Expl., A. Buchholz, München, 1908.)
Erstes literar. Produkt des Verfassers, seinen Freunden Kühn u. Laurentius gewidmet.
Inh.: 1. Schönröschen (nach dem Prince invisible der Mme. *Levesque*). 2. Das Orakel; nach einer thibetanischen Hdschr. (aus d. Engl. Novell.-Magaz.). 3. Magiscatzin; aus einer indischen Hdschr. (aus demselb. Magaz.). 4. Die Quellen (aus d. Europ. Magaz. Jun. 1787). 5. Zilim u. Selena, od. die eheliche Liebe. 6. Roxane. 7. Venus u. die Täubchen. (Nur dieses 2 S. füllende Stück ist von des Verf. Erfindung.)
Anon.-Lex. IV. p. 91 (nach Meusel, Scriba, Kayser), wo die folg. Ausgabe fehlt.

— — Dasselbe, titulo: Skizzen für Romanen-Freunde. Neue Ausgabe. Ebd. 1802. 8°. VIII—164 S.
Kayser p. 117.

SOPHIE oder der Einsiedler am Genfersee (von *Chrn. Aug. Fischer*). Leipzig 1794. 8°.
Neue Allg. dtsch. Bibl. 23, 532; 64, 94.

Fischer, Chr. Aug., Sophie, od. die Einsiedlerin am Genfersee. 3 Thle. 8. Leipz. 795. 2e A. 800. Kühn. 2 ℛ

— **Christian August** (Dresden), De successione fisci in gerada. Disp. jur. Präs. Johann Florenz Rivinus. Lpz. (Imman. Titius) 9. VIII. 1725. 32 S. (5.—) 8893
Gewidmet: Gottlob Hieronymus v. Leipziger (Heyda).

— Tableau de Valence, ou description du paradis, trad. par K. F. Kramer. gr. 8. Leipz. 808. Reclam. 1 ℛ 12 ℊ

ALTHING, Christian (C. A. Fischer), Dramatische Tändeleien. Mit 1 Titelkupfer. F. Kaiser del. sc. Weimar. Leipzig, H. Gräff, 1801. 12°.

– s. Tanz- u. Ball-Kalender.

Fischer, Chr. Aug., Taschenbibliothek d. neuesten unterhalt. Reisebeschreibungen, s.a. 8. Bd.: Taschenbibliothek.

Fischer, Christian August [Bearb.]
Taschen-Bibliothek der neuesten unterhaltendsten Reisebeschreibungen. Nach ausländischen Originalen bearb. Bdchn 1.2.
Frankfurt a.M.: Wilmans 1827. 8°

— den Umgang der Weiber mit Männern (von *Chrn. Aug. Fischer*). Ein nothwendiger *Anhang* zu (dem zahmen Roman der *Caroline v. Wobeser*): „Elisa, oder das Weib, wie es sein sollte." Leipzig, H. Gräff, 1800. 8°.

FISCHER, Chr. A. Über den Umgang der Weiber mit Männern. Ein notwendiger Anhang zu der bekannten Schrift: Elisa, oder Das Weib, wie es seyn sollte. 2. Aufl. Leipzig 1802. 8°. 138 S.

VANINI, die Glücklichste u. Unglücklichste ihres Geschlechts. Oder: wahre Lebens-, Liebes- u. Leidensgeschichte einer in Deutschland sehr bekannten Dame. Nebst der ausführlichen Beschreibung ihrer drey erlittenen Schiffbrüche, ihres Aufenthalts im Serail des Gross-Sultans in Konstantinopel u. ihrer zuletzt in Frankreich gehabten höchst tragischen Schicksale, bis zur Schlacht bey Austerlitz in Mähren. (Verf.: *Chrn. Althing* = *Chrn. Aug. Fischer.*) Haag u. Leipzig (Posen, bei Kühn) 1806. 8°.
Tit. u. 278 SS., nebst 1 Bl. Druckf. (10 Mk. Kühl; 4 Rthlr. Scheible.) Einer der pikantesten Althing'schen Romane, der zuerst unter dem Titel erschien: „Gustchens Geschichte, oder eben so muss es kommen, um Jungfer zu bleiben. Seitenstück zu Hannchens Hin- und Herzügen. Stambul und Avignon (Posen, bei Kühn) 1805". Sehr selten! — S. *Althing*.
Anon.-Lex. IV. p. 280 (nach Hayn).

– s. Voltaire's polit. Ideen.

— neuester Wegweiser für die Rheinreise von Mainz bis Köln. gr. 12. Frankf. a. M. 827. Fr. Wilmanns. 1 ℛ 8 ℊ 104 Ansichten dazu 7 ℛ 12 ℊ ill. 15 ℛ

— Dass. ins Französ. übers. von J. Lendroy: Guide, le plus recent, pour le voyage du Rhin etc. 12. Ebd. 827. Dies. Pr.

– s. Coop. Willyams Geschichte.

Fischer, Christian Ernst

— Abhandl. vom Krebse des Ohres, mit 1 Kpf. gr. 4. Jena. (Lüneb.) 804. Herold u. W. 8 gr

— s. Annalen, klinische.

— Bemerkk. über die engl. Geburtshülfe. Mit 1 Kpft. 8. Gött. 797. Dieterich. 12 gr

— medicin. u. chirurg. Bemerkk. über London. 8. Götting. 796. Dieterich. 12 gr

— Commentatio de cancro auris humanae, cum tab. aen. 4 maj. Läneb. 804. Herold u. W. 8 gr

— Diss. inaug. med. de mensibus suppressis. 4. Gött. 793. Dieterich. 8 gr

— Nachrr. von dem herzogl. medicin. chirurg. Klinikum in Jena. 8. Jena 805. Frommann. 3 gr

Fischer, Christian Ernst: Versuch einer Anleitung zur medizinischen Armenpraxis. 398 S., gbd.

Göttingen: Dieterich 1799

JB 2.356

— **Christian Friedrich** (Lübeck), Dissertatio de origine et fontibus juris Lubecensis ejusque usu, autoritate, elogio et subsidiis. Präs. Ernst Joachim Westphal. Rostock (Schwiegerov) 22. XI. 1727. 86 S. (6.—) 8894
Gew.: Ad. Matth. u. Herm. Rodde, Heinr. Balemann, Joh. Heinr. Schaevius, Heinr. v. Broemsen, Christian Albert Niemann. — Widm. v.: Ern. Joh. Fried. Mantzel, Präs.

— — (Droesig), Quaestio juris controv. an patrem habenti hodie tutor dari possit. Präs. Christian Heinr. Breuning. Lpz. (Langenheim) 3. X. 1775. 8 S. (2.80) 8895

Fischer, Christian Friedrich Emanuel

— Annalen, Verhandll. u. Arbeiten der ökonomisch-patriot. Societät der Fürstenthümer Schweidnitz u. Jauer, s. Verhandll.

Fischer, Ch. F. Emm. Kurze Beschreibung der Denkwürdigkeiten, polit. u. kirchl. Veränderungen zu Jauer im 18. Jahrh. 8. Jauer [1801].

— Chronik d. schles. Kreisstadt Jauer, von 1808 bis 1817, nach handschriftl. Urkunden. 8. Jauer 818.

– s. a. Geschichte u. Beschreib. d. ehemal. Burgvesten u. Ritterschlösser.

(Fischer, C. F.) Geschichte u. Beschreibung der ehemaligen Burgvesten u. Ritterschlösser der preussischen Monarchie. I. 8. Breslau 1822. 2,00.

Fischer, Chr. F. Emm., Geschichte u. Beschreib. der schles. Stadt Jauer. 3 Thle. 8. Bresl. 803—5. Buchheister. 3 ℛß

Fischer, Chr. F. Emm., kurze Geschichte d. evangel. Schulanstalt zu Jauer, seit Luthers Reformation bis zum westphäl. Frieden. 4. Jauer (817).

— geograph.-statist. Handbuch über Schlesien u. die Grafschaft Glatz. 2 Bde. 8. Bresl. 817, 18. Graß, Barth u. C. 3 ℛß

Fischer. C. F. C., geograph. statist. Handbuch über Schlesien und die Grafschaft Glatz. 2 Bde. 8. 817. 818. Breslau. Holäufer in Comm.

Fischer, Chr. F. Em., s. Rübezahl oder Volkssagen.

– s. Silesia.

— Uebersicht des ehemal. u. heutigen Zustandes d. evangel.-latein. Schule zu Jauer. 4. Jauer 806.

— Verhandlungen und Arbeiten der ökonomisch patriotischen Societät der Fürstenthümer Schweidnitz und Jauer. s. Verhandlungen.

— Zeitgeschichte d. Städte Schlesiens. 1r — 3r Bd., mit Kpf. u. Steindr. 8. Schweidnitz 819—21.

— **Christian Gabriel,** Quaestio philosophica an spiritus sint in loco? ex principiis rationis scientifice resoluta, cujus occasione plurimae ideae obscurissimae e. g. spiritus, spatii, loci, praesentiae, omnipraesentiae &c. accuratius evolvuntur . . Königsberg (Hallervord's Erb.) 1723. 31 Seiten. (5.50) 8896

— **Christian Gottfried** (Mark-Neukirchen), De fistula stercorea. Diss. med. Lpz. (Aug. Wieprecht) 20. XII. 1844. 20 S. (4.—) 8897

— **Christian Gotthilf** (Wittigsthal), Quaest. utrum filius sumtus studiorum conferre teneatur. Exercit. jurid. Präs. Fried. Gottlieb Zoller. Leipzig (Breitkopf) 6. IV. 1768. 12 S. (3.20) 8898

Fischer, Chrn. Glob., Abschieds-Predigt am 1. Adventsonntage 1870 beim Vormittagsgottesdienste in der Stadtkirche zu Borna. gr. 8. (15 S.) Borna 870. Gensel. -- 25

Fischer, Chrn. Glob., Tropfen aus dem Heilsbrunnen. Lieder für die häusliche u. öffentliche Andacht auf Grund der heil. Schrift nach kirchlichen Melodien. 2. Aufl. Leipzig 870. Serbe. gr. 8. (108 S.) 22½ ngr.

Fischer, Christian Karl, s. F i s c h e r , Karl

Fischer, Christoph: Fleißiges Herren-Auge / Oder Kluger und wohl-abgerichteter Hauß-Halter / Das ist: Gründlicher Unterricht von Bestell- und Führung eines nutz- und einträglichen Land-Lebens / und Wirthschafft / Worinnen Gar ausführlich / und aus vielfältiger Erfahrung / Anweisung geschiehet / wie nicht allein der Feld- und Acker-Bau / Teiche und Fischereyen / Brauerey / Brandwein-Brennen / Küchen- und Obst-Gärten / Weinberge / Waldungen und Gehöltz / Schäfferey- und andere Vieh-Zucht / sambt dem Geflügel-Wercke leicht / ordentlich und nützlich anzulegen / und zu führen / sondern auch wie die vorfallende mancherley Fehler / Hindernüsse / Abgang und Schäden zu verhüten oder zu verbessern sey. 4. Aufl., verb. Th. 1-3. Nürnberg: Rüdiger 1719. -- Es 1*

— institutiones hermeneuticae Novi Testamenti. 8. Prag 788.

F i s c h e r , P. Christoph, SJ.: „Oeconomiae Suburbanae", Pars I 1679, Pars II Pragae 1683. Deutsche Uebersetzung von Agatho Carione: „Fleißiges Herren-Auge, oder klug- und wol abgerichteter Haushalter", Nürnberg 1696. Neue Auflage: „Fleißiges Herrenauge, oder Landlebens- und Wirthschaftsunterricht", Nürnberg 1719.

— die heil. Schrift d. neuen Testaments, s. a. Testament.

Fischer, Cph., († d. 13. Jan. 1791.) die ganze heilige Schrift des A. u. N. Testaments nach d. angenomm. latein. Uebersetzung. Verb. Aufl. 8. Prag 781.

— — dasselbe. gr. 8. Prag, Widtmann. 784. Schreibp.

Fischer, Ch., über die heilige Schrift des neuen Testaments. gr. 8. Trier. (Göbhard in Bamberg). 794.

Chph. Jon. Fischer, Lehrbegrif sämmtlicher Kameral- und Polizeyrechte. Sowol von Teutschland überhaupt als insbesondere von den Preußischen Staaten. Frankfurt a. d. O., 1785. 3 Bde.

Fischer, Clara s. F i s c h e r, Klara

Fischer, Clemens s. F i s c h e r, Klemens

Fischer, Conrad s. F i s c h e r, Konrad

Fischer, Cuno s. F i s c h e r, Kuno

Fischer, Curt s. F i s c h e r, Kurt

Fischer, D. (Hrsg.), s.a. G e s e t z s a m m l u n g, Preußische bürgerliche.

Fischer, D., u. F. Schroeder, preuß. bürgerl. Gesetzsammlung. Sammlung d. noch gelt. Landesgesetze privatrechtl. Inhalts. 2 Bde. 8. Berlin, J. Guttentag. Geb. in Leinw. n. 20. —
1. Das allgemeine Landrecht m. den Einführungs-Patenten. (XVI, 565 S.) 901. n. 6. —
2. 1773–1902. (XX, 1372 S.) 902. n. 14. —

Fischer, D., Bad Velten am Wörthersee. Klimatischer Cur- u. Badeort in Kärnten. gr. 8. (10 S.) Wien 884. (Klagenfurt, Heyn.) n. — 60

Fischer, D. B.: Die Macht der Liebe Wurde an dem Myrthen-Feste des Herrn Carl Dieterich Bienemann ... und der ... Jungfrauen Anna Elisabeth Stegmannin ... bewundert von *D. B. Fischer*, der Weltweisheit und Gottesgelahrtheit Beflissenen. Liebau, den 6. Nov. 1748. 4°. 4 Bl.
„13 zehnzeilige Strophen."

Fischer, Dagobert

— Geschichte der Stadt **Zabern** im Elsaß seit ihrer Entstehung bis auf die gegenwärtige Zeit. Nach Quellen bearb. Mit e. (lith.) Abbildg. gr. 8. (VII, 248 S.) Zabern 874. Fuchs. n. 4. —

Fischer, Dagob., die ehemalige Abtei **Graufthal**. Historisch-topographisch dargestellt. 8. (24 S.) Zabern 875. Fuchs. n. — 70

Fischer, Dagob., die **Burgen** Groß- und Klein-Geroldseck [am Wasichen] historisch-topographisch dargestellt. 8. (60 S.) Zabern 875. Fuchs. *

— das Bergschloß **Hohbarr** [bei Zabern] historisch u. topographisch dargestellt. Mit 1 (lith.) Abbildg. gr. 8. (29 S.) Ebend. 874. n. — 65

— **Wangenburg**, Freudeneck, Schachenec u. Haselburg. Historisch-topographisch dargestellt. 8. (32 S.) Ebend. 875. n. — 70

— das ehemalige Amt **Waßlenheim** nach geschichtl. Quellen dargestellt. gr. 8. (54 S.) Straßburg 871. Noiriel. n. — 80

Fischer

— **Daniel** (Kesmark u. Liptau/Ungarn), De calore athmosphaerico. Commentation. phys. Bautzen (Dav. Richter) 1722. 68 S. (6.—) 8899
Gew.: Joh. Kanold (Breslau), Joh. Adam Reimann (Eperies).

— de remedio rust., **Variolas** per balneum etc. curandi. 4. Erf. Weber. 745.

— — idem l. 4. Gothae, Ettinger.

Fischer, Daniel [pr. Arzt aus Arnsberg]: Ueber die lumbo-dorsale Rhachischisis mit Knickung der Wirbelsäure nebst einem Fall von Myelocystocele lumbo-sacralis. ... Jena, Gustav Fischer, 1880; 28 S. + 1 Bl. 8°
Marburg, Med. Fak., Inaug.-Diss. v. [12. März] 1880

***Fischer**, Dan., Tentam. pneumol. phys. de mancipiis diaboli s. sagis. Viteb. 716. 4.

Fischer, Daniel: De terra medicinali Tokayensi, a chimicis quibusdam tractatus medicophysicus. 144 S., gbd.

Wratislaviae: Hubertus 1732

JB 1.554

Fischer, Dan., tractatus de **terra** medicin. Tokayensi. 4. Bresl. Meyer. 732.

Fischer, Dn. Bhrd., († im Juli 1781.) Nachr. von dem Vorbeigange der Venus vor der Sonne, wie dieselbe zu Königsberg 1761 d. 6. Jan. beobachtet worden. 8. Königsb. 761.

Fischer, Dorothea. Strick Buch. Worinnen nicht nur viele neve Zwickel, sondern nebst dem Alphabet und Zahlen auch viele Zierrathen befindlich. Mit Fleiß zusammen getragen von Dorothea Fischerin. Nürnberg Anno 1803.
Tit.; 37 Taf. mit eingezeichneten Mustern, davon 2 leer. 8°.
Tit. u. zahlr. Muster erinnern an das Weigel'sche Neh- und Strickbuch.

Fischer, E.

— **Andachtsbuch** f. Konfirmanden u. f. d. christl. Haus. Nach d. Entwurf u. im Auftr. d. Großherzogin Luise v. Baden unt. Mitwirkg. mehr. Geistlichen zusammengest. u. bearb. gr. 8. (XI, 350 S.) Karlsruhe 896. Ch. F. Müller. Geb. in Leinw. n.n. 6. —

Fischer, E., Andachtsbuch, Auszug, s.: Sei getreu.

Fischer, E., Aufgaben aus der Lehre vom Größten u. Kleinsten, s. **Schellbach**, K. H., mathematische Lehrstunden.

Fischer, E., Bau u. Tätigkeit d. menschl. Körpers s.: **Baur**, Alfr.

Fischer, E., bei den Menschen ist es unmöglich, selig zu werden. Visitationspredigt über Evangel. Matth. 19 Vers 16—26. DD. 14. p. trin., den 14. Septbr. 1879 gehalten zu Gr.-Rietz. gr. 8. (12 S.) Beeskow 879. (Fürstenwalde, Uttech'sche Buchh.) *

Fischer, E., bei den Menschen ist es unmöglich, selig zu werden. Visitationspredigt über Ev. Matth. 19 V. 16—26. DD. 14 p. trin., den 14. Septbr. 1879 geh. zu Gr.-Rietz. gr. 8. (12 S.) Beeskow 880. (Fürstenwalde, Uttech.) n. — 25

Fischer, E., freundliche Bilder. 8. (116 S.) Hannover 883. Weichelt. n. 1. —; geb. n. 1. 50

Fischer, E., der Brief Pauli an die Römer, s.: **Reinecke**, H.

Fischer, E. (I.), 100 Choräle, 3 Abthln., ein-, zwei- u. dreistimmig, z. Gebr. in Schulen, auf Veranlass. d. kgl. Schul-Kollegii d. Provinz Brandenburg hrsg. 3 Hfte. qu. gr. 8. (7¼ B.) Berlin 838, [Trautwein u. Comp.] *
Hft. 1. 50 einstimm. Choräle. * 5 Gr.
" 2. 25 zweistimm. Choräle f. Sopran u. Alt. * 5 Gr.
" 3. 25 dreistimm. Choräle f. zwei Soprane u. Alt. * 8 Gr.

Fischer, E., 143 Choral-Melodieen m. besond. Berücksicht. d. Glogauer Gesangbuchs, sowie der in evangel. Schulanstalten eingeführten Kirchenlieder-Sammlgn. gr. 16. (66 S.) Glogau 874. Zimmermann. n. — 50

Fischer, E., s. F i s c h e r, Ernst Gottfried: L e h r b u c h der Trigonometrie ...

Fischer, E. und Zelle, F., Gedächtnissreden auf Ernst Gottfried Fischer. Berlin 1834.

Fischer, E., u. Frz. **Unger**, die **Geissler**, s.a. **Collection** rätselhafter Naturen. 8. Bd.

FISCHER, E., Die Geissler. Fürsten und Bettler, Männer und Frauen, Greise und Kinder im Banne der Bussdisziplin. Bearbeitung von Franz U n g e r. München 1906. 8°. 103 S. (Mk. 2,50.) (1 Mk. 50 Pfg., br. im Orig.-Umschl., Oscar Rauthe, Friedenau-Berlin, 1908.)

Fischer, E., über Gesang- u. Gesang-Unterr. 8. (10 B.) Berlin 831, Oehmigke.

Fischer, E., zur Geschichte der evangelischen Beichte, s.a. **Studien zur Geschichte der Theologie u. der Kirche. VIII. 2.**

Fischer, E., zur Geschichte der evangelisch. Beichte, s.a. **Studien zur Geschichte der Theologie u. der Kirche. IX. 4.**

Zur Geschichte der evangelischen Beichte. Von Pastor E. **Fischer**, Sem.Oberl. in Sagan. 1. 2. *Leipzig: Dieterich 1902–03.* 2 Bde 8°
1. Die kath. Beichtpraxis bei Beginn d. Reformation u. Luthers Stellung dazu in d. Anfängen s. Wirksamkeit.
2. Niedergang u. Neubelebung d. Beichtinstituts in Wittenberg in d. Anfängen d. Reformation. 1903.
— **Studien** z. Geschichte d. Theologie u. d. Kirche. Bd 8, H. 2; Bd 9, H. 4.
[03. 7500

Fischer, E., der Glaube an die Unsterblichkeit nach seinem Einfluß auf das sittliche Leben. gr. 8. (93 S.) Gotha 884. F. A. Perthes. n. 1. 80

— Evangel. Glaubens- u. Sittenlehre. Ein Hilfsbuch f. d. Religionsunterricht. Ausg. A. Für Lehrerseminare. (VIII, 142 S.) 8. Breslau 910. C. Dülfer. 1.80; geb. 2.20 u. durchsch. 2. 60

— dasselbe. Ausg. B. Für Lehrerinnenseminare, Lyzeen u. Studienanstalten. Nach den neuen Lehrplänen bearb. v. E. Temming. (VIII, 168 S.) 8. Ebd. 910. 2.—; geb. 2.40; u. durchsch. 2. 80

– Erste H i l f e l e i s t u n g bei Unglücksfällen, s. B a u r , Alfred

— **Hilfsbuch zum evangelischen Religionsunterricht. Für Präparandenanstalten, mehrklass. Volksschulen, Mittelschulen u. f. die entsprech. Klassen höherer Lehranstalten bearb. 2 Tle. 8. Breslau, C. Dülfer.** n. 2. 20; geb. n. 3. 40; in 1 Bd. geb. n. 2. 60
1. Heilsgeschichte des Alten Testaments. Ausgewählte Psalmen u. Kirchenlieder. (III, 98 S. m. 8 Abbildgn.) 905. n. 1. —; geb. u. durchsch. n. 1. 60
2. Heilsgeschichte des Neuen Testaments. Apostelgeschichte u. Kirchengeschichte. Geschichte des Kirchenlieds. (III, 124 S.) n. 1. 20; geb. u. durchsch. n. 1. 80

Fischer, E., ich weiß, daß mein Erlöser lebt, s.: Luise, Großherzogin v. Baden.

— der kleine Katechismus Luthers, s.: Kahle, F. Herm.

Fischer, E., die Licht- und Schattenseiten der Inquisition, s.a. **Volks-Bibliothek, historische.**

Fischer, E., die Licht- und Schattenseiten der Inquisition nebst einer Geschichte der Hexenprocesse und historischen Rückblicken auf die Geißelgesellschaften. Aus geschichtl. Quellen geschöpft u. parteilos dargestellt. Mit zahlreichen Illustr. (Holzschn.) Leipzig 855. Matthes. gr. 16. (1 Bl., 310 S.) n. 1 ℛ︀

— — Dasselbe. Mit 4 Illustr. Wien, o. J. (c. 1860). 8°. (2 Mk. 50 Pfg. M. Edelmann, 1906.)

Fischer, E., Mittheilungen aus der landwirthschaftlichen Lehranstalt Ebstorf, s. **Mittheilungen.**

Fischer, E., historische Notizen über den Zustand der Landwirthschaft im Großherzogth. Luxemburg. Aus dem Französ. von J. P. Kirsch. 3., durchgeseh., verb. und verm. Aufl. gr. 12. (XIX und 268 S.) Luxemburg 863, Bück. *

Fischer, Planimetrie, s.: **Schroeder, Th. E.**

Fischer, E. Bürgerlicher Ratgeber in allen Rechtsfällen. Ein Hand- u. Hilfsbuch f. den gerichtl. u. außergerichtl. Verkehr, nebst e. reichhalt. Sammlg. v. Beispielen u. Formularen. (In 7—8 Lfgn.) gr. 8. 1. u. 2. Lfg. (160 S.) Dortm. 889, Meyer. à Lfg. * 1 —; * 2 —

Fischer, E., bürgerlicher Ratgeber in allen Rechtsfällen. Ein Hand- u. Hilfsbuch f. den gerichtl. u. außergerichtl. Verkehr, nebst e. reichhalt. Sammlg. v. Beispielen u. Formularen. gr. 8. (523 S.) Dortmund 892. H. Meyer. Geb. in Halbfrz. n. 8. —

Fischer, E., bürgerl. Ratgeber in allen Rechtsfällen. Ein Hand- u. Hilfsbuch f. d. gerichtl. u. außergerichtl. Verkehr, nebst e. reichhalt. Sammlg. v. Beispielen u. Formularen. 2. Aufl. gr. 8. (XX, 542 S.) Dortmund 892. H. Meyer. Geb. in Halbfrz. n. 8. —

Fischer, E. Rede bei d. Bestattung des Prof. E. G. Fischer, am 30. Jan. 1831. 7 S. . . . .
Progr. Berlin G.K. 1834

Fischer, E. Rede bei dem Wohlthäterfeste des Berl. Gymn. zum grauen Kloster, am 20. Decbr. 1834 gehalten, nebst Vorwort des Directors Dr. Köpke. . . . .
Progr. Berlin 1836

Fischer, E. (II.), Sammlung von Uebungsbeispielen u. Aufgaben üb. d. Anfangsgründe d. Zahlen- u. Buchstabenrechnung zu „E. G. Fischers Lehrbuch d. Arithmetik f. Schulen." gr. 8. (10 B.) Berlin 836, Nauck'sche Buchh.

Fischer's, E. (II.), Sammlung von Uebungsbeispielen und Aufgaben über die Anfangsgründe der Zahlen- und Buchstabenrechnung. 2. Ausg., neu umgearb. und mit Gleichungsaufgaben des 1. und 2. Grades verm. von E. F. August. gr. 8. (VIII, 151 S.) Berlin 869. Nauck'sche Buchh. geb. *

Fischer, E. (Hrsg.), s. S c h e l l b a c h , K. H.: Mathematische L e h r s t u n d e n .

Fischer, E. Schiessübungen der Artillerie auf dem Schiessplatze bei Lammersdorf in Ober-Schlesien. 57 Blatt Moment-Photographien. Grottkau 1888. Cabinet-Format.

Fischer E, der Schutzzoll und der Ackerbau. **Leipzig 1852**

Fischer, E. (II.), die Segnungen der Reformation durch Dr. Martin Luther, den Mann der Kraft und des Maßes. Rede, gehalten bei der Lutherfeier am 10. Novbr. 1883 im Gymnasium Adolfinum zu Moers. 8. (16 S.) Moers 883, Spaarmann.

Fischer, E., siehe: *Studer, B.*

**Fischer, E.* Über die Tätigkeit der Ärzte im Dienste der Unfallversicherung. Wien 1896.

FISCHER, E.
Chemische (Die) Technologie der Brennstoffe. Braunschweig, 1897. 8vo. Ill.

Fischer, E., über guten Tonanschlag. Ein Wort zur Beherzigung für das Pianoforte-Spiel Lehrende u. Lernende. 8. Rendsburg 833. (Kiel, Universitäts-Buchh.) 1/3 ℛ︀

Fischer, E., anatomisch-hygien. Unterrichtswerk, s.: Baur, Alfr.

Untersuchung von Handels-Schwefelsäuren auf specifisches Gewicht, Prozentgehalt und Verunreinigungen. Von Dr. E. **Fischer**. *Berlin: J. Springer 1904.* (S. 241–254.) 4°
— **Abhandlungen, Wissenschaftl.**, d. kais. Normal-Aichungs-Kommission. H. 5, [3-] [04. 506

Fischer, E. Ueber das akustische Verhältniß der Akkorde. 46 S. . . .
Progr. Berlin G.K. 1835

Fischer, E. Versuch einer Instruktion für Armen-Aerzte. *Göttingen, Dieterich.* 1799

Fischer, E., preußische Volksschulordnungen, s.a. **Schriften hervorragender Pädagogen f. Seminaristen u. Lehrer. 15. Hft.**

Preußische Volksschulordnungen. Mit e. Einl. u. mit Anm. versehen u. hrsg. von Lic. E. **Fischer**, Sem.Dir., (Löbau, Westpr.). Breslau: F. Hirt 1907. (80 S.) 8° [F.]
— **Schriften** hervorragender Pädagogen. H. 15. [08. 3066

– Anatomische W a n d t a f e l n , s. B a u r , Alfred

– Anatomisch-hygienisches W a n d t a f e l w e r k , s. B a u r , Alfred

– Wie bleiben wir gesund, s. Baur, Alfred

Fischer, E. F., s. R. Nyerup, Beschreibung.

Fischer, E. G. Die Pflege der Orgel. Glogau 1859.

— Physikalisches Wörterbuch. Theil 1—10. Göttingen 1798—1827. 8.

Fischer, E. L., Grammatik u. Wortschatz d. plattdeutschen Mundart im preuß. Samlande. 8. (XXIV, 260 S.) Halle 896. Buchh. d. Waisenhauses. n. 3. 60

Fischer, E. L. E., unsere Aussichten für die Zukunft. Eine Lichtmeß-Predigt f. die jetzige Welt. gr. 8. (1½ B.) Nordhausen 844, Förstemann. *

Fischer, E. L. E., Predigt am Reformationsfeste über: „Welches ist die wahre Bedeutung dieses heiligen Festes für unsere Kirche?“ gr. 8. Nordhausen 843, Förstemann. 1/8 ℔

Fischer, E.W., études sur Flaubert inédit. (139 S.) 8. Leipzig 908. J. Zeitler. 2.50; geb. 4.—; numerierte Ausg. 10. —

Fischer, Eberhard: Der kleine Katechismus Dr. Martin Luthers . . . , s. Fischer, Synesius.

Fischer, Eberh., u. Synesius Fischer, Lesebuch f. evangelische Schulen. In 3 Thln. gr. 8. (Mit je 1 Bildnis.) Wien 893. C. Graeser. Kart. n. 4. —
1. Für das 2. u. 3. Schulj. (169 S.) n. 1. —
2. Für das 4. u. 5. Schulj., bzw. auch f. die weiteren Schuljahre. (256 S.) n. 1. 50
3. Für die letzten Schuljahre. (254 S.) n. 1. 50

— u. Synesius Fischer, Lesebuch f. evangelische Schulen. 2 Tle. 2., veränd. Aufl. Bearb. v. Karl Heß. 8. Wien 904. Manz. Geb. n. 3. 60
1. Unterstufe. (176 S. m. Titelbild.) n. 1. 20
2. Oberstufe. Mit 1 (farb.) Karte v. Oesterreich-Ungarn. (386 S.) n. 2. 40

Fischer, Eberh., die Notwendigkeit des Luthervereins zur Erhaltung der deutschen evangel. Schulen in Oesterreich, s.: Schurer, Gbold.

Fischer, Eberhard Heinrich

Fischer, E. H., Albertus Magnus der 2te. 2 Thle. 8. Altona. (Sommer, a. Gräff). 797.

Fischer, Ebhrd. Hnr., Albertus Magnus d. Zweite, d. i.: Geheimnisse d. Natur u. Kunst für alle Stände rc. 2 Thle. 8. Altona 797. (Wienbrack in Leipz.) 18 gr.

Fischer, Eberhard Heinrich (Hrsg.), s. Geheimnisse der Natur und Kunst für alle Stände . . .

Fischer, Ed[uard]. Aecidium elatinum Alb. et Schw. der Urheber des Weisstannen-Hexenbesens und seine Uredo- und Teleutosporenform. [Mit 4 Figuren.] Sep.-Abdruck aus «Zeitschrift für Pflanzenkrankheiten» (hrg. von Prof. Dr. Paul Sorauer). Bd. 11, Jahrg. 1901, Heft 6 ⟨erschienen: Februar 1902⟩ p. 321. 23 S. 8. ⟨Stuttgart, Eugen Ulmer.⟩

Fischer, Ed[uard]. Aecidium elatinum Alb. et Schw., der Urheber des Weisstannen-Hexenbesens und seine Uredo- und Teleutosporenform. Zweite Mitteilung. Hierzu Tafeln 3 und 4. Sonderabdruck aus der «Zeitschrift für Pflanzenkrankheiten» (hrg. von Prof. Dr. Paul Sorauer). Bd. 12. [1902.] 10 S. 8. ⟨Stuttgart, Eugen Ulmer.⟩

Fischer, Ed[uard]. Die biologischen Arten der parasitischen Pilze und die Entstehung neuer Formen im Pflanzenreich. [Sep.-Abdr. aus:] Atti della Società Elvetica delle Scienze Naturali adunata in Locarno ... 1903. ⟨86ᵃ sessione.⟩ S. 49—62. ⟨14 S.⟩ 8. [Zürich, Zürcher & Furrer, 1904.]

(Fischer, Ed[uard].) Werdende Arten? (Von Prof.... Dr. Ed. F'. Bern.) 8.
In: Glauben und Wissen. Blätter zur Verteidigung und Vertiefung der christlichen Weltanschauung.... Jahrg. 5. Heft 1. Januar 1907. Stuttgart, Max Kielmann. S. 16—20.

Fischer, E., auf Kinder! Gehet zu Jesu, s: Schutzengelbrief.

Fischer, Eduard s. Baltzer, Armin,

Fischer, Eduard [aus Bern]: Beitrag zur Kenntniss der Gattung Graphiola. (Separat-Abdruck aus der Botanischen Zeitung 1883, Nr. 45—48.) (Leipzig, Druck von Breitkopf & Härtel), 1883. 4. 24 S. u. 1 Taf.

Fischer, Ed., Beitrag zur Münzkunde des Fürstenth. Moldau. Lex.-8. (53 S. m. 5 Taf.) Czernowitz 901. (H. Pardini.) n. 2. —
Sonderabdruck aus: „Jahrb. des Bukowiner Landesmuseum“.

Fischer, Ed[uard]. Beiträge zur Entwickelungsgeschichte (*G: Entwicklungsgesch') der Uredineen. 8. Jena, Gustav Fischer.
5. Aecidium Homogynes Schroet. Mit 3 Figuren. Abdruck aus dem Centralblatt f. Bakteriologie, Parasitenkunde u. Infektionskrankheiten. Abteilung II.... Band 22. 1908. No. 1/3. II S. + S. 89 - 96.
6. Die Zusammengehörigkeit von Aecidium Euphorbiae Gerardianae Ed. Fischer und Uromyces caryophyllinus ⟨Schrank⟩ Winter; (— ... 9. Puccinia albulensis P. Magn.). Abdruck aus dem C' für Bakt', Par' und Inf'. Abteilung II.... Bd. 28. 1910. Heft 4 5. II S. + S. 139—152.
cf. Bulletin 1905, S. 362 u. 1906, S. 298.

Fischer, Ed[uard]. Beiträge zur Entwickelungsgeschichte der Uredineen. Abdruck aus dem Centralblatt f. Bakteriologie, Parasitenkunde u. Infektionskrankheiten. Abteilung II.... Band 15. 1905. No. 7/8. II S. + S. 227—232. 8. Jena, Gustav Fischer.
(1. Pucciniastrum ⟨Thecopsora⟩ Padi ⟨Kze. et Schm.⟩ Diet.; — 2. Puccinia Liliacearum Duby.)

Fischer, Ed[uard]. Beiträge zur Entwickelungsgeschichte der Uredineen. Abdruck aus dem Centralblatt f. Bakteriologie, Parasitenkunde u. Infektionskrankheiten. Abteilung II.... Band 17. 1906. No. 5/7. II S. + S. 203—208. 8. Jena, Gustav Fischer.
(3. Aecidium Seseli Niessl auf Laserpitium Siler; — 4. Nochmals Puccinia Liliacearum Duby.)
cf. Bulletin 1905, S. 862: Beiträge.... (1...; — 2....) N 4120ᵃᵃ

Fischer, Ed[uard]. Beiträge zur Kenntniss der schweizerischen Rostpilze. Extrait du Bulletin de l'Herbier Boissier. Tome.... [4 Nummern.] 8.
[Nummer 1:] (1. Uromyces Dietelianus n. sp.; — ... 3. Puccinia Caricis frigidæ n. sp.) Extr' du ... Tome 5. Nº 5. Mai 1897. p. 393—397 ⟨5 p.⟩. [Genève, Imp. Romet.]
[Nummer 2:] ⟨Fortsetzung.⟩ (4. Puccinia Aecidii-Leucanthemi n. sp. und P' Caricis montanae n. sp.; — ... 7. Cronartium ribicolum im Oberengadin.) Extr' du... Tome 6. Nº 1. Janvier 1898. p. 11—17 ⟨7 p.⟩. [G', Imp. R'.]
[Nummer 3:] ⟨F'.⟩ (8. Eine neue Veronica-bewohnende Puccinia aus dem Unter-Engadin; ... 10. Coleosporium Senecionis ⟨Pers.⟩ Lév. auf Senecio Doronicum.) Extr' du ... Tome 7. Nº 5. Mai 1899. p. 419—422 ⟨4 p.⟩. [G', Imp. R'.]
[Nummer 4:] ⟨F'.⟩ (11. Weiterer Beitrag zur Kenntniss der Uromyces-Arten der alpinen Primeln; — ... 15. Aecidium leucospermum DC. und Ae punctatum Pers.) [Mit 2 Figuren.] Extr' du B'.... IIᵈᵉ série ⟨1902⟩. (Tome 2.) Nº 11. p. 950—959 ⟨10 p.⟩. (Genève, Impr. Romet, 1902.)

Fischer, Ed[uard]. Beiträge zur Morphologie und Systematik der Phalloideen. Mit Tafel 5. Separat-Abdruck aus «Annales Mycologici» ⟨vol. 8, No. 3, 1910⟩. II S. + S. 314—322. 8. Berlin, R. Friedlaender & Sohn. 1910. [M. 1. 50]

Fischer, Ed.: Beiträge zum geometrischen Unterrichte. 1. Lehrsatz des Pappus. 2. Die Ebene. 9 S. – Guben, Progr. 1869.

Fischer, Ed[uard]. Einige Bemerkungen über die von Herrn Prof. C. Schröter aus Java mitgebrachten Phalloideen. [Mit 2 Figuren.] (Wissenschaftliche Ergebnisse einer Reise um die Erde ⟨M[aurice] Pernod und C[arl] Schröter, August 1898 bis März 1899⟩. II.) Sonderabdruck [*d. i.* Ausschnitt] aus Jahrg. 46, 1901 [der] Vierteljahrsschrift der Naturforschenden Gesellschaft in Zürich. II S. + S. 122—127. 8. Zürich, Zürcher & Furrer.

Fischer, Ed., s. Bericht über den botanischen Garten in Bern 1903.

Fischer, Ed[uard]. Aus dem botanischen Institut Bern. ⟨Referent Prof. Ed. Fischer.⟩ Separat-Abdruck [aus:] Botanisches Centralblatt. Referirendes Organ für das Gesammtgebiet der Botanik des In- und Auslandes. Hrg.... von Dr. Oscar Uhlworm ... und Dr. F[riedrich] G[eorg] Kohl.... Jahrg. 22, Nr. 33. Band 87, No. 7. 1901. 6 S. 8. (Cassel, Gebr. Gotthelft.)

Fischer, Ed[uard]. Die Bestrebungen zum Schutze der einheimischen Pflanzenwelt, namentlich der Alpenflora. (Separatabdruck aus dem « Oberländischen Volksblatt » Interlaken.) 27 S. 8. Interlaken, K. J. Wyss, 1908.

(Etwas modifizierte Wiedergabe eines am 17. März 1908 vor dem Gemeinnützigen Verein in Meiringen gehaltenen Vortrages.)

Fischer, Eduard: Bevölkerungsdichtigkeit des Herzogtums Bukowina. (1:600.000.) (Beilage zu: Die Bukowina. Eine allgemeine Heimatkunde ... Czernowitz: Landesgendarmeriekommando 1899.) Sonderdruck: Leipzig: Brockhaus 1899.

— s. Boudier, E

Das achte Buch vom gallischen Kriege und das bellum Alexandrinum. — Von Eduard Fischer, G. P. — 1880, Passau, ibid. — S. 3—30*.
Progr. Passau, K. Gymn.

Fischer, Eduard: Die Cholera, ihre Ursachen, ihre Erscheinungen und ihre Behandlung. Halle (1875): Plötz. 59 S. 8°

Halle-Wittenberg, Med. Diss. v. 8. Mai 1875

Geb. Magdeburg 1. 10. 1852. V.

(Fischer, Ed[uard].) Der Eichen-Meltau. [Mit Figuren.] Separatabdruck aus der Schweiz. Zeitschrift für Forstwesen. [Jahrg. 60, №. 1,] 1909. 6 S. 8. [Bern, Büchler & Co.]

Fischer, Ed[uard]. Der Entwicklungsgang der Uredineen und die Entstehung neuer Formen im Pflanzenreich. (Vortrag, gehalten ... 9. März 1907, ... in verschiedenen Punkten abgeändert und erweitert. Separatabdruck aus den Mitteilungen der naturforschenden Gesellschaft in Bern aus dem Jahre 1907.) 21 S. 8. Bern, K. J. Wyss, 1907. [fr. —. 50]

—: Die Erzlagerstätten der südlichen Bukowina. (1:150.000.) (Beilage zu: Die Bukowina. Eine allgemeine Heimatkunde ... Czernowitz: Landesgendarmeriekommando 1899.) Sonderdruck: Leipzig: Brockhaus 1899.

(Fischer, Ed[uard].) Professor Dr. Ludwig Fischer. (1828—1907. [Mit Bibliographie und Porträt-Tafel.] Separatabdruck aus der Beilage « Nekrologe » zu den Verhandlungen der schweiz. naturf. Gesellschaft. Freiburg 1907.) II + 16 S. 8. [Zürich, Zürcher & Furrer, 1908.]

Fischer, Ed., Flora helvetica, s.a. **Bibliographie der schweizerischen Landeskunde. IV. 5.**

Fischer, Ed[uard]. Flora helvetica. 1530—1900. XVIII + 242 S. 8. 1901. [fr. 4. —]

[Ausg. A] *mit deutschen Titeln:* ... Zusammengestellt durch Dr. Ed. Fischer.... Bern, K. J. Wyss. — Bibliographie der Schweizerischen Landeskunde.... Fascikel IV 5.
[Ausg. B] *mit französ. Titeln:* ... Élaboré par Dr. Ed. Fischer.... Berne, K. J. Wyss. — Bibliographie nationale suisse.... Fascicule IV 5.

—: Florenkarte des Herzogtums Bukowina. (1:600.000.) (Beilage zu: Die Bukowina. Eine allgemeine Heimatkunde ... Czernowitz: Landesgendarmeriekommando 1899.) Sonderdruck: Leipzig: Brockhaus 1899.

Fischer, Ed[uard]. Fortschritte der schweizerischen Floristik ...: ... Pilze. [4 Nummern.] 8. (1892[–1900].)

[Nr. 1:] ... im Jahre 1891. E. (Basel und Genf 1892.) — [Nr. 2:] ... im J' 1892. (SA. Bern 1893.) — [Nr. 3:] (... 1896 und 1897 ... .) SA. [Bern] 1898. — [Nr. 4:] ... 1898 und 1899. [SA. Bern 1900.] — *Für 1893–1895 nicht erschienen.*

Fischer, Ed[uard]. Fortsetzung der entwicklungsgeschichtlichen Untersuchungen über Rostpilze. Separatabzug aus den Berichten der schweizerischen botanischen Gesellschaft. Heft.... [5 Nummern.] 8. Bern, K. J. Wyss, 1900—1905.

[Nummer 1:] (1—2.) Sep' aus ... Heft 10, 1900. II + 9 S. 1900.
[Nummer 2:] (3—6.) Sep' aus ... Heft 11, 1901. [Illustriert.] II + 14 S. 1901.
[Nummer 3:] 7. Puccinia Cari-Bistortae Klebahn. ... 10. Aecidium strobilinum ⟨Alb. et Schw.⟩. Sep' aus ... Heft 12, 1902. II + 9 S. 1902.
[Nummer 4:] 11. Zur Kenntnis der schweizerischen Gymnosporangien. ... 13. Puccinia Orchidearum-Digraphidis Kleb. Sep' aus ... Heft 14, 1904. [Illustriert.] II + 18 S. 1904.
[Nummer 5:] (Schluss:) 14. Uromyces Solidaginis ⟨Sommerfelt⟩ Niessl. ... 17. Ochropsora Sorbi ⟨Oud.⟩ Dietel. Sep' aus ... Heft 15, 1905. II + 18 S. 1905.
(*Forts. von:* Entwicklungsgeschichtliche U' über R' ... = Beiträge zur Kryptogamenflora der Schweiz.... Band 1, Heft 1. Bern 1898.

Fischer, Ed., S. J., unsere liebe Frau, s.: Hünner, Carl.

Fischer, Eduard, S. J., unsere liebe Frau am Kahlenberg. Schutzfrau v. Österreich. Predigt, geh. am 15. IX. 1907 anlässlich der Enthüllg. d. Bildes, welches Papst Pius X. der Kirche St. Josef am Kahlenberg gespendet hat. (8 S. m. 3 Abbildgn.) 8. Wien 907. G. Eichinger. —20

Fischer, Ed[uard]. Die Fruchtkörper-Entwicklung von Aseroë. [Mit Figuren und 2 Tafeln.] Extrait des Annales du Jardin Botanique de Buitenzorg. 2e Serie Suppl. 3. II S. + S. 595—614. 8. Leide, Libr. et Impr. ci-devant E. J. Brill, 1910.

Fischer, Ed. (II.). Systematischer Grundriß der Elementar-Mathematik. 2 Abtlgn. Für den Gebrauch an höheren Lehranstalten bearb. gr. 8. Berl. 891, C. Duncker. * 5 25
1. Die Algebra u. d. Grundbegriffe der Differentialrechng. (V, 163 S.) * 3 25.
2. Die Geometrie. [Raumlehre.] (V, 226 S. m. Fig.) * 3 —; geb. ** 3 35.

Fischer, Eduard: Handkarte des Herzogtums Bukowina. (1:600.000.) Czernowitz: Pardini 1896; weitere Aufl. 1899. *(Auch in rumänischer und ukrainischer Sprache erschienen.)*

— Heimatskunde der Bukowina, s.a. **Kozak, Cornel.**

Heimatskunde der Bukowina zum Gebrauche für Schulen und zum Schulunterricht herausgegeben von Professor Cornel Kozak und Gend.-Rittm. Eduard Fischer. Mit 10 Illustrationen und 3 Landkarten. Czernowitz. 1900. Pardini. Gr.-8°. 112 S. Geb. K 2.50

Fischer, Eduard: Höhenschichtenkarte des Herzogtums Bukowina. (1:600.000.) (Beilage zu: Die Bukowina. Eine allgemeine Heimatkunde ... Czernowitz: Landesgendarmeriekommando 1899.) Sonderdruck: Leipzig: Brockhaus 1899.

Fischer, Ed[uard]. Über einige kalifornische Hypogaeen. [Von Prof. Dr.] Ed. F' [Bern]. ⟨Vorläufige Mitteilung.⟩ Mit einer Textfigur. Eingegangen am 11. Juli 1907. (Sonderabdruck aus den Berichten der Deutschen Botanischen Gesellschaft. Jahrg. 1907, Band 25, Heft 7.) III S. + S. 372—376. 8. (Berlin, Gebrüder Borntraeger, 1907.)

Fischer, Eduard, s.: Jahrbuch des Bukowiner Landes-Museums.

Fischer, Eduard: Historische Karte der Bukowina. (1:600.000.) (Beilage zu: Die Bukowina. Eine allgemeine Heimatkunde ... Czernowitz: Landesgendarmeriekommando 1899.) Sonderdruck: Leipzig: Brockhaus 1899.

—: Tektonische Karte der Bukowiner Karpaten. (1 qmm = 5 qkm.) (Beilage zu: Die Bukowina. Eine allgemeine Heimatkunde ... Czernowitz: Landesgendarmeriekommando 1899.) Sonderdruck: Leipzig: Brockhaus 1899.

Fischer, Ed[uard]. Zur Kenntnis der Sklerotienkrankheit der Alpen-Erle. Mit 1 Tafel. (Abdruck aus dem Centralblatt für Bakteriologie, Parasitenkunde und Infektionskrankheiten. Abteilung 2.... Band 14. 1905. No. 18/20.) III S. + S. 618—623. 8. (Jena, Gustav Fischer.)

Bibliograph. Bulletin 1905.

Fischer, Ed[uard]. Zur Kenntnis der Vegetation des Berner Oberlandes. Die Laubholzbestände des Hasliberges. Mit 4 (Lichtdruck-) Tafeln. Separat-Abdruck aus den Mitteilungen der Naturforschenden Gesellschaft in Bern aus dem Jahre 1909. 15 S. 8. Bern, K. J. Wyss, 1910. [fr. 1. —]

Fischer, Ed., S. J., das arbeitsame Kind, s.: Blüten aus dem Himmelsgarten.

Fischer, Eduard: Kozmin. Ein Beitrag zur Geschichte des polnisch-moldauischen Konfliktes im Jahre 1497. In: JBLM, 10/1902, S. 37–71. Sonderdruck: Czernowitz: Pardini 1902.

Fischer, E., Kozmin, ein Beitrag zur Geschichte des polnisch-moldauischen Konfliktes i. J. 1497. (37 S. m. 1 Kartenskizze.) Lex.-8. Czernowitz 903. (H. Pardini.) n. 1. 40
Sonderabdr. aus: „Jahrb. d. Bukowiner Landesmuseums".

—: Lage und Grenzen des Herzogtums Bukowina. (1:200.000.) (Beilage zu: Die Bukowina. Eine allgemeine Heimatkunde ... Czernowitz: Landesgendarmeriekommando 1899.) Sonderdruck: Leipzig: Brockhaus 1899.

— Maria, unsere wunderbare Mutter, s.: Stecher, Christian.

Fischer, Ed., österr. Medicinal-Schematismus, s.: Praetorius.

Fischer, Ed[uard]. Über die durch parasitische Pilze ⟨besonders Uredineen⟩ hervorgerufenen Missbildungen. (... Wiedergabe eines Referates ....) [Sep.-Abdr. aus: Verhandlungen der Schweizerischen Naturforschenden Gesellschaft. 89. Jahres-Versammlung... 1906 in St. Gallen.] 8 S. 8. [St. Gallen, Zollikofer & Cie., 1907.]

Fischer, Ed[uard]. Zur Morphologie der Hypogaeen. Hierzu Tafel 6. (Sonderabdruck aus der Botanischen Zeitung. Jahrg. 66, 1908. Heft 8/9.) II S. + S. 141—168. kl.-4. [Leipzig, A. Felix.]

Fischer, Ed.: Die gnadenreiche N o v e n e zu Ehren des heil. Franz Xaver, s.a. S c h u t z e n g e l b r i e f .

(U.-Titel:) Die | gnadenreiche Novene | zu Ehren | des | heiligen Franz Xaver. | (Vom 4.–12. März). | Von | Eduard Fischer, | Priester der Gesellschaft Jesu. | Mit bischöflicher Approbation. | Donauwörth. | Druck und Verlag der Buchhandlung L. Auer. (= *Schutzengelbrief*, 108).
o. J. (um 1890), 16 S., 116 × 78.
Diöz.-B. Rottenburg.

— Phallineae, Hymenogastrineae, Lycoperdineae, Nidulariineae, Plectobasidiineae (Sclerodermineae), s.: Engler, A., u. K. Prantl, die natürlichen Pflanzenfamilien. I. 1.

Fischer, Ed[uard]. Ueber einige von Herrn Prof. E[rnst] Kissling in Sumatra gesammelte Pilze. Hierzu eine Tafel. Separat-Abdruck aus den «Mitteilungen» der Naturforschenden Gesellschaft in Bern [aus dem Jahre 1906]. 15 S. 8. [Bern, K. J. Wyss,] 1906.

Fischer, Eduard, Prof. Dr.: Über **Potenzen** mit imaginären Exponenten. Beiträge zum math. Unterrichte an höheren Lehranstalten. *Berlin: R. Gaertner 1899.* (25 S.) 4° ¶ (Forts. d. P-Beil 1895.)
Berlin, Friedrichs-G. OP 1899 (53)

Fischer, Eduard (Hrsg.), s. P r a e t o r i u s : Oesterr. M e d i c i n a l - S c h e m a t i s m u s für 1896.

Fischer, Ed[uard]. Referate über die im Jahre 1900 erschienenen Publikationen, welche auf die schweizerische Flora Bezug haben. Fortschritte der schweizerischen Floristik: 1. Pilze. Referent: Ed. Fischer. [Separat-Abdruck aus: Berichte der schweizerischen botanischen Gesellschaft. Heft 11.] 7 S. 8. [Bern, K. J. Wyss, 1901.]

Fischer, Ed[uard]. Referate über die im Jahre 1901 erschienenen Publikationen, welche auf die schweizerische Flora Bezug haben. Fortschritte der schweizerischen Floristik: 1. Pilze. ⟨incl. Bakterien und Flechten.⟩ Referent: Ed. Fischer. Separatabdruck aus den Berichten der schweizerischen botanischen Gesellschaft. Heft 12. 1902. 10 S. ⟨S. 59—68.⟩ 8. [Bern, K. J. Wyss.]

Fischer, Ed[uard]. Referate über die Publikationen, welche auf die schweizerische Flora Bezug haben. Fortschritte der schweizerischen Floristik. ⟨... Jahr 1902 ...⟩. I. Pilze. ⟨Inkl. Bakterien und Flechten⟩. Referent: Ed. F". Separatabdruck aus den Berichten der schweizerischen botanischen Gesellschaft. Heft 13. 1903. 15 S. 8. [Bern, K. J. Wyss.]

Fischer, Ed[uard]. Referate über die Publikationen, welche auf die schweizerische Flora Bezug haben. Fortschritte der schweizerischen Floristik. I. Pilze.... Referent: Ed. F". Separatabdruck aus den Berichten der schweizerischen botanischen Gesellschaft.... 8. [Bern, K. J. Wyss.]
[Jahr 1903.] I. Pilze. ⟨Inkl. Bakterien und Flechten.⟩ Sep' aus ... Heft 14. 1904. 17 S.
[Jahr 1904.] I. Pilze. Sep' aus ... Heft 15. 1906. 17 S.

Fischer, Ed[uard]. Referate über die Publikationen, welche auf die schweizerische Flora Bezug haben. Fortschritte der schweizerischen Floristik. II. Bakterien ⟨1905 und 1906⟩ (— III. Pilze ⟨1905 und 1906⟩). Referent: Ed. F". Separatabdruck aus den Berichten der schweizerischen botanischen Gesellschaft. Heft 17. 1907. [Mit 1 Figur.] 27 S. 8. [Bern, K. J. Wyss.]

Fischer, Eduard [Prof. Dr.]: Reihenentwicklungen mit Hülfe arithmetischer Progressionen höherer Ordnung. ([Umschlagt.:] Reihenentwicklungen und die Potenzen mit imaginären Exponenten.) Beitrag z. mathemat. Unterrichte an höh. Lehranstalten. M. 3 Fig. Berlin, R. Gaertner, 1895; 37 S. 4.
Berlin, Friedrichs-G, OP 1895 (54)

Fischer, E. Die Rolle der Pilze als Feinde einiger unserer Kulturgewächse. Mit 2 Taf. In-8°. 30 S. Aarau, H. R. Sauerländer. 1891. 1 —
*** Sonderdruck aus dem „Garten".

— s. Schröter, Carl

Fischer, Eduard: Schulwandkarte des Herzogtums Bukowina. (1:150.000.) Czernowitz: Pardini 1898.

Fischer, Ed., Der Schutzzoll u. der Ackerbau. gr. 8°. Leipzig, Brockhaus, 1852.

Fischer, Eduardus ⟨geb. am 24 Aug. 1801 in Schaffhausen⟩: De imminuta membranarum mucosarum muci secretione . . . Bonnae, litt. C. F. Thormanni (1826). 3 Bl., 28 S. 4.
Bonn, Med. Fak., Diss. v. 25 Jan. 1826

Fischer, Ed., die Sklerotienkrankheit der Alpenrosen (Sclerotinia Rhododendri). [Aus: „Berichte d. schweiz. botan. Gesellsch."] gr. 8. (18 S.) Bern 893. K. J. Wyss. n. — 60

Fischer, Ed., die sechs Sonntage zu Ehren d. heiligen Aloysius, d. Patrons der Jugend. 4., verm. Aufl. 24. (68 S. m. 1 farb. Bild.) Donauwörth 891. L. Auer. Geb. in Leinw. n. — 30

Fischer, Ed., S. J., d. sechs Sonntage z. Ehren d. hl. Aloysius, d. Patrons d. Jugend, gewidmet d. lieben Kleinen. 5. Aufl. 32. (68 S. m. 1 Farbendr.) Donauwörth 895. L. Auer. In Leinw. kart. n. — 30

— die 6 Sonntage zu Ehren des hl. Aloysius, des Patrons der Jugend, gewidmet den lieben Schulkindern. 11. Aufl. (64 S. m. farb. Titelbild.) 16. Donauwörth (903). L. Auer. n. — 30

— Die sechs Sonntage zu Ehren des hl. Aloysius, des Patrons der Jugend, gewidmet den lieben Schulkindern. 14. Aufl. (64 S. m. 1 Farbdr.) 16. Donauwörth (909). L. Auer. In Leinw. kart. — 30

Fischer, Ed[uard]. Der Speziesbegriff bei den parasitischen Pilzen. [Mit Figuren.] Separat-Abdruck aus den Verhandlungen der Schweizer. Naturf. Gesellschaft an der Jahresversammlung in Luzern 1905. 9 S. 8. [Luzern, H. Keller, 1906.]

Fischer, Ed[uard]. Der heutige Stand der Deszendenztheorie und unsere Stellung zu derselben. Referat (gehalten) an der 8. christlichen Studenten-Konferenz in Aarau ⟨Schweiz⟩ 17.—19. März 1904. ([Nebst] Diskussion zum Referate von Prof. F"). IV + 14 S. 8. (Bern, J. Fischer-Lehmann, 1904.) (fr. —. 30)

Fischer, Ed., der heutige Stand der Descendenztheorie u. unsere Stellung zu derselben. Referat, geh. an der VIII. christl. Studenten-Konferenz in Aarau, am 17. III. 1904. (14 S.) 8. Bern (Münzrain 3), (904). Generalsekretariat der christl. Studentenkonferenz. n.n. — 25

— Tabellen zur Bestimmung e. Auswahl v. Thallophyten u. Bryophyten, s.: Fischer, L.

Fischer, Eduard: Hydrographisches Tableau des Herzogtums Bukowina. (1:600.000.) (Beilage zu: Die Bukowina. Eine allgemeine Heimatkunde . . . Czernowitz: Landesgendarmeriekommando 1899.) Sonderdruck: Leipzig: Brockhaus 1899.

—: Tierverbreitung des Herzogtums Bukowina. (1:600.000.) (Beilage zu: Die Bukowina. Eine allgemeine Heimatkunde . . . Czernowitz: Landesgendarmeriekommando 1899.) Sonderdruck: Leipzig: Brockhaus 1899.

— Tuberaceae, s.: Rabenhorst's, L., Kryptogamen-Flora.

Fischer, Ed[uard]. Ascomyceten: Tuberaceen und Hemiasceen, bearb. von Dr. Ed. F',... Bern. Mit zahlreichen in den Text eingedruckten Abbildungen. 8. Leipzig (1896–)1897.

Die Pilze Deutschlands, Oesterreichs und der Schweiz. Abtheilung 5. — (Liefg. 57 u. 58... von:) Dr. L[udwig] Rabenhorst's Kryptogamen-Flora.... 2. Aufl. vollständig neu bearb..... Band 1: Pilze von Dr. Georg Winter, Dr. H[einrich] Rehm, Prof. Dr. A[lfred] Fischer und Prof. Dr. Ed[uard] Fischer.

— Tuberineae, Plectascineae, s.: Engler, A., u. K. Prantl, d. natürl. Pflanzenfamilien.

—: Geologische Übersichtskarte des Herzogtums Bukowina. (1:600.000.) (Beilage zu: Die Bukowina. Eine allgemeine Heimatkunde . . . Czernowitz: Landesgendarmeriekommando 1899.) Sonderdruck: Leipzig: Brockhaus 1899.

—: Orographische Übersichtskarte des Herzogtums Bukowina. (1:600.000.) (Beilage zu: Die Bukowina. Eine allgemeine Heimatkunde . . . Czernowitz: Landesgendarmeriekommando 1899.) Sonderdruck: Leipzig: Brockhaus 1899.

Übersichts- und Verkehrskarte des Herzogthums Bukowina im Maasse 1:150.000. Entw. u. gez. v. Eduard **Fischer,** k. k. Gendarm.-Oberlt. *Czernowitz: H. Pardini 1898.* 1 Ktnbl. gr.-2 (☐) 198. 4758

Fischer, Ed. (I.). Untersuchungen zur vergleich. Entwicklungsgesch. u. Systematik der Phalloïdeen. Mit 6 Taf. u. mehreren Holzschn. gr. 4. (III, 103 S.) Basel 890, (Georg u. Comp.) ** 7 20
Aus: Denkschr. der schweiz. naturforsch. Gesellsch., besonders abgedruckt.

— Untersuchungen zur vergleichenden Entwicklungsgeschichte u. Systematik der Phalloideen. III. Serie, m. e. Anh.: Verwandschaftsverhältnisse der Gastromyceten. gr. 4. (V, 84 S. m. 4 Abbildgn. u. 6 Taf.) Zürich 900. (Basel, Georg & Co.) n.n. 5. 60; (I.—III. n.n. 16. 80)
Sonderabdr. a.: „Denkschr. d. schweiz. naturforsch. Gesellsch."

— Entwicklungsgeschichtl. Untersuchgn. üb. Rostpilze, s.a. Beiträge zur Kryptogamenflora d. Schweiz.

Fischer, Ed[uard]. Entwicklungsgeschichtliche Untersuchungen über Rostpilze. Eine Vorarbeit zur monographischen Darstellung der schweizerischen Uredineen. Mit sechzehn Textfiguren und zwei Tafeln. 8. Bern 1898.
Beiträge zur Kryptogamenflora der Schweiz.... Band 1. Heft 1....

— neue Untersuchungen zur vergleichenden Entwickelungsgeschichte u. Systematik der Phalloideen. [Aus: „Denkschr. d. schweiz. naturforsch. Gesellsch."] gr. 4. (III, 51 S. m. 5 Holzschn. u. 3 Taf.) Zürich 893. (Basel, Georg & Co.) n.n. 4. —

Fischer, E., neue experimentelle Untersuchgn. u. Betrachtgn. üb. d. Wesen u. d. Ursachen d. Aberrationen in d. Faltergruppe Vanessa. gr. 8. (67 S. m. 12 Abb. auf 2 Taf.) Berlin 896. R. Friedländer & Sohn. n. 2. 50

— die Uredineen der Schweiz, s.a. Beiträge zur Kryptogamenflora der Schweiz. II. 2.

Fischer, Ed[uard]. Die Uredineen der Schweiz. Mit zahlreichen Textfiguren. Von der Schweizerischen Naturforschenden Gesellschaft mit dem Schläflipreis gekrönte Arbeit. XCIV+591 S. gr.-8. Bern, K. J. Wyss, 1904. [fr. 20. —]
Beiträge zur Kryptogamenflora der Schweiz.... Band 2, Heft 2.... Gedruckt mit Unterstützung der schw' naturf' Gesellschaft.

Fischer, Ed[uard]. Die Uredo- und Teleutosporengeneration von Aecidium elatinum. ⟨Vorläufige Mittheilung⟩. Eingegangen am 21. Juni 1901. Sonderabdruck [*d. i.* Ausschnitt] aus den Berichten der Deutschen Botanischen Gesellschaft. Jahrg. 1901, Band 19, Heft 6. II S. + S. 397--398. 8. (Berlin, Gebrüder Borntraeger, 1901.)

Fischer, Ed[uard]. Der Urheber des Weisstannen-Hexenbesens und seine Lebensgeschichte. [Mit 6 Figuren und 1 Tafel.] Separatabdruck aus der Schweiz. Zeitschrift für Forstwesen. [Jahrg. 53,] 1902. [Nº. 4.] 7 S. 8. [Bern, Schmid & Francke, 1902.]

Fischer, Eduard. Die Vegetation der Thäler von Lauterbrunnen und Grindelwald. SA. 8. Basel 1892.

Fischer, Eduard: Verkehrskarte der Bukowina. (1:600.000.) (Beilage zu: Die Bukowina. Eine allgemeine Heimatkunde . . . Czernowitz: Landesgendarmeriekommando 1899.) Sonderdruck: Leipzig: Brockhaus 1899.

—: Verkehrskarte des Herzogtums Bukowina. (1:600.000.) Czernowitz: Schally 1907.

—— eine Viertelstunde vor dem Gnaden- s. Schutzengelbilde der schmerzhaften Mutter Maria, brief.

—: Volksbewegung und sanitäre Verhältnisse im Herzogtum Bukowina. (1:600.000.) (Beilage zu: Die Bukowina. Eine allgemeine Heimatkunde . . . Czernowitz: Landesgendarmeriekommando 1899.) Sonderdruck: Leipzig: Brockhaus 1899.

Fischer, Eduard: Waldkarte des Herzogtums Bukowina. (1:600.000.) (Beilage zu: Die Bukowina. Eine allgemeine Heimatkunde . . . Czernowitz: Landesgendarmeriekommando 1899.) Sonderdruck: Leipzig: Brockhaus 1899.

Fischer, Ed., Wegweiser in die vorzügl. Gegenden d. Oberlausitz. Nebst Beschreib. u. statist. Nachrr. von d. Städten Bautzen, Camenz, Löbau, Görlitz, Zittau, Lauban, Herrnhut u. d. Oybin, mit 1 Kpf. 12. Pirna 805. Friese. 10 ℊ

Fischer, Eduard: Die Wehrmacht der Moldau zur Zeit Stephans des Großen. In: JBLM, 13–14/1905–06, S. 29–44. Sonderdruck: Czernowitz: Pardini 1906.

— Die Wehrmacht der Moldau zur Zeit Stephans d. Grossen. Eine militärisch-histor. Skizze. (16 S.) Lex. 8. Czernowitz 907. (H. Pardini.) — 80
Sonderabdruck aus „Jahrb. d. Bukow. Landes-Mus."

Fischer, Ed[uard]. Der Wirtwechsel des Aecidium elatinum. ⟨Weisstannen-Hexenbesen⟩. [Separat-Abdruck aus: Schweizerische Zeitschrift für Forstwesen. Jahrg. 52, 1901. Nº. 7/8.] 1 S. 8. [Bern, Schmid & Francke, 1901.]

Fischer, Ehrhard, Ref. in Dresden: Die Vollmacht des Prokuristen. Borna-Leipzig 1906: R. Noske. (VIII, 47 S.) 8°
Leipzig, Jur. Fak., Diss. v. 9. Juni 1906
[Geb. 4. Okt. 81 Dresden; Wohnort: Crimmitschau; Staatsangeh.: Sachsen; Vorbildung: Wettiner Gymn. Dresden Reife O. 00; Studium: Lausanne 1, Leipzig 1, München 2, Leipzig 4 S.; Rig. 8. Febr. 04.]

Fischer, Frau Elisab., s.: Fischer-Markgraff, E.

Fischer, Eman., († ...) Abhandl. über das Verhältniß der Geistlichen z. Staate u. zu seinen Bürgern überhaupt. 8. Bern 798.

[Fischer. Emanuel Friedrich von.] Zum Andenken des Freyherrn Niklaus Franz (**Umschlag:* Franz Nik*) von Bachmann An-der-Letz (1740–1831). Generallieutenant in Diensten Seiner Allerchristlichsten Majestät...: Oberfeldhauptmann der Eidgenossen in den Jahren 1802 und 1815. ([Mit] Beylagen [und 1 Porträt-Tafel].) 8. Zürich 1831.

[Fischer. Emanuel Friedrich von.] Beyträge zu Vervollständigung der Schrift [Albrecht Renggers], betittelt: Ueber den Schweizerischen Bundes-Verein und die Ansprüche Berns.... Im May ⟨angeblich⟩ 1814. erschienen im July. 8. *o. O.* 1814.

[Fischer, Emanuel Friedrich von.] Bericht und Anrede an den Grossen Rath der Stadt und Republik Bern bei Eröffnung der periodischen Wintersitzung, den 6. Christmonat 1830. [Mit 6 Tabellen.] 8. Bern.

Fischer, Emanuel Friedrich von *s.* Bonald, Louis-Gabriel-Ambroise de, und Fischer. Emanuel Friedrich von.

Fischer. E(man[uel]) F(riedrich) von. Erinnerung an Niklaus Rudolf von Wattenwyl (1760–1832), weil. Schultheiss der Stadt und Republik Bern.... mit Rückblick auf einige Denkwürdigkeiten seiner Zeit. [Mit Porträt-Tafel.] 8. Bern 1867.

[Fischer. Emanuel Friedrich von.] Matériaux pour compléter l'écrit [d'Albrecht Rengger], intitulé: Sur la Confédération Suisse et les prétentions de Berne.... ⟨Supposé⟩ écrit en May 1814 et publié en Juillet. 8. *s. l.* 1814.

[Fischer. Emanuel Friedrich von.] A la mémoire du baron Nicolas-François de Bachmann An-der-Letz (1740–1831), Lieutenant-général au service de S. M. T.-C. ...: général en chef des troupes de la Confédération suisse, dans les années 1802 et 1815. ([Avec] Appendix [et 1 portrait hors texte].) 8. Zurich 1831.

Fischer. [Emanuel Friedrich von]. Präsidialvortrag Seiner Exzellenz (**Ausg. B:* Sr. Exzell.) des Herrn Amtsschultheiss F', bei Eröffnung der ausserordentlichen eidgenössischen Tagsazung (**Ausg. B:* Tagsatz*) in Bern, den 23. Dez. (**Ausg. B:* Dezember) 1830. 8. *o. O. u. J.* [1830 31].
Ausg. A: 11 S. — Ausg. B: 15 S.

v. Fischer, Em. F., Rückblicke e. alten Berners. Bern 868. Wyß. Lex.-8. (IV, 295 S.) n. 1 ℛ︎ 16 ngr.

[Fischer, Emanuel Rudolf Friedrich von.] Vier vertrauliche Briefe über eine Angelegenheit des Vaterlandes. 8. *o. O.* 1814.

Fischer, Emanuel Rudolf Friedrich von s. Prüfung der Gründe für und wider das Einheits-System .... 1801.

Fischer, Emil

— u. E. **Frankland Armstrong**, über die isomeren Acetohalogen-Derivate des Traubenzuckers. gr. 8. (7 S.) Ebd. 901. n. — 50

Fischer, Emil, Anleitung zur Darstellung organischer Präparate. 2. verm. Aufl. gr. 8. (V, 51 S. mit 19 Abbild.) Würzburg 887, Stahel'sche Universitäts-Buchh. geb. *

Fischer, E.
Anleitung zur Darstellung organischer Präparate. Zweite Auflage. Würzburg, 1887.
Dritte Auflage. Würzburg, 1889.

Fischer, Emil. Anleitung zur Darstellung organischer Präparate. 3. neu durchgeseh. u. verm. Aufl. 12. (V, 71 S. m. 20 Fig.) Würzb. 890, Stahel. geb. * 1 80

Fischer, Emil, Anleitung zur Darstellung organischer Präparate. 4., neu durchgeseh. u. verm. Aufl. 12. (IV, 70 S. m. 20 Abbildgn.) Würzburg 893. Stahel. Geb. in Leinw. n. 1. 80

Fischer, Emil, Anleitg. z. Darstellg. organ. Präparate. 5., neu durchgeseh. Aufl. 12. (IV, 72 S. m. 20 Abb.) Würzburg 896. Stahel. Geb. in Leinw. n. 1. 80

Fischer, Emil, Anleitung zur Darstellung organischer Präparate. 6. neu durchgeseh. Aufl. 12. (IV, 72 S. m. 20 Abbildgn.) Würzburg 901. Stahel's Verl. Geb. in Leinw. n. 1. 80

Fischer, Emil, Anleitung zur Darstellung organischer Präparate. 7. neu durchgesch. u. vergrösserte Aufl. (XIV, 100 S. m. 19 Abbildgn.) 8. Braunschweig 905. F. Vieweg & Sohn. n. 2. 50; geb. in Leinw. n. 3. — u. durchsch. n. 3. 40

Fischer, Emil, Anleitung zur Darstellg. organischer Präparate. 8. neu durchges. Aufl. (XVI, 98 S. m. 19 Abbildgn.) 8. Braunschweig 908. F. Vieweg & Sohn. 2. 50; in Leinw. 3.20; u. durchsch. 3. 60

Fischer, Emil, ueber Antifebrin als Antifebrile und Antirheumaticum. Diss. München 1887, A. Buchholz. 8°. 17 S. mit einer Taf.

Fischer, Emil [approb. Arzt aus Mannheim in Baden]: Ueber Antifebrin als Antifebrile und Antirheumaticum .... München, K. Hof- u. Univ.-Buchdr. v. Dr. Wolf & Sohn, 1887; 17 S. u. 1 Taf. 8°.
München, Med. Fak., Inaug.-Diss. v. 1887.

— u. Karl **Raske**, Beitrag zur Stereochemie der 2, 5-Diketopiperazine. (13 S.) Lex.-8. Ebd. 906. n. — 50

Bericht über die fünfzigjährige Jubelfeier der Gesellschaft von Freunden der Naturwissenschaften in Gera-Reuss. Im Auftrage des Vorstandes EMIL FISCHER. Gera-Untermhaus 1908. Druck der Kunstanstalt Fr. Eugen Köhler, G. m. b. H. 8°.

— u. Frz. **Wrede**, üb. die Bestimmg. d. Verbrennungswärme organischer Verbindungen m. Benutzung des Platinwiderstandsthermometers. (18 S.) Lex. 8. Ebd. 908. 1. —
3 Sonderabdr. a. „Sitzungsber. d. preuss. Ak. d. Wiss."

Fischer, Emil, s.: Bibliothek nützlicher Taschenbücher.

Fischer, Emil, das Bild v. Saïs. 10 krit. Aufsätze. gr. 8. (VII, 148 S.) Bamberg (901). Handels-Druckerei u. Verlagsh. n. 1. 50

Fischer, Emil, u. Emil **Abderhalden**, Bildung v. Polypeptiden b. der Hydrolyse der Proteine. (17 S.) Lex. 8. Berlin 907. (G. Reimer.) 1. —

— die Chemie der Kohlenhydrate u. ihre Bedeutung f. die Physiologie. Rede, geh. zur Feier des Stiftungstages der militärärztl. Bildungs-Anstalten am 2. Aug. 1894. gr. 8. (36 S.) Berlin 894. A. Hirschwald. n. 1. —

— Die Chemie der Proteine u. ihre Beziehungen zur Biologie. 1. u. 2. Aufl. (Je 22 S.) Lex. 8. Berlin 907. (G. Reimer.) 1. —
Sonderabdr. a. „Sitzungsber. d. preuss. Akad. d. Wiss."

— über aromatische Derivate der Harnsäure. gr. 8. (9 S.) Berlin 900. (G. Reimer.) n. — 50
Sonderabdruck aus: „Sitzungsber. d. preuss. Akad. d. Wiss."

Fischer, Emil [aus Doessel]: Aus d. medizin. Klinik zu Jena. Ueber den Einfluss des Sperminum-Poehl auf den Stickstoffumsatz bei gleichmässig ernährten Personen ... Jena, Druck v. A. Kämpfe, 1896; 28 S., 1 Bl. 8.
Jena, Med. Fak., Inaug.-Diss. v. [7. Mai] 1896

— Eröffnungs-Feier des neuen I. chemischen Instituts der Universität Berlin am 14. VII. 1900. gr. 8. (50 S m. 1 Taf. u. 1 Plan.) Berlin 900. A. Hirschwald. n. 1. —

— über die Ester der Aminosäuren gr. 8. (22 S.) Berlin 900. (G. Reimer.) n. 1. —
Sonderabdruck aus: „Sitzungsber. d. preuss. Akad. d. Wiss."

—— Etiketten für Mineralien-Sammlungen. 12. (III, 63 S.) Leipzig 888, Leiner. *

—— Etiketten für Pflanzen-Sammlungen. Lex.-8. (28 Bl.) Ebendas. 885. *
—— dass. — 2. verb. und verm. Aufl. 12. (104 Bl.) Ebendas. 887. cart. *

Fischer, Emil, Etiketten f. Pflanzen-Sammlungen. 5. Aufl. 12. (IV, 126 S. u. Bl.) Leipzig 892. O. Leiner. n. 1. 50

Fischer, Emil, Etiketten f. Pflanzen-Sammlungen. 8. (verb. u. verm.) Aufl. 12. (IV S., 103 Bl. u. S. 105 —126.) Leipzig (900). O. Leiner. n. 1. 50

—— Etiketten f. Schmetterlings-Sammlungen. 2. verb. u. verm. Aufl. 16. (VII, 76 Bl. u. S.) Ebd. 889. cart. * 1 50

Fischer, Emil, Etiketten für Schmetterlings-Sammlungen. 4., verb. u. verm. Aufl. (VII, 80 S.) kl. 8. Leipzig (904). O. Leiner. n. 1. 50

Fischer, Emil, approb. Arzt aus Eschershausen: Über die seit 1877 in der Göttinger medizinischen Klinik behandelten Fälle von Bleivergiftung. *Göttingen 1898: E. A. Huth.* (59 S.) 8°
Göttingen, Med. Diss. v. [30. Jan.] 1899

Fischer, Emil, über die seit 1877 in der Göttinger medizinischen Klinik behandelten Fälle v. Bleivergiftung. Diss. gr. 8. (60 S. m. Kurven.) Göttingen 898. (Vandenhoeck & Ruprecht). n. 2. —

Festbericht der Abteilung für Tier- und Pflanzenschutz der Gesellschaft von Freunden der Naturwissenschaften in Gera, Reuss. Im Auftr. d. Vorst. hrsg. von Emil Fischer. Gera 1900: Th. Hofmann. 39 S. 8°
Ing. 8171 9

Fischer, Emil [aus Euskirchen, Preussen]: Ueber Fluorescëin und Phtalëin-Orcin. Bonn, Druck von P. Neusser, 1874. 8. 40 S.

GV38
16

Fischer, Emil, Geschichte des Turnvereins zu Marienberg. Festschr. z. 25jähr. Best., 1886, 14 S., 8°.

Fischer, Emil, die Geschlechtskrankheiten, deren Wesen, Verbreitung u. Verhütung. Vortrag, geh. im Verein d. Hochschüler zu Hermannstadt. (23 S.) 8. Hermannstadt 910. (G. A. Seraphin.) — 40

— Glauben u. Wissen. 20 krit. Essays. gr. 8. (VIII, 232 S.) Ebd. (901). n. 2. —

— von Gottes Gnaden, s.: Volksschriften zur Umwälzung der Geister. 34. Hft.

Fischer, Emil, die Herkunft der Rumänen. Eine historisch-linguistisch-ethnograph. Studie. (VIII, 303 S. m. 4 Lichtdr.-Taf. u. 1 Karte.) gr. 8. Bamberg 904. Handelsdruckerei u. Verlagsh. n. 8. 50; geb. in Leinw. n. 10. —

— August Wilhelm v. Hofmann, s.: Volhard, Jac.

F[ischer], E[mil]. [1.] Drei Jahre als Unter-Offizier bei der Französischen Armee. 1855–1858. [Mit 1 Vignette und 1 Tafel.] Von E. F. (aus Basel). — [2.] Irrfahrten eines modernen Reisläufers. [Von Ernst Zoller.] ⟨Abdruck aus „Basler Nachrichten".⟩ 8. Basel 1897.

— u. Frdr. Ach, über die Isomerie der Methylharnsäuren. gr. 8. (30 S.) Ebd. 899. n. 1. —

Fischer, Emil, die deutsche Conditorei oder prakt. Anleitung zur Verfertigung von Conditorei-Backwaaren. Bestehend in einer Sammlung von über 500 Recepten nach eigener Erfahrung und Anwendung, nebst einer Anweisung: Liqueure, feine Weine und Essenzen leicht selbst zu bereiten rc. Ferner: vollständ. Kunst des Früchte-Einmachens. Ein Hülfsbuch für Conditoren, Köche, Hausfrauen rc. 8. (XIX und 136 S.) Darmstadt 855(56.) Küchler. mit 7 Stnt.

Fischer, Emil, üb. d. Constitution d. Caffeins, Xanthins, Hypoxanthins u. verw. Basen. [Aus: „Sitzungsber. d. k. preuss. Akad. d. Wiss. zu Berlin".] Lex.-8. (10 S.) Berlin 897. (G. Reimer.) n. — 50

— Lern- u. Uebungsbuch f. die deutsche Sprachlehre u. Rechtschreibung, s.: Bartels, Fdr.

— s.: Lesebuch nebst fachkundlichen Anhängen f. Fortbildungs-, Fach- u. Gewerbeschulen.

— deutsches Lesebuch, s.: Bartels, Fr., u. G. Wirth.

— s.: Liebig's, Just. v., Annalen der Chemie.

Zur deutschen Literatur. Ein Hilfsbuch für d. Unterr. in Seminaren u. höh. Schulen sowie f. d. Fortbildung d. Lehrers. Von E. Fischer, kgl. Seminaroberl. Gedr. in d. neuen Rechtschreibung. *Breslau: C. Dülfer 1903.* (VIII, 167 S.) 8° [F.] [04. 5551 2

Zur deutschen Literatur. Ein Hilfsbuch f. d. Unterr. in Seminaren u. höh. Schulen, sowie f. d. Fortbildung d. Lehrers. Von Lic. E. Fischer, Seminardir. 2. verb. Aufl. Breslau: C. Dülfer 1904. (VIII, 176 S.) 8° [F.] [04 7..

Zur deutschen Literatur. Ein Hilfsbuch f. d. Unterricht in Seminaren ... Von Lic. E[mil] Fischer, Sem.Dir. 3. verb. Aufl. Breslau: C. Dülfer 1907. (VIII, 160 S.) 8° [F.] [08. 3431 2

— Zur deutschen Literatur. Ein Hilfsbuch f. den Unterricht in Seminaren u. höh. Schulen, sowie f. die Fortbildg. des Lehrers. 4. verm. u. verb. Aufl. (VIII, 176 S.) 8. Breslau 910. C. Dülfer. 2.—; geb. in Halbleinw. 2.40; durchsch. 2. 80

Der Neubau des ersten Chemischen Instituts der Universität Berlin. Hrsg. von Emil Fischer, Prof., u. Max Guth, Kgl. Landbauinsp. Mit 28 Lichtdruckb. u. 12 Taf. *Berlin: A. Hirschwald 1901.* (76 S.) 4° [01. 7845

Fischer, Emil, pract. Arzt v. Triengen, Kt. Luzern: Aus dem pathologischen Institut in Zürich. Ueber ein Osteo-Chondro-Sarkom der Fibula. Zür. F. Lohbauer Dr. 1897. 29 S., 1 Bl. 8°.
Zürich, Med. Diss. [v. 15. Juli 1897].

— Pflanzen-Etikettenbuch f. höhere Lehranstalten. gr. 8. (III u. XI S. u. 76 Bl.) Blankenese 893. Dessau, R. Kahle. Kart. n. 1. 50

u. Umetaro Suzuki, Polypeptide der Diaminosäuren. (9 S.) Lex.-8. Ebd. 904. n. — 50

— u. Erich Flatau, Optisch aktive Propylisopropylcyanessigsäure. (S. 876–883.) Lex. 8. Ebd. 909. — 50

Fischer, Emil, Schilderungen u. Beschreibungen zu Ad. Lehmann's geographischen Charakterbildern. Für die Schule bearb. 1. Hft. Thüringer Wald m. Wartburg. 8. (16 S.) Gera 878. Burow. — 25

Fischer, Emil, die Aera Schulze. Wahrheit u. Dichtg. aus e. Leben. Tragikomödie in 4 Aufzügen. (128 S.) 8. Bamberg (907). Handels-Druck. u. Verlagsh. 1. 50

— u. Herm. Leuchs, über Serin u. Isoserin. gr. 8. (10 S.) Berlin 902. (G. Reimer.) n. — 50

— Über Spinnenseide. (11 S.) Lex. 8. Berlin 907. (G. Reimer.) — 50
Sonderabdruck a. „Sitzungsber. d. preuss. Ak. d. Wiss."

— Sprach-Stoffe zu Leutemann's 15 Thierbildern [Verlag v. F. E. Wachsmuth in Leipzig] für den Anschauungs-Unterricht in der Volksschule. gr. 8. (140 S.) Leipzig 878. Leiner. n. 1. 75

— Sprach-Stoffe zu Lehmann-Leutemann's Thierbildern f. den Anschauungs-Unterricht in der Volksschule. 2. Aufl. gr. 8. (IV, 218 S.) Ebend. 883. n. 2. —

—— Sprach-Stoffe zu Lehmann-Leutemann's Tierbildern f. den Anschauungs-Unterricht. 3. verb. u. verm. Aufl. gr. 8. (IV, 222 S.) Ebd. 890. geb. ** 2 50

Fischer, Emil, Sprach-Stoffe zu Lehmann-Leutemann's Tierbild. f. d. Anschauungs-Unterr. 5., verb. u. verm. Aufl. gr. 8. (IV, 233 S.) Leipzig 895. O. Leiner. Geb. in Leinw. n.n. 2. 80

Fischer, Emil, Sprachstoffe zu Lehmann-Leutemann's Tierbildern f. den Anschauungs-Unterricht. 8., verb. u. verm. Aufl. gr. 8. (IV, 233 S.) Leipzig 902. O. Leiner. Geb. in Leinw. n.n. 2. 80

— Sprachstoffe zu Lehmann-Leutemann's Tierbildern f. den Anschauungs-Unterricht. 9., verb. u. verm. Aufl. (IV, 233 S.) 8. Leipzig 905. O. Leiner. Geb. n. 2. 80

— Spruchbuch f. den Katechismus-Unterricht, s.: Bartels, Frdr.

— u. Fritz Weigert, Synthese der α, ε-Diaminocapronsäure. gr. 8. (6 S.) Ebd. 902. n. — 50
Vorstehende 4 Abhandlgn. sind aus: „Sitzungsber. d. preuss. Akad. d. Wiss." besonders abgedruckt.

— Synthese der α, δ-Diaminovaleriansäure. gr. 8. (11 S.) Berlin 900. (G. Reimer.) n. — 50

— u. Max Slimmer, über asymmetrische Synthese. gr. 8. (14 S.) Ebd. 902. n. — 50

— Synthese von Derivaten der Polypeptide. (14 S.) gr. 8. Berlin 903. (G. Reimer.) n. — 50
Sonderabdr. aus: „Sitzungsber. d. preuss. Akad. d. Wiss."

– und E. Frankland Armstrong

— — Synthese einiger neuen Disaccharide. gr. 8. (9 S.) Ebd. 901. — 50
Vorstehende 4 Abhandlgn. sind aus: „Sitzungsber. d. preuss. Akad. d. Wiss." besonders abgedruckt.

— Organische Synthese u. Biologie. (28 S.) 8. Berlin 908. J. Springer. 1. —

— Synthese v. Polypeptiden. (S. 542—553.) Lex. 8. Berlin 908. (G. Reimer.) — 50
Sonderabdr. aus „Sitzungsber. d. preuss. Ak. d. Wiss."

— u. Geo. Roeder, Synthese des Thymins u. anderer Uracile. gr. 8. (9 S.) Ebd. 901. n. — 50

— Synthesen in der Purin- u. Zuckergruppe. Vortrag, geh. am 12. XII. 1902 vor der schwed. Akademie der Wissenschaften zu Stockholm. (29 S.) gr. 8. Braunschweig 903. F. Vieweg & Sohn. n. — 80
Sonderabdruck aus: „Naturwiss. Rundsch."

—— Taschenbuch f. Bienenfreunde, s. Zeuner, M.

—— Taschenbuch für Mineraliensammler. 12. (XII, 324 S. mit 2 Farbendr.-Taf. und vielen Holzschn.) Ebendas. 887. geb. *

— Taschenbuch für Mineraliensammler. 4., verb. u. verm. Aufl. (XII, 324 S. m. Holzschn. u. 2 farb. Taf.) kl. 8. Leipzig 905. O. Leiner. Geb. in Leinw. n. 3. —

—— Taschenbuch für Pflanzensammler. 6. Aufl. gr. 16. (VII, 384 S. mit 3 Farbendr.-Taf. und vielen Holzschn.) Ebendas. 887. geb. *

—— Taschenbuch f. Pflanzensammler. 7. verb. u. verm. Aufl. Mit 3 Farbendr.-Taf. u. vielen Holzschn. gr. 16. (VIII, 344 S.) Lpz. 890, Leiner. geb. * 2 80
In früheren Aufl. anonym u. d. T.: Taschenkalender f. Pflanzensammler.

— Taschenbuch f. Pflanzensammler. 10., verb. u. verm. Aufl. M. 3 Farbendr.-Taf. u. vielen Holzschn. 12. (VIII, 344 S.) Ebd. 897. Geb. in Leinw. n. 2. 80

— Taschenbuch für Pflanzensammler. 11. verb. u. verm. Aufl. Mit 3 Farbendr.-Taf. u. vielen Holzschn. 12. (VIII, 344 S.) Ebd. (900.) Geb. in Leinw. n. 2. 80

—— Taschenbuch f. Schmetterlingssammler. 3. vollständig neu bearb. Aufl. 16. (XI, 292 S. m. 14 Farbendr.-Taf. u. Holzschn.) Ebd. 889. geb. * 4 —

— Taschenbuch für Schmetterlingssammler. 5. Aufl. Mit 14 Farbendr.-Taf. u. vielen Holzschn. (Bibliothek nützl. Taschenbücher. Hrsg. v. Osk. Leiner u. Emil Fischer.) (XI, 253 u. XXV S. m. 14 Bl. Erklärgn.) kl. 8. Ebd. 904. Geb. in Leinw. n. 4. —

— Taschenbuch f. Schmetterlingssammler. 6. Aufl. Mit 14 Farbendruck-Taf. u. vielen Holzschn. (Bibliothek nützl. Taschenbücher. Hrsg. v. Osk. Leiner u. Emil Fischer.) (XI, 258 u. XXV. S. m. 14 Bl. Erklärgn.) kl. 8. Leipzig (908). O. Leiner. Geb. in Leinw. 2. 75

Fischer, E., Transmutation der Schmetterlinge infolge Temperaturänderungen. Experimentelle Untersuchgn. üb. die Phylogenese der Vanessen. gr. 8. (36 S.) Berlin 895. R. Friedländer & Sohn. n. 1. 20

Fischer, Emil, über Tuberkulose und ihre Beziehungen zur Scrophulose, über Heredität und Uebertragbarkeit. Diss. München 1888, A. Buchholz. 8°. 37 S.

Fischer, Emil [approb. u. prakt. Arzt zu Dirlewang]: Über Tuberkulose und ihre Beziehungen zur Scrophulose, ihre Heredität und Übertragbarkeit . . . . München, k. Hof- u. Univ.-Buchdr. v. Dr. C. Wolf & Sohn, 1888; 37 S. 8°
München, Med. Fak., Inaug.-Diss. v. 1888

Fischer, Emil. Untersuchungen über Aminosäuren, Polypeptide und Proteïne ⟨1899—1906⟩. XII + 772 S. 8. Berlin, Julius Springer, 1906. [M. 16. —]
(Enthält alle auf A', Pol' und Pr' bezüglichen Aufsätze, von E' F' allein oder gemeinsam mit jüngeren Fachgenossen von 1899 bis Ende März 1906 veröffentlicht.) — *Mitarbeiter u. A.: S. 144—148:* Rudolf Hagenbach ⟨1901⟩; *S. 379—383, 595—620, 624—682, 695—702, 717—727, 732—757:* Emil Abderhalden ⟨1902—1906⟩; *von diesem auch das* Sachregister *S. 758—770.*

— Untersuchungen üb. Kohlenhydrate u. Fermente (1884—1908). (VIII, 912 S.) gr. 8. Berlin 909. J. Springer. 22. —; geb. in Leinw. n 24. —

Untersuchungen in der Puringruppe ⟨1882–1906⟩ von Emil Fischer, ([Prof. a. d. Univ.], Berlin). Berlin: J. Springer 1907. (VIII, 608 S.) 8° [07. 1464]

— u. Frz. Wrede, über die Verbrennungswärme einiger organischer Verbindgn. (29 S.) gr. 8. Ebd. 904. n. 1. —
Sonderabdr. aus: „Sitzungsber. d. preuss. Akad. d. Wiss."

— u. Emil Abderhalden, über das Verhalten verschiedener Polypeptide gegen Pankreasferment. (11 S.) Lex.-8. Berlin 905. (G. Reimer.) n. — 50

— was ist Religion? s.: Volksschriften zur Umwälzung der Geister. 36. Hft.

—— Winke für Naturaliensammler. 12. (IV, 44 S. mit 4 Farbendr.-Taf. und 13 Holzschn.) Ebendas. 887.

—— Das positive Wissen d. Lehrers in der evangel. Religionslehre. Katechismuslehre, Bibelkunde, Landeskunde v. Palästina, Kirchengeschichte, Kirchenliederkunde, Kirchenjahr ꝛc. Ein Repetitorium u. Hilfsbuch f. Lehrer u. Schulamtskandidaten zur Vorbereitung auf die verschiedenen Examina. 12. (VIII, 96 S.) Langensalza 890, Schulbuchh. — 90

Fischer, Emil S., Rückblick auf die Beteiligung der österreichischen Regierung an der Louisiana Purchase Exposition World's Fair St. Louis 1904 m. dem Verzeichnisse der v. der internationalen Jury auf dieser Weltausstellung an österreichische Aussteller (sowohl der Regierungsausstellg. als auch der Privatausstellg. österreichischer Industrieller) verliehenen Preise. Kommerzieller Bericht, dem k. k. Handelsministerium erstattet. (45 S.) gr. 8. Wien 906. (M. Gottlieb.) n. 2. 50

Fischer, Engelbert, Beichtandacht und Beichtspiegel für Kinder. 162. verb. Aufl. 16. (32 S.) Stoizendorf 887. (Wien, Mayer und Comp.) *

Fischer, Engelbert, Beichtspiegel f. Schulkinder. Neue Aufl. 16. (20 S.) Neustift am Walde 875. (Amberg, Habbel.) — 5

Fischer, Engelbert, Beispiele aus dem Leben frommer Meßdiener. 1.—3. Aufl. 8. (VIII, 241 S.) Neustift am Walde bei Wien 881. (Wien, Mayer und Comp.) **

—— dass. — 4. Aufl. 8. (VI, 241 S.) Freiburg i. Br. 881, Herder'sche Verlagsh. *

— christlicher Bücherschatz. Ein vor, zu u. nach Weihnachten verwendbares Verzeichniß nützlicher Werke für Jung u. Alt. 12. (V, 94 S.) Neustift am Walde b/Wien 881. (Wien, Sallmayer'sche Buchh.) n.n. — 90

—— Ehre sei Gott in der Höhe! Lehrreiche Erzählungen für reifere Jugend und Erwachsene, „die eines guten Willens sind". 3 Bdchn. 8. (à Bdchn. ca. 100 S.) (Ebendas.) 887. à Bdchn. *

—— die Feier des Frohnleichnamsfestes in Hochamt und Prozession. Ein Unterrichts- und Erbauungsbuch für die lesegewandte Jugend und für Erwachsene. 3. verb. und verm. Aufl. 16. (138 S.) (Ebendas.) 887. **

— die heilige Firmung. Ein Unterrichtsbüchlein f. Schule u. Haus. Neue Aufl. gr. 16. (72 S.) Ebend. 875. n. — 20

Fischer, Engelbert, die heilige Firmung. Ein Unterrichtsbüchlein für Schule und Haus. 21. Aufl. 8. (72 S.) Neustift am Walde bei Wien 879. (Wien, Mayer und Comp.) *
Die früheren Auflagen waren nicht im Handel.

Fischer, Engelbert, die heilige Firmung. Ein Unterrichtsbüchlein für Schule und Haus. 27. Aufl. 8. (69 S.) Stoizendorf 888. (Wien, Mayer und Comp.) *

Fischer, Engelbert, ausgewählte Gelegenheits- u. Fastenreden berühmter österreichischer Kanzelredner. gr. 8. (VIII, 478 S.) Freiburg i/Br. 883. Herder. 4. 50

—— Gott lenkt. Für echt reife Jugend und Erwachsene. 1. und 2. Serie. à Serie 5 Bdchn. (à Bdchn. 3—4 Bog.) 8. Neustift am Walde bei Wien 881. (Wien, Sallmayer'sche Buchh.) 1. Serie. cart. **ℳ 2,88.; 2. Serie. cart. **ℳ 3,38. **

—— dass. — 3. Serie. 5 Bdchn. (à Bdchn. 3—4 Bog.) 8. (Ebendas.) 881. **

—— dass. — 4. Serie. 5 Bdchn. 8. (Ebendas.) 881. [1. Bdchn. (96 S.) ** 96 Pf.; 2. Bdchn. (80 S.) ** 80 Pf.; 3. Bdchn. (104 S.) **ℳ 1.; 4. Bdchn. (64 S.) ** 76 Pf.; 5. Bdchn. (96 S.) ** 96 Pf.] **

—— dass. — Sammlung ausgewählter Jugendschriften. 2. Aufl. 2. Serie. 5 Bdchn. 8. (50; 52; 55; 92; 50 S.) Salzburg 884, Mittermüller. cart. *
Einzeln à Bdchn. *

—— Gott lenkt. Sammlung auserwählter Jugendschriften. 1. Serie. 5 Bdchn. 3. Aufl. 12. (à Bdchn. 48 S.) Salzburg 886, Mittermüller. *
Einzelne Bdchn. à *

—— dass. — 3. Serie. 5 Bdchn. 2. Aufl. 8. (95; 63; 64; 64; 64 S.) Ebendas. 886. *
Einzelne Bdchn. à *

—— die Großmacht der Jugend- und Volksliteratur. 2 Abthlgn. gr. 8. Neustadt am Walde bei Wien. (Wien, Sallmayer'sche Buchh.) compl. **
Inhalt:
Abthl. 1. Jugendliteratur. Vom patriot., religiösen und pädagogisch-didakt. Standpunkte kritisch beleuchtet. 1.—4. Bd. **ℳ 15.; 2. Aufl. (XXIII, 1988 S.) 877. **ℳ 15,20.
2. Volksliteratur. 5. Bd. (VI, 559 S.) 878. **ℳ 5,60.

—— die Großmacht der Jugend- und Volksliteratur. 2. Abthl. (5. Bd. der ganzen Reihe.) 2. Aufl. gr. 8. (703 S.) Neustift am Walde bei Wien 882. (Wien, Sallmayer'sche Buchh.) **

—— dass. — 3. Abthl. 5 Bde. (6.—10. Bd. der ganzen Reihe.) 6.—8. Bd. 2. Aufl.; 9. und 10. Bd. gr. 8. (1286 S.) (Ebendas.) 881,82. **
1. Abthl. 1.—4. Bd. (Ebendas.) 1877. **ℳ 18,40.

—— die Großmacht der Jugend- und Volksliteratur. 11. und 12. Bd. (IV. Abthl.) gr. 8. (552 S.) Stoizendorf 886. (Wien, Sallmayer'sche Hofbuchh.) **
1.—10. Bd. (Ebendas.) 1877—82. **ℳ 48.60.

—— himmelan! Lehrreiche Erzählungen, Vorbilder, Parabeln, Mahnungen, Gedichte für Firmlinge und Gefirmte. 2 Bde. 8. (396; 432 S.) Stoizendorf 888. (Wien, Mayer und Comp.) à Bd. **ℳ 1.80. **

Fischer, Engelbert, Kalender für Meßdiener 1883. 12. (37 S.) In Comm. geh. 18 kr.
Wien: Mayer 1882.

—— das gute Kind. Christliche Weisheit in Beispielen aus der alten und neuen Zeit für die Jugend. 1. und 2. Bd. 8. (Ebendas.) 888. [1. Bd. (172 S.) **ℳ 1.40.; 2. Bd. (252 S.) **ℳ 1.80.] **

— die schwere Noth m. den Ministranten. Ein Beitrag zur Jugendseelsorge überhaupt u. zur Ministrantenseelsorge insbesondere. 8. (206 S.) Stoizenburg b/Eggenburg 886. (Wien, Mayer & Co.) n. 2.—

— s.: Predigten am Feste des heil. Leopold.

—— Schule, Haus und Kirche. 4.—6. bedeutend verm. Aufl. gr. 8. (108 S.) Wien 873, Mayer und Comp.

— Schule, Haus u. Kirche. 6. bedeutend verm. Aufl. gr. 8. (108 S.) Wien 874. Mayer & Co. — 50

Fischer, Engelbert, Sonntags daheim. Belehrende u. unterhaltende Erzählungen für die erwachsene Jugend u. das Volk. 3. Serie. 1—4. Bd., der ganzen Sammlung 9—12. Bd. gr. 8. (à 32 S.) Wien 880. (Wien, Sallmayer'sche Buchh.) à n.n. — 26

—— Sonntags daheim. Belehrende und unterhaltende Erzählungen für die erwachsene Jugend und das Volk. 1. und 2. Serie. 8 Bdchn. gr. 8. (à Bdchn. 64 S.) (Ebendas.) 881. à Bdchn. ** 40 Pf. **

—— dass. — 3. Serie. 4 Bdchn. (Der ganzen Sammlung 9.—12. Bdchn.) gr. 8. (à Bdchn. 32 S.) (Ebendas.) 882. à Bdchn. * 26 Pf. **

— „Sonntags-Daheim". Erzählungen f. erwachsene Jugend u. Volk. 4. Serie. 1—4. Bdchn. 8. (56, 40, 48 u. 48 S.) Salzburg 884. Mittermüller. n. 1. 4; einzeln à n. —32

—— freundliche Stimmen an Kinder-Herzen. 4 Serien à 3 Bdchn. 12. (Mit je 1 chromolithogr. Titel.) Neustift am Walde bei Wien 882. (Wien, Sallmayer'sche Buchh.) [1.—3. Bdchn. (64; 72; 64 S.) **ℳ 1,81.; 4.—6. Bdchn. (à 64 S.) **ℳ 1,84.; 7.—9. Bdchn. (80; 88; 64 S.) **ℳ 2.; 10.—12. Bdchn. (80; 80; 96 S.) **ℳ 2.] **

— Stoßgebete in Prosa u. Reim zum Auswendiglernen für die Kinder. Nebst einer Zugabe von einigen anderen erbaulichen Gebeten u. Gedichten. 16. (32 S.) Neustift am Walde bei Wien 882. (Wien, Mayer & Co.) n. — 12

— Türkenpredigten aus d. J. 1683. Neu bearb. u. dargeboten als Jubiläumsgabe. gr. 8. (50 S.) Neustift am Walde b. Wien 883. (Wien, Mayer & Co.) n. — 60

—— Verwaist, aber nicht von Gott verlassen. Lehrreiche Geschichten für Waisenkinder und alle, die die Waisenkinder lieb haben. 1.—42. Bdchn. 8. (à Bdchn. 32 S.) (Ebendas.) 885. à Bdchn. * 20 Pf. *

— lehrreiche Vorbilder, Geschichten u. Gedichte f. Erstkommunikanten. Auch anderen Kommunikanten segensvoll. 1—5. Bdchn. 16. (à 64 S.) Neustift am Walde bei Wien 882. (Wien, Sallmayer'sche Buchhandlung.) à n.n. — 18

— lehrreiche Vorbilder, Geschichten u. Gedichte f. Erstkommunikanten. Auch anderen Kommunikanten segensvoll. 1—7. Bdchn. 16. Neustift am Walde bei Wien 883. 84. Salzburg, Mittermüller à n. — 20
1—5. 2. Aufl. (à 64 S.) — 6. 8. Aufl. (72 S) — 7. (64 S.).

Fischer, Engelbert Lorenz

Fischer, Engelb. Lor., systematische Anleitung z. Willens- u. Charakterbildg. Ein Buch speziell für Philosophen, Pädagogen, Geistliche, Lehrer u. Selbstkultur. (209 S.) 8. Berlin 910. Gebr. Paetel. 3.—; geb. in Leinw. 4. —

Fischer, Eng. Lor., Über die negative Bedeutung des modernen Pessimismus. Vortrag, geh. auf der Generalversammlung des Görresvereins zu Fulda i. J. 1880.
Abgedruckt im Jahresbericht d. Görresges. pro 1880 (Köln, Bachem).

Fischer, Engelb. Lor., Cardinal Consalvi. Lebens- u. Charakterbild des grossen Ministers Papst Pius' VII. Mit dem Bilde des Cardinals. gr. 8. (XV, 350 S.) Mainz 899. F. Kirchheim. n 4.—; geb. in Leinw. n. 5.20

Erinnerungen und Grundsätze aus meinem Leben. Von Mgr Dr. Engelbert Lorenz Fischer, Stadtpfarrer in Würzburg. Mit 2 Portr. *Regensburg: G. J. Manz 1904.* (XVI, 364 S.) 8° [03. 15948

— die modernen Ersatzversuche f. das aufgegebene Christentum. Ein Beitrag zur Religionsphilosophie u. Apologetik. 8. (XII, 289 S.) Regensburg 903. Verlagsanstalt vorm. G. J. Manz. n. 3. —

Fischer, Engelbert Lor., über das Gesetz der Entwicklung auf psychisch-ethischem Gebiete. Auf naturwissenschaftl. Grundlage mit Rücksicht auf Ch. Darwin, Herbert Spencer und Th. Buckle. gr. 8. (VII, 147 S.) [Würzburg 875.] München, Keller. *

Der Großgeist das höchste Menschenideal. Grundlinien zu e. Philosophie d. Ganzgenies. Von Prälat Dr. Engelbert Lorenz Fischer. Berlin: Gebr. Paetel 1908. (280 S.) 8° [F.] [08. 19233

Fischer, Engelbert Lor., die Grundfragen der Erkenntnisstheorie. Kritik der bisher. erkenntnisstheoret. Standpunkte und Grundlegung des krit. Realismus. gr. 8. (XVI, 498 S.) Mainz 887, Kirchheim. *

Fischer, Engelb. Lor., das Grundproblem der Metaphysik. Eine krit. Untersuchg. der bisher. metaphys. Hauptsysteme u. Darstellg. des Vernunftenergismus. gr. 8. (XII, 203 S.) Mainz 894. F. Kirchheim. n. 3. —

Fischer, Engelbert Lor., Heidenthum u. Offenbarung. Religionsgeschichtliche Studien über die Berührungspunkte der ältesten heiligen Schriften der Inder, Perser, Babylonier, Assyrer u. Aegypter mit der Bibel. Auf Grund der neuesten Forschungen. gr. 8. (XIX, 343 S.) Mainz 878. Kirchheim. n. 6. —

Über den Individualismus, s. Berechtigung, s. Bedeutung u. s. Grenzen. Vortrag von Prälat Dr. E[ngelbert] L[orenz] Fischer, Würzburg. Charlottenburg: O. Günther 1907. (13 S.) 8° [F. u. Ant.] [08. 18191

— Über den Individualismus, seine Berechtigung, seine Bedeutung u. seine Grenzen. Vortrag, geh. in der Gesellschaft f. Philosophie. (16 S.) gr. 8. Charlottenburg 907. D. Renner. — 90

Goethes Lebens- und Charakterbild. Mit besond. Rücks. auf s. Stellung z. christl. Religion. Von Prälat Dr. Engelbert Lorenz Fischer. Mit 8 Abb. Leipzig: H. Schmidt & C. Günther 1905. (XII, 117 S.) 8° [F.] [05. 8831

Fischer, Engelb. Lorenz, Der sogen. Lebensmagnetismus oder Hypnotismus. Kirchheim, Mainz, 1883, gr. 8°, VIII, 119 S., 2 Mk.

Fischer, Monseigneur Prälat Dr. Engelbert Lorenz, Geheimer Kammerherr Sr. Heiligkeit des Papstes. Napoleon I. Dessen Lebens- und Charakterbild mit besonderer Rücksicht auf seine Stellung zur christlichen Religion. Zum 100jährigen Gedächtnis der Gründung des ersten franz. Kaiserreiches. Mit 64 Illustrationen. 8. Leipzig 1904.

Fischer, Eng. Lor., Friedrich Nietzsche, der „Antichrist" in der neuesten Philosophie. Eine Ergänzung zu meinem Werke: „Der Triumph der christl. Philosophie." Regensburg, Verlagsanst., 1900, 8°, VIII, 257 S., 3 Mk.

Friedrich Nietzsche. Der 'Antichrist' in d. neuesten Philosophie. Eine Ergänzung zu meinem Werk: 'Der Triumph d. christl. Philosophie.' Von Msgr. Dr. Engelbert Lorenz Fischer, Stadtpfarrer in Würzburg. *Regensburg: G. J. Manz 1901.* (VII, 257 S.) 8° [01. 1109

— Friedrich Nietzsche. Der „Antichrist" in der neuesten Philosophie. Eine Ergänzung zu meinem Werk: „Der Triumph der christl. Philosophie". 2., verb. Aufl. (VIII, 196 S.) gr. 8. Regensburg 906. Verlagsanstalt vorm. G. J. Manz. n. 3. —

—— über den Pessimismus, s.a. Broschüren, Frankfurter zeitgemäße.

—— Über den Pessimismus. Frankf. zeitgem. Broschüren Bd. 2 Nr. 1, 38 S., gr. 8°, 40 Pf.

Fischer, Engelb. Lorenz, Über das Princip der Organisation und die Pflanzenseele. Mainz, Kirchheim, 1883, gr. 8°, IX, 141 S., 2,40 Mk.

Fischer, Lorenz Engelb., Das Problem des Übels und die Theodicee. Mainz, Kirchheim, 1883, gr. 8°, XII, 221 S., 3,50 Mk.

Fischer, Engelbert Lorenz. Theorie der Gesichtswahrnehmung. Untersuchungen zur physiolog. Psychologie u. Erkenntnislehre. gr. 8. (XVI, 392 S.) Mainz 891, Kirchheim. * 7 —

Fischer, Eng. Lor., Der Triumph der christlichen Philosophie gegenüber der antichristlichen Weltanschauung am Ende des 19. Jahrhunderts. Eine Festgabe zur Säkularwende. Mainz, Kirchheim, 1900, gr. 8°, XVI, 398 S., 6 Mk.

Recc. Litt. Handw. 1899, S. 683—6 (Seb. Huber). Linzer Th.-pr. Quartalschr. 1901, S. 887—9 (Karl Mayer). Tüb. Theol. Quartalschr. 1901, S. 290—4 (Schanz).

— Überphilosophie. Ein Versuch, die bisher. Hauptgegensätze der Philosophie in e. höh. Einheit zu vermitteln. (XVI, 304 S.) 8. Berlin 907. Gebr. Paetel. 4.—; geb. in Leinw 5. —

Fischer, Lor. Engelb., Die Urgeschichte des Menschen und die Bibel. Nach der heutigen anthropologischen Forschung. Würzburg, Woerl, 1878, gr. 8°, 99 S., 1,20 Mk. (Auch: Kathol. Studien, Jahrg. 4, Heft 10 u. 11.)

Recens. v. Scheidemacher, Litt. Handw. 1879, S. 61—63.

Fischer, Erdmann, u. Fröhlich jun., Karl Georg, Exerzierordnung für die Turnvereine und Turnerfeuerwehren des Nordböhmischen Gauverbandes, bearb. nach d. österreichischen Armee-Abrichtungsorder, m. Abb., Warnsdorf, 54 S., 2 Taf., 16°.

Fischer, Erdm. Rud.

Fischer, Erdm. Rud., († d. 1. Juni 1776.) ungeänd. Augsburg. Confession. 8. Coburg ... 2e Aufl. 755. (Riemann). 4 gl.

— Anweisung zum rechten Gebrauch des Catechismi Luth. 8. Cob. Ahl. 770.

Fischer, E. R. Denckmahl der ihm bewiesenen wunderlichen Güte Gottes, an seinem von ihm, im achtzigsten Jahre seines Alters, den 22. Julii 1767. feyerlich begangenen fünfzigjährigen Amts-Jubelfest, zum Preiß Gottes aufgerichtet von Erdmann Rudolph Fischer, Hochfürstl. Sachsen Coburg-Saalfeldischen Consistorial-Rath, General-Superintendenten ... und Scholarcha. Römhild, J. G. Brückner, 1768. 4°. 8 Bl. 238 S. 1 Bl. Grau marmor. Pbd. d. Z.

Interessante, vom Gefeierten selbst herausgegebene Festschrift zum 50jähr. Amtsjubiläum des Koburger Generalsuperintendenten Fischer (1687—1776), die s. eigene Festpredigt, e. Autobiographie und vor allem eine stattliche Anzahl von deutschen und latein. Glückwünschen, großenteils in längeren Gedichten enthält. Die Titelvignette zeigt seine Ehren-Medaille.

— Friedensgedanken Gottes über sein Volk zur Zeit d. Krieges. 8. Coburg 785.

— hist. eccles. in vita I. Gerhardi. 8. Lps. 724.

— Leben Cyprians. 8. Stettin, Rothe. (a. Horvath in Potsdam). 749.

— Samml. einiger Kanzelreden. 2 Thle. 8. Coburg 746 u. 51. (Riemann). 17 gl.

Fischer, Erdm. Rud., Sammlung einiger Canzelreden. 2 Thle. 8. Cob. Ahl. 750. 51.

— vita Ph. Theod. Veerpoortenii. 8. Coburg 751. Riemann. 2 gl.

Fischer, Erich: Aus d. Univ. Augenklinik zu Jena. Beitrag zur Kenntnis der Spätfolgen von contusio bulbi. Berlin 1908: Liebheit & Thiesen. 29 S. 8°

Jena, Med. Diss. v. 31. Dez. 1908, Ref. Wagenmann

[Geb. 3. Okt. 82 Magdeburg; Wohnort: Berlin; Staatsangeh.: Preußen; Vorbildung: König-Wilhelms-Gymn. Magdeburg Reife O. 02; Studium: Jena 1, Halle 1, Jena 3, München 3, Jena 2 S.; Coll. 28. März 08; Approb. 31. Dez. 08.] [U 09. 2134

Fischer, Erich: Beiträge zur Erforschung der chinesischen Musik nach phonographischen Aufnahmen. Leipzig 1910: Breitkopf & Härtel. 30, 24 S. 8°

Berlin, Phil. Diss. v. 9. März 1910, Ref. Stumpf

[Geb. 8. April 87 Kreuzlingen; Wohnort: Wilmersdorf b. Berlin; Staatsangeh.: Schweiz; Vorbildung: Gymn. Konstanz Reife M. 05; Studium: Berlin 9 S.; Rig. 18. Febr. 09.] [U 10. 149

Fischer, Erich, u. Herm. Henking, die Ostsee-Fischerei in ihrer jetzigen Lage, s.: Publications de circonstance du conseil permanent international pour l'exploration de la mer. N. 13. B.

Uebersicht über die Seefischerei Deutschlands in den Gewässern der Ostsee. Im Auftr. d. Deutschen Seefischerei-Vereins ⟨Hannover⟩ unter Mitw. von Prof. Dr. Hermann Henking bearb. von Dr. Erich **Fischer.** Copenhague: A. F. Høst & fils en Comm. 1905. (S. 61–140.) 4°(8°)
— Ostseefischerei, Die, in ihrer jetzigen Lage. ⟨T. 2⟩, 3.
— Conseil permanent internat. p. l'exploration de la mer. **Publications** de circonstance. No 13[B]. [04. 3130 4

Fischer, Ernst: [Der Abschied des Direktors Dr. Helmuth Liesegang.] *Cleve 1898: H. Steus.* (14—16 S.) 4° [F.]
Cleve, k. G, P 1898 (449)

FISCHER, Ernst: Album forst- und waidmännischer Denkmale aus dem Grossherzogthum Baden. - Carlsruhe 1854. 36 S., 28 Taf.

Fischer, Ern. (geb. Wanzleben bei Magdeburg 2. 7. 1840): De Ernesti comitis de Mansfeld apologiis et de „Actis Mansfeldicis". Berolini (1865). (65 S.) 8°
Berlin, Phil. Diss. v. 11. Juli 1865

— de Ernesti comitis de Mansfeld apologiis et de „Actis Mansfeldicis". Berlin 865. Calvary & Co. 8. (63 S.) n. 15 *ngr.*

Fischer, Ernst, die **Bedeutung** des 1. Mai u. die Zukunft der Sozialdemokratie. gr. 8. (31 S.) Berlin (901). Deutschnationale Buchh. u. Verlagsanstalt. n. — 20

Fischer, Ernst, Beitrag zu dem Drehungsgesetz bei d. Wachstum d. Organismen. — Dr Drehungsgesetz bei d. Wachstum d. Organismen. gr. 8. (IV, 84 u. IV, 116 S. m. 41 bezw. 40 Abb.) Berlin 887. (Strassburg [Küfergasse 25], Prof. Dr. E. Fischer.) Geb. n.n. 5. —

Fischer, Ernst *August* [app. Arzt aus Hamburg]: Ein Beitrag zur Kenntniss der syphilitischen Mastdarmverschwärungen ... Kiel, Druck v. Ch. Donath, 1895; 19 S. 8.
Kiel, Med. Fak., Inaug.-Diss. v. [27. Febr.] 1895

Fischer, Ernst, Beiträge zur Geschichte d. Kurbrandenburgischen Feldmarschalls Georg Reichsfreiherrn v. Derfflinger. gr. 4. (31 S.) Berlin 884. Gaertner. n. 1. —

Fischer, *Ernst Johann August* Bemerkungen über die Berücksichtigung der bildenden Kunst im Gymnasial-Unterricht. Fortsetzung. 4 (18 S.). **Progr.** G. Adolfinum *Moers* 1892 (449).

Fischer, Ernst [Dir. Prof.]: *Bericht über seine Einführung als Direktor der Anstalt.* Saarbrücken, Druck v. Gebr. Hofer, 1896; 18—24 S. 4.
Saarbrücken, k. G u. VS, P 1896 (467)

Fischer, Ernst: Über Bromnitroderivate des Phenanthrenchinons. Jena: Fischer 1910. 61 S. 8°
Stuttgart, Dr.-Ing.-Diss. v. 26. 7. 1910

Fischer, Ernst, Referendar: Der Rechtsfall Cutting, Fragen des internationalen Strafrechts. ⟨straf- u. völkerrechtlich.⟩ Greifswald 1908: Abel. 71 S. 8°
Greifswald, Jur. Diss. v. 18. Sept. 1908, Ref. Stoerk †-Weismann
[Geb. 4. Jan. 84 Mittelwalde; Wohnort: Mittelwalde; Staatsangeh.: Preußen; Vorbildung: Gymn. Glatz Reife O. 04; Studium: Freiburg i. B. 1, Breslau 1, Greifswald 1, Breslau 1, Greifswald 2 S.; Rig. 6. Juni 07.] [U 09. 1454

Fischer, Ernst, Georg Derfflinger, s.: Beiheft zum Militär-Wochenblatt.

Fischer, Ernst ⟨geb. am 18 Okt. 1861 in Dortmund⟩: '(Aus d. pharmakol. Institut.)' — Ueber Einwirkung des Ozons auf Gährung und Fäulniss ... Bonn, Univ.-Buchdr. v. C. Georgi 1883. 28 S., 1 Bl. 8.
Bonn, Med. Fak., Diss. v. 7 März 1883

Fischer, Ernst, Eiszeittheorie. gr. 8. (19 S.) Heidelberg 902. C. Winter. n. — 60

Fischer, Ernst, Dr.: Archäologische Erinnerungen an eine Studienreise nach Griechenland. *Breslau 1901: Grass, Barth & Co.* (S. 3—20.) 4°
Breslau, st. Johannes-G, OP 1901 (190)

Fischer, Ernst, Dr.: Archäologische **Erinnerungen** an eine Studienreise nach Griechenland. ⟨Fortsetzung.⟩ *Breslau 1903: Graß, Barth & Co.* (S. 3—15, Taf. I—IV.) 4° ¶(Forts. d. P-Beil. 1901.)
Breslau, st. Johannes-G, OP 1903 (208)

— Etwas üb. die „kleinen" u. „großen" Führer der Sozialdemokratie. 8. (23 S.) Berlin 899. H. Ritelmann. n. — 80

Fischer, Ernst, 50 Fabeln f. Kinder. M. Bild. v. Karl Wagner. gr. 8. (52 farb. Bl. m. eingedr. u. 17 S. Text.) Berlin 897. Verlag d. christl. Zeitschriftenvereins Kart. n. 1. 50

Fischer, Ernst [cand. med. aus München]: Über einen Fall von Carcinom der Prostata ... München, Buchdr. Kastner & Lossen, 1895; 27 S., 1 Taf. 8.
München, Med. Fak., Inaug.-Diss. v. 1896

Fischer, Ernst, appr. Arzt a. Schielo: Aus d. Universitäts-Frauenklinik in Halle a. S. Ein Fall von primärer Mischgeschwulst des Beckenbindegewebes. Halle a. S. 1908: C. A. Kaemmerer & Co. (38 S.) 8°
Halle, Med. Fak., Ref. Veit, Diss. v. 8. Juli 1908
[Geb. 2. Febr. 78 Schielo am Harz; Wohnort: Bernburg; Staatsangeh.: Anhalt; Vorbildung: Karls-Gymn. Bernburg Reife O. 98; Studium: Tübingen 5, Leipzig 1, Kiel 1, Leipzig 7 S.; Coll. 3. Juli 08; Approb. 1. Febr. 06.]

Fischer, E[rnst], Dir. Prof.: Die **Feier** der Einweihung des neuen Schulgebäudes. *Cleve 1903: H. Steus.* (S. 9—20.) 4° [F.]
Cleve, k. G, P 1903 (497)

[F.] Friede und Freude. Geistl. Lieder v. Ernst **Fischer,** Pastor in Gross-Vahlberg bei Wolfenbüttel. *Berlin: Christl. Zeitschriftenver. 1896.* (179 S.) 1 Bd 8. [96. 4617

Fischer, Ernst (I.), Geburtstagsgedichte, Neujahrs- und Weihnachtswünsche für Kinder. 8. (72 S.) Breslau 848, F. Aderholz. *

Fischer, Ernst, Geburtstags-, Weihnachts- und Neujahrs-Wünsche, Polterabend-, Hochzeits- und andere Fest-Gedichte zum Gebrauch für Kinder und Erwachsene. Lehrern besonders eine willkommene Gabe. 2., verb. und sehr verm. Aufl. 8. (88 S.) Breslau 860, Maruschke und Berendt. Thlr. *

Fischer, Ernst, Geschichte u. Behandlung der seitlichen Rückgratsverkrümmung [Skoliose]. Ein neues Verfahren zu ihrer Heilg. Mit 125 in den Text eingeschalteten Abbildgn. gr. 8. (VIII, 165 S.) Strassburg 885. Schmidt. n. 5. —

Fischer, Ernst (I.), Handbuch der allgemeinen Chirurgie. 2. Aufl. gr. 8. (LI, 250 S. mit 206 eingedr. Holzschn.) Stuttgart 884, Enke. *

— Handbuch der allgemeinen Verbandlehre, s.a. Chirurgie, deutsche.

Fischer, Ernst (II.), Handbuch der Verbandlehre. gr. 8. (III, 175 S.) Stuttgart 878, Enke. *
Aus: Handbuch der allgemeinen und speciellen Chirurgie, besonders abgedruckt.

Fischer, E: Handbuch der Verbandlehre. 2. Aufl. Stuttgart 1884

— Hoch die Führer der Sozialdemokratie! Zur Aufklärg. f. das Volk. gr. 8. (32 S.) Berlin 899. H. Walther. n. — 20

Die Weinheimer Hospitalstiftung. Keine ursprünglich Ulner'sche Stiftung. Eine geschichtl. Untersuchung von Ernst **Fischer.** *Weinheim 1903: W. Diesbach & Sohn.* (23 S.) 8° [F.]
Aus: Weinheimer Anzeiger. [03. 20330

Fischer, Ernst, die Ideale des gläubigen Kaufmanns. Referat, geh. auf der 8. Konferenz des Verbandes gläub. Kaufleute am 17. II. 1909. (16 S.) gr. 8. Leipzig 909. M. Költz. nn — 10

— im Kampf m. den Führern der Sozialdemokratie. Ein offenes Wort. gr. 8. (48 S.) Ebd. 898. n. — 20

Im Kampf mit den Führern der Sozialdemokratie. Ein offenes Wort. gr. 8°. Berlin, H. Walther, 1899.

Fischer, Ernst, Kampfspielbuch f. Turnvereine, s.: Volksturnbücher, deutsche. Hft. 40.41.

Fischer, Ernst (IV.), gratulirende Kinder. Eine Sammlung Gelegenheits-Gedichte für Geburtstag, Neujahr, Weihnacht, Polterabend und Hochzeit 2c. Auf's Neue hrsg. von Carl Lindau. Mit Beiträgen von C. Mente, C. Ney, Edm. Wallner u. A. 3. verm. Aufl. 8. (VI, 216 S. mit 1 Holzschntaf.) Erfurt 877, Bartholomäus. *

Fischer, Ernst, gratulierende Kinder. Eine Sammlg. Gelegenheits-Gedichte f. Geburtstag, Neujahr, Weihnacht, Polterabend u. Hochzeit 2c. Auf's Neue hrsg. v. Carl Lindau. Mit Beiträgen v. A. Waldow, O. Merres, C. Ney 2c. 4. verm. Aufl. 8. (VII, 303 S.) Erfurt 885. Bartholomäus. n. 2. —

[F.] Gratulierende Kinder. E. Sammlg Gelegenheits-Gedichte f. Geburtstag, Neujahr, Weihnacht, Polterabend u. Hochzeit etc. v. Ernst Fischer, ehem. Lehrer in Breslau. Auf's Neue hrsg. v. Carl Lindau. M. Beiträgen v. ... 5. verm. Aufl. *Erfurt: F. Bartholomäus [1895].* (4 Bl., 303 S.) 1 Bd 8.

— die Landfriedensverfassung unter Karl IV. gr. 8. (134 S.) Göttingen 883. Akadem. Buchh. n. 2. 40

Fischer, Ernst (geb. am 31 Okt. 1848 in Euskirchen): 71 eingeklemmte Leisten- und Schenkelhernien ... Bonn, Druck v. J. F. Carthaus (1871). 26 S., 1 Bl. 8.
Bonn, Med. Fak., Diss. v. 29 Dez. 1871

Fischer, Ernestus, Libri Iobi de iusta Dei in calamitatibus piorum providentia doctrina. [Diss.] Berolini 1862.

Politische Lieder aus alter und neuer Zeit (gesam. u. hrgg. v. Ernst Fischer). München. 1910. 8°

Fischer, Ernst, Michael Caspar Lundorp, der Herausgeber der Acta publica. Ein deutscher Publicist aus dem Anfange des 17. Jahrhunderts. Berlin 870. Weber. 4. (41 S.) n. 15 ngr.

— d. deutsche Michel, Richard Rösicke, Professor Schmoller u. die Sozialdemokratie! Letztes Wort zur Aufklärg. für das Volk. gr. 8. (31 S.) Berlin 900. Gose & Tetzlaff. n. — 30

Die Münzen des Hauses Schwarzburg. Ein Beitrag z. Landesgesch. d. Fürstentümer Schwarzburg-Sondershausen u. Schwarzburg-Rudolstadt von Ernst Fischer, Kaufmann in Weinheim. Mit 16 Lichtdrucktaf. *Heidelberg: C. Winter 1904.* (LXIV, 262 S.) 4°(8°)

Fischer, Ernst, das Mutterherz in der deutschen Dichtung, s.a. Mutterherz, das.

Fischer, Ernst, das Mutterherz in der deutschen Dichtung. Eine Festgabe für Mütter. Leipzig 853. Brandstetter. 16. (IX, 155 S. u. 1 Stahlst.) 1 ℛ

— das Mutterherz in der deutschen Dichtung. Eine Festgabe für Mütter. 3. Ausg. Leipzig 861. Brandstetter. 16. (IX, 155 S. u. 1 Stahlst.) 15 ngr.

Fischer, Ernst, das Naphtalin in der Heilkunde u. in der Landwirthschaft. Mit besond. Rücksicht auf seine Verwendg. zur Vertilgg. der Reblaus. gr. 8. (98 S.) Strassburg 883. Trübner. n. 2. —

— la Naphtaline en médecine et en agriculture. Etude spéciale de son action parasiticide utilisée pour la destruction du Phylloxera. gr. 8. (80 S.) Ebend. 882. n. 1. 50

Fischer, Ernst, Referendar, Massow, Pommern: Die juristische Natur der auf Grund des Unterstützungswohnsitzgesetzes vom 6. Juni 1870 gewährten Hilfeleistung. *Greifswald 1900: J. Abel.* (45 S.) 8° [F.]
Greifswald, Jur. Diss. v. 1900

Fischer, Ernst (II.), über aequidistante Niveaucurven. gr. 4. (28 S. mit 1 lithogr. Taf. in qu. gr. Fol.) Aarau 869, Sauerländer's Verlag.

— Ernst (Lambrechtshagen / Meckl.), De anginae membranaceae origine et antiquitate. Diss. med. Bln. (Ferdin. Nietack) 8. VII. 1830. 67 S. mit Biogr. (M.: A. Th. Schomann.) (5.—) 8901
Oppon.: E. d'Alton, Gust. Ferdin. Schwalbe, Aug. Ed. Jaeneke. — Gewidm.: Heinrich Plitt (Dresden).

Fischer, Ernst (II.), Palmensonntag. Gedenkbuch für die weibl. Jugend. Eine Sammlung Lehrgedichte aus der Neuzeit. 12. (XII und 153 S.) Meißen 848, Klinkicht und Sohn. *

Fischer, Ernst. Die mechanische Planimetrie. Winterthur 1868.

Fischer, Ernst, s.: Scholle, die.

Fischer, Ernst, Singen u. Sagen. Geistliche u. weltl. Lieder. 2. Aufl. 16. (187 S.) Stuttgart 894. Greiner & Pfeiffer. Geb. in Halbleinw. n. 2. 50

Fischer, Ernst, Singen u. Sagen. Geistliche u. weltl. Lieder. 2. Aufl. (187 S.) 16. Braunschweig 904. H. Wollermann. Geb. in Halbleinw. n. 1. —

— d. Sonntag, s.a. Broschüren, religiöse, f. Gebildete.

[F.] Der Sonntag. E. Wort an seine Freunde u. seine Verächter. Von Ernst Fischer, Pastor zu Gross-Vahlberg bei Wolfenbüttel. *Berlin: Christl. Zeitschriftenver. 1898.* (24 S.) 1 Bd 8.
= Broschüren, Religiöse, f. Gebildete. H. 8.

Fischer, Ernst, üb. neue Spaltungsprodukte d. Leims. Diss. gr. 8. (21 S.) Magdeburg 890. (Leipzig, Fock.) n. 1. —

Fischer, *Carl* Ernst: Ueber neue Spaltungsprodukte des Leims... Magdeburg, *Pansa'sche Buchdr.*, 1890; 24 S., 1 Bl. 8°
Leipzig, Phil. Fak., Inaug.-Diss. v. [1. Jan.] 1891

—— der kartographische Standpunkt der Schweiz. Ein Vortrag. gr. 8. (49 S. mit 4 lithogr. Kunstbeilagen, wovon 3 in Farbendr. und 3 eingedr. Holzschn.) München 870, Fleischmann's Hofbuchh. *

Fischer, Ernst (IV.). Das Alte Testament u. die christl. Sittenlehre. gr. 8. (161 S.) Gotha 889, F. A. Perthes. * 2 40

Zur deutschen Thiersage in poetischer Beziehung v. Ernst Fischer. Ratzeburg. 1869. 4°. Gymn.-Progr.

Fischer, Ernst, des Mansfelders tod. Ein krit. beitrag zur geschichte des dreissigjährigen Krieges.] gr. 4. (26 S.) Berlin 878. Weber. n. 1. —

Fischer, Ernst [aus Wien]: Über Umlagerungserscheinungen bei der partiellen Reduktion nitrirter Azofarbstoffe. Budapest 1903. 48 + 1 S. 8°.
Basel. Phil. Diss. 1903/1904.

Fischer, Ernst. Über Umlagerungserscheinungen bei der partiellen Reduktion nitrirter Azofarbstoffe. Diss. Phil. Basel. 49 S. 8. Budapest, Buchdr. A.-G. Athenaeum, 1903.

Fischer, Ernst, Referendar: Untersuchungen zu § 254 des deutschen Bürgerlichen Gesetzbuches. Borna-Leipzig 1908: Noske. IV, 57 S. 8°
Leipzig, Jur. Diss. v. 2. Nov. 1908
[Geb. 19. Okt. 79 Zwenkau; Wohnort: Leipzig; Staatsangeh.: Sachsen; Vorbildung: König-Albert-Gymn. Leipzig Reife O. 00; Studium: Leipzig 6 S.; Rig. 22. Juli 04.] [U 09. 2502

Fischer, Ernst: Die Versteinerungs- und Vererzungsmittel. Berlin, R. Gaertner, 1891; 26 S. 4°
Berlin, V. st. HB, OP 1891 (119)

Fischer, Ernestus: „De vocibus Lucilianis selecta capita." Halis Saxonum 1881: (Koenig in Guben). 79 S. 8°
Halle-Wittenberg, Phil. Diss. v. [20. Okt.] 1881
Geb. Berlin 1. 7. 1857. V.
Im Buchhandel Halis Sax. (Berlin: Calvary) 1881. — Der Verf. hat seine Absicht, T. 2 und De Lucilii elocutione bei Gelegenheit herauszugeben, nicht ausgeführt.

—— „de vocibus Lucilianus selecta capita". Dissertatio inauguralis. gr. 8. (79 S.) Halis Sax. 881. (Berlin, Calvary und Comp.) *

Fischer, Ernst. Von G(ottlob) E(rnst) Schulze — — Erkenntnistheorie. Diss. Phil. I. Univ. Zürich. VI + 127 S. 8. Aarau, H. R. Sauerländer & C°, 1901.

Fischer, Ernst. Von G(ottlob) E(rnst) Schulze zu A(rthur) Schopenhauer. Ein Beitrag zur Geschichte der Kantischen Erkenntnistheorie. VI + 125 S. 8. Aarau, H. R. Sauerländer & C°, 1901. [fr. 2. 40]

Fischer, Ernst, a. Konitz (Westpreußen): Die geschichtlichen Vorlagen zur Dialektik in Kants Kritik der reinen Vernunft. (Berlin 1905: E. Ebering.) (63 S.) 8°
Berlin, Phil. Fak., Ref. Paulsen, Dilthey, Diss. v. 5. Aug. 1905
[Geb. 13. Mai 81 Konitz W./Pr.; Heimatsort: Posen; Staatsangeh.: Preußen; Vorbildung: Königl. Friedrich-Wilh.Gymn. Posen Reife O. 01; Studium: Heidelberg 1, Berlin 6 S.; Rig. 3. Juli 05.]

Fischer, Ernst, Vorlegeblätter aus dem Gebiete der Stereotomie zum Gebrauche an technischen u humanistischen Lehranstalten. 2. u. 3. (Schluss-)Thl. Nürnberg, F. Korn. à n. 5. — (kplt.: n. 15. —)
2. Thl. 6 Blätter. Orig.-Zeichngn. v. Holzverbindgn. Photolith. u. color. gr. Fol. Nebst Textheft. Mit e. Anh.: Nik. v. Klobukow, üb. die Fixirg. v. Tusch mittels Kaliumbichromat u. Glycerin. gr. 8. (23 S. m. 2 Taf.) 891.
3. Thl. 6 Blätter Orig.-Zeichngn. v. Eisentheilen u. Eisenverbindgn. Photolith. u. color. gr. Fol. Nebst Textheft. gr. 8. (III, 27 S. m. 2 Taf.) 893.

—— **Vorlegeblätter für den Unterricht im Linearzeichnen an techn. Lehranstalten. 1. Heft. Fol. (12 Chromolithogr.) München 873, Obpacher. [Th. Ackermann.]** *

Fischer, Ernst, Vorlegeblätter f. den Unterricht im Linearzeichnen an techn. Lehranstalten. 1—3. Hft. Fol. (à 12 Chromolith.) Mit erläut. Texte. gr. 8. (75 S.) München 873—75. Th. Ackermann à n. 15. —

Fischer, Ernst (I.), Vorlegeblätter für den Unterricht im Linearzeichnen an technischen Lehranstalten. 2. und 3. Heft. à 12 Taf. in Farbendr. Mit erläut. Texte. gr. 8. (S. 17—75.) München 876, Th. Ackermann.
In Mappe à Heft * ℳ 15. *

Fischer, Ernst, d. Wasserversorgg. d. Städte, s.: Lueger, Otto.

Fischer, Ernst, der Werth d. Sozialdemokratie f. d. Arbeiterschaft. Erlebnisse e. in d. Partei thätig gewes. Genossen. gr. 8. (32 S.) Berlin 897. H. Walther. n. — 20

Fischer, E., Zeichen-Vorlagen auf dem Gebiete der Stereotomie. 1. Hft. 6 Blätter Orig.-Steinschnitt-Aufgaben. Photolith. u. color. gr. Fol. Nebst erläut. Text. 8. (III, 18 S. m. 2 Taf.) Nürnberg 889. Korn. n. 6. —

Fischer, Ernst, landwirtschaftliche Zeitfragen, s.a. Fortschritt-Bibliothek.

Fischer, Ernst. Landwirtschaftliche Zeitfragen. München 1910. 8°.
(Fortschritt Bibliothek. H. 4)

Fischer, Ern. August. (geb. Oels 1794): Epilepsiae ejusque anomaliarum nonnullarum adumbratio pathologica. Berolini (1818). (30 S.) 8°
Berlin, Med. Diss. v. 17. Febr. 1818

Fischer, Ernst Cuno Bertholdus, s. Fischer, Kuno

Fischer, Ernst Friedrich

Fischer, E. Fr., Autorität u. Erfahrung in der Begründung der Heilsgewissheit nach d. Bekenntnisschriften der evangelisch-lutherischen Kirche. (IV, 142 S.) 8. Leipzig 907. A. Deichert Nachf. 2. 60

Fischer, Ernst, Kandidat d. Theologie, z. Z. Mitglied d. Kgl. Predigerseminars zu Wittenberg: Melanchthons Lehre von der Bekehrung. Tübingen 1904: H. Laupp jr. (VII, 55 S.) 8°
Halle, Theol. Fak., Ref. Loofs, Diss. v. 16. Dez. 1904
[Geb. 10. Juni 78 Breslau; Heimatsort: Schadeleben, Prov. Sachsen; Staatsangeh.: Preußen; Vorbildung: Gymn. Schul-Pforta Reife 98; Studium: Tübingen 1, Berlin 1, Halle 7 S.; Coll. 9. Juli 04.]

Melanchthons Lehre von der Bekehrung. Eine Studie z. Entwicklung d. Anschauung Melanchthons über Monergismus u. Synergismus unter besond. Berücks. d. psychol. Grundlage u. d. prädestinatianischen Konsequenzen. Von Ernst Friedrich **Fischer**, Lic. Tübingen: J. C. B. Mohr 1905. (VIII, 182 S.) 8° [05. 1399

Die christliche Religion als Religion des Dualismus. Von Lic. E[rnst] Fr[iedrich] **Fischer**, Studieninsp. in Soest. Leipzig: A. Deichert Nachf. 1906. (63 S.) 8° [06. 1783

Fischer, Ernst Gottfried

— Anmerkk. zu seinem Lehrbuch der Mathematik. 1s — 3s Heft, welches allgemeine Untersuchungen u. Anmerkk. enthält. gr. 8. Berl. 821—24. Nauck. 2 ₰ 8 gr. Anmerkk. zum 4n u. 5n Thle. 20 gr.

— s. C. L. Bertholet, über d. Gesetze u. Statik.

— Betrachtungen über die Kometen u. Geschichte des in diesem Jahre zurückerwarteten Kometen, nebst Beschreib. eines neuerfundenen bequemen Instruments zur Aufsuchung desselben. m. K. 8. Berl. Acad. Buchh. 789.

— Darstellung u. Kritik d. Verdunstungslehre. gr. 8. Berl. Dunker u. Humblott. 810.

— Darstellung und Kritik der Verdunstungslehre. gr. 8. Berl. Dunker u. H. 816.

— über die zweckmäßige Einrichtung der Lehranstalten für gebildete Stände. 8. Berl. 807. Maurers B. 12 gr.

— s.a. Kepler u. die unsichtbare Welt.

Fischer, Ernst Gfried., Kepler und die unsichtbare Welt. Eine Hieroglyphe. Mit dem Bildniss Kepler's und seines Denkmales in Stahlst., 1 photholithogr.-facs. Gedichte Kepler's und 1 Federzeichnung (eingedr. Holzschn.) von der Hand König Friedrich Wilhelm's IV. von Preussen. Mit Einleitung und Ergänzungen von Friedr. Zöllner. gr. 8. (66 S.) Leipzig 882, (Staackmann.) *

Fischer, Ernst Gfr., Kepler und die unsichtbare Welt. Eine Hieroglyphe. Mit Einleitung und Ergänzungen von Friedr. Zöllner. 2. (Titel-)Ausg. gr. 8. (66 S. mit dem Bildnisse Kepler's und seines Denkmales in Stahlst., 1 photolithographisch-facs. Gedichte Kepler's und 1 Federzeichnung von der Hand König Friedrich Wilhelm IV. von Preussen.) Leipzig (882)886, Fock. * ℳ 1.50.; geb. *

Fischer, E. G. Ueber die Englischen Lehranstalten im Vergleiche mit den unsrigen. 16 S. . . . .
Progr. Berlin G.K. 1827

Fischer, (E. G.,) Auszug aus d. 2n Thle. d. Lehrbuchs der Arithmetik f. Schulen. M. 7 Kupf. 8. Berlin 823, Nauck.

Fischer's, Ernst Gfried., Auszug aus dem Lehrbuche der Arithmetik für Schulen. 2. Aufl. nach der neuen Aufl. des Lehrbuchs bearb. von Ernst Ferd. August. 8. (IV und 180 S.) Leipzig 857, Hübner. *

Lehrbuch der Elementar-Mathematik zum Gebrauch in den oberen Klassen gelehrter Schulen nebst Anh. u. Anm. Von Ernst Gottfried Fischer. Th.1-4. Berlin & Leipzig: Nauck 1820-29. 8°

Th.1: Lehrbuch der ebenen Geometrie.[Nebst] Anm. H.1.1820.
Th.2: Lehrbuch der Arithmetik.[Nebst] Anm.H.2.1822.
Th.3: Lehrbuch der ebenen und sphärischen Trigonometrie nebst Erg.der Arithmetik.[Nebst] Anm. H.3. 1824. Nb 164:3
Th.4: Anfangsgründe der Algebra und der Lehre von den Kegelschnitten. 1829.

Fischer, Ernst Gottfried.

Lehrbuch der Elementar-Mathematik ... Zweite Aufl. Berl. u. Leipz. 1833. II (Th. 1. 5): *Fischer, Gottfried Emil.* II (Th. 2): *August, Ernst Ferdinand.* (BrMm)

Fischer, Ernst Gtfr., Lehrbuch d. Elementar-Mathematik, z. Gebr. in d. oberen Klassen gelehrter Schulen, nebst Anhängen u. Anmerkn. f. solche, welche üb. d. Gränzen d. Schulunterr. hinausgehen wollen. 1. Thl. — A. u. d. T.: Lehrbuch d. ebenen Geometrie f. Schulen. 2. Aufl. m. 7 Kpfrt. (in gr. 4.) gr. 8. (19 B.) Leipzig 833, Nauck.

Fischer, Ernst Gottfr., Lehrbuch d. Elementar-Mathematik zum Gebr. in den oberen Klassen gelehrter Schulen, nebst Anhängen u. Anmerkungen f. solche, welche über die Gränzen des Schulunterrichtes hinaus gehen wollen. 2. Thl. — A. u. d. Ttl.: Lehrbuch der Arithmetik f. Schulen. 2. Aufl. Bearb. v. Ernst Ferd. August. — Anfangsgründe der Zahlen u. Buchstaben-Rechnung. gr. 8. (19 B.) Leipzig 842, Nauck.
1. Thl. Ebendas. 1833. 1 Thlr. 20 Ngr.

— Lehrbuch der Elementar-Mathematik zum Gebrauch in den oberen Klassen gelehrter Schulen nebst Anhängen und Anmerkungen für solche, welche über die Grenzen des Schulunterrichtes hinausgehen wollen. 1. Thl. 3. Aufl. mit 7 Kpfrtaf. (in 4.). A. u. d. T.: Lehrbuch der Ebenen Geometrie für Schulen. 3. Aufl. mit 7 Kpfrtaf. Bearb. von Ernst Ferd. August. Leipzig 853. Nauck. (Hübner.) gr. 8. (XI, 240 S.) n. 1 ₰ 10 ngr

Fischer, Er. Gf., Auszug aus d. 1n Thle. des Lehrbuchs d. ebenen Geometrie f. Schulen, mit 7 Kpf. 8. Berl. 823. Nauck in Lpz. 8 gl

— Auszug aus dem 1n Theile des Lehrbuchs der ebenen Geometrie für Schulen. Mit 7 Kpfr. 4e verm. Aufl. 8. Leipzig ... Nauck. 5/12 ₰

— Lehrbuch der mechanischen Naturlehre. m. K. 8. Berl. Nauck. 805.

Lehrbuch der mechanischen Naturlehre. Von Ernst Gottfried Fischer. 2.,sehr verm.u.verb.Aufl. Th.1.2. Berlin & Leipzig: Nauck 1819. 8°

Th.1:Abth.1.2.1819.
1: Welche die Lehre von den Körpern im allgemeinen, von den festen Körpern, von der Wärme... enth.
2: Welche die Lehre von den tropfbaren und luftförmigen Körpern enth.
Th.2: Welcher die Lehre von der Elektricität, von der magnetischen Kraft und von dem Lichte enth. 1819.

— Lehrbuch d. mechan. Naturlehre. 2 Thle. 3e Aufl. Mit 7 Kupfertaf. gr. 8. Berlin 827, Nauck.

Fischer, Ernst Gtfr., Lehrbuch d. mechan. Naturlehre, neu bearb. v. Ernst Ferd. August. 2 Thle. 4., verm. u. verb. Aufl. gr. 8. (61⅞ B. u. 14 Kpfrt.) Berlin 837, 40, Nauck'sche Buchh. Thlr.

—— Lehrbuch d. Trigonometrie u. Algebra, nebst Ergänzn. d. Arithmetik f. Schulen. — Auszug. (Aus d. 3. u. 4. Thle. d. „Lehrbuchs d. Elementar-Mathematik.") Hrsg. v. E. Fischer. M. 3 Kpfrt. (in gr. 4.) 8. (7½ B.) Berlin 831, [Leipzig,] Nauck.
Auszug d. 1. u. 2. Thls. Ebendas. 1823. 8 Gr.

—— mechan. Naturlehre im Auszuge, f. d. höh. Schulunterricht entworfen v. E. F. August. 8. (27 B.) Berlin 829, [Leipzig,] Nauck. 8 Gr., weiß Pap.

De disciplinarum physicarum Notionibus finibus legitimis et nexu systematico dissertatio. Scripsit Ernestus Godofredus Fischer. Berolini 1797: Hartmann. 76 S. 8°

— Rechenbuch fürs gemeine Leben. 1r Thl. 8. Ebend. 810.

— Rechenbuch für d. gemeine Leben, besonders zum Gebrauch derer, die sich über d. Gründe d. Rechenkunst selbst zu belehren wünschen. 2 Thle. 3e verb. Ausg. 8. Berlin 822—23, Nauck. à 1 Rthlr.

— der Rechenschüler. 8. Berl. 798. 2e A. 806. Nauck in Lpz. 6 gl

— Sammlung von Uebungsbeispielen u. Aufgaben über die Anfangsgründe der Zahlen- u. Buchstabenrechnung zu Er. Gf. Fischer's Lehrbuch der Arithmetik für Schulen. gr. 8. Berlin 836. Nauck. 1 ₰

— s. Tabellen zur Vergleichung d. Münzen in Europa.

— Theorie der Dimensionszeichen, nebst ihrer Anwendung auf verschied. Materien aus d. Analysis endl. Größen. 2 Thle. 4. Halle 792 u. 93. Waisenhaus B. 1 ₰ 12 gl

—— über das Unendlichkleine u. d. Atomen. Zwei in d. Kgl. Preuss. Akad. d. Wissensch. in d. J. 1828 u. 1829 geles. Abhandln. gr. 4. (7 B.) Berlin 831, (Dümmler.)

— Untersuchung über den eigentl. Sinn d. höhern Analysis; nebst e. idealischen Uebersicht d. Mathematik u. Naturlehre, mit 1 Kpf. 8. Berl. 808. (Reimer). 20 gl

— über den Ursprung der Theorie der Dimensionszeichen u. ihr Verhältniß gegen Hindenburgs combinator. Analytik. 4. Halle 794. Waisenhaus B. 6 gl

Fischer, Ernst Gottfried Reinhold, s. Fischer, Reinhold

[F.] **Fischer,** *Ernst Johann August* [Prof.]: Bemerkungen über die Berücksichtigung der bildenden Kunst im Gymnasialunterricht. Forts. (d. P-Beil. 1881.) Moers, Druck v. J. W. Spaarmann, 1892; 18 S. 4.
Mörs, G Adolfinum, P 1892 (440)

— Ernst Carl Christ. (Weilburg), De actione spolii. Diss. jur. Marburg (Ph. Cas. Müller) 19. XII. 1740. 28 S. (5.—) 8902

Fischer, Ernst Karl Wilhelm, s. Fischer, Karl

Fischer, Ernst Richard, s. Fischer, Richard

Fischer, Ernst Wilhelm

Fischer, Ern. Guil. (geb. Hamburg 3. 11. 1813): Antiquae Agrigentinorum historiae prooemium. Berolini (1837). (50 S.) 8°
Berlin, Phil. Diss. v. 3. Juni 1837

Fischer, E. W., u. A. Soetbeer, griech. u. röm. Zeittafeln. 3 Lfgn. gr. 4. (42¼ B.) Altona 840, 41, Hammerich. à 1½ Thlr.

Fischer, E. W., griech. u. röm. Zeittafeln. (4. Lfg.) od. 2. Abthl. A. u. d. T.: Römische Zeittafeln v. Roms Gründung bis auf Augustus Tod. gr. 4. (30½ B.) Altona 846, Hammerich.
1—3. Lfg. Ebendas. 1840, 41. 4 Thlr.

Fischer, Ernst Wilh., römische Zeittafeln von Roms Gründung bis auf Augustus' Tod. 2. wohlf. (Titel-) Aufl. Altona 856. Hammerich. gr. 4. (XV, 481 S.) 1 ₰ 15 ngr

Fischer, Erwin, Beitrag zur Kenntnis der aktinomykotischen Granulationen und der Histologie aktinomykotischer Herde im Gehirne und seinen Häuten. Inaugural-Dissertation. gr. 8. (24 S.) Tübingen 887, (Fues' Verlag.) *

Fischer, Erwin [approb. Arzt, aus Tübingen]: **Beitrag zur Kenntnis der aktinomykotischen Granulationen und der Histologie aktinomykotischer Herde im Gehirne und seinen Häuten** .... Tübingen, Druck v. Heinrich Laupp jr., 1887; 24 S. 8°.
Tübingen, Med. Fak., Inaug.-Diss. v. 1887.

Fischer, Eugen, cand. med. aus Karlsruhe: **Beiträge zur Anatomie der weiblichen Urogenitalorgane des Orang-Utan.** Mit 3 Taf. *Jena: G. Fischer 1898.* (66 S.) 8° ¶(Aus: Morpholog. Arbeiten, Bd 8.)
Freiburg i. B., Med. Diss. v. 1898

Fischer, Eugen, [von] Stuttgart: Beiträge zur Kenntniss der Naphtalinverbindungen. Stuttg. Hammer u. Liebich Dr. 1878. 40 S. 8°.
Zürich, Phil. Diss. [v. 19. Juli 1878].

Fischer, Eugen [prakt. Arzt aus Johannisburg in Ostpr.]: **Zwei Fälle multipler, recidivirender Knochenentzündung der Perlmutterdrechsler** .... Berlin, Buchdr. v. Gustav Schade (Otto Francke) (1888); 31 + 1 S. 8°
Berlin, Med. Fak., Inaug.-Diss. v. 14. Jan. 1888

Fischer, Eug., s. a. **Gesangschule,** neue.

Neue Gesangschule mit praktischen Beispielen auf dem Grammophon. Unter Mitw. von ... hrsg. von Prof. Eugen **Fischer,** Konzertsänger. Mitarb.: Friedrich Neufeld. Theoret. T. Leipzig: Breitkopf & Härtel 1910. X, 137 S. 8°
[Der prakt. T. ist nicht in Buchform ersch.] Io. 17339

Fischer, Eug., s.: **Jahresbericht** der Literatur üb. physische Anthropologie.

Fischer, Eug., Kinder stiller Stunden. Erstlingsblüten. (VI, 57 S.) 8. Dresden 903. E. Pierson. n. 1. 50; geb. n. 2. 50

Fischer, Eugen, a. Balingen in Württemberg: **Der Patriziat Heinrichs III. und Heinrichs IV.** (Leipzig 1908: J. B. Hirschfeld.) (63 S.) 8°
Berlin, Phil. Fak., Ref. Schäfer, Diss. v. 4. Juli 1908
[Geb. 9. Mai 81 Balingen; Wohnort: Berlin; Staatsangeh.: Württemberg; Vorbildung: Seminar (= Gymn.) Blaubeuren Reife M. 99; Studium: Tübingen 3, Berlin 4 S.; Rig. 27. Febr. 08.]

Fischer, Eug., der Patriziat Heinrichs III. u. Heinrichs IV. (Diss.) (63 S.) gr. 8. Tübingen 908. J. C. B. Mohr. 2. —

Fischer, Ewald: Über künstliche Belastungen bei der Aufstellung von Bogenbrücken. 1905. 47 S., 2 Taf. 8°
Dresden, Dr.-Ing.-Diss. v. 16. 3. 1905

Fischer, F., 1870—71. Kriegstagebuch des Füsilier Fischer vom Regiment 86. 1.—5. Taus. (VI, 237 S.) gr. 8. Berlin 904. 905. Herm. Walther. Kart. n. 2. 50

Fischer, F., die Ammonshornveränderungen bei Epileptischen. [Aus: „Illenau. Festschrift z. 50jähr. Jubiläum".] Lex.-8. (12 S. m. 1 farb. Taf.) Heidelberg 892. C. Winter. n. — 80

— dasselbe, s.: Illenau. Festschrift etc.

Fischer, F., Anfangsgründe der Mathematik zum Gebrauche an höheren Schulen. 1.—3. Tl. gr. 8. Leipzig, Grunow. geb. n. 6. 50
1. Arithmetik u. Algebra. (190 S.) 887. n. 2. —
2. Planimetrie u. Trigonometrie. (196 S. m. Fig.) 887. n. 2. —
3. Stereometrie, Trigonometrie auf der Kugel, darstellende Geometrie, axonometrische Perspektive u. Parallelperspektive. (IV, 227 S. m. Fig.) 888. n. 2. 50

Fischer, F., Anfangsgründe der Mathematik. Zum Gebrauche an höh. Schulen bearb. II. Planimetrie. 2. Aufl. gr. 8. (V, 298 S. m. Fig.) Leipzig 898. F. W. Grunow. Geb. in Leinw. n. 3. —

Fischer, F: Praktische Anleitung zur vortheilhaften Verfertigung und Zusammenfügung künstlicher Magnete. Heilbronn a. N. 1833

Fischer, F. Die elektrische Beleuchtung. Vortrag. S. A. Wien 1893.

Fischer, F. Ueber die Entstehungszeit und den Meister des Grossbasler Todtentanzes. Basel 1849. 4°.

Fischer, F. v., General-Major. Feldzug 1815 in Belgien. Vorgetragen vom Commandanten der Kriegsschule. Für den ausschliesslichen Gebrauch der k. k. Kriegsschule als Manuskript gedruckt. (Aus:) „Befehle zum Studium der Kriegsgeschichte." 8. Wien 1876.

— F., siehe Festgabe f. Wilke.

Fischer, F.: „Die Gerechtsame der schlesischen Pfandbriefs-Inhaber", Breslau 1836 (Aderholz).

Fischer, F. Robert Greene, eine litterarhistorische Abhandlung. Erfurt, R., 1859. 33 S. 4. Progr.

Fischer, F., Karte von Dänemark nebst den Herzogth. Schleswig, Holstein u. Jütland. gr. Fol. Lith. u. color. Coblenz 850, Müller. 1/2 ß

Fischer, F. (Red.), s. Korbmacher-Zeitung.

Fischer, F., Coupon-Buch für Leipzig. Nebst 5 Tab. zur Reduction des österreichischen Courses in deutsche Reichsmark. 8. (64 S.) Leipzig 879. Reusche. n. 1. —

Fischer, F. Johann Keppler's Leben und Entdeckungen. 35 S.
Progr. Rsch. *Leipzig* **1884.**

— das erste Lebensjahr in gesunden u. kranken Tagen. 8. (VII, 124 S.) Jena 899. G. Fischer. n. 1. 20; geb. n. 1. 60

— Lehrbuch der Arithmetik, s.: Hauck, A. Fr.

Fischer, F., Leitfaden d. rationellen **Klavierspiels.** Ein unentbehrl. Hilfsbuch zur **Förderg. d. Denkens** beim Spielen u. zur Vermeidg. d. **mechan. Spiels. gr. 8.** (IV, 63 S.) Berlin 885. **Issleib. geb.** n. 1. 50

Fischer, F., Leitfaden der Wechsellehre auf Grund der Bestimmungen der allgemeinen deutschen Wechselordnung m. 400 Aufgaben u. Wiederholungsfragen, f. Handelsabteilgn. der k. b. Realschulen, Handelsschulen, kaufmänn. u. gewerbl. Fortbildungsschulen bearb. gr. 8. (VI, 92 S.) Nürnberg 884. Korn. n. 1. 20

Fischer, F., Leitfaden d. Wechsellehre auf grund d. Bestimmgn. d. allgem. deutschen Wechselordng. m. 350 Aufgaben u. Wiederholungsfragen; f. Handelsabteilgn. d. kgl. b. Realschulen, Handelsschulen u. kaufmänn. Fortbildungsschulen bearb. 3., durchges. u. verb. Aufl. gr. 8. (VI, 98 S.) Nürnberg 898. F. Korn. n. 1. 20; geb. n. 1. 45

Fischer, F., Leitfaden der Wechsellehre auf grund der Bestimmungen der allgemeinen deutschen Wechselordnung m. 350 Aufgaben u. Wiederholungsfragen; f. Handelsabteilgn. der kgl. b. Realschulen, Handelsschulen u. kaufmänn. Fortbildungsschulen bearb. 4., durchgeseh. u. verb. Aufl. gr. 8. (VI, 100 S.) Nürnberg 902. F. Korn. n. 1. 20; geb. n. 1. 50

Fischer, F., mein Geist lebt ewig fort! Oder Betrachtungen, Beweise u. Aphorismen üb. die Unsterblichkeit. Aus d. Werken der ausgezeichn. ält. u. neuern Schriftsteller gesammelt. 8. (1 3/4 B.) Langensalza 842. [Wesel, Bagel.]

Fischer, F., Mein Geist lebt ewig fort! Oder Betrachtungen, Beweise u. Aphorismen über die Unsterblichkeit. Aus den Werken der ausgezeichn. ältern u. neuern Schriftsteller gesammelt. 8. Langensalza 842. (Schulbuchh. des Thüring. Lehrervereins.) 1/8 ℛ

Fischer, F. Molière, ein Beitrag zur Förderung des Studiums dieses Dichters. Duisburg, G. u. R., 1864. 27 S. 4. Progr.

Fischer, F., Nereiden und Okeaniden in Hesiods Theogonie. Diss. 1934. 157 S. 4.—

Fischer, F., Ostpreußen: Das Land u. seine Geschichte geschildert. Eine Ergänzung zu Ed. Bocks deutschem Lesebuche. gr. 8. (31 S.) Breslau 880. F. Hirt. n. — 10

— Schulordnung, Disziplinarsatzungen u. Verzeichnis der gebilligten Lehrmittel f. die Realschulen Bayerns. Hrsg. u. m. Nachträgen versehen. 12. (IV, 60 S.) Miltenberg 885. Halbig. n. — 30

Fischer, F., s.: Untersuchungen, kritische, über Militärdienstversicherung.

Fischer, F., Verzeichniß der in Leipzig zahlbaren Coupons und Dividendenscheine nebst Angabe ihrer Werthe. gr. 8. (16 S.) Leipzig 878, Reusche.

—— Verzeichniß der in Leipzig zahlbaren Coupons und Dividendenscheine mit Angabe ihres Betrages, nebst einer Werthtabelle der in Silber-Gulden zahlbaren österreich. Prior.-Coupons, sowie einem Verzeichniß des bereits werthlos gewordenen und des am 31. Decbr. 1875 werthlos werdenden deutschen Papiergeldes. 8. (44 S.) Ebendas. 876. *

— Westpreußen: Das Land u. seine Geschichte geschildert. Eine Ergänzung zu Ed. Bocks deutschem Lesebuche. gr. 8. (32 S.) Ebend. 880. n. — 10

Fischer, F., s.: Zeitschrift f. Fischerei.

Fischer, F. A., Abrégé de la grammaire française, à l'usage des classes inférieures et moyennes. gr. 8. (51 S.) Erfurt 856, Villaret. *

Fischer, F. A., Herzog Ernst II. von Sachsen-Coburg-Gotha und Hannibal Fischer. gr. 8. (10 S.) Straßburg 888, Straßburger Druckerei und Verlagsanstalt. *

Fischer, F. A. Herzog Ernst II. v. Sachsen-Coburg-Gotha u. Hannibal Fischer. 2. Aufl. gr. 8. (10 S.) Straßb. 889, Straßb. Druckerei u. Verlagsanstalt. * — 40

Fischer, F. A., der schnelle Holzberechner, oder den Cubic-Inhalt runder von 1 bis 60 Fuß langer u. von 1 bis 40 Zoll im Durchmesser starker Hölzer, richtig ausgerechnet zu finden, mit einer Gewichts-Tabelle der vorzügl. u. gemeinsten Waldhölzer. Lithogr. Fol. Leipzig 838. Reimann. 1/4 ℛ — 3e Aufl. 8. Ebd. (Melzer.) 1/4 ℛ

Fischer, F. A., der schnelle Holzberechner, oder den Cubic-Inhalt runder von 1 bis 60 Fuß langer u. von 1 bis 40 Zoll im Durchmesser starker Hölzer richtig ausgerechnet zu finden, mit einer Gewichts-Tabelle der vorzüglichsten u. gemeinsten Waldhölzer. 4. Aufl. Lithogr. gr. 8. Leipzig 841, Melzer. 1/4 ℛ

Fischer, F. A., der schnelle Holzberechner oder den Cubic-Inhalt runder von 1—60 Fuss langer und von 1—40 Zoll im Durchmesser starker Hölzer richtig ausgerechnet zu finden, mit Gewichts-Tabelle der vorzügl. und gemeinsten Waldhölzer. 4. Aufl. Fol. Quedlinburg 847, Ernst'sche Buchh.

Fischer, F. A., der schnelle Holzberechner od. den Cubic-Inhalt runder von 1 bis 60 Fuss langer u. von 1 bis 40 Zoll im Durchmesser starker Hölzer, richtig ausgerechnet zu finden, m. einer Gewichts-Tabelle d. vorzüglichsten u. gemeinsten Waldhölzer. Zum Gebrauch f. Forstbeamte etc. 4. Aufl. 1 lith. Bl. in gr. Fol. Quedlinburg (847) 850, Ernst. 1/4 ℛ

Fischer, F. A. Das Hôtel de Rambouillet und die Precieusen. Diss. Jena 1868. 32 S.

Fischer, F. A., der bewährte Milcharzt. Eine Darstellung der ausgezeichn. Heilwirkungen der Milch, Buttermilch u. der Molken gegen die hartnäckigsten u. gefährl. Krankheiten. 16. (2½ B.) Bautzen 843, Reichel.

Fischer, F. C., der sicher und geschwind heilende Vieh-Arzt, oder Anweisung, wie man die Krankheiten der Pferde, des Rindviehes, der Schafe, Ziegen, Schweine und Federviehes, erkennen und bald und gründlich heilen kann. Nebst prakt. Anweisung zur Erkenntniß des Pferdes für den Bauersmann. 10. Aufl. 1855. und 11., verb. Aufl. 8. (112 S. mit der Abbildung eines Pferdes in Holzschn., um seine einzelnen Theile, und der Abbildung dessen Zähne, um sein Alter daran kennen zu lernen.) Einbeck 856, Ehlers.

Fischer, F. C., der sicher und geschwind heilende Vieh-Arzt, oder Anweisung, wie man die Krankheiten der Pferde, des Rindviehes, der Schafe rc. erkennen und bald und gründlich heilen kann. Nebst prakt. Anweisung zur Erkenntniß des Pferdes für den Bauersmann. 12., verb. Aufl. 1866. und 13., verb. Aufl. 8. (112 S. mit eingedr. Holzschn. und 2 Stnt. in 4.) Einbeck 868, Ehler's Verlag.

Fischer, F. C. Th., die Lehre von d. Arten u. d. characterist. Natur d. Vermögen u. Einrichtungen uns. Seele, wie sie sich ergiebt ohne Berücksichtigung krankhafter u. nur bei einzelnen Menschen vorkomm. Seelenzustände. gr. 8. (15 B. u. Auszug hieraus 4¼ B. in 32.) Leipzig 830, Lauffer.

— De sensus interni organo. Dissert., qua hypothesis conscientiae affectiones ex animo exorientes earundem nervorum facultatibus sentiri, quibus quae causis externis efficiuntur exponuntur; quamque una c. thesibus etc. in Alma Georgia Augusta. 4. Gött. 830. Deuerlich. 10 𝒩

Fischer, F. E., das Gesammtgebiet der Glasätzerei, Aetzen der Tafelgläser, Hohlgläser, Beleuchtungsartikel, unter Zuhilfenahme der neuesten Druckverfahren, Berücksicht. vieler diesbezügl. Errungenschaften, wie Tiefdruck, Guillochiren rc. gr. 8. (IX, 77 S. m. 30 Holzst.) Braunschweig 892. F. Vieweg & Sohn. n. 3. —

Fischer, F. E. A., Beitrag z. botan. Systematik, die Existenz d. Monocotyledonen u. die Polycotyledonen betreffend. Mit 3 Kpft. gr. 4. Zürich 812. Geßner. 1 ℛ

Fischer, F. E. C., Specimen de vegetabilium imprim. Filicum propagatione, c. tab. aen. 8. maj. Hal. Hemmerde. 804. •

Fischer, F. E. L., Beyträge z. botan. Systematik, die Existenz d. Monocotyledoneen u. d. Polycotyledoneen betreffend. gr. 4. Zürich, Geßner. 812.

Fischer, F. E. L., et C. A. Meyer, Enumeratio plantarum novarum a Schrenk lectarum, s. Enumeratio.

Fischer, F. E. L., notice sur les Anoplanthus de l'ancien monde, siehe: Bulletin de la société Imp. des naturalistes de Moscou, tome XXV, 1. partie.

— et C. A. Meyer, Sertum Petropolitanum seu icones et descriptiones plantarum, quae in horto botanico imperiali Petropolitano floruerunt. [Mit d. Umschlagstitel: Jardin de St.-Pétersbourg.] Fasc. I. Imp. Fol. (VIII u. 22 S. m. 11 Kpfrtaf.) Petropoli 846. (Lipsiae, Voss.) n. 4 ℛ; color. n. 6 ℛ

Fischer, F. E. L., Specimen de vegetabilium, imprim. filicum, propagatione, cum tab. aen. 8 maj. Halle 804. Schwetschke u. S. 8 𝒩

Fischer's, F. G., Geschwinder Grieche. Altenb. 737. 8.

Fischeri, F. G., Latium in Compendio, oder der geschwinde Lateiner. Altenb. 735. 8.

— des geschwinden Lateiners deutsche Übersetzungen und Imitationes zum bessern Gebrauche des Latii in Compendio. Nürnb. 736. 8. 9 gr.

Fischer, F. G., Untersuchungen üb. den eigentlichen Sinn der höhern Analysis. m. K. gr. 8. Berl. Weiß. 808.
Hall. Man

— Verba Romanorum coniuncta, oder des geschwinden Lateiners Theil 2. Altenb. 736. 8. 8 gr. Eb. 740. 8. 8 gr.

Fischer, F. Herm., die Feste d. HErrn u. Seiner Kirche. Beleuchtet in 10 Vorträgen. 8. (VI, 83 S.) Leipzig-Reudnitz 890. Probst. Kart. n. 1. —; geb. n. 1. 80

Fischer, F. J., s. 1) Barbareien 2c. 2) Beispiel, d. große 2c.

Fischer, F. J., Erziehungsbriefe, s.: Alexander, St.

— Prinz Eugen od. Die Macht der Persönlichkeit. Histor. Schauspiel in 5 Tln. (75 S. m. 1 Bildnis.) 8. Wien 908. (Mayer & Co.) — 80

Fischer, F. J., der Gehör-Gesangunterricht als Vorschule für den eigentlichen Gesangunterricht in der Volksschule. gr. 16. (31 S.) Zürich 850, (Höhr.) *

– s. Richard II.

—— 20 drei- und vierstimmige Schullieder. 1. Heft. gr. 8. (34 S.) Zürich 850, (Höhr.) *

– s. Shakespeare, König Lear.

Fischer, F. L., s. Elementarzeichner, der.

Fischer, F. L., Martha und ihre Puppe. Ein Lesebuch für kleine artige Töchter. gr. 16. (IV und 148 S. mit 9 lithogr. und ill. Bildern.) Berlin 861, Winckelmann und Söhne.

Fischer, F. Louis, Examinatorium od. Katechismus d. Osteologie (Knochenlehre), f. Studirende d. Medicin u. Chirurgie bearb. gr. 16. (6 B.) Leipzig 838, Polet.

Fischer, F. P. Agedius, Vortheile, welche die Religion Jesu den Menschen verschafft hat. 8. Augsb. 797. M. Rieger. 1/4 ℛ

Fischer, F. R., Der Braunkohlenbergbau im Bornaer Revier. Diss. Borna, 1910. 143 S.

Fischer, F. R., Geschichte u. Beschreib. v. Breslau. Ein Handb. f. Fremde u. Einheimische. Nebst d. Fahrplänen u. Tarifs d. schles. Eisenbahnen u. 1 Plane d. Stadt. 8. (15 B.) Breslau 846, Trewendt. *

Fischer, F. W., Armin u. die Römer. 8. (VIII, 283 S.) Halle 893. Buchh. d. Waisenhauses. 2. 70; geb. in Kaliko n. 3. 40

Fischer, F. W., die Erforschung des australischen Kontinents. Tilsit. Schul-/Univ.-Schrift

Fischer, F. W., die Kegelschnitte nebst e. kurzen Einleitg. in die analyt. Geometrie Ein Leitfaden f. die Schule u. den Selbstunterricht bearb. Mit (eingedr.) Holzschn. gr. 8. (75 S.) Halle 873. Schmidt. n. 1. 20

—— Lehrbuch der Geometrie für Gymnasien und höhere Lehranstalten. 1. und 2. Thl. gr. 8. Freiburg im Br., Herder'sche Verlagsh. à Thl. * M 1,20. *

Inhalt:
Thl. 1. Planimetrie. (97 S. mit eingedr. Holzschn.) 874.
" 2. Stereometrie. (86 S. mit eingedr. Holzschn.) 875.

—— Lehrbuch der Geometrie für Gymnasien und höhere Lehranstalten. 3. (Schluß-)Thl.: Ebene und sphär. Trigonometrie. gr. 8. (IV, 173 S. mit eingedr. Holzschn.) Freiburg i. Br. 878, Herder'sche Buchh. *
1. und 2. Thl. Ebendas. 1874,75. * M 2,40.

Fischer, F. W., Lehrbuch der Geometrie für Gymnasien u. höhere Lehranstalten. 3. Thl. Ebene u. sphär. Trigonometrie. gr. 8. (III, 172 S. mit eingedr. Holzschn.) Freiburg i/Br. 879. Herder. n. 2. — (1—3.: n. 4. 40)

Fischer, F. W., Lehrbuch der Geometrie für Gymnasien und höhere Anstalten. 1. Tl.: Planimetrie. 2. verb. und verm. Aufl. 8. (V, 184 S. mit vielen in den Text gedr. Holzschn.) Freiburg i. Br. 884, Herder'sche Verlagsh. *

Fischer, F. W. (I.), Lehrbuch der Geometrie für Gymnasien und höhere Lehranstalten. 1. und 2. Tl. gr. 8. (Mit vielen Holzschn.) Freiburg i. Br. 887, Herder'sche Verlagsh. *

Inhalt:
Tl. 1. Planimetrie. 3. Ausg., mit einem Anhang von Aufgaben. (VI, 203 S.) * M 2.—.
" 2. Stereometrie. Neue, um einen Nachtrag zu den Aufgaben verm. Ausg. (III, 105 S.) * M 1.20.
3. Tl. Ebendas. 1878. * M 2.—.

— Lehrbuch der französischen Sprache. 1. Thl.: Formenlehre. gr. 8. (VIII, 168 S.) Köthen 874. Schettler's Verl. n. 1. —

Fischer, F. W. (II.), tabellarische Übersicht der Griechischen Geschichte. Nebst einer geographischen Beilage. Zum Gebrauch für höhere Lehranstalten. 2. Aufl. 4. (20 S.) Tilsit 880, (Schubert und Seidel.) **

—— tabellarische Übersicht der Römischen Geschichte. Nebst einer geographischen Beilage. Zum Gebrauch für höhere Lehranstalten. 2. Aufl. 4. (25 S.) (Ebendas.) 883. **

Fischer, F. W., die französischen unregelmäßigen Zeitwörter, zugleich als Anhang zu seiner Formenlehre. gr. 8. (III, 62 S.) Bernburg 878. Schmelzer. n. — 75

Fischer, F. W. R., die wichtigsten Facten und Daten aus der alten, der deutschen und der brandenburgisch-preußischen Geschichte. br. 8. (31 S.) Berlin 867, Springer'sche Buchh. *

—— kleine Grammatik der deutschen Sprache. Ein Lehr- und Lernbuch zum Gebrauch in Bürgerschulen dargestellt. 8. (VI und 87 S.) Berlin 866, Nicolai's Verlag. cart. **

—— kleine Grammatik der deutschen Sprache. Ein Lehr- und Lernbuch zum Gebrauch in den unteren und mittleren Klassen höherer Unterrichtsanstalten in 2 Cursen dargestellt. 8. Berlin, Nicolai's Verlag. [1. Curs. 1. Aufl. 1866. und 2. Aufl. (IV und 78 S.) 868. * 7½ Ngr., 2. Curs. (94 S.) 866. * 10 Ngr.] *

Fischer, F. W. R., kleine Grammatik der deutschen Sprache. Ein Lehr- und Lernbuch zum Gebrauch in den unteren und mittleren Klassen höherer Unterrichtsanstalten in 2 Cursen dargestellt. 2. Aufl. 8. Berlin 874, Nicolai's Verlag. [1. Cursus (IV, 78 S.) * 75 Pf.; 2. Cursus (94 S.) * 90 Pf.] cart. *

Fischer, F. W. R., kleine Grammatik der deutschen Sprache, nebst einem Abriß der deutschen Metrik und Poetik. Ein Lehr- und Lernbuch zum Gebrauch in gehobenen Bürgerschulen. 2.—5. Aufl. 8. (VIII, 96 S.) Berlin 869—75, Nicolai's Verlag. cart. *

Fischer, F. W. R., kleine Grammatik der deutschen Sprache, nebst einem Abriß der deutschen Metrik und Poetik. Ein Lehr- und Lernbuch zum Gebrauch in gehobenen Bürgerschulen. 6.—8. Aufl. 8. (102 S.) Berlin 876—78, Nicolai'sche Verlagsh. cart. *

Fischer, F. W. R., kleine Grammatik der deutschen Sprache, nebst einem Abriß der deutschen Metrik und Poetik. Ein Lehr- und Lernbuch zum Gebrauch in gehobeneren Bürgerschulen. 9. und 10. Aufl. 8. (VIII, 96 S.) Berlin 880,81, Nicolai'sche Verlagsh. cart.

Fischer, F. W. R., kleine Grammatik der deutschen Sprache, nebst einem Abriß der deutschen Metrik und Poetik. Ein Lehr- und Lernbuch zum Gebrauch in gehobeneren Bürgerschulen. 11.—14. Aufl. 8. (VIII, 96 S.) Berlin 882—88, Nicolai's Verlag. geb.

Fischer, F. W. R. Kleine Grammatik der deutschen Sprache, nebst e. Abriß der deutschen Metrik u. Poetik. Ein Lehr- u. Lernbuch zum Gebrauch in gehobeneren Bürgerschulen. 15. u. 16. Aufl. 8. (VIII, 96 S.) Berl. 889,91, Nicolai's Verlag. * — 80

Fischer, F. W. R., kleine Grammatik der deutschen Sprache, nebst e. Abriß der deutschen Metrik u. Poetik. Ein Lehr- u. Lernbuch zum Gebrauch in gehobenen Bürgerschulen. 17. Aufl. 8. (VIII, 96 S.) Berlin 894. Nicolai's Verl. Geb. n. — 80

Fischer, F. W. R., kleine Grammatik d. deutschen Sprache, nebst e. Abriß d. deutschen Metrik u. Poetik. E. Lehr- u. Lernbuch z. Gebr. in gehob. Bürgerschulen. 18. Aufl. 8. (VIII, 96 S.) Berlin 897. Nicolai's Verl. Geb. n. — 80

Fischer, F. W. R., kleine Grammatik der deutsch. Sprache, nebst e. Abriß der deutschen Metrik u. Poetik. Ein Lehr- u. Lernbuch zum Gebrauch in gehob. Bürgerschulen. 19. Aufl. 8. (VIII, 96 S.) Berlin 901. Nicolai's Verl. Geb. n. — 80

Dr. F. W. R. **Fischers** Kleine Grammatik der deutschen Sprache nebst e. Abriß d. deutschen Metrik u. Poetik. Ein Lehr- u. Lernbuch z. Gebr. in höheren Schulen. Neu hrsg. von A[dolf] Ohmstede, Vorsteher zu Berlin. 20. Aufl. *Berlin: Nicolai 1904.* (VII, 130 S.) 8° [F.] [04. 15689

Fischer's, F. W. R., kleine Grammatik der deutschen Sprache, nebst e. Abriß der deutschen Metrik u. Poetik. Ein Lehr- u. Lernbuch zum Gebrauch in höh. Schulen. Neu hrsg. v. A. Ohmstede. 21. Aufl. (VII, 130 S.) 8. Berlin 905. Nicolai's Verl. Geb. n. 1. —

Fischer's, F. W. R., kleine Grammatik der deutsch. Sprache, nebst e. Abriß der deutschen Metrik u. Poetik. Ein Lehr- u. Lernbuch zum Gebrauch in höh. Schulen. Neu hrsg. v. A. Ohmstede. 22. Aufl. (VII, 130 S.) 8. Berlin 907. Nicolai's Verl. Geb. 1. —

—— Leitfaden für den ersten Unterricht in der deutschen Sprache. Zum Gebrauch vornehmlich in Vorschulen, sowie in gehobeneren Volks- und niederen Bürgerschulen. 8. (48 S.) Berlin 867, Nicolai's Verlag. *

—— Leitfaden für den ersten Unterricht in der deutschen Sprache. Zum Gebrauch vornehmlich in Vorschulen, sowie in gehobeneren Volksschulen. 2. Aufl. 8. (48 S.) Berlin 873, Nicolai's Verlag. *

Fischer, Fel., Irene, s.: Glaser's, Conr., Theater-Bibliothek.

Fischer, Felician

Flora Mettenensis. I. — Von P. Felician Fischer, G. Ass. — 1883, Landshut, ibid. — S. 3—86[a].

Dasselbe von demselben. II. 1884. Landshut, ibid. — S. 87—145[a].

Progr. Metten, Benediktiner-Gymn.

Flora Mettenensis. III. – Von P. Felician Fischer, Ass. – 1885, Landshut, Jos. Thomann. – S. 146—202.

Progr. Metten, Benediktiner-Gymn.

Fischer, Felix: Aus d. physikal. Institut d. Universität Breslau. Über Wärmestrahlung der elektrischen Glühlampe bei verschiedenen Stromintensitäten. *Breslau 1903: H. Fleischmann.* (52 S.) 8°

Breslau. Phil. Diss. v. 29. Mai 1903

Fischer, Ferdinand

— d. menschl. Abfallstoffe, ihre prakt. Beseitig. u. landwirtsch. Verwerthg. 1881. 2.40

Fischer, Ferd., die menschlichen Abfallstoffe, ihre praktische Beseitigung und landwirthschaftliche Verwerthung. Zugleich als Suppl. zur „Deutschen Vierteljahrsschrift für öffentl. Gesundheitspflege". gr. 8. (VII, 175 S. mit in den Text eingedr. Holzst.) Braunschweig 882, Vieweg und Sohn. *

– Herm. **Fischer**, Wilh. **Kohlrausch** u. Eduard **Schmitt**, Anlagen z. Versorgung d. Gebäude m. Licht u. Luft, Wärme u. Wasser, s. a. **Handbuch** d. Architektur. III, 4.

Anlagen zur Versorgung der Gebäude mit Licht und Luft, Wärme und Wasser. Versorgung d. Gebäude mit Sonnenlicht u. Sonnenwärme. Künstliche Beleuchtung d. Räume. Heizung u. Lüftung d. Räume. Wasserversorgung d. Gebäude. Von Dr. Ferdinand **Fischer**, Prof. in Göttingen, Dr.-Ing. Hermann Fischer u. Dr. Wilhelm Kohlrausch, Prof. in Hannover, u. Dr. phil. u. Dr.-Ing. Eduard Schmitt, Prof. in Darmstadt. 3. Aufl. Mit 490 Abb., sowie 12 Taf. Leipzig: A. Kröner 1908. (VIII, 486 S.) 4°(8°)

= Hochbaukonstruktionen, Die. Bd 4.

= **Handbuch** d. Architektur. T. 3, Bd 4. [08. 131

Fischer, Ferd., die wirtschaftliche Bedeutung Deutschlands u. seiner Kolonien. (80 S.) gr. 8. Leipzig 906. Akadem. Verlagsgesellschaft. n. 2. —; geb. n. 2. 80

Fischer, Ferd., Die wirtschaftliche Bedeutung Deutschlands und seiner Kolonien. Leipzig 1906. 8°.

[Dasselbe] 2. Aufl. [u. d. Tit.]: Die Industrie Deutschlands und seiner Kolonien. Leipzig 1908. 8°.

Fischer, Ferd. (II.), einige Bemerkungen üb. d. beiden Druckschriften d. Hrn. Landschafts-Director v. Debschütz, die Fragen A. Ist d. gegenwärt. besteh. Verpflichtung, Pfandbriefe nur durch Pfandbriefe abzulösen, in sich unabänderl. u. dem allgem. Interesse förderlich? u. B. wie kann d. schles. Landschaft unt. Allerh. Genehmig. jetzt im Geiste ihrer ursprüngl. Stiftung zum Wohle d. schles. Gutsbesitzer wirksam sein? betreff. gr. 8. (1½ B.) Breslau 836, Aderholz.

Fischer, Ferd., die Brennstoffe Deutschlands u. d. übrig. Länder der Erde u. die Kohlennoth Mit 1 graph. Darstellg. gr. 8. (VII, 107 S.) Braunschweig 901. F. Vieweg & Sohn. n. 3. —

Fischer, Ferd. (Hrsg.), s. Dingler's polytechnisches Journal.

Fischer, Ferd., die Albertinische Dynastie und Norddeutschland. Ein deutsches Wort zu den Parlamentswahlen Sachsens. gr. 8. (32 S.) Berlin 866, G. Reimer.

Fischer, Ferd., die Ehescheidungsfrage, erwogen vom sittlichen, conservativen und protestantischen Standpunkte. Offenes Sendschreiben eines Protestanten an den königl. geh. Justiz-R. und Ober-Consist.-R. Hrn. Prof. Dr. Stahl. gr. 8. (31 S.) Breslau 855, Max und Comp.

FISCHER, FERDINAND. Zur Elektrolyse der Schwefelsäure mit Bleianoden. Bildung von Bleisulfat und Doppelsalzen sowie deren Herstellung auf rein chemischem Wege. Giessen, 1900.

Fischer, Ferdinand, appr. Arzt a. München: **Ueber die Entstehung und Verbreitungsweise der Tuberkulose in den Schwarzwalddörfern Langenschiltach und Gremmelsbach. Würzburg: A. Stuber 1004. (S. 19—36.) 8° ¶[Aus: Beiträge zur Klinik der Tuberkulose III, 1.]**

Heidelberg. Med. Fak., Ref. Erb, Diss. v. 23. Nov. 1904

[Geb. 25. Febr. 80 München; Wohnort: Stuttgart; Staatsangeh.: Baden; Vorbildung: Gymn. Konstanz Reife Juli 98; Studium: Erlangen 4, München 1, Freiburg i. B. 1, Heidelberg 4 S.; Coll. 23. Juli 04: Approb. 3. Mai 04.]

Fischer, Ferdinand [aus **Mühlhausen** i. Thür.]: **Ueber das Epithel und die Drüsen der Ohrtrompete und Paukenhöhle. . . . Rostock,** Univ.-Buchdr. v. Adler's Erben, 1889; 38 S. u. 1 Taf. 8°

Rostock, Med. Fak., Inaug.-Diss. v. 10. Aug. 1889

—— Erbschaftsstempel-Tabelle &c. f. Preußen. gr. Fol. Breslau 835, W. G. Korn.

—— der Examinator in der ein- und mehrklassigen Volksschule. Ein Hülfsbuch für Lehrer, Seminaristen und Präparanden. 1. Aufl. (XVI, 242 S.) 1877; 2. Aufl. 8. (XII, 255 S.) Ebendas. 878.

Fischer, Ferdinand *Heinrich* [pr. Arzt aus Frankenau]: Fünf Fälle von Aneurysma dissecans. '(Aus d. patholog. Institut zu Marburg)' ... Marburg, Univ.-Buchdr. '(R. Friedrich)', 1894; 34 S., 1 Bl. 8.

Marburg, Med. Fak., Inaug.-Diss. v. 28. Juni 1894

Fischer, Ferd. Feuerungsanlagen f. häusl. u. gewerbl. Zwecke. Zugleich als 4. Aufl. v. „Menzel's Bau der Feuerungsanlagen". Mit 299 Abbildgn. Lex.-8. (IV, 206 S.) [Karlsr. 889, Bielefeld's Verlag.] Fulda u. Lpz., Arnd. * 8 50; geb. * 10 —

Über Frauenleiden. Deren Heilung, unter Verwendung d. Salzunger Soole. Von F[erd.] **Fischer**, pr. Arzt, Salzungen. *Halle a. S.: C. Marhold 1900.* (76 S.) 8° [00. 4199 S

Fischer, F.: Gärungsgewerbe. Handbuch der chemischen Technologie (zugleich 14. völlig umgearbeitete Auflage von R. v. Wagners Handbuch). 889. Leipzig 1893.

—— Generalregister üb. Bd. XXI bis XXX, s. Jahresbericht üb. die Leistungen der chem. Technologie.

Fischer, Ferd. (II.), Geschichte der preußischen Kammern vom 26. Februar bis 27. April 1840. (6 Hefte.) gr. 8. (III und 520 S.) Berlin 840, Duncker und Humblot. *

Fischer, Ferd. (II.), Gustav-Adolf-Verein; Dr. Rupp's Ausschließung; Landeskirche; Evangelisch-protestant. Kirche. — Worte des Kampfes u. des Friedens. Lex.-8. (2 B.) Breslau 846, Leuckart. *

Fischer, Ferd., rechtliches Gutachten über die Vergleichsvorschläge des Magistrats zu Breslau in der Ablösungssache der evangelischen, früher lutherischen Kirchengemeinden. gr. 8. (16 S.) Breslau 877. Trewendt & Granier. n. — 50

Wagner, R. v., Handbuch der chemischen Technologie. 12. Aufl., bearb. von F. Fischer. Leipzig, 1886. 1060 S. mit 470 Abb.

Fischer, Ferd., Handbuch der chemischen Technologie. (Zugleich 14., völlig umgearb. Aufl. v. R. v. Wagner's Handbuch der chem. Technologie.) gr. 8. (XII, 1164 S. m. 716 Abbildgn.) Leipzig 893. O. Wigand. n. 15. —

— Handbuch der chemischen Technologie. 15. umgearb. Aufl. 1.—11. Aufl. von R. v. Wagner. 2 Bde. gr. 8. Leipzig, O. Wigand. n. 22.—
1. Unorganischer Thl. (VII, 787 S. m. 607 Abb.) 900. n. 12.—
2. Organischer Thl. (VII, 437 S. m. 223 Abb.) 902. n. 10.—

Ⓑ Fischer, Ferd., Handbuch d. chem. Technologie. 2 Bde. 900. 902. (KBL 31.) Jetzt: Leipzig, J. A. Barth.

—— Preußens Herrenbank und Wahlgesetz. 8. (59 S.) Leipzig 847, Literarisches Museum.

Fischer, Ferd. (I.), Hilfsbuch für bäuerl. Besitzer, Gutsherren, Schiedsrichter und Beamte der Auseinandersetzungs-Behörden, oder das Ablösungs-Gesetz vom 2. März 1850, ergänzt aus den Motiven der Regierung, den Berichten der Commissionen beider Kammern rc. gr. 8. (V und 112 S.) Berlin 850, C. Heymann.

—— Hilfsbuch für Bürgermeister, Gemeindevorsteher, Gemeinderäthe rc. oder die Gemeindeordnung vom 11. März 1850, ergänzt aus den Motiven der Regierung, den Berichten der Kommissionen beider Kammern, den Verhandlungen derselben, der Instruktion des Ministeriums und den frühern Gesetzen. gr. 8. (IV und 106 S.) Breslau 850, Korn. *

Fischer, Ferd., Hülfsbuch f. Schiedsmänner, deren Wähler, Partheien u. Richter, ob. Ergänzn. d. Verordnung v. 26. Sept. 1832 aus d. Allgem. Landrechte, d. Allgem. Gerichtsordn. u. d. späteren Gesetzen u. Ministerial-Verfügungen. gr. 8. (4¼ B.) Breslau 833, Max u. Komp.

Fischer, Ferd., s.: Jahres-Bericht üb. die Leistungen der chemischen Technologie.

— Die Industrie Deutschlands u. seiner Kolonien. 2. neubearb. Aufl. (VIII, 125 S.) gr. 8. Leipzig 908. Akadem. Verlagsgesellschaft. 2.80; geb. 3.60

—— Jordan. Vertheidigungsschrift ein. deutschen Advokaten. gr. 8. (13½ B.) Leipzig 843, Otto Wigand. *

— Jordan. Vertheidigungsschrift eines deutschen Advokaten. gr. 8. Leipzig 844, O. Wigand. n. 1 ℛ

—— Kalender für Juristen rc., s. Kalender.

Fischer, Ferd. (I.), das Berliner Consistorium und Dr. Sydow vom Standpunkte des Rechts beurtheilt. Vertheidigungsschrift. gr. 8. (47 S.) Berlin 873, Henschel. [Leipzig, Barth.] *

— Kraftgas, seine Herstellung u. Beurteilung, s.: Technologie, chemische, in Einzeldarstellungen.

— Lehrbuch der chemischen Technologie. gr. 8. (VI, 293 S. m. 188 Abb.) Leipzig 903. O. Wigand. n. 7.—

Ⓑ — Lehrb. d. chem. Technologie 903. (KBL 31.) Jetzt: Leipzig, J. A. Barth.

—— die Lehre v. d. schles. Pfandbriefen, nebst e. Zusammenstell. aller bis z. Juli 1836 üb. d. schles. Pfandbriefe u. d. Credit-Institut ergang. u. darauf Bezug habenden Gesetze, Ministerial-Rescripte u. General-Landtags-Beschlüsse. gr. 8. (20½ B.) Breslau 837, W. G. Korn.

Fischer, Ferd., Leitfaden der Chemie u. Mineralogie. Mit 175 in den Text eingedr. Abbildgn. gr. 8. (VIII, 187 S.) Hannover 873. Hahn. 1. 80

—— Leitfaden der Chemie und Mineralogie. 2. verm. und verb. Aufl. gr. 8. (VIII, 236 S. mit 224 in den Text eingedr. Abbild.) Hannover 880, Hahn'sche Buchh. *

— u. H. Krause, Leitfaden der Chemie u. Mineralogie. 3. Aufl. gr. 8. (VIII, 280 S. m. 224 Abbildgn.) Hannover 891. Hahn. n. 3. —

— u. H. Krause, Leitfaden der Chemie u. Mineralogie. 4. verb. u. verm. Aufl., bearb. von H. Krause. gr. 8. (IV, 285 S. m. 224 Abb.) Hannover 901. Hahn. n. 3. —

—— Leitfaden für den Unterricht in der Geschichte. 1.—3. Cursus. 5. verb. Aufl. 8. Ebendas.

Inhalt:

Cursus 1. Weltgeschichte. (122 S.) 878. 90 Pf.
" 2. Deutsche Geschichte. (96 S.) 877. 60 Pf.
" 3. Geschichte des preußischen Staates, seines Ursprungs, seiner Markgrafen und Kurfürsten, seiner Könige und seines Kaisers. Mit vorzügl. Beachtung des Siegeszuges nach Frankreich im J. 1870 und 1871. (144 S.) 878. ℳ 1.

— Preußen am Abschlusse der ersten Hälfte d. 19. Jahrh. Geschichtliche, culturhistor., polit. u. statist. Rückblicke auf das Jahr 1849. gr. 8. (VIII, 833 S.) Berlin 876. G. Reimer. n. 11. —

—— Prozeß-Stempel-Tabelle rc. f. Preußen. gr. Fol. Breslau 835, W. G. Korn.

Fischer, F: Chemisch-technologisches Rechnen. Leipzig 1912

—— Preußens kaufmännisches Recht. Gesetzbuch, Lehrbuch und Commentar, zugleich mit gemeinem, hamburger, österreich., ungar., französ., holländ., portugies., neapolitan., span. und russ. Handelsrechte für Kaufleute und Juristen. gr. 8. (XX und 504 S.) Breslau 856, Korn. *

Fischer, F. (Hrsg.), s. Repertorium der analytischen Chemie. . .

Fischer, Fd., (Landrath,) Repertorium über die in den allgem. u. besond. Landraths-Protokollen v. J. 1837—42 enthalt. Verhandlungen, u. über die hierüber in den k. Regierungs-Blättern erfolgten Landraths-Abschiede sämmtl. 8 Kreise des Königr. Bayern. 3. u. 4. Bd. 4. Augsburg 838 u. 845. (München, Franz.) 3. Bd. n. 1 ℛ 4. Bd. n. 1⅙ ℛ (1. u. 2. Bd. n. 2 ℛ)

—— Republik und Socialismus oder Blicke auf Preußens Zustände. 8. (X und 211 S.) Hamburg 848, Hoffmann und Campe.

—— vollständ. Stempel-Tabelle. Zusammenstell. aller bis z. 1. Febr. 1835 ergang. u. jetzt noch gült. Gesetze u. Verordnn. üb. d. Stempeltarif im preuß. Staate. 3 Blatt., gr. Fol. Breslau 835, W. G. Korn.

—— Stöchiometrie. Mit 150 Aufgaben, Angabe der Resultate und Andeutungen zur Auflösung. Für Studirende, Pharmaceuten und Realschüler. gr. 8. (41 S.) Hannover 875, Hahn'sche Hofbuchh.

*Fischer, F. Eine Studie über Feuervers.-Statistik. S. A. 1881.

— das Studium d. techn. Chemie an den Universitäten u. techn. Hochschulen u. d. Chemiker-Examen. gr. 8. (VIII, 116 S.) Braunschweig 897. F. Vieweg & Sohn. n. 2. 60

—— drei Tage in Holstein. Aphoristische Skizze d. Zustände Holsteins u. Schleswigs. gr. 8. (1½ B.) Leipzig 846, Otto Wigand. *

Fischer, Ferd., Taschenbuch f. Feuerungstechniker. Kurze Anleitg. zur Untersuchg. v. Feuerungsanlagen. 12. (96 S. m. Holzschn.) Stuttgart 883. Cotta. geb. n. 3. —

— Taschenbuch f. Feuerungstechniker. Kurze Anleitg. zur Untersuchg. u. Beurtheilung v. Feuerungsanlagen. 2., völlig umgearb. Aufl. 8. (VI, 100 S. m. Abbildgn.) Stuttgart 893. J. G. Cotta Nachf. Geb. in Leinw. n. 3. —

FISCHER, F.
Taschenbuch für Feuerungstechniker. Anleitung zur Untersuchung und Beurtheilung von Feuerungsanlagen und Brennstoffen. Dritte umgearbeitete Auflage. Stuttgart, 1897. 8vo. Ill.

— Taschenbuch f. Feuerungstechniker. Anleitg. z. Untersuchg. u. Behandlg. v. Feuerungsanlagen u. Brennstoffen. 3., umgearb. Aufl. 12. (VIII, 120 S. m. 30 Fig.) Stuttgart 898. A. Bergsträsser. Geb. in Leinw. n. 3. —

— Taschenbuch f. Feuerungstechniker. Anleitung z. Untersuchg. u. Beurtheilg. v. Brennstoffen u. Feuerungsanlagen. 4. umgearb. Aufl. 12. (VI, 141 S. m. Fig.) Stuttgart 901. A. Bergsträsser. Geb. in Leinw. n. 3. —

— Taschenbuch für Feuerungstechniker. Anleitung zur Untersuchung u. Beurteilung v. Brennstoffen u. Feuerungsanlagen. 5. umgearb. Aufl. (VI, 168 S. m. Abbildgn.) 12. Stuttgart 904. A. Kröner. Geb. in Leinw. n. 3. —

— Taschenbuch f. Feuerungstechniker. Anleitg. z. Unters. u. Beurteilg. v. Brennstoffen u. Feuerungsanlagen. 6. neubearb. Aufl. (VI, 190 S. m. Abb.) kl. 8. Leipzig 909. A. Kröner. Geb. in Leinw. 3. —

— Technologie für Chemiker u. Juristen an den preussischen Universitäten. (27 S.) gr. 8. Leipzig 903. O. Wigand. n. — 60

D — Technologie f. Chemiker. 903. (KBL 33.) Jetzt: Leipzig, J. A. Barth.

— die chemische Technologie der Brennstoffe, s. a. Handbuch der chemischen Technologie. I. 3.

Fischer, F. Die chemische Technologie der Brennstoffe. Braunschweig 1880.

Die chemische Technologie der Brennstoffe. Berlin, 1897–1901. 2 parts. 8vo. Ill.

— chemische Technologie an d. Universitäten u. techn. Hochschulen Deutschlands. gr. 8. (VII, 54 S.) Braunschweig 898. F. Vieweg & Sohn. n. 1. 25

Fischer, Ferd., die chemische Technologie des Wassers, s. a. Handbuch der chemischen Technologie.

Fischer, Ferd. (III.), die chemische Technologie des Wassers. 2 Lfgn. gr. 8. (XII, 403 S. mit in den Text eingedr. Holzschn.) Braunschweig 878, 79, Vieweg und Sohn. *

— die chemische Technologie des Wassers. Mit in den Text eingedr. Holzst. gr. 8. (XII, 403 S.) Braunschweig 880. Vieweg & Sohn. n. 11. 60

— das Trinkwasser, seine Beschaffenheit, Untersuchung u. Reinigung, unter Berücksicht. der Brunnenwässer Hannovers. gr. 8. (63 S.) Ebend. 873. n. 1. —

Fischer, Ferd. (I.), Uebersicht, vielmehr Repertorium üb. d. in d. allgem. u. besond. Landraths-Protokollen v. J. 1829—1836 einschlüssig enthalt. Verhandln. u. üb. d. hierüber erfolgten Landraths-Abschiede sämmtl. acht Kreise. 3 Bde. 4. Augsburg. (München, Franz.) [1. (18½ B.) 836., 2. (25 B.) 837., 3. (17 B.) 838. à * 1 Thlr.] *

—— Preußens und Bayerns Union. gr. 8. (80 S.) Breslau 860, E. Trewendt. *

Untersuchung der atmosphärischen Luft und der Gase. Braunschweig, 1887. 8vo.

—— die Versammlung des Gustav-Adolph-Vereins in Stuttgart am 1., 2. u. 3. Septbr. 1845. Bericht an den schlesischen Hauptverein. gr. 8. (2 B.) Dessau 845, Fritsche. *

Fischer Ferd. üb. d. Verwendung v. Leuchtgas z. Entwickl. d. Wärme. München 1883

—— die Verwerthung der städtischen und Industrie-Abfallstoffe. Mit besond. Rücksicht auf Desinfection, Städtereinigung, Leichenverbrennung und Friedhöfe. gr. 8. (XII, 190 S. mit 25 Holzschn. im Text.) Leipzig 875, Quandt und Händel. *

– das Wasser, seine Verwendung, Reinigung u. Beurtheilung m. besond. Berücksicht. der gewerblichen Abwässer. 2., umgearb. Aufl. gr. 8. (VI, 284 S. m. 32 Abbildgn.) Berlin 891. J. Springer. Geb. n. 8. —

— das Wasser, seine Verwendung, Reinigung u. Beurtheilung, m. besond. Berücksicht. der gewerblichen Abwässer u. der Flussverunreinigung. 3. umgearb. Aufl. gr. 8. (VIII, 482 S. m. Abbildgn.) Berlin 902. J. Springer. Geb. in Leinw. n. 12. —

—— das Wissenswertheste aus der deutschen Geschichte und der Weltgeschichte für die Hand der Kinder in Volksschulen. 4. Aufl. 8. (64 S.) Ebendas. 876.

—— das Wissenswertheste aus der preußischen Geschichte für die Hand der Kinder in Volksschulen. 6. Aufl. 8. (60 S.) Ebendas. 876.

Fischer, Ferd., ein deutscher Wunsch für Katholiken und Protestanten, verbunden mit einem rechtl. Gutachten in der Untersuchungssache wider den evangel. Pfarrer Ritter, als Herausgeber des Gustav-Adolph-Kalenders. 1. und 2. Aufl. gr. 8. (56 S.) Darmstadt 859, Zernin.

—— Preußens Wunsch. Ein Neujahrsgruß. gr. 8. (1½ B.) Leipzig 845, Otto Wigand. *

— s.: Zeitschrift f. angewandte Chemie.

Fischer, Ferdinand (Hrsg.), s. Zeitschrift für die chemische Industrie.

Fischer, Ferdinand Ludwig

Fischer, F. L., der Aufsatz in der Volksschule oder allmählich vom Leichteren zum Schwereren fortschreitende schriftliche Übungen. gr. 8. (XII, 351 S.) Langensalza 888, Schulbuchhandlung.

Fischer, F. L. Der Aufsatz in der Volksschule od. allmählich vom Leichteren zum Schwereren fortschreitende schriftl. Übungen. 2. u. 3. Aufl. 8. (XII, 351 S.) Langensalza 889, 92, Schulbuchh. 3 —

Fischer, F. L., d. Aufsatz in d. Volksschule od. allmähl. v. Leichteren z. Schwereren fortschreit. schriftl. Übungen. 4. Aufl. gr. 8. (XII, 351 S.) Langensalza 898. Schulbuchh. 3. —

Fischer, Ferd. Ludw., Aufsatzlehre für Volksschulen. 1. Stufe: Gebundene Arbeiten und Anleitung zur Anfertigung von Beschreibungen und Briefen. 1.—4. Aufl. 8. (VII, 144 S.) Langensalza 868—73, Schulbuchh. von Greßler. *

—— dass. — 2. Stufe: Anleitung zur Anfertigung von Geschichten und den wichtigsten Geschäftsaufsätzen. 1.—3. verb. Aufl. (III, 104 S.) 869—73. 75 Pf., und 4. erweit. Aufl. 8. (IV, 147 S.) Ebendas. 875.

Fischer, Ferd. Ludw., Aufsatzlehre f. Volksschulen. 1. Stufe: Gebundene Arbeiten u. Anleitg. zur Anfertigg. v. Beschreibgn. u. Briefen. 5. Aufl. 8. (VII, 144 S.) Langensalza 876. Schulbuchh. n. 1. —

— dasselbe. 2. Stufe. Anleitung zur Anfertigung von Geschichten, Geschäftsaufsätzen u. telegraphischen Depeschen, nebst einem Anhang: Titulaturen, Adressen u. Fremdwörter enth. 5. Aufl. 8. (IV, 148 S.) Ebend. 879. — 90

Fischer, Ferd. Ludw., Aufsatzlehre für Volksschulen. 6. Aufl. 8. (VI, 144 S.) Langensalza 880, Schulbuchh. von Greßler. *

Fischer, Ferd. Ludw., kleine Briefschule für Kinder oder 200 Aufgaben zum Briefschreiben nebst den dazu gehör. ausgeführten Briefen über Stoffe aus dem Kreise der Kinder. 1. Aufl. 1865. und 2., verb. Aufl. 8. (192 S.) Langensalza 867, Schulbuchh. von Greßler.

—— kleine Briefschule für Kinder oder 200 Aufgaben zum Briefschreiben nebst den dazu gehör. ausgeführten Briefen über Stoffe aus dem Kreise der Kinder. 3. verb. Aufl. 8. (194 S.) Langensalza 872, Schulbuchh. von Greßler.

— der Examinator in der ein- u. mehrklassigen Volksschule. Ein Hilfsbuch für Lehrer, Seminaristen u. Präparanden. 3. Aufl. 8. (XII, 255 S.) Ebend. 881. 1. 80

—— kurzgefaßte Geschichte der christlichen Kirche, nebst 2 Beilagen, enth.: Die Beschreibung des jetzigen Jerusalems und vier Glaubensbekenntnisse. 3., verb. und verm. Aufl. gr. 8. (VIII und 324 S. mit 9 Stnt.) Langensalza 862, Schulbuchh. von Greßler.

Fischer, F. L., kleine Handfibel zum Schreiben, Lesen, Rechnen und Zeichnen. 16. (24 lithogr. S.) Langensalza 851, Schulbuchhandlung des thüringer Lehrer-Vereins. Thlr.

—— biblisches Handwörterbuch für Freunde des göttlichen Wortes. 1. Aufl. 1862. und 2., verb. und verm. Aufl. gr. 8. (IV und 360 S. mit eingedr. Holzschn.) Langensalza 863, Schulbuchh. von Greßler.

—— biblisches Handwörterbuch für Freunde des göttlichen Wortes. 3. verb. und verm. Aufl. gr. 8. (IV, 380 S. mit eingedr. Holzschn.) Langensalza 870, Schulbuchh. von Greßler.

— biblisches Handwörterbuch für Freunde des göttlichen Wortes. 4., verb. u. verm. Aufl. gr. 8. (IV, 398 S. mit eingedr. Holzschn.) Ebend. 882. 3. 75

— biblisches Handwörterbuch f. Freunde des göttlichen Wortes. 5. Aufl. gr. 8. (IV, 398 S. m. Abbildgn.) Ebd. 894. 3. 75

Fischer, Ferd. Ludw., das Heil der Welt, dargestellt in bibl. Geschichten und zwar: in seiner Verheißung im Alten und seiner Erfüllung im Neuen Bunde, sowie in seiner Aneignung in der christl. Kirche mit Anmerkungen und Abbildungen nebst 2 Beilagen enthaltend: die Beschreibung des jetzigen Jerusalems und vier Glaubensbekenntnisse. Für Hausväter, Lehrer, Seminarien und Seminar-Präparanden hrsg. 3 Thle. gr. 8. Langensalza 857. 58, Schulbuchhandlung von Greßler.

Inhalt:

Thl. 1. Das Heil der Welt. Seine Verheißung im Alten Bunde. (XII und 384 S. mit eingedr. Holzschn. und 10 Stnt.) 1 Thlr.

„ 2. Das Heil der Welt. Seine Erfüllung im Neuen Bunde. (X und 366 S. mit eingedr. Holzschn. und 13 Stnt.) 24 Ngr.

„ 3. Das Heil der Welt. Seine Aneignung in der christl. Kirche. (VIII und 312 S. mit 9 Stnt.) 24 Ngr.

—— Heimaths-, Vaterlands-, Erd- und Weltkunde in Verbindung mit dem Unterricht in den übrigen Realien. 3 Thle. Mit vielen in den Text gedr. Abbild. (in Holzschn.) gr. 8. Erfurt 860, Körner's Verlag. *

Inhalt:

Thl. 1. Heimathskunde. (89 S.) * 7½ Ngr.

„ 2. Vaterlandskunde. (IV und 112 S.) * 12 Ngr.

„ 3. Erd- und Weltkunde. (VI und 157 S.) * 18 Ngr.

— Hülfsbuch beim Unterricht in der biblischen Geschichte Alten und Neuen Testaments für Schulen. 1852. (Berlin, G. Bethge.) 16. (40 S.) n. 2 ngr.

—— Hülfsbuch beim Unterricht in der biblischen Geschichte alten und neuen Testaments für Schulen. 16. (40 S.) Potsdam 853. (Berlin, G. Bethge.) *

— Leitfaden beim Unterrichte in der Geographie unter Voranstellung Deutschlands m. seinen 1871 erfahrenen Veränderungen. 8. (VIII, 256 S.) Ebend. 872. 1. 80

— Leitfaden beim Unterrichte in der Geographie unter Voranstellung Deutschlands. 2., veränd. Aufl. 8. (VIII, 310 S.) Ebend. 875. 2. 50

Fischer, Ferd. Ludw., Leitfaden für den Unterricht in der Geschichte für Volksschulen in 3 Cursen. 1. Cursus: Weltgeschichte. Langensalza 865. Greßler. 8. (VIII, 110 S.) 9 ngr.

Fischer, Ferd. Ludw., Leitfaden bei'm Unterrichte in der Geschichte für Volksschulen in vier Cursen. Langensalza, Greßler. 8. 25 ngr.

1. Cursus: Weltgeschichte. 865. — 2. Aufl. 866. — 3. verb. Aufl. 870. (VIII, 116 S.) 9 ngr.

2. Cursus: Deutsche Geschichte. 865. — 2. Aufl. 866. — 3. verb. Aufl. 870. (94 S.) 6 ngr.

3. Cursus: Brandenburgisch-preußische Geschichte. 865. — 2. Aufl. 866. (108 S.) 7½ ngr.

4. Cursus: Kurzer Abriß des preußischen Krieges gegen Oesterreich u. dessen Bundesgenossen im J. 1866. 867. (32 S.) 2½ ngr.

—— Leitfaden beim Unterricht in der Geschichte für Volksschulen in drei Cursen. 8. Langensalza, Schulbuchh. von Greßler. *

Inhalt:

Cursus 1. Weltgeschichte. 3. Aufl. 1870, und 4. Aufl. (VIII, 122 S.) 874. 90 Pf.

„ 2. Deutsche Geschichte. 3. Aufl. 1870, und 4. Aufl. (96 S.) 874. 60 Pf.

„ 3. Geschichte des preußischen Staates, seines Ursprungs, seiner Markgrafen und Kurfürsten, seiner Könige und seines Kaisers. Mit vorzügl. Beachtung des Siegeszuges nach Frankreich im J. 1870 und 1871. 3. Aufl. 1872, und 4. Aufl. (144 S.) 874. * ℳ 1.

— Leitfaden bei'm Unterrichte in der Geschichte. 1—3. Cursus. 5., verb. Aufl. 8. Ebend. 877. 78. 2. 50

1. Weltgeschichte. (122 S.) — 90. — 2. Deutsche Geschichte. (96 S.) — 60. — 3. Geschichte des preußischen Staates, seines Ursprungs, seiner Markgrafen u. Kurfürsten, seiner Könige u. seines Kaisers. Mit vorzüglicher Beachtung des Siegeszuges nach Frankreich im Jahre 1870 u. 71. (141 S.) 1. —

—— Leitfaden beim Unterrichte in der Geschichte für Volksschulen. In 3 Kursen. 6. verb. Aufl. 8. Ebendas. *

Inhalt:

Kurs 1. Weltgeschichte. (VIII, 144 S.) 883. * 90 Pf.

„ 2. Deutsche Geschichte. (122 S.) 882. * 60 Pf.

„ 3. Preußische Geschichte. (III, 156 S.) 883. * ℳ 1.

—— der Rechenfreund, oder: Aufstellung aller gebräuchl. Rechnungsarten zur Wiederholung und Befestigung derselben für Jung und Alt. 1. Aufl. 1865. und 2. Aufl. 8. (IV und 95 S.) Langensalza 868, Schulbuchh. von Greßler.

—— die natürliche Rechenmaschine. 8. (84 S.) Langensalza 874, Schulbuchh. von Greßler.

Fischer, F. L., Vorlegeblätter zum Zeichnen gerad- u. krummlin. Figuren, s. Elementarzeichner.

—— (31 lithogr.) Vorschriften Nr. 1. qu. 8. Zossen 854. (Berlin, G. Bethge.) *

Fischer, Ferd. Ludw., das Wissenswertheste aus der brandenburgisch-preußischen Geschichte für die Hand der Kinder in Volksschulen. 1.—8. verb. Aufl. 8. (48 S.) Langensalza 868—70, Schulbuchh. von Greßler.

—— das Wissenswertheste aus der deutschen Geschichte und der Weltgeschichte für die Hand der Kinder in Volksschulen. 1.—8. Aufl. 8. (64 S.) Langensalza 868—75, Schulbuchh. von Greßler.

— das Wissenswertheste aus der deutschen Geschichte u. der Weltgeschichte f. die Hand der Kinder in Volksschulen. 4. Aufl. 8. (64 S.) Ebend. 876. — 50

—— das Wissenswerteste aus der deutschen Geschichte und der Weltgeschichte, für die Hand der Kinder in Volksschulen. 5. Aufl. 8. (III, 64 S.) Ebendas. 882.

—— das Wissenswertheste aus der preußischen Geschichte für die Hand der Kinder in Volksschulen. 4. umgearb. Aufl. 1872. 30 Pf., und 5. Aufl. 8. (60 S.) Langensalza 874, Schulbuchh. von Greßler.

— dasselbe. 6. Aufl. 8. (60 S.) Ebend. 876. — 40

— das Wissenswerteste aus der preußischen Geschichte für die Hand der Kinder in Volksschulen. 7. Aufl. 8. (63 S.) Ebend. 882. — 40

—— das Wissenswertheste aus der deutschen Sprache und der Orthographie nebst einer Anleitung zur Anfertigung von Brief-Adressen, für die Hand der Kinder in Volksschulen. 1. Aufl. 1873, und 2. Aufl. 8. (64 S.) Langensalza 874, Schulbuchh. von Greßler.

—— kleine Zeichenschule für Kinder. 1. Heft. 1. und 2. Abthl. gr. 16. (25 Stnt.) Zossen 854. (Berlin, G. Bethge.) à Abthl. * 2 Ngr. *

Fischer, Fr. Beiträge zur Litteratur, Kritik und Erklärung des Marner. 16 S. Progr. Kölln. G. *Berlin* 1876.

v. Fischer, Fr. II., (Major,) die Infanterie nach neueren Ideen u. Vorschlägen, mit 1 Kpf. gr. 8. Berl. 819. Mittler. 1 ℛ 12 ℊ

— Verzeichniß der den sämmtl. concessionirten Materialisten im Königl. Preuß. Staate zum Verkauf gesetzlich gestatteten Materialwaaren. Nebst Angabe der bis jetzt ergang. darauf bezügl. u. noch geltenden gesetzl. Bestimmungen u. Vorschriften. gr. Fol. (Ronneburg 835. Weber.) 1/6 ℛ

Fischer jun Fr. I., Wegweiser für alle von gelehrten Schulen u. aus Privatunterricht zur Universität abgehenden Schüler. gr. 8. (Ronneburg 835. Weber.) 1/8 ℛ

— über de Wette, s. K. R. Hagenbach.

Fischer, Fr. Gottl., verba Romanor. conjuncta, od. der geschw:nden Lateiners 2r Thl. 8. Altenb. 740.

Fischer, Fr. Ldw., Abhandl: v. Begnadigungsrechte, besonders in Soldatenverbrechen. 8. Stuttg. 774. Metzler. 8 ℊ

FISCHER, Fr. Ludw.: Abhandl. vom Begnadigungsrechte, besonders in Soldatenverbrechen. *Stuttgart*, Metzler. 775. 8. (8 Gr.)

Fischer, Frank, die Lehnwörter des Altwestnordischen, s. a. Palaestra. 85.

Fischer, Frank: Die Lehnwörter des Altwestnordischen. T. 1. (Berlin: Mayer & Müller 1909.) XIV, 94 S. 8° ¶(Ersch. vollst. als: Palaestra. Bd 85.)
Berlin, Phil. Diss. v. 13. April 1909, Ref. Heusler
[Geb. 24. März 84 Mitau; Wohnort: Göttingen; Staatsangeh.: Preußen; Vorbildung: Kaiserin-Augusta-Gymn. Charlottenburg Reife M. 02; Studium: Berlin 9 S.; Rig. 20. Juli 08.] [U 09. 168

Fischer František: Prof. Karel Jakubec. †. (8). Königgrätz 95. Progr.

Fischer, Franz

Fischer, Franz *Hermann Gustav* [Dir.]: **Ausgewählte Abschnitte aus einer synthetischen Geometrie der Kegelschnitte.** Leipzig, Druck v. C. G. Naumann, *1893;* 1 Bl., 24 S. 4.
Leipzig, III. st. R, OP 1893 (568)

Fischer, Frz., die Ascensionsverhältnisse der Lehrer an den höhern Unterrichtsanstalten d. preußischen Staats, beleuchtet im Auftrage d. Vereins v. Lehrern höherer Unterrichtsanstalten der Prov. Preußen. gr. 8. (16 S.) Tilsit 873. Loesch. n. — 30

Fischer, Franz, Dr., aus Freiburg i. B.: **Beiträge zur Kenntnis des anodischen Verhaltens von Kupfer und Aluminium.** (Mit 6 Fig. im Text.) *Leipzig: W. Engelmann 1904.* (45 S.) 8° ¶(Aus: Zeitschrift f. physikal. Chemie, Bd 48, H. 2.)
Freiburg i. B., Phil. Hab.-Schr. v. 1904

Fischer, Franz: [Bericht über die Weihe der Fahne der Anstalt.] S. 4—8. 4. Progr. III. städt. Realschule *Leipzig* 1904 (665).

Fischer, Franz [Dir.]: *Beschreibung des Neubaues der Anstalt und Bericht über die Einweihungsfeierlichkeit.* Leipzig, Druck v. C. G. Naumann, *1896;* 4—6 S. 4.
Leipzig, III. st. R, OP 1896 (581)

Fischer, Frz., Fürst Bismarck u. die Handelskammern. gr. 8. (46 S.) Köln 882. Du Mont-Schauberg. — 90

Fischer, Frz., de patriarcharum constantinopolitanorum catalogis et de chronologia octo primorum patriarcharum. Accedunt eiusmodi catalogi duo adhuc non editi. gr. 8. (37 S.) Leipzig 884. (Jena, Dabis.) n. 1. —

Fischer, Frz. (III.), de patriarcharum constantinopolitanorum catalogis et de chronologia octo primorum patriarcharum. Accedunt eiusmodi catalogi duo adhuc non editi. Dissertatio philologica. gr. 8. (37 S.) Leipzig 884. (Jena, Deistung's Buchh.) *

Fischer, Franz, aus Freiburg i. B.: **Zur Elektrolyse der Schwefelsäure mit Bleianoden. Die Bildung von Bleidisulfat u. Doppelsalzen sowie deren Herstellung auf rein chemischem Weg.** *Giessen 1899: v. Münchow.* (68 S.) 8°
Giessen, Phil. Diss. v. 1899

Fischer, Frz., Erfahrungen bei e. Genickstarreepidemie, s. a. Sammlung klinischer Vorträge.

Erfahrungen bei einer Genickstarreepidemie. Von Dr. Franz **Fischer,** z. Zt. Berlin, früher Plettenberg. Leipzig: J. A. Barth 1910. 30 S. 8° [Umschlagt.]
(Sammlung klinischer Vorträge. N. F. Nr 588.) [10. 14176

— **Franz** (Fehrbellin), Einige Fälle von Exstirpation des Mastdarmcarcinoms. Diss. med.-chir. Bln. (G. Schade [O. Francke]) 12. VIII. 1882. 32 S. mit Biogr. (3.20) 8903
Oppon.: Düsterhoff, Braune, Vogelgesang. —
Gew.: Carl Fischer

Fischer, Frz., s.: Festgabe der Rechtsanwaltschaft des Kammergerichts f. Dr. Richard Wilke.

Fischer, Frz., Flora von Pforzheim oder Aufzählung der bei Pforzheim wachsenden Pflanzen mit Angabe der Standorte. Pforzheim 867. Riecker. 8. (IV, 83 S.) 7½ ngr.

Fischer, Franc., de privatis fluminibus. Dissertatio inauguralis. 8. (100 S.) Berlin 868, (Puttkammer und Mühlbrecht.) *

Fischer, Franz. Geschichte der göttlichen Offenbarung des alten Bundes für die unteren Klassen der Mittelschulen. Mit 1 Karte von Palästina. gr. 8. (180 S.) Wien, Mayer & Comp. 1870 1 fl.

Fischer, Frz., Geschichte der göttlichen Offenbarung des alten Bundes für Gymnasien und andere höhere Lehranstalten. 3. Aufl. gr. 8. (IV, 193 S. mit 2 lithogr. Karten.) Wien 877, Mayer und Comp. *

—— Geschichte der göttlichen Offenbarung des alten Bundes für Gymnasien und andere höhere Lehranstalten. 5. durchgeseh. Aufl. gr. 8. (III, 190 S. mit 2 lithogr. Karten.) Ebendas. 886. *

Fischer, Dr. F., Geschichte der göttlichen Offenbarung des alten Bundes für Gymnasien und andere höhere Lehranstalten. 6. Aufl. Wien 1890. Mayer & C. —.90. (Min.-Erl. 15. September 1889. Z. 18534.)

— Geschichte d. göttl. Offenbarung d. alten Bundes f. Gymnasien u. and. höh. Lehranst. 7., unveränd. Aufl. M. 2 lith. Karten. gr. 8. (189 S.) Ebd. 894. n. 1. 80; geb. n. 2. 20

Geschichte der göttlichen Offenbarung des alten Bundes für Gymnasien und andere höhere Lehranstalten. 8. Auflage. Wien 1898. Mayer und Comp. (Min.-Erl. v. 4. October 1897, Z. 24322.) Brosch. —.90, geb. 1.10

Fischer, Dr. Franz, Geschichte der göttlichen Offenbarung des alten Bundes für Gymnasien und andere höhere Lehranstalten. Wien 1902. Mayer & Comp. Preis, geheftet 1 K 88 h, gebunden 2 K 20 h.

Fischer Dr. Franz, Geschichte der göttlichen Offenbarung des Alten Bundes für Gymnasien und andere höhere Lehranstalten. Wien 1904. Mayer & Comp. Preis, geheftet 1 K 88 h, gebunden 2 K 20 h.

—— Geschichte der göttlichen Offenbarung des alten Bundes für die unteren Klassen der Mittelschulen. gr. 8. (IV, 180 S. mit 1 lithogr. Karte von Palästina in qu. Fol.) Wien 870, Mayer und Comp. *

—— Geschichte der göttlichen Offenbarung des neuen Bundes für Gymnasien und andere höhere Lehranstalten. Mit 2 lithogr. Karten (in qu. gr. 4.). 1. Aufl. (IV, 166 S.) 1871. * ℳ 2., und 2. verb. Aufl. gr. 8. (193 S.) Wien 873, Mayer und Comp. *

—— Geschichte der göttlichen Offenbarung des Neuen Bundes für Gymnasien und andere höhere Lehranstalten. 4. vielfach verb. Aufl. gr. 8. (IV, 171 S. mit 2 lithogr. Karten.) Ebendas. 881. *

—— Geschichte der göttlichen Offenbarung des Neuen Bundes für Gymnasien und andere höhere Lehranstalten. 5. und 6. durchgeseh. und zum Theil verb. Aufl. gr. 8. (VII, 171 S. mit 2 lithogr. Karten.) Ebendas. 885,88. *

—— Geschichte der göttlichen Offenbarung d. Neuen Bundes f. Gymnasien u. andere höhere Lehranstalten. 6. u. 7. unveränderte Aufl. gr. 8. (171 S. m. 2 Karten.) Wien 889,92, Mayer u. Comp. 6. Aufl. * 1 80; 7. Aufl. * 1 60

— Geschichte der göttlichen Offenbarung d. alten Bundes f. Gymnasien u. andere höhere Lehranstalten. 6. unveränd. Aufl. gr. 8. (III, 189 S. m. 2 Karten.) Ebd. 890. n. 1. 80

— Geschichte der göttlichen Offenbarung des Neuen Bundes für Gymnasien und andere höhere Lehranstalten. 8. Aufl. Mit 2 lithogr. Karten. Wien 1897. Mayer & Comp. —.80, geb. 1.—

Fischer, (Frz.) Handbuch d. dilatorischen Einwendungen im Civilprocesse. gr. 8. Wien 825, v. Mösle.

— Handbuch der Preuß. Militairgesetze, oder Wegweiser im Gebiete der Eintheilung, Rechte, Pflichten, Strafen u. sonstigen Verhältnisse d. Militairs, gr. 8. (Ronneburg 834. Weber.) 1/4 ℛ

— Kriegslisten oder außerordentliche Kriegsthaten, gesammelt aus d. Kriegen aller Zeiten. 8. Erfurt 839. (Otto.) n. 1/4 ℛ

Fischer, Frz. (I.). Die Kunst der Glasmasse-Verarbeitung. Genaue, übersichtliche Beschreibung der Herstellg. aller Glasgegenstände, ꝛc. 8. (VIII, 149 S. m. 277 Abbildgn.) Wien 892, Hartleben. * 4 —; geb. * 4 80

—— Lehrbuch d. österr. Handelsrechts, mit Ausschluß d. Wechsel- u. See-Rechts. gr. 8. (14 B.) Prag 828, Kronberger u. Weber.

Fischer, F., Lehrbuch des österreich. Handelsrechtes, mit vorzügl. Rücksicht auf die neuesten Kommerz- und Kameralgesetze bearb. von Jos. Ellinger. 3., verm. und verb. Aufl. gr. 8. (XVI und 189 S.) Wien 848, Braumüller.

Ellinger, Dr. Joseph. — F. Fischer's Lehrbuch des österreichischen Handelsrechtes mit besonderer Rücksicht auf die neuesten Kommerz- und Kameralgesetze bearbeitet von — —. 3. vermehrte und verbesserte Auflage. (Neuer Abdruck.) 8. XVI, 190 S.) Wien. Druck von J. P. Sollingers Witwe. Wilhelm Braumüller. 1854.

Fischer's, F., Lehrbuch des österreichischen Handelsrechtes mit besonderer Rücksicht auf die neuesten Kommerz- und Kameralgesetze bearb. von Jos. Ellinger. 3. verm. Aufl. (3. Abdr.) 856. (XVI, 189 S.) 22½ ngr — 3., verm. u. verb. Aufl. (Neuer Abdr.) Wien 858. Braumüller. gr. 8. (XVI, 237 S.) n. 20 ngr

—— Lehrbuch der Kirchengeschichte für Gymnasien und andere höhere Lehranstalten. gr. 8. (108 S.) Wien 874, Mayer und Comp. *

—— Lehrbuch der Kirchengeschichte für Gymnasien und andere höhere Lehranstalten. 2. und 3. Aufl. gr. 8. (IV, 126 S.) Ebendas. 876,79. *

— Lehrbuch der Kirchengeschichte f. Gymnasien u. andere höhere Lehranstalten. 4. Aufl. gr. 8. (III, 128 S.) Ebend. 884. n. 1. 20

—— Lehrbuch der Kirchengeschichte für Gymnasien und andere höhere Lehranstalten. 5. durchgeseh. Aufl. gr. 8. (III, 128 S.) Ebendas. 888. *

— Lehrbuch d. Kirchengeschichte f. Gymnasien u. and. höh. Lehranst. 6., durchgeseh., unveränd. Aufl. gr. 8. (III, 128 S.) Ebd. 894. n. 1. 20

Lehrbuch der Kirchengeschichte für Gymnasien und andere höhere Lehranstalten. 7. Auflage. Wien 1898. Mayer und Comp. (Min.-Erl. v. 4. October 1897, Z. 24322.) Brosch. —.60 Gebunden —.78

Fischer Dr. Franz, Lehrbuch der Kirchengeschichte für Gymnasien und andere höhere Lehranstalten Wien 1902. Mayer & Comp. Preis, geheftet 1 K 24 h, gebunden 1 K 56 h.

Fischer, Frz., Lehrb. d. Kirchengeschichte f. Gymnasien u. andere höhere Lehranstalten. 9. ergänzte Aufl. (132 S.) 8. Wien 908. Mayer & Co. Geb. nn 1. 30

—— Lehrbuch der katholischen Liturgik für Gymnasien und andere höhere Lehranstalten. 1.—3. Aufl. gr. 8. (IV, 151 S.) Wien 868—73, Mayer und Comp. *

—— Lehrbuch der katholischen Liturgik für Gymnasien und andere höhere Lehranstalten. 5. und 6. Aufl. gr. 8. (IV, 136 S.) Ebendas. 876,77. *

— Lehrbuch der katholischen Liturgik für Gymnasien u. andere höhere Lehranstalten. 7. Aufl. gr. 8. (IV, 136 S.) Ebend. 880. n. 1. 40

—— Lehrbuch der katholischen Liturgik für Gymnasien und andere höhere Lehranstalten. 7. Aufl. (IV, 136 S.) 1880; 8. theilweise umgearb. Aufl. gr. 8. (IV, 128 S. mit 2 lithogr. Abbild.) Ebendas. 884. *

—— Lehrbuch der katholischen Liturgik für Gymnasien und andere höhere Lehranstalten. 9. durchgeseh., mit der 8. gleichlaut. Aufl. gr. 8. (V, 128 S. mit 1 Abbild.) Ebendas. 887. *

—— Lehrbuch der katholischen Liturgik f. Gymnasien u. andere höhere Lehranstalten. 10. u. 11. Aufl. gr. 8. (III, 129 S. m. 1 Taf.) Ebd. 889,92. * 1 20

Fischer. Dr. Franz, Lehrbuch der katholischen Liturgik für Gymnasien und andere höhere Lehr anstalten. 11. Aufl. Wien 1893. Mayer & Comp.

— Lehrbuch der katholischen Liturgik für Gymnasien und andere höhere Lehranstalten. 12. Auflage. Wien 1896. Mayer & Comp. —.60, geb. —.78

Fischer, Frz., Lehrbuch der katholischen Liturgik f. Gymnasien u. andere höh. Lehranstalten. 13. unveränd., m. der 11. gleichlaut. Aufl. gr. 8. (III, 128 S. m. 1 Taf.) Wien 900. Mayer & Co. Geb. in Leinw. n.n. 1. 30

Fischer, Dr. Franz, Lehrbuch der katholischen Liturgik für Gymnasien und andere höhere Lehranstalten. Wien 1902. Preis, broschirt 1 K 24 h, gebunden 1 K 56 h.
(Min.-Erl. vom 15. Jänner 1902, Z. 35588 ex 1901.)

Fischer Dr. Franz, Lehrbuch der katholischen Liturgik für Gymnasien und andere höhere Lehranstalten. Wien 1904. Mayer & Comp. Preis, geheftet 1 K 24 h, gebunden 1 K 50 h.

— Lehrbuch d. kathol. Liturgik f. d. unteren Klassen d. Mittelschulen. Ebend. 868. gr. 8. (IV, 148 S.) n. 13½ ngr

— Franz, Lehrbuch der katholischen Religion für die unteren Klassen der Mittelschulen. 2. verbesserte Auflage. 1869. 8. (144 S.) Wien, Mayer & Comp. 50 kr.

—— Lehrbuch der katholischen Religion für höhere Lehranstalten. 8. verb. Aufl. gr. 8. (144 S.) Wien 872, Mayer und Comp. *

— Lehrb. der kathol. Religion f. höh. Lehranst. 4. Aufl. gr. 8. (134 S.) Ebd. (886). n. 1. —

Fischer, Frz., die Lehre v. d. Nichtigkeit d. Civilurtheile, ihren Ursachen u. gerichtl. Folgen. Nach d. Grundsätzen d. Oesterr. Rechts dargest. gr. 8. (21¼ B.) Prag 829, Kronberger u. Weber.

Fischer, Frz., die Lehre von der Nichtigkeit der Civilurtheile, ihren Ursachen u. gerichtl. Folgen. Nach den Grundsätzen des österr. Rechts dargest. Neue Ausg. gr. 8. (21¼ B.) Wien 843, Braumüller u. Seidel.

Fischer, Frz., die Lehre v. d. Streitsverkündigung überhaupt u. von d. Aufrufe eines Dritten zur gerichtl. Vertretung insbesond. N. d. Grundsätzen d. österr. Rechtes mit fortwährender Rücksicht auf d. röm. Recht u. auf frühere Landesgesetze dargestellt. gr. 8. Wien 832, [Braumüller u. Seidel.] 1 Thlr., hrbgs. Pr.

—— die Lehre von der Streitsverkündigung überh. u. von dem Aufrufe eines Dritten zur gerichtl. Vertretung insbesond. gr. 8. (10½ B.) Wien 843, Braumüller u. Seidel.

Lehrplan der siebenstufigen Bürgerschulen in Minden i. W. Unter Mitw. d. Lehrerkollegien d. Bürgerschulen I u. II aufgestellt von F[ranz] Fischer, Rektor. *Minden: J. C. C. Bruns 1900.* (VI, 116 S.) 8° [F.] (00. 0384

Fischer, F., Lehrplan f. siebenstufige Volks- u. Bürgerschul. Nebst: Stoffpläne f. d. siebenstuf. Bürgerschulen d. Stadt Minden i. W. (XLVIII, 96 S.) gr. 8. Minden 910. A. Hufeland. 2.25; Stoffpläne allein. (96 S.) 2. —

Fischer, Frz., s. Minnesänger, der, in Lust u. Leid.

Fischer, Frz., Naturrecht und natürliche Staatslehre. gr. 8. (XV und 348 S.) Gießen 848, Ferber'sche Universitäts-Buchh. *

Fischer, Franz: Zur Neuregelung des Nachdrucks- und Verlagsrechts im Zeitungswesen. Berlin 1900. (in
(in: Festgabe d. Rechtsanwaltschaft d. Kammergerichts f. Wilke.)

Fischer, Frz., zur Nomenclatur v. Lepidodendron u. zur Artkritik dieser Gattung, s.: Abhandlungen der königl. preuss. geolog. Landesanstalt. N. F. 39.

— Die Reformationsversuche d. Bischofs Frz. v. Waldeck im Fürstbist. Münster, s. a. Beiträge f. d. Geschichte Niedersachsens u. Westfalens. 6. Hft.

Fischer, Franz: Die Reformationsversuche des Bischofs Franz von Waldeck im Fürstbistum Münster. T. 1. Hildesheim 1906: A. Lax. (77 S.) 8° [F.] ¶(Erscheint vollst. als: „Beiträge für die Geschichte Niedersachsens und Westfalens“ H. 6 im gleichen Verlage.)
Münster, Phil. Fak., Ref. Erler, Diss. v. 27. Nov. 1906
[Geb. 14. Juni 82 Hildesheim; Wohnort: Münster i. W.; Staatsangeh.: Preußen; Vorbildung: Gymn. Hildesheim Reife O. 03; Studium: Halle 2, Münster 5 S.; Rig. 1. Juni 06.]

Die Reformationsversuche des Bischofs Franz von Waldeck im Fürstbistum Münster. Von Dr. Franz Fischer. Hildesheim: A. Lax 1907. (170 S.) 8° [F.]
— Beiträge f. d. Geschichte Niedersachsens u. Westfalens. Jg. 1, H. 6. (07. 1776

Fischer, Frz. (II.), katholische Religionslehre. Zum Gebrauche für die erste Klasse der Mittelschulen eingerichtet und bearb. gr. 8. (III und 166 S.) Wien 866, Mayer und Comp. * —

—— katholische Religionslehre. Lehrbuch für die unteren Klassen der Mittelschulen. 3.—5. Aufl. gr. 8. (III, 137 S.) Wien 869—72, Mayer und Comp. *

— katholische Religionslehre f. die unteren Klassen der Mittelschulen. 9. Aufl. gr. 8. (III, 131 S.) Ebend. 876. n. 1. —

—— katholische Religionslehre für höhere Lehranstalten. 11. mehrfach umgearb. und verb. Aufl. (IV, 121 S.) 1881; 12. durchgeseh. Aufl. gr. 8. (VI, 122 S.) Ebendas. 884. *

—— katholische Religionslehre für höhere Lehranstalten. 13.—15. durchgeseh. Aufl. gr. 8. (VI, 122 S.) Ebendas. 885—88. *

—— Katholische Religionslehre f. höhere Lehranstalten. 16.—18. durchgeseh. Aufl. gr. 8. (VI, 122 S.) Ebd. 889,91. 16. u. 17. Aufl. * 1 —; 18. Aufl. * — 80

Fischer, Dr. Franz, Katholische Religionslehre für höhere Lehranstalten. 18. Aufl. Wien 1892. Mayer und Comp. (Min.-Erl. 2. Sept. 1891. Z. 18876.) Broschirt —.40 (statt —.50 in der früheren Auflage).

— katholische Religionslehre f. höhere Lehranstalten. 19. unveränd., m. der 18. gleichlaut. Aufl. gr. 8. (VI, 122 S.) Ebd. 893. u. — 80

Katholische Religionslehre für höhere Lehranstalten. 20. Auflage. Wien 1894. Mayer und Comp. (Min.-Erl. v. 9. September 1893, Zahl 20223.) Broch. —.40

Fischer, Dr. Franz, Kathol. Religionslehre für höhere Lehranstalten. 21. Auflage. Wien 1895. Mayer & Comp. (Min.-Erl. v. 22. September 1894, Z. 21.856.) Geheftet —.40, gebunden —.56

— kathol. Religionslehre f. höh. Lehranst. 22., unveränd., m. d. 21. gleichlaut. Aufl. gr. 8. (122 S.) Ebd. 896. Geb. in Leinw. n. 1. 12

Fischer, Dr. Franz, Katholische Religionslehre für höhere Lehranstalten. 23. Aufl. Wien 1897. Mayer & Comp. Brosch. —.40, geb. —.56

Fischer, Dr. Franz, Katholische Religionslehre für höhere Lehranstalten. 24. Aufl. Wien 1898. Mayer und Comp. (Min.-Erl. v. 4. Oct. 1897, Z. 24322.) Brosch. —.40, geb. —.56

Fischer Dr. Franz, Katholische Religionslehre für höhere Lehranstalten. Wien 1904. Mayer & Comp. Preis, geheftet 80 h, gebunden 1 K 12 h.

Sterbecasse für Brüder Freimaurer vom Jahre 1800. Von Franz Fischer. [Hamburg 1898: Kümpel.] 2 Bl. 4⁰ [Kopftit.]
(Beil. z. Bk. 17 (1898) No 55.)
Abgedr. in: Bh. 40 (1897) S. 365—366; Bbl. 11 (1897) S. 616—620; FZ. 51 (1897) S. 354—356; HL. 30 (1897) S. 2587—2589; S. 4 (1897) S. 114—116; R. 24 (1897) S. 95—96; BrL. 15 (1897—1898) S. 37—39; ML. 26 (1897—1898) S. 58—60; HL. 42 (1908—1909) S. 80—84; FZ. 63 (1909) S. 132—134; H. 20 (1909) Nr 47.
Zweck, Entwicklung der Kasse u. Aufforderung zum Beitritt.

[Dasselbe.] [Separat Abdr. aus frmrischen Zeitungen.] o. O. u. J. 2 Bl. 4⁰ [Kopftit.]

Fischer, Frz., die chem. Uebertragbarkeit d. Metallpotentiale u. d. chem. Lösungsdruck d. Metalle. (87 S.) gr. 8. Freiburg i/B. 907. (Leipzig, M. Weg.) 1.—
Sonderabdr. aus „Ber. d. naturforsch. Gesellsch. z. Freiburg".

Fischer, Franz, approb. Arzt aus Laasphe: Die land- und forstwirtschaftlichen Unfälle im Kreise Wittgenstein von 1889/1899 und die hierfür gewährten Renten. *Marburg 1901: R. Friedrich.* (53 S.) 8°
Marburg, Med. Diss. v. 20. Aug. 1901

—— s. Untersuchungen, kritische, über Militärdienstversicherung.

Die Waffen nieder! [Unterz.:] Franz Fischer. [Bayreuth 1903: Mühl.] 6 S. 8⁰ [Kopftit.]
Aus: BayrBbl. 3 (1902—1903) S. 187—192.
Abgedr. in: Bh. 46 (1903) S. 121—123; BstF. 12 (1903) S. 61—68; Bbl. 17 (1903) S. 181—186; HL. 36 (1903) S. 3224—3227.
cf. BayrBbl. 3 (1902—1903) S. 237—241; BstF. 12 (1903) S. 73—74; BZC. 32 (1903) S. 101—103.
Betr. den Zwist im Grlogenbunde. 193.

Fischer, Frz., Wandlungen. — Freunde. 2 Geschichten. 8. (III, 77 S.) Dresden 901. E. Pierson. n. 1.50; geb. n. 2.50

Fischer, Frz. (II.), die Zeremonien der katholischen Kirche. 1. und 2., verb. und verm. Aufl. 12. (VII und 105 S.) Wien 864, Mayer und Comp.

Fischer, Frz. (II.), Ceremonien der katholischen Kirche. 4. verb. Aufl. gr. 8. (107 S.) Wien 872, Mayer und Comp. *

—— die Zeremonien der katholischen Kirche. Für Volks- und Bürgerschulen dargestellt. 7. Aufl. 8. (107 S.) Ebendas. 877. *

Fischer, Frz. (I.), die Ceremonien der katholischen Kirche. Für Volks- und Bürgerschulen dargestellt. 8. und 9. durchgeseh. Aufl. 1879,80 und 10. Aufl. gr. 8. (III, 106 S.) Wien 882, Mayer und Comp. *

Fischer, Frz., die Ceremonien der katholischen Kirche. Für Volks- und Bürgerschulen dargestellt. 11.—14. unveränd. Aufl. 8. (III, 108 S.) Wien 885—88, Mayer und Comp. *

Fischer, Frz. (II.). Die Ceremonien der kathol. Kirche. Für allgemeine Volks- u. Bürgerschulen dargestellt. 15.—18. Aufl. 8. (IV, 108 S.) Wien 889—92, Mayer u. Comp. cart. * — 70

Fischer, Frz., d. Ceremonien d. kathol. Kirche. Für allgem. Volks- u. Bürgerschulen dargest. 22., durchges., unveränd. Aufl. 8. (IV, 108 S.) Wien 896. Mayer & Co. Kart. n. — 68

Fischer, Dr. Franz, Die Zeremonien der katholischen Kirche. Für allgemeine Volks- und Bürgerschulen. 26., im Anschlusse an den neuen Katechismus verbesserte und ergänzte Auflage. Wien 1902. Mayer und Comp. Preis, gebunden 68 h.

Fischer, Frz., die anodische Zerstäubung des Kupfers, (23 S.) gr. 8. Freiburg i/B. (904). (Tübingen, J. C. B. Mohr.) 2.50
Sonderabdruck aus: „Berichte der naturforsch. Gesellsch. zu Freiburg i. B."

—— Biblischer Citatenschatz. Vollständ., lexikalisch geordn. Sammlg. von Citaten aus dem alten u. neuen Testament. 8. (IV, 162 S.) Lpz. 892, Malende. * 1 50; geb. * 2 —; m. Goldschn. * 2 25

[F.] Fischer, Franz [Dr.]: Über Ottos I. Zug in die Lombardei vom Jahre 951. Eisenberg, P. Kaltenbach, 1891; 22 S. 4°
Eisenberg, herz. Christians-G, OP 1891 (679)

Fischer, Franz Hermann Gustav, s. Fischer, Franz

Meer- und Binnengewässer in Wechselwirkung. Ein Beitrag z. subterranen Hydrographie d. Karstländer von Dr. Franz Josef Fischer aus Nürnberg. Mit 11 Textfig. *Wien: R. Lechner 1902.* (52 S.) 4°(8°
— Abhandlungen d. k. k. geograph. Gesellschaft in Wien. Bd 4, No 5.

Fischer, Frz. Jos., Schutz d. Katholiken in d. Fremde! Ein Mahnwort an d. Katholiken Österreichs. (30 S.) kl. 8. Wien 908. A. Opitz Nachf. — 20

Fischer, Franz Karl Theodor
Versuch ein einziges oberstes Denkgesetz im Sinne der Logik zu begründen.
MS. 24 S. 4⁰
Diss. phil. Giessen 28.3.1828. vorh. Univ.-Archiv.

Fischer, Frz. L., d. Erlangg. u. Erhaltg. d. Gesundheit auf d. Wege d. ration. Ernährg. E. Versuch, Licht in uns. verkehrte Ernährungsweise zu bringen u. d. Degeneration u. d. phys. Verfall d. Menschengeschlechts entgegenzuarbeiten. M. e. Vorwort v. E. E. Wirker. gr. 8. (26 S.) Zittau 897. (F. Klotz.) n. — 50

— sichere Rettung! Ein Wegweiser z. vollkomm. Heilg. aller männl u. weibl. Geschlechtsleiden durch naturgem. Behandlg., m. anatom.-physiolog. Erklärgn. üb. d. Geschlechtsorgane u. der. wicht. Funktionen, nebst Anh. üb. Krankengeschichten. 1.—5. Taus. gr. 8. (171 S.) Leipzig 897. (H. Hartung & Sohn.) n. 2.50

Arbeiterschicksale von F(ranz) L(ouis) Fischer, früherer Bergarbeiter. Berlin-Schöneberg: Hilfe 1906. (141 S.) 8° [F.]

Fischer, Franz Michael [pr. Arzt in Sinsheim a. Elsenz]: Über Gynatresie ... Würzburg, P. Scheiner's Buchdr., 1892; 62 S. 8.
Würzburg, Med. Fak., Inaug.-Diss. v. 1892

Fischer, Frz. Siegfr. Gli., (†...) geistl. Lieder u. Gesänge. 8. Hildesh. 757.

Fischer, Fr. Xav., das Küsteramt in der katholischen Kirche. Ein Handbuch für den kathol. Küster, worin dessen Beruf und Beschäftigung vollständig dargestellt ist. 12. (VII und 168 S.) Luxemburg 864, Bück. *

Fischer, Frz. Xav., Trauerrede auf d. Tod d. Reichsprälaten Wilhelm III. in Ursberg. Fol. Augsb. 790. M. Rieger. 2 ½

Fischer, Friederike, leichtfaßlicher Unterricht im Kleidermachen, bearb. f. Schulen u. zum Selbstunterricht. Mit 1 bildl. Erklärg. d. Maßnehmens u 71 in den Text gedr. Schnittmusterübersichten. gr. 4. (75 S.) Leipzig 893. Hoffmann & Ohnstein. Kart. n. 3. 60

Fischer, Friedr. (I.), Anleitung zur Berechnung d. Räder an Uhren. Mit e. Anh. üb. das Compensationspendel. gr. 12. (2½ B. u. 1 Stnt. qu. ½ gr. Fol.) Villingen 811, Förderer.

Fischer, Friedr. (II.), Anleitung 1) die Rechenkunst von d. gemeinen Numeration bis zur Decimalberechn., 2) Rechtschreib., u. 3) Geographie d. preuß. Staates, in d. kürzesten Zeit, u. ohne d. geringste Beihülfe gründl. selbst zu erlernen. Zum Gebr. f. Jedermann bearb. 8. (5¼ B.) Leipzig 836, [Melzer.]

— Anleitung 1) die Rechenkunst von der gemeinen Numeration bis zur Decimalberechnung; 2) Rechtschreibung, und 3) Geographie des Preuß. Staates, in der kürzesten Zeit u. ohne d. geringste Beihülfe gründlich selbst zu lernen. Zum Gebrauch f. Jedermann. 8. Leipzig 836. (Reimann.) jetzt Melzer. ⅜ ♯

Fischer, Fr. IV, (Lehrer,) prakt. Anleit. zur vortheilhaften Verfertigung u. Zusammenfügung künstl. Magnete, besonders der Hufeisen, geraden Stäbe, Compaß- u. andern Nadeln ꝛc., so wie die neueste Entdeckung, denselben die höchste Ausdehnungskraft zu ertheilen; f. Naturforscher, Aerzte, Seefahrer, Techniker ꝛc. Mit 2 lith. Tafeln (in 4.) 8. Heilbr. a. N. 833, (832). Glaß. 20 ½

Fischer, Frdr., Anleitungen für den Zeichen-Unterricht in der Volksschule. (6 Taf.) 40,5×51,5 cm. Coburg (904). (H. Bonsack). n. 1. 50

Fischer, Friedrich: Anregungen zur Kunstpflege am Gymnasium. Merseburg 1906: F. Stollberg. (32 S.) 8°
Merseburg, Dom-G OP 1906 (298)

— gründl. Anweisung, alle sächs. Maaße u. Gewichte nach Aussaatgehalt u. Gewichte geg. d. preuß. Maaß auf d. Stelle zu berechnen. Nebst 1 Ausmessungstab., 2., verm. Aufl. 4. (2 B.) Leipzig 839, Glück.

— vollständ. Archiv der f. d. Apotheker d. preuß. Staates hinsichtl. ihrer Rechte, Pflichten u. sonstigen gesetzl. Verhältnisse, mit Rücksicht auf die Droguisten u. Materialisten ergang. u. noch gült. gesetzl. Vorschriften u. Verordnn. Nach Allgem. Land-Recht — Gerichts-Ordn. — Gesetz-Samml. — Amtsblatt ꝛc. bearbeitet. gr. 8. (1 B.) Leipzig 836, [Fest'sche Vrlsb.]

Fischer jun., Fr. I., vollständ. Archiv der für die Apotheker des preuß. Staates hinsichtlich ihrer Rechte, Pflichten u sonstigen gesetzlichen Verhältnisse, mit Rücksicht auf die Droguisten und Materialisten ergangenen u. noch gültigen gesetzl. Vorschriften u. Verordnn. Nach Allg. Landrecht — Gerichts-Ordnung — Gesetz-Sammlung — Amtsblatt — Edicten-Samml. ꝛc. gr. 8. Leipzig 836. Wuttig. ⅓ ♯

— vollständ. Archiv der f. d. kgl. preuß. Medicinal-Personen hinsichtl. ihrer Qualifikation, Prüfungen, Pflichten, Wirkungen widerrechtl. Handlungen, Taxen, Liquidationen ꝛc. ergang. u. noch gült. gesetzl. Vorschriften u. Bestimmungen. gr. 8. (5¾ B.) Leipzig 836, [Fest'sche Vrlsb.]

— vollständ. Archiv der für die K. Preuß. Medicinal-Personen hinsichtlich ihrer Qualification, Prüfungen, Pflichten, Wirkungen, widerrechtlicher Handlungen, Taxen, Liquidationen ꝛc. ergangenen u. noch gültigen gesetzlichen Vorschriften u. Bestimmungen. gr. 8. Leipzig 836. Wuttig. ½ ♯

— Ausmessungs-Tabelle, od. gründl. Anleit., ohne alle fremde Beihülfe u. Instrumente d. Größe e. jeden Grundstücks v. ¼tel Quadrat-Ruthen bis zu 100 Morgen sofort richtig berechnet zu finden. Zum Gebr. f. jeden Grundbesitzer. 12. (½ B.) Leipzig 836, Glück.

Fischer jun., Friedr. (III.), Ausrechnungs-Tabellen üb. d. Betrag d. Werths, d. Ablösung u. d. Kosten beim Separationswesen d. Grundstücke, v. 1 Morgen bis zu 1 Ruthe, v. 1 Pfennig bis 1 Thlr. in Silbergeld. Zum Gebr. f. sämmtl. Kgl. Preuß. Stadt- u. Dorfkommunen. gr. 8. (2 B.) Leipzig 834, Lauffer.

Fischer, Friedr. (I.), über d. Begriff d. Philosophie, mit besond. Rücksicht auf seine Gestaltung im absoluten Idealismus. gr. 8. (8 B.) Tübingen 830, Osiander. Thlr.

Fischer, Friedr., Beiträge zur kriegstüchtigen Ausbildung der Batterien der k. k. Feld-Artillerie im Allgemeinen, mit besond. Berücksicht. der Feld-Uebungen und des Geschütz-Placirens. 8. (73 S. mit eingedr. Holzschn.) Wien 875, Seidel und Sohn. *

— zur Einleitung in d. Dogmatik d. Evangel-Protestant. Kirche, od. üb. Religion, Offenbar. u. Symbol, ein Beitr. zu endl. Beilegung d. Streits zwischen Rationalismus u. Supranaturalismus. gr. 8. (18 B.) Tübingen 828, Osiander.

Fischer, Fridericus: De elocutione Iustini. Halis Saxonum (1868): Vorhauer in Mühlhausen. 66 S. 8°
Halle-Wittenberg, Phil. Diss. v. 22. Apr. 1868
Geb. Langensalza 29. 5. 1844. V.

Fischer, Friedr. (III.), wahrscheinl. Entdeckung e. Polarisation d. chem. Affinität, in d. Versuchen d. Hrn. Prof. Schönbein üb. d. Verhalten d. Eisens zum Sauerstoff nachgewiesen u. d. Naturforschern zu weiterer Prüfung vorgelegt. gr. 8. (2½ B.) Basel 837, Neukirch.

(Fischer, Friedrich v., k. k. Oberst.) Die österreichische Feldzugs-Geschichte des Jahres 1866 und die Kritik der „Militärischen Blätter“. (Separat-Abdruck aus der „Oesterreichischen Militär-Zeitschrift“. Jahrgang 1869. 2. Bd.) 8. Wien 1869.

Fischer, Friedrich (*geb. Seeben in d. Altm. 18. 1. 1846*): Ueber die Folgen umfangreicher Verbrennungen. Breslau 1876. (30 S.) 8°
Breslau, Med. Diss. v. 28. Juli 1876

Fischer, Frdr., unser alter Fritz Dichtungen ernsten u. heiteren Inhalts aus d. Leben d. großen Königs. 2. Aufl. (XIII, 106 S.) 8. Gr.-Lichterfelde 910. B. W. Gebel. 1.—; geb. in Leinw. 1. 60

Fischer, Frdr., unser alter Fritz. Jetzt: Merseburg, Villanostra-Verlag.

Fischer, die Stadt Fürth in Bayern, s.a. Vogel.

Die Stadt Fürth in Bayern, ihre Geschichte, ihre geogr. u. geol. Verhältnisse, ihr Handel u. ihre Industrie, ihre öffentl. Einrichtungen, ihre öffentl. u. priv. Bauten, bearb. von Gymn.Rektor Dr. [Friedrich] Vogel, Reallehrer Dr. (Franz Jos.) Fischer, Rechtsanw. [Siegfried] Wertheimer, Stadtbaurat [Otto] Holzer. Mit neuestem Stadtpl. Straßenverzeichnis u. e. Mappe mit Fürther Ansichten. [Text. Mappe.] Fürth i. Bayern: A. Schmittner (1908). 1 Bd 8°, 1 Bd 2° [c8. 1904]

— Gedichte. (XIV, 307 S. m. Bildnis.) 8. Dresden 908. E. Pierson. 3.—; geb. n 4.—

— allgemein nützl. u. nöthiges Handbuch für Jedermann im Preuß. Staate, oder kurze u. gründl. Anweisung zur geograph. Uebersicht d. Preuß. Monarchie; zur Erlernung sämmtl. Rechnungsarten u. Formen; über Beschreib. der vorzügl. Merkwürdigkeiten mehrerer Länder, Städte ꝛc.; über das Verhältniß des Preuß. Maaßes, Gewichtes u. Meilen; über Rechtschreibung oder Belehrung über den Gebrauch der großen und kleinen Buchstaben; über Reduction; über gesetzl. Bestimmungen im bürgerl. Leben u. über die gerichtl. Abfassung aller gerichtl. u. bürgerl. Verträge ꝛc., Berechnungstabellen u. Meilenzeiger ꝛc. 2e Aufl. Mit 1 Steindr. 8. Leipzig 823. Reimann; jetzt Melzer. u. d. Pr. nur ⅔ ♯

—— allgem. nützl. u. nöthiges Handbuch f. Jedermann im Preuß. Staate, od. kurze u. gründl. Anweis. z. geograph. Uebersicht d. Preuß. Monarchie; zur Erlern. sämmtl. Rechnungsarten u. Formen; üb. Beschreib. d. vorzügl. Merkwürdigkeiten mehr. Länder, Städte ꝛc.; üb. d. Verhältniß d. Preuß. Maaßes, Gewichtes u. Meilen; üb. Rechtschreib. od. Belehr. üb. d. Gebr. d. großen u. kleinen Buchstaben; üb. Reduction; üb. gesetzl. Bestimmungen im bürgerl. Leben, u. üb. d. Abfassung aller gerichtl. u. bürgerl. Verträge ꝛc., Berechnungstabn. u. Meilenzeiger ꝛc. 2. Aufl. 8. (16½ B. u. 1 Stndr. in 4.) Leipzig 833, [Franke.]

Fischer, Fr., Die Basler Hexenprozesse in dem 16. u. 17. Jahrhundert. Basel 1840. 4°. (1 Mk. Gust. Pietzsch, Dresden, 1909.)

—— die basler Hexenprozesse in d. 16. u. 17. Jahrh. Einladungsschrift. gr. 4. (3 B.) Basel 841, Schweighauser'sche Bh.

Fischer, F(riedr.), Johannes Heynlin genannt à Lapide. Academischer Vortrag. gr. 8. (25 S.) Basel 851, Schweighauser'sche Buchh.

Fischer, Friedr., von. Beat Ferd. v. Jenner. Standes-Seckelmeister der Stadt und Republik Bern. Nach seinem Tageb. geschildert. In 8°, 243 S. Bern, Wyss. 1883. 5 —

Fischer, Friedrich: Der Danziger Kirchenbau des 15. und 16. Jahrhunderts. 1910. 38 S. 8° ¶ Auch bei Kafemann in Danzig. Danzig, Dr.-Ing.-Diss. v. 18. 1. 1910

Den Konsumenten. Fr[iedrich] Fischer, Besitzer des Pomologischen Instituts Schönborn bei Eutin. [Prospekt.] (Eutin. 1906.) 8°

Fischer, Friedr. „Die Kontokorrentzinsberechnung und deren arithmetische Begründung an Beispielen erläutert". pg. 3—34. 8°. F. Kutzenberger. Kitzingen, Progr. 1883/84

Fischer, Frdr., Krankheiten d. Lymphgefässe, Lymphdrüsen u. Blutgefässe. s. a. Chirurgie, deutsche. 24a.

Krankheiten der Lymphgefässe, Lymphdrüsen und Blutgefässe. Von Dr. Friedrich Fischer, Prof., Strassburg. Mit 12 Abb. *Stuttgart: F. Enke 1901.* (XL, 284 S.) 8°
— Chirurgie, Deutsche. Lfg 24a. [oo. 8871

Fischer, Oberstlieutn. Friedr. v., der Krieg in Schleswig und Jütland im J. 1864. Nach authent. Quellen bearb. im k. k. Generalstabs-Bureau für Kriegs-Geschichte. gr. 8. (391 S. mit 4 lithogr. Karten und Plänen in Fol., gr. und qu. Fol.) Wien 870, (Seidel und Sohn.) *

Fischer, Friedr. (II.), Kriegs-Listen od. außerordentl. Kriegsthaten, gesammelt aus d. Kriegen aller Zeiten. 8. (5 B.) Erfurt 839, (Otto.) Thlr. *

— Leben u. Lieben. (1. Bd.) (91 S.) 8. Hamburg 907. J. Kriebel. 1.—; kart. 1.25

—— Lehrbuch d. Logik f. academ. Vorlesn. u. Gymnasialvorträge. 8. (14¼ B.) Stuttgart 838, Metzler'sche Buchh.

—— Lehrbuch d. Psychologie f. akadem. Vorlesn. u. Gymnasialvorträge. gr. 8. (12 B.) Basel 838, Schweighauser'sche Bh.

Fischer, Friedrich, Dr., Gymnasialassist.: **Über technische Metaphern im Griechischen mit besonderer Berücksichtigung des Seewesens und der Baukunst.** *Straubing 1900: C. Attenkofer.* (64 S.) 8° ¶ [— Phil. Diss. Erlangen 1899.]
Straubing, k. humanist. G, P 1900*

Fischer, Frdr., über technische Metaphern im Griechischen m. besond. Berücksicht. des Seewesens u. der Baukunst. Progr. gr. 8. (64 S.) Straubing 900. (M. Hirmer.) n. 2.—

—— die Metaphysik, von empirischem Standpunkte aus dargestellt. Zur Verwirklichung der Aristotelischen Metaphysik. gr. 8. (VIII und 152 S.) Basel 847, Schweighauser'sche Buchh.

—— specifisches Mittel wider den Bandwurm. Anerkannt v. kgl. preuß. Ober-Colleg. Medico et Sanitatis. 16. (¼ B.) Leipzig 836, Glück.

—— specif. Mittel wider die Hundswuth. Anerkannt v. kgl. preuß. Ober-Colleg. Medico et Sanitatis. 16. (¼ B.) Leipzig 836, Glück.

— üb. die besonders gedeihliche Nährkraft der Kartoffelbranntweinschlempe als Viehfutter u. einer davon abgeleiteten besondern Fütterungsart der Kartoffeln ꝛc. Als Vortrag gehalten im landwirthschaftlichen Vereine zu Colditz. 8. (VI u. 38 S.) Leipzig 848, Klinkhardt in Comm. n. ⅓ ß

—— von d. Natur u. d. Leben d. Körperwelt, od. philosoph. Physik. gr. 8. (18¾ B.) Tübingen 832, Osiander.

—— die Naturlehre d. Seele, für Gebildete dargest. (in 4 Hftn.) gr. 8. (41½ B.) Basel (834), 35, Schweighauser.

— — (Mutscha/Misnic), De erronea doctorum opinione per locationem ad longum tempus factam utile transferri dominium. Disput. jur. Präs. Abraham Kaestner. Lpz. (Langenheim) 15. III. 1747. 16 S. (4.50) 8906

—— der jurist. Rathgeber bei Adjudikationen, Adoptionen ꝛc. zum höchst nöthigen Gebr. f. Beamte, den Bürger u. Landmann in d. kgl. preuß. Staaten. N. d. besten u. sichersten Quellen bearb. 8. (6 B.) Düben 835. (Leipzig, Glück.)

— der jurist. Rathgeber bei Adjudikationen, Adoptionen ꝛc. zum höchst nöthigen Gebrauch für Beamte, den Bürger und Landmann in den Königl. Preuß. Staaten. Nach den besten u. sichersten Quellen bearb. 8. Düben 836. (Leipzig, Glück.) ⅓ ß bei Weber in Ronneburg. ½ ß

—— der geschwinde Rechenmeister f. Jedermann. 8. (11 B. u. 3 Tab. in qu. gr. Fol.) Düben 831. (Leipzig, Franke.)

Fischer, F. I., der geschwinde Rechenmeister für Jedermann. 8. Düben 831. Verf. (Glück in Leipz.) 1 ß 12 gr

Fischer, Friedr. v., Rückblicke auf die Helden-Laufbahn weil. Sr. kaiserl. Hoh. des Erzherzogs Karl von Oesterreich, am Tage der Enthüllung höchstdessen Monuments zu Wien am 22. Mai 1860. gr. Lex.-8. (35 S.) Wien 860, (Gerold's Sohn.) * *
Aus: Oesterreichische militärische Zeitschrift, besonders abgedruckt.

Fischer, Friedrich, Referendar: **Die Rücknahme einer Willenserklärung nach § 812 BGB., verglichen mit der Anfechtung einer Willenserklärung wegen Irrtums.** Borna-Leipzig 1910: Noske. VIII, 45 S. 8°
Breslau, Jur. Diss. v. 14. März 1910, Ref. Leonhard, Schott
[Geb. 1. Juli 88 Kattowitz; Wohnort: Namslau; Staatsangeh.: Preußen; Vorbildung: Gymn. Kattowitz Reife O. 06; Studium: Genf 1, Berlin 1, Heidelberg 1, Berlin 1, Breslau 2 S.; Rig. 5. Nov. 09.] [U 10. 483

Fischer, Fridericus, Berolinensis: **Senatus Romanus, qui fuerit Augusti temporibus.** (Berolinensis [!]: Mayer & Mueller 1908.) (125 S.) 8°
Berlin, Phil. Fak., Ref. Hirschfeld, Diss. v. 14. März 1908
[Geb. 11. Nov. 84 Berlin; Wohnort: Berlin; Staatsangeh.: Preußen; Vorbildung: Königstädt. Gymn. Berlin Reife M. 04; Studium: Berlin 6 S.; Rig. 13. Febr. 08.]

—— über d. Sitz d. Seele. gr. 8. (2½ B.) Leipzig 833, Weidmann.

— der Somnambulismus. 1r u. 2r Bd.: Das Schlafwandeln u. die Vision. — Der thierische Magnetismus. gr. 12. Basel 839. Schweighauser'sche Buchh. 2 5/12 ß — 3r Bd. Das Hellsehen u. die Besessenheit. gr. 12. Ebd. 839. 1⅓ ß

—— über d. gegenwärt. Stand d. Naturrechts, nebst Winken zu seiner Weiterbildung. gr. 8. (1¾ B.) Basel 837, Neukirch.

— Friedrich (Stoermthal / Misn.), De perverso apostolos imitandi studio. Diss. theol. Präs. Johann Schmid. Lpz. (Imm. Titius) 17. XII. 1720. 34 S. (5.—) 8905
Gewidm.: Staz Hilmor v. Fullen (Stoermthal, Marcklebergk).

Fischer, Friedrich [cand. med. aus Camen (Westf.)]: (Aus der chirurg. Klinik zu Bonn.) Ueber die Tracheotomie und die prophylaktischen Operations-Methoden bei Operationen in der Mund-, Rachen- und Schlundhöhle .... Camen, Buchdr. v. W. Felting, 1887; 20 S. + 1 Bl. 8°.
Bonn, Med. Fak., Inaug.-Diss. v. 18. Febr. 1887.

Fischer, Friedrich, über die Tracheotomie und die prophylaktischen Operation-Methoden bei Operationen in der Mund-, Rachen- und Schlundhöhle. Diss. Bonn 1887, Emil Strauss. 8°. 20 S.

Fischer, Friedr. Versuch einer vergleichenden Synonymik des Italienischen, Spanischen, Portugiesischen und Französischen. 2. Abt. 24, 24 SS. Progr. Guer. *Magdeburg* 1881. 1882.

—— **Vorlesungen über Einfachheit und Sicherheit in der Kriegführung. Gehalten im Militär-Casino zu Wien. gr. 8. (99 S.) Wien 870, (Gerold's Sohn.)** *
Aus: Streffleur's österr. militär. Zeitschrift, besonders abgedruckt.

Fischer, Friedrich August

— — **(Wittenberg), De libero principis in legum promulgatione arbitrio. Präs. August v. Leyser (Nudersdorff) Jan. 1751. 23 S., meist deutsch. (4.50)** 8908

— — **De dominio propter residuum pretium in fundorum venditione reservato. Wittbg. (C. Ch. Dürr) 1778. 12 S. (3.—)** 8911
Mit Biogr. v. Carl Ferdinand Schmid (Eisleben; M.: Ch. Fr. Wappenhensch).

— — Lectori benev. salutem. Wittbg. (A. Ch. Charisius) 1783. 16 S. mit Biogr. v. Carl Gustav Oberkampf. (Dabrun; M.: Ch. H. v. Bardeleben.) (3.—) 8915

— **Friedrich August** (Dresden), Ottonem I. Imperium Romanum cum regno Germanico non conjunxisse monstratur. Diss. jur. Präs. Gottlieb Sturm. Wittbg. (Schlomach) 5. IV. 1732. 30 S. mit Widm. v. Präs. (5.—) 8907

— — **Orationem a Christian Samuel Ruger (Annaburg) convictus Wolframsdorfflani caussa. Wittenbg. (C. Ch. Dürr) 1783. 4 Bl. (—.80)** 8913
Racematio in Tacito XVII.

— — Orationem a Gottlob August Hauschild (Naumburg) convictus Mareschalliani caussa. Wittbg. (C. Ch. Dürr). 1783. 4 Bl. (—.—) 8914
Racematio in Tacito XVIII.

— — **Retractum consanguinitatis in heredes extraneos ne per litis quidem contestationem transmitti. Wittbg. (Gerdes) Sept. 1764. 23 Seiten. (3.20)** 8910

— — **Contin. et absolv. dissertatio de usu Pentateuchi Samaritani ad judicandam et emendandam Pentateuchi Hebraici receptam lectionem. Wittbg. (C. Ch. Dürr) 29. IX. 1783. 18 S. (2.—)** 8912

— — De veritate per clericum eruenda. Diss. jur. Wittbg. (Schlomach) Nov. 1758. 24 S. (4.50) 8909

Fischer, Friedrich Christoph Jonathan

(Fischer, F. Cp. Jth.): Abh. v. d. herzogl. Baier. u. Pfalzgräfl. rhein. Kurrechte. *Frankfurt.* (*München*), Lentner. (778.) 779. 4. (6 Gr.)

— Abhandl. v. dem Baierischen u. Pfälzischen Kurrechte. 4. Frkf. 779. (Münch., Fleischmann). (Göthe in Leipz.) 6 gr.

— — **Abhandlung über die Baierische Kurwürde und die damit verknüpfte Untrennbarkeit der Pfalzbaierischen Erbländer. Berlin (George Jacob Decker) 1785. 29 S. (4.80)** 8917

— **Abhandl. über die baierische Kurwürde u. die damit verknüpfte Untrennbarkeit der Pfalzbaier. Erbländer. gr. 8. Berl. 785. Rottmann. 4 gr.**

— kurzer Begriff d. Cameralrechts. 8. Halle 796. Renger. 18 gr.

— **Collectio noviss. scriptorum et monumentor. rerum germanicarum. II Ptes. 4. Halle 781 u. 82. Gebauer. 2 rthl. 8 gr.**

— Entwurf einer Geschichte des deutschen Rechts. 8. Leipz. 781. Schwickert. 7 gr.

— s. a. Erbfolgegeschichte v. Baiern.

— Erbfolgsgeschichte d. Herzogthums Bayern ꝛc. 2 Thle. in 5 Abtheil. gr. 8. Frankf. u. Leipz. Metzler u. Schwickert. 778–80.

Fischer, Fr. Cph. Jonath., Erbfolgsgeschichte der Seitenverwandten in Deutschland. gr. 8. Leipz. 782. Schwickert. 1 rthl.

— — **De prima expeditione Attilae regis Hunnorum in Gallias ac de rebus gestis Waltharii Aquitanorum principis carminis epici saeculi VI; continuatio in manuscripto membranaceo .. Lpz. (Engelh. Benjam. Schwickert) 1792. 32 S. (1.50)** 8918

— **Friedrich Christoph Jonathan (Halle), Gedanken von dem weiblichen Erbfolgsrechte in theilbaren Lehnen. Halle (Waisenhaus) 1780. 28 Seiten. (4.—)** 8916

FISCHER, D. Friederich Christoph Jonathan („ordentl. Lehrer des Staats- u. Lehenrechts zu Halle, geb. 12. Febr. 1750, † 30. Sept. 1797), Ueber die Geschichte des Despotismus in Teutschland. Mit (29) Urkunden (von 1177 bis 1619). Mit allegor. Titelvign. (Liebe fec.). Halle, im Verlag des Waisenhauses, 1780. Gr. 8°.
Titel, 166 S. Text und 296 S. Urkunden.

— s. Gesch. d. Strauding. Erbfolge.

— Geschichte Friedrichs II., Königs von Preußen. 2 Bde. gr. 8. Halle 787. Anton. 2 rthl. 12 gr.

— Geschichte Friedrichs des II. Königs von Preußen. 2 Bde. gr. 8. Halle, Franke. (Görlitz, Anton). 787.

— Geschichte des deutschen Handels u. d. Schiffahrt, Erfindungen, Künste ꝛc. 4 Thle. gr. 8. Hannov. 785—92. (1r u. 2r Thl., 2e Aufl. 794—97.) Helwing. 8 rthl. 18 gr.

— s. Geschichte Würtembergs.

— Lehrbegriff sämmtl. Cameral- u. Polizeirechte von Deutschland. 3 Thle. gr. 8. Frankf. a. d. O. 784—86. (Sander in Berl.; auch Dyck in Leipz.) 5 rthl. 4 gr.

Fischer, F. C. J., Lehrbegriff sämmtlicher Cammeral- und Polizeyrechte, sowohl für Deutschland überhaupt, als insbesondere für die Preuß. Staaten. 3 Theile. gr. 8. Hat jezt Flittner in Frankfurt a. d. O. und Dykische Buchhdl. in Leipzig.

— Lehrbegriff u. Umfang der deutschen Staatswissenschaften. gr. 8. Halle 783. (Hahn in Hannov.) 4 gr.

— **Literatur des germanischen Rechts. 8. Leipz. 782. Schwickert. 16 gr.**

Fischer, F. Ch. It., quid de officiis et amore erga inimicos. 8. maj. Halae, Franke. 789. Ꝛthlr.

Fischer, Frdr. Chrph. Jo., über die Probenächte der deutschen Bauernmädchen, s.a. Bibliothek litterarischer u. culturhistor. Seltenheiten. Nr. 3a.

Fischer, F. Ch. J., über die Probenächte der deutschen Bauermädchen, s.a. Raritäten, antiquarische.

§ * — — Über die Probenächte der deutschen Bauernmädchen. Mit etwas freier Titelvign. (Faun, eine Nymphe umarmend.) Berlin und Leipzig, G. J. Decker, 1780. 8⁰. (25 Mk. E. Frensdorff, 1905; 90 Mk. Adolff Weigel, 1907; 120 Kr. Auction Treu, Wien.)
5 Bll. u. 116 S.

— — Dasselbe. Mit (etwas veränderter) Titelvign. Berlin, bei George Jakob Decker, 1780. 8⁰. 116 S. (60 Kr. Halm & Goldmann, Wien, 1907.)
— — Dasselbe, abgedr. in Scheible's Schaltjahr II, 681—693; III, 116—123, 266—272, 438—445.
— — Dasselbe. Wortgetreu nach der Ausg. von 1780. Stuttgart, Scheible, 1853. 12⁰. 112 S. (48 xr.) (1 Mk. Gust. Klötzsch, Lpz., 1885.)
— — Dasselbe. Leipzig, Literatur-Bureau. O. J. (1872). 8⁰. (2 Kr. Halm & Goldmann.)
— — Dasselbe. Ebd., Verlag des Literaturvereines.
Verboten vom L.-G. Prag, 21. November 1880. § 516.
— — Dasselbe. Zürich, o. J. (c. 1885?). 12⁰. (1 Mk. 20 Pfg. Paul Lehmann, Berlin; 6 Mk. A. Bielefeld, 1892.)
— — Dasselbe. (Neudruck auf Büttenpap.) Leipzig, Adolf Weigel, 1898. 8⁰. (Mk. 1,50; eleg. Liebhaberbd., Hmaroqu., ob. Schnitt vergold., Mk. 3—.)

— üb. die Probenächte der deutschen Bauermädchen. 8. Berl. 780. Rottmann. 10 gl

Fischer, Frdr. Chph Jonathan, Über die Probenächte der deutschen Bauermädchen. Berlin 1780. 8. . . . . (D.)
—, — Nach der Ausg. von 1780. Stuttgart 1853. 8. . . . . (D.)
—, — Wortgetreu nach der Ausgabe von 1780. (Neue Ausgabe.) Leipzig 1890. 8.

Fischer, Friedr. Christ. J. Ueber die Probenächte der deutschen Bauernmädchen. Wortgetreu nach der Ausgabe v. 1780. (Neue Ausg.) 16. (80 S.) Lpz. 890, W. Rabestock. 1 20

Fischer, F(riedrich) Chr(istoph) J(o[nathan]). Ueber die Probenächte der deutschen Bauernmädchen. Wortgetreuer Abdruck der Original-Ausgabe. Berlin und Leipzig 1780. VIII + 68 S. 8. Leipzig, Adolf Weigel, 1901 (*Umschlag:* 1902). (M. 1. 50)
Bibliothek litterarischer und culturhistorischer Seltenheiten. No. 3ª.

— s. Samml. (baier. Gesetze) d. Freiheitsbriefe.

— kleine Schriften aus der Geschichte, der Staats- u. Lehnrechte. 2 Bde. 8. Halle 780. Waisenhaus B. 2 rß

Fischer, Fr. Chr. Jonathan: „Kleine Schriften aus der Geschichte, dem Staats- und Lehensrechte", mit Urkunden, 2 Bände. Halle 1781. — Vorh.: German. Nat. Mus. Nürnberg.

— — Sitten und Gebräuche der Europäer im 5. u. 6. Jahrhundert. Frankfurt a. O. 1784. 8⁰. (In Posen: Bibl. d. histor. Gesellsch.) Selten!

— Sitten u. Gebräuche der Europäer im 5n u. 6n Jahrh. gr. 8. Frankf. a. d. O. 784. (Sander in Berl.) 16 gl

— Sitten und Gebräuche der Europäer im 5ten und 6ten Jahrhundert. gr. 8. Ist jetzt Verlag von Flittner in Frankfurt a. d. O. 784.

— Sitten u. Gebräuche der Europäer im 5n u. 6n Jahrhundert. gr. 8. Frankf. Acad Buchhandl. 785.

— die Untrennbarkeit u. Unveräußerlichkeit der Pfalzbaier. Erbländer ꝛc. erwiesen. gr. 8. Berl. 786. Rottmann. 12 gl Duff. gr. 8. (München, J. Lindauer). 9 gl

Fischer, D. Frdr. Chp. Jonath. (Prof. d. Staats- u. Lehenrechts zu Halle geb. 1750, † 1797), die *Untrennbarkeit u. Unveräusserlichkeit der pfalzbaier. Erbländer*, sowol (!) aus ihrer Stamms- u. Chureigenschaft, als aus den Haus- und Reichsgesezen (!) erwiesen. Nachdruck der Berlinerauflage (sic), bey George Jakob Decker. 1786. 4⁰. 66 S. Cart.

— das Erbschaftliche Versendungsrecht ohne Besitzergreifung aus dem Privatrecht ꝛc. beleuchtet u. erwiesen. 8. Regensb. 786. Montag u. W. 10 gl

— Versuch e. Geschichte der deutschen Erbfolge. 2 Bde. 8. Mannh. 778. Schwan u. G. 1 rß 12 gl

Fischer, Friedr. Ferd., der Bierbrau-Proceß in seinen aufeinanderfolgenden Stadien, entwickelt durch eine populär vorgetragene Theorie der chem. Grundsätze, auf welche bei dem gewöhnl. Brauverfahren sich die Herstellung eines jeden Bieres begründet. Ein Versuch dem empirisch pract. Brauer das Wie und Warum ꝛc. aller, beim Bierbrauen vorkommenden Verrichtungen theoretisch aufzuklären. 8. (VIII und 120 S.) Weimar 851(52,) Voigt. Thlr.

Fischer, Friedr. Ferd., der Bierbrau-Proceß in seinen aufeinanderfolgenden Stadien, entwickelt durch eine populär vorgetragene Theorie der chem. Grundsätze, auf welche bei dem gewöhnl. Brauverfahren sich die Herstellung eines jeden Bieres begründet. Ein Versuch dem empirisch pract. Brauer das Wie und Warum, die Ursachen und Wirkungen aller bei'm Bierbrauen vorkommenden Verrichtungen theoretisch aufzuklären. 2., verm. Aufl., nach dem Tode des Verf. hrsg. von Chr. Heinr. Schmidt. 8. (VIII und 172 S.) Weimar 858, Voigt.

Fischer, Friedr. Ferd., Braunkohle u. Stechtorf als Düngungsmittel, nach ihrer Natur, Anwend. u. Wirksamkeit f. Landwirthe u. städt. Feldbesitzer wissenschaftl. u. pract. dargestellt. 8. (2¾ B.) Grimma 840, Verlags-Comptoir.

Fischer, Fr. F., Gründe u. Anleitung, Braunkohle als e. direktes od. wahrhaft nährendes Düngungsmittel verwenden zu können. Für jedweden Landwirthschaftsbesitzer verständlich u. allgem. ausführbar dargest. gr. 8. (1½ B.) Frohburg 829. (Altenburg, Schnuphase.)

— über die Kalkdüngung, od. soll man gebrannten od. ungebrannten Kalk zur Befruchtung d. Felder anwenden? gr. 12. (1 B.) Grimma 841, Verlags-Comptoir. *

Fischer, Friedr. Ferd., über die besonders gedeihliche Nährkraft der Kartoffelbranntweinschlempe als Viehfutter und einer davon abgeleiteten besondern Fütterungsart der Kartoffeln ꝛc. Als Vortrag gehalten im landwirthschaftl. Vereine zu Colditz. 8. (VI und 38 S.) Leipzig 848, (Klinkhardt.) *

Természettan tekintettel a vegytanra az alsó reálés népiskolai, valamint öntanulási használatra. Magyar-német kiadás. Számos fametszvényckkel. Magyarítá Schirkhuber Móricz.—Naturlehre mit Berücksichtigung der Chemie für die unteren Real und Volksschulen, so wie zur Selbstbelehrung. Deutsch-Ungarische Ausgabe. Pest, 1853. 8vo. Ill.

Fischer, Friedr. Ferd., höchste Verwerthung der Kartoffeln, bestehend in ein. Brau-Verfahren, aus d. Kartoffeln ein gesund., kräftig., wohlschmeckendes Bier darstellen zu können u. in ein. rein rationellen Einmaisch-Verfahren der Kartoffeln, um stets den größtmöglichen Spiritus-Ertrag, welchen solche zu liefern fähig sind, zu erlangen. 8. (7⅓ B. u. 1 Kpfrt.) Leipzig 842, Baumgärtners Buchh.

Fischer, Friedrich Franz Karl

Fischer, Frdr. Frz. Carl, de deo Aeschyleo. Diss. gr. 8. (IV, 155 S.) Amsterdam 892. J. A. Wormser. n. 3. 50

— Fried. Hartmann (Durlach/Baden), De extraordinaria citatione. Präs. Jo. Philipp Slevogt. Jena (Nis/Heinr. Beyer) Jan. 1704. 54 S. (5.50) 8919
Widm. v.: Präs., Georg Wilhelm Beyer, Philipp Wilhelm Erlbeck (Sinningen), Christian Hartm. v. Güllich, Fried. Heinr. v. Güllich (Spir.)

Fischer, Friedrich Heinrich Theodor, s. Fischer, Heinrich

Fischer, Friedr. Herm. Theod. Die Rectionslehre bei Cäsar. 51 S.
Halle, Lat. Hptsch., Progr. 1853

Fischer, F. H. Th. Die Rectionslehre bei Cäsar. Forts. 42 S.
Halle, Lat. Hptsch., Progr. 1854

Fischer, Friedrich Karl Sigismund, s. Fischer, Karl

Fischer, Friedrich Ludwig

Fischer, Fr. Ldw., s.a. Ganymed.

– G a n y m e d

— —, D e r n e u e, eine komische Erzählung (von *Frdr. Ludwig Fischer)*. Frankfurt und Leipzig 1771. 8°. Rar!
Cat. Cammerer II. Erl. 1796. p. 170; Gradmann, das gelehrte Schwaben. (Tüb.) 1802. p. 146.

Fischer, Friedr. Rich., an die Abgeordneten und an die Minister des preuß. Staates. gr. 8. (47 S.) Berlin 849, Hempel. *.

—— zum Gedächtnisse des Consist.-Raths rc. Johann Wilhelm Fischer. gr. 8. (32 S.) Breslau 850, Trewendt und Granier. *

— offenes Sendschreiben an Se. Maj. den König. gr. 8. (16 S.) Berlin 850, Gerhard (jetzt: Grobe). 1 1/2 ngl.

Fischer, Friedr. Rich., Stahl, ein Jesuit. Eine krit. Beleuchtung seines Vortrages „Was ist die Revolution?" 8. (44 S.) Hamburg 852, Hoffmann und Campe.

Fischer, Fritz: Zur Frage der Komplementbindungsreaktion bei der Tuberkulose. Würzburg 1910: Staudenraus. 54 S. 8°
Würzburg, Med. Diss. v. 1. Nov. 1910, Ref. v. Leube
[Geb. 27. Juni 86 Biberach a. R.; Wohnort: Würzburg; Staatsangeh.: Württemberg; Vorbildung: Gymn. Ulm Reife Juli 04; Studium: Tübingen 1, Kiel 1, Würzburg 8 S.; Coll. 29. Juli 10; Approb. 30. Nov. 09.] [U 11.4566

Fischer, Fritz, approb. Arzt aus Berlin: **Aus d. Laboratorium d. Dr. A. Blaschkoschen Klinik f. Hautkrankheiten in Berlin. Über Reinkultur von Ulcus molle-Bazillen.** *Berlin 1903: G. Schade.* (33 S.) 8°
Leipzig, Med. Diss. v. (17. Juli) 1903

Fischer, Fritz [aus Cöln]: Untersuchungen über die Lymphbahnen des Centralnervensystems. Bonn, Druck von P. Neusser, 1879. 8. 37 S. u. 3 Taf.

Fischer, Fritz, a. Prenzlau: Untersuchungen über die Widerstandsänderung von Palladium-Drähten bei der Wasserstoff-Okklusion. Leipzig 1906: Metzger u. Wittig. (53 S.) 8°
Gießen, Phil. Fak., Ref. König, Diss. v. 24. April 1906
[Geb. 30. April 81 Prenzlau; Wohnort: Gießen; Staatsangeh.: Preußen; Vorbildung: Gymn. Prenzlau Reife O. 01; Studium: Heidelberg 1, Berlin 3, Greifswald 4 S.; Rig. 20. Jan. 06.]

Fischer, Fritz [aus Rheydt]: Aus d. medicin. Poliklinik zu Bonn. Ueber die Wirkung der Galle auf Typhus- und Milzbrandbacillen ... Bonn, Buch- u. Steindr. J. Bach Wwe, 1894; 36 S. 8.
Bonn, Med. Fak., Inaug.-Diss. v. [16. Juni] 1894

Fischer, G. (Hrsg.), s. A l m a n a c h , Statistischer, für das deutsche Reich.

Fischer, G., u. H. Lindenberg, kurze Andachten in Sprüchen u. Gebeten der hl. Schrift f. alle Tage des Jahres. 2. (Titel-)Ausg. v. „Rogate". 12. (VII, 395 S.) Leipzig 894. J. C. Hinrichs' Verl. Geb. in Leinw. n. 1. 50

Fischer, G., Annotationes ad aliquot Xenophontis Anabaseos locos. Pr. 1854. 15 S. 4°. -

Fischer, G., Auskunftsbuch f. den Eisenbahn-Güterverkehr. Enth. die neuesten Bestimmgn. der Eisenbahn-Verkehrsordng., des internation. Übereinkommens, des Handelsgesetzbuches u. des deutsch. Eisenbahngütertarifs in gedrängter Kürze, nebst Kilometerfrachttabellen aller Tarifklassen zwischen 1 u. 1500 km sowie Entfernungsanzeiger f. die Hauptstationen Deutschlands u. viel. and. Angaben. gr. 8. (IV, 44 S.) Leipzig 900. G. A. Gloeckner. n. — 80

Fischer, G., Auskunftsbuch für den Eisenbahn-Güterverkehr. Enthaltend die neuesten Bestimmungen der Eisenbahn-Verkehrsordnung usw. nebst Kilometerfrachttabellen aller Tarifklassen zwischen 1 und 1500 km sowie Entfernungszeiger für die Hauptstationen Deutschlands. 2. Aufl. Leipzig, 1900. 48 S.
[Fortges. u. d. T.:]
F i s c h e r , G. : Deutsches Eisenbahnauskunftsbuch.

Fischer, G. (II.), Agnes Bernauer, die Tochter des Baders, Herzogin von Baiern. Geschichtliche Novelle. 1.—3. Aufl. gr. 16. (64 S.) Mülheim 876—79, Bagel's Verlagsh. *

Fischer, G., das Bewegungsspiel. Ein Beitrag zur Förderung der Volks- u. Jugendspiele u. damit verwandter Leibesübungen. Hrsg. im Auftrage des hiesigen Ausschusses zur Förderung der Jugendspiele. (46 S.) 8. Metz 903. G. Scriba. n. — 20

Fischer, G.. Blicke auf das Erziehungswesen im alten Rom. 14 S. . .
Progr. Marienwerder 1826

Fischer, G., Deutsches Eisenbahn-Auskunftsbuch. Enthaltend die maßgebenden Bestimmungen der Eisenbahn-Verkehrsordnung usw. und der Deutschen Eisenbahn-Personen- und Gepäck-, Güter- und Tier-Tarife in gehaltvoller Kürze nebst Entfernungszeiger und Preistafeln bis 1500 km usw. 4. Aufl. Leipzig, 1907. 64 S.

Fischer, G., deutsches Eisenbahn-Auskunftsbuch. Enth. d. maßgeb. Bestimmgn. d. Eisenbahn-Verkehrsordng., d. internation. Übereinkommens, d. Handelsgesetzbuches, d. Reichsstempelgesetzes u. d. deut. Eisenbahn-Personen- u. Gepäck-, Expreßgut-, Güter- u. Tier-Tarife in abgekürzt. Form, nebst Entfernungszeiger f. die Hauptbahnhöfe Deutschlands u. Preistafeln bis 1500 km zur schnellst. Überschlags-Berechng. der Personenfahrpreise, Gepäck-, Expreßgut-, Tier-, Eilgut- u. Güterfrachten, sowie e. Eisenbahnkarte v. Deutschland. 5. Aufl. (80 S.) 8. Leipzig 909. G. A. Gloeckner. 1. —

— Erfahrgn. beim Brennereibetrieb 1866. —.90

— Illustrierter Führer durch die Gedenkhalle v. Gravelotte, bearb. im Auftrage der Vereinigung zur Schmückung u. fortdauernden Erhaltung der Kriegergräber u. Denkmäler bei Metz. (90 S.) 8. Metz 905. R. Lupus. n. — 60

Ⓑ Fischer, G., Führer durch d. Gedenkhalle v. Gravelotte. 905. (XVL 33.) Jetzt: Metz, Metzer Stadt- u. Schlachtfelder-Verlag.

Fischer, G., im Gesichtsfeld d. Aussichts-Thurmes. Kurzer Führer üb. d. Metzer Schlachtfelder. gr. 16. (24 S.) Metz 895. (Deutsche Buchh.) n. — 20

Fischer, G., Wilhelm Ludolph Lachmann, Doctor medic. et chir., praktischer Arzt u. Professor, Stifter u. Direktor des Blindeninstitutes zu Braunschweig. Geb. 22. XI. 1800, gest. 23. VI. 1861. Zur Erinnerg. an seinen 100jähr. Geburtstag. gr. 8. (50 S.) Braunschweig (900). J. Neumeyer. n. 1. —

Fischer, G., Leitfaden der Mineralogie für die dritte Klasse der Gymnasien. 2. Aufl. Gr.-8°. (ill. VIII, 67 S. mit 3 farbigen Tafeln) K 1.50, geb. K 1.90
Wien: Deuticke 1906.

Fischer, G., und H. W. Hoppe, erstes Lern- und Uebungsbuch für den Unterricht in der deutschen Sprache. Für deutsch-amerikan. Schulen bearb. und geordnet. 8. (63 S.) St. Louis, Mo. 880. (Dresden, H. J. Naumann.) cart. *

Fischer, G., Maschinen, s. Forschgn, staats- & socialwiss.

Fischer, G. Notitia literaria de vetere Lucretii editione et variantium lect. inde hausitar. specim. (Die Ausgabe ist die Baselsche von 1531 bei H. Petrus.) 20 S. . . . .
Progr. Marienwerder 1831

Fischer, G., und H. Lindenberg, Rogate. Kurze Andachten in Sprüchen und Gebeten der heil. Schrift für alle Tage des Jahres. 8. (VII, 895 S.) Leipzig 888, Hinrichs'sche Buchh., Verlag. geb. *
geb. mit Goldschn. *

Fischer, G., der Schuhmacher u. der Schneider, s.: Bodesohn u. Wüster, der Handwerker.

Fischer, G. (I.), Statistik der in dem Kriege 1870/1871 im preussischen Heere und in den mit demselben im engeren Verbande gestandenen norddeutschen Bundes-Kontingenten vorgekommenen Verwundungen und Tödtungen. gr. 4. (64 S.) Berlin 876, v. Decker's Verlag. *

[F.] Bertha Steiger. Trauersp. in 3 Akten v. G. Fischer. *Aarau: H. R. Sauerländer & C. 1898.* (140 S.) 1 Bd 8.
— Bibliothek vaterländischer Schauspiele. Bdch. 58. 59. [98. 1788

— dasselbe, s. a. Bibliothek vaterländ. Schauspiele.

Fischer, G. A., s.a. Fischer, Gerh. Aug.

Fischer, G. A., Anleitung zur neuen deutschen Kurzschrift für die Schule und den Geschäftsverkehr, sowie für den Privatgebrauch. gr. 8. (III, 8 S. mit 6 stenograph. Taf.) Halle 884, Fricke's Sortiment. *

— Beiträge zur Geschichte der Erdkunde und der Kartographie in Italien im Mittelalter. Sammlung mittelalterlicher Welt- und Seekarten italienischen Ursprungs und aus italienischen Bibliotheken und Archiven. Venedig 1886.

Fischer, G. A., die kartographischen Ergebnisse der Massai-Expedition d. deutschen Antisklaverei-Comités, s.: Baumann, Osc.

Fischer, G. A., s. Lehmann, Jh. Geo., die Lehre der Situation-Zeichnung.

—— das Massai-Land [Ost-Aequatorial-Afrika]. Bericht über die im Auftrage der Geograph. Gesellschaft in Hamburg ausgeführte Reise von Pangani bis zum Naiwascha-See. gr. 8. (III, 155 S. mit 1 lithogr. und color. Orig.-Routenkarte von L. Friederichsen, 3 ethnograph. lithogr. Taf. und 6 eingedr. Autotypien.) Ebendas. 885. *
Aus: Mittheilungen der Geographischen Gesellschaft in Hamburg, besonders abgedruckt.

Fischer, G. A., mehr Licht im dunklen Weltteil. Betrachtungen üb. die Kolonisation d. tropischen Afrika, unter besond. Berücksicht. d. Sansibar-Gebiets. gr. 8. (V, 130 S.) Hamburg 885. Friederichsen & Co. n. 2.60

Fischer, G. A.: Ueber die jetzigen Verhältnisse im südlichen Galla-Lande und Wito. Reisebericht. Zweite Hälfte. (Anhang zu den Mittheilungen der Geographischen Gesellschaft in Hamburg. 1876—77.) Hamburg 1877. 12 S. 8°.

Fischer, G. A., über die jetzigen Verhältnisse im südlichen Galla-Lande und Wito. 8. (28 S.) Hamburg 878, Friederichsen und Comp.
Aus: Mittheilungen der Geographischen Gesellschaft in Hamburg, besonders abgedruckt.

Fischer, G. Adf., Choralbuch, im Anschluß an das neue Gesangbuch für evangelische Gemeinden Schlesiens, zum Gebrauche desselben besonders eingerichtet und in vierstimm. Satze hrsg. qu. gr. 4. (IV, 96 S.) Breslau 879, Morgenstern. *

Fischer, G. Adf., Choräle, Lieder und Motetten für Männerchor, zum Gebrauch bei Festlichkeiten in- und außerhalb der Kirche. 12. (51 S.) Breslau 881, Morgenstern. *

Fischer, G. Adf., Choräle, Lieder u. Motetten für Männerchor, zum Gebrauch bei Festlichkeiten in- u. außerhalb der Kirche. 12. (51 S.) Breslau 882. Morgenstern. n. —60

Fischer, G. C. F., über die Haupt-Probleme des Fichteschen Systems. gr. 8. Carlsruhe, Macklot. 801.

Fischer, G. D.: Ueber den Holzdiebstahl und dess. Einfluss auf ökonomischen Wohlstand, Moralität und Gesundheit. *Stuttgart*, Steinkopf. 820. 8.

Fischer G. E. De superficierum pedalium theorematibus quibusdam. 1859. 4. Diss. Berlin

Fischer, G. F., gemeinschaftl. Lieder. 8. Bern, Haller. 804.

Fischer, G. F., IV., Dresdens merkwürd. Tage, oder Beschreib. d. vorzügl. prächt. Darstellungen d. Haupt- u. Residenzstadt Dresden, seit d. Ankunft u. dem Aufenthalte Kaiser Napoleons. 8. Dresd. 807.

Fischer, G. Fr., üb. d epidem. Cholera, mit besond. Rücksicht auf d. Epidemie zu Prag. gr. 8. (5 B. u. 1 Stnt. in gr. 4.) Nürnberg 832, Riegel u. Wießner.

Fischer, G. Fr., über Gefängnisse, Strafarten, Strafsysteme und Strafanstalten. gr. 8. (242 S.) Regensburg 832, Manz. -

Fischer, G. Friedrich
Pseud.: Althing
Althing, Friedrich

—s.a. Studentenstreiche.

ALTHING, Friedr. (d. i. *G. Friedrich Fischer*, um 1806 Amtsaccessist in Dresden, nicht identisch mit Chrn. Aug. F.), Studentenstreiche. Hrsg. von —. Dresden, bey Heinr. Gerlach. 1807. 8.
Tit. gestoch. u. 216 S. Enth. 1. Der angebliche Schulmeister. 2. Kuckkasten für grobe Leute. 3. Salto mortale eines Friseurs. 4. Privat-Studium des Grafen von A. auf dem Blumenbrete. 5. Ansicht dreyer zärtlicher Musensöhne, durchs Schlüsselloch. 6. Der gefleckte Neger. 7. Der geprellte Kuppel-Papa. — Selten!

— — Dasselbe (mit dem Namen *Friedrich* (!) *Fischer* auf dem Titel und einem in den vorigen Drucken fehlenden Bl. Widmung) mit dem Titel: Academische Scenen aus den Tagebüchern froher Musen-Söhne, von einem ihrer Zeitgenossen — —. Dresden, bei Heinr. Gerlach, 1807. 8°.
Tit., 1 Bl. Widm. („Sr. Excellens d. Hrn. Obristlieut. Thiard, K. K. französ. Cammerherrn u. Commandanten zu Dresden, Mitgl. d. Ehren-Legion etc. etc."), 216 S.

— — Dasselbe. Ebd. 1808. 8°. Tit. u. 216 S. (4 Mk. 50 Pfg., W. Koebner, Breslau, c. 1880.)
Dieser Druck auch angezeigt in Engelmann's Bibl. d. schönen Wissensch. I. Lpz. 1837, wo die beiden folgenden Titel fehlen.

— — Neun Verlegenheiten, in ernsthaften u. launigen Erzählungen. Bdchn. 1. (einz.). Leipzig, bei Frdr. Schödel, 1805. 8°. 5 Bll. u. 270 S.
— — Dasselbe. Leipzig, bey Bruder u. Hofmann. 1806. 8°.
Tit. u. 270 SS., nebst 1 Bl. Inh.
— — Dasselbe. Ibid. 1811. 8°.

—neue Verlegenheiten, in ernsthaften u. launigen Erzählungen. 8. Leipz. 805. (Schönian in Elberf.) 1 ₰

FISCHER, G. F(riedr.) (um 1806 Amtsaccessist in Dresden), Röschens Verlegenheiten. Pirna, C. A. Friese, 1807. 8°. (7 Mk. 50 Pfg., Leihbiblbd., Adolf Weigel, 1909.)
Zieml. zahm. 182 SS. Mit Röschen's Portr. — Zuerst gedr. ebd. 1805. (Goedeke V, 537, 99, 2.)
— — Dasselbe. Ibid. 1809. 8°.
(1/2 Rthl. Schmidt, Halle.)
— — Dasselbe. Neue Aufl. Ibid. 1817. 8°.

Fischer, G. H.

Festbericht über die 150. Stiftungs-Feier der Grossloge „Zur Sonne" in Bayreuth am 3. Mai 1891. [Hrsg. vom Bundesrat. Verf. von G. H. Fischer.] Bayreuth 1891: Burger. 28 S. 8°
cf. L. 14 (1891) S. 115—117.
S. 15—26 enth. die Gesch. der Grloge, 1741 bis 1841, von H. Behr. 23. 25.

Fischeri, G. M., Calendarium Musarum seu florilegium latinum. Lips. 785. 8. 16 gr.

Fischer, G. M., Calendarium musarum s. florilegium lat. 8. Lips. F. C. W. Vogel. 786.

FISCHER, G. M. S., Berlinische Hummeln und Hallische Wespen für lustige Leute in ein Nest getragen. Zweite Auflage. Halle 1883. 8°. (4 Mk. E. Frensdorff, 1907.)
Selten! Mit originellen color. Holzschnitten.

Fischer, G. M. S., höchst wahrscheinl. Hypothese, daß d. Kgl. Preuß. Justizcommissar D. Weidemann in Halle, Redact. d. vielgeles. Salina, ein heiml. Katholik u. Agent d. römischen Curie sey. Nebst e. kurzen Beleuchtung seiner in Sachen d. hallischen Mysticismus hrsg. Schriften. gr. 8. (2 B.) Leipzig 831, Magazin f. Ind.

Fischer, G. M. S., Komplimentirbuch, oder kurze Anweisung für solche, welche in gebildeten Gesellschaften nicht in Verlegenheit gerathen wollen. 12. Halle 833. Bachran u. Dietlein. (Scharre.) 1/4 ₰

—— Komplimentirbuch, od. kurze Anweis. f. solche, welche in gebild. Gesellschaften nicht in Verlegenheit gerathen wollen. 12. (4 B.) Halle 833, [Scharre.]

—— der Pferdearzt. Ein nothwend. Hülfsbuch f. Pferdebesitzer, nach d. Mspte. e. erfahr. Roßarztes mit Benutz. d. neuesten u. besten Hülfsmittel ausgearb. 8. (9½ B.) Halle 832, [Scharre.]

— der Pferdearzt. Ein nothwend. Hülfsbuch für Pferdebesitzer, nach dem Manuscripte eines erfahrnen Roßarztes mit Benutzung der neuesten u. besten Hülfsmittel ausgearbeitet. 8. Halle 833. N. Ausg. 837. (Leipzig, Melzer.) 1/2 ₰

Fischer, G. M. S., der Pferdearzt nach 40jähr. Erfahrung eines prakt. Roßarztes. Ein nothwend. Hülfsbuch für Pferdebesitzer. 2. (Titel-)Aufl. 8. (X und 138 S.) Quedlinburg 848, Ernst'sche Buchh.

—— Reise von Halle nach Venedig, s. Sewald, Joh. Friedr.

— der Rindvieharzt. Ein nothwendiges Hülfsbuch f. Rindviehbesitzer, mit Benutzung der neuesten u. besten Hülfsmittel ausgearb. 8. Halle 833. N. Ausg. 837. (Leipz., Melzer.) 1/2 ₰

—— der Rindvieharzt. Ein nothwend. Hülfsb. f. Rindviehbesitzer, mit Benutz. d. neuesten u. besten Hülfsmittel ausgearb. 8. (8 B.) Halle 833, [Scharre.]

—— der Schaf- u. Schweinearzt. Ein nothwend. Hülfsb. f. d. Landmann, mit Benutzung d. neuesten u. besten Hülfsmittel. 8. (4 B.) Leipzig 838, [Melzer.]

— der Schaaf- u. Schweinearzt. Eine nothwend. Hülfsbuch für den Landmann, mit Benutzung der neuesten u. besten Hülfsmittel. 8. Leipzig 838. Reimann; jetzt Melzer. 1/2 ₰

—— der Schaf- und Schweinearzt oder Erkenntniß und Heilung von 48 der vorzüglichsten Krankheiten, welche bei Schafen und Schweinen häufig vorkommen. 2. (Titel-)Aufl. 8. (IV und 58 S.) Quedlinburg 848, Ernst'sche Buchh.

Fischer, G. N. Carlsruhae conspectus. 1 Bl. K.

Fischer, G. O., Geschichte des Gymnasiums Andreanum von 1526—1815. gr. 8. (136 S.) Hildesheim 862, Gerstenberg'sche Buchh. *

Fischer, G. Rob., das Wissenswertheste des Kaufmanns im Comptoir enth.: Theorie der doppelten Buchführung. Ein fingirtes Waaren- und Wechsel-Geschäft in vier wichtigen und drei Nebenbüchern ausgearbeitet. Allgemeine Belehrungen über das Wechselgeschäft ꝛc. Lex.-8. (VIII und 640 S.) Dresden 854—56, (Grimm.) *

Fischer, G. S., üb. d. bibl. Wunder. Leipz. 1796. 8.

Fischer, G. T., photogenische Künste. Gründl. Unterricht üb. die Theorie u. Praxis des Daguerreotypiren, Photographiren, Kalotypiren, Cyanotypiren, Ferrotypiren, Anthotypiren, Chrysotypiren, Thermographiren, mit Einschl. d. Kunst farbige Daguerreotyp-Portraits hervorzubringen. Mit (eingedr.) Abbildgn. 8. (4 B.) Pesth 844. [Leipzig, Haendel.]

Fischer, G. W.

— vermischte Gedichte. Neue Samml, 8. Hamb. 818.

Fischer, G. W., kleine Kinderbibliothek. Neue Samml. belehr. Unterhaltungen für d. Jugend. Mit 4 Kpf. 8. Hamb. 815. Gundermann. (Aue in Altona). 12 gl

— Kinderbuch od. erste Uebungen im Lesen u. Denken, mit Holzschnitten. 8. Ebend. 815.

Fischer Gabriele: Die Briefsammlung des Heinrich von Isernia.
II. 1902 PN 1551 Diss.Wien, Univ. 855

Fischer Gebhard: Der Antheil Vorarlbergs am österr. Erbfolgekriege im Jahre 1744. 14. Feldkirch 02.
Progr.

Fischer, Gebh., der Antheil Vorarlbergs am österreichischen Erbfolgekriege im J. 1744. Progr. gr. 8. (16 S.) Feldkirch 902. (F. Unterberger.) n.n. —50

Fischer, Gebhard Zur Geschichte des Schwedeneinfalls in Vorarlberg im Jahre 1647. 8 (S. 3—41).
Progr. K. k. R.- u. Oberg. *Feldkirch* 1894.

Fischer, Gebhard: Rede zum Volksfeste in Egg (21. und 22. September 1902), anlässlich der Eröffnung der Bregenzerwaldbahn. S. 25—35. 8.
Progr. K. k. Real-u. Obergymn. *Feldkirch* 1903.

Fischer, Gebhard Urkundenauszüge aus dem Dornbirner Archive. 8 (S. 3—32). Fortsetzung und Schluss. 8 (S. 3—41).
Progr. K. k. R.- u. Ober-G. *Feldkirch* 1886. 1887.

Annotationes ad aliquot Xenophontis Anabaseos locos. Scrips. Georg. Fischer, G. P. — 1854. Ibid. — S. 1—15.
Progr. Eichstätt

Fischer, Georg [aus Breslau]: Ueber Behandlung der Syphilis mittelst intramusculärer Injectionen von Hydrargyrum salicylicum.... Breslau, Druck v. Maximilian Schlesinger, 1889; 31 S. 8°
Würzburg, Med. Fak., Inaug.-Diss. v. 1889

Fischer, Georg, aus Gieboldehausen: Beitrag zur vergleichenden Anatomie der Blätter der Compositen. *Erlangen 1898: A. Vollrath.* (110 S.) 8°
Erlangen, Phil. Diss. v. 20. Juli 1898

Fischer, Georg, Augenarzt a. Greifenberg i. P.: Beitrag zur Kenntnis der retrobulbären Haemorrhagieen. Leipzig (1906): A. Edelmann. (29 S.) 8°
Leipzig, Med. Fak., Ref. Sattler, Diss. v. 19. Mai 1906
[Geb. 26. Febr. 76 Greifenberg i. P.; Wohnort: Karlsruhe; Staatsangeh.: Preußen; Vorbildung: Gymn. Jauer Reife O. 95; Studium: Breslau 2, Freiburg i. B. 3, Berlin 1, Jena 3 S.; Coll. 19. Mai 06; Approb. 28. Febr. 00.]

Fischer, Georg, aus Erlangen: Beiträge zur vergleichenden Anatomie des Blattes bei den Trifolieen. *Erlangen 1902: F. Junge.* (90 S.) 8°
Erlangen, Phil. Diss. v. 2. Juli 1902

Fischer, Geo. (I.), Beiträge zur Frage über die Entstehung des Zuckers im thierischen Organismus. Inaugural-Dissertation. gr. 8. (80 S.) Göttingen 859(61.) (Hannover, Hahn'sche Hofbuchh.) Thlr. *

Fischer, Geo., s.: Briefe an Theodor Billroth.

Dr. med. Georg Fischer, Hannover. Hans von Bülow in Hannover. *Hannover & Leipzig: Hahn 1902.* (64 S.) 8° [F.]

Fischer, Geo. (I.), Chirurgie vor hundert Jahren. Historische Studie. gr. 8. (X, 585 S.) Leipzig 876, F. C. W. Vogel. *

Fischer, Georg, aus Ulm a. D.: Ueber die Chloride des Schwefels, besonders das sogenannte Schwefeldichlorid. *Berlin (1903): A. W. Schade.* (33 S.) 8°
Berlin, Phil. Diss. v. 15. Aug. 1903

Fischer, Georg [aus Delmenhorst-Oldenb.]: Zur Diagnose der hereditären Syphilis ... Berlin, Buchdr. v. G. Schade, *1893*; 31 S. 8.
Berlin, Med. Fak., Inaug.-Diss. v. 20. Juni 1893

Fischer, Geo., die Elegieen des Albius Tibullus. In modernen Rhythmen. 12. (XVI, 144 S.) Ulm 882. Kerler. n. 2. —

Fischer, Georg: Erklärungen der spectroanalytischen Erscheinungen – Über die chromatische Aberation der Fernrohre.
Phil. Diss, Prag. 1882-1886.

Fischer, Georg [Assistenzarzt im k. bayer. 8. Inf.-Regt.]: Ueber einen Fall von Aneurysma Sinus Valsalvae. ... Erlangen, Druck d. Univ.-Buchdr. v. Junge & Sohn, 1889; 32 S. 8°
Erlangen, Med. Fak., Inaug.-Diss. v. Jul. 1888

Fischer, Georg, a. Stuttgart: Aus der Tübinger Universitäts-Augenklinik. Über einen Fall von Papillom der Cornea. Tübingen: F. Pietzcker 1905. (15 S.) 8°
Tübingen, Med. Fak., Ref. Schleich, Diss. v. 15. Sept. 1905
[Geb. 27. Mai 78 Stuttgart; Wohnort: Stuttgart; Staatsangeh.: Württemberg; Vorbildung: Karlsgymn. Stuttgart Reife M. 99; Studium: Tübingen 4, Freiburg i. B. 2, Berlin 1, Tübingen 3 S.; Coll. 1. Juli 05; Approb. 9. Sept. 05.]

Fischer, Georg: [Die Feier der Grundsteinlegung zum neuen Gymnasial- und Elementarschulgebäude.] S. 58—61. 4.
Ev. Obergymn. A. B. u. verb. Anstalten *Besztercze (Bistritz)* 1908.
Progr.

Fischer, Geo., Dorf Floing und Schloss Versailles. Kriegschirurgische Erfahrungen. gr. 8. (114 S. mit 1 lithogr. Taf. in qu. gr. 4.) Leipzig 872, F. C. W. Vogel. *
Aus: Zeitschrift für Chirurgie, besonders abgedruckt.

Fragmente aus König Oedipus, von Georg Fischer, G. P. — 1848. Ebend. — S. 1—24.
Progr. Eichstätt

Fischer, Geo. (III.), Führer durch München und seine Umgebungen. Mit einer Abbild. von Dr. Eisenbart's Grabstein (in Holzschn.). 8. (80 S.) Münden 879, Augustin. *

Fischer, Georg Zur Geschichte der Stadt und des Kapitels Bistritz im ersten Jahrzehend des 18. Jahrhunderts. 29 S. *Bistritz* 1879.
Progr.

Fischer, Georg: Geschichte des Bistritzer evang. Gymnasiums A. B. bis zum Jahre 1762. 4 (S. 3—103).
Ev. Oberg. A. B. u. verbund. Knabenelementarsch., dann ev. Mädchensch.
Progr. A. B. *Bistritz* 1896.

Fischer, Geo., Geschichte der Stadt Ulm. Nach den Quellen erzählt. gr. 8. (567 S.) Ulm 868. (Stuttgart, Levi.) *

Fischer, Geo. Geschichte der Stadt Ulm. (567) 8. Ulm 1865. 1,60.

Fischer, Geo. (I.), Handbuch der allgemeinen Operations- und Instrumentenlehre, s. a. **Chirurgie, deutsche.**

Fischer, Georg: Handbuch der allgemeinen Operations- und Instrumentenlehre. Mit 176 Holzschn. Suttgart 1880. XXV, 291 S.
(Deutsche Chirurgie. Lfg 19.)

Fischer, Geo. (II.), Haspinger. Ein Heldenbild. gr. 8. (128 S.) Ulm 859, [Frey.] *

Fischer, Geo., aus tiefstem Herzen. Gedichte. 8. (VII, 135 S.) Dresden 897. E. Pierson. n. 2. 50; geb. n. 3. 50

Fischer, Geo., die Insel d. Jugend. Gedichte. (106 S.) 11. 8. Leipzig 907. Verl. f. Literat., Kunst u. Musik. 1. 50; geb. n 2. 50

—— Krankheiten des Halses, s. a. **Chirurgie, deutsche.**

Fischer, Georg: Krankheiten des Halses. Mit 16 Holzschn. Stuttgart 1880. XX, 166 S.
(Deutsche Chirurgie. Lfg 34.)

Fischer, Geo., Kunstdenkmäler u. Alterthümer im Kreise Münden. I. Thl. Stadt Münden u. Stadtgebiet. gr. 8. (55 S.) Münden 892. (H. Augustin.) n. 1. 25

—— **Mittheilungen aus der chirurgischen Universitäts-Klinik zu Göttingen. Lex.-8. (VII und 320 S. mit 8 Holzschnt.) Hannover 861, Hahn'sche Hofbuchh.** *

Musik in Hannover von Dr. med. Georg **Fischer**, Hannover. 2. verm. Aufl. von 'Opern und Concerte im Hoftheater zu Hannover bis 1866'. *Hannover & Leipzig: Hahn 1903.* (XIII, 288 S.) 4° [03. 7500 7

Fischer, Georg, pr. Arzt: Aus d. Geburtshilfl. Abt. d. städt. Krankenh. Charlottenburg. Dirig. Keller. Ueber Nabelinfection des Neugeborenen. Leipzig 1909: Georgi. 26 S. 8°
Leipzig, Med. Diss. v. 14. Jan. 1909, Ref. Zweifel
[Geb. 24. Juli 82 Amsterdam; Wohnort: Charlottenburg; Staatsangeh.: Preußen; Vorbildung: Sophien-Realgymn. Berlin Reife Aug. 02; Studium: Berlin 10 S.; Coll. 18. Jan. 09; Approb. 25. März 09.] [U 09. 2775

Opern und Concerte im Hoftheater zu Hannover bis 1866. Von Dr. Georg Fischer in Hannover. *Hannover & Leipzig: Hahn 1899.* (XI, 369 S.) 8°
[F.] [99. 10505

Fischer, Geo. (II.), die Petroleum-Lampe und deren Behandlung. Vom prakt. Standpunkte aus bearb. gr. 8. (VIII, 88 S.) Weimar 876, B. F. Voigt.

Fischer, Georg, Ref. a. Danzig: Die Rechtsstellung des Gerichtsvollziehers. Amtstheorie oder Mandatstheorie. Borna-Leipzig 1900: R. Noske. (IX, 46 S.) 8°
Leipzig, Jur. Fak., Diss. v. 6. Juli 1906
[Geb. 13. Nov. 80 Danzig; Wohnort: Langfuhr b. Danzig; Staatsangeh.: Preußen; Vorbildung: Gymn. Danzig Reife M. 00; Studium: Heidelberg 1, Freiburg i. B. 3, Berlin 1, Königsberg 1 S.; Rig. 12. Febr. 04.]

Fischer, Georg, a. Berlin: Die Schlacht bei Novara ⟨6. Juni 1513⟩. (Berlin: G. Nauck 1908.) (IV, 158 S.) 8°
Berlin, Phil. Fak., Ref. Delbrück, Diss. v. 4. Juli 1908
[Geb. 29. Dez. 84 Berlin; Wohnort: Berlin; Staatsangeh.: Preußen; Vorbildung: Gymn. Fürstenwalde a. d. Spree Reife O. 04; Studium: Tübingen 1, Berlin 6 S.; Rig. 7. Mai 08.]

Fischer, Geo., König Wilhelm I. u. die Beschießung v. Paris gr. 8. (16 S.) Leipzig 902, F. W. Grunow. — 40
Sonderabdruck aus: „Grenzboten".

—— **die Wunden des Herzens und des Herzbeutels. gr. 8. (V, 340 S.) Berlin 868, Hirschwald.** *
Aus: Langenbeck's Archiv für klinische Chirurgie, besonders abgedruckt.

Fischer, Georg Andreas

Fischer, Geo. Andr., Anfangsgründe der Buchstabenrechnung, s. a. unten **Lehrbuch** z. ersten Unterricht 2c.

Fischer, (G. A.,) Anfangsgründe der Buchstabenrechnung 2c. A. u. d. T.: Anfangsgründe d. Buchstabenrechn., als Lehrbuch z. Unterr. für d. königl. sächs. Cadetten-Corps. 2e Aufl. gr. 8. Dresden 823, Walther.

— **Anfangsgründe d. Hydrostatik u. Hydraulik. Zum Selbstunterricht für angehende Architekten u. zunächst als Lehrbuch f. d. Unterricht in d. königl. sächs. Bauschule. Mit 8 Kupfert. gr. 8. Leipzig 824, Voß.**

— **Anfangsgründe d. Statik u. Dynamik fester Körper, als Lehrbuch z. ersten Unterr. f. Bau- u. andere Schulen, wie zum Selbstunterricht f. angeh. Architekten, mit 4 Kpf. gr. 8. Dresd. 822. (Focke in Leipz.) 2 ₰**

— **Anfangsgründe der Statik u. Dynamik fester Körper, als Lehrbuch z. ersten Unterricht f. Bau- u. andere Schulen, wie zum Selbstunterricht für angehende Architekten. Mit 4 Kupfertaf. gr. 8. Dresden 822, Hilscher.**

Fischer, Geo. Andr., Anfangsgründe d. Statik u. Dynamik fester Körper, e. Lehrbuch f. Bau- u. and. Schulen. M. 4 Kpfrt. 2. Aufl. gr. 8. (16½ B.) Leipzig 833, Focke.

— **Anleit. z. prakt. Entwerfung u. Projection geograph. Netze, mit 14 Kpf. gr. 8. Dresd. 809. Walther. 1 ₰ 12 gr**

— **Anleit. zum vortheilhaften Gebrauch des Meßtisches 2c., s. J. Geo. Lehmann, Anleit. z. richtigen Erkennen d. Erdoberfläche. 2r Bd.**

— **Anleitung z. vortheilhaften Gebrauche des Meßtisches 2c., s. Lehmann, J. Georg, Anweisung zum richtigen Erkennen d. Erd-Oberfläche. Ir Bd.**

Fischer, G. A., Prof. der Mathematik etc. Die vorzüglichsten Elementar-Aufgaben für den zweckmässigsten Gebrauch des Messtisches, so wie für das Aufnehmen ohne künstliche Instrumente nach Lehmann'schen Lehrsätzen, nebst einer kurzen Anleitung zum Nivelliren, als Leitfaden zum theoretischen Vortrage und zum Selbstunterrichte. Mit 6 Kupfertafeln. 8. Leipzig 1821.

— die vorzüglichsten Elementar-Aufgaben für d. zweckmäßigen Gebrauch des Meß-Tisches, so wie für d. Aufnehmen ohne künstl. Instrumente nach Lehmann'schen Lehrsätzen, nebst einer kurzen Anleitung z. Nivelliren. Mit 6 Kupfertaf. gr. 8. Leipzig 824, Voß.

— construirende Geometrie, z. prakt. Anwendung geometrischer Raumgrößen ohne ausführliche Beweise. Mit 13 Kupfertaf. gr. 8. Leipzig 825, Voß.

Fischer, Geo. Andr., krummlinige Geometrie, z. prakt. Anwend. u. Auflös. d. Integral-Ausdrücke, die sich auf Raumgrößen beziehen; f. angeh. Baukünstler u. and. Geschäftsmänner. Zunächst als Handb. z. mathemat. Unterr. in d. K. S. Bauschule u. d. techn. Bildungsanstalt zu Dresden. M. 8 Kpfrt. (in 4.) gr. 8. (14¼ B.) Dresden 828, Arnold. Thlr.

— rechnende Geometrie, od. prakt. Anleitung zu Auflösung allgemeiner Formeln, die sich auf Raumgrößen beziehen. Mit 4 Kupfertaf. gr. 8. Dresden u. Leipzig 826, Arnold.

Fischer, Geo. Andr., das Kopfrechnen auf physikal., militair., merkantil. u. ökonomische Gegenstände angewendet. 8. Dresd. 808. 2e Aufl. 812. Arnold. 12 gr

— **das Kopfrechnen auf physik. milit. merkant. u. ökonom. Gegenstände angewendet. 8. Ebend. 810.**

Fischer, G. A., das Kopfrechnen, auf physik., militärische, merkantilische u. ökonomische Gegenstände angewandt. Ein Handb. zum Unterricht im Kopfrechnen. 2te wohlf. Aufl. 812.

—— Lehrbuch d. Geometrie f. das Geschäftsleben. Zunächst z. Unterr. in Industrie-Schulen u. techn. Bildungs-Anstalten. 2. u. 3. Aufl. (à 12½ B. u. 6 Kpfrt. in Fol.) gr. 8. Dresden 829. [Leipzig 833, Focke.]
à

— Lehrbuch der ebenen u. sphärischen Trigonometrie für das Geschäftsleben, als Anwendungslehre u. Ergänzung der Lehmannschen Anleit. zum zweckmäß. Gebrauch des Meßtisches 2c. f. ausgedehntere topographische Vermessungen, mit 10 Kpf. gr. 8. Leipz. 819. Voß. 1 ℛ 20 ℊ

— Lehrbuch f. den ersten Unterr. in d. Geometrie für das Geschäftsleben. Zunächst z. Unterr. in Industrie=Schulen u. techn. Bildungs=Anstalten, mit 6 Kpft. gr. 8. Dresd. 818. 2e Aufl. 829. Hilscher. (Leipz., Focke). 1 ℛ 16 ℊ

— Lehrbuch zum ersten Unterr. in der Zahlen= u. Buchstaben=Rechnung. 2 Thle. gr. 8. Dresden 815. Arnold. (1r Thl. Zahlen=Rechn. 16 ℊ 2r Thl. Buchstaben=Rechn. 12 ℊ) 1 ℛ 4 ℊ 1r Thl. 2e Ausg. unt. d. T.: Anfangsgründe d. Buchstabenrechn., als Lehrbuch zum ersten Unterricht für d. königl. sächs. Cadettencorps. gr. 8. Ebd. 823. Walther. 21 ℊ 2r Thl. 2e Aufl., u. d. T.: Lehrbuch zum ersten Unterr. in d. Zahlen=Rechnung, für d. Geschäftsleben u. zugleich als Leitfaden bei d. mathemat. Vortrag in d. königl. sächs., mit d. Kunst=Academie verbund. Bauschule. gr. 8. Ebd. 826. Arnold. 1 ℛ

— Samml. der vorzügl. Forstrechnungsaufgaben, zum Gebrauch u. zur Selbstübung für angeh. Forstmänner u. Oekonomen. gr. 8. Pirna 803. 2e Aufl. 805. 3e Aufl. gr. Dresd. 817. Arnold. 1 ℛ 6 ℊ

Fischer, G. A., Samml. der vorzügl. Forstrechnungsaufgaben. gr. 8. Dresd. Arnold. 807.

— s. K. Fr. Thieme, Planzeichnung.

— Vorlegeblätter zu sm. Lehrb. d. Zahlen= u. Buchstabenrechnung. gr. 8. Dresd., Arnold. 8 ℊ

Fischer, Geo. Friedr., das Ottobad bei Wiesau. Eine Monographie. gr. 8. (6 B. incl. 1 Tab.) Bayreuth 838. (Hof u. Wunsiedel. Grau: Regensburg. Manz.) *

Fischer, Georg Otto, s. Fischer, Otto.

Fischer, Geo. Wilh. Thdr., Versuch einer Geschichte der Reformation in Polen. 2 Thle. gr. 8. (VII und 785 S.) Grätz 855. 56. (Berlin 858, Mittler und Sohn.) *

Fischer, Gerh., Freude u. Kraft. Predigten f. Glaubensmut u. Lebensfrische. (93 S.) 8. Leipzig 910. P. Eger. 1.60

Fischer, Gerh., ist Religion Privatsache?, s.a. Flugschriften des evangelischen Bundes. 218.

Ist Religion Privatsache? Ein Beitrag z. Würdigung d. sozialdemokrat. Programmforderung. Vortrag, geh. zu Erfurt 1904 von Dr. phil. Gerhard Fischer, Pastor in Erfurt. *Leipzig: C. Braun 1904.* (20 S.) 8° [F.]
= Flugschriften d. Evangel. Bundes. 218. [04. 4295

Fischer, *Paul* Gerhard *Ludwig Constantin* [Cand. d. Theol.]: Die persönliche Stellung und politische Lage König Ferdinands I. vor und während der Passauer Verhandlungen des Jahres 1552. . . . Königsberg, Druck v. M. Liedtke, 1891; 71 S., 2 Bl. 8°
Königsberg, Phil. Fak., Inaug.-Diss. v. 20. Jan. 1891

Fischer, Gerh., die persönliche Stellung u. politische Lage König Ferdinands I. vor u. während der Passauer Verhandlgn. d. J. 1552. Diss. gr. 8. (71 S.) Königsberg i/Pr. 891. (W. Koch.) n. 1. 20

Fischer, Gerh. Aug.

G. A. FISCHER, Schloss Burg an der Wupper. Die Burgen des Mittelalters und das Leben auf denselben in Wort und Bild dargestellt. (Mit 1 Tafel.) Düsseldorf (1892). Druck von L. Schwann. 4°.[2])

[2]) Umschlag: Schloss Burg und andere Burgen des Rheinlandes. Wort und Bild von G. A. FISCHER. ib. (1892.) —

Fischer, G. A., Schloss Burg an der Wupper, die Burgen des Mittelalters u. das Leben auf denselben. In Wort u. Bild dargestellt. gr. 8. (IV, 51 S.) Düsseldorf 892. Barmen, Selbstverl. des Verf. n. 2. —

Führer durch Burg an der Wupper u. Umgebg. Hrsg. i. A. d. Schlossbau-Comm. v. G[erh.] A[ug.] **Fischer**, Architekt. M. 9 Abb. nach Handzeichn. d. Hrsg. 2. Aufl. *Elberfeld: Bädeker 1898.* (48 S.) 1 Bd 8. [98. 9774 lk.

Führer durch Burg an der Wupper und Umgebung. Hrsg. im Auftr. d. Schlossbau-Comm. von Architekt G[erh.] A[ug.] **Fischer** in Barmen. Mit 6 Abb. 2. Aufl. *Barmen: Hyll & Klein 1901.* (48 S.) 8° [01. 12028

Fischer, Gottfr., Primiz=Predigt, geh. anläßlich des 1. hl. Meßopfers des neugeweihten Priesters Karl Frisch in der Carmelitenkirche (St. Josefspfarre) in Linz. gr. 8. (14 S.) Linz=Urfahr (899). Verlag des kathol. Preßvereins. n.n. — 25

Fischer, Gfried, und Joh. Chrph Thurm, Seiler-Gesellen-Handwerksgewohnheit. O. O. u. J. (Dresden.)

Fischer, Gottfried Angel.

— s. Calmet, Kirchen- u. Weltgeschichte.

— fundamenta prima theologicae dogmaticae, una cum fragmentis ex historia sacra. . . . 799. . . .

Fischer, Gtfr. Angel., Geisteserhebungen u. Gebethe zu Gott u. seinen Heiligen. Gebethbuch f. Christen, die im Geiste u. in d. Wahrheit bethen wollen, zum tägl. nach d. Quatemberzeiten abwechselnden Gebrauch, u. f. verschied. relig. Veranlassn. u. einzelne Festtage d. Heiligen. Mit d. Bildn. Jesu Christe. gr. 12. (8½ B.) München 828, Lindauer. 12 Gr., Blnv.

FISCHER, G. A.: Lehre d. kathol. Kirche v. röm. Bischof, als d. sichtb. höchsten Oberhaupte dieser Kirche. *Münch.*, Lindauer. 819. 8. (12 Gr.)

— üb. die Methode des kathol. Religionsunterrichts in d. deutschen Schulen. 8. München 804. 2e Aufl. 814. (Landsh., Krüll). 3 ℊ

— über die Nothwendigkeit der häusl. Erziehung 2c. Eine Rede. München 805.

—— Predigten üb. d. acht Seligkeiten. 8. (8 B.) München 834, Lindauer.

— sieben Predigten an den Fastensonntagen u. am heil. Ostertage gehalten. 8. München 819. J. Lindauer. 8 ℊ

—— sieben neue Predigten während d. heil. Fastenzeit üb. d. sieben Hauptsünden; nebst e. Predigt am heil. Ostertage v. d. Theilnahme an d. Tode u. d. Auferstehung Jesu. 8. (8½ B.) München 830, Lindauer.

— Rede von der Pflicht und Gefahr der Jünglinge auf der Akademie. gr. 8. München, Lentner. 818.

— Rede von d. Pflichten u. Gefahren d. Jünglings auf d. Academie. gr. 8. München 817. Lentner. 5 ℊ

Fischer, (G. A.,) vollständ. kathol. Religions=Lehrbuch für d. gelehrten Schulen und Leute höherer Bildung. 8. München 820. Lindauer.

— vollständ. kathol. Religionslehrbuch für die gelehrten Schulen u. für Leute höherer Bildung. 3e verm. Aufl. gr. 8. München 836. J. Lindauersche Buchh. ½ ℛ

— s. Tacitus, Germania.

Fischer, Godofr. Eduard. (geb. Wanzleben bei Magdeburg 21. 5. 1835): De superficierum pedalium theorematibus quibusdam. Berolini (1859). (27 S.) 4°
Berlin, Phil. Diss. v. 7. Apr. 1859

Fischer, Gottfried Emil

Godofredus Aemilius Fischer: De Theoremate cui harriotico vulgo nomen datur. Berolini (1819): Starck. 26 S. 8°

Halle-Wittenberg, Phil.Diss.v. 1819

Fischer, Gotthelf

Gotthelf Fischer's Anatomie der Maki und der ihnen verwandten Thiere. Bd 1. Frankfurt a.M.: Andreä 1804. 4°

Bd 1: Enthält die Naturgeschichte und den Knochenbau der Maki. 1804.

— Beschreib. eines Huhns mit menschenähnl. Profile, nebst einem, unter den Augen des Verfass. von Hrn. Valeri nach der Natur gezeichn. u. ausgemalten Bildnisse desselben. St. Petersb. 816. Neuer Abdruck 825. Gräff. (Cnobloch in Leipz.) 8 ℊ

— Beschreibung eines Huhns mit menschenähnlichem Profile. Mit illum. Kupf. gr. 8. Moskau 825. (Cnobloch in Leipz.)

Fischer de Waldheim, Gthe., Bibliographia Palaeonthologica animalium systematica. Edit. II., aucta, jussu Societatis Caesar. Mosq. Nat. Scrutator. impressa. Lex.-8. (26½ B.) Mosquae 834. (Lipsiae, Voss.)

—— Bulletin de la Société Imper. des Naturalistes de Moscou, s. Mémoires.

— Chilanopsis nov. gen. testarum, siehe: Bulletin de la Société Imp. des naturalistes de Moscou, tome XXI, 1. partie.

– s. Cuvier, Vorlesungen.

– s. Demidoff, Catalogne.

— Entomographia imperii Russici et genera insectorum systemat. exposita et analysi iconographica instructa. Vol. I et II. Mit 68 illum. Kpf. 4 maj. Moskau 820—24. 55 ₰ Tom. III., mit 18 ill. Kpf. (französ. u. latein.) 4 maj. Moskau 823—28. (Kummer in Leipz.) 16 ₰

—— Entomographia Imperii Russici (et: Genera insector. systematice exposita et analysi iconographia instructa.) Auctoritate Societ. Caesar. Mosq. Nat. Scrutator. III. Vol. — A. s. l. t.: Entomographie de la Russie etc. (Avec 86 pls. col.) gr. in-4. (115½ B.) Mosquae 1821—28. (Lipsiae, Voss.)

— Entomographie de la Russie publiée au nom de la Société Imperiale des Naturalistes. III Tomes. Avec 86 planches color. gr. in-4. Moscou 820—28 (Leipzig, Voss.) (I. $27^{11}/_{12}$ ₰ II. 28 ₰ III. $16^{3}/_{4}$ ₰) n. $72^{2}/_{3}$ ₰

Fischer v. Waldheim, G., Entomographie de la Russie. Tome IV. Orthoptères de la Russie. Avec 37 planches. gr. 4. (VIII u. 443 S. m. 37 Kpfrtaf., wov. 34 col.) Moscou 846, Semen. (Arlt.)

— dass. Tom. V. Lepidoptères de la Russie. (I. Nymphalides.) A. u. d. T.: Entomographia imperii Rossici Suae Caes. Maj. Nicolao I. autocratori Rossiae etc. etc. etc. dicata. Tom. V. Lepidoptera Rossica auctoribus G. Fischer de Waldheim et Ed. Eversmann. Cum 18 tab. lithogr. et col. gr. 4. (151 S.) Ebd. 851.

· - Essai sur les Monumens typographiques de J. Guttenberg, mit 6 Kpf. u. Guttenbergs Bildn. gr. 4. Mainz 802. Frankf. 805. Andreä. 3 ₰

— über die verschied. Form des Intermaxillarknochens verschied. Thiere, mit 3 Kpf. 8. Leipz. 800. Kühn. 18 gr

Fischer, Gotthelf: Ueber die verschiedene Form des Intermaxillarknochens in verschiedenen Thieren. 152 S., gbd., 3 Taf.

Leipzig: Schäfer 1800

JB 631

— naturhistor. Fragmente. 1r Bd., mit 4 Kpft. u. 1 Vign. gr. 4. Frankf. 801. Varrentrapp. 4 ₰

— genera insectorum, systematice exposita et analysi iconographica instructa. Vol. I. genera Coleopteorum. Moskau 822.

– s. A. v. Humboldt, Aphorismen.

Fischer, Gtthlf., s.: Ingen-Houss, Joh.

— lettre adressée au nom de la société impériale des naturalistes de Moscou à un de ses membres, Ms. le Doct. Pander. 8. Moskau 821.

— Lettres du Citoyen E. Geoffroy sur une nouvelle espèce de Levris, accompag. de la description d'un craniomètre de nouvelle invention. Mit 3 Kpft. 4. Mainz 804.

—— nouveaux Mémoires de la Société Imper. des Naturalistes de Moscou, s. Mémoires.

— Muséum d'Histoire naturelle de l'Université impériale de Moscou, mis en ordre et décrit etc. 1. Livrais. avec IX fig. 4. Moscou 806.

— das Nationalmuseum der Naturgeschichte in Paris ꝛc. 2 Bde. m. K. u. Chart. gr. 8. Frankf. Eßlinger. 802-803. (à 2 Thlr. 8 gr.).

— das Nationalmuseum d. Naturgeschichte in Paris, von seinem ersten Ursprunge bis zu seinem jetzigen Glanze geschildert ꝛc. 2 Bde., mit 1 Plan u. 5 Kpf. gr. 8. Frankf. 802 — 3. (Schäfer). 4 ₰ 16 gr

— Progr. Contenant la notice d'un animal fossile de Sibérie, inconnu aux naturalistes, av. II pl. 4. Moskau 811.

– Notice sur quelques Cephalopodes, siehe Bulletin de la Société Imper. des Naturalistes de Moscou. Tom 21,2.

— notice sur le Crioceras Voronzovii de Speck, siehe ebd. tome XXII, 1. partie.

— notice sur quelques fossiles du gouvernement d'Orel, siehe ebd. tome XXI, 2. partie.

— notice sur quelques fossiles de la Russie, siehe ebd. tome XXI, 1. partie.

— notice du premier monument typographique en caractères mobiles avec date connu jusqu'à ce jour. Mit 1 Kpf. 4. Mainz 804.

– Notice sur quelques poissons fossiles, siehe Bulletin de la Société Imper. des Naturalistes de Moscou. Tom. 25,1.

— notice sur la Yamantaga, idole rare du Muséum d'Histoire, naturelle et d'antiquité de l'Université impériale de Moscou. 4. Moskau 826.

— notices de fossiles de Gouvernement de Moscou. Recherches sur les Hydrophores. 4. Moskau 809.

— notices de fossiles de Gouvernement de Moscou. Recherches sur les Encrinites, les Policères, et les Ombellulaires etc., avec III pl. 4. Moskau 811.

— Ommatolampes et Trachelacanthus, genera piscium fossilium nova, in literis Eduardo ab Eichwald datis descripta. gr. 4. (8 S. m. lith. Taf.) Ebd. 851.

— onomasticon du Système d'Oryctognosie, servant de base à l'arrangement des minéraux du Muséum de l'Université impériale de Moscou. 4. Moskau 811.

– Ortholètes, genre de la fam. des Brachiopodes, siehe Bulletin de la Société Imper. des Naturalistes de Moscou. Tom. 23,1.

—— Oryctographie du Gouvernement de Moscou. (Avec 68 pls., noir. et col.) gr. in-Fol. (9½ B.) Moscou 830. (Leipsic, Voss.)

Fischer de Waldheim, Gthe., Oryctographie du Gouvernement de Moscou. gr. in-Fol. (55 B., ill. Titvign., 1 ill. Karte, Roy.-Fol., 55 schw. u. 6 ill. Kpfr.- u. Stnt., ½ gr. Fol., 2 Kpfrt., gr. Fol., u. Bildn.) Moscou 830—37. (St. Pétersbourg, Eggers et Comp.) *

– Sur un poisson fossile de la Grèce, siehe Bulletin de la Société Imper. des Naturalistes de Moscou. Tom. 23,1.

— Programme d'invitation à la séance publique de la société impériale des naturalistes. Cont. la notice d'un animal fossile de Sibérie inconnu aux naturalistes. gr. in 4. Moskau 817. (Fr. Fleischer in Leipz.) 16 gr

— Tabulae synopticae Zoognosiae. Moskau 801. Ed. II. ... Ed. III. 813.

Fischer, Gotth. Untersuchung der Fossilien des Gouvernements Moskau. (Von Encriniten, Polyceriten und Umbellulariten.) Aus dem Französ. in's Russische übersetzt von Mich. Bieliakow. Moskau. 1812. 8.

Fischer, Gotthelf: Versuch einer Bibliographie über die Respiration der Thiere. 82 S. (S.261 - 342), gbd.

Leipzig: Breitkopf & Härtel 1799
in: Cavallo, (Tiberius): Versuch über die medicinische Anwendung der Gasarten... (An essay on the medicinal properties of factitious airs... Dt.) Hrsg.von Alex(ander) Nikol(aus) Scherer. 1799

JB 6.575

— Versuch, die Papierzeichen als Kennzeichen des Alterthums anzuwenden, mit Kpf. gr.8. Nürnb. 804. (v. Ebner). 4 ℊ

— Vers. die Papierzeichen als Kennzeichen der Alterthumskunde anzuwenden. gr. 8. Nürnb. Lechner. 804.

Versuch über die Schwimmblase der Fische. Im Namen der Linneischen Societät zu Leipzig entworfen von GOTTHELF FISCHER. (Mit 1 Tafel.) Leipzig 1795. In Comm. bey Christian Gottlieb Rabenhorst. 8°.

— Versuch über die Schwimmblase der Fische. Mit 1 Kpfr. gr. 8. Leipzig 795. jetzt Voß. n. 1/3 ℛ

Fischer, Gotthelf August (Hrsg.), s. Lehmann, Johann Georg: Anweisung zum richtigen Erkennen und getreuen Abbilden der Erdoberfläche.

Fischer, Gotthelf August (Hrsg.), s. Lehmann, Johann Georg: Die Lehre der Situations - Zeichnung . . .

Fischer, Gottlieb: Am heiligen Abend, s. Roos, Mathilde.

Fischer, Glieb., am heiligen Abend, s.: Tannenzweige. 3.

Fischer, Glieb., ein Brand aus d. Feuer. Selbstbekenntnisse e. gerett. Trinkers. Mitgeteilt v. F. 4. Aufl. 12. (32 S.) Barmen (897). Elim, Buchh. d. Blauen Kreuzes. — 20

[F.] Ein Brand aus dem Feuer. Selbstbekenntnisse e. geretteten Trinkers. Mitgeteilt v. G[ottlieb] Fischer, Pastor in Barmen ... 4. Aufl. *Barmen & Bern: Agentur d. 'Blauen Kreuzes' [1898?].* (32 S.) 1 Bd 8. [98. 8340

— ein Brand aus dem Feuer. Selbstbekenntnisse e. geretteten Trinkers. Mitgeteilt v F. 5. Aufl. 12. (32 S.) Barmen (899). Elim, Buchh des blauen Kreuzes. n. — 20

Fischer, Glieb., e. Büchlein vom praktischen Christentum. gr. 16. (107 S.) Elberfeld 892. Schriftenverlag d. Westdeutschen Jünglingsbundes. — 30; geb. n.n. — 75

— e. Büchl. v. prakt. Christentum. Neue [Titel-]Ausg. gr. 16. (107 S.) Barmen (892) 896. Wupperthaler Traktat-Gesellschaft. Geb. n. — 60

[F.] Ein Büchlein vom Praktischen Christentum ... Von Gottlieb Fischer, Pastor in Barmen. Neue Ausg. *Barmen: Wupperthaler Traktat-Ges. [1897].* (1 Bl., 106 S., 1 Bl.) 1 Bd 8. [99. 6119

[F.] Ebenezer. Bilder aus d. grossen Kriege 1870 u. 71. E. Jubelbüchlein z. 25j. Wiederkehr d. grossen Kämpfe u. Siegestage f. unser liebes, deutsches Volk. Von Gottlieb Fischer, Pastor in Barmen ... *Herborn: Buchh. d. Nassauischen Colportagever. 1895.* (64 S.) 1 Bd 8. [96. 1816

Fischer G, Ebenezer. Bilder aus dem grossen Krieg von 1870/71. 3. Auflage. (64 S) Herborn 1895

— Das Evangel. d. Johannes, s.: Bibelerklärung, praktische.

Fischer, G[ottlieb]. Festspiel [für die] Aarganische Centenarfeier 1903. [Mit 5 Kopfleisten und illustriertem Titel.] II + 88 S. 8. [Aarau,] Buchdr. Aargauer Nachrichten — *Aufdruck:* Buchh. Krauss & Brack, Aarau —, [1903]. [fr. 1. —]

— Festspiel zur aargauischen Centenarfeier 1903. (88 S.) gr. 8. Aarau 903. (Sauerländer's Sort.) n. 1. 40

— Gethsemane. Ein Passionsbild. 1. u. 2. Aufl. (1.—8. Taus.) gr. 16. (48 S.) Herborn 891. 893. Buchh. d. Nass. Colportagevereins. n. — 15

— Gethsemane. Ein Passionsbild. 3. Aufl. (11.—16. Taus.) 12. (48 S. m. 1 Abb.) Ebd. 897. n. — 15; geb. n. — 50

— Gethsemane. Ein Passionsbild. 4. Aufl. 17.—21. Taus. 12. (48 S. m. 1 Abbildg.) Herborn 902. Buchh. des nass. Colportagevereins. n. — 15

— Gustav Adolf od. „Jeder Zoll e. König". — Ein Lebensbild zum 300jähr. Geburtstag des Heldenkönigs f. unser evangel. Volk. 1. u. 2. Aufl. (1.—10. Taus.) 8. (48 S. m. Abbildgn.) Ebd. 894. n. — 15

— Gustav Adolf od. „Jeder Zoll e. König". — Ein Lebensbild z. 300jähr. Geburtstag d. Heldenkönigs f. uns. evang. Volk. 4.—9. Aufl. (21.—55. Taus.) 8. (48 S. m. Abb.) Ebd. 894. 895. n. — 15

Fischer, Gottlieb (Hrsg.), s. Haus- und Weinrechen büchlein, Nützliches.

— Heil Deutschlands Kaiserin! Bilder aus dem Leben unserer Kaiserin Auguste Victoria, fürs liebe deutsche Volk gezeichnet. 1. u. 2. Aufl. 8. (48 S. m. Bildern.) Ebd. 890.91. * — 15

Fischer, G., Heil Kaiser Wilhelm. II.! Ein Kaiserbüchlein zu Kaisers Geburtstag f. Jung u. Alt. 1.—4. Aufl. 8. (32 S. m. Bildern.) Herborn 890. Buchhandlg. d. Nass. Colportagevereins. n. — 10

— dasselbe. 5. Aufl. (48 S. m. Bildern.) Ebd. 890. n. — 15

— Heil Kaiser Wilhelm II.! Ein Kaiserbüchlein f. Jung u. Alt. Mit vielen Bildern. 5. u. 6. Aufl. 16.—50. Taus. 8. (48 S.) Ebd. 892. n. — 15

— Deutschlands großer Heldenkaiser. Bilder a. d. Leben d. großen Kaisers Wilhelm I. E. Jubelbüchl. z. 100jähr. Gedächtnis f. Geburt. 4.—7. Aufl. 31.—65. Taus. 8. (64 S. m. Abb.) Herborn 897. Buchh. d. Nass. Colportagevereins. n. — 20

Fischer, Glieb., unser Kaiserpaar. Der deutschen Jugend u. dem deutschen Hause gewidmet. 1.—7. Aufl. (1.—50. Taus.) (à 80 S. m. Abbildgn.) 8. Herborn 906. Buchh. des nass. Colportagevereins. n. — 25

— Kämpfe u. rette! Allerlei z. Nachsinnen f. uns. liebes Volk. I—III. 12. (à 32 S.) Barmen 897. Elim, Buchh. d. Blauen Kreuzes. à — 15
I. Alle Mann auf Deck. 4. Aufl.
II. An deine Adresse. 4. Aufl. (Mit 1 Bild.)
III. Für mich? 2. Aufl. (M. 5 Bild.)

[Umschlagt.:] [F.] Kämpfe und rette! ... Allerlei z. Nachsinnen f. unser liebes Volk v. Gottlieb Fischer, Pastor in Essen a. d. R. [No] I—III. *Barmen & Bern: Agentur d. Blauen Kreuzes [1898?].*
I. Alle Mann auf Deck ... 4. Aufl. (32 S.)
II. An Deine Adresse ... 4. Aufl. (32 S.)
III. Für mich? ... 2. Aufl. (32 S.) [98. 8340

— Kämpfe u. rette! Allerlei zum Nachsinnen f. unser liebes Volk. I., II., IV. u. V. 12. (à 32 S.) Bern. Barmen, Elim, Buchh. des blauen Kreuzes. à — 15
I. Alle Mann auf Deck. 5. Aufl. (899.) — II. An deine Adresse. 5. Aufl. (Mit 1 Bild) (899.) — IV. Was wir wollen! (899.) — V. Gestrandet — gerettet! (899).

Kämpfe und rette! Allerlei zum Nachsinnen f. unser liebes Volk. Hrsg. von Gottlieb Fischer, Pastor in Essen a. d. R. 5. Aufl. 1—3. *Barmen: Elim; Bern: Agentur d. Blauen Kreuzes [1900].* 3 Bde 8° [Umschlagt. F.]
1. Alle Mann auf Deck! 2. An Deine Adresse. 3. Für mich? [00. 4750 B

— Curt v. Knobelsdorff. Ein Edelmann v. zwiefachem Adel. Lebensbild. (2. Aufl.) (IX, 478 S. m. Abbildgn. u. 1 Bildnis.) 8. Ebd. (907). Geb. in Leinw. 4. —

— dasselb. (Volksausg.) (IX, 478 S. m. 27 Abb. u. 1 Taf.) 8. Ebd. Geb. in Leinw. 2.—

— das Blaue Kreuz. E. Stück inn. Missionsarbeit. Allen, d. Jesum lieb haben, z. ernsten Erwägg. 3. Aufl. 31.—40. Tauf. 12. (15 S.) Ebd. (897). — 05

[F.] Das Blaue Kreuz. E. Stück innerer Missionsarbeit ... Von Gottlieb Fischer, Pastor in Essen '(Ruhr)'. 3. Aufl. ... *Barmen & Bern: Agentur d. Blauen Kreuzes [1898?].* (15 S.) 1 Bd 8. [98. 8343

— Das Blaue Kreuz. Ein Stück innerer Missionsarbeit. Allen, die Jesum lieb haben, zur ernsten Erwägg. 4. Aufl. 41.—50. Tauf. 12. (15 S.) Ebd. (899). — 05

— das Blaue Kreuz. Ein Stück innerer Missionsarbeit. Allen, die Jesum lieb haben, zur ernsten Erwägung. 5.—7. Aufl. 51.—65. Tauf. (16 S.) 8. Barmen (904). Elim, Buchh. des Blauen Kreuzes. n.n. — 05

— Königin Luise. Eine Landesmutter nach d. Herzen Gottes. Ein Bild u. Vorbild f. jung u. alt, zu ihrem 100-jähr. Todestage gezeichnet. 1—47. Tauf. (Je 48 S. m. Abbildgn.) 8. Herborn 910. Buchh. d. nass. Colportagevereins. p — 20

Fischer, G[ottlieb]. Arnold von Melchtal. Festdrama in 3 Akten. [Mit illustriertem Umschlag.] 90 S. 8. Aarau, H. R. Sauerländer & Co., 1907. [fr. 1.80]
(... auf das eidg. Turnfest 1906 in Bern mit dem ersten Preis ausgezeichnet.)

Arnold von Melchtal. Drama in 4 Akten von G[ottlieb] Fischer. Aarau: Sauerländer 1910 (1911). 119 S. 8°
(Bibliothek vaterländischer Schauspiele. 91/92.) [10. 17607

Fischer, Glieb., Georg Müller. Ein Blick in die Welt d. Glaubens u. d. Gebets. 16. (50 S. m. 1 Bildnis.) Herborn 892. Buchh. d. Nass. Colportagevereins. n. — 20

— Georg Müller. Ein Blick in die Welt des Glaubens u. des Gebets. 2. völlig umgearb. u. erweit. Aufl. 4.—8. Tauf. 12. (149 S. m. 1 Bildnis.) Herborn 900. Buchh. des nass. Colportagevereins. n. — 60; in Bibliotheksbd. n. — 90; eleg. geb. n. 1.—

Fischer, Gottlieb. Der junge (Friedrich) Schiller. Ein bescheidener Beitrag zur hundertjährigen Wiederkehr seines Todestages. 13 S. 8.
Bericht über die Städtischen Schulen in Aarau. Schuljahr 1904-05. Aarau, A. Villiger-Amsler, Ostern 1905. (Beilagen: [3].)

— dasselbe, s. a. Bibliothek vaterländ. Schauspiele. 73, 74.

Fischer, G[ottlieb]. Kardinal Schinner. Drama in 5 Akten. 150 S. 8. Aarau, H. R. Sauerländer & Co., 1901. (fr. 2.—)
(Bibliothek vaterländischer Schauspiele. 73/74.)

Fischer, Gottlieb. Das Schloss am Meer. Drama in vier Akten. 140 S. 8. Stuttgart und Berlin, J. G. Cotta Nachfolger, 1907. (M. 2.—, geb. 3.—)
Verf. ist Schweizer (Dichter des Festspiels zur Aarg. Centenarfeier 1903).

— Selig sind, die da leidtragen, s.: Christblumen.

– Selig sind die da leidtragen, s. Roos, Mathilde.

— Selig sind, die da leidtragen, s.: Tannenzweige. 2.

Fischer, Glieb., Siehe, wie hat ER ihn so lieb gehabt! An der Bahre u. am Grabe des Oberstleutnants a. D. Curt v. Knobelsdorff. Hrsg. im Auftrag des Zentralvorstandes des Blauen Kreuzes. (32 S. m. 1 Bildnis.) gr. 8. Barmen (904). Elim, Buchh. des Blauen Kreuzes. n. — 30

— Charles Haddon Spurgeon. Ein Prediger nach dem Herzen Gottes. 12. (112 S. m. Bildnis.) Ebd. 892. n. — 30; geb. n. — 75

— Und d. christl. Gemeinde? E. ernstes Wort in Sachen d. Trinksitte u. d. Trunksucht. (16 S.) 8. Barmen (907). Buchh. d. Blauen Kreuzes. 20

Und die christliche Gemeinde? Ein ernstes Wort in Sachen d. Trinksitte u. d. Trunksucht von Gottlieb Fischer, Pastor in Essen ⟨Ruhr⟩. Barmen: Buchh. d. Blauen Kreuzes [1908]. (16 S.) 8° [F.] [08. 8828

– M. Nathusius

— — Clara Hagen, Verloren u. Wiedergefunden, s. a. Christblumen.

[F.] Verloren und wiedergefunden. Erzählgn v. G[ottlieb] Fischer, M[arie] Nathusius, Clara Hagen. M. 4 Bild. *Barmen: Wupperthaler Traktat-Ges. [1897].* (70 S. einschl. Titelb., 3 Taf.) 1 Bd 8.
= Christblumen. Bdch. 1. [97. 5730

Fischer, Glieb., Elisabeths Vermächtnis, s. a. Tannenzweige.

[F.] Elisabeths Vermächtnis. Aus d. Leben e. Frühvollendeten. Mitgeteilt v. Gottlieb Fischor ... 2. Aufl. ... *Barmen: Wupperthaler Traktat-Ges. (1898).* (32 S.) 1 Bd 8. [90. 6130

— Elisabeths Vermächtnis. Aus dem Leben einer Frühvollendeten. 2. Aufl. (4.—6. Tauf.) 12. (32 S.) Barmen 899. Wupperthaler Traktat-Gesellschaft. n. — 15

— Heinrichs Weihnachtsgeschenk, s.: Hagen, Clara.

— M. Nathusius u. a., d. armen Witwe Weihnachtsreise, s. a. Christblumen.

[F.] Der armen Witwe Weihnachtsreise. Erzählgn v. G[ottlieb] Fischer, M[arie] Nathusius u. a. M. 5 Bild. *Barmen: Wupperthaler Traktat-Ges. [1897].* (70 S. einschl. Titelb., 3 Taf.) 1 Bd 8.
= Christblumen. Bdch. 2. [97. 5730

Mein letztes Glas Wein. Wie einer ohne es zu wissen und zu suchen zum 'Blauen Kreuz' kam. Von P. G[ottlieb] Fischer-Essen. (2. Aufl.) (Barmen: Elim [um 1905].) (15 S.) 8°
Aus: Taten Jesu in unseren Tagen. [08. 8839

— Mein letztes Glas Wein. Wie einer, ohne es zu wissen u. zu suchen, zum „Blauen Kreuz" kam. (2. Aufl. 4—8. Tauf.) [Aus: „Taten Jesu in unseren Tagen".] (15 S.) 8. Ebd. (906). — 15

— Vater Wichern. Ein Jubelbüchlein z. sein. 100jähr. Geburtstage. (32 S. m. Abbildgn.) 8. Herborn 908. Buchh. d. nass. Colportagevereins. — 15

Fischer, Gottlieb Eusebius, s. Fischer, Gottlob Eusebius

(—). Sr. Hochehrwürden d. Herrn Pastor M. Gottl. Euseb. Fischer bei seinem Abgang von Wurzen hochachtungsvoll u. dankbar geweiht von K. A. I. G. Wurzen, 5. VIII. 1810. 2 Bl. (2.50) 8921

Fischer, Gottlob Eusebius
Pseud.: Paul Gerhard(t)

Fischer, Gtlo. Euseb., über d. verschied. Ansichten d. Christen von Bibel u. Bibellehre, s. Dinter, Gust. Fr., d. Bibel als Erbauungsbuch, 5. Bd.

—— christliche Betstunden, oder: biblisches Erbauungsbuch zum Gebrauche in kirchlichen und häuslichen Andachtsstunden. 1—3. Abthl. (à 2 Lfgn.) gr. 8. (71 B.) Neustadt a. d. O. 834, 35, Wagner. à Abthl. 1 Thlr.

Fischer, Gtlo. Euseb., christl. Betstunden, od. bibl. Erbauungsb. z. Gebr. in kirchl. u. häusl. Andachtsstunden. 1—4. Abthl. Neues Testament. 4 Thle. à 2 Lfg. 2., verm. u. verb. Aufl. gr. 8. (94 B.) Neustadt a. d. O. 840, 41, Wagner. *

—— dass. — 5. Abthl. Altes Testament. 1. Thl. (2 Lfgn.) gr. 8. (25 1/8 B.) Ebds. 839, 41.

Fischer, Gottl. Euseb., christliche Betstunden: od.: bibl. Erbauungsbuch. 6. u. 7. Abthl. à 2 Lfgn. Altes Testament. 2. u. 3. Thl. gr. 8. ($14\frac{1}{2}$ B.) Neustadt a. d. O. 843, 45, Wagner. *

1—4. Abthl. (Neues Testam.) 1840, 41. * 3 Thlr. $17\frac{1}{2}$ Ngr. — 5. Abthl. (Neues Testam.) 1. Thl. Ebendas. 1839, 41. * 1 Thlr. 15 Ngr.

Fischer, Glob. Euseb., christliche Betstunden oder bibl. Erbauungsbuch für häusl. und öffentl. Gottesverehrung. Neue, wohlf. (Titel-)Ausg. in 3 Bdn. 1. Abthl. in 1 Bd.: Altes Testament. 8. (XII und 1101 S.) Leipzig 852, Bethmann.

—— dass. — 2. Abthl. in 2 Bdn.: Neues Testament. 2., verm. und verb. Aufl. Neue, wohlf. (Titel-)Ausg. 8. (XVIII und 1478 S.) Ebds. 852.

—— die Bibel als Erbauungsbuch, s. Dinter, Gust. Fr.

– s. Bulletin de la Société Imper. des Naturalistes.

Fischer, Gli. Euf., Empfehlung einer freundl. Behandlung d. religiösen Angelegenheiten. Eine Synodalpredigt, gehalten zu Ziegenrück. gr. 8. Neust. a. d. O. 818, Wagner. 3 gl

— die falschen Erwartungen von der Wirksamkeit d. Volksschulen, geprüft. gr. 8. Eisleben 835. Reichardt, jetzt Hermes in Berlin. $\frac{1}{6}$ ℛ

— von den eigenthüml. Freuden d. Alters. 4. Leipz. 798.

Fischer, Gl. Euf., die sächsische Geistlichkeit vor den Schranken der Landesvers. 1805. 8. Dresd. Walther. 805.

— d. sächs. Geistlichkeit vor d. Landesversammlung 1805. 8. Dresd. 805. (Weygand in Leipz.) 4 gl

— Grundsätze, welche bei Abfassung eines neuen Landeskatechismus zu berücksichtigen sein möchten. 8. Halle 821. Schwetschke u. S. 3 gl

— Gustav, oder d. Pädagog. Eine Geschichte f. Kinder, um sie über den Werth d. Dinge zu belehren. Mit 4 Kpf. 8. Lpz. 795. Leo. 21 gl

— Gustav oder der Pädagog, lies: Papagei, s. Thl. II. S. 220.

Fischer, (Gottl. Euf.,) vollständ. Handbuch d. Naturgeschichte d. Säugthiere rc. 4 Thle. Mit 56 Kupf. gr. 8. Leipz., Franz, jetzt Marx in Carlsruhe. 3 Rthl. 8 gr. illum.

Vollständiges Handbuch einer technologischen und ökonomischen Naturgeschichte...-([Verf.:] Gottlob Eusebius Fischer). Th. 1. Leipzig: Beygang 1800. 8

Th. 1: Thierbeschreibung. Bd 4. 1800.

Bd 4: Beschluß der Säugthiere, nebst Zusätzen zu den ersten Bänden u. e. Abhandlung über den Unterricht in der Naturgeschichte. 1800.

— u. P. G. Fischer vollständiges Handb. einer technol. u. ökon. Naturgeschichte. m. K. 1r Bd. gr. 8. Leipz. Beygang. 802.

— d. Heil d. Völker geht vom Fürsten aus. Eine Predigt. gr. 8. Leipz. 809. (Arnold in Dresd.) 4 gl

— Homilien. Ein Erbauungsbuch für Christen. 8. Leipz. 796. Andrä. 12 gl

— Homilien. Ein Erbbuch für Christen. 8. Leipz. Bauer. 796.

—— kirchl. Katechisationen üb. d. Sonn- u. Festtags-Evangelien d. ganzen Jahres. 4 Bdchn. 8. (63 B.) Neustadt a. d. O. 828—31, Wagner. à 12 Gr.

—— kirchl. Katechisationen üb. d. Sonn- u. Festtags-evangelien d. ganzen Jahres. 1. Bdchn. 2., verb. u. mit e. Abhandl. üb. d. Katechisiren verm. Aufl. 8. (16 B.) Neustadt a. d. O. 836, Wagner.

2—4. Bdchn. Ebendas. 1829—32. 1 Thlr. 12 Gr.

— Katechisationen über ausgewählte Stellen der heil. Schrift; als prakt. Anleitung zum Katechisiren. 1r u. 2r Bd. 8. Eisleben 839, 40. Reichardt, jetzt Hermes in Berlin. (à $\frac{5}{6}$ ℛ) $1\frac{2}{3}$ ℛ

Fischer, Gtlo. Euseb., das Lied von e. edlen Könige. Predigt am Geburts- u. Huldigungsfeste Sr. Maj. Friedrich Wilhelm IV. am 15. Oct. 1840 gehalten. gr. 8. (1 B.) Sangerhausen 840, Rohland. Thlr.

— s. Luther, Dr. M., Katechismus.

– s. Mémoires, nouv., de la Société Imper. des Naturalistes.

Fischer, (Gottl. Enseb.,) kleine Naturgesch. d. Säugthiere. Mit Kupf. gr. 8. Leipzig. Marx in Carlsruhe. 16 gr. illum. Rthlr.

— kleine technolog. und ökonomische Naturgeschichte der Säugthiere. Zum Schulgebrauch mit 30 illum. Abbildungen. Neue Ausgabe. gr. 8. Leipzig, Franz. 817. schwarz illum.

— Natur- u. Menschen-Leben. s. Natur- u. Menschen-Leben.

– s. Neuigkeiten, denkwürdige.

— die Offenbarung Gottes, ein Handbuch d. Religion für die evangelisch-christliche Jugend. 8. Halle 823, Hemmerde u. S.

— d. Offenbarung Gottes, ein Handbuch d. Religion für d. evang.-christl. Jugend. 8. Halle 823. Schwetschke u. S. 8 gl

—— Prediger-Bibel, s. Prediger-Bibel.

— d. Predigerschule. Wünsche u. Vorschläge z. e. neue Anstalt, die Ausbildung d. Prediger betreff. gr. 8. Leipz. 809. Beygang. 6 gl

— christliches Predigtbuch auf alle Sonn- u. Festtage d. Jahres, für Familien u. Kirchen. 2 Bde. in 4 Hften. gr. 8. Sangerhausen 836. Dittmar, jetzt Rohland. $2\frac{2}{3}$ ℛ

—— Predigt-Entwürfe üb. freie Texte auf alle Sonn- u. Festtage, in e. doppelten planmäß. Jahrgange. 3 Thle. 8. Eisleben. [Berlin, Hermes.] [1. (13 B.) 835. $\frac{3}{4}$ Thlr., 2. (12 B.) 836. $\frac{3}{4}$ Thlr., 3. (7 B.) 840. $\frac{1}{2}$ Thlr.]

— d. Probe christl. Sinnes in d. Zeit d. Hungersnoth. Eine Predigt. 8. Neust. a. d. O. 817. Wagner. 3 gl

—— die göttlichen Prüfungen in der Zeit der Theuerung. Predigt am 2. Adventssonntage 1846. 8. (1 B.) Eisleben, Reichardt.*

— d. christl. Religion ist Religion d. Herzens. Eine Predigt. gr. 8. Leipz. 802. Martini. (Knobloch). 4 gl

—— Schullehrer-Bibel, s. Schullehrer-Bibel.

– s. Neues Testament.

—— woher wird uns d. Muth, Christen zu sein nach Jesu Sinn u. Gebot? Eine Predigt. gr. 8. ($1\frac{1}{2}$ B.) Halle 830, Buchh. d. Waisenhauses.

GERHARD, D. Paul (d. i. *Gottlob Euseb. Fischer*, D. philos. u. Superint. zu Sangerhausen, geb. 1769 zu Golzen in d. Niederlausitz), Worte des Trostes für Weiber, welche schlechte Männer haben; in moralischen Vorlesungen. Leipzig, b. Johann Gottlob Heinrich Richter. 1798. 8°. ($\frac{1}{2}$ Rthl.) 151 S. ($\frac{1}{3}$ Rthl. Lippert in Halle, vor 1870.)

Haydinger's Bibl. I. 2. Wien 1876. No. 588; Bibl. Bülov. I. 1. p. 152.

—— die Wunder meines Lebens. gr. 8. ($9\frac{3}{4}$ B.) Neustadt a. d. O. 834, Wagner.

GV38
18

Fischer, Glo. Nath., († d. 20. März 1800.) Beitr. zur Verbess. d. öffentl. Gottesdienstes, s. J. A. Hermes.

— s. a. Blätter, fliegende.

Fischer, G. N., fliegende Blätter für Freunde der Toleranz rc. 1s–4s H. ft. 8. Braunschw. Vieweg. 783.

— s. Blätter, Halberstädter.

— s. Briefe e. teis. Engländers über d. baier. Angelegenheiten, u. irse hinzu (von Glo. N. Fischer).

— freimüthige Briefe über Religionsvereinigung. 2e A. (d. 1e A. anonym Dessau 782.) 1s Bdch. 8. Berl. 787. Maurers B. 6 gr.

Bürger, Der, an den Kriegsmann. [Halberst. 1800.] V: *Fischer, Gottlob Nathanael.* (ML)

Fischer, G. N. (Hrsg.), s. Calendarium Musarum Latinum anni 1786.

— Catalogus librorum, quos ex omni eruditionis genere, notas litterar. adj. atque praefat. est C. F. B. Augustin. 8maj. Halberst. 803.

— von d. Halberstädt. Domschule. 7 Stcke. 8. Halberst. 783—90.

— Florilegium Latinum, anni aerae Christianae 1786. 8. Leipz. 785. (W. Vogel). 16 gr.

G. N. FISCHER, Friedrich der Beschützer der Wissenschaften — Eine Vorlesung in der litterarischen Gesellschaft zu Halberstadt den 25. Januar 1786. Berlin, bei Friedrich Maurer. 8°.

— Friedrich, d. Schutz d. Freiheit, ein Hymnus. gr. 8. Berl. 789. Academ. B. 4 gr.

— erste Geburtsfeier Friedrich Wilhelm II. gr. 8. Berl. 787. Maurers B. 3 gr.

— Geschichte d. Domschule zu Halberstadt, als Anhang zu J. W. Streithorst's Geschichte d. evangel. Gottesdienstes rc. 8. Halberst. 792.

— s. J. Gleim, Carmina latina.

— d. Huldigung d. Herzens. 4. Halberst. 786.

— s. Dn. Jenisch, diis manibus Josephi II.

— s. Journal, Berliner, für Aufklärung.

— s. Monatsschrift f. Deutsche.

— G. N., Nachrichten von der Halberstädtischen Domschule. Erstes Stück. Halberstadt 1784. 63 Seiten mit Namen u. Biographien von Schülern. (4.50) 8924

— s. Quid est Papa?

— auserlesene Schriften, gesammelt u. herausg. v. C. F. B. Augustin. 1r Bd. (A. u. d. T.: Fischers auserles. Gedichte.) 8. Halberst. 805. Groß. 1 Thlr 20 gr.

— über Friedrich des Einzigen Tod. gr. 8. Berl. 786. Maurers B. 2 gr.

Fischer, Gr., die doppelte Buchhaltung. Ein methodischer Leitfaden für Real- u. Bürgerschulen, für Handelslehranstalten u. für den Selbstunterricht. Mit einer grösseren Anzahl Uebungsaufgaben. gr. 8. (VIII, 147 S.) München 877. Oldenbourg. n.n. 2. —

Fischer, Gr., die doppelte Buchhaltung. Ein method. Leitfaden für Real- und Bürgerschulen, für Handelslehranstalten und für den Selbstunterricht. Mit einer grösseren Anzahl von Uebungsaufgaben. gr. 8. (VIII, 147 S.) München 877, kgl. Central-Schulbücher-Verlag. **

Fischer, Gr., über Faulbrut und ihre Heilung, oder Beiträge zur Anatomie und Physiologie der Biene. gr. 4. (IV, 46 S. mit 28 Fig. auf 1 lithogr. Taf. in gr. Fol.) Nördlingen 871, Beck'sche Buchh.
Aus: Bienenzeitung, besonders abgedruckt.

Fischer, Gr., größeres Lesebuch für Sonntags- und Fortbildungsschulen. 2 Thle. 1. und 2. Aufl. 8. (216 S.) München 878,79, kgl. Central-Schulbücher-Verlag. geb. **
Kleine Ausg. (166 S.) geb. **
Inhalt.
Thl. 1. Landwirthschaft und Gewerbe, Handel und Verkehr.
2. Geographie, Geschichte und Naturkunde.

— größeres Lesebuch f. Sonntags- u. Fortbildungsschulen. 2 Tle. in 1 Bde. 4. Aufl. 8. (168 u. 216 S. m. 6 Kartenskizzen u. 4 Abb.) Ebd. 895. n.n. 1. 10; geb. in Leinw. n.n. 1. 45

— kleines Lesebuch f. Sonntags- u. Fortbildungsschulen. 5., der amtlich eingeführten Rechtschreibg. angepaßte Aufl. 8. (168 S.) Ebd. (900). n.n. — 55; geb. n.n. — 70

—— Lesebuch für die Mittel- und Oberklassen der bayerischen Volksschulen. 2 Thle. 1.—8. Aufl. Ebendas. 878,79. geb. *
Beide Thle. zusammen geb. *
Inhalt:
Thl. 1. Sprachmustersammlung. (168 S. mit 3 Abbild. in Holzschn.) geb. ** 57 Pf.
" 2. Weltkunde. (216 S. mit 6 Kartenskizzen und 4 Abbild.) geb. ** 67 Pf.

—— Fragenheft zum Lesebuch für die Mittel- und Oberklassen der bayerischen Volksschulen. Zur Selbstbeschäftigung der Schüler. [Ein Auszug aus den „Materialien". 1. Thl. 8. (48 S.) Ebendas. 879. **

Fischer, Gr., Lesebuch für die Mittel- und Oberklassen der bayerischen Volksschulen. 2 Teile. 9., der amtlich eingeführten Rechtschreibung angepaßte Aufl. 8. München 880, Expedition des k. Zentral-Schulbücherverlags. **
geb. in Leinw. **
geb. in 1 Leinwbd. **
Fragenheft dazu, 2. Aufl. (48 S.) cart. **
Inhalt:
Tl. 1. Sprachmustersammlung. (168 S. mit 3 eingedr. Bildern in Holzschn.) ** 50 Pf.; geb. in Leinw. ** 80 Pf.
" 2. Weltkunde. (216 S. mit 4 eingedr. Bildern in Holzschn. und 6 Kartenskizzen.) ** 60 Pf.; geb. in Leinw. ** 90 Pf.

Fischer, Gr. Lesebuch f. die Mittel- u. Oberklassen der bayer. Volksschulen. 2 Tle. 8. Münch. 892, Oldenbourg. ** 1 10
geb. in 2 Bdn. ** 1 40; in 1 Hlbleinwbd. ** 1 30
geb. in 1 Leinwbd. ** 1 45; in 1 Hlblrbd. ** 1 50
1. Sprachmustersammlung. Mit 3 Holzschn. 27. Aufl. (168 S.) ** — 50.
2. Weltkunde. Mit 6 Kartenskizzen u. 4 Abbildgn. 25. Aufl. (216 S.) ** — 60.

Fischer, Gr., Lesebuch f. die Mittel- u. Oberklassen der bayerischen Volksschulen. 2 Tle. 8. München 894. R. Oldenbourg, Abteilg. f. Schulbücher. n.n. 1. 10; Einbde. in Halbleinw. à n.n. — 15; in Leinw. n.n. — 30; in 1 Halbleinw.-Bd. n.n. 1. 30; in 1 Leinw.-Bd. n.n. 1. 45
1. Sprachmustersammlung. Mit 3 Bildern in Holzschn. 29. Aufl. (168 S.) n.n. — 50
2. Weltkunde. Mit 6 Kartenskizzen u. 4 Abbildgn. 26. u. 27. Aufl. (216 S.) n.n. — 60

Fischer, Gr., Lesebuch f. d. Mittel- u. Oberklassen d. bayer. Volksschulen. 2 Tle. 8. München, R. Oldenbourg, Abteilg. f. Schulbücher. n.n. 1. 10; Kartonnagen à n.n. – 15; Einbde in Leinw. à n.n. — 30; in 1 Bd. kart. n.n. 1. 30; in 1 Leinw.-Bd. n.n. 1. 45
1. Sprachmustersammlg. M. 3 Bildern in Holzschn. Ster.-Dr. d. 28. Aufl. 33. Aufl. (168 S.) 898. n.n. - 50
2. Weltkunde. M. 6 Kartenskizzen u. 4 Abb. Ster.-Dr. d. 25. Aufl. 29. Aufl. (216 S.) 896. n.n. — 60

Fischer, Gr., Lesebuch f. die Mittel- u. Oberklassen der bayer. Volksschulen. 2 Tle. 8 München (902). R. Oldenbourg. n.n. 1. 10; Kartonnagen à n.n. — 15; Einbde. in Leinw. à n.n. — 30; in 1 Bd. kart. n.n. 1. 30; in 1 Leinw.-Bd. n.n. 1. 45
1. Stoffmustersammlung. Mit 3 Bildern in Holzschn. Ster.-Dr. der 28. Aufl. 38 Aufl. (168 S.) n.n. — 50
2. Weltkunde. Mit 6 Kartenskizzen u. 4 Abbildgn. Ster.-Dr. der 25. Aufl. 35. Aufl. (216 S.) n.n. — 60

Fischer, Gr., Lesebuch für die Mittel- u. Oberklassen der bayerischen Volksschulen. 2 Tle. 8. München (904). R. Oldenbourg. n.n. 1. 10; Kartonnagen à n.n. — 15; Einbde. in Leinw. à n.n. — 30; in 1 Bd. kart. nn. 1. 30; in 1 Leinw.-Bd. n.n. 1. 45

1. Stoffmustersammlung. Mit 3 Bildern in Holzschn. Ster.-Dr. der 28. Aufl. 41. Aufl. (168 S.) n.n. — 50
2. Weltkunde. Mit 6 Kartenskizzen u. 4 Abbildgn. Ster.-Dr. der 25. Aufl. 37. Aufl. (216 S.) n.n. — 60

—— Lesebuch f. die Unterklassen der bayer. Volksschulen. 25. Aufl. 8. (160 S. m. Bild.) Ebd. 892. ** — 55; geb. in Hlbleinw. ** — 70 in Leinw. ** — 85; geb. in Hlbldr. ** — 90
Vgl. Bauer, Adf. Sprachbüchlein f. Elementarschüler.

— Lesebuch f. die Unterklassen der bayerischen Volksschulen. 29. Aufl. 8. (160 S. m. Bildern.) Ebd. 894. n.n. — 55; Einbd. in Halbleinw. n.n. — 15; in Leinw. n.n. — 30

— dasselbe f. d. Unterklassen. Ster.-Dr. d. 27. Aufl. 36. Aufl. 8. (160 S. m. Abb.) Ebd. 898. n. — 55; kart. n.n. — 70; geb. in Leinw. n.n. — 85

— Lesebuch f. die Unterklassen der bayer. Volksschulen. Ster.-Dr. der 27. Aufl. 43. Aufl. 8. (160 S. Abbildgn.) Ebd. (902). n.n. — 55; kart. n.n. — 70; geb. in Leinw. n.n. — 85

— Lesebuch f. die Unterklassen der bayerischen Volksschulen. Ster.-Dr. der 27. Aufl. 51. Aufl. (160 S. m. Abbildgn.) 8. Ebd. (905.) n.n. — 55; kart. n.n. — 70

Fischer, Gr., Leseb. f. die Unterklassen d. bayer. Volksschulen. 61. unveränd. Aufl. (160 S. m. Abbildgn.) 8. München (910). R. Oldenbourg. nn — 55; geb. nn — 75

—— Joseph Lutz, Lehrer an der städtischen Volksschule und am königl. Schullehrer-Seminar in Würzburg. Eine biograph. Skizze mit Beiträgen zur Geschichte des Volksschulwesens und der Lehrerbildung in Unterfranken. gr. 8. (31 S. mit Portr. in Holzschn.) Würzburg 880, (Stahel'sche Universitäts-Buchh.) *

— Materialien zur Behandlung des Lesebuches für die Mittel- u. Oberklassen der bayerischen Volksschulen. Eine Sammlung von Fragen, Aufgaben u. Erläutergn. nebst gegenüberstehendem Lesebuchtext zum Gebrauche des Lehrers, bearb. vom Hrsg. des Lesebuches. 1. Thl. 8. (LVI, 320 S.) München 879. Expedition des königl. Zentralschulbücher-Verlags. n.n. 4. 50

Fischer, Gregor und Köppner, Friedrich Der gestirnte Himmel. Versuch einer Übersetzung der Phaenomena Aratea des Rufus Festus Avienus. 8 (S. 3—32).
Progr. Communal-Oberg. *Komotau* 1893.

Fischer, Gregor: Der gestirnte Himmel. Versuch einer Übersetzung der Aratea des Rufus Festus Avienus. (V. 930 — Schluß.) (Umschlagtitel: . . . Avienus.) 8 (S. 3—28).
Progr. Communal-Oberg. *Komotau* 1896.

Fischer, Gregor: Französische Lesestücke für Anfänger. 8 (S. 3—50).
Progr. Communal-Oberg. *Komotau* 1900.

*Fischer, Gregor: Genuina narratio tragicae praecipitationis etc. (Der Prager Fenstersturz.) I. Teil. Manuskript des Stiftes Ossegg, herausgegeben von G. F. 35 S. 8. Schluß. S. 3 bis 44. 8. Progr. Kommunal-Ober-Gymn. *Komotau* 1905. 1906.

*Fischer, Gregor: Eine Reise durch Frankreich. S. 3—66. 8. (Schluß.) S. 3—47. 8. Kommunal-Obergymn. *Komotau* 1903. 1904. Progr.

Fischer, Gregor „Geschichtlicher Rückblick auf die Entstehung der Gewerbschule in Kitzingen". pg. 7—12. 4°. E. F. Schubert.
Kitzingen, Progr. 1871/72

Fischer, Guido, Bau u. Entwickelung d. Mundhöhle d. Menschen unter Berücks. d. vergleich. Anatomie d. Gebisses u. m. Einschluss d. speziellen mikrosk. Technik. Lehrb. f. Zahnärzte, Ärzte u. Studierende. (X, 486 S. m. 340 Abb. u. 18 z. Tl. farb. Taf.) Lex.8. Leipzig 909. Dr. W. Klinkhardt. 16.—; geb. n 17.30; in Halbfrz. n 18.50

Fischer, Guido, Beitr. z. Behandlg. erkrankter Zähne m. besond. Berücks. d. Anatomie u. Pathol. d. Wurzelkanäle, s.a. **Zahnheilkunde, deutsche, in Vorträgen. Hft. 4. 5.**

Beiträge zur Behandlung erkrankter Zähne mit besond. Berücks. d. Anatomie u. Pathologie d. Wurzelkanäle von Privatd. Dr. Guido **Fischer**, Greifswald. Mit 1 Textabb. u. 5 Taf. Leipzig: G. Thieme 1908. (67 S.) 4°(8°)
= **Zahnheilkunde**, Deutsche, in Vorträgen. [N. F.] H. 4/5. [08. 8830

Beiträge zum Durchbruch der bleibenden Zähne und zur Resorption des Milchgebisses nebst Untersuchungen über d. Genese d. Osteoklasten u. Riesenzellen. Von Guido **Fischer**, [Privatd.,] Greifswald. Mit 27 Textfig. u. 38 Fig. auf d. Taf. 51/64. (Wiesbaden: Bergmann 1900.) S. 617–725. 8°
(Anatomische Hefte. H. 116.) [09. 15378 B

— s.a. **Ergebnisse d. gesamten Zahnheilkunde.**

— u. Fel. Landois, zur Histologie d. gesunden u. kranken Zahnpulpa m. besond. Berücks. ihrer harten Neugebilde, s.a. **Zahnheilkunde, deutsche, in Vortr. 7—9. Hft.**

Zur Histologie der gesunden und kranken Zahnpulpa mit besond. Berücks. ihrer harten Neugebilde von Dr. Guido **Fischer**, Privatd., Greifswald, u. Dr. Felix Landois, Assist., Breslau. Mit 9 Textfig., 9 Taf., 32 Zeichnungen u. 24 Mikrophotogr. Leipzig: G. Thieme 1908. (70 S.) 4°(8°)
= **Zahnheilkunde**, Deutsche, in Vorträgen. H. 7/9. [08. 17900

Fischer, Guido, vergleichend-anatomische Untersuchungen üb. den Bronchialbaum der Vögel, s.a. **Zoologica. 45. Hft.**

Fischer, Guido, prakt. Zahnarzt in Hannover: Vergleichend-anatomische Untersuchungen über den Bronchialbaum der Vögel. Mit 3 lithographischen und 2 Lichtdrucktafeln, sowie 2 Textfig. Stuttgart: E. Nägele 1905. (40 S.) 4° ¶ (Aus: Zoologica H. 45.)
Leipzig, Phil. Fak., Ref. Chun u. Pfeffer, Diss. v. 13. Juli 1905
[Geb. 22. Okt. 77 Dresden; Wohnort: Hannover; Staatsangeh.: Sachsen; Vorbildung: Gymn. Schneeberg Reife f. Prima O. 97; Studium: Berlin 7, Leipzig 3 S.; Rig. 14. Juli 04.]

Fischer, Gust., Johann Tobias Beck, ein Arzt für den geistigen Schaden seiner u. unserer Zeit. (80 S.) 8. Stuttgart 905. M. Kielmann. n. — 50
Sonderabdruck aus:

Fischer, Gust., die sociale Bedeutung der Maschinen in der Landwirtschaft, s.a. **Forschungen, staats- u. socialwissenschaftliche. XX. 5.**

Fischer, Gustav, aus Berlin: Die sociale **Bedeutung** der Maschinen in der Landwirtschaft. *(Altenburg) 1902: (Pierer).* (37 S.) 8° ¶ [Erschien vollst. 1902 als: Schmollers Staats- u. socialwiss. Forschungen, Bd 20, H. 5.]
Berlin, Phil. Diss. v. 30. Apr. 1902

Die sociale Bedeutung der Maschinen in der Landwirtschaft. Von Gustav **Fischer**. *Leipzig: Duncker & Humblot 1902.* (66 S.) 8°
= **Forschungen**, Staats- u. socialwissenschaftl. Bd 20, H. 5. [09 6108

Fischer, Gustav [aus Coblenz]: Beiträge zur Kenntniss des Geotriton fuscus. . . . (Aus: Verh. d. Würzb. Phys. med. Ges. N. F. Bd. XXV.) Würzburg, Verl. u. Druck d. Stahel'schen k. Hof- u. Univ.-Buch- u. Kunsth., 1891; 1 Bl., 27 S., 2 Taf. 8°
Würzburg, Med. Fak., Inaug.-Diss. v. 1891

Fischer, Gust., Entwicklung u. Aufgaben des landwirtschaftlichen Maschinenwesens in Deutschland. Rede, zur Feier des Geburtstags Sr. Maj. des Kaisers u. Königs im großen Hörsaal der königl. landwirtschaftl. Hochschule zu Berlin am 26. I. 1905 geh. (16 S.) Lex.-8. Berlin 905. P. Parey. n. 1. —

Die **Entwicklung** des landwirtschaftlichen Maschinenwesens in Deutschland. Festschrift z. 25jähr. Bestehen d. Deutschen Landwirtsch.-Ges. Bearb. von Prof. Dr. G[ustav] Fischer [u. a.] Berlin: Deutsche Landwirtsch.-Ges. 1910. VIII, 436 S. 4°
(Arbeiten d. Deutschen Landwirtsch.-Gesellschaft. H. 177.) [11. 836

Fischer, Gust., über die Errichtung staatswissenschaftlicher Seminarien auf den deutschen Universitäten, nebst einem Bericht über das staatswissenschaftl. Seminar zu Jena. gr. 8. (123 S.) Jena 857, Mauke. *

Fischer, Gustav [aus Coesfeld]: Ein Fall von Enchondrom der Bursa infragenualis. . . . Würzburg, J. M. Richter's Buch- u. Kunstdr., 1891; 29 S. 8°
Würzburg, Med. Fak., Inaug.-Diss. v. 1891

Feldzugs-Briefe 1870/71 von Gustav **Fischer**, s. Z. Seconde-Lt im 2. Westf. Inf.-Reg. No 15. Als Ms. gedr. o. O. (1901). 88 S. 8°
[11. 17911 B

Fischer, Gustav [aus Langenweddingen]: Zur Geschichte der p-Amidocarbinole.... Erlangen, k. b. Hof- u. Univ.-Buchdr. v. F. Junge, 1891; 40 S. 8°
Erlangen, Phil. Fak., Inaug.-Diss. v. 1891

Fischer, Gust., Grundzüge der Organisation des deutschen Buchhandels, s. a. Sammlung nationalökonomischer u. statistischer Abhandlungen. 41. Bd.

Fischer, Gustav, aus Jena: Grundzüge der Organisation des deutschen Buchhandels. *Halle a. S. 1903: (Lippert & Co., Naumburg a. S.).* (61 S.) 8° ¶[Erschien vollst. 1903 als: Sammlung nationalökon. u. statist. Abhandl. d. staatswiss. Sem. zu Halle a. S., Bd 41.]
Halle, Phil. Diss. v. 1903

Grundzüge der Organisation des deutschen Buchhandels. Von Dr. Gustav **Fischer**. *Jena: G. Fischer 1903.* (x, 234 S.) 8°
— **Sammlung** nationalökon. u. statist. **Abhandlungen** d. staatswiss. Seminars zu Halle. Bd 41.

Heimatkunde des Kreises Freystadt i. Schl. Beilage z. Flemmingschen Schulkarte d. Kreises Freystadt i. Schl. Von G[ust.] **Fischer**, Neusalz a. O., Glogau: C. Flemming [1906]. (43 S.) 8° [F.]

Fischer, Gust., Königin Isabella, s. Wallner's allgemeine Schaubühne.

Fischer, Gust., d. **Kirchen- u. Pfarr-Baulast** d. Stadt Berlin, sow. d. märk. Städte u. d. Konsistorial-Ordng. v. 1573. Flecken-, Dorf- u. Acker-Ordng. v. 1702. gr. 8. (47 S.) Berlin 898. Siemenroth & Troschel. n. 1.50

Fischer, Gust., **Kirchengeschichte** z. Gebr. in Kirche, Schule u. Haus. 1. Hälfte. gr. 8. (VI, 408 S.) Waiblingen 896. C. Günther. (Ausliefrg. f. d. Buchhandel durch A. Breitinger, Stuttgart.) n.n. 2.50; geb. n.n. 3. —
Erschien auch in 10 Lfgn. à n. —.40.

— **Kirchengeschichte** zum Gebrauch in Kirche, Schule u. Haus. 3 Bde. (Neue [Titel-]Ausg.) gr. 8. Ebd. [896] (906). n. 7. —
I. 2. Aufl. (VI, 408 S.) n. 2.50. — II. (492 S.) n. 2.50. III. (382 S.) n. 2.—.

Fischer, Gust., s.: **Landindustrie**, die.

— **Leitsätze** f. kirchengeschichtl. Unterricht i. Fortbildungsschulen. 2. Aufl. gr. 8. (56 S.) Ebd. 896. n. —40

— **Leitsätze** f. den kirchengeschichtlichen Unterricht in Fortbildungsschulen. 2 Hälften. (Neue [Titel-]Ausg.) 8. Ebd. (906). à n. —40
1. Bis zur Reformation. 2. Aufl. (56 S.) [896.]
2. Reformation u. neuere Zeit. (84 S.) [902.]

—— die Preisräthsel und Preisrichter des Rübezahl. Eine Vertheidigung des Humboldt-Räthsels gegen das Verdammungs-Urtheil der Herren Prof. Dr. Anderssen, Schuldir. Dr. Gleim und Ob.-Reg.-R. v. Struensee [Schriftsteller Gust. vom See], nebst Lösung und Erläuterung des Räthsels. gr. 8. (39 S.) Breslau 871, (Goerlich und Coch.)

Fischer, Gustav (Hrsg.), s. Rathgeber, Gewerblich-Technischer.

Fischer, Gustav (Hrsg.), s. Verzeichnis naturwissenschaftlicher Werke: Botanik.

Fischer, Gustav [approb. Arzt aus Vaihingen a./E.]: Zur diuretischen Wirkung des Calomel.... München, akad. Buchdr. v. F. Straub, 1888; 37 S. 8°
München, Med. Fak., Inaug.-Diss. v. 1888

Fischer, Gustav, zur diurdischen Wirkung des Calomel. Diss. München 1888, A. Buchholz. 8°. 37 S.

— Wissenschaft u. Buchhandel, s.: **Trübner, Karl.**

Fischer, Gust. A., träumt Ihr den Friedenstag? Weckruf an das deutsche Volk. gr. 8. (19 S.) Leipzig 893. (K. F. Pfau.) n.n. -- 10

— **Gustav Adolph** (Neumark), De cholerae Asiaticae therapia nonnulla. Diss. med. Bln. (Nietack) 4. I. 1833. 32 S. mit Biogr. (M.: Caplick.) (4.20) 8922
Oppon.: W. Grothe, W. May, C. Boeger. — Gew.: C. F. Bahn.

— **Gustav Emil** (Hamburg), De partu praematuro artificiali. Diss. med. Halle (Scharre) 20. V. 1836. 46 S. mit Biogr. (M.: S. M. Karstens.) (4.50) 8923
Gew.: Wilh. Herm. Niemeyer, Ern. Heinr. Brummer, Jul. Wegscheider.

Fischer, Gustav Martin, Referendar: Der Annahmeverzug des Käufers im Handelsrecht. Borna-Leipzig 1908: Noske. IX, 51 S. 8°
Leipzig, Jur. Diss. v. 10. Dez. 1908
[Geb. 25. Jan. 83 Dresden; Wohnort: Zwickau i. S.; Staatsangeh.: Sachsen; Vorbildung: Kgl. Gymn. Dresden-N. Reife O. 03; Studium: Leipzig 7, Berlin 1 S.; Rig. 11. Juli 08.] [U 09. 2503

Fischer, Gust. Thdr. (Bearb.), s. Aubuisson de Voisins, J.F.d': Handbuch der Hydraulik.

Fischer, H., üb. paranephritische Abscesse, s.: Sammlung klinischer Vorträge.

Fischer, H., s.: **Adressbuch** d. Museen, Bibliotheken, Sammler u. Antiquare.

Fischer, H., Anlaß u. Gefahr der Beschäftigung mit der Offenbarung St. Johannis in der Gegenwart. (Vortrag auf der Berliner Pastoral-Conferenz 1877.) 8. (48 S.) Berlin 877. Wiegandt & Grieben. n. — 75

Fischer, H., gründl. Anweisung, Glaspapier, auch Pergament- od. Leimpapier genannt, mit wenig Kosten u. in kurzer Zeit zu verfertigen, u. mit Hülfe desselben jede Zeichnung zu kopiren, auf Kupfer, Stein rc. zu übertragen. Nebst ein. Probe des so gefertigten Papiers. 8. (1½ B.) Halle 813, Heynemann.

Fischer, H., wasserdichter Ausbau der Quellfassungen der drei Kolonnadenquellen in Bad Elster. (26 S. m. 3 Fig. u. 9 Taf.) Lex.-8. Freiberg 906. Craz & Gerlach. n. 5. —
Sonderabdruck aus: „Jahrb. f. d. Berg- u. Hüttenwesen im Königr. Sachsen f. 1906".

— H., Ueb. einige von dem Seewesen entlehnte tropische Ausdrücke der latein. Sprache u. deren Uebersetzung. Pr. 1870. 21 S. 4°. 1.20

Fischer, H. von: „Einige Bemerkungen über die beiden Druckschriften des Herrn von Debschütz", Breslau 1836 (Aderholz).

Fischer, H., De capitulis Lucretianis. Diss. 1924. 70 S. 2.50

Fischer, H., specielle Chirurgie, s.: Wreden's Sammlung medizinischer Lehrbücher.

Fischer, H., über die commotio cerebri, s. Sammlung klinischer Vorträge.

Fischer, H., u. H. Zeine, die Dampferzeuger. Mit einl. Klarlegg. mechan.-therm. Grundbegriffe, 152 Abb. u. 3 Taf. (VIII, 222 S.) gr. 8. Leipzig 908. J. J. Weber. Geb. in Leinw. 7.50

— die Eiterungen im subumbilicalen Raume, s.: Sammlung klinischer Vorträge.

—— kriegschirurgische Erfahrungen. 1. Thl.: Vor Metz. Imp.-4. (VIII, 218 S. mit 6 photo-lithogr. Taf., 1 Taf. in Farbendr. und 14 eingedr. Holzschn.) Erlangen [Stuttgart] 872, Enke. (*M 13.)

Fischer, H., u. L. Traube, neue u. alte Fragmente d. Livius. (S. 97—112 m. 1 Taf.) 8. München 907. (G. Franz' Verl.) — 40
Sonderabdr. aus „Sitzungsber. d. bayer. Akad. d. Wiss."

Fischer, H. (H.), über die Gefahren des Lufteintritts in die Venen während einer Operation, s. Sammlung klinischer Vorträge.

Fischer, H. Geschichte der christlichen Kirche bearbeitet für höhere Volksschulen. 2. verbesserte Aufl. 158 Stn. 8. Luzern, C. Prell. 1875 1. 20

Fischer, H., die Gründung einer schweiz. Rettungsanstalt für verwahrloste Mädchen und Errichtung von Vereinen für Versorgung der aus der Anstalt entlassenen Mädchen. 70 S. 8. Zürich, Druck von J. Herzog. 1877.

Fischer, H., Gut Heil d. dtsch. Turnerei! Poetischer Frühlingsgruß v. einem Nauener Turner, Nauen 1881, 5 S., 8°.

Fischer, H., Gutachten über die Anhaltischen Blei- und Silberwerke. Harzgerode, 1894. 52 S.

Fischer, Dr. H. und Guthe, H. Neue Handkarte von Palästina. 1 : 700000. Nebst alphabetischem Namen-Verzeichniss und 2 Bogen Text. Leipzig 1890. 1 Bl. c. L. Ff.

Desgl. Neue Ausgabe. (Bl. 41 aus E. Debes Handatlas). Leipzig (1898).

Fischer, H. (II.). Der elektro-homöopathische Hausthierarzt. Ein Handbuch f. Offiziere, Gutsbesitzer u. alle Thierbesitzer, welche ihre Thiere nach der elektrohomöopath. Heilmethode schnell u. sicher heilen wollen. gr. 8. (264 S. m. Abbildgn.) Genf 892, (Burkhardt). geb. * 2 — (Leipzig: J. Kracht)

Fischer, H., kleiner homöopath. Hausthierarzt, s.: Hausschatz, homöopathischer.

Fischer, H., Hilaria, Würfelspiel für junge Damen. 16. (56 S.) Potschappel 881. Engelmann in Comm. geb. — 75

Fischer, H., der Hund. Seine Behandlg. u. Pflege, sowie die bei demselben vorkomm. Krankheiten u. deren Heilg. durch homöopath. Mittel. gr. 8. (53 S. mit 1 Bild.) Leipzig 888. Dr. W. Schwabe. n. 1. —; cart. n. 1. 25

—, H., Diss. de cerebri ejusque membranarum inflammatione et suppuratione occulta. Gott. 4°. *Blumenbach*, Med. Bibl. 1783, I, 144—8. N. Samml. f. Wundä. VII St. *Doering*, I, 120. *Weiz*, N. Ausz. 1782, XVI, 78—89.
1782

— H., s. Jugend nationalliberale

Der Jungliberalismus und die politische Lage. Politischer Bericht d. Gesamtvorstandes, erstattet von d. Verbandsvorsitzenden Dr. H. **Fischer** auf der 11. ord. Vertreterversammlung in Jena. [Köln: Jungnationalliberaler Reichsverband 1910.] 12 S. 8° [Umschlagt.]
(10. 4171

— d. Krankheiten d. Hunde u. ihre homöopath. Behandlung. E. Anleitg. f. Besitzer v. Hunden z. Gebrauche d. homöopath. Hausapotheke. 8. (51 S.) Hohenstein-Ernstthal (894). Burckhard & Diener. n. 1. —

— d. Krankheiten d. Pferde u. ihre homöopath. Behandlg. E. Anleitg. f. Pferdebesitzer z. Gebr. d. homöopath. Stall-Apotheke. 8. (54 S.) Ebd. (894). n. 1. —

— d. Krankheiten d. Rindviehes u. der. homöopath. Behandlung. E. Anleitg. f. Viehbesitzer z. Gebr. d. homöopath. Stall-Apotheke. 8. (58 S.) Ebd. (894). Kart. n. 1. —

— d. Krankheiten d. Schweine, Schafe u. Ziegen u. deren homöopath. Behandlung. E. Anleitg. f. Viehbesitzer z. Gebr. d. homöopath. Stall-Apotheke. 8. (109 S.) Ebd. (894). Kart. n. 1. 50

Fischer, H. (I.), das Kreuz Christi. Predigt über 1. Korinther 2 v. 2. bei seiner Amtseinführung am Sonntage Lätare, den 15. März 1863, gehalten. gr. 8. (14 S.) Berlin 864, (Beck.) *

Fischer, H., Maybiumen. (Gedicht.). gr. 8. Neustrelitz. Wiolek. 819.

Fischer, (H.,) Maiblumen. (Gedichte). gr. 8. Neubrandenburg 820, L. Dümmler.

Fischer, H., die Pflege d. weibl. Busens. (20 S.) 8. Wiesbaden 909. Institut f. Gesundheitspflege. — 50

Fischer, H. II., Predigten für denkende Christen. gr. 8. Altona 817. Hammerich. 1 Thlr 8 gGr 2r Bd. A. u. d. T.: Predigten über epistol. Texte. gr. 8. Leipz. 828. Kollmann. 1 Thlr 8 gGr.

Fischer, (H.,) Predigten für denkende Christen. gr. 8. Altona 827, Hammerich.

Fischer, H. (I), Predigten f. denkende Christen. 2. Bd. — A. u. d. T.: Predigten üb. epistol. Texte. gr. 8. (24½ B.) Leipzig 828, Kollmann.
1. Bd. (ohne Angabe.) Altona, Hammerich. 1826. 1 Thlr. 8 Gr.

— H., De ratione qua Caesar periodos conformaverit. I. Pr. 1840. 22 S. 4°. 1.20

Fischer, H., Rede bei der Vorfeier des 100jährigen Geburtstags von Friedrich Schiller im Gymnasium Bernhardinum in Meiningen den 9. Novbr. 1859. Meiningen 859. Brückner & Renner. 8. (14 S.) n. 2 ngr.

Fischer, H. Friedrichs I., Barbarossa, vierter Römerzug 1166—68. (38.) 4. Wernigerode 1868.

Fischer, H., Sammlung drei- und vierstimmiger Gesänge für Gymnasialklassen, Real-, Bürger-, höhere Töchterschulen und Oberklassen der Volksschulen. Leipzig 857. Baensch. (Gräbner.) gr. 8. (IV, 124 S.) n. 12 ngr.

—— Sammlung drei- und vierstimmiger Gesänge für Gymnasialklassen, Real-, Bürger-, höhere Töchterschulen und Oberklassen der Volksschulen. gr. 8. (IV und 124 S.) Magdeburg 857. [Leipzig, Gräbner.] *

Fischer, H., Sammlung ein- u. zweistimmiger Lieder für die Elementar- u. Mittelklassen der Volksschule. Bernburg 861. Reiter. gr. 8. (2 Bl., 46 S.) n. 5 ngr.

Fischer, H. (II.), A. Landgraf, und A. Riesenstahl, Schulwands-Vorschriften in deutscher und englischer Schrift. 5 Abthlgn. in 107 Blatt. Lithogr. qu. Imp.-Fol. Bernburg 863, (Schmelzer.) * *

[Umschlagt.:] [F.] Die Sedanfeier in den Volksschulen. Festrede m. Deklamation v. H. **Fischer**, Mittelschull. *Minden i. W.: M. Holle 1892.* (12 S.) 1 Bd 8.
(92. 3738

— über den Shok, s. Sammlung klinischer Vorträge.

Fischer, H. (II), unser Sonnensystem u. d. Erde als Theil dess., in 5 großen (lith. u. ill.) Darstelln. (in Roy.-Fol.) mit erläut. Texte. Ein Hülfsmittel beim geograph. Unterrichte in Gymnasien u. Realschulen. gr. 8. (1 B.) Stuttgart 832, Schweizerbart.

vollständiges biblisches Spruchbuch zu dem lutherischen Katechismus nach „Nissens Unterredungen" zu demselben bearb. u. herausg. 2. Aufl. Leipzig 861. Mittler. 8. (228 S.) n. 5 ngr.

—— über den heutigen Stand der Forschungen in der Pyämie-Lehre. Habilitations-Rede gehalten in der Aula der Breslauer Universität am 24. Novbr. 1868. gr. 8. (21 S.) Erlangen [Stuttgart] 869, Enke. *

—— chronologischer Ueberblick über die allmälige Einführung der Mikroskopie in das Studium der Mineralogie, Petrographie und Paläontologie. gr. 8. (80 S.) Freiburg im Br. 868, (Troemer.) *

[F.] Übungsbuch für stotternde Schulkinder, bes. z. Gebr. bei Schülerkursen sowie z. Selbstunterr. Bearb. u. hrsg. v. H. **Fischer**, Mittelschull. *Minden i. W.: M. Holle 1893.* (V, 40 S.) 1 Bd 8. (94. 9189

Fischer, H., der Verfall der Gewerbe in Deutschland und ihre Rettung. Offenes Sendschreiben an die zukünft. Arbeitercommission in Dresden, an die sächs. Arbeitercomité's, sowie an sämmtl. Gewerbtreibende Deutschlands. Ein Wort zur Verständigung. gr. 8. (15 S.) Leipzig 848, Bamberg.
Aus: Deutsche Gewerbezeitung rc., besonders abgedruckt.

Fischer, H., s. Versicherungsschutz.

Fischer, H., Was ist Verläumdung? Lustspiel, s. Bühnen-Repertoir, Bd. XII.

Fischer H, Wegweiser für die gewerbliche Jugend durch Beruf und Leben. (144 S) Worms 1894

Fischer, H. (Red.), s. Zeitschrift für homöopathische Tierheilkunde.

Fischer, H. A., s. Abhandlungen z. Privatrecht.

Fischer, H. A., Erfahrungen beim Brennereibetriebe, s. Schauplatz, neuer, der Künste und Handwerke. 275. Bd.

Fischer, H. A., das Waisenkind, s.: Volks-Bibliothek, christliche.

Fischer, H.A.F., s. Fischer, Heinrich August

Fischer, H. B., die Überwindung d. Todes. Eine Karfreitagsbetrachtg. f. Spiritisten u. Nichtspiritisten. Vortrag, geh. am 9. IV. 1909 in Charlottenburg. (23 S.) 8. Leipzig (909). H. Zieger. — 30

Fischer, H. Ernst, Kants Stil in d. Kritik d. reinen Vernunft, s.a. Kantstudien. Erg.-Hft. 5.

Kants Stil in der Kritik der reinen Vernunft nebst Ausführungen über e. neues Stilgesetz auf hist.-krit. u. sprachpsychol. Grundlage. Von H. Ernst Fischer. Berlin: Reuther & Reichard 1907. (VIII, 136 S.) 8°
— Kantstudien. Erg.H. No 5. [07. 9338 9

Fischer, H. L., Versuch e. Theorie der Berührungs-Elektricität, nebst e. Untersuchg. üb. das Wesen de. Masse. gr. 8. (IV, 26 S.) Wiesbaden 889. Bergmann. n. 1. 60

Fischer, H. W., der Auerstrumpf. (30 S. m. 7 Abbildgn.) Lex.-8. Stuttgart 906. F. Enke. n. 1. 20
Sonderabdruck a.: „Sammlung chemischer u. chemisch-technischer Vorträge".

Fischer, H. W., die Inseln rings um Sumatra, s.: Katalog d. ethnograph. Reichsmuseums.

Fischer, Hans
Pseud.: Aram, Kurt
Wönitz, Hans von der

Fischer, Hans: Die Aequatorialgrenze des Schneefalls .... (Aus: Mittheil. d. Ver. f. Erdkunde zu Leipzig. Jahrg. 1887.)
Leipzig, *Druck v. Alexander Wirde*, 1888; 178 S. + 1 Bl. u. 1 Karte 8°
Leipzig, Phil. Fak., Inaug.-Diss. v. 28. Jun. 1888

Fischer, Hans (I.), die Aequatorialgrenze des Schneefalls. Veröffentlicht vom Verein für Erdkunde zu Leipzig. gr. 8. (178 S. mit 1 Karte.) Leipzig 888, Duncker und Humblot. *

Ärztliches, Allzuärztliches von Hans v. der Wörnitz [d. i. Dr. med. Hans Fischer]. 3.–5. Taus. Berlin-Leipzig: C. Wigand 1906. (128 S.) 8° [Ant. u. F.] [07. 3778

Fischer, Hans, Beitrag zur Therapie der Lungentuberkulose. Über Sirolin-Behandlung. (12 S.) gr. 8. Leipzig 903. B. Konegen. n. 1. —

Fischer, Hans, a. Wiesbaden: Beiträge zur Kenntnis der 4-Oxy-1-2-Toluylsäure. Marburg 1904: R. Friedrich. (52 S.) 8°
Marburg, Phil. Fak., Ref. Zincke, Diss. v. 22. Dez. 1904
[Geb. 27. Juli 81 Höchst a. M.; Wohnort: Marburg; Staatsangeh.: Württemberg; Vorbildung: Gymn. Wiesbaden Reife O. 99; Studium: Lausanne 1, Marburg 4, München 2, Marburg 3 S.; Rig. 22. Okt. 04.]

— Erfahrungen über Eiweiss-Cakes. (11 S.) 8. Ebd. 903. n.n. 1. —
2 Sonderabdrucke aus: „Reichs-Medizinal-Anzeiger".

Die Hagestolze. Humorist. Roman von Kurt Aram [d. i. Hans Fischer]. Mit Voll-Bildern von Fr. v. Bayros. Berlin: Schottländer [1910]. 257 S. 8° [10. 2135

Fischer, Hans, Himmelfahrt — Höllenfahrt. Erzählungen. 8. (V, 212 S.) Leipzig 894. W. Friedrich. n. 3. —

Die Homosexualität eine physiologische Erscheinung? Von Dr. Hans Fischer, Arzt in München. *Berlin: J. Gnadenfeld & Co. [1903]*. (15 S.) 8° [04. 3781

Jugendsünden. Roman von Kurt Aram [d. i. Hans Fischer]. Berlin: E. Fleischel & Co. 1908. (296 S.) 8° [F.] [08. 11329

Fischer, Hans: Zur Karte von Ostasien. Hierzu eine Karte von Ostasien. in: Festschrift für Ferd. Frh. v. Richthofen. S. 363—370. Berlin 1893. 8 S. 8°.

Fischer, Hans, s.: Katalog d. Handschriften der königl. Bibliothek zu Bamberg.

Fischer, Hans, Dr. phil. a. Wiesbaden: Zur Kenntnis des carcinomatösen Mageninhalts. Leipzig: F. C. W. Vogel 1908. (13 S.) 8° ¶[Aus: Deutsches Archiv f. klin. Medizin 1908.]
München, Med. Fak., Ref. v. Müller, Diss. v. 13. April 1908
[Geb. 27. Juli 81 Höchst a. M.; Wohnort: Wiesbaden; Staatsangeh.: Württemberg; Vorbildung: Gymn. Wiesbaden Reife O. 99; Studium: Phil. Lausanne 1, Med. Marburg 5, München 2, Marburg 3, München 4 S.; Coll. 13. April 08; Approb. 13. Febr. 07.]

Fischer, Hans, ärztl. Ratgeber f. d. Nordseebad. 3. Aufl. (56 S.) 8. Bremen (Am Deich 60/61) 910. Die Warte — 50

Schönheit. Roman von Hans Fischer [Pseud.: Kurt Aram]. Berlin: Schall [1907]. 371 S. 8°
(Verein d. Bücherfreunde. [Jg. 17, 1.]) [09. 18380

— Spieler-Moral. Eine irrenärztl. Studie über die Spielsucht u. ihr Verhältnis zur Trunksucht u. Morphiumsucht f. Staatsanwälte, Richter u. andere Laien. (19 S.) 8. Leipzig 905. Modernes Verlagsbureau. n. — 30

Fischer, Hans.* Derzeitiger Stand der Leichenverbrennungsfrage mit besonderer Berücksichtigung der Münchener Verhältnisse. München, Verlag des Vereins für Leichenverbrennung 1903.

Fischer, Hans (II.), Untersuchungen über die Genauigkeit und praktische, klinische Verwendbarkeit des Albuminimeters nach Esbach. Inaugural-Dissertation. 8. (33 S.) München 886, (Ernst.) *

Fischer, Hans, aus Berlin: Untersuchungen über o-Diamidostilben. *Marburg 1902: R. Friedrich.* (54 S.) 8°
Marburg, Phil. Diss. v. [18. Dez.] 1902

Fischer, Hans, approb. Arzt aus Euskirchen: Aus d. chirurg. Klinik zu Bonn. Über den akuten Verlauf des Morbus Addisonii mit besonderer Berücksichtigung der gastro-intestinalen Erscheinungen. *Bonn 1903: S. Foppen.* (26 S.) 8°
Bonn, Med. Diss. v. 29. Juli 1903

Violet. Der Roman einer Mutter von Kurt Aram [d. i. Hans Fischer]. Berlin-Wien: Ullstein 1910. 306 S. 8°
(Ullstein-Bücher.) [10. 23174

Fischer, Hans Albr., ein Beitrag zur Unmöglichkeitslehre. (46 S.) gr. 8. Rostock 904. H. Warkentien. n. 1. 50
Sonderabdruck aus: „Festschr. d. Rostocker Juristenfakultät f. Jul. v. Amsberg".

Fischer, Hans Albr., die Rechtswidrigkeit m. besond. Berücksicht. d. Privatrechts, s.a. Abhandlungen z. Privatrecht u. Zivilprozeß d. Deutschen Reiches.

Die Rechtswidrigkeit mit besonderer Berücksichtigung des Privatrechts. Von Dr. Hans Albrecht Fischer, Prof., Gießen. München: C. H. Beck 1911. XII, 303 S. 8°
(Abhandlungen z. Privatrecht u. Zivilprozeß d. Deutschen Reiches. Bd 21, H. 2.) [10. 16799

— der Schaden nach dem bürgerlichen Gesetzbuche für das Deutsche Reich, s.a. Abhandlungen zum Privatrecht u. Civilprozeß des Deutschen Reiches. XI. 1.

Der Schaden nach dem Bürgerlichen Gesetzbuche für das Deutsche Reich. Von Dr. Hans Albrecht Fischer, Privatd., Rostock. *Jena: G. Fischer 1903.* (VIII, 338 S.) 8° [F.]
— Abhandlungen z. Privatrecht u. Civilprozeß d. Deutschen Reiches. Bd 11, H. 1. [03. 13074

[F. u. Ant.] **Fischer,** Hans Albrecht [Referendar]: Vis major im Zusammenhang mit Unmöglichkeit der Leistung ... Jena, G. Fischer, 1897; 2 Bl., 102 S. 8.
Rostock, Jur. Fak., Inaug.-Diss. v. [8. Juli] 1897

Heinrich Heine im Lichte unserer Zeit. Von Hans K. Fischer. *München: E. Albert & Co. [1894].* (37 S.) 8° [Š.]

Fischer, Hans R., unter den Armen und Elenden Berlins. Streifzüge durch die Tiefen der Weltstadt. 8. (VIII, 116 S.) Berlin 887, Eckstein Nachf. *

—— dass. — s. a. Eckstein's Reisebibliothek.

Fischer, Hans R., Adalbert Falk, Preußens einstiger Kultusminister. Blätter aus der Einsamkeit. gr. 8. (87 S. 1 Bildnis.) Hamm 901. E. Griebsch. n. 1.25

— was Berlin verschlingt. Soziale Bilder aus d. Reichshauptstadt. 8. (III, 153 S.) Berlin 890. Brachvogel & Ranft. n. 1.50

— Berliner Zigeunerleben. Bilder aus der Welt der Schriftsteller, Künstler u. des Proletariats. 8. (VII, 113 S.) Berlin 890. S. Fischer Verl. n. 1.50

Fischer, Hans W. (Frosch), soziale Anatomie. Ein Dutzend Aufsätze m. Prolog u. Epilog. (111 S.) gr. 8. Leipzig 906. F. Rothbarth. n. 1.—

Fischer, Hans W., Christus in d. Laterna magica. Vorgeführt v. F. 2. Aufl. (79 S.) 8. Leipzig (907). F. Rothbarth. 1.50

— Der Dreissigjährige. (205 S.) 8. München 910. G. Müller. 4.—; geb. 5.—

— s.: **Hochzeitsgedichte, deutsche.**

— Die Kette, s.: **Bücher, die, der Abtei Thelem.**

— s.: **Salomon u. Markolf.**

— s.: **Schelmuffsky's wahrhaftige, kuriose u. sehr gefährl. Reisebeschreibung.**

— s.: **Schwänke, alte deutsche.**

Fischer, Hans W., Sehnen u. Leben. Gedichte. 8. (62 S.) Berlin 900. Schuster & Loeffler. 2.—

Fischer, Heinr., Anleitung zum Accidenzsatz. Mit über 150 Satz-Beispielen. gr. 4. (VII, 120 S.) Leipzig 877. C. G. Naumann. n.n. 6.50

Fischer, Heinr. (I.). Anleitg. z. Accidenzsatz. 2. Aufl. (In 4 Heften.) 1. Heft. gr. 4. (S. 1—40.) Lpz. 892, C. G. Naumann. * 2 —

Fischer, Heinr., Anleitung zum Accidenzsatz. 2., vollständig neu bearb. u. verm. Aufl. Mit vielen Satzbeispielen. 4 Lfgn. gr. 4. (VII, 152 u. 8 S.) Leipzig 893. C. G. Naumann. à n. 2.— (kplt.: geb. n. 10.—)

Fischer, Heinr., s.: **Anzeiger, geographischer.**

Fischer, Heinrich. Die Bedeutung der Agglutination zur Diagnose der pathogenen und saprophytischen Streptokokken. Diss. Phil. Bern. [Sep.-Abdr. aus: Centralblatt für Bakteriologie etc. Abteilung I.... Originale. Band 37.] IV + 30 S. 8. Jena, Gustav Fischer, 1904.

Fischer, Heinrich [aus Vaihingen a. E.]: Beiträge zur Kenntnis der Chinonimide und Induline ... Erlangen, Druck d. Univ.-Buchdr. v. E. Th. Jacob, 1894; 37 S., 1 Bl. 8.
Erlangen, Phil. Fak., Inaug.-Diss. v. 1894

Fischer, Heinrich, Oberlehrer am Luisenstädt. RG: **Bericht über einen im Auftrage des Berliner Magistrats unternommenen Studienausflug zum Besuch der 'Internationalen Ausstellung geographischer Lehrmittel' in Amsterdam. Sommer 1902.** *Berlin: Weidmann 1903.* (28 S.) 4°
Berlin, Sophien-G, OP 1903 (69)

Berlin-Frankfurt a. M. über Eisenach von Heinrich **Fischer.** Mit 2 Karten. *Gotha: J. Perthes [1903].* (31 S.) 8°
— **Rechts** u. links der Eisenbahn! H. 1.

— Berlin—Stettin—Ostseebäder u. zurück, s.: **Rechts u. links der Eisenbahn!**

Fischer, Heinr. (II.), Buchdruckerleben. Aus den Erfahrungen, Betrachtungen und Erlebnissen eines alten Collegen mitgetheilt. 8. (80 S.) Leipzig 886, C. G. Naumann. geb. *

—— **Buchdruckerleben.** Aus d. Erfahrungen, Betrachtgn. u. Erlebnissen e. alten Kollegen mitgeteilt. 2. Aufl. kl. 8. (120 S.) Ebd. 890. 1 50

FISCHER, Heinrich (Fürstenfeldbruck): Descriptio fungi cum adnexa morbi historia.- Monachii: Wolf 1834. 23 S.
^ 5.1834 - Urk; F 61

Fischer u. Geistbeck, Erdkunde f. höhere Schulen. 6 Tle. 8. München (906). R. Oldenbourg. Kart. n.n. 4.30
1. Geographische Grundbegriffe. Übersicht der Länderkunde. Mitteleuropa, insbesondere das Deutsche Reich. (82 S. m. Abbildgn. u. 4 farb. Taf.) n.n. — 70
2. Europa ohne das Deutsche Reich. (V, 80 S. m. Abbildgn. u. 4 farb. Taf.) n.n. — 75
3. Die außereuropäischen Erdteile. Die deutschen Kolonien. (II, 92 S. m. Abbildgn.) n.n. — 65
4. Länderkunde des Deutschen Reiches. (II, 93 S. m. Abbildgn.) n.n. — 70
5. Länderkunde v. Europa, Wiederholungskurs. Die wichtigsten Handels- u. Verkehrswege der Jetztzeit. Elementare mathemat. Geographie. (IV, 89 S. m. Abbildgn.) n.n. — 70
6. Länderkunde der außereuropäischen Erdteile (Wiederholungskurs). Vergleichende Übersicht der wichtigsten Verkehrs- u. Handelswege bis zur Gegenwart. Allgemeine (phys.) Erdkunde. (II, 105 S. m. Abbildgn.) n.n. — 80

— **A. Geistbeck u. M. Geistbeck, Erdkunde f. höh. Schulen.** Ausg. A. In 6 Tln. 8. München, R. Oldenbourg. 4.45
1. Geograph. Grundbegriffe. Übersicht der Länderkunde. Mitteleuropa, insbesondere das Deutsche Reich. 4. Aufl. (90 S. m. 71 Abb., Diagr. u. Kärtchen u. 4 farb. Taf.) 910. — 70
2. Europa ohne das Deutsche Reich. 4. Aufl. (97 S. m. 56 Abb., Diagr. u. Kärtchen u. 4 farb. Taf.) 910. — 75
3. Die außereuropäischen Erdteile. Die deutschen Kolonien. 4. Aufl. (104 S. m. 47 Abb., Diagr. u. Kärtchen u. 4 farb. Taf.) 910. — 75
4. Länderkunde d. Deutsch. Reiches. 4. Aufl. (106 S. m. 70 Abb., Diagr. u. Kärtchen u. 4 farb. Taf.) 910. — 75
5. Länderkunde v. Europa (Wiederholungskurs). Die wichtigsten Handels- u. Verkehrswege der Gegenwart. Elementare u. mathemat. Geographie. Mit 10 Abb., Diagr. u. Kärtchen. 3. Aufl. (99 S.) 909. — 70
6. Länderkunde der außereuropäischen Erdteile (Wiederholungskurs). Vergleichende Übersicht der wichtigsten Verkehrs- u. Handelswege bis zur Gegenwart. Allgemeine (phys.) Erdkde. 3. Aufl. (IV, 106 S. m. 72 Abb., Diagr. u. Kärtchen.) 910. — 80

— — — dasselbe. Ausg. B. Buchausg. m. 250 schwarzen Abb. u. 12 Farbentaf. 2. Aufl. (XIV, 899 S.) 8. Ebd. 910. Geb. in Leinw. 3.—

— — — **Erdkunde f. höh. Mädchenschulen.** Ausg. C. 7 Tle. 8. Ebd. 5.65
1. Erweiterte Heimatkunde: Geographische Grundanschauungen. Übersicht üb. die 5 Erdteile u. die Weltmeere. 2. Aufl. (VII, 50 S. m. 44 Abb., Diagr. u. Kärtchen u. 4 farb. Taf.) 910. — 70
2. Länderkunde Europas: Mittel- u. Westeuropa unter besond. Berücksicht. v. Deutschland. 2. Aufl. (IV, 98 S. m. 65 Abb., Diagr. u. Kärtchen u. 6 farb. Taf.) 910. — 90
3. Länderkunde Europas: Nord-, Ost- u. Südeuropa. Länderkunde v. Asien. Zusammenfassungen aus d. allgem. Erdkde. 2. Aufl. (IV, 103 S. m. 84 Abbildgn., Diagr. u. Kärtchen u. 5 farb. Taf.) 910. — 90
4. Länderkunde v. Afrika, Amerika u. Australien. Mit 3 Farbentaf., 64 Abb., Diagr. u. Kärtchen. (IV, 90 S.) 909. Kart. — 75
5. Länderkunde v. Europa ohne das Deutsche Reich. Die koloniale Stellg. der europ. Mächte. Mit 3 Farbentaf., 24 Abb., Diagr. u. Kärtchen. (V, 85 S.) 909. Kart. — 75
6. Das Deutsche Reich. Zusammenfassende Darstellg. d. mathematischen Erdkunde. Wiederholg. der außereurop. Erdteile. Grundzüge der Handelsgeographie u. Verkehrswege. Mit 2 Farbentaf. u. 63 Abb., Diagr. u. Kärtchen. (IV, 117 S.) 909. Kart. 90
7. Allgem. Erdkunde. Ausgew. Abschnitte a. d. Länderkde. Lesestoffe a. d. geograph. Literatur. Mit 64 Abbildgn., Diagr. u. Kärtchen. (IV, 91 S.) 909. Kart. — 75

Erläuterungen zu den klimatologischen u. statistischen Karten des Debes'schen Schulatlas, s.: **Kirchhoff, A.**

Fischer, Hnr. III., etwas von e. Manne von Vorurtheil oder von ächten Grundsätzen, entgegen d. Leute ohne Vorurtheil rc. 8. Wien 782. Trattner. 3 K

Fischer, Fridericus Henricus Theodorus: Quaestionum de Hecataei Milesii fragmentis fragmentum.
Halle-Wittenberg, Phil. Diss. v. 22. Sept. 1843
Geb. [Delitzsch 3. 11. 1815]
Ms. fehlt. Verf. erlebte das goldene Dr.-Jubiläum 1893 als Professor a. D. der Latina in Halle.

Frankfurt a. M. – Berlin über Eisenach von Heinrich **Fischer**. Mit 2 Karten. *Gotha: J. Perthes [1903]*. (31 S.) 8°
— Rechts u. links der Eisenbahn! H. 1a.

Fischer, Heinr., Gelegenheitsgedichte. 8. (VII, 96 S.) Greifswald 892. J. Abel. n. 1. 60; geb. in Leinw. m. Goldschn. 2. 40

Fischer, Heinr., zur Gesangbuchfrage. E. Wort z. Klärg. gr. 8. (38 S.) Greifswald 896. J. Abel. n. – 60

Fischer, Heinr. (III.), Handbuch der Obstkultur und Obstverwertung. Praktische Anleitung zur Anpflanzung und Pflege der Obstbäume, nebst Auswahl der für die verschiedenen Verhältnisse am besten geeigneten Obstsorten. Ein Ratgeber für Obstzüchter, Landwirte, Gärtner und jeden Freund des Obstbaues. 8. (VI, 88 S.) Leipzig 886, Wilfferodt. *

Fischer, Heinrich *Adolf* [app. Arzt aus Hohenstein Ostpr.]: Zur Casuistik und Diagnose der Syringomyelie ... Leipzig, G. Fock, 1894; 80 S. 8.
Leipzig, Med. Fak., Inaug.-Diss. v. 3. Aug. 1894

Fischer, Heinrich, a. Hamburg: Nathaniel Fields Komödie „Amends for Ladies", eine literarhist. Untersuchung u. Quellenstudie. Kiel 1907: H. Fiencke. (54 S.) 8°
Kiel, Phil. Fak., Ref. Holthausen, Diss. v. 28. Okt. 1907
[Geb. 19. Mai 84 Hamburg; Wohnort: Hamburg; Staatsangeh.: Hamburg; Vorbildung: Realgymn. d. Johanneums Hamburg Reife O. 03; Studium: Jena 3, Straßburg 2, Kiel 2 S.; Rig. 6. Juli 07.]

— Landeskunde der Vereinigten Staaten v. Nordamerika, s. a. Sammlung Göschen.

Landeskunde der Vereinigten Staaten von Nordamerika von Prof. Heinrich **Fischer**. Mit Kt., Fig. u. Taf. 1. 2. Leipzig: Göschen 1908. 8°
(Sammlung Göschen. 381. 382.) A 11. 1030 II

Fischer, Heinr. (I.), Lessings Laokoon und die Gesetze der bildenden Kunst. gr. 8. (VIII, 200 S.) Berlin 887, Weidmann'sche Buchh. *

— Heinrich (Schneeberg), Grotii de j. b. et p. II. 21. 17. locus vexatus interpretatus. Präs. Johann Daniel Titius. Wittbg. (E. G. Eichsfeld) 26. IV. 1760. 15 S. (4.—) 8977

Fischer, Heinrich. Myeloische Metaplasie. Diss. Med. Univ. Zürich. *Kopftitel:* Hämatologische Arbeiten unter Leitung von ... Dr. O[tto] Naegeli, Zürich. II + 133 S. 8. Berlin, Julius Springer, 1909.

Fischer, Heinrich. Myeloische Metaplasie und fötale Blutbildung und deren Histogenese. Von Dr. med. H' F', Sanatorium «Untere Waid» bei St. Gallen..., VIII + 140 S. 8. Berlin, Julius Springer, 1909. [M. 4. —]

Methodik des Unterrichts in der Erdkunde. Ein Hilfsbuch f. Seminaristen u. Lehrer von Heinrich **Fischer**, Oberl. in Berlin. Mit 5 Skizzen. Breslau: F. Hirt 1905. (108 S.) 8° [F.]

Fischer, Heinrich (Hrsg.), s. Mitteilungen an Deutschlands Buchdrucker.

Fischer, Heinr. (II.), Nephrit und Jadeit nach ihren mineralogischen Eigenschaften, sowie nach ihrer urgeschichtl. und ethnograph. Bedeutung. gr. 8. (XXIV, 415 S. mit 131 eingedr. Holzschn. und 2 chromolithogr. Taf.) Stuttgart 875, Schweizerbart'sche Verlagsh. *

Fischer, Heinr., Nephrit und Jadeit nach ihren mineralogischen Eigenschaften, sowie nach ihrer urgeschichtl. und ethnograph. Bedeutung. Einführung der Mineralogie in das Studium der Archäologie. 2. durch Zusätze und ein alphabet. Sachregister verm. Ausg. gr. 8. (XLIV, 414 S. mit 131 eingedr. Holzschn. und 2 chromolithogr. Taf.) Stuttgart 880, Schweizerbart'sche Verlagsh. *

Fischer, Heinr., Nibelungenlied oder Nibelungenlieder? Eine Streitschrift. gr. 8. (150 S.) Hannover 859, C. Rümpler. *

Fischer, Heinrich, a. Stuttgart: (Aus d. physiol. Inst. d. Univ. Tübingen.) Zur Physiologie der quergestreiften Muskeln der Säugetiere. Tübingen 1908: (Pierer, Altenburg). 47 S. 8° ¶ (Aus: Archiv f. d. gesamte Physiol. d. Menschen u. d. Tiere. Bd 125.)
Tübingen, Med. Diss. v. 4. Febr. 1909, Ref. v. Grützner
[Geb. 28. Juni 84 Cannstatt; Wohnort: Tübingen; Staatsangeh.: Württemberg; Vorbildung: Eberhard-Ludwigs-Gymn. Stuttgart Reife Juli 02; Studium: Tübingen 6, Kiel 2, Tübingen 2 S.; Coll. 18. Mai 08; Approb. 31. Jan. 09.]
[U 09. 3934

— — De poena veneficii et attentati et consummati. Comment. jur. Lpz. (Langenheim) 1761. 20 S. (4.—) 8978

Fischer, Heinr. (III.), die Reform der höheren Schulen. Ein Versuch zur Verständigung. gr. 8. (47 S.) Greifswald 876, Bamberg. *

Fischer Heinrich: Über resorcin-sulfosaure Salze (mit 9 Holzschnitten). S. 83. II. 1870 . . . . vgr.
Separatabdruck

Fischer, Heinrich: Schulgeographisches aus Amerika. (Zeitschrift für pädagogische Psychologie. Jahrg. 1. S. 311—319.) Berlin 1899. 9 S. 8°.

—— kritische mikroskopisch-mineralogische Studien. gr. 8. (64 S.) Freiburg im Br. 869, Troemer. (75 Pf.) *
Aus: Berichte der naturforschenden Gesellschaft zu Freiburg im Br., besonders abgedruckt.
—— dass. — 1. Fortsetzung. gr. 8. (64 S.) Ebendas. 871. (75 Pf.) *
Aus: Festschrift, hrsg. zur Feier des 50jähr. Jubiläums der naturforschenden Gesellschaft zu Freiburg im Br., besonders abgedruckt.
—— dass. — 2. Fortsetzung. gr. 8. (96 S. mit 1 chromolithogr. und 1 lithogr. Taf.) Ebendas. 873. *

Fischer, Heinr. Studien zu Lessings Laokoon. Bemerkungen zu Blümners Laokoonstudien. Heft 2. Über den fruchtbarsten Moment. 24 S. Progr. *Greifswald* 1884.
Vgl. dess. Lessings Laokoon und die Gesetze der bildenden Kunst. (VIII, 200 SS.) 8. Berlin 1887, Weidmann. 3 Mk. 60 Pf.

Fischer, Heinr., u. Alfr. **Wiedemann**, über babylonische „Talismane" [Cylinder u. andere Formen] aus dem historischen Museum im steierisch-landschaftlichen Joanneum zu Graz. Mineralogisch u. archäologisch bearb. Mit 3 photogr. Taf. u. 15 (eingedr.) Holzschn. Imp.-4. (16 S.) Stuttgart 881. Schweizerbart. n. 10. —

— — De tutela Germanorum fructuaria. Präs. Heinrich Gottfried Bauer. Lpz. (Langenheim) 8. X. 1761. 8 S. (2.50) 8979

Fischer, Heinr., Vermehrung, Veredlung u. Behandlung d. Camellia japonica. Für Blumenliebhaber u. Gärtner fassl. dargest. M. 4 Steindr. gr. 8. (1½ B.) Freiburg 836, Waizenegger.

Fischer, Heinr., Wegweiser f. die gewerbliche Jugend durch Beruf u. Leben. 12. (VII, 144 S.) Worms 894. H. Fischer. Geb. in Leinw. n. 1. 80

Fischer, Heinrich August

Fischer, Heinrich August: Oeconomische Abhandlung von gründlich bessern und einträglichern Weinbergsbau, nebst angefügter Churfürstl. Sächs. Weingebürgs-Ordnung de Anno 1588, von H[einrich] A[ugust] F[ischer]. Dresden & Leipzig 1765. 115 S. -- 14.2[illegible]
BJ. F. (Fischer), H.A. [illegible] -- Weiter: H.A.F., Oekonomische Abhandlung . . . . o.J.

s.a. Abhandlungen...

Fischer, H. A. Beschreibung des alten deutschen Oeconomie- und Cammerwesens. 4°. Leipzig 1755.

— unschuldige Gedanken von d. piis causis. 8. Bautzen 767. Drinzer. 3 gl.

Fischer, Heinrich August: „Unvorgreifliche Gedanken über das dem hohen Chur- und Fürstlichen Hause Sachssen zustehende regale jus salinarum, worinne absonderlich die Frage: Ob ein Landes-Fürst befugt, in seinem Lande Saltz-Cassen oder Saltz-Niederlagen anzulegen und seine Unterthanen mit Abholung ihres Saltz-Bedürfnisses darein zu verweisen? abgehandelt wird", Pirna 1737. — Vorh.: Preuß. Oberbergamt Dortmund — E. I. 22.

— Gedanken über die dem Hause Sachsen zustehenden Regale jus salinarum. 4. Dresd. 755.

— zufällige Gedanken von d. Möglichkeit u. Nothwendigkeit d. Wohlfeilheit. 8. Chemnitz 765. (Starke). 8 gl.

— Mittel, wodurch d. mittlere u. kleine Landmann ꝛc. seinen Nahrungsstand verbessern kann. 8. Bautzen 768. Drachstädt. 6 gl.

— von der Möglichkeit u. Nothwendigkeit der Wohlfeilheit. 8. Chemnitz, Mauke. 765.

— von d. Polizei u. dem Sittengesetz. 8. Zittau 767.

— Heinrich August (Dresena Misnicus), Priscum Germanum haud illiteratum. Präs. Jo. Wilhelm Berger. Wittbg. (Wwe. Gerdes) 12. XI. 1722. 38 Seiten. (5.—) 8925

Fischer, H. Aug., Schreiben an die Bauern in Sachsen wegen Ackerbau u. Viehzucht. 8. Chemnitz. Mauke. 763.

— Schreiben an se. Landsleute (d. Bauern in Sachsen), d. Ackerbau u. Viehzucht betreff. 8. Chemnitz 763. (Starke). 6 gl.

(Fischer, Heinrich August): „Versuch einer historisch-pragmatischen Beschreibung des alten deutschen Oekonomie- und des in der Folge daraus entstandenen deutschen fürstlichen Cammerwesens; nebst einem Repertorio von den dahin gehörigen Schriften und Abhandlungen, zusammengetragen von einem Liebhaber der deutschen Reichshistorie", Leipzig 1754 (Breitkopf & H.).

Fischer, Hnr. Aug., († d. 13. Febr. 1781.) Versuch e. histor.-pragmat. Beschreib. d. alten deutschen Oekonomie, u. des in d. Folge daraus erwachsenen fürstl. Kammerwesens. 4. Leipz. 755.

Fischer, Heinrich Ernst.
Die Heimath. Ein idyllisches Gedicht. Dresden 1824. II: *Hase, Heinrich.* (Ky)

Fischer, Hnr. Er., d. Heimath. Ein idyll. Gedicht. (Herausg. u. mit e. Vorrede begleitet von Hnr. Hase). 8. Dresd. 824.

Fischer, Hnr. Er., († d. 6. Juli 1821.) die Letten zu Buchen. Ein idyllisches Epos. 8. Halle 804. Schimmelpfennig. 16 gl.

Fischer, Heinrich Ludwig

s. Anweisung d. Glaubens- u. Sittenlehre.

— Anweis. für Landschullehrer zur Verbesserung des Unterrichts. 2 Thle. 8. Leipz. 789—91. Schwickert. 20 gl.

- s. a. Aufsätze z. Nutzen u. Vergnügen.

— vermischte Aufsätze u. Dialogen zum Nutzen u. Vergnügen aus der wirklichen Welt. 8. Leipz. Schwickert. 790.

- s. Bauernphilosophie.

Fischer, Heinrich Ludwig.
Das Buch vom Aberglauben, Missbrauch, und falschen Wahn . . . Oberdeutschland [Leipzig?] 1790. II: *Becker, B. W.* (BrMm)

Fischer, Hnr. Ldw., († 1819 od. 20.) das Buch vom Aberglauben. (1r Thl. ohne s. Namen.) 8. Leipz. 790. Schwickert. 8 gl. 2r u. 3r Thl. 8. Hannov. 793 u. 94. Hahn. 18 gl. (3r Thl. A. u. d. T.: Beitr. zur Beantwort. d. Frage: Ob Aufklärung schon weit genug gediehen oder schon vollendet sei? 8. 9 gl.)

— Katechismus des Haushalts u. Ackerbaues. 8. Braunschw. 797. Schröder. 12 gl.

— neues geograph. Lehr- u. Lesebuch für Kinder in Volksschulen. 8. Altona 794. Hammerich. 18 gl.

- s. a. Naturgeschichte u. Naturlehre.

Fischer, Naturgeschichte u. Naturlehre zur Dämpfung d. Aberglaubens. 8. Hamb. Bohn. 793.

Fischer, Naturgeschichte und Naturlehre zur Dämpfung des Aberglaubens. 8. 793. Ist jetzt Verlag von Hoffmann und Campe in Hamburg.

- s. Reiche d. Natur, die.

Fischer, Heinrich Theodor

Lummer, Heinr.: [Autogr.] Ein gar treffliches Carmen unserm gel. Br. Heinr. Lummer zur Nachfeier seines 60. Geburtstages designiret, und zum Singen nach der Melodie: „Die Hussiten vor Naumburg" arrangiret von dem autor [d. i. Heinr. Thood. Fischer]. [Gera 1890.] 2 Bl. 8⁰ [Umschlagtit.]
Ohne Noten: „Möge es nun noch gelingen, . . ."
157.

Fischer, Helmut, Ref. in Liegnitz: Der Begriff des Tierhalters. Ein Beitrag zur Erklärung des § 833 B.G.B. Borna-Leipzig 1906: R. Noske. (VIII, 42 S.) 8° [J.]
Leipzig, Jur. Fak., Diss. v. 1. Febr. 1906
[Geb. 21. Sept. 81 Obergrädlitz; Wohnort: Liegnitz; Staatsangeh.: Preußen; Vorbildung: Gymn. Jauer Reife O. 00; Studium: Freiburg i. B. 1, Berlin 3; Breslau 3 S.; Rig. 22. Juli 03.]

Fischer, Herbert: Aus d. chemischen Institut der Universität Breslau. Zur Kenntnis des Verteilungssatzes. Breslau 1905: H. Fleischmann. (37 S.) 8°
Breslau, Phil. Fak., Ref. Gadamer, Diss. v. 30. Juni 1905
[Geb. 30. Juli 81 Breslau; Heimatsort: Breslau; Staatsangeh.: Preußen; Vorbildung: Gymn. zu St. Elisabet, Realgymn. am Zwinger Breslau Reife M. 01; Studium: Breslau 2, München 1, Breslau 5 S.; Rig. 7. Juni 05.]

Fischer, Herbert, bacc. iur., Referendar: Die Sicherungsübereignung mit Berücksichtigung der Zwangsvollstreckung und des Konkurses. Leipzig 1908: Hartmann & Wolf. 86 S. 8°
Leipzig, Jur. Diss. v. 12. Nov. 1908
[Geb. 9. Nov. 84 Gablenz a. N.; Wohnort: Chemnitz; Staatsangeh.: Sachsen; Vorbildung: Gymn. Chemnitz Reife O. 04; Studium: Leipzig 7 S.; Rig. 5. Juli 07.]
[U 09. 2504

Fischer, Herm., Anlagen zur Versorgung der Gebäude m. Licht u. Luft, Wärme u. Wasser, s.: Fischer, Ferd.

Fischer, Hermann (Hrsg.). s. Armeno, Die Reise der Söhne Giaffers.

Fischer, Herm., Atlas zur Geographie der schwäbischen Mundart. Tübingen 1895. qu.-Fol. . . . . [illegible]

Fischer, Herm., auf welche Schule sollen wir unseren Sohn schicken? Ein Wegweiser u. Ratgeber f. Eltern u. Fürsorger, die vor die Entscheidung gestellt sind, ob sie ihren Sohn dem Gymnasium, Reformgymnasium, Realgymnasium, der Oberrealschule od. Realschule in Karlsruhe übergeben sollen. (18 S.) gr. 8. Karlsruhe 901. (F. Gutsch.) n.n. — 50

Fischer, Herm. (II.). Die Bearbeitung des Hölzer, d. Hornes, der Metalle, der Steine, Glas u. Thonwaren, s. a. **Karmasch, Karl. Handbuch der mechan. Technologie.**

Die Bearbeitung der Hölzer, des Hornes. Von Hermann Fischer, Prof. zu Hannover. Mit 87 Textfig. *Leipzig: Baumgartner* [übergekl.: *Berlin: W. & S. Loewenthal*] *1891.* (VI S., S. 557 790.) 8°
= Karmarsch, Karl: Handbuch d. mechan. Technologie. Bd 2, Abt. 2.
[illegible]

Die Bearbeitung der Metalle von Hermann Fischer, Prof. zu Hannover. Mit 104 Textfig. *Leipzig: Baumgärtner* [übergekl.: *Berlin: W. & S. Loewenthal*] *1890.* (VIII, 556 S.) 8°
= Karmarsch, Karl: Handbuch d. mechan. Technologie. Bd 2, Abt. 1.
[illegible]

Die Bearbeitung der Steine, Glas- und Thonwaaren. Von Hermann **Fischer**, Prof. zu Hannover. Mit 81 Textfig. *Leipzig: Baumgärtner* [übergekl.: *Berlin: W. & S. Loewenthal] 1891.* (VI S., S. 791–932.) 8°
— **Karmarsch, Karl**: Handbuch d. mechan. Technologie. Bd 2, Abt. 3. [91. 7398

Fischer, Hermann, approb. Tierarzt a. Zinskowo: **Aus dem Veterinärinstitut der Universität Leipzig ⟨Prof. Dr. Eber⟩. Ein Beitrag zur Histologie und Pathogenese der Uterus- und Eileitertuberkulose beim Rinde. Mit 4 Tafeln. Jena: G. Fischer 1905. (34 S.) 8° ¶ Aus: Zeitschrift für Tiermedizin 1906.**
Leipzig, Phil. Fak., Ref. Eber, Chun, Diss. v. 21. Nov. 1905
[Geb. 3. Okt. 77 Zinskowo; Wohnort: Zinskowo; Staatsangeh.: Preußen; Vorbildung: Tierärztl. Approbation Darmstadt Nov. 03; Studium: Dresden Tierärztl. Hochsch. 7, Gießen 2, Marburg 1, Leipzig 3 S.; Rig. 24. Juli 05.]

Fischer, Hermann: Beitrag zur Kenntnis der unterfränkischen Triasgesteine. München 1909: Wolf. 58 S. 4°(8°) ¶ (Aus: Geognostische Jahreshefte. Jg. 21.)
Würzburg, Phil. Diss. v. 12. Mai 1909, Ref. Beckenkamp
[Geb. 14. Juni 84 Würzburg; Wohnort: Würzburg; Staatsangeh.: Bayern; Vorbildung: Neues Gymn. Würzburg Reife Juli 03; Studium: Würzburg 5, München 1 S.; Rig. 25. Juni 08.] [U 09. 4161

Fischer, Hermann, cand. phil., aus Clötze: **Beiträge zur Litteratur der Sieben weisen Meister. 1. Die handschriftliche Überlieferung der Historia septem sapientum.** ***Greifswald 1902: F. W. Kunike.*** **(131 S.) 4°(8°)**
Greifswald, Phil. Diss. v. 16. Juli 1902

Fischer, Herm., Beiträge zur Litteraturgeschichte Schwabens. gr. 8. (VII, 246 S.) Tübingen 891. H. Laupp. n. 4. —

Fischer, Herm., Beiträge zur Litteraturgeschichte Schwabens. 2. Reihe. gr. 8. (VII, 248 S.) Tübingen 899. H. Laupp. n. 4. —
1. Reihe. Ebd. 891. n 4. —.

Fischer, H., künstliche Beleuchtung, Heizung u. Lüftung der Räume, s.: Handbuch der Architektur.

Fischer, Herm., künstliche Beleuchtung der Räume; Heizung u. Lüftung der Räume, s.: **Handbuch der Architektur.**

Fischer, Herm. (I.), Bericht über die Ausstellung von Heizungs- und Lüftungsanlagen in Cassel 1877. gr. 8. (56 S. mit Holzschn.-Abbild. im Text und 3 lithogr. Taf.) Augsburg 877. Stuttgart, Cotta'sche Buchh. *
Aus: Dingler's polytechnisches Journal, besonders abgedruckt.

Fischer, Herm., Blätter des Lebens. Eine Weihnachtsgabe für Jung und Alt. Oels 854. Karfunkel. 8. (120 S.) 15 ngr.

Fischer, (Joan. Car.) Herm. (geb. Oels 30. 6. 1819): De catalepsi. Berolini (1843). (28 S.) 8°
Berlin, Med. Diss. v. 11. Okt. 1843

Fischer, Herm., der Engel der Grenze, s.a. **Bibliothek, illustr., der Reisen u. Abenteuer. 13. Bd.**

Der Engel der Grenze. Wilde Szenen aus Kentucky. Erzählung aus Amerikas Urwäldern von Hermann **Fischer**. *Berlin: E. Freyhoff [1903].* (110 S.) 8° [F.]
— **Bibliothek, Illustrierte**, d. Reisen u. Abenteuer. Bd 13. [03. 13800

[F.] Erinnerungen an Johann Georg Fischer v. seinem Sohne Hermann **Fischer.** M. 1 Portr. in Heliogravüre. *Tübingen: H. Laupp 1897.* (IV, 72 S.) 1 Bd 8. [97. 3393

Fischer, Hermann, approb. Arzt aus Neuhaus ⟨Kr. Paderborn⟩: Zwei **Fälle von Symphysiotomie aus der Königl. geburtshülflich-gynäkologischen Klinik der Universität Halle-Wittenberg.** ***Halle a. S. 1902: M. Kandler.*** **(31 S.) 8°**
Halle, Med. Diss. v. 23. Dez. 1902

Fischer, Hermann, Medizinalprakt.: Zwei Fälle von Krukenbergschen Tumoren. München 1909: Kastner & Callwey. 28 S. 8°
München, Med. Diss. v. 18. Juni 1909, Ref. Döderlein
[Geb. 22. März 83 Koburg; Wohnort: Koburg; Staatsangeh.: Sachsen-Koburg-Gotha; Vorbildung: Gymn. Koburg Reife O. 03; Studium: Jena 5, Berlin 2, München 3 S.; Coll. 18. Juni 09; Approb. 31. Mai 09.] [U 09. 3307

Fischer, Herm., die Forschungen üb. das Nibelungenlied seit Karl Lachmann. gr. 8. (272 S.) Leipzig 874. F. C. W. Vogel. n. 5. —

Fischer, Herm. (II.), zwei Fragmente des mittelniederländischen Romans der Lorreinen, s. Festschrift zur 4. Säcular-Feier der Eberhard-Karls-Universität zu Tübingen.

Fischer, Herm., der hl. Franziskus v. Assisi während d. J. 1219—1221, s.a. **Studien, Freiburger histor. IV.**

Fischer, Hermann. **Der heilige Franziskus von Assisi während der Jahre 1219—1221. Chronologisch-historische Untersuchungen. VIII+144 S. 8.**
Ausg. A: Freiburg ⟨Schweiz⟩, Verlag der Univ.-Buchh. ⟨Otto Gschwend⟩. 1907. [fr. 3. 75.] — Freiburger Historische Studien.... (Fasc.) 4....
Ausg. B: Diss. Phil. Freiburg in der Schweiz. (Heft 4 der ... Freiburger historischen Studien.) Freiburg ⟨Schweiz⟩, Buchdr. Gebrüder Fragnière, 1907.

Der heilige Franziskus von Assisi während der Jahre 1219–1221. Chronolog.-hist. Untersuchungen von Hermann **Fischer**, Dr. phil. Freiburg ⟨Schweiz⟩: O. Gschwend 1907. (VIII, 144 S.) 8°
— **Studien**, Freiburger historische. 4. [08. 100

Fischer, H., Ueb. einige Gegenstände d. alten Geographie bei Strabo. Pr 1879. 22 S. 4°. 2.—

Fischer, Hermann: **Über einige Gegenstände der alten Geographie bei Strabo, als Beitrag z. Gesch. d. alten Geographie. Tl 2. (Forts. d. P-Beil. 1879.) Wernigerode, Druck v. B. Angerstein,** ***1893;*** **1 Bl., 11 S. 4.**
Wernigerode, Fürstlich Stolberg'sches G. P 1893 (258)

Fischer, Herm., **Geographie** d. schwäb. Mundart. M. e. Atlas v. 28 (farb.) Karten (in qu. gr. Fol. m. 5 Bl. Erklärgn. in Mappe). Fol. (VIII, 90 S.) Tübingen 895. H. Laupp. n. 20. —

— **Zur Geschichte d. Mittelhochdeutschen. 4. (74 S. m. 1 Karte.) Tüb. 889, (Fues' Verlag). * 2 —**

Fischer, Hermann: Die Grammatik im französischen Reformunterricht. Dresden 1909: Teubner. S. 3—49. 4°
Dresden-Johannstadt, König Georg-G OP 1909 (730) [S 09. 105

Allgemeine Grundsätze und Mittel des Mechanischen Aufbereitens (Allgem. mechan. Technologie) von Hermann **Fischer**, Prof. zu Hannover. Mit 720 Fig. *Leipzig: Baumgärtner* [übergekl.: *Berlin: W. & S. Loewenthal] 1888.* (XIV, 687, 8 S.) 8°
— **Karmarsch, Karl**: Handbuch d. mechan. Technologie. Bd 1. [91. 7398

Fischer, Herm., Grundzüge d. deutsch. Altertumskunde, s.a. **Wissenschaft u. Bildung.**

Grundzüge der Deutschen Altertumskunde. Von Hermann **Fischer**. Prof., Tübingen. Leipzig: Quelle & Meyer 1908. (IV, 135 S.) 8° [F.]
— **Wissenschaft** u. Bildung. 40. [08. 13381

— s.: **Haller, Albr. v., u. Eberh. Frdr. v. Gemmingen, Briefwechsel.**

Fischer, H. (I.), Handbuch der Kriegschirurgie, s.a. **Chirurgie**, deutsche.

Fischer, H[ermann]: Handbuch der Kriegschirurgie. Mit 170 Holzschn. u. 32 Tab. Bd 1. 2. Suttgart 1882. LXVII, 1028 S.

(Deutsche Chirurgie. Lfg 17a. b.)

Fischer, Herm., Handbuch d. mechan. Technologie, s.: Karmarsch, Karl.

— **Heizung, Lüftung u. Beleuchtung der Theater u.** sonstiger Versammlungssäle, s.a. **Fortschritte auf dem Gebiete der Architektur.**

Heizung, Lüftung und Beleuchtung der Theater und sonstiger Versammlungssäle. Von Hermann **Fischer**, Prof. zu Hannover. Mit 35 Abb. Erg.H. zu Th. 3, Bd 4 d. 'Handbuchs d. Architektur'. Darmstadt: A. Bergsträßer 1894. (38 S.) 4°(8°)
— **Fortschritte** auf d. Gebiete d. Architektur. No 5. [95. 8384

Fischer, Herm., die erste Hilfe in e. zukünftigen Schlacht. Eine Skizze. (50 S.) 8. Berlin 906. A. Hirschwald. n. 1.. –

—— die Holzsäge, ihre Form, Leistung und Behandlung in Schneidemühlen, für die Praxis und für den Gebrauch in techn. Lehranstalten bearb. gr. 8. (V, 176 S. mit zahlreichen eingedr. Holzschn.) Berlin 879, Gärtner. *

Fischer, Herm., die Jagd d. wilden Rosses od. Die Kriegsfährte. Erzählg. a. d. fernen Westen. Nach Kapit. Mayne Reid. (175 S. m. 3 [1 farb.] Vollbildern.) 8. Reutlingen (907). R. Bardtenschlager. Geb. in Leinw. 3. 50

Fischer, Herm., der Invalid. Handbuch f. Berg-, Hütten- u. Fabrikarbeiter etc. sowie Werkmeister, Techniker, Handlungsgehilfen, Lehrlinge u. Dienstboten zur Selbstbelehrg. u. zum Selbstgebrauche. Mit Auszug aus dem Invalidenversicherungsgesetz v. 13. VII. 1899 u. Beiträgen- u. Rentenberechnungs-Tabelle. In gemeinverständl. Weise bearb. u. hrsg. (40 S.) 8. Zwickau (900). (J. Herrmann.) Kart. 1. —

Fischer, Hermann [Referendar in Köln]: Kann sich derjenige auf Nothwehr berufen, dem die Möglichkeit der Flucht offenstand? Vom Standpunkte d. Wissenschaft u. d. Reichs-Strafgesetzbuches aus unters. ... Köln, Buchdr. v. J. B. Heimann, 1896; 60 S., 1 Bl. 8.
Erlangen, Jur. Fak., Inaug.-Diss. v. 1896

Fischer, Hermann Katalog der Lehrer-Bibliothek des Realgymnasiums zu Karlsruhe. Abgeschlossen am 1. Juli 1895. 8 (1 Bl., 73 S.). **Progr.** Rg. *Karlsruhe* 1895 (635).

***Fischer**, Hermann [Prof.]:* Katalog der Schüler-Bibliothek des Real- und Reformgymnasiums zu Karlsruhe. Nach d. Stand v. 1. Mai 1897. Karlsruhe, Buchdr. v. Malsch & Vogel, 1897; 25 S. 8.
Karlsruhe, RG '(m. Kl. VI eines sog. Reform-Gs)', P 1897 (646)**

—— Klassizismus u. Romantik in Schwaben zu Anfang unseres Jahrhunderts. gr. 4. (22 S.) Tüb. 889, Laupp. * 2 —
Aus: Festgabe der Universität Tübingen zum 25. Juni 1889, besonders abgedruckt.

— auf dem Kriegspfade od.: die Flüchtlinge, s. a. **Bibliothek**, illustr., der Reisen u. Abenteuer. 23. Bd.

Auf dem Kriegspfade oder Die Flüchtlinge. Eine Erzählung aus d. Urwäldern Nord-Amerikas. Nach d. Engl. bearb. von Hermann **Fischer**. Berlin: E. Freyhoff [1905]. (124 S.) 8° [F.]
— **Bibliothek**, Illustrierte, d. Reisen u. Abenteuer. Bd 23 [o6. 9378

Fischer, Herm., zur Kritik der Nibelungen. [Aus: „Germania".] gr. 8. (82 S.) Wien 879. Gerold's Sohn. n. 2. —

Fischer, H: Die Kunst des Seifensiedens und der Kerzenfabrikation. 5. Aufl. Weimar 1865

Fischer, Herm., Schillers Leben u. Werke, s.: **Palleske**, Emil.

Fischer, H., Lehrbuch der allgemeinen Chirurgie, nach dem heut. Standpunkte der Wissenschaft bearb. Mit 101 Abbildgn. im Text. gr. 8. (XVI, 907 S.) Stuttgart 887. Enke. n. 20. —

—— Lehrbuch der allgemeinen Kriegs-Chirurgie. Lex.-8. (462 S. mit 1 Tab. in qu. gr. 4., 105 eingedr. Holzschn. und 15 lithogr. Taf. Abbild., wovon 2 in Buntdr.) Erlangen [Stuttgart] 868, Enke. (*M 9,60.) *
Aus: Billroth's und v. Pitha's Chirurgie, besonders abgedruckt.

Fischer, Dr. H., Lehrbuch der allgemeinen Kriegs-Chirurgie. Erlangen 1869. 8.

Fischer, Herm., die Leiden eines doppelten Hausbesitzers. Mit actenmäßigen Belägen. Ein Mahnruf für Hausbesitzer, Hauskaufs-Candidaten, Vermiether u. Miether rc. Nordhausen 863. (Büchting.) 12. (IV, 132 S.) n. 10 ngr.

— Leitfaden der kriegschirurgischen Operations- u. Verbandstechnik, s. a. **Bibliothek** v. Coler, 5. Bd.

Leitfaden der kriegschirurgischen Operationen von Dr. Hermann **Fischer**, Prof. Mit 56 Abb. im Text. *Berlin: A. Hirschwald 1901.* (VI, 157 S.) 8°
— **Coler**, v., Bibliothek. Bd 5. [01. 3564

Leitfaden der kriegschirurgischen Operations- und Verbandstechnik von Dr. Hermann **Fischer**, Prof. 2. Aufl. Mit 55 Abb. Berlin: A. Hirschwald 1905. (VIII, 170 S.) 8°
— **Coler**, v., Bibliothek. Bd 5. [05. 4309

Fischer, Herm., u. Alfr. **Pöhler**, französische u. englische Lieder, zum Gebrauch beim Sprach- u. Gesangunterricht an höheren Schulen bearb. gr. 8. (32 S.) Leipzig 899. Dürr'sche Buchh. n. — 50

Fischer, Hermann [Oberl.]: Materialien zum Unterricht in der Heimatkunde am Gymnasium zu Wernigerode a/H. Wernigerode a. H., Druck v. B. Angerstein, *1891;* 37 S. 8°
Wernigerode, Fürstlich Stolberg'sches G, OP 1891 (250)

—— Eduard Mörike, s. **Lebensbilder** schwäbischer Dichter.

— d. **Müllerei**, s. a. **Karmarsch, Karl, Handbuch der mechan. Technologie.**

Die Müllerei von Hermann **Fischer**, Prof. zu Hannover. Mit 95 Textfig. *Berlin: W. & S. Loewenthal [1897].* (S. 1151–1268.) 8°
— **Karmarsch**, Karl: Handbuch d. mechan. Technologie. Bd 3, Abt. 3. [00. 7400

Fischer, Herm. (II.), Nekrolog für Adelbert v. Keller; vorm. ordentl. öffentl. Professor an der Universität Tübingen, Präsident des literarischen Vereins etc. gr. 8. (18 S.) Berlin 884, Calvary und Comp. *
Aus: Biographisches Jahrbuch für Alterthumskunde, besonders abgedruckt.

Fischer, H[ermann]: Die septische Nephritis. Eine klinisch-experimentelle Studie. Breslau 1868. (22 S.) 4° *(Bruchstück aus einem [geplanten, aber nicht erschienenen] größeren Werke über Pyämie.)*
Breslau, Med. Fak., Antr.-Progr. als ord. Prof. v. 24. Nov. 1868

— der **Neuhumanismus** in der deutschen Litteratur. Rektoratsrede, zum Geburtsfeste des Königs v. Württemberg am 25. II. 1902 an der Universität Tübingen geh. gr. 8. (31 S.) Tübingen 902. H. Laupp. n. — 60

FISCHER, Hermann (Fürstenfeldbruck): De remediis haemostaticis externis.- Monachii: Giesser 1839. 16 S.
27.8.1839 - Urk; F 64
Diss. Ingolst.-Landsh.-Mchn.

— Die Rifle-Rangers od. die Freischar, nach Kapit. Mayne-Reid bearb., s.: **Bibliothek**, illustr., der Reisen u. Abenteuer.

Fischer, Herm., kriegschirurg. Rück- u. Ausblicke v. asiat. Kriegsschauplatze. (VIII, 198 S.) gr. 8. Berlin 909. A. Hirschwald. 4. 50

Fischer, H. (II.), der praktische Seifensieder, s. a. **Schauplatz**, neuer, der Künste und Handwerke.

Fischer, H., der praktische Seifensieder. 6. Aufl. d. Werkes „Die Kunst des Seifensiedens rc." in vollständiger Neubearbeitg. hrsg. gr. 8. (248 S. m. 44 Abbildgn.) Weimar 889. B. F. Voigt. 4. 50

Fischer, H., der prakt. Seifensieder od. gründl. Anleitg. z. Fabrikation aller im Handel vorkomm. Riegel-, Schmier-, Textil- u. Toiletteseifen. 7. (Titel-)Aufl. gr. 8. (XII, 248 S. m. 44 Abb.) Weimar (889) 895. Leipzig, B. F. Voigt. 8. —

Fischer, Herm., der Seifensieder. Eine gründl. Anleitung zur Fabrikation aller im Handel vorkomm. Riegel-, Schmier-, Textil- u. Toiletteseifen. 8. vollständig neubearb. Aufl. (XII, 276 S. m. 63 Abbildgn.) gr. 8. Leipzig 904. B. F. Voigt. n. 4. 50

Fischer, Herm., der Spaßvogel, s. **Spaßvogel**.

Fischer, Hermannus: Ueber die Sprache John Wyclif's. Laut- und Flexionslehre. Halis Saxonum 1880: Ploetz. 76 S. 8°
Halle-Wittenberg, Phil. Diss. v. [16. Aug.] 1880
Geb. Briesen (Kr. Kulm; Westpr.) 16. 11. 1856. V.

Fischer, Herrm., Bad Teplitz, wie es jetzt ist. Ein Handb. f. Kurgäste. Nebst (6) Abbildn. einiger seiner Hauptquellen u. pittoresken Umgebungen (auf 1 Bl. gr. 4.) gr. 16. (4 B.) Grimma 839, Verlags-Comptoir.

Fischer, Herm., u. Geo. Dost, französ. Texthefte zu Hirts Anschauungsbildern (Künstlersteinzeichngn. v. Walter Georgi), nach log.-grammat. Gesichtspunkten bearb. 1., 2. u. 4. Heft. 14×22,5 cm. Breslau, F. Hirt. Kart. 2. 60

1. Der Frühling, v. D. (45 S. m. 1 farb. Taf.) 907. — 80
2. Der Sommer v. F. (47 S. m. 1 farb. Taf.) 907. 1. —
4. Der Winter v. D. (48 S.) 908. — 80

Das 3. Heft ist noch nicht erschienen.

Fischer, Herm., Briot und Bouquet's Theorie der doppelt-periodischen, insbesond. elliptischen Functionen, mit Benutzung dahin einschlagender Arbeiten deutscher Mathematiker dargestellt. 5 Lfgn. gr. 8. (XXVIII und 475 S. mit eingedr. Holzschn.) Halle (861)62, Schmidt's Verlagsb. *

Fischer, H., Ludwig Uhland. Eine Studie zu seiner Säkularfeier. 8. (VII, 199 S.) Stuttgart 887. Cotta Nachf. n. 3. —

—— V. Puiseux's Untersuchungen über die algebraischen Functionen. gr. 8. (XIX und 144 S. mit 29 eingedr. Holzschn.) Halle 861, Schmidt's Verlagsb. *

Fischer, Herm., s.: Versicherungsschutz.

—— die Vorzeit und die Gegenwart, oder: Auf welche Weise haben sich die Nordhäuser bei der Reformation im 16. Jahrh. betheiligt und auf welche Weise jetzt, oder: Wie das so gekommen ist. Eine Vorlesung zum 1. Stiftungsfeste am 5. Jan. 1848 vor der freien Gemeinde zu Nordhausen gehalten. Nebst 2 bei Gelegenheit des nordhäuser Concils am 8. Septbr. 1847 vorgetragenen Gedichten. 8. (32 S.) Nordhausen 848, Fischer.

— die Werkzeugmaschinen. 1. u. 2. Bd. Lex.-8. Berlin, J. Springer. In 3 Leinw.-Bdn. n. 60. —

1. **Die Metallbearbeitungs-Maschinen. Mit 1354 Fig. im Text u. auf 46 lith. Taf. (VIII, IV, 767 S.) 900.** In 2 Leinw.-Bdn. n. 45. —
2. **Die Holzbearbeitungs-Maschinen. Mit 421 Fig. im Text. (IV, 236 S.) 901.** Geb. n. 15. —

— die Werkzeugmaschinen. 1. Bd. Die Metallbearbeitungsmaschinen. 2. verm. u. verb. Aufl. Mit 1545 Fig. im Text u. auf 50 lith. Taf. 2 Bde. (X, 823 u. IV S.) Lex.-8. Berlin 905. J. Springer. Geb. in Leinw. n. 45. —

Fischer, Herm., S. V. D., Jesu letzter Wille. (143 S. m. Titelbild.) kl. 8. Steyl 906. Missionsdruckerei. Geb. in Leinw. n. — 80

Fischer, Hermann. Schwäbisches Wörterbuch. Auf Grund der von Adelbert v[on] Keller begonnenen Sammlungen und mit Unterstützung des Württembergischen Staates bearbeitet. Band 1 (Liefg. 1—10): A. B. P. XXIV S. + 1576 Sp. 4. Tübingen, H. Laupp, (1901—) 1904. (pro Liefg. à M. 3. —)

(Liefg. 10. Im Druck vollendet den 8. Dezember 1904.)

Fischer, Hermann. Schwäbisches Wörterbuch. Auf Grund der von Adelbert v[on] Keller begonnenen Sammlungen und mit Unterstützung des Württembergischen Staates bearbeitet. Band 2 (Liefg. 11—22): D. T. E. F. V. Bearb. unter Mitwirkung von Dr. Wilhelm Pfleiderer. VIII S. + 1904 Sp. 4. Tübingen, H. Laupp, (1905—) 1908. (Subskr. *pro* Liefg. M. 3. —)

(Liefg. 20: Fest — Vogel. Im Druck vollendet den 6. November 1907. Tüb' ... 1907. — Liefg. 21: Vogel — Frevele. Im D' v' den 1. April 1908. Tüb' ... 1908. — Liefg. 22: Frevele — fützen. Im D' v' den 15. Juni 1908. Tüb' ... 1908.)

Fischer, Hermann. Schwäbisches Wörterbuch. Auf Grund der von Adelbert v[on] Keller begonnenen Sammlungen und mit Unterstützung des Württembergischen Staates bearbeitet. Band 3 (Liefg. 23—35): G. H. Bearb. unter Mitwirkung von Dr. Wilhelm Pfleiderer. XVIII S. + 1940 Sp. 4. Tübingen, H. Laupp, (1908—) 1911. (Subskr. *pro* Liefg. M. 3.—, Liefg. 35, M. 1.—)

Fischer, Herm. Alex., Bellerophon. Eine mytholog. Abhandlung. gr. 8. (III und 100 S.) Leipzig 851, Weidmann'sche Buchh.

Fischer, (Herm. Otto), die Ursachen des so häufigen Verkennens von Verrenkungen u. Vorschläge zu dessen Abhülfe, erläutert an den Ellbogen-Luxationen. Nebst einem offenen Briefe an d. Hrn. Gen.-Arzt Dr. Richter, betreff. dessen Schrift: „Abfertigung des Hrn. Dr. Bournye zu Düsseldorf durch A. L. Richter." [Mit 8 lith. Taf.] Imp. 4. (78 S.) Köln 850, Du Mont-Schauberg. n. 1 1/2 ℳ

Fischer, H(ermann) W(aldemar), Dr.: Untersuchungen über Metallhydroxyde. Breslau 1907: H. Fleischmann. (80 S.) 8°
Breslau, Phil. Fak., Hab.-Schr. v. 24. Jan. 1907
(Nicht für den Austausch)

Humor im Schach. Eine Sammlung von Selbstmataufgaben u. zwar von 120 Programmaufgaben nebst e. Anh.: Ernstes u. Heiteres. 20 Selbstmate u. 14 Capriccios, in Summa 160 Aufgaben von Hieronymus **Fischer** in Bamberg. Mit e. Beil. von W[illiam] A. Shinkman. Potsdam: A. Stein [1904]. (216 S.) 8° [06. 3938

Fischer, Hubert, Referendar in Eschweiler: Die **Lehre** vom Verschwender nach Gemeinem Recht, Altpreuss. und Französ. Recht unter Berücksichtigung des Bürgerlichen Gesetzbuches. *Düsseldorf 1898: L. Schwann.* (76 S.) 8°
Erlangen, Jur. Diss. v. 21. Okt. 1898

Fischer, Hugo *Emil* [Assistenzarzt d. chir. Klinik zu Kiel]: Aus d. chirurg. Klinik zu Kiel. Beitrag zur Casuistik der Akromegalie und Syringomyelie ... Kiel, Druck d. „Nord-Ostsee-Zeitg", 1891; 31 S. 8.
Kiel, Med. Fak., Inaug.-Diss. v. [16. Nov.] 1891

Fischer, Hugo [aus Breslau]: Beiträge zur vergleichenden Morphologie der Pollenkörner. . . . Breslau, Druck v. Robert Nischkowsky, 1890; 2 Bl. + 69 S. + 1 Bl. 8°
Breslau, Phil. Fak., Inaug.-Diss. v. 21. Jul. 1890

Fischer, H., Beiträge zur vergleichenden Morphologie der Pollenkörner. Mit 3 Taf. gr. 8. (72 S.) Breslau 890. Korn's Verl. n. 4. —

*Fischer, Hugo: Einweihungsfeier am 27. April 1905. S. 10—18. 4.
Progr. Städt. Realgymn. mit Realschule *Naumburg a. S.* 1906 (332).

Fischer, Hugo, Geschichte, Eigenschaften und Fabrikation des Linoleums. Eine technologische Studie für Technologen, Linoleum- und Maschinenfabrikanten, Ingenieure, Architekten, Aerzte u. s. w. gr. 8. (VIII, 83 S. mit 6 Taf. und 6 Textfig.) Leipzig 888, Felix. *

Fischer, Hugo, sollen die Staaten S. Weimar, S. Coburg-Gotha, S. Meiningen, S. Altenburg, die schwarzburg'schen und reußischen Lande in Zukunft fortbestehen oder sich zu einem Gesammtstaate verbinden oder in den größern Nachbarstaaten gänzlich aufgehen? Ein gutachtl. Sendschreiben an die betreff. Staatsangehörigen. gr. 8. (30 S.) Gotha 848, Müller.

Fischer, H[ugo], Assist. am Polytechn. zu Dresden: Die Stickmaschine. [1877.] 26 S., 3 Taf. 4° ¶ Aus: Der Civilingenieur. N. F. Bd 23. *Be*
Dresden Te. H., Hab.-Schr. v. S.-S. 1878

Fischer, Hugo, technologische Studien im sächsischen Erzgebirge. Mit einem Vorwort von E. Hartig. gr. 8. (VIII, 112 S. mit 17 Taf. in Lichtdr.) Leipzig 878, Engelmann. *

Fischer, Hugo, deutsche Übungsstücke zu K. Kühns französischen Schulgrammatiken. 3 Tle. gr. 8. Bielefeld, Velhagen & Klasing. n. 3. 80; geb. n. 4. 70

1. Unterstufe. (VI, 88 S.) 892. n. — 80; geb. n. 1. 10
2. Mittelstufe. (VI, 163 S.) 894. n. 1. 50; geb. n. 1. 80
3. Oberstufe (VI, 119 S.) 894. n. 1. 50; geb. n. 1. 80

[F.] Übungsstücke zu Kühn, Kleine französische Schulgrammatik. Bearb. v. Hugo **Fischer**, Realschuldir. in Naumburg a. S. 2. Aufl. [Th. 1.] *Bielefeld & Leipzig: Velhagen & Klasing 1896.* 8. [96. 5369

Fischer, Hugo, Übungsstücke zu Kühn, kleine französische Schulgrammatik. Unterstufe. 3. Aufl. gr. 8. (VI, 88 S.) Bielefeld 902. Velhagen & Klasing. Geb. n. n. 1.10

— dasselbe z. K. Kühns französ. Schulgrammatiken. II. Tl. Mittelstufe. 2. Aufl. gr. 8. (VI, 181 S.) Ebd. 897. Geb. n. 2. —

— deutsche Übungsstücke zu K. Kühns französischen Schulgrammatiken. II. Tl. Mittelstufe. 3. Aufl. gr. 8. (VI, 181 S.) Ebd. 902. Geb. n. 2. —

Fischer, Hugo Richard, aus Innsbruck i. T.: **Addition des Bernsteinsäurediäthylesters an Zimmtsäureäthylester. Condensation von Aldehyden und Ketonen mit Bernsteinsäurediäthylester.** *Leipzig 1901: O. Schmidt.* (52 S.) 8°
Leipzig, Phil. Diss. v. [5. Febr.] 1901

Fischer, J. Neue Ansichten über die Principien der Differentialrechnung. Leipzig, 1831.

Fischer J.: Die Bedeutung des Geschichtsstudiums für die intellectuelle u. moralische Bildung der studierenden Jugend. 16. Bruneck R. 79.
Progr

Fischer, J., der erste Brief d. Apostels Paulus an d. Thessalonicher. In 27 Betrachtgn. (131 S.) 8. Berlin 907. Vaterländ. Verlags- u. Kunstanstalt. — 80; geb. 1. 25

Fischer, J., Domkreuzgang u. Mortuarium zu Eichstätt. Vortrag. gr. 8. (14 S. m. 3 Illustr.) Eichstätt 889. Brönner. n. — 80

Fischer, J., kurzgefaßte Erklärung der Lesestücke in Ferd. Hirts deutschem Lesebuche, s.: Banse, R.

Geschichte der Geburtshilfe in Wien. Im Auftr. d. Wiener geburtshilfl.-gynäkolog. Gesellsch. bearb. von Dr. J. **Fischer,** (Wien). Mit e. Vorw. von Hofrat Prof. Dr. F[riedrich] Schauta. Mit 32 Abb. u. 5 Taf. Leipzig & Wien: F. Deuticke 1909. (x, 532 S.) 4°(8°) [cd. 1709

Fischer, J., u. W. **Henle,** Bürgerliches Gesetzbuch vom 18. VIII. 1896 nebst dem Einführungsgesetze vom 18. VIII. 1896. Handausg. m. Einleitg., erläut. Anmerkgn. u. Sachregister, in Verbindg. m. E. Ebert u. H. Schneider hrsg. 4., unter Berücksicht. der landesrechtl. Ausführungsbestimmgn. bearb. Aufl. 8. (XXXVI, 1307 S.) München, C. H. Beck. Geb. in Leinw. 7. —

Fischer, J., siehe: *Herzog, J. A.*

Fischer, J. (A.), der Kampf für die schönsten Güter des Lebens. Predigt gehalten auf dem Schlachtfelde bei Sempach den 9. Heumonat 1860. gr. 8. (22 S.) Luzern 860, (Gebr. Räber.)

[J.] Kinder-Feste. Aufführgn u. allerhand Vorträge zu leichten Verkleidgn m. Deklamation, Gesang u. Musik im Hause, im Garten oder in d. Schule f. Kinder v. 4 bis 12 Jahren. Den lieben Kleinen ... gewidm. v. J. **Fischer.** *Berlin: E. Bloch [1894].* (68 S.) 1 Bd 8. [96. 1007

Fischer, J., Kindermaskenfeste. Lustige Faschings-Unterhaltungen für Kinder von 4 bis 12 Jahren, mit Deklamation, Gesang und Musik. qu. 4. (IV, 42 S., Musikbeilage 19 S.) Augsburg 881, Lampart und Comp. *

Fischer, J., Germania's Klage u. das Brudervolk am Meer. Dramatisches Gedicht in 2 Scenen. [Vorspiel eines zukünftigen Schauspiels.] Für das deutsche Volk. Frankfurt a. M. 860. Gebhard & Körber in Comm. 8. (23 S.) n. 4 ngr.

Fischer, J., kurzgefaßtes Lehrbuch der Gemeindeschreiberei. Für Schulseminaristen u. angeh. Gemeindeschreiber zusammengestellt. gr. 8. (V, 99 S.) München 888. Kellerer. n. 1. 20

Fischer, J., De locis aliquot Taciteis commentatio. Pr. 1867. 8 S. 4°.

Fischer, J.: Der Mann mit der Lanze oder das Nöthigste und Unentbehrlichste über den Gebrauch der Lanze, Sense u. Hellebarte. Freiberg 1848. 28 S. m. Abb.

Fischer, J. Über die wahre rechtliche Natur des Rückversicherungsvertrages. 1885.

— — J., Naturlehre m. Rücks. d. Chemie f. d. unteren Real- u. Volksschulen, sowie z. Selbstbelehrg. 1863. —.72

Fischer, J., Plan von Constantinopel und Umgebung, nach den neuesten Quellen bearb. 1 : 30,000. Lithogr. und color. Imp.-Fol. Wien 877, Hölder. *

Das ältere Rechtbuch Ludwig des Bayern. Von J. **Fischer,** Amtsrichter, Neustadt a. H. Landshut: M. J. Kummer 1908. (38 S.) 8° [c8. 16)00

Fischer, J. (Red.), s. Reform, Pädagogische.

Fischer, J., über Sammlungen von böhmischen geistlichen Liedern im Herzogthum Teschen. 15 S. 1865
Schul-/Univ.-Schrift

Fischer, J. Schlachtengemälde aus Europas Vorzeit. (24¼ B.) 8. Leipzig 1839. 3,00.

Fischer, J., Das Schulwesen im alten Rom. Luzern 1862.
Progr.

Fischer, J., Staatskunde f. Schulen, s.: **Herzog, Joh. Adf.**

Fischer,
— J., siehe: *Städte-Bilder.*

Fischer, J., die Stadtpfarrkirche zur schönen unser lieben Frau in Ingolstadt. Eine kunsthistor. Studie. gr. 8. (VI, 29 S. m. 3 Lichtdr.-Taf.) Ingolstadt 892. (A. Ganghofer.) n. 1. 40

Fischer, (J.,) Thier-Studien, für Thierzeichner u. Landschaftsmaler. 4. Berlin 825, Müller.

Fischer, J. Kurz. u. deutl. Unterr., wie man b. e. grassirenden u. contagieusen Ruhr s. Gesundht erhalten könne. Frankfurt 1766.

Fischer, J., Wege zu Glück und Reichthum. Einfache Darstellung der Erde mit ihren Produkten, des Menschen sammt seinen Bedürfnissen, Leiden und Freuden, und der erfahrungsmäß. Grundsätze, durch deren Benützung man reich und glücklich werden kann. gr. 8. (109 S.) Wien 864, (Typographisch-literarisch-artistische Anstalt.) *

Fischer, J., Der Wert der Socialdemokratie für die Arbeiterschaft. 8°. Berlin 1897.

Fischer, J., wie sichern wir die Zukunft unserer Kinder? Ein Beitrag zur friedl. Lösg. der sozialen Fragen. gr. 8. (15 S.) Offenbach a. M. 892. Wilh. Wagner. n. — 25

Fischer, J. A., die vereinigte Kirche od. Stimmen f. den Anbau einer deutsch. vereinigten christl. Kirche. Eine Zeitschrift z. Belehrung u. Warnung des deutsch. Volkes diesseits u. jenseits d. Ozeans. 1. Bd. 1. Hft. gr. 8. (6½ B.) Mannheim 846. (Hoff.)*

Fischer, J. A. (ed). Die Lieder für Schulen u Familien. Sandusky, O. 1860.

Fischer, J. A., 71 deutsche Lieder für Schulen- und Familien. qu. 4. (16 S.) Philadelphia 861, (Schäfer und Koradi.)

Fischer, J. A., deutsche Lieder f. Schulen u. Familien, zunächst f. Sonntagsschulen. 2. verm. Aufl. gr. 16. (126 S.) Philadelphia 872. Schäfer & Koradi. — 30

Fischer, J. A., deutsche Lieder für Schulen und Familien, zunächst für Sonntagsschulen. 2. verm. Aufl. gr. 16. (126 S.) Philadelphia 876, Schäfer und Koradi. cart.

Fischer, J. A. Eph., s. Fr. K. Chr. Link, Katechismus.

Fischer, J. B.

Ueber die maurerischen Aufgaben und Pflichten der Schwestern. Festrede beim Schwesternfest der Loge zur edlen Aussicht [in Freiburg i. Br.] am Sylvesterabend 1872/73 von J. B. **Fischer.** [Freiburg 1873: Poppen & S.] 2 Bl. 4° [Kopftit.]
(MittFrbB. 14.)
Abgedr. in: FZ. 27 (1873) S. 337--339.
Tt. 2023.

Fischer, J. B. Geschichte der kaiserl. Haupt- u. Grenzfestung Olmütz. 2 Bde. 8. M. 2 K. Olmütz 1808–11. 2,00.

Fischer, J. B. Karte vom Herzogthum Nassau. Giessen 1842 und 1862. Je 1 Bl. c. K. Fl.

Fischer, J. B., Karte vom Herzogth. Nassau nebst einem transparenten Profile d. Taunus u. Westerwaldes u. e. Niveau-Profile der wichtigsten Mineralquellen. 3. verb. Aufl. nach den Kreis- u. Justiz-Aemtern. Imp. Fol. Lith. u. color. Darmstadt 851, Pabst. n. 27 ngr

Fischer, J. B. Ueber die Versuche, eine leichtere Methode zur schnellen und gründlichen Erlernung fremder Sprachen zu erfinden. Gesammtprogramm der 3 nassauischen Pädagogien zu Wiesbaden, Hadamar u. Dillenburg, 183—. 20 S. 4. Progr.

— Vorübungen in d. Schönschreibekunst für Anfänger. qu. 8. Straubing.... Ulm 826. Ebner. 9 gr

Fischer, Vorübungen in d. Schönschreibekunst. qu. 8. Ulm 827, Ebner.

Fischer, J. C., de anno Hebraeorum. Viteb. 1710. 4.

Fischer, J. C., die Anschaulichkeit des Unterrichts. gr. 8. (39 S.) Trier 851, Troschel.

Fischer, J. C., das Bewußtsein. Materialistische Anschaugn. gr. 8. (IV, 125 S.) Leipzig 874. O. Wigand. n. 2. —

Fischer, J. C., über die Freiheit des menschlichen Willens. gr. 8. (XII und 226 S.) Leipzig 858, O. Wigand. *

—— die Freiheit des menschlichen Willens und die Einheit der Naturgesetze. 2. umgearb. Aufl. gr. 8. (XI, 269 S.) Leipzig 871, O. Wigand. *

Fischer, J. C. De natura, constitutione et usu logarithmorum. Jenae 1788. 4.

Fischer, J. C., Hartmann's Philosophie des Unbewussten. Ein Schmerzensschrei des gesunden Menschenverstandes. gr. 8. (VII, 200 S.) Leipzig 872, O. Wigand.

J. C. Fischer, Neuester kurzgefaßter Unterricht für alle Stände, welche Wirthschaft treiben. 1835 Baireuth

Fischer, J. C., Versuch ein. Geschichte d. deutschen Erbfolge. 2 Thle. gr. 8. Mannheim, Schwan. 778.

Fischer, J. C. H., Predigt-Entwürfe über d. Episteln an d. Sonn- u. Festtagen d. ganzen Jahres. 1r Bd. von Advent bis Jubilate. gr. 8. Leipz. 833. Wienbrack. 1 ℔ 12 gr

Fischer, J. Chr., resp. Jacobi, De malo hypochondriaco. Erf. 4°. 1713

Fischeri, J. C., Monumenta, quae miscellanea politioris humanitatis tam propria, quam aliunde collecta exhibent. Jen. 738. 4. 8 gr.

Fischer, I. Chr., monumenta, quae miscellanea politior. humanitatis etc. exhib. 4. Ienae. Ritter. 738.

Fischeri, J. C., Monumenta selecta et rariora Latii purioris. Jen. 738. 4. 8 gr.

— de obligatione hominis ad religion. etc. 8. ibid. 737.

— Preißschrift üb. die Frage: Welche sind die Regeln bey Errichtung d. Circulation des Ackerbaues od. Koppelwirthschaft. rc. 8. Hamb. Hahn. 797.

— de Ant. Alf. de Sarasa etc. 4. Ienae. Horn. 740.

Fischer, J. Chr. J., Geschichte des deutschen Handels. Hannover 1791—97. 4 Bde. 8°.

Fischer, J. D., der praktische Baumwollspinner. Ein Hand- und Hülfsbuch für Spinnereibeflissene. Unter Mitwirkung einiger Spinnereibeamten hrsg. Mit einem Vorwort von Geo. Bodemer. gr. 8. (VIII und 294 S. mit 52 in den Text gedr. Holzschn. und 11 Stnt. Abbildungen in gr. Fol.) Leipzig 855, Hinrichs'sche Buchh.

Fischer, J. D., die neuesten Fortschritte in der Technik der Baumwollspinnerei. Unter Mitwirkung einiger Spinnereitechniker hrsg. Ein Nachtrag zu des Verf. prakt. Baumwollspinner. gr. 8. (IV und 60 S. mit 16 Stnt. Abbild. in gr. Fol. und 18 in den Text gedr. Holzschn.) Leipzig 862, Hinrichs'sche Verlagsb. *

Fischers, J. D., neu klingende Harfe Davids. 4. Frankf. a. M. Erhard. 749.

Fischer, J. D., der Streichgarnspinner. Ein Hand- und Hilfsbuch für Angestellte dieses Faches und solche, die es werden wollen. gr. 8. (III und 71 S. mit 8 Stnt. Abbild. in qu. gr. 4. und mehreren Tab.) Chemnitz 867, Focke. cart. *

—— Tabelle zur schnellen und leichten Berechnung der Baumwolle nach verschiedenen Preisen in Pfunden und nach Abzug der Abgangsprocente. 1 Bog. in Fol. Ebds. 855.

—— Tabelle, welche angiebt, wie hoch das Pfund gewaschene Schafwolle kommt, wenn der Ctr. rohe Wolle von 20—60 Thaler kostet und durch das Waschen 10—60 Prozent verliert. qu. gr. Fol. Chemnitz 867, Focke. *

Fischer, J. F., — Catalogus bibl. J. F. Fischeri et Winckleri. Lips. 801. 8.

Fischer, J. F., Sibirische Geschichte. 2 Thle m. K. gr. 8. Petersb. Hartknoch. 768.

— Quaestiones Petropolitanae, ed. Schloeser, 8, Gött. Dieterich. 770.

– (Hrsg.), s. Risi, P.: Animadversiones...

Fischer, J. F. Chr., der Dorfbarbier in e. veredelten Form, als nothwend. Bedürfniß d. platten Landes im Regierungsbezirk Erfurt dargestellt. gr. 8. (2³/₄ B.) Erfurt 837, (Otto.) *

Fischer, J. F. N., E Taciti Germania loci octo. Gryphiswaldae 1823. 8.

Fischer, J. G. (IV.), anatomische Abhandlung über die Perennibranchiaten und Derotremen. 1. Heft. Die Visceralbogen und deren Muskeln. — Die Gehirnnerven. gr. 4. (172 S. mit 6 Stnt. Abbild.) Hamburg 864, O. Meissner's Verlag. *

— Ichthyologische und herpetologische Bemerkungen. I. Ueber Fische von Süd-Georgien. Hamburg 1885.

Fischer, J. G., Beschreibung aller naturhistor. Gegenstände, welche auf d. neuen Wandtafeln z. Naturgeschichte abgebildet sind. Mit vorzugsweiser Beachtung d. Kinder in Volksschulen bearb. 1. Bdchn. — A. u. d. T.: Die Säugethiere rc. gr. 8. (7 B.) Breslau 829, [Hentze.] 10 Gr., Vlnp.

—— dass. 2. Bdchn. — A. u. d. T.. Vögel rc. gr. 8. (7³/₄ B.) Ebds. 830. 8 Gr., Vlnp.

—— dass. 3. Bdchn. — A. u. d. T.: Die Amphibien u. Fische rc. gr. 8. (8 B.) Ebds. 832. 8 Gr., weiß Pap.

—— dass. 4. Bdchn. — A. u. d. T.: Die wirbellosen Thiere rc. gr. 8. (14¹/₄ B.) Breslau 833, Hentze. 15 Gr., weiß Pap.

Fischer, J. G., (Lehrer in Neuzelle), Beschreib. aller naturhistor. Gegenstände, welche auf den „neuen Wandtafeln zur Naturgeschichte" abgebildet sind. 5s Bdchn. A. u. d. T.: Das Pflanzenreich. 1r Thl., die botan. Kunstsprache, das Linnésche System, u. e. Anleitung, fast jeder einheim. wildwachs. Pflanze mit wahrnehmbarer Blüthe ihren Standort nach Gattung und Art anzuweisen, enthaltend. gr. 8. Breslau 835. Hentze in Berlin. ⁷/₈ ℔ weiß Pap. 1 ℔ — 1s—4s Bdchn. A. u. d. T.: Das Thierreich. 4 Thle. 1⁵/₈ ℔ weiß Pap. 2 ℔ — 6s Bdchn. A. u. d. T.: Die schädlichsten Giftpflanzen Deutschlands. Zum Gebrauch in Elementarschulen beschrieben. kl. 8. Ebd. 836. ¹/₃ ℔ — 6s Bdchn. (2r Thl.) A. u. d. T.: Das Pflanzenreich 2r Thl., die natürliche Anordnung des Gewächsreichs in sich begreifend. gr. 8. Ebd. 840. 1 ℔

— dass. 2e verb. u. verm. Aufl. unt. d. T.: Die Naturgeschichte, oder Beschreibung aller naturhistor. Gegenstände, welche auf sechs bei Fr. Hentze in Berlin herausgekomm. Wandtafeln abgebildet sind. Für den Schul- u. Selbstunterricht bearbeitet. In 7 Thlen. 1r u. 2r Thl. A. u. d. T.: Das Thierreich. In 4 Thlen. 1r u. 2r Thl. Beschreibung der Säugethiere und der Vögel. 8. Berlin 840. Hentze. à ¹/₃ ℔

— s.a., Wandtafeln, auch Thl. II. S. 222.

—— Beschreibung fast aller Gift- u. d. vorzügl. Arznei- u. Futtergewächse Deutschlands, nebst Erläutern. üb. d. botan. Kunstsprache, das Linné'sche Pflanzensystem, die Gifte im Allgem. ꝛc. Mit besond. Berücksicht. d. Mark Brandenburg bearb. 8. (25¼ B. u. 2 Tab.) Neuzelle 827. (Landsberg, Ende.)

—— dass. mit e. Herbarium vivum (v. 100 nach Linné geord. Pflanzen.)

Fischer, J. G., Betrachtt. über d. Kometen u. Geschichte des in diesem Jahre zurückerwarteten Kometen; nebst Beschreib. eines neuerfundenen Instruments zur Aufsuchung desselben. Mit 1 Kpf. 8. Berl. 789. Academ. B. 8 gl.

Fischer, J. G. (II.), Blätter der Erinnerung an den Neubau der Kirche zu Cumlosen. Enthaltend: die Predigten und die Rede, welche bei dem Abbruch der alten und der Grundsteinlegung zur neuen Kirche im J. 1857, so wie bei der Einweihung der letzteren am 18. Octbr. 1858 gehalten worden sind, nebst Bericht über die Einweihungs-Feier. gr. 8. (31 S.) Berlin 859. (Evangelische Buchh.)

Fischer, J. G., die Gehirnnerven der Saurier, s.a. Abhandlungen aus dem Gebiete der Naturwissenschaften, 2. Bd. 2. Abthl.

Fischer J. G.: Die Gehirnnerven d. Saurier anatomisch untersucht. Hamb. 1852. 100 S. 3 Tvl. (Særtr.). 4°.

— Herbarium vivum. Neue Samml., enthaltend 40 d. schädlichsten Giftpflanzen Deutschlands. Neuzelle. (Ebd.) In einer Mappe 1 Thlr.

— Herbarium vivum. 1e—5e Samml., herausg. in Mappen. Neuzelle 827 u. ff. (Landsb. a. d. W., Ende). (à 2 Thlr.) 10 Thlr.

Fischer, J. G., üb. e. Kollektion Reptilien u. Amphibien v. der Insel Nias u. üb. e. 2. Art der Gattung Anniella Gray. Mit 1 (lith.) Taf. Abbildgn. [Aus: „Abhandlgn. d. naturwissenschaftl. Vereins in Hamburg".] gr. 4. (10 S.) Hamburg 885. (Friederichsen & Co.) n. 1. 50

Fischer, J. G., aus dem Leben der Vögel. Eine naturpsychologische Skizze. Leipzig 863. Brandstetter. 8. (61 S.) 10 ngr.

Fischer, J. G., die Lehre v. der Berührungs-Electricität. [Galvanismus], f. Schüler erklärt u. veranschaulicht durch e. Reihe v. Versuchen m. e. kleinen Sammlg. galvan. Apparate. 8. (48 S.) Hamburg 872. Lehrmittel-Anstalt. n. 1. 50

Fischer JG, Leitfaden zum Unterricht in der Elementargeometrie. I. Kursus. 4. Auflage. Hamburg 1862

—— die Mineraliensammlung. Ein Beschäftigungs- und Lehrmittel für die Jugend. 8. (36 S.) Hamburg 870, Lehrmittel-Anstalt.

—— dass. — 8. (36 S.) Hamburg 870, O. Meißner.

— die Mineraliensammlung. Ein Beschäftigungs- u. Lehrmittel f. die Jugend. 8. (36 S.) Hamburg 871. Lehrmittelanstalt. — 90

Fischer, J. G., herpetologische Mitteilungen. Mit 4 Taf. Abbildgn. [Aus: „Jahrb. d. Hamburg. wissenschaftl. Anstalten, V, 1887".] Lex.-8. (52 S.) Hamburg 888. (Gräfe.) n. 4. —

—— die Naturgeschichte, od. Beschreib. aller naturhistor. Gegenstände, welche auf sechs bei Fr. Hentze in Berlin hrsgekomm. Wandtafeln abgebildet sind. Für d. Schul- u. Selbstunterr. bearb. — A. u. d. T.: Beschreibung aller naturhistor. Gegenstände, welche auf d. Wandtaf. d. Naturgesch. abgebildet sind, mit vorzugsweiser Beachtung d. Kinder in Volksschulen bearb. 7 Thle. 8. Berlin, Hentze.

A. u. d. Ttln.:

Thl. 1. Beschreib. d. Säugethiere. 2., verb. u. verm. Aufl. (8⅝ B.) 840. 8 Gr.
» 2. Beschreib. d. Vögel. 2., verb. u. verm. Aufl. (8¼ B.) 840. 8 Gr.
» 3. Beschreib. d. Amphibien u. Fische. (8 B.) 832. 8 Gr.
» 4. Das niedere Thierreich od. d. wirbellosen Thiere. (14¼ B.) 833. 15 Gr.

Alle 4 Thle. a. u. d. T.: Das Thierreich, f. d. Schul- u. Selbstunterr. bearb.

Thl. 5. Das Pflanzenreich. 1. Thl. enth. die botan. Kunstsprache, u. e. Anleit., fast jeder einheim. wildwachs. Pflanze m. wahrnehmbarer Blüthe ihren Standort nach Gattung u. Art anzuweisen. (22 B.) 835. 21 Gr.
» 6. —— dass. 2. Thl. enth. die natürl. Anordn. d. Gewächsreiches. (24½ B.) 840. 1 Thlr.

A. u. d. T.: Das Pflanzenreich f. d. Schul- u. Selbstunterr. bearb. 2 Thle.

» 7. —— dass. 3. Thl. enth. die schädlichsten Giftpflanzen Deutschlands. Zum Gebr. in Elementar-Schulen beschrieben. (7 B.) 836. 6 Gr.

Vgl. Wandtafeln.

—— die Naturgeschichte, od. Beschreibung aller naturhistor. Gegenstände, welche auf 6 bei Fr. Hentze herausgekommenen Wandtafeln abgebildet sind. Für d. Schul- u. Selbstunterr. 7 Thle. A. u. d. T.: Das Thierreich. 4 Thle. 3. Thl. Beschreibung der Amphibien u. Fische. 2., verm. u. verb. Aufl. gr. 8. (9 B.) Leipzig 845, Hentze.

Vgl. 9. Bd. 1. Abthl. S. 264.

— 12 Pflanzentabellen, od. Anweis., alle in d. Mark Brandenburg u. den zunächst gelegenen Länderstrichen wild wachsenden Pflanzen auf eine leichte u. schnelle Art in ihre gehörige Gattung zu verweisen. Ein Anhang zu obigem. Fol. Frankf. a. d. O. u. Neuzelle. (Landsb. a. d. W., Ende). 12 gl.

Fischer, J. G., Predigt über Jac. I, 12. zum Gedächtnisse Friedrich Wilhelms III. in der Kirche zu Cumlosen am 19. Juli 1840. 8. Berlin 840. (Logier.) 1/12 Thlr.

Fischer, J. G., Predigt über Röm. 8, 28, nach der Ueberschwemmung, welche am 13. März 1838 die Parochie und besonders das Dorf Cumlosen heimsuchte, bei Wiedereröffnung des Gottesdienstes gehalten und zum Besten der Verunglückten dem Druck übergeben. gr. 8. Halle 838, Coldizsche Buchh. 1/12 Thlr.

Fischer, J. G. (I.), Predigt üb. Röm. 8, 28, nach d. Ueberschwemmung, welche am 13. März 1838 d. Parochie u. besond. d. Dorf Cumlosen heimsuchte, bei Wiedereröffnung d. Gottesdienstes gehalt. ꝛc. 8. (1 B.) Perleberg 839. (Berlin, Stackebrandt. ¼)

Fischer, J. G. Les règles principales de la syntaxe française à l'usage de mes écoliers. (Part I.) Eichstätt, St. A., 1861. 12 S. 4. Progr.

Fischer, J. G. S., Beytrag z. Wegräumung des Schuttes durch d. Superintend. 7. Leipz. Baumgärtner. 786.

Fischer, J. G. S., rhapsodische Gedanken über das neueste Unionswerk und die damit zusammenhängende Abendmahlslehre. gr. 8. Leipzig, W. Vogel. 819.

— Nothwendigkeit u. Möglichk., ein. zweckmäß. Religionsunterricht in niedern Schulen einzuführen. gr. 8. Dresd. Richter. 792.

— Versuch, das Nachdenken üb. die Lehre v. d. göttl. Vorsehung durch Fragen zu wecken ꝛc. 8. Leipz. Kummer. 795.

— üb. die bibl. Wunder. 3 Thle. 8. Sorau. (Beygang in Leipz.) 796. 97. (1r 6 gr., 2r 7 gr., 3r 12 gr.)

Fischer, J. H. H., de scrophulis. 4. Helmst. 795. Fleckeisen. 6 gl.

Fischer, J. K., s. Dressler, W., Beitrag.

Fischer, J. K. W., s. 1) L. A. *Senecae* opera omnia. 2) Taschenbuch für Freunde d. Riesengebirges.

Fischer (J. L.). Versuch einer Naturgeschichte von Livland . . . Leipzig, 1778. 8°. Zusaetze, Riga, 1784. Ed. 2. Koenigsberg, 1791. (Pflanzen, pp. 386—682.)
s.a. F i s c h e r , Jakob Benjamin und
F i s c h e r , Johann Bernhard

Fischer, J. M., solemnia vet. ecclesiae antepaschalia. Lips. 1704. 4.

Fischer, J. Martin

— Darstell. des Knochenbaues von dem menschl. Körper, mit Angabe d. Verhältnisse desselben. gr. Fol. Wien 806. Gaßler. Mit dazu gehör. Wachsfiguren 12 ℛ 18 𝒢

Fischer, J. Martin, Erklärung d. anatom. Statue für Künstler. 2e verb. A. gr. 8. Wien 804. Gaßler.

Fischer, J. Mart., Erklärung d. anatom. Statue f. Künstler. 3., verb. u. verm. Aufl. — Nebst Darstell. d. Knochenbaues u. d. Muskeln d. menschl. Körpers, mit Angabe d. Verhältnisse ders., auf 10 Kpfrt. (u. 6 Bl. Text) ½ gr. Fol. gr. 8. (8 B.) Wien 838, [Gerold u. Sohn.]

Fischer, J. P. s.a. Menschenspiegel.

(FISCHER) J( ) P( ). Der Menschenspiegel oder praktisches Handbuch für jene, welche die Menschen auf der Stelle aus den Gesichtszügen zu beurtheilen wünschen . . . (von –). Schönfeld, Prag u. Wien 1792–1793. 2 Tle. in 1 vol.

– Der Spiegel des Menschen. Ein physiognomisches Taschenbuch (von –). Zeitungs- und Intelligenz Comptoir, Prag o. J. (ca. 1795).

Fischer, J. P., Die Wohnungsnoth in Wien. gr. 8°. Wien 1860.

Fischer, J. P. Agabius, Vortheile, welche d. Religion Jesu Christi d. Menschheit verschafft hat. 8. Augsb. 797. M. Rieger. 6 𝒢

Fischer, weil. Priest. J. R., die Magd d. Herrn. Katholisches Lehr- u. Gebetbuch f. Jungfrauen. Neu bearb. von Pfr. Dr. J. A.
1886

Fischer, J. Rud., Anmerk. üb. Stellen der heil. Schrift ꝛc. 6 Stck. 8. Zürich, Füßly. 739.

Fischer, J. T., sententia J. C. Heinzelmanni de διάκονοις νεόφυτοις examinata. Regiom. 1739. 4.

— **Jacob** (Kempten/Schwab.), De poenarum humanarum abusu. Diss. jur. Rector Phil. Wilh. Grf. v. Boineburg. Erfurt (J. H. Grosch) 24. X. 1712. 24 S. (5.—) 8926

Fischer, Jak., Aschrechah Melech. (Heil Dir, Kaiser!) Hebräisches Festgedicht zur Jubiläumsfeier der 40jähr. Regierung S. M. unseres allgeliebten Kaisers Franz Josef I. gr. 8. (14 S.) Wien 888, (Lippe.) *

Fischer, Jacob [app. Arzt aus Mussbach a. d. Haardt]: Ein Fall von Uterus duplex, Vagina duplex mit hymenaler Atresie der Scheide. . . . Neustadt a. d. Hdt., Buchdr. v. J. H. Ziegler, *1891*; 22 S., 1 Bl. 8°
Erlangen, Med. Fak., Inaug.-Diss. v. 1891

Fischer, Jakob Benjamin

Fischer, Jak. Benj., († d. 27. Mai 1793.) Abriß eines neuen Systems über menschl. Natur. 8. Königsb. 791. Univers.-B. 4 𝒢
s.a. F i s c h e r , Johann Bernhard

— s. Jb. Bhrd. v. Fischer L., Liefländ. Landwirthschaftsbuch.

— Geschichte d. Loge zum Schwerdt in Riga, v. ihrem Anfange bis jetzt. A. u. d. T.: Maurerische Personalien. 4. Riga 789.

Fischer, Jacob Benjamin. Liefländisches Landwirthschaftsbuch, auf die Erdgegend von Lief- Esth- und Curland eingerichtet . . . Neue verbess. . . . Auflage. Riga u. Leipzig 1772. H: *Schreber, H.* (WÖ)
1.Aufl. Halle 1753, s.a. F i s c h e r . Johann Bernhard

Fischer, Jacob Benjamin. Versuch einer Naturgeschichte von Livland. Zwote . . . Auflage. Königsberg 1791. H: *Hagen, Carl Gfr.* (BrMm)

— Versuch einer Naturgeschichte von Liefland. Mit e. Vorrede v. N. Gf. Leske. 8. Leipz. 778. Breitkopf. 21 𝒢 2e verm. Aufl., mit e. Vorbericht v. K. G. Hagen. 2 Bde, mit Kpf. gr. 8. Königsb. 791. (Michelsen in Leipz.) 2 ℛ 20 𝒢 Zusätze dazu, s.a. J. J. Ferber, Anmerkk.

Fischer, Jean-Joseph (Habitzheim)
Dissertation sur la fièvre typhoide.
Paris: Lacour et Maistrasse 1843. 32 S.
Diss. med. Giessen 4.8.1843. vorh. 4.

Fischer, Jenny, s.a. Bach, Jenny.

Fischer, Jenny [℗ Jenny Bach]. Die Familie Justin, s. Gumpert's, Th. v., Bücherschatz f. Deutschlands Töchter.

Fischer, Jgn., das erste Jahr der natürlichen Schule. Eine Studie als prakt. Beitrag zu Ewald Hause's System der natürl. Erziehg. (X, 200 S.) 8. Potsdam 907. A. Stein. 2.50; geb. 3. —

Fischer, Jo. Chr.: Opuscula et dissertationes iuris civilis privati, s. H e l l f e l d u s , Jo. Aug.

Fischer, Jo. Chr., De phrenitide idiopathica. 26 pp. Rint. 4°. 1778

Fischer, Jo. Chr. (Hrsg.), s. V o e t , Joh.: De iure militari liber singularis.

Fischer, Jo. Christian (Präs.), s. F i n g e r , Jo. Carl: Dissertatio de Hubertino Clerico Crescentinate elegantiorum litterarum saeculi XV. in Italia instauratore.

Fischer, Jo. Christian: Diss. phys. de Philtris, s. T e u t s c h e r , J. Gha.

Fischer, Jo. Eb. (Resp.): Diss. de auditus difficultate..., s. B u e c h n e r , Al. El. (Praes.)

Jo. Georgius Fischer: Analecta ad chloroseos nosologiam.([Würzburg] 1820:) Nitribitt. 48 S. 8°
Würzburg, Med. Diss. v. 15. Jan 1820

Fischer, Jo. Conrad Burchard

Fischeri: J. C. B., Disp. de codd. Mss. Horatii atq. Virgilii Barthianis, simul cum animadverss. in Horatium specimine. Helmst. 785. 4.

— **Jo. Conrad Burchard**, Epigrammatum latinorum periculum. Viris Heinr. Phil. Conr. Henke et Paul Jacob Bruns, patronis suis vener. inscripsit. Helmstedt (Kuehnlin) 1784. 8 S. (3.—) 8939

Fischer, Joach. Siegm. Geo., († d. 11. Aug. 1826.) Beitrag zur Wegräumung des Schuttes u. d. Wegbesserung durch d. Superintendenten. 8. Weißenf. 785. Mit neuem Titel. Leipz. 806. Baumgärtner. 6 𝒢

— rhapsodische Gedanken über d. neueste Unionswerk u. die damit zusammenhängende Abendmahlslehre. gr. 8. Leipz. 819. W. Vogel. 6 𝒢

— d. Nothwendigkeit u. Möglichkeit, einen zweckmäß. Religionsunterricht in niedern Schulen einzuführen. gr. 8. Dresd. 792. Richter. 6 𝒢

— d. weise Verhalten Jesu u. seiner Apostel bei Einführ. d. bessern Religion. 8. Leipz. 790.

— Versuch, das Nachdenken über d. Lehre d. göttl Vorsehung durch Fragen u. Aufgaben zu wecken u. zu leiten. 8. Leipz. 795. Kummer. 6 gl.

— über d. bibl. Wunder. 3 Thle. 8. Sorau 796 u. 97. Beygang in Leipz. 1 ℔ 1 gl.

Fischer, Johann

Fischer, Joh. Über Abfassung der Lehrbücher. 5 S. u. 1 Taf. 8. Progr. *Rudolfswerth* 1876.

— Betr. von der Pflicht gegen Gott ꝛc. 8. Ebend. 729.

— — (Kempten), De debito primipilari. Diss. jur. Präs. Carl Adolph Braun. Erlangen (Tetzschner) Dez. 1753. 38 S. (4.80) 8929

Fischer, Joh., Ethica Christ. oder christliche Sittenkunst. 8. d. Holl. 4. Königsb. 750.

— Exercitatio exegetico-philologica ad Psalm. XVI. 4. ibid. 752.

Fischer, Joh. v., das Frettchen. Eine Anleitg. zu dessen Zucht, Pflege u. Abrichtg., nebst e. histor. u. kritisch-zoolog. Betrachtg. üb. dessen specifische Verschiedenheit vom Iltis auf Kreuzungsresultaten basirt. gr. 8. (VIII, 96 S. m. 1 Taf) Frankfurt a/M. 883. Mahlau & Waldschmidt. n. 4. —

FISCHER, Johann (Lochbrunk): Isaias 40-55 und die Perikopen vom Gottesknecht. Eine kritisch-exegetische Studie.- Münster i.W.: Aschendorff 1916. 55 S.- Vollständig erschienen als: Alttestamentliche Abhandlungen. Bd.6.H.4/5.
20.6.1914 - U 16.150
Diss. Ingolst.-Landsh.-Mchn.

Fischer Joh.: Zu Horaz' zweitem Literaturbrief. 20. Feldkirch Priv. G. 92. Progr.

Fischer, Joh., die Propheten Obadja, Joël, Amos, Hošea, nach d. hebr. Urtext präpariert u. übers. (XX, 283 S.) gr. 8. Regensburg 909. Verlagsanstalt vorm. G. J. Manz. 4.80

— Responsa medica selecta. 8. Francof. 719.

Fischer, Joh., Staat und Eisenbahnen. 8. (44 S.) [Basel 894. (Dr. H. Müller)] Bern, Steiger & Co. n. — 60

Fischer, Joh. v., das Terrarium, seine Bepflanzung u. Bevölkerung. Ein Handbuch f. Terrarienbesitzer u. Tierhändler. Mit 40 (eingedr.) Holzschn. gr. 8. (XV, 384 S.) Frankfurt a/M. 884. Mahlau & Waldschmidt. n. 10. —: geb. n. 12. —

FISCHER, Johann Adam (Beyher): Ueber Hypertrophie der Leber.- München: Wolf 1848. 20 S.
7.12.1848 - Urk (Titel: De causis hypertrophiae hepatis.); F 67
Diss. Ingolst.-Landsh.-Mchn.

Fischer, Jh. Albr., s. G. F. L. Künneth, Aufsätze e. Denkers ꝛc.

Fischer, Johann Andreas

Fischer, Jo. Andreas: Contagium pecudis bubulae epidemium, quod nostram adhuc affligit Thuringiam miserrime. Die Thueringische Vieh-Seuche. Erfordiae (1724). 4 Bl.
Erfurt, Progr. v. 1724.

—, resp. A. C. Buntsch, De temperamentorum morumque convenientia et usu medico. 16 pp. Erf. 4°. 1725

—, De convulsionibus epilepticis habitualibus ex terrore. Erf. 4°. 1727

—, Diss. de convulsionibus epilepticis habitualibus ex terrore. Erf. 4°. 1728

—, resp. Ch. H. Reinke, De vigili cura animae circa corpus humanum. 22 pp. Erf. 4°. 1720

Fischer, J. Andr., resp. J. D. Hammer, Diascepsis veneni canis rabidi pathologico-therapeutica. Erf. 4°. 1725

Fischer, J. Andr., Diss. de dysacusi s. auditu difficili. Erf. 4°. 1720

—, Diss. de ephialte s. incubo. Erf. 4°. 1728

— exercitia exegetico-philologica ad Psalm. XVI. 4. Halle 752. Waisenh.-B. 3 gl.

Fischer, J. Andr., resp. Dav. Casp. Fuchs, Diss. de furore uterino. 20 pp. Erf. 4°. 1728

Fischer, Johann Andreas: Anceps hoc cibarii genus ad lepram corpora praecipitet. 7 S., gbd.

Erfordiae: typ. Groschian 1721

Fischer, Jh. Andr., Grundsätze d. Beredtsamkeit. 8. Halle 761. Waisenh.-B. 8 gl.

—, resp. D. C. Roehner, Diss. de corrigenda idiosyncrasia in statum praeternaturalem degenerante. Erf. 4°. 1724

Fischer, J. A., Pr. proponit idiosyncrasiam miraculosam sanitatem omissam solo contactu restituendi, in quibusdam personis illustribus conspicuam. Erf. 4°. 1724

Fischer, Johann Andreas: Idiosyncrasia miraculosa. 6 S., gbd., 1 Taf.

Erfordiae: Funck 1724

—, Diss. de lassitudine spontanea, morborum praenuntia; juxta Hippocratem. Erf. 4°. 1728

Fischer, Jo. Andr., resp. Jos. Otto, Diss. de malo hypochondriaco. 20 pp. Erf. 4°. 1722

Fischer, J. A., resp. L. M. Crügner, Materia perlata, das ist, edle und bewehrte Artzney wider malum hypochondricum, Miltz-Krankheit oder windige Melancholey genannt. Frcf. ad M. 8°. 1712

Fischer Johann Andreas
De Motu sanguinis naturali nonnaturali et mixto. [Resp.:] Sigismundus Mullerus. Erfordiae (1719:) Grosch. 20 S. 8°
Erfurt, Med. Diss. v. 31. Jan. 1719

—, resp. Jo. Fr. Ermel, De osculo vim philtri exercente. 47 pp. Erf. 4°. 1719

Fischer, J. A., Phantasia errans. Erf. 4°. 1719

Fischer, Jo. Andr., resp. C. M. Scharlach, De medici circa moralia et physica in curandis morbis prudentia. 28 pp. Erf. 4°. 1727

—, Disp. Priscorum adversus fascina remedia, scitissimum illud praefiscino atque Deum fascinum recensens. Erf. 4°. 1725

Jo. Andr. Fischer de antiquissimo fruendae carnis usu. Erford. 1721. 4.

—, Diss. de potus Caffée usu et abusu. Erf. 4°. 1725

Fischer, J. Andr., Diss. de vi fascini in corpore humano medica arte devicta. Erf. 4°. Auch in: De morbis magicis per sagas inductis naturaliter curandis.
1725

*Fischer, J. Andr., Pr. de virgula divinatoria. Erford. 779. 4.

—, Vis fascini in corpus humanum medica arte devicta. Erf. 4°. 1724

Fischer, Johann Anton, s.a. F i s c h e r , Josef Anton

Fischer, Joh. Ant., Handbuch d. Pädagogik, z. Gebr. akadem. Vorträge, u. f. denkende Erzieher. gr. 8. (13¼ B.) München 832, (Jaquet.) Thlr.

—— Deutscher Jugendgarten. 3 Bdchn. — A. u. d. T. 1. u. 2. Bdchn.: Parabeln, Beispiele u. Erzähln., f. d. deutsche Jugend gesammelt. 2., verb. Aufl. 3. Bdchn.: Erzählungen, f. d. deutsche Jugend gesammelt. gr. 12. (19 B.) München 833, [Jaquet.] à 6 Gr.

—— Parabeln, Gleichnisse u. Erzählungen f. d. vaterländ. Jugend. 1. u. 2. Reihe. 8. (18 B.) Augsburg 829, Wolff. (Kollmann.) [1. 10 Gr., 2. 12 Gr.]

—— 52 Schullieder. gr. 8. (2 B.) München 830, [Jaquet.]

—— dass. m. 1 Hft. Melodien in qu. 4. (1¼ B.) Ebds. 830.

Fischer, [Johann August] E[rnst]: Die Feier der Einweihung des neuen Schulgebäudes am 13. September 1902. S. 9—20. 4.
Progr. Kgl. Gymn. *Cleve* 1903 (497).

Fischer, Johann August Paul, s. F i s c h e r . Paul

Fischer, Joh. Bapt.

— s. Karl L. B l u m e , Flora Javae.

Fischer, Joh. Bapt. (I.), Jahrbuch der kathol. Kirche, s. J a h r b u c h.

Fischer, Joh. Bapt. (II.), Synopsis Mammalium. 8 maj. (35½ B.) Stuttgardtiae 829, Cotta.

—— id. — Addenda, Emendanda et Index ad Synopsis Mammalium. 8 maj. (14 B. [34—52] u. 2 B. Tab. in qu. gr. Fol.) Ibid. 830.

—— Tentamen conspectus Cantharidiarum. Dissert. inaug. 4. (4 B.) Monachii 827, (Lindauer.)

Fischer, Johann Bernhard

— Abriß ein. Systems üb. die menschl. N a t u r. 8. Königsb. Nicolovius. 791.
s.a. F i s c h e r , Jak. Benj.

Fischer, Johann Bernhard von. Vom hohen Alter der Menschen; aus dem Lateinischen. Leipzig 1776. Ü: *Weichardt, Theodor Thomas.* (Ky)

v. Fischer, Jh. Bhrd. I., († d. 8. Juli 1772.) vom hohen Alter d. Menschen; aus d. Latein. (v. Thdr. Thom. Weichardt). gr. 8. Leipz. 776. Müller. 18 Gr.

Fischer, Jh. Bhrd. II., († d. 2. Oct. 1813.) über den Anbau ausländ. Getreidearten in Deutschland. 1s Heft. 4. Nürnb. 804. (Lauffer in Leipz.; a. Neukirch in Basel). 6 Gr.

Fischer, Jh. Bhrd. III., d. Anfangsgründe d. Geographie, nach Naturgrenzen; zum Schulgebrauch. gr. 8. Wiesb. 822. Schellenberg. 12 Gr.

— auf 14jähr. Erfahrr. u. Beobachtt. gegründ. Anweis. zum Anbau ausländ. Getreidearten. gr. 8. Nürnb. 810. (Lauffer in Leipz.) 16 Gr.

Fischer, I. B., Auf 14jährige Erfahrung und Beobachtungen gegründete Anweisung zum Anbau ausländischer Getreidearten und einiger Oelgewächse. Nürnberg 1810. 8. (D.) —. —— Neue Aufl. Leipzig 1816. 8.

— s. A r c h i v , fränkisches.

J. B. Fischer, Ueber die Aufhebung und Vertheilung gemeinschaftlicher Huth- und Weideplätze in der kgl. preuß. Provinz Ansbach 1801 Ansbach
Verf. Oekonomie-Commissär des Fürstentums Ansbach.

Fischer, Jh. Bhrd. II., statist.-topogr. Beschreib. d. Burggrafth. Nürnberg unterhalb des Gebürgs, oder d. Fürstenth. Brandenburg. 2 Thle. 8. Ansbach 787. (Gassert). 1 Thlr. 16 Gr.

Fischer, Johann Bernhard. Statistische und topographische Beschreibung des Burggraftums Nürnberg, unterhalb des Gebürgs; oder des Fürstentums Brandenburg-Anspach .. Herausgegeben von Johann Bernhard Fischer ... Anspach, bey dem Verfasser 1787.
2 Teile. 8°.
I: Titelkupfer, Tit., 15 Bl., 332 S. m. 3 Tabellen.
II: Titelkupfer, Tit., 6 Bl., 428 S., 12 Bl. Register; 4 Taf. in Kupferst. gest. von J. G. Koeppel.
2 Kupfer zeigen Ansbacher Trachten.

— Biographie unglückl. Könige. 8. Königsb. Nicolovius. 800.

— Biographie Rudolphs, des 1sten deutsch. Kaisers, Grafen zu Habsburg. 8. Tübing. Heerbrand. 784.
s.a. F i s c h e r , Johann Jakob.

Fischer, J. B., calligraphische Blätter zur Uebung fleißiger Söhne. Fol. Straubing. Schmidt.

Fischer, (J. B.,) kalligraphische Blätter. qu. Fol. Ulm 826, Ebner.

Fischer, Johann Bernhard. Entwurff einer historischen Architectur, in Abbildung unterschiedener berühmter Gebäude, des Alterthums etc. Leipzig 1725. Fol.

— de febre miliari, purpura alba dicta. 8. Riga 767. Hartknoch in Leipz. 6 Gr.

F i s c h e r , Johann Bernhard: „Ueber Gemeinheitstheilungen und Urbarmachung der Huthschaften und öden Plätze", Nürnberg 1802 (Gratenauer).

— über Gemeinheitstheilungen. 8. Nürnb. 802. (Eichhorn; a. Lauffer in Leipz.) 12 Gr.

— Gesch. u. Beschreib. d. Stadt Ansbach u. deren Merkwürdigkeiten rc. 8. Ansb. 786. (Gassert). 18 Gr.

Fischer, Joh. Bernh. (Markgräfl.-Brandenburgischer geh. Kanzlist, u. o. Gesellsch: vaterländ. Geschichte, Sitten u. Rechte zu Wunsiedel a. o. Mitgl.), Geschichte u. ausführl. Beschreibung d. *Markgräfl.-Brandenburg. Haupt- u. Residenz-Stadt Anspach od. Onolzbach*, u. deren Merkwürdigkeiten; aus Urkunden, aeltern Schriftstellern u. eigener Nachforschung gesammelt. (Vign.: Gymnasium.) Mit gnädigster Genehmigung. Anspach, bey dem Verfasser. 1786. 8°. Moderner Hpgmtb.
19 Bll. Vorst. u. 208 S. Mit 1 Grundr. d. Stadt (in qu.-Fol.) u. 3 Prospekten (der obere Markt; das Residenzschloss; die Stiftskirche u. Kanzlei-Gebäude), sämmtl. gez. u. in Kupfer gest. von J. G. Küppel.

— über den Körnerverlust im Saatgetreide u. das rc. erforderl. Saatkörner-Quantum. 4. Nürnb. 804. (Lauffer in Lpz.) 8 Gr.

— üb. den K o r n - Verlust im Saatgetreide. 4. Ebend. 808.

— Liefländ. Landwirthschaftsbuch rc. Mit e. Vorrede von J. G. Arndt. 8. Halle 753. 2e A. (v. Jak. Benj. Fischer). 8. Riga 772. Hartmann. 1 Thlr.

— gemeinnütz. L a n d w i r t h s c h a f t s - K a l e n d e r auf d. J. 1803 rc. 4. Nürnb. Grattenauer. 803.

— Lehrbuch deutscher u. latein. Kalligraphie, mit Bemerk. d. sichersten Regeln. Mit 13 Kpf. 4. Ansb. 782. Haueisen. 10 Gr.

— de senio ejusque gradibus et morbis, nec non de ejusdem acquisitione tractatus. Cum praefat. A. E. Büchneri. 8. Erfurt 754. 2e A. ibid. 760. (Gotha; Ettinger). 10 Gr. Dass. deutsch, s. oben vom hohen Alter rc.

MONTAN von Hinterbergens (d. i. *Joh. Bernh. v. Fischer*) allgemeine und eigene Winter- und Sommer-Lust, mit untermischten physikalischen und moralischen Betrachtungen .... Riga 1745.
Anon.-Lex. IV. p. 404 (nach Meusel u. Recke-Napiersky); Weller, Lex. Ps. p. 368. — Rar!

— gemeinnütziger Wirthschaftskalender auf d. J. 1803. 4. Nürnb. 803. Grattenauer. 2 Gr.

— Zus. zum Vers. ein. N a t u r g e s c h. v. Liefland. gr. 8. Riga. (Hartknoch in Lpz.) 785. s.a. F i s c h e r , Jakob Benjamin

Fischer, Johann Christian, s.a. F i s c h e r , Johann Karl

Fischer, J. Chr., Abhandl. von d. D ü n g u n g rc. 8. Gött. Röwer. 803.

Joh. Christ. Fischer's Anfangsgründe der reinen Mathematik, oder die gemeine und höhere Rechenkunst, Geometrie, ebene und sphärische Trigonometrie, mit Kupf. Jena, Cröker. (20 gr.) 1792.

Joh. Chrift. Fifcher's Kurze und deutliche Anweifung zur allgemeinen Rechenkunft. Jena, Cröcker. 8. (20 gr.) 1791.

Fischer, J. Chr.: Neue jurist. Bibl. 1 Bd. I. Quart. *Jena.* 773. 8.

– s. Bolingbroke, Briefe.

– s. Jul. Catesby, Briefe.

— d. erhöhte Ertrag d. Feldgüter durch Wiesen ꝛc. 8. Jena, Cröcker. 788.

Fischer, Joh. Chr.: „Grundriss von der Landwirthschaft, zum Gebrauch der Vorlesungen", Göttingen 1806. (Röwer).

Fischer, J. C. Grundriss der gesammten höheren Mathematik. Bd. I—III. Leipzig, 1807—1809.

– s. J. A. Hellfeld, opuscula juris canonici, et opuscula et dissert. et ejusd. opera.

– s. U. Huber, de jure.

Fischer, Jh. Chr., († d. 21. März 1793.) neueste Juristenbibliothek. 16 Quartal. 8. Jena 774.

— memoria, divis manibus Chr. Gottl. Buderi. 8. Jena 788. Cröker. 3 gr

— — (Goth. Schloeb.), Philosophumena de obligatione hominis ad religionem, vulgo Verpflichtung der Menschen zum Gottesdienst. Präs. Friedrich Sidel. Jena (Müller) 9. IV. 1727. 42 S. (5.—) 8933
Gewidm.: Joh. Mor. u. Gg. Heinr. v. Hesler (Vitzenburg).

— — (Grifstud/Thüring.), De poenis arbitrariis. Präs. August v. Leyser (Nudersdorf). Wittbg. (Schlomach) 14. VIII. 1744. 8 S. (2.50) 8934

– s. P. Risi, animadvers.

– s. Sarasa, ars semper.

Fischer, Johann Christ. (Hrsg.), s. Sarasa, Alfons Anton von: Kunst Sich immer zu freuen...

— — (Zittau), ΣΚΙΑΓΡΑΦΙΑΝ pathologiae vere medicae. Diss. med. Präs. Georg Ernst Stahl. Halle (Chn. Henckel) Juli 1711. 39 S. (5.—) 8932

– s. R. Steele, Bibl.

– s. B. G. Struve, introductio.

– s. Wahlcapitulation Joseph II.

Fischer, J. C., der fränkische Weinbau auf dem Felde und in dem Keller. 2 Thle. 8. 787. Hat Göbhardt in Bamberg und der Preis

— Dass. d. fränkische Weinbau auf d. Felde u. in d. Keller, sammt d. daraus entstehenden Vortheilen etc. 8. Würzburg, 1782. Neue Auflage. 1791. (Frankfurt, Wesché) — 10

--- Ders.: Der Fränkische Weinbau und die daraus entstehende Produkte patriotisch und physicalisch beschrieben in zweyen Theilen. Markbreit: Knenlein 1782. XVI, 136 S. -- 7.16.17.20*.21.22.37*.N 1
Neue, verb. Aufl. u.d.T.: Fischer: Der Fränkische Weinbau auf dem Felde und in dem Keller .... 1791. -- s. Nr 3455.

Fischer J. C.: Der fränkische Weinbau u. die daraus entstehende Produkte patriot. u. physical. beschrieben. Anspach 1783. 136 S. 1 Tvl.

Fischer, Joh. Christ., d. fränkische Weinbau u. d. daraus entstehenden Produkte, patriot. u. physikal. beschrieben, in 2 Thln. Mit 1 Kpf. 8. Marktbreit, 1782. Neue Aufl. 2 Thle. Nürnberg, 1787. (Bauer u. Raspe.) — 7½

— fränkisch. Weinbau ꝛc. 2 Thle. 8. Nürnberg, Schneider. 787.

Fischer. Johann Christian: Der Fränkische Weinbau auf dem Felde und in dem Keller sammt den daraus entstehenden Vortheilen nach patriotischen und physikalischen Grundsätzen. Neue, verb. Aufl. Würzburg: Rienner 1791. XVI, 225 S. -- 12*.20*.21.36.F 1.N 1.Stiftsbibliothek Klosterneuburg
1. Aufl. u.d.T.: Fischer: Der Fränkische Weinbau und die daraus entstehende Produkte patriotisch und physicalisch beschrieben. 1782. -- s. Nr 3456.

— **Joh. Christoph** (Dresden), De censu constitutivo. Disp. Jur. Präs. Jacob Born. Lpz. (Wwe. Joh. Wittigau's) 16. X. 1673. 13 Bl. (5.—) 8935
Widm. v.: Christ. Fried. Franckenstein.

— — Dasselbe. Lpz. (Brandenburger) 1704. 28 S. o. W. (5.—) 8936

— **Johann David** (Griffstad/Thür.), De convitiis concionatorum. Präs. Augustin Leyser. Wittenberg (Schlomach) April 1733. 24 S., tlws. dtsch. (4.80) 8940

— — Dasselbe. 56 S. (5.—) 8941
Widm. v.: Präs., Joh. Dietrich Andreas Bose (Thür. Adel; dtsch.), Johann Friedrich Leyser (Celle; dtsch.), Johann Jacob Metzner (Schneeberg/Misn.).

— — Dasselbe. Oder: Wie weit ein Priester mit Straffen auf der Cantzel gehen könne. 24 S. (4.80) 8942

— — (Ruhland/Laus.), De dominica potestate ex jure Lusatiae superioris. Präs. Georg Stephan Wiesand. [Wittbg.] (Carl Chn. Dürr) 14. XI. 1709. 22 S. (4.80) 8943
Gew.: Johann David Fischer, Benjamin Weidemann.

Fischer, Jh. Ebhrd., († d. 24. Sept. 1771.) Sibirische Geschichte, von d. Entdeckung Sibiriens bis auf d. Eroberung d. Landes durch d. Russen ꝛc. 2 Thle. gr. 8. Petersb. 768. (Hartknoch in Leipz.) 2 rf 18 gr

— quaestiones Petripolitanae, ed. A. L. Schlözer. 8. Götting. 770. Dieterich. 6 gr

Fischer, Johann Erasmus

Fischer, J. E., Jugendführer, enthält lehrreiche u. unterhalt. Erzählungen. 2 Thle. 2te mit Kupf. verm. Aufl. 8. Dresd. Hilscher. 814.

Fischer, Jh. Erasm., Klugheitskatechismus f. d. Jugend. 2 Thle. 8. Dresd. 806. 2e verm. Ausg. unt. d. Tit.: Jugendführer, enthält lehrreiche u. unterhalt. Erzählungen zur Erweckung des sittl. Gefühls. 2 Thle, mit Kpf. 8. Ebd. 814. Hilscher. 2 rf

— Tugendlehren, oder Gemälde menschl. Tugenden u. Laster zu höherer Veredlung d. Herzens d. Kinder. 2 Thle. 8. Dresd. 806 u. 8. Hilscher. 1r Thl. 12 gr 2r Thl. ...

— Verstandesübungen nach Pestalozzi's Lehrmethode. 8. Dresd. 806. Hilscher. 4 gr

Fischer, Joh. Erh., die Kraft des Evangeliums. Mittheilungen aus der älteren Missionsgeschichte von Schwaben, Bayern und Franken, zum Gebrauch in Missionsstunden und als Lesebuch für Jedermann. gr. 8. (XVI und 221 S.) Nürnberg 853, Raw'sche Buchh.

Fischer, Joh. Evang., Bayern und seine Bewohner mit den Volkstrachten des Königreiches. Ein Handbuch der Vaterlandskunde für Schulen und Familien bearb. (Mit mehreren 10 lithogr. Bildern und 1 lithogr. und ill. Karte in 4.) München 855, (Finsterlin.) *

Fischer, Jh. Evangel., († d. 8. Sept. 1790.), s. *Ducreux*, d. christl. Jahrhunderte.

Fischer, Jh. Fr. C., alphabet. Handbuch f. Huissiers; nach d. Französ. bearb. gr. 8. Götting. 808. Vandenhöck u. R. 1 rf

Fischer, J. Fr. L., alphabet. Handbuch für Huissiers. gr. 8. Göttingen, Vandenhök. 809.

Fischer, Johann Friedrich

Fischer, J.F. (Hrsg.), s. A c t u a r i u s , Jo: De actionibus et affectibus spiritus animalis ejusque victu libri III.

— s. A n a c r e o n, Carmina.

— libell. animadvers., quibus Jac. Welleri gramm. graec. emend., c. fig. III. Specim. 8. Leipz. 750 — 53. Loewe. 12 gK

— Animadversion. in W e l l e r i grammat. graec. III Specim. 8. maj. Lips. Fritsch. 798–800 (I. II. et III. p. 1. à 1 Thlr. 12 gr. p. 2. 1 Thlr. 8 gr.)

— animadversion. in Welleri grammat. graecam; spec. tertium; c. addidam. a C. G. Kühnoel II. 8maj. Lpz. 798—801. (Hahn). 5 rß 20 gK

— — u. Heinr. Gottlob Hentsch (Strehla/Misn.), De ara pacis commentatio. Lpz. (Breitkopf) Nov. 1748. 24 S. u. Abbild. (5.—) 8946

Fischer, I. F., Aristophan. Plutus, vid. Aristophan. Plutus.

— s. A e s c h i n i s dialogi III.

— s. A x i o c h u s.

— oratio de Joach. Camerario etc. 4. Leipz. 762. Langenheim. 3 gK

Fischer, Jh. Fr., († d. 11. Oct. 1799.) Clavis reliquiar. version. graecar. Vet. Test. Aquilae, Symmachi, Theodotionis, V. VI et VII. specim. 8. Leipz. 758. Groos. 4 gK

F i s c h e r i, J. F., Commentarius in Xenophontis Cyropaediam. Edid. Kuinoel. Lips. 800. 8. 2 rthlr. 12 gr.

— Comment. in X e n o p h o n t. Cyropaed. ed. C. Th. Kuinoel. 8. maj. Lips. Fritsch. 803.

Fischer, Jh. Fr., Commentar. in Xenophont. Cyropaediam; ed. Chr. Th. Kühnoel. 8maj. Leipz. 803. Hahn. 2 rß 12 gK

— Joh. Friedrich (Wilgwiz/Altenburg), De convivis non invitatis. Von ungebethenen Gästen. Diss. jur. Präs. Carl Matthias Daegener. Lpz. (H. Chph. Takk) 7. II. 1727. 32 S., tlws. deutsch. (5.—) 8944

Gew.: Heinr. Hildebrand v. Einsiedel (Lumgzig . .), Christian Albert v. Meusbach (Troebniz . .), Ernst Wilhelm Eisenberg (Unter-Wellenborn), Aug. Heinr. Foerster, Ernst Friedrich Frhr. v. Seckendorff, Friedr. Wilh. v. Forster (Herbs-Leben . .).

— s. C o r n a r i i, Jani.

— s. C o r n e l i i Nepotis.

— — Platonis Cratylus graece et latine annotationibus criticis et grammaticis illustr. Orat. latin. in schola Thomana. Tl. 1—14. Lpz. (Sommer) 4. I. 1792 — 4. I. 1799. je 17—26 S. (Kplt. 7.—, Einzeltle. 1.—) 8960

— oratiunculae quinq., quibus disciplina scholar. publ. antiqua c. nova etc. confert. 8maj. Lpz. 787. (Hahn). 8 gK

Fischer, I. F., oratiunculae quinq., quibus disciplina scholar. publ. antiqua c. nova etc. confert. 8. maj. Lips. Sommer, (etiam Fritsch.) 787. Rthlr.

— s. D r e s i g, Commentar.

— epistolae viror. quorund. doctor. ad J. A. Bosium e bibl. Coll. Paull. 8. Leipz. 760.

— epistolae viror. doct. ad Erdm. Rud. Fischer, theolog. Coburg. 8maj. Leipz. 791. (List in Berl.) 6 gK

— E p i s t o l a e viror. doct. ad E. R. Fischer. theol. Coburg. 8. maj. Lips. Sommer. 791.

— s. E x o d i particula.

— s. F l o r u s.

— s. M. G e s n e r. Chrest. Ciceron.

— comment. jurid. hist. portionis matricularis collect. Imp. Serinias. dom. Saxoniae illustr. 4. Erl. Palm. 776.

— — Historiam portionis matricularis imperii serenissimae domus Saxonicae. Diss. jur. publ. Saxonici. Erlangen (Tetzschner) Dez. 1776. 122 S. mit dtsch. Anhang. (8.—) 8957

— — Dasselbe. Erlangen (Friedr. Andr. Schleich) 1776. (8.—) 8958

— s. J u s t i n i histor.

— s. L e u s d e n, de dialectis.

F i s c h e r i, J. F., Prolusiones, quibus libellus Palaephati emendatur, explicatur, vindicatur. Lips. 771. 8. 9 gr.

— prolusiones, quibus libellus Palaephati de incredibilibus emendatur. 8. Leipz. 771. Schwickert. 8 gK

— — Prolusio qua loci nonnulli librorum n. t. e versionibus graecis maximeque Alexandrina oraculorum Malachiae. Orat. latinae in schola Thomana. Lpz. (Langenheim) 3. I. 1773. 16 S. (2.50) 8954

— Prolusiones V, in quibus varii loci librorum divinorum eorumque versionum, maxime Graecarum explicantur. Lips. 799. 8. 16 gr.

— prolus V, in quibus varii loci utriusque Test. expl. 8maj. Leipz. 779. (List in Berl.) 16 gK

— — Brevis disputat. de nonnullis fabb. Palaephati locis. — Ad oratiunc. in schola Thomana. Lpz. (Langenheim) 3. I. 1769. 16 S. (2.50) 8950

— — Prolusio super locis nonnullis Palaephateis. Orat. lat. in schola Thomana. Lpz. (Langenheim) 3. I. 1770. 16 S. (2.50) 8951

— — Super loco quodam epistolae S. Paulli ad Hebraeos. Ad virum Christoph Sank . . collegam olim suum collegium philobiblicum quod in acad. Lipsiensi floret. Lpz. (Breitkopf) 1749. 28 S. mit Abb. (4.—) 8947

— s. M o e r i d i s Atticista.

— numeri et particuli D e u t e r o m i i graece. 8. maj. Lips. Fritsch. 768.

— numeri et particula Deuteromii graece e cod. MS. Coll. Paull. Lips. 8maj. Leipz. 768. Hahn; (a. Kummer). 8 gK

— observat. in X e n o p h o n t. Cyropaed. ed. Kuinoel. 8. maj. ibid. 803.

— — Ad audiendam oratiunculam in schola Thomana. Lpz. (Saalbach) 3. I. 1768. 12 S. (1.—) 8949

— s. O v i d i i opera.

— s. P a l a e p h a t u s.

— s. P a s o r i s Lexicon.

— — (Coburg), De Phaedro ejusque fabulis. Präs. Joh. Friedr. Christ. Lpz. (Langenheim) 22. IV. 1746. 62 S., 8 Bl. (6.—) 8945
Gew. (v. Präs.): Erdmann Rudolph Fischer (Coburg). — Widm. v.: Joh. Salom. Fehmel, Lorenz Albert Beck, Joh. Friedr. u. Joh. Erdmann Valter, Joh. Sigism. Steinbrenner (Gerabronn/Frk.).

— s. Platonis Dialogi IV. — III. et Cratylus.

— s. Pretia librorum.

— s.a. Rhetores selecti.

— Rhetores selecti, Demetrius Phaler. etc. gr. et lat. 8. ibid. 772.

— — De linguae Graecae interioris scientia interpretationis librorum n. t. adjumento maxime necessario. Prolus. latinae in schola Thomana. Lpz. (Langenheim) 3. I. 1772. 22 S. (3.—) 8952

— s. Selectae profanis.

— Supplement. Comment. Joh. Vorstii de hebraismo N. Test. Spec. I—III. 4. Lpz. 790—93. (List in Berl.) 8 gr.

— — Supplementorum commentarii Joh. Vorstii de Hebraismis novi testamenti spec. I. Orat. latin. in schola Thomana. Lpz. (Sommer) 4. I. 1791. 19 S. (3.—) 8959

— de statu et jurisdictione Iudaeor. secund. leges. Rom. etc. 4. Strasb. Treuttel. 764.

— s. Chr. Stock, clavis N. T.

— s. Theophrastus, charact.

— — Prolusio prima de versione librorum divinorum v. t. vulgata verae legitimaeque rationis Hebraea in Latinum convertendi magistra. Ad orat. latin. in schola Thomana. Lpz. (Langenheim) 3. Jan. 1776. 22 S. (3.—) 8956

— — De Chaldaicis Onquelosi Jonathaeque versionibus vet. test. litterarum Hebraicarum scientiae intellegentiaeque librorum divinorum adjutricibus. Prolus. orat. latinae in schola Thomana. Lpz. (Langenheim) 3. I. 1775. 26 S. (3.50) 8955

— — Prolusio de versionibus Graecis v. t. litterarum Hebraicarum. Lpz. (Langenheim) 4. V. 1762. 35 S. u. 1 Faksimile. (4.80) 8948

— prolusiones de versionibus graecis libr. V. T. literarum hebraicarum magistris. 8maj. Leipz. 772. Schwickert. 12 gr.

Fischeri, J. F., Orationes octo de virtutibus et ornamentis Ernesti et Seckendorfii. Lips. 777. 8. 12 gr.

— oratiunculae VIII, de virtutibus Ernesti et Seckendorfii. 8maj. Leipz. 777. (List in Berl.) 12 gr.

— — De vitiis lexicorum novi testamenti. Prolusio in Schola Thomana: Tl. 1—33. Lpz. (Langenheim [H. 1—4, 6—7], Sommer [5, 8—33]) 7. V. 1772 — 22. IV. 1790. je 18—32 S., tlws. mit Vignetten. (kplt. 11.—, Einzeltle. 1.50.) 8953
Illustr. v. Bernigeroth (sc. 1764) in Heft: 9, 12, 13, 24, 25, 30—33. Püschel: 12, 14. — In Heft 27: Medaillon-Brustbild v. Erdm. Rudolph Fischer (Coburg). (I. D. Philippin geb. Sysangin sc.)

— prolus. de vitiis Lexicorum Novi Testamenti separatim antea, nunc conjunctim editae. 8maj. Lpz. 791. (Hahn). 2 Rthlr 8 gr.

— prolus. de vitiis Lexicor. novi Testam. 8. maj. Lips. Sommer, 791.

— s. Joh. Vorstius.

— s. Weller grammatica.

— **Johann Friedrich Ferdinand** (Marienwerder), De hirudine medicinali. Diss. med. Bln. (Aug. Petsch) 11. IV. 1827. 32 S. mit Abb., Literat. u. Biogr. (4.50) 8961
Oppon.: A. Hutawa, C. Hasse, P. Fleischhammer. — Gew.: J. Gaube, F. Krause, J. S. Fischer.

Fischer, Johann Georg

Fischer, Joh. Geo., Briefmuster f. Kinder in Landschulen, s. Schneider, J. A.

Fischer, J(oh.) G(eorg), die Einheit in der organischen Natur. Populäre Vorträge. gr 8. (V und 184 S. mit eingedr. Holzschn.) Hamburg 853, Kittler.

— Elementar-Naturlehre, s. a. Hellmuth's, J. H., Volks-Naturlehre.

Fischer J. G.: Elementar-Naturlehre ... 6. Aufl. Braunschw. 1849. 464 S. Fig.
(= J. H. Hellmuth's Volks-Naturlehre. 13. Aufl.).

— den deutschen Frauen. Gedichte. Neue Folge. gr. 8. (IV, 154 S.) Stuttgart 869, Cotta'sche Buchh. (*M 2,40.) *

— Friedrich der Zweite von Hohenstaufen. Historische Tragödie. 8. (IV, 136 S.) Stuttgart 863, Cotta'sche Buchh. (M 1,80.)

Fischer, J. G., Gedichte. 16. (VIII und 280 S.) Stuttgart 854, Cotta'sche Buchh.

Fischer, J. G. (I.), Gedichte. 2., verm. Aufl. 16. (VI und 319 S.) Stuttgart 858, Cotta'sche Buchh. geb.

Fischer, J. G., Gedichte. 3. verm. u. aus den verschiedenen Sammlgn. vervollständ. Aufl. 8. (XI, 271 S.) Stuttgart 883. Cotta. n. 3. 50; geb. n. 4. 50

— neue Gedichte. 8. (VI, 150 S.) Stuttgart 865, Cotta'sche Buchh. (M 2,10.)

— Florian Geyer der Volksheld im deutschen Bauernkrieg. Trauerspiel in 5 Acten. 8. (III, 92 S.) Stuttgart 866, Cotta'sche Buchh. (M 1,50.)

Fischer, Jh. Geo. II., kleines Handbuch der Realkenntnisse und deutschen Sprachkunde für Schüler in Volksschulen. 8. ... 3e Aufl. 8. Darmstadt 835. Heyers Buchh. (Jonghaus.) 1/6 Rthlr 6e Aufl. 839. 3 1/3 gr in Pappe geb. 1/6 Rthlr

Fischer, Jh. Geo. II., kleines Handbuch der Realkenntnisse und deutschen Sprachkunde für Schüler in Volksschulen. Neueste Aufl. gr. 12. (Mit 1 Holzschnitt: Halbkugeln der Erde.) Darmstadt 841, Jonghaus. geb. n. 1/6 Rthlr — Neueste Aufl. gr. 8. Ebend. 843. n. 4 1/4 ngr — N. Aufl. 8. Ebend. 845. n. 4 1/4 ngr

Fischer, J(oh.) G(eorg), kleines Handbuch der Realkenntnisse und deutschen Sprachkunde für Schüler in Volksschulen. Neueste Aufl. 8. (VI und 138 S. mit 2 Holzschn.) Darmstadt 851, Jonghaus'sche Hofbuchh.

Fischer, J. G. (II.), kleines Handbuch der Realkenntnisse und deutschen Sprachkunde für Schüler in Volksschulen. Neueste (23.) Aufl. 8. (VI und 138 S. mit 2 lithogr. Kärtchen.) Darmstadt 862, Jonghaus'sche Hofbuchh. *

Fischer, J. G. (II.), kleines Handbuch der Realkenntnisse und deutschen Sprachkunde für Schüler in Volksschulen. 26. und 27. Aufl. (IV, 140 S.) 1869,71. * 45 Pf., und 28. Aufl. 8. (IV, 162 S. mit 2 lithogr. Kärtchen und 6 eingedr. Holzschn.) Darmstadt 873, Jonghaus' Verlag. *

Fischer, J[oh.] G[eorg], kleines Handbuch der Realkenntnisse und deutschen Sprachkunde für Schüler in Volksschulen. 29. Aufl. Bearb. von L. Schäffer. 8. (II, 164 S. mit 2 lithogr. Kärtchen und 6 eingedr. Holzschn.) Darmstadt 875, Jonghaus'sche Hofbuchh. * 60 Pf.; geb. *
— dass. — Ausg. für Hessen. 29. und 30. Aufl. 8. (IV, 116 S.) Ebendas. 875. * 48 Pf.; geb. *

Fischer, J. G., auf dem Heimweg. Neue Gedichte. 8. (VII, 204 S.) Stuttgart 891. J. G. Cotta Nachf. n. 3. —; geb. n. 4. —

Fischer, J. G. (I.). Auf dem Heimweg. Neue Gedichte. 8. (VII, 204 S.) Stuttg. 892, Cotta Nachf. * 3 —; geb. * 4 —

— s. J. H. Hellmuth, Volks-Naturlehre.

Fischer, J. G., m. achtzig Jahren. Lieder u. Epigramme. 8. (VIII, 136 S.) Stuttgart 896. J. G. Cotta Nachf. n. 2. —; geb. n. 3. —

Fischer, J. G., der glückliche Knecht. Ein Idyll in 9 Gesängen. 8. (104 S.) Stuttgart 881. Bonz & Co. cart. m. Goldschn. n. 2. —

—— Lehrbuch der Elementar-Geometrie für Schulen und zum Selbstunterricht verfaßt. gr. 8. (XI und 402 S. mit eingedr. Holzschn.) Hamburg 855, Perthes-Besser und Mauke. *

—— Lehrstoffe f. die Hand der Lehrer in Volksschulen. Insbesond. als Leitfaden beim Gebr. des „Kleinen Handbuchs der Realkenntnisse u. deutschen Sprachkunde f. Schüler in Volksschulen." 1. Bd.: Naturlehre, Naturbeschreibung, Kenntniß v. Weltgebäude, Menschenkunde u. Gesundheitslehre. 8. (20 B.) Darmstadt 844, Jonghaus. *

—— Lehrstoffe für die Hand der Lehrer in Volksschulen. Insbesondere als Leitfaden beim Gebrauche des „Kleinen Handbuchs der Realkenntnisse und deutschen Sprachkunde rc." 2. Bd. A. u. d. T.: Geographie nebst Andeutungen aus der Länder- und Völkergeschichte. 8. (VI und 346 S.) Darmstadt 852, Jonghaus'sche Hofbuchh. *

Fischer, J(oh.) G(eorg), Leitfaden zum Unterricht in der Elementar-Geometrie. 1. und 2. Cursus. gr. 8. (65 S. mit 137 in den Text gedr. Fig. in Holzschn.) Hamburg 853, Perthes-Besser und Mauke. à Cursus * 6 Ngr. Thlr. *

—— dass. — 3. und 4. Cursus. gr. 8. (39 und 36 S. mit 87 in den Text gedr. Fig. in Holzschn.) Ebds. 854. à Cursus * 6 Ngr. *

—— dass. — 1. Cursus. 2. Aufl. gr. 8. (34 S. mit eingedr. Holzschn. Ebds. 856. *

—— dass. — 2. Cursus. 2. Aufl. gr. 8. (80 S. mit 41 in den Text gedr. Fig. in Holzschn.) Ebendas. 859. *

Fischer, J. G. (III.), Leitfaden zum Unterricht in der Elementar-Geometrie. 1. Cursus. 3. Aufl. gr. 8. (34 S. mit vielen in den Text gedr. Holzschn.) Hamburg 860, Perthes-Besser und Mauke. Thlr. *

—— Leitfaden zum Unterricht in der Elementar-Geometrie. 1. Cursus. 10. Aufl. gr. 8. (42 S. mit 111 in den Text gedr. Fig. in Holzschn.) Leipzig 873, Mauke. cart. *

—— dass. — 3. Cursus. Stereometrie. 3. verm. Aufl. gr. 8. 52 S. mit eingedr. Holzschn.) Ebendas. 875. *

—— Leitfaden zum Unterricht in der Elementar-Geometrie. 1. Kursus. 11.—14. Aufl. gr. 8. (44 S. mit 111 in den Text gedr. Holzschn.-Fig.) Leipzig 873—79, Mauke. cart. *

—— dass. — 2. Kursus. 6. und 7. Aufl. gr. 8. (44 S.) Ebendas. 875,78. *

3. und 4. Kursus. Ebendas. 1875,69. * ℳ 1,40.

Fischer, J[oh.] G[eo.], Leitfaden zum Unterricht in der Elementar-Geometrie. 1.—3. Kursus. gr. 8. Leipzig, Mauke. [1. Kursus. 15.—18. Aufl. (44 S. mit 111 eingedr. Holzschn.) 880—84. * 60 Pf.; 2. Kursus. 8. Aufl. (44 S.) 882. * 60 Pf.; 3. Kursus: Stereometrie. 4. Aufl. (52 S. mit eingedr. Holzschn.) 884. * 80 Pf.] *

4. Kursus. Ebendas. 1869. * 60 Pf.

Fischer, J[oh.] G[eo.], Leitfaden zum Unterricht in der Elementar-Geometrie. 1., 2. und 4. Cursus. gr. 8. [Leipzig, Mauke.] Halle, Gesenius. [1. Curs. 19.—23. Aufl. (44 S. mit 111 eingedr. Holzschn.) 885—88. * 60 Pf.; 2. Curs. 8.—10. Aufl. (44 S.) 884—86. * 60 Pf.; 4. Curs.: Trigonometrie. 3. Aufl. (42 S. mit Fig.) 886. * 80 Pf.] *

3. Curs. Ebendas. 1884. * 80 Pf.

Fischer, J. G. (II.). Leitfaden zum Unterricht in der Elementar-Geometrie. 1. Kursus. 23. unveränd. Aufl. gr. 8. (44 S. m. 111 eingedr. Fig.) Halle a. S. 889, Gesenius. cart. * — 60

Fischer, J. G., Leitfaden zum Unterricht in der Elementar-Geometrie. 1. Kurs. 24., durchges. Aufl. gr. 8. (44 S. m. 111 Fig.) Halle a/S. 891. H. Gesenius. Kart. n. — 60

Fischer, J. G., Leitfaden z. Unterr. in d. Elementar-Geometrie. 1.—3. Kurs. gr. 8. Halle, H. Gesenius. Kart. n. 2. —

1. 26. Aufl., neu durchges. v. Chr. Vogel. (44 S. m. 111 Fig.) 896. n. — 60
2. 12. Aufl., neu durchges. v. Chr. Vogel. (44 S.) 895. Kart. n. — 60
3. Stereometrie. 5. Aufl., neu durchges. v. Chr. Vogel. (52 S. m. 63 Fig.) 894. n. — 80

Fischer, J. G., Leitfaden zum Unterricht in der Elementar-Geometrie. 1. Kurs. 27. unveränd. Aufl. gr. 8. (44 S. m. 111 Fig.) Halle 901. H. Gesenius. Kart. n. — 60

—— naturgeschichtl. Lesebuch f. Schule u. Haus, od. anschauliche, leichtfaßl. Belehrungen üb. die vornehmsten Gegenstände aus d. Thier-, Pflanzen- u. Mineralreiche. gr. 8. (23½ B. u. 66 eingedr. Holzschn.) Braunschweig 846, Vieweg u. Sohn.

—— naturgeschichtliches Lesebuch für Schule und Haus, oder anschauliche, leicht faßliche Belehrungen über die vornehmsten Gegenstände aus dem Thier-, Pflanzen- und Mineralreiche. 2., unveränd. Aufl. gr. 8. (X und 364 S. mit 66 eingedr. Holzschn.) Braunschweig 849, Vieweg und Sohn. Thlr.

—— Lesestücke, f. d. beiden oberen Abtheiln. d. Volksschulen ausgewählt. 8. (18½ B.) Darmstadt 841, Jonghaus.

—— Lesestücke f. die beiden oberen Abtheilungen d. Volksschulen. 2. Aufl. 844. u. 3. Aufl. 8. (à 18½ B.) Darmstadt 846, Jonghaus. à *

—— Lesestücke für die beiden oberen Abtheilungen der Volksschulen. 4. Aufl. 8. (VIII und 288 S.) Darmstadt 852, Jonghaus'sche Hofbuchh. *

—— Lesestücke für die beiden oberen Abtheilungen der Volksschulen. 5. Aufl. 8. (VIII und 288 S.) Darmstadt 861, Jonghaus'sche Hofbuchh. *

—— neue Lieder. 8. (VII, 137 S.) Stuttgart 876, Bonz und Comp. (* ℳ 2.) *
geb. mit Goldschn. (* ℳ 3.) *

Fischer, J. G. (I.), Aus frischer Luft. Gedichte. Neue Folge. 16. (VII, 198 S.) Stuttgart 872, Grüninger. geb. mit Goldschn. *

— Kaiser Maximilian von Mexiko. Trauerspiel in 5 Akten. 1. u. 2. Aufl. Stuttgart 868. Franckh. 16. (159 S.) 20 ngr.

— Merlin. Ein Lieder-Cyklus mit einem Anhang. gr. 16. (VII, 114 S.) Stuttgart 877. Deutsche Verlags-Anstalt. n. 3. —; geb. m. Goldschn. n. 5. —

Fischer, Joh. Gg.: Die Natur in der Kunst. (Progr.) Stuttgart 1881. 4°.

— das Prinzip des Wechsels im Bildungsgange der Organismen. Vortrag geh. im Kasino zu Ham bei Hamburg. 8. (36 S.) Hamburg 876. Grüfe. — 75

—— prakt. Rechenbuch, od. Aufgaben zum schriftl. Rechnen f. d. Schul- u. Hausgebr. 8. (5 B.) Darmstadt 840, Jonghaus. *

—— prakt. Rechenbuch od. Aufgaben z. schriftl. Rechnen f. d. Schul- u. Hausgebrauch. 2. Aufl. 8. (7 B.) Darmstadt 846, Jonghaus. *

Fischer, J. G., Rechnungsaufgaben auf Vorlegeblättern, und fortschreitende Ordnung vom Leichten zum Schwerern für Landschulen, nebst deren Auflösung. 4. Darmstadt, Heyer. 817.

Fischer, J(oh.) G(eorg), Sammlung deutscher Synonymen oder sinnverwandter Wörter, erklärt und angewendet in Sätzen, Erzählungen, Fabeln, Anekdoten und Gedichten. Zum Gebrauche für Lehrer und Schüler in Real-, Bürger- und Volksschulen. gr. 8. (X und 204 S.) Darmstadt 850, Jonghaus'sche Hofbuchh. *

—— Saul. Ein Drama. 8. (IV und 156 S.) Stuttgart 862, Cotta'sche Buchh.

J(ohann) G(eorg) Fischers Schiller-Reden 1849 bis 1893. Hrsg. von Dr. Hans Hofmann. Stuttgart: A. Zimmer 1905. (144 S.) 8° [F.]

— s. ferner: J. A. Schneider, Briefmuster.

—— das Thierreich oder Beschreibung derjenigen naturhistor. Gegenstände, welche auf der 1., 2. und 3. Wandtafel der Naturgeschichte abgebildet sind. Für den Schul- und Selbstunterricht bearb. In 4 Thln. 4. Thl.: Beschreibung der wirbellosen Thiere. 2., verm. und verb. Aufl. gr. 8. (IV und 232 S.) Leipzig 850, Hentze.
Vgl. 10. Bd. 1. Abthl. S. 245.

Fischer, Jh. Geo. L., (†...) Unterr., wie man bei einer grassirenden Ruhr seine Gesundheit erhalten u. verwahren, d. Ruhr erkennen u. heben könne. Nebst e. Anh. von d. 1757—59. grass. epidem. Seuche. 8. Frkf. u. Leipz. 766. Gollner. 3 gl.

—— Volks-Naturlehre, s. Hellmuth, J. H.

Fischer, Joh. Georg Chr., s. Ordnung des Heils. 1756.

Fischer, Johann Gottlob

Fischer, Jh. Glo., der Gesangfreund für Volksschulen; eine Auswahl 1-, 2- u. 3stimmiger Lieder, Choräle u. Canons in Noten; als ein Beitrag zur Veredlung des Volksgesanges. Nr. 1—3. 8. Glogau 834. Flemming. 1/8 rℓ

Fischer, Joh. Gtlo., der Gesangfreund f. Volksschulen; e. Auswahl ein-, zwei- u. dreistimmiger Lieder rc. 1. u. 2. Hft. Cdur. 2. Aufl. 3. Hft. Gdur 8. (3 B.) Glogau 834, Flemming.

Fischer, Jh. Glo., arithmet. Handbuch f. Schulen. 8. Meißen 817.... (Ist wohl nicht erschienen ?)

Fischer, Joh. Gtlo., pract. Leitfaden f. Lehrer beim Gesangunterr. in Schulen. Ein Versuch, die Gesanglehre nach Noten — in entwickelnder (Pestalozzischer) Methode eben so möglichst zu vereinfachen, als fest zu begründen; ein pract. Beweis, daß d. Singen nach Noten leichter u. gründl. gelehrt u. gelernt werden kann, als das nach Ziffern; u. ein Mittel, e. gründl. Einsicht in d. gesammte melod. Tongebiet zu erlangen. 8. (12 B.) Glogau 836. Flemming.

Fischer, Joan. Gust. (geb. Hamburg 1. 3. 1819): Amphibiorum nudorum neurologiae specimen primum. Berolini (1843). (22 S.) 4° ¶ Fortsetzung erschien u. d. T.: Amphibiorum nudorum neurologia. Speciminis primi pars altera. Berolini: Besser 1843.
Berlin, Phil. Diss. v. 18. Aug. 1843

Fischer, J. G., Amphibiorum nudorum neurologiae. Specim. I. 4 maj. (10 B. u. 3 Kpfrt.) Berolini 843, Besser, Verl. *

FISCHER, Joh. Heinr., Beschreibung der Heirath- und Hochzeitgebräuche fast aller Nationen. Mit TKpf. Wien, 1801. Bey Aloys Doll, Buchhändler am Stephansplatz im deutschen Hause. 8°. (2/3 Rthl. Scheible; 3 Mk. W. Koebner, Breslau; jetzt theurer!)
4 Bll. u. 191 S.

— Beschreib. der Heiraths- u. Hochzeitgebräuche aller Nationen. m. K. 8. Ebend. (a. Liebeskind in Lpz.) 801.

FISCHER, J. H., Beschreibung der vorzüglichsten Volksfeste, Unterhaltungen, Spiele u. Tänze der meisten Nationen in Europa. 2 Bdchn. Mit 1 Kpf. (Schwingfest der Schweizer). Wien 1790. 8°. (1 fl. 40 xr. Wallishausser, Wien, vor 1885; 15 Mk. [!] Südd. Antiqu., München, c. 1908.)
Gesucht u. selten!

* — — Beschreibung der vorzüglichsten Volksfeste, Unterhaltungen, Spiele und Tänze der meisten Nationen in Europa. 2 Thle. Mit TKpfr. (das Schweizer Schwingfest darstellend). Wien 1799. 8°. (In Berlin: Pn 470.)
(1 fl. 40 xr. oestr. Wallishausser, Wien; jetzt theurer!)

— Beschr. d. vorzügl. Volksfeste rc. der meisten Nationen in Europa. 2 Bdch. 8. Ebend. (a. Liebeskind in Lpz.) 799.

– s. Blatt, das neue.

FISCHER Johann Heinrich. Praktischer Briefsteller f. alle Fälle d. gemeinen Lebens. Dollinger, Wien 1790.

Fischer, J. H., prakt. Briefsteller für alle Fälle des gemeinen Lebens. 8. Wien, Ant. Doll. 798.

— — dasselbe. 8. Leipzig, Liebeskind. 798.

Fischer, J. H., prakt. Briefsteller f. alle Fälle u. Geschäfte d. bürgerl. Lebens. 4te Aufl. 8. Wien, Aloys Doll. 815.

— das curiöse Buch der Natur. m. K. 8. Wien, Ant. Doll. 798.

Fischer, Jh. Hnr. II., s. a. Ed. v. Edelwangen.

EDELWANGEN, Eduard von; eine Geschichte aus den Zeiten der Vehmgerichte (von *Joh. Heinr. Fischer*). Braunschweig 1793.
Anon.-Lex. II. p. 4 (nach Kayser u. Meusel).

– s. Erzählungen, moral.

[Gedicht.] Sr. Hochfürstlichen Durchlaucht dem Herrn, Herrn Ferdinand Herzog zu Braunschweig und Lüneburg den 12. Jan. 1790. unterthaenigst gewidmet. [Unterz.:] Joh. Heinr. Fischer. Braunschweig [1790]: Kolb. 2 Bl. 4° [Umschlagtit.]
„So ist denn diess der goldne Morgen, . . .“
65.

— Handbuch f. Kaufleute u. Fabrikanten, welche sich von den vornehmsten Handelsartikeln eine richtige Kenntniß verschaffen rc. wollen. 8. Wien 807. Al. Doll. 1⅓ rℓ

– s. Hermann u. Emilie.

Fischer, J. H., Disp. de Hippocrato, ejus scriptis et editionibus. Coburg. 777. 4.

Fischer, Jh. Hnr. L., (†d. 2. März 1814.) Pr. de morbis cutaneis. Spec. I. 4. Götting. 785. Dieterich. 2 gl.

— Diss. de cerebri ejusque membranarum inflammatione et suppuratione occulta. 4. Götting. 781. Dieterich. 2 gl.

– s. Lindor u. Lise

– s. Nachricht von d. Ermordung d. K. v. Schweden.

— — (Gera), De vocatione divina naturali. Diss. philos. Präs. Friedr. Gottlieb Krantz (Schkeuditz). Lpz. (A. M. Schede) 3. II. 1714. 28 S. (5.—)
8964

Fischer, Johann Heinrich Ludwig
Pseud.: Hellmuth, Paul
Roderich, C.
Pentzlin, Friedrich

Fischer, Johann Heinrich Ludwig

Kriegerische Abentheuer und Schicksale eines Preußischen Freiwilligen in den Feldzügen von 1813 und 1814. Von C. Roderich [d.i. Johann Heinrich Ludwig Fischer]. 2. Ausg. der Erinnerungen aus den Jahren 1813 und 1814. Leipzig: Kollmann 1823. 8°

— Anselmus oder die Früchte des Wahns. Roman. 2 Thle. Leipzig, 1831. Bei Adolph Wienbrack. 8°.
I: VI u. 250 S. II: Titel u. 270 S. — Zahm.

HELLMUTH, Paul (d. i. *Joh. Heinr. L. Fischer*, Pastor zu Schönberg im Fürstenth. Ratzeburg, geb. 15. Aug. 1791 zu Königsberg i. d. Neumark), Augustin. Ein Roman. 2 Thle. Leipzig, bei A. Wienbrack. 1829. 8°.
232 u. 244 SS. Einiges etwas frei. — Ueber d. Vf. s. A. G. Schmidt, Gallerie deutscher pseud. Schriftst. Grimma 1840. Kl. 4°. S. 89—90.

Fischer, J. H. L., † (Paul Hellmuth; Friedr. Pentzlin,) baltische Blüthen, s. Blüthen.

Fischer, J. H. L., geschichtliche Erzählungen, s. a. Volks-Bibliothek, allgem. Deutsche.

Fischer, J. H. L., geschichtliche Erzählungen für gebildete Leser und Freunde der Geschichte. (Allgem. deutsche Volks-Bibliothek. VI. 5.) 8. (139 S.) Berlin 854, Springer. *
Vgl.: Haus- und Familienschatz, neuer.

— Fresco-Gemälde. (3 zahme Erzählgn.) Neuhaldensleben, b. C. A. Eyraud. 1833. 8°. 288 S.
Inh.: Robert, od. d. Pfad durch d. Erdennacht. — Der falsche Waldemar. — Zwei Neffen für Einen.

Fischer, J. H. L., historische Gemälde für gebildete Leser und Freunde der Geschichte. 2 Bde. 8. (290 S.) Berlin 851, Verlagshandlung des allgem. deutschen Volksschriftenvereins. *
Aus: Allgemeine deutsche Volks-Bibliothek rc., besonders abgedruckt.

—— Casualreden. gr. 8. (13½ B.) Leipzig 836, Wienbrack.

Fischer, J. H. L., †(Paul Hellmuth; Friedr. Pentzlin.) Katechismus d. evang. Lehre; z. Gebr. f. Schulen nach Luthers kl. Katechismus. gr. 8. (6⅞ B.) Leipzig 846, Wienbrack.

Fischer, J. H. L., Maiblumen. (Gedichte). 8. Neustrel. 819. Viellet. 20 Gr. (Fr. Fleischer in Leipz. 16 Gr.

RODERICH, C. (d. i. *Joh. Ludw. Heinr. Fischer*) Nachtstücke aus dem Gebiet des wirklichen Lebens. Leipzig, Kollmann, 1823. 8°. Tit. u. 317 S.
Enth. 2 etwas freie Erzählgn.: 1. Mathias Ring. Eine Kriminalgesch. des vorigen Jahrh. 2. Fügungen. — Schmidt, A. G., Gallerie, S. 167.

—— Predigt z. Gedächtniß des am 18. Febr. 1546 erfolgten Ablebens Dr. Mart. Luthers. gr. 8. (1 B.) Leipzig 846, Wienbrack.

— Predigten für die häusliche Erbauung über sämmtl. Sonn- u. Festtags-Evangelien des Jahres. 2 Bde. gr. 8. Friedland 838, Barnewitz. 3⅓ Thlr.

Fischer, J. H. L., Predigt-Entwürfe üb. d. Episteln an d. Sonn- u. Festtagen d. ganzen Jahres. 2 Bde. gr. 8. Leipzig, Wienbrack. Thlr.
Bd. 1. Vom Advent b. Sonntag Jubilate. (20 B.) 833. 1 Thlr. 12 Gr.
» 2. Vom Sonntage Cantate b. zum 23. Sonnt. nach Trinitatis. (19 B.) 834. 1 Thlr. 12 Gr.

—— Predigt-Entwürfe üb. die Episteln an den Sonn- u. Festtagen des ganzen Jahres. 2 Bde. (4 Lfgn.) 2., verm. u. verb. Aufl. gr. 8. (32¾ B.) Leipzig 845, Wienbrack.

—— Schlachtengemälde aus Europa's Vorzeit, f. Freunde d. Geschichte, so wie überh. f. gebild. Leser. 1. Aufl. 835. 1¾ Thlr. u. wohlf. Ausg. 8. (à 24½ B.) Leipzig 839, Wienbrack.

Fischer, Jh. Jak., Biographie Rudolph d. Ersten, deutschen Kaisers, nach dem Interregno, Graf. v. Habsburg. 8. Tubing. 784. (Osiander). 6 Gr.
s.a. Fischer, Johann Bernhard

– s. Briefe über d. Graf v. Falkenstein.

Fischer, Jh. Jak., prakt. Erklärung über d. Apostelgeschichte. 8. Stuttg. 784.

Fischer, Johann Jacob, Gedächtnis-Predigt auf B. Kagen, Leipzig (1722)
siehe Benjamin Kagen.

– s. Paschalis Gesandtschaft.

Fischer, J[ohann] J[acob]. J. J. Fischers Reiseskizzen: Durch Nordafrika. Land und Leute. 1895/1903. Marokko ⟨West- und Nordküste, inbegriffen das spanische Melilla⟩; Algerien ⟨Nördlicher Teil⟩; Tunesien ⟨Nördlicher und südlicher Teil, bis und mit dem türkischen Tripoli in der Berberei⟩. Mit einem Anhang: Handelsverkehr und kaufmännische Verhältnisse in Nordafrika. [Mit Kartenskizze auf dem Titel.] 75 S. 8. Zürich, Schulthess & Co., 1904. [fr. 1. —]

Fischer, J[ohann] J[acob]. J. J. Fischer's Reiseskizzen: Durch die Asiatische Türkei. Land und Leute. 1895—1905. Syrien mit Palästina...; Kleinasien.... Mit einem Anhang: Handelsverkehr und kaufmännische Verhältnisse in Beirut ⟨Syrien⟩ und Smyrna ⟨Kleinasien⟩. [Illustriert.] 100 S. 8. Zürich, Schulthess & Co., 1906. (fr. 1. —)

Fischer, J[ohann] J[acob]. J. J. Fischers Reiseskizzen: Nach und durch Unter-Egypten. Land und Leute. 1895/1904. 1. Seefahrten...; 2. Allgemeine Skizzierungen von Land, Leuten und Verhältnissen in Egypten; 3. Spezielle Sk' von Unter-Egypten.... Mit einem Anhang: Handelsverkehr u. kaufmännische Verhältnisse in Unter-Egypten. [Illustriert.] 72 S. 8. Zürich, Schulthess & Co., 1905. [fr. 1. —]
Mit Beilage: Supplement zu J. J. F' Reiseskizzen: «Durch Nordafrika» [Zürich 1904]. [4 Ansichten auf 2 Tafeln. 1905.]

Fischer's, J. J., Reise-Skizzen: Nr. 1 u. 4. 8. Zürich, Schulthess & Co. à 1.20
1. 1895/1903/1907. Durch Nordafrika. Land u. Leute. 2. Aufl. (illustr.). Marokko, West- u. Nordküste, m. Abstecher (ab dem alger. Oran) nach dem Südinnern bis Figuig (inbegriffen die span. Kolonie Melilla an der Mittelmeerküste). Algerien, nördl. Teil. Tunesien, nördl. u. südl. Teil (bis u. m. dem türk. Tripoli in d. Berberei.) Mit e. Anh.: Handelsverkehr u. kaufmänn. Verhältnisse in Nordafrika. (101 S.) 907.
4. 1895–1906. Durch die europ. Türkei u. Griechenland (u. nach Italien). Land u. Leute. Mit e. Anh.: Handelsverkehr u. kaufm. Verhältnisse. (110 S. m. Abb.) 907.

— dasselbe. 1895—1908. Zwölf Jahre durch Spanien (bis Gibraltar). Land u. Volk. Katalonien, Aragonien, Valencia u. Múrcia, Kastillien (Neu- u. Alt), Nordspanien (Asturien, Baskien), Südspanien (Andalusien u. Granâda). (VII, 100 S.) 8. Zürich 909. Gebr. Leemann & Co. 1.20

Fischer, Johann Karl, s.a. Fischer, Johann Christian

— Abhandl. von d. Düngung u. d. zweckmäß. Behandl. derselben. 8. Götting. 803. Röwer. 12 Gr.

Fischer, Jh. Karl l., († d. 22. Mai 1833.) Anfangsgründe d. Arithmetik, zu Vorlesungen. 8. Jena 789. Cröker. 8 Gr.

— Anfangsgründe d. Feldmeßkunst, mit Kpf. 8. Jena 795. Cröker. 1 Thlr.

— Anfangsgründe d. höhern Geometrie, mit Kpf. 8. Jena 796. Cröker. 1 Thlr.

— Anfangsgründe d. reinen Mathematik, oder d. gemeine u. höhere Rechenkunst, Geometrie rc. Mit 6 Kpft. 8. Jena 792. (N. A.) 809. Cröker. 1 Thlr.

Fischer, J. K.: „Anfangsgründe der angewandten Mathematik", 2 Teile, Jena 1793, 1794 (Cröker).

Fischer, J. K.: „Anfangsgründe der reinen Mathematik zu Vorlesungen", Jena 1805 (Cröker).

Fischer, J. C., Anfangsgründe d. Naturgeschichte, zum Gebrauch f. höhere u. niedere Schulen. 8. Duisburg, Bädecker u. Kürzel. 812.

— Anfangsgründe d. Naturgeschichte, zum Gebr. f. Schulen. 8. Schwelm 812. Scherz. 1 Thlr. 4 Gr.

— Anfangsgründe d. Physik in ihrem mathemat. u. chem. Theile. Mit 3 Kpft. gr. 8. Jena 797. Mauke. 2 Thlr. 8 Gr.

— Anfangsgründe d. mechanischen Wissenschaften, oder d. Statik, Hydrostatik, Aerometrie rc. Mit 6 Kpft. 8. Jena 793. Cröker. 20 Gr.

— Anfangsgründe d. opt. u. astronom. Wissenschaften, oder d. Optik, Perspektive, Dioptrik rc. Mit Kpf. 8. Jena 794. Cröker. 1 Thlr. 8 Gr.

— kurze u. deutl. Anleit. zur allgem. Rechenkunst. 8. Jena 791. Cröker. 20 Gr.

Fischer, Joh. Carl, prakt. Anleitung zum Feldmessen u. Wasserwägen, vorzüglich f. d. Landmann. M. 16 Kpfrt. 8. (11 B.) Leipzig 831, Baumgärtner.

—— neue Ansichten üb. d. Grundprincipien d. Differenzialrechnung. M. 1 Kpfrt. gr. 4. (12 B.) Leipzig 831, Baumgärtner.

— Anweis. zur allgemein. Rechenkunst. 8. Jena, Cröcker. 791.

— ausführl. demonstrative Arithmetik. 2 Bde. 8. Ebend. 797.

— reine Elementar-Mathematik nach Gründen d. krit. Philosophie u. zum Gebrauch f. Vorlesungen. Mit 5 Kpft. gr. 8. Lpz. 820. Kummer. 2 Rthlr 16 gGr

—— kurzer Entwurf d. landwirthschaftl. Maschinenlehre u. Landbaukunde. M. 40 Kpfrt. (in 4.) 8. (13¼ B.) Leipzig 831, Baumgärtner.
Das erste u. letzte Werk ist aus d. „Encyklopädie d. Land- u. Hauswirthschaft v. Putsche" besond. abgedruckt.

— d. erhöhte Ertrag d. Feldgüter durch künstl. Wiesen, nach den Grundsätzen v. Frz. Home, Miraudot u. Schubart v. Kleefeld rc. 8. Jena 788. Cröker. 14 gGr

—— Fragmente aus d. Tagebuche dreier Reisen nach London u. einigen Fabrikstädten Englands, im Spätjahr 1825, 1826 u. 1827. M. 1 Stndr. 8. (9 B.) Stuttgart 829, Cotta.

Fischer, J. K., Geschichte der Künste und Wissenschaften seit der Wiederherstellung derselben bis an das Ende des 18. Jahrhunderts. 8. Abth.: Geschichte der Naturwissenschaften (Physik) seit der Wiederherstellung der Künste und Wissenschaften bis auf die neuesten Zeiten. Göttingen 1801—1808. 8 Bde. 8º.

— Geschichte d. Physik, seit d. Wiederherstellung d. Künste u. Wissenschaften bis auf d. neueste Zeit. 8 Bde. (od. Gesch. d. Künste u. Wiss. 8e Abthl.) Mit Kpf. gr. 8. Götting. 801—8. Röwer. 24 Rthlr 4 gGr

Fischer, J. K., erste Gründe, d. Differenzial-, Integral- u. Variationsrechnung, zum Unterr. f. Anfänger, mit K. gr. 8. Elberfeld, Büschler. 811.

— erste Gründe d. Differential-, Integral- u. Variationsrechnung, zum Unterr. für Anfänger. Mit 1 Kpf. gr. 8. Elberf. 811. (Schönian). 12 gGr

— erste Gründe d. reinen Mathematik zum Unterricht für Schulen. m. K. gr. 8. Dortmund, Malinckrodt. 808.

— erste Gründe d. reinen Mathematik, zum Unterr. f. Schulen, mit Kpf. gr. 8. Dortmund 808. (Wundermann in Hamm). 16 gGr

— Grundriß d. Landwirthschaft, zum Gebrauch d. Vorlesungen. 8. Götting. 806. Röwer. 1 Rthlr 20 gGr

Fischer, J. K., Grundriß d. reinen höhern Mathematik, od. allgem. Rechenkunst d. Algebra rc. zum Selbstunterricht. m. K. 3 Bde. gr. 8. Lpz. Kummer. 807–809. (1r u. 2r Bd. à 5 Rthlr.) Rthlr.

Fischer, J. K. Lehrbuch der mechanischen Naturlehre. 3. Auflage. Theil I. II. Leipzig. 1827. 2 Ex.
dgl. 4. Auflage. Bd. I, II. Ebend., 1837—1840. 2 Ex.

— memoria. div. manib. Buderi dicata. 8. ibid. 768.

Fischer, Jh. Karl U., (†...) Preisschr. über d. Fr.: welche sind d. rechten u. allezeit geltenden Regeln, die bei Einrichtung d. Cirkulation d. Ackerbaues oder Koppelwirthschaft in Acht zu nehmen sind? 8. Hannov. 797. Hahn. 6 gGr

— Raisonnement üb. die Körperkraft. 8. Königsb. Hartung. 787.

— demonstrative Rechenkunst. 2 Thle. 8. Jena 797. Cröker. 1 Rthlr 12 gGr

Fischer, Jh. Karl, deutsche Satzlehre für die mittleren u. unteren Classen höherer Lehranstalten, nebst e. Anhange über Wortbildung und Orthographie. gr. 8. Stralsund 839. Löfflersche Buchh. (C. Hingst.) ½ Rthlr

— Tagebuch einer im Jahr 1814 gemachten Reise üb. Paris nach London, u. einigen Fabrikstädten Englands. gr. 8. Aarau, Sauerländer. 816.

— Tagebuch e. zweiten Reise über Paris nach London u. einigen Fabrikstädten Englands, vorzügl. in technolog. Hinsicht. gr. 12. Aarau 826. Sauerländer. 1 Rthlr 8 gGr Schrbp. 1 Rthlr 20 gGr

Fischer, (J. C.) Tagebuch e. zweiten Reise über Paris nach London u. einigen Fabrikstädten Englands, vorzügl. in technologischer Hinsicht. gr. 12. Aarau 827, Sauerländer. 1 Rthlr. 8 gr. Schreibpap.

— d. fränkische Weinbau u. die daraus entstehenden Produkte, potriot. u. physikal. beschrieben. 8. Marktbreit 782. N. A. 2 Thle. 8. Nürnb. 787. Schneider u. W. 6 gGr. Dass. 8. Würzb. 791. (Wesché in Frkf.) 6 gGr

Physikalisches Wörterbuch oder Erklärung der vornehmsten zur Physik gehörigen Begriffe und Kunstwörter so wohl nach atomistischer als auch nach dynamischer Lehrart betrachtet... in alphabetischer Ordnung von Johann Carl Fischer. Th.1-6. Göttingen: Dieterich 1798-1805.
8
Th.1: Von A -Elektr. 1798.
Th.2: Von Elektr.- Syr. 1799.
Th.3: Von J - Flat. 1800.
Th.4: Von Fnev. - S. 1801.
Th.5: Von Tag.- Z. 1804.
Th.6: 1805.

— physikal. Wörterbuch, oder Erklär. d. vornehmsten, zur Physik gehör. Begriffe u. Kunstwörter rc. 10 Thle u. Register, mit 30 Kpft. gr. 8. Götting. 798—827. Dieterich. 20 Rthlr 8 gGr Das Register über d. 8—10n Thl. d. obigen apart, gr. 8. Ebd. 827. 6 gGr

Fischer, Jh. Karl Chr., († d. 30. Sept. 1807.) quid de officiis et amore erga inimicos graecis et romanis placuerit, exposuit. 8mai. Halle 789. Franke. (Joachim in Lpz.) 6 gGr

— Jo. Carl Christ. (Oels/Schles.), Qui de officiis et amore erga inimicos Graecis et Romanis placuerit disquir. commentat. Präs. Friedrich Aug. Wolf. Halle (Grunert) 9. V. 1789. 74 S. (5.—) 8930
Gewidm.: Frh. von Seidlitz u. Gohlau, Carl Christoph v. Hoffmann.

Fischer, Johann Karl Christian

FREDAU, Gust. (d. i. *Joh. Carl Chrn. Fischer*, geb. 1765 zu Oels, Kgl. Preuß. Hofrath zu Berlin, † 1816 als Privatgelehrter in Wien), Graf Pietro d'Albi und Gianetta. (Zahmer Roman.) 3 Thle. Leipzig 1798, bey Fried. August Leo. *A. E.:* Gedr. zu Waldenburg bei C. F. Witsch. 8º.

— s. a. Briefe an meine Lieben.

BRIEFE an meine Lieben (von *Joh. Carl Chrn. Fischer*). 2 Bdchn. O. O. (Stralsund) 1776. 8º.
Bibl. J. J. Schwabii. — Das Anon.-Lex. I. p. 260 hat „Stralsund", ohne Theilsangabe (nach Kayser u. Meusel).

— s. Eleusinien.

— s. Geistergeschichten.

Fischer, Jh. Karl Chr., Ideal menschl. Güte. Schspl. 8. Wismar 792. Bödner. 4 gGr

— s. Sagen, Mecklenburgische.

FREDAU, Gust. (d. i. *Joh. Carl Chrn. Fischer*, 1765–1816), Kleine Scenen (9 Erzählgn.), hrsg. v. —. Breslau u. Leipzig, W. Gli. Korn, 1793.
Nr. 8: Scenen aus Paris.

Sämtliche Werke für Klavier und Orgel von Johann Kaspar Ferdinand Fischer. Hrsg. von Ernst v. Werra. *Leipzig: Breitkopf & Härtel (1901).* (XVIII, 125 S.) 4º [illegible]

Fischer, Johann Leonhard

— Abriß ein. neuen Systems üb. die menschl. Natur. 8. Königsb. Nicolovius. 791.

Fischer, Johann Leonhard: Anweisung zur praktischen Zergliederungskunst. Nach Anleitung des Thomas Pole, Anatomical Instructor.
340 S., gbd., 13 Taf.

Leipzig: Weygand 1791

JB 702

Fischer, Johann Leonhard: Anweisung zur praktischen Zergliederungskunst. Die Zubereitung der Sinnwerkzeuge und Eingeweide. 306 S., gbd., 6 Taf.

Leipzig: Fleischer 1793

JB 703

Fischer, Johann Leonhard: Descriptio anatomica nervorum lumbalium sacralium et extremitatum inferiorum. 57 S., gbd., 8 Taf.

Lipsiae: Crusius 1791

JB 6.253

Fischer, Jh. Leonh., († d. 8. März 1833.) historia taeniae hydatigenae in plexu choroideo inventa, c. tab. aen. 8maj. Leipz. 789. (W. Vogel). 6 ℊℊ

Fischer, Jo. Leon., Taeniae hydatigenae in plexu choroideo, nuper inventae historiae c. 4 tab. 44 pp. Lps. 4°.

1789

— Neurologiae generalis tractatus, descriptio anatom. nervorum lumbalium, sacralium et extremitatum inferiorum; cum IV tabb. linearibus et IV adumbratis. Fol maj. Leipz. 791. (W. Vogel). 8 ₰

— **Johann Leonhard (Bayreuth)** u. (Respond.) **Bernhard Gottlob Schreger** (Zeitz), Observationes de oestro ovino atque bovino factae. Disputatio. Lpz. (Solbrig) 18. I. 1787. 71 S. u. 4 S. Taf. Abb. (del et sc. auctor). (6.—) 8966
Gew.: Lud. Friedr. v. Wurmb (Grossen-Furra), Christian Gotthelf Frhr. v. Gutschmid (Kl.-Wolmsdorf), Fried. Gottlob v. Berlepsch (Hennigsleben . .).

FISCHER, JOH. LEONH., s. Salveter, Geo. Chr. 1800.

— s. F. C. F. Werner, vermium.

Fischer, Jh. Edw., Versuch e. neuen u. richtigen Erklär. d. Paulin. Stelle Röm. 8, V. 19—24. 8. Nürnb. 778. Schmidmer. 3 ℊℊ

Fischer, Johann Ludwig Heinrich, s.
Fischer, Johann Heinrich Ludwig

Fischer, J(ohann) Martin: Darstellung des Knochenbaues und der Muskeln des menschlichen Körpers mit Angabe der Verhältnisse desselben. 3...verbess.u.verm.Aufl. Atlasband: 12 S., gbd., 10 Taf. Erklärungsband: 108 S., gbd.

Wien: Gerold 1838

JB 869

Fischer, J(ohann) Martin: Erklärung der anatomischen Statue für Künstler.

s.: Fischer, J(ohann) Martin: Darstellung des Knochenbaues und der Muskeln des menschlichen Körpers mit Angabe der Verhältnisse desselben. Erklärungsband.

JB 869

Fischer, Johann Martin Joseph. Diss. de iurisdictione summorum imperii tribunalium in caussis feuda mediata concernentibus . . . non fundata. Bamb. 1776. V: *Ritter, Johann Georg* [?] oder *Ulheimer, Jos. v.*[?] (Pütter, Litt. des Teutsch. Staatsr. Gött. 1773—91. IV, 367.)

Fischer, Johann Michael

Andeutungen über Erziehung überhaupt und an gelehrten Schulen insbesondere. Von J. M. Fischer, G. P. — 1838. Ebend. — S. 1—16.
Progr. Zweibrücken.

Ueber Gestaltung der gelehrten Schulen nach den Forderungen der Humanität und nach den Bedürfnissen der Gegenwart. Von J. M. Fischer, G. P. — 1832. Ebend. — S. 3—14.
Progr. Hof

Fischer, J. M., die Grundbegriffe d. Tonkunst in ihrem natürl. Zusammenhange, nebst e. geschichtl. Entwickelung derselben. Ein Handb. f. alle Freunde d. Tonkunst. gr. 8. (6½ B.) Hof 836, Grau.

Der Dichter Horaz und seine Zeit. Von J. M. Fischer, G. P. — 1855. Ebd. S. 1—XXII. [S. Nr. 1041.]
Progr. Zweibrücken.

Horaz und seine Dichtung in dem Lichte seiner Zeit. Einladung an Studirende zum Studium der Werke dieses Dichters von J. M. Fischer, G. P. — 1846. Ebend. — S. 1—17.
Progr. Zweibrücken.

Fischer, Ioannes Michael: Ampli generis aequationum differentialium partialium integrandi methodus.
Halle-Wittenberg. Phil. Diss. v. 8. Jan. 1834
Geb. [Gondorf bei Koblenz 25. 9. 1806]
Ms. fehlt.

Musikalische Rundschau über die letzten drei Jahrhunderte. Von J. M. Fischer, G. P. — 1859. Leipzig, Veit u. Comp. — Vorwort, datirt v. 9. Aug. 1859. Am Tage der dritten Säcular-Feier der k. Studienanstalt S. V—VIII. — Rundschau. S. IX—XII u. 1—192 in 8.
Progr. Zweibrücken.

Fischer, J. M., musikalische Rundschau über die letzten drei Jahrhunderte. Leipzig 859. Veit & Co. gr. 8. (XII, 192 S.) n. 20 ngr.

Fischer, Johann Nepomuk

Fischer, Jh. Nep. II., geistl. Anreden über Gottes- u. Nächstenliebe. 8. Augsb. 799.

— Apologie d. künftigen Pfarrer Baierns. gr. 8. ... 805.

Fischer, Joh. Nep., Auszug aus Guts Muths' Gymnastik für die Jugend vom J. 1793, verfaßt im J. 1799. Neu hrsg. von Karl Waßmannsdorff. gr. 8. (XVI, 53 S.) Hof 872, Grau und Comp. *

Fischer, Jh. Nep. I., († d. 21. Febr. 1805.) Beweis, daß alles Glockengeläute bei Gewittern mehr schädlich als nützlich sei. 8. Münch. ... 2e A. 784. J. Lindauer. 6 ℊℊ

— Entwurf e. Gymnastik, oder Anleit. zu Leibesübungen für d. Jugend, größtentheils nach Art d. Griechen u. Römer rc. 8. Augsb. 799.

Fischer, Johann Nepomuck, Entwurf zu einer Gymnastik, od. Anleitung zu Leibesübungen f. d. Jugend, größtenteils nach Art d. alten Römer u. Griechen, ab. alle nach d. Bedürfnissen u. Umständen uns. Zeitalters gesammelt u. in e. regelmäßiges Ganzes gebracht, Stadtamhof 1800, 88 S., 8°.

— vernünftige Gedanken über d. Augenwendung eines Marienbildes zu St. Peter in München. gr. 8. Münch. 783. J. Lindauer. 2 ℊℊ

— Gegenstände e. öffentl. Prüfung rc. 4. Mindelheim 783.

Fischer, Joh. Nep., Lehrbuch der gesammten Entzündungen u. organischen Krankheiten d. menschl. Auges, seiner Schutz- u. Hilfsorgane. gr. 8. (27⅞ B.) Prag 846. (Borrosch u. André.) *

Fischer, Johann *Nepomuk* Zu Horaz' zweitem Literaturbrief. 8 (S. 3—22).
Progr. Öffentl. Privat-Unter-G. a. d. Stella matutina *Feldkirch* 1892.

— über d. Lotto. 8. Münch. 784. J. Lindauer. 6 ℊℊ

Fischer, J. N., die Magd des Herrn. Gebet- u. Unterrichtsbüchlein für christliche Jungfrauen. 10. Aufl. 12. (312 S. m. farb. Titel u. 3 Tondr.-Taf.) Salzburg 873. Pustet. n. - 75

Fischer, J. N., die Magd d. Herrn. Katholisches Lehr- u. Gebetbuch f. Jungfrauen. Neu bearb. v. J. A. Keller. 16. (VIII, 536 S. m. Farbentitel u. 1 Stahlst.) Salzburg 886. Pustet. n. 1. 30; geb. von n. 1. 50 bis n. 3. —

Fischer, Joh. Nep., die Magd des Herrn. Katholisches Lehr- u. Gebetbuch f. Jungfrauen. Neu bearb. v. J. A. Keller. 3. Aufl. (VIII, 536 S. m. farb. Titel u. 1 Stahlst.) 16. Salzburg (904). A. Pustet. n. 1. 80; geb. von n. 1. 60 bis n. 2. 40

— d. künftige Pfarrer Baierns. gr. 8. ... 803.

— Predigt vom Märtyrersinne am Feste Joh. v. Nepomuk. 8. Münch. 784. J. Lindauer. 2 Gr.

— de theoria et praxi astronomiae. 4. Ingolst. 772.

— Theorie d. Schielens. 8. Ingolst. 781. Montag u. W. in Regensb. 3 Gr.

— über den Unstern im April dieses Jahres, nebst Abbitte an M. Vogelius. gr. 8. Münch. 784. J. Lindauer. 4 Gr.

Fischer, Johann Nepomuk: Klinischer Unterricht in der Augenheilkunde. 417 S., gbd., 7 Taf.

Prag: Borrosch & André 1832

JB 4.271

— s. Versuch d. Studium d. Mathematik.

— über d. Vertheil. d. Pfarren u. Besoldung d. Geistlichkeit in Baiern. 8. ... 180..

Fischer, Johann Nicolaus

J. N. Fischers Kahlaische Annalen. Geschichten oder Begebenheiten was der Dreieinige Gott Himmels und der Erden hat geschehen lassen von sonderbaren merkwürdigen Dingen bei unserer Stadt und benachbarten Orten. So ist der Anfang gemacht worden mit Gott im Jahr Christi 1702 als den 15ten Martius hier in Kahla durch mich Johann Nicolaus **Fischern**. Nach d. Handschr. bearb. u. mitgeteilt von Heinrich Bergner. Kahla: Beck 1897. V, 47 S. 8°
[11. 10776

— **Johann Peter (Hugelheim/Weimar), De Luthero contra indulgentiarum nundinationes haudquaquam per invidiam disputante. Diss. histor.-eccles. Präs. Friedrich Wilhelm Kraft. Götting. (Joh. Christ. Lud. Schulz) 23. XII. 1749. 56 S. (6.—)** 8967
Gew.: Gerlach Adolph Frhr. v. Münchhausen (Strausfurth).

Fischer, Johann Philipp

Der Christ vor Gott. Handbuch zur Erweckung und Belebung frommen Sinnes; theils nach älteren Werken, theils neu bearbeitet und herausgegeben, im Namen und Auftrag der Pastoralconferenz zu Strassburg, durch JOHANN PHILIPP FISCHER. 3. Auflage. Strassburg, 1858. Friedrich Carl Heitz. 8°.

Fischer. Johann Rudolf. Predigt gehalten bey Ankündigung des Dekrets vom 3 Februar [1798]. über die merkwürdigen Beweise der göttlichen Vorsehung in den Massregeln unsrer Obrigkeit. 8. Bern 1798.

Fischer, Jh. Traug., († d. 17. Febr. 1803.) Preußens u. Frankreichs Revolution. 8. Halberst. 794. (Hendel in Halle). 8 Gr.

Fischer, Joh. Wilh., christl. Abendandachten. Mit Titvign. gr. 8. (17½ B.) Breslau 832, Aderholz.

-- d. Aehnlichkeit der für d. Wiederherstellung d. Evangelii gestift. Kirchenverbesserung 2c. Eine Predigt. 8. Bresl. 813. W. G. Korn. 2 Gr.

— Apologie d. künftigen Pfarrer Baierns. gr. 8. ... 805.

— Beitrr. zur Beförderung e. christl. Lebensweisheit, in Predigten. 8. Bresl. 801. W. G. Korn. 20 Gr.

– s. Bemerkk. auf e. Reise durch e. Theil d. Schles. Gebirges u. d. Grafsch. Glaz, u. setze hinzu: (v. Jh. Wilh. Fischer).

— Denkschrift für d. 300jährl. Jubelfeier d. Reformation in Breslau. gr. 8. Bresl. 825. Gosohorsky. 4 Gr.

Fischer, Joh. Wilh. Die Eresburg, Ober- u. Niedermarsberg nebst Umgegend. 8. (VII, 262 S.) Paderb. 889, Bonifacius-Druckerei. * 2 80

— d. fromme Erhebung unseres Herzens zu Gott an e. hohen Sieges- u. Dankfeste. Eine Predigt am 18. Juni 1815 gehalten. 8. Bresl., W. G. Korn. 2 Gr.

– s. Evangelien u. Episteln.

– s. G. G. Fülleborn, Kanzelreden.

— Gebete u. Lieder für d. Jugend. 8. Bresl. 797.

— Geschichte u. Beschreib. d. großen Orgel in d. Haupt- u. Pfarrkirche zu St. Maria Magdalena in Breslau, nebst Denkwürdigkeiten d. heil. Cäcilia 2c. 8. Bresl. 821. Graß, Barth u. C. 8 Gr.

— d. Geschichte d. Leiden u. d. Todes Jesu. gr. 8. Lpz. 795. Barth. 1 Rthlr. 3 Gr.

– s. Hauptsprüche d. heil. Schrift.

—— Kanzelrede bei d. feierl. Leichenbestattung d. weil. Hrn. Dr. S. G. Tscheggey, am 10. Nov. 1830 in d. Haupt-Pfarrkirche zu St. Elisabet gehalt. 8. ... Breslau, Graß, Barth u. Comp.

— Predigt am 300jähr. Reformations-Jubelfeste d. Haupt-Pfarrkirche Maria Magdalena in Breslau, am 26. Oct. 1823 gehalten. 8. Bresl., Graß, B. u. C. 2 Gr.

— Predigten über Jesu Gleichnißrede vom verlornen Sohn. 8. Bresl. 798. J. F. Korn. 9 Gr.

— Reformationsgeschichte d. Haupt- u. Pfarrkirche zu St. Maria Magdalena in Breslau. Mit 1 Kpf. 4. Bresl. 817. Holäufer. 16 Gr.

– s. Spruchbuch, neues.

— was jezt von uns geschehen soll, damit etwas wahrhaft Großes bewirkt werde? Eine Predigt. 8. Bresl. 813. W. G. Korn. 2 Gr.

Fischer, Joh. Wilh., was in unsrer vielbewegten Zeit zu uns. Frieden dient. Eine erweit. Predigt, d. 30. Juli 1837 üb. d. Evangel. Luk. 10, 41—48. gehalt. gr. 8. (1 B.) Breslau 838, Gosohorsky.

— wodurch wir e. glückl. Alter uns vorbereiten können. Eine Predigt. 8. Bresl. 821. Graß, B. u. C. 2 Gr.

— wodurch wird d. wahre Bekehrung Jesu unter seinen Bekennern befördert u. erhalten? Eine Predigt. 8. Bresl. 815. W. G. Korn. 2 Gr.

Fischer, Johs., als Arbeiter auf der Weltausstellung. Mit e. Vorwort v. Fr. Naumann. (63 S.) 8. München 911. Buchh. Nationalverein. 1. —

Fischer, Johannes: Liberale Arbeiterpolitik, s. Liberalismus, Der, und die Berufsstände. d.

Fischer, Johannes, appr. Arzt: Aus d. anat. Inst. d. Univ. Halle-Wittenberg. Ein rechtsseitiger Bauchfellbruch. Leipzig: W. Engelmann 1910. 21 S. 4° ¶ (Vollst. u. d. T.: Paul Eisler u. Joh. Fischer: Die hernia mesenterico-parietalis dextra, als Anatom. u. entwicklungsgeschichtl. Monographien. H. 2. 1911.)
Halle, Med. Diss. v. 10. Dez. 1910, Ref. Roux
[Geb. 3. Juni 81 Minden i. W.; Wohnort: Minden; Staatsangeh.: Preußen; Vorbildung: Gymn. Minden Reife O. 00; Studium: Theol. u. Phil. Halle 4, Tübingen 1, Göttingen 2, Berlin 1, Med. Berlin 4, Halle 6 S.; Coll. 28. Okt. 10; Approb. 8. Dez. 10.] [U 11. 1771

Die kulturelle Bedeutung der Arbeiterbewegung, s. a. Volks-Schriften des Nationalvereins f. d. liberale Deutschland.

Fischer, Johs, Die kulturelle Bedeutung der Arbeiterbewegung. München 1909. 8°.
(Volks-Schriften d. Nationalvereins f. d. liberale Deutschland, hrsg. von Wilh. Ohr. H. 6)

†Fischer, Johs. [d'Artagnan], ein Fideikommiß der Arbeiter. Ein Beitrag zur Lösung der socialen Frage. 1. und 2. Thl. gr. 8. Berlin, Selbstverlag, SW., Neuenburger Str. 9, II. *
Inhalt:
Thl. 1. 2. Aufl. (19 S.) Prag 884. *M 1.—.
" 2. Das Existenzminimum, nach amtl. Quellen bearb. Eine statist. Beweisführung. (32 S. mit 2 lithogr. und color. Tab.) 885. *M 3.

Fischer, Johs., Gedächtnisrede auf Rich. Müller, s.: Zur Geschichte des Friedrichs-Gymnasiums (in Berlin).

Fischer, Johannes, Referendar am Kgl. Amtsgerichte in Seelow i. Mark: Rechtsbehelfe gegen simulierte Urteile. Frankfurt a. der Oder 1906: P. Beholtz. (47 S.) 8° [F.]
Rostock, Jur. Fak., Ref. Wachenfeld, Diss. v. 12. Febr. 1906
[Geb. 27. Juli 83 Perleberg; Wohnort: Perleberg; Staatsangeh.: Preußen; Vorbildung: Friedr.-Gymn. Frankfurt a. O. Reife M. 01; Studium: Berlin 3, Marburg 1, Berlin 2 S.; Rig. 28. Nov. 05.]

Fischer, Johs., d. Sternschnuppenfall d. Leonidenschwarmes. E. Sonnenwend-Studie. qu. gr. 8. (15 S.) Offenbach 898. (Th. Steinmetz.) n.n. — 65

Fischer, Ioannes, Svidnicicnsis: Ad artis veterum onirocriticae historiam symbola. *Ienae 1899: H. Pohle.* (50 S.) 8°
Jena, Phil. Diss. v. (3. Dez.) 1898

Fischer, Johannes: De Taciti in componenda Agricolae vita consilio. *Brilon 1898: M. Friedländer.* (3—13 S.) 4° [F. u. Ant.]
Brilon, G. Petrinum. P 1898 (365)

Fischer, Johannes. Untersuchungen über einige Bestandteile des Buchweizens, in Rücksicht auf die Aetiologie der Buchweizenkrankheit. Diss. Vet.-Med. Bern. Mit 2 Tafeln. 42 S. 8. Köln-Ehrenfeld, Hub. Schleypen, 1909.

Fischer, Johannes. Vergleichend anatomische und histologische Untersuchungen über den Nervus sympathicus einiger Tiere, insbesondere der Katze und der Ziege. Diss. Phil. [II.] Univ. Zürich von J' F' aus Zwickau. [Mit 6 Figuren auf 4 Tafeln.] 132 S. 8. Zürich (Druck Hallberg & Büchting, Leipzig) 1904.

Fischer, Johannes, Referendar: Wesen und Umfang der Wegeunterhaltungspflicht nach dem Verwaltungsrecht Preußens. Greifswald 1905: J. Abel. (73 S.) 8° [F.]
Greifswald, Jur. Fak., Ref. Stoerk, Diss. v. 8. Dez. 1905
[Geb. 27. März 79 Nakel, Kr. Wirsitz; Wohnort: Nakel; Staatsangeh.: Preußen; Vorbildung: Gymn. Nakel Reife O. 99; Studium: Kiel 1, Berlin 5, Greifswald 3 S.; Rig. 19. Mai 04.]

Fischer, Johannes Maria

— u. Ernst **Albert,** Carl Hauptmanns Dramen, s.: Mitteilungen der literarhistor. Gesellschaft Bonn.

Fischer, Johs. Maria, Studien zu Hebbels Jugendlyrik, s.a. Schriften der literarhistor. Gesellschaft Bonn.

Studien zu Hebbels Jugendlyrik. Von Dr. Johannes Maria **Fischer.** Dortmund: Ruhfus 1910. 116 S. 8°
(Schriften d. Literarhist. Gesellschaft Bonn. 6.) [10. 9797

Fischer, Johannes Maria: Vorbilder, Theorie und Rhythmus von Hebbels Jugendlyrik. Dortmund 1910: Ruhfus. 70 S. 8° ¶ (Ersch. vollst. u. d. T.: Studien zu Hebbels Jugendlyrik, als: Schriften d. Literarhist. Ges. Bonn. 6.)
Bonn, Phil. Diss. v. 23. Febr. 1910, Ref. Litzmann
[Geb. 13. Sept. 85 Brohl b. Ahrweiler; Wohnort: Brohl; Staatsangeh.: Preußen; Vorbildung: Gymn. Koblenz Reife O. 05; Studium: Bonn 2, München 1, Paris 1, Bonn 7 S.; Rig. 21. Juli 09.] [U 10. 364

Fischer, Jonathan, der Mann mit der Lanze oder das Nöthigste und Unentbehrlichste über den Gebrauch der Lanze, Pike, Sense und Hellebarte bei der Volksbewaffnung sowie dem Turner zur Handhabung seines Ger. Durch 15 Figuren erläutert. 16. (28 S. und 1 Stnt. in Imp.-4.) Freiberg 848, Craz und Gerlach. *

Fischer, Joseph, Lic. Theol., Prof. am fürstbisch. Priestersem.: Die davidische Abkunft der Mutter Jesu. T. 1. Die außerbiblischen Nachrichten. Wien 1910: Opitz. 48 S. 8° ¶ (Vollst. in: Weidenauer Studien. Bd 4.)
Breslau, Kath.-theol. Diss. v. 15. Aug. 1910, Ref. Renz
[Geb. 4. Juli 74 Zaborze; Wohnort: Weidenau, Oesterr.-Schl.; Staatsangeh.: Preußen; Vorbildung: Gymn. Gleiwitz Reife O. 05; Studium: Breslau 7 S.; Rig. erlassen.] [U 11. 561

Fischer, Jos., Chronik v. Gütenbach. Quellenmäßig zusammengestellt. (VIII, 222 S. m. 7 Lichtdr.-Taf.) 8. Furtwangen 904. A. Uttenweiler. n. 1. 80; geb. n. 2.20

Commentationum Livianarum particula prima. Scrips. Jos. Fischer, G. P. — 1840. Ibid. — S. III—XXIX.
Progr. Speier.

Fischer, Jos. S. J., die Entdeckungen der Normannen in Amerika, s.a. Stimmen aus Maria-Laach. 81. Erg.-Hft.

Die Entdeckungen der Normannen in Amerika. Unter bes. Berücks. d. kartogr. Darstellungen. Von Jos. **Fischer,** S. J. Mit 1 Titelb., 10 Kartenbeil. u. mehr. Skizzen. *Freiburg i. Br.: Herder 1902.* (VI, 126 S.) 8° [F.]
= Stimmen aus Maria-Laach. Erg.H. 81. [02. 4371

Fischer, J., erhöre uns Gott! Vollständ. Gebet- u. Andachtsbuch f. fromme kathol. Christen. 16. (18 B., Ttlkpfr. u. Ttlvign.) Augsburg 830, Rösl. 10 Gr., Vlnp.

Fischer, Jos., (ist Thl. II. S. 221 nur mit J. II. aufgeführt), Erhöre uns Gott! Vollständ. Gebet- u. Andachtsbuch f. fromme kathol. Christen. 16. Augsburg (830. jetzt Schlosser.) 1/4 ß Velinp. 3/8 ß

Fischer, Joseph: Die Erkenntnislehre Anselms von Canterbury. Münster i. W. 1911: Aschendorff. 83 S. 8° ¶ (Auch als: Beiträge z. Gesch. d. Philos. d. Mittelalters. Bd 10, H. 3.)
Straßburg, Phil. Diss. v. 30. Juli 1910, Ref. Baeumker
[Geb. 18. Dez. 86 Steinhofen; Wohnort: Steinhofen; Staatsangeh.: Preußen; Vorbildung: Gymn. Sigmaringen Reife M. 06; Studium: Freiburg i. B. 6, Straßburg 2 S.] [U 11. 4285

Fischer, J.: Über die Feuersicherheit der beim Hochbau hauptsächlich zur Verwendung kommenden Baukonstruktionen. Vortrag. München 1903

Fischer, J., Über die Feuersicherheit der beim Hochbau hauptsächlich zur Verwendung kommenden Baukonstruktionen. Vortrag. (29 S.) gr. 8. München '04, Ph. L. Jung. —. 50.

Fischer, Jos., über die Feuersicherheit der beim Hochbau hauptsächlich zur Verwendung kommenden Baukonstruktionen. Vortrag, geh. in der 35. Hauptversammlg. der Vereinigg. öffentl. Feuerversicherungsanstalten in Deutschland am 14. VIII. 1903 zu Hirschberg i. Schl. (29 S.) gr. 8. München (905). Ph. L. Jung. n. — 50
Sonderabdruck aus: „Feuerpolizei".

Fischer, Josephus, Diaconus, Sem. Cler. Vrat. Alumnus: De additamentorum libri Danielis prophetae quae dicuntur deuterocanonicorum fide canonica et historica. *Vratislariae 1899: R. Nischkowsky.* (2 Bl.) 8° ¶ [Nur Titelblatt, Vita u. Thesen.]
Breslau, Kath.-theol. Diss. v. 18. Mai 1899
(Nicht für den Austausch)

Fischer, Jos., die chronologischen Fragen in den Büchern Esra-Nehemia, s.a. Studien, biblische. VIII. 3.

Die chronologischen Fragen in den Büchern Esra-Nehemia. Von Dr. Joseph **Fischer.** *Freiburg i. Br.: Herder 1903.* (X, 98 S.) 8°
— Studien, Biblische. Bd 8, H. 3. [03. 13618

Gedanken über Geschichte und Geschichts-Unterricht. Festschrift zu dem am 14. Dez. 1854 gefeierten fünfzigjährigen Jubiläum des Dr. philos. Georg von Jäger, u. s. w. im Namen des Collegiums verfaßt von Joseph Fischer, L. P. — 1854. Ebend. — S. 3—22.
Progr. Speier.

— Handbuch d. Pädagogik, zum Gebrauch academ. Vorträge u. f. denkende Erzieher. gr. 8. Münch. 832. (Jaquet). 21 gGr

Rupert Jäger, Prof. der Gesch. u. Philol. am K. Lyceum zu Speyer, Conservator des Antiquariums und der Sammlungen des hist. Vereins der Pfalz, geschildert von Joseph Fischer, L. u. G. P. — 1851. Ebend. — S. 3—14.
Progr. Speier.

Fischer, Joseph, appr. Arzt a. Bad Reichenhall: Ueber Indication zur Operation bei diabetischer Gangrän. Mit 3 Abbildungen. Leipzig 1906: B. Georgi. (32 S.) 8°
Leipzig, Med. Fak., Ref. Hoffmann, Diss. v. 2. Dez. 1906
[Geb. 23. Febr. 78 St. Zeno-Bad Reichenhall; Wohnort: Berlin; Staatsangeh.: Bayern; Vorbildung: Gymn. Burghausen Reife Juli 99; Studium: München 4, Erlangen 1, München 5 S.; Coll. 12. Dez. 06; Approb. 10. Juli 04.]

Fischer, Jos., Johann der Findling. Lustspiel in 1 Akte. Frei nach dem Holl. 8. (32 S) Paderborn 884. Bonifacius-Druckerei. — 30

Fischer, Josef. Der Lago Maggiore. [Illustriert.] 4. *o. O. u. J.* [ca. 1890].

Fischer, Josef. Der Lago Maggiore. Mit einer Karte und 56 Original-Zeichnungen von Ernst Schlemo ... [wovon 12 Tafeln]. Städtebilder und Landschaften aus aller Welt. No. 98 u. 99. 8. Zürich [1891].

Fischer, Jos. Lago Maggiore, Triest, Varese, s. Städtebilder u. Landschaften.

Fischer, Jos., die stabende Langzeile in den Werken des Gawaindichters, s.a. **Beiträge, Bonner, zur Anglistik. 11. Hft.**

Fischer, Joseph, aus M.-Gladbach: Die stabende **langzeile** in den werken des Gawaindichters. *Darmstadt 1900: G. Otto.* (32 S.) 8° ¶ (Aus: Bonner Beiträge zur Anglistik, H. 11. — Erscheint vollst. ebenda.)
Bonn, Phil. Diss. v. 12. Juni 1900

Sammelheft: Die stabende Langzeile in den Werken des Gawaindichters. Von Dr. Joseph **Fischer**. Zur Quellen- und Verfasserfrage von Andreas Crist und Fata. Von Dr. Johannes Bourauel. Zum zweiten Waldhere-Bruchstück. Von Moritz Trautmann. Zur mittelenglischen Stabzeile. Von Dr. Jos. Fischer u. Dr. F[ranz] Mennicken. Bonn: Hanstein 1901. 154 S. 8°
(Bonner Beiträge z. Anglistik. H. 11.) [11. 1959

Das Lateinschreiben am Gymnasium gegenüber der Zeitrichtung. Von Joseph Fischer, L. u. G. P. — 1847. Ebend. — S. 3—18.
Progr. Speier.

— Lehrbuch der Stilistik, Metrik und Poetik. Zum Gebrauche an höheren Lehranstalten und zum Selbstunterrichte. 1. Aufl. (III, 128 S.) 1878; 2. Aufl. gr. 8. (IV, 128 S.) Ebendas. 879.

— Lehrbuch der Stilistik, Metrik und Poetik. Zum Gebrauche an höheren Lehranstalten und zum Selbstunterrichte bearb. 3. Aufl. gr. 8. (IV, 128 S.) Langensalza 882, Schulbuchh. von Greßler.

— **Lehrbuch der Stilistik, Metrik u. Poetik.** Zum Gebrauche an Mittelschulen u. zum Selbstunterrichte bearb. 4., umgearb. Aufl. gr. 8. (IV, 136 S.) Langensalza 888. Schulbuchhandlg. 1. 20

Fischer, J., Lehrbuch der Stilistik, Metrik u. Poetik. Zum Gebrauche an Mittelschulen u. zum Selbstunterrichte bearb. 5. Aufl. gr. 8. (IV, 186 S.) Langensalza 892. Schulbuchh. 1. 20

J[osef] **Fischers** Lehrbuch der Stilistik, Metrik und Poetik. Zum Gebr. an Mittel- u. höh. Schulen u. z. Selbstunterr. bearb. von Georg **Funk**, Dir., Speyer. 6. verm. u. verb. Aufl. *Langensalza: F. G. L. Gressler 1903.* (VI, 161 S.) 8° [F.] [03. 6740 3

— **Lehrbuch für den Unterricht in der Geschichte der deutschen National-Literatur.** Zum Gebrauche an höheren Lehranstalten u. zum Selbstunterrichte bearb. 2., umgearb. Aufl. gr. 8. (VI, 160 S.) Ebend. 880. 1. 80

— **Lehrbuch f. den Unterricht in der Geschichte der deutschen National-Litteratur.** Zum Gebrauche an höheren Lehranstalten u. zum Selbstunterrichte bearb. 3., verb. Aufl. gr. 8. (VI, 168 S.) Ebd. 888. 1. 80

J. **Fischer's** Lehrbuch für den Unterricht in der Geschichte der Deutschen National-Litteratur. Zum Gebr. an höh. Lehranst. u. z. Selbstunterr. bearb. 4., verb. u. verm. Aufl. von Georg Funk. *Langensalza: F. G. L. Gressler 1901.* (VI, 240 S.) 8° [F.] [01. 6497 3

Regi Augustissimo Excelsissimo Ludovico Primo Urbem revisenti Lyceum et Gymnasium Spirense. — Ohne Druckort. 1 Bog. — Ode in 15 sapph. Str. v. Jos. Fischer, G. P. — [1840.]
Progr. Speier.

Fischer, Jos. (I.), Wolfgang Amadeus Mozart (Sohn). Eine biograf. Skizze, sowie zwei bisher unbekannte Briefe Mozart's (Vater). Lex.-8. (20 S.) Karlsbad 888, (Jakob.) *

Fischer, Jos. [& Vincenz Lýchdorff]. Der Ornat der Ritter des erhabenen kaiserl. österreichischen Leopolds Ordens. Gestiftet von ... Kaiser Franz I. von Österreich zu Wien am 14. July 1808 zur Verherrlichung des ruhmwürdigen Andenkens an ... Kaiser Leopold des Zweiten Majestät. Mit drei Tafeln Handzeichnungen von J. Fischer ... und sechs Blättern farbiger Darstellungen des Ornates und der Dekorationen sowie zwei Blättern Ornatsbeschreibung, den Originalstatuten ... entnomen. Im Anhange eine biographische Scizze über den Kupferstecher Jos. Fischer. [Von Vincenz Lýchdorff. Innsbruck] 1892.
Tit., 3 Taf. Federzeichnungen von J. Fischer; 6 Taf. in Aquarellmalerei von V. Lýchdorff. 3 Bl. Text gr 2°

[F.] **Fischer, Joseph [Rechtspraktikant]: Die Pflichten der Aktionäre m. bes. Berücks. d. Frage, ob durch d. Statut d. Aktionär als solcher ausser seiner Einlage noch zu anderen Leistgn an d. Gesellschaft verpflichtet werden kann ... Pfarrkirchen, Buchdr. v. C. Kambli, 1895; 44 S. 8.**
Erlangen, Jur. Fak., Inaug.-Diss. v. 1895

Fischer, Jos., S. J., s.: Ptolemäus, der deutsche, aus d. Ende des XV. Jahrh.

Fischer, Jos., üb. d. Resektion d. Ellenbogengelenkes n. Beobachtgn. an einschläg. Fällen aus d. chirurg. Klinik u. Privatklinik v. Kocher in Bern v. 1887—1893. Diss. gr. 8. (87 u. 25 S.) Bern 894. (H. Körber.) n. 1. 20

Fischer, Josef: Über Scleroedema neonatorum. Rostock 1908: Adler. 24 S. 8°
Freiburg i. B., Med. Diss. v. 1908, Ref. Krönig
[Geb. 11. Sept. 81 Roxel i. Westf.; Wohnort: Roxel; Staatsangeh.: Preußen; Vorbildung: Gymn. Vechta Reife O. 02; Studium: Freiburg i. B. 6, Bonn 3, München 1, Berlin 1 S.; Coll. 28. Juni 07.] [U 09. 918

Sonett an Seine Majestät König Maximilian II. von Bayern, dargebracht als ehrfurchtsvollster Willkomme-Gruß am 12. Juni 1858 von der k. Studien-Anstalt Speier. — Ebend. — ½ Bog. in 8. [Verf. v. P. Jos. Fischer.]
Progr. Speier.

Die Studien-Anstalt Speier von 1828—1858 von L. P. Joseph Fischer. — 1858. Ebend. — S. I—VIII.
Progr. Speier.

— u. F. Mennicken, zur mittelenglischen Stabzeile, s.: Beiträge. Bonner. zur Anglistik. 11. Hft.

Fischer, Josef: Der Linzer Tag vom Jahre 1605 in seiner Bedeutung für die österreichische Haus- und Reichsgeschichte. Auf Grund zahlreicher bisher unbekannter Archivalien. 8 (S. 3—56). Öffentl. Privatg. an der Stella Matutina *Feldkirch* 1898.
Progr.

Fischer, J., Triest u. seine nächste Umgebung, s.: Städtebilder u. Landschaften aus aller Welt.

— Varese and its neighbouring district, s.: Towns and landscapes, illustrated, of the whole world.

— Varese u. Umgebung, s.: **Städtebilder u. Landschaften aus aller Welt.**

Fischer, Josef [Cand. d. höher. Lehramts aus Tarnowitz z. Z. prob. am K. Friedrichs-Gymn. in Breslau]: Zu den Waldere-Fragmenten .... Breslau, Druck v. Th. Schatzky, 1886; 32 S. 8°.
Breslau, Phil. Fak., Inaug.-Diss. v. 9. Aug. 1886.

Fischer, Jos. (II.), zu den Walderefragmenten. Inaugural-Dissertation. gr. 8. (30 S.) Breslau 886, (Köhler.) *

Fischer, Jos. (Hrsg.), s. Waldseemüller, Martin: Die älteste Karte mit dem Namen Amerika...

Fischer Josef: Die thüringischen Wirren vom Tod Friedrich Tutos bis zum Beginn des Reichskrieges gegen die Söhne des Landgrafen Albrecht.
M. 1910 PN 2979 Diss. Wien, Univ. 1044

Fischer, Josef Anton, s.a. Fischer, Johann Anton

Fischer, Jos. Ant., deutscher Jugendgarten, s.a Fischer: Parabeln...

Fischer, Jos. Ant., deutscher Jugendgarten. Gesammelte Parabeln, Gleichnisse, Erzähln., Legenden, Beispiele aus d. wirkl. Leben 2c. 1. u. 2. Bdchn. à 2 Abthl. 3. Aufl. u. 4. Bdchn. gr. 12. München, Jaquet. [1. u. 2. (24½ B.) 830. 1 Thlr., 4. (6 B.) 835. ⅓ Thlr.]
4. Bdchn. a. u. d. Ttl.: Lesefrüchte aus d. ältern vaterländ. Geschichte f. d. reifere Jugend. — 3. Bdchn. 2. Aufl. Ebendas. 1833. 6 Gr.

Fischer's, Jos. Ant., Kartons zu d. Fenstern d. Mariahilf-Kirche in d. Au zu München u. zu den Glasgemälden d. südl. Seitenschiffes im Dom zu Köln. 19 Lichtdr.-Blätter. N. d. in der kgl. neuen Pinakothek zu München befindl. Originalen. Mit erläut. Text v. Rich. Paul. gr. Fol. (4 S.) München 891. Piloty & Löhle. In Mappe 24. —

— s. Frz X. Lähle, Elementar-Musikschule.

— s. Nachrichten, Baierische, über d. deutsche Schul- u. Erziehungswesen.

Fischer, Jos. Ant., u. Cartier, Nachrichten üb. Volksschul- u. Erziehungswesen, s. 9. Bd. Nachrichten.

—— Palmblätter, s. 8. Bd.: Palmblätter.

— Parabeln, Gleichnisse u. Erzählungen für d. vaterländ. Jugend. 1e u. 2e Reihe. 8. Augsb. 829. Wolff. (1e 10 gl 2e 12 gl) 22 gl (bei Jaquet in Münch.) 18 gl 2e A. unt. d. T.: deutscher Jugendgarten. 16, 2s Bdchen. A. u. d. T.: Parabeln, Beispiele u. Erzähll. f. d. Jugend gesammelt. 36 Bdchen. Erzähll. f. d. deutsche Jugend. gr. 12. Münch. 833. (832.) Jaquet. (à 6 gl) 18 gl

— 52 Schullieder. (Auch als Fortsetz. d. musikal. Schulfreundes zu gebrauchen.) gr. 8. Münch. 830. Jaquet. 2 gl Dass., mit 1 Heft Melodien in qu. 4. 7 gl

Fischer, Jos. Bdkt., Grundsätze d. Klugheit u. verschied. Maximen, welche d. Nachdenken über den Menschen u. d. Erfahrung bewährt haben. 8. Wien 782.

Fischer, Jos. L., vollständiges Lehrbuch der Geographie mit besond. Berücksichtigung des Kaiserthumes Oesterreich für Gymnasien, Real-, Industrie- und Handelsschulen, wie zur Selbstbelehrung denkender Freunde der Erdkunde. Pesth 853. Heckenast. gr. 8. (XVI, 384 S.) 1 ₰ 9 ngl

Fischer, Josef L., Lesebuch für die oberen Klassen der israelitischen Schulen. 8. (VI und 302 S.) Pest 865, Lampel. *

— Naturgeschichte für die unteren Klassen der Real- und Volksschulen. Ebend. 853. gr. 8. (140 S. mit Holzschn. im Text.) 12 ngl

— — (Mit gegenüberstehendem ungar. Texte.) Ebend. 853. gr. 8. (279 S. m. Holzschn. im Text.) 21 ngl

—— Naturlehre mit Berücksichtigung der Chemie für die unteren Real- und Volksschulen so wie zur Selbstbelehrung. gr. 8. (128 S.) Pesth 853, Heckenast's Verlag.

—— dass. — Ungarisch und deutsch. gr. 8. (256 S.) Ebds. 853.

Fischer, Joseph L.: Das ungarische Tiefland. Skizzirt. Pest 1860. 29 S. 8°.

—— ungarische Zeitfragen beleuchtet zur Beherzigung für Kaufleute, Industrielle, Gewerbtreibende und Landwirthe des Königr. Ungarn wie überhaupt für alle Freunde des Vaterlandes. br. 8. (56 S.) Pest 865, (Gebr. Lauffer.) *

Fischer, Josef Ludwig: F ü h r e r durch das Musikdrama Maja von Adolf Vogel. Hrsg. u. mit e. Geleitw. versehen von –. Stuttgart: Feuchtinger (1908). 42 S. 8°.

Vierzig Jahre Glasmalkunst. Festschrift d. Kgl. Bayerischen Hofglasmalerei F. X. Zettler z. Gedächtnis ihres vierzigjährigen Bestehens. Vert. von Dr. Josef Ludwig **Fischer**. München, Müller in Komm. 1910. VII, 119 S., 75 Taf. 4° A 12.786

FISCHER, Joseph Sebastian (München): De cupri effectu.- Monachii: Hübschmann 1831. 30 S. 12.8.1830 - Urk (Titel: De effectu cupri.); F 59
Diss. Ingolst.-Landsh.-Mchn.

Fischer, (J. W.,) der Barometer als Witterungsanzeiger. Ein Unterr. f. d. Besitzer d. Barometer rc. 8. Wien 827. (Gerold.)

Fischer, Josef Wladislaus

Fischer, Jos. Wlad., Beschreibung d. neu erfund. Flachöfen, Fächeröfen, Aufsatzöfen, Sand- od. Steinöfen, Wärmeröhren, u. a. m., dann d. neuen Verbesserung d. Luftheitzung u. d. bestch. Zimmeröfen, wodurch mit Ersparung von mehr als der Hälfte an Brennstoff, große u. kleine Wohnungen rc. dauerhaft erwärmt werden können. Mit e. Einleit. üb. d. Natur u. Geschichte d. Heizung. M. 18 Abbild. (1 Blatt.) Lex.-8. (9¼ B.) Wien 837, Sollinger.

Fischer, Jos. Wladisl., neue Erfahrungen u. Ansichten üb. d. Cometen, deren Licht u. Schweife überhaupt; dann insbesond. üb. d. uns. Erde im Herbste 1835 wieder nahe komm. merkwürd. Appian'schen Cometen, u. üb. dess. Einfluß auf d. Witterung. 8. (4¼ B.) Wien 834, Sollinger.

— Geschichte von Korneuburg u. seiner nächsten Umgebung. 16 Bdchn. 8. Wien 833. Sollinger. ⅜ ₰

— Geschichte d. k. Hauptstadt u. Grenzfestung Olmütz im Markgrafth. Mähren. 2 Thle, mit 2 Kpf. 8. Olmütz 808, 9. (Gastl in Brünn). 16 gl

— s. Geschichts- u. Erinnerungskalender.

Fischer, Jos. Wlad., über die Natur d. Weltsystems, s. Kalender, allgem. für d. kathol. Geistlichkeit auf 1834.

—— Naturgesetze zur Begründung eines neuen, einfachen u. einträgl. Feldbaues mit wenig Stalldünger und ohne Sommerbrache, durch die Benützungen des Luftdüngers der Winterbrache, seichten Lockerung u. d. wechselseitigen Einwirkungen verschiedenart. Erden u. Pflanzen auf deren Cultur. Mit einer Widerlegung des Beatson'schen Ackerbausystemes. gr. 8. (10¼ B.) Wien 830, Sollinger.

— Naturgesetze zur Begründung eines neuen einfachen und einträglichen Feldbaues mit wenig Stadtdünger u. ohne Sommerbrache, durch die Benutzung des Luftdüngers, der Winterbrache, seichten Lockerung u. der wechselseitigen Einwirkung verschiedenartiger Erden u. Pflanzen auf deren Cultur. Mit e. Widerlegung d. Beatson'schen Ackerbausystems. gr. 8. Wien 833. Sollinger. ¾ ₰

— Reise durch Oesterreich rc. 1801 u. 1802. 5 Thle m. K. 8. Wien. Ant. Doll. 803.

— — dasselbe. 5 Thle m. Kupf. 8. Leipzig, Liebeskind. 803. Schreibp.

— Reisen durch Oesterreich, Ungarn, Steyermark, Venedig, Böhmen u. Mähren, in d. J. 1801—3, 3 Thle, mit Kpf. 8. Wien 803. (Leipz., Liebeskind). 3 ₰

s.a. F i s c h e r , Julius Wilhelm.

Fischer, J. W., (Oberlehrer,) Vorbereitung zur Geometrie, besonders zu den ersten Büchern des Euklides. gr. 8. Brandenb. 809. 2e A. 821. Wisike. 8 gl

Fischer, J. M., Vorbereit. z. reinen Geometrie, insbes. zu Euclids Elementen. gr. 8. Magdeb. v. Schütz. 811.

Fischer, Josephine, das große, geprüfte, auf langjährige Erfahrung gegründete, allgem. österr. Haus- u. Familien-Kochbuch für bürgerl. Haushaltungen rc. gr. 8. Wien 841, Singer u. Goering. 1 ₰

Fischer, Julian, die tolle Hanne. Novelle. 8. (147 S.) Wien 884. Rosner. n. 2. 40

Fischer, Julius, Referendar: Die **Auslobung** nach dem B. G. B. *Göttingen 1899: Dieterich.* (64 S.) 8°
Göttingen, Jur. Diss. v. [6. Nov.] 1899

Fischer, Jul., die Auslobung nach dem B. G. B. Diss. gr. 8. (VII, 64 S.) Göttingen 899. (Vandenhoeck & Ruprecht.) n. 1. 60

Fischer, Julius, Finanzamtmann: Die Doppelbesteuerung in Staat und Gemeinde. Eine Untersuchung über d. Besteuerung d. Bundesverwandten u. Ausländer, sowie der Forensen, nach d. direkten Staats- und Gemeindesteuergesetzen Deutschlands und d. Schweiz. Berlin: Heymann 1909. X, 124 S. 8° ¶(Ersch. auch als Buch ebd.)
Tübingen, Staatsw. Diss. v. 11. März 1909, Ref. Fuchs
(Nur in beschränkter Anzahl für den Austausch)
[Geb. 15. Nov. 78 Schorndorf; Wohnort: Stuttgart; Staatsangeh.: Württemberg; Vorbildung: Gymn. Stuttgart Reife 96; Studium: Tübingen 6 S.; Coll. 24. Febr. 09.] [U 09. 3973

Fischer, Jul., zur Duellfrage. (23 S.) gr. 8. Karlsruhe 903. G. Braun'sche Hofbuchdr. n. — 40

Fischer, Julius, aus Ulm a. D., Unterarzt im Inf.-Reg. Grossh. Friedr. v. Baden (8. Württ.) No 126, approb. Arzt: Ein Fall von Polyneuritis peripherica als Folgezustand von Typhus abdominalis. *Berlin (1901): G. Schade.* (31 S.) 8°
Berlin, Med. Diss. v. 20. Nov. 1901

Fischer, Jul., s. †Gesellhofen, Jul.

Fischer, Julius (Hrsg.), s.a. I n t e r l u d e , Das, of the Four Elements.

Fischer, Jul., das „Interlude of the Four Elements", s.a. Studien, Marburger, zur englischen Philologie. 5. Hft.

Fischer, Julius, aus Grumbach (Reg.-Bez. Trier): Das 'Interlude of the Four Elements'. Mit einer Einl. neu hrsg. *Marburg 1902: R. Friedrich.* (86 S.) 8°
Marburg, Phil. Diss. v. [26. Nov.] 1902

Fischer, Jul., die Kausalität als Wegweiser durch die Philosophie zu e. praktischen Weltanschauung. (III, 67 S.) gr. 8. Karlsruhe (909). G. Braun'sche Hofbuchdr. 1. 80

Fischer, Jul., die Lebensvorgänge in Pflanzen u. Tieren. Versuch e. Lösg. der physiolog. Grundfragen. (88 S. m. 18 Fig.) gr. 8. Berlin 908. R. Friedländer & Sohn. 3. —

Die organische Natur im Lichte der Wärmelehre von Julius **Fischer.** Berlin: Selbst-Verl. (1905). (21 S.) 8° [05. 10365

Fischer, Jul., die organische Natur im Lichte der Wärmelehre. 1. u. 2. Aufl. (21 bezw. 20 S.) 8. Berlin 906. R. Friedländer & Sohn. n. 1. —

Fischer, Jul., ein Schulelektroskop. Versuche m. demselben. gr. 8. (14 S. m. 10 Fig.) Tetschen (902). O. Henckel. n. — 60
Sonderabdruck aus: „Period. Blätter f. Realien-Unterr. u. Lehrmittelwesen".

Fischer, Jul., was der Mirakelborn plaudert. Moderne Märchen. 8. (VIII, 186 S.) Breslau 881. Max & Co. n. 2. 40; geb. n. 3. 50

Fischer, Julius [pr. Arzt aus Johannisburg (Ostpreussen)]: Zur Wirkung der Coloquinthen. . . . Berlin, Buchdr. v. Gustav Schade (Otto Francke) (1889); 31 + 1 S. 8°
Berlin, Med. Fak., Inaug.-Diss. v. 5. Nov. 1889

Fischer, Jul. Karl, nervös. Roman. (114 S.) 8. Berlin 904. C. Freund. n. 1. —
Im Deutschen Reiche verboten.

Fischer, (Jul.) Rob., theoretisch-praktischer Lehrgang der Gabelsberger'schen Stenographie. 3—5. unveränd. Aufl. von des Verf. „Stenographischen Unterrichtsbriefen." Glauchau 863, 64. Moritz. 8. (VI, 112 S.) n. 15 ngr. Schlüssel dazu (20 S.) n. 5 ngr.

— stenographisches Schiller- und Göthe-Album. Glauchau 858. Moritz. 8. (96 lith. S.) n. 1 ℛ

— stenographisches Schiller- u. Göthe-Album. 2. Aufl. Ebend. 864. 8. (96 S.) n. 1 ℛ

— die Stenographie nach Geschichte, Wesen und Bedeutung, unter besonderer Berücksichtigung der Gabelsberger'schen deutschen Redezeichenkunst. Mit einem Vorwort von K. Albrecht. Nebst 1 lith. Taf. Leipzig 860. G. Mayer. (Altona, Haendcke & Lehmkuhl.) 8. (VIII, 167 S.) n. 20 ngr.

Fischer, Jul. Rob., die stenograph. Systeme von Gabelsberger u. Stolze. Ein Wort der Belehrung für Jedermann. Nebst 3 lith. Taf. Gera 853. Kanitz in Comm. gr. 8. (32 S.) n. 7 1/2 ngr.

— stenographische Unterrichts-Briefe. 861. — 2. Aufl. Glauchau 862. Moritz. (200 S.) n. 1 ℛ 10 ngr.

— stenographisches Wörterbuch nach Gabelsberger's System. Nachschlagebuch für die stenographische Correspondenz- u. Geschäftsschrift, sowie Supplement zu jedem Lehrbuch der Gabelsberger'schen Stenographie. 1. u. 2. unveränd. Aufl. Ebend. 862. (VIII, 314 S.) n. 1 ℛ 24 ngr.

Fischer, Jul. Guilelm., de fontibus et auctoritate Cassii Dionis in enarrandis a Cicerone post Caesaris mortem a. d. XVI kal. Apr. de pace et kal. Jan. anni a. Chr. n. 43 habitis orationibus. Dissertatio inauguralis. gr. 8. (V, 42 S.) Leipzig 870, Teubner. *

Fischer, Jul. Wilh. Reisen durch Oesterreich, Ungarn, Steyermark, Venedig, Böhmen und Mähren, in den Jahren 1801 und 1802. 1. Th. (Mit 1 Ansichtstafel.) 2. Th. (2 Bde.)
s.a. F i s c h e r , Josef Wladislaus. kl. 8. Wien 1803.

— **Justus Friedrich** (Annaberg), Super epistola Divi Hadriani de divisione obligationis plurium fidejussorum. Präs. Johann August Cleemann. Lpz. (Loeper) 24. IV. 1771. 12 S. (4.—) 8969

Fischer, Just. Wilh. Chr., neue Erfindungen f. Fabriken u. Manufacturen. 8. (19 3/4 B.) Wien 802, [Rohrmann u. Schweigerd.]

— neue chem. Erfindungen für Fabriken u. Manufakturen. 8. Wien 802. Schalbacher. (Rohrmann u. Schw.) 1 ℛ

— chemische Grundsätze d. Gewerbskunde, oder Handb. d. Chemie für Fabrikanten ꝛc. Mit e. Vorrede von S. F. Hermbstädt. 1r. Bd., mit 4 Kpf. gr. 8. Berl. 802. Duncker u. H. 1 ℛ 16 ℊ Hbg. Pr. 1 ℛ

Fischer, Just. Wlh. Chr., († d. ... April 1804.) Handbuch d. pharmaceut. Praxis, oder Erklärung der in d. Apotheken aufgenomm. chem. Zubereitungen ꝛc. Mit e. Vorrede von S. F. Hermbstädt. gr. 8. Berl. 801. 2e A. 808. 3e A., herausg. v. K. J. Bhrd. Karsten. gr. 8. Basel 826. Rottmann. 2 ℛ 12 ℊ 4e A., nebst d. auf d. neueste preuß. Pharmacopoe v. J. 1827 sich bezieh. Nachträge, herausg. v. L. Frz. Bley. gr. 8. Ebd. 829. 2 ℛ 18 ℊ Die Nachtrr. unt. besond. Tit. 18 ℊ

—— **Handbuch d. pharmaceut. Praxis, od. Erklär. d. in d. Apotheken aufgenomm. chem. Zubereitungen.** Mit ganz vorzügl. Rücksicht auf d. neue preuss. Pharmacopoe. 8., umgearb. Aufl. v. C. J. B. Karsten. Nebst auf d. neueste preuss. Pharmacopoe v. J. 1827 sich bezieh. Nachträgen hrsg. v. L. Frz. Bley. gr. 8. (45 1/4 B.) Leipzig u. Basel 829, Rottmann. [Cnobloch.]
Die Nachträge (15 1/2 B.) apart 18 Gr.

(F) **Fischer, K.,** Oststeirisches Bauernleben. 2. Aufl. 8°. (290 S.) Graz: Leykam 1907. K 3.50, geb.: K 4.50

Fischer, K. Beiträge zur Urgeschichte der Physik, in Schweiggers Sinne. 42 S. . . . .
Progr. Nordhausen 1833

K. K. priv. Wechselseitige Brandschadenversicherungs-Anstalt in Wien. Festschrift aus Anlaß des 50jährigen Jubiläums am 1. Jan. 1875, von *K. Fischer.* Wien 1875.

F i s c h e r K. über die Entstehung u Entwicklungsform des Witzes. Heidelberg 1871

Fischer, K., das natürliche Harmonie-System. Prinzipien e. modernen Musiktheorie. gr. 8. (90 S.) München 892. (C. Merhoff.) n. 1. 60

Fischer, K., technische Instrumentarien zur Prüfung u. Überwachung des Betriebszustandes v. elektrischen Anlagen. (14 S. m. 40 Abbild.) 32,5×25 cm. Leipzig 909. Hachmeister & Thal. 1. —
Sonderabdruck aus „Helios".

Fischer, K., und J. Heimann: Ratgeber für die Berufswahl der Volksschüler mit besonderer Berücksichtigung der Breslauer Verhältnisse. Breslau (1909)

Fischer, K., u. J. Heimann, Ratgeber f. die Berufswahl der Volksschüler. Der Gesamtaufl. 26—30. Tauf. (40 S.) kl. 8. Breslau (910). Priebatsch. — 20

— dasselbe m. besond. Berücksicht. der Breslauer Verhältnisse. (40 S.) 8. Ebd. (908). — 20

— — dasselbe, der Volksschülerinnen. Der Gesamtaufl. 21—25. Tausf. (40 S.) kl. 8. Ebd. (910). — 20

Fischer, O., militairärztliche Skizzen aus Süddeutschland und Böhmen. Ein Bericht an das eidgenöss. Militairdepartement. 8. (VII und 214 S.) Aarau 867, Sauerländer's Verlag.

— Troppmann, d. Tiger v. Pantin, s. Kriminal-Prozesse.

Fischer, K., Volks-Gesundheitspflege u. Schule, s. a. Zeit- u. Streit-Fragen, deutsche.

Fischer K. Volksgesundheitspflege u Schule. (Zeit- u Streitfr. 86-87) Berlin 1877

Fischer

— K. A. Sammlung der das Verpflegswesen des preuß. Militärs betr. Anordnungen. Magdeburg 1839. 74 S.

Fischer, K. Chr. F., Beiträge z. Urgeschichte d. Physik, in Schweigger's Sinne. Aus d. „Schulprogramme f. d. J. 1833" besond. abgedr. 4. (5¾ B. u. 1 Kpfrt.) Nordhausen 833, (Köhne.)

Fischer, K. Chr. F., zur Erinnerung an die Einweihung des neuen Realschulgebäudes am Tage der Huldigung u. Geburt Sr. Majestät des Königs Friedrich Wilhelm IV., allen denen, welchen die Sache der Realschulen wichtig ist, gewidmet. 8. Nordhausen 840, Köhne. ⅛ ₰

— noch ein nothwend. Wort über die Frage: Können Realschulen zweckmäßige Vorschulen z. Studium d. Medicin werden? gr. 8. (23 S.) Nordhausen 847, Köhne. ⅙ ₰

Fischer, K. Ch. F., die Reform der Medizinal-Verfassung Preußens von dem Geh. Med.-R. Schmidt aus dem prakt. Gesichtspunkte beurtheilt. gr. 8. (55 S.) Nordhausen 847, Förstemann. n. ⅓ ₰

— zweites nothwendiges Wort über die medicinische Schulfrage. gr. 8. (36 S.) Nordhausen 847, Förstemann. 6 ngr.

Fischer, K. Fr.

— „Auch ohne Ehescheidung sind manche Ehen geschieden." Predigt auf Verlangen in den Druck gegeben. gr. 8. Wurzen 841. (Leipzig, Hinrichs.) n. ⅛ ₰

Fischer, K. Fr., über Volksbibliotheken, insbes. in Städten. 8. (3½ B.) Leipzig 845. (Schreck.)

Fischer, K. W., Elemente der descriptiven Geometrie, s. Neubig, ... Grundriß d. reinen Mathematik.

Fischer, Karl, die Ackerbau- und Thier-Chemie und Physiologie. Für den Landwirth faßlich dargestellt. Mit einem Vorwort von Will. Löbe. Stuttgart 865. Johannssen. 8. (112 S.) n. 21 ngr.

Fischer, Karl II., s. a. Adolfino, der seltene Freiknecht.

FISCHER, Carl (geb. in Würtemberg, Dr. philos., lebte für sich in Gohlis bei Leipzig und in Jena. — Goedeke VI, 408, 23, 1), Adolfino, der seltene F . . . k . . . t (= Freiknecht). Ein (zahmer) Roman für die elegante Welt. 3 Bde. Mit 3 Titelholzschn. von Gubitz. Leipzig 1810. 8°.
— — Dasselbe. Neue wohlfeilere Ausgabe. Ebd. 1821. 8°. (3 Mk., fleckiges Expl., Südd. Antiqu., 1907.)

Fischer, Carl, ein Adventsgruß. 2 Predigten. gr. 8. (30 S.) Stuttgart 877. Metzler's Verl. n. — 40

— s. 1) d'Alembert an Friedrich d. Großen.

Fischer, Karl II., 12 Angstminuten in Jena in d. Nacht d. 13ten Oct. 1806. 8. Lüneb. 806. 2e A. 809. (Hinrichs in Lpz.) 1 ₰

Fischer, K., 12 Angstminuten in Jena in d. Nacht des 13. Octobers 1806. 8. Lüneb, Herold u. W. (a. Hinrichs in Leipz.) 809.

— Anleitung zur Erziehung und Pflege des Weinstocks am Spalier. Berlin 861. Schotte & Co. (Stuttgart, Johannssen.) 8. (47 S.) n. 8 ngr.

—— Anregung zum ausgedehntesten Betriebe der Obstbaumzucht in den Gärten und im Freien. gr. 8. (IV und 32 S.) Leipzig 865, Reichenbach'sche Buchh. *
Aus: Obstfreund und Obstzüchter, besonders abgedruckt.

Fischer, Dr. phil. Karl (Prof. am Gymnasium zu Frankf. a. M.), Antisemiten u. Gymnasiallehrer. Ein Protest. Berlin, Ferd. Dümmler, 1881. Gr. 8°. Cart. m. Lwdr.
40 S. Ebenso überflüssige wie langweilige (etwa von Frankfurter Juden veranlasste?) Entgegnung auf Dr. Siecke's „Die Judenfrage u. die Gymnasiallehrer. 3. Aufl. Berlin 1880." (S. Nr. 2316.)

Carl Fischer. Aus einem Arbeiterleben. Skizzen. (Hrsg.: P[aul] G[öhre].) *Jena & Leipzig: E. Diederichs 1905.* (143 S.) 8° [F.] [04. 1308

—— die rationelle Aufzucht der Kälber, s. a. Bibliothek der Viehzucht.

—— die rationelle Aufzucht der Kälber auf Grund der Wissenschaft und Erfahrung. Nebst einer Einleitung über Viehzucht im Allgemeinen. gr. 8. (IV und 91 S.) Berlin 860, Schotte und Comp. *

LANGBEIN, Karl (d. i. *Fischer*), Ausflüge froher Laune. 600 Anekdoten. Mit Titelkpf. Pesth, Müller, 1817. 8°. 194 S. (1 Mk. 50 Pfg. Taussig, 1906.)
Weller, Lex. Ps. p. 308.

Fischer, Karl, Auswahl von Jahreszahlen u. Ereignissen f. den Geschichts-Unterricht auf dem Gymnasium. gr. 8. (16 S.) Dillenburg 889. (Seel.) n. — 20

Fischer, Karl *Heinrich* [app. Arzt aus Neustadt a. Haardt]: Aus d. Laboratorium d. pharmakognost. Sammlung in Kiel. Beitrag zur Kenntniss der Wirkung des Pilocarpin. . . . Kiel, Druck v. A. F. Jensen, 1891; 19 S. 8°
Kiel, Med. Fak., Inaug.-Diss. v. [16. Jul.] 1891

Fischer, Karl, Beitrag zur Kenntniss der Wirkung d. Pilocarpin. Diss. gr. 8. (19 S.) Kiel 891. (Gnevkow & v. Gellhorn.) n. — 80

Fischer, Karl, a. Hessen (Braunschweig): Aus dem Veterinärinstitut der Universität Leipzig. Beiträge zur Lehre von der Identität der vom Menschen und vom Rinde stammenden Tuberkelbazillen. Borna-Leipzig 1907: R. Noske. (58 S.) 8°
Leipzig, Phil. Fak., Ref. Eber-Kirchner, Diss. v. 30. April 1907
[Geb. 7. Okt. 78 Braunschweig; Wohnort: Braunschweig; Staatsangeh.: Braunschweig; Vorbildung: Gymn. Braunschweig Primareife O. 96; Studium: Tierärztl. Hochsch. Hannover 1, Stuttgart 1, Hannover 7, Univ. Leipzig 4 S.; Rig. 6. Febr. 07.]

Fischer, Karl, gepr. Mediziner a. Kempen (Rhein): Beiträge zur abdominalen Totalexstirpation des Uterus bei Carcinom. Würzburg 1905: F. Staudenraus. (62 S.) 8°
Würzburg, Med. Fak., Ref. Hofmeier, Diss. v. 9. Okt. 1905
[Geb. 14. Jan. 78 Kempen; Wohnort: Würzburg; Staatsangeh.: Preußen; Vorbildung: Gymn. Crefeld Reife O. 00; Studium: Bonn 1, Würzburg 6, München 2, Berlin 1 S.; Coll. 1. März 05; Approb. 20. Jan. 05.]

Fischer, Karl, Bericht üb. die Feststellungen betr. die gewerblich beschäftigten Breslauer Volksschulkinder (Ermittelung vom 18. XII. 1903 u. Ergänzg. vom 8. III. 1904). Erstattet im Auftrage u. unter Mitwirkg. der Kinderschutzkommission des Breslauer Lehrervereins. (IV, 48 S.) gr. 8. Breslau 904. Priebatsch. n. — 75

Fischer, Carl, Beurtheilung des amtl. Entwurfs des Verfassungs-Gesetzes f. den Preuß. Staat. 8. (10 S.) Nordhausen 848. (Förstemann.) 3 ngr.

Fischer, *Friedrich* Karl *Sigismund* [aus Donndorf (Prov. Sachsen)]: Über die Beziehungen zwischen der Akkommodation und der Konvergenz der Blicklinien ... Halle a. S., S. Schlesingers Buchdr., 1893; 99 S., 2 Bl., 7 Taf. 8.
Halle, Med. Fak., Inaug.-Diss. v. 10. Juli 1893

Fischer, Karl (II.), s. Böttiger, C. A., Sabina oder Morgenscenen im Putzzimmer einer reichen Römerin.

[F.] Fischer, Karl [Prof. Dr., Dir.]: Robert Boyle. Ein christlicher Natur- u. Schriftforscher. Dillenburg, *Druck v. E. Weidenbach*, 1891; 77 S., 1 Bl. 8°
Dillenburg, k. G, P 1891 (376)

Fischer, Karl [Hilfsl.]: Das Melde'sche Capillarbarometer. Marburg, Univ.-Buchdr. (R. Friedrich), 1889; 1 Bl., 22 S., 1 Taf. 4°
Marburg, k. G, OP 1889 (368)

Fischer, Karl I., († d. 2. Dec. 1797.), s.a. an Ph. Ad. Cüstine.

— an Cüstine. 8. Leipz. J. C. W. Vogel. 793.

— — dasselbe. 8. Weimar, Hoffmann. 793.

Fischer, Karl, aus Köln a. Rh.: Die Darstellung von Dibenzyldikarbonsäuren aus den Toluylsäuren vermittelst Kaliumpersulfat. *(Berlin 1904: G. Schade.)* (60 S.) 8°
Berlin, Phil. Diss. v. 11. Juni 1904

— s.a. Denkwürdigkeiten u. Erinnerungen e. Arbeiters.

Denkwürdigkeiten und Erinnerungen eines Arbeiters. (Verf.: Karl Fischer.) Hrsg. u. mit e. Geleitwort versehen von Paul Göhre. [1 &] N. F. *Leipzig: E. Diederichs 1903–04.* 2 Bde 8° [F.]
[1.] 1903. N. F. Mit e. Bildnis d. Verf. 3. u. 4. Taus. 1904.
— Leben u. Wissen. Bd 2. 4.

Fischer, Karl von, aus Neuulm: Ueber Derivate des Phenheptamethylens (Phencycloheptans). *München 1902: V. Höfling.* (42 S.) 8°
München, Phil. Diss. v. 1902

Fischer, Carl, Eisenbahnbau bei Mannheim. I. Die Rheinbrücke zwischen Mannheim u. Ludwigshafen. Mit e. Atlas, enth. 36 theils lith., theils autogr. Pläne in qu. gr. Fol. gr. 4. (IV, 120 S. m. 3 Steintaf. in 4 u. qu. Fol.) Mannheim 869. Karlsruhe, Veith. 12. —

—— Entwurf einer Verwaltungs-Ordnung für die Staaten Deutschlands enth. die Districts-, Kreis- und Gemeindeordnung. gr. 8. (24 S.) Nordhausen 848, (Förstemann.) *

Fischer, Dr. Carl, zu Nordhausen, Entwurf einer Verwaltungs-Ordnung für die Staaten Deutschlands enthaltend die Districts-, Kreis- und Gemeindeordnung. Selbstverlag, 1848. 24 S. 8°.

Fischer, Karl, approb. Arzt aus München: Ein seltener Fall von Hirnabsceß im Anschluß an Furunkulose. *München 1903: Kastner & Callwey.* (41 S.) 8°
München, Med. Diss. v. 1903

Fischer, Carl, cand. med. aus München: Ein Fall von Kugelthrombus. Mit 1 Abb. *München 1901: Kastner & Lossen.* (24 S.) 8° ¶[Aus: Annalen d. staedt. allgem. Krankenhäuser zu München, Bd 11.]
München, Med. Diss. v. 1901

Fischer, Karl III., (Schauspieler), d. Flug nach Hirschberg; ein poet. Gemälde, d. Freunden d. Natur gewidmet. 8. Bresl. 817.

—— die Fütterung der Kühe als Grundlage der rationellen Rindviehzucht, s. Bibliothek, landwirthschaftliche.

— die zehn Gebote der Obstbaumzucht. Für alle Freunde der Obstbaumzucht, insbesondere Landwirthe, Gärtner u. Lehrer, wie für Acker-, Gartenbau- u. Volksschulen. Berlin 861. Schotte & Co. (Stuttgart, Johannsen.) 8. (VIII, 151 S.) 15 ngr.

Fischer, Karl, metallkünstlerische Gegenstände der Innenausstattung. Entwürfe. 30 Taf. m. 144 Abbild. u. kurzem Text. (IX S.) 32,5×24,5 cm. Lübeck (908). Ch. Coleman. In Umschlag nn 7. 50

Fischer, C[arl]. Die Gelegenheit zur Ansteckung mit Tuberkulose in der Vorgeschichte der Lungenkranken. Von Dr. C. F', Beauregard-Montana, Wallis (Schweiz). Separat-Abdruck aus der Zeitschrift für Tuberkulose und Heilstättenwesen… Band 6. Heft 5. 1904. II S. + S. 410—421. 4. Leipzig, Johann Ambrosius Barth.

Fischer, Karl Zur Geschichte der Anstalt. 4 (S. 3—16).
Progr. G. *Dillenburg* 1887 (362).

Fischer, Karl, Geschichte des Kreuzzugs Kaiser Friedrichs I. Leipzig 870. Duncker & Humblot. gr. 8. (IX, 139 S.) n. 24 ngr.

— Geschichte der auswärtigen Politik u. Diplomatie im Reformationszeitalter 1485—1556. gr. 8. (269 S.) Gotha 874. F. A. Perthes. n. 4. —

— Glauben oder Wissen? Eine Untersuchung über die menschliche Geisteseinheit auf biolog. Grundlage. gr. 8. (VII, 60 S.) Gotha 890. F. A. Perthes. n. 1. 20

—— Grundzüge einer deutschen Bundes-Verfassung mit Rücksicht auf die Ansprüche der Zeit und unter Rückblick auf noch bestehende Verfassungs-Urkunden. 8. (16 S.) Nordhausen 848, (Förstemann.) *

Fischer, Carl, Dr. jur. zu Nordhausen, Grundzüge einer deutschen Bundes-Verfassung mit Rücksicht auf die Ansprüche der Zeit und unter Rückblick auf noch bestehende Verfassungs-Urkunden. (Nordhausen) Selbstverlag, 1848. 16 S. 8°.

—— Grundzüge e. Sozialpädagogik u. Sozialpolitik. gr. 8. (VIII, 429 S.) Eisenach 892, Wilckens. * 5 —; geb. in Hlbfrz. ** 6 50

Fischer, Karl, Grundzüge e. Sozialpädagogik u. Sozialpolitik. Anh. Kulturentwicklung u. Erziehungsaufgaben. E. Epilog als Prolog. Inhaltsverzeichnis zum ganzen Werk. gr. 8. (56 S.) Eisenach 896. M. Wilckens. n. — 75 (Hauptwerk m. Anh., geb. in Halbfrz. n.n. 7. 40)

Ⓑ Fischer, Karl, Grundzüge e. Sozialpädagogik. 892. (BBB 27.) Jetzt: Leipzig, O. Hillmann.

Fischer, Karl, Gutmeinung üb. den Talmud der Hebräer. [Nach e. Mscr. vom J. 1802.] gr. 8. (VI, 112 S.) Wien 883. Hölder. n. 1. —

—— illustrirtes Handbuch der Obstbaumzucht, des Obstbaues und Weinbaues. Für Gärtner, Landwirthe, Lehrer ꝛc. 2. Aufl. 8. (XVI und 370 S. mit 19 Abbild. nach Orig.-Zeichnungen in eingedr. Holzschn.) Berlin 863, Schotte und Comp. *

—— Handbuch der rationellen Obstzucht und Obstbenutzung. Zugleich als 2. Thl. der „Zehn Gebote der Obstbaumzucht." 8. (VIII und 172 S. mit 19 Orig.-Abbild. in eingedr. Holzschn.) Berlin 861, Schotte und Comp. *

Handbuch der Rindviehzucht, s. Bibliothek der Viehzucht.

— Handbuch für Schweinezüchter, s.a. Bibliothek der Viehzucht.

Fischer, Karl (III.). Handbuch f. Schweinezüchter u. Schweinehalter. 2. (Titel-)Aufl. 8. (98 S. m. 6 Abbildgn.) Ilmenau 890, Schröter's Verlag. * 1 50

— ist e. Philosophie der Geschichte wissenschaftlich erforderlich bezw. möglich? Erörtert v. K. F. gr. 8. (55 S.) Dillenburg 889. Seel. n. 1. 20

Fischer, Karl [Dir. Prof. Dr.]: Ist eine Philosophie der Geschichte wissenschaftlich erforderlich bezw. möglich? Dillenburg, E. Weidenbach'sche Buchdr., 1889; 53 S., 1 Bl. 8°
Dillenburg, k. G, OP 1889 (361)

-- Die Kunstschlosserei, s.: Metzger, Max.

Fischer, C[arl]. Land und Leute im Tale Schanfigg. Zu Gunsten des Krankenhaus-Fonds in Arosa. Nach einem nicht gehaltenen Vortrage. Illustriert von C[arl] und F[ritz] Egger. 36 S. 8. Chur, Manatschal Ebner & Cie., 1905. (fr. 1. 80)

Fischer, Karl, deutsches Leben u. deutsche Zustände von der Hohenstaufenzeit bis ins Reformationszeitalter. gr. 8. (VIII, 311 S.) Gotha 884. F. A. Perthes. n. 6. —

Fischer, Carl. Eduard Mörikes Leben und Werke. Dargestellt von Karl Fischer, Gymnasialdirektor in Wiesbaden. Mit vielen Abbildungen. X + 240 S. 8. Berlin, B. Behr, 1901. [M. 5. —] —
Darin: S. 49—66 über die Schweizerin Maria Clara Meyer, *eine Anhängerin* der Frau v. Krüdener: *S. 148 f. 152. 172—176. 181 etc. betr. die Schweiz.*

Fischer, Karl, Dr., Dir.: Kurzer **Lehrplan** für den Lateinischen Unterricht. Mit d. Fachlehrern entworfen u. herausgegeben. *Wiesbaden 1900: C. Ritter.* (122 S.) 8°
Wiesbaden, k. G, P 1900 (430)

Lexikon des in Bayern geltenden Verwaltungs-, Staats-, Polizei- u. Polizeistrafrechts nach d. Entscheidungen d. bayer. oberen Verwaltungs-, Straf- u. Zivilgerichte ... Von Ratsassessor Dr. Karl H. **Fischer** in Nürnberg. Bd 1, Lfg 1. München: Wachter 1910. 4°(8°) [10. 1701]

Fischer, Karl, Deutschlands öffentliche Meinung im Reformationszeitalter u. in der Gegenwart, s. a. **Zeit- u. Streitfragen, deutsche.**

Fischer, Karl, Deutschlands öffentliche Meinung im Reformationszeitalter und in der Gegenwart. Berlin 1874. 8.
Inh.: Deut. Z.- u. Str.-Fr. Jhg. 3. . . . . (D.; LHK.)

Fischer, Car. (Godofr. Henr.) (geb. Lenzen 29. 10. 1843): De melituria. Berolini (1867). (32 S.) 8°
Berlin, Med. Diss. v. 1. Apr. 1867

Fischer, Carl. Die objektive Methode der Moralphilosophie bei Wundt und Spencer. Diss. Phil. I. Univ. Zürich ... von K' F... (Sonderdruck aus dem »Archiv für die gesamte Psychologie« Bd. 15. Heft 1/2.) VI + 112 S. 8. Leipzig, Wilhelm Engelmann, 1909.

Fischer, Karl, und R. Wichmann, das Leuze'sche Mineralbad Berg [Inselbad] bei Stuttgart. Zugleich Wasserheilanstalt und Sanatorium für Nerven- und Frauenkrankheiten, in einem allgemeinen Teil von K. F., und einem ärztl. Teil von R. W. 8. (110 S. mit 1 Ansicht.) Stuttgart 887, (Greiner und Pfeiffer.)

Fischer, Karl, Dr., Dir.: Eduard **Mörike.** Seine Stellung in d. Litteraturgeschichte u. im deutschen Unterricht. *Wiesbaden 1901: C. Ritter.* (68 S.) 8° [F.] ¶ [Eine ausführl. Biographie Mörikes erschien 1901 bei Behr in Berlin.]
Wiesbaden, k. G, P 1901 (436)

Fischer, Karl, s.: Mörike's, Eduard, Briefe.

Fischer, Karl (Hrsg.), s. Mörike, Eduard: Sämtliche Werke

— die **Nation u. der Bundestag.** Ein Beitrag zur deutschen Geschichte. gr. 8. (VIII, 536 S.) Leipzig 880. Fues. n. 7. —

Fischer, Carl: Ueber die hydroaromatische Natur des Isophorons. *Heidelberg 1897: Ph. Wiese.* **(47 S.) 8°**
Heidelberg, Naturw.-math. Diss. v. [30. Okt.] 1897

Fischer, Car. (geb. Cronenberg bei Elberfeld 4. 4. 1835): De natura causisque rigoris mortis. Berolini (1857). (31 S.) 8°
Berlin, Med. Diss. v. 7. Aug. 1857

FISCHER, Karl (nicht in Kürschner's Litt.-Kal.), Nervös. (Roman.) Berlin, Karl Freund, 1904. (1905?) 8°.
Spielt im Grunewald bei Berlin. Wegen allzu handgreiflicher Personalschilderungen, Intimitäten und Eheirrungen, klagten mehrere der sich getroffen Fühlenden, u. a. ein Ehepaar. Vf. wurde vom Gericht zu 3 Monaten, in der Berufungs-Instanz gar zu 4 Monaten verdonnert, der Verleger freigesprochen, das Buch aber confiscirt. Dürfte bald zu den Seltenheiten gehören.

— noch ein Wort über Jena. Eine abgenöthigte Exploration. 8. Jena 810.

Fischer, Karl (II.), Obst- und Gartenbau, dessen Wichtigkeit und Entwicklungsfähigkeit. Auch als Unterrichtsgegenstand in Schullehrerseminarien und Volksschulen, in sittl., land-, haus-, volkswirthschaftl. und materieller Hinsicht nachgewiesen und den Behörden, Lehrern und Eltern dringend empfohlen. 8. (VIII, 114 S.) Mannheim 868, Schneider's Verlag.

— der Obstfreund u. Obstzüchter. Anregung zum ausgedehnten Betriebe der Obstbaumzucht in den Gärten u. im Freien; Beschreibung der vorzüglichsten Obstsorten; Anleitung zur bewährtesten u. einträglichsten Erziehung u. Behandlung der Obstbäume. Mit 77 Orig.-Abbildgn. der vorzüglichsten Obstsorten nach der Natur gez. von Jos. Grund u. F. Gröbl u. dem Portr. von Clem. Rodt (in Holzschn.). Leipzig 866. Reichenbach. gr. 8. (XII, 256 S.) 1 ₰ 15 ngr.

— **Ordnung wegen Ablösung der Grundabgaben für den deutschen Bundesstaat als Vorschlag zur Berücksicht. bei der künftigen Gesetzgebung in den einzelnen Staaten. — Plan zu einer Kreis-Darlehns-Casse zur Beförderung der kleinern Landwirthschaften und techn. Betriebe für die Einzelstaaten Deutschlands. 8. (15 S.) Nordhausen 849, (Förstemann.)** *

Fischer, Carl, prediget das Evangelium! Predigt, geh. zum Jahresfest d. Tractatvereins in Bernburg in der St. Stephanskirche zu Waldau-Bernburg am 4. Mai 1885. (10 S.) Berlin 885. Deutsche Evangel. Buch- u. Tractat-Gesellschaft. n. — 10

Fischer, Carl (II.), Predigten. gr. 8. (IV, 436 S. mit dem Bilde des sel. Verf.) Stuttgart 887, Metzler'sche Verlagsh. * geb. * Auch in 10 Lfgn. à *

— **Biblische Psychologie, Biologie u. Pädagogik als die Grundlagen christl. Erziehung u. Selbstzucht. gr. 8. (XII, 119 S.) Gotha 889, F. A. Perthes.** * 2 40

Fischer, Carl (II.), Rede aus Veranlassung der ersten evangel. Taufhandlung in Innsbruck am 19. April 1863 gehalten. gr. 8. (12 S.) Wien 863, Tendler und Comp. *

Fischer, Karl II., jüngste Reiseabentheuer auf seiner Flucht im ersten Jahre d. Freiheit 2c. 8. ... 815.

Fischer, (Ern.) Car. (Guil.) (geb. Gross-Wanzleben 17. 4. 1812): De remediis nauseosis. Berolini (1840). (32 S.) 8°
Berlin, Med. Diss. v. 25. Febr. 1840

Fischer, Karl, approb. Arzt, aus Remscheid: **Über primäre Sarcome der Leber.** *Würzburg 1900: Becker.* **(38 S.) 8°**
Würzburg, Med. Diss. v. 1900

— Eduard Mörikes künstlerisches Schaffen u. dichterische Schöpfungen. (VII, 202 S.) gr. 8. Berlin 903. O. Elsner. n. 8. —; geb. in Leinw. n. 4. —

— s.: **Schlossermappe, die.**

Fischer, Karl, Soldaten sein schön! Bilder aus Kaserne u. Lazarett. (141 S.) 8. Leipzig 910. Leipziger Buchdruckerei. 1. —

Fischer, Karl, das Sommerhochwasser v. Juli b. August 1897 im Oderstromgebiet. Im Bureau d. Wasserausschusses bearb. [Aus: „Ztschr. f. Bauwesen".] gr. 8. (62 S. m. 2 Karten.) Berlin 898. W. Ernst & Sohn. n. 1. 20

Die Sommerhochwasser der Oder von 1813 bis 1903 mit besond. Behandlung d. Hochwasser v. Juni/Juli 1902 u. Juli 1903. Von Dr. Karl **Fischer.** Mit 4 Abb. u. 16 Beil. Berlin: E. S. Mittler & Sohn 1907. (VI, 101 S.) 4°
— **Jahrbuch** f. d. Gewässerkunde Norddeutschlands. Bes. Mitteilungen. Bd 1, No 6. [08. 13074 4]

Fischer, Karl, der deutsche Sprachunterricht in den Schulen Deutschlands u. der Schweiz, s. a. **Erziehung, Unterricht, Schulwesen.**

Fischer, Carl, der deutsche Sprachunterricht in den Schulen Deutschlands u. der Schweiz. Bericht über eine im Auftrage des hohen nieder-österreich. Landtages im Sommer 1877 unternommene Studienreise. gr. 8. (48 S.) Wien 878. Graeser. n. — 60

Fischer, Karl [Prof. Dr., Dir.]: Staats-, Wirtschafts- und Sozialpolitik auf höheren Lehranstalten. E. Entwurf. Wiesbaden, Buchdr. v. K. Ritter, 1892; 94 S. 8.
Wiesbaden, k. RG, P 1892 (411)

Stadtplan von Tübingen. 3. Aufl. 1906. Maßst. 1:2,500. [Aufgeklebt: Gezeichnet von Geometer Karl **Fischer**, Tübingen.] [In 2 Bl.] Tübingen: F. Fues (1906); [aufgeklebt: Frankfurt a. M.: L. Ravenstein.) (1 Kartenbl. in 2 Bl.) [Facs.-Dr.] [kol.] (o7. 1030

Fischer, C[arl]. Zur Stellung der Statistik in der Medizin. Separatabdruck aus der «Zeitschrift für schweiz. Statistik». Jahrg. [39,] 1903 [Liefg. 4]. 20 S. 8. [Bern, Stämpfli & Cie.]

Fischer, Karl [aus Barby]: Die Stifter Magdeburg und Halberstadt im Schmalkaldischen Kriege ... *Berlin, Druck v. W. Ixleib, 1895;* 64 S., 2 Bl. 8.
Berlin, Phil. Fak., Inaug.-Diss. v. 27. Mai 1895

— s.: **Studien, psychologische, in Briefen aus der Hölle.**

Fischer, Karl [aus Spandau]: Ueber kanonische Systeme algebraischer Functionen einer Veränderlichen, die einem Gattungsbereich dritter oder vierter Ordnung angehören ... (Aus: Journ. f. d. reine u. angew. Math., Bd. 117 Heft 1.) Berlin, Druck v. G. Reimer, 1896; 2 Bl., 23 S., 2 Bl. 4.
Berlin, Phil. Fak., Inaug.-Diss. v. 25. Juli 1896

— Heinrich v. Treitschke u. sein Wort über unser Judenthum. Ein Wort zur Verständigung. gr. 8. (40 S.) M. Gladbach) 880. Schellmann's Verl. n. — 80

Fischer, Karl, Turnhallenneubau für den T. V. in Leutzsch-Leipzig. Ansicht, Giebelansicht, Schnitt, Situationsplan, Grundriß, Obergeschoß, 6 Bl.

Fischer, Karl, neuester kurzgefaßter Unterricht für alle Stände, welche Wirthschaft treiben, wie Getreide aller Art aufzubewahren, möglichst gegen Wurm- u. Mäusefraß ꝛc. u. sonstiger Verunreinigung zu sichern u. viele Jahre lang in vollkommenen Stand zu erhalten ist, u. wie mit wenig Mühe das Wenden der Körner vollkommen geschehen kann. Mit 4 lithogr. Zeichnn. gr. 8. Bayreuth 835. (Grau.) 1/6 ß

Fischer, K[arl], med. pract. aus Basel, Kurarzt in Arosa: Über das Verhalten der Arterien bei käsiger Pneumonie. Basel M. Werner-Riehm Dr. 1896. 19 S. 8⁰.
Zürich, Med. Diss. [v. 10. Sept. 1896].

Fischer, Carl. Toxikologische Versuche mit Cocaïnum hydrochloricum. Diss. Vet.-Med. Bern. (Sonderabdruck aus Monatshefte für praktische Thierheilkunde. Band 15.) *Kopftitel:* Aus der Poliklinik der Kgl. thierärztl. Hochschule zu Berlin. II + 40 S. 8. Stuttgart, Union Deutsche Verlagsgesellschaft, 1903.

Fischer, Karl, Viehzucht u. Viehhaltung. gr. 8. (III, 120 S.) Leipzig 875. Schmidt & Günther. n. 1. 60

—— Vorschlag zur Verfassung der Einzelstaaten im deutschen Bundesstaate mit Rücksicht auf die Ansprüche der Zeit und unter Rückblick auf noch bestehende Verfassungs-Urkunden. br. 8. (28 S.) Nordhausen 848, (Förstemann.) *

—— was dünket Dich von Christo! Gastpredigt am Sonntag den 6. April 1862 in der Gumpendorfer Kirche A. C. zu Wien gehalten. gr. 8. (14 S.) Wien 862, Tendler und Comp. *

-- die Weltstellung Europa's. 8. (36 S.) Ebend. 874. n. — 80

— die Wiederkunft des Herrn, historisch-chronologisch u. geschichts-philosophisch betrachtet. Vortrag. gr. 8. (30 S.) Herborn 890. Buchhandlg. d. Nassauischen Colportagevereins. n. — 40

Fischer, Karl: Die nicht auf den Parteiwillen gegründete Zurechnung fremden Verschuldens nach dem bürgerlichen Gesetzbuch. *München: J. Schweitzer 1904.* (x, 62 S.) 8° [F.]
Würzburg, Jur. Diss. v. 1904

Fischer, Karl Aloys

Mehrere Briefe des C. Plinius Cäcilius Secundus, übersetzt und mit Anmerkungen versehen von Dr. Carl Aloys Fischer, G. P. - 1854. Ebend. — S. 3, 5—23.
Progr. Speier.

Fischer, Karl Ant. Die Hunnen im schweizerischen Eifischthale und ihre Nachkommen bis auf die heutige Zeit. Mit vielen Ill. Lex. in-8⁰. 436 S. Zürich, Art. Inst. Orell Füssli. 1895 9 —

Fischer, Carl Aug., Philibert Berthelier, ein Märtyrer der Freiheit seiner Vaterstadt. Historische Erzählung aus Genf's Vergangenheit für die reifere Jugend. gr. 8. (V, 153 S. mit 4 Farbdr.-Bildern nach Aquarellen von Gust. Bartsch.) Stuttgart 887, Süddeutsches Verlags-Institut. geb. *

—— Friedrich Wilhelm, Kronprinz des deutschen Reichs und von Preußen. Als Vorbild eines Fürsten in Krieg und Frieden dem deutschen Volke gewidmet. gr. 8. (88 S. mit 3 Text- und 8 Vollbildern.) Ebendas. 888. *

—— Geschichte der Stuttgarter Stadtgarde zu Pferd. 235 Jahre nach Gründung dieses Bürger-Corps, im Auftrag desselben aus den geschichtl. Quellen und den Corpsakten zusammengestellt. 4. (VII, 67 S. mit 4 Bildern in Farbendr.) Stuttgart 887, (E. Paulus.) *

Fischer. Car. August. (Guil.) (geb. Gardelegen 1795): De hydrocephalo acuto. (Berolini 1824.) (52 S.) 8°
Berlin, Med. Diss. v. 5. Jan. 1824

Fischer, Carl Aug., ein ernstes Wort an das protestantische Deutschland. Hrsg. von dem Organistenvereine der Kreishauptstadt Zwickau. gr. 8. (15 S.) Zwickau 876, (Gebr. Thost.) *

Fischer, Carol(us) Aug(ustus) Guil(elmus): De ancylosi. Halis 1848: Ploetz. 29 S. 8°
Halle-Wittenberg, Med. Diss. v. 30. Dez. 1848
Geb. Gross-Wanzleben (Prov. Sachsen) [10. 8.] 1814. V.

Fischer, Karl Benj., († d. 26. Mai 1794.) erste Fortsetzung d. Landpredigerbibliothek in Tschistey, f. d. J. 1774. 8. Glogau, C. F. Günther.

Chronik des Amtes Harzburg im XIX. Jahrhundert von KARL BERTHOLD FISCHER. Herausgegeben vom Harzburger Altertums- und Geschichtsverein. Braunschweig 1912. Druck und Verlag von E. Appelhans & Comp. G. m. b. H. (Rud. Stolle & Gust. Roselieb.) 8°.

Fischer, C(arl) C(hristian), Assistenzarzt d. Kadettenh.: Ueber das Wesen des Asthma convulsivum. Heidelberg 1910: Hörning. 32 S. 8°
Heidelberg, Med. Diss. v. 18. Juli 1910, Ref. Krehl
[Geb. 4. Sept. 82 Berlin; Wohnort: Karlsruhe i. B.; Staatsangeh.: Preußen; Vorbildung: Luisen-Gymn. Berlin Reife O. 01; Studium: Berlin 4, Heidelberg 1, Berlin 5 S.; Coll. 7. Juni 10; Approb. 4. Juli 08.] [U 10. 2053

Fischer, Carolus Christianus Fridericus: De aqua et fulmine.
Halle-Wittenberg, Phil. Diss. v. 11. Jan. 1827
Geb. [Klettstedt bei Langensalza 1. 8. 1803]
Ms. fehlt.

Fischer, Karl Ernst, s. Fischer, Ernst

Fischer, Karl Fr. l., s. Kiesewetter, philos. Bibliothek.

Fischer, (Carl Friedr.,) Aufgaben auf Vorlegeblättern zur Einübung der grammat. Formen u. syntact. Regeln der latein. Sprache nebst Uebungen im Uebersetzen vieldeutiger deutschen Worte u. Ausdrücke. 8. Ilmenau 823, Voigt. Im Futteral

— **Carl Friedrich,** De dysenteria. Disp. med. Wittenbg. (A. Ch. Charisius) 27. X. 1797. 32 Seiten. (4.80) 8890
Widm. v.: Christian Benjamin Estrich (Wittenberg).

Fischer, Carl Friedr., Erndtepredigt am 15. Sonnt. n. Trin. (1847) in der Kirche zu Frohburg gehalten. br. gr. 8. (16 S.) Frohburg 847. (Grimma, Gebhardt.) *

Fischer, Karl Frdr., der Gesandte. Drama in 5 Akten. (103 S.) 8. Leipzig 907. Modernes Verlagsbureau. 2. —

Fischer, Karl Friedrich August

— Encyklopädisches Taschenbuch für Anfänger in der deutschen Schmetterlingskunde und überhaupt für Freunde dieser Wissenschaft. Zum Gebrauche auf Wanderungen herausg. 2. sehr verm. Aufl. (Mit 5 Kupfern, wovon 1 kolor.) Leipzig 1825. 8.

Fischer, Karl (Frdr. Aug.) von, Encyclopaedisches Taschenbuch für deutsche angehende Schmetterlingssammler; zum Gebrauche auf Excursionen. Leipzig 1804. 8.

Fischer, Karl Friedrich Robert, s. F i s c h e r , Robert

Fischer, Carl Georg, die Verhütung, Erkennung u. Behandlung der verschied. Arten von Wassersuchten rc. 8. (6¼ B.) Quedlinburg 812, Basse.

Fischer, Karl Gottfried Heinrich, s. F i s c h e r , Karl

Fischer, Karl Gli., († d. 19. Sept. 1801.) Belehrr. d. Christenthums über d. wichtigsten Angelegenheiten d. Menschen. 8. Königsb. 803. 2e A. 810. (Leipz., J. Müller). 8 gl.

* Fischer, K. G., Belehrungen d. Christenthums üb. die wichtigsten Angelegenheiten d. Menschen. 2te Aufl. 8. Königsb. Nicolovius. 810.

— Homilien über merkwürd. Erzähll. aus d. Gesch. Jesu. 3 Thle. gr. 8. Königsb. 799. N. A. 803. Unzer. 2 rℓ

— Predigten über freie Texte. Mit e. Vorrede v. Dn. Jenisch. gr. 8. Königsb. 803. Unzer. 1 rℓ 8 gl.

— Carl Gottlob (Augustusburg/Misn.), De ancillis ostariis in evangelio Joannis cap. XIIX. v. 16, 17 et actis apostolorum cap. XII. v. 13 commemoratis breviter diss. simulque summos in philos. honores viri Ludwig Wilhelm Junius (Lpz.) jubet. Lpz. (Langenheim) 7. III. 1745. 20 S. (4.—) 8891

Fischer, Karl H., Lexikon des in Bayern geltenden Verwaltungs-, Staats-, Polizei- u. Polizeistrafrechts nach den Entscheidungen der bayerischen oberen Verwaltungs-, Straf- u. Zivilgerichte u. nach den zum bayerischen Recht ergangenen Entscheidungen der ausserbayerischen Gerichte. I. Bd.: Das gesamte Rechtsgebiet ausser dem Forst-, Weide- u. Wegerecht. 1. u. 2. Lfg. Die Abschnitte „Gesundheitsverwaltg." bis „Zuständigkeitsbegrenzg." einschliesslich. (XIV S. u. 608 Sp.) Lex. 8. München (2) 910. Dr. Adf. Wachter. (Nur direkt.) nn 11.50

Fischer, Karl Heinrich, s.a. F i s c h e r , Karl

— Carl Heinrich (Plauen/Vogtl.), De probatione condictionis indebiti rite suscipienda. Disput. jur. Präs. August Friedrich Schott. Lpz. (Langenheim) 16. X. 1767. 19 S. (4.20) 8892
Gew.: Carl Ferdinand Lindemann.

FISCHER, Karl Hermann: Ein Beitrag zur vergleichenden Anatomie des Markstrahlgewebes und der jährlichen Zuwachszonen im Holzkörper von Stamm, Wurzel und Ästen bei Pinus Abies L. - Regensburg 1885. 53 S., 15 Tab. u. 1 Taf., graph. Darst. - Diss. Univ. Leipzig, Phil. Fak. 1885

Fischer, Carl Herrm., 130 der bekanntesten und gebräuchlichsten Choralmelodien nach dem Tonziffersysteme für 2 Singstimmen zum Gebrauch in Volksschulen hrsg. (Nebst einer kurzen Anweisung zur Anwendung des Tonziffersystems.) 8. (VIII und 48 S.) Leipzig 849, Leiner.

Fischer, Carl Herrm., Elementarlesebuch f. deutsche Stadt- u. Landschulen, z. Gebr. bei d. Lautir- u. Buchstabirmethode. 8. (3⅛ B.) Grimma 811, Verlags-Comptoir. *

— Gedächtnißübungen f. Kinder v. 6 bis 10 Jahren. Eine Samml. leichter Verschen, nach Dr. Fischer's: „Die christl. Glaubens- u. Sittenlehre nach d. Hauptstücken" geord. u. f. d. ersten Religionsunterr. in d. unteren Klassen d. Stadt- u. Landschulen bearb. 8. (1 B.) Grimma 839, Verlags-Comptoir. *

Fischer, Karl Herrm., Gedächtnißübungen für Kinder von 6 bis 10 Jahren. Eine Sammlung leichter Verschen, nach Dr. Fischer's: „Die christl. Glaubens- u. Sittenlehre nach d. Hauptstücken" geordnet u. für den ersten Religionsunterricht in den unteren Klassen der Stadt- u. Landschulen bearb. 8. Grimma 839. Verlags-Comptoir. n. 1 gl. 2e unveränd. Aufl. 840. n. 1 gl.

Fischer, Karl Herm., der dreieinige Gott. gr. 8. (88 S.) Dresden 894. (v. Zahn & Jaensch.) n. 2.—

Fischer, Carl Herm., Muster-Katechisationen, s. Magazin.

Die Saprophyten, unsere natürlichen, bisher noch nicht gewürdigten Helfer gegen die Cholera. Ein Beitrag z. Lösung d. Cholerafrage von Dr. med. Karl Hermann Fischer. Dresden 1893: Heinrich. 28 S. 8° A 12. 10,84 11

—— neue Uebungsaufgaben zu Wurst's prakt. Sprachdenklehre. gr. 12. (1⅔ B.) Grimma 840, Verlags-Comptoir.

Fischer, Car. Ioach. (geb. Rathenow 7. 2. 1834): De ulceribus corneae. Berolini (1857). (32 S.) 8°
Berlin, Med. Diss. v. 25. Aug. 1857

Fischer, Karl [Joseph]: Das Verhältnis zweier lateinischer Texte Geilers von Kaisersberg zu ihren deutschen Bearbeitungen, der „Navicula fatuorum" zu Paulis „Narrenschiff" u. des „Peregrinus" zu Otthers „Christenlich bilgerschafft" nebst e. Würdigung d. lat. Texte Geilers. Metz 1908: W. Leininger. (63 S.) 8° [F.]
Straßburg, Phil. Fak., Ref. Martin-Henning, Diss. v. 1. Aug. 1907
[Geb. 17. April 84 Metz; Wohnort: Metz; Staatsangeh.: Elsaß-Lothringen; Vorbildung: Lyzeum Metz Reife O. 03; Studium: Freiburg i. B. 1, München 1, Genf 1, Berlin 1, Bonn 2, Straßburg 3 S.]

Fischer, Carl Ludwig, Beitrag zur Orientierung über die Lage der ländlichen Arbeiter in Ostpreussen, als Beantwortung des vom Aktionskomité des evangelisch-sozialen Kongresses ausgegangenen Fragebogens über die Lage der ländlichen Arbeiter im Deutschen Reiche. 8°. Königsberg i. Pr., Gräfe u. Unzer's Verl., 1893.

Fischer, Carl Ludw., Chronik der Kirche u. Kirchengemeinde Quednau von 1254 bis 1882, urkundlich u. aktenmäßig dargestellt. Ein Beitrag zur Kulturgeschichte Samlands. gr. 8. (VIII, 142 S.) Königsberg 883. Koch & Reimer. n. 1. 20

Fischer, Karl Ludwig Alexander Emmanuel de Broglie, s. F i s c h e r , Alexander Emmanuel de Broglie

Fischer, Karl Ludwig Friedrich v.

Fischer, K. L. Frdr. v., Beat Friedrich Ludwig v. Jenner, Standes-Seckelmeister der Stadt u. Republik Bern. Nach seinem Tagebuche geschildert. gr. 8. (XII, 243 S. m. lith. Portr.) Bern 883. Wyß. n. 4 20

Fischer, C[arl] L[udwig] Friedrich von. Lebensnachrichten über Emanuel Friedrich von Fischer (1786–1870), Schultheiss der... Republik Bern. Aus dessen hinterlassenen Papieren zusammengestellt von K. L. F' von F'. ⟨Als Manuscript gedruckt.⟩ [Mit Porträt-Tafel.] 8. Bern 1874.

Fischer, Carl Max, Feierabendlieder. Lyrische u. andere Gedichte. (VIII, 92 S.) 8. Dresden (907). E. Pierson. 1.20; geb. n 2.—

Fischer, Karl Phil., speculative Charakteristik u. Kritik des Hegel'schen Systems u. Begründung d. Umgestaltung der Philosophie zur objectiven Vernunftwissenschaft, mit besond. Rücksicht auf d. Geschichte der Philosophie. gr. 8. (38½ B.) Erlangen 845, Heyder.

Fischer, Karl Phil., die speculat. Dogmatik v. Dav. Friedr. Strauß. 2 Bde. Geprüft von rc. gr. 8. Tübingen, Fues. [1. (6¾ B.) 841. 7/12 Thlr., 2. (8½ B.) 842. ⅔ Thlr.]

Fischer, Karl Phil., die Freiheit d. menschl. Willens im Fortschritte ihrer Momente dargest. gr. 8. (5 B.) Tübingen 833, Osiander.

Fischer, Carl Phil., zur hundertjährigen Geburtsfeier Franz v. Baaders. Versuch einer Characteristik seiner Theosophie und ihres Verhältnisses zu den Systemen Schellings und Hegels, Daubs und Schleiermachers. gr. 8. (IV und 71 S.) Erlangen 865, Besold. *

Fischer, Carl Phil., Grundzüge des Systems der Philosophie oder Encyclopädie der philosoph. Wissenschaften. 1. Bd. Die Grundzüge der Logik und der Philosophie der Natur. gr. 8. (XXI und 340 S.) Erlangen 848, Palm's Vrlgsh.

Fischer, Carl Phil., Grundzüge des Systems der Philosophie oder Encyclopädie der philosoph. Wissenschaften. 2. Bd. Die Wissenschaft des subjectiven und objectiven Geistes. 1. und 2. Abthl. gr. 8. Erlangen, Palm's Vrlgsh. Thlr.

Auch unter den Titeln:

Abthl. 1. Grundzüge des Systems der Anthropologie. (X und 272 S.) 850. 1 Thlr. 5 Ngr.

" 2. Grundzüge des Systems der speculativen Ethik. (VIII und 463 S.) 851. 2 Thlr.

Fischer, Carl Phil., Grundzüge des Systems der Philosophie oder Encyclopädie der philosoph. Wissenschaften. 3. (letzter) Bd.: Die Wissenschaft der Idee des absoluten Geistes oder der speculativen Theologie. A. u. d. T.: Grundzüge des Systems der speculativen Theologie oder der Religionsphilosophie. gr. 8. (XII und 517 S.) Frankfurt a. M. 855, Heyder und Zimmer. Thlr.

1. und 2. Bd. Ebendas. 1848—51. 4 Thlr. 20 Ngr.

—— die Idee d. Gottheit. Ein Versuch, den Theismus speculativ zu begründen u. zu entwickeln. gr. 8. (11½ B.) Stuttgart 839, S. G. Liesching.

Fischer, Car. Phil., de Hellenicae philosophiae principiis atque decursu a Thalete usque ad Platonem. 4. (7 B.) Tübingae 836, Fues. Thlr.

— über die Unmöglichkeit den Naturalismus zum ergänzenden Theil des Systems der Wissenschaft zu erheben. Ein Nachtrag zu seiner Schrift: Die Unwahrheit des Sensualismus und Materialismus. Erlangen 854. Bläsing. gr. 8. (XXIII, 55 S.) n. 10 ngl

—— die Unwahrheit des Sensualismus und Materialismus, mit besond. Rücksicht auf die Schriften von Feuerbach, Vogt und Moleschott bewiesen. gr. 8. (XVIII und 52 S.) Erlangen 853, Bläsing.

—— die Wissenschaft d. Metaphysik im Grundrisse. Zum Gebr. f. seine Vorlesn. gr. 8. (34 B.) Stuttgart 834, Schweizerbart.

Fischer, Karl Tobias [aus Nürnberg]: Die geringste Dicke von Flüssigkeitshäutchen ... München, kgl. Hof- u. Univ.-Buchdr. v. Dr. C. Wolf & Sohn, 1897; IV, 66 S., 1 Taf. 8.
München, Phil. Fak., Inaug.-Diss. v. 1897

Fischer, K. T., u. H. Alt, Erstarrungs- u. Schmelzdruck des Stickstoffs. gr. 8. (S. 209—215.) München 902. (G. Franz' Verl.) n. — 20

Fischer, Karl Tobias (Hrsg.), s. Naturwissenschaft und Technik in Lehre und Forschung.

- s.: Schule, die, der Naturwissenschaften in der Erziehung.

– H. Alt

— — **Siedepunkt,** Gefrierpunkt u. Dampfspannung des reinen Stickstoffs bei niedrigen Drucken. gr. 8. (S. 113—151 m. Fig. u. 2 Taf.) Ebd. 902. n. — 60
2 Sonderabdrucke a.: „Sitzungsber. d. bayer. Akad. d. Wiss."

Der naturwissenschaftliche Unterricht in England insbes. in Physik u. Chemie. Von Dr. Karl T[obias] **Fischer**, Privatd., München. Mit e. Übersicht d. engl. Unterrichtslitt. z. Physik u. Chemie u. 18 Abb. *Leipzig & Berlin: B. G. Teubner 1901.* (VIII, 94 S.) 8° (ot. 1868

Fischer, Karl T., der naturwissenschaftliche Unterricht, insbesondere in Physik u. Chemie, bei uns u. im Auslande, s.a. Abhandlungen zur Didaktik u. Philosophie der Naturwissenschaft. 1. 3.

Der naturwissenschaftliche Unterricht – insbesondere in Physik und Chemie – bei uns und im Auslande. Von Dr. Karl T[obias] **Fischer**, Prof. in München. Berlin: J. Springer 1905. (72 S.) 4°(8°)
— Abhandlungen z. Didaktik u. Philos. d. Naturwissensch. Bd 1, H. 3.
= Zeitschrift f. d. physik. u. chem. Unterricht. Sonderh. 3. (03. 1905

Neuere Versuche zur Mechanik der festen und flüssigen Körper, mit e. Anh. über d. absolute Maaßsystem. Ein Beitrag z. Methodik d. physikal. Unterrichts von Dr. Karl T[obias] **Fischer**, Privatd., München. Mit 55 Fig. *Leipzig & Berlin: B. G. Teubner 1902.* (IV, 63 S.) 8° (04. 1307

— **Vorschläge zur Hochschulausbildung der Lehramtskandidaten f. Physik.** (S. 145—160.) Lex. 8. Leipzig 907. B. G. Teubner. — 80
Sonderabdruck aus „Natur u. Schule".

Fischer, Karl Traugott

Fischer, K. Trg.: Abh. v. d. summar. Vernehm. im peinl. Process. *Leipz.*, Crusius. 789. 8. (5 Gr.)

Fischer, Karl Traug., Abhandl. von d. summar. Vernehmung im peinl. Proceß. 8. Leipz. 789. (W. Vogel). 5 gl

Fischer, K. Trg.: Promptuarium jur. feud. *Lpz.*, Martini. 8. Spec. 1. doctr. de pecunia feud. observatt. rebus judiciariis et documentis passim collustr. cont. 801. Spec. 2. de felonia ejusque spec. — 802. Spec. 3. doctr. de effect. fel., emenda, privatione. 803. (zus. 3 Thl.)

— promptuarium juris feudalis. Spec. I—III. 8maj. Lpz. 801—3, Martini. (Cnobloch). 3 rß

Fischer, *Karl Wilhelm Reinhold* Lernstoff für den Unterricht in der Botanik auf höheren Schulen, nach Stufen eingeteilt. II. Teil. 4 (S. 3—44, 1 Taf.). Hansasch. *Bergedorf* 1888 (691).
Progr.

Fischer, Carl Wilh. Thdr., Gedichte. 8. (VIII, 328 S.) Hamburg 875. Hoffmann & Campe's Verl. n. 3. —; geb. n. 4. 50

Fischer, Karoline Auguste

HONIGMONATE, Die, von dem Verfasser von Gustav's Verirrungen *(Caroline Auguste Fischer,* geb. *Venturini).* 2 Thle. Posen, Kühn, 1802. 8°. (1 Rthl. Scheible, vor 1875.) Ziemlich zahm.

— — Dasselbe. Neue mit Kpfrn. vermehrte Aufl. Ebd. 1804. 8°. (⅔ Rthl. Schmidt, Halle, vor 1870.)
Anon.-Lex. II. p. 300 (nach v. Schindel, Goedeke u. Meusel).

MARGARETHE, ein (zahmer) Roman .... (von *Caroline Auguste Fischer,* geb. *Venturini*). Heidelberg 1812.
Anon.-Lex. III. p. 114 (nach Goedeke, Schindel, Meusel, Kayser).

— —, Kleine, und romantische Skizzen, von C. A., Verf. der Werke: „Gustavs Verirrungen", „die Honigmonate" etc. (von *Caroline Auguste Fischer,* geb. *Venturini*). Th. 1. (einz.). Posen, Kühn, 1818. 8°. (1⅓ Rthl.)
Schmidt's in Dresd. Leihbiblcat. 1819. p. 276.

VIERZEHN Tage in Paris. Von dem Verfasser (!) von Gustavs Verirrungen *(Caroline Auguste Fischer,* geb. *Venturini).* Mit (2) Kpfrn. (Boettger sc.). Leipzig, Gräff, 1801. 8°. 168 S. (⅔ Rthl.) (2 Mk. 50 Pfg. Frdr. Klüber, 1898; 3 Mk 50 Pfg., Hfrz., Rich. Härtel, Dresden, 1909.)

— die Weiber von der Verfasserin von Gustavs Verirrungen *(Caroline Auguste Fischer,* geb. *Venturini*). Heidelberg 1813. 8°.
Anon.-Lex. IV. p. 232 (nach Hayn u. Goedeke).

Fischer, Kasp., prüfende Gänge durch das Arbeitsfeld der Schule. (118 S.) gr. 8. Bern 908. A. Francke. 1.80

Der im dem Fürstenthum Coburg zu Grub am Forst befindliche Gesund-Brunnen samt denen daraus verfertigten Medicamenten und nützlichen Gebrauch zum Trincken u. Baden... Von Caspar Fischern [Fischer]. Coburg: Steinmarck 1735. 64 S. 8°

Fischer, Kaspar [pr. Arzt aus Emmerich am Rhein]: Über Ozaena der Nase und des Kehlkopfes ... Greifswald, Druck v. J. Abel, 1893; 28 S. 8.
Greifswald, Med. Fak., Inaug.-Diss. v. 30. März 1893

Fischer, Kilian. Jos., Dissertatio de benedictione filiorum Israelis. Genes. cap. 49. Würzburg, 1814, 8°, 208 S. Inaugural-Arbeit.
Recens. (Linzer) Theolog. prakt. Monatschrift, Jahrg. 12, Bd. 1 (3. Aufl., Prag 1823), S. 50—65. Felder, Litt. Ztg. für kath. Religion 1815, 2. Bd., S. 30—32.

Fischer, Clara, deutsch. Leseb. f. höh. Mädchenschulen, s.: Wacker, R.

Fischer, Klemens

Fischer, Clem., der altfranzösische Roman de Troie des Benoit de Sainte-Mor als Vorbild für die mittelhochdeutschen Trojadichtungen des Herbort von Fritslâr und des Konrad von Würzburg, s.a. Studien, neuphilologische.

Fischer, O. Der altfranzösische Roman de Troie des Benoît de Ste. More als Vorbild für die mittelhochdeutschen Trojadichtungen des Herbort von Fritslar und des Konrad von Würzburg. Diss. Münster 1883. 80 S.

Der altfranzösische Roman de Troie des Benoît de Sainte-More als Vorbild für die mittelhochdeutschen Trojadichtungen des Herbort von Fritslär und des Konrad von Würzburg. Von Clemens **Fischer** aus Fley. Paderborn: F. Schöningh 1883. (S. 65–142.) 8° [Umschlagt.]
— **Studien**, Neuphilologische. H. 2. [illegible]

[F. u. Ant.] **Fischer, Klemens [Dr.]**: Über Montchrestien's Tragödien. Tl 1. Rheine, Druck v. J. Altmeppeu [!]. 1893; 3—32 S. 4.
Rheine, G Dionysianum, P 1893 (303)

Fischer, Konrad

Calisthenics oder Anmutslehre. Ein Beitrag z. Mädchenerziehung in England von Konrad **Fischer**, Lehrer in Trier. *Trier: H. Stephanus 1899.* (12 S.) 8° [Ant. u. F.]
Aus: Zeitschr. f. weibl. Bildung. [illegible]

— s.a. Diesterweg, Adolf.

— Adolf Diesterweg, s.a. Klassiker, die, der Pädagogik. 19.

Adolf Diesterweg. Bearb. von Konrad **Fischer**, Lehrer zu Trier. Mit e. Bildn. Diesterwegs. 2. Aufl. *Langensalza: F. G. L. Gressler 1902.* (VIII, 380 S.) 8° [F.]
— **Klassiker**, Gresslers, d. Pädagogik. Bd 19. [illegible]

Fischer, Conr., aus der Flegelzeit der Liebe. Humoristische Novellen. 8. (203 S.) Mannheim 875, Schneider. *

Fischer, Konr., Friedrich der Große als Erzieher seines Volkes. Ein Gedenkbuch zum 100. Jahrestage seines Todes, 17. Aug. 1786. Mit einem Vorwort von Joh. Christ. Glob. Schumann. 8. (X, 214 S. mit 1 Portr. Friedrichs II.) Trier 886, Stephanus. *

Fischer, Conr., kleines Garten-Buch f. Kinder. Praktischer Rathgeber f. die lieben Kleinen, welche sich e. Gärtchen anlegen möchten. 8. (40 S. m. Abbildgn.) Bad Harzburg (900). (H. Woldag.) n. — 50

Vaterländische Geschichte für die Mittelstufe der Volksschule. Für ev. Volksschulen hrsg. von K[onrad] **Fischer**, Seminarl. *Trier: H. Stephanus 1900.* (32 S.) 8° [F.] [illegible] 6

Vaterländische Geschichte für die einklassige Volksschule. Für ev. Volksschulen hrsg. von K[onrad] **Fischer**, Seminarl. *Trier: H. Stephanus 1900.* (79 S.) 8° [F.] [illegible] 5

Fischer, Konr. Geschichte d. deutschen Volksschullehrerstandes. 1.—15. Lfg. gr. 8. (1. Bd. 353 S.; 2. Bd. S. 1—368.) Hannov. 891,92, Meyer. à Lfg. * — 50; * 7 50

[F.] Geschichte des Deutschen Volksschullehrerstandes v. Konrad **Fischer**, Seminarl. 2. verm. Aufl. Bd 1. 2. *Hannover [&] Berlin: C. Meyer 1898.* 2 Bde 8.
1. Von d. Ursprunge d. Volksschule bis 1790. (VIII, 352 S.)
2. Von 1790 bis auf d. Gegenw. (483 S.) [illegible]

Fischer, K., kleine deutsche Grammatik u. die deutsche Rechtschreibung m. e. Verzeichnis schwierig zu schreibender Wörter f. höh. Mädchenschulen u. Mittelschulen. 2. (verb.) Aufl. (56 S.) 8. Trier 906. H. Stephanus. n. — 30

Fischer Konr.: Übersichtliche Inhaltstabelle der drei olynthischen Reden. Lemberg II. 82.
Progr

— Leben u. Lehren Jean Pauls, s.: Klassiker, die, der Pädagogik.

Fischer, Conr., im Malerwinkel. Roman. 2 Bde. 8. (VI, 262 u. 281 S.) Jena 877. Costenoble. 6. 75

Fischer, Conr., im Malerwinkel. Roman. 2. Aufl. 2 Thle. in 1 Bde. 8. (VI, 262; 281 S.) Jena 882, Costenoble. *

Fischer, C., Jean Paul, s.: Klassiker, die, d. Pädagogik.

Fischer, Konr., allerlei Ratschläge f. das Lehr- u. Schulamt. Ein Wegweiser f. junge Lehrer. 2., unveränd. [Titel] Ausg. (VIII, 133 S.) 11. 8. Hannover [898] 907. C. Meyer. 1. ; geb. 1. 35
Die 1. Ausg. erschien unter dem Pseudonym: K. F. Walther

Allerlei Ratschläge für das Lehr- und Schulamt. Ein Wegweiser f. junge Lehrer von Konrad **Fischer**, Sem. Lehrer. 2. unveränd. Ausg. Hannover-List & Berlin: C. Meyer 1907. (VIII, 133 S.) 8° [illegible] 7

Fischer, Konr., das Rätsel der Musik. Eine Theorie der Tonvorstellgn. (III, 195 S. u. Musikbeilage 2 S.) gr. 8. München 907. (M. Steinebach.) 4. 50

— Friedrich Rückert in seinem Leben u. Wirken. 8. (51 S.) Trier 889, Stephanus' Verlag. * — 75

Fischer, Konr., der Schatzgräber. Eine Volkserzählg. (400 S.) 8. Gotha 909. E. F. Thienemann. 4.50; geb. 5. 50

Schulgesetz-Sammlung betr. die Ortsschulaufsicht u. d. Rechte u. Pflichten d. Lehrer u. Lehrerinnen in d. Reg.-Bez. Trier u. Koblenz, zsgest. von K[onrad] **Fischer**, Seminarlehrer. Trier: Stephanus 1903. 229 S. 8° [illegible]

Fischer, Konr., Übungsbuch f. d. deutschen Sprachunterricht u. f. d. Rechtschreibg. F. d. Volksschule i. Anschl. an d. Lesebuch bearb. u. hrsg. 12. (127 S.) Trier 895. H. Stephanus. n.n. — 45

— Volks- u. Kunstepen d. ersten klass. Blütezeit, s.a. Schulausgaben deutscher Klassiker.

[F.] Volks- und Kunstepen der ersten klassischen Blütezeit. F. d. Unterr. an Gymnasien ... in Prosa erz. v. Konrad **Fischer**, Lehrer ... zu Trier. *Trier: H. Stephanus 1895.* (VII, 147 S.) 1 Bd 8.
— **Schulausgaben** deutscher **Klassiker**. [No] 12. [illegible]

Fischer, Konr., ein Wort über d. Activbürgerrecht d. Juden in Helvetien rc. 8. Aarau 798.

Fischer, Konr., ein offenes Wort aus Deutsch-Südwest, s.a. Flugschriften des Alldeutschen Verbandes. 28. Hft.

Fischer, Konr., Ein offenes Wort aus Deutsch-Südwest. D. Warmbader Distrikt. Leipzig 1908. 8°.

Fischer, Konr., Zwergröschen u. andere Geschichten. 12 Märchen f. Jung u. Alt. Mit Bilderschmuck v. Helmut Eichrodt. (III, 204 S.) 8. Gotha 907. E. F. Thienemann. Geb. n. 3. —

Fischer, Konrad Heinrich

Fischer, Konr. Hnr., Aesopische Dichtungen. 8. Köln 809. Rommerskirchen. 10 gl.

Fischer, K. H., kleine poet. Fabellese zum Schul- u. Privatgebrauche. 8. Cöln, Rommerskirchen. 806.

— kleine poet. Fabellese zum Schul- u. Privatgebrauch. 8. Köln 807. Rommerskirchen. 8 gl.

— Jugendkalender, zur Belehrung u. Unterhalt. auf d. J. 1807. 8. Köln, Rommerskirchen. 6 gl.

— Lesebuch für deutsche Schulen aller christl. Confessionen. 1r od. moral. Thl. gr. 12. Köln 181.. 2e A. 818. 6e A. 827. Rommerskirchen. 7 gl. 2r od. wissenschaftl. Thl. 8. Ebd. 817. 2e A. 825. Ebd. 10 gl.

Fischer, K. H., Lesebuch für deutsche Schulen aller christlichen Confessionen. 1r u. 2r Thl. 3te verm. Aufl. gr. 12. Cölln, Rommerskirchen. 818 — 820. à 10 Gr.

Fischer, (K. H.,) Lesebuch für Schulen aller christl. Confessionen. 1r Thl. 5e Aufl. gr. 12. Cöln 823, Rommerskirchen.

— kleine deutsche Sprachlehre. 8. Köln 818. Rommerskirchen. 4 gl.

Fischer, Kornel Über die Dichterstellen bei Plato. 37 S. 8.
Progr. II. Staatsg. *Lemberg* 1877.

— Über die Person des Logographen in Platons Euthydem. 28 S. 8.
Progr. II. Staatsg. *Lemberg* 1880.

Fischer, Kornel I. Dramaturgische Tafel: Sophokles Oedipus rex. II. Übersichtliche Inhaltstabelle der drei olynthischen Reden. 2 Blatt. Progr. II. Staatsg. *Lemberg* 1882.

Fischer, Kuno, Anti-Trendelenburg. 2. Aufl. gr. 8. Jena 870. München, Bassermann'sche Verlagsh. *

—— Anti-Trendelenburg. Eine Gegenschrift. 1. und 2. Aufl. gr. 8. (77 S.) Jena 870, Deistung. *
Vgl.: Grapengiesser, C.

Fischer, Kuno, die Apologie meiner Lehre nebst Replik auf die „Abfertigung" des Herrn Schenkel. Mannheim 854. Bassermann. gr. 8. (110 S.) 12 ngl

— Franz Baco v. Verulam. Die Realphilosophie u. ihr Zeitalter. Leipzig 856. Brockhaus. 8. (XX, 472 S.) n. 2 ₰ 12 ngl

Fischer, Kuno, Francis Bacon u. seine Nachfolger. Entwicklungsgeschichte der Erfahrungsphilosophie. 2. völlig umgearb. Aufl. gr. 8. (XX, 788 S.) Leipzig 875. Brockhaus. n. 15. —

Francis Bacon und seine Schule. Entwicklungsgesch. d. Erfahrungsphilos. Von Kuno Fischer. 3. Aufl. (In 4 Lfgen.) *Heidelberg: C. Winter 19(02–)04.* (XVI, 536 S.) 8° [F.]
— Fischer: Geschichte d. neuern Philos. Jub.Ausg. Bd 10.

Fischer, Kuno: Ein Beitrag zur geschichteten Entladung in Geisslerröhren: Die Abhängigkeit der Schichtenlänge von Stromstärke, Druck und Gefässweite bei Stickstofffüllung. Göttingen 1909: Haensch. 61 S. 8°
Göttingen, Phil. Diss. v. 25. Mai 1909, Ref. Riecke
[Geb. 23. Aug. 82 Neuhaus a. Rennweg; Wohnort: Neuhaus; Staatsangeh.: Preußen; Vorbildung: Gymn. Rudolstadt Reife M. 02; Studium: Leipzig 3, Göttingen 6 S.; Rig. 25. Nov. 08.] [U 09. 1342

Kuno Fischers Bibliothek. Deutsche Litteratur u. Erstausgaben. Romantiker. Neuerwerbungen. Heidelberg: Carlebach 1908. 32 S. 8° [Umschlagt.]
(Ernst Carlebach: Versteigerung. Katalog Nr 301.)

Kuno Fischers philosophische Bibliothek. Heidelberg: Carlebach 1909. 47 S. 8° [Umschlagt.]
(Ernst Carlebach: Versteigerung. Katalog Nr 303.)

Fischer, Kuno, s.: Briefwechsel zwischen Goethe u. K. Göttling.

—— Shakespeare's Charakterentwicklung Richards III. Vorträge. 8. (VIII, 183 S.) Heidelberg 868, Bassermann'sche Verlagsh. (*M 2,10.) *

—— Shakespeare's Charakterentwicklung Richards III. 2. (Titel-) Ausg. 8. (VIII, 183 S.) Ebd. 889. * 2 —
Vgl.: Briefwechsel zwischen Goethe u. K. Göttling. — Falkenheim, Hugo. — Kern, Frz. Goethe's Tasso u. Kuno Fischer.

Fischer, Kuno, Clavis Kantiana. Qua via Immanuel Kant philosophiae criticae elementa invenerit. Commentatio. gr. 4. (10 S.) Jena 858, (Doebereiner.) *

Fischer, Cuno, Diotima. Die Idee des Schönen. Philosophische Briefe. 8. (XXIV u. 383 S.) Pforzheim 849, Flammer & Hoffmann. 1 ₰ 24 ngl

Fischer, Cuno, Diotima. Die Idee des Schönen. Philosophische Briefe. 8. (XXIV und 383 S.) Pforzheim 849. [Stuttgart, Scheitlin's Vrlgsh.]

Fischer, K. Lessings Einfluss auf Schiller, nachgewiesen aus Schillers Werken u. Briefen. In-8°. 109 S. Bern. These. 1897.

—— über die Entstehung und die Entwicklungsformen des Witzes. Zwei Vorträge gehalten in der Rose zu Jena im Febr. 1871. gr. 8. (VIII, 104 S.) Heidelberg 871, Bassermann'sche Verlagsh. (*M 1,80.) *

Fischer, Kuno, Erinnerungen an Moritz Seebeck, wirkl. Geheimrath u. Curator der Universität Jena. Nebst e. Anh. Goethe u. Thomas Seebeck. Mit Mor. Seebecks (Lichtdr.-) Bildniß. 8. (VIII, 150 S.) Heidelberg 886. C. Winter. n. 2. 80; geb. n. 3. 50

— Goethe's Faust. Ueber die Entstehung u. Composition des Gedichts. 8. (VI, 224 S.) Stuttgart 878. Cotta. n. 4. 50

— Goethe's Faust nach seiner Entstehung, Idee u. Composition. 2., neu bearb. u. verm. Aufl. 8. (XV, 472 S.) Stuttgart 887. Cotta Nachf. n. 8. —

— Goethes Faust. 3., durchgeseh. u. verm. Aufl. 2 Bde. 8. Stuttgart 893. J. G. Cotta Nachf. à n. 4. —
1. Die Faustdichtg. vor Goethe. (VIII, 220 S.)
2. Entstehung, Idee u. Composition d. Goetheschen Faust. (VI, 260 S.)

Fischer, Kuno. Goethe's 'Faust' (v1: Faust lit bef Goethe). Tr: Harry Riggs Wolcott. Manchester, Iowa, 1895.

Goethes Faust. Von Kuno Fischer. Bd 1–4. *Heidelberg: C. Winter (1902–04.)* 4 Bde 8° [F.]
1. Die Faustdichtung vor Goethe. 4., durchges. u. verm. Aufl. 1902.
2. Entstehung, Idee u. Composition d. goetheschen Faust. 4., durchges. u. verm. Aufl. 1902.
3. 4. Die Erklärung d. goetheschen Faust nach d. Reihenfolge seiner Scenen. Th. 1. 2. 1903–04.
— Fischer: Goethe-Schriften. 6–9.

Goethes Faust. Von Kuno Fischer. Bd 1. 5. Aufl. Heidelberg: C. Winter (1904). 8° [F.]
— Fischer: Goetheschriften. 6.

Goethes Faust. Von Kuno Fischer. 6. Aufl. Bd 1. Heidelberg: Winter (1909). 8°
(Fischer: Goethe-Schriften. 6.)

Fischer, Kuno, Festrede zur 500jähr. Jubelfeier der Ruprecht-Karls-Hochschule zu Heidelberg, gehalten in der Heiliggeistkirche den 4. Aug. 1886. 1. und 2. Aufl. gr. 8. (V, 98 S.) Heidelberg 886, C. Winter's Universitäts-Buchh. geb. mit Goldschn. *
3. Ausg. s. unten: Fischer, Kuno, die Schicksale der Universität Heidelberg.

—— über die menschliche Freiheit. Prorectoratsrede. 1. und 2. Aufl. 8. (47 S.) Ebendas. 888. *

—— Geschichte der neuern Philosophie. 1. Bd.: Das class. Zeitalter der dogmat. Philosophie. 2 Abthlgn. gr. 8. (XXII und 526 S.) Mannheim 852–54, (Bassermann'sche Vrlgsh.)

—— dass. — 2. Bd.: Das Zeitalter der deutschen Aufklärung: Uebergang der dogmat. zur kritischen Philosophie. A. u. d. T.: G. W. Leibnitz und seine Schule. gr. 8. (XXVII und 635 S.) Ebds. 855.

—— Geschichte der neuern Philosophie. 3. und 4. Bd. gr. 8. Mannheim 860, Bassermann'sche Verlagsh.
Inhalt:
Bd. 3., 4. Immanuel Kant. Entwickelungsgeschichte und System der kritischen Philosophie. 1. und 2. Bd. [1. Bd. Entstehung und Begründung der kritischen Philosophie. Die Kritik der reinen Vernunft. (XXXIII und 595 S.) 3 Thlr. 6 Ngr. 2. Bd. Das Lehrgebäude der kritischen Philosophie. Das System der reinen Vernunft. (XXXI und 680 S.) 3 Thlr. 15 Ngr.]

Fischer, Kuno, Geschichte der neuern Philosophie. 1. und 2. Bd. gr. 8. Heidelberg, Bassermann'sche Verlagsh.
Inhalt:
Bd. 1. Descartes und seine Schule. 1. Thl. Allgemeine Einleitung. René Descartes. 2., völlig umgearb. Aufl. (XXVII und 546 S.) 865. 3 Thlr. 18 Ngr.
" 1. —— dass. — 2. Thl. Descartes' Schule. Geulinx. Malebranche. Baruch Spinoza. 2., völlig umgearb. Aufl. (XXIV und 584 S.) 865. 3 Thlr. 18 Ngr.
" 2. Leibniz und seine Schule. 2., neu bearb. Aufl. (XL und 884 S.) 867. 5 Thlr.

—— Geschichte der neuern Philosophie. 1. Bd. Anhang, 3.—6. Bd., 1. Buch. gr. 8. Heidelberg, Bassermann'sche Verlagsh. *
Inhalt:
Bd. 1. Descartes und seine Schule. 1. Thl. Allgemeine Einleitung: René Descartes. 2. völlig umgearb. Aufl. Anhang. A. u. d. T.: René Descartes' Hauptschriften zur Grundlegung seiner Philosophie. Ins Deutsche übertragen und mit einem Vorwort begleitet von Kuno Fischer. Neue (Titel-)Ausg. (XIV, 203 S.) (863)69. (*ℳ 2,10.) *ℳ 2.
" 3. 4. Kant's Vernunftkritik und deren Entstehung. 2. revid. Aufl. (XXXIII, 638 S.) — Kant's System der reinen Vernunft auf Grund der Vernunftkritik. 2. revid. Aufl. (XX, 666 S.) 869. *ℳ 21.
" 5. Fichte und seine Vorgänger. 2 Abthlgn. (XLIX, 1084 S.) 869. *ℳ 13,50.
" 6. Friedr. Wilh. Jos. Schelling. 1. Buch. Schelling's Leben und Schriften. (XVII, 390 S.) 872. *ℳ 7.

Fischer, Kuno, Geschichte der neuern Philosophie. 1. Bd. 1. Thl. und 6. Bd. 2. Buch. gr. 8. München, Bassermann'sche Verlagsh. *
Inhalt:
Bd. 1. Deskartes und seine Schule. 1. Thl.: Allgemeine Einleitung. René Deskartes' Leben, Schriften und Lehre. 3. neu bearb. Aufl. (XVI, 440 S.) 878. *ℳ 9.
" 6. Friedrich Wilhelm Joseph Schelling. 2. Buch: Schellings Lehre. (XVII—XXIII, S. 381—975.) 877. *ℳ 11.
1. Bd. (2 Thle.) mit Anhang, 2.—6. Bd. 1. Buch. 1865—78. *ℳ 94.

Fischer, Kuno, Geschichte der neueren Philosophie. 1. Bd. 2. Thl. und 3.—5. Bd. gr. 8. München, Bassermann'sche Verlagsh. *
Inhalt:
Bd. 1. Descartes und seine Schule. 2. Thl.: Fortbildung der Lehre Descartes'. Spinoza. 3. neu bearb. Aufl. (XVI, 556 S.) 880. *ℳ 10,50.
" 3. Immanuel Kant und seine Lehre. 1. Thl.: Entstehung und Grundlegung der krit. Philosophie. 3. neu bearb. Aufl. (XX, 576 S.) 882. *ℳ 11.
" 4. —— dass. — 2. Thl.: Das Vernunftsystem auf der Grundlage der Vernunftkritik. 3. neu bearb. Aufl. (XVIII, 516 S.) 882. *ℳ 10.
" 5. J. G. Fichte und seine Vorgänger. 2. verm. und revid. Aufl. (XXVIII, 840 S.) 884. *ℳ 16,50.
1. Bd. 1. Thl., 2. und 6. Bd. Ebendas. 1867—78. *ℳ 42.

—— Geschichte der neueren Philosophie. 2. Bd.: Gottfried Wilhelm Leibniz. 3. neu bearb. Aufl. gr. 8. (XIX, 622 S.) [München 888, Bassermann'sche Verlagsh.] Heidelberg, C. Winter's Universitäts-Buchh.
1. und 3.—6. Bd. Ebendas. 1867—84. *ℳ 75.—.

— Geschichte der neuern Philosophie. Neue Gesammtausg. 1.—6. Bd. gr. 8. Heidelberg 889. 890. C. Winter. n. 90.—
I. Descartes u. seine Schule. 3., neu bearb. Aufl. 2 Thle. 1. Allgemeine Einleitung. Descartes' Leben, Schriften u. Lehre. (XVI, 440 S.) n. 10. —. — 2. Fortbildung der Lehre Descartes'. Spinoza. (XVI, 566 S.) n. 12. —.
II. Gfr. Wilh. Leibniz. 3., neu bearb. Aufl. (XIX, 622 S.) n. 14. —
III. IV. Immanuel Kant u. seine Lehre. 3., neu bearb. Aufl. 2 Thle. (XX, 578 u. XVIII, 516 S.) n. 24. —
V. J. G. Fichte u. seine Vorgänger. 2., neu bearb. Aufl. (XXVIII, 840 S.) n. 14. —
VI. Friedrich Wilhelm Joseph Schelling. 2 Thle. (XXIII, 975 S.) n. 16. —

— dasselbe. VIII. Bd. Arthur Schopenhauer. 2 Thle. gr. 8. (XVI, 495 S.) Ebd. 893. n. 12. —; geb. in Halbldr. n. 13. 60 (I—VI u. VIII.: n. 112. —; geb. n. 125. 60)
Der VII. Bd. erscheint später.

Fischer, Kuno, Geschichte der neuern Philosophie. Neue Gesammtausg. VI. Bd. 2 Hälften. gr. 8. Heidelberg, Carl Winter. n. 22. —; in 1 Bd. geb. n. 24. —
1. Friedrich Wilhelm Joseph Schelling. 1. Buch: Schellings Leben u. Schriften. 2. Buch: Schellings Lehre. 2., durchgesch. u. verm. Aufl. 1. Hälfte. (400 S.) 891. n. 10. —
2. — dasselbe. 2. Hälfte. (XXXII u. S. 401—832.) 895. n. 12. —
Berichtigung der Preisangabe in Bd. XXV des Bücher-Lexikons:
V. Bd. J. G. Fichte u. seine Vorgänger. n. 18. —

Fischer, Kuno, Geschichte d. neueren Philosophie. Jubiläumsausg. 1.—23. Lfg. gr. 8. (1. Bd. 4. Aufl. XVI, 448 S., 2. Bd. 4. Aufl. XVI, 578 S., 4. Bd. 1. Tl. 4. Aufl. XX, 620 S., 7. Bd. 2. Aufl. XXXII u. S. 1—832, 8. Bd. S. 1—288 u. 9. Bd. 2. Aufl. XVI, 555 S.) Heidelberg 897—898. C. Winter. Subskr.-Pr. à n. 3. —

— dasselbe. 1., 2., 4. u. 9. Bd. gr. 8. Ebd. n. 55. —; geb. in Halbfrz. n. 68. —
1. Descartes' Leben, Werke u. Lehre. 4., neu bearb. Aufl. (XVI, 448 S.) 897. n. 11. —; geb. n. 13. —
2. Spinozas Leben, Werke u. Lehre. 4., neu bearb. Aufl. (XVI, 573 S.) 897. n. 14. —; geb. n. 16. —
4. Immanuel Kant u. s. Lehre. 1. Tl. Entstehg. u. Grundlegg. d. krit. Philosophie. 4., neu bearb. Aufl. (XX, 620 S.) 898. n. 16. —; geb. n. 18. —
9. Schopenhauers Leben, Werke u. Lehre. 2., neu bearb. u. verm. Aufl. (XVI, 535 S.) 898. n. 14. —; geb. n. 16. —

Fischer, Kuno, Geschichte d. neueren Philosophie. Jubiläumsausg. 8. Bd. Hegels Leben, Werke u. Lehre. 1. u. 2. Lfg. gr. 8. (S. 1—288.) Heidelberg 898. C. Winter. à n. 3. 60

— dasselbe. 8. Bd. Hegels Leben, Werke u. Lehre. 3.—8. Lfg. gr. 8. (XX, XV u. S. 289—1192.) Ebd. 899—901. n. 22. 80; (kplt. n. 30. —; in 2 Halbfrzbdn. n. 34.—)

Fischer, Kuno, Geschichte der neueren Philosophie. Jubiläumsausg. 24.—44. Lfg. gr. 8. (3. Bd. 4. Aufl. XVII, 728 S.; 5. Bd. 2. Tl. 4. Aufl. XVI, 640 S.; 6. Bd. XX, 721 S., 8. Bd. XX, XV u. S. 289—1192 m. Bildnis u. 10. Bd. 3. Aufl. S. 1—160.) Heidelberg 899—902. C. Winter's Univ.-Buchh. Subskr.-Pr. à n. 3.—

— dasselbe. 3. u. 5.—8. Bd. gr. 8. Ebd. n. 104. —; geb. in Halbfrz. n. 116. —; (kplt. auf einmal bezogen n. 160. —; geb. n.n. 170. —)
3. Gottfried Wilhelm Leibniz. Leben, Werke u. Lehre. 4. Aufl. (XVII, 728 S.) 902. n. 18. —; geb. n. 20. —
5. Immanuel Kant u. seine Lehre. 2. Thl. Das Vernunftsystem auf der Grundlage der Vernunftkritik. 4. neu bearb. Aufl. (XVI, 640 S.) 899. n. 16. —; geb. in Halbfrz. n. 18. —
6. Fichtes Leben, Werke u. Lehre. 3. durchgeseh. Aufl. (XX, 721 S.) 900. n. 18. —; geb. in Halbfrz. n. 20. —
7. Schellings Leben, Werke u. Lehre. 3. Aufl. (XXXII, 832 S.) 902. n. 22. —; geb. n. 24. —
8. Hegels Leben, Werke u. Lehre. 2 Thle. Mit dem Bildnis des Verf. in Heliogr. (XX, XV, 1192 S.) 901. n. 30. —; in 2 Halbfrz.-Bdn. n. 34. —

Fischer, Kuno, Geschichte der neueren Philosophie. 45. bis 47. Lfg. (10. Bd. 3. Aufl. XVI u. S. 161—536). gr. 8. Heidelberg 903. 904. C. Winter, Verl. Subskr.-Pr. n. 7. 20 (vollständig n. 139. 20)

dasselbe. Jubiläumsausg. 10. (Schluß-)Bd. gr. 8. Ebd. 904. n. 14. —; geb. in Halbfrz. n. 16. —
Francis Bacon u. seine Schule. Entwickelungsgeschichte der Erfahrungsphilosophie. 3. Aufl. (XVI, 536 S.)

Fischer, Kuno, Geschichte der neueren Philosophie. 2. u. 4. Bd., 5. Bd. II. Tl. 8. Bd. 1—14. Lfg. u. 9. Bd. gr. 8. Heidelberg, Carl Winter. 92. —
2. Spinozas Leben, Werke u. Lehre. (Descartes' Schule.) 5. Aufl. (XVI, 635 S.) 909. 16.—; geb. in Halbfrz. n 18. 60
4. Immanuel Kant u. seine Lehre. 1. Tl. Entstehung u. Grundlegg. der krit. Philosophie. 5. Aufl. (XX, 688 S.) 909. 17.50; geb. in Halbfrz. n 20. —
5, II. Dasselbe. II. Tl. Das Vernunftsystem auf der Grundlage der Vernunftkritik. 5. Aufl. (XVIII, 645 S.) 910. 16.50; geb. in Halbfrz. n 19. —
8. Hegels Leben, Werke u. Lehre. 2. Aufl. (In 16 Lfgn.) 1—14. Lfg. (S. 1—1120.) 909. 910. à 2. —
9. Schopenhauers Leben, Werke u. Lehre. 3. Aufl. (XVI, 560 S.) 908. 14. —; geb. in Halbfrz. n 16. 50

Goethe und Heidelberg. Festrede z. städt. Goethefeier aus Anlass d. 150. Geburtst. Goethes geh. zu Heidelberg am 29. Oct. 1899 von Kuno **Fischer**. 2. Aufl. *Heidelberg: C. Winter (1900).* (S. 117–168) 8° [F.]
— **Fischer**: Goethe-Schriften. 5. [99. [illegible]

—— **Goethe-Schriften.** I. Goethes Iphigenie. Festvortrag, gehalten in Weimar den 26. Mai 1888 bei der 3. Generalversammlung der Goethe-Gesellschaft. 1. und 2. Aufl. 8. (60 S.) Heidelberg 888, C. Winter's Universitäts-Buchh. *

Fischer, Kuno. Goethe-Schriften. Nr. 2. u. 3. gr. 8. Heidelb. C. Winter. * 7 80
2. Die Erklärungsarten d. Goetheschen Faust. (92 S.) 889. * 1 80.
3. Goethe's Tasso. 1. u. 2. Aufl. (353 S.) 890. * 6 —; geb. * 7 50.
Nr. 1. Ebd. 1888. * 1 20. —
Nr. 1—3. [1. Reihe.] * 9 —; geb. in 1 Bde. * 11 —.

— **Goethe-Schriften.** 4. gr. 8. Ebd. 896. n. 2. — (1.—4.: n. 11. —)
Goethes Sonettenkranz. (2. Bd. S. 1—112.)

— **Goetheschriften.** 1., 3. u. 5.—7. Bd. gr. 8. Ebd. n. 16.20
1. Goethes Iphigenie. Festvortrag, geh. in Weimar bei der 3. Generalversammlg. d. Goethe-Gesellschaft. 3. durchgeseh. Aufl. (60 S.) 900. n. 1. 20
3. Goethes Tasso. 3. unveränd. Aufl. (353 S.) Ebd. (900). Geb. in Leinw. n. 6. —
5. Goethe u. Heidelberg. Festrede zur städt. Goethefeier aus Anlaß des 150. Geburtstages Goethes in Gegenwart Ihrer königl. Hoheiten des Großherzogs u. der Frau Großherzogin, geh. im Saalbau zu Heidelberg am 29. X. 1899. 1. u. 2. Aufl. (à 58 S.) 900. n. 1. —
6. Die Faustdichtung vor Goethe. 4. durchgeseh. u. verm. Aufl. (240 S.) (902). n. 4. —; geb. in Leinw. n. 5. —
7. Entstehung, Idee u. Composition des Goetheschen Faust. 4. durchgeseh. u. verm. Aufl. (272 S.) (902). n. 4 —; geb. in Leinw. n. 5. —

— **Goethe-Schriften.** 2. u. 6—9. Bd. gr. 8. Ebd. n. 23.80
2. Die Erklärungsarten des Goetheschen Faust. 2. Aufl. (92 S.) 904. n. 1. 80
6. Goethes Faust. 1. Bd. Die Faustdichtg. vor Goethe. 5. Aufl. (240 S.) (904.) n. 4. —; geb. in Leinw. n. 5. —; in Halbfrz. n. 5. 50
7. Dasselbe. 2. Bd. Entstehung, Idee u. Composition des goetheschen Faust. 5. Aufl. (272 S.) (904.) n. 4. —; geb. in Leinw. n. 5. —; in Halbfrz. n. 5. 50
8. Dasselbe. 3. Bd. Die Erklärg. des goetheschen Faust nach der Reihenfolge seiner Scenen. 1. Thl. 1. u. 2. Aufl. (à 405 S.) (903. 904.) n. 7. —; geb. in Leinw. n. 8. —; in Halbfrz. n. 8. 50
9. Dasselbe. 4. Bd. Die Erklärg. des goetheschen Faust nach der Reihenfolge seiner Scenen. 2. Thl. 1. u. 2. durchgeseh. Aufl. (à 367 S.) (903. 904.) n. 7. —; geb. in Leinw. n. 8. —; in Halbfrz. n. 8. 50

— **Goethe-Schriften.** 6—8. 8. Ebd. 15. —
6. Goethes Faust. 1. Bd. Die Faustdichtg. vor Goethe. 6. Aufl. (212 S.) (909.) 4. —
7. Dasselbe. 2. Bd. Entstehung, Idee u. Composition des goetheschen Faust. 6. Aufl. (271 S.) (908.) 4. —
8. Dasselbe. 3. Bd. Die Erklärg. des goetheschen Faust nach der Reihenfolge seiner Scenen. 1. Tl. 3. Aufl. (390 S.) 908. 7.

[F.] Shakespeares Hamlet. Von Kuno **Fischer**. *Heidelberg: C. Winter (1896).* (320 S.) 1 Bd 8.
— **Fischer**, K.: Kleine Schriften. [Bd] 5. [96. [illegible]

— das **Interdict** meiner Vorlesungen und die Anklage des Herrn Schenkel Dir. d. Heidelberger Pred.-Seminars in der Darmstädtischen Kirchen-Zeitung. Ebend. 854. 8. (84 S.) 9 *ngr.*

Schillers Jugend- und Wanderjahre in Selbstbekenntnissen. Von Kuno **Fischer**. 2. neubearb. u. verm. Aufl. von 'Schillers Selbstbekenntnissen' (von Fischer). Heidelberg: Winter (1891). 262 S. 8°
(Fischer: Schiller-Schriften. 1.) [00. 7886

Immanuel Kant und seine Lehre. Von Kuno **Fischer**. Th. 1. 2. (In 7 Lfgn.) 4. neu bearb. Aufl. *Heidelberg: C. Winter 1898–99.* 2 Bde 8° [F.]
1. Entstehung u. Grundlegung d. krit. Philos. 1898.
2. Das Vernunftsystem auf d. Grundl. d. Vernunftkritik. 1899.
— **Fischer**: Geschichte d. neueren Philos. Jubil. Ausg. Bd 4. 5. [99. [illegible]

Immanuel Kant und seine Lehre. Von Kuno **Fischer**. 5. Aufl. T. 1. 2. Heidelberg: Winter 1909–10. 8°
1. Entstehung u. Grundlegung d. krit. Philosophie.
2. Das Vernunftsystem auf d. Grundlage d. Vernunftkritik.
(Fischer: Geschichte d. neueren Philosophie. Bd 4. 5.) [10. 9774

Grossherzog Karl Alexander von Sachsen. Gedächtnissrede am 31. Mai 1901 zu Weimar geh. von Kuno **Fischer**. *Heidelberg: C. Winter (1901).* (76 S.) 8° [F.]
— **Fischer**: Kleine Schriften. 9. [01. 6460

— **Kritik** der kantischen Philosophie. gr. 8. (VIII, 112 S.) Ebend. 883. n. 2. —

[F.] Descartes' Leben, Werke und Lehre. Von Kuno **Fischer**. 4. neu bearb. Aufl. (In 3 Lfgn.) *Heidelberg: C. Winter 1897.* (XVI, 448 S.) 1 Bd 8.
— **Fischer**, K.: Geschichte d. neuern Philosophie. Jubiläumsausg. Bd 1. [97. 6488

Fichtes Leben, Werke und Lehre. Von Kuno **Fischer**. 3. durchges. Aufl. *Heidelberg: C. Winter (1899–)1900.* (XX, 721 S.) 8°
— **Fischer**: Geschichte d. neueren Philos. Jubil. Ausg. Bd 6. [00. 6030

Hegels Leben, Werke und Lehre. Von Kuno **Fischer**. Mit d. Bilde d. Verf. Th. 1. 2. (in 8 Lfgn.) *Heidelberg: C. Winter (1898–)1901.* 2 Bde 8° [F.]
— **Fischer**: Geschichte d. neuern Philosophie. Jub. Ausg. Bd 8. [01. [illegible]

Hegels Leben, Werke und Lehre. Von Kuno **Fischer**. Mit d. Bildn. d. Verf. Th. 1. 2. *Heidelberg: C. Winter 1901.* 2 Bde 8° [F.]
— **Fischer**: Geschichte d. neuern Philos. Neue Ges. Ausg. Bd 7. [illegible] II

Hegels Leben, Werke und Lehre. Von Kuno **Fischer**. 2. Aufl. Lfg 1. Heidelberg: Winter 1909. 8°
(Fischer: Geschichte d. neueren Philosophie. Bd 8.) [10. 12006 4

—— **Kant's** Leben und die Grundlagen seiner Lehre. Drei Vorträge. gr. 8. (XI und 159 S.) Mannheim 860, Bassermann'sche Verlagsh. *

Kant's Leben und die Grundlagen seiner Lehre. 3 Vorträge von Kuno **Fischer**. 2. unveränd. Aufl. Heidelberg: C. Winter 1906. (129 S.) 8° [F.]
— **Fischer**: Philosophische Schriften. 4. [06. 15389 6

[F.] Schellings Leben, Werke und Lehre. Von Kuno **Fischer**. 2. durchges. u. verm. Aufl. *Heidelberg: C. Winter 18(98.)99.* (XXXII, 832 S.) 1 Bd 8.
— **Fischer**, K.: Geschichte d. neuern Philosophie. Jubiläumsausg. Bd 7. [98. 10073

Schellings Leben, Werke und Lehre. Von Kuno **Fischer**. 3. Aufl. Heidelberg: Winter 1902. XXXII, 832 S. 8°
(Fischer: Geschichte d. neuern Philosophie. Bd 7.) A 02. [illegible] II

[F.] Schopenhauers Leben, Werke und Lehre. Von Kuno **Fischer**. 2. neu bearb. u. verm. Aufl. (In 3 Lfgn.) *Heidelberg: C. Winter 1898.* (XVI, 535 S.) 1 Bd 8.
— **Fischer**, K.: Geschichte d. neuern Philosophie. Jubiläumsausg. Bd 9. [97. 6389

Schopenhauers Leben, Werke und Lehre. Von Kuno **Fischer**. 3. Aufl. Heidelberg: Winter 1908. XVI, 500 S. 8°
(Fischer: Geschichte d. neueren Philosophie. Bd 9.) [09. 12994

—— **Baruch Spinoza's** Leben und Charakter. Ein Vortrag. gr. 8. (IV und 52 S.) Heidelberg 865, Bassermann'sche Verlagsh. *

[F.] Spinozas Leben, Werke und Lehre. Von Kuno **Fischer**. 4. neu bearb. Aufl. (In 4 Lfgn.) *Heidelberg: C. Winter 1898.* (XVI, 573 S.) 1 Bd 8.
— **Fischer**, K.: Geschichte d. neuern Philosophie. Jubiläumsausg. Bd 2. [98. 7700

Spinozas Leben, Werke und Lehre. Von Kuno **Fischer**. 5. Aufl. Heidelberg: Winter 1909. XVI, 635 S. 8°
(Fischer: Geschichte d. neueren Philosophie. Bd 2.) [09. 6736 4

Fischer's, Kuno, Lebensbild, s. Sosnowski, M. E. v.

Gottfried Wilhelm Leibniz. Leben, Werke u. Lehre. Von Kuno **Fischer**. 4. Aufl. (In 4 H.) *Heidelberg: C. Winter 1902.* (XVII, 728 S.) 8°
— **Fischer**: Geschichte d. neuern Philosophie. Jub. Ausg. Bd 3. [02. [illegible]

—— **G. E. Lessing** als Reformator der deutschen Literatur. 2 Thle. 8. Stuttgart 881, Cotta'sche Buchh. *
geb. in 1 Bd. *
Inhalt:
Thl. 1. Lessings reformatorische Bedeutung. Minna v. Barnhelm. Faust. Emilia Galotti. (VI, 261 S.) * ℳ 4,50.
" 2. Nathan der Weise. 3. neu bearb. Aufl. (VI, 193 S.) * ℳ 3,50.

G. E. Lessing als Reformator der deutschen Literatur dargest. von Kuno Fischer. 2. Aufl. T. 1. *Stuttgart & Berlin: J. G. Cotta Nachf. 1904.* 8° [F.] [04. 13479

—— Logik und Metaphysik oder Wissenschaftslehre. Lehrbuch für akadem. Vorlesungen. 8. (XX und 204 S.) Stuttgart 852, Scheitlin's Vrlagsh.
2. Aufl. u. d. Tit.: Fischer:
System der Logik und Metaphysik oder Wissenschaftslehre.

—— Lessings Nathan der Weise. Die Idee und die Charaktere der Dichtung. 8. (VII und 130 S.) Stuttgart 864, Cotta'sche Buchh. *

—— Lessing's Nathan der Weise. Idee und Charaktere der Dichtung dargestellt. 2. Aufl. 8. (III, 135 S.) Stuttgart 872, Cotta'sche Buchh. (*ℳ 2.) *

— Lessings Nathan d. Weise. D. Idee u. d. Charaktere d. Dichtg. 4, durchgeseh. Aufl. 8. (VI, 104 S.) Stuttgart 896. J. G. Cotta Nachf. n. 3. —; geb. n. 4. —

Fischer, Ernestus Cuno Bertholdus: De Platonico Parmenide.
Halle-Wittenberg. Phil. Diss. v. 19. März 1847
Geb. [Sandewalde (Kr. Guhrau, Schles.) 23. 7. 1824]
Ms. fehlt. — Erschien als: De Parmenide Platonico im Buchhandel 1851 bei Scheitlin in Stuttgart (X, 104 S. 8°). — Verf. erlebte die Diplomerneuerung 1897 als Geheimrat und ordentlicher Professor der Philosophie in Heidelberg.

Fischer, Cuno, de Parmenide Platonico. 8. (X und 104 S.) Stuttgardiae 851, Scheitlin's Vrlgsh.

[F.] Der Philosoph des Pessimismus. E. Charakterproblem. Von Kuno Fischer. *Heidelberg: C. Winter (1897).* (60 S.) 8.
= Fischer, K.: Kleine Schriften. [No] 7. [97. 3647

—— de realismo et idealismo. Commentatio. gr. 4. (16 S.) Jena 858, (Doebereiner.) *

Fischer, Kuno, akademische Reden. 1. Joh. Gottl. Fichte. Rede zur akadem. Fichte-Feier, gehalten zu Jena am 19. Mai 1862. — 2. Die beiden kantischen Schulen in Jena. Rede zum Antritt des Prorektorats, am 1. Febr. 1862. gr. Lex.-8. (111 S.) Stuttgart 862, Cotta'sche Buchh. *

Friedrich Wilhelm Joseph Schelling. Von Kuno Fischer. 1. Buch: Schellings Leben u. Schriften. 2. Buch: Schellings Lehre. 2. durchges. u. verm. Aufl. (Hälfte 1. 2.) *Heidelberg: C. Winter 18(94–)95.* (XXXII, 832 S.) 8° [F.]
— Fischer: Geschichte d. neuern Philosophie. Neue Gesammtausg. 2. Aufl. Bd 6. [95. 1703 11

—— die Schicksale der Universität Heidelberg. Festrede zur 500jähr. Jubelfeier der Ruprecht-Karls-Hochschule zu Heidelberg. 3. Ausg. gr. 8. (V, 98 S.) Ebendas. 888. *
1. und 2. Aufl. s. oben: Fischer, Kuno, Festrede.

— die Schicksale der Universität Heidelberg. Festrede. Zur 500jähr. Jubelfeier der Ruprecht-Karls-Universität Heidelberg. 3. Taus. Neue Ausg. zur Zentenarfeier der Erneuerg. der Universität durch Karl Friedrich. (III, 98 S.) gr. 8. Heidelberg 903. C. Winter Verl. n. 2. —; geb. in Leinw. n. 3. —

—— Schiller. Drei Vorträge. I. Schiller's Selbstbekenntnisse. II. Schiller als Philosoph. III. Schiller als Komiker. Neue (Titel-)Ausg. gr. 8. (XIV, 203 S.) Leipzig (858)68, Fues's Verlag. [Gera, Griesbach's Verlag.] (ℳ 2.)

— Schiller. Drei Vorträge. Neue Ausg. Leipzig 869. Fues. 8. (X, 361 S.) n. 20 ngr.

—— Friedrich Schiller. Akademische Festrede zu Schiller's 100jähr. Geburtstage gehalten in der Collegienkirche zu Jena in Gegenwart Ihrer k. Hoheiten des Großherzogs und der Frau Großherzogin von Sachsen. Als Anhang einige Schriftstücke von Schiller's Hand, mitgetheilt aus dem Universitätsarchiv. gr. 8. (48 S.) Leipzig 860, Brockhaus. *

—— Schiller als Komiker. Vortrag gehalten in der Rose zu Jena am 30. Jan. 1861. 8. (IV und 104 S.) Frankfurt a. M. 861. [Stuttgart, Bruckmann.] *

Schiller als Komiker. Von Kuno Fischer. 2. neubearb. u. verm. Aufl. Heidelberg: Winter (1891). 115 S. 8°
(Fischer: Schiller-Schriften. 2.) [09. 7888

—— Schiller als Philosoph. Vortrag gehalten in der Rose zu Jena am 10. März 1858. 8. (XI und 170 S.) Frankfurt a. M. 858. [Stuttgart, Bruckmann.] *

— Schiller als Philosoph. Vortrag gehalten zu Jena am 10. März 1858. Frankfurt a. M. 858. Hermann. 8. (XI, 170 S.) n. 20 ngr.

Schiller als Philosoph. Von Kuno Fischer. 2. neubearb. u. verm. Aufl. In 2 Büchern. Buch 1: Die Jugendzeit. 1779–1789. Buch 2. Die akad. Zeit 1789–1796. Heidelberg: Winter 1891–92. 396 S. 8°
(Fischer: Schiller-Schriften. 3. 4.) [09. 7889

—— Schillerschriften. [1.—4. Heft.] I. Reihe. 2 Bde.; II. Reihe 1. u. 2. Bd. gr. 8. Ebd. 891. * 12 —; geb. in 2 Bde. * 16 —
1. Schiller's Jugend- u. Wanderjahre in Selbstbekenntnissen. 2. neubearb. u. verm. Aufl. v. „Schiller's Selbstbekenntnissen". (262 S.) * 4 —; geb. * 5 —.
2. Schiller als Komiker. 2. neubearb. u. verm. Aufl. (115 S.) * 2 —.
1. u. 2. Bd. zusammen * 6 —; geb. in 1 Bde. * 8 —.
3. Schiller als Philosoph. 2. neubearb. u. verm. Aufl. In 2 Büchern. 1. Buch: Die Jugendzeit. 1779—1789. (172 S.) * 2 50.
4. Dass. — 2. Buch: Die akadem. Zeit. 1789—1796. (S. 173—396.) * 3 50.
1. u. 2. Buch in 1 Bde. geb. * 7 50.

— kleine Schriften. 1. 2. Bd. gr. 8. Ebd. n. 4. 20
1. Ueber die menschliche Freiheit. Prorectoratsrede. 1. u. 2. Aufl. (47 S.) 888. n. 1. 20
2. Ueber den Witz. 2. Aufl. (150 S.) 889. n. 3. —; geb. n. 4. —

— kleine Schriften. 3.—8. 8. Heidelberg, C. Winter. n. 14. 20 (1.—8.: n. 17. 40; 1.—4. in 1 Bd. n. 8. —; geb. in Hlbfrz. n. 9. —)
3. Shakespeare u. d. Bacon-Mythen. Festvortrag, geh. auf d. Generalversammlg. d. deutschen Shakespeare-Gesellschaft z. Weimar am 23. Apr. 1895. (84 S.) 895. n. 1. 60
4. Krit. Streifzüge wid. d. Unkritik. (S. 285—457.) 896. n. 3. 20
5. Shakespeares Hamlet. (320 S.) 896. n. 5. —; geb. n. 6. —
6. Das Verhältniß zw. Willen u. Verstand im Menschen. Vortrag, in Gegenwart d. Höchsten Herrschaften geh. i. Residenzschlosse zu Karlsruhe am 28. März 1896. 2. Aufl. (56 S.) 896. n. 1. —
7. D. Philosoph d. Pessimismus. Ein Charakterproblem. (60 S.) 897. n. 1. 20
8. Großherzogin Sophie v. Sachsen, Prinzessin d. Niederlande. Gedächtnißrede in d. Trauerversammlg a. 8. Oktbr. 1897 i. Sophienstift z. Weimar. (64 S.) 898. n. 1. 20

— kleine Schriften. 1. u. 9. gr. 8. Ebd. n. 2. 70
1. Ueber die menschliche Freiheit. Prorectoratsrede. 3. Aufl. (47 S.) (903). n. 1. 20
9. Großherzog Karl Alexander v. Sachsen. Gedächtnißrede in der Trauerversammlung vom 31. V. 1901, im Theater zu Weimar geh. (76 S.) (901). n. 1. 50

— kleine Schriften. 5. u. 6. 8. Ebd. n. 6. —
5. Shakespeares Hamlet. 2. Aufl. (330 S.) (904.) n. 5. —; geb. n. 6. —
6. Das Verhältniß zwischen Willen u. Verstand im Menschen. Vortrag, in Gegenwart der Höchsten Herrschaften geh. im Residenzschlosse zu Karlsruhe. 3. Aufl. (56 S.) 906. n. 1. —

—— Philosophische Schriften. 1. gr. 8. Ebd. * 9 40
1. Einleitung in die Geschichte der neuern Philosophie. 4. Aufl. (IV, 153 S.) 891. * 4 —; geb. in Leinw. * 5 —.

Philosophische Schriften von Kuno Fischer. 1–4. Heidelberg: C. Winter (1892–1906). 4 Bde 8° [F.]
1. Einleitung in d. Geschichte d. neuern Philosophie. 5. Aufl. (1902.)
2. Kritik d. Kantischen Philosophie. 2. Aufl. (1892.)
3. Die 100jähr. Gedächtnissfeier d. Kantischen Kritik d. reinen Vernunft. Joh. Gottl. Fichtes Leben u. Lehre. Spinozas Leben u. Charakter. 2. Aufl. 1892.
4. Kant's Leben u. d. Grundlagen s. Lehre. 3 Vorträge. 2. unveränd. Aufl. 1906. [07. 149 C

Philosophische Schriften. 1. 5 u. 6. gr. 8. Heidelberg, C. Winter, Verl. 20. 20
1. Einleitung in die Geschichte der neueren Philosophie. 6. Aufl. (163 S.) 908. 4. —; geb. in Leinw. n 5.
5. David Friedrich Strauß. Gesamm. Aufsätze. (144 S.) 908. 3. 60
6. System der Logik u. Metaphysik od. Wissenschaftslehre 3. Aufl. (XVI, 473 S.) 909. 12. 40; geb in Halbfrz 15.

—— die Selbstbekenntnisse Schillers. Vortrag gehalten in der Rose zu Jena am 4. März 1857. 8. (III und 87 S.) Frankfurt a. M. 858. [Stuttgart, Bruckmann.]
Vorstehende drei Schriften über Schiller sind auch in einer Gesammtausgabe unter dem Titel: Schiller. Drei Vorlesungen von K. Fischer, zu dem Preise von * 24 Ngr. in demselben Verlag erschienen.

Fischer, Kuno, die Selbstbekenntnisse Schillers. Vortrag gehalten zu Jena am 4. März 1857. Frankfurt a. M. 858. Hermann. 8. (2 Bl., 87 S.) n. 10 ngl

Fischer, Kuno: Schillers Selbstbekenntnisse. 2. Aufl. 1891
s. Fischer: Schillers Jugend- u. Wanderjahre in Selbstbekenntnissen.
[91 7887

[F.] Shakespeare und die Bacon-Mythen. Festvortr. geh. auf d. Gen.-Vers. d. deutschen Shakespeare-Ges. zu Weimar ... 1895 v. Kuno Fischer. *Heidelberg: C. Winter (1895).* (84 S.) 8.
= Fischer, K.: Kleine Schriften. [Reihe 1.] [No] 3. [96. 1006

[F.] Grossherzogin Sophie von Sachsen, Königliche Prinzessin der Niederlande. Gedächtnissrede in d. Trauerversammlg am 8. Oct. 1897 im Sophienstift zu Weimar geh. v. Kuno Fischer. *Heidelberg: C. Winter (1898).* (64 S.) 8.
= Fischer, K.: Kleine Schriften. Reihe 2. No 8. [97. 3751

— das Streber- u. Gründerthum in der Literatur. Vademecum f. Hrn. Past. Krause in Hamburg. 8. (63 S.) Stuttgart 884. Cotta. n. 1.—

[F.] Kritische Streifzüge wider die Unkritik. Von Kuno Fischer. *Heidelberg: C. Winter (1896).* (1 Bl., 175 S.) 8.
= Fischer, K.: Kleine Schriften. Reihe 1. [No] 4. [96. 1009

Eine Studie über die Elbschiffahrt in den letzten 100 Jahren, unter spezieller Berücks. d. Frage d. Erhebung von Schiffahrtsabgaben von Dr. Kurt Fischer, Magdeburg. Jena: G. Fischer 1907. (XVI, 269 S.) 8°
= Sammlung nationalökon. u. statist. Abhandlungen d. staatswiss. Seminars zu Halle. Bd 58. [07. 18013

—— über das akademische Studium und seine Aufgabe. Rede den 1. Aug. 1868 gehalten. Lex.-8. (20 S.) Heidelberg 868, Bassermann'sche Verlagsh.

—— System der Logik und Metaphysik oder Wissenschaftslehre. 2., völlig umgearb. Aufl. gr. 8. (XVIII und 586 S.) Heidelberg 865, Bassermann'sche Verlagsh.

Das Verhältniß zwischen Willen und Verstand im Menschen. Vortrag geh zu Karlsruhe 1896 von Kuno Fischer. Als Ms. gedr. Heidelberg: K. Winter (1896). (52 S.) 8° [F.] [08. 12869

[F.] Das Verhältniss zwischen Willen und Verstand im Menschen. Vortrag ... geh. im Residenzschlosse zu Karlsruhe am 28. März 1896 v. Kuno Fischer. 2. Aufl. *Heidelberg: C. Winter (1896).* (56 S.) 8.
= Fischer, K.: Kleine Schriften. [No] 6. [97. 3583

— Vorlesungen üb. Geschichte der neueren Philosophie. 1. Bd.: Die Philosophie v. Cartesius bis Spinoza. 1. Abth.: Einleitung in das Studium der Philosophie. Cartesius, Geulinx, Malebranche. gr. 8. (XII u. 231 S.) Ebd. 852. 1 ℛ

Fischer, Curt, aus Neiße: Dextrinartige Bestandteile rechtsdrehender Honige. *[Frankenhausen a. Kyffh.] (1903): [F. Schneider].* (30 S.) 8° [F.]
Leipzig, Phil. Diss. v. [21. Juli] 1903

Fischer, Kurt, Referendar in Leipzig: Die Bestimmung des Erfüllungsortes im § 269 des deutschen Bürgerlichen Gesetzbuchs. Leipzig: O. Wigand 1908. (88 S.) 8°
Leipzig, Jur. Fak., Diss. v. 8. Aug. 1908
[Geb. 15. Febr. 79 Leipzig; Wohnort: Leipzig; Staatsangeh.: Sachsen; Vorbildung: Thomassch. Leipzig Reife O. 01; Studium: Leipzig 9 S.; Rig. 17. Juli 05.]

Fischer, Kurt, Referendar: Die Rechtsbeziehungen beim Safegeschäft. Borna-Leipzig 1909: Noske. VIII, 47 S. 8°
Leipzig, Jur. Diss. v. 13. Sept. 1909
[Geb. 8. Dez. 84 Etzoldshain; Wohnort: Tharandt; Staatsangeh.: Sachsen; Vorbildung: Fürstensch. Grimma Reife O. 04; Studium: Leipzig 2, Berlin 1, Leipzig 5 S.; Rig. 20. Febr. 08.] [U 10. 2698

Fischer, Kurt, eine Studie üb. die Elbschiffahrt in den letzten 100 Jahren unter spezieller Berücksicht. der Frage der Erhebung v. Schiffahrtsabgaben, s.: Sammlung nationalökonomischer u. statistischer Abhandlungen.

Fischer, Curt [Ernst Ludwig], a. Straßburg i. E.: Experimentelle Untersuchung gekoppelter Kondensatorkreise. Leipzig: J. A. Barth 1906. (40 S.) 8°
Straßburg, Math.-naturw. Fak., Ref. Braun, Diss. v. 1906
[Geb. 30. Sept. 83 Straßburg i. E.; Wohnort: Metz; Staatsangeh.: Elsaß-Lothringen; Vorbildung: Gymn. Mülhausen i. E. Reife; Studium: Genf 1, Rostock 1, Berlin 1, Straßburg 7 S.]

Fischer, Kurt: Untersuchungen über die Pulsationen im Erregerstromkreis von Wechsel- und Drehstrom-Maschinen. 1907. 30 S., 1 Taf. 8°
Darmstadt, Dr.-Ing.-Diss. v. 16. 2. 1907

Fischer, Kurt: Gabriel Voigtländer, ein Dichter und Musiker des 17. Jahrhunderts. (Leipzig 1910: Breitkopf & Härtel.) 79 S. 8°
Berlin, Phil. Diss. v. 16. Febr. 1910, Ref. Kretzschmar
[Geb. 13. März 84 Rummelsburg b. Berlin; Wohnort: Berlin; Staatsangeh.: Preußen; Vorbildung: Gymn. z. Grauen Kloster Berlin Reife O. 02; Studium: Berlin 5, Greifswald 1, Berlin 6 S.; Rig. 15. Juli 09.] [U 10. 150

Fischer, Curt Theodor

Fischer, Curtius Theodorus [Aquisgranensis]: De Hannonis Carthaginiensis periplo ... (Erscheint vollst. im gl. Verl.) Lipsiae, typ. B. G. Teubneri, 1892; 1 Bl., 36 S. 8.
Leipzig, Phil. Fak., Inaug.-Diss. v. [8. Aug.] 1892

Fischer, Curt Th., Untersuchungen auf dem Gebiet der alten Länder- u. Völkerkunde. 1. Hft: De Hannonis Carthaginiensis periplo. gr. 8. (134 S.) Leipzig 893. B. G. Teubner. n. 3.—

Fischer, L.: Über die Aussprache der Laute in der böhmischen Sprache. 7 S. 8°.– Pilsen d. OG., Progr. 1873.

Fischer, L., fragment des souvenirs d'un alsacien soldat dans l'armée de Condé (1772—1795). [Aus: „Revue catholique d'Alsace".] gr. 8. (24 S.) Rixheim 893. (Strassburg, J. Noiriel's Sort.) n. —50

Fischer, L. Fünf Kapitel aus der Geschichte der Sprache. Sarnen, Kantonal-Lehranstalt, 1890. 38 S. 4. Progr.

— mémoires d'un garde-chasse du Prince-Cardinal Louis de Rohan. [Aus: „Revue catholique d'Alsace".] gr. 8. (34 S.) Ebd. 892. n. —60

Fischer, L. Germanische Sprachelemente im Spanischen. Sarnen, Kantonal-Lehranstalt, 1892. 31 S. 4. Progr.

Fischer, L. G., s. Nachtrr. zu d. geognost.-bergmänn. Karte 2c.

Fischer, L. H., Freundes-Worte eines teutschen Mannes an das badische Volk. Lex.-8. (3½ B.) Frankfurt a. M. 842, Hermannsche Buchh.

Fischer, L. H. Gedichte des Königsberger Dichterkreises aus Heinrich Alberts Arien und musicalischer Kurbshütte (1638—1650). Halle 1883.

— Liederschatz, s.: Zander, Ad.

Fischer, L. H., landwirthschaftl. Mittheilungen, aus dem Großherzogl. Oldenburg Fürstenthum Birkenfeld. 1r Jahrg. 1838. gr. 8. Frankf. a. M. 839. Hermann'sche B. Suchsland. ½ ℛ

Fischer, L. H. Das mineralogisch-geologische Museum der Universität Freiburg. 1866. 4.

— Musik-Beilagen. Halle 1884.

Johann Peter Titz' Deutsche Gedichte gesammelt und herausgegeben von L. H. FISCHER. (Der Gesellschaft für deutsche Philologie in Berlin zur 11. Wiederkehr ihres Stiftungstages.) Halle a. S. 1888. Buchhandlung des Waisenhauses. 8°.

Fischer, L. H. Aus Berlins Vergangenheit. Gesammelte Aufsätze zur Kultur- u. Litteraturgeschichte Berlins. gr. 8. (IV, 205 S.) Berl. 891, Oehmigke's Verlag. * 2 —

Fischer, L. H., gutachtl. Vorschläge z. Entwurf e. landständ. Verfassung d. Herzogth. Hildburghausen rc. 8. Hildburgh. 815.

Fischer, L. J., de laude Christianorum in obtrectationibus. Jen. 1759. 4.

Fischer, L. J. G., Unterricht, wie man bey ein. contagieusen Ruhr seine Gesundheit erhalten kann. 8. Frankf. Gollner. 767.

Fischer, L. V., Beispiele u. Aufgaben f. den Unterricht im kaufmänn. Rechnen, s.: Findeisen, C. F. & Claussen.

Fischer, L. V., Donauwellen. 3 Novellen. 8. (III, 302 S.) Braunschweig 881. Schlegel. n. 6. —

Fischer, L. V., Kaufmännische Formulare. Leipzig, 1907. 82 S.

Fischer, L. V., Deutsche kaufmännische Korrespondenz. Leipzig, 1907. 53 S.

Fischer, L. W., und C. F. Bucholtz, Erläuterungen zum Entwurf eines Staatsgrundgesetzes für das Großherzogth. Oldenburg. gr. 8. (52 S.) Oldenburg 848, Stalling.

Fischer, L. W. F., die teutsche Justiz. Für die Freunde des Rechts und der nationalen Einheit, auch zur Verständigung über Zweck und Ziel der bevorstehenden Mainzer Advocatenversammlung. 8. Stuttgart 844, Göpel. 3/4 ß

Fischer, L. W. F., nationale Rechtsreform. 3 Abthlgn. 8. (26 B.) Stuttgart, Göpel.

Einzeln u. d. Tln.:

Abthl. 1. Die teutsche Justiz. Für die Freunde des Rechts u. der nationalen Einheit, auch zur Verständigung üb. Zweck u. Ziel der bevorstehenden mainzer Advocatenversammlung. (11 B.) 843. 22 1/2 Ngr.
- 2. Teutsches Volk u. teutsches Recht. Ein Votum an die mainzer Advocatenversammlung u. Hrn. Justizminister v. Mühler. (4 3/4 B.) 844. 11 1/4 Ngr.
- 3. Die teutsche Rechtsform u. der Versuch eines hessischen Gesetzbuchs. (10 3/4 B.) 846. 22 1/2 Ngr.

— teutsches Volk u. teutsches Recht. Ein Votum an die Mainzer Advocatenversammlung u. Herrn Justizminister von Mühler. 8. Ebend. 844. 3/8 ß

Fischer, Laurenz Hannibal, Aburtheilung der Jesuitensache aus dem Gesichtspunkte der historischen Kritik, des positiven Rechts u. des gesunden Menschenverstandes. Leipzig 853. Hoffmann. 8. (2 Bl., XIV, 121 S.) n. 12 ngl

Fischer, Laurenz Hannibal, der teutsche Adel in der Vorzeit, Gegenwart und Zukunft vom Standpunkte des Bürgerthums betrachtet. 2 Bde. gr. 8. (1. Bd. und 2. Bd. 1. Abthl. XVI und 688 S.) Frankfurt a. M. 851(52,) Lizius. *

Fischer, Laurenz Hannibal, der teutsche Adel in der Vorzeit, Gegenwart und Zukunft vom Standpunkte des Bürgerthums betrachtet. 2 Bde. gr. 8. (XX und 780 S.) Frankfurt a. M. 852, Lizius. Thlr. *

Fischer, Laur. Hannibal, unpartheiische Beurtheilung der Verfassung und Verwaltung der Gothaischen Feuerversicherungs-Bank für Teutschland; mit Grundlage der in dieser Sache erschienenen Anschuldigungs- u. Vertheidigungs-Schriften. gr. 8. Heidelberg 834. (Winter.) n. 1/3 ß

— politisches Martyrthum. Eine Criminalgeschichte mit Actenstücken. Leipzig 855. Hoffmann. 8. (XVI, 429 S.) n. 1 ß

Fischer, Lorenz Hannibal. Des teutschen Volkes Noth und Klage. Frankfurt a. M., J. C. Hermann, F. E. Suchsland 1845. XIV 154 S. 8.

—— der Patrimonial-Staat und die Demokratie; Väterlichkeit oder Volkswillen? Ein Beitrag aus dem prakt. Staatsleben. gr. 8. (III und 154 S.) Jena 849, Crökersche Buchh.

Fischer, Laurenz Hannibal. Die Verfassungszustände des Fürstenthums Lippe in Bezug auf die beim Bundestag erhobenen Beschwerden. Detmold 1853. 75 S. 8.

Fischer, Laurenz Wilhelm

Fischer, L. W., landwirthschaftl. Literatur-Zeitung, s. 9. Bd. Literatur-Zeitung.

Fischer, Laevinus

Laevini Fischeri [Fischer] De aurea auri Tinctura sive Veri auri potabilis medicina commentarius: quo & genuina ejusdem praeparatio ac usus spectabilis intimatur. Brunopoli 1704: Kesler. 18 S. 8°

Fischer, Leo, Blumen aus dem Klostergarten. Dichtungen. 8. (VI, 102 S.) Frankfurt a/M. 886. Foesser Nachf. n. 2. —; geb. n. 2. 50

Fischer, Leo. Dichtergrüße aus den Alpen. Neue Lieder. 12. (VIII, 106 S.) Frankf. a. M. 889, Foesser Nachf. geb. m. Goldschn. * 2 50

Fischer, Leo, Ecclesia Militans. Ein Cyclus histor. Gedichte. 8. (VII, 86 S.) Frankfurt a. M. 883, Fösser Nachf. *

Fischer, Leo, auf der Höhe. Lieder u. Balladen. 12. (VI. 96 S.) Frankfurt a/M. 892. A. Foesser Nachf. Geb. in Leinw. m. Goldschn. n. 2. 25

Fischer, Leo, schwäbische Sagen u. Geschichten. Unter Mitwirkg. v. Mitgliedern der Augsburger Jugendschriften-Vereinigg. gesammelt u. hrsg. (Zum Tl. farb.) Bilder von Ernst Liebermann. (191 S.) 8. Augsburg (906). Schwäb. perman. Schulausstellg. Geb. in Leinw. n. 2. —

—— Subsilvania. Festgabe zur 4. Säcularfeier des sel. Nikolaus von der Flühe. Mit einer musikal. Beilage von J. G. Ed. Stehle. 12. (30 S.) Ebendas. 887. *

[F.] Wanderers Weisen. Ged. v. Leo **Fischer.** *Heiligenstadt: F. W. Cordier [1896].* (XII, 120 S., 1 Portr.) 1 Bd 8. [97. 171]

Fischer, Léonard, Pèlerinage de la Mecque. (83 S. m. 1 Taf.) 8. Strassburg 908. (F. X. Le Roux & Co.) nn 1.20

Fischer jr., Leopold [prakt. Arzt in Heidelberg]: Ueber die Behandlungsmethoden der Prostatitis mit besonderer Berücksichtigung der Prostatahypertrophie .... München, Kgl. Hof- u. Univ.-Buchdr. v. Dr. C. Wolf & Sohn, 1886; 84 S. 8°.
München, Med. Fak., Inaug. Diss. v. 1886.

Fischer jun., Leop., über die Behandlungsmethoden der Prostatitis mit besond. Berücksicht. der Prostatahypertrophie. gr. 8. (84 S.) Leipzig 887, Fock. *

Fischer, L(eop.), Beiträge zur Kenntniss der Nostochaceen und Versuch einer natürlichen Eintheilung derselben. Inaugural-Dissertation. gr. 4. (24 S. mit 1 ill. Stnt.) Bern 853, (Huber und Comp.) *

[F.] Über die Dauer des menschlichen Lebens und die Mittel zu dessen Verlängerung. Von Dr. Leopold **Fischer** jr., prakt. Arzt in Heidelberg. *Essen a. d. R.: Fredebeul & Koenen 1898.* (VIII, 81 S.) 1 Bd 8.

Fischer, Leop., v., droben! ..., s.: Saint-Martial, Gräfin de.

Fischer, Leop., († ...) Erinnerungen an d. Leser d. Abhandl. M. Fuhrmanns. 8. Wien 764. Trattner. 3 fl

Fischer, Leop., Erinnerung. d. Abhandl. Fuhrmanns. 8. Wien, Trattner. 765. Rthlr.

Fischer, Leopold [app. Arzt aus Rastatt]: Die neueren Forschungen auf dem Gebiete der Pathologie des Scharlach. . . . Karlsruhe, Macklot'sche Druckerei, 1888; 50 S. + 1 Bl. 8°
Freiburg i. B., Med. Fak., Inaug.-Diss. v. 1888

—— über das Gehörorgan der Fischgattung Mormyrus. Inaugural-Dissertation. 4. (36 S. mit 1 Stnt.) Freiburg im Br. 854, (Diernfellner.) *

Katalog der Vögel Badens. Systemat. Zsstellg . . . bearb. v. Dr. L[eopold] Fischer, Karlsruhe. *Karlsruhe: G. Braun 1897.* (86 S.) 1 Bd 8.

FISCHER, LEOPOLD S. J.: Lob- und Dankred, Da eine Königliche Freye Stadt Oedenburg Für Ihre Siegreiche Befreyung Von Feindlicher Belägerung Gott dem Herrn deren Heerscharn In der Pfarrkirchen des Heil. Ertz-Engels Michaelis Feyerlichen Danck abstattete. Dem 6. Tag des Jenners Anno 1744 vorgetragen. Oedenburg 1744. Gedr. bey Joh. Phil. Rennauer. 7 f. - 4°

FISCHER, LEOPOLD S. J.: Lob-Red zu Ehren des grossen Wunder-Manns Joannis Nepomuceni . . . an dessen jährlicher Fest-Begängnuss vorgetragen von P. Leopoldo Fischer . . . den 16. May 1744. Oedenburg 1744: Druck. Rennauer. 16 S. - 4°

— brevis notitia veteris urbis Vindobonae. 4maj. Wien 764. Trattner. 1 ₰ Notitia veteris urbis Vindobonae. Ed. altera. P. I—IV., cum. Suppl. I—III. 8. ibid. 767—75.

(Fischer, Leop[old] v[on].) Das alte bernische Postwesen. Ein Wort der Erinnerung. (Separat-Abzug aus dem «Berner Tagblatt» vom 5. Oktober 1909.) 8 S. 8. [Bern, Buchdr. B' T', 1909.]

—— Taschenbuch der Flora von Bern. Systematische Uebersicht der in der Gegend von Bern wildwachsenden und zu öconom. Zwecken allgemein cultivirten phanerogam. Pflanzen 8. (XX und 139 S. mit 1 lithogr. und ill. Karte in 4.) Bern 855, Huber und Comp. *

Fischer, L., Taschenbuch der Flora von Bern. Systematische Uebersicht der in der Gegend von Bern wildwachsenden und allgemein cultivirten Phanerogamen und Gefässkryptogamen. 2., umgearb. und verm. Aufl. 8. (XXVIII und 243 S. mit 1 lithogr. und ill. Karte in 4.) Bern 863, Huber und Comp. *

Fischer, L. Taschenbuch der Flora von Bern. 3. A. Bern 1870.

FISCHER, LEOPOLD S. J.: Ruhmwürdigste Thaten für Gott, und das apostolische Reich dess Hochwürdigsten Herrn Emerici aus denen Grafen Esterházy von Galantha . . . Ertzbischoffens zu Gran &c. als bei einem prächtigen Trauer-Gerüste dessen drey-tägige Leich-Gesingnuss . . . zu Pressburg begangen wurde. Preßburg 1746. Gedruckt in der Royerischen Buchdruckerey. 16 S. - 2°

Fischer, Leopold — Die christliche Zeitrechnung, deren Entstehung, Name, Geschichte und Einrichtung, wie auch gemeinverständliche Berechnung des Sonnenzirkels, der goldenen Zahl, Epakte und Indiktionszahl, des Sonntagsbuchstabens, der Mondesviertel und der davon abhängigen veränderlichen Festtage, des Sonnenauf- und Unterganges, der Tag- und Nachtlänge für jeden Tag im Jahre. Leichtfaßliche Art, sich selbst für jedes beliebige Jahr einen vollkommenen brauchbaren Kalender verfassen zu können. Für 1856 und 1857 praktisch ausgeführt von — —. Wien, 1856. Gedruckt bei Ant. Benko. (16 S. 8.)

Fischer, Leopold Heinrich, s.a. Fischer, Leopold und Fischer, Ludwig

Fischer, Leop. Heinr., Beiträge zur Kenntniss der Nostochaceen und Versuch einer natürlichen Eintheilung derselben. Inaug.-Dissert. Bern 853. Huber u. Co. in Comm. (24 S. u. 1 lith. u. color. Taf.) n. 10 ngr

Fischer, Leop. Heinr., Clavis der Silicate. Dichotomische Tabellen zum Bestimmen aller kieselsauren Verbindungen im Mineralreiche auf chem. Grundlage ausgearb. gr. 4. (XV und 114 S. mit 1 Tab. in qu. Fol.) Leipzig 864, Engelmann. *

— conspectus systematicus Orthopterorum Europae. (Ex ejusdem opere „Orthoptera europaea" separatim editus.) Lipsiae 853. Engelmann. gr. 8. (16 S.) n. 10 ngr

Fischer, Leop. Henr., Conspectus systematicus Orthopterorum Europae. 8maj. (16 S.) Lipsiae 854, Engelmann. *

Fischer, Leop. Henr., dissertatio inauguralis zoologica sistens enumerationem Coleopterorum circa Friburgum Brisgoviae indigenarum annexis locis natalibus 8maj. (1½ B.) Friburgi Brisgoviae 843, libr. Wagner.

— über das Gehörorgan der Fischgattung Mormyrus. Inaug.-Dissert. Mit 1 lith. Taf. Freiburg im Br. 854. (Diernfellner.) 4. (36 S.) n. 15 ngr

— Orthoptera europaea. Accedunt tabulae lapidibus incisae XVIII quarum ultima coloribus partim illustrata. Lipsiae 853. Engelmann. gr. 4. (XX, 454 S.) n. 15 ₰

—— Orthoptera europaea. 4maj. (XX und 454 S. mit 18 zum Theil ill. Stnt.) Lipsiae 854, Engelmann. *

— Taschenbuch der Flora von Bern. Systemat. Uebersicht der in der Gegend von Bern wildwachsenden und zu öconom. Zwecken allgemein cultivirten phanerogam. Pflanzen. Mit 1 (lith.) Karte (in 4.). Bern 855. Huber u. Co. 8. (XX, 139 S.) n. 1 ₰

— Taschenbuch der Flora von Bern. Systematische Uebersicht der in der Gegend von Bern wildwachsenden u. allgemein cultivirten Phanerogamen und Gefässkryptogamen. 2. umgearb. u. verm. Aufl. Mit 1 (lith. u. color. Karte (in 4.). Bern 863. Huber & Co. 8. (XXVIII, 243 S.) n. 1 ₰ 10 ngr

— Verzeichniss der Phanerogamen und Gefässkryptogamen des Berner-Oberlandes und der Umgebungen von Thun. Zur Orientirung auf botanischen Excursionen. Bern 862. Dalp. 8. (128 S.) n. 12 ngr

Fischer, Leopold Hermann

Siebenundzwanzig Biblische Geschichten für die beiden ersten Schuljahre in freier, dem kindlichen Verständnis angepaßter Bearb. hrsg. von Dr. L[eopold] H[ermann] Fischer, Stadt- u. Kreis-Schulinsp., & Prof. D. [Hermann] Scholz, Pred. an St. Marien. *Berlin: W. Prausnitz 1903.* (55 S.) 8° [F.]
— Fischer: Method. Hilfsbuch f. d. ev. Religionsunterricht. H. 1.

— u. Scholz, 27 biblische Geschichten f. die beiden ersten Schuljahre, in freier, dem kindl. Verständnis angepaßter Bearbeitg. hrsg. Mit Bilderschmuck von Schnorr v. Carolsfeld. 2. Aufl. (64 S.) 8. Berlin 904. W. Prausnitz. Geb. n.n. — 60

— — **biblisches Geschichtsbuch, bearb. u. m. e. Hilfsbuch f. den evangelischen Religions-Unterricht versehen. Ausg. f. höhere Schulen. (VIII, 355 S.) gr. 8. Ebd. 904. Geb. n.n. 1. 50**

— — dasselbe. Ausg. f. Volksschulen. 26. verb. Aufl. (VIII, 319 S. m. 1 farb. Karte.) 8. Ebd. 906. Geb. n.n. 1. —

— u. Scholz, biblisches Geschichtsbuch, bearb. u. m. e. Hilfsbuch f. den evangelischen Religions-Unterricht versehen. Ausg. f. höhere Schulen. 2. verb. Aufl. (VIII, 355 S.) 8. Berlin 907. W. Prausnitz. Geb. nn 1. 90

Aus der märkischen Heimat. Natur- u. Landschaftsbilder in Gedichten gesammelt von Dr. L[eop.] H[erm.] Fischer. *(Berlin: P. Stankiewicz 1901.)* (XII, 136 S.) 8°
— Archiv d. Brandenburgia. Bd 8.

Aus der märkischen Heimat. Natur- u. Landschaftsbilder in Gedichten. Gesammelt von Dr. L[eopold] H[ermann] Fischer. *Berlin: L. Oehmigke 1902.* (X, 136 S.) 8°
Erschien zuerst als Bd 8 d. Archivs d. Brandenburgia.

Methodisches Hilfsbuch für den evangelischen Religionsunterricht im Anschluß an das 'Biblische Geschichtsbuch' von (Dr. L[eopold] H[ermann]) Fischer, (Stadt- u. Kreisschulinsp.), & (Prof. D. [Hermann]) Scholz, (Pred. an St. Marien). H. 1. *Berlin: W. Prausnitz 1903.* 8° [F.]
[06. 88]

Fischer, Leopoldus Arminius: De Terentio priorum comicorum Latinorum inprimis Plauti sectatore quaestiones selectae. Halis Saxonum (1875): Karras. 57 S. 8°
Halle-Wittenberg, Phil. Diss. v. 25. März 1875
Geb. Magdeburg 9.2.1851. V.
Im Buchhandel Halis Sax. (Berlin: Mayer & Müller) 1875.
Verf. erlebte die Diplomerneuerung 1925 als Geheimer Regierungsrat, Stadtschulrat a. D. und Stadtältester in Berlin.

Fischer, Leop. Herm., de Terentio priorum comicorum latinorum inprimis Plauti sectatore quaestiones selectae. Dissertatio inauguralis. gr. 8. (57 S.) Halis Sax. 875. (Berlin, Mayer und Müller.) *

— Vorschläge f. die Verteilung des Unterrichtsstoffes in der achtklassigen Volksschule auf Grund des Berliner Lehrplans, festgestellt in amtl. Rektorenkonferenzen des I. Berliner Schulkreises u. mitgeteilt v. F. (152 S.) 8. Berlin 904. L. Oehmigke's Verl. n.n. — 75

Fischer, Lor., Handbuch f. den angehenden Diener. (53 S. m. Bildnis.) 8. Oldenburg i. Gr. (Ziegelhofstr. 16.) (910). H. Presuhn Söhne. Geb. in Leinw. 2. 50

Fischer, Lor. Fr., († d. 13. Mai 1782.) medulla librorum symbolicorum. 8. Jena 760.

— vermischte Schriften. 1r Thl. 8. Danzig 765.

— kurzer Weg zur richtigen Erkenntniß d. Heils, zur Grundlage bei sn. Haus-Katechisationen. 8. Jena 768.

Fischer, Lorenz Engelbert, s. F i s c h e r , Engelbert Lorenz

Fischer, Louis [aus New-York]: Ueber den Benzoylacetaldehyd. . . . München, k. Hof- u. Univ.-Buchdr. v. Dr. C. Wolf & Sohn, 1890; 33 S. 8°
München, Phil. Fak., Inaug.-Diss. v. 1891

Fischer, Louis, Heilung d. galanten Krankheiten bei dem männl. u. weibl. Geschlecht; in ihren verschied. Formen u. Folgekrankheiten. Nebst Verhaltungsregeln gegen die Ansteckung u. Etwas üb. die Heilung d. männl. Unvermögens u. der weibl. Unfruchtbarkeit. 8. (3 B.) Leipzig 842, Drobisch.

Fischer, Louis, Kur d. Trippers bei d. männl. u. weibl. Geschlecht; in seinen verschied. Formen u. Folgekrankheiten. Nebst Verhaltungsregeln geg. d. Ansteck. u. Etwas üb. d. Heilung d. männl. Unvermögens u. d. weibl. Unfruchtbarkeit. 8. (3 B.) Leipzig 838, Drobisch.

Fischer, Louis, die bürgerlichen Rechtsstreitigkeiten nach der Zivilprozeßordnung des Deutschen Reiches, s. a. Hilfsbücher für die gerichtliche Praxis.

Die bürgerlichen Rechtsstreitigkeiten nach der Zivilprozessordnung des Deutschen Reiches. Von L[ouis] Fischer, Rat beim Amtsger. Berlin-Mitte. Berlin: O. Häring 1906. (VIII, 322 S.) 8° [F.]
— Hilfsbücher f. d. gerichtliche Praxis. 11.
[06. 7793 6]

Fischer, d. Verfahren d. Zwangsversteigerung n. d. preuß. Gesetze betr. d. Zwangsvollstreckg. i. d. unbewegl. Vermögen v. 13. Juli 1888, an e. Rechtsfalle dargest. gr. 8. (68 S.) Berlin 895. F. Vahlen. n. 1. 20

— dasselbe, n. d. Reichsgesetze üb. d. Zwangsversteigerg. u. d. Zwangsverwaltg. v. 24. III. 1897 an e. Rechtsfalle dargest. gr. 8. (59 S.) Ebd. 898. n. 1, 20

Fischer, das Verfahren der Zwangsversteigerung nach dem Reichsgesetze üb. die Zwangsversteigerung u. die Zwangsverwaltung vom 24. III. 1897 an e. Rechtsfalle dargestellt. 2., verm. Aufl. gr. 8. (72 S.) Berlin 900. F. Vahlen. Kart. n. 1. 60

— das Verfahren der Zwangsversteigerung nach dem Reichsgesetze üb. die Zwangsversteigerung u. Zwangsverwaltung vom 24. III. 1897 an e. Rechtsfalle dargestellt. 3. u. 4. Aufl. (à 75 S.) 8. Berlin 903. 906. F. Vahlen. Kart. n. 1. 60

Fischer, Louis, das Verfahren der Zwangsversteigerung, nach dem Reichsgesetze üb. die Zwangsversteigerung u. Zwangsverwaltung vom 24. III. 1897 an e. Rechtsfalle dargestellt. 5. Aufl. (75 S.) 8. Berlin 909. F. Vahlen. Kart. 1. 60

Fischer, Ludolph, der Getreide-Brand, seine Ursachen u. gründl. Verhütung. 8. Halberst. 844, Lindequist u. Schönrock. 1/3 ℛ

Fischer, Ludwig, s.a. F i s c h e r , Leopold und F i s c h e r , Heinrich Leopold

Fischer, Ludwig [app. Arzt aus Abensberg]: Ein Beitrag zur Kenntnis des Keloids. . . . München, akad. Buchdr. v. F. Straub, 1890; 33 S. u. 1 Taf. 8°
München, Med. Fak., Inaug.-Diss. v. 1890

Fischer, Ludw.: Die C h o e p h o r e n des Aeschylus und die Elektren des Sophokles und Euripides 46. Feldkirch 1875.

Fischer, Ludwig: „Cogito ergo sum". . . . Wiesbaden, J. F. Bergmann's Verlagsh., 1890; 1 Bl., 57 S. 8°
Leipzig, Phil. Fak., Inaug.-Diss. v. [23. Sept.] 1890

Fischer, Edw., Entwurf einer Anleit. zur Wechselwirthschaft, nebst e. Beispiele des Uebergangs von d. Dreifelderwirthschaft. gr. 4. Prag 817. Calve. 1 ℛ 12 gr

Fischer, L[udwig], Stabsarzt aus Landshut in Bayern: Aus d. Anatomie d. Johannstädter Krankenhauses Dresden. Ein Fall von congenitaler Atresie des Conus der Arteria pulmonalis verbunden mit Tricuspidalstenose und Insufficienz. *Leipzig 1904: B. Georgi.* (23 S.) 8°
Leipzig, Med. Diss. v. (15. Febr.) 1904

Fischer, Ludw., Fiume u. Abbazia, s.: S t ä d t e b i l d e r u. L a n d s c h a f t e n aus aller Welt.

Fischer, L., Flora von Bern. Systematische Uebersicht der in der Gegend von Bern wildwachsenden und allgemein cultivirten Phanerogamen und Gefässkryptogamen. 3. umgearb. und verm. Aufl. Mit 1 (lithogr.) Karte (in qu. Fol.). [Abdr. aus der topogr. Karte der Schweiz von G. H. Dufour.] 8. (XXVIII, 268 S.) Bern 871, Huber und Comp. *
geb. *

Fischer, L., Flora von Bern. Systematische Uebersicht der in der Gegend von Bern wildwachsenden u. allgemein cultivirten Phanerogamen u. Gefässkryptogamen. 4., verb. Aufl. Mit einer Karte [Abdr. aus der topograph. Karte der Schweiz von G. H. Dufour]. 8. (XXX, 298 S.) Bern 878. Huber & Co. n. 3. 60; geb. n. 4. 50

Fischer, L., Flora von Bern. Systematische Uebersicht der in der Gegend von Bern wildwachsenden und allgemein cultivirten Phanerogamen und Gefässkryptogamen. 5. verb. Aufl. 8. (XXXVI, 306 S. mit 1 Karte aus Dufour's topograph. Karte der Schweiz.) Bern 888, Huber und Comp. *
geb. *

Fischer, L., Flora v. Bern. Systemat. Uebersicht d. in d. Gegend v. Bern wildwachs. u. allgem. cultivirten Phanerogamen u. Gefässkryptogamen. 6., verb. Aufl. M. 1 Karte (Abdr. aus d. topograph. Karte d. Schweiz v. G. H. Dufour). 8. (XXXVI, 309 S.) Bern 897. H. Körber. n. 3. 60; geb. in Leinw. n. 4. 50

Fischer, L[udwig]. Flora von Bern. Systematische Uebersicht der in der Gegend von Bern wildwachsenden und allgemein cultivierten Phanerogamen und Gefässkryptogamen. 7. verbesserte Aufl. Mit einer Karte ‹Abdruck aus der topographischen Karte der Schweiz von G[uillaume] H[enri] Dufour›. XXXVI + 315 S. 8. Bern, Hans Körber, 1903. [geb. fr. 5. —]

Fischer, L[udwig]. Der Botanische Garten in Bern. Gegründet 1860. Kurze Darstellung der Einrichtungen und der wichtigsten Pflanzen desselben. Mit einem Plan. 8. Bern 1866.

Fischer, Ldw., Herzog Georg, Dr. Luther u. die verjagten Leipziger. Ein treuer Bericht nebst den betreffenden Urkunden zur freudigen Erinnerung des dritten Leipziger Jubeljahres ans Licht gegeben. gr. 8. Leipzig 839. (Fritzsche.) $^1/_2$ ₰

—— Grundriß d. Systems der Philosophie als Bestimmungslehre. gr. 8. (122 S. m. Fig.) Ebd. 890. * 3 60

Fischer, Ludw. (I.). Regierungsr. Dir. Dr. Joh. Hauler, ein österr. Schulmann. Nachruf. gr. 8. (28 S.) Wien 889, Hölder. * — 50

Fischer, Ludwig, Jahres-Bericht des Vereines „Mittelschule" in Wien November 1880 — October 1881. 8. (143 S.) geh. 75 kr. In Comm. nur baar. Wien: Hölder.

Fischer, Ludw., König Mathias Corvinus u. seine Bibliothek. Vortrag, geh. im Vereine „Mittelschule" in Wien, am 23. Maerz 1878. gr. 8. (37 S.) Wien 878. (Hölder.) n. 1. 60

Fischer, Ludw., elektrische Licht- u. Kraft-Anlagen. Gesichtspunkte f. der. Projectierg. M. 165 Abb. im Texte. gr. 8. (XI, 317 S.) Wiesbaden 898. C. W. Kreidel. n. 6. 60

— s.a. Luther, Martin, als Jubelpredigei.

— s.a. Luther, von den Jüden.

— s.a. Luther's Schrift an d. christl. Adel.

— das falsche Märtyrerthum, oder die Wahrheit in der Sache der Stephanianer. Nebst etlichen authentischen Beilagen. gr. 8. Leipzig 839. Künzel. $^3/_4$ ₰

Fischer, Ludwig, und Roediger, Paul C . Die Patentgesetze von Deutschland, Oesterreich, Ungarn, Schweiz, Norwegen, Schweden, Dänemark, Grossbritannien. Eine systematische Uebersicht. IV + 42 S. 4. Berlin, Carl Heymann, 1905. [cart. M. 5. —]

Fischer, Ludw., u. Paul C. Roediger, die Patentgesetze. 2. u. 3. Tl. Lex. 8. Berlin, C. Heymann. Kart. à 5. —
2. Deutschland, Rußland, die Vereinigten Staaten v. Nordamerika, Frankreich, Belgien, Italien, Spanien. Eine systemat. Übersicht. (III, 52 S.) 907.
3. Die neuen Patentgesetze v. Großbritannien u. der Schweiz. Eine systemat. Übersicht. (71 S.) 908.

—— Predigt, gehalt. am Johannisfeste 1837, u. Heinr. Müllers Worte, gesprochen im Johannisthale am 24. Juni 1837. Mit e. Vorw. v. C. G. gr. 8. ($1^1/_4$ B. u. Titvign.) Leipzig 837, (Schreck.)

Fischer, L(udwig). Tabellen zur Bestimmung einer Auswahl Thallophyten und Bryophyten (*Umschlag: Bestimmungstabellen). Zur Verwendung im botanischen Praktikum und als Einleitung zum Gebrauch der systematischen Spezialwerke. Teilweise neubearb. von Dr. Ed[uard] Fischer.... 49 S. 8. Bern, K. J. Wyss, 1910. [cart. fr. 2. —]

Fischer, Ludw., d. charakterist. Unterschiede zw. d. plattdeutschen u. hochdeutschen Dialekt i. d. Lauten u. d. Formenbildg. d. Substantiva, s.: Festschrift, z. 70. Geburtstage Oskar Schade dargebracht.

Fischer, L[udwig]. Verzeichniss der Gefässpflanzen des Berner-Oberlandes (*Nachtr. 1 u. 2: B' O'), mit Berücksichtigung der Standortsverhältnisse, der horizontalen und verticalen (*Nachtr. 1 u. 2: vertikalen) Verbreitung. [3 Theile.] 8. Bern 1875[–1890].
[Theil 1.] Ein Beitrag zur Pflanzengeographie der Schweizeralpen. ‹SA.› Bern 1875.
[Theil 2] u. d. T.: Nachtrag [1.] zum Verzeichniss.... ‹SA.› [Bern 1883.]
[Theil 3] u. d. T.: Nachtrag 2. zum Verzeichniss.... SA..... [Bern 1890.]

Fischer, L[udwig]. Verzeichniss der in Bern's Umgebungen vorkommenden kryptogamischen Pflanzen. [2 Hefte.] 8. [Bern 1858–1872.]
[Heft 1.] ‹SA.›
[Heft 2.] Fortsetzung 1: Flechten und Nachträge zu dem in Nr. 411-414 ([der] Mittheilungen der bernischen naturforschenden Gesellschaft) ‹1858› enthaltenen Verzeichniss der Moose. ‹SA.›

—— Verzeichniss der Phanerogamen und Gefässkryptogamen des Berner-Oberlandes und der Umgebungen von Thun. Zur Orientirung auf botan. Excursionen. 8. (128 S.) Bern 862, Dalp'sche Buchh. *

FISCHER, Ludwig August: Leitfaden zur systematischen und vollkommenen Einrichtung der Amtsrechnungen überhaupt und der Forstrechnungen insbesondere. - Stuttgart 1802 Erhard

Fischer, Ldw. Aug., Leitfaden zur systemat. u. vollkomm. Einrichtung der Amts-Rechnungen überhaupt u. der Forstrechnungen insbesondere. 8. Stuttg. 802. Metzler. 10 gl

Fischer, Ludw. Eberh., Betracht. üb. die christl. Lehre der Wahrheit. 8. Ludwigsb. 747.

Fischer, Ludw. Hans, historische Landschaften aus Oesterreich-Ungarn. Mit allerhöchster Subvention Sr. Maj. des Kaisers. Radirt und hrsg. von L. H. F. 12 Lfgn. gr. Fol. (12 Taf. nebst 27 Bl. Text mit eingedr. Abbild.) Wien 880—84, Gesellschaft für vervielfältigende Kunst. *

Fischer, Ludw. Hans, Ragusa u. Umgeb. M. 66 Orig.-Abb. u. 1 Karte. 8. (150 S.) Wien u. Prag 897. F. Tompsky. — Leipzig, G. Freytag. n. 3. 40

—— die Technik der Aquarell-Malerei. gr. 8. (IV, 90 S. mit eingedr. Fig., Farbendrucken und Papierproben.) Wien 888, Gerold's Sohn. cart. *

Fischer, Ludw. Hans. Die Technik der Aquarell-Malerei. 4. u. 5. verb. Aufl. gr. 8. (111 S. m. 17 Textillustr. u. 15 Illustr. in Farbendr.) Wien 890.92, Gerold's Sohn. cart. * 5 —

Fischer, Ludwig Hans, Die Technik der Aquarell-Malerei. Mit 17 Text-Illustrationen und fünfzehn Illustrationen in Farbendruck. Sechste verbesserte Auflage. Gr.-8. (114 S) Gebunden Wien: Gerold 1895. 2.50

— die Technik d. Aquarell-Malerei. M. 18 Textillustr. u. 15 Illustr. in Farbendr. 7., verb. Aufl. gr. 8. (III, 120 S.) Wien 898. C. Gerold's Sohn. Kart. n. 5. —

Fischer, Ludw. Hans, die Technik d. Aquarell-Malerei. Mit 26 Textillustr., 15 Illustr. in Farbendr., 1 Papiermuster u. 2 Farbenprobentaf. 8. verb. Aufl. gr. 8. (III, 122 S.) Wien 901. C. Gerold's Sohn. Kart. n. 5. —

— d. Technik d. Oelmalerei. M. 24 Textillustr., 4 Illustr. in Farbendr., 2 Farbenproben- u. 1 Leinwandmustertaf.) gr. 8. (IV, 118 S.) Ebd. 898. Kart. n. 7. 20

—— Indischer Volksschmuck u. die Art ihn zu tragen. Lex.-8. (S. 287—316 m. 6 farb. Taf. u. 51 Abbildgn. im Text.) Wien 890, Hölder. * 10 —
Aus: Annalen d. k. k. naturhistor. Hofmuseums, besonders abgedruckt.

Fischer, Ludwig Josef

— u. K. Chr. Fr. Krause, Lehrbuch der Combinationslehre u. der Arithmetik rc., als Grundlage des Lehrvortrags u. des Selbstunterrichts in neuer ursprüngl. Methode. Nebst e. neuen u. faßl. Darstell. d. Lehre v. Unendl. u. Endlichen rc. 1r Thl., mit 1 Kpft. gr. 8. Ebd. 812. 2 ₰ 8 gr

Fischer, Ldw. Jos., († d. 1. Nov. 1813.) tabellar. Uebersicht der Zeichenkunst, nebst einem alphabet. Verzeichniß d. vorzügl. in d. Zeichenkunst vorkomm. Kunstwörter. In Landkarten = Format. Dresden 814. Arnold. 16 gr

Fischer, Ludwig W.

Fischer, L. W., topographische Geschichte der Stadt Rain, s. a. Geschichte, topographische, der Städte Oberbayerns.

Fischer, Ludw. W. Topographische Geschichte der Stadt Rain. (50) 8. M. Plan. München 1860. 0,80.

Fischer, Luise v., Goldfäden. Gedichte. (78 S.) kl. 8. Halle (909). C. A. Kaemmerer & Co. 1. —

Fischer, Luise v., Lust u Freud. Allerlei Heiteres aus dem Leben. 8. (7, 120 S.) Halle 902. C. A. Kaemmerer & Co. n. 1. 50; geb. in Leinw n. 2. 50

Märchenbuch mit Illustrationen. Von Luise v. Fischer. *Halle a. S.: Wischan & Wettengel [1901].* (167 S.) 8° [F.] [ca. 1608 3

Fischer, M. Biographie Rudolphs, des ersten deutschen Kaisers nach dem grossen Interregno, Grafen zu Habsburg. 8. Tübingen 1784.

Fischer, Frau M., s.: Cornelia.

Fischer, M., der evangelische Geistliche. Einige Züge zu seinem Bilde aus Rothes „Entwürfen zu den Abendandachten über die Pastoralbriefe u. andere Pastoraltexte" [2 Bde., hrsg. von Karl Palmié] zusammengestellt. gr. 8. (III, 87 S.) Gotha 881. F. A. Perthes. n. 1. 80

Fischer, M., Memorabilien menschlicher Leiden und Drangsale, oder Opfer des Fanatismus und der Intoleranz. 8. Prag, Enders. 821.

— s.: Pensionats-Kalender.

Fischer, M. Die merkwürdigen Schicksale des Stifts u. der Stadt [Kloster-]Neuburg. 8. M. Beil. u. Taf. Wien 1816.

Fischer, M., der Schulgarten, s.: Handbuch der speciellen Methodik.

— die Wahrhaftigkeit in der Kirche. Referat auf dem 20. deutschen Protestantentage in Hamburg. gr. 8. (30 S.) Ebd. 899. n. — 50

FISCHER, M. v., Einige Worte an die Frauen und Jungfrauen des Mittelstandes. Carlsruhe 1870. 8°. (1 Mk. A. Bielefeld, c. 1885.)

Fischer, M. A., Führer f. Fremde durch die Ruinen d. heidelberger Schlosses, s. Schloß.

Fischer, M. A., der Führer durchs Heidelberger Schloß, s. Walter, Hnr.

—— das heidelberger Schloß, s. Walter, H.

Fischer, M. O., Musterbuch f. den dekorierten Eisenguß. 1. Folge. Vorlagen zur Anfertigung von Kandelabern, Pumpen, Gittern, Säulen, Veranden, Stallgeräten, Heizrosetten, Grabkreuzen, Wandbrunnen, Treppen u. s. w. in teilweis reicher, dem herrsch. Geschmack entsprechender Ausstattg. gr. 4. (27 Taf. m. 6 S. Text.) Weimar 889. B. F. Voigt. In Mappe. 10. —

Fischer, M. O., Musterbuch f. den dekorierten Eisenguß. 1. Folge. Vorlagen zur Anfertigg. v. Kandelabern, Pumpen, Gittern, Säulen, Veranden, Stallgeräten, Heizrosetten, Grabkreuzen, Wandbrunnen, Treppen u. s. w. in teilweis reicher, dem herrsch. Geschmack entsprech. Ausstattg. f. Eisengießereien, sowie ferner zum prakt. Gebrauch f. Kunstschmiede u. Kunstschlosser, f. Architekten, Bauunternehmer u. Kunstgewerbeschüler. 2. Aufl. 27 Taf. in Fol. (Mit 6 S. Text.) Weimar 892. B. F. Voigt. In Mappe. 6. —

Fischer, Frau Maria, geb. Eichhorn, s.: Dolorosa.

Fischer, Maria Eichhorn-, s. Eichhorn

Fischer, Marie

[F.] Stillleben. Von Adalbert Meinhardt (d. i. Marie Fischer). *Berlin: Gebr. Paetel 1898.* (143 S.) 1 Bd 8. 193. 10074

Fischer, Marcu, aus Rumänien: Die landwirtschaftlichen Verhältnisse Rumäniens. Weida i. Thür. 1904: Thomas & Hubert. (65 S.) 8°

Erlangen, Phil. Fak., Ref. v. Eheberg, Diss. v. 2. Nov. 1904

[Geb. 21. Okt. 82 Parauneगru; Staatsangeh.: Österreich; Vorbildung: O.R. Bielitz Reife M. 01; Studium: Charlottenburg T.H. 3, Berlin 5 S.; Rig. 2. Nov. 04.]

Fischer, Markus, die Geschichte Ungarns in Fragen u. Antworten f. die Oberklasse der Elementarschulen, in deutscher Bearbeitg. 8. (53 S.) Pest 870. Rosenberg. — 60

Fischer, Martha Renate, die Aufrichtigen. Eine Bauerngeschichte. 8. (306 S.) Stuttgart 894. A. Bonz & Co. n. 3. 60; geb. in Leinw. n. 4. 80

Fischer, Marthe Renate, die aus dem Drachenhaus. Thüringischer Roman. (435 S.) 8. Stuttgart 910. A. Bonz & Co. 5. —; geb. in Leinw. 6. —

Fischer, Martha Renate, eitel Sonnenschein. Eine lustige, lehrreiche Geschichte aus froher Mädchenzeit. 8. (198 S. mit 4 Chromolithogr. nach Aquarellen von W. Claudius.) Stuttgart 888, Schmidt und Spring. geb. *

Fischer, Martha Renate, Eitel Sonnenschein. E. lust., lehrreiche Geschichte a. froher Mädchenzeit. M. Farbendr.-Bild. n. Aquarellen v. W. Claudius. 2. Aufl. 8. (198 S.) Stuttgart 898. E. Barth. Geb. in Halbleinw. 4. —

— die Jüngste des Kleeblatts. Erzählung f. junge Mädchen. Mit 6 Bildern v. E. Klingebeil u. A. v. Rößler. 8. (V, 296 S.) Stuttgart 894. F. Loewe. Geb. in Leinw. n. 5. —

Fischer, Martha Renate, in d. Lebens Lenze. Der liebenswürd. Jugend gewidmet. 8. (247 S. m. 4 Lichtdr.) Stuttgart 890. Schmidt & Spring. geb. 4. —

— Das Patenkind. Thüringischer Roman. (475 S.) 8. Ebd. 907. 5. —; geb. in Leinw. 6. —

Die letzte Station. Skizzen aus dem Altersheim. (VII, 212 S.) kl. 8. Ebd. (909.) 2. 50; geb. in Leinw. 3. 50

Fischer, Marthe Renate, Toska baut. Thüringer Geschichten. (III, 223 S.) kl. 8. Stuttgart 906. A. Bonz & Comp. n. 2. 60; geb. in Leinw. n. 3. 60

Fischer, Marthe Renate, auf dem Wege zum Paradies. Thüringische Novellen. 8. (323 S.) Leipzig 902. F. W. Grunow. n. 4. —; geb. in Leinw. n. 4. 50

— zur Zeit der Rosenblüte. Der liebenswürd. Jugend u. ihren Freunden erzählt. 8. (262 S.) Stuttgart 893. Schmidt & Spring. Geb. in Leinw. 4. 50

Fischer, Martin [Assistenzarzt d. K. Chirurg. Klinik]: Beiträge zur Prognose der Schädelbasisfracturen .... Breslau, F. W Jungfer's Buchdr. (1886); 58 S. 8°.

Breslau, Med. Fak., Inaug.-Diss. v. 8. Aug. 1886.

Fischer, Mart., Beiträge zur Prognose der Schädelbasisfracturen. gr. 8. (56 S.) Breslau 886. (Köhler.) n. 1. —

Fischer, Martin. Erklärung der anatomischen Statue für Künstler. Zweite Auflage. Wien 1804. Dritte Auflage. Wien 1838. 8°.

Fischer, Mart. (II.), Hülfsbuch für den Gesangunterricht. 8. (32 S.) Prenzlau 888, Biller. cart. *

Fischer, Mart., Hilfsb. f. d. Gesangunterricht. 2. Aufl. 8. (32 S.) Prenzlau 896. Th. Biller's Verl. Kart. n.n. — 50

Hilfsbuch für den Gesangunterricht von Martin Fischer, Mus.Dir. zu Prenzlau. 3. Aufl. Breslau: Th. Biller 1906. (32 S.) 8° [F.]

Fischer-Remscheid, Kassenärzte od. freie Arztwahl? E. Aufklärungsschrift. gr. 8. (81 S.) Remscheid 898. G. Schmidt. n. — 50

Fischer: Kassenärzte oder freie Arztwahl? E. Aufklärungsschrift. 2. Aufl. Remscheid o. J. 8° *[1. Aufl. 1898.]*

Kassenärzte oder freie Arztwahl? Eine Aufklärungsschrift von Dr. Fischer-Remscheid. 3. Aufl. *Remscheid: G. Schmidt [1899].* (31 S.) 8° [F.]

— Liedersammlung f. Schule u. Haus. 8. (VIII, 120 S.) Ebd. 889. n. — 80; geb. n. 1. —

Fischer, Mart., Liedersammlung f. Schule u. Haus. 2., verm. u. verb. Aufl. 8. (XIV, 150 S.) Prenzlau 892. Th. Biller. n. — 80; in 3 Hftn. n.n. — 80
1. Kinderlieder. (XIV, 22 S.) n.n. — 20
2. Schul- u. Volkslieder. (S. 23–86.) n.n. — 30
3. — dasselbe. (S. 87–150.) n.n. — 30

— dasselbe. Ergänzungsheft. 8. (35 S.) Ebd. 892. n.n. — 30

Liedersammlung für Schule und Haus. Hrsg. von Martin Fischer, Mus.-Dir. zu Prenzlau. 3. verm. u. verb. Aufl. Breslau: Th. Biller 1906. (XII, 146 S.) 8° [F.]

— die Sonne und die Rose. Andeutungen zu einem gründlichen u. fruchtbringenden theoret. u. prakt. Kommunionunterricht mit Benutzung der Schule. Luzern 856. Kaiser. 8. (X, 289 S.) 21 ngl

— die Sonne und das Zündhölzchen, ein Brief über die unbefleckte Empfängniß Maria. Luzern 854. Räber. gr. 8. (15 S.) 3 ngl

Fischer, Mart., sechs Krüge Wasser oder Wein für Braut- und Eheleute und auch für verständige ledige Personen. Ein ernstfreundlicher Wegweiser zum glücklichen Ehestande. 1. Aufl. (V und 111 S.) und 2., verm. Aufl. 16. (VI und 126 S.) Luzern 858, Gebr. Räber.

Fischer, Mart., 6 Krüge Wasser oder Wein für Braut- und Eheleute, und auch für verständige ledige Personen. Ein ernstfreundl. Wegweiser zum glückl. Ehestande. 3., verm. Aufl. gr. 16. (VIII und 126 S. mit 1 Stahlst.) Luzern 863, Gebr. Räber. cart.

Fischer, Mart., sechs Krüge Wasser od. Wein f. Braut- u. Eheleute u. auch f. verständ. ledige Personen. E. ernstfreundl. Wegweiser z. glückl. Ehestande. 5. u. 6. Aufl. 12. (VIII, 132 S. m. 2 Bildern.) Luzern 897. Räber & Co. — 65; geb. in Leinw. n. 1. 35

Fischer, Martin Gustav (Präs.), s. Düben, Peter Gabriel von: De Injuriis, quae fiunt per secundam personam.

— Martin Gustav (Greifswald), De experientia matre scientiarum. Diss. philos. Präs. Johann Hermann Becker. Rostock (J. J. Adler) Apr. 1730. 28 S. (5.—) 8970
Gew.: Joach. Heinr. v. Sibrand, Jacob Carmon.

Fischer, Martin Henry

Das Ödem. Eine experimentelle u. theoretische Untersuchung d. Physiologie u. Pathologie d. Wasserbindung im Organismus von Dr. Martin H[enry] Fischer, Prof. Mit Autor. d. Trustees u. d. Verf. in deutscher Sprache hrsg. von Karl Schorr u. Wolfg. Ostwald. Dresden: Steinkopff 1910. VIII, 223 S. 8°

Preisschrift d. Nathan Lewis Hatfield-Preises 1909 des College of Physicians in Philadelphia.

Fischer, Mathilde, im Zeichen der Sitte. Novelle. (116 S.) 8. Leipzig 906. Modernes Vorlagsbureau. n. 3. —

Im Zeichen der Sitte. Novelle von Mathilde Fischer. Berlin, Leipzig: Wigand 1906. 116 S. 8°

Fischer, Max, s.: Apparate u. Transportwagen zur Beseitigung v. Tierkadavern u. Schlachthofkonfiskaten.

Fischer, Max, Arbeiten. 1. u. 2. Hft. gr. 8. Leipzig H. Voigt. à n. 1. 80
1. (65 S. m. Abb.) 899. — 2. 1899–1900. (79 S. m. Abb.) 901.
Sonderabdrucke aus: „Fühling's landwirtschaftliche Zeitung".

— dasselbe. 3. Hft. gr. 8. (95 S. m. Abbildgn. u. 1 Tab.) Stuttgart, E. Ulmer. n. 2. —
Sonderabdruck aus: „Fühling's landwirtschaftliche Zeitung".

Fischer, Max, Arbeiten. 4. Heft. (60 S. m. Abbildgn.) gr. 8. Stuttgart 903. E. Ulmer. n. 2. —
Sonderabdruck aus: „Fühling's landw. Zeitg."

Fischer, Max, a. Nordenburg: Ueber die Bedingungen, welche die Ausscheidung der Alkalien im Harn begünstigen. Würzburg 1903: H. Stürtz. (19 S.) 8°
Würzburg, Med. Fak., Ref. v. Leube, Diss. v. 10. Okt. 1904
[Geb. 30. Sept. 75 Nordenburg; Wohnort: Nordenburg; Staatsangeh.: Preußen; Vorbildung: Gymn. Stolp Reife O. 95; Studium: Greifswald 1, Würzburg 8 S.; Coll. 10. Juni 03; Approb. 22. Juli 02.]

— Beitrr. zur Geschichte des Landes unter d. Ens. 1r Thl. Auch u. d. T.: merkwürd. Schicksale d. Stifts u. der Stadt Neuburg. Mit 38? Beilagen, 7 Kpft. u. 1 Tab. 8. Wien 816.

Die Benennung der Krankenhäuser für Geisteskranke. Von Oberarzt Dr. Max Fischer, Illenau. Halle a. S.: C. Marhold 1905. (24 S.) 8°

Fischer, Max, die wirthschaftlich werthvollen Bestandtheile, insbesondere d. stickstoffhaltigen Verbindungen im Roggenkorn unter dem Einfluß der Düngungsweise, d. Jahreswitterung u. des Saatgutes, s. a. Berichte aus dem physiolog. Laboratorium u. der Versuchsanstalt d. landwirthschaftl. Instituts der Universität Halle.

Fischer, Max [aus Schmannewitz]: Die wirthschaftlich werthvollen Bestandtheile, insbesondere die stickstoffhaltigen Verbindungen im Roggenkorn unter dem Einfluss der Düngungsweise, der Jahreswitterung und des Saatgutes ... (Erscheint vollst. in: Ber. aus d. physiol. Laborat. u. d. Versuchsanst. d. landw. Inst. d. Univ. Halle, x. Heft.) Halle a. S., *Druck v. J. Paessler, Dresden,* 1892; 34 S., 1 Bl. 4. (8.)
Halle, Phil. Fak., Inaug.-Diss. v. 6. Juli 1892

Fischer, M. D. wirtshaftl. wertvoll. Bestandteile, insbes. d. stickstoffhalt. Verbindungen im Roggenkorn unter d. Einfluß d. Düngungsweise, d. Jahreswitterung u. d. Saatgutes. Dresden 1893.

Fischer, Max, s.: **Brunner's, Philipp, Kalender.**

Fischer, Max, österreich. Bürgerschul-Kalender. — Notizkalender f. Österreichs Lehrerinnen. — Notizkalender f. Österreichs Professoren u. Lehrer, s.: Brunner, Philipp.

Fischer, Max: Zur Charakteristik des königl. Universitäts-Professors Dr. Johannes Lehmann . . . , s. Müller, Julius

– Über eine Clematis-Krankheit, s. Berichte aus dem physiolog. Laboratorium und der Versuchsanstalt d. landwirthschaftl. Instituts der Universität Halle.

Fischer, Max., Darstellung von Wiener-Neustadt, s. Darstellung der Pfarren rc., 12. Bd.

— durch welche Futterpflanzen u. nach welchen Düngungs- u. Bearbeitungs-Grundsätzen sind auf nicht rothkleefähigem Sandboden die größten Erträge an Trockensubstanz u. Stickstoff zu erzielen?, s.: Preisschriften u. Sonderabdrücke der „Landwirthschaftlichen Thierzucht".

Fischer, Max, üb. ration. Ernährung d. landwirthschaftl. Kulturpflanzen Vortrag, geh. in d. ökonom. Gesellschaft im Königreich Sachsen, Dresden, am 12. II. 1897. [Aus: „Mitteilgn. d. ökonom. Gesellsch. im Kgr. Sachsen".] gr. 8. (26 S.) Dresden 897. G. Schönfeld. n. — 60

(B) — Ernährg. d. landw. Kulturpflanzen. 897. (KBL 29.) Jetzt: Leipzig, Fritzsche & Schmidt.

Fischer, Max: Ueber Esterkondensationen mit Ortho-Brombenzylcyanid und Ortho-Brom-Phenylessigester. Tübingen 1910: Kirschmer. 51 S. 8°
Tübingen, Naturwiss. Diss. v. 30. Nov. 1910, Ref. Wislicenus
[Geb. 17. Okt. 86 Tübingen; Wohnort: Stuttgart; Staatsangeh.: Württemberg; Vorbildung: Oberrealsch. Kannstatt Reife M. 05; Studium: Tübingen 1, München 3, Tübingen 6 S.; Rig. 30. Nov. 10.] [U 11. 4445

Fischer, Max, approb. Arzt aus Salzmünde: Ueber **Exantheme** bei Gonorrhoe. *Leipzig 1904: B. Georgi.* (35 S.) 8°
Leipzig, Med. Diss. v. (8. Juli) 1904

Fischer, Max, s.: **Festbuch z. V. Stenographentage d. deutschen Gabelsberger-Stenographenbundes.**

Fischer, Max [pr. Arzt aus Amt-Gehren]: **Über die angeborenen Formfehler des Rachens** . . . Würzburg, *Bussjaeger'sche Hofbuchdr., Arnstadt,* 1892; 21 S. 8.
Würzburg, Med. Fak., Inaug.-Diss. v. 1892

— s.: **Fühling's landwirthschaftl. Zeitung.**

Fischer, M. Futterpflanzen u. deren größte Erträge, s. Preisschriften u. Sonderabdrücke der „Landwirthschaftlichen Thierzucht".

Fischer, Max, Grundriss der Physik f. die höh. Schulen des Deutschen Reiches, s.: Mach, E.

— Grundsätze e. rationellen Düngung d. hauptsächlichsten Körnerfrüchte u. Futterpflanzen f. die verschiedenen Bodenverhältnisse, s.a. Preisschriften u. Sonderabdrücke der Illustr. landwirthschaftl. Zeitung.

[F.] Grundsätze einer rationellen Düngung der hauptsächlichsten Körnerfrüchte u. Futterpflanzen f. d. verschiedenen Bodenverhältnisse unt. Berücks. d. neuesten einschläg. wiss. Forschgn . . . Von Dr. **Max Fischer,** Ass. . . . am landw. Inst. d. Univ. Halle a. S. *Berlin: 'Ill. Landw. Zeitg' 1893* (a. d. Umschl.: *1894*). (82 S., 1 Bl.) 1 Bd 8.
— **Preisschriften** u. Sonderabdr. d. Illustrirten Landw. **Zeitung.** No 7. [97. 456

Fischer, Max: Der Hypothekenbrief im neuen Rechte. *Berlin 1898: J. Sittenfeld.* (108 S.) 8° (Aus: Archiv für bürgerliches Recht, Bd 14.) [F.]
Erlangen, Jur. Diss. v. 1898

Fischer, Max [Assistenzarzt am städt. Krankenhause zu Karlsruhe]: Zur Kenntnis der Hämophilie. . . . München, k. Hof- u. Univ.-Buchdr. v. Dr. C. Wolf & Sohn, 1889; 41 S. u. 1 Taf. 8°
München, Med. Fak., Inaug.-Diss. v. 1889

Fischer, Max, der Kindergarten, s.: Fischer, A. E.

Fischer, Max, Referendar in Velbert (Rheinland): Strafbare Körperverletzung und ärztlicher Eingriff. Borna-Leipzig 1906: R. Noske. (VIII, 29 S.) 8° [F.]
Leipzig, Jur. Fak., Diss. v. 4. Okt. 1906
[Geb. 15. März 84 Velbert; Wohnort: Velbert; Staatsangeh.: Preußen; Vorbildung: Gymn. Elberfeld Reife O. 02; Studium: Freiburg i. B. 1, München 1, Berlin 1, Bonn 3 S.; Rig. 25. Juli 05.]

– das Kryptosporium leptostromiforme J.Kühn. Ein Kernpilz, der e. ernste Gefahr f. den Lupinenbau bedeutet, s. Preisschriften und Sonderabdrücke der Illustr. landwirthschaftlichen Zeitung.

Fischer, Max, Kursus in Statik u. Festigkeitslehre. Zum Selbststudium f. Bau- u. Maschinen-Ingenieure. Ein Lehrbuch in elementarer Darstellg. f. die Bedürfnisse der Praxis. 4 Lfgn. (VI, IV, IV, IV, 480 u. 320 S. m. Abb.) gr. 8. Berlin 906—08. (H. Meusser.) 20. —

Laienwelt und Geisteskranke. Von **Max Fischer,** Oberarzt in Illenau. *Stuttgart: F. Enke 1903.* (VIII, 177 S.) 8° [03. 8698

Die christliche Lehre nach dem gegenwärtigen Stande der theologischen Wissenschaft und ihre Vermittlung an die Gemeinde. Vortrag auf d. 22. Deutschen Protestantentage in Berlin von Pfarrer D. Max **Fischer.** Berlin: C. A. Schwetschke & Sohn 1904. (23 S.) 8° [F.]
— **Verhandlungen** d. 22. Deutschen Protestantentages. [3.] [04. 8930

Fischer, Max, die christliche Lehre nach dem gegenwärtigen Stande der theologischen Wissenschaft u. ihre Vermittlung an die Gemeinde. Vortrag auf dem 22. deutschen Protestantentage in Berlin. 1.—3. unveränd. Aufl. (23 S.) 8. Berlin 905. [C. A. Schwetschke & Sohn]. Leipzig, M. Heinsius Nachf. n. — 50

– **Leitfaden der Pflanzenbaulehre** f. praktische Landwirte, sowie zum Unterricht an landwirtschaftl. Lehranstalten. (XI, 232 S. m. 113 Abbildgn.) 8. Stuttgart 907. E. Ulmer. n. 3. —; geb. n. 3. 50

— **Leitfaden der Thierzuchtlehre** f. prakt. Landwirthe, sowie zum Unterricht an landwirthsch. Lehranstalten. 8. (XVI, 284 S.) Leipzig 900. H. Voigt. n. 3. —; geb. n. 3. 50; in Schulbd. n.n. 3. 20

Zunftgemässe Mahl- und Backversuche mit inländischen und ausländischen Weizensorten. Berichtet von Prof. Dr. **Max Fischer**-Halle a. S. *Prenzlau 1902: A. Mieck.* (46 S.) 8° [Umschlagt. F.]
Aus: Der Landbote. 1902, Nr. 10–17. [03. 6714

— Medling u. die Umgegend, s. Darstellung d. Pfarren rc.

— **Memorabilien menschl. Leiden u. Drangsale, oder Opfer des Fanatismus u. der Intoleranz. 8. Prag 821. Enders. 8 gr.**

— **Die Milchwirtschaft,** s.a. **Bibliothek der gesamten Landwirtschaft.**

Die Milchwirtschaft. Von Dr. Max **Fischer.** Hannover: M. Jänecke 1907. (VII, 81 S.) 8° [F.]
— **Bibliothek** d. gesamten Landwirtschaft. Bd 29. [06. 10993 T

Fischer, Max [pr. Arzt aus Leschnitz]: **Milzbrand beim Menschen. . . .** Berlin, Druck v. Eyck & Friedländer, 1889; 28 S. + 1 Bl. 8°
Erlangen, Med. Fak., Inaug.-Diss. v. 1889

— Naturgeschichte d. Mineralreiches, s. in Bd. XXVI: Pokorny.

— **Naturgeschichte des Mineralreiches f. höhere Lehranstalten,** s.: **Pokorny.**

Fischer, Max, Naturgeschichte des Pflanzenreiches, s.: Pokorny.

— Naturgeschichte des Tierreiches f. höh. Lehranstalten, s.: **Pokorny.**

FISCHER, Max von (München): De periostitide acutissima. (Titel nach der Urkunde) 18.11.1865 - Urk; F 71
Diss. Ingolst.-Landsh.-Mchn.

-- Pferdezucht u. Pferdehaltung, s.a. **Bibliothek** der gesamten Landwirtschaft. 27. Bd.

Pferdezucht und Pferdehaltung. Von Dr. Max **Fischer.** Hannover: M. Jänecke 1908. (IX, 96 S.) 8° [F.]
— **Bibliothek** d. gesamten Landwirtschaft. Bd 27. [08. 10993 7

Fischer, Max, s. **Pokorny's** Naturgeschichte d. Mineralreiches.

Fischer, Max, pract. Arzt aus Thum: Ueber die **Prognose** der acuten Phosphorvergiftung nach Eintritt von Icterus und Leberschwellung, beziehentlich schwereren Intoxicationserscheinungen. *Leipzig 1902: B. Georgi.* (109 S.) 8°
Leipzig, Med. Diss. v. (8. Juni) 1902

— Rhold. **Emde, Altherr, Pohle, Religion** u. **Freiheit.** Grundgedanken des kirchl. Liberalismus, in den Reden auf dem protestant. Volksabend in den Concordiasälen beim XXII. deutschen Protestantentage dargestellt. Nach d. Stenogrammen v. Hugo Geitner, Carl Helms u. Frz. Kielbock vom Kurzschriftverein Stolze-Schrey. Hrsg. vom kirchlich-liberalen Parochialverein v. St. Markus. (22 S.) 8. Berlin 905. (H. Vermühler.) n. — 20

Fischer, Max, die Religion u. das Leben. (X, 138 S.) 8. Leipzig 908. M. Heinsius Nachf. 3. —

— Rinderzucht u. Rindviehhaltung, s.a. **Bibliothek** der gesamten Landwirtschaft.

Rinderzucht und Rindviehhaltung. Von Dr. Max **Fischer.** Hannover: M. Jänecke 1907. (X, 87 S.) 8° [F.]
— **Bibliothek** d. gesamten Landwirtschaft. Bd 28. [08. 10994 7

[F.] **Fischer, Max** [Dr. phil.]: Deutscher Roggen und russischer Roggen. Einladungsschrift zu seiner ... Antrittsvorlesung: Die Bedeutung einer Verbindung von Ackerbau und Viehzucht im heutigen Landwirthschaftsbetriebe. Halle a. S., Buchdr. v. O. Thiele, 1895; 20 S. 8.
Halle, Phil. Fak., Hab.-Schr. v. 19. Jan. 1895

Fischer, Max, Christian Friedrich Wilhelm **Roller.** Zum Gedächtniss seines 100. Geburtstages. 8. (40 S. m. 1 Bildnis.) Halle 902. C. Marhold. n. — 80
Sonderabdruck aus: „Psychiatrische Wochenschrift".

— die **Schäden** unserer Hotel- u. Wirtshaus-Küche f. Gesunde u Kranke. Reformvorschläge. (29 S.) gr. 8. München 904. Seitz & Schauer. n. 1. —

(8) **Fischer,** Max, die Schäden unserer Hotel- u. Wirtshaus-Küche. 904. (KBL 33.) — Trionalgebrauch. 901. (KBL 31.) Jetzt: München, Verlag d. ärztl. Rundschau.

Fischer, M., Schlachthöfe f. kleine u. mittelgr. Städte, s.: **Osthoff,** Geo.

— Schlachthöfe u. Viehmärkte, s.: **Osthoff,** Geo.

Fischer, M., **Schleiermacher.** Zum 100jähr. Gedächtnis der Reden üb. die Religion an die Gebildeten unter ihren Verächtern. 8. (XVI, 258 S. m. 1 Bildnis.) Berlin 899. C. A. Schwetschke & Sohn. n. 3. —

Der Schutz der Geisteskranken in Person und Eigentum von Dr. Max **Fischer,** Oberarzt in Illenau. *Leipzig: S. Hirzel 1902.* (VI, 68 S.) 8°
[02. 7.37

— unser **Schwarzwald-Bauernhaus.** (88 S.) gr. 8. Freiburg i/B. 904. Speyer & Kaerner. n. — 90

Statik und Festigkeitslehre. Vollst. Lehrgang z. Selbststudium ... von Max **Fischer,** (Berlin). 2. verm. Aufl. Bd 1. Berlin: Meusser 1910. 4°(8°) 10. 15?31

Fischer, Max: Studien zur Entstehung der Hirsauer Konstitutionen. Stuttgart 1910: Scheufele. 60 S. 8°
Tübingen, Phil. Diss. v. 26. März 1910, Ref. Goetz
[Geb. 12. Nov. 83 Bönnigheim; Wohnort: Riedlingen a. D.; Staatsangeh.: Württemberg; Vorbildung: Ev.-Theol. Sem. Blaubeuren Reife M. 01; Studium: Tübingen 10 S.; Coll. 30. Jan. 10.] [U 10. 4176

— **Tierzuchtlehre** für praktische Landwirte sowie zum Unterricht an landwirtschaftlichen Lehranstalten. 2. umgearb. u. verb. Aufl. (XVII, 288 S. m. Abbildgn.) 8. Leipzig 906. H. Voigt. n. 3. —

— **Trionalgebrauch** u. rationelle Verwendung der Schlafmittel. gr. 8. (18 S.) München 901. Seitz & Schauer. n. 1. —
Sonderabdruck aus: „Deutsche Praxis".

Fischer, Max Die chemische Verwandtschaft. 23 S. Lyz. *Strassburg* 1881.
Progr.

— s.a. **Weltkongress,** 5., f. freies Christentum u. religiösen Fortschritt.

Fischer, Max, u. Friedrich Michael *Schiele:* Fünfter Weltkongreß für freies Christentum und religiösen Fortschritt. Berlin 5.—10. Aug. 1910. Protokoll d. Verhandl. Bd 1. 2. Berlin 1910. 1911. 8°

Fischer, Max, die Werkstätten der sächsischen Staatseisenbahnen u. ihre hauptsächliche Thätigkeit. gr. 8. (90 S.) Dresden 898. W. Baensch. 1. 50

Fischer, Max: Winterhafer. Stuttgart 1902.

Fischer, Max, ein Wort über d. heutigen Juden. 8. Prag 814. Enders. 6 kr

Fischer, Dr. **Max,** Wirtschaftl. Zeitfragen auf dem Gebiete d. Irrenfürsorge. (41 S.) München 1901. Seitz und Schauer.

Fischer, Max, Achilles, Gergovia. Zur Erläuterung von Caesar de bello Gallico VII 35—51. Mit (lith.) Grundplan u. Uebersichtskärtchen (in 4.). Leipzig 855. Teubner. gr. 8. (32 S.) 12 ngl.

Fischer, Max. **Achilles, Gergovia.** Zur Erläuterung von Caesar de bello Gallico VII. 35—51. gr. 8. (32 S. mit lithogr. Grundplan und Uebersichtskärtchen in qu. Fol.) Leipzig 856, Teubner.
Aus: Jahrb. für Philolog. Supplement, besonders abgedruckt.

Fischer, Max. Achill., de Speusippi Atheniensis vita. Scriptio academica. 8maj. Rastadii 845. (Heidelberg, Mohr.) n. 1/3 ß

Fischer, Max Karl Herm., Jugendland. Gedichte. (30 S.) kl. 8. Leipzig 907. Verlag f. Literatur, Kunst u. Musik. Geb. 1. —

Fischer Maximilian: Einstige Kloster und Ortschaften im Lande unter der Enns. Ar. 2. 77 vgr.
Separatabdruck

Fischer, Michael Gotthardt

Fischer's, Mich. Ghardt., Choral-Buch. 3. Ausg., unter Auslassg. der Vor- u. Zwischenspiele u. nach dem v. der Synode der Prov. Sachsen hrsg. Choralmelodienbuche umgearb. v. F. **Billig.** qu. gr. 4. (VII, 162 S. m. Bildnis.) Leipzig 894. C. F. W. Siegel. 6. 20; geb. n. 7. 50

— Choral-Melodien d. evangel. Kirchen-Gemeinden. Auszug aus dem 4stimmigen Choralbuche. qu. gr. 8. Gotha 821. Perthes. 10 K

Fischer, (M. G.,) Choral-Melodien der evangel. Kirchen-Gemeinden. Auszug aus d. 4stimmigen Choralbuche. qu. 8. Gotha 822, Perthes.

Fischer, M. G., evangel. Choral-Melodienbuch, vierstimmig ausgesetzt mit Vor- u. Zwischenspielen. 1e u. 2e Abthl. gr. 4. Gotha 820. Perthes. 8 ₰

Fischer, Mich. Gotth., evangelisches Choral-Melodien-Buch, 4stimmig ausgesetzt mit Vor- und Zwischen-Spielen. Hrsg. in Gemeinschaft mit G. W. Körner und A. G. Ritter. 3., verm. und verb. Aufl. 2 Thle. qu. Lex.-8. (258 und XXVI, XIV und 243 S. mit Fischer's Portr.) Erfurt 847, Körner.

Fischer, M. G., 12 Orgelstücke. 2 Thle. Erf. 802, 3. (Schnuphase in Altenb.) 12 gGr.

Fischer, Mich. Gotthardt, Vorspiele aus dessen Choralbuch zu denjen. Chorälen, welche in d. 3. Ausg. dieses Choralbuches aufgenommen worden sind, rev. u. hrsg. v. F. Billig. qu. gr. 4. (114 S.) Leipzig 898. C. F. W. Siegel. 4. —; geb. n. 5. —; auch in 3 Hftn. à 1. 50

Fischer, geb. Löber, Minna, Gedichte. gr. 8. Arolsen 839. Speyersche Buchh. n. 1 1/3 ℛ

Fischer, Minna (geb. Löber.) — Aus dem Herzen. Lieder e. Verstorbenen. Aus dem Nachlasse von Minna Fischer (geb. Löber.) 16. (VII und 164 S.) Stuttgart 868, S. G. Liesching.
cart. mit Goldschn. *

Fischer, Mor., Beitrag zur Lehre von der Mischinfektion. Inaugural-Dissertation. gr. 8. (22 S.) Tübingen 887, (Fues' Verlag.) *

Fischer, Moriz [aus Vaihingen a. Enz]: Beitrag zur Lehre von der Mischinfektion .... Tübingen, Druck v. E. Riecker's Buchdr., 1887; 22 S. 8°.
Tübingen, Med. Fak., Inaug.-Diss. v. 1887.

Fischer, Mor., Führer durch das Gottleubathal. 3. Aufl. 12. (52 S. m. 2 Karten.) Dresden 891. F. Axt. n. — 75

Fischer, Mor., Wanderungen durch das Gottleubathal. Mit einer (lith.) Karte des Gottleubathales u. einer (lith.) Ansicht von Berggiesshübel u. Gottleuba. 8. (51 S.) Dresden 881. Axt. n. — 60

Fischer, N., Gesetze u. Verordnungen betr. die Rechts- u. Pensionsverhältnisse der Beamten u. Lehrer (u. Universitäts-Professoren) in Elsaß-Lothringen u. die Pensionen der Wittwen u. Waisen derselben, nebst den kaiserl. Verordngn. u. Verordngn. des Statthalters, betr. den Urlaub der Beamten u. Lehrer u. die Tagegelder, Fuhrkosten u. Umzugskosten derselben. 8., bedeutend verm. Ausg. Hrsg. v. F. 8. (V, 133 S.) Straßburg 901. Straßburger Druckerei u. Verlagsanstalt. Kart. n. 2. 50

Fischer, N., Gesetze u. Verordnungen betr. die Rechts- u. Pensionsverhältnisse der Beamten u. Lehrer (u. Universitäts-Professoren) in Elsaß-Lothringen u. die Pensionen der Wittwen u. Waisen derselben. Nachträge zu der 8. Ausg. (30 S.) 8. Straßburg, Straßburger Druckerei u. Verlagsanstalt 903. n. — 50
Hauptwerk. Ebd. 901. n. 2. 50.

Fischer, N., s.: Handels- u. Gewerbe-Adressbuch v. Elsass-Lothringen.

Fischer, Nath. Wolfgang, s.a. F i s c h e r , Nikolaus Wolfgang

Fischer, N. W., systemat. Lehrbegriff der Chemie, in Tabellen dargestellt. gr. 4. Berlin 836. u. 838. Veit u. Comp. 3 ℛ

— N. W., De modis arsenici detegendi. Dissert. acad. Breslau (Grass-Bart) [1812]. 23 S. (4.—)
8975

Fischer, N. W., de modis arsenici disertatio academica. 4maj. Bresl. Holäufer. 812.

Fischer, Nath. Wfg., üb. d. Natur d. Metallreduction auf nassem Wege. Veranlaßt durch d. Untersuchung Wetzlar's üb. dies. Gegenstand. 8. (3 B.) Breslau 828, Max u. Komp.

— chemische Untersuchungen der Heilquellen zu Salzbrunn in Schlesien, angestellt in d. J. 1814 u. 15. Mit 2 Tabb. gr. 8. Bresl. 822. Grass, Barth u. C. 10 gGr.

—— das Verhältniss d. chem. Verwandtschaft z. galvan. Elektricität, in Versuchen dargest. gr. 8. (15½ B. u. 1 Tab.) Berlin 830, Schlesinger.

Fischer, N. W., Versuche zur Berichtigung und Erweiterung der Chemie. 1s Heft. gr. 8. Breslau, Holäufer. 816.

Auch unter dem Titel:
Ueber die chemischen Reagentien rc.

— über die Wirkung des Lichts auf das Hornsilber. gr. 8. Nürnb. 813. Schrag. 12 gGr.

— üb. die Wirkung des Lichts auf das Hornsilber. gr. 8. Nürnb. Schrag. 814.

Fischer, Nic., Tabellen von ½ bis incl. 99 Procent für je 1 Pfennig bis 10,000 Thaler. Ein Hülfsbuch zur schnellen und leichten Aufstellung der Gemeindesteuer-Heberollen, sowie auch zum Gebrauche für Beamte, Kapitalisten rc. 4. (100 S.) Wiesbaden 868, Limbarth. *

Fischer, Nikolaus Wolfgang, s.a. F i s c h e r , Nath. Wolfgang

Fischer, N[ic]. W[olfg.]: De modis arsenici detegendi. Vratislaviae [1812]. (23 S.) 4° *[Im Buchhandel 1812 bei Graß Barth & Ko. in Breslau.]*
(Breslau, Med. Fak., Hab.-Schr. v. [1812])

Ueber die chemischen Reagentien Breslau, 1816. 8vo.

Chemische Untersuchung der Heilquellen zu Salzbrunn in Schlesien angestellt in den Jahren 1814 u. 1815 von N[ikolaus] W[olfgang] Fischer. Breslau 1821: Graß, Barth & Co. XV,44 S. 8°

Ueber die Wirkung des Lichts auf das Hornsilber. Nürnberg, 1813. 8vo.

Fischer, O. (Hrsg.), s. G e r s t e n b e r g , Heinrich Wilhelm von: R e z e n s i o n e n in der Hamburgischen Neuen Zeitung.

[F.] Die Stadt Hildesheim während des Dreissigjähr. Krieges v. O. Fischer. *Hildesheim: Gebr. Gerstenberg 1897.* (3 Bl., 171 S., 1 Pl.) 1 Bd 8.
(97. 4300

— königl. Schlachtopfer, s. Kriminal-Prozesse.

Fischer, Osc. de. Breve trattato del massaggio e della ginnastica medica con ispeciale riguardo all' ortepedia e ginnastica ortopedica. gr. 8. (20 S. m. 4 farb. Taf.) Triest 890, Schimpff. * 1 20

Fischer, Osk., Dorf- u. Kleinstadtbauten. Entwürfe. 20 Taf. m. erläut. Text. (VI S.) gr. Fol. Lübeck (906). Ch. Coleman. n. 12. —

— u. H. Zander, moderne Fassadenteile f. die bürgerliche Baupraxis. Entwürfe. 30 grosse Taf. 48×64,5 cm. Nebst kurzem Text. (VII S.) 40×32,5 cm. Ebd. (904). In Leinw.-Mappe n. 15. —

— Geschäfts- u. Wohnhäuser modernen Charakters. 2. Folge. 10 Taf. m. kurzem erläut. Text. (VI S. m. Grundrissen.) gr. Fol. Ebd. (905). n. 6. —

— Hauseingänge, Dielen u. Vestibüle. Entwürfe. 10 Taf. m. kurzem Text. (4 S.) gr. Fol. Ebd (905). n. 6. —

Fischer, Oskar [aus Magdeburg]: Aus d. medizin. Klinik zu Jena. Klinisches und Experimentelles über die Wismuthbehandlung der Magenkrankheiten nach Fleiner ... Jena, Druck v. A. Kämpfe, 1893; 52 S., 1 Bl. 8.
Jena, Med. Fak., Inaug.-Diss. v. [26. Jan.] 1894

Fischer, Oscar, aus Bern: Die schweizerische Konsularreform und die Frage der Förderung unserer wirtschaftlichen Ausseninteressen. Bern 1908. VIII + 116 S. 8°. [26. V. 09.]
Zürich. Staatswiss. Diss. 1908/09.

Fischer, Oscar. Die Schweizerische (*Ausg. A: schw.) Konsularreform und Die (*Ausg. A: die) Frage der Förderung unserer wirtschaftlichen Ausseninteressen. 8.
Ausg. A: Diss. Staatsw. Univ. Zürich. VIII + 116 S. Bern, Buchdr. J. Fischer-Lehmann, 1908.
Ausg. B: ... von Dr. O. F. IV + 118 S. B., Verlag A. Francke, 1909. [fr. 2.80]

— **Land- u. Wohnhaus-Motive modernen Charakters. Entwürfe. 10 Taf. m. kurzem Text. (IV S.) gr. Fol. Ebd. (904). n. 6. —**

Fischer, Oskar, Referendar in Luckau, N.-L.: Die Vermutung und der öffentliche Glaube des Erbscheins §§ 2365--2367 B.G.B. im Verhältnis zu den allgemeinen Vorschriften zu Gunsten derjenigen, welche Rechte von Nichtberechtigten herleiten, insbesondere bei Sachen und Forderungen. Egeln 1907: F. Heyl. (46 S.) 8° [J.]
Heidelberg, Jur. Fak., Ref. Bekker, Diss. v. 1907
[Geb. 20. Sept. 82 Berlin; Wohnort: Luckau; Staatsangeh.: Preußen; Vorbildung: Gymn. z. Grauen Kloster Berlin Reife M. 02; Studium: Berlin 6, Freiburg i. B. 1 S.; Rig. 20. April 07.]

Vorstellungs-Gedächtnis. Grundlegender 1. Unterrichtsbrief der ... Berliner Gedächtnis-Schule zu Berlin, welche ... von **Oskar Fischer** geleitet werden wird. *Berlin: Berl. Gedächtnis-Schule [1902].* (27 S.) 8°
[illegible] 3

Fischer, Osk. Rob., Lehrbuch der Stenographie f. den Selbstunterricht. 1. Tl.: Schulschrift. gr. 8. (24 S.) Hagen 883. (Butz.) n. 1. —

Fischer, Oswald [Ehrenfried Ferd.]

Fischer, Oswald Ehrenfried Ferd., 46 vierstimm. Choräle f. Sopran, Alt, Tenor u. Baß m. Liedertexten. Zum Gebrauch f. die Sängerchöre an Kirchen, Gymnasien u. Realschulen, sowie zur häusl. Andacht, m. Zugrundelegg. d. allgemeinen vierstimm. Kirchen- u. Haus-Choralbuchs v. F. A. L. Jakob u. E. Richter. Im Anh. die Liturgie nach der preuß. Agende, doch m. f. den Tenor bequemer liegendem Satz der Mittelstimmen. gr. 4. (36 S.) Berlin 876. Stubenrauch. n. — 70

Fischer, Osw., 82 Choral-Melodieen, mit ihren ersten Textstrophen und histor. Notizen, für die Schulen der evangel. Kirchengemeinde zu Jauer. Nach dem Choralbuch der Friedenskirche zusammengestellt und hrsg. 8. (31 S.) Jauer 867, Plahn'sche Buchh. *

Fischer, Osw., 82 Choral-Melodien, mit ihren ersten Textstrophen und histor. Notizen für die Schulen der evangel. Kirchengemeinde zu Jauer. Nach dem Choral-Buch der Friedenskirche zusammengestellt und hrsg. 8. (31 S.) Jauer 875, Gürcke. *

Fischer, Osw., Fahrtenbuch. Sammlung auserlesener Lieder f. gemischten Chor. Den Sängerchören höherer Lehranstalten zu deren Sommerausflügen zusammengestellt, leicht gesetzt u. dargeboten. 8. (110 S.) Leobschütz 884. Kothe. n. — 70: geb. n. 1. —

Fischer, Osw., Fahrtenbuch. Sammlg. auserles. Lieder f. gemischten Chor. D. Sängerchören höh. Lehranst. z. deren Sommerausflügen zusammengest., leicht gesetzt u. dargeboten. 2., unveränd. (Titel-)Aufl. 12. (110 S.) Leobschütz (884) 895. C. Kothe's Erben. n. — 80; kart. n. — 90

Gruss dem Meister am Johannisfest. Gedicht von Wehrmann. Dem Br Reichardt in Dresden gewidmet, comp. vom Br [Osw.] F[ischer?]. [Leipzig ca 1855: Röder.] 3 S. 2° [Stich.] [Kopftit.]
Mit Noten für Pianoforte u. Singstimme: „Am Tag des Täufers heilig uns vor Allen ..." 157.

Fischer, Oswald, 25 zweistimmige Lieder, ernst u. heiter, für Große u. Kleine in Schule u. Haus, gesammelt u. mit Begleitung des Pianoforte hrsg. 2. Sammlung. Op. 26. qu. 4. (II, 30 S.) Langensalza 880. Beyer & Söhne. — 90

— Lieder-Sammlung für höhere Töchterschulen. Zweistimmig u. mit leichter Clavierbegleitung [ad libitum] gesetzt. Op. 9. 3., unveränd. Aufl. qu. 4. (30 S.) Ebend. 877. — 90

Fischer, Oswald Ehrenfried Ferd., Lieder-Sammlung für höhere Töchterschulen. Zweistimmig und mit leichter Clavierbegleitung [ad libitum] gesetzt. Op. 9. 3. unveränd. Aufl. qu. 4. (30 S.) Langensalza, Beyer und Söhne.

Meisterlied. Zur Einleitung des Toastes auf den Logenmeister. Für eine Singstimme und Pianofortebegleitung komp. von O[sw.] Fischer. Op. 40. Dessau u. Leipzig: Kahle [1895]. 3 S. 4° [Umschlagtit.]
Recens: Bbl. 10 (1896) S. 146 (F. Kumm). Mit Noten.

— Musik-Beispiele zu e. vollständigen Gesangs-Kursus nach Noten. Für höhere Schulen u. Sing-Vereine zusammengestellt. 3., m. Übgn. f. den Sängerchor verm. Aufl. gr. 8. (40 S.) Jauer 885. Schultze. n. 1. —

. Schluss-Gesang am Logen-Stiftungsfest, komp. von O[sw.] Fischer. Op. 39. Dessau u. Leipzig: Kahle [1895]. 7 S. 4° [Umschlagtit.]
Recens: Bbl. 10 (1896) S. 146 (F. Kumm). Vierstimmiger Männerchor mit Noten. 23.

Otakar FISCHER H. W. v. Gerstenbergs| Rezensionen in der Hamburgischen Neuen Zeitung 1767—1771
Phil. Diss., Prag 1905/06

Fischer, Ottilie, Salve Regina. Novelle. 12. (173 S.) Danzig 889. C. Hinstorff's Verl. n. 2. —; geb. m. Goldschn. n. 3. —

Fischer, Otto

Fischer, O., konforme Abbildung sphärischer Dreiecke auf einander mittelst algebraischer Funktionen. Inaug.-Diss. gr. 8. Leipzig 885. (Kössling.) n. 2. —

Fischer, Otto, Prof. Dr.: Über die optische Abbildung. Die Behandlung ihrer geometrischen Theorie in der Schule. Leipzig 1907: J. C. Hinrichs. (S. 3—46.) 4°
Leipzig, st. RG OP 1907 (697)

Fischer, Otto, f.: Abhandlungen z. Privatrecht u. Civilprozeß d. deutschen Reiches.

Fischer, O., über den Antheil, den die einzelnen Gelenke des Schultergürtels an der Beweglichkeit des menschlichen Humerus haben, s. Braune, W.

Fischer, Otto, Anwendbarkeit der Actio Pauliana auf Zahlung, Hingabe an Zahlungsstatt u. Pfandbestellung. gr. 8. (93 S.) Paderborn 875. Schöningh. n. 1. 20

[Umschlagt.:] **Fischer,** Otto [Dr. phil.]: Die Arbeit der Muskeln und die lebendige Kraft des menschlichen Körpers ... (Abh. d. math.-phys. Cl. d. Kgl. Sächs. Ges. d. Wiss., Bd XX No 1.) Leipzig, Druck v. Breitkopf & Härtel, 1893; 83 S., 2 Taf. 8.
Leipzig, Phil. Fak., Hab.-Schr. v. 14. Juni 1893

Fischer, Otto, die Arbeit der Muskeln u. die lebendige Kraft des menschlichen Körpers. [Aus: „Abhandlgn. d. k. sächs. Gesellsch. d. Wiss."] Lex.-8. (84 S. m. 11 Fig. u. 2 Taf.) Leipzig 893. S. Hirzel. n. 4. —

Fischer, Otto, Beiträge zu e. **Muskeldynamik.** 1. Abhandlg.: Üb. d. Wirkungsweise eingelenk. Muskeln. [Aus: „Abhandlgn. d. k. sächs. Gesellsch. d. Wiss."] Lex.-8. (149 S. m. 13 Fig. u. 8 Taf.) Leipzig 895. [S. Hirzel.] B. G. Teubner. n. 9. —

Beiträge zur Muskelstatik. Von Otto **Fischer.** Abhdlg 1. *Leipzig: S. Hirzel 1896.* 4.(8.)
— Abhandlungen d. Kgl. Sächs. Gesellschaft d. Wissenschaften. Math.-phys. Classe. Bd 23. No IV. [96. 7703

— Beiträge z. **Muskelstatik.** 1. Abhandlg: Ueb. d. Gleichgewicht zw. Schwere u. Muskeln a. zweigliedr. System. (Aus d. anatom. Institut d. Universität Leipzig.) [Aus: „Abhandlgn. d. kgl. sächs. Gesellsch. d. Wiss."] Lex.-8. (102 S. m. 21 Fig. u. 7 lith. Taf.) Leipzig 896. [S. Hirzel.] B. G. Teubner. n. 6. —

— dasselbe. 2. Abhandlg.: Ueb. d. Wirkg. d. Schwere u. belieb. Muskeln auf d. zweigliedr. System. (Aus d. anatom. Institut d. Universität zu Leipzig.) [Aus: „Abhandlgn. d. k. sächs. Gesellsch. d. Wiss."] Lex.-8. (90 S. m. 12 Fig. u. 4 Taf.) Ebd. 897. n. 6. —

Fischer, Otto [aus Ruhla in Thür.]: '(Aus d. chirurg. Univ.-Klinik d. Hrn Geheimr. v. Bergmann.)' Beiträge zur Pathologie der Thymusdrüse ... (Aus: Arch. f. klin. Chir., Bd. 52 Heft 2.) Berlin, gedr. bei L. Schumacher, 1896; 21 S., 3 Bl. 8.
Berlin, Med. Fak., Inaug.-Diss. v. 10. März 1896

– Bestimmung der Trägheitsmomente d. menschlichen Körpers u. seine Glieder, s. Braune, Wilh.

— die Bewegungen d. Kniegelenks, s.: Braune, W. nach e. neuen Methode am lebenden Menschen gemessen,

Fischer, Otto, über die Bewegungsgleichungen räumlicher Gelenksysteme, s.a. **Abhandlungen der königl. sächsischen Gesellschaft der Wissenschaften. Mathem.-phys. Klasse 29. IV.**

Über die Bewegungsgleichungen räumlicher Gelenksysteme von Otto Fischer, [Prof., Leipzig]. Mit 6 Textfig. Leipzig: B.G. Teubner 1905. (88 S.) 4°(8°)
— Abhandlungen d. Kgl. Sächs. Gesellschaft d. Wiss. Math.-phys. Kl. Bd 29, No 4. [05. 8809

Fischer, Otto, Bonifatius, der Apostel der Deutschen. Nach den Quellen dargestellt. gr. 8. (VII, 295 S.) Leipzig 881. T. O. Weigel. n. 6. —

Fischer, Otto (nat. Flameti in agro Tolpiacensi 1810): De ratiore encephalitidis casu deque striis medullaribus in ventriculo quarto obviis. Berolini (1834). (32 S.) 8°
Berlin, Med. Diss. v. 7. Juni 1834

Fischer, Otto [aus Dinkelsbühl]: Zur Charakteristik der Dramen Marlowe's. . . . München, *Druck v. C. Fritz in Dinkelsbühl,* 1889; 3 Bl. + 132 S. 8°
München, Phil. Fak., Inaug.-Diss. v. 1889

Fischer, Otto (III.). Zur Charakteristik der Dramen Marlowe's. Diss. 8. (VI, 132 S.) Münch. 889. (Lpz. Fock.) * 1 50

Fischer, Otto (I.), unsere Ehrfurcht vor dem deutschen Kaiser. Festpredigt, gehalten am Geburtstage unseres Kaisers, Wilhelm I., den 22. März 1879, in der von den evangel. Deutschen mitbenutzten holländ. Kapelle zu Smyrna. gr. 8. (11 S.) Marburg 879, Ehrhardt's Universitäts-Buchh. *

— die **Entlastung** des Reichsgerichts u. die Verbesserung der Revision in Zivilsachen. (48 S.) 8. Berlin 904. W. Moeser. n. 1. —
Sonderabdruck aus: „Jurist. Wochenschr."

Fischer, Otto, Referendar: Expropriationsverträge. Stuttgart 1910: Kohlhammer. VI, 108 S. 8° ¶(Ersch. auch als Buch ebd.)
Heidelberg, Jur. Diss. v. 24. Juli 1910, Ref. Fleiner
[Geb. 29. Juni 85 Stuttgart; Wohnort: Stuttgart; Staatsangeh.: Württemberg; Vorbildung: Eberhard-Ludwigs-Gymn. Stuttgart Reife M. 03; Studium: Tübingen 4, Leipzig 2, Tübingen 2 S.; Rig. 11. Mai 10.] [U 10. 1863

Fischer, Otto (III.), dreistimmige Festlieder für Schule und Haus, sowie zum Gebrauch beim Gottesdienste. Op. 144. 8. (21 S.) Delitzsch 887, Pabst. *

Fischer, Otto, 2 Festspiele zum Geburtstage Sr. Maj. des Deutschen Kaisers u. zu anderen patriotischen Festen. (Das Bild des Kaisers. — Schwarz-Weiß-Rot.) Für jung u. alt. 8. (15 S.) Breslau 894. F. Goerlich. n. — 50

Zwei Festspiele zum Geburtstage Sr. Majestät des Deutschen Kaisers und zu anderen patriotischen Festen. Für jung u. alt von Otto **Fischer.** 2. Aufl. *Breslau: F. Goerlich (1900).* (15 S.) 8° [F.] [00. 5109 2

Fischer, Otto, zwei Festspiele zum Geburtstage Sr. Maj. des deutschen Kaisers u. zu anderen patriotischen Festen. (1. Das Bild des Kaisers. 2. Schwarz-Weiß-Rot.) Für jung u. alt. 3. Aufl. (15 S.) 8. Breslau (909). F. Goerlich. — 50

Fischer, Otto, prakt. Arzt a. Rauscha bei Görlitz: Ueber die Fussgeschwulst. Leipzig 1906: B. Georgi. (30 S.) 8°
Leipzig, Med. Fak., Ref. Sattler, Diss. v. 16. Juni 1906
[Geb. 12. Aug. 78 Rauscha; Wohnort: Berlin; Staatsangeh.: Preußen; Vorbildung: Gymn. Freienwalde Reife O. 97; Studium: Berlin Univ. 1, Kaiser Wilh.-Akad. 9 S.; Coll. 16. Juni 06; Approb. 30. Juli 03.]

Fischer, Otto, der Gang des Menschen, s.: Abhandlungen der königl. sächs. Gesellschaft der Wissenschaften. Mathem.-physik. Cl. 25. 26.

— **der Gang des Menschen,** s.: **Abhandlungen der königl. sächs. Gesellschaft der Wissenschaften. Mathem.-phys. Klasse 28. V.**

Fischer, Otto, d. Gang d. Menschen, s.: Braune, Wilh.

Fischer, Otto, Referendar: Zur **Geschichte** der deliktischen Haftung für Vertragsverletzungen. *Jena: G. Fischer 1904.* (61 S.) 8° [F.] ¶(Erscheint vollst. u. d. T.: 'Die Verletzung d. Gläubigerrechtes als unerlaubte Handlung nach d. Bürgerl. Gesetzb. f. d. Deutsche Reich' in: Abhandlungen zum Privatrecht u. Civilprozeß.)
Breslau, Jur. Diss. v. 21. Juni 1904

Fischer, *Georg Otto* Zur Geschichte des Königlichen Realgymnasiums während der 25 Jahre seines Bestehens. 4 (13 S.).
Progr. Kgl. Rg. *Osnabrück* 1893 (zu 335).

– das Gesetz der Bewegungen in den Gelenken an der Basis der mittleren Finger und im Handgelenk des Menschen, s. Braune, Wilh.

Fischer, Otto (I.), das preußische Gesetz betr. die Zwangsvollstreckung in das unbewegliche Vermögen, s. Krech, J.

Fischer, Otto (Hrsg.), s.a. Gesetzbuch, Bürgerliches.

Fischer O u W Henle, Bürgerl. Gesetzbuch mit Anm. etc. (1142 S) München 1897

— u. Wilh. Henle, **Bürgerl. Gesetzbuch** v. 18. VIII. 1896 nebst d. Einführungsgesetze v. 18. VIII. 1896. Handausgabe m. Einleitg., erläut. Anmerkgn. u. Sachreg., in Verbindg. m. Eug. Ebert u. Heinr. Schneider hrsg. 2., umgearb. u. verm. Aufl. 8. (XXX, 1199 S.) München 898. C. H. Beck. Geb. in Leinw. n. 6. 50

Fischer u. **Henle**, d. B. G. B. nebst dem Einführungsgesetze. Handausg. m. erläut. Anmerkgn. 4. Aufl. München 900.

— u. Wilh. **Henle**, bürgerliches Gesetzbuch v. 18. VIII. 1896 nebst dem Einführungsgesetze vom 18. VIII. 1896. Handausg. m. Einleitung, erläut. Anmerkgn. u. Sachregister, in Verbindg. m. Eug. Ebert u. Heinr. Schneider hrsg. 5., unter Berücksicht. d. landesrechtl. Ausführungsbestimmgn. u. der gerichtl. Entscheidgn. bearb. Aufl. (35.—41. Tauf.) 8. (XXXVIII, 1350 S.) München 902. C. H. Beck. Geb. in Leinw. n. 7. —
3. Aufl. (XXXII, 1232 S.) Ebd. 899. Geb. n. 6. 50; 4. Aufl. (XXXVI, 1307 S.) 900. Geb. n. 7. —.

— u. Wilh. v. **Henle**, Bürgerliches Gesetzbuch vom 18. VIII. 1896 nebst dem Einführungsgesetze vom 18. VIII. 1896. Handausg. mit Einleitg., erläut. Anmerkgn. u. Sachregister, in Verbindg. m. Eug. Ebert u. Heinr. v. Schneider hrsg. 7., durchgearb. u. ergänzte Aufl. 51.—63. Tauf. (XXXII, 1503 S.) 8. München 906. C. H. Beck. Geb. in Leinw. n. 7. —
6. Aufl. (XXXII, 1428 S.) 904. Geb. n. 7. —.

— u. Wilh. v. **Henle**, bürgerliches Gesetzbuch vom 18. VIII. 1896 nebst dem Einführungsgesetze vom 18. VIII. 1896. Handausg. m. Einleitg., erläut. Anmerkgn. u. Sachregister, in Verbindg. m. Eug. Ebert u. Heinr. v. Schneider hrsg. 8., durchgearb. u. ergänzte Aufl. 64—75. Tauf. (XXXII, 1608 S.) 8. München 909. C. H. Beck. Geb. in Leinw. 7. 50

Fischer, Otto, die preußische Gesetzgebung, betr. die Zwangsvollstreckung in das unbewegliche Vermögen, s.: Krech, J.

— die Gesetzgebung betr. die Zwangsvollstreckung in das unbewegliche Vermögen, s.a. Krech, J.

Fischer, Otto, u. L. **Schaefer**, d. Gesetzgebung, betr. d. Zwangsvollstreckung in das unbewegliche Vermögen im Reiche u. in Preußen, auf der Grundlage des Kommentars zur preuß. Gesetzgebg., betr. die Zwangsvollstreckg. in das unbewegl. Vermögen v. J. Krech u. O. Fischer bearb. gr. 8. (VIII, 754 S.) Berlin 901. 902. J. Guttentag. n. 17. 50; geb. in Halbfrz. n.n. 19. 50

— u. L. **Schaefer**, die Gesetzgebung, betr. die Zwangsvollstreckung in das unbewegliche Vermögen im Reiche u. in Preußen, auf der Grundlage des Kommentars zur preuß. Gesetzgebg., betr. die Zwangsvollstreckg. in das unbewegl. Vermögen v. J. Krech u. O. Fischer bearb. 2. Aufl. (XVI, 728 S.) gr. 8. Berlin 910. J. Guttentag. 18.—; geb. in Halbfrz. 20. —

Fischer, O, Gläubigerrecht, s. Abhandlgn. z. Privatrecht.

Fischer, Otto v., methodische Grammatik des Schulrechnens [2. Aufl. 1884], s.a. Schmidt, Th., und Matth. Grüninger, Übungsbuch für den Rechenunterricht.

Fischer, Otto, methodische Grammatik d. Schulrechnens. Verfaßt u. hrsg. im Anschluß an die Berathgn. c. v. dem K. württemb. Kultministerium zunächst zum Behufe der Einführg. d. metr. Rechnens in den Volksschulunterricht bestellten Kommission. gr. 8. (XIV, 502 S.) Stuttgart 873. J. F. Steinkopf. n. 7. 20

—— Uebungsbuch dazu, s. Grüninger, M.

Fischer's, Otto v., methodische Grammatik d. Schulrechnens. 2. Aufl. Für den Schul- u. Selbst-Unterricht bearb. v. C. F. Hertter. gr. 8. (391 S.) Stuttgart 884. J. F. Steinkopf. n. 5. —

Von den subjektiven Grenzen der Rechtskraft. Ein Festesgruß z. Doktorjub. Ernst Immanuel Bekker's von Otto **Fischer**, [Prof., Breslau]. *Jena: G. Fischer 1899.* (93 S.) 8° [F.]
Aus: Jherings Jahrbücher f. d. Dogmatik d. bürg. Rechts. Folge 2. Bd 4. [04. 1051 G

Fischer, Otto, d. preuß. Grundbuchgesetzgebg, s.a. Guttentag's Sammlg. preuß. Gesetze.

—— die preußische Grundbuchgesetzgebung. Text-Ausg. mit Einleitung, Anmerkungen und Sachregister. 16. (VI, 182 S.) Berlin 887, Guttentag. cart. *

Fischer, O.: Die Preußische Grundbuchgesetzgebung. Text-Ausg. mit Einl.. Anm. [usw.]. 2. Aufl. Berlin 1892.
(Guttentag'sche Sammlung Preuß. Gesetze. Nr 9.)
— 3. Aufl. 1895.

Fischer, Otto (Hrsg.), s.a. Grundbuchordnung für das Deutsche Reich . . .

— Grundbuchordnung für das Deutsche Reich, nebst den preußischen Ausführungsbestimmungen, s.a. Guttentag's Sammlung deutscher Reichsgesetze. Nr. 42.

Fischer, O.: Grundbuchordnung für das Deutsche Reich. Vom 24. März 1897. Text-Ausg. mit Einl., Anm. u. Sachreg. Berlin 1897.
(Guttentag'sche Sammlung Dt. Reichsgesetze. Nr 42.)

Fischer, Otto. Grundbuchordnung für das Deutsche Reich nebst preuss. Ausführungsbestimm. Text-Ausg. m. Einl., Anmerk. u. Sachreg. 5. Aufl. Berlin 1909. 8°.
(Guttentag'sche Sammlung Deutscher Reichsgesetze. Nr 42.)

— theoretische Grundlagen für eine Mechanik der lebenden Körper, s.a. Teubner's, B. G., Sammlung v. Lehrbüchern auf dem Gebiete der mathematischen Wissenschaften. XXII.

Theoretische Grundlagen für eine Mechanik der lebenden Körper. Mit spez. Anwendungen auf d. Menschen sowie auf einige Bewegungsvorgänge an Maschinen, in möglichst elementarer u. anschaul. Weise dargest. von Otto **Fischer** in Leipzig. Mit 67 Fig. u. 1 Taf. Leipzig & Berlin: B. G. Teubner 1906. (X, 372 S.) 8°
= **Sammlung**, B. G. Teubners, von Lehrbüchern auf dem Geb. d. math. Wissensch. Bd 22. [06. 9908

Fischer, Otto: Über die Herkunft der Lymphocyten in den ersten Stadien der Entzündung. Experimentelle Studie. Naumburg 1909: Lippert. 26 S. 8° ¶(Aus: Beiträge z. pathol. Anatomie u. z. allg. Pathol. Bd 45.)
Würzburg, Med. Diss. v. 10. Mai 1909, Ref. Borst
[Geb. 7. Juni 84 Apolda; Wohnort: Würzburg; Staatsangeh.: Sachsen-Weimar; Vorbildung: Gymn. Weimar Reife O. 03; Studium: Jena 1, Leipzig 1, Berlin 2, München 2, Würzburg 4 S.; Coll. 11. Nov. 08; Approb. 6. Juni 08.] [U 09. 4109

Fischer, O., s. Jhering's Jahrbücher f. d. Dogmatik des bürgerl. Rechts.

Fischer, Otto. Über einige Intrusivgesteine der Schieferzone am Nordrand des zentralen Granites aus der Umgebung der Sustenhörner ⟨Mittleres Aarmassiv⟩. Diss. Phil. [II.] Univ Zürich. [Mit 2 Figuren.] Separat-Abdruck aus «[Gustav] Tschermaks mineral. und petrogr. Mitteilungen, hrg. von F[riedrich] Becke», [Neue Folge] Band 24, Heft 1 u. 2. II + 68 S. 8. Wien, Alfred Hölder, 1905.

Fischer, Otto, a. Essen-W.: Über diskontinuierliche Kathodoluminescenzspektra einiger aromatischer Verbindungen. Bonn 1908: P. Hauptmann. (35 S.) 8°
Bonn, Phil. Fak., Ref. Kayser, Diss. v. 30. Jan. 1908
[Geb. 4. April 85 Bochum; Wohnort: Essen; Staatsangeh.: Preußen; Vorbildung: Oberrealsch. Essen Reife O. 04; Studium: Bonn 7, Kiel 1 S.; Rig. 27. Nov. 07.]

Fischer, Otto [aus Hildesheim]: Zur Kenntnis des Paramethylchinolins ... Freiburg i. B., F. Wagner'sche Buchdr., 1896; 48 S. 8.
Freiburg i. B., Phil. Fak., Inaug.-Diss. v. 1896

— Kinematik organischer Gelenke, s.a. Wissenschaft, die.

Kinematik organischer Gelenke. Von Prof. Dr. Otto **Fischer** in Leipzig. Mit 77 Abb. Braunschweig: F. Vieweg & Sohn 1907. (XII, 261 S.) 8°
= **Wissenschaft**, Die. H. 18. [07. 3244

— Zur Kinematik der Gelenke vom Typus des Humero-Radialgelenks, s.a. Abhandlungen der kgl. sächs. Gesellschaft der Wissenschaften. Mathem.-phys. Klasse. 32, I.

Zur Kinematik der Gelenke vom Typus des Humero-Radialgelenks von Otto **Fischer**, [Prof., Leipzig]. Mit 28 Fig. Leipzig: Teubner 1909. 77 S. 4°(8°)
(Abhandlungen d. Kgl. Sächs. Gesellsch. d. Wiss. Math.-phys. Kl. Bd 32, Nr 1.)
[cg. 17118

— **Zur Kinematik des Listingschen Gesetzes, s.: Abhandlungen der kgl. sächs. Gesellschaft der Wissenschaften. Mathem.-phys. Klasse. Bd. 31, I.**

Fischer, O., die preußische Klassensteuer nach den Gesetzen vom 1. Mai 1851, 25. Mai 1873 und 16. Juni 1874 und den dazu ergangenen Ministerial-Instructionen und Entscheidungen bearb. 1. Aufl. (III, 150 S.); 2. verm. Aufl. gr. 8. (II, 175 S.) Magdeburg 876, E. Baensch. *

Fischer, O. Die preussische Klassensteuer. 3. Aufl. 8°. Magdeburg 1878.

— s.: **Kommentar zum bürgerlichen Gesetzbuch.**

Fischer, Otto (Hrsg.), s. Kunstblatt, Bielefelder.

Fischer, Otto (IV.). Leben, Schriften u. Bedeutung der wichtigsten Pädagogen bis zum Tode Pestalozzis, übersichtlich dargestellt. Ein Lernbuch f. Examinanden. gr. 8. (VII, 219 S.) Gütersloh 889, Bertelsmann. * 3 —

Fischer, Otto, Leben, Schriften u. Bedeutung d. wichtigsten Pädagogen bis z. Tode Pestalozzis, übersichtl. dargest. E. Hilfsmittel f. Examinanden. 2. Aufl., bearb. v. R. Schulz. gr. 8. (VII, 230 S.) Gütersloh 895. C. Bertelsmann. n. 3. —; geb. n. 3. 50

Fischer, Otto, Leben, Schriften u. Bedeutung der wichtigsten Pädagogen bis zum Tode Pestalozzis, übersichtlich dargestellt. Ein Hilfsmittel f. Examinanden. 3. Aufl., bearb. v. R. Schulz. gr. 8. (VII, 226 S.) Gütersloh 900. C. Bertelsmann. n. 3 —; geb. n. 3. 50

Fischer, Otto, Leben, Schriften u. Bedeutung der wichtigsten Pädagogen bis zum Tode Pestalozzis, übersichtlich dargestellt. Ein Hilfsmittel f. Examinanden. 4. Aufl., bearb. v. R. Schulz. (VII, 226 S.) gr. 8. Gütersloh 906. C. Bertelsmann. n. 3. —; geb. n. 3. 50
Fortsetzung s. u. d. T.: Schulz, R., Leben usw. der wichtigsten Pädagogen des 19. Jahrh.

Fischer, Otto, französisches Lehrbuch f. kaufmännische Fortbildungs-Schulen. 1. Tl. gr. 8. München, M. Kellerer. à n. 1. —; kart. à n. 1. 10
1. Mit den hauptsächlichsten regelmäss. Formen. (50 S.) 891.
2. Mit den unregelmäss. Verben. (41 S.) 895.

Fischer, Otto, französ. Lehrbuch f. kaufmänn. Fortbildgs.-Schulen. 3. (Schluss-)Tl. m. d. Hauptregeln d. Syntax. 8. (48 S.) München 895. M. Kellerer. n. 1. —; kart. n.n. 1. 10

— Lehrbuch d. preußischen Privatrechts. 1. Hälfte. gr. 8. (XII, 384 S.) Berlin 886. Guttentag. n. 6. —

— **Lehrbuch d. preußischen Privatrechts. 2. Hälfte. gr. 8. (XV u. S. 385—840.) Ebd. 887. n. 6. — (cplt.: n. 12. —; geb. n. 14. —)**

Fischer, Otto, Liederklang. Zehn dreistimm. Lieder f. Schule u. Haus. Op. 66. 8. (16 S.) Langensalza 884. Schulbuchh. — 24

Fischer, die Lungentuberkulose in der Armee, s.a. Veröffentlichungen aus dem Gebiete des Militär-Sanitätswesens. 34. Hft.

Die Lungentuberkulose in der Armee. Im Anschluss an H. 14 dieser Veröffentlichungen bearb. von Dr. [Otto] **Fischer**, Stabsarzt an d. Kaiser Wilhelms-Akad. Mit 4 Textfig. Berlin: A. Hirschwald 1906. (72 S.) 8°
— **Veröffentlichungen** aus d. Geb. d. Militär-Sanitätswesens. H. 34. [**06. 9497**

— **das statische u. das kinetische Maass f. die Wirkg. e. Muskels, erläutert an ein- u. zweigelenkigen Muskeln des Oberschenkels, s.a. Abhandlungen der königl. sächs. Gesellschaft der Wissenschaften. Mathem.-physik. Cl. 27. V.**

Das statische und das kinetische Maass für die Wirkung eines Muskels, erl. an ein- u. zweigelenkigen Muskeln d. Oberschenkels von Otto **Fischer**. Mit 12 Taf. *Leipzig: B. G. Teubner 1902.* (S. 485 588.) 4°(8°)
— **Abhandlungen** d. K. Sächs. **Gesellschaft** d. Wiss. Math.-phys. Kl. Bd 27, H. 5. [**os. 7077**

Fischer, Otto, s.: Maler, deutsche. VIII.

— **Die altdeutsche Malerei in Salzburg, s.a. Monographien, kunstgeschichtliche. XII.**

Fischer, Otto, a. Reutlingen: Die altdeutsche Malerei in Salzburg. ⟨Einleitung. Konrad Laib.⟩ (Berlin 1907: G. Schade.) (34 S.) 8° ¶ (Erscheint vollst. 1908.)
Berlin, Phil. Fak., Ref. Wölfflin, Diss. v. 30. Dez. 1907
[Geb. 22. Mai 86 Reutlingen; Wohnort: Berlin; Staatsangeh.: Württemberg; Vorbildung: Gymn. Kreuznach Reife O. 04; Studium: Tübingen 3, München 2, Wien 1, Berlin 1 S.; Rig. 19. Dez. 07.]

Die altdeutsche Malerei in Salzburg von Otto **Fischer**. Mit 35 Abb. auf 25 Lichtdrucktaf. Leipzig: Hiersemann 1908. 225 S. 4°(8°)
(Kunstgeschichtliche Monographien. 12.) [**09. 6237**

– die bei der Untersuchung von Gelenkbewegungen anzuwendende Methode, s. Braune, Wilh.

Fischer, Otto, Muster-Sammlung für das Linearzeichnen. 150 geometrische Ornamente meistens in griech., arab. und gothischem Styl nebst Constructionen. Für Realschulen, Gewerbschulen und Gymnasien, zugleich eine Motivsammlung für Künstler und Bautechniker. 5 Lfgn. 4. (60 Stnt. mit 148 S. Text.) Stuttgart 858,59, J. F. Steinkopf. à Lfg. * 14 Ngr. *
Der Text apart à Lfg. * 4 Ngr. *

Fischer, Otto (II.), Mustersammlung für das Linearzeichnen. 150 geometr. Ornamente meistens in griech., arab. und goth. Stil nebst Konstruktionen. Für Realschulen, Gewerbschulen und Gymnasien, zugleich eine Motivsammlung für Künstler und Bautechniker. 2. Aufl. 5 Lfgn. 4. (148 S. mit 60 Stnt.) Stuttgart 870, J. F. Steinkopf. à Lfg. * ℳ 1,40. *

—— Muster-Sammlung für das Linear-Zeichnen. 150 geometr. Ornamente, meistens in griech., arab. und got. Stil, nebst Konstruktionen. Für Realschulen, Gewerbschulen und Gymnasien, zugleich eine Motivsammlung für Künstler und Bautechniker. 3. Aufl. (In 5 Heften.) 1. Heft. 4. (52 S. mit 5 Stnt.) Ebendas. 884. *

Fischer, Otto (Red.), s. Nähmaschinen-Zeitung, Deutsche

Fischer, Otto (II.), s. Otte, Heinr., archäolog. Wörterbuch.

Fischer, O.: Das Problem der Identität und der Neuheit. Breslau 1892.
(in: Festgabe d. Jur.-Fak. zu Breslau f. v. Jhering.)

— das Problem der Identität u. der Neuheit m. besond. Berücksicht. der Spezification. [Aus: „Festgabe f. Jhering".] Lex.-8. (75 S.) Breslau 893. Schletter. n. 2. —

— dasselbe, s.: Jhering, Rud. v. Festgabe der Breslauer Juristenfacultät.

—— **Recht u. Rechtsschutz, s.a. Beiträge zur Erläuterung rc. d. Entwurfes e. bürgerlichen Gesetzbuches für das Deutsche Reich. 6.**

Fischer, O.: Recht und Rechtsschutz. Eine Erörterung der Grenzgebiete zwischen Privatrecht u. Civilprozess in Beziehung auf den Entwurf eines BGB. für das Deutsche Reich. Berlin 1889
(Beiträge z. Erl. u. Beurth. des Entw. e. BGB. hrsg. von Bekker. H. 6.)

— s.: Rechtsforschung u. Rechtsunterricht auf den deutschen Universitäten.

Rechtsgutachten in Sachen der Bergwerksgesellschaft Georg v. Giesche's Erben in Breslau gegen den Grafen Franz Hubert v. Tiele-Winkler auf Miechowitz. Von Dr. Otto **Fischer**, Prof. in Breslau. Als Ms. gedr. *Jena 1898: B. Vopelius.* (43 S.) 4° [F.] [04. 0385 2

[F.] Der Rechtsunterricht und das bürgerliche Gesetzbuch. Auf Grundlage d. Beschlüsse d. Eisenacher Konferenz d. Deutschen Rechtslehrer v. 23. März 1896. Von Otto **Fischer**. *Jena: G. Fischer 1896.* (30 S.) 1 Bd 5. [96 0773

— d. Reichsgesetz üb. d. Zwangsversteigerg. u. d. Zwangsverwaltg., s.: **Krech, J.**

—— sechs Reihen arithmetischer Regeln zur Repetition über den Schulunterricht für Realschüler von 11—14 Jahren zusammengestellt. gr. 8. (20 S.) Ulm 861, Wohler'sche Buchh. *

Fischer, Otto, 6 Reihen arithmetischer Regeln innerhalb der vier ersten Grundrechnungsarten, zur Repetition über den Schulunterricht insbesond. für Realschüler von 10—14 Jahren zusammengestellt. 2., verm. und verb. Aufl. gr. 8. (52 S.) Ulm 865, Wohler. cart. *

-- **Revision u. Revisionssumme in rechtsgeschichtlicher u. rechtsvergleichender Darstellung.** Vortrag, geh. in der internationalen Vereinigg. für vergleich. Rechtswissenschaft u. Volkswirtschaftslehre am 29. X. 1904. (32 S.) gr. 8. Berlin 905. J. Springer. n. — 80
Sonderabdruck aus: „Mitteilgn. d. intern. Vereinigg. f. vergleich. Rechtswiss. u. Volkswirtschaftslehre zu Berlin".

-- s.: **Ritu-Sanhara**, die Jahreszeiten.

--- die Rotationsmomente der Beugemuskeln am Ellbogengelenk d. Menschen, s. **Braune, W.**

— „Rübezahl" od. eine Turnfahrt nach dem Riesengebirge, s.a. **Festspiele, turnerische.**

Fischer, Otto, „Rübezahl" od. Eine Turnfahrt nach dem Riesengebirge. Festspiel m. Reigenaufführg. (8 S.) kl. 8. Leipzig (902). Rauh & Pohle. n. 1. —

— d. Sachenrecht d. Entwurfs, s.a. **Sammlung** v. Vorträgen üb. d. Entwurf e. bürgerl. Gesetzbuchs.

Fischer, O.: Das Sachenrecht des Entwurfs eines BGB. in der Fassung der dem Reichstag gemachten Vorlage. E. Darst. u. Erl. der Hauptbestimmungen. Berlin 1896.
(Sammlung von Vorträgen über d. Entw. eines BGB. H. 3.)

—— Sängergruß. Leichte vierstimm. Lieder für Männer-Gesangvereine. qu. gr. 8. (16 S.) Berlin 882, Th. Chr. Fr. Enslin.

-- **Schwerpunkt** d. menschlichen Körpers, s. **Braune**, Wilh.

—— soll Kauf Pacht und Miethe brechen? Ein Gutachten, dem deutschen Juristentag erstattet. Zugleich ein Beitrag zur Geschichte und Dogmatik von Pacht und Miethe. gr. 8. (V, 138 S.) Ebendas. 888. *

—— Soll Kauf Pacht u. Miethe brechen? Ein Gutachten, dem deutschen Juristentag erstattet. Zugleich ein Beitrag zur Geschichte u. Dogmatik v. Pacht u. Miethe. 2. Ausg. m. e. Nachtrag betr. den Fall der Zwangsversteigerung. gr. 8. (IV, 181 S.) Berl. 889, Guttentag. * 3 —; Nachtrag ap. (41 S.) * — 50

FISCHER, O.
Chemische Studien über die Alkaloide der Steppenraute (Peganum harmala). Pr. Luitp. Festschrift. Erlangen, 1901. 4to.

Fischer, Otto, chemische Studien der Alkaloide der Steppenraute (Peganum Harmala). gr. 8. (20 S.) Leipzig 901. A. Deichert Nachf.. n. — 80
Sonderabdruck aus: „Festschrift d. Univers. Erlangen f. Prinzregent Luitpold."

—— Termin und Ladung im deutschen Civilprozeß. gr. 8. (119 S.) Berlin 882, Vahlen. *
Aus: Beiträge zur Erläuterung des deutschen Rechts, besonders abgedruckt.

— T r ä g h e i t s m o m e n t e des menschl. Körpers, s. B r a u n e, Wilh.

Fischer, O., Übungsstoff für den Unterricht in der neuen deutschen Rechtschreibung. Zum Gebrauch in Schulen zusammengestellt. 8. (36 S.) Berlin 881. G. W. F. Müller. n. — 30

—— 80 Uebungstafeln zum Schulrechnen für die Hand der Schüler. 8. (48 S.) Stuttgart 878, J. F. Steinkopf. cart. *
Aus: Grammatik des Schulrechnens, besonders abgedruckt.

—— Die Ungültigkeit der Ehe u. ihre Folgen, insbesondere bei Formmängeln. Zugleich e. Beurtheilg. der einschläg. Bestimmgn. d. Entwurfes e. bürgerl. Gesetzbuches f. das Deutsche Reich. gr. 8. (90 S.) Jena 890, Fischer. * 1 80
Aus: Jherings Jahrbb. f. die Dogmatik d. heut. röm. u. deutschen Privatrechts, besonders abgedruckt.

Fischer, Otto, experimentelle Untersuchungen über die Heiluug von Schnittwunden der Haut unter dem Jodoformverband. Diss. Tübingen 1888, Fues' Sort. 8°. 35 S.

Fischer, Otto (II.), experimentelle Untersuchungen über die Heilung von Schnittwunden der Haut unter dem Jodoformverband. Inaugural-Dissertation. gr. 8. (35 S.) Tübingen 888, (Laupp'sche Buchh.) *

— U n t e r s u c h u n g e n über die Gelenke des menschlichen Armes, s. B r a u n e, Wilh.

Fischer, Otto. Untersuchungen der Stalluft auf Kohlensäure und Ammoniak. Aus dem hygienischen Institut der Königlichen Tierärztlichen Hochschule zu Hannover. Diss. Vet.-Med. Bern. [Mit 1 Figur und 1 Tabelle.] II + 63 S. 8. (Hannover, Leopolds Buchdr., 1909.)

Fischer, Otto: Ueber Verbindungen von Chloral und Aldehyd mit Toluol unter Austritt von Wasser. Strassburg, Druck von Fr. Wolff, 1874. 8. 39 S.

Fischer, Otto (II.), das Verfassungs- und Verwaltungsrecht des Deutschen Reichs und des Königr. Sachsen, in seinen Grundzügen systematisch dargestellt. gr. 8. (VI, 67 S.) Leipzig 882, Dürr'sche Buchh. *

Fischer, O., das Verfassungs- u. Verwaltungsrecht des Deutschen Reiches u. d. Königreichs Sachsen, in seinen Grundzügen gemeinfaßlich dargestellt. 2., verm. u. verb. Aufl. gr. 8. (VI, 78 S.) Leipzig 890. Dürr'sche Buchhandlg. n. 1. —

Fischer, Otto (II.). Das Verfassungs- u. Verwaltungsrecht d. Deutschen Reiches u. d. Königr. Sachsen, in seinen Grundzügen gemeinfaßlich dargestellt. 2. Aufl. (VI, 78 S.) 889; 3. verm. u. verb. Aufl. gr. 8. (VIII, 84 S.) Lpz. 892. Dürr'sche Buchh. * 1 —

-- dasselbe. 4., verm. Aufl. [8.—9. Taus.] gr. 8. (VIII, 94 S.) Ebd. 894. n. 1. 25

Fischer, Otto, d. Verfassungs- u. Verwaltungsrecht d. Deutschen Reiches u. d. Königr. Sachsen, in s. Grundzügen gemeinfaßl. dargest. 6., verm. u. verb. Aufl. (12.—13. Taus.) gr. 8. (VIII, 118 S.) Leipzig 898. Dürr'sche Buchh. n. 1. 40

Fischer, Otto, das Verfassungs- u. Verwaltungsrecht des Deutschen Reiches u. des Königr. Sachsen in seinen Grundzügen gemeinfaßlich dargestellt. 7. u. 8. Aufl. (14.—17. Taus.) gr. 8. (à VIII, 182 S.) Leipzig 901. 902. Dürr'sche Buchh. n. 1. 40

Fischer, O., Das Verfassungs- u. Verwaltungsrecht des Deutschen Reiches u. des Königr. Sachsen, in seinen Grundzügen gemeinfasslich dargestellt. 9. Aufl. (18—19. Taus.) (VIII, 156 S.) gr. 8. Leipzig, Dürr'sche Buchh. 1904 1. 60.

Fischer, Otto, das Verfassungs- u. Verwaltungsrecht des Deutschen Reiches u. des Königr. Sachsen, in seinen Grundzügen gemeinfaßlich dargestellt. 10. Aufl. (20.—21. Taus.) (VIII, 159 S.) gr. 8. Leipzig 906. Dürr'sche Buchh. n. 1. 60
9. Aufl. (VIII, 156 S.) 904. n. 1. 60.

Fischer, O., Das Verfassungs- u. Verwaltungsrecht des Deutschen Reiches u. des Königr. Sachsen, in seinen Grundzügen gemeinfasslich dargestellt. 11. Aufl. (VIII, 168 S.) gr. 8. Leipzig, Dürr'sche Buchh. 1907 1. 60.

Fischer, Otto, das **Verfassungs- u. Verwaltungsrecht** des Deutschen Reiches u. des Königr. Sachsen, in seinen Grundzügen gemeinfaßlich dargestellt. 12. Aufl. (24. u. 25. Taus.) (VIII, 186 S.) gr. 8. Leipzig 910. [Dürr'sche Buchh.]. Roßberg'sche Verlagsb. 2.—; geb. 3.—

— **Volkslieder,** dargest. in Marmorgruppen. (8 Blatt.) 16. Probstheida (903). Leipzig. Rauh & Pohle. n. 1. 50

— Vollstreckbarkeit, s. a. **Festgabe f. Felix Dahn.**

Fischer, O.: Vollstreckbarkeit. Breslau 1905.
(in: Festgabe d. Breslauer jur. Fak. f. Dahn. T. 3.)

Fischer, Otto, Waldherrschaft, s.: **Universal-Bibliothek.**

Über die Wirkung der Schwere und beliebiger Muskeln auf das zweigliedrige System v. Otto **Fischer** ... '(A. d. anatom. Inst. d. Univ. Leipzig.)' M. 4 Taf. u. 12 Textfig. *(Leipzig: S. Hirzel 1897.)* (1 Bl., 90 S., 4 Taf.) 4.(8.)
— Fischer, Otto: Beiträge z. e. Muskeldynamik. Abh. 2.
— **Abhandlungen** d. Kgl. Sächs. **Gesellschaft** d. Wissenschaften. Math.-phys. Cl. Bd 23. No VI. [97. 9..

Fischer, Otto, die neugebauten Wohnungen und deren Gefahren für ihre Bewohner. Ein Beitrag zur Gesundheitspflege u. Sanitätspolizei. Göttingen 855. Wigand. 8. (48 S.) 7½ ngl

— die Wundermühle od. Wie alte Frauen wieder jung gemacht werden, s.: **Turner-Pantomimen.** Nr. 3.

— s.: **Zeitschrift** f. **Praxis** u. **Gesetzgeb.** d. **Verwaltg.**

— **Zeitschrift** f. die Praxis u. Gesetzgebung der Verwaltg. Hrsg. v. Walt. Schelcher. 21.—25. Bd. à 6 Hfte. gr. 8. (XII, 430; XII, 388; XII, 392; X, 390 u. VIII, 390 S.) Leipzig 900—902. Roßberg'sche Verlagsbuchh. à Bd. n. 8.—
Vergl.: **Zeitschrift** f. **Praxis** 2c. der **Verwaltung.**

— **Zeitschrift** f. Praxis u. Gesetzgebung der Verwaltung. Hrsg. v. Walt. Schelcher. 26.—31. Bd. à 6 Hfte. (XII, 392; XII, 390; XII, 392; XIV, 394; XII, 392 u. X, 390 S.) gr. 8. Leipzig 903—906. Roßberg'sche Verlagsbuchh. à Bd. n. 8.—

— **Zeitschrift** f. Praxis u. Gesetzgebung der Verwaltg. Hrsg. v. Walt. Schelcher. 32—38. Bd. à 8 Hefte. (32—37. Bd. X, 393; X, 395; X, 391; VIII, 392; IX, 394 u. XI, 400 S.) 8. Leipzig 907—10. Roßberg'sche Verlagsbuchh. à Bd. 8.—
Beilage f. u. d. T.: **Wachler,** Paul, u. E. **Raundorff,** Rechtsgrundsätze des kgl. sächs. Oberverwaltungsgerichts.

— dasselbe. Hauptregister zu den Bdn. I bis XXX. Enth. e. übersichtl. Zusammenstellg. der in den Bdn. I bis m. XXX enth. Abhandlgn., Verordngn. u. Entscheidgn. in Form e. Wort- u. Spruchregisters nebst e. Übersicht üb. die gesamten einschlag. Gesetzesstellen, bearb. v. Haenel, Keller, G. v. d. Mosel. (III, 360 S.) gr. 8. Leipzig 907. Roßberg'sche Verlagsbuchh. 11.—

Ziel und Methode des rechtsgeschichtlichen Unterrichts. Ein 1908 in d. Sektion f. Rechts- u. Wirtschaftsgeschichte d. 2. [vielm. 3.] internat. Kongresses f. hist. Wiss. in Berlin geh. Vortrag. Von Otto **Fischer,** [Prof., Breslau]. Jena: G. Fischer 1908. (52 S.) 8° [F.]
Aus: Jherings Jahrbüchern f. d. Dogmatik d. bürgerl. Rechts. Folge 2, Bd 18. 1908. [08. 17868

— Zwangsvollstreckung, s. Guttentag: Sammlung deutscher Reichsgesetze.

— Zwangsvollstreckung gegen fremde Staaten u. Kompetenzkonflikt, s.: **Brie,** Siegfr.

Fischer, Otto Christian, Dr. iur.: Die wirtschaftliche Bedeutung des Warrants. Berlin 1908: R. Boll. (53 S.) 8°
¶ (Erscheint vollst. u. d. T.: „Die Entwicklung des Warrantverkehrs in d. europ. u. amerik. Staaten" b. C. Heymann, Berlin.)
Breslau, Phil. Fak., Ref. Wolf, Diss. v. 5. März 1908
[Geb. 16. Jan. 83 Greifswald; Wohnort: Breslau; Staatsangeh.: Preußen; Vorbildung: Matthias-Gymn. Breslau; Studium: Lausanne 1, München 1, Breslau 5 S.; Rig. 8. Okt. 07.]

Fischer, Otto Christian, die wirtschaftliche Entwicklung des Warrantverkehrs in Europa u. Amerika. Preisgekrönt v. den Aeltesten der Kaufmannschaft v. Berlin. (VII, 308 S. m. 26 Anlagen.) gr. 8. Berlin 908. C. Heymann. 8.—

Fischer, Otto Christian, die Verletzung des Gläubigerrechts als unerlaubte Handlung nach dem Bürgerlichen Gesetzbuch f. das Deutsche Reich, s.a. **Abhandlungen** zum **Privatrecht** u. **Civilprozeß** des **Deutschen Reiches.** XII. 3.

Die Verletzung des Gläubigerrechts als unerlaubte Handlung nach dem Bürgerlichen Gesetzbuch für das Deutsche Reich. Von Dr. Otto Christian **Fischer.** Jena: G. Fischer 1905. (VI, 172 S.) 8° [F.]
— **Abhandlungen** z. Privatrecht u. Zivilprozeß. Bd 12, H. 3. [05. 433

Fischer, Otto Georg

Fischer, O. Lehrplan des städtischen Realgymnasiums zu Osnabrück. (1. Hälfte). 16 S. **Progr.** Rg. *Osnabrück* 1885.

Fischer, *Otto Georg* Lehrplan für das Realgymnasium zu Osnabrück. (Zweite Hälfte.) 4 (S. 17—34). Rg. *Osnabrück* 1886 (306). **Progr.**

Fischer, Otto W.

Fischer O. W.: Zur Kenntnis der Dichinolyle. 1. Mitteilung. S. 90. II. 219 . . . . . vgr.
Separatabdruck

— Zur Kenntnis der Dichinolyle. 2. Mitteilung. S. 92. II. 446 . . . . vgr.
Separatabdruck

Fischer Otto W., Kurzes Lehrbuch der chemischen Technologie (Wärmeerzeugung, Brennstoffe, Wasserreinigung), insbesondere für die maschinen- und elektrotechnischen Abteilungen der höheren Gewerbeschulen. Wien und Leipzig 1905. Franz **Deuticke.** Geh. K 2.30, geb. K 2.80.

Fischer, Otto W., kurzes Lehrbuch der chemischen Technologie (Wärmeerzeugung, Brennstoffe, Wasserreinigung) insbesondere f. die maschinen- u. elektrotechnischen Abteilungen der höheren Gewerbeschulen. (III, 159 S. m. 17 Abbildgn.) gr. 8. Wien 906. F. Deuticke. Geb. in Leinw. n. 2 40

Über zwei organische Zinnverbindungen. S. 90. II. 455 . . . . vgr.
Separatabdruck

Fischer, Ottok., zu Immermanns Merlin. (51 S.) gr. 8. Dortmund 909. F. W. Ruhfus. 1.20

Fischer, P., der Absehunterricht mit Schwerhörigen u. Ertaubten. Ein Beitrag zur Heilpädagogik. gr. 8. (IV, 46 S.) Hannover 890. C. Meyer. n. —80

Fischer, P., ital. u. deutsch. **Briefbuch.** 8. Insbr. Wagner. 792.

Fischer, P., Einführung in die deutsche Druckschrift, s.: **Studien,** pädagogische. 186. Hft.

— Grammatica tedesca. 8. Insbr. 793. (Wagner). 1 ß

— italien. Grammatik f. Deutsche. 8. Insbr. 792. (Wagner). 8 gl

— ital. **Grammatik** f. Deutsche. 8. Ebend. 793.

— deutsch-italienisch. **Hauslexikon.** 8. Insbruck, Fischer. 794.

Fischer, P., Liederbuch f. katholische Schulen. Nebst einigen Schulgebeten u. den Responsorien. 12. (112 S.) Münsterberg i/Schl. 895. F. Blühm. n.n. —20

Liederbuch für katholische Schulen. Nebst einigen Gebeten ... Hrsg. von P. **Fischer,** Lehrer. 3. verm. Aufl. Münsterberg: F. Blühm 1907. (146 S.) 8° [F.] [08. 3438 2

— **Vocabularietto domestico ital.-tedesco et tedesco-italiano.** 8. Insbr. 792. Fischer. 12 gl

Fischer, P., illustrierte Weltgeschichte, s.: **Straganz,** P. Max.

Fischer, P., illustrierte Weltgeschichte, s.: **Widmann,** S.

Fischer, P. C., auf welchen Höhen sollen wir beten? Eine orts- u. zeitgemäße Pfingstfrage. gr. 8. (21 S.) Colmar 894. (Straßburg, C. A. Bomhoff.) n. — 40

Fischer, P. D.: Die Anfänge der deutschen Auswanderung nach Amerika. *Vortrag gehalten im Berliner Unions-Verein am 1. April 1870. Berlin: F. Henschel 1870. S. 36.*

Fischer, P. D., Friedrich der Grosse u. die Volkserziehung. Vortrag geh. am 24. Jan. 1877 im Bürgersaal d. Berliner Rathhauses zum Besten d. Feierabendhauses f. Lehrerinnen u. Erzieherinnen. gr. 8. (42 S.) Berlin 877. Dümmler's Verl. n. 1. —

Fischer, das geltende Recht beim Viehhandel. Für die ländl. Bevölkerg. gemeinverständlich dargestellt. (VI, 27 S.) kl. 8. Stuttgart 908. W. Kohlhammer. p — 20

Fischer, P. E., Canisius-Gebetbuch. 8°. (349, 90, VIII S.)
Wien: Doll 1903. geb. K 1.—

Fischer, P. E., Unsere liebe Frau am Kahlenberg. 8°. (6 S.) †
Wien: Eichinger, 1907. K —.20

Fischer, P. C. G., der Preußische Geschworene, enth. d. Gesetz vom 3. Jan. 1849, nebst vollständ. Erläuterung u. einer geschichtl. Einleitung. Ein unentbehrl. Hülfsbuch f. jeden Geschwornen in Preußen. gr. 8. (27 S.) Berlin 849, Weyl & Co. 1/6 ₰

Fischer, P. C. G., der preußische Geschworene, enth. das Gesetz vom 3. Jan. 1849, nebst vollständ. Erläuterung und einer geschichtl. Einleitung. Ein unentbehrl. Hülfsbuch für jeden Geschwornen in Preußen. gr. 8. (27 S.) Berlin 850, Weyl und Comp.

— **P. G., u. F. Köppner.** Der gestirnte Himmel. Versuch einer Uebersetzung der Phaenomena Aratea des Rufus Festus Avienus. Pr. 1898. 82 S. 1.50

Fischer, P. L.

Fischer, P. L. Der Cid und die Cid-Romanzen. Literarhistorische Abhandlung. Sarnen, Kantonal-Anstalt, 1887. 24 S. 4. Progr.

Fischer, Paul, Anleitung zum Gebrauche der Schreiblese-Fibel. (24 S. m. Abbildgn.) gr. 8. Breslau 903. F. Hirt. n. — 50

Fischer, Paul, Ansiedlungsbauten der Provinzen Posen u. Westpreussen. Im Auftrage der königl. Ansiedlungskommission in Posen hrsg. 4 Lfgn. (100 Taf. m. III S. Text.) gr. Fol. Halle 904. L. Hofstetter, Verl. à n. 12. 50; Mappe dazu n. 5. —

Ländliche Arbeiterhäuser und Handwerkergehöfte von Paul **Fischer**, Reg.- u. Baurat. 15 Taf. Halle a. S.: L. Hofstetter 1907. (2 Bl., 15 Taf.) 4° [07. 13631

Fischer, Paul, s.: Asträa.

Fischer, Paul: Der deutsche Aufsatz in den Oberklassen. Stettin 1908: Graßmann. S. 3–20. 4°
Stettin, Friedrich-Wilhelms-RG P 1908 (205) [S 08. 104

Grössere Bauerngehöfte von Paul **Fischer**, Reg.- u. Baurat. 20 Taf. Halle a. S.: L. Hofstetter 1907. (2 Bl., 20 Taf.) 4° [07. 13632

Kleine Bauerngehöfte von Paul **Fischer**, Reg.- u. Baurat. 14 Taf. Halle a. S.: L. Hofstetter 1907. (2 Bl., 14 Taf.) 4° [07. 13633

Mittlere Bauerngehöfte von Paul **Fischer**, Reg.- u. Baurat. Ser. 1. 2. Halle a. S.: L. Hofstetter 1907. 2 Bde 4°
1. 15 Taf. 2. 19 Taf. [07. 13634

Fischer, Paul [von St. Gallen]: Ein Beitrag zu den Missbildungen des Ureters, der Samenblase und der Niere. Zürich (1899). 27 S. 8°.
Zürich. Med. Diss. 1898/99.

Fischer, Paul [prakt. Arzt aus Greifswald]: Beitrag zur Statistik der Echinococcenkrankheit in Pommern speciell in Neuvorpommern auf Grund der in der chirurgischen Klinik zu Greifswald in den Jahren 1860—1887 beobachteten Fälle .... Greifswald, Druck v. Julius Abel, 1888; 34 S. 8°
Greifswald, Med. Fak., Inaug.-Diss. v. 31. März 1888

Freie Vereinigung der fünf unabhängigen Logen Deutschlands. Logentag am 17. Mai 1903 in Gera. Bericht über den Antrag des Gross-Orients des schottischen, alten und angenommenen (33.°) Ritus und souveränen Sanktuariums des Ordens der alten Freimaurer von Memphis- und Misraim-Ritus in Berlin auf Anerkennung. [Unterz.:] Paul Fischer. [Gera: 1903.] 8 S. 8° [Kopftit.]

Fischer, Paulus, Lauenburgensis: De Dionis Chrysostomi orationis tertiae compositione et fontibus. *Bonnae 1901: C. Georgi.* (46 S.) 8°
Bonn, Phil. Diss. v. 16. Febr. 1901

Fischer, Paul, ([von] Kertschütz, Kreis Neumarkt in Schlesien): Darstellung und Kritik der Hauptansichten über die Natur der Gefühle in der neuesten Psychologie. Breslau F. W. Jungfer Dr. 1897. 4 Bl., 102 S., 1 Bl. 8°.
Zürich, Phil. Diss. I. S. [v. 26. Oct. 1897].

Einführung in die deutsche Druckschrift. Ein Hilfsmittel beim ersten Leseunterrichte von P[aul] **Fischer**, Hamburg. Leipzig: Siegismund & Volkening 1908. 15 S. 8°
(Pädagogische Studien. H. 186.) [08. 1579

Fischer, Paul [aus Berlin]: Ueber die Einwirkung des Ammoniaks und Anilins auf einige negativ substituirte Halogenbenzolsulfosäuren ... Potsdam, Buchdr. v. E. Stein, *1892*; 1 Bl., 66 S., 2 Bl. 8.
Berlin, Phil. Fak., Inaug.-Diss. v. 31. Okt. 1892

Fischer, Paul, Enteignung, Grund- u. Hypothekenwesen, Kataster, Geometer, s.: **Sammlung von Landesgesetzen f. d. Fürstent. Reuß jüngerer Linie.**

Fischer, Paul: Zur Entwicklung der Wortarten in den indogermanischen Sprachen. Stettin, Druck v. R. Grassmann, 1893; 1 26 S. 4.
Stettin, Friedrich-Wilhelms-S '(RG nebst VS)'. OP 1893 (150)

Erinnerungen an den Polnischen Aufstand von 1848. Aus Posen u. Westpreussen. Dargest. von Paul **Fischer**, Chef-Redakt. d. 'Geselligen'. (Auf Grundlage einer Artikel-Reihe aus Jg. 1898 d. 'Geselligen', von dems. Verf. (mit Ergänzungen.) *Graudenz: G. Röthe 1899.* (51 S.) 8° [F.] [99. 9519

Erinnerungen an den Polnischen Aufstand von 1848. Aus Posen u. Westpreußen. Dargest. von Paul **Fischer**, Chef-Red. d. 'Geselligen'. (2. Aufl.) *Graudenz: G. Röthe 1900.* (51 S.) 8° [F.]
[Umschlagt.:] Der Polen-Aufstand von 1848 ... von Fischer. 2. Aufl.
Aus: Der Gesellige. Jg. 1898, mit Erg. [04. 10301 10

Erinnerungen an den Polnischen Aufstand von 1848 aus den preußischen Provinzen Posen und Westpreußen, dargest. von Paul **Fischer**, Chef-red. d. 'Geselligen'. 4. Aufl. Graudenz: 'Der Gesellige' 1907. (48 S.) 8° [F.]
[Umschlagt.:] Der Polenaufstand 1848 ... von Fischer. 4. Aufl.
Aus: 'Der Gesellige'. Jg. 1898, mit Erg. [07. 10764

Fischer, Paul [aus Greifenberg (Pommern)]: Ein Fall von einer Operation einer Varicocele. ... Würzburg, Druck d. Ferdinand Röhrl'schen Buchdr., 1888; 35 S. 8°
Würzburg, Med. Fak., Inaug.-Diss. v. 1888

Fischer, Paul [app. Arzt aus Ueberlingen]: Ein seltener Fall von Symblepharon. ... Rostock, Univ.-Buchdr. v. Adler's Erben, 1889; 21 S. 8°
München, Med. Fak., Inaug.-Diss. v. 1889

Fischer, Paul, Familienrecht (Ehe, Verwandtschaft, Vormundschaft [Der Rechtsanwalt im Hause II], s.: Grethlein's praktische Hausbibliothek. 23. Bd.

Fischer, Paul: Die erste Festwoche des Deutschen Schillerbundes in Weimar. ⟨5.—10. Juli 1909.⟩ Stettin 1910: Graßmann. S. 1—10. 4°
Stettin, Friedrich-Wilhelms-RG P 1910 (221) [S 10. 111

[F.] **Fischer**, *Paul* [Prof.]: Die Frage nach dem Wesen des Wunders; Beiträge z. Behandlg d. Frage im Religionsunterricht d. Prima. Blaubeuren, Druck d. F. Mangoldschen Buchh., 1897; 1 Bl., 1—26 S. 4.
Blaubeuren, k. ev.-theol. Sm, P 1897 (604)

Kleine ländliche Gemeindebauten u. Dorfschänken von Paul **Fischer**, Reg.- u. Baurat. 17 Taf. Halle a. S.: L. Hofstetter 1907. (2 Bl., 17 Taf.) 4° [07. 13635

Geschichte des Altertums. Von d. ältesten Zeit bis zu Christi Geburt von Dr. P[aul] **Fischer**, Gymn.-Dir. (In 9 Lfgen.) Mit 269 Textabb. u. 29 Tafelbild. u. Beil. München: Allg. Verl.-Ges. [1905—07] VIII, 464 S. 4°(8°)
(Widmann, S., P. Fischer, W. Felten: Illustrierte Weltgeschichte. Bd 1.) [10. 11962

Geschichte des Altertums. Von d. ältesten Zeit bis zu Christi Geburt von Dr. P[aul] **Fischer**, Gymn.Dir. 2. Aufl. Mit 332 Textabb. u. 20 Tafelbild. u. Beil. München [& Berlin:] Allg. Verl.-Gesellsch. [1908]. VIII, 464 S. 4°(8°)
(Widmann: Illustrierte Weltgeschichte. Bd 1.) [09. 16077

Fischer, Paul (I.). Gesindeordnung, Erbfolge- u. Erbsteuergesetz &c., s. Sammlung v. Landesgesetzen f. das Fürstent. Reuß i. L.

Fischer, Paul: Gottsched und sein Kampf mit den Schweizern. Greifenberg i. Pomm., gedr. b. C. Lemcke, *1892*; 1—20 S. 4.
Greifenberg i. P., k. Friedrich-Wilhelms-G, OP 1892 (134)

— **Graudenz u. Feste Courbiere.** Praktischer Führer m. geschichtl. Darstellgn. Mit 30 Bildern u. großem farb. Stadtpl. 12. (183 S.) Graudenz (902). A. Kriedte. n. — 60

Fischer, Paul, Graudenz u. Feste Courbiere. Praktischer Führer m. geschichtl. Darstellgn. Mit 34 Bildern u. großem farb. Stadtplane. 2., verm. Aufl. (104 S.) kl. 8. Graudenz 906. A. Kriedte. n. — 50

Feste Graudenz 1807 unter Gouverneur de Courbiere. Geschichte d. Blockade u. Belagerung mit Vorgeschichte von 1806 ... auf Grund amtl. u. privater Quellen dargest. von Paul **Fischer**, Chefred. d. 'Geselligen'. Graudenz: A. Kriedte 1907. (64 S.) 8° [F.] [07. 11644 10

Fischer, Paul, Hallucinationen. Mit e. Prolog v. Fel. Dörmann. 8. (132 S.) Leipzig 894. Literar. Anstalt A. Schulze. n. 2. 50

Fischer, Paul, Handbuch d. Gabelsbergerschen Stenographie, s.: Fischer, Rob.

— Jagd-, Fischerei-, Wasserrecht u. Flößerei, s.: Sammlung v. Landesgesetzen f. das Fürstent. Reuß jüngerer Linie.

Fischer, Paul (Bearb.), s. J a h r b u c h , Warneyers, der Entscheidungen.

Fischer, Paul, Inhaltsverzeichniß zur Neuen Zeitschrift für Musik, 1—25. Bd., Jahrg. 1834—1859 nebst einer historisch-kritischen Einleitung. (In 5 Liefgn.) 1. 2. Liefg. Leipzig 860, 61. Kahnt. 4. (S. 1—92.) Jede Liefg. n. 12 ngr.

Fischer, Paul, Inhaltsverzeichniß zur Neuen Zeitschrift für Musik. 1—50. Bd. Jahrg. 1834—1859 nebst e. historisch-kritischen Einleitung. 2. u. 3. Liefg. Leipzig 861, 67. Kahnt. gr. 4. (S. 49—144.) Jede Liefg. n. 12 ngr.

Königliche Kunst. Festrede am Geburtstage Kaiser Wilhelm II. 27. Jan. 1902, gehalten in der Loge Victoria z. d. 3 gekr[önten] Thürmen i. Or. Graudenz vom Br. Paul **Fischer.** Gedr. als Ms. f. Bbr. Frmr. Graudenz 1902: Röthe. 12 S. 8° [Umschlagtit.]
Recens: BayrBbl. 2 (1901—1902) S. 293—294; Bh. 45 (1902) S. 136 (C. G o t t h o l d); L. 25 (1902) S. 48 (R. F i s c h e r); BZC. 31 (1902) S. 128.
cf. Bk. 21 (1902) No 73 (M. C o r e n s).
Frmrische Betrachtung üb. den Wert der Persönlichkeit; Preis der Hohenzollern.

[Lied.] Zum 40jährigen Maurerjubiläum des Br. Rob. Fischer in der Loge Archimedes zum ewigen Bunde in Gera am 6. Juni 1897. [Von **Paul Fischer.**] [Gera 1897.] 1 Bl. 8° [Kopftit.]
Mit Noten: „Was ist's, das uns heute zusammengeführt . .“ 430.

Fischer, Paul, die Marienburg. Illustr. Führer durch d. Geschichte u Räume d. bedeut. deutschen Kulturstätte d. Ostmark. M. 11 Bild. u. 1 Plane. 12. (50 S.) Graudenz 898. J. Gaebel. n. — 60

Die **Marienburg.** Ill. Führer durch d. Geschichte u. Räume d. bedeutendsten deutschen Kulturstätte d. Ostmark. Mit 11 Bild. u. 1 Pl. Von **Paul Fischer**, Chefred. d. 'Geselligen' in Graudenz. 2. Aufl. *Graudenz: J. Gaebel 1899.* (S. 65—112.) 8° [F.]
Aus: Vater Freimuth's ill. Familien-Kalender. 1898. [01. 4447 10

Die Marienburg. Ill. Führer durch d. Gesch. u. Räume d. bedeutendsten deutschen Kulturstätte d. Ostmark. Von **Paul Fischer**, Chefred. d. 'Geselligen'. 3. Aufl. Mit 13 Bild. u. 1 Pl. *Graudenz: A. Kriedte 1902.* (64 S.) 8° [F.] [02. 619 10

Fischer, Paul: **Dem Meister v. St. Br. Paul Fischer. [Unterz.:] E. u. B. [Gera o. J.: Buhr & Dräger.] 1 Bl. 4° [Kopftit.] Mit Bild.**
„Brüder dieser Tafelrunde“ ... 21.

Fischer, Paul: Nietzsche Zarathustra und Jesus Christus. Blaubeuren 1909: Baur. 41 S. 4°
Blaubeuren, k. württemb. ev.-theol. Sm P 1909 (791) [S 09. 106

Nietzsche Zarathustra und Jesus Christus. Von Paul **Fischer**, Prof. Stuttgart: Ev. Gesellsch. 1910. 80 S. 8°
Ersch. auch als Progr. d. Ev.-theol. Sem. Blaubeuren 1909 [11. 13304

Fischer, Paul (II.). Das Ostende v. London. s. a. Arbeiterbibliothek. Berliner.

Das Ostende von London. Ein soziales Nachtbild. 2 Abth. (Berliner Arbeiterbibliothek, 2. Serie, 10. u. 11. Heft.) 8°. Berlin 1891.

Fischer, Paul: Der Projektionsapparat. Seine prakt. Einrichtg, Handhabg u. Verwertg f. d. Unterricht. Culm, Druck v. C. Brandt, 1892; 3—13 S. 4.
Culm, k. RPG, OP 1892 (40)

Fischer, Paulus [Duesseldorpiensis]: **Quaestiones de Atheniensium sociis historicae** .... Bonnae, typ. Petri Hauptmanni, 1887; 36 S. 8°.
Bonn, Phil. Fak, Inaug.-Diss. v. 6. Aug. 1887.

F i s c h e r, P a u l u s, quaestiones de Atheniensium sociis historicae. Diss. Bonn 1887, Emil Strauss. 8°. 36 S.

Fischer, Paul: Die Religionsphilosophie des John Locke aus seinen sämmtl. Werken im Zshang dargest. ... Berlin, Buchdr. v. G. Schade, 1893; 35 S. 8.
Erlangen, Phil. Fak., Inaug.-Diss. v. 1893

Fischer, Paul, Sammlg. v. Landesgesetzen f. d. Fürstent. Reuß jüng. Linie. Nr. 4. Handels- u. Gewerberecht. I. Tl. Zusammengest. u. m. Anmerkgn. u. e. Sachreg. vers. 12. (VIII, 208 S.) Lobenstein 898. Th. Teich. Kart. n. 1. 60 (1–4: n. 5. 60)
In Bd. XXVII d. Bücherlex. u. d. T.: Sammlung v. Landesgesetzen rc.

Fischer, Paul, Schreiblese-Fibel. Nach method. Grundsätzen unter Mitwirkung prakt. Schulmänner bearb. 1. und 2. Aufl. gr. 8. (IV, 106 S. mit vielen Abbild.) Breslau 887,88, Hirt. * 40 Pf.; geb. **

Fischer, Paul (III.). Schreiblese-Fibel. Nach method. Grundsätzen unter Mitwirkg. prakt. Schulmänner bearb. Ausg. B: Enth. e. Anh.: „Die latein. Druckschrift." 2. Ster.-Aufl. 8. (IV, 118 S. m. Abbildgn.) Bresl. 892, F. Hirt. geb. * — 60

Fischer, Paul, Schreiblese-Fibel. Nach method. Grundsätzen unter Mitwirkg. prakt. Schulmänner bearb. Ausg. A: Ohne latein. Schrift. 5., durchgeseh. u. erweit. Aufl. 8. (IV, 114 S. m. Abbildgn.) Breslau 894. F. Hirt. n. — 40; geb. n.n. — 50

— dasselbe. Ausg. B: Enth. e. Anh.: „Die latein. Druckschrift". 8., durchgeseh. u. erweit. Aufl. 8. (IV, 126 S.) Ebd. 894. Geb n. — 60

Fischer, Paul, Schreiblese-Fibel. N. method. Grundsätzen unt. Mitwirkg. prakt. Schulmänner bearb. M. viel. Abb. Ausg. A: Ohne latein. Schrift. 7. Ster.-Aufl. gr. 8. (IV, 114 S.) Breslau 897. F. Hirt. Geb. n.n. — 50

— dasselbe. Ausg. B: Enth. e. Anh.: „D. latein. Druckschrift". 5 Ster.-Aufl. gr. 8. (IV, 126 S.) Ebd. 897. Geb. n. — 60

Fischer, Paul, Schreiblese-Fibel. Nach method. Grundsätzen unter Mitwirkg. prakt. Schulmänner bearb. Mit vielen Abbildgn. Ausg. A. Ohne latein. Schrift. 9. Ster.-Aufl. gr. 8. (IV, 114 S.) Breslau 902. F. Hirt. n. — 40; geb. n.n. - 50

— dasselbe. Ausg. B. Enth. e. Anh.: „Die latein. Druckschrift". 7. Ster.-Aufl. gr. 8. (IV, 126 S.) Ebd. 902. Geb. n. — 60

Schreiblese-Fibel. Unter Mitw. e. Kommission prakt. Schulmänner bearb. von Dr. phil. Paul **Fischer**, Lehrer in Breslau. Mit vielen Abb. Ausg. A: Ohne lat. Druckschrift. 10. Aufl., umgearb. nach phonet. Grundsätzen u. unter Berücks. d. neuen Rechtschreibung. Breslau: F. Hirt 1903. (102 S.) 8° [F.] 07. 16900 2

Schreiblese-Fibel. Unter Mitw. e. Kommission prakt. Schulmänner bearb. von Dr. phil. Paul **Fischer**, Lehrer in Breslau. Mit vielen Abb. Ausg. B: Mit d. lat. Druckschrift. 8. Aufl., umgearb. nach phonet. Grundsätzen u. unter Berücks. d. neuen Rechtschreibung. Breslau: F. Hirt 1903. (IV, 123 S.) 8° [F.] 07. 16901 2

Schreiblese-Fibel ... nach phonetischen Grundsätzen bearb. von Dr. ph. Paul **Fischer**, Lehrer in Breslau. Ausg. B: Mit d. lat. Druckschrift. 9., durchges. Aufl. Breslau: F. Hirt 1904. (123 S.) 8° [F.] 04. 89 2

Schreiblese-Fibel ... nach phonetischen Grundsätzen bearb. von Dr. ph. Paul **Fischer**, Lehrer in Breslau. Ausg. A: Ohne lat. Druckschrift. 11., durchges. Aufl. Breslau: F. Hirt 1904. (102 S.) 8° [F.] 04. 88 2

Schreiblese-Fibel ... nach phonetischen Grundsätzen bearb. von Dr. ph. Paul **Fischer**, Lehrer in Breslau. Ausg. C: Mit Schreibschrift nach d. Berliner Normal-Alphabet. 12., durchges. Aufl. Breslau: F. Hirt 1904. (111 S.) 8° [F.] 04. 90 2

— Schreiblese-Fibel. Unter Mitwirkg. e. Kommission prakt. Schulmänner nach phonet. Grundsätzen bearb. Mit vielen Abbildgn. 15. (Ster.-)Aufl. Ausg. A: Ohne latein. Druckschrift. (Mit Schreibschrift nach dem Breslauer Normal-Alphabet.) 12. Aufl. (IV, 102 S.) 8. Ebd. 906. n. — 45; geb. n. — 55

Fischer, Paul, Schreiblese-Fibel. Unter Mitwirkg. e. Kommission prakt. Schulmänner nach phonet. Grundsätzen bearb. Mit vielen Abbildgn. Ausg. B: Mit der latein. Druckschrift. 10. (Ster.-)Aufl. (IV, 123 S.) 8. Breslau 906. F. Hirt. Geb. n.n. — 70

— dasselbe. 14. (Ster.-)Aufl. Ausg. C. Mit Schreibschrift nach dem Berliner Normal-Alphabet. 8. Aufl. (111 S.) 8. Ebd. 906. n. — 45; geb. n. — 55

Fischer, Paul, Schreiblese-Fibel. Unter Mitwirkg. einer Kommission prakt. Schulmänner nach phonet. Grundsätzen bearb. Mit vielen Abbildgn. 16. (Ster.-)Aufl. Ausg. A: Ohne latein. Druckschrift. (Mit Schreibschrift nach dem Breslauer Normal-Alphabet.) 13. Aufl. IV, 102 S.) 8. Breslau 909. F. Hirt. — 45; geb. n — 55

-- dasselbe. Ausg. B: Mit der lat. Druckschrift. 11. (Ster.-) Aufl. (IV, 123 S. m. Abbildgn.) 8. Ebd. 910. Geb. nn — 70

— dasselbe. 17. (Ster.-)Aufl. Ausg. C: Mit Schreibschrift nach dem Berliner Normal-Alphabet. 4. Aufl. (111 S. m. Abbildgn.) 8. Ebd. 910. Geb. nn — 55

Fischer, Paul, der Schwanenritter v. Cleve, s.a. Volks-Erzählungen, kleine.

Fischer, Paul, der Schwanenritter v. Cleve. Eine niederrhein. Volkssage. gr. 16. (64 S.) Mülheim 870. Bagel. n. — 25

Fischer, Paul, Dr.: **Sedimentbildung am heutigen Meeresboden, dargestellt auf Grund der neueren Tiefseeforschungen.** *Leipzig: J. C. Hinrichs in Komm. 1901.* (S. 3 69.) 4°
Leipzig, st. RG, OP 1901 (602)

Fischer, Paul, Tannenberg. 15. 7. 1410. Die Schlacht bei Tannenberg-Grünfelde u. Geschichte der Ostmark bis z. Marienburger Huldigg. 1772, in Gesprächen und Aufklärungsabenden dargestellt. (62 S. m. Abbild. u. eingedr. Kartenskizzen.) 8. Graudenz 909. G. Röthe. — 80

Fischer, Paulus, commentatio de Origenis theologia et cosmologia. 8maj. Halle 846, Lippert et Schmidt. n. 1/3 ß

Fischer, Paulus: Commentatio de Origenis theologia et cosmologia. Halis Saxonum 1845: Ploetz. 69 S. 8°
[Halle-Wittenberg, Phil. Diss. v. 5. Dez. 1845]
Geb. [Sandewalde (Schlesien, Kr. Guhrau) 20. 6. 1821]
Im Buchhandel Halle: Lippert & Schmidt 1846.

Fischer, Paul: Triphenylchlormethan in seinen chemischen Wirkungen als Säurechlorid. 1905. 46 S. 8° ¶ Vgl. Journal f. prakt. Chemie. Bd 190. N. F. Bd 82. 1910. S. 522 ff.
Dresden, Dr.-Ing.-Diss. v. 26. 7. 1905

Fischer, Paul Untersuchungen über Wesen, Ursprung und Tragweite des menschlichen Gewissens. 27 S. Fr. Wi. Rg. *Stettin* 1883. Progr.

Fischer, Paul, Kgl. Polizei-Assessor in Dresden: Die **Verletzung** des Urkundengeheimnisses. (§ 299 d. Reichsstrafgesetzbuches.) *Dippoldiswalde [1899]: C. Jehne.* (41 S.) 8°
Tübingen, Jur. Diss. v. 1899

D. Verwaltungsrecht. Bearb. von Paul **Fischer.** Jg. 1. 2. 1908. 09.
[Seit Jg. 3 sind die Abt. C u. D verschmolzen in Abt. C u. d. Tit.:]

Verzeichnis der Büchersammlung der Freimaurerloge Archimedes zum ewigen Bunde in Gera. Aufgest. nach dem Stand vom 1. Jan. 1892 von Paul Fischer. [Nebst] Nachtr. [1]. 2. Gera 1892: Leutzsch, 1893: Buhr & Draeger. 8°
Verz. 107 S. 1892; Nachtr. [1.] S. 107—115 1892; 2. S. 117—132 1893.
Recens: Bh. 35 (1892) S. 64 (R. Taute).
Manche Seltenheiten.
Verzeichn. u. Nachtr. 1 in 23; Nachtr. 2 in 167.

Fischer, Paul, Wahlgesetz f. den deutschen Reichstag vom 31. V. 1869 nebst Reglement zur Ausführung des Wahlgesetzes vom 28. V. 1870 u. ergänzenden Bestimmungen sowie Entwurf zum Wahlgesetze, Motive hierzu u. Geschäftsordnung f. den deutschen Reichstag. Mit Erläutergn. hrsg. (XV, 144 S.) 8. Dresden (903). C. Heinrich. Kart. n. 1. 50

— dasselbe. Nachtrag. Bekanntmachung betr. Abänderg. des Wahlreglements vom 28. V. 1870, vom 28. IV. 1903. (27 S.) 8. Ebd. (903). n. — 30

Fischer, Paul s.: Warneyer's Jahrbuch der Entscheidungen.

Fischer, Paul, d. Marx'sche Werththeorie, s.a. Arbeiter-Bibliothek. Berliner.

Fischer, Paul, Die Marx'sche Werttheorie. Zur Einführung in das Studium von Marx. (Neudruck.) (Berliner Arbeiterbibliothek, 1. Serie, 9. Heft.) 8°. Berlin 1889.

Fischer, Paul, die Marx'sche Werttheorie. Zur Einführg. in das Studium v. Marx. (48 S.) 8. Berlin 907. Buchh. Vorwärts. — 75

Fischer, Paul B., Determinanten, s.a. Sammlung Göschen.

Determinanten. Von Paul B. Fischer, Oberl. Leipzig: Göschen 1908. 134 S. 8°
(Sammlung Göschen. 402.) 08. 129. 11

Fischer, Paul David

Fischer, P. D., Betrachtungen eines in Deutschland reisenden Deutschen. Berlin 1895. 16. . . . . (D.)

Fischer, P. D., Betrachtungen e. in Deutschland reis. Deutschen. 2., verm. Aufl. 12. (VIII, 247 S.) Berlin 896. J. Springer. Geb. in Leinw. n. 3. —

Fischer, P. D., Betrachtungen e. in Deutschland reisenden Deutschen. 2., verm. Aufl. (Unveränd. Abdr.) (VIII, 237 S.) kl. 8. Berlin 909. J. Springer. Geb. in Leinw. 3. —

Fischer, Paul. Dav.: De crimine stellionatus. Berolini (1859). (65 S.) 8°
Berlin, Jur. Diss. v. 5. März 1859

Fischer, P. D., s. Guttentag's Sammlung, Reichsges. Nr. 7.

Adolph von Hansemann. Rede bei d. Gedächtnisfeier 1903 von Dr. P[aul] D[avid] Fischer, Wirkl. Geh.R. *(Berlin 1903: O. v. Holten.)* (27 S.) 8° [04. 7004

— aus Italien. Erinnerungen, Studien u. Streifzüge. 8. (VII, 420 S.) Ebend. 879. n. 5. —

[F.] Italien und die Italiener am Schlusse des neunzehnten Jahrhunderts. Betrachtgn u. Studien üb. d. politischen, wirthschaftl. u. sozialen Zustände Italiens. Von P[aul] D[avid] Fischer ... *Berlin: J. Springer 1899.* (v S., 1 Bl., 467 S.) 1 Bd 8. [99. 4686

Italien und die Italiener. Betrachtungen u. Studien über d. polit., wirthschaftl. u. sozialen Zustände Italiens. Von P[aul] D[avid] Fischer. 2. Aufl. *Berlin: J. Springer 1901.* (v, 455 S.) 8° [F.] [00. 8033

Fischer, P. D. Die bildenden Künste und das Verkehrswesen. (Sonder-Abdruck aus dem Archiv für Post und Telegraphie Nr. 18.) Berlin 1887. 8°.

Fischer, P. D., Post u. Telegr., s.a. Guttentag's Sammlg. Reichsges.

— Post u. Telegraphie im Weltverkehr. Eine Skizze. gr. 8. (VI, 158 S.) Ebend. 879. n. 2. —

Fischer, P. D., die deutsche Postgesetzgebung. Text-Ausg. der deutschen Postgesetze u. d. Postreglements m. Anmerkgn. u. Sachregister. 16. (IV, 187 S.) Berlin 872. Guttentag. n. 1. —

— u. M. König, die deutsche Post- u. Telegraphen-Gesetzgebung, s.a. Guttentag's Sammlung deutscher Reichsgesetze.

— die deutsche Post- u. Telegraphen-Gesetzgebung. Text-Ausg. m. Anmerkgn. u. Sachregister. 2. verm. Aufl. 16. (VI, 269 S.) Ebend. 876. n. 2. —

— d. deutsche Post- u. Telegraphen-Gesetzgebg. Nebst d. Weltpostvertrag u. d. internat. Telegraphenvertrag, s.a. Guttentag's Sammlg. deutscher Reichsgesetze.

Fischer, P. D., die deutsche Post- u. Telegraphen-Gesetzgebung. Nebst dem Weltpostvertrag u. dem internationalen Telegraphenvertrag. Text-Ausg. m. Anmerkgn. u. Sachregister. 3. Aufl. 16. (VII, 361 S.) Berlin 886. Guttentag. cart. n. 2. 50

Fischer, d. deut. Post- u. Telegraphengesetzgebg. 4. Aufl. Text m. Anmerkgn. Berlin 895.

Die Deutsche Post- und Telegraphen-Gesetzgebung. Nebst d. Weltpostvertrag u. d. Internat. Telegraphenvertrag. Text-Ausg. mit Anm. u. Sachreg. von Dr. P[aul] D[avid] Fischer, Wirkl. Geh. Rath. Fortgeführt von Dr. jur. M[ax] König, Geh. Postrath. 5. Aufl. *Berlin: J. Guttentag 1902.* (425 S.) 8° [F.]
— Sammlung, Guttentag'sche, Deutscher Reichsgesetze. No 7. [02. 6606

Die Deutsche Post- und Telegraphen-Gesetzgebung. Nebst d. Weltpostverträgen, d. Internat. Telegraphenvertrag u. d. Internat. Funkentelegraphenvertrag. Text-Ausg. mit Anm. u. Sachreg. von Dr. P[aul] D[avid] Fischer, Wirkl. Geh. R. Fortgeführt von Dr. jur. M[ax] König, Geh. Ober-Postrat. 6. Aufl. Berlin: J. Guttentag 1908. (580 S.) 8° [F.]
— Sammlung, Guttentag'sche, Deutscher Reichsgesetze. No 7. [08. 11919

Reise-Eindrücke aus Schantung. Vortrag von Dr. [Paul David] Fischer. Präs. d. Schantung-Eisenbahn-Ges. *(Berlin: D. Reimer 1902.)* (24 S.) 8°
— Abteilung Berlin-Charlottenburg d. Deutschen Kolonial-Gesellschaft. Verhandlungen. 1902/03, H. 1. [03. 6343

— die Telegraphie u. das Völkerrecht. gr. 8. (III, 60 S.) Leipzig 876. Duncker & Humblot. n. 1. 20

—— die Verkehrsanstalten des deutschen Reichs. [Eisenbahnen, Post und Telegraphie.] gr. 8. (43 S.) Leipzig 872, Duncker und Humblot. +
Aus: Holtzendorff's Jahrbuch für Gesetzgebung, besonders abgedruckt.

—— dass. — gr. 8. (50 S.) Ebendas. 873. *

Fischer, [Paul Eduard]: Schwankungen im deutschen Sprachgebrauche der Gegenwart. S. 3—22. 4.
Friedrich-Wilhelms-Realgymn. (Friedrich-Wilhelms-Schule) Progr. *Stettin* 1903 (176).

Fischer, Paul. Gerh., s.a. Gli. Eus. Fischer.

Fischer, Paul Gerh., typograph. Bilderwerk. 2 Hfte. 4. Leipzig. Bevgang. 798. illum.

— vertraute Briefe an d. Jugend des weibl. Geschlechts ꝛc. m. K. 8. Seran. (Bevgang in Leipz.) 799.

Fischer, Paul Gerhard Ludwig Constantin, s. Fischer, Gerhard

Fischer, Peter, Gerichtsrefer.: Gegenstand der Hypothek am Erbbaurecht. Borna-Leipzig 1910: Noske. IX, 82 S. 8°
Leipzig, Jur. Diss. v. 30. Sept. 1910
[Geb. 9. März 83 Jülich; Wohnort: Cöln; Staatsangeh.: Preußen; Vorbildung: Gymn. Siegburg Reife O. 03; Studium: Freiburg i. B. 1, Berlin 2, Bonn 3 S.; Rig. 30. Sept. 10.] [U 11. 3832

Fischer, [Peter]. Vier Jahre in päpstlichen Diensten, 1856–1860. [SA.] 8. Luzern 1888.

Fischer, (P[eter]). Lieber schweigen! Geschichtliche Bruchstücke aus dem Leben einiger Päpste. ⟨SA.⟩ 8. Luzern 1891.

Fischer, Ph.

— Diss. an deligatio funiculi umbilicalis in neonatis absolute necessaria sit? 4. Ingolst. 777.

— von e. neuen Art, die Salpeternaphtha zu machen. 4. Münch. ... (Franz). 2 gl.

— von dem Geiste d. Beobachtung in natürl. Dingen; eine Vorlesung. 4. Münch. 782. (Franz). 5 gl.

Fischer, Ph., († d. 2. Aug. 1800.) Rede von der Gebrechlichkeit des menschl. Verstandes. 4. Ingolst. 781. (München, J. Lindauer). 3 ℛ

PH. AUG. FISCHER, Knechte- und Mägde-büchlein. Eine Anweisung zum rechtschaffenen christlichen Wandel im Dienste. Eine von der Strassburger Pastoral-Konferenz gekrönte und herausgegebene Preisschrift. Strassburg 1876. Druck von J. H. Ed. Heitz. 8°.

Fischer, Philipp, approb. Arzt, z. Z. Assist.-Arzt an d. Augenheilanst. in Zittau: Über Asthenopie und ihre Behandlung. *Rostock 1903: H. Winterberg.* (36 S.) 8°
Rostock, Med. Diss. v. [8. Juli] 1903

Fischer, Phil., Grundzüge des auf menschliche Sterblichkeit gegründeten Versicherungswesens. 1. Abth. 1. Heft: Bestimmung der menschlichen Sterblichkeit. Oppenheim a. Rh. 858. Kern. gr. 8. (S. 1—128.) n. 22½ ngr

Fischer, Ph., Grundzüge des auf menschliche Sterblichkeit gegründeten Versicherungswesens. 1. Abth. Bestimmung der Sterblichkeitsverhältnisse. Oppenheim a. Rh. 860. Kern. gr. 8. (VII, 192 S.) n. 1 ₰ 12 ngr

**Fischer, Ph.* Grundzüge des auf menschliche Sterblichkeit gegründeten Versicherungswesens. T. 1 (einz.). Bestimmung der Sterblichkeitsverhältnisse. 2. Auflage. Berlin 1861.

Fischer, Phpp., „Kathinka". Ein Roman aus unsern Tagen. 8. (57 S.) Paderborn 872. Schöningh. n. 1. —

Fischer, Phlp., Lehrbuch der höheren Geodäsie. 1. Abschn. Die Theorie der Beobachtungsfehler und ihre Ausgleichung durch d. Methode d. kleinsten Quadrate. gr. 8. Darmstadt 845, Leske. ⅚ ₰

— dass. 2. Abschnitt. Die Beobachtungsarbeiten und Instrumente. Mit 4 lithogr. Taf. gr. 8. Ebend. 846. 1⅙ ₰

— dass. 3. Abschn. Die Berechnungen. Mit 1 Figurentaf. gr. 8. Ebend. 846. 1⅓ ₰ 1.—3. 3⅓ ₰

— Lehrbuch der algebraischen Geometrie, ebenen und sphärischen Trigonometrie nebst Polygonometrie. Darmstadt 854. Leske. gr. 8. (VIII, 184 S. u. 2 lith. Taf. in 4.) n. 25 ngr

—— Lehrbuch der analytischen Geometrie in der Ebene. gr. 8. (XII und 311 S. mit 10 Stnt. in qu. gr. 4.) Darmstadt 855(56,) Kern. *

Fischer, Ph. Sammlung mittelalterlicher Welt- und Seekarten italienischen Ursprungs. Venedig 1886.

—— die ebene Trigonometrie u. ihre Anwendung auf geometr. Aufgaben. Ein Lehr- u. Hilfsb. f. Alle, welche die Mathematik im Leben anwenden wollen. gr. 8. (8½ B. u. 1 Stnt.) Darmstadt 845, Kern.

Fischer, Phil., Untersuchungen über die Gestalt der Erde. gr. 8. (VIII, 320 S.) Darmstadt 868, Diehl's Verlag. *

Fischer, Philipp, aus Schweinfurt: Über die Verteilung des Gerbstoffes in nichtoffizinellen Drogen. *Würzburg 1904: H. Stürtz.* (39 S.) 8°
Würzburg, Phil. Diss. v. 1904

Fischer, R., s. Alberti's Repertorium.

Fischer, R., Unter den Armen u. Elenden Berlins. Streifzüge durch die Tiefen der Weltstadt. 8°. Berlin s. a.

Fischer, R., s.: Beiträge, Wiener, z. engl. Philologie.

Fischer, R. [prakt. Arzt in Hochfeld (Rheinprovinz)]: Zwei bemerkenswerthe klinische Beobachtungen von Coloboma oculi. (Aus d. k. Univ.-Augenklinik in München.) ... Erlangen, Druck d. Univ.-Buchdr. v. Junge & Sohn, 1886; 17 S. 8°.
München, Med. Fak., Inaug.-Diss. v. 1887.

Fischer, R., Chemie, s.: Potonié's, H., naturwissenschaftliche Repetitorien.

Fischer, R., Sir Clyomon and Sir Clamides, s.: Studien, englische. 14. Bd.

Fischer, R., über die Embolie der Arteria centralis retinae. gr. 8. (VI, 246 S.) Leipzig 891. Veit & Co. n. 6. 40

Fischer, R., Erziehung u. Naturgefühl. Ein Beitrag z. Kunsterziehung. (94 S.) 8. Leipzig 907. Modernes Verlagsbureau. 1. 50

Erziehung und Naturgefühl. Ein Beitrag z. Kunsterziehung von R. **Fischer,** (Zittau). Berlin-Leipzig: C. Wigand 1907. (92 S.) 8° [illegible]

Fischer, R., kurze Formenlehre der deutschen Sprache. Als Anh. zum orthograph. Uebungsbuche hrsg. gr. 8. (28 S.) Bromberg 866, Aronsohn'sche Buchh. *

Fischer, R., Geschichte und Beschreibung von Breslau. Ein Handbuch für fremde u. Einheimische. Nebst den Fahrplänen u. Tarifs der schlesischen Eisenbahnen u. Plane der Stadt. 8. Breslau 846, Trewendt. n. ⅔ ₰

Fischer, R., Handbuch d. allgem. Geschichte, s.: Assmann, W.

Fischer, R., Heimatkunde v. Berlin. Nebst einer Beschreibung der Prov. Brandenburg u. einer Geschichte der Landesfürsten. Mit 2 (lith.) Karten u. 2 (eingedr.) Holzschn. gr. 8. (IV, 96 S.) Berlin 879. Nicolai's Verl. n.n. — 50

Fischer, R., Compendium der lateinischen Sprache. Vereinigtes Lehr- und Uebungsbuch für Mittel- und höhere Schulen. I. Kursus: Die regelmäßigen Formen. 8. (IV und 76 S.) Berlin 854, Klemann. *

—— dass. — 2. Kursus: Die unregelmäßigen Formen. 8. (VI und 114 S.) Ebds. 855(56.) *

Fischer, R. (H.), Compendium der lateinischen Sprache. Vereinigtes Lehr- und Uebungsbuch für Mittel- und höhere Schulen. 1. Kursus: Die regelmäß. Formen. 2. Aufl. 1857. * 4 Ngr. und 3., verb und verm. Aufl. 8. (IV und 108 S.) Berlin 861, Klemann. geb. *

Fischer, R., die Krankheits- u. Unfallverhütung im Gewerbebetrieb (Gewerbehygiene, Arbeiterschutz), s.: Aufwärts! Nr. 5.

Fischer, R., das Leben der allerseligsten Jungfrau u. Gottesgebärerin Maria, s.: Schmid, Fr. A.

Fischer, R., s.: Reallenbuch, deutsches.

FISCHER, R.
Repetitorium der Chemie. Berlin, 1893. 8vo.

FISCHER, R.
Repetitorium der Chemie für Studirende der Naturwissenschaften, Medicin und Pharmacie. Berlin, 1891. 8vo.

Fischer, R. (Red.), s. Schlächter-Zeitung, Allgemeine

Fischer, R., siehe: *Schularchiv.*

Fischer, R., hundert Tage im Trappistenkloster auf dem Oelenberge. Eine Erinnerg. aus dem Kriege 1870/71. 8. (44 S.) Berlin 888. Heinicke. n. — 75

Fischer, R., orthographisches Uebungsbuch. Bromberg 865. Aronsohn. 8. (IV, 44 S.) n. 3 ngr

Fischer, R. (L.), welches sind die Mittel, ein devastirtes Gut in möglichst kürzester Zeit zu heben. Ein Wort zur Belehrung und Warnung für Landwirthe und Solche, die es werden wollen. gr. 8. (40 S.) Grünberg 861, Weiß.

Fischer, Raym., Elementar-Laboratorium. Eine Anleitg. z. billigsten Herstellg. v. Apparaten aus dem Gebiet d. Naturkunde in schemat. u. perspektiv. Darstellg. m. erläut. Text. Mit e. Begleitwort v. Kerschensteiner. (59 S. mit 40 farb. Taf.) 23×31 cm. München (907). Verlag der Jugendblätter. Geb. 4.– ; auch in 6 Heften à 1.—

Fischer, Reinh., Abhandl. von d. christl. Kirche. 8. Königsb. 776.

Fischer, (Ern. Godofr.) Reinhold. (geb. Berlin 20. 7. 1832): De bubonibus. Berolini (1857). (31 S.) 8°
Berlin, Med. Diss. v. 15. Aug. 1857

Fischer, Reinhold Constantin, Referendar in Berlin: Die Entwicklung der venia aetatis im römischen Rechte. Borna-Leipzig 1908: Noske. VIII, 51 S. 8°
Rostock, Jur. Diss. v. 5. Jan. 1909, Ref. Matthiaß
[Geb. 20. Mai 77 Stuttgart; Wohnort: Gr. Lichterfelde; Staatsangeh.: Preußen; Vorbildung: Ritterakad. Brandenburg Reife M. 98; Studium: Berlin 12 S.; Rig. 25. Nov. 08.] [U 09. 3056

Fischer, Renate, Novelletten-Kranz, s.a. **Weichert's Wochen-Bibliothek.**

[F.] Novelletten-Kranz. Zwölf Erzählgn v. Renate **Fischer**. M. 3 Vollb. *Berlin: A. Weichert [1897].* (96 S., 3 Bl.) 1 Bd 8.
— Wochen-Bibliothek, Weichert's. Bd 18. [97. 3459

Fischer, Rich., Antoninsfeuer. Familiendrama in 3 Aufzügen. 8. (III, 84 S.) Dresden 893. E. Pierson. n. 1. 50

Fischer, Richard, aus Neu-Ulm (Minn.): **Beiträge zur Kenntnis der Papaveraceen-Alkaloide.** *Marburg 1900: J. Hamel.* (54 S.) 8°
Marburg, Phil. Diss. v. [29. Dez.] 1900

Fischer, Richard [aus Offenbach a. M.]: **Beiträge zur Trennung des Nickels vom Kobalt und zur Bestimmung beider als Sesquioxyde. . . .** Offenbach a. M., C. Forger's Druckerei, 1888; 1 Bl. + 41 + 1 S. + 1 Bl. 8°
Berlin, Phil. Fak., Inaug.-Diss. v. 10. Okt. 1888
8°

FISCHER, RICHARD. Beiträge zur Trennung des Nickels vom Kobalt und zur Bestimmung beider als Sesquioxyde. Berlin, 1888.

Fischer, Rich., historisch-kritische Beschreibung der Kunstkammer in dem Neuen Museum zu Berlin. gr. 16. (VI und 82 S.) Berlin 859, Springer's Verlag. *

Die Beseitigung, Vernichtung und Verarbeitung der Schlachtabfälle und Tierleichen unter besond. Berücks. d. Anwohner- u. Arbeiterschutzes. Für Verwaltungs-, Kommunal- u. Aufsichtsbehörden zsgest. u. bearb. von Dr. R[ichard] **Fischer**, Gewerbeinspektor zu Berlin. Stuttgart: Enke 1905. VIII, 159 S. 8° [11. 1019 7

FISCHER, Richard (Bathey): De colobomate oculi. (Titel nach der Urkunde)
9.4.1883 - Urk; Chr 1882/83,18
Diss. Ingolst.-Landsh.-Mchn.

Fischer, [Richard]: [Aus der Festrede am Geburtstage des Kaisers 1898.] *Hamm i. W. 1898: E. Griebsch.* (32—33 S.) 4° [F.]
Hamm, k. G, OP 1898 (371)

Fischer, Rich., Heimatkunde von Königsberg i. Pr., s.: **Armstedt, Rich.**

Fischer, Richard: Von der Pflege des Naturgefühls im deutschen Unterrichte auf der unteren Stufe höherer Lehranstalten. (Glauchau 1907: R. Dulce.) (27 S.) 4°
Glauchau, R u. PG OP 1907 (712)

Fischer, Rich., über Protestantismus und Katholicismus in der Kunst. Berlin 853. Schroeder. gr. 8. (83 S.) n. 15 ngr

Fischer, Rich., quaestionum de praetoribus atticis saeculi quinti et quarti a. Ch. n. specimen. Dissertatio inauguralis. gr. 8. (48 S.) Königsberg 881. (Beyer.) n. 1.20

Fischer, d. Recht des deut. Kaisers. Studie zum deut. Verfassungsrechte. Berlin 894.

Fischer, Rich., das Recht des deutschen Kaisers. Preisgekrönte Studie zum deutschen Verfassungsrechte. gr. 8. (III, 195 S.) Berlin 895. W. Moeser. n. 4.—

Fischer, *Ernst* Richard: *Aus der Rede zum Geburtstage Sr. Maj. des Kaisers und Königs.* 4 (S. 32—33). Kgl. G. *Hamm* 1898
Progr.

1760–1910. Geschichte der Johannisloge Zu den drei Kronen, Or.: Königsberg i. Pr. Zur 150 jähr. Gedenkfeier verf. von Br. Richard **Fischer.** Als Ms. gedr. Königsberg i. P. (1910: Hartung). XIV, 541 S. 8° [10. 9996

Fischer, *Richard* Über die staatsrechtliche Stellung der Strategie in Athen und ihr Verhältnis zu anderen Magistraturen dieses Staates. 4 (26 S.). Kneiphöf. Stadt-G. *Königsberg i. Pr.* 1886 (10).
Progr.

Fischer, Rich., am Strande der Sehnsucht. Novellen u. Skizzen. (2. Aufl.) (Titel u. Einbd. zeichn. Paul Brandt.) (VII, 184 S.) 8. Leipzig 910. Xenien-Verlag. 3.—; geb. in Halbperg. n 4.—; Vorzugsausg. n 25.—

Fischer, Rich., Königsbergs Verdrängung v. den Hansetagen, s.a. **Festschrift** zur Feier des 600jährigen Jubiläums des Kneiphöfischen Gymnasiums zu Königsberg i. Pr.

Fischer, Richard, Prof. Dr.: **Königsbergs Verdrängung von den Hansetagen.** (Königsberg i. Pr. 1904: Hartung.) (18 S.) 8°
Königsberg, Kneiphöfisches G Festschrift z. Feier d. 600jähr. Jubiläums (9)**

[F.] **Fischer,** Richard [Prof.]: Das Verhältnis Walthers von der Vogelweide zu Friedrich II. Hamm, Druck v. E. Griebsch, 1894; 36 S. 4.
Hamm, k. G, P 1894 (355)

— **Akazien-Zweige.** Grabreden zum Gedächtniß verschiedener Brüder der selbständigen g. u. v. St. Johannisloge Archimedes zum ewigen Bunde in Gera. 16. (VIII, 54 S.) Gera 871. Strebel. n. 1.—

(**Fischer, Robert,**) Ihrem Mitgliede dem um das Handelsschulwesen hochverdienten Director Dr. Eduard Amthor bei Gelegenheit des 25jährigen Jubiläums seiner von ihm gegründeten und fortdauernd geleiteten Handelsschule und kaufmännischen Hochschule am 8. October 1874 aus Achtung und in Liebe gewidmet von der Freimaurerloge Archimedes zum ewigen Bunde in Gera. 1874. 4. 2 Bl. Carton.

Fischer, Rob., Zum Andenken des i. d. e. O. eingegangenen Brs. Carl Adolf Beatus, Ehrenmeisters d. L. Archimedes z. e. Bunde in Gera. (1876.) 4. 4 S.
Beschreibung der Trauerfeier mit Ritual und Reden. Beatus, geboren 18?7, war Pfarrer in Langenberg und von 1848 bis 1862 Mstr. v. St.; er starb am 28. August 1876. Abgedruckt „Reissbret" 1876, S. 77.

Fischer, Rob., s.: **Alberti's, J.,** Repertorium der zur Zeit in Geltung bestehenden Gesetze u. Verordnungen d. Fürstenth. Reuß jüngerer Linie.

— **Arbeit.** Oeffentlicher Vortrag geh. in der Freimaurer-Loge Archimedes zum ewigen Bunde in Gera am 15. März 1874. gr. 8. (16 S.) Gera 874. (Kanitz.) n. – – 40

Fischer, Rob., Arbeit. Oeffentlicher Vortrag gehalten in der Freimr. Loge Archimedes z. ew. Bunde in Gera am 15. Maerz 1874. Gera, Reisewitz. 1874. 8. 16 S.

Die Freimaurerloge Archimedes zum ewigen Bunde in Gera 1804—1904. Festschrift zur Feier des hundertjährigen Bestehens am 30. Okt. 1904. [Von Rob. Fischer.] Gera 1904: Buhr & Draeger. 246 S. 3 Taf. 8⁰
Recens: H. 15 (1904) No 44 (K. Pistorius).

Fischer, Rob., s.: Asträa.

Fischer, (Car. Frid.) Rob. (geb. Havelberg 27. 9. 1826): De atelectasi pulmonis infantilis. Berolini (1851). (35 S.) 8⁰
Berlin, Med. Diss. v. 17. März 1851

(Fischer, Robert. Bericht der Loge Archimedes zum ewigen Bunde in Gera über ihre Thätigkeit in der Zeit von 1855 bis 1869 nebst Nachtrag zu ihrem Mitgliederverzeichnisse v. J. 1869 für d. J. 1870. Gera, Rudolph. 1869. 8. 16 S.

Fischer, Rob., Bericht über die Verwaltung u. den Stand der Gemeindeangelegenheiten in der Stadt Gera auf das Jahr 1878. [Zugleich als Ergänzung u. Fortsetzung der Schrift: „Die Stadt Gera u. ihre kommunalen Einrichtungen 1878".] gr.8. (77 S.) Gera 879. Reisewitz in Comm. n. — 80

Fischer, Robert [aus Luzern]: Ueber die Beziehungen zwischen Lebergewicht und Glycogengehalt ... Würzburg, Druck d. Köhl & Hecker'schen Buchdr., 1895; 20 S., 1 Bl. 8.
Würzburg, Med. Fak., Inaug.-Diss. v. 1895

— Bildung. Oeffentlicher Vortrag geh. am 28. Decbr. 1873 in der Freimaurerloge Archimedes zum ewigen Bunde in Gera zur Eröffng. der v. dieser gegründ. Volksbibliothek zu Gera. gr. 8. (15 S.) Gera 874. Strebel. — 30

Fischer, Rob., Bildung. Oeffentlicher Vortrag, gehalten am 28. December 1873 in der Freimaurerloge Archimedes zum ewigen Bunde in Gera zur Eröffnung der von dieser gegründeten Volksbibliothek zu Gera. Gera, Strobel. 1874. 8. 15 S.

Briefe über Freimaurerei von Rob. Fischer. Gera: Reisewitz 1875. VIII, 144 S. 8⁰

[Dasselbe.] Zur Aufklärung für alle Kreise. 2. veränd. Aufl. Gera: Strebel 1875. VII, 144 S. 8⁰

[Dasselbe.] 3. Aufl. Leipzig: Zechel 1884. V, 144 S. 8⁰

[Dasselbe.] 4. veränd. u. verm. Aufl. Ebendas. 1893. VI, 164 S. 8⁰
Recens f. 1. Aufl.: FZ. (Wien) 1 (1874) S. 80; DrL. 4 (1874—1875) S. 232; f. 2. Aufl.: FZ. 29 (1875) S. 37—38; MW. Ser. 2 Jg. 12 (1875) No 6; f. 3. Aufl.: FZ. 39 (1885) S. 51 (K. Pilz); L. 8 (1885) S. 8 (B. Cramer); f. 4. Aufl.: BrL. 11 (1893—1894) S. 48; FZ. 47 (1893) S. 90; DrL. 23 (1893—1894) S. 2004 (A. P.); OF. 18 (1894) S. 60.
Tt. 1545. Betr. Wesen, Zweck u. Mittel d. Frmrei.

Busch, Edu.: [Lied.] Dem Br. Edu. Busch zum 40jährigen Maurerjubiläum. [Von Rob. Fischer.] [Gera 1901.] 1 Bl. 8⁰ [Kopftit.]
Ohne Noten: „Dem freien Mann, der sich bewährt, . . ." 157.

Fischer, Rob. (II.), Corpus juris für Kaufleute: Die kaufmänn. Rechtskunde mit vorzügl. Berücksicht. des deutschen Wechselrechts. Deutsches Handels- und Wechselrecht mit besond. Beziehung auf die speciellen handelsrechtl. Bestimmungen Oesterreichs, Preußens rc. Prakt. Hilfsbuch für angehende Juristen, Beamte, Kaufleute, insbesond. für Zöglinge von Handelslehranstalten. Nebst einem Anhang, enthaltend: Die deutsche Wechselordnung, Formulare zu den im kaufmänn. Verkehr am meisten vorkommenden jurist. Aufsätzen, sowie die Bestimmungen der neuen österreich. Gewerbe-Ordnung. (O. Spamer's kaufmänn. Bibliothek. 7. Bd.) gr. 8. (XVIII und 396 S.) Leipzig 861, Spamer. * 1 Thlr. 10 Ngr.; geb. *

Fischer, Rob., Corpus juris für Kaufleute und kaufmännische Rechtskunde. Deutsches Handels- und Wechselrecht. Praktischer Wegweiser für Juristen und Beamte, insbesondere für Kaufleute und Handelslehranstalten. 2. vollständig umgearb. Aufl. 2 Thle. in 1 Bd. gr. 8. Leipzig 882, Gloeckner. à Thl. *ℳ 1,75.; geb. in 1 Bd. *
Inhalt:
Thl. 1. Das deutsche Handelsrecht. (VIII, 212 S.)
2. Das deutsche Wechselrecht. (III, 120 S.)

Fischer, Rob., Corpus juris für Kaufleute. Der kaufmännische Rechtsfreund. Deutsches Handels- und Wechselrecht. Praktischer Wegweiser für Juristen, Beamte, insbesondere für Kaufleute und Handelslehranstalten. 3. (Titel-)Aufl. In 2 Tln. Jeder derselben mit besond. Register. gr. 8. (XII, 212; 120 S.) Leipzig 882, Gloeckner. *ℳ 2,50.; geb. *

Historisch-dogmatische Darstellung der hauptsächlichsten freimr. Systeme [10. Aufl.: Lehrarten]. Zur Instruction von Rob. Fischer. Ms., nur f. Brr Frmr. [seit 3. Aufl.: „Ms. f. Brr. Frmr. aller Grade"]. Leipzig: Findel 1875. VIII, 64 S. 8⁰
(Fischer, R.: Erl. d. Katechismen d. Joh.-Frmrei. 4.)
[Dasselbe.] 2. veränd. Aufl. Gera: Selbstverl. 1877. VIII, 67 S. 8⁰
Kurze Auszüge in: HL. 10 (1877) S. 735—736.
[Dasselbe.] 3. veränd. Aufl. Leipzig: Zechel 1881. V, 65 S. 8⁰
[Dasselbe.] 4. veränd. Aufl. Ebendas. 1886. VI, 80 S. 8⁰
[Dasselbe.] 5. veränd. Aufl. Ebendas. 1892. VI, 85 S. 8⁰
[Dasselbe.] 6. veränd. Aufl. Ebendas. 1896. IV, 94 S. 8⁰
[Dasselbe.] 7. veränd. Aufl. Ebendas. 1901. IV, 96 S. 8⁰
[Dasselbe.] 8. veränd. Aufl. Ebendas. 1904. IV, 95 S. 8⁰
[Dasselbe.] 9., durchges. Aufl., hrsg. von Paul Fischer. Ebendas. 1906. IV, 96 S. 8⁰
[Dasselbe.] 10., durchges. Aufl. Ebendas. 1909. IV, 95 S. 8⁰
Recens f. 3. Aufl.: FZ. 35 (1881) S. 374 (K. Pilz); ML. 10 (1881—1882) S. 48.
cf. f. 1. Aufl.: DrL. 4 (1874—1875) S. 264 (E. A. F. Rumpelt gen. Walther); FZ. (Wien) 2 (1875) S. 39—40; Z. 5 (1875) S. 64; f. 2. Aufl.: Z. 7 (1877) S. 47 (A. Janotta); f. 8. Aufl.: V. 1 (1906—1907) S. 56—58 (W. H. Denier v. der Gon); f. 10. Aufl.: L. 32 (1909) S. 190 (H. Gelbke).
Tt. 1320.

[Franz. Übers. u. d. Tit.:]
Description historique et dogmatique des principaux systèmes franc-maçonniques. Instructions par Rob. Fischer. „Ms. pour ffrs francs-maçons de tous grades". 3. éd. corr. [Berne: Haller 1887.] 70 S. 8⁰
(Fischer, R.: Explications des catéchismes de la franc maç. de St.-Jean. 4.)
cf. Chd'U. 24 (1888) S. 209—210 (E. Hubert).

Fischer, Rob. Description historique et dogmatique des principaux systèmes franc-maçonniques. Instruction par *Rob. Fischer*, trad. de l'allemand avec l'autorisation de l'auteur. — Manuscrit pour Franc-Maçons. In-12⁰, 70 p. Berne, imprimerie Paul Haller. 1888. 2 —

Der deutschen Maurer **Einheit**. [Unterz.:] R[ob.] Fischer. [Gera ca 1890.] 1 Bl. 4⁰ [Kopftit.]
Gedicht: „Deutscher Adler, fliege, rausche..." 157.

Fischer Robert, Dr.: Über die Elektrizitätserregung bei dem Hindurchgange von Luftblasen durch Wasser. S. 111. IIa. 1013 . . . . —50
Separatabdruck

Fischer, Rob., über die Elektricitätserregung bei dem Hindurchgange v. Luftblasen durch Wasser. (25 S.) gr. 8. Wien 902. (A. Hölder.) n. — 50
Sonderabdruck aus: „Sitzungsber. d. k. Akad. d. Wiss."

Zur **Erinnerung** an die Feier des 75jährigen Bestehens der Freimaurerloge Archimedes zum ewigen Bunde in Gera am 26. Oct. 1879. Festgabe von Rob. Fischer. [Naumburg a/S. 1879: Hauthal.] 80 S. 8⁰
Recens: Z. 10 (1880) S. 32 (M. Amster).
Tt. 2341. 57 Gedichte. 25 n.

— zur Erinnerung an die Stadt Gera f. die Mitglieder der 33. Versammlung deutscher Philologen u. Schulmänner vom 30. Septbr. bis 3. Oktbr. 1878. Im Auftrage des Lokalkomitös verf. Mit einem (lith.) Plane der Stadt u. einer (chromolith.) Karte der Umgegend (in Imp.-4.). gr. 8. (44 S.) Gera 878. Reisewitz. n. 1. —

Erläuterung d. Gesellen-Katechismus. Gera: Selbstverl. 1873. VII, 56 S. 8⁰
[Dasselbe.] 2. Aufl. Ebendas. 1873. VIII, 56 S. 8⁰
[Dasselbe.] 3. Aufl. Ebendas. 1874. VIII, 56 S. 8⁰
[Dasselbe.] 4. Aufl. Ebendas. 1875. VIII, 56 S. 8⁰
[Dasselbe.] 5. Aufl. Ebendas. 1876. VIII, 56 S. 8⁰
[Dasselbe.] 6. Aufl. Leipzig: Zechel 1878. VI, 73 S. 8⁰
[Dasselbe.] 7. Aufl. Ebendas. 1876. VI, 73 S. 8⁰
[Dasselbe.] 8. Aufl. Ebendas. 1881. VI, 73 S. 8⁰
[Dasselbe.] 9. Aufl. Ebendas. 1883. VI, 73 S. 8⁰
[Dasselbe.] 10. Aufl. Ebendas. 1885. VI, 73 S. 8⁰
[Dasselbe.] 11. Aufl. Ebendas. 1887. IV, 76 S.
[Dasselbe.] 12. Aufl. Ebendas. 1889. IV, 76 S. 8⁰
[Dasselbe.] 13. Aufl. Ebendas. 1890. IV, 76 S. 8⁰
[Dasselbe.] 14. Aufl. Ebendas. 1892. IV, 76 S. 8⁰
[Dasselbe.] 15. Aufl. Ebendas. 1893. IV, 76 S. 8⁰
[Dasselbe.] 16. Aufl. Ebendas. 1895. IV, 76 S. 8⁰
[Dasselbe.] 17. Aufl. Ebendas. 1896. IV, 76 S. 8⁰
[Dasselbe.] 18. Aufl. Ebendas. 1897. IV, 76 S. 8⁰
[Dasselbe.] 19. Aufl. Ebendas. 1898. IV, 76 S. 8⁰
[Dasselbe.] 20. Aufl. Ebendas. 1900. IV. 76 S. 8⁰
[Dasselbe.] 21. Aufl. Ebendas. 1901. IV, 76 S. 8⁰
°[Dasselbe.] 22. Aufl. Ebendas. [1902]. IV. 76 S. 8⁰
[Dasselbe.] 23. Aufl. Ebendas. 1903. IV, 76 S. 8⁰
[Dasselbe.] 24. Aufl. Ebendas. 1904. IV, 76 S. 8⁰
[Dasselbe.] 25. Aufl. hrsg. von Paul Fischer. Ebendas. 1905. VI, 76 S. 8⁰
[Dasselbe.] 26. Aufl. Ebendas. 1906. VI. 76 S. 8⁰
[Dasselbe.] 27. Aufl. Ebendas. 1907. VI, 76 S. 8⁰
[Dasselbe.] 28. Aufl. neubearb. von Paul Fischer. Ebendas. 1908. VII, 72 S. 8⁰
[Dasselbe.] 29. Aufl. Ebendas. 1909. VIII, 72 S. 8⁰
[Dasselbe.] 30. Aufl. Ebendas. 1910. VIII, 72 S. 8⁰
cf. f. 1873: UMS. 2 (1873) S. 79.
cf. f. 25. Aufl. Bbl 19 (1905) S. 668 (G. Diercks); Führer. 83 (1905—1906) No 38; Z. 36 (1905 bis 1906) S. 80 (H. Glücksmann); R. 33 (1906) S. 32 (G. Schauerhammer); V. 1 (1906—1907) S. 56—58 (W. H. Denier v. d. Gon).
f. 28. Aufl. L. 31 (1908) S. 208 (H. Gelbke.)

—— Erläuterung der Katechismen der Joh.-Freimaurerei. 4 Thle. „Mscr. nur für Brr. Freimaurer-Meister." 16. Leipzig, Zechel. cart. *

Inhalt:
Thl. 1. Der Lehrlingskatechismus. 1.—12. Aufl. (120 S.) 872—79. * M 2.
„ 2. Der Gesellenkatechismus. 1.—6. Aufl. (VI, 73 S.) 873—78. * M 1.
„ 3. Der Meisterkatechismus. 1.—5. Aufl. (VI, 56 S.) 874—78. * 80 Pf.
„ 4. Historisch-dogmatische Darstellung der hauptsächlichsten freimaurerischen Systeme. 2. Aufl. (67 S.) 877. * M 1,50.

Erläuterung d. Lehrlings-Katechismus. 1. Aufl. Gera: Selbstverl. 1872. 99 S. 8°
[Dasselbe.] 2. Aufl. Ebendas. 1872. VIII, 99 S. 8°
[Dasselbe.] 3. Aufl. Ebendas. 1873. VIII, 99 S. 8°
[Dasselbe.] 4. Aufl. Ebendas. 1873. VIII, 99 S. 8°
[Dasselbe.] 5. Aufl. Ebendas. 1873. VIII, 99 S. 8°
[Dasselbe.] 6. Aufl. Ebendas. 1873. VIII, 99 S. 8°
[Dasselbe.] 7. Aufl. Ebendas. 1874. VIII, 104 S. 8°
[Dasselbe.] 8. Aufl. Ebendas. 1875. VIII, 119 S. 8°
[Dasselbe.] 9. Aufl. Ebendas. 1876. VIII, 119 S. 8°
[Dasselbe.] 10. Aufl. Ebendas. 1876. VIII, 119 S. 8°
[Dasselbe.] 11. Aufl. Ebendas. 1878. VIII, 119 S. 8°
[Dasselbe.] 12. Aufl. Leipzig: Zechel 1879. VIII, 119 S. 8°
[Dasselbe.] 13. Aufl. Ebendas. 1881. VIII, 119 S. 8°
[Dasselbe.] 14. Aufl. Ebendas. 1882. VIII, 119 S. 8°
[Dasselbe.] 15. Aufl. Ebendas. 1883. VIII, 119 S. 8°
[Dasselbe.] 16. Aufl. Ebendas. 1885. VIII, 119 S. 8°
[Dasselbe.] 17. Aufl. Ebendas. 1886. VIII, 135 S. 8°
[Dasselbe.] 18. Aufl. Ebendas. 1887. VIII, 135 S. 8°
[Dasselbe.] 19. Aufl. Ebendas. 1889. VI, 135 S. 8°
[Dasselbe.] 20. Aufl. Ebendas. 1890. VI, 135 S. 8°
[Dasselbe.] 21. Aufl. Ebendas. 1892. VI, 135 S. 8°
[Dasselbe.] 22. Aufl. Ebendas. 1893. VI, 135 S. 8°
[Dasselbe.] 23. Aufl. Ebendas. 1894. VI, 135 S. 8°
[Dasselbe.] 24. Aufl. Ebendas. 1895. VI, 135 S. 8°
[Dasselbe.] 25. Aufl. Ebendas. 1896. VIII, 135 S. 8°
[Dasselbe.] 26. Aufl. Ebendas. 1897. 135 S. 8°
[Dasselbe.] 27. Aufl. Ebendas. 1898. VII, 135 S. 8°
[Dasselbe.] 28. Aufl. Ebendas. 1899. VII, 135 S. 8°
°[Dasselbe.] 29. Aufl. Ebendas. 1900. VII, 135 S. 8°
°[Dasselbe.] 30. Aufl. Ebendas. 1901. VII, 135 S. 8°
°[Dasselbe.] 31. Aufl. Ebendas. 1902. VII, 135 S. 8°
°[[Dasselbe.] 32. Aufl. Ebendas. 1902. VII, 135 S. 8°
[Dasselbe.] 33. Aufl. Ebendas. 1903. VII, 135 S. 8°
[Dasselbe.] 34. Aufl. Ebendas. 1904. VII, 135 S. 8°
[Dasselbe.] 35. Aufl. Ebendas. 1905. VII, 135 S. 8°
[Dasselbe.] 36. Aufl. Hrsg. von Paul Fischer. Ebendas. 1906. VIII. 135 S. 8°
[Dasselbe.] 37. Aufl. Ebendas. 1903. VIII, 135 S. 8°
[Dasselbe.] 38. Aufl. neubearb. von Paul Fischer. X, 132 S. 1907. 8°
[Dasselbe.] 39. Aufl. Ebendas. 1908. XII, 132 S. 8°
[Dasselbe.] 40. Aufl. Ebendas. 1909. XII, 132 S. 8°
[Dasselbe.] 41. Aufl. Ebendas. 1910. XII, 132 S. 8°

Recens f. 1. Aufl.: FZ. 26 (1872) S. 374—375; Bh. 15 (1872) S. 388—389 (Stadie); f. 25. Aufl. L. 19 (1896) S. 152; FZ. 50 (1896) S. 296; Bh. 39 (1896) S. 376 (Chr. Gotthold); BZC. 26 (1897) S. 45—47 (F. Seckt); f. 38. Aufl. ML. 36 (1907—1908) S. 56 (O. Henckel); FZ. 61 (1907) S. 385 (R. Bachmann); L. 30 (1907) S. 387 (H. Gelbke); BstF. 17 (1908) S. 29—30 (A. Feld).

cf. f. 36. Aufl.: V. 1 (1906—1907) S. 56—58 (W. H. Denier v. d. Gon); f. 38. Aufl.: Bh. 50 (1907) S. 391 (Chr. Gotthold); Bbl. 21 (1907) S. 603 (G. Diercks); H. 18 (1907) No 43 (L. Fensch).

Erläuterung des Lehrlings-Katechismus. Zur Instruktion von Rob. Fischer. Neubearbeitet von Paul Fischer. 42. Aufl. Ms. f. Brr. Freimaurer. Leipzig: Zechel 1910. XII, 132 S. 8°. (Fischer, Rob.: Erläutungen der Katechismen der Joh.Frmrei. 1.) 1.

Lessing's Ernst und Falk. Von R[ob.] Fischer. Oedenburg 1875: Reichard. 41 S. 8°

Abgedr. in: FZ. 29 (1875) S. 258—261, 266 bis 270, 281—283, 297—301, 313—316; Z. 5 (1875) S. 33—35, 50—52, 58—59, 65—68, 74—75. 157.

Erläuterung d. Meister-Katechismus. Gera: Selbstverl. 1872. VII, 48 S. 8°
[Dasselbe.] 2. Aufl. 1873. VII, 48 S. 8°
[Dasselbe.] 3. Aufl. 1875. VIII, 55 S. 8°
[Dasselbe.] 4. Aufl. 1876. VIII, 56 S. 8°
[Dasselbe.] 5. Aufl. Leipzig: Zechel 1878. VI, 56 S. 8°
[Dasselbe.] 6. Aufl. Ebendas. 1881. VI, 56 S. 8°
[Dasselbe.] 7. Aufl. Ebendas. 1882. VI, 56 S. 8°
[Dasselbe.] 8. Aufl. Ebendas. 1885. VI, 56 S. 8°
[Dasselbe.] 9. Aufl. Ebendas. 1887. VI, 58 S. 8°
[Dasselbe.] 10. Aufl. Ebendas. 1890. VI, 58 S. 8°
[Dasselbe.] 11. Aufl. Ebendas. 1892. VI, 58 S. 8°
[Dasselbe.] 12. Aufl. Ebendas. 1894. VI, 58 S. 8°
[Dasselbe.] 13. Aufl. Ebendas. 1896. VI, 58 S. 8°
[Dasselbe.] 14. Aufl. Ebendas. 1897. VI, 58 S. 8°
[Dasselbe.] 15. Aufl. Ebendas. 1899. VI, 58 S. 8°
[Dasselbe.] 16. Aufl. Ebendas. 1900. VI, 58 S. 8°
[Dasselbe.] 17. Aufl. Ebendas. 1902. VI, 58 S. 8°
[Dasselbe.] 18. Aufl. Ebendas. 1903. VI, 58 S. 8°
[Dasselbe.] 19. Aufl. Ebendas. 1904. VI, 58 S. 8°
[Dasselbe.] 20. Aufl. hrsg. von Paul Fischer. Ebendas. 1905. 58 S. 8°
[Dasselbe.] 21. Aufl. Ebendas. 1907. 58 S. 8°
[Dasselbe.] 22. Aufl. neubearb. von Paul Fischer. 1908. 68 S. 8°
[Dasselbe.] 23. Aufl. Ebendas. 1909. 68 S. 8°
[Dasselbe.] 24. Aufl. Ebendas 1910. IV, 68 S. 8°

Recens f. 1. Aufl.: FZ. 27 (1873) S. 222.
f. 22. Aufl.: L. 31 (1908) S. 109 (H. Gelpke); Bbl. 22 (1908) S. 312 (G. Diercks).
cf. f. 5. Aufl.: DrL. 8 (1878—1879) S. 531 (E. A. F. Rumpelt gen. Walther); Hn. 6 (1879) S. 11.
f. 20. Aufl.: V. 1 (1906—1907) S. 56—58 (W. H. Denier v. d. Gon).
f. 22. Aufl.: DrL. 38 (1907—1908) S. 217 (G. v. Gersdorff); H. 19 (1908) No 16 (L. Fensch); R. 35 (1908) S. 95 (G. Schauerhammer); S. 15 (1908) S. 66 (F. Rackhorst).

[Franz. Übers. der Erläuterung der Katechismen u. d. Tit.:]
[Explication des catéchismes de la franc-maçonnerie symbolique de St. Jean.] Instructions du Rob. Fischer. Ms. arrangé seulement pour les ffrs. [apprentis], compagnons et maîtres. P. [1]—4. Lausanne: Forster-Goodman 1873, Berne: Haller 1880- -1887. 8°

[1.] Explication du catéchisme des apprentis 1873. 106 S.; 2. éd. Berne: Haller 1880. 98 S.
2. Explication du catéchisme des compagnons 1882. 72 S.; 2 éd. [Berne] 1898: [Michel & Büchler]. 72 S.
3. Catéchisme des maîtres. 10. éd. 1885. 56 S.
4. Description des systèmes francs-maç. 3. éd. 1887. 70 S.

—— Explication du catéchisme des apprentis. Instructions. Traduit avec l'autorisation de l'auteur. 2e édit. 16. (98 S.) Bern 880, Haller. geb. *

— explication des catéchismes de la franc-maçonnerie symbolique de St.-Jean. Instructions. Mscr., arrangé seulement pour les FFrs. Compagnons et Maitres. 1. et 2. partie. Traduction autorisée par l'auteur. 16. Bern 880. 81. Haller. geb. n. 2. 80
1. Catéchisme des apprentis. 2. éd. (98 S.) n. 1. 60
2. Catéchisme des compagnons. (72 S.) n. 1. 20

—— Explication des catéchismes de la franc-maçonnerie symbolique de St.-Jean. Instructions. Mscr., arrangé seulement pour les FFrs. Compagnons et Maîtres. 2e partie: Catéchisme des compagnons. Traduction autorisée par l'auteur. 16. (72 S.) Ebendas. 882. geb. *

Fischer, Rob., explications des catéchismes de la maçonnerie de St-Jean. 3e et 4e partie. 16. Bern, Haller. geb. *
Inhalt:
Partie 3. Catéchisme des maîtres. 10e édit. (VIII, 56 S.) 885. * 80 Pf.
» 4. Description des systèmes francs-maçonniques. (70 S.) 887. *M 1.60.
1. et 2. Partie. Ebendas. 880—82. *M 2.80.

— explications des catéchismes de la maçonnerie de St.-Jean. 3. partie. Catéchisme des maîtres. 10. ed. 16. (VIII, 56 S.) Bern 885. Nydegger & Baumgart. geb. n. — 80

Fischer, Robert *(geb. Breslau 22. 11. 1841)*: Drei Fälle von Ostitis cranii traumatica purulenta. Breslau 1869. (31 S.) 8°
Breslau, Med. Diss. v. 9. Aug. 1869

Fischer, Robert [pr. Arzt aus Stallupönen in Ostpreussen]: Einundzwanzig Fälle von Glaucoma simplex. . . . Berlin, Buchdr. v. Gustav Schade (Otto Francke) (1869); 30 S. + 1 Bl. 8°
Berlin, Med. Fak., Inaug.-Diss. v. 13. Jul. 1869

Fischer, Rob., Das Freimaurer-Gelübde. Erklärt und erläutert. Gera, Selbstverlag. 1877. 8. IV, 47 S.
Separatabdruck aus der Frmrztg. 1877. Nr. 1—5.

— in Freud u. Leid. Gedichte. Mit prachtvollen (eingedr.) Illustr. In stenograf. Schrift übertr. v. Arno Trachbrodt. gr. 8. (VI, 74 autogr. S.) Leipzig 880. Baldamus. n. 2. 50; geb. n. 3. 60

. *Fischer, Paul:* [Gedicht.] Zur Aufnahme meines Sohnes am 7. März 1886 von Rob. Fischer. [Gera 1886.] 1 Bl. 8° [Kopftit.]
„Mein Sohn, was soll ich Dir zur Weihe geben?“ 157.

Fischer, Theod.: [Gedicht.] Dem Br. Theod. Fischer zu seinem 50jährigen Maurer-Jubiläum bei der Stiftungsfest-feier der Loge Archimedes zum ewigen Bunde [in Gera] am 28. Okt. 1900. [Unterz.:] R[ob.] F[ischer]. Gera [1900]: Buhr & Draeger. 1 Bl. 8⁰ [Kopftit.]
„Mit hellem frohen Jubelklang . . .“ 430.

Fischer, Robert, Deutsche Geistesheroen in ihrer Wirksamkeit auf dem Gebiete der Freimaurerei. Leipzig, Zechel. 1881. 8. VII, 117 S.

— das Geld. Oeffentlicher Vortrag geh. im kaufmänn. Verein zu Gera am 5. Febr. 1875. gr. 8. (15 S.) Gera 875. Reisewitz in Comm. n. — 40

— die Stadt Gera u. ihre kommunalen Einrichtungen. Mit einem ausführl. Namen- u. Sachregister. gr. 8. (VIII, 224 S. m. 3 Tab.) Gera 878. Reisewitz. n. 4. —; geb. n.n. 5. —

Die Stadt Gera und die daselbst bestehenden staatlichen und Gemeinde-Einrichtungen. Ein geschichtl. Stadtbild. Vom Geh. Reg.R. Robert Fischer. Nebst 3 Ansichten u. 1 Stadtpl. *Gera (Reuß): H. Kanitz in Komm. 1904.* (XV, 267 S.) 4⁰(8⁰) [F.]
[Umschlagt.:] Stadt-Buch von Gera. [04. 13073]

Fischer, Rob., Gesetz betr. das Urheberrecht an Schriftwerken, Abbildungen, musikalischen Kompositionen u. dramatischen Werken vom 11. Juni 1870. Nach den amtlichen Materialien erläutert u. mit ausführl. alphabet. Sachregister versehen, für den prakt. Handgebrauch hrsg. Gera 870. Griesbach. gr. 8. (XVI, 52 S.) n. 10 ngr.

— Gesetz, betr. das Urheberrecht an Schriftwerken, Abbildungen, musikal. Kompositionen u. dramat. Werken vom 11. Juni 1870. Nach den amtl. Materialien erläut. u. m. ausführl. alphabet. Sachregister versehen, f. den prakt. Handgebrauch hrsg. 2. Aufl. gr. 8. (XVI, 52 S.) Gera 872. Griesbach. n. 1. —

—— Gewerbe-Ordnung für den norddeutschen Bund. Nach den amtl. Materialien und sämmtl. Vorarbeiten. Mit Einleitung und Erläuterungen nebst übersichtl. Zusammenstellung der bisher. bezügl. Gesetze der Bundesstaaten, ausführl. Inhaltsverzeichniß und alphabetisch geordnetem Sachregister zum prakt. Gebrauch für Jedermann. 1. und 2. Aufl. gr. 8. (IX, 190 S.) Glauchau [Dresden] 869, Moritz' Verlag. [Langensalza, Ditter.]

—— die Gewerbe-Ordnung des norddeutschen Bundes. 2. Thl. A. u. d. T.: Die Ausführung der Gewerbe-Ordnung des norddeutschen Bundes für sämmtliche Bundesstaaten, enth. eine übersichtl. Zusammenstellung aller in den einzelnen Staaten des norddeutschen Bundes zur Ausführung der neuen Gewerbe-Ordnung erschienenen Gesetze, Verordnungen, Anweisungen ꝛc. nebst krit. Bemerkungen und einem ausführl. Sachregister. gr. 8. (XII, 100 S.) Ebendas. 870.

Fischer, Rob., Gewerbe-Ordnung f. das deutsche Reich. Mit Einleitg. u. Erläutergn. nebst ausführl. Inhaltsverzeichniß u. alphabetisch geordn. Sachregister. Zum prakt. Gebrauch f. Jedermann. 3. Ausg. m. Nachträgen bis Ende 1871. gr. 8. (190 S.) Dresden 872. Moritz. 1. 50

Der deutsche Grosslogenbund und die deutschen Johannislogen. Ein Beitrag zur weiteren Einigung des deutschen Freimaurerbundes. Zwei Vorträge, gehalten bei der 24. Jahresversammlung des Vereins deutscher Freimaurer am 18. und 19. Sept. 1886 in Nürnberg von Rob. Fischer. [Leipzig 1886.] 31 S. 8⁰ [Umschlagtit.]
Aus: MitthVdF. 1886—1887 S. 23—40, 46—58. S. 1—18 (D. deutsch. Grlogenbund) abgedr. in: L. 9 (1886) S. 169—172, 179—182.

— Handbuch der Gabelsbergerschen Stenographie. [Einleitung. I. Wortbildung. II. Wortkürzung.] gr. 8. (IV, 272 u. 133 S., wovon die letzteren lith.) Altenburg 885. Pierer. n. 5. 50

— u. Paul Fischer, Handbuch der Gabelsberger'schen Stenographie. 2 Tle. 2., vollständ. veränd. Aufl. gr. 8. Ebd. à n. 3. 25; kplt. geb. in 1 Bd.: n.n. 7. 30
1. Tl. Einleitung. 1. Buch: Wortbildung. (VIII, 182 u. 48 autogr. S.) 893.
2. Tl. 2. Buch: Wortkürzung. 3. Buch: Satzkürzung. (VIII, 138 u. 93 autogr. S.) 894.

— u. Paul Fischer, Handbuch d. Gabelsbergerschen Stenographie. 3. Tl. Nachtrag z. 2., vollst. veränd. Aufl., enth. d. durch d. Wiener Beschlüsse eingef. Systemändergn. gr. 8. (36 u. 4 autogr. S.) Ebd. 896. n. — 60 (kplt.: n. 7. 50)

Das fürstlich reussische Haus und die Freimaurerei. Von Rob. Fischer. [Hamburg 1897.] 5 Bl. 4⁰ [Kopftit.]
Aus: HZC. 31 (1897—1898) S. 55—64. 193.

Zum 40. Jahrestag des Vereins deutscher Freimaurer von Rob. Fischer. Leipzig 1901: Zechel. 11 S. 8⁰ [Umschlagtit.]
Aus: MitthVdF. 1901—1902 S. 49—57.
Bedeutung u. Aufgabe des Vereins. 193.

— die Idealität der deutschen Redezeichenkunst. — Zur Kritik der Systemrevision, s.: Zeit- u. Streitfragen, stenographische. 1. Hft.

Kapital. Öffentlicher Vortrag, gehalten in der Freimaurerloge Archimedes zum ewigen Bunde in Gera am 11. November 1874 von Robert Fischer. Gera: [Verlag der Loge] 1874. 16 S. 8⁰. [Umschlagtit.] 21.

—— Katechismus des deutschen Handelsrechts, s.a. Weber's, J. J., illustrirte Katechismen.

— Katechismus d. deutschen Handelsrechts nach dem allgemeinen deutschen Handelsgesetzbuche. 3., umgearb. Aufl. 8. (VIII, 174 S.) Leipzig 885. Weber. geb. n. 1. 50

Fischer R, Katechismus des deutschen Handelsrechts nach dem Handelsgesetzbuch vom 10.5.97. 4. Aufl. (173 S) (Webers Katechismen 56) Leipzig 1901

—— Katechismus-Erläuterungen. 4 Thle. kl.-8. Leipzig, Zechel. cart. *

Inhalt:
Thl. 1. Der Lehrlings-Katechismus. 18. Aufl. (VIII, 136 S.) 887. * ℳ 2.—.
" 2. Der Gesellen-Katechismus. 11. Aufl. (IV, 76 S.) 887. * ℳ 1.—.
" 3. Der Meister-Katechismus. 9. Aufl. (VI, 58 S.) 887. * 80 Pf.
" 4. Historisch-dogmatische Darstellung der hauptsächlichsten freimaurerischen Systeme. 4. Aufl. (VI, 80 S.) 886. * ℳ 1.50.

Der Schmöllner Klub vom 23. Mai 1894. Eine Erinnerung an sein 50jähriges Bestehen. [Von Rob. Fischer.] Köstritz [1894:] Seifert. 15 S. 8⁰ [Umschlagtit.]
Nebst einem Vortrag Fischers: Üb. die Stellung der Frmrei zu den ethischen Bewegungen der Gegenwart. 193. 358a.

Fischer, Robert. Ein Kranz neuer Maurerlieder zu Fest- und Tafellogen nach bekannten Melodien aus der Loge Archimedes z. e. Bunde in Gera. Plauen. Druck v. Neupert. 1875. 8. 31 S.

Fischer, Rob., der Credit. Oeffentlicher Vortrag. gr. 8. (20 S.) Gera 876 Hasenpflug. n. — 50

—— theoretisch-praktischer Lehrgang der Satzkürzung der Gabelsberger'schen Stenographie. gr. 8. (99 S., wovon 52 autogr.) Ebendas. 882. *

—— dass. — Schlüssel. gr. 8. (16 autogr. S.) Ebendas. 882. *

Fischer, Rob. Theoretisch-praktischer Lehrgang der Satzkürzung der Gabelsbergerschen Stenographie. 2. veränd. Aufl. gr. 8. (96 S., wovon 52 autogr.) Altenb. 888, H. A. Pierer. * 1 20

—— Schlüssel zum Lehrgang der stenographischen Satzkürzung. 2. Aufl. 8. (16 lithogr. Bl.) Ebendas. 887. *

— theoretisch-praktischer Lehrgang der Satzkürzung der Gabelsberger'schen Stenographie. 2., veränd. Aufl. gr. 8. (96 S., wovon 52 autogr.) Altenburg 889. Pierer. n. 1.20

— theoretisch-praktischer Lehrgang der Satzkürzung der Gabelsberger'schen Stenographie. 3. unveränd. Aufl. gr. 8. (44 u. 52 autogr. S.) Ebd. 892. 1.20

Fischer, Rob., theoret.-prakt. Lehrgang der Satzkürzung d. Gabelsbergerschen Stenographie. 4. Aufl. gr. 8. (44 u. 52 S.) Altenburg 897. H. A. Pierer. n. 1.20

— dasselbe. Schlüssel. 4. Aufl. 8. (16 S.) Ebd. 898. n. — 55

Fischer, Rob. (L.), theoretisch-praktischer Lehrgang der Gabelsberger'schen Stenographie. 3.—6. Aufl. 1863,64. à * 15 Ngr., 7. und 8. Aufl. 1865,66. und 9., neu redig. Aufl. von des Verf. „stenographischen Unterrichtsbriefen." gr. 8. (VI, 58 und 56 lithogr. S.) Glauchau 868, Moritz' Verlag. *
Schlüssel dazu. (19 lithogr. S.) *

—— theoretisch-praktischer Lehrgang der Gabelsberger'schen Stenographie. 10.—16. neu redig. Aufl. von des Verf. „Stenographischen Unterrichtsbriefen". gr. 8. (VI, 115 S., wovon 56 lithogr.) Glauchau und Dresden 869—74, Moritz' Verlag. *
Schlüssel dazu. 6. Aufl. *

Fischer, Rob., theoretisch-praktischer Lehrgang der Gabelsbergerschen Stenographie. 17., neu redig. Aufl. von des Verf. „Stenograph. Unterrichtsbriefen". gr. 8. (64 und 56 lithogr. S.) Altenburg 875, Pierer. *

—— theoretisch-praktischer Lehrgang der Gabelsberger'schen Stenographie. 18.—20. Aufl. gr. 8. (120 S., wovon 64 S. Text und 56 S. Taf.) Altenburg 875—79, Pierer. *

— theoretischer-praktischer Lehrgang der Gabelsberger'schen Stenographie. 20., mit der 19. gleichlaut. Aufl. gr. 8. (120 S., wovon 56 lith.) Altenburg 877. Pierer. n. 1.20

—— theoret.-praktischer Lehrgang der Gabelsberger'schen Stenographie. 21.—24. Aufl. 8. (64 S. und 56 S. Taf.) Altenburg 880,81, Pierer. *

—— dass. — Schlüssel. 10. Aufl. 8. (20 S.) Ebendas. 881. *

—— theoretisch-praktischer Lehrgang der Gabelsbergerschen Stenographie. 27. durchaus veränd. und verb. Aufl., 28. und 29. unveränd. Aufl. gr. 8. (120 S., wovon 48 autogr.) Altenburg 885—88, Pierer. *

Fischer, R., theoretisch-praktischer Lehrgang der Gabelsberger'schen Stenographie. Schlüssel. 13. Aufl. 8. (19 autogr. S.) Altenburg 889. Pierer. n. — 55

— dasselbe. Approbiert durch Erlaß d. hohen k. k. österr. Ministeriums f. Kultus u. Unterricht vom 1. März 1880. 31. Aufl. Ausg. m. österreich. Rechtschreibung. gr. 8. (120 S., wovon 48 autogr.) Altenburg 890. Pierer. n. 1.20

— theoretisch-praktischer Lehrgang der Gabelsberger'schen Stenographie. 32. Aufl. (Ausg. f. Deutschland.) gr. 8. (120 S., wovon 48 autogr.) Ebd. 890. n. 1.20

—— Theoretisch-praktischer Lehrgang der Gabelsbergerschen Stenographie. 33. Aufl. 72. u. 73. Tausend. (Deutsche Ausg.) gr. 8. (72 S. m. 48 autogr. S.) Ebd. 891. * 1 20
Schlüssel dazu. 14. Aufl. (19 autogr. S.) * — 55

—— dass. — 34. Aufl. 74. u. 75. Taus. Ausg. m. österreich. Rechtschreibg. gr. 8. (72 S. m. 48 lithogr. Taf.) Ebd. 892. * 1 20

Fischer, Robert, Theoretisch-praktischer Lehrgang der Gabelsberger'schen Stenographie. Ausgabe mit österreichischer Rechtschreibung. 36. Auflage. H. A. Pierer. (Min.-Erl. v. 20. September 1893, Z. 20870.) Gebunden —.90

— theoretisch-praktischer Lehrgang der Gabelsberger'schen Stenographie. 37. Aufl. 80. u. 81. Taus. (Ausg. f. Deutschland.) gr. 8. (72 S. m. 48 stenogr. Taf.) Altenburg 894. H. A. Pierer. n. 1.20

Fischer, Robert, Theoretisch-praktischer Lehrgang der Gabelsberger'schen Stenographie. 40. Auflage. Ausgabe mit österreichischer Rechtsschreibung. Altenburg 1895. H. A. Pierer. (Min.-Erl. vom 28. December 1895, Z. 29675.) Geb. —.72

— dasselbe. Schlüssel. 15. Aufl. 8. (19 S.) Ebd. 895. n. — 55

— theoret.-prakt. Lehrgang d. Gabelsbergerschen Stenographie. 42., unveränd. Aufl. 92. u. 93. Taus. gr. 8. (VIII, 100 S.) Ebd. 897. n. 1.20

— theoretisch-praktischer Lehrgang der Gabelsbergerschen Stenographie. 45. unveränd. Aufl. 98. u. 99. Taus. gr. 8. (VIII, 100 S.) Altenburg 900. H. A. Pierer. n 1.20

— theoretisch-praktischer Lehrgang der Gabelsbergerschen Stenographie. 53., verb. Aufl., 107. u. 108. Taus., hrsg. v. Paul Fischer. Ausg. m. österreich. Rechtschreibung. (104 S.) gr. 8. Altenburg 906. H. A. Pierer. n. 1.20; geb. n. 1.55; Schlüssel. 17. Aufl. (19 S.) 8. n. n. — 55

Fischer, Rob. (Oberbürgermeister in Gera.) Die Leichenverbrennung. Vortrag. Gera 1877.

— lernt stenographieren! Ein Wort an junge Kaufleute. [Aus: „Schriftwart".] gr. 8. (12 S.) Elberfeld 886. Fassbender. n. — 10

Licht, Liebe, Leben. Bauzeichnungen von Rob. Fischer. Ms. nur f. Frmr. Leipzig: Zechel 1880. VIII, 256 S. 8⁰
Recens: FZ. 34 (1880) S. 382—383 (K. Pilz); DrL. 10 (1880—1881) S. 696; Bh. 24 (1881) S. 19—20 (J. G. Findel); O. 7 (1881) S. 6. cf. Z. 10 (1880) S. 88.
Tt. 1862. Reden zum Johannis- u. Stiftungsfest u. bei d. Arbeit. 23. 25.

Verein deutscher Freimaurer: [Lied.] Dem Verein deutscher Freimaurer. [Unterz.:] R[ob.] Fischer. o. O. u. J. 1 Bl. 15,6×30,1 cm. [Kopftit.]
Ohne Noten: „Maurer, denen Form nicht alles . . ." Der Verein wurde 1861 gegründet. 3.

[Lied.] [Unterz.:] [Rob.] Fischer. o. O. u. J. 1 Bl. 8⁰.
Ohne Noten: „Meister, Meister, über Alles" . . . 430.

[Lied.] [Unterz.:] [Rob.] F[ischer]. o. O. u. J. 1 Bl. 8⁰.
„Stimmt an mit hellem hohen Klang" . . . 430.

[Lied.] [Unterz.:] [Rob.] F[ischer]. o. O. u. J. 1 Bl. 8⁰.
Ohne Noten: „Wie ist die Welt voll Kampf und Streit" . . . 430.

[Lied. Unterz.:] [Rob.] F[ischer]. o. O. u. J. 1 Bl. 8⁰
Ohne Noten: „Wie könnt' ich Dein vergessen, . . ." 3.

[Lied.] Dem Verein deutscher Freimaurer. [Unterz.:] R[ob.] F[ischer]. [Köln 1891.] 1 Bl. 8⁰ [Kopftit.]
Ohne Noten: „Mächtig rauscht's in Maurerkreisen; . . ." 157.

[Lied.] Den Schwestern! [Unterz.:] Rob. Fischer. [Köln 1893]: [Du Mont-Schauberg]. 1 Bl. 8⁰ [Kopftit.]
Ohne Noten: „Viel stolze Burgen stehn am Rhein . . ." 140.

[Lied.] Dem Verein deutscher Freimaurer. [Unterz.:] R[ob.] Fischer. [Stuttgart 1893.] 1 Bl. 14,5×19,1 cm. [Kopftit.]
Ohne Noten: „Nicht mehr Nord und Süd geschieden . . ." 429.

[Lieder.] Zur Feier des 50jährigen Maurer-Jubiläums des Br. Theod. Fischer am 28. Okt. 1900. [Unterz.:] R[ob.] F[ischer]. Gera [1900]: Buhr & Draeger. 1 Bl. 8⁰ [Kopftit.]
2 Lieder ohne Noten. 157.

Lieder zum Johannisfest 1877, nach Melodien aus der „Zauberflöte" von [Rob.] Fischer. [Gera 1877.] 1 Bl. 4⁰ [Kopftit.]
7 Gesänge ohne Noten. 430.

Liederbuch für Freimaurer-Logen. Durchgehend mit Melodien vers. Hrsg. von Rob. Fischer und Wilh. Tschirch. Ms. f. Frmr. Leipzig: Zechel 1882. VIII. 152 S. 8⁰
[Dasselbe.] 2. Aufl. Ebendas. 1882. VIII, 152 S. 8⁰
[Dasselbe.] 3. Aufl. Ebendas. 1888. VIII, 152 S. 8⁰
[Dasselbe.] 3. Aufl. Mit einem Anh. der Loge „Zur Harmonie" im Or. Chemnitz: Ebendas. 1893. VIII, 184 S. 8⁰
[Dasselbe.] 3. Aufl. Eigenthum der Loge „Bruderkette zu den drei Schwanen" im Or. Zwickau. Ebendas. 1893. VIII, 169 S. 8⁰
[Dasselbe.] 4. Aufl. Ebendas. 1893. VIII, 172 S. 8⁰

Liederbuch für Freimaurer-Logen. Durchgehend mit Melodien versehen. Hrsg. von Rob. Fischer und Wilh. Tschirch. 4. Aufl. Leipzig: Zechel 1893. [Nebst:] Anhang. 8⁰.
Liederbuch: 152 S.; Anhang 20 Bl.
W. 40267 gibt 172 S. an und übersieht, dass die 20 Bl. des Anhanges sicher getrennt gedruckt wurden. 21.
[Dasselbe.] 4. Aufl. Zum Gebrauche in der Loge „Zur Gekrönten Schlange" i. Or. Görlitz. Ebendas. 1893. VIII, 170 S. 8⁰
[Dasselbe.] 5. Aufl. Mit einem Anh. der Loge „Wilhelm zu den drei Säulen" i. Or. Wolfenbüttel. Ebendas. 1896. VIII, 152, 4 S. 8⁰
[Dasselbe.] 6. Aufl. Ebendas. 1901. VIII, 152 S. 8⁰

[Dasselbe.] Bearb. von Rob. Fischer und Wilh. Tschirch, hrsg. von Paul Fischer. 7. Aufl. Ebendas. 1906. 8°

Recens. für 1. Aufl.: ML. 10 (1881—1882) S. 144; Al. 8 (1882) S. 83—84; Bh. 25 (1882) S. 77 (J. G. Findel); FZ. 36 (1882) S. 166—167 (K. Pilz); L. 5 (1882) S. 56 (H. Gräff); SL. 2 (1882) S. 79—80.
für 4. Aufl.: BrL. 11 (1893—1894) S. 48; Bh. 37 (1894) S. 264 (C. Gotthold).
cf. für 4. Aufl. DrL. 23 (1893—1894) S. 2004 (A. Peuckert).
Tt. 2318. 141 alte u. neue Lieder.
1. Aufl. in 215; 2. in 193; 3. in 23. M. e. Anh. d. L. z. Harmonie, Chemnitz u. Eigentum d. L. Bruderkette, Zwickau L. G. Rat Fischer, Gera; 4. L. G. Rat Fischer, Gera, z. Gebrauch d. L. z. gek. Schlange, Görlitz L. G. Rat Fischer, Gera; 5. in 460; 6. L. G. Rat Fischer, Gera; 7. in 193.

Der Maurerbund, [Unterz.:] [Rob.] F[ischer]. o. O. u. J. 1 Bl. 8° [Kopftit.]

Lied ohne Noten: „Es flammt in reiner Brust die Gluth, . . .“ 3.

Maurerweihe. Liturgische Beiträge zu Receptionslogen J. aus der Loge Archimedes zum ewigen Bunde in Gera. Hrsg. von Rob. Fischer. Ms. f. Brr Frmr. Gera: Selbstverl. d. Loge 1874. XIV, 96 S. 8°

[Dasselbe.] 2. Aufl. Leipzig: Zechel 1876. IV, 96 S. 8°

[Dasselbe.] 3. veränd. Aufl. 1900. XIV, 110 S. 8°

Tt. 1859. Ansprachen, Wandersprüche, Gebete u. Lieder.
Recens f. 1. Aufl.: Bh. 17 (1874) S. 169; FZ. 28 (1874) S. 133.
f. 3. Aufl.: Bh. 43 (1900) S. 320 (Chr. Gotthold); FZ. 54 (1900) S. 359 (K. Pilz); Z. 31 (1900—1901) S. 140; BZC. 29 (1900) S. 463—464.
cf. f. 1. Aufl.: UMS. 3 (1874) S. 83—87; Z. 4 (1874) S. 93.
f. 3. Aufl.: DrL. 31 (1900—1901) S. 2796 (A. G.); ML. 29 (1900—1901) S. 48 (O. Henckel).

Maurerwunsch. Nach einem Gedicht des Br. Amthor. [Unterz.:] [Rob.] F[ischer]. o. O. u. J. 1 Bl. 8°. [Kopftit.]

„Wenn ich einmal ein Maurer wär',“ . . . 430.

Die Alten Pflichten in Text und Erläuterungen zur Belehrung für Freimaurer von Rob. Fischer. Ms. f. Brr. Leipzig: Zechel 1876. 48 S. 8°

[Dasselbe.] 2. veränd. Aufl. Ebendas. 1897. V, 50 S. 8°

Recens f. 1. Aufl.: KfF. 17 (1877) S. 237.
f. 2. Aufl.: FZ. 51 (1897) S. 328 (K. Pilz); Bh. 40 (1897) S. 408 (C. Gotthold); ML. 26 (1897—1898) S. 42 (O. Henckel); BZC. 28 (1899) S. 480 (W. Wald).
cf. f. 1. Aufl.: DrL. 5 (1875—1876) S. 320 (E. A. F. Rumpelt geb. Walther).
f. 2. Aufl.: Z. 27 (1897) S. 84.
Tt. 1010. Text der alten Pflichten nach dem Konstitutionenbuch von 1723 nebst den spätern Abänderungen. Zu jeder Pflicht geschichtl. u. textliche Erläuterungen.

— die Praxis im deutschen Wechsel-Verkehr. Das Wechselrecht unter Zugrundelegung der allgemeinen deutschen Wechsel-Ordnung und sämmtl. bezügl. Einführungs-Gesetze der einzelnen deutschen Bundesstaaten, sowie mit Rücksicht auf die bekanntesten richterl. Entscheidungen. Ein Nachschlagebuch für kaufmänn. Comptoire, Juristen, Geschäftsleute ꝛc. Mit Beigaben: Enthaltend: die allgemeine deutsche Wechsel-Ordnung, verschiedene Wechselformulare nebst einem Sachregister. gr. 8. (XXIV und 134 S.) Leipzig 861, Spamer. *

Aus dessen „Kaufmännische Rechtskunde“ besonders abgedruckt.

Fischer, Rob., Preis und Lohn. Oeffentlicher Vortrag, geh. in der Freimaurer-Loge Archimedes zum ewigen Bunde in Gera am 15. Jan. 1875. gr. 8°. Gera, Reisewitz in Comm., 1875.

— kaufmännische Rechtskunde. Ein praktischer Wegweiser durch das deutsche Handels- u. Wechselrecht f. Juristen u. Kaufleute, insbesondere f. Handelsrichter u. Handelslehranstalten. 4., verb. u. wesentlich verm. Aufl. Bearb. v. Eug. Wolff In 2 Thln. (in 1 Bde.). Jeder derselben m. besonderem Register. gr. 8. (XVI, 284 u. 131 S.) Leipzig 891. G. A. Gloeckner. n. 2. 50; in 1 Leinw.-Bd. n. 3. 50; in 2 Bdn. kart. n. 3. 50

Daraus einzeln:
Das deutsche Handelsrecht. 3., verb. u. wesentlich verm. Aufl. (XII, 2[illegible] S.) Kart. n. 2. -
Das deutsche Wechselrecht. 3., verb. u. wesentlich verm. Aufl. (VII, 131 S.) Kart. n. 1. 50

— kaufmännische Rechtskunde. 1. u. 2. Tl. gr. 8. Leipzig, G. A. Gloeckner. Kart. n. 3. 50

1. Das deutsche Handelsrecht. Praktischer Wegweiser f. Juristen u. Kaufleute, insbesondere f. Handelsrichter u. Handelslehranstalten. 5., verb. u. nach dem neuen Rechte umgearb. Aufl. besorgt v. Rud. Fischer. (VIII, 227 S.) 902. n. 2. —
2. Das deutsche Wechselrecht. Praktischer Wegweiser f. Juristen u. Kaufleute, insbes. f. Handelsrichter u. Handelslehranstalten. 5. nach den Bestimmgn. der neuen deutschen Gesetzgebg. umgearb. Aufl., besorgt v. Rud. Fischer. (127 S.) 901. n. 1. 50

Fischer, Rob., s.: Reden, 14, hervorragender Stenographen.

Referat über den Entwurf des deutschen Grosslogenbundes zu einem Gesetz über das Verfahren bei Verletzung maurerischer Pflichten erstattet im Auftr. der freien Vereinigung der fünf unabhängigen Logen Deutschlands von Rob. Fischer. [Leipzig 1886: Zechel.] 2 Bl. 4° [Kopftit.] 358 a.

— eine Reise nach Italien bis zum Krater des Vesuv und Pompeji. Vorgetragen im Gewerbe-Verein zu Erfurt, am 2. Decbr. 1873. gr. 8. (24 S. mit 7 Stnt.) Erfurt 874, Körner. *

— Repertorium der rc. Gesetze u. Verordngn. d. Fürstenthum Reuß j. L., s.: Alberti, J.

Ritual und Symbol. Instructions-Vorträge von Rob. Fischer. Ms. nur f. Brr Frmr. Leipzig: Zechel 1878. VIII, 304 S. 8⁰

[Dasselbe.] Unterrichts - Vorträge. Hrsg. von Paul Fischer. Ms. nur Brr Frmr. 2. Aufl. Leipzig: Zechel 1909. VIII, 272 S. 8⁰

Recens f. 1. Aufl.: Al. 4 (1878) S. 225—228, abgedr. in: FZ. 32 (1878) S. 286—288; Bh. 21 (1878) S. 282—283; L. 1 (1878) S. 160; HL. 11 (1878) S. 871; Z. 8 (1878) S. 128 (M. Amster.)
cf. f. 1. Aufl.: D. Bund. 1 (1878) S. 76 (Lucian); DrL. 8 (1878—1879) S. 523—524 (E. A. F. Rumpelt gen. Walther); f. 2. Aufl.: Al. 35 (1909) S. 194—195 (H. Keller); S. 16 (1909) S. 130 (F. Rackhorst); BZC. 38 (1909) S. 505; Z. 40 (1909 bis 1910) S. 80 (H. Glücksmann); Bh. 53 (1910) S. 416; Brh. 7 (1910) S. 173.
Tt. 1860. 39 Vorträge. Zum Teil bereits in mrischen Zeitschriften erschienen.

Fischer, Rob. (I.), stenographisches Schiller- und Göthe-Album. I. und II. (Heft.) gr. 8. (III und 96 lithogr. S.) Glauchau 858, Moritz. à Heft * 15 Ngr. *

—— stenographisches Schiller- und Göthe-Album. 2. Aufl. 8. (96 lithogr. S.) Glauchau 864, Moritz' Verlag. *

— stenographisches Schiller- u. Goethe-Album. 3. Aufl. gr. 8. (96 S.) Altenburg 874. Pierer. n. 3. —

— stenographisches Schiller- u. Goethe-Album. 4. Aufl. gr. 8. (96 autogr. S.) Altenburg 881. Pierer. n. 3. —; geb. n.n. 3. 75

— stenographisches Schiller- u. Göthe-Album. 5. Aufl. 8. (96 autogr. S.) Altenburg 893. H. A. Pierer. n. 2. —; geb. in Leinw. n.n. 2. 75

— stenograph. Schiller- u. Göthe-Album. 6., n. d. Wiener Beschlüssen umgearb. Aufl. 8. (96 S.) Ebd. 898. n. 2. —; geb. in Leinw. n.n. 2. 75

—— stenographische Schreibhefte zum Gebrauch bei Erlernung der Gabelsberger'schen Stenographie. 2 Hefte. 8. Ebendas. 881. *

Inhalt:
Heft 1. Wortbildung. (48 lithogr. S.) * 55 Pf.
„ 2. Wortkürzung. (32 lithogr. S.) * 40 Pf.

Fischer, Rob. Stenographische Schreibhefte zum Gebrauch bei Erlernung der Gabelsbergerschen Stenographie. 1. Heft: Wortbildung. 2. Aufl. 8. (48 autogr. S.) Altenb. 889, H. A. Pierer. * — 55

— stenographische Schreibhefte z. Gebr. b. Erlerng. d. Gabelsberger'schen Stenographie. 2 Hfte. 8. Altenburg 898. H. A. Pierer. n. — 95
1. Wortbildg 3. Aufl. (48 S.) n. — 55
2. Wortkürzg. 2. Aufl. (32 S.) n. — 40

— die Schwesternloge. Ritual u. Material zu Schwesternversammlungen. gr. 8. (VIII, 256 S.) Leipzig 878. Zechel. 4. —

—— die Stenographie nach Geschichte, Wesen und Bedeutung, unter besond. Berücksicht. der Gabelsberger'schen deutschen Redezeichenkunst. Mit einem Vorwort von Carl Albrecht. gr. 8. (VIII und 167 S. mit 1 Stnt.) Leipzig 860. [Altona, G. Mayer's Verlag.] *

— der stenographische Unterricht nach Gabelsbergers System. Nebst e. Anh. üb. Einrichtg. v. Fortbildungskursen u. Benutzg. d. stenograph. Lehrgangs d. Verf. gr. 8. (80 S.) Altenburg 886. Pierer. n. 1. —

—— stenographische Unterrichts-Briefe nach Gabelsberger's System. 25 Lfgn. (à 8 lithogr. S.) gr. 8. Glauchau 861, Moritz. *
Einzelne Lfgn. *

—— stenographische Unterrichts-Briefe. (2. Aufl.) gr. 8. (200 lithogr. S.) Glauchau 862, Moritz' Verlag. *

—— Verwaltungs-Gesetze des norddeutschen Bundes. Auf Grund der amtl. Materiallen erläut. und mit einem ausführl. Sachregister versehen. 1. Bd.: Die J. 1867—1870 enth. 8. (VII, 160 S.) Leipzig 870, Roßberg'sche Buchh. *

Fischer, Rob., Die Wanderung zum Glück. Dichtung. Für Männerchor und Solo mit Begleitung von Violine, Viola, Cello, Flöte, Clarinette, Harmonium u. Pianoforte oder mit Pianofortebegleitung allein von Wilh. Tschirch. Op. 92. Schleussingen. Glaser. (1880.) gr. 4. 15 S.

Die freimaurerische Werk- bez. Wohlthätigkeit. Im Auftrag des Vereins deutscher Freimaurer auf Grund statistischer Erhebungen erörtert von Rob. Fischer. [Leipzig: Zechel 1890.] 40 S. 8⁰ [Umschlagtit.]

Aus: MitthVdF. 1889—1890 S. 69—108.
Recens: BrL. 8 (1889—1890) S. 72; SL. 10 (1890) S. 26.
cf. Al. 16 (1890) S. 77—80 (H. Hagen); HL. 23 (1890) S. 1811—1812 (O. Meissner); O. 15 (1890) S. 69—72 (E. Szontágh); Z. 20 (1890) S. 16 (M. Amster). 25. 282.

Praktische Winke zur Hebung des Logenlebens. Von Rob. Fischer. [Leipzig: Zechel 1895.] 10 S. 8⁰ [Umschlagtit.]

Aus: MitthVdF. 1894—1895 S. 49—58.
Recens: FZ. 49 (1895) S. 40 (K. Pilz); SL. 15 (1895) S. 24.
cf. Führer. 23 (1895—1896) No 7. 23. 25.

Fischer, Rob. (I.), stenographisches Wörterbuch nach Gabelsberger's System. Nachschlagebuch für die stenograph. Correspondenz- und Geschäftsschrift, sowie Suppl. zu jedem Lehrbuch der Gabelsberger'schen Stenographie. 18 Lfgn. gr. 8. (IV und 814 S.) Glauchau 862, Moritz' Verlag. à Lfg. * 8 Ngr. *

—— dass. — 2., unveränd. Aufl. gr. 8. (VIII und 814 S.) Ebendas. 862. *

—— stenographisches Wörterbuch nach Gabelsberger's System. Nachschlagebuch für die stenograph. Correspondenz- und Geschäftsschrift, sowie Supplement zu jedem Lehrbuche der Gabelsberger'schen Stenographie. 3. verm. und verb. Aufl. Mit photogr. Portr. 5 Lfgn. Lex.-8. (314 lithogr. S.) Glauchau 869, Moritz' Verlag. [Altenburg, Pierer.] à Lfg. 90 Pf.

—— stenographisches Wörterbuch nach Gabelsberger's System. Nachschlagebuch für die stenograph. Correspondenz- und Geschäftsschrift, sowie Supplement zu jedem Lehrbuche der Gabelsberger'schen Stenographie. 5. verm. und verb. Aufl. 5 Hefte. gr. 8. (IV, 290 lithogr. S.) Altenburg 876,77, Pierer. à Heft * ℳ 1. * geb. *

—— stenographisches Wörterbuch nach Gabelsberger's System. Nachschlagebuch für die stenograph. Korrespondenz- und Geschäftsschrift, sowie Supplement zu jedem Lehrbuche der Gabelsberger'schen Stenographie. 6. nach den neuesten Schreibweisen umgearb. Aufl. 5 Hefte. gr. 8. (IV, 290 S.) Ebendas. 882. à Heft ℳ 1.

— Stenographisches Wörterbuch nach Gabelsbergers System. Nachschlagebuch f. die stenograph. Korrespondenz- u. Geschäftsschrift, sowie Supplement zu jedem Lehrbuche der Gabelsbergerschen Stenographie. 7. nach den neuesten Schreibweisen umgearb. Aufl. gr. 8. (IV, 290 S.) Ebd. 889. * 5 —; geb. * 5 80

— stenographisches Wörterbuch n. Gabelsbergers System. Nachschlagebuch f. d. stenogr. Korrespondenz- u. Geschäftsschrift, sow. Supplt. zu jedem Lehrbuch d. Gabelsbergerschen Stenographie. 8., n. d. Wiener Beschlüssen umgearb. Aufl. gr. 8. (IV, 290 S.) Ebd. 896. Geb. n.n. 5. 80

Erschien auch in 5 Hftn. à n. 1. —.

Fischer, Rom., (†,,,) vollst. Gebetbuch. 8. Bamb. 774. (Wesche in Frankf.) 8 Kr

— diversitas auxiliorum in statu innocentiae et naturae lapsae. 8. Mainz 764.

— epitome philosophiae eclecticae. 8. Mainz 763.

Fischer, Rom., De Honorio Papa in synodo generali VI. vere et iuste condemnato. Mainz 1767.

Fischer, Roman, pathologisch-anatomische Befunde in Leichen von Geisteskranken. Uebersichtlich mitgetheilt. gr. 8. (VIII und 115 S.) Lucern 854, Kaiser. * -

—— Beiträge zur Lehre über die Hernia obturatoria. gr. 4. (VII und 53 S. mit 12 Stnt.) Luzern 855(56,) Kaiser. *

Fischer, Rosa, oststeirisches Bauernleben, m. e. Vorrede v. Pet. Rosegger. Illustriert v. Alex. D. Goltz. (IV, 280 S.) 8. Wien (903). [Österreich. Verlagsanstalt.] J. Deubler. 3. 50; geb. 4. 20

Fischer, Rosa, Oststeierisches Bauernleben, mit einer Vorrede von Peter Rosegger. 2. verm. u. verb. Aufl. 8⁰. Graz, Leykam, 1906.

Fischer, Rosa: Gedanken über weibliche Erziehung. M. einleitenden Worten v. C. J. Braniss. — Breslau: Hirt 1852. XVI, 143 S. 8⁰

Fischer, Rosa, leichte Lesestücke für den ersten Unterricht in der englischen Sprache. Zusammengestellt und mit einem Wörterbuche versehen. Breslau 853. E. Trewendt. 8. (VI, 41 S.) 7½ ngr

Fischer, Rudolf

Fischer, Rud., über die Bedeutung der einfachen Rechnung u. des Kontokorrentes im heutigen Recht. gr. 8. (IV, 43 S.) Leipzig 899. Dieterich. n. 1, 80

Fischer, Rud., die Bilanzwerte, was sie sind u. was sie nicht sind, s.a. Schriften, aktien- u. bilanzrechtliche. I, 2.

Die Bilanzwerte, was sie sind und was sie nicht sind. Von Dr. R(udolf) Fischer, Rechtsanw. in Leipzig. T. 1. Leipzig: Dieterich 1905. 8° [J.]
— Schriften, Aktien- u. Bilanzrechtliche. Bd 1, T. 1. [05. 3834

Fischer R, d. Bilanzwerte, was sie sind u was sie nicht sind. II. (438 S) Leipzig 1908

Fischer, Rudolf: Der Braunkohlenbergbau im Bornaer Revier. Borna-Leipzig 1910: Noske. VI, 137 S. 8°
Leipzig, Phil. Diss. v. 24. Mai 1910, Ref. Bücher, Schmid
[Geb. 22 Okt. 83 Etzoldshain b. Lausigk; Wohnort: Leipzig; Staatsangeh.: Sachsen; Vorbildung: Realgymn. Borna Reife O. 05; Studium: Leipzig 7 S.; Rig. 15. Febr. 10.] [U 10. 3126

Fischer, Rudolf, Dr.: Essai de quelques romans de Paul Bourget. Weißenfels 1904: L. Kell. (26 S.) 8°
Weißenfels, OR OP 1904 (324)

Fischer, Rud., Essai sur quelques romans de Paul Bourget. Progr. (26 S.) gr. 8. Weissenfels 904. (M. Lehmstedt.) n. 1. —

Fischer, Rudolf, approb. Arzt aus Dresden: Ueber einen seltenen Fall von Carcinom des Dickdarms combiniert mit einem verkalkten Darmpolypen. *München 1901: Kastner & Lossen.* (28 S.) 8°
München, Med. Diss. v. 1901

Fischer, Rud., die Feldholzzucht. Ein Beitrag zur Frage: Auf welche Weise kann sich der Besitzer eines grossen oder kleinen Gutes das benöthigte Holz selbst produciren? Mit besond. Berücksicht. der Korbweidenkultur u. Eichenschälwaldungen. 8. (IV, 163 S.) Berlin 878. Parey. geb. n. 2. 50

Fischer, Rud., die Feldholzzucht. Ein Beitrag zur Frage: Auf welche Weise kann sich der Besitzer eines großen oder kleinen Gutes das benöthigte Holz selbst produciren? Mit besond. Berücksicht. der Korbweidenkultur und Eichenschälwaldungen. 8. (IV, 163 S.) Berlin 878, Wiegandt, Hempel und Parey. geb. *

— Über die Grundlagen der Bilanzwerte. (84 S.) gr. 8. Leipzig 909. Veit & Co. 2. 50
Sonderabdruck aus „Festschr. d. jurist. Gesellsch. in Leipzig z. 500jähr. Jubelfeier der Univ. Leipzig".

— der praktische Hofverwalter. Belehrungen für junge Landwirthe, welche die Stelle eines Hofverwalters [auch] Kastner, Adjunct, Inspector, Amtmann genannt] bekleiden. gr. 8. (181 S.) Wien 881. Hartleben. 1. 80

— how the wyse man taught his sone, s. a. Beiträge, Erlanger, zur englischen Philologie.

Fischer, Rudolf [aus Buchholz in Sachsen]: How the wyse Man taught hys Sone. In drei Texten herausgegeben. . . . (Aus: Erlanger Beitr. z. engl. Philol. Ht. 2.) Erlangen. Druck d. Univ.-Buchdr. v. Junge & Sohn, 1889: 2 Bl., 49, 1 S. 8°
Erlangen. Phil. Fak., Inaug.-Diss. v. 1889

Fischer, Rudolf, aus Berlin: [1.] Zur Kenntnis des Morphins. [2.] Einwirkung von Kaliumsulfhydrat und Natriumsulfäthylat auf Chloro- und Bromocodid. *Berlin (1903): G. Schade.* (38 S.) 8°
Berlin, Ph. Diss. v. 2. Dez. 1903

Fischer, Rud., s.: Krankheiten u. Ehe.

Fischer, Rud., über die Cultur u. Bearbeitung der schweren Böden mit besonderer Berücksichtigung der Ober-Niederungsböden. Grünberg 865. Weiß. gr. 8. (98 S.) 15 ngr.

Fischer, Rud., zur Kunstentwicklung der englischen Tragödie von ihren ersten Anfängen bis zu Shakespeare gr. 8. (XIII, 192 S.) Strassburg i/E. 893. K. J. Trübner, Verl. n. 5. —

Fischer, Rud., zu den Kunstformen des mittelalterl. Epos. Hartmann's „Iwein", das Nibelungenlied, Boccaccio's „Filostrato" u. Chaucers „Troylus and Criseyde", s.a. Beiträge, Wiener, zur englischen Philologie. IX.

Zu den Kunstformen des mittelalterlichen Epos. Hartmanns 'Iwein', das Nibelungenlied, Boccaccios 'Filostrato' und Chaucers 'Troylus a. Cryseyde'. Von Rudolf Fischer, Prof. an d. Univ. Innsbruck. *Wien & Leipzig: W. Braumüller 1899.* (XVIII, 370 S.) = Bd 8.
— Beiträge, Wiener, z. englischen Philologie. Bd IX. [98. 11335

Fischer, Rudolf: Lautuntersuchungen zum Dialekt von Wilton im XV. Jahrhunderts.
Phil.Diss.Prag. 1882-1886.

— s.: Recht u. Kaufmann.

Fischer, Rud., s.: Sanitäts-Bericht, statist., üb. d. k. k. Kriegs-Marine.

Fischer, Rudolf (Hrsg.), s. S c h r i f t e n , Aktien- und Bilanzrechtliche.

Fischer, Rudolf, Referendar am Kgl. Amtsgericht zu Alt-Landsberg bei Berlin: Die Verjährung des Rechts auf Wandelung und Minderung. (Berlin) 1906: (E. Littfaß' Erben). (74 S.) 8°
Breslau, Jur. Fak., Ref. Leonhard-Fischer, Diss. v. 6. Juli 1906
[Geb. 25. Jan. 83 Halle a./S.; Wohnort: Berlin; Staatsangeh.: Preußen; Vorbildung: Friedrich-Werdersches Gymn. Berlin Reife O. 02; Studium: Berlin 3, Breslau 3 S.; Rig. 18. Juli 05.]

Fischer, Rud. Mor., Predigt am Sonnt. Rogate 1851 zu Löbau nach der Hinrichtung des Giftmörders Haltschanz gehalten. 8. (15 S.) Löbau 851, (Breyer.) *

Fischer, Rud. Richard, der letzte Abend Jesu im Kreise seiner Jünger. Ein Communionbuch für gebildete Christen. Mit 1 Stahlst. 8. Leipzig 841, Fr. Fleischer. 1/2 ₰

Fischer, Rud. Rich., Abschiedspredigt, gehalten am Sonnt. Judica 1829. gr. 8. (1¼ B.) Leipzig 829, [Klinkhardt.]

Fischer, R. R., Blätter f. christl. Erbauung, s. Blätter.

– s. Freimaurer-Zeitung, Manuscript f. Brüder.

—— Gaben d. Dankbarkeit. Predigten, währ. d. J. 1836 u. 1837 in d. Peterskirche zu Freiberg gehalten. 2 Bde. gr. 8. (38 B.) Altenburg 837, Pierer.

—— Irene, s. Wießner, A.

—— der evangel. Lichtfreund, s. Lichtfreund.

Fischer, Rud. Richard (Hrsg.), s. M a u r e r h a l l e , Die.

—— Predigt bei d. Antritte seines Amtes, am 8. Sonnt. n. Trinit. gehalt. gr. 8. (1 B.) Altenburg 837, Pierer.

—— sechs Predigten, gehalten in d. Universitätskirche z. Leipzig, im Kirchenjahre 1829, u. seinen Zuhörern bei sein. Abgange als Zeichen d. Dankbarkeit übergeb. gr. 8. (5½ B.) Leipzig 829, [Klinkhardt.]

– s. Sachsens berühmte Männer u. Frauen.

—— wie der Tod, indem er menschl. Verbindungen trennet, wieder Menschen an einander kette. Pred. gr. 8. (1 B.) Altenburg 837, Pierer.

— Wie uns das Christenthum beruhige, wenn sich neben uns der Kampf zwischen Licht und Finsterniß erneuert. Predigt. gr. 8. 839. Fr. Fleischer. 1/8 ₰

Fischer, Rud. Rich.: Worte des Dankes bei dem Empfange des Ehrenmitgliedschaftszeichens in der ger. u. vollk. St. Joh. ▭ Balduin zur Linde in Leipzig am 18. Nov. 1837 gesprochen von Rud. Rich. Fischer. o. O. [1837]. 1 Bl. 8⁰ [Kopftit.]
Gedicht: „Es steht eine Werkstatt am Gotteshaus, . . .“ 3.

— s. Zeitschrift f. Freimaurer.

—— neue Zeitschrift f. Freimaurerei, s. Zeitschrift.

Fischer, Ruth, an den Grenzen des Zwerglandes, s.: Familienbibliothek, Calwer. 71. Bd.

Fischer, S. Gedanken zu La Rochefoucauld's Maximen. Krumau, G., 1876. 18 S. Progr.

Fischer, S., Raphael-Büchlein. Führer von d. ersten Beichte z. ersten Kommunion. Beichtandenken f. erstbeicht. Kinder. 32. (32 S. m. Titelbild.) München 898. J. J. Lentner. n. — 15

— d. Schüler d. hl. Geistes. Verhaltgs.-Grundsätze n. d. Firmg. Ein Firmungsandenken. 16. (86 S. m. Titelbild.) Ebd. 898. n. — 15

— Tabernakel-Blumen. 31 Betrachtgn. u. Uebgn. f. Verehrer d. allerheil. Altarsakramentes, bes. f. d. reif. Jugend. 16. (206 S.) München 895. H. Korff's Nachf. Geb. in Leinw. n. 1. 20; in Chagrinldr. m. Goldschn. n. 1. 80

Fischer, S., Tabernakel-Blumen. 31 Betrachtgn. u. Übgn. f. Verehrer des allerheiligsten Altarssakramentes, besonders f. die reifere Jugend. 2., verm. Aufl. gr. 16. (199 S. m. 1 Farbdr.) München 902. J. J. Lentner. Geb. in Leinw. n. 1. —

Fischer, S., der Verkäufer. Praktisches Handbuch für Verkäufer und Verkäuferinnen aller Branchen. 8. (149 S.) Berlin 887, Gerstmann's Verlag. *M 2.50.; geb. *

Fischer, S., der Verkäufer. Praktisches Handbuch f. Verkäufer u. Verkäuferinnen aller Branchen. 8. (149 S.) Berlin 887. Stuhr. n. 2. 50; geb. n. 3. 50

Der Verkäufer. Prakt. Handb. f. Verkäufer u. Verkäuferinnen in allen Branchen von **S. Fischer**. *Berlin: S. A. Fischer 1899.* (284, XLV S.) 8° [J.]
Jan. 394

Verlags-Katalog 1886–1900. (Von **S. Fischer**, Berlin.) Ausgegeben Nov. 1899. *Berlin: S. Fischer (1899).* (71 S.) 8° Jan. 8379

Fischer, Salomon von, s. F i s c h e r von A t z e n d o r f , Salomon

Fischer, Samuel

Fischer, S., Geschichte der Disputation u. Reformation in Bern. gr. 8. Bern 828. Jenny. 2 ₰ 10 ₰ Dass. im Auszug. gr. 8. Ebd. 827. 10 ₰

—— dass. im Auszug u. d. T.: Gesch. d. Reformat. in Bern. gr. 8. (7½ B.) Ebds. 827.
Vgl. Du dogme etc.

Fischer, Samuel Sigism. (geb. Glogau 1818): De genii epidemii in morbis dignoscendis et curandis dignitate. Berolini (1842). (33 S.) 8°
Berlin, Med. Diss. v. 30. Aug. 1842

Fischer, Sebast., Abhandlung über das Genus Cypris und dessen in der Umgebung von St. Petersburg und von Fall bei Reval vorkommende Arten. (Mit Zeichnungen nach der Natur.) Imp.-4. (39 S. und 11 Stnt.) St. Petersburg. Leipzig 851, Voss. **

– B e i t r ä g e zur Kenntniss der Cyclopiden, s. B u l l e t i n de la société Imp. des naturalistes Moscou, tome XXIV, 2. partie.

Fischer, Sebast., Beiträge zur Kenntniss der Entomostraceen. Mit 3 (lith.) Taf. Abbildgn. (Aus den Abhdlgn. der k. bayer. Akad. der Wissensch.) München 860. Franz in Comm. 4. (38 S.) n. 18 ngr.

Fischer, S., Beitrag zur Kenntniss der Ostracoden. gr. 4. (32 S. mit 2 nach der Natur gez. Stnt.) München 855, (Franz.) *
Aus: Abhandlungen der k. bayr. Akademie der Wissenschaften, besonders abgedruckt.

— Bemerkungen üb. einige Daphnienarten, siehe: Bulletin de la société Imp. des naturalistes de Moscou, tome XXIV, 2. partie.

Fischer's, Seb., Chronik bes. v. Ulmischen Sachen, s.a. Mitteilungen d. Vereins f. Kunst u. Alterthum in Ulm u. Oberschwaben.

[F.] Sebastian Fischers Chronik besonders von Ulmischen Sachen. Hrsg. im Auftr. des Ver. f. Kunst & Alterthum f. Ulm u. Oberschwaben v. Dr. med. Karl Gustav Veesenmeyer. Prof. a. D. *Ulm: Gedr. bei Gebr. Nübling 1896.* (1 Bl., x, 278 S.) 1 Bd 4.
— Mittheilungen d. Vereins f. Kunst u. Alterthum in Ulm u. Oberschwaben. H. 5—8. [96. 3732

—— Ergänzungen, Berichtigungen und Fortsetzung zu der Abhandlung über die in der Umgebung von St. Petersburg vorkommenden Crustaceen aus der Ordnung der Branchiopoden und Entomostraceen. Imp.-4. (14 S. und 3 Stnt.) Ebds. 850. **
Letztere zwei wurden aus: Mémoires des savants étrangers. Tome VII., besonders abgedruckt.

Fischer, Seb., s. *de Grossi*, Fr., Opern.

Fischer, Sebast., Reise des Herzogs Maximilian, s. Genre-Bilder aus dem Orient.

— s. Tableaux de genre de l'Orient.

Fischer, Sebastian: Tableaux de genre recueillis pendant le voyage de . . . , s. Mayr, Henri

Fischer, Siegfried. von Triengen (Luzern), practischer Arzt in Aussersihl-Zürich, s. Z. Assistent bei Herrn Prof. Dr. Rose: Über die Ursachen der Krebskrankheit und ihre Heilbarkeit durch das Messer. Eine Untersuchung nach den Erfahrungen aus der chirurgischen Klinik und der Privatpraxis des Herrn Professor Dr. Rose in Zürich. (S.A. aus: Deutsche Zeitschrift für Chirurgie. Band XIV [S. 169—251]). Leipz. J. B. Hirschfeld Dr. 1881. VII. 194 S., 2 Taf. 8°.
Zürich. Med. Diss. [v. 18. Aug. 1880].

— Sigismund Friedr. (Danzig), De periculosa definiendi ratione in jure civili. Disp. jur. Präs. Samuel Friedrich Willenberg. Danzig (Joh. Zach. Stoll) 3. IV. 1710. 38 S. (5.—) 8982
Widm. v.: Sam. Schelwig, Präs., Joh. Erich Ohloff, Caspar Barth (Danzig; dtsch.), Christ. Gabr. v. Schroeder (Danzig), Joh. Ern. Ferber (Danzig).

Fischer, Sigmund Kaspar

—— naturhistor. Atlas des Thierreichs, s. Atlas.

Fischer, Sigism. Gasp., Compendio di Storia naturale per la quarta classe delle scuole elementari maggiori compilato da — —. 8. (285 p.) Vienna. Stamperia della vedova di Leopold Grund. 1848. sciolto car. 19 M C. Legato con schiena di pelle Car. 26 M. C.
Verlag der Schulbücher - Verschleiß - Administration

Fischer, S. C., Handbuch d. Mineralogie, nebst e. kurzen Abhandl. üb. d. Vorkommen, üb. d. Bildung u. Benützung d. Mineralien, u. e. Anleit., dies. zu bestimmen. gr. 8. (29¾ B.) Wien 831, Heubner.

Fischer, Sigm. Casp., Handbuch d. Mineralogie, nebst e. kurzen Abhandl. üb. Geognosie, üb. d. Bildung u. Benützung d. Mineralien u. e. Anleit., dieselb. zu bestimmen. 2., verm. u. verb. Aufl. M. 2 Kpfrt. gr. 8. (32½ B.) Wien 840, Heubner.

Fischer, Sigmund Kaspar: Handbuch der Zoologie oder Beschreibung der Thiere nach dem äußeren und inneren Baue und ihren Verrichtungen. 599 S., gbd.

Wien: Heubner 1829

JB 84

– s. Jahrbücher, medicin., d. k. österr. Staates.

Fischer, Siegm. Casp., Lehrbuch der Naturgeschichte f. die Hauptschulen in den k. k. österreich. Provinzen. 8. (...B.) Wien 842. [Müller.]

Fischer, Sigm. Kaspar — Lehrbuch der Naturgeschichte für die Unterrealschulen. Verfaßt von — —. Wien, 1850. Gedruckt bei Leopold Grund. (VI. 272 S. 1 Bl. 8.) Schulbücherverlag

Fischer, Sigmund Kaspar. Lehrbuch der Naturgeschichte für die Unter-Realschulen. Verfaßt von — —. 8. (VI. 272 S. 1 Bl. 12 Tafeln) Wien. Gedruckt bei Leopold Grund. 1854. Gebunden in Leinwandrücken 23 kr. C. M
Verlag der Schulbücher - Verschleiß - Administration

Fischer, Siegm. Casp., Sach- u. Namenregister über die ersten 26 Bde. der medicin. Jahrbücher des k. k. österreich. Staates, s. Jahrbücher, medicinische, des k. k. österr. Staates.

Fischer, St., Criminal-Vertheidigung f. den d. Todschlags angeschuldigten, u. beim kgl. Landgericht Kaufbeuern untersuchten Kupferschmids-Gesellen M. Kraus, nebst e. oberärztl. (durch d. Vertheidigung veranlaßten) Parere d. kgl. bayer. Medicinal-Colleg. zu München, u. dem Straf-Erkenntn. d. kgl. bayer. Appellat.-Gerichts f. d. O. D. K. auf ausdrückl. Verlangen d. Angeschuldigten ꝛc. zum Druck beförd. durch d. Angeschuldigten Vertheidiger. Ein Beitr. z. gerichtl. Medizin. 8. (3 B.) Kempten 832, Dannheimer. Thlr.

Fischer, Stanisl., Sendschreiben an seine teutschen Mitbürger. gr. 8. (16 S.) Augsburg 848, Kollmann. 1/12 ₰

Fischer, Stef. Die Gesammt-Ursachen der stetigen Erhöhung der Deiche im Unterlaufe der Ströme, s. Vorträge u. Abhandlungen, technische.

FISCHER, Stephan Fontana (Chur): Ueber die endermatische Anwendung des Strychnins in amaurotischen Krankheiten.- München: Giesser 1839. 28 S.
22.8.1839 – Urk (Titel: De endermatico strychnini usu in morbis amauroticis.); F 64
Diss. Ingolst.-Landsh.-Mchn.

Fischer Synesius und Fischer Eberhard, Der kleine Katechismus Dr. Martin Luthers nebst Bibelsprüchen, biblischen Beispielen und Kirchenliedern. Für die evangelischen Kinder der Volks- und Bürgerschulen. Aussig 1904. Im Selbstverlage der Verfasser. K —.50. *a)* Ausgabe mit den Liederworten des Württemberger Gesangbuches. 2. Aufl. *b)* Ausgabe mit den Liederworten des oberösterreichischen Gesangbuches.

Fischer Synesius und Fischer Eberhard, Der kleine Katechismus Dr. Martin Luthers nebst Bibelsprüchen, biblischen Beispielen und Kirchenliedern. Für die evangelischen Kinder der Volks- und Bürgerschule. 8. Auflage. Aussig 1908. Selbstverlag. Geb. K —.50.

Fischer, Synesius, Lesebuch f. evangelische Schulen, s.: Fischer, Eberhard.

Fischer, Th. Die geometrische Analysis als Methode zur Auflösung von Aufgaben. 16 S. Figurent. . .
Elberfeld, Progr. 1842

Fischer, Th. Erinnerungen an den Feldzug gegen Dänemark i. J. 1849. Weilheim 1863. 15 S.

Fischer, Th., Erinnerungen an das Seminar Wettingen und seinen ehemal. Direktor Augustin Keller. gr. 8. (28 S.) Aarau 868, Sauerländer's Verlag. *

Fischer, Th., Erinnerungen an das Seminar Wettingen u. seinen ehemal. Direktor Augustin Keller. gr. 8. (28 S.) Aarau 873. Sauerländer. n. — 60

Fischer, Th. Erinnerungen an das Seminar Wettingen und seinen ehemaligen Direktor Augustin Keller. 8. Aarau 1874.

Fischer, Th., Geschichte des königl. bayerischen 5. Infanterie-Regiments Großherzog von Hessen. Von 1868 mit 1877. 2. Thl. Im Auftrage verf. gr. 8. (II, 152 S.) Bamberg 878. (Schmidt'sche Buchh.) *

1. Thl. gedruckt 1868. (141 S.) war nicht im Handel.

Fischer, Theodor. Eine Auswahl seiner öffentl. u. Privatbauten in München u. Umgebg. Photographische Aufnahmen v. Otto Aufleger. 34 Lichtdr.-Taf. u. 4 Taf. Grundrisse. Mit e. Vorwort v. Paul Johs. Rée. (7 S. Text.) gr. 4. München 904. L. Werner. In Mappe n. 18.—

Fischer, Theodor [aus Schwerin]: Heinrich der Löwe von Mecklenburg. I. Seine Beziehungen zu Brandenburg. II. Seine Kämpfe gegen Wismar und Rostock. ... Schwerin i. M., Druck v. M. Baerow's Buchdr., 1898; 75 S. 8°

Rostock, Phil. Fak., Inaug.-Diss. v. 17. Febr. 1898

—— der starke Hermel. Eine altdeutsche Heldensage. Neu erzählt. gr. 16. (62 S.) Ebendas. 877. *

Fischer, Th. Die heutige Infanterie-Taktik und ihre Entwickelung. Mit Taf. Berlin 1875. 41 S.

Fischer, Th., Leitfaden der Metallurgie, s.a. Weber's illustr. Katechismen Nr. 235.

1904

Fischer Th, Leitfaden der Metallurgie. (438 S) (Webers Katechism. 235) Leipzig

Fischer, Th., Liederbuch f. Kinder-Kirchenchöre. Eine Sammlung v. 2- u. 3stimm. Begräbnis- u. Trauungsgesängen, sowie geistl. Liedern u. kleineren Motetten f. die Feste d. Kirchenjahres. (76 S. m. 1 Fig.) 8. Leipzig 907. J. Klinkhardt. — 60; kart. — 80

—— Pascha und Posttyrann. Eine heitere Geschichte nebst drei ernsten. Mit einem Bilde (Holzschntaf.) von Carl Röhling. 8. (112 S.) Bremen 878, Nordwestdeutscher Volksschriften-Verlag. cart. *

Fischer Th, die neue Universität zu Jena. (16 S 17 T) Jena 1908

Fischer, Th. v., wie hypnotisiert man? Eine Anleitg. zur prakt. u. verständ. Ausübg. der Hypnose. Erklärung, deren Wesen u. Bedeutg. gr. 8. (29 S.) Stuttgart (900). M. Munde. — 75

Fischer, Th., wie hypnotisiert man? Eine Anleitg. z. prakt. u. verständ. Ausübg. der Hypnose. Erklärg., deren Wesen u. Bedeutg. 2. Aufl. (29 S.) 8. Leipzig (910). Fritzsche & Schmidt. — 75

Fischer, Theobald

Fischer, Theobald: Die südosteuropäische (Balkan-) Halbinsel.
in: Länderkunde der fünf Erdteile, herausgegeben von Alfred Kirchhoff. Bd. 1. Länderkunde von Europa. Th. 2. 2. S. 63—198. Wien, Prag u. Leipzig 1890. 136 S. 8°.

Fischer, Theob., Beiträge zur physischen Geographie der Mittelmeerländer, besonders Siciliens. Mit 3 (chromolith.) Karten (in gr. 8. u. qu. 4.) u. 1 (chromolith.) Profil (in qu. Fol.) gr. 8. (V, 194 S. m. 1 Steintaf. in 4.) Leipzig 877. Fues. n. 6. 60

Fischer, Theobald, Beiträge zur Geschichte der Erdkunde und der Kartographie in Italien im Mittelalter. A. u. d. T.: Sammlung mittelalterl. Welt- und Seekarten italien. Ursprungs und aus italien. Bibliotheken und Archiven, hrsg. und erläutert. gr. 8. (VII, V, 254 S.) Venedig 886, Münster's Nachf. *

Fischer, Theob., die Dattelpalme, ihre geograph. Verbreitung und culturhistor. Bedeutung, s.a. Petermann's, A., Mittheilungen aus J. Perthes' geograph. Anstalt.

Fischer, Theobald: Die Dattelpalme, ihre geographische Verbreitung und culturhistorische Bedeutung. Eine verspätete Gabe zu Karl Ritter's hundertjähriger Geburtstagsfeier. Mit zwei Karten. Gotha 1881. IV, 86 S., 1 Krt.
= Ergänzungsheft zu Petermann's Geographischen Mittheilungen. No. 64. 8°.

Fischer, Th. Das Deltaland des Medjerda und die Landschaft von Tunis, Karthago, Utica und Biserta. 1 : 400 000. Gotha 1887. 1 Bl. c. A. Sch.

Fischer, Theob., wissenschaftliche Ergebnisse e. Reise im Atlas-Vorlande v. Marokko, s.a. Petermann's, A., Mitteilungen. 133. Erg. Hft.

Wissenschaftliche Ergebnisse einer Reise im Atlas-Vorlande von Marokko v. Theobald Fischer. Gotha. 1900. 4°. = Petermanns Mitteilungen, Erg.-Bd. 29, H. 133.

Fischer, Theob., meine dritte Forschungsreise im Atlas-Vorlande v. Marokko im J. 1901. Mit e. Orig.-Routenkarte in 2 Blättern u. 17 Autotyp. nach Orig.-Photographien. (IV, 199 S.) gr. 8. Hamburg 902. L. Friederichsen & Co. n. 9. —

Sonderabdr. aus: „Mitth. d. geogr. Gesellsch. in Hamburg".

—— die Fortschritte und die Entwickelung der geographischen Wissenschaft in den letzten 50 Jahren. Festrede, bei der 50jähr. Jubelfeier des Frankfurter Vereins für Geographie und Statistik am 8. Dezbr. 1886 gehalten. gr. 8. (27 S.) Frankfurt a. M. 887, Gebr. Knauer. *

Aus: Jahresbericht des Vereins etc., besonders abgedruckt.

Fischer, Theobald: Griechenland.
in: Länderkunde der fünf Erdteile, herausgegeben von Alfred Kirchhoff. Bd. 1. Länderkunde von Europa. Th. 2. 2. S. 199—281. Wien, Prag u. Leipzig 1890. 83 S. 8°.

Fischer, Theobald: Die Iberische Halbinsel. Th. 1. Physisch-geographisches Gesamtbild der Halbinsel. Th. 2. Spezielle Länderkunde der Halbinsel.
in: Länderkunde der fünf Erdteile, herausgegeben von Alfred Kirchhoff. Bd. 1. Länderkunde von Europa. Th. 2. 2. S. 517—754. Wien, Prag u. Leipzig 1890. 238 S. 8°.

Fischer, Theob., die südeuropäischen Halbinseln, s.: Wissen, unser, v. der Erde.

—— Italien, s.: Sammlung gemeinverständlicher wissenschaftlicher Vorträge.

Fischer, Theobald: Das Halbinselland Italien.
in: Länderkunde der fünf Erdteile, herausgegeben von Alfred Kirchhoff. Bd. 1. Länderkunde von Europa. Th. 2. 2. S. 283—515. Wien, Prag u. Leipzig 1890. 233 S. 8°.

Fischer, Theobald: Länderkunde der drei südeuropäischen Halbinseln. Mit 2 Tafeln in Farbendruck, 50 Vollbildern und 99 Textabbildungen. Wien, Prag u. Leipzig 1893. X, 784 S. 4°.

Mittelmeerbilder. Gesammelte Abhandlungen z. Kunde d. Mittelmeerländer von Dr. Theobald Fischer, Prof., Marburg. [Nebst] Neue Folge. Leipzig & Berlin: B. G. Teubner 1906—08. 2 Bde 8°
Mittelmeerbilder. 1900. N. Folge. Mit 8 Kärtchen. 1908. [08. 6738

—— Norwegen, s.a. Sammlung von Vorträgen.

Fischer, Theobald: Norwegen. Ein geographisches Charakterbild. Vortrag, gehalten in den Geographischen Gesellschaften zu Frankfurt a. M. und Bremen im Winter 1883—1884. Heidelberg 1884. 46 S. 8°.

— der Ölbaum, s.a. Petermann's, A., Mitteilungen aus Justus Perthes' geographischer Anstalt. 147. Erg.-Hft.

Der Ölbaum. Seine geogr. Verbreitung, s. wirtschaftl. u. kulturhist. Bedeutung. Eine Studie von (Prof. Dr.) Theobald Fischer. Mit Karte. *Gotha: J. Perthes 1904.* (87 S.) 4°
— Mitteilungen, Petermanns, aus J. Perthes' geogr. Anstalt. Erg.H. No 147.

Fischer, Theobald (geb. am 31 Jan. 1846 in Kirchsteitz bei Zeitz): Qvales se praebverint principes stirpis Wettinicae Rvdolfo et Adolfo regibvs ... Bonnae, form. C. Georgi 1868. 2 Bl., 83 S., 1 Tab. 8.

Bonn, Phil. Fak., Diss. v. 28 März 1868

Fischer, Theobald: Sammlung mittelalterlicher Welt- und Seekarten italienischen Ursprungs und aus italienischen Bibliotheken und Archiven herausgegeben und erläutert. (A. u. d. T. Beiträge zur Geschichte der Erdkunde und der Kartographie in Italien im Mittelalter.) Venedig 1886. V, 254 S. 8°.

— Die Seehäfen v. Marokko, s.a. Meereskunde. II, 1.

Die Seehäfen von Marokko von Theobald Fischer. Berlin: Mittler 1908. 43 S. 8° [Umschlagt.]
(Meereskunde. Jg. 2, H. 1.)

Fischer Th. Italien. Eine länderkundl. Skizze. (Slg. wiss. Vortr. NF 1/1) Hamburg 1893

—— Studien über das Klima der Mittelmeerländer, s.a. Mittheilungen aus Justus Perthes' geographischer Anstalt.

Studien über das Klima der Mittelmeerländer. Von Theobald Fischer. Mit 7 Karten auf 3 Tafeln. Gotha. 1879. = Petermanns Mittheilungen aus Perthes' geogr. Anst. Ergänzungsbd. 13. Nr. 58. 4°.

Fischer, Theodor

Fischer, Thdr., Lebens- und Charakter-Bilder griechischer Staatsmänner und Philosophen aus G. Grote's griechischer Geschichte übers. und bearb. 2 Bde. gr. 8. Königsberg 859, Gebr. Bornträger. [1. Bd. (VIII und 440 S.) * 2 Thlr., 2. (VIII und 597 S.) * 2 Thlr. 20 Ngr.] *

Fischer, Th., griechische Mythologie und Antiquitäten, s.a. Mythologie und Antiquitäten, griechische.

Fischer, Thdr., griechische Mythologie und Antiquitäten nebst dem Capitel über Homer und auserwählten Abschnitten über die Chronologie, Literatur, Kunst, Musik etc. übers. aus G. Grote's griech. Geschichte. 3 Bde. Leipzig 856—58. Teubner. gr. 8. (454; 481; 668 S.) n. 6 ℳ 20 ngl

Stadterweiterungsfragen mit besond. Rücks. auf Stuttgart. Ein Vortrag von Theodor Fischer. Mit 32 Abb. *Stuttgart: Deutsche Verl.-Anst. 1903.* (42 S.) 8° [04. 1899

Fischer, Theodor Wilhelm (Elberfeld)
Leitfaden für den Unterricht in der Onyktognosie.
Elberfeld 1837. 13 S.
(Programm des Gymnasiums Elberfeld.)
Dr. phil. Giessen 11.7.1838.

Fischer, Theophil [aus Berlin]: Ueber die Bestimmung von Vanadinsäure in Gegenwart anderer Säuren ... Berlin, C. Feister'sche Buchdr., 1894; 44 S. 8.
Rostock, Phil. Fak., Inaug.-Diss. v. [25. Juni] 1894

Fischer, Theresia, die feine u. schmackhafte bürgerl. Hauskost, oder neuestes, ic. österreich. Haus- und Familien-Kochbuch. gr. 8. Wien 815, Singer u. Göring. 2/3 ℳ

Fischer, Thom., Leitfaden f. den Unterricht in der Heeresorganisation an der königl. Kriegsschule. Bearb. auf Befehl der Inspektion der Militär-Bildungs-Anstalten. 4. (IV, 68 S.) München 886. Th. Ackermann's Verl. n. 2. 40

Fischer, Thom. A., Thomas Carlyle. s.: Carlyle, Thom., Sartor Resartus.

Fischer, Th. A., Leben u. Werke Alfred Lord Tennysons. gr. 8. (IV, 290 S. m. 1 Portr.) Gotha 899. F. A. Perthes. Geb. in Leinw. n. 5. —

— s.: Lex mosaica.

Fischer, Th. A., drei Studien zur englischen Litteraturgeschichte. gr. 8. (VII, 177 S.) Gotha 892. F. A. Perthes. n. 3. —

Fischer, Th. A., Tennysonstudien u. Anderes. Mit dem Bildnis Tennysons. (VII, 224 S.) 8. Leipzig 905. O. Wigand. n. 3. —

— **Traugott Friedrich** (Catharinaberg / Hermundurus), De Phellandrii aquatici usu medico novis observationibus periculisque comprobato. Diss. botan.-med. Präs. Friedrich Ludwig Kreysig. Wittbg. (Tzschiedrich) 11. VII. 1799. 36 S. u. 1 Taf. Abb. (4.80) 8983
Gew.: Dietr. Ernst Otto Albert Grf. v. Schulenburg (Lieberose ..). — Widm. v.: Ludw. Ferdin. Geucke (Taucha/Thür.). Joh. Sigism. Wittich (Venusberg/Hermundurus).

Fischer, Ulrich Das Reichsregiment in Deutschland während der Minderjährigkeit Heinrichs IV. 4 (18 S.).
Progr. Bugenhagen-G. *Treptow a. R.* 1888 (136)

Fischer, W. Einige Nachrichten über das Convictorium in G. 38 S.
Progr. Glatz 1832

Fischer, W., die Stärkung der Nerven. Ein Ratgeber für Nervenleidende. 8. (23 S.) Regensburg (900). E. Stahl. n. — 50

Ⓑ Fischer, W., Stärkung d. Nerven. 000. (ABL 31.) Jetzt: Berlin, Heilbrunn & Co.

Fischer, V. E.: Anleitung zur Trüffeljagd, s. Fischer, Valentin Friedrich Stephan

Fischer, V. F.: Der neue deutsche Angelfischer, s. Fischer, Valentin Friedrich Stephan

Fischer, V. F. (Hrsg.), s. Phalänen zur Unterhaltung für Forst- und Weidmänner.

Fischer, V. F., u. W. F. Frhr. v. d. Borch, Sylvan, s. 8. Bd.: Sylvan.

Fischer, Valentin Friedrich Stephan

Fischer, Val. Fr. Steph., der neue deutsche Angel-Fischer. Anweis. zur Fischerei mit d. Angel in Flüssen u. Land-Seen. gr. 8. Wien 813. Schaumburg. 16 ℛ

Fischer V. F.: Anleitung z. Trüffeljagd ... Karlsruhe 1812. 48 S. 1 Tvl. P.

— Anleit. z. Trüffeljagd. Ein Beitrag zur Forst- u. Jagdwissenschaft. Mit 1 Kpf. 8. Karlsr. 814. Marx. 8 ℛ

Fischer, Wenzl. — Jesus mein Vorbild in jedem Verhältnisse des Lebens (Gebete.) 12. 8. (416 S.) Eger. Kobrtsch und Gschihay. 1853.

Fischer, Viktor

Fischer, Vict., das patentirte Fischer'sche Bruchband. Practischer Rathgeber f. Bruchleidende. Imp.-4. (15 S. m. 24 Lichtdr.-Taf.) Wien 890. Braumüller. n. 2. 50

Grundbegriffe und Grundgleichungen der mathematischen Naturwissenschaft. Von Victor Fischer. Mit 12 Fig. Leipzig: J. A. Barth 1906. (VIII, 108 S.) 8° [06. 1095

Fischer, Victor [App. Arzt aus Baerwalde in Pomm.]: Über die Indikationen der chirurgischen Behandlung rachitischer Verkrümmungen der Röhrenknochen ... Berlin, Buchdr. A. Hausmann, 1896; 30 S., 1 Bl. 8.
Leipzig, Med. Fak., Inaug.-Diss. v. 25. Nov. 1896

Vektordifferentiation und Vektorintegration. Von Victor Fischer. Mit 10 Fig. *Leipzig: J. A. Barth 1904.* (IV, 82 S.) 8° [04. 6806

Fischer, Vinzenz, Unterarzt im Kgl. 7. Chevauxlegers-Regt.: Multiple Hirnabscesse bei Lungengangrän. München 1906: Kastner & Callwey. (37 S.) 8°
München, Med. Fak., Ref. v. Bollinger, Diss. v. 14. Febr 1906
[Geb. 9. April 78 Schleißheim b. München; Wohnort: München; Staatsangeh.: Bayern; Vorbildung: Luitpold-Gymn. München Reife Juli 96; Studium: München 13 S.; Coll. 14. Febr. 06; Approb. 18. Juli 05.]

Fischer, V., Rechtsgutachten, zwei, der Juristenfakultäten von Zürich und München, s.a. Rechtsgutachten.

Fischer, Vincenz. Zwei Rechtsgutachten der Juristenfakultäten von Zürich und München über die strafrechtliche Verfolgung des gesetzgebenden Grossen Rathes des Kantons Luzern, nebst Beilagen. Ein Beitrag zur Geschichte der Strafrechtspflege im Kanton Luzern. Hrg. von Fürsprech V. F. 8. Schaffhausen 1850.

Fischer, Vinzenz, Unterrichtslehre, s.: Baumgartner, Heinr.

Fischer, (Volgangus Fortunatus) Henricus (*geb. Breslau 6. 1. 1828*): Historiae Argivae fragmenta. Part. 1. Vratislaviae (1850). (44 S.) 8°
Breslau, Phil. Diss. v. 25. Juni 1850

FISCHER, W. (oder M.?), Antonio. Eine (zahme) Novelle. Berlin, 1828. Bei W. Natorff u. Comp. 8°.
VI u. 263 S. Anfangsbuchstabe des Vornamens undeutlich.

Fischer, W., Beiträge zur historischen Kritik des Leon Diakonos und Michael Psellos. S.-A. o. J. 25 S.

Fischer, W., weitere Beiträge zur Anatomie u. Histologie des Sipunculus indicus Peter. [Aus: „Jahrb. d. Hamburg. wiss Anst."] Lex.-8. (12 S. m. 1 lith. Taf.) Hamburg 893. (L. Gräfe & Sillem.) n. 1.—

Fischer, W., bist du bekehrt? od. die wichtigste Frage im Menschenleben. 2.Aufl. (16 S.) 16. Gotha (908). Missionsbuchh. P. Ott. nn —05

Fischer, W., der Deutsche in Neapel, s. Epheublätter.

Fischer, W., neue chemische Erfindungen f. Fabrik. rc. 8. Wien, Schalbacher. 802.

Fischer, W.: Über Erziehung zur Thierfreundlichkeit. Neunkirchen. 1867. 10 p.
Schul-/Univ.-Schrift

—— die beiden Freunde. Novelle. 8. (12 B.) Berlin 829, Natorff u. Comp.

— Gephyreen, s.a. Denkschriften d. medicin.-naturwissenschaftl. Gesellschaft zu Jena.

Fischer, W., d. Gephyreen d. naturhistor. Museums z. Hamburg. [Aus: „Abhandlgn. aus d. Gebiete d. Naturwiss."] gr. 4. (24 S. m. 1 Taf.) Hamburg 895. L. Friederichsen & Co. n. 1. 60

— dasselbe, s.a. Ergebnisse d. Hamburger Magalhaens. Sammelreise.

— chem. Grundl. d. Gewerbkunde, od. Handbuch d. Chemie f. Fabrikanten rc. 1r Bd. gr. 8. Berlin, Dunker u. H. 802.

Fischer, W., gegen den Homer-Kultus in unsern Schulen, s.a. Sammelmappe, pädagogische, Heft 112.

Fischer, W., gegen den Homer-Kultus in unseren Schulen. gr. 8. (24 S.) Leipzig 887. Siegismund & Volkening. n. —60; cart. n. —75

Fischer W. Kirche, Staat und Gesellschaft am Ausgang des Mittelalters. (Samml. gemeinverst. wissensch. Vorträge NF 357) Hamburg 1901

Fischer, W., das Kostenfestsetzungsverfahren u. die deutsche Gebührenordnung f. Rechtsanwälte, s.: Willenbücher.

Fischer, W. Lehrbuch der Geometrie. Freiburg i/Br., 1887/88.

Lied. Der Gedanke der Maurerei. Gedicht von [Emil Adolf Ferd. Rumpelt gen.] Walther, comp. von W. Fischer. Dresden [ca 1865]: Ernst. 2 Bl. 2° [Lithogr.] [Umschlagtit.]
Abgedr. in: [Lieder.] Zum Stiftungsfest d. L. Apollo, [Leipzig. ca 1865] Bl. 1; Rumpelt, gen. Walther, E. A. F.: Aus meiner Werkstätte. 1873 Vorw., 1882 Vorw.; FZ. 28 (1874) S. 407.
Tt. 2578. Mit Noten. Für Gesang u. Piano: „Ein hohes Lied Dir möcht' ich singen, . . ." L. 23 (1864) S. 357 erwähnt eine Ausg. Dresden: Friedel 1862. 439.

Fischer, W., Liederbuch für gesellige Vereine, s. Liederbuch.

—— die Nothlüge. Novelle, s. Leßmann, Dan.

Fischer, W., die Stickgas-Inhalation bei Lungen-Tuberkulose. Das Jodosmon u. das Stickgas. Paderborn 862. Crüwell. 8. (27 S.) 6 ngr.

— Uebersicht der v. Herrn F. Stuhlmann auf Sansibar u. an der gegenüberliegenden Festlandküste gesammelten Gephyreen. [Aus: „Jahrb. d. Hamburg. wiss. Anst."] Lex.-8. (11 S. m. 1 Taf.) Ebd. 892. n. 1.—

Fischer, W., s. Willenbuecher, H.: Das Kostenfestsetzungsverfahren und die deutsche Gebührenordnung . . . 7. Aufl.

— s. Zeitung, badische, für Politik.

Fischer, W. A.

— die Schirmherren des Klosters Herrenalb. Roman aus dem 18. Jahrh. 8. (IV, 322 S.) Halle (901). J. Fricke's Verl. n. 3.—; geb. n. 4.—

Fischer, W. A., König Heinrichs Söhne. Erzählung aus der Jugendzeit Ottos des Großen. 8. (480 S.) Stuttgart 901. D. Gundert. n. 4. 20; geb. in Leinw. n. 5.—; eleg. geb. m. Rotschn. n. 5. 50

Fischer, W. A., das Verhältnis Ottos des Grossen zu seinem Sohne Liudolf u. zu seiner Gemahlin Adelheid. Kritische Auseinandersetzgn. (141 S.) gr. 8. Innsbruck 903. Wagner. n. 2. 50

Fischer, W. C. F. „Construction des Hauptdurchschnittes der regulären Polyeder, nebst der Anwendung desselben für weitere Constructionen und für Berechnungen". pg. 3—15. 4°. Mit einer Tafel. F. C. Birner.
Bayreuth, Progr. 1843/44

Fischer, W. C. F., Lehrbuch der Planimetrie mit Rücksicht auf Wöckels Sammlung geometrischer Aufgaben. 8. (VIII und 197 S. mit 4 Stnt. in qu. 4.) Nürnberg 858, Bauer und Raspe. Thlr.

Fischer, W. C. F., Lehrbuch der Planimetrie, mit Rücksicht auf Wöckel's Sammlung geometr. Aufgaben, neu bearb. und verb. von Th. E. Schroeder. 2. Aufl. gr. 16. (VI, 210 S. mit 5 lithogr. Fig.-Taf. in 4.) Nürnberg 870, Bauer und Raspe. [Korn'sche Buchh.] geb. *

FISCHER, W. G., Komische Burschiade in sechs Gesängen. Halle, 1780 gedr. bey Chr. Gottl. Täubel, u. Leipzig, in Commiss. der Schwickertschen Buchhandl. 8°. Rar! (1 Mk. 50 Pfg. Max Weg, Lpz., 1897; jetzt theurer!)
Magazin d. Buch- u. Kunst-Handels. Jahrg. 1781. Lpz. Gr. 8°. S. 923; Taschenbuch für Studenten . . . Halle 1797.

Fischer, W. G. F., Planimetrie, s. Schroeder, Th. E.

Fischer, W. K., Elemente, s. Neubig.

Fischer, Waldemar, a. Moszczenice (Gouv. Petrikau) Russ.-Polen: Über die Kinetik der Bildung und Verseifung von Salpetrigsäureestern. Über Tris- und Oxytris-Diketohydrinden. Weida i. Th. 1908: Thomas & Hubert. (54 S.) 8°
Leipzig, Phil. Fak., Ref. Hantzsch-Beckmann, Diss. v. 1. Aug. 1908
[Geb. 5. Febr. 81 Moszczenice; Wohnort: Riga; Staatsangeh.: Rußland; Vorbildung: Höh. Gewerbesch. Lodz bis 99; Studium: Polyt. Riga 7, Univ. Leipzig 3 S.]

Fischer, Waldemar: Aus d. chemischen Institut d. Universität Breslau. 'Ueber Lösungen des Chromhydroxydes in Basen'. *Breslau 1902: H. Fleischmann.* (53 S.) 8°
Breslau, Phil. Diss. v. 14. Juni 1902

Fischer, Walter, appr. Tierarzt u. Assist. d. vet.-anat. Inst.: Aus d. vet.-anat. Inst. d. Univ. zu Gießen. Beitrag zur Kenntnis der Areolae uterinae des Schweines. Dahlen, Sa. 1910: Irrgang. 40 S. 8°
Gießen, Veterinär-Med. Diss. v. 14. Juni 1910, Ref. Martin
[Geb. 26. Juni 86 Schmannewitz; Wohnort: Gießen; Staatsangeh.: Sachsen; Vorbildung: Realgymn. Borna Reife O. 05; Studium: Gießen 4, Dresden Tierärztl. Hochsch. 2, Gießen 2 S.; Rig. 28. Febr. 10.] [U 10. 1197

Fischer, W(alter): Über Calcaneusexostosen als Ursache der Calcaneodynie. Rostock 1909: Adler. 22 S. 8°
Rostock, Med. Diss. v. 16. Aug. 1910, Ref. Müller
[Geb. 4. Aug. 83 Ostrau i. Sa.; Wohnort: Rostock; Staatsangeh.: Sachsen; Vorbildung: Realgymn. Döbeln Reife O. 04; Studium: Leipzig 8, Rostock 2 S.; Coll. 12. Mai 09; Approb. 30. Juni 10.] [U 10. 3900

Fischer, Walth., Netze zur Herstellung geometrischer Körper f. das perspektivische u. projektivische Zeichnen. qu. Fol. (39 lith. Taf. m. 1 Bl. Text). Dresden 891. A. Köhler. In Mappe. n.n. 10.—

Fischer, Walter [aus St. Egid am Neuwald, Niederösterr.]: Ueber die Reduction des Oxyazobenzoläthyläthers ... Wien, Druck v. W. Köhler, 1892; 44 S., 2 Bl. 8.
Heidelberg, Naturw.-math. Fak., Inaug.-Diss. v. [2. März] 1892

Fischer, Walther, Referendar in Dresden: Die rechtliche Stellung des unehelichen Kindes zu seinem Vater nach dem Bürgerlichen Gesetzbuch. Leipzig: O. Wigand 1907. (98 S.) 8°
Leipzig, Jur. Fak., Diss. v. 18. Jan. 1908
[Geb. 5. Juli 80 Loschwitz b. Dresden; Wohnort: Loschwitz; Staatsangeh.: Sachsen; Vorbildung: Kgl. Gymn. Dresden-N. Reife O. 00; Studium: Leipzig 4, München 3, Freiburg i. B. 1 S.; Rig. 18. Jan. 08.]

Fischer, Walther, appr. Arzt a. Stuttgart: Über grossknotige tumorähnliche Tuberkulose der Leber, wahrscheinlich kombiniert mit Syphilis. Berlin 1907: G. Reimer. (14 S., 1 Taf.) 8° ¶(Aus: Archiv f. patholog. Anatomie Bd 188.)
Tübingen, Med. Fak., Ref. v. Baumgarten, Diss. v. 6. Mai 1907
[Geb. 27. Dez. 82 Stuttgart; Wohnort: Tübingen; Staatsangeh.: Württemberg; Vorbildung: Gymn. Tübingen Reife Sommer 00; Studium: Tübingen, Leipzig, Kiel; Coll. 29. Apr. 07; Approb. 31. März 07.]

Fischer, Walter Kurt: Eine Studie über die Entwicklung der Elbschiffahrt in den letzten 100 Jahren mit besonderer Berücksichtigung der Frage der Erhebung von Schiffahrtsabgaben. Halle a. S. 1907 (Naumburg a. S.: Lippert & Co.). (VIII, 59 S.) 8° ¶(Erscheint vollst. als: Sammlung nationalökon. u. statist. Abhandlungen d. staatswiss. Sem. zu Halle Bd 58.)
Halle, Phil. Fak., Ref. Conrad, Diss. v. 4. Nov. 1907
[Geb. 8. Okt. 85 Magdeburg; Wohnort: Halle a. S.; Staatsangeh.: Preußen; Vorbildung: König-Wilhelms-Gymn. Magdeburg Reife O. 04; Studium: Jena 2, München 1, Halle 4 S.; Rig. 8. Juli 07.]

Fischer, Werner, approb. Arzt aus Magdeburg: Über Encyme wirbelloser Tiere. *Rostock 1903: C. Hinstorff.* (82 S.) 8°
Rostock, Med. Diss. v. [14. Febr.] 1903

Fischer, Wilh. (aus Wermelskirchen), im **Abendrot.** Gedichte aus sechs Jahrzehnten. 1—3. Aufl. (103 S. m. Bildnis.) 8. Reutlingen (907—09), Enßlin & Laiblin. Geb. in Leinw. 1. —

— Der verbrecherische Aberglaube und die Satansmessen im 17. Jahrhundert. Ebenda (1907). 8°. 112 S., 3 Tafeln.

Fischer, Wilh., „**Aberglaube aller Zeiten**". 1.—3. Bd. 8. Stuttgart (906). Strecker & Schröder. à n. 1. —
1. Die Geschichte des Teufels. Mit 4 Taf. (101 S.)
2. Die Geschichte d. Buhlteufel u. Dämonen. Mit 3 Taf. (95 S.)
3. Dämonische Mittelwesen, Vampir u. Werwolf, in Geschichte u. Sage. Mit 3 Taf. (103 S.)

— „**Aberglaube aller Zeiten**". 4. u. 5. Bd. 8. Stuttgart, Strecker & Schröder. à Bd. 1. —
4. Die Geschichte d. Teufelsbündnisse, der Besessenheit, d. Hexensabbats u. d. Satansanbetung. Mit 2 Taf. (180 S.) (907.)
5. Der verbrecherische Aberglaube u. die Satansmessen im 17. Jahrh. Mit 3 Taf. (112 S.) (907.)

Fischer, Wilh. (in Graz). Amselsang. Das Licht im Elendhaus, s.a. **Verein** f. Verbreitung guter Schriften Zürich.

Fischer, Wilh(elm). Amselsang — Das Licht im Elendhaus. Erzählungen von Wilh. Fᶜ ⟨Graz⟩. 75 [+ 4] S. 8. Zürich, Jacques Bollmann, November 1908. fr. —. 15
Verein für Verbreitung guter Schriften. (Zürich) No. 72. 1908.

Fischer, Wilh., **Anakreon.** Ein Frühlingsidyll in 3 Gesängen. 16. (138 S.) Leipzig 883. Friedrich. n. 2. —; geb. n. 3. —

Fischer, Wilh., im Angesichte des Todes. Eine Wahlgeschichte. Der Hilferuf s.a. **Kürschner's,** Jos., Bücherschatz.

Im Angesichte des Todes. Erzählung. Eine Wahlgeschichte. Der Hilferuf. Von Wilhelm **Fischer** aus Wermelskirchen. Mit Ill. von Martin Känike. *Berlin, Eisenach, Leipzig: H. Hillger [1900].* (125 S.) 8° [F.]
— Bücherschatz, **Kürschners.** No 231. [00. 14076

Fischer, Wilh., **Atlantis.** Ein Epos in 9 Gesängen. 8. (V, 267 S.) Leipzig 880. Friedrich. n. 4. —

— **Atlantis.** Eine Dichtg. (2. veränd. Aufl.) (IV, 340 S. m. Bildnis.) 8. München 911. 4.- -; geb. 6. —

—— und F. W. Streit, histor. u. geograph. Atlas v. Asien. 1. u. 2. Hft. M. 6 ill. Karten. gr. 8. (4 B.) Berlin 837, [Heymann.]

Fischer, W., u. F. W. Streit, histor. u. geograph. Atlas von Asien. Hft. 1. u. 2. Mit Karte Nr. 1. — 6. (ill.). gr. 8. Berlin 837. Natorff u. Comp. 5/8 ₰

—— und F. W. Streit, histor. u. geograph. Atlas v. Europa. 1—4. Hft. 2. Aufl. 8. (17 B. u. 12 ill. Karten in gr. 4.) Berlin 834, Natorff u. Comp.

Fischer, Wilh. (I.), und F. W. Streit, histor. u. geograph. Atlas v. Europa. 1 — 32. Hft. 2. Aufl. gr. 8. (152 B. u. 82 Kart., incl. 79 ill.,) Berlin 835 — 37, [Heymann.] à * ¼ Thlr. Thlr. *

Fischer, Wilh., u. F. W. Streit, histor. u. geograph. Atlas von Europa. (In 32 Hftn.) 1—13. Hft. 2. Aufl. gr. 8. (60 B. u. 36 ill. Kart.) Berlin 843, 44, Simion. à Hft. *

Fischer, Wilh. (II.), **Auswahl** israelitisch-religiöser Lieder in Musik gesetzt. hoch 4. (IV und 160 S. mit chromolithogr. Titel.) Philadelphia 864, (Schäfer und Koradi). *

Ueber die Bedeutung der doppelten und insbesondere der negativen Wurzeln quadratischer Gleichungen in ihrer Anwendung auf geometrische Aufgaben. Von Wilhelm **Fischer**, G. P. — 1852. Nürnb., Campe. — S. 3—23 mit 1 Figurentaf.
Progr. Nürnberg.

Fischer, Wilhelm [aus Langensalza in Thür.]: Ein Beitrag zur multiplen Neuritis. . . . Langensalza, Druck v. Hermann Beyer & Söhne, 1888; 2 Bl. + 76 S. u. 3 Tab. 8°
Jena, Med. Fak., Inaug.-Diss. v. [10. Aug.] 1888

Fischer, Wilh., **Bekos.** Briefe ohne Unterschrift. Nicht versetzt, s.a. **Kürschner's,** Jos., Bücherschatz.

Bekos. Novelle. Briefe ohne Unterschrift. Nicht versetzt. Von Wilhelm **Fischer** aus Wermelskirchen. Mit Ill. von W. Roegge. *Berlin, Eisenach, Leipzig: H. Hillger [1903].* (110 S.) 8° [F.]
— Bücherschatz, **Kürschners.** No 394. [04. 10153

Wilhelm **Fischer** in Graz. Friedrich Nietzsches Bild. München & Leipzig: Müller 1910. 224 S. 8° [10. 7534

Fischer, Wilh., **bunte Bilder.** Erzählungen aus dem Leben. Mit 5 Bildern (in eingedr. Holzschn.) v. H. Lüders. 8. (119 S.) Bremen 874. nordwestdeutscher Volksschriften-Verl. 1. —

Fischer, Wilh., **bunte Bilder.** Erzählungen aus dem Leben. Mit 5 Bildern v. H. Lüders. Neue Ster.-Ausg. 12. (112 S.) Reutlingen 893. Enßlin & Laiblin. Kart. in farb. Umschlag. — 60

— vier Blüten u. Eine Frucht. Melanie. Der Kandidat, s.a. **Kürschner's,** Jos., Bücherschatz.

Vier Blüten und eine Frucht. Melanie. Der Kandidat. Von Wilhelm **Fischer** (aus Wermelskirchen). Mit Ill. von Martin Känike. *Berlin, Eisenach, Leipzig: H. Hillger [1898].* (126 S.) 8° [F.]
— Bücherschatz, **Kürschners.** No 138. [99. 10267

Fischer, Wilhelm, der Bote im altfranzösischen Epos. Diss. Marburg 1887, N. G. Elwertsche Univ.-Buchh. 8°. 46 S.

Fischer, Wilhelm [aus Bischofsheim (bei Mainz)]: Der Bote im altfranzösischen Epos . . . . Marburg, *J. B. Klein'sche Buchdr., M. Buscher, Crefeld,* 1887; 46 S. + 1 Bl. 8°
Marburg, Phil. Fak., Inaug.-Diss. v. [25. Okt.] 1887

— In d. **Brandung.** Roman. (159 S.) 8. Mannheim (908). J. Bensheimer's Verl. 1. 50

— **Bruderliebe,** s. a. **Jacht's** stenogr. Jugend-Biblioth. I.

Bruderliebe. Erzählung von Wilh. **Fischer.** Berlin: F. Schulze [1899]. (30 S.) 8° [Text stenogr.]
— **Jugend-Bibliothek,** Lehrer Jachts Stenographische. Bd 1. [1.] [05. 6669

Fischer, Wlh., 333 Choralmelodien für höhere und niedere Schulklassen, als auch zum kirchl. u. häusl. Gebrauch (einstimmig) nebst 12 bekannten vierstimmigen Begräbnißarien für Discant, Alt I u. II, (oder Tenor) Baß. Lithogr. gr. 8. Brieg 841, Wollmann. 1/6 ₰

Fischer, Wilh., der große Diamant. Der Brand in der Mühle. Vor Gericht. Drei Erzählgn. 12. (108 S m. Titelbild.) Reutlingen 896. Enßlin & Laiblin. — 50; kart. — 60

—— Du sollst nicht stehlen. Hand um Hand. Zwei Erzählungen. 8. (109 S. mit 1 Bilde, Holzschntaf., von L. Bechstein.) Bremen 874, Nordwestdeutscher Volksschriften-Verlag. cart.

Fischer, Wilh., du sollst nicht stehlen. Hand um Hand. 2 Erzählgn. Mit 1 Bilde v. L. Bechstein. Neue Ster.-Ausg. 8. (111 S.) Reutlingen 885. Enßlin & Laiblin. cart. n. — 50

— du sollst nicht stehlen. Hand um Hand. Zwei Erzählgn. Mit e. Bilde v. L. Bechstein. Neue Ster.-Ausg. 12. (111 S.) Reutlingen (901). Enßlin & Laiblin. — 25

Fischer, Wilh., Graf Edmund v. Hückeswagen. Nebst zwei andern Gedichten. Bonn 863. Weber. 16. (80 S.) n. 12 ngr

— ehre Vater u. Mutter! 4 Erzählgn. Neue Ster.-Ausg. 8. (144 S. m. 1 Bilde.) Reutlingen 894. Enßlin & Laiblin. Kart. — 50; m. Bunttitel — 60

— Von d. Einfühlung, s.: Flugschrift, 27., d. Dürer-Bundes zur ästhetischen Kultur.

Fischer, Wilh. Einleitung in die Vorgeschichte der Gegend von Bernburg. I. Teil. Einleitung. 23 S. Progr. Rg. *Bernburg* 1883.

[F.] Die Einrichtung und der Entwickelungsgang der Schöpfung nebst Erklärg d. Ursachen einiger wichtiger Naturerscheingn v. e. neuen Gesichtspunkte aus in allg. Umrissen dargest. v. Wilhelm **Fischer**, Zahlmeister ... M. 18 i. d. Text gedr. Abb. *Lissa i P.: Kommv. A. Fenske; (Dr. d. Breslauer Genossenschafts-Buchdr.) [1897].* (2 Bl., 59 S.) 1 Bd 8. (97. 7754

Fischer, Wilh., der Einsiedler auf Spitzbergen. Eine Robinsonade. gr. 16. (64 S.) Mülheim 877. Bagel. n. — 25

— unter Elstern u. anderes, s.: Enßlin's Roman- u. Novellenschatz.

[F.] **Fischer,** Wilhelm [zu Bückeburg]: *Epilog zu Friedrich Rückerts Gedicht „Die Strassburger Tanne.“* Rinteln, Druck v. C. Bösendahl, 1896; S. 20. 4.
Rinteln, k. G, P 1896 (406)

— Erstklassig!, s.: Kaufmann's moderne Zehnpfennig-Bibliothek.

— Erstklassig! Gleißendes Gold, s.a. Klambt's Bücherschatz. 24. Bd.

Erstklassig! Roman von Wilhelm **Fischer**. Neurode: W. W. Klambt 1905. (120 S.) 8° [F.]
— **Zehnpfennig-Bibliothek**. Kaufmann's moderne. Jg. 3, Bd 12. (05. 1409) 2

Erstklassig. Roman von Wilhelm **Fischer**. [Neudr.] Neurode, Hamm, Speyer: W. W. Klambt 1906. (128 S.) 8° [F.]
— **Zehnpfennig-Bibliothek**, Moderne. Jg. 3, Bd 12. (07. 1149) 2

Fischer, Wilhelm [Oberl. Prof. Dr.]: Erweiterung des Satzes von der Sichel des Archimedes und Verbindung desselben mit dem Satze von den Möndchen des Hippokrates; Schwerpunkte, Rotationskörper. (Erweitert aus: Arch. d. Math. u. Phys. Tl LXVI., p. 337 f.) Kempen, Buch- u. Steindr. v. A. Wefors, *1891;* S. 3 28; 4°
Kempen Rhein, k. G Thomaeum, OP 1891 (412)

Fischer, Wilhelm, cand. med. aus Bonn: Ueber einen Fall von Gehirnblutung mit tödlichem Ausgang. *Bonn 1899: J. Bach Wwe.* (28 S.) 8°
München, Med. Diss. v. 1899

Fischer, Wilhelm, approb. Arzt: Ein Fall von Nephrectomie nach subcutaner Nierenzerreissung. *Marburg 1900: R. Friedrich.* (29 S.) 8°
Marburg, Med. Diss. v. 25. Aug. 1900

— Falschmünzer, s.: Enßlin's Roman- & Novellenschatz.

Fischer, Wilhelm s. Familienbibliothek, Schweizer. Nr. 32. 96. 116. 124.

Fischer, Wilhelm, prakt. Arzt in Duelen: Ueber Fremdkörper im normalen Oesophagus und ihre Entfernung aus demselben. *Marburg 1903: H. Bauer.* (40 S.) 8°
Marburg, Med. Diss. v. 16. Mai 1903

Fischer, Wilh., die Freude am Licht. Roman. 2 Tle. in 1 Bde. 2. Aufl. 8. (213 u. 230 S.) Berlin 902. G. H. Meyer. n. 4.—; geb. in Leinw. n. 5.—

Fischer, Wilh., die Freude am Licht. Roman. 2 Tle. in 1 Bde. 1. Bd. 9., 2. Bd. 8., Umschlag 7.—10. Taus. (213 u. 230 S.) 8. München 903. G. Müller. n. 4.—

— Die Freude am Licht. Roman. 2 Tle. in 1 Bde. 12. Aufl. (213 u. 230 S.) 8. München 910. G. Müller. 4.—; geb. 5.—

Fischer, Wilh. (I.), Gedichte. gr. 16. (VIII und 208 S.) Bonn (861)62, (Weber.) * 28 Ngr.; geb. *

—— Gesangschule oder die Kunst des Gesanges. Anleitung zum gründl. Studium des Gesanges den Gesangvereinen der Union gewidmet. 3. Aufl. hoch 4. (42 S., wovon 13 lithogr.) Philadelphia 867, Schäfer und Koradi. cart.

Fischer, Wilh., Gesangschule oder die Kunst des Gesanges. Anleitung zum gründlichen Studium des Gesanges, den Gesangvereinen der Union gewidmet. 3. Aufl. Philadelphia 868. Schäfer & Koradi. 4. (42 S.) 1 $

FISCHER, Wilhelm [Stuttgart]. Die Geschichte der Buhlteufel und Dämonen. Mit Tafeln. Stuttgart, Strecker & Schröder (1906). 8°. 95 S.

—— Geschichte d. preuß. Staates zum Vortrage u. Selbstunterr. gr. 8. (10½ B.) Berlin 836, Natorff u. Comp. (?)

Fischer, Wilh. (I.), Geschichte d. brandenburg.-preuß. Staaten, von ihrem Entstehen bis auf d. neuesten Zeiten. 1. Thl. Von d. frühesten Zeiten bis zum Tode d. Kurfürsten Georg Wilhelm geg. Ende d. J. 1640. (12 Hfte.) Schmal gr. 4. (72 B. u. 12 Stahlst.) Berlin 836—38. (Mannheim, Hoff.) à H. * ⅓ Thlr. *

— Die Geschichte der Teufelsbündnisse, der Besessenheit, des Hexensabbats und der Satansanbetung. Ebenda 1907. 8°. 130 S., 2 Tafeln.

—— holländische Geschichten. 3 Bde. 8. (V, 216; III, 232; III, 224 S.) Jena 870, Costenoble.

—— Glück auf, s. Spamer's, O., neue Volksbücher.

— Der Greifenprinz u. andere Erzählungen, s.a. Erzählungen, 1001. s. Jung u. Alt.

Der Greifenprinz. Die himmelblaue Stadt. Zwei Novellen von Wilhelm **Fischer** in Graz. Mit Einl. von Karl W. Gawalowski. Wiesbaden: Behrend [1909]. 125 S. 8°
(Rheinische Hausbücherei. Bd 26.)
(Bibliothek August Scherl. Bd 551, [2.]) (10. 1??) *

— Der Greifenprinz. Die himmelblaue Stadt, s.: Hausbücherei, rheinische.

— Grünvogel. Ein neues Mitglied. Ein guter Kerl, s.: Enßlin's Roman- u. Novellenschatz. 89. Bd.

Fischer, Wilh., die Heilquellen zu Lippspringe. Die Arminius-Quelle u. die Schwefel-Quelle. Ein Beitrag zur Kenntniß ihrer Heilkräfte. gr. 8. (80 S.) Paderborn 852, Junfermann. n. ½ $

Fischer, Wilh. (II.), die Heilquelle zu Lippspringe in Westphalen. Brunnenärztliche Mittheilungen über ihre Wirkung bei Lungenkrankheiten. 2., verb. Aufl. 8. (IV und 84 S.) Berlin 858, Th. Chr. Friedr. Enslin. *

Fischer, Wilh. (II.), die Heilquelle zu Lippspringe in Westfalen. Brunnenärztliche Mittheilungen über deren Wirkungen bei Lungenkrankheiten und diätet. Verfahren während der Kur. 3. im J. 1868 verb. Aufl. 8. (62 S.) Berlin 868, Th. C. F. Enslin. *

Heimat u. Fremde, s.: Jugendbibliothek, deutsche.

— Hans Heinzlin. Erzählung. (150 S.) 8. Ebd. 905. n. 2.50; geb. n. 3.50

Königin Hekabe. Trauerspiel in 5 Akten. Von Wilhelm **Fischer** in Graz. München & Leipzig: G. Müller 1905. (173 S.) 8° [F.] (07. 6507

GV38
23

Fischer, Wilh., Pfarrer Helferich, e. rheinhessischer Glaubenszeuge. (45 S. m. Abbildgn. u. 1 Bildnis.) 8. Darmstadt (908.) C. F. Winter'sche Buchdr. — 40

— heist einander, s.: Spamer's, Otto, neue Volksbücher. Nr. 53.

— der starke Hermel. Eine altdeutsche Heldensage. Neu erzählt. gr. 16. (62 S.) Ebend. 877. n. — 25

Fischer, Wilh. Unter altem Himmel. Erzählungen. 8. (192 S.) Lpz. 891, W. Friedrich. * 3 —; geb. ** 4 —

— unter altem Himmel. Erzählungen. 2. Aufl. (184 S.) 8. Ebd. 904. n. 2. 50; geb. n. 3. 50

— Höllenfeuer. Volksschauspiel in 3 Akten u. 6 Aufzügen. 12. (76 S.) Bonndorf (889) Spachholz & Ehrath. — 50

— Hunger ist der beste Koch. Die 4. Bitte. 2 Erzählgn. Neue Ster.-Ausg. 12. (32 S.) Reutlingen 902. Enßlin & Laiblin. Kart. — 20

— Hunger ist der beste Koch. — Die 4. Bitte. 2 Erzählgn. Neue Ster.-Ausg. (32 S.) 8. Reutlingen (903). Enßlin & Laiblin. — 15

— das Jahr 1839. Ein (polit.) Taschenbuch auf das Jahr 1840. 8. Mannheim 840. Hoff. 2/3 ℳ

— im Jahre 2356. Der Roman e. russ. Terroristen. (255 S.) 8. Dresden-Niedersedlitz (905). H. G. Münchmeyer. 2.—; geb. 3. —

— „Ich straf!" Roman. (250 S.) 8. Mannheim (903). J. Bensheimer's Verl. n. 3. —

— militär.-organo-gymnastologische Ideen bei dem europ. Kriegswesen auf den heutigen Fuße. 8. Bunzlau 809. (Rein in Leipz.; Bresl., W. G. Korn; u. Dresd., Arnold). 16 gl

Fischer, Wilh., Jungmuttersorgen. Eine Anleitg. zur Pflege des gesunden Säuglings f. Mütter u. Pflegerinnen. (85 S.) 8. Stuttgart (903). Schwabacher. Kart. n. 1. 20

— Der Kaiser v. Byzanz, eine Romanze. (VII, 224 S.) 8. München 909. G. Müller. 4.—; geb. 5. —

— „Kriegsgreuel aller Zeiten". 1.—6. Bd. 8. Stuttgart, Strecker & Schröder. à n. — 80

1. Die Kriegsgreuel in der Vorzeit u. im Altertum. (87 S.) (905.)
2. Die Verwüstung der Pfalz u. die Greuel der Zerstörung Heidelbergs. (80 S.) (905.)
3. Die Greuel des 30jährigen Krieges. (80 S.) (905.)
4. Die Greuel des russisch-japanischen Krieges. (138 S.) (905.)
5. Vandalen u. Hunnen. (72 S.) (906.)
6. Die Kriegsgreuel im frühen Mittelalter. (74 S.) (906.)

— s.: Kriminal-Prozesse aller Zeiten.

—— die Kunst des Gesanges. gr. Lex.-8. (42 S.) Philadelphia 862, (Schäfer und Koradi.)

— der neue Kurs, s.a. Kaufmann's moderne Zehnpfennig-Bibliothek. 11. Bd.

— dasselbe, s.a. Klambt's Bücherschatz. 23. Bd.

-- Der neue Kurs, s.a. Zwanzigpfennig-Bibliothek, moderne.

— der neue Kurs. Roman. 8. (134 S.) Berlin 898. J. Gnadenfeld & Co. n. 1. —

Der neue Kurs. Roman von Wilhelm Fischer. *Berlin: J. Gnadenfeld & Co. [1899].* (134 S.) 8° [F.]

Der neue Kurs. Roman von Wilhelm Fischer. Neurode: W. W. Klambt 1905. (144 S.) 8° [F.]
= Zehnpfennig-Bibliothek, Kaufmann's moderne. Jg. 3, Bd 11. 2

Aus dem Leben und Wirken eines interessanten Mannes (Carl Hagenbeck). Von Wilhelm Fischer. Hamburg: Baumann 1896. 64 S. 8°

Fischer, Wilh., aus dem Leben u. Wirken e. interessanten Mannes (Carl Hagenbeck.) 8. (64 S. m. Bildnis.) Hamburg 896. (A. Kruse.) n. — 50

— Lebensmorgen. Erzählungen. (271 S.) 8. Ebd. 906. n. 4. —; geb. n. 5. —

— dasselbe. 2. Aufl. (272 S.) 8. Ebd. 907. n. 4. —; geb. n. 5. —

Fischer, Wilh., Leitfaden für die Kunst des Gesanges. 4. (42 S.) Philadelphia 851, (Schäfer.) *

— Das Licht im Elendhause, s.: Jugendschriften. Hrsg. v. Lehrerhausvereine f. Oberösterreich.

— dasselbe, s.: Schaffstein's Volksbücher f. die Jugend.

— das Licht im Elendhause, s.: Volksbücher, Wiesbadener.

—— Lieder und Romanzen. 8. (VIII, 167 S.) Leipzig 884, Friedrich. *ℳ 2,40.; geb. *

—— der schlesische Liederbote f. Schulen u. Privatanstalten beider Confessionen, enthalt. e. ausgewählte Samml., das jugendl. Gemüth ansprech. u. erheb. Gesangstücke mannichfacher Art, als: Lieder, Choräle, Hymnen, Motetten &c. unter freundl. Mitwirk. achtbarer Collegen u. Kunstfreunde in 4 Abthln. hrsg. Von jed. Abthl. 1. Bd. 1. u. 2. Lfg. (à L. 1 B.) qu. 4. Breslau 836, [Leipzig,] Hentze. à L.

Fischer, Gvilelmvs (geb. am 28 Febr. 1833 in Wermelskirchen): De locis qvibvsdam Propertianis ... Bonnae, typ. C. Georgi (1863). 2 Bl., 36 S. 8.

Bonn, Phil. Fak., Diss. v. 11 Aug. 1863

— Loreley, s.a. Zehnpfennig-Bibliothek, moderne.

Loreley. Roman von Wilhelm Fischer. Neurode, Hamm i. W., Speyer: W. W. Klambt 1906. (123 S.) 8° [F.]
= Zehnpfennig-Bibliothek, Moderne. Jg. 4, Bd 12. 2

-- die Lüge. Schauspiel in 4 Akten. 8. (127 S.) Dresden 894. E. Pierson. n. 2. —

— Lust u. Lehre, s.: Jugendbibliothek, deutsche, 64. Bd.

—— Lust und Lehre, s. Schmidt's, F., deutsche Jugendbibliothek.

— Das Mädchen v. Borkum u. zwei andere Erzählungen, s.: Enßlin's Roman- u. Novellenschatz.

Fischer, Wilh., Manteuffel in Elsaß-Lothringen u. seine Verdeutschungspolitik. Politische Betrachtgn. gr. 8. (50 S.) Basel 885. Bernheim. n. 1. —

Fischer, Wilhelm. Ein Märtyrer der Frauen. Roman einer Ehe auf flagellantistischer Grundlage. [Mit illustriertem Umschlag.] 91 S. 8. Zürich, Cäsar Schmidt, 1904. [fr. 1.50]
(*Namen des Verf. auf dem Umschlag:* W' F'-Eichhorn-Heliogabal.)

FISCHER, Wilhelm. Ein Märtyrer der Frauen. Roman einer Ehe auf flagellantischer Grundlage. Zürich, Cäsar Schmidt, 1908. 8°. 91 S.

— der Mediceer u. andere Novellen. 8. (III, 307 S.) Leipzig 894. W. Friedrich. n. 3. —

— der Mediceer u. andere Novellen. Neue [Titel-]Ausg. (III, 307 S.) 8. München [894.] 904. G. Müller. n. 3. —; geb. n. 4. —

— Die Mediceer. Renaissancenovellen. 2. Aufl. (V, 344 S.) 8. München 907. G. Müller. 4.—; geb. 5. —

Fischer, Wilh., die „Moderne". Ein Beitrag zur Theatergeschichte der Gegenwart. 8. (64 S. m. 5 Abbildgn.) Wiesbaden 894. Jurany & Hensel's Nachf. n. 1. 50

-- Morgen! Eine lehrr. Erzählg. nebst 4 andern. Ster.-Ausg. 8. (112 S. m. Bildn.) Reutlingen 898. Enßlin & Laiblin. Kart. — 50; m. Bunttitel — 60

— Mouche, s.: Klambt's Bücherschatz. 25. Bd.

— Murwellen. Erzählungen. 1—3. Aufl. (IV, 415 S.) 8. Ebd. 910. 5.—; geb. 6. 50

— nach uns die Sintflut. Roman. (239 S.) 8. Mannheim (906). J. Bensheimer's Verl. n. 2. 50

Fischer, Wilh., die treibenden Naturkräfte im Planetensystem, seine Entstehung u. Bildung, nebst Erklärg. der Ursachen einiger wicht. ird. Naturerscheingn., v. e. neuen Gesichtspunkte aus in allgemeinen Umrissen dargestellt. (III, 85 S. m. 29 Abbildgn.) gr. 8. Lissa 902. (F. Ebbecke.) n. 2. —

Die treibenden Naturkräfte im Planetensystem, s. Entstehung u. Bildung, nebst Erklärung d. Ursachen einiger wichtigen irdischen Naturerscheinungen von e. neuen Gesichtspunkte aus in allgem. Umrissen dargest. von Wilhelm Fischor, Oberzahlmeister. Mit 29 Abb. *Lissa i. P.: Selbstverl. 1902.* (85 S.) 8° [F.] [04. 1115

— der Nihilist, s.a. Kaufmann's moderne Zehnpfennig-Bibliothek.

— dasselbe, s.a. Klambt's Bücherschatz. 20. Bd.

Der Nihilist. Roman von Wilhelm Fischer. Neurode i. Schl.: Zehnpfennig-Bibliothek 1905. (152 S.) 8° [F.]
— Zehnpfennig-Bibliothek, Kaufmann's Moderne. Jg. 3, Bd 8. [05. 1815

Der Nihilist. Roman von Wilhelm Fischer. [Neudr.] Neurode, Hamm, Speyer: W. W. Klambt 1906. (150 S.) 8° [F.]
— Zehnpfennig-Bibliothek, Moderne. Jg. 3, Bd 8. [07. 11635 2

—— s. Nordwest-Geschichten.

Fischer, Wilh., Grazer Novellen. 2 Tle. in 1 Bde. 8. (III, 223 u. III, 159 S.) Leipzig 898. G. H. Meyer. n. 4. —; geb. n. 5. —

— Grazer Novellen. 2 Tle. in 1 Bd. 2. Aufl. (III, 223 u. III, 159 S.) 8. Ebd. 904. n. 4. —; geb. n. 5. —

— Grazer Novellen. 3. Aufl. (325 S.) 8. Ebd. 911. 4.—; geb. 5. —

Fischer, Guil. (geb. Rietberg 5. 3. 1813): De nutritione. Berolini (1839). (64 S.) 8°
Berlin, Med. Diss. v. 30. Sept. 1839

— Parathina. Badeleben auf Borkum. 8. (101 S.) Emden 882. Haynel. 1. 80

— Pascha u. Posttyrann. Eine heitere Geschichte nebst drei ernsten. Mit einem Bilde (Holzschntaf.) v. Carl Röhling. 8. (112 S.) Bremen 878. Nordwestdeutscher Volksschriften-Verl. cart. n. 1. —

Fischer, Wilh., Pascha u. Posttyrann. E. heit. Geschichte, nebst 3 ernsten. M. 1 Bilde v. Carl Röhling. Neue Ster.-Ausg. 12. (112 S.) Reutlingen 895. Enßlin & Laiblin. Kart. in farb. Umschlag — 60; in 1 farb. Umschlag — 50

— Poetenphilosophie. Eine Weltanschaug. (VIII, 346 S.) 8. Ebd. 904. n. 5. —; geb. n. 6. —

Fischer, Wilh., die Prostitution, ihre Geschichte u. ihre Beziehungen zum Verbrechen u. die kriminellen Ausartungen des modernen Geschlechtslebens. (III, 240 S.) 8. Stuttgart (903). [K. Daser.] Leipzig, H. Hedowig's Nachf. n. 3. —; geb. n. 4. —

Fischer, Wilh. (II.), Rechts- und Staats-Philosophie. 8. (IV, 196 S.) Leipzig 879, [Verlag für moderne Sprachen und Literatur.] Stauffer. *

Fischer, Wilh. (II.), Rechts- und Staats-Philosophie. 2. Aufl. 8. (IV, 196 S.) Leipzig 882, Stauffer. cart. *

Fischer, Wilh. Vertraugott, Repertorium d. neuesten preuß. Rechts, od. wesentl. Inhalt der seit d. J. 1824 bis ins J. 1838 erschien. Gesetze, Verordn., Rescripte u. Bekanntmachn., welche Abänderungen, Ergänzungen u. Erläuterungen d. Allgem. Preuß. Landrechts, d. Gerichts-, Hypotheken-, Deposital-, Criminal-, Städte-, u. Gesinde-Ordn., so wie d. Gebühren-Taxen enthalt., in alphabet. geordn. Artikeln zusammengest. gr. 8. (50 B.) Breslau 839, (W. G. Korn.) *

— — Sadistisches. 1905.
Kürschner's Lit.-Kal. f. 1909, Sp.-S. 414.

Hamburger Magalhaensische Sammelreise. Gephyreen bearb. v. Dr W[ilh.] Fischer '(Bergedorf)'. *Hamburg: L. Friedrichsen & C. 1896.* (7 S.) 4.(8.)
— Ergebnisse d. Hamburger Magalhaensischen Sammelreise. Lfg 1. [No] 4. [96. 8341

FISCHER, Wilhelm (München): Sanitätliches aus dem Feldzuge 1870/71.- München: Gotteswinter & Mössl 1871. 18 S.
28.7.1869 - Urk (Titel: De vulneribus in bello.); F 72; Chr 1869/70,12
Diss. Ingolst.-Landsh.-Mchn.

Fischer, Guilelmus (geb. am 22 Jan. 1829 in Luxemburg): De serpentibus quibusdam fossilibus ... Bonnae, typ. Carthausianis (1857). 35 S. 8.
Bonn, Phil. Fak., Diss. v. 14 Febr. 1857

Fischer, Wilh., Sklaven des Vorurteils, s.a. Zehnpfennig-Bibliothek, moderne.

Sklaven des Vorurteils. Roman von W[ilhelm] Fischer. Neurode: W. W. Klambt 1904. (144 S.) 8° [F.]
— Zehnpfennig-Bibliothek, Moderne. Jg. 4, Bd 6. [04. 3180

Sklaven des Vorurteils. Roman von Wilhelm Fischer. [Neudr.] Neurode, Hamm i. W., Speyer: W. W. Klambt 1906. (144 S.) 8° [F.]
— Zehnpfennig-Bibliothek, Moderne. Jg. 4, Bd 6. [07. 16928 2

— Sommernachtserzählungen. 8. (273 S.) Leipzig 882. Friedrich. n. 3. —

— Sommernachtserzählungen. 2. Aufl. (II, 297 S.) 8. Ebd. 903. n. 4. —; geb. n. 5. —; in Liebhaberbd. n. 6. —

— Sonne u. Wolke. Aphorismen. (IV, 270 S.) Ebd. 907. n. 4. —; geb. n. 5. —

— Sonnenopfer. Roman. (352 S.) 8. Ebd. 908. 4. —; geb. 5. —

Fischer, Wilh., Peterson und Sander, Deutsche Synonymen oder sinnverwandte Wörter. Eine von der kurf. Deutschen Gesellsch. gekrönte Preisschrift. Bd. 1. 2. Mannheim 1793. gr. 8.
Ist: Schriften d. Mannheim. Deut. Ges. Bd. 9. 10.

— eine dunkle Tat. Von Stufe zu Stufe, s.: Enßlin's Roman- u. Novellenschatz 109. Bd.

Fischer, Wilhelm, über die Tension der über flüssiger und der über fester Substanz gesättigten Dämpfe. Diss. Giessen 1886, J. Rickersche Buchh. 8°. 41 S. mit 3 Taf.

Fischer, Wilhelm: Ueber die Tension der uber flüssiger und der uber fester Substanz gesättigten Dämpfe. Darmstadt, Druck v. C. F. Winter, 1886; 41 S. u. 3 Taf. 8°.
Giessen, Phil. Fak., Inaug.-Diss. v. 10. Apr. 1886.

– In der Tiefe. s.a. Zehnpfennig-Bibliothek, Moderne.

In der Tiefe. Eine Erzählung aus d. Bergmannsleben v. Wilhelm Fischer. Neurode, Hamm i. W., Speyer: W. W. Klambt 1907. (150 S.) 8° [F.]
— Zehnpfennig-Bibliothek, Moderne. Jg. 5, Bd 10. [07. 17000 2

Fischer, Wilhelm *Timoleon Heinrich* [aus Paris]: Ueber den Tod durch Sturz aus der Höhe in gerichtlich-medicinischer Beziehung ... Berlin, C. Vogts Buchdr., *1894;* 28 S., 2 Bl. 8.
Berlin, Med. Fak., Inaug.-Diss. v. 27. Juli 1894

— der Thunichtgut. Herr Wagner, der nichts merkt, s.a. Kürschner's Bücherschatz.

[F.] Der Thunichtgut. Erzählg. Herr Wagner, der nichts merkt. Von Wilhelm Fischer aus Wermelskirchen. M. Ill. v. A. v. Schrötter. *Berlin, Eisenach, Leipzig: H. Hillger [1898].* (127 S.) 1 Bd 8.
— Bücherschatz, Kürschners. No 82. [98. 4716

Anatomisch-histologische Untersuchung von „Capitella capitata". Beitrag zur Kenntniss der Fauna der Kieler Bucht v. Wilhelm Fischer. Mit 2 Tafeln. Marburg. 1884. Diss. 8°.

Fischer, Wilhelm [aus Schweinfurt a. M.]: Untersuchungen über Glucoheptose und Glucoheptit ... Würzburg, Druck d. Stahel'schen k. Hof-Buchdr., 1892; 27 S. 8.
Würzburg, Phil. Fak., Inaug.-Diss. v. 1892

Fischer, Wilhelm [II. Assist. am pathol. Inst.]: Ueber die feineren Veränderungen bei der Bronchitis und Bronchiektasie. . . . Aus d. patholog. Institut zu Kiel. Kiel, *Frommann'sche Buchdr. (Hermann Pohle) in Jena*, 1889; 2 Bl. + 11 S. + 1 Bl. u. 1 Taf. 8°
Kiel, Med. Fak., Inaug.-Diss. v. 6. Aug. 1889

— Verschollen, s.a. Zehnpfennig-Bibliothek, moderne.

Verschollen. Roman von Wilhelm **Fischer**. Neurode, Hamm i. W., Speyer: W. W. Klambt 1906. (128 S.) 8° [F.]
— **Zehnpfennig-Bibliothek**, Moderne. Jg. 5, Bd 7. 07. 1697 2

Fischer, Wilhelm: Gustave Flauberts Versuchung des heiligen Antonius nach ihrem Ursprung, ihren verschiedenen Fassungen und in ihrer Bedeutung für den Dichter. *o. O. (1903).* (100 S.) 8°
Marburg, Phil. Diss. v. [11. Sept.] 1903

— eine denkwürdige Vorladung Erziehen, nicht erdrücken, s.a. Kürschner's, Jos., Bücherschatz.

Eine denkwürdige Vorladung. Erziehen, nicht erdrücken. 2 Erzählungen von Wilhelm **Fischer** aus Wermelskirchen. Mit Ill. von A. v. Schrötter. *Berlin, Eisenach, Leipzig: H. Hillger [1900].* (128 S.) 8° [F.]
— Bücherschatz, Kürschners. No 201. [?]

Fischer, Wilh. (I.), s. Wagner's, Rich., Briefe an Thdr. Uhlig, Wilh. Fischer, Ferd. Heine.

Fischer, W., D. Weib im Kampfe ums Dasein. (59 S.) Bielef. 1893. A. Helmich.

Fischer, Wilhelm: Das Weib im Kampfe ums Dasein. — München: Seitz & Schauer 1893. 59 S. 8°

— Das Weib im Kampf ums Dasein. 1893. 8°. (75 Pfg. Jul. Neumann, Magdeb., 1908, ohne Ortsangabe.)

— wenn Frauen packen. Eine Weihnachtsgeschichte, nebst drei anderen Erzählgn. Ster.-Ausg. 8. (120 S. m. Titelbild) Reutlingen (899). Enßlin & Laiblin. Kart. — 60

— ein Jahr Witwe, s.: Enßlin's Roman- u. Novellenschatz. 50. Bd.

— Wilhelm Ferdinand (Schkölen/Thür.). Variae juris sententiae. Präs. Ernst Gottfried Christian Klügel. Wittbg. (J. Ch. Tzschidrich's Wwe.) 11. VII. 1785. 8 S. (3.—) 8984

Fischer, Guilelmus Henr(icus) Giesbertus: De eczemate chronico impetiginode. Halis 1834: Ploetz. 31 S. 8°
Halle-Wittenberg, Med. Diss. v. [12. Juni] 1834
Geb. Spenge (Kr. Herford; Westf.) 1808 [vielmehr: 15. 10. 1807]. V.

Wilhelm Heinrich Ludwig Johannes Fischer. 17. Sept. 1828 **bis 16. Nov. 1910** [v. Carl Fischer]. (Schönberg (Meckl.) o. J.) **82**

Fischer, Wilhelm Karl

Fischer, Wilh. Carl, Compendium der chirurgischen Pathologie und Therapie. Wien 864. Schönewerk. gr. 8. (XVI, 410 S.) 2 ₰ 10 ngr.

Fischer, Wilh. Carl, Compendium der chirurgischen Pathologie und Therapie. gr. 8. (XVI und 410 S.) Wien 864. [Troppau, Kolck.]

— Dr. Wilh. Carl, Compendium der chirurgischen Pathologie und Therapie. 2. vollständig umgearbeitete Auflage von Dr. C. Heitzmann. 1869. gr. 8. (XIV u. 550 S.) Wien, Braumüller. 5 fl.

Fischer, Wilhelm Karl „Ueber die regulären Polyeder im Zusammenhang mit dem Würfel und der Kugel". pg. 3—19. 4°. Nebst 3 Tafeln. F. C. Birner. Bayreuth, Progr. 1841/42

Fischer, Guilielmus Tobias *(geb. Breslau 14. 1. 1791)*: De saliva physiologice et pathologice considerata. Vratislaviae (1817). (23 S.) 4°
Breslau, Med. Diss. v. 17. Jan. 1817

Fischer, Wlh. Vertraug., Bemerkk. u. Vorschläge, betreff. d. preuß. Staatsverwaltung. gr. 8. Bunzlau 809. (Rein in Lpz.) 16 gr.

— Entwurf e. kurzen Geschäftsreglements, verfaßt nach d. neuen preuß. Städte-Ordnung. 8. Bresl. 808. W. G. Korn. 4 gr.

Fischer, Wlh. Vertraug., Ordnung f. sämmtl. Städte d. preuß. Monarchie. gr. 8. Bresl. 809. W. G. Korn. 6 gr.

— s. a. Pflichten d. Menschen.

(W. Vertrg. Fischer): d. Pflichten d. Menschen, e. philosoph. Versuch. ***Bunzlau* u. *Bresl.*, Barth. 811. 8° 16 gr.**

— Repertorium d. neuesten preuß. Rechts, oder wesentl. Inhalt der bis zum Ende 1823 erschien. preuß. Gesetze u. Ministerial-Verfügungen, welche Abänderungen, Ergänzungen u. Erläuterungen d. allgem. Landrechts, d. Gerichts-, Hypotheken-, Deposital-, Criminal-, Städte- u. Gesinde-Ordnung, so wie d. allgem. Gebührentaxe enthalten. gr. 8. Oels 822. 2e A. (bis z. J. 1823) 824, 25. (Bresl., Hentze). Nebst 1 Ergänzungs-Bogen. 2 ₰ 12 gr. Ergänz.-B. apart 8 gr.

Fischer, (W. V.,) Repertorium d. neuesten Preuß. Rechts, od. wesentl. Inhalt der bis zum Ende 1823 erschien. Preuß. Gesetze u. Ministerial-Verfügungen, welche Abänderungen, Ergänzungen u Erläuterungen d. Allgem. Landrechts, der Gerichts-, Hypotheken-, Deposital-, Criminal-, Städte- u. Gesinde-Ordnung, so wie der allgem. Gebühren-Taxe enthalten. 2te verb. u. verm. Aufl. gr. 8. Oels 824, 825. (Breslau, Grüson u. C.) Nebst 1 Ergänzungs-Bogen.
Ergänzungs-Bogen apart 8 gr.

— Repertorium des neuesten Preuß. Rechts &c. 2e Aufl. gr. 8. Breslau 824, jetzt Kohn. $2^1/_4$ ₰

— Ergänzungsbogen dazu. 2e Aufl. gr. 8. Ebd. ... (Ebd.) $^1/_3$ ₰

Ders.*: Repertor. des neuesten Preuss. Rechtes, od. wesentl. Inhalt der seit d. J. 1824 bis ins J. 1838 erschien. Gesetze, Verordnn., Rescripte u. Bekanntmachungen, welche Abänderungen, Ergänzz. od. Erläuterr. d. Allgem. Preuss. Landrechts, der Gerichts-, Hypotheken-, Deposital-, Criminal-, Städte- u. Gesinde-Ordn., so wie der Gebühren-Taxen enthalten, in alphab. geordn. Artikeln zusammengest.** ***Oels. **(Korn in *Breslau*.) 838. gr. 8. (2 Thl. 8 Gr.)**

Fischer, Wlh. Vertraugott, Repertorium des neuesten Preuß. Rechts, oder wesentl. Inhalt der seit dem Jahre 1824 bis ins Jahr 1838 erschienenen Gesetze, Verordnungen, Rescripte u. Bekanntmachungen, welche Abänderungen, Ergänzungen u. Erläuterr. des Allgem. Preuß. Landrechts, der Gerichts-, Hypotheken-, Deposital-, Criminal-, Städte- u. Gesinde-Ordnung, so wie der Gebühren-Taxen enthalten, in alphabet. geordneten Artikeln zusammengestellt. gr. 8. Breslau 839. (W. G. Korn.) n. $2^1/_3$ ₰

— Versuch e. wissenschaftl. Darstell. d. Privatrechts, nebst e. vorausgeschickten Erörterung d. Grundbegriffe d. Rechtslehre. 8. Bresl. 829. Max u. C. 1 ₰

Fischer, Willi, denn alle Schuld rächt sich auf Erden. Ein Lebensbild. (154 S.) 8. Dresden 908. E. Pierson. 2.—; geb. n 3. —

Fischer, Willi, aus Halle a. S.: Goldsmiths **Vicar** of Wakefield. *Halle a. S. 1902: E. Karras.* (33 S.) 8° ¶ (Erscheint vollst. in: Anglia.)
Halle, Phil. Diss. v. 20. Jan. 1902

Fischer, William, Kirche, Staat u. Gesellschaft am Ausgange des Mittelalters, s. a. Sammlung gemeinverständl. wissenschaftl. Vorträge.

Kirche, Staat und Gesellschaft am Ausgange des Mittelalters. Von William **Fischer**. *Hamburg: Verlagsanst. u. Dr. A.-G. 1901.* (52 S.) 8° [F.]
— **Sammlung** gemeinverständl. wiss. **Vorträge**. N. F. Ser. 15, H. 357. [?]

Fischer, William Studien zur byzantinischen Geschichte des 11. Jahrhunderts. [I. Ioa. Xiphilinus, Patriarch von Constantinopel. II. Die Patriarchenwahlen im 11. Jahrh. III. Die Entstehungszeit des Tractatus de peculiis, des Tractatus de privilegiis creditorum, der Synopsis legum des Michael Psellus und der Peira u. deren Verfasser.] 56 S. *Plauen* 1883.
Progr.

Fischer, Will., Studien zur byzantinischen Geschichte d. 11. Jahrh. gr. 4. (56 S.) Plauen 883. (Berlin, Calvary & Co.) n. 2. —

Fischer, Willy, die neuesten Forschungen üb. den Erreger der Syphilis, s.a. Klinik, Berliner.

Die neuesten Forschungen über den Erreger der Syphilis. Von Dr. Willy Fischer, Assist. (am Rudolf Virchow-Krankenh.) Berlin: Fischer 1907. (20 S.) 8° [Umschlagt.]
— Klinik, Berliner. II. 223.

Fischer, Willy, approb. Arzt aus Berlin: **Aus d. Anschar-Krankenhause zu Kiel. Über Kiemengangscysten.** *Kiel 1903: Schmidt & Klaunig.* (28 S.) 8°
Kiel, Med. Diss. v. [19. Mai] 1903

— **Woldemar August** (Dresena/Misn.), **Clericum ob pactionem cum patrono factam sacerdotio se abdicantem. Präs. Christoph Ludw. Crell. Wittenbg. (Scheffler) Aug. 1738. 50 S. (5.—) 8985**
Gewidm.: Christian Gottlieb v. Holtzendorff (Pairenstein ..).

(Fischer, Wolfgang Martin Gabriel: Rationalis medicinae via regia sive institutiones saluberrimae medicinae in alma...Universitate Oenipontana publicis praelectionibus divulgatae...collectae in usum tyronum...) Parerga...dantur per Ignaz Damian Spreng. 465 S., gbd., Abb. (Titelblatt fehlt!)

(Viennae: 1766)

JB 2.036

Fischer, X., Abriß der Geschichte der katholischen Pfarrei u. Gemeinde Aarau vom J. 1803 bis 1895 (Umschlag 1897). Verf. auf Veranlassg. der christkath. Kirchenpflege Aarau. gr. 8. (VII, 120 S.) Aarau (900). (E Wirz.) n. 1.50

Fischer, X., Geschichte der christlichen Kirche bearb. für höhere Volksschulen. 1. Aufl. (IX, 187 S.) 1872, und 2. verb. Aufl. 8. (VI, 158 S.) Luzern 875, Prell.

Fischer, X., der katholische Gottesdienst und das katholische Kirchenjahr für höhere Volksschulen dargestellt und erklärt. 2. Aufl. 8. (VI, 106 S.) Luzern 876, Prell. •
Die 1. Aufl. war nicht im Handel.

Fischer, X., der Kampf für Licht und Tugend. Predigt gehalten den 8. Juli auf der Schlachtstätte ob Sempach. gr. 8. (20 S.) Luzern 867, Gebr. Räber.

—— unser Leben, ein Loblied von den großen Thaten Gottes. Festpredigt gehalten in der Stiftskirche zu Luzern am eidgenöss. Bettage 1868. gr. 8. (15 S.) Luzern 869, Gebr. Räber.

Fischer, X. Materialien zur Kommunion am Konfirmandenunterricht. Gr. in-8°. 60 S. Aarau, H. R. Sauerländer. 1893.

Fischer, X., Ursprung, Wesen u. Stellung des Christkatholizismus zur römisch-katholischen u. protestantischen Kirche. Vortrag, geh. den 15. März 1891 in der Versammlg. freisinn. Katholiken in Zürich. gr. 8. (46 S.) Aarau 893. H. R. Sauerländer & Co. n. — 80

Fischer. X[aver]. Ursprung, Wesen, Werth und spätere Entwicklung der Alten schweizerischen Volksfeste. Zweites Referat für die Jahresversammlung der Schweizerischen gemeinnützigen Gesellschaft, den 10. September 1884 in Aarau. 8. Zürich 1884. Herzog.

Fischer, Xaver: **Über die chemische Zusammensetzung altägyptischer Augenschminken ... Berlin, Buchdr. G. Schenck,** *1892;* 1 Bl., 32 S. 8.
Erlangen, Phil. Fak., Inaug.-Diss. v. 1892

Fischer von Atzendorf, Salomon: „Unterrichteter Hausvater und kluger Gärtner nebst dem verständigen Jägermeister oder gründliche Anleitung, wie die Haushaltungskunst mit Nutzen zu begreiffen, ein Hausherr seine Oeconomie anzustellen, daß er jährlich Nutzen davon genießen möge, die Aecker und Felder nach der Landesart zu verpflegen, die Gärten, Wiesen, Wein- und Hopfenberge in Acht zu nehmen, die Jägerey, das Kochen, Bierbrauen zu bestellen, allerley Witterungen, als Regen, Reif, Frost und dergl. vorher aus dem Gestirne zu ersehen usw." Altenb. 1705. Neuauflage u. d. T.: „Oeconomische Schatzcammer", Hannover 1737 (Helwing).

Fischer von Atzendorf, Salomon: „Oeconomische Schatzkammer", Hannover 1737 (Helwing).

v. **Fischer-Benzon,** L.: **Aus dem patholog. Institute zu Kiel. Ein Beitrag zur Anatomie und Aetiologie der beweglichen Niere....** Kiel, Druck v. Schmidt & Klaunig, 1887; 21 + 1 S. + 1 Bl. 8°.
Kiel, Med. Fak., Inaug.-Diss. v. 26. Febr. 1887.

Fischer-Benzon, L. v., ein Beitrag zur Anatomie u. Aetiologie der beweglichen Niere. [Aus dem patholog. Institute zu Kiel.] Inaug.-Diss. gr. 8. (21 S.) Kiel 887. (Lipsius & Tischer.) n. — 80

Fischer-Benzon, Rudolf von

Fischer-Benzon, R. v., über das relative Alter des Faxekalkes und über die in demselben vorkommenden Anomuren und Brachyuren. Nach eigenen Beobachtungen zusammengestellt. gr. 4. (VII und 31 S. mit 5 Stnt.) Kiel 866, Schwers'sche Buchh. •

Ältere Arbeiten über die Flora von Schleswig-Holstein von Rudolf von Fischer-Benzon. Separatabdruck aus den „Schriften des naturwissenschaftlichen Vereins für Schleswig-Holstein". Bd. 8, Heft 1. Kiel. 1889. 8°.

Bemerkungen über die Brombeeren v. R. v. Fischer-Benzon. (Kiel. 1890.) 4° (Separatabdruck aus Nr. 1, 1890 des „Monatsblattes für Gartenbau".)

Fischer-Benzon, Rudolf von: Eine Berührungsaufgabe. Ausschnitt aus: Lehrproben und Lehrgänge. Hrsg. v. Frick und Meier. Heft 16. Halle 1888. 8°.

Die Definition des specifischen Gewichts v. R. v. Fischer-Benzon. (Berlin. 1890.) 4° Ausschnitt aus: Zeitschrift f. d. physikalischen und chemischen Unterricht, hrgg. v. F. Poske. Jg. 4, H. 1.

Fischer-Benzon R. v.: Zwei ältere Dokumente z. Geschichte d. Gartenbaus in Schleswig-Holstein. (Kiel) [189•]. 20 S. (Sætr.). P.

Die Flechten Schleswig-Holsteins von R[udolf] v. **Fischer-Benzon.** Nebst e. Abhandl. über d. Naturgesch. d. einheim. Flechten von O[tto] V[ernon] Darbishire. Mit 61 Fig. *Kiel & Leipzig: Lipsius & Tischer 1901.* (103 S.) 8°

Ueber die Flora des südwestlichen Schleswigs und der Inseln Föhr, Amrum und Nordstrand v. R[udolf] von Fischer-Benzon. [Kiel 1876.] 8°, geb. in 4° Ausschnitt aus: Schriften des Naturw. Vereins für Schleswig-Holstein. Bd. 2, H. 1.

Fischer-Benzon R. v. u. Steinvorth J.: Ueber die Flora d. Umgegend v. Hadersleben. Tabellen z. Bestimmen d. um Hadersleben wildwachsenden o. im Freien gezogenen Gefässpflanzen. A. Familientabelle. Progr. Hadersl. 1873. 36 S. 4°.

R[udolf] von Fischer-Benzon und J. Steinvorth: Ueber die Flora der Umgegend von Hadersleben. Tabellen zum Bestimmen der um Hadersleben wildwachsenden oder im Freien gezogenen Gefäßpflanzen. Hadersleben. 1874. 8°

Fischer-Benzon, R. v., altdeutsche Gartenflora. Untersuchungen üb. die Naturpflanzen des deutschen Mittelalters, ihre Wanderg. u. ihre Vorgeschichte im klass. Altertum. gr. 8. (X, 254 S.) Kiel 894. Lipsius & Tischer. n. 8. —

Zur Geschichte unseres Beerenobstes. Von Rudolf v. Fischer-Benzon. (Separat-Abdruck aus: Botanisches Centralblatt. Bd. 64. 1895.) Cassel. 1895. 8°.

Fischer-Benzon R. v.: Zur Geschichte unseres Beerenobstes. Cassel 1895. 24 S. (Sætr.). P.

Fischer-Benzon, Rudolf von: Geschichte der floristischen Erforschung des Gebiets, s. Prahl, Peter: Kritische Flora der Provinz Schleswig-Holstein . . . Tl. 2. 1.

(R[udolf] von **Fischer-Benzon:**) Zur Geschichte der schleswig-holsteinischen Flora. (Kiel. 1890.) 4° Sonderabdruck aus: Monatsblatt für Gartenbau. 1890, Nr. 5.

Zur Geschichte des Kürbis v. R. v. **Fischer-Benzon.** Mit 1 Taf. Separatabdruck aus: Botanisches Centralblatt Bd. 83, 1900. Cassel. 1900. 8°, geb. in 4° [Umschlagt.]

Fischer-Benzon. R. v., s.: Katalog d. schleswig-holsteinischen Landesbibliothek.

Fischer-Benzon, R. v., die geometrische Konstruktionsaufgabe. gr. 4. (81 S. mit 1 lithogr. Taf.) Kiel 884, v. Maack's Buchh. *

Fischer-Benzon, Rudolf von (Hrsg.), s. Larsen, Karl: Krieg und Menschen.

Fischer-Benzon, R. v., zur botanischen Litteratur Schleswig-Holsteins, der angrenzenden Gebiete u. Helgolands. [Ein Nachtrag zu Prahl, krit. Flora etc. Tl. II.] gr. 8. (11 S.) Kiel 891. Universitäts-Buchhandlg. n. —50

— die Moore der Prov. Schleswig-Holstein. Eine vergleich. Untersuchung. [Aus: „Abhandlgn. aus dem Gebiete d. Naturwissensch."] gr. 4. (80 S.) Hamburg 891. L. Friederichsen & Co. n. 4. 50

Fischer-Benzon, Rudolf von: Über geometrische Multiplikation. Ausschnitt aus: Lehrproben und Lehrgänge, hrsg. v. Frick und Meier. Heft 19. Halle 1889. 8°.

Ueber die „Physica" der heiligen Hildegard, die erste Naturgeschichte Deutschlands. Vortrag, geh. . . . am 25. Aug. 1894 v. R. v. **Fischer-Benzon.** (Kiel. 1894.) 8°, geb. in 4° Ausschnitt aus: Schriften des Naturwissenschaftlichen Vereins für Schleswig-Holstein. Bd. 10.

Fischer-Benzon, R. v., mikroskopische Untersuchgn. üb. die Structur der Halysites-Arten, s.: Abhandlungen aus dem Gebiete der Naturwissenschaften.

Mikroskopische Untersuchungen über die Structur der Halysites-Arten und einiger silurischer Gesteine aus den russischen Ostsee-Provinzen v. R[udolf] von **Fischer-Benzon.** [Mit 3 Taf. Hamburg. 1870.] 4° Sonderdruck aus: Abhandl. a. d. Gebiete der Naturwissenschaften, hrgg. v. d. Naturw. Verein in Hamburg. Bd. 5, Abt. 2.

Rudolf von **Fischer-Benzon:** Untersuchungen über die Torfmoore der Provinz Schleswig-Holstein. (Vorläufige Mittheilung.) Eingegangen am 17. December 1889. Separatabdruck aus den Berichten der Deutschen Botanischen Gesellschaft. Jg. 1889. Bd. 7. Heft 10. Berlin. 1890. 8°.

Ein modernes Volk im Kriege in Auszügen aus dänischen Briefen und Tagebüchern der Jahre 1863/64 geschildert von Karl Larsen. Deutsche Ausg. unter Mitwirkung von Karl Larsen besorgt v. R. v. Fischer-Benzon. Kiel u. Leipzig. 1907. 8°

Das Wappen Schleswig-Holsteins. (Nach einem Vortrag von R[udolf] von **Fischer-Benzon.**) (Kiel. 1899.) Fol., geb. in 8° Ausschnitt aus der Nord-Ostsee-Zeitung. Jg. 13, Nr. 61.

Fischer-Benzon, W. A. v., das eheliche Güterrecht in den vormals Schauenburgischen Distriften Holsteins. gr. 8. Kiel 874. Leipzig, Licht und Meyer.

Fischer-Benzon, W. A. v., das eheliche Güterrecht in den vormals Schauenburgischen Distrikten Holsteins. gr. 8. (IV, 166 S.) Kiel 874. v. Wechmar. n. 5. 60

Fischer-Benzon, W. A. v., das Land- und Marschrecht. 1. und 2. Abthl. Die Intestaterbfolge. gr. 8. (IX und 186 S.) Kiel 866. (Glückstadt, Fabricius.) à Abthl. * 24 Ngr. *

Fischer-Benzon, W. A. v., das Land- und Marsch-Recht. gr. 8. (IV, 186 S.) Kiel 874, v. Wechmar. *

Fischer-Colbrie, Aug., Fragmentum apologeticum de criterio interno positivo divinae originis christianae religionis. Wien, St. Norbertus (?), 1891, 8°, 91 S.

Fischer-Colbrie, A., hora eucharistica. Eine Stunde d. Gebetes vor dem Allerheiligsten Sacramente. 2. Aufl. 16. (73 S.) Wien 892. „St. Norbertus". n. — 24

FISCHER-COLBRIE, Augustinus: De irregularitate in genere et ea, quae ex homicidio et mutilatione oritur, in specie. — (1888) 104 S. 4° (Handschr.) Diss. 419
Diss. Wien, Univ.

Fischer-Colbrie, Eduard

Die Anfechtung von Hypotheken durch Nachhypothekare nach österreichischem Rechte. Von Dr. Eduard **Fischer-Colbrie.** *Wien: Manz 1902.* (IV, 118 S.) 8° [F.] [c. 6]

Fischer-Defoy, W.: Hygiene der Kleidung. Dresden. 23 S. (Deleiters Gesundheitsbüchlein. 7.)

Fischer-Des Arts, Minna, Anleitg. z. Erteilen d. Unterrichts i. d. Haushaltungskunde i. d. obersten Mädchenklasse d. Volksschulen. gr. 8. (VIII, 221 S. m. 4 Abb.) Jena 895. G. Fischer. n. 2. —; geb. n. 2. 50

Fischer-Des Arts, Minna, 130 Rezepte f. den einfachsten Haushalt. Anleitg. zur Unterweisg. in der Haushaltungskunde f. einfache Hausstände. 2. gänzl. umgearb. Aufl. der „Anleitung zum Erteilen des Unterrichts in d. Haushaltungskunde in d. oberst. Mädchenklasse d. Volksschulen". gr. 8. (XIV, 176 S.) Jena 899. G. Fischer. n. 1. 20; geb. n. 1. 60

Fischer-Dick, über die Entwickelung des Oberbaues bei Strassen-Eisenbahnen. Vortrag, geh. in der Versammlung des Vereins für Eisenbahnkunde in Berlin am 11. Febr. 1880. Mit 67 Abbildungen (auf 10 Taf.). [Aus: „Glaser's Annalen f. Gewerbe u. Bauwesen".] gr. 8. (31 S.) Berlin 880. Polytechn. Buchh. in Comm. n. 3. —

Fischer-Dick: Die Straßenbahnen in den Städten. Wiesbaden 1883

Fischer-Dick, Jos., s.: Zeitschrift f. d. ges. Local- u. Strassenbahn-Wesen.

Fischer-Dückelmann, Anna, d. heut. Behandlungsmethoden d. Frauenkrankheiten f. Ärzte u. Gebildete all. Stände. gr. 8. (40 S.) Strassburg 898. Berlin, H. Bermühler. n. — 75

Fischer, Anna. Die heutigen Behandlungsmethoden der Frauenkrankheiten, für Ärzte und Gebildete aller Stände. Von Frau Dr. med. Anna Fischer-Dückelmann (in Zürich promoviert). 2. Ausg. 40 S. 8. Berlin. Hugo Bermühler, 1902. [M. —. 75]

Fischer-Dückelmann, Anna, die heutigen Behandlungsmethoden der Frauenkrankheiten f. Ärzte u. Gebildete aller Stände. 2. Ausg. gr. 8. (40 S.) Berlin 902. H. Bermühler. n. — 75

Fischer-Dückelmann, Frau Anna, das Büchlein vom Durst. Ein Leitfaden f. solche, die nach besseren Eßgewohnheiten streben u. die Trink-Sitten bekämpfen. (VIII, 46 S. m. Abbildgn.) 12. Stuttgart 903. Süddeutsches Verlags-Institut. n. — 40

— dasselbe. 3.—5. Taus. (46 S. m. Abbildgn.) kl. 8. Berlin-Steglitz 905. Verlag „Kraft u. Schönheit". n. — 40

— schmerzlose Entbindung u. weibl. Kleidersünden. Frauen-Vortrag. 12. (32 S.) Leipzig (900). E. Demme. n. — 50

— Entstehung, Verhütg. u. Heilg. d. Frauenkrankheiten all. Altersstufen f. Frauen u. erwachs. Töchter. gr. 8. (48 S.) Ebd. 899. n. 1. —

Entstehung, Verhütung und Heilung der Frauenkrankheiten aller Altersstufen für Frauen u. erwachsene Töchter von Frau Dr. med. Anna Fischer-Dückelmann. 2. Ausg. *Berlin: H. Bermühler 1902.* (48 S.) 8° [M. 1.00]

Fischer, Anna. Entstehung, Verhütung und Heilung der Frauenkrankheiten aller Altersstufen, für Frauen und erwachsene Töchter von Dr. med. Anna Fischer-Dückelmann (in Zürich promoviert). 2. Ausg. 48 S. 8. Berlin, Hugo Bermühler, 1902. [M. 1. —]

Fischer-Dückelmann, Anna, aus Offenbach a. M. (Hessen): Die vom April 1888 bis Januar 1895 in der Zürcher Frauenklinik beobachteten Fälle von Puerperalfieber. Zür. Müller Werder Cie Dr. 1896. 30 S., 1 Bl. 8°.
Zürich, Med. Diss. [v. 24. Oct. 1896].

— die Frau als Hausärztin. Ein ärztl. Nachschlagebuch der Gesundheitspflege u. Heilkunde in der Familie mit besond. Berücksicht. der Frauen- u. Kinderkrankheiten, Geburtshilfe u. Kinderpflege. Mit 448 v. ersten Künstlern hergestellten od. nach Orig.-Akten aufgenomm. Text-Illustr., 22 Taf. u. Kunstbeilagen in feinstem Farbendr. u. dem Portr. der Verf. gr. 8. (VIII, 832 S.) Stuttgart (901). Süddeutsches Verlags-Institut.
Geb. in Leinw. n. 16. —

— die Frau als Hausärztin. Ein ärztl. Nachschlagebuch der Gesundheitspflege u. Heilkunde in der Familie m. besond. Berücksicht. der Frauen- u. Kinderkrankheiten, Geburtshilfe u. Kinderpflege. Mit 450 Orig.-Illustr., 28 Taf. u. Kunstbeilagen in feinstem Farbendr. u. dem Porträt der Verf. Verm. u. verb. Jubiläums-Pracht-Ausg. (130.—150. Taus.) 2 Bde. (XII, 859 S.) gr. 8. Stuttgart (905). Süddeutsches Verlags-Institut.
Geb. in Leinw. n. 16. —

Fischer-Dückelmann, Anna, die Frau als Hausärztin. Ein ärztl. Nachschlagebuch d. Gesundheitspflege u. Heilkde. in d. Familie m. besond. Berücksicht. der Frauen- u. Kinderkrankheiten, Geburtshilfe u. Kinderpflege. Mit 463 Orig.-Illustr., 37 Taf. u. Kunstbeilagen in feinstem Farbendr. u. d. Portr. der Verf. 600,000-Jubiläums-Ausg. 630—660. Taus. (X, 916 S.) Nebst Album: Mann u. Weib. Gegenüberstellung d. männl. u. weibl. Körpers in anatomisch-zerlegbaren Modellen. (5 farb. Taf. in Leporelloform.) gr. 8. Stuttgart (910). Süddeutsches Verlags-Institut. Geb. in Leinw. 17. —

— d. Geburtshilfe vom physiatr. Standpunkt f. Ärzte u. Gebildete all. Stände. gr. 8. (40 S.) Ebd. 898. n. — 75

Fischer, Anna. Die Geburtshilfe vom physiatrischen Standpunkt von Frau Dr. med. Anna Fischer-Dückelmann (in Zürich promoviert). 2. Ausg. 40 S. 8. Berlin, Hugo Bermühler, 1902. [M. —. 75]

Das Geschlechtsleben des Weibes. Eine physiol.-soziale Studie mit ärztl. Ratschlägen von Dr. med. Anna Fischer-Dückelmann. *Berlin: H. Bermühler 1900.* (202 S.) 8°

Das Geschlechtsleben des Weibes. Eine physiolog.-soz. Studie mit ärztl. Ratschlägen von Frau Dr. med. Anna Fischer-Dückelmann. 9. verm. u. verb. Aufl. *Berlin: H. Bermühler 1901.* (223 S.) 8°

Das Geschlechtsleben des Weibes. Eine physiolog.-soziale Studie mit ärztl. Ratschlägen von Anna Fischer-Dückelmann. 8., verm. u. verb. Aufl. *Berlin: H. Bermühler 1902.* (219 S.) 8°

Das Geschlechtsleben des Weibes. Eine physiol.-soz. Studie mit ärztl. Ratschlägen von Frau Dr. med. Anna Fischer-Dückelmann. 10., verm. u. verb. Aufl. mit vielen Ill., sowie 1 Modell. *Berlin: H. Bermühler 1903.* (VII, 210 S.) 8°

Das Geschlechtsleben des Weibes. Eine physiolog.-soziale Studie mit ärztl. Ratschlägen von Frau Dr. med. Anna Fischer-Dückelmann. 11., vielfach verb. Aufl. mit vielen Ill. sowie 1 Modell. Berlin: H. Bermühler 1905. (VII, 210 S.) 8°

Das Geschlechtsleben des Weibes. Eine physiol.-soz. Studie mit ärztl. Ratschlägen von Frau Dr. med. Anna Fischer-Dückelmann. 12. Aufl. mit vielen in d. Text gedr. Ill. sowie e. zerlegbaren anat. weibl. Modell. Berlin: H. Bermühler 1906. (VII, 221 S.) 8°

Das Geschlechtsleben des Weibes. Eine physiolog.-soziale Studie mit ärztl. Ratschlägen von Frau Dr. med. Anna Fischer-Dückelmann. 13., vielfach verb. Aufl. mit vielen Ill. sowie 1 Modell. Berlin: H. Bermühler 1908. (X, 240 S.) 8°

— Das Geschlechtsleben d. Weibes. Eine physiologisch-soziale Studie m. ärztl. Ratschlägen. 14. verb. Aufl. m. vielen in d. Text gedr. Illustr., sowie e. zerlegbaren anatom. weibl. Modell. (X, 241 S. u. 1 Bl. Erklärgn.) 8. Berlin 910. H. Bermühler.
3.—; geb. n 4. —

Fischer-Dückelmann, A., üb. die moderne Küche. Vortrag. 8. (26 S.) Berlin 890. Breitkreuz. n. — 30

— neue Küchenlehren f. Alle, die auf vernunft- u. naturgemäßerer Grundlage kochen wollen. gr. 8. (IV, 52 S.) Zürich 888. Schröter & Meyer. n. — 60

— über die Reform der weiblichen Kleidung. 8. (28 S.) Berlin 890. Breitkreuz. n. — 30

Fischer von Ehrenbach, Wilhelm

Rede bey der St. Johannisfeyer in der □ der wahren vereinigten Freunde im Or. von B[rün]n. Gehalten den 11ten des 7ten von L[recte: Wilh.] F[ischer v. Ehrenbach. Prag: Schönfeld] 1785. 16 S. 8°

Fischer-Ellinger's Lehrbuch des österreichischen Handelsrechtes. 4., verm. Aufl. bearb. von Herm. Blodig. gr. 8. (XX und 492 S.) Wien 860, Braumüller's Verlags-Conto. *

Fischer von Erlach, Joh. Bernh.

Fischer von Erlach, J. E. Anfang einiger Vorstellungen der vornehmsten Gebäude sowohl innerhalb der Stadt als in den Vorstädten v. Wien. Wien. (1715.) Querfol.

Fischer v. Erlach, J. B., Wiener Bauten nach den Entwürfen d. Verf. u. gleichzeit. Aufnahmen v. J. E. Fischer v. Erlach. Sal. Kleiner u. Jos. Sedelmayr. [Aus: „Wien vor 150 Jahren".] gr. Fol. (36 Lichtdr.-Taf. m. 1 Bl. Text.) Wien 891. A. Lehmann. In Mappe. n. 80. —

Fischer v. Erlach, Joh. Bernh. Entwurf einer historischen Architectur, in Abbildung unterschiedener berühmter Gebäude des Alterthums u. fremder Völcker etc. (In 4 Heften.) Leipzig 1725. 1 Bd. Querfol.

FISCHER von Geiselbach G[ ] F[ ]. Freimüthige Gedanken über Wucher u. Wuchergesetze ... Heubner, Wien 1790.

Fischer-Goullet, L. W. (Red.), s. Verkehr, Der Deutsche.

Fischer-Hinnen, Heinrich

Fischer-Hinnen, H. Bären-Album. 2. Aufl. 24 Lithogr. In-4°. Bern, Max Fiala's Buchhandlung. 2 —

Fischer-Hinnen, Heinr., Erinnerung an das Eidgen. Schützenfest in Bern 1885. 12. (12 autogr. Taf. m. eingedr. Text.) Bern 885. (Nydegger & Baumgart.) n.n. — 50

Fischer-Hinnen, Henri, s. Fischer-Hinnen, Heinrich

Fischer-Hinnen, Jacques

Fischer-Hinnen, J., die Berechnung u. Wirkungsweise elektrischer Gleichstrom-Maschinen. Praktisches Handbuch f. Elektrotechniker u. Maschinentechniker. 2., verm. Aufl. gr. 8 (VII, 169 S. m. 54 Fig. u. 1 lith. Taf.) Zürich 892. Meyer & Zeller. n. 4. 60

Fischer-Hinnen, J., d. Wirkungsweise, Berechng. u. Konstruktion elektrisch. Gleichstrom-Maschinen. Prakt. Handbuch f. Elektrotechniker u. Maschinenkonstrukteure. 3., vollst. umgearb. u. stark verm. Aufl. M. üb. 200 in d. Text gedr. Fig. u. 3 lith. Taf. gr. 8. (XII, 326 S.) Zürich 897. A. Raustein.
Geb. in Leinw. n. 10. 80

Fischer-Hinnen, J., die Wirkungsweise, Berechnung u. Konstruktion elektrischer Gleichstrom-Maschinen. Praktisches Handbuch f. Elektrotechniker, Maschinenkonstrukteure u. Studierende. 4., vollst. umgearb. u. stark verm. Aufl. gr. 8. (X, 410 S. m. 394 Fig. u. 3 lith. Taf.) Zürich 899. A. Raustein. Geb. in Leinw. n. n. 13.20

Fischer-Hinnen, J[acques]. Die Wirkungsweise, Berechnung und Konstruktion Elektrischer Gleichstrom-Maschinen. Praktisches Handbuch für Elektrotechniker, Maschinenkonstrukteure und Studierende. 5., vollständig umgearbeitete und stark vermehrte Aufl. Mit 433 in den Text gedruckten Figuren [wovon 11 Tafeln, 2 Tabellen] und 4 Tafeln [am Schlusse]. (2 Teile.) XII + 536 S. 8. Zürich, Albert Raustein, 1904. [fr. 10.— & 9.—, zus.-geb. 20. —]
(Teil 1,) *mit proviso. Titel:* ... Mit über 400 ... Figuren und 3 lithogr. Tafeln. IV + 273 S.; — (Teil 2.) XII S. + S. 273—536.

Fischer-Hoffmann, Thet, Samum. Gedichte. (32 S.) kl. 8. Leipzig 907. Verl. f. Literatur, Kunst u. Musik. 1.50; geb. n 2.50

Fischer-Hoffmann, Thet, wir sündigen, weil wir blühn. Gedichte. (80 S.) kl. 8. Leipzig 909. Verl. f. Literatur, Kunst u. Musik. 2.50

Fischer-Lette, Marie

Fischer, Marie, geb. Lette: Durch Kampf zum Sieg! Dem Andenken der Frau Josephine E. Butler gewidmet von ihrer treuen Mitarbeiterin. — Hamburg: Rauhes Haus in Komm. 1907. 26 S. 8°

Fischer, Marie, geb. Lette. Das Familistère Godins, s.a. Zeit- u. Streit-Fragen, deutsche.

Fischer M, das Familistère Godins. (Zeit- und Streitfr. N F 68) Hamburg 1890

Fischer-Lette, Marie, Friede sei in diesem Hause. gr. 8. (15 S.) Bern 892. (Berlin-Carlshorst, H. Friedrich.) n. — 20

Die Gehülfin des Geistlichen in seinem Hause und in seiner Amtswirksamkeit als Mutter, Schwester und Gattin. Von Marie Fischer, geb. Lette. *Berlin: F. Grunert in Comm. [1903].* (44 S.) 8° [F.]

Fischer, Marie, geb. Lette, Gesundheit u. Sittlichkeit. gr. 8. (15 S. m. 3 Abbildgn.) Leipzig 894. R. Werther. n. — 15

Fischer, Marie (geb. Lette), Gesundheit u. Sittlichkeit. 2. Aufl. gr. 8. (15 S. m. 8 Fig.) [Münden 897. R. Werther.] Berlin, H. Friedrich. n. — 15

— Jesus rief mich. Gedichte. gr. 8. (54 S.) Kassel (901). (E. Röttger). n. 1. —

Fischer-Lette, Marie, Jesus rief mich. Gedichte. 2. Bd. (35 S.) gr. 8. Berlin (903). (F. Grunert.) n. — 50

Jesus rief mich. Gedichte von Marie Fischer-Lette. Berlin: F. Grunert in Komm. [1904]. (34 S.) 8° [Umschlagt. F.]
— Fischer-Lette: Aus früherer Zeit. Bd 2.

Fischer-Lette, Marie, Jesus rief mich. Gedichte. (107 S. m. Titelbild.) 8. Hamburg (910). Agentur d. Rauhen Hauses. 1.50

Jesu Jüngerin. Ein Wegweiser f. der christl. Jungfrau Liebesthätigkeit von Marie Fischer-Lette. *Carlshorst-Berlin: H. Friedrich [1899].* (X, 97 S.) 8° [F.]

— Kinder der Bibel. Für Kinder erzählt. (III, 104 S.) 8. Ebd. (905). Kart. n. 1.50

— auf dem Lande. gr. 8. (14 S.) Ebd. 894. n. — 15

— auf dem Lande. 2. Aufl. gr. 8. (14 S.) Ebd. 897. n. — 15

Das Leben Jesu von Marie Fischer, geb. Lette. *Berlin: Selbstverl. (1900).* (64 S.) 8° [F.]

— s.a. Lebensbild, e., des verewigt. Präsident Dr. Lette.

Ein Lebensbild des verewigten Präsident Dr. (Wilhelm Adolf) Lette. Zu s. 100jähr. Geburtstage. (Von Marie Fischer, geb. Lette.) 2. Aufl. *Carlshorst-Berlin: H. Friedrich 1899.* (108 S.) 8° [F.]

— Malthus u. s. Gegner. 8. (75 S.) Ebd. 896. n. 1.30

— **Marksteine f. e. christl. Eheleben, ausgez. zu Nutz deutscher Braut- u. Eheleute. Befürwort. durch C. Kayser u. durch d. Vorstand d. Dresdner Vereins zur Hebg. d. Sittlichkeit.** 8. (II, 27 S.) Dresden 898. Naumann. n. — 30

— das einzige Mittel zu Erhaltung des Familienglücks. Ein Wort f. Männer u. Frauen. (Neue [Titel-]Ausg. v. „Malthus u. seine Gegner.") 8. (75 S.) Carlshorst-Berlin [896]. 899. H. Friedrich. n. 1. —

— Modethorheiten. 16. (76 S. m. Abbildgn.) Augsb. 891, Rieger. — 60
Aus: Volkserzieher, besonders abgedruckt.

— Reiseerinnerungen aus Nordamerika, s.: Sammlung theologischer u. sozialer Reden u. Abhandlungen.

— aus d. Lebens dunklen Tiefen. gr. 16. (76 S.) Ebd. 895. n. 1. 25; geb. n. 2. —

— die Uhr, s.: Margareten-Blumen. 1. Bdchn.

Fischer, Marie, geb. Lette: Unwissenheit ist nicht Unschuld. Allen Müttern u. Erzieherinnen gewidmet. — Hamburg: Bruer [1892]. 111 S. 8°

2. Aufl. nicht erm. 3. verm. u. verb. Aufl. — Hamburg: Rauh. Haus in Komm. 1910. 62 S. 8°

— Einer Mutter Vermächtnis u. letztes Mahnwort an ihre Tochter. 12. (16 S.) Frankf. a. M. 891, Gebr. Knauer. * — 40

dasselbe. 2. Aufl. gr. 16. (16 S.) Leipzig 894. R. Werther. n. — 15

— einer Mutter Vermächtnis u. letztes Mahnwort an ihre Tochter. 3. Aufl. 12. (15 S.) Hann. Münden 898. Berlin, H. Friedrich. n. — 15

Einer Mutter Vermächtnis und letztes Mahnwort an ihre Tochter. Von Marie Fischer geb. [-]Lette. 4. Aufl. *Carlshorst-Berlin: H. Friedrich [1900].* (15 S.) 8° [F.]

Über Versorgungshäuser. (Verf.: Marie Fischer, geb. Lette.) (2. Aufl. Diesdorf 1904: Buchdr. d. Schreiberhau-Diesdorfer Rettungsanst.) 23 S. 8° [Kopft.]

— Volkshochschulen. gr. 8. (22 S.) [Hann. Münden 895. R. Werther.] Ebd. n. — 40

— ein Wort an Eltern u. Erzieher üb. die erste Entwicklung u. Leitung der Kinder. 2. Aufl. gr. 8. (24 S.) Leipzig 894. R. Werther. n. — 25

— ein Wort an Eltern u. Erzieher üb. d. erste Entwickelg. u. Leitg. d. Kinder. 3. Aufl. gr. 8. (24 S.) Ebd. 897. n. — 25

— aus früherer Zeit. Gedichte. (154 S.) gr. 8. Ebd. (903). n. 1. —

Aus früherer Zeit. Gedichte von Marie **Fischer-Lette.** Bd [1.] 2. Berlin: F. Grunert in Komm. [1904]. 2 Bde 8° [Umschlagt. F.]
2 [u. d. T.:] Jesus rief mich ... von M. Fischer-Lette. [05. 6016

Fischer-Loher, A.
d.i. Anna Glaß.

Fischer-Löher, A., Carriere. Schauspiel in 4 Aufzügen. gr. 8. (75 S.) Leipzig (Lange Str. 28) (898). Emil Glausch. n. 1.—

Fischer-Löher, A. (Frau Anna Glaß), eine Kraftprobe, s.a. **Liebhaber-Bühne, neue. Nr. 75.**

Eine Kraftprobe. Lustspiel in 1 Akt von A. **Fischer-Löher** (d. i. Anna Glaß). Landsberg a. W.: Volger & Klein [1903]. (16 S. 8° [F.]
= **Liebhaber-Bühne,** Neue. No 75. [05. 849

— eigene Ziele, s.: Eckstein's Miniaturbibliothek. Nr. 81.

Fischer-Markgraff, Elisabeth

Fischer-Markgraff, E. (Frau Elisab. Fischer), **Brausejahre.** Eine Erzählg. f. junge Mädchen. Mit 4 Tondr.-Bildern v. A. Mandlick. (225 S.) 8. Stuttgart (910). Union. Geb. in Leinw. 4.—

Surrogate. Ein Zeitroman von E[lisabeth] **Fischer-Markgraff.** Berlin: Taendler 1910. 178 S. 8° [10. 12370

Fischer-Ohmann, Gust., Alma geht durch od. Ein Berliner Schusterjunge, s.: **Album f. Liebhaber-Bühnen.**

Fischer-Ohmann, Gust., d. Privatdetektive, s.: **Universal-Bibliothek.**

— wenn zwei dasselbe thun — —. Schauspiel in 4 Akten. gr. 8. (55 S.) Berlin (900). A. Hoffmann. — 50

Fischer-Oster, Karl von

Fischer-Ooster, K. v. Beitrag zur paläontologischen Kenntniss der westlichen Schweizer-Alpen. 1865.

Fischer-Ooster, C. v., Beitrag zur Kenntniss der Vertheilung der Wärme im Raum. Vortrag gehalten den 5. März 1864. gr. 8. (18 S.) Bern 864, (Huber und Comp.) *
Aus: Berner Mittheilungen, besonders abgedruckt.

Fischer[-Ooster], Carl von. Beschreibung einer einfachen Methode der Berechnung bei Höhenmessungen mittelst des Barometers, von A[lbert] F[erdinand] C' von F'.... 8. *o. O. u. J.* [1843/44].

Fischer-Ooster, Carl v., die fossilen Fucoiden der Schweizer-Alpen, nebst Erläuterungen über deren geologisches Alter. gr. 4. (VIII und 74 S. mit 18 Stnt. in gr. 4., Fol. und qu. Fol.) Bern 858, (Huber und Comp.) **

Fischer-Ooster. K. v. Die fossilen Fucoiden der Schweizer-Alpen. Bern 1869.

Fischer-Ooster. K. v. Geologische Mittheilungen. 1856—69.

Fischer-Ooster. K. v. Paläontologische Mittheilungen. 1861.

Fischer-Ooster. K. v. Paläontologische Mittheilungen aus den Freiburger Alpen. 1871.

Fischer-Ooster, C[arl] v[on]. Verschiedene geologische Mittheilungen. ⟨Vorgetragen in der Sitzung der Bern. naturf. Gesellschaft den 17. December 1870.⟩ [SA.] 8. [Bern 1871.]

Fischer-Ooster. Carl von *s.* Ooster, Wilhelm Alexander, und Fischer-Ooster, Carl von.

—— s. Protozoe Helvetica.

Fischer-Ooster (C. von). Rubi bernenses. Bern, 1867. 8°.

Fischer-Ooster, C. v., die rhätische Stufe der Umgegend von Thun. 8. (70 S. mit 4 vom Autor lithogr. Taf. in qu. 4.) Bern 869, Huber und Comp.) *
Aus: Mittheilungen der Berner naturforschenden Gesellschaft, besonders abgedruckt.

Fischer-Ooster, C[arl von]. Ueber Vegetationszonen und Temperaturverhältnisse in den Alpen. [Mit 2 Tafeln.] ⟨SA.⟩ 8. Bern 1848.

Fischer-Planer, Ernst, Einführung in die Musik v. Richard Strauss u. Elektra. Zum Verständn. d. Meisters. Erläuter. z. Wesen d. modern. Musik. M. Notenbeisp. (63 S.) 8. Leipzig 909. Reform-Verl. Geb. in Leinw. nn 1.—

— **Philosophen untereinander.** Kritik u. Prolegomena zu e. neuen Philosophie. (51 S.) 8. Ebd. 908. 1.20

Fischer-Reinau, L., die Wasserkräfte d. bayer. Alpen. (26 S. m. Fig. u. 1 Karte.) Lex. 8. München (906). Süddeutsche Verlags-Anstalt. 1.50
Sonderabdr. aus „Bayer. Industrie- u. Gewerbebl."

Fischer v. Röslerstamm, E., Adressbuch für Autographen- und Portaits-Sammler. kl. 8. (VI, 219 S.) Graz 887. (Leykam.) n. 4.—

Fischer von Röslerstamm, Ed., d. Wanderer nach d. Schneeberge in Niederösterreich. Ein getr. Führer auf dieser Alpe u. ihrer nächsten Umgebung. 16. (10½ B.) Wien 844, Braumüller u. Seidel. ⅓ Thlr.

Verzeichnis von Autographen aus dem Nachlasse des Grafen Victor Wimpffen. Versteigerung ... 1903 ... in Graz. (Verf.: E[duard] **Fischer** v. Roeslerstamm.) *Graz: A. A. Schwarz 1903.* (VI, 160 S.) 8° [03. 3089

Fischer von Reiselbach, G. F., Freimüthige Gedanken über Wucher und Wuchergesetze, nebst dem Vorschlag zu einem entscheidenden Mittel, den Wucher ohne Strafgesetze zu beschränken. gr. 8°. Wien 1790.

Fischer v. Reiselbach, freymüth. Gedanken. üb. Wucher und Wucherges. gr. 8. Wien, Camesina. 790.

Fischer v. Röslerstamm, Hugo. Die Dampfheizung der Eisenbahnwagen, s.a. Vorträge u. Abhandlungen, technische.

Fischer v. Röslerstamm, H: Die Dampfheizung der Eisenbahnwagen, deren Berechnung, Details und neue Systeme. Wien 1889

FISCHER EDLER von ROESLERSTAMM, J. C.: Abbildungen zur Berichtigung und Ergänzung der Schmetterlingskunde, besonders der Microlepidoptereologie als Supplement zu Treitschkes und Hübners europäischen Schmetterlingen. - Leipzig 1834-1838. 2 Bd.

Fischer, Edler von Röslerstamm, J. E., Abbildungen zur Berichtigung u. Ergänzung der Schmetterlingskunde, besond. der Microlepidopterologie, als Supplement zu Treitschke's u. Hübner's europäischen Schmetterlingen, mit erklär. Text. Cent. I. 16—16S Hft. Jedes mit 5 ill. Kpfr. gr. 4. Leipzig 834—40. Hinrichs. (à H. 1½ ℛ) n. 24 ℛ

Fischer Edler von Röslerstamm, J. E., Abbildungen zur Berichtigung u. Ergänzung der Schmetterlingskunde, besonders der Microlepidopterologie; als Supplement zu Treitschke's u. Hübner's europäischen Schmetterlingen, mit erläut. Text. Centurie I. 17.—20. (letztes) Heft; à 5 (sehr sauber ausgemalten) Kupf. gr. 4. Leipzig 841—43, Hinrichs'sche Buchh. à n. 1½ ℛ — compl. 20 Hfte. n. 30 ℛ

— der Wanderer nach dem Schneeberge in Niederösterreich. Ein getreuer Führer auf dieser Alpe und ihrer nächsten Umgebung. 16. Wien 844, Braumüller u. Seidel. geb. ⅓ ℛ

Fischer von Röslerstamm, J. F., Abbildungen zur Berichtig. u. Ergänzung der Schmetterlingskunde, besond. der Microlepidopterologie als Supplem. zu Treitschke's u. Hübner's europ. Schmetterlingen. Mit erläut. Text. 20. (letzt.) Hft., mit 5 ill. Kpfrt. gr. 4. (2½ B. Text.) Leipzig 843, Hinrichssche Buchh. *
1—19. Hft. Ebendas. 1834—42. * 28 Thlr. 15 Ngr.

Fischer von Rieselbach, J. F.: „Freimüthige Gedanken über Wucher und Wuchergesetze; nebst dem Vorschlag zu einem entscheidenden Mittel, den Wucher ohne Strafgesetze zu beschränken", Wien 1790. — Vorh.: Com. Bibl. Hamburg.

Fischer-Sallstein, Konrad

Fischer-Sallstein, M. Conr., an Bord d. Königin Elsbeth, s.a. **Kürschners Bücherschatz.**

[F.] An Bord der Königin Elsbeth. Erzählg v. C(onrad) Fischer-Sallstein. M. 20 Ill. v. H. Albrecht. *Berlin, Eisenach, Leipzig: A. Hillger [1897].* (127 S.) 1 Bd 8.
= Bücherschatz, Kürschners. No 9. [97. 6099]

Fischer-Sallstein, Conr., Duell-Sünden, s.: Weichert's Wochen-bibliothek. 179 Bd.

— der Erlöser, s.: Bücher, hessische. 1. Bd.

Fischer-Sallstein, Conr., Berliner Figuren. Humoristischer Berliner Roman. 1. Lfg. gr. 8. (S. 1—48.) Berlin 883, Drewitz. *
Nicht weiter erschienen.

— Fürstengunst, s.: Weichert's Wochen-Bibliothek. 151. Bd.

— **Goldstrumpf, d. Schützling d. Capeiro-Indianers. Erlebn. e. deutschen Knaben in d. Urwäldern Brasiliens. — Kneebs, M., Benjamin Arden, d. König d. Wolfsjäger. Erzählg. aus d. Leben e. nordamerikan. Hinterwäldlers. gr. 8. (159 S. m. 5 Farbdr.) Berlin 897. A. Weichert. Geb. 2. —**

Prinz Heinrich in Kiautschau. Reisen d. Prinz-Admiral in Indien, China, Japan (1898–1900). Der Jugend erzählt von Conr. Fischer-Sallstein. Mit 18 Ill. u. 1 Karte. *Berlin: Globus Verl. [1900].* (199 S.) 8° [F.] [00. 10490]

— Prinz Heinrich in Kiautschau. Reisen zu Wasser u. zu Lande des Prinz-Admiral in Indien, China, Japan 1898—1900. Der reiferen Jugend erzählt. Mit (8) Illustr. nach Naturaufnahmen in Photographiedr. (IV, 199 S.) gr. 8. Berlin (906). Globus Verlag. Geb. in Leinw. n.n.n. 1.10

Fischer-Sallstein, C., Kampf mit Frauenherzen. Roman. 8. (422 S.) Berlin 888, Verlag der „Deutschen Presse". *

Fischer-Sallstein, Conr., der schwarze Conrad. Roman e. modernen Dichter-Vagabunden. 8. (191 S.) Berlin 891. R. Wilhelmi. n. 2 60

— „Das Liebespaar d. Zarin", s.a. **Kürschner's, Jos., Bücherschatz.**

'Das Liebespaar der Zarin!' Roman von C(onrad) Fischer-Sallstein. Mit Ill. von F. Ranzenhofer. *Berlin, Eisenach, Leipzig: H. Hillger [1899].* (125 S.) 8° [A.]
= Bücherschatz, Kürschners. No 135. [00. 0296]

—— **Emin Pascha [Dr. Ed. Schnitzer]. Sein Leben u. seine Reisen. Der reiferen Jugend dargestellt. gr. 8. (VII, 216 S. m. 9 Vollbildern.) Berl. 890, [Nordd. Verlags-Institut.] Pohlmann. geb. 4 50**

— **Rheinlands-Geschichten,** s.a. **Bibliothek der Gesamt-litteratur.**

— Rheinlands-Geschichten. 12. (203 S.) Ebd. 888. n. 2. —

—— Rheinlands-Geschichten. 2. verm. Aufl. 8. (330 S.) Dresd. 890. Pierson. * 3 —

Rheinlands-Geschichten. Von Conrad Fischer-Sallstein. *Halle a.d. S.: O. Hendel (1900).* (181 S.) 8° [F.]
= Bibliothek d. Gesamtlitteratur d. In- u. Auslandes. No 1392–94. [00. 9181]

Friedrich von Schiller. Wanderfahrten eines Dichterfürsten. Der deutschen Jugend erzählt von Conr. Fischer-Sallstein. Mit Ill. von Paul Heydel. *Berlin: Globus-Verl. [1900].* (206 S.) 8° [F.]

— Friedrich v. Schiller. Wanderfahrten e. Dichterfürsten. Der deutschen Jugend erzählt. Mit (5) Illustr. in Farbendr. nach Aquarellen v. Paul Heydel. (206 S.) gr. 8. Ebd. (906). Geb. in Leinw. n.n.n. 1. 10

Der Sohn. Roman aus d. Lande d. Kulturbarbaren. Von [Konrad] Fischer-Sallstein. Berlin: O. Dreyer [1910]. 253 S. 8° [11. 3350]

— d. verlorene Sohn, s.a. **Weichert's Wochen-Bibliothek.**

[F.] Der verlorene Sohn. Roman v. Conrad Fischer-Sallstein. M. 3 Vollbild. *Berlin: A. Weichert [1898].* (96 S., 3 Taf.) 1 Bd 8.
= Wochen-Bibliothek, Weichert's. Bd 36. [99. 488]

—— **Polnische Weiber. Roman. 8. (296 S.) [Lpz. 889, Knaur.] Wien, Deubler. * 2 —**

— Kaiser Wilhelm der Große, s.a. **Aus bewegter Zeit.**

[F.] Kaiser Wilhelm der Grosse. E. Lebensbild f. d. deutsche Jugend v. M. Konrad Fischer-Sallstein. *Berlin: A. Weichert [1897?].* (158 S., 1 Bl., 4 Taf.) 1 Bd 8. [97. 5335]

Fischer-Sallstein, M. Conrad, s. Fischer-Sallstein, Konrad

Fischer von See, August

— **Progr. f. d. achtwöchentl. Ausbildg. d. Rekruten u. Ersatzreservisten. Ad § 5, Pkt. 57 u. 58 d. Exerzierreglements f. d. k. u. k. Fusstruppen v. 1903. 5. Aufl. (19 S.) 8. Ebd. 910. 1. 25**

— **dasselbe. Auszug. Prakt. Tl. u. Namensverzeichnis ad Exerzierreglement § 5, Pkt. 58 (Umschlag: 58). 5. Aufl. (56 S.) kl. 8. Ebd. 910. 1. 25**

— **Programm f. die achtwöchentliche Ausbildung der Rekruten u. Ersatzreservisten. Ad § 5, Pkt. 57 u. 58 des Exerzierreglements f. die k. u. k. Fusstruppen v. 1903. 2. Aufl. (19 S. m. 1 Taf.) 8. Nebst Auszug. Praktischer Tl. u. Namensverzeichnis. (56 S.) kl. 8. Wien 906. (L. W. Seidel & Sohn.) n. 2. —**

Fischer v. See, Aug., Programm f. die Ausbildung der Kompagnie. (Feldkompagnie.) Praktischer Tl. 2. Aufl. (16 S.) 8. Bozen 906. (Wien, L. W. Seidel & Sohn.) n. 1. —

— **dasselbe. Theoretischer Tl. 2. Aufl. (8 S.) 8. Ebd. 906. n.n. — 75**

Fischer v. See, Aug., Progr. f. d. Ausbildg. d. Kompagnie. (Feldkompagnie.) 3. Aufl. Prakt. Tl. (20 u. Nachtr. 1 S.) 8. Rovereto 910. Wien, L. W. Seidel & Sohn. 1.10; Theor. Tl. (12 u. Nachtr. 1 S.) 8. 910. — 85

Fischer-Sigwart, H[ermann]. Der Adlerbussard, Buteo ferox (Gmel.). Ein neues Mitglied der schweizerischen Ornis. [Separatabdruck aus: «Schweiz. Blätter für Ornithologie». Jahrg. 26, 1902. No. 22.] 3 S. 8. [Zürich, Berichthaus.]

Fischer-Sigwart, H[ermann]. Vom Alpensegler (Cypselus melba). (— Die Blaudrossel oder Blauamsel.) Separatabdruck aus der Wochenschrift «Der Ornithologische Beobachter» [Jahrg. 1, 1902, No. 23-25]. 3 S. 4. Bern, C. Daut.

Fischer-Sigwart, H[ermann]. Das Auerhuhn und seine Verbreitung in der Schweiz. [Sep.-Abdr. aus: Diana. ... Jahrg. 25, 1907, No 9—12.] 16 S. 8. (Genève, J. Studer.)

Fischer-Sigwart, H[ermann]. Ornithologische Beobachtungen vom Jahr 1894. Gesammelt und zusammengestellt von H. F-S'.... SA. 8. [Zürich 1895.]

Fischer-Sigwart, H[ermann]. Ornithologische Beobachtungen vom Jahr 1895. Gesammelt und zusammengestellt von H. F-S'. [SA.] 8. [Zürich 1896.]

Fischer-Sigwart, H[ermann]. Ornithologische Beobachtungen vom Jahr 1900. Aus dem Tagebuche von Dr. H. Fischer-Sigwart. Separatabdruck aus den «Schweiz. Blättern für Ornithologie». II + 68 S. 8. Zürich, Berichthaus, 1901.

Fischer-Sigwart, H[ermann]. Ornithologische Beobachtungen vom Jahr 1901. Aus dem Tagebuche von Dr. H. Fischer-Sigwart. Separatabdruck aus den «Schweiz. Blättern für Ornithologie» [Jahrg. 26, 1902, No. 30 ff.]. II + 35 S. 8. Zürich, Berichthaus, 1902.

Fischer-Sigwart, H[ermann]. Ornithologische Beobachtungen von 1901 an unsern Wildhühnern, Sumpf- und Wasservögeln. (Separatabdruck aus der «Tierwelt» [Jahrg. 12, 1902, No. 35—39].) II + 20 S. 8. Aarau, H. R. Sauerländer & Co., 1902.

Fischer-Sigwart, H[ermann]. Ornithologische Beobachtungen vom Jahre 1902. Die Tauben, Hühner und Trappen. [Sep.-Abdr. aus: Schweizerische Blätter für Ornithologie.... Jahrg. 27, N° 28 29.] 7 S. 8. [Zürich, Berichthaus, 1903.]

Fischer-Sigwart, H[ermann]. Die Blauracke in der Schweiz. Coracias garrula ⟨L.⟩. Die Mandelkrähe. Separatabzug aus der Wochenschrift «Der Ornithol. Beobachter» ... [Jahrg. 2, Heft 1—3]. 4 S. 4. Bern, C. Daut, [1903].

— Die erratischen Blöcke in Längmattmoos bei Zofingen. Mit einem Situationsplan. In-8°, 30 S. Aarau, Sauerländer. 1886.

Fischer-Sigwart, H[ermann]. Der Buchfink ⟨Fringilla coelebs L.⟩ und der Grünfink ⟨Ligurinus chloris Koch.⟩ nach Beobachtungen im Jahr 1901. (Separatabdruck aus der «Tierwelt» [Jahrg. 12, 1902, No. 31 u. 32].) 8 S. 8. (Aarau, H. R. Sauerländer & Co.)

Fischer-Sigwart, H.: Fische, s. Bibliographie der schweizerischen Landeskunde IV.

— Neue Fundorte von Vipera Rhedri. In-8°, 8 S. Aarau, Sauerländer. 1886.

Fischer-Sigwart, H., das Gebirge, e. Rückzugsgebiet f. die Thierwelt. Nach Vorträgen, geh. d. 19. Juli 1891 u. d. 11. Nov. 1891. [Aus: „Mittheilgn. der aarg. naturforsch. Gesellsch.“] gr. 8. (III, 84 S.) Aarau 892. H. R. Sauerländer & Co. n. 1. 40

Fischer-Sigwart, H[ermann]. Der Girlitz ⟨Serinus hortulanus Koch 1816⟩ in der Schweiz. [Mit 1 Doppel-Tabelle.] Separat-Abdruck aus den Mitteilungen des Österr. Reichsbundes für Vogelkunde und Vogelschutz in Wien. 1907. Jahrg. 7. 7 S. 8. (Korneuburg, Julius Kühkopf.)

Fischer-Siegwart, H[ermann]. Der Haldenweiher. Eine naturgeschichtliche Skizze. [Mit 1 Tafel.] II + 14 S. 8. Zofingen, Joh. Fehlmann, 1908.

Fischer-Sigwart, H[ermann]. Die Invasion der Bergfinken in der Schweiz im Jahre 1901. (— Über unsere Wildtauben im Jahr 1901.) Separatabdruck aus der Wochenschrift «Der Ornithologische Beobachter» [Jahrg. 1, 1902, No. 28-31]. 4 S. 4. Bern, C. Daut.

Fischer-Sigwart, H[ermann]. Katalog der Wirbeltiere, sowie der Sammlungen der dazu gehörenden Objekte des Museums in Zofingen. Erstellt durch den Conservator Dr. H. F'-S'. 2. Aufl. Frühling 1910. [Mit 1 Porträt-Tafel und illustriertem Umschlag.] IV + 163 S. 8. Zofingen, Joh. Fehlmann, 1909. [fr. —. 30]

(Fischer-Sigwart, H[ermann].) Katalog der ausgestopften Wirbeltiere ⟨Säugetiere, Vögel, Amphibien und Fische des Zofinger Museums (**Umschlag:* K' der Sammlung ausgestopfter Tiere im Museum zu Zofingen. Von Dr. H. F'-S'. März 1904). [Mit Ansicht und Portrait-Tafel.] 70 S. 8. Zofingen, Joh. Fehlmann, 1903.

Fischer-Siegwart, H. Fossile Knochenfunde aus den interglacialen Kiesschichten in Zofingen u. im Wiggerthale. In-8°, 10 S. Aarau, H. R. Sauerländer.

Fischer-Sigwart, H[ermann]. Kuckuck, Eisvogel, Goldamsel und Staar im Jahr 1902. Separatabzug aus der Wochenschrift «Der Ornithol. Beobachter» ... [Jahrg. 2, Heft 14—16]. 4 S. 4. Bern, C. Daut, [1903].

Fischer-Sigwart, H[ermann]. Aus dem Leben des Habichts, des Sperbers und des Baumfalken im Jahr 1901. [Separatabdruck aus: «Diana». Jahrg. 20, 1902. No. 8.] 7 S. 8. [Zürich, Art. Institut Orell Füssli.]

Fischer-Sigwart, H[ermann]. Das Leben der Stadtschwalbe, Chelidon urbica Boie. Aus einem Manuskript: Bestand und Biologie unserer Vogelwelt zu Anfang des zwanzigsten Jahrhunderts. Separatabdruck aus Heft 10 der «Mitteilungen der Aargauischen Naturforschenden Gesellschaft». II + 54 S. 8. Aarau, H. R. Sauerländer & Co., 1904.

Fischer-Sigwart, H., der Mäusebussard. Buteo vulgaris Leach (1814). Seine Biologie u. Verbreitg. in d. Schweiz. (29 S.) 8. Aarau (908). (H. R. Sauerländer & Co.) — 70
Sonderabdr. aus „Tierwelt“.

Fischer-Sigwart, H[ermann]. Naturschutz. Gewidmet der Schweizerischen Kommission für Natur-Schutz. II + 10 S. 8. Zofingen, Joh. Fehlmann, [1906].

Fischer-Sigwart, Hermann. Publikationen von Hermann Fischer-Sigwart in Zofingen. Geb. den 28. März 1842. II + 35 S. 8. Zofingen, Joh. Fehlmann, 1902.

Fischer-Sigwart, H[ermann]. Unsere Raubvögel im Jahre 1902. Separatabdruck aus der «Tierwelt», Jahrg. 1903. II + 14 S. 8. Aarau, H. R. Sauerländer & Co. [fr. —. 40]

Fischer-Sigwart, H., Reptilien u. Amphibien, s.: Bibliographie d. schweiz. Landeskunde.

—Säugethiere, s.: Bibliographie der schweizerischen Landeskunde. IV.

Fischer-Sigwart, H[ermann]. Der Schnepfenanstand. II + 4 S. 8. Zofingen, Joh. Fehlmann, 1905.

Fischer-Sigwart, H[ermann]. Segler und Schwalben im Jahr 1902. [Sep.-Abdr. aus: Schweizerische Blätter für Ornithologie.... Jahrg. 27, N° 16—17.] 8 S. 8. [Zürich, Berichthaus, 1903.]

Fischer-Sigwart, H[ermann]. Spechte und spechtähnliche Vögel und Klettermeisen im Jahr 1902. [Sep.-Abdr. aus: Schweizerische Blätter für Ornithologie.... Jahrg. 27, N° 23.] 4 S. 8. [Zürich, Berichthaus, 1903.]

Fischer-Sigwart, H[ermann]. Aus dem Staarenleben im Jahre 1901. (Separatabdruck aus der «Tierwelt» [Jahrg. 12, 1902, No. 26 u. 27].) 8 S. 8. (Aarau, H. R. Sauerländer & Co.)

Fischer-Sigwart, H[ermann]. Das Storchennest auf dem Chordache in Zofingen im Jahre —. 8. Zofingen, Fehlmann.
... 1900. Sechstes Jahr der Chronik. II + 9 S. [1901.]
... 1901. Siebentes Jahr der Chronik. II + 11 S. [1902.]

Fischer-Sigwart, H[ermann]. Das Storchennest auf dem Chordache in Zofingen im Jahre 1902. Achtes Jahr der Chronik. 15 S. 8. Zofingen, Fehlmann, 1903.

Fischer-Sigwart, H[ermann]. Das Storchennest auf dem Chordache in Zofingen im Jahre 1902. Achtes Jahr der Chronik. 15 S. 8. Zofingen, Fehlmann, 1903.

Fischer-Sigwart, H[ermann]. Das Storchennest auf dem Chordache in Zofingen im Jahre 1903. Neuntes Jahr der Chronik. 16 S. 8. Zofingen, Fehlmann, (1904).

Fischer-Sigwart, H[ermann]. Das Storchennest auf dem Chordache in Zofingen im Jahre 1904. Zehntes Jahr der Chronik. 9 S. 8. Zofingen, Joh. Fehlmann, 1905.

Fischer-Sigwart, H[ermann]. Das Storchennest auf dem Chordach in Zofingen im Jahre 1905. ⟨11. Jahr der Chronik.⟩ II + 8 S. 8. Zofingen, Joh. Fehlmann, [1906].

Fischer-Sigwart, H[ermann]. Das Storchen-Nest auf dem Chordache in Zofingen im Jahre 1906, nebst Zutaten. 12. Jahr der Chronik. II + 8 S. 8. Zofingen, Joh. Fehlmann, 1907.

Fischer-Sigwart, H[ermann]. Ornithologisch-biologische Studien am Sempachersee und ähnlichen Orten im Jahre 1901. Separatabdruck aus der «Tierwelt» [Jahrg. 12, 1902, Nr. 47—52]. II + 21 S. 8. Aarau, H. R. Sauerländer & Co., 1902. [fr. —. 60]

— die europäische Sumpfschildkröte (Emis lutaria Marsili). Ihr Vorkommen in der schweizer. Hochebene u. ihr Leben im Aquarium u. im Terrarium. Eine biolog. Studie nach Tagebuchnotizen. [Aus: „Der zoolog. Garten“.] gr. 8. (40 S.) Frankfurt a/M. 893. Mahlau & Waldschmidt. n 1. 20

Fischer-Sigwart, H[ermann]. Die europäische Sumpfschildkröte ⟨Emys orbicularis L.⟩. Neue Beiträge. [SA.] 8. [Frankfurt a. M. 1896.]

Tierschutz, s. a. Bibliographie d. schweiz. Landeskunde.

Fischer-Sigwart, H[ermann]. Tierschutz. Zusammengestellt durch Dr. H. F'-S'.... — Wirtschaftliche Kultur, Nationalökonomie und Gemeinnütziges. Heft 9k. X + 101 S. 8. Bern, K. J. Wyss, 1906. [fr. 1.50]

Ausg. A mit deutschen Titeln. — Bibliographie der Schweizerischen Landeskunde ... Fascikel V 9 k.

Ausg. B mit französ. Titeln: Protection des animaux. Elaboré par le Dr. H. F'-S'... — Economie rurale; éc' nationale; utilité publique. Fascicule 9 k. Berne... 1906. — Bibliographie nationale suisse.... Fascicule V 9 k.

Fischer-Sigwart, H[ermann]. Die rabenartigen Vögel. Nach Notizen vom Jahr 1902 und anderes. Separatabzug aus der Wochenschrift «Der Ornithol. Beobachter» ... [Jahrg. 2, Heft 19—22]. 5 S. 4. Bern, C. Daut, [1903].

Fischer-Sigwart, H[ermann]. Sylvien- und drosselartige Vögel nach Beobachtungen in den Jahren 1902—1904. Separatabdruck aus der «Tierwelt», Jahrg. [15,] 1905 [Nr. 48—53]. II + 21 S. 8. Aarau, H. R. Sauerländer & Co. [fr. —.60]

Fischer-Sigwart, H[ermann]. Die Waldschnepfe (Scolopax rusticola L.) und ihr Zug bei Zofingen im Jahr 1901. [Separatabdruck aus: «Diana». Jahrg. 20, 1902. No. 9.] 6 S. 8. [Zürich, Art. Institut Orell Füssli.]

Fischer-Sigwart, H[ermann]. Die Wasservögel. Ornithologische Beobachtungen von 1902. Separatabdruck aus der «Tierwelt», Jahrg. 1903. II + 10 S. 8. Aarau, H. R. Sauerländer & Co.

Fischer-Sigwart, H., die Wasservögel. Ornitholog. Beobachtgn. v. 1902. (10 S.) gr. 8. Aarau (904). (H. R. Sauerländer & Co.) n. — 40

Sonderabdruck aus: „Die Tierwelt".

Fischer-Sigwart, H[ermann]. [1.] Die Würger, die Fliegenschnäpper und einige Verwandte nach Notizen von 1902. (— [2.] Die Finken im Jahr 1902.) Separatabzug aus der Wochenschrift «Der Ornithol. Beobachter» ... [Jahrg. 2, Heft 24—28]. 8 S. 4. Bern, C. Daut, [1903].

Fischer-Treuenfeld II., Hauptm. v., die Bataillons-Schule der deutschen Infanterie nach der Allerhöchsten Cabinetsordre vom 19. März 1873. Ein Supplement zum Exercier-Reglement für die Infanterie der königl. preuß. Armee. 1870. 1. und 2. Aufl. 8. (VIII, 38 S.) Mainz 873, Diemer. *

F(ischer)-T(reuenfeld), v. Die Lasten und die Pflichten der Vaterlandsvertheidigung. Bonn 1861. 8°.

Fischer-Treuenfeld, v.: Vorschläge zur Einführung des allgemeinen Volksturnens für Stadt u. Land. Bonn 1861. 20 S.

Fischer-Treuenfeld, Eberhard von, Regierungsreferendar in Cassel: Die Beschränkung der völkerrechtlichen Handlungsfähigkeit der dauernd neutralen Staaten durch den Neutralitätsvertrag. Borna-Leipzig 1908: R. Noske. (VI, 54 S.) 8°

Leipzig, Jur. Fak., Diss. v. 11. Juni 1908

[Geb. 9. Jan. 78 Straßburg i. E.; Wohnort: Cassel; Staatsangeh.: Preußen; Vorbildung: Gymn. Wiesbaden Reife O. 98; Studium: Heidelberg 4, Marburg 2, Berlin 1 S.; Rig. 3. Dez. 02.]

Fischer-Treuenfeld, Ph. v., d. Rückeroberg. Freiburgs durch d. kurbaier. Reichsarmee i. Sommer 1644. Erinnerungsblatt an e. schwere Leidenszeit d. Stadt. gr. 8. (III, 283 S. m. 1 Plan.) Freiburg i/B. 895. (Leipzig, E. Stock.) n. 5. —

Fischer-Treuenfeld, R. v., Feuer-Telegraphen, s. a. **Feuerwehr-Bibliothek, deutsche.**

Fischer-Treuenfeld, R. v., Feuertelegraphen. Vortrag, geh. in der Gesellschaft der Telegraphen-Ingenieure in London am 28. Febr. 1877. Aus d. Englischen übers. von G. u. F. Kitzinger. gr. 16°. *70 S.* mit 6 Holzschn. u. 3 lith. Plänen, Tabellen etc. Stuttgart. Kitzinger. 1877. M. 1.80

(Deutsche Feuerwehr-Bibl. Bd. 3.)

Fischer-Treuenfeld, R. v. Die Fortentwickelung der deutschen Feldtelegraphie. Lex.-8. (31 S.) Berl. 892, Mittler u. Sohn. * — 80

Aus: Archiv f. Artillerie- u. Ingenieur-Offiziere, besonders abgedruckt.

Fischer-Treuenfeld, R. v., Kriegs-Telegraphie. Geschichtliche Entwickelung, Wirkungskreis und Organisation derselben. gr. 8. (IX, 375 S. mit 2 lithogr. Plänen, 2 lithogr. Taf. und 26 eingedr. Holzschn.) Stuttgart 879, Kitzinger. *

— **Kriegs-Telegraphie.** Geschichtliche Entwickelung, Wirkungskreis u. Organisation derselben. Mit 2 lith. Plänen, 2 lith. Taf. u. 26 (eingedr.) Holzschn. gr. 8. (IX, 375 S.) Stuttgart 879. Berlin, Springer. n. 8. —

Fischer-Treuenfeld, R. v., die Kriegstelegraphie in den neueren Feldzügen Englands: Afghanistan, Zululand, Aegypten. Mit 3 Taf. in Steindr. gr. 8. (IX, 98 S.) Berlin 884. Mittler & Sohn. n. 2. 25

Fischer-Treuenfeld, R. v., Paraguay in Wort u. Bild. Eine Studie üb. den wirtschaftl. Fortschritt des Landes. Hrsg. v. L. Rohwinkel. Mit e. Karte v. Paraguay u. e. Skizze v. Südamerika, sowie 14 Abbildgn. (III, 81 S.) gr. 8. Berlin 903. E. S. Mittler & Sohn. n 2. —

Paraguay in Wort und Bild. Eine Studie über d. wirtschaftl. Fortschritt d. Landes von R. v. **Fischer-Treuenfeld**, Generalkonsul. 2., stark verm. Aufl. Mit 1 Karte nebst 1 Skizze sowie 30 Abb. Berlin: E. S. Mittler & Sohn 1906. (VIII, 379 S.) 8° [06. 10037]

von **Fischer-Treuenfeld**, R.: Kolonial-historische Phantasien. ([S.-A.] Paraguay-Rundschau.) Asuncion 1899. 45 S. 8°.

Fischer-Treuenfeld, R. v. Was von der deutschen Feldtelegraphie zu hoffen ist. Berlin 1886. 8°. (Aus: Jahrbücher f. d. deutsche Armee u. Marine.)

Wein- & Spirituosenhandlung Fischer, Vassali & Mauch..., Bern. Preis-Verzeichniss. 1901. [8 S.] 8. Bern, Gebrüder Fischer.

Fischer von Waldheim, Gotthelf, s. Fischer

Fischer v. Wellenborn, Carl, Graf Civalart-Uhlanen i. d. J. 1848 u. 1849. E. Beitrag z. Geschichte d. k. u. k. Uhlanen-Regts. Erzherzog Otto Nr. 1. Zusammengest. aus kriegsgeschichtl. Werken, aus Feldzugs-Acten d. k. u. k. Kriegs-Archives u. aus Tagebüchern ehemal. Officiere d. Regts. gr. 8. (365 S.) Wien 897. L. W. Seidel & Sohn. n. 3. 60

Fischer v. Wellenborn, Karl, s. a. Erinnerungen aus den Feldzügen 1859 u. 1866.

(Fischer v. Wellenborn, Carl, FML.) Erinnerungen aus den Feldzügen 1859 und 1866. Ein Beitrag zur Geschichte des Uhlanen-Regiments Nr. 1. Von einem ehem. Rittm. dieses Regiments. Mit 5 Karten. Wien 1894.

Fischer & Wittig, s.: Farbenskala der drei Grundfarben Gelb. Roth. Blau.

Emil Fischer zum Wolf, Basel. Kaffee-Spezial-Geschäft, Rösterei, Colonialwaren, Conserven. Detail-Preis-Liste, April 1901. 16 S. 8. Basel, Franz Wittmer.

Fischer-Zickhartburg, F. v., Versuch m. Stossfangschienen auf der Linie Wien-Salzburg der österr. Staatsbahnen. gr. 8. (32 S. m. 8 lith. Taf.) Wiesbaden 900. C. W. Kreidel. n. 3. —

Sonderabdruck aus: „Organ f. d. Fortschr. d. Eisenbahnwesens".

Fischerblatt, schwäbisches. Hrsg. vom oberschwäb. Fischereiverein. 1. Jahrg. Apr.—Decbr. 1885. 9 Nrn. (à 1/4—3/8 B.) Lex.-8. Ulm, Ebner. n. 1. 50

Fischerblatt, schwäbisches. Hrsg. vom oberschwäb. Fischerverein. 2. Jahrg. 1886. 12 Nrn. (à 1/4—1/2 B.) Lex.-8. Ulm, Ebner. n. 2. —

Fischerblatt, schwäbisches. Hrsg. vom oberschwäb. Fischereiverein. 3. Jahrg. 1887. 12 Nrn. (à 1/4—1/2 B.) Lex.-8. Ulm, Ebner. n. 2. —

Fortsetzung erscheint im Selbstverlag von Amtmann Wich in Ellwangen.

Fischerbote, der. Zeitschrift f. die Interessen der Hochsee-, Küsten- u. Flußfischerei, sowie der Fischverwertg. Organ des hamburg. Hauptfischereivereines, des Cuxhavener Fischerei-Vereins, der Elbfischergenossenschaft zu Finkenwärder usw. Unter Mitwirkg v. A. Blankenburg, F. Duge, E. Ehrenbaum u. a. hrsg. u. red. v. H. Lübbert. 1. Jahrg. Oktbr.—Dezbr. 1909. 3 Nrn. (72 S. m. 5 Abb.) Lex. 8. Hamburg, C. Boysen. 1.50

— dasselbe. 2. Jahrg. 1910. 12 Nrn. (344 S. m. 12 Abb. u. 1 Taf.) Lex. 8. Ebd. 6. —

Fischerbüchlein oder was ein Fischer aus der Geschichte von dem wunderbaren Fischzug Petri, Lucas 5, 1—11, lernen kann. gr. 16. (III, 61 S.) [Bredstedt 875.] Breklum, Christl. Buchh. *

o. N., Der Münchener Fischerclub. Abendblatt zur Neuen Münchener Zeitung.
(Mit verschiedenen Vorträgen von v. Siebold usw.)
1856– München
1861

Fischerei, die, in allen ihren Theilen u. Geheimnissen vollständig enthüllt u. klar dargestellt; oder Kunst, alle großen u. kleinen Fische zu jeder Jahreszeit zu fangen, nebst einer Abhandlung über die Köder u. einer Anweisung zum Krebsfang. 8. München 841. Fleischmann. 1/2 ℛ

Forstwesen, Jagd und Fischerei. **Fischerei.** Zsgest. durch d. Abteilung Forstwesen, Jagd u. Fischerei (Oberforstinspektorat) des Eidgenöss. Depart. d. Innern. *Bern: K. J. Wyss 1898.* (VIII, 57 S.) 8°
= Bibliographie d. Schweizerischen Landeskunde. Fasc. V 9 c. [07. 8768]

Fischerei und Fischzucht. Berlin 1894. V: *Borne, Max von dem.* (Berl)

Fischerei, Unglückseelige, zu Wesel in Cleefland, das ist: Joannes Fischer Weselscher Predicant in seinem eigenen Netz verstrickt ... Cöllen [1722]. V: *Venedien, Heinrich.* (Jes) (so)

Deutsche **Fischerei-Ausstellung** auf der Berliner Gewerbe-Ausstellung 1896. Verzeichniss d. ausgestellten Gegenstände m. erläut. Text. *Berlin: R. Mosse (1896).* (2 Bl., 168, 76 S.) 1 Bd 8. [97. 7174]

Fischereiausstellung, internationale, zu Berlin 1880, Schweden. I. u. II. gr. 8. Stockholm 880. (Berlin, Stuhr.) n. 2. 35
I. Die Ostsee- u. Süsswasserfischereien. Von Rud. Lundborg. (76 S. m. 1 chromolith. Karte) n. 1. 35
II. Specieller Katalog. (78 S.) n. 1. —

Fischerei-Ausstellung, internationale, zu Berlin, 1880 : *Schweiz.* In-8⁰, 238 S. u. 10 Tafeln. Leipzig, Druck von Metzger & Wittig. 1880.

Fischereibuch, das, Kaiser Maximilians I. Mit 8 gleichzeit. Bildern u. 1 Lichtdr.-Taf. Unter Mitwirkg. v. Ludw. Freih. v. Lazarini hrsg. v. Mich. Mayr. Fol. (XXVII, 52 S.) Innsbruck 901. Wagner. Geb. i. Pergament n. 40. —

Das **Fischereibuch** Kaiser Maximilians I. Mit ... Bildern ... Unter Mitwirkung von Ludwig Freih. v. Lazarini herausgegeben von Michael Mayr ... Innsbruck, Verlag der Wagner-schen Universitäts-Buchhandlung 1901.
XXVIII — 52 S.; 9 Taf., davon 8 farbig. 4°.
Druck nach der Hs. 7962 in der Österreich. Nat. Bibl. in Wien (ehem. Ambras). Das Buch wurde 1504 ebenfalls von Wolfgang Hohenleyter zusammengestellt.

Fischereigesetz

— vom 26. Apr. 1890, giltig f. das Erzherzogth. Österreich unter der Enns, s.: Gesetze u. Verordnungen, österreichische.

Das bayerische **Fischereigesetz** (für das Königreich Bayern) vom 15. August 1908 nebst d. Landesfischereiordnung v. 23. März 1900 u. d. sonstigen Vollzugsvorschriften. Handausg. mit Erl. von Joseph Bleyer, Staatsanw. München & Berlin: Schweitzer 1909. VII, 288 S. 8°
(Schweitzers Handausgaben mit Erläuterungen.) [09. 9720]

Fischereigesetz f. das Königr. Bayern, s. a. **Gesetz-Sammlung.**

Das **Fischereigesetz** für das Königreich Bayern vom 15. August 1908. Handausg. mit Erl. u. Sachverz. unter Verwertung d. Begründung z. Gesetzentwurfe u. d. Kammerverhandlungen, hrsg. von Hans Otto Schmitt, Bezirksamtsass., München. Stuttgart: Heß 1909. XV, 188 S. 8° [09. 4679]

Das **Fischereigesetz** für das Königreich Bayern vom 15. August 1908 ⟨G. V. Bl. S. 527⟩ mit d. Ausführungs-Bestimmungen u. die Landesfischereiordnung v. 23. März 1900 ... unter Verwertung d. Begründung z. Gesetzentwurfe ... erl. u. hrsg. von Hans Otto Schmitt, Bezirksamtsass., München. Stuttgart: Heß 1909. XV, 350 S. 8° [09. 11593]

Fischereigesetz, das, f. Elsaß-Lothringen vom 2. Juli 1891. 12. (18 S.) Straßburg i/E. 891. C. F. Schmidt. Kart. n. — 50

— vom 21. Febr. 1889 giltig f. das Land Vorarlberg. kl. 8. (48 S.) Innsbruck 891, Wagner. * — 40

Fischereigesetz, das, für den preußischen Staat vom 30. Mai 1874, s. a. **Gesetzsammlung für Landwirthe.**

Fischereigesetz für den preußischen Staat. Vom 30. Mai 1874. gr. 8. (24 S.) Berlin 874, v. Decker'sche Geh. Ober-Hofbuchdr.

Das **Fischereigesetz** für den Preußischen Staat vom 30. Mai 1874, nebst sämmtlichen Ausführungsverordnungen und das Reichsgesetz, betreffend die Schonzeit für den Fang der Robben vom 4. December 1876, nebst Verordnung vom 29. März 1877. - Berlin 1878. 186 S. - (Gesetz-Samml. f. Landwirthe 5). - 2. Ausg. m. d. Abänderung v. 30. März 1880. ebd. 1880. 186 S.

Fischereigesetz, das, für den Preußischen Staat mit der Abänderung vom 30. März 1880, nebst sämmtl. Ausführungs-Verordnungen; und das Reichsgesetz betr. die Schonzeit für den Fang der Robben. Nach den amtl. Motiven und Kammer-Verhandlungen bearb. 2. Ausg. 8. (186 S.) Berlin 880, [Wiegandt, Hempel und Parey.] Parey. cart. *

Fischereigesetz, das, für den Preußischen Staat vom 30. Mai 1874, nebst den Ausführungs-Verordnungen zu demselben für die Rheinprovinz und den Reg.-Bez. Wiesbaden vom 23. Juli 1886 und dem Vertrag wegen Regelung der Lachsfischerei im Stromgebiete des Rheins vom 30. Juni 1885. Textausg. mit Anmerkungen. gr. 8. (80 S. mit 28 Fischabbild.) Berlin 886, Parey. *
Nicht mehr im Handel; dagegen die neue Ausg. u. d. T.:

— das, für den Preußischen Staat vom 30. Mai 1874, nebst den für die sämmtlichen Provinzen erlassenen Ausführungsverordnungen, sowie dem Vertrage wegen Regelung der Lachsfischerei im Stromgebiete des Rheins vom 30. Juni 1885 und dem Vertrage, betr. die polizeil. Regelung der Fischerei in der Nordsee außerhalb der Küstengewässer vom 6. Mai 1885. Textausg. mit Anmerkungen. gr. 8. (181 S. mit 83 Fischabbild.) Ebendas. 887. *

— — das, für den Preußischen Staat vom 30. Mai 1874 [G. S. S. 197] mit den Abänderungen des Gesetzes vom 30. März 1880 [G. S. S. 228] und die Verordnung betr. die Ausführung des Fischereigesetzes in der Prov. Schleswig-Holstein vom 8. Aug. 1887 [G. S. S. 376]. gr. 8. (32 S.) Schleswig 888, Bergas. **

— f. den Preußischen Staat vom 30. Mai 1874 (G. S. 1874, S. 197), sowie das Gesetz betr. die Abänderung des Fischereigesetzes f. den Preußischen Staat vom 30. Mai 1874, vom 30. März 1880 (G. S. 1880, S. 228). Textausg. m. Anmerkgn. u. Inhaltsverzeichniß. 12. (30 S.) Berlin 894. R. v. Decker. — 30

Fischereigesetz, das, f. d. Preuß. Staat v. 30. Mai 1874 (G. S. S. 197) m. d. Abändergn. d. Gesetzes v. 30. März 1880 (G. S. S. 228) u. d. Verordnung, betr. d. Ausführg. d. Fischereigesetzes in d. Prov. Schleswig-Holstein v. 8. Aug. 1887 (G. S. S. 376 u. A. Bl. S. 653) m. Aenderg. d. Verordng. v. 4. Apr. 1894 (G. S. S. 29). 8. (32 S.) Schleswig 896. J. Bergas. n. — 40

Fischerei-Gesetzbuch f. das Herzogthum Sachsen-Altenburg. Enth.: das Fischerei-Gesetz vom 19. Juni 1876, nebst Ausführung zu demselben vom 13. Juni 1877. 16. (38 S.) Orlamünde 878. Hey. n. — 30

Fischereigesetzgebung, die, im Großherzogt. Hessen (bearb. v. Frhrn. v. Starck), s.: **Jagd u. Fischerei.** 1. Hft.

Fischerei-Gründe, s. a. **Nordsee. Darmer.**

Fischerei-Gründe der Deutschen Bucht der Nordsee. Ein Kommentar zur gleichlautenden Karte. Hamburg 1894.
Berlin, Deutscher Seefischerei-Verein

Fischereihafen mit den Neuanlagen der deutschen Dampffischerei-Gesellschaft „Nordsee" Nordenham. (6 S 17 T) qu 4° Bremen-N. 1907

Fischerei-Industrie Norwegens, die. Bergen 1873

Fischereiindustrie, Die, Norwegens . . . Bergen 1880. V: *Baars, Hermann.* (Pettersen, Anon. og Pseudonymer. Kristiania 1890.)

Fischereiinstitute, die, Norwegens, v. H. B. 2. deutsche Ausg. gr. 8. (103 S.) Bergen 880. (Berlin, Stuhr.) n.n. — 60

Fischerei-Kalender, deutscher, f. 1911. 2. Jahrg. Hrsg. vom Verlag der allgemeinen Fischerei-Zeitg. Hrsg.: Bruno Hofer. Bearb. v. Hans Neuß. (300 S. m. Abbildgn. u. 2 Taf.) kl. 8. München (Veterinärstr. 6), Verlag der allgemeinen Fischerei-Zeitg. Geb. in Leinw. nn 1. 50

Fischerei-Kalender für Deutschland, Oesterreich und die Schweiz, s. Dunker.

Fischerei- u. Fischzucht-Kalender, erster deutscher, f. d. J. 1879. Von J. Meyer. Mit (eingedr.) Abbildungen in Holzschn. 8. (VII, 124 S.) Stuttgart, Schickhardt & Ebner. n. 2. 40

Fischerei-Kalender, Fromme's österr., für das Jahr 1898. Herausgegeben vom österreichischen Fischerei-Vereine. Redigirt von Heinrich von Kadisch. 16. (96 S. mit Notizblättern.) In Lnwd. geb. Wien: Fromme 1897.

Fischerei-Kalender, Fromme's österr., f. d. J. 1899. Hrsg. v. österr. Fischerei-Verein. Red. von Heinr. v. Kadich. 12. (IV, 102 S. u. Tagebuch.) Wien, C. Fromme. Geb. in Leinwand n. 3. 20

Fischereikarte der Nordsee, s.: Seekarten. 44a, 234.

Fischereikarte der Provinz Westpreussen hrsg. vom Westpreuss. Fischereiverein in Danzig. Maassst. 1:400,000. *Berlin 1901: B. Gisevius.* (1 Kartenbl. 63×79 cm.) quer-gr. 2° [farbig]

Fischerei-Karten. Eckstein, Karl, Fischerei-Karte der Prov. Brandenburg. Im Auftrage des Fischerei-Vereins f. die Prov. Brandenburg bearb. 1 : 200,000. [Aus: „Festschr. des Fischerei-Vereins f. d. Prov. Brandenburg".] 8 Blatt à 65×44,5 cm. Farbdr. Berlin 903. Gebr. Borntraeger. In Mappe n. 2. 80

Fischerei-Korrespondenz, Deutsche. Nr 1. 2. Hrsg. von Otto *Kuntzemüller.* Berlin-Schöneberg 1908. 1°.
[Fortges. u. d. Tit.:]
Fischerei, Die Deutsche. Nr 3—7, 1908.

Fischerei-Normen in Kärnten. gr. 8. (11 S.) Klagenfurt 883. (Heyn.) n. — 40

Fischerei-Ordnung, bayerische, vom 4. Oktober 1884. 8. (10 S.) Ansbach 885, Brügel und Sohn. *

Fischerei-Ordnung für die in der Provinz Pommern belegenen Theile der Oder, das Haff und dessen Ausflüsse. Vom 2. Juli 1859. gr. 8. (31 S.) Berlin 859, Decker'sche geheime Ober-Hofbuchdruckerei.

Deutscher Fischereitag München 1885. Gr. Fol. Eleg. blau Srsb. m. Goldpr.*)
Prosa u. Verse 80 S. Mit Frontisp. von Jos. Watter (nicht Walter) u. vielen prächtigen Illustr. von C. F. Deininger, Helene Mühlthaler, Ph Foltz, R. v Muller, L. Dill, Bolze, Professor Wilh. Diets, M. Förster, L. Meggendorfer, F. Stadelsberger, C. Thoma u A. — Rücks. d. Umschl. Clichés der Autotyp Comp. Meisenbach) München. Druck d. k. Hof-Buch- u Kunstdruckerei von E. Mühlthaler in München.

Deutscher Fischereitag, Festgabe für die Theilnehmer des III. — zu Danzig. Danzig 1890.

Fischerei-Verhältnisse im Reg.-Bez. Wiesbaden. 4. (28 S. m. 1 chromolith. Karte.) Wiesbaden 885. Bechtold & Co. n — 85

Fischerei-Zeitung. Wochenschrift für d. Interessen d. ges. deutschen Binnenfischerei, Fischzucht u. Teichwirtschaft, d. Fischhandels, d. Fischverwerthg, Sportfischerei, Zierfischzucht u. Aquarienkunde. Hrsg. unt. Mitwirkg. hervorrag. Fachmänner d. Theorie u. Praxis v. Wilh. Dröscher u. Heyking. 1. Bd. 1898. 52 Nrn. (à ca. 24 S. m. Abb.) Lex.-8. Neudamm, J. Neumann. n. 4. —
Kann auch vierteljährlich bezogen werden.

Fischerei-Zeitung. Wochenschrift f. die Interessen der gesamten deutschen Fischerei, Fischzucht u. Teichwirtschaft, des Fischhandels, der Fischverwertg., Sportfischerei, Zierfischzucht u. Aquarienkunde. Hrsg. u. red. unter Mitwirkg. hervorrag. Fachmänner d. Theorie u. Praxis v. Wilh. Dröscher. 2.–5. Bd. 1899 – 1902. à 52 Nrn. Lex.-8. (à ca. 16 S. m. Abbildgn.) Neudamm, J. Neumann. à Bd. 8. —

Fischerei-Zeitung. Wochenschrift f. die Interessen der gesamten deutschen Fischerei, Fischzucht u. Teichwirtschaft, des Fischhandels, der Fischverwertg., Sportfischerei, Zierfischzucht u. Aquarienkunde. Organ des „Vereins deutscher Teichwirte". Hrsg. unter Mitwirkg. hervorrag. Fachmänner der Theorie u. Praxis v. E. Walter u. Wilh. Dröscher. Red: E. Walter. 6.–9. Bd. 1903—1906. à 52 Nrn. (à ca. 16 S.) Lex.-8. Neudamm, J. Neumann. à Jhrg. n. 8. —

Fischerei-Zeitung. Wochenschrift f. d. Interessen d. gesamten deutschen Fischerei, Fischzucht u. Teichwirtschaft, d. Fischhandels, der Fischverwertg., Sportfischerei, Zierfischzucht u. Aquarienkunde. Organ des „Vereins deutscher Teichwirte" usw. Hrsg. unt. Mitwirkg. hervorrag. Fachmänner der Theorie u. Praxis v. E. Walter u. Wilh. Dröscher. Red.: E. Walter. 10—13. Bd. 1907—1910. à 52 Nrn. (à ca. 16 S. m. Abbildgn.) Lex. 8. Neudamm, J. Neumann. à Jahrg. 8. —

—— allgemeine. Neue Folge der bayerischen Fischerei-Zeitung. Organ für die Gesammtinteressen der Fischerei, sowie für die Bestrebungen der Fischereivereine. In Verbindung mit Fachmännern Deutschlands, Oesterreich-Ungarns und der Schweiz hrsg. vom bayer. Fischereiverein. Redact.: Jul. Staudinger. 11.—13. Jahrg. 1886—1888. à Jahrg. 24 Nrn. (à Nr. 1—1½ Bog.) Lex.-8. Kaiser à Jahrg. **
Vorh. u. d. T.: Bayerische Fischerei-Zeitung.

Fischerei-Zeitung, allgemeine. Neue Folge der bayerischen Fischerei-Zeitg. Organ f. die Gesammtinteressen der Fischerei, sowie f. die Bestrebgn. der Fischereivereine 2c. In Verbindung m. Fachmännern Deutschlands, Oesterreich-Ungarns u. der Schweiz, hrsg. vom bayer. Fischereiverein. Red.: Jul. v. Staudinger. 12.—15. Jahrg. 1887—1890. à 24 Nrn. (à 1—1½ B.) Lex.-8. München, (Kaiser). à Jahrg. n.n. 4. —

Fischerei-Zeitung, allgemeine. Neue Folge der bayer. Fischerei-Zeitg. Organ f. die Gesammtinteressen der Fischerei, sowie f. die Bestrebgn. der Fischereivereine 2c. In Verbindg. m. Fachmännern Deutschlands, Oesterreich-Ungarns u. der Schweiz, hrsg. vom bayer. Fischereiverein. Red.: Jul. v. Staudinger, in Vertretg. Bruno Hofer. 16. u. 17. Jahrg. 1891. 1892. à ca. 24 Nrn (à ca. 1 Bog.) Lex.-8. München (Chr. Kaiser). à Jahrg. n.n. 4. —

— dasselbe. Hrsg. vom bayr. u. vom deutschen Fischerei-Verein. Red.: Bruno Hofer u. Curt Weigelt. 18. u. 19. Jahrg. 1893. 1894. à ca. 24 Nrn. (à ca. 1 Bog.) Lex.-8. München. Neudamm, J. Neumann. à Jahrg. n. 4. —

— **allgemeine.** Neue Folge d. bayer. Fischerei-Zeitg. Organ f. d. Gesammtinteressen d. Fischerei, sowie f. d. Bestrebgn. d. Fischereivereine, in Sonderheit Organ des deutschen Fischerei-Vereins 2c. In Verbindg. m. Fachmännern Deutschlands, Oesterreich-Ungarns u. d. Schweiz, hrsg. v. bayer. u. v. deutschen Fischerei-Verein. Red.: Bruno Hofer u. Curt Weigelt. 20.—23. Jahrg. 1895—1898. à ca. 24 Nrn. (à ca. 1 Bog.) Lex.-8. München (G. D. W. Callwey). à Jahrg. n.n. 4. —

— allgemeine. Neue Folge der bayer. Fischerei-Zeitg. Organ f. die Gesammtinteressen der Fischerei, sowie f. die Bestrebgn. d. Fischerei-Vereine, in Sonderheit Organ des deutschen Fischerei-Vereins usw. In Verbindg. m. Fachmännern Deutschlands, Oesterreich-Ungarns u. der Schweiz hrsg. vom bayer. u. v. deutschen Fischerei-Verein. Red.: Bruno Hofer u. Frdr. Fischer. 24.—27. Jahrg. 1899—1902. à 24 Nrn. Lex.-8. (à ca. 16 S.) München (G. D. W. Callwey). à Jahrg. n. 4. —;

— allgemeine. Neue Folge der bayer. Fischerei-Zeitg. Organ f. die Gesamtinteressen der Fischerei, sowie f. die Bestrebgn. der Fischereivereine, insonderheit Organ des deutschen Fischerei-Vereins usw. In Verbindg. m. Fachmännern Deutschlands, Österreich-Ungarns u. der Schweiz, hrsg. vom bayer. u. vom deutschen Fischereiverein. Red.: Bruno Hofer u. Frdr. Fischer. 28.—31. Jahrg. 1903 bis 1906. à 24 Nrn. (II, 486; II, 480; II, 474 u. II, 528 S. m. Abbildgn.) Lex.-8. München (G. D. W. Callwey). à Jhrg. n. 5. —

— allgemeine. Neue Folge der bayer. Fischerei-Zeitg. Organ f. die Gesamtinteressen der Fischerei, sowie f. die Bestrebgn. d. Fischereivereine, insonderheit Organ des deutschen Fischereivereins usw., sowie Organ d. kgl. bayer. biolog. Versuchsstation f. Fischerei in München. In Verbindg. m. Fachmännern Deutschlands, Österreich-Ungarns u. der Schweiz, hrsg. v. bayer. u. deutschen Fischereiverein. Red.: Bruno Hofer, Frdr. Fischer u. Hans Reuß. 32—35. Jahrg. 1907—1910. à 24 Nrn. (à Jahrg. VIII, 576 S. m. Abb.) Lex. 8. München, G. D. W. Callwey. à Jahrg. 5. —

Fischerei-Zeitung, bayerische. Organ d. bayer. Fischerei-Vereins. Red.: M. Eisenberger. 4—6. Jahrg. 1879 —1881. à 12 Nrn. (à 1/2—3/4 B.) Lex.-8. München, Th. Ackermann in Comm. à Jahrg. n.n. 2. —

Fischerei-Zeitung, bayerische. Organ des bayer. Fischerei-Vereins. Redact.: M. Eisenberger. 5. und 6. Jahrg. 1880 und 1881. à Jahrg. 12 Nrn. (à Nr. 1/2—3/4 Bog.) Lex.-8. München, (Th. Ackermann.) à Jahrg. **

—— dass. — Redact.: Jul. Staudinger. 7. und 8. Jahrg. 1882 und 1883. à Jahrg. 24 Nrn. (à Nr. 1—1 1/2 Bog.) Lex.-8. München, (Kaiser.) Jahrg. 1882 ** Jahrg. 1883 **

—— dass. — Allgemeines Organ für die Gesammtinteressen der Fischerei, sowie für die Bestrebungen der Fischereivereine. In Verbindung mit Fachmännern Deutschlands, Oesterreich-Ungarns und der Schweiz hrsg. vom bayer. Fischereiverein. Redact.: Jul. Staudinger. 9. Jahrg. 1884. 24 Nrn. (à Nr. 1—1 1/2 Bog.) Lex.-8. (Ebendas.) **

Fischerei-Zeitung, bayerische. Organ d. bayer. Fischerei-Vereines. Red.: Jul. Staudinger. 8—11. Jahrg. 1883—1886. à 24 Nrn. (à 1—1 1/2 B.) Lex.-8. München, (Kaiser). à Jahrg. n.n. 4. —

Fortges. u. d. T.: Allgemeine Fischerei-Zeitung.

—— deutsche. Wochenblatt für See- und Binnenfischerei, Fischzucht, Fischbereitung und Fischhandel, auch für Angelsport und Aquarienkunde. Hrsg. unter Mitwirkung bewährter Fachmänner. Redact.: W. Dunker. (1.) Jahrg. 1878. 52 Nrn. (Bog.) gr. 4. Stettin, (v. der Nahmer.) *

— deutsche. Wochenblatt f. See- u. Binnenfischerei, Fischzucht, Fischbereitung u. Fischhandel, auch f. Angelsport u. Aquarienkunde. Hrsg. unter Mitwirkung bewährter Fachmänner. Red.: W. Dunker. 1—5. Jahrg. 1878—1882. à 52 Nrn. (B.) gr. 4. Stettin, Herrcke & Lebeling. à Jahrg. n. 8. —

— deutsche. Wochenblatt f. See- u. Binnenfischerei, Fischzucht, Fischbereitg. u. Fischhandel, auch f. Angelsport u. Aquarienkunde. Hrsg. unter Mitwirkg. bewährter Fachmänner. Red.: W. Dunker. 6. Jahrg. 1883. 52 Nrn. (B.) gr. 4. Stettin 883. Herrcke & Lebeling. n. 8. —

— dasselbe. 7. u. 8. Jahrg. 1884 u. 1885. à 52 Nrn. (B.) gr. 4. Ebend. à Jahrg. n. 10. —

— deutsche. Wochenblatt f. See- u. Binnenfischerei, Fischzucht, Fischbereitg. u. Fischhandel, auch f. Angelsport u. Aquarienkunde. Hrsg. unter Mitwirkg. bewährter Fachmänner. Red.: W. Dunker. 9.—13. Jahrg. 1886—1890. à 52 Nrn. (B.) gr. 4. Stettin, Herrcke & Lebeling. à Jahrg. n. 10. —

— deutsche. Wochenblatt f. See- u. Binnenfischerei, Fischzucht, Fischbereitg. u. Fischhandel, auch f. Angelsport u. Aquarienkunde. Hrsg. unter Mitwirkg. bewährter Fachmänner. Red.: W. Dunker. 14.—17. Jahrg. 1891—1894. à 52 Nrn. (Bog.) gr. 4. Stettin, Herrcke & Lebeling. à Jahrg. n. 10. —

— deutsche. Wochenblatt für See- u. Binnenfischerei, Fischzucht, Fischbereitg. u. Fischhandel, auch f. Angelsport u. Aquarienkunde. Hrsg. unt. Mitwirkg. bewährter Fachmänner. Organ d. Vereins deutscher Fischhändler u. d. Zentral-Vereins preuß. Berufsfischer. Red.: W. Dunker. 18.—21. Jahrg. 1895—1898. à 52 Nrn. (Bog.) gr. 4. Stettin, Herrcke & Lebeling. à Jahrg. n. 10.—

Kann auch vierteljährlich bezogen werden.

— deutsche. Wochenblatt f. See- u. Binnenfischerei, Fischzucht, Fischbereitg. u. Fischhandel, auch f. Angelsport u. Aquarienkunde. Hrsg. unter Mitwirkg. bewährter Fachmänner. Organ des Vereins deutscher Fischhändler u. des Zentral-Vereins preuß. Berufsfischer. Red.: W. Dunker. 22.—25. Jahrg. 1899—1902. à 52 Nrn. gr. 4. (à ca. 12 S.) Stettin, Herrcke & Lebeling. à Jahrg. n. 10.—

— deutsche. Wochenblatt f. See- & Binnenfischerei, Fischzucht, Fischbereitg. & Fischhandel, auch f. Angelsport u. Aquarienkunde. Hrsg. unter Mitwirkg. bewährter Fachmänner. Organ des Vereins deutscher Fischhändler. Red.: Seligo. 26.—29. Jahrg. 1903—1906. à 52 Nrn. (IV, 628; IV, 652; IV, 690 u. IV, 724 S. m. Abbildgn.) 4. Stettin, Herrcke & Lebeling. à Jhrg. n. 10. —

Fischerei-Zeitung, deutsche. Wochenblatt f. See- & Binnenfischerei, Fischzucht, Fischbereitg. & Fischhandel. Hrsg. unt. Mitwirkg. bewährter Fachmänner. Organ d. Vereins deutscher Fischhändler. Red.: A. Seligo u. H. Goldammer. 30—33. Jahrg. 1907—1910. à 52 Nrn. (VI, 754; VI, 786; VI, 790 u. VI, 784 S.) 34×25,5 cm. Stettin, Herrcke & Lebeling. à Jahrg. 10. —

Fischerei-Zeitung, deutsche. Jetzt: Stettin, H. Goldammer.

—— erste österreichisch-ungarische. Zeitschrift für See- und Binnenfischerei, Fischzucht, Fischbereitung und Fischhandel, auch für Angelsport und Aquarienkunde. Organ der österreich. Fischerei-Vereine. Redact.: W. Dunker. 1.—4. Jahrg. 1880 —1883. à Jahrg. 26 Nrn. (Bog.) gr. 4. Stettin, Herrcke und Lebeling. à Jahrg. *

Nicht weiter erschienen.

— österreichische. Fachblatt f. Fischzucht, -Handel u. -Sport. Zeitschrift der k. k. österreich. Fischerei-Gesellschaft. Amtsblatt der niederösterreich. Fischerei-Revierausschüsse. Zentralorgan des mähr. Landes-Fischereiverbandes u. des Verbandes der deutschen Fischerei-Vereine Böhmens. Red.-Komitee: Jos. Fiebiger, Ökt. Haempel, Ock. Herz, Karl Jaworek, Frz. Pölzl, Adf. Stölzle, Wenzel Susta. Verantwortlich: Karl Lesk. 1.—4. Jahrg. Oktbr. 1903—Septbr. 1907. à 24 Nrn. (à ca. 20 S.) Lex.-8. Wien (I Schauflergasse 6), Administration. à Jhrg. n. 4.25

— österreichische. Fachblatt f. Fischzucht, -Handel u. -Sport. Zeitschrift d. k. k. österreich. Fischerei-Gesellschaft. Amtsblatt d. niederösterreich. Fischerei-Revierausschüsse usw. Red.-Komitee: Vikt. Burda, Emil Karl Doljan, Jos. Fiebiger u. a. Verantwortlich: Karl Lesk. 6. u. 7. Jahrg. 1909 u. 1910. à 24 Nrn. (à ca. 20 S. m. Abb.) 30,5×21,5 cm. Wien (I, Schauflergasse 6), Administration. à Jahrg. nn 4.25

—— österr.-ungarische. Organ für Fischzucht, Fischerei, Angelsport, Aquarienkunde ꝛc. Hrsg. von J. F. Nowotny. 1.—4. Jahrg. 1878—1881. à Jahrg. 48 Nrn. (à Nr. 2 Bog.) Fol. Wien, (Frick.) à Jahrg. *

Fischerei-Zeitung, österr.-ungarische. Organ für Fischzucht, Fischerei, Angelsport, Aquarienkunde ꝛc. Hrsg. von J. F. Nowotny. 5. Jahrg. 1882. 1. Quartal. 12 Nrn. (à Nr. 2 Bog.) Fol. (Ebendas.) *
Nicht weiter erschienen.

— schweizerische. Organ d. schweizer. Fischerei-vereins u. seiner Sektionen. Hrsg. vom schweizer. Fischereiverein. Red.: Max Siber. Red.-Comité: Haering-Merian, Heuscher, Meister, G. Schoch. 1. u. 2. Jahrg. 1893. 1894. à 26 Nrn. (à ca. 1 Bog. m. Abbildgn.) gr. 8. Pfäffikon-Zürich. E. Zwingli. à Jahrg. n. 4. —

— schweizerische. Organ d. schweizer. Fischerei-Vereins u. s. Sektionen. Red.: Max Siber, unterstützt durch e. Red.-Komite. 3.—6. Jahrg. 1895—1898. à 26 Nrn. (à ca. 1 Bog.) gr. 8. Pfäffikon-Zürich, E. Zwingli. à Jahrg. n. 4. —

— schweizerische. Organ des schweizer. Fischerei-vereins u. seiner Sektionen. Red.: J. Heuscher u. J. Hofer. 7.—9. Jahrg. 1899—1901. à 26 Nrn. gr. 8. (à ca. 8 S.) Pfäffikon-Zürich, E. Zwingli. à Jahrg. n.n.n. 4. —
Nicht durch den Buchhandel zu beziehen.

Fischerfamilie, die, auf Klintviken. Von C. N. Aus dem Schwed. ins Deutsche übertr. v. F. E. 16. (88 S.) Stuttgart 891. Buchh. der Evang. Gesellschaft. Kart. n. — 40

Fischerflotte, Die. Verzeichniss der Fischerfahrzeuge von der Elbe, Weser, Norderney etc. Blankenese 1896.

Fischerin, Die böhmische. Parodie auf die »Kleine Fischerin« im deutsch-böhmischen Dialekt. Wien [1885]. V: *Lorens, Carl.* (EB)

Fischerin, Die kleine jüdische. Parodie im jüdischen Dialekt. (Nach bekannter Melodie.) Wien [1885]. V: *Lorens, Carl.* (EB)

Fischerin, d. schöne; e. Sgspl. in 2 Aufz. Italien. u. deutsch. 8. Linz 792. Haslinger. 8 Kr

Fischerknabe, der, od.: der Sohn, welcher seinem Vater Freude machte. Aus dem Engl. 16. (75 S.) Cleveland 871. (Philadelphia, Schäfer & Koradi.) geb. n. — 80

Fischermädchen, Das. Singspiel. Salzburg 1778. V: *Förg, Carl.* (Ky)

— das. Sgspl. (von K. Förg). 8. Salzb. 778. Mayr. 4 Kr

FISCHERMADCHEN, Das, oder Seltsame Ereignisse am Mädelstein. Mit Titelkpf. u. Titelvign. Wien, o. J. (c. 1790). 8°. (2 Mk. Frz. Teubner, c. 1898.)
Haydinger's Bibl. I. 2. Nr. 109.

Fischermädchen, das, od. Ereignisse am Mädelstein. 8. Wien 802. K. Haas. 16 Kr

Fischermädchen, Das unschuldige, Lustspiel a. d. Ital. Prag 1771. V: *Nunn, Joh. Joseph.* (WBL) (Ky) (Kn) (MGT)

Fischermädchen, das unschuldige; Lstspl. in 5 A., aus d. Italien. (von J. J. Nunn). 8. Prag 771. Widtmann. 3 Kr

(Fischern, E. v.) 1870/71er Feldzugs-Tagebuch für das II. mob. B. 6. Thüring. Inf. R. Nr. 95. Hildburghausen 1886. 8°.

v. Fischern, Hugo Frhr., der deutsche Nestor od. die Grundwahrheiten f. Kirche u. Staat in ihrer reinmenschl. sittl. Einheit. Ein Versuch, alle Gebiete d. Lebens u. Wissens auf das im reinen lebendigen Christenthume ausgesprochene oberste metaphys. Weltgrundgesetz des Geistes der Einheit, der Liebe zurückzuführen. gr. 8. (XLIV u. 311 S.) Saalfeld 851, Niese. n. 1 1/3 ℛ

[Fischern, Carl August Friedrich Adolf von.] Es ruft die Ehre, es ruft die Pflicht: Rasch zur That! (Von der Preussischen Grenze, am 17. März 1860.) 8. *o. O.*

Fischern, Thdr., praktische Alkoholometrie. Tafeln zur Verwandlung der Litermasse weingeist. Flüssigkeiten in Gewicht, und zur Verwandlung des Gewichtes in Litermasse sowie mehrere andere alkoholometr. Taf. auf Grundlage des neuen metr. Mass- und Gewichtssystemes. Zum Gebrauche für Brennereiinhaber, Zoll- und Steuerbeamte, Kaufleute etc. 2. verb. und dem neuen Reichsmasse entsprechend umgerechn. Aufl., der im J. 1859 auf Veranlassung des kgl. sächs. Ministeriums des Innern hrsg. Taf. gr. 8. (VII, 106 S.) Dresden 872, Schönfeld's Verlag. *

Fischern, Thdr., Spiritus-Tabellen. Tafeln z. Verwandlg. der Litermaße weingeist. Flüssigkeiten in Gewicht u. zur Verwandlg. des Gewichtes in Litermaße, sowie mehrere andere alkoholometr. Tafeln. Zum Gebrauche f. Brennerei-inhaber, Zoll- u. Steuerbeamte, Kaufleute, Chemiker, Pharmaceuten, Techniker u. Eichämter. 3. [Titel-]Aufl. (v.: Prakt. Alkoholometrie). 8. (VII, 106 S.) Leipzig [872]. 902. R. C. Schmidt & Co. Kart. n. 1. —

(B) Fischern, Th., Spiritus-Tabellen. 902. (ABL 31.) Jetzt: Hannover. M. & H. Schaper.

Fischer-Ordnung. Neu revidierte, vor das Frische Haff Königl. Preussischer Herrschaft, de dato Berlin, den 27. Febr. 1738. Königsberg, K. Pr. Hoff-Buchdr., o. J. (1738). 6 Bl. Fol. Kart. 12.—
Nicht bei Westwood a. Satchell.

Anna FISCHEROVA Stilistische Untersuchungen über Rudolfs von Ems „Willehalm von Orlens" (Zur Charakteristik der Schule Gottfrieds von Strassburg)
Phil. Diss., Prag

Fischer's, des alten, Fund, übers. v. Lina Harnisch, s.: Jugendheim.

Fischer's, Kuno, Lebensbild, s.: Sosnowski, M. E. v.

Fischerstochter, die, od.: Bleibe im Lande u. nähre dich redlich, s.: Jugend-Bibliothek, neue illustrirte.

Fischetti, Aloys., Pompeji, s.a. Lampugnani's Reise-Führer.

Pompeji sonst und jetzt. Beschreibung sowohl der überrestl. als wiederhergest. Hauptdenkmäler d. Totenstadt. Dargest. in Photogr. nach d. Orig. im heutigen Zustande u. nach d. Originalzeichn. d. geplanten Restaurationen von Aloysius Fischetti, Privatd., Neapel, übers. aus d. Italien. durch Prof. P. E. Lorenz, Neapel. *Neapel: A. Conjalone & P. Beccarini [1903].* (97 S.) 8°

— Pompeji sonst u. jetzt. Beschreibung sowohl der überrestl. als wiederhergestellten Hauptdenkmäler der Totenstadt, dargestellt in Photographien nach den Originalen im heut. Zustande u. nach den Orig.-Zeichnungen der geplanten Restaurationen. (27 Taf. m. III S. Text.) 4. Rom (905). (Loescher & Co.) n.n. 4. —

Fischfang, Der. Ein Märchen. [Leipzig 1825]. V: *Suhr, Agathe von geb. Nielsen.* (GGr)

Fischfang, Der, ohne Netze oder gründliche Anleitung zur Angelfischerey . . . Leipzig 1811 . . . V: *Richter, Carl Friedrich.* (Ky) (MGT)

Fischfang, der ohne Netze, oder gründliche Anleitung zur Angelfischerei. 2te verm. Aufl. 8. Leipzig. Cnobloch. 820

Fischfang, der, ohne Netze, oder gründl. Anleit. zur Angelfischerei. 2e verm. Aufl. 8. Leipz. 821. Cnobloch. 6 gl

Wohlbewährte Fischgeheimnüsse, oder deutlicher Unterricht von der grossen Nutzbarkeit der Fischerey, wie auch von der Fische Natur und Eigenschaft, nebst einer Anweisung, wie sie bequem zu fangen, und zu welcher Zeit man solche am besten halte. - Nürnberg 1758. 288 S., m. Tab., 1 Taf. u. Reg. 2. verb. Ausg. - ebd. 1768. ebd. 1789. 214 S.

Fischgeheimnisse, wohlbewährte, oder Unterr. von d. großen Nutzbarkeit d. Fischerei ꝛc. 8. Nürnb. 789. Zeh. 10 gl

Fischhaber, Gottlob Christ. Fried.

— freimüthige Beleuchtung der in v. Wangenheims Ideen der Staatsverfassung über d. Form d. Staats-Constitutionen aufgestellten philosoph. Grundsätze. gr. 8. Stuttg. 817. Metzler. 8 gl

— über d. Epochen d. Genius in d. Geschichte; mit Hinsicht auf Algerotti, 8. Karlsr. 807. Macklott. 4 gl

Fischhaber, G. C. F., üb. d. Haupt-Probleme des Fichtischen Systems u. Entw. z. Auflösung. 8. Carlsr. Macklot. 801.

Glo. Ch. F. Fischhaber's Lehrb. der Logik f. Gymnn. u. and. Lehranstalten. *Stuttg.*, Steinkopf. 818. 8° 20gl

— Lehrbuch d. Logik, für Gymnasien u. andere Lehranstalten. 8. Stuttg. 827. Steinkopf. 20 gl

Glo. Ch. F. Fischhaber's Lehrbuch d. Psychol. für Gymnn. u. ähnl. Lehranstalten. *Stuttg.*, Steinkopf. 824. 8° 1ß

— Lehrbuch d. Psychologie, für Gymnasien u. ähnl. Lehr-Anstalten. 8. Stuttg. 825. Steinkopf. 1 ß

Fischhaber, Gottlob Christ. Fried., Festum diem natalitium regis Württembergiae Guilielmi publ. orat. a gymnasio Stuttgartiano. — Insunt meletemata quaedam de solvendo summo juris publici problemate. Stuttg. (Gebr. Maentler) 27. IX. 1817. 15 S. (3.—) 8987

— d. Moral, zum Gebrauch für Gymnasien u. andere öffentl. Lehranstalten. 8. Stuttg. 820. Steinkopf. 20 gl

Glo. Ch. F. Fischhaber: die Moral; zum Gebr. f. Gymnas. u. ähnl. Lehranst. dargestellt. *Stuttg.*, Steinkopf. 821. gr8° 20gl

— d. Naturrecht, zum Gebrauch f. Gymnasien u. ähnl. Lehranstalten. 8. Stuttg. 820. Steinkopf. 20 gl

Glo. Ch. F. Fischhaber: d. Naturrecht z. Gebr. f. Gymnasien u. ähnl. Lehranstalten. *Stuttg.*, Steinkopf. 826. 8° 20gl

Fischhaber, Glo. Chr. Fr., über d. Princip u. d. Hauptprobleme d. Fichtischen Systems, nebst e. Entwurf zu e. neuen Auflösung desselben. 8. Karlsr. 801. (Braun). 9 gl

Glo. Ch. F. Fischhaber üb. d. Princip u. d. Hauptprobleme d. Fichteschen Syst., nebst e. Entwurf zu e. neuen Auflös. ders. *Karlsr.*, Maclot. 801. 8° 9gl

— Zeitschrift für Philosophie. 1s—4s Heft. 8. Stuttg. 818—20. Steinkopf. 2 ß 16 gl

Fischhandel, der, in Hamburg-Altona. M. zahlr. Ill. v. C. Schildt. [Aus: „Hamburgs Handel u. Verkehr".] gr. 8. (18 S.) Hamburg 897. A.-G. „Neue Börsen-Halle". n. 1.—

Fischhart, J., der Flöhhaz, s.: Neudrucke deutscher Litteraturwerke d. 16. u. 17. Jahrh.
cf.: Fischart, J.

Fischhausen [Schlagwort]

Fischhausen, s.: Königsberg, Reg.-Bez. — Preussen. Messtischblätter.

Fischhausen. Kreis. s.: Kreiskarten.

Fischhof, Adph., ein Blick auf Oesterreichs Lage. Sendschreiben an die Redaction des „Telegraf". Wien 866. Wallishausser. gr. 8. (48 S.) (Jos. Klemm) n. 8 ngr.

Fischhof, Adph., Oesterreich und die Bürgschaften seines Bestandes. Politische Studie. gr. 8. (226 S.) Wien 870, Wallishausser'sche Buchh. *
—— dass. — 2. und 3. Aufl. gr. 8. (162 S.) Ebendas. 870. *

Fischhof, Adph., zur Reduction der continentalen Heere. 2 Hefte. gr. 8. Wien 875, Wallishausser'sche Buchh. [1. Heft. (16 S.) * 60 Pf.; 2. Heft. (VIII, 44 S.) * M. 1,20.] *

Fischhof, Adph., die Sprachenrechte in den Staaten gemischter Nationalität. Nach den von A. F. gesammelten Daten und gemachten Andeutungen dargestellt. gr. 8. (88 S.) Wien 885, Manz'sche Hof-Verlags- und Universitäts-Buchh. *

Fischhof, Adf., der österreichische Sprachenzwist. gr. 8. (52 S.) Wien 888. Manz. n. 1.20

—— der österreichische Sprachenzwist. Ein Wort aus Anlass der diesjähr. histor. Gedenktage, an seine Mitbürger gerichtet. gr. 8. (52 S.) Ebendas. 888. *

Fischhof, J. W., Bericht über das hydriatrische Verfahren in der Kaltwasserheilanstalt zu Lunkány und der hydropathischen Winterheilanstalt in Pest. Vorgetragen in den Sitzungen der k. Gesellschaft der Aerzte in Pest am 30. Novbr. und 15. Decbr. 1854. gr. 8. (85 S.) Pest 855, (Geibel.) Thlr. *

Fischhof, J. W., Szliács das Pyrmont Ungarns, wie es wirkt und wie es angewendet werden soll. Ein Leitfaden für pract. Aerzte und alle Jene, die sich der ausgezeichneten szliácser Heilquellen mit gutem Erfolge bedienen wollen. Auf Erfahrung gegründet. gr. 8. (65 S.) Pesth 847, (Geibel's Verlags-Expedition.) *

Fischhof, Jos., Versuch einer Geschichte des Clavierbaues. Mit besonderem Hinblicke auf die Londoner Große Industrie-Ausstellung im Jahre 1851, nebst statistischen darauf bezüglichen Andeutungen ꝛc. Wien 853. Wallishausser. gr. 8. (142 S.) 1 ß

Fischhof, L., s.: Hof- u. Staats-Almanach, neuer.

Fischhoff, Jos., s. Nationalkummer.

Fischingen. Die Benediktiner Abtei F. Njbl. 1837 s. a. [Ernst, Johann Ulrich].

Fischingen, Die Benediktiner Abtei. Frauenfeld 1837. V: *Ernst, Johann Ulrich.* (ZÜRKL)

Fischkasten. Humoristisch-satyrisch-typographischer Kalender für das Jahr 1857. Von J. B. Fischer und J. E. Harisch. 1ter Jahrg. Wien, 1857. Gedruckt bei Josef Stöckholzer v. Hirschfeld. (102 S. 8.)

Fischkin, Elias [aus Krementschug]: Ueber die Beziehungen der Hysterie zu den gynäkologischen Operationen ... Berlin, Druck v. F. W. Schapke, *1894;* 2 Bl., 30 S., 1 Bl. 8.
Berlin, Med. Fak., Inaug.-Diss. v. 11. Mai 1894

Fischkin, E., Hysterie u. gynäkologische Operationen. gr. 8. (30 S.) Berlin 894. H. Fränkel. n. 1. —

Fisch-Kochbuch, s.a. Anleitung zur Bereitung von Fischgerichten.

Fisch-Kochbuch. Rezepte zur Bereitg. v. Fischspeisen, hrsg. vom Verein deutscher Fischhändler. 16. (48 S.) Stettin 887. Herrcke & Lebeling. n. — 30

Fisch-Kochbuch. Recepte zur Bereitg. v. Fischspeisen, hrsg. vom Verein deutscher Fischhändler. 31. Tausend. 16. (46 S.) Stettin 889. Herrcke & Lebeling. n. — 30

— Vorschriften f. Zubereitg. v. Fischen, insbesond. Seefischen. Gesammelt vom Fischerei-Verein f. den Kreis Norden [Ostfriesland] unter Zugrundelegg. v. Cheap recipes for fish cookery prepared by Mrs. Charles Clarke. 4. Ster.-Aufl. gr. 8. (86 S.) Norden 890. Braams. n. — 25

—— des Fischerei-Vereins für den Kreis Norden, s.a. Vorschriften für Zubereitung von Fischen, insbesondere Seefischen.

Fisch-Koch-Buch. hrsg. vom Fischerei-Verein f. d. Kreis Norden. ⟨Ostfriesland.⟩ 11. u. 12. Ster. Aufl. *Norden & Norderney: H. Braams [1899].* (38 S.) 8° [J. Umschlagt.] [99. 8130 7

— kleines. D. prakt. u. sparsamen Hausfrauen gewidmet. Zusammengest. v. schwäb. Frauenverein. Hrsg. v. Verein f. d. Wohl d. arbeit. Klassen in Stuttgart. 12. (15 S) Stuttgart 897. K. Wittwer. — 10

FISCHL, Franz Xaver (Ellingen): Ueber einen Fall von Adeno-Fibrom der weiblichen Brustdrüse.- München: Wolf 1882. 18 S.
4.11.1882 - Urk (Titel: De fibromate adenoso thyei muliebris.); Chr 1882/83,17
Diss.Ingolst.-Landsh.-Mchn.

Fischl, Frdr., Goethe in Marienbad, s.a. Sammlung gemeinnütziger Vorträge. Nr. 312.

Fischl, Friedrich: *Goethe* in Marienbad. Prag ('04). S. 139—158. (Sammlg gemeinnütz. Vortr. 312.)

Fischl, Hans: Die Brieftaube im Altertum und im Mittelalter. ⟨T. 2. d. Abh. über 'Fernsprech- u. Meldewesen im Altertum'.⟩ Schweinfurt 1909: Reichardt. 38 S. 8° ¶ [Forts. d. P-Beil. 1904.]
Schweinfurt, k. G P 1909* [S 09. 107

Fischl, Hans: Fernsprech- und Meldewesen im Altertum mit besonderer Berücksichtigung der Griechen und Römer. Schweinfurt 1904: Morich. (40 S.) 8°
Schweinfurt, k. humanist. G P 1904*

Fischl, Hans, Fernsprech- u. Meldewesen im Altertum m. besond. Berücksicht. der Griechen u. Römer. Progr. (40 S.) gr. 8. Schweinfurt 904. (E. Stoer.) n. 1. —

Fischl, Hans, Fernsprech- u. Meldewesen im Altertum m. besond. Berücksicht. d. Griechen u. Römer. II. Tl. Die Brieftaube im Altertum u. im Mittelalter. Progr. (38 S.) 8. Schweinfurt 909. (E. Stoer.) 1. —

Fischl Hans: De nuntiis tragicis. Diss. Wien, Univ.
D: Diss. phil. Vindobonensis, X. Bd., 1910.
1906 PN 2012 1601

Fischl, J., Antipyrese, s.: Zeit- u. Streitfragen, klinische.

— üb. einige neuere Untersuchungs-Methoden und ihre Bedeutung für den praktischen Arzt, s.: Wander-Vorträge, medicinische.

Fischl, Karl, Größen- u. Werthsverhältnisse zwischen dem bayerischen u. metrischen Flächen- u. Körpermaße. gr. 8. (29 S.) München 876. Lindauer. n. — 80

Fischl, Leo, a. Wien: Über partielle Racemie. Saures traubensaures Brucin und seine Umwandlungstemperatur. Neutrales traubensaures Brucin. Breslau 1905: H. Fleischmann. (44 S.) 8°
Breslau, Phil. Fak., Ref. Ladenburg. Diss. v. 21. Dez. 1905
[Geb. 28. Mai 81 Wien; Staatsangeh.: Österreich; Vorbildung: Gymn. Wien Reife 02; Studium: Wien 2, Breslau 4 S.; Rig. 13. Dez. 05.]

Fischl, Max., († d. 2. Mai 181?.), s. 1) Streifzüge durch Inneröſterreich u. maler. Streifzüge durch d. Gegend um Wien.

Oskar FISCHL Entstehungszeit und Quellen der Lieder in Kaspar Stiebers Gedichtsammlung. „Die geharnischte Venus"
Phil. Diss., Prag 1908/09

Ueber immunisirende Behandlungsmethoden und die Serumtherapie v. Dr. Rudolf Fischl, Doz. ... in Prag. *Berlin & Prag: Fischer 1895.* (22 S.) 1 Bd 8.
— Wander-Vorträge, Medicinische. H. 42. [97. 7368

Fischl, Rud., einiges üb. Fortschritte in d. Erkenntnis u. Behandlung der acuten Infektionskrankheiten, s.a. Wander-Vorträge, medicinische. 58. Hft.

Einiges über Fortschritte in der Erkenntnis und Behandlung der acuten Infectionskrankheiten. Von Doc. Dr. Rudolf Fischl in Prag. *Berlin: Fischer [1900].* 8°
— Wander-Vorträge, Medicinische. H. 58.

Fischl, Rud., die Ernährung des Säuglings in gesunden u. kranken Tagen. Sechs populäre Vorträge, als volkstüml. Hochschulkurs geh. an der Prager deutschen Universität. (132 S.) gr. 8. Stuttgart 903. F. Enke. n. 2. —; geb. n. 2. 80

Fischl, Rud., üb. Fieberbehandlung bei Kindern, s.a. Wander-Vorträge, medicinische.

Ueber Fieberbehandlung bei Kindern. Von Dr. Rudolf Fischl. *Berlin: Fischer 1894.* (8 S.) 1 Bd 8.
— Wander-Vorträge, Medicinische. H. 37. [4.] [97. 7364

— Fortschritte in d. Erkenntniss u. Behandlg. d. Magendarmkrankheiten b. Säugling, s.a. Wander-vorträge, medicinische.

Fortschritte in der Erkenntniss und Behandlung der Magendarmkrankheiten beim Säugling von Dr. Rudolf Fischl, Privatdoc. in Prag. *Berlin: Fischer 1896.* (20 S.) 8°
— Wander-Vorträge, Medicinische. H. 53. [00. 6775

— Lehrbuch der Kinderkrankheiten, s.: Biedert, Ph.

— Quellen u. Wege d sept. Infektion b. Neugeborenen u. Säugling, s.a. Sammlung klin. Vorträge.

Quellen und Wege der septischen Infektion beim Neugeborenen und Säugling v. Rudolf Fischl, (Prag). *Leipzig: Breitkopf & Härtel 1898.* (32 S.) 8.
— Sammlung, Klinischer Vorträge. N. F. No 220. [98. 9138

— die Prophylaxe der Krankheiten des Kindesalters, s.: Handbuch d. Prophylaxe. I. Abt. II. Tl. 3. Abtl.

— über Schüler- u. Schulkrankheiten, s.: Sammlung gemeinnütziger Vorträge.

— u. v. Wunschheim, üb. Schutzkörper im Blute d. Neugeborenen. Das Verhalten des Blutserums d. Neugeborenen geg. Diphtheriebacillen u. Diphtheriegift, nebst krit. Bemerkgn. z. humoralen Immunitätstheorie. gr. 8. (54 S. m. 7 Tab.) Berlin 896. Fischer's medicin. Buchh. n. 1. —

Fischl, Rud., Therapie der Kinderkrankheiten. Ein Leitfaden f. Ärzte u. Studierende. (X, 478 S.) gr. 8. Berlin 909. Fischer's med. Buchh. 12.—; geb. 13. 25

Fischl S.: Über die Einwirkung von konzentrierter Schwefelsäure auf das Tetramethyldiamidobenzhydrol und über das Pinakon des Michlerschen Ketons. S. 121. Hb. 1905 . . . . vgr.
Separatabdruck

— Über das Oktomethyltetramino-β-benzpinakolin und dessen umgekehrte Pinakolinumlagerung. S. 123. Hb. 37 . . . . vgr.
Separatabdruck

Fischler, F. Der zahnärztliche Struwelpeter oder Pflege der Zähne f. Große u. Kleine. Illustrirt v. G. Brandt. gr. 8. (III, 32 S.) Berl. 891, Lazarus. — 60

Fischler, Franz, approb. Arzt: ⟨Aus d. Pathol. Institut d. Universität Heidelberg. Director: Geheimr. Arnold.⟩ Ueber den Fettgehalt in Niereninfarcten, zugleich ein Beitrag zur Frage der Fettdegeneration. *Berlin 1902: G. Reimer.* (54 S.) 8°
Heidelberg, Med. Diss. v. 1902

Fischler, F[ranz], Dr., 1. Assistent der med. Klinik: Das Urobilin und seine klinische Bedeutung. Naumburg a. S. 1906: Lippert & Co. (90 S., 1 Taf.) 8°
Heidelberg, Med. Fak., Hab.-Schrift v. 1906

Fischli, Fritz, das Verhalten der meteorologischen Elemente u. Erscheinungen in der Vertikalen. (129 S. m. 8 Tab. u. 13 Taf.) gr. 8. Bern 908. G. Grunau. 5. —

Fischli, Heinrich, von Diessenhofen, Canton Thurgau: Zur Constitution der Bioxybenzole. Zur Kenntniss der Paratoluylsäure und Terephtalsäure. Zür. Zürcher u. Furrer Dr. 1879. 37 S., 1 Bl. 8°.
Zürich. Phil. Diss. [v. 27. Mai 1879].

Polychäten von Ternate. Von Dr. phil. Hermann Fischli. Mit 5 Taf. u. 1 Abb. (Frankfurt a. M.: M. Diesterweg in Komm. 1900.) (S. 91–136.) 4°
— Ergebnisse e. zool. Forschungsreise in d. Molukken u. Borneo. T. 2, Bd 3. H. 1. [4.]
— Abhandlungen hrsg. v. d. Senckenbergischen naturforschenden Gesellschaft. Bd 25. H. 1. [4.]

Fischli, Hermann [aus Linthal (Kt. Glarus)]: Polychäten von Ternate. Frankfurt a. M. 1900. 1 Bl. 48 S. 5 Taf. 4°. (Die Tafeln fehlen in den Tauschexemplaren.) (S.-A. aus den Abhandlungen der Senkenbergischen naturforschenden Gesellschaft. Bd. XXV, Heft 1. S. 89—136.)
Zürich. Phil. Diss. 11. 8. 1899/1900.

Fischlin, Ludw. Melch., Beweis, daß das ewige Evangel. falsch sey. 8. Ulm. 715.

— Memoria theolog. Vitteberg. 2 part. cum suppl. 8. Lips. Eurich. 710.

Fischlin, Ludw. Melch.: Vitae praecipuorum cancellariorum et procancellariorum ducatus Wirtembergici. Francof. et Lipsiae: Kohlesius 1712.

Fischmann's, C., Original-Wagenzeichnungen. 1. Jahrg. 1875. 12 Hfte. (à 2 Steintaf.) qu. gr. 8. Berlin. Leipzig 875. Brauns in Comm. 12. —; color. Ausg. n. 18. —

Hedwig FISCHMANN — Die französische Revolution im deutschen Drama
Phil. Diss., Prag 1908/09

Fischmann, P. L., et M. Liebermann, Sofo Chajo. (In hebr. Sprache.) 2 parties. Riga, E. Platos. n. 1. 60
1. Abécé hébraique illustrée, suivante la méthode de prononciation basée sur le son des lettres pour école et maison. 6. éd. gr. 8. (79 S.) 902. n. — 60
2. Premier livre de lecture hébraique à l'usage pour école et maison. 2. éd. Lex.-8. (102 S.) 901. n. 1. —

Fischmann, Paul, a. Aderstedt ⟨Anhalt⟩: Molière als Schauspieldirektor. ⟨Einleitung, 1. und 2. Kapitel, Teil des 3. Kapitels.⟩ Halle a. S. 1904. (32 S.) 8° ¶(Ersch. vollst. in: Zeitschrift f. französ. Sprache u. Litteratur, Bd 29.)
Halle, Phil. Fak., Ref. Suchier, Diss. v. 19. Okt. 1904
[Geb. 13. Mai 82 Zerbst; Wohnort: Halle; Staatsangeh.: Anhalt; Vorbildung: Gymn. Bernburg Reife O. 00; Studium: Halle 2, München 3, Halle 5 S.; Rig. 28. Okt. 03.]

Fischmann, Woldemar, a. Charkow: Aus der medizinischen Universitätsklinik Greifswald. Neurale progressive Muskelatrophie. Greifswald 1907: H. Adler. (30 S.) 8°
Greifswald, Med. Fak., Ref. Minkowski, Diss. v. 29. März 1907
[Geb. 24. Dez. 80 Charkow, Rußland; Wohnort: Charkow; Staatsangeh.: Rußland; Vorbildung: Gymn. Charkow Reife Juni 01; Studium: Charkow 7, Greifswald 3 S.; Rig. 24. Febr. 07.]

Fischmeister, Joh., Abhandlung über die Feldbefestigungskunst, den Angriff u. die Vertheidigung der Feldbefestigungen, nebst einem kurzen Anhange über Kriegsbrücken. Mit 10 Kpfrtaf. gr. 8. Wien 840. Beck. 2 1/2 ß

Fischnaler, Carl, s.: Rösch v. Geroldshausen, Geo., Tiroler Landreim.

Fischnaler, Konrad

Fischnaler, C., das Eisackthal in Lied und Sage. Erinnerungsblätter. 8. (VII, 168 S.) Innsbruck 883, Wagner'sche Universitäts-Buchh. *

Fischnaler, Conr., Sterzing am Eisak. Ein Stationspunkt für Touristen und Sommeraufenthaltsort für Fremde, zugleich ein Führer durch das nördl. Eisakthal. 2. verb. und verm. Aufl. Hrsg. vom Sterzinger Verschönerungs-Verein. gr. 16. (64 S. mit 1 photogr. Panorama.) Innsbruck 885, (Wagner'sche Universitäts-Buchh.) *

Touristenstation und Sommerfrischort Sterzing am Eisak. Mit geschichtl., kunsthist. u. naturwissenschaftl. Nachrichten. Von Conrad Fischnaler. 7. verb. Aufl. Mit Orig.-Ill., Autotypien u. 1 Kt. Sterzing: Verschönerungsverein 1900. 103 S. 8°

Fischnaler, C., Urkunden-Regesten aus dem Stadtarchiv in Sterzing. Mit 31 Siegelabb. u. 1 Ansicht. 8. (VIII, 204 S.) Innsbruck 902. Wagner. n. 7. —

Die Wappen der Tal-, Stadt-, Markt- und Dorfgemeinden von Tirol und Vorarlberg. Gesammelt, erl. u. hrsg. von Konrad Fischnaler. Mit 10 Wappentaf. u. 7 Siegelbild. von Karl Rickelt u. Bernhard Strobl u. a. Innsbruck: Lampe 1910. 6 S., 10 Taf. quer-4°

Fischnaler, Conr., s. a. Wappenbuch d. Städte u. Märkte d. gefürst. Grafsch. Tirol.

[F.] Wappenbuch der Städte und Märkte der gefürsteten Grafschaft Tirol. (Vf.: Conrad Fischnaler u. Karl Rickelt.) *Innsbruck: Museum Ferdinandeum 1891.* (XIII, 140 S.) 1 Bd 4.(8.)

Fischoeder, Franz

[F.] Leitfaden der praktischen Fleischbeschau v. F[ranz] Fischoeder, Thierarzt ... zu Bromberg. *Berlin: R. Schoetz 1895.* (VIII, 272 S.) 1 Bd 8.

Leitfaden der praktischen Fleischbeschau einschliesslich d. Trichinenschau von F[ranz] Fischoeder, Kreisthierarzt zu Jarotschin. 2. neu bearb. Aufl. Mit 42 Abb. *Berlin: R. Schoetz 1897.* (XII, 240 S.) 8° [F.]

Fischoeder, F., Leitfaden d. prakt. Fleischbeschau einschließl. der Trichinenschau. 4. neu bearb. Aufl. 8. (XIV, 251 S. m. Abbildgn.) Berlin 902. R. Schoetz. Kart. n. 5. —
3. Aufl. (XII, 246 S.) Ebd. 899. n. 5. —.

Fischoeder, F., Leitfaden der praktischen Fleischbeschau einschließlich der Trichinenschau. 5. neu bearb. u. 6. unveränd. Aufl. (à XII, 262 S. m. Abbildgn.) 8. Berlin 903. R. Schoetz. Geb. n. 5. —

Leitfaden der praktischen Fleischbeschau einschließlich der Trichinenschau von Dr. F[ranz] Fischoeder, Kreistierarzt in Königsberg i. Pr. Mit vielen Abb. 6. unveränd. Aufl. *Berlin: R. Schoetz 1905.* (XI, 270 S.) 8° [F.]

Fischoeder, Franz, Kgl. Kreistierarzt zu Königsberg i. Pr.: Aus d. zool. Museum zu Königsberg i. Pr. Die Paramphistomiden der Säugetiere. *Königsberg i. Pr. 1902: H. Jaeger.* (59 S.) 8°
Königsberg, Phil. Diss. v. 8. Febr. 1902

Fisch-Ordnung

Ihrer Königl. Majestät in Pohlen, und Churfl. Durchl. zu Sachsen etc. verneuerte Fisch-Ordnung. De Dato den 2. November Anno 1711. - Dresden 1711

Fischötter, Johanna, neues Kochbuch f. die bürgerliche u. die feine Küche. s.: Schäfer. Fulse.

Fischwirthschaft, die, in geschlossenen u. offenen Gewässern. Belehrende Mittheilgn. üb. ihren Betrieb u. ihre Rentabilität. Hrsg. vom sächs. Fischereiverein. Lex.-8. (86 S. m. Abbildgn. u. 2 Plänen.) Dresden 900. Leipzig, G. Schönfeld. n. 1. —

Der erste Stralower Fischzug nach der Revolution 1848 (Die ganze Welt ist umgekehrt). Mit Bild. Druck von F. Reichardt. 1 Bl. Fol.
Flugblatt. Berlin, 1848/49.

Fischzug, der Stralower, Volksstück mit Gesang von J. v. Voß. 8. Berlin, Petri. 821. -

Fiscologia oder Communitäts-Casse, Die Wohl-Edle, Grossachtbare und Rechts-Wolgelahrte, als Land-Rentmeisterin bey der grossen Lateinischen Kunst-Göttin Minerva ... Grillenberg [Halle] [1700]. V: *Zeidler, Joh. Gfr.* (BrMm) (Wr)

Fisenne, L. v., Kunstdenkmale des Mittelalters, aufgenommen u. gezeichnet. Baukunst. 1. Serie. 6 Hfte. Fol. Aachen 880. (Cremer-Barth.) n. 20. — Einzelpr. n. 4. —
1. Die Pfarrkirche in Aldeneyk. (10 autogr. Taf. m. 4 S. deutschem u. französ. Text.)
2. Die Pfarrkirche von Süsteren. Stephanskirche zu Cornelymünster. (21 autogr. Taf. m. 19 S. deutschem u. französ. Text.)
3. Die Chorstühle der Pfarrkirche zu Cornelymünster. (20 autogr. Taf. m. 4 S. Text.)
4. Metallarbeiten. (20 autogr. Taf. m. 10 S. deutschem u. französ. Text.)
5. Sculptur. (20 autogr. Taf. m. 11 S. Text.)
6. Eisenarbeiten. (20 autogr. Taf. m. 10 S. Text.)

— dasselbe. 2. Serie. 1—5. Lfg. (Deutsch u. französisch.) Fol. Ebend. 881. 82. pro 6 Hfte. n. 13. —; Einzelpr. n. 2. 80
1. 2. Baukunst. (28 S. m. 20 autogr. Taf.)
3. 4. Metallarbeiten. (8 S. m. 20 autogr. Taf.)
5. Holzarbeiten. (10 autogr. Taf. m. 4 S. Text.)

Fisenne, L. v., Kunstdenkmale d. Mittelalters. 2. Serie. 6. (Schluss-)Lfg. Fol. (21 S. m. 22 autogr. Taf.) Aachen 883. Cremer. n. 2. 80

—— dass. — 3. Serie. (6 Lfgn.) (Deutsch und französisch.) 1. Lfg.: die Chorstühle der St. Gangolphus-Kirche zu Heinsberg (Rheinprovinz.) Fol. (24 autogr. Taf. mit 4 S. Text.) (Ebendas.) 884. *

Fisenne, L. v., Kunstdenkmale des Mittelalters im Gebiete der Maas vom XII.—XVI. Jahrh. Aufgenommen und gezeichnet. 1. Bd. 1.—5. Lfg. hoch 4. Aachen 887,88, Cremer'sche Buchh. [1. und 3. Lfg.: Metallarbeiten. (à 20 autogr. Taf.); 2., 4. und 5. Lfg.: Baukunst. (52 autogr. Taf.)] Preis für den vollständ. Bd. in 6 Lfgn. *

Fisenne, L. v., Kunstdenkmale d. Mittelalters im Gebiete der Maas vom XII.—XVI. Jahrh. Aufgenommen u. gezeichnet. Metallarbeiten. 1. Bd. 1.—6. Lfg. hoch 4. (1. Lfg. 20 autogr. Taf.) Aachen 887. Cremer. n. 13. —
Mehr erschien noch nicht.

Fišer Raimund: Die Methoden der analytischen Geometrie in ihrer Entwicklung im 19. Jahrh. 50. Braunau (0.
Progr.

Fišer Raimund: Versuch einer Darstellung der Lehre vom Ursprunge des Begriffes der Ursache und von der Natur des Causalgesetzes. 19. Braunau 97.
Progr.

Fiserius, Eduard [aus Ingolstadt]: Beiträge zur Entwickelungsgeschichte von Sciurus vulgaris ... M. 1 lithogr. Taf. (Aus: Verh. d. Würzb. Phys. med. Ges., N. F. Bd. XXVI.) Würzburg, Druck d. Stahel'schen k. Hofbuchdr., 1892; 1 Bl., 20 S., 1 Taf. 8.
Würzburg, Med. Fak., Inaug.-Diss. v. 1892

Fiset, Franz, a. Düsseldorf: Das altfranzösische jeu-parti. Kap. 1 u. 2. (Erlangen: Junge & Sohn 1904.) (47 S.) 8° ¶ (Erschien vollst. in: Romanische Forschungen, Bd 19, 1905.)
Berlin, Phil. Fak., Ref. Tobler, Roethe, Diss. v. 12. Okt. 1904
[Geb. 18. Juni 80 Düsseldorf; Heimatsort: Berlin; Staatsangeh.: Preußen; Vorbildung: Gymn. Düsseldorf Reife O. 99; Studium: Bonn 2, Freiburg i. B. 1, Berlin 7 S.; Rig. 19. Mai 04.]

Fish, A. H. G. Umriss der polit. Geschichte des dän.-deutschen Streits. Nach dän. Umarb. des schwed. Originals. (111.) 8. Berlin 1865. 1.60.

Fisher, Mrs., s. a. **Buckley, Arabella B.**

Kinderaugen in der Natur [Eyes and no eyes]. Von Arabella Burton Buckley (Mrs. Fisher). Einzige autor. Übers von Prof. Dr. Fritz Kriete u. Dr. Otto Rabes, Oberl. Buch 1. Halle a. S.: Gesenius (1910). 8° (11. 1861) 3

Fisher, Henry Lee

Fisher, H. L.: Kurzweil un Zeitfertreib odder Pennsylfaanisch Deutsche Folks Lieder fon . . . *York, Pa.: Ferlaag fon Fischer Brüder 1882. 186 S.*

--Kurzweil u Zeitvertreib, odder Pennsylfaanisch dte folks-lieder; rührende un' launige Gedichte in P-isch-Dter Mundart. York, Pa. 1882. 2d ed. 1896.

— 'S alt Marik-Haus Mittes. In D'r Schtadt, un Die Alte' Zeite'. *En centennial poem in Pennsylfanisch Deutsch, in zwe Dhel. York, Pa.: The York Republican 1879. (English preface: pp. VII—XVIII) S. XIX—XXII, 24—218 S.;* Glossary *S. 221—273, (1), ill.*

Fisher, Irving, kurze Einleitung in die Differential- u. Integralrechnung („Infinitesimalrechnung"). Aus der durch mehrere Verbessergn. des Verf. vervollständigten 3. engl. Ausg. übers. v. N. Pinkus. (VI, 72 S. m. 11 Fig.) gr. 8. Leipzig 904. B. G. Teubner
Geb. in Leinw. n. 1. 80

Fisher, Kenneth, Timperley (Cheshire, England): Die Umwandlungen der desmotropen Diacetbernsteinsäureester in Lösungen, ein Beitrag zur Tautomerielehre. Jena 1906: A. Kämpfe. (48 S.) 8°
Jena, Phil. Fak., Ref. Knorr, Diss. v. 8. Aug. 1906
[Geb. 18. Juli 82 Oldham; Wohnort: Oldham; Staatsangeh.: England; Vorbildung: Gymn. Manchester Reife M. 01; Studium: Oxford 6, Jena 4 S.; Rig. 31. Juli 06.]

Fisher, Thdr., Zwölf Lieder. (24 S.) 11. 8. Berlin 909. Leipzig, Th. G. Fisher & Co. Kart. — 60

Fisher, W M (Liverpool)
On the British Constitution.
[lt. Dekanatsbuch nur handschriftlich eingereicht.]
Dr. jur. Giessen 10.6.1857.

Fisherman, the blind, and his three sons. Translated from the German by Mad. de Chatelain. gr. 4. (25 S. mit eingedr. und ill. Holzschn.) Leipzig 859. (Mainz, Janitsch.)

Fisherman, the blind, and his three sons. Translated from the German by Mad. de Chatelain. Leipzig 859. Naumburg. (Mainz, Janitsch.) gr. 4. (25 S. m. color. Holzschn. im Text.) 24 ngr.

Fisimatenten, s.a. Nagel's Bibliothek illustr. Humoresken. X.

Fisimatenten. Humorist. Wochenblatt. Redact.: Max Hirschfeld. 1. u. 2. Jahrg. Octbr. 1891—Septbr. 1893. à Jahrg. 52 Nrn. (à Nr. ½ Bog. m. Abbildgn.) gr. 4. Berl., S. Fischer Verlag. à Nr. — 10; à Jahrg. 4 80

Fisimatenten. Humorist. Fliegende Blätter. Red.: E. Nagel. 4.—6. Jahrg. Octbr. 1894—Septbr. 1897. 52 Nrn. (Boz. m. Abb.) gr. 4. Berlin, G. E. Nagel. à Jahrg. n. 4. —; einz. Nrn. à n. — 10
Weiter nicht erschienen.

Fisimatenten. Mit 30 Ill. von R. Cossmann, Diba, G. Stingl... Berlin: G. E. Nagel [1903]. (62 S.) 8° [F.]
— **Bibliothek,** Nagel's, illustrierter Humoresken. 10.

Fisk, Geo. M., die handelspolit. u. sonst. völkerrechtl. Beziehgn. zw. Deutschland u. d. Vereinigten Staaten v. Amerika, s.a. Studien, Münchener volkswirthschaftl.

Fisk, George M.: Die handelspolitischen und sonstigen völkerrechtlichen Beziehungen zwischen Deutschland und den Vereinigten Staaten von Amerika bis 1800 ... [Erschien vollst. u. d. T.: Die handelspolitischen ... Amerika. E. histor.-statist. Studie, als Stück 20 von: Münch. volkswirtsch. Stud.] Stuttgart, Druck d. Union Deutsche Verlagsges., 1897; 1 Bl., 42 S. 8.
München, Staatswirtsch. Fak., Inaug.-Diss. v. 1897

Die handelspolitischen und sonstigen völkerrechtlichen Beziehungen zwischen Deutschland und den Vereinigten Staaten von Amerika. E. histor.-statist. Studie v. Dr. George M. **Fisk.** *Stuttgart: J. G. Cotta 1897.* (XIV, 254 S.) 1 Bd 8.
— **Studien,** Münchener Volkswirtschaftliche. Stück 20.

Fisk, Otis Harrison

Fisk, Otis Harison, Stimmrecht u. Einzelstaat i. d. Verein. Staaten v. Nordamerika, s.a. Abhandlungen, staats- u. völkerrechtl.

Fisk, Otis Harrison [aus Covington, Kent., U. S. A.]: Stimmrecht und Einzelstaat in den Vereinigten Staaten von Nordamerika ... Leipzig, Duncker & Humblot, 1895; 2 Bl., 99 S. 8.
Heidelberg, Phil. Fak., Inaug.-Diss. v. [21. Dez.] 1895

Stimmrecht und Einzelstaat in den Vereinigten Staaten von Nordamerika. Von Dr. Otis Harrison **Fisk.** *Leipzig: Duncker & Humblot 1896.* (VIII, 221 S., 1 Bl.) 8.
— **Abhandlungen,** Staats- und völkerrechtliche. Bd 1. H. 4.

Fiske, John

Fiske, J., die Bestimmung d. Menschen, im Lichte seines Ursprunges betrachtet. Nach der 15. Aufl. d. Originals übers. u. m. Anmerkgn. versehen v. F. Kirchner. 8. (X, 112 S.) Leipzig 890. Quandt & Händel. n. 2. —

Fiske, John. Die Bestimmung des Menschen, im Lichte seines Ursprungs betrachtet. Nach der 15. Aufl. d. Originals übers. u. m. Anmerkgn. versehen v. Friedr. Kirchner. 8. (X, 112 S.) Lpz. 891, Quandt u. Händel. 2 —

Fisko, Carl, der schwarze Tod in Europa. Eine Studie über die Pest, ihr Wesen u. ihre Bedeutung. gr. 8. (14 S.) Wien 879. Massanetz & Co. n. — 20

Fisler, A., der beredte Engländer. Eine Anleitung, in sehr kurzer Zeit, ohne Hülfe eines Lehrers, leicht und richtig englisch lesen und sprechen zu lernen. Praktisches Hülfsbuch für Alle, welche in der engl. Umgangssprache schnelle u. sichere Fortschritte machen wollen, besonders auch für Auswanderer. Bern 858. Heuberger. 12. (100 S.) 6 ngr.

Fisler, Alb., Geschichten zum Vorerzählen. Ein Beitrag zur Gemütsbildg. unserer Kinder. Nach method. Rücksichten bearb. gr. 8. (120 S.) Zürich 894. F. Schultheß. n. 1. 20

Fisler, Albert

Fisler, Alb., städtische Jugend u. Jugendhorte. Horte in Zürich u. i. d. übr. Schweizerstädten, s.a. Neujahrsblatt, hrsg. v. d. Hülfsgesellschaft in Zürich.

A. Städtische Jugend und Jugenhorte. (B. Horte in Zürich u. den übrigen Schwyzerstädten.) (Verf.: Albert **Fisler,** Lehrer. *Zürich 1897: Schulthess.*) (56 S.) 8° [Kopft. F.]
— **Neujahrsblatt** hrsg. v. d. Hülfsgesellschaft in Zürich. 1898.

Fison, E., u. M. Ziegler, Auswahl charakteristischer Prosastücke u. Dichtungen aus der englischen Literatur. Zur Einführg. in dieselbe chronologisch geordnet u. m. kurzen biograph. Noticen versehen. Select extracts from british authors in prose and verse. gr. 8. (XIV, 386 S.) Halle 873. Gesenius. n. 3. 60

Fison, E., u M. Ziegler's select extracts from British and American authors in prose and verse. Intended as an introduction to the study of English literature. Chronologically arranged, with short biographical notices. 2. ed. Carefully revised and enlarged by H. Loewe and M. Ziegler. gr. 8. (X, 374 S.) Halle 886. Gesenius. n. 3. —

Fison, E., and M. Ziegler's select extracts from British and American authors in prose and verse for the use of schools. Intended as an introduction of the study of English literature. Chronologically arranged, with short biographical notes. 3. ed. Carefully revised and enlarged by Ernst Regel and Fritz Kriete. (IX, 427 S.) gr. 8. Halle 907. H. Gesenius. 3.50; geb. 4. —

Fisse (H.), Beiträge zur Kenntniss des Bodens im Fürstenthum Osnabrück. (Dissertation Göttingen.) Göttingen 1873. 8.

Fisseler, Oswald, aus Elberfeld: I. Ueber colloidale Verbindungen des Eisens, Mangans und Kupfers. II. Ueber die chemische Natur des Ferratin. Erlangen 1904: E. Th. Jacob. (62 S.) 8°
Erlangen, Phil. Fak., Ref. Paal, Diss. v. 23. Juli 1904
[Geb. 25. Sept. 77 Elberfeld; Staatsangeh.: Preußen; Vorbildung: R. Gymn. Elberfeld; Studium: München 5, Erlangen 5 S.; Rig. 23. Juli 04.]

Fissen, A., f.: Lesebuch f. Fortbildungs-, Fach- u. Gewerbeschulen.

V(ictor) **Fissené.** Umwandlungstabelle 1. der deutschen Gewichte in englische tons, cwts, qrs et lbs. 2. von Fuß bezw. Zoll in m, bezw. mm. Köln: P. Neubner [1904]. (13 S.) 8° [Umschlagt. F.]

Fisser, H. E., Sammlung auserlesener Handelsbriefe, nach bewährten Mustern, mit Noten u. Phrasen, zur Erleichterung des Uebersetzens derselben in die Englische, Französische und Holländische Sprache. 8. Emden 840. (Rakebrand.) ⅔ ng

Fisser, Martin [pract. Arzt in Loquard in Ostfriesland]: Scarlatina in puerperio .... Emden, Tapper'sche Buchdr. (1886); 40 S. 8°.
Würzburg, Med. Fak., Inaug.-Diss. v. 1886.

Fisser, Martin, Scarlatina in puerperio. Diss. Würzburg 1886, Stahelsche Univ.-Buchh. 8°. 40 S.

Fissler, A. Tabellen für den Schreibleseunterricht. 12 Tabellen. Zürich, J. R. Müller, Verlag zur Leutpriesterei. 1892. 6 —

Fistula dulce canit. S. l. 1725.
V: *Neumeister, Erdmann.* (schr)

FISZTER, MATTHÄUS M.: Ave + Maria. Neuer Leitstern auf der Bahn des Heils oder Regeln und Andachtsübungen für die Vereinsmitglieder des schmerzhaften Rosenkranz Mariens. Pest 1860. Druck v. Gustav Emich. 35 S. - 16°

FSC
www.fsc.org
MIX
Papier | Fördert
gute Waldnutzung
FSC® C083411

Kolibri 360 GmbH
Ferdinand-Jühlke-Straße 7
99095 Erfurt, Deutschland
produktsicherheit@kolibri360.de